Kolibri 360 GmbH
Ferdinand-Jühlke-Straße 7
99095 Erfurt, Deutschland
produktsicherheit@kolibri360.de

Hermann Stehr

Kürschners Deutscher Literatur-Kalender

auf das Jahr

1924

Herausgegeben von

Dr. G. Lüdtke

Einundvierzigster Jahrgang

Mit einem Bildnis von Hermann Stehr

Berlin und Leipzig 1924

Walter de Gruyter & Co.

vormals G. J. Göschen'sche Verlagshandlung — J. Guttentag, Verlagsbuchhandlung — Georg Reimer — Karl J. Trübner — Veit & Comp.

Druck von C. G. Röder G. m. b. H., Leipzig. 881624
Das Porträt wurde nach einer Photographie von A. Exner & Sohn,
Bad Warmbrunn, angefertigt.

Inhalt.

Vorwort.

Der 41. Jahrgang des „Kürschner" muß, wie der 40., durch ein ausführlicheres Vorwort eingeleitet werden, das Rechenschaft ablegt über die Grundsätze und Richtlinien, die für die Bearbeitung dieses Bandes maßgebend gewesen sind.

Ein paar Worte seien zunächst der Beurteilung gewidmet, die der 40. Jahrgang gefunden hat. Neben reicher Anerkennung, die zum Ausdruck brachte, wie sehr es zu würdigen sei, daß das beliebte Jahrbuch trotz der wirtschaftlichen Schwierigkeiten im Jahre 1922 überhaupt erschien, standen auch Äußerungen der Kritik, die sich besonders mit der Umgestaltung des Bandes und mit der Beschränkung des Stoffes beschäftigten. Wir Herausgeber, Dr. E. Neuner und ich, hatten diese Kritik vorausgesehen, und als sie kam, bedauerten wir, bei der Gestaltung des 40. Bandes einen Kompromiß geschlossen zu haben. Bei dem „Kürschner" wollte ich den Hauptwert auf die Literatur legen und diese, soweit wie es damals irgendmöglich war, ergänzen. Die reinen Fachschriftsteller sollten ausscheiden, denn es war und ist unmöglich, innerhalb eines nicht zu weit gespannten Rahmens hier auch nur einigermaßen eine Vollständigkeit zu erreichen. Es hat keinen Zweck, von den Gelehrten etwa jeden zehnten oder zwanzigsten Namen aufzunehmen. Da aber in den letzten Jahrgängen des Literatur-Kalenders Namen von Fachgelehrten Aufnahme gefunden hatten und der „Kürschner" auch besonders als Nachschlagebuch für die Adressen von Schriftstellern und Gelehrten benutzt wurde, so entschlossen wir uns zu dem Übergang, wenigstens diese Adressen stehen zu lassen. Wir brachten, da der Band über einen bestimmten Umfang nicht hinausgehen sollte, bei Dichtern und Schriftstellern schöngeistiger Richtung nur die letzten Werke und verwiesen die Benutzer, die sich auch über die älteren Werke unterrichten wollten, auf den 39. Jahrgang. So war natürlich einer Kritik, die die näheren Umstände nicht kannte und nicht würdigen konnte, Tor und Tür geöffnet. Hätten wir von dem Kompromiß abgesehen und den Gedanken der Trennung zwischen Schriftstellern und Gelehrten schon damals durchgeführt, so wäre das besser gewesen.

Der vorliegende 41. Jahrgang des Literatur-Kalenders ist nun in den Grundzügen so gestaltet, wie es von vornherein mein Plan war. Er hat zur Grundlage, daß der „Kürschner" in

erster Linie die schöngeistige Literatur als Hauptstück zu behandeln hat, an das sich die Literaturgeschichtsforschung und als Ausläufer: Philosophie, Kulturgeschichte, Geschichte, Journalistik, Politik anschließen. Demgemäß sind auch diesmal wieder bei den Dichtern und schöngeistigen Schriftstellern die sämtlichen Werke aufgenommen, nur in einzelnen Fällen, wo die Liste dieser Werke über die notwendige Umfangsgrenze hinausging, ist ein bestimmtes Jahr, meistens das Jahr 1900, als Grenze angenommen, von dem an die Werke aufgeführt werden.

Ich bin mir vollkommen klar darüber, daß trotz aller Bemühung der Literatur-Kalender auch in der Literatur noch manche Lücken aufweisen wird. Als die redaktionelle Arbeit begann, stand Deutschland auf dem tiefsten Punkt seines wirtschaftlichen Niederganges, und die Preise für Bücher schienen mit ihren Milliardenziffern grade für Kreise, in deren Hand der Literatur-Kalender kommen soll, unerschwinglich zu sein, so daß, um den Band überhaupt zu gestalten, auch hier wieder eine Beschränkung des Umfanges sich als notwendig erwies. Als die wirtschaftlichen Verhältnisse sich besserten, Berechnungen und Preise sich wieder auf Goldmark einstellten, war es nicht mehr möglich, wesentliche Erweiterungen vorzunehmen, wenn das Erscheinen des Jahrbuches nicht um Monate verzögert werden sollte. Ich hoffe aber, daß der nächste Band der Notwendigkeit einer Beschränkung nicht mehr unterliegen wird, so daß der „Kürschner" dann in dem Aufbau, wie er jetzt geplant ist, eine gewisse Vollendung bekommen wird.

Die Anfragen an die einzelnen Schriftsteller sind recht lückenhaft beantwortet worden, namentlich die nach Österreich gerichteten Sendungen sind häufig unbeantwortet geblieben. Das hing wohl auch mit der Wirrnis der Postgebühren zusammen; soweit es irgend ging, sind die Anfragen mehrfach hinausgegangen, es gelang dann doch, hin und wieder eine Antwort zu bekommen, in vielen Fällen aber nicht. Wenn der betreffende Schriftsteller im 40. Jahrgang zum ersten Male aufgenommen war, habe ich das Fehlzeichen () seinem Namen meistens nicht beigefügt, andererseits bin ich aber in der Streichung unbeantworteter Anfragen weiter gegangen als im vergangenen Jahre. Ein Jahrbuch ist nur wertvoll, wenn es sich nicht nur auf mühsam zusammengesuchtes Einzelmaterial stützt, sondern auf die direkte Beantwortung. Von der Aufnahme einer Suchliste solcher Namen habe ich diesmal abgesehen. Die in dem 40. Jahrgang gegebene Suchliste hatte recht guten Erfolg. Der größte Teil der darin aufgenommenen Namen konnte diesmal auf Grund direkter Beantwortung berücksichtigt werden. Es scheint etwas radikal gewesen zu sein, auch Namen bekannter Schriftsteller einfach in die Suchliste aufzunehmen, aber es mußte so zum Ausdruck gebracht werden, daß ohne pünktliche Beantwortung der Anfragen ein solches Jahrbuch nicht zu machen

ist. Diejenigen Schriftsteller, deren Namen in diesem Jahre weggelassen sind, werden gebeten, sich mit ihren Personalangaben möglichst sofort nach Erscheinen des Jahrbuches an die Redaktion zu wenden, damit so die Arbeit des nächsten Bandes erleichtert wird.

Die Besserung der wirtschaftlichen Verhältnisse ermöglichte es auch, diesmal außer dem alphabetischen Verzeichnis der Schriftsteller wieder die Angaben aufzunehmen, die seit Jahrzehnten einen festen Bestandteil des Jahrbuches bildeten: die kurze Darstellung der literarischen Rechtsverhältnisse, ein Verzeichnis der schönwissenschaftlichen Verleger, der Theater und Theateragenturen, der Zeitschriften, Korrespondenzen und literarischen Vereine, ferner das Ortsverzeichnis und die Totenliste. Wenn in diesem Verzeichnis Lücken vorhanden sind, so bitte ich, Nachsicht zu üben. Erst in letzter Stunde konnte der Entschluß gefaßt werden, sie dem Jahrbuche wieder beizufügen; manche verspätet einlaufende Meldungen mußten für den nächsten Band zurückgestellt werden. Herr Dr. Alexander Elster, der bewährte Kenner literarischer Rechtsverhältnisse, hatte die Freundlichkeit, die Umgestaltung dieses Abschnittes zu übernehmen; ihm sei besonders herzlich gedankt, ferner dem Verlage Oesterheld & Co. für die Bereitstellung des Theaterverzeichnisses und dem Verein der deutschen Korrespondenzverleger für die Lieferung der Korrespondenzenliste.

Herr Dr. Erich Neuner, der den 40. Jahrgang als Mitherausgeber zeichnete, war durch andere Berufsarbeiten so in Anspruch genommen, daß er zu seinem und meinem Leidwesen in diesem Jahre nur an der Bearbeitung des Ortsverzeichnisses teilnehmen konnte. An seine Stelle ist Herr Dr. Hans Strodel getreten, der sich den redaktionellen Arbeiten mit Verständnis und Umsicht gewidmet hat.

Ratschläge und Hinweise sind von vielen Freunden des Literatur-Kalenders in reicher Fülle gegeben worden. Allen sage ich aufrichtigen und herzlichen Dank.

Der geplante Gelehrten-Kalender, der den Literatur-Kalender ergänzen soll, ist in Arbeit, und ich hoffe, daß er, wenn nicht früher, zusammen mit dem 42. Jahrgang des Literatur-Kalenders erscheinen kann. Dann werden beide Bücher in ihrer einheitlichen Gestaltung, so hoffe ich, davon zeugen, daß der Gedanke der Trennung des Stoffes und des Aufbaues fördersam gewesen ist.

Berlin, den 20. Februar 1924.

Dr. G. Lüdtke.

Erste Abteilung.

I. Erklärung der Zeichen und Abkürzungen.

Das folgende Lexikon deutscher Schriftsteller und Schriftstellerinnen beruht fast ausschließlich auf Mitteilungen der Verzeichneten selbst.

Reihenfolge der Angaben: Familien- und Vornamen, Schriftstellername, Vereinsangehörigkeit, Hauptgebiet der schriftstellerischen Tätigkeit, ev. Übersetzertätigkeit, Titel u. Stellung, Wohnung (gesperrt), Geburtsort u. -tag (in Klammern), Bibliographie.

Abkürzungen u. Zeichen: ein (k.) hinter dem Namen bedeutet, daß der Betreffende katholischer Schriftsteller ist, u. zwar in Hinsicht auf seine literar. Richtung. Ferner:

Agrikulturchemie,	Film,	Landwirtschaft,	Sprachwissensch.
Anatomie,	Feuilleton,	Malerei,	Steinkunde,
Baukunst,	Forstwesen,	Mathematik,	Sternkunde,
Bergbau,	Geologie,	Pflanzenkunde,	Theologie,
Bühnendichtung,	Geschichte,	Philosophie,	Tierkunde,
Chemie,	Gewerbekunde,	Physik,	Volkswirtschaft.
Dichtung (bes. Lyrik),	Heerwesen,	Rechtswissensch.,	
Erdbeschreibung,	Heilkunde,	Sagenkunde,	
Erziehungskunde,	Kunst,	Seewesen,	

— **Ue:** heißt übersetzt, die dem **Ue:** angehängten lateinischen Buchstaben zeigen die Sprache an, aus welcher der Betreffende übersetzt, u. zwar Ch(inesisch), D(änisch), E(nglisch), F(ranzösisch), G(riechisch), H(olländisch), Heb(räisch), I(talienisch), Ind(isch), L(ateinisch), M(agyarisch), N(orwegisch), P(olnisch), Per(sisch), Port(ugiesisch), R(ussisch), Rum(änisch), S(panisch), Schw(edisch), T(ürkisch), Tsch(echisch). — AGR. (Amtsgerichtsrat), a. o. außerordentlicher. ASV. (Allg. Schriftstellerverein), AV. (Augustinus-Verein), BJ & SV. (Journalisten- u. Schriftst.-Verein Urheberschutz), BP. (Verein Berliner Presse), BSK. (Berliner Schriftst.-Klub), CC. („Concordia", Wiener Journalisten- u. Schriftst.-Verein), CP. (dasselbe, zugl. Mitglied des Pensionsfonds der „Concordia"), D. (Dr. theol.), DV. (Verband Deutscher Bühnenschriftsteller), Dir. (Direktor), DÖSchG. (Deutsch-österreichische Schriftsteller-Genossensch.), DSch. (Deutscher Schriftstellerinnenbund), ebda (ebenda), -g(asse), G(eheimer, z. T. auch Gymnasial), GP. (Gymnasial-Professor), GSanR. (Geheimer Sanitäts-Rat), HonP. (Honorar-Professor), Leg. (Legations-), LGR. (Landgerichtsrat), LK. (Literatur-Kalender), LL.D. (Legum Doctor), o. ordentlicher, Ob(er)-, OCap. Mitgl. des Kapuzinerordens, OCist. Mitgl. des Cistercienserordens, OFM. Mitgl. des Franziskanerordens, OSB. Mitgl. des Benediktinerordens, PA. (Pensionsanstalt deutscher Journalisten u. Schriftsteller), Pfr. (Pfarrer), Prof. (Professor), -R(at, R(eal), RA. (Rechtsanwalt), Red(akteur, Herausgeber), RP. (Reichsverband der deutschen Presse), s(iehe), SDS. (Schutzverband deutscher Schriftst.), SES. (Schweizerischer Schriftstellerverein), SJ. Mitgl. der Gesellsch. Jesu, -str(aße), THSchP. (Professor der Technischen Hochschule), UDoz. (Privatdozent an einer Universität), UP. (Universitäts-Professor), UV. (Unterstützungsvereinigung der Arbeiterpresse), VA. (Verein Arbeiterpresse), VB. (Deutscher Schriftsteller-Verband), VBA. (Verband Bayrischer Autoren), VBJ. (Verein Berliner Journalisten), VDR. (Verein Deutscher Redakteure), VJ&S. (Verband Deutsch. Journalisten- u. Schriftst.-Vereine), -w. Wissenschaft, WGR. (Wirklicher Geheimer Rat), WJSV. (Württbg. Journal.- u. Schriftsteller-Verein) und ähnliches.

Im bibliographischen Teil: **V**(erfasser von), **H**(erausgeber von), **Ue**(bersetzer von), Dchtg.: Dichtung, Dr(ama), E(pos), Erz(ählung), F(ilm), G(edichte), J(dylle), Lr. (Lieder), Lsp. (Lustspiel), M(ärchen), N(ovelle), O(per), Optte (Operette), P(osse), Pl(auderei), R(oman), Sc(ene), Sch(auspiel), Schw(ank), Sgsp. (Singspiel), Sk(izze), Sp(iel), Tr(auerspiel), Vst. (Volksstück), Zbr. (Zauber-) usw. Die römische Ziffer hinter dem Erscheinungsjahr gibt die Zahl der Bände an, die das betr. Werk umfaßt.

Bei den **Jahreszahlen** ist 18 . . bzw. für 1900 die 19 . . stets weggelassen und es sind nur die letzten Ziffern aufgenommen worden. Bei den bibliograph. Angaben ist meist das Jahr des ersten Erscheinens angegeben, zugl. sind neue Aufl. möglichst berücksichtigt.

Es bedeutet ein ? vor dem Namen: daß er bisher im Literatur-Kalender noch nicht verzeichnet war und daß die Redaktion weder Adresse noch nähere Daten des betreffenden Schriftstellers in Erfahrung bringen konnte; ein * am Schluß des Artikels: daß der Name neu aufgenommen wurde und die Angaben von dem Betreffenden selbst herrühren: ein (*): daß der Name neu aufgenommen wurde, aber die Angaben von dem Betreffenden selbst nicht herrühren, sondern von anderer Seite geliefert oder aus Druckwerken entnommen wurden: ein (): daß wir den dem Betr. übersandten Ausschnitt aus dem vorigen Jahrgang von jenem nicht zurückerhalten haben. Artikel der letzteren Art sind auf Grund bibliographischer Hilfsmittel so weit wie möglich vervollständigt worden.

II. Das deutsche Literaturrecht.

Das geistige Schaffen hat sein eigenes Recht. Das hat seinen Grund in dem Wert und in der Eigenart des geistigen Schaffens. Weil das geistige Schaffen wettbewerblichen Wert hat, wird es vom Recht wie anderes Schaffen oder Eigentum geschützt, und weil es sich dabei um eigenartige Werte handelt, passen die gewöhnlichen Rechtsbegriffe über Eigentum u. dgl. nicht darauf, sondern es bedarf besonderer Regelung. Eine solche besondere Regelung gibt es in allen Kulturstaaten, und außerdem hat sich wegen des internationalen Interesses an geistigen Schöpfungen eine internationale Verständigung durch Verträge und Konventionen als nützlich und zweckmäßig erwiesen.

Das geistig-gewerbliche Schutzrecht hat sich geteilt in die mehr literarischen und künstlerischen, die mehr erfinderisch technischen (Patent- und Musterschutz) und die mehr äußerlich-wettbewerblichen Gebiete (Warenzeichen u. dgl.). Uns beschäftigen hier nur die ersteren, also Schriftwerk- und Kunstwerkrecht (Ton und Bild), und vom Kunstwerkrecht auch nur derjenige Teil, der in greifbare Nähe zur Literatur kommt. Den so umgrenzten Rechtsstoff finden wir in folgenden Gesetzen (und anderen Rechtsquellen) niedergelegt:

Das Gesetz betreffend das Urheberrecht an Werken der Literatur und der Tonkunst vom 19. Juni 1901, Fassung vom 22. Mai 1910 (RGBl. 1901, S. 227, und 1910, S. 793), legt die Rechte der Dichter, Schriftsteller, Gelehrten oder Komponisten an ihren Werken fest und die Beschränkungen der Allgemeinheit bei der Nutzung literarischer und musikalischer Werke (abgekürzt: UG.).

Das Gesetz über das Verlagsrecht vom 19. Juni 1901, Fassung vom 22. Mai 1910 (RGBl. 1901, S. 217, und 1910, S. 793), regelt das Verhältnis zwischen dem Autor einerseits und dem Verleger andererseits, bzw. gegenüber denjenigen, welche die Rechte vom Autor erwerben, Urhebervertragsrecht (abgekürzt: VG.).

Das Gesetz betreffend das Urheberrecht an Werken der bildenden Künste und der Photographie (Kunstschutzgesetz) vom 9. Januar 1907 (RGBl. S. 7) legt die Rechte des bildenden Künstlers, Kunstgewerblers, Photographen fest, hat aber auch für den Schriftsteller eine gewisse Bedeutung, da viele literarische Werke illustriert werden oder als Text zu Kunstwerken erscheinen, so daß das Kunstschutzgesetz berücksichtigt werden muß (abgekürzt: KG.).

Das Gesetz über die Presse vom 7. Mai 1874 (RGBl. S. 65) stellt die Beschränkungen fest, welchen die Freiheit der Presse unterliegt, ist also eine Art Polizeigesetz.

Gegenstand des Urheberschutzes.

Nicht das Materielle, aber auch nicht die Idee, sondern eine in eine Form gebrachte Idee ist der Gegenstand des Urheberschutzes. Die in Worte gebrachte epische Idee, das in Handlungsform verfaßte Drama, das in die Form der Darstellung gebrachte Lehrbuch, das in Musik ausgedrückte Kunstwerk, das in Stein geschlagene Bild, die mitgeteilte Erfindung werden geschützt, den Urheberschutz genießt diese erste Form, in die die Idee gebracht ist, und das ist kein geistiges Eigentum und kein Persönlichkeitsrecht, sondern ein aus einem immateriellen Gut bestehendes Formrecht. An dieser Form besteht das UR. Gedanken aber, und wären sie höchstpersönliche, genießen an sich keinen Urheberrechtsschutz; sie mögen Persönlichkeitsschutz genießen, aber dieser wäre von anderer Beschaffenheit, als sie das Autorrecht gibt.

Hieraus ergibt sich zugleich, daß die Bezeichnung eines geistigen „Eigentums" zwar nicht falsch, aber vielleicht nicht so schlagkräftig ist für die Deutlichmachung der wirklichen Verhältnisse. Man kann das Richtige darunter verstehen, wenn man das UR. eben faßt als das Recht an geformten geistigen Werten, die sich als Verkehrsgut eignen. In dieser Charakteristik als Verkehrsgut liegt — neben der Formgebung — ein

wichtiges Moment; es ist nicht damit gesagt, daß der geistige Wert, der da geformt ist, schon Verkehrsgut geworden ist oder dazu bestimmt ist, nur eignen muß er sich dazu. Und so wird es deutlich, warum an dem Brief eines bedeutenden Mannes gerade so wie an einem künstlerischen Erzeugnis irgendwelcher Art ein UR. entstehen kann, während an einem beliebigen Privatbrief zunächst nichts anderes als ein Persönlichkeitsrecht besteht.

So bestimmt sich der Rechtsbegriff des „Urhebers" als des Schöpfers im Sinne unserer Gesetze lediglich durch das Werk. Nach dem Gesetz über das UR. an Werken der Literatur und der Tonkunst werden geschützt: Schriftwerke, Vorträge, Reden, musikalische Kompositionen, Abbildungen wissenschaftlicher und technischer Art, welche nicht ihrem Hauptzwecke nach als Kunstwerke zu betrachten sind; choreographische und pantomimische Werke, auch wenn sie auf nicht schriftlichem Wege fixiert sind; nach dem Gesetz über das UR. an Werken der bildenden Künste und der Photographie: Bildwerke, die ihrem Hauptzweck nach als Kunstwerke zu betrachten sind, Bauwerke, Erzeugnisse des Kunstgewerbes, Photographien und durch ähnliche Verfahren hergestellte Bilder, Entwürfe zu den hierhergehörigen Werken. Das Musterschutzgesetz bleibt davon unberührt; es trifft andere Arbeiten, die sich aber mit den hier genannten nahe berühren können. Der Begriff des Schriftwerkes wie des künstlerischen Werkes ist in weitem Sinne zu fassen, sowohl hinsichtlich der Technik (Schrift als Gedankenausdruck, Blindenschrift, Gravur auf Platten wie beim Grammophon) wie hinsichtlich der Qualität. Es handelt sich um die Bestimmung als Verkehrsgut, das aus einer individuellen geistigen Tätigkeit entsprungen ist. Auf den höheren oder geringeren Wert der Leistung kommt es nicht an; das Erfordernis der Neuheit gegenüber früher schon Vorhandenem („eigentümliche Schöpfung") bezieht sich auf die ganze Anlage, nicht nur auf neue Textzugaben in alte Arbeiten. Ein selbständiger neuer Gesichtspunkt, unter dem Vorhandenes gruppiert, ein neuer Zweck, zu dem es zusammengestellt wird, machen das Werk (z. B. Kursbuch, Anthologien, Sammlung von Entscheidungen) zu einem schutzfähigen. Bei den musikalischen Kompositionen ist (man vgl. § 13 des Gesetzes) nur die Melodie, nicht die Harmonie geschützt; Akkorde darf man stehlen, Tonfolgen nicht; beim Schriftwerk hingegen darf man merkwürdigerweise Ideen stehlen, Formen aber nicht.

Das Wesen der „Abbildung" ist, Textbeigabe zu sein, zur Belehrung zu dienen; das scheidet sie von dem selbständigen Kunstwerk; dabei kann das Kunstwerk unkünstlerisch, die Abbildung künstlerisch sein. Auch für das künstlerische und kunstgewerbliche Erzeugnis gilt, was für die Schriftwerke gesagt wurde; es muß sich um eine originale künstlerische Schöpfung handeln, wobei der Grad des künstlerischen Wertes gleichgültig ist.

Kraft positiver Rechtsvorschrift sind vom Urheberrechtsschutz ausgenommen: 1. Gesetze, Erlasse, Entscheidungen, öffentliche Aktenstücke. 2. Reden in öffentlicher Verhandlung, sowie stets in politischen, gerichtlichen, kirchlichen, kommunalen Versammlungen (also die Reden der Abgeordneten, der Gerichtspersonen, der Beamten in ihren Amtssitzungen); hingegen werden Vorträge und Reden zur Erbauung, Unterhaltung und Belehrung geschützt, so daß ihr Abdruck und ihre Verwendung ohne Genehmigung des Autors nicht gestattet sind. 3. Zeitungsartikel unterstehen einem besonderen Recht, worüber unten noch Näheres gesagt werden wird.

Träger des Urheberrechts.

(Die Person des Berechtigten.)

Das UR. entsteht in der Person des Schöpfers mit dem Augenblick der Schöpfung des geschützten Werkes. Es bedarf dazu keines Willensaktes, keines Bewußtseins von diesem Recht und keiner Form. Form genug ist die Form des geformten Werkes (Niederschrift, plastische, malerische Darstellung, Konzept, Skizze). Die Eintragung in die „Eintragsrolle" bei anonymen und pseudonymen Veröffentlichungen hat nur Einfluß auf die Zeitdauer des UR. Einen breiten Raum nehmen die Vermutungen ein: Der als Verfasser oder Künstler genannte oder erkenntlich Gemachte gilt auch als Schöpfer, bei Übersetzungen gilt der Übersetzer, bei Bearbeitungen der Bearbeiter, bei Sammelwerken der Herausgeber oder, wenn ein solcher nicht genannt ist, der Verleger als Urheber. Bei anonymen und pseudonymen Werken ist der Herausgeber oder der Verleger berechtigt, die Rechte des Urhebers wahrzunehmen. Juristische Personen des öffentlichen Rechts, die ein Werk ohne Verfassernamen veröffentlichen, gelten als Urheber.

Bei Sammelwerken (Jahrbüchern, Kalendern, Enzyklopädien, Zeitschriften usw.) bleibt das UR. am einzelnen Teil dem Schöpfer des einzelnen Teiles, nur an dem Gesamtwerk als solchem erlangt der Herausgeber ein UR. Wird ein Tonwerk,

ein Schriftwerk, ein Bildwerk, ein Werk der Photographie oder ein geschütztes Muster miteinander verbunden, so bleibt das UR. an jedem Teil dem Schöpfer des Teils.

Sind an einem und demselben Werke mehrere so beteiligt, daß sich ihre Anteile nicht voneinander trennen lassen, so entsteht ein Mit-UR., dessen Normen sich nach den §§ 741—758 BGB. richten. Die Fälle, in denen ein solches Mit-UR. entstehen kann, sind mannigfaltiger Art und scheiden sich namentlich in gleichzeitige und nachzeitige Mitarbeit; zwei können zugleich an einem Werke arbeiten oder der eine kann das Werk eines anderen umarbeiten, bearbeiten, in eine andere Kunstgattung überführen (einen Roman in ein Drama, ein Gemälde plastisch nacharbeiten). Es kommt dabei zu schwierigen theoretischen und Tatfragen; denn es fragt sich, wie weit eine solche Umarbeitung überhaupt gestattet ist, weiter, ob aus ihr Mit-UR. oder eigenes UR. entsteht, — je nachdem in welchem (dynamischen) Wertverhältnis die zweite Formgebung zur ersten, die Anlehnung nur in der Idee oder auch in der Ausführung statthat. Weiter ist die Miturheberschaft von der bloßen Gehilfenschaft zu trennen, bei welcher des Mitarbeiters Tätigkeit unter der Schwelle dessen bleibt, was ein UR. begründet. Ein Mit-UR. kann auch entstehen durch Übertragung, insonderheit durch Erbgang, wenn mehrere Erwerber auf solche Weise das Recht erhalten.

Das UR. ist ein vererbliches und veräußerliches Recht. Die Erben erhalten grundsätzlich das gleiche Recht, das der Erblasser besaß. Nicht nur die materielle Ausübung des UR. wird vererbt, sondern ebenso das Immaterialgut, die Wahrung der literarischen und künstlerischen Ehre. Schwierigkeiten bereitet dafür nur der § 10 UG., der im Falle der Zwangsvollstreckung das originäre UR. anders behandelt als das vererbte. Gläubigerinteressen galt es zu schützen, indem Zwangsvollstreckung in das erschienene Werk gegenüber dem Erben auch ohne dessen Einwilligung zugelassen wurde, persönliche Rücksichten galt es zu achten, indem (außerhalb vertraglicher Ansprüche aus dem Werk selbst, z. B. des Verlegers) die Zwangsvollstreckung auch in das erschienene Werk ohne des Verfassers oder Künstlers Einwilligung als unzulässig bestimmt wurde.

Das UR. kann beschränkt oder unbeschränkt unter Lebenden übertragen werden. Das Maß der übertragbaren Rechte richtet sich ganz nach dem Vertrag; zum Überfluß ist im UG. das dispositive Verbot der Änderungen, Zusätze, Kürzungen durch den Erwerber ausgesprochen, soweit nicht dessen Einwilligung nach Treu und Glauben versagt werden kann. Das Verlagsrecht bildet den Hauptanwendungsfall der Übertragung des UR. Darüber unten in einem anderen Abschnitt.

Den Schutz des UR. genießen die Reichsangehörigen für erschienene und nichterschienene Werke, Ausländer für Werke und Übersetzungen, die im Inland erschienen und nicht vorher im Ausland veröffentlicht sind. (Über ausländisches und internationales Recht s. unten.)

Namenrechtliches.

Da der Schriftsteller sich und seinem Werk „einen Namen machen" will, so spielt begreiflicherweise das Namenrecht eine große Rolle, und zwar sowohl für den Verfasser wie für den Titel seiner Arbeit. Sehr wichtige wettbewerbliche Gesichtspunkte kommen dabei in Frage, namentlich der durch das Gesetz gegen den unlauteren Wettbewerb (v. 7. Juni 1909) § 16 und das Warenzeichengesetz (v. 12. Mai 1894) festgelegte Schutz einer Bezeichnung, Benennung, Marke.

Der Titelschutz für das Werk fällt also unter diese rechtlichen Gesichtspunkte. Man hat da zu scheiden zwischen dem Schutz des Verfassers für den Titel seiner Arbeit, der bei der Veröffentlichung dieser Arbeit durch Dritte nicht verändert werden darf, einerseits, und dem andersgearteten Schutz des Titels gegen Nachahmung und Entlehnung für andere Werke andererseits. Das erste ist ein Recht, das fast alle Urhebergesetze statuieren — ein Verfasserrecht, das sich auf die innere Integrität seiner Arbeit bezieht, im Gegensatz zu dem äußeren Titelschutz, dem Schutz gegen Nachbildung, der sowohl urheberrechtlichen wie spezifisch wettbewerbsrechtlichen Inhalts (Ges. gegen den unl. Wettbew. § 16) sein kann. Die urheberrechtliche Natur wird noch vielfach von juristischen Beurteilern bestritten, aber wohl mit Unrecht, denn soweit ein Nachdruck eines Titels in Verbindung mit anderen Entlehnungen geschieht, ist es eine Verletzung des geistigen Eigentums des Berechtigten! Das macht natürlich einen Unterschied je nach dem Grad der Eigenart des Titels und dem Grade der Entlehnung. Der Titel allein als bloßer Name genießt nach deutschem Recht keinen Urheberschutz, namentlich nicht, wenn es ein Titel ohne Besonder-

heit ist; er ist dann Name und Nachricht, aber ganz anders liegt das bei eigenartigen Titeln, die selber schon eine literarische Schöpfung sind.

Es muß also auch nach deutschem Recht ein Urheberschutz für Bücher- und Zeitschriftentitel insoweit angenommen werden, als der Titel (ein besonders gearteter, origineller, spezifischer erkennbarer Titel) in Verbindung mit anderen Entlehnungen für eine gleichartige Unternehmung gebraucht wird!

Nicht bestritten ist der Schutz des Titels gegen unlauteren Wettbewerb, wenn der Tatbestand des schon erwähnten § 16 UWG. vorliegt, was schon wiederholt Gegenstand von Prozessen zwischen Zeitungsunternehmungen (z. B. Modenwelt, Große Modenwelt usw.) gewesen ist. Jedenfalls bietet sich von hier aus eine Stütze für die urheberrechtlich-wettbewerblich gemeinsame Auffassung eines Schutzes für den Titel von Druckschriften.

Ebenso wichtig ist im literarischen Verkehr das persönliche Namenrecht, und auch hierfür gelten die Rechtssätze, die den Berechtigten vor unlauterer Verwechselungsabsicht schützen sollen; freilich hat das seine Grenzen dann, wenn etwa ein Herr Meyer mit einem anderen Herrn Meyer in literarischen Wettbewerb tritt; denn wenn jemand berechtigtermaßen den Namen Meyer führt, so kann ihm die Führung dieses Namens nicht verboten werden, wenn er etwa in wettbewerbliche Nähe zu einem anderen Schriftsteller Meyer kommt; gegen solche natürliche Verwechselungsgefahr muß eben die Aufmerksamkeit des Publikums selbst sich wenden, aber in unlauterer Weise ausnutzen oder übertreiben darf der Betreffende die Namensgleichheit nicht, vielmehr ist da die Gegenwirkung der Rechtsauffassung sehr empfindlich, das heißt: sie legt trotz der Berechtigung der Namensführung einen scharfen Maßstab an, um festzustellen, ob im einzelnen Fall mit der zufälligen Gleichnamigkeit „krebsen gegangen" wird.

Besonders interessante Fragen treten noch bei dem — ebenfalls juristisch große Schwierigkeiten bietenden — Pseudonym auf. Die Führung eines Decknamens als nom de guerre muß als grundsätzlich erlaubt gelten, und das ist für literarische Decknamen auch nie ernstlich bestritten worden, zumal ja Eintragung des wahren Namens in die Eintragsrolle vorgesehen ist, also Berechtigung der Decknamenführung dadurch vorausgesetzt wird und ausdrücklich eine Schutzfrist für anonym und pseudonym erschienene Werke (auf 30 Jahre seit Erscheinen) gesetzlich festgesetzt ist. Wieweit ein Recht des Decknamens für alle bürgerlichrechtlichen Verhältnisse außerhalb des künstlerischen und literarischen Nutzungsbereichs zutrifft, bietet natürlich mancherlei juristische Schwierigkeiten. Wichtig ist da der § 12 BGB.: „Wird das Recht zum Gebrauch eines Namens dem Berechtigten von einem andern bestritten oder wird das Interesse des Berechtigten dadurch verletzt, daß ein anderer unbefugt den gleichen Namen gebraucht, so kann der Berechtigte von dem andern Beseitigung der Beeinträchtigung verlangen. Sind weitere Beeinträchtigungen zu besorgen, so kann er auf Unterlassung klagen." Hier handelt es sich in erster Linie um den obrigkeitlich anerkannten Namen, um den Namen, den jemand als Staatsbürger führt. Ob der Paragraph auch einen Schutz für den Künstlernamen, den Decknamen, enthalten soll, ist so bestritten, daß man mit gleich guten Gründen sowohl das Ja wie das Nein verteidigen und rechtlich glaubhaft machen kann. Kaum ein Zweifel also kann darüber bestehen, daß der berechtigte bürgerliche Name auf Grund des § 12 BGB. gegen ein gleiches Pseudonym Schutz genießt. Aber auch ein bereits als nom de guerre bekannter Name muß gegen einen gleichen nom de guerre geschützt sein, selbst wenn die Gegenansicht sich darauf beruft, daß es sich nur um eine Art Kennmarke und nicht um einen „Namen" im gesetzlichen Sinne handelt.

Aber selbst diejenigen, die aus theoretischen juristischen Erwägungen in solchen Fällen einen analogen Schutz nach § 12 BGB. versagen wollen, versagen trotzdem den Rechtsschutz noch nicht durchaus, sondern betrachten die besondere Lagerung eines Falles, der unter Umständen unter die Fittiche des Markenschutzes oder des Gesetzes gegen unlauteren Wettbewerb oder besonderer landesgesetzlicher Bestimmungen (z. B. bei adligen Namen) zu nehmen ist.

Besondere Schwierigkeiten knüpfen sich begreiflicherweise an den Gebrauch eines adligen Namens als Pseudonym oder des Doktor- oder eines anderen Titels. Ohne Zweifel darf jemand, der zur Führung des Doktortitels berechtigt ist, oder einen anderen Titel hat, diesen Titel auch seinem Pseudonym beifügen; ebenso wird ein Adliger auch bei seinem Pseudonym die gleiche oder eine mindere Standesbezeichnung wählen dürfen. Das Umgekehrte — sich selbst im Pseudonym zu adeln, zu promovieren, im Stand oder

im Titel heraufzusetzen — kann edoch nicht als erlaubt angesehen werden.

Inhalt des Urheberrechts.

Aus der Tatsache der Urheberschaft, d. h. der rechtmäßigen Trägerschaft des Schöpfungsrechts an einem schutzfähigen Werk, fließt ein Verbietungs- und Ausschließungsrecht gegen jedermann, so daß niemand in die vom Gesetz grundsätzlich gegebenen Schutzrechte störend eingreifen darf — sei es durch Aneignung, sei es durch Beeinträchtigung der persönlichen oder der vermögensrechtlichen Vorteile, die sich aus dem geistigen Schöpfungsrecht ergeben. Diese ausschließende Kraft bildet auch die Grundlage dafür, daß der Urheber ein Verlagsrecht einräumen, also einen anderen mit der ausschließlichen wirtschaftlichen Nutzung seines Geisteserzeugnisses betrauen kann. Zugleich ergibt sich aus diesem Grundsatz der Ausschließlichkeit, daß — abgesehen von den oben erwähnten Fällen des Miturheberrechts oder der teilbaren Urheberrechte — an ein und demselben Werk nur ein einziges Urheberrecht bestehen kann; auch bei den (anscheinend) geteilten Urheberrechten, z. B. an Originalwerk und Bearbeitung, besteht an den einzelnen erkennbaren und unterscheidbaren Teilen auch nur je ein Urheberrecht, das einem Einzelnen zusteht, der seinerseits darüber zu befinden hat, selbst wenn das Ganze aus mehreren Schöpfungen (und Schöpfungsrechten) kombiniert ist; man vgl. z. B. Oper und Operette, Lied, Film u. dgl.

Der Träger des Urheberrechts kann jede Wiedergabe (die nicht freie Neuschöpfung ist und soweit sie dies nicht ist) verbieten, falls nicht die im Gesetze gezogenen Grenzen für erlaubte Zitierung und Entlehnung gewahrt sind (über diese s. weiter unten).

So also ist der grundlegende § 11 UG. zu verstehen, der in Abs. 1 bestimmt: „Der Urheber hat die ausschließliche Befugnis, das Werk zu vervielfältigen und gewerbsmäßig zu verbreiten; die ausschließliche Befugnis erstreckt sich nicht auf das Verleihen. Der Urheber ist ferner, solange nicht der wesentliche Inhalt des Werkes öffentlich mitgeteilt ist, ausschließlich zu einer solchen Mitteilung befugt." Abs. 2 u. 3 erstrecken diese ausschließlichen Befugnisse auf Vortrag und Aufführung (s. unten).

Eingriffe in das ausschließliche Recht des Urhebers geschehen in den mannigfachsten Formen und ihre verschiedenen Benennungen bezeichnen eigenartige Tatbestände. Rechtlich betrachtet handelt es sich dabei um „Vervielfältigungen", die nach § 11 UG. dem Verfasser vorbehalten sind.

Plagiat nennt man ein Benutzen fremder Schöpfung, als sei es eigene, mit der beabsichtigten Wirkung, sie als eigene erscheinen zu lassen — also gehört hierzu der Vorsatz, während bei anderen Formen der Urheberrechtsverletzungen, also bei Nachdruck und Abdruck schlechthin, Fahrlässigkeit den Tatbestand nicht ausschließt.

Nachdruck nennt man im allgemeinen den Abdruck von etwas schon Vervielfältigtem, Abdruck (im engeren technischen Sinne) den Druck von noch nicht Vervielfältigtem (also etwa eines in Verwahrsam gegebenen Manuskriptes, eines mündlich gehaltenen und mitstenographierten Vortrags). Dieser letztere Eingriff trifft vielleicht noch mehr als jener erste die Persönlichkeitssphäre des Urheberrechts; denn wenn etwas schon vervielfältigt ist, so schädigt neuer Abdruck (meist!) nur das Vermögensinteresse oder subtilere Unterscheidungswünsche des Berechtigten, während der unerlaubte Abdruck von noch nicht Veröffentlichtem in die Entschlüsse des Berechtigten, ob er überhaupt und wann er veröffentlichen wolle, eingreift.

In welcher Weise der unberechtigte Nachdruck oder Abdruck veranstaltet wird, bleibt sich im allgemeinen gleich. Auch Wiedergabe eines gedruckten Werkes etwa in Blindenschrift, eines Tonwerkes auf Walzen oder phonographischen Platten ist Nachdruck. Denn auf die praktische Wirksamkeit kommt es an. Ebenso bleibt es sich gleich, welche Fassung des Werkes nachgedruckt wird. Die neue Auflage genießt schon deshalb neben der alten den Schutz, weil ja (nach § 12 UG.) der Urheber ein ausschließliches Recht auch für die Bearbeitungen hat neben der originalen Fassung. Aber wenn es sich um eine Bearbeitung handelt, die an Stelle einer anderen treten soll, dann sind es nicht zwei Werke, an deren jedem der Urheber ein gesondertes Urheberrecht hat, dann steckt vielmehr der Schutz an der alten Fassung in dem Schutze der neuen; sie sind einander kongruent und übereinandergelegt. Das haben diejenigen Beurteiler übersehen, die die sogenannten „Nebenluftausgaben" mit vieler formaljuristischer oder gesetzestechnischer Spitzfindigkeit für erlaubt ansahen, weil sie die durch Ablauf der Schutzdauer freigewordene erste Fassung, die anonym erschienen war, für gemeinfrei erachteten.

Zum eignen Bedarf ist Vervielfältigung erlaubt, und Verleihen einer schon vorhandenen Vervielfältigung ist ebenfalls

erlaubt; nicht aber — was im Gesetz nicht ausdrücklich gesagt ist, aber aus dem Wettbewerbsschutzgedanken sich ergibt — ist es erlaubt, sich eine Abschrift für persönlichen Gebrauch herzustellen und diese dann gewerbsmäßig zu verleihen; denn das fiele bereits unter den Tatbestand des Verbreitens.

Vollendet ist der Tatbestand des Abdrucks oder Nachdrucks, sobald Teile von Exemplaren verkehrsfähig fertiggestellt sind. Auch Herstellung eines einzigen Exemplars (mit der Absicht der Verbreitung) genügt. Der Vervielfältigungsakt an dem Teile (§ 41 UG.) muß vollendet sein.

Nachdruck im weiteren Sinne ist auch der veränderte Nachdruck (Bearbeitung u. dgl.). Der § 12 UG. zählt die Bearbeitungen, die „insbesondere" dem Urheber vorbehalten sind, auf: Übersetzung, Rückübersetzung, Wiedergabe einer Erzählung in dramatischer Form oder eines Bühnenwerkes in der Form einer Erzählung, Herstellung von Auszügen (aus Werken der Tonkunst, was aber analog auch für Schriftwerke gilt!), Übertragung eines Werkes auf mechanische Wiedergabeapparate und Instrumente, Filmung. Damit sind nur Beispiele aufgezählt, aus denen sich der leitende Gedanke ergibt: Die übertragende Bearbeitung in eine andere Ausdrucksform ist an sich durchaus noch keine freie, eigentümliche Schöpfung, sondern bleibt „Wiedergabe". Freilich kann die Grenze durch ein wirkliches eigenes Schaffen überschritten werden, und soweit das geschieht, soweit entsteht an dem Neugeschaffenen ein eigenes Urheberrecht, dessen Selbständigkeit dem Vorbild gegenüber natürlich jeweils im einzelnen Falle zu unterstreichen ist. Die Feststellung, wann eine eigene freie Schöpfung vorliegt, ist nicht leicht.

„Da auch in diesen Fragen", sagte ich in meinem Buche Gewerblicher Rechtsschutz (S. 48), „der Wahrheitsgedanke der geistigen Eigenschöpfung von ausschlaggebender Bedeutung ist, so ist das Merkmal der ‚eigentümlichen' Schöpfung kein schematisches ... Hat jemand ein frei geschaffenes eindrucksvoll neues Sujet behandelt, so ist es gegen Wiederholung in anderer Arbeit empfindlicher als etwa die Darstellung alter menschlicher Spruchweisheiten zur Belehrung oder religiöser Heilswahrheiten zur Erbauung, bei denen schon verhältnismäßig geringe neue Farbtöne das neue Werk zu einer eigenartigen Schöpfung machen. Dasselbe gilt von einfacheren Darstellungen von Tatsachen oder Vorgängen, die man nur schwer oder gar nicht anders ausdrücken kann, als es schon einmal geschehen ist; denn ein Monopol auf Beschreibungen bestimmter Vorgänge und Verfahren oder auf den Gebrauch allgemeingültiger Worte gibt es natürlich nicht. Auch hier ist maßgebend, ob die Ähnlichkeit gesucht oder im Gegenteil unvermeidbar war (RGZ. 85, 248)." In solchen Fällen verschiebt sich dann das Unterscheidungsmoment mehr in das Ausdrucksmittel oder gar in die Ausstattung, Anordnung, Gliederung des Buches oder des Stoffes.

Die ausschließlichen Rechte des Urhebers erstrecken sich grundsätzlich auch auf Vortrag, Aufführung, Vorstellung, Schaustellung seines Werks (§ 11 UG.), also auf alle Arten der Wiedergabe, nicht nur der drucktechnischen. Das Recht der Genehmigung und Untersagung dieser Veröffentlichungen des Werks steht neben dem der Genehmigung und Untersagung von Nachdruck und Abdruck. Denn Vortrag, Aufführung, Schaustellung sind als eine Form der Wiedergabe anzusehen, wenn es auch — genau betrachtet — eine veränderte Form der Wiedergabe ist. „Zur Veranstaltung einer öffentlichen Aufführung ist, wenn mehrere Berechtigte vorhanden sind, die Einwilligung eines jeden erforderlich. Bei einer Oper oder einem sonstigen Werke der Tonkunst, zu welchem ein Text gehört, bedarf der Veranstalter der Aufführung nur der Einwilligung desjenigen, welchem das Urheberrecht an dem musikalischen Teile zusteht." (§ 28 UG.). „Bei Werken, die vor oder nach dem Erscheinen öffentlich aufgeführt oder vorgetragen sind, wird vermutet, daß derjenige der Urheber sei, welcher bei der Ankündigung der Aufführung oder des Vortrages als Verfasser bezeichnet worden ist" (§ 7 UG.). Vorbehalten sind also dem Urheber, d. h. von seiner besonderen Genehmigung abhängig alle Akte, die als neue Veröffentlichung oder Verbreitung anzusehen sind, also: bei nicht erschienenen Werken der Vortrag, auch wenn sie schon einmal vorgetragen worden sind; bei Musikstücken jeder Vortrag („Aufführung"), weil die Drucklegung hier den Tatbestand der Veröffentlichung und Verbreitung nicht voll erfüllt; bei Bühnenwerken die Aufführung — aus demselben Grunde, während ihre Vorlesung keine neue Art der Verbreitung gegenüber dem gedruckten Buch ist; bei Filmen oder anderen bildnerischen Kunstwerken die Vorführung, die wieder erst neues charakteristisches Leben in das Werk gegenüber der Öffentlichkeit bringt.

Die positive Vorschrift, daß der öffentliche Vortrag eines erschienenen Schriftwerks erlaubt ist, ist eine Anomalie; widerspricht dem Wesen der sonst geltenden Sätze des Urheberrechts; denn es ist nicht einzusehen, warum das gegen Nachdruck geschützte Werk öffentlich, also auch gegen Entgelt für den Vortragenden, frei vorgetragen oder vorgelesen werden darf; daß es zur Werbung für den Vorgelesenen diene, steht nicht im Wege, das gilt für Musikstücke auch, und die Forderung, daß die Erlaubnis erteilt werden müsse, wird dem Kulturleben kaum Schaden zufügen, denn bei unbekannten Werken wird die Erlaubnis gern erteilt werden, bei bekannten Zugstücken ist ein Honorar für den Verfasser ebenso am Platze wie bei Nachdruck oder wie bei dem Vortrag von Musikstücken. Geschieht das nicht öffentlich und nicht gegen Entgelt, so ist das ganz berechtigtermaßen anders; aber diese unterschiedliche Behandlung des Vortrags von Schriftwerken gegenüber der Aufführung von Schriftwerken oder gegenüber dem Vortrag von Musikstücken ist unberechtigt. Man kann sogar von einer gesteigerten Vortragsfreiheit sprechen insofern, als nach § 26 UG. aus (erlaubten) Sammlungen zum Schulgebrauch auch geschützte Werke aufgeführt werden dürfen und der Dichter eines Liedes nicht die Einwilligung zum musikalischen Vortrag zu geben braucht, es sei denn, daß das Gedicht seiner Gattung nach zur Vertonung bestimmt ist (Chanson, Couplet — § 20 UG.), und ein Vortragender, wenn er das will, auch die in einer öffentlichen Verhandlung gehaltene Rede eines anderen anderwärts vortragen darf. Diese Folgen des § 26 UG. hat sich der Gesetzgeber kaum richtig überlegt.

Unter Aufführung wird bei Schriftwerken (und Pantomimen, choreographischen Werken u. dgl.) die szenische Aufführung mit verteilten Rollen verstanden; die öffentliche Aufführung, auch die unentgeltliche, ist verboten. Es ist aus dem ausschließlichen Genehmigungs- und Verbietungsrecht des Schöpfers des Werkes hier, wie das Verlagsrecht aus dem Urheberrecht, ein wohlgeordnetes Aufführungs-Vertragsrecht entstanden. Insbesondere sind durch die Novelle zum UG. vom 22. Mai 1910 die (schon oben kurz erwähnten) Rechtsverhältnisse der mechanischen Musikinstrumente und der Filmung geregelt worden, was uns zu dem neuen und interessanten Rechtsbegriff der Vorführung gelangen läßt. Das Vorführungsrecht ist ein Nebengebiet des Aufführungsrechts. Vorführung ist etwas Mechanisches gegenüber der Aufführung, ist eine weitere — oder überhaupt eine — Veräußerlichung der Aufführung, läßt jede eigene geistige Leistung des Vorführenden dabei vermissen; ist nicht einmal Vortrag, sondern eine Art Verbreitung, wie sie etwa der Verkauf eines Buchs, das Schaustellen eines Bildes wäre. Auch das Spielen mit Phonola oder ähnlichen Kunstspielapparaten gehört noch in diese Gattung — in das Gebiet also der „mechanisch-musikalischen Aufführungsrechte", für die die Ammre, die „Anstalt für mechanisch-musikalische Rechte" sich aufgetan hat, oder in das Gebiet des Filmverleihgeschäfts. Die hier einer neueren Technik folgende rechtliche Regelung entstammt z. T. erst den Novellen von 1910 und steht in den §§ 22—22c des UG. und §§ 15 und 15a des KG. Dabei steht der neue § 15a, der den Film betrifft, methodisch betrachtet, im falschen Gesetz, denn er ist keine Kunstschutz-, sondern eine Literaturschutzbestimmung, soweit eben der Film eine Handlung und nicht lediglich ein Bildwerk darstellt. Ist ein Film als Literarwerk geschützt, so erstreckt sich der Schutz seines Urhebers auf die öffentliche Vorführung seines Werkes sowohl in der ursprünglichen wie auch in geänderter Gestaltung (analog dem Recht der Bearbeitung). Der § 15a KG. gibt als Literatur- und Kunstschutzbestimmung umfassenderes Recht als der § 15 KG., der nur das bildkünstlerische Urheberrecht betrifft. Es wäre ein unmöglicher Schluß, aus dem § 15 KG., der ein Verleihen von Kunstwerken gestattet, während er Vervielfältigung, Verbreitung und gewerbsmäßige mechanische Vorführung verbietet, entnehmen zu wollen, daß er die Verleihung behufs mechanischer Vorführung erlaube.

Hier bei den musikalisch-mechanischen Wiedergaberechten ist auch der Ort, von der in den §§ 22ff. UG. festgelegten Zwangslizenz zu sprechen. Gestattet der Urheber eines Werks der Tonkunst jemandem, das Werk zum Zwecke der mechanischen Wiedergabe gewerbsmäßig zu vervielfältigen, so kann, nachdem das Werk erschienen ist, jeder Dritte, der im Inland eine gewerbliche Hauptniederlassung oder den Wohnsitz hat, verlangen, daß ihm der Urheber gegen eine angemessene Vergütung gleichfalls eine solche Erlaubnis erteile; für die Entstehung des Anspruchs macht es keinen Unterschied, ob der Urheber dem anderen die Vervielfältigung mit oder ohne Übertragung der ausschließlichen Befugnis gestattete. Dem Textverfasser gebührt ein angemessener

Teil der Vergütung. Die betreffenden mechanischen Vorrichtungen dürfen dann zu öffentlichen Vorführungen (das Gesetz sagt Aufführungen) benutzt werden. Auch der Verleger, der also einen Teil des ausschließlichen Rechts besitzt, hat Anspruch auf einen angemessenen Teil der für die Lizenzerteilung erwirkten Vergütung. Der ganze schwierige Vorgang der Überwachung, Erlaubniserteilung und Gebühreneinziehung ist durch die schon erwähnte, im Jahre 1909 gegründete „Anstalt für mechanisch-musikalische Rechte G. m. b. H. in Berlin" erleichtert worden.

Erlaubte Entlehnungen.

Erlaubt werden Entlehnungen, wenn das Allgemeininteresse über das Einzelinteresse des Schutzberechtigten geht — wie denn begreiflicherweise ein Monopolrecht wie das UR. nicht schrankenlos sein kann, wenn es nicht kulturhindernd werden soll. Die Erlaubnis von Entlehnungen stellt sich als Ausnahme von der Grundregel des Rechtsschutzes dar. Schon die Begrenzung der Schutzdauer ist eine solche Ausnahme, ebenso sind es alle jene Erlaubnisse, die in den §§ 16ff. UG. die Grundregel der §§ 11 und 12 durchbrechen. Denn das Privatinteresse des Verfassers muß hinter dem Allgemeininteresse des Kulturlebens zurückstehen, wenn es sich um den „Verfasser" von Gesetzbüchern, amtlichen Erlassen und Schriften, von Reden in öffentlichen Verhandlungen, vor Gericht usw. handelt. Eine besonders wichtige Ausnahme, die mancherlei Schwierigkeiten mit sich bringt, ist die Zitierfreiheit.

Man kann Text, Bilder und Musik zitieren und man kann das tun in der Art der „Anführung" oder des „Kleinzitats", d. h. des eigentlichen Zitierens, sowie in einzelnen vom Gesetz ausdrücklich genannten Fällen erlaubter Aufnahme, Entlehnung, Wiedergabe, des sog. „Großzitats".

Das Kleinzitat bedeutet, soweit es Text und Musik angeht, die Übernahme einzelner Stellen oder kleinerer Teile in eine selbständige literarische Arbeit (UR. §§ 19,1 und 21,1), und soweit es Abbildungen betrifft, die Übernahme einzelner Abbildungen aus erschienenen Werken in ein neues Schriftwerk (UR. § 23).

Das Großzitat betrifft, soweit es Text und Musik angeht,

a) die Aufnahme einzelner Aufsätze oder Gedichte von geringerem Umfange oder kleiner Kompositionen in eine sebständige wissenschaftliche Arbeit (UG. §§ 19,2 und 21,2);
b) die Aufnahme von Gedichten in Singbücher (UG. § 19,3);
c) die Aufnahme von Aufsätzen, kleineren Gedichten und Kompositionen und Teilen von Schriftwerken in Sammlungen zum Kirchen-, Schul- und Unterrichtsgebrauch und in Schriftwerke mit eigentümlichem literarischen Zweck (UG. § 19,4); für Kompositionen (§ 21,3) nur außerhalb der Musikschulen und nicht zu eigentümlichem literarischen Zweck.

Soweit es Abbildungen anlangt, handelt es sich um die Aufnahme einzelner künstlerischer Werke a) in eine selbständige wissenschaftliche Arbeit, b) in Schriftwerke für den Schul- und Unterrichtsgebrauch (KG. § 19).

Diese Regelung, die an sich ziemlich einfach aussieht, birgt eine große Menge von Schwierigkeiten in sich, namentlich bezüglich der Abbildungen:

Abbildungen, die keine künstlerischen Werke sind und nicht bereits in einem Schriftwerk erschienen sind, fallen überhaupt nicht unter diese Bestimmungen, dürfen also gar nicht entlehnt werden. Künstlerische Werke müssen erschienen oder bleibend öffentlich ausgestellt sein, um entlehnt werden zu können. Was dabei „erschienen" bedeutet und „bleibend öffentlich ausgestellt", birgt auch wieder manche Zweifel in sich. Ausgenommen sind wieder öffentliche Bauten (nach KG. § 29), während das Innere solcher Bauten nicht frei reproduziert werden darf. Abbildungen dürfen weiter überhaupt nur dann entlehnt werden, wenn sie ausschließlich zur Erläuterung des Inhalts dienen. Was das besagt, ist durchaus nicht eindeutig. Sie dürfen nur Mittel zum Zweck sein und es kann sich jedenfalls niemand auf diese Entlehnungserlaubnis stützen, der eine Bilderzusammenstellung mit verbindendem Text macht und durch diesen Text etwa den Hauptzweck der Bilderwiedergabe zu verschleiern sucht. Nicht so schwierig wie bei Abbildungen liegen die Rechtsverhältnisse bei der Übernahme von Texten. Auch sind da die gesetzlichen Bestimmungen eingehender und geben die Fälle genau an (nach §§ 19, 20, 21 UG. s. oben).

Einzelheiten und Besonderheiten.

Beiträge in Zeitungen unterstehen einem Sonderrecht. Leitartikel, Meinungsäußerungen dürfen in anderen Zeitungen unter Quellenangabe, Tatsachenmitteilungen dürfen ohne Quellenangabe nachgedruckt werden. Nur „Ausarbeitungen wissenschaftlichen, technischen

oder unterhaltenden Inhalts" genießen den Schutz gegen Nachdruck. Ob hier die Quelle angegeben wird, ist ganz gleichgültig; ihr Nachdruck ist in jedem Falle strafbar. Diese Bestimmung dient dem Schutze des Schriftstellers, während durch jene erstgenannten Freiheiten dem öffentlichen Verkehr und der Kultur ein Dienst getan werden soll; freilich wird immerhin dadurch der Winkelpresse ein billiges Vegetieren ermöglicht, das außerdem oft durch skrupellose Plünderung auch der geschützten Geisteserzeugnisse vervollständigt wird. Man baut darauf — und zwar meist mit gutem Erfolg —, daß der Berechtigte keine Kenntnis von dem Nachdruck erhält. Gegen die wirtschaftlichen Schäden durch die erlaubte Ausplünderung der Neuigkeiten schützen sich die größeren Blätter durch Schnelligkeit der Berichterstattung. Die Vorschrift der Quellenangabe für die Entlehnung jedes größeren Artikels gibt ein gewisses Entgelt durch die Nennung des Namens der Zeitung. Die Berichte der Gerichtsverhandlungen und ähnliches werden von den Gerichten nach Vorgang der Stellungnahme der literarischen Sachverständigenkammern als geschützte Ausarbeitungen angesehen; auf den literarischen Wert oder die Neuheit dieser feuilletonistischen u. dgl. Artikel kommt es nicht an; hier ist ganz überwiegend die Formgebung geschützt. — Schwierig ist die Rechtslage der Artikel in Zeitungskorrespondenzen; und zwar sowohl was das Verhältnis der abdruckenden Zeitung zu der Korrespondenz wie zu dem Verfasser des Korrespondenzartikels anlangt. Der Abdruck, der von der Korrespondenz gegen eine im voraus festgesetzte Gebühr gestattet wird, stellt sich als Annahme eines Vertragsantrages dar, und die abdruckende Zeitung kann sich nicht damit entschuldigen, daß sie den Artikel anderwärts gesehen und von dort abgedruckt habe; der Verfasser aber hat seine Rechte an die Korrespondenz abgetreten zu deren Zweck, also zum Weiterverkauf für deren Rechnung; aber man wird sagen dürfen, daß die Zeitungskorrespondenz als Zeitung zu gelten hat und daß der Verfasser seine Arbeit sogleich nach Erscheinen wieder verwenden darf (§ 42 VG.); nur das „sogleich nach Erscheinen" ist hier wegen der Umstände des Falles so auszulegen, daß die Benutzung des Korrespondenzartikels durch die Zeitungen, die sich auf etliche Zeit erstrecken muß, abzuwarten ist.

Ein Mit-UR. liegt oft zwischen dem Herausgeber und dem Verleger bei Sammelwerken und Zeitschriften vor, so daß ihre verlagsrechtlichen Beziehungen auf dem Boden des Gesellschaftsvertrags erwachsen. Es kommt hier (nach Analogie des § 47 des VG.) darauf an, wer den Plan gegeben, die Formgebung bestimmt hat, und hier um so mehr, weil es sich nur um Erfüllung dieses Planes, nicht, wie bei der Abfassung von eigenen Arbeiten, um das Hinzutreten eigener, außerhalb des Planes liegender literarischer Ausführungstätigkeit handelt. Das Reichsgericht führt in der wichtigen Entscheidung vom 17. Januar 1908 (RGZ. Bd. 68, S. 49) aus, die Rechtsstellung des Herausgebers einer Zeitschrift könne sehr verschieden sein; bei manchen Zeitschriften sei der Verleger derart „Herr des gesamten Unternehmens", daß es ihm freistehe, dem Herausgeber zu kündigen und einen anderen an seine Stelle zu setzen; bei anderen Zeitschriften sei es gerade umgekehrt, der Herausgeber sei der eigentliche Herr des Unternehmens. Durch das zugrunde liegende Vertragsverhältnis kann also die Frage nach dem dinglichen UR. nachdrücklich beeinflußt werden; der Verleger kann das UR. haben, obwohl ein Herausgeber genannt ist, oder die Lebensäußerungen des UR. können durch die vertraglichen Verhältnisse völlig überdeckt werden.

Daraus ergeben sich dann die Folgen: was beim Ausscheiden eines Herausgebers, Tod des Herausgebers, Auflösung der Firma des Verlegers oder dgl. zu geschehen hat. Beim Vorliegen eines Verlagsvertrages spricht die Vermutung dafür, daß der Herausgeber das UR. hat; es würden dann also die Erben auf die Fortführung des Unternehmens und Wahl eines neuen Herausgebers Einfluß haben, beim Werkvertrag und beim Gesellschaftsvertrag würde das Verhältnis, wenn im Vertrag nichts vorgesehen ist, beim Eintritt eines solchen Falles gelöst sein. Sind mehrere Herausgeber vorhanden, so dürfte im Zweifel das UR. beim Verleger liegen. Dabei ist auch genau zwischen Herausgeber und Redakteur zu unterscheiden; letzterer hat zumeist kein UR. Ist z. B. eine Gesellschaft Herausgeber einer Zeitschrift oder eines Sammelwerkes, so steht das UR. bei ihr und nicht beim Redakteur, und das ist auch für die Frage der Schutzdauer von besonderer Bedeutung.

Gleicher Wettstreit entsteht zwischen dem Filmunternehmer und dem Verfasser des Filmbuchs oder auch dem Regisseur. Hier sind ganz neue und schwierige Urheberrechtsfragen in das Blickfeld getreten. Während der Photograph, Filmoperateur für sich oder (auch

originär) für den Unternehmer das künstlerische UR. des Films erwirbt, erwirbt es der Regisseur, der Leiter oder Unternehmer des Films für sich oder für den Verfasser. Soweit ist man in der Wissenschaft einig; nicht jedoch in der Hinsicht, ob und wann der „Verfasser" des Films ein UR. erwirbt. Eine starke Strömung geht dahin, diesen Verfasser des Filmbuches überhaupt auszuschalten, weil er für den Film nur Vorarbeit liefere und die eigentliche Stellung und Gestaltung des Films eine besondere geistig-künstlerische Leistung sei. Man will dem Filmbuch nur Schriftwerkschutz als einem Buche gegen Nachdruck geben, aber ein UR. am Film für den Verfasser des Filmbuchs überhaupt nicht entstehen lassen. Das mag oft richtig sein, immer aber ist es das nicht. Die Meinung, der Verfasser des drehreifen Filmbuchs habe kein UR. am Film, geht viel zu weit; sie verkennt die grundlegenden Sätze des UR. über Bearbeitung und freie Schöpfung. Gibt ein Filmautor nur die Fabel oder etwa auch noch einige Daten für die bildhafte Wirkung, so muß natürlich der Filmunternehmer oder Filmregisseur erst einmal das Stück und Spiel selber geistig aufbauen, den Film regieführend dichten und „spielend" ihm seinen Vorgang klarlegen. Das aber trifft nicht zu bei dem wirklich drehreifen Buch. Hier hat der Filmautor, der dies niederschrieb, den ganzen Film im Kopfe durchgedacht, sieht ihn vor sich, wie ein Dramatiker das Bühnenwerk vor sich sieht, und was dann gekurbelt wird, ist mehr oder weniger getreue Aufführung seines dramatischen Werkes, mag der Regisseur immerhin Änderungen oder Kürzungen im einzelnen daran noch vornehmen, wie dies ja bei der Aufführung von geschriebenen Bühnendramen ebenfalls geschieht. Der Filmautor, der ein drehreifes Buch liefert (als Eigenschöpfung), hat UR. an diesem Werk auch in der Verkörperung des Films, und zwar kraft seines eigenen geistesschöpferischen Rechts, was durch die Betonung der kapitalistischen und richtunggebenden Mitarbeit des Filmunternehmens, trotz entgegenstehender Ansicht mancher juristischen Beurteiler, nicht aus der Welt geschafft werden kann. Er hat ja auch das Filmbuch nicht für die Lektüre, sondern für die Filmung geschrieben und der Filmhersteller steht mithin ihm gegenüber in der rechtlichen Rolle eines Verlegers, Theaterdirektors, Orchesterleiters oder dgl. Daß der Film neben dem geistigen Inhalt noch allerlei bildnerische, darstellerische und ähnliche Aufgaben stellt, kann hier ebensowenig wie bei der Inszenierung einer Oper etwas an den grundlegenden Rechtstatsachen des geistigen Schöpferrechts ändern. Erst wenn der Ausführende — über den Charakter der Anwendung eines Ausdrucksmittels hinaus — starke Eigenleistungen als Bearbeiter des Inhalts gibt, als frei und eigentümlich Gestaltender das Werk über die Grundlage der Filmfabel sichtbar hinaushebt, tritt für ihn nach allgemeinen Urheberrechtssätzen eigenes UR. zutage.

Dauer des Urheberrechtsschutzes.

In der Begrenzung des Urheberrechtsschutzes, namentlich in seiner zeitlichen Begrenzung, liegt der Ausgleich für die Tatsache, daß jeder Schaffende inmitten der Umwelt und auf den Schultern der Vergangenheit steht und den Zeitgenossen wie den Vorfahren ein gut Teil seines Könnens und Wirkens verdankt.

Für jedes veröffentlichte Werk der Literatur und der Kunst tritt ein Zeitpunkt ein, wo Nachdruck gestattet ist, „Nachdruck" als anfechtbaren Rechtstatbestand es dann also nicht mehr gibt. Dieser Zeitpunkt tritt nach Ablauf von 30 Jahren nach dem Tode des Urhebers ein, wenn außerdem 10 Jahre seit der Veröffentlichung des Werkes verstrichen sind. Ist der Verfasser nicht oder unter falschem Namen genannt oder ist der Schutzberechtigte eine unpersönliche Gesamtheit, „juristische Person" (Akademie, Gesellschaft), so läuft der Schutz 30 Jahre nach dem Erscheinen des Werkes ab. Hierbei wird jedoch das Jahr des Erscheinens wie auch im ersten Falle das Todesjahr des Verfassers nicht mitgerechnet. Die Schutzdauer für anonyme und pseudonyme Werke kann dadurch verlängert werden, daß der Autor seinen wahren Namen zur Eintragsrolle angibt; in diesem Falle läuft auch bei ihm der Rechtsschutz erst 30 Jahre nach seinem Tode ab. Bestand an dem Werke ein Mit-UR. mehrerer, so erlischt es erst 30 Jahre nach dem Tode des Letztlebenden. Bei Sammelwerken geht das UR. am Sammelwerk als Ganzem erst 30 Jahre nach dem Tode des Herausgebers unter, während dasjenige an den einzelnen Beiträgen selbständig läuft, sofern sie nicht als Teile des Ganzen, sondern selbständig in Frage kommen. Bei einem mehrbändigen Werk, dessen Bände zu verschiedenen Zeiten erschienen sind, berechnet sich die Dauer für jeden Band besonders, ebenso bei Heften von Zeitschriften u. dgl., bei Lieferungswerken nach der letzten Lieferung.

Schwieriger liegen die Dinge bei unveröffentlichten Werken oder bei Werken, die nach dem Tode des Verfassers aufgefunden werden und bei denen es sich um die von einem anderen besorgte editio princeps handelt. Daß unveröffentlichte Werke einen „ewigen" Urheberrechtsschutz genießen, ist eine der Allgemeinheit gegenüber unberechtigte Bestimmung, und daß für post mortem auctoris aufgefundene Werke, die noch nicht veröffentlicht waren, dieser Schutz „ewig" den Erben des Urhebers verbleibt, so lange noch Erben sich legitimieren können, und diesen 10 Jahre lang nach der Auffindung des Manuskriptes zukommt, ist eine Ungeheuerlichkeit des UR. wie des Erbrechts. Aber das Gesetz hat es so bestimmt, und die Vermutung des § 29 UG., daß das UR. dem Eigentümer des Werkes (der Handschrift?) zustehe, ist eben nur eine Vermutung, die jeden Augenblick durch die Legitimierung auch ganz entfernter Erben zunichte gemacht werden kann. Es hat darüber schon recht interessante Auseinandersetzungen gegeben, obschon die Fälle, in denen dergleichen praktisch wird, ja selten sind.

Die Schutzmittel gegen Rechtsverletzungen sind zivilrechtlicher und strafrechtlicher Natur: Schadenersatzpflicht, Enteignung, Beschlagnahme, Bestrafung, Buße. Vorsätzliche oder fahrlässige Verletzung der Urheberrechte (unberechtigte Vervielfältigung, Verbreitung, öffentliche Mitteilung des wesentlichen Inhalts des Werks, öffentliche Aufführung oder Vortrag, Dramatisierung, Vorführung) macht schadenersatzpflichtig (§§ 36, 37 UG.) und ist strafbar (§ 38, 39 UG.), auch wenn die Rechtsverletzung nur einen Teil des Werkes betrifft (§ 41 UG.). Daneben kann auf Bußezahlung an den Berechtigten erkannt werden, die dann die Geltendmachung eines weiteren Schadenersatzanspruchs ausschließt (§ 40 UG.). Auf Vernichtung der widerrechtlich hergestellten Nachdrucke kann immer, ja auch dann erkannt werden, wenn die Rechtsverletzung weder vorsätzlich noch fahrlässig erfolgte und auch wenn die Herstellung noch nicht vollendet ist (§ 42 UG.), der Berechtigte kann aber auch Überlassung der Nachdruckstücke gegen eine gewisse Vergütung verlangen (§ 43 UG.). Die Strafverfolgung und die Vernichtung des Nachdrucks tritt nur auf Antrag des Verletzten ein (§§ 45, 47 UG.). Der Anspruch auf Schadenersatz und die Verfolgung verjähren in drei Jahren (§§ 50, 51 UG.) — Die verhältnismäßig einfache und aussichtsreiche, namentlich auch für die Verletzten billige Rechtsverfolgung durch Anzeige des Nachdruckfalles bei der Staatsanwaltschaft, die lange in Übung war, ist seit dem Gesetz zur Entlastung der Gerichte vom 11. März 1921 weggefallen, da seitdem der Weg der Privatklage gewiesen wird, die Staatsanwaltschaft sich des Falles also nur annimmt, wenn ein öffentliches Interesse gegeben ist, und das wird fast niemals der Fall sein. So ist praktisch die wirksame Verfolgung von Nachdruckvergehen auf solche Weise ziemlich ausgeschlossen worden, denn die kostspielige und langwierige Privatklage wird nur in seltenen Fällen angestrengt werden, also eine „Entlastung" der Gerichte, die einer Entrechtung, einer Entziehung des Rechtsschutzes der Staatsbürger gleichkommt.

Grundzüge des Verlagsrechts.

Der Verlagsvertrag ist nahe verwandt mit dem Kauf-, Miet-, Pacht-, Werk-, Gesellschaftsvertrag, und dinglich mit dem Nießbrauch u. dgl. Drei Hauptpunkte unterscheiden ihn von diesen Verträgen: 1. die nur teilweise Hingabe des Werkes an den Verleger; 2. die geistige Natur dieses Werkes; 3. die Verpflichtung des Verlegers für das Werk.

Der Verlagsvertrag ist ein zweiseitiger Vertrag, durch welchen eine begrenzte kapitalistische Benutzung von Rechten an geformten geistigen Werten in bestimmter dinglicher Form einem anderen übertragen wird, dieser aber sich zur Veröffentlichung und Verbreitung in bestimmtem Milieu verpflichtet.

Verlagsrecht ist nicht „übertragenes Urheberrecht", sondern es ist ein das UR. einschränkendes und belastendes Recht.

Beim „Kommissionsverlag" ist der wirtschaftliche Zweck und Aufbau des Vertrages ein anders gearteter; die Übertragung von Urheberrechten, die dingliche Form sind andere, und nur das Moment der Veröffentlichung und Verbreitung eines Geisteserzeugnisses führt diese Geschäfte zur Verlagstätigkeit. Der Kommissionsverlag richtet sich nach den Vorschriften des HGB. §§ 383—406.

Der Verfasser hat dem Verleger im Zweifel das ausschließliche Recht zur Vervielfältigung und Verbreitung des Werkes zu verschaffen (§ 8 VG.), also sich während der Dauer des Vertragsverhältnisses selbst jeder Vervielfältigung und Verbreitung, „die einem Dritten während der Dauer des Urheberrechts untersagt ist", zu enthalten (§ 2 VG.), also auch keinem anderen das VR. gleichzeitig zu übertragen. Ausdrücklich aber ist (auch bei Werken) dem Verfasser während der

Dauer des Verlagsverhältnisses vorbehalten: die Befugnis zur Übersetzung, zur Wiedergabe einer Erzählung in dramatischer Form oder eines Bühnenwerkes in Form einer Erzählung, zur Bearbeitung eines Werkes der Tonkunst, soweit sie nicht bloß ein Auszug oder eine Übertragung in eine andere Tonart oder Stimmlage ist. Er darf ferner alles tun, was auch Dritte dürften, also nach §§ 15—23 UG.: Vervielfältigung zu persönlichem Gebrauch ohne den Zweck pekuniärer Einnahme; das Zitat, wie es die §§ 19, 21, 23 UG. umschreiben, und die Aufnahme einzelner Gedichte in eine Anthologie oder einzelner Stücke in Lesebücher, Musikschulen u. dgl.; der Abdruck als Liedertext und als Textbuch für die Hörer (§ 20 UG.). Im übrigen darf der Verfasser seine Arbeit nur zur Hervorbringung einer neuen „eigentümlichen Schöpfung" frei benutzen. Wie die entsprechenden Bestimmungen des UG. in §§ 12 und 13 dem Schutz des Verfassers dienen, so dienen sie dem Schutz des Verlegers gegenüber dem Verfasser wie jedem Dritten.

Zur Aufnahme seiner Arbeit in eine Gesamtausgabe ist der Verfasser trotz noch laufenden Verlagsvertrages berechtigt, wenn seit dem Ablaufe des Kalenderjahres, in welchem das Werk erschienen ist, zwanzig Jahre verstrichen sind. Strittig ist dabei, ob sich das „Erscheinen" auf die erste oder die laufende Auflage bezieht. Das dürfte davon abhängig sein, ob das Werk wesentlich verändert und mithin als das selbe oder als ein neues anzusehen ist. Gewerbsmäßige Verbreitung ist dem Verfasser untersagt. Durch Vertrag können die Grundsätze über den Umfang des zu verschaffenden VR. zeitlich und örtlich (z. B. geteiltes VR. für bestimmte Gebiete oder Länder) beschränkt werden. Mit dem VR. erhält der Verleger die Befugnis (§ 9 Abs. 2), die zum Schutze des UR. gegebenen Rechtsmittel gegen den Verfasser wie gegen Dritte auszuüben.

Das Werk ist, falls es beim Abschluß des Vertrages bereits fertig ist, im Zweifel sofort (d. h. in angemessener kurzer Frist) abzuliefern (§ 11 VG.), und zwar (§ 10 VG.) in einem für die Vervielfältigung geeigneten Zustand, d. h. so, daß (bei einem Druckmanuskript) ein Setzer von durchschnittlicher Tüchtigkeit es nach dem Manuskript ohne erhebliche Verlangsamung seiner durchschnittlichen Arbeitsleistung absetzen kann. Vorlagen, die diesem Erfordernis nicht entsprechen, sind keine vertragsmäßigen Leistungen des Verfassers; unvollendete Arbeiten ebenfalls nicht. Die Abbildungen, die den Text erläutern sollen, gehören dazu, es sei denn, daß der Verleger die Illustrierung des Werkes zu besorgen übernommen hat (z. B. bei Prachtausgaben, illustrierten Romane).

Handelt es sich bei dem Verlagsvertrag um ein Werk, welches erst hergestellt werden soll (§ 11 Abs. 2 VG.), so ist es in einer der Arbeitsleistung des Verfassers entsprechenden Frist zu liefern. Hierbei sind unabwendbare Abhaltungen, wie Dienstgeschäfte, Erkrankung, arbeithindernde Ereignisse mit in Rechnung zu setzen, und zwar so, daß die Beurteilung in verständiger Würdigung (objektives Moment) der besonderen Verhältnisse und Eigenschaften des Leistungsverpflichteten (subjektives Moment) zu geschehen hat.

Ist der Ablieferungstermin vertraglich festgelegt, so kommt der Verfasser schon mit dem fruchtlosen Ablauf dieses Termins in Verzug. Ferner ist die Frist als bestimmt anzusehen, wenn es sich um eine für einen zeitlich bestimmten Zweck dienende Arbeit handelt — etwa eine Festschrift, eine Jubiläumsdenkschrift, einen Gedenkartikel u. dgl.

Wird das Werk ganz oder zum Teil nicht rechtzeitig abgeliefert (§ 10), so kann der Verleger, statt den Anspruch auf Erfüllung geltend zu machen, dem Verfasser eine angemessene Frist zur Ablieferung mit der Erklärung bestimmen, daß er die Leistung nach dem Ablaufe der Frist ablehne. Nach dem fruchtlosen Ablaufe der Frist ist der Verleger berechtigt, von dem Vertrag zurückzutreten; der Anspruch auf Ablieferung des Werkes ist dann ausgeschlossen. Der Bestimmung der Frist bedarf es nicht, wenn die rechtzeitige Herstellung des Werkes unmöglich ist oder von dem Verfasser verweigert wird oder wenn der sofortige Rücktritt von dem Vertrage durch ein besonderes Interesse des Verlegers gerechtfertigt wird. Der Rücktritt ist ausgeschlossen, wenn die nicht rechtzeitige Ablieferung des Werkes für den Verleger nur einen unerheblichen Nachteil mit sich bringt.

Entsprechende Anwendung finden diese Vorschriften auf den Fall nichtvertragsmäßiger Beschaffenheit des Werkes (§ 31 VG.), wobei der Verleger auch statt des Rücktrittsrechts den Anspruch auf Schadenersatz wegen Nichterfüllung geltend machen kann, wenn der Mangel der Arbeit auf einem vom Verfasser zu vertretenden Umstande beruht. Er kann also auch hier nach Maßgabe der Bestimmungen des § 30 VG. eine Frist für die Einlieferung eines vertrags-

mäßigen Werkes setzen usw. Selbst den Mangel zu beseitigen, ist er nicht ohne weiteres berechtigt, da ihm hier die Bestimmung des § 13 VG., das Verbot von Änderungen, entgegensteht. Hervorzuheben aber ist, daß der Verleger die „nichtvertragsmäßige Beschaffenheit“ nur auf mehr äußerliche oder halbäußerliche Dinge, hingegen nicht auf eine kritische Stellungnahme zum Inhalt des Werkes beziehen darf. Das Werk muß nach Art und Inhalt *eine* Erfüllung der Aufgabe sein, ohne Rücksicht darauf, ob die Erfüllung besser oder weniger gut ist.

Die *Verbreitung* durch den Verleger muß (§ 14 VG.) in der für Fälle der betreffenden Art zweckentsprechenden und üblichen Weise (hinsichtlich der Form, der Ausstattung, der Bezeichnung, bei Beiträgen hinsichtlich des in Aussicht gestellten Sammelwerkes oder Journals) geschehen. Mit der Vervielfältigung (§ 15 VG.) hat der Verleger sogleich nach der Ablieferung zu beginnen und die Drucklegung ist tunlichst rasch zu fördern. Im Zweifel gilt der Vertrag nur für *eine* Auflage, und diese für 1000 Abzüge (§ 5 VG.). Ist dem Verleger das Recht zur Veranstaltung mehrerer Auflagen eingeräumt, so gelten im Zweifel für jede neue Auflage die gleichen Abreden wie für die vorhergehende. Das alles sind, wie fast durchweg im Verlagsgesetz, dispositive Vorschriften. *Zwingenden* Rechtes aber ist die Vorschrift des § 16, nach welchem der Verleger verpflichtet ist, die vertragsmäßig oder gesetzlich festgesetzte Zahl von Abzügen (aber auch *nicht mehr*!) herzustellen und dafür zu sorgen, daß der Bestand nicht vergriffen wird. Nicht eingerechnet werden in diese Zahl (§ 6 VG.) die Zuschuß- und die (beschränkt zugelassenen) Freiexemplare; der Verleger darf demgemäß über die limitierte Anzahl eine verkehrsüblich, je nach der Schwierigkeit der Druckleistung zu bemessende Zahl von Exemplaren für Fehldrucke, beschädigte Exemplare u. dgl. zugeben und außerdem 5% der Auflage, die für Frei- und Renzensionsexemplare zu verwenden sind.

Bis zur Beendigung der Vervielfältigung darf der Verfasser *Änderungen* an dem Werke vornehmen (§ 12 VG.), soweit nicht dadurch ein berechtigtes Interesse des Verlegers verletzt wird. Übersteigen die Änderungen in der Korrektur das übliche Maß und sind diese nachträglichen Änderungen nicht durch besondere Umstände gerechtfertigt, so hat der Verfasser die dadurch entstehenden Kosten zu ersetzen. Bei der Herstellung einer neuen Auflage hat er Anspruch darauf, daß ihm Gelegenheit gegeben werde, Änderungen vorzunehmen, die nicht berechtigte Interessen des Verlegers verletzen (geschäftliche Interessen, Renommee, Stellung und Aufgaben des Verlages). Der Verleger darf an dem Werke selbst, an dessen Titel und an der Bezeichnung des Urhebers nur solche Zusätze, Kürzungen oder sonstige Änderungen vornehmen, für die der Verfasser seine Einwilligung nach Treu und Glauben nicht versagen kann (§ 13 VG.). Der Verleger hat (nach § 20 VG.) für die *Korrektur* zu sorgen und (abgesehen von Beiträgen in periodischen Sammelwerken) stets einen Abzug rechtzeitig dem Verfasser zur Durchsicht vorzulegen. Der Abzug gilt als genehmigt, wenn der Verfasser ihn nicht binnen einer angemessenen Frist dem Verleger gegenüber beanstandet.

Die *Bestimmung des Ladenpreises* steht dem Verleger zu. Ermäßigungen sind ihm gestattet, Erhöhungen nur mit Zustimmung des Verfassers (§ 21 VG.), wobei jedoch eine Anpassung an Wertwandlungen der Währung nicht als Preisänderung anzusehen ist. Beim Kommissionsverlag steht dem Verfasser die Bestimmung über den Preis zu.

Die Zahlung einer *Vergütung* an den Verfasser gehört nicht zum Wesen des Verlagsvertrages und nimmt dennoch begreiflicherweise eine hervorragende Stellung in ihm ein. Das Wesentliche ist das, daß es Verlagsverträge auch über Werke gibt, deren Herstellung relativ teuer und deren Absatzgebiet klein ist und für die eine Vergütung nicht gezahlt werden kann. Das VG. (§ 22) bestimmt daher, daß eine Vergütung nur zu zahlen ist, wenn a) eine solche vereinbart ist, b) nach den Umständen der Vertrag dahin auszulegen ist, daß die Überlassung des Werkes nur gegen eine Vergütung zu erwarten ist. Diese Umstände ergeben sich *unter anderem* aus der Gattung des Werkes, Absatzfähigkeit, Präzedenzfällen, Gepflogenheiten des Verlags, Beruf des Verfassers, Form des Angebots. Es ist reine Auslegungsfrage. Ebenso ist die Höhe der Vergütung, wenn sie nicht bestimmt ist, da sie nach dem Gesetz dann *in angemessener* Höhe in Geld zu zahlen ist, durch Auslegung nach der Verkehrssitte zu bestimmen.

Die Vergütung ist, wenn sie pauschal festgelegt ist, fällig (§ 23 VG.) bei der Ablieferung des Werkes und — wie das Gesetz nicht hinzufügt — der Annahme seitens des Verlegers als einer vertragsmäßigen Leistung (Verzögerung der

Prüfung über einen angemessenen Zeitraum hinaus berührt die Pflicht zur Honorarzahlung nicht). Ist die Höhe der Vergütung unbestimmt oder hängt sie von dem Umfang der Vervielfältigung, insbesondere von der Zahl der Druckbogen ab, so wird die Vergütung fällig, sobald das Werk fertig vervielfältigt ist. Verkehrsüblich wird Titel, Vorwort usw. mit honoriert. Überschreitet das Werk den vereinbarten Umfang und hat der Verleger sich weder die Beschränkung auf ein Maximalhonorar gesichert noch das Werk wegen seiner Raumüberschreitung als nichtvertragsmäßig zurückgewiesen, so muß es als in dieser Gestalt angenommen gelten und das Honorar wird für die ganze Bogenzahl, die das Werk einnimmt, fällig. Bestimmt sich die Vergütung nach dem Absatz — eine sehr häufige Form —, so hat der Verleger jährlich dem Verfasser für das vorangegangene Geschäftsjahr Rechnung zu legen und ihm, soweit es für die Prüfung erforderlich ist, die Einsicht seiner Geschäftsbücher zu gestatten (§ 24 VG.). Zu der Honorierung kann man auch die Gewährung von Freiexemplaren des Werkes rechnen, von denen gesetzlich 1% der Auflage, aber nicht weniger als 5 und nicht mehr als 15 Exemplare gegeben werden müssen. Diese gesetzliche Festsetzung der Zahl gilt nur für Literaturwerke; für Werke der Tonkunst ist die Usance maßgebend. Ferner hat der Verleger dem Verfasser auf Verlangen Exemplare seines Buches „zu dem niedrigsten Preise, für welchen er das Werk im Betriebe seines Verlagsgeschäfts abgibt", zu überlassen (§ 26 VG.). Die Bestimmung hat zu Streitigkeiten zwischen Autoren und Verlegern geführt, da die Verleger, aus Rücksicht auf den Sortimentsbuchhandel, den Verfassern die Bücher nicht zum Wiederverkauf (z. B. an Schüler) gemäß der buchhändlerischen Verkehrsordnung abgeben wollten. Das Reichsgericht hat die Frage zugunsten der Verfasser entschieden (RG. vom 14. Oktober 1905, Seuff. Arch. 61, 147 und DJZ. 11, 81).

Eine Reihe besonders verwickelter und klippenreicher Fragen knüpft sich an den zufälligen oder zu vertretenden Untergang des Werkes (Manuskriptes) beim Verfasser oder beim Verleger, verbunden mit der Frage der Unmöglichkeit der Erfüllung. Bei der Sorgfalt, mit der Manuskripte behandelt werden, kommen solche Fälle jedoch nicht häufig vor.

Das Verlagsverhältnis endigt normalerweise durch Erfüllung des Verlagsvertrags, d. h. durch völligen Absatz des Werkes, wenn nicht über weitere Auflagen von vornherein abgeschlossen worden ist. Ist dies geschehen, so endigt es normalerweise erst mit dem Ablauf der urheberrechtlichen Schutzfrist. Unnormalerweise kann es durch Kündigung, Rücktritt oder Wegfall des Zwecks endigen. Die Weigerung des Verlegers, an die Herstellung einer neuen Auflage heranzutreten (§ 17 VG.), wird vom Gesetz als Entstehung eines Rücktrittsrechtes des Verfassers konstruiert. Schweigt der Verleger nur und macht keine Miene, eine neue Auflage herzustellen, so kann der Verfasser ihm zur Ausübung seines Rechtes zu einer neuen Auflage (Pflicht liegt ja nicht vor) eine angemessene Frist bestimmen und nach dem fruchtlosen Ablauf der Frist seinerseits vom Vertrage zurücktreten, was durch eine Erklärung dem Verleger gegenüber geschehen muß. Fällt der Zweck, welchem das Werk dienen sollte, weg (bei Sammelwerken: unterbleibt die Herstellung des Sammelwerks), so kann der Verleger das Vertragsverhältnis zwar kündigen, muß aber die vereinbarte Vergütung zahlen (§ 18 VG.). Auf die Vergütung muß sich aber (analog dem § 649 BGB.) der Verfasser das anrechnen lassen, was er durch Wegfall der Arbeit erspart (Literaturanschaffung) oder durch anderweitige Verwendung seiner Arbeitskraft erworben oder zu erwerben böswillig unterlassen hat. Über den Rücktritt des Verlegers bei nicht rechtzeitiger oder sonst nicht vertragsmäßiger Lieferung des Werkes (§§ 30, 31 VG.) ist schon oben gesprochen worden. Das gleiche gilt (§ 32 VG.) natürlich für den Verfasser, wenn der Verleger seiner Pflicht zur Vervielfältigung und Verbreitung nicht in vertragsmäßiger Weise nachkommt. Stirbt der Verfasser vor Vollendung des Werkes oder wird die Vollendung aus einem anderen nicht vom Verfasser zu vertretenden Umstand unmöglich, so endigt damit das Verlagsverhältnis und löscht die beiderseitigen Verpflichtungen, da die Abfassung eines Werkes begreiflicherweise als eine höchstpersönliche Leistung bewertet werden muß.

Ein besonderes Rücktrittsrecht hat der Verfasser, wenn der Verleger vor Beginn der Vervielfältigung des Werkes in Konkurs gerät (§ 36) und — was wichtiger ist — wenn sich vor dem Beginn der Vervielfältigung Umstände ergeben, die bei dem Abschluß des Vertrages nicht vorherzusehen waren (objektives Moment!) und den Verfasser bei Kenntnis der Sachlage (subjektives Moment!) und verständiger Würdigung des Falles (objektives Moment!) von der Herausgabe des Werkes zurückgehalten haben würden

Ob das im einzelnen Falle vorliegt, wird freilich oftmals sehr schwierig nachzuweisen sein. Über die Schadenersatzpflicht und die daraus wie überhaupt beim Rücktritt vom Verlagsvertrage entstehenden Ausgleichungsgrundsätze geben die §§ 35, 37, 38 des VG. in Verbindung mit den §§ 346—356 BGB. das Nähere.

Was die Übertragbarkeit des VR. von dem kontrahierenden Verleger auf einen Dritten anlangt, so ist hier eine Kontroverse, die schon vor und bei Erlaß des Verlagsgesetzes mit besonderer Lebhaftigkeit sich geltend machte, auch heute noch nicht ganz erledigt. Das VG. (§ 28) schließt sich im wesentlichen der Mittelmeinung an, nach welcher die Übertragung des ganzen Verlagsgeschäftes oder eines einzelnen Verlagswerkes aber nur mit Zustimmung des Verfassers zulässig ist.

Der Rechtsschutz des Verfassers gegenüber dem Verleger entspringt einmal aus seinem Urheberrecht und er hat daher alle Repressalien, die ihm dieses gibt (vgl. §§ 36—40 UG., Schadenersatz, Vernichtung des Werkes, Geldstrafe bis 3000 M., Buße bis 6000 M.); zweitens aus seinem Vertrag mit dem Verleger, so daß hier auch Schadenersatzansprüche usw. bestehen. Dem Verleger stehen kraft ausdrücklicher Vorschrift (§ 9 Abs. 2 VG.) für den dinglichen Teil seines Rechts, wie schon oben erwähnt, die Rechtsschutzmittel des Urheberrechts — und zwar gegen den Verfasser wie gegen Dritte — zu.

Für Beiträge zu Sammelwerken (periodische und unperiodische) gelten in der Regel die allgemeinen Bestimmungen, und die im Gesetz festgelegten Ausnahmen sind streng auszulegen. An solchen Ausnahmen bestimmt § 3, daß Beiträge zu Sammelwerken, wenn keine Vergütung für sie gezahlt wird, vom Verfasser anderweit verbreitet werden dürfen, wenn seit dem Ablauf des Kalenderjahres, in welchem sie erschienen sind, ein Jahr verstrichen ist. Das wird in erster Linie bei Veröffentlichungen wissenschaftlicher Gesellschaften, Sitzungsberichten u. dgl. praktisch. Aus dem Gesichtspunkt der Verbreitungspflicht des Verlegers für ein bestimmtes Milieu geht dann die Vorschrift des § 18 und die des § 4 hervor, wonach die Veröffentlichungs- und Verbreitungspflicht wegfällt, wenn die Herstellung des Sammelwerkes unterbleibt, für welches der Beitrag bestellt war (gegen Mißbrauch schützen die Sätze von Treu und Glauben!), und daß der Verleger nicht berechtigt ist, ein Einzelwerk in ein Sammelwerk aufzunehmen und einen Beitrag als Sonderausgabe zu verwerten. Spezialvorschriften geben ferner §§ 19 und 25 Abs. 3.

Zur Vornahme von Änderungen an dem Beitrag ist der Verleger auch hier nicht ohne weiteres berechtigt (nur für Periodica gilt die weitergehende Ausnahmevorschrift des § 44). Aber die Änderungen, zu denen der Verfasser nach Treu und Glauben seine Einwilligung nicht versagen kann, können hier mit Rücksicht auf die Interessen des Sammelwerkes sehr viel weitergehen als bei Einzelwerken.

Artikel für Zeitungen können sofort nach ihrem Erscheinen anderweit verwertet werden; indessen ist es verkehrsüblich, daß die Wiederverwendung, sofern sie nicht durch Abänderungen zu einer neuen „eigentümlichen Schöpfung" gemacht ist, als „Zweitdruck", also als nicht originale Arbeit dem Abnehmer gegenüber bezeichnet wird. Freilich ist hier die Herstellung einer „eigentümlichen Schöpfung" oftmals nicht sehr streng auszulegen mit Rücksicht auf die wirtschaftlichen Bedürfnisse des Verkehrs und den kurzfristigen wirtschaftlichen Zweck der Zeitungsartikel. Dies gibt auch den Wegweiser für die Frage ab, ob derselbe Beitrag gleichzeitig mehreren Zeitungen angeboten werden kann. Bei tatsächlichen Nachrichten ist dies gesetzlich gerechtfertigt und auch üblich, sofern die von dem Berichterstatter bedienten Blätter getrennte räumliche Wirkungskreise haben. Bei größeren (sog. „Original"-)Artikeln wird man bei großen Tageszeitungen (nach Analogie des § 42 VG.) auf die verkehrsübliche Übertragung eines ausschließlichen Verlagsrechts schließen müssen.

Wird der Beitrag innerhalb eines Jahres nach der Annahme (zu ausschließlichem Abdruck) nicht veröffentlicht, so kann er zurückgezogen und trotzdem das Honorar verlangt werden (§ 45 VG.).

Für Beiträge in Zeitschriften, Kalendern, Jahrbüchern und anderen Periodicis gelten zunächst von den für Zeitungen geltenden Bestimmungen diejenigen über die Vornahme von Änderungen durch den Verleger, die Zurückziehung des unveröffentlichten Beitrags nach einem Jahr unter Aufrechterhaltung des Anspruchs auf Vergütung, die Nichterforderlichkeit der Korrektursendung und Unbeschränktheit des Verlegers in der Zahl der herzustellenden Abzüge. Nach § 45 steht dem Verfasser des Beitrags ein Anspruch auf Veröffentlichung und Verbreitung nur zu, wenn der Beitrag unter Angabe eines Erscheinungstermins akzeptiert worden ist. Aus

dieser Vorschrift des Gesetzes hat man herleiten wollen, daß ein solcher Vertrag über Beiträge für Periodica gar kein Verlagsvertrag sei, weil ja die Veröffentlichungspflicht wegfalle. Diese Ansicht und damit die an sie geknüpften Folgerung ist falsch. Denn niemand wird sagen, daß z. B. der veröffentlichte Beitrag nicht nun auch verbreitet, und zwar in der üblichen Weise verbreitet werden müsse. Eine weitere Schwierigkeit bietet der § 42: „Sofern nicht aus den Umständen zu entnehmen ist, daß der Verleger das ausschließliche Recht zur Vervielfältigung und Verbreitung erhalten soll, verbleibt dem Verfasser die anderweitige Verfügung über den Beitrag. Über einen Beitrag, für welchen der Verleger das ausschließliche Recht zur Vervielfältigung und Verbreitung erhalten hat, darf der Verfasser anderweit verfügen, wenn seit dem Ablaufe des Kalenderjahres, in welchem der Beitrag erschienen ist, ein Jahr verstrichen ist." (Analog sind die Bestimmungen für den bildnerischen Buchschmuck nach § 11 des KunstUG.) Maßgebend für die Vermutung, daß dem Verleger ein VR. für 1—2 Jahre übertragen werden sollte, ist die Verkehrssitte der beteiligten Kreise, insbesondere nach den Motiven die „Absicht der Parteien" und die ausdrücklich bekanntgegebenen Bedingungen eines Blattes. Nach der Fassung des Paragraphen muß angenommen werden, daß bei Zeitungen im Zweifel kein ausschließliches Recht überlassen wird, und nur bei besonders bedeutenden Organen etwas anderes anzunehmen ist; umgekehrt daß bei Zeitschriften wegen ihrer räumlichen und zeitlichen Unbegrenztheit das Umgekehrte gilt, also im Zweifel Übertragung ausschließlichen Rechts, nur in Ausnahmefällen sofortige Wiederverwendbarkeit der Arbeit anzunehmen ist.

Für „bestellte Arbeit" nach genauem Plan und für Neben- und Hilfsarbeiten an dem Werk eines anderen vermindert sich das Verfasserrecht erheblich. Der § 47 verweist diese aus dem VR. in das Werkvertragsrecht. Aber die mindernden Bestimmungen dieses Paragraphen auf alle Beiträge an enzyklopädischen Werken, auch solche selbständig-schöpferischen Inhalts ausdehnen zu wollen, ist verfehlt (vgl. Elster in Gew. Rsch. u. UR. April 1911).

Preßrechtliches.

Das Preßgesetz ist nur zu einem geringen Teile als zum Literaturrecht gehörig zu werten; es regelt u. a. den gewerblichen Verkehr mit Druckschriften, den Kolportage-Buchhandel, das Plakatwesen; aber in gewisser Weise berührt es das Recht der literarischen Äußerung, weil es die Freiheit des gedruckten Wortes Beschränkungen unterwirft und eine besondere Behandlung sog. „Preßdelikte" mit sich bringt. Beides ist die Folge der eigenartigen Stellung der periodischen Presse im Rahmen des Staatsganzen und der Gesellschaft; die Macht des gedruckten und vervielfältigten Wortes erwies sich als so groß, daß der Staat vielfach nicht glaubte ohne Zensurbefugnisse auskommen zu können, und selbst als die Zensur in der früheren autokratischen Form fiel, blieb doch noch die Notwendigkeit einer besonderen Verantwortlichkeit im journalistischen Verkehr, zumal weil dieser meist nicht den jeweiligen Verfasser einer Meinungsäußerung kundmacht, sondern sich hinter die „Presse", das „Blatt", die „Redaktion" verschanzt. Daher die Regelung der besonderen Rechtsstellung eines „verantwortlichen Redakteurs", der auf jeder periodischen Druckschrift genannt sein (§ 7 PG.), verfügungsfähig, im Besitz der bürgerlichen Ehrenrechte und im Deutschen Reiche ansässig sein muß (§ 8 PG.) und der für den Inhalt der Druckschrift und die durch sie etwa begangene strafbare Handlung als Quasi-Selbsttäter, nämlich auf Grund eigener Schuldpräsumtion der Fahrlässigkeit einzustehen hat, falls er nicht die Anwendung der pflichtmäßigen Sorgfalt oder die Unmöglichkeit der Anwendung solcher Sorgfalt nachweist oder den wirklichen Täter namhaft und ergreifbar macht (§ 21 PG.). Die gleiche Verantwortung trifft den Verleger, den Drucker und den Verbreiter der Druckschrift subsidiär. Aus dem gleichen Grunde literarischer Anständigkeit und Sicherheit sind auch die §§ 15—17 PG. herzuleiten, nach welchen gemeingefährliche Mitteilungen und Aufforderungen sowie die Veröffentlichung von Strafprozeßakten in der Presse verboten bzw. an Beschränkungen gebunden sind, sowie namentlich der § 11 PG., der die Presse verpflichtet, tatsächliche Berichtigungen falscher Behauptungen aufzunehmen, eine Pflicht, die aus dem Wahrheitscharakter der literarischen Arbeit, einem Grundgedanken alles Literaturrechts, sich ergibt und somit den Zusammenhang zwischen Preßgesetz und Urheberrecht in gewisser Weise herstellt.

[Wer sich über die in diesem Überblick über das deutsche Literaturrecht besproche-

nen Fragen näher zu unterrichten wünscht, findet Ausführlicheres in meinen Arbeiten (aus denen manches hier Gegebene teilweise und auszugsweise mit Erlaubnis der Verleger entnommen ist): Grundriß „Gewerblicher Rechtsschutz", Walter de Gruyter & Co., Berlin u. Leipzig 1921, „Das deutsche Urheber- und Verlagsrecht", Sammlung Göschen Nr. 863, Berlin u. Leipzig 1923, Artt. „Urheberecht" und „Verlagsrecht" im Wörterb. d. Volkswirtschaft, Gustav Fischer, Jena 1911.]

Dr. jur. Alexander Elster.

III. Die Toten der letzten Jahre.

Seit dem Erscheinen des 40. Jahrgangs sind der Schriftleitung folgende Todesfälle bekannt geworden:

Adler, Abraham. (${}^{23}|_{4}$ 22.)
Ahlgreen, s. Schelenz, Hermann.
Albrecht, Frau Maria.
Aletheia, s. Kerstan, K.
Alten, Frl. Hedwig v.
Anthes, Eduard. (Februar 22.)
Arends, Hans.
Auer, Ludwig

Bailleu, Paul. (${}^{24}|_{6}$ 22.)
Bär, Mich., s. Daelen, Ed.
Barnay, Ludwig. (${}^{1}|_{2}$ 24.)
Bartels, Frau Wanda v.
Barth, Paul. (${}^{30}|_{9}$ 22.)
Bassewitz, Gerdt v. (${}^{12}|_{2}$ 23.)
Batka, Rich.
Berdyczewski, Micha Josef, s. bin Gorion.
Berkholm, Knut, s. Winkler, M.
Bern, Maximilian. (${}^{10}|_{9}$ 23.)
Bezold, Carl. (${}^{24}|_{11}$ 22.)
Bezzenberger, Adalbert. ${}^{31}|_{10}$ 22.)
bin Gorion, Micha Josef. (${}^{25}|_{11}$ 21.)
Bloch, Iwan. (November 22.)
Borde, Wilhelm (${}^{24}|_{10}$ 22.)
Boy, Felix.
Boy, Frau Minni.
Borinski, Karl. (${}^{12}|_{1}$ 22.)
Borries, Emil v. (${}^{16}|_{7}$ 22.)
Boruttau, Heinrich. (Mai 23.)
Boßhart, Jakob. (${}^{18}|_{2}$ 24.)
Boysen, Karl. (${}^{17}|_{4}$ 22.)
Braig, Carl. (${}^{13}|_{3}$ 22.)
Brambach, Wilh.
Braun, Otto. (Mai 22.)
Brauns, Dr. B. v., s. Boy, Felix.
Brümmer, Frz.
Bruneck, O. v., s. Elster, Otto.
Buchbinder, Bernh. (${}^{30}|_{6}$ 22.)
Bühlmann, Josef.
Buschmann, Jos.
Buschow, Alex, s. Seyffert, Herm.
Büttner-Pfänner z. Thal, Frz. Friedr. Ernst.

Carlé, Erwin (Ps. Erwin Rosen). (${}^{22}|_{2}$ 23.)
Cauer, Minna. (${}^{3}|_{8}$ 22.)
Cauer, Paul.
Christaller, Erdmann Gottreich. (Februar 22.)
Claud-Saar, Karl (Ps. Karl Saar). ${}^{15}|_{7}$ 23.)
Claustus, Frau Sabine.
Clausthaler, Franz, s. Wichmann, Frz.
Cohn, Lassar (gen. Lassar-Cohn). (Oktober 22.)
Conrad, Frau Maria (Ps. Conrad-Ramlo).
Conrad-Ramlo, Maria, s. Conrad, Frau Maria.
Conwentz, Hugo. (Mai 22.)
Cornelius, P., s. Pins, Nelly.
Corrado, L., s. Dworaczek, Conrad.
Cremer, Ernst. (Juli 22.)

Daffis, Hans. (${}^{5}|_{12}$ 22.)
Daelen, Eduard (Ps. M. Bär, Angelo Dämon).
Dämon, Angelo, s. Daelen, Eduard.
Daenell, E. R.
Degen, Richard. (${}^{20}|_{12}$ 22.)
Delbrück, Berthold. (${}^{4}|_{1}$ 22.)
Delitzsch, Friedrich. ${}^{23}|_{12}$ 22.)
Dernjac, Jos.
Dieffenbacher, Julius.
Diels, Herm. (${}^{12}|_{6}$ 22.)
Diersch, Frau Margreta. (${}^{10}|_{4}$ 21.)
Dolff, A., s. Flachs, Adolf.
Dühren, Eugen, s. Bloch, Iwan.
Dürow, Joach. v., s. Medem, Ida v.
Dworaczek, Conrad. (${}^{1}|_{12}$ 23.)

Eck, Samuel.
Ehrenberg, Richard. (${}^{19}|_{12}$ 21.)
Eken, Frl. Anne van den.
Elster, Otto. (${}^{3}|_{12}$ 22.)
Eubel, Conrad.
Evers, Ernst.

Feldkamm, Jakob.
Fischer, Engelbert Lorenz.
Flachs, Adolf (Ps. Alex. Partout, A. Dolff, Felix A. Mumm). ($^{3}|_{7}$ 22.)
Flug, Edwin, s. Kitir, Josef.
Foges, Max.
Förster, Rich., Breslau. (August 22.)
Francke, Ernst. ($^{23}|_{12}$ 21.)
Fränkel, Arthur. ($^{10}|_{11}$ 23.)
Freimut, Ernst, s. Sommert, Hans.
Freydorf, Alberta v. ($^{17}|_{11}$ 23.)
Friedmann, Alfred. ($^{13}|_{2}$ 23.)
Friedrich, Alois.
Frischeisen-Köhler, Max. ($^{23}|_{10}$ 23.)
Fromm, Carl Josef. ($^{14}|_{3}$ 22.)
Fürst, Max, München.
Fürst, Rud.

Gans v. Ludassy, Julius. ($^{2}|_{10}$ 22.)
Ganz, Hugo. ($^{3}|_{1}$ 22.)
Gelber, Adolf.
Gellért, Frau Grete. ($^{18}|_{4}$ 22.)
Gercke, Alfred. (Januar 22.)
Gerhard, C., s. Gerlach, Clara.
Gerlach, Frl. Clara.
Gerstmann, Adolf. (Oktober 21.)
Giese, Frl. Martha.
Gisbert, Hanns, s. Mostert, Johanna Gisberta.
Gnad, Ernst Ritter v.
Göllerich, Aug. ($^{16}|_{3}$ 23.)
Gothein, Eberh. ($^{13}|_{11}$ 23.)
Goette, Alex. (Februar 22.)
Grabowsky, Norbert. ($^{7}|_{11}$ 22.)
Grafe, Eduard. ($^{13}|_{6}$ 22.)
Graßmann, Herm. (Januar 22.)
Grundl, Beda.
Grupp, Georg. (August 22.)
Gunther, F. St., s. Stüber, Fritz.

Haase, Magnus.
Hallwachs, Wilhelm. ($^{2}|_{6}$ 22.)
Hasse, Karl. (Juli 22.)
Hasse, Ludw., s. Elster, Otto.
Hauptmann, Carl, Bonn. ($^{4}|_{2}$ 21.)
Heckel, Karl. ($^{20}|_{10}$ 23.)
Heiner, Frz. X.
Hellmuth, Maria, s. Albrecht, Maria.
Hering, Hermann.
Herrmann, Wilh. ($^{3}|_{1}$ 22.)
Hertwig, Osk.
Hierl, Joh. Georg.
Hirschfeld, Otto. (April 22.)
Hofer, Irma v.
Hoffschild, Wilh.
Höfler, Alois. (Februar 22.)
Hollander, Heinr. v.
Holm, Adolf.
Hoppe, Hermann.
Hörmann, Ludwig v. (März 23.)
Horn, Frau Anna.
Hübel, Felix. ($^{20}|_{6}$ 22.)[1]
Huckebein, Hans, s. Wendt, Hans.

Jerusalem, Wilh.
Ignotus, s. Müller-Guttenbrunn.
Jochner, Georg M. v.
Jordan, Herm. ($^{17}|_{6}$ 22.)
Joseph, D. (August 22.)
Jung, Rud. (Mai 22.)

Kallusky, Martha, s. Winkler, M.
Kaluza, Max. ($^{6}|_{12}$ 21.)
Keller, Ernst.
Kematmüller, Heinrich. ($^{10}|_{11}$ 22.)
Kerstan, Karl (Ps. gelegtl. Aletheia).
Kieser, Thilo. ($^{21}|_{12}$ 22.)
Kitir, Josef.
Kjellén, Rudolf.
Klinger, Dr. Ferd., s. Seyffert, Herm.
Klinger, Gst., s. Buchbinder, Bernh.
Knilling, Rudolf. ($^{10}|_{4}$ 23.)
Köhler, Hermann.
Kren, Jean. ($^{10}|_{9}$ 22.)
Krüger, Gustav. ($^{26}|_{2}$ 22.)
Kühner, Phil. ($^{11}|_{5}$ 22.)
Künstler, Frl. Fanny.
Kunzendorf, Paul. ($^{20}|_{4}$ 23.)
Kyn, S., s. Claustus, Sabine.

Langheinrich, Franz. (Januar 24.)
Langkammer, Frau Margarete. (Oktober 22.)
Lankau, Frl. Johanna Marie.
Lassar-Cohn, s. Cohn, Lassar.
Lehmann, Otto. (Juni 22.)
Leipziger, (Leo (Ps. der Roland von Berlin). ($^{21}|_{12}$ 22.)
Leitschuh, F. F.
Liebisch, Theodor. ($^{9}|_{2}$ 22.)
Lindendorf, H., s. Siecke, Hedw.
Lippschitz, Arthur. ($^{1}|_{5}$ 22.)
Lotmar, Phil. (Juni 22.)
Ludassy, Jul. v., s. Gans v. Ludassy.
Luschan, Felix v. ($^{7}|_{2}$ 24.)

Manasse, Waldeck. ($^{14}|_{5}$ 23.)
Maurenbrecher, Hulda.
Mauthner, Fritz. ($^{29}|_{6}$ 23.)
Medem, Ida v.
Meinhart, Roderich, s. Müller-Guttenbrunn.
Meisel-Heß, Grete, s. Gellért, Grete
Merth, Bernh.
Michaelis, Kath.
Migerka, Frau Katharina. ($^{20}|_{9}$ 22.)
Milanis, C., s. Michaelis, Kath.
Mostert, Frl. Johanna Gisberta. ($^{1}|_{11}$ 22.)
Mühlau, Helene v., s. Mühlenfels, Hedw. v.
Mühlenfels, Hedw. v. ($^{11}|_{4}$ 23.)
Müller-Guttenbrunn, Adam. ($^{5}|_{1}$ 23.)
Mumm, Felix A., s. Flachs, Adolf.

Nentwig, Gustav.
Nienkemper, Fritz.

Nietschmann, Herm. Otto.
Nordau, Max.
Nordmann, Rich., s. Langkammer, Frau Marg.

Oechelhaeuser, Adolf v.
Olfers, Marie v. ($^{8}|_{1}$ 24.)
Olshausen, Otto. ($^{12}|_{1}$ 22.)

Pallmann, Heinrich. (Juli 22.)
Partout, Alex., s. Flachs, Adolf.
Paul, Hermann. ($^{31}|_{12}$ 21.)
Petzold, Alfons. ($^{25}|_{1}$ 23.)
Philippi, Felix. ($^{24}|_{11}$ 21.)
Pins, Frl. Nelly. ($^{24}|_{7}$ 21.)
Pohle, Joseph. (Februar 22.)
Polly, A.
Puttkamer, Alberta v.

Rathenau, Walther. ($^{24}|_{6}$ 22.)
Rechnitz, Marie. ($^{24}|_{8}$ 21.)
Reicke, Georg. ($^{7}|_{1}$ 23.)
Richter, Otto. ($^{6}|_{11}$ 22.)
Ridder, Lucien de, s. Hauptmann, Carl.
Riese, Fr.
Robert, Carl. (Januar 22.)
Roland, der von Berlin, s. Leipziger, Leo
Rosanes, Jakob. (Januar 22.)
Roscher, Wilh.
Rosen, Erwin, s. Carlé Erwin.
Rubens, Heinrich. ($^{18}|_{7}$ 22.)
Rühl, Hugo. ($^{17}|_{10}$ 22.)

Saar, Karl, s. Claud-Saar, Karl.
Schäfer, Thomas, s. Scholz, Aug.
Schaeffer, Heinrich. (Juli 22.)
Schelenz, Hermann. ($^{28}|_{9}$ 22.)
Schillmann, Hermann. ($^{13}|_{11}$ 21.)
Schleich, Carl Ludwig. ($^{7}|_{3}$ 22.)
Schlesinger, Frl. Marie.
Schmädel, Joseph Ritter v.
Schmidt, Georg, Halle.
Schneegans, Ludw. ($^{12}|_{8}$ 22.)
Schölermann, Wilh. (Mai 23.)
Scholz, Aug. ($^{9}|_{10}$ 23.)
Schöne, Rich. ($^{5}|_{3}$ 22.)
Schott, Richard. (September 21.)
Schreckenbach, Paul. ($^{27}|_{6}$ 22.)
Schultheß, Friedr. (Januar 22.)
Schultzenstein, Max. ($^{11}|_{4}$ 22.)
Schulz, August. (Februar 22.)
Schwayer, Adolf. ($^{16}|_{5}$ 22.)
Schwenke, Paul. ($^{19}|_{12}$ 21.)
Seedorf, Henrich. (September 22.)
Seeliger, Gerh. ($^{25}|_{11}$ 21.)

Seidlitz, Woldemar v. ($^{16}|_{1}$ 22.)
Seyffert, Herman.
Siecke, Hedwig.
Silberer, Herbert.
Simons, Eduard. (August 22.)
Sinzheimer, Ludwig. (Juli 22.)
Soffé, Emil. (März 22.)
Sommert, Hans. ($^{5}|_{4}$ 23.)
Stamm, Karl.
Steinhardt, Moritz. ($^{18}|_{4}$ 23.)
Steinmeyer, Emil Elias v. (März 22.)
Steinweg, Emil. ($^{10}|_{8}$ 21.)
Stephany, Gg. Chr.
Stimming, Albert. ($^{3}|_{7}$ 22.)
Strack, Herm. L. ($^{5}|_{10}$ 22.)
Stüber, Fritz. ($^{15}|_{9}$ 22.)
Stümcke, Heinrich. ($^{19}|_{1}$ 23.)
Sturm, August. ($^{20}|_{11}$ 23.)
Sulger-Gebing, Emil. ($^{29}|_{12}$ 23.)

Taschenberg, Otto.
Thieme, Ulrich. ($^{25}|_{3}$ 22.)
Toball, Heinrich. ($^{10}|_{9}$ 21.)
Traumann, Ernst. ($^{20}|_{8}$ 23.)
Troeltsch, Ernst. ($^{1}|_{2}$ 23.)

Valentin, Frau Caroline. ($^{26}|_{5}$ 23.)
Verworn, Max. ($^{24}|_{11}$ 21.)
Vetter, Theod. (Juli 22.)
Vogt, Friedr.
Voigt, Rosa.
Vollmar, Gg. v. ($^{29}|_{6}$ 22.)
Vollmöller, Karl, Dresden. (Juli 22.)

Wachter, Franz. ($^{10}|_{4}$ 23.)
Wagner, Ernst, Karlsruhe.
Wagner, Georg. ($^{5}|_{4}$ 23.)
Waiblinger, Emma.
Walter, Carl Maria, s. Steinhardt, Moritz.
Websky, Julius. ($^{13}|_{8}$ 22.)
Weißler, Adolf.
Weller, Lucian.
Werner, M., s. Olfers, Marie v.
Wendt, Hans. (Mai 22.)
Wengraf, Rich. ($^{11}|_{5}$ 23.)
Wichmann, Franz.
Wichner, Josef. ($^{14}|_{6}$ 23.)
Winckelmann, Otto.
Winkler, Martha.
Wittmann, Hugo.
Wolkenhauer, W. (Mai 22.)

Zabel, Eugen. ($^{27}|_{2}$ 24.)
Zeiß, Karl. ($^{14}|_{2}$ 24.)

Während des Druckes:

Grauert, Herm. v. (März 24.)

IV. Literarische Vereine und Stiftungen.

Die Angaben über die Vereine usw. beruhen auf offiziellen Mitteilungen. Die Allgemeinen Vereinigungen sind, möglichst nach Schlagwörtern geordnet, vorangestellt; dann kommen die örtlichen Vereinigungen nach der alphabetischen Folge der Städte, in sich wie oben angeordnet. Die Liste erhebt keinen Anspruch auf Vollständigkeit, sie wird im nächsten Bande wesentlich erweitert werden. — Es bedeutet Z: Zweck, S: Sitz, V: Vorstand, M: Mitgliederzahl; die eingeklammerte Zahl hinter dem Titel zeigt das Jahr der Begründung an. * und () haben die gleiche Bedeutung wie in dem Schriftstellerlexikon der zweiten Abteilung.

Allgemeine Vereinigungen.

Akademischer Schutzverein. (1903.) Z: Wahrung der Interessen akademisch gebildeter Schriftsteller. S: Leipzig, Königstr. 22. V: Wirkl. Geh. Rat Prof. D. Dr. Wach, Exz. Geschäftsführung seit Okt. 23 übernommen vom Verband der Deutschen Hochschulen (Münster i. W., Johannisstr. 7), der mit seinen 6000 Mitgliedern korporativ Mitglied ist. Organ: Mitteilungen des Verbands der Deutsch. Hochschulen (Verlag W. Knapp, Halle a. S.). Tätigkeit des Vereins: Rechtsberatung u. Prozeßvertretung in verlagsrechtlichen Streitigkeiten; Verhandlungen mit den Verlegern.

Verein **Arbeiterpresse.** (14|1 00.) S: Geschäftsstelle: Rob. Schmidt, Berlin, Engel-Ufer 31. Z: erstrebt die Regelung d. Anstellungsverhältnisse u. d. Unterstützung seiner Mitgl. gegen Invalidität u. Alter. Umfaßt die Redakteure der politischen u. gewerkschaftlichen Arbeiterpresse, Schriftsteller, Arbeitersekretäre, Gewerkschafts- u. Verlagsangestellte Deutschlands. Die Unterstützungsvereinigung trat am 1. April 1902 ins Leben. V: E. Barth, Berlin, Kreuzbergstr. 24; E. Prager; Frl. Philipp; R. Schmidt. — Unterstützungsvereinigung. (1|4 02.) V: R. Schmidt, Berlin, Engel-Ufer 31; Frl. Philipp; P. Umbreit; O. Pfeifer. Jahresbeitrag: 5% vom Gehalt.

Augustinus-Verein zur Pflege der kathol. Presse. (1878.) Z: Förderung d. deutschen kathol. Presse u. ihrer Vertr.; Stellenvermittlg.; Literar. Bureau; Pensionskasse d. kath. Presse V.-V. a. G. S: Düsseldorf. V: L. Lensing, Verleger, 1. Vors., Dortmund; W. Münstermann, Verleger, 2. Vors., Gelsenkirchen; Dr. Weilbächer, Generalsekr., Düsseldorf, Talstr. 55 (erteilt auf Anfrage Auskunft). M: 1000. Jahresbeitrag: 7 M. Vereinsblatt: „Augustinus-Blatt".

Wiener **Bibliophilen-Gesellschaft.** (1912.) Z: Ausg. v. Neudrucken, insbes. aus dem deutsch-österr. Schrifttum, Bibliographien usw. S: Wien; Zuschriften an den Vorsitzenden Hans Feigl, IV, Johann-Strauß-Gasse 38. V: Hans Feigl, Schriftsteller, 1. Vors.; Hofrat Univ.-Prof. Dr. R. Wolkan, 2. Vors.; Dr. Fritz Brukner, Schriftf.; Dr. Hans Freiherr v. Jaden; Dir. d. Univ.-Bibl. Dr. G. A. Cruwell, Hofrat Dr. Payer R. v. Thurn; Hofrat Wilhelm Klastersky; Prof. Dr. M. Maria Rabenlechner; Ministerialsekr. Dr. Kurt Thomasberger; Anton Wildgans; Fedor v. Zobeltitz. Jahresbeitrag: 60000 Kr. u. 15000 Kr. Einschreibegebühr (f. Inländer u. Reichsdeutsche). Letzte Publikation: Wiener Volkslieder aus fünf Jahrhunderten, herausg. v. R. Wolkan, bisher 3 Bände.

Gesellschaft für Deutsche Bildung (Deutscher Germanisten-Verband) E. V. (29|5 12.) Z: Sinn und Verständnis für deutsches Volkstum, insbes. Sprache, Schrifttum und Kunst, fördern; die wissenschaftliche Behandlg. dieser Gebiete entwickeln u. vertiefen, es zum vornehmsten Bestandteil der deutschen Bildung erheben, ihm in der Jugendbildg. den Platz gewinnen, der seiner Bedeutung entspricht. S: Frankfurt a. M., Zeil 124. V: Vorsitzende: Geh. RegR. Prof. Dr. Fr. Panzer, Heidelberg; ObStudDir. Dr. K. Bojunga, Frankfurt a. M.; Geh. MinistR. Reg.R. Dr. W. Schellberg, Charlottenburg; Schriftf.: StudR. Prof. Dr. J. G. Sprengel, StudR. Dr. M. Preitz, Frankfurt a. M.; Schatzmeister: Verlagsbuchhändler Herbst, Frankfurt a. M.; BiblDir. Dr. Berghoeffer, Frankfurt a. M.; Beisitzer d. geschäftsführ. Ausschusses: Geh. Rat HochschProf. Dr. Berger, Darmstadt; StudR. Dr. Hofstaetter, Dresden; Univ.-Prof. Dr. J. Petersen, Berlin, Univ.-Prof. Dr. F. Schultz, Frankfurt a. M. — Hochsch.-Prof. Dr. Budde, Hannover; Univ.-Prof. Dr. Castle, Wien; Univ.-Prof. Dr. M. Deutschbein, Marburg; ObRealschDir. Dr. Dietz, Bremen; ObStudR. Prof. Dr. Ebner, München; Geh. RegR. Prof.

Dr. Elster, Marburg; Prof. M. Havenstein, Berlin; Univ.-Prof. Dr. Helm, Marburg; Reichsfinanzrat Dr. M. Hertz, München; Dr. Ricarda Huch, München; GehHofrat Univ.-Prof. Dr. Kluge, Freiburg i. B.; Prof. Dr. Lauffer, Mus.-Dir. Hamburg; ObLyzDir. Prof. Dr. Le Mang, Halberstadt; Univ.-Prof. Dr. Maync, Bern; ObStudDir. Dr. Th. Lanthau, Berlin; Gymn.-Prof. Dr. Müller, Stuttgart; Prof. Dr. Minde-Pouet, Leipzig; Univ.-Prof. Dr. W. Oehlke, Peking; Univ.-Prof. Dr. R. Petsch, Hamburg; Univ.-Prof. Dr. Planitz, Köln; MinistR. Dr. Richert, Berlin; Univ.-Prof. Dr. Rosenhagen, Hamburg; Univ.-Prof. Dr. Sauer, Prag; Dr. H. Spiero, Berlin; Univ.-Prof. Dr. Sütterlin, Freiburg i. B.; Geh. HofRat Hochsch.-Prof. Dr. Walzel, Bonn. M: rund 2000. Beitrag mindestens 2 M. Tagung: Marburg 1913, Frankfurt a. M. 1920, Berlin 1924. Satzung vom 27/6 20. Vierteljahrsschrift: Deutsche Bildung (Hg. Prof. Dr. Sprengel). Ortsgruppen: Berlin, Bremen, Breslau, Danzig, Darmstadt, Dresden, Eisenach, Frankfurt a. M., Gießen, Hamburg, Hannover, Heidelberg, Karlsruhe, Kassel, Köln, Liegnitz, Mannheim, Münster.

Comenius-Gesellschaft für Geisteskultur und Volksbildung. (1892.) Z: Pflege der Geisteswissenschaft und der Volkserziehung im Geiste des C. und des deutschen Idealismus. S: Berlin C 2, Spandauer Str. 22 bei der Verlagsbuchhandlung Alfred Unger. V: Vors.: Oberstud.-Dir. Dr. Artur Buchenau, Berlin-Charlottenburg, Schloßstr. 46; Stellvertr.: Oberstud.-Dir. Prof. Dr. Reimann, Berlin W 35, Blumeshof 15. Geschäftsführ. Vors.: Verlagsbuchhändler Alfred Unger, Berlin C 2, Spandauer Str. 22. Bankkonto: Mitteldeutsche Creditbank, Depositenkasse K, Berlin C 2, Königstr. 25/26. M: etwa 1400. Publ.: „Geisteskultur", Monatshefte der C.-G. (10 Hefte von mindestens 3—4 Bogen), ferner „Vorträge und Aufsätze der C.-G." und „Comenius-Schriften zur Geistesgeschichte" (Verlag von Alfred Unger, Berlin C 2). Das Vereinsjahr beginnt am 1. Januar. Jahresbeitrag: 20 M., Förderer 50 M. Satzungen vom 1/3 02.

Verein für das Deutschtum im Ausland. Deutscher Schulverein E. V. (1881) vereinigt mit Wiener „Deutschem Schulverein" 1921. Z: Verbreitung und Stärkg. des Deutschtums im Ausland auf allen Gebieten des Kultur- und des Wirtschaftslebens, besonders Errichtung und Unterstützung deutscher Schulen und Färderung aller Äußerungen deutschen Kulturlebens, Pflege der Beziehungen zwischen Auslanddeutschtum und Mutterland, Verbreitung der Kenntis über das Auslanddeutschtum, Pflege des Volksgemeinschaftsgedankens über staatliche Grenzen hinweg. S: Berlin W 62, Kurfürstenstr. 105. V: Staatssekr. a. D. v. Hintze, Exz. M: Über eine Million in Landesverbänden, Ortsgruppen, Frauengruppen, Schulgruppen und Reichswehrgruppen (Deutschland u. Österreich). Beitrag mindestens 3 M. jährl. Veröffentlichgn: Deutsche Arbeit (monatl.), Deutsche Welt (illustr. monatl.), Jahrbuch, Volkskalender, zahlreiche Einzelschriften, Vorstandssitzgn., Ausschußsitzgn., Jahrestagung.

Dürerbund. (1902.) Z: Förderung einer gesunden bodenwüchsigen Kultur (Ausdruckskultur). S: Dresden-Blasewitz. V: Wolfgang Schumann, stellv. Vors.; Georg D. W. Callwey, München, Finkenstr. 2, Geschäftsführer. M: 7000 Einzelmitgl. u. 400 Mitgliedervereine. Mindestbeitrag für Einzelmitglieder 1 M.; für Vereine nach Vereinbarung. — Dürerblatt — Flugschriften (bis März 1924 192) — Literarischer Vierteljahrsbericht — Heb mich auf — Kalender: Gesundbrunnen — Bücher usw. siehe die Werbeschrift (umsonst vom Geschäftsführer zu beziehen.)

Fichte-Gesellschaft, E. V. (1916.) Z: Nationalerziehung im Sinne Fichtes. S: Hamburg. Hauptgeschäftsstelle Hamburg, Holstenwall 4 II. Anschrift: Arbeitsamt der F.-G., Hamburg 36, Postfach 124. Ortsgruppen im Deutschen Reich. V: 1. Vors.: Kurt Woermann-Hamburg, 2. Vors.: Univ.-Prof. Dr. Felix Krueger-Leipzig, Schatzmstr.: Christian Krauß Verwaltungsrats-Mitglied des D. H. V.-Spandau, Vorsitz. des Arbeitsamtes: Dr. Wilh. Stapel-Altona. Jahresbeitrag: 4 M. (für Förderer mindestens 25 M.). Schrifttum: Deutsches Volkstum, Monatsschrift; Der Berater für Feiern, Feste, Unterhaltungsabende, zweimonatlich; Pressedienst der F.-G., zwanglos; Mitteilungsblätter der F.-G.; Mitteilungsblätter der Fichte-Hochschule Hamburg, Arbeitspläne der Fichte-Hochschule Leipzig; Flugschriften der F.-G. M: 3500. Veranstaltungen: Fichte-Hochschulen, Lehrgänge, Arbeitsgemeinschaften, Vorträge, Deutsche Abende, Feierstunden, Volkstanzkurse usw.

Gesellschaft für germanische Philologie. (1877.) V: Prof. Roethe, Prof. Hartmann. Schriftf.: Prof. Bolte u. Prof. Behrend. Jahresbeitrag: 8 M. Publ.: Jahresbericht f. german. Philologie (Herausgeber: Dr. Feist u. Behrend). Veranstaltungen: Monatliche Sitzungen.

Zentralstelle: Berlin, Unter den Linden 38 (Prof. Behrend).

Paul-Fleming-Gesellschaft. (26/9 09.) Z: Errichtung u. Erhaltung der Fleming-Stube im Geburtshause des Dichters zu Hartenstein u. Verbreitung seiner Dichtungen. V: Prof. Dr. Bernh. Rost, Chemnitz, Mittelstr. 4. M: 49. Jahresbeitrag: 1 M.

Görres-Gesellschaft. (1876.) Z: Pflege der Wissenschaft im kath. Deutschland. V: Vors.: GehR. Prof. Dr. Hermann v. Grauert, München; Generalsekr.: Prof. Dr. Günter, München. Geschäftsstelle: J. P. Bachem, Köln. Jahresbeitrag: 3 M. Veröffentlichungen: Hist. Jahrbuch; Phil. Jahrbuch; Concilium Tridentinum; Staatslexikon; Oriens Christianus; Collectanea Hierosolymitana; Quellen u. Forschungen aus dem Gebiete der Geschichte; Vatikanische Quellen; Veröffentlichungen der Sektion für Rechts- und Sozialwissenschaften; Studien zur Geschichte u. Kultur des Altertums; Jahresberichte. Veranstaltungen: Generalversammlungen.

Deutsche **Goethebünde.** (1900.) Z: Die Abwehr aller gegen die freie Entwicklung des geistigen Lebens, insbes. von Wissenschaft, Kunst u. Literatur, gerichteten Angriffe (Polizeizensur), sowie die Förderung des Verständnisses für das Wesen der Kunst u. der Wissenschaft in den weitesten Kreisen des Volkes. S: Berlin, Bremen, Breslau, Königsberg, Stuttgart. — Eine gemeinsame Einrichtg. d. Deutsch. Goethebünde ist die Volksschillerpreisstiftung in Bremen. Aus ihren Mitteln wird alle drei Jahre für ein in diesem Zeitraum durch Manuskript, Druck oder Aufführung bekannt gewordenes hervorragendes deutsch. Drama ein Preis v. 3000 M. erteilt. Auskunft erteilt d. Vorstand d. Stiftg., z. Z. Prof. Dr. Gerh. Hellmers, Bremen, Scharnhorststr. 185. Der Preis ist augenblicklich außer Tätigkeit. Die bislang mit dem Volksschillerpreis gekrönten Werke sind: Rose Bernd, Bergschmiede, Graf Charolais, Tantris der Narr, Belinde.

Goethe-Gesellschaft. (1885.) Z: Das Wesen und Werk Goethes unserm Volke immer näher zu bringen und die mit Goethe und seinen Mitstrebenden verknüpfte Literatur und Forschung zu pflegen. S: Weimar (geschäftsführ. Ausschuß der Goethe-Gesellsch., Goethe- und Schillerarchiv). V: Präs.: UnivProf. Geh. RegRat. Dr. Gustav Roethe, Charlottenburg; Schriftf.: Prof. Dr. Max Hecker, Weimar. M: 6500. Generalvers. alljährl. am Freitag und Sonnabend nach Pfingsten. Die Mitglieder erhalten das Jahrbuch und die Schriften gegen Zahlung eines Jahresbeitr. von z. Z. 8 M.

Grillparzer-Stiftung. Preisrichter: Prof. Walther Brecht, Wien (kaiserl. Akademie), Julius Bauer, ebda (Concordia), Dir. Franz Herterich, o. Prof. Dr. Anton Bettelheim, Wien XIX/1, Karl-Ludwig-Str. 57; (Österreich u. Süddeutschland); GehR. Prof. Albert Koester, Leipzig (Norddeutschland).

Landesverein **hessischer Zeitungsredakteure,** E. V. (Landesverband Hessen des Reichsverbandes deutscher Presse). (1907.) S: Darmstadt, Mornewegplatz 3. V: Red. Max Streese, 1. Vors.; Chefred. Carl Nohascheck, 2. Vors.; Red. Dr. Eugen Buhlmann, Schriftf.; Red. Andreas Bauer, Kassierer. Schieds- und Ehrengericht. Jahresbeitrag: 24 M. Satzungen entsprechen dem Reichsverband. Verbandsorgan: „Deutsche Presse“.

Vereinigung der Freunde des **humanistischen Gymnasiums** in Berlin u. der Prov. Brandenburg. (1904.) Z: Verteidigung d. Eigenart des hum. Gymn. S: Berlin; Zuschriften an den 1. Vors. V: 1. Vors.: Dr. E. Goldbeck, Oberstudiendir., NW 21, Bochumer Str. 8; 2. Vors.: Kroymann, Oberstudiendir., Berlin-Steglitz; Kassenwart: Verlagsbuchhändler Dr. Vollert, Zimmerstr. 94. M: ca. 1400 Jahresbeitrag: 1 M.

Journalisten- u. Schriftsteller-Verein. Urheberschutz, E. V., 1889 als „Berliner Journ.- u. Schriftsteller-Verein“ begründet u. 1903 mit dem Verein Urheberschutz (gegründet März 1900) verschmolzen. Z: Pflege der Kollegialität und Wahrung der Standesehre, Förderung und Vertretung der gemeinsamen, insbesondere auch der urheberrechtlichen Interessen s. Mitglieder. Eine Rechtskommission gewährt den Mitgliedern rechtliche Hilfe, während ein aus angeseh. Schriftstellern und Gelehrten bestehendes Schiedsgericht auch Nichtmitgliedern zur Verfügung steht u. dazu berufen ist, literarische Streitigkeiten auf einfache u. billige Weise zu schlichten. Unterstützungskasse u. Sterbekasse nur für Mitglieder, angeschlossen an Reichsverb. d. deutschen Presse. S: Berlin: Geschäftsstelle W 30, Luitpoldstr. 32. V: Frhr. von Biedermann, Steglitz, Albrechtstr. 33; 2. Vors.: Leo Joseph, W 30, Luitpoldstr. 32; Schriftf.: Otto Erich v. Wussow, Steglitz, Poschingerstr. 16; Schatzmeister: Emma Arends, W 30, Heilbronner Str. 3; Vors. d. Rechtskommission und Syndikus: Rechtsanwalt Dr. Voyaidt, Lichterfelde,

Karlstr. 88. M: 200. Die Mitgl. erhalten unentgeltlich das Nachrichtenblatt. Jahresbeitrag: 12 M. Aufnahme durch $^{3}/_{4}$-Mehrheit. Geschäftl. Sitzung jeden 2. Donnerstag im Monat, Kurfürstenstr. 11 im Berliner Schriftsteller-Klub.

Vereinigung der **Islandfreunde.** (1913.) Z: Vermittlg. v. persönl. Beziehgn. zw. denen, die Interesse an Islands Volk u. Natur haben: Erteilen v. Ratschlägen f. Reisen u. Forschgn. in und über Island. Geschäftsstelle: Prof. Dr. W. Heydenreich, Eisenach, Karolinenstr. 24. V: Prof. Dr. Paul Herrmann, Torgau; Schatzmstr.: Verlagsbuchh. Eug. Diederichs, Jena; Schriftf.: Heinr. Erkes, Köln, Roonstr. 65. M: 330. Jahresbeitr.: 6 M.; dafür: „Mitteilungen d. Islandfreunde", jährl. 4 Hefte à 1—2 Bog. (Hrsg.: Prof. Dr. Wilh. Heydenreich, Eisenach). Geschäftsjahr vom $^{1}|_{7}$ bis $^{30}|_{6}$. Jährl. 1 Versammlg. in der Woche nach Ostern an eigens bestimmtem Orte.

Kantgesellschaft. (1904.) Z: Erhaltung u. Förderung der „Kantstudien", Verbreitung d. Kantischen Philosophie, überh. Förderung d. philos. Arbeit nach allen Richtgn., Veranstaltg. v. Preisausschreiben, Herausgabe philosophischer Werke, Abhaltung philos. Vorträge, Unterstützg. philosoph. Bestrebgn. usw. S: Halle. Geschäftsführer: GehRegR. Prof. Dr. Hans Vaihinger u. Prof. Dr. Arthur Liebert. Sämtliche Zuschriften sind zu richten an den stellvertr. Geschäftsführer Prof. Dr. Arth. Liebert, Berlin W 15, Fasanenstr. 48. V: Kurator der Univ. Halle, GehObRegR. Meyer. M: ca. 4000. Jahresbeitrag: 10 M. Vereinsblatt: „Kantstudien". Vereinsjahr das Kalenderjahr. Letzte Generalversammlung 7. bis 8. Juni 22. Satzungen revidiert 1907.

Paul Kuczynski-Stiftung zur Unterstützung hilfsbedürftiger Dichter u. Musiker ($^{8}|_{7}$ 05.) S: Berlin. V: Vors.: Geh. SeehandlR. a. D. Dr. jur. Paul Schubart, Berlin-Gr.-Lichterfelde-West, Händelplatz 1; Stellvertr.: Amtsgerichtsrat Dr. Erich Schubart, Charlottenburg, Fredericiastr. 7; Schriftf.: Alfred Schuster, Charlottenburg, Fasanenstr. 7; Stellvertr.: Prof. Max Marschalk, Berlin-Halensee, Halberstädter Str. 6.

Verband **katholischer Schriftsteller u. Schriftstellerinnen Österreichs.** (1896.) V: Vors. u. Schriftf.: Prof. Jos. Neumair, I, Hegelgasse 12. Beitrag: 20000 Kr. Jahresbericht über die wichtigsten Erscheinungen der schönen Lit. 1909—1916. Autorenabende, Theateraufführungen.

Justinus-Kerner-Verein Weinsberg. E. V. ($^{23}|_{1}$ 05.) Z: Der Pflege dankbarer Erinnerung an J. Kerner im Kernerhause in Weinsberg einen bleibenden Mittelpunkt zu schaffen S: Weinsberg. V: Ehrenvors.: Prof. Dr. R. Meißner in Weinsberg; Vors.: Bezirksnotar Gramer, Weinsberg. Jahresbeitrag 2 M. Publikationen: Jahresbericht alle 2 Jahre; Führer durch das Kernerhaus u. Führer von Weinsberg u. Umgebung. Veranstaltungen: Hauptversammlung jährlich.

Vereinigung **künstlerischer Bühnenvorstände,** E. V. (1911). Z: Förderung der künstlerischen und sozialen Interessen der Regisseure und anderen Bühnenvorstände. S: Berlin. (Geschäftsstelle: Verlag F. A. Günther & Sohn, Berlin SW 11, Schöneberger Str. 9/10.) V: 1. Vors.: Prof. F. Gregori, Berlin; 2. Vors.: Dir. Jacques Goldberg, Berlin; Schriftf. und Schriftleiter der von der Vereinigung herausgegebenen Blätter für Bühnenkunst „Die Szene": Dr. Hans Knudsen, Berlin-Steglitz; Schatzmeister: Kapellmeister Kurt Soldau, Berlin-Wilmersdorf; Archivar: Dr. B. Th. Satori-Neumann, Charlottenburg; Beisitzer: Dr. Cahn-Speyer, Berlin, Berthold Held, Berlin, Dr. Eugen Kilian, München, Ernst Legal, Berlin, Dr. O. Liebscher, Köln, Dr. Georg Pauly, Charlottenburg, Richard Weichert, Frankfurt a. M.; Ehrenvorsitz.: Prof. Max Reinhardt. Mitgliedsbeitrag: Jährl. 8 M. M: 1923 etwa 400. Veröffentlichungen: „Die Szene", monatl. ein Heft.

Deutscher Verein für **Kunstwissenschaft.** (1908.) Z: Förderung kunstgesch. Wissens durch Publik. der Denkmäler deutscher Kunst u. Hebung künstlerischen Lebens in Deutschland. S: Berlin. Adr.: C 2 Schloßmuseum. V: Vors.: Wirkl. Geh. Rat Dr. v. Bode; Schriftf.: Geh. RegR. Dr. v. Falke; Schatzm.: Geh. KomR. Dr. Ed. Simon. M: fast 2000.

Leo-Gesellschaft. Österr. Verein zur Pflege von Wissenschaft und Kunst auf christlicher Grundlage (1892). S: Wien I, Rotenturnstr. 2. V: Präs.: Fürsterzbischof Kardinal Dr. Fr. G. Piffl; Vizepräs.: Exz. Dr. Hussarek-Heinlein, Dr. Rich. Kralik; Gen.-Sekr.: UP. Dr. Th. Innitzer. M: 2050. Jahresbeitrag: 25000 K. Publ.: Jahrbuch, Theol. Studien. Veranstaltungen: Wissensch. Vorträge.

Allg. Verein für **Deutsche Literatur** E. V. (1873). Z: Pflege guter, popul.-wiss. Lit. S: Neu-Finkenkrug b. Berlin. Osthavelland, Kaiser Wilhelm-Str. 51. Protektoren: Großh. von Sachs.-Weim. u. Herzog zu Anhalt. V: Geschäftsführer: Konsul a. D. Alfred Paetel. Jahresbeitr. 18 M. Die Veröffentlichungen erscheinen

im Verlage von Hermann Paetel Verlag G. m. b. H.

Literatur-Archivgesellschaft. (1891.) V: Vors.: Prof. Petersen, Prof. Behrend, Schriftf.: Dr. Prochnow. Jahresbeitrag: 8 M. Publ.: Jahresbericht über neuere deutsche Literaturgeschichte (Herausgeb. Behrend)., ferner Mitteilungen N. F. Zentralstelle: Berlin, Unter den Linden 38 (Prof. Behrend).

Literar. Gesellschaft **Masovia.** (1894.) Z: Die Gesellschaft hat den Zweck, das Interesse für die Vergangenheit Masurens zu wecken u. zu Forschgn. auf diesem Gebiete anzuregen. S: Lötzen i. Ostpreuß., p. Adr. d. Vors. Geh. StudR. Prof. Dr. K. Ed. Schmidt. V: Vors.: Prof. Dr. K. Ed. Schmidt; stellv. Vors.: Oberlehrer Dziubiella; Sekr.: Pfr. Schauke; Schatzm.: Lehrer Reichwaldt. M: 395. Jahresbeitrag: 3 M. Vereinsbl.: „Mitteilungen d. Literarischen Gesellsch. Masovia", alljährlich 1 Heft. Einnahmen: 7487,19 M., Ausgaben 4293,95 M. Publ.: Lucanus, Preußens uralter und heutiger Zustand 1748.

Maximilian-Gesellschaft. (1911.) V: Vors.: Prof. Dr. Hans Loubier, Berlin-Friedenau, Wielandstr. 28. Schriftf.: Dr. Fritz Homeyer, W 10, Genthiner Str. 38. Jahresbeitrag: 100 M. Publikationen: s. Jahrbuch der M. G. für 1924. Veranstaltungen: Buchkunst-Ausstellungen.

Reichsbund **deutscher Mundartdichter Österreichs.** (23/6 13.) S: Wien XV, Mariahilfer Str. 168. V: Dr. Joh. Willibald Nagl; Dr. Hans Mittendorfer, Vors.-Stellvertr.; Ph. Schuh-Waldbach u. Josef Reichl, Schriftf.; Karl Pschorn u. Art. Purghart, Säckelw.; L. W. Rochowanski, Bücherw. Mitgliedsbeitr. f. d. 1. Halbjahr: o. M. 2 K., unterstütz. Einzelpers. 1 K., unterstütz. Körperschaften 3 K.

Verband deutscher **Musikkritiker,** E. V. (1913.) Z: Vereinigung aller Musikkritiker d. deutschen Sprachgebiets, die durch Bildungsgang und künstlerisch gediegene wie moralisch einwandfreie Ausübung ihres Berufs als vollwertige Vertreter d. deutschen Kritikerstandes angesehen werden können. S: Leipzig. V: 1. Vors.: Prof. Dr. Herm. Springer, Berlin-Schöneberg, Innsbrucker Str. 21; 2. Vors.: A. Stehle, Köln; 1. Schriftf.: Walter Schrenk, Berlin NW, Klopstockstr. 53; 2. Schriftf.: Dr. W. Wolffheim, Berlin; Kassenwart: A. Eisenmann, Stuttgart. M: 120. Der Verband gibt „Mitteilungen" heraus.

Nedderdüütsch Sellschopp, E. V. (1906). Z: Pflege niederdeutscher Sprache und Art, Dichtung und Kunst. S: Hamburg 30, Abendrothsweg 30. V: Hermann Quistorf; Schriftf.: Otto Fr. Grund; Kassierer: Hellmuth Garbe. Jahresbeitrag: 4,80 M. Publikationen: 2 plattd. lit. Jahrbücher, „Up Sassisch Eer", Anthologie d. neueren plattd. Lyrik bei Eugen Diederich, Jena. Mehrere Volksliedsammlungen. Veranstaltungen: gr. plattd. Vortragsabende und wissensch. Vorträge. M: 400.

Verein für **niederdeutsche Sprachforschung.** (1874.) Z: Wissenschaftl. Forschungen auf dem Gebiete der niederdeutschen Philologie. S: Hamburg. V: Prof. Dr. C. Borchling, Hamburg 39, Rondeel 43 I; GehRegR. Prof. Dr. G. Roethe, Charlottenburg; GehRegR. Prof. Dr. Edward Schröder, Göttingen; Gymn. Dir. Prof. Dr. E. Mackel, Hildesheim; Paul Wriede, Hamburg; Frl. Prof. Dr. Ag. Lasch, Hamburg; A. Herm. ter Hell, Hamburg, Gänsemarkt 70, Schatzmstr. M: 378. Jahresbeitrag: 5 M., wofür die Mitglieder das Niederdeutsche Jahrbuch u. das Korrespondenzblatt des Vereins empfangen (Verleger D. Soltau in Norden). Vereinstag: 3. bis 5. Pfingsttag jeden Jahres.

Berthold-Otto-Verein, E. V. (1912.) Z: Durchführung e. gesunden, nicht einseitigen Schul- u. Lebensreform; Verbreitg. d. Schriften B. Ottos. S: Berlin-Wilmersdorf, Prinzregentenstr. 76, Gth. IV l. Fernspr.: Sichelschmidt Uhland 6839. V: Paula Jolowicz, Wilmersdorf, Prinzregentenstr. 76, Gth. IV; Paul Baumann, München, Isabellastr. 26; Jacob Pfalzgraf, Rektor, Pirmasens, Wildstr. 13. Jahresbeitrag: von 5 M. aufwärts. Vereinsblatt: Deutscher Volksgeist, hrsg. v. B. Otto, Lichterfelde. Pädagogische Flugschriften wertvollen Inhalts werden zum Selbstkostenpreis abgegeben. Leihbücherei, pädag. Vorträge.

Verein der **Parlamentsjournalisten.** (1913.) Z: Wahrung d. Standes- u. Berufsinteressen. V: Vors.: Hugo Frenz, Steglitz, Holsteinische Str. 16 (F.: Steglitz 1676); Stellvertr.: Dr. Elkan, Frederich; Schriftf.: Arthur Bagemühl, Berlin SO 36, Elsenstr. 51 (F.: Moritzpl. 16900); Beisitzer: Dr. Fortmann, Grunewald, Hüsgen, Nagel, Pfeiffer, Pletz, Steinbauer. M: 120.

Pensionsanstalt deutscher Journalisten u. Schriftsteller (Versich.-Verein auf Gegenseitigkeit) in München. (Gegr. München 8/, 93.) Z: Die Anstalt bezweckt die Alters- und Invaliditäts-, Witwen- und Waisenversicherung. Der Beitritt ist fakultativ. Grundsätze: Aufbau der

Anstalt auf versicherungstechnisch. Grundlage unter Wahrung des humanitären Standpunktes: Feste Beiträge der Mitglieder, feste Leistungen der Anstalt in Form von Alters- und Invalidenrenten (Pensionen) und Witwen- und Waisenrenten, nach Maßgabe der Tabellen. S: München, Brienner Str. 6/2. V: Dr. Th. Sack, A. Helfreich, C. Freund, H. Huber, H. Roth, sämtlich in München. Aufsichtsrat: Dr. P. Busching, L. Cohn, H. Frohlich, C. Frieß, Ph. Frick, A. Mensi von Klarbach, M. Scharre, A. Staedele, Dr. Fr. Trefz, sämtlich in München; P. Baecker, Dr. Diez, H. Rippler, Dr. O. Wenzel in Berlin, Dr. L. Goldstein in Königsberg, A. v. Hahn in Leipzig, G. A. Hanser in Stuttgart, Dr. W. Dönges in Dresden, Dr. A. Obst in Hamburg, H. Prosl, Dr. H. Steiner in Wien, A. Schwarz in Mährisch-Ostrau, G. Stoffers in Büdrich, H. Tölke in Elberfeld, Dr. A. Welti in Bern, Dr. O. Wilda in Breslau. Der Wirkungskreis d. Anstalt erstreckt sich auf Deutschl., Österreich u. die Schweiz. Konstit. Ortsverbände: Berlin, Breslau, Brünn, Darmstadt, Dresden, Frankfurt a. M., Hamburg, Hannover, Köln, Königsberg i. Pr., Leipzig, München, Stuttgart, Wien. XXX. Hauptversammlung ²⁰|₇ 23.

Allg. **Plattdeutscher Verband**, E. V. (1885.) Z: Pflege der plattdeutschen Sprache u. Literatur — Agitation zur Gründung neuer plattdeutscher Vereine— Verwaltung der „Fritz-Reuter-Stiftung" u. der „John-Brinckmann-Stiftung". S: Hamburg 30, Abendrothsweg 50. V: 1. Vors.: Hermann Quistorf; 1. Schriftf.: Edgar Schacht, Hamburg 19, Eppendorfer Weg 74; 1. Kassierer: Hellm. Garbe, Hamburg 36, Dammtorstr. 9. M: 168 Verbandsvereine und viele Einzelmitglieder. Publikationen: Literar. plattd. Monatsschrift „De Eekbom" und jährlich 2 „Eekbom-Böker".

Reichsverband der Deutschen Volkswirte (Deutscher **Volkswirtschaftlicher Verband**.) Abgekürzter Name: R. D. V. (Ende 1901.) Z: Zusammenschluß der praktischen Volkswirte zur Wahrg. ihrer gemeinsamen Berufs- u. Standesinteressen. Überwachung der gesetzlich geschützten Berufsbezeichnung „Volkswirt D. R. V." für die ordentlichen Mitglieder. S: Geschäftsstelle: Berlin-Wilmersdorf, Hohenzollerndamm 190. V: 1. vorsitzendes Vorstandsmitglied Prof. Dr. A. Heinzig; Geschäftsf.: Dr H. C. Krueger de Corti. Verbandsbl.: „Volkswirtschaftliche Blätter"; Jahresbeitrag: 15 M. M: über 3000. Vereinsjahr: 1. Januar bis 31. Dezember. Zentralnachweis von volkswirtschaftlich-jurist. Kräften für alle Zweige der öffentlichen und privaten Verwaltung.

Reichsverband der deutschen Presse. (²⁰|₁₁ 1910.) Allgemeine Organisation der bei der deutschen Presse im Hauptberufe tätigen Journalisten und Redakteure. Zum Erwerb der Mitgliedschaft sind berechtigt:

1. jede in der deutschen Presse, einschließlich der Nachrichtenbureaus und Preßkorrespondenzen, hauptberuflich als Journalist (Redakteur oder ständiger Mitarbeiter) tätige Person, es sei denn, daß von ihr Interessen vertreten werden, die den Zwecken des Reichsverbandes entgegenstehen;
2. ehemalige Journalisten, wenn sie mindestens 10 Jahre im Hauptberufe an der deutschen Presse tätig waren, unter der gleichen Voraussetzung wie bei 1.

Wechselt ein Mitglied seinen Beruf oder übernimmt es zu seiner journalistischen Tätigkeit noch andere, so hat der Landes- oder Bezirksverband, in dessen Gebiet es seinen Wohnsitz hat, zu entscheiden, ob es ferner Mitglied des Reichsverbandes bleiben kann.

Verlagsbeamte sind nur dann aufnahmefähig, wenn sie dem redaktionellen Betrieb angehören und aus dem Redakteurberufe hervorgegangen sind. Die Entscheidung über das Verbleiben von Redakteuren, die gleichzeitig als Verleger tätig sind, fällt den einzelnen Landes- oder Bezirksverbänden zu. Kein Mitglied des Reichsverbandes kann gleichzeitig einer Verlegerorganisation angehören.

S: Berlin. Bureau: Berlin SW 68, Zimmerstr. 86 IV, V: Geschäftsführ. Vorsitzender: G. Richter; 1. Vors.: P. Baecker-Berlin, Chefred. der Deutschen Tageszeitung; Stellvertr. Vors.: 1. Red. C. Freund-München, 2. Red. H. Karthaus-Düsseldorf, 3. Red. H. Neumann-Berlin; Schriftf.: A. Zinn-Hamburg, Schriftsteller; Red. A. Giesen-Frankfurt a. M.; Schriftsteller Freiherr v. Biedermann-Berlin, Chefred. G. Stoffers-Büderich (Kreis Neuß); Schatzmeister: Chefred. Moßner-Berlin und Chefred. Bernhard-Berlin; Beisitzer: Schriftsteller A. Herrlein-Dresden, Chefred. Rippler-Berlin. Der Reichsverband gibt die wöchentl. (z. Z. monatlich zweimal) erscheinende Zeitschrift „Deutsche Presse heraus.

Verzeichnis der Landes- und Bezirksverbände.

1. Verband der Ostpreußischen Presse (Sitz Königsberg). Vors.: Red. Dr. Rauschenplat, Königsb. Allg. Ztg., priv.: Theaterstr. 12.

2. Bezirksverband Pommern (Sitz Stettin). Vors.: Red. Max Hoehne, Stettin, Neuer Markt 3/4, Gener.=Anzeig. privat: Mühlenweg 6.

3. Bezirksverband Mecklenburg (Sitz Rostock). Vors.: z. Z. frei.

4. Bezirksverband Brandenburg (Sitz z. Z. Kottbus). Vors.: Chefred. Jäkel, Kottbuser Anzeiger, privat: Lausitzer Str. 5.

5. Bezirksverband Berlin. Vors.: Red. Dr. Dovifat, Berlin SW 61, Am Johannistisch 6, privat: Grünau (Mark), Karolinenhofer Str. 45; Geschäftsführer: W. Steinberg, SW47, Hagelberger Str. 25.

6. Verband der Schlesischen Presse (Sitz Breslau). Vors.: Red. Dr. Schlosser, Breslau, Schlesische Ztg., privat: Albrechtstr. 16 III.

7. Landesverband Sachsen (Sitz Dresden). Vors.: Red. Dr. Blanck, Dresden-N. 23, Dresdener Nachrichten, privat: Weinbergsweg 43.

8. Landesverband Sachsen-Thüringen-Anhalt (Sitz Magdeburg). Vors.: Dr. Glogas, Magdeburg, Magdeb. Ztg., stellvertr. Vors.: Dr. Maushake, Erfurt, Allgem. Ztg.

9. Landesverband Groß-Hamburg. Vors.: Red. Hans Haldenwanger, Hamburg, Hambg. Fremdenblatt.

10. Landesverband Schleswig-Holstein-Lübeck. Vors.: Red. C. Lenz, Kiel, Kieler Zeitung, privat: Niemannsweg 18.

11. Verein Niedersächsischer Presse (Sitz Hannover). Vors.: Red. Max A. Tönjes, Hannover, Heldornstr. 6.

12. Verband der Rheinisch-Westfälischen Presse. Vors.: Red. Kayser, Elberfeld, Sophienstr. 9.

13. Kurhessischer Presseverband (Sitz Kassel). Vors.: Chefred. Dreßler, Kassel, Neueste Nachrichten.

14. Verein Frankfurter Presse. Vors.: Red. A. Giesen, Frankfurt a. M., Frankfurter Zeitung.

15. Verband der Südwestdeutschen Presse (Sitz Mannheim). Vors.: A. Scheel, Mannheim, Neue Badische Landesztg., Otto-Beck-Str. 8.

16. Landesverein Hessischer Zeitungsredakteure. Vors.: Chefred. Max Streese, Darmstadt, Darmst. Tageblatt, privat: Darmstadt, Mornewegplatz 3.

17. Landesverein Württemberg (Sitz Stuttgart). Vors.: Chefred. K. Düssel, Stuttgart, Alte Weinsteige 9.

18. Landesverband der Bayrischen Presse (Sitz München). Vors.: Red. C. Freund, München, Johann-von-Werth-Str. 1. Geschäftsf.: Journalist Wetzstein, München, Hans-Sachs-Str. 12.

19. Verband der Oberschlesischen Presse. Vors.: Chefred. Bronk, Gleiwitz, Zgoda.

Quickborn, Vereinigung von Freunden d. niederd. Sprache u. Literatur, E. V. (1904.) Z: die Pflege der niederd. Sprache u. Lit. S: Hamburg, Oben Borgfelde 3. V: Paul Wriede, 1. Vors.; Dr. Hans Böttcher, Schriftf. M: ca. 4000. Jahresbeitrag: für Mitglieder in Deutschland, Deutsch-Österreich usw. 3 M., im Auslande 5 M. Veröffentlichungen: Mitteilungen aus dem Quickborn; Plattdütsch Land un Waterkant; Quickborn-Bücher: XXVIII. Hinrich Wriede, Lüd' van'n Neß, XXIX. Dat Wihnachsbook. Vortragsabende. Letzte Generalvers. 5/10 23. Satzungen vom 30/5 16 und 12/2 20.

Gesellschaft der Freunde Wilhelm **Raabes**. (1911.) Z: Zusammenschluß der Verehrer W. R.s und Verbreitung seiner Werke und seines Geistes. V: 1. Vors.: ObSchulrat Dr. Wilh. Brandes, Wolfenbüttel; 2. Vors.: Dr. Heinr. Spiero, Berlin; Kassenwart: Prof. Dr. H. M. Schultz, Braunschweig, Eulenstr. 1; Schriftf.: Studienrat Dr. Constantin Bauer, Wolfenbüttel. Ortsgruppen in 20 Städten. M: 3000. Jahresbeitr. (Kalenderjahr): 2 M. und Zuschlag der Ortsgruppen. Vereinsblatt: Mitteilungen d. G. d. Fr. W. R.s, viertelj. etwa 32 S. In der Generalversammlg. zu Braunschweig am 8/2 12 sind die Satzungen angenommen.

Gesellschaft für **Romanische Literatur**. (1902.) Z: Herausgabe wichtiger, noch nicht oder nicht genügend edierter romanischer Handschriften, bzw. seltener romanischer Druckwerke (bisher 44 Bde.). S: Göttingen, Hainholzweg 15 (Prof. A. Hilka). V: Vors.: Prof. Dr. A. Hilka, Göttingen; Schatzmeister: Verlagsbuchh. Herm. Niemeyer, Halle a. S. M: 280. Jahresbeitrag: 20 M. Lebenslänglich einmaliger Beitrag 300 M. Das Geschäftsjahr währt vom 1. Jan. bis 31. Dez. Versammlungen finden nicht statt.

Deutscher **Scheffelbund**. (1890.) Z: Scheffelforschung und Pflege deutschen Geisteslebens. S: für Österreich: Wien, Adolf H. Povinelli (Obmann), Prof. W. A. Hammer (Schriftleiter); für Deutschland Singen i. Baden (Hohentwiel), Paul Martin (Obmann) ebda. Jahresbeitrag für Österreich: 10000 Kr.; für Deutschland: 4 M. (ordentl. M.), 8 M. (fördernde M.). M: 500 (250 in Deutschland). Veröffentlichungen: Jahrbuch (Scheffelkalender) „Nicht rasten und nicht rosten", 19 Bde., Red. Prof. W. A. Hammer, Wien XIX, Friedlgasse 55;

J. W. v. Scheffel u. s. Familie; Stober, Scheffel als Freund der Berge.

Deutsche Schillerstiftung. (1859.) Z: Verdienstvolle Schriftsteller bzw. deren Angehörige in schweren Lebenslagen durch Ehrengaben zu unterstützen. S: Weimar. Verwaltungsrat: Prof. Dr. Friedrich Lienhard, Vors., Weimar, Oberbürgermstr. a. D. Dr. Donndorf, dessen Stellvertr., Weimar, Dr. Heinrich Lilienfein, Generalsekr., Weimar, Prof. Ottomar Enking, Dresden, Prof. Dr. Anton Bettelheim, Wien, Hauptschriftl. J. Landau, Berlin, Archidiakonus A. Brausewetter, Danzig, Geh. Hofrat Dr. O. Schneider, Mannheim. Zweigstiftungen in Baden-Baden, Berlin, Braunschweig, Bremen, Breslau, Danzig, Darmstadt, Dresden, Frankfurt a. M., Freiburg i. B., Graz, Hamburg, Hannover, Heidelberg, Karlsruhe, Köln, Königsberg, Leipzig, Linz, Lübeck, Mannheim, München, Offenbach, Salzburg, St. Louis (Nordamerika), Stuttgart, Weimar, Wien.

Schwäbischer **Schillerverein** Marbach-Stuttgart. (1895.) Z: Das vom Schillerverein 1901/02 erbaute, täglich geöffnete „Schiller-Nationalmuseum" in Marbach birgt eine große Sammlung von Handschriften und Bildnissen, die sich auf Schiller und seine Zeit beziehen, die literar. Nachlässe von Uhland, Kerner, Schwab, Auerbach, Hauff u. a., zahlreiche Handschriften, Briefe u. Bildnisse aller übrigen schwäbischen Dichter, sowie eine große Schiller-Bibliothek und eine Bibliothek der schwäbischen Dichter (74000 Handschriften, 4500 Bildnisse, 15000 Druckwerke). Außer der Vermehrung dieser Schätze u. ihrer Bekanntmachung hat sich der Schillerverein die Aufgabe gesetzt, alles zu fördern, was geeignet ist, die Kenntnis der Schöpfungen und der Persönlichkeit Schillers zu verbreiten. S Stuttgart und Marbach a. N. Adr.: „Schwäbischer Schillerverein", Stuttgart, Panoramastr. 27. V: Vors.: Geh. Hofrat Prof. Dr. v. Güntter, Vorstand des Schiller-Nationalmuseums, Stuttgart; 1. stellv. Vors.: Staatspräs. von Württemberg Dr. v. Hieber, Stuttgart; 2. stellv. Vors.: Stadtschultheiß Forstner in Marbach; Schatzmeister: Geh. Kommerzienrat Gustav v. Müller in Stuttgart. Jahresbeitrag 3 M. (f. lebensl. Mitgliedschaft 200 M.). M: 693 lebensl. Mitgl., 2680 ordentl. Mitgl. Veröffentlichungen: Marbacher Schillerbuch I 05, Schillers Gedichte u. Dramen in 1 Bd. 05 u. 09; Das Schillermuseum in Marbach 06; Marbacher Schillerbuch II 07, III 09; Hausbuch schwäbischer Erzähler 11; Uhlands Briefwechsel I 11, II 12, III 14, IV 16; Aus dem Schillermuseum 16; Schiller über Volk, Staat und Gesellschaft 19; Die Religion Friedrich Schillers 22. Letzte Gen.-Vers. 9/5 23. Satzungen vom 7/5 20.

Deutschösterreichische **Schriftstellergenossenschaft.** (1898.) Förderung der geistigen und materiellen Interessen ihrer Mitglieder mit Ausschluß jeder Politik, Herausgabe von Druckschriften, Veranstaltung von Vortrags- und Leseabenden, Theateraufführungen, Unterstützung notleidender Mitglieder, Erhaltung des Schriftstellererholungsheims Emmersdorf a. d. Donau. Mitgliederkategorien: a) wirkliche Mitglieder (deutsche Schriftsteller und Schriftstellerinnen), Einschreibegebühr 5000 K., Jahresbeitrag 30000 K., b) beitragende Mitglieder, Einschreibegebühr 5000 K., Jahresbeitrag 50000 K. S: Wien I, Hofburg. V: Präs.: Franz Micheu; 1. Vizepräs.: Archivdir. und Schriftsteller Gustav Andreas Ressel; 2. Vizepräs.: Rudolf Kalmar; 2. Vizepräsidentin: Schriftstellerin Anny Newald-Grasse; Schriftf.: Schriftsteller Alois Ulreich, Schriftsteller Heinrich Rienössl; Zahlmeister: Rechnungsdir. Viktor Patera und Chefred. Br. Viktor Lang. Vereinsblatt: Mitteilungen der Deutschösterreichischen Schriftstellergenossenschaft. M: außerordentliche 12, wirkliche 552, beitragende 314, gründende 7, Ehrenmitglieder 12.

Deutsches Schriftstellerheim zu Jena, E. V. (1901.) Protektor: Se. K. H. der Großherzog v. Sachsen. V: Justizrat Stapff, Jena; Stadtrat Timler, ebda; Schriftst. Pfannenstiel, Berlin. Z: Dauernde Aufnahme von älteren, nicht mehr erwerbsfähigen deutschen Schriftstellern und Journalisten beiderlei Geschlechts ohne Rücksicht auf ihre Landes- oder sonstige Zugehörigkeit, und vorübergehender Aufenthalt für Erholungsbedürftige oder in zeitweiliger Notlage befindliche Literaten. Entscheidend bei der Aufnahme ins Alters- oder Erholungsheim ist die durch anerkannte literarische Leistungen erworbene Würdigkeit. Ständige Anschrift für alle Postsendungen an das Heim: „An das deutsche Schriftstellerheim, E. V., in Jena". Barvermögen ca. 140000 M.

Deutsch. Schriftsteller-Verband. (Dresden 11/1 87.) Z: a) die allgem. Interessen des deutschen Schrifttums wahrzunehmen, b) seinen Mitgliedern in ihren Berufsangelegenheiten beizustehen, c) Einrichtungen zu unterhalten und zu schaffen, die ihren Mitgliedern im Bedarfsfalle Unter-

stützg. u. Versorgg. gewähren. Auskunfts- und Vermittlungsstelle. Syndikat, das in literar. Rechtsgeschäften kostenfrei Rat erteilt. Schriftstellerhaus „Demmins Hort„ in Wiesbaden. Miteigentümer des Deutschen Schriftstellerheims in Jena. Korporationsrechte. S: Berlin. Geschäftsstelle: Berlin-Schöneberg, Maxstr. 9. V: Dr. Gustav Diercks, Berlin-Lichterfelde, Hindenburgdamm 127. Geschäftsführer, Vorsitzender und Schatzmeister: Dr. Wilh. Wendlandt, Berlin-Friedenau, Kirchstr. 11. Verbandsblatt: „Der Turmwart", Hermsdorf bei Berlin.

Allg. **Schriftstellerverein.** (1/10 00.) Z: Förderung der Standesinteressen, Vertretung in Rechtsfällen, Unterstützung von Schriftstellern, Nachdruckskontrolle, Stellenvermittlg., Kritik, Veranstaltung von Vortragsabenden, Geselligkeit. S: Berlin. Geschäftsstelle: W 57, Elßholzstr. 8. Vereinsblatt: „Die Feder". V: Dr. Max Hirschfeld, Berlin W 57 Elßholzstr. 8; Vors. d. Rechtsabteilg.: Gerichtsrat Dr. Paul Schellhas, S, Fontanepromenade 13: 2. Vors. u. Leiter der Unterstützungsabteil. Selma Jaffé, W, Passauer Str. 26. Leiter der Vereinsabende: Prof. Menzel, Charlottenburg, Goethestr. 61. M: 2000. Verm.: 4000 M. Vereinsjahr: Kalenderjahr. Jahresbeitr.: 8 M. einschl. „Die Feder".

Deutscher Schriftstellerinnenbund, E. V. Z: Zusammenschluß der deutschen Schriftstellerinnen und Förderung ihrer literarischen Interessen. (1896.) V: Vors.: Frau Margarete Pochhammer, Berlin-Lichterfelde, Moltkestr. 52; Schriftführerin: Erika Kraft, Berlin NW 6, Albrechtstr. 14e. Jahresbeitrag: 8 M. Publikationen in der „Feder". Veranstaltungen: Am ersten Montag jeden Monats 5 Uhr nachm. Zusammenkunft im „Berliner Frauenklub", Genthiner Str. 13.

Schutzverband deutscher Schriftsteller. (Sept. 1909.) Z: Wahrung der wirtschaftlichen und geistigen Interessen der Schriftsteller, kostenloser Rechtsschutz, Nachdruckverfolgung, Darlehns- u. Unterstützungskasse. Jahresbeitrag: 12 M. Verbandsorgan „Der Schriftsteller". Veranstaltung von Vorträgen, hauptsächl. über schriftstellerische Angelegenheiten. S: Berlin W 35, Schöneberger Ufer 25. V: 1. Vors.: Dr. Alfred Döblin; Geschäftsf.: Dir. Dr. Arthur Eloesser. Ortsgr. Berlin: Vors. Dr. Max Osborn; Gau Bayern: 1. Vors.: Freiherr v. Gleichen-Rußwurm, Geschäftsstelle: Dr. Hans Friedrich, München, Königinstr. 39; Nordwestgau: 1. Vors.: Dr. Robert Walther, Geschäftsstelle: Joh. Boldt, Hamburg, Wrangelstr. 36; Gau Rheinland-Westfalen: Dr. Karl Peltzer, Köln, Magnusstr. 5; Gau Thüringen: Dr. Franz Herwig, Belvedereallee 7; Ortsgr. Leipzig: Dr. Friedrich Schulze, Leipzig, Grassistr. 26; Ortsgr. Breslau: Ernst Bettauer, Breslau, Tauentzienstr. 27; Ortsgr. Königsberg: Dr. Walter Harich, Königsberg, Tragheimer Pulverstr. 23/24.

Deutsche **Shakespeare-Gesellschaft.** (23/4 64.) Z: Pflege Sh.s in Deutschland. S: Weimar. Zuschriften an den geschäftsführenden Ausschuß in Weimar (Vors.: Prof. Dr. Deetjen, Stellvertr.: Generalint. a. D. von Schirach). Protekt.: J. Kgl. H. Großherzogin Feodora von Sachsen. V: Prof. Dr. Deetjen, Weimar, Präsident; Generalint. v. Vignan, Weimar; Geh. Rat Prof. Schick, München; Dr. Ortlepp, Schriftf.; Bankdir. Schoeppler, Weimar, Schatzm.; Bibliotheksdir. Prof. Deetjen, Bibliothekar. M: 700. Veröffentlichungen: Jahrbuch, Schriften d. Sh.-Ges. Bd. 1—4. Jahreshauptversammlung 23/4. Jahresbeitrag: 6 M. f. Ausländer: 10 schweiz. Frcs. zu zahlen an Frommannsche Buchhdlg., Inh. Walter Biedermann, Jena, Postscheckkonto Erfurt 4989.

Deutscher **Sprachverein** (E. V.) (1885.) Z: Er pflegt die deutsche Sprache, ihre Reinheit und Schönheit, vertieft das Verständnis für sie, schärft das Sprachgefühl und dient dadurch dem deutschen Volkstum. Zweigvereine und Einzelmitglieder 10 M. jährl. S: Berlin; Geschäftsstelle: W 30, Nollendorfstr. 13/14. Ständiger Ausschuß: Oberlandesgerichtspräsident Ernst Dronke, Frankfurt a. M., Rüsterstraße 13, Vors.: Ministerialdirektor Dr. R. Jahnke, Stellvertr.; Regierungsrat A. Ruprecht, Berlin-Friedenau, Blankenbergstr. 6, Schatzmeister; Prof. Dr. K. Scheffler, Braunschweig, wissenschaftl. Berater; Gymn.-Dir. Prof. Dr. O. Streicher, Berlin-Lichterfelde, Schriftleiter. 285 Zweigvereine mit über 40000 Mitgliedern (einschließl. Einzelmitgl.). Vereinsbl.: Zeitschr. d. Deutsch. Sprach-Vereins. Schriftleiter: Gymn.-Dir. Prof. Dr. O. Streicher, Berlin-Lichterfelde. Verdeutschungsbücher usw. Zeitschrift für deutsche Mundarten. — Im Verlage des Vereins erscheinen außerdem Mitteilungen für Sprachecken u. verschiedene Veröffentlichungen auf dem Gebiete der deutschen Sprachwissenschaft. — Satzungen u. Geschäftsordnung v. 20/12 1922.

Gesellschaft für **Theatergeschichte,** E. V. (1902.) Z: Sammlung und Repertorisierung theatergeschichtl. Quellenmaterials

u. Herausg. theatergeschichtl. Forschungen (nur f. Mitgl.). S: Berlin-Steglitz, Alsenstr. 8 I (Sekretariat) u. Theaterwissenschaftl. Institut an der Universität Berlin (Archiv). V: Univ.-Prof. Dr. Max Herrmann, 1. Vors.; Geh. RegR. Univ.-Prof. Dr. Berth. Litzmann, München, HofR. Univ.-Prof. Dr. Aug. Sauer, Prag, stellvertr. Vors. Dr. Hans Knudsen, Berlin-Steglitz, Schriftführer u. Generalsekr., Verlagsbuchhändler u. Handelsgerichtsrat Georg Elsner, Berlin, Schatzmeister; Prof. Ferd. Gregori, Berlin, Univ.-Prof. Dr. Jul. Petersen, Berlin, Oberregisseur a. D. Dr. Georg Droescher, Berlin, Geh. Archivrat Dr. Rud. Krauß, Stuttgart, Geh. Hofrat Max Gruber, Meiningen, Oberregisseur Dr. Eugen Kilian, München, Chefred. Isidor Landau, Berlin, Univ.-Prof. Dr. H. Reich, Berlin-Lankwitz, Univ.-Prof. Dr. Georg Witkowski, Leipzig-Gohlis, Beisitzer. Mitgliedsbeitrag: jährl. 10 M., Ausland: 20 M. M: 1924 etwa 1000. Letzte Veröffentlichung 1923: Willi Flemming, Gesch. d. Jesuitentheaters in den Landen deutscher Zunge. Letzte Hauptversammlung: $^{28}|_{5}$ 23. Satzungen v. $^{6}|_{1}$ 02 (ergänzt 23).

Bezirksverband der Literarischen Gesellschaften Thüringens und benachbarter Orte. Z: Zusammenschluß zu gemeinsamen Rundreisen zwecks finanzieller Ersparnisse und größerer Leistungen. Winterhalbjahr 1923/24 wurde der Plan eines Zyklusses „Vom Wesen der deutsch. Kunst" (4 Abende) aufgestellt und durchgeführt Ferner lasen Autoren (Söhle, Ponten) in den angeschlossenen Gesellschaften. Leiter des Verbandes ist: Karl Heinig, Gera-R., Bismarckstr. 27.

Deutscher **Vortrags-Verband.** Gegr. 1876 von Edmund Lotz, Koburg. Z: Nachweis geeigneter Vortragskräfte, Redner, Auskunftsstelle. S: Mannheim C 4, 7. V: Vors.: Bankdir. a. D. Josef Kinkel; Schriftf: Geh. Justizrat Kossina, Nordhausen. Der Verband umfaßt ca. 250 wissenschaftliche, kaufmännische u. sonstige Bildungsvereine. Jahresbeitrag: 5—50 M. Vereinsjahr $^{1}|_{5}$ bis $^{30}|_{4}$. Zeitschrift erscheint vierteljährlich.

Verein deutscher **Zeitungs-Verleger** (Herausgeber der deutschen Tageszeitungen) E. V. (1894.) Z: Wahrung der Interessen der Zeitungsverleger. S: Berlin SW 68, Kochstr. 6—7. V: Ehrenpräs.: Dr. Robert Faber, Magdeburg; Vors.: Kommerzienrat Dr. H. Krumbhaar, Liegnitz; 1. stellv. Vors.: Dir. C. Müller, Berlin; 2. stellv. Vors. J. F. Wollf, Dresden. Vorstandsmitglieder: Kommissionsrat Max Bode, Grimma, Albert Broscheck, Hamburg, Otto Dierichs, Bochum, Senator Gustav Fuchs, Danzig, Dr. A. Gerstenberg, Hildesheim, Walter Graef, Anklam, Stadtrat Hans Heenemann, Berlin, Dir. A. Helfreich, München, L. Kiefer, Husum, Kommerzienrat Otto Fr. Kloß, Nürnberg, Dr. Albert Knittel, Karlsruhe, Dr. Wilhelm Korn, Breslau, L. Lensing, Dortmund, A. Madsack, Hannover, Kommerzienrat A. Neven Du Mont, Köln, Dr. Rink, Augsburg, A. Schneider, Sangerhausen, Dr. Kurt Simon, Frankfurt a. M., Joachim Trowitzsch, Frankfurt a. d. O., Dir. J. Will, Mainz, Dr. W. Wolff, Oberndorf, Chefred. A. Wyneken, Königsberg, J. K. von Zweck, Bernburg.

Örtliche Vereinigungen.

Aachen. Deutsche Gesellschaft f. Literatur u. Kunst. V: Prof. Dr. Fritz Brüggemann, Aachen, Wüllnerstr. 6, zugleich Schriftf. Satzungsgemäß beschränkte Zahl von nur 25 ordentlichen Mitgliedern ohne Jahresbeitrag. Dagegen 300 Abonnenten auf die Veranstaltungen: Vorträge und Rezitationen aus allen Gebieten der zeitgenössischen und älteren Kultur mit besonderer Berücksichtigung der Literatur.

Altenburg, S.-A. Liter. Vereinigung Altenburger Weimargesellschaft. ($^{2}|_{11}$ 95.) V: Staatsrat a. D. Karl Mehnert; Schriftf.: Oberstudienrat Dr. Rudolf Fritzsche, Wettinerstr. 24. Jahresbeitrag: 1—2 M. Veranstaltungen: September bis Mai monatlich 1 bis 2 Arbeitsabende, 5—6 große, öffentliche Abende.

Berlin. Verein Berliner Presse. ($^{3}|_{7}$ 62.) Besitzt seit 1884 Korporationsrechte, bezweckt gesellige Vereinigung u. Wahrung gemeins. Interessen der Schriftsteller und Journalisten aller Parteirichtungen sowie Unterstützung von Mitgl. u. Hinterbliebenen durch Alterspensions-, Sterbe-, Witwen- und Waisenkassen, unterhält ständiges Bureau. Berlin W 30, Maaßenstr. 15. V: Vors.: Dr. Kurt Metger; 1. stellv. Vors.: Georg Bernhard; 2. stellv. Vors.: Paul Löbe; Schriftf.: Karl Egbring; stellv. Schriftf.: Max Osborn; Schatzmeister: Bruno Buchwald; stellv. Schatzmeister: Ludwig Sochaczewer; Beisitzer: Heinrich Neumann; Carl Bulcke; Festausschuß: Frankenberg, Arndt, Egbring, Falk, Ganske, Osborn, Sternaux, Freund, Sochaczewer; Aufnahmeausschuß: Dr. Kastan, Dr. Breslauer, Dr. Elkan, Pfund, Esch,

Gesell, Bäckler; Jahresbeitrag: 12 M. Publikationen: Presseball-Almanach jährlich. Veranstaltungen: Presseball, Empfang im Reichstag, Wohltätigkeitskonzerte und Theatervorstellungen, monatliche Versammlungen mit Vorträgen usw.

— Gesellschaft für Deutsche Literatur. ($^{18}|_{11}$ 88.) Z: Wissenschaftliche literarische Forschungsfragen in Form von Vorträgen u. mündlichen Mitteilungen zu erörtern. Vereinsörtlichkeit: wechselt, öffentl. Saal o. dgl. V: Univ.-Prof. Dr. Max Herrmann, 1. Vors.; GehStudR. Prof. Dr. Johs. Bolte, 2. Vors.; Buchhändler Martin Breslauer, W 8, Französische Str. 46 I, Schatzmstr.; Prof. Dr. Franz Violet, W 30, Gleditschstr. 42, Schriftf.; StudR. Prof. Dr. Georg Ellinger, Beisitzer. M: 90. Jahresbeitrag: 3 M. Satzungen v. Nov. 1888. Die Gesellschaft ist Eigentümerin der in der Berliner Staats-Bibliothek aufgestellten „Bibliothek deutscher Privat- und Manuskriptdrucke“, verwaltet von Univ.-Prof. Dr. Max Herrmann, W, Augsburger Str. 34.

— Berliner Schriftsteller-Verband (Bezirksgruppe Berlin des Deutsch. Schriftsteller-Verbandes). (1903.) Z: Förderung schriftstellerischer Interessen. S: W 50, Nachodstr. 22/23. V: A. Pfannenstiel, 1. Vors.; Frau Marie Diers, 2. Vors. M: rund 150. Jahresbeitrag: 12 M. Verbandsbl.: „Der Turmwart“. Die Satzungen sind die des Deutschen Schriftsteller-Verb.

— Gesellschaft der Sturmfreunde (früher Verein für Kunst). (1905.) Z: Propaganda f. zeitgenössische Literatur, Musik u. Kunst. S: Berlin W 9, Potsdamer Str. 134a. V: Rudolf Blümner; Schriftf.: Lothar Schreyer. M: 1300. Jahresbeitrag: 15 M. Alle Abende der G. d. St. sind öffentlich. Eigene Zeitschrift: Der Sturm. Eigene Kunstausstellung. Vereinsjahr: Kalenderjahr.

— Gesellschaft zur Erhaltung des Lessingmuseums in Berlin (C 2, Brüderstr. 13 im Nicolai-Körner-Hause), E. V. ($^{27}|_{6}$ 08.) V: Vors.: Oberbürgermstr. Böß; stellv. Vors.: Prof. Dr. Max Herrmann u. Dr. Arnold Reimann, Dir. des Gymnasiums zum Grauen Kloster; Schriftf. u. Dir. des Museums: Georg Richard Kruse, Lichterfelde-West, Reuterstr. 27; Stellvertr.: Josef Jellinek; Schatzmeister: Dr. Ratjen i. Fa. Bankhaus Gebrüder Schickler, W 66, Mauerstr. 61. M: 600. Jahresbeitr. mindestens 5 M. Dafür Zutritt zum Museum u. zu den Veranstaltgn. u. Benutzung der Bibliothek. Geöffnet tägl. 11—1. Jeden Donnerstagabend literar- und kunstgeschichtliche u. musikalische Vorträge.

— Liter. Gesellschaft zu Berlin. (1888.) Z: Bildung e. gesellsch. Mittelpunktes für das liter. Leben Berlins. V: Fedor v. Zobeltitz, Vors.; Dr. Friedrich Düsel, Schriftf.; Berlin-Friedenau, Fregestr. 9; Friedr. v. Pritzbuer, Schatzmstr. M: 150. Aufnahme nur infolge Aufforderung.

— Literarische Gesellschaft Berlin-Charlottenburg. (1915.) Z: Pflege der Literatur, Kunst u. Wissenschaft. V: Vors.: Red. Adolf Armin Kochmann, Schöneberg, Gotenstr. 45. Veranstaltungen: Dichterabende, Vorträge, Konzerte, Museumsbesuche. Vereinsblatt: „Der Musaget“, „Tonkunst“ (Theater u. Literatur), Berl. Ztg. Satzgn. v. $^{1}|_{1}$ 15.

Bernburg. Deutsche Dichterabende, E. V. (1918.) V: Dr. Walter Kühlhorn, Karlstr. 12, erledigt auch den Schriftverkehr. Jahresbeitrag: Familien 10 M., Einzelmitglieder 6 M. Veranstaltungen: Autorenabende, Rezitationsabende, einführende Vorträge.

Bochum. Gesellsch. f. Literatur u. Kunst. (1905.) V: Justizrat Dr. Mummenhoff, Bochum; Schriftf.: Thekla Schmidt, Leiterin der Stadtbücherei. Jahresbeitrag wechselnd. Dauernde Veranstaltung von Vorträgen.

Bonn. Gesellschaft für Literatur und Kunst. (Dramatische Gesellschaft.) (1896.) Z: Förderung der literarischen Interessen durch Vorträge, Autorenabende, Rezitationen, dramatische u. musikalische Aufführungen (Gesamtgastspiele). Förderung der bildenden Kunst durch Ausstellungen u. Vortr. V: 1. Vors.: Dir. Dr. Hans Berendt, Godesberg, Deutsch. Kolleg; 2. Vors.: GehR. Prof. Dr. Landsberg, Bonn, Humboldtstr. 19; 1. Schriftf.: Stud.-R. Hermann Frings, Bonn, Niebuhrstr. 44; 2. Schriftf.: Dr. Rudolf Meyer, Baumschulallee 33; Schatzmeister: Dr. phil. D. Erdelbrock, Bonn, Kurfürstenstr. 46. Beitrag: 10 bzw. 3 M. jährl. Geschäftsjahr: $^{16}|_{10}$—$^{15}|_{10}$.

Bremen. Goethebund. V: 1. Vors.: Prof. Dr. G. Hellmers, Bremen, Scharnhorststr. 185; Schriftf.: C. Schumacher, Am Wall 207. Veranstaltet Vorträge über Wissenschaft u. Kunst, staatlich unterstützte klassische Volkskonzerte und Theateraufführungen, die unter dem Namen „Gemeinschaftstheater“ eine Organisation des nach Theaterkultur drängenden Mittelstandes darstellt. Etwa 4000 Mitglieder erhalten vierzehntäglich eine Vorstellung zu einem Einheitspreis

im Bremer Schauspielhaus. Rein literarisches klassisches und modernes Programm. Der Vorstand des Goethebundes bildet mit dem Vorstand des Arbeiterbildungsrats ein sog. „Kulturkartell", das mit staatlicher Unterstützung gute Kunst in Theater und Konzertsaal an die minderbemittelten Volkskreise vermittelt.

Breslau. Literar. Verein Breslau. (1904.) Z: Pflege der Literatur durch öffentliche Vortrags- u. Autorenabende. Gegenseitige Anregung auf künstlerischem Gebiete durch Kritik, freie Aussprache und Bibliothek. V: Vors.: Leo Katz, Moritzstr. 12; Kassierer: Alfred Tuch, Charlottenstr. 36. Beitrag: 2 M. pro Quartal. Vereinsblatt: Monatsschrift „Oberschlesien".

— Freie literarische Vereinigung zu Breslau. (1896.) Z: Veranstaltung von literar. Vorträgen, Autoren-Abenden, Theater-Vorstellungen. V: Carl Biberfeld, Dr. Erich Freund (Vorsitz., Landsberg-Str. 12), Dr. Hermann Hamburger, Dr. O. Wilda.

Brieg. Philomathie. (1859.) V: Pastor W. Buntzel, Brieg, Georgstr. 6; Schriftf.: Dr. med. Stein, Brieg, Lindenstraße. Jahresbeitrag: 4 M. Veranstaltungen: a) Vorträge literarischen u. wissenschaftl. Charakters; b) Bücherei aus allen Wissensgebieten.

Coburg. Gesellsch. f Literatur u. Musik. (1918.) V: Dr. Julius Kühn, Coburg, Sonntagsanger 8; Schriftf.: Dr. Friedr. Schiller, Coburg, Allee 5. Jahresbeitrag: wird Herbst 1924 neugeregelt; betrug 1918 12 M. für die Einzelkarte, 18 M. für die Familienkarte. Publikationen: 1918—1920 „Die Flöte"; später „Die Vorbereitung". Momentan keine Publikationen. Veranstaltungen: Autorenabende, Rezitationsabende, Vorträge, Konzerte (Kammermusik, Liederabende, Klavierabende, Kirchenkonzerte usw.).

Cöthen i. A. Dürerbund, E. V. (1909). Universitätslektor Dr. Richard Wittsack V: Universitätslektor Dr. Richard Wittsack; Schriftf.: Lyzeallehrer Feist. Jahresbeitrag 5 M. Publikationen: Führer durch Cöthen. Veranstaltungen: Literarische und wissenschaftliche Abende, Autorenabende, Konzerte, Theateraufführungen.

Darmstadt. Darmstädter Vortragsverband. (1907.) Z: Zusammenschluß aller literarisch interessierten Vereine Darmstadts zu gemeinsamer Veranstaltung von Dichter-, Rezitations- u. Vortragsabenden. S: Osannstr. 53. V: Rat H. Sonne. Vereinsjahr vom 1/7 bis 30/6.

— Richard-Wagner-Verein Darmstadt. (1888.) Z: Pflege deutscher Kunst im Geiste Richard Wagners und im Sinne einer fortschreitenden Kulturentwicklung. S: Osannstr. 53. V: Rat H. Sonne, 1. Vors.; Prof. D. A. Mendelssohn, 2. Vors.; Amtsgerichtsra Dr. Melior, Schriftf. M: 910. Satzung vom 25/1 09.

Dessau. Kunst- und Bücherstube. (1921.) Karl Rauch, Albrechtsplatz 2. Publ.: Jahresbroschüren „Kulturabende", Monatsschrift „Der Vorhof". Veranstaltungen: Dichter- und Vortragsabende.

Dresden. Gesellschaft für Literatur und Kunst in Dresden. (1888.) V: Oberstudienrat Prof. Dr. Otto Oertel, Tiergartenstr. 6; Stellvertr.: Justizrat Dr. Alfred Galle, Unterer Kreuzweg 6 II; Schriftf.: Justizrat Dr. Paul Frenzel, Holbeinstr. 123 I, und Kaufmann Carl Heinicke, Kaiserstr. 11 II; Schatzmeister: Fabrikbesitzer E. F. Neumann, Kaiserstr. 5 II; Leiter der geselligen Angelegenheiten: Kaufmann Arthur Paul, Kurfürstenstr. 9 I, und Fabrikbesitzer Alfred Neumann, Glacisstr. 16 I. Jahresbeitrag: für ein einzelnes Mitglied 12 M., für eine Familie 20 M. Veranstaltungen: Vorträge und Kammermusikabende.

Düsseldorf. Verein f. wissenschaftl. Unterhaltungen u. Vorlesungen. (1870.) V: Oberlandesgerichtspräsident a. D. Dr. jur. A. Ratjen, Exzellenz; Schriftf.: Bibliotheksdir. Dr. C. Nörrenberg, Heinrichstr. 151. Jahresbeitrag: unbestimmt. Veranstaltungen (gemeinsam mit den „Akademischen Kursen"): wissenschaftliche gemeinverständliche Vorträge.

Elberfeld. Literar. Gesellschaft. Geschäftsstelle: Bädekersche Buch-, Kunst- und Lehrmittelhandlung, Herzogstr. 33. V: Fr. Kerst; Schatzm.: Otto Hoff. In der Regel jährl. 6 Dichterabende.

Erfurt. Verein der Literaturfreunde. (1885.) V: Prof. Dr. Obermann, Schillerstr. 18; Schriftf.: Dir. Siegmund. Veranstaltungen: 6—8 Vorträge und dramat. Aufführungen.

Frankfurt a. d. O. Literar. Gesellsch. (1907.) V: Dr. Gweper, Gubener Str. 36. Bezweckt Förderung literarischer Bildung durch Vorträge, Bühnenaufführungen und musikalische Veranstaltungen.

— Volkshausverein, E. V. (1919.) V: Rechtsanwalt E. Roeder, Junkerstr. 25; Geschäftsf.: Stadtbibliothekar F. Plage, Oberstr. 41. Jahresbeitrag:

5 M. Veranstaltungen: Künstlerische Volksunterhaltungsabende, Bildspiel.

Gera-R. Literarische Gesellschaft. (1912.) V: Karl Heinig, Schriftsteller, Bismarckstr. 27. Jahresbeitrag: augenblicklich unbestimmt. Veranstaltungen: monatlich 2 große Vortragsabende, dazwischen intime Abende. Oktober 1923 wurden aus wirtschaftlichen Gründen die Vereinigungen Geras: „Kunstverein", „Kaufmännischer Verein" und „Literarische Gesellschaft" zu einer „Notgemeinschaft zur Pflege von Kunst und Wissenschaft" verschmolzen. Leiter derselben ist Karl Heinig, Schriftsteller.

M.Gladbach. Wissenschaftl. Verein. (1850.) V: Prof. Dr. Werth, Gymnasium; Schriftf.: z. Z. unbesetzt. Jahresbeitrag: 5 M. Veranstaltungen: Wissenschaftliche Vorträge, schöngeistige und wissenschaftliche Bücherei.

Görlitz. Literarische Gesellschaft, E. V. (1914.) V: Studienrat Dr. Karl Schultze, Augustastr. 22; Schriftf.: Anna Lisco, Konsulstr. 22. Jahresbeitrag: 1 M. M: 1923 1600. Veranstaltungen: wöchentlich ein- bis zweimal Vorträge, Rezitations- und Autorenabende, Theateraufführungen, Morgenfeiern; Gebiet: Weltanschauung, Literatur, Kunst, Musik.

Greifswald. Greifswalder Gesellschaft f. Kunst und Literatur. (1922.) V: Prof. d. Theologie O. Friedr. Wiegand, Baustr. 6; Schriftf.: Buchhändler Klein, Ratsbuchhandlung L. Bamberg. Jahresbeitrag: 5 M. Veranstaltungen: Juli und Dezember Kunst- und kunstgewerbliche Ausstellungen, kunstgeschichtliche Vorträge, Vorlesungen zeitgenössischer Dichter aus eigenen Werken.

Hamburg. Deutsche Gesellschaft. (1910.) Z: die wissenschaftl. Beschäftigg. mit der deutschen Sprache u. Lit., mit Einschluß der Altertums- u. Volkskunde, zu fördern. S: Germanisches Seminar, Rothenbaumchaussee 36 II. V: Prof. Dr. Borchling, Rondeel 43 I, Vors.; Prof. Dr. Rosenhagen, Kassenwart; Frl. Prof. Dr. Lasch, Schriftwart. M: 76. Jahresbeitrag: 3 M. Vereinsjahr vom 1/4 bis 31/3.

— Journalisten- u. Schriftsteller-Verein für Hamburg, Altona u. Umgebung. (1870.) Z: die Förderg. u. Wahrg. d. Standesehre u. die wirtschaftl. Unterstützg. der Mitglieder sowie durchreisender J. u. Sch.; besitzt Sterbekasse, Unterstützgskasse u. Witwenkasse sowie die Schreyer-Stiftg. z. Unterstützg. bedürftig. Kinder v. J. u. Sch. V: 1. Vors.: Dr. Arthur Obst, Altona-Bahrenfeld, Schubertstr. 12; 2. Vors.: Dr. Carl Müller-Rastatt, Alterwall 76; 1. Schriftf.: Charles Hünerberg, Stellingen-Langenfelde, Kieler Str.; 2. Schriftf.: Karl Schubert, Buschstr. 4; Schatzmeister Carl Menck, Alterwall 76. M: 140.

— Liter. Gesellschaft. Adr.: Leo Goldschmidt, Hamburg, Bleichenbrücke 6. (1891.) V: A. Ruben, Hamburg 13, Rothenbaumchaussee 105; Schriftf.: Madelaine Lübers. Jahresbeitrag: voraussichtlich 6 M. Veranstaltungen: Vorträge, Rezitationen usw.

Hamm i. W. Buchhändler Otto Dabelow, Große Weststr. Seit Februar 1924, hat die Buchhandlung Otto F. Dabelow „Volkstüml. Deutsche Literaturabende" eingerichtet, alle 14 Tage ein Literaturabend. Redner, Rezitatoren, Dichter werden gewonnen. Die Abende ersetzen die frühere „Volkshochschule", die eingegangen ist.

Hannover. Literar. Gesellschaft. (1918.) V: Studienrat Dr. Baumert, Calenberger Str. 37. Jahresbeitrag: 10 M. Veranstaltungen: monatlich jeden 2. u. 4. Mittwoch „Literarischer Abend".

Hof i. B. Liter. Verein. (1918.) V: 1. Vors.: StudProf. Dr. Weiß, Altstadt 28; 2. Vors.: StudR. Dr. Stößel; Schriftf.: Hauptlehrer Joch und Frl. Kropf. Jahresbeitrag wird jährlich neu festgesetzt und wechselte bisher wegen der Geldentwertung. Veranstaltungen: Autorenabende mit Vorlesung eigener Werke, Rezitationen größerer Dichterwerke durch schauspielerisch oder sonst geschulte Kräfte, Vorträge über literarische Themen, einfache Vorleseabende im kleineren Kreise.

Kiel. Plattd. Vereinigung „Quickborn". (1896.) Z: „De plattdütsche Vereenigung Quickborn gründ't ünner den Nam 'Jungs holt fast', will helpen, dat unse ole Stammsprak an'n Leben blift, un allens dohn un allerwärts hölpen, wo dat nödig is oder angahn kann, besonners ok darför, dat gude plattdütsche Böker schreben, kofft un lest ward." S: „Haus der Landwirte". V: 1. Vors.: Lehrer Schramm, Lübecker Chaussee 33; 1. Schriftf.: Rektor H. Karstens, Hardenbergstr. 28; Kass.: Dr. med. Struve, Brunswiker Str. 24. M: ca. 400. Jahresbeitrag: 6 M. Finanzen: Einn. ca. 1000 M. Ausg. ca. 1000 M. Vereinsblatt: „Modersprak". Veranstaltungen: Niederdeutsche liter. Abende.

Königsberg i Pr. Goethebund. (1901.) Z: Förderung der freien Entwickelung des geistigen Lebens u. Verbreitung künstlerischer u. wissenschaftlicher Bildung. V: Red. Dr. Ludw. Goldstein

Vorf., Beethovenstr. 35, an den die Zuschriften zu richten sind; Prof. Heinr. Wolff, Stellv.; Rechtsanw. Dr. Leo Cohn, Kass.; Red. Fritz Lemke, Schrift- und Geschäftsführer. M: ca. 2000. Jahresbeitrag: mindestens 1 M. Satzgn. v. 1902:

Köln. Lit. Gesellschaft. (1893.) Z. Pflege u. Förderung deutsch. Schrifttums im allgemeinen, sowie Förderung der literar. Bestrebungen der Mitglieder. S: Gürzenich. V: 1. Vorf.: Red. Herm. Jos. Ohrem, Alte Wallgasse 14; 2. Vorf. u. Schriftf.: Buchhändler Ferd. Sohn; Schatzmeister: Dir. Jakob van Werden. M: 300. Vorträge alle Monate vom Okt. bis April. Feiert von 1899 ab im Mai poet. Wettkämpfe (Blumenspiele), die aber wegen des Krieges auch 1924 noch ausfallen.

Köln - Mülheim. Mülheimer Theatergemeinde. (1922.) V: Rechtsanw. Heidberg. Geschäftsstelle: Westland e. G. m. b. H., Frankfurter Str. 3. Jahresbeitrag: 1923/24 0,30 M. Veranstaltungen: ein- bis zweimal monatlich Konzert u. Vorträge (wenig Theater).

Krefeld. Literarische Gesellschaft. (1922.) V: 1. Vorf.: Oberstudiendir. Dr. Poethen, Westwall 12; Schriftf.: Red. K. Bode, Albrechtsplatz 6 I. Veranstaltungen: 6 bis 8 Abendveranstaltungen (Vorträge, Rezitationen, Autorenabende), 10 bis 12 Morgenfeiern in Verbindung mit dem Stadttheater.

Der **Landeshuter** Vortrags-Verband. (1912.) V: Dir. Paul Niepel; Schriftf.: Kaufmann Harry Wolffsohn. Jahresbeitrag verschieden. Veranstaltungen: jährlich ca. 30.

Leipzig. „Goethe-Gesellschaft". (1901.) (Vereinigung zur Veranstaltung volkstümlicher Dichterabende). V: Otto Siebel, 1. Vorst., Leipzig-Mockau, Kieler Str. 16 II; Dir. Emil Lautenbach, Schatzmeister, Leipzig, Fürstenstr. 4 III. Alle Zuschriften an den 1. Vorsteher.

— Leipziger Presse. Jurist. Person. (1886.) Z: Unterstützung hilfsbedürftiger Mitgl., Pflege journalist., literar., künstler. u. wissenschaftl. Bestrebungen. V: Hofrat Alban von Hahn, Thomasiusstr. 2, 1. Vorf.; Karl Hesse, 2. Vorf.; P. Benndorf, 1. Schriftf.; Joh. Schneider, 2. Schriftf.; RA. Dr. Hauptvogel, Schatzmstr. M: 2 Ehrenmitgl., 47 a.o. Mitglieder, 100 M. Bilanzkonto 1/4 16: 28470,99 M. Jahresbeitr.: 25 M.

— Schiller-Verein (Literar. Gesellschaft), E. V. (1840.) Z: Schillerkultus, Dichterabende u. dramat. Aufführgn., Unterstützg. deutscher Schriftsteller. S: Gohlis, Ehrensteinstr. 20. V: Prof. Dr. Georg Witkowski, Vorsitz.; Franz Adam Beyerlein, stellv. Vorsitz.; Dr. G. Schlippe, Gohlis, Menckestr. 18, Schatzmeister; Rechtsanwalt Dr. Neugebauer, Schriftf.; Hofrat Alban von Hahn, Landgerichtsrat Kurt von Miaskowski, Schauspieldirektor Dr. Kronacher. M: ca. 3000. Jahresbeitr.: 3 M. Satzgn. vom 3/1 13.

Magdeburg. Verein Magdeburger Presse, E. V. (1916.) V: Red. Erich Feldhaus, Magdeburgische Zeitung; Schriftf.: Zeitungsverleger Henning Faber, Magdeburgische Zeitung. Jahresbeitrag: 10 M. Veranstaltungen: jährlich 6 Vorlesungsabende von deutschen Dichtern und Gelehrten, öffentliche Pressefeste.

Mannheim. Schriftsteller-Verein Mannheim-Ludwigshafen. (1894.) Z: Wahrung der gemeinsamen Interessen, Krankenunterstützung, Veranstaltung von Vorträgen auf literarischen Gebieten, Pflege des geselligen Verkehrs. V: 1. Vorf.: Adolf Gengenbach; 2. Vorf.: Alfred Scheel; Schriftf.: Richard Schönfelder; Schatzm.: Fritz Droop; Beisitzer: Johann Gremm, Oscar Geck, Vincenz Becker, Ernst Heckmann, Fr. Florian Waldeck, Siegfried Feith; Frau Eugenie Kaufmann, Frl. Marie Netter, Wilh. Hollbach. Jahresbeitrag nach Selbsteinschätzung. Geschäftsstelle: Mannheim H 2,3.

Marburg a. d. L. Marburger Bühne, E. V. (1921.) V: der jeweilige Oberbürgermstr. der Stadt und der jeweilige Rektor der Universität; künstlerischer Leiter und Schriftf.: Dr. Fritz Budde, Wilhelmstr. 15. Semesterbeitrag: wird jeweils nach Maßgabe der geplanten Veranstaltungen festgesetzt. Veranstaltungen: Theateraufführungen (eigene u. Gastspiele), Rezitations- u. Autorenabende.

Mülheim-Ruhr. Gesellschaft für Literatur u. Kunst, E. V. (1904.) Z: will die Förderung des Verständnisses der auf dem Gebiete der Wissenschaft erschienenen Werke, sowie die Pflege der klassischen und modernen Literatur und Kunst und durch gemeinsamen Gedankenaustausch und Besprechungen den Mitgliedern Gelegenheit geben, ihr Geschmacksurteil zu erweitern und zu vertiefen. V: Ehrenvorf.: Fritz Jacobs; Vorf.: Red. D. Honke; Schriftf.: Arno Kreyßig. M: 600. Jahresbeitrag: 6 M. Angehörige von Mitgliedern halber Beitrag. Vereinsjahr: Jan. bis Dezember. Wöchentlich Donnerstag abends abwechselnd: Intime Kunstabende, Vorlesungen, Unterhaltungsabende. Außer-

dem öffentliche Veranstaltungen, Autorenvorträge und jährlich Blumenspiele.

München. Münchener Journalisten- und Schriftsteller-Verein. (1883.) Z: Wahrung und Förderung der Berufsinteressen sowie Pflege des gesell. Verkehrs. Geschäftsstelle: Brienner Str. 6/2. V: Ehrenpräsident: Dr. M. Gg. Conrad, Vors.: M. Scharre; 1. Stellv.: H. Roth; 2. Stellv.: A. Schiedt; 1. Schriftführer: R. Ortmann; 2. Schriftf.: Dr. S. Berberich; Schatzmeister: Gg. Schaumberg; Beisitzer: C. Freund, Frau Hausleiter-Westermann, Dr. E. Hohenstatter, Jul. Kreis, W. Meyer (W. Herbert), Dr. Fr. Möhl, Prof. Dr. Graf Du Moulin-Eckart, W. v. Rummel, Dr. Solleder. M: 175.

— Kranken- und Sterbekasse Münch. Journalisten u. Schriftsteller (Versicherungsverein auf Gegenseitigkeit) in München. (1886.) S: Brienner Str. 6/2. V: Vors.: J. Osterhuber; Kassierer: K. Wetzstein; Schriftf.: Gg. Schaumberg. M: 38.

Nordhausen. Bildungsverein, E.V. (1863.) V: Geh. Justizrat Kossinna; Schriftf.: Lyzeallehrer Ehle. Veranstaltungen: Vorträge aus allen Gebieten der Wissenschaft, Kunst, Religion, Technik, ferner Volksunterhaltungsabende.

Nürnberg. Liter. Bund. (1918.) Geschäftsst.: Albrecht-Dürer-Platz 4a. V: Vors.: Dr. Graf u. Dr. Geldenberg; Schriftf.: Dr. Orthal. Jahresbeitrag: jährlich 12 M. Veranstaltungen: Autorenabende, Vorträge, Rezitationsabende, Theateraufführungen.

Offenbach a. M. Volkshochschule. (1919.) Geschäftsf.: Th. Müller, Altes Stadthaus. Veranstaltungen: Vorträge, Arbeitsgemeinschaften, Lichtbild- und Filmvorführungen, Theatervorstellungen. Jahresbeitrag: 0,25 M. Hörergebühr: 1 M. Hörerzahl: 1919/20: 2514, 1920/21: 2839, 1921/22: 2425, 1922/23: 4642.

Recklinghausen. Literarische Gesellschaft für Recklinghausen und Umgegend. (1919.) V: Dr. Bitter, Hohenzollernstr. 2. Jahresbeitrag: 10 M. Veranstaltungen: Pflege literarischer und künstlerischer Bestrebungen: durch Vorträge (von Dichtern, Schriftstellern, Vortragsmeistern, Literarhistorikern und Kunstgelehrten), durch künstlerische Darbietung guter Theaterstücke, durch Schaffung von Zirkeln und Zusammenkünften zur Anregung und Förderung des persönlichen Gedankenaustausches, durch Vermittlung von Hilfen für die literarische und künstlerische Weiterbildung seiner Mitglieder (Bücherei) und durch Veranstaltung von Bücher- und Kunstausstellungen. M: 700.

Regensburg. Kaufmännischer Verein. (1890.) V: Gustav Bosse, Verlagsbuchhändler; Schriftf.: Dr. Albert Schlegel, Dir. Jahresbeitrag: 12 M. Publ.: Jahresbericht, Programmschriften der Kulturabende. Veranstaltungen: jährlich 5 Kulturabende (Dichterabende, Komponistenabende usw.).

Solingen. Solinger Lesegesellschaft. (1894.) Z: Unterhaltung e. Bibliothek- u. Lesezimmers, Veranstaltung v. Vorträgen (literarischen u. wissenschaftl. Charakters). S: Bibliothek- u. Lesezimmer Poststr. 4. Zuschriften an den 2. Vors. u. Schriftf. Prof. Spelter, Oststr. 32. V: San.R. Dr. Kronenberg, 1. Vors.; Prof. Spelter, 2. Vors. u. Schriftf.; Rektor Rumscheid, Bibliothekar; Kaufm. Herm. Becker, Kassierer. M: 250. Jahresbeitrag: 12 M. Vereinsjahr: 1. April bis 31. März.

Stuttgart. Freie Bühne Stuttgart, Verein f. literar. Kultur. (1906.) Z: Pflege der Literatur, insbes. durch Veranstaltg. v. Vorträgen, Rezitat. u. Aufführgn. V: Schriftsteller M. Osterberg, 1. Vors., Kasernenstr. 13, an den die Zuschriften zu richten sind; Bankdirektor W. Armbrust, 2. Vors.; Redakteur H. Werner, 1. Schriftf.; Oberlehrer E. Abele, 2. Schriftf.; Hofrat Mattes, Kassierer. M: 300. Jahresbeitrag: 10 M. Budget: 4500—5000 M. Vereinszeitschrift: „Süddeutsche Literaturschau". Vereinsjahr beginnt 1. April. Satzungen vom 1/4 1911.

Weimar. Weimargesellschaft. (1919.) V: Herr von Eichel-Streiber; Schriftf.: z. Z. unbesetzt. Jahresbeitrag: steht z. Z. nicht fest. Publikationen: die seinerzeit gleichzeitig als Publikationen des Deutschen Nationaltheaters und der Weimargesellschaft herausgegebenen „Weimarer Blätter" sind aus pekuniären Gründen eingegangen.

Wien. Gesellschaft der Autoren, Komponisten u. Musikverleger in Wien, r. G. m. b. H. (1897.) Z: Schutz u. Wahrg. d. Urheberrechte ihrer Mitglieder. S: III/1, Baumannstr. 8. V: Jos. Weinberger, Präs.; Schriftf.: Schriftsteller Emerich Gatti. Veröffentlichungen: Mitteilungen d. Gesellschaft.

— „Concordia", Wiener Journalisten- und Schriftstellerverein. (1859.) Z: Wahrung d. Standesinteressen, Unterstützung hilfsbedürft. Mitglieder sow. ihrer Witwen und Waisen. S: I, Rudolfsplatz 12. V: Präs.: Dr. Edmund Wengraf; Vizepräs.: Reg.-Rat Dr. Friedrich Leiter, Red. Dr. Sigmund Rubinstein; Schriftf.:

Chefred. Georg Bittner, Red. Oskar Wessetzky; Kasseverwalter: Stefan Skrein; Mitglieder: Red. Armin Brunner, Red. Leopold Jacobson, Red. Dr. Armin Reichmann, Red. Marcell Zappler; Ausschuß: Red. Rudolf Beck, Red. Max Forst, Verlagsdir. Josef Gellert, Dramaturg Heinrich Glücksmann, Red. Dr. Leon Halberstam, Red. Philipp Herzog, Red. Josef Koller, Red. Philipp Loew, Red. Josef Melbourn, Red. Dr. Walter Nagelstock, Red. Josef Reitler, Chefred. Alexander Salkind, Red. Leo Siegelbaum, Red. Else Taubner, Red. Ludwig Wiener. Bureau: Kanzlei-Dir. Leonie von Sztankovich. Skontist Anton Mentl. Im Jahre 1923 gewährte Unterstützungen: 53470000 Kr. Jahresbeitrag: 60000 Kr. Publikationen: Jahresberichte. Veranstaltungen: Theater- und Konzertveranstaltungen und jährlich ein großes Ballfest.

— Goethe-Verein. (1878.) Z: Befördg. d. Verständn. f. G. u. Erhaltung e. G.-Museums in Wien (National-Bibliothek). V: Obm. Wilhelm Freih. v. Weckbecker; Schriftf.: Dr. Emanuel Brüch u. Red. Hans Feigl; Red. d. „Chronik des W. G.-V." u. Leiter des Goethe-Mus.: Dr. R. Payer v. Thurn; Kassierer: Dr. J. Brüch. M: 5 Ehrenmitgl., 20 Stifter, 236 Mitgl.

— Krankenkasse der „Concordia". (1902.) Z: Gewährung v. Krankenunterstützungen an Mitglieder, deren Frauen und Kinder, wie an Witwen, Begräbnis- u. Reliktengeldern a. Mitglieder d. Wiener Journ.- u. Schriftsteller-Vereins „Concordia". S: I, Rudolfsplatz 12. V: Dr. Sigmund Ehrlich, Obm.; Hofrat Dr. Siegmund Fried, Obm.-Stellv.; Fritz Frankl und Hans Schimmer Kassenverw.; Dr. Otto Ernst Schwarzer, Schriftf.; ferner Dr. Leopold Pierowsky, Dr. Emil Reich, Regierungsrat Julius Stern u. Oskar Wessetzky. M: Ende 1923 325. Vermögensstand Ende Februar 1924: 67 Mill. Kronen. Letzte Generalvers. 30/6 23.

— Wiener Schriftstellerverein „Die Scholle". (1906.) Z: Pflege heimatl. Kunst, Veranstaltung von liter. Akademien, Förderung v. Talenten durch Druck, Verlag, unentgeltl. Vermittlung bei Zeitungs- u. Buchh.-Verlegern, Errichtung von Bibliotheken, Erhaltung einer Speisegemeinschaft u. einer Freitischausspeisung seit 1915, Unterstützung verarmter Schriftsteller und Krankenunterstützung. S: Leitung IX/4, Liechtensteinstr. 56, Vereinsheim: II, Lilienbrunng. 1. V: Léon Schlein-Saville, Prof. J. Jaeger, Dr. Friedr. Wallisch, Red. Leo Einöhrl, Dr. Arthur Prinz, Dr. Hela Hofmann, Prof. Carl Zewy, Prof. Arthur Wolf, Max J. Meth, Statthaltereirat Emil Hochreiter, Dr. Max Eitelberg, Red. Rudolf Löwith. M: 440. Jahresbeitrag: 50000 u. 25000 K. Einnahme: 664000000 K., Ausgabe: 651000000 K., Vermögen: 16000000 K. Letzte Generalversammlung: 8/10 23. Satzungen vom 06.

Wiesbaden. Literarische Gesellschaft, E. V. (9/5 05.) Z: Belebung d. Interesses an Lit. in Poesie u. Prosa. 10 Vorträge. S: Geisbergstr. 17. Vereinsörtlichkeit: Kurhaus. V: Schriftsteller Hans Olden, Vors.; E. Sewöster, Schatzmstr.; Prof. P. Heydenreich, Schriftf. Letzte Generalversammlung: Sept. 1923. M: 400. Jahresbeitrag: 5 und 10 M. Satzgn. vom Januar 1914. Gehört dem Deutschen Verb. f. künstler. Kultur an.

— Verein „Wiesbadener Presse", (1905.) R. P. Z: Vertretung und Förderung der Interessen des Journalisten- u. Schriftstellerstandes; Pflege der Kollegialität. (Ruht zur Zeit.) Zuschriften an Redakteur M. Etienne (Rhein. Volksztg.), Wiesbaden.

Würzburg. Ges. f. Literatur u. Bühnenkunst. (1921.) V: Vors.: Univ.-Prof. Dr. Franz, Neubergstr. 10. Schriftf.: Chefred. Theo Kaufmann (Generalanzeiger). Jahresbeitrag: 3 M. Publikationen: Theaterkultur 1—3. Veranstaltungen: Vortragsabende, Einführungsvorträge für Neuaufführungen im Theater, Diskussionsabende, Lesezirkel usw. M: 1200.

— Würzburger Journalisten- u. Schriftstellerverein. (1910.) Z: Wahrung u. Förderung der gemeinf. Berufsinteressen, sowie Pflege des gesell. Verkehrs. V: Vors.: Hofrat Dr. Josef Balduin Kittel; Stellv.: Chefred. Theo Kaufmann (Generalanzeiger), Sanderglacisstr. 44.

Zürich. Zürcher Preßverein. Verband der Journalisten und Schriftsteller der Kantone Zürich u. Schaffhausen. Z: Wahrung der berufl. Interessen u. Förderung des kollegial. Geistes. V: Präs.: Chefred. Hans Schultheß; Vizepräs.: Red. W. Bretscher; Aktuar: Red. J. W. Glogg; Quästor: Red. H. Bornhauser; Beisitzer: Red. Paul Altheer, Chefred. R. Brun, Red. H. Kägi, Dr. A. Schär, Red. M. Schoop. Jahresbeitrag: 15 Fr. Publikationsorgan: Korrespondenzblatt d. Vereins der Schweizer Presse. Veranstaltung: jährliches Pressefest zugunsten des Presse-Pensionsfonds.

Nachträge zu „Literarische Vereine und Stiftungen“.

Verband **Deutscher Erzähler.** Z: Materielle Hebung des Autorenstandes, Verbesserung des Urheberrechts auf gesetzlichem Wege u. a. S: Berlin. Geschäftsführ. Dir. Bürgermeister Schadlow, Charlottenburg, Schloßstr. 58. V: Georg Engel, Berlin W 62, Bayreuther Str. 19. Syndikus des Vorstands: Dr. Wenzel Goldbaum-Berlin. Dem Vorstand gehören an: Karl Rosmer, Dr. Walter Bloem, Hans Brennert, Dr. Gerhart Hauptmann, Dr. Max Halbe, Dr. Kurt Martens, Dr. Rudolf Presber, Prof. Heinr. Sohnrey, Herm. Sudermann, Werner Scheff, Dr. Arthur Schnitzler, Hermann Stehr, Dr. Paul A. Kirstein, Walther Nithack-Stahn, Joseph Buchhorn. M: etwa 175.

Deutsche **Dichter-Gedächtnis-Stiftung.** (1901.) Z: Hervorragenden Dichtern durch Verbreitung ihrer Werke ein Denkmal im Herzen des deutschen Volkes zu setzen. S: Hamburg. Briefe nur unter der Aufschrift D. D.-G.-Stg. in Hamburg-Großborstel erbeten. Verwaltungsrat: 25 Mitglieder. V: Vors.: Prof. Dr. Fritz-Charlottenburg, Geschäftsführer: Karl Peter, Hamburg-Großborstel. M: ca. 10000. Beiträge in jeder Höhe erbeten; die einmaligen werden zum Kapital geschlagen, die jährlichen mit den Zinsen ausgegeben. Jahresbeitrag mindestens 2 M. Finanzverhältn.: Ende 15: Kapital etwa 33000 M., feste jährl. Beiträge etwa 26000 M., Gesamt-Jahreshaush. etwa 254000 M. Jährliche Tätigkeit bis 1920/21. Verteilg. von etwa 110000 Bänden an arme Volksbüchereien, Zusammenstellung von Bibliotheken f. Krankenhäuser u. Heilstätten, Versendung von Wanderbüchereien an Feuerschiffe, Leuchttürme, von Mannschaftsbüchereien f. Heer, Flotte u. Luftflotte, von Lazarettbüchereien usw., in die Grenzlande, sog. „Grenzdankspenden“; ferner Druck der „Hausbücherei“, des „Eichenkranz“ u. der „Volksbücher“. Im Kriege hat sie an Lazarette, Truppenteile und deutsche Kriegsgefangene 732680 Bände unentgeltlich verteilt. Gesamtverteilung bis 1923 einschl.: rund 1500000 Bücher. Veranstaltungen: Dichter-Abende für unbemittelte Hörer u. Dichter. Ortsgruppen im ganzen Reich.

Deutscher Journalisten- und Schriftstellerverein für Mähren und Schlesien. (1889.) Z: Wahrung und Förderung d. Standesinteressen, Anschluß an die Münchner Pensionsanstalt. S; Brünn, Raschingasse 7. V: Obmann: Schriftleiter Paul Klobuczar, 1. Obmannstellv. und Säckelwart: Oberrechnungsrat Hugo Kandler; 2. Obmannstellv.: Hauptschriftleiter Hermann Heller; Schriftführer: Musikschriftsteller Karl L. Heidenreich. M: 47 wirkl., 45 beitrag. Monatsbeitr. f. wirkl. Mitgl. 3 K., Eintrittsgebühr 750 bis 2000 K. mit Pensionsanspruch. Vollversammlung April 1923. Neue Satzungen und Geschäftsordnung vom $^{12}|_{6}$ 21.

Eichendorff-Bund. (1918.) Z: Die Pflege u. Vereinigung der mit Eichendorffs Namen u. der Romantik übh. verknüpften Lit. V: Dr. Erwein Freiherr von Aretin, Neuburg a. d. Cammel (Bayern). Schriftl. und Auskunftstelle: Dr. Wilh. Kosch, o. ö. Prof. a. d. Univ. Nymwegen (Holland), Bergendalsche Weg 170. Jahresbeitr. 12 M. Publ.: „Eichendorff-Kalender“ u. Monatsschrift „Der Wächter“.

Grillparzer-Stiftung. Preisrichter: Prof. Dr. Walther Brecht; Franz Herterich; Julius Bauer (Concordia); Prof. Dr. A. Bettelheim (Süddeutschland); GehR. Prof. Dr. Albert Koester (Norddeutschland). Vgl. Artikel „Der Grillparzer-Preis 1872—1923“ v. Prof. Dr. A. Bettelheim im Grillparzer-Jahrb. 23.

Gesellschaft für **Heimkultur — Deutsche Kultur** e.V. (1909). Z: Verbreitg. deutscher Heimkultur im weitesten Sinne. S: Wiesbaden-Adolfshöhe, Nassauer Str. 3. V: Dir. E. Abigt, Dr. Klaus Lenhard, Max Beetz. M: 1820. Jahresbeitr. 25 M. Illustr. Zeitschrift „Heimkultur — Deutsche Kultur“. Satzgn. v. 1910.

Landesverband der **Sächsischen Presse.** (1910). Z: Wahrung u. Förderung d. gemeinsamen Berufs- u. Standesinteressen innerhalb des Standes, in der Öffentlichkeit u. durch Einwirkung auf die Gesetzgebung sowie durch Wohlfahrtseinrichtungen, insbes. Rechtsschutz, Stellennachweis u. Unterstützung hilfsbedürftiger u. stellenloser Mitglieder u. ihrer Hinterlassenen (Sterbehilfskasse.) S: Dresden; Geschäftsstelle: Dresden, Marienstr. 38/40. V. 1. Redakteur Dr. W. Blanck-Dresden, 2. Redakteur Dr. A. Günther-Leipzig, 3. Redakteur Dr.

Grumbt-Dresden; Schriftf.: Dr. Purlitz-Dresden, Schatzmeister: Redakteur A. Graefe-Dresden. M. 330. Beitrag nach den Sätzen des Spitzenverbandes (Reichsverband der Deutschen Presse). Verbandsblatt: „Deutsche Presse“.

Gesellschaft für **Volksbildung**. (1871.) Z: Der Bevölkerung dauernd Bildungsstoffe u. Bildungsmittel zuzuführen, um sie im höheren Grade zu befähigen, ihre Aufgabe im Staate, in Gemeinde und Gesellschaft zu verstehen und zu erfüllen. Besondere Stiftungen: Abeggstiftung; Rickertstiftung; Schulze-Delitzschstiftung. S: Berlin NW 52, Lüneburg. Str. 21. Erstreckt sich über das ganze Reich. V: Dr. Hermann Pachnicke, M. d. R. u. a., Berlin W 15, Lietzenburger Str. 45, Geschäftsführer: J. Tews, Berlin NW 52, Paulstr. 20. Vereinsblatt: „Volksbildung“. Mitgliedsbeitrag nach Selbsteinschätzung, mindestens 2 M. jährlich. Mitglieder können Personen und Vereine werden. Veranstaltet Vorträge, Kunstabende, Volksunterhaltungen und fördert das Vortragswesen durch Zuschüsse, Herausgabe von Rednerlisten nnd Verleihung von Lichtbildern und Bildwerfern, unterhält eine Wanderbühne und arbeitet auf allen Gebieten des Volksbüchereiwesens (10 000 Wanderbüchereien).

Nachträge zu „Örtliche Vereinigungen“.

Chemnitz. Literarischer Zirkel. (1897.) Z: die Kenntnis der deutschen wie der Weltlitteratur zu verbreiten; vaterländische Gesinnung zu pflegen sowie alle Bestrebungen der Volksbildung zu fördern und zu unterstützen. S: Kaufm. Vereinshaus; Zuschriften nach Zschopauer Str. 108 III. V: Emil Grundmann; Bücherwart: Paul Richter; Kass.: W. Menzel; Schriftf.: O. Ernst. M: 170. Jahresbeitrag: 6 M. Veranstaltungen: Vortragsabende im Winterhalbjahre. — Bücherei.

Dresden. Bezirksverein Dresden im Landesverband d. Sächsischen Presse. (1914.) Z: siehe Landesverband d. Sächs. Presse, S. 74*. S: Dresden-A. 21, Polenzstr. 26. V: 1. Red. A. Graefe, 2. Redakteur Stadtrat Barthel, 3. Red. Dr. Hasse; Schriftf.: Redakteur Vogel; Kass.: Red. Sarodnik. M: 120.

Duisburg. Gesellschaft der Theater- und Musikfreunde. (1922.) V: Dr. Erwin Thyssen, Mülheim-Speldorf, Prinzenhöhe 42. Schriftf. Dr. Friedemann, Duisburg, Mariatorstr. 14. Jahresbeitr. 3 M. Vorträge über Theater- u. Musikthemen, Konzerte, namentl. zur Unterstützg. hochwertiger Kunstleistungen, wie zur Einführung modernster kulturwichtiger Neuschöpfgn., Theaterveranstaltungen usw.

Hamburg. Hamburger Kunstgesellschaft, E. V. (1905.) Z: Künstlerisch wertvolle Veranstaltungen, Pflege intimer Dichtung, Vorträge u. Rezit. im Kreis d. Mitgl. S: Hamburg. V: Vors.: Dr. jur. Ascan Klée Gobert; Buchh. Ad. Marissal, Bergstr. 26, geschäftsführender Leiter und Schatzmeister; Stellv. Vors.: Prof. Dr. phil. R. Stettiner, Karlstr. 15; M: 500. Jahresbeitr.: 20 M. Vereinsjahr 1/10 bis 30/9. Satzungen von 1905.

Hamm i. W. Wissenschaftl. Verein. V: Vors.: Rechtsanw. Dr. Biermann, Hohe Str. 76 b; Schriftführer: Studienrat Holzamer, Vorbergstr. 20. Vorträge über Kunst und Wissenschaft.

Leipzig. Deutsche Gesellschaft zur Erforschung vaterländischer Sprache und Altertümer in Leipzig. (1697.) Jeden Montag abend 1/2 8 Uhr während der Wintermonate in den Gesellschaftsräumen (Mauricianum), Grimmaische Str. 32 III: Vortrag. V: Vorsitzender: Geh. Hofrat Prof. Dr. Erich Brandenburg; Schriftführer: Privatdozent Dr. Karl Weimann. Alle Sendungen unter d. Adresse des Schriftführers. Veröffentlichungen: Mitteilungen der Deutschen Gesellschaft. Jahresbeitrag: 5 M.

Wien. Alters- u. Invalidenkasse der Wiener Journalisten. (1898.) Z: die Versicherung der Mitglieder, welche den der Kasse beigetretenen Zeitungen als ständige Mitarbeiter angehören, auf Alters- u. Invalidenrente. S: I, Rudolfs-

platz 12. V: Reg.-Rat Dr. Friedrich Leiter, Obm.; Dr. Moriz Dub, Obm.-Stllv.; Reg.-Rat Wilhelm Neumann, Kasseverwalter; Dr. Siegmund Ehrlich, Josef Fröschel, Dr. Rosenfeld, Dr. Emil Reich.

Wien. Pensionsfonds d. Wiener Journalisten- und Schriftsteller-vereines „Concordia". (1872.) Z: allen jenen Mitgliedern der „Concordia", die Teilnehmer des Pensionsfonds sind, sowie deren Witwen und Waisen für die in den Statuten vorgesehenen Fälle Versorgungen zu gewähren, u. zwar durch Invaliditäts- u. Altersrenten, Witwenrenten und Erziehungsbeiträge, S: I, Rudolfsplatz 12. Ausschuß: Reg.-R. Dr. Friedr. Leiter, Obm.; Julius Bauer, Obm.-Stellv.; Dr. Moriz Dub, Obm.-Stellv., Reg.-Rat Wilhelm Neumann, Kasseverwalter; Dr. Emil Reich, Schriftführer; Dr. Siegmund Ehrlich, Hofrat Dr. Siegmund Fried, Josef Fröschel, Hofrat Dr. Theod. Gottlieb, Dr. Heinrich Rosenfeld, Dr. Robert Gerstmann, Direktor des „Anker", versicherungstechn. Berater.

Zweite Abteilung.

Lexikon
deutscher Schriftsteller und Schriftstellerinnen.

A.

Aaba Aaba, s. Roda Roda, Alex.

Aarhorst, Roland, s. Neubner, Alfred.

Abbetmeyer, Theo, Musikliteratur, Rektor u. Musikreferent. Hannover-Linden, Küchengartenstr. 8. (Lüchow 21|9 69.) **W:** Zur Errichtung e. Städt. Musikbibliothek in Hannover 12; Rich.-Wagner-Studien 16.

Abel, Hans Karl, O, §, Roman. Degerloch b. Stuttgart, auf d. Haigst 30 A. (Bärenthal 8|8 76.) **W:** D. Waldmühle, Dr. 01; Im Herbstnebel, Dr. 01; Unsri schöne Rawe, Dr. 02; In Halm u. Feder, elf. G. 04; Conceptio Divina, Dchtg. 04; Michelangelo, Historie 09, 2. A. 09; D. elsäss. Tragödie, VolksR. 11, 2. A. als „Ruf in d. Nacht" 16; D. silbernen Glocken vom Ilienkopf, Bauern-Tr. 14; Was mein einst war, Dchtg. 16, 2. A. 17; Nach Mariä Lichtmeß, Dr. 17; Briefe eines elsässischen Bauernburschen aus dem Weltkrieg (Original) 22; D. Forellen, Schw. 22.

Abeles, Siegfried (Abler), DB., §, Jugendschrift., Lehrer. Wien II, Volkertstr. 14. (Ebda 15|1 84.) **W:** Lebenswille, Dr. 19; Chanukkagabe für Kinder, G., M. 20; Tams Reise durch die jüdische Märchenwelt, M. 21.

Abeling, Theodor, Deutsche Heldensage. Berlin, Gotlandstr. 9. (Kyowsthal 22|7 62.) **W:** Das Nibelungenlied u. s. Literatur 07, Supplement 09; Zu d. Nibelungen, Beitr. u. Materialien 20.

Abels, Frau Lucy (Lucy Avellis), SDS., §, O, Übs. Charlottenburg, Knesebeckstraße 78/79. (Berlin 19|8 74.) **W:** Aus gallischen Gärten 07; Albert Samains Gedichte 11; Mama muß heiraten, Schw. 12; Chico, Optte. (m. Schüler) 14. ()

Aber, Adolf, SDS., Musikschriftsteller, Dr. phil. et mus., Musikreferent der „Leipziger Neuesten Nachrichten". Leipzig, Kaiser-Wilhelm-Str. 73. (Apolda i. Thür. 28|1 93.) **W:** Die Pflege der Musik unter den Wettinern und wettinischen Ernestinern 21 I; Handbuch der Musikliteratur 22 I; Die deutsche Musik 22 I; Die Musikinstrumente und ihre Sprache 24 I. *

Abert, Hermann, Musikw., Dr. phil., o. UP. Berlin-Wilmersdorf, Konstanzer Str. 35. (Stuttgart 25|3 71.) **W:** Die Lehre vom Ethos in der griech. Musik 99; R. Schumann 03, 4. A. 20; D. Musikanschauung des MA. 05; D. dram. Musik unter Herzog Karl Eugen 06; Gesch. d. Rob.-Franz-Singakademie 08; N. Jommelli als Opernkomponist 08; Ber. über d. Lit. für griech. Musik v. 1903—08 09, v. 1909—21 22; Beethoven-Festschrift 11; J. J. Abert 1916; W. A. Mozart 19/21 II; Goethe u. d. Musik 22. **H:** N. Jommelli Fetonte. O. 07; G. A. Pergolesi, La Serva padrona, O. 10; Ausgew. Ballette Stuttgarter Meister 13; Pallavicino, La Gerusalemme liberata, O. 16; Gluck, Orfeo 14; Le nozze D'Ercole e d'Ebe 14; L. Mozarts Notenbuch von 1762 22; Gluck-Jahrbuch 13—18; Mozart-Jahrbuch 23.

Abigt, Emil, Verlagsbuchhändler und Hauptred., Hrsg. v. „Heimkultur — Deutsche Kultur" u. „Haus u. Wohnung" u. „Wohnung u. Heimstätte". Wiesbaden-Adolfshöhe, Nassauer Str. 3. (Zeitz 11|1 78.) **W:** Das Eigenheim des Mittelstandes 09, 6. A. 14. **H:** Das eigene Heim u. sein Garten 09, 7. A. 15; D. Brücke zum Jenseits 14 IV; Mieterschutz 21, 40. A.; Die billigste Bauweise der Gegenwart, 1. A. 18, 4. A. 22; Heimkultur-Stampfbau, die Volksbauweise, 1. A. 19, 7. A. 21; Sparsame Heizung, 1. A. 19, 8. A. 23; Neuzeitlicher Hausrat 23. **Bearb.** zahlreicher populär-wissensch. Schr., Heimstätten- u. Wohnungsfragen.

Abler, s. Abeles, Siegfr.

Abramczyk, Roland, §, O, Ψ, §, /, Dr. phil., Dir. des städt. Lyzeums. Eschwege. (Treuen im Vogtl. 27|1 80.) **W:** Mein heiliger Frühling, G. 04; Üb. die Quellen zu W. Scotts Rom. Ivanhoe 04; Von d. Heimat bis z. Schtschara, G. 17, 2. A.

Abshagen, Frau Margarete (Ps. Margarete Thiele), Märch. Dresden-A. 16, Haydnstr. 27. (7|3 79.) **W:** Was drei kleine Bären im Walde erlebten 23. *

Ach, Narziß, ∴, Dr. med. et phil., o. UP. Göttingen. (Ermershausen 29|10 71.) **W:** Üb. d. Beeinflussung der Auffassungsfähigkeit durch einige Arzneimittel 00; Üb. die Willenstätigkeit u. das Denken 05; Üb. den Willensakt u. das Temperament 10, Replik 11; Über den Willen 10; Serienmethode 12; Üb. die Erkenntnis a priori insbes. in der Arithmetik 13; Üb. d. Begriffsbildung 21.

Achelis, Werner, ∴, Dr. phil. Berlin-Steglitz, Grunewaldstr. 6. (19|4 97.) **W:** Die Deutung Augustins 21.

Achenbach, B., s. Voigt, Paul.

Achilles, Wolfram, s. Brusse, Ulrich.

Achleitner, Arth., /, Prof., GHofR. München SO 2, Auenstr. 29. (Straubing 16|8 58.) **W:** Zahlreiche Erzählungen aus den Alpen usw. ()

Ackerknecht, Erwin, ∴, Lit.♛, Bibl., Dr. phil., Dir. der Stadtbücherei. Stettin, Pölitzerstr. 86. (Baiersbronn 1|12 80.) **W:** Die Theorie d. Lokalzeichen 04;

Das Lichtspiel im Dienste der Bildungspflege 18; Deutsche Büchereihandschrift 19; Vorlesestunden 23. **H**: Büchereifragen (m. G. Fritz) 14; Bücherei und Bildungspflege, Monatsschrift (m. G. Fritz u. H. J. Homann) 20 ff.

Aeckerle, Frl. Helene, Nov. Charlottenburg, Lutherstr. 48/49. (Arensburg auf Ösel $^{12}|_1$ 75.)

Ackermann, Rich., **Anglistik**, Dr. phil., ObStudDir. a. D., früher Direktor d. Realgymn. Nürnberg, Kressenstr. 2. (Lengfurt $^{7}|_2$ 58.) **W**: Quellen zu Shelleys poet. Werken 90; Lucanus' Pharsalia in den Dichtgn Shelleys 95/96; Lord Byron, Biogr. 01; Kurze Gesch. d. engl. Lit. 02; Shelley-Biographie 06; D. pädagog.-didaktische Seminar f. Neuphilologen 13; D. neuphilolog. Lehrerbibliothek 13; A Practical English Vocabulary 15. **H**: Hoffman by H. Chettle 94; franz., engl., ital. Schulausg.; Shelleys Epipsychidion u. Adonais 00; Erste krit. Textausgabe von Shelleys Prometheus Unbound 08; franz., engl., ital. Schulausgaben; engl. Literatur, neusprachl. Methodik u. Didaktik.

Adam, Frl. Julie, SDS., Lit.♛, /, Essay, Nov., **Kritik**. Mödling bei Wien, Jubiläumstr. 31. (Troppau $^{22}|_7$ 58.) **W**: D. Natursinn in d. deutsch. Dichtung 06/08 II.

Adam, Karl (Ps. Adam Kappert), ✠, /, Kritik, Postamtsdirektor. Graz, Brockmanng. 108. (Troppau $^{24}|_7$ 76.) **W**: Waldheimatjahrbuch 04; Heimfriede u. Weltlärm, völkische Lr. 11; Friedrich Friesen 13; Der eiserne Kanzler 14, 2. A.; Weltbrandgluten, Erz. 15; Europa steht in Flammen!, G. 15; Schafft Kriegerheimstätten! 16; Im Friedenssonnenglanze empor, Jugendgeleitbuch 18; In Schmach u. Ketten, Festsp. 20; Verlorene Erde, G. 21; Schollensegen, G. 22; Albruna, Erz. 23.

Adamus, Franz, s. Bronner, Ferd.

Ade, Hans Christoph, SDS., ✠, Roman, **Kritik**, Dr. München, Kunigundenstr. 59 II. (Kempten $^{15}|_9$ 88.) **W**: Der Glücksgarten d. Lebens, M. 11; D. junge Alfr. Meißner 14; Die Schale, G. 19; Die Kerzen, G. 19; Emin Pascha u. Deutsch-Ostafrika 23; Das Haus und die Gralsburg, R. 24.

Adelsberger, August, DB., Lit. ▣, **Politik**, freier Schriftsteller. Baden-Baden, Lichtentaler Allee 26. (Mannheim $^{4}|_8$ 79.) **W**: Völker der Zukunft 18.

Adelt, Leonhard, SDS., DB., RP., /, ◯, R., ⚒, Vertr. d. „Berl. Tgbl.". München 23, Montsalvatstr. 3a. (Bolzenburg a. E. $^{17}|_6$ 81.) **W**: Werden, R. 98; Der Dritte, Dr. 99; Die Wand, 3 Einakt. 01; Sein Erlöser, Tr. 01; Der Flieger, R. 13, 5. A.; D. Ozeanflug, R. 14, 40. A.; D. Dohle, Kom. 20; Fürst Zubow, Dr. 21; Katastrophen, Nn. 21, 10. A. **H**: D. Herr d. Luft 14, 5. A.; Das eiserne Herz 14, 5. A.; M. d. Flugzeug 14; Der fliegende Mensch 16; Lebendiger Stahl 20, 25. A.; Wielandskinder 21. **Ue**: Rétif de la Bretonne, D. Großvogel, R. 14; Herczeg, V. Serajewo bis Lodz 16; Dickens, Romane 20—24.

Adickes, Erich, ⁂, **Kant-Forschung**, Dr. phil., o. UP. Tübingen, Neckarhalde 58. (Lesum $^{29}|_6$ 66.)

Adler, Friedr. v. d., s. Kastner, Ed. Fedor.

Adler, Friedr., PA., ✠, ◯, Nov., /. **Ue**: EFISTsch, Dr. jur. Prag-Smichow, Zborovská 2. (Amschelberg $^{13}|_2$ 57.) **W**: Ged. 93; Neue Ged. 99; Zwei Eisen im Feuer, Lsp. 00, 2. A. 06; Don Gil, Kom. 02; Freiheit, 3 Einakter 04; Vom goldenen Kragen, Son. 07; Der gläserne Magister, Sch. 10; Kriegsgedichte 16. **Ue**: Iriarte, Lit. Fabeln 88; Fusinato, D. Student v. Padua 91; Breton, D. Liebenden von Teruel 91; Vrchlický, Ged. 95.

Adler, Friedr. Wolfg., Politik, Erkenntnistheorie, ∩, Dr. phil., Nationalrat, Red. d. Monatsschrift „Der Kampf". Wien V, Rechte Wienzeile 97. (ebda $^{9}|_7$ 79.) **W**: D. Erneuerung d. Internationale 18; Ernst Machs Überwindung d. mechan. Materialismus 18; Nach zwei Jahren 18; Friedr. Adler vor d. Ausnahmsgericht 19; Ortszeit, Systemzeit, Zonenzeit u. d. ausgez. Bezugssystem d. Elektrodynamik 20.

Adler, Guido, Musik♛, Dr. jur. et phil., o. UP., Hrsg. der „Vierteljahrsschrift für Musikwissensch.". Wien XIX/1, Lannerstr. 9. (Eibenschitz $^{11}|_1$ 55.) **W**: Studien z. Gesch. d. Harmonie 81/86 II; Rich. Wagner, Vorlsgn 04; Der Stil i. d. Musik I 12; Methode d. Musikgeschichte 19.

Adler, Max, DB., Dr. phil. Dresden, Tittmannstr. 42. (Wien 77.) **W**: Die Tanzsinfonie, R. 14; Das große Welttheater, R. 19; Das neue Reich, Dr. 20; Die Katastrophe der Sicherheit, N. 23; D. Anfänge d. merkantil. Gewerbepolitik 03. **H**: Carl Weisflog, Spittelfreuden des Jeremias Kätzlein 20; Der Karneval des zweiten Kaiserreichs (Tagebuch de Viel Castels) 22.

Adler, Moritz (Ps. Max Alfieri), Musik- u. Theaterkritik, Dr. jur., früh. Dir. d. Berlin. Volksoper, GesangsProf., Zeitgskorrespondent. München, Steinsdorfstr. 18. (Budapest $^{22}|_1$ 58.)

Adler, Paul, ✠, Dr., Hellerau b. Dresden. (78.) **W:** Elohim, Erzn; Nämlich: D. Zauberflöte, R.

Adlersfeld, Eufemia v., geb. Gräfin Ballestrem, (k.), ASV., SDS., Ak. Arkadia Rom., Ehrenmitgl. d. Société Archeologique de France, Roman, Nov., ♛. München, Isartalstraße 6. (Ratibor 18/8 54.) **W** (seit 10): Ihre Majestät, R.; Maskenball, R.: Schloß Monrepos, R. 11, 4. A. 13; Weiße Tauben, R. 12, 5. A. 13; Graf Glasgow, Hum. 13; Die grüne Pompadour, R. 13; Das wogende Licht, R. 14; Die Dame im Mond, R. 15; Wenn der Teufel kutschiert, R. 16. ( )

Adliw, O., s. Wilda, Oskar.

Adolf, Eginhart. Adr.: Verlag Rote Erde, Dützen i. W. **W:** In der Mainacht, Dchtg. 22. *

Adolf, Jul., s. Ey, Jul. Ad.

Adolph, Karl, Roman, Spitalsbeamter. Wien IV, Rainerpl. 9. (ebda 19/8 69.) **W:** Lyrisches 97; Haus Nummer 37, Wiener R. 08; Schackerl, R. 12; Töchter, R 14: Am 1. Mai, P. 19. ( )

Agahd, Konrad, Kinderschutz, Sozial✠, soziales /, ✉, Red. v. „Jung-Siegfried", „Siegwart" u. „Hänsel u. Gretel". Berlin-Neukölln, Saalestr. 8. (Neumark i. Pomm. 1/3 67.) ( )

Agi, Georg, s. Baumgärtner, Gg. Aug.

Ahasver, s. Floericke, Curt.

Ahasver, s. Bauer, Ignaz.

Ahlemann, Joachim, Erz., Skizze, Roman, Pastor. Eilenburg. (Zeitz 12/7 75.) **W:** In Feindeshand — in Gottes Hand, Erz. 06; Auf der Dorfstraße gefunden, Erz. 07, 2. A.; Aus der Niederung, Skn. 08; Wege der ewigen Liebe, R. 10, 3. A.; Um des Glaubens willen, dramat. Gedicht 12, 2. A.; Gott, Kaiser, Vaterland, G., 2. A. 15; Heimat, Skn., 2. A.; Lore — Regine, Erz. 19; Bilder aus d. dtsch. Ostmark: Not u. Hoffnung 20; Im Morgenrot der Reformation, Dr. G. 22; Der Rauhreif, R. 23.

Ahrem, Herm. v., s. Ohrem-Bonn.

Ahrens, Wilhelm, A, /, Dr. Rostock, Warnowufer 2. (Lübz 3/3 72.) **W:** Mathematische Unterhaltgn u. Spiele I, 3. A. 21, II, 2. A. 18; Scherz u. Ernst in der Mathematik 04; C. G. J. Jacobi als Politiker 07; Mathematische Spiele 07, 3. A. 16; Latein oder Deutsch? 10; Gelehrtenanekdoten 11; Der große König 12; Das Theater in der Sonne d. Humors 13; Mathematiker-Anekdoten 16. **H:** Briefwechs. zw. C. G. J. Jacobi u. M. H. Jacobi 07; Briefwechs. zw. C. G. J. Jacobi u. P. H. von Fuß (m. P. Stäckel) 08; Rostocker Student.-Stammb. (m. G. Kohfeldt) 19.

Ahues, Frl. Adele, DV., ✠, ⊙. Achim, Obernstr. 51. (Bremen 16/5 82.) **W:** Zwischen Dunkel u. Tag, G. 10; Aus großer Not, Dr. 12; Thomas Jordan, Dr. 16; Das Recht des Lebenden, Dr. 19. (Pseud. Hans Falck.) ( )

Alarich, s. Herrmann, Norbert.

Alastair (Pseudon.), Zeichner u. Schriftsteller. Jagdschl. Lustheim b. Schleißheim, Bayern. (89.) **W:** D. Flammende Tal, G. 20. **Ue** u. Illustrat.: Flaubert, Zola u. a. ( )

Albert, Adam, VV., PA., Nov., Roman. München, Zentnerstr. 3 I. (Burggrumbach 13/8 62.) **W:** Wettertannen, Berglandsgestalten 99, 2. A. 06; Almdisteln, Nn. 01, 2. A. 06; Der Zollkommissär, R. v. d. Grenze 02, 2. A. 06; Die Dorfrebellen, R. 04, 2. A. 06; Fichtel u. Söhne, HochlandsR. 08; Die Rache ist mein, HeimatR. 16; Wo Stolz u. Liebe schaffen, R. 17; Die Schatten des Jahres, R. 18; Der Hoffnungsanker, R. 18; Ich warte auf dich, R. 19.

Albert, Ernst, DV. ⊙, Hofschausp., Theater-Dir. in Lübeck. (Cöthen 21/8 59.) **W:** Pfarrer v. Leuthen, Dr. 86; Derfflinger in Stettin, Dr.; Unschuldig verurteilt, Dr.; Verjährt, Dr.; Krüppel von Bremen, E. 90, 7. A. 03; Das Schweißtuch Christi 99; Pastors zweite Frau, Lsp. 00; Bibel u. Schwert, Lsp. 01; Ein Liebesopfer, Lsp. 02; Im Namen des Königs, Schw. 02; Aus großer Zeit, E., 2. A. 03; Bühnenbearbeitung der Benedixstücke; Dr. Wespe 04; Die tolle Prinzeß, Schw. 08; D. Erbtante, Schw. 10; D. 3 Klingelzüge, Schw. 11; Heckenröschen, Schw. 13; Rin ins Vergnügen, P. 14; Kriegsspaziergänge, Pl. 15; D. Hindenburgerin, Lsp. 17; Die 7 Türme, P. 22; Lübecks gold. Lied, P. 22.

Albert, Georg, ⁂, ✠, Dr. phil. Wien IX/2, Spitalg. 1. (ebda 3/10 69.) **W:** Kants transscendentale Logik 95; Die platonische Zahl u. Conjecturen zu Platon u. Lucrez 96; Die platon. Zahl als Präcessionszahl 07; Ein Wort f. d. humanist. Gymnasium 08; 100 Sonette 11.

Albert, Georg A., s. Dresler, Arthur.

Albert, Robert, RP., Literar. Essays u. Soziales, Schriftleiter in der Sächs. Staatskanzlei von 1919—23; Leiter der Dresdner Rednerschule; seit 1. X. 23 Mitglied der Direktion der staatl. Elektrizitätswerke (Finanzministerium); Mitgl. des Landesvorstandes und des Bezirksvorstandes der sächs. Presse. Dresden-N., Gr. Meißner Str. 2. (Werl i. W. 28/4 77.) **W:** Aus der Werkstatt eines Soldatenrats; Zum Fall Krupp u. a.

Albert, Rudolf, ♆, Politik, cand. phil. Dresden 20, Waterloostr. 9. (ebda 3/11 99.) **W:** Von Sonne und Schönheit, G. 17, 2. A. 19; Sonntagsträume, Sk. 19;

Canossa, Sch. 21; Das Jahr der Seele, Sk. 23; Herzblut, R. 23; Gegenden Strom (politische Streitschrift) 20. *

Alberti, Lisa, s. Kopsel, Anna-Elis.

Alberti, Magda, geb. Staarke, (Ps. M. Scharlau), Ehefrau des Schulrats Alberti in Kiel, Holtenauer Str. 149. (Blankenese $^{28}|_{8}$ 64.) B: Gesa Plitt, R. 07 I; Martin Augustin, R. 10 I, 8. bis 12. Tsd. 20; Im Schatten, R. 13, 7. bis 10. Tsd. 19; Kämpfe. Erinnerungen u. Bekenntnisse (Autobiographie) 19 I, 9. bis 13. Tsd. 20; Über alles die Liebe, R. 21 I.*

Albing, Ansgar, s. Mathies, Paul v.

Albrecht, Frl. Elisabeth, niederd. Erz. Schwerin i. Meckl., Marienstr. 32. (Gielow i. Meckl.-Schw.) B: Dat Fomilientaschendauk u. a. mecklburg. Gesch. 10, 2. A. 12; Danzt ward nich!, Lsp. 12; Dei Heidenhoff, R. 16, 2. A. 20.

Albrecht, Hans, Nov., Sk., /, ✠, Kritik, Red. Kassel-Wehlheiden, Wilhelmshöher Allee 182. (Kassel $^{18}|_{8}$ 73.) B: D. Kamerad, militär. Jahrb. 93.

Albrecht, Paul (Ps. Hans Hardt), SDS., Rom., ⊘. Berlin-Schlachtensee, Elisabethstr. 1. (Ribnitz $^{6}|_{9}$ 63.) B: Im Zukunftsstaat, R. 05; Aus d. Paradiese, R. 10; Maria, R. 11; Germanen, R. 13; Poscheruner Mühle, hist. Sch. 14; Der 20. Geburtstag, Dr. 15; Germanen, Dr. 15; Die Bürgermeisterwahl, Lsp. 15; Ein teutscher König, R. 20; Arminius-Sigurfrid, R. 21; Eine Mänade auf dem Kaiserthron, R. 22; Karl-August, der Sozialist, R. 22; Der Diktator, R. 23.

Albrecht, Robert, s. Theuermeister, R.

Albu, Moritz, RP., Mode, Chef-Red. d. „Modistin". Berlin-Wilmersdorf, Helmstedter Str. 19. (Frankfurt a. O. $^{17}|_{12}$ 64.)

Alexander, Paul, s. Kleimann, Paul.

Alfieri, Max, s. Adler, Moritz.

Alfred, Ernst Friedrich, Dichtung, /, Red. an Korrespondenz-Gesellsch. für Süddeutschl. Berlin NW. 23, Händelstr. 21. (77.) B: Franzeska v. Rimini 17; Ged. zu Gemälden Feuerbachs 17, 2. A. 20; David u. Bathseba 18; Lukrezia Borgia 19; Du bist Traum u. selige Leidenschaft 19, 2. A. 21; Nur der Irrtum ist das Leben 20; Die Augen der Hortensia 23.

Alfredy, Georg, s. Pfeiffer, G. Ph.

Algenstaedt, Luise, Roman. Ribnitz i. Mecklb. (Wattmannshagen $^{8}|_{5}$ 61.) B: Quellsucher, R. 02; Frei zum Dienst, R. 03, 11. u. 12. A. 22; Kraut u. Unkraut vom Heimatboden, Nn. 04, 2. A.; Was die Erde gab, R. 04; Allzeit Fremde, R. 05, 3. A 10; Skizzen aus dem Schwesternleben, Sk. 06, 3. T. 13; Der Reisepaß u. a. Erz. 06; Unsere Art, Nn. 07, 2. A.; Von Amts wegen, R. 08, 4. Tsd. 14; D. große Sehnsucht, Jüd. Nn. 10, 2. T. 14; Frau Rübezahl u. a. Geschn.; Um's Land der Väter, R. 12, 2. T.; Lachende Augen, Nn. 20.

Ali Bâkur, s. Wiedenmann, J. B.

Alisat, Carlo, RP., R., Erz., N., G., Red. u. Schriftsteller. Hamburg 33, Bramfelderstr. 9a. ($^{12}|_{1}$ 76.) B: With pickaxe and spade in Klondyke 00; Auge des Gottes, R. 10; Weißes Gold, R. 11; Goldene Zirkel, R. 12; Goldgräber in Alaska 12; El Dorado, R. 21.

Alitzer, s. Schweitzer, Alb.

Allan, Hans (Ps. Hans Wram), ASV., Ue: FEGTPerArabArm. Genf, Boulevard Georges Zavon 15. B: Kriegsbilder aus Paris 14—17; Paris 14—18; Vom Krieg zum Frieden 21; Demokratie u. Vaterland 22; Aufsätze in Ztgn. u. Zeitschr.

Aellen, Eugen, ✠, Dr. phil., Prof. Schaffhausen (Schweiz). (Basel 86.) B: Gedichte 22. *

Aellen, Hermann, ASV., Roman, Nov., /, ♛, Red. Chur, Schweiz. (Oberbalm b. Bern $^{24}|_{8}$ 87.) B: Heimatfeinde, R. 14; Heinrich Federer 16; Der hohe Ruf, Vst. 16; Die zu Luggarus, N. 18; Joh. Jegerlehner 21; D' Chappeler Buebe, Vst. 22; Die Lawine von Gurin, R. 23, 3. Tsd. H: Locarno u. s. Täler, 5. A. 23; Die Heimat voran!, N. 15; Schweiz. Schriftsteller-Lex. 18; Schweiz. Zeitgenossen-Lex. 21 II.

Allesch, Gustav Johannes v., SDS., Psychologie, ⊘, Kritik, Dr. phil., UAssist. Berlin W 50, Kurfürstendamm 244. (Graz $^{25}|_{10}$ 82.) B: Über das Verhältnis der Ästhetik zur Psychologie 10; Die Renaissance in Italien 12; Wege der Kunstbetrachtung 21. ( )

Allmendinger, Carl, s. Nabor, Felix.

Alpha, s. Angenetter, August.

Alphons, Emil, s. Rheinhardt, E. A.

Alsberg, Paul, (Natur-)⁂, Dr. med. Berlin, Joachimsthalerstr. 37. ($^{7}|_{7}$ 82.) B: Das Menschheitsrätsel 22. *

Alscher, Frau Else, ✠, Roman, Nov., Kritik, ⊘. Timisvara, Banat, Rumänien, Pummergasse 1. (Schwechat, Deutsch-Österreich $^{19}|_{9}$ 77.) B: Ein Jahr, R. 15; Floreas Erwachen, R. 13; Knabenliebe, N. 15.

Alscher, Otto, Roman, Nov. /, Politik, Kritik. Timisvara, Banat, Rumänien, Domplatz 8. (Perlasz, Ung. $^{8}|_{1}$ 80.) B: Ich bin ein Flüchtling, R. 09; Mühselige u. Beladene, Nn. 10; Gogan u. das Tier, R. 12; Zigeuner, N. 13; Wie wir leben und lebten, Nn. 14; Die Kluft, R. 17.

Alsen, Frau Gutti (Gustave), SDS., ASV., Romane, Novellen, Skizzen, /.

Königsberg i. Pr., Rhesastr. 6a. **B:** Die Mutter, R. 22; Die Abseitigen, R. 22. **Ue:** Fanny von Ernest Feydeau 11. *

Alsen, Frau Ola. Berlin W 15, Meinekestr. 24. **B:** Paradies d. Frau, R.; Garten der Leidenschaft, R.; Boudoirluft, Ess.; Geheimnis d. Schönheit, Ess.; Mode d. galanten Zeit. **Red:** d. „Eleganten Welt". ( )

Alt, Heinr. Ludwig Jakob, DB., ○, ∴, Kritik, Dr. phil. Mühlheim a. M. (Hessen), Offenbacher Str. 15. (Lich, Hessen $^{1}|_{12}$ 73.) **B:** Ludwig X., Sch. 07; Ums Leben, Sch. 09; Die materialen Imperative bei Kant (Diss.) 19.

Alt, Karl, deutsche Lit. ♛, Dr. phil., Prof., Prorektor am Lehrerseminar. Erfurt, Daberstedter Str. 13. (Riga $^{30}|_{10}$ 73.) **B:** Studien z. Goethes Dichtg u. Wahrheit 98; Schiller u. d. Brüder Schlegel 04; Goethe u. s. Zeit 11. **H:** Goethes Briefe (Weim. Ausg. Bd. 24 bis 26) 01/02; Goethes Werke („Gold. Klassiker-Bibliothek") 07 ff. ( )

Alt, Theodor, Ästhetik. ○. Dr. jur., RA. Mannheim, B 2, 7. (Mannheim $^{31}|_{3}$ 58.) **B:** Grenzen der Kunst und Buntfarbigkeit der Antike 86; System der Künste 88; Vom charakteristisch Schönen 93; Völkerdämmerung, 2 Dr. 96; Zeus, Gedanken üb. Kunst und Dasein, von einem Deutschen 04; Entstehungsgesch. des Ottheinrichsbaues zu Heidelberg 05; Das „Künstlertheater" 09; D. Möglichkeit der Kritik 10; D. Herabwertg der deutschen Kunst 11; Fundamentum, Weltanschauung e. Deutschen nach d. groß. Kriege 20; Logos, Philosophie des Weltbewußtseins 23.

Alten, Fritz v., s. Müller-Steglitz.

Altenberg, Paul, DB., ○, ✿, Epik, Dr. phil., StudR. Berlin-Schöneberg, Hauptstr. 48. (Berlin $^{5}|_{10}$ 90.) **B:** Dante, G. 23; Das Gestade, N. 23; Eigentum, Dr. 23; Gewalt, Dr. 23; Quartier, Dr. 24. *

Altenburg, Otto, Pommersche Lit., Dr. phil., Prof., StudienR. am Stadtgymn. Stettin, Kaiser-Wilhelm-Str. 73 II. (Scholwin $^{5}|_{8}$ 73.) **V:** Pommern und Mecklenburg (zum Deutschen Lesebuch von R. Lehmann) 08; Pommersche Volkstypen in d. Dichtg. 12; Stettin im eisern. Jahr 13; Die Anfänge der preußischen Kriegsmarine in Stettin 22.

Altermann, Hanns, PA., /, ✿, ℋ, Jugendbewegung, Wandervogel, Lebens- u. Sittenreform, Verlagsbuchhändler. Kettwig (Ruhr). (Dresden $^{8}|_{7}$ 91.) **B:** Das Buch Elisabeth, G. 20; Die Erneuerung der Geselligkeit 20; Vom Heimchen auf dem Herde, Betrachtung über d. deutsche Familie u. ihr Gemeinschaftsleben 20. **H:** Lichtkampfbücher; Es taget i. dem Osten (Anthol.) 21; u. a. m.

Althaus, Paul, ○, Prosa, ✿. München, Rambergstr. 3/o. (Münster i. W. $^{28}|_{7}$ 92.) **B:** Mystische Lyrik aus dem indischen Mittelalter 23; Jack der Aufschlitzer, Lr. 23; Dornröschen! Dornröschen? Sch. 23; Max und Moritz, Pantomime 23; Sakuntala, nach Kalidasa, Sch. 23. **H:** Reagenzglas, eine Zeit-Schrift 21; Send, Zeitschrift für die spanischen Dörfer 21/22; Hundert Fabeln von Abraham a Santa Clara 23; Altrussische Kirchenlieder, Nachdchtg. 23. **Ue:** Tartüff, Nachdchtg. 22.

Altheer, Paul, DB., ○, ✿, /, Satire, Nov. Zürich, Scheuchzer Str. 65. (St. Gallen $^{23}|_{6}$ 87.) **B:** D. geheime Wahlfonds, Kom. 14; D. Galgenstrick, Kom. 14; Der tanzende Pegasus, sat. G. 15; Der Sprung ins Wasser, Lsp. 16; Strumpfbänder, Grotesken 18; 400 Spione, Grotesken 19; Don Juans Freund, Kom. 20; Wahlmanöver, Kom. 20; Die Große Rolle, Kom. 21; Demokratie im Frack, sat. G. 21; Firlefanz, hum. G. 21; Familie u. Umgebung, Pln. 22; Hat Wilson gelebt?, Sat. 22; Die verdrehten Gedichte, hum. G. 4. A. 23; Die verlorenen Stecknadeln, Nn. 23.

Althof, Paul, s. Gurschner, Alice.

Altkirch, Ernst (früher Ernst Knopf), PA., SDS. Graz, Grillparzerstr. 8. (Altkirch i. Els. $^{9}|_{3}$ 73.) **B:** D. altertüml. Gasthaus; Ich, der Träumer; Hornung, R.; Erzählungen der Liebe; Spinoza im Porträt; Maledictus u. Benedictus. ( )

Altman, Georg, Dramaturgie, Dr. phil., Dir. d. Kleinen Theaters. Berlin-Dahlem, Willdenowstr. 44. (Berlin $^{15}|_{6}$ 84.) **B:** Heinrich Laubes Prinzip der Theaterleitung 08; Alt-Nürnberg 18; Ludwig Devrient 24. **Bearb:** Bauernfeld, Der kategorische Imperativ 15; Plautus, Der Prahlhans 16; Hebbel, Der Diamant 16. **Ue:** Verneuil, Regine Armand 22.

Altmann, Frl. Ida, jetzt: Bronn, Frau.

Altmann, Wilh., BP., ♛, Musik, Essay, Dr. phil., Prof., Dir. d. Musikabt. d. Staats-Bibliothek. Berlin-Friedenau, Sponholzstr. 54. (Adelnau $^{4}|_{4}$ 62.) **B:** Chronik d. Berl. Philharm. Orchest. 02; R. Wagners Briefe 05; Kammermusik-Lit. 10, 2. A. 18; Was man von Wagner wissen muß 14; Reger-Katalog 16; Führer durch d. einakt. Opern, Operett. u. Sgsp. d. Verlags Bote & Bock 19; Orchester-Literaturkatalog 19; D. Kammermusikwerke v. Friedr. Lue 20; Willi-Berger-Katalog 20.

Altmann-Bronn, s. Bronn, Ida.

Altmüller, Hans, Kunst♛, Privatgelehrter. Cassel, Königstor 48. (ebda $^{2}|_{12}$ 65.) **B:** Deutsche Klassiker und Romantiker 92; Das Unsterblichkeitsproblem 20.

Altrock, Constantin v., Heerwesen, Geschichte, Gen.-Lt. a. D. u. Hauptschriftleiter des Militär-Wochenblattes. Berlin-Charlottenburg 2, BerlinerStr. 23. (Breslau $^{27}|_{8}$ 61.) **B:** Das Kriegsspiel 08. *

Altschul, Arthur, Dr. phil. Dresden-A., Reichenbachstr. 15 III. (ebda $^{16}|_{8}$ 66.) **Ue:** Rubaiyat von Omar Chajjam 10; Italien. Lyrik d. MA. 11. **H:** Die schönsten Sprüche aus Rückerts Weisheit des Brahmanen 11.

Altschul, Jakob, ♛, ♫, Dr. jur., Hof- u. Ger.-Advokat. Wien I/1, Spiegelg. 11. (Böhm.-Leipa $^{14}|_{8}$ 43.) **B:** Der Geist des hohen Liedes 74; Nicht um eine Krone 76; Erläutergn zum österr. Urheberrechtsgesetz (m. Gottlieb Ferdinand Altschul) 04.

Altwallstädt, Käthe, s. Jezewski, K. v.

Alverdes, Paul, DB., Lyrik, Epik, Dramatik, Dr. phil., freier Schriftsteller. München, Maximilianstraße 20 II l. (Straßburg i. E. $^{6}|_{5}$ 97.) **B:** Die Nördlichen, G. 22; Kilian, N. 22; Novellen 23; Die ewige Weihnacht (in Gemeinschaft mit Alfred Happ), Sp. 22; Die feindlichen Brüder, Tr. 23. *

Alzey, Volker zu, s. Stauf v. d. March, Ottokar.

Amberger, Frl. Olga, SES., Nov. u. kulturgesch. Werke. Zürich 7, Böcklinstr. 22. (Zürich $^{8}|_{8}$ 82.) **B:** Alt Zürcher-Bilderbuch 11; Bilder aus Alt-Zürich 12; Mitarbeit. an: Aus Zürichs Vergangenheit 11, 12, 13, I II III; In der Glücksschaukel, N. 16, 3. A. 18; Narrenstücke, N. 19; Zeitgenossen Chodowieckis 21; Frauen und Freunde, N. 23; Die Bandverkäuferin u. a. Sk. 23.

Amelung, Heinz, deutsche Lit.♛, ✎, Kritik, /, Chefred. d. Gartenlaube, Leiter der Roman-Abtlgen. Scherl u. Keil. Berlin-Friedenau, Goßler Str. 21. (Hildesheim $^{6}|_{8}$ 80.) **B** u. **H:** Briefwechsel zw. Cl. Brentano u. Sophie Mereau 08 II, 2. A.; Cl. Brentanos Frühlingskranz, 2. A. 09 II, Cl. Brentanos sämtl. Werke 09f. XX; Godwi 09; Spanische Novellen 11; Eichendorff, Ges. Werke 09, 2. A. 21 VI; Andersen, Märchen meines Lebens 11; Briefwechsel zw. Schiller u. Goethe 13 III; Hebbels Briefe u. Tagebücher (Ausw.) 13; Heines Harzreise u. a. Reisebilder 13; Goethe als Persönlichkeit 13f. IV; Bettine v. Arnim, Goethes Briefwechsel m. e. Kinde 14; Die Günderode, 2. A. 14 II; Lenau, Ged. 14; Jac. Grimm, Üb. die deutsche Sprache 14; Husarenstreiche 15; Die deutschen Heldensagen 16; Die Novellen von Goethe 20; Goethes Lili; viele Einzelausgaben dtscher Dichtg.

Amelung, Walther, Archäologie, Prof. Dr., erster Sekretär des deutschen archäologischen Instituts in Rom. Rom 27, Via Andrea Cesalpino 1 B. (Stettin $^{15}|_{10}$ 65.) **B:** Florentiner Antiken 93; D. Basis d. Praxiteles aus Mantinea 95; Führer durch d. Antiken von Florenz 96; D. Skulpturen d. vatikan. Museums I 03, II 08; Moderner Cicerone, Rom, D. Antikensammlgn 04, 2. A. 13. **H:** Winckelmannsprogramm der archäol. Gesellschaft, Berlin 23. **Ue:** Gedichte d. Catullus 11; Dramen d. Sophokles.

Amelung, Frau Wanda (Wanda Jeus-Rothe), Nov., /. Essen, Herbertstr. 13. (Sensweiler.) **B:** Unsere Kriegshelden 16; Sonne der Heimat 20. ( )

Amend, Curt, Politik, ♛, Kultur♛, ✎, /, Chefred. der „Karlsruher Ztg., Badischer Staatsanzeiger", Herausg. d. „Reichskorrespond. Nord-Süd". Karlsruhe i. B., Sofienstr. 178. (Fraustadt $^{26}|_{6}$ 84.) **B:** Die Reichstagssession 1905/6 06; Das alte System 20.

Ament, Wilh., Psychol., ♣, Dr. phil., Inhaber von C. C. Buchners Verlag. Bamberg, Ottostr. 5. (Zweibrücken $^{1}|_{11}$ 76.) **B:** D. Entwicklg v. Sprechen u. Denken beim Kinde 99; D. Entwicklg der Pflanzenkenntnis beim Kinde u. bei Völkern 01; Begriff u. Begriffe d. Kindersprache 02; Fortschritte d. Kinderseelenkunde 1895—1903 04, 2. A. 06; D. Seele d. Kindes, 06, 7. A. 21; Bamberg, die fränkische Kaiser- u Bischofsstadt (m. Peter Schneider) 12; Sprachgesch. d. Kind. 21. ( )

Amft, Georg, Zeichenkunst, Musik, Kgl. Musikdir., Seminarlehr. Habelschwerdt i. Schl., Gartenstr. (Oberhannsdorf, Kr. Glatz $^{25}|_{1}$ 73.) **B:** Prakt. Lehrg. f. d. mod. Zeichnen in der Volksschule 05, 2. A. 12; Neues Liederbuch f. kath. Schulen 10 II, 2. A. 18; Volkslieder der Grafschaft Glatz 11.

Ämilius, Th., s. Strasser, Theodor.

Amsdorf, Josef, ♣, Reisebeschreibung, ♆, **Ue:** D, Dr., Konrektor d. Gymnas. in Straubing, Gabelsbergerstr. 7 I. (Regensburg $^{29}|_{8}$ 67.) **B:** De Aristotelis politicis 94/95; Zum hundertj. Jubiläum v. Bayerns Königskrone, Sgsp. 05; Seekönig Rolf, romant. Erz. 08; Figaros Mündel, kom. O. (nach H. Faure) 09; Das Lied, e. musikal. Handlung 10; Holger Drachmann 11; Von Mörike über Liliencron zu Dehmel (dänisch u. deutsch) 13; Ein schlechtes dänisches Kriegsbuch u. e. gute dän. Abfuhr 16. **Ue:** Bald. Bedel, Shakespeare u. d. Renaissance 12.

Anders, Artur, /, ✤, O. Wien XIII/1, Eduard-Klein-Gasse 3. (ebda $^{21}|_{4}$ 85.) **B**: Es sind der Menschen zu viele, Erz. 19; Der stille Weg, N. 20; Wien, R. 21; Von der Erde zum Himmel, R. 23.

Anders, Paul, s. Schüler, P.

Andersen-Nexö, Martin, DB., SDS., Ehrenmitgl. v. Künstlerbund Bodensee, Pen Club London u. Samara Sovjet, Rom., Nov., Drama, Ged. Adresse d. Verlag Wöhrle, Konstanz. (Christianshavn-Kopenhagen $^{26}|_{6}$ 69.) **B**: Sühne 02 u. 09; Bornholmer Nn. 06; Sonnentage 10; Lobgesang a. d. Tiefe 11; Pelle der Eroberer 12 u. 21; D. Küste der Kindheit 12; D. Morgen graut 13 u. 21; Das Glück 13; Überfluß 14; D. Leute auf Dangared 19; Stine Menschenkind 18 bis 22; Die Familie Frank 20; Die Passagiere derleeren Plätze 21; Proletarier-Novellen 23; Eine Mutter 23; Der Lotterischwede 23; Dem jungen Morgen zu 23.

Andrae, Ernst Walter, Altorientalische Altertums-Wissenschaft, Ausgrabungen, Dr.-Ing., Kustos bei den Staatlichen Museen Berlin. Berlin-Lichterfelde, Kornmesserstr. 16. (Anger b. Leipzig $^{18}|_{2}$ 75.) **B**: Hatra I., Allg. Beschreibung der Ruinen 08; Der Anu-Adad-Tempel in Assur 09; Hatra II., Einzelbeschreibung der Ruinen 12; Die Festungswerke von Assur 13; Die Stelenreihen in Assur 13; Die archaischen Ischtar-Tempel in Assur 22; Farbige Keramik aus Assur 23. *

Andrea, Silvia, s. Garbald, Johanna.

Andreae, Friedrich, ♛, **Dr. phil., Prof., UDoz. Breslau, Gottschallstr. 6. (Magdeburg $^{12}|_{10}$ 79.) B: Arkadische Launen (m. Friedr. Wolters) 08; Beiträge zur Gesch. Katharinas II. 12; Breslau um 1800 21; Warmbrunn. Die Gesellschaft eines alten schlesischen Bades 23. H: Denkwürdigkeiten des Frhrn. Herm. v. Gaffron-Kunern 13; Schlesische Lebensbilder I: Schlesier des 19. Jahrhunderts (mit M. Hippe, H. Wendt u. O. Schwarzer) 22.**

Andreae, Katy, s. Jacoby, Katy.

Andreas, Frau Lou, geb. v. Salomé (Andreas-Salomé), Erzähl., Nov. Göttingen, Loufried a. Hainberg. (St. Petersburg $^{13}|_{2}$ 61.) **B**: Im Kampf um Gott 85; H. Ibsens Frauengestalten 92; F. Nietzsche in s. Werken 94; Ruth, Erz. 95; Aus fremd. Seele, Erz.; Fenitschka, E. Ausschweifg., 2 Erzn. 98; Menschenkinder 99; Ma 01; Im Zwischenland 02; Die Erotik 11; Drei Briefe an einen Knaben 18; Der Teufel und seine Großmutter, Dchtg. 20; Die Stunde ohne Gott u. a. Kindergesch. 21; „Rodnika", russische Erinnerung 22.

Andresen, Ingeborg, s. Bödewadt, J.

Andresen, Peter, s. Goetz, Adolf.

Andro, L., s. Rie, Therese.

Anemüller, Ernst, ♛, Dr. phil., Prof., Dir. d. Landesbibl. Detmold. (Rudolstadt $^{26}|_{9}$ 59.) **B**: Schiller u. d. Schwestern v. Lengefeld 20. ( )

Angel, Ernst, Essay, Kritik, Theater- u. Filmdramaturgie, Leiter d. Lektorats u. d. Propaganda im Kiepenheuer Verl. Berlin W 15, Schaperstr. 19. (Wien $^{11}|_{8}$ 94.) **B**: Sturz nach oben, G. 20. **H**: Sylvester (von Carl Mayer) 23; Moskauer Kammertheater, Broschüre 23. *

Angel, Walter, Nov., Rom., **Kritik**, /, Dr. phil. Wien VIII, Langegasse 76. (ebda $^{10}|_{11}$ 83.) **B**: Die Reise der Frau Marchesa, Nn. 06; Liebchen, R. 16; 8. A. 22; Jarolim der Abenteurer, R. 19; Der Meister, R. 22; Kastell Janicsary, R. 23.

Angelo, s. Kurz-Thurn-Goldenstein.

Angenetter, August (Ps. Alpha), ✤, /, deutsche Ψ, Krit., Polit. Wien XVIII/1, Alseggerstr. 38. (ebda $^{27}|_{8}$ 76.) **B**: An der schönen blauen Donau, Erz. 00; Kleine Erzählungen 01; Götterdämmerung, kulturhist. R. 07; D. hopsende Zunge, Redeblüten aus d. östr. Abg.-Hause 12; D. blecherne Kandidat, Redeblüten aus d. Wählerversammlgn 12; Luck, D. russ. Durchbr. im Juni 1916 (mit M. Schönwies) 19. ( )

Angérmayer, Fred Antoine, ASV., SDS., ✤, O, **Ue**, Generalsekr. „Clarté" für Tschechoslowakei, Dramaturg d. Deutschen Theaters, Brünn. Berlin-Charlottenburg, Kaiserdamm 3a. (Linz $^{7}|_{12}$ 89.) **B**: Lettres à Manon 13; Abschied, Dr. 18; Liter. Silhouetten 20; Victoria Regia, O. 21; Morgue, Dr. 21; Abschied, Dr. 21; Raumsturz, Dr. 22; Reliquien, Kom. 23; Sprung ins Ghetto, Dr. 23; Glut, Dr. 23; Der Freudenhändler, Kom. 21; Das Blut, Son. 22; Messe der Vergangenheit, G. 22. **Ue**: Georg Kaiser, Das Frauenopfer 22; Han Ryner: Voyages de Psychodore; Livre de Pierre; Henri Barbusse: Pleureuses 21; Francis Jarco: Jésus-la-Caille 22; Jean Azaïs: Histoires Impossibles; Albert Gleizes: Du Cubisme 22; Florent Fels: Vieilles Tapisseries 23.

Angerzell, Anton von der, s. Dörrer, Ant.

Ankenbrand, Ludwig, ASV., ✤, Ψ, Tierschutz, Schriftleiter. Stuttgart, Hasenbergsteige 613. (Nürnberg $^{31}|_{4}$ 88.)

Ankert, Heinrich, Kunst♛, **Lokal**♛, Stadtarchivar, Leiter d. Stadtmuseums, Hrsgb. „Unsere Heimat" und der „Veröffentlichungen der Leitmeritzer heimatkundlichen Arbeitsgemeinschaft". Leit-

meritz, Böhm., Geltschbergstr. 22. (ebda $^{17}|_{8}$ 70.)

Ankwicz von Kleehoven, Hans, ♛, Kunst♛, Bibliogr., Dr. phil., Kustos am österr. Mus. f. Kunst u. Industr., Kunstreferent der amtl. „Wiener Zeitung". Wien VIII, Florianig. 20. (Böheimkirchen, NÖ. $^{29}|_{9}$ 83.) B: Donato Veneziano 05; E. Abschrift d. Weltchronik d. L. Hefft von Eichstätt in der Innsbrucker Univ.-Bibliothek 07; Tagebuch Cuspinians 09; J. Cuspinian u. die Chronik d. Matthias von Neuenburg 11; Drei altdeutsche Tafelbilder im Schlosse Greifenstein a. D. 11; Mag. J. Gremper aus Rheinfelden 13; Zwei unbekannte Waldmüller-Bildnisse 13; Bernhard Strigel in Wien 16; Zwei unbekannte Briefe J. Ecks an J. Cuspinian 16; Bibliotheksreform 19; Wiener Humanisten-Exlibris 19; Franz Wacik 20; Hans u. Leo Frank 21; Lucas Cranach in Wien 22; Der Gobelin des Dr. Fuchsmagen in Heiligenkreuz 23; Dagobert Peche 23; Hans Strohofer 23; Ferd. M. Zerlacher 23.

Anlauf, Karl, RP., Kommunalpol., Stenographie, Erster Lokal-Red. am „Hannoverschen Kurier". Hannover-Waldheim, Roßkampstr. 12. (Neurode $^{26}|_{4}$ 77.) B: Die Revolution in Niedersachsen 19; Priesterinnen in Olympia, R. 20; Biedermeiers Meistersinger, Optte. 21 (Komp. Mart. Lewin). ( )

Annas, W. Ernst (Pseud. W. Hackland-Rheinländer). Mülheim-Ruhr, Duisburger Str. 438. (Ratingen $^{19}|_{4}$ 59.) B: Waterkant-Alpenwand 85; De plattdütsche Kalenner 87; Familie Klappspohn 88; D. verdeckte Schüssel 94; Vor Roßbach, Festsp. 01; D. Rappe v. Roßbach, Erz. 02; Gedichte 09; Vor Großbeeren, Festsp. 10; Vor Saarbrücken, Festsp. 10; Treue bis in den Tod, Festsp. 10; Blücher 12; Belle Alliance 12; Fehrbellin, Erz. 12; Klaus Clasen, Erz. 14.

Anthes, Otto, Nov., ○, /, ■, Prof. Lübeck, Curtiusstr. 17. (Michelbach, Hessen-Nass. $^{7}|_{10}$ 67.) B: Sternschnuppen, N. 96; Möblierte Herren, N. 97, 2. A. 98; Beim Kommiß 97; Klosterjungen (m. F. Gräfin zu Reventlow) 97; Wanda, N., 3. A. 99; Ledige Bräute, R. 99; Dichter u. Schulmeister 04, 9. Tsd. 12; Der papierne Drache 05, 9. Tsd. 12; Die Regelmühle 06, 9. Tsd. 12; Erotik u. Erziehg 08; Deutsche Sprachlehre für deutsche Kinder 09; Don Juans letztes Abenteuer, Dr. 09; Heinz Hauser, e. Schulmeisterleben, R. 12; Bunter Herbst, G. 17, 3. A. 19; Lübische Geschichten, N. 22; Herzklostersee, N. 23.

Anton, Frau Helene, geb. Lang (Helene Lang-Anton), ASV., Nov., Roman, /. Königsberg i. Pr., Theaterstr. 12. (Lemberg $^{17}|_{8}$ 59.) B: Von Herzen zu Herzen, G.; E. Zigeunerin, Sch.; Frauenlist, Schw.; Gedankensünde, R. 96; Liebesopfer, N. 96; Die Frau, Erz. 97; Sarcha, R. 97; Eine Lüge, N. 97; Aus Liebe, N. 97; Geflüster, N. 98; Schicksal, N. 98; Schminke, R. 99; Militärfeindlich, Schw. 99; Die Rechte, N. 99; Die Vogelsteller, Sch. 99; Das Leben, R. 00; Das Ende vom Liede, R. 01; Ums Glück betrogen, R. 01; Ein Sonntagskind, R. 02; Die Karstein, R. 03; Mörder Gewohnheit, Nn. 05; Sei getreu bis an den Tod, R. 06; Schein, N. 07; Ruth, R. 07; Ihr Geheimnis, N. 08; Nur kein Leutnant, Hum. 09; Der Frauenkenner u. a. Nov. 09; Auf Kindeshänden, R. 10; Alltagszauber R. 11; Zur Liebe geboren, R. 12; Auch so Eine, N. 12; Wie es kam, Humoresken 12; Die Liebe höret nimmer auf, N. 13; Kreuzträger, N. 13; Das Dreieck, R. 14; Schollentreu, N. 15; Notturno, N. 16; Junge Helden, R. 16; Vermißt, N. 17; Der Götze, R. 20; Es führt ein Weg, R. 20.

Anton, Ludwig, SDS., Roman, Drama, Arzt. Baden bei Wien, Karlsplatz 19. (Wien $^{26}|_{7}$ 72.) B: Dann Notwehr, soziales Dr. 19 (mit Johann Ferch); Die Erdbeere, Schw. 21 (mit Dr. Wilhelm Altmann); Brücken überm Weltenraum, R. 21; Die japanische Pest, R. 22; Verlorenes Paradies, R. 23. *

Anton, Paul, /, ○, Red. u. Dir. Königsberg i. Pr., Theaterstr. 12 III. (Borna b. Leipzig $^{8}|_{5}$ 57.) B: Musikal. Verhältn., Lsp. 87; Streber, Lsp. 88; Jungblut, Sch. 89; Afrikan. Inseln, Lsp. 89; Schaum, Lsp. 91.

Antonius, s. Groetzinger, Melly.

Antz, Joseph, ■, Jugend- u. Volksbüchereiwesen, Kreisschulrat. Andernach a. Rh. (Waldhölzbach $^{19}|_{2}$ 80.) B: Jugendschrift u. Erziehung 05; Ratschläge u. Bücherlisten für Schüler-, Jugend-, ländl. Volks- u. Hausbüchereien 21. H: Geb. u. Märch. Eichendorffs 12; Deutsche Erhebung im deutsch. Schrifttum vor 100 Jahren 13; Storms Pole Poppenspäler 18; Brentanos Märch. 20; Deutsche Dichter seit Goethes Tode 21.

Anzengruber, Karl, CC., DB., DÖSch.-G., VB., Nov., Skizz., ■, /, ○, Bi.-Inspektor d. städt. Straßenbahnen. Wien VIII, Lerchenfelder Str. 120. (ebda $^{5}|_{6}$ 76.) B: Fesche Wiener, P. 07; Auf der Schneid, Erz. 08; Stille Nacht, 1akt. Drama 10; Dolphis Gespielin u. a. Erz. 13; In großer Zeit, Vst. 14; Unterwegs, Erz. 21. Red: Seegeschichten 12; Wiener und Jahres-Bote 20. H: Ludwig Anzen-

grubers Werke mit Otto Rommel und Rudolf Latzke XV 21; Fahrende Sänger von heute 21. ()

Apel, Frau Anni, Roman. Berlin, Lothringerstr. 24 II. (26|8 85.) B: Das einsame Herz, R. 19.

Apel, Max, ∴, Dr. phil., Stud.-Leit. d. Humboldt-Hochsch. Berlin. Charlottenburg, Marchstr. 15. (Berlin 16|8 69.) B: Kants Erkenntnistheorie 95; Kritische Anmerkungen zu Haeckels „Welträtsel" 02, 4. A. 05; Kant, ein Bild seines Lebens u. Denkens 04; Kommentar zu Kants „Prolegomena" 08, 2. A. 23; Haeckels Weltanschauung 08, 2. A. 10; Darwins Bedeutg. im Ringen um Weltanschauung u. Lebenswert 09; Wie studiert man Philosophie? 11, 2. A. 19. H: Volkstümlich-wissenschaftliche Lehr- und Lernbücher (Heft 1—10) 20f.; Einführung in die kritische Philosophie 24; Philosophisches Wörterbuch 21; Geheimwissenschaft 22.

Apel, Paul, DB., SDS., ∴, ⊙, Nov. Berlin, Lothringerstr. 24 II. (Berlin 2|8 72.) B: Geist u. Materie 04, 2. A. 05; Die Überwindg des Materialismus 3. A. 21; Liebe, Dr. 07; Ich u. das All 07; Hans Sonnenstößers Höllenfahrt, Traumsp. 11; Gertrud, Tr. d. Herzens 13; Hansjörgs Erwachen, Dr. 16; Der Häuptling, Satirsp. 17.

Apelt, Franz Ulrich, ✠, Kunst♛, Dr. jur., RA. Zittau, Am Park 18 I. (23|11 82.) B: D. Jungfernbund u. andere Gedichte 03; Avalun, G. 07; Angelo Tanfo N. 18; Kummerland, Dchtg. 19.

Appel, Carl, roman. Ψ, Dr. phil., o. UP., GRegR. Breslau. (Berlin 17|5 57.) ()

Appelt, Walther, ASB., RP., /, ✠, ⊙, ●, Feuilleton-Redakt. Plauen (Vogtl.), Johannstr. 2. (6|7 94.) B: Daheim und draußen 15.

Appenzeller, Paul, ASV. Zürich 5, Konradstr. 76. (Höngg 11|4 88.) B: Die Lebensschuld, Vst. 14, 3. A. 22; Das Allerseelenkind, Vst. 16, 3. A. 22; Der Schicksalsschmied, Vst. 18, 2. A. 20; Die Tochter vom Arvenhof, Vst. 20; Die Namenlose, Vst. 21; Ist nun der Traum vorbei, N. 20; Der Magdalenenhof, Vst. 23; Alles wegeme Hemperchnöpfli, Lsp. 16, 8. A. 22; Ob du mich liebst?, N. 23.

Aeppli, Emil, ✠, /, Skizzen, Major a. D. Zürich 8, Wiesenstr. 12. (Zürich 19|7 56.) B: Eisblumen, G. 85; Sangeslohn, Festsp. 02; Turnerideale, Festsp. 02; Ranken am Weg, G. 07; Aus der alten Neumünstergemeinde 12; Belagerung von Belfort 70|71, 15. *

Aram, Kurt (Ps. f. Hans Fischer), RP., SDS., ⊙, Roman, ✠. Berlin-Zehlendorf W, Beerenstr. 24. (Lennep 28|1 69.) B: D. vornehme Tochter, Rn. 02; Schloß Ewich, R. 05; Pastorengeschichten, Rn. 06; Der Zahnarzt, R. 07; Jugendsünden, R. 08; Die Hagestolze, R. 09, 5. A. 10; Violet, R. 10, 90. T. 12; Baronin Gorn, R. 12; Die Kusine aus Amerika, R. 14; Nach Sibirien mit 100000 Deutschen 15; Der Schatten, R. 15; Die Männer im Feuerofen, R. 15; Der elfenbeinerne Turm, R. 16; Bolschewiki, Dr. 19. ()

Archenhold, Friedr. S., /, Dr. h. c., Dir. der Treptow-Sternwarte, Hrsg. d. „Weltalls", Vors. d. Kinematogr. Studiengesellsch. Berlin-Treptow.

Arend, Max, ⊙, (Musik), Dr. jur. Köln, Heinrichstr. 48. (ebda 3|7 73.) B: Warum und wie sollen wir Gluck feiern? 13; Zur Kunst Glucks 14; Gluck, Eine Biographie 21; Gluck, Der Prinz von China. *

Arenhövel, Fritz, ASV., Dr., Erz., Ged. Hamburg, Gänsemarkt 9 III. (14|2 86.) B: Bazillus Napoleonis, R.; Sinnensintflut, R.; Das heilige Tierreich deutscher Nation, R.; Das Mysterium der Wollust, R.; Der zweigeschlechtige Gott, Dr. ()

Arens, Bernard, (k.), Belletristik, ✝, ♛, SJ., Schriftsteller. Valkenburg (L.), Holland. (Hosingen, Luxemburg 24|7 73.) B: Licht und Schatten, Erz. 02; Pius Graf d'Avernas, Biogr. 02; Kränze ums Mutterhaupt, G. 02; Anna v. Xainctonge, Biogr. 03; Konrads v. Würzburg Goldene Schmiede 04; Der große Tag, G. 05; Julie Billiart, Biogr. 08, 2. A. 08; Die Lektüre 11, 2. u. 3. A. unt. d. Titel „Das Buch" 20; Der Sohn des Mufti, Erz. 11, 6. u. 7. A. 19; Schwarzrocks letzter Sieg, Erz. 13, 7. u. 8. A. 22. Ue: Schul- u. Vereinsbühne, 6 Bdchen, 00|03; Durch die Jahrhunderte 01, 3. u. 4. A. unt. d. Titel: „Runen des Lebens" 21 u. a.

Arens, Eduard, (k.), Deutsche Sprache u. Literat., Dr. phil., Prof. GObLehrer. Aachen. Ludwigsallee 5. (Lippstadt 12|1 66.) B: Dichtergrüße an A. v. Droste 23. H: Kleists Prinz von Homburg 01, 3. A. 13; Grillparzers Ottokar 03, 2. A. 13; A. v. Droste, Sämtl. Werke 04; A. v. Droste, Westf. Skizzen 12.

Arens, Hanns. Bremen, Roßbachstr. 8. (Schwabstedt 18|4 01.) B: Ein Ostermeß-Erlebnis, Erz. a. d. Buchladen; Hermann Boßdorf, eine Denkschrift. *

Aretin, Freifrau Ada v., s. Menz, Ada.

Aretin-Menz, s. Menz, Ada.

Aretz, Frau Gertrude, geb. Kuntze, Lit., ♛, Ue: EFI. Dresden, Hochufer-

str. 9 u. Basel-Riehen. **B:** D. Frauen um Napoleon 12, 4.—6. A. 21 (auch russ.); Napoleon u. d. Seinen 14 II: Katharina II. 19; D. Marquise v. Pompadour 21; Liselotte von der Pfalz 21; Josephine 21. **H:** D. Memoiren d. Frau von Staël 12; Liebesbriefe Napoleons 12.

Aretz, Paul, SDS., ♛, Kultur- u. Sitten♛, **Ue:** FEI, Inh. d. Verl. Paul Aretz Dresden, Hochuferstr. 9 u. Basel-Riehen. (Rheydt, Rhnld. $^{1}|_{1}$ 90.) **B:** Napoleons letzte Freundin 19; Herzog v. Reichstadt, Biogr. 19. **H:** Joseph Fouché, Erinnergn 19; Napol. Gefangensch. u. Tod 21; Lauzun, Günstling Marie Antoinettes 21.

Argus, s. Plawina, Oswald.

Argus, s. Willhain, Jul.

Armin, Adolf, s. Kochmann, A. A.

Armin, B., s. Brunner, Armin.

Armor, s. Morecki, Lothar.

Arndt, Erich, DB., SDS., VJS., Dr. med., Nervenarzt. München, Arcostr. 10. (Uckermünde $^{10}|_{10}$ 72.) **B:** Tagebuch des Schiffsarztes, Rn.; Nachdenkliche Stunden, Son. 14; Der Janustempel, R. 18; Das Weib zu Nain, R. 20; Das Jüngste Gericht, Dchtg. 20; Die zwölf Abende der Liberia, Erz. 21; Vineta, Dr. 21.

Arnim, Franz, s. Worm, Fritz, Düsseldorf.

Arnim-Fredenwalde, Frl. Eva v. (Eva A. v. Arnim), Roman, Nov. Berlin W, Genthinerstr. 13 p. (Gr.-Fredenwalde $^{17}|_{9}$ 63.) **B:** Hallali! Erz. 91; D. Märchen v. gold. Schlüssel, R. 94; Dem Tag entgegen, R. 98. **H:** 40 Jahre, Bernhard v. Lepel an Theodor Fontane (Briefe) 09; Deutsche Erde, Bücher der Heimat 11 ff.

Arno, Carl, s. Tacchi della Pietà, Armand.

Arno, Hermann, s. Koeppen, Arnold.

Arnold, Franz, DB., SDS., O. Berlin-Tempelhof, Schönburgstr. 12. ($^{28}|_{4}$ 78.) **B:** Die spanische Fliege, Schw. (mit Ernst Bach); Die schwebende Jungfrau, Schw. (m. E. Bach); Die bessere Hälfte, Schw. (m. E. Bach); Zwangseinquartierung, Schw. (m. E. Bach); Die Fahrt ins Glück, Optte. (m. E. Bach, Musik: J. Gilbert); Fräulein Puck, Optte. (m. E. Bach, Musik: W. Kollo); Der keusche Lebemann, Schw. (mit E. Bach); Der kühne Schwimmer, Schw. (mit E. Bach); Der Fürst von Pappenheim, Opptе. (mit E. Bach, Musik: Hugo Hirsch).

Arnold, Paul Johs., Rn., Skizzen, M., theoretische Arbeiten über Epik, Graphik. Hamburg 20, Ericastr. 31. (Dermbach $^{1}|_{10}$ 84.) **B:** Das Juwel 22; Tanzliese 23. **H:** Der Blocksberg, Spuk 23; Indische Liebesgeschichten 23; Der Turban 23. *

Arnold, Robert F., dtsche u. allg. Lit. ♛, Kritik, **Ue:** DEFHIMNNgrPRumS Schw, Dr. phil., o. UP., Kust. d. Nat.-bibl. a. D. Wien I, Reichsratstr. 13. (ebda $^{27}|_{11}$ 72.) **B:** D. dsch. Philhell. 96; K. Immermann 96; Schriftstell. der Restaurationszeit über Wien 96; T. Kosciuszko in der deutschen Literatur 98; Schillers dramat. Nachlaß 00; Gesch. d. dtsch. Polenlit. I 00; Dtsch. Vornamen 00, 2. A. 01; Kult. d. Renaiss. 04, 3. A. 20; D. mod. Drama 08, 2. A. 12; Bibliogr. d. dtsch. Bühn. s. 1830 08, 2. A. 09; Allg. Bücherkunde d. neu. dtsch. Lit.-Gesch. 10, 2. A. 19; u. a. m. **H:** Achtzehnhundertneun (m. K. Wagner) 09; Arndt, Wien 13; Seeländ. Märchen 22. **Ue:** J. P. Jacobsen, Ged. 97; dess. Ges. Werke (m. O. Hauser u. M. Herzfeld) 99, 3. A. 08; dess. Nov. 20; Europ. Lyrik 99, 2. A. 07.

Arnosti, K., s. Kraus, Ernst.

Arns, Karl, O Kritik, mod. engl. Lit., **Ue:** mod. engl. ♛, Dr. phil., StudR. Bochum i. W., Rottstr. 69. ($^{15}|_{10}$ 85.) **B:** Beitrg. z. frz. Wortgesch. 10; D. religiöse brit. Imperialismus 19; Das Herz d. Feindes 20; Britanniens neue Dchtg (mit Paul Selver) 23.

Aronstein, Ph., ♛, Lit.- u. Kult.♛, Dr. phil., Prof. Berlin NW 87, Elberfelder Str. 28. (Halver $^{4}|_{12}$ 62.) **B:** Disraeli's Leben u. dicht. Werke; Entwicklg. d. höh. Knabensch. in England 97; Ben Jonson 06; Grundzüge d. engl. Sprach- u. Literaturgesch. 10; Methodik d. neusprachl. Unterrichts, I. Bd.: D. Grundlagen 21, II. Bd. Der englische Unterricht 22; Englische Stilistik 23. **H:** Creighton, The Age of Queen Elizabeth 00; Engl. Parlamentsreden 03; Ausgew. Essays hervorrag. engl. Schriftsteller d. Neuzeit 04; Selections from English Poetry 05; English Prose Selections 06; Readings from Ruskin 08; Shakespeares Richard II. 09; Th. Carlyle Scenes from the French Revolution 10; Shakespeares Heinrich V. 13; Readings from Macaulay 14.

Arras, Paul, ♛, Ψ, ●, Dr. phil., Ob.-StudR., GProf. u. Stadtarchivar. Bautzen i. Sa., Bismarckstr. 19 pt. (ebda $^{9}|_{12}$ 57.) **B:** Lieder v. sächs. Vaterlande 92; Bismarck-Gedichte, 1. u. 2. A. 98; Äußerungen von Soldatenernst u. Soldatenhumor 14; Hindenburg-Gedichte 15. ()

Arten, Artur, s. Pleißner, Artur.

Arthur, Johannes, s. Vollmer, Hans.

Artopé, Theodor (Ps. Hans von Wiesa), /, Roman, Nov., Drama. Ohlau, Schles., Feldstr. (Almorah $^{20}|_{12}$ 52.) **B:** Der Hypnotiseur, Sch. 01, 2. A.

03; D. Strandgeist, R. 01; Blinde Liebe; D. Schulreiterin, R. 05; Weihnachtsglanz, Erz. 05, 2. A. 09; D. Geheimnis, R. 11; Schloß Eichgrund, R. 12; Ferdinande v. Schmettau, 1.—3. A. 13; Der dritte Schuß, R. 20; Der Conte, R. 20.

Arx, Cäsar v., O, Schauspielregisseur. Niedererlinsbach (Solothurn). B: Lampen; Die Rot Schwyzerin. (*)

Arz, Sam. Jos., [illegible], [illegible], Humor, O, /, ✕, Landwirt. Sächs. Regen, Siebenbürg., Paradiesg. 655. (Temesvar 28|12 52.)

Arzelag var Bargelaj, s. Goldschmidt, L.

Arzen, Edler v. Cserepy, Eugen (Ps. Konrad Wieder), ASB., SDS., Roman, Regiss. der K. W. Film. Berlin-Friedenau, Südwestkorso 15. (Budapest 17|7 81.) B: Der Teutone 15; Nach 100 Jahren 16; Dolores 16. ()

Asanger, Florian, Anglistik u. Heimatkunde, Dr. phil., StudR. Bochum, Joachimstr. 5. (Landau/Isar 9|5 78.) B: P. B. Shelley als Übers. d. Euripides 05; P. B. Shelleys Sprachstudien, Seine Übers. a d. Griech. u. Lat. 11; Im Faltboot, Ein Kanuführ. (mit K. d'Ester) 19; Um Main u. Donau, Ein Heimatbuch (mit K. d'Ester) 20; Deutsch-Oesterreich, Ein Heimatbuch (mit K. d'Ester) 23.

Asbeck, Wilhelm Ernst, DB., O. Hamburg, Steinstr. 75. (Hamburg 16|4 81.) B: Ringende Kräfte 12; König Drosselbart 13; Prinz Heldenmut 14; Wie Hans u. Trudchen ihren Vater suchten 15; Lens 16; Meine kleine bescheidene Frau 19; Die Wundergeige 23; Der Schneider von Borgfelde 23.

Ascher, Leo, DB., Komponist, Dr. Wien II, Kurzbauergasse 6. (ebda 17|8 80.) B: Operetten.

Aschner, Siegfried, Dichter, Literatur- u. Kunsthistoriker, Dr. Berlin W 15, Pfalzburger 73. (Breslau 21|12 82.) B: Raffael, der Maler reiner Schönheit 20; Deutsche Literaturgeschichte I 20; Münchhausen, Optte. 21. H: Denkwürdigkeiten des Comines 20; Die Kunst der Gemäldebetrachtung 22.

Ashauer, Willy, Erz., [illegible]. Essen-Borbeck, Borbeckerstr. 225. (Gelsenkirchen 2|2 85.) B: Heilandsnächte 17; Garben im Feld 19, 2. A. 21; Unterm Schlotenrauch, Erz. 20; D. erwachende Seele, Sk. u. G. 21, 2. A.; Leuchtende Tage 23.

Asmodi, s. Vierath, W.

Asmus, s. Claudius, Hermann.

Asmussen, Georg, ☐, Roman, Ober-Ingenieur. Westerholz b. Langballig, Kr. Flensburg. (Pommerbye 14|8 56.) B: Ein Vorurteil, R. 96, 6. A. 16; Wider den Strom, 10 Erz. 99, 4. A. 07; E. weitverbreitete Krankheit 01, 4. A. 13; E. Idee, R. 02, 4. A. 08; Ein Besuch bei „Uncle Sam", Reisebilder 05, 3. A. 09; Stürme, R. 06, 3. A. 08; Wegsucher, R. 08, 3. A. 14; Auge um Auge, Zahn um Zahn, R. 09, 2. A. 10; Der erste Einser, R. 10, 5. A. 18; Streben u. Stranden, 15 Geschn. 11, 3. A. 13; D. Rastlosen, R. 12, 2. A. 12; Leibeigene, R. 13, 2. A. 14; Zuhause u. Draußen, 12 Geschichten 17; Einer, der es schwer hatte, R. 22; Sein letztes Glück u. a. Erz. 22; Er mußte mit u. a. Erz. 23.

Assadego, s. Dreßler, Arthur.

Aßmus, Walter, RP., ☐, Politik, /, Redakt. Berlin-Wilmersdorf, Laubacherstr. 35. (Perleberg 26|7 89.) B: Die moderne Volksbühnenbewegung 09; Buchhandel u. Volksbildung 12. ()

Aster, Ernst v., ∴, Dr. phil., o. UP. Gießen. (18|2 80.) B: Prinzipien der Erkenntnislehre 13; Einführg. in d. Psychologie, 2. A. 19; Geschichte d. antiken Philosophie 20; Gesch. d. neueren Erkenntnistheorie 21; Kant, 2. A. 18; Ibsen u. Strindberg 21. H: Große Denker, 2 Bde. 11.

Attenhofer, Adolf, Belletristik u. Indologie. Chur, Schweiz. (Zürich 14|5 79.) B: Auf sonnigen Pfaden 02; Ego ipsissimus 04; Allerlei Narrheiten 07; Ephemeriden 10; Umgang mit Lyrik 22; Letzte Torheit 23.

Atz vom Rhyn, s. Rehbein, Arthur.

Atz von Wernburg, s. Keilitz, Arno.

Aub, Ludw. (Ps. Alexander Berg), BB., angewandte Charakter- u. Seelenerforschg. München, Blütenstr. 12/0. (ebda 4|9 62.) B: Münchner Dichtergrüße (mit Morin) 89; Mod. Weltbeglücker 91; Ja oder Nein? Photogr. Album d. Geistes u. d. Seele 92; Goethe u. s. Religion 00, 4. A. 16; Nach berühmten Mustern, Kartengrüße im Stile deutsch. Dichter 00, 10. A. 05. H: Münchner Kindl-Almanach 90/91; Heine-Almanach.

Auburtin, Victor, BP., RP., /, O, Dr. phil., Mitarbeiter d. Berl. Tagebl. Berlin. (ebda 5|9 70.) B: Die goldene Kette, N. 07; Der Ring der Wahrheit, Dr. 10; Das Ende, Dr. 10; Die Onyxschale, N. 11; Die Kunst stirbt 11; Was ich in Frankreich erlebte 18; Pfauenfedern, N. 21; Ein Glas mit Goldfischen, Sk. 22.

Audnal, L., s. Landau, Elisabeth.

Auer, Fritz, SDS., Politik, Dr. jur et rer. pol., Hrsg. des Aktuellen Leitartikels". Berlin W 62, Kleiststr. 13. (Mannheim 31|4 78.) B: D. strafrechtl. Notstand 03; Soziales Strafrecht 03; Z. Psychologie der Gefangenschaft 05; Friedr. Naumann 08.

Auer, Grethe, s. Güterbock, Grethe.

Auerbach, Alfred, ⊘ (schwäb. Dialekt), dramat. Lehrer am Dr. Hoch'schen Conservatorium. Frankfurt a. M., Fichardstr. 32. (Stuttgart $^{8}|_{6}$ 73.) B: Schwobeköpf 04, 3. A. 14; Schwobastreich 05; Aus Schillers Jugendzeit 05; D' letscht Sau, Satire 06; Mimik 10, 4. A. 13; Auf'm Amt Kom. 11; Das gesprochene Wort 21; Mimik 23, II.

Auernheimer, Raoul, ⊘, Nov., /, Dr. jur., Red. an d. „Neuen Freien Presse". Wien III, Neulingg. 13. (ebda $^{15}|_{4}$ 76.) B: Rosen, die wir nicht erreichen 00; Renée 02, n. A. u. d. T.: Renée u. d. Männer 10; D. Verliebten 03; D. große Leidenschaft, Lsp. 04; D. Dame m. d. Maske 05, 2. A. 08: D. ängstliche Dodo, Nn. 06; D. gute König, Lsp. 08; Die man nicht heiratet, Nn. 08; D. glücklichste Zeit, Lsp. 09; Gesellschaft 10; D. gußeiserne Herrgott, Nn. 12; Das Paar nach der Mode, Lsp. 13; Laurenz Hallers Praterfahrt, Erz. 13; Die verbündeten Mächte, Lsp. 15; Herzen in Schwebe, Nn. 16; D. wahre Gesicht, Nn. 15; D Geheimniskrämer, Erz. 18; D. ältere Wien, Auss. 19; Maskenball, Nov. im Kostüm 20; Lustspielnov. 22; Das Kapital, R. 23.

Auerswald, Frl. Annemarie von, VB., Rom., Erzn., Stiftsdame. Heiligengrabe b. Techow Ostprignitz, Prov. Brandenburg. (Rinkowken, Kreis Marienwerder $^{8}|_{11}$ 76.) Frau Käthe, R. 08; Lebenswert, R. 09; D. Lokomotivführer, Erz. 10; Konradshöhe, R. 14, 2. A. 19; Mondnächte in Palästina 19; Thomas in Irland, R. 20; Chronik von Heiligengrabe 21. *

Auffenberg-Komaróv, Moriz Frhr. v., militärische u. milit.-politische Abhandlungen (Memoiren), Kriegsminister a. D. Wien III, Salesianer Gasse 31. (Troppau $^{22}|_{5}$ 52.) B: Aus Österreich-Ungarns Teilnahme am Weltkrieg 20; Aus Österreichs Höhe u. Niedergang, eine Lebensschilderung 21.

Aufricht, Viktor, ASV., DÖSchG., ♥, Absol. phil. Wien I, Graben 20. ($^{9}|_{11}$ 96.) B: Ged. 17; Es sind verwunschene Dinge in uns, Lr. 19; Robert Browning, Sk. 21.

Augustin, Albert, ⊘, Erz., Rom., Kaufmann. Berlin-Pankow, Mühlenstr. 45 I. (Berlin $^{17}|_{2}$ 84.) B: Heimatland, Sch. ()

Aurich, Paul, deutsch. ♛, Genealogie, ⚔, Schriftst. Berlin-Pankow, Hiddenseestr. 11. (Berlin $^{7}|_{8}$ 86.)

Auruncuiejus, Lucius, s. Cotta, Joh.

Außerer, Alois, klass. Ψ, ⊘, Dr. phil., GymnProf. Salzburg-Parsch. (Brixlegg, Tirol $^{4}|_{8}$ 76.) B: De clausulis Minucianis 06; Dido, Tr. 12; Das Leben trennt, der Tod eint, VolksSch. 13; Salmoneus, Tr. 14; Die Tödin, Sch. 21. Ue: Virgils Äneis, Buch I 09, III 10, VI 08 (freie metr. Übertrgg). ()

Außhart, Sebastian, s. Wieser, Sebast.

Austerlitz, Rob. (Ps. Erraths, A v. Trebor, Bob), ✉, Nov., /, kaiserl. Rat, Red. Berlin-Grunewald, Hubertusallee 28. (Prag $^{11}|_{3}$ 61.) B: Kaufm. u. Konsumverein 00; Jedermann Schaufensterdekorateur 05; Rat für Kauf u. Verkauf 05, 3. A. 14; 100 Vorschläge bessere Geschäfte zu machen 08; Die Kunst tüchtiger Verkäufer zu werden 10; Das erste was man im Geschäft wissen muß 12; Türkisch durch Fernunterricht 16; Die Kunst glücklich zu sein 06; Der Millionär, R. 15.

Austerlitz, Frau Rose (Ps. A. Rose), /, Ue: F, Red. des Frauenbl. „Maja". Berlin-Grunewald, Hubertusallee 28. (Magdeburg $^{9}|_{10}$ 79.) B: Suggestion, R. 02; Cabaret Sphinx, R. 03; Ano Kato, R. 05; Café Größenwahn, R. 06; Drei moderne Damen, R. 08; Götzendiener, R. 12; Der Roman e. Favoritin, Gräfin Castiglione, R. 12; D. Frauen d. Zweiten Kaiserreichs, R. 13; Das Kaiserliche F est R. 14.

Avell, s. Roehl, Arthur.

Avellis, Lucy, s. Abels, Luc.

B.

Baader, Fritz Philipp, PA., /, Dramaturg d. Deutsch. Schauspielhauses. Hamburg, Lenaustr. 4. (München $^{23}|_{8}$ 81.) B: Das Athenäum (in H. Landbergs Samml. „Museum") 05; Kleist, liter.-hist. Einltg. 07.

Baare, Theodor, SDS., PA., neuere Ψ, ✉, Heimatkd., Übersetzg., ⚒, /, Schriftl. d. „Glückauf" u. a. Ztgn. Potschappel, Bez. Dresden, Tharandter Str. 6 II. (Bochum $^{10}|_{6}$ 75.)

Baars, Ernst, †, Pastor. Vegesack b. Bremen. ($^{26}|_{11}$ 64.) B: Ein Osterspiel 01; Der Sieg d. Glaubens, ein Pfingst- od. Reformationsfestspiel 03; Dichtungen 05; Jesus, Dr. 06; u. a.

Bab, Julius, SDS., Kulturkritik, Kritik d. Sprachkunst, Dramaturgie, ♥, ⊘. Berlin W, Potsdamer Straße 68 IV. (Berlin $^{11}|_{12}$ 80.) B: Richard Dehmel 02; Freisprüche 03; Anzengruber 04; Der Andere, trag. Kom. 06; Kritik der Bühne 08; Das Blut, Dr. 08; Bernard Shaw 10; Der Mensch auf der Bühne, e. Dramaturgie f. Schauspieler 10/11 III; Neue Wege z. Drama 11; Lyr. Portraite 12; Fortinbras od. Der Kampf des 19. Jahrh. mit d. Geiste d. Romantik 13; Berlin u. Wien (m. Willi Handl) 16; Der Wille zum Drama 19; Das Erwachen zur Politik 20;

Neue Kritik der Bühne 20; Menschenstimme, G. 20; Das Leben Goethes 21; Neue Farm 21. H: Der deutsche Krieg im deutschen Gedicht; Deutsche Revolutionslyrik u. a. ()

Babertal, de, s. Bade, Albert.

Babillotte, Frau Martha, Belletristik. Leutenberg i. Thür. ($^{28}|_{8}$ 88.) W: Etappenmädels, R. 19; Vergeblich Blühen, R. 21.

Babinger, Franz Carl Heinrich, Orient., Dr. phil., Priv.Doz. a. d. Univ. Berlin. Briefadresse: Würzburg, Gerbrunner Str. 5. (Weiden, Bayern $^{15}|_{1}$ 91.) W: Gottlieb Siegfried Bayer 1694|1738 14; Stambuler Buchwesen im 19. Jahrh. 19; Schejch Bedr ed-Din 21. H: Hans Dernschwam's Tagebuch e. Reise nach Konstantinopel u. Kleinasien 1553/55 23.

Bach, Christian W. B., s. Schwaner, Wilhelm.

Bacher, Karl, DÖSchG., VB., Reichsb. deutsch. Mundartdicht., ☉, ✿, Erz., Dr. phil., Prof. am Piaristengymn. Wien XX, Petraschg. 3. (Waltrowitz, Südmähren $^{10}|_{8}$ 84.) W: Südmährische Gedichte 22; Neue südmährische Gedichte 22.

Bachleitner, P. Leopold, nord. Ψ, Klostergeschichtsforschung, /, Kinderhilfsaktion, **Ue**: HNord., OSB., Kooperator, Fischlham, Ober-Öst. (Adlwang $^{31}|_{12}$ 85.) W: Jesu Liebe, Leid u. Tod: Sattleder Passionssp. 13; Soldatenlieder 15; Marien-Kriegsld. 15; Meine Kinderfahrt ins Schweizerland 20; Ein Krippenspiel zum Lachn u. Woan, für die Großen u. Kloan 21; Benediktinerklöster im Norden 21.

Bachmair, Heinrich F. S. (Ps. Sebastian Scharnagl), SDS., VBA., ✿, Rom., Kritik, Buchwesen, Verleger. Pasing bei München, Planeggerstr. 5. (ebda $^{4}|_{10}$ 89.) W: Detlev von Liliencron 09; Der reine Tor, G. 12; Aglaë, Erz. 13; Die 13 sentimentalen Lieder 17; Josef Amberger, G. 11. H: Berliner Freistudentische Blätter, W.-S. 11|12; Die neue Zeit, Beiträge z. Geschichte d. modernen Dichtung 12; Die Neue Kunst, Zweimonatsschrift 13|14; Münchener Liebhaber-Drucke 1—5, 12|13; Neue Folge 23; O. J. Bierbaum, Wie vollzog sich in Goethe die Befreiung von den Irrtümern der Sturm- u. Drang-Periode? 13; Der Selige Kintopp, G. 14.

Bachmann, Alb., germ. Ψ, Dr. phil., o. UP., Hauptred. d. „Schweiz. Idiotokons". Zürich 7, Freie Straße 111. (Hüttwilen, Thurgau $^{12}|_{11}$ 63.) W: Beiträge z. Gesch. d. schweiz. Gutturallaute 86. H: Bibliothek des Lit.-Vereins in Stuttgart 185, 189, 206; Mhd. Lesebuch m. Gramm. u. Wörterb. 92, 7./8. A. 18; L. Tobler, Kl. Schriften (m. Baechtold) 97; Beiträge z. schweizerdeutschen Grammatik 10 ff.

Bachmann, Heinrich, Drama u. Lyrik, Lehrer. Vechta i. Old., St. Josefskolleg. (Hanau a. M. $^{26}|_{8}$ 00.) W: Spiel vom hlg. Hirten Wendelin 23. *

Bächtold, Hermann, ✿, Dr. phil., o. UP. Basel, Mittlere Str. 133. ($^{3}|_{2}$ 82.)

Bächtold, Hanns, Volkskunde, ♯, Ψ, Dr. phil Basel, Benkenstr. 65. (Schaffhausen $^{27}|_{3}$ 86.) W: Die Gebräuche bei Verlobung und Hochzeit 14; Die Flurnamen der schaffhausenschen Enklave Stein a. Rh. 16; Aus Leben u. Sprache des Schweizer Soldaten 16; Deutscher Soldatenbrauch u. Soldatenglaube 17; Die schweizerische Soldatensprache 1914 bis 1918, 22; Wohngenossenschaft auf privatwirtschaftlicher Grundlage 23.

Bachwitz, Hans, DB., ☉, Dr. jur. Leipzig, Sedanstr. 1. ($^{1}|_{8}$ 82.) W: Blonde Mädels v. Lindenhof, Lsp.; Recht auf Liebe, Lsp.; Mausefalle, Lsp.; Japanische Puppe, Lsp.; Liebe u. Trompetenblasen, Lsp.; Galante Nacht, Lsp.; Yoshiwara, Sch.; Jennys Bummel d. d. Männer, Lsp.; Mexiko-Gold, Lsp.

Back, Friedrich, Kunst♛, Dr. phil., Prof., GHofR., Dir. d. Kunst- u. histor. Sammlgn des Landesmuseums. Darmstadt, Schießhausstr. 106. (Wetzlar $^{16}|_{8}$ 60.) W: Handzeichnungen Arnold Böcklins 01, n. A. 07; Führer durch d. Kunst- u. histor. Sammlgn d. Landesmuseums in Darmstadt (m. B. Müller u. H. Kienzle) 08; Mittelrhein. Kunst 10; Verz. d. Gemälde d. Landesmus. 14. ()

Baeck, Leo, Religionsphilosophie, Dr. phil., Rabbiner der jüdischen Gemeinde Berlin. Berlin W 62, Burggrafenstr. 19. (Lissa, Posen $^{23}|_{5}$ 73.) W: Das Wesen des Judentums, 3. A. 23; Romantische Religion 22. *

Backes, Peter, Kaufm. Köln, Lupusstr. 39. (Köln $^{17}|_{5}$ 01.) W: Das Eiland der Einsamkeit 21. *

Barmeister, Ernst, DB., ☉, Dr. phil. Wangen a. Bodensee. (Bielefeld $^{12}|_{11}$ 74.) W: Innenmächte, 4 Sch.; Überstandene Probleme, Essays 19. *

Bade, Albert (Ps. de Babertal), Satire (Vers u. Prosa), Essay, Kritik, Skizze. Hamburg, Abendrothsweg 76. (ebda $^{4}|_{10}$ 76.)

Bader, Karl, Kultur♛, Dr. phil., Prof., Oberbibliothekar b. d. Landesbibl. Darmstadt, Grüner Weg 27. (ebda $^{27}|_{8}$ 68.) W: Beitr. z. Gesch. d. Cölner Verbundbriefs v. 1396 96; Darmstadt i. Festgewand u. Trauerkleid 01; Turm- u. Glockenbüchlein 03; Hess. Sagen I 08, II 12; Gesch. Wanderbuch durch Hessen 20; Geweihte Stätten in Hessen 23. H: Beiträge zur

Gesch. d. Univ. Mainz u. Gießen (m. J. Dietrich) 07; Carriere, letzte Nacht d. Girondisten 20.

Badstüber, Hubert, DÖSchG., Germanistik, Dr phil, Prof. Wien VIII, Schmidgasse 11. (Prag ¹³|₁₀ 61.) B: Charaktere aus d. Nibelungenliede u. der Gudrun: I 90, II nebst Nord. Heerfahrt von H. Ibsen 93; H. v. Kleist, sein Leben u. s. Werke 02; F. v. Hagedorns Jugendgedichte 04; Frz. Wisbacher 05; Christoff Kuffner, e. vergess. Poet des Vormärz 07; Deutsche Volksdichtg des 19. Jahrh. in Österreich 07. H: M. L. Schleifers sämtl. Werke, mit e. Lebensbild 11.

Baege, Franz Paul, ASV., Erz., Dr. G., Lehrer a. d. Mittel- u. Fortbildungsschule in Radegast (Anh.), Breiteweg 26. (²⁵|₁₁ 76.) B: Der Schloßsoldat, Sch. 04; Mei liewes Anhaltland, G., teils i. Dialekt, 18; Anhaltisches Dichterbuch 19; Schön ist die Jugend, Erz. 20; Der Krötenring, Märchendrama 19; Uffen Dibeldei u. a. Erz. i. Anhalter Dialekt 23.

Baege, Max Hermann, SDS., ∴, ♣, Soziologie, Dr. phil., Unterstaatssekretär z. D., Prof. a. d. Handelshochschule u. Dir. d. Städt. Volkshochschule. Nürnberg, Glockenhofstr. 16. (Jeßnitz i. A. ¹¹|₅ 75.) B: Die Abstammungslehre u. ihre Beweise 10; D. Keplerbund u. seine Gelehrten 11; Der gegenw. Stand der tierpsychol. Forschung 15; Die Naturphilosophie v. E. Mach 16; Philosophische Propädeutik 19; Die Aufgabe der Volkshochschule 20; Russisches Volksbildungswesen 22; Zur Reform der Lehrerbildung 23. H: Die Neue Erziehung; Blonskij, Die Arbeitsschule.

Bahder, Karl v., deutsche Sprache u. ältere deutsche Lit., Dr. phil., a.o. UP. i. R. Darmstadt. (Heidelberg ¹⁵|₇ 56.) B: D. Verbalabstrakta i. d. germ. Sprachen 80; D. deutsche Philologie i. Grundriß 83; Grundlagen d. nhd. Lautsystems 90; Deutsches Wörterbuch (von J. Grimm und W. Grimm), Bd. XIII 01 ff.; Weigands deutsches Wörterbuch, 5. A. (mit H. Hirt u. K. Kant) 09—10. H: König Rother 84; Das Lalebuch 14. ()

Bahlmann, Paul, Dr. phil., Prof., UnivObBibliothekar a. D. Münster i. Westf., Hammerstr. 58. (Neustadt, Ob.S. ¹⁹|₄ 57.) B: Schr. zur westfäl. Kultur-, Literatur- u. Provinzialgeschichte (s. Jg. 38); Illustr. Fremdenführer durch Münster i. W., 13. A. 21; Ruhrtalsagen von den Ruhrquellen bis z. Rhein 22.

Bahlow, Ferdinand, Kirchen♛, D. Dr., Pastor prim. Liegnitz, Schlesien, Neue Goldberger Str. 19. (Goeritz, Kr. Prenzlau ⁸|₈ 65.) B: Luthers Stellung zur Philosophie 91; Johann Knipstro, Der erste Generalsuperintendent von Pommern-Wolgast 98; Die Reformation in Liegnitz 18; Reformationsgeschichte der Stadt Stettin 20. *

Bahmann, Reinhold, Jugendschr., Ob.-Lehrer. Hainichen, Sachs., Wilhelmstr. 34. (Halle a. S. ⁹|₅ 59.) B: Aus unsrer Väter Tagen 91—01 XIV. H: Alex. Köhlers Volksbibl. 89—99 IV; Am Römerwall, geschichtl. Erz. von d. Saalburg 04.

Bahr, Frau Anna, geb. Bellschan v. Mildenburg, Nov., Reiseschildberg, Kammersängerin, Prof. an d. Münchener Akademie für Tonkunst. München, Barerstr. 50. (Wien ²⁹|₁₁ 72.) B: Bayreuth (mit Hermann Bahr) 12; Erinnerungen 20.

Bahr, Herm., CP., PA., Kritik, Rom. München, Barerstr. 50. (Linz ¹⁹|₇ 63.) B: Einsichtslosigkeit d. H. Schäffle 86; D. neuen Menschen, Dr. 87; La marquesa d'Amaëgui, Lsp. 88; D. große Sünde, Dr. 89; Z. Kritik d. Moderne 90; D. gute Schule, R. 90; Fin de siècle, N., 1. u. 2. A. 90; D. Mutter, Dr. 1.—3. A. 91; Überwindung des Naturalismus 91; Russ. Reise, R. 93; Die häusliche Frau, Lsp. 93; Dora, Nn., 1. u. 2. A. 93; Neben der Liebe 93; D. Antisemitismus 93; D. neue Stil 93; Aus d. Vorstadt, Vst. (mit C. Karlweis) 93; Caph, R. 94; Studien z. Kritik d. Moderne 94; Die Nixe, nach d. Russ. d. Spashinski, Vst. 96; Juana, Dr. 96; Renaissance, nach Studien z. Kritik d. Moderne 97; D. Tschaperl, Dr. 97; Theater, R. 97; Josephine, Dr. 98; Der Star, e. Wiener Stück 98; Wiener Theater, ges. Kritiken 99; Die schöne Frau, N. 99; D. Athlet, Sch. 99; Wienerinnen, Lsp. 00; Sezession 00; D. Franzl, fünf Akte a. d. Leben e. guten Mannes 00; Bildung, ges. Aufsätze 00; D. Apostel, Sch. 01; Der Krampus, Lsp. 01; Wirkung in d. Ferne, N. 01; Premieren, ges. Kritiken 02; Rezensionen, ges. Aufsätze 03; Dialog v. Tragischen 03; Der Meister, Kom. 03; Unter sich, Farce 03; Sanna, Sch. 04; Gegen Klimt 04; Dialog vom Marsyas 04; Die Andere, Sch. 05; Der Club der Erlöser, Farce 05; Der arme Narr, Sch. 05; Josef Kainz 05; Glossen, ges. Aufsätze 06; Der Faun, Komödie 06; Ringelspiel, Kom. 07; Grotesken 07; Wien 07; Die gelbe Nachtigall, Kom. 07; Die Rahl, R. 08; Stimmen des Bluts, Nn. 08; Tagebuch 09; Buch der Jugend 09; Drut, R. 09; Dalmatinische Reise 09; Das Konzert, Lsp. 09; O Mensch!, R. 10; Die Kinder, Kom. 10; Das Tänzchen, Lsp. 11; Austriaca 11; Essays 12; Das Prinzip, Lsp. 12; Inventur, Aufsätze z. Religion u. Philos. 12; Bayreuth (mit Anna Bahr) 12; Das Phantom, Kom. 13; Erinnerung an

Burckhard 13; D. Hermann=Bahr=Buch 13; Der Querulant, Kom. 14; Expressionismus 14; Der muntere Seifensieder, Schw. 14; Kriegssegen 14; Das österreichische Wunder 15; Himmelfahrt, R. 16; Die Stimme, Sch. 16; Schwarzgelb 17; Der Augenblick, Komödie 17; Tagebuch 17; Die Rotte Korah, R. 18; Adalbert Stifter 18; Tagebuch 18; Unmensch, Lsp. 19; Spielerei, Lsp. 19; Tagebuch 19; Burgtheater 19; Ehelei, Lsp. 20; Tagebuch 20; Summula, Essays 21; Bilderbuch 21; Sendung des Künstlers, Essays; Kritik der Gegenwart, Tagebuch von 20; Selbstbildnis.

Baier, Klemens, Heimatk., Komponist Sprottau i. Schles. (Bobernig 23/9, 55.)

Bake, Frl. Elise, Jugendschr., **Ue:** F. Dresden=A., Reichenbachstr. 7 II. **B:** In traulichen Stunden 94; Wille u. Erfolg 09; Charakter, eine Macht 10; Frohe Abende f. Alt u. Jung 12; Schwere Zeiten 13; E. modernes Aschenbrödel 12. **Ue:** Verhüten und Heilen 20; Helene's Wanderjahre 23.

Balcke, Johanna, s. Enckevort, Joh. v.

Baldaß, Ludwig, Geschichte d. deutschen u. niederländischen Malerei, Dr. phil., Kustos an d. Gemäldegalerie des Kunsthist. Museums. Wien I, Burgring 5. (8/2 87.) **B:** Die Wiener Gobelinsammlung 20; Der Künstlerkreis Kaiser Maximilians I. 22; Albrecht Altdorfer 23; Die Gemälde des Lucas van Leyden 23.*

Baldauf, Grete, s. Würkert, Grete.

Balder, s. Reichenwallner, Balduin.

Baldus, Alexander, Kritik, ▪, Nov., Hauptschriftleiter. Koblenz, Florinsmarkt 19. (ebda 11/7, 00.) **B:** Augustin Wibbelt, Leben u. s. Werk 21; Wanderer im Morgenrot, Ges. Studien üb. kath. Dichter d. Neuzeit 22; Musik d. Seele, G. 23; Morgenrot, Ein Büchlein üb. Dichtg. u. Dichter 23; Der Ruf, N. 23; Um Schwarzwald u. Bodensee, Sk. 23. *

Baldus, O. S., s. Sebaldt, Otto F. W.

Balet, Leo, Kunst♛, Dr. phil., Redakt. Vertreter des „Cicerone“ für Holland. Blaricum, Holland, Zwaluwenweg 277. (Rotterdam 29/6 78.) **B:** Der Frühholländer Geertgen tot Sint Jans 10; Ludwigsburger Porzellan 11; Schwäbische Glasmalerei 12; Führer durch die Uhrensammlung (Museum Stuttgart) 13; Dietz Ebzard 20. ()

Balke, Franz, ASV., Humor, /, ▪, Lehrer. Mülsen St. Jacob i. S. (Berlin 26/10 76.) **B:** Die mißlungene Suggestion u. a. Humoresken 05. ()

Ball, Hugo. Agnuzzo=Lugano (Schweiz). (Pirmasens 22/2 86.) **B:** Zur Kritik der deutschen Intelligenz 19; Byzantinisches Christentum 23.

Ballestrem, Eufemia, s. Adlersfeld.

Ballin, Fritz, Kunstkritik, Alpiner Sport, /, ○, Dr. jur., Vizekons. u. RA. München, Schackstr. 4 I. (ebda 1/4 79.) **B:** Föhn, Sch. 13. ()

Balte, Fred M., SDS., /, Kritik, ○, Rom., **Ue:** RF. München=Gern, Böcklinstr. 43. (Moskau 7/3 87.) **B:** Der letzte Flug, R. 13; Spiel vor dem Vorhang, Sp. 19; sowie Übersetzgn aus d. Russischen. ()

Balten, Ottom. v., s. Rehbinder, Grf. Nikolaus.

Balthasar, Wilhelm Augustin (W. A. Balthasar), DB., ○, Direktor bei der Reichsbank Fulda (Hessen=Nassau), Rhabannsstr. 12. (Rittergut Klein=Milzow 6/9 66.) **B:** Erkenne dich selbst, Zeitbild in 4 Aufz. 20; Pseudonym, Schw. 11; Gehirnrevision, Schw. 12. ()

Bamberger, Georg (Ps. f. Humoresken i. Berliner Mundart: Wilhelm Neunauge), RP., BJ. & SB., Satire, Aphorismen, Humor, ▪, /. Berlin=Friedenau, Bachestraße 8. (Berlin 20/11 60.) **B:** Sellerie, über d. mod. Moral 1.—3. A. 02; Moderne Feigenblätter 1.—4. A. 03; Fidele Musensprünge 1.—2. A. 04; Seine Tollität 04; Ich — der Bohême! 07; Berlin, wie es weint u. lacht 07; Hast Du 'ne Ahnung, Berl. Humoresken 10; Mir kann Keener, desgl. 11. ()

Band, Lothar, BP., RP., Germanistik, Musik= u. Kunstwiss., Ästhetik, Kritik, /, Musikref. d. „Berl. Volksztg.“. Berlin SW 29, Belle=Alliance=Str. 22. (ebda 30/3 86.)

Band Moriz, Roman, Nov., Humor, Musik, Reiselit. Sport, Chefred. d. „Wiener Bilder“. Baden b. Wien, Braitnerstr. 8. (ebda 6/10 64.) **B:** Enzyklopädie d. buchh. Wissens 86/88 II; Semmeringführer 87; Handbuch d. Radfahrsport 95; Angiolina, N. 96; Die Eisjungfrau, Opte 02; Im Himmelhof, P. 02; Draga, R. 04; Knute u. Bombe, R. 05; Joh. Orth, R. 06; D. lustig. Weiber, Schw. 09; Dalmatien, das Land der Sonne 10; Totentanz des Titanic, R. 12; Heldenbraut von Sofia, R. 13; D. Balkan in Waffen, R. 13; Zwischen Wien u. Durazzo, R. 14; Die Verschwörer von Belgrad, R. 15; Um Lorbeer u. Liebe, R. 15; D. wilde Georg, R. 15; Wiener Edelknaben, R. 16; D. sterbende Königreich, R. 17; Gold und Glück, R. 18; D. letzten Habsburger, R. 23; Briefsteller usw. **H:** Unsere Kunst in Wort u. Bild 89; Wiener Künstler=Dekamerone 91; Das Buch, 2. A. 94; Wien=Führer, 8. A. 12; Dalmatien=Führer, 10. A. 12; Triest=Führer, 6. A. 12.

Band, Otto, s. Bandmann, O.

Band, Viktor, VP., RP., Verb. Berl. Theaterkritiker, Erz., Krit., Red. i. Verlag v. Rud. Mosse. Berlin SW, Belle-Alliance-Str. 22. (Rödgen b. Eilenburg $^{1}|_{8}$ 61.) B: E. süßes Geheimnis, Lsp. 97; Und sie erfährt es doch! Hum. 99; D. kritische Tag, Erz. 03; Ihr erster Erfolg, N. 04; Ihr Paradies, Erz. 07; Feldgrau ist Trumpf, G. 17; Amor im Schwanennest, N. 18. ()

Bandmann, Otto, PA., RP., ♛, ✉, /, Dr. phil., Vertreter auswärt. Blätter, Hrsg. der „Sächs.-Böhmischen Korrespondenz". Dresden, Bernhardstr. 2. (Hamburg $^{6}|_{11}$ 86.) H: Hans Sachs als Humorist in s. Gedichten u. Schwänken (u. d. Ps. Otto Band) 07. B: D. deutsche Presse u. d. nationale Entwicklg 1864/66 10.

Banner, Max, ■, Lit.♛, Dr. phil., Prof., GObLehrer. Frankfurt a. M., Gärtnerweg 6. (Posen $^{3}|_{5}$ 56.) B: D. regelm. Wechsel männl. u. weibl. Reime in d. franz. Dichtg. 83; Frz. Lese- u. Übungsb. 92/94, 7. A. 14; D. neuest. Strömgn. auf d. Gebiete d. mod. Philol. 94; Deutsch. Übersetzungsstoff z. Einprägen d. frz. Formen- u. Satzlehre 94, 6. A. 15; Franz. Satzlehre 96, 5. A. 12; Pädagog. Aphorismen u. Aufs. 97; D. frz. Theater d. Gegenwart 98; Schulausg. v. Musset, Proverbes 99; Päd. Tagesfragen 02; Schulausg. v. Pailleron, Le monde où l'on s'ennuie 02, 2. A. 15; Schulausg. v. Boissonnas, Une famille pendant la guerre 1870/71 03, 2. A. 13; Wie helfe ich meinem Schulkinde 04; Tote Bildungsfaktoren in Schule u. Haus 07; Œuvres de Molière, choix 09 III, 2. A. 14; Schulbuben-Humor in 30 Bildern 15.

Bänninger, Konrad, SES., ✠. Zürich, Bergstr. 157. (ebda $^{15}|_{9}$ 90.) B: Stille Soldaten, G. 17, 2. A.; Weltgarten, G. 18; Das rechte Leben, G. 20; Worte d. Seele, G. 23.

Banse, Ewald, Orient. ●. Braunschweig, Körnerstr. 1. (ebda $^{23}|_{5}$ 83.) B: Ägypten 09; D. Orient 10; Tripolis 12; Auf d. Spuren der Bagdadbahn 13; D. Orientbuch 14; Ill. Ländkde. 14, 4. A. 23; Die Türkei 15, 3. A. 19; Expressionismus u. Geogr. 20; Wüsten, Palmen u. Basare 21, 2. A. 23; Harem, Sklaven, Karawanen 21, 3. A. 23; Tausend u. eine Nacht 21; Die Wage der Herzen 22; Lexikon der Geogr. 23; Die Seele der Geogr. 24. H: Die Erde 12—14; Die Neue Geogr. 22f. *

Baer, Casimir Hermann, PA., RP., SDS., Kunst♛, /, ⌂, △, Dr. phil., Architekt, Hrsg. schweizerischer Fachzeitschriften: „Techn. Rundschau", „Neubau", Bern. Stuttgart, Senefelderstr. 26; Schloß Börstingen (Post Eyach, Württbg.). (Mannheim $^{2}|_{11}$ 70.) B: Hirsauer Bauschule 97; D. Bürgerhaus i. d. Schweiz 07; Das Zunfthaus „zur Meisen" in Zürich 07; Farbige Raumkunst I 11, II 14; Deutsche Wohn- u. Festräume 12; Völkerkrieg 14—23.

Bär, Ludwig, s. Sieber, Siegfr.

Baer, Edle von Huthorn, Frl. Marie Hermes v., ASV., Nov., Skizzen, Humoresken, ✠. Wilschdorf bei Dürröhrsdorf i. Sa. (Wallküll, Estland $^{25}|_{9}$ 66.) B: Der Goldquell, Msp. 14; Der Landsturm von Beaurepaire, Zweiakter 15; D. goldene Kriegsopfer, Einakter 15; Königin Goldhaar, M. 15; Auf Hochzeitsreisen, Einakt. 16; Deutsche Herzen, R. 16; Hoher Besuch, Baltische N. 16; Im lauschigen Winkel, Dchtg. 17; Wirbelwind, R. 17; Waschechte Leute, Erz. 18; Rasselbande, Humoresk. 18; Wenn Du mich liebtest, R. 20. ()

Baranowski, Severin, ✠ Danzig, Hopfengasse 74. (ebda $^{19}|_{5}$ 95.) B: Dornenpfad u. Sternenziel, G. 21.

Barchan, Pawel, SDS. Berlin-Wilmersdorf, Kaiser-Allee 27. (Lunna, Gouv. Grodno $^{16}|_{3}$ 76.) B: Petersburger Nächte 10, 2. A. 10. Ue: Tolstoj, Macht der Finsternis 18, 2. A. 19.

Bardach, Edler von Chlumberg, Hans (Hans Bardach-Chlumberg), DÖSchG., Dr., R., G. Wien I, Elisabethstr. 26. (ebda $^{30}|_{6}$ 97.) B: Die Führer, Sch. 19. ()

Bardas, Edler von Bardenau, Walter, O, ✠, Dramaturgie, ♪, ✉, ⚓, Dr. jur. Wien XIII/1, Braunschweiggasse 5. (ebda $^{11}|_{9}$ 79.) B: Firnenzauber 99; Geknickte Blüten, Bühnensp. 01; Badearzt, Lsp. 01; D. Drama u. s. Vorwürfe 02; Verkehr u. Verkehrspolitik in Volks- u. Staatswirtschaft I 07; Das öffentliche Seerecht Österreichs 09; Österreichs Seeschiffahrt im Verhältnis z. Weltkrieg u. zu einem Wirtschaftsbündnis mit Deutschland 16.

Bardewiek, Erich, s. Hähnel, Franzisk.

Bardroff, Max, ✠, Skizzen, Kritik. Nürnberg, Egidienplatz 7. (ebda $^{19}|_{7}$ 00.) B: Träume, Sk. 21.

Barein, Hugo O., SDS., Kritik (Theater u. Literat.), vergleichende Religionswissenschaft. Starnberg a. See, Siebenquellenweg. (Hannover $^{17}|_{8}$ 98.)

Barge, Hermann, SDS., Reformations♛, Dr. phil., Prof. Leipzig, Marienstr. 11a. (ebda $^{3}|_{6}$ 70.)

Barlach, Ernst, Drama, O. Güstrow i. Meckl. B: Der Arme Vetter, Dr.; Der tote Tag, Dr.; Die echten Sedemunds, Dr.; Die Wandlungen Gottes, Dr.; Der Findling, Dr. (*)

Barnewitz, Friedrich, Dr. phil. et jur. Charlottenburg 4, Mommsenstr. 56. ($^{28}|_{3}$ 89.) **V**: Geschichte des Hafenorts Warnemünde 19; A. Einstein's Relativitätstheorie 20, 4. A. 22. *

Baernreither, Frl. Franziska C., (k.), Belletrist., ▣, ⁄, ❦, ☙. Linz, Ob.-Östr., Klammstr. 9. (ebda $^{3}|_{3}$ 57.) **V**: Gesch. d. Martinskirche 91; Bonfilia 94, 6. A. 05; Mutterliebe, oder Pflichten u. Fehler in der Erziehung 03, 2. A. 07; Electa der Wahrheit 04; Freu dich in Ehren 04, 4. A. 12; Das Kapuzinerkloster zu Linz 06; u. a.

Baron, Salo, ♛, Dr. jur., phil. et rer. pol., Dipl. theol., Prof. am Hebr. Pädagogium. Wien IX, Mosergasse 11. (Tarnow $^{26}|_{5}$ 95.) **V**: Die Judenfrage auf dem Wiener Kongreß 20; Die politische Theorie Ferdinand Lassalles 23. *

Bars, Richard, DV., ⊙, Schriftsteller. Charlottenburg, Berliner Str. 134. (Spandau $^{15}|_{8}$ 90.) **V**: Michel Hannemanns Traum, Erz. 17; Die Jugendliebe, Sgsp. 19; Ihre Hoheit — die Tänzerin, Optte. 19; Die Spitzenkönigin, Optte. 20; Die Herren von und zu —, Optte. 21; Die schwarze Rose, Optte. 22; Süße Susi, Optte. 23; Die Tugendprinzessin, Optte. 23; Der Graf von Cagliostro, Optte. 23; Charlie, Optte. 23.

Barsch, Marie geb. Muthreich, ❦, Nov. Breslau 23, Sternstr. 136. (Landeshut i. Schl. $^{23}|_{4}$ 84.) **V**: In der Sonne, Dchtgn.

Barsch, Paul, Lyrik, Novelle, Roman. Breslau 23, Sternstr. 136. (Niederhermsdorf i. Schl. $^{16}|_{3}$ 60.) **V**: Auf Straßen u. Stegen, G. 85; Fliegende Blätter, G. 89, 2. A.; Über der Scholle, G. 05, 2. A. 20; Von Einem, der auszog . . ., R. 05 II, 7. A. 20, Volksausgabe 09, n. A. 23. **H**: Schles. Bücher I 14.

Bartels, Adolf, ❦, ⊙, Erz., Prof., Hrsg. d. „Deutsch. Schrifttums". Weimar, Lisztstr. 23. (Wesselburen $^{15}|_{11}$ 62.) **V**: Weltliteratur (Reclam) III, 18, 19; Die deutsche Not, Vortrag 18; Die deutsche Not, Monats-Blätter, 18, 19; Lessing u. die Juden 18; Deutsch sein ist alles 19; Was nun? 19; Weshalb ich die Juden bekämpfe 20; Gesch. der deutsch. Lit. 01/02 II, 9. u. 10. A. 20; Rasse u. Volkstum, Auss. z. nationalen Weltanschauung, 2. A. 20; Deutsches Schrifttum I 11, II 14, III 17; Was ich von einem deutschen Staat verlange 20; Die Berechtigung des Antisemitismus 21; Neue Gedichte 21; Dtsche Dichtg. d. Gegenwart 97, 10. A. 21; Die besten deutschen Romane, 7. A. 21. **H**: Volk u. Vaterland 17; Schiller als Erzähler, Altösterreichische Erzähler, Storm, Keller, Anzengruber, M. v. Bülow; Hebbels Herkunft u. andere Hebbelfragen; D. völkische Gedanke. ()

Bartels, Rudolf, Prof., Studienrat i. R. Hannover, Yorckstr. 5. ($^{13}|_{3}$ 57.) **V**: Das neue Gymnasium (anonym), 1. u. 2. A. 00; Lehrbuch d. Demagogik 05; Zu Schillers „Das Ideal u. d. Leben" 07; Goetheworte für unsere Zeit 21.

Bartels, Wolfgang v., DV., Komponist. München, Agnesstr. 20. (Hamburg $^{21}|_{7}$ 83.) **V**: Sneewittchen 11; Li-I-Lan. O. 15; Perser des Aischylos Tr. 16; Lied. u. Tänze. **Ue**: The little dream (Galsworthy) 11; Spanish Lovers (Garnett) 12.

Barth, Hans, ⁄, Politik, Vertreter d. Berl. Tageblatt. Rom, Sindacato Corrispondenti. (Stuttgart $^{29}|_{9}$ 62.) **V**: Crispi 93, 96; Unter südl. Himmel 93; Röm. Allotria, Vademekum für Ital. Bummler 97 u. f.; Türke, wehre dich! 98; Le droit du Croissant 98; Est-Est-Est, Ital. Schenkenführer 00; Leo XIII. 03; Scirocco, Künstlerdrama 05; Osteria, Kunstgeschichtl. Führer durch Italiens Schenken von Verona bis Capri 08, 10; Roma Aeterna (Wanderung durch Rom) 08; Osteria, Guida spirituale delle osterie 08, 21; Die heulende Wölfin, Röm. Xenien 17; Röm. Asche, neue Xenien 19; Lugano, unser Neu-Italien 21. ()

Barth, Hermann, ⊙, ❦, ●, ⁄, ♛, ☙, ●, ⁂, Ψ, ⁄, ✝, Pfarrer. Ruhlsdorf-Niederbarnim, Post Berlin N 4. (Luxemburg $^{30}|_{4}$ 66.) **V**: Konstantinopel als Kunststätte (Berühmte Kunststätten Bd. XI) 01, 2. A. 11; Friedrich Wöhler 01; Joh. Seb. Bach, Biogr. 02; Luise Hensel u. Julie v. Hausmann 02; Gesch. der geistl. Musik 03; Constantinople comme ville d'art 03; Das Geschmeide, Schmuck- u. Edelsteinkunde 03/04 II; Über einige Choralmelodien u. die Notwendigkeit, sie durch neue zu ersetzen 04; Preisausschreiben z. Gewinng. neuer Choralmelodien 05; Weltreformation zu Beginn des 20. Jahrh. 06; Alexander Mackay, d. Missionar u. Märtyrer v. Uganda 06; Mirabeau 06; Johann Cicero u. Joachim I. Nestor 06; Petöfi 06; Karls d. Gr. Bedeutung in d. deutschen Geschichte u. im deutschen Lied 06; August v. Goeben, eine Erinnerg. an e. großen Mann aus großer Zeit 07; Am eigenen Herd, Gedenkbuch f. d. christl. Haus 07, 2. A. 14; Die Galiläer, Dr. 14; Der Kretin, Dr. 16; Guido Harald Magnus, Dr. 18; Kriegsfürsorge in e. märkischen Landgemeinde 15, 2. A. 15; Das heilige Lied, E. 18; Buddha, Siebentagewerk-Großdrama 23. **NeuH**: Joh. Jak. Rambach: Praecepta homiletica 94.

Ue: Käfer u. Schmetterlinge, Sprichwörter a. d. Türkischen 00.

Barth, Otto Wilhelm, /, ♁, ☉, Erz., N., R., ♆. München, Schellingstr. 61. (Libau i. Kurl. $^{25}|_{9}$ 82.) B: Die Verlorenen, Sch. 13. H: Lotusblätter 21. Ue: Zanoni, R. 23.

Barthel, Ernst, ⁂, Dr. phil., Priv.-Doz. Köln-Klettenberg, Asbergpl. 2a. (Schiltigheim $^{17}|_{10}$ 90.) B: Elemente der transzendentalen Logik 13; Polargeometrie 19; Goethes Wissenschaftslehre in ihrer modernen Tragweite 22; Goethes Relativitätstheorie der Farbe, nebst einer musikästhetischen Parallele 23; Lebensphilosophie 23. *

Barthel, Max, Schriftsteller. Berlin-Wilmersdorf, Hildegardstr. 24. (Loschwitz b. Dresden $^{17}|_{11}$ 93.) B: Verse aus den Argonnen 16; Freiheit! 17; Revolutionäre Ged. 19; Utopia, Arbeiterseele, Die Faust, Gefängnisballaden, Lasset uns die Welt gewinnen! 20; Die Reise nach Rußland, Vom Roten Moskau bis zum Schwarzen Meer, Die Reise nach dem Ural, Sibirische Reise 20.

Bartmann, Hermann (Johannes Hermann), Dr. phil., Hauptgeschäftsführer des Rheinischen Heimatbundes. Düsseldorf-Rath, Artusstr. 18. (Essen-Ruhr $^{11}|_{3}$ 76.) B: Grabbes Verhältnis zu Shakespeare 98; In der Kyklopenhöhle, R. 08; Heimatpflege 20. H: Der Niederrhein 11—22. *

Bartsch, Rudolf Hans, Roman, Hauptmann a. D. Graz, Zinzendorfg. 6. (ebda $^{11}|_{2}$ 73.) B: Bittersüße Liebesgeschichten, Nn. 10, 24. T.; Die deutsche Leid, R. 11, 46.—50. T.; Schwammerl, Schubert-R. 12, 35. T.; Die Geschichte v. d. Hannerl u. ihren Liebhabern 13; Frau Utta u. d. Jäger, R. 14; Die Schillschen Offiziere 14; Ohne Gott, Tr. 15; Der Flieger, R. 15; E. Buch d. Andacht 15; Unerfüllte Geschichten 16; Lukas Rabesam 18; Heldentum, Die Geschichte eines Vereinsamten 19; Ewiges Arkadien 20; Der Geiger v. Salzburg 21; Ein Landstreicher, R. 23; Musik, 3 Nn.; Frohe Botschaft e. Weltkindes. H: Bayros-Mappe 20; u. v. a. ()

Baerwald, Richard, Psycholog., Ethik, Dr., Doz. d. Humboldt-Hochschule. Berlin-Halensee, Joachim-Friedrich-Str. 54. (Königsberg $^{17}|_{12}$ 67.)

Baesecke, Georg, deutsche Ψ, ♁, Dr. phil., o. UP. Halle, Lindenstr. 47. (Braunschweig $^{13}|_{1}$ 76.) B: D. Sprache d. Opitzischen Gedichtsammlungen 99; Hannchen u. Maria, e. Gedicht 99; Zweins, Fantasia quasi una sonata, Prosadichtg. 06; Seelenwanderungen, Nn. 12. H: J. Fischarts Glückhafftes Schiff 01; D. Münchener Oswald 07; D. Wiener Oswald 12; Germanistische Arbeiten I—III 14—15. MitH: Weimarsche Lutherausg., Bd. 27—29 02—05.

Baß, Joseph (Ps. für /: Job.), ♛, ●, ♆, Lit.♛, /, SchulR., Prof. i. R. Wien IX/2, Fuchsthalerg. 4. (Kostl $^{14}|_{7}$ 52.) B: Dionysios I. v. Syrakus 81; Historische Analogien 93; Die Einteilg. der Alpen u. die Schule 96; Selbstbewußtsein u. Selbstlob 05; u. a.

Bassenge, Friedrich Edmund, Dr. phil., ObStudR., Konrektor am Kreuzgymn. Dresden, Haydnstr. 19. (ebda $^{18}|_{11}$ 66.) B: Der Streit vor Ilios, Dr. 02; Staatskunde für d. höheren Schulen Sachsens (mit Dr. Kloß), 3. A. 17; Der nationale Gedanke in der deutschen Geschichte 21. ()

Bassermann-Jordan, Ernst v., DB., Kunst♛, ☉, Bühnenkritik, Dr. phil., Prof., griech. GenKonsul. München, Maria-Theresia-Str. 22. (Deidesheim $^{17}|_{7}$ 76.) B: Dekorat. Malerei der Renaiss. am bayer. Hofe 00; Studien u. Kritiken v. Dr. Herbert Hirth 03; Hirths Formenschatz 02—11; Geschichte der Räderuhr 05, 2. A. 21; Kunstsammlung Wilh. v. Miller in München 06; Unveröffentlichte Gemälde Alter Meister aus dem Besitze des Bayer. Staates: I. 07, II. 08, III. 10; Schmuck 09; Goldemail-Uhren 12; D. Bamberger Domschatz (m. W. M. Schmid) 13; Handbuch f. Uhrensammler 13, 3. A. 22; Tod u. Leben, Rhapsod. Sc., Musik v. E. Anders 19, 2. A. 20. H: Gesch. d. Zeitmessung u. d. Uhren 20ff.

Bastian, Ferd., elsässische Dialekt♁, Volkslit., Bureauvorstand der OrtskrK. Straßburg, Lausanner Str. 10. (ebda $^{27}|_{6}$ 68.) B: Breesle un Brocke, G. 04; u. zahlreiche elsäss. Schwänke u. Volksdramen.

Bäte, Ludwig, ♁, Nov., Lit.♛, Mittelschullehrer. Melle in Hann., Mühlenstr. 23. (Osnabrück $^{22}|_{6}$ 92.) B: Weisen im Walkrano, G. 1. u. 2. A. 15; Feldeinsamkeit, G. 17; Mondschein und Giebeldächer, G. u. Prosa 18; Das ewige Vaterland, Gesch. 21; Die Amsel, G. 22; D. Reise nach Göttingen, Erz. 22; Im alten Zimmer, Gesch. 22; Friedrich Leopold v. Stolberg 19; Aus Theodor Storms Lebensgarten (Gertrud Storm) 21; Das Johannes Schlaf-Buch 22; Das Leben von J. H. Voß 21; Körner 23. **Anthologien:** Bei uns im Winter 19; Rast auf der Wanderung 20; Das Buch der deutsch. Kleinstadt, 1.—8. A. 20; Das Buch vom deutschen Pfarrhaus, 1.—4. A. 20 (beide mit K. Meyer-Rotermund); D. Buch v. deutschen Schulhaus 23; Das Nacht-

wächterbüchlein (mit K. Meyer-Rotermund); Der Mond ist aufgegangen 21.

Bätjer, Hermann (Ps. Reinhard Eck), Religions∴, Verlagsbuchhändler. Bremen, Fehrfeld 13. (ebda 1|2 80.) B: Lieder eines Grüblers 20; Die Erlösung vom Geist des Zusammenbruchs 21. *

Bato, Ludwig, Mitgl. d. „Haruach", Verband jüd. Forscher, Schriftsteller u. Künstler in Wien, /, ♛. Wien III, Hintere Zollamtstr. 1. (Dolnykubin Tschechoslovakei 13|2 86.) *

Bator, Hans (Br. Ubaldus), ✠, Erz., Sekretär im österr. Volksbildungsamte. Innsbruck, Mentlgasse 18. (31|10 96.) B: Ruinen und Raben, R. 21; Die Wiltener Buab'n, Tirolisches Bubenspiel in 3 Bildern; Das arme Seppele, Tr. *

Battke, Frau Ada, jetzt: Cahn-Speyer, Frau.

Batzer, Frl. Maria, Kindergeschicht. u. Märch. Offenburg i. Bad., Franz-Volk-Str. 30. (Diez a. d. Lahn 17|8 77.) B: Aus dem Leben, Erz. 05; Der Puppenspieler 12; Aus frohen Kindertagen, 12, Neuaufl. 21; Am Torwarthäuschen 13, II, Neuaufl. 20; Aus Dorf u. Stadt 14, Neuaufl. 21; Vergnügte Leutchen 15, Neuaufl. 20; Rotstrümpfchen 16, Neuaufl. 21; Schwarzwaldkinder 18, Neuaufl. 19. ()

Bauch, Bruno, ∴, Dr. phil., o. UP. Jena. (Gr. Nossen 19|1 77.) B: Glückseligkeit u. Persönlichkt. in d. krit. Ethik 02; Luther u. Kant 04; Ethik 04, 2. A. 07; Schiller u. s. Kunst in ihrer erzieher. Bedeutg. f. unsere Zeit, Festrede 05; Gesch. d. neueren Philosophie bis Kant 08, n. A. 19; D. Substanzproblem in d. griech. Philosophie bis z. Blütezeit 10; Immanuel Kant 11, n. A. 20; Studien z. Philos. d. exakten Wissenschftn. 11; Vom Begriff d. Nation 16; Gesch. d. Philosophie 23.

Bauch, Herm., schles. ✠, Rektor. Breslau X, Kohlenstr. 12. (Heidersdorf 17|3 56.) B: Quietschvergnügt 86, 6. A. 18; 's Monopol od. Kupp muß ma hoan 87, 3. A. 20; Huch de Schläsing 93, 4. A. 20; Tälsches Vulk 96, 3. A. 14; Juchhe u. o weh 00, 2. A. 14; Rübezoahl u. de biese Sieben 00, 3. A. 21; Uf'm Durfe is schien 02, 3. A. 20; Plomp uff de Stoadt 02, 3. A. 20; Schläsch ihs Trumpf 06, 2. A. 13; Immer fidel 09, 2. A. 12. H: Der gemittliche Schläsinger, Kal. f. 1913—21. ()

Baudenbacher, Karl Jos., (k.), Erbauungsliteratur, Redemptoristenpater. Halbmeile b. Deggendorf, Bay. (Neresheim, Württemb. 18|1 71.) B: Gesch. d. Benediktinerabtei Niederalteich 03; Gotteszell, e. Klosterbild 03; Osterhofen-Damenstift, e. Klosterbild 04; P. Benedikt Rothenhäusler, e. Lebensbild 05; D. kath. Priester bringt Aufklärg., Freiheit u. Fortschritt, Prcd. 06; Urkundl. Gesch. der Wallfahrt Halbmeile, 2. A. 07; Maria, die Königin der Priester, Pred. 08, 4. A. 20; P. Schaumberger, ein Mariensänger 09; Marienmünster zu Cham 10, 2. A. 12; Maifeldbrief 16, 4. A. Herz Jesu, König aller Herzen 20; Der Rosenkranz im Völkerkriege 15; Marienblume, 2. A. 13; Marienpreis 14; Skizzen aus Soldatentagen 10.

Baudissin, Frau Eva Gräfin v., geb. Türk (Ps. Bernh. v. Brandenburg), SDS., Münchener Schriftstellerinnen-Verein u. Ver. Auswärtige Presse München, Rom., Nov. München, Ohmstr. 14. B: Selbstverschuldet 93; Im Doktorhause 94; Auf der Grenze 95; Liebeskämpfe 98; Der gute Erich 99; Im engen Kreise 00; Daheim u. Draußen, Humor. 00; Das gold. Buch d. Sitte (m. folg.) 00; Glück 01; Unsere Menagerie u. a. Humor. 02; A. D. 02; Auf den Hügeln v. Wales 03, 2. A. 07; Treibende Wracks 04, 2. A. 07; Grete Wolters 05, 3. A. 11; „Ahoi!" 06; Eine glückl. Hand 06; D. Entlobten, Lsp. 06; Die Rastedts 07; Im Laufgraben, 1. u. 2. A. 07, (jetzt Lus Ehe, 40000); Von nah u. fern, Hum. 07; D. Schwestern 08; Kinder e. Familie 08; Susanne Mathissons Liebe 09; Das gold. Buch d. Sports (mit A. Steinitzer) 09; Macht d. Vergangenheit 10; Blaues Blut 10; Aus Liebe zu Rußland 11, 2. A. 12; Rittmeister v. Dobbien 12; Silhouetten aus der Jugendzeit 14; Der Quartalsphilister 14; Sie am Seil 14; Kriegskameraden 16; Kleinstadtrausch 16; Die Laterne über der Tür 17; Das Nachtigallengebüsch 18; Die große Woge 19; Einer von Dreien 19; Frau Gisela 20; Die Kameradin 21. Ue: Jammersminde 17; Heureka v. Poë 18; Kimono 23.

Baudissin, Wolf Graf v. (Ps. Frhr. v. Schlicht). Weimar, Berkaer Str. 21. (Schleswig 30|1 67.) B: Zahlreiche Militär-Humoresken u. -Romane, auch Theaterstücke. ()

Bauer, Anton, DB., Musikschriftst. u. Komponist, Dr., Univ.-Deleg. (Washington), Kapellmstr. München, Blinganser Str. 108. (Mallersdorf [Ndbyrn.] 23|1 93.) B: Emil-Kaiser-Biogr. 21; ferner Kompositon., Militärmärsche, Tänze, Lr., Chöre, Opttn u. Vst. ()

Bauer, Benedikt, (k.), Länder- u. Völkerkunde, Pfr. Wollmatingen b. Konstanz. (Waltersweier 12|3 47.) B: Nach dem hl. Lande 87, 4. A. 12; Frauenkloster Lichtenthal 96; Tempelberg in Jerusalem u. s. Heiligtümer 99, 2. A.; Prakt. Handb. d. lat. Kirchensprache 99

3. A.; Feier d. 800jähr. Gründg. d. Cistercienserordens im Frauenkloster Lichtenthal 98; Gesch. d. Lyzeums Rastatt 01; Nach Spanien u. Portugal 04; Vom Bodensee, Vergangenheit u. Gegenwart 06.

Bauer, Constantin, deutsche u. franz. Lit., Kritik, Dr. phil., StudR. Wolfenbüttel. (Blasewitz b. Dresden $^{27}|_{7}$ 83.) **H**: Mitt. d. Gesellschaft d. Freunde Wilh. Raabes 11ff.; Aus Revolutionstagen, Zeichnungen Gustave Dorés aus Paris u. Versailles 1871, 19; Farbige Kunst, eine Kunstmappenreihe 22. **Ue**: Gesch. d. Inszenierung im geistl. Schauspiele d. Mittelalters in Frankreich 07.

Bauer, Fritz, ⊙, Kritik, /, Dr. phil., Staats-Oberbibliothekar. Würzburg, Ludwigkai 17 II. (ebda $^{20}|_{2}$ 65.) **B**: Kistlers Kunihild epochemachend? Nein!!! Krit. Studie 93; Ideal u. Leben, Sch. 98; Das Personalpronomen in Le Pelerinage de Vie Humaine von Guillaume de Deguileville 99.

Bauer, Johs., prakt. ✝, D., o. UP. u. Dir. d. prakt. theol Sem., GKirchRat. Heidelberg. (Wiesloch $^{12}|_{9}$ 60.) **B**: Die Trostreden des Gregorios v. Nyssa in ihrem Verhältn. zur antik. Rhetorik 92; Predigten über Worte Jesu 03; Der köstl. Weg des Paulus 04; Schleiermachers letzte Predigt 05; Lieder f. d. Kindergottesdienst 06, 2. A. 07; Gemeinde u. Jünglingsverein 06; Schleiermacher als patriot. Prediger 08; Dorf- u. Stadtpredigt 09; Ungedruckte Predigten Schleiermachers 09; Schleiermachers Konfirmandenunterricht 09; Des Staatsministers Grafen A. Dohna Stellung zu Union u. Agende 10; Schleiermachers Predigten üb. den christl. Hausstand 11; Agendenreform d. Gegenw. 11; Studien zu einigen Abschnitten d. neuen Kirchenbuchs 12; Zur Geschichte d. Bekenntnisstandes d. evang.-prot. Kirche in Baden 15; Über d. Vorgeschichte der Union in Baden 15.

Bauer, Joseph, s. Dimmler, Herm.

Bauer, Karl, ☠, ❦, Maler. München, Ungererstr. 8. (Stuttgart $^{7}|_{7}$ 68.) **B**: Goethes Kopf u. Gestalt 08; Schillers Kopf u. Gestalt, Beitrag zum Marbacher Schillerbuch 09; Gedichte in Blätter für die Kunst 94—00.

Bauer, Max (Ps. M. Dammann, M. B. v. Teplitz), BJ & SV., BP., RP., SDS., Kultur♛, Jugendschr., Red. am „Berl. Tageblatt" (Weltsp.). Berlin-Friedenau, Lauterstr. 27. (Teplitz i. B. $^{19}|_{1}$ 61.) **B**: Um 20 Million. Dollars 99; Auf unwegsamen Pfaden 00; Der Blitz 00; Allotria 01; Gekrönte Messalinen 02; Geschlechtsleb. in d. Vergangenheit 02, 6. A. 09; D. deutsche Durst 03; Die deutsche Frau in der Vergangenheit 07; D. Dirne u. ihr Anhang 12; Frauenspiegel 15; Liebesleben in deutsch. Vergangenheit. **H**: Aeneas Sylvius, Eurialus u. Lukretia 05; D. Briefe der Lady Wortley Montague 07; Gerstäcker, Reise um die Erde 10; Soldan-Heppe, Gesch. d. Hexenprozesse 12; Flögel, Gesch. des Grotesk-Komischen 13; Helwig, Russ. Günstlinge 16; 1000 Bauernwitze 18; Grimmelshausen, Courage 20.

Bauer, Peter, ❦, Erz., Kritik, Schriftsteller. Worms a. Rh., Grenzstr. 17. (ebda $^{5}|_{7}$ 85.) **B**: Die Gotteswiese, Legend., 1./2. A. 19; Der heilige Bund, G., 1./2. A. 19; Der Organist von Silberbuchen, Erz., 1. u. 2. A. 21; Das Dreigespann, Leg. 23; Der Geschwisterhof, R. 24. **H**: Die Weggefährten, Anthologie 21.

Bauer, Walter, Belletr. u. Kritik, stud. jur. u. phil., Kaufm. Hamburg, Sierichstr. 70. (ebda $^{31}|_{12}$ 98.) **B**: Kurtisanen u. Don Juans, R. 19, 10. T. 20.

Bauer, Wilhelm, ♛, Dr. phil., a.o. UP. Wien VIII, Schönborng. 8. (ebda $^{31}|_{5}$ 77.) **B**: Die Anfänge Ferdinands I. 07; D. Korrespondenz Ferdinands I. 12; D. öffentl. Meinung u. ihre geschichtl. Grundlagen 14; D. Krieg u. die öffentl. Meinung 15; Briefe aus Wien 16; Einführung in das Studium d. Geschichte 21.

Bauer, Wilh., ❦, Nov., ☽, Kritik, /, Politik, ✉, Gymn.-Prof. Würzburg, Konradstraße 1. (Straubing $^{25}|_{1}$ 80.) **B**: Die Verfasser- u. Zeitfrage des dialogus de oratoribus 05; Vale vita! 4 Nov. 05; Trutznachtigall (m. a.), G. u. Nn. 04/06 II.

Bauernfeind, Heinr., gesundh. u. naturpäd. Schrift., Lehr. a. D. Triesdorf, Bayern. (Schwabach $^{31}|_{12}$ 61.)

Bauke, Leopold (Ps. Th. Zell), SDS., Naturw., Dr. jur. Berlin W 57, Goebenstr. 21. (Ketschendorf b. Fürstenwalde $^{18}|_{6}$ 62.) **B**: Polyphem ein Gorilla 01; Ist das Tier unvernünftig? 04, 20. A.; Das rechnende Pferd 04; Tierfabeln 05, 20. A.; Streifzüge durch die Tierwelt 06, 20. A.; Straußenpolitik 07, 20. A.; Unterscheidet das Tier Mann u. Frau? 08; D. Polizeihund als Gehilfe d. Strafrechtsorgane 09; Zärtl. Verwandte in d. Tierwelt 10; Riesen d. Tierwelt 10, 13. A.; Wie ist die auf Korfu gefundene Gorgo zu vervollständigen? 11; Moral in der Tierwelt 18; Das Pferd als Steppentier 19; Diktatur der Liebe 19; Geheimpfade der Natur 21; Unsere Haustiere vom Standpunkte ihrer wilden Verwandten 20; Was können wir aus der Lebensweise der Wildschafe zur Hebung der Schafzucht lernen? 20; Neue Tierbeobachtungen 20; Seelen-

leben der Haustiere, das unsere Jugend kennen sollte 22.

Baum, Curt, s. Le Mang, E. E. W.

Baum, Julius, Kunst♛, Dr. phil., Prof. an d. Techn. Hochschule. Stuttgart, Heinestr. 10. (Wiesbaden ⁹|₄ 82.) B: D. Kirchen Heinr. Schickhardts 05; Elias Holl 08; Zerwedmappe 09; Altschwäb. Städtebilder 09; D. Kunstdenkmäler v. Württemberg, OA. Biberach (m. Pfeiffer) 09; Blaubeuren 11; Ulmer Plastik um 1500 11; Ulmer Kunst 11; Geislingen 14; Roman. Baukunst in Frankr. 11; Franz. Charakterbauten 12; D. Pfullinger Hallen 12, 2. A. 16; D. deutsche Stadt, I. Süddtschld. 12, 42. T. 23; Württemberg. Fürstensitze 12; Brüssel als Kunststätte 15; D. Baukunst d. Frührenaissance in Ital. 20. H: Zahlr. Bildwerke schwäb. Kunst. *

Baum, Oskar, Nov., Roman, O. Kgl. Weinberge b. Prag, Manesg. 30. (Pilsen ²¹|₁ 83.) B: Uferdasein (aus d. Blindenleben) 08; Das Leben im Dunkeln, R. 09; Die Memoiren der Frau Marianne Rollberg, R. 12; D. böse Unschuld, R. 13; Die verwandelte Welt, R. 18; Die Tür ins Unmögliche, R. 19; Das Wunder, Dr. 20; Die neue Wirklichkeit, R. 21.

Baum, Frau Vicki (Frau Lorl), Roman, Nov. Hannover, Podbielskistr. 335. (Wien ²⁴|₁ 88.) B: Frühe Schatten, R. 14; Der Eingang zur Bühne, R. 20; „Schloßtheater", Nov. 20; Die Tänze der Ina Raffay, R. 21; Welt ohne Sünde, R. 22; Die andern Tage, R. 22; Bubenreise, R. 23.

Baumann, Paul, ✠, ✉, Essays, Belletristik, Vorsitz. d. Berthold-Otto-Vereins. München, Isabellastr. 26. B: Menschentum, Dr. 10; Dietr. v. Bern, Erz. f. Kinder; San Remo, Essays; St. Blasien, desgl.; Unser Kriegsbuch 15; Seelengemeinschaft, Dr. 16; Gottesfriede, G. 18, 5. A. 19. ()

Baumbach, Felix, O, Oberspielleiter d. Schauspiels am Landestheater. Karlsruhe i. B., Helmholtzstraße 1. (Duisburg ⁹|₃ 76.) B: Siegende Kraft, 3 Einakt. 02; Neue Wege, Dr. 08; Sonnwendglut, dramat. Ballade 08; Schön Ilse, O. 12; Sturm, e. Seestück 14; Persepolis, rom. O. 16. ()

Baumbach-Holle, Frau Clara, geb. Behrend (Ps. Clara Baumbach), ASV., Roman, /, ✠, O. Breslau I, Zobtenstr. 1. (ebda ³⁰|₄ 77.) B: Wie Frauen lieben, R. 02; In Schönheit, Lyr. in Vers u. Prosa 09. H: Aus uns. großen Zeit, Frauenworte 14; Für euch da draußen.

Bäumer, Eduard, PA., Kultur♛, /, ✠, ⁂, Gesch. d. Mediz., Dr. med., Arzt. Berlin SW 29, Wilhelmshöhe 11. (Barmen ¹⁷|₁₀ 70.) B: Geschichte d. Badewesens 03; Von ärztl. Kunst u. den Grenzen mediz. Wissenschaft 10; Ältere u. neuere Methoden d. Quecksilberbehandlg. 10; Constantin Brunner üb. d. Prinzipien d. Naturwissenschaft u. d. Aberglaube in d. modernen Medizin 11; D. Berufskrankheiten d. Metallarbeiter 14.

Bäumer, Frl. Gertrud, Frauenfrage, ⁂, Politik, Dr. phil., Minist.R., M. d. R., Red. der „Hilfe". Berlin NW, Hansaufer 7. (Hohenlimburg ¹²|₉ 73.) B: (m. Hel. Lange) Handbuch d. Frauenbewegung 01-06 V; Die Frau i. d. Kulturbewegung d. Gegenwart 04; Goethes Satyros 05; Die soziale Idee in den Weltanschgn. d. 19. Jahrh. 11; Kriegs- und Heimatchronik (m. Fried. Naumann) 16; Weit hinter den Schützengräben 16; Zwischen Gräbern und Sternen 19; Von der Kindesseele (mit L. Drescher), 4. A. 21; Goethes Freundinnen, 3. A. 21; Studien über Frauen, 2. A. 21; Fichte u. s. Werk 21; u.a. ()

Bäumer, Ludwig, ✠, Drama, Kaufmann. Garmisch-Partenkirchen, Schmölz, Villa Taylor. (¹|₉ 88.) B: Das jüngste Gericht, G. 18; Das Wesen des Kommunismus 19/20. *

Baumgard, Otto, neuere Lit. u. Theaterwissenschaft, Dr. phil., Schriftleiter a. d. „Rheinisch-Westf. Zeitung". Essen, Goethestr. 38. (Cleve ²³|₃ 91.) B: Gutzkows dramaturgische Tätigkeit am Dresdener Hoftheater 15. ()

Baumgart, Bruno, s. Hausmann, Adelheid.

Baumgärtel, Karl Emmerich, DÖSchG., ✠, O, /, Sekretär des Landesbildg.-Amtes f. Ob.-Öst. Linz a. d. D., Pestalozziplatz 6. (Mauer, Nied.-Öst. ³|₁₁ 89.) B: Die Psychologie des Glaubens, Pl. 10; Korona, G. 16; Naturmärchen, M. 17, 3. A. 21; Post festum, G. 19, 2. A. 19; Frühling, G. 21; Die frühen Lieder, G. 21; Königin durch meine Narrheit, G. 23. H: Maurice R. v. Stern: Ausgewählte Gedichte 22. *

Baumgarten, Franz (Franz Ferdinand Baumgarten), SDS., ♛, Kritik, Nov., Dr. phil. Berlin W 10, Margaretenstr. 12. B: Venezianische Chroniken (Ung.) 02; Das Werk C. F. Meyers 17, 2. A. 20; Zirkus Reinhardt 11, 20; Die Mutter, R. 21.

Baumgartner, Andr., Prof. d. engl. Sprache a. D. Zürich, Hottinger Str. 19. (Schwändi, Kant. Glarus, ⁶|₃ 44.) B: Lehrbücher für d. Studium d. Französisch., Englisch. u. Deutschen; W. Wordsworth

97; Ein vergessener Dichter (Kasp. Schleßer) 94; Erinnerungen aus Amerika 06.

Baumgartner, Franz, s. Reitterer Franz X.

Baumgärtner, Gg. August (Ps. Georg Agi), RP., PA., /, ⊞, Kunstgewerbe, △, Red. u. Schriftsteller, Ausstellungsleiter d. Münchner Möbel- u. Raumkunst, Rosipalhaus. München-Harlaching, Isenschmidstr. 6. (Biberach $^{30}|_{8}$ 69.) **V:** Ostpreußennot u. Bruderhilfe 15; Deutsches Kriegsbuch, Tagesberichte u. Stimmungsbilder von Daheim u. Draußen 15 f. V.

Baumgartner, Matthias, (k.), ⁂, Dr. phil., o. UP., GRegR. Breslau, Rosenthalerstr. 31/33. (Schretzheim b. Dillingen $^{30}|_{8}$ 65.) **V:** Fr. Überwegs Grundriß d. Gesch. d. Philosophie d. patrist. u. scholast. Zeit, 10. A. 15. ()

Baeumker, Clemens, ⁂, Dr. theol. u. Dr. jur. h. c., Dr. phil., o. UP., GR. München, Klarstr. 14. (Paderborn $^{16}|_{9}$ 53.) **V:** D. Aristoteles Lehre von den äußeren u. inneren Sinnesvermögen 77; Problem d. Materie i. d. griech. Philos. 90; Traktat gegen d. Amalricianer 93; Handschriftl. z. den Werken d. Alanus 94; Avencebrolis Fons vitae 95; D. Impossibilia d. Siger von Brabant 98; Dominicus Gundissalinus als philos. Schriftsteller 99; Witelo, e. Philos. u. Naturforscher d. 13. Jahrh. 08; D. christl. Philosophie des Mittelalters (Kultur der Gegenw. I 5) 09, 2. A. 13; D. Anteil d. Elsaß an d. geistigen Beweggn. d. MA. 12; Anschauung u. Denken 13; D. patrist. Philosophie (Kultur d. Gegenw. I 5) 13; D. pseudo-hermetische „Buch der XXIV Meister" 13; D. Stellung des Alfred v. Sareshel (Alfredus Anglicus) u. s. Schrift De motu cordis 13; Der Platonismus im Mittelalter 16; Roger Bacons Naturphilosophie 16; Alfarabi über den Ursprung der Wissenschaften 16. **H:** Beiträge z. Gesch. d. Philosophie d. Mittelalters I—XIX.

Baun, Hugo, DV., Ord. Mitgl. d. Akad. d. Künste. Berlin-Zehlendorf-West, Schwerinstr. 5. ($^{21}|_{3}$ 63.) **V:** Sappho, D.; Der Fremde, D.

Baur, Albert, SES., Kunstkritik, Bibliothekar d. Gewerbemus. Basel, Eulerstr. 28. (Zürich $^{26}|_{9}$ 77.) **V:** Schweizer Landsknechtskunst; Schöne alte Schweiz nach Stichen v. Matth. Merian; Schweizer Graphik seit F. Hodler. **H** u. **Ue:** v. C. F. Ramuz, Ges. Werke 20, III.

Baur, Ernst, Roman, histor. Novelle, Studienrat. Düsseldorf, von Gahlenstr. 24. (Hechingen, Hohenzollern $^{2}|_{9}$ 89.) **V:** Die Magdalenerin, N. 23. *

Baur, Ludw., ⁂, DDr., o. Prof. Tübingen a. N., Brunsstr. 20 I. (Oberdettingen, O.-A. Biberach $^{9}|_{4}$ 71.) **V:** Dominicus Gundissalinus, De Divisione philosophiae 03; Die philosophischen Werke des Robert Grosseteste, Bischofs v. Lincoln 12; Charakterbildg. (mit Remmele): Vorträge üb. d. Jakobusbrief 12; — D. Forderg. e. Weiterbildg. d. Religion 12; Christus der König der Zeiten, Vorträge üb. d. Philipperbrief 14; Die Philosophie d. Robert Grosseteste 16; Metaphysik 22, 2. A. 23; Päpstliche Enzykliken u. ihre Stellung zur Politik 23.

Bayer, Josef, ♞, ♛, Dr. med., San.-Rat. Köln a. Rh., Jahnstr. 28. (ebda $^{11}|_{3}$ 67.) **V:** Über den Sternen, G. 07; Kölner Originale und Straßenfiguren 12; Köln am Rhein um d. Wende d. 18. u. 19. Jahrh. 12; Franzosezick (1813), Köln. Volkssch. 15.

Bayer, Frl. Käte, Drama, Oberlehrerin. Fürth i. Bayern, Amalienstr. 45 I. (Reichersdorf b. Landshut $^{31}|_{12}$ 84.) **V:** Zwischen zwei Völkern, R. 17; Der deutsche Narr, Lsp. 21; Der Feldherr, Trag. 22. *

Bayer*, Th. v., s. Therese, Prinzessin von Bayern.

Beamt, Walther, ASV., ♞, ⊙, Nov., /, Dr. jur., Theater- u. Kunstreferent. Brünn, Bartošova 6. (ebda $^{8}|_{8}$ 90.) **V:** Kirschblüten, G. 09. ()

Beaulieu, Frl. Heloise Margarete v., Nov., Essay, ♞. Hannover-Kleefeld, Kaulbachstr. 32. (Erfurt $^{4}|_{5}$ 70.) **V:** Höhenluft, Nn. 03; Überlastet, Gesch. e. Knaben 05; Die Namenlose u. d. junge Mädchen, Geschn. 13.

Becher, Erich, ⁂, ♞, Dr. phil., o. UP. München, Schackstr. 4. (Remscheid $^{1}|_{9}$ 82.) **V:** Der Begriff des Attributes bei Spinoza 05; Philos. Voraussetzungen der exakten Naturwissenschaften 07; D. Grundfrage der Ethik 07; D. Darwinismus u. d. soziale Ethik 09; Gehirn u. Seele 11; Erziehung zur Menschenliebe u. Helfersystem 14; Naturphilosophie 14; Weltgebäude, Weltgesetze, Weltentwicklung 15; dasselbe i. finnisch. Übersetz. 22; D. fremddienliche Zweckmäßigkeit der Pflanzengallen u. die Hypothese eines überindividuellen Seelischen 17; Geisteswissenschaften u. Naturwissenschaften 21; Benno Erdmann † 22. **H:** Philosoph. u. pädagog. Arbeiten (gemeinsam mit A. Fischer); Logik von B. Erdmann, 3. A. 23.

Becher, Johannes R.(obert), SDS. Adresse durch Insel-Verlag, Leipzig. (München $^{22}|_{5}$ 91.) **V:** Verfall und Triumph (1. u. 2. Teil) 14; An Europa 16; Verbrüderung 16; Paan gegen die Zeit 18; Zion 20; Das neue Gedicht 17;

Ged. für ein Volk 17; Ged. an Lotte 20; Die heilige Schar 20; **Um Gott** 21; An Alle 19; Ewig im Aufruhr 20; Verklärung 23; Maschinen-Rhythmen 23; Penthesilea 23; Vernichtung; An die Deutschen; Mord; An die Deutschen; Wallenstein 23; Dem Gestorbenen 22; Roter Marsch 24; Links um, R. von Deutschlands Wiedergeb. (in Vorb.); Berlin; Der Bürgerkrieg, 2 Epen (in Vorb.); **Kunst u. Klasse, ein Manifest** 24; Hymnen 24. **Ue:** Majakowski: 150000000, freie Übertragung nach dem Russischen 24.*

Bechler, Carl, Roman, Erz., Dr. phil., StudR. Danzig, Promenade 6. (ebda $^{14}|_{2}$ 86.) **B:** Anna Dorethea 20; Der vergessene Regenschirm 20.

Bechtolsheimer, Heinrich, Erz., ♛, †, ev. Pfr., Gießen, Liebigstr. 56. (Wonsheim, Rheinhessen $^{29}|_{10}$ 68.) **B:** Zwischen Rhein u. Donnersberg, Erz. 03; Rheinhessen z. Z. der Franzosenherrschaft, 1. u. 2. T. 05; Die Seelsorge in der Industriegemeinde 07; D. Hungerjahr, Erz. 07, 36.—50. T. 19; Das Elend der Fremdherrschaft 10; Geschichten aus d. Pfalz u. ihrer Nachbarschaft 14. ()

Beck, Carl, Lit.♛, Dr. phil. Berlin-Wilmersdorf, Kaiserallee 168. (Leipzig-Reudnitz $^{7}|_{2}$ 89.) **B:** Gottfried Kellers Sieben Legenden 19.

Beck, Frau Friederike, verw. Dr. Karl Beck, geb. Meister, Nov. Kierling bei Wien, Hauptstr. 33. **B:** Romane, Nov.

Beck, Paul, ⁂, Dr. phil., Studienrat. Leipzig-Gohlis, Claudiusstr. 3 III. (Rosendorf $^{19}|_{8}$ 70.) **B:** Die Nachahmung 04; Die Ekstase 06.

Becker, Albert, ♛, Lit.♛ Volksk., Dr. phil., Prof. Zweibrücken, Landauer Str. 33. (Speyer $^{16}|_{9}$ 79.) **B:** Rheingeister 06; Schiller u. d. Pfalz 07; Pfälzer Frühlingsfeiern 08; **Karl Joseph Schuler** 09; Frauenrechtliches in Brauch u. Sitte 13; Doktor Faust u. Speyer 14; Ziele u. Aufgaben e. Heimatmuseums 14; Die Wiedererstehung d. Pfalz 16; Zweibrücken, 2. A. 17; Goethe u. Zweibrücken 23; Zweibrücker Heimatbüchlein 23. **Red:** Der Pfälzerwald 07—10, 16—18. **H:** Beiträge z. Heimatkunde d. Pfalz f. 07. **MH:** Das Bayerland; Bayer. Hefte für Volkskunde.

Becker, Carl, ⁂, Lit.♛. München, Mauerkircherstraße 2. (Berlin $^{8}|_{11}$ 63.) **B:** Die moderne Weltanschauung 11; Vom geistigen Leben u. Schaffen 12; Religion in Vergangenheit u. Zukunft 15.

Becker, Carl Heinr., Kultur♛ d. islam. Völk., Dr. phil. et rer. pol., Staatssekretär i. Pr. Minist. f. Wiss., o. HonorarP., Hrsg. d. „Islam". Berlin. (Amsterdam $^{12}|_{4}$ 76.) **B:** Beiträge z. Gesch. Ägyptens unter dem Islam 02 f. II; **Die Kanzel im Kultus d. alten Islam** 06; **Christentum u. Islam** 07, engl. 09; L'Islam et la Colonisation de l'Afrique 10; Cambridge Medical history 11 f.; Islam-Studien 24. **H:** Papyri Schott-Reinhardt I 06.

Becker, Felix, ✝, Dr. phil., Prof. Leipzig-Co., Südstr. 98. (Sondershausen $^{27}|_{9}$ 64.) **B:** Katalog d. Herzogl. Museums in Altenburg 98, 2. A. 16; Die Galerie Speck v. Sternburg, Lützschena 04; Neubearb. des 4. B. von A. Springers Handbuch d. Kunstgesch. 09; Inventar d. Kunstschätze d. Leipziger Universität 14. **H:** Allg. Lexikon d. bildenden Künstler (m. Ulr. Thieme), Bd. I—IV; Mittelalterliche Kunstwerke i. d. Sammlg. d. Deutschen Gesellschaft in Leipzig, Mitt. Bd. XI 20; Unveröffentl. Handzeichnungen hervorrag. Künstler d. 15.—18. Jahrh. aus Privatsammlgn. 21; Handzeichnungen holl. Meister aus der Sammlung Dr. Hofstede de Groot 22, Neue Folge 23; Neubearbeitung des Grundrisses der Kunstgesch. v. H. Bergner 23.

Becker, Franziska, DB., Ged., Märch., Dramaturg d. Neuen Theaters Frkf. a. M. Frankfurt a. M., Holbeinstr. 18. **B:** Sonnenwärts, G.; Der Lügenpeter, M.; Der kleine Gernegroß, M.; Heidibeldei, M.: Zwerg Nase, Bühnenbearbeitung nach W. Hauff; Der Barometermacher auf der Zauberinsel, Bühnenbearb. n. F. Raimund; Tuttifaritchen, M. (mit Hedwig Michel), Musik von Paul Hindemith.

Becker, Hans Otto, ASV., Rom., Erz., Nov., Schw., Krit., /, ♫, Politik, ♛, Verkehrswes., Touristik, Amtsgerichtsrat. Dieburg, Hess. (Darmstadt $^{28}|_{12}$ 77.) **B:** Die Schwurgenossen 04; Schloß Frankenberg 06; Aus einer kleinen Universität 06; **Krieg dem Krieg!** 07; Die neue Zeit 11; Spielschulden 12; Gerechtigkeit 14; Schreckenstage 16; Erlöst 17; Glatteis 18; Das Ende vom Lied 18; Der Heldentenor 20; Jägerliebe 20; In die Sommerfrische 21; Der Graf von Lichtenberg 24.

Becker, Hermann Josef, (k.), /, Nov., Schw., Kultur♛, ♛. Saarbrücken 3 (St. Johann), Kantstr. 15. (Sulzbach a. Saar $^{28}|_{11}$ 84.) **B:** Das Postwesen im Saargebiet innerhalb d. letzt. 3 Jahrh. 15; Eberhardsklausen in Vergangenh. u. Gegenw. 19.

Becker, Julius Maria, ✠, ✝, Erz. Aschaffenburg, Äußere Glattbacher Str. 101. (ebda $^{29}|_{8}$ 87.) **B:** Syrinx, R. 14; Ged. 19; Das letzte Gericht, Dr. 19:, Der Freier, Dr. 22; Kaiser Jovinianus, Dr. 23; Der Schächer zur Linken, Dr. 23; Der Wundermann, Dr. 23; Nachtwächter Kronos, Erz. 23; Ewige Zeit, G. 23.

Becker, Frau Käthe, geb. Sturmfels (Käthe Sturmfels), Zeitkritik, Essay, Roman. Darmstadt, Büchnerstr. 15 (Seligenstadt $^{25}|_{11}$ 78.) **W:** Was ist der Frau erlaubt, wenn sie liebt? 07, 85. A. 21; Die Schwester der schönen Margarete, R. 07; Krank am Weibe 09, 16. A. 20; Liebe Mädchen, N. 10; Wie werd' ich eine feine Frau? 22.

Becker, Marie Louise, s. Strube, Marie.

Becker, Michel, DV., ✠, Volkswirt. Cleve a. Niederrhein, Brabanterstr. 52. ($^{6}|_{6}$ 95.) **W:** Aufschrei, G. 19; Vor Morgen G. 21; Lösung, Sp. 21; Der Prolet, Sch. 23; Reinhard Johannes Sorge, Biogr. 23. *

Becker, Otto, ♛, Politik, Dr. phil. Charlottenburg, Windscheidstr. 18. (Malchow, Mecklb. $^{17}|_{7}$ 85.) **W:** Die Verfassungspolitik d. franz. Reg. bei Beginn d. gr. Revol. 10; Deutschlands Zusammenbruch u. Auferstehung 21.

Becker, Paul Hellmut, ASV., WSV., SDS., Dchtg., ✠, Sk., Erz., Pl., Oberpostsekr. Köln-Klettenberg, Petersbergstr. 88. (Köln $^{24}|_{12}$ 85.) **W:** Des Lebens stille Wunder 19; Klang der Stunde, G. 21.

Becker, Peter Hubert, /, Sk., Erz., Pl. München, Galeriestr. 27. (Hemmerden, RB. Düsseldorf $^{9}|_{8}$ 67.) **W:** Schlurf, der Rom. eines Hundes u. and. Gesch. 21.

Becker, Philipp-August, roman. Ψ, Dr. phil., o. UP. Leipzig, Emilienstr. 15. (Mülhausen i. Els. $^{1}|_{8}$ 62.) **W:** Wilhelmsage 96; Südfranz. Sagenkreis 98; Gesch. d. span. Lit. 04; Grundriß d. altfrz. Lit. 07. ()

Becker, Wilh. Jos., AV., Lit.♛, ☊, ♛, Sprachw., Dr. phil., Red. Koblenz (Rh.), Zivilkasino, Casinostr. 10—20. (ebda $^{8}|_{2}$ 90.) **W:** Forschungen z. Theaterwesen v. Koblenz 1600—1805 15; Ges. Beitr. z. Lit. u. Theatergesch. v. Koblenz 20.

Beckey, Heinrich, Jugendschriften, ev. Pfr. Köln a. Rh., Kunibertsgasse 13. (Werl $^{27}|_{11}$ 48.) **W:** Jung Deutschland in Heimat u. Fremde I 09, 2. A. 10, II 11; Der rechte Weg, Erzn. 10; Deutsche Weihnachten I 10, 2. A. 10, II 11, III 12; Höhenwege 12; Im Reich der Liebe 12.

Beckhaus, Frl. Käte, Belletristik, Märchen, Romane. Düsseldorf, Immermannstr. 32. (Minden i. W. $^{26}|_{8}$ 86.) **W:** Pastellskizzen 17; Das Karussell, R. 21. *

Beckmann, Gustav, Kgl. Musikdir., Organist, Vors. d. Vereins evg. Kirchenmusiker f. Rheinl. u. Westf., Dirig d. Ess. Bachver., Gesanglehrer am Realgymn. Essen, Schnutenhausstr. 5. (Bochum $^{30}|_{1}$ 65.) **W:** Schulchorbuch f. höh. Lehranstalten 03; Einstimmiges Schulchorbuch f. höh. Lehranstalten 05; Hauschoralbuch 08; Praktische Gesangschule 10.

Beckmann, Frl. Johanna, Schattenbilder, ✠, Sagen, Mären. Berlin NW, Klopstockstr. 4. (Brüssow i. Uckerm. $^{3}|_{5}$ 68.) **W:** Natur 05; Wichtel-Männchen 06, 3. A. 21; Sternlein 07; Vom Zufrieden-Werden 10, 3. A. 21; Waldsagen 13, 3. A. 21; Deutsche Märchen I 17, II 18; Traum und Tat 20; Lichtgedanken 21 u. v. a. ()

Beckmann, Karl, Deutschkunde, Lit.♛, Kultur♛, ∴, ⚑, Dr. phil., StudR. Köln, Hohenstaufenring 50. (Köln $^{24}|_{2}$ 82.) **W:** Z. Leben u. z. literar. Stellg. des rhein. Satirikers Heinr. Lindenborn (1706 bis 1750) 07; Heinr. Lindenborn, der Kölnische Diogenes, Leben u. Werke 08; Der Wille bei Descartes 09; D. ethischen Bildungsstoffe e. deutschen Lesebuches 10; Zur Stellung der Mundart (bes. d. Kölnischen) im deutschen Unterricht höh. Lehranstalten 14; Die Stellung u. Pflege der deutschen Sprache im Unterrichtswesen Luxemburgs 15; Denkschrift betr. die Errichtung einer Volkshochschule 17; Die Kriegstätigkeit d. Österreichischen Roten Kreuzes 18; Die Pflege der Mundart im deutschen Unterricht 20.

Beer-Hofmann, Rich., Nov., ☉, Dr. jur. Wien XVIII, Hasenauerstr. 59. (ebda $^{11}|_{7}$ 66.) **W:** Nov. 93, 2. A. 94; Der Tod Georgs 00; Der Graf v. Charolais, Tr. 04, 11. A. 23; Gedenkrede auf W. A. Mozart, 3. A. 21; Jakobs Traum, dram. Dchtg. 18, 22. A. 20; Schlaflied für Mirjam, G., 5. A. 22.

Beerli, Hans (Ps. Hans Hagenbuch), DV., Dr. iur. St. Gallen, Hebelstr. 12. (ebda $^{24}|_{4}$ 80). **W:** Die st.-gallische u. schweiz. Freizügigkeit 05; Von Rügen bis Lappland 09; Der Wirbel, Dr. 19; Flut, 4 Frauennov., Erz. 20. **H:** Heinrich Hart, Gesammelte Werke (m. a.) 07—08; Notker der Stammler, Dr. 23.

Beetschen, Alfred, ✠, /, ☉, Kritik, Red. Zürich, Seefeldstr. 114. (Bern $^{8}|_{10}$ 64.) **W:** Jugendeiland, G. 88; Hoch vom Säntis an, G. 91; Lit. Begegngn., Essays 96; Pegasusritt d. d. Schweiz, E. 96; Flegeljahre der Liebe, N. 96; Musik im Spiegel d. Dichtg, Anth. 96; Gedichte 98; Ein Königstraum, E. 98, 2. A. 10; Ein reiner Tor, R. 01; Aus dunkeln Welten, R. 03; Papagenos Glockenspiel, G. 03; Schiller in Mannheim 05; Ein schlimmer Heiliger, Kom. 07; Streikdämonen, Erz. 07.

Beetz, Karl Otto, ⚑, ∴, Erz., /, Jugendschr., SchulR., Hrsg. d. „Pädagog. Warte". Gotha, Cosmarstr. 9. (Neustadt a. Rennsteig $^{7}|_{8}$ 59.) **W:** Urd, deutsche Volksmächen 95, n. A. 10—11 III;

Märchen 98, 2. A. 01; D. Schatz im Schlackenhof, Dorfgesch. a. d. Harz 03, 2. A. 12; u. a. ()

Behaghel, Otto, Germanistik., Dr. phil., o. UP., GR., MitHerausg. d. „Literaturbl. f. germanische u. romanische Philol." Gießen, Hofmannstr. 10. (Karlsruhe $^{3}|_{6}$ 54.) **B:** Die deutsche Sprache 86, 6. A. 17; Syntax des Heliand 97; Bewußtes u. Unbew. i. dichter. Schaffen 06; Geschichte der deutschen Sprache, 4. A. 16. **H:** D. Eneide; D. Heliand, 3. A. 10; Hebels Werke.

Behl, C. F. W., Dchtg., ○ u. ✎Kritik, Dr. Berlin W 15, Uhlandstr. 149. (ebda $^{5}|_{3}$ 89.) **B:** Gerhart Hauptmann 13, neue A. 22; Die Nacht des Kalifen, Dr. 14; Der neue Tag, G. 19. **H:** Der Kritiker.

Behm, Hans Wolfgang, Naturwiss., ⁂, /, Dr. rer. nat., Hochschulassistent. Elternhaus: Karlsruhe i. B., Belfortstr. 17. (ebda $^{20}|_{12}$ 90.) **B:** Die einheitliche Weltanschauung 11; Vom Tier zum Fels 15; Deutschlands Totentanz 19; Zwischen Traum u. Ewigkeit 20; Ewiger Frühling 21; Deutsche Heimat 21; Entwicklungsgeschichte des Weltalls, des Lebens und des Menschens 23; Vor der Sintflut 23; Vom Paradies zur Gegenwart 24.

Behne, Adolf, SDS., ✎♛, ✎Kritik, Dr. phil. Charlottenburg I, Grünstr. 16. (Magdeburg $^{13}|_{7}$ 85.) **B:** Der Inkrustationsstil in Toscana 11; Zur neuen Kunst 14; Oranienburg, ein Beispiel für Stadtbetrachtungen 17; Das politische Plakat 18; Die Wiederkehr der Kunst 19; Ruf zum Bauen 20; Holländische Baukunst in der Gegenwart 22; Moderne Zweckbauten 23.

Behnisch-Kappstein, Anna, s. Kappstein, Anna.

Behr, Carl C., ○, ⚑, ✱, /, Essay, Schauspieler. Nürnberg, Kammerspiele, Rollnerstr. 24. ($^{23}|_{4}$ 02.)

Behrend, Clara, s. Baumbach-Holle.

Behrend, Felix, ⁂, ■, Dr. phil., Stud-Rat. Charlottenburg, Fredericiastr. 11. (Königsberg i. Pr. $^{22}|_{8}$ 80.) **B:** Psychol. u. Begründg. d. Erkenntnistheorie 04; D. freistudent. Ideenkreis 07, n. A. 11; Student u. Studentenschaft 13. ()

Behrend, Friedrich, Germanistik, Prof., THSchDoz., Dr. phil., Archivar u. Bibl. Berlin-Lichterfelde-W, Knesebeckstr. 8a. (Berlin $^{5}|_{8}$ 78.) **B:** Über den Verf. d. „Eselkönigs" 05; Altdeutsche Stimmen, 6 Vorträge 16; Geschichte d. Tunnels über der Spree 19. **H:** Gellerts Werke (Gold. Klass.-Bibl.) 10; Spangenberg, Anbind- od. Fangbriefe 14; Lavateriana 16; u. a.

Behrend, Otto, ASV., Epos, Roman, Nov., /, Hauptmann a. D. München, Leopoldstr. 38. (Harburg a. E. $^{24}|_{12}$ 57.) **B:** Wieland der Schmied, E. 90; Sigfrid, E. 92; Roman einer Liebe 98; Manöver, Erz. 01; In Schwulibus, Erz. 03; Ein stolzes Weib, R. 04; Geopfert, R. 05; Der Bildhauer, R. 07; Ums Seelenheil, R. 11, 2. A. 11. ()

Behrends, Ernst, ✱, Roman, Novelle, Lehrer. Mölln i. Lbg. (Gudow $^{19}|_{5}$ 91.) **B:** Erich Pflugers Weg zur Welt, R. 21; Ewige Frühe, G. 23. *

Behrends, Werner Carl Heinrich, VB., DB., Belletristik, Drama. Leipzig, Scharnhorststr. 22. (Neustrelitz i. Meckl. $^{11}|_{3}$ 88.) **B:** Lieb' Mädel, G. 21, 75. T. 23; Winterlegende, Sch.; Freiheit, Dr. 23. *

Behrens, Dietr., ♆, Dr. phil., o. UP. Gießen, Wilhelmstr. 21. (Sophiengroden $^{12}|_{1}$ 59.) **H:** Zeitschrift für franz. Sprache u. Lit.

Behrens, Eduard. Zeesen b. Königswusterhausen b. Berlin. (Biel, Schweiz, $^{20}|_{4}$ 84.) **B:** Volksfreunde, Sch. 18; Venusfest, Dr. 20.

Behrens, Franz Richard, VF., Dchtg. Berlin W 15, Pariser Str. 54. (Brachwitz b. Halle a. S. $^{5}|_{3}$ 95.) **B:** Blutblüte, G. 17.

Behrens, Frau Martha, geb. Geering (Ps. Ruth Waldstetter), Roman, ○. Bern, Monbijoustr. 121. (ebda $^{12}|_{11}$ 82.) **B:** Die Wahl 10; Das Haus zum großen Kefig 13, 2. A.; Leiden 17; Eine Seele, 2. A. 18; Der Künstler, Dr. 19; Familie, Dr. 19; Der unnütze Mensch 20. ()

Behrens, Peter, ✎, Prof., Architekt. Neubabelsberg b. Berlin, Erdmannshof. (Hamburg $^{14}|_{4}$ 68.) **B:** Feste des Lebens u. der Kunst 01; Vom sparsamen Bauen, Ein Beitr. z. Siedlungsfrage (mit H. de Fries) 18. ()

Behringer, H., s. Hertwig, Hugo.

Behrmann, Max Theodor, RP., Politik, ✉, ⚔, Red. d. „Voss. Ztg.", z. Zt. Vertreter d. Ullstein-Verlags in Warschau, Hotel Bristol. (Crottingen b. Memel $^{5}|_{8}$ 62.) **B:** Rußlands Finanzen u. Valuta 91; Hinter d. Kulissen des mandschur. Kriegstheaters 05.

Beil, Ludwig, Roman, ✱, ○ u. ✎-Kritik, Schriftst. u. Redakt. Hamburg, Kibitzstr. 11. (Gießen $^{5}|_{12}$ 90.) **B:** Martin, R. 19, 4. A. ()

Beinert-Oberreich, Frau Edith (Ernst Richard Dreyer), ○, ✱. Berlin, Thomasiusstr. 20. (Kempen [Posen] $^{27}|_{11}$ 83.) **B:** Wenn Frauen lieben, Sch. 12; Zwischen 2 Welten, Sch. 13; Deutschland über alles, vaterl. Sch. 14; Schwarz-weiß-rot, vaterl. Sch. 15; Märchen vom Glück, Dr. 16; Sturmlieder 17, 18; Triumph des Weibes, Dr. 19; Jung-Heidelberg, Lsp. 20; Im Banne der Finsternis R. 23, u. a.

Beissel, Rudolf, /, ⚒, ✉, O, Lit.♛, Dr. jur., Chefredakteur des „Reichsfilmblatt". Berlin-Wilmersdorf, Landhausstr. 39. (Köln a. Rh. 6|1 94.) B: Die Nebenluftausgaben im deutschen Verlagswesen 17; Induamban, Erz. 23. H: Karl-May-Jahrbuch 18, 19, 20. *

Beißwanger, Konrad, Erz., ❦, populärwissensch. u. sozialpolit. Arb. Nürnberg, Kobergerstr. 33/35. (Oettingen 18|8 69.) B: Der Mensch im Mutterleibe 98; Freie Klänge 00; Erlebnisse 04; Von der Amöbe zum Menschen 08, 6. A. 21; Im Lande d. heiligen Seen (Kolumbien) 11; Der neue Pfaffenspiegel 20. H: Stimmen d. Freiheit 00. 5. A. 17. ()

Bekker, Paul, Musikkritiker d. „Frankf. Zeitg." Hofheim (Taunus), Kapellenstr. 3. (Berlin 11|9 82.) B: D. Musikdrama d. Gegenwart 09; Offenbach 09; Beethoven 11, 36. A. 22; D. deutsche Musikleben 16, 8. A. 22; D. Sinfonie v. Beethoven bis Mahler 18, 10. A. 22; Franz Schreker 19; Neue Musik 19; Kunst u. Revolution 19; D. Weltgeltung d. deutschen Musik 20; Gustav Mahlers Sinfonien 21; 3 Bände gesammelte Schriften (Kritische Zeitbilder 21; Klang und Eros 22; Neue Musik 23). H: Robert Schumanns Schriften i. Auswahl 22.

Bellardi, Paul, ♛, Völkerkunde, ❦, Rektor. Berlin-Friedenau, Sieglindestr. 3. (Gr.-Neundorf, Kr. Lebus 16|7 45.) B: Königin Luise 93; Andrees Schulatlas, 62. A. 15; Schöneberger Schulatlas; Berliner Schulatlas, 25. A. 16; Dresdener Schulatlas; Wuppertaler Schulatlas.

Belmonte-Groag, Carola, s. Groag, Carola.

Below, Georg v., ♛, Dr. jur. h. c. et phil., o. UP., GHofR. Freiburg i. B., Werthstr. 6. (Königsberg i. Pr. 19|1 58.)

Below, Gerda v., s. **Buttlar,** Gerda v.

Beltz, Robert, Archäologie, Dr. phil., GP. a. D., Mus.-Vorst. Schwerin i. M., Mühlenstr. 22. (Nordhausen 14|3 54.) B. Die vorgeschichtl. Altertümer d. Großh. Meckl.-Schwerin 10 II; u. a.

Belzner, Emil Albert, ❦, Kritik. Adr. durch Verlag Paul Steegemann, Hannover, Gretchenstr. 48. (Bruchsal 13|6 01). B: Die Hörner des Potiphar, Dchtg. 23.

Benatzky, Ralph, CC., DB., DOSchG., Kompos., O, Dr. Wien III, Arenberg-Ring 19. (Mähr. Budwitz 5|6 84.) B: Schmiedin von Kent, O. 16; Liebe im Schnee, Optte. 16; Tanzende Maske, Sp. 18; Verliebte, Sgsp. 19; Yu-Shi tanzt, Optte. 20; Apachen, Optte. 21; Die entzückende Frau und ich, Erz. 16, 21; Alt-Wiener Guckkastenbilder, Lr. 19; Du Leben! R. 21 II; Ein Märchen aus Florenz, Optte. 23; Adieu Mimi; La Primadonna; beides Lspe. m. Musik 23.

Bendemann, Marg. v., s. Susmann, Marg.

Bender, s. Binder, Otto.

Bender, Franz, SDS., ♛, Dr. phil., Prof., Dir. d. städt. Volksbüch. Köln, Karolingerring 13. (Wissen 18|8 76.) B: Antikes Völkerrecht 01; Kl. illustr. Gesch. d. Stadt Köln 11, 2. A. 14; Illustr. Gesch. d. Stadt Köln 12.

Bender, Julius, †, Naturwissenschaft, Mystik, Epos, Dr. jur., Rechtsanwalt. Berlin W 30, Motzstr. 75. (Kirchen a. d. Sieg, Rheinland 15|4 80.) B: Dem Weltuntergang entgegen! 1. A. 21; Der Untergang der Welt 23; Die Rose von Jericho oder Das hohe Lied der Liebe zwischen Issachar und Rahab, ein episches Lied in 7 Gesängen. *

Bendiener, Oscar, CP., O, /, Dr. jur., Oberbahnrat i. R. Wien II, Gr. Pfarrgasse 30. (Brünn 6|3 70.) B: Der Richter, Dr. 03; Schattenrisse, Nn. 04; Die Strecke, Dr. 05; Opfer, Dr. 07; Der Unbekannte 08; Der pressierte Herr, Groteske 09; Friede, Sch. 13; Der Renegat, Sch. 16; Die Tat, Dr. 19.

Beneckendorff und v. Hindenburg, Bernhard v., ASV., Roman. Oberleutn. a. D. Berlin-Wilmersdorf, Geisbergstr. 21 III. (Glogau 17|1 59.) B: Wir alten Familien, R. (u. d. Ps. Bernh. v. Burgdorff) 04, 2. A. 07; Der Hüter d. Tals, R. (desgl.) 07; Romanstoff wird gesucht! 12; Feldmarsch. v. Hindenburg, e. Lebensbild 15, 7. A. 18; Der Bernsteinkönig, R. 15; Die bunte Brille, Dr. ()

Benisch-Darlang, Frau Eugenie, Kultur- u. Lit.♛, Essay. Wien XVII-Dornbach. (Wien 28|8 68.) B: Mit Goethe durch die Schweiz 13; Erinnerungen an meinen Vater 14. H: Franz Gräffer, Alt-Wiener Miniaturen 12.

Ben Jair, s. Golde, Marcus.

Benn, Gottfried, Lyrik, Dr. med. Berlin SW 61, Belle-Alliance-Str. 12. (86.) B: Morgue 12; Söhne 14; Gehirne 16; Fleisch 17; Das moderne Ich 19; Gesammelte Schrift. 21.

Benndorf, Friedrich Kurt, ❦, ∴, Dr. phil. Dresden-Blasewitz, Kaiserallee 1. (Chemnitz 27|7 71.) B: Geläut durch die Stille 04; Gedichte-Auswahl 06; Bou-Saâda, e. Wüstenfahrt 07; In fremde land dahin, Prosadichtungen 08; Kreise, ges. Dichtung (mit musikalischen Beigaben vom Autor) 16—22 (Heft 1—33); Samain, Essays und Übertragungen 10; Mombert, der Dichter und Mystiker, philos.-ästhet. Essays nebst Vertonungen 10; Betrachtungen, 1. Folge: D. Äon-Mythos von Mombert 17. H: J. Kuhnau, D. musikal.

Quacksalber 00; R. Spies, e. Malergedenkbuch 20.

Benndorf, Paul, /, ✠, ♛, Jugendschriften, **Ue:** F, Studienrat. Leipzig, Kohlgartenstr. 37 III. (Leipzig-Reudnitz $^{9}|_{3}$ 59.) **B:** Fabeln, Erz. u. Rätsel, 5. A. u. d. T.: Für Müh u. Fleiß 07; Märchen aus Tausend u. eine Nacht 86, 35. A. 14; Neue Tierbilder 03; Kinderhochzeit 03; 100 Bilder zur Geschichte Leipzigs 09, 2. A. 10. **H:** Abel u. Müllers Fabel- u. Märchenbücherei 20; Bechsteins Märchen 20; Münchhausen 21; Grimms Märchen 21; Till Eulenspiegel 21; Gulliver 21; 2 vergess. Leipziger Goethestätten 21.

Bennert, Jul. Eduard (Ps. Erasmus Schleicher), /, Kaufm. Köln a. Rh., Richmodstr. 7. (ebda $^{22}|_{9}$ 56.) **B:** Reformen d. Notenschrift 85; Illustr. Gesch. d. Zither 87; Technik d. Zither 89; Um Ehre u. Leben, Sch. 93; Aus d. Gesellschaft, Sch. 94; Trinkkunst, Vorlesgn. 95; Auf photogr. Wege, Schw. 95; Novell. 97; Poesie des Alkohols 98, 2. A. 00; Der wilde Jäger v. Rheindorf 00; Nik. Gülich, R. 02; D. Mönch v. St. Blasien, R. 03; Bismarck-Medaill. I 04, II 12; Münzen u. Medaillen der Republik Uruguay 09.

Benninghoff, Ludwig, SDS., Bühne, bild. Kunst, Dr. phil., künstl. Leiter der Deutschen Bühne e. V., Hamburg, Schriftleiter. Rissen b. Blankenese (Holstein). (Bislich b. Xanten (Niederrhein) $^{4}|_{8}$ 90.) **H:** Grimm-Speckter: Brüderchen u. Schwesterchen 19; Altes und Neues von Otto Speckter 19; Romantik-Land 20; Mappenwerk Runge: 1. Folge: Runge u. d. Mystik, 2. Folge: Runge und das Bildnis, 3. Folge: Runge und die Natur; Geprägte Form, Zeugnisse unserer seelischen Schöpferkraft 23; Jahresgabe der deutschen Bühne 22; Das Mysterienspiel 22. **Ue:** Das Spiel vom Antichrist 22. *

Benrath, Rud., s. Völkel, Karl.

Benthin, Fritz, s. Bonus, Arthur.

Benz, Ferdinand, Roman, Erzählung, Märchen, Pfarrer in Darshofen. (P. Parsberg i. Oberpfalz $^{30}|_{1}$ 78.) **B:** Wolf Haberland, R. 23; Kinderträume, M. 22 (mit Stuckrath); Der tolle Hans v. Wolfstein, Erz. 23; Der Kampf mit dem Krokodil, Hum. 23; Am stillen Herd in Winterszeit, M. 23; Die verbotene Hochzeit, Bauernkom. 21 (mit A. Schaefer). *

Benz, Richard, Lit., Ästhetik, Kulturpolitik, Dr. phil. Heidelberg, Karlstr. 16. ($^{12}|_{6}$ 84.) **B** bzw. **H:** Märch.-Dchtg. d. Romantiker 08; Alte dtsch. Legenden 10, 2. A. 20; D. dtsch. Volksbücher: D. 7 weisen Meister, Faust, Tristan u. Isolde, Eulenspiegel, Fortunatus 12; D. dtsch. Volksbücher, ein Beitrag z. Gesch. d. dtsch. Dchtg. 13; Clemens Brentano, Märchen 14—17 III; Blätter f. dtsche. Art u. Kunst 15/16 IV; Jacobus de Voragine, Legenda aurea, deutsch 17/21 II; Volk u. Kultur 19/20 IV; D. Grundlage d. dtsch. Bildung 20; Schriften zur Kulturpolitik 20 IV. ()

Benziger, Carl J., Kunst♛, ▣, Dr. phil. et rer. polit. Bern, Monbijoustr. 29. (Einsiedeln $^{23}|_{6}$ 77.) ()

Benzmann, Hans, ✠, /, ♛, ⁂, ✇, ♬, ▣, Dr. phil. Berlin-Steglitz, Belfortstr. 32. (Kolberg $^{27}|_{9}$ 69.) **B:** Im Frühlingssturm! 94; Sommersonnenglück 98; Meine Heide 03, 11. A. 13; Detlev v. Liliencron 04, 10. A. 12; Eine Evangelienharmonie 09, 2. A. 23; Die soziale Ballade in Deutschland; Balladen u. Legenden, n. G. 14; Für Kaiser u. Reich, KriegsG. 15; Ausgew. Gedichte 19. **H:** Die moderne deutsche Lyrik 04, 75.—100. A. 23; Hoffmann von Fallerslebens Werke 05; Das Zeitalter der Romantik 07; Die deutsche Ballade 13; Pommern im deutschen Liede 23.

Beradt, Martin, SDS., Roman, Dr. jur., RA. Berlin W 15, Joachimsthaler Str. 15. (Magdeburg $^{26}|_{8}$ 81.) **B:** Go, R. 09, Volksausg. 13, 34. T.; Der Richter, Essay, 3. Taus. 10; Eheleute, R. 10, 5. A. 11; Das Kind, R. 11, 3. A. 12; Erdarbeiter, Aufzeichnung. eines Schanzsold., 3. A. 19; Die Verfolgten, N., 3. A. 20.

Beran, Felix. Zürich, Schmelzbergstr. 27. (Wien $^{17}|_{4}$ 68.) **B:** Märchen-Träume 16; Gedichte 21. **Ue:** P. S. Jouve: Ihr seid Menschen 18; Marcel Martinet: Die Tage des Fluches 19; Bernard Shaw: Der gesunde Menschenverstand im Krieg 19.

Berberich, Siegfried, SDS., VJ. & S., RV., ☊, ✠, ✇, /, Kritik, **Ue:** FE, Dr. phil. München, Mauerkircherstr. 20. (Hanau $^{6}|_{7}$ 91.) **B:** Das anodische Verhalten des Jodes, Arsens u. Antimons 13; Emil, E. 22.

Berberich, Wilh. August, Epik, ✠, Hauptlehrer. Karlsruhe, Bad., Winterstr. 51. (Uissigheim $^{1}|_{1}$ 61.) **B:** Tannenburg, E.; Der Ritter v. Hohenrode, E.; Mutterseelenallein, Päd.; Licht u. Brot 12; Die junge Mutter 13.

Berberich, Willi, ASV., DV., Dichtung, ✇, /, Schriftsteller. Heilbronn a. N., Karlstr. 141. (ebda $^{8}|_{7}$ 95.) **B:** Aus dem Leben für das Leben, G. 19; Frau Margots Ehe, Tr. 20; Die weiße Chrysantheme, BühnDchtg. 20; Palm, Tr. 20; Die letzten ihres Geschlechts, Tr. 21; Liane und der Königssohn, Dr. 21. ()

Berbig, Otto (Ps. Waterfly u. Carl Ernst Otto), Reklamemärchen, Red. der „Deutschen Fischerei-Correspondenz". Troisdorf-Köln a. Rh., Hofgarten-

straße 29. (Dresden $^{11}|_{8}$ 61.) **B**: Romane f. Volksbibliotheken 80ff.; Anglers Freud' und Leid 22 I, 23 II.

Bercke, Hermann, Märch., MSp., Idyll., Jugendерz., Privatlehrer. **Rostock**, Beim Grünen Tor 9. (Barkvieren, Meckl. $^{7}|_{8}$ 72.) **B**: Zwei Märchen 00; Neue Volkserzählgn. 16.

Berend, Frau Alice, SDS., Roman. **Konstanz**, Schreiberhäusle. (Berlin $^{30}|_{6}$ 78.) **B**: Die Reise des Herrn Sebastian Wenzel 12, 116. A. 23; Frau Hempels Tochter 13, 118. A. 22; Die Bräutigame der Babette Bomberling 14, 181. A. 22; Spreemann & Co. 16, 42. A. 22; Die zu Kittelsrode 17, 33. A. 23; Matthias Senfs Verlöbnis 18, 25. A. 20; Der Glückspilz, 20. A. 19; Jungfer Binchen und die Junggesellen, 20. A. 20; Bruders Bekenntnis, 20. A. 21; Muhme Rehlen, M. 10. A. 21; Der Floh und der Geiger, 15. A. 22.

Berend, Eduard, SDS., Deutsche Lit.-♛, Dr. phil. **München**, Fürstenstr. 22. (Hannover $^{5}|_{12}$ 83.) **B**: Jean Pauls Ästhetik 09; Jean Pauls Persönlichkeit 13; Goethe, Kestner u. Lotte 14. **H**: Tiecks Werke (Goldne Klassiker-Bibl.) 10; Die Briefe Jean Pauls II, 21; Jean Pauls Werke V, 23.

Berendsohn, Walter A., german. Ψ, Lit.♛, Hochschulwesen, Dr. phil., Priv.-Doz. **Hamburg** 39, Sierichstr. 108a II. (Hamburg $^{10}|_{9}$ 84.) **B**: Stil u. Form der Aphorismen Lichtenbergs 12; Freistudentische Summarbeit 13; Ethik stud. Lebens 20; Impressionismus Hofmannsthals 20; Der neuentdeckte „Joseph" als Knabendichtg. Goethes 21; Grundformen volkstüml. Erzählerkunst in d. Märch. d. Br. Grimm 21. ()

Berendt, Werner (Ps. Werner v. Königsberg), △, ☉, ✠, Architekt u. Baudir. **Berlin-Steglitz**, Albrechtstr. 16 I. (Königsberg i. Pr. $^{22}|_{9}$ 69.) **B**: Nimm mich mit, G. 95, 3. A. 96.

Berg, Alex., s. Aub, Ludwig.

Berg, Alfred, DB., BF., ☉. **Berlin** W 30, Speyerer Str. 26. (ebda $^{7}|_{8}$ 73.) **B**: Opttе., Bst., Filmoptten.

Berg, C., s. Fromberg, Clara.

Berg, Ernst, ⁂, Privatgelehrter. **Kassel**, Kaiserstr. 48. ($^{17}|_{12}$ 88.) **B**: Problem der Kausalität 20. *

Berg, Fritz vom, s. Rücker, F.

Berg, Hans, christl. Schriften, Dr. jur., Rechtsanw. u. Notar. **Neustrelitz** i. M., Tiergartenstr. 16B. ($^{8}|_{1}$ 77.) **B**: Was Mecklenb. Landsturm in Masuren erlebte 15, 10. A. 17; Landsturm heraus! 16, 8.—10. A. 18; Von den Wurzeln d. Kraft 20, 1.—3. A.; u. a. ()

Berg, Richard, Musikwissenschaft, Chefredakt. **Berlin** W 62, Lützowplatz 14. (ebda $^{13}|_{8}$ 91.)

Berg, Rolf, RP., VB., ✠, ☉, /, Dr. phil., Red. d. „Hellweg" u. Feuillet.-Red. d. „Rhein.-Westf. Ztg.". **Essen**. (Wiesbaden $^{16}|_{11}$ 91.) **B**: Der Regenbogen, G. 21. ()

Berge, Heinz vom, s. Hacker, Willy Reinh.

Berge, Heinz vom, s. Seyfarth, H. O. W.

Bergemann, Fritz, Dr. phil., Verlagsschriftleiter. **Leipzig-Wahren**, Blanckstr. 2. (Berlin $^{22}|_{3}$ 85.) **B**: Salomon Geßner. **Ue**: Meier Helmbrecht. **H**: Dürers Tagebuch d. Niederl. Reise; Sealsfields Kajütenbuch; Goethes Aufsätze zur Kultur- u. Lit.-Gesch. (m. Max Hecker); Bettinas Briefwechsel mit Goethe (aus Steigs Nachlaß); Georg Büchners sämtl. Werke u. Briefe. ()

Bergen, Wilh., s. Ressel, Wilh.

Bergener, Osw., ASV., RP., PA., ▣, ♎, Kritik, ✠, Roman, Nov., Skizze. Musik, Leiter des „Forster Tageblattes". **Forst** i. L. (Straßberg $^{5}|_{12}$ 62.) **B**: Der Maulwurf 91; Prophet v. Kesselheim 92; Studententum u. Sozialismus 95; Berggestalten, N. 96; Auf Reisen, N. 96; Wilde Rosen, N. 00; Auf fernen Wolkensäumen wohnt das Glück, R. 08; Die Heidemühle, R. 10; Die Mondscheinsonate, R. 12; Kynastzauber, N. 18; Am tausendjährigen Stein, G. 19; Die letzte Grünwettersbach, R. 21.

Bergengruen, Werner, SDS., Roman, Novelle, Gedicht. **Berlin-Wilmersdorf**, Lauenburger Str. 9. (Riga $^{16}|_{9}$ 92.) **B**: Das Gesetz des Atum, R. 23; Rosen am Galgenholz, N. 23; Schimmelreuter hat mich gossen, N. 23; **Ue**: Tolstoi: Chadshi-Murat 23. *

Berger, Adrian, s. Brunner, Armin.

Berger, Arnold E., deutsche Ψ u. Kult.-♛, Dr. phil., D. theol. h. c., o. THSchP. GHofR. **Darmstadt**, Erlenberg 17. (Ratibor $^{2}|_{6}$ 62.) **B** bzw. **H**: Orendel 88; Friedr. d. Gr. u. d. deutsche Lit. 90; Bürger, G. 91; Kulturaufgaben d. Reformation 95, 2. A. 08; M. Luther III 95—21; Ursachen u. Ziele d. deutsch. Reformat. 99, 2. A. 13; Sind Humanismus u. Protestantismus Gegensätze? 99; D. junge Herder u. Winckelmann 03; Die Lehre v. d. Naturnachahmg 05; E. Schiller-Denkmal 09; Wilhelm II. u. das Reich 13; Der deutsche Idealismus u. der Weltkrieg 14; Luthers Werke 17 III; D. alte u. d. neue Deutschl. 21. ()

Berger, Gisela Freiin v., ☉, Nov., ✠, /. **Wien** VIII, Josefsg. 7. (ebda $^{12}|_{12}$ 87.) **B**: D. Schlange (d. Geschichte e. Ehe.

07; Der Jüngere u. a. Geschn. 12; Königskind Seele 13; Der Sohn der Sonne, BühnenMskr. 16; Der wandelnde Tod 22; D. törichte Gesch. d. Terpsichore Liebenreich.

Berger, Heinr., roman. Ψ, Dr. phil., Univ. Bibl. Marburg i. H., Weißenburgstr. 22. (Breslau 30|4 74.)

Berger, Hermann A., ✠, Sozial ∴, Musikwiss., dzt. Privatlehrer. Graz, Burgg. 11. (Salzburg 20|5 66.) **W:** Deutschland u. d. Polenfrage 02; Das Wagnerianum 06.

Berger, Hugo, ASV., /, Nov., Hum., ✠ Magdeburg, Ludolfstr. 8. (ebda 6|2 63.)

Berger, Karl, Ästhetik, Lit. ♛, Biogr., Kritik, Dr. phil. h. c., GProf. Darmstadt, Heidenreichstr. 1. (Osthofen 27|4 61.) **W:** D. Entwicklg. von Schillers Ästhetik 94; Schiller, sein Leben u. seine Werke 05/09 II, 13. A. 21; Schiller der Lebendige 05; Th. Körner 11; Blücher 11; Kaiser Wilhelm II. 12, 2. A. 15; Vom Weltbürgertum zum Nationalgedanken, 12 Bilder aus Schillers Lebenskreis u. Wirkungsbereich 18. **Bearb:** Weitbrecht, Deutsche Literatur-Geschichte der Klassikerzeit 10. **H:** Grillparzer, Das Goldene Vließ 12; Freiheit: Stimmen aus der Zeit deutscher Wiedergeburt vor 100 Jahren 13.

Berger, Martin, Politik, /, Kritik. München, Wiedenmeyerstr. 41. (Witten a. d. R. 21|5 68.) **W:** Aus Welt u. Leben, Reiseeindrücke u. Erinnergn. 05; Pascal David u. die polit. Entwicklung Elsaß-Lothringens 1882—1907 10; Die Aufhebg. d. Spielbank zu Baden-Baden (1861—72) 12; Die Ursach. d. Zusammenbruches d. deutsch. Herrschaft in Elsaß-Lothr. 19; Görres als polit. Publizist. 21. ()

Berger, Rudolf, roman. Ψ, Dr phil. Berlin NW 23, Altonaer Str. 21. (ebda 21|10 66.) **Bühnenbearb.:** José Echegaray, Den Tod auf den Lippen. **H:** Adam de la Hale, Cachons u. Partures 00; Briefwechsel d. Dichters Tennyson m. d. König. Viktoria 01. **W:** Leit-, Zeit- u. Streitfabeln (nach Charles Richet, Paris) in deutsch. Nachdichtg. 14. ()

Berges, Philipp, PA., VJ. & S., ☉, Roman, Humorist., Reiseschriften, Feuill.-Red. des „Hambg. Fremdenbl." Hamburg, Große Bleichen 46. (Lübeck 16|2 63.) ()

Bergfeld, Ernst, SDS., Roman, ✠, Novelle, Kritik. Gliesmarode-Braunschweig, An der Wabe 26. (Braunschweig 9|3 85.) **W:** Gretel, G. u. Erz. 04; Meiner Lebensgasse Lied, G. 14; Rosen um Liebe und Leid, G. u. Sk. 19; Die Bruderhütte, R. 21; Sunnenbore, R. 22. **H:** Der sonnige Weg. *

Bergfeld, Max, philos. Anthropagogik, ✠, ☉, Oberlehrer. Zwickau, Sachs., Zimmermannstr. 2. (Wildenfels 1|8 64.) **W:** Gedichte 16; Katzenveit, Dchtg. 20.

Berghoeffer, Christ., Bibliothekwiss., Dr. phil., Dir. d. C. v. Rothschild. Bibl. Frankfurt a. M., Untermainkai 15. (Rauschenberg 28|12 59.) **W:** Einrichtung u. Verwaltung d. Carl Rothschildschen öff. Bibl. 87/90 91; Bericht f. d. Jahre 91—00 01, 01—05 06; Führer durch die Rothschildsche Bibliothek 08; Der Sammelkat. wiss. Biblioth. d. deut. Sprachgebiets bei der C. v. R.'schen Bibl. Fftm. 19; Meyer Amschel Rothschild, der Gründer des Rothschildschen Bankhauses Fftm. 22, 2. A. 23. **H:** D. Frhr. C. v. Rothschildsche öff. Bibl. 13.

Bergmann, Eduard, ✉, /, Chefred. v. „Übersee" u. „Der Erzähler". Wien VIII, Blindeng. 26. (ebda 14|2 70.)

Bergmann, Ernst, ∴, ✠, Dr. phil., a. o. UP. Leipzig, Kaiser-Wilhelm-Str. 68 II. (Colditz 7|8 81.) **W:** D. eth. Probleme in den Jugendschriften der Jungdeutschen 06; D. Begründg. d. deutsch. Ästhetik durch G. Fr. Meier u. A. G. Baumgarten 11; D. Philosophie Guyaus 12; D. Satiren d. Herrn Maschine 13; E. Platner u. d. Kunstphilosophie des 18. Jahrh. 13; Gesch. d. Ästhetik u. Kunstphilosophie 14; Fichte über Gott u. Unsterblichkeit 14; Die weltgeschichtliche Mission der deutschen Bildung 15; Fichte, der Erzieher zum Deutschtum 15; Deutsche Führer zur Humanität 15; Die Grundlagen d. deutsch. Bildung 16; Das Leben u. d. Wunder Joh. Winkelmanns 19; Der Geist d. 19. Jahrh. 22. **Ue:** Guyau, Die ästhet. Probleme der Gegenwart 12. **H:** Guyau: Philosoph. Werke in Auswahl 12ff. VI; Erziehg. u. Vererbg. 13; D. engl. Ethik d. Gegenwart 14; Lamettriana, The Satires of Mr. Machine 15; W. Metzger, Gesellschaft, Recht u. Staat in d. Ethik d. deutschen Idealismus 17.

Bergmann, Hugo, ∴, Kritik, Dr. phil., Leiter d. Univ.-Bibl. Jerusalem, Mea Schearim P. O. B. 36. (Prag 25|12 83.) **W:** Untersuchgn. zum Problem d. Evidenz d. innern Wahrnehmung 08; D. philosophische Werk Bernard Bolzanos 09; Bolzanos Beiträge zur philosoph. Begründg. d. Mathematik 09; Das Unendliche u. die Zahl 13; Jawne und Jerusalem 19. **H:** Worte Moses 13.

Bergmann, P. Josef, (k.), ✠, Kommandeur. Eger. (Lusdorf 22|10 47.) **W:** Kleine Leute, G. 81, 2. A. 06; Tagebücher e. Schülerin 88; Liturgik, 6. A. 03; Dies u. das, G. 90; Für Jung u. Alt, G. 94; Stimmen vom Pöltenberge,

G. 98; Znaimer Schnecken, G. 98, 2. A. 12; Sprüche u. Stiche 03; Zu Nutz u. Kurzweil, G. 05; Gedichte u. Gedanken, G. 10; E. Körbchen Verse, G. 14; Pillen für den Geist, G. 23; Zeitspuren, G. 23.

Bergmann, Karl, Ψ, Dr. phil., Prof. an d. Viktoriaschule. Darmstadt, Mathildenstr. 26. (ebda $^{14}|_{6}$ 70.) **B**: Der deutsche Wortschatz 12; Die gegenseitigen Beziehungen der deutsch., fr. u. engl. Sprache auf lexikologischem Gebiet 12; Wie der Feldgraue spricht 16; Deutsches Wörterbuch 23.

Bergmann, N., s. Zwicky, Nelly.

Bergmann, Otto, Roman, Nov., Skizze, Jugendschr., ♉. Berlin-Wilmersdorf, Augustastr. 57. (Berlin $^{8}|_{2}$ 76.) **B**: Bergauf, G. 04; D. Halbgott, R. 08; D. Rächerin, R. 08; Der Feuermelder u. a. Hum. 08; D. Erbin v. Hohenegern, R. 09.

Bergmiller, Fritz, Jagdschriftst. Feilnbach, Ob.-Bay. (Schloß Taxis i. Württ. $^{16}|_{4}$ 75.) **B**: Diezels Niederjagd 10, 3. A. 20; Hohe Jagd 12; Unsere Hunde 12, 2. A. 20; Grasheys prakt. Handb. f. Jäger 14; Auf Waldwegen 20. ()

Bergschmid, s. Schmid, Ant.

Beringer, Jos. Aug., ♔-♛, /, ♉, ☉, Dr. phil. Mannheim C. 7 Nr. 6. (N.-Rimsingen $^{27}|_{1}$ 62.) **B**: Geschichte der Mannheimer Zeichnungsakademie 02; P. A. Verschaffelt 02; Kurpfälzische Kunst u. Kultur im 18. Jahrh. 07; Ferd. Kobell 09; Herm. Braun 12; Emil Lugo 12; Bad. Malerei i. 19. Jahrh. 13; 2. A. 22; Mannheim, Leitf. f. heimatk. Unterr. 13, 2. A. 14; M. v. Schwinds Karlsruher Zeit 14; Thoma der Malerpoet 16; Hans Thoma, Griffelkunst 16; Trübner 17, 2. A. 21; Steinhausen, Augenblick u. Ewigkeit 17; Türen u. Tore in Alt-Mannheim 20; Hans Thoma 22; Erh. J. Brenzinger 23; Herm. Volz 23; Gust. Schönleber 23; Thoma-Radierungen 23. **H**: Ludwig: Über Erziehung z. Kunstübung u. z. Kunstgenuß 07; Schriften z. Kunst u. Kunstwissenschaft I u. II 07; Ansprachen u. Adressen an Thoma 10; Landschaften von A. Lüdke 10; verschiedene Mappenwerke.

Berlin, Frau Margarete v., /, Roman, Nov., Jugendschr., Essay, Hauswirtschaft. Berlin W 10, Kais.-Augusta-Str. 70 III. **B**: Die gnädige Frau 04, 2. A. 06; Das Glück der Schwestern Halbenhorst 09; Josias Ballmann u. Sohn 10; D. Letzten ihres Stammes 12; Mecklenburgische Treue 14; Ich dien, JugdErz. 16; Lillis Zauberschloß, JugdErz. 20; Fürstin Mutter; Die Goldfee 20; Der Familientag 20; Der Sonnenbund, Jugenderz. 21; Die Sternmühle 23; Ein Sommertagstraum 23.

Berliner, Rudolf, Dr. phil., Kunstgeschichtl. Konservator am Bayerischen Nationalmuseum. München, Mauerkircherstr. 22. (Ohlau $^{14}|_{4}$ 86.) **B**: Zur Datierung der Miniaturen des cod. Par. gr. 139 11; Silberschmiedearbeiten aus Kurdistan (mit Paul Borchardt) 22. *

Berling, Karl, Kunst♛, Dr. phil., Prof., Museumsdirektor i. R. Dresden-N., Angelikastr. 9. (Schwarzenbeck $^{10}|_{4}$ 57.) **B** (seit 97): Kunstgewerbl. Stilproben 98, 3. A. 10; Das Meißner Porz. 00; Wegweiser durch d. K. Kunstgewerbemuseum 07, 2. A. 09; Festschrift z. 200jähr. Jubelfeier der Porzellanmanufaktur Meißen 11; Stadtmarken sächs. Zinngieß. 13; Die Meißner Porzellangruppen in Oranienbaum 14; Altes Zinn 19, 2. A. 20; u. a.

Bermann, Richard Arnold (Ps. Arnold Höllriegel), CP., VF., /, Roman, Reiseschildg., Dr. phil. Wien XVIII, Türkenschanzstr. 1 (ebda $^{27}|_{4}$ 83.) **B**: Der Hofmeister, R. 11; Das Seil, R. 14; Irland 14; Das Antlitz, R. 19; D. Films d. Prinzessin Fantoche, R. 21; Palästina (m. A. Rundt). **Ue**: Die Reliquie (Portugies. Rom.) 18. ()

Bernard, Constantin Emil, VDR., Roman u. Nov., Red. d. Allgemeinen Versicherungspresse u. d. „Landwirtschaftl. General-Anzeiger für ganz Deutschland". Berlin N 4, Chausseestr. 100. (Grocholub $^{12}|_{4}$ 90.)

Bernauer, Rudolf, ☉, ♉, ∴, Generaldir. am Theater in d. Königgrätzer Str., am Berl. Theater, Theater am Nollendorfplatz u. am Komödienhaus. Berlin SW 68, Charlottenstr. 90/92. (Wien $^{20}|_{1}$ 80.) **B**: Nora-Parodie 01; Die einsamen Menschen vom Schliersee, Parodie 01; D. einsame Insel, Lsp. (m. L. Jacobson) 05; Lieder eines bösen Buben 07; Der tapfere Soldat, Optte. 08; Bummelstudenten, P. 11; Große Rosinen, P. 12; D. keusche Barbara, Optte. (m. L. Jacobson) 12; Der liebe Augustin, Optte. 12; Filmzauber, P. 13; Wie einst im Mai, P. 14; Jung England (mit E. Welisch) 14; Extrablätter (mit Schanzer u. Gordon) 15; Die tolle Komteß 17; Die Sache mit Lola, Schw. 20; Die Forderungen der reinen Schauspielkunst, Erkenntnistheor. Versuch 20; Prinzessin Olala, Optte. (mit Schanzer) 22; Die wunderlichen Geschichten des Kapellmeisters Kreisler, phantastisches Sch. 22; Kreislers Eckfenster, phant. Sch. 23 (beides mit Meinhard).

Berndt, Rolf, s. Zürn, Ralph.

Berneck, Egon, s. Bernhardt, Oskar.

Berner, Karl, ASV., ✠, alemannische Humoresken, Oberreallehrer. Freiburg i. B., Günterstalstr. 31. (Kandern $^{26}|_{1}$ 63.) **B: Récréations instructives, franz. Dialoge 06; Reigen der Jahre, G. 12; Aus Sturm und Stille, G. 16; Potz Dunder! alem. Erz. 21.** ()

Bernfeld, Siegfried, Erziehung, Jugendkunde, Psychoanalyse, Dr. phil. Wien XIII/9, Suppég. 10. (ebda $^{7}|_{5}$ 92.) **B:** Die neue Jugend u. die Frauen 14; Das jüdische Volk u. seine Jugend 19, 4.—8. T. 20; Kinderheim Baumgarten; Bericht über einen ernsthaften Versuch mit neuer Erziehung 21; Vom Gemeinschaftsleben der Jugend; Beiträge zur Jugendforschung 22 I. *

Bernfeld, Simon, †, Bibelkunde u. ♛, Dr. Charlottenburg, Goethestr. 81. (Stanislau $^{6}|_{1}$ 60.) **B:** Gesch. d. jüd. Religionsphilos. (hebr.) 97/99 II; Juden u. Judentum im 19. Jahrh. 98; D. Buch d. Bücher 99; D. Talmud 00; Gesch. d. jüd. Reformbewegg. (hebr.) 00 II; D. Heilige Schrift, übers. u. eingeleit. 02, 3. T. 09; Dies. für Schule u. Haus 03, 2. A. 13; Kämpfende Geister 07.

Bernhard, Emil, s. Cohn, Emil.

Bernhard, Georg (Ps. Gracchus, Plutus), VP., RP., ✉, Politik, Doz. a. d. Handelshochsch., Mitgl. d. Reichsw.-R., Chefred. d. „Voss. Ztg.", Hrsg. d. „Plutus". Berlin W 62, Kleiststr. 21 I. (ebda $^{30}|_{10}$ 75.) **B:** D. Verkehr in Wertpapieren 99, 2. A. 02; Krach, Krisis u. Arbeiterklasse 01; Geld u. Kredit 02; Berliner Banken 05; Armes, reiches Rußland 05; D. Börse 06; Wirtschaftsparlamente 23. ()

Bernhard, Karl, s. Capesius, Bernh.

Bernhard, Paul, s. Twardowski, H. H. v.

Bernhardt, Oskar (Egon Berneck), DB., Roman, Nov., ⊙. Kötzschenbroda-Dresden, Meißner Str. 15. (Bischofswerda-Dresden $^{18}|_{4}$ 75.) **B:** Der indische Fakir, Sch. 10; Der Heimatlose, Sch. 11; Die Bajadere, Sch. 11; Der Preisgekrönte, Schw. 12; Salonbriganten, Sch. 12; Freiwild, Sch. 13; Erdenbann, Lsp. 17; Der Abenteurer, Sch. 18; Narrengold, Lsp. 18; Verfehmt, Sch. 19; Die indische Vestalin, Sch. 19; Der Skorpion, Sch. 20; Der flammende Stern, Sch. 20; Das Tal des Unsichtbaren, Filmsch. 20; Dämon Fantasie, Sch 21. ()

Bernhardy, s. Tummeley, Werner.

Bernhart, Joseph, ∴, ♛, ✠, ✎, /, Dr. München, Mauerkircherstr. 3. (Ursberg $^{8}|_{8}$ 81.) **B:** Ars sacra I 07, II 08, III 09, italien. 10; Gebh. Fugels Kreuzweg 10; Bernhardische u. Eckehartische Mystik 11; Radegunde v. Poitiers 15; Tragik im Weltlauf 15; Der Kaplan, R. 19, 2. A. 23; Symbolik im Isenh. Altar 21; Die philos. Mystik des Mittelalters 21; Holbein der Jüngere 22, 2. A. 23. **H:** Meister Eckhart, Auswahl 12; Deutsche Theologie 20; Meister Eckhart, Reden der Unterweisung 21; Augustinus 22; J. de Maistre, Vom Papste 23 II.

Bernouilli, Carl Albrecht, Kirchen♛, Rom., ⊙, ∴, Lic. Arlesheim b. Basel. (Basel $^{10}|_{1}$ 68.) **B:** Monika, Dr. 14; Die beiden Isolden, Dr. 15; Das neue Bagdad, G. 15; D. Meisterschütze, Sch. 15; D. sterb. Rausch, R. a. d. Zeit d. schweiz. Grenzbesetzung 17; D. Pechvogel u. die tolle Bande, Lsp. 18; D. Kultur d. Evangeliums, 1. Bd. Joh. d. Täufer u. d. Urgemeinde 18; Preis Jesu, Sonette f. d. Zeit 18; Gedächtnisrede auf Gottfr. Keller 19; Gottfr. Keller-Spiel 19; D. Sonderbündler, R.; Ulrich Zwingli, Sch. **H:** Nietzsches Briefw. m. Fr. Overbeck 16; u. v. a. ()

Bernson, Bernhard, DB., SDS., ⊙, Epische Dchtg. Weimar, Herderpl. 15. (Lemberg $^{26}|_{12}$ 88.) **B:** Die Befreiten, Sch. 19; Die Pest, Dr. 20; Das Märchen vom König Sonntag 20. ()

Bernstadt, Alfred, s. Matthias, Theodor.

Bernstein, Albert (Alb. Bernstein-Sawersky), DB., SDS., ⊙. Charlottenburg, Waitzstr. 16. (Walldorf b. Meiningen $^{3}|_{4}$ 70.) **B:** Der Pfennigreiter, Sch.; Die Kuh, Sch.; Das Loch in der Mauer, Lsp.; Wer zuletzt lacht, P.; Die Mondscheindame, Optte.; Bac, Sch.; Das Tor zum Paradies, Sch.; Brandung, Sch.: Vorbestraft, Sch. ()

Bernstein, Frau Elsa s. Rosmer, Ernst.

Bernstein, Max, PA., ⊙, /, Nov., Kritik, JustR., RA. München, Briennerstr. 8a. (Fürth $^{12}|_{5}$ 54.) **B:** D. goldene Schlüssel, Einakterzykl. 07; Die Sünde, Lsp. 08; Endlich allein! Lsp. 11; Der gute Vogel, Lsp. 11; Der Richter, Sch. 15; Ruhetag, Lsp. 15; Die große Pause, Lsp. (m. O. Blumenthal) 15; D. goldene Spiegel, Lsp. (m. L. Heller) 16; Der Kolibri, Lsp. 20; D'Mali, Sch.; Mädchentraum, Lsp.; Narrische Leut, Rn. ()

Bernt, Alois, Deutsche Sprache u. Lit., Dr. phil., GymnDir. Gablonz a. N., Böhmen. (Willomitz $^{9}|_{4}$ 71.) **B:** Deutsche Flugschriften des 16. Jahrh. in d. Tetschener Schloßbibliothek 04; Die Sprache d. Böhm.-Kamnitzer Stadtbuches 15; Der deutsche Humanismus u. d. dtsche Bildung 18; Deutsche Literaturgesch. f. Schule u. Haus 20. **H:** Heinrich von Freiberg 06; Der Ackermann aus Böhmen (mit K. Burdach) 17; Der Ackermann u. d. Tod (Übers.)

17; Meister Eckharts Buch d. göttl. Tröstung 18; Meister Eckhart, Ein Brevier 19; Der Ackermann u. d. Tod (Faksimileausgabe) 19; Neuere Dichter f. d. studierende Jugend 10ff. (mit Tschinkel), 66 Bde.; Bücher der Deutschen (mit Weps) 21ff., bisher 42 Bde.

Bernthsen, Maria (Ps. Max Grad), Nov., Rom., GHofR.=Gattin. Heidelberg, Kronprinzenstr. 12. (München.) V: D. Lattenhofer Sepp, Erz. 99; Die Overbecks Mädchen, R. 00 II, 3. A. 10; Wenn Früchte reifen, R. u. N. 02, 2. A. 10; D. Mantel d. Maria, Nn. 03, 2. A. 04; Djai, Erz. 05; Unsere liebe Frau, R. 06 II, 2. A. 10; Lebensspiele, Nn. 08; Die Andere, R. 09; D. ruchlose Claudia, Nn. 14. ()

Bernus, Alexander Frhr. v., ❦, Hrsg. v. „Das Reich", Bücher f. Geistesw. u. Kunst. Stift Neuburg b. Heidelberg. (Lindau i. Bodensee $^{6}|_{2}$ 80.) V: Maria im Rosenhag 09; Sieben Schattenspiele 10; An Caroline Günderode, Hymnen 11, 2. A. 20; Der Tod des Jason 12; Liebesgarten, G. u. Spiele 13; Guingamor, Der getreue Eckart, 2 Dr. 16; D. gesamm. Ged. 17; Gesang an Luzifer 23. H: Cl. Brentano, Eichendorff. Ue: John Keats Ged. 11; Dante Gabriel Rossetti, Ged; D. Kelch des Lebens, Umdichtgn. 24.

Berstl, Julius, SDS., DB., Roman, ⊙, /, ❦, Dramaturg am Lessing=Theater. Berlin=Friedenau, Fehlerstr. 13a. (Bernburg $^{6}|_{8}$ 83.) V: Jhavatrathe, Dr. 07; Schwarz=Rot=Gold, R. 09; Nannettchen u. d. Liebe, R. 10, 50. T.; Arme Eva, R. 16, 225. T.; Überall Molly und Liebe, R. 20, 5. T.; Hans Hagenbutt, M. 22; Lichtenbergs Idyll, N. 22; Der lasterhafte Herr Tschu, Sp. 22. H: Lachende Lieder seit anno 1800 09, 18. T.; Weißt Du noch? Deutsche Liebeslieder 15, 5. T.

Bertel, Hawalt, s. Bruchhaus, H. W.

Berthold, Hans, s. Zach, Franz.

Berthold, Konrad, s. Cosack, Konrad.

Bertin, Rob. (Ps. Robertin), ♆, ❦, ⁂, Epos, Essay, Jugendschr., Ue: LG, Dr. phil., Prof., StudR. a. D. Langenberg, Rheinl. (Peitz $^{23}|_{1}$ 49.) V: Altklass. Mythen u. Sagen 83; Das Märchen v. Dornröschen i. Versen 90; F. Rückert 95, 3. A. 97; Homers Batrachomyomachie 00; Cythere, Dr. 03; Belehrendes für d. Jugend in Poesie u. Prosa 04; Zur Kurzweil, Poesie u. Prosa 04; Grammat. Studien zu Goethe 10; „Und nur von Liebe will ich singen", eine Sammlung aus Fr. Rückerts Gedichten 20; u. a.

Bertogna, di, s. Giugno, Martin.

Bertram, Adolf, ♛, ✝, D., Dr. jur. can., Kardinal u. Fürstbischof. Breslau. (Hildesheim $^{14}|_{3}$ 59.) V: Bernwardsgruft 92; D. Bischöfe v. Hildesheim 96; Gesch. d. Bistums Hildesheim I 99; II 16; Hildesheims kostbarste Kunstschätze 13; Kirche u. Volksleben 16.

Bertram, Ernst, Lit.♛, ∴, ❦, Dr. phil., UDoz. Bonn. (Elberfeld $^{27}|_{7}$ 84.) V: Studien zu A. Stifters Novellentechnik 07; Gedichte 13, 2. A. 20; Wie deuten wir uns? 15; Nietzsche 18, 3. A. 19; Lichtenberg, Stifter 19; Straßburg, G. 20.

Bertram, Karl, deutsche Lit.♛, ❦, Roman, Dr. phil., Archivar, H. des Deutschen Zeitungs=Archivs. Berlin=Steglitz, Bismarckstr. 38. (Berlin $^{6}|_{2}$ 76.) V: Quellenstudie zu Gottfr. Kellers Hadlaub 06; D. Liebe, R. 08, 2. A. 10; Neues u. Altes in neuem Gewand, G. 08, 2. A. 19. ()

Bertsche, Karl, Abr. a. S. Clara, Dr. phil., Prof. Schwetzingen=Heidelberg. (Möhringen $^{31}|_{10}$ 79.) V: Die Personennamen e. oberbad. Stadt (Diss.) 05; A. a. S. Clara 18, 2. A. 22; Die Werke A.s in ihr. Frühdrucken (Bibliogr.) 22. H: Blütenl. aus A. I 10, 7./8. A. 22; dass. II 11, 5./6. A. 23; Auswahl a. A. 11; Kriegsbrot a. A. 15, 7.—12. T. 17; Totendank a. A. 18; A., D. gefl. Merkurius 18, 2. A. 22; Scheffelbrevier 18; A., E. Karren voll Narren 19; A., Königin d. Friedens 20; A., D. Totenkapelle 21; Die Schneckenprozession u. a. 23; Wunderl. Traum v. e. gr. Narrennest 23.

Bertz, Eduard, VP., ∴, Essay, Roman, Ue: EF. Potsdam, Waisenstr. 27. (ebda $^{8}|_{3}$ 53.) V: The French prisoners, Erz. 84, 2. A. 02; Glück u. Glas, R. 91, 2. A. 93; Das Sabinergut, R. 96, 2. A. 03; Der blinde Eros, R. 99; Philosophie d. Fahrrads 00; Walt Whitman 05; Der Yankee=Heiland 06; Whitman=Mysterien 07; D. Weltharmonie 08; Harmonische Bildung 09; Th. Storm in Potsdam 10. Ue: Montesquieus Pers. Briefe 85. ()

Beschorner, Hans, ♛, ●, Dr. phil., RegR., Archivar a. Hauptstaatsarchiv. Dresden=A., Ludwig=Richter=Str. 1b II. (ebda $^{5}|_{4}$ 72.)

Besold, Frau Gertrud, geb. Lent (Ps. Gertrud Lent), Erz., Nov., Roman, ❦. Badenweiler i. B. (Berlin $^{22}|_{7}$ 73.) V: Im Sommer, 2 N. 01; St. Quirein, R. 05; Charons Nachen, R. 08; Justinus der Mönch, 3 N. 11; Der Wels, chines. R. 22; Die Witwe von Nywaag, R. 23. *

Bessell, Adolf, DB., VB., ⊙, Amtsgerichtsrat. Hannover, Hildesheimer Str. 19. (Nienburg a. W. $^{14}|_{4}$ 57.) V: Tristan u. Isolde, Tr. 95; D. Kuß, D. Waldkapelle, Unaften, drei epische Dichtgn 01, 2. A. 13. ()

Bessemer, Hermann, Roman, Politik, Dr. phil. Wien VIII, Piaristeng. 56.

(Pest $^{9}|_{9}$ 83.) **B**: Der besessene Magister, R. 03; Der Mann mit dem Spiegel, R. 03; Sumpffieber, R. 09, 4. A. 09; Mondnacht in Amalfi, R. 09, 2. A. 10.

Besser, Emil (Ps. Karl Rudolph), (k.). ASB., ❦, ⊙, /, Steuersekretär a. D. Aachen, Ronheiderweg 26. (Trier $^{12}|_{12}$ 63.) **B**: Ben Hur im Gewande der Dichtung 02; Märchenbuch 06; Gedichte 13; Fliegerlatein 14; Kriegswitze 14; Flieger-, Kriegs- u. Schützengrabenwitze 17.

Besser, Homs Eberhard v., Nov. Liegnitz in Schl., Scheibestr. 16. (Hanau a. M. $^{18}|_{2}$ 95.) **B**: Sondergänger, Sk. 20. ()

Beßler, Willibrord, OSB., †, ■· Abtei Seckau, Steiermark. (Karlsruhe i. B. $^{9}|_{6}$ 75.)

Bessmertny, Frau Marie, Russ. Übersetzungen, Frauenartikel, Skizze, Kritik. Hamburg 39, Flemingstr. 6. (Königsberg i. Pr.) **B**: Die Meister des Klaviers; Die junge Sibirierin; Von der Wolga bis zur Donau, Erzn. 12.

Beste, Konrad, SDS., Roman, ❦, Dr. phil. Berlin-Lichterfelde, Manteuffelstr. 18. (Wendeburg, Kr. Braunschweig $^{15}|_{4}$ 90.) **B**: Gott Augenblick, G. 13; Grummet, R. 23. *

Bethe, Anna, geb. Kuhn (Bethe-Kuhn), DB., Märchen, Novellen. Frankfurt a. M., Kettenhofweg 126. (Straßburg i. E. $^{9}|_{4}$ 76.) **B**: Märchen 07; Das neugierige Sternlein, Sp. 20.

Beth, Karl, †, D., Dr. phil., o. UP. Wien VII, Zitterhoferg. 8. (Förderstädt $^{12}|_{2}$ 72.)

Bethe, Erich, klass. Ψ, Dr. phil., o. UP., GHofR. Leipzig. (Stettin $^{3}|_{6}$ 63.)

Bethe-Kuhn, s. Bethe, Anna.

Bethge, Hans, ❦, Nov., ⊙, ⊘, Kritik, Dr. phil. Berlin-Wilmersdorf, Landauer Str. 5. (Dessau $^{9}|_{1}$ 76.) **B**: Die stillen Inseln, G. 98, 2. A. 04; Zur Technik Molières 99; Mein Sylt, e. Tagebuch 00; Sonnenuntergang, Dr. 00; Die Feste d. Jugend, G. 01; Der gelbe Kater, Nn. 02; Bei sinkendem Licht, Dialoge 03; Totenspiele in Versen 03; Worpswede, Essay 04; Hölderlin, Essay 04; Jens Peter Jacobsen, Essay 05, 2. A. 20; Saitenspiel, G. 09, 3. A. 22; Don Juan, Dr. 10; Lieder an eine Kunstreiterin 10, 3. A. 22; Die Courtisane Jamaica, R. 11, 4. A. 22; Satuila od. Vom Zauber der Südsee 18, 8. A. 22; Das Buch der Nächte 18; Wilhelm Lehmbruck 20; Frühe Verse 22; Verwehende Lieder 23. **H**: Deutsche Oden 04; Deutsche Lyrik seit Liliencron, Anthol. 05, 80. A. 21; Die Lyrik d. Auslandes in neuerer Zeit, Anthol. 07. **Ue**: Die chines. Flöte 07, 36. A. 22; Hafis 10, 16. A. 22; Japanischer Frühling 11, 24. A. 22; Arabische Nächte 12, 16. A. 22; D. türkische Liederbuch 13, 11. A. 22; D. indische Harfe 13, 10. A. 22; Pfirsichblüten aus China 20, 8. A. 23; Omar Khayam 21.

Betsch, Roland, SDS., Belletristik, Dipl.-Ing. Kirchheim a. Eck, Rheinpfalz. (Pirmasens $^{3}|_{11}$ 88.) **B**: Flinz u. Flügge, 20. T. 17; Benedikt Patzenberger, R. 6.—10 A. 17; Der Wilde Freiger, R. 19; Ein Messias, R. 20; Komödie Heckenmiller, R. 21; Wolfgang Wendlers Schicksal, R. 22; Peter Buddenstieck, R. 23.

Bettauer, Fritz Ernst, DB., PA., RP., SDS., ⊙, Kritik, Redakt. Breslau II, Tauentzienstr. 27. ($^{23}|_{6}$ 87.) **B**: Retraite, Sch. 09; Das Volk steht auf! R. u. Sch. 12; Enghien, Sch. 13; Marengo, Sch. 14; 50 Jahre Schauspiel in Breslau, Lr. Essay 20. ()

Bettauer, Hugo, Red. d. Morgen. Wien 18. Wallriessg. 72. (ebda $^{18}|_{8}$ 77.) **B**: Faustrecht, R. 19; Hemmungslos, R. 20; Bobbie auf der Fährte, R. 21; Die drei Ehestunden der Elizabeth Lehndorff, R. 22; Die Stadt ohne Juden, R. 22; Der Frauenmörder, R. 22; Das blaue Mal, R. 23; Der Herr auf der Galgenleiter, R. 23; Der Kampf um Wien, R. 23; D. freudlose Gasse, R. 24.

Bettelheim, Anton, PA., Lit.♛, Krit., Dr. jur., Prof. Wien XIX|1, Weimarer Str. 71. (ebda $^{18}|_{11}$ 51.) **B**: Beaumarchais, Biogr. 86, neubearb. 11; Volkstheater u. Lokalbühne 87; L. Anzengruber 91, 2. A. 98; Zukunft uns. Volkstheaters 92; Deutsche u. Franzosen 95; Acta Diurna 99; M. v. Ebner-Eschenbach 00; Berthold Auerbach 07; Ferd. v. Saar 08; Biographen-Wege 13; Rochus von Liliencron 17; Neue Gänge mit Anzengruber 19; Marie v. Ebners Wirken u. Vermächtnis 20; Wiener Biographen-Gänge 21. **H**: Führende Geister 90—97; Biogr. Blätter; Briefe v. Anzengruber m. neuen Beitr. zu s. Biogr. 01; Louise v. François u. Conr. Ferd. Meyer, ein Briefwechsel 05, 2. A. 20; Biogr. Jahrbuch u. deutscher Nekrolog I—XVIII; Fürstin Marie zu Hohenlohe u. Ferd. v. Saar, Briefwechsel 10; Alfr. Frhr. v. Berger, Gesammelte Schriften (m. K. Gloßy) 13; Anzengruber, Werke (Gold. Klassik.-Bibl.), 14 Bde. 20; Neue Österreichische Biographie 23 I. **Ue**: Littré, Mérimée.

Bettelheim, Frau Helene, geb. Gabillon. Wien XIX|1, Weimarer Str. 71. (ebda $^{7}|_{11}$ 67.) **B**: Ludwig Gabillon 00; Amalie Haizinger, Gräfin Louise Schönfeld-Neumann 06; Lilith und Eva 07; Im Zeichen des alten Burgtheaters 21; Hans im Glück, Silhouetten 22. **H**: Gesammelte

Aufsätze v. Betty Paoli 08; Fürst Friedrich zu Schwarzenberg, „Der Landsknecht" 15.

Betz-Stoecklin, Frau Francisca (Francisca Stoecklin), SES., ✠, Malerei. Basel, Wettsteinplatz 4. (Basel $^{11}|_{9}$ 94.) **B:** Gedichte 20; D. Landschaften der Seele, Dchtg. 21. ()

Betzendörfer, Walter, WJSB., ∴, Lit.♕, Dr. phil., Pfarrer. Rinderfeld b. Bad Mergentheim, Württbg. (Bruderhof a. Hohentwiel $^{9}|_{5}$ 90.) **B:** Die Lehre von der zweifachen Wahrheit b. P. Pomponatius 19; Hölderlins Studienjahre im Tübinger Stift 22. **H:** Hölderlin, Neuaufgefundene Jugendarbeiten 21. *

Beutler, Ernst, deutsche Ψ u. ♕. Dr. phil., Bibliothekar a. d. Staats- u. Univ.-Bibl. Hamburg, Bismarckstr. 108. (Reichenbach i. V. $^{12}|_{4}$ 85.) **B:** Vom griech. Epigramm im 18. Jahrh. 09. **H:** Gust. Schwab, Die schönsten Sagen des klass. Altertums 09, 2. A. 23; John Flaxmans, Zeichnungen zu Sagen des klass. Altertums 10.

Beutler, Margarete, s. Freksa, Marg.

Beuttenmüller, Hermann (Ps. Hermann Beutten), ASB., ✠, Nov., Essay, Komponist, Dr. jur., RA. Baden-Baden, Sofienstr. 3. (ebda $^{6}|_{8}$ 81.) **B:** Lieder der Liebe u. des Leidens 05, 2. Folge 06; Frau du süße, Lr. 07, 2. Folge 10; Der rechtl. Schutz d. Gehörs 07; Sonnensehnsucht, Lr. 08; Stimmungen, G. 09; Lustige Lieder 10; Fidele Abenteuer, Kabarett-Lr. 13; Lebenslust 14; D. Schönen v. Baden-Baden, Optte. 20 (mit Neidhart); Meine Frau, das Fräulein, musik. Schw. 21 (mit H. H. Zerlett); Familie Raffke, Optte. 21; Ich bin Du, Singsp.; Der große Kavalier, Optte. 23 (alle m. Zerlett). **H:** Frauenlob, Deutsches Novellenbuch; In Lustige Lande! Hum., Lachendes Leben, Junggesellengeschichten, Heitere Geschichten u. a. m.; D. Schönen v. Bad.-Baden, Humor. 17; D. Siebenmäderlbuch, Hum. 20; Deine Reisebegleiterin in Baden-Baden 22 (mit Schenkendorf).

Beversdorff, Oskar. Berlin-Wilmersdorf, Tübinger Str. 7 b. Schultz. (Köpitz $^{17}|_{2}$ 89.) **B:** Erfüllung, Dr. 20. ()

Beyer, Alexander, Pfarrer. Wolperndorf b. Langenleuba, S.-A. (Dresden $^{13}|_{12}$ 87.) **B:** Religion u. Suggestion 22; Geschlecht u. Religion 23; Der Menschensohn (Christusstadien) 23; Franziskus von Assisi 23. *

Beyer, Frau Frida (Frida Beyer Kaemmerer), /, Erz., Ged. Berlin-Steglitz, Birkbuschstr. 6. (Danzig $^{3}|_{10}$ 80.) **B:** Fegefeuer 01; Flackerfeuer; Memento vivere, G. 09; Okkulte Begebnisse 19; Trance, Erz. 19; Okkulte Mächte 19; Schicksalspiegel, Erz. 20; Der falsche Prophet, Erz. 21.

Beyer, Herm., PA., ⊞, Humor, ✠, /, Dresden, Strehlener Str. 49 pt. (Tharandt $^{4}|_{1}$ 50.) **B:** Humor 89, 90; Humoristica 94; Libretto z. Operette „Bauernfänger" 05; Zum Vortrag, G. 08.

Beyer, Joh., ✠, bes. plattdeutsch, /, Lehrer. Bremen, Am Werderufer 55. (ebda $^{9}|_{12}$ 61.) **B:** Lebe naturgemäß 95; Bilder aus d. Gesch. Bremens im 19. Jahrh. 02; Gedichte 13. ()

Beyer, Oskar, ℘, Dr. phil. Berlin NW, Turmstr. 1. (Dresden $^{26}|_{6}$ 90.) **B:** Wilhelm Steinhausen 21; Die unendliche Landschaft 22; Welt-Kunst 23; Romantik 23; Niederdeutsche gotische Malerei 23. **H:** Schöpfung 23 I.

Beyerlein, Frz. Adam, DB., SDS., Roman, Nov., O, /. Leipzig, König-Johann-Str. 18. (Meißen $^{22}|_{3}$ 71.) **B:** Dämon Othello, Tr. 95; Das graue Leben, R. 02; Jena oder Sedan? R. 03; Zapfenstreich, Dr. 03; Similde Hegewalt, R. 04; Der Großknecht, Dr. 05, 2. T. 06; Ein Winterlager, Erz. 06, 16.—20. T. 07; Stirb u. werde, R. 10; Das Wunder des heiligen Terenz, Kom. 11; D. Jahr d. Erwachens, 2 Erz. 13; Frauen, Dr. 13; O Deutschland, heilges Vaterland, Erz. 15; Besuch, 4 Einakter 19; Der Philister 20; Wetterleuchten im Herbst, N. 22; Sechs fröhliche Legenden 22; Sant' Agata in Subura, N. 22; Friedrich der Große: I. Kronprinz und Deserteur 22; II. Fridericus rex 23; III. Der Prozeß des Müllers Arnold 23.

Bezold, Friedr. v., ♕, D., Dr. phil. et rer. pol., o. UP., GRegR. Bonn a. Rh., Hohenzollernstr. 24. (München $^{26}|_{12}$ 48.) **B:** Fortleben der Götter 22.

Bezold, Gustav v., Archäol., Kunst♕, Dr. phil. h. c., Dr. ing. h. c., Architekt. Bernried, Oberbayern. (Kleinsorheim $^{17}|_{7}$ 48.) **B:** Kirchl. Baukunst d. Abendl. (m. G. Dehio) 84/99; Kunstdenkmale d. Kgr. Bay. (mit B. Riehl) 93; Renaissance in Deutschland 00; Die Denkmäler der deutschen Bildhauerk. (m. G. Dehio) 05 ff.

Biber, Tilde (Frau Rosenfeld, geb. Biber), Roman, Nov., Skizze. Stuttgart, Herweghstr. 12. (München $^{14}|_{9}$ 88.) **B:** Lydia, R. 17; Der heilige Peter, R. 23; u. a. *

Biberfeld, Carl, PA., RP., Dchtg., Drama, Erz., Optte., Theater, Kritik, /. Breslau, Ohlau-Ufer 38. (ebda $^{5}|_{2}$ 56.) **B:** Bilder aus der Theatergeschichte Breslaus 99; Alte Burschenherrlichkeit, Optte. 10; Eichendorffs Abschied von Wien 13; Kriegsglossen 14/16; u. a.

Bibl, Viktor, Dr. phil., o. ö. Prof. für allgemeine Gesch. d. Neuzeit an d. Univ. Wien XIII/2, Hadikgasse 108. (ebda $^{20}|_{10}$ 70.) **B**: Die Einführung der katholischen Gegenreformation in Niederösterreich 00; Die Restauration der niederösterreichischen Landesverfassung unter Kaiser Leopold II. 02; Die niederösterreichischen Stände im Vormärz 11; Der Tod des Don Carlos 18; Der Zerfall Österreichs 22. •

Bick, Josef, klass. Ψ, Dr. phil., Hofrat, a. o. UP. u. Dir. d. Nat.-Bibl. Wien VII, Schottenfeldg. 65. (Schloß Wildeck b. Heilbronn $^{22}|_{8}$ 80.) **B**: Horazkritik seit 1880 06; Wiener Palimpseste I 08; Die Schreiber der Wiener griechischen Handschriften 20.

Bickhardt, Hugo **H.**, *H*, **W**, /, Verlagsbuchhändler. Eisenach, Wartburgchaussee 7. (Berlin $^{24}|_{7}$ 80.) **H**: Adreßbuch von Pyrmont 20; Altes und Neues vom hylligen Born 14, 2. A. 20.

Biczó, Alexander Edler v., DÖSchG., PA., /, ○. Dir. d. k. k. Ges. v. Östr. Silb. Kreuz. Wien V/1, Grüng. 13. (ebda $^{10}|_{8}$ 68.) **B**: Braches Feld, R. 02; D. schöne Müllerin, Optte. 07; Von d. heitern Seite, Skn. 08; D. Abt. d. Georgenberg, O. 13.

Bie, Oskar, PA., ○, Musik, Dr. phil., Prof., Red. der „Neuen Rundschau". Charlottenburg, Mommsenstr. 6. (Breslau $^{9}|_{2}$ 64.) **B**: Das Klavier 98, n. A. 20; Intime Musik 04, 21; Der Tanz 06, 20; Klavier, Orgel, Harmonium 10, 21; Reise um die Kunst 11; Text zu Liebermanns Holländ. Skizzenbuch 11; Text zu Walsers „Theater" 13; Die Oper 13, 19, 20; Musik auf der Wolga 20; Massary 20; Kemp 21; Lanner 21. ()

Bieber, Hugo, BP., RP., Kritik, Lit.-♛, Dr. phil. Berlin-Grunewald, Kunz-Buntschuh-Str. 7b. ($^{13}|_{9}$ 83.) **B**: J. A. Schlegels poetische Theorie 12. **H**: Heines Briefe 14; Wielands Werke, Bd. 4, 16; Deutsche Denkwürdigkeiten 23; Heines Hebräische Melodien 23. **Bearb**: Die deutsche Lit. d. 19. u. 20. Jahrh. v. R. M. Meyer 21, 2. A. 23.

Biedenkapp. Georg, ∴, Belletristik, Dr. phil., Schriftsteller. Frankfurt a. M., Waldschmidtstr. 121. (Londorf i. Hessen $^{17}|_{4}$ 68.) **B**: Beiträge zu den Problemen des Selbstbewußtseins, der Willensfreiheit u. der Gesetzmäßigkeit des Geistes teilweise mit Bezug auf die Philosophie der Inder 93; Denkdummheiten 96; Schätze im Alltag 00; Friedr. Nietzsche u. Friedr. Naumann als Politiker 01; Kleine Geschichten u. Plaudereien philos., pädag. u. satir. Inhalts 01; Im Kampf gegen Hirnbazillen, eine Philosophie der kleinen Worte 02; Babylonien u. Indogermanien, ein Geistesflug um die Erde 03; Urzeitmärchen (früher: Was erzähle ich meinem Sechsjährigen?) 03, 4. A. 22; Sonnenmär, das Gesetz der Erhaltung der Kraft 04; Aus Deutschlands Urzeit 04; Bahnbrecher des Weltverkehrs 04; Philosophische Satiren 05; Der Nordpol als Völkerheimat 06; Schultaugenichtse u. Musterschüler 07; Sophie Germain, ein weibl. Denker 10; Max Eyth 10; Graf Zeppelin 10; James Watt 11; Durch Wille zum Erfolg 12; Die Entwicklung der modernen Verkehrsmittel 12; Georg Stephenson 12; Erfinder- und Entdeckerschicksale 21; Anakatula, der Sonnensucher 22. •

Bieder, Theobald, SDS., D. Lit.♛, German. ♛, Antike Numismatik. Hamburg, Hammersteindamm 114. (Hirschberg i. Schlesien $^{26}|_{5}$ 76.) **B**: Friedr. Hebbel 06; Beitr. z. Gesch. d. Rassenforschg. u. d. Theorie d. Germanenheimat 09, 2. A. 15; D. Hakenkreuz 21; Gesch. d. Germanenforschg. I. Teil 21; II. Teil 22.

Biedermann, Flodoard Woldemar Frhr. v., PA., RP., BJ.&SB. Berlin-Steglitz, Albrechtstr. 33. (Chemnitz $^{14}|_{8}$ 58.) **H**: Der Baumeister, Ztschr. f. Architektur 02/05; Monatshefte f. graph. Kunstgew. 02/05; Goethes Gespräche, 2. A. 11, Volksausg. 12; H. v. Kleists Gespräche 12; Schillers Gespräche 13; Gotthold Ephraim Lessings Gespräche 24. ()

Biedermann, Pirmin, Dchtg., Dr., G., N., Dr. phil., Stadtbibliothekar, Vorsitzender d. Fach-Aussch. f. deutsch. Büchereiwesen in Polen. Guben, Stadtbücherei. (Bruchsal i. Baden $^{16}|_{7}$ 88.) **B**: Meine Seligkeiten, ein Präludium 13; Trachte nach deinem Werke, ein Zyklus Interieurs 13.

Biehler-Buchensee, Frau Marie v., ♀. Berlin-Lichterfelde-Ost, Herwarthstr. 16. (Berlin $^{30}|_{8}$ 72.) **B**: Lebensklänge, G. 98; Libellen, G. 01; D. kleine Modell u. a. röm. Skn. 01; Der unbesiegbare Papagei, humor. Reisebeschreibg. 09; Garben, Erntedank in schwerer Zeit, relig. G. 16. ()

Biendl, Hans (Ps. H. Warner), Alpine Sport- u. Reiselit., /, ●, Nov., Skizze, Essay, **Ue**: F. Wien VIII/2, Bennopl. 8. (ebda $^{18}|_{12}$ 65.) ()

Bienenstein, Karl, ♀, Nov., ○, Essay, Lit.♛, Kritik, Schulrat. Bruck a. Mur, Steiermark, Schillerstr. 11. (Wieselburg, NÖ. $^{1}|_{1}$ 69.) **B**: Aus tiefstem Herzen, Ged.; Kunst u. Volk, Essays 93; Ged. 94; Feindschaften, N. 96; D. Dialektdichtung der deutsch-österr. Alpen 97; D. Heimatscholle, Bst. 97; Aus Traum u. Sehn-

sucht, G. 98; Idealisten 98; Unter der Märchentanne, M. 06; D. Weltverdruß, N. 08; Wenn die Berge wandern, N. 08; Wildwuchs, Erzn. 08; Vor 100 Jahren, Erz. 08; Die Toten im Eise, N. 09; Ein Gerechter, Vst. 09; Drei Humoresken 10; Waldgeschichten 10; Der Einzige auf der weiten Welt, R. 11, 5. A.; Die Leute vom Hochstein, Erz. 11; Die drei Getreuen, Humoresken 12; Deutsches Sehnen u. Kämpfen, R. 12, 2. A.; Wo Menschen Frieden finden, R. 13, 3. A.; Deutsches Blut, Erz. 13; Im Schiffmeisterhause, R. 14, 3. A.; Das Hasenglöckerl u. a. Hum. 15; Gärender Wein, R. 17; Seelen, die heimgefunden, N. 18; Der schwarze Stein, Erz. 19; Die Worte der Erlösung, R. 22; Die Eisenherren, R. 22; Heimat, R. 23; Das Lied der Höhen, R. 23.

Biermann, Georg, Kunst♛ u. mod. [Symbol], Dr. phil., Prof., Mitinhaber der Klinkhardt & Biermann Kommandit A. G. Verlagsbuchhandlung Leipzig. Reitrain b. Tegernsee, Post Rottach. (Köln $^{7}|_{7}$ 80.) B: Florenz u. d. Kunst 02; Verona (Bez Kunststätt.) 03; H. v. Zügel 10; Lovis Corinth 13, 2. A. 22; Bernh. Hoetger 13; Deutscher Barock u. Rokoko 15; Die Miniaturensammlg. des Großherzogs von Hessen 17; Max Pechstein 19; H. Campendonk 21; O. Coubine 23 (Junge Kunst, Bd. I 17 u. 33). H: Der Cicerone; Stätten der Kultur; Monatshefte für Kunstwissenschaft; Jahrbuch d. jungen Kunst; Jahrbuch der asiatischen Kunst. *

Biermann, Hans, [Symbol], plattd. u. hochd. Erz., Hrsg. u. Chefred. d. „Residenzboten". Oldenburg i. Gr., Jahnstr. 9. (Esens i. Ostfriesland $^{8}|_{9}$ 68.) ()

Biernatzki, Reinhart, Naturw., ∴, Relig., Oberlehrer der Staatl. Aufbauschule, Leiter d. „Volksbundes für Kantische Weltanschauung". Hamburg 36, Vor dem Holstentor 1. (Bargum, Kr. Husum $^{10}|_{4}$ 84.) B: Als Pionier in Frankreich, Feldpostbriefe 15, 3. A.; Das Schicksal u. Du selbst! 19, 4. A. 22; Was ist die Welt? 20.

Biese, Alfred, klass. Ψ, ∴, [Symbol], Lit.♛, Dr. phil., Prof., GStudR. Frankfurt a. M., Am Tiergarten 4. (Putbus $^{25}|_{1}$ 56.) B: Entwicklg. d. Naturgefühls b. Griechen u. Römern 82/84, II: in MAlter u. Neuzeit 88, 2. A. 91, Übers. ins Engl. 05; Storm u. der mod. Realismus 88; Röm. Elegiker f. d. Schule herausg. 91, 3. A. 11; Griech. Lyriker ebso 91/92 II, 3. A. 12; Reuter, Seidel u. d. Humor in d. neueren deutsch. Dichtung 91; Philos. d. Metaphorischen 93; Lyr. Dichtung u. neuere deutsche Lyriker 96; Pädagogik u. Poesie I 99, 3. A. 08, II 05, III 13; Goethes Bedeutg. für die Gegenwart 00; Was ist uns Schiller noch heute? 05; Deutsche Lit.-Geschichte I 07, II 09, III 10, 85. bis 88. T. 22; Das Dichtergemüt 07; Goethe u. s. Mutter 10; Die Lebensbejahung in der neueren deutsch. Dichtg. 12; Zur Erfassung u. Deutung lyr. Ged. 13; Poesie d. Krieges I 15, 2. A. 16, II 16; Bismarck im Leben u. in deutscher Dichtg. 16; Die deutsche Seele im Spiegel deutscher Dichtg. als unbesiegbare Macht 16; Theodor Storm, Zur Einf. in Herz u. Welt des Dichters 17, 3. A. 21. H: Hopf-Paulsiek-Muff, Deutsches Lesebuch f. höh. Schulen (Octava bis Prima) 13/14; Th. Storms sämtl. Werke 18, 3. A. 22.

Bill van Dyk, s. Dyk, Joh. Wilh. van.

Billeter, Gustav, Alte ♛, Dr. phil., GP. Zürich 7, Reinacher Str. 15. (ebda $^{19}|_{12}$ 73.) B: Goethe, Wilhelm Meisters theatral. Sendung, Mitteil. üb. d. wiedergefundene erste Fassg. v. W. Meisters Lehrjahren 10: u. a. ()

Bim, s. Ettlinger, Karl.

Bimbus, s. Doppler, Michael.

Binder, Bruno, Kunstschriftst. Graz, Körblerg. 65. (ebda $^{24}|_{10}$ 88.) B: Hörgas und sein Stifter 08.

Binder, Gottlieb, Lehrer. Kilchberg b. Zürich. ($^{5}|_{12}$ 76.) B: Der Zürichsee 13; Alte Nester (Schilderqn. schweiz. Landstädtchen) I—III 14; Unsere Heimat (Heimatkunde d. Kts. Zürich) 15; Kilchberg im Wandel der Jahrhunderte (Geschichte der Bürgergemeinde C. F. Meyers) 22.

Binder, Jenö (Eugen), [Symbol], **Ue:** M, ev. Pfarrer, Relig.-Prof. am ObGymn. Késmark, Ung. (Leutschau $^{20}|_{10}$ 62.) B: Freuet euch des Lebens, humorist. Ged. 07.

Binding, Rudolf G. Buchschlag, Hessen. (Basel $^{13}|_{8}$ 67.) B: Legenden der Zeit, Nn. 09, 31.—50. T. 23; Die Geige, 4 Nn. 11, 20.—29. T. 22; Gedichte 13, 8. A. 22; Die Keuschheitslegende 19, 31.—40. T. 23; Traurede 20; Unsterblichkeit, N. 21, 4.—30. T. 22; Stolz und Trauer, G. 22; Tage, n. G. 23. **Ue:** Tillier, Mein Onkel Benjamin, R. 12, 21.—25. T.; Blümlein des heil. Franz; Rede des Perikles f. d. Gefallenen 20; u. a.

Binz, Arthur Friedrich, Kritik, Essay, /, Erz. Saarbrücken 3, Grünstr. 1. (ebda $^{26}|_{11}$ 97.) B: Bilder um David, Erz. 21; Franz Herwig, 2. A. 23. H: Dichter der Gegenwart, e. Monographienreihe. *

Binz, Gustav, germ., bes. engl. Ψ, Dr. phil., Oberbibliothekar d. Univ.-Bibl. u. o. Prof. für engl. Phil. u. Bibliothekswissensch. Basel, Oberwilerstr. 67. (Basel $^{16}|_{1}$ 65.) B: Zur Syntax d. baselstädt. Mundart 88; D. deutsch. Handschriften d. öffentl. Bibliothek d. Univ. Basel I 08.

Birbaumer, Rud. W., ¥, ○, /, Mitglied d. Parlamentes. Wiener-Neustadt, NÖstr. (Linsberg 11|4 76.) **B:** Auf dunklen Bahnen, G. 00; Onkel aus Indien, Lsp. 01; D. Kampf ums Glück, Sch. 02; Raum dem Werde! Freiheitsged. 03; Der Schattenkönig, Dr. 05; D. goldene Brücke, R. 09; Die Reimkur, Lsp. 18; Im Abendrot, G. 22; Das schwarze Schloß, R. 23.

Birkenbihl, Michael, Nov., Lit.♛, Dr. phil., Prof. München, Ungererstr. 64 II. Würzburg 23|8 77.) **B:** Georg Fr. Daumer 05; Der Madonnenmaler, N. 05; Analecta Germanica 06; Vorwärts durch eig. Kraft, 20 Biogr. 15; Dämonische Nov. 20; Nov. d. Leidenschaft 20; Nordische Märchen 21. **H:** Kleist, Michael Kohlhaas 12; Andersen, Das Märchen meines Lebens 14; Les fables d'Esope 21.

Birkenfeld, Hermann, s. Modersohn.

Birkner, Friede, s. Menzel, Elfr.

Birnbaum, Nathan, (früher:) Mathias Acher, Judenfrage u. Judentum, Dr. jur. Bad Homburg, Louisenstr. 44. (Wien 16|5 64.) **B:** Ausgewählte Schriften zur jüdischen Frage 10; Den Ostjuden ihr Recht! 15; Gottes Volk 18, 3. A. 21; Vor dem Wandersturm 19, 2. A. 20; Vom Freigeist zum Gläubigen 19; Um die Ewigkeit 20. *

Birnbaum, Salomo, Jiddische Sprachwissenschaft, jüd. Weltanschauung, **Ue.**, Dr., Doz. am allg. Vorlesungswesen d. Univ. Hamburg. Hamburg, Papendamm 4. (Wien 24|12 91.) **B:** Praktische Grammatik der jiddischen Sprache 15—18; Leben u. Worte des Balschemm 20. **Ue:** Max Brod, Tycho Brahes Weg zu Gott 21; Das hebräische u. aramäische Element in der jiddischen Sprache 22. *

Birnbaum, Uriel, ¥. Wien XIII, Cumberlandstr. 61a. (Wien 13|11 94.) **B:** In Gottes Krieg, Sonette 21; Gläubige Kunst, Essay 19. *

Birnitz, A. v., s. Czibulka, A. v.

Birt, Th. (Ps. Beatus Rhenanus), klass. Ψ, Dr. phil., o. UP., GRegR. Marburg, Hessen, Ritterstr. 13. (Hamburg 22|3 52.) **B:** Elpides 81; D. antike Buchwes. in s. Verh. z. Lit. 82; Attarachus u. Valeria, lyrische Erz. 86; K. Wilh. d. Deutsche 88; Zwei politische Satiren des alten Rom 88; Meister Martin u. seine Gesellen 94; Röm. LitGesch. in 5 Stunden 94, 2. A. 10; König Agis, Tr. 95; Unterhaltgen in Rom, 5 Gespräche deutsch. Reisender 96; 1797 u. 1897, Rede z. Centenarfeier 97; Sprach man avrum oder aurum? 97; Idyll v. Capri 98; Gedenkwort b. Tode Bismarcks 99; Sylvesternacht 00; Deutsche Wissensch. im 19. Jahrhundert 00; Der Hiat bei Plautus u. die latein. Aspiration bis zum 10. Jahrh. n. Chr. 01; Griech. Erinnergen e. Reisenden 02, 2. A. 22; Laienurteil üb. bild. Kunst bei d. Alten 02; Magnificenz in Sorgen, akad. Schw. 03; Der Musikdir., Lsp. 03; Ged. 04; Anna von Hessen, Trag. 04; Schiller u. Bismarck 05; D. Buchrolle in der Kunst, archäol.-antiquar. Untersuchgn. 07; Artiges u. Unartiges 08, 2. A. 23; Ernste Gedichte 08; Kulturgesch. Roms 09, 4. A. 18; Aus der Provence, ReiseSkn. 10; Jugendverse u. Heimatpoesie Vergils, Erklärung des Catalepton 10; Menedem, der Ungläubige, R. 11, 2. A. 21; Aus eiserner Zeit, Sch. 12; Preußen u. die Befreiungskriege, Rede 13; Kritik u. Hermeneutik nebst Abriß des antiken Buchwesens 13; Röm. Charakterköpfe 13, 5. A. 22; Unser Krieg in Gedichten u. Liedern 14; Wie der Deutsche sein Vaterland gefunden, Rede, 1. u. 2. A. 15; Was heißt Liebet eure Feinde? 15; Vom Krieg umgeben, Aufsätze u. Erzn. 15; Schiller der Politiker im Licht uns. großen Gegenwart 16; Novellen u. Legenden aus verklungenen Zeiten 16, 2. A.; Die Germanen 17; Aus dem Leben der Antike 18, 3. A. 22; Von Haß und Liebe, N. 19; Charakterbilder Spätroms und die Entstehung des modernen Europa 19, 3. A. 22; Helle und dunkle Klänge in Gedichten 22; Von Homer bis Sokrates 21, 2. A. 22; Neue Novellen u. Legenden aus verklungenen Zeiten 23; Moderne Novellen 23; u. viele lat. Werke.

Bischoff, Diedrich, SDS., Sozialethik, Freimaurerei, Versicherungsrecht, Prof., Dr. jur., Versicherungsdirektor a. D. Leipzig, Eichendorffstr. 39. (Bremen 5|2 66.) **B:** D. Natur d. Sache als Rechtsquelle 95; Maurertum u. Menschheitsbau, 2. A. 02; Masonia, ein Blick in eine andere Welt 05; Kulturaufgaben des Versicherungswesens 07; Die soziale Frage im Lichte des Humanitätsgedankens 08; Freimaurerei u. Politik 11; Wesen u. Ziele der Freimaurerei, 2. A. 12; Neuidealismus u. Freimaurerei 14; Volkserziehungsgedanken eines deutschen Freimaurers 14; Wie kam's und wohin geht's? Kriegsbetrachtungen 14; Deutsche Gesinnung, eine Gabe u. ein Gebot großer Zeit 14; Von Deutschlands neuem Glauben 15; Der Geist von 1914 u. die deutsche Freimaurerei 16; Die unsichtbare Kirche, ein Grundgebot deutscher Zukunft 16; Religion u. Freimaurerei 16; Vom vaterländischen Beruf der deutschen Freimaurer 17; Gedanken zur neuen Wirtschaft, 2. A. 18; Die Sozialisierung unseres Wirtschaftslebens 18; Sozialis-

mus als Religion 19; Die Sozialisierung des Geistes 19; Die deutsche Freimaurerei, 2. A. 19; Freimaurerei u. Deutschtum 20; Arbeit, Freiheit, Brüderlichkeit! 20; Die Religion der Freimaurer, 2. A. 23; Menschlichkeit, das Grundgebot deutscher Zukunft 23; Mehr Heimat! 24.

Bischoff, Erich, ASV., RP., Dr. phil., Chefred. Leipzig-Schl., Rochlitzstr. 24. (Görlitz $^{30}|_{7}$ 65.) V: Ein jüd.-dtsch. Leben Jesu 95; Komm. zu Faust I/II, Dichtg. u. Wahrh., Werther, Räuber, Fiesko, Kab. u. Liebe, Laokoon, Hmb. Dramat., Luise, R. d. Gyges, Gudrun, Nib.-Lied, W. v. d. Vogelw. 99—03; Kabbalah 03, 3. A. 23; Talmudkatech. 04; Koran 04; Los von Gott? 06; Im Reiche d. Gnosis 06; Elemente d. Kabbalah 13/14 II; Wunder d. Kabbalah 21; Rabbinische Fabeln 22; Rabbi u. Diakonus 22. **Ue:** Olcott, Buddhist. Katechism., 3. A. 06.

Bischoff, Fritz Walther, SDS., ⚘, Nov., Essay, Dramaturg d. Ver. Theater. Breslau, Hohenzollernstr. 37/39 II. (Neumarkt i. Schles. $^{26}|_{1}$ 96.) V: Gottwandrer 21; Ohnegesicht, R. 22; Alter, R. 24.

Bischoff, Heinrich, dtsche Lit. ♛, Dr. en philos. et lettres, emerit. UP. Herbesthal. (Montzen, Belgien $^{17}|_{8}$ 67.) V: Körners Zriny nebst e. allg. Übersicht über Körner als Dramatiker 91; L. Tieck als Dramaturg 97; Das deutsche Volkslied 99; Die deutsche Sprachdichtung 00; Richard Bredenbrücker (fläm. Ausg. 02, deutsche 03); Heinrich Hansjakob (fläm. Ausg. 01, deutsche 04); Unsere dritte Nationalsprache 07; N. Lenaus Lyrik, ihre Gesch., Chronol. u. Textkritik, 2 Bd. 20, 21.

Bissing, Friedrich Wilhelm Frhr. von, Ägyptologie u. oriental. Altertumskunde, Dr. phil., o. UP. an d. Univ. Utrecht. Den Haag, Statenplain 10. (Potsdam $^{22}|_{4}$ 73.) V: D. Sonnenheiligtum d. Lathures II 23; D. Griechentum u. s. Weltmission 21; D. Kultur d. alt. Ägypter, 2. A. 19; D. Bedeutg. d. oriental. Kunstgesch. für die allgem. Kunstgesch. 22.

Bittlinger, Ernst (Ps. Ernst Franz), DV., ✝, popul. ⁂, 𝒪, Lic., Pfr. Berlin C 25, Kurze Str. 2. (ebda $^{1}|_{1}$ 66.)

Bittrich, Max (Ps. Markus Florian), RP., 𝒪, ⚘, Hum., Nov., Chefred. Freiburg i. B., Tivolistraße 16. (Forst, L. $^{17}|_{8}$ 67.) V: Spreewaldgeschichten 92, 12. T. 08; Kämpfer, R. aus d. neuen Völkerwanderg. 03; Sturmnacht, Dr. 10; Hagenbachs Ende, Dr. 13; Adams Heimkehr, Lsp. 16; Der Sturz ins Glück, R. 19; Der Sünder, d. Beichte einer großen Liebe, Dchtg. 23.

Bitzkat, Martin, Logaubund-Liegnitz, ⚘, Prosa. Breslau, Bockstr. 16 I. (Waren i. Meckl. $^{18}|_{1}$ 98.) V: Nur eine leise Sehnsucht sang, G. 20.

Björnson, Olaf, s. Groner, Auguste.

Blachetta, Walther, ⚘, 𝔇, Leiter der Blachetta-Spiele. Elgersburg, Thüringer Wald. (Althammer Kr. Pleß $^{10}|_{8}$ 91.) V: Geschichte einer Mutter, Märchensp. 22; Zaubergeige, Märchensp. 23; Der Schweinehirt, Märchensp. 23. H: Kain- und Abelspiel, Mysteriensp. 22; Das Morgentor, Blätter für Religion, Bühne und Kunst 23. *

Blachny, Fritz, 𝒪, Dekan. Bernburg, Anhalt. (Salzwedel $^{24}|_{7}$ 64.) V: P. Melanchthon, Festsp. 97, Biogr. 97; In schwerer Zeit, patriot. Sp. 98; D. treue Eckart 98; Paul Gerhardt, Festsp., 2. A. 07; Aus Anhalts ernsten Tagen, Sch. 11; 1813, Festsp. 13, 10. A.; Uns. Kaiser 13; 7 Briefe an die deutsche Jugend 13, 5. A.; Das Heldentum d. deutschen Frau 15; Das Kriegsvaterunser 16.

Blaich, Hans Erich (Ps. Dr. Owlglaß), ⚘, Übersetzgn., Dr. med., Prakt. Arzt u. Red. am „Simplicissimus". Bruck b. München. (Leutkirch im Allgäu $^{19}|_{1}$ 73.) V: D. saure Apfel, Simplicissimus G. 04; Gottes Blasbalg, Verse 10; Von Lichtmeß bis Dreikönig (m. R. Sieck) 12; Käuze 17. **Ue:** Rabelais, Gargantua u. Pantagruel (m. Hegaur) 05—09 V; Aristophanes, Vögel 09. H: Seb. Sailers Komödien 14; Alte deutsche Schwänke. ()

Blanck, Karl, SDS., RP., Krit., Essay, Dr. phil., Doz. d. Lpz. Volksakad. Knautkleeberg b. Leipzig. (Magdeburg $^{20}|_{10}$ 84.) V: Heine u. d. Frau 11, 2. A. 13; Der blaue Student, R. 23. H: Gellert-Briefe 21.

Blanckmeister, Franz, Volksschr., Erz., ✝, /, D., Pfr. Dresden, Trinitatisplatz 1 I. (Plauen, V. $^{4}|_{2}$ 58.) V: Just. Möser 86; Alte Gesch. aus d. Sachsenlande 86/89 III, 2. A. I 06; Vater Großmann 88, 2. A. 08; Von Platten n. Johanngeorgenstadt 88; Einst u. jetzt 89; Lutherbibel 89; Kurfürst Moritz 89; Pietät u. ihre Pflege 90; Kurfürstin Anna Sophie 91; Dresdner Reformationsbüchlein 91; Kurfürstin Christ. Eberhardine 93; Aus dem kirchlichen Leben des Sachsenlandes 93; Der Dresdner Hauptverein der Gustav-Adolf-Stiftung 94; Sachsenspiegel 97, 3. A. 13; D. theol. Fakultät Leipzig 94; Sächs. Kirchengesch. 99, 2. A. 06; (Anon.): Haus Wettin u. d. Erzgeb. 89; (Anon. u. mit A.): Bilder aus der Gesch. des Hauses Wettin 89; D. kirchl. Leben d. röm. Kirche in Sachsen 02; Los von Rom im Kgr. Sachsen 05; (Anon.): Die Wahrheit über Bischof Benno 06; Familien-

chronik 06; Nacht u. Morgen in Österreich 07; Ein Blick in Melanchthons Häuslichkeit 07; Altsachsenland 08—12 III; Friedrich Meyer 13; Deutsches Familienleben 14, 2. A. 15; Der Prophet v. Kursachsen 20; Ewige Wahrheit 19, 2. A. 20; Goethe u. d. Kirche f. Z. 23. **H**: Wudrians christl. Kreuzschule 88; G.-Adolf-Stunden, 1. u. 2. A. 94; Das Reich muß uns doch bleiben 96; Festschriften f. G.-Adolf-Vereine 02; V. E. Löscher, Geistl. Lieder 09.

Blanvalet, Frau Georges, DB. Berlin NW 23, Brückenallee 23. **B**: In zweiter Blüte, Komöd.; Pantomimen.

Blaese, Berthold (Ps. Bert Schalla), DB., Dr. phil. Berlin, Schlegelstr. 16. (ebda 15/8 86.) **B**: Die Stimmungsszenen in Shakespeares Tragödien; Ein Traum von Leben, Tod und Seligkeit, Tr.; Der Fähnrich und das Paradies, Lsp.; Der Tod ist aus der Welt, Sch.; Die größere Liebe, Sch.; Die Herzogin von Marzipanien, Lsp.

Blasich, B. Branko (Ps. B. Branko), ASB., ○, Nov., ⚔, ♛. Wien IV, Blechturmg. 16, I, 18. (Agram 29/8 70.) **B**: Hatma 21. ()

Blaß, Ernst, ✠, Dr. jur., Bankbeamter. Berlin, Lietzenburgerstr. 5. (ebda 17/10 90.) **B**: Die Straßen komme ich entlang geweht, G. 12; Die Gedichte von Trennung und Licht, G. 15; Die Gedichte von Sommer und Tod, G. 18; Über den Stil Stefan Georges, Dialog 20; Der offene Strom, G. 21; Das Wesen der neuen Tanzkunst, Kritische Essays 21, letzte A. 22. **H**: Die Argonauten, 1. Folge, Stück I bis XII, Blätter für Dichtung und Philosophie 14—21. *

Blau, Albrecht, /, Sport, Reisebeschr., Hauptmann a. D., Verlagsbuchhändler. Charlottenburg, Kaiserdamm 113. (Berlin 6/11 85.) **B**: Blätter aus eines Luftschiffers Tagebuch 12. **H**: Der Feuerreiter, Blätter f. Dchtg. u. Kritik 21.

Blau, Josef, Heimatkunde, Oberlehr. Freihöls b. Neuern, Böhmen. (Neuern 12/8 72.) **B**: Der Heimatforscher 15, 3. A. 22; Böhmerwälder Hausindustrie u. Volkskunst 17/18 II; Naturgemäßer Sprachunterricht 13, 2. A. 21; Alte Bauernkunst 20, 2. A. 22; Heimat u. Volkstum 20, 2. A. 21; ABC der Heimatkunde 21; Landes- u. Volkskunde der tschechoslow. Republ. 21; Wanderbuch f. d. Böhmer- u. Bayerwald 21; Ein süddeutsches Weihnachtsspiel 22. **H**: Böhmerwälder Dorfbücher; Heimatbildung (Monatsschr. f. Volksbildungswesen).

Blau, Paul, ✝, religiöse Literatur, Poesie, Märchen, Generalsuperintendent der Un. evgl. Kirche in Polen, Dr. theol. Posen (Poznań) in Polen, grobla 1. (Suhl 15/8 61.) **B**: Jünglingsgestalten der heiligen Schrift 87, 4. A. 02; Bergsegen, G. u. Pl. 06; Wenn ihr mich kennetet 07, 3. A. 09; Geist u. Natur 10; Lebensrätsel 10; Und dann 11; Unser Glaube 11; Lebensspiele 12; Krieg u. Christentum 15; Was wispert u. wuspert im grünen Wald, M. 15, 14. T. 20; Lebenskunst 15; Des Abendlandes Rettung oder Untergang? 23. **H**: Am Wegsaum, Jahrbuch XIV 09—22; Praktische Seelsorge 12. *

Blaustein, Arthur, ✉, ♛, Politik, Statistik, Dr. phil., Syndikus u. Doz. Mannheim. (Stolp 4/9 78.)

Blei, Franz, ○, ⁂, Dr. phil. München, Karl-Theodor-Str. 14a. (Wien 18/1 71.) **B**: Vermischte Schriften, 6 Bde.; Die Abenteurer, Menschl. Betrachtungen z. Politik; Die Puderquaste; Der bestrafte Wollüstling; Logik des Herzens; Das große Bestiarium; Omphale; Über Wedekind, Sternheim u. das Theater 16; In Memoriam Oscar Wilde; Abbé Galian 95; D. Sehnsucht 00; Karl Henckell 95; Thea, Kom. 95; Die rechtschaffene Frau, Dr. 93; D. Knabe Ganymed, Erz. **Ue**: Nath. Hawthorne, Ges. Werke. **H**: Summa; Rettung; Katakombe; „Der Feuerreiter", Blätter f. Dichtg. u. Kritik; Liebesgeschichten d. Orients. ()

Bleibtreu, Karl, DÖSchG., Roman, Ep., ✠, ⁂, ♛, ○, **Ue**: E. Riedheim b. Leipheim, Bay. (Berlin 13/1 59.) **B**: Gesch. d. deutsch. Lit. 11; Das Byrongeheimnis 12; Preußens Heeresruhm 12; Weltbrand, R. 13; Zwei wackere Helden, R. 13; D. Herzogin, Dr., Deutsche Männer, Dr. 13; Belleallliance 14; Bismarck, R. 15 III; Englands Waterloolüge 15; Stegemanns Weltkrieg u. d. Marneschlacht 17; Gesch. d. engl. Lit. 23; u. v. a. geschichtl. Studien, Dramen, Romane. ()

Blessingen, Karl, Musik, Dr. phil., Lehrer a. d. Akad. d. Tonkunst. München, Theresienstr. 14 III. (Ulm a. D. 21/9 88.) **B**: Die musikalischen Probleme der Gegenwart u. ihre Lösung 20; Die Überwindung der musikalischen Impotenz 20. **H**: Berlioz, Lieder 21.

Bleuler, Frau Hedwig, geb. Waser, Lit.♛, ✠, ○, Dr. phil. Zürich, Burghölzli. (ebda 29/12 69.) **B**: J. C. Lavater 94; Ulrich Hegner, ein schweizer Kultur- u. Charakterbild 01; Funken vom Augustfeuer 19; Die Dichterschwestern Regate Keller u. Betty Meyer 19; Lenzbub kommt! 19; Mutters Ajas Geburtstag, Lsp.; Weihnachtsspiele; Nesthock u. Wandervogel; Ein neues Stück vom alten Kasperl; Wer trägt den Korb? ()

Bley, Fritz, Nationalpolitik, ✠, Rom., Y, Hrsg. „Zeitfragen". Berlin W, Habsburgerstr. 11. (Quedlinburg $^{23}|_{7}$ 53.) **B:** Mod. Kunst 84; Deutsche Pion.-Arb. in Ostafr. 91; Weltstellung d. Deutschtums u. alldtsche Schr. 97; Hochlandsminne, G. 01; Harridoh 13; Avalun 14; Kriegsschriften 16—19; Tiergeschichten: Von wehrhaftem Raubwilde, freiem Hochlandw., nord. Urw. 18—21. ()

Bleyer-Grohmann, Kollektiv-Pseudonym für Carl u. Amanda Grohmann.

Bliß, Paul, Roman, ○, ✠. Berlin NW 52, Spenerstr. 30. (Prenzlau $^{3}|_{3}$ 61.) **B:** Gerettet, R. 89; Der verlorene Sohn, R. 91; Des Übels Wurzel, R. 92; Ein ganzer Mann, R. 92; Die Frau Mama, R. 99; Der müde Löwe, Lsp. 00; Die Männerfrage, Lsp. 00; Frühlingsrausch, R. 01; Weltkinder, G. 03; Aus hartem Holz, R. 04; Elsbeth Bürger, R. 05; Der schmale Weg, R. 05; Seine Frau, R. 05; Die Thalertöchter, R. 07; Stille Helden, R. 08; Freie Bahn, Lsp. 08; Die Liebe e. Frau, R. 09; Stille Sieger, Sch. 09; D. hohe Lied, R. 09; Bauernblut, R. 09; Um Ehre u. Leben, R. 11; Schuldner, Lsp. 12; D. schöne Mädchen, R. 14; D. rechte Weg, R. 15; Kriegsgetraut, R. 15; Unser Hindenburg, Erz. 15; Das ewig Weibliche, Lsp. 20; Frühlingsliebe, R. 22; Opfer der Zeit, R. 23; sowie zahlr. Einakter, Nov. u. Humoresken.

Blittersdorff, Phil., Freih. v. (Ps. René van Rhyn), Memoir., Nov., /, Lokal♛, GMjr. d. R. Ottensheim i. OÖ. (Frankfurt a. M. $^{16}|_{11}$ 69.) **B:** Gräfin Lulu Thürheim: Mein Leben 13/14 IV; Staub, Nn. u. Skn. 00. ()

Bloch, Chajim, SDS., Mystik, Religions∴. Wien XX, Rafaelg. 1. (Nagy-Bocsko $^{27}|_{6}$ 81.) **B:** Der Prager Golem; Die Gemeinde der Chassidim; Israel der Gotteskämpfer; Ostjüdischer Humor 20; Hersch Ostropoler; Talmudische Weisheit 21; Gottes Volk u. s. Lehre 23.

Bloch, Ernst, ∴, Dr. phil. Zehlendorf-Mitte b. Berlin, Elfriedenstr. 7. (Ludwigshafen a. Rh. $^{8}|_{7}$ 85.) **B:** Thomas Münzer als Theologe der Revolution 22; Durch die Wüste 23; Geist der Utopie 18, neue Ausg. 23. *

Bloch, Frau Franziska (Ps. Franziska Bloch-Mahler), G., S., B., ✠, Kindergedichte, Märchen, Märchenspiele, Bühnentexte. Kremsier, Mähren, Bilauer Gasse 186. ($^{27}|_{5}$ 84.) **B:** Ein Kränzlein mannigfalt; Viel Blümlein stehn in meinem Garten; Blaue Blume, öffne dich!; Gereimte Märchen; Heimatdämmerung; Altbiblische Märchen; Biedermeierbüchlein; Haremsbilder; Brüderlein und Schwesterlein, Märchensp. (vertont von W. A. Wölfel); Der Lebensretter, Sgsp.; Waltraut, melodr. Märchenidyll; Inderrache, lyr. Tr.; Die Rosenhexe, O.; Märchenflüstern im Zauberwald 23; Das Elfenspieglein. *

Bloch, Ludwig (Ps. N. Elbe), ○, Verleger. Berlin, Klopstockstr. 52. (ebda $^{6}|_{12}$ 59.) **B:** Dekoriert 80; Lustiger Spionendienst 15; Übers Jahr, Lsp. 22; Die eifersüchtige Frau, Lsp. 22; Der Detektiv im Hause, Lsp. 22. **H:** d. Sammlgn. „Jugendbühne", „Kindertheater", „Volksspiele".

Bloch, Peter, ○, Dr., Verlagsbuchhdl. Berlin, Klopstockstr. 52. (ebda $^{30}|_{6}$ 00.) **B:** Feuerzauber 21; Schwurfeuer 22; Entstehung u. Entwicklung des Ladenpreises im Buchhandel 23. *

Bloch-Mahler, Franziska, s. Bloch, Frau Franziska.

Blocher, Ed., ⊞, Pfr. Zürich, Huttenstr. 58. (Neue Welt b. Basel 70.) **B:** Deutsch. Ortsnamenbüchl. f. d. Westschweiz (m. Emil Garraux) 06; Das Elsaß u. die Zweisprachigkeit 09; Zweisprachigkeit, Vorteile u. Nachteile 09; Die Schweiz als Versöhnerin u. Vermittlerin zw. Frankreich u. Deutschland 15; Belgische Neutralität u. schweizerische N. 15; Die Wesensart d. deutsch. Schweiz 16; Das sogenannte Nationalitätenprinzip 18; Hochdeutsch als unsre Muttersprache 19; Die deutsche Schweiz in Vergangenheit u. Gegenwart 23.

Block, Curt, ○, ♯, jüd. /, Dr., appr. Zahnarzt. Ratibor, Domstr. 5. (ebda $^{26}|_{10}$ 84.) **B:** Der Zahnarzt in der Literatur 09; Hilde, Sch. 10. ()

Block, Hans, RP., UB., Politik, Ober-Regierungsrat, Leiter d. Nachrichtenstelle d. Sächs. Staatskanzlei. Dresden-N., Königsbrücker Str. 3 II. (Bremen $^{30}|_{8}$ 70.) **B:** Sachsen im Zeitalter d. Völkerschlacht 13.

Block, Paul, RP., Politik, /, ○, **Ue:** FE, Korresp. d. „Berl. Tageblatt" in Paris VI, Rue Huysmans 6. (Memel $^{30}|_{5}$ 62.) **B:** Der Graumönch v. Königsberg 85; Am Leuchtturm 86; Für Jedermann, N. 86; Anno Sturm, R. 87; Diamanten d. Königin, R. 88; Kaisertag, Festsp. 88; Rächer, Sch. 88; Rübezahl, Weihnachtsmärch. 88; Rolands Knappen, Zauberposse 88; In d. Tiefe, Sch. 89; Bergmanns Glück, Vst. 89; Gift, Sch. 90; Unsere lieben Feinde, Pariser Skn. 11; Der verwandelte Bürger 19. **Ue:** Dumas, Besuch nach d. Hochzeit, Lsp.; Bisson, Vaterfreuden, Schw.; Daudet u. Belot, Sappho, Sch.; Valabrégue, D. falsche Lionel, Schw.; Aderer, E. guter Freund, Lsp.; Mendès, Das Weib des Tabarin, Tragikom.; Feydeau, Jagdfreuden, Schw.;

Carré, Die Damen Lebardieu, Lsp.; Hennequin, Das blaue Kabinett, Lsp.; Maurice Donnay, Schein, Kom.; Paul Bourget; E. Scheidung, D.; Sturmlauf, Sche.; de Flers, Caillavet u. Aréne, D. König, Kom.; M. Donnay u. L. Descaves, Der Ausblick, Sch.; Niccodémi: Zuflucht, D. Helmbusch, Sche.; u. a.

Bloem, Walter, ○, Roman, Dr. jur. Burg Rieneck, Unterfranken. (Elberfeld 20|6 68.) **B**: Caub, Sch. 97; Heinr. v. Plauen, Tr. 02; Schnapphähne 03; Es werde Recht, Sch. 03; Der neue Wille, Sch. 05; Der Jubiläumsbrunnen, Sch. 05; Der krasse Fuchs, R. 06, 100. T. 21; Der Paragraphenlehrling, R. 07; Das jüngste Gericht 07, 55. T. 21; Das lockende Spiel, R. 09; Sonnenland, R. 09; Sommerleutnants, R. 10; Vergeltg., Sch. 10; Das eiserne Jahr, R. 11, 210. T. 21; Volk wider Volk, R. 12, 165. T. 21; Die Schmiede der Zukunft, R. 13, 165. T. 21; D. verlorene Vaterland, R. 14, 150. T. 16; Vormarsch 17, 110. T. 21; Sturmsignal, 1.—30. T. 19; Gottesferne, R. 20 II; Helden von gestern, Sch. 21; Herrin, R. 21, 55. T. 23; Brüderlichkeit, R. 22; Weltbrand, Gesch. d. Weltkr. 23 II.

Blos, Frau Anna, geb. Tomasczewska, ♕, /, Biogr. Stuttgart, Altes Schloß. (Liegnitz 4|8 66.) **B**: D. Sozialdemokratie u. die Lehrerinnen; Krieg u. Schule, Kom. Frauenarbeit im Krieg 15. **Ue**: s. Blos, Wilh. ()

Blos, Wilh. (Ps. A. Titus, Hans Flux), UB., BA., /, ♕, **Ue**: F, M. d. R., Württ. Staatspräsident a. D. Stuttgart, Altes Schloß. (Wertheim 5|10 49.) **B**: Gesch. d. franz. Revolution 88, 40. T.; D. deutsche Revolut., Gesch. d. deutsch. Bewegg. v. 1848 u. 1849 92, 40. T.; D. Prinzipienreiter, R. 97, 10. T.; Die alten Rothenburger, hist. Tr. 11; König Lustig, hist. Kom. 11; Denkwürdigkeiten e. Sozialdemokraten 14; Die neue Ära 16. **H**: Zimmermann u. a. **Ue**: Buonarroti, Babeuf u. d. Verschwörung f. d. Gleichheit (m. Anna Blos) 09. ()

Blüher, Hans. Charlottenburg, Sybelstr. 26. (Freiburg, Schles. 17/2 88.) **B**: Wandervogel, Gesch. e. Jugendbewegung 12 III; Die Rolle der Erotik i. d. männlichen Gesellschaft 17 II; Die Aristie des Jesus von Nazareth 21; D. Geist d. Weltrevolution 20; D. Wiedergeburt d. Platonischen Akademie 20; Werke u. Tage; In medias res. ()

Blum, Frau Anna (A. Blum-Erhard), VBA., Münch. Schriftst.-Ver., Erz., Roman, ♥, N., Sk., M. München, Winthirstr. 35. (Nürnberg 17|3 67.) **B**: Sommertage, Nn. 08; Das schönste Land, M. 10, 2. A. 18; St. Michaels Schwert, Erz. 17; Geschichten des Großvaters, Erz. 19; Lieselottens Abenteuer mit dem Nähvolk 23.

Blum, Robert, DÖSchG., ○, ○Kritik, Red. v. Wiener Neues 8-Uhr-Blatt, Tagblatt, Sonn- u. Montagsztg., La Rampe (Paris) usw., Direktor des Modernen Theaters, Wien. Wien VII, Schottenfeldg. 21. (ebda 17|4 81.) **B**: Sperrsechserl, Parlamentskathi, Bst. 20; Frauen und ihre Seele, Sp. **Ue**: „La Tendresse" (H. Bataille); „L'Aiglon" (Edm. Rostand); „Les Conquerants" (Charles Mereé); L'Eternel masculin; Notre Passion; La Bataille; L'école des Cocottes (Armont und Gerbidou); L'Insoumise (Claude Farrère); Kiki (André Picard); Jardin des supplices (Octave Mirbeau); L'Heure du Bergor (E. Bourdet); Seul (Duvernois); L'amour masque (Sacha Guitry).

Blum-Erhard, A., s. Blum, Anna.

Blümcke, Ludwig, Roman, Nov., Jugend- u. Volksschrift. Neuwedell, Neumark. (Märk.-Friedland 8|3 77.) **B**: Und dennoch ward es Morgen, N. 12; Förster Bernhards Sommergast, Erz. 13; Hans Klingenbergs Sühne, Erz. 13; Sanitäter-Erlebnis im Feldzug 1914/15, Erz. 15; Als die Russen kamen, Erz. 16; Gebrochene Brücken, R. 16; Aus Trümmern u. Asche, R. 20. ()

Blume, Rudolf, ♂, ♕, Kunst- u. Lit.-♕, Dr. jur., RA. a. D. Freiburg i. B., Talstr. 7. (Karlsruhe 23|10 70.) **B**: Die Quelle der Zimmerischen Chronik u. der Volksbücher vom Faust 13; Die Gestalten in dem ältesten Volksbuch vom Faust u. Staufen i. B. 14; Die Gestalten in dem Faustbuch Widmans u. Staufen i. B. 14; Freiburg i. Br. der Geburtsort der Gemahlin W. A. Mozarts u. des Vaters Karl Maria von Webers 18; Goethe u. das Freiburger Münster 18; Die Beziehungen Goethes zur Geschichte Freiburgs 20. ()

Blumenreich, Heinr., s. Reichert, Heinz.

Blumenthal, Hermann, Roman, Nov., Kritik. Wien I, Wallnerstr. 2. (Bolechow i. Östr. 28|10 80.) **B**: Der Weg d. Jugend, R., 1. u. 2. A. 07; Knabenalter, R. 08, 2. T.; Jünglingsjahre, R. 09; Der Weg z. Reichtum, R. 12; Galizien, Erz., 1.—3. A. 15; D. Herr d. Karpathen, R. 15. **H**: D. Ghettobuch (m. Arth. Landsberger) 14, 10. A.; Das Volk der Ghetto (m. dems.) 16 5. A.; Poln. Judengeschichten, E. 19; Die Abtrünnige, R. 20; Gilgul, R. 22; Ahasver in Wien, R. 23.

Blumenthal, Willy, Schriftsteller, ♥, /, ⁂, Dr. phil., Studienassessor. Berlin NW, Flotowstr. 1. (25|6 94.) **B**: Rausch

u. Abgrund, Sonette 21; Nacht, Bühnendichtung.

Blumtritt, Walter (Ps. W. Weichardt), Verlagsbuchhändler, Hrsg. d. Monatsschr. „Der Bücherwurm“. Dachau b. München, Karl-Theodor-Str. 7. (Jena $^{5}|_{8}$ 78.) H: Deutsche Liebeslieder 09, 6. A. 21; Die Venus in der italienischen Malerei 22.

Blunck, Hans Friedrich, SDS., Nov., Roman, Dr. jur., RegRat. Hamburg 37, Parkallee 35. (Altona $^{3}|_{9}$ 88.) V: Nordmark, Ball. 12; Feuer im Nebel, Nn. 13; Sturm überm Land, G. 16; Totentanz, R. 16, 21; Jan Günt, R. 17, 18; Wanderer, G. 20; Hart, warr ni möd, Ndd. G. 20; Die Frau im Tal, Dr. 20; Hein Hoyer, R. 21; Köst bi Wessels, Dr. (Ndd.) 21; Hillige Hannes, Dr. (Ndd.) 21; Berend Fock, R. 22; Stelling de Witte, R. 23; Märchen 23.

Bluth, Karl-Theodor, ♥, Drama, Dr. phil. u. Dr. med. München. (Berlin $^{5}|_{5}$ 92.) V: Über Novalis 13; Andante 18; Buch der Gnade 19; Dichtungen 23; D. Empörung d. Lucius, Dr. *

Blüthgen, Frau Clara, geb. Kilburger (Ps. C. Eysell-Kilburger), Witwe V. Blüthgens. Berlin W 50, Achenbachstr. 2. (Halberstadt $^{25}|_{5}$ 56.) V: Heimkehr; Goldene Hochzeit, Dr.; Wenn die Schatten wachsen; Träumelinchen; Yolanthe Galiardi; Schlösser im Monde; Götzendienst; Prinzeß Lolotte; Dilettanten des Lasters, R.; Aus der Jugendzeit (Erinnerungen); Königin der Nacht; Lise Buch; Stiefmama; Aus der Art geschlagen, Nn.

Bob, s. Austerlitz, Rob.

Bobeth, Johannes, Deutsche Romantik, Dr. phil., StudR. Löbau, Sa., Hartmannstr. 9. (Leipzig $^{4}|_{3}$ 86.) V: Die Zeitschriften der Romantik 11; Die philosophische Umgestaltung der Pestalozzischen Theorie durch Niederer 13.

Bock, Alfred, Nov., Roman, ○, Dr. phil. h. c. Gießen, Marburger Str. 5. (ebda $^{14}|_{10}$ 59.) V: Irmgard v. Weinsberg 89; Ged. 89; D. alte Jungfer, Lsp. (m. Carl Heine) 90; D. Motten, Sch. (m. dems.) 91; Mörder, Schw. 92; Deutsche Dichter in ihren Beziehungen z. Musik 93; D. Gymnasialdir., Sch. (m. E. Zabel) 95; Aus einer kleinen Universitätsstadt (Gießen), Ess. 96, 2. A. 07; Gerechtigkeit, Sch. 97; Wo die Straßen enger werden, N. 98; D. Prinzess. v. Sestri, Lsp. 99; D. Pflastermeisterin, R. 99, 2. A. 06; Bodo Sickenberg, R. 00; D. Flurschütz, R. 01; Kinder d. Volkes, N. 02; Kantor Schildköters Haus, R. 03; D. Kuppelhof, R. 05 2. A. 06; Hessenluft, Nn. 07, 2. A. 12; Die Pariser, R. 09; Albertine v. Grün, N. 10; Die Oberwälder, R. 12, 2. A. 13; Die harte Scholle, ausgew. Romane u. Nn. 13; D. Grenzgang, Nn. 16; Grete Fillunger, R. 18, 4. A. 22; D. leere Kirche, R. 18, 2. A. 23; Der Schlund, R. 18, 2. A. 19; Der Elfenbeiner 22; Hessische Schwänke 19, 3. A. 20; Schicksal u. Schelme, N. 20.

Boeck, Christian, ASV., ✝, Lit. ♛, Pastor. Bramfeld b. Hamburg. (Heiligenstedten $^{10}|_{8}$ 75.) V: Joh. Hinr. Fehrs 08; Schleiermachers vaterländisches Wirken 1806—13 20. H: Schleiermachers vaterländische Predigten II 19, 20.

Bock, Elfried, Khistoriker, Dr. phil., Kustos b. d. Staatsmuseen. Berlin. (Braunschweig $^{16}|_{10}$ 75.) Florent. u. venez. Bilderrahmen 02; D. deutschen Zeichgn. im Kupferstichkal. d. staatl. Museen zu Berlin 21 II; Handzeichnungen deutscher Meister (mit Max J. Friedländer) 21; Die deutsche Graphik 22; Adolph Menzel 23; Die Radierungen des A. von Ostade 23. *

Bock, Franz, K-♛, Dr. phil., THSchP. Berlin-Steglitz, Brüderstr. 20. (Herford $^{4}|_{8}$ 76.) V: Memlingstudien 00; Die Werke des Mathias Grünewald 04; M. Grünewald 09; Die Neuordnung der Kasseler Gallerie 12; Bismarck u. d. bildende Kunst 15; Krieg u. Kultur 17; Wegweiser für künstl. Jugendpflege 18.

Bock, Friedrich, klass. Ψ, Dr. phil., Dir. d. Stadt-Bibl. Nürnberg, Burgstr. 4. (Ellingen $^{26}|_{5}$ 86.)

Bock, Frau Ida (Ps. Bock-Stieber, Paracelsus, Inge Troll), DÖSchG., /, Nov., Redaktrice im Verlag Ullstein & Co. und des Filmboten. Wien 8, Krotenthallerg. 2. (ebda $^{5}|_{8}$ 75.) V: D. sterbende Amor, N. 03; Der Heimweg, R. 03; Sehnsucht, Einakterzykl. 04; D. Bernhardmädeln, Sch. 04; Vor Torschluß, R. 04; Die Bernhardmädeln, R. 06; Dornröschen, N. 06; Am Glück fast vorüber, R. 08; Der Fall Deinhardstein, R. 09; Schiffbruch im Hafen, R. 10; Stärker denn alles ist die Liebe, R. 10; Wenn das Schicksal will, R. 11; Schuld, R. 12; Licht in der Finsternis, R. 17; Armer Peter, R. 20; Der Weg ins Freie, R. 23.

Böck, Jos., s. Böck-Gnadenau.

Bock, Kurt, DV., Dchtg., ○, R., N., ⁂, lit. Essay, Dr. phil. Berlin NW 87, Elberfelder Str. 24. (Hannover $^{21}|_{1}$ 90.) V: Verse vor Tag, G. 17; Alt-Döbern, G. 18; Berufung d. Weltflüchtigen, Dchtg. Sc. 18; Strophen um Eros, G. 18; Der große Pan, Sch. 19; Das Fenster gen Ost, N. 19; Die weiße Erde, Sc. 20; Stella, Requiem u. Taglied, G. 20; Kalvarien, G. 21; Es ist ein Reis entsprungen, N. 21; Nächtens singt eine Geige, R. 21; Das Gedicht, Wesen u. Gesch. d. Lyrik, 21; L. Uhland, Leben u. Werk 21; Lauter

liebe Wiegenlieder, Slg. 21; Die tote Stadt, G. 23; Die Schwester, N. 23; Heimalei, G. 23. H: Romantik, Zweimonatsschr.; Die Stunde, Halbmonschr.; „Der Strahlenkranz", romant. Bücherei; „Bücher der Flamme", „Bücher der Artusrunde".

Boeck, Kurt, VJ. & S., Länder- u. Völkerkunde, Humor, /, O, Dr. phil., Forschungsreisender, Vortragsmeister, ehem. Kgl. Hofschauspieler. Heiden, Werd 769 (Schweiz). (Antonienhütte $^{10}|_{3}$ 55.) V: Himalaya-Album 95; Ind. Gletscherfahrten 00, 23; Durch Indien ins verschl. Land Nepal 03; In „besseres" Land! 07; Scherzgedichte z. Lichtbildern a. Indien 13; Im Banne des Everest 23.

Bock, Theod. Ferd. (Ps. Ferd. Stieber), Organisation der Wiener Presse, VB., DÖSchV., /, O, Generaldir. d. „Wila", Wiener literar. Anstalt. Wien VIII Krotenthallerg. 2. (Prag $^{27}|_{12}$ 59.) V: Der Übermensch, P. 01; Nimbus, R. 03; Waworina, N. 04; Bitt' für mich!, Dr. 05; D. fremde Herr, Lsp. 06; Ein paar aus dem großen Gewimmel, N. 07; Auferstehung zum Tode, N. 08; Das ewige Irren, N. 09; Das Alderhaus, R. 10; Das neue System, Kom. 11. **Bearb:** Bengt Berg, Heiden, Dr. 12.

Bock, Werner, Lit.♛, Kunst♛, Belletristik, ✠, Dr. phil. Gießen, Hessen, Marburger Str. 5. ($^{14}|_{10}$ 93.) V: Die ästhetischen Anschauungen Wielands 21. ()

Böck-Gnadenau, Jos. (Pseudon. für Jos. Böck), PA., CP., ✠, /, Ministerialbeamt. i. R., Sekr. d. D. Schillerstiftg., Red. Wien $^{3}|_{1}$, Hauptstr. 13. (ebda $^{16}|_{3}$ 59.) V: Gutenberg-Buch, 2. A. 98; Beethov. i. Döbling 89, i. Heiligenstadt 90; Ungedr. Briefe v. Hamerling 97/01; Nußknacker u. Mausekönig, WeihnSp. 03; Missions Naz, E. 06.

Bock-Stieber, s. Bock, Ida.

Böckel, Fritz, ⚥, ✉, ästhet. Essay, Dr. jur., RA. u. Notar. Jena, Wildstr. 4. (Weimar $^{12}|_{8}$ 78.) H: Detlev v. Liliencron im Urteil zeitgenössischer Dichter 04. V u. H: Detlev v. Liliencron, Erinnerungen u. Urteile 12; u. a. ()

Bockemühl, Erich, ASV., Dchtg. Drevenack b. Wesel. (Bickenbach, Bez. Köln, $^{13}|_{8}$ 85.) V: So still in mir, G. 11; Worte mit Gott, G. 13; Mutter, Sk. 20; Jesus, Erz. 20; Die Jahreszeiten, Sk. 21; Musik der Träume, G. 22.

Boeckh-Arnold, Frau Ella, Arzt-Gattin. Cannstatt i. Wttbg. (Pforzheim, Bad. $^{10}|_{10}$ 80.) V: Lieb ist Wunder, R.; Die Reise nach Jerusalem u. a. Erz.; Das große Sehnen, R.; Haus Vanloor, R.; Sieben Freundinnen, Erz.; Schwarzwaldgeschichten.

Böckler, Otto Heinrich (Ps. O. Heinr. Johannsen), PA., Politik, O, /, ♛, Erster Red. Berlin, Teltower Str. 22. (Oranienburg $^{23}|_{8}$ 67.) V: Jatschko v. Köpenick, Dr., 3. A. 99; D. letzte Schlacht, Dr. 03; Markgraf Waldemar, Dr. 04; u. zahlreiche histor. HeimatErzn., darunter: D. Kösliner Mutwillen 08; D. Mönche v. Belbuk 09, 2. A. 10; D. Stahlhans vor Berlin 10; Ritter Dutschmann in Bautzen 11; In der Nacht v. Hochkirch 11; D. Flucht vom Königstein 11; D. Herrin v. Tharandt 12; E. Meißener Weinprobe 12; Aus bösen Tagen d. Pleißenburg 12; Einquartierg. 13; Gedichte aus dem Sachsenlande 14; Gedichte aus eiserner Zeit I—IV 15; Zu Trost u. Trutz, Zeitg. 19; versch. Festspiele 20; Brandenburgische Ged. 21.

Bockwitz, Hans, Buch- u. Ztgwesen, Dr. phil., Dir., Assist. u. Biblioth., Deutsch. Buchmuseum. Leipzig, Zeitzer Str. 14 I. (Waldheim i. Sa. $^{4}|_{9}$ 84.) V: J. J. Gourds philos. System 11. H: Dokumente des Zeitungswesens Nr. 1—5 20ff.; Mitt. d. Verb. dtsch. Kriegssammlungen, Jg. 2, 3 20/21; Zeitungsgesch. Mitteilungen, Jg. 1, 2 21/22; Lit. Wegweiser für Buchwesen u. Schrifttum, Jg. 1 24. **Ue:** Stendhal.

Boeddinghaus, Paul (Ps. Paul Jörg), ✠. Elberfeld, Katernberg 147/49. (ebda $^{8}|_{3}$ 77.) V: Chrysanthemen-Blätter 03; Spielmannsträume 09; Gekrönte Stunden 12. ()

Bode, Julius Karl Wilhelm, relig., vaterl. u. freimaurerischer Schriftsteller, Pastor prim. an St. Ansgarii zu Bremen. (Lüneburg $^{4}|_{10}$ 76.) V: Im Lichte leben 07; Von Gott u. Gottes Offenbarung 08; Von Maurers Wollen u. Denken, Red. 10; Lebensauffassung u. Lebensgestaltung 11; Am Altar der Wahrheitssucher 13; Fünf Bände Kriegspredigten 15/16; Wodan u. Jesus 20, 2. A. 21; Vom Geisteserbe deutscher Heldenväter 20, 2. A. 21; Der Wille zum deutschen Morgen 21, 1.—3. A.; Der deutsche Wald u. die deutsche Seele 23.

Bode, Rudolf, Körpererziehung, Rhythmus, Dr. phil., Leiter d. Bodeschule f. Körpererziehung. München, Schloß Nymphenburg, Kavalierbau II. ($^{3}|_{2}$ 81.) V: Aufgaben u. Ziele der rhythmischen Gymnastik 13, 2. A. 22; Ausdrucksgymnastik 22, 2. A. 23; Rhythmus u. Körpererziehung 23. *

Bode, Wilhelm v., K-♛, Dr. phil., WGR., Exz., Gen.-Dir. d. Kgl. Museen a. D., Direkt. d. Kaiser-Fr.-Museums in Berlin. Charlottenburg, Uhlandstr. 4/5. (Kalvörde, Braunschw. $^{10}|_{12}$ 45.) V: Stud. z. holländ. Malerei 82; Gesch. d. deutsch. Plastik 85; Ital. Bildhauer d. Renaiss. 87; Ill. Katal. d. Skulpturen christl.

Epochen i. Berl. Mus. 88; Bilderlese aus kleiner. deutsch. Gemäldegal. 87ff.; Handb. d. ital. Plastik 91, 7. A. 22; Toskan. Renaiss.-Skulptur 92ff.; Rembrandt, Beschreib. Verz. s. Gemälde m. den heliograph. Nachbildgn., Gesch. s. Leb. u. s. Kunst 97ff. VIII u. Suppl.; Mod. Kunst u. Kunsthandwerk a. d. Wende d. Jahrh. 01; Handb. d. vorderasiat. Knüpfteppiche 01, 2. A. 14; Handb. d. ital. Hausmöbel d. Renaiss. 02; Florent. Bildhauer d. Renaiss. 02, 4. A. 21; Ill. Katalog d. ital. Bronzen im Kais.-Fr.-Mus. 04, 3. A. 14; Rembrandt u. seine Zeitgenossen 06, 2. A. 07; D. ital. Bronzestatuetten d. Renaiss. 07ff. III, kleine Ausg. 23; Anfänge d. Majolikakunst in Toscana 11; D. großen Meister d. holländ. u. fläm. Malerei 16, 4. A. 21; Sandro Botticelli 21, 2. A. 23; Adam Elsheimer 20; Leonardo 21; Adr. Brouwer 23.

Bodemer, Horst. Oberuf, Post Zimmersrode, Bez. Kassel. (Freiberg, Sa. $^{8}|_{4}$ 75.) **B:** Die goldene Frucht, 250. A. 17; Das deutsche Blut, 60. A. 17; Der wilde Bussow, 20. A. 19; Kupplerinnen 20. A. 20; Die Kartenlegerin, 5. A. 20; Der silberne Adolf, 15. A. 20; Die schöne Polin, 1.—20. A. 21; Und laßt uns wieder von der Liebe reden, R. 24; u. a. Romane, auch pol. Broschüren. ()

Bödewadt, Jacob, Politik, Kultur- u. Lit.♛, Hrsgb. d. „Neuen Tondernschen Zeitung". Tondern, Dänemark. (ebda $^{30}|_{3}$ 83.) **B:** J. H. Fehrs 13; Weltkrieg u. Niederdeutschtum 15; Timm Kröger 16. **H:** Holstenart 13, 10. T. 14; J. H. Fehrs' Ges. Dichtungen I—IV 13; Kl. Groths Briefe über Hochdeutsch u. Plattdeutsch 14; Timm Krögers Nov., Gesamtausg. I—VI 16; Timm Kröger, Auswahl 19; Timm-Kröger-Gedenkbuch 20; Zwischen zwei Meeren, 25 Dichter d. Nordmark 20, 10. T. 21. ()

Bödewadt, Frau Ingeborg, geb. Andresen (Ingeborg Andresen), Novell., Roman, ☉, /. Tondern, Dänemark. (Witzwort in Eiderstedt $^{30}|_{1}$ 78.) **B:** Hinter Deich u. Dünen, Geschichten aus Nordfriesland 07, 2. A. 08; Vörspann, plattd. Einakter 21. ()

· **Bodewig,** Frl. Gertrud, DB., Drama, Dr. med., Ärztin. Bonn (Rheinprovinz), Argelander Str. 15. (Brühl b. Cöln $^{16}|_{1}$ 91.) *

Bodisco, Frau Theophile v. Reval, Estland, Gogolpromenade 1. (ebda $^{15}|_{8}$ 73.) **B:** Im Hause d. alten Freiherrn, R. 12, 3. A. 20; D. Kirchspiel v. St. Lucas, R. 15, 3. A. 21; Aus e. verklingenden Welt, R. 20, 3. A.; Dostojewski als religiöse Erscheinung (Exegese) 21; Dorothee u. ihr Dichter, R. 23.

Bodman, Emanuel Frhr. v., SDS., ☉, ✠, Nov., /. Gottlieben bei Konstanz. (Friedrichshafen $^{28}/_{1}$ 74.) **B:** Erde, e. Gedichtb. 96; Neue Lieder 02; Die Krone, Sinnsp. 04; Erwachen, N. 06; Donatello, Tr. 07: Der Fremdling v. Murten, Tr. 07; Der Wandrer u. d. Weg, G. 07; D. heimliche Krone, Tr. 09; D. hohe Seil, Nn. 15; Schicksal u. Seele, Rede in die Zeit 18; D. Gesammelten Werke 23.

Bodmer, Hans, deutsche Lit.♛, Dr. phil., Präsident d. Lesezirkels Hottingen, Lit.-Ges. in Zürich. Zürich, Gemeindestr. 4. (ebda $^{15}|_{9}$ 63.) **B:** D. Gesellschaft d. Maler in Zürich u. ihre Diskurse (1721 bis 1723) 95. **MitH:** J. J. Bodmer, Denkschrift z. 200. Geburtstag 00. **H:** Zschokkes Werke (Gold. Klassiker-Bibl.) 10.

Böe, Aug., ♛, ✠, Rekt. a. D. Hamburg 30. (Lunden $^{27}|_{8}$ 54.)

Bohatta, Hanns, (k.), klass. u. orient. Ψ, Dr. phil., HofR., ObBibl. i. R. Wien III/2, Gärtnerg. 12. (ebda $^{2}|_{12}$ 64.)

Böhlau, Helene geb., verw. Frau al Raschid Bey, Rom., Nov. München, Seestr. 3c. (Weimar $^{22}|_{11}$ 59.) **B:** Ratsmädelgeschichten; D. Rangierbahnhof; Neue Ratsmädel- u. Altweimarische Geschichten; Im Garten d. Frau Maria Strom; Das Brüller Lager, R., 2. A. 98; Das Halbtier, R. 99, 4. A. 02; Sommerbuch, neue Altweimar. Gesch. 02; Die Kristallkugel, Altweimar. Gesch., 1.—3. A. 03; Das Haus zur Flamm', R. 07; Isebies, R. 11; Der gewürzige Hund, R. 14; Gesamtausgabe 14ff. u. v. a. ()

Böhlen, P. Hippolytus, OFM., AB., Rektor u. Redakteur. Hadamar, Westerwald, Kr. Limburg, Franziskaner-Studienheim St. Ludwig. (Dössel i. W. $^{21}|_{8}$ 78.) **B:** Kampf u. Sieg, Dr. 08; St. Joh. a Capistrano, Dr. 09; Des Königs Sturz, Dr. 11, 2. A. 20; Ums Erbe des großen Konstantin, Dr. 12; Die Franziskaner in Japan 12; Eine Jugend voll Sonne, R. 20, 6.—10. T. 21; Sonntagsstimmen 21. **H:** Jungmännerapostolat; Dem Herrn entgegen; Terziarenzeitung; Antoniuskalender.

Böhler, Marie, s. Nippoldt, M.

Böhlje, Georg (Ps. Sadi Sarnen), ✠, Epik, Kaufm. Hannover, Höltystr. 19. (Halstrup i. Old. $^{8}|_{8}$ 67.) **B:** E. Stimme vor dem Sturm 05; Das Bild des Lammes 06; Stimmen der Höhe 07; Funken vom Heimatsherd 08.

Böhm, Franz Joseph, /, Obmann d. Anzengruber-Komitees. Mürzzuschlag, Steiermark. (Wien $^{29}|_{7}$ 74.) **B:** Gedenkblätter an Ludw. Anzengruber 15; Ungedrucktes von L. Anzengruber. ()

Böhm, Friedrich (Ps. Fritz Böhm), ✠. Großwöhlen 102 (Sonnenhügel), P.

Bensen, Nordböhmen. (ebda $^{6}|_{9}$ 92.) **B:** Über das Leben, Son. 20; Im Wandel der Liebe, G. 22. *

Boehm, Fritz, antike Religionswiss., Dr. phil., StudR., Hrsg. d. „Zeitschr. d. Ver. f. Volkskunde". Berlin-Pankow, Parkstr. 12d. (Berlin $^{3}|_{9}$ 80.) **B:** De symbolis Pythagoreis 05; D. Schrift des Giraldi üb. d. pythagoreischen Symbole 13.

Böhm, Gottfr. Ritter v., ○, StaatsR. i. a.o. D., bayr. Minister-Resident a. D., Exz. Nördlingen, litt. A. 15. (Nördlingen $^{27}|_{10}$ 45.) **B:** Art läßt nicht von Art, Lsp. 73; Die Freier, Dr. 73; In Gedanken, Wort und Werken, Lsp. 73; Ein Sternchen, Schw. 77: Landsknecht mit dem einäug. Wams, N. 78; Frühlingsschauer, Sch. 81; Herodias, Sch. 83; Der Blender, Sch. 86; Phil. v. Jolly, e. Lebensb. 86; D. Glück der Erde, N. 90; Reichsstadtnovellen 91; Porträt d. Pompadour; L. Wekhrlin 93; Dämmerstunden, Sch. 94; Ines de Castro, Tr. 95; Der Märtyrer, Sch. 01; Die Sonne, Sch. 02; Rischjahringa, Sch. 09; Onkel Ditz, Lsp. 20; Ludwig II., sein Leben u. seine Zeit 22. **Ue:** Chines. Lieder 73.

Böhm, Hans, ✠, Dr. phil., GymnOberl. Berlin W 15, Ludwigkirchplatz 9 (Cöln $^{18}|_{4}$ 76.) **B:** Gedichte 06; Neue Gedichte 21. **Ue:** El. Barrett-Browning, Portugies. Sonette 11, 4. veränd. A. (engl.-deutsch) 23.

Boehm, Max Hildebert, SDS., ∴, Politik (Grenzdeutschtum u. Außenpolitik), Dr. phil., Leit. d. „Arbeitsstelle f. Nationalitätenprobleme" beim „Politischen Kolleg". Spandau, Johannesstift. (Birkenruh, Livl. $^{16}|_{3}$ 91.) **B:** Natur u. Sittlichkeit bei Fichte 14; Die Krisis des deutsch-balt. Menschen 15; Der Sinn d. humanist. Bildung 16; Kl. polit. Wörterbuch 19, 2. A. 20; Ruf d. Jungen 20, 2. A. 21; Körperschaft u. Gemeinwesen 20; Europa irredenta 23. **H:** Grundbegriffe d. Politik. **MitH:** Die Neue Front 22.

Böhm, Maximilian, ⚘, StudR. Berlin-Friedenau, Handjerystr. 72. (Wenden, Livl. $^{18}|_{9}$ 59.) **B:** Deutsch. Lesebuch; Lettische Schwänke u. verwandte Volksüberliefergn. 11; Die Letten 17. **Ue u. H:** Lettische Märchen 24.

Böhm, Otto (Otto Boehn), Gen. dram. Schriftst., /, Kritik, ⌂, Drama, Baurat, Ingenieur, Generaldirektor, Verwaltungsrat usw. Wien, Obere Donaustr. 93. ($^{22}|_{8}$ 79.) **B:** Wege zur Freimaurerei 22; Der neue Motor, Sch. 24. *

Böhm, Wilhelm, SDS., Deutsche Lit.♛, ∴, Dr. phil., StudR. Berlin NW, Alexander-Ufer 6. (ebda $^{24}|_{12}$ 77.) **H:** Hölderlins ges. Werke 05, 4. A. 24 IV; dess. ausgewählte Briefe 10, 2. A. 24 I; Hölderlin, Leben, Werke u. Briefe 24 I.

Böhm, Willibald (Pf. Ernst Seltsam, Sirius, Hagen), ✠, /, ✓, ✠, Kritik, Volksschriften, Oberlehr. Strobenitz bei Budweis. (Wodnian $^{29}|_{10}$ 75.) **B:** Sie schreiben?! Bilder u. Erz. 97; Aus dem Böhmerwalde, Volkserz. 98; Wer war's? Volkserz. 99; Aus freien Stunden, Erz. 01; Die Böhmerwaldschriftsteller d. Gegenwart 04; Die Stadt Budweis, Orts- u. Volkskunde 04; Kleine Heimatkunde 13; Tief im Böhmerwalde, Erz. 13; Zur Schulbücherfrage 14; Südböhmen, Heimatkd. 21; Doktor Faustus, Zbr. 22; Ein edles Bauernherz, Volkserz. 23. **MitH:** Deutsch. Leseb. f. Volksschulen 20; Deutsches Leseb. f. Bürgerschulen 21.

Böhme, Fritz, RP., SDS., Lit.♛, Kultur ♛, ✠, Tanz, Schriftl. d. „Deutschen Allgemeinen Zeitg." (Blg. „Lehren und Lernen"). Berlin W 57, Bülowstr. 61. (Berlin $^{10}|_{5}$ 81.) **B:** Vom musiklosen Tanz 21. **Bearb:** O. Desmond „Rhythmographik (Tanznotenschrift)" 19. **H:** Th. Storm, Spukgeschichten u. a. Nachtr. z. s. Werken (sämtl. Werke Bd. IX) 13.

Böhme, Frau Margarethe, Roman, Nov., /. Berlin NW, Flotowstr. 4. (Husum $^{8}|_{6}$ 69.) **B:** Fetisch 04; Anna Nissens Traum 14, 6. A.; Dida Ibsens Geschichte, Finale z. Tageb. e. Verlor. 07, 70. A.; Sarah v. Lindholm 14, 8. A.; Treue 14, 40. A.; Kriegsbriefe d. Familie Wünnel 15, 3. A.; Siebengestirne, R. 16, 3. A.; Millionenrausch 19, 70 A.; Die grüne Schlange 20, 10. A.; Käte Loraux, 10. A.; Narren des Glücks, R. **H:** Tagebuch einer Verlorenen 05, 600. A. ()

Böhme, Richard, Dr. phil., Okt. 97 bis Sept. 20 Red. d. „Deutsch. Literaturzeitg.". Berlin-Friedenau, Büsingstr. 13. (Berlin $^{18}|_{11}$ 62.) **H:** Fr. Hebbels Werke, Ausw. 91 VIII; Frdr. Rückerts Werke, Ausw. 97 VI. ()

Böhme, Volkmar, s. Schäfer, Moritz.

Böhmer, Curt, PA., DB., ✠, ○, ✠, /, Librettist. Dresden-Blasewitz, Polenzstr. 24. (Leipzig $^{22}|_{10}$ 80.) **B:** Wunschring, Zbr.M. 16; König Frohmut, Sgsp. 17; Mit dem Leben, G. 18; Prinzeß Amira, Sc. 19; O holder Mai, Lr. (m. R. Schmalnauer) 19; Carneval, Erz. 20; Leo Larsson, F. 20; Anitra, F. 20; D. goldene Tor, Pant. (m. A. Brügmann) 21; Christwunder, M. (m. W. Czernik) 22; Ishioma, Pant. (m. Dr. R. Rosenberg) 22; Von Träumen umsponnen, G. 22; Soleidas bunter Vogel, O. (m. M. Donisch) 23; Frühlingsstimmen, Lr.

(m. G. Liebling) 23; Schlagende Herzen, Lr. (m. Th. Haslinger) 23.

Böhmer, Frl. Emma, SDS., Roman, Märchen. Berlin W, Fasanenstr. 49. (Lüneburg $^{22}|_{2}$ 64.) **W**: Sehnsucht, R. 00; Hinauf, R. 00; Inkorrekt, R. 01; Bergesgipfel, R. 02; Ehe-Intermezzo, R. 03; Moderne Monologe, Lyrik 05; Das Lied ist aus, R. 05; Wenn die Sonne untergeht, R. 08; Im Sanatorium, R. 12; Meister Josef, M. 12; Freie Sklavinnen, R. 15; Witzenspitzel, MSp. 18; Im Monatsreigen, M. 20.

Boehn, Max v., ♕, ✍. Berlin W 50, Neue Ansbacher Str. 5. (Potsdam $^{5}|_{2}$ 60.) **W**: Span. Reisebilder 04; Die Mode, Menschen u. Moden im 16., 17., 18. u. 19. Jahrh. 07—23; Giorgione u. Palma Vecchio 08; Toledo 10; Guido Reni 10; Biedermeier 11; Bernini 12; Miniaturen u. Silhouetten 17; Bekleidungskunst u. Mode 18; Modespiegel 19; Rokoko, Frankreich im 18. Jahrh. 19; England im 18. Jahrh. 20; Spitzweg 20; Das Bühnenkostüm 21; Deutschland im 18. Jahrh. 22.

Boehn, Otto, s. Böhm, Otto.

Bohnenberger, Karl, deutsche Ψ, Dr. phil., o. UP., Hrsg. d. „Württemb.-Hohenz. Blätter f. Volkskunde". Tübingen. (Riedbach $^{26}|_{8}$ 63.) **W**: Zur Gesch. d. Schwäb. Mundart im 15. Jahrh. 92; D. altindische Gott Varuna 93; Volkstüml. Überliefergn. in Württemberg 04; D. alemann.-fränkische Mundartgrenze 05; D. Mundart der deutschen Walliser 12; Die Ortsnamen Württbgs. 20; Die Mundart d. sw. Württbg. 21. ()

Bohnenblust, Gottfr., SES., dtsche. u. klass. Ψ, ⁂, ✠, o.ö. Prof. a. d. Univ. Genf u. Lausanne, 2 Av. d. Vollandes. Genf. (Bern $^{14}|_{8}$ 83.) **W**: Beitr. z. Topos *περὶ φιλίας* 05; Gedichte 12; Kunst u. Nat. 15; Vaterld. Erziehg. 15; Demokr. u. Individualismus 17; Probl. d. Originalität 20; Spitteler Rede 20; Adolf Frey 21; Le génie classique et la poésie allde; La poésie de la Suisse allde et l'idéal helvétique 21: A-Dur, G. 22; Goethe u. Pestalozzi 23. **H**: Leutholds Ges. Dchtgn., krit. Ausg. III 14; Röseligarten, Schweiz. Volksldr., Klavierausg. II 14, 6. A. 23; Gotthelfs Werke, krit.-kom. Ausg. Bd. X 15; O mein Vaterland, Liederlese a. d. 14.—20. Jahrh. 1919; Adolf Frey, Lieder u. Gesichte, ausgew. u. eingel. 22 (F. Meyers Amulett u. A. Borgia, eingel. 22); Lieder u. Canons 05, 17, 23 op. 1—13.

Bohner, Theodor, VB., Prosaerzählung, Dr. phil., Studiendirektor, Stadtverordneter. Magdeburg, Brückstr. 1. (Abokobi, Goldküste, Westafrika $^{6}|_{7}$ 82.) **W**: Auf allen Straßen, R.: I Kwabla 19, 4.—6. A. 22; II Der Weg zurück, 1.—3. A. 22; Lachendes liebendes Rom, R. 21. *

Bohrke, Alwin, ASV., Epigramme Sprüche, Aphorismen, Satiren, Skizzen, Lehrer u. Schriftst. Cronau, Kr. Lötzen, Ostpr. **W**: Gedanken e. Grüblers (Epigr., Aphor. usw.) 21.

Bohs, Arnold, /, ⊙, ✍, Nov., ✠, ⊞, ⚔, ⚓, Red. Charlottenburg, Bismarckstr. 18. (Memel $^{8}|_{7}$ 56.)

Bojan, Willy, s. Steckel, Wilh.

Bojunga, Klaudius, ⊠, Ψ, ✠, Dr. phil., Oberstudiendirektor. Frankfurt a. M.-Süd, Gartenstr. 59. (Hannover $^{17}|_{6}$ 67.) **W**: Die Entwicklung d. nhd. Substantivflexion 90; Leitfaden d. deutsch. Sprachl. 02, 4. A. 22; Schiller als Verkörperung d. Hochziele d. deutsch. Volks 05; Grundriß d. deutsch. Sprachlehre 11; D. deutsche Sprachunterricht auf höh. Schulen 17; D. dtsche. Sprachunterricht 21; Dtsche. Sprache u. dtschs. Volkstum 21. **H**: Die deutsch. Dichter d. Neuzeit u. Gegenwart (begonnen v. Leimbach) 83—09 X; Dtschs. Lesebuch f. höh. Mädchensch. (m. Leimbach, Lentz, Tesdorpf) 03—05 VIII, 6. A. 13; dasf., Ausg. f. Mädch.-Mittelsch. (m. Lentz u. Tesdorpf) 07—08 IV; Gedichtsammlg. f. höh. Schulen 12; Deutschkunde u. Deutschunterricht VII 17ff.; Deutschkundliche Lateintexte IV 22ff.; Lat. Lieder fahrender Schüler 22; Ekkehards Waltherlied 23.

Boldt, Johannes, ASV., SDS., ⊙, Rom., Nov., Skizze, Zollinspektor. Hamburg, Wrangelstr. 36. (Blankenese $^{14}|_{4}$ 85.) **W**: Zwang, Sch. 12; Grimassen, Schwarzweißgeschichten 12; Die kluge Frau, R. 13; Vertrauen, Kom. 18; Renaissance-Novellen 21; Überraschungen, N. 21; Iwan Kuklinow, R. 23.

Bolhoevener, Karl, PA., Kunst- u. Kultur♕, **Ue**: EFIS. Gollenshausen am Chiemsee, Post Eggstätt, O.-Bay. (Schwerin i. M. $^{14}|_{1}$ 67.) **Ue**: Serao, Schlaraffenland, R. 04; Neera, D. Amulett, R. 04; Whitman, Deutsche Erinnerungen 12.

Bollert, Martin, Lit.♕, Bibliotheksv., Prof., Dr. phil., Dir. d. Sächs. Landesbibl. Dresden, Japanisches Palais. (Frankfurt a. O. $^{11}|_{10}$ 76.) **W**: Kinkels Kämpfe um Beruf u. Weltanschauung 13; Freiligrath u. Kinkel 16.

Bölsche, Wilhelm, Naturwissensch., /, Ästhetik, Roman. Schreiberhau i. R., Villa Carmen. (Köln $^{2}|_{1}$ 61.) **W**: Entwicklungsgesch. d. Natur; Darwin; Liebesleben in d. Natur; Von Sonnen und Sonnenstäubchen; Vom Bazillus z. Affenmenschen; Haeckel; Goethe; Eroberung d. Menschen; u. v. a. **H**: Werke

v. Heine, Hauff, Humboldt, Büchner, Wielandt, Novalis, Goethe u. a. ()

Bolt, Niklaus, SES., ○, Nov., ev. Pfarrer. Lugano, Kt. Tessin, Schweiz. (Lichtensteig $^{16}|_{8}$ 64.) B: Peterli am Lift 07, 21. T. 19; Daisy 09; Svizzero 12, 35. T. 21 (alle deutsch. u. franz.); Allzeit bereit 16, 10. T. 17; Kaspar Roüst, Bilder a. d. Reformat.-Zeit u. Renaiss. 18; Jochem der Jungbursche 20. Jetzt bin i halt a Buob, Erz. 22.

Bolte, Johs., ♛ d. Dramas u. d. erz. Dchtg., Dr. phil., Prof., Geh. StudR. Berlin SO, Elisabethufer 37. (ebda $^{11}|_{2}$ 58.) B: De monumentis ad Odysseam pertnentibus capita selecta 82; D. Bauer i. deutsch. Lied 90; Die Singspiele der engl. Komödianten 93; Das Danziger Theater i. 16. u. 17. Jahrh. 95; Anmerkungen zu den Märchen der Br. Grimm 13/18 III; Name u. Merkmale des Märchens 20; Zeugnisse zur Geschichte der Märchen 21. H: B. Krügers Spiel v. d. bäur. Richtern 84; Strickers Drama de düdesche Schlömer 89; Gnapheus, Acolastus 91; Naogeorgus, Pammachius 91; Mucedorus, übers. v. L. Tieck 93; Betulius, Susanna 93; Val. Schumanns Nachtbüchlein 93; D. schöne Magelone, übers. v. B. Warbeck 94; R. Köhler, Aufsätze üb. Märchen 94; Niederdeutsche Schausp. ält. Zeit 95; Freys Gartengesellschaft 96; Wetzels Reise d. Söhne Giaffers 96; Macropedius, Rebelles und Aluta 97; Reinh. Köhlers kl. Schriften 98/00 III; Montanus, Schwankbüch. 99; Veterator u. Advocatus 01; Wickrams Werke I/VIII 01/06; Guarnas Bellum grammaticale u. seine Nachahmungen 08; Zeitschr. d. Vereins f. Volkskunde XII/XX 02/10; Volksbuch vom Finkenritter 14; Nicolais Volksliederalmanach 18.

Bömer, Alois, Ψ, Dr. phil., Prof., Dir. d. UnivBibl. Münster i. W. (Immichenhain $^{31}|_{7}$ 68.) B: De correptione vocabularum natura cambicorum Terentiana 91; D. latein. Schülergespräche d. Humanisten 97/99 II; Katalog d. Bibliothek d. Vereins f. Gesch. u. Altertumsk. Westfalens (Abt. Münster) 98; Histor.-geograph. Register zu Bd. 1—50 d. Zeitschr. f. vaterl. Gesch. u. Altertumsk. Westfalens 03/06 III; Anstand u. Etikette nach den Theorien d. Humanisten 04; D. litter. Leben in Münster bis z. endgült. Rezeption d. Humanismus 06; Eine Vagantenliedersammlg. d. 14. Jahrh. i. d. Schloßbibliothek zu Herbringen 07. H: Joh. Murmellius, Ausg. Werke 92/95 V; Frid. Dedekindus, Grobianus 02; D. Pilgerfahrt d. träumenden Mönchs nach der Berleburger Handschrift 15.

Bommerich, Friedr. Jos., s. Decker, Fritz.

Bomsdorff, Frau Emmy v., geb. Leibing (Emmy v. Bomsdorff-Leibing), ASB., ✠. Leipzig, Inselstr. 18 II. (ebda $^{16}|_{2}$ 86.) B: Deutscher Heldengeist im Weltkrieg, G. 16; Vaterländ. Glückwünsche, G. 16; In Verblendung, R. 17; Zwischen Deutschland u. Amerika, R. 18; Masken des Lebens, R. 20. ()

Bondoux, s. Fuchs, Wilh.

Bondy, Josef Adolf, SDS., BP., RP., ✠, /, Dr. phil., Chefred. u. Theaterkritiker der „NationalZtg." (8-Uhr-Abendblatt). Nikolassee b. Berlin, An der Rehwiese 13. (Prag $^{23}|_{6}$ 76.) H: Neue Revue 07—09. ()

Bongardt, Hans, Roman, Dr. Hildesheim, Krähenberg 10. (Bornheim $^{28}|_{4}$ 76.) B: D. Rappenhof, R. 11, 2. A. 14; Der alte Berns, R. 13, 6. T. 14; D. Finkenbauer, R. 19; Schwarz-rot-gold, R. 20, 6. T. 21; Der Marder u. a. Tiergeschichten 23.

Bonin, Frau Anna v., geb. v. Zanthier (Ps. Hans Werder), DSch., Rom. Schönwerder b. Dölitz, Pommern. (Gr. Wunneschin $^{8}|_{9}$ 56.) B: Junker Jürgen, R. 88, 12. A. 11; Circe, R. 89, 3. A. 99; Der wilde Reutlingen, R. 91 II, 3. A. 10; Frühlingsstürme, N. 02; Im Burgfrieden, R. 05 II, 3. A. 11; Tiefer als d. Tag gedacht, R. 07 II, 5. A. 09; Licht in der Ferne, R. 12; Die Meistergeige, R. 14; An rauschenden Wassern, R. 23. ()

Bonin, Elsa v., Belletrist., Dr. jur., Rittergutsbesitzerin auf Schloß Brettin b. Genthin, Bez. Magdeburg. (Berlin $^{14}|_{10}$ 82.) B: Das Leben der Renée von Katte 11; Die Versuchungen des Herzens 20; Nov. u. a. in Ztschrftn.

Bonn, Emma, SDS. Feldafing am Starnberg. See, Oberbay. (Neuyork $^{6}|_{2}$ 79.) B: Die Verirrten, 2 Nn. 19; Die Mündung, R. 19, 2. A. 20; D. blinde Geschlecht, R. 23; Nov. in verschied. Ztschr.

Bonn, Ferd., ○, Schauspieler. Bonnschlößl, Bernau, Oberbay. (Donauwörth $^{20}|_{12}$ 61.) B: D. junge Fritz, Sch. 98; Kivoto, P. 99; Anna Helene, Dr.; Geschichtsbild a. d. Leben Friedrichs d. Gr.; Edles Blut, Sch. (m. Th. v. Trotha) 01; Andalosia, dram. G. 06; Sherlock Holmes, Detektiv-Kom. 06; D. Hund v. Baskerville, Sch. 07; Ludwig II., Tr. 07; D. Pastorssohn, Sch. 08; 2 Jahre Theaterdirektor 08; Ges. Werke, 4 Bde.; Mein Künstlerleben 20; u. v. a.

Bonne, Georg, SDS., ✠, soz. Hyg., ✠, Dr. med., SanR., GenObArzt a. D. Klein-Flottbek, Prov. Schl.-Holst. (Hamburg $^{12}|_{8}$ 59.) B: Kampfgesänge u. Friedensklänge 91; Im Kampf um d.

Ideale, R. 10, Volksausg. 14; Lieder d. Arbeit 15; Vorwärts mit Gott, Lr. an mein Volk 15; Der Tempel d. Schönheit, Sch. 15; Heimstätten f. unsere Helden! 15; Osterglocken, Heimatklänge, Suchende Liebe, Dchtgn. 16; Herzog Magnus v. Livland, Sch. 18; Neuland, Sch. 22; u. a.

Bonsels, Waldemar, ❦, Roman, O. Ambach a. Starnberg. See. (Ahrensburg, Holst. $^{21}|_{2}$ 81.) **B**: Ave vita (Leben, ich grüße Dich!), R. 05, 80. A.; Das Feuer, Dchtgn. 07; Blut, R. 08, 60. A.; D. tiefste Traum, R. 11, 56. A.; Wartalun, R., 114. A.; Die Biene Maja u. ihre Abenteuer, R. f. Kinder 12, 559. A.; Das Anjekind, R. 13, 100. A.; Himmelsvolk 15, 400. A.; Indienfahrt 16, 306. A.; Menschenwege 18, 190. A.; Eros und die Evangelien 20, 120. A.; Narren und Helden, R. 23; Weihnachtsspiel, dr. Dchtg. 23.

Bonus, Arthur. Taufkirchen, Post Unterhaching bei München. (Neu-Prussy, Westpr. $^{21}|_{1}$ 64.) **B**: Zwisch. d. Zeilen I 95, 4. A. 00, II 99, 2. A. 00; Deutscher Glaube 97, 2. A. 00; Von Stöcker zu Naumann 97; Der Gottsucher 98; Religion als Schöpfung 02, 4. A. 09; V. Kulturwert d. deutsch. Schule 04, 2. A. 06; Der lange Tag, Meditationen 04; Rätsel, 2 Bde. 06—08; Isländerbuch, altisl. Bauern- u. Königsgeschichten I, 4. A. 21, II, 3. A. 21, III, 2. A. 21; Isländerbuch, Ausw. f. d. Jugend, 1.—5. A. 08; Die Kirche 09; Wider d. Irrlehre d. Oberkirchenrats 11; Zur religiösen Krisis, 3 Bde. 11—12; Religion als Wille 15; Das Olafbuch (m. B. Bonus) 21; u. a.

Bonus, Frau Beate, geb. Jeep. Taufkirchen, Post Unterhaching b. München. (Konstanz.) **B**: Malergeschichten, 1. bis 3. A. 01; Kasperl-Bilderbücher (m. Carlo Böcklin) I—IV 11; Sieben Geschichten vom Sande 12; Das Olafbuch.

Booz, Ernst Oskar, /, Lit.♛, ❦, Kommunalwissenschaft, Sozialpolitik, Dr. phil. et rer. pol., Bürgermeister in Bühlertal. Merzhausen bei Frbg. (Baden). (Rotzel $^{16}|_{2}$ 89.) **B**: Fürstenspiegel des MA. 13.

Borch, Rudolf, ∴, Lit.♛, ▪. Braunschweig, Kaiser-Wilhelm-Str. 2. (Flensburg $^{16}|_{6}$ 91.) **B**: Einführg. in e. Geistesgeschichte 12; Bilderatlas z. Geschichte d. Pädagogik 20; D. Johannes Schlaf-Buch (m. Bäte u. Meyer-Rotermund) 22. **Ue**: D. 15 Freuden der Ehe 18. **H**: Die Seltenheiten d. Weltliteratur 13ff.

Borchardt, Adolf, s. Sommerfeld, Adf.

Borchardt, Georg H., s. Hermann, Georg.

Borchardt, Rudolf, ❦, Übersetzung. Adresse Ernst Rowohlt Verlag, Berlin W 35, Potsdamerstr. 123B. (Königsberg i. Pr. $^{9}|_{6}$ 77.) **B**: Walter Savage Landors imaginäre Unterhaltungen; Poetische Erzählungen; Rede über Hofmannsthal 07; Verkündigung, dram. Ged.; Das Buch Joram 07; Der Durant, Ged.; D. halbgerettete Seele, Ged.; Krippenspiel; D. geliebte Kleinigkeit, Schäfersp. 23; Prosa I. **Ue**: Dantes Vita nova; D. Gespräch über Formen und Platons Lysis.*

Borchart, Frl. Elsbeth, Roman. Berlin NW, Lübecker Str. 32. (Margonin $^{3}|_{12}$ 78.) **B**: Der Liebe Gebot, R. 04; Ilse Römer, R. 05; Der verlorene Sohn, R. 07; Zur Höhe 10; Zwei Frauen 11; Helga 12; Senta Wolfsbury 12; Schwester Carmen 14; Des Weibes Waffen 17; Töhn 17; Der Siebente 17; Jung-Siegfried 18; Der Abt von Rieburg 18; Lebenswerte 19; Stärker als wir 20; Schön Rotraut, R. 21.

Borcherdt, Hans Heinr., Lit. ♛., deutsche ♆, Dr. phil., a. o. UP. München, Reitmorstr. 14. (Breslau $^{14}|_{8}$ 87.) **B**: Paul Keller 10; Carl Hauptmann 11; Andreas Tscherning 11; Aug. Buchner 18; D. erst. Drucke v. Grimmelshausens Simplicissimus 21. **H**: O. Ludwigs Erzählgn., Nov.-Fragmente, Gedichte (Ausg. d. Goethe- u. Schiller-Archivs I, III, IV) 12ff.; Goethe über seinen Faust 13; Briefwechsel zw. Goethe u. Schiller (Gold. Klassiker-Bibl.) 14 II; Luthers Werke, I—VI 14ff.; Goethes Briefe an Frau v. Stein 14 II; Grimmelshausens Werke (Gold. Klass.-Bibl.) 21 IV; Otto Ludwig, Buschdichtungen; Drei Wünsche; Maria 22; Grimmelshausen, Vogelnest 22.

Borchling, Conrad, Geschichte d. deutsch. Sprache u. Lit., Dr. phil., o. UP. Hamburg 39, Rondeel 43 I. (Hitzacker $^{20}|_{8}$ 72.)

Borckenhagen, Oskar, DB., Bühnenschriftsteller, Kaufm. Düsseldorf-Rath, Artusstr. 31. (Züllchow, Kr. Randow $^{21}|_{11}$ 74.) **B**: Skizzen 08; Atahualpa, O. 13; Prinzeß perduc, Optte. 15.

Borgman, W. H. (Ps. Cäs. Sauerland), (k.), AB., ❦, /, ♛, ▪. Neuß a. Rh. (Kleve $^{6}|_{7}$ 49.) **B**: Kriegslieder 70/71; Montroyal 74; Pflicht u. Liebe, R. 78; Admiral de Ruyter 80; Organisat. d. Arbeiterstandes 85; Eifelführer 84, 88; Volksbureaus f. d. kleinen Mann 86; Welkende Blätter 95; St. Goar u. Umgegd. 97; Simon u. Myriam, R. 03; Flandern-Deutsch (Niederlothringen) 14; Treu bis in d. Tod, R. 15; Die Vlamen u. ihre Zukunft 15; u. a.

Borgstede, Frl. Else v., ASB., kulturhistorische u. volkstüml. Aufsätze, Märchen, Jugendschriften, ❦. Berlin-Friedrichsfelde. (Leppin i. Pomm. $^{10}|_{9}$ 66.) **B**: Knecht Ruprechts Macht, Weihnachts-

msp. 04; Gegengift; Der Festkuchen, Was die Drossel sang.

Borgstede, Emmy v. (Frau Ehrhart), Romane, Nov., Ged., Aufsätze, Kultur♛. Berlin-Friedrichsfelde. (Leppin i. Pomm. [31]|[3] 64.) *

Borkowsky, Ernst, Lit.♛, ♛, ☊, Dr. phil., Prof., Oberstudiendirektor. Naumburg a. S. (Burg [28]|[3] 60.) B: D. engl. Friedensvermittlg. i. J. 1745|84; Gesch. Naumburgs 98; Turgenjew 03; Aus der Zeit des Humanismus 05; Antoine Watteau 07; D. alte Jena u. s. Universität 08; Die gelbe Kutsche u. a. Märchen 09; Deutscher Frühling 12; Unser Heiliger Krieg I 15, II 16; Goethes u. Schillers Lyrik 23.

Bormann, Hanns Heinrich, /, Dchtg., ☊, Red. Nowawes b. Potsdam, Albrechtstr. 1. (Frankfurt a. M. [15]|[7] 95.) B: Der stumme Mund, Erz. 20. H: Leo Sternberg: Schöner Lärm des Lebens 16; Die Standarte, liter. Almanach 18.

Born, Richard, s. Schwamborn, Heinr.

Börner, Wilhelm, SDS., ⁂, ♣, Literatur♛. Wien III/2, Ob. Viaduktgasse 32. (Laa a. d. Thaya [26]|[6] 82.) B: Die „Ethische Gesellschaft" in Österreich 04, 2. A. 10; Ferd. Raimund 05; Zeitgemäße Lebensfragen 09; F. W. Foerster u. s. eth.-relig. Grundanschaugn. 09; D. Schundlit. u. ihre Bekämpfg., 2. A. 10; Friedr. Jodl 11; D. Verbrechen b. Gotteslästerg. u. d. Freiheit der religiösen Kritik 11; Die Volksbücherei (m. E. Frankl) 11; Weltl. Seelsorge 12; Freidenkertum u. österr. Justiz 12; Charakterbildg. b. Kinder 14, 2. A. 23. H: Moralunterr. in Frankreich 10; Fr. P. Fulci, D. Ethik d. Positivismus in Italien 11; Fr. Jodl, Werke a. d. Nachl. 16—20; F. Sauter, G. 18.

Bornhak, Conrad, ⚖, ♛, Dr. jur., UP. u. THSchDoz. Berlin SW, Blücherplatz 2 (Nordhausen [21]|[3] 61.)

Bornhausen, Karl, systemat. ✝, evang. D.theol. h. c., o. UP. Breslau. (Frankfurt a. M. [10]|[11] 82.) B: Gottesfrieden 19; Pascal 20; Schiller, Goethe u. das deutsche Menschheitsideal 20; Wandlungen in Goethes Religion 23; Vom christlichen Idealismus 24; Fachschr.

Borniger, Frl. Mathilde, jetzt: Hausberger, Frau.

Bornstein, Arthur, ♥, ✗, Nov., Hum., wissenschaftliche Abhandl., Dr., Prakt. Zahnarzt. Berlin W, Nürnbergerstr. 35/36. (Breslau [23]|[3] 67.) B: Klippen 94; Der Theaterarzt 95; Vergnügte Geschichten 00.

Bornstein, Paul, SDS., Ψ, /, Dr. phil. Dachau b. München, Villenkolonie. (Berlin [8]|[4] 68.) B: Aus Dämmerung u. Nacht, G. 96; Dichter des Todes in der modernen Lit. 99; Ges. Essays 99. H: Der Briefwechsel d. Grafen Aug. v. Platen I (m. Ludw. v. Scheffler) 11, II 14, III 21; F. Hebbels gesamm. Werke, chronolog. Ausg. I 11, II 12, III u. IV 14, V u. VI 21; Fr. Hebbels Persönlichkeit. ()

Borrmann, Martin, SDS., Novelle, /, Schriftsteller. Königsberg i. Ostpreußen, Altroßgärter Predigerstr. 18. ([10]|[9] 95.) B: Venus mit dem Orgelspieler 22; D. Mißhandlung. *

Borry, Gg. v., s. Hähnel, Fr.

Boerschel, Ernst, ♛, Politik, Lit.♛. Berlin-Lichterfelde, Ferdinandstr. 16. (Posen [15]|[5] 77.) B: J. V. v. Scheffel u. Emma Heim, e. Dichterliebe 06, 3. T. 07, n. A. 15; J. V. v. Scheffel 11. H: Scheffels Werke 17. ()

Borsdorff, Kurt, VP., PA., RP., Politik, Lit., Theater, Ztgswesen, Red., Direktor des „Transatlantik Radio-Wirtschaftsdienstes". Berlin-Wilmersdorf, Pfalzburgerstr. 72a. ([17]|[8] 91.) B: Galgenlieder eines Artilleristen 19.

Boesch, Carl, Studienrat a. D. Lebus a. O. (Arolsen [7]|[12] 80.) B: Am Waldrande 09; Vom Adel 19, 2. A. 20.

Boesen, Jean, s. Liebisch, Rud.

Boeß, Frau Julie, geb. Kniese, ASV., Märchen, Novellen, Gedichte, Dramen. Weimar, Junkerstr. 14. (Frankfurt a. Main [16]|[4] 80.) B: Mutters Märchenland 19. *

† **Boßhart,** Jakob, SES., Nov., Roman, ♥, Ψ, Dr. phil., Prof. Clavadel, Schweiz. (Embrach [7]|[8] 62.) B: Im Nebel, 6 Erz., 8. A. 23; Vor dem Umsturz, 2 Erz., 7. A. 22; Durch Schmerzen empor, 2 Nn., 6. A. 23; Früh vollendet, 3 Nn., 6. A. 23; Erdschollen, Nn., 9. A. 23; Irrlichter, Nn. 17; Träume d. Wüste, M. 18; Opfer, Nn., 6. A. 22; Ein Rufer in der Wüste, R. 22, 16. A. 23; Neben der Heerstraße, 6 Nn. 23; Erdschollen, Nn., 9. A. 23. Ue: Die Quatembernacht, Dr. 02, 2. A. 12.

Bossin, Frau Catarina (Ps. M. C. Carpenter-Meyer), Skizz., Nov., /. Berlin-Friedenau, Peter-Vischer-Str. 20. (Magdeburg [1]|[9] 69.)

Bostianchich Braum, s. Braum, Carl.

Bothmer, Heinz, /, ♛, ❂, ♥, ☊, Konsul. Berlin W 35, Genthiner Str. 20. (Hannover [14]|[9] 65.) B: Heidebuch 91; Schweizerland im Lied 91; Der große Krieg im Lied 92; Lat.-Deutsch. u. Deutsch-Lat. Wörterb. d geogr. Eigenn. 93; Kreta 96; Serbien 05; D. Deutsche Dorf 09; Der Weihnachtsbaum 10; Sieg oder Tod 14; Merkblatt f. d. deutsche Volk 14 f.

Bothmer, Karl Graf v., PA., RP., Politik, ∴, Staatsrecht. Rottach a. Tegernsee, Bayern. (28|3 81.) W: Bayern den Bayern 20.

Botsky, Frl. Katarina, Rom. Königsberg i. Pr., Alter Garten 52. W: Vor den Gittern d. Lebens, Tagebuch 05; Der Trinker, R. 11; Sommer u. Herbst, R. 13; Ostpreußens Feuerzeit, Kriegsbilder 15; Der Traum, R. 19; Paradies 19. ()

Böttcher, Frau Adele verw., geb. Anger (Ps. Erich Friesen), Rom., ◯. Schlachtensee-Berlin, Friedrich-Wilhelm-Str. 45. (Bromberg 19|7 61.) W: D. wilde Rose vom Kapland 10; E. seltsames Vermächtnis 10; Sulamith 10; D. weiße Lilie v. Gardasee 11; Gesühnte Schuld 11; Helden der Pflicht 11; Im Schatten der Sphinx 12; Carmelita 12; Irrlichter d. Glücks 13; D. Diamantenkönigin 13; Der Liebe ewiges Licht 13; Ruth Rockeller 14; Die Nihilistin 15; Um rotes Gold 15; Gestern noch a. stolzen Rossen, Sch. 15; Der jungen Seele bittres Weh, Sch. 16; Die wahre Liebe opfert sich, Sch. 16; Wie wir vergeben unsern Schuldigern! 16; Die wilde Hummel 17; Das Geheimnis des weißen Hauses 18; Wem nie durch Liebe Leid geschah —! 19; König Koko, Groteske (mit Wanda Stein) 19; Du sollst nicht richten! R. 20; Der wilde Musikus, Komödie (mit Wanda Stein) 21; Die Schwestern San Martino, R. 21; Die Liebe höret nimmer auf, R. 22; Alles um Liebe, R. 20; Das Glück der Ingrid Wendland 23; Der tolle Mister Harry von Newyork 23.

Böttcher, Helmuth M., Roman, Dr. jur., Referent bei der Verwertungsstelle der Reichsfinanzverwaltung. Dresden-Weißer Hirsch, Straußstr. 6. (Berlin 12|1 95.) W: Sterne über dir!, Dchtg. 21, 2. A. (6.—15. Tsd.) 22; Der Würfler, R. 21; Butz der Ameis, R. 22. **Ue:** Муравеи бvп (russische Übersetzung zu vorigem) 23; Der neue Buddho 23. *

Böttcher, Max Karl, ASV., Rom., Hum., ✝, Jugenderz Chemnitz, Wilhelm-Weber-Straße 4. (ebda 30|1 81.) W: Karlsbader Novellen 05; Marianne Lenore, R. 06; D. Dorfkönig, R. 07; Der Erbe, R. 08; E. Heldin, R. 09; D. Kanzelleutnant, R. 10; Der Blinde am Meer, R. 11; Militärhumoresken 11; Novellen 12; Kriegserzählgn. I 14; Das heilige Jahr, R. 12; Der Prinzenleutnant, R. 12; Jünger d. Schönheit, R. 13; Wenn Fürsten dichten, hum. R. 16; Lachende Helden 16; Am Feind, Kriegserzn. 16; Kameraden, vorwärts! Kriegserz. 17; Die große, gute Liebe, R. 20; Eine Nacht auf Kornitz, hum. R. 21; Sein Kammerdiener, hum. R. 21; Im rosaroten Badedreß, hum. R.; Der P. G., Erinnerung aus der Kriegsgefangenschaft; Hübsche Geschichten, N.; Gebirgsgeschichten, N.; Jünger der Schönheit, R.; Das Märchen vom Glück, hum. R.

Böttcher, Maximil., ◯, Nov., ✠, ✓, Leiter der „Deutschen Nationalbühne" u. des „Klassischen Theaters" für die Schulen Berlins u. der Vororte. Im Winter: Berlin, Werneuchener Str. 16; im Sommer: Schönwalde, Mark. (ebda 20|6 72.) W: Schuldig, Krim.-R., 150. T. 14; Die Blankenburgs, R. 02, 120. T 13; Waldkinder, R. 03, 100. T. 09; Bathseba, Tr. 11; D. neue Licht, N. 11; D. Glück d. Hauses, Lsp. 12; Vaterland, Sch. 13, 12. T. 16; Die Freyhoffs, R 16, 10. T. 17; Das große Leid, e. Totenfeier 16, 10. T. 17; D. Liebesfest d. Waldfreiherrn, R. ()

Bötte, Werner (Ps. Dr. Ludw. Friedr. Werner), ∴, Lic., Dr. phil., Pfr. Metropolitan. Marburg a. L. (6|1 62.) W: Rom u. d. Papst, Skn. 07; Aus e. vergessenen Ecke, Beitr. z. deutsch. Volkskde. I 09, 4. A. 12, II 12, 2. A. 13; Lieder aus d. vergess. Ecke 10; Aus der Kriegszeit des Jahres 15; u. a.

Böttger, Ernst, ASV., ✠, ✉, /, ✓, RA., Rechtsbeirat d. Reichs-Landbundes. Berlin-Friedenau, Cranachstraße 15. (Kaltennordheim a. Rh. 9|12 78.) W: Aus Dunst zur Kunst, Freilichtbilder 01; Sonnenwende, soz. N. 04; Münchhausens Liebeswunder, Kom. 05. ()

Böttger, Franz (Ps. Albrecht Voigtländer; Willibald Poltermann, Willibald Knurrmeyer), ASV., Hum., /, ✠, Plauder., Skizze, Stenogr., Kunstgew. Berlin W, Magdebg. Pl. 3. (ebda 24|1 67.) W: Kinkerlitzkens 93; Berliner Frütze, Frips, Zeist u. Jammer; Berliner Vereins-Nulpen 13.

Boettger-Seni, Otto, SDS., /, 1. Vorsitznd. d. „Brunnen", Hauptschriftl. d. „Liga z. Schutze d. deutsch. Kultur". Berlin-Steglitz, Dijonstr. 18. (Berlin 7|4 87.) W: Auf der Suche nach Licht, G. 13; Feldgraue Geschichten, Erz. 17; Ilse Thormann und ihr Schatten, R. 18; Es gab eine Liebe, G. 20. ()

Boetticher, von, s. Frobenius, Else.

Boetticher, Friede v., s. Kreysern, Fr. v.

Bötticher, Hans (Joachim Ringelnatz), SDS. München, Hohenzollernstr. 31a. (Wurzen 7|8 83.) W: Ein jeder lebts; Die Schnupftabaksdose; Turngedichte; Kuttel Daddeldu; Die Woge, N.; ..liner Roma... 24.

Boetticher, Hermann v. Lebt in Italien, Florenz (Adresse: S. Fischer, Verlag, Berlin). (Eldingen i. d. Lün. Heide 13|8 87.) W: Friedrich der Große,

Sch. in 2 Teilen; **Erlebnisse aus Freiheit und Gefangenschaft; Jephta, Tr.; Die Liebe Gottes, ein ernstes Spiel; Hexensabbath, Tr.; Die Sonette des Zurückgekehrten;** Magische Landschaften; D. Bild, R.

Bourfeind, Paul, DB., SDS., WSB., O, ✠, Skizze. Dr. phil. Köln-Lindenthal, Classen-Kappelmannstr. 1 g. (Solingen $^{22}|_{12}$ 86.) B: Matthäus Dreibuchen, Sch. (mit Wald. Weber); Monsieur de Paris, Dr.; Der Ketzer, Dr.; Völkerfrühling, Sch.; Niederrhein, G.; Floeduse, G.; Wir Wandrer i. d. Höhe, G.; Begegnung, G.; Der Schrecken i. Paris, Sk. H: Rheinische Sammlung (m. Prof. Dr. C. Enders); Das deutsche Theater (Jahrb. f. Drama u. Bühne m. Dr. P. J. Cremers u. Dr. Jgn. Gentges).

Bovenschen, Alb., Politik, /, Dr. phil. Berlin-Schöneberg 1, Martin-Luther-Str. 29. (Ostrowo $^{27}|_{12}$ 64.) B: Untersuchungen über Johann von Mandwille 88; Handbuch für nichtsozialdemokratische Wähler, 3 A. 11; Deutschland an der Zeitenwende 16; Frankreichs Schande 16; Wirtschaftsfragen der Gegenwart u. Zukunft, 2. A. 18; Die Geschichte der Reichsstelle für Gemüse u. Obst u. ihrer Arbeit im Rahmen der allgemeinen Kriegswirtschaft 19; Die Grundsätze u. Forderungen der Sozialdemokratie in ihrer geschichtlichen Entwickelung, am Erfurter Programm und an der deutschen Revolution dargestellt u. beleuchtet 20; Von Erfurt bis Görlitz, kritische Betrachtungen zum Görlitzer Programm 21. H: Die Ostmark 97—04.

Boy-Ed, Frau Ida, PA., Roman, Nov. Lübeck, Burghaus. (Bergedorf $^{17}|_{4}$ 52.) B: Männer d. Zeit, R. 85 IV; Seine Schuld, R. 85; Dornenkronen, R. 85; Die Unversuchten, R. 86; Abgründe d. Lebens, R. 87; Masken 87; „Ich!", R. 88, 3. u. 4. A. 04; Eine Lüge, R. 89; Fanny Förster, R. 90; Aus einer Wiege, R. 90; Aus Tantalus' Geschlecht, R. 91; Malergeschichten 92; Lea u. Rahel, N. 92; Empor, R. 92; Ein Kind, N. 93; Zuletzt gelacht, N. 93; Sieb. Schwerter, R. 93; Sturm, N. 94; Die Schwestern, R. 94, 2. u. 3. A. 04; Werde z. Weib, R. 95, 2. A. 02; X., R. 96; D. Lampe d. Psyche, R. 96, 3. A. 09; Nichts, R. 97; Eine reine Seele, R. 97, 2. A. 02; Ein kritischer Moment und Kreuzträgerin, Nn. 97; Die Flucht, R. 98; D. Schuldnerin, R. 99; Zwei Männer, R. 99; Nur e. Mensch, R. 00; Um Helena, R. 01, 3. A. 09; Die säende Hand, R. 02, 4. A. 10; A-B-C des Lebens, R. 03, 2. u. 3. A. 07; Die große Stimme, N. 03; Die Ketten, R. 04; Heimkehrfieber, R. 05; Der Festungsgarten, R. 05; Eine Wohltat, R. 06; Die holde Törin, R. 07; Um ein Weib, R. 07; Fast ein Adler, R. 08; Ein Echo, R. 08; Geschicht. a. d. Hansestadt 09; Nichts üb. Mich, R. 09; Ein königlicher Kaufmann, R. 10, 19. A.; Nur wer die Sehnsucht kennt, Nn., 11, 15. A.; Hardy v. Arnbergs Leidensgang, R. 12 II; Charlotte v. Kalb, Studie 12, 3. T.; Ein Augenblick im Paradies 12, 20. T.; Eine Frau wie du!, R. 13, 22. T.; Stille Helden, R., 14. A. 14; Vor der Ehe, R. 14, 22. T.; D. Martyrium d. Charlotte Stein 16, 6. T. 21; Die Opferschale, R. 17, 30. T. 21; Glanz, R., 6. T. 21; Germaine v. Staël, 6. A. 22.

Boy-Ed, Karl, Politik, ⚓, ⊞, Kapitän z. S. a. D., Syndikus d. Norddeutsch. Hansabund. Hamburg, Alsterdamm 3. ($^{14}|_{9}$ 72.) B: Die Ver. Staaten von Amerika u. d. U-Boot-Krieg 18; Verschwörer? 20.

Boyer, Edler v. Berghof, Emerich, ASB., BF., SDS., Kultur♛, /, ⊞, 🎥, Vortragskünstler, Chefred. u. Korresp. Wien III, Erdbergerstr. 67. (ebda $^{14}|_{1}$ 90.) B: 100jähr. Entwicklg. u. Erstarkg. d. völk. Gedankens in Mitteleuropa 10; Stimmungsbilder 12; D. Poesie d. alten Schlosses u. a. Erzn. 13, 2. A. 14; Der Weltkrieg u. seine Ursachen 15, 6. A.; Wie Poincaré durch d. Suezkanalschwindel Präsident wurde 16; Das Souper mit dem Tode 22.

Bô Yin Râ, s. Schneiderfranken, Jos.

Braach, Johannes Heinrich, RP., Intendant des Stadttheaters Hamborn. Hamborn a. Rh., Duisburgerstr. 199. (Trier $^{17}|_{8}$ 87.) B: Einzig Einsamer, Ball., Psalme u. Lr. 20; Beethoven der Mensch, Sk. 20; Volk 23; Der Sucher, Sch.

Brabant, Artur, ♛, Kultur- u. Kriegs♛, Dr. phil., ArchivR., Staatsarchivar. Dresden-Striesen, Niederwaldstr. 17. (Döbeln i. S. $^{16}|_{1}$ 70.)

Brachvogel, Frau Carry verw., Rom. München, Herzogstr. 55 I. (ebda $^{16}|_{8}$ 64.) B: Alltagsmenschen, R. 96; Erntetag u. a. Nn. 97; D. große Pagode, R. 01; Die Wiedererstandenen, N. 00; Herbstspuk, R.: D. Nachfolger, R. 02; D. Marquise Pompadour, Monogr. 05; Katharina II. von Rußland, Monogr. 06 u. 13; Der Abtrünnige, R. 07; Madame Mère, Monogr. 09; Maria Theresia 11; Komödianten, Nn. 12; Die Könige u. die Kärrner, R. 12; Die große Gauklerin, R. 15; Schwertzauber, R. 17; Das Glück d. Erde, R. 19; Eva i. d. Politik 19; Phantast. Gesch. u. Legenden. ()

Brachvogel, Heinz Udo, popul. wirtsch. Essays, /. München, Herzogstr. 55 I, (ebda $^{29}|_{8}$ 89.) B: Die Silberrepublik, ein Buch üb. Argentinien 20. ()

Brahmüller, G., s. Wunderlich, Marie.

Bram, Frl. Franziska (Ps. L. van Endeers), Roman, Nov., /. Lehmen a. d. Mosel. **B**: D. Kompagnie 06; Bürgermeister Jörensens Töchter 07; Vohwinkels Drei 09; Am Ende d. Welt 10; Die Zelle der Gerechtigkeit 12; Der Zorn Gottes 13; Ruf des Lebens 15; Der Meister 18; Auf der Straße der Suchenden. ()

Bram Stocker, s. Diller, Walt. Em.

Brand, Adolf (Franz Schwarzer), ♆, Literatur, Kulturpolitik, männliche Kultur, Vorsitzender der „Gemeinschaft der Eigenen", Verlagsbuchhändler. Wilhelmshagen b. Berlin, Bismarckstr. 7. (Berlin $^{14}|_{11}$ 74.) **B**: Extrapost des Eigenen 11; Deutsche Rasse 16; Freundschaft und Freiheit 21; Die Bedeutung der Freundesliebe für Führer und Völker 23; Inseln d. Eros, G., 2. A. **H**: „Der Eigene". *

Brand, Franz, s. Bonus, Arthur.

Brand, Karl, ASV., ☙, Kritik, /, Stenogr., Kaufmann. Friemersheim a. Niederrhein, Adlerstr. 25. (Bochum $^{13}|_{1}$ 71.) **B**: Festungsjeremiaden eines ehemal. Feuerwerkers, G. 06; Dichten u. Trachten, G. 11; Gewässer, e. Literaturscherz (u. d. Ps. Ernst Nassauer) G. 13; Kriegsgedichte 15; Klänge vom Niederrhein, G. 17.

Brandenburg, Bernh. v., s. Baudissin, Eva Gräfin v.

Brandenburg, Hans, SDS., ☙, Rom., Ästhetik, ○. München, Kaulbachstr. 42. (Barmen $^{18}|_{10}$ 85.) **B**: In Jugend und Sonne, G. 04, 2. A. 17; Erich Westenkott, Rom. e. Jugend 06, 3. A. 07; Einsamkeiten, G. 06, 2. A. 17; Chloe od. D. Liebenden, R. 09, 2. A. 12; Gesang über den Saaten, G. 12; Der mod. Tanz 13, 3. A. 21; Italische Elegien 14; Das Theater u. d. neue Deutschl. 19; Das Zimmer d. Jugend, R. 20; Die ewigen Stimmen, G. 21; Der Sieg des Opfers, trag. Wort- u. Tanzspiel 21; Joseph v. Eichendorff, sein Leben und sein Werk 22; Graf Gleichen, Trag. 23; Legende des heiligen Rochus 23. **H**: Vorgoethesche Lyriker 06; D. heil. Krieg, F. Hebbel in seinen Briefen, Tagebüchern, Gedichten 07; Feuertrunken, Eine Dichterjugend, Schillers Briefe bis zu s. Verlobg. 09; O. J. Bierbaums Gesammelte Werke (mit M. G. Conrad) 12; Das Denkmal, Auswahl aus Heines Werken 12.

Brandenfels, Hanna, s. Eichemeyer.

Brandes, Georg, Lit.♛, Ästhetik, Kritik, Dr. jur. h. c., Dr. phil., Prof. Kopenhagen, Strandboulevard 27. (ebda $^{4}|_{2}$ 42.) **B**: Mod. Geister; Lassalle 81; Holberg 85; Menschen u. Werke; W. und jetzt; Gesammelte dänische Schriften (35 Bände). Deutsch: Ges. Schriften I/III 02, IV 03, V 03, VI, VII, VIII 04, IX 06, X 07; Gestalten u. Gedanken 03; Anatole France 05; Henrik Ibsen 06; Voltaire 09; Armand Carrel 13; Miniaturen 19; Der Tragödie zweiter Teil 20; Wolfgang Goethe 21; Michelangelo Buonarotti. ()

Brandes, Karl (Karl Brandes-Hardegsen), ASV., DV., VB., Schriftsteller. Hannover, Lanesstr. 28A. **B**: Friedensbotschaft, Sch. 16; Des Königs Heimkehr, Sch. 18; Auf krummen Wegen (Laien[1]), Sch. 20; Von Niedersachsens Stamm, R 20; Am hohen Ufer, Sch. 21. ()

Brandes, Wilh., klass. ♆, ☙, Epos, Dr. phil., ObStudDir. u. ObSchulR. a. D., Vors. d. Ges. der Freunde Wilh. Raabes. Wolfenbüttel, Harzstr. 2. (Braunlage a. H. $^{21}|_{7}$ 54.) **B**: Ausonian. quaest. 76; Herzogs Stoff zu stil. Übungen, 17. A. 83; Vom Wissen zur Kunst 85; Paulini Pellaei Eucharisticos 87; Das frühchristl. Gedicht Laudes domini 87; Rusticius Helpidius de Christi Jesu beneficiis 90; Balladen 91, 3. A. 08; 10 Lieder der ehrl. Kleiderseller usw. 91; Beiträge zu Ausonius I, II 95, III 02, IV 09; W. Raabe 01, 2. A. 06; Schillerrede 05; Auspicius' v. Toul rhythm. Epistel 05; Anno Neun 09; Der Teufel im Baum 21. **H**: W. Raabe, Gesammelte Gedichte 12; W. Raabe, Sämtliche Werke 13—16 XVIII.

Brandi, Karl, ♛, MitHrsg. d. „Archiv f. Urkdnforschg." Dr. phil., o. UP., GRegR. Göttingen. (Meppen $^{20}|_{5}$ 68.)

Brandis, Frau Elisabeth von, geb. Marcusen (Ps. Lilli von Brandis), ASV., Rezensionen u. historische Erzählungen, ständige Mitarbeiterin der Deutschen Rundschau in Berlin. Berlin, Elßholzstr. 8. (Würzburg $^{17}|_{2}$ 64.) **B**: Das Bessere, R. 20; Um die Kaiserkrone 22; Der tolle Christian 23. *

Brandl, Alois, engl. Sprach- u. Lit.♛, Dr. phil., LL.D., o. UP., GRegR., Mitgl. d. Akad. d. Wissensch., MitHrsg. v. „Quellen u. Forschgn.", „Palästra", „Archiv f. d. Studium d. neueren Sprachen". Berlin W, Kaiserin-Augusta-Str. 73. (Innsbruck $^{21}|_{6}$ 55.) **B**: B. H. Brockes 78; Thomas of Erceldoune 80; S. T. Coleridge u. d. engl. Romantik 86; Gesch. d. mittelengl. Lit. 92; d. engl. Volkspoesie 93; W. Shakespeare 94; Quellen d. weltl. Dramas in England vor Shakesp. 98; Gesch. d. altengl. Lit. 08; Geogr. d. altengl. Dialekte 15; Me. Sprach- u. Lit.-Proben 17; Shakespeare, Leben, Umwelt, Kunst. **H**: Schlegel-Tieck, Shakespeare-Übersetzg. 96ff. **Bearb**: ten Brink, Engl. Lit.-Gesch. 92/99;

Brandt, Heinrich, DB., BF., O, ✠, Dr. phil. Berlin W 15, Meinekestr. 8. ($^{19}|_{8}$ 91.) B: Bühnengeschichte des „Faust" in Dresden 14; Stirb und werde, Sch. 19.

Brandt, Oscar Ludwig, DB., SDS., Dchtg., ✠, O, ∴, z. Zt. in der Leitung des Künstlerischen Theaters in Riga. Hrsgb. d. „Diogenes", Veröffentlichgn. f. Dchtg. d. Gegenw. Berlin W 30, Berchtesgadener Str. 2 und Riga (Lettland) Dailes Teatrs, Romanov cela 25. (Köln a. Rh. $^{1}|_{10}$ 89.) B: Gustav Falke 17, 2. T.; Häupter und Hämmer, Eine Tragodia z. Ehr. d. Dionys., Dichtg. 18; Helle, G. 21; Tragende Wolken, Kom. 22.

Brandt, Otto, ♛, Lit.♛, Kritik, /, Dr. phil. Dresden-A. 16, Krenkel r. 32. (ebda $^{4}|_{4}$ 83.) B: Der Bauer u. d. bäuerl. Lasten im Herzogt. Sachsen-Altenburg v. 16.—19. Jahrh. 06; Marco Polos Fahrten 12; Ulrichs v. Richental Konzil zu Konstanz 13; Emil Ertl 13. H: Daudet, Tartarin de Tarascon sur les Alpes 08; Tartarin de Tarascon 11; Metternichs Denkwürdigkeiten 21 II; Limburger Chronik 22; Der Bauernkrieg in zeitgenössischen Schilderungen 24.

Branitz, Franziska, s. Groth, Franziska.

Branko, B., s. Blasich, B. Branko.

Brann, Julius, O, soz. Skizzen. Berlin NW 23, Brückenallee 11. (Rawitsch $^{10}|_{2}$ 69.) B: Tobias Schuster, Schw. 02; Sankta Barbara, Dr. 12; Cidalise, Kom. 13.

Brant, Sebastian, s. Dombrowski, Erich.

Bratter, C. A., BP., RP., Polit., Red. an d. „Vossischen Zeitg". Berlin-Tempelhof, Burgherrenstr. 11. (Wien $^{19}|_{2}$ 61.) B: Die kutzowalachische Frage 07; David Jayne Hill 08; Prinz-Nihilist, R. 15; Im Krieg in Paris 15; Die preuß.-türk. Bündnispolitik Friedrichs d. Gr. 15; Der Kriegsfonds d. „Trommel" u. a. Humoresken 15; Die armenische Frage 15; Amerika Washington bis Wilson 16; Staatengründung i. d. nordamerik. Union 17. Ue: G. R. Chester.

Brauer, Frau Frieda, geb. Jung (schreibt noch jetzt u. d. N.: Frieda Jung), ✠, Privatiere. Insterburg, Ostpr. (Kiaulkehmen $^{4}|_{6}$ 65.) B: Geb. 99, 15. A. 21; Maienregen — Gottessegen, Erz. 04, 19. T. 20; Freud' und Leid 05, 16. T. 20; Festgedichte und Freundesgrüße 06; Neue Ged. 07, 7. A. 20; In der Morgensonne, 5. A. 20; Halt' aus, mein Heimatland 15, 2. A. 16; Aus Ostpreußens Leidenstagen 16; Da oben in Ostpreußen 16. ()

Brauer, Frl. Helene, DSch., ✠. Schwerin i. Meckl., Rostocker Str. 19A. (ebda $^{27}|_{2}$ 89.) B: Mädchenlieder, G. 19, 2. A. 20; Neue Gedichte 21.

Braum, s. Kastner-Michalitschke, Else.

Braum, Carl, /, Theaterkritik, Lit. u. Kultur♛, Journal., ⚔, Red. Wien XVIII/1, Gentzgasse 135. (Gyöngyös, Ung. $^{11}|_{7}$ 59.) B: Karl R. v. Scherzer 01; D. Dichter-Philosoph Hieronymus Lorm 01. H: Imperator pacis, Anthologie 10. ()

Braun, Alex., s. Braunschild, Alex.

Braun, Curt J., ASB. Berlin 87, Elberfelder Str. 21. (Guttstadt Ostpr. $^{11}|_{9}$ 03.) B: Das Haus im Schatten, Rn. 22; Der Kreis der Drei, R. 22; Die rote Schildkröte, R. 22; Der Stern von Samara, R. 22; Das Land der Finsternis, R. 23; Enigma, R. 23; Das Gespensterschloß, R. 23; Das Nebelschiff, R. 23; Mitternachtsbesuch, Sp. in 1 Akt 22; Mord, Sp. in 1 Akt 23; Wo ist Legrand?, Sp. in 1 Akt 23; Die Todbringerin, F. 22; Der Herr der Welt, F. 23; Das Kind der Berge, F. 23. *

Braun, Felix, SDS., ✠, O, Erz., Essay, Dr. phil. Wien XIX, Sieveringerstr. 191. (ebda $^{4}|_{11}$ 85.) B: Gedichte 09; Novellen u. Legenden 10; Der Schatten d. Todes, R. 10; Till Eulenspiegels Kaisertum, Kom. 11; D. neue Leben, n. G. 13; Verklärungen, Prosa 16; Tantalos, Tr. 17; Die Träume in Vineta, Leg. 19; Hyazinth u. Ismene, Dr.-G. 19; Das Haar d. Berenike, G. 19; Attila, Leg. 20; Aktaion, Tr. 21; Die Taten des Herakles, R. 21; Wunderstunden, N. 23.

Braun, Heinr., Sozialwiss., Dr. phil. Berlin-Zehlendorf (Wannseebahn), Erlenweg. ($^{23}|_{11}$ 54.)

Braun, Johanna, s. Meyer, Johanna.

Braun, Frau Nora, ✠, O. Basel, Amselstr. 24. (Moritzkehmen b. Tilsit $^{1}|_{1}$ 89.) B: Das Buch vom Glück 09; Vom Schauen 11; Balladen u. Sonette 16. ()

Braun, Reinhold, ✠, Skizze, Erz., Essay, Kritik, Schriftleit. d. „Sonntagsfeier" u. Hrsg. d. „Volksabende". Dresden, Weinbergstr. 96. (Berlin $^{10}|_{12}$ 79.) B: Heinrich von Kleist 11; Wie mir's vom Herzen kam, G. 14; Dresden u. d. Sächs. Schweiz, Eine deutsche Wanderung 15; Wir sind stärker als der Tod, G. 15, 30. T.; Kriegsbilder aus der Reichshauptstadt 15; Die Seele siegt, Skn. 16; Von Krieg, Frieden u. Heimat, G. u. Skn. 16; Gottfried Mann, Erz. 17; Deutsche Heimat 18; Deutsches Leben 19; Wege in die Freude, Essays 20; Das Heimglückbuch 20; Kraft 21; Herze, freue dich, G. 21. H: Handwerk hat goldenen Boden 13; Das deutsche Lied 14; Deutschlands Jugend in großer Zeit 16; Deutsche Frauen — deutsche Treue, G. 16, 12. T.; Heil Hindenburg 16, 50. T.

Braun-Vogelstein (früher Jul. Vogel-

stein), Frau Julie, Kunst♕, Dr. phil. Berlin-Zehlendorf, Am Erlenweg. (Stettin $^{26}|_{1}$ 83.) **B**: Von franz. Buchmalerei 14; Interieur u. Stilleben 15; Die ionische Säule 21; Lily Braun, Ein Lebensbild 23. **H**: Otto Braun, Aus nachgelassenen Schriften eines Frühvollendeten 20, 100. T. 23.

Braunbeck, Richard (Pf. T. Pollack) VJ. & S., PA., RP., Humor, Alpin. Sport. München, Stielerstr. 1. (Neckargartach $^{8}|_{8}$ 67.) **B**: Sport-, Militärhumor.; Reiseführer. ()

Braune, Wilh., Germanistik, Dr. phil., o. HonUP., GHofR. Heidelberg. (Gr.-Thiemig $^{20}|_{7}$ 50.) **B**: Ahd. Lesebuch; Got. Grammatik; Ahd. Grammatik; Abriß d. ahd. Grammatik; D. Handschriftenverhältnisse d. Nibelungenliedes; Über die Einigg. d. deutsch. Aussprache, akad. Festrede. **H**: Beiträge z. Gesch. d. deutsch. Sprache u. Lit. 73/91 u. 06ff.; Neudrucke deutsch. Lit.-Werke d. 16. u. 17. Jahrh. ()

Braungart, Richard, Essay, /, ⊘, München, Thierschstr. 22 IV r. (Freising $^{19}|_{2}$ 72.) **B**: Übergänge, G. 00; Erlebtes u. Erträumtes, G. 02; Exlibriswerk Alfred Peter I 08, II 12; W. Geiger, Exlibrisradierungen 08; Hubert Wilm, Exlibrisradierungen 09; Exlibriswerk H. Wilm 09; H. Wilm, Besuchskarten 10; O. Tauschek, Exlibrisradierungen 10; Georg Papperitz 12; Neue deutsche Exlibris 13; Otto Krebs 14; Neue deutsche Gelegenheitsgraphik 15; Eduard Grützner 16; Neue deutsche Exlibris II 20; Jul. Diez 20; Neue deutsche Gelegenheitsgraphik II 21; Deutsche Exlibris und andere Kleingraphik 22; August Benziger 22; Der Akt im Exlibris 22; Das moderne deutsche Gebrauchsexlibris 22; Das Exlibris der Dame 23; Die drei Brüder Schiestl 23.

Bräuning, Hermann, s. Bräuning-Oktavio.

Bräuning-Oktavio, Hermann, ♕, W, Lit.♕, F, Kritik, Dr. phil., Leiter d. Volkshochsch. Darmstadt, Auerbach a. Bergstr. Fürstenlager. (Frankfurt a. M. $^{8}|_{1}$ 88.) **B**: Beiträge z. Gesch. u. Frage n. d. Mitarbeitern d. Frankf. Gelehrt. Anzeigen 1772 11; Ein engl. Beisp. z. Bildungsreform 19; Goethe-Lexikon (1770/74) 14/19 III; Die engl. Arbeiterbildg. u. d. dtsch. Volkshochsch. 20; Der Erstdruck von Goethes Götz v. Berlichingen 23. **H**: Hessische Chronik 11/13; Famil.-Gesch.-Blätter 13/14; Leipziger Bühne 14; Briefe d. Liselotte 13.

Braunschild, Alex. (Pf. Alex. Braun, Hans Peters), PA., /, Kritik, Nov., Essay, O, Redakteur in der Münchener Ztg. **Ue**: SEIF. München, Adelgundenstr. 22 II. (San José $^{24}|_{4}$ 58.) **B**: D. Prinzregententheater in München 01, 14. A. 14; Münchner Silhouetten nach d. Leben zu Münch. Kunst- u. Kulturgeschichte 18.

Brausewetter, Artur, Rom., Nov., Essay, Archidiak. Danzig, Frauengasse 2. (Stettin $^{27}|_{3}$ 64.) **B**: Sommernachtsträume, N. 5. A.; Der Armenpastor, soz. R. 99, 4. A. 11; D. Staatsanwalt, R. 00, 3. A.; Doktor Molinar u. s. Schülerin, 3. A.; Die Halbseele, R. 03, 3. A., 5. u. 6. T. 08; Zum Herrschen geboren, 20. T.; Die neue Göttin, R. 08, 2. A.; Stirb und werde, R. 12, 30. T.; Don Juans Erlösung, R. 16, 15. T.; Wer die Heimat liebt wie Du, R. 16, 60. T.; Die große Liebe, R., 24. T.; In Lebensfluten, im Tatenstrom, R., 10. T.; Das neue Glück, Essays, 6. T.; Mehr Liebe! Betrachtg, 80. T.; Die Badejungen von Zoppot, R., 3. A.; Sonne ins Leben, Betrachtg, 25. T.; Die Freude des Lebens, Betrachtg.; Höchstes Glück der Erdenkinder, Betrachtg.; Der Kampf mit den Geistern, R.; Nichten und Nixen, N.

Bräutigam, Frau Suzanne verw., geb. Romane, Lit.- u. Kunst♕, **Ue**: EF. Bremen, Diskonto-Gesellschaft. (Mülhausen i. E. $^{28}|_{9}$ 65.)

Brech, Max, DB., RP., O, /, Satir., Publizist, Chefredakteur der „Aschaffenburger Ztg.". Aschaffenburg, Wermbachstr. 22. (Würzburg $^{27}|_{10}$ 87.) **B**: Gespräche im Himmel, Sch.; Gold u. Silber lieb' ich sehr, M.; Hühneraugen und Menschenschicksale, N.; Quer durch Franken, Sk.

Brechenmacher, Josef Karlmann, Lit.-♕, A, F, Prof., Hrsg. d. „Magazin für Pädagogik" u. d. „Schwäb. Schulmann". Rottweil a. N. (Oberdischingen, O.A. Ehingen $^{21}|_{3}$ 77.)

Brecht, Bertolt, O, Dramaturg a. d. Münchner Kammerspielen. München, Akademiestr. 15. **B**: Trommeln in der Nacht, Dr.; Baal, Dr.; u. a. (*)

Brecht, Walth., deutsche Ψ u. Lit.♕ (bes. neuere), o. UP., wirkl. Mitgl. d. Ak. d. W. Wien XIII, Eduard-Klein-Gasse 11. (Berlin $^{31}|_{8}$ 76.) **B**: D. Verf. d. Epistolae obscurorum virorum 04; Ulr. v. Liechtenstein als Lyriker 07; Heinse u. d. ästhetische Immoralismus 11; Deutsche Kriegslieder sonst u. jetzt 15; C. F. Meyer u. d. Kunstwerk s. Gedichtsmlg. 18; Aufsätze in Fachzeitschr. **H**: Gotifr. Kellers „Leute von Seldwyla" 21/23; K. F. Meyers Gedichte, Einleitung 22.

Bredow, Fritz, Religion, Privatgelehrt. Kallmünz (Oberpfalz, Bayern). ($^{4}|_{11}$

74.) B: Offner Brief an die mecklenburgische Landeskirche; Martin Luther, Denn der Herr ist dein Trotz; Morgenrufe, G. 23; Ich bin, der Ich bin. Aus der Urkunde der Freiheit, mit Anhang: Vom Geist der Schrift. 23. *

Bredow, Heinrich, Pseud. f. Ludwig Müller, ✻, ○. Hamburg, Blumenstr. 31. (ebda $^{33}|_{8}$ 63.) B: Lieder eines Heimkehrenden, G. 08; Sommerträume, G. 11; Jugendstreiche, hum. Nn. 14; Lodernde Flammen, KriegsG. 14; Drauß. im Felde, desgl. 15; Unseren Helden, desgl. 16; D. Stütze d. Hausherrn, Schw. 16; u. Libretti. ()

Brehm, Frl. Helene, ✻, Plaud., Heimatkde., Erz., Lehr. i. R. Rinteln a. Weser, Dingelstedtwall 39. (Abterode, Bez. Kassel $^{24}|_{1}$ 62.) B: Von heimischer Scholle, Ged.-Smlg. 22; Aus meinem Garten, Lyr. 22.

Brehmer, Fritz, ○, Roman, ⚓, Fregattenkap. a. D., Handelsvertreter der Regierung der Union von Südafrika. Hamburg „Elbhof", Steinhöft 9. (Philadelphia $^{10}|_{8}$ 73.) B: Helga Holgersen, Dr. 12; Tobias Käferbeins seemännische Laufbahn, Erz. 14; Nebel der Andromeda, R. 20; Der Weg ins Unbetretene, R. 21.

Breithaupt, Rudolf Maria, Klavierpädagoge u. Musikschriftsteller, Hauptlehr. a. Sternschen Konservatorium. Berlin-Grunewald, Auguste-Viktoria-Str. 7. (Braunschweig $^{11}|_{8}$ 73.) B: Die natürliche Klaviertechnik 05, 4.—7. A. 21; D. Grundlagen d. Klaviertechnik 06, 3. A. 13 (franz. 08, engl. 09); Musikal. Zeit- u. Streitfragen 06; Prakt. Studien 17—21 V; Ein gülden kettelin, G. 20. u. a. H: Richard Wagner, Fismoll-Fantasie f. Klavier.

Breitner, Burghard, Dr. (Bruno Sturm), Privatdozent für Chirurgie, Assistent der I. chirurg. Universitätsklinik in Wien. (Matthee $^{10}|_{1}$ 84.) B: Bill's tayen?, soz. Dr. 01; Wilh. v. Scholz, Essay 02; Jos. Lauff, Essay 03; Für die Farben, Dr. 03; Heilige Nacht, R. 03; Kraft, Sch. 04; Requiescat, Kom. 05; Die Spinne v. Isera, Nn. 05; Ver sacrum, Sch. 07; Freiheit, Sch. 09; Madonna i. Glück, Sch. 10; Kräfte des Lebens, Nn. 10; Fremdenlegion, R. 11; Weltuntergang, Tr. 11; A. Brunetti-Pisano, ein Kampfruf 12; Gegen Weininger 12; Balkan-Kriegstagebuch 13; Sibirisches Tagebuch 21; Feige Soldaten! 22; Ring der Ringe, Tr. 22; Roter Traum, Sch. 22; Johannes, Sch. 22; Worte, R. 22. *

Breitner, Erhard, Politik, Theaterkritik, Roman, Dr. phil., Hrsgb. d. „Neuen Berlin. Zeitung". Berlin-Schmargendorf, Friedrichsruher Str. 34. (Wien $^{18}|_{6}$ 84.)

Bremer, Otto, Deutschkunde, Ψ, Dr. phil., a.o. UP. Halle a. S., Wittekindstr. 10. (Stralsund $^{22}|_{11}$ 62.) B: Deutsche Phonetik 93; Beiträge z. Geogr. der deutschen Mundarten 95; Zur Lautschrift 98; Ethnographie d. german. Stämme 00, 2. A. 04; Wandtafeln d. deutsch. Ausspr. I 03; Lautlehre d. Mundart v. Buttelstedt bei Weimar (m. O. Kürsten) 10; Regeln f. d. plattdeutsche Rechtschreibg. 14; Deutsche Lautlehre 18; Deutsche Lautkunde 18.

Brendel, Robert, ASV., Dchtg., G., N., Sk., Dr. phil. Lüneburg (Hannover), Barckhausen-Str. 36. (Pachuca, Mexiko $^{2}|_{9}$ 89.) B: Pläne einer Wiedergewinnung Elsaß-Lothringens 1813 u. 1815 14; Die große Hure 20, n. A.; Sodom 21; Centauro, N. 23; Kreisende Stille, G. 24.

Brendel, Ulrik, s. Liegler, Leopold.

Brenner, Heinz, ✻, Leg., Arabesken, Novellen, dram. Mysterien, Schauspieler. München, Lilienstr. 77 II. (Nürnberg $^{10}|_{4}$ 00.) B: Akkorde des Lebens 21; Abschiedsarabeske 22.

Brenner, Leo, s. Govčevič, Spiridion.

Brennert, Hans, SDS., ASV., BP., DB., VF., ○, ✻, /, Roman. Berlin-Friedenau, Sponholzstr. 11. (Berlin $^{24}|_{6}$ 70.) B: O academia! Sch. 97; Modeworte! 98; D. Wehmutslied, R. 99; D. Asphaltblume, Lsp. 01; D. Hasenpfote, Tragik. 01, 3. A. 06; D. Wackelstein, Kom. 01, 2. A. 06: D. indische Amme, Kom., 2. A. 01; Der Kaiserjäger, Kom. (m. H. Ostwald) 03; Schloßwache, Dr. 04; D. Liebesfestung, Optte. (m. Erich Urban) 04; Jungfern u. Junggesellen, lieblose Geschichten 06, 38. A.; Der Flieger, Lsp. (mit Jon Lehmann) 08; Venus auf Seide, Optte. 08; Monsieur Bonaparte, O. 09; Wo die Königl. Preuß. Veilchen blühn ...! G. 10, 2. A.; Schürzenmanöver, Optte. 13; Die Geheimnisse von Paris, Optte. 14; Landsturm, G. 14, 10. A. 15; Maiennacht, Optte. (m. Erich Urban) 15; Lumpel, Nn. 16, 39. A.; Blau u. Rot, Lsp. 16; Von Fünf bis Sieben, Lsp. 18; Frühlingsküsse (Versnov.) 18, 9. A.; Der erdbeersüße Mund, Nn. 19, 10. A.; Bumerang, Lsp. 20; Bühnenbearbeitungen.

Brentano, Frau Hanny, geb. Legai (Maria Rafaela O.S.B.), /, ♛, Lit.♛, Kritik, Soziales. **Ue:** RLettEF, GenSekr. d. Kathol. Reichs-Frauenorganisation Österr. Frauenwelt. Salzburg, Benediktinerstift Nonnberg. (Moskau $^{9}|_{2}$ 72.) B: Peter d. Große u. seine Zeit 06; Kaiser Franz Josef I 08; Friedr. Barbarossa 08; Fürstin Amalie v. Gallitzin, 2. A. 20; Aus d. Baltenlande 10; Aus

unserm Herrscherhause 17. **Ue:** Tolstoi, ausgew. Werke 11 VIII; Religio Religiosi v. Gasquet, a. d. Engl. 22.

Brentano, Lujo, ⊞, Dr. jur. et phil., GRat, o. UP. a. D. Prien a. Chiemsee. (Aschaffenburg $^{18}|_{12}$ 44.) **W:** Clemens Brentanos Liebesleben 21; Der Weltkrieg u. E. D. Morel 21; Zahlreiche staatsw. Schriften. ()

Brentano, M. Rafaela, s. Brentano, Hanny.

Brepohl, Friedr. Wilh., Volkskunde, Volksbildg., Evang. †, Dir. Jachzenbrück b. Neuhof, Kr. Teltow. (Caternberg $^{8}|_{4}$ 79.) **W:** Der Drahtzaun, Erz. 22. **H:** Zeitgenössische Erzähler; Aus der Väter Tagen; Deutsche Männer; Deutscher Geist; Charakterbilder aus dem deutschen Volksleben.

Bresser, Joseph, ✠, Lehrer. Duisburg, Ludgeristr. 11 II. (Barmen $^{26}|_{12}$ 82.) **W:** Frühblumen, Lr. v. Wonne und Weh 11.

Breßlau, Harry, ♛, Hrsg. d. „Archiv f. Urkdnforschg." u. d. „Monumenta Germaniae", Dr. phil., o. UP. a. D. Heidelberg, Kleinschmidtstr. 44. (Dannenberg, Hann. $^{22}|_{3}$ 48.)

Brettschneider, Rudolf, /, ⊘, Literatur, Direkt. d. Verlags Ed. Strache. Wien VI, Eggerthg. 10. (Ebensee $^{24}|_{8}$ 86.) **Ue:** R. de Gourmont, D. Physik d. Liebe; G. Leroux, D. Phantom d. Oper; Balzac, D. Succubris. ()

Brey, Frl. Henriette, ASV., Rom., Nov., Ged. P. Elberfeld, Josefshospital. (Capellen b. Geldern $^{15}|_{11}$ 75.) **W:** Es fiel ein Reif 12, 2. A. 24; Als er gestorben 13; Zwischen zwei Welten 14; Leuchtende Tage 15; Mein Bruder bist du 17; Die vom Heidehof 21; Der Heidevikar 21; Wenn es in der Seele dunkelt 21; Als er unter uns wandelte 21; Sonnenfunken 21; Frauenland 22; Die am Leben zerbrechen 23; Der Kreuzhof 23; Das Burgfräulein, Erz. 23; Das Licht der Welt 23; Nur den Saum seines Gewandes 23; Joseph Ben David 23; Weiße Blüten 24; Heiliger Frühling 24; Aus Höhen und Tiefen 24; Des Lebens Wellenschlag 24.

Breysig, Kurt, ♛, Gesellschaftslehre, Dr. phil., o. UP. Rehbrücke b. Berlin, Haus: Die Post. (Posen $^{5}|_{7}$ 66.) **W:** Kulturgesch. d. Neuzeit 00/01 II; D. Städtebau und die Gesetze der Weltgeschichte 04; Die Entstehng. des Gottesgedankens u. der Heilbringer 05; Die Geschichte der Menschheit I 07; Grundrisse u. Bausteine zur Staats- und zur Geschichtslehre (m. a.) 08; Von Gegenwart u. von Zukunft des deutschen Menschen 12.

Brie, Friedrich, engl. u. deutsche Lit.♛, Dr. phil., o. UP. Freiburg i. B., Tivolistr. 33. (Breslau $^{21}|_{11}$ 80.) **W:** Eulenspiegel in England 03; Brute of England 05; Imperialist. Strömungen in d. engl. Lit. 16; Der irische Aufstand 1916 17; Britischer Imperialismus 17; Sidney's Arcadia 18; Exotismus der Sinne 20; Ästhetische Weltanschauung in d. Lit. d. 19. Jahrh. 21. **H:** Chronicles of England 06—08; Byrons Werke 12.

Brie, Maria, s. Dedo, Maria.

Brieger, Lothar (früher Brieger-Wasservogel), ✠, Roman, Nov., Essay, Red. Charlottenburg 4, Waitzstr. 13. (Zwickau $^{6}|_{9}$ 79.)

Briele, Wolfgang van der, Lit.♛, ⊘, Dr. phil., Biblioth. Dortmund, Grubenfeld 12. (Halberstadt $^{16}|_{5}$ 94.) **W:** Skizzen 14; Paul Winckler (1630—1686) 18; Christian Rohlfs, d. Künstler u. sein Werk 21. **H:** Gedenkschrift z. Eröffnung d. Lesesaals Dortm. 21.

Briese, Karl-Gerd, Roman, Drama, Dr. phil., Dramaturg und Spielleiter. Rostock, Graf Schackstr. 1. (Thorn $^{24}|_{12}$ 97.) **W:** Heinz Goßling, N. 19; Die Befreiung vom Erbe, R. 22. *

Briesen, Fritz v., ◯, Nov., Hum., Komp., Chef-Red. der „Hamb. Neuesten Nachr.". Hamburg, Neumünster Str. 15. (Berlin $^{19}|_{8}$ 75.) **W:** D. Sandbüchse, Dr. 01; Mr. Schulze, Schw. 06; Im Lande der Liebe, Nn. u. G. 07; Der Fremde, Sch. 08; Die von Wildtberg, Dr. 09; Gemütsmenschen, hum. Gesch. 11; Mein kl. feldgraues Buch, KriegsNn. 15; Germaneneinzug, Marsch 15; Herrn Wikings Meerfahrt, hum. R. 18; Das verrückte Buch, Phantast. Hum. 20. ()

Brigg, Robert Heinz, ASV., Roman. Wien I, Reichsratstr. 7. (ebda $^{21}|_{1}$ 98.) **W:** Du meine Königin 20, 15. T. 21; Zwischenakt, Sp. 20; Der gute Freund, Lsp. 23.

Brincken, Gertrud Freiin v. den, z. Zt. barmherz. Schwester in Tuckum, Kurland (Lettland), Große Str. 31. (Gut Brinck-Pedwahlen, Kurland $^{6(19)}|_{4}$ 92.) **W:** Wer nicht das Dunkel kennt, G. 11; Lieder u. Balladen, 2. A. 19; Aus Tag u. Traum, Balladen u. Lr. 21; Meinem Freunde zu eigen, Lr. u. Briefe 22. ()

Brinckmann, A. Erich, Bildende ◯, Dr. phil., o. UP. Köln, Institut für Kunstgeschichte. (Norderney $^{4}|_{9}$ 81.) **W:** Stilisiergn. d. mittelalterl. Miniaturmal. 06; Platz u. Monument 08, 3. A. 23; Deutsche Stadtbaukunst in d. Vergang. 11, 2. A. 21; Albr. Dürer Briefe 12, 2. A. 21; Stadtbaukunst d. 18. Jahrh. 14; Baukunst d. 17. u. 18. Jahrh. in d. roman. Länd. 16, 4. A. 22; Barockskulptur in den Romanischen und Germanischen Ländern 20,

2. A. 21; Plastik und Raum 22; Süddeutsche Frühbarock-Bildhauer 23; Barock-Bozzetti, Bd. 1—4 23/24; Barock und Rokoko 24. H: Handbuch der Kunstwissenschaft.

Brinkmann, Ludwig, Roman, Dipl.-Ing., Dir. d. A. E. G. Ibérica de Electricidad S. A. Madrid, Paseo de Recoletos 17. (Minden, W. $^{15}|_{4}$ 80.) B: Die letzten Vandalen, R. 03; Der Ingenieur 18; Eroberer, e. amerik. Wanderbuch 09; Aus meiner Bergwerkszeit, Teil I, Silber, R. 11, 3. A. 23; Teil II, Blei, R. 22, 2. A. 23; D. Wallfahrt z. heil. Herasem, R. 24. H: Fock, Wir Marokkodeutsche i. d. Gewalt d. Franz. 16.

Brinkmann, Max, Humor, Red. am „Kladderadatsch". Charlottenburg, Schillerstr. 20. (Gumbinnen $^{30}|_{4}$ 64.) B: Bummeltage an der Nordsee; Das Korps Schlamponia 99; D. Spiritisten 00; Genosse Tuleweit 03; Der Schnarcher v. Helgoland 14; Die Doktor-Ehe 16; Kleiner Knigge f. Schieber u. and. schnell Reichgewordene 21; Preußenlieder 22.

Britting, Georg, SDS., DB. Regensburg. ($^{17}|_{2}$ 91.) B: Der Mann im Mond, Sch.; Der verlachte Hiob, R. 22; Das Storchennest, Sch. 23; Die Stubenfliege, Kom. 23. *

Brix, Rudolf, O, Dr. Innsbruck, St. Nikolausg. 13. (ebda $^{4}|_{8}$ 80.) B: Das Gnadenbild, Kom. 08; Der dürre Baum, Tr. 10; Der Götze, Tr. 11; Ehen, Einakter 15; Grotesken, Einakter 16; Das Kartenhaus, Tr. 20; Bankerott, Tr. 21. ()

Brochowska, Frau Alberta v. (A. v. Brochow), Witwe. Aschaffenburg, Frohsinnstr. 13. (ebda $^{11}|_{2}$ 68.) B: Tante Toni und ihre Bande, Erz. 14, 3. A.

Brockdorff, Baron Cay v., ∴, ✠, Dr. phil., Prof., UDoz. Kiel. Sophienlust b. Ascheberg, Holst. (Itzehoe $^{17}|_{4}$ 74.) B: Kants Teleologie 98; Schopenhauer u. Spinoza 00; D. Studium d. Philosophie 03; D. philos. Anfangsgründe d. Psychologie 05; D. Gesch. d. Philosophie u. d. Problem ihrer Begreiflichkeit 06, 2. A. 08; D. Kunst d. Verstehens 08; D. wissenschaftl. Selbsterkenntnis 08; D. Philosophie in der Pädagogik 12; Voltaire u. d. Pädagogik 13; Diskontinuität u. Dialektik 14; Die Wahrheit über Bergson 16; Hobbes 19; Nachkantianer 19; Descartes u. d. Fortbildung der kartesianischen Lehre 23.

Brockdorff, Freifrau Frigga von, jetzt: Noder, Frau Frigga.

Brockdorff, Frau Baronin Gertrud v. Roman, Dr. phil. Sophienlust, Ascheberg Holstein. ($^{9}|_{6}$ 93.) B: Knospen 10; Die Könige v. Moorloc 15, 2. A. 23; Das Recht der Lebenden 15, 2. A. 23; Die letzte Zarin 17, 10. A. 23; Rahel Delbancs 19; Der Danebrog 20; Die Faust im Westen 20, 10. A. 23; Der brennende Osten 20; Blutrausch 21; Der große Schlag 21; Die Abenteuer des Grafen Mellenheim 22. *

Brockdorff-Noder, s. Noder, Frigga.

Brockes, Ferdinand, Belletristik und aktuelle Broschüren, Superintendent in Oschersleben (Bode). (Orle, Westpr. $^{10}|_{7}$ 67.) B: Quer durch Kleinasien 00; Das Erbe der Reformation und die kirchlichen Wirren der Gegenwart 11; Casus von Derbe, R. 13, 7. A. 23; Die Predigt von Schuld und Sünde für die Menschen unserer Zeit 14; In letzter Stunde 17; Die Herren der Erde, Zukunftsr. 23. *

Brockhaus, Heinr., Kunst♛, Dr. phil., a. o. UP. (Leipzig) a. D. Leipzig, Hauptmannstraße 1. (ebda $^{3}|_{3}$ 58.) B: Kunst in d. Athosklöstern 91; Uns. heut. Baukunst 95; Böcklin 01; Forschgn. üb. Florentiner Kunstwerke 02; Michelangelo u. d. Medici-Kapelle 09, 2. A. 11; Deutsche Städtische Kunst u. ihr Sinn 16. H: Pomponius Gauricus, De sculptura 86.

Brockmöller, Wolf Walt (Walt Walter), SDS., Eugenik, Energetik, Xenologie, Dchtg., N., R. Hamburg, Eidelstedterweg 121. (ebda $^{29}|_{8}$ 96.) B: Beugung, R.; Die sieben Sommersonnentage, Dchtg.; Sichtung: eine Philosophie der Hüften, Essays.

Brocksieper, Fritz, DB., O, Ing. Konstantinopel, z. Zt. München, Hotel Grünwald, Hirtenstr. (Elberfeld, Rhld $^{1}|_{7}$ 80.) B: Versch. Dram. u. Lustsp.

Brod, Ferdinand Michael, Maler u. Schriftsteller. Dresden-Loschwitz, Rob.-Diez-Str. 8. (Würzburg $^{18}|_{3}$ 69.) B: Idealdynamik 21; Leben, Dr.-Zyklus; Leonardo da Vincis Sonnenflug u. die Lächeln der Mona Lisa, Dr.; Der Uhrmacher, sozial-wirtschaftl. P.; Der junge Christus, J.

Brod, Max, Erz., ✠, Dr. jur. Prag V, Brehova 8. (ebda $^{27}|_{5}$ 84.) B: Tod den Toten, N. 06; D. Weg des Verliebt., G. 07; Schloß Nornepygge, R. 08; E. tschech. Dienstmädch., R. 09; Die Erziehg. z. Hetäre, Nn. 09, 2. A. 11; Tagebuch in Versen, G. 10; Jüdinnen, R. 11; Abschied von der Jugend, Dr. 12; Arnold Beer, R. 12, 2. A. 12; Die Höhe des Gefühls, G. 12; Anschauung u. Begriff (m. Fel. Weltsch) 13; Üb. d. Schönheit häßlicher Bilder 13; Weiberwirtschaft, Nn. 13; Tycho Brahes Weg zu Gott, R. 16; Eine Königin Esther, Dr. 17; D. große Wagnis, R. 19; D. Fälscher, Dr. 20; Heidentum, Christentum, Judentum, ein Bekenntnisbuch 21; Franzi, R. 22; Klarissas halbes Herz, Lsp. 23; Leben mit

einer Göttin, R. 23. Ue: Jules Laforgue, Pierrot d. Spaßvogel (m. Franz Blei) 09; A. Dvořák, Der Volkskönig 14. H: Arkadia, Jahrbuch f. Dichtkunst 13.

Brodhager, Robert Heinz, s. Brigg, Rob. Heinz.

Brodhun, Paul, ASV., ✠, Epik, Privatgelehrter. Brandenburg (Havel), Jakobstr. 41. ($^{18}|_{9}$ 65.) B: Wirre Ranken, G. 13.

Bröger, Karl, ✠, ⊙, Prosa. Nürnberg, Ziegelsteinstr. 138, Siedlg. I. B: Kamerad, als wir marschiert ..., Kriegsged. 16; Aus meiner Kriegszeit, Ged.; Flamme, G. 20; D. Held im Schatten 20; Die vierzehn Nothelfer, Legenden; Soldaten der Erde, G. 18; Vom neuen Sinn d. Arbeit; Tod an der Wolga, Dr. 23. (*)

Broh, James, ⊞, Politik, JustR., Dr. jur. Berlin-Halensee, Küstriner Str. 2. (Perleberg $^{9}|_{11}$ 67.) B: Revolutionäres Programm 20; D. Sieg d. Weltrevolution in Deutschl., Kritik u. Ausblick 21.

Bromberg, H. G., s. Ganske, Hugo.

Bromios, s. Haeberlin, Carl.

Bromme, William, BA., /, Essays, Sk., Senator. Lübeck, Mühlendamm 20. (Leipzig $^{15}|_{7}$ 73.) B: Lebensgesch. eines modern. Fabrikarbeiters 05; Unter d. Tannenbaum, Lsp. 04 u. a.

Bronn, Frau Ida, geb. Altmann (Altmann-Bronn), ASV., Nov., Märchen, ✠, Lehrerin. Berlin-Charlottenburg 4, Bismarckstr. 62 I. (Obscherninken $^{30}|_{6}$ 62.) B: Hühnerweisheit, -Lust u. -Leid 96; D. Besuch bei d. Bernsteinsee 15; Um d. Sonnenwende 16.

Bronnen, Arnolt, Drama. Berlin-Steglitz. (Wien 95.) B: Geburt der Jugend, Dr. 20; Vatermord, Sch. 21; D. Septembernovelle; u. a.

Brönner, Frau Elisabeth, PA., RP., SDS., Politik, /, Roman. Nowawes, Lessingstr. 40. (Schuppinnen, Kr. Ragnit., Ostpr. $^{19}|_{2}$ 80.) B: Die Sendung der Rohrmosers, R. 19; Geschichten aus dem Memelland, Erz.

Bronner, Ferd. (Ps. Franz Adamus), DÖSchG., SDS., ✠, ⊙, Lit.♛, Dr. phil., GP. Wien XIX, Reithleg. 12. (Auschwitz $^{15}|_{10}$ 67.) B: Aus Zeit u. Ewigkeit 93; Goethes Röm. Elegien u. ihre Quellen 93; Jahrhundertwende, Dr.-Zykl.: I. Fam. Wawroch, östr. Dr. 99, 2. u. 3. A. 00, II. Schmelz, der Nibelunge, Kom. 05, III. Neues Leben (Uns. Kinder Land), Dr. 02; Vaterland, Dr. 10. H: Mitteilungen des Bundes der Freunde Skandinaviens 21ff.

Brönner, Wilh., RP., Chefred., Dr. phil. Nowawes, Lessingstraße 40. (Würzburg $^{5}|_{9}$ 76.) B: Grundriß einer konstruktiven Zeitungslehre 18; Die Praxis des Schriftleiters 19: Wie uns die Presse belügt 21; Verschiedene politische Broschüren.

Brook, s. Friedmann-Brook.

Broering, Jul. (Ps. Jul. v. Ramsloh), Volkskde., Kultur♛, Dr. phil., Prof., StudR. Emmerich, Rheinpr. (Damme $^{4}|_{6}$ 67.) B: Saterland 97; Saterländ. Sprichwörter, Volksreime u. Rätsel usw.

Broermann, Karl, Heimat- u. Jugendpflege, Mittelschulrektor. Oberhausen, Rhld, Lothringerstr. 41. (Mühlheim-Ruhr $^{6}|_{3}$ 78.) B: Hubbelspöhn 04; Erz u. Metall, Bilder u. Gestalten a. d. Ruhrtal 07; Aus siebenjähr. Kriegsnot, Erz. 10; Lebenswirren, Erz. 11; In Kampf u. Not 14; Männer d. Tat, Biogr. 14. H: Heimatblätter 22; Bunte Blätter 23.

Brotanek, Rudolf, engl. Ψ, Dr. phil., UP. Erlangen, Spardorfer Str. 49. (Troppau $^{4}|_{4}$ 70.) B: Untersuchgn. üb. Montgomerie 96; Englische Maskenspiele 02; Texte u. Untersuchgn. zur ae. Lit. u. Kirchengesch. 13. H: Abrahamspiel 98; Noahspiel 98; Entert. at Richmond (m. Bang) 02; Mason, Gramm. angloise 04; Daines, Orthoep. angl. (m. Rösler) 08.

Bruchhaus, Hanns Walter (Ps. Hawalt Bertel), ASV., VB., /, ⚘, ✝. Düsseldorf, Immermannstr. 33. (ebda $^{9}|_{8}$ 02.) B: Heimweh, Sk. 20; Smirgad Sadschan, Erz. 21; Funken, Sk. 23; Menschen im Schatten, N. 23. H: Mehr Raubmörder! mehr Verbrecher durch Verbannung d. Religion aus der Schule, Flugschrift 23. *

Bruchmüller, Wilh., PA., RP., ♛, ⊞, Politik, /, Kritik, ✠, Lit.♛, Reisesch., Dr. phil., Hauptschriftl. d. „Vogtl. Anzeigers u. Tageblatts". Plauen i. V., Schubertstr. 15 I. (Genninsch-Warthebruch $^{17}|_{6}$ 72.) B (seit 98): Erinnergn. an Rügen u. d. Ostsee 99; Führer durch die Goetheausstellg. in Cöln 99; Märkische Lieder 03; Zwischen Sumpf u. Sand, Skn. a. d. märk. Landleben vergang. Zeiten 04; D. Leipziger Student 1409—1909 09; V. Gestern u. Heute, märk. Geschichtenbuch 13; Kl. Chronik d. Univ. Leipzig 14; Aus e. Kriegstagebuche 14—17 17; Leipzigs Kriegsnöte in alter Zeit 18; Das deutsche Studententum von seinen Anfängen bis zur Gegenwart 22.

Bruck, Niklaus, s. Teichmann, W.

Bruck, Rob., Kunst♛, Dr. phil., o. THSchProf. u. Doz. an d. Tierärztl. HSch., Vorstand des Sächs. Denkmal-Archivs, GRegR., Landeskonserv. v. Schaumburg-Lippe. Dresden-A., Schnorrstr. 88. (Offenbach $^{16}|_{9}$ 63.) B: D. elsäss. Glasmalerei 02; Friedrich d. Weise als Förderer d. Kunst 03; Arwed Roßbach u. s. Bauten 04; Karl Mediz 04; D. Skizzen-

buch Albrecht Dürers 05; D. Malereien in d. Handschriften d. Kgr. Sachsen 06; D. Denkmalpflege im Kgr. Sachsen 10; D. Sophienkirche in Dresden 11; Sächs. Schlösser u. Burgen 13; Ernst z. Schaumburg, e. kunstförd. Fürst d. 17. Jahrh. ()

Bruckmann, Claus, ASV., Vortr. Gew. GP., DG., Dichtg., Sk., Pl., Kaufmann. Kleinbittersdorf-Saar, Saargemünder Str. 51a. ($^{3}|_{10}$ 98.) **W:** Erstlinge, G. 21.

Bruckmann, Hugo, Kunst♛, /, Verleger. München, Karolinenplatz 5. (ebda $^{13}|_{10}$ 63.)

Brückner, Alex., slav. Ψ, Dr. phil., o. UProf. Berlin-Wilmersdorf, Wilhelmsaue 18. (Tarnopol, Galiz. $^{29}|_{1}$ 56.) **W:** Gesch. d. poln. Lit. 01; Gesch. d. russ. Lit. 08; Rußlands geistige Entwicklg. im Spiegel s. schönen Lit. 08. ()

Bruder, Frau Amalie Theod. (Ps. Theod. Venetianer), (k.), VV., Roman, Nov., /, musik. Beilagen, Bürgerschullehrerin i. R., Musikpädagogin u. Komponistin. Wien XX, Wallensteinstr. 60. (Verona $^{17}|_{7}$ 60.)

Brüdt, Johann, Dorf- u. Kleinstadtleben, Rektor d. Mädchensch. in Sande. Bergedorf-Sande, Holstein. (Bargenstedt $^{17}|_{3}$ 59.) **W:** Zwischen den Strohdächern 11; Ladendorfer Leute 13; Karsten Holm 15; Es war einmal! 22.

Brües, Otto, SDS., ⊙, Erz., G., Kritiker, Stadtanz. d. Köln-Ztg. Köln-Klettenberg, Löwenburgstr. 3 ($^{1}|_{5}$ 97.) **W:** Walter Flex u. s. Dichtg. 20; Neue deutsche Jugend 21; Heilandsflur, Tr. 21; Walter Hasenclever 22; Stab u. Stein; Die Füchse Gottes; D. Prophet v. Lochau, Sch. 23; Helden, Heilige, Narren u. Musikanten, N. 23. **H:** Der Rhein in Vergangenheit u. Gegenwart.

Brüggemann, Fritz, SDS., ♛, Ψ, ⊙, /, Dr. phil., Prof. a. d. Techn. Hochschule. Aachen, Wüllnerstr. 6. (ebda $^{18}|_{12}$ 76.) **W:** D. Ironie als entwicklungsgeschichtl. Moment, e. Beitr. z. Vorgesch. d. deutsch. Romantik 09; Gesch. d. Familie Hoesch (m. J. Hashagen) I 11, Karten dazu 12; Utopie u. Robinsonade, Untersuchgn. zu Schnabels Insel Felsenburg 14; Stammbaum der Familie Hoesch 15; Die Einheit Europas 15. **H:** Grannus, Blätter zur Pflege geistigen Lebens im westdeutschen Grenzlande.

Brüggemann, Fritz, s. Werneck, Fritz.

Brügmann, Walther, ⊙, Oberregiss. d. städt. Bühnen. Frankfurt a. M., Grafenstr. 3. (Leipzig $^{21}|_{8}$ 84.) **W:** Dramatische Gedichte 01. **H:** Eisenbahnlyrik 05.

Bruhn, Wilhelm, Religionspsychologie und Religions⁂, Prof. D. theol., Priv.-Doz., Studienrat. Heikendorf bei Kiel. (Itzehoe, Holstein $^{12}|_{12}$ 76.) **W:** Theosophie und Theologie 07; Religiöse Selbsthilfe 20; Glauben und Wissen 21; Theosophie und Anthroposophie 21, 2. A. 23; Der Vernunftcharakter der Religion 21; Einführung in das philosophische Denken 23. *

Bruhns, Leo, Kunst♛, Dr. phil., Privatdozent a. d. Universität Frankfurt. Frankfurt a. M., Anzengruberstr. 12. (Nissi, Estland $^{26}|_{11}$ 84.) **W:** Grabplastik des ehemaligen Bistums Würzburg 1480—1540 12; Die Bischofsgrabmäler im Würzburger Dom 22; Würzburger Bildhauer der Renaissance und des werdenden Barock 1540—1650 23. *

Bruinier, Johannes Weygardus, deutsche Literatur, Dr. phil., Studienrat Anklam, Pommern, Brüderstr. 17. (Abcoude bei Amsterdam $^{6}|_{11}$ 67.) **W:** Kritische Studien zu Wernhers Marienliedern 90; Faust von Goethe I 94, II 10; Das deutsche Volkslied 99, 6. A. 21; Minnesang 12; Die germanische Heldensage 15. *

Brüll, Oswald, Essay, Kritik, Dr. jur. Bielitz, Polen, Postfach 19. (Mikuszowice b. Biel. $^{27}|_{6}$ 93.) **W:** Letztes Burgtheater, Requiem für das Österreichertum 20; Thomas Mann, Variationen über ein Thema 23.

Brülle, Frau Adele (Adele Brülle-Schnellenbach), Vaterländ. Frauenverein, Rhein. Frauenklub, Düsseldorfer Schriftstellerverein, ✠, Erzählungen, Novellen, Reisebeschreibungen. Düsseldorf, Kavalleriestr. 72. (ebda $^{20}|_{9}$ 72.) **W:** Heimat und Seele, G. 21. *

Brun, Marie Louis Auguste, Germanist, Dr. phil., Paris, Boulevard St. Jacques, 31. (Le Vigan, Gard $^{18}|_{5}$ 81.) **W:** Hebbel (franz. 14 u. dtsch. 22); F. M. Klinger 14.

Bründler, Johann, Drama, Roman, ✠. Greiffenberg, Schles. (Root b. Luzern $^{9}|_{3}$ 89.) **W:** Morgenröte, G. 20; Die Dichtkunst u. ihre Erneuerung 21; Dante, Tr.; Triumph des Friedens, Sch.: Nina von der Weid, Lsp.; Karl sein Liebling, Sch.; Die Weltkönigin, R.; Lieder; Hymnen der Menschheit, G.; Die Weltbundesverfassung 21. ()

Brünings, Fr., s. Nippoldt, Marie.

Brunner, Armin, CP., /, Ψ, Red. der „N. Fr. Presse". Wien VIII, Alserstr. 7. (Mißlitz, Mähren $^{1}|_{8}$ 64.) **W:** Schlecht Deutsch 95; Ich sterbe freiwillig ...!, R. 99; Willi Meinrad, R. 99; Erbgift, R. 00; Im Schnitterglück, R. 02; Zirkusdamen, Optte. (m. L. Schytte) 03; Die Marquise von Cassignac, Optte. (m. J. Wattke u. L. Schytte) 05; Frühlingsfest, Lsp. 06; Der letzte Mann, Schw. 07; Goldblondinen, Kom. 08; Die Liebes-

brücke, Lsp. 08; Jour bei Steinsberg, Lsp. 09; Teilung der Erde, Kom. 12; Ewig dein, Kom. 12; Jugendschriften: Wir spielen Weltkrieg; Unsere lieben Haustiere; Die Handwerker; Wir machen eine Reise; Der rote Faden; Muki der Held. H: Philipp Brunner, Schule d. Vorbereitung, 8. A. 18; Balduin Groller, Der Rächer seiner Ehre.

Brunner, Emil, Lic. theol., Pfarrer in Obstalden (Glarus), Priv.-Doz. in Zürich. (Zürich, $^{28}/_{12}$ 89.) B: Das Symbolische in der religiösen Erkenntnis 14; Die Mayflower Pilgerväter 20; Erlebnis, Erkenntnis u. Glaube 21, 2. u. 3. A. 23; Die Mystik u. das Wort 23. *

Brunner, Jul. C. Curt, RP., BA., UB., BBA., ⊘, ꝛc, ☊, /Red. Augsburg I, Postfach. (München $^{27}|_{2}$ 79.) B: Petrus Canisius, Sch. 12; Rechtsprechung u. Kunst 14, 5. T.; „Unzüchtige" Schriftwerke 14; Wie der Hirnhofer-Jakl d. schöne Mädchen v. Lille kennen lernte u. a. Geschn. 16, 2. T.; Das Hilfsdienstmädel, Sgsp. 18; Illustr. Sittengeschichte, Krieg u. Geschlechtsleben 22/23.

Brunner, Karl, ♛, Dr. phil., Prof., RegR., Hrsg. d. „Hochwacht". Berlin-Lichterfelde, Dürerstr. 26. (Bernstein, Ob.-Frank. $^{9}|_{7}$ 72.)

Brunner, Karl, ♆, /, Dr. phil., Prof. an der Hochschule f. Welthandel. Wien XIII, Firmiang. 36. (Karolinental bei Prag $^{8}|_{6}$ 87.) B: D. mittelengl. Versroman üb. Rich. Löwenherz 13; Die Dialektliteratur v. Lancashire 20; Übungsstücke zur Einführung in die neuengl. Sprache 20; Engl. Com. Correspondence 22.

Bruno, C. G., s. Schultz, Julius A. H.

Bruns, Frau Margarethe, geb. Sieckmann, ✠, Kunstästhetik. Minden i. W., Simeonsglacis 13. (ebda $^{24}|_{9}$ 73.) B: Die Lieder des werdenden Weibes, G. 00; Der Stil unserer Kleidung 02; Die Märchen der Salamanderhöhle 12. Ue: Castellani, D. Weib am Kongo 02; Baudelaire, Novellen u. Dichtungen in Prosa 04.

Bruns, Max, ✠, Musik, Kulturästhetik, ☊. Minden, Westf., Simeonsglacis 13. (ebda $^{18}|_{7}$ 76.) Aus mein. Blute, G. 97; Andachten: I. Lenz, G. 99; (II. Wir Narren! 99); III. Zwei-Einheit 99; IV. Verklärungen 00; V. Himmelfahrt 01; Laterna magica, G. 01; Kaleidoskop 03; Ged. I 09, II 16; Feuer, R. 12; Phantastische Feste 19; Nachtsonette 19; Die Arche 20; Über den Humor 21. H u. Ue: Baudelaires Werke 01—09. Ue: Gedichte von Baudelaire, Verlaine u. Mallarmé 09. H: Rachilde, Novellen.

Brunswig, Alfred, ∴, Dr., o. UP. Münster i. Westf., Warendorfer Str. 22. (Plau i. Meckl.-Schwerin $^{13}|_{6}$ 77.) B: Das Erklären 01; Die Frage nach dem Grunde des sittlichen Sollens 07; Das Vergleichen und die Relationserkenntnis 11; Das Grundproblem Kants 14; Einführung in die Psychologie 21; Hegel 22. *

Brussot, Martin, Roman, ⊘, Romanistik, Kritik, Folklor., Dr. phil. Wien IX, Pflugg. 6. ($^{19}|_{2}$ 87.) B: Zigeunergeschichten 07; Keltische Volkserz. 08; D. Stadt d. Lieder, R 12; Wildnis, Rn. 13; D. tote Kollektor, Rn. 15; D. Erzschelm Augustin, R. 19; D. Brand d. Leidenschaften, Erz. 20; Landstörz Wenzel Nazdaryk, R. 21; Jean d. Feldherr, R. 21; D. niegetauschte Kuß, Erz. 22; Das Dorado der Dämonen, Rn. 22; Das Geheimnis v. Toledo, Rn. 22; Der Traum Don Fernandos, R. 22; Der Sturzbach im Urwald, R. 23; Zum süßen Löchel, R. 23; Das Graulen, Rn. 23; Der Stein der Weisen, R. 24; Ahasver im Urwald, Rn. 24; Exotische Novellen 24.

Brust, Alfred, DB. Heydekrug, Memel. (Insterburg $^{15}|_{6}$ 91.) B: Der ewige Mensch 19; Die Schlacht der Heilande 20; Spiele 21; Die Wölfe 21; Cordatus 21; Der Tag des Zorns 21; Himmelsstraßen 23; Ost-Rom, Sp. 23.

Bry, Carl Christian, Kritik. Pasing b. München, Scharnhorststr. 14. (Stralsund $^{12}|_{4}$ 92.) *

Bub von Burkhardtsberg, s. Krause-Seifert.

Bube, Wilhelm, ✠, /, Bibliogr., Krit., Rektor. Tonndorf-Lohe b. Hamburg. (Rosin b. Neuhaus a. E. $^{28}|_{11}$ 65.) B: D. ländl. Volksbücherei 96, 7. A. 21; Ländl. Feierabende 98; Die Jugendbücherei 20; H: Gedichte der hannov. Volksdichterin Marie Kupfer 97.

Bubendey, Joh. Friedr. gen. Hanns (Ps. Peter Albinus), RP., DB., BJ. & S., Politik, ⊘, /, Dr. phil., Schriftsteller. Hamburg 37, Isestr. 91 I. ($^{17}|_{4}$ 88.) B: Ein Einbruch, Kom. 07; Zwei Welten, Trag. 07; Liebesboykott, Optte. 12; Soziale Schäden im Arbeitnehmertum d. deutsch. Bühnengewerbes 12; Hamburg. Verfassungsfragen 19; Liebesspiele, Einakterzyklus 13; Zeitungsschreiber, Kom. 21; Abenteuer der Frau Staatsanwalt, Sc. 23; Die Milliardenbar, Sc. 23; Stinnes, Groteske 23.

Buber, Martin, ∴, Erz., Dr. phil. Heppenheim a. d. Bergstraße. (Wien $^{8}|_{2}$ 78.) B: Die Geschichten d. Rabbi Nachman 06; D. Legende d. Baalschem 07; Ekstatische Konfessionen 08; Reden u. Gleichnisse d. Tschuang-Tse 10; Drei Reden üb. d. Judentum 11; Daniel 13; Vom Geist d. Judentums 15; Die jüd. Bewegung I 16, II 20; Ereignisse u. Be-

gegnungen 17; D. Rede, d. Lehre u. d. Lied 17; Worte an d. Zeit I, II 19; Cheruth 19; D. heilige Weg 19; Der große Maggid 21; Ich und Du 22; Reden (Gesamtausgabe) 23. H: Die Gesellschaft, Sammlung sozialpsycholog. Monographien 06ff.; Kalewala 13.

Bubmann, Wilhelm, ❦, Erzn., Skn., Lehrer. Nürnberg, Bayern, Mathildenstr. 32 III. (Ühlfeld a. Aisch $^{31}|_{1}$ 97.) *

Buch, M. v., s. Bucholtz, Margarete v.

Buchenau, Artur, ∴, ❧, Dr. phil., Stadtschulrat, Dir. d. Humboldtgymn. Charlottenburg, Schloßstr. 46. (Elberfeld $^{3}|_{6}$ 79.) B bzw. H: Kants sämtl. Werke I/II 12, IV 13, VI 14, Kants Lehre v. kategor. Imperativ 13; u. v. a.

Bucher, Frau Clara (Pſ. früher Maria Otto), Roman, ❦, Jugendschr. Rochwitz b. Dresden-Oberroschwitz, Pappritzerstr. 2 I. (Dresden $^{15}|_{1}$ 67.) B: Erika, R. 04; Glück und Glas, Rn. 07; Eine Ehe, R. 13.

Bucher, Jak., Lit.- u. Kult.♛, /, ❧, Dr. phil., emerit. St. Gallischer Sem.-Dir. Luzern, Pfisterg. 15. (Meierskappel $^{27}|_{6}$ 37.) B: Vereinfachg. d. deutsch. Rechtschreibung 70; D. Müller von Sempach, Erz. 86; Luzerner Geschichtskalender 93/97 IV; Luzerner Walhalla 96.

Bucher, Theodor (Pſ. Zyböri), SES., ❦, ⊙. Luzern, Brambergstr. 35. (ebda $^{24}|_{5}$ 68.) B: Heimatland, 2 Akt. 10; Bureschreck, 1 Akt. 10; Hundert wilde Schosse I, 4. A. 14; Wegewarten; Rütli, Bſt. 17; Neue wilde Schosse II, 3. A. 18; Weihnachtsglocken, Sgſp. 19; 100 Gedichte in Schweizermundart III, 2. A. 20; Wir wünschen euch an! 22; Chlyni Wält 20; Wegewarte, Schriftdeutsche G. 23; Muurblüemli, Kinderged. 23; 94 Lieder vertont; Die goldene Lanze, Dr. 21; Das Lied der Heimat, Volkssch. m. Gesang; Der Kristallkönig, Operlibretto 23.

Buchheim, Carola, s. Groag, Carola.

Buchheit, Gert, Dr. phil., Literatur- u. Kunst♛, ∴. München, Äußere Prinzregentenstr. 9. (ebda $^{2}|_{4}$ 00.) Totentanz, seine Entstehung und Entwicklung 23. *

Buchholtz, Arend, ♛, Dr. phil., Dir. d. Stadtbibl. Berlin NW, Brückenallee 4. (Riga $^{10}|_{4}$ 57.)

Buchholtz, Frl. Margarete v. (Pſ. M. v. Buch), Roman. Leipzig-Schleußig, Seumestr. 41. (Lübendorf $^{13}|_{3}$ 64.) B: D. letzte Wendenkönig 89; Sein Erbe 96; Um Ehre u. Ruhm 97; Sein eigener Feind 01; Sigurd Ring 06; Der Sonnenfalter 07; Errungen 09; Einer von Beiden 10; Es lebe die Liebe 11; Wetterwolken 11; Gräfin de la Motte 12; Spätes Glück 20; Helene Mehrenbachs Schuld 20; Ihrer Vergangenheit Last 21; Der Sonne entgegen 22.

Buchholzer, Ernst, GP. Hermannstadt, Siebenbg., Teutschgasse, Villa Helene. (Mediasch $^{21}|_{3}$ 66.) B: Auf nach Siebenbürgen 00; D. akadem. Beruf 07.

Buchhorn, Josef, BP., DB., PA., RP., /, Nov., Roman, ⊙, ❦, Leiter d. Berliner Redaktion d. „Hannoverschen Kuriers", Mitgl. d. preuß. Landt. Berlin-Steglitz, Beymestr. 13. (Köln a. Rh. $^{8}|_{1}$ 75.) B: D. Hohenstaufen, R. 08, 5. A. 17; Wir vergessen zu leicht! Geduldig sein! Stark sein! Vertrauen haben! 17; Studenten, Sch. 18; Sehnsucht, Sch. 18; Ich bin ein Preuße!; Zwischen Goethe u. Scheidemann; Deutsche Jugend, wach auf!; Dennoch!; Schwarz-weiß-rot!, G.; Politik u. Presse 19; Bekenne! 20; Hindenburg, der Führer in uns. Zukunft 20; Deutsch. Zeitspiegel, G. 20; D. Schäfer v. Jena, Sch. 20; Laßt uns v. Reiche zeugen 21; Margot Helmers, R. 22. ()

Bücht, Albert, (k.), Schweizer♛, Dr. phil., UP. Freiburg, Schw., 8 rue Geiler. (Frauenfeld $^{1}|_{6}$ 64.)

Buchmann, Otto, Roman, ❦, ⊙. Hannover, Bandelstr. 24. (Braunschweig $^{10}|_{4}$ 86.) B: Hein Starck, R. 10; Zu neuen Ufern, Einakterzyklus 20; Marias Lied 20; Ich trage meine Minne, Verse 20; Auf alten Wegen, N. 20; Madonna, R. ()

Büchner, Anton, Lit., Wiss., Kritik, Dr. phil. Darmstadt, Neckarstr. 6. (Pfungstadt $^{28}|_{7}$ 87.) B: Zu Ludwig Anzengrubers Dramatechnik 11; Judas Ischarioth i. d. deutsch. Dichtung 20. Ue: Pio Baroja: Spanische Miniaturen 15. ()

Buchner, Georg, Lit.♛, Ortsnamenkde, OberStudR., GP. München, Amalienstr. 43 II. (ebda $^{19}|_{2}$ 64.) B: Historia septem sapientum 89; Quelle der Seuin Seages des Johne Rolland of Dalkeith 89; Beiträge zur Gesch. d. 7 weisen Meister 95/05; Ortsnamen d. Karwendelgebiet. 18; Bibliogr. z. Ortsnamenkde. d. Ostalpenldr. 19; Ortsnamenkde. Lit. v. Südbayern 20; Ortsn. d. Werdenfelser Land. 20. ()

Buchow, Wilhelm (Pſ. Willi Buch, Walter Hagall), RP., Politik, ⌧, Redakteur. Berlin SO 33, Wrangelstr. 130. (ebda $^{30}|_{1}$ 83.) B: Im Lichte deutschen Glaubens (Relig.-philos. Abhandlung, 1. A. 09, 2. A. 18; Um Schneide und Scheide, Erz. 17; Deutsch-Hammertals Untergang, Erz. 17. *

Buchwald, Conrad, Kunst♛, Dr. phil., Prof., Kustos am Kunstgewerbemuseum. Breslau, Klosterstr. 102. (ebda $^{27}|_{3}$ 67.) B: Adriaen de Vries 99; Graphische Künste; Einige Hauptwerke der kirch-

lichen Malerei und Bildhauerei des Mittelalters.

Buchwald, Reinhard, Lit.♛, ∴, Dr. phil., Regierungsrat im thür. Ministerium f. Volksbildung u. Geschäftsführer d. „Volkshochschule Thüringen". Jena, Talstr. 36. (Großenhain $^{2}|_{2}$ 84.) **V**: Joachim Greff 07; Wissenschaft v. deutschen Nationalcharakter 17; Arbeit und Bildung 22. **H**: Johs. Langguths Leben 07; Lustspiele der Gottschedin (mit A. Köster) I 08, II 09; Grimmelshausen Simplizissimus 08; Luthers Briefe 09; H. Sachs (m. P. Merker) 11; L. v. François, Frau Erdmuthe 12; Caroline Schlegel 14; Deutsches Volkstum (Quellensammlung) 15; Der heilige Krieg 15; Der Kampf (Kriegslyrik) 15; Hebbel, Werke I 16; Blätter der Volkshochschule Thüringen.

Bücker, Hans, Roman, ✿. Münster i. W., Overbergstr. 10. (Nordwalde i. W. $^{15}|_{9}$ 97.) **V**: Seele, R. 3.—6. T. 20; Ulf Solder, R. 22; Im Vorhof Gottes G. 22.

Bücking, Martin, VB. Roman, Pastoran St. Katharinen. Braunschweig, Fallerslebersstr. 4. (Oldenburg i. Gr. $^{20}|_{3}$ 68.) **V**: Rektor Siebrand, Erz. 04, 3. A. 11; Brackwasser, R. 07, 2. A. 08; Die Leute vom Kleeblatt, R. 19; Zeteler Markt, R. 20; Die Fortuna, R. 21; Die den Sieg behalten, R. 1.—10. T. 22. **H**: Die Braunschweiger im Weltkriege 15.

Bückmann, Ludwig, Germanist, Prof. Lüneburg, Ha., Lübecker Str. 8. (Bartholfelde $^{20}|_{9}$ 58.) **V**: Ajo der Guging, Erz. 10. **Ue**: Zwergkönig Laurin; Die Rabenschlacht.

Bud, Frau Elsa Maria, SDS., Roman, ✒. Berlin, Großbeerenstr. 24. (ebda $^{22}|_{1}$ 83.) **V**: Familie Götzel, R. 14; Die Werdenden, R. 21; Der Schuldner Gottes, R. 23.

Budde, Gerhard, ✿, Dr. phil., GP., THSchDoz. Hannover, Hildesheimer Str. 45A II. (Leer $^{15}|_{3}$ 65.) **V**: Zahlr. päd. Schriften.

Buddensieg, Hermann, Sozial♛, ∴, Schriftsteller, Dr. phil. Binau a. Neckar (Baden). ($^{8}|_{6}$ 93.) **V**: Die Kultur des deutschen Proletariats im Zeitalter des Frühkapitalismus 23; Die Weltbetrachtung aus geschichtlichem Geiste 24. *

Buffon, Rol. W., s. Wolff-Beckh, Bruno.

Buegler, Käthe, s. Ganske, Käthe.

Buhl-Baur, Frau Marie-Meres, Roman, Novelle, Lyrik. Burladingen, Hohenzollern. ($^{27}|_{4}$ 94.) **V**: Junge Saat, G. 12, 2. A.; Heimat 21, 4. T.; Dore Prante, R. 22; Lieselottes letzter Brief, R. 22. *

Bühler, Frau Charlotte, Ästhetik, Jugendpsychologie u. Pädagogik, Dr. phil., Priv.-Doz. Wien XIX, Weimarer Str. 100. ($^{20}|_{12}$ 93.) **V**: Das Märchen und die Phantasie des Kindes 17; Das Seelenleben des Jugendlichen 22, 2. A. 23. **H**: Urtext der Penthesilea v. Heinr. v. Kleist 21; Tagebuch eines jungen Mädchens 22. *

Bühler, Johannes, Kultur-, Kunst-, Lit.- u. polit. ♛, Privatgelehrter, Dr. phil. München, Klenzestr. 40. (ebda $^{4}|_{2}$ 84.) **V**: Deutsche Vergangenheit: I. Die Germanen in der Völkerwanderung 21; II. Das Frankenreich 23; III. Klosterleben im deutsch. Mittelalter 21, 7.—11. T. 23; Der Franzose, e. Gesch. Frankreichs f. Deutsche 21. **H** u. **Ue**: Was sich Wüstenväter u. Mönche erzählten 20; Das Leben Kaiser Heinrichs IV. 21; Schriften der heiligen Hildegard von Bingen 22.

Bühler, Mich., Zeitgswesen, Dr. jur., UDoz. Bern. ($^{6}|_{10}$ 63.) **V**: Journalistische Berufsbildung; Buhler u. Luck; Rätisches Festspiel; St. Galler Festspiel „Walthari".

Bühren, Ludwig, ASV., ⊙, ✿. Kiel, Gerhardstr. 78. (Bochum $^{6}|_{7}$ 85.) **V**: Ged. 20; Der Student von Ulm, Dr. 21.

Bührer, Jakob, SES., Red. d. Ztschr. „Heimat". Zürich, Pelikanstraße 15. (Schaffhausen $^{8}|_{11}$ 82.) **V**: Aus Konrad Sulzers Tagbuch, R.; Brich auf! R.; Volk der Hirten, Sp.; Dibel oder Dubel, Schw.; Das kleine Paradies, Lsp.; Tellenspiel, Dr.; Kilian, R.

Bulcke, Carl, SDS., ✿, Nov., Rom. Charlottenburg, Carmerstr. 18. (Königsberg i. Pr. $^{29}|_{4}$ 75.) **V**: Silkes Liebe, R. 02, 12. T. 18; Das Tagebuch der Susanne Övelgönne, R. 05, 9. T. 18; Gedichte 05; Die Reise nach Italien, R. 07, 2. T.; Irmelin Rose, R. 08, 3. T.; D. Kampf d. Landrichters Kummacher, R. 12; Schwarz-Weiß-Hellgrün, R. 13, 6. T. 17; Balzereit, R. 17, 25. T. 20; Katharina, R. 17, 5. T.; D. schöne Frau Schmelzer, R. 18, 10. T.; Die drei Trostburgs, R. 19, 5. T. ()

Bulle, Heinr., klass. Archäol., Dr. phil., o. UP. u. Dir. d. Kunstgesch. Mus. d. Univ. Würzburg, Konradstr. 1 II. (Bremen $^{11}|_{12}$ 67.)

Bülow, Georg, ∴, Poesie, Dr. phil., Prof., StudR. Schweidnitz i. Schles., Äußere Kirchstr. 20. ($^{29}|_{10}$ 66.) **V**: Des Dominikus Gundissolinus Schrift v. d. Unsterbl. d. Seele 97; Thomas Babington Macaulay 01; Aus der Väter Tagen, Dr. 12; Fichtiana 13; Streifzüge in d. Gebiet d. engl. Schul- u. Bildungswesens 13; Unser Bismarck 15; Höheres Schulwesen u. Deutschtum in Brüssel kurz vor d. Weltkr. 16; Manfred Freih. v. Richthofen 18. ()

Bumüller, Johannes, Dr. phil., Anthropologie u. Urgeschichte, Naturwissenschaften, Pfarrer. Aufhausen bei Aichach, Oberbayern. (Ravensburg 22|7 73.) W: Die Urzeit des Menschen 00, 3. A. 14; Mensch oder Affe? 00; Methode der exakten Wissenschaft und der Darwinusmus 01; Entwicklungstheorien und der Mensch 05; Der Mensch, Anthropol. Grundriß 08; Die Krone der Schöpfung 09; Unsere Welt: Schöpfung oder Ewigkeit? 18; D. Nibelungenlied 05, 3. A. 22.*

Bündgens, Peter, Lokal♛, Heimatkde., Dchtg., Prosa, Mitarb. d. „Rhein. Heimat", Beamter in Eschweiler, Rhld. (ebda 4|10 72.) W: Eschweiler Sagengeschichte 07; Aus der Kriegszeit, Rn. 14; Eschweiler in Sang u. Sage 18; Die Königsbraut v. Wenau, R. 22.

Bünger, Willy, ASB., Satiriker. Berlin, Gartenstr. 9. (Braunschweig 16|3 91.) W: Spiegelscherben, Neuzeitl. Dchtgn. 16; Die Sucht nach der andren Frau 21; Wahrheiten und Narrheiten, Sat. 23. *

Bunsen, Frau Marie v., Roman, Kritik, Biogr. Berlin W, Corneliusstr. 4a. (ebda 17|1 62.) W: Gegen den Strom, R. 93; Udo in England, Erz. 99; Auf Riedenheim, R. 99; Georg v. Bunsen, Biogr. 00; Ruskin, Kunstkritik 03; Allerhand Briefe, Erz. 03; Sizilien, Begleitbuch 10; Im Ruderboot durch Deutschland 14, 6. A. 22.

Buol, Marie Freiin v., (k.), Roman. Kaltern, Tirol. (Innsbruck 21|8 61.) W: Das Marterle, Erz. 99; Lieder vom heiligen Lande 02; Die Stiefkinder, Erz. 02; D. Geheimnis der Mutter, Erz. 03; Die Kirchfahrerin, Erz. 04; Der Bader v. St. Margrethen, Erz. 04; Ein gutes Wort, Erz. 05; Gillis Hobelspäne, Erz. 06; Aus Etschland u. Inntal, Erzn. 07; Die Gamswirtin, Erz. 08; Des Mahrwirts Weib, Dr. 09; Hoch hinauf, Dr. 10; Erzählgn. u. Sagen aus Tirol 10; Notburga, Dr. 11; Christophorus, Erz. 12; D. vierte Gebot, Dr. 12; Die Wetterhexe, Dr. 14; Garibaldis Spaziergang 15; D. Weib d. Verschollenen 16; Das Blumenkörbchen, Dr. 21; Die Feindschaft, Dr. 21; Das Türkenmädchen, Dr. 21; Köchin und Gesellschaftsdame, Dr. 22; Lazarus und der Prasser, Dr. 22; Findelkind, Erz. 22; Das Sparkassenbuch, Erz. 22; Die kranke Tante, Dr. 23.

Burchardt, Frl. Auguste (Ps. Asta Burchardt-Rienstein), ♥, Nov., Roman. Berlin-Wilmersdorf, Kaiserplatz 18. (Gransee 6|4 55.) W: Aus ewigen Tiefen, R. 05; Herrn Dröfekes Jungfernreise, Hum. 12, 2. A. 14; Neues, Ernstes u. Heiteres 12; D. Liebestee, Hum. 1. bis 3. A. 14; Wonnen und Wunden 16; D. schwarze Schwan am andern Ufer, Zeitrom. 18, 2. A. 19. ()

Bürchner, Ludw., Ψ, ●, ♛, Ue: G., Dr., Prof. München, Salvatorstr. 3 II. (Landshut 29|11 58.)

Burckhardt, Georg, ⁂, Dr. phil., Priv.-Doz. Frankfurt a. M., Dornbusch 3. (Rinteln 30|8 81.)

Burckhardt, Rudolf, ⊞, ♢, Dir. des Christl. Kurhauses Heinrichsbad, Dr. phil., Pfr. Herisau, Schweiz. (Colombier, Schw. 22|8 69.) W: Wir wollten Jesum gerne sehen 01, 2. A. 02; Als wir d. blaue Schürze trugen 02; Meister Ed. v. Gebhardts Bilder in d. Friedenskirche zu Düsseldorf 07; Ed. v. Gebhardt z. s. 70. Geburtstag 08; Die Wandgemälde Ed. v. Gebhardts in d. Friedenskirche z. Düsseldorf 08; Alkoholismus u. Volksgesundheit 11; D. Christl. Nüchternheitsbewegg. d. Gegenwart — e. Schicksalsstunde f. unsre Kirche 13; Alkoholfluch u. Nüchternheitssegen 13; Zweige vom Wegessaum, G. 14; Kriegspsalter 14; Heiliges Jugendland 15; Loblieder 20; Aus dem Heinrichsbader Garten, G. 22.

Burda, Frl. Josefine Margarete, ♥, /, Skizze. Berlin-Steglitz, Flensburger Str. 6. (Berlin 8|12 79.) W: Im Lichte des Heils, Lieder f. das ev. Haus 22.

Burdach, Konr., deutsche Sprache u. Lit., Dr. phil., Mitgl. d. Preuß. Akad. d. Wissenschaften, GRegR. Berlin-Grunewald, Schleinitzstr. 6. (Königsberg i. Pr. 29|5 59.) W: Reinmar der Alte u. Walther v. d. Vogelweide 80; D. Einigg. der nhd. Schriftsprache 84; Vom Mittelalter z. Reformat. I 93; Z. Gedächtn. Rud. Hildebrands 95; Walther v. d. Vogelweide I 00; Schiller-Rede 05; Faust u. Moses 12; Rienzo u. d. geist. Wandlg. s. Zeit 13; Renaissance, Reformation, Humanismus 16; Deutsche Renaissance, Betrachtgn. üb. uns. künftige Bildg. 16, 3. A. 20. H: Goethe, West-östl. Divan 88 (Weimar) u. 05; Goethes Reinschr. d. West-östl. Divan in Faksimile; Studentensprache u. Studentenlied in Halle vor 100 Jahren (mit J. Meier) 94; Forschgn. z. deutsch. Philologie 94; Briefwechsel des Cola Rienzo (m. Piur) 12; Der Ackermann aus Böhmen (m. Bernt) 17; Urspr. d. Minnesangs 18.

Burg, Ernst v. d., s. Schreck, E.

Burg, Eugen, DB., Schauspieler. Berlin, Mommsenstr. 28. (ebda 6|1 71.) W: Herrschaftl. Diener gesucht, Schw; Alles aus Gefälligkeit, Schw.; Sprühteufelchen, Schw.; Wo d. Liebe hinfällt, Schw.; Erholungsreise, Schw.; Polizeistunde, Schw.; D. Einfamilienhaus, Bst.; Kaiser Hadrian, Lsp.

Burg, Fritz, germ. Ψ, Dr. phil., Prof.,

Bibliothekar an der Staats- u. Univ.-Bibl. Hamburg. Bergedorf, Bismarckstr. 34. (Berlin $^{27}|_{3}$ 60.) V: D. ält. nordischen Runeninschriften 85; Die Caspa Ambrosii d. früheren Kopenh. Univ.-Bibl. ()

Burg, Jacques, /, ○. Berlin W 62, Bayreuther Str. 33. (ebda $^{10}|_{9}$ 62.) V: Gelbstern, Kom. (m. Turszinsky); D. Eiskönigin, Lsp. (m. W. Thal); Der Spielmann, Vst.; Wanda Wasslowska, Sch.; Die Wunderbrille, Bühnen-M.; Die liebe Familie; Offiziere a. D., Sch. (mit Arndt); Trudes Tagebuch, Kom. (mit Hoburg); D. unverstandene Frau, Optte; E. Grenzkonflikt, Optte.; D. rote Venus, Lsp. (m. Schwartz); Tantchens Salon, Lsp. (m. Turszinsky); Villa Lohengrin, Lsp. (m. Huldschinsky); Alles für Slovenien (mit Turszinsky); Die Scheidungsehe, Optte.; Halima, O.; Ein Hof-Skandal, Lsp. (m. Negelein); Das liebe Publikum, Optte. (m. Guttmann); Das Picadillymädel, Optte. (mit Urban); Minus 27 Grad, Lsp. (mit Turszinsky); Gottliebs Testament, Schw.; Wenn die Gurken blühn, P. (m. Werner); Wer ist der Bräutigam? Optte.; Das Perlenhalsband, Lsp.; Prinz Bubi, Optte.; u. a.

Burg, Paul, s. Schaumburg, Paul.

Burgdorff, Bernhard v., s. Beneckendorff und v. Hindenburg, Bernh. v.

Bürgel, Bruno H., /, Erzählung, Red. Neubabelsberg bei Potsdam. (Berlin $^{14}|_{11}$ 75.) V: Vom Arbeiter zum Astronomen; Menschen untereinander; Im Garten Gottes; D. seltsamen Geschichten des Ulebuhle, naturwiss. M.; D. Stern von Afrika; Gespenster, R. über das Unbekannte.

Burger, Alexander, PA., deutsche Lit.-♛, Politik, Hauptschriftl. d. Mainz. Tagesztg. Nieder-Ingelheim a. Rh. (Gießen $^{26}|_{11}$ 80.) V: Die hessische Literatur der Gegenwart 06; Bibliographie d. schönen Lit. Hessens 07; Zum Streit um die Wehrfähigkeit d. deutschen Volkes 12; Unsere englischen Vettern u. wir! 12; Lieder u. Sagen vom Rhein 13; Pol. Broschüren. H: Georg Büchner, Dantons Tod 03. ()

Burger, Anton, ■, Ψ, /, Dr. phil., Prof. St. Pölten, Parkpromenade 6. Ottenschlag, N.-Österr. $^{10}|_{1}$ 63.)

Bürger, Friedr., s. Erdmannsdorffer, Friedr.

Bürger, Otto, Dr., Prof. München, Blutenburgstr. 32. (Hannover $^{4}|_{5}$ 65.) V: Reisen eines Naturforschers im tropischen Amerika 00, 3. A. 23; Acht Lehr- und Wanderjahre in Chile 09, 2. A. 23; Die Robinsoninsel 09, 2. A. 22; Quintrales, Nn. 11; Aus den Jagdgründen der Zwielichtwälder 23. *

Burggraf, Waldfried, DV., Mitglied d. Stadttheat. Würzburg, Huttenstr. 9 p. ($^{11}|_{8}$ 95.) V: Leiden, dr. Dchtg. 17; Peterle u. d. Prinzeßchen, dr. M.-Dchtg.; Mammon, Myst. 19; Madelaine u. ihr Page Hyazint, Tr. 20; Salamis, Patroklus, 2 Einakter; Die Erosretorte, R. 21; Harald, Dchtg. ()

Burghardt, Otto, ■, Lehrer und Oberlt. a. D. Ebersberg (Rhön), Krs. Gersfeld, Post Weyhers. (Erfurt $^{24}|_{4}$ 95.) V: Blütenlese, G. 21; Eigene Wege, G. 22. *

Burghold, Jul., wissensch. ♪, Musik, ☊, Liter., Dr. jur., JustR., RA. Frankfurt a. M., Arndtstr. 17. (ebda $^{3}|_{7}$ 60.) V: Wagners Nibelungenring u. Parsifal: Textausg. m. Leitmotiven 97; Über die Leitmotive in Wagners Nibelungenring u. ihre Benennung 98; Führer durch Wagners Meistersinger 98; Entwicklung der Ehe 01; Wagners Meistersinger, Textausg. m. Leitmotiven 03. ()

Bürgi, Frl. Gertrud, SES., ■. Zürich, Seefeldstr. 168. (ebda $^{2}|_{9}$ 86.) V: Bilder, Davos, Liebe, Lyr. 18; Sterne, Lyr. 19; Spiegelungen, Lyr. 24.

Burhenne, Heinrich, Pädagogik, ■, Lehrer. Walsum a. Niederrhein, Bez. Düsseldorf, Provinzialstr. (Cassel $^{26}|_{6}$ 92.) V: Büchlein von kleinen Kindern 18; Elternbeiräte 20; Kinderherz 21; Der stille Garten, M. 23. *

Büring, Wilh. (Ps. B. Ring), ■, ○, /, ▤, Red. Leipzig-Plagw., Elisabethallee 39. (Braunschweig $^{30}|_{1}$ 78.) V: Vom Wege Stein u. Staub, G. 06; Henry D. Thoreau, lit. Studie 07; Ins Blaue, G. 14; D. Kaufmann in d. Literatur 16, 4. A. 21; D. goldene Gürtel, Dchtgn. 16; Zwischen Spruch u. Widersprüchen 18.

Burk, Walther, Hist. Roman, Rittm. a. D. Augsburg, Bayern, Klinkerberg 8. (Schloß Gyrsberg, Schweiz $^{7}|_{11}$ 71.) V: Nachbarskinder, Nn. 13; Der versunkene Herrgott, R. 14; Der Vogt von Hornberg, Hist. R. 19, neueste A. 22; Wenn der Ginster blüht..., N. 20; Der Herr der Reichenau, Hist. R. 21, neueste A. 22; Ave Caesar, ein Totentanz 22; Das Haus zur ersten Liebe, G. 22, neueste A. 23. *

Burkard, Frau Lie, MilObRechRatsgattin, Gründ. u. Präsid. d. Weltfriedensbundes „Freier Weltbund mit Völkerglücks- u. Friedenskasse". Wien VI, Magdalenenstr. 26. (ebda $^{18}|_{11}$ 66.) V: Helianda, dram. Dchtg. 11; Tagebuch e. klein. Mädchens 12; Zwei Schädel, Einakt. 12; Aus d. Reiche d. Todes, Dr. 13; Die Stärkere, Einakter 13; Erotische Gewächse, Skn. 14; Viel Glück zum Spiel..., R. 14; Die Jungreithbäurin,

Dr. 16; Frauenwacht — ein Weltgericht 18; Erbsünden 20; Wahrheit 21; Die Feinde, Sch. 21.

Burkhardt, Frl. Martha, SES. Rapperswil, St. 6, Schweiz. (Aarau 30|4 74.) B: Chinesische Kultstätten u. Kultgebräuche 20; Rapperswil die Rosenstadt 21.

Burkhardt, Max, ✠, Oper, Kritik, Dr phil. et mus. Berlin W 15, Kaiserallee 20. (Löbau i. Sa. 28|8 71.) B: Unsre Lieblingsopern 95; George Armin 97; D. deutsche Kunstlied 96; König Drosselbart 04; Führer durch die Konzertmusik 09; Führer durch Wagners Musikdramen 09, 5. A. 16; Führer durch Brahms' Werke 12; Das Moselgretchen, O. 13; Aus den Bergen der Heimat 14; Heustecher, R. 20. ()

Bürkner, Robert, DB., ⊙, Staatsschauspiel. u. Regiss. Karlsruhe i. B., Bismarckstr. 45. (12|7 87.) B: Der Schuß in den Spiegel, Der neue Papa 19; Rotkäppchen, Dornröschen, Schneeweißchen u. Rosenr.; Froschkönig; Gänsehirtin am Brunnen; Tapfere Schneiderlein; Prinzessin auf der Erbse; Aschenputtel 19—23 u. a.

Burmeister, Marie, s. Wolterstorff, Marie.

Burow, Frau Lisa, DB., ✠, ⊙, Optte. Wismar i. Meckl., Turnerweg 8. (Parchim i. M. 2|7 71.) B: Bremer Stadtmusikanten, M.; Prinz u. Bettelknabe, M.; Fasching, Optte.

Burschell, Friedrich. Seeshaupt, Ob.-Bay. (Ludwigshafen a. Rh. 9|8 89.) B: Die Einfalt des Herzens 19: Charakter u. Seele 19. **Ue:** Ch.-L. Philippe.

Burte, Hermann (Ps. für Hermann Strübe), ⊙, ✠, Roman, Maler. Lörrach, Baden, Tumringerstr. 72. (Maulburg, Baden 15|2 79.) B: Kranker König, Drei Einakter 07; Patricia, Sonette 10; Wiltfeber, R. 12, 35. A. 21; Herzog Utz, Sch. 13; Flügelspielerin, Sonette 13; Katte, Sch., 10. A. 22; Simson, Sch. 17, 6. A. 20; Letzter Zeuge, Sch. 21; Madlee, alemann. G. 23.

Busch, Albert, †, Red. a. „Brockhaus' Konversations-Lexikon". Leipzig, Moltkestr. 92 II. (Wippra 18|10 63.)

Busch, Nicolaus, balt. ♛, Stadtbibl. Riga, Kirchenstr. 37. (ebda 13|7 64.)

Busch, Frau Paula, ASB., Mitinhab. d. Zirkus Busch, Roman. Berlin-Charlottenburg 9, Lyckallee 14. (Odense, Dänem. 6|12 92.) B: Zirkusmysterien 20; Einer v. Zirkus 21; Samson 23; Akrobaten, Sch.; „1806"; Die Nibelungen; Zar Peter; Ritter Blaubart.

Busch, Richard, ✠, †, Stadtschulrat. Düsseldorf. (Ranis 13|4 66.)

Busch, Wilhelm, ♛, Dr. phil., o UP., GRegR. Marburg i. H., Rotenberg 25 (Bonn 18|2 61.)

Buschbeck, Erhard, SDS., Roman, ✠, Dramaturg., Red. d. „Blätter d. Burgtheaters". Wien XIX, Tallesbrunng. 4. (Salzburg 6|1 89.) B: Georg Trakl, Requiem 17; Wolf Dietrich, R. 19; Die Sendung Theodor Däubler, Streitschrift 20; Die Medelsky 22.

Buschhorn, Carl (Ps. Carl Horn), ✠, /, ♛, ✉, Schriftsteller. Hildesheim, Michaelisstr. 35. (Paderborn 16|11 75.) B: Lehrg. d. Stenogr. 94, 3. A. 97; Dichterstudien, Sk. 96; Moderne Jugend, Sk. 96, 7. A. 98; Skizzenbuch, Nn. 99; Auf roter Erde, G. 99, 4. A. 00: Jugendstürme, G. 99, 4. A. 00; Flucht aus Belgien 14; Briefe aus Belgien 14.

Buschmann, Aloys (Ps. Al. Henriks), ✠, ⊙, /, ⌂, Roman, Dr. phil. h. c. Münster i. Westf., Gallitzinstr. 64. (ebda 9|8 73.) B: Trutznachtigall (m. a.) 06; O du mein Weib, G. 07; Sophie Zweimann, R. 09; Heinrich, R. 09; Auf Freiersfüßen, Lsp. 09; Schwiegersohn Nr. 5, R. 10; Tantenfritz, R. 10; Zwillingsbrüder, R. 10; Lebensläufe, R. 10; Carpe diem, Ratschläge 11; Unseren Veteranen 11; Menschen, R. 13; Schwiegervater, Lsp. 14; Knopfmichel, Verseinakter 15; Elisabeth Sirani, Versdreiakter 15; Maria Regina, Festsp. 15; Taschenbuch f. d. Jugendwehr 16; Soldaten-Kriegskal. 16, 30. A.; Deutsch. Frauen-Kriegskalender 16, 4. A.; Prinz druff, G. 16, 10. A.; Münsters Bildner d. Gegenwart, 5. A. 23; Lieder des Fünfzigjährigen, Ged. 6.—10. Aufl. 23; u. Brosch. üb. Enthaltsamkeit.

Buß, Ernst, †, ⌂, Kultur♛, Wanderbilder, D., Stadtpfr. Glarus, Schweiz. (Bern 15|8 43.)

Busson, Paul, Roman, Nov., /, ✠, ⊙, Red. des „Neuen Wiener Tagblatt". Wien V, Hamburger Str. 10. (Innsbruck 9|7 73.) B: Gedichte 01; Ruhmlose Helden 02: Aschermittwoch 03; Azraël 04; Besiegte 05; D. Bastard 06; Arme Gespenster 08; Nelsons Blut 11; Wiener Stimmungen 12; Seltsame Geschichten 19; F. A. E., e. deutsch. Rom. 20; Aus d. Jugendzeit 20; Winterlegende (Traumsp.) 20; D. Wiedergeburt d. Melchior Dronte, R. 21; Die Feuerbutze, R. 23.

Büstorff, Frl. Gertrud (Ps. Georg Mengs), Roman. Zähringen b. Freiburg i. B., Blasiusstr. 12. (Ohlau 8|11 61.) B: Junge Leiden, R. 92; Vollendung od. Zerstörung 95; Frost im Frühling, R. 97; Karen 99; Hochsommerzeit war's, R. 01;

Auf Bergeshöh'n, R. 03; Wen du nicht verlässest, Genius, R. 05.

Butenschön, Frau Helene (Ps. Fr. Lehne), ASB., Roman. München, Giselastr. 20, II. (Löbejün b. Halle $^{10}|_{8}$ 74.) B: E. Frühlingstraum 06; D. neue Fräulein 06; Einsamkeit 06; Gräfin Laßbergs Enkelin 13; Die Schuld 13; Margareta 13; Des Herzens Not 15; Die geborene Krause 15; Edith Bürkners Liebe 16; Müllers Lise 16; Lilien auf dem Felde 16; Die für einander sind 17; Vom Glück vergessen 17; D. Probejahr d. Dolores Renoldi 18; Mag auch die Liebe weinen 18; Ich warte auf dich 19; D. drei schönen Bernhausens 20; Sie ging d. falschen Weg 20; Eine Stunde d. Vergessenheit 21; Wie d. Lebens Würfel fielen 21; Was mein einst war 21; Es wird ein Schwert durch deine Seele gehen 22; Was du mir gabst 23.

Buttlar, Gerda Freifrau Treusch v. Buttlar-Brandenfels geb. v. Below (Ps. Gerda v. Below), Lieder zur Laute und Liedertexte. B: Verse aus der großen Stadt und andere Ged. 22. *

Büttner, Frl. Grete, Nürnberg, Ob. Schmiedg. 40. (ebda $^{3}|_{8}$ 93.) B: Aus tiefster Seele, G. I/II 12, III 13, IV 14.

Butz, Friedr. Carl, VB., /, Kritik, Konsul. Frankfurt a. M., Bettinastr. 11. (ebda $^{13}|_{12}$ 77.) B: Die Hartenburger, Sch. 3. T. 09; Moloch Theater, R. 10; Lieder e. Mannes, G. 10; Die Gesch. d. kleinen Mizzl Golatti, Erz. 2. A. 11; O Feodor, Kom. 11; Radium, Sch.; Im Wildstöck'l, Erz. 09; Lampyris, Märchensp. 09; Bauernbrot, Erzn. 10; Zweierlei Tuch, Der Ausweg, Liedsp. 11; Beim Kohlenmeiler, hist. R. 11; Ade Heimatland, Bauern-Tr. 12; Wegwarten, Erzn. 13; Der Wildschütz, Sch. 14; Ein Ritter in Feldgrau, Vst. 15; In Feldgrau, Kriegsgesch. 16.

Byk, Edgar, SDS., Dr. phil. Berlin-Westend, Reichsstr. 106. (Olmütz, $^{14}|_{8}$ 83.) B: D. Jahr d. Liebe, G. 11. **Ue**: Stendhal: Lucian Leuwen 21; Segur: Sophie, d. kl. Pechvogel; D. brave kl. Tunichtgut; D. beiden Dummerianchen; D. Tagebuch e. Esels 23; Musset Mimi Pinson 23; **H. u. Ue**: Feenmärchen 23 II.

C.

Cabanis, G. P. S. Berlin SO 33. (Berlin $^{31}|_{12}$ 59.) B: Mär v. Jordansee 95; Dietwart 95; Menschheitslehrer 98; Frau Ute, Sch. 01; Goethe und Schiller, Sgsp. 09; Das echte Glück, Sgsp. 09; Fehrbellin, Vst. 09; Großmutter Sonne, Märchensp. 10; Bruder Wind, Märchensp. 10; Des Meisters von Nazareth letzte Tage, Vst. 10; Haus- u. Vereinsbühne 12; u. Bilderbücher. ()

Cahn-Speyer, Frau Ada, vereh. gewes. Battke, geb. Zimmermann, SDS. Berlin-Wilmersdorf, Landauer Str. 16 I. (Forst, NL. $^{6}|_{2}$ 77.) B: Kleine Mädchen, psychol. Skn.; Heiml. Bräute, psychol. Sk.; Heißer Atem, psychol. Sk.

Cajetan, Wilhelm, s. Schirmer, Wilh.

Caliban, s. Nordhausen, Rich.

Calwer, Richard, RP., VP. Berlin W 50, Prager Str. 30. (Eßlingen $^{31}|_{1}$ 68.)

Camenisch, Carl, Kultur♕, Reisebeschreibung, Dr. phil., Töchterinstituts-Dir. Fetan im Engadin. (Chur $^{23}|_{1}$ 74.) B: Carlo Borromeo u. die Gegenreformation im Veltlin mit bes. Berücksichtigung der Landesschule in Sondrio 01; D. Rhätische Bahn 04, 2. A. 08 (engl. 3. A., franz. 2. A.); Im Banne d. Alpen: Goethe, Scheffel, C. F. Meyer im Graubünden 10, 2., ill. A. u. d. T.: Goethe usw. im Banne der Alpen 11; Der Sonne entgegen! Streifzüge durch d. Türkei u. Griechenland 12; Gottfried Keller u. Graubünden 19; Graubünden in der deutschen Dichtung 23.

Cammin, Friedrich, Plattd. Ged., Erzählungen u. Volksstücke. Hofbesitzer Gr.-Lantow b. Laage i. Mecklenbg.-Schw., Bauerngut Nr. 4 (ebda $^{6}|_{9}$ 60.) B: Nahschravels, G. 01; Ut dei Pilad', G. u. Prosa 02; Regen u. Sünnenschin, G. 02; Min Herzog röppt, Vst. 02; Ihrlich Lüd', Vst. 03; In korten Tüg', kl. G. u. Übersetz. 03; Soldatenpack, Vst. 04; Vaddersarw', Erz. 04; Burresen un Astern, Gesch. u. G. 05; Tiedverdriew, Plattd. M., Lr. u. Spielreime 05; Verz v. Plattd. Theaterstücken 06.

Capelle, Wilhelm, klass. Ψ, griech. ∴, ♕, **Ue**: Altgriech, Dr. phil., GP. u. UDoz. Hamburg 37, Brahmsallee 8 II. (Hannover $^{21}|_{.}$ 71.) B: De Cynicorum epistulis 96; D. Befreiungskriege v. 1813 bis 15 03 II, 4. A. 13; Die Schrift von der Welt, e. Beitr. z. Gesch. d. griech. Popularphilosophie 05; Berges- u. Wolkenhöhen bei griech. Physikern 16; Geschichte der griechischen Philosophie I 22. **Ue**: Epiktet, Handbüchl. d. Moral 06; Die Schrift v. d. Welt (Weltbild im Umriß aus d. 1. Jahrh. n. Chr.) 07. **H**: Briefe Gneisenaus 10; Blüchers Briefe 15; Nettelbeck 16. **Begr**: Deutsche Charakterköpfe 08ff.

Capeller, Leop. Moritz Karl, Kunstpädagogik u. Kunstgewerbe, Studienrat d. Lehrerbildungsanstalt. Pasing b. München, Irminfriedstr. 14. (München

$^{23}|_{6}$ 84.) **W**: Technische Jugend-Bücherei, 15 Bändchen seit 12, 8 Aufl.; Kunstpädag. Monographien seit 19, 4 Bde.; Kunst u. Schule seit 19, 3 Bde.; Zeichen-Grammatik seit 20, 4 Bde.; Literaturverzeichnis f. Kunstunterricht 20; Schulkunst seit 21, 2 Mappen; Sammelpost Jugend-Bücherei 22: Neue Lehrplanvorschläge für d. Kunstunterricht 22; Verschiedene Bilderbücher 13 u. 23.

Capesius, Bernhard (Ps. Carl Bernhard), Dr. phil., GP. Herrmannstadt, Rumänien. (ebda $^{18}|_{11}$ 89.) **W**: Der schöne Tod, Dchtg. 19; Irrfahrten, Erz. 20; Im alten Land, R. 23.

Capitain, Wilhelm, ✿, ○, ☊, Heimat♛, ∴, /, Roman. Köln, Apostelstr. 24. (Vallendar, Kr. Koblenz $^{15}|_{2}$ 65.)

Carl, Friedrich, s. Esbach, Friedrich-Carl v.

Carlen, F., s. Fey, Carl.

Carlheinz, S., s. Junker, Siegfried Carlheinz.

Carmer, Hans, s. Rürleben, Wally v.

Carnot, P. Maurus, OSB., (k.), Stiftsdekan. Disentis, Schweiz. ($^{26}|_{1}$ 65.) **W**: Venantius, Dr. 03, 6. A.; Franz Pizarro, Dr. 03, 3. A.: Feurige Kohlen, Dr. 06, 6. A.; General Demont, Erz. 07, 3. A.; D. letzte Hohenstaufe, Dr. 08, 6. A.; Wo die Bündnertannen rauschen, Erzn. 13, 2. A.; Gedichte 14, 2. A.; Clau Maissen, Dr. 14: Monas e minas, N. 14; Das Recht d. Toten, Erz. 15, 5. A.: Die Mutter des Admirals, Erz. 15, 5. A.; Pulverhorn u. Zither u. a. Erz. 15, 3. A.; Bündnerland, N. 21. ()

Caro, Max, RP., /, Red. am „Berl. Lokalanz." Berlin SW 29, Friesenstr. 6. (Breslau $^{3}|_{9}$ 55.) **W**: Sei stolz, daß du ein Deutscher bist 15; Ein- u. Ausfälle 16.

Carossa, Hans, Dr., Arzt. München, Theresienstr. 46 ($^{15}|_{12}$ 78.) **W**: Gedichte 10, 3. A. 23; Doktor Bürger Ende 13, 2. A. 20; Die Flucht, Ein Gedicht aus Doktor Bürgers Nachlaß 16; Ostern, ein lyrisches Flugblatt 20; Eine Kindheit 22. *

Carpenter-Meyer, M. C., s. Bossin, Catharina.

Carsten, Fritz, s. Cohn, Fritz Th.

Cartellieri, Alex., ♛, Dr. phil., o. UP., GHofR. Jena, Forstweg 19. (Odessa $^{16}|_{9}$ 67.)

Cartellieri, Frau Eva, geb. Schröter. (Ps. Eva Schröter). ✿. Nov., Märch., Ue. Heidelberg, Beethovenstr. 42. (Leipzig $^{14}|_{11}$ 92.) **W**: Anneli u. d. Traummännchen, M. 20, 2. A. 21.

Cascorbi, Paul, Ψ, Dr. phil., GymnP. Münden, Hann. ($^{29}|_{10}$ 57.) **W**: Observationes Strabonianae 79. **H**: Alb. Heintze: Die deutschen Familiennamen, 5. A. 21; Gut Deutsch, 14. A. 18.

Caspari, Hugo, Lit.♛, Psychol., Musik, /, Ue: F, Dr. phil., Bibl. Leverkusen, Bez. Köln, Kölner Str. 354. (Detmold $^{24}|_{4}$ 76.)

Caspary, Frl. Anna, Städtebild., Vortragende von Kunst♛, Literatur usw. Köln a. Rh., Hansaring 61. (Minden $^{15}|_{4}$ 54.) **W**: Ludolf Camphausens Leben 02; In Memoriam: Jakob Julius David 08; Maria Zanders, das Leben einer bergischen Frau 23.

Cassirer, Ernst, ∴, Dr. phil., o. UP. Hamburg, Blumenstr. 26. (Breslau $^{28}|_{7}$ 74.) **W**: Leibniz' System in seinen wissenschaftl. Grundlagen 02; Das Erkenntnisproblem in d. Philosophie u. Wissenschaft d. neueren Zeit I 06, II 07, 2. A. 11; D. kritische Idealismus u. d. Philosophie d. „gesunden Menschenverstandes" 06; Substanzbegriff und Funktionsbegriff 11; Freiheit u. Form, Studien z. deutsch. Geistesgesch. 16; Kants Leben u. Lehre 18, 3. A. 23; Idee u. Gestalt 21; Philosophie der symbolischen Formen I 23. **H**: Leibniz, Hauptschriften z. Grundlegung d. Philosophie I 04, II 06, III 15; Kant, Sämtl. Werke 13.

Cassirer, Fritz, s. Leopold, Friedr.

Castell, Alexander, Roman, ○. Paris, 108 Avenue de Wagram. (Kreuzlingen, Schweiz $^{31}|_{11}$ 83.) **W**: Der seltsame Kampf, N. 10, 2. T.; Die mysteriöse Tänzerin, N. 11, 13. T. 18: Bernards Versuchung, R. 11, 4. T. 18: Capriccio, N. 13, 6. T. 20; Büßer der Leidenschaft, R. 13, 4. T. 18; Das Fenster, N. 14, 13. T. 20; Der Kriegspilot, Nn. 5. T. 15; Der Tod in den Lüften, Nn. 5. T. 15; Die letzte Begegnung, Nn. 5. T. 15; Fieber, N. 3. T. 16; Französische Reise, 2. T. 18; La Suisse et les Français, 2. T. 20.

Castelle, Friedrich, (k.), AB., ✿, Nov., Rom., Dr. phil., MitHrsgb. d. „Bergstadt". Breslau XVI, Kaiserstr. 82. (Appelhülsen $^{30}|_{4}$ 79.) **W**: Vom Leben u. Lieben, G. 03; Ungedr. Dchtgn. Eichendorffs 06; Gust. Falke 09: Charl. Niese 14; Späte Lerchen in d. Luft, G. 19; D. Haus in d. Dreizehnmännergasse, R. 19; Paul Bronkhorst v. Lev. Schücking (Neubearbeitg.) 20; Dichtgn. d. Droste, Ausw. 21; Charon, Dchtg. 21; Wanderer im Weltall, G. 22; Heilige Erde, R. 22; Die Schöne Bibernell, Erz. 23; Hermann Löns und seine Haide 23. **H**: Sämtl. Werke von Hermann Löns, 8. A. 23; Löns-Kalender 22/23, 24; Bekenntnisse der Droste, Briefausw. 24.

Castle, Eduard, ♛, Lit.♛, Dr. phil., a. o. UP., TechnHonDoz. Wien IX, Liechtensteinstr. 11. (ebda $^{7}|_{11}$ 75.) **W**: Lenaus Savonarola 97; Der Dichter d. Soldatenbüchleins 98; Zedlitz 99; D.

Isolierten 99; Nikolaus Lenau 02; Joseph Schreyvogel 08; Briefe v. A. Grün an K. J. Schröer 10; Z. Entstehungsgesch. v. Schillers „Demetrius" 16. **H**: Lenaus sämtl. Wke., 00, krit. Ausg. I—VI 10—23; Raimunds sämtl. Wke. 03; Lenau u. d. Familie Löwenthal 06, 2. A. 13; A. Grüns sämtl. Wke. (Gold. Klassik.-Bibl.) 09; A. X. Schurz, Lenaus Leben, neu bearb. 13; Goethes Gespräche m. Eckermann (Gold. Klass.-Bibl.) 16; Anzengrubers Wke. I—XX 22; Grillparzers Wke. I—VI 23; Raimunds Wke, krit. Ausg. I—VI 23; Die Sammlung Lavater Iff. 23. **MitH**: Gräsers Schulausg. klass. Wke.; Nagl-Zeidlers Deutschösterr. Lit.-Gesch. **H**: Liebhaberausg. d. Österr. Staatsdruckerei.

Cavoret, Alfred, s. Engel, Alex.

Cechini, Arthur, VDR., Hrsg. d. „Pol.-satir. Wochenrevue". Berlin W 30, Speyerer Str. 2. (Szitkehmen, Ostpr. $^{8}|_{6}$ 68.) **W**: 1813, Festsp. 13; Etwas über das Handwerk 13; Des Kriegers Dankgebet 14; Wie es gekommen 14; Pro Patria, Festsp. 13; Aus Deutschlands großen Tagen, Festsp. 14; Das Liebesatelier, Optte. 13; Ins Feld hinaus, Festsp. 15. ()

Celoni, Frau Ricarda, jetzt: Huch, Frau R.

Ceipek, Leopold Edler v., ✠, ✍, Dr med., Landessanitätsreferent für Tirol, Red. d. „Die Wohlfahrtspflege". Innsbruck, Saggeng. 32. (Wien $^{6}|_{10}$ 77.) **W**: Aus dem Alltag gerettet, G. u. Prosa 12; Delfina 18; Dahlia, Mysteriensp. einer Seele 23.

Celesky, s. Czelechowsky, Alice.

Cemna, Marx, s. Dette, Walter.

Cephi, s. Philipp, Carl Ed.

Cerisier, P., s. Kirstein, Paul A.

Chalikiopoulos Leonidas, s. Sylvester, J.

Chamberlain, Houston Stewart, Naturw., ♣, ♛. Bayreuth, Wahnfried. (Portsmouth $^{9}|_{9}$ 55.) **W**: D. Drama R. Wagners 92, 4. A. 10; R. Wagner 95, 7. A. 23; D. Grundlagen d. 19. Jahrh. 99, 14. A. 22; Parsifal-Märchen 00, 4. A. 23; Worte Christi 01, 7. A. 19; 3 Bühnendichtgn. 02, 2. A. 15; Immanuel Kant 05, 4. A. 21; Goethe 12, 4. A. 23; Kriegsaufsätze 14, 12. A. 16; Neue Kriegsaufsätze 15, 6. A. 16; Die Zuversicht 15, 3. A. 15; Deutsches Wesen 15, 2. A. 16; Politische Ideale 15; Hammer od. Amboß, 1.—3. A. 16; Ideal u. Macht 16; D. Wille z. Sieg 17; Rasse u. Nation, 4. A. 18; Lebenswege meines Denkens 19, 2. A. 22; Mensch und Gott 21, 2. A. 23; Herrn Huckebeins Schädel 21.

Chappuis, Edgar, ASV., Nov., Erz., Sk., ✠, SprachLehr., Schriftsteller. Bern, Beaumontweg 19. (La Chaux-de-Fonds $^{30}|_{4}$ 86). **W**: D. Jahreszeiten d. Liebe, Dchtg. 20; Empfindung, G. 21; Die wandelnde Blume, M. 21; Was d Tag gebracht, Gesch. 21.

Charles, M., s. Chop, Max.

Charmatz, Richard, CC., SDS., Politik, ♛, /, Red. d. „Neuen Freien Presse". Wien IX/1, Porzellang. 38. (Schlaining $^{1}|_{2}$ 79.)

Charol, Michael, DB., ✍, Nov., /, Kritik, Essay. Charlottenburg, Philippistr. 14 I. (Rußland $^{20}|_{1}$ 94.) **W**: Judas, Tr. 21; Das Gift, Tr. 23; Ignatius von Loyola, Tr. 23.

Chasté, s. Friedrich, Paul.

Chevalley, Heinrich, PA., Musikkritik, Essay, Red. am „Hamb. Fremdenbl." u. Leiter der „Musikwelt". Hamburg, Isestr. 59. (Düsseldorf $^{19}|_{5}$ 70.) **W**: Durchs Mittelmeer nach dem Kaukasus 01; Rund um Afrika 04; Arthur Nikisch 22 u. Opern-Erläuterungen.

Chlumecky, Leopold Frhr. v., MitHrsg. d. „Österr. Rundschau". Wien III, Sebastianplatz 7. (ebda $^{3}|_{2}$ 73.)

Chop, Max (Ps. M. Charles), Lit.- und ✍ Kritik, /, Nov., ♪, Tondicht., Prof., Chefred. der „Signale f. d. musikal. Welt". Berlin W 50, Augsburger Str. 9 IV. (Sondershausen $^{17}|_{5}$ 62.) **W**: Richard Wagner im Spiegel der Kritik s. Zeit 06; Frederick Delius, monograph. Studie 07; Westl. Alpenfahrten 09; Führer durch d. Repertoire-Opern d. deutsch. Bühnen 12; Führer durch d. Musikgeschichte 12; Rich. Wagners Bühnendramen 14; Aug. Bungert, Biogr. 15; Bearbeitg von Nohls Musikgesch. 16; Reznicek-Biographie 20; u. zahlreiche Opernführ. u. a. ()

Christ, Alfred, ASV., Hum. u. sat. Rom., ✠, ♢, Hofrat im Techn. Vers.-Amte. Wien XIX, Billrothstr. 86. (Gr.-Seelowitz, Mähren $^{6}|_{8}$ 71.) **W**: Deutschland, wir kommen 19; Der weiße Mauritius 21; Heilige Nacht; Hochverräter am Geiste, R. (in Vorbereitg).

Christaller, Hanna, s. Köberle, Hanna.

Christaller, Frau Helene, ASV., Nov. u. Rom. Jugenheim a. d. Bergstr., Blaues Haus. (Darmstadt $^{31}|_{1}$ 72.) **W**: Frauen, R. 03, 4. A.; Magda, R. 05, 4. A.; Meine Waldhäuser 06, 5. A.; Wer aber nicht hat . . ., R. 07, 4. A.; Gottfried Erdmann u. s. Frau, R. 07, 25. A.; Von Kindern u. Helden, Jugdschr. 08; Aus niederen Hütten, Nn. u. Skn. 08, 4. A.; Schiffe im Sturm 08, 10. A.; Wie die Träumenden . . . Tagebuch 09, 10 A.; Ruths Ehe, R. 09, 12. A.; Das Gotteskind 10, 15; Heilige Liebe 11, 10. A.; Lichter im Strom 12, 6. A.; D. Wege d. Willfried Holm 13, 6. A.; Wir daheim 15,

10. A.; Aus ernster Zeit, Nn. u. Skn. 15, 3. A.; Von Liebe, N. 15, 6. A.; Die unsere Hoffnung sind, Erz. 16, 5. A.; Marmorbilder, N. 16, 3. A.; Fürchte dich nicht, Erz. 17, 6. A.; Mutter Mana, R., 6. A. 17; Das Geheimnis, Sk. 18, 3. A.; Drei Schicksale, N. 18, 4. A; Die Liebe u. der Tod, N., 10. A. 19; Verborgenheit, R., 20. A. 21.

Christel. Franz (Ps. Erich Schönwald), /, ✠, Archivar des Stadtarchivs i. R. Wien XIII/7, Hietzinger Hauptstr. 124 B. (Mähr.-Ostrau 9|3 65.) B: Junge Reiser, G. 85; Auf bunten Schwingen, G. 87; Ofterdingens Lieder, G. 92; Reliquien, G. 95. H: (mit Josef Fachbach von Lohnbach und Wolfgang Madiera) Werke von Fercher v. Steinwand; allein: Nachlaß v. Karl Ptak: Bilder u. Klänge.

Christians, Hermann (H. F. Christians), SDS., ✠, Dr. phil., Studienrat. Berlin-Dahlem, Schülerheim Askanien. (Nesse-Geestemünde 12|11 91.) B: Zwischen Frost u. Frühling, B. 14; Das Rauschen, 2. A. 22.

Christians. H. F., s. Christians Herm.

Christiansen. Broder, ♣, ♢. Dr. phil. Buchenbach, Baden. (Klixbüll 9|7 69.)

Christiansen, Hans, Ehrenmitgl. d. Bund. dtsch. Forsch., ♣, Kunstmaler, Prof., Begr. d. Darmst. Künstl.-Kol., Entdeck. d. „Kosmos-Prinzips", Doz. a. d. VolksHSch. Wiesbaden, Wilhelmstr. 17. (Flensburg 6|3 66.) B: Meine Lösung der Welträtsel 14, 3. A. 15, II; Das Ewig-Weibliche zieht uns hinan! 16; Der neue Tag 17; Um Leben und Tod! 18; Diesseits-Synthetismus 21; Werde was du bist 21. ()

Christiansen, Karl, s. Ommerborn, J. Ch. J.

Christoffel, Ulrich, Dr. phil., Kunsthistoriker, Kunstreferent der „München-Augsburger Abendzeitung". München, Maria-Josepha-Str. 2. (Chur, Schweiz, 28|, 91.) B: Der schriftliche Nachlaß des Anton Raphael Mengs 18; Die Romantische Zeichnung von Runge bis Schwind 20; Meisterwerke englischer Schabkunst von 1757 bis 1833 22; Buonaventura Genelli, aus dem Leben eines Künstlers 23; Deutsche Kunst 1650—1800 23. *

Cialandi de Mailly. Anton (Ps. Ant Ch. d. Mailly), Kultur♕, mittelalt. Archäologie, ℳ, /, Ue: I, Bundesbeamter. Wien III/2, Parkg. 8. (Görz 19|8 74.) B: D. roman. Kirche von Millstatt 13; Im alten Grenzland am Isonzo 16; Sagenschatz aus d. Küstenlande 16.

Claar, Emil, ✠, ◯, Theat.-Int. a. D. Frankfurt a. M., Leerbachstr. 59. (Lemberg 7|10 42.) B: Ged. 68; Auf d. Knien, Lsp.; Die Glücksmünze, Lsp.; D. Friede, Sch. 71; Die Heimkehr, Sch. 72; Shelley, Tr. 74; Simson u. Delila, Lsp. 75; Ged. 85; N. Ged. 94; D. Schwestern, Sch. 94; Königsleid, Tr. 95; Weltl. Legenden 99; Vom Baum der Erkenntnis. ()

Clarmann von Clarenau, Erwin, DB., ◯, Komponist, Kapellmeister. Hamburg, Weidenstr. 9 III. (Würzburg 20|8 90.) B: Die beiden Liesel, Sgsp. 20.

Claß, Heinrich (Ps. Einhart), Politik,♕, JustR., Vorsitz. d. Alldeutschen Verb. Berlin W, Rauchstr. 27. (Alzey 29|2 68.) B: Bilanz d. neuen Kurses 03; Marokko verloren 04; Einhart deutsche Gesch. 09, 10. A. 21; Westmarokko deutsch! 11; Denkschrift betr. d. national-, wirtschafts- u. sozialpolit. Ziele d. deutsch. Volk. im gegenw. Kriege 14; Zum deutsch. Kriegsziel 17; Einhart 1914—19, 20.

Classen, Walther, †, ♕, Ehrenvorsitzender des Bundes deutscher Jugendvereine, ObLehr. Hamburg, Oben Borgfelde 64 I. (ebda 24|, 74.) B: Söhne des Apostels, R. 00, 2. A. 13; Kreuz u. Amboß, R. 03; Fritjof Reimarus, R. 10; Biblische Geschichte f. Eltern u. Lehrer: I. Leben Jesu 06, 2. A. 19; II. Altes Testament 07, 2. A. 22; III. Urchristentum 08; Das stadtgeborene Geschlecht u. seine Zukunft 14; Suchen wir einen neuen Gott? 07; Großstadtheimat 06, 2. A. 18; Vom Lehrjungen zum Staatsbürger 09, neu als: Zucht u. Freiheit 14; Christus heute als unser Zeitgenosse 05, 5. A. 21; Jesus von Nazareth Worte u. Taten 17, 2. A. 21; Soziales Rittertum in England 00; Das Werden des deutschen Volkes: Rassen u. Völker 19; Von der Steinzeit bis zur Hermannsschlacht 20; Das Christentum und die Germanen 20; Die deutschen Volkskönige als Kaiser 21; Wie der deutsche Osten entstanden ist 19; Das bürgerliche Mittelalter 22; Deutschland das Herz Europas 22; Im Elend u. dennoch reich 23; Das Erwachen des deutschen Geistes 23; Um Freiheit u. Einheit 23; Pyramidenprobe, Vst. 06, 3. A. 17; Die drei Krauters 07, 2. A. 21; Verschwörung bei Krackelsen & Co. 09, 2. A. 16; Turnsperre, Vst. 13.

Claud-Saar, Frau Anna Maria (Ps. Anna Saar), geb. Scholz, ✠, ◯, Nov., /. Graz, Mandellstr. 11. (Lindenau i. Schles. 10|3 53.)

Claudius, Hermann, ✠, Volksschullehrer. Hamburg-Fuhlsbüttel, Primelweg 8. (Langenfelde, Holstein 24|10 78.) B: Mank Muern, plattd. Großstadtlyrik 12, 3. A. 20; Hörst du nicht den Eisenschritt? ZeitG. 14, 3. A.; Licht muß

wieder werden 15; Menschen, E. 16; Lieder der Unruh, G., 2. verm. A. 23; Hamburger Kinnerbok 20; Licht, ein Sonnwendsp. 20; Brücke in die Zeit, G. 21; Opferung, Dr. 22; Selbstauswahl aus meinen Zeitgedichten 22; Das Silberschiff, R. 23; Krup ünner (Niederd. Kinderbuch) 23; Bodderlicker sett di (Niederd. Kinderverse) 23; Der Tempel, G. 23.

Claudius, Paul, s. Wagenknecht, Paul.

Clausen, s. Rothe-Mucha.

Clausnitzer, Frau Linna, geb. Katscher (Ps. Linna Erhard), PA. Dresden-Niedersedlitz, Mittelstr. 17. (Großkriechen $^{7}|_{2}$ 62.) B: Unüberwindliche Abneigung 08; Regenbogenträume 08; Traumliese 08; Er soll Dein Herr sein 09; Sonnenwende 10; Wenn Sterne leuchten 10; Paradiespforte 11; Kennst Du das Land 12; War das die Liebe? 12; Irrende Perlen 12; Die Maria 14; Kinder der Heimat; Prinzeß Rührmichnichtan.

Clauß, Ludwig Ferdinand, ∴, Ψ, altnordländ. Dichtg., Dr. phil., Privatgel. Freiburg i. Brsg., Schwarzwaldstr. 141. (Offenburg, Baden $^{8}|_{2}$ 92.) B: Lieder der Edda, Altheldischer Sang, G. I 21; Die nordische Seele: Artung, Prägung, Ausdruck I 23.

Clauß, Wilh., s. Schneider, Wilh.

Cleinow, Georg (Ps. Anna Georgi), BP., PR, Slavica, ♛, ⊞, Politik) Geh. RegR. Berlin-Lichterfelde W, Ringstr. 71. (Dolhobyczow, Russ.-Pol. $^{27}|_{4}$ 73.)

Clemen, Carl, ♛, ∴, D., Dr. phil., o. UP. Bonn, Hindenburgstr. 89. (Sommerfeld $^{30}|_{8}$ 65.)

Clemen, Paul, /, Kunst♛, Dr. phil. u. Dr.-Ing., GRegR., o. UP., Vorsitz. d. Denkmalrates d. Rheinprov. Bonn, Koblenzer Str. 119A. (Sommerfeld $^{31}|_{10}$ 66.) B: D. Porträtdarstellgn. Karl d. Gr. 89; D. karol. Kaiserpalast zu Ingelheim 90; D. Kunstdenkmäler d. Rheinprov. 91ff. IX; Merowing. u. Karoling. Plastik 92; Tiroler Burgen 93; Denkmalpflege in Frankr. 98; Jahresberichte d. Denkmalpflege in d. Rheinprov. 96ff. XV; John Ruskin 00; D. rhein. u. d. westf. Kunst in Düsseldorf; D. kunsthist. Ausstellg. zu Düsseldorf 04 (m. Firmenich-Richartz) 04; D. Kaiser-Friedrich-Museum zu Berlin 04; D. roman. Wandmalereien d. Rheinl. I 05; Sammlg. deutsch. Kunstwerke in Brüssel 10; D. belg. Cistercienserabteien (m. Corn. Gurlitt) 16; D. romanische Monumentalmalerei in d. Rheinlanden 16; Kunstschutz im Kriege II 19; Belgische Kunstdenkmäler II 21. ()

Clemens, F., s. Thieme, Friedr.

Clemens, Hugo, /, Dr. phil., Observator. Berlin-Friedenau, Stubenrauchstr. 2 III. (Sorau, N.-L. $^{20}|_{10}$ 62.)

Clementz, Heinrich, Dr. med., SanR., Arzt. Lövenich, Bez. Köln. (Cöln $^{21}|_{1}$ 59.) **Ue**: Flavius Josephus' sämtl. Werke 99/01 IV; Mutter! Anthol. 04, 4.—6. T. 20; Thomas von Kempen, Nachfolge Christi 22.

Clemenz, Bruno, (k.), ♛, ●, ▮, Rekt. Liegnitz, Gutenbergstr. 26. (ebda $^{14}|_{11}$ 73.)

Clobes, Heinz Wilhelm (Ps. Schelm vom Rhein, Eo Ipso), /, ⊘, ♣, Spielleit. v. Heimatspielen, Chefred. d. „Eleganten Welt". Berlin SW 47, Hagelberger Str. 49. (Hanau a. M. $^{27}|_{8}$ 76.) B: D. Rheinsagenspiele auf d. Brömserburg 11; Das Ewig-Weibliche 12; Der Mainzer Narrenspiegel 13; D. eiserne Zeit, Sp. 13; Das Märchen vom Bärchen, Msp. 13; Das tapfere Schneiderlein, Msp. 14; D. Dresdener Volkswohl-Jahrbuch 16; D. Geheimbuch d. Liebe 21. ()

Cloeter, Hermine, SDS., CC., Verein der Schriftstellerinnen u. Künstlerinnen Österreichs, Organisation d. Wiener Presse, ♣, /. Wien IV, Schaumburgerg. 6. B: Zwischen Gestern u. Heute 11, 2. A. 18; Häuser u. Menschen v. Wien 15, 6. A. 17; Die ferne Geige 19, 2. A. 20; Geist u. Geister aus dem alten Wien 22; Donauromantik 23.

Coar, Firmin, s. Roselieb, Hans.

Cohn, Albert (Ps. und Adresse: Albert Cronau), Satire, **Ue**: 8. Hamburg, Bornstr. 10 III. (ebda $^{17}|_{8}$ 61.) B: Moussierender Sekt, satir. G. 07; Oh düsse Deenstmäkens! plattd. Einakt. 07; General York bei Tauroggen, Festsp. 12; Kaffe-Jule, plattd. Bst.; Der Fall Marietta Schw. (mit Jul. Peschke). **Ue**: Valdés, D. Glaube 06.

Cohn, Alfons Fedor, SDS., DB., Ref. i. Ausw. Amt, Presseabt. Berlin-Wilmersdorf, Landauerstr. 2. (Berlin $^{19}|_{4}$ 78.) **Ue**: Proudhon, Was ist das Eigentum? I 96; Wied; Sigurjónsson: Berg-Eyvind und sein Weib 12; Sophus Michaelis; K. Larsen: Die in die Fremde zogen I 13; Bédier u. d. deutsch. Soldatentagebücher 15; Deutscher Nationalmilitarismus 15. **H**: W. v. Burgsdorff, Briefe 07. B: Der neue Paris, Kom. 10; Kulturpalast, Kom. 13; Der verschwundene Berliner, P. 14.

Cohn, Clara, s. Viebig, Clara.

Cohn, Emil (Ps. Emil Bernhard), DB., ⊘, Dr. phil., Rabbiner. Bonn a. Rh., Koblenzer Str. 93. ($^{19}|_{8}$ 81.) B: Brief des Uria, Tr. 19; Herr Johann Wittenborg, Sch. 20; Judentum 23. **Ue**:

Jehuda Halevi, ein Divan 20; Mirabeau, Tr. 21; Anna Boleyn, Tr. 21.

Cohn, Erich (Ps. Erich Hoogestraat), Essays, Dialoge, Kritik, Red. im Wolffbureau. Erfurt, Trommsdorffstr. 1a. (ebda $^{29}|_{5}$ 84). W: Trillayon und die Kommune, R. 20.

Cohn, Frau Frida Erdmute, s. Vogel, Frida E.

Cohn, Fritz Th. (Ps. Fritz Carsten, Martin J. Quefeld), VP., VJ. & SV., Nov., Skizzen, Kritik, Verlagsbuchh., Handelsgerichtsrat. Berlin-Zehlendorf, Königstr. 3. (Charlottenburg $^{22}|_{1}$ 64.)

Cohn, Jonas, ⁂, Dr. phil., a. o. UP. Freiburg i. B., Weilersbachweg 18 (Görlitz $^{2}|_{12}$ 69.) W: Gesch. d. Unendlichkeitsproblems im abendländischen Denken bis Kant 96; Allg. Ästhetik 01; Führende Denker 07, 4. A. 21; Voraussetzungen u. Ziele d. Erkennens 08; D. Sinn d. gegenwärtigen Kultur 14; Geist der Erziehung 19; Der deutsche Idealismus 23; Theorie der Dialektik 23.

Cohn, Paul, RV., ⚒, /, ✉, Dr. phil., Hrsg. d. Monatsschr. „Das neue Europa". Zürich, Forchstr. 109 u. Wien IX, Türkenstr. 9. (ebda $^{25}|_{9}$ 72.) W: Wiener Porträts 08; Blätter im Winde, Nllen. (u. d. Ps. Paul v. Hohenau) 12; Briefe e. Wienerin (desgl.) 13; Lachendes Leben (desgl.) 13; Amouresken 14; Betty 14; Die Feinde, KriegsNn. 15.

Cohn, William, ostasiat. ✎ u. Kultur, Dr. phil., Herausg. der „Ostasiat. Zeitschrift", „Kunst des Ostens". Berlin-Halensee, Kurfürstendamm 97/98. (Berlin $^{22}|_{6}$ 80.) W: Stilanalysen als Einf. in die japan. Malerei 08; Ostasiat. Malerei im Berliner Mus. 10; Bildnerei der Naraperiode 13; Probleme der indischen Kunst 14; Indische Plastik 21; Altbuddhistische Malerei Japans 21; Ostasiatische Porträtmalerei 22.

Colerus (von Geldern), Egmont, Roman, Dr. jur., Vizesekretär im österr. Bundesamt f. Statistik. Wien XVIII, Dittesgasse 14. (Linz a. d. D. $^{12}/_{5}$ 88.) W: Antarktis, R. 20; Sodom, R. 20; Der dritte Weg, R. 21; Weiße Magier, R. 22. *

Colerus, Richard (Ps. Richard Geldern), ◯, ❦, Staatsbeamter. Krems a. d. D., Nieder-Österr. (Brünn $^{29}|_{5}$ 72.) W: Götterdämmerung, dramat. Dichtgn.: I. Odin u. Loki 06, II. Baldurs Tod 09, III. Odins Ende 10.

Collani, Frau Eva v., ❦. Vietzer-Schmelze, Prov. Brdbg. (ebda $^{24}|_{11}$ 86.)

Collas, Georg Fr., s. Schlichtegroll, Carl Felix v.

Coellen, Ludwig, ⁂, Kunstwissenschaft, Dr. phil. Traisa b. Darmstadt (Hessen). (Köln $^{26}|_{1}$ 76.) W: Neuromantik 06; Das Sein als Grenze des Erkennens 11; Die neue Malerei 12, 2. A. 12; Der Stil in der bildenden Kunst 22; Die Stilentwicklung der Schrift 22. *

Collin, Ernst (Ps. Ernst Collin, Heinrich Inheim, Nicoll, Erco, Spectator, Erwin Roßbach, Erich Lauenburg), ASV., VP., SDS., ✉, ✎kritik, ✎gewerbe, Buchgewerbe; Red. d. „Heftlade". Berlin-Steglitz, Sachsenwaldstr. 25. (Berlin $^{31}|_{5}$ 86.) W: Die neue Zeit u. die Zukunft 19. ()

Collin, Joseph, deutsche Lit.♛, Dr. phil., a.o. UP. Gießen, Keplerstr. 7. (Mainz $^{2}|_{2}$ 64.) W: Goethes Faust in seiner ältesten Gestalt 96; Ibsen, G. 02; Ibsen, Gedächtnisrede 06; Ibsen, sein Werk, seine Weltanschauung, sein Leben 10.

Collitz, Herm., vergl. Sprachwiss. u. germ. Ψ, Dr. phil., o. UP. Johns Hopkins University. Baltimore, Md. (Bleckede $^{4}|_{2}$ 55.)

Collitz, Frau Klara, geb. Hechtenberg (Hechtenberg-Collitz), germ. Ψ, Dr. phil. Baltimore, Md., 135 W. Mount Royal Avenue. (Rheydt $^{31}|_{5}$ 63.) W: D. Fremdwort b. Grimmelshausen 01; D. Briefstil im 17. Jahrh. 03; Fremdwörterbuch des 17. Jahrh. 04; Selections from Early German Literature 10; Selections from Early Classical Literature 14.

Colonius, D., s. Gronen, Damian.

Colsman, Walter, Religion, Kultur⁂, Dr. Göttingen, Friedländerweg 11. (Langenberg, Rhld., $^{9}|_{5}$ 76.) W: D. Religion der Freude 13, 3. A. 21; Religion u. Leben, Bausteine neuen deutsch. Glaubens u. Gottgefühls 19; Leben u. Leid 19; Neuen Pflichten u. Lebenszielen 19; Alldeutschtum u. deutsche Kultur 19; Wege zur Wahrheit 21.

Commer, Frl. Clara, (k.), ❦. Graz, Nibelungeng. 53. (Berlin $^{30}|_{12}$ 56.) W: Engl. Dichtungen 86; Fabiola, Dr. 87, 4. A.; Kleeblätter, Uebs. 90; Geistl. Spiele 90, 3. A.; Columbus, E. 92; Bilder in Versen 93, 2. A. 08; Der Reigen d. Jahres 97, 2. A. 12; Atlantis 97, 2. u. 3. A. 11; Pilgertraum, Dr. 07, 2. A. 12; Traum des hl. Johannes 09; Maria Magdalena, Dr. 10, 5. A. 22; Unverwelklich ist der Kranz, Dr. 10; Beste Gabe, Dr. 10; Maria Mazzarello, Biogr. 21.

Conitzer, Hermann (Ps. H. Zerniko), Erz., Rom., Ged., Pl., /, Red., Schriftsteller. Hamburg 23, Rückertstr. 50. (Tuchel $^{22}|_{4}$ 61.)

Conrad, Michael Georg, PA., ❦, Nov., Roman, Dr. phil. München, Ismaningerstr. 68. (Gnodstadt i. Frank. $^{5}|_{4}$ 46.)

B (seit 80): Paristana 80; Paris. Kirchenlichter 80; Franz. Charakterköpfe 81, 2. A. 82; Mad. Lutetia 83; Lutetias Töchter, R. 83, 2. A. 05; Totentanz d. Liebe, R. 84; D. Freimaurer 85; Was die Isar rauscht, R. 87, 5. A. 01; D. Emanzipierten (m. L. Wilfried), Lsp. 87; Firma Goldberg (m. L. Wilfried), Sch. 88; Die klugen Jungfrauen, R. 89, 2. A. 98; Fantasio, N. 89; Pumpanella 89; Deutsche Weckrufe 90; Raubzeug, N. 60; Erlösung, N. 90; D. Beichte d. Narren, R. 90; Gelüftete Masken 91; Die Sozialdemokr. u. die Moderne 91; Ketzerblut 92, 2. A. 93; Bergfeuer, N. 93; Wahlfahrten 93; D. Übermensch i. d. Politik 94; In purpurner Finsternis, R. 95; Salve Regina, G. 00; Majestät, R. 02, 4. A. 14; D. Herrgott am Grenzstein, R. 04; Wagners Geist u. Kunst in Bayreuth 06; E. Zola 06; Liebesbeichte v. Herm. Conradi 08; Bismarck d. Künstler 09; D. goldne Schmiede, E. 16. H: Einsiedler, R. v. M. Schleich 86; Kelle u. Schwert, v. C. v. Gagern 87; Zur Wiedergeburt der Kulturmenschheit 93; Deutsches Literaturblatt 11—13; Am hohen Mittag, G. 17.

Conrad, M. Th., s. Storm, Marg. Theod.

Conrad-Eybesfeld, Frl. Mina, Südslav. Lit. u. **Ue** daraus, Mitarbeiterin d. „Gral". Graz, Attemsg. 4. ($^{9}|_{6}$ 95.) B: Meschko, Das Paradies auf Erden 20.

Conrad v. Hötzendorf, Franz, Graf, ⚔, Dr. h. c., WGehRat u. Feldmarsch. d. R., ehem. Chef des österr.-ung. Generalstabs. Wien III, Jacquingasse 45. (Alt-Penzing $^{11}|_{11}$ 52.) B: Aus meiner Kriegszeit IV.

Conrady, Aug., ostasiat. Spr., Dr. phil., a.o. UP., Dir. d. ostasiat. Sem. Leipzig. (Wiesbaden $^{28}|_{4}$ 64.)

Conring, Franz, s. Kohut, Oswald.

Conring, Friedrich Franz v., DB., ○. Berlin-Wilmersdorf, Pfalzburger Str. 87. (Spandau $^{28}|_{1}$ 73.) B: Disziplin, Dr. 02; Abenteuer d. Majors, R. 11; Mit der Division Graf Bredow 15.

Consentius, Ernst, Lit.♛, Kultur♛, Dr. phil. Berlin-Steglitz, Zimmermannstr. 32. B: Freygeister, Naturalisten, Atheisten — ein Auff. Lessings im Wahrsager 99; D. Wahrsager, z. Charakt. v. Mylius u. Lessing 00; Lessing u. d. Voss. Zeitg. 02; D. Berliner Zeitungen b. z. Reg. Friedrich d. Gr. 04; Alt-Berlin 07, 2. A. 11. H: Bürgers Ged. I u. II (Gold. Klass.-Bibl.) 09, 2. A. 15; Meister Joh. Dietz, d. Gr. Kurf. Feldscher u. Kgl. Hofbarbier 15, 35. T. 19.

Consten, Hermann, Reisen, ● (spez. Mongolei), Lamaismus, buddhist.-lamaist. Ikonographie. Bad Blankenburg, Thür. Wald, Esplanade, Villa zu d. Bergen. (Aachen $^{14}|_{3}$ 78.)

Copper, P. G. W., s. Koepper, Gustav.

Cordes, Frl. Olga, Nov., Rom., ○. Bremen, Delmestr. 14. (ebda $^{12}|_{7}$ 68.) B: Hinauf — Hinab, R. 01; Hilde u. a. Nov. 09; Eigene Wege, Dr. 12; Miezes Heirat, Hum. 17; Künstlerträume 17; Schnackserls Abenteuer, Hum. 18; Die Schwiegertochter, N. 18; Ninis Erkenntnis, Hum. 23.

Corinth, Louis (Lovis Corinth), ✎, Maler, Prof. Berlin NW, Klopstockstr. 48. (Tapiau, Ostpr. $^{21}|_{7}$ 58.)

Cornelius, Carl Maria, Kunst♛, Dr. phil., o. UP. a. D. (Basel). München, Kufsteiner Platz 1. (ebda $^{21}|_{7}$ 68.) B: Jacopo della Quercia 96; Bildniskunst 01. H: Peter Cornelius' ausgewählte Briefe 05 II.

Cornelius, Franz, s. Zickel, Siegfr.

Cornelius, Hans, ♣, ✎, Dr. phil., o. UP. Frankfurt a. M. Oberursel am Taunus, Oberhöchstädter Berg 9. (München $^{27}|_{9}$ 63.) B: Elementargesetze der bild. Kunst 08, 3. A. 20; Völkerbund u. Dauerfriede 19; Kunstpädagogik 20; Einleitg. in d. Philosophie; Transzendentale Systematik; u. a.

Corrinth, Curt, SDS., DB., ○, ♞, Roman. Berlin W 15, Verlag Oesterheld & Co. B: Der König v. Trinador, Dr. 17; Das große Gebet, G. 18; Auferstehung, R. 18; Potsdamer Platz, R. 19, 5. T. 21; Trieb, R. 19, 5. T. 21; Bordell, R. 20, 10. T. 21; Leichenschändung, Sc. 20; Mo Marova, R. 21; Sommer, Sch. 21; Mord, R. 21; Götzendämmerung, Sc. 21.

Corsevius, Felix Ernst, ASV., Belletrist., hist. Romane, Völk. Lit., ♜, ○, Hptm. a. D. Immigrath, Niederrhein, Hardt 31. (Cosel, O.-S. $^{2}|_{7}$ 74.) B: Lebenswege, Nn. 14; Kord Kamphues, R. 14, n. A. 22; Annemarie Zurzeit, R. 20; Der Richter von Coesfeld, Film; Ein freudiges Ereignis (Ps. Treßler) Lsp. 19.

Corwegh, Robert, PA., RP., SDS., Kritik, Kunst♛, Nov., ♞, Dr. phil. Darmstadt, Heidelberger Str. 134 pt. (Breslau $^{24}|_{4}$ 79.) B: D. Prinzip d. Gruppe i. d. romanisch. Bauten d. Sachsenlande 04; Zu Schillers Geburtstag, Dchtg. 04; D. beiden Arten d. flachgedeckten rom. Basilika in Sachsen 05; Ein Polenritt, Sch. 09; Donatellos Sängerkanzel 09; Benvenuto Cellini 12. H: Der Künstler u. s. Werk. ()

Cosack, Konrad, ⚖, Nov., Dr. jur., UP., GJustR. München, Montsalvat-

str. 5. (Königsberg i. Pr. $^{13}|_{8}$ 55.) **W**: Die Bilder des Meister Eltz, R. 05, 2. A. 06; Die Rose v. Jericho, J. 06; Burg Hoym, R. 14; Universitätsreform 20. ()

Cotta, Johs. (Ps. Lucius Aurunculeius), /, ✠, D, ∴, Nov., O, Rom., Oberspielleit. u. Vortragsmstr. Weinböhla b. Dresden, Landhaus Cotta. (Berlin $^{13}|_{7}$ 62.) **W**: D. Tod, Sat. 06, 2. A. 09; Geld, Sat. 07, 3. A. 15; Mit mir allein, allerlei Wahrheiten a posteriori u. a priori 07, 2. A. 11; Rücksichten, Sat. 08, 2. A. 10; D. Tanz, Sat. 09, 2. A. 15; Dummheit, Sat. 09, 3. A. 21; D. Gruß, Sat. 09; Papier, Sat. 10; Reklame, Sat. 11; Verkehr, Sat. 11; Affentheater, Ges. Sat. 11; Der Kientopp, Sat. 12, 2. A. 18; D. Oase, Pln. 12, 2. A. 19; Er u. Sie, ZwiesprachGeschn. 13; D. Kaiserprüfg, Utopie 14; Nichts, Sat. 14; Fremdwörter, Sat. 14, 2. A. 16; Ruhm, Sat. 14; Leben, Sat. 14; Weltkriegsatiren 15; Der Mensch, Dichtg. 15; Eierol, Sat. 15; Dtsch. Zorn u. engl. Neid, Kriegsdchtg. 15; D. Ehe, Dchtg. 18; Sünde u. Verbrechen, Dchtg. 18; Jung muß man sein! Nn. 18; Die Weltliteratur für alle, 2 Vorträge 20. **H**: Zauberkasten f. große u. gesell. Kinder, Vortragssammlg 98; Vortragsgarten 00ff. IV; Cabaretvorträge 04, 2. A. 12; Die neuste Richtg, Vortragsstücke (mit Anna Julia Wolff) 06; Ohne Reim u. Rhythmus, Vortragsstücke in Prosa 08; Kl. Dokumente aus großer Zeit 14; Aus Joh. Cotta's Kriegsvorträgen 15.

Coudenhove-Kalergi, Richard Nicolaus, DÖSchG., ∴ Politik, Soziologie, Dr. phil. Wien I, Schmerlingpl. 8. (Tokio $^{17}|_{11}$ 94.) **W**: Ethik und Hyperethik 22; Adel 22; Apologie der Technik 22; Pan-Europa 23; Krise der Weltanschauung 23. **H**: Das Wesen des Antisemitismus (von Dr. Heinrich Graf Coudenhove-Kalergi), 2. A. 23. *

Coulin, Jules, Kunstw♛, Dr. phil., Dir. Basel, Oberer Heuberg 22. (Luzern $^{1}|_{5}$ 82.)

Courths, Frau Hedwig, geb. Mahler (Courths-Mahler), Roman. Charlottenburg, Knesebeckstr. 12 II. (Nebra/U. $^{18}|_{2}$ 67.) **W**: Auf falschem Boden 09; Es irrt der Mensch 09; Liselottes Heirat 11; D. Halsband 11; Die wilde Ursula 12; Ich lasse dich nicht 12; Gib mich frei 12; Des Andern Ehre 12; Der stille See 13; Aus erster Ehe 13; Was Gott zusammenfügt 13; Unser Weg ging hinauf 14; Hexengold 14; Deines Bruders Weib 14; D. schöne Miß Lilian 15; Ich will 15; D. Kriegsbraut 15; Sanna Rutlands Ehe 15; Arme kleine Anni 16; D. drei Schwestern Randolf 16; Prinzeß Lolo; D. tolle Haßberg 16; D. Amulett der Rani; Im Buchengrund; Zwei Frauen; Was tat ich Dir; Rote Rosen; Arbeit adelt; Griseldis u. a.

Couvely, Emma, s. Vely.

Crailsheim-Rügland, Carola Freiin v., Roman, /. Jena, Häckelpl. 5. (Bayreuth $^{21}|_{3}$ 95.) **W**: Unser wartet d. Freude, R., 5. T. 20; Das schlecht verteidigte Herz, R., 5. T. 21; Hofnarren, Erz. 23.

Cramer, Hanns Hermann, Ästhetik, Belletristik, Dr. jur., Dr. rer. pol., Oberregiss. d. Münch. Schauspielh. München, Adelgundenstr. 1. (Lauenburg a. E. $^{6}|_{10}$ 88.) **W**: Der Florentinerhut, Schw. 14; Semilasso, G. 21. **Ue**: Sganarelle 18. ()

Crasemann, Ferdinand, SDS., ✠, /, ⚔, Politik, ✉, Kgl. Preuß. Hauptmann a. D., Schriftl. d. Wochenschr. „Der Bürger". Braunschweig, Fasanenstr. 1. (Hamburg $^{24}|_{8}$ 86.) **W**: Lieder aus Flandern, G. 17; Freikorps Maercker 19.

Crassus, s. Gaedicke, Wilh.

Credner, Karl, Ψ, ♛, ♞, Dr. phil., GP. Brandenburg, Magdeburger Platz 5. (Waldenburg i. Sa. $^{31}|_{1}$ 75.) **W**: Neidhartstudien 97; Leitf. d. deutschen Lit.-Gesch. 04, 8. A. 13; Meyers Heiliger 05; Ludwig Wiese als prakt. Schulmann 06; Grundriß d. deutsch. Grammatik 08; Wegweiser durch die klass. Schuldramen I 10, V 11; Der Schillsche Zug 12; Sturm u. Drang 14; Schillers Dramen I 16.

Cremer, Wilhelm, SDS., Rom., Hum., Kritik, **Ue**. Berlin-Steglitz, Mommsenstr. 38. (Krefeld $^{19}|_{7}$ 74.) **W**: Verlorene Söhne, R. 06; D. Große Tor, R. 09; D. Liebe ist so komisch, Erz. 09; D. vergnügte Idiot, Hum. Tagebuch 10; Auf d. alten Mauer, R. 11; D. entlarvte Berlin, Hum. 13; Junge Welt, R. 20; Denkwürdige Reisen und Entdeckungsfahrten, Reisebeschr. 23. **Ue**: Bernard Shaw; Oscar Wilde; Honoré de Balzac; Edgar Allan Poe; James Hay; Guy de Maupassant. **H**: Arabische Nächte, M. 22; Das Galgenmännlein, Erz. 22; Der Erbe des Teufels, Erz. 22.

Cremers, Paul Joseph, SDS., DP., O, D- und neuere Literatur♛, /, Dr. phil., Kunstschriftleiter der Rhein.-Westf. Zeitung und des Hellweg. Essen, Theaterpl. 8/10. (Aachen $^{8}|_{2}$ 97.) **W**: Die Dramen Walter Hasenclevers 22. **H**: (mit P. Bourfeind u. J. Gentges) Das Deutsche Theater, Jahrbuch für Drama und Bühne I 23; Die Schöpfung, Monatsschr. 20. *

Croissant, Frau Anna, geb. Rust (Croissant-Rust), Nov., Roman, O. Pasing bei München, Maria-Eich-Straße 49. (Dürkheim a. H. $^{10}|_{12}$ 60.) **W**: Aus unseres

Herrgotts Tiergarten, R. 06; Die Nann, e. Volksroman 06; Winkelquartett, kom. Kleinstadtgesch. 08, 2. A. 09; Felsenbrunnerhof, R. 10, 2. A. 10; Arche Noah, Erzn. 11; Unkebunk, R. 17; Kaleidoskop, R. 21. H: O. J. Bierbaum z. Gedächtnis 12; D. Tod, e. Zyklus m. Bildern v. Willi Geiger 13. ()

Croissant-Rust, s. Croissant, Anna.

Crome, Bruno, Altertumskde., Dr. phil., Dir. d. städt. Mus. zu Göttingen. (Einbeck 4|1 77.)

Cronau, Albert, s. Cohn, Alb.

Cronbach, Adolf, ✤, ✎, /, Verlagsbuchhändler, Schriftleiter. Berlin S 42, Wassertorstr. 50. (ebda 7|8 69.)

Crone, Max, ✤, Erz., Lit♛, Dr. phil., Bibliothek. a. d. Univ.-Bibl. Heidelberg-Kirchheim, Pleikartsforst 9. (Witten a. d. Ruhr 4|4 62.) B: Ged. 95; Auf u. unter d. Erde 95; Judas, Dchtg. 00; Quellen u. Vorbilder E. C. Homburgs 11. ()

Crone, Wilhelm, Dialektdichtg, Hauptlehrer. Voerde i. Westf. (Rüssel 23|12 73.) B: Aus d. Heimat, Sagen d. Kreises Bersenbrück 99; Lütk un grot, alerhand an Gedichten un Geschichten 03; Noa un up den verden Nedersassendag 07. H: Der Enneperstrāßer 09—15, 20—22; Crones Heimatbücher: I. Heimat, Vaterland, Welt; III. Choragraphie von Schwelm 23.

Croner, Frau Else, Belletr., ✤. Berlin-Nicolassee, Cimbernstr. 3. (Beuthen 4|8 78.) B: Fontanes Frauengestalten 06; Hille Bobbe, Klassische Bildermärchen 07; Buch vom jungen Mädchen 07; Tagebuch eines Frl. Dr. 08; Frau Schlicht 11; Prinzeß Irmgard 15; Die Büste 16; Veilchen 20.

Crüwell, G. A., BB., ⚬, Bibliogr., Dr. phil., Leiter d. Univ.-Bibl. Wien. (Leongolla auf Ceylon 10|8 66.) B: Die Beziehungen Gustavs III. zu Maria Antoinette 97; Schönwiesen, Sch. 12. Ue: H. G. Wells, D. Krieg der Welten, R. 01.

Csmarich, Rudolf (Ps. Andreas Thom), SDS., Roman, ⚬, Pädagogik. Wien XVIII, Herbeckstr. 92. (ebda 11|5 84.) B: Lindeleid, Erz. 13; Kinderbuch 15; Baal, R. 18, 10. A.; Freundschaft, R. 20; Baals Anfang, R. 20; Rufus Nemian, R. 21; Chamäleon, R. 23; Kinderkunst 23; Das Fräulein, Sch. 23; Der Taubenschlag, Lsp. 24.

Csokor, Franz Theodor, SDS., ⚬, Ballade, Kunsthistoriker. Mödling b. Wien, Spechtgasse 38. (Wien 6|9 85.) B: D. Gewalten, Balladen 12; D. Sünde wider d. Geist, Tr. 15; D. Baum d. Erkenntnis, Dr. 16; D. rote Straße, Dr. 16; D. Stunde d. Absterbens, Dr. 17; Dolch u. Wunde, G. 18; Feuerofen, Dr. 19; Gesetz, Dr. 21. ()

Culmann, Hellmut (Ps. Herm. Walthari, Florian Geyer), ✤, Skizze, Nov., Rassentheorie, relig. Universalism., ev. Geistlicher, Schriftsteller. Albersweiler, Rheinpfalz. (ebda 17|8 98.) B: Hinter d. blauen Bergen, Märch., Legdn, Skn.; Bauerngeschn. u. Ged. a. d. Westrich; Landgrafenskizzen; Trifelsträume; „Lieseslegende", Bühnensp.; Heliand, Weihnachtssp.; Faust im Himmel, Traumsp.; Klirrende Sense. *

Cunctator, s. Willhain, Jul.

Cuno, Hans, ✉, r., /, Krit., Reiseplaud., Politik, Ue: F, Verleger. Berlin SW 11, Großbeerenstr. 6. (Stettin 7|8 67.)

Cunz, Rolf C., SDS., Belletr., Kritik, Musik, Kunstschriftl. d. Rheinisch-Westfäl. Ztg. u. d. Wochenschr. „Hellweg". Essen-Ruhr, Kurtstr. 9 p. (Hanau 20|8 90.) H: Deutsche Literaturbriefe 11/12; Der Literaturfreund 12/13; D. Orkan 13/14, 17/18; Deutsches Musikjahrbuch, 1. Jahrg. 23; Deutsche Erzählungs-Bücherei 24.

Cüppers, Adam Josef, ✤, ⚬, Rektor. Ratingen, Turmstr. (Doveren 14|3 50.) B: Edeltrude, ep. Dichtg. 85; D. Gotenfürst, R. 88; Im Banne der Wiedertäufer, R. 96, 2. A. 08; Leibeigen, R. 02; D. Königin v. Palmyra, R. 04, 2. A 09; Blätter vom Wege, VolksErzn. 11; Tzavellas der Suliote, Erz. 12; Hilde, R. 15; Gudrun, R. 20. ()

Curassio, M. Arthur, s. Gaetschenberger, Arthur.

Curschmann, Fritz, ♛, Dr. phil., a.o. Prof. Greifswald, Bahnhofstr. 63. (Berlin 17|3 74.)

Curtius, Bogumil, s. Kurtzig, Heinr.

Curtius, Ernst Robert, Literatur♛, Dr. phil., o. UP. Marburg a. d. Lahn, Rotenberg 15a. (Thann 14|4 86.) B: F. Brunetière 14; Die literarischen Wegbereiter des neuen Frankreich 19, 3. A. 23; Maurice Barrès 21; Balzac 23.

Curtius, Friedrich, D., Dr. jur., Oberkonsist.-Präs. a. D. Heidelberg, Plöck 68. (Berlin 7|9 51.) H: Ernst Curtius, ein Lebensbild in Briefen 03; Chlodwig Fürst Hohenlohe-Schillingsfürst, Denkwürdigkeiten 06 II; Hindernisse und Möglichkeit einer ethischen Politik 18; Deutsche Briefe u. Elsäß. Erinnergn. 20.

Curtius, Wilhelm Andreas, Archäologie und Kunst♛, Dr. phil., Prof., StudR. a. D. Bonn, Roonstr. 27. (Aachen 27|4 56.) B: D. Stiersymbol des Dionysos 92; Erinnergn. aus Italien 10; Plaudereien üb. Italien u. d. Italiener 10; Italien, Allerlei aus Altertum u. Gegenwart 12. H:

Joh. Schulz, Der byzantinische Zellenschmelz 90.

Cusig, Valeska geb. Buchwald, DSch., Roman, Nov., Sk., ✠, Hauptmannsgattin. Berlin NW 40, Scharnhorststr. 33. (Borutin, Kr. Ratibor, O.-S. $^{10}|_{11}$ 62.) W: Flammen, Rn.; Der Spion u. a. Gesch.; Die Lebensretter, Rn.

Cwojdzinska, Selma, s. Fischer-Cwojdzinska.

Czarnn, Juschu, s. Kemmer, O.

Cysarz, Herbert, Literaturwissenschaft, ⁂, Dr. phil., Priv.-Doz. Wien VIII, Schlösselgasse 19. (Oderberg, Schles., $^{29}|_{1}$ 96.) W: Erfahrung und Idee 21; Deutsche Barockdichtung 23. •

Czaiche, Rudolf, /, ✠, ⚑, Prof., OberStR. a. D. Reichenbrand-Siegmar b. Ch., Nevoigtstr. 32. (Schönebeck a. E. $^{29}|_{4}$ 70.) W: Königin Luise, Dchtg. 10; Dem Kaiser Heil! Festsp. 13; Nekrologe d. Chemnitzer Reformschule 18.

Czelechowsky, Frl. Alice (Ps. Celesky), histor. Erz., Bergsport, Lehrerin. Innsbruck. (Wien $^{26}|_{7}$ 73.) W: St. Magdalena i. Halltal, e. Klostergesch. 03: Sommerwonne — Wintersonne, Berglandsgeschn. f. d. Jugend 08; Hansl am Bergbauernhof, JugdErz. 11.

Czibulka, Alfons Frhr. v. (Ps. A. v. Birnitz), Nov., Buch- u. Theaterkritik, Obltn. a. D., Chefred. d. „Orchideengarten". München, Tengstr. 31. (Schloß Radbor $^{28}|_{6}$ 88.) W: D. großen Kapitäne, e. Heldenged.: Übersetzungen.

Czygan, Maria, ASV., Rom., Märch., Jugdschr. Charlottenburg, Cauerstr. 9 (Braunsberg). W: Seines Glückes Schmied, Erz. 09; Märch. v. Tieren u. Leuten, Dummen u. Gescheiten 11, 12. T. 19; Sigrid, R. 16, 40. T. 18; Deutsche Mädel, Erz. 16, 40. T. 18; Heider Erlebnisse, Erz. 19; Hans der Träumer, Rn. 23.

D.

Daffner, Hugo, BP., RP., SDS., Musik, ♁, ⚲, Kunst♛, Krit., /, Dr. phil. et med. Berlin-Friedenau, Rubensstr. 23. (München $^{2}|_{6}$ 82.) W: Die Entwicklung des Klavierkonzerts bis Mozart 06; Programmbuch z. 1. ostpreuß. Musikfest 08; Musikwissensch. u. Universität 10; Macbet, O. 10; Truffaldino, O. 11; F. Nietzsches Randglossen zu Bizets Carmen 12; Salome in Gesch., Dichtg., bild. Kunst u. Musik 12; Der eingebildete Kranke, O. 12; Claude Debussy, Leben u. Werke 21. H: K. F. E. Bach, Versuch üb. d. wahre Art das Klavier zu spielen 21 III; Deutsch. Dante-Jahrbuch Bd. V 20, Bd. VI 21, VII 23.

Dahl, Hermann, s. Pohlidal, Helene.

Dahlke, Paul, Buddhismus, Inhaber des Neu-Buddhistischen Verlags, Dr. med. Sanitätsrat. Zehlendorf-West b. Berlin. (Osterode i. Ostpr. $^{25}|_{1}$ 65.) W: Aufsätze zum Verständnis des Buddhismus 03; Buddhistische Erzählung 04; Das Buch von Gonir 05; Buddhismus als Weltanschauung 12, 2. A. 20; Englische Skizzen 12; Aus dem Reich des Buddha 13; Buddhismus als Religion u. Wesen 14, 2. A. 22; Uni-Buddhistische Zeitschrift 18—22; Was ist Buddhismus und was will er? 18; Sutta Pitaka, Bd. I 19, 2. A. 22, Bd. II 20, Bd. III 23; Das Buch Pubberi Vasa 19; Über den Poe-Kanon 19; Neu-Buddhist. Katechismus 20; Staat u. Kirche 20; Wie muß die neue Religion aussehen? 20; Buddhismus u. religiöser Wiederaufbau. •

Dahms, Paul, RP., /, ⚲, ⚔, Erz., Red. am „Gen.-Anz. f. d. ges. Neumark". Landsberg a. d. Warthe. (Landsberg $^{11}|_{11}$ 88.) W: Die Versöhnung, Schw. 06; Im Wirtshaus z. Post, Schw. (m. Ph. Ohler) 06; Der Stenographen-Ausflug, Schw. 08; Im Manöver, Lsp. 12; Wir von der Infanterie! 15; Sturmtage vor Soissons 15; In der fliegenden Division 16; Zum Sturm Gewehr — rechts! 16; Die Horstbergsage, Erz. 22; Dorflaternen, Erz. 22; Das Gesicht im Zirkus, N. 23; Liebe am Waldesrand, Erz. 23; Schnurrige Brautfahrten, Erz. 23.

Dahms, Walter, SDS., Musikschriftsteller. Gmain-Reichenhall, O.-Bay. ($^{9}|_{6}$ 87.) W: Schubert 12, 13. A. 18; Schumann 16, 10. A. 20; Mendelssohn 19; D. Offenbarung der Musik, e. Apotheose Fr. Nietzsches 21; Chopin 21.

Dahn, Therese, geb. Freiin v. Droste-Hülfshoff, ✠, verw. Frau GJustR. Breslau, Schweidnitzer Stadtgraben 20. (Münster $^{28}|_{6}$ 45.) MitW (m. † Felix Dahn): Gedichte 73, 3. A. 83, u. 92; Walhall, germ. Götter- u. Heldensagen 84, 13. A. 03; Karl d. Gr. u. seine Paladine 87; Text zu Lohmeyers Wandbildern aus d. germ. Götter- u. Heldensage 06; Tagebuchblätter, dem Gedächtnis ihres verstorb. Mannes gewidmet 19. W: Einzelne Kriegslieder. 10.

Dahncke, Friedr. W(ilhelm), ●, ✠. Hamburg 30, Alsenstr. 27a. (Bülow i. M. $^{21}|_{6}$ 01.) H: Abenteuergeschichten aus fernen Ländern 22: Das kleine Buch der Balladen u. Lieder 23; Jagdgeschn. a. fernen Ländern 23; D. Buch d. Freude 24; D. Geschichten v. roten Mann 24. •

Daitnanus, s. Kurtzahn, Ernst Trist.

d'Albert, Eugen, DB., Musikdramen, Opern u. Kompos., Hofrat, Preuß Prof., Komponist, Mitgl. d. Akad. d. Künste. Zürich. (Glasgow $^{10}|_{4}$ 64.)

Dalman. Gustaf Herm., ✝, Orientalia, D., Dr. phil., o. Prof. d. Theol., GKonsR., v. 1902/17 Vorsteher d. Deutsch. ev. Instituts für Altertumsw. d. heiligen Landes in Jerusalem, seit 17 Prof. in Greifswald, Arndstr. 31. (Niesky, Schles. $^{9}|_{6}$ 55.) **V**: Orte u. Wege Jesu 19, 2. A. 21; Jesus-Jeschua 22; Grab Christi in Deutschland 22. **H**: Palästinajahrbuch seit 05.

Damaschke. Adolf, ✉, Vors. d. Bundes deutsch. Bodenreformer, Hrsg. d. „Bodenreform" u. d. „Deutschen Warte", Dr. jur. h. c. Berlin NW, Lessingstr. 11. (ebda $^{24}|_{11}$ 65.) **V**: Zahlreiche Schriften zur Bodenreform. **H**: Soziale Zeitfragen I—LXIV 95 bis 16; D. verkaufte Paradies 05; Jahrbuch d. Bodenreform.

Dammann, M., s. Bauer, Max, Berlin-Friedenau.

Dammann, Walter H., ♛, Erz., ♘, Dr. phil., Direktor des Kunstgewerbemuseums der Stadt Flensburg, Friedrichstr. (Hamburg $^{23}|_{7}$ 83.) **V**: Michaeliskirche zu Hambg. u. ihre Erbauer 09; Deutsche Dorfkirche 10; Panorama u. Tafellandschaft 12; Das Wetter, G. 12; Kunstdenkm. d. Kreis. Bensheim 19; Lindenfels 19; Ariadne, Dchtg. 19; Welt um Rembrandt, Erz. 20; Alt-Babylon und Altägypten, Mus.-Führer 21.

Damrich, Johannes, (k.), Kunst♛, Dr. phil., StadtPfr. Weilheim, Ob.-Bayr. (Ravensburg $^{8}|_{8}$ 73.) **V**: Künstlerdreiblatt d. 13. Jahrh. 04; Jahresmappe d. Ges. f. Christl. Kunst 04; Albrecht Dürer 09, 2. A. 10; Weihnachten in d. Malerei 10; Galerie christl. Kunst I—III 10; Ums Morgenrot unseres Heils, Vst. 10; Hans Holbein d. J. 12; D. altschwäb. Malerei 13; Mathias Grünewald 19; Stadtpfarrk. Weilheim 20.

Danckelman, Eberh. Frhr. v., ♛, Prof., Dr. phil., StudR. Naumburg a. d. S., Grochlitzer Str. 5—7. (Potsdam $^{19}|_{1}$ 75.)

Dannegger, Adolf, RP., Feuill.-Red. d. Schles. Ztg. Breslau I, Schweidnitzer Str. 47. (München $^{24}|_{1}$ 80.) **H**: Carmina Priapeia (zus. mit A. v. Bernus) 05.

Danszky, Eduard Josef Paul (Ed. P. Danszky), SDS., DB., Rom., Schriftst. u. Industrieller. Wien u. Briesen b. Dux, Tschechosl. (Wien $^{17}|_{2}$ 84.) **V**: Die neue Judith, R. 19; Die Farben des Sterbens, Nn.; Verkleidungen u. Visionen, G.

Dapping, Paul, RP., Orientschriftsteller, Pressechef d. bürgerl. Verb. Hannover, Bödeckerstr. 29. (Oldisleben, Sa.-Weimar $^{2}|_{4}$ 76.) **V**: Durch Anatoliens Wälder 21. ()

Darnbacher, Max, Kritik. Mannheim, Hebelstr. 3. (Heilbronn a. N. $^{6}|_{2}$ 88.) **V**: Kritisches (Aphorismen) 14; Vom Wesen d. Dichterphantasie 21.

Danzel, Theodor Wilhelm, SDS., Kultur♛ u. Dramatik, Privat-Dozent a. d. Universität. Hamburg 32, Willistr. 22. (ebda $^{17}|_{2}$ 86.) **V**: Anfänge der Schrift 12; Mexico I 22; Mexico II 22; Sagen u. Legenden der Südseeinsulaner 23; Kultur u. Religion des primitiven Menschen 23; Liturgische Trilogie: Traum, Tat und Tod, Dchtg. 23. *

Daßke, Paul, SDS., Roman u. ✠. Neukölln-Berlin, Okerstr. 8/9, V. III. (Charlottenburg $^{20}|_{7}$ 94.) **V**: Daria Tambuloff, N. 19; Seelen, Tr. 21; Der weiße Vogel, G. 22; Die Braut des Alls, R. 23. *

Dattler, Rudolf, Satire, Nov., städt. Inspektor i. P. Wien XVII/1, Hern. Hauptstr. 30. (ebda $^{14}|_{12}$ 80.) **V**: Von Einem der Vielzuvielen, Sat. 12; Nachdenkliches u. Bedenkliches, dem großen Papierkorb entnommene Geschn. 14.

Daub, Georg Heinrich (Ps. Hendrik van Ahlenberg), AV., VF., Roman, Nov., ⊙, Hauptschriftl. d. „Eichsfeldia" Heiligenstadt (Eichsfeld), Petristr. 660. (Ende, Kr. Herdecke i. W. $^{25}|_{1}$ 80.) **V**: Adel im Bauernblut, R. 3. A. 23; Am grünen Strom, R. 11; Das Tor d. Seligkeiten, R. 14; D. blühende Rosenkranz, N. 21; D. Kreuzfahrer, R. 21; Prisoner 713. d. Gefangene ohne Gedächtnis, Sch. 3. A. 21; Die Siedler v. Güldenwald, Sch. 21; Der Dichter Dr. Hermann Iseke (1. Bd. d. Eichsf. Charakterköpfe), lit. Biog. 21; D. rote Zwehl, R. 22; Spielmann vom Berge, R. 23; Maria Magdalena, Operntext (Komposition von Prof. Aug. Maria Weiß); Die zehn Gebote vom Sinai, Oratorium (Komp. von Prof. Aug. Maria Weiß). **H**: Eichsfelder Land, Organ f. Heimat- und Naturkunde, 3. Jahrg. 23.

Daub, Hans, s. Hodann, Valerie.

Täubler, Theodor, ✠. Berlin-Wilmersdorf, Babelsberger Str. 50. (Triest $^{17}|_{8}$ 76.) **V**: Das Nordlicht 10; Wir wollen nicht verweilen 14; Hesperien 15; Der sternhelle Weg 15; Hymne an Italien; Die Treppe zum Nordlicht; Der neue Standpunkt: Lucidarium in arte musicae; Mit silberner Sichel; D. unheimliche Graf 21; D. Werwolf; D. blinkenden Lichter; Perlen von Venedig. ()

Daun, Berthold, Kunst♛, Dr. phil., Dez. f. Kunst u. Theater i. Poliz.-Präs. Berlin. Berlin-Schöneberg, Münchner Str. 36. (Magdeburg $^{29}|_{1}$ 72.) **V**: Adam Krafft u. d. Künstler s. Zeit 97; Veit Stoß u. s. Schule in Deutschland, Polen u. Ungarn 03; Peter Vischer u. Adam Krafft 05; Rudolf Siemering 05; Veit

Stoß 06; Die Kunst d. 19. Jahrh. u. der Gegenwart, ein Grundriß d. mod. Malerei u. Plastik 09; Veit Stoß u. s. Schule in Deutschland, Polen, Ungarn u. Siebenbürgen 16.

Dauthendey, Frl. Elisab., PA., SDS., Rom., G., M., Sk., N. Würzburg, Semmelstr. 87 p. W: Im Lebensdrange, R. 98; V. neuen Weibe u. s. Liebe 00, 13. A. 22; Hunger 01, 2.—3. A. 23; Zweileb'g, R. 01, 2. A. 21; Im Schatten, N. 03; Ein Königsw'lle, Die schöne Mauva'ne, 2 romant. Balladen 04; Romantische Novellen 07; Vivos voco, R. 08, 8. A. 21; Das heil'ge Feuer, N. 10; Märchen 10; D. Märchenwiese 12; Ein Abend und andere Novellen 14; Von den Gärten der Erde 17, 2. A. 18; Erotische Nov. 19, 7. u. 8. A. 23; Märchen v. heute 19; Die Heiligen Haine, 2. A. 20; Akeleis Reise in den goldnen Schuhen, M. 1.—3. A. 22; Erla u. die sieben Herrenhöfe, N. 1.—3. T. 23.

Dautschat, Max, Rom., Nov., Skn., Humor, *, /, Red. Berlin-Neukölln, Sanderstr. 12. (Berlin 21/7 74.) W: Backfischgeschichten 06; Von Menschen auf dem andern Ufer 12.

David, Ant. (Ps. Willdeygud), (k.), religiöse Volksschr., S.I. Feldkirch, Vorarlberg. (Willebadessen 20/1 51.) W: Erziehung nach d. Sprichworte 89; Van ussen Hierguede 90; Van den Duiwele 91; Haus d. Herrn, 2. A. 91; Das Vaterunser, 2. A. 93; Von Weg u. Steg, 2. A. 06; Zu Nutz u. Trost 04: Präfektenbuch 18; B'bl. Erziehungsb'lder 19; Aus der Mappe eines alten Jugendfreundes, I 19; II 19; III 20.

David, Constantin J., SDS., ○, ◇, Kritiker, Leiter d. Kornscheuer (intern. Kunstorganisation). Charlottenburg, Wilmersdorfer Str. 55/56 IV. (Konstantinopel 18/2 86.) W: Trugland, Dr. 14; Zwerg, Dr. 14; Doktor Brachvogel, Dr. 14; Onkel Pauls Geschichten, M. 21. H: „Kornscheuer", Kunstztschr. ()

David, Eduard, VA., Sozialwiss., Dr. phil., Mitgl d. Reichstags, Reichsminister a. D. Berlin W. (Ediger, Kr. Kochem 11/6 63.) W: Einheitl. Organisat. d. deutsch. Studentensch. 88; G. Büchners „Der Hess. Landbote" 96; Sozialismus u. Landwirtschaft 02, 2. A. 21; Referentenführer 07, 5. A. 20; Die Sozialdemokratie im Weltkrieg 15.

David, Gabriele, /, ◇, Nov., Hauswirtsch., Hrsgb. d. „Koralle", Zeitschr. d. vornehm. Welt. Innsbruck (Tirol), Saggenstr. 32, Falkenhaus, u. Berlin-Charlottenburg, Kurfürstendamm 241. (Boppardt a. Rh. 20/9 71.) W: Nebenher, Erz. 13; u. a.

David, Linda, s. Flerz-David, L.

Davidsohn, Ludwig, /, Kritik, Nov., Aphoristik, Dr. rer. pol., Berlin-Grunewald, Charlottenbrunner Straße 43 II. (Hohensalza 8/7 86.) W: Beitr. z. Soz'al- u. Wirtschaftsgesch. d. Berliner Juden vor d. Emanzipation I 20, II 21; Aus meinem Notizbuch (Aphorismen) 21; Das verregnete Feuerwerk 22.

Daya, Werner, DV., ○, **Ue**, Wirtschaftspolitik. München, Bauerstr. 24. (81.) W: D. Aufmarsch im Osten 18, 3. A. 20. **Ue**: Verschied. russ. Autoren (6 Bde.).

Deckelmann, Heinrich, Lit. d. 19. Jahrh., Dr. phil., ObStudDir. Köln, Severinstr. 251. (Geestemünde 20/8 76.) W: Demetrius Cydonius 01; Hebbels Herodes u. Mariamne durch des Dichters eig. Aussprüche erl. 09; D. Lit. d. 19. Jahrh. im deutschen Unterricht 12, 4. u. 5. A. 21; Deutsche Pr'vatlektüre 17, 2. A. 20; Kriegslyrik deutscher Arbeiter 17; E'gentätigke't u. Gemeinschaftsarbeit im deutschen Unterricht 22. H: Hebbel, Herodes u. Mariamne 09; E. T. A. Hoffmann, Erzählungen 12.

Decker, Bruno, DV., ○, Theaterkritik, /, Dr. phil. Berlin-Friedenau, Kaiserallee 135. (Stettin 16/4 71.) W: Zahlr. Op.- u. Optt.-Libretti, zuletzt: O schöne Zeit, o sel'ge Zeit 17; D. dumme August 17; Mann ohne Vergangenh. 18; Amor auf Reisen 19; Onkel Muz 20; D. Schwan v. Siam 20; D. glückl. Kiebitz 20. ()

Decker, Fritz (Ps. Rudolf Dolzky, Friedr. Jos. Bommerich), Kritik, /, *, Pazifismus. Düsseldorf, Münsterstr. 83. (Köln 22/11 82.) W: Gedankenheer aus Bertha von Suttners Werken 06. ()

de Crignis, Frau Anna Mar. Theresia (Ps. Mentelberg), *, Biogr., Aphorism., Hauptlehr. u. Schriftstellerin. München. Adalbertstr. 27 III r. (ebda 11/3 77.) W: Lyr. Schmuckkästchen 00; Kleine Blumen, kl. Blätter 08; Grüße aus d. Kemenate 09; Herzogin Renata v. Bayern 12; Zur Titelfrage d. Frauen 13; Aphorism. 20.

Decsey, Ernst, SDS., CC., Musikschrift., Krit., /, Dr. jur. Wien, Wollzeile 20. (Hamburg 13/4 70.) W: Hugo Wolfs Leben und Schaffen, 12. A. 21: Du liebes Wien, R. 11, 30. T.; Die Insel d. sieben Träume, Sk. 12, 5. T.; P. Rosegger 13; Der kleine Herzog Cupidon, R. 14; Die Theaterfritzl, R. 15; Krieg im Stein 15; Im Feuerkreis d. Karsts 16; Ant. Bruckner, Biogr. 20, 6. T.; D. Stadt am Strom, R. 18; Die Spieldose, Sammlg. 21; Joh. Strauß, Biogr. 22.

Dedo, Frau Maria, geb. Brie (Ps. Maria Brie), SDS., ♛, Dr. phil. Breslau, Sternstr. 89. (Rostock i. M. 3/5 77.) B: Savonarola in d. deutsch. Lit. 03; Aus e. andern Welt, N. 07; Gedichte 08; Der Ruf d. Vaters, N. 16; Das brennende Herz u. and. Nn. 22; Das Märchen im Lichte d. Geisteswissenschaft 22; Von Angelus Silesius über Fichte zu Steiner 22. H: Holtei: Lorbeerbaum und Bettelstab, Schles. Gedichte.

Deetjen, Werner, Deutsche Lit.♛, Dr. phil., Prof., Dir. d. Landesbiblioth. Weimar, Belvedere-Allee 22 I. (Koselitz, Kr. Schwetz 3/4 77.) B: Immermanns Kaiser Friedrich d. Zweite 01; Immermanns Jugenddramen 04; D. Schillerfeier d. Bühnen im Jahre 1905 05; Sie sollen ihn nicht haben! Tatsachen u. Stimmungen a. d. J. 1840 20. H: Körners Werke (Großh.-Wilh.-Ernst-Ausg.) 06; Immermann, Werke (Gold. Klass.-Bibl.) VI 11; Aus Brief. Carmen Sylvas 20; Franz Dingelstedt und Julius Hartmann: Eine Jugendfreundschaft in Brief. 23; Die Göchhausen. Briefe einer Hofdame aus dem klassischen Weimar 23.

Dege, Frau Marie, geb. Joachimi (Joachimi-Dege), Lit.♛, Dr. phil., Frankfurt a. d. O., Bahnhofstr. 16. (Nordhausen 20/10 75.) B: Die Weltanschauung der deutschen Romantik 05; Deutsche Shakespeare-Probleme im 18. Jahrhundert und im Zeitalter d. Romantik 07. H: Hölderlins sämtl. Werke (Goldene Klassiker-Bibl.) 08; Lessings Religion (Pandora) 11.

Degen, Johanna, ♛, /, ♛, Frauenfragen. Leipzig, Riebeckstr. 21. (ebda 22/6 82.)

Degener, Herrmann A. L., Biogr., Biblioph., ♛, Verlagsbuchhändler in Fa. Herrmann Degener u. „Verlag Chemie". Leipzig, Naunhofer Str. 1 I. (ebda 1/8 74.) B: Die Bibliothek des British Museum 02; Die John Rylands Library Manchester 03; Die Bodleian Library Oxford 04. H: „Wer ist's?" Uns. Zeitgenossen 05, 8. Ausgabe 22/3.

de Gracia, A.-M., s. Kunde, A.-M.

de Haas, Rudolf, SDS., Kolonien u. Ausland, Divisionspfr. a. D. Berlin-Zehlendorf (Wannseebahn), Burggrafenstr. 10. (Weeze, Rheinprov. 15/7 70.) B: J. Schatten afrik. Jäger 21, 23; Piet Nieuwenhuizen, der Pfadfinder Lettow-Vorbecks I 22, II 23; Unter australischen Goldgräbern 22; Im Hochlande der Riesenkrater 22; Theodor, der Jäger I 23; An Lagerfeuern der Sahara 23; Der jüngste Reiter 23.

Dehio, Georg, ♛ u. Kunst♛, Dr. phil., Dr. theol. h. c., Dr. ing. h. c., o. UP. a. D. Tübingen, Hölderlinstr. 11. (Reval 22/11 50.) B: Gesch. d. Erzbist. Hamb.-Bremen 77 II; Kirchl. Baukunst 84—01 VII; Kunstgesch. in Bildern 98—01 V, 2. A. 13; Denkmalschutz u. Denkmalpflege 05: Handbuch d. deutsch. Kunstdenkmäler 05—12 V, 2. A. 14—21; Denkmäler d. deutsch. Bildhauerkunst 05—19 XIV; Kunsthistor. Aufsätze 14; Gesch. d. deutschen Kunst I 19, 2. A. 21; II 21; D. Straßburger Münster; Der Bamberger Dom 24. ()

Dehnow, Fritz, ♛, Dr. jur., vormalig. Staatsanwaltschaftsrat k. A. Hamburg, Schleidenplatz 3. B: Jur. Studium u. s. Erneuerung 21; Rechtswissenschaft als Erfahrungswissenschaft 22; Sittlichkeitsdelikte u. Strafrechtsreform 22; Erneuerung d. Ethik 22; Sterben 22; Frank Wedekind 22. H: Zukunft d. Strafrechts 22; Ethik d. Zukunft 22.

Deimann, Wilhelm, Dr. phil. Werne a. d. L. (Brilon 20/8 89.) B: Zeit u. Verf. d. griech. Alexanderromans 17; Hermann Löns, sein Leben u. s. Wirken 22/24. *

Deißmann, Adolf, Bibelforschg., D., DD., o. UP., GKonsistR. Berlin-Wilmersdorf, Prinzregentenstraße 6. (Langenscheid 7/11 66.) B: D. neutestamentl. Formel „in Christo Jesu" 92; Johann Kepler u. d. Bibel 94; Bibelstudien 95; Neue Bibelstudien 97; Die sprachl. Erforschung d. griech. Bibel 98; Theologie u. Kirche 01; Ein Originaldokument a. d. Diokl. Christenverfolg. 02; Die Hellenisierung d. semit. Monotheismus 03; Evangelium u. Urchristentum 04: Die Septuaginta-Papyri u. andere altchristl. Texte d. Heidelberger Universitätsbibliothek 05; New Light on the New Testament 07; The Philologig of the Greek Bible 08; Licht vom Osten 08, 2./3. A. 09 (engl. 10, 2. A. 11); Das Urchristentum u. die unteren Schichten 08; Die Urgesch. d. Christentums im Lichte d. Sprachforschung 10; Paulus 11 (auch schwedisch, 12 englisch); D. Lehrstuhl für Religionsgeschichte 14: D. Krieg u. d. Religion 14; Deutscher Schwertsegen 15, 28. A. 16; Inneres Aufgebot 15.

de la Vera, Alma, s. Vera, Alma de la.

Delbrück, Hans, ♛, Dr. phil., o. UP., GRegR. Berlin-Grunewald, Kunz-Buntschuh-Str. 4. (Bergen a. Rügen 11/11 48.) B: Leben d. Grafen Neithardt v. Gneisenau 80, 3. A. 07, 4. A. 21; Hist. u. pol. Aufsätze 86, 2. A. 07; Perserkriege u. d. Burgunderkriege 86; Strategie d. Perikles erläutert durch d. Strategie Friedr. d. Gr. 90; Friedrich, Napoleon, Moltke, ält. u. neu. Strat. 92; Polenfrage 94; Gesch. d. Kriegskunst I 00, 2. A. 08, II 02, 2. A. 09, III 06; Erinnerungen, Aufsätze u. Reden

02, 3. A. 05; Schlacht im Teutoburger Wald 09; D. Frage d. poln. Krone u. d. Vernichtung Preußens in Tilsit 10; In Wehr u. Waffen, Von Armin bis Scharnhorst 10; Geist u. Masse i. d. Gesch. 12; Sozialpolitik u. Unternehmertum 13; Regierung u. Volkswille 13, 2. A. 20; Numbers in history 13; Üb. den kriegerischen Charakter d. deutschen Volkes 14; Bismarcks Erbe 15; D. Sprachreinigung, Fürst Bismarck u. H. v. Treitschke 15; Krieg u. Politik 14—18; Kautsky-Harden 20: Ludendorff, Tirpitz, Falkenhayn 20; Geschichte der Kriegskunst IV Neuzeit 20; Die Marxsche Geschichtsphilosophie 21; Ludendorffs Selbstporträt 22; Weltgeschichte I 23.

Delbrück, Joach. v., ♛, ◯, Rom., Krit. München, Siegfriedstr. 20 II. (Tuchel, Westpr. $^{30}|_{8}$ 86.) W: D. junge Herr, Dr. 11; Über d. Feldern, R. 11: Totenvolk, Leg. 11; D. Untergang d. Postdampfers, Erz. 16; Variété, R. 17; Spiel in Moll, R. 19; Clemens v. Delbrück, ein Charakterbild, 22. H: Buch d. Schiffbrüche 14; Russ. Hofgesch. I—IV, 14/19; General Tod 15; D. dtsche. Krieg in Feldpostbriefen I—X, 15/17; Bayer. Hofgesch. 22.

Delbrück, Kurt, ◯, Roman, Pfr. an der Paul-Gerhardt-Kirche. Berlin-Schöneberg. (Stettin $^{11}|_{3}$ 59.) W: Käthchen, R. 87, 3. A. 08; Salzburger Volksschausp. 93, 3. A. 11; Paulus unser Vorbild 97, 2. A. 08; Festsp. z. Ged. Wilhelms I., 3. A. 02; Weihnachtsfestsp., 2. A. 02; Bismarckfestspiel; Die neue Zeit, Reformat.-Sch., 2. A. 02; Im heil. Feuer, Vsch. 02; Lebensströme, R. 09, 3. A. 10; Hat Jesus gelebt? 10, 4. A.; Leipzig 1813, Sch., 2. A. 11; Christus u. Leona 11, 2. A. 12; Das Volk steht auf, Volks-Sch. 12; Von Moskau bis zur Beresina, Erz. 12; Dein auf ewig, Erz. 13, 2. A.; Frau Heiternich u. Tante Minchen, R. 15, 2. A.; Herr, mach uns frei (Wilhelm d. Oranier, d. Deutsche), Sch. 16; Paganini u. Gianetta, Erz. 16; Liebe glaubt alles, R. 18, 2. A.; Lorenzo v. Medici u. Savonarola, R. 20, 3. A.; Papst Alexander VI. u. Savonarola, R. 21, 2. A; D. Liebe d. jung. Beethoven, R. 23; Beethovens letzte Liebe, R. 23; Wilhelm von Oranien u. d. schöne Gilline, N. 23.

Delius, Rudolf v., , ♛, ∴. München, Ebenauerstr. 6. (Warburg $^{1}|_{1}$ 78.) W: Robespierre, Dr. 06; Jesus, sein Kampf, s. Persönlichkeit u. s. Legende 09; Zur Psychologie der röm. Kaiserzeit 11; Verwandlungen, G. 13; Deutschlands geistige Weltmachtstellung 15, 11. T.; Schöpfertum 18, 2. Aufl. 21; Die Feier, G. 19; Streifzüge, Ges. Aufs. 20; Philosophie d. Liebe 20; Die leuchtenden Frauen 21; Brennspiegel 21; Die deutsche Barocklyrik 21; Urgesetze des Lebens 22; Der chinesische Garten 23; Erdmelodie 23; Die Kultur der Ehe 23. H: Der Schöpfungsgarten, Ged. v. Brockes 17; Hegel in s. Briefen 18; Der Ring des Jahres, Ged. v. Brockes 20; Paul Flemings Leben in s. Gedichten 20; Arnold Liebesfunken 20; Zinzendorf, G. 20; Hölderlin, Späte Hymnen 21.

D'ell Fiore, Popescu Romulus, DB., Komponist. Berlin NW 23, Brückenallee 31. (Giormane, Rumänien $^{14}|_{11}$ 90.) W: Götterfluch; Brandung, symph. Dchtg. 15; Sternenschleier 15, Lr. 16.

Delmar, Axel, s. Demandowski, Axel v.

Del-Pero, Bartholomäus, RechngRat. Innsbruck, Tirol, Claudiastr. 12. (Vermiglio, Südtirol $^{6}|_{8}$ 50.) W: Bilder u. Sagen, G. 89; D. Schlacht am Berg Isel 1809, dram. G. mit e. Prol. 09; Spuren eines Lebens 13.

Delpy, Egbert, RP., BB., /, ◯Kritik, Ue: IF, Dr. phil., Theater- u. Kunstkritiker an d. „Leipz. Neuest. Nachr.". Leipzig, Bayersche Str. 123. (Köln $^{30}|_{9}$ 76.) W: Die Legende d. h. Ursula in d. Kölner Malerschule 01: Stätten d. Kultur (Band Köln) 08; Vom Gold und seinen Meistern 22.

Demandowski, Axel v. (Ps. Axel Delmar), DB., ◯. Kgl. Schauspieldir. a. D. Bad Hals Nr. 20 b. Passau. (Berlin $^{9}|_{4}$ 67.) W (ab 00): Marienburg, D. 00/01; Anmarei, D. 03; Humoresken 03; Liebesmarkt, Dr. 05; Meißner Porzellan, hist. Lsp. (m. Hans v. Kahlenberg) 07; D. eiserne Heiland, Dr. 11; D. Herr d. Erde 12; Marschall Vorwärts 13: Erin, D. 15; D. Kriegsweihnachtsmann, Msp. 15; Gottesurteil, Dr. 16; Badding, Weihnsp. 16. H: Jahrhundertfestspiel, Berl. Theater; Choriner Volksspiele 10; Alt-Potsdam od. die erste Eisenbahn 14; Luther 17; Volksseele 20.

Demel, Hans (Ps Hans Seebach), Nov., ◯, /. Salzburg, Auerspergstr. 45. (ebda $^{27}|_{11}$ 72.) W: Bauernrechte, Vksch. 00; Allotria, Komödie 01; Bess. Menschen, Sch. 02; Patrizierfrauen, Satire 03; Die Unsichtbaren, soziales Dr. 04; Der Faun, Satire 05; D. Junggeselle, Kom. 08; Lawinen, Tr. 11; Im Bärenzwinger, Lsp. 12; Martin Vogls letzter Heller, Kom. 13; Der Geigerfriedl, Kom. 21; u. Marionettenstücke. ()

Demetz, Hans, ◯, Dramaturgie, Regie, ♛, , Dir.-Stellv. u. Dramaturg a. Dtsch. Landestheater Prag I, Tring. 6. (ebda $^{11}|_{8}$ 94.) W: Dämmerung, G. 14; Dir zur Feier, G. 15; Der Narr v. Nürnberg, Dr. 15; Die goldene Geige, M. 17; Das hohe G. 20; D. Mann mit der Maske

K. 21; Sommernacht, K. 23. H: Blätter der Prager Kammerspiele (seit 16).

Demmel, Karl, ASV., RP., Romantik, ❦, Wanderbilder, /, Red., Schriftsteller. Darmstadt, Wittmannsstr. 17. (Zerbst $^{24}|_{10}$ 93.) B: Aus stillen Winkeln u. von groß. Geistern, Sk. 21; Meine bunte Welt, Sk. 21; Die Stadt d. Geigen, R. ()

Dencker, Willy, DV., ASV., ○, ❦, /, ♛, ▤, ⚑, Stadtamtmann, Büroleiter der Zentrale der Erwerbslosen- und Sozialrentnerfürsorge, Magistratsbürovorsteher. Berlin W 15, Darmstädter Str. 2. (ebda $^{1}|_{2}$ 81.) B: Adolf v. Nassau, Tr. 96; Mensch u. Gott, G. 01; Vagantenlieder, G. 01; D. Brautnacht d. Königin, dram. Dchtg. 01, 2. A. 17; D. grüne Graf, Verssp. 03; Maria, Sch. (m. Ph. Denzel) 03; Der Vulkan, dramat. Dchtg. 04; D. Weib zu Gibea, desgl. 06; Das Buch d. Prologe 10; D. Männer v. Berlin, Versfestsp. 12; Gesammelte Gedichte 12; Neue Soldatenlieder u. Kriegsgedichte 16, 18. T.; Die 1001. Nacht, dram. G. 21; Das Buch d. Wahrheit, dram. G. 21; Don Juan u. s. Sohn, dr. G. 21; Der letzte Glaube, R. 23; Das Weib des Todes, R. 23; Der Ballast, R. 23; Die teilweise Erwerbslosenfürsorge. H: Werden u. Sein 02/03; Der Weg 04/05.

Dennert, Friedrich (Ps.: R. A. Friedrich, Friedr. v. d. Bode), Heimat♛, A, Freimaurerei, Dr. jur. et rer. pol., Biblioth. Berlin-Lichterfelde-West, Manteuffelstr. 24. (Bernburg $^{6}|_{8}$ 79.) B: Die Harzrolande 18; Goethe u. d. Harz 20; Heraus mit der Wahrheit! (Kriegsschuldfrage) 21; Jahrbuch der Freiverkehrswerte 23/24. H: Harzer Heimatbücher; u. a.

Denninger, Hanns Georg, ❦, Roman, Erz. Düsseldorf, Oststr. 107a. (Köslau, Franken $^{27}|$, 80.) B: Der steile Weg, G. 22; Hosiannah, Mensch du bist, G. 23; Bekehrung des Viktor Wendelinus u. a., Leg. 23. *

De Nora, A., s. Noder, A. A.

Depiny, Adalb., Lit., Volkskunde, Heimatschutz, Dr. phil., Volksbildungsrefer. f. ObÖsterr. Linz, ObÖstr., Wurmstr. 15a. (Budapest $^{30}|_{8}$ 83.) B: Alex. v. Württemberg 08; Ludwig Bauer 11; Deutsche Volksschauspiele aus Tirol 12, 13; Volkskundliches bei Storm 16. H: Heimatgaue. ()

de Quervain-Paur, Francis, SES., Novelle, Maler u. Schriftsteller. Thun, Kanton Bern, Schweiz. (ebda $^{21}|_{6}$ 73). B: Aus meinem Tierbuch, Tiern. 18; Wilhelm Bahner in seinen Erinnerungen.*

Derichs, M., s. Selhorst, Marie.

Derleth, Ludwig, ⁂, ✝. München, Marienpl. 2. (Gerolzhofen $^{3}|_{11}$ 70.)

Deschmann, Frl. Ida Maria, DÖSchG., VB., Roman, Nov., ❦, /, Buchbesprech., Kritik, Schriftstellerin. Wien 3, Keinerg. 11. (Steyeregg, Steiermark $^{11}|_{2}$ 86.) B: Aus eiserner Zeit, G. 16; Sonnegghof, R. 20; Der Pavillon, R. 21; Die Gottesgeige, Rn. 23.

Dessoff, Albert, Kunst♛, Lit.♛, Kustos an der Frhr. Karl v. Rothschildschen öffentlichen Bibliothek. Frankfurt a. M., Grüneburgweg 137. (Wien $^{16}|_{10}$ 65.) B: Biograph. Lexikon der Frankfurter Künstler im 19. Jahrh. 09.

Dessoir, Max, ⁂, Dr. phil. et med., o. UP. Berlin W, Speyerer Str. 9. (ebda $^{8}|_{2}$ 67.) B: Bibliographie des modernen Hypnotismus 88, Nachtrag hierzu 90; K. P. Moritz als Ästhetiker 89; Das Doppel-Ich 90, 2. A. 96; Gesch. d. neueren deutsch. Psychologie I 94, 3. A. 10; Philos. Lesebuch (m. P. Menzer) 03, 5. u. 6. A. 21; Ästh. u. allg. Kunstwiss. 06, 2. A. 23; Abriß e. Gesch. der Psychol. 11; D. Bismarck-Nationaldenkmal (m. H. Muthesius) 12; Bericht üb. d. Kongreß f. Ästh. u. allg. Kunstw. (m. a.) 14; Kriegspsychol. Betrachtungen 16; Vom Jenseits der Seele 17, 4. u. 5. A. 21; Vom Diesseits der Seele 23.

d'Ester, Karl, Lit.♛, Dr. phil., Priv.-Doz., StudR. a. Gymn. Paulinum. Münster i. W., Wallgasse 7. (Vallendar a. Rh. $^{13}|_{12}$ 81.) B: Um Main u. Donau, Ein Heimatbuch (mit Dr. Asunger) 20; Mit deutschen Jungen durch deutsche Lande 20; Wir Rheinländer 21; Die Rheinlande 21. ()

Dettbarn, Albert, /, ⚑, ✗, ⌬, ▤, Hrsg. der Korresp. „Berliner Bär" u. d. Zeitschr. „Jugendfreund" (Mil.-Waisenhaus.). Berlin SW 47, Hagelberger Str. 22. (Jülich $^{29}|_{10}$ 68.)

Dette, Walter (Ps. Marx Cemna), /, ▤, ♯, Ue, Buchhändler. Hannover-Waldheim, Brandensteinstr. 25. ($^{13}|_{7}$ 90.)

Detter, Ludw., DV., ○, Rom., Nov., Prof. Freising, Münchener Str. 53. (Kelheim a. D. $^{5}|_{2}$ 69.) B: Gertrud Baumgarten, R. 10. A. 16; Eine deutsche Heldin, Erlebnisse e. Roten-Kreuz-Schwester; Bildung, Sch.; Beamte, Kom. ()

Deubel, Werner, ○, ❦, ⁂, ⌬, /, Redakteur der Frankfurter Nachrichten. Frankfurt a. M., Neue Mainzer Str. 12. (Rotenburg a. F. $^{8}|_{7}$ 94.)

Deubner, Fritz Theodor, ASR., Dichtg., /, ○, ❦, Rektor. Ziegenhain, Bez. Kassel, Allee. (Chemnitz $^{2}|_{1}$ 73.) B: Lieder eines Unbekannten 09 f. II; Der Vogt vom Stein, Dr. 10; D. Weihnachtsfreude, Dr. 10; D. Prüflinge, Lsp. 10; Die Schwestern, Sch. 10; Mathilde v. Toskana,

Tr. 11; Neue Lieder 11; Vaterlands- u. Heimatspostkarten m. Gedichten 14 u. 15; Glockenlieder, Lr. 17; Weihnachten im Walde, Jsp. 20, 3. A. 21; Heinzelmännchen, Jsp. 20; Auf dem Drachenfeld, Jsp. 20; Die Kugelspieler, Jsp. 20; Die Weihnachtsglocken, Jsp. 21, 2. A. 22; Lehrjahre, Jsp. 23; Der Nixenmorgen, Jsp. 22; Die Tannenellen, Jsp. 23, Das feine Herrchen, Jsp. 22; Junges Heimweh, Jsp. 22.

Deutsch, Karl, VJ. & S., Tiroler Erz., Mag. pharm., emer. Apotheker. Imst, Tirol. (ebda $^{23}|_{2}$ 59.) V: A Sträußla vom Berg 90; Wo d. Jochwind pfeift, Geschn. 02; Der Jager vom Steinsee, hist. Erz. 03; Die Gottlosen, Erz. 01; Am Lugenbankl, lustige Geschn. 12; Aus den Tiroler Bergen; Imst u. s. Umgebung 16; Die Arlberger, R. 23.

Deutsch, Otto Erich, CC., SDS., Kultur♛. Wien I, Graben 13. (ebda $^{5}|_{9}$ 83.) V: Schubert-Brevier 05; Beethovens Beziehgn. zu Graz 07; Franz Schubert, D. Dokumente s. Lebens u. Schaffens (m. L. Scheibler) 13 ff. III. H: Ferd. Kürnbergers Briefe an e. Freundin 07: Adalbert Stifters Studien aus d. alten Wien 09; Ferd. Kürnbergers gesammelte Werke 10 ff. V; Dan. Spitzers ges. Schriften (m. Max Kalbeck) 12 f. III; Franz Schuberts Briefe u. Schriften 19; Ferd. Kürnberg. Briefe e. polit. Flüchtlings 20; M. v. Schwinds Almanach v. Radierungen 20; Franz Schuberts fünf erste Lieder 22; Die histor. Bildnisse Franz Schuberts 22.

Deutsch, Frau Regine, SDS., Stadtverordnete, Sozialpolitik, Frauenbewegung, Parlamentarismus, /, Berlin W 15, Pariser Str. 58. (ebda $^{1}|_{8}$ 60). V: Mit/H des Werkes: M. von Egidy, sein Wollen und Wirken 00; Die politische Tat der Frau 20; Zwei Jahre parlamentarischer Frauenarbeit. •

Deutschbein, Max, Engl.Ψ, Dr. phil., o. UP. Marburg a. d. L. (Zwickau $^{7}|_{8}$ 76.) V: Dialektisches in der angelsächs. Übersetzg. v. Bedas Kirchengesch. 00; Zur Entwicklg. des engl. Alliterationsverses 02, Stud. zur Sagengeschichte I 06; System d. neuengl. Syntax 16; Sprachpsycholog. Studien 18; Satz u. Urteil 19; Wesen des Romantischen 22.

Devantier, T., s. Schurz, Mathilde.

Devrient, Ernst, ♛, Dr. phil. Jena. (Weimar $^{16}|_{9}$ 73.)

Devrient, Hans, Theater♛, Dr., Gymn.-Prof. Weimar, Silberblick 5. (Karlsruhe $^{24}|_{6}$ 68.) V: J. F. Schönemann u. s. Schauspielergesj. 95; D. Kind a. d. antiken Bühne 04. H: Goethes Schriften üb. Theater u. Schauspielkunst (W. A. Bd. 40) 02; Archiv f. Theatergesch. I, II 04, 05; Gesch. d. deutsch. Schauspielkunst v. Eb. Devrient, n. A. 2 Bde. 05; Jugenderinnergn. v. Ther. Devrient 05, 3. A. 08; Briefw. zw. Ed. u. Ther. Devrient 10. ()

Dewischeit, Kurt, ♛, Paläogr., Tachygraphie, Dr. phil., ObStudDir. Halle a. d. S., Kronprinzenstr. 36. (Rosenberg, Westpr. $^{11}|_{8}$ 74.)

D'Holm, Pierrot, s. Schmidt, (Hanns) E. H.

Dibelius, Wilhelm, engl. Sprache u. Kultur, Dr. phil., Prof. Bonn, Lessingstr. 47. (Berlin $^{22}|_{4}$ 76.) V: John Capgrave u. d. engl. Schriftsprache 99; Engl. Romankunst 10 II; Charles Dickens 16; England 23 II.

Di Bertogna, s. Giugno, Mart.

Dickel, Otto, Kultur♛, ⊞. Naturwiss., Dr. Augsburg, Neidhartstr. 29 ½. (Darmstadt $^{5}|_{8}$ 80.) V: Die Auferstehung des Abendlandes 21; Der Schlüssel zum Kerkertor; Der berstende Sinai.

Dickinson-Wildberg, Heino L. B. von (Ps. Bodo Wildberg), PA., BV., ASV., ✠, Nov., /, O. Berlin W 15, Kaiserallee 19. (Lemberg $^{7}|_{8}$ 62.) V: Sita, Die Maid von Mirogh 84, 90/95; Tödliche Triebe 93; Alpennovellen 94; 2. A. der beiden letzten u. d. Tit.: Höhenluft 96; Helldunkle Lieder 97; Die Sehnsüchtigen, N. 00; Stunden und Sterne, G. 03; Heilfried, Bühnenmärch. 03; Rosa Margarete, Bühnenmärch. 05; Nurmahal, Märchenspiel 06; Dunkle Geschichten, Nn. 10; Neben der Welt, R. 11; Schlangenhaut, Nn. 11; Der sechste Panther, Nn. 12; Roller Sahib, ind. R. 14; D. blaue Hummer, Nn. 17; Nov. aus Deutschösterr. 20; D. heimliche Krone, R. 20; Nächte im Hirschgraben, Nn. 23. H: D. Dresd. Hofth. d. Gegenw. 01. Ue: Erlebnisse d. A. G. Pym 08; Der rote Tod u. a. Nov 09.

Diebold, Bernhard, RV., Kritik, Dramaturgie, Theater♛, Dr. phil., Feuill.-Red. d. „Frankfurt. Ztg.". Frankfurt a. M., Myliusstr. 55 III. (Zürich $^{6}|_{1}$ 86.) V: D. Rollenfach im deutsch. Theaterbetrieb d. 18. Jahrh. 12; Anarchie im Drama 20.

Dieckmann, Frau Marie, geb. Stielow (Ps. Marie Stahl), DSch., Nov., Roman, /. Berlin W 15, Pfalzburger Str. 83. (Kartzow $^{23}|_{11}$ 52.) V: Von 00 bis 23: Höhenluft; Jenseits von Glück u. Unglück; Weltmacht; Sommernachtsdunkel; Zauberkreise; Hausdame; Wurzelstark; Der Platz an der Sonne; Zwischen zwei Mühlsteinen; Schritte auf der Treppe; Kinder der Zeit; Familienpension; Zimmervermieterin; Alte Familien, sämtlich Romane; Daß du ewig denkst an mich, N.; Der Stärkere, N.

Diederich, Benno, Lit.♛, Essay, Dr. phil., Prof., GObLehr. Hamburg, Papenhuderstr. 32. (Berlin 13|3 70.) V: Zola, Biogr. 98; Elis. v. Rumänien 98; Zola, die Rougon-Macquart, Das Milieu bei Zola 99; A. Daudet, Biogr. 00; A. Daudet, Essay 01; V. Gespenstergeschicht. 03; Don Quijote u. s. Dichter 05; Die des Tags nicht kommen, Einakterzyklus 08, n. A. 12; Führung zur Kunst 09; Hamburger Poeten 09, 2. A. 11; Prinzessin Ursula, WeihnachtsM. 12; Die schönsten Geschichten d. griech. Altertums 14; Preußens Aufgang 15; Hannekicke, WeihnM. 16; Bolschewismus u. Expressionismus 21. H: Cervantes, Don Quijote, Jubil.-Ausg. 05; Ibsen, Kronprätendenten, erkl. Ausg. 10.

Diederichs, Eugen, Hrsgb. d. Kulturztschr. „Die Tat". Jena, Sedanstr. 8. (Löbitz b. Naumburg a. d. S. 22|6 67.) V: Politik des Geistes 20.

Diederichs, Frau Helene, geb. Voigt, jetzt: Voigt-Diederichs.

Diederichs, Frau Lulu, geb. v. Strauß u. Torney, Nov., Rom., Jena, Sedanstr. 8. (Bückeburg 20|9 73.) V: Ged. 98; Bauernstolz, Nn. 01, n. A. 05; Ballad. u. Lr. 02, n. A. 05; Aus Bauernstamm 02; Ihres Vaters Tochter, R. 05; Der Hof am Brink u. Das Meerminneke, Nn. 06; Lucifer, R. 07; Neue Balladen u. Lieder 07; Sieger u. Besiegte, Nn. 09; Judas, R. 11, 2. A. 12; Aus d. Chronik niederdeutscher Städte 12; Reif steht d. Saat, Ball. 19; D. Jüngste Tag, R. 21; Das Fenster, N. 23.

Diedicke, Paul, DV., Märch., Mitgl. d. Landestheat. Braunschweig, Rennelbergstr. 5. (Danzig 8|3 69.) V: Märchensp.: Wunschpeter 10; Hans Däumling 11; Zwerg Nase 12; Schneiderlein Hochhinaus 13; Wanderhansel 14; D. deutsche Hans 15; D. Büblein v. Hameln 16; Mägdlein Sonnenschein 17; Michele Siebentot 18; D. Märchen v. Rübezahl u. d. 3 Glücksspilzen 19. ()

Diehl, Wilhelm, † (bes. hess. Kirchen-♛), D., Dr. phil., Prälat, Präs. des Landeskirchenamts und der Kirchenregierung in Hessen. Darmstadt. (Groß-Gerau 10|1 71.) V: Der gefangene Pfarrer, R. 11, 2. A. 12; Alt-Darmstadt 13; Blicke in die hess.-darmst. Lande 14; Aus der guten alten Zeit 14; Aus 4 Jahrhunderten 15; Hassia sacra 21; u. a.

Diener-Schönberg, Alfons, Nov., Waffenkunde, Dr. phil. Schloß Pfaffroda b. Sayda, Sachsen. (ebda 19|8 79.) V: Gebrochene Wipfel, Nn. 04; Gesch. d. Gewehrfabrikation zu Olbernhau in Sachsen 05, 2. A. 14; Das fürstl. Zeughaus zu Schwarzburg 08; Die Waffen der Wartburg 12.

Diepgen, Paul, ♛ d. Med., Dr. med. et phil., o. HonProf. Freiburg i. B., Stadtstr. 6. (Aachen 24|11 78.). V: Arnold v. Villanova als Politiker u. Laientheologe 09; Gualteri Agilonis Summa medicinales 11; Traum u. Traumdeutung 11; Gesch. d. Medizin I/II 13 f.

Dierckș, Gust., PA., VB., VP., Kultur♛, Dr. phil., Vors. d. Deutschen Schriftst.-Verbandes, Red. des „Bundesblatt". Berlin-Steglitz, Humboldtstr. 5. (Königsberg i. Pr. 13|1 52.) V: Die Jesuiten 03; Span. Geschichte 05; Die Marokkofrage u. die Konferenz v. Algeciras 06; D. moderne Spanien 08; Kreuz u. Halbmond 10; Portugies. Geschichte 12; Das moderne Portugal 13; Hie Allah! Das Erwachen des Islam 14; Und was wird aus Gibraltar? 16. ()

Dierkesmann, Joseph (Ps. Jos. Eberhard), Volks- u. Jugendschr., Rektor, Red. d. JugendZtschr. „Edelsteine". Iserlohn, Weingarten 3. (Sümmern 12|1 66.) V: Schematismus und Kalender für kath. Lehrer und Lehrerinnen Westf. (m. K. Kamp) 97, 13; D. Sohn d. Wilderers, Erz. 97, 2. A. 10; Leonh. Werner, Erz. 97; D. Erben d. Heidehofs, Erz. 98; Allweg gut Zollre, Festsp. (m. G. Hoischen) 00; Markanermut, Erz. 02. H: Grimms Märchen 02; Geschichten, Sagen u. Legenden a. d. Lande d. Roten Erde 05 II; Feierklänge, G. z. Leseb. 06: Führer durch d. pädag. Literatur (m. A. Koch) 10.

Diers, Frau Marie verw., geb. Binde, Rom., Nov. Charlottenburg, Gervinusstr. 20. (Lübz, Meckl. 10|6 67.) V: Karl Henning u. s. Haus 02; Mutter des Menschen 03; D. Kinder von Heckendamm 04; Frau Elsbeth 04; Im Herrenhaus v. Luckmühlen 05; Michael Laurentius 05; D. liebe Not 05; Jüngling Tod 06; Fritzchen 07; D. sieben Sorgen d. Doktor Joost 08; Tante Lütte 09; Der alte Timm u. seine Nachbarn, 3 Nov. 09; Die Briefe d. alten Josias Köppen 09; Der Spießbürger 10; Die Tragödie Mama 11; Die nicht sterben dürfen 11; Frau v. Werth u. ihre Enkel 12; Feind u. Erbe 13; Du fremde Seele 13; Der Gauner 14; Das allzu gute Herz 15; Die Gotthelf-Kinder 16; Uns. Mutter 17; D. Patienten des Dr. Ungemach 17; Der Lügendoktor 18; D. deutsche Frauenfrage 19; D. berühmte Frau 20; D. Herrgottschulze 20; Die Doktorin vom Bullenberg 22; Die dreizehn Heiligen 22; Die Männer von Oevel 22; Die Apotheke Hinstrop 23; Leute vom Lande N. 23; Franzosen im Land 23.

Diesch, Carl (Ps. Carl Kaulfuß-Diesch), Literaturgeschichte, Dr. phil., Bibliothekar

an d. preuß. Staatsbibliothek. Berlin-Friedenau, Ringstr. 45 II. (Sorau, N.-L. $^{13}|_{11}$ 80.) B: Inszenierung d. dtsch. Dramas an d. Wende d. 16. u. 17. Jhdts 05; Buch der Reformation 17; Deutsche Dichtung im Strome deutschen Lebens 21. *

Diestel, Ernst, Pfr. Berlin-Grunewald, Lynarstr. 1a. (Hamburg $^{3}|_{3}$ 59.) B: Gerechtigkeit, Gnade u. Wiederverkörperung 96; Die Lebenskunst eine königliche Kunst im Spiegel der Weltliteratur, 2. A. 20; Geschichte des Teufels 20. *

Diete, Kurt, aktuelle Tagesfragen, bes. Politik u. Jugendbewegung, Sozialsekretär, Hrsg. d. Monatsschr. „Jugendstimmen" und jetzt Wochenschrift: „Unser Betrieb." Salzmünde a. d. Saale. (Halle a. d. S. $^{30}|_{12}$ 88.) B: Wanderheil 09; Die Kleinarbeit in der Jugendpflege 15, 3. A. 16; Im alten Fährhause 18; Der U-Boot-Krieg im Urteil des Auslandes 18.

Dietert, Friedr., Rom., Nov., Ess., ✱, Reisebeschreibg. Chorin (Uk.). B: Sonnensehnsucht, 1.—6. A. 03; Das Elend der Kritik, 1.—2. A. 03; Im Kampfe um das neue Geschlecht 04; Im Werden und Reifen 07; Aus meinem Studienbuch 07: Reisebilder aus dem deutschen Osten, 1.—2. A. 10; Die Schönheit uns. Ostmark 11; Wanderers Tagebuch 12/14; Freiwillige Kriegshilfe 15; Stimmen aus Chorin 19; Deutsche Heimat 19; Deutsche Kultur 19; Deutsche Ehe 20; Deutsche Heimatbücher: Hans im Glück 20, Aus meinem Sonnenhaus, G. 21: Goethe im Harz 20; Führer durch Mühlhausen i. Thür. 21, durch das Unstruttal 21. ()

Dietiker, Walter, ✱, Eidgenöss. Verwaltungsbeamter. Bern, Marienstr. 21. (ebda $^{18}|_{1}$ 75.) B: Gedichte 19; Lieder aus dem grünen Hause 22.

Dietrich, Fritz Georg, DB., O, Rom., Nov., ✱, /, D-W. Naunhof b. Leipzig, Wurzener Str. 53. (Dresden $^{16}|_{11}$ 70.) B: Nationalfestspiel 99; Vom Pflug zum Schwert, Sch. 12; Der Kuckuck, Sch. 18; Vulkan, Sch. 20; Die Nasenlänge, 3 Grotesken 22.

Dietrich, Georg Wilh., Verlagsbuchhändler. München, Englschalkingerstr. 9. (Frankfurt a. M. $^{9}|_{4}$ 82.) B: Die Kunst im Buche des Kindes 10; Wenn ich in mein Gärtchen geh' 13, 3. A. 18; Mein Kinderhimmel 19, 6.—10. T. 21; Das Fabelbuch 19, 6.—10. T. 22; Ihr Städter sucht ihr Freude 21; Nachtigall, ich hör' dich singen, Minnelieder 23; Schaukle auf und schaukle nieder, Kinderlieder 23. H: Phoebus-Bücher, Ill. Universalbücherei. *

Dietrich, Jobst, s. Reinhardt, Mathilde.

Dietrich, Volkmar Rudolf, Dr. phil., GObLehr. a. D. Leipzig, Seumestr. 5a. ($^{6}|_{8}$ 63.) B: Dtsch. Wanderliederbuch, dtsch. Volksliederbuch 13, u. a.

Dietrichstein, Egon, /. Wien 9, Alserstr. 18. ($^{13}|_{8}$ 89.) B: Die Berühmten, Sk. 20. ()

Dietz, Carl, engl. Lit., ▮, Dr phil., Prof., Dir. d. ObRealSch. Bremen, Dechanatstr. 5. (Koburg $^{25}|_{1}$ 70.)

Dietz, Curt Reinhard (Ps. Till Cureidi), ASR., Belletr., ✱, O, Zeitschriftleiter. Gießen, Johannesstr. 1. ($^{24}|_{3}$ 96.) B: Was mir der Tag gebracht, G. 18; Denn wir sind jung, Dchtg. 20; Die Sonne ist immer da, Ged. u. Sprüche 20; Das Liebesnest, Optte. 20; Die kleine Majestät, Sgsp. 21; Wenn d. Sonne sinkt, Einakterzyklus 21; D. Frau auf Pump, Schw. 21; Arme Madonna 21; Gesangstexte (unter Ps. Till Cureidi). ()

Dietz, Rudolf (Ps. Lutz Diedorf), ▮, ✱, Konrektor. Wiesbaden, Schützenhofstr. 14 II. (Naurod $^{22}|_{2}$ 63.) B: Heimatkunde d. Reg.-Bez. Wiesbaden 89, 11. A. 22; H. d. Rheinprov. 90, 2. A. 01; Bibl. Gesch. f. d. ersten Schulj. 91, 11. A. 22; H. d. Prov. Westfal. 94; Tannenzweige, G. 97; Neue Tannenzweige, G. 00; Nass. Mundartwerke: Nix for ungut 00, 11. A. 22; Lustige Leut 06, 7. A. 22; Siwwesache 07, 6. A. 20; Deham is deham 08, 2. A. 22; Flageolett und Flamberg, G. 11; Pfeffernitz 14, 3. A. 20; Der Kleck, lust. Geschichten 19; Zwiwwele 21; Nass. Spinnstube, Singsp. 22; Uhrtorespäß 22.

Dietze, Ernst (Ps. Dr. Werner-Kautzsch), ⚘, ▣, ∴, **Ue:** EFHI, Prof. d. Soziol. h. c., Dr. phil., Bes. d. Soziol. Verlages. Berlin-Lichterfelde, Goethestr. 20. (Leipzig $^{20}|_{8}$ 69.) B: Gott u. Welt 06; Soziale Irrungen 07; D. Kamarilla in Demokr. u. Monarchie 08; Vulkane u. Weltsysteme 08; Ausblick e. Atheisten 08; Kirche u. Kultur 10; 18 Essays üb. d. Elend 12; D. wirtschaftl. Imperialismus u. d. Trusts 13; Recht u. Irrsinn 13; Frauenfrage u. Ernährung als Probleme d. Rassenkultur 13; Die ethischen Grundlagen in Philosophie u. Dichtkunst 13; Günstling des Kaisers 18; Umsturz u. Sozialismus 19; Vom Imperialismus zum Bolschewismus 20; Untergang e. Dynastie, R. 23. H: Natur u. Gesellschaft, X. Jahrg. **Ue:** Sueton, Cajus Germ. Cäsar 94; Theuriet, Erzn. 94; Rocheflamme, M. v. Magdala 03; Curie-Danne, Radium 04; Clouston, Hygiene d. Geistes 07; Ribot, Psychologie d. Aufm. 07.

Dietzenschmidt, O, Nov., Kleist-Preis 19. Ständige Adresse: Oesterheld & Co., Verlag, Berlin W 15. (Teplitz-

Schönau, Deutschböhmen $^{21}|_{12}$ 93.) W: D. Vertreibung der Hagar, Tr. 16; Kleine Sklavin, Tragikom. 18; König Tod, Mn. u. Leg. 18; Jeruschalajims Königin, Tr. 19; Christofer, LegSp. 20; Die St.-Jakobsfahrt, LegSp. 20; D. Nächte des Bruder Vitalis, Dr. 22; Verfolgung, Albdruck in 7 Stationen 23; Regiswindis, Dr. 23.

Diez, Ernst, Kunst♛, Dr. phil., Priv.-Doz. Wien IX, Thurmg. 13. (Lölling, Kärnt. $^{27}|_{7}$ 78.) W: D. Kunst d. islam. Völker 15, 13. T. 22: Churasanische Baudenkmäl. 18; Einführung i. d. K. d. Ostens (Ostasien) 23; Islamische Baukunst in Churasan 23; Afghanistan (mit O. Niedermayer) 23.

Diez, Hermann, PA., BP., RP., Politik, Zeitungswesen, Dr. phil., Dir. d. Wolffschen Bureaus (W. T. B.) Berlin SW 68, Charlottenstr. 15 B. (Baiersbronn $^{12}|_{3}$ 66.) W: Das Zeitungswesen 10, 2. A. 19.

Dill, Liesbet (Ps. f. Liesb. v. Drigalski, geb. Dill), VB., Roman, UP.-Gattin. Halle a. d. S., Händelstr. 11. (Dudweiler-Saarbrücken $^{28}|_{3}$ 77.) W: Lo's Ehe 03, 7. A.; Oberleutnant Grote 04, 4. A.; Suse 05, 2. A.; D. gelbe Haus 05, 3. A.; Eine von zu Vielen 07, 6. A.; D. kleine Stadt 07, 6. A.; Unverbrannte Briefe 09, 6. A.; Die Freiheit 11, 6. A.; Most 12, 3. A.; Virago 13, 5. A.; Der Tag in Nancy, Erzn. 15, 2. A.; Das starre System 15, 5. A.; Die Brieftasche; Die Spionin 17; Bekenntnisse der Baronin de Brionne 17; Franziska Longs Flug in die Welt; Lolotte; Der Kammerdiener, R.; Das verlorene Land; Rose Ferron I u. II; Lothringer Novellen; Das bißchen Liebe; Tagebuch e. jung. Mannes ohne Herz; Frauen, die nicht altern (Porträts aus dem 18. Jahrh.); Die Andere, R.

Diller, Walter Emil (Ps. Bram Stocker, Danny Gürtler, Hs. Heße), Deutschvölk., Graphol., Okkultist., ♛, ♡, Erz, M, N., E., Dr. phil. nat. Kolberg, Pomm., Heydestr. 6 I. (Hallstadt $^{17}|_{6}$ 85.) W: Allerlei Klänge, G. 08, 2. A. 09; Vergib uns unsere Schuld Dr. 11; Alles Schwindel! P. 12; Vorträge 12; Bunter Abend 13; Das Volk erwacht! Erz. 13; Hurrapatrioten, Ess. 13; Deutschnationale Parasiten, Ess. 13; Unterm Rad, R. 14; Dracula, R. 14; Logentum, Erz. 15; Feldgrau, G. 10. A. 17; Ich will! Erz. 30. Aufl. 18; Warum muß sich d. Arbeit. nation. organisieren, Fl. 19. ()

Dillmann, Joseph, Volks- und Heimatkunde, Volksschullehrer. Frankfurt a. M.-Süd, Gretenweg 4. (Sohren, Hunsrück $^{30}|_{9}$ 74.) W: Hunsrücker Kinderlieder und Kinderreime 09; Vierzehn Engel fahren 23; Notenheft dazu: Auf Apostelpfaden durch Frankfurt a. M. und Umgebung.*

Dimmler, Emil, Pfarrer in Wilflingen, P. Rottweil am Neckar. (ebda. $^{8}|_{8}$ 70.) W: Sabbatruhe; Beschauung und Seele; Wandel im Licht; Das wunderbare Licht; Erlösung; Melchisedech; Das Land der Blauen Blume; Das Alte u. d. N. Testament in Einzelbändchen; Jüngerschaft; Schriftlesung; Franz von Assisi; Mystik; Annenhof, R. 22.

Dimmler, Hermann (Ps. Jos. Bauer), ∴, ♡, Dr. phil. München, Königinstr. 14. (Rottweil $^{9}|_{1}$ 74.) W: Aristotel. Metaphysik 94; Bethlehem, dr. Sc. 09; Der Stärkere, relig. Sch. 09; Ewigkeit, G. u. Gedanken 10; System d. Psycholog. 11; Arminius, Dr. 12; Passion, Dr. ()

Dinger, Hugo, DB., ∴, Ästhetik, Dramaturgie, Dr. phil., a.o. UP., Intendant d. Schwarzb. L.-Th. Jena, Am Landgrafen 2a. (Coelln b. Meißen $^{3}|_{7}$ 65.) W: R. Wagners geistige Entwicklung 92; D. Meistersinger 92; Das Prinzip der Entwicklg. als Grundprinzip einer Weltanschauung 96; Dramaturgie als Wissenschaft I 04, II 05; D. Recht d. Künstlers 13.

Diorama, Egon, s. Drabke, Emil Karl.

Dipp, Erich, s. Wagner, Rich. (Ludwigshafen).

Dirr, Pius, Kultur- u. Kunst♛, ▣, Dr. phil., Vorst. d. Stadtarchivs, Mitgl. d. Bayer. Landtags. München, Tengstr. 6 I. (Weisingen $^{20}|_{11}$ 75.) W: Augsburg (Stätten d. Kultur) 09; Das Maximiliansmuseum in Augsburg 11, 2. A. 15; Handzeichnungen Elias Holls 13; Belgien, eine franz. Ostmark 17; u. a. ()

Dittmer, Hans, SDS., Roman, Kritik, Pastor. Berge, Post Eichenberg, Bez. Kassel. (Norden $^{13}|_{7}$ 93.) W: Brouw Johanna, R. 19, 5. T.; Die Mutter, Erz. 20, 10. T. 23; Annenhof, R. 22, 5. T.

Dittrich, Ottmar, PA., ∴, Ψ, Ue: EFIR, Dr. phil., a.o. UP. Gautzsch b. Leipzig, Ring 37. (Wien $^{12}|_{11}$ 65.) W: Üb. Wortzusammensetzung, I. Teil 98, IV. Teil 04; Grundzüge d. Sprachpsych. I 03; D. Grenzen d. Sprachwissenschaft 05; D. Grenzen d. Gesch. 05; Sprachwissenschaft u. Psychologie 10; D. gegenwärtigen Probleme d. Sprachpsychologie 13; Neue Reden an die deutsche Nation 16; Die neue Universität 19; Die Systeme der Moral (Geschichte der Ethik) I, II 23.

Dix, Frl. Anna, s. Enders-Dix, Anna.

Dix, Arthur, PA., RP., ▣, Politik, ●. Berlin W, Luitpoldstr. 4. (Kölln, Westpr. $^{30}|_{11}$ 75.)

Doberenz, Marie, s. Eberlein, Marie.

Doeberl, Michael, ♛, Dr. phil., o. UP., MinisterialR. München, Schönfeldstr. 6 III. (Waldsassen $^{15}|_{1}$ 61.)

Dobert, Paul, PA., BP., Schriftsteller. Nächst-Neuendorf, Kr. Teltow. (Boltenhagen 20|7 60.)

Döblin, Alfred, SDS., Roman, Dr. med., Arzt. Berlin O 34, Frankfurter Allee 340. (Stettin 10|8 78.) W: Ermordung e. Buttervlume, N. 13; Die 3 Sprünge d. Wang-lun, R. 15, 12. A. 22: Lobensteiner, N. 17; Wadzeks Kampf, R. 18, 4. A. 20; Der schwarze Vorhang, R. 19, 3. A. 20; Wallenstein, R. 20 II, 8. A. 23; D. deutsche Maskenball (Linke Poot) Essays 21, 3. A. 22; Lusitania, D. 21; Nonnen v. Kemnade, D. 23; Berge, Meere u. Giganten, Dr. 24.

Doeblin. Oscar DB., ⊙, /, Sk., ♞. Berlin W 50, Bamberger Str. 10. (Köln a. Rh. 22|8 75.) W: Rip van Winkle, Sch. 21.

Dochnahl, Peter, ♪, Lyrik, Dr. jur., RA. Frankfurt a. M., Große Eschenheimer Str. 17. (Montabaur 16|11 79.) W: Gedanken u. Töne, G. 12; u. a.

Dodel-Elding, Jacob (Ps. Kurt Elding), Kritik, Essay, ♞, Prosa, Dramaturg. Hamburg, Vorgesch 4 IV. (Wiesentheid 7|7 96.)

Doehler, Gottfried, BP., ⊙, ♞, /, Dr. phil. Greiz i. V., Karolinenstr. 12. (Kleingera 25|5 63.) W: D. Dorf-Bismarck, Lsp. 01; Die Philister, Lsp. 02; Von Heimat zu Heimat, G. 03; Meiner Mutter, G. 03; Die Nixe, Tr. 05; Riedel-Gedenkbuch 07; Aus Kuckucksgrün u. Rabenbrunn, Dorfgeschn. 11; Am Dorfbrunnen, Geschn. 12; Lyrische Ernte, G. 13; Lieder e. Rittmeisters 16; Auf d. Ostwacht, G. 18; D. Sproß d. Todes, Tr. 20; Lieder e. alten Hauses 20; Spatzen u. Schwalben, Geschn. 21.

Döhring, Karl Siegfried, Architektur, Kunstgew., Ethnographie, Dr. jur., Dr.-Ing., Dr. phil., Prof. Schloß Seeheim a. d. Bergstr., Hessen. (Köln 14|8 79.) W: Buddhistische Tempelanlagen in Siam 20 III; D. Indische Kulturkreis in Einzeldarstellgn. 23 II. *

Dohse, Richard, ♞ (hoch- u. plattdeutsch), ⊙, Krit, /, Dr. phil., Prof., Oberrealschul-Studienrat Frankfurt a. M., Feyerleinstr. 7. (Lübz i. Meckl.-Schw. 25|5 75.) W: Colley Cibbers Bühnenbearbeitung v. Shakespeares Richard III. 97; Aus stillen Stunden, G. 02; Kunst für d. Jugend 02; Von Hart tau Harten, plattdeutsche Ged. 05; Heinr. Seidel u. Fritz Stavenhagen 07; W. Holzamer 08; Fritz Reuter 10; Gefahr im Verzuge! 11; Sitaf, plattd. G. 14; Dtsche. Lit.-Gesch. 20/21, IV; Das niederdeutsche Drama 22. H: Mecklenb. Dichterbuch 03; Meerumschlungen, e. liter. Heimatbuch f. Schleswig-Holstein, Hamburg u. Lübeck 07; Kaiserlieder 16.

Doelle, P. Ferdinand, ♛, Dr. theol., OFM. Bonn, Kreuzberg. (Birkungen 7|9 75.)

Domanig, Frl. Maria, (k.), Essay, Red. d. Halbmonatsschr. „Sonnenland" (Jungmädchenblatt). Innsbruck, Maximilianstr. 43. (Wien 26|11 84.) W: Große Liebe, Erz.; Heilandsworte. H: Unsere Dichter, Anth. 09: Anthologie kath. Erzähler 10; S. L. Bücherei.

Domansky, Walther, Erz., Pfr. a. D. Danzig, St.-Barbara-Hospital. (ebda 4|12 60.) W (seit 03): Danz'ger Dittchen, plattdeutsch. G. 03; Jean-Paul-Büchlein 03; Danziger Allerlei 03; Bilderbuch aus d. 18. Jahrh. 04; Ein Bundchen Flundern, Ged. 04; Vom lieben Vieh 05; Sonnenstäubchen, Erzn. u. G. 05; Anna Knade, die erste westpr. Pfarrfrau 05; Auch ein Jubiläum 05; D. gute Hirte, Den Menschen e. Wohlgefallen, 2 Erzn. 06; Ob e. Mann s. Frau zu schlagen befugt sei, Erz. 07; D. Gartenpforte, Anno Tobak, Die Dritte im Bunde, 3 Erzn. 07; Sommertagebuch vom Ostseestrand 07; Nerventrost 09; Stille Nacht, heilige Nacht! Weihnsp. 09; Marienburger Geschn. 09; Das Kruzifix zu St. Marien, Erz. 10; Allerlei Weihnachten, 5 Erzn. 10; Heil dir, Gedania! G. 16; Alte Danziger 23.

Dombrowski, Erich (Ps. Johannes Fischart u. Sebastian Brant), Politik, ⊞, Satire. Berlin-Lichterfelde, Händelplatz 2. (Danzig 23|12 82.) W: Deutschlands Kulturentwicklung vor dem Weltkriege 15; Das Berliner Polizeipräsidium 17; Das alte u. das neue System; Die Männer der Übergangszeit; Köpfe der Gegenwart (auch engl.) 19/20. ()

Dombrowski zu Papros u. Krusrie, Frau Käthe, geb. Schönberger (Ps. Olshausen-Schönberger), SDS., Exotische Tiergeschichten, ♜. München, Pettenkoferstr. 39 III. (Mädling-Hinterbrühl b. Wien 11|9 81.) W: Beiträge zur Damenreitkunst 08; Zwischen Krebs u. Steinbock, Tropische Tiergeschn. i. Wort u. Bild 22. *

Domet, Asis, DB., BF., ⊙. Berlin W 66, Wilhelmstr. 50 IV. (Dares-Salam 28|9 90.) W: D. letzte Omaiade, Tr. 20; Haremspiel, Belsazar, Einakter; Ben Sina, Dr.; D. Tänzerin v. Fayum. ()

Dominik, Hans, Technik, Roman. Berlin-Zehlendorf, Herderstr. 2. W: D. Spur d. Dschingis-Khan, R. 23. *

Dominik, Heinrich, DB., SDS., Architekt. Gleiwitz, O.-S., Nikolaistr. 38. (Beneschau b. Ratibor 31|5 82.) W: Hinter dem Busch, Dr. 18, 2. A.; Hans Kranz, Dr. 18, 2. A.; Die Attacke, Dr. 19, 2. A.

Donath, Adolph, BP., PA., RP., ♞, ⊛, Hrsgb. u. Chefred. d. Halbmon.-Schr.

„Der Kunstwanderer". Berlin-Schöneberg, Wartburgstr. 24. (Kremsier $^{9}|_{12}$ 76.) **W**: Tage u. Nächte, G. 98; Judenlieder, G. 99 (Neue Auswahl „Judenlieder" 20); Mensch u. Liebe, n. G. 01; Psychol. d. Kunstsammelns 11; Künstlermonograph. über Erich Wolfsfeld u. Hermann Struck 20; Künstlermonographie über Lesser Ury 21. **H**: Österr. Dichter, zum 60. Geburtstage Detlev v. Liliencrons 04; Jahrbuch f. Kunstsammler 21, 22, 23.

Doenges, Willy (Pf. Fritz Junker), PA., RP., Kunst- u. Kultur♛, /, Kritik, RegRat. Dresden-N., Carolinenstr. 2. (Schaan $^{20}|_{12}$ 66.) **W**: Meißner Porzellan, Monogr. 08, 2. A. 20; Dresden (Stätten d. Kultur) 09; An der Front 15; Zur Geschichte d. Sächsischen Staatszeitung, Monogr. 15; D. Kgr. Sachsen in Kultur, Industrie, Handel u. Gewerbe I 16; Alexander Bertelsson, Monogr. 22.

Donnebaum, Antonello (Pf. Anton Ello), ❦, ⊙, /, Übersetzgn., Dramaturg. Budapest VI, Andrássystr. 4 (bei Zipsers Verl.). (Hernals $^{28}|_{7}$ 88.)

Donner, Frau Gertrud, geb. Rickel (Gertrud Rickel), Roman, Nov., Essay, Lyrik, Studienrats-Gattin. Hettstedt, Südharz. (Leipzig $^{24}|_{5}$ 87.) **W**: Das Liebesduell, N. 22; Blüte im Wonneduft, R. 16.

Doosky, Beatrice, s. Bay, Beatr. v.

Döpel, Waldemar, ♛, ■, ⊙, Regierungsrat. Weimar, Wörthstr. 46. (ebda $^{17}|_{8}$ 79.) **W**: Die Gesch. v. Marksuhl 09; Lehrplan im Zeichnen 10; Mein Reisebegleiter 11; Dreiflächenbilder für den erdkundl. Unterricht 12; Äußeres, Inneres u. Wohnräume des niedersächs. Bauernhauses 14; Kriegers Weihnachtsgedanken 15; Mutterseelenallein, Sc. 16; Rund um den Weihnachtsbaum 17; Wem glücken Schulferien? 19.

Doppler, Michael (Pf. Bimbus, Erasmus v. Erlangen, Hermann Hildemühl, Mido), ASV., ❦, ♛, ●, Lit.♛, ■ und Berichterstattung, Studienrat. Wanne-Eickel, Westf., Göbenstr. 89. (Essingen b. Landau, Rheinpf. $^{13}|_{7}$ 74.)

Dora-Lotti, s. Kretschmer, D.-L.

Dörffel, R., s. Gerling, Reinh.

Dörfler, Anton, SDS., Erz., Leg., ❦, Schulreform, Lehrer. Heustreu b. Neustadt a. d. Saale, Unterfr. (München $^{3}|_{8}$ 90.) **W**: D. Zwerge v. Hörnleinsburg 18; Deutsche Geschichten aus 3 Welten 18; Wunder u. Feste aus d. Schule zu Wunnentor 20, 8. Tsd. 22; Erdlieb, Leg. 20; Heinz, e. Rom. f. d. Jug. 21; Auf den unsichtbaren Brücken, Gesch. 23.

Dörfler, Hans, Bauernlyrik u. Fachwissenschaft, ✓, Regierungs- u. Landwirtschaftsrat, Direktor der Landwirtschaftsschule und Landwirtschaftsstelle. Bamberg, Kunigundendamm 30. (Forchheim, Ofr. $^{23}|_{2}$ 88.) **W**: Lebenspulse 11; Erde 21 (beides Gedichtsammlungen); Saulus, Sc. 21; Pflanzenschutzfibel 20; Von großen u. kleinen Dingen im Ackerbau 21; Düngerfibel 23. **H**: Bayern, das Bauernland 21; Deutsch oder tot, Weihelied f. Deutsche (komponiert von Lukas Böttcher). *

Dörfler, Peter, VBA., Archäologie, Dr. theol., Inspektor. München, Romanstr. 12. (U.-Germaringen, Schwaben $^{29}|_{4}$ 78.) **W**: Als Mutter noch lebte, R. 12, 8. A. 18; La Perniziosa, R. 14, 2. A. 20; Das Sonnenwendfest, Erz. 15, 3. A. 18; Der krause Ulrich, Erz. 15; D. Weltkrieg im schwäb. Himmelreich, Erz. 15, 8. Aufl. 16; Judith Finsterwalderin, R. 16, 5. A. 19; Erwachte Steine, N. 16, 2. A. 20; Dämmerstunden, Erz. 16, 16. T. 18 (holl. 20); D. Geheimnis des Fisches, Erz. 17; D. Roßbub, Erz. 17, 2. A. 18; Neue Götter, R. 20 II; Stumme Sünde; D. ungerechte Heller, R.; D. Rätsellöser, Erz.: Peter Farne e. Abenteurer w. der Willen; Regine u. Mang, Erz.; D. Papstfahrt durch Schwaben. **H**: Bayer. Volks- u. Hauskal. 21. ()

Dörge, Georg, WJSV., PA., Red. a. „Schwäb. Merkur". Stuttgart, Johannesstr. 17. (Hannover $^{27}/_{12}$ 84.)

Döring, August, ❦, /, ⊙. Wien IV, Trappelg. 5. (ebda $^{25}|_{3}$ 81.) **W**: E. gutes Herz, Einakter 09; Unheilbar Kranke, Einakterzyklus 15; Im Wirbel, Lsp. 16; D. Recht auf Glück, Sch. 17; Heiratsschwindler, Lsp. 18; D. freie Ehe, Lsp. 19; D. Urteil d. Paris, Kom. 20; Verschied. Sc. ()

Döring, Karl, ⊙, Roman, ❦, /, Artistik, Red. d. „Berlin. Vereins-Ztg." Berlin SW 29, Mittenwalder Str. 42. (Paris $^{26}|_{11}$ 67.) **W**: Berliner Skizzen 96; Opfer d. Großstadt, N. 02; In des Jahres Kreise, Lrsp. 07.

Döring, Woldemar Oskar, DV., ∴, ⊙, Dr. jur. et phil. Lübeck, Wettinerstr. 6. ($^{24}|_{10}$ 80.) **W**: Wolken, Sch.; Wielands Flug, Dr.; Sehnsucht, Dr.; D. Lebenswerk Imman. Kants, 6. A.; Schopenhauer, 3. A.; Philosophie der Kunst.

Doerkes-Boppard, Wilh. Nik., RP., VSK., ♛, ⚒, Dr. phil., Chefred. d. „Düsseld. Nachr." (08—18 d. Berliner „Nat.-Ztg."). Düsseldorf, Königsallee 27. (Boppard $^{23}|_{8}$ 77.) **W**: Das Commonwealth of Australia 02; Verfassungsgesch. d. austral. Kolonien 03; Die Immunität der Reichstagsabgeordneten 06; Das Ende des Dreibundes 15.

Dormitzer, Frau Else (Pf. Else Dorn), /, Kinderbücher, **Ue**: E, Rechtsanw.-Gattin. Nürnberg, Blumenstr. 1. (ebda

$^{17}|_{11}$ 77.) **Ue:** Lambs Shakespeare-Erzählungen 13. **W:** Tierbilderbücher 20; Der kleine Sportfex 21; Schnick, Schnack, Schnucki 23.

Dorn, Else, s. Dormitzer, Else.

Dorn, Käthe, s. Springer, Rosa.

Dornau, C. v., s. Schauroth, Charlotte v.

Dornier, Marcel, Epos, Roman, Kunstmaler u. Schriftsteller. München, Theresienstr. 55 III. (Sulzbrunn b. Kempten i. Allg. $^{17}|_{4}$ 93). **W:** Urax u. Rezabell, E. 21; Geschichte von einem Himmelbett, I. A. 22; Marianne Pauli, R. 22. *

Dörnthal, Alfons, s. Diener-Schönberg.

Dörpfeld, Wilh., △, Archäol., Dr. phil. et jur., Prof. i. R. Jena, Kernbergstr. 4. (Barmen $^{26}|_{12}$ 53.) **MitH:** Ausgrabungen zu Olympia (m. Curtius, Adler u. Treu) 81; Tiryns (m. H. Schliemann) 85; Bericht üb. Ausgrabungen in Troja (m. dems.) 91; Olympia (m. a.) 92; Das griechische Theater (m. E. Reisch) 96. **W:** Troja 93; Troja u. Ilion 02; Leukas-Ithaka 05; Sechs Briefe über Leukas-Ithaka 05—11. ()

Dörrer, Anton (Ps. A. v. d. Angerzell), Lit.♛ u. Landeskunde, Dr. phil., Univ.-Bibl., Erler Passionsspielleiter 1912/22. Innsbruck, Schillerstr. 3 II. (ebda $^{10}|_{4}$ 87.) **W:** Andreas Hofer auf der Bühne 10, 2. A. 11; Karl Domanig u. die tyrol. Lit. ab 1800 11, 3. A. 14; Das Erler Passionsbuch 12, 6. A. 22; Offizielle Einführung ins Erler Passionsspiel 12; K. Domanig als Student in Brixen usw., ein deutsches Burschenleben 23; Die Anfänge der kathol. deutschen Studentenbewegung im alten Österreich 23. **H:** Tiroler Nov. d. Gegenwart 20; Tiroler Novellen des 19. Jahrhunderts 22; K. Domanig an Alois Reichlin 14. **MitH:** Unseres Herrn Leiden, Sterben u. Auferstehen, 2. A. 12. Redigiert: Südtirol, Land u. Leute 19 (auch ital.).

Dortu, Max, [illegible], Roman, Skizze. Adr. durch Der Feuer-Verlag Leipzig. **W:** Der gebändigte Abenteurer, Gesch. eines wilden Lebens von heute; Großstadt; Wir Männer vom Steinbruch; Proletarisches Skizzenbuch; Männer vom Bau; Thomas Münzer. (*)

Döscher, Karsten Heinrich, VA., Feuill.-Red. des „Vorwärts". Berlin-Wilmersdorf, Prinzregentenstr. 53. (Gr. Burgwedel $^{3}|_{3}$ 72.)

Dose, Johannes, Roman. Hadersleben, Dänemark, Moltruppvei 18. (Ödis $^{23}|_{8}$ 60.) **W:** Magister Vogelius 99, 9.—11. A. 19; Der Kirchherr v. Westerwohld 00, 11.—12. A. 20; Frau Treue 01, 10.—12. A. 20; Um die deutsche Nordmark 12; E. alter Afrikaner 13; Düppel 14; D. blanke Hans 16; Freiwillige u. Unfreiwillige 16; Das Erdfeuer, R. 19; Rungholts Ende 20; Der Paternostermacher von Lübeck, 6.—10. A. 20; Unberühmte Helden, 6 Erzn. ()

Dost, Bruno Camillo Walter, DB., Musik, O, Prof. u. ObStudR. a. Realg. Plauen i. V., Schloßstr. 26. (Schneeberg, Sa. $^{26}|_{5}$ 74.) **W:** Ullranda, Op. 03, 20; D. versunkene Dorf, O. 10; Hermann u. Dorothea, Festsp. 11; D. Feuerprobe, O. 20.

Dotzky, Rudolf, s. Decker, Fritz.

d'Oucky, Jesa, DB. Stift Neuburg b. Heidelberg. **W:** Vom Baume d. Erkenntnis, Dr. 17; D. Last, dram. Sk. 18; Der Irre, Einakt. 17; Die Grenze, Sch. 18; D. Haus des Todes, Tragikom. 19; Gespenster d. Liebe, 7 Traumbilder mit e. Vorsp. 19.

Drabke, Emil Karl (Ps. Egon Diorama, Harry Heinz Reichenfels), (k.), SDS., Politik, ✉, /, ♫, ●, Red. Troppau, Tschechoslovakei, Bahnring 17 II. (Reichenau-Gablonz, Böhm., $^{10}|_{4}$ 94.)

Drach, Erich, Erziehungskunde, Dr. phil., Universitätslektor, Seminarleiter am Zentralinst. f. Erz. u. Unterr. Berlin. Berlin-Wilmersdorf, Spessartstr. 5. (München $^{26}|_{4}$ 85.) **W:** Ludwig Tiecks Bühnenreformen 08; Sprecherziehung 22. *

Dragendorff, Hans, Archäologie, Dr. phil., o. UP. Freiburg i. Br. Berlin-Lichterfelde, Holbeinstr. 14. (Dorpat $^{15}|_{10}$ 70.)

Draheim, Hans, klass. Ψ, Dr. phil., GP. a. D. Berlin-Friedenau, Schmargendorfer Str. 21 I. ($^{26}|_{10}$ 53.) **W:** Goethes Balladen in Loewes Komposition 01; Schillers Seelenlehre 04, Schillers Metrik 09; D. Odyssee als Kunstwerk 10; Auswahl aus griech. Klassikern, 2. A. 13; Kaiser u. Reich, vaterländ. G. 13, 2. A. 15; D. Ilias als Kunstwerk 14; Roon u. d. Gegenwart 15; Fichte 22. **Ue:** Vergils Aeneis 08; D. Lieder d. Horaz 13; Tagore, Deutschland 17.

Drahn, Ernst, VA., ♛ d. Sozialism. u. f. Bibliogr., Begutachter f. soz. u. rev. Lit. a. d. Preuß. Staatsbibl. Berlin-Steglitz, Forststr. 5. (Stargard i. Pomm. $^{25}|_{3}$ 73.) **W:** Z. Entw. u. Gesch. d. soz. Buchh. 13; Gesch. d. dtsch. Buch- u. Ztschr.-Handels 14; Führer d. d. Schrifttum d. d. Sozial. 19, 20; Rev. Chronik 20; Friedrich Engels 20; Friedrich Engels Brevier 20; D. Archiv d. sozialdem. Partei Deutschl.'s i. s. Gesch. u. Sammlungen 20; russ. 23; Deutsche Schriften z. Sozialisierungsfrage 21; Unterird. Lit. d. rev. Deutschl. w. d. Weltkriegs 20; Marx-Bibliographie 20, 23; Die Bibliographie d. Sozialen Frage u. d. Sozialismus 23; Biblio-

graphie d. wiss. Sozialismus 1914—22, 23. H: Revol.-Alman. 19 I, 20 II; Marx: Lohnarb. u. Kapital 19—22; Marx u. Engels ü. d. Diktatur d. Proletariats 20 u. ukrain. 21; Gift u. Galle, Unterird. Lit. 20; Brest-Litowsk 20; Spartakusbriefe 21; Lenins 21 Punkte 21.

Drasdo, Robert, ASV., *, Sk., Berichterstattung, Verleger, Schriftsteller. Rendsburg-Büdelsdorf, Schleswig-Holst. (Polzen i. Sa. $^{18}|_{10}$ 95.) V: Deutschland, du mein Vaterland, G. 16; Aus meiner Seele Garten, Ged. 17. H: Tautropfen, Lyr. d. Neuzeit 19; Die Welt der Sehnsucht, desgl. 20; Im Tanz des Lebens, Sk., Nov., Erz. 20; Heißes Blut, Lieder d. Leidensch. 20; An das Weib, Lieder d. Anbetung 20; Die silberne Glocke 23; Die Harfe des Eros, G.; Das Blumenbuch, eine Anthologie; Zeitschr. „Neue Welt", Blätter f. junge Kunst; Sammlerwelt, Intern. Zeitschr. f. das gesamte Sammelwesen.

Drechsler, Paul, Volkskunde, *, Lit.♛, Dr. phil., GymnDir. Hindenburg, Ob.-Schl. (Loebschütz i. Ob.-Schl. $^{6}|_{5}$ 61.) V: Wenzel Scherffer v. Scherffenstein 86; Hoditz d. Wundergraf v. Roßwald 95; Handwerkssprache u. -brauch 96; Sitte, Brauch u. Volksglaube in Schlesien 03/06 II; Heimatluft u. Jugendglück, G. 03; Bergbau u. Bergmannsleben in Schlesien 09.

Drees, Heinrich, deutsch. Lit. d. MA., O, Dr. phil., GymnProf. Wernigerode a. H. (Münster i. W. $^{21}|_{6}$ 57.) V: Graf Henrich zu Stolberg-Wernigerode 10; D. heutigen Familiennamen Wernigerodes 13; Vom deutsch. Soldatenliede in alter u. neuer Zeit 15; Gesch. der Grafschaft Wernigerode 16; Graf Henrich Ernst zu Stolberg-W. u. d. pietistische Dichterkreis 18; Graf Christian Friedrich zu Stolberg-W. u. d. Halberstädter Dichterkreis 19. ()

Dreesen, Willrath, SDS., *, Nov., Roman, O, Dr. phil. Leipzig, Christianstr. 21. (Norden in Ostfriesland $^{14}|_{6}$ 78.) V: Meer, Marsch u. Leben, G. 04; Eala freya fresena, Balladen 05, 2. A. 07; Ebba Hüsing, R. 09, 5. u. 6. T. 10; Gedichte 10; Sturmflut, Dr. 10

Dreger, Moritz, Kunst ♛, Dr., o. ö. UP. Innsbruck, Saggeng. 40. (Wien $^{3}|_{6}$ 68.) V: Entwicklgsgesch. d. Spitze 01, 2. A. 10; Künstler. Entwicklg. d. Weberei u. Stickerei 04; D. Wiener Spitzenausstellung 1906 06; Der Gösser Ornat 08; Zeichnungen des älteren Fischer von Erlach 09; Josef Führich 12; Baugesch. d. Wiener Hofburg 14; Beginn u. Blüte der Wiener Seidenweberei 15; Zur ältesten Geschichte der Innsbrucker Hofburg 21; u. a.

Dreher, Horst Gerhard, ASV., *, ⁂, Kaufmann. Freiwalde-Maldeuten, Kr. Mohrungen, O.-Pr. (Osterode, O.-Pr. $^{17}|_{7}$ 02.) V: Mein bunter Strauß, G. 21, 5. A. 22; Sturm und Nacht, G. 23, 2. A.; Sprüche, dem ehrsamen Handwerk gewidmet 23; Der Seelenborn, G. 23.

Dreigestirn, Oswald, s. Junger, Oswald.

Drems, s. Simons, Ernst M.

Drerup, Engelb., klass. Ψ, *, *, Dr. phil., o. UP. Nijmwegen (Holland), Van Spaenstraat 17. (Borghorst i. W. $^{11}|_{2}$ 71.) V: Üb. d. b. d. att. Rednern eingelegt. Urkunden 97; Antike Demosthenesausgaben 99; D. griech. Theater in Syrakus 01; Untersuchungen z. ält. griech. Prosalit. (m. K. Emminger, H. Kullmer, V. Schneider, M. Vogt) 01; Vorläuf. Bericht üb. e. Studienreise z. Erforschg d. Demosthenes-Überlieferung 02; Welt und Leben, G. 02; Homer, die Anfänge der hell. Kultur 03, 2. A. 15 (ital. 10); Aeschinis quae feruntur epistolae 04; Isocratis opera omnia I 06; D. Pröpstinghof, R. 07; [Ἡρώδου] περὶ πολιτείας, e. polit. Pamphlet aus Athen 404 v. Chr. 08; Gesch. u. Genealogie d. Familie Drerup 11; Das 5. Buch d. Ilias, Grundlagen e. homer. Poetik 13; Aus e. alten Advokatenrepublik (Demosthenes u. s. Zeit) 16; D. Griechen von heute 17; Erziehung u. Unterricht im griech. Altertum 18; Werbeschriften des Landesverbandes d. Vereiniggen d. Freunde des humanist. Gymnas. in Bayern 19—23; Homerische Poetik I—III 21; Demosthenes im Urteile des Altertums 23.

Drescher, Karl, deutsch. Sprache u. Lit.-♛, D., Dr. phil., o. HonUP. Breslau, Eichendorffstr. 39. (Frankfurt a. M. $^{9}|_{2}$ 64.) V: Studien über Hans Sachs I 90; II 91: Hans Sachs u. die Folioausgabe s. Werke 1 (Nürnberger Festschrift) 94; Arigo, d. Übersetzer d. Decamerone 00; Wiederbelebg. d. Handspinnerei in Baden 04; Schiller u. d. Gegenwart 05. Über Johannes Hartlieb (15. Jhrh.). Sein Leben und seine Schriften 23. H: Stainhöwel übers. De claris mulieribus 95; Die Nürnberger Meistersingerprotokolle I—III 97 f.; D. Gemerkbüchlein des Hans Sachs 98; H. Sachs, Fabeln und Schwänke (m. Goetze) III—IV 00—13; Joachim Rachel 03; Weimar. Lutherausg. seit 06; 35. Bd.: Luthers Lieder 23.

Drescher, Oskar, Lyrik, Dr. phil., Apothekenbesitzer. Glowno b. Posen. (Zinkwitz, Kr. Münsterberg $^{20}|_{6}$ 65.) V: Hallenlieder 02; Rosen-Lied 12; D. gefoppte Dorfpolizist, Terzett 13; Aus d. Lateini-

schen Küche, Humoresken 14; Heraus das Schwert! I 14, II 15.

Dresdner, Alb., ♂, Dr. phil., PrivDoz. a d. THSch. Berlin-Halensee, Halberstädter Str. 7. (Breslau $^{1}|_{8}$ 66.) B: Kultur- u. Sittengesch. der ital. Geistlichkeit im 10. u. 11. Jahrh. 90; Regesten z. Gesch. d. deutschen Juden im MAlter (m. Dr. Aronius) 90; Der Weg der Kunst 04, 2. A. 09; Ibsen als Norweger u. Europäer 07; Die Entstehung d. Kunstkritik 15: D. Erlebniswert d. Altertums u. d. Gymnasium 18.

Dresler, Arthur (früh. Ps. Georg A. Albert, Assadego), Roman, ♥, Nov., ⊙, Theater♛, ♈, ∴, ✝. Berlin SO 16, Franzstr. 4. (ebda $^{7}|_{11}$ 63.) B: Künstler-Nov. 02; Die Schriften des Rahu und Assadego, Teil I: Wohin rasest du, Menschheit?! Ein Mahnruf an die verblutenden Völker 17.

Dreßler, Alfred, DB., Belletristik, Schriftsteller. Dresden, Kurfürstenstr. 21. (ebda $^{20}|_{7}$ 00.) B: Emmaus, Dr. 21; Zwei Wege, R. 21; Erlösung, R. 22; Die Stunde des Weibes, Sch. 22; Das Mädchen ohne Kleider, Schw. 22; Wie die Frauen werben, Lsp. 22; Pfui nicht doch, Schw. 23.

Dreßler, Gust. Herm. Friedr., ASB., Belletr. Chemnitz-Hilb., Wilh.-Weber-Str. 12. ($^{14}|_{4}$ 82.) B: Vom grünen Holze, R. 05, 3. T.; D. Opfer, R. 06, 3. T.; Süddtsch. Städtemärchen 10, 5. T.; Eisenbahn-Knigge 11, 5. T.; D. Konkurrenten, R. 12, 30. T.; Kosaken d. Zaren 15, 30. T.; Mondvögel, R 19, 10. T.; Der Doppelgänger, R. 19, 10. T.; D. Haus im Sumpf, R. 19, 10. T.; Norddtsch Städtemärchen I 20, 3. T., II 21 3. T.; D. Schotten, R. 21, 25. T.; D. Druide, R. 21, 25. T.; D. Künste des Dokt. Inkubus, R. 21, 10. T.

Dreßler, Max, RP., German. Kultur, Politik, ♛, ▣, Hauptschriftl. Schönau b. Zwickau. (Halle a. d. S $^{6}|_{8}$ 82.) B: Unter d. Fremdherrsch. im besetzten Rheinl. 19; Auf Armin-Siegfrieds Spuren, e. Buch v. d. Befreier Deutschl. f. d. deutsche Volk 21; u. a. ()

Dreßler, Willy O., SDS., bildende u. angew. Kunst, Malerarchitekt, Hrsg. d. „Zentralblatt f. Kunst". Berlin W 30, Rosenheimer Str. 34. (ebda $^{23}|_{4}$ 76.) H: Kunstjahrbuch 06 ff. (seit 13: Dreßlers Kunsthandbuch); Künstler-ABC 10 ff. B: Kultur der Feste I 06; Kunstgewerbe od. angewandte Kunst in Beziehung z. künstler. Kultur 10; Neugestaltung d. Verwaltung d. Kunstangelegenheiten im Reich u. in d. Bundesstaaten 17; D. Eckstein i. d. Wirtschaft — von den Werkleuten vergessen 21.

Drews, Arth., ∴, Dr. phil., a.o. TH.-SchP. Karlsruhe, Südendstr. 3. (Uetersen $^{1}|_{11}$ 65.) B: Lehre v. Raum u. Zeit in d. nachkant. Philos 89: D. deutsche Spekulation seit Kant m. bes. Rücksicht auf das Wesen des Absoluten u. die Persönlichkeit Gottes 93; Kants Naturphilos. als Grundlage s. Systems 94; Üb. d. Verhältnis d. Naturwissensch. z. Naturphilos. 96; Das Ich als Grundprobl. d. Metaphysik 97; Der Ideengeh. v. Wagners „Ring d. Nibelgn." 98: E. v. Hartmanns phil. Syst. i. Grundriß 02; Schellings Münchener Vorlesungen m. Erläutergn. hrsg. 02; Nietzsches Philos. 04; Hegels Religionsph l. mit Erläutergn. hrsg. 05; Die Religion als Selbst-Bewußtsein Gottes 06; D. Lebenswerk E. v. Hartmanns 07; Plotin 08; D. Monismus 08 f.: D. Christusmythe 09; Petruslegende 10; D. Zeugnisse f. d. Geschichtlichkeit Jesu 11; D. Philos. im 1. Drittel des 19. Jahrh. 12; Gesch. d. Monismus im Altertum 13; D. Philos. im 2. Drittel d. 19. Jahrh. 14; D. Phil. im letzten Drittel d. 19. Jahrh. 20; D. Markusevg. als Zeugnis gegen die Geschichtlichkeit Jesu 21; Einführung i. d. Phil Die Erkenntnis d. Wirklichkeit als Selbst-Erkenntnis 21; Metaphysik u. Anthroposophie in ihrer Stellung z. Erkenntnis d. Übersinnlichen 22; Die deutsche Phil. d. Gegenwart u. d. Phil. d. Auslandes 22; D. Sternhimmel i. d. Dichtung u. Religion d. alten Völker u. d. Christentums 23.

Drexler, Friedr., VJ. & S., VBA., ⊙, Haut-♂, Dr. med., prakt. Arzt. München, Hochbrückenstr. 1. (Passau $^{5}|_{4}$ 64.) B: Mutter Eva, Familiendr. 98; Der neue Doktor, Dr. 99; Hänschen, Familientr. 05; Der Landarzt, Sch. 10; O Pinki, mein Pinki! G. u. Aphor. 13; Zweisamkeit, Einakter 15.

Dreyer, Alois, BB., PA., Dialekt♥, Lit.♛, Dr. phil., Büchereileiter. München, Ainmillerstr 13 III. (Landshut $^{3}|_{4}$ 61.) B: Zahlreiche Festsp.; Aus mein' Hoamatland, G. 91; Der Bergfex, Dr. 92; 's Lenei, Dr. 95; Fürs G'müat, G 95; Bergmoaf'n und Spötterln, G. 02; Franz v. Kobell 04; Karl Stieler 05; Hans Sachs in München 06; Franz Pocci 07; Max Schmidt 11; Z. Gesch. d. Münchener Dichterbundes d. Krokodile 12; Ludwig Steub 15; Nürnberg u. d. Nürnb. in d. Karikatur u. Satire ihrer Zeit 21; Altmünchen im Spiegel des Humors 22; Bergsteigerbrevier 23; Altbayer. Volkshumor 24; Mein liebes München, E. 24. H: Karl Stielers Ges. Werke 08, 09; Kobell, Allerh. G'schicht'ln 13; Lebenserinnerungen eines 90jähr. Altmüncheners 21.

Dreyer, Max, BP., ⊙, Roman, Dr.

phil. Göhren, Rügen. (Rostock $^{25}|_{9}$ 62.) V: Liebestraum und e. Ehegesch., Sk. 90; Frauenwille, N. 92; Drei, Dr. 92; Winterschlaf, Dr. 95; Eine, Dr. 96; In Behandlg, Dr. 97; Großmama, Dr. 97; Liebesträume, Dr. 98; Hans, Dr. 98; Unter blonden Bestien, Dr. 98; Lautes u. Leises, Sk. 99; Der Probekandidat, Dr. 99; Der Sieger, Dr. 00; Schelmenspiele, Dr. 01; Stichwahl, Dr. 02; D. Tal d. Lebens, Dr. 02; Nah Huus, plattd. G. 04; Die Siebzehnjährigen, Dr. 04; Venus Amathusia, Dr. 05; D. Hochzeitsfackel, Dr. 06; Ohm Peter, R. 08; Des Pfarrers Tochter von Streladorf, Dr. 09; Strand, N. 09; Auf eigener Erde, R. 11; Der lächelnde Knabe, Dr. 11; D. Frau d. Kommandeurs, Dr. 12; D. grünende Zweig, Dr. 13; D. deutsche Morgen, R. 15; Die reiche Frau, Dr. 16; Der Unbestechliche, Dr. 17; Nachwuchs, R. 17; Die Insel, N. 20; Die Ecke der Welt, N. 21; Die Siedler von Hohenmoor, R. 22; Das Riesenspielzeug, N. 23.

Drenfus, Albert, Lyrik, Kunstschriftsteller, Direktor der Zeitschrift „Der Querschnitt" und des Querschnitt-Verlags A.-G. Frankfurt a. M., Stettenstr. 14. (ebda $^{29}|_{1}$ 76.) V bzw. H: Zeitschrift „Der Frühling" 98; Feste in Moll, Ged. 01; Wallfahrten, Ged. 10. *

Drenhaus, Hermann (Ps. Hermann Hagener), SDS., ♛, Nov., Reisen. Berlin-Friedenau, Rheingaustr. 14. (Altenhundem i. Westf. $^{15}|_{1}$ 86.) V: J. F. Eichhorn 18; Die englische Weltherrschaft 19; Die Schuld am Weltkriege 21; Die Schmach der Welt 21; Lava, R. 21. H: Bailleu, Königin Luise, 2. A. ff. 23. *

Driesch, Hans, Natur∴, Dr. jur. h. c., Dr. phil., o. UP. Leipzig. (Kreuznach $^{28}|_{10}$ 67.)

Driesmans, Heinrich (Ps. Cl. Henri, Saint-Trond), ♛, ▣, ∴, ▼, ○, ◎, Kultur-Politik. Berlin-Wilmersdorf, Pariser Sr. 58. (Frankfurt a. M. $^{7}|_{8}$ 63.) V: Flammentod 91; Urania, G. 92; D. Edikt d. Kaisers, Dr. 96; Judas, Dr. 97, 2. A. 09; Die plast. Kraft in Kunst, Wissenschaft u. Leben 98; Kulturgesch. d. Rasseninstinkte: I. Das Keltentum in der europ. Blutmischung 99, II. D. Wahlverwandtschaften d. deutsch. Blutmischung 01; M. v. Egidy 00; Rasse u. Milieu 02, 2. A. 09; Menschenreform u. Bodenreform 04, 3. A. 11; Der Mensch der Urzeit 07, 3. A. 08; Dämon Auslese 07; Norland, Tenorio in Thule, Dr. 07; Wege z. Kultur 09; Deutsche Kulturliebe 11; Jahrtausendwende, R. 11; D. Orenda-Problem i. d. deutsch. Arbeitgeberfrage 12; Werdegang u. Formdrang deutscher Art 12; Des deutschen Jungweibes Bildung 12; Eugenik 12; D. Mensch d. Urzeit, 5. A. 23. H: Ernstes Wollen 99—05; Deutsche Kultur 05—08.

Drigalski, Liesbet, s. Dill, Liesbet.

Driggeberger, Johann, s. Herz, Hermann.

Drinkwelder, Otto, (k.), Kultus- u. Kultur♛, Dr. theol. et phil., Priv.-Doz. Salzburg. (Krems $^{9}|_{8}$ 80.)

Droem, Ernst, ▼. Adr. durch C. H. Becksche Verlagsbuchh. München. V: Gesänge, Ged. 20; Ex Tenebris, Ged. 21. (*)

Droonberg, Emil, s. Muschik-Droonberg.

Droop, Adolf, Orientalistik, wissenschaftlicher ▣, Dr. phil., Studienrat, Direktor des Privatlyzeums Steglitz. Berlin-Lankwitz, Gluckstr. 10. ($^{6}|_{9}$ 82.) V: „Frieden", Liederblüten im Märchenkranz 05; P. B. Shelley's Belesenheit, Diss. 06; Karl May, eine Analyse seiner Reiseerzählungen 09. *

Droop, Fritz, DV., SDS., RP., Lit.♛, Essay, Kritik, /, ▼, Nov., Feuill.-Red. am „Mannh. Tageblatt". Mannheim. (Minden a. Weser $^{1}|_{3}$ 75.) V: Kind, Schule, Kunst 06; Die sexuelle Aufklärung d. Jugend 07; Enoch Arden, O. 08; Schülerselbstmorde 09; Aus d. Heiligtum d. Schönheit, e. Peter-Hille-Buch 09; Drei wichtige Erziehungsfragen 10; Um des Königs Liebe, O. 10; O. J. Bierbaum, ein deutscher Lyriker 12; Stirb oder siege, G. 14; D. Bootsmannsmaat der Gneisenau, Erz. 15; Aus d. Vogesenkriege, Skn. 15; Die nach uns kommen 16; Emil Götts Vermächtnis 16; Unschuld, Dr. 18; Der Freispruch, Dr. 20; Der Landstreicher, Dr. 22; Die Frau des Kommandanten, Dr. 22; Maler Sandhas, Dr. 23. H: Reife Früchte vom Bierbaum 10; S. Kierkegaard, Auswahl aus s. Bekenntnissen u. Gedanken 14; Mutter-Anthologie 16; Arbeiterdchtg. 19; Karl-Henckell-Brevier 24.

Droescher, Georg, ○, Dr. phil., Ob-Regiss. d. Kgl. Oper, Dir. d. Staatsoper a. D. Berlin SW 61, Großbeerenstr. 82 III. (Buschkau i. Schl. $^{17}|_{9}$ 54.) V: Aus erst. Ehe, Sch. **Ue**: Molière, Spitzbubenstreiche; Leoncavallo, D. Roland v. Berlin, Maia; La Habanera; Boieldieu, Der Satansweg 14. **Bearb**: Ibsen, Kaiser u. Galiläer 98; Feudalherren, Sittensp. (m. Reisner) 98.

Droescher, Otto (Ps. Frank May), ⚓, Lokal♛, /, ▣, **Ue**: E., Schriftsteller, Zeichner. Berlin S 42, Brandenburgstr. 57 III. (Rathenow $^{1}|_{1}$ 63.) V: Dem Schönen eine Gasse, R. 09, n. A. 12; Seht, da kommt der Träumer her, G.; Alt-Berliner Humor 13; Kriegs-ABC 14; D. abendthewerliche Fart d. Peter Wind-

macher 18; Das lustige Berlin von anno dazumal 20.

Drygalski, Erich v., ❁, Dr. phil., o. UP. München, Gaußstr. 6. (Königsberg i. Pr. $^{9}/_{2}$ 65.)

Duch, Arno, Polit., Journ., Verlagsleit. München, Ländstr. 5. (Witzenhausen, Hess.-Nass. $^{15}|_{10}$ 89.) H u. Gründ. d. Sammlg. „Der deutsche Staatsgedanke"; Hrsg. v. Jos. Görres' Staatsschriften u. Rhein. Merkur.

Ducht, Frau Frieda, ASV., ✿. Danzig-Langfuhr, Hauptstr. 120. (Bromberg $^{2}|_{4}$ 66.) B: Herzensklänge 08; Schwester Leonie, R. 16; Das Buchenkind, e. Sage 21. ()

Dufay-Zoozmann, Gusti v., s. Zoozmann, Augusta.

Dukmeyer, Friedr., SDS., ⚪, Nov., ✿, /, ♛, Dr. phil., Biblioth. a. d. Staatsbibl. Berlin W 57, Elßholzstr. 21. (Livland $^{15}|_{1}$ 64.) B: Joseph u. Arvid, G. 89; Ruga, Dr. 89; P. Aretino, Dr. 89; Füchse mit brennenden Schwänzen 91; Tolstoi, Prophet oder Popanz? 91; Russisches Leben, N. 92; Tod dem Verräter, Dr. 92; Kritik d. Verjudung 92; Arbeiterkaiser, Tr. 92; Gastgeschenke für Freund u. Feind 93: Zur Freiheit aus Deutschland u. Rußland 93; Großmacht, Lsp. 95; Einer f. alle, Tr. 00; Des Sittenmeisters Ärgernisse, Kom. 01; D. Zorn Jehovahs, Tr. 01; Korbs Diarium I 09, II 10; Die Deutschen in Rußland 16.

Dülberg, Franz, DB., SDS., Kunst♛, ⚪, Kritik, Dr. phil. Berlin W 15, Pfalzburger Str. 82. (ebda $^{2}|_{1}$ 73.) B: D. Leydener Malerschule I/II 99; König Schrei, Dr. 05; Frühholländer in Italien 06; D. deutsche Jahrhundertausstellg. 06; Frühholländer I 03; II 04, 2. A. 20; Korallenkettlein, Dr. 06, 2. A. 19; Stefan George 08; Deutsche Malerei des 19. Jahrh. 09; Cardenio, Dr. 12; Karinta v. Orrelanden, Dr. 15; Schellenkönig Kaspar, Dr. 19; Ein Bekenntnis zu Zeit u. Volk 19; Drama u. Reichsgedanke 20; Vom Geiste der deutschen Malerei 22; Rembrandt 22; Ruisdael 23; Holländ. Porträt des XVII. Jhdts. 23. H: Die Nachbarn (I. Bd. Holland) 20; Sankt Elisabeth, Dr. (J. A. Simons-Mees) 23.

Dumann, Carl (Ps. Dumann-Rehna), Natur⁂, Niederdtsch. Schrift. Kiel, Blücherpl. 2. (Rehna i. M. $^{26}|_{10}$ 80.) B: Aus heit. u. trüben Stunden, G. 05. 2. A. 06; Palette u. Leier, Erz. u. G. 07; Ein Märtyrer d. Kunst, Sch. 07; Lieder eines Sturmgesellen, G. 10; Alte u. neue Lieder, G. 14; Ged. (Gesamtausg.) 20.

Dumann-Rehna, s. Dumann, Carl.

Dumcke, Julius, BP., Dr. phil., Archivar d. Dtsch. Allg. Ztg. Berlin-Friedenau, Rembrandtstr. 11. (Königsberg, Pr. $^{3}|_{8}$ 67.) B: Die deutsch. Faustbücher 91; Deutscher Briefsteller 11; Zauberei u. Hexenprozeß 12. H: D. Sanders: Dtsche. Sprachbriefe, 18. A. 06; Geschichte d. deutschen Literatur 06; Das deutsche Zeitwort 06; Wörterbuch d. Hauptschwierigkeiten in d. deutsch. Sprache, 31. A. 08.

Du Moulin Eckart auf Bertolzheim, Graf Richard, ♛, ✿, Dr. phil., Geheimer Regierungsrat, o. Prof. d. Techn. Hochsch. München, Bismarckstr. 17. (Leipzig $^{27}|_{11}$ 64.) B: Leudegar, Bischof v. Autun 90; Bayern unt. Montgelas (1799—1817) I 95; D. deutsch. Süden u. die Flotte 00; Luitpold von Bayern 01; Englands Politik u. die Mächte 01; Luther u. d. deutsch. Kultur 03; Die Suevia zu Landshut u. München 03; Deutschland u. Rom 04; D. hist. Roman in Deutschland u. seine Entwickelung 05; Briefe aus Bayern 05; Deutschland in seiner tiefen Erniedrigung 06; Busso von Malten, R. 07; Die weiße Frau, R. 08; Unser Prinzregent 11; Die Entw. d. deutschen Gedankens u. d. Fürstenideals im bayr. Königshause 11; Idee und Persönlichkeit i. d. deutschen Befreiungskriegen 13; Gedächtnisrede auf Prinzregent Luitpold 13; Bismarck, der Mann u. das Werk 15; Bismarcks Stellung in der Geschichte 15; Der Krieg von 1914—16 (m. Hans Baluschek) 16; Deutschland in sein. tiefen Erniedrigung, E. Mahnwort 19; H. v. Bülow 21. H: Fr. X. v. Wegele, Vorträge u. Aufsätze 98.

Dünwald, Willi, PA., RB., Kritik, Essay. Bonn a. Rh., Jagdweg 36. (Wichterich $^{26}|_{11}$ 82.) B: Erlebnisse im Essay 21; Evangelisten, Dysangelisten (die Nachfolge des Jesus von Nazareth in Essays) 23.

Dürfeld, Emanuela v., geb. Baronin Mattl-Löwenkreuz (Ps. Baronin Emanuela Mattl-Löwenkreuz), Nov., Roman. Wien IV, Prinz-Eugen-Str. 18. (Ödenburg $^{8}|_{8}$ 76.) B: Schwester Monica, R. 03; Rebe Trau, R. 20. **Bearb**: Im Reiche Kaiser Meneliks, nach Baron F. Kulmers hinterlass. Papieren 10.

Durga Prasad, s. Wiedenmann, J. B.

Dürr, Max, BJ. & S., Oberamtsrichter. Maulbronn. (Ulm $^{1}|_{11}$ 74.) B: Verschwundene Frau, R. 12; Fall Frommhold, R. 12; Der Magstetter Krieg, Schw. 12; Der Jubilar, Schw. 13; Die Prozeßhose, Schw. 14; Friedlenger G'schichte', Hum. 14; Steinhausers Uhr, R. 15; Glückspilz, R. 19; Schwabestreich', Hum. 20; Sonn. Ehstandsgesch., Hum. 21; Rätsel im Inselwald, R. 21; Schwäb. Schwänke (Magst Krieg, Jubilar, Prozeßhof', Revoluzio', Staatspräsidentl, Ameri-

kavetter); Schlacht bei Ackermühl, Hum. 22; Geiger von Gmünd, N. 22.

Dusch, Wilhelm, oberbayr. Dialekt✠, Alpinistik, /. Planegg b. München, Christinestr. 8. (Bad Tölz $^{29}|_{8}$ 71.) B: Aus'm Isarwinkel 97, 2. A. 03; Bergbeigerln 01; Die Urlauber, Festsp. 04; Alma'gläut' 05.

Düsel, Friedrich, PA., BP., RP., Lit.-♛, ♔, ◯, Sprachwiss., /, Dr. phil., Hrsg., Literat.- u. Theaterkrit. v. „Westermanns Monatsheften". Berlin-Friedenau, Fregestr. 9. (Strelitz i. M. $^{11}|_{8}$ 69.)

Duffy, Arnold (Ps. A. Duffy-Rumpf), ✠, Novellen, Skizzen, Zeughausbeamter, Schriftsteller. Basel (Schweiz), Hildensteinerstr. 8. (ebda $^{25}|_{8}$ 78.) B: Verwehte Blätter, G. •

Duffy-Rumpf, A., s. Duffy, Arnold.

Düsterbrock, M., Ps. f. Frl. Luise Kalliebe, ASV., plattd. Erz. u. Gedichte, Schriftstellerin. Anklam, Stettiner Str. 15. (ebda $^{18}|_{8}$ 65.) B: En poor Planten ut minen Goren 05; Jeremias Bräsig 07; Riemels un Spletter 09; Vur Kranich un anner Lüd 12; De Kaiserin ehr Bild, Einakter 13; Der behagliche Ehemann, desgl. 14; Die Friedenstaube, desgl. 17; D. verwöhnte Prinzeßchen, desgl. 18; D. bekehrte Hitzkopf, desgl. 20. ()

Duysen, Paul, DB. Hamburg 27, Vierländerstr. 17, Hchptr. (ebda $^{6}|_{1}$ 96.) B: Das Brausen des Blutes, Dr. 19; Der geniale Mensch, Dr. 19; Der geborene Verbrecher, Dr. 20; Das Martyrium eines Geistigen, R. 20; Jedermann, der viehische Mensch, R. 21; Blutschande, Dr. 22; Die Hölle d. Liebe, R. 23.

Dworzak, Artur, BB., ✠ (auch in nied.-österr. Mundart), Erz., ObRechR. Weidlingau a. d. Westbahn (Niederösterr.), Hauptstr. 76. ($^{31}|_{8}$ 73.) B: Seids lusti!; Im Sunnschein; Strichler der Nervöse.

Dyck, Siegfried, RP., ✉, Red. d. Hartungschen Ztg. Königsberg i. Pr., Ziegelstr. 15. (Bojehnen $^{8}|_{10}$ 70.) B: Die Fleischversorgung Deutschlands 13; Der Herr Revisor, Skn. 16; D. eherne Lebensgesetz 16; Bevölkerungsprobleme 16; Persönlichkeit — Volk — Weltbürgertum 20; Die Schmugglerschenke 23. H: Stimmen d. Gegenwart; Ostdeutsche Siedler-Zeitung.

Dyk, Joh. Wilh. van (Ps. Bill van Dyk), DB., Problem-Romane, Dir d. Werbeverlags, A.-G., Bremen. Blumenthal-Hannover, Nordstr. 111. (Düsseldorf $^{18}|_{8}$ 82.) B: Inge Rölström, R. 19, 2. A. 20; Die Herrin v. Kallborg, R. 20.

Dyroff, Adolf, ∴, Dr. phil., o. UP., GRegR. Bonn, Kaiserstr. 61. (Damm b. Aschaffenburg $^{2}|_{2}$ 66.)

Dyroff, Karl, Ägyptologie und semit. Sprachen, Dr. phil., K. Konservator a. Antiquarium, a. o. UP. München. (Aschaffenburg $^{25}|_{2}$ 62.)

Dyrssen, Carl, RP., ∴, Politik, Dr. phil., Redakteur. Frankfurt a. M., Paul-Ehrlich-Str. 30. (New York $^{7}|_{8}$ 88.) B: Bergson und die deutsche Romantik 22. •

E.

Ebel-Marbach, Frau Elli, Erz., Märch. Duisburg, Forststr. 1. (Eisenach $^{18}|_{1}$ 73.) B: Der Springbrunnen, Ein Kinderbuch 11.

Ebeling, Georg, roman. Ψ, Dr. phil., o. UP. Kiel. ($^{19}|_{8}$ 67.)

Ebeling, Heinrich, †, Ψ, Dr. phil. Dresden-N., Hansahotel. (Vorsfelde $^{14}|_{10}$ 40.) B: Schulwrtb. zu Homers Ilias u. Od. 66, 7. A. 11; Lexicon Homericum 71—85; Die Bibel Gottes Wort 92, 3. A. 22; Die evangelische Kirche auf d. Wege nach Rom 00; Der Menschheit Zukunft 02, 2. A. 12; Glück u. Christentum 02, Neudruck 06; Griech.-deutsch. Wörterb. zum Neuen Testamente 13, 2. A. 23; u. a.

Ebell, Max, ASV., ✠, /, ♛, ◯, Major a. D. Döttingen i. B., Amt Staufen. (Neu-Ruppin $^{18}|_{8}$ 69.) B: Wendenkampf, E. 06; Gesch. d. Geschlechts Ebell 06; Perlen d. Sandsteinvogesen, 2. A. 08; Zwei Akte d. Torquato Tasso, e. Seelensp., 3. A. 14; Kriegslieder 15; Wilhelm Manser, e. deutsch. Erfinder 21.

Ebenberg, Paul, s. Schullern, Heinr. v.

Eberdt, Frau Anna (Ps. A. v. Seldebert), ASV., Roman, Nov., Skizze. Berlin-Grunewald, Gillstraße 5. (Marburg $^{18}|_{7}$ 70.)

Eberhard, P. Engelbert, ✠, Augustiner. Würzburg, Dominikanerpl. 2. (Rhumspringe, Hann. $^{23}|_{8}$ 93.) B: Unruhig ist unser Herz ..., G., 1. u. 2. A. 21; 3 A. mit Bildern 23; Das Schicksal als poetische Idee bei Homer 23.

Eberhard, Jos., s. Dierkesmann, Jos.

Eberhard, Raimund, ∴, LandGerR. Schwerin i. M., Grenadierstr. 47. (Lübz i. M. $^{9}|_{8}$ 71.) B: Märchen u. Träume 13; Weltordnung, Weltkrieg 16; Vaterlandsliebe 19; V. heiligen u. unheiligen Egoismus 20; Das deutsche Herz, Lyr. 21; Sozialismus, Föderalismus, Pazifismus 23.

Eberhardt, Paul, SDS., ∴, Dr. phil. Haus Pfarrkeßlar, Post Kahla, Thür. (Straußberg $^{11}|_{12}$ 79.) B: Wohin d. Weg? 10, 3. A. 20; Tannhäuser, Dr. 12; Der Weisheit letzter Schluß 12, 2. A. 20;

Rufen d. Zarathustra 13, 2. A. 20; Religionskunde 20 u. a. H: Buch d. Stunde 16, 3. A. 20; Blätter d. Stunde 20; Monatsschrift: „Deutscher Pfeiler". ()

Eberhart, Ernst Erik, s. Müller, Waldemar.

Eberle, Joseph, Kulturfragen, Politik, ⊞, Dr. phil. Wien-Döbling, Nußwaldg. 12. (Ailingen-Friedrichshafen a. B. $^{8}|_{8}$ 84.) B: D. Ideenlehre Bonaventuras 10; Großmacht Presse 12, 10. T. 20; Schönere Zukunft 16, 6. T.; Zertrümmert die Götzen 18, 5. T.; D. Überwindung der Plutokratie 18, 5. T.; De profundis 21, 10. T. H: „Das Neue Reich" (Woch.Schrift).

Eberlein, Gustav W., ASB., Ver. Schweiz. Presse, ✱, ○, /, ◎, Reise, Kritik, Dr. phil., Römischer Vertreter d. Berl. Lokal-Anzeigers u. a. deutscher u. schweizer. Tageszeitungen. Rom 50, Via Forli 25. (Nürnberg $^{21}|_{8}$ 88.) B: Lieder junger Liebe 10; Schloß Heidelberg, Dr. 12; Föhn, G. 13; D. engl. Presse 14; Deutschland im Kriege 16; Zwischen Slawen u. Angelsachsen 19; Paul Keller 20, 10. A. 22; Brandung, G. 23; Aus den Tagebüchern eines alten Seebären, Erz. 23.

Eberlein, Kurt Karl, ◎, ●, Dr. phil., Assistent d. Bad. Kunsthalle. Karlsruhe i. B., Stefanienstr. 42. (Rastatt, B. $^{18}|_{8}$ 90.) B: D. deutsch. Litterärgesch. d. Kunst d. 18. Jahrh., Diss. 16; Deutsche Maler d. Romantik 20. H: Hans Thoma, Gedichte u. Gedanken 19; Friedrich Weinbrenner, Denkwürdigk. a. s. Leben 21; Festschrift für Adolph Goldschmidt 23; Caspar David Friedrich, Bekenntnisse 24.

Eberlein, Maria, geb. Doberenz, PA., Nov., Jugendschr., ✱, /, ○, Kritik, Frau Dr. Pirna a. d. E., Albertstr. 8. (Hermsdorf $^{16}|_{10}$ 64.) B: Um des Kindes willen, R. 93; Im Bann, Rn. 03; Frau Lene, R. 05; Glühwürmchen, Jugendbuch 05; Histor. Festspiel 05; Goldhaar, R. 06; Wilde Blumen, Jugendbuch für Mädchen 09; Simselen, Rn. 10; Zigeuner, Rn. 12.

Evers, Fritz, s. Mahnke, Hans.

Ebert, Max, Vorgeschichte, Dr. phil., o. ö. Prof. der Vorgeschichte an den Univ. Königsberg und Riga. Königsberg i. Pr., Schönstr. 8. (Stendal, Prov. Sachsen $^{4}|_{8}$ 79.) B: Südrußland im Altertum 21 I. H: Baltische Studien 14; Bezzenbergerfestschrift 21; Vorgeschichtliche Forschungen 24ff.; Reallexikon der Vorgeschichte 24ff. *

Ebert, Otto, Erich, Hochschulwes., Dr., Bibl. a. d. Deutsch. Büch. Leipzig, Kaiser-Wilhelm-Str. 68 I. (Prag $^{19}|_{8}$ 80.)

Ebertin, Frau Elsbeth (Ps. Elsa Gorlicia). Freiburg i. Br., Wallstr. 6 I. (Görlitz $^{14}|_{8}$ 80.) B: Liebeswandlungen, Erz. 02; Ausgew. Glossen 03; D. Charakter d. Gräfin Montignoso 05; Wie die Männer in d. Liebe sind, graph. Charakterstud. 08; Wie die Frauen in der Liebe sind, desgl. 09; Auf Irrwegen der Liebe, desgl. 10; Zwei Frauen, R. 10; D. Handschriften der Verliebten 11; Inspektor Raabe, R. 12; Alles verstehen, alles verzeihen, Rn. u. Skn. 13; Prakt. Lehrbuch d. Graphol. u. Charakterbeurteilung 13; Intellig. u. Handschr. 14; Königliche Nativitäten 16; Kriegsbrautlieder 16; Wirkungen d. Gestirne 16; 7 Astrol. Jahrbücher: Ein Blick in die Zukunft 18—24; Was wird aus Deutschland? 20; Histor. u. zeitgenöss. Charakterbilder; Astrologie u. Liebesleben 21.

Ebner, Eduard, Lit.♛, Dr.-Ing., Ob.-StudR. München, Clemensstr. 78 III r. (Straubing $^{20}|_{8}$ 77.) B: Deutsche Literaturgesch. 07, 10. A. 20; Magister, Oberlehrer, Professoren: Literaturausschnitte aus 5 Jahrh. 08; Deutsche Dichter auf Reisen 13; Bunte Welt, Länder u. Leute in Dichterworten 20. ()

Ebstein, Erich, SDS., Dr. med., Facharzt f. inn. Krankh., Medizin, Geschichte der Medizin, Literatur♛. Leipzig, Windmühlenweg 24 II. (Göttingen $^{11}|_{8}$ 80.) B (außer medizin. Fachschr.): Chr. D. Grabbes Krankheit 06; W. Ebstein-Bibliographie 06 u. 12. H: Bürger-Bilder I u. II 02 u. 04; Bürgers Ged. f. d. Musik 03; Ged. Bürgers in ältest. Fassg. 05; Aus G. C. Lichtenbergs Korrespond. 06; Lichtenbergs Mädchen 07; Ein Brief Theodor Körners 07; Neue Kunde von u. über Bürger 07; Neue Briefe G. C. Lichtenbergs 08; Bürger u. Dieterich 10; Ch. Bell, Hirnanatomie 11; G. C. Lichtenberg als Naturforscher 12; Th. Addison, Erkrankgn. d. Nebennieren 12; Bürger, Liebeslieder 13; Grundsätze d. Hippokrat. Schriftensammlg. 14; R. Bright, Erkrankgn. der Nieren 16; G. A. Bürger, Balladen 16; Heine, Harzreise 20; Geruch in der Diagnostik 20; Ärztebriefe aus vier Jahrhunderten 20; Bürger u. Ph. Gatterer 21; Ärztememoiren aus vier Jahrhunderten 23; Briefe aus dem Göttinger Hain 23; G. A. Bürger, Werke 24; Der Arzt im Sprichwort 24; Joh. Lucas Schönlein 24; Chr. W. Hußland 24.

Echters, Rud., s. Stecher, Rich.

Eckardt, Hans von, RP., Dr. phil., Referent für Osteuropa am Hamburgischen Weltwirtschaftsarchiv. Hamburg, Neue Rabenstr. 3. (Riga $^{22}|_{11}$ 90.) B: Rußland, Land und Leute 23. H:

Friedrich von Gentz, Staatsschriften und Briefe II 21. •

Eckardt, Joh. Heinrich, /, ♛, ♔, Verlagsbuchh. Heidelberg, Bunsenstr. 24. (Kiel 4|9 63.)

Eckardt, Johs., Lit.♛, Dr. phil., Direktor der Bayer. Landesstelle für gemeinnützige Kunstpflege. München, Frühlingstr. 4/3. (Siernborf, NÖ. 20|4 87.) B: Paul Keller 08; Cl. M. Hofbauer u. s. Beziehgn. zu d. Wiener Romantikerkreisen 10; K. Schönherrs „Glaube u. Heimat" 11; Clemens Maria Hofbauer 16; D. christl. Gemeinschaftsbühne 20. H: Erzählungen u. Skizzen Enrica von Handel-Mazzettis 09; Enrica von Handel-Mazzettis Geistige Werdejahre I 10, II 11; Caroline Pichlers Denkwürdigkeiten, Auswahl 12; 7 Kriegsbriefe 14 f.; Abreißkal. „Vergangenh. u. Gegenw." 21; „Volks- u. Hauskal." 21 u. 22; Gottfr. Kellers Werke, 7 Bde. 21.

Eckardt, Rich., D., KonsistR. Altenburg, S.-A. (ebda 28|9 62.) B: Reformationsdrama Wenzel Linck 98; Deutsch. Dichterhort 00; Ernestiner, Festsp. 03; Insulinde, G. 05; u. a. ()

Eckardt, W., s. Niedorowski, Paul.

†**Eckart,** Dietrich, DB., ○. München, Tengstr. 26. (Neumarkt, bayr. Oberpfalz 23|3 68.) B: Nachdichtung v. Ibsens „Peer Gynt" 11; Heinrich d. Hohenstaufe, Sch. 14; Ibsen, Peer Gynt, d. große Krumme u. ich, Streitschrift 14; Abermals vor der Höhle d. gr. Krummen, desgl. 15; Illustr. Bühnenbearbeitg. d. „Peer Gynt", m. Vorwort u. Richtlinien 16; Lorenzaccio, Tr. 18; seit 18 Hrsgb. d. Wochschr. „Auf gut deutsch".

Eckbrecht, Andreas, s. Kaus, Gina.

Eckel, Frl. Anna (Ps. Anna Ethel) Theater♛, ○, Hofschauspielerin a. D. Darmstadt, Fuchsstr. 10. (Mainz 15|11 50.) B: 40 Jahre i. Dienste d. Kunst 13; Erinnergn. an d. Großh. Hess. Hofschausp. Ludw. Wagner 14; Königin Schneewittchen u. ihre 7 tapfern Kinder, Msp. 15; Herm. Knispel, Hofschausp., Ein Gedenkbl. 20.

Eckert, Victor, Dramaturgie, Theaterkunst, Dr. phil., Intendant des Städt. Theaters. Plauen i. V. (Heidelberg a. N. 8|7 87.) B: Gesch. des Gerundivs im Neuhochd. 09; D. städt. Bühne 13; Deutsche Theaterkunst 14. H: Die Jagd, kom. O. v. Hiller, Dichtg. v. Weiße 15; Volpone und der Fuchs, Lsp. v. Ben Jonson 16.

Eckfried, s. Stark, Josef.

Eckhardt, Eduard, engl. ♆, Dr. phil., UBibl. u. a.o. UP. Freiburg i. B., Zasiusstr. 63. (Tambow, Rußl. 23|5 64.) B: Das Präfix ge- in verbalen Zusammensetzungen im ... Drama 02: Die angelsächs. Deminutivbildgn. 03; Die Dialekt- u. Ausländertypen des älteren engl. Dramas I 10, II 11. ()

Eckhel, Anna Hilaria v., s. Preuß, Anna.

Edel, Edmund, SDS.. Roman, Sk., Charlottenburg, Waitzstr. 12. (Stolp i. Pom. 10|9 63.) B: Marienbad, Karikaturen 04; Berlin W, Kapitel v. d. Oberfläche 06, 7. A. 08; Der Snob 07, 3. A. 08; Fritz d. Zeitgenosse 08; Neu-Berlin 08; Liebe? 7 iron. Nov. 09; Der gefährl. Alte 13; Mein Freund Felix 14; Glashaus 16; D. Tanznarr 18; Skandal im Viktoria-Klub 19; Frau Minus' Vergangenheit 20; Sylvias Liebesleben 20; D. Filmgott 21; Mammon 22; Schleier d. Venus 23.

Eden, Carla, s. Hünerbein, Charlotte.

Eder, Karl, ✝, Dr. theol., Prof. a. Staatsgymn. Linz a. Don., Wurmstr. 5. (Lindach 10|9 89.) B: Heilige Pfade, Ein Buch aus d. Priest. Welt u. Seele 17, 8.—12. T. 20.

Ebert, Eduard, Roman, ♦, Dr. phil., ObSchulR. Schleswig. (Oldesloe 31|7 80.) B: Dialog u. Fastnachtspiel bei Hans Sachs 04; Der Schuster v. Tondern, Erz. 10, 3. A. 23; D. Tagesschule, d. Schule d. Großstadt 14; Schmiede des Lebens, R. 21; Die Lieder der alten Geige, G. 22; Das Problem der deutschen Schule in seiner besonderen Bedeutung f. d. Nordmark, Schl.-holst. Blätter H. 5—7 23. H: Attractive Novels 15.

Edon, Richard Alex., SDS., DB., BF., Publizist, Kritik, Erz., ○. Berlin-Friedenau, Wiesbadener Str. 6. (Wien 24|12 69.) B: Der steinerne Tod, Dr. 10; Der Antichrist, Tr. 20; Die Jagd n. d. Pech, R. 20; Die letzten Juden, R. 20; Die Scheidungsvermittlerin, Lsp. (m. Milton Schreyr) 21; D. Christus von Wien, R.: Cocain, R.

Edschmid, Kasimir, SDS., Nov., Roman, Essay, ○. Auf Reisen. Feste Adresse: Darmstadt, Kiesstr. 114. (5|10 90.) B: Die 6 Mündungen, Nn. 15, 20. A. 20; Das rasende Leben 16; Timur 16, 10. A. 20; Über den Expressionismus in der Lit., 15. A. 19; Die Fürstin, Nn. 5. A. 20; Die achatnen Kugeln, R., 20. A. 20; Die doppelköpfige Nymphe, Essays, 10. A. 20. Kean, Sch. 21; Frauen, Nn. 22, 10. A. 23; Rede über Flaubert und Hamsun, Essays, 5. A. 22; Das Bücher-Dekameron, Essays, 5. A. 23; Die Engel mit dem Spleen, R. 24. H.: Tribüne der Kunst u. Zeit, XXXVI Bde.

mann a. D., Chefredakteur des „Junggesellen". Berlin-Wilmersdorf, Emser Str. 3. (Posen $^{1}|_{1}$ 87.) W: Das Familienarchiv 18; Garderobengesetze 20; Weltleute 21; Klassische Verführer 23. *

Effendi, s. Meyer-Elbing, Oskar.

Ege, Ernst, DV., PA., WJSV., Drama, ✿, /. Nürtingen (Württ.), Friedrichstr. 38. (Stuttgart $^{4}|_{11}$ 63.) W: Ein Polternachtstraum, Melodr. 94; Beim 80jähr. Bismarck, Festsp. 95; Germania, Festsp.-Zyklus 96; Deutsche Jugend, Dchtg. 97; Luther auf Koburg. dramat. Stimmungsbild 04; Helmbrecht, Volksdr. 06; Godiva, Tr. 18; Das Orakel zu Schilda, Msp. 24; Das Cherezept, Sp. 24; Das Volk der Michel, hum. M. 24. *

Egelhaaf, Gottlob, ♛, Dr. phil., G.-Rekt. a. D., ObStudR., Mitgl. d. Württ. Kommiss. f. Landesgesch., m. Lehrauftrag für Gesch. a. d. THSch.; M. d. württ. Landtags. Stuttgart, Ameisenbergstr. 3. (Gerabronn $^{1}|_{3}$ 48.) W: Friedrich Wilhelm, der große Kurfürst 79; Grundzüge d. deutschen Literaturgesch. 81, 24. A. 18; Grundzüge der Gesch. I, 14. A. 22; II, 11. A. 20, III 12. A. 20; Kaiser Wilhelm I. 85, 3.—9. A. 88; Deutsche Gesch. im ZA. der Reformation 85, 3. A. 93; Analekten zur Gesch. 86; Deutsche Gesch. im 16. Jahrh., 2 Bd. 89—92; Politische Gesch. der Reichsstadt Ulm 96; Gustav Adolf in Deutschland 01; Landgraf Philipp von Hessen 04; Gesch. der neuesten Zeit 1871—1923; 1 Bd. 08, 9. A. 2 Bde. 24; Bismarcks Sturz 09; Bismarck 11, 3. A. 22, Bismarck für das deutsche Volk dargestellt 15, 40.—50. T. 23; Die Befreiungskriege 15; Vom Weltkrieg 15; Deutsche Betrachtgn. zum Weltkrieg 15; Bismarck und der Weltkrieg 15; Reichskanzler v. Bethmann-Hollweg 16; Zwei Schwaben-Reden (zusammen mit Theobald Ziegler) 17; Geschichte der deutschen Kaiseridee 22; Hannibal 22; Württembergische Geschichte 22.

Egenolff, Ortwin, s. Roloff, Ernst M.

Eger, Paul, DV., ⊘, Dr. phil., Künstlerischer Leiter des Deutschen Schauspielhauses. Hamburg, Klopstockstr. 35. (Wien $^{28}|_{1}$ 81.) W: Operette, Kom. 04; Mandragola, Kom. 06; Adam, Eva und die Schlange, Kom. 16; Im Gasthof zum Schwanen, Lsp. 21. *

Egger, Bruno, s. Nistler, Aloys.

Egger, Herm., Neuere Kunst♛, Dr. phil. et techn., o. UP. Graz. (ebda $^{7}|_{12}$ 73.) ( )

Eggersdorf, Max (Ps. f. Max Schwengberg-Eggersdorf), klass. u. roman. Ψ, Städtischer Bureaudirektor. Berlin-Steglitz, Rückertstr. 4. (Eggersdorf

seine Quelle 85; E. verlornes Leben, Dr.; Liebe u. Ehe 92; Die blonde Sylterin, R. 02, 4. A. 11; Kurmacher v. Borkum, R. 02, 4. A. 11.

Eggersglüß, Heinrich, ✿, Eisenbahnsekretär. Braunschweig, Amalienstr. 1. (Einzingen $^{10}|_{3}$ 75.) W: Heideklänge 08; Im Völkerringen, Lr., 5. A. 16; O mein Vaterland, Lr. 16; Fahrtgesellen, Lr. 16, 2. A. 20; Heiliges Feuer, Lr. 20; Der Deserteur von Langensalza, Dr. 21; Kämerhöfen, R. 21; Balladen 22.

Eggert, Frau Kuni (Ps. Kuni Tremel-Eggert), SDS., Fränk. Volkstum, Schriftstellerin. München, Maßmannpl. 8. (Burgkundstadt, Obfr. $^{24}|_{1}$ 89.) W: Die Rotmannsteiner, R. 21; Sanna Spitzenpfeil, R. 22; Fazer Rapps und seine Peiniger, Erz. 23.

Eggert-Windegg, Walther, Münch. SJV., deutsche u. franz. Literat., ⊘, **Ue**: F, Verlags-Red. d. C. H. Beckschen Verlagsbuchh. München, Hohenzollernstr. 116 IV. (Schwäb.-Gmünd $^{18}|_{6}$ 80.) W: Tage u. Nächte, G. u. Skn. 03; Eduard Mörike, s. Leb. u. Werk 04, n. Bearb. 19; Ed. Mörikes Haushaltungsbuch 07, 12. A. 23; Gesch. aus Frankreich 07, 2. A. 09; Arme u. Reiche, soz. Erzn. 10; Premiere, Kom. 11; Flora, Trag. Kom. 14; Wispel u. seine Gesellen 19. **H**: Ed. Mörikes Werke 05 II; Mörikes Brautbriefe 07, 8.—10. T. 20; Briefe Mor. v. Schwinds 11, 2. A. 19; Der deutsche Krieg in Dichtungen 14, 5. T. 16; Einst vor vielen tausend Jahren, Legenden 15; Der Barde, histor. Ged. 15, 2. A. 22; Die schönsten Mörike-Briefe 22; Mörike-Album, von M. v. Schwind 22. **Ue**: P. Bourget, Un divorce 05.

Egidy, Frl. Emmy v., /, ✎, Roman, Essay, Bildhauerin. München, Amalienstr. 50. (Pirna i. S. $^{5}|_{4}$ 72.)

Egloffstein, Frhr. Herm. von u. zu, ♛, Dr. phil. Würzburg, Schillerstr. 4 II. (Meiningen $^{2}|_{8}$ 61.)

Ego, s. Scharl, Robert.

Ego, Adam, s. Bischoff, Diedr.

Ego, Felix, s. Lipman-Wulf, Lilly.

Ehlers, Joh. (J. Ehlers-Alstertal), ⊘, /, Dialekt, Hum., Jagd, Sport. Elmshorn i. Holstein. (Hittbergen $^{15}|_{7}$ 73.)

Ehlers, Otto Aug., ASV., SDS., Dchtg., Lr., /, Kunst- u. Theaterkritik, Hrsgb. d. Ztschr. „Unser Ziel", Leiter d. „Wegsucher". Altona a. d. Elbe, Bahnhofstr. 18. (Nienstedten, Kr. Pinneberg $^{12}|_{2}$ 01.)

Ehlers, Wilhelm, Pädag., Heimatkunde, Rektor. Rendsburg. ($^{1}|_{7}$ 77.) W: Lebensunterricht 12; Isern Tied, 2 Hefte 17/18; Unterricht im Freien 19;

20; Dtsch. Volksgeschichte i. d. Heimatschule 21; Gesch. u. Volkskunde d. Kr. Pinneberg 21; Geschichtslehrplan für die Volksschulen Schleswig-Holsteins 21; Neues geschichtl. Lesebuch, Schl.-Holst. Ausg., 2. A. 22; Wandertage u. Wanderfahrten zwischen Nord- u. Ostsee 23.

Ehlers-Alstertal, J., s. Ehlers, Joh.

Ehmcke, F. H., ⚭, Prof. a. d. Kunstgew.-Schule. München, Odeonsplatz 12 II. (Hohensalza, Posen 16/10 78.) W: Ziele des Schriftunterrichts 11; Reklame in Plunderswellern 11; Die drei Ausdrucksformen der Deutschen Schrift 11; Amtliche Graphik 18; Otto Specter 19 (kl. Ausg. 20); Zur Krisis der Kunst 20; Wahrzeichen-Warenzeichen 21; Drei Jahrzehnte Deutscher Buchkunst 21.

Ehrenberg, Rudolf, Dichtung, Prof., Dr. med., Privatdozent f. Physiologie a. d. Univ. Göttingen, Hannover, Reinholdstr. 14. (Rostock i. M. 19/11 84.) W: Ebr. X/25, Ein Schicksal in Predigten, R. 20; Ischariot und der Schächer, Dialog 20. *

Ehrenfels, Alma Johanna Freifrau von (Ps. Alma Johanna Koenig). Wien VIII, Schmidgasse 8 (Schloß Eppenberg). (Prag 18/8 89.) W: Die Windsbraut, G. 18; Schibes, Erz. 20; Der heilige Palast, R., 1. A., 1.—3. T. 22, 2. A., 4.—11. T. 23; Die Lieder der Fausta, G. 23; Die Geschichte von Half dem Weibe, 1.—6. T. 23. *

Ehrenfels, Christian Frhr. v., ⁂, ⚭, Dr. phil., o. UP. Prag, Dtsche. Univ. (Rodaun, N.-Österr. 20/6 59.)

Ehrenfreund, Edm. O., jetzt Tartaruga, U.

Ehrenhard, Hans, VB., Prosaskizzen, ⚭, Kriegslyrik, Dr. jur., StudR. Neuwied a. Rh., Unterdorf 21. (Saargemünd 21/3 79.) W: Auf Dichterwegen 14.

Ehrenkrook, Gustav-Adolf v. (Ps. Olof Pederson Krook), ASV., AS., ✠, Schriftstell. u. Verlagsbuchhdlr. z. Zt. Sulzbach i. Oberpfalz, Synagogstr. 40 I. (Oberlahnstein a. Rh. 20/7 96.) W: O Deutschland hoch in Ehren, G. 16; Von junger Minne, G. 19; Liebeslieder, G. 19; Von Weibes Liebe u. Schönheit, G. 21; Das Hohelied u. Der Psalter (Minnesang u. Liebesmesse) 22.

Ehrenstein, Alb., SDS., Nov., ✠, Essay, Politik, Dr. phil. Wien XVI, Ottakringer Str. 114. (ebda 23/12 86.) W: Tubutsch, Erz. 11, 3.—13. A. 19; Bericht aus e. Tollhaus, Erz. 12, 2.—7. A. 19; Zaubermärchen, Sk. 16, 2.—4. A. 19; Die rote Zeit, G. 17; Den ermordeten Brüdern, Essays, 1.—4. A. 19; Dem ewigen Olymp 19, 2.—13. A. 21; Die Gedichte, 1.—3. A. 20; Karl Kraus, Essay, 1.—3. A. 20; Wien, G. 21; Briefe an Gott, 1.—5. A. 21; Herbst, G. 23. Ue: Schi-king, G. 23; Pe-lo-thien, G., 1. bis 3. A. 23; D. Selbstmord e. Katers, R.; Nicht da, nicht dort, Sk.; Die weiße Zeit, G.; Der Mensch schreit, G.

Ehrenstein, Carl, Skizzen. Wien XVI, Ottakringer Str. 114. (9/9 92.) W: Klagen eines Knaben 13, 2. A. 16; Bitte um Liebe 21.

Ehret, Joseph, Deutsche Literaturgeschichte, besonders Barockliteratur, Beschreiber Litauens, Dr. phil., a. o. Prof. für Literaturwissenschaft a. d. Litauischen Staatsuniversität. Kaunas, Litauen, Laisvés Aléja 29. (Basel, Schweiz 18/10 96). W: Litauen in Vergangenheit, Gegenwart u. Zukunft 19 (übers. als „La Lithuanie — Passó Présent Avenir"); Das Jesuitentheater zu Freiburg i. d. Schweiz 21. *

Ehrhardt, Georg (Ps. Ehrhardt, vom Zinnwalde), Folkloristik, Zollrat, Vorst. d. Hauptzollamts. Zwickau, Sa. (Dresden 29/9 62.) H: Das R. Boneskysche Puppenspiel Dr. Faust 05; Der Lorgiesche „Don Juan" 07; Dr. Fausts Höllenfahrt, Ein Lied 08.

Ehrhardt, Paul Georg, Utopist., phantast. Roman, Ziviling. Frankfurt a. M., Eysseneckstr. 41. (21/1 89.) W: Die letzte Macht 21.

Ehrhart, Frau Emmy s. Borgstede, Emmy v.

Ehrhart, Robert, Freiherr von, Roman, Novelle, K. K. Sektionschef a. D., derzeit geschäftsführend. Vizepräsident d. Hauptverbandes d. Industrie Österreichs. Baden i. Niederösterreich, Breyerstr. 5. (12/9 70.) W: Der Freischütz und die Fledermaus, R. 20; Hrabischko, R. 22. *

Ehrismann, Gustav, Deutsche Ψ, Dr. phil., o. UP., GRegR. Greifswald, Karlspl. 17. (Pforzheim 8/10 55.) Bearb: K. Weinhold, Kl. mhd. Gramm., 5. A. 19. H: Der Renner d. Hugo v. Trimberg 09—12 IV; Rudolfs v. Ems Weltchronik 15; Althochd. Lit.Gesch. 18; Stud. üb. Rud. v. Ems, Beitr. z. Gesch. d. Rhetorik u. Ethik im Mittelalter 19.

Ehrke, Hans, ✠, Erz., /, Lehrer. Kiel, Sophienblatt 78. (Demmin i. Pom. 10/4 98. W: Frühlicht, Ged. u. Sk. 21; Der Rufer, G. 22; Schummertied, Niederd. Erz. 22; Wunder u. Wunden, R. 23.

Ehrler, Hans Heinrich, ✠, Roman, Erz., Nov. Stuttgart, Seestr. 122. (Mergentheim 7/7 72.) W: Briefe vom Land, R. 11; Lieder an ein Mädchen, G. 12; Die Reise ins Pfarrhaus, R. 13; Frühlingslieder, G. 13; Die Liebe leidet keinen Tod, G. 15; Der Hof des Patrizierhauses, R. 16; Gedichte 20; Briefe aus

meinem Kloster, R. 22. H: D. schwäb. Liederbuch 18, 20; Wenn alle Brünnlein fließen, dtsch. Liebeslieder 18; Mörike Gedichte 20.

Ehrwart, s. Vierath, Willy.

Ehtor, s. Rothe-Mucha.

Eiber, Eugen, Dr. phil., ObStudDir. d. Luitpold-Kreisoberrealschule. München, Alexandrastr. 3. (Waldershof 28/8 66.) B: Theaterstücke u. Gedichte.

Ei cha!, s. Eichacker, Reinhold.

Eichacker, Reinhold (Ps. Salve! Ei cha!) SDS., ASV., DV., Roman, /, ₰, ⊙, Dr. jur., Hptm. d. L. a. D. Tutzing am Starnberger See, Haus am See. (Siegburg 21/5 86.) B: Allerlei Klänge, G. 08, 2. A. 09; Äternitas, Dchtg. 09; Odysseus, Sch. 10; Vergib uns unsere Schuld! Dr. 11; Prinz u. Nachtwächter, kom. O. (m. E. Bernhardt) 11; Nach Sonnenuntergang, G. 12, 2. A. 13; Alles Schwindel! P. (mit J. Peschke) 12; Das Schwanenlied, rom. Oper 13; Der Duellgegner, Kom. 14; Storchbein & Co., musikal. Schw. 14; Briefe an d. Leben, N. 16, 25. T. 23; Nächte der Venus, G. 19, 75. T. 23; Das rosenrote Badezimmer, N. 19, 25. T. 23; Drollige Tote, G. 19, 10. T. 23; Die drei Lieben d. Gaston Meder, R. 19, 25. T. 23; Horst Willmann, der Namenlose, R. 21, 20. T. H: Bunter Abend 1912, Vorträge (m. E. Weitz-Edwiga) 12; Bunter Abend 1913, desgl. (m. E. L. Gattermann) 13; Die flammende Venus, N. 19, 25. T. 23; Haß! N. 21; Der Kampf ums Gold, R. 22, 10. T. 23; Panik, R. 22, 10. T. 23; Die Fahrt ins Nichts, R. 23/24.

Eichbaum-Lange, Wilhelm, s. Lange, Wilhelm.

Eichblatt, Herm., M. Demmin, Pensinerweg 13. (ebda 8/5 66.) H: Eichblatts deutscher Sagenschatz in Einzeldarstellgn. 12 u. ff.

Eichborn, Kurt Karl Friedr. von, ⊞, Kunst♛, Dr. phil. Breslau, Blücherplatz 13. (ebda 4/2 77.)

Eichelter, Pongratz Rudolf, Reiseerlebnisse, Religions∴, /. Ragnitz b. Graz, Deutsch-Österreich. (Trifail, Steiermark 8/4 73.) B: Erlebnisse eines Weltbummlers 13, 2. A.; Aus einem Abenteurerleben 14, 2. A.; Goldfiebertage 14, 1. A.; Glücksucher 16, 1. A.; Jesus der Galiläer 22, 1. A.; Vom Goldmachen 23, 1. A.; Ein kirchenfreies Religionsbekenntnis 23, 1. A. *

Eichemeyer, Frau, geb. Niclas (Ps. Hanna Brandenfels), Rom., Nov. Rostock, Alexandrinen 79. (Königsberg 8/8 69.) B: Baroneß Köchin, R. 98; Tante Jette, R. 01; D. Rosenhäuschen, R. e. armen Offizierstochter 05; Madam Nett, R. 09; Der Stallbaron, R. 10; Das Kuckucksei, R. 11; D. Schneidergraf, R. 16; Durchgebrannt; Liebchen. ()

Eichen, Dr. Erich, s. Gottschalch, E.

Eichert, Franz, (k.), DÖSchG., CP., ₰, Journ. Wien XVIII/1, Klosterg. 11. (Schneeberg, Böhm. 11/2 57.) B: Licht vom Lichte 92; Wetterleuchten 93, 17. T. 21, Jugendausg. 3. T. 06; Kreuzlieder 99, 4. A. 16; Höhenfeuer 01, 3. A. 08; Kreuzesminne 06, 2. A. 16; Kreuz u. Schwert 07, 10. T. 08; Alpenglühen 12; Wenn der Gral erglüht (Auswahl) 14, 3. T.; Schwarzgelb u. Schwarzweißrot, KriegsG. (m. Rich. v. Kralik) 14, 7. T. 15; Der Königin Banner 15; Eiserne Lerche 23.

Eichhoff, Theodor, Ψ, ∴, Dr. phil., StudR. Anklam. (Igstadt 9/11 77.) B: D. Weg zu Shakespeare 02; Shakespeares Forderung e. absolut. Moral 02; Unser Shakespeare I u. II 03, III u. IV 04; Offenbarg. u. Wissenschaft 03; D. Mängel d. Sh.-Kritik erläutert an d. Gerichtsfz. d. K. v. V. 11. ()

Eichinger, Georg (Ps. Georg Würzburger), (k.), Buch- u. Kunsthändler, päpstl. Hoflieferant. Wien VIII, Lederergasse 23. (Würzburg 27/9 61.) B: Festspiele u. dramat. Märchen.

Eichler, Adolf, Deutschtum in Pol. u. Rußl., Grenzlanddeutschtum im Osten, Hauptgeschäftsf. d. Ostdtsch. Heimatdienst. Allenstein, Ostpr., Bahnhofstr. 44. (Lodz 31/1 77.) B: D. dtsch. Ansiedlg. Königsbach; Pastor Eugen Engel 15; Zwischen d. Fronten 18; D. Deutschen in Kongreßpol. 19; Poln. Toleranz 20; D. neueste Offensive d. Pol. in Ostpr. 20; D. poln. Anspr. auf Masuren u. Erml. 21; D. Deutschtum in Kongreßp. 21; Werdet nicht der Menschen Knechte 21; Wollen und Vollbringen 22. H: „Monatsbl. f. d. Deutschen in Rußl." 09; „Geistiges Leben" 12—13; „Deutsche Post" 15—18.

Eichler, Edmund W., s. Weber, Edm.

Eichler, Ferdinand, dtsch. Lit., Bibliothekswissensch., Dr. phil., Dir. d. Univ.-Bibl., Priv.-Doz. Graz, Burgring 14. (Schallan 18/10 63.) B: Begriff u. Aufgabe d. Bibliothekswiss. 96; Bibliothekspolit. am Ausg. d. 19. Jahrh. 97; D. Nachleben d. Hans Sachs vom 16. bis ins 19. Jhrh. 04; D. deutsche Bibel des Erasmus Stratter in der Univ.-Bibl. zu Graz 08; Aus einer österr. Bibliothek 09; Die wissensch. Bibliotheken in ihrer Stellg. zu Forschg. u. Unterricht 10; Einzel-Formschnitte d. 15. Jahrh. in d. Univ.-Bibl. zu Graz 16; Bibliothekswissenschaft als

Wertwissenschaft, Bibliothekspolitik als Weltpolitik 23.

Eichler, Franz, DÖSchG., ○, ✠, /. Fulnek, Schlesgasse 317, Mähren. (Fulnek 8|4 71.) B: Aus dem Liederbuch eines Verliebten, G. 98; Aus der großen Zeit, G. 15; Deutscher Heldenmut und Tapferkeit, G. 16; Lieder eines Einsamen, G. 17; Verlassen bin ich, Vst. 18; Der Geist der Heimat, Vst. 19; Ein Leidensweg, R. 20; Die Leni vom Berghof, Vst.; Standhafte Herzen, R.

Eichner, W., s. Heichen, Walter.

Eick, Tony, ✠, Epik, Dramatik. Stuttgart, Behrenstr. 20. (Mecherich 12|7 85.) B: Judas Ischariot, E. 15; Majestätchen, R. 18; Gralkönigin, Dr. 23. *

Eicke, Hermann, Dr. phil., Studienrat. Kiel, Esmarchstr. 62. (Braunschweig 18|3 85.) B: Zwischen Deich u. Hamme, Dchtg. 22; Am dunklen Tor, Dchtg. 23; Stedingen, eine Ketzerchronik, Dchtg. 23. *

Eidlitz, Walther, ○, Erz., ✠. Wien II, Ob. Donaustr. 45. (ebda 28|8 92.) B: Hölderlin, Szen. aus e. Schicksal 17; Der junge Gina, Gesch. 19; D. gold. Wind 19; D. Herbstvögel, Sch. 21; Bettina, Sc. 21; D. Wald, Dr. 22.

Eigner, Aug., ASV., DÖSchG., ✠, /, 𝒜, ○, Bürgerschullehr. Wien XII, Schönbrunner Str. 262. (ebda 10|4 84.) B: Lindenbluft, G. 06; Johanna Dirnböck-Schulz, Essay 08; D. Gaben der Schönen, M. 14; D. Meister, N. 20; Edvard Grieg, op. 43, G. 21, 2. Aufl. 22; Vom türk. Eulenspiegel, Schw. 21; Zwischen Hoffen u. Erinnerung, G. 21; Sieben Visionen, G. 21; Brücken auf d. Wege, G. 22; In Stunden d. Andacht, G. 22; Drei Sonaten, G. 22; D. Prophezeiung, O. 22; Suleiman, melodr. Sc. 23; Mädchenlieder, G. 23; Seitenblicke, Sprüche 23; Emmersdorfer Xenien (m. Otto Repp) 23. H: Auf silbernen Saiten, Anthologie 23.

Eilers, Konrad, I. Vorsitz. d. St. Hubertus, Verein Meckl. Jäger, Erz., N., G., Studienrat. Rostock, St. Georgstr. 101. (Forsthof Franzhof i. Lauenburg, Prov. Schleswig-Holstein 29|9 71.) B: Philosophie des Weidwerks 04; Blätter u. Blumen, Lieder aus dem deutschen Walde 14; Im Wald u. auf der Heide, jagdl. Erz. u. Skn. 22. *

Eimer, Manfred, ○, /, Ψ, ♛, Dr. phil., Prof. Karlsruhe i. B., Viktoriastr. 17. (Würzburg 29|10 71.) B: Gedichte 97; D. polit. Verhältnisse u. Beweggn. in Straßburg i. E. 1789 97; Herzog Ulrich, Tr. 01; Margherita Volani, Tr. 04; Lord Byron u. d. Kunst 07; Die persönl. Beziehgn. zw. Byron u. den Shelleys 10; Byron u. der Kosmos 12; Heldensöhne, Erz. 13; Zur Neugestaltg d. dtsch. Freistaates 19; Einsicht, Wille, Tat, e. Beitr. z. sittl. Überwindg. d. Partikularismus 20; Zum Problem d. Einheitsstaates 21; Führ. durch d. berühmte Stadtkirche in Freudenstadt 21; Der Kehler Brückenkopf 21; Aus Alt-Freudenstadt 22.

Eine deutsche Mutter, s. Giesenhagen, Heddy.

Einenkel, Eugen, Englische Sprach- u. Lit. ♛, Dr. phil., a.o. UP. i. R., Hrsg. der „Anglia" (s. 95). Überlingen (Bodensee), Goldbach 6. (Leipzig 18|8 53.) B: Üb. die Verf. einiger Neuangelsächs. Schriften 81; Life of Saint Katherine 84; Streifzüge durch die Mittelengl. Syntax 87; Das engl. Indefinitum 03; Histor. Syntax d. Engl. Sprache 16.

Einhart, s. Claß, Heinrich.

Einstein, Albert, ∩, Dr. phil., Prof., Dir. d. Kaiser-Wilh.-Inst. f. Physik. Berlin W 30, Haberlandstr. 5 (14/3 79.)

Einstein, Alfred, Musikforscher, Dr. phil., Red. d. „Ztschr. f. Musikwissensch.". München. (ebda 30|12 80.) B: Zur deutschen Literatur für Viola da Gamba 05; Gesch. d. Musik 17, 2. A. 19. H: Riemanns Musik-Lexikon. Ue: Marcellos „Theater nach der Mode" 17.

Einstein, Carl, Roman, Essay. Frohnau, Mark. (28|4 85.) B: Bebuquin, R. 13, 2. A. 15; Novellen 14; D. unentwegte Platoniker; Die schlimme Botschaft; Negerplastik 15; Afrikanische Plastik; Afrikanische Mythologie. ()

Einstein, Frau Maria, geb. Ramm, Ue., Rom. Berlin-Wilmersdorf, Nassauische Str. 2 I. (Starodub, Gouv. Tschernigow, Rußl. 21|11 88.) Ue: A. Bogdanow, Über proletar. Dchtg., 1.—20. T. 20.

Eisenmann, Alex., PA., /, Musik. Stuttgart, Im Kühnle 7. (27|3 75.) B: Neues Opernbuch 21.

Eisenschitz, Siddy, s. Pal, Siddy.

Eisenstein, Karl v., s. Eisner, Reichsritter von u. zu Eisenstein.

Eisler, Rudolf, ∴, Dr. phil. Wien II, Seb.-Kneipp-G. 11. (ebda 7|1 73.)

Eisler-Terramare, Georg v., s. Terramare, Georg v.

Eisner (Reichsritter von u. zu) Eisenstein, Karl (Karl v. Eisenstein), ASV., ✠ Nov., Skizze, Beamter. Prag II 820, Wenzelsplatz 49, Hofgebäude. (ebda 21|11 89. B: Lieder im Kampf 16; Menschenseele, G. 22; König Laurin, Ein Spiel für die deutsche Jugend 23. Ue: Antonin-Sova-Gedichte, aus dem Tschechischen 22.

Elb, Richard, /, Theaterkrit., Buchbesprechg., Gedichte, Dr. phil. Dresden, Bayreuther Str. 17. (ebda 29|7 81.) B:

Das Prinzip d. ästhet. Scheins mit bes. Beziehg. auf die dramat. Kunst 08.

Elbe, Alfons von der, s. Conrad, Adv.

Elbe, R., s. Bloch, Ludwig.

Elchinger, Richard, Roman, ☎, ○, /, ∩, Dr. phil., DB., RP., BBA. München, Klarstr. 1. (ebda 2/8 79.) B: Prinzessin Schnudi, R. 04, 25. A. 23; Commiß-Cantaten 05, 2. A. 06; Dramaturgische Spaziergänge 07; Thomas Grahm od. D. Gärten d. Venus, R. 09, 3. A. 11; Rosa od. d. Gefahren d. Schönheit, Erz. 20; Münchner Fasching od. d. Metzgersprung, Bst. 22; Röntgenstrahlen-Interferenzen bei akzidenteller Doppelbrechung 23; Die Abenteurer, Kom. 23. **Ue**: Maître Patelin, Kom. 07. H: „Weltliteratur" 1916—23; Siegfried v. Lindenberg, R. 12; D. Goldfaden, R. 23; D. Reise nach Braunschweig, R. 23; D. schöne Lau, M. 23; Beethovens Briefe 23. *

Elding, Kurt, s. Dobel-Elding, J.

Elias, Jul., BP., Lit.♛, Kunstkritik, Dr. phil. Berlin W, Matthäikirchstr. 4 II. (Hoya 12/7 61.)

Eliasberg, Alexander, SDS., **Ue**: RF Jüd, Dr. phil. München, Keferstr. 8d. (Minsk, Rußl. 22/7 78.) B: Russ. Lyr. d. Gegenw. 07; Russ. Kunst 15; Gesch. d. russ. Liter. 21; Russ. Baukunst 22. H: Mereschkowskij, D. Zar u. d. Revolution 08; Die großen Russen 10; Dostojewskij, Briefe 14; Sagen poln. Juden 16; Neue russ. Erzähler 16; Ostjüdische Novellen 17; Ostjüd. Theater 17: Der russische Christ 22; Dostojewskij-Brevier 22 u. a. m. **Ue**: Mereschkowskij, Tolstoi L., Tolstoi A., Dostojewskij, Turgenjew, Gogol, Tschechow, Kusmin, Rosanow, Ropschin, Wolynskij, Puschkin, Remisow, Ssologub, Gorkij, Ljesskow, Prischwin, Perez, Sch.-Alejchem, Mendele u. a. zka. 125 Bde.

Elisarion, s. Kupffer, Elisar v.

Eljens, Olaf, s. Jehle, Alfons.

Elka, C. G., s. Kukol, Louis.

Elkan, Frl. Adele, ASB., Jugendschrift., Roman, Red. d. Mädchenpost. Berlin-Wilmersdorf, Sigmaringer Str. 10. (Magdeburg 28/8 84.) B: Die Jüngste von Dreien, Erz. 19; Im Regen u. im Sonnenschein, Erz. 19; Unter Blumen, Erz. 20; Brautbriefe, R. 20; Frl. Mathildes Schützling, Erz. 20; Die kl. Stubenfliege, Erz. 20; Sonnenkind, Erz. 21; Tröst-Einsamkeit, Erz. 21; Hilde Gerstners Studienzeit, Erz. 21; Aus einem engen Nest, Erz. 22; Der Wirtin Töchterlein, Erz. 22.

Ellinger, Georg, Lit.♛, Dr. phil., RealgymnProf. Berlin W, Nollendorfstr. 22a. (30/8 59.)

Ellmenreich, Alb., Gesellsch. d. Fa. S. Pötzelberger u. Leit. deren Verlagsanst., Red. d. „Fremden-, Verkehrs- u. Sportztg. f. Südtirol". Meran, Südtirol, Habsburgerstr. 38. (ebda 31/8 70.)

Ello, Anton d', s. Donnebaum, Antonello.

Elmen, Günter von, s. Bugge, Emil.

Eloesser, Arthur, BP., Geschäftsführender Direktor des SDS., Lit.♛, Kritik, Dr. phil. Charlottenburg, Dahlmannstr. 29. (Berlin 20/7 70.) B: D. ältest. deutsch. Übersetzgn. Molièrischer Lustsp. 93; D. bürgerl. Drama 98; Literarische Portr. aus d. mod. Frankreich 04; Heinr. v. Kleist, Studie 04; Otto Ludwigs Werke (Gold. Klassiker-Bibl.) 08; Aus d. großen Zeit d. deutsch. Theaters 12; Die Straße meiner Jugend (Berliner Skizzen) 19. H: Kleists Käthchen v. Heilbronn (Pantheon-Ausg.) 05; Heinr. v. Kleists Werke (Tempel-Ausg., m. Biogr.) 10; Der junge Kainz (Briefe an s. Eltern) 12.

Else, Hans von der, s. Roßmann, Hans.

Elsner, Rich., ☎, ○, /, Kritik, Dr. phil. Berlin-Pankow, Parkstr. 17a. (Berlin 10/8 83.) B: Deutschritter, Sch. 07, n. A. 10; Francis Jeffrey, d. Hauptbegründer d. Edinburgh Review, u. s. krit. Prinzipien 08; Mod. Dramatik in krit. Beleuchtg. 08—13; Totensonntag, Dr. 10; Gedichte 11; Eine Gewissensehe, Lsp. 12; Octavio, Dr. 13; Taten u. Gedanken, G. 15, 2. A. 16; Fritjof, Dr. 19; Die heilige Sünde, Dr. 20; Bian, Dchtg. 20; Wege, N. 20; Andreas Hofer, Tr. H: Das deutsche Drama, Zeitschr. 18—22.

Elsner-Bielitz, Lisa Frau, ♛, Roman. Eisenach, Klosterweg 11. (Berlin 26/11 65.) B: Die Henneberger, R. 17; Bundschuh u. Schwert, R. 19 (als Sch. 20); Liebe auf den ersten Blick, Lsp.; Der Zwangsmieter, Lsp. 19.

Elster, Alex., ⚖, ✉, gewerbl. Rechtsschutz, Sozialhyg., ○, ∞, Dr. jur., Verlagsdir. bei Walter de Gruyter & Co. Berlin-Friedenau, Stierstr. 21. (Berlin 3/4 77.) B: Arbeiten über Verlagsrecht; Sozialbiologie 23.

Elster, Ernst, deutsche Lit.♛, Dr. phil., o. UP., GRegR. Marburg i. H., Deutschhausstr. 38. (Frankfurt a. M. 26/4 60.) B: resp. H: Lohengrin 84; Heines Buch der Lieder 87; Don Carlos 89; Heine, sämtl. Werke 87 ff. VII; Die Aufgaben d. Lit.-Gesch. 94; Prinzipien der Lit.-Wiss. I 97, II 11; G. Freytag, Vermischte Aufsätze I 01, II 03; Schiller 05; H. Hüffer, Heine 06; Beiträge z. deutschen Lit.-Wiss. I—XXII 07 ff.; Tannhäuser 08; Deutschtum u. Dichtung 15. ()

Elster, Hanns Martin, SDS., Lit.♛, /, Krit., **Ue**: FL, Dr. phil., Hrsg. d.

Mſ. für neue Dchtg. Berlin W 30, Neue Winterfeldtſtr. 29. (Köln-Deutz $^{11}|_{6}$ 88.) B: Richard Schaukal, Studie 10; G. Frenſſen 11; Ramler als Lyriker 12; Moritz Graf Strachwitz, Biogr. 12; W. v. Molo Leben u. Werke 20; Miniſter Frhr. vom Stein 20; H. Graf Moltke 21; H. v. Hofmannsthal 22; Fr. Wedekind 22; Die Erneuerung des deutſchen Theaters 22; M. v. Schwind 23. **Ue:** Stendhal-Beyle, Ausgew. Briefe (m. A. Schurig) 09; Erdmann Neumeiſter, Specimen diss. historico-criticae (1695) 09; Andreas Capellanus, de amore 23. H: J. Groſſe, Ravensbeck 10; W.-Raabe-Kalender (m. O. Elſter) I 11, II 12, III 13; Irrfahrten d. D. Elſter 12 II, 3. A. 12; Strachwitz, Lieder u. Balladen 12; Grimmelshauſen, Simpliz. 13; E. v. Wildenbruch, Ausgew. Werke III 20; Detmold, Satiren 20; Deutſche Dichterhandſchr. XIII 20ff.; Die Flöte 20ff.; Droſte-Hülshoff, Geſ. Werke III 23; Goethe, Reineke Fuchs 23; Hölderlin, Hymnen.

Elz, Hugo v. d., ſ. Wingler, Hugo.

Elzer, Frau Margarete, Romanſchriftſtellerin. Charlottenburg, Kneſebeckſtr. 11 I. (Halle a. S. $^{19}|_{10}$ 89.) B: Fahrt ins Glück; Traumſchloß; Käte Gernsbachs Ehe; Maria Dorn. *

Emanuel, ſ. Scher, Peter.

Emmel, Felix, ✿, Literatur, Dr. phil., Theaterkrit. d. Preuß. Jahrbücher. Berlin W 30, Nollendorfſtr. 13/14. (ebda $^{5}|_{4}$ 88.) B: Wundts Stellung z. relig. Problem 11; Der Tod des Abendlandes, Wider Osw. Spenglers ſkeptiſche Philoſophie 20; Ethik 21; Das Problem Graf Kaiſerling, Wider den Geiſt der Weltüberlegenheit 22; Die weltunweiſe Ethik 23; Das ekſtatiſche Theater 23.

Emmerich, Ferd., ſ. Emmerich-Högen.

Emmerich-Högen, Ferdinand (Pſ. Ferd. Emmerich), ASV., Jugendſchr., Nov., Erz., Reiſeſchildrgn. Paſing b. München, Kreuzſtr. 9. (Ham a. Niederrh. 58.) B: Exot. Nov., Seegeſchichten, Auswandererleitfaden; Jugendſchriften; Weltreiſen- und Forſcher-Erleb.; Erz. a. d. Tropen u. Seegeſchichten; Wiſſenſch. Tagebuch (Guayana).

Ems, A. v. d., ſ. Ruhe, Alfred.

Endhauſen, Frl. Malwine (Pſ. L. Herzog), Nov. Hannover, Hedwigſtr. 8. (ebda $^{29}|_{10}$ 43.) B: Novellen 87; Ehe der Tragödin, R. 97; D. Libelle, N. 98; Durch dunkele Schatten, N. 98; D. Theaterprinzeſſin, N. 98; D. alte Lied, N. 99; Glück? N. 99; Eva 00; Eine ſtolze Seele 01; Zu ſpät 01; Tragödie des Lebens 01; Chronika 05; Kunſt u. Leben, R. 13; Meiſter Helfft, R. 13.

Ende, C. v., ſ. Hünerbein, Charlotte v.

Endeers, L. van, ſ. Bram, Franziska.

Enderlein, Frl. Gertraud, RP., Kulturhiſt. Stud., ⚘- u. Buchbeſprechgn., Jugendſchr., Schriftleit., Red. d. Dresdn. N. Nachr. Dresden-N., Martin-Luther-Str. 10. (ebda $^{30}|_{1}$ 87.) B: Die Ermordung des Magiſter Hahn zu Dresden 12.

Enderlin, Fritz, ⊙, ❦, SES., DB., Dchtg., Dr. phil., Prof. a. d. Höh. Töchterſchule. Zürich, Bergheimſtr. 10. (Amriswil, Thurgau $^{25}|_{5}$ 83.) B: Adolf Frey, ein Kunſterlebnis 13; Die Fräulein von Saint-Cyr, Trag. Kom. 21.

Enderling, Paul, DB., ⊙. Stuttgart, Birkenſtr. 18. (Danzig $^{22}|_{4}$ 80.) B: Tolle Novellen 03; Am Fuß d. Berges, R. 12; Zwiſchen Tat u. Traum, R. 13; Im Strudel, Sch. 14; Oſtpreußen, Sch. 15; Der Hungerhauſen u. a. Nov. 16; Zwölf Geſchichten 16; D. dunkle Stadt, Sch. 16; Abenteuer, N. 17; Im Jahr d. Friedens, N. 18; Fräulein, R. 19, 6. A. 20; D. Umwege d. ſchön. Karl, R. 20. **Ue:** Japan. Nov. u. Gedichte 05; Stürme in der Stadt, R. 21; Wächter im Turm, N. 23; Die Rochuskapelle, R. 23.

Enders-Dix, Frau Anna, ❦, ⊙, Nov. Weiſchlitz i. Vogtlande. (Zittau $^{23}|_{6}$ 74.) B: Aus jung. Herzen, G. 97; J. Sonnenglanz, G. 01; Pſyche, Novelletten u. Skizzen 03; Zu Freude u. Troſt, Dchtgn. 06; Aphorismen u. Sinnſprüche 10; Vom unſichtbaren Königreich, Dchtgn. 13.

Enders, Carl, Lit.♛, Ψ, Krit., /, Dr. phil., a.o. UP., UDoz., Hrsg. der „Rheiniſchen Sammlung" u. d. „Rheiniſchen Monatsſchrift", 1. Vorſ. d. „Geſellſchaft für Rhein. Literatur". Bonn a. Rh., Roonſtr. 3. (Saarburg i. Lothr. $^{20}|_{7}$ 77.) B: Chronolog.-biogr. Studien zu d. Gedichten Günthers in d. Schul- u. Univerſitätsjahren 04; Zeitfolge d. Ged. u. Briefe Joh. Chr. Günthers 04; Die Kataſtrophe in Goethes Fauſt 05; G. Frenſſen u. ſ. Roman Hilligenlei 06; Von Rilkes Art u. Kunſtübg. 07; W. Schmidtbonn 08; Ideal u. Leben in Dehmels Lyrik 09; Friedrich Schlegel, d. Quellen ſ. Weſens u. Werdens 13; Gottfr. Kinkel im Kreis ſ. Kölner Jugendfreunde 13; B. v. Münchhauſen u. d. deutſche Ballade 14. H: Schillers Philoſoph. Schriften 14; F. Schlegels Fragmente 15; Leſſings Briefe u. Schriften 15; Feſtſchrift für Berthold Litzmann 21; Gottfr. Kellers Werke VI 21; Das d. hiſtor. Drama 22 (Dichter u. Bühne); Fr. Schlegel Lucinde u. Schleiermachers Briefe über die Lucinde 23.

Endres, Franz Carl, SDS., Orientalia, /, ❦, ✗, kaiſ. osman. Major a. D., Schriftſt., Lit.- u. Theaterkritiker. Stutt-

gart-Zuffenhausen, Jägerstr. 14. (München $^{17}|_{12}$ 78.) B: Französ. Taktik 12, 3. A. 13; Moltke 13; Die Türkei 16, 4. A. 17; Das deutsche Heer 16; Nargileh, Nn. 16; Türkische Frauen 16; Bosporuswellen, R. 17; Zionismus u. Weltpolitik 18; Reichswehr u. Demokratie 19; Große Feldherrn 19 II; Ruine d. Orients 19; Lied v. Aleppo, R. 20; In Memoriam 20; Vaterland u. Menschheit 20; Georg Hirth 21; Florian van Kleentjes, R. 21, 2. A. 24; Du bist ich 22.

Endres, Fritz, ♛, /, Dr. phil., Dramaturg d. Lüb. Stadttheaters u. Prokurist d. Buddenbrook-Buchhandlung. Lübeck, Ratzeburger Allee 18a. (München $^{1}|_{8}$ 86.) B: Die Gründung d. Münchener Nuntiatur u. d. Emser Kongreß 08; Prinzregent Luitpold v. Bayern 15; Gambetta (Meister d. Politik) 23; Thomas Mann 23. MitH: D. Politik d. Kurfürsten Maximilian I. von Bayern. *

Endres, Jos. Ant., (k.), ∴, Dr. phil., Hochsch.-Prof. Regensburg, St. Kassianspl. 7. (Untermeitingen $^{12}|_{8}$ 63.) B. Leben u. Seelenlehre d. Alex. v. Hales 88; Korresp. d. Mauriner m. den Emmeramern 99; Frobenius Forster 00; D. St. Jakobsportal in Regensburg und Honorius Augustodunensis 03; Honorius Augustodunensis 06; Martin Deutinger 06; Gesch. d. mittelalterl. Philosophie im christl. Abendland 08; Petrus Damiani u. die weltl. Wissenschaft 10; Thomas v. Aquin 10; Forschungen z. Gesch. d. frühmittelalterlichen Philosophie 15; Einleitung in die Philos. 21, 3. A. 23. H: Abhandlungen aus d. Gebiete der Philos. u. ihrer Gesch. (Festg. f. Hertling) 13; G. Frhr. v. Hertlings Hist. Beiträge z. Philosophie 14; Hagemann, Metaphysik, 7. A. 14, 8. A. 22.

Eng, Fräulein Helga, Psychologie, Pädagogik, Dr. phil., Lehrerin. Kristiania, Norwegen, Waldemar Thranes gb. 42. (Östfold $^{30}|_{8}$ 75.) B: Abstrakte Begriffe im Sprechen und Denken des Kindes 14; Kunstpädagogik 18; Experimentelle Untersuchungen über das Gefühlsleben des Kindes im Vergleich mit dem des Erwachsenen 22. *

Engel, Alexander (Ps. Alfred Cavoret, Paul Mira), CP., /, O, O-Kritik, Red. d. „K. W. Journal", Schriftsteller. Wien III, Keulingg. 11. (Turocz-Neczpál $^{10}|_{4}$ 68.)

Engel, Eduard, BP., Nov., O, Roman, Lit. ♛, Dr. phil., Prof. Bornim b. Potsdam, Potsdamer Str. 51. (Stolp $^{12}|_{11}$ 51.) B: Byron, 5. A.; Ital. Liebeslieder, Franz. Lit.-Gesch., 8. A.; Übersetzungsseuche, 4. A.; Gesch. d. engl. Lit. u. d. Lit. N.-Amer., 8. A.; Hat Bacon d. Dramen Shakesp. geschrieben? 2. A.; Heines Memoiren, 21. A.; Psycholog. d. franz. Lit., 4. A.; Griechische Frühlingstage, 3. A.; Ausspr. d. Griech. 87; Eisenbahnreform 88; D. Zonentarif, 12. A. 90; Wand an Wand, N. 90; Ausgewiesen, N. 91; Shakespeare 97, 3. A.; Des Lebens Würfelspiel, N. 03; Shakesp.-Rätsel 04, 3. A.; Gesch. d. deutsch. Lit. 06 II, 30. A. 21; Paraskewula u. a. Nov. 08; D. jüngste Deutschland 08; Gesch. d. deutschen Lit. des 19. Jahrh. u. d. Gegenw. 08, 7. A. 19; Kurzgef. Gesch. d. deutsch. Lit., ein Volksbuch, 1.—20. A. 09; Goethe, der Mann u. das Werk, 18. A. 21; Deutsche Stilkunst 11, 30. A. 16; Deutsche Meisterprosa 12, 6. A. 13; Der Wohnsitz des Odysseus 12; Volksausg. v. Goethes Werken 13; 1914—19, e. Tagebuch, 4. A.; Sprich deutsch! Entwelschung; Gutes Deutsch; Dtsche. Sprachschöpfer.

Engel, Fried, ASV., Kaufmann, Red. Cleve, Niederrhein. (Öttingen i. Bay. $^{4}|_{8}$ 86.) B: Dr. D. Friedrich von Bodelschwingh 10; Märch. u. Legend. 19; Kampf u. Kraft, R. 20; Ringende Menschen, Erz. 20; D. j. Mann u. d. junge Mädchen; zahlreiche Bst. H: „Der Leuchtturm", Monatsschr.

Engel, Fritz, BP., RP., SDS., Vors. des Vereins „Kleiststiftung", Kritik, ♛, /, Theaterkritiker u. Red. d. „Berl. Tagebl.". Berlin W, Neue Ansbacher Str. 17. (Breslau $^{16}|_{2}$ 67.) B: Und draußen ist Krieg, G. 15; Wir sind jung, G. 16; In d. Sammlung „Schneiders Bühnenführer" 21 u. 22: Shakespeare, Unruh, Lauckner, Shaw, Wilde.

Engel, Georg, BP., O, Roman, Nov., /. Berlin W, Bayreuther Str. 19. (Greifswald $^{29}|_{10}$ 66.) B: Ahnen u. Enkel, R. 92; Des Nächsten Weib, R. 93, 2. A. 94; Das Hungerdorf, N. 93, 3. A. 99; Zauberin Circe, R. 94, 6. A.; Die Last, R. 94, 11. A. 13; D. Hexenkessel, Sch. 94; Hadasa, Sch. 96; Abschied, Sch. 98; D. keusche Susanna, Sch. 98; Ein Schäferstündchen, Sp. 99; Sturmglocken, Dr. 99; D. Furcht v. dem Weibe, R. 99, 8. A. 00; Der Ausflug ins Sittliche, Lsp. 00; Über den Wassern, Dr. 01, 3. A. 09; Im Hafen, Dr. 03; Hann Klüth, der Philosoph, R. 05, 36. A. 21; D. Hochzeit von Poël, Komödie 06; Der Reiter auf d. Regenbogen, R. 08, 11. A. 21; Das lachende Mirakel, Verskom. 09; Der verbotene Rausch, humorist. N., 1.—5. A. 09; D. Leute v. Moorluke, N. 10; D. scharfe Junker, Kom. 10; D. verirrte Magd, R. 11, 8. A. 12; Die vier Könige, R. 13, 11. A. 21; D. heitere Residenz, Kom. 14; Der Fahnenträger, R. 14, 11. A. 21; Die Herrin u. ihr

Knecht, R. 16, 21. A.; Die Heimgekehrten, Einakter-Zyklus 18; Die Unsichtbaren, Sch. 19; Kathrin, R. 19, 20. A.; Claus Störtebecker, R. 21, 13. A.; Die Prinzessin und der Heilige 22, 10. A.; Erlebtes und Erträumtes 23, 10. A; Die Mauer, R. 23.

Engel, Karl, DB., Optte., Sgsp., Referendar. Leipzig-Connewitz, Waisenhausstr. 11. ($^{29}|_{11}$ 91.) B: Das goldene Netz, Optte. 16 (m Walter Grave u. Franz Drdla); Es zog ein Bursch' hinaus, Sgsp. 21 (m. L. Habit u. O. Böhme).

Engel, Moritz v. (urspr. Maurus Engel de Jánosi), ⊙, ✠, /, ⊞, ♠. Wien XIX, Heiligenstädter Str. 83. (Fünfkirchen $^{6}|_{8}$ 58.) B: Hassan, Tr. 88; Transaktionen, Sch. 01. ()

Engel, Oskar, DB., ⊙. Berlin SW68, Alte Jakobstr. 120a. (Posen $^{14}|_{4}$ 81.) B: Väter, Sch. 09; Kinder amüsiert euch, P. 11; Aushilfsbaby, Optte. 12; Kaiserplatz 3, Optte. 15; Tieffenbachs, Lsp. 16; Drei fidele Brüder, P. 18; Seine Hoheit d. Dieb, Optte. 19; Amt Steinplatz 456, Lsp. 20; D. geborgte Ehemann, Optte. 21.

Engelbrecht, Kurt, Roman, Essay, Pfr. Straßberg im Harz. (Boltenhagen $^{19}|_{8}$ 83.) B: Künstler u. Künstlertum 12; Wege u. Umwege, R. 13, 2. A.; Der Deutsche u. dieser Krieg 14, 6. A. 15; Deutschland lerne! 15; Krieg, Kunst u. Leben 16, 2. A.; Neuland in deutscher Kunst 16; Deutschlands relig. Zukunft 16; Die Seele deines Volkes 16, 4. T.; Am Urquell d. Geistes 17, 2. T.; Die Liebe im Erl. d. Zeit. u. Völk. 19, 2. T.; Don Pablo der Narr, R. 21; Kinokultur, krit. Gänge durch d. Gegenwart 22; Fahrenkrog-Kunstgabe 22. H: Sturm üb. Land 16; Dickmanns Denkwürdigkeiten und Erinner.-Bücherei.

Engelhardt, Emil, Kulturfrag., ✠, †, ∴, Pfarrer a. D., Leiter der Gemeinschaftsstätte Schloß Elgersburg, Thür. ($^{10}|_{4}$ 87.) B: D. Zukunft d. Auslanddeutschtums 16, 2. A. 17; Auf dtsch. Vorposten, Tageb. e. Auslandpfarr. 16, 2. A. 17; D. Volkshochschule in Deutschl. 17; Fichtes Erziehungsgedanken u. d. dtsche. Volkshochsch. 18; Tat u. Freiheit, ein Fichtebuch 18, 2. A. 22; J. G. Fichte, ein deutscher Mensch u. Denker 19; Fichtes Briefe an Braut u. Gattin 20; Erlöserin Liebe 20, 2. A. 22; Minne u. Liebe 20, 2. A. 22; Rabindranath Tagore 21, 2. A. 22; Lebenskunst v. L. Tolstoi, Eine Auswahl 12, 2. A. 22; Nothelfer Emil Gött 21; Die ewige Frau, 3 Gesch. vom Ewig-Weiblichen, Nn. 23. Ue: Tagore, Frühlingskreis; W. B. Smith, Ecce Deus.

Engelhardt, Ewald, ✠, ⊙, Roman, Nov., Kultur♛, Reformen, Hrsgb. d. Ztschr. „Aratora". Artern i. Thür. (ebda $^{16}|_{9}$ 79.) B: Das zerbrochene Ringlein, Lsp. 05; D. blaue Monat, hum. E. 06; Nacktsport, G. 06; Ernst Anderst auf der Flucht, R. 07; Wie Zeppelins Rekord durch Mister John Kaystone geschlagen wird, Hum. 09; In nuce, G. 09; Morituri immortales 10; D. Arterner Königsstuhl 10; D. Arterner Wasserschloß 10; Glückhafte Hufkränze, Nn. 10; Heimatliebe, Heimatgesch. u. Heimatforderg n. 11; Ein altgerm. Kulturdenkmal 11; D. Kampf um die Pappeln 11; D. Hutdeckel u. s. Ausgrabg. 11; Gustav Poppe 11; Die Siegel u. Wappen d. Stadt Artern 12; Arterner Quellenkunde 13; D. Tsuba, R. 13; Gedichte in Auswahl 13; Arterner Heimatbuch 13; Ed. Jacobs 14; Lieder im heiligen Kriege 15; Faust, ein deutscher Mythos 16.

Engelhardt, Karl, Rom., ⊙, Realgymn.-Prof. Vegesack, Bremerstr. 36. (Nürnberg $^{7}|_{9}$ 76.) B: Mehr Sonne, Zeitdr. (mit Ludw. Rohmann) 00; Scheinehen, R. 00; Valentin Gerhart, R. 01; Moorland, Sch. 01; Urkraft d. Liebe, R. 01; D Heidesänger, Dr. 03; Menschlichkeit, Sch. 04: Vivat academia! Tragikomödie 05; Pastor Dohrmann, Sch. 09; Die heil. Dreifaltigkeit, Sch. 11. ()

Engelhardt, Otto, Dr. phil., Studienassessor. Saalfeld (Thüringen), Fingerstein 9. (Hannover $^{5}|_{12}$ 82.) B: Das griechische Drama 12; Ein Sommertraum, Msp. 20. **Ue** u. H: Die Oresteia des Äschylos. •

Engelhardt, Viktor, jun., ∴, Dr. phil., Regierungsrat. Berlin-Friedenau, Taunusstr. 13. (Wien $^{4}|_{9}$ 91.) B: Einführung in die Relativitätstheorie 20; Weltbild und Weltanschauung vom Altertum bis zur Neuzeit, eine kulturphilosophische Skizze 21; Weltanschauung und Technik 22; Die deutsche Jugendbewegg. als kulturhistorisches Phänomen 23; Die geistige Kultur Indiens und Ostasiens, 1. Teil der Geschichte der Geisteskultur. •

Engert, Horst, ∴, Literatur♛, Dr. phil. Dresden-A., Gerokstr. 14. (Frankenberg i. S. $^{21}|_{8}$ 86.) B: Die Tragik der dem Leben nicht gewachsenen Innerlichkeit in den Werken Gerhart Hauptmanns 10; Das historische Denken Max Stirners 11; Teleologie u. Kausalität, ein Grundproblem der Geschichtsphilosophie 11; Gerhart Hauptmanns Sucherdramen 22. H: Beiträge zur Philosophie des deutschen Idealismus I 18/19. •

Engert, Joseph, Religions∴, Dr. theol. et phil., HSchP. Dillingen. (Ochsenfurt $^{25}|_{1}$ 82.)

Englert, Ant., Lit.♛, Volkskde., poet. Übersetzgn., Studienprof. a. D. München, Orffstr. 4 II. (Aschaffenburg $^{28}|_{12}$ 55.) **W:** Frz. Lesebuch (mit Bauer u. Link) 89, 3. A. 01; Anth. des poètes franç. mod. 91, 2. A. 02; Schulausgabe d. Schlegelschen Übers. v. Shakespeares J. Cäsar 94; Sel. fr. Irving's Sketch Book, Schulausg. 98; Die Rhythmik Fischarts 03.

Englert, Josef, ✤, Erz., Dr. phil., Studienrat. Ulm a. D., Gänslände 1. (Heidingsfeld a. M., Ufr. $^{31}|_{3}$ 90.) **W:** Von fränkischer Erde 19; Geliebte Erde 21; Eleonore, Erz. 23; Ewige Wanderschaft, G. 23; Das Leben der Euphemia, Erz. 23; Der Schritt ins Unendliche, Erz. 23; Die Schwestern, Erz. 23.

Engwer, Theod., roman. Ψ, Dr. phil., Prof., GObRegR. Berlin-Wilmersdorf, Prinzregenten-Str. 76. (Grimmen $^{23}|_{3}$ 62.)

Enking, Ottomar, Nov., Roman, O, /, ✿, Kritik. Prof. Dresden-A., Wintergartenstr. 27. (Kiel $^{28}|_{9}$ 67.) **W:** Vereinsamt 95; Schlankschlena 95; Erika Svanoes Recht (Ragna Svanoe), R. 96, 4. A. 16; Johann Rolfs, R. 98, 4. A. 14; Dämon Mutter (Nis Nielsen), R. 97, n. A. 16; Ikariden, R. 00; Familie P. C. Behm, R. 02, 10. A. 11; Patriarch Mahnke, R. 05, 3. A. 10; Die Darnekower, R. 06, 3. A. 07; Nelde Thorstens Sanduhr, R. 07, 23. T. 14; Wie Truges seine Mutter suchte, R. 08, 4. A. 11; D. Schwester, R. 08; Das Kind, Kom. 09; Kantor Liebe, R. 10, 4. A. 11; Die Siegerin, Dr. 10; Momm Lebensknecht, R. 11, 3. A. 12; Heine Stölting, Erz. 12; Peter Luth von Altenhagen, Tr. 12; Otto Ernst u. s. Schaffen 12; Matthias Tedebus d. Wandersmann, R. 13, 3. A.; Th. Körners Flucht aus Leipzig, Dr. 13; Ach ja, in Altenhagen, R. 13, 4. A. 14; E. Helfer seines Gottes, R. 14; Monegund, R. 16; Warum schwieg sie nicht?, R. 16; Vaterländische Gedichte 16; Pümpelstipp, MDr. 17; Das Pünktlein auf der Welle, R. 18; Claus Jesup, R. 19; Auferstehung, Ostersp. 20; Wagnesvott, R 21.

Enskat, Otto Emanuel, Humor, Satire. Berlin-Lichterfelde, Flotowstr. 1. (Szillen, Kr. Ragnit $^{26}|_{8}$ 56.) **W:** Bürgermeisters Hilde; Beiträge z. Naturgesch. d. Tanten u. Onkel; Aus d. Brevier d. Liebe; D. vier Kriegsverbündeten; Kernige Worte an das deutsche Volk; Aus d. Wirrwarr d. Lebens, G.; Das Glück des Lebens, Sch.; O, du mein Jena! Vst.; Zur Sonne, R.

Enzinger, Moriz, Literaturwissenschaft, Dr. phil., o. ö. Universitätsprofessor. Innsbruck, Tirol, Maria-Theresien-Str. 34. (Steyr, Ob.-Österr. $^{30}|_{12}$ 91.) **W:** Die Entwicklung des Wiener Theaters vom 16. zum 19. Jahrh., Schriften der Gesellschaft für Theatergeschichte, Bd. 28/29 18—19; Das deutsche Schicksalsdrama 22. *

Eo Ipso, s. Clobes, Heinz Wilh.

Eppan-Penegal, s. Erber, Othmar.

Eppstein, Georg Frhr. v., ✤, /, O, Lit.♛, ⁂, Erz., Dr. phil, Dr. jur. h. c., Prof., WGehR., Erz., Kabinettschef u. Hochschulkurator a. D. Berlin-Lichterfelde-West, Potsdamer Str. 32. (Breslau $^{20}|_{3}$ 74.) **W:** Erste Wanderfahrt, G. u. Skn. 96, 2. A. 02; Arys'er Soldatenleb., Milit.-Hum. in Versen 97; Fallendes Laub, N. 98; Else, e. Liederreigen 99; D. Naturpoesie bei L. Achim v. Arnim 00; Stud. z. Gesch. u. Kritik d. Sokratik 01; Im Vorübergeh'n ..., neue G. u. Skn., 2. A. 14; Bismarcks Staatsrecht (m. Prof. Bornhak) 03, 2. A. 22; D. Vorschriften der deutschen Bundesstaaten üb. die Trageweise und die Rückgabe der Orden u. Ehrenzeichen 06; Ins neue Land ..., R. 10; Deutschland u. Ungarn 16; Der Einfluß des ung. Staatsrechts auf d. Rechtsstellung d. Gesamtmonarchie 16; Fürst Bismarcks Entlassung 20, 3. A. 21.

Epstein, Georg, jetzt: Eppstein, G. v.

Epstein, Max, DB., SDS., Prof Dr., Berlin-Grunewald, Douglasstr. 15/17. (Königshütte $^{9}|_{8}$ 74.) **W:** Das Theater als Geschäft; Max Reinhardt; Das Buch der Erziehung 22; Die Kritik der reinen Vernunft in deutschen Stanzen 23; Die Kunst zu erben, Dr.; Der Herzog von Parma, Dr.; Irren ist menschlich, Lsp. **Ue:** Die fremde Frau. *

Erben, Frau Irma (Ps. Erben-Sedlaczek), geb. Sedlaczek, DSch., ✤, Nov., Skizze, ✤, /. Breslau, Kronprinzenstr. 56 II. (Tarnowitz i. OSchl. $^{13}|_{11}$ 79.) **W:** Aus Kampf u. Stille, G. 11; Reifendes Land, G. 13; Die Stimmen des Tages, Ged. 21.

Erben, Wilhelm, ♛, Dr. phil., o. UP, HR. Graz, Schillerstr. 1. (Salzburg $^{3}|_{12}$ 64.)

Erben-Sedlaczek, s. Erben, Irma.

Erber, Othmar (Ps. Eppan-Penegal, Paracelsus u. anonym), Topographie, Burgenkunde, Kultur d. Gegenw., Okkultismus, Psychologie, Buchhändler. Graz, Ruckerlberggürtel 13. (Brixen, Südtirol $^{10}|_{11}$ 72.)

Erbt, Wilhelm, ♛, M, ⁂, ✤, Lic., Dr. phil., Dir. d. Städt. Lyzeums u. Oberlyzeums. Neumünster. (Berlin $^{23}|_{8}$ 76.) **W:** D. Purimsage in d. Bibel 00; Jeremia u. seine Zeit 02; Die Sicherstellung des Monotheismus durch die Gesetzgebung im

vorexil. Juda 03; Israel u. Juda, Bibelkunde 03; Die Urgeschichte der Bibel 04; Die Hebräer 06; Untersuchgn. z. Gesch. der Hebräer: I. Elia, Elisa, Jona 07, II. Jesus, d. Entstehung d. Christentums 14; Handb. zum A. T. 09; Kirchengesch. 10, 7. A. 14; D. Markusevangelium 11; Von Jerusalem nach Rom, z. Gesch. d. Urchristentums 12; Gesch. d. Religion in d. Alten Welt 13; Die deutsche Erziehung 20; Deutsche Einsamkeiten, R. 21; Das deutsche Rätsel 22; Das Judentum 22; Das deutsche Schicksal im untergehenden Abendlande 23.

Erco, s. Collin, Ernst.

Erdberg, Robert v., DV., [Stempel], ⊙, Dr. phil., Oberregierungsrat im Pr. Min. f. Wiss., K. u. Volksbildung, Hrsg. d. „Volksbildungsarchiv". Waldheim, Osthavelland. (Riga $^{6}|_{8}$ 66.) V: Joh. Joach. Becher 95; D. Wohlfahrtspflege 03; Weigand u. Sohn, Dr. 08; D. Tragödie, Dr. 09; Volksbildg. u. Staat 18; Freies Volksbildgswesen 19. H: Deutsche Reden in schwerer Zeit 14; Volk und Geist, Schriften des Volksbildungsarchivs 22.

Erdmannsdorffer, Friedrich, Roman. Schliersee, Oberbay. (Augsburg $^{13}|_{8}$ 80.) V: Lola, R. 03; Von neuen Ufern, G. 08; Sturmzeit, G. 19; Unter Pseud. Friedr. Bürger: Die Maibraut, Vst. 13; Söhne des Volkes, Vst. 20; Die rote Fahne, Vst. 20; Der Rosengarten, Kom. 21.

Eremita, s. Lasson, Georg.

Erfurt, Bruno v., s. Friedrichs, Jenny v.

Erfurth, Richard, Nov., ⊙, ♞, ♛. Lehr. a. d. Luthersch. Wittenberg, Prov. Sachsen, Melanchthonhaus. (Schleinitz $^{14}|_{9}$ 69.) V: Auf buntbewegten Gassen 92; Krieg oder Frieden; Erdenglück, N. 93; Wie kann d. Lehrer mithelfen zur Verbreitung guter Lektüre? 96; Heimatkunde d. Kreises Wittenberg 01; Bilder aus d. Kulturgesch. unserer Heimat (Prov. Sachsen, Herzogt. Anhalt u. Kgr. Sachsen) 04, n. A. 07; Gesch. der Stadt Wittenberg 10; Führer durch Wittenberg u. Umgegend 11; Geschichte d. Schützengesellschaft zu Wittenberg 12; Vom Joche erlöst, Sch. 14; Die Russenfalle, Sch. 16.

Ergon, s. Böhm, Otto, Wien.

Erhard, Linna, s. Clausnitzer, L.

Erhardt, F., s. Hahn, Franziska.

Erhardt, Franz, ♣, Dr. phil., o. UP., GHofR. Rostock, Graf-Schack-Str. 5. (Niedertrebra $^{4}|_{11}$ 64.)

Erichsen, Leo (Pseud. für Leo Moyseowicz), RP., ASV., VJ. & SV., /, ⊙, ♣, Psychologie, Vortrag, Dozent der Gesellschaft f. Volksbildung Berlin. Mittel-Schreiberhau i. R., Haus Erichsen. (Breslau $^{29}|_{3}$ 78.) V: An der Grenze d. Übersinnl. 05, 26. T. 15; Der Zusammenbruch Rußlands u. s. Ursach., 65. T. 17; Sinnliches-Übersinnliches 22. *

Erismann, Theodor, Psychologie, ♣, Dr. phil., UDoz. Bonn, Kaufmannstr. 61. (Zürich $^{16}|_{9}$ 83.)

Erlangen, Erasmus von, s. Doppler, Michael.

Erler, Alexander Oskar, DV., ⊙. Freiberg i. Sa., Burgstr. 38 I. (ebda $^{26}|_{9}$ 69.) V: Die Lüge zur Mitgift, Dr. 95; Herbst-Stürme, Sch. 00; Heimweh, Sch. 09; Exzellenz von Schilda, Kom. 09; Abschied von ihr, Sch. 12; Durchlaucht in Hosen, Optte. 13; Wenn dich die bösen Buben locken..., P. 14; Rokokoliebe, Optte. 15; Faschingsweibchen, Lsp. 17; Feinsliebchen, Sgsp. 19; Nachtigall und Kuckuck, Schw. 19; Noriko-San 20; Die Tragödie eines Häßlichen, D. 21; Die schwarze Liste, Schw. 22; Die dumme, dumme Liebe, musik. Schw. 23.

Erler, Jos., ⊙, /, ⚜, HofR., Polizeidir. i. R., Vorst. d. Allg. Tiroler u. Vorarlberger Journalisten- u. Schriftsteller-Vereins. Innsbruck. (Triest $^{9}|_{8}$ 57.) V: Drei Tage in Innsbruck 76; Mein Land Tirol 77; Geigenmacher v. Tirol 78; Kaisers Ehrenkranz 79; A. d. Sommerszeit 80; D. Prinzen Meisterschuß 80; Innsbruck 81; V. Bodensee z. Arlberg 82; Kind d. Dorfhexe, Vst. 82; D. letzte Zuflucht dr. G. 82, 91; Im Fluge durch Vorarlberg 83; Nov. 84, 86; Essays 85, 93; Gegen das Vagabundentum 87; Kaisers Ehrentage 88; Aus d. Mappe e. Krim.-Kommiss. 89/90 II; Kampf geg. d. Prostitution 89; Diese Weiber 91; Aus d. Schwarzbuche e. Polizeibeamten I 98, II 10; Vom Theater 98; Im Lande d. Unerlösten, R. 14; Im Reiche d. Erlöser, R. 16; Des Alpenlandes Opfergabe, DrG. 18.

Erler, Otto, DV., ⊙, Prof., Dr. phil. Dresden, Albrechtstr. 3 I. (Gera, Reuß $^{4}|_{8}$ 73.) V: Verse 99; Giganten, Dr. 01; Die Ehekünstler, Dr. 04; Der Bundschuh, Dr. 04; Zar Peter, Dr. 05, 3. A. 06 (ins Franz. u. Engl. übs.); Die Hosen des hlg. Bartolus (Die Reliquie), Kom. 10 (ins Franz. übs.); Struensee (Der Engel aus Engeland), Dr. 16, 4. A. 20 (ins Dän. u. Schwed. übs.); Die trag. Probl. d. Struensee-Stoffes, Abh. 16; Amerongen, Dchtg. 21; Der Galgenstrick, Kom. 24.

Erloff, Ludwig, s. Rudloff, Erich.

Erman, Adolf, Ägyptologie, Dr. phil., o. UP., GRegR. Berlin-Dahlem, Peter-Lenné-Str. 36. (Berlin $^{31}|_{10}$ 54.)

Ermatinger, Emil, ⚜, Nov., Lit. ♛, Ästhetik, Dr. phil., o. UP. u. Prof. a. d. Eidg. Techn. Hochsch. Zürich, Blümlis-

alpstr. 64. (Schaffhausen 21/5 73.) B: Die attische Autochthonensage bis auf Euripides 97; Meleagros von Gadara 98; Antike Lyrik in mod. Gewande (m. R. Hunziker) 98; Jenseits des Tages, G. 00; Weggefährten, Erz. 02; Friedrich Schiller, Vortrag 05; Die Weltanschauung d. jungen Wieland 07; Der Weg ins Leben, R. 09; Gottfr. Kellers Leben, Briefe u. Tagebücher 15f. III, 6.—8. A. 23f.; Die deutsche Lyrik in ihrer geschichtl. Entwicklg. v. Herder bis z. Gegenwart 21 II; Das dichterische Kunstwerk, Grundbegriffe d. Urteilsbildg. i. d. Litgesch., 2. A. 23. H: Schweizer. Dichterbuch (m. E. Haug) 03; Goethes Schriften üb. Lit. u. Theater 10; Goethes Maximen u. Reflexionen 13; Goethes Westöstlicher Divan 13; G. Kellers Grüner Heinrich, erste Fassung 14; Gottfr. Kellers Werke, Cottasche Jub.-Ausg. 19.

Ernest, Gustav, Musikwiss., Doz. a. d. Humboldt-Hochsch. Charlottenburg, Sybelstr. 6. (Marienwerder 5/7 58.) B: Rich. Wagner, s. Leben und Schaffen 15; Beethoven, Persönlichk., Leb. u. Schaffen 20; 2. A. 22.

Ernschtle, s. Franck, Ernst.

Ernst, Georg, s. Haack, Konrad.

Ernst, H., s. Henning, Hans.

Ernst, Heinr., s. Kley, Ernst.

Ernst, Otto (Ps. f. Otto Ernst Schmidt), ASV., VB., PA., DB., Nov., ✎, ✠, Essay, ⚪. Großflottbek b. Hamburg, Kl. Flottbekerstr. 17. (Ottensen 7/10 62.) B (seit 00): E. frohes Farbenspiel, hum. Pl. 00, 44. T. 22; Stimmen d. Mittags, Ged. 01, 3. A. 04; Flachsmann als Erzieher, Lsp. 01, 50. T. 23; D. Gerechtigkeit, Kom. 02, 6. A. 02; V. geruhigen Leben, hum. Pl. 02, 52. T. 23; Asmus Sempers Jugendland, R. 04, 150. T. 23; Bannermann, Sch. 04; D. Jubiläum, Lsp. 05; V. großen u. kleinen Leuten, Nn. 05, 36. T. 16; Lessing, Monogr. 05; Ortrun u. Ilsebill, Märchenkom. 06; Appelschnut, hum. Plaud. 06, 100. T. 23; Des Kindes Freiheit u. Freude 07, 6. A. 07; 70 Gedichte 07, 30. A. 19; Semper der Jüngling, R. 08, 100. T. 23; V. Strande d. Lebens, Nn. u. Skn. 08, 250. T. 20; Tartüff der Patriot, satir. Schw. 09; Vom grüngoldnen Baum, hum. Pl. 09, 40. T. 22; Im Wunderwald, Bilderbuch m. Versen 10; Hinaus ins Freie, Kinder-Lr. 10, 8. T. 12; Der Kinder Schlaraffenland, M. 10, 16. T. 21; Gesund u. frohen Mutes, Ausw. 10, 20. T. 11; Blühender Lorbeer 10, 10. T. 22; D. Liebe höret nimmer auf, Tragikom. 11, 3. T. 12; Laßt uns unsern Kindern leben! 11, 10. T. 22; Laßt Sonne herein!, hum. Plaud. 11, 275. T. 22; Aus meinem Sommergarten, hum. Plaud. 12, 35. T. 22; Sankt Yoricks Glockenspiel, Satiren, 1.—5. T. 13, 10. T. 14; Nietzsche d. falsche Prophet 14; Gewittersegen 15, 11. T. 16; Semper der Mann, R. 16, 55. T. 23; Das Glück ist immer da, hum. Plaud. 16; Hermannsland, R. 21; 50. T. 23, Die hohe Menagerie, sat. Kom. 22; Heidede! Eine neue Liebe 23. H: Heinebuch 06, 3. A. 11; Robinson Crusoe 11, 10. T. 12; Gullivers Reise 11, 40. T. 12; Sterntaler u. Sonnengulden, hum. Anth. 17; Garten unt. Regenbogen 18.

Ernst, Paul, SDS., Nov., Essay, Roman, Epos, ⚪, ▣, ✎, Dr. phil. Königsdorf, O.-Bay. (Elbingerode i. H. 7/3 66.) B: Tolstoi u. d. slav. Roman 89; Arbeiterschutzgesetzgebg. u. ihre internat. Regelung 90; Die gesellsch. Reprodukt. d. Kapitals bei gesteigerter Produktivität der Arbeit 94; Lumpenbagasch, Im Chambre séparée, zwei Schauspiele 98; Polymeter 98; Wenn die Blätter fallen, Der Tod, 2 Tr. 00; Sechs Gesch. 00; Altitalienische Nn. 02 II, 2. A. 07; Prinzessin des Ostens, N. 02; D. schmale Weg z. Glück, R. 03, 11. A.; Demetrios, Tr. 05; Eine Nacht in Florenz, Lsp. 05; Ritter Lanval, Lsp. 05; Der Weg zur Form, Essays 06, 2. A. 13; Der Hulla, Lsp. 06, 2. A.; Gold, Tr. 06; Der Harz, Ess. 07; Canossa, Tr. 08; Brunhild, Tr. 09; D. selige Insel, R. 09; Üb. alle Narrheit Liebe, Lsp. 10; Ninon de Lenclos, Tr. 10; Ein Credo, Essays 12; Der hl. Crispin, Lsp. 12; Der Tod des Cosimo, N. 12; D. Hochzeit, N. 13; Preußengeist, Sch. 15; Saat auf Hoffnung, R. 15; D. Taufe, N. 16; Nobelpreis, N. 17; Zusammenbruch d. Marxismus 18; Zusammenbruch d. Idealismus, E. 19; Komödiantengesch., Spitzbubengesch., N. 20; Erdichtete Gespräche 20; Okkultistische Novellen 21; Geist, werde wach! 21; Zusammenbruch u. Glaube 22; Gesammelte Schriften XV 16—22; D. Kaiserbuch I.

Ernsthausen, Adolf von, Königl. preuß. Oberleutn. a. D., Kaufmann. Benrath a. Rhein, Meliesallee 34. (Karlsruhe 6/10 93.) B: Balkanerinnerungen 22. *

Erny, Karl, ASV., VF., SES., ✎, ✠, ✠, ⚪, Schweizer Redakteur d. „Argentinischen Tageblatt", Buenos Aires und Chefredakteur d. „Neuen Glarner Zeitung". Glarus. (Zürich 31/1 00.) B: Die fünf Segel, G. 20; Die Mutter, N. 21; Gehetzte Menschen, Dr. 21; Lucretia, Sch. 22; Kämpfer der Liebe, Sch. 22. H: Bruno Wünschmann, Ernstes u. Heit. a. s. Bühnenleben 21; „Die Tribüne", Ztschr. f. Dchtg., Theater, Kunst u. Musik 20/21; Kabarettjahrbuch d. „Bonbonnière" Zürich 23.

Erras, Leo, s. Rein, Leo.

Erraths, s. Austerlitz, Robert.

Ertel, Paul, Dr. jur., BP., RP., /, rz, Musik-Essay, Musikkritik, Pianist, Komponist. Berlin W, Kurfürstenstr. 72. (Posen 22/1 65.)

Ertl, Emil, SDS., DÖSchG., Nov., Roman, Dr. phil., Hofrat. Graz in Steiermark, Parkstr. 17. (Wien 11/3 60.) W: Abdêwa, M. 84; Liebesmärchen 86, 3. A. 20; Opfer der Zeit, Nn. 95, 3. verm. A. 10; Miß Grant u. a. Nn. 96; D. Perlenschnur, N. 96; Mistral, Nn. 05, 2. T. 08; Feuertaufe, Nn. 05, 2. T. 08; Die Leute vom Blauen Guguckshaus, R. 06, 21. T. 23; Freiheit, die ich meine, R. 09, 16. T. 19; Gesprengte Ketten, N. 09, 2. T. 10; Nachdenkliches Bilderbuch, ernste u. heitere Geschn. 11, 5. T. 11, neue Folge 12; Auf der Wegwacht, R. 11, 18. T. 18; die 3 Romane auch in Trilogie-Ausg.: Ein Volk an der Arbeit, 100 Jahre Österreich im Roman; Der Neuhäuselhof, R. 13, 11. T. 19; Walpurga, N. 14; Das Lächeln Ginevras, N. 15, 7. T. 20; Der Antlaßstein, R. 17, 8. T. 18; Ziele d. Rates f. geistige Arbeit, Rede 19; Der Berg der Läuterung, N. 22; Peter Rosegger, wie ich ihn kannte u. liebte, ein Buch der Erinnerung 23; Sternschnuppen, N.

Ertler, Bruno, SDS., DB., CC., ☉, Dichtg., /, ℒ, Dr. phil., Schriftleiter, Univ.-Lekt. Graz-Kroisbach, Bahng. 4. (Pernitz, NÖ. 29/1 89.) W: Der Glücksbecher, Dr. 10; Heimkehr, Sch. 18; Wenn zwei das Gleiche tun . ., 3 Lsp.-Ein. 19; Eva-Lilith, G. 19; Venus im Morgen, N. 20; Venus, d. Feindin, N. 20; Die Königin v. Tasmanien, N. 20; Anna Iwanowna, Sch. 21; Venus Maria, N. 21; Das Spiel vom Doktor Faust, Dr. 23; Belian und Marpalye, Sch. 23.

Erwali, s. Lindenblatt, Walther.

Esbach, Friedrich-Carl v., Ritterbürtiger zu Soest u. Erbsälzer v. Sassendorf (Ps. Friedrich-Carl). (k.), ♦, /, ♛, rz, Staatsrecht, Genealogie ▣, Märch., Dr. jur. utr., Lipp. KuratorialR. usw. Detmold, Haus Esbach. (Karlsruhe i. Schl. 31/7 76.)

Eschelbach, Hans, ♦, /, ☉. Bonn, Göbenstr. 3. (ebda 16/2 68.) W: Wildwuchs, G. 93, 8. A. 12; Modern. Drama 95; Die poet. Bearbeitgn. der Sage vom ewigen Juden 96; Antiochus, Dr. 97; Sommersänge, G. 00, 5. A. 13; Rettet das Volkslied 00; Der Niedergang d. Volksgesangs 01; Erzählgn. 02, 5. A. 09; D. beid. Merks, N. 03, 25. A. 21; Im Moor, N. 03, 15. A. 21; D. Wasserkopf, N. 03, 20. A. 21; Dornröschen, O. 03, 3. A. 10; Prof. Berger, Dr. 03; Liebe erlöst! N. 04, 10. A. 21; In die Kaserne mit d. Frau! 05, 10. A. 16; Der Volksverächter, R. 06, 20. A. 21; Das Tier, R. 08, 2. A. 13; Der Abtrünnige, Dr. 08; Die Armen und Elenden, Erz. 09, 3. A. 13; Maria Rex, R. 11, 3. A. 16; Ihm nach! R. 11, 10. A. 21; Lebenslieder 11, 9. A. 21; Sonnensehnsucht, R. 16, 10. A. 21; Dichterfahrten z. unsern Feldgrauen 15, 3. A. 16; Trotz Tod und Teufel! Dr. 22; Frühlingsstürme, R.

Eschenbach, Freifrau v., s. Baudissin, Eva Gräf. v.

Escher, Hermann, Schweiz. ♛, Dr. phil., BiblDir. Zürich, St. Urbang. 6. (Reutte, Tirol 27/8 57.)

Escher, Karl, BP., Roman, Gedichte, Nov., Theaterkritik, FeuillRed. d. „Berlin. Morgenpost". Berlin-Steglitz, Vionvillestr. 11. (Hannover 30/10 85.) W: Die Halbstarken, Skn. 16; Der Kuß der Cassata, Nn. 18, 26. T. 20; Der schimmernde Tag, N. 19; Kleine deutsche Städte 19; Der blühende Purzelbaum, Schnurren 20; Die bunte Schüssel, Nn. 21; Geselligkeit um Goethe 22; Bettinens Weg zu Goethe 22; E. T. A. Hoffmanns Gespensterspiel 23; Felix Hopf, der verhinderte Bräutigam, R. 23.

Escher, Nanny von, SES., lyrische u. epische Dichtgn. Langnau a. Albis. (ebda 4/6 55.) W: Gedichte 95; Kleinkindleintag 06, 2. A. 20; Die Escher auf Wülflingen, dram. Dchtg. 08; Frau Margarethe, N. 17, 2. A. 18; Meine Freunde, G. 17, 2. A. 19; Seegfrörni, Dialektstück 18; Die Streitbaren, G. u. Ball. 18, 2. A. 20; Alt-Zürich 20.

Escherich, Frau Emilie, ♦, Nov. Wiesbaden, Nikolasstr. 22. (München 11/3 56.) W: Runkelstein, E. 81; Saga, Erz. 83; Isaria, Erz. 86; Aus Münchens vergang. Tagen, Erz. 90; Das Weib als Krankenpflegerin (unter Ps. Felshof) 90; Fürstenminne 91; D. Gesch. v. Münchner Kindl 91; Was d. Frauentürme erzählen 92; Lebensgesch. e. Maßkruges 93; Sabiona, kulturhist. Erz. 95; Lieder d. Minnesänger (Jungbrunnen) 00.

Escherich, Frl. Mela, ℒ. Wiesbaden, Nikolasstr. 22. (München 21/1 77.) W: German. Weltanschauung in der deutschen Kunst 07; Die Schule von Köln 07; Ludwig Richter 07; Dürers Apokalypse 09; Das Kind in der Kunst 10; Allg. Kunstgesch. 11; D. Herzogtum Braunschweig 13; Grünewald-Bibliographie 14; Konr. Witz 16; Hans Baldung, Bibliograph. 16; Die Holz- u. Metallschnitte d. 15. Jahrh. in d. Sammlg. Apel 16; Einzel-Formschnitte u. Einblattdrucke d. Kestner-Mus. zu Hannover 16; Einblattdrucke d. prinzl. Sekundogenitur-Bibliothek zu Dresden 16; Ein-

blattdr. d. Landesmus. zu Darmstadt I 16; Hessische Sagen 23; Holz- u. Metallschnitte des Staedelschen Kunstinstituts zu Frankf. a. M. 23. **Ue:** Mechthild v. Magdeburg, D. fließende Licht der Gottheit 09.

Eschmann, Ernst, Lehrer, Red., Dr. phil. Zürich, Dreiwiesenstr. 9. (Richterswil $^{26}|_{1}$ 86.) **V:** De Sängertog, J. 12; Volksfrühling, R. 14; A d'Gränze, J. 16; Zirkustoni, Erz. 16, 2. A. 17; Remigi Andacher, Erz. 17; Wer chund a's Rueder? Vst. 17; 's silberi Hochzig, Vst. 18; Der Apfelschuß, Erz. 18; Der Geißhirt von Fiesch, Erz. 19; Der Sunne naa, G. 19; De Gizchrage, Vst. 19; Die Himmelskinder, Erz. 20; Die Badenerfahrt, Sglsp. 20; Das Gespenst auf dem Petersturm, Sglsp. 20; Wie Franz Irminger Flieger wurde; Gian Caprez; Die Quelle, 4 Erzn.

Escuner, Franz Karl, VB., ✠. Wien VIII, Schmidg. 15. (ebda $^{19}|_{9}$ 87.) **V:** Läuterg., G. 08, 3. A. 09; Sündige Leute, Einakt. 09; Stille Stimmen, G. 10, 4. A. 11; D. Gesch. d. kl. Gottfried Helmreich, R. 11; Vom inneren Leben, G. 12; Sonette an einen Menschen 17; Lyrische Legende, G. 18; Die Wandlung des Herrn Ringhart, R. 19; Das einsame Fest, G. 22.

Esmrik, Otto, s. Kirmse, Fr. Otto.

Espenhahn, Albert, O, ✠, Prosa. Berlin SW, Planufer 42. (Hamburg $^{29}|_{9}$ 73.) **V:** Im Zeichen der Flügelfeder 08; Fata Morgana, Tr. 19; Aureliens Jugendliebe, Schw. 20; In allen Gassen (Gereimtes u. Unger.) 21; Prinz Lottchen, Optte.

Esselborn, Helma, geb. Ebel, Erz. Darmstadt, Martinstr. 42. (Gießen $^{20}|_{11}$ 79.) **V:** Treue Kameraden 17; Urgroßtantes Raritätenschrank 20, 2. A. 24; Wie 's Hannepeterle ein Mann wurde 21.

Esselborn, Karl, Prof. Darmstadt, Herdweg 63. (Alzey $^{21}|_{8}$ 52.) **V:** Eudocia, Dr. 78; E. Heiratsgesuch, Schw. 78, 2. A. 80; Arrest in Hymens Fesseln, Lsp. 81; D. Pfalzgrafen Tochter, E. 80, 3. A. 81; Bleistiftskizzen 81; Hasdrubals Weib, Dr. 82; Ahasver, E. 90; Dichtgn. 95; Veste Coburg, Sch. 98; Franktireurs, Sch. 10; Bei d. Großeltern während d. Weltkriegs, Erz. 19; Rückblicke eines Siebzigjährigen, Erz. 22, 2. A. 23. **H:** Lehrbuch d. Tiefbaues 04, 6.—8. A. 22 II; Lehrbuch d. Hochbaues 08 II 3.—8. A. 22; Lehrbuch d. Maschinenbaues 11 II; Lehrbuch d. Elektrotechnik 20 II, 2.—7. A. 22; Lehrbuch d. Mathematik 20 II.

Esselborn, Karl, rk, Lit. ♛, ♛, Biogr., Prof., Dr. jur. et. phil., Bibliothekar a. d. Landesbibliothek Darmstadt, Martinstr. 42. (Stuttgart $^{1}|_{8}$ 79.) **V:** D. Judithfest 09, Nachtr. 13; Ludw. v. Grolman 10; Aus d. Geschichte d. hess. Lehrerfamilie Backes 11; D. Hessen in Spanien u. in engl. Gefangenschaft (1808—14) 12; Wandervögel von ehedem 13; Friedr. Vogel 14; Darmstadt u. s. Hof zur Zopfzeit 15; E. Fahrt nach d. Karpathen 15; Ludw. Frohnhäuser 16; Pirmasens und Buchsweiler 17; Ludwig Tiecks Beziehungen zu Darmstadt 17; Darmstadt in der Dichtung 18; Darmst. Originale 18; Karl Christian Rückert 19; Otto Kappesser 19; Adam Karrillon 21; Ernst Elias Niebergall, sein Leben und seine Werke 22; Der Deutschkatholizismus in Darmstadt 23; Adam Karrillon, Altes und Neues über ihn und von ihm 23. **H:** Zahlr. Aufzeichngn., Biographien u. Schriften hess. Autoren; ferner: Hess. Heimat 20—22; Hess. Hausbücherei 22 ff.; Schriften zur hess. Gesch., Landes- u. Volkskunde 23. **MitH:** Hess. Biograph. **Ue:** Eman. Crespel, Reisen in Kanada u. Schiffbruch bei d. Rückkehr n. Frankreich 15.

Essigmann, Alois, Erz., Essay, Schriftleit. v. „Das Gewissen". Wien XIII/7, Testarellogasse 3. (Wien $^{4}|_{8}$ 78.) **V:** Sagen u. Märchen Altindiens 15, n. F. 16; Gott, Mensch u. Menschheit, Aphorismen 16; Sawitri, Leg. 17; Sijawusch, Pers. Sagen I 19; Blüten aus Indien, E. 22; Wenn Steine reden . . ., Fab. 22.

Ester, Karl d', s. d'Ester, Karl.

Ethel, Anna, s. Eckel, Anna.

Etschwin, Hans, s. Steck, Johann.

Ettlinger, Frl. Anna, Lit. ♛, Lehrerin. Karlsruhe i. B., Bismarckstraße 77. (ebda $^{15}|_{11}$ 41.) **V:** Leo Tolstoi 99; Lebenserinnerungen 21. **H:** Kleist, Käthchen v. Heilbronn; Lebenswege 22. **Ue:** Mehrere Werke von Benson.

Ettlinger, Emil, ♛, Ψ, Dr. phil., Univ.-Bibl. Halle a. S., Henriettenstr. 13. (Karlsruhe i. B. $^{19}|_{11}$ 72.)

Ettlinger, Karl (Ps. Karlchen, Helios, Bim, alde Frankforder, Theophrastus Kinkerlitz), PA., DB., SDS., Humor, Satire. München, Ansbacher Str. 1 I. (Frankfurt a. M. $^{22}|_{1}$ 82.) **V:** Der neue Martial 05; Ovids Liebeskunst 06, 4. A.; Das Tageb. eines Glücklich-Verheirateten 06, 10. A. 11, n. A. 22; Kraut unn Riewe 06, 2. A. 07; Unsere Donna 07, 8. A. 10, n. A. 22; Das kommt vom Sekt 07, 2. A. 08; Der neue Juvenal 07, 4. A.; In Freiheit dressiert 08, 6. A. 10; Moritzchens Tagebuch 09, 2. A.; Fräulein Tugendschön 09, 8. A. 10, n. A. 22; Streifzüge eines Kreuzvergnügten 10, 6. A. 11; Die Hydra, Lsp. 11; Marquis Bonvivant 12, 5. A. 14; Die Heimkehr des Odysseus, Optte. (m. E. Motz) 12; Das Paar 13; Scherzo, Einakt. 13; D.

Beschwerdebuch, Kom. 13; Marl, Lsp. (m. M. Ferner) 13; Aus fröhlichem Herzen 14, 40. T.; Grandebouche und Lausikoff 15, 60. A.; Lausikoff lügt weiter 15, 30. T.; Mister Galgenstrick 15, 150. T.; Lieder eines Landsturmmannes, 1.—5. T. 16; Benno Stehkragen, 100. T. 18; Der Widerspenstigen Zähmung, 1.—20. T. 19; Das Verhältnis, 20.—40. T. 20; Die duldsame Eva, 1.—20. T. 20; Die verhexte Stadt, R. 1.—20. T. 22.

Ettlinger, Max, PA, ∴, Dr. phil., o. UP. Münster i. W., Buggendorfer Str. 5. (Frankfurt a. M. $^{31}|_{1}$ 77.) B: Untersuchgn. üb. d. Bedeutg. d. Deszendenztheorie f. d. Psychol. 03; Philosoph. Fragen der Gegenwart 11; Der Streit um die rechnenden Pferde 13; Die Ästhetik Deutingers 14; Leibniz als Geschichtsphilosoph 21; Der christliche Idealismus des Erzieherberufs 21; Geschichte der Philos. v. d. Romantik bis zur Gegenwart 24. H: W. Lindemann, Geschichte der deutsch. Lit., 8. A. 06, 9.—10. A. 15; Philos. Handbibliothek seit 20.

Etzel, Theodor, s. Schulze, Theod.

Etzl, Eugen, s. Zeisel, Eug.

Eucken, Rud., ∴, D., LL.D., Dr. phil., o. UP., GehR. Jena. (Aurich $^{5}|_{1}$ 46.) B: Methode d. Aristotel. Forschg. 72; Grundbegriffe d. Gegenw. 78, 4. A. u. d. T.: Geistige Strömgn. d. Gegenw. 78, 6. A. 20; Gesch. d. philos. Terminologie 79; Beitr. z. Gesch. d. neueren Philos. 86, 2. A. 05; Die Einheit des Geisteslebens 88; Die Lebensanschaugn. d. großen Denker 90, 17. u. 18. A. 22; D. Kampf um ein. geist. Lebensinhalt 96, 5. A. 23; D. Wahrheitsgehalt d. Religion 01, 4. A. 20; Ges. Aufsätze zur Philos. u. Lebensanschauung 03; Grundlinien e. neuen Lebensanschauung 07, 2. A. 13; Die Hauptprobleme d. Religionsphilos. d. Gegenw. 07, 4. u. 5. A. 12; D. Sinn u. Wert d. Lebens 08, 9. A. 22; Einführg. in e. Philosophie d. Geisteslebens 08; Können wir noch Christen sein? 11; Erkennen u. Leben 12, 2. Aufl. 23; Zur Sammlung der Geister 13; Ethics and modern thought 13; Die weltgeschichtliche Bedeutung des deutschen Geistes 14; Die Träger des deutschen Idealismus, 2. A. 19; Mensch u. Welt 18, 3. A. 23; Lebenserinnerungen, 2. A. 22; Der Sozialismus u. seine Lebensgestaltung 21; Das Lebensproblem in China und in Europa 21; Erkennen und Leben 23. H: Neutrale Stimmen 16.

Eulenberg, Herbert, ○, Dr. jur. Kaiserswerth b. Düsseldorf. (Köln-Mülheim $^{25}|_{1}$ 76.) B: Dogenglück, Tr. 98; Anna Walewska, Tr. 99; Münchhausen, Sch. 00; Leidenschaft, Tr. 01; Künstler u. Katilinarier, Sch. 02; E. halber Held, Tr. 03; Kassandra, Dr. 04; Ritter Blaubart, Sch. 05; Ulrich, Fürst von Waldeck, Sch. 06; D. natürl. Vater, Lsp. 07; Du darfst ehebrechen! N. 09; Simson, Tr. 10; Alles um Liebe, Kom. 10; Schattenbilder, Essays 10; D. keimende Leben 10; Sonderbare Geschichten 10; Alles um Geld, Sch. 11; Schillerrede 11; Katinka, die Fliege, R. 11; Belinde, Sch. 12; Neue Bilder, Essays 12; Ernste Schwänke 13; D. Frauentausch, phantast. Sp. 14; Zeitwende, Sch. 15; Letzte Bilder, Essays 16; Die Insel, Sp. 17; Der Morgen nach Kunersdorf, Krieg dem Krieg! Einakt.; Der Irrgarten, Sch.; Der Spion, L. 18; Die Nachtseite, Sch. 18; Mein Leben für d. Bühne, Essays 19; Die Welt ist krank; Der Übergang, Sch. 19; Komödien der Ehe, Einakt. 20; Kleinselige Zeiten, Schw.; Das grüne Haus; Mückentanz 20; Der Guckkasten, Essays 21; Wie man's macht ist's richtig, Lsp. 22; Erscheinungen, Essays 22; Liebesgeschichten 22; Auf halbem Wege, R. 22; Wir Zugvögel, R. 23.

Euling, Karl, German., Dr. phil., Prof. Wiesbaden, Jahnstr. 13. (Hildesheim $^{29}|_{9}$ 63.) B bzw. H: Hundert Priameln 87; Heinrich Kaufringers Ged. 88; Chronik d. Joh. Oldecop 91; Kisteners Jakobsbrüder 99; Studien üb. H. Kaufringer 00; Das Priamel bis Hans Rosenplüt 05; Deutsche Texte d. Mittelalters, hrsgg. v. d. Berl. Akad. der Wiss., Bd. XIV; Mitarb. am Grimmschen Wörterb. ()

Euringer, Richard, SDS., DB., VBA. Roman, Nov., März., ○, ♥, /. München-Solln, Hirschenstr. 10. (Augsburg $^{4}|_{4}$ 91.) B: Tummelpack, Erz. Nn. 20; Das Kreuz im Kreise, R. 20; Mata, Dchtg. 20; Der neue Midas, Sch. 20; Schwarzwaldlieder, Lr. 21; Landsknechtslieder, Lr. 22; Plauderbuch für Musikfreunde, Pln. 22; Weib, Tod und Teufel, Dchtg. 22; Pinkepottel und die Seinen, R. 22; Im Graben blühte Löwenzahn, M. 23; Vagel Bunt, Schwe. 23; Pan und die Fliege, Erzn. 23; Gleichnis der Zeit, Erzn. 23.

Euringer, Sebast., (k.), Bibelwiss. u. Orientalia, D., Dr., o. HSchProf. Dillingen a. D., Königsstr. 42 I. (Augsburg $^{30}|_{1}$ 65.)

Evenius, Frl. Sophie, Skizz. u. Märch. Wernigerode a. H., Sägemühleng. 4a. (Bertkow b. Osterburg, Altmark $^{6}|_{1}$ 68.) B: Klänge v. drüben, ein Buch f. besinnliche Leute 21; Die da Gewalt tun, Gesch. e. Lebens 22, 2. A.; Licht auf dem Wege 22.

Everg, s. Grève, Paul.

Evers, Franz, ♥, ○, ∴, Mystik. Berlin W 15, Bregenzer Str. 12. (Winsen

a. Luhe 10|7, 71.) W: Fundamente, G. 92; Sprüche a. d. Höhe 93; D. Psalmen 93; Eva, Ged. 93; Königslieder 94, 2. A. 95; Deutsche Lieder 95; Hohe Lieder 96; Paradiese, G. 97; D. Halbgott, G. 00; Das große Leben, Tr. 00; Sterbende Helden, Tr. 00; Freundschaft u. Liebe, Tr. 00; Erntelieder 01; Ausgew. Ged. 11; Nachtwandel der Liebe, G. 11. ()

Evers, Heinrich Wilhelm Hubert (Ps. W. Heinz Evers, Heinrich von Grod), Großmeister d. FC. (Loge), Hygien. Pharmaz., Schöne Lit., Roman, Technik, eidgen. dipl. Apotheker, Verwalter der Löw.-Apotheke. Uster, Kt. Zürich, Poststr. 2. (Koblenz a. Rh. 10|12 73.) W: Poetische Ecke 00; Rheingold 02; Sang u. Klang 03; Nackte Wahrheit 08; Lieder eines fahrenden Gesellen 20.

Evers, Paul Fr., RP., DB., Heimatsbücher, Erz., Märch., Kunstkritiker, Red. Schwerin i. M. W: Gesch. d. Stadt Malchow in M. 02; Mecklenb.-Schwerin—Braunschweig-Lüneburg, Gedenkbuch 04; Eheferien, Lsp. 11; Fräulein Direktor, Lsp. 13 (beide mit Metterhausen); Die Uhrgrafen, Sch. 12; Ekkehard, Sch.; Advent, Festsp. 15 (m. Hans Friede); Hanne Nüte, Vst.; Pierrot im Paradies, Traumsp.; Die Kornmuhme, Tanzpantomime; Lucifers Tochter, Sketch 15; D. verwunschenen Königskinder, Weihn.-M. (m. Metterhausen) 16; Friede, Festakt 16.

Evers, W. Heinz, s. Evers, Heinr. Wilh. Hub.

Everth, Erich, RP., Politik, Literatur, Dr. phil., stellv. Chef-Red. d. Dtsch. Allg. Ztg. Berlin. (ebda 3|7, 78.) W: Wilhelm Raabe 12; Von der Seele des Soldaten im Felde 15; Das innere Deutschland nach d. Kriege 16.

Ewald, Johann, s. Reif, Joh. Ewald.

Ewers, Hanns Heinz, SDS., DB., †, /, Ue: FEI, Dr. jur. Düsseldorf, Immermannstr. 22 u. Berlin W 10, Tiergartenstr. 1. (Düsseldorf 3|11 71.) W: Ein Fabelbuch (m. Etzel) 01; D. gekreuzigte Tannhäuser 01; Die verkaufte Großmutter, M. 03; C. 33 u. anderes 04; D. Ginsterhexe, M. 05; Edg. All. Poe, Essay 05; Das Grauen 07; Die Besessenen 09; Moganni Nameh, G. 09; Die Teufelsjäger od. d. Zauberlehrling, R. 09; Grotesken 10; Mit meinen Augen (Fahrten durch d. latein. Welt) 10; Indien u. ich 11; Joli tambour (Das französ. Volkslied) (m. Henry) 12; Alraune, R. 13; Mein Begräbnis, Gesch. 15; Vampir, R. 20; Gesammelte Dramen (Das Mädchen von Shalott, Trecento, Das Wundermädchen von Berlin, Tote Augen, Delphi, Weg zum Licht) 21; Nachtmahr 22; Geisterseher, R. 22.

Ewers, Ludwig, /, Polit. Red. d. „Hamburg. Nachrichten". Hamburg, Mundsburger Damm 44. (Lübeck 29|10 70.) W: Kinderaugen, Nn. 96; Frau Ingeborgs Liebesgarten, R. 12; Geschichten aus d. Krone, Nn. 13; Durch Belgien z. Westfront 15.

Ewert, Jan, s. Trojan, E. W.

Ewert, Max, Lit.♛, Dr. phil., Dir. des Lyzeums II. Berlin-Steglitz, Lauenburger Str. 33. (Danzig 31|7, 7?.) W: Üb. d. Fabel: Der Rabe u. der Fuchs 93; Die deutsche Dichtung des 19. Jahrh. in ihren Hauptvertretern (m. Herm. Schmidt) 09; Wie erziehen wir unsere Mädchen z. Selbständigkeit? 10. H: Willib. Alexis' Erinnerungen 99; D. Schülerinnen-Bücherei 11 ff.

Excelsior, s. Unterweger, Rose.

Ey, Jul. Ad., /, †, Ue: F, GP. a. D. Hannover-Waldhausen. (Clausthal 18|1 44.) W: Heinrich IV., Erz. 77; Ilse, D. 87; Ged. 95; Hübich, M. 00; Gedichte e. Großvaters 03, 3. A. 16; Aus allerlei Schubladen, G. 06, 2. A. 17; Von kleinen u. großen Menschen, G. 10, 2. A. 17; Hübich, Sch. 11; Bekenntnisse ein. alten Schulmeisters 14; Vor Toresschluß, G. 16. H: English Poets 76, 2. A. 92; Macbeth 78; Schillers Balladen 83; Mignet, Hist. de la Terreur 87, 5. A. 10. Ue: X. de Maistre, Reise um mein Zimmer 84.

Ey, Frl. Louise, SDS. u. WDG., Sociedade de Geografia-Lissabon, Soc. dos Históricos-Lissabon; Inh. des San-Tiago-Ordens (Portugal) f. Kunst u. Wissenschaft, Ψ, /, †, Ue: PortSIFE, Lektor des Portug. a. d. Hamburger Universität. Blankenese i. Holst., Witts-Allee 15. (Eylungen 18|8 54.) W: Zahlr. Wörterbücher u. Gram. bes. der portug. Sprache. H: Anthologie „Neuere portug. u. brasil. Schriftsteller" (Groos) 18 u. ff. Ue: Eça de Queiroz, „Stadt u. Gebirg" (D. Verl.-Anst.) R. 03; Julio Dantos, „Das Nachtmahl der Kardinäle", Versdramolett in 1 Akt (Schafstein) 03 u. vieler anderer Erzeugn. d. port., span., ital., franz., engl. Literatur in Prosa u. Versen. Frauenbestreb. in Portugal 1896—1914.

Eye, Bernhard von, DB., Drama, Roman, Kreissekretär. Tecklenburg, Westfalen. (Stettin 23|8 97.) W: Träumereien, G. 22; Wenn wir uns finden, Dr. 22; Brautlieder an Toni, Liebesg. 23. *

Eynern, Walther v. (Ps. Friedrich Walther), Dramatische Arbeiten u. Übersetzungen aus dem Spanischen, Dr. jur. Berlin-Steglitz, Breite Str. 14. (Barmen 26|1, 79.) W: Monte Carlo, Sch. 09; Der Verdammte, Dr. 10; Tolle Eifersucht, Lsp. 13 (nach Tirso de Molina);

Das Spiel vom Sündenfalle u. von der Geburt Christi 15 (nach Lope de Vega); Der Halbgott, Lsp. 20; Um der Gerechtigkeit willen, Sch. 22.

Eysell-Kilburger, C., s. Blüthgen, Clara.

F.

Faber, Dr., s. Schmidt, Hans-Walter.

Faber, Hanns G., s. Faber, Joh. Bas.

Faber, Herm., s. Goldschmidt, Herm.

Faber, Johannes, Basilius Georg (Hanns G. Faber), Roman, Nov., Ue: SchwFinn, pr. Offiz. a. D., Leit. e. Sportfirma i. Helsingfors, Suomen Urheiluaitta Fabiansgatan 16. ($^{11}|_{1}$ 91.) B: Erlogen ist der ganze Kram 20, 2. u. 3. A. 21 (auch schwed.); Der einsame Weg 21.

Fabian, Wilh., BP., Kritik, Lit.♛, Kunst♛, /, Dramaturg d. Schiller-Theaters. Berlin NW, Flensburger Str. 10, Gartenh. I. (ebda $^{25}|_{5}$ 57.)

Fabri de Fabris, R., s. Schmitz, Maria.

Fabricius, Jan, O. Haag, Holl., Accaciastraat 14. (Drente in Holl. $^{31}|_{8}$ 71.) B: Meteor, Dr. 18; Sonna, Dr. 19; Der Rotkopf, Dr. 20.

Fabricius, Wilh., /, ▮, ♛, Kult.♛, Dr. phil., Prof., ObBibl. a. d. Univ.-Bibl. Marburg i. H. (Groß-Umstadt, $^{13}|_{10}$ 57.)

Fack, Frl. Käthe, Übersetzungen a. d. Schwedischen u. Holländ., wiss. Mittelschullehrerin. Borby b. Eckernförde, Prinzenstr. 4 I. (Stralsund $^{9}|_{12}$ 75.) Ue: Wo stille Grachten..., mod. holl. Lyrik v. J. Winkler Prins u. Joannes Reddingius 21. *

Fack, Lina, geb. Hoffstedt, Gedichte, Nov. u. Sagen, Kapitäns-Wwe. Borby bei Eckernförde, Prinzenstr. 4 I. (Stralsund $^{19}|_{9}$ 46.) B: Gedichte 98; Rügens Sagen 08, 8.—10. T. 20; Insel Möen 10; Am Strande, OstseeNn. 10, 2. A. 11; Bornholmer Sagen 12, 2. A. 15; Rugiana, G. 12, 2. A. 15.

Faëdis, s. Zucco, Marianne Freiin v.

Faesi, Robert, SDS., O, Nov., ▮, Lit.♛, Kritik, Dr. phil., UP., Präs. d. SES. Zollikon bei Zürich. (Zürich $^{10}|_{4}$ 83.) B: A. E. Fröhlich 07; Züricher Idylle, N. 08, 6. A. 22; Die offenen Türen, Lsp. 11; Odysseus u. Nausikaa, Tr. 11; Paul Ernst u. die neuklass. Bestrebgn. im Drama 11; D. poetische Zürich (m. E. Korrodi) 12; Carl Spitteler 15; Aus der Brandung, G. 17; Die Fassade, Lsp. 18; R. M. Rilke 19, 2. A. 22; Dichternöte, Kasperlesp. 21; Gestalten und Wandlungen schweiz. Dichtung 22; D. König v. Ste Pelagie. H: Anthologia Helvetica 21.

Fahrenhorst, Wilh., Dir., Red. d. „Eckart". Berlin SW 68, Alte Jakobstr. 129.

Fahrenhorst, Wilhelm, Deutsche Lit.♛, ▮, †. SemDir. Spandau. (Magdeburg $^{12}|_{12}$ 73.)

Fahrenkrog, Ludwig, DB., SDS., O, Religions∴, Prof. Barmen-R., Oberwallstr. 68. (Rendsburg $^{20}/_{10}$ 67.) B: Geschichte meines Glaubens 06, 2. A. 23; Baldur, Dr. 08; Wölund, Dr. 14; Lucifer, Dchtg. 17, 7. A. 23; Nornegast, Dr. 22; Die Godentochter, Dr. 22; Gott im Wandel der Zeiten: I. Das Grauen vor d. Unbekannten 21; II. Feuer — Sonne 22; III. Der Götze 23; Das goldene Tor, Dchtgn. in Wort und Bild 21.

Faktor, Emil, ▮, O, /, Kritik, Dr. jur., Chefred. u. Theaterkritiker d. „Berl. Börs.-Courier". Berlin W 50, Culmbacher Str. 5. (Prag $^{31}|_{8}$ 76.) B: Was ich suche, G. 99; Jahresringe, G. 08; Die Temperierten, Sch. 14; Die Tochter, Kom. 17; Alex. Moissi, Monogr. 20. ()

Falb, Alfred, Dr., deutschvölkischer Schriftsteller, z. Zt. Berlin-Wilmersdorf, Pfalzburgerstr. 59 III. (ebda $^{21}|_{3}$ 89.) B: Den Lebendigen und den Toten 17; An den geistigen Adel deutschen Blutes 20; Luther und die Juden 21; Luther und Marcion als Gegner des Alten Testaments 23. *

Falck, Hans, s. Ahues, Adele.

Falckenberg, Otto, DB., SDS., O, /, Kritik, künstl. Leiter d. Münchner Kammerspiele. München, Viktoriastr. 11. (Koblenz $^{5}|_{10}$ 73.) B: Modellstudien, Sk. 93; Morgenlieder, G. 99; Der Sieger, Dr. 01; Doktor Eisenbart, Kom. 08; Ein deutsches Weihnachtsspiel 09. H: D. Buch v. d. Lex Heintze 00, 3. A. 20; Schillers Dramaturgie 11; D. Fahrt ins Wunderbare, Märch. 12; Shakespeare, Wie es euch gefällt, Bühnenbearb. 20. ()

Falckenberg, Robert, ∴, Politik, Dr. phil. München, St. Annastr. 15 II. (Erlangen $^{12}|_{4}$ 89.)

Falk, Norbert, BP., O, Roman, /, ▮, Feuill.-Chefred. d. „Berl. Zeitung am Mittag", „Berliner Morgenpost" u. „Berliner Allg. Ztg." Berlin W 62, Bayreuther Str. 34. (Mähr. Weißkirchen $^{9}|_{11}$ 72.) B: Sohnesrecht, R. 96; Lieb im Spiel, Lsp. 96; Susanne Stranzky, R. 20; Anna Boleyn, R. 21; versch. Filme. H: Meisterbuch der Erzählgn. (u. d. Ps. L. Orbing) 06; Meisterbuch des Humors 07; Schatzkammer d. Erzählgskunst 09; D. Buch des Lachens 11; Das Buch der seltsamen Geschichten 13.

Falke, Hans, s. Falke-Lilienstein, Hans.

Falke, Konrad, s. Frey, Karl.

Falke, Otto v., ♛ d. Kunstgewerbes, Dr. phil., Prof., GRegR., GenDir. d. staatl. Museen. Berlin C 2, Schloß. (Wien $^{29}|_{4}$ 62.) W: Majolika 96, 2. A. 07; Deutsche Schmelzarbeiten d. MA. 04; Illustr. Gesch. d. Kunstgewerbes (M.A) 07; D. Rhein. Steinzeug 08; Kunstgesch. d. Seidenweberei 13 II; Der Goldschmuck der Kaiserin Gisela 14; Die Majolikasammlg. Pringsheim 15; Deutsche Porzellanfiguren 19. ()

Falke-Lilienstein, Hans (Ps. Hans Falke), ✠, ⊙, /, HofR. Graz, Leonhardstr. 30. (Wien $^{24}|_{9}$ 62.) W: D. Novize v. Kremsmünster, Erz. in Versen, 1. u. 2. A. 90; Fischer Menis, e. Sang a. d. Bergen 92; Pfarrer Habermann, Dchtg. 93; Fiat lux, e. Sang aus junger Vergangenheit 94; Wie's kommt, gereimte Geschn. 02; Nach Brauch u. Recht, Dorfgeschn. a. Oberöstr. 07; Unholde, Würzburger Historie a. d. 17. Jahrh. 22.

Falkenberg, Gustav von, s. Frankenberg u. Ludwigsdorff, Alex Victor v.

Falkenberg, Hagen, s. Stauf v. der March, Ottokar.

Falkenberg, Heinrich, (k.), VB., Literaturw., Volksbildg., Pfr. Walberberg, Bez. Köln. (Hattingen i. W. $^{14}|_{8}$ 69.) W: Kath. Selbstvergiftg., ein Beitr. z. d. Frage: Was soll der gebildete Katholik lesen? 1. u. 2. A. 03; Wir Katholiken u. d. deutsche Literatur, 1.—5. A. 09; Mehr Literaturpflege! 10; Jugendlektüre u. Kulturleben 12.

Falkenfeld, Hellmuth, SDS., ∴, Dr. phil. Charlottenburg, Droysenstr. 10 IV r. (Fürstenwalde/Spree $^{21}|_{3}$ 93.) W: Wort u. Seele 13; Die Musik der Schlachten 16, 2. A. 18; Vom Sinn der Schauspielkunst 18; Philosophen für und wider die Revolution 23.

Falkenhausen, Gottfried, DB., ⊙, Schauspieler u. Spielleiter. Breslau, Lobetheater. (Innsbruck $^{26}|_{10}$ 84.) W: Theater, Kom. 11; Fannys Fahrt ins Wunderbare, Lsp. 17; Die Rache der Komödie 18; Hexentanz, Kom. 21.

Falkenheim, Hugo, ∴, Lit.♛, Dr. phil München, Lucile-Grahn-Str. 38. (Berlin $^{6}|_{6}$ 66.) W: Kuno Fischer u. d. literarhistor. Methode 92. H: Fr. Th. Vischer, Goethes Faust, 2. A. 20; u. a. ()

Falkenstein, Melitta, s. Schweitzer, Alb.

Falkner, Hugo, s. Weißenthurn, Max v.

Falls, J. C. Ewald (Ps. Musa Effendi Muhammad), Völkerkunde. Lahr-Krumbach b. Fürth i. Odenw. (Neukirchen bei Ziegenhain $^{12}|_{8}$ 85.) W: Ein Besuch i. d. Natronklöstern d. sket. Wüste 05; Beduinenlieder der libyschen Wüste 08; Siwah, die Oase des Sonnesgottes i. d. libyschen Wüste 10; Drei Jahre in der libyschen Wüste 11; Three years in the libyan desert 13; Im Zauber der Wüste 22; Mirza Gulâm Ahmed, ein indischer Mahdi 24. *

Fandel, Frau Franziska (Ps. Stella Maris), Ehrenmitglied d. deutsch-österr. Autorenverb., Belletristik. Ihringshausen b. Kassel, Veckerhagener Str. 3. (Arolsen i. Waldeck $^{25}|_{7}$ 85.) W: Empor zum Licht, G. 19; Helmelieder, G. 19; Kieselsteine, M. 20; Neue Märchen, M. 20; Heimkehlemärchen, M. 21; Großmütterchens Geburtstag, Einakter 20; Schuld und Schicksal, R. 21. *

Fankhauser, Alfred, SES., Belletristik, Dr. phil., Redakteur. Bern, Erlenbachstr. 14. (ebda $^{4}|_{11}$ 90.) W: Der Chrützwäg (Der Kreuzweg), Oberemmenthaler Schsp. 17; Peter der Tor und seine Liebe, R. 19; Der Gotteskranke, R. 21; Vorfrühling, R. 23; Madonna, Legenden 22; Tobias Moor, Satire 22; Von den Werten des Lebens, lit. Essays 22. *

Fankhauser, Gottfried, relig. Erziehung, Seminardirektor. Bern. (Trub $^{21}|_{11}$ 70.) W: Die biblische Geschichte in Sonntagsschule und Religionsstunde 04, 4. A. 23; Sieben Gleichnisse des Herrn 09, 2. A. 20; Knüppel und Knorren, satyr.-humor. Betrachtungen u. Erz. 10, 2. A. 18; D' Gschicht' vom Wiehnachtschind (Berner Mundart) 12, 2. A. 13; Sonntagsbrot 13; Christ der Retter 15; Wie einer Gott erfuhr, rel. Erz. 16, 2. A. 17; Dein Gott ist mein Gott, relig. Erz. 18; Am Himmelbach, R. 21. *

Färber, Otto Robert, AV., Ostfragen, Kathol. Internationale, Dr. phil., Leiter d. Presse-Abt. d. Generalsekr. d. Bayer. Volkspartei. München, Vikt.-Scheffel-Str. 18 II. (Urach, Württbg. $^{22}|_{8}$ 92.) W: Weltverband kath. Akademiker 19; D. kommende Rußland 20; Von Marx bis Lenin 20. ()

Farilla, T. R., s. Wihlfahrt, Arth.

Farkas, Erich Viktor (Ps. Viktor Wolf), freier Schriftsteller, ✠, Skizze, Plaud., Erz., Märch., Nov. Briefadresse: Graz, postl. Annenstraße. (ebda $^{16}|_{1}$ 99.)

Farkas, Julius v., Jugendliteratur, Dr. phil., Lektor a. d. Universität Berlin. Berlin-Friedenau, Stierstr. 18. (Eisenstadt, Burgenland $^{27}|_{9}$ 94.) W: Gärende Seelen, R. 23. *

Faßbinder, Franz, ASV., SDS., ✠, Belletristik, Lit.♛, deutsche u. roman. Ψ, Dr. phil., StudR. Essen, Kurfürstenstr. 6. (Trier $^{10}|_{1}$ 86.) W: Eichendorffs Lyrik 11; Fr. Hebbel 13; Leben u. Werke d. Pierre Berçuire 18; Der Weg durch d. Sonne, Erz. u. G. 21. H: Jacques et Ju-

liette 18; Neubearb. v. Herchenbachs Erz. 19 ff.; Neubearb. v. Henses Lesebuch m. Lit.♛ 22; Die deutsche Dichtung in ihren kult. Zusammenhängen mit charakt. Proben, e. Literaturgeschichte (zus. mit Kahle u. Portz) 23 (III in I). **Ue:** Baumann, der Geopferte 22.

Faßbinder, Joseph M., ASV., ♣, ✍, Dr. phil. Sulzbach/Saar. (Trier $^{11}|_{8}$ 83.) **V:** D. heilige Weihnacht, Dchtg. 09; D. Blumen d. Frühe, G. 10; Der Catalogus sanctorum d. Andr. v. Michelsberg 10; Opfer, Nn. 22. **H:** Musenalmanach Bonner Studenten 08; Bonn. Almanach f. 11.

Faustmann, Karl, ♣, Erz., Plaud., Lit., †, ♛, ☗, Prof., StudR., Oberlehr. Hrsg. d. „Burg", Jugendschr Mainz, Stefanstr. 13 III. ($^{24}|_{3}$ 77.) **V:** Aus tiefem Brunnen, d. deutsche Sprichwort 20; u. a. ( )

Fauth, Gertrud, ♣, /, Lit.- u. Kultur♛, Dr. phil., ObLehr. Berlin S 14, Kommandantenstr. 31. (Höxter a. Weser $^{15}|_{3}$ 86.) **V:** Jörg Wickrams Romane 16; D. Leute vom Hadborn (m. Gg. Wolff); Dichtung der Gegenwart. **H:** Jörg Wickrams Knabenspiegel. ( )

Faymonville, Karl, Kunst♛, Dr. phil., wissensch. Hilfsarbeiter bei der Rhein. Landesverwaltung Düsseldorf. Aachen, Viktoriaallee 13. (ebda $^{31}|_{8}$ 75.) **V:** D. Purpurfärberei der verschiedenen Kulturvölker d. klass. Altert. u. der frühchristl. Zeit 00; Zur Kritik d. Restauration d. Aachener Münsters 04; D. Dom zu Aachen 09; D. Kunstdenkmäler d. Stadt Aachen: I. Das Münster 16, II. D. kirchl. Denkmäler 21, III. D. profanen Denkmäler 23.

Fechner, August Michael, DÖSchG., SDS. u. zahlr. lit. Vereine, /, O, Schriftsteller, Journalist, Komponist. Wien I, Rotenturmstr. 29. (ebda $^{6}|_{8}$ 53.) **V:** Helda, Optte. (mit Bruno Fechner); Die Gouvernante; Mister Blackford (beides Schspe.); Casimirs Hochzeit; Der Weiberfeind; Dorotheas Mitgift (sämtlich einaktige Optten.); Der Privatdetektiv; Lolas Abfertigung; Gerstenkorns Töchter; Die Kriegskameraden; Die berühmte Flora usw. (sämtlich einaktige Lspe. u. Possen).

Fechner, Hanns, SDS., Erz., Natur- u. Kunstbetrachtg., Prof., Bildnismaler. Mittel-Schreiberhau. (Berlin $^{7}|_{8}$ 60.) **V:** Angelbrüder 11; Spreehanns I 11, II 12; Kommende Kunst?? 15; Bekenntnisse deutscher Künstler 20; Waldvolk 20; Die Liebe im Wasser 21; Aus dem Berggeisterreich 21. **H:** Deutsche Natur in Monatsbildern.

Fechter, Emma, s. Bockeradt, Emma.

Fechter, Paul, Dr. phil. Lichtenrade b. Berlin, Waldweg 30. (Elbing $^{14}|_{9}$ 80.) **V:** Grundlagen d. Realdialektik 06; Der Expressionismus 14, 3. A. 20; Paul Monty, Wanderstunden in Wilna 16, 5. A. 18 (m. Jac. Monty); Wilna 1812 17; Frank Wedekind 20; Lob der Armut 20 (m. Will Vesper); D. graphische Werk Pechsteins 21; D. Tragödie d. Architektur.

Feddersen-Böhme, s. Böhme, Marg.

Feder, Max, s. Hirschfeld, Max.

Federer, Heinrich, (k.), Roman, Nov. Zürich 6, Bolleystr. 44. (Brienz, Kt. Bern $^{7}|_{10}$ 66.) **V:** Franz von Assisi 08, 10. T.; Lachweiler Geschichten 11, 25. T.; Berge und Menschen 11, 70. T. Pilatus 12, 20. T.; Jungfer Therese 13, 30. T.; Sisto e Sesto 13, 100. T.; D. letzte Stündlein d. Papstes 14, 70. T.; Unser Herrgott u. der Schweizer 15, 10. T.; Das Mätteliseppi, R. 16, 30. T.; Patria, 40. T.; Tarzisius, 40. T.; Der Fürchtemacher, 30. T.; Das Wunder in Holzschuhen, 30. T.; Umbrische Geschichten, 50. T., 2 Bdch.; Spitzbube über Spitzbube 21, 50. T.

Federmann, Frau Hertha, ♣, O. München, Lamontstr. 17. ($^{9}|_{7}$ 82.) **V:** Gedichte 09; Schatzbehalter (Antholog) 09. **Ue:** Laotse Taotehking 20, 6. T. 21; Dante, Göttliche Komödie 21; Jacopone da Todi Lauden 23.

Federn, Karl, SDS., Dr. jur. Berlin-Grunewald, Kasp.-Theyß-Str. 25. (Wien $^{2}|_{8}$ 68.) **V:** Gedichte 93; König Philipps Frauen, Tr. 94; D. Neue Leben Dantes 97, n. A. 21; Essays z. amer. Lit. 99; Zwei Nov. 99; Dante u. seine Zeit 00, 3. A. 21; Neun Essays 00; Rosa Maria, R. 01; Dante and his time 02; Essays z. vergl. Literaturgesch. 04; Jahre d. Jugend, R. 04; D. Flamme d. Lebens, R. 06; D. Prozeß Bonmartini-Murri, 3. A. 08; D. Chevalier v. Gramont 11 II; St. Evremond: Schriften u. Briefe 12 II; Hundert Novellen, I 3. A. 12; II 3. A. 13; Anklag. geg. Deutschland: das Buch, „J'accuse" usw. 17; Dante Alighieri 21; Mazarin 22; **Ue:** Emerson Essays III 96—99; Lebensführung 01; Whitman, Grashalme 04; Croce, Ästhetik 05; Carpenter, Wenn die Menschen . . . 03; Civilisation 04; D. Schöpfung als Kunstwerk 08; Cooper Lederstrumpf V 09, 2. A. 21; Cervantes, Macht des Blutes 20; Balzac, Verdugo 21.

Federn, Paul, Psychoanalyse. Wien I, Riemergasse 1. (ebda $^{13}|_{10}$ 71.) **V:** Zur Psychologie der Revolution, die Vaterlose Gesellschaft 19. *

Feesche, Frl. Marie, Lyrik. Hannover, Georgsplatz 13. (ebda $^{14}|_{11}$ 71.) **V:**

Erntesegen 04, 9. A. 22; V. Wanderwegen 07, 8. A. 22; V. blüh. Hecken 10, 8. A. 22; Fallende Tropfen 13, 7. A. 22; V. segn. Leid 14, 6. A. 16; V. Krieg 15, 4. A. 19; D. Müttern 16, 2. A. 19; V. gold. Schein 18, 4. A. 22; V. Leben, Lieben u. Leiden 20, 3. A. 22; Dir zur Freude 23.

Fehérpataky, Coloman v. (Ps. C. F. v. Pataky), /, Nov., Sport, ✠, Tierschutz, ✠, Redakteur. Wien V, Jahng. 27. (ebda $^{8}|_{1}$ 69.)

Fehling, Frl. Maria, ♕, Literaturgeschichte, Dr. phil., literarische Mitarbeiterin im Cottaschen Verlag. Stuttgart, Johannesstr. 37. (Lübeck $^{15}|_{2}$ 90.) B: Bismarcks Geschichtskenntnis 22; H: Briefe an Cotta, I: Das Zeitalter Goethes und Napoleons 1794—1815. *

Fehn, W. H. v., s. Hengst, Wilhelm.

Feige, Alfred, Mitgl. d. Vorstand. d. Lit. Ges. „Der Osten" (Breslauer Dichterschule), Kaufmann. Breslau 9, Neue Matthiasstr. 4. (Peterswaldau, Schlesien $^{8}|_{12}$ 73.) H: Anthologie „Das lachende Schlesien" 99, 2. A. 03.

Feigl, Hans, CC., CP., SDS., Politik, /, ⁂, ✠, Vors. d. Wiener Bibliophilen-Gesellsch., Red. a. d. „Volkszeitg.". Wien IV, Johann-Strauß-G. 38. (Steg, ObÖstr. $^{7}|_{8}$ 69.) H: Adam Müller, Etwas, das Goethe gesagt hat, m. liter. Nachw. 10; F. Lassalle, Reden u. Schriften; m. Biogr. 11; Knigge, Umgang m. Menschen, m. Biogr. 11; Lord Chesterfields Briefe an s. Sohn 11 II; J. Ph. Fallmerayers Schriften (m. Ernst Molden) 13 II; Jahrbch. dtsch. Bibliophil. 1—10 (1913 bis 1923); Henrik Stillings Jugend, m. liter. Nachwort 23.

Feigl, Leo, ○, Nov., Erzählungen, Romane, liter. Essay. Wien XV/1, Friedrichsplatz 3. (ebda $^{15}|_{6}$ 78.) B: Vom Lieben u. Sterben, Skn. 04; Arthur Schnitzler u. Wien 11.

Feine, Richard Alfred, ASV., SDS., ✠, ○, Skizz., Satire, Schriftsteller, Inhab. d. Mitteldtsch. Repertoirebureau. Leipzig, Kohlgartenstr. 43. (Meerane i. Sa. $^{15}|_{1}$ 73.) B: Vom Wandel des Glücks, G. 11; Bosheiten, Sat. 12; Biographien dtsch. Künstler 12; Mei Leipz'g, G. i. sächs. Mundart 13; D'r Kuß, Sat. 10; u. a. ()

Feiner, Hermann, DV., Opttten. Charlottenburg 2, Kantstr. 28 III. (Stanislau i. Galizien $^{6}|_{10}$ 88.) B: Opttten. Librettos.

Feist, Sigism., Ψ, Dr. phil., Dir. des Reichenheimschen Waisenhauses in Berlin N, Weinbergsweg 13. (Mainz $^{12}|_{6}$ 65.) B: Grundriß got. Etymologie 88; Gesch. d. deutschen Sprache 06; Etymol. Wörterbuch d. got. Sprache 09, 2. A. 23; Kultur und Ausbreitung der Indogermanen 13; Indogermanen u. Germanen 14, 2. A. 19; Einführung i. d. Gotische 22. H: Jahresbericht f. germ. Philologie, seit 06.

Feiten, Josef, Dchtg., Studienass. Bernkastel, Rhld., Gestade 16. (Hetzerath b. Trier $^{14}|_{12}$ 88.) B: Ein Weg der Liebe, G. 15; Heimweh, G. 19; Nikel u. Goldköpfchen, N. 19; Das Naive Weltbild, ein Programm 19; Cusanus u. Eberhard, Mysteriensp. 21; Te Deum, Scherenbilder u. Ged. 21.

Feld, Franz, s. Stein, Jacobus Conrad.

Feld (urspr. Hirschfeld), Leo, CP., Dr. phil. Wien XVIII/3, Schafbergg. 5. (Augsburg $^{14}|_{2}$ 69.) B: Start, Kom. 08; D. Herzog v. Orleans, Lsp. 09; Der große Name, Lsp. (mit Victor Léon) 09; Kleider machen Leute, O. (mit Al. Zemlinsky) 09; D. dumme Glück, Lsp. (m. R. Auernheimer) 12; Sirocco, O. (m. C. v. Levetzow) 13; Weckruf, Sch. 14; Freier Dienst, Sch. 15; Die Dombacher, Kom. 16; Das verschnörkelte Gitter, Kom. 23; u. a.

Feld, Ria, s. Muetzelfeldt, Maria.

Feldegg, Ritter v., s. Fellner.

Felden, Emil, Past. prim. an St. Martini. Bremen. (Montigny $^{7}|_{8}$ 74.) B: Im Gebirgsdorf u. a. Geschn. 99; D. Ultramontanismus i. Reichslande am Ende d. 19. Jahrh. 00; Die Wahrheit muß siegen, histor. Erz. 01; Protest. Kirchen in Deutschland 02; D. Kanirchenzucht 04, 2. A. 16; D. naschhafte Peter u. a. Erzn. 05; D'r Steinbür, Dr. 06; D. Amt d. mod. Predigers 07; Kirchl. Liberalismus u. Radikalismus 08; Euer Kinderland 09; Kirche, Relig. u. Sozialdemokratie, 2. A. 18; Ibsenpredigten „Alles od. Nichts", 5. A. 18; Grundriß e. freirelig. Unterr., 9. A. 23; D. Trennung v. Staat u. Kirche 13; Kind u. Gottesglaube, Studie 14; 2. A. 21; Königskinder, R. 14, 28. A. 22; Haus am Weserstrand, R., 6. A. 19; Menschen v. Morgen, R., 16. A. 19; Im Kampf um Frieden, Faustpredigten, 4. A. 19; Im Strom v. Zeit u. Ewigk., Andacht, 5. A. 20; Spiritismus, 15. A. 20; Sieghafte Menschen, R., 9. A. 20; Sünde wider d. Volk, R. 21, 15. A. 22; Die Sünde des Vaters, R. 19, 30. A. 21; Der Mann m. d. harten Herzen, M. 22; Albert Reinkings Höhenflug, R. 22, 4. A. 23.

Felden, Siegwart, s. Hacker, Willy Reinh.

Feldhaus, Erich, RP., DV., ○, △, Kommunalpolitik, Technik, Verkehr, Kritik, Redakteur. Magdeburg, Eichendorffstr. 10. (Köln $^{29}/_{8}$ 81.) B: Scholle, Erz.

09; Geschichte d. deutschen Zeitungswesens 11, 2. A. 22; Pflicht, Dr. (mit Franz Laufer) 12; Günstling wider Willen, Lsp. 20; Die Rückkehr des Herrn Niemand, Dr. 21; Nachtdienst, Lsp. 23. H: Immermann, Andreas Hofer, Tr. 16. *

Feldigl, Ferdin., (k.), ■, Jugend- u. Volksschr., Hauptlehrer a. D. Fürstenfeldbruck. (Landsberg a. Lech 5|4 61.) W: Von Oberammergau nach Rom 01; Abendrast 01; Maria Magdalena 03; Fromm' u. fröhlich Jahr 05—12 IV; D. verrückte Testament 07; Sonnenblicke ins Jugendland 12; Ein deutscher Meister 14; Heimgartengeschichten 17; Das Bildstöckl 18; Der Weg durchs Moor 21. ()

Feldkeller, Paul, ⁂, Psychologie, Dr. phil. Schönwalde b. Berlin. (Danzig 12|4 89.) W: Graf Keyserlings Erkenntnisweg z. Übersinnlichen. H: Reichls Philosophischer Almanach auf das Jahr 1923.

Feldmann, Erich, ⁂, ■, Dr. phil. Bonn, Rheinbacher Str. 21. (Elberfeld 17|6 93.)

Feldmann, Jos., ASV., (k.), Nov., /, ■, Prof. Trier, Weberbach 74. (Echtz, Kr. Düren 22|6 58.) W: Deutsches Aufsatzbuch 13, 2. A.; Deutsche Gedichte 15, 2. A. 22; Unsere Vornamen 19; Im Lande der Mezab, Erz. 21; Fliegende Worte und Zitate d. deutschen Volkes 21; Ferrys Waldläufer, Erz. 22; Marryats Sigismund Rüstig, Erz. 22; Der Schatz der Azteken, Erz. 23.

Feldmann, Wilh., Dr. phil., Pariser Korresp. d. „Voss. Zeitg.". Ständ. Adr.: Berlin SW, Ullsteinhaus. (Wilhelmshaven 8|8 80.) W: F. J. Bertuch 02; Kriegstage in Konstantinopel 13; Mit der Heeresgruppe d. Prinzen Leopold v. Bayern nach Weißrußland hinein 16; Reise zur Suezfront 17. ()

Felix, s. Felix, Oskar.

Felix, Oskar (Ps. Felix), DB., ◇. Berlin-Friedenau, Niedstr. 25. (Wien 18|8 87.) W: Hoheit die Tänzerin, Optte. 19; Die Spitzenkönigin 20.

Felke, Georg Naldo, SDS., ◇, ♆, /, ◇, ●, ⁂. Berlin-Schöneberg, Wartburgstr. 16 ptr. (Berlin 22|6 73.) W: Goethes Faust f. Arbeiter; Ehe, Einakter; Am Abend vorher, desgl.; Der Schmied v. Bullenstedt, Dr.; Kaspar Hauser, Tr.; Kurze Einführung in d. Philosophie; Einführg in d. Physik; Ibsen-Dramaturgie; Die Kavaliere von Ekeby, Sch. u. O.; Nora, II. Teil, Dr.; Gösta Berling, Sch. u. O.; Das Bildnis d. Dorian Gray, O.; D. Gott u. die Bajadere, O.; Werther, Sch. u. O.; Damajanti, O.; D. Madonna, O.; Die Quellen des Indus, Traumsp.; Die Tragödie des Genies, Faustbuch; Gift, Kom.

Feller, Hans Arthur, CP., PA., VJ. & S., Chefred. u. Hrsg. d. Karlsbader Tagbl. Karlsbad, Böhm., „Fellers Haus". (ebda 17|7 70.)

Fellinger, Rich. Jos., SDS., ◇, Dr. jur. Charlottenburg, Friedrich-Karl-Platz 17. (Elberfeld 26|3 72.) W: D. Wegmacher, Sch.; Ein Feiertag Sch. 05, 2. A. 08; Der Zeuge, Dr. 05; Der Unsichere, Sch. 05, 2. A. 07; D. Pfarrerin, Sch. 08.

Fellner, Ritter von Feldegg, Ferdin., ⁂, Ästhetik, ∆, ◇, Prof. d. Staatsgewerbesch. Wien XIII, Sechshauserstr. 126. (Piacenza 10|3 55.) W: Grundriß d. kunstgewerbl. Formenlehre 87, 2. A. 91; Gefühl als Fundament d. Weltordnung 90; Grundlegg. e. Kosmobiologie 91; Th. Hansen u. s. W. 93; D. Verhältn. d. Philos. z. empir. Wissensch. v. d. Natur 94; Beiträge z. Philos. d. Gefühls 00; D. neue Faust, Dr. 02; Der Schleier d. Maja, Dr. 03; Letzte Stunden, Nn., u. Geschlecht Edelmaier, Lsp. 04; Tafelwerke 04; Benedek, Dr., 1. u. 2. A. 05; Friedrich Ohmanns Entwürfe und ausgef. Bauten I 06, II 13; Mit seinem Gotte allein, Sch. 07; Retter, Dramenzykl. 08; Die Straßen- u. Platzanlage Salzburgs 09; Urvolk, Sch. 11; Leopold Bauer 14; Geist u. Sitte im Geschlechtsleben 20, 2. A. 21; Schönheit im Geschlechtsleben I.—XIV. A. 19—22; Paradoxa im Geschlechtsleben 21; Erinnerungen u. Bekenntnisse eines Erotikers 23; Baukünstlerische Zeit- u. Streitfragen 21; Das schöne Weib, Tafelwerk 21.

Felner, Karl v., DB., ◇, Kritik, Redakteur. Krefeld, Königsstr. 132. (Wien 15|10 74.) W: Gerhard, Dr. 00; Vor Sonnenuntergang, Dr. 02; Meier Helmbrecht, Sch. 05; D. Farisäer u. d. Ehebrecherin, Dr. 06; Michelangelo, e. Requiem 10; Periandros v. Korinth, Eroika 10; Pygmalion, Metamorphose 11; Z. Evolution d. Kunst 12; Rolands-Knappen, MLsp. 13; D. Testament des Alkibiades, Kom. 13; D. Tonne d. Diogenes, Rom. 15; Prinzessin u. Schweinehirt, MDr. 15; Marienkind, Legende 15; Schneewittchen, MDr. 16; D. Gänsemagd, desgl. 16; Dornröschen, desgl. 17; Der Froschkönig, desgl. 17; Gevatter Tod, Leg. 17; Rapunzel, MDr. 18; Menschenrecht 19; Bruder Lustig, Leg. 20; Zur Kultur des Dramas 23.

Fels, Erich, s. Polzer, Aurelius.

Fels, M., s. Petras, Bonifatia.

Felseneck, Marie v., s. Mancke, Maria.

Felsenegg, Richard, s. Pasig, Paul.

Felshof, s. Escherich, E.

Fenigstern, Berthold, Nov., /, Kritik, Lit.♛, Bibliogr., **Ue**, Dr. phil., Korresp. d. „Münch. Neuest. Nachr.", GymnLehr. Zürich, Hallwylstr. 22. (Breslau $^{19}|_{8}$ 85.) **B**: Leonardo Giustiniani (Monograph.) 09. **Ue**: Lazarine (R. v. Paul Bourget) 18; Nina und Delia (R. v. Mario Puccini) 21.

Ferch, Johann, ASV., CC., Staatsbeamter. Wien XV|1, Gablenzg. 31. (ebda $^{9}|_{6}$ 79.) **B**: R.: Die Kaserne 12; Mutter 12, 5. A. 23; Die große Not 18; Am Kreuzweg der Liebe 20, 3. A. 22; Im Singen des Blutes 20, 2. A. 23; Küsse, die Leben werden 21, 2. A. 22; Die nicht Mütter werden dürfen 21, 3. A. 22; Zölibat 22, 3. A. 22; Käthe Rithners Flitterwochen 22; Im Liebesnest 23; Stiefkinder der Liebe 21; Werdendes Leben 21; Sch.-Sk.: Das zweite Gesicht 15; Kasernen-Allotria 15; Zum Rapport 16; Zwischen zwei Feuern 16; Der gestürzte Moloch 19; Der seltsame Kuß 19; Am ersten Ehemorgen 19, 3. A. 23; Die Eheprobe 21; Kinder der Sünde 21; ferner 17 Broschüren und 6 Studien. *

Ferdinands, Carl, s. Bleuten, Carl Ferdinand v.

Ferling, Max, Jugendschr., Satir. Leipzig-Lindenau, Leutzscher Str. 5. (Leipzig $^{10}|_{11}$ 85.) **B**: Max u. Moritz; Minchen u. Trinchen, 3. A. 23; Max u. Fritz, 4. A. 23; Lustige Bubenstreiche, 5. A. 23; Für unsere Kleinen; Miez u. Maus; Onkel Franz u. seine Neffen, 2. A. 23; Ach Deutschland, wie tust du mir leid; Filmaffen; Des braven Kindes Märchenheim, 2. A. 23; Ferlings Märchenschatz 22; Von Menschen, Tieren, Sternen 23; Gereimte Satiren 23; Lustige Kinderreime 23; usw.

Ferrerius, Bruder Vincenz, s. Gheri, Leop.

Feßler, Franz, ✝, ∴, Monsignore, Prälat, Prinzl. Hofkaplan a. D. Ullersdorf b. Radeberg, Landhaus Feßler. (Görlitz $^{13}|_{4}$ 76.)

Fester, Richard, ♛, Dr. phil., o. UP., GRegR. Halle a. d. S., Mozartstr. 20. (Frankfurt a. M. $^{20}|_{9}$ 60.)

Fethke, Franz, ASV., ✿, ▣, /, Kritik, Lehrer. Marienburg, Westpr., Stuhmer Weg 92. (Christfelde, Westpr. $^{10}|_{10}$ 85.) **B**: Heimatglocken, G. **H**: (mit Horst Jahn) Fahrten und Abenteuer, romant. Erz. aus aller Welt 23, I—VII, Otto Altmann, Auf blauem Ozean, Erz. a. d. Leben zur See 23, 1.—20. T.

Feuchtwanger, Lion, ⊙, Rom., Dr. phil. München, Georgenstr. 24. (ebda $^{7}|_{7}$ 84.) **B**: D. Fetisch, Dr. 07; Heines „Rabbi v. Bacherach", krit. Studie 07; D. tönerne Gott, R. 10; Tartüff im Reifrock, Lsp. 12; Julia Farnese, Dr. 15; Vasantasena, Dr. 15; Die Perser des Aischylos, Dr. 15; Warren Hastings, Dr. 16; Der Friede d. Aristophanes, Kom. 16; Jud Süß, Dr. 17; König und Tänzerin, Sch. 17; D. Kriegsgefangenen, Sch. 18; Thomas Wendt, dram. R. 19; D. Amerikaner, Kom. 20; Der Holländische Kaufmann, Sch 21; Die häßliche Herzogin, R. 23; Jud Süß, R. 24.

Feuchtwanger, Ludwig, ∴, ▣, ♛, ⚖, Dr. phil., Rechtsanwalt, Leiter des Verlages Duncker u. Humblot. München, Kurfürstenplatz 2. (ebda $^{28}|_{11}$ 85.) **B**: Die ethischen Grundlagen d. Nationalökonomie 12; Die Juden u. das Wirtschaftsleben 11; Die Bezahlung des wissenschaftlichen Schriftstellers 23. *

Feuchtwanger, Martin, RP., SDS., Kritik, Nov., ⊙, Rom., Red. Halle a. d. S., Große Steinstr. 56. (München $^{18}|_{12}$ 86.) **B**: Münchener Schauspielpremièren 05; Die Töchter d. Intendanten Sommereck, R. 13. ()

Feuereisen, Arnold, Balt. ♛, Mag. hist., Stadtarch. Riga I, Weidendamm 7. (Moskau $^{4}|_{8}$ 68.)

Feulner, Adolf, Kunst♛, Dr. phil., Konservator d. Residenzmus. München, Residenz. (Schwabhausen, Dachau $^{23}|_{8}$ 84.) **B**: Christ. Wink u. d. kirchl. Rokokomal. in Bayern 12; Kunstdenkmäl. Bayerns (Karlstadt, Marktheidenfeld, Lohr, Gemünden, Hammelburg) 12—20; Lille 18 (auch frz.); Münchner Malerei um 1800 20; Ignaz Günther 21; D. Zick, Deutsche Maler d. 18. Jhrh. 21; Münchner Barockskulptur 21; Schloß Nymphenburg 21; Johann Michael Fischer 22; D. Residenzmuseum München 22; D. Sebaldusgrab Peter Vischers 23; Meisterwerke d. Plastik Bayerns; Hans Leinbergers Moosburger Altar 23; Bayrisches Rokoko 23; Alte Möbel 23.

Feurstein, Frau Eva (Ps. Rolf Römer), DV., Nov., Märch., ⊙. Bregenz (Vorarlberg), Kornmarktstr. 22. (Magdeburg $^{3}|_{2}$ 91.) **B**: Lautenfranzl, M.; Herrgottsgeiger, R.; Frieden im Krieg, Schw.; 's Freien zu Dreien, Schw.; Aschenbrödel, M. (alle drei mit Alwin Römer).

Fick, Richard, Ind. Ψ, Kultur♛, Dr. phil., Dir. d. Univ.-Bibl. Göttingen. (Schwartau $^{7}|_{2}$ 67.)

Ficker, Johs., Kirchen♛ und Christl. Archäolog., D., Dr. phil., o. UP. Halle a. d. S., Karlstr. 12. (Leipzig $^{12}|_{11}$ 61.)

Fiebiger, Aug., s. Rost, Bernh.

Fiebiger, Otto, röm. ♛ u. Altert., Dr. phil., Prof., Landes-Bibl. Dresden, Antonstr. 19 II. (Leipzig $^{18}|_{1}$ 69.)

Fiedler, Franz, ⊙, Lit.♛, ✉, ✒, Schulrat, Prof. d. HandAkad. Innsbruck, Claudiapl. 2. (Bautsch, Mähren $^{3}|_{12}$ 72.) W: Die ounschöllichen Kinder, Vst. 08 (u. d. Ps. Reinhold Sommer); Gertraud Herzog, Tr. 11. H: Sealsfield, Der Legitime u. d. Republikaner (o. J.); Das Kajütenbuch (o. J.); Seebilder (Neudchtg. o. J.).

Fiedler, Harry A., s. Haas, Alb.

Fierz=David, Frau Linda (Linda David). Kilchberg b. Zürich, Schweiz. ($^{10}|_{1}$ 91.) W: Das Geschichten=Männchen. 17 Märchen 22. *

Filchner, Wilhelm, Dr. hon. c. der Universität Königsberg, Pr., Major a. D., Forschungsreisender. Z. Zt. Berlin. ($^{13}|_{9}$ 77.) W: Ein Ritt über den Pamir 00; Kloster Kumbum 10; Bilder aus Kan=su 10; Rätsel des Matschu 11; Nordost=Tibet, 4 Teile; Han=kiang; Ts'in=ling, Kartenwerk 10; Quer durch Spitzbergen 11; Zum sechsten Erdteil 23. *

Filek, Egid, ASV., SDS., Roman, Nov., Sk., ✓, ♔, Essay, Dr. phil. Wien XIII/7, Linzackerg. 9, Haus Filek. (ebda $^{18}|_{1}$ 74.) W: Mein Frühling, N. 00; Fresken, Sk. 03; Ein Narr d. Herzens, R. 10; Mimis Versorgung, R. 11; D. schwarze Täschchen, N. 16, 5. T.; Wachtmeister Pummer, R., 26. T. 18; D. wundersame Wandlung d. Herrn Melander, R., 5. T. 21; Wie Dieter die Heimat fand, R. 21, 5. T.; D. Jungfern von Paulowitz, R. 23; Der schwarze Strich, N. 23.

Filek von Wittinghausen, Egid, s. Filek, Egid.

Finckh, Ludwig, ♔, ✓, Dr. med. Gaienhofen a. Bodensee. (Reutlingen $^{21}|_{3}$ 76.) W: Fraue du, Lr. 00; Rosen, G. 06, 17. A. 23; Der Rosendoktor, R. 06, 126. A. 23; Biskra 06, 5. A. 21; Rapunzel, Erz. 09, 49. A. 23; D. Reise nach Tripstrill, R. 11, 45. A. 23; Der Bodenseher, R. 14, 45. A. 23; Seekönig, Erz. 15, 32. A. 20; Graspfeifer, Erz. 16, 32. A. 20; Inselfrühling, Erz. 17, 22. A. 23; Die Lerche, Slg. schwäb. G. 18, 10. A. 21; Mutter Erde, G. 18, 6. A. 21; Hindurch mit Freuden; Wiederaufbau; Brückenbauer 19, 10. A. 21; Sonne, Mond und Sterne, Erz. 20, 15. A. 21; Die Jakobsleiter, R. 20, 26. A. 23; Ahnenbüchlein 21, 10. A. 23; Der Ahnengarten 22, 5. A. 23; Der Vogel Rock, R. 23; Der Ahnenhorst 23.

Findeisen, Kurt Arnold, ♔, ✓, Lit.♛, Musik. Dresden=N., Bautzner Str. 11. (Zwickau i. Sa. $^{15}|_{10}$ 83.) W: Mutterland, G. 14, 3. A. 21; Heimwege, E. 18, 2. A. 21; Aus der Armutei, G. 19, 2. A. 20; Klaviergeschichten, Dchtg. 20, 2. A. 21; R. Schumanns Kinderszenen, Dchtg. 20, 2. A. 22; Der Tod u. das Tödlein, N. 21; Ahnenland, G. 21; Herzen und Masken, R. 21, 2. A. 23; Der Sohn der Wälder, R. 22; Der Weg in den Aschermittwoch, R. 23; Der Davidsbündler, Rob.=Schumann=R. 23 II. H: Die Neue Heimat 19/20; Sächsische Heimat, Zeitschrift f. Heimatkunst u. =wissenschaft 20 24; Pestalozzileute (Anthologie), 20 (mit F. A. Zimmer). Ameisenkalender 22/23, Allgem. Sachsenkalender 22/23.

Findling vom Inn, s. Willhain, Julius.

Finger, Willy Herrmann (Willy Finger), Heimat u. Volkstum, ♔, Lehrer. Forst=Jeser, Lausitz, Prov. Brandenburg. (Bromberg $^{9}|_{3}$ 95.) W: Deutschkunde u. Kinodrama, Eine deutschkundlich=lit. Kampfschrift 21.

Fingermann, Jakob, Roman. Wien V, Spengergasse 29. (Uccie=Zielone $^{5}|_{1}$ 93.) W: Die Flucht aus Jerusalem, N. 19; Menschen im Abgrund, R. 20.

Finke, Heinr., ♛, Dr. phil., o. UP., GehR. Freiburg i. B., Dreikönigstr. 32. (Krechting $^{13}|_{6}$ 55.) W: Briefe an Friedr. Schlegel 17; Üb. Friedrich u. Dorothea Schlegel 18; Unseren Gefallenen zum Gedächtnis 19. H: Kraft aus der Höhe, 4. A. 16; Der Briefwechsel Friedrich und Dorothea Schlegels 1818—1820 23; u. a.

Finke=Bülter, Gustav, Roman, Nov., ✒. Braunschweig, Frankfurter Str. 85. (ebda $^{4}|_{5}$ 75.) W: Hans vom Deich, R. 18; Perlen im Schnee, R. 19; Lied vom Eisen, R. 20.

Fischart, Joh., s. Dombrowski, Erich.

Fischel, Alfr. v., Publiz., ♛, Nov., ⊙, Dr. jur., RA. Brünn, Augustinerg. 15. (Jungbunzlau $^{30}|_{11}$ 53.) W: Der Liebeshof, N. 86; Nat. Kurien 98; König und Kanzler, Dr. 99; Die Minoritätsschulen 00; D. österr. Sprachenrecht 01, 2. A. 10; Materialien z. Sprachenfrage i. Österr. 02; Die Olmützer Gerichtsordng. 03; Beitr. z. Gesch. des Deutschen Rechts in Böhmen, aus einer Komotauer Rechtssammlung 05; Studien z. österr. Reichsgeschichte 06; D. Protokolle d. Verfassungsausschusses üb. d. Grundrechte 12; Erbrecht u. Heimfall auf den Grundherrschaften Böhmens u. Mährens v. 13. bis 15. Jahrh. 14; Der Panslawismus bis zum Weltkrieg 19: Das angebliche Kolonistentum der Deutschen Böhmens u. Mährens 23; u. a.

Fischel, Oskar, Kunst♛, Prof., Dr. phil., UDoz. Berlin, Siegmundshof 7. (Danzig $^{10}|_{7}$ 70.) W: Raphaels Zeichnungen 98; Ludwig v. Hofmann 03; Tizian 04; 4. A. 11; Die Mode 07/08; D. 18. Jahrh. 09; Kais.=Friedrich=Museum 11; Corpus der Zeichnungen Ra-

phaels 13; Zeichnungen der Umbrer 17; Raphael u. Dante 20; Dante und die Künstler 21; Chronisten der Mode 23; Das moderne Bühnenbild 23.

Fischer, Aug., oriental. Ψ, Dr. phil., o. UP., GHR. Leipzig-Co., Südstr. 76. (Halle a. d. S. $^{14}|_{2}$ 65.)

Fischer, Aug. (Ps. Fischer v. Langenharm), ⊞, ●, ⚪, Dr. phil., Prof., HandHSchDoz. Wien XIII/10, Eduard-Jäger-G. 5 (Hamburg $^{1}|_{3}$ 69.)

Fischer, Carl Max, ♥, Nov., Skizze, Hum., Rom., Photogr., Touristik, Berlin, Belle-Alliance-Str. 101. (Dresden $^{9}|_{10}$ 68.) B: Feierabendlieder, G. 07; Die Heiratsfabrik u. a. Humoresken 16; Das Leben der Verschollenen, R. 19; Das rote Mysterium, R. 20.

Fischer, E. W., Flaubertforscher, Dr. phil. Berlin u. Bielefeld, Detmolder Str. 25. (Schloß Holte, Westf. $^{30}|_{8}$ 76.)

Fischer, Frau Elisabeth, s. Fischer-Markgraf.

Fischer, Eugen, SDS., Politik., Dr. phil., Sekr. Berlin-Wilmersdorf, Barstr. 30. (Balingen, Württbg. $^{9}|_{5}$ 81.) B: Das Reich des Lebens 18, 2. A. 19; Woodrow Wilsons Entschluß 18; Worte englischer Minister 19.

Fischer, Eugen Kurt, RP., DB., Essay, Theater- u. Kunstkritik, Literatur- u. Kunstw., Drama, Dr. phil., Red., Mitleiter des Kunstwarts. Chemnitz, Annaberger Str. 26. (Stuttgart $^{6}|_{1}$ 92.) B: Zur Stoff- u. Formengeschichte des neueren Volksliedes 15; Das deutsche Volksschauspiel 17; Die Laienbühne 19; Programme für Volkskunstabende 19; Die Kaukasusfahrt, R.; Deutsche Art u. Kunst; Von den Künsten als Ausdruck der Zeiten 23; Lessing 23; Irene, Dr. 23. *

Fischer, Felix Otto, ⚪. Plauen i. V., Lessingstr. 86. (Leipzig $^{9}|_{9}$ 70.) B: Irene, Lsp. 03; Autler Schwennicke, Schw. 05; Trübes Wasser, Kom. 07, 3. A. 11; Biographie Louis Riedels 07; D. Sieg der Flamme, Sch. 11; Die Nichte von drüben, Lsp. 12; Parfüm, Schw. 12; Die Frühglocke, Opernlibr. 13; Die gefangene Wachtel, Sch. 18.

Fischer, Friedrich Richard, ♥, /, ⚪, ●, ■, Prof., StudR. i. R. Dresden-Leubnitz-Neuostra, Ostrastr. 20a. (Althaldensleben $^{17}|_{7}$ 66.) B: Anreggn. z. Kunstpflege am Gymn. 06; Unser alter Fritz, Dchtgn. 07, 10. T. 12; Ged. 08; Der Liebesbrief, Lsp. 12.

Fischer, Gottlieb, ⚪, Lehrer u. Rektor. Aarau, Schweiz, Hallwylstr. 1588. (Altenburg $^{15}|_{8}$ 67.) ()

Fischer, Grety, s. Fischer, Edle von Tramminngen.

Fischer, Hans, s. Aram, Kurt.

Fischer, Hans R., Chefred. Duisburg, Sonnenwall 43. (Jauer $^{15}|_{4}$ 63.) B: Unter den Armen u. Elenden Berlins 87; Was Berlin verschlingt 90; Berliner Zigeunerleben 90; Kultusminister Dr. Ad. Falk 00; Ein moderner Regent: Großh. Ernst Ludwig v. Hessen 12.

Fischer, Hans W. (Ps. Dr. Frosch), Kritik, Sozialpolitik, Kulturfrag., ♥, ⚪, Dr. phil. Hamburg, Eppend. Landstr. 92. (Schweidnitz $^{18}|_{12}$ 76.) B: Buch des Widerspruchs, G. 07; Christus in d. Laterna mag. 09; D. Kette, G. 10; D. Dreißigjährige 11; Flieger, Dr. 11; D. Weiberbuch 19; D. Motor, Dr. 19; D. Schlemmerparadies 20; D. Schwert, G. 21; D. Jäger, Dr. 21; D. Tanzbuch. ()

Fischer, Karl (Ps. Fischer-Bernauer), DB., Operette, Couplets, Chansons, Kaufmann. Mannheim M 7 1. (ebda $^{26}|_{6}$ 84.) B: Der Multimillionär, Optte.: Chansons, Brettl-Lieder.

Fischer Karl Friedr., DB. Leipzig-Schl., Schnorrstr. 17. (Leipzig $^{19}|_{3}$ 84.) B: Soldaten sein schön, R. 10, 4. A. 12); Übers Kreuz, Lsp. 12; Das Erbe, Sch. 20; Der Besessene, Dr. 21; Trimeck und Bruck, Dr. 22.

Fischer, Ludwig, ⁂, Dr. phil. Nikolassee, Luckstr. 4. ($^{8}|_{4}$ 67.) B: Grundriß des Systems der Philosophie als Bestimmungslehre 90; „Cogito ergo sum" 90; Wirklichkeit, Wahrheit u. Wissen 19; Das Vollwirkliche und das Als ob 21. Ue: Descartes „Betrachtungen über die Grundlagen der Philosophie" 92; Descartes „Abhandlung über die Methode des richtigen Vernunftgebrauchs" 97.

Fischer, Frl. Marthe Renate, Nov., Rom., Jugenderz. Saalfeld i. Th. (Zielenzig $^{17}|_{8}$ 51.) B: D. Aufrichtigen, Bauerngesch. 94; A. d. Wege zum Paradies, N. 02; Toska baut, Erzn. 06; Das Patenkind, R. 07; Letzte Station, Skn. aus dem Altersheim 09; Die aus dem Drachenhaus, R. 10; Aus stillen Winkeln, N. 11; D. Blöttnertochter, R. 13; Herr und Frau von Bofien, R. 19; Wir ziehen unsere Lebensstraße, R. 20; D. kleine Helma Habermann, R.

Fischer. Max, SDS., Lit.♛, Roman, ⚪, ♥, Dr. phil. Frankfurt a. M., Mendelssohnstr. 73. (Breslau $^{11}|_{8}$ 93.) B: H. v. Kleist, d. Dichter d. Preußentums 15, 2. A. 16; H. Heine 16, 2. A.; Medard ruft in d. Welt, G. 17; Joseph Eberz u. d. neue Weg z. religiös. Malerei 18; Der Antichrist, R. 18; August Strindberg, Ein Beitr. z. relgiös. Psyche d. Gegenw 20; Der König von Baranasi u. and Erz. 21; Das Weltbild Dantes.

Fischer, Otokar, Lit.♛, ♥, ⚪, Dr. phil., a. o. UP. (tschech. Univ.) Prag.

Prag-Dejvice 268. (Kolin $^{20}|_{5}$ 83.) V: Zu Immermanns Merlin 09; Kleists Guiskardprobl. 12. H: Gerstenbergs Rezensionen 04; Zahlr. Werke u. Übersetzgn. in tschech. Spr.

Fischer, Otto, SDS., &, Dr. phil. München, Mainzer Str. 6. (Reutlingen $^{28}|_{6}$ 86.) V: D. altdeutsche Malerei in Salzburg 08; Das neue Bild 12; Gedichte 13; Albrecht Dürer 19; Chines. Landschaftsmalerei 21. H: Anselm Feuerbach.

Fischer, Paul, Polit., /, ✠, ♕, O. Cunnersdorf i. Riesengeb., Jägerstr. 20. (Grünberg, Schl. $^{17}|_{9}$ 59.) V: D. Marienburg 98, 5. A. 14; D. Polenaufstand v. 1848 99, 4. A. 07; Vater Freimuths deutsch. Volksbuch 97/99; Graudenz u. Feste Courbière 02, 4. A. 14; Tellbuch, Erläutergn. 05; Feste Graudenz 1807 07; Tannenberg 1410 10, 2. A. 10; Der Gouverneur von Graudenz, Sch. 12; Tannenberg 1914 u. Hindenburg.

Fischer, Richard, Nov., ✠, Dr. phil., StudR. Dresden-A., Liebigstr. 19. (Chemnitz $^{19}|_{4}$ 83.) V: Am Strande der Sehnsucht, N. 10, 2. A.; Landungen, N. 14; Kriegsgedichte 14; Du heilige Erde, G. 18; Schrei in die Welt, G. 19; Unendliche Straße, N. 21.

Fischer, Walther, Dr., engl. Philol. u. amerikan. Literatur, o. Prof. a. d. Techn. Hochschule. Dresden-A., Arnstädtstr. 17. (Reutlingen, Wttbg. $^{17}|_{1}$ 89.) V: Literary Relations between La Fontaine and H. d'Urfé 13; Beziehungen von R. M. Milnes (Lord Houghton) zu Deutschland 18; B. Shaw in s. dramat. Werken 20. H: Briefe R. M. Milnes' (Lord Houghtons) an Varnhagen von Ense 22. Ue: Einführung in das Studium der idg. Sprachen 21.

Fischer, Wilh., Epos, Nov., Dr. phil., Bibl.-Direktor. Graz, Joanneum. (Tschakathurn $^{18}|_{4}$ 46.) V: Atlantis, Ep. 80, 2. A. 11; Sommernachtserzähl. 82, 3. A. 11; Anakreon 83; Lieder u. Romanzen 84; Unt. alt. Himmel, N. 91, 5. A.; Der Mediceer, N. 94, 2. A. 07; Grazer Nn. 98, 4. A. 11; Die Freude am Licht, R. 02, 14. A. 10; Poetenphilosophie 04; Hans Heinzlin, N. 05, 3. A. 14; Königin Hekabe, Tr. 05; Lebensmorgen, Erz. 06, 4. A. 07; Sonne u. Wolke, Aphorismen 07; Sonnenopfer, R. 08, 4. A. 09; Der Kaiser von Byzanz, Romanze 09; Friedr. Nietzsches Bild 10, 1.—2. A.; Der Traum vom Golde, R. 11, 3. A. 12; Aus der Tiefe, Erz. 12, 4. A. 23; Alltagszauber 13, 3. A. 14; Die Fahrt d. Liebesgöttin, R. 14; Kriegsbuch 15; Wagemut, Erz. 17, 1.—5. A.; Das Geheimnis des Weltalls, Erz. 21; Tragik des Glücks 22, 1.—5. A.

Fischer-Bernauer, s. Fischer, Karl, Mannheim.

Fischer-Gwojdzinska, Frau Selma, SDS., Erz. Berlin-Charlottenburg 2, Grolmanstr. 67 II. (Berlin $^{30}|_{6}$ 88.) V: Heilige Narren, Nn. 19; Die Erlösten, Geschichte einer Oper 21, 2. A. 23.

Fischer-Dyck, Marianne, s. Fuchs, Marianne.

Fischer-Friesenhausen, Friedrich, ✠, Schriftsteller. Kassel, SchönfelderStr. 12. (Detmold $^{16}|_{11}$ 86.) V: Leben und Lieben 14; Auf Wellen und Wogen 14; Flamme empor, Kriegslyrik 14, 6. A. 18; Ein Sang aus den Bergen, Naturlyrik 14, 7.—9. A. 21; Im Osten zuckt der neue Tag, Politische Ged. 19; Kyrie eleison, Erlösungsdchtg. 16; Nicht mutlos werden, Sprüche 21, 2.—5. A. 23; Frau Inge, lyrische Erz. 22, 4.—7. A. 23; Sehnende Seelen, G. 20, 4.—6. A. 23. •

Fischer-Graudenz, s. Fischer, Paul, Cunnersdorf.

Fischer von Langenharm, s. Fischer, Aug., Wien.

Fischer-Markgraff, Frau Elisabeth, Pseud. f. Elisab. Fischer, geb. Markgraff, ASV., O, Roman, Nov., humorist. Skizzen. Stettin, Alleestr. 61. V: Surrogate, R. 09; Brausejahre, Erz. 10; Sein Recht, R. 12; Lore im Glück, Erz. 15; Die Wiedergänger, Dr. 15; Baron Uslars Nichten, Erz. 18; Um Deinetwillen, Nov. 18; Geborgen, R. 19; Kaleidoskop, R. 19; Geschichten von d. Wasserkante, Erz. 20; Wer ist ohne Sünde unter euch, R. 21. ()

Fischer, Edle v. Trammingen, Frau Grety, geb. Boehme (Ps. Grety Fischer), DÖSchG., VB., Roman, Oberstltnwitwe. Wien III, Reisnerstr. 36 p. (Aschersleben a. H. $^{26}|_{11}$ 76.) V: Vom breiten Wege, G. 11; Was Klotho spann, Nn. 12, 20; Die aus dem Teutoburger Walde, R. 13, 24; Die Geschichte vom dummen Herzen, R. 16.

Fischl, Friedrich, Kritik, Essay, /, Ue: FE, Dr. jur. Wien II/2, Praterstr. 15. (Brünn $^{13}|_{8}$ 81.) V: Goethe in Marienbad 04.

Fischl, Hans, Archäologie, deutsche Lit., StudProf. Würzburg, Erevennastr. 6. (Stadtamhof b. Regensburg $^{24}|_{2}$ 64.)

Fischmann, Frl. Hedwig, Lit. u. Kunstwissensch., Dr. phil., Private. Berlin-Halensee, Karlsruher Str. 11. (Prag $^{18}|_{11}$ 85.)

Fischmann, Leo, SDS., Belletristik u. jur. Fachwissenschaft, Dr., Rechtsanwalt. Wien I, Schottenring 17. (ebda $^{4}|_{11}$ 87.) V: Die gelbe Fahne, R. 21. Ue: Der Chevalier von Florian, Nn. 21. •

Fisher, Theodor, O, ✠, Buchverleger. Günterstal b. Freiburg i. Br., Tannengrund. (Kassel $^{30}|_{8}$ 67.) V: Zwölf Lieder, G. 09; Kränze Dein Haar mit Epheugrün, G. 12; Die Liebesjagd, Optte. 11; Im elenden Tal des buckligen Spiegels, G. 22; Gedichte 22; Karl Sträßer von der Fulde, Einiges aus dem Leben des Herrn Leo Hampelmann, Erz. 22. *

Fittbogen. Gottfried, SDS., Dtsch. Lit.♛, Auslanddeutschtum, Volkserziehg. Dr. phil. Berlin SW 47, Großbeerenstr. 56F. (Ahrenshagen i. Pomm. $^{30}|_{1}$ 78.) V: D. sprachl. u. metrische Form der Hymnen Goethes genetisch dargestellt 09; Die Probleme des protestantischen Religionsunterrichts an höheren Lehranstalten, Neuprotestantischer Glaube 12; Das Deutschtum im Ausland in unseren Schulen 13; Wie lerne ich die Grenz- und Auslandsdeutschen kennen? Einführung in die Literatur über die Grenz- und Auslandsdeutschen 23; Die Religion Lessings; Was jeder Reichsdeutsche vom Grenz- und Auslandsdeutschtum wissen muß.

Flachs, Frau Luise, geb. Fokschaneanu, O, **Ue**: Russ. Berlin W 62, Lutherstr. 47. (Bottuschan, Rum.) V: Erwacht, Dr.; Notturno, R.; Sünden, Dr.; Sühne, F.; Am Leben gebrochen, Skizzen. **Ue**: Schriften von S. Kowalewskaja, L. Tolstoi, A. Tschechow, N. Gogol, P. Boborykin, M. Noworußki; Naumow: Im stillen Städtchen u. a.

Flake, Otto, SDS., Roman, ∴, O. Berlin, per S. Fischer, Verlag. (Metz $^{29}|_{10}$ 82.) V: Schritt für Schritt, R. 12; Freitagskind, R. 13; Horns Ring, R. 16; Das Logbuch, R. 17; Nein u. Ja, R. 20: Pandämonium, Phil. 21; Die moralische Idee, Phil. 21; Kaiserin Irene, Dr. 21; Das kleine Logbuch 21; Das neuantike Weltbild, Phil. 22; Die Simona, R. 22; Ruland, R. 22; Deutsche Reden 22; Erzählungen 22; Die Unvollendbarkeit der Welt, Phil. 23; Zum guten Europäer, Auff. 24.

Flaskamp, Christoph, Kult.- u. Lit.♛, ∴, ✠, Privatgelehrter. Unterhaching b. München, Landhaus 203. (Warendorf $^{8}|_{8}$ 80.) V: Seele, die du unergründlich, lyr. Anthol. 09; D. geistl. Jahr d. A. v. Droste, G. 15; Von d. Freiheit d. Kinder Gottes, G. 16; Die deutsche Romantik 16, 2.—3. A. 17; dass., Nachwort 16: Weltkrieg u. Weltreligion 17; Im Jubel d. geschlossenen Rings, G. mit anderen 20.

Flavius, s. Laven, Ferdinand.

Flechsig, Eduard, Kunst♛, Dr. phil., Prof., Museums-Insp. Braunschweig, Hagenring 6. (Zwickau $^{8}|_{4}$ 64.) V: Cranachstudien I 00; D. Slg. d. Sächs. Altertumsvereins zu Dresden 00. H: Tafelbilder Lukas Cranachs d. Ä. 00; Sächs. Bildnerei u. Malerei vom 14. Jahrh. bis zur Reformation I 09, II 10, III 12. ()

Fleck, Fritz, DV., Musik, Komponist u. Schriftsteller. Köln, Hansaring 76. (ebda $^{24}|_{10}$ 85.) V: Die Prinzessin auf der Erbse, O. 16; Die Nabijja, Tanzdr. 21; Bathyllus, Tanzdr. 23; Psyche, Sch. mit Musik 18; Prinz Labakan, Sch. m. Musik 19; Don Ramiros, Sch. 20. *

Fleck, Frl. Wilhelmine (Pf. A. L. Lindner), Belletristik. Schwerin i. Meckl., Kommandantenstr. 3. (Grabow i. M. $^{16}|_{8}$ 64.) V: Heinz Consentius, R. 10; Des Lebens Schönheit, R.; Aus Langeweile, R.; Die Wulflams, R. 22. *

Fleiner, Hans, O, ✠, /. Aarau (Schweiz). (ebda $^{1}|_{3}$ 64.) V: D. Erfinder Lsp. 98; Am Wahltag, DialektLsp. 99, 9. A. 21; D. Première, Kom.; D. große Entdeckung, Komödienspiel: D. Ballvater, Schw.; E. Heiratsannonce, Lsp.; Graphologisch beurteilt, Lsp.; Man kann sich täuschen, 6 kl. Gesch. 19.

Fleischer, Oskar, VP., Musikwissenschaft, Dr. phil., a.o. UP., GRegR. Berlin W 30, Motzstr. 17. (Zörbig $^{2}|_{11}$ 56.) V: Führer durch die Kgl. Sammlg. alter Musikinstrumente 92; Neumenstudien I 95, II 97, III 04; Mozart, Biogr. 99; Reste d. altgriech. Tonkunst 00; Musikal. Bilder aus Deutschl. Vergangenheit 12; Krieg gegen d. deutsche Kultur 15. **Begr** d. Intern. Musikgesellschaft 99—01.

Fleischer, Victor, CP., Kunst♛, /, Roman, Erzähl., Drama, Dr. phil., Direktor der Frankfurter Verlags-Anstalt A.-G. Frankfurt a. M., Corneliusstr. 1. V: Das Steinmetzendorf, Erz. 05, 2. A. 06; Bauerngeschichten 06; D. Handschrift des Bruders Engelbert, Erz. 08; Leute vom Dorf, Nn. 09; Fürst Karl Eusebius von Lichtenstein als Bauherr und Kunstsammler 09; Wendelin und das Dorf, R. 11, 7. A. 21; Zehn Geschichten vom Löffler, Erz., 1.—6. A. 12, 10. A. 19; Der Wirt vom Berg, R., 3. A. 14; Im Krug zum grünen Kranze, R. 15, 9. A. 21; Der Himmel voller Wolken, Nn., 2. A. 16; Kollege Eisenhart, Lsp. 16; Der Haupttreffer-Michl, R. 17, 7. A. 21; Frau Monica und ihre Töchter, R. 19, 6. A. 20; Der Sammler, Erz. 21. H: Winckelmanns Geschichte der Kunst d. Altertums 12; Tierfabeln d. klassisch. Altertums 17; Till Eulenspiegel 21; Entlarvung der Weiber durch Jean Paul 18; Das süße Gift der Sünde 19.

Fleischhauer, Theodor (Pf. Th. Ackermann), ASV., Romane, Dr. med. vet., Tierarzt a. Veterinär-Institut. Potsdam, Kaiser-Wilhelm-Str. 9. (Greiz,

Reuß ä. L. $^{6}|_{2}$ 77.) W: Die Lautenspielerin, R. 12; Der Park des Paradieses, R. 14; Das grüne Gewölbe, R. 14; Schuldbewußt, R. 15; Für einsame Stunden, R. 15; Gebr. Mertens, R. 17; Schicksale, R. 19; Anne Marie, E. 19; Das weiße Kreuz, R. 20: Hans Jürgen, der Mann, E. 20; Die Sängerin, R. 21; Rheinrose, R. 21; Das Geheimnis von Rothenheim, Krim.-R.; Ruth Tegmar, R. 22; Doch Liebe wacht, R. 22; Die Schwestern von Hohenfels, R. 22; Durch Kampf zum Sieg, R. 22; Erfülltes Sehnen, R. 22; Das Glückslos, R. 23; Inge Westerlands Jugendtraum, R. 23.

Fleischmann, Maximil. (Dr. Karl Thomas), Politik, ☉, Journalistik, ✉, Soziale Fragen, ⁂, ⚖, Dr. phil. et jur., Verlagsdirektor des „Artis-Verlags", G. m. b. H. München, Schönfeldstr. 28 I. (Solln $^{13}|_{6}$ 84). W: Paul Anselm v. Feuerbach, der Jurist als Philosoph 06; D. Unehelichenfürsorge 07; Weltfriede u. Gesandtschaftsrecht 09; Theorien der Gesandtenexterritorialität 09; Grundgedank. e. Luftrechts 10; Grundzüge deutscher Ausfuhrpolitik 19; Ludwig Adam Kunz 21; Arthur Schlubeck, Text 22; Artis-Bändchen I: Kunstwege 23. H: Artis-Drucke.

Flemes, Bernhard, Lyrik, Skizze, Nov., Rom., Krit. Hameln a. d. Weser, Finkenborner Weg 5. (Hannover $^{25}|_{10}$ 75.) W: Gottfried Haberkorfs Irrtum, N. 13; Ländliche Geschichten, N. 18; Hinter dem Pflaster, Gesch. 19; Waldhaus, Natursk. 20; Führer durch Hameln 21; Vom grünen Rauschen 22; Strom und Hügel 23. H: Niedersachsen, e. Heimatbuch 15.

Flemming, Hans, Ψ, ♛, ✠. Berlin-Reinickendorf-West, Scharnweberstr. 105. (Quakenbrück $^{3}|_{5}$ 67.)

Flemming, Hans, Red. am „Berliner Tageblatt". Berlin-Lichterfelde-West Curtiusstr. 54. (Berlin $^{9}|_{11}$ 77.)

Flemming, Willi, germ. Ψ, dtsche. Lit.♛, Dr. phil., UDoz. Rostock. (Berlin $^{22}|_{1}$ 88.) W: Andreas Gryphius u. die Bühne I 14; Die Grundlegung der modernen Ästhetik u. Kunstwissenschaft durch Leone Battista Alberti 16; Geschmacksbildung 19; Andr. Gryphius u. die Bühne 21; Geschichte des Jesuitentheaters in den Landen deutscher Zunge (Schr. d. Ges. f. Thgesch. 32) 23; Prolegomena zur Literaturwissenschaft 24.

Fliegel, Alice, s. Jadassohn, Alice.

Fließ, Wilh., Biologie, Dr. med., Arzt. Berlin W 10, Von-der-Heydtstr. 1. (Arnswalde $^{24}|_{10}$ 58.) W: Der Ablauf des Lebens, Grundlegg. z. exakten Biologie 06; In eigener Sache, gegen O. Weininger u. H. Swoboda 06; Vom Leben u. vom Tod 09, 3. A. 16; u. a.

Fligl, Josef (Ps. Don Fligelio), ASV., VB., Erz., Sk., Hum., Aphorism., Nov., Plaud., musiktheor. u. -geschichtl. Auss., Ue: FM, Konzertpianist, Inspekt. d. Ung. St.-B. i. P., Schriftst. u. Journalist. Budapest IV, Franz-Josefs-Kai 12. (ebda $^{7}|_{3}$ 68.) W: Novellen 20.

Floeck, Oswald, DÖSchG., Germanistik, Lit.♛, Kritik, Dr. phil., GymnProf. Prag-Smichow, 1245 Dvořakgasse. (Hard i. Vorarlberg $^{12}|_{7}$ 74.) W: Die Elementargeister bei Fouqué u. a. 09; D. Kanzone i. d. deutsch. Dichtung 10; Ottokar Kernstock 10, 2. A. 23; Novellen d. Romantiker 11; D. Sänger auf der Festenburg 15; Skizzen u. Studienköpfe, Beitr. z. Gesch. d. dtsch. Romans s. Goethe 18; Heinrich Hansjakob 21. H: Briefe d. Dichters Friedr. Ludw. Zach. Werner 18, II; Stifter, Die Narrenburg 22.

Flöl, Maria, s. Senz.

Florenz, Karl, Ψ, ✠, Dr. phil., Ehrenprof. a. d. Kais. Univ. Tokio, o. Prof. a. d. Univ. Hamburg, Hagenau 30. W: Théâtre Japanais 99; Bunte Blätter 96 Dichtergrüße a. d. Osten, 14. A. 12; Jap. Dramen, 8. A. 13; Jap. Annalen, 2. A. 02; Jap. Mythologie 01; D. wichtigst. chines. Schriftzeichen 03; Gesch. d. jap. Lit. 03/06, 2. A. 12; Weißaster, 10. A. 12; D. histor. Quellen d. Shinto-Religion 19.

Florian, Markus, s. Bittrich, Max.

Floericke, Curt (Ps. Konrad Ribbeck, Ernst Hüller u. [f. Lyrik u. Feuill.] Ahasver), VJ. & S., Naturw., Dr. phil., Red. Stuttgart, Birkenwaldstr. 217. (Zeitz $^{23}|_{3}$ 69.) W: Jahrb. d. Vogelkunde I 08, II 09, III—V 12; Säugetiere d. deutsch. Waldes 08, 8. A. 09; D. kleine Naturforscher 08 V, 3. A. 13; Aquarienkalend. I—IV 08—11; Deutschl. Kriechtiere u. Lurche 09, 14. A. 11; Naturwissenschaftl. Spaziergänge 09 IV; D. kleine Botaniker 10 III; Der Sammler 14; Liederbuch f. Freimaurer 14; Gepanzerte Ritter 15; Auf drei Kriegsschauplätzen 15; D. Schiffsjunge d. Emden 15; Bulgarien u. die Bulgaren 15; Gegen die Moskowiter 16 III; Der Jägersmann 16; Unter dem Halbmond 16: Vogelbuch, 3. A. 23; u. a.

Floerke, Hanns, Kunst♛, Dr. phil. München, Helmtrudenstr. 11. (Weimar $^{25}|_{3}$ 75.) W: Studien zur niederländ. Kunst- u. Kulturgesch. 05; Der Dichter Arnold Böcklin 05; Hagia Hybris 07; Das Kirchentum 10; D. Moden d. ital. Renaissance 14; Deutsches Wesen. i. Spiegel d. Zeiten 16; u. viele Übersetzgn. H: Gust. Floerke, Zehn Jahre m. Böcklin 01, 2. A. 02; D. Ausland u. Wir 15;

England der Feind! 17; Das Äskulapische Dekameron 21 III. ()

Floth, Franz, ✿, Erz., /, ObLehrer. Haselbach, Bezirk Falkenau, Böhm. (Schönfeld, Böhmen 17|8 68.) V: Ged. 02.

Flubacher, Carl, Märchen, Novellen, Skizzen. Basel, Gärtnerstr. 110. (Niederschöntal, Schweiz 26|10 84.) V: Märchen 11; Lottis Wunderfahrt, M. 23.

Flüggen, Christian, PA., RP., VJ. & S., Kritik, Red. der „Münchener Ztg.". München, Müllerstr. 23. (Magdeburg 6|6 70.)

Flux, Hans, s. Blos, Wilh.

Fogar, Heinr., s. Hohenauer, Fr.

Foehrau, Edler von, s. Biedermann, Berthold Frhr. v.

Fohrbach, Herbert, s. Nast, Clara.

Folkart, M., s. Meyer, Martha.

Fontana, Oskar Maurus, ⊙, Erzähl., Kritik. Wien IV, Paulanerg. 12. V: Das Märchen der Stille 10; D. Milchbrüder 12; Der Studentengeneral 13; Aussaat 16; Marc 17; Erweckung 19; Triumph der Freude 20; Empörer 20; Tribun auf der Flucht 21. ()

Forberger, Carl (Ps. C. A. Vorwerck), ASV., ✿, /, ▪, Kritik, Wandern. Plauen i. V., König-Georg-Str. 21. (Friedeburg b. Freiberg i. S. 18|1 83.) V: Lieder in Moll 08. H: Mosen-Büchlein 14.

Forbes-Mosse, Frau Irene verw., geb. Gräfin Flemming, ✿, Nov., Ue: DE. Baden-Baden. (ebda 5|8 64.) V: Laubstreu, Erz. 23.

Forrer, Clara, s. Holzmann, Clara.

Foerster, Ernst, VJ. & S., Lit., Frauenfrage, ▪, Dr. phil., Oberlehr., Doz. a. d. Hamb. VolksHSch. Hamburg 30, Roonstr. 34. (Regensburg 2|4 84.)

Foerster, Fr. W., ▪, Ethik, Sozialwiss., Dr. phil., o. UP. a. D. München. Zürich V, Susenbergstr. 100. (Berlin 2|6 69.) V: Jugendlehre, ein Buch f. Eltern, Lehrer u. Geistliche; Lebenskunde; Schule u. Charakter; Sexualethik u. Sexualpädagogik; Christentum u. Klassenkampf; Lebensführung; Autorität u. Freiheit; Schuld u. Sühne; Staatsbürgerliche Erziehung; Jugendseele, Jugendbewegg., Jugendziel 24; u. a. ()

Foerster, Georg, ∴. Berlin-Tempelhof, Albrechtstr. 51. (Stuttgart, 2|4 93.) V: Der Mensch als Sinn und Wert 22; Geschichte und Persönlichkeit 23. *

Förster, Hans, niederd. Dchtg., ⊙, Volkskunde. Hamburg 5, Böckmannstr. 47 I. (ebda 9|12 85.) V: Achtern Dick 05; Die malerischen Vierlande 16; Koornknicker 21; Wieber un Drieber, vierländ. Erz. 22; Altländer Fahrten. *

Förster, Frl. Henriette Clara v., Drama. Berlin-Charlottenburg W 62, Kalckreuthstr. 10. V: Der Sieger von Tilsit 22; König Gustavs Brautfahrt 23; Die Herrin von Tamsel; Die drei Linden; Die Madonna Sixtina; Helge und Sigrun 23. *

Förster, Max, Anglistik, Volkskunde, Namenkunde, Dr. phil., o. UP. Leipzig, Sedanstr. 4. (Danzig 8|3 69.) V: Beowulf-Materialien 00, 4. A. 20; Neubearb. v. L. Herrigs British Classical Authors 05, 12. A. 23; English Authors 11, 6. A. 23; English Poems 12; Der Vercelli-Codex CXVII 13; Altengl. Lesebuch 13, 2. A. 21; Il Codice Vercellese con omelie e poesie in lingua Anglosassone 14; English Prose 15; Das elisabethanische Sprichwort 18; Die Beowulf-Handschrift 19; Keltisches Wortgut im Englischen 21. H: Jahrbuch der deutschen Shakespeare-Gesellschaft 07—18; Publik. des sächs. Forschungsinstitutes für neuere Philologie 19 ff.; Leipziger Beiträge zur Englischen Philologie 19 ff.; Englische Bibliothek 22 ff.

Förster, Richard, Politik, /, Hauptmann a. D., Hrsg. d. „Neuen Gesellschaftl. Korrespondenz". Berlin W 50, Tauentzienstr. 10. V: Mit Hindenburg u. Mackensen in Russisch-Polen 15; Um den Suezkanal 16; Erich Mühsam, Ein „Edelanarchist" 19.

Forster, William, s. Mancke, Maria.

Foerster, Wolfgang, Militärschriften, Kriegsw, Oberstlt. a. D. u. Oberarchivrat am Reichsarchiv. Potsdam, Moltkestr. 11. (Breslau 4|8 75.) V: Prinz Friedrich Karl von Preußen, Denkwürdigkeiten aus s. Leben, 2 Bde. 10 u. 11; Graf Schlieffen und der Weltkrieg 21; Hans Delbrück — Ein Portraitmaler? 22. *

Förster-Freund, Maria, s. Freund, Maria.

Förster-Nietzsche, Frau Elisabeth, geb. Nietzsche, VB., Verwalt. v. F. Nietzsches Nachlaß. Weimar, Louisenstraße 36. (Röcken 10|7 46.) V: F. Nietzsche 95/96 II; D. Leben F. Nietzsches II 2 04; D. Nietzsche-Archiv, seine Freunde und Feinde 07; Der junge Nietzsche 12; Der einsame Nietzsche 13; Wagner u. Nietzsche z. Z. ihrer Freundschaft 14. H: F. Nietzsches Werke, Taschenausg. 07; F. Nietzsches Briefe an Mutter u. Schwester 09.

Forstreuter, Frl. Hedwig, ✿, Erz., SDS. Magdeburg, Stadtmarsch 9 II. (19|2 90.) V: Gedichte 13; An d. Schwelle, G. 18. *

Fortunatus, s. Glücksmann, Heinrich.

Fould, Frau Julia Virginia, geb. Scheuermann (Ps. Julia Virginia), VB,

✠, Ue: FUkr, Bildhauerin u. Malerin. Frankfurt a. M., Hochstraße 38. (ebda $^{1}|_{4}$ 78.) V: Primitien, G. 03; Sturm u. Stern, G. 05; Das bunte Band, G. 12. H: Frauenlyrik uns. Zeit. Anthol. 06, 2. A. 07; Ausgew. Ged. v. Annette v. Droste-Hülshoff 07, 2. A. 09; u. Übersetzgn.

Foy, Willy, Ethnologie, indogerm. Ψ, Dr. phil., Dir., HonProf. a. d. Univ. Köln a. Rh., Ubierring 42. (Leipzig $^{27}|_{11}$ 73.)

Frahm, Frl. Andrea, Dr. phil., Lehrerin in Altona, Immermannstr. 8 I. ($^{1}|_{8}$ 84.) V: Zu Hause, G. 15; Meilensteine, G. 20.

Frahm, Ludw., plattd. ✠, Kultur♛, Hauptlehrer. Poppenbüttel. (Timmerhorn $^{25}|_{7}$ 56.) V: Wenn de Scharrnbulln brummt, Geschn. 16; Minschen bi Hamborg rüm, spaßige Gesch. 18; Von Morgen bet Abend, plattd. Ged. 21. H: Nordseestrand u. Inselland, Westseeweisen (m. J. Petersen) 86; Die Doppeleiche, Anthol. 88; Norddeutsche Sagen 89; Lebensbilder d. Heldengeister u. Altmeister Schlesw.-Holsteins 92. ()

Francé, Frau Annie (gen. Annie Harrar), Literatur, Naturwissenschaft, Kulturgeschichte. Dinkelsbühl i. Bayern, Wörnitzstr. 14. (München $^{2}|_{12}$ 86.) V: Die Kette, G. 12; Die Feuerseelen, R. 19; Rasse, Menschen v. gestern und morgen, Pop. Urgeschichte 21; Das Goldtier, Gesch. eines Dämons, R. 22; Die Hand hinter der Welt, R. 23; Schattentanz, Nn. 23; Kleinleben des Waldes, Nat.-Pl. 23; Paracelsus der Magier, Kulturgesch. Monogr. 23. *

Francé, Raoul H., VN., Naturw., ∴, Dir. d. Biol. Instit. Dinkelsbühl i. Bay. (Wien $^{21}|_{5}$ 74.) V (seit 10): Die Kleinwelt d. Süßwassers 10; Denkmäler der Natur 10, 20. T. 11; D. Welt d. Pflanze 11; D. Alpen 12 f. II; Spaziergänge durch d. Hausgarten 14, 20. T.: Die technischen Leistungen der Pflanzen 19; München, Die Lebensgesetze einer Stadt 19; Der Weg zur Kultur 20; Die Pflanze als Erfinder, 14. A. 21; Bios, Die Gesetze der Welt II 22, 2. A.; Zoësis 22, 6.—10. A.; Das Leben im Ackerboden 22, 14. A; Die Wage des Lebens 22, 3. A.; Die Welt als Erleben, Grundriß einer objekt. Philosophie 23; Die Entdeckung der Heimat 23, 1.—4. A.

Franck, Ernst (Ps. E. Banckenfron, Bernt Olivius), VP., RP., /, ∴, ♯, ○, ♜, Dr. phil., Journalist. Berlin SW 61, Am Johannistisch 10 II. (Stralsund $^{18}|_{4}$ 78.) V: Der Primat der praktischen Vernunft 04; Die Kalkdiät 14, 13. A. 21; Lady Godiva, F. 21 (mit A. Rehbein); Die gläsernen Menschen, R. 24.

Franck, Hans, PA., ○, Nov., Rom., Kritik bes. d. Dramas. Frankenhorst b. Wickendorf, Post Schwerin, Meckl. (Wittenburg, Meckl. $^{30}|_{7}$ 79.) V: D. Herzog von Reichstadt, Dr. 10; Thieß u. Peter, R. 10; Herzog Heinrichs Heimkehr, Dr. 11; E. Kriegsrequiem 15; Mein Kriegsbuch 16; Glockenfranzl, MNn. 16; Freie Knechte, Dr. 19; Das Pentagramm der Liebe, N. 19; Godiva, Dr. 19; Siderische Sonette 20; Opfernacht, Dr. 21; Machtnix, Erz. 21; Das Glockenbuch, Erz. 21; Das dritte Reich, R. 21; Der Werwolfgürtel, Niederd. Erz. 22; Martha und Maria, Dr. 22; Geschlagen, Dr. 23; Die Südseeinsel, N. 23.

Franck, Frau Mathilde, Dialekt✠. Ludwigsburg, Bietigheimer Str. 2. (Weiler, Blaubeuren $^{10}|_{1}$ 43.)

Francke, Frau Charlotte, s. Francke-Roesing.

Francke, Kuno, Ψ, Dr. phil., LL.D., Prof. a. d. Harvard-Univ. u. Dir. d. German. Museum. Cambridge, Massachusetts, U.S.A. (Kiel $^{27}|_{9}$ 55.)

Francke, Leo, BP., RP., SDS., ○, /, ♔, ∴, Dr. phil. Dresden-A., Müller-Berset-Str. 14. (Eisenach $^{29}|_{4}$ 84.)

Francke, Rud., Erz., Roman, †, Lic., Pfr. Heckershausen b. Kassel. (Hofgeismar $^{1}|_{12}$ 62.) V: Dunkle Glaubenswege, Erz. 94, 2. A. 05; D. christliche Liebestätigkeit in Kurhess. 04, Ergänzgn. 14; D. eiserne Landgraf, R. 06; Die Rätsel d. Geheimwissenschaft 10; Ein Wille — ein Weg, Erz. 13; Vor 100 Jahren, VolksSch. 13; u. a.

Francke-Roesing, Frau Charlotte (Pseudon. f. Charl. Francke), ASV., SDS., ✠, ○, /. Potsdam, Kl. Weinmeisterstr. 8. (Mülheim a. Ruhr.) V: Der Assistent, Schw. 06; Die Rosenkette, G. 06; Gipfel u. Gründe, G. 13, 23; Der gold. Becher, G. 13; Das Wunder der Fiordalisa, Sch. 15; Deutscher Frühling, Dchtg. 16; Die Schwarmgeister von Antwerpen, Sch. 21, 23; Das Hochzeitsbuch, G. 20. H: Gr. Kinder-Vortrags- u. Glückwunschbuch, G. 21; Fröhliche Kindstauf'! G. 21; Ein Kind ward uns geboren ..., G. 23; Brun v. Querfurt, Sch. 22; Die Linden, G. (mit Johannes Schlaf) 23; Die Brandjungfer, N. 23.

François, Kurt von, Ästhetik und ästhetische Kultur. Potsdam, Seestr. 19. (Priebkow i. Pom. $^{15}|_{7}$ 55.) V: Ästhetik, I: Ästhetische Psychologie 09. *

Fraenger, Wilhelm, Kunstwiss., Dr. phil. Heidelberg, Hauptstr. 187. (Erlangen $^{5}|_{6}$ 90.) V: Ernst Kreidolf 17; Der

junge Rembrandt 20; Herkules Seghers 21; Die Masken von Rheims 21; Der Bildermann von Zizenhausen 21; Der Bauernbruegel und das deutsche Sprichwort 22; Hans Weiditz und die Volkskunde des Humanismus 23. H: Die Komische Bibliothek (VII) und Jahrbuch für histor. Volkskunde. Ue: Charles Baudelaire: Vom Wesen des Lachens 22.

Frank, Bruno, SDS., DB., ✱, Nov., ○, Dr. phil. Feldafing b. München (Stuttgart $^{13}|_{6}$ 87.) B: Aus d. goldnen Schale, G. 05; Im dunkeln Zimmer, N. 06; Gedichte, 3. A. 07; D. Nachtwache, R. 09; Flüchtlinge, Nn. 11; Die Schatten der Dinge, G. 12; Requiem, G. 13; Die Fürstin, R. 15, 8. A. 18; Der Himmel der Enttäuschten, Nn. 16, 5. A.; Die Schwestern u. d. Fremde, Sch. 18, 5. A. 19; D. Trösterin, Sch. 19; Gesichter, Nn. 20; Die Kelter, G. 20; D. Weib auf d. Tiere, Sch. 21; Die Fürstin, R. 15, 10. A. 23; Pigram, Nn. 22.

Frank, Christian, (k.), ♛, Kultur♛, Kurat, Hrsg. d. „Deutsche Gaue“, Ztschr. f. Gesellschaftsw. u. Landeskunde u. der Gemeindebeschreibungen d. deutschen Gauenaufnahme. Kaufbeuren. (Günzburg $^{26}|_{6}$ 67.) B: Anlage u. Exzerptensammlung 05; Römerstraße Kissingen—Druisheim u. Donauwörth—Füssen 08; Hochäcker 11.

Frank, Jakob, ✱, ○, Lehrer. Neu-Isenburg b. Frankfurt a. M. (Dautenheim $^{24}|_{2}$ 66.) B: Rosen mit Dornen, G. 90; Gefundene Lieder 09.

Frank, Karl, ASB., ✱, Steuerinspektor. Pforzheim, Bernhardstr. 3. (Furtwangen $^{2}|_{11}$ 79.) B: Stille Wasser, G. 02; Seelenwanderungen, Nn. 03; Ringende Welten, G. 05.

Frank, Leonhard, Dichtg., Roman. Charlottenburg, Bismarckstr. 12. (Würzburg $^{4}|_{6}$ 82.) B: Die Räuberbande, R. 20. T.; Die Ursache, R. 20. T.; Der Mensch ist gut, 105. T.; Der Bürger, R. 44. T. *

Frank, Paul, CB., DB., BF. Wien I, Johannesgasse 16. (ebda $^{14}|_{4}$ 85.) B: Das Mangobaumwunder, R. 16; Der Gepard, R. 17; Der Ruf durchs Fenster, R. 19; Pandora, R. 20; Der tönerne Gott, R. 20; Harun al Raschid, R. 21; Ein reizender Mensch, Der Viererzug, Die blaue Perle, Die nackte Wahrheit, Lsp.; Der Mandarin, Der Engel, Die Hölle von Borbalo, Sch.

Frank, Rudolf, SDS., Lit.♛, ○, ◊, /, Theater- u. Musikkritik, Dr. jur., stellvertr. Direktor d. Münchner Kammerspiele. München, Heßstr. 43. (Mainz $^{20}|_{6}$ 86.) B: Richard Dehmel 07; Gesch. d. Status i. intern. Privatrecht 08; Goethe f. Jungens 10; Hunderttausend —! Sch. 11; Wie d. Faust entstand 12. H: Fr. Schlegels Lucinde 07; Schleiermachers Vertraute Briefe 07; Kinderseele 09; Geißelbrechts Puppenfaust 12; H. Heine, Sämtl. Werke; G. E. Lessing, Gesammelte Werke; E. T. A. Hoffmann, Sämtl. Werke, Tagebücher, Briefe 23/24. Ue: D. Ackersmann aus Böhmen 21.

Frank, Ulrich, s. Wolff, Ulla.

Franke, Carl, Ψ, Dr. phil., SeminProf. a. D. Löbau i. Sa., Königsplatz 1. (Geithain $^{29}|_{8}$ 54.) B: Das Veterbuch 80; Der obersächsische Dialekt 84; Grundzüge der Schriftsprache Luthers 88, 2. A. I 13, II 14, III 22; Reinheit u. Reichtum d. deutschen Schriftsprache gefördert durch d. Mundarten 90; Die Brüder Grimm 99; Sprachentwicklg. d. Kinder u. d. Menschheit 99; D. mutmaßl. Sprache d. Eiszeitmenschen 11, 2. A. 13.

Franke, Elis., s. Loofs, Elis.

Franke, Frau Else, geb. Junghans, Volkssage. Fürstenfeld-Bruck bei München, Buchenau, Villa Phönix. (Leipzig $^{16}|_{10}$ 72.) B: Alpenmärchen, 2. A. 23; Märchen v. d. Frau Holle, 2. A. 23; Sagen u. Märchen v. deutsch. Rhein 22; Die Geschichte v. Dr. Faust 23. *

Franke, Fritz, ✱, Studienrat. Halle a. d. S., Brandenburger Str. 5. ($^{8}|_{6}$ 85.) B: Springende Quellen, G. 17; Seele im All, Dchtg. 20.

Franke, Georg Hermann, Drama, ∴. Bonn u. Berlin-Hermsdorf. B: Sieg, Schsp. 23; Der Befreier, Schsp. 23; Eine Untersuchung des menschlichen Geistes 08; Über die Entwicklung der Dinge 11; Vom Wesen der Erziehung; eine Philosophie der Werte 12. *

Franke, Hans, DB., PA., RP., ✱, ○, /, ◊, Kritik, FeuillRed. d. „Neckar-Ztg.“, Lektor i. Verlag Walter Seifert. Heilbronn a. N., Wollhausstr. 67. (München $^{9}|_{6}$ 93.) B.: Meine Welt, G. 19; Opfer, Dr. 20; Zwei Kreise, G. 20; Befreiung, G. 21; Der Weg, Dr. 22; Briefe i. d. Kemenate 23.

Franke, Ilse, s. Oehl, Ilse.

Franke, Walther, Groteske, Novelle, /, Dr. phil., Fellhändler. Leipzig, Humboldtstr. 9. (ebda $^{10}|_{4}$ 90.) B: Max oder die Seelenhaltung des Schiebers 21; Die mystische Zeugung, Nov. oder Fehlgeburt eines Romans 23; Das versunkene Abendland, Abenteuerl. Liebesgeschichten 23. *

Franke, Willibald (Ps. F. Gurtis), Bildende Kunst, Kulturgeschichte, deutsche Literatur, Psychologie. Fürstenfeld-Bruck bei München, Buchenau, Villa Phönix. (Graudenz $^{23}|_{10}$ 71.) B: Das radierte Werk des Jean Pierre Norblin

de la Gourdaine 93; 100 Jahre im Dienste der Kunst 97; Das Kupferstichkabinett 96—01; Willst Du Dein Herz mir schenken, Anthologie 11; Ludwig-Richter-Zeichnungen 17; Albrecht Dürers Zeichnungen 18; Daniel Chodowieckis Künstlerfahrt nach Danzig im Jahre 1773, 19; Moritz-von-Schwind-Zeichnungen 19; Alfred Rethels Zeichnungen 21; Anselm Feuerbachs Zeichnungen 21. H: Johann Christian Brandes, meine Lebensgeschichte 23; Adam Öhlenschlägers Lebenserinnerungen 23; Stimmen aus einer andern Welt, metaphysische Phantasien eines Nichtspiritisten 22. *

Fränkel, Heinrich, jetzt Frenzel, Heinr.

Fränkel, Jonas, Lit.♕, Essay, Dr. phil., a.o. UP. Bern. Thun, Riedegg. (Krakau $^{12}|_{8}$ 79.) B: Zacharias Werners Weihe der Kraft 04; Marginalien zu Goethes Briefen an Charlotte v. Stein 09; Wandlungen des Prometheus 10; Rede üb. Spitteler 15; J. V. Widmann 19. H: Goethes Briefwechsel mit einem Kinde 06 III; Frdr. Schlegel, Lucinde 07; Schleiermacher, Vertraute Briefe üb. Fr. Schlegels Lucinde 07; Aus d. Frühzeit der Romantik 07; Goethes Briefe an Charlotte v. Stein 08 III; Heines Versschriften (Insel-Ausg.) 10 ff. III; Gottfr. Kellers Werke 21 ff. XXVI.

Fränkel, Ludwig, Lit.♕, Anglistik, Volkskde., Dr. phil., OberrealschProf. Ludwigshafen a. Rh. (Leipzig $^{24}|_{1}$ 68.) B: Rom, „die ewige Stadt" 86; Uhland als Romanist 88; Stoff- u. Quellenkde. v. Shakespeares „Romeo and Juliet" 89; Shakespeare u. d. Tagelied 93; L. Uhland 94; Roman. Wechselbeziehgn. z. engl. Lit. 00; Ad. Ebert d. Literarhist. 06/08 II; Otto v. Corvin 12; Maler Müllers Auferstehung 18. ()

Franken, Paul, s. Frankl, Siegfried.

Frankenberg und Ludwigsdorff, Alex-Victor v. (Ps. Gust. v. Falkenberg), DB., RP., ∩, /, ⚔, ♰, Familien♕, Obltn. a. D., Feuill.-Red. d. „Hess. Landesztg." Schloß Kirchberg a. d. Jagst, Württ. (Darmstadt $^{28}|_{11}$ 92.) B: Gedichte 06; Elektrizität u. Luftschiffahrt in ihren wechselseitigen Beziehungen 10; Dornenpfade G. u. Skn. 11; D. Fallschirm 12; Luftschiffahrt u. Flugtechnik 13; Husarenblut, Ball. 14; Das Schwert d. Cherub, Kriegs-G. 15; Der Kampf in der Nacht des 1. Mai 15; Ein Sommerfest in Feindesland 15; Kampf u. Sieg an d. Westfront, Skn. 16; Die Unschuld am Weibe, N. 18; Die da Sonne trinken, G. 18; Das Leibgarde-Inf.-Regt. im Weltkriege 21; Leuchtfeuer, Dr. 23.

Frankenburger, Max, Kunst♕, HofR. München, Franz-Josef-Str. 41 I. (Uehlfeld, Bay. $^{27}|_{8}$ 60.) B: Beiträge z. Gesch. Wenzel Jamnitzers u. seiner Familie 01; D. Alt-Münchner Goldschmiede u. ihre Kunst 12; Die Landshuter Goldschmiede 14; Zur Gesch. d. Ingolstädter u. Landshuter Herzogsschatzes u. d. Stiftes Altötting 16; D. Silberkammer d. Münchner Residenz 23.

Frankforder, alde, s. Ettlinger, Karl.

Frankfurter, Richard Otto, SDS., BP., Ep. Dchtg., pol. Journalistik, Dr. jur., RA. Berlin-Wilmersdorf, Nassauische Str. 49. (Bielitz $^{12}|_{12}$ 73.) B: Von gekrönten Häuptern 06; Heil der Höhe 08; Wenn die Welt anders wär 09; Geschichte der Giustiniani 11; Ohne Götter 16; David schlägt die Harfe 23.

Frankfurter, Salomon, Bibliogr., klass. ♆, ♣, Dr. phil., HofR., Dir. d. UBibl. Wien IX, Wasag. 27. (Preßburg $^{9}|_{11}$ 56.)

Frankl, Adolf (Ps. Hermann Harter), SchulDir. i. R. Fürstenfeld, Steierm. (Mürzzuschlag $^{6}|_{8}$ 62.) B: Lachende Wahrheiten 93; Lose Sachen 95; Lustig wohlauf! 98; Allerhand Geschichten 99; Nur gemütlich! 04; Huldigung d. Jugend, Festsp. 08; Dem Lichte entgegen! R. 09; O Schicksal! Bst. 11; Aus deutschem Herzen, G. 12; Weihnachtszauber 12; Peter Rosegger 13, 10. T. 14; In großer Zeit, G. 14, 3. A. 15; Zeitliachta, G. 17; Die Schuld, Dr. 23.

Frankl, Siegfried (Ps. Paul Franken), Belletr., Red. u. Verleger. Berlin-Schöneberg, Wartburgstr. 32. (Ödenburg $^{19}|_{12}$ 61.) B: Einer v. d. roten Fahne, R. 94; Lotti u. Co., Dr. 97; Radler-Latein, Hum. 99; Ursprung d. Lex Heinze 00.

Frankl-Rank, Frl. Wilhelmine (Ps. Wilhelm Rank), Skizze, Nov., ♰, Kritik, /, Aphorismen, Ue EF.: Prien am Chiemsee. B: Erziehg. z. Hausfrau 11; Schattenrisse, Nn. u. Skn. 13. Ue: d. tschech. Dichters Jul. Zeyer (Nov. u. Leg.) 20/21. ()

Franz, Albert Karl, Dr., berufsm. Stadtrat. Würzburg, Virchowstr. 14. (Karlsruhe $^{7}|_{3}$ 91.) B: Deutschland und die Modernismusbewegung 11; Ad. Kolping der Gesellenvater 14, 3. A. 22 (übers. franz. u. holl.); Der soziale Katholizismus in Deutschland bis zum Tode Kettelers 14; Christentum und soziales Leben 18, 2. A. 19; Der Kampf auf der deutschen Ackerflur 1914—18 19; Das Volksproblem der Heimkehrenden, ein Caritasprogramm 19. *

Franz, Ernst, s. Bittlinger, Ernst.

Franz, Friedr., s. Hähnel, Franziskus.

Franz, Hermann, Münchener Journalisten- u. Schriftstellerverein, Märchen u. oberbayerische Mundart-Dichtung, Oberpostrat (Ingenieur). München.

(ebda $^{1}|_{1}$ 77.) B: Der Steg zum Lande Frohmut, M. 20, 2. A. 23; Paradieslegenden 21; A Rucksackl voll, Erz. u. Ged. in oberbayer. Mundart 21; Aus des Weggenossen Wanderbuch 22; Vaters Sonnenbrille 23; Sechs Märchen 19. *

Franz, Rudolf, UB., BA., Dr. phil., Red. Leipzig-Möckern, Kirschbergstr. 46. (Köln $^{1}|_{9}$ 82.) B: D. Monolog u. Ibsen 08; Warum ich kein Sozialdemokrat bin (Satire) 10, 3. A. 11; Abrechnung, G. 10, 2. A. 11; Die schönsten Märchen f. d. nationale Kinderwelt (Satire) 11, 2. A. 21; Theater u. Volk 13; Kritiken u. Gedanken üb. d. Drama 15; Soermus, der russische Geiger 22; Soermus in den Krallen der preuß. Polizei 23. H: G. Büchners Dramat. Werke 12; Handbuch der sozialdem. Parteitage, Bd. II 17.

Franz, Wilhelm, Sprachwiss., Dr. phil., o. UP. Tübingen. (Merzhausen $^{24}|_{9}$ 59.)

Franz Xaver, s. Kappus, F. X.

Franze aus Berlin, s. Kunzendorf, Franz.

Franzendorf, Kunz, s. Kunzendorf, Franz.

Franzos, Frau Berta, **Ue**: E. Wien VI, Gumpendorfer Str. 25. **Ue**: Lafcadio Hearn, Sämt. Werke; Lowell, Die Seele des fernen Ostens.

Franzos, Frl. Marie (Francis Maro), **Ue**: FEDISSchw u. Aufsätze u. Vorträge üb. skandinav. Schriftsteller. Wien VI, Gumpendorfer Str. 25. (ebda.) **Ue**: Werke v. Selma Lagerlöf, Ellen Key, Gustaf af Geijerstam, Per Hallström, Oscar Levertin, Hjalmar Söderberg, Herman Bang, Perceval Gibbon, Sigfr. Siwertz, Hjalmar Bergman, Ludv. Nordström, Frank Heller. ( )

Fraungruber, Hans, VB., Erz., ✠, Dir. i. R., Red. d. Monatsschr. „Das deutsche Volkslied". Wien XIII/7, Hietzing Hptstr. 117. (Aussee, Steierm. $^{28}|_{1}$ 63.) B: Ged. in steir. Mundart 95; Neue Ged. in steir. Mundart 95; Aus d. Wandermappe 98; Bei uns dahoam 00; Ausseer Geschicht. 01, 06, 11 III; Zeitvertreib 06; Lug ins Land 07; Hoch Habsburg 09; Österreichs Walhalla; 100 Lustige Geschichten; Mein Bergland, mein Waldland 13; Kunterbunt I—III 19; Neue Ausseer Gesch. 21. **Red**: Gerlachs Jugendbücherei I—XXV 09 f.; Feierabend 23; D. Märchenspiele 22 III; Legendenspiele 23.

Fred, W. A., ⌂, /, ●, Roman. Berlin W 62, Wichmannstr 18. (Wien $^{19}|_{9}$ 79.)

Fredersdorff, Hans, s. Toepel-Fredersdorff.

Fredrich, Carl, klass. Ψ, Archäologie, Dr. phil., Prof., ObStudDir. Stettin, Marienstift. (ebda $^{20}|_{7}$ 71.)

Frehsee, Martin, ⟡, Kritik, Schriftleiter. Berlin, Frobenstr. 28. (Wittenberg a. d. E. $^{10}|_{11}$ 70.) B: Das süße Gift, Lsp. 02, n. A. 06; Dreizehn, Nn. 06; Kain, Dr. 12; O Tannebaum, Märchsp. 12; Als ich noch im Flügelkleide . . . (m. Alb. Rehm) 14; Trutzig u. Treu, Sch. 15; Tante Suschen, Lsp. 16; Junk Tüschen, B. 15; Wieland, Dr. 17; Frau Frohnatur, L. 20; Stehn und Leiden, Passionsspiel.

Frei, Leonore, s. Reiche, Laura.

Freimark, Hans, ⁂, ⟡, ✠. Ebenhausen, Obbay. (Berlin $^{28}|_{1}$ 81.) B: Anderes u. Drittes, Skn. 05; Bunte Lieder 05; D. Sinn d. Uranismus 05; Helena Petrovna Blavatzky 06; D. Geschlecht als Mittler d. Übersinnl. 07; Mod. Geisterbeschwörer u. Wahrheitssucher 07, 8. A.; Beitrag z. Gesch. d. Handlesekunst u. Handformenkde. 08, 8. A. 10; D. anormal. Männer- u. Frauengestalt. in d. Memoiren der Markgräfin v. Bayreuth 08; Okkultismus u. Sexualität 09; Tolstoi als Charakter 09; Sexualleben d. Afrikaner 10; Was uns d. Hand verrät 10; Charakterdeutung nach Form u. Linien der Hand, nach Form u. Zügen des Gesichts 10; Wie entwickeln wir unsere Seelenkräfte?; Handschriftendeutg. 11; Moderne Theosophen u. ihre Theosophie 12; Die okkultistische Bewegg. 12; Wege u. Umwege z. Theosophie 12; B. d. Wandlgn. der Seele, Nn. 13; Der Meister, R. 13; Robespierre 13; Geheimlehre u. Geheimwissenschaft 13; Mediumistische Kunst (m. E. J. Maecker) 14; Charakter-Forschg. 15; Maria Antoinette, R. 16; Katharina II. (Ein livländisch Herz), R. 18; Johann von Leyden, R. 19; D. Revolution als psychische Massenerscheinung 20; Das Tischrücken 21; Die Flucht Ludwig XVI. nach Varennes, R. 22; Das erotische Element im Okkultismus 22. H: Sammlg.: Okkulte Welt.

Freimut, Ernst, s. Hartenfels, Wilh.

Freißler, Ernst W. (Ps. E. W. Günter), DB., Nov., ⟡, **Ue**: E. Wildenroth b. Grafrath, Obb. (Troppau $^{7}|_{7}$ 84.) B: Schwefelblüte 13; Das Testament, Kom. 14; Der Hof zu den Nußbäumen, Nn. 16; Die Bürger, Kom. 20; Eine Tugend, R. 21; Junge Triebe, R. 22. **Ue**: „Hassan", Dr. von Flecker 14, u. R. von Jos. Conrad.

Freksa, Friedr. (Ps. Kurt Friedrich), DB., SDS., /, Roman, ✠, ⟡. München, Vikt.-Scheffel-Str. 12. (Berlin-Wilmersdorf $^{11}|_{4}$ 82.) B: Histörchen 12; Histörchen, II. Teil 17; Ausschweifungen 17; Urteil des Seleukos, Dr. 18; Not-

wende, R. 18; Freiheit, R. 19; Praschnas Geheimnis, R. 20; Cäsars Stunde, Dr. 21; Der Koch, Einakt. 21; Neue Histörchen, III. Teil 21; Legenden v. Heros und Genius, Erz. 21; Der Wanderer ins Nichts, R. 20; Chanteclair, Schw. 21. ()

Frels, Wilhelm, Dr. phil., Bibl. Dtsch. Bücherei. Ötzsch b. Leipzig, Dammstr. 21. (Schwerin i. M. $^{18}|_{6}$ 86.) V: Bettina v. Arnims Königsbuch 12; u. a.

Frensdorff, Frau Emy, Märchen. Heidelberg (Baden), Häusserstr. 32. (Berlin $^{17}|_{6}$ 88.) V: Das Märchen vom dicken König 21; Vom Zaubrer Kukukei und seinen Stachelpflanzen, M. 21. *

Frenssen, Gustav, Roman, D. h. c., Pastor a. D. Barlt i. Holstein. (Barlt $^{19}|_{10}$ 63.) V: D. Sandgräfin, R. 96, 107. T. 23; Die drei Getreuen, R. 98, 152. T. 23; Dorfpredigten 99, 88. T. 23; Jörn Uhl, R. 01, 2J8. T. 23; Hilligenlei, R. 06, 181. T. 23; Peter Moors Fahrt nach Südwest 07, 200. T. 23; D. Leben d. Heilands, 1.—30. T. 07, Volksausg. 08; Klaus Hinrich Baas, R. 09, 111. T. 23; Der Untergang der Anna Hollmann, Erz. 11, 73. T.; Sönke Erichsen, Sch. 13; Bismarck, ep. Erz. 14, 26. T.; Die Brüder, Erz. 17, 109. T.; Grübeleien 19, 24. T.; Der Pastor von Poggsee, Erz. 21, 63. T.; Briefe aus Amerika.

Frenz, Hugo, VP., Humor, Satire, Politik. Berlin-Steglitz, Holsteinische Str. 16. (Stradam $^{17}|_{11}$ 80.) V: Rot-Orange-Gelb-Grün-Blau-Violett, Hum. 11; Uns. Reichstag 11; Unter der goldenen Kuppel, heitere Bilder aus d. Reichstag 13; Gesch. d. student. Verbindungswesens 14; Demokratisches Abc 19.

Frenzel, Heinrich (früh. Fränkel), PA., SDS., ▣, Politik, Belletrist., Dr. phil., HandKamSekr. a. D. Nikolassee b. Berlin, Pr.-Fr.-Leop.-Str. 28. (Leipzig $^{1}|_{6}$ 59.) V: Die Bolschewiki und wir 17; Goethe, unser Führer durch die Zeit der schweren Not 19, 2. A. 20; Schiller unser Befreier 21. ()

Frerking, Johann, RP., /, Kritik, Ue: F, Dramaturg d. Städt. Bühnen. Hannover, Dachenhausenstr. 1A. (ebda $^{19}|_{6}$ 84.) V: Martin ohne Flügelkleid, Grot. 20. **Ue**: Flaubert, Büchernarr; Voltaire, Candide. **H**: Hölty, Gedichte.

Frerking, Wilhelm (Ps. S. Wenzl), RP., O, /, Rektor a. D., Red. am „Hannov. Tagebl." Hannover, Dachenhausenstr. 1A. (ebda $^{8}|_{8}$ 52.) V: Zahlr. Schwänke, Festsp., Humor. usw. •

Freud, Sigm., Nervenpathologie, Dr. med., LL.D., tit. o. ö. Prof. Hrsg. d. „Jahrb. d. Psychoanalyse", d. „Imago" und d. „Internat. Zeitschrift f. ärztliche Psychoanalyse". Wien IX/1, Berggasse 19. (Freiberg, Mähr. 56.) V: Traumdeutg.; Üb. d. Traum; Psychopathol. d. Alltagslebens; D. Witz u. s. Beziehg. z. Unbewußten; Drei Abhandlgn. z. Sexualtheorie; Sammlg. kl. Schriften z. Neurosenlehre; Der Wahn u. d. Träume in W. Jensens Gradiva; Üb. Psychoanalyse; E. Kindheitserinnerg. d. Leonardo da Vinci; Totem u. Tabu; Das Ich u. d. Es; Z. Gesch. d. psychoanalyt. Bewegg. ()

Freudenberg, Alwin, Kinderlieddichtg., ▣, Volksschullehrer. Radebeul b. Dresden, Kirchstr. 2 I. (Kamenz i. Sa. $^{19}|_{11}$ 73.) V: Kunstgemäß u. schulgerecht 08; Kreuz u. quer durchs Kinderland, G. 10, 10 T. 21; Sonnenschein, Lr. 10, 10. T. 14; In Knecht Ruprechts Werkstatt, Msp. 14, 6. T. 21; Vier Vaterlandsgesänge 16; Kinderszenen 18, 5. T. 21; Kinder vor Weihnachten, Msp. 21, 5. T. 22; **H**: Was der Jugend gefällt, Anthologie 04, 17. T. 21; Aphorismen aus d. Pädagog. d. Gegenw. 12; Unterm Weihnachtsbaum, G. f. d. Jugend 22.

Freudenthal, Friedrich. Fintel, Hannover. (Fallingbostel $^{9}|_{5}$ 49.) V: Plattd. u. hochd. Erzählgn., bes. Heidegeschichten, sowie Gedichte, plattd. Volksstücke, Lebnserinnerungen.

Freudenthal, Ludwig, ♂, ▣, ästhet. u. philos. Essay, ♥, Dr. jur., RA. Erfurt, Scharnhorststr. 22. (Gotha $^{4}|_{4}$ 85.)

Freund, Erich, RP., Theaterkritik, Dr. phil. Breslau, Landsbergstr. 12. (ebda $^{18}|_{8}$ 66.) V: Üb. Ausfuhrerleichterg. des Schutzzollsystems 89; Streifzüge im Süden 97; Meerschweinchen, Schw. 05; Das Loch in der Landstraße, Opernbuch z. Boieldieu 13; Die 3 Nüsse, Opernbuch 14.

Freund, Frau Maria, geb. Förster (Förster-Freund), VB., ♥, /, Prof.-Gattin. Wien II, Schüttelstraße 31. (Jauernigk $^{17}|_{2}$ 85.)

Freund, Max, Lit. ♛, Ψ, Irland-Kunde. Dr. phil., o. UP. (Belfast) a. D., Univ.-Lektor. Marburg, Europ. Hof. (Hainichen $^{27}|_{8}$ 79.)

Freund der Wahrheit, s. Reitz, Jos.

Frey, Alexander Moritz, SDS., Phantastik, Groteske, Roman, Nov. München, Maximilianstr. 15. (ebda $^{29}|_{3}$ 81.) V: Dunkle Gänge, Rn. 13; Solneman der Unsichtbare, R. 14, 3. A. 20; Der Mörder ohne die Tat, Rn. 18; Kastan und die Dirnen, R. 18; Spuk des Alltags, Rn. 20; Sprünge, Rn. 22; Der unheimliche Abend, Rn. 23; Phantastische Orgie 24.

Frey, Egon, Lyrik, Erz., Dr. med. Kuranstalt Edlach bei Reichenau in Niederösterreich. (Wien $^{26}|_{2}$ 92.) V: Rechenschaft, G. 19; Der Zensor, Erz. 22. *

Frey. Erich, s. Meyer, Martha.

Frey, Erich M., ⚖, ▣, /, Satire, Dr. jur. et phil., RA. Berlin W 9, Bellevuestr. 21. (Breslau $^{10}|_{10}$ 82.)

Frey, Hermann, ○. Berlin W 30, Freisinger Str. 3. (ebda $^{1}|_{7}$ 76.)

Frey, Karl (Ps. Konrad Falke), ○, /, Dr. phil. Feldbach, Kt. Zürich. (Aarau, Schw. $^{19}|_{3}$ 80.) W: Euryalus u. Lukrezia (a. d. Latein.) 07; Im Banne der Jungfrau (alpin.) 09; Carmina Romana 10; Kainz als Hamlet 11; Astorre, Tr. 12; San Salvatore, R. 16; D. Bacchantinnen d. Euripides (Neudicht.) 19; D. Vision d. irisch. Ritters Tundalus 20; Dante 21; Dantes Div. Commedia i. deutsch. Sprache 21. ()

Frey, Frl. Marie, Roman. Berlin, Fontane-Promenade 7. (Crossen a. d. O. $^{23}|_{7}$ 60.) W: Nov. 92; Alt-Brandenburg, Erz. 92; D. rote Adler a. d. Marienburg, hist. R. 93; Ohne männl. Schutz 97; Unter Schutz u. Schirm, R. 99; Märk. Nov. 00; D. Weg zur Höhe, Erz. 03; Ein Landesfeind, hist. R. 06; Doppelsterne, mod. R. 06; Die Marienburg, R. 22.

Frey, Werner, s. Gebhardt, Johs.

Freye, Walter, Studienrat, Professor. Berlin-Friedenau, Illstr. 10 III. (Magdeburg $^{3}|_{9}$ 68.) W: Das Nibelungenlied, Übersetzung v. Simrock mit gegenübergestelltem Urtext 18. *

Freyer, Hans, ∴, Dr. phil., Priv.-Doz. Leipzig-Marienbrunn, Turmweg 13. ($^{31}|_{7}$ 87.)

Freyer, Walther, ASV., ⚓, Korvettenkapitän d. R. a. D. Hamburg 19, Eichenstr. 46. (Massow, Pomm. $^{30}|_{9}$ 72.) W: Im Kampf um den Ozean, R. 14.

Freyhan, Max, VP., SDS., Deutsche Literatur, Dr., Schriftsteller. Berlin NW 23, Altonaer Str. 25. (Breslau $^{28}/_{7}$ 81.) W: Das Drama der Gegenwart 21; Gerhart Hauptmann 22. *

Frick. Wilhelm, s. Schussen, Wilh.

Frieben, Paul, Volksschullehrer. Königshütte, OS., Friedrichstr. 19. (Verlorenwasser, Kr. Habelschwerdt $^{3}|_{1}$ 65.) W: Der Grafenbauer, R.; sowie Jugendschriften u. Volksstücke. H: Bühne f. Volksunterhaltungsabende; Wegweiser zu d. Höhen deutscher Dichtkunst u. Musik.

Frieberger, Kurt, DV., VB., ♖, ○, ⚖, Dr. jur., Min.-Sekr. Wien IX, Wasagasse 52. (ebda $^{4}|_{4}$ 83.) W: Barocke Monologe, Dchtg. 07; D. Glück der Vernünftigen, Kom. 07; Hendrickje, Sch. 08; Sieveringer Sonette 19; Barocke Balladen 19; Alle Wege zu dir selber, R. 20; Danaë, R. 21. ()

Friedberg, Frz. v., s. Reitterer, Frz. X.

Friedeberger, Hans, SDS., Kunst♛, deutsche Ψ. Berlin W 15, Uhlandstr. 158. (Potsdam $^{20}|_{2}$ 83.) W: Jahrhundertausstellung deutscher Kunst 1680—1800 14; Josef Budko 21.

Friedegg, Ernst, ASV., SDS., ▣, Politik, Dr. jur. Berlin, Kaiserallee 137. (Lundenburg $^{29}|_{4}$ 81.) W: Deutsche Sprachsünder 05; Harlekin als Erzieher, e. Studie üb. Max. Harden 06; Wie die Riesenvermögen entstehen, 6. A. 14. H: Briefe an e. Komponisten 10; Briefe von Hier. Lorm 11.

Friedell, Egon, ∴, ○, Kritik. Hum., Dr. phil. Wien XVIII, Gentzg. 7. (ebda $^{21}|_{1}$ 78.) W: Novalis als Philosoph 04; Goethe, Lsp. (m. A. Polgar) 08; Soldatenleben im Frieden, Kom. (m. A. Polgar) 10; Ecce poeta 12; Von Dante zu d'Annunzio 15; Die Judastragödie, Dr. 21; Steinbruch 22; Das Jesusproblem 22. **Bearb** u. **Ue**: Emerson, Ausw. 06. **Bearb**: Lichtenberg, Ausw. 10; Andersen, Satiren 14. **Ue**: Carlyle, Heldenverehrung 14 I. H: Das Altenbergbuch 22.

Friedemann, Johannes, ASV., Schöne Lit., Verlagsbuchhändler. Berlin O 34, Boxhagener Str. 19/20 I. (ebda $^{26}|_{11}$ 70.) W: Gretchen, Idyll 92; Ernst u. Scherz, Vortragsbuch 07. **Ue**: Tennysons dram. Werke 05; Longfellows Evangelien 20.

Friedemann, Walter, DV., Dr. phil., ObRegiss. Charlottenburg, Droysenstr. 13. (ebda $^{18}|_{7}$ 72.) W: Hannibal, hist. Dr. 03; D. Spruch der Schlange, Dr. 05; Pendelschlag, R. 12; Fisch und Ring 19.

Friedenthal, Joachim, SDS., ○, /, ♔, Politik, ⚖, Dr. jur., Verlagsdirektor. München, Keferstr. 11. (Labischin $^{30}|_{3}$ 87.) W: Maskerade d. Seele, trag. Kom. 10; Beiträge zu e. Preßverwaltgs.-Strafrecht 10; D. Genossenschaft, sat. Kom. 11; Heinrich Mann 14. W u. H: Das Wedekind-Buch 14; Hrsg. Nachlaß Wedekinds.

Friederichs, Carl Wilh., DV., ○, Dr. phil., Studienrat. Rostock i. M., Paulstr. 45. (Hannover $^{19}/_{3}$ 64.) W: Ginevra 04, 2. A. 11; D. Bedeutg. d. Titanomachie f. d. Theogonie Hesiods 08; Nationalbewegg. u. Schule 14; Vorspiel, Sch. 15; Hindenburg unser Heros 17.

Friedland, Jack (Ps. Wallerstein), ○, ♖, Roman, Dr. phil. Hamburg 30, Abendrothweg 17. (Mainz $^{11}|_{2}$ 92.) W: Die Ersten, G. 20; Geist u. Materie, Dr. 21; Stimmen des Ich, G. 21. H: „Ich", Ztschr. f. Menschen über Dchtg. u. Wahrheit 20/21; Über das Drama d. Neuzeit (zwanglose Kritiken u. Betrachtungen) 21; Leben, Liebe, Alltag, G. 22; Max Stirner, philos. Abhandlung 22.

Friedlaender, Ernst, ♛, Lit.♛, Kritik, /, Dr. phil. Weimar, Schröterstr. 50. (Luckenwalde $^{2}|_{1}$ 65.) W: Z. Gesch. d. Marbacher Bundes 91. **Bearb**: O. v.

Leixner, Gesch. der deutschen Literatur, 8. u. 9. A. 10. ( )

Friedlaender, Martin (Ps. Binder), /, Sozialkritik, Wirtschaftskritik, Dr. jur., Doz. a. d. Verwaltungsakad. Berlin-Charlottenburg, Sybelstr. 16. (8|3 80.)

Friedlaender, Max, Musik♛, Dr. phil., LL.D. h. c., o. HonProf., GRegR. Berlin W 50, Kurfürstendamm 242. (Brieg 12|10 52.) V: Beitr. z. Biogr. Schuberts 87; Chorschule 91; Opernstatistik 95; D. dtsch. Lied im 18. Jahrh. 02 II; Einführung in Brahms' Lieder u. Duette. H: Krit. Ausg. v. Schub. Lied., Duett., geistl. Kompos. 84—16; Instr.- u. Vokalwerke der Herzogin Anna Amalia, Corona Schröters, Bettina v. Arnims, Glucks, Haydns, Mozarts, Beethovens, Webers, Loewes, Schumanns, Mendelssohns, Cornelius', Jensens, Franz', Brahms'; Krit. Kommersbch.; 100 dtsch. Volkslr.; Erks Liedersch.; Volkslied. f. Männerchor u. f. gem. Chor (sog. Kaiserliederbuch) 07—15 IV; Kriegslieder 14; Heimatklänge f. uns. Kriegsgesang. 17; Alte u. neue Lieder 16 IV; Ged. Goethes in Kompos. 96—16.

Friedländer, Max J., ꝏ, Kunst♛, Dr. phil., Direkt. d. St. Kupferstichkabinetts u. komm. Direkt. d. St. Gemäldegalerie. Berlin W, Genthiner Str. 43. (ebda 5|7 67.) V: Albrecht Altdorfer 91; Meisterwerke d. niederl. Malerei d. 15. u. 16. Jahrh. auf d. Ausstellg. zu Brügge 02/03; Grünewalds Isenheimer Altar 08; Von Eyck bis Bruegel 16; Dürer als Kupferstecher 20; Der Kunstkenner 20; Max Liebermanns Graphik 20; A. Dürer 21; D. Genter Altar 21; Die Radierung 21; D. altniederländ. Malerei I: Die van Eyck, Petrus Christus.

Friedländer. Paul, Klassische Philologie, o. ö. Professor an der Universität Marburg. Marburg a. d. L., Renthof 9. (21|3 82.) V: Herakles, Sagengeschichtliche Untersuch. 07; Johannes von Gaza und Paulus Sientiarius, Kunstbeschreibungen justinianischer Zeit 12; Der große Alcibiades, Ein Weg zu Plato 21; Die Aufgabe der klassischen Studien an Schule und Universität. Von P. Fr. und Walther Kranz 22; Der große Alcibiades, 2. Teil, Kritische Untersuchung 23. *

Friedlaender, Robert (Ps. Brechtl), DB., SDS., O, Politik, Kultur♛. Berlin-Dahlem, Miquelstr. 88/90. (Wien 31|5 74.) V: Dramen: Alkestis 17, 2. A. 20; Die Nacht d. Jenny Lind 18: Der Weiberstaat (Ps. Pankratius Pfauenblau) 19; Spiel u. Zwischenspiel 20; Timon (Übers. Shakesp.) 21; Trilogie d. Leidenschaft (Ysot, Marke, Tristan) 21. H: „Spiegel", Beitr. z. sittl. u. künstl. Kultur, Okt. 18 bis Mai 21. ()

Friedlaender, Salomo (Ps. Mynona), ⁂, ✿, Groteske, Dr. phil. Berlin-Halensee, Johanngeorgstraße 20. (Gollantsch i. Pos. 4|5 71.) V: D. Stellg. Schopenhauers zu Kant 02; Robert Mayer 04; Schopenhauer 06; Jean Paul 07; Gedichte 08; Psychologie u. Logik 07; Friedrich Nietzsche 11; Rosa, die schöne Schutzmannsfrau 13; Schwarz-weiß-rot (u. d. Ps. Mynona) 16; Schöpferische Indifferenz 18; Durch blaue Schleier (A. R. Mayer); Die Bank der Spötter; Hundert Bonbons; Nur für Herrschaften; Der Schöpfer; Das widerspenstige Brautbett u. a. Grotesken 21; Mein Papa und die Jungfrau von Orleans 21; Trappistenstreik, Grotesken 22; Unterm Leichentuch, Gespenstergeschichte 20; George Groß, Monographie 22; Graue Magie, Berliner R. 22.

Friedlor, August v., s. Lorenzen, Friedr.

Friedmann(-Frederich), Fritz, s. Friedmann-Frederich.

Friedmann, Wilhelm Reginald, Rom., Lit.♛, Dr. phil., Priv.-Doz. Leipzig, Schwägrichenstr. 5. (Wien 19|3 84.)

Friedmann-Brook, Rudolf, Dr. Berlin W 30, Neue Winterfeldstr. 35. (8|10 90.) V: Die arme Christine, M. 17; Alle Wege führten zu Dir, R. 18; Das gewappnete Deutschland. Ue: Proudhons Briefe 21; Jaures 21.

Friedmann-Frederich, Fritz, O, Dir. d. Metropol-Theaters. Berlin W 8, Behrenstr. 55/57. (ebda 18|3 83.) V: Meyers, Schw. 10; D. Familienkind, Lsp. 11; Die Vergnügungsreise, Schw. 12; Gemütsmenschen, Schw. 12; Müllers, Schw. 13; D. weiße Weste, Lsp. 13; D. Millionendieb 14; Logierbesuch, Schw. 15; Landluft 16; Nante 17; Klubleute 17; Stralauer Fischzug 18. ()

Friedrich, Hans, SDS., Roman, ✿, Dr. phil. München, Königinstr. 39 II. (Magdeburg 6|9 84.) V: Gestalten u. Träume, G. (m. a.) 06; D. religionsphilosoph., soziolog. u. polit. Elemente in den Prosadichtgn. d. jung. Deutschlands 07; D. goldene Schein, R. 12; Weltwanderung, G. 13; Hodler, die Schweiz u. Deutschland, 5. A. 13; Straßen bei Nacht, G. 13; Die Mauern von Trostenberg, R. 21; Der Fels überm Abgrund, R. 22.

Friedrich, Karl Josef, †, Pfarrer von Grünhain i. Erzgeb. (Dresden 17|6 88.) V: zahlr. relig. Schr.

Friedrich, Kurt, s. Frekſa, Friedrich.

Friedrich, Paul, SDS., BJ. & SV., /, ✿, O, Essay, ⁂, Ue: GLF. Berlin W, Landgrafenstr. 3. (Weimar 2|10 77.)

B: Napoleon, her. Tril. 02; Heinrichs Krönung, dtsche. Sage 02; Prometheus, Tr. 04; D. Kampf um d. neuen Menschen 04; Apollo u. Dionysos 05; Carl M. Bellman 06; Tiefe Feuer, ausgew. G. 07, 2. A. 12; Grabbe, Biogr. 07; Marius u. Sulla, Tr. 07; Nietzsche als Lyriker 07; D. Pfauenrad der Sphinx, Sk. 07; Der Fall Hebbel 08; Schiller u. d. Neuidealismus 09, 2. A. 10; Das dritte Reich, Tr. 10; Aus dem Tagebuch e. Junggesellen, R. 11, 3. A.; Deutsche Renaissance, ges. Ess. I 11, 2. A. 13, II 13; Paul de Lagarde u. d. dtsche. Renaissance 12; Solitude, n. G. 12; Carneval, G. 13; Frank Wedekind 13; Thomas Mann 13; Paris 14; Fahnen u. Wunden, G. 15; Belgische Sonette 16; Paul de Lagarde u. d. Deutschld. v. morgen 16; Irion, Neue G. 19; Nationalismus oder Weltbürgertum 20; Tod der Weltstadt! Soz. E. 20, 3. T. 23; D. Papagei, N. 22. H: Mosen; Grabbe; Hochland-Jahrb. 03/04; Neuland, Anthologie (m. Jul. Hart) 10; Waiblinger, Der kranke Hölderlin 13; Rich. Wagner, Ausgew. Werke 14.

Friedrich, Theodor, Dr. phil., Prof. Leipzig-Stötteritz, Rudolph-Hermann-Str. 18. (Chemnitz $^{9}|_{4}$ 79.) B: Die Anmerkungen übers Theater d. Dichters J. M. R. Lenz 08; Schulleben 13 (mit H. Gaudig); u. a. H: Goethes sämtl. Werke (Heliosklassiker) 11 ff., XX Bde.; Jaegersche Sammlung dtsch. Schulausg. f. höh. Lehranstalten 11 ff., XXXII; Goethe, Iphigenie auf Tauris 12; Körner, Zriny 14; Goethe, Italienische Reise 21; Hilfs- u. Lehrbücher f. d. höh. Unterricht 22 f., XIV.

Friedrichs, Arno, ⁂, Dr. phil., Oberlehrer. Gotha, Goldbacherstr. 1. (ebda $^{14}|_{12}$ 82.)

Friedrichs, Ernst, Russ. Lit., Dr., Prof., Red. Berlin-Schöneberg, Bahnstr. 36. ($^{29}|_{1}$ 56).

Friedrichs, Frau Jenny v., geb. Teichmann (Ps. Bruno von Erfurt), M. d. Gewerkschaft Deutscher Geistesarbeiter, Skizze, Nov., Roman, Humoresken, Frau General. Halle a. d. S., Seydlitzstr. 2. (Erfurt $^{23}|_{12}$ 66.)

Friedwagner, Matthias, roman. Ψ, Dr. phil., o. UP., GRegR. Frankfurt a. M., Krögerstr. 2. (Gallsbach, Ob.-Östr. $^{8}|_{2}$ 61.) ()

Friedwalt, A., s. Messer, August.

Fries, Albert, Lit. ♛, Dr. phil., StudR. Dramburg. (Hamburg $^{6}|_{4}$ 69.) B: Goethes Achilleis 01; Platen-Forschgn. 03; Stilist. Forschgn. zu Heinr. von Kleist 06; Aus meiner stilistischen Studienmappe (Treitschke; R. Wagner) 10; Stilistische Beobachtgn. zu „Wilhelm Meister" 12; zur „Natürlichen Tochter" I 12; zu Wildenbruch 20; zu Grillparzer 22; Cäsars Tod.

Fries, Frau Katharina, Mitglied des Lyceum-Club-Zürich. Zürich 2, Schlangeneggstr. 1. (Beride bi Bedigliora [Tessin] $^{6}|_{8}$ 94.) B: Seltsamer Abend, Kleine Prosa 23. *

Friesen, Erich, s. Böttcher, Adele.

Fließ, Karl, PA., Theater- u. Kunstkritik, /, Essay, Politik. München, Wagmüllerstr. 19 III. (Memmingen $^{16}|_{3}$ 69.)

Frikel, Robert, ASB., Logaubund, Erz., ♆, N., R., Lehrer. Haynau, Schles., Sandstr. 8. (Zobten a. Bg. $^{20}|_{8}$ 81.) B: Deutsche Saat, Ged. u. Erz. (mit Carl Seiffert) 18; Irinka, R. 20; Das heilige Opfer, N. 23.

Frimmel, Theod. v., Beethoven-Forschung, Kunst ♛, Dr. med., Gräfl. Schönborn-Wiesentheidscher Galer.-Dir., Hrsg. d. „Studien u. Skizzen z. Gemäldekunde". Wien III, Baumanng. 9. (Amstetten $^{15}|_{12}$ 53.) B: Beethoven u. Goethe 83; Zur Kritik von Dürers Apokalypse 84; D. Apokalypse in d. Bilderhandschriften d. MA. 85; Neue Beethoveniana 88; Kleine Galeriestudien 91 ff.; Danhauser u. Beethoven 92; Handbuch d. Gemäldekunde 94, n. A. 03; Vom Sehen in der Kunstwissensch. 97; Z. Methodik u. Psychologie d. Gemäldebestimmens 97; Gesch. d. Wiener Gemäldesammlungen, I, 1—6 98, 99, 01; Zur Erkenntnistheorie 99; Galerie Jos. V. Novák 99; Die mod. bildenden Künste u. die Kunstphilos. 00; L. van Beethoven 01, 6. A. 21; Modernste Kunst 04; Beethoven-Studien I u. II 05 f.; Zur Kunstphilosophie 09; Lexikon der Wiener Gemäldesammlungen 12 und 14. H: Blätter für Gemäldekunde 04—12; Beethoven-Jahrbuch 07 u. 08; Beethoven-Forschung 11, 12, 15 u. 16; Studien u. Skizzen z. Gemäldekunde 13—16; Handbuch d. Gemäldekunde 94, 3. A. 20.

Frings, Theodor, deutsche u. niederländ. Ψ, Dr. phil., o. UP. Bonn, Richard-Wagner-Str. 5. (Dülken $^{23}|_{7}$ 86.) B: Studien z. Dialektgeogr. d. Niederrheins 13; Die rheinische Akzentuierung 16; Neuere flämische Lit. 18; Südniederländ. Mundarten 21 (mit Jozef Vandenheuvel); Rhein. Sprachgesch. 22; König Rother (m. J. Kuhnt) 22. H: Rheinische Beiträge z. germ. Phil. u. Volkskunde.

Frisch, Efraim, SDS., VBA., Roman, Essay, Kritik, Herausg. d. Monatsschr. „Der neue Merkur". München, Bauerstr. 26. (Stryj, Östr. $^{1}|_{3}$ 73.) B: D. Verlöbnis, R. 02; Von der Kunst d. Theaters 10. Ue: Andr. Strug, Gesch. e. Bombe 13.

Fritsche, Bernhard Johannes, ASB., Ästhetisierung d. tägl. Leb., Reform. in

Sprache, Schrift usw., Schriftstell. u. Graphologe. Dresden-A.24, Hübnerstr.14. (Freiburg i. B. $^{11}|_{8}$ 80.)

Fritz, Alfons, Lit.♛, Theater, Dr. phil., Prof., ObLehr. Aachen, Sebastianstr. 23. (ebda $^{14}|_{4}$ 62.) W: Zur Kritik d. Schrift. Dietrichs v. Nieheim 87; Gustav Freytag in d. Grenzboten 95/96; Baugesch. d. Aach. Stadttheat. 00; Theater u. Musik in Aachen zur Zeit der französ. Herrschaft 01; Theater u. Musik in Aachen seit der preuß. Herrschaft I 02, II 04, III 17; Das Aachener Jesuitengymnas. 06; Reichsst. Mariengymnasium in Aachen 08; Z. Lage u. Umgestaltg d. öffentl. Unterrichts im Roer-Dep. 10; Die franz. Sekundärschule d. Stadt Aachen 12; Das preuß. Gymnasium der Stadt Aachen 21.

Fritz, Ernst, Lyrik, phantastische Erzählung, Oberlehrer der Gelehrtenschule des Johanneums. Hamburg-Groß-Borstel, Schrödersweg 38. (Ellrich a. Harz $^{28}|_{7}$ 91.) W: Lieben — Leiden — Lachen, Lieder später Jugend 23. *

Fritz, Gottlieb, Lit.♛, Kritik, Bibl., Dr. phil., Prof., Stadtbüchereidir. Berlin-Hermsdorf, Humboldtstr. 13. (Harlingsrode a. H. $^{16}|_{11}$ 73.) W: D. Neugestaltg. d. städt. Bibliothekwesens 02; Erfolge u. Ziele d. deutsch. Bücherhallenbewegg. 07, 2. A. 08; Das moderne Volksbildungswesen 09, 2. A. 20. H: Musenalmanach Berl. Studenten (m. E. Schering u. R. Kassner) 96; Literaturberichte d. Comenius-Ges. 09—15; Chr. Reuter, Schelmuffsky 12; Büchereifragen (m. Ackerknecht) 14; Bücherei u. Bildungspflege 20 ff.

Fritzsch, Theodor, ∴, ✠, Dr. phil., SchulR. Grimma i. Sa. (Auerbach $^{2}|_{10}$ 68.) W: E. Chr. Trapp, sein Leben u. seine Lehre 00; Zur Gesch. der Kinderforschg. u. Kinderbeobachtg. 06; E. Tillich 08; Philanthropismus u. Gegenwart 10; D. Anfänge der Kinderpsychologie u. die Vorläufer des Versuchs in d. Pädagogik 10; Zeitpunkttabellen 10 IV, 2. A. 15; Lehr- u. Übgsstoffe f. d. deutsch. Sprachunterricht 16; Herbarts Leben u. Lehre 21. H: Herbart, Allgem. Pädagogik; Kant, Grundlegg. z. Metaphysik d. Sitten; Basedow, Vorstellung an Menschenfreunde; Francke, Unterricht; Rochow, Gesch. meiner Schulen; Basedows Elementarwerk m. d. Kupfertafeln Chodowieckis; Briefe von u. an Herbart, Urkunden u. Regesten zu s. Leben u. s. Werken; Trapps Versuch einer Päd.; Herbarts päd. Schriften (m. O. Willmann); Herbarts philos. Hauptschriften (m. † O. Flügel); Basedows Methodenbuch; Salzmanns Ameisenbüchl.; Lockes Gedanken über Erziehung; Campes Theophron; Koehlers Lehrerbibliothek; Schul- u. Erziehungsfragen. MitH: Pädagogische Studien.

Fritzsche, Frau Anna, geb. Blobel (Ps. A. Mercator, A. Gneist, A. Krupp), Skizzen, Nov., Rom., Verlagsbuchh.-Gattin. Leipzig-Gohlis, Äußere Hallische Str. 19. (Bromberg $^{10}|_{11}$ 66.) W: Erstklass. Kaufleute, R. 07; Frl. Rechtsanwalt, R. 08; Großkaufmannstöchter, R. 09; Erstklassige Arbeiter, R. 10; Schülermützenzeit, Erz. 21; Wolle, so kannst Du! R. 21. ( )

Fritzsche, Rob. Arn., klass. Ψ, ∴, Dr. phil., Prof., Bibl. Gießen, Ludwigstr. 1. (Gotha $^{16}|_{4}$ 68.) W: Volkstum u. Menschheit 20; u. a.

Frix, Manuel, s. Martens, Amandus M. F.

Frobenius, Frau Else (v. Boetticher), PA., RP., Lit., /, Frauenfrage, Auslandsarbeit, Pl. Berlin W 35, Potsdamer Str. 121E. W: Weltanschauung d. Dichters Lenz.

Frobenius, Leo, Ethnologie, Kulturkunde, ⚔. München 38, Nymphenburger Schloß. (Berlin $^{29}|_{6}$ 73.) W: D. Urspr. d. afrikan. Kulturen 98; D. Weltanschauung der Naturvölker 98; Probleme der Kultur 01; Aus den Flegeljahren der Menschheit; D. reifere Menschheit 02; Völkerkunde in Charakterbildern I/II 02; D. Zeitalter d. Sonnengottes I 04; Der schwarze Dekameron 10; Schwarze Seelen 13; Spielmannsgeschn. d. Sahel; Erzn. a. d. West-Sudan; D. unbekannte Afrika; Afrikan. Heldentum 23. ( )

Fröbes, Joseph, Psychologie, ∴, SJ., Prof., Ignatiuskolleg Valkenburg (L.), Holland. (Betzdorf, Rheinpr. $^{26}|_{8}$ 66.)

Frohberg-Janssen, Ernst, DB., ○, Lektor u. Dramaturg. Berlin-Wilmersdorf, Lützenstr. 1, p. Adr. Köhler-Verlag. W resp. **Bearb.** zahlreich. Theaterstücke.

Fröhlich, Friedrich, s. Köhler-Haußen, Ernst.

Frohnmeyer, Frl. Ida, Nov., Legend., ✠, Roman, Schriftleit. Basel, Rütlistr. 52. (Kalikut, Ostind. $^{31}|_{12}$ 82.) W: Unsere kleinen Weggenossen 16, 3. A. 23; Freunde 18, 2. A. 19; . . . und die ihr alle meine Brüder seid 20, 5. A.; Hansi 21, 12.—26. T. 22; Aus stillen Gassen 22.

Frohwein, Frau Martha (Ps. Frohwein-Büchner), ✠, Märch., Humor., Arztgattin. Ebsdorf, Bz. Kassel. (Horrweiler, Rheinhess. $^{24}|_{4}$ 73.) W: Vom Fritzche 16, 6. A.; Hesse-Späß 20; Nebelreich u. Rosenland, M. 20.

Frohwein-Büchner, s. Frohwein, Martha.

Fromberg, Frau Clara (Ps. C. Berg), SDS., Märchen, Biographien, Märchenspiele, Novellen. Frankfurt a. M., Ger-

vinusstr. 20 II. (Posen 64.) W: Goethe für die reifere Jugend; Schlupps der Handwerksbursch; Schnurli-Butzli, M.; Zu den Müttern, Nn.; Das Sonntagskind, Märchenspiel. *

Fromberg, Hedda, s. Ottersbach, Martha.

Frömmel, Otto, Volkskunde, Buchhändler. Charlottenburg, Dahlmannstr. 30. (Berlin 2/11 73.) W: Kinder-Reime, Lied. u. Spiele 99/00 II; Deutsche Rätsel, Heft 1, 02.

Frommel, Otto, ♥, D., Dr. phil., Stadtpfr. u. o. HonProf. Heidelberg. (ebda 14/6 71.) W: Die Poesie des Evangeliums 06; Novellen u. Märchen 07; Theobald Hüglin, R. 08, 2. A. 09; Im farbigen Reigen, G. 09; Mannelin, Erz. 10; Das Religiöse in der modernen Lyrik 11; Vom inwendigen Leben, Predigten 13; Franz Theremin, z. Theorie u. Gesch. d. Predigt 14; E. schweres Herz, Nn. 16; D. stille Christ u. d. Seele 16; Pilgram d. Mensch, R. 20. ()

Frosch, Dr., s. Fischer, Hans W., Hamburg.

Frosch, Hanns F., ASV., Schriftleiter des Gewissen, Herausgeber der Kultur-Korrespondenz für deutsche Zeitungen. Berlin SW 68, Oranienstr. 104. (ebda 3/12 88.) W: Das heroische Fräulein Müller (Revolutionssatiren) 19; Der Mann ohne Augen, R. 23. H: Die Kunst richtig zu denken 20, 2. A. 21. *

Fröschel, Georg, SDS., Novelle, Roman, Dr. jur. Berlin-Schöneberg, Akazienstr. 28. (Wien 9/3 91.) W: Das Schloß der Lügen, R. 10; Der wunderliche Hochstapler, R. 18; Die Flucht, R. 19; Der Schlüssel zur Macht, R. 19; Die Geliebte Roswolskys, R. 20; Der Korallenthron, R. 21; Der Priester und die Frau, R. 22; Weib in Flammen, R. 23; Admiral Bobby, Jugenderz. 23. *

Frost, Frl. Lucia Dora, Essay. Charlottenburg, Giesebrechtstr. 21. (Berlin 30/9 82.) W: Preußische Prägung 15, 2. A. 16.

Frost, Walter, ∴, Dr. phil., Prof., UDoz. Bonn, Kaufmannstr. 51. (Bartenstein 20/10 74.)

Frowein, Eberhard, Roman. Charlottenburg, Brauhofstr. 6. (Elberfeld 24/5 81.) W: Das Haus am bunten Fluß, R.

Fuchs, Eduard, ♛ der Karikatur. Berlin-Zehlendorf, Hermannstr. 14. (Göppingen 31/1 70.) W: D. Juden in d. Karikatur u. a.

Fuchs, Emil, †, ∴, D., Pfr. Eisenach. (Beerfelden i. O. 13/5 74.)

Fuchs, Georg, O, Ⓠ, △, Prof. München, Siegfriedstr. 16 II. (Beerfelden 15/6 68.)

Fuchs, Karl, ♥, Oberkellner. Köln a. Rh., Unter Taschenmacher 7. (Schortau, Kr. Querfurt 2/8 69.) W: Knosp. am Wegrande 03; Herzens-Grüße 04; Der Wanderer 05; Auf falsch. Wegen 06; Stimmungen, G. 07; Schill, Dr. 08; Waldgänge, G. 11; Am Lebenswege, G. 13; Durchlebtes u. Empfundenes aus großen Tagen, G. 18; Gemischte Gedichte 20. Jan u. Griet, Kölnisches Sagenspiel 21; Roland u. Hildegunde, rheinisches Sagenspiel 22.

Fuchs, Frau Marianne (Ps. Marianne Fischer-Dyck), geb. Fischer-Dyck, DV., O, ♜. Wiesbaden, Kaiser-Friedrich-Ring 22 I. (Berlin 4/7 96.) W: Alle Jahre wieder…, Märchenspiel 19; Der blaue Falter, Pantom. 21.

Fuchs, Frau Martha (Ps. Martha Große), ASV., DSch., ♥. Berlin-Lichterfelde-Ost, Boothstr. 11. (Magdeburg 10/5 77.) W: Wir Mädchen, G. 09, 4. u. 5. A. 22; Stimme im Sturm, Kriegslied. 16, 2. A.; Maria u. das Jesuskind 20; Wir Frauen, G. 21.

Fuchs, Meik, s. Lochemes, M. J.

Fuchs, Rudolf, ♥, Beamter. Prag II, Hybernská 44. (Poděbrad i. B. 5/3 90.) W: Der Meteor, G. 13; Karawane, Neue Ged. 18. Ue: Schlesische Lieder des Petr Bezruč 17.

Fuchs, Wilhelm (Ps. Bondoux), ♥ (Lieder, Satire), Lehrer. Gr.-Auheim, Kr. Hanau. (Huhnsmühle, Kr. Frankenberg i. H. 15/7 75.) W: Aus Channa's Jugendleben, Dichtgn. 07.

Fuchs-Liska, Robert, SDS., Rom., ♥. Bad Kissingen, postl. (Homburg v. d. H. 14/11 70.) W: Pithekonat d. Urmenschwesen, R. 14; Einen Sommer lang, G. 15; Härmlein v. Reifenberg, R. 15; Der Zoppekratz, R. 15; Hatzicho d. Wolf, R. 16; Simeon Hackbarths Entsagungen, R. 17; Fabian Splitterschleichs Läuterungen, R. 17; Die heilige Bitternis, R. 18; Die verscherzte Himmelsmacht, R. 20; Die Liebe d. weißen Frau, R. 20; Der mordende Lenz, R. 21; Steckkinder d. Glücks, R. u. a.

Fuhse, Franz, Germanistik, Kunst♛, Dr. phil., Dir. d. städt. Museums. Braunschweig, Gaußstr. 27. (Lutter a. B. 31/11 65.) W: Sitten und Gebräuche der Deutschen beim Essen u. Trinken v. d. ält. Zeiten bis zum Schlusse des 11. Jahrh. 91; Katalog der im germ. Museum befindl. Kunstdrechslerarb. d. 16.—18. Jahrh. 91; Die deutsch. Altertümer 00, 2. A. 04; Beitr. z. braunschw. Volkskunde 11.

Mith: (m. K. Lange) Dürer, schriftl. Nachlaß 93.

Fulda, Ludw., VP., DV., ✠, ⚬, Lit.♛, Dr. phil. Berlin-Dahlem, Miquelstr. 86. (Frankfurt a. M. 15|7 62.) V (ab 95): Der Sohn d. Kalifen, dr. M., 3. A. 96; Lästige Schönheit, dr. G. 97; Jugendfreunde, Lsp. 97, 4. A. 11; Herostrat, Tr. 98, 4. A. 99; D. Zeche, Sch. 98; Ein Ehrenhandel, Lsp. 98; Schlaraffenland, dr. M., 3. A. 99; Melodien, G. 00, 2. A. 10; D. Zwillingsschw., Lsp. 01, 6. A. 13; Kaltwasser, Lsp., 2. A. 02; Vorspiel z. Einweihg. d. n. Schauspielhauses z. Frankfurt a. M. 02; Novella d'Andrea, Sch. 03, 4. A. 06; Maskerade, Sch. 04, 3. A. 06; Aus der Werkstatt, Studien u. Anreggn. 04; D. heiml. König, romant. Kom. 06; Amerikan. Eindrücke 06, 3. A. 14; Der Dummkopf, Lsp. 07; Der Traum d. Glücklichen, Einakter 08; Das Exempel, Lsp. 89; Sieben Einakter 09; Herr u. Diener, Sch. 10, 2. A.; Der Seeräuber, Lsp. 11, 2. A.; Aladdin u. d. Wunderlampe, Erz. 12; Feuerversicherung, Lsp. 12; Die Rückkehr zur Natur, Sp. 13, 2. A.; Abendsonne, Schsp. 14; Der Lebensschüler, Sch. 15; Die verlorene Tochter, Lsp. 16; Die Richtige, Lsp. 17; Das Wundermittel, Lsp. 18; Des Esels Schatten, Lsp. 20; Der Vulkan, Lsp. 21; Die Geliebte, Kom. 22; Die gepuderte Muse, 22. Ue: Meier Helmbrecht 88; Molière, Meisterwerke 92, 4. A. 04; Beaumarchais, Figaro 94; Cavallotti, Das hohe Lied 94; Rostand: D. Romantischen 95; Cyrano v. Bergerac 98, 24. A. 13; Shakespeares Sonette 13; Ibsen, Peer Gynt 15. H: Gegner der 2. schles. Schule (in Kürschners Deutscher Nat.-Liter.); H. Vierordt, Ausgew. Dichtungen 05; Tausend u. Eine Nacht 13; Buch der Epigramme 21.

Fuldner, Fritz, ✠, RA. Göttingen. (Heiligenstadt 1|3 60.) V: Knospender Frühling, G. 93; Schneewittch., Märchensp. 99; Hochzeitsreise 06; Kampf um Gott, G. 09; Heimatidylle 18.

Funck, Bernhard, ▣, Lit.♛. München, Karlstr. 61/0. (Malchin i. Meckl. 2|2 95.) V: Grundlagen dt. Zukunft 17; Der Iran, Uns. Brücke n. Indien u. Asien 17; Der jüd. Einfluß in Dtl. 20, 2. A. 21; Primärer u. sekundärer Geist 21. H: Der cherub. Wandersmann des Joh. Scheffler gen. Angelus Silesius 22.

Fünfgeld, Marg., s. Oertzen-Fünfgeld.

Funk, Johannes, s. Hercher, Wolfg.

Funke, Alfred, ●, Kolonialpol., Geschichte, Rom., Dr. phil. Berlin-Friedenau, Lauterstr. 5/6 I. (Wellinghofen, Kr. Hörde i. W. 22|4 69.) V: D. Besiedlg. des östl. Südamerika 02; Deutsche Siedlg. üb. See 02; Aus Deutschbrasilien 03; Was ist national? 03; Unt. den Corvados 04; Vom Douro u. Rio Grande 05; Allerlei Fahrten 05; Im Banne des Scherifen 07; Afrikanischer Lorbeer 07; Unter deutschen Palmen 09; Die Grundsätze des Herrn Josias 09; Eine Hochzeitsreise im Ballon 10; Halloria 10; Lodernde Lohe 12; Der Gringo 12; D. Sporen Sr. Hoheit 12; D. Geheimnis d. Magisters Leonardus 13; D. Fantasie d. Jim Brown 14; Simona Torgersen 14; Mexiko in unseren Tagen 14; Schwert u. Myrte 15; Im Banne des deutschen Adlers 15; D. Roman d. Kais. Eugenie 16; Unter zwei Zaren 18; Das Bismarckbuch des deutschen Volkes 21 (15); Der Lasso 22; Der Bruch im Lande 22.

Funke, L. C., s. Schwenger, Lily.

Funke, Frau Wilhelmine, ✠, Witwe des Senatspräsidenten Funke. Hamburg, Isestr. 141 b. Dr. v. Knieriem. (ebda 10|8 56.) V: Gedichte 11; Hymnen vom Tode u. vom Leben 21. *

Fürst, Alfred, DÖSchG., VV., Lehrer. Wien 17, Hernalser Hauptstr. 107. (ebda 9|9 87.) V: Der XVII. Bezirk, Eine kurze Ortsgeschichte 20; Liebe ist Weh, Skn. u. Nn. 22; Ein Kreuz am Weg, Ein Sang von der Landstraße, Dchtg. 23; Sonnenkinder im Regenwinkel, Ein Sauterroman 23. *

Fürst, Artur, VP., /, ✿. Berlin-Wilmersdorf, Kaiserallee 48a. (Rosenberg, Westpr. 23|2 80.) Die Wunder um uns 11; D. Reich d. Kraft 12; Emil Rathenau, d. Mann u. s. Werk 15; D. Buch d. 1000 Wunder (m. Al. Moszkowski) 16; u. a. ()

Fürth, Frau Henriette (Ps. G. Stein), SDS., Soziologie, ✠, Nov., /, ▣. Frankfurt a. M., Baumweg 37. (Gießen 15|8 61.) V: Zahlr. soziologische Schriften; ferner: Vineta, G. 11.

Fueß, Frl. Hanna (Ps. Swaantje Swantenius), Nov., Skizzen, Rezitatorin u. Lehrerin f. Rhetorik. Celle, Fritzenwiese 4B I, Haus Gerhardt (Altencelle b. Celle 27|2 86.) V: Hermann Löns u. d. Swaantje 20, 7. A. 21; Heidekinder 21.

Fußmann, Benno, s. Handmann, Bernh.

Fueter, Eduard, Geschichte, Publizistik, Dr. phil. Basel, Sevogelstr. 7. (ebda 13|11 76.) V: Religion und Kirche in England im 15. Jahrh. 04; Geschichte der neueren Historiographie 11 (in französischer Übersetzung als Histoire de l'historiographie moderne 14); Geschichte des europäischen Staatensystems von 1492 bis 1559 19; Weltgeschichte der letzten hundert Jahre (1815—1920) 21 (in englischer Übersetzung als „World History 1815—1920“ 22, teilweise in italienischer Übersetzung als „La Storia del secolo XIX e la guerra mondiale“ 22).

G.

Gabelentz, Georg von der, SDS., Roman, Nov., Major a. D., Prof. h. c. Dresden, Lukasstr. 6. (Lemnitz, Thür. 1|6. 68.) B: D. weiße Tier, Rn. 04; Verflogene Vögel, Rn. 05; Das Glück der Jahnings, R. 05; Gewalten der Liebe, Rn. 07; Um eine Krone, R. 08; D. Auge des Schlafenden, R. 10; Tage des Teufels, Rn. 11; Judas, Dr. 11; D. glückhafte Schiff, R. 12; Kriegsnot, Lsp. 12; Der große Kavalier, R. 13; Das heilige Auge, Erz 14; Unsre Brüder da draußen, Erz. 16; Von Heiligen und Sündern, Erz. 17; Die Verführerin, R. 20; Geschehen aus einer andern Welt, Erz.

Gabelentz, Hans von der, ☉, Dr. phil., vorm. Dir. d. Kunsthistor. Instituts Florenz. Rittergut Lemnitz b. Triptis, Thür. (Münchenbernsdorf, Thür. 10|4. 72.) B: Zur Geschichte d. oberdeutsch. Miniatur-Malerei im 16. Jahrh. 99; Mittelalterl. Plastik in Venedig 03; D. kirchl. Kunst im ital. MA., ihre Beziehgn. zu Kultur u. Glaubenslehre 07; Führer durch d. großh. Museum in Weimar 10; Die Biblia pauperum der Großh. Bibliothek zu Weimar 12; Zeichnungen alter Meister im Großh. Museum zu Weimar 13; Fra Bartolommeo und die Florentiner Renaissance 22 II; Ahnentafel u. Stammtafel der Familie v. d. Gabelentz 22.

Gadan, U., s. Pfemfert, Franz.

Gaedicke. Wilh., DB., ❁, ✠, ☉, Ing., Hrsg. der „Hephästos-Blätter für geist. Kulturfortschritt" u. d. „Weltwissen". Hamburg 26, Griesstr. 57 Hpt. (Tangermünde 13|1. 80.) B: Krummstiebels Heldentaten, humorist. Erz. a. d. Technikerleben 11; Der gefahrlose Menschenflug (u. d. Ps. Crassus) 11, 2. A. 12; Brot oder Geld? 12; D. Elend d. Kochkunst 12; Aus meiner alten Munke 13; Kopf oder Herz 13; Grummethalme 13; Schilda als Großstadt 14; Mein Saitenspiel 15; Weiße Nächte, Kammersp. 21; zahlreiche Bühnenwerke (u. d. Ps. J. Crassus).

Gäfgen, Hans, ✠, Nov., Sk., /, Kritik, literar. u. künstlerische Essays, Buchbesprechgn. Wiesbaden, Webergasse 4. (ebda 8|6. 94.) B: Faltermärchen 16.

Gagern, Friedr. v., Roman. Adresse durch Verlag Paul Parey, Berlin SW 11, Hedemannstr. 10 u. 11. B: Das Geheimnis, R.; Am Kamin; Das nackte Leben, R. (*)

Gaggell, Gustav, ✠, Volksbildg., Jugend- u. Volksbücher, Studienrat. München, Görresstr. 9 III r. (15|2. 82.) B: Heitere Kinderszenen 13; König Bauer 14; D. Selbstverwaltg. d. Schüler 20.

Gaehde, Christian, Theaterreferate, deutsche Lit♛, engl. Lit., /, Prof., Dr. phil. Dresden-A., Bayreuther Str. 16 II. (Schwerin i. M. 30|4. 75.) B: David Garrick als Shakespearedarst. 04; Das Theater 08, 3. A. 21. H: Adolf Stern, 12 Jahre Dresdner Schauspielkritik 09; Emil Rosenow, Gesammelte Dramen 12. Ue: Sheridan, Lästerschule 11; Shakespeare. ()

Gall, Ernst, Kunst♛, ORR., Ministerium f. Wissenschaft, Kunst u. Volksbildg. Berlin. H: Jahrbuch d. Kunstwissenschaft 24. *

Galle, Josef, Kritik, Pädagogik, Theater, Deutschkunde, Wandern, Rektor u. Stadtrat. Berlin-Spandau, Brüderstr. 13. (Dürr-Kunzendorf, Kr. Neiße 25|3. 79.) B: Die Lüneburger Heide 14, 2. A. 20; Das Altvatergebirge 20.

Gamerra, Frau Baronin Alberta Maria, Rom., Nov. Pápa, Ungarn. (Székely Keresztúr 29|7. 77.) B: Dem Licht entgegen; Seelenminiaturen.

Gander, Karl, PA., /, Erz., popul. Wissensch., Volkskunde, Lehrer, Vorst. d. Anthropol. Ges. d. Niederlausitz u. Hrsg. d. „Niederlausitzer Mitteilgn." Guben, Crossener Str. 7. (Coschen 19|3. 55.)

Gang, Wolf, s. Schade, Wolfg.

Ganga, Raphael, s. Liesegang, Raph. E.

Ganske, Hugo (Ps. H. G. Bromberg), ☉, Rom., /, ✠, Übers. Ober-Reißen b. Weimar. (Bromberg 8|10. 69.) B: Am Abgrund, Sch. 92; A. Hofer, dr. G. 92; Nach Sonnenuntergang, Dr. 94; Ein Johannismärchen, dr. Dchtg. 96; D. Heil. Frau, Dr. 97; D. Kaiserrede, hum. Milit.-R. 00; Nachbarskinder, hum. R. 01; Königs Töchter, hum. R. 05; Bureaukraten, Satire 07; D. Kreuz im Tal, R. (m. Käthe Ganske) 09 II; D. Trank des Lebens, Sch. (m. K. Ganske) 10; Familie Bäuerlein, Schw. 11; Die Schreiber von Flys, grotesk. R. 18, neueste A. 23; Das Marienbild, O. (m. Großmann u. Jonaß) 19; Der Fürst von Hane-Büchen, Groteske 21. H: Neue Deutsche Dichtung.

Ganske, Frau Käthe, geb. Buegler, ✠, Nov., Roman. Ober-Reißen b. Weimar. (Berlin 8|10. 81.) B: In Finsternis 07; Wenn die Not am größten ..., R. 08; D. Kreuz im Tal, R. (m. Hugo Ganske) 09 II; Arbeit u. Liebe, R. 10; D. Trank d. Lebens, Sch. (m. H. Ganske) 10; Máhome, R. 17; Der Opal, R. 18; Vom stillen Weg, G. 20; Die Glocken von St. Marien, F.

Ganske, Willy (Ps. G. Koldemanz), BP., RP., /, ☉, ☉, Ue: FI, Red. am „Berl. Lokalanz." Berlin-Tempelhof, Blumentalstr. 22. (Stettin 10|10. 70.) Ue: L. Forest, Oberst Chabert 03; Rivoire u. Tarride, eine ehrbare Frau 09; u.a.

Ganther, August, ✿, Erz., Rom., alemann. Dialektschr. Freiburg i. B., Scheffelstr. 28. (Oberkirch $^{8}|_{3}$ 62.) B: Dannezapfe us em Schwarzwald 99, 9. A. 21; Stechbalma, Luschdigi Schwarzwald-g'schichde 00, 4. A. 21; Legende d. hl. Bonifatius, Orat. 00; Beim Engelstein, Weihnachtssp. 1.—3. A. 03; Silwerdischtle us em Schwarzwald 02, 6. A. 21; Aus still. Tälern 04; Wälderlüt 05; Glockenblumen 05, 2. A. 23; Schuldenmüller, 1. u. 2. A. 06; Summervögili us em Schwarzwald 07, 4.—6. A. 22; Erbe v. Birkenhof, 1. u. 2. A. 09; Katzebussili us em Schwarzwald 10, 4.—6. A. 22; Schäfers Goldhaarige 10; Bergschwalben 11; Herrgottsschüehli us em Schwarzwald 12, 3. A. 21; Schloßbauers Söhne 14; Heinerle mit d. Korb 20, 2. u. 3. A. 23; Duwekröpfli, 1.—3. A. 21; Waldbrünnili 1.—3. A. 23.

Gantter, Eugen, VB., Stenogr., /, ✿, Dr. phil. Frankfurt a. M., Passavantstr. 10. (Stuttgart $^{11}|_{1}$ 48.)

Gantzer, Fritz, Roman, /, Lehrer. Stülpe b. Luckenwalde. (Hohen-Görsdorf, Kr. Jüterbog $^{16}|_{8}$ 75.) B: Das Kreuz im Moor, R. 10, 2. A. 10; Die Notburg, R. 13, 2. A. 13; Verschlossene Gärten, R. 14; D. Karnickelbaron, hum. R 14, 3. A. 17; D. alte Klang, R. 14; Das Rosenhaus, R. 15, 13. T. 20; Liebesnot, R., 17; D. Schatz der Gesine Jakobsen, R. 21; Die Heimwehleute, Ein Buch von der Sehnsucht, R. 23.

Ganz, Hans, DV., SES., ∴, ✿, ✿, ✿, ✿, Roman, Kulturpolitik, Psychoanalyse, Sozialpädag., Dr. phil., Lehrer a. Landesz.-L. Glarisegg b. Steckhorn, Schweiz. (Zürich $^{9}|_{8}$ 98.) B: Das Unbew. bei Leibniz in Bez. zu modernen Theorien 10; Terenz, Dr. 10; Peter das Kind, R., 2. A. 15; Der Morgen, Dr. 17; Der Lehrling, Dr. 20. ()

Ganz, Paul, Kunst♛, ✿kritik, Dr. phil., a.o. UP., Präsid. d. schweiz. graph. Gesellsch. Basel, Hebelstr. 7. (Zürich $^{5}|_{7}$ 72.) B: Handzeichnungen Hans Holbeins d. J. 08; Zwei Schreibbüchlein d. Niklaus Manuel Deutsch v. Bern 09; D. Handzeichnungen Hans Holbeins d. J., gr. Ausg. 11; Hans Holbein d. J. Des Meisters Gemälde in 252 Abb. 12, n. A. 19; Jahrbuch f. Kunst u. Kunstpflege i. d. Schweiz I 15; Der Meister von Meßkirch 16; Cat. of the first Art Exhibition in America 21; u. a.

Garbald, Frau Johanna, geb. Gredig (Ps. Silvia Andrea) SES. Castasegna, Graubünden, Schweiz. (Zuoz, Engadin $^{22}|_{4}$ 40.) B: Erzählgn. aus Graubündens Vergangenh. 89; Faustine 89; W. Tell 91; D. Bergell 01, 2. A. 20; Dichtg. z. thurgau. Zentenarfeier 03; Violanta Prevosti, Erz. aus Graubündens Vergangenheit 05; D. Rhätierin 05; Wir u. unsre Lieblinge 14, 2. A. 20.

Garbe, Rich. v., ind. Ψ, Dr. phil., o. UP. Tübingen, Waldhäuserstr. 33. (Bredow b. Stettin $^{9}|_{3}$ 57.)

Garbe, Robert, ✿ (bes. plattd.), Lehrer. Hamburg 24, Martin-Allee 30. (ebda $^{16}|_{1}$ 78.) B: Görnrik, Ged. för Jungs un Deerns 06, n. A. 21; Ole plattdüütshe Lëider 13; Jungs, holt fast! Ole un nëie Krigs- un Suldatenlëider 15; Upkwalm, Ged. 21.

Garber, Karl Heinrich Otto, Niederd. Erz., Lehrer. Lassahn in Lauenburg. (ebda $^{3}|_{1}$ 80.) B: Up Posten 15, 6. bis 10. T. 16; Stina Dreews 18, 1.—10. T.; Grundwater, Twölf Ämmer ut'n plattdütschen Sood, 1.—3. T.

Garde, Arnold, ✿, Nov., /, Ue: DN. Bremen, Torgauer Str. 17. (ebda $^{30}|_{5}$ 71.) H u. MitB: Menschliche Tragödie, G. (m. Herm. Löns, Merwin u. a.) ()

Gartelmann, Henri, ∴, Lehrer. Bremen, Rheinstr. 1b (ebda $^{10}|_{12}$ 65.) B: Dramatik, Kritik d. Aristot. Systems u. Begr. e. neuen 92; Z. Dramatik; Dramaturg. Waffengang m. R. M. Werner 96; Streitschriften vermischten Inhalts 06; Finsternisse. Die Lehre Jesu im Lichte der Kritik 96; Zur Relativitätslehre 20; Sturz d. Metaphysik als Wissenschaft 93.

Gärtner, Paul, Jugendschr., ✿, Schulpol., Lehrer. Charlottenburg 1, Brauhofstr. 2. ($^{9}|_{8}$ 77.) B: Luise v. Preußen, Quellensmlg. 10; Der Riese Mugal 19; Bärenführer, Einführg. zur Bärenfibel 20. H: Deutscher Frühling 18; Zu neuen Ufern, Jungmädchen- u. Frauenbuch unserer Zeit, I 19, II 20; (Grimm) Märchen v. Königen u. Königskindern, (Grimm) M. v. glückhaften u. geplagten Leuten, M. v. pfiffigen u. plumpen Gesellen, M. v. sonderbaren u. spaßhaften Käuzen 21.

Gärtner, Rudolf, ✿, ✿, Nov., Oberlaus. Mundartdchtg. Hellerau b. Dresden, Breiter Weg 14. (Neugersdorf i. Sa. $^{27}|_{10}$ 75.) B: Der Erlöser, Tr. 03; F. L. A. M., Schw. 14; Ein Marsbesuch, Schw. 14; Efra, Sch. 19; Äbrlausitzer Loft, Erz. 19, 2. A. 19; St. Bürokratius, hum. Dchtg. 20; Wie die Eiche zu ihren gezackten Blättern kam, dram. M. 21; Die Schnuppisten, Schw. 22; Immaculata, Sch. 23.

Gaß, Georg, Erz., ✿, Landesrat von Steiermark. Graz I, Herreng. 9. (Drösing $^{24}|_{8}$ 78.) B: Was ziehe ich nach dem Kriege an? 18; Der bajuvarische Wandersmann 22; Labsal in Trübsal, bunte Gesch. 23. *

Gassen, Kurt, deutsche Ψ, ∴, Dr. phil., Bibliothekar, Kiel, Esmarchstr. 68. (Berlin $^{9}|_{1}$ 92.) **W**: Die Chronologie d. Novellen H. v. Kleists 20; Sibylle Schwatz, E. pomm. Dichterin 21; D. absolute Wert in d. Kunst 21; D. Ansatz d. Leistungswissenschaften 23.

Gast, Emil (Ps. Victor Paratus), Lebenswissensch., Okkultismus, ∴. Ostseebad Zinnowitz, Bergstr. 3. (Fürstenberg a. d. O. $^{12}|_{4}$ 74.) **W**: Freiheit in Liebe u. Ehe 20; D. Geheimnis d. Liebe u. Ehe (m. Ludm. v. Rehren) 21; Das Schloß der Schrecken, R. (m. L. v. Rehren) 21; u. a.

Gast, Gustav, Jugendschr. Lehrer am Schiller-Realgymn. Charlottenburg, Königsweg 2. (Zweihausen, Prov. Sachs. $^{14}|_{1}$ 67.) **W**: Märchenbilder aus d. Reiche d. Mitte 01; So war es (Piën-pa), chines. M. 02; Drygalskis Reise nach dem Südpol 06; Schülers Freud u. Leid, Erzn. 06; Freundschaft u. Treue, Erzn. 13; Die Froschpension, Erz. 14 u. a.

Gaetschenberger, Arthur, Film- und Bühnendramaturg (Ps. M. Arthur Curasso [v. Mâc]). SDS., ♞, ⦵, ⦶, ✿, ⚒, ∴, /, ♜, Bühnentechnik. Berlin-Tempelhof, Kaiser-Wilhelm-Str. 79. ($^{1}|_{10}$ 69.) **W**: L'lli Allyser, dram. Erz. 94; In Allahs Bann 12. **Begr**: Berliner Kritiker, Wochenschr.

Gattermann, Eugen Ludwig, VDR., Roman, ♞, Ballade. Quedlinburg, Heinrichstr. 10. (ebda $^{12}|_{10}$ 86.) **W**: Wenn die Schatten steigen, G. 13: Der bittere Weg, R. 18· Feuer des Eros (Balladen) 20; Der Spießerspiegel, G. 20 Erlösung der Freunde, R. 21. **H**: Der lustige Wald, VErz. 21. ()

Gättke, Wilhelm Walter, Hamburg. (ebda $^{4}|_{5}$ 96.) **W**: Das Wanderspiel, Festsp. 21; Zehn Landsknechtsweisen 21, 2. u. 3. A. 22; Rokoko-, Schäfer- u. Spielmannsweisen 22; An der großen Straße, Balladen 22 (sämtlich zur Laute). *

Gaudy, Alice Freiin v., ♞, /, Nov. **Ue**: EFIS. Gnadenfrei i. Schl., Töpferstr. 30. (Berlin $^{10}|_{3}$ 63.) **W**: Mein Sonnenschein, Dichtgn. 88; Seelen, Psychodr. 97; Balladen u. Lieder 00; Aus Kinderreich u. Elfenland 10; Lebenshöhen, n. Ballad. u. Lr. 12; Das eiserne Halsband u. a. Legenden 13; Kriegsdichtgn. 16 u. 17. **H**: Franz Frhr. v. Gaudy, Ausgew. Werke 02.

Gaulke, Johs., Kunst- u. Lit.♛, Kritik, **Ue**: F, Hrsg. d. „Kultur- u. Menschheitsdokumente". Berlin-Tempelhof, Borussiastr. 43. (Kolberg $^{25}|_{7}$ 69.) **W**: Grundriß d. Kunstgesch. 98; Hagenow u. Sohn, Dr. 01; Religion u. Kunst 07; Madame Passepartout, Kom. 09; Die ästhet. Kultur des Kapitalismus 09; Im Zwischendeck 09; Der gefesselte Faust, Der Menschheitskomödie letzter Schluß, Dchtg. 11.

Gawalowski, Karl Wilh., VB., ♞, Lit. ♛, /, Hofrat, Dir. d. Landesbiblioth. Gösting b. Graz, Plabutscherstr. 206. (Zubri i. M. $^{30}|_{8}$ 61.) Lieder 81; Egerberg, E. 84; Rampold Gorenz, E. 85, 2. A. 92; Steiermärk. Dichterbuch 87; Im heil. deutsch. Osten, G. 94; Wie d. Weihnachtsbaum in d. Welt kam, Erz. 00; Friedrich Marx 07; Steiermark 11; Brix in s. Vergangenheit u. Gegenw. 11; Karl Lacher 11. **H**: Deutschnat. Kal. 86—88, 90; Kal. u. Jahrb. d. Schulvereins f. Deutsche 89; Südmark-Kal. (m. A. Polzer) 98—05, (allein) 06—21; Balder, deutsch. Jugendkal. 03; Schulausg. v. W. Fischer, D. Licht im Elendhause u. D. silberne Nacht 12; Steiermark, Hand- u. Reisebuch 14.

Gayda, Franz Alfons, ♞, Erz., Rom., Nov., Kritik, Schriftst. Berlin N 37, Prenzlauer Allee 15. (Thorn $^{12}|_{11}$ 96.) **W**: Stern.-Nacht im All 20.

Gbureck, Paul (Ps. Paul Gernsdorf), ⦵, Theaterdir. Berlin-Neukölln, Reuterstr. 32 II. (Breslau $^{1}|_{3}$ 75.) **W**: D. Makel d. Geburt 01; Die Virginen, Schw. 02; Jünger der Liebe, Kom. 06; D. Kaiserbrücke, Sch. 09; D. lustige Aviatiker, Lsp. 10; Liebesfrühling, Kom. 13; Wüstenblüte, Lsp. 14; D Kampf in den Lüften, Erz. 15; D. Flucht im Aeroplan, Erz. 16; Spreewaldmädel, Vst.; u. a.

Gebek, Julius Viktor, ASV., DV., ⦵, Nov., Skn., Gedichte, Lehrer. Landeshut i. Schles. (Breslau $^{24}|_{1}$ 93.) **W**: Der falsche Neffe, Lsp. 22; Mecklenburgische Jungfrauen, historisches Sp. 23; Die Feuerprobe, Lsp. *

Gebhard, August, Germanistik, Lit.♛, Kritik, ♞, Prof., Studienrat. Friedberg, Oberh., Kaiserstr. 173. (Oberingelheim $^{17}|_{7}$ 67.)

Gebhardt, Frl. Florentine, ASV., DSch., ♝, ♞, /, ⦵, Lehrerin. Berlin-Tegel. (Crossen a. d. O. $^{19}|_{4}$ 65.) **W**: Mein Leben, gesamm. G. 06; D. Sonnwendfest u. a. Märchen 07; Liebe, die sich nie erreichte, N. (anonym) 09; Vom Urquell, bibl. Ged. 10; Allein in d. Welt, N. 10; Um eine Königskrone, Dr. 11; Gôtegard, Jugd.-Erz. 11; Wenn Einer eine Reise tut, Hum. 12; Gottfrieds Heimkehr, Jugd.-Erz. 12; Villa Isabella, R. 12; Das Recht aufs Vaterland, R. 13; Wenn es herbsten will, G. 13; Kinderland, humor. G. 13; Johannisnacht, R. 14; Frau Eva, R. 14; D. Schwertklangs Widerhall, KriegsG. 15; Der Dorfschulze von Gennin, Erz. 16; Was sich d. Wandervögel erzählten, Sagen 16; Der wilde

Hannes, Jgderz. 17; Läuterungswege, R. 17; Peter Hinkefuß, Erz. 18; Leuchten u. Lodern, G. 19; Türmer v. Waldstein, Jagderzähl. 20; 5 Weihnachtsspiele 20; Junker v. Stein, Jagderz. 21; Höhenflug, N.; Sturm, R. 23; u. zahlr. Märchensp.

Gebhardt, Hermann, Lehrer. Glogau, Martinstr. 12 I. (Liegnitz, Schles.) B: Mädchen, kl. Gesch. 20; Wilder Mohn, G. 21.

Gebhardt, Frau Hertha v., geb. Triepel (Ps. Hertha v. Gebhardt-Triepel), Nov., ⚘, /, Kritik. Berlin-Grunewald, Humboldtstr. 34. (Leipzig 2|9 96.) B: Die Liebesgeschichte der Toni Gentz, R. 20; Die Flucht ins Feuer, R. 22.

Gebhardt, Johs., Ψ, Erz., Prof. a. Schiller-Realgymn. Leipzig, Ferd.-Rhode-Str. 12. (ebda 27|7 70.) B: Fremdsprachl. Unterrichtswerk mit Schlüssel, 30. A. 20; Auf Dichters Spuren 11; Das zweite Leben, Erz. (u. d. Ps. Werner Frey) 12; Übungsbücher f. d. Deutschunterricht (m. A. Römer) 15—16; Die Notprüfung, Sch. 15; Rote Tinte weg! Erz. 17; Für euch, Sch. 19; Dämmerung, Sch. 19. ()

Gebhardt, Frl. Marie-Elisabeth, Hum., Kult. ♕, Nov., Romane, Jugenderz., Volksschullehrerin. Peine, Hannover, Celler Str. 2. (Crossen a. d. Oder 17|10 73.) B: Schwer errungen, R. 17; Schwester Katharina, Erz. 18. *

Gebhardt-Triepel, Hertha v., s. Gebhardt, Hertha.

Geck, Rudolf, ⚘, /, Kritik, Red. a. Feuilleton d. „Frankf. Zeitg.“ Frankfurt a. M., Wolfsgangstr. 39 pt. (Elberfeld 8|8 68.) B: Gedichte 96.

Geering, Frau Martha (Ps. Ruth Waldstetter), SES., Roman, ♁. Basel, Friedensgasse 25. (Bern 12|11 82.) B: Die Wahl 10; Das Haus zum großen Kefig 13, 2. A.; Leiden 17; Eine Seele, 2. A. 18; Der Künstler, Dr. 19; Familie, Dr. 19; Der unnütze Mensch 20; Aus der Einsamkeit, G. 21.

Gehr, Klaus E., s. Kühn, Erich.

Geiger, Benno, ⚘, ♫, Dr. phil. Rodaun b. Wien, Kaiser-Wilhelm-Str. 18. (Rodaun 21|8 82.) B: Ein Sommeridyll 04; Lieblose Gesänge 07; Maffeo Verona 10; Prinzessin 10; Marco Marziale 12; Gesammelte Gedichte 14; Alessandro Magnasco 14; Das Fenster in der Mitternacht 19. Ue: Giovanni Pascolis ausgew. Gedichte 13.

Geiger, Wilhelm, Oriental., Dr. phil., o. UP., GHofR. München, Barerstr. 48. (Nürnberg 21|7 56.)

Geilinger, Max, SES., ⚘, Sekr. d. Staatskanzlei. Zürich, Mainaustr. 49. (ebda 30|8 84.) B: Der Weg ins Weite. G. 19; Hagen, Dr. 21; D. große Rhythmus, G.

Geisberg, Max, Kunstgeschichte, Prof. Dr., Direktor des Landesmuseums der Provinz Westfalen. Münster, Westf., Kleimannstr. 2. (Münster 9|10 75.) B: Israhel van Meckenem und der Meister der Berliner Passion 02; Verzeichn. der Kupferstiche J. van Meckenems 03; Das älteste gestochene deutsche Kartenspiel 04; Aldegrever und die Münsterschen Wiedertäufer 07; Prachtharnische des H. Cnoep 07; Kartenspiel in der Altertümer-Slg. in Stuttgart 09; D. Anfänge des deutschen Kupferstiches und der Meister E. S. 09; Formschnitte des 15. Jahrh. im Dresdner Kupferstichkabinett 11; Ansichten u. Pläne der Stadt Münster 10; Kupferstichkartenspiel der Hofbibliothek in Wien 18; Kupferstiche der Frühzeit 23; Kupferstiche des Meisters E. S. (Gesamtausg. in Heliogravüren) 23; Der deutsche Einblattholzschnitt der ersten Hälfte des 16. Jahrh. 23. *

Geisenheyner, Max, RP., /, Schriftl. am „Illustrierten Blatt“. Frankfurt a. M., Eichendorffstr. 9. (11|1 84.) B: Morgenrot, Vst. 19.

Geisow, Hans, Dr. phil. Fechenheim-Mainkur, Kr. Hanau a. M., Bismarckstr. 6. (17|8 79.) B: Dantes Commedia, Deutsch, Dchtg. 21, 11. A. 23; Von Goethe zu Dante 23. *

Geißler, Ewald, Dr. phil., Prof., Lektor f. dtsch. Sprachkunst a. d. Univ. Erlangen, Burgbergstr. 35. (Dresden 18|1 80.) B: Rhetorik I 10, 3. A. 21; II 14, 2. A. 18; Was ist deutsch? 14.

Geißler, Fr. J. Kurt (Ps. Konstantiner), Dramatik, ⚘, Epik, Roman, ⁂, Pädagogik, Dr. phil., Universit.-Doz. a. D. Eisenach i. Thür., Mariental 24, Villa Geißler. B: Lehrt erziehen 92; Relativität 00 u. 21; Zigeunerblut, E. m. Musik; Wahrheit, R.; Erschaffung der Geige, R.; Das Wesen des Unendlichen 02; Das System der Seinsgebiete 19; Beruft die Kinder 19; Paoli, Palamedes; Sokrates, Dramen; Liebesrausch, Lsp.; Rückkehr, Sch., ges. 20; Grundlagen der Natur 22 u. v. a. *

Geißler, Friedrich Adolf, PA., RP., Musikkritik, ♁, Nov. Dresden-A., Strehlener Str. 50 III. (Döhlen b. Dresden 4|10 68.) B: Die Mondscheinsonate, Sch. 12; Der falsche Rembrandt, R. 13; Das Wächterlied, Vst. 13; D. Kaiserbecher, dramat. Festsp. 13; Talent, R. 13; Buntfeuer, G. 14; Michels Schicksalsstunde, vaterländ. Sp. 15; Sturmvögel, G. 17; Helenas Heimat, Sch. ()

Geißler, Horst Wolfram, RP., Lit. ♕, Rom., /, Kritik, Dr. phil. München,

Georgenstr. 5. (Wachwitz 30|6 93.) B: Grillparzer u. Schopenhauer 15; Der letzte Biedermeier, R. 16, 8. T. 18; Das Lied vom Wind, R. 16, 8. T. 18; Der ewige Hochzeiter, R. 17, 15. T. 19; Die Rosen d. Gismonda, N. 17, 8. T. 18; Himmelstoß, N. 18; Das Glück, R. 19; Wer ist der Gral? R. 20; Der liebe Augustin, R. 21, 3. A. 23; Liebesgeschichten aus dem Barock, N. 23.

Geißler, Max, /, ✻. Loschwitz-Dresden, Parkstr. 6. (Großenhain 26/4 68.) B: Jochen Klähn, e. HalligR. 03; Tom d. Reimer, R. 04, 2. A. 05; Am Sonnenwirbel, R. 04; Das Moordorf, R. 05; Hütten i. Hochland, R. 05; D. goldenen Türme, R. 06, 7. T. 13; Inseln im Winde, HalligR. 07; D. Musikantenstadt, R. 07; D. 6. Gebot, R. 08, 5. T.; Gedichte 08; D. Rose v. Schottland, E. 09; Sold.-Balladen 09, 10. T.; D. Glocken v. Robbensiel, R. 10; Der Douglas, E. 10, 8. T.; D. Bernsteinhexe, E. 10, 10. T. 11; D. Bernsteinhexe, Dr. 11; Nordlicht, Dr. 11; Märchenbuch 11; Das Heidejahr, R. 11; D. Erlkönig, R. 11; D. Tristanlied, E. 11; Briefe a. m. Frau 12; Wie ich Dichter wurde, 120. T. 12; Neues Märchenbuch 12; Der Junge, der eine Schlacht gewann 12; 1001 Nacht 12; Das hohe Licht, R. 13; Großes Märchenbuch 13; Die Herrgottswiege, R. 13; Führer durch d. deutsche Lit. d. 20. Jahrh. 13; D. Neuen Gedichte 14; Valentin Upp, d. Legionär, Erz. 14; Jockele u. die Mädchen, R. 15; Nach Rußland wollen wir reiten! R. 15; Die schöne Lilofe, R. 16; Die Wacht in Polen, R. 16; Jockele u. s. Frau, R. 17; D. Stein d. Weisen, R. 18; Sternguder, R. 19; D. Heidekönig, R. 19; Peter Lebegerns große Reise, R. 21; Schmetterlingstanz, Tierr. 23; Der gemütvolle Adam, Tierr. 23; Kater Quietsch, R. 23; Kikimora, die Waldeule 23.

Geist, Rudolf, Literaturkritik, ✻, Nov., ⁂, ⚭, ⊞, Herausg. der „Schriften". Wien-Ober St. Veit. (Garschönthal, N.Ö. 18|6 00.) •

Geka, Wilhelm, s. Kochler, Gust.

Gelber, Natan Michael, ♛, Redakteur, Dr. phil. Wien IX, Liechtensteinstr. 75/8. (Lemberg 27|5 91.) B: Aktenstücke zur Judenfrage am Wiener Kongreß 1814 bis 1815 20; Die Kattowitzer Konferenz 19; Die Juden und der polnische Aufstand 1863 23; Aus zwei Jahrhunderten, Beiträge zur neueren Geschichte der Juden 23. •

Geldern, von, s. Colerus (von Geldern), Egmont.

Geldern, Richard, s. Colerus v. Geldern, Rich.

Gellert, Georg, ⊙, Kritik, Essay, Dramaturg, Hrsg. v. „Deutschlands Jugend", d. „Gold. Garten". Berlin-Wilmersdorf, Hohenzollerndamm 201. (Breslau 30|1 68.) B: v. 48 Bdn. Jugendschriften, ferner: Der Minotaurus, mod. Sch. 96; D. Flucht n. Egypten, Lsp. 98; Seelenverkäufer, Sch. 01; D. Reise ins Himmelreich, Schw. 01; König Lüttiti, Optte. 04; D. gelobte Land, satir. Lsp. 05, 3. A.; Deutsche Literaturgesch. v. Goethes Tod bis z. Gegenwart 12. H: v. 362 Bdn. Volksbüchern.

Gellrich, Berthold, ASV., DB., Theater u. Musik, Postschaffner. Berlin N 65, Triftstr. 41 II (30|8 93.) B: Sonnebergs Badereise, Optte. 20, 1. A.; Pustamädel, Sgsp. 20; Der Schatten im Pavillon, Optte. 23; Wenn Frauen flirten, Optte.; Die Maske, Optte; Dornröschens Erwachen, Optte; Ja, die Männer —!; Die Volksspielbühne, Betrachtungen. •

Gelzer, Matthias, alte ♛, Dr. phil., o. UP. Frankfurt a. M., Westendstr. 95. (Liestal 19|12 86.)

Gemarker, J. L., s. Leithaeuser, Julius.

Gemmingen, Otto Frhr. v., Lit., ♛, ⁂, Dr. phil. München, Prinzregentenpl. 17 (Wien 16|6 93.) B: Biographie Christian Graf v. Leiningen 17; Vico, Hamann u. Herder 18. H: Dupré d'Aulnay, D. Abenteuer des Chevalier Warwick 20. Ue: Stendhal, Eine Geldheirat 21.

Gengler, Heinrich (Heinrich Gottfr. Gengler), ✻, ⊙, /, ♛, Redakteur. Erlangen, Bayern, Nürnberger Str. 16 I. (ebda 6|11 94.) B: Das Jahr, Ein Buch Natur, G. 19; Zur Geschichte der Erlanger Schützen 20. •

Genniges, Emil, deutsche Lit. ♛, Dr. phil., GehR., ObStudDir. Bonn a. Rh. (Mülheim a. Rh. 24|9 65.)

Gensichen, Otto Frz., BP., ⊙, ✻, /, Essay, Dr. phil. Berlin W, Potsdamer Str. 81 A III. (Driesen 4|2 47.) B (ab 95): Hohenfriedberg, Reiterfestsp. 59; Sommerfäden, Lsp. 98; Heideröslein v. Sesenheim 96; Frühlgsstürme, Sch. 97; Damenkalend. 98; M. Seebach 98; Unt. d. Zollernaar Dichtgn. 99; Jungbrunnen, Sch. 01; Stille Nacht, heilige Nacht, Sch. 01; Blutschuld, R. 04; Partnachröslein, N. 06; Kulissenluft, Theatererinnergn. 09; Ilm-Athen, Sch. 10; Das Hohelied, Sch. 12; Stille Nacht, heilige Nacht! E. 13.

Genthe, Franz, BP., RP., Militär- u. Jagdgesch., Red. d. „Tags". Berlin-Steglitz, Schloßstr. 33 III. (Bismarck 7|11 57.) B: D. Husar d. groß. Königs, R. 23; u. a.

Genzmer, Felix, ↗ u. nord. Germanistik, Dr., o. UP. Rostock, Balckestr. 7a.

(Marienburg, Westpr. 25/3 78.) **Ue:** Edda: I. Heldendichtung, 4. A. 23, II. Götter- u. Spruchdichtung 20, 2. A. 22.

Georg, Arthur, s. Lippschitz, Arthur.

Georg, Manfred, SDS., ⊙, ✠, /, ⚲, ♁, Dr. jur., Red. d. „Berl. Nationalzeitung" u. Theaterkritiker der „Berl. Volkszeitung". Ständige Adresse: Berlin-Lichterfelde, Dahlemer Str. 64. **B:** Das Problem der Bestrafung des Ehebruchs 16; Die verlorene Nacht, R. 20; Der Rebell, R. 21; Hauptmann Baldus, R. 21; Geburt des Incubus, R. 21; Carl Sternheim 22; Grabbes doppeltes Gesicht 23.

George, Richard, VP., /, ♛, Herausg. d. „Reichsboten". Berlin SW 11, Dessauer Str. 36. (ebda 26/2 66.) **B:** Hie gut Brandenburg alleweg 99; Der Preußen-Bote 21. **Ue:** Bellamy, Im Jahre 2000 90; Habberton, Helenens Kinderchen 91.

George, Stefan, ✠, ⚲, **Ue:** FEI, Adr.: Verlag Georg Bondi, Berlin W 62, Kleiststr. 8. (Büdesheim 12/7 68.) **B:** Die Fibel: Auswahl erster Verse; Hymnen 90; Pilgerfahrten 91; Algabal 92; D. Bücher der Hirten- u. Preisgedichte, der Sagen u. Sänge u. der hängend. Gärten 95, 3. A. 06; D. Jahr d. Seele 97, 9. A. 19; D. Teppich d. Lebens u. d. Lieder v. Traum u. Tod 00, 9. A 19; Die Fibel 01; Tage u. Taten 03; Maximin, e. Gedenkbuch 06; D. Siebente Ring 07, 3. A. 14; D. Stern d. Bundes 14; D. Krieg 17; Drei Gesänge. **Ue:** Baudelaire: D. Blumen d. Bösen 01; Dante: Göttl. Komödie; Shakespeare: Sonnette; Zeitgenöss. Dichter I: Rossetti, Swinburne, Dowson, Jacobsen, Kloos, Verwey, Verhaeren; II: Verlaine, Mallarmé, Rimbaud, de Regnier; d'Annunzio, Leder. **H:** Blätter für die Kunst 90—19; Deutsche Dichtung (mit Karl Wolfskehl): Jean Paul 03, Goethe 04, Das Jahrhundert Goethes 05, 2. A. 09 f. ( )

Georgen, Viktor, s. Rothe, Georg.

Georgi, Anna, s. Cleinow, Georg.

Georgi, Walter, Darmstädter Journalisten- u. Schriftstellerverein, Vorstand der Deutsch-Schwedischen Vereinigung, der Deutsch-Finnischen Vereinigung und des Deutsch-Nordischen Verbandes, Dr. jur., Roman, ✠, ⊙, /, Theater- u. Vortragskritik, Reise- u. Völkerkunde. Berlin-Wilmersdorf, Eisenzahnstr. 64. (Wörrstadt i. Rhhess. 30/3 85.) **B:** Das politische Delikt 10; Deutsch-nord. Jahrbuch f. Kulturaustausch u. Volkskunde 14; Johannes Anker, R. 20; Gedichte in Prosa 20; Meilensteine, G. 22; Deutsch-nord. Jahrbuch 21, 22, 23; Briefe dtscher. Ferienkinder aus Skandinavien 21.

Georgievitz-Weitzer, Demeter (G. W. Surya), Okkulte Philosophie, Medizin, Weltallslehre. München, Bismarckstr. 1 IV. (Baden b. Wien 23/8 73.) **B:** Verschwendete Kräfte 99, 19; Moderne Rosenkreuzer, R. 07, 6. A. 22; Die Sonne, das Licht und die Heilkraft des Lichtes 07, 3. A. 12; Schlangenbiß und Tollwut 08; Triumph der Alchemie 09; Okkulte Medizin 10; Okkulte Astrophysik 10; Rationelle Krebs- und Lupuskuren 13, 2. A. 22; Die Kraft der Gedanken des Wunsches und Gebetes 20, 2. A. 23; Der Traumdenker 19; Der Tod kein Ende 20; Das Übersinnliche u. der Weltkrieg 20; Wahrer u. falscher Monismus 21; Ursprung, Wesen u. Erfolge der okkulten Medizin XVIII, 21—23; Das Okkulte in die Heilige u. ihr Narr 21; Okkulte Weltallslehre (im Vereine mit M. E. Valier) 22. **H:** Zentralblatt für Okkultismus, 08—13. •

Georgii, Walter, Musikwiss., Dr. phil., Pianist, Lehrer am Konserv. in Köln a. Rh.-Lindenthal, Kerpener Str. 65. (Stuttgart 23/11 87.) **B:** Karl Maria v. Weber als Klavierkomp. 14. **H:** 3. gr. Sonate, D-moll, von K. M. v. Weber, m. Einführung 20.

Georgy, Ernst, s. Michaelson, Marg.

Georgy, Ernst August, Ästhetik u. Lit. ♛. Halle a. d. S., Ludwig-Wucherer-Str. 47. (Weimar 5/11 58.) **B:** Die Tragödie Friedr. Hebbels nach ihrem Ideengehalt 04; Das Tragische als Gesetz des Weltorganismus 05; Ästhetik auf neuer Grundlage 10; Herzog Bernhard von Weimar, Tr. 12; D. Weltenwende in Hebbels Nibelungen u. Deutschl. Weltkrieg 17; D. Wiedergeburt d. dtsch. Volkes 20. ( )

Gerathewohl, Fritz, SDS., Literaturgesch., /, ♆, Dr. phil., Lektor a. d. Univers. München, Winzererstr. 86 III. (Dresden 31/1 96.) **B:** St. Simonistische Ideen i. d. deutschen Literatur 20; Deutsche Liebesmären 21; Erziehung zum Redner 22. **H:** Göckingk, Lieder zweier Liebenden 21. •

Gerber, Arthur, VB., Dr. jur., Bankbeamter. Wien VIII, Laudongasse 42. (Königinhof a. d. Elbe, Böhmen 16/3 82.) **B:** Die Venus des Papstes, R. 20, 3. T.; Maria im Walde, R. 22, 3. T.; Bruder Egberts Weg, R. 23, 2. T. **H:** Otto Weininger, Taschenbuch und Briefe an einen Freund 19, 9. T. 22. •

Gerbrandt, Frl. Marie, DSch., Rom., Jugendschr. Berlin-Steglitz, Birkbuschstr. 17. (Kl. Falkenau 3/2 61.) **B:** In engen Schranken, R. 93; Sich selber treu, R. 96; Lieblingssohn, R. 09; Verlorener Posten, R. 10; Im Pfarrhause, JugdErz.

11; Harter Kampf, R. 11; Ringende Herzen, R. 11; In der Strömung, R. 13; An stillen Ufern, R. 18; Familie Wesselingk, R. 20; Lieb Heimatland, Erz. 21.

Gerdau, Hans, Ψ, Dr. phil., Ob.-Lehrer. Hamburg 19, Bismarckstr. 54. (ebda $^{19}|_{7}$ 81.)

Gerdtell, Ludwig v., ⁂, Dr. phil. Schöneiche b. Berlin-Friedrichshagen, Waldstr. 81. (Braunschweig $^{4}|_{2}$ 72.) B: Brennende Fragen der Weltanschauung I—II 06, 3. A. 08, III 3. A. 12, IV u. V. 21; R. Euckens Christentum 09.

Gerhard, Frau Adele, Belletristik. Berlin W, Wilhelmstr. 90. (Köln a. Rh. $^{6}|_{8}$ 68.) B: Konsumgenossenschaft u. Sozialdemokratie 95; Mutterschaft u. geist. Arbeit 01, 2. A. 08; Die Geschichte d. Antonie van Heese, R. 06; D. Familie Vanderhouten, R. 09; Vom Sinken u. Werden, Erz. 11, 4.—7. T. 21; Magdalis Heimroths Leidensweg, R. 13; Der Ring des Lebendigen 15; Am alten Graben, R. 17; Sprache der Erde, R. 18; Lorelyn, R. 20.

Gerhard, Hans Ferdinand, PA., /, ◯, Nov., Dr. phil. Ratzeburg i. Lbg., Abrahamsberg 15. (Wolfenbüttel $^{14}|_{3}$ 68.) B: Memels Lustige Gesellsch. u. die Schwanklit. des 17. Jahrh. 93; Die Stangenjäger u. and. Geschichten; Detl. v. Liliencron 10; Höhenopfer, Bibl. Legenden 10; In der Jodutenstr., R. 12; Hanning der Stürmer, KriegsGeschn. 16. ()

Gerhard, Frl. Melitta, Literaturgeschichte, Dr. phil. Berlin W 66, Wilhelmstr. 90. B: Schiller und die griechische Tragödie 20. *

Gerhard, Walter, s. Rubiner, Wilhelm.

Gerhardi, August (Ps. Fritz Müller), Psychol., ♉, Erzähl., Dr. med., prakt. Arzt. Lüdenscheid, Westf., Sadowastr. 2?. (Hagen i. W. $^{8}|_{5}$ 64.) B: Über die Ewigkeit d. Ursachen aller Bewegg., einschließl. d. menschl. Gedanken u. Handlgn. 93; Gedichte 96; D. Wesen d. Genies 97, 3. A. 08; Leben u. Tod, Erzählgn. 04; Neue Gedichte 13; Toni Martini, Sch. 13; Gehirn und Krieg 16, 2. A.

Gerhardt Ferdinand v., Soz. Polit., ⁂, Dr. Frankfurt a. M., Bockenheimer Landstr. 103. (ebda $^{20}|_{7}$ 84.)

Gerhardt, Frau Luise, Lit.♛, Roman. Leipzig, Lessingstr. 1/3 II. ($^{24}|_{1}$ 58.) B: Carl Ludwig Fernow 08; K. A. Böttiger u. G. J. Göschen im Briefwechsel 11; Dr. Löwes Töchter, R. 16.

Gerlach, Hellmuth v., RP., Politik, Reg.-Assessor a. D., Leitartikler d. „Welt am Montag". Berlin W, Genthiner Str. 22. (Mönchmotschelnitz, Schlesien $^{2}|_{2}$ 66.) B: D. Gesch. d. preußisch. Wahlrechts 08; D. Parlament 08; August Bebel 09; Meine Erlebnisse in der preuß. Verwaltung 20; Der Zusammenbruch der dtsch. Polenpolitik 20; Die deutsche Mentalität 22.

Gerlach, Hugo, Nov., Privatgelehrter. Allenstein, Kronenstr. 12. (Crossen a. d. O. $^{26}|_{10}$ 70.) B: Die vom Hinterhaus, R. 96; Heirat a. Tausch, R. 97.

Gerlach, Kurt, Volksbuch. Rähnitz-Hellerau b. Dresden. (Dresden $^{4}|_{3}$ 89.) B: Germantik 14, 2. A. 18; D. Pumphut, Volksb. 16, 2. A. 18; B. d. schönen Jugend, R. 17, 2. A. 20; Wallfahrt n. Raben, Volksb. 18; Buch d. Blondheit, R. 20; Lustg. Geschichte zw. Rom u. Sorge, Volksb. 20; Neues Spiel v. Dr. Faust, Sp. 21; D. Jüngling, G. 21; Fernstenliebe, R. 23. Ue: Olaf Tryggvason v. Graf Gobineau 21.

Gerling, Reinhold, ASV., PA., SDS., ◯, ♯, Hrsg. der „Bl. für Volksaufklärung". Berlin-Oranienburg. (Posen $^{30}|_{8}$ 63.) B (seit 01): Hypnot. Unterrichtsbriefe 01, 4. A. 16; Wie erziehen wir erblich belastete Kinder? 02; Erziehg. zur Ehe 03, 10. A. 11; D. goldene Buch d. Weibes 04, 5. A. 09; Mecklenburgs Sagenschatz 04; Der vollendete Mensch 05, 4. A. 16; Gymnastik d. Willens 05, 3. A. 12; Die d. Liebe Glück nicht kennen 05, 3. A. 09; Kraft, Gesundh., Jugendblüte 06; Freie Liebe od. bürgerl. Ehe 07, 2. A. 08; Diskrete Antworten auf vertrauliche Fragen 09, 3. A. 16; Spiritismus 11; Prakt. Menschenkenntnis 11; Kunst der Konzentration 12, 3. A. 16; Liebesleben d. Nervösen 12; Wie das Weib am Manne leidet 12; Phrenologie 12; Menschenkenner 12; Redekunst 14; Vorwärtskommen nach d. Kriege 15, 3. A. 16; Mädchen, die man nicht heiraten soll 16; Tatmensch 20; D. Kunst zu denken 20.

German, Wilh., Chronistik, mundartl. (fränk.) ♉, Lit.♛, Verlagsbuchh. Hall, Württ. (ebda $^{2}|_{4}$ 58.) B: Haller Doovelich, G., 3. A. 20; Stephan Heuß 90; Chronik v. Schwäb.-Hall u. Umg. v. d. ältesten Zeiten b. z. Gegenwart; Führer v. Schwäb.-Hall u. Umgebg. 04, 2. A. 10; Was uns d. Geyersburg erzählt 05; Ätsch Gäwele! 3. A. 09; Der Buchhändler Johannes Rynmann von Öhringen (1460—1522) 14; Geschichte d. Buchdruckerkunst in Schwäb.-Hall; Schwäb.-Hall i. d. Literatur 20.

Germano, M., s. Maack, Martin.

Germersheim, Ludwig, s. Kemmer, L.

Gernsdorf, Paul, s. Gbureck, Paul.

Gersdorff, Ada v., s. Maltzahn, Ada v.

Gersdorff, Wolfgang Frhr. v., ◯, ♉, Lit.♛, Dr. phil. Ditterswind in Unterfranken. (Kloster Jerichow a. d. E. $^{30}|_{8}$ 76.) B: Terakoya, Tr. 07; Kimiko, Tr. 08;

Geschichte des Theaters in Kiel 11 u. 12; Phaëthon, Tr. 18. ()

Gerst, Wilhelm Carl, AV., Politik, Karitas, Theaterpolitik, Verlagswesen. Frankfurt a. M., Eschersheimer Landstr. 144. (ebda $^{28}|_{3}$ 87.)

Gerstenberg, Heinrich, Deutsche Literaturgesch., Leibesübungen, Dr. phil., Prof., Dir. Hamburg, Hoheweide 10. (Weimar $^{8}|_{2}$ 64.) B: Hoffmann v. Fallersleben u. s. deutsch. Vaterland 90; Aus Weimars nachklass. Zeit 01; Henriette v. Schwachenberg u. Hoffmann v. Fallersleben 04; Die hamburgische Zensur in den Jahren 1819—48 08; An Ilm u. Saale 10; Deutschland, Deutschland über alles, e. Lebensbild d. Dichters Hoffmann v. Fallersleben 16; Deutsches Wandern 23. H: Hoffmann von Fallersleben, Ges. Werke 90—93 VIII; Derselbe, An meine Freunde 07; Friedr. Ludw. Jahns Erbe 23.

Gerster, Matthäus, WJSV., /, Nov., Sekr. a. d. Württ. Landesbibl. Stuttgart, Kanonenweg 3. (Langenschemmern $^{8}|_{12}$ 80.) B: Schwaben a. d. Ancre 18; Rechtlosen, Erz. 20; Geschichte d. württ. Ref.-Reg. 119, 20; D. galante Stadtschreiber, R. 22. H: Um Haydn u. Mozart, N. 21; Um Bach u. Beethoven, Nn. 23; Günthert, Aus d. Erinnerungen d. Genremalers Joh. B. Pflug 23.

Gerstmayer, Hermann, ASV., Nov., Rom., ❦. Stuttgart, Immenhoferstr. 12a. (Koblenz $^{16}|_{10}$ 86.) B: Mein Versbuch 14; Die Schmiede im Schwarzwald 15; Von Schönheit u. Stille 16; Das Opfer der Ilse v. d. Esche 17; Kamisatz 18; Die große Not 19; Das große Leid 20; Inocenzia 21. ()

Gerstner, Frau Tonina, s. Gerstner-Stevens.

Gerstner-Stevens, Frau Tonina, geb. Baronin Weltzl-Starnfeld (Ps. T. G Starnfeld), ○, Nov., Jugendschr., ❦, Hofratswitwe. Wien XIII/2, Hadikg. 154. (Temesvár $^{1}|_{8}$ 66.) B: Passion, dr. Ged. 06; Frühlingsstürme, Einakt. 06; Pickerl, M. 07; Jugend, ich grüße dich! Erzn. 11; Lieder, die ich meiner Puppe singe 13; Diana, Maskiert, D. alte Geschichte, 3 Einakter 13.

Ger Trud, s. Sternberg, Gertrud.

Gery, Theo van. Berlin-Steglitz, Birkbuschstr. 6 pt. (Wien $^{15}|_{8}$ 68.) B: Gieb's weiter, G. 04; Alles um Liebe, G. 08; Kultur-Grimassen 10; Heimatlose Liebe, G. 21.

Geucke, Kurt, ○, ❦, ∴, Roman. Berlin SW 29, Fidicinstr. 15. (Meerane i. S. $^{22}|_{6}$ 64.) B: Eralda Loredano, Tr. 88; Felicitas. Sch. 91; D. Irrlicht, Dr. 94 Nächte, Gassen- und Giebelgeschichten 97, 2. A. 06; Sebastian, Tr. 01, 3. A. 21; D. Meisterdieb, Kom. 07; Rust, Die Geschichte e. Lebens, R. 11, 3. A. 19; Der Steiger vom David-Richtschacht (Rust, Jugendausg.) 12, 2. A. 21; D. Tochter des Loredan, Tr. 15; Goethe u. das Welträtsel, des Dichters Weltanschauung über Tod u. Unsterblichkeit 18. ()

Geyer, Bernhard, ∴, ✝, Dr. theol., o. ö. UP. Breslau, Matthiasplatz 9 I. (Alme i. Westf. $^{8}|_{3}$ 80.)

Geyer, Florian, s. Culmann, Hellm.

Geyer, Rud. Eug., Orient., Bibliothekswesen, Musik, Dr. phil., o. UP. Wien XVIII/1, Türkenschanzstr. 22/24. (ebda $^{28}|_{6}$ 61.)

Geyser, Jos., (k.), ∴, Dr. phil., o. UP. Freiburg i. B. (Erkelenz $^{16}|_{3}$ 69.)

Gheri, Leop. (Ps. Bruder Vincenz Ferrerius), ASV., Reiseschr., Naturwissensch., Länder- u. Völkerkunde. Hall in Tirol. (Innsbruck $^{1}|_{7}$ 66.) B: Die rächende Nemesis, Reiseerlebnisse in 3 Weltteilen 06, 10. A. 11; Die Gerechtigkeit der Menschen, 20. T. 08; Martediten, eine phantastische Weltreise, 16.—20. T. 08; In der Trinacria, 3. A. 11; Unter Dämonen, 2. A. 11; Wilde Welt 08, 20. T. 09; An Arabiens Gestaden 10; Heimat u. Fremde, gesamm. Erzn. I 12, II 13; Wo die blau-weiß-rote Trikolore weht, Erlebnisse e. Fremdenlegionärs 13; In den Schluchten des Châgan-alin, Scn. aus dem russ.-japan. Kriege 13, 2. A.; In fernen Zonen, Abenteuer-Erzählgn. 20; Der Todesfelsen (Funeral Mountain); Drei Jahre Fremdenlegion 22; Stierkampf in Brasilien u. andere südamerikanische Reisebilder 23.

Ghibellinus, s. Frenzel, Heinr.

Gieben, Joseph (Ps. Jan van Neers), ❦, Lit.♛, Kunst♛, Volkshochschulwesen, StudR. Trier, Eberhardstr. 36. (Goch $^{18}|_{3}$ 78.) B: Ch. D. Grabbe 13; Aus Champagne u. Vogesen 16; Alfred Rethel 20. ()

Gierke, Wilhelm Edward, SDS., Roman, Kritik, Literaturwissenschaft, Dr. phil. Bovenden b. Göttingen. (Lauenförde $^{21}|_{9}$ 85.) B: J. G. Schummel u. seine Romane 15; Friedrich Lienhard u. wir 15; Von den tiefen Nöten d. Hans Schaffner, R. 20.

Giese, Fritz, SDS., DV., Psychologie, Belletristik, Dr. phil., Hochschuldozent. Stuttgart, Technische Hochschule u. Charlottenburg, Spandauer Str. 18. (Charlottenburg $^{21}|_{8}$ 90.) B: D. fremde Macht, R. 11; Kulturblüten (Satiren) 12; D. freie literarische Schaffen b. Kindern und Jugendlichen 14; Kulturwende 16; Psycholog. Beiträge I 16; D. Idee e. Frauendienstpflicht 16; Einfaltspinsel, H.

18; Wenn d. Liebe betteln geht, Sk. 19; D. frohe Botschaft, Lsp. 19; D. romantische Charakter I 19; Bade zu Hause, Schw. 20 (beide m. Kurt Jagow); Körperbildung 20 (m. Hedwig Hagemann); D. Mond d. Toinette 20; Briefe um Syrid, R. 21; Weibliche Körperbildung (m. Hedwig Hagemann) 20; Körperseele 24.

Giefelberg, Frl. Helene, Märchen u. Erzählungen. Braunschweig, Lachmannstr. 3 (18|1 82.) **B:** Goldhuhn und Kahlhals, Tiermärchen 19; Die lustige Sechs und andere Geschichten fürs kleine Volk 20, 2. A. 22; Peter Tschilperling der Spatz und seine Abenteuer 20; Was das Jahr uns bringt 22; Marlene im Märchenwald 22. *

Giesenhagen, Frau Heddy (Ps. Eine deutsche Mutter), ✠. München, Schackstr. 2. (St. Petersburg 17|10 70.) **B:** Die Herzen hoch! 20; Ernte 22.

Gießen, Hugo v., s. Kirstein, Paul A.

Gigler, Herbert Johannes, DÖSchG., ✠, O, Ω-♛. Graz, Alberstr. 9. (Cilli 10|7 95.) **B:** Der Gartengott, G. 18; Frauen im Frühling, G. 19; Opfer und Feste, Ged. u. Dramen 20.

Gilbert, Leo, s. Silberstein, Leo.

Gildemeister, Andreas, Privat. Leuchtenburg, Post St. Magnus b. Bremen. (Bremen 21|10 69.) **B:** Auf einem Segelschiffe um Kap Horn 07, 3. A. 13; Deutschland u. England 05; Gedichte 11; Ganymed, eine Dichtg. 12; Tirpitz, Kriegsstrategie u. Kriegsausgang 19.

Gimmerthal, Armin, O. Neuenahr. (Plaue i. Thür. 29|7 58.) **B:** Johann von Gorze, Dr. 98; Hinter der Maske, Studie 01; Aschenbachs, Dr. 02; Ramzarit, Dr. 04; D. Malschule, Schw. 06.

Ginzel, Hermann Adolf, RP., Essay, Theater- u. Kunstkritik, Hrsg. und v. Schriftleiter der Deutschen Theater-Korrespondenz. Stettin, Breite Str. 46 II. (Görlitz 15|1 99.) **Mitarb.** versch. Zeitschr. u. Ztgn. **H:** Reihen-Bücher 23.

Ginzkey, Franz Karl, ✠, Nov., Rom., techn. Rat. Salzburg, Parsch. (Pola 8|9 71.) **B:** Das heimliche Läuten, G. 06, 5. T.; Jakobus u. die Frauen, R. 08, 10. T.; Der von der Vogelweide, R. 12, 15. T.; Der Wiesenzaun, Erz. 13, 13. T.; Aus der Front in Tirol 16, 9. T.; Der Gaukler v. Bologna, R. 16, 12. T.; Befreite Stunde, G. 17, 2. T.; Die Einzige Stunde, Erz. 20, 10. T.; Von wunderlichen Wegen, 7 Erzn.; Rositta; D. Doppelspiegel; Balladen a. d. alten Wien; D. Reise n. Komakuku 23; u. a. ()

Girgensohn, Karl, systemat. ✝, u. Relig. ∴, o. UP. Greifswald, Salinenstr. 48. (Carmel, Ösel 22|8 75.)

Girschick, Adolf, ∴, ✠, /. **Ue:** E, Dr. phil. Saaz, (Č. S. R.), Marktplatz 163. (ebda 14|7 91.) **Ue:** Keats, Briefe an Fanny Brawne 24. *

Gittinger, Otto, schwäb. Dialekt ✠, ev. StadtPfr. Schwäbisch-Gmünd, Oberbettringerstr. 17. (Lauffen a. N. 31|3 61.) **B:** So sem'mer Leut 98, 13. A. 13; Schwöbeleut 05, 10. A. 14.

Giugno, Martin (Ps. Di Bertogna), DÖSchG., Nov., /, ✠, Kaminfegermeister, Red. d. „Deutsche Presse", Konsulent. Brünn, Pellicog. 51. (ebda 14|7 61.) **B:** E. Nacht d. Verdachtes, Solo-Lsp. 92/93; D. Frau muß ihrem Manne folgen, Lsp. 92; Ein Kniff, P. 92; Führe niemand in Versuchg., Lsp. 93; u. a.

Glabischnig, Josef, Journalistik, Hochschulwesen, Schriftleit. d. „Deutschösterr. Tagesztg.". Wien VII, Bandgasse 32. (Klagenfurt 14|1 75.)

Glasenapp, Gregor v., Lit.♛, Essays, Friedensrichter a. D. Dorpat, Techelfer Str. 9. (Livland 1|3 55.) **B:** Essays; Das Glück im Wollen und im Gefühl 04; Das Zauberpferd, sibirisches Märchenepos, 2. A. 05; Sagen, Probleme, Fabeln, G. 07; Ketzerphilosophie d. Mittelalters; De tribus impostoribus 09; Alessandro Tassoni 10; Abhandlungen z. Philos. und Religionswissenschaft 10; Der Charakter der Israeliten 12. **Ue:** Das Russische Strafgesetzbuch 87; Gontscharow: Ein literarischer Abend 93.

Glasenapp, Helmuth von, indische Kultur♛, ∴, Dr. phil., Priv.-Doz. a. d. Univ. Berlin W 10, Bendlerstr. 17. (8|9 91.) **B:** Der Hinduismus 22. **H:** Indische Liebeslyrik u. Übers. v. Friedr. Rückert 21. *

Glaser, Curt, SDS., Kunst♛, Prof., Dr. phil., Kustos b. d. staatl. Museen. Berlin-Wilmersdorf, Konstanzer Str. 15. (Leipzig 29|5 79.) **B:** Hans Holbein d. Ältere 08; D. Kunst Ostasiens 13; Zwei Jahrhunderte dtsch. Malerei 16; Edvard Munch 17, 18; Der Holzschnitt 20; Lukas Cranach 20; Vincent van Gogh 21; Die Graphik der Neuzeit 22, 23; Paul Cezanne 23; Gotische Holzschnitte 23; Edouard Manet, Zeichnungen 23; Lukas Cranach, Zeichnungen 23; Hans Holbein d. J. **H:** Deutsche Meister (m. Karl Scheffler).

Glaeser, Friedrich, ∴, ✠, Dr., Gymnasialprofessor. Wien III, Regelgasse 25. (20|4 91.) **B:** Reden an die Jugend 19; Vom Beruf der Jugend 22. *

Glaser, Kurt, roman. Ψ, Dr. phil., UP., StudR. Marburg i. Hess., Barfüßertor 21. (Wetzlar 25|8 80.)

Glaß, Frl. Luise, VB., Roman, Nov., ✠, Märchen, Jugendschr. Altenburg,

S.-A., Hohe Str. 1. (ebda 4|8 57.) **B**: O lieb' solang du lieben kannst, R. 82; Laßt euch erzählen, M. 88; Unser Doktor, R. 94; In die Welt, Erz. 94; Tönendes Erz u. kling. Schelle, R. 97; Familie Gesterding, Erz. 97, 3. A. 11; Im Mund der Leute, R. 98; Der gold. Engel u. kleine Gesch., R. 99; D. Montagskränzchen, Jugenderz., 30. A.; Stumme Musikanten, R., 2. A. 04; Gustel Wildfang, 25. A.; Der Hungerborn, R. 10; Im Krähennest, Erz., 30. A.; Schwärmliesels Wunschglocke, Jugenderzählung 25. A. 18; Der vergeßne Garten, R. 07; Aus dunkler Tiefe, R. 12; Falkenspiel, R. 14; Hansemann macht mobil 15; Jüngferchen Feldgrau 16; Jüngferchens Sieg, Erz. 16; Der Stift u. d. Lenerl, JugdErz. 19; Die Hartfriedkinder, JugdErz. 20; Wie das Flämmchen z. Flamme ward 21.

Glaß, Max, SDS., Erz., ✎, Dr. phil., Prof., Dir. d. Terra-Film-Aktienges. Berlin, Meineckestraße 26. (Wien 13|6 82.) **B**: Klassische u. romantische Satire 05; Über Kunsterziehung 08; Giorgione, R. 13; Bildniskunst 14; Galanterie, N. 14; Du und das Bild; Der Meister des Lebens; Das offene Tor; Die stillen Wunder; Masken der Freiheit; Die entfesselte Menschheit; Mysterium der Leidenschaft; Don Chuans Puppen.

Glaeßner, Herbert (Ps. Hery Glaeßner), ✱, Sk., Sc., Pl. München, Mauerkircher Str. 22. (Teplitz-Schönau i. Böhm. 16|8 94.) **B**: Der Poet u. das Mädchen, G. 20.

Glaeßner, Hery, s. Glaeßner, Herbert.

Glauber der Jüngere, Emil, Heimatkunde, Theaterforschg., Verlagsdirektor. Görlitz, Schles. (Frankfurt a. d. O. 26|12 86.) **H**: Oberlaus. Heimatblätter 17, 18, 19; Oberlaus. Kalender 19f.; Unser Schlesierland 21/22; u. a.

Gleichen-Rußwurm, Carl Alexander Frhr. v., SDS., VF., Essays, /, Roman, Kultur♛, Mitgl. d. Kurator. d. Goethe-National-Mus. München, Prinzregentenstr. 4. (ebda 6|11 65.) **B**: Vergeltg., R. 02; L'homme aimé 03; Keine Zeit u. andere Betrachtgn. 04; Schiller als ästhet. Erzieher 05; Winckelmann u. Lessing 06; Ave Italia! 06; Briefe u. Dialoge des Abbé Galiani 07; Schiller u. Lotte, e. Briefwechsel 08; Ovids Liebeskunst 08, 3. A.; D. Sieg der Freude 09, 15. T.; Shakespeares Frauengestalten 10; Die Geschichte der europäischen Geselligkeit, VI B. 11—22. (1. Elegantiae, 12. T.; 2. Ritterspiegel, 6. T.; 3. gotische Welt, 6. T.; 4. Sonne der Renaissance, 5. T.; 5. D. galante Europa, 12. T.; 6. Geselligkeit, 14. T.); Freundschaft 12, 9. T.; Schillerbiographie 14; Die Tragödie der Schönheit, Dr. 14; Die Macher u. die Macht, R. 15; Feinde ringsum, Dr. 15; Der Narrenturm 16; Schönheit, 8. T. 17; Ehebuch 20, 30. T.; Liebe 23; Reichtum 23. **Ue**: Die Orestie des Äschylos; Prometheus.

Gleichen-Rußwurm, Heinrich Frhr. v., SDS., Politik, Leit. d. Politischen Kollegs e. V., Gutsbesitzer. Berlin W 30, Motzstr. 22 u. Tannroda a. d. Ilm. (Dessau i. Anh. 14|7 82.) **B**: Freies Volk 19. **MitH**: Die Neue Front 22.

Gleye, Carl Erich, Politik, Auslandsdeutschtum, Osteuropa, Kunstkr., Goetheforschung, klass. Ψ, Byzantinistik, **Ue**: RFESchwNeuG., Dr. phil. Berlin W 62, Lützowufer 30. (Riga 17|9 66.)

Gloël, Heinrich, deutsche u. altklass. Ψ, ✱, Dr. phil., GymnProf. a. D., Hrsg. d. „Mitteilgn. d. Wetzlarer Geschichtsver.". Wetzlar. (Körbelitz 22|7 55.) **B**: Der deutsche Stil u. s. Pflege an den höheren Schulen 89; D. Familiennamen Wesels 02; Erläuterung von Paul Heyses Kolberg 04; Goethes Rittertafel zu Wetzlar 10; Goethes Wetzlarer Zeit 11; Aug. Siegfried v. Goué 17 (mit Schüddekopf); Goethe und Lotte 22; Wetzlarer Goethebüchlein. Was schrieb Goethe in und über Wetzlar? 22.

Glogau, Emil August (Pisak), DB., Dramat., Dr. med. Frankfurt a. M., Reuterweg 75. (Thorn 6/3 73.) **B**: Das strittige Land, Dr. 10; Das neue Weib, Optte. 12; Hagar, Dr. 14; Sturmwind, Lsp. 14; Marion, Dr. 16; Die Hosen Seiner Exzellenz, Lsp. 19; Eine Hand wäscht die andere, Lsp. 19; Ein Funken Liebe. Comedia dell'arte 21; Die Deklassierten, 5 Ek. (Die Dirne, Die Spionin, Die Zuchthäusler, Der Dieb, Das Medaillon) 23; Der einzige Mann (Don Juan in Venedig) Optte. mit von Waldberg u. Hart 23. ✱

Glück, Heinrich, Kunst♛, Dr. phil., Prof. Wien, Kunsthist. Inst. d. Univ. (ebda 11|7 89.) **B**: D. Breit- u. Langhausbau in Syrien 16; D. beid. „sasanid." Drachenreliefs 17; D. Hebdomon von Konstantinopel 20.

Glücksmann, Heinr., CP., Kunstkrit., /, ✱, O, ✎, **Ue**: EFMTs h, Dramaturg d. Deutschen Volkstheaters. Wien XIII/1, Auhofstr. 90 I. (Rackschitz 7|7 63.) **B** (s. 08): D. blanke Hans, Dr. 08; Österreichs Zauber, preisgekr. Ausstattgs.-Pantom. 08; Künstler, Burl. 09; Vom Vater der österr. Freimaurerei 10, 2. A. 11; Fährten u. Narben, G. 13, 3. A. 17; Dreißig Jahre, Festsp. 19; Viktor Kutschera 23. **Ue**: Liebesbriefe, Lsp. (m. Alex. Engel) 97; D. Bürde d. Schönheit, R. 97; Die Herren Beamten, Dr. 10; Das

Diplom, Dr. 10; Lenchen, d. liebe Kind, Kom. 11; D. Tochter, Dr. 12; Bürger Carabos, Dr. 14; Chopin (m. Lola Lorme) 14; Petruccio, Der Ehemann, Lsp. 20; Prometheus, Dr. 21; Regionen 22; Ich betrüge meinen Gatten nicht 22; Die Herren der Welt; Der König und die Prinzessin 23. **Red**: Wiener Almanach, Lit. Jahrbuch 91; Franz Joseph I. u. s. Zeit 98/99; Denkbuch d. Ferienheims 03; Mitteilgn. d. Akad. Verlags; Der Schlaraffis Konzils-Zeuttungen 09; Almanach des Deutschen Volkstheaters 20.

Gluth, Oskar, SDS., /, Roman, ⊙, Dr. phil. Weyern a. Miesbach, Oberbay. (ebda $^{16}|_{9}$ 87.) **B**: Wikingerfahrt, Dichtg. 05; Voran die Liebe! G. 06; Marco Carmagnola, Dr. 08; Eva, Kom. 10; Wilh. Bauer, Biogr., 2. A. 18; Der Jungbrunnen, Lsp. (m. Müller-München) 11; Die Tore des Lebens, Tr. 11; Lenz als Dramatiker 12; Adam bin ich — und Eva? R. 21; D. Januskopf, N. 22.

Gnade, Frau Elisabeth, geb. Plehn, SDS., DB., Rom., Majors-Gattin. Weimar, Bürgerschulstr. 91. (Summin $^{17}|_{8}$ 63.) **B**: D. Lebenden rufe ich! 93, 2. A. 96; Kleinstädt. Gesch. 97/98 III; Sarkoschin, R. 99; Im Recht? R. 99; Nordlicht, R. 00; Bergauf, G. 00; Docendo discimus, N. 02; Winter, G. 13; Die Falle, Sch. 14; Des Meisters Liebe, Sch. 16.

Gneisenau, Gräfin, s. Neidhardt v. G.

Gneiße, Karl, ∴, Dr. phil., Geh. Stud.-Rat. Halle a. d. S. (Naumburg, Sa. $^{31}|_{1}$ 57.) **B**: Schillers Lehre v. d. ästhet. Wahrnehmg. 93; D. Begriff d. Kunstwerks in Goethes Aufsatz: V. deutscher Baukunst u. in Schillers Ästhetik 01. ()

Gneist, A., s. Fritzsche, Anna.

Gnerich, Ernst, deutsche Lit., Prof., Dr. phil. Breslau 1, Ohlauer Stadtgraben 16. (Jakobswalde, O.-S. $^{22}|_{5}$ 73.) **B**: Andreas Gryphius u. s. Herodes-Epen, ein Beitr. z. Charakteristik d. Barockstils 06 II; Der Musensohn, Sgsp. 21.

Gnevkow, Anna, s. Hermes, Anna.

Gnielczyk, Hugo, (k.), Erz., M., N., R., G., Lehrer. Bratsch, Kr. Leobschütz, O.-S. (Ujest, O.-S. $^{20}|_{10}$ 88.) **B**: Aus schweren Tagen 11; Märchen u. Geschichten 12; Der Riese vom Hublberge, 2. bis 4. A., 19; Die Mondscheinstadt, 1.—3. A. 20; Valentin sucht das Glück 21; Das zerbrochene Ringlein 21, 4. A. 23; Die Mutter des Judas 23. **H**: Am Sagenborn der Heimat 22.

Goebel, Ferdinand, ⊞, Sozialw., Alkoholfrage, Jugendarbeit, Generalsekr. d. dtsch. Volkshausbundes. Berlin-Wilmersdorf, Sigmaringer Str. 15. (Vlissingen $^{3}|_{6}$ 86.) **B**: Im Märchenlande des Kindes 09; Jugendbewegung und Alkoholfrage 22; Stellung der Jugendverbände zur Alkoholfrage 22; Bericht über den 2. deutschen Kongreß alkoholfr. Jugenderziehung 22. **H**: Junge Geister I—III 10; Bibliographie d. Alkoholwissenschaften; Das Volkshaus; D. Volkshochschulgemeinde.

Goebel, Ferd., (k.), Rektor, Leiter d. Heimatmuseums, der „Stadtbücherei" u. des „Stadtarchivs". Emmerich a. Rh., Wassenbergstr. (Köln a. Rh. $^{14}|_{9}$ 59.) **B**: Jugendschr., heimatkundliche Schriften.

Goebel, Fritz, ♛ u. niederd. Sprachforschg., Dr. phil., Prof. a. d. Sophienschule, komm. Biblioth. d. Herzogs von Cumberland. Hannover, Gr. Barlinge 55. (Kehdingbruch $^{21}|_{6}$ 69.)

Goebel, Heinrich, SDS., ∴, ♦, Kritik, Dr. phil. Hildesheim, Bismarckstr. 11. (Lübeck $^{22}|_{3}$ 70.) **B**: Das Philosophische in Humes Gesch. v. England 97; Vom Weltgefühl des Humors 22. **H**: Fern ragt ein Land, Auswahl aus d. Dichtgn. des Prinzen E. v. Schoenaich-Carolath 07, 6.—9. T. 10; Neudeutsche Prosadichtung I 10, II 12; Raabe-Gedächtnisschrift 12, 2. A. 13; Nordlandbücher I—XXX 14; Kriegsnovellen I—III 15. **Ue**: Das Sausen des Waldes, Gedichte von Hamsun; Gedichte u. Novellen von Obstfelder; Dramen von Peter Egge; Aug. Strindberg, Bühnenwerke; Holberg Komödien I; Ole Bang, Der alte Erich.

Goebeler, Frl. Dorothee, RP., Novelle, Gedichte, /, Redakteurin. Potsdam, Neunerstr. 28. ($^{26}|_{10}$ 67.) **B**: Weiler, Sk.; Tragödie, Sk.; Das Recht auf Sünde, R. 03; Berliner Pflanzen, Sk. 04; Was müssen wir von unseren Träumen — vom Spiritismus — vom Magnetismus wissen? 3 Brosch. 04; Das Haus der Blankenfelde, R. 22; Eva und die Andern, Sk. 23; Heringssalat, Sk. 23; Goldhärchens Himmelfahrt, Märchensammlg. 23. *

Gober, Karl, ♦, /, Nov., Dialekt-Humor. Salzburg, Brodgasse 13 II. (Wien $^{10}|_{5}$ 67.) **B**: Amor u. Psyche, Ballettpantom.; Aus Höhenluft und Städtequalm, N.; Lieder (vertont von J. Pazeller).

Gobsch, Hanns, Roman, Hauptmann a. D. u. Schriftsteller. Murnau b. Garmisch, Oberbayern, Villa Vierlinden. (Chemnitz $^{1}|_{9}$ 83.) **B**: Vogesenkämpfe 15, 2. A. 16; Bernd Thormann 20. *

Göckeritz, Felix Leo, ASV., ♦, Nov., /, Obertelegraphensekretär. Chemnitz, Friedrichplatz 4. (ebda $^{19}|_{7}$ 90.) **B**: Dtsche. Lieder 14; Anton-Ohorn-Gedenkblatt 16; Fürs Vaterland! 17; Rudolf Herzog 19; Geschichte d. deutschen Liter. I—III 21; Führer durch die Bühnenwerke des

deutschen Theaters, I: Das Drama der Gegenwart 22.

Goedeckemeyer, Albert, Philosophie, Dr. phil., o. ö. Prof. an d. Univ. Königsberg, Luisenallee 28. ($^{2}|_{2}$ 73.) V: Epikurs Verhältnis zu Demokrit i. d. Naturphilosophie 97; Geschichte des griech. Skeptizismus 05; Gliederung der aristotel. Philos. 12; Kants Lebensanschauung in ihr. Grundzügen 21; Platon 22; Aristoteles 22; Geschichte der abendländ. Philos. im Altertum 23 (4. A. von Windelbands Gesch. der alten Philos.). *

Godivus, s. Franck, Ernst.

Göhring, Edmund, ASV., Nov., Hum., Dr. jur. Hannover, Rumannstr. 25. (Leipzig $^{28}|_{7}$ 60.) V: Pech u. Dusel, Hum. 07; Aus verschied. Welten, Nn. 09; Gnädigste — auf Ihr Wohl! hum. VersErz. 11.

Gold, Alfred, VP., Kunst♛, Kunstkrit., /, Dr. phil., Vertreter der „Tel.-Union" in Paris, Rue Roy 9. (Wien $^{28}|_{6}$ 74.) V: Ausklang, Dr. 05; Das Lied v. d. Sternenjungfrau, R. 10; Frans Hals 11; Joh. C. Wilck 12; Carl Steffeck 13; Rhythmen, G. **Ue:** Flaubert, Roman e. jungen Mannes 04, 2. A. 10.

Goldammer, Karl, Erz., Fabrikbesitzer. Lauban i. Schl., Poststr. 6. (ebda $^{6}/_{6}$ 93.) V: Jungbrunnen, 2 Erz. u. 1 Hühnerkomödie 18; Liebe — Sünde — Grauen, Erz. 21.

Goldbacher, Gregor, DÖSchG., ✠, Prof. a. der Staatsrealschule. Steyr, Oberösterr. Bahnhofstr. 12. (ebda $^{10}|_{12}$ 75.) V: Gmüatliche Sach'n 06; Steyrer Gsangl 11; Josef Moser, e. deutscher Heimatdichter 12; Entwicklungsgesch. der Staatsrealschule in Steyr 13; Schulter an Schulter 16; Bergsteig'n u. Almalöb'n 17. H: Hoamatgsang I 10, II 17.

Goldbaum, Wenzel, DV., VF., Mitgl. d. Verb. Deutscher Erzähler, ○, Dr. jur., RA., Notar, Schriftführer und Syndikus des Verb. Deutsch. Bühnenschriftst., Schriftführer des Reichstheaterrats. Steglitz, Schloßstr. 68. (Lodz i. Rußl. $^{19}|_{9}$ 81.) V: Die Eheolympiaden, Kom. 06; D. Wahl, Sch. 08; Das Erholgsheim, Schw. (m. Herb. Hirschberg) 09; Das Hindernis, Lsp.; D. Aufführgsagenturvertrag 12; D. Aufführgsvertrag 12; Die deutsch-russ. Literaturkonvention in systemat. Darstellg. 13; Das neue Heilmittel, Sch. 14; Theaterrecht 14; Rechte u. Pflichten des Schauspielers 14; Medizin, Sch. 14; Die Königin, Einakter 16; Opapa! Lsp. 16; Die große Wahrheit 18; Filmverlagsrecht an drehreifen Büchern 19; Die leeren Hände, Sch. 20; Die gefährliche Spannung 20; Die dtschn. Urheber — ihre Not — ihre Rettung 20; Lichtspielgesetz, Kommentar 20; Schlacken, R. 20; Vor der Rampe, R. 22; Urheberrecht und Urhebervertragsrecht, Kommentar 22.

Golde, Marcus (Ps. Ben Jair), ✠, ○. Frankfurt a. M., Rückertstr. 57. (ebda $^{15}|_{8}$ 88.) V: Susiana, satyr. E. 12; Elijahu, dram. Ged. 14; Salomo, Dr. 20.

Goldfeld, Karl, ✠, ○, Chefred. d. „Allgemeinen Künstler-Ztg.". Hamburg, Klosterallee 9. ($^{10}|_{8}$ 95.) V: Flammen im Winde, G. 15; Bühnenwerke: Ein Parkidyll 13; Künstler 15; Sein Problem 16; In Punkto Freiheit 19. H: Hamburger Theater-Almanach 20.

Goldfriedrich, Johann, ♛, ∴, Dr. phil., Bibliothekar d. Börsenver. d. Deutsch. Buchhändler. Leipzig. (Bautzen $^{21}|_{7}$ 70.) V: Kanths Ästhetik 95; Die hist. Ideenlehre in Deutschland 02; Die Rechtfertigung durch d. Erkenntnis 03; Gesch. d. deutsch. Buchhandels, Bd. II 08, Bd. III 09, Bd. IV 13, Registerbd. 23; Das Ende d. ersten Kämpfe gegen das Pflichtexemplar im alten Deutschen Reiche 09; Denkschr. z. Erinnerg an d. Begr. d. Berner Übereink. 11; Aus d. Briefen d. Göschensammlg. 18; Statist. Übersicht d. deutschen Bücher u. Zeitschriften d. J. 1908 12; Ritter Grünembergs Pilgerfahrt (m. Walt. Fränzel) 12.

Goldhann, Franz, Volksschriftst. Graz, Normalschulg. 3. (Palma nuova $^{10}|_{1}$ 59.) V: Streifzüge in den Alpen 88; Feiertagswandergn. 89; Alpenzauber 99; Roseggergesellschaft u. Roseggerstübel in Mürzzuschlag 00; Das Panorama von der „Goldhann-Warte", mit Geleitwort 05; Wald u. Welt, Aus d. Wanderbuche e. Naturfreundes 06. H: L. Goldhanns Leben u. Ged. 96.

Goldmann, Arthur, ♛, Dr. phil., MinisterialR. u. UnivArchivar. Wien IX/1, Liechtensteinstr. 60.

Goldmann, Karl, ⊗, Dr. phil. München, Schwanthaler Str. 36. (ebda $^{7}|_{11}$ 82.) V: Das Rätsel des Angelus u. and. Nov. 05; D. ravennat. Sarkophage 06; Das weise Jungfräulein, Nn. 12; Der große Fischzug, Nn. 17; Numa, R. 21. ()

Goldmann, Otto, ASV., Novelle, Rom., Dr. jur., Landgerichtsrat. Leipzig, Scheffelstr. 22. (Stuttgart $^{10}|_{2}$ 84.) V: Der Überdetektiv 18; Hans Vollands Tat 19; Der Herr des Äthers 19; Der Gigantic-Palast 19; Wurzelkrank 19; Das Gespenst 20; Die rote Maske 20; Der gelbe Schrank 21; Warum denn weinen? 21; Der Henker 21; Das Ende der Meere 22; Siebzehn und Vier 22; Im Brennpunkt 22; Die Weissagung des Azteken 22; Die rote Gräfin 22; Die Wachsbüste 23; Die Samokiner 23; Gauner 23; Die Achtzehnjährigen 23. *

Goldmann, Paul, VB., /, Dr. jur., Korresp. d. „N. Fr. Pr.". Berlin W 10, Bendlerstr. 36. (Breslau $^{31}|_{1}$ 65.) B: Ein Sommer in China 99 II; Die „neue Richtung" 03; Aus dem dramat. Irrgarten 05; Vom Rückgang d. deutsch. Bühne 08; Literatenstücke u. Ausstattungsregie 10; Von Lille bis Brüssel 15.

Goldmar, Jon v., s. Rommel, Theodore v.

Goldnagl, Fritz, ⚬, /, Verwaltungsoberinsp. Wien V, Einsiedlerg. 29 II, 17. (ebda $^{6}|_{3}$ 73.) B: Der Zahltag, Sch.; Das Bekenntnis, Schw. (m. Rudolf Schießel); Die Freien, Wiener Stück; Substitution, Kom.; Mad. Potiphar, Kom.; Ihre Frau, Kom. ()

Goldscheider, Ludwig, ♥. Wien II, Darwing. 12. (ebda $^{3}|_{6}$ 96.) B: Die Wiese, G. 21; Ruhe auf der Flucht; Aphorismen u. Schlußreime 23. H: Ad. Stifter, Betrachtungen und Bilder. Mit Einleitung 23; Phaidondrucke (Novalis, Blütenstaub; Goeckingk, Lieder zweier Liebenden; Goethe, Sonette). Ue: Sprüche des Meister Eckehart 23; W. Wordsworth, G. 23; Swift u. Pope, Aphorismen 23; Ovid, Liebesgedichte 23.

Goldschmidt, Adolph, Kunst♛, Dr. phil., o. UP., GRegR., Mitglied der preußischen Akademie der Wissenschaften. Charlottenburg, Bismarckstraße 72. (Hamburg $^{15}|_{1}$ 63.) B: Lübecker Malerei u. Plastik 90; Der Albani-Psalter in Hildesheim und seine Beziehung zur symbol. Kirchenskulptur 95; Die Kirchentür des heil. Ambrosius in Mailand 02; Studien z. Gesch. d. Sächs. Skulptur in d. Übergangszeit d. roman. z. goth. Stil 02; D. Evangeliar im Rathaus zu Goslar 10; D. Elfenbeinskulpturen aus d. Zeit d. Karol. u. sächs. Kaiser, Bd. I, II, 14—18; Die Elfenbeinskulpturen aus der roman. Zeit 22.

Goldschmidt, Hermann (Pf. Hermann Faber), DB., SDS., ⚬, Rom., /, Dr. jur. Berlin W 62, Keithstr. 20. (Frankfurt a. M. $^{18}|_{7}$ 60.) B: Ein Weg zum Frieden, R. 90; Fortuna, Sch. 90; Der freie Wille, Sch. 91; Gold, Lüge, Dr. 92; Hans der Träumer, Lsp. 95; Ewige Liebe, Sch. 97; E. glückliches Paar, Lsp. 99; Frau Lili, Sch. 01; Maria und Eva, Dr. 03; Ein Junggeselle, Erz. 06; Zwisch. Abend u. Morgen, R. 09; Der dramat. Dichter u. unsere Zeit 10; Sterben und Werden des liberalen Bürgertums 19; Brutus u. Coriolan, N. 20.

Goldschmidt, Kurt Walter, ∴, Kritik, ♥. Berlin W 35, Potsdamer Str. 26 B III. (Breslau $^{2}|_{7}$ 77.) B: Henrik Ibsen, Monogr.; Chaos u. Kosmos, ausgew. Dichtgn. 07; Zur Kritik d. Moderne I 08, II (Erlebte Dichtg.) 12; D. Wert d. Lebens, Optimismus u. Pessimismus in der mod. Lit. u. Philosophie 09; Halbmaske, e. trag. Philosophie in Bekenntnissen 14; Unter Bestien, R. 21.

Goldschmidt, Loth., s. Schmidt, Lothar.

Goldschmidt, Frau Paula (Pf. P. Faber), /, Nov., Skizz., Übersetzgn. Hamburg, Tesdorpfstr. 14. (ebda $^{30}|_{6}$ 60.)

Goldschmidt, Victor H. F. (Pf. Moralist, Vigo), Soziologie, Judaika, Nov., Chefred. d. „Berliner Lebens". Berlin W, Landgrafenstr. 17. (Sacherwitz b. Breslau $^{15}|_{8}$ 85.) B: Was lehrt uns der Fall Joseph? 07; Das Rätsel, G. 09; Seiende und Werdende, Essays 12; Der Jude unterm Schwert 17. H: Jean Paul, Katzenbergers Badreise 10. ()

Goldschmit, Rudolf K., SDS., Dramaturgie, Ästhet., Lit.-, Theater♛, /, Kritik, Dr. phil. Heidelberg, Rohrbacher Str. 84. ($^{11}|_{3}$ 90.) B: Die Schaubühne nach dem Kriege 17; Die Zukunft des Badischen Landestheaters 18; Eduard Devrients Bühnenreform am Karlsruher Hoftheater 20; Fritz von Unruh 21; Die Schauspielerin 22, 2. A. 23; Das Drama, problem- und formgeschichtl. Darstellung 23. H: Wilhelm v. Scholz, Der Kopf im Fenster 22; Thomas Mann, N. 23; Lichtenberg Werke 24.

Goldstein, Julius, ∴, Dr. phil., a.o. Prof. a. d. THSch. Darmstadt, Beckstr. 87. (Hamburg $^{29}|_{10}$ 73.) B: Untersuchgn. z. Kulturproblem d. Gegenw. 99; Die empiristische Geschichtsauffassg. David Humes 03; Wandlgn. in d. Philosophie d. Gegenw. 11; Die Technik 12. Ue: Ein pluralistisches Universum 13; Rasse u. Politik 21; Aus dem Vermächtnis des 19. Jahrh. 22.

Goldstein, Ludw., PA., RP., /, Kritik, Lit.♛, Dr. phil., leit. Feuill-Red. u. Schauspielkrit. d. „Königsb. Hartungschen Ztg.". Königsberg i. Pr., Beethovenstr. 35. (ebda $^{10}|_{11}$ 67.) B: Schriftsprache d. Lessingperiode 96; Bedeutg. M. Mendelssohns f. d. Entwicklg. d. ästhet. Kritik u. Theorie 97; Moses Mendelssohn u. die deutsche Ästhetik 04; Mehr Volksbildung! (mit Dr. Loehrke) 19; Der Wiederaufbau Ostpreußens 1914 bis 1919 19; Ein Führer durch Königsberg 20.

Goldstein, Moritz, DB., BP., RP., ⚬, Essay, ♥, Erz., Dr. phil., Red. bei d. Voss. Ztg. Berlin-Friedenau, Stubenrauchstr. 61. (Berlin $^{27}|_{3}$ 80.) B: Technik d. deutsch. Rahmenerzählungen 06; Begriff u. Programm einer jüdischen Nationalliteratur 12; Die Gabe Gottes, Dr.

19; Der Wert des Zwecklosen 20. **H**: Goldene Klassikerbibliothek 07—14.

Golias, Eduard, DÖSchG., Roman, Nov., pädag.-psychol. Essays, Lehrer u. Volksbildn. Leiter a. d. „Urania". Wien 4, Weyringer Gasse 7. (Olmütz $^{14}|_{2}$ 92.) **B**: Die Kinder u. d. Krieg 14; Kinderland, Essays 19; Krieg u. Jugendverwahrlosung 19; Licht im Dunkel, R. 20, 2. A.

Goll, Frau Claire. Paris, 27 Rue Jasmin. **B**: Die Frauen erwachen, Nn. 18; Mitwelt, G. 18; Der gläserne Garten, Nn. 19; Lyrische Films, G. 21. **H**: Die neue Welt, Anthologie amerikan. Lyrik 21.

Goll, Iwan, Dchtg., ⊙, ♜. Paris, 27 Rue Jasmin. (In den Vogesen 91.) **B**: Requiem, Dchtg. 17; Der Torso, Dithyramben; Der neue Orpheus, Dchtgn. 18; Die Unterwelt, Dchtg. 19; Die drei guten Geister Frankreichs, Essay 19; Die Unsterblichen, Dr. 20; Die Chapliniade, Film 20; Methusalem, Dr. 21; D. Eiffelturm.

Golo, s. Lomer, Georg.

Golther, Wolfgang, germ. Ψ, Dr. phil., o. UP. u. Dir. d. Univ.-Biblioth., GHofR. Rostock, St.-Georgstr. 1a. (Stuttgart $^{25}|_{5}$ 63.) **B**: Rolandslied des Pfaffen Konrad 87; Sagen v. Tristan u. Isolde 87; Studien z. germ. Sagengesch. 88; Gesch. d. altdeutsch. Lit. 92; Deutsche Heldensage; Götterglaube der Germ.; Handbuch der germanischen Mythol. 95; Altnord. Literaturgesch., 2. A. 21; Tristan u. Isolde in d. Dichtgn. d. Mittelalters u. der neuen Zeit 07; Religion u. Mythus der Germ. 09; Zur deutschen Sage u. Dichtg., gesam. Aufsätze 11; Die deutsche Dichtung im Mittelalter 13. **H**: R. Wagner an Mathilde Wesendonk 04, Volksausg. 15; Rich. Wagners gesammelte Schriften u. Dichtgn. 14; Bartsch, Dtsch. Liederdichter; Robert Franz u. R. v. Pilsach; Tristan und Isolde, Flore und Blancheflur (in Kürschners D. Nat.-Lit.); Lied v. hürnen Seyfried; D. Nibelunge Nôt in Auswahl; u. a. ()

Goltz, Joachim Frhr. v. d., Dr. jur. Obersasbach i. Bad. ($^{19}|_{3}$ 92.) **B**: Deutsche Sonette 16, 3. A. 17; Die Leuchtkugel, Sch. 20; Vater u. Sohn, Tr. aus d. Jug. Friedr. d. Großen 21.

Golz, Bruno, Dtsch. Lit.- u. Kultur♛, Privatgel., Dr. phil. Leipzig, Wettiner Str. 6. (Schneidemühl $^{9}|_{9}$ 73.) **B**: Pfalzgräfin Genovefa in der deutschen Dichtg. 97; Wandlungen literarischer Motive 20; Ludwig Richter, der Mann und sein Werk 20; Deutsche Kultur 21; Wagner u. Wolfram, eine Kritik des „Parsival", 21; Faustisch und Deutsch, zur Kritik O. Spenglers 22.

Gomoll, Wilhelm Conrad (Ps. Wilhelm vom Horst), RP., BP., BI & SB., Essay, Roman und Nov., ⊙, ♞, ⚘, ⁂, /, Kritik. Berlin-Zehlendorf W, Forststraße 25. (Berlin $^{14}|_{11}$ 77.) **B**: Welt u. Ich, G. 03; Träume u. Fahrten, D. paradies. Garten, G. 06, 3. A. 12; Die letzten Wandergn. u. d. feierl. Tod d. Pilgerpriesters Vasumitra, e. legendar. Laienpredigt 08; Hogesünn, R. 12; Totentanz, N. 13; Im Kampf gegen Rußland u. Serbien 16.

Gomperz, Heinrich, ⁂, Dr. phil., a. ö. UP. Wien XII, Grünbergstr. 25. (ebda $^{18}|_{1}$ 73.) **B**: Tertullianea 95; Z. Psycholog. d. log. Grundtatsachen 97; Grundlegg. d. neu-sokratisch. Philos. 97; Kritik d. Hedonismus 98; Üb. d. Begriff des sittl. Ideals 02; Die Lebensauffassg. der griech. Philosophen 04, 2. A. 15; Weltanschauungslehre I 05, II 1 08; D. Problem d. Willensfreiheit 07; Sophistik u. Rhetorik 12; Philosophie d. Krieges in Umrissen 15; D. Idee d. überstaatl. Rechtsordnung krit. untersucht 20.

Gopčević, Graf Spiridion (Ps.: Leo Brenner), Politik, Ethnogr., ♛, ⚔, Marine, Reisebeschreibgn., /, /, Roman, Nov., Humor, ⊙, ♞, Übersetzgn., Prof. u. Dr. phil. h. c., Divisions-General u. Minister a. D. Berlin NW, Paulstr. 10. (Triest $^{9}|_{7}$ 55.)

Gordon, Heinz, DB., ⊙. Charlottenburg, Schillerstr. 85. (Tarnowitz, Ob.-Schl. $^{17}|_{12}$ 71.) **B**: In Vertretung, Schw. 03; Liebesschule, Schw. (m. Frz. Steyer) 04; M. d. R., Kom. 04; Im stillen Ozean, Schw. 05; Fräulein Vorwärts, Lsp. 06; Das bißchen Ruhm, Kom. 08; Villa zu verkaufen, Schw. 14; Extrablätter (m. Bernauer u. Schanzer) 15; Die Rutschbahn (m. Götz) 18; D. ehemalige Leutnant (m. Kadelburg) 19; Der fromme Lügner, Schw. 21; Señora (m. Presber), Optte. 23.

Goeres, Heinrich, RP., Novelle, Kritik, /, ⚘, Red. Berlin-Steglitz, Heesestr. 5. (Immerrath $^{10}|_{11}$ 64.)

Göring, Hugo, Lit.♛, ♜, ♯, **Ue**: FID, Dr. phil. u. med., Bacc. theol., GKR. Weimar. (Berka a. d. Werra $^{28}|_{12}$ 49.) **B** (seit 00): Lichtbilder a. uns. Kulturl. 01; Kuno Fischer als Lit.-Historiker 01; Lebensschule, d. Bild künft. Erzieh. 03; Von Kuno Fischers Geistesart 07; Hysterie 11; Der ehrliche Weg der Pädagogik z. Wissenschaft 11; Rassenreinheit 11; Ludwig Wilser 11; Volkskraft in reiner Rasse, Völkertod durch Rassenmischg. 12; Idealismus, d. notwendige Lebensauffassung d. Künstlers 12; Kaiser Wilhelm II. u. die neue deutsche Schule 13; Idealisten

der heutigen Kunst 13; C. Gersters Medizinreform 14; D. Hysterie d. Franzosen und Belgier 14; Der Aufschwung d. deutsch. Bildungswesen nach d. Kriege 15; D. Selbstbesinnung z. deutsch. Geistesart 15; Krieg, Kaiser u. deutsche Lebensschule 15; Human. Bildg. in Gerh. Buddes „Deutschem Gymnasium" 15; Der Deutsche als Bauer u. Krieger 16; Deutsches Geisteswerk im Frieden 16; Gust. v. Bunge u. M. Hindhede als Schützer d. Volkskraft 16; D. Wahrheitsliebe d. deutsch. Reichskanzlers 16. H: Lessings sämtl. Werke 82—85; Fr. Fröbels Werke 02 u. 16; Medizin, die notwendige Vorstufe aller Pädagogik 23; Nordische Renaissance 23.

Goering, Reinhard, ⊙, Roman, Dr. med. Berlin-Friedenau, Fregestr. 70. B: Jung Schuk, R. 2. A.; Seeschlacht, dram. Dchtg., 11. A.; Der Erste, Sch., 2. A.; Der Zweite, Trag.; Die Retter, trag. Sp.; Scapa Flow, 3. A. (*)

Goerke, Erwin, SDS., ✠, Politik, ⊞, Dr. d. Staatswissensch., Major a. D. Hanau a. M., Philippsruher Allee 25. (Berlin 11|8 79.) B: Gedanken am Wege, Reiseplaud. aus S.-W.-Afrika 08; Vom Lied am Wege, lyr. Tagebuchbl. einer Erdenfahrt 20, 21; Videant consules, das psycho-physiologische Gebot als staatswiss. Grundlage d. dtsch. Wiedergeburt 21; Niedergang u. Neubau d. deutschen Volkswirtschaft 22.

Görland, Albert, ∴, ■, Dr. phil., a.o. Prof. a. d. Univers. Hamburg, Kreuzweg 12. (ebda 9|7 69.) B: Aristoteles u. d. Mathematik 99; Paul Natorp als Pädagoge (Begriff d. Sozialpädagogik) 04; Die Halbheit d. deutschen Zeichenreform 05; Index zu Herm. Cohens Logik der reinen Erkenntnis 06; Der Gottesbegriff bei Leibniz 06; Rousseau als Klassiker d. Sozialpädagogik 06; Aristoteles u. Kant bez. der Idee der theoret. Erkenntnis 09; Mein Weg zur Religion 10; D. Hypothese 11; Kant, Kritik der reinen Vernunft 12; Die Idee d. Schicksals in der Gesch. d. Tragödie 13; Ethik 14; Religionsphilosophie 23.

Görlich (eigentl. Gerlich), Hans, PA., VB., Roman, Nov., Humor, ∴, ⊙, ⊛, ⊞, /, r̈t, Ue: EF, Hrsg. u. Chefred. d. „Bozner Ztg. (Südtiroler Tagebl.)". Bozen, Sparkassestr. 5. (Brünn 15|11 71.) B: Erbaul. Erz. 92; Magneta, R.; Ein Winter im Eise, Erz. 92; Nemesis, R. 94; Um ein Bild, N.; Wer? N.; Stahl und Stein, N. 95; König Laurin, O.-Text 01; Das Narrenschiff, Optte. 02.

Görlich, Martin (auch Görlich-Hindersin oder Martin Horst), ASV., ⊙, Berlin W 15, Hohenzollerndamm 209. (ebda 18|9 80.) B: Malva 02; Judas-Liebe 02; Sonntagmorgen 03; Krebse 04; Vineta 04; Frühherbst 04; Palmarum 05; Amoureuse 05; Parade 06; Frühlingskätzchen 06; Sanatorium Knochenburg 07; Iris 09; Nachtschatten 08; Johanna Stegen anno 1813 12; Der Fürstenerzieher (mit Heinr. Binder) 14; Blinkfeuer 21; Köbes Kötelmann 23.

Gorlicia, Elsa, s. Ebertin, Elsbeth.

Görlitz, Rudolf, ✠, ♛, Privatlehrer. Quedlinburg, Pölle 10. (ebda 22|12 61.) B: D. Sehenswürdigkeiten im Quedlinburg. Ratskeller 91; Der Roßtrappenritt, Tonbild mit Erläuterg. 93; Barbarossas Erwachen 97; Quedlinb. Sang 98; Bodewellen, Brocken- u. Bodetal-Tonbild m. Erläuterg. 08; Texte z. s. Kompositionen: Quedlinb. Infanterie-Marsch 22.

Gorm, Ludwig, SDS., Nov., Dr. phil., Lektor am Delphin-Verlag in München, Keferstr. 5a. (Wien 30|8 83.) B: Päpstin Johanna 11, 2. A. 19; Die Kinder von Genf 18, 3. A. 21.

Gorsleben, Rudolf John, DB., SDS., ⊙, Hrsg. d. „Deutschen Freiheit". Dinkelsbühl, Alte Nürnberger Str. 10. (Metz 16|3 83.) B: Der Freibeuter, Dr. 13; Der Rastaquär, Dr. 13; Die königl. Waschfrau, Lsp. 18; Die Überwindung des Judentums 20; Ged. 21. Ue: Edda, Heldenlieder 20; Edda, Sprüche 21; Edda, Götterlieder 21; Edda, Gesamtausgabe, 3. A. 22; Prosaedda, das Blendwerk der Götter (Gylfaginning) 23; Prosaedda, der Gast der Nornen (Nornagestr) 23.

Gose, Hans, Lit. ♛, Dr. phil., Buchhändler. Halle a. d. S., Zinksgartenstr. 6. (Magdeburg 29|8 91.) B: Goethes „Werther" 21.

Goßmann, Wilhelm (Ps. Wilm Söker) RP., deutsche Kultur und Religion, Hauptschriftl. d. „Wilhelmsh. Ztg.". Wilhelmshaven, Kieler Str. 52. (Stickhausen 23|3 95.) B: Hellauf! Wegweis. Worte an Werdende 16.

Gött, Frau Maria Ursula. Freiburg i. Br., Eschholzstr. 90. (geb. 1841?) B: Emil Gött, s. Anfang u. s. Ende 21; Selbstbiograph. 22.

Gottberg, Anna v., geb. Paschke (Ps. von Rheinsberg), Jugenderzählgn., Artikel, Berichte, verw. Frau Oberstltn. Düsseldorf, Schulstr. 3 I. (Rheinsberg 1|8 58.)

Gottberg, Otto v., Rom., Nov., /, Politik, ⚔, ⚓, Hauptm. a. D. Berlin SW, Wilhelmstr. 30/31. (Magdeburg 19|12 67.) B: v. Radern, kais. Ministerresident, R. 12, 5. T.; Die Spionin, R. 13, 11. T.; Die Werdende Macht, R. 14, 30. T.;

Als Adjutant durch Frankreich und Belgien 15, 50. T.; Kreuzerfahrten und Ubootstaten 15, 125. T.; D. Helden v. Tsingtau 15, 100 T.; Kriegsgetraut, R. 16, 820. T.; Frauenschneider Gutschmied, R. 16, 30. T.; Amerikan. Neutralität 16, 45. T.; Mit den Japanern üb. den Jalu 50. T.; D. verschwundene Kohinoor 250. T.; Hans Hellers Höllenfahrt 50. T.; Brautfahrt im Kreuzerkrieg 150. T.; Die weiße Villa 110. T.; Frontoffiziere 30. T.; Grüner Rasen, blaue Wellen 8. T.; Kaiserglanz 20. T.

Goette, Rud., Germanistik, deutsche ♛, Lit. ♛, ⊙, RealgymnProf. Spremberg. (Helsen $^{26}|_{8}$ 60.) W: Gesch. d. dtsch. Lit. seit Goethes Tode (m. P. Heinze) 90; Zeitalt. d. deutsch. Erheb. 1807/15 91/92; Deutsche Poetik (m. dems.) 91; Singen u. Sagen 94; König Heinrich IV 00; Deutscher Volksgeist 98; Kulturgeschichte der Urzeit Germaniens, des Frankenreiches u. Deutschlands im frühen Mittelalter (bis 919 n. Chr.).

Gottheiner, Max (Ps. Walter Hochlandt), Schriftst. u. Verleger. Berlin-Wilmersdorf, Prinzregentenstr. 7. (Stubendorf $^{6}|_{3}$ 83.) W: Ein Buch aus Kindertagen, G. 19, 8. A. 23; Junge Liebe, G. 21, 5. A. 23.

Gottschalch, Joh. Erich (Ps. Dr. Erich Eichen), ✠, /, ♛, Hrsg. d. „Dresdener Kalender" (Jahrbuch u. Chronik). Dresden-A., Kaitzerstr. 137 (ebda $^{11}|_{1}$ 84.) W: Madame Campan 08; Dichtungen 08; Dresdner freie Kritik (m. O. Sebaldt) 09—10; Das neue Dresden (m. dems.) 11; G. W. Rabener 14; Kriegsdichtungen 14; D. tanzende Sarg 23. *

Gottschalk, Herm., SDS., ∴, Rom., ✠, /. Dachau. (Eisleben $^{16}|_{4}$ 68.) W: Weltwesen u. Wahrheitswille 05; Onkel Erasmus, R. 08; Auf d. Menschenseite, G. 08; Gerhard Frickeborns Freiheit, R. 09; Der Fluch der Arbeit 11. ()

Gottschall, Margarete von, geb. Rieckeheer (früh. Ps. M. v. Witten), Rom., Nov., ⊙, ✠, Märch. Arnsberg, Westf. (Burg b. Magdeburg 70.) W: Hans Heiling, R. 93; Nach Ostland wollen wir reiten, R. 09 II; Undine, M.; Auf heißumstrittener Erde, R. 20; Rosen der Heiligen Elisabeth, Sch. 20; Fest der Liebe, Lsp.; Gefunden, Sch.; Spitzenklöpplerin, Sch.; Rosa von Tannenburg, Sch.; Alle Jahre wieder, M.; Jungfrau v. Orleans, Dr.; Marienkind, Sch.; Claus Störtebecker, Dr.

Gottschewski, Adolf, Kunst♛, Dr. phil. Hamburg 37, Groß-Fontenay 3. (Löbau, Westpr. $^{10}|_{6}$ 75.) W: D. Fresken d. Antoniazzo Romano 04; Üb. d. Porträts der Caterina Sforza u. über den Bildh. Vinc. Onofri 08; Michelangelo, die Skulpturen 13; Michelangelo, die Malereien 14. Ue: Vasari, D. Lebensbeschreibgn. d. berühmtesten Architekten, Bildhauer u. Maler, mit Anm., Bd. III 06, Bd. VII, 1. 10.

Goetz, Adolf (Ps. Peter Andresen, Peter Wolfram, Heinz H. Ludwig), SDS., DB., Erz., ⚓, Chefred. der Hamb. Börsen- u. Schiffahrt-Zeitung. Hamburg-Winterhude, Eppendorferstieg 6. (Dobrzyza, Posen $^{4}|_{5}$ 76.) W (ab 10): Meerfahrten 10; 25 Jahre hamburgische Seeschiffahrtspolitik 11; Bordskizzen 11; Die Mannesmann-Röhren-Werke 11; D. Chronik des Hauses G. J. H. Siemers & Co. 11; Hamburg 11; Herr Müller III aus Breslau, BordLsp. 12; Im Föhrer Ley, R. 13; Hamburgische Bauformensprache 13; Hadassa, Legendensp.; Laljah, Dr.; Die Bettler, Dr.; Moses, Dr. 16; Der erste Tod, Dr. 20; Roulette, Dr. 20; Die Blaue Stunde, Dr. 20. H: Wielands Danischmend 12; Hamburgisches Kriegstagebuch 15; Üb. d. Pflege v. Gemälden 16; D. Zwang z. Vergeltungsgesetz 16.

Goetz, Curt, s. Götz, Kurt.

Götz, Kurt (Ps. Curt Goetz), DB., ⊙, Mitglied des Lessing-Theaters. Berlin-Charlottenburg, Fredericiastr. 1. (Mainz $^{17}|_{11}$ 88.) W: Nachtbeleuchtung, 5 Grotesken 19; Menagerie, 4 Übungen 20, 2. A. 21; Ingeborg, Kom. 21; Der Lampenschirm, Lsp. 23.

Götz, Oswald, Dr. phil., Assist. am Städelschen Kunstinstitut. Frankfurt a. M., Holbeinstr. 8. (Hamburg $^{23}|_{11}$ 96.) *

Goetz, Frau Ruth, SDS. Berlin W, Barbarossastr. 26. (Festenberg, Schles. $^{5}|_{11}$ 80.) W: Das ewige Fräulein, N. 09; Der Meister, N. 11; Das erste Ehejahr, R. 13; Die verleugneten Jahre, R. 20; Ihr letztes Abenteuer, R. 20; Der Venat, Dr. 21; Der Quattrone, Dr. 21. ()

Goetz, Walter Wilh., Gesch. d. MA., d. Renaiss., Gegenreform u. Neueste Zeit, Dr. phil., o. UP., GHofR., MitHrsg. d. „Archiv f. Kulturgesch.". Leipzig, Straße des 18. Oktober 15. (ebda $^{11}|_{11}$ 67.) W: Das Wesen der deutschen Kultur 19; Deutsche Demokratie 20; Nation u. Völkerbund 20; u. a.

Goetz, Wolfgang, SDS., ⊙, Nov., /. Regierungsrat bei der Filmprüfstelle. Berlin-Halensee, Georg-Wilhelm-Str. 5. Leipzig $^{10}|_{11}$ 85.) W: Origines gentis Goetz 06; Kreuzerhöhung, Der böse Herzog, 2 Einakt. 11; D. Wiederkehr, Lsp. 13; Clotilde u. ihre Offiziere, N. 14, 3. A. 20; Das Wunder 19; Die Reise ins Blaue 20; Das wilde Säuseln 21; Neidhart von Gneisenau 23.

Götze, Alfred, Vor♛, Dr. phil., Prof., Kust. a. Mus. f. Völkerkde. Berlin-

Lichterfelde, Steglitzer Str. 42. (Weimar 1/6 65.)

Götze, Alfred, deutsche Ψ, Dr. phil., a.o. UP. u. Bibl. a. d. Univ.-Bibl. Freiburg i. B., Burgunderstr. 19. (Leipzig 17/6 76.) **B:** Volkskundliches bei Luther 09; Deutsches Wörterbuch der Brüder Grimm Bd. 14, Lfg. 1 ff.; Frühneuhochdeutsches Glossar 12, 2. A. 20; Das Elsaß u. die poet. Literatur des Weltkrieges 17; Familiennamen im bad. Oberland 18; Wege des Geistes in der Sprache 18; Das Straßburger Würfelbuch 18; Anfänge einer mathem. Fachsprache in Keplers Deutsch 19; Frühneuhochdeutsches Lesebuch 20; Vom deutschen Volkslied. ()

Goyert, Georg, SDS., /, Dr. phil. Witten, Westf., Ledderken 13. (ebda 7/7 84.) **B:** Pierre Loti, sein Wesen aus seinen Werken 10; Liebesgeschichten des franz. Mittelalters 19. **H:** Flandern, ein Novellenbuch 18; Vlämische Sagen, Legenden u. Volksmärchen 17 (m. Konr. Wolter); Balzac, Mystische Geschichten 20. **Ue:** De Coster, Vlämische Legenden 16; De Coster, Briefe an Elisa 16, II. 18; De Coster, Weiberlaune 20; Conscience, Nov. 17; Barbey d'Aurevilly, Teuflischen 17; Larbaud, Tagebuch eines Milliardärs 20; Flaubert, Gesammelte Werke (mit anderen) 23.

Graap, Paul-Gerhard, Dr. phil., cand. theol. Schleswig, Schubystr. 98. (ebda 11/10 92.) **B:** Richard Wagners dramat. Entwurf „Jesus von Nazareth" 21.

Grabein, Paul, Kritik, Essay, Roman, Dr. phil., Ob.-Reg.-R. im Reichsarbeitsministerium. Berlin-Südende, Berliner Str. 17A. (Posen 28/5 69.) **B:** „O alte Burschenherrlichkeit!", Bilder a. d. deutsch. Studentenleben 01; Ein Frauenliebling, R. 02; Du mein Jena!; In der Philister Land; Im Wechsel d. Zeit, R. 03; Frei ist der Bursch, Sch. 04; D. stille Leuchten, R. 05; Firnenrausch, R. 06; D. Moosschwaige, R. 07; D. König v. Thule, R. 07; Ursula Drenck, R. 08; In Jena ein Student, Jugd.-Erz. 08; Dämonen der Tiefe, R. 09; Herren der Erde, R. 10; Aus d. Reich d. schwarzen Diamanten, Bilder a. d. Bergmannsleben 10; In Tropenglut und Urwaldsnacht, Jgd.-Erz. 10; D. neue Geschlecht, R. 11; Hüter d. Feuers, R. 12; D. Wille z. Leben, R. 12; Gestürzte Altäre, R. 13; D. Flammenzeichen rauchen! R. 13; Die vom Rauheit Grund, R. 14; Im Auto durch Feindesland! 15; Frauen, die den Weg gefunden, R. 15; Höhenluft, R. 17.

Grabinski, Bruno, ASV., AV., RP., /, ♣, ♛, Schriftst. Iserlohn, Westf., Stennerstr. 16 (Kadlubietz, O.-S. 7/1 82.) **B:** Geheimnisv. a. d. Reiche d. Übersinnlichen 11; Wie ist Luther gestorben? 13; Neuere Mystik 16, 2. A. 23; Weltkrieg u. Sittlichkeit 16; Das Übersinnliche im Weltkriege 17; Kirche u. Weltkrieg 19; Spuk- und Geisterersch. oder was sonst? 20, 2. A. 22; Wiedervereinigung d. ev. m. d. kath. Kirche? 21; D. Mann m. d. wund. Herzen, R. 21; Wunder, Stigmatisation u. Besessenheit in d. Gegenwart 23. **H:** Lieder v. groß. Krieg 16; Dichtergrüße tot. Helden 17.

Grabinski, Ldw. (Ps. Ldw. vom Sande), Belletr., P, V, Essay, Jugendschr., Humoresken, Lehrer i. R. Neustadt, O.-S., Ober-Mühlstr. 32 II. (Gr.-Lagiewnik 13/8 57.) **B:** Die Sagen, d. Aberglaube und abergläub. Sitten in Schles. 86; Edelreiser 98; Eine Spukgeschichte 21.

Graebner, Fritz, ♛, Völkerkde., Dr. phil., UDoz. (Bonn). Köln a. Rh., Teutoburgerstr. 12. (Berlin 4/3 77.)

Grabowski, Frl. Elisabeth, BJ. u. SV., DSch., VB., Rom. u. Nov. Oppeln, Sternstr. 21. (Ratibor 18/8 64.) **B:** Der weiße Adler; Im Morgenrot, Rn. 09; Die neue Heimat, N.; Haldenkinder, R., Land u. Leute in Oberschlesien 13; Im Erlengrund, Erz. 15; Ich hab mein Eisen geschmiedet, Erz. 16; Was mir d. schwarze Kar'lin erzählt, M. 19; Die Teufelsmühle, Erz. 20; Sagen und Märchen aus Oberschlesien 21; Karolas Leid und Liebe, R. 22.

Grabowsky, Adolf, Dr. jur. et rer. pol., Hrsg. d. „Zeitschr. f. Politik" u. d. „Neuen Deutschland". Berlin W 62, Wichmannstr. 18. (ebda 31/8 80.) **B:** Das Zeugende 05, 2. A. 07; D. Kampf um Böcklin 06; Recht u. Staat 08; Kulturkonservatismus 11; Gott u. der Zauberer, Mythos 12; Die Augen, 2 M. 12; Gedichte 12; Einführg. in d. polit. Denken 16; D. poln. Frage 16; Wege ins neue Deutschland 18; Die Grundprobleme des Völkerbundes 19. ()

Gracchus, s. Bernhard, Georg.

Grad, Max, s. Bernthsen, Maria.

Graedener, Hermann, ASV., DV., Korresp. Mitgl. d. „Deutsch. Kulturbund", Bd. dtsch. Forscher Hannover, Epik, O, V. Wien XIII, Ober-St.-Veit, Amalienstr. 24. (ebda 29/4 78.) **B:** Anna Weber, Dr. 00, Neudruck 21; Utz Urbach, ein Bauernkriegfries, Prosaepos 13; Weltweihe, ein Weg in Versen, 21. ()

Gradmann, Eugen, Kunst♛, Dr. phil., Prof., Landeskonservator u. Museumsdir. a. D. Stuttgart. (Lauffen a. N. 18/12 63.) **B:** Volkstüml. Kunst aus Schwaben (m. P. Schmohl) 08; Heimatschutz u. Landschaftspflege 10; Dorfkirchen in Württemberg 11; Anweisgn. z. Denkmal-

pflege 12; Die Kunst- u. Altertumsdenkmale im OA. Heidenheim 13; Kunstwandergn. in Württemberg u. Hohenzollern (m. G. Klaiber u. H. Christ) 14.

Graf, Alfred, DB., ◯, ✠, ♛, ✿, Dr. phil. Nürnberg, Sulzbacher Str. 80. (Partenstein i. Unterfr. $^{30}|_{1}$ 83.) B: Die soziale u. wirtschaftl. Lage der Bauern im Nürnberg. Gebiet z. Z. des Bauernkrieges 09; Schülerjahre: I. Erlebnisse u. Urteile namhaft. Zeitgenossen 11; Sancte Laurenti! Die Geschichte e. Frankendorfes in der Franzosenzeit 16; Der Prophet, eine Trilogie 21; Muh — die Geschichte einer Kuh, R. 22, 3. A. 23; Von der Minne Überlast, R. 22, 3. A. 22; Gedichte 22; Das Haus im Tor, R. 23; Karussell, Tr. 23.

Gräf, Hans Gerhard, ✠, dtsche. Lit.♛, Dr. phil., Prof. Weimar, Lisztstr. 23. (ebda $^{5}|_{8}$ 64.) B: resp. H: Der „Sprachverderber" v. 1643 u. d. aus ihm hervorgegang. Schriften 92; Goethe u. Schiller in Briefen v. H. Voß d. J. 96; Goethes Reinecke Fuchs (Weimar. Ausg.) 00; Lyr. Studien, G. 98; Goethes Anteil an der ersten Faustaufführg. i. Weimar a. 29. Aug. 1829 04; Goethes Werther, Wahlverwandtschaften u. kleinere Prosadichtgn. (Großherz.-Wilhelm-Ernst-Ausg.) 04; Aus Schillers letzten Tagen 05; Goethe üb. s. Dichtgn. 01ff. IX; Goethes Briefe (Weim. Ausg., Bd. 34, 37, 41, 45, 48) 05ff.; Gedanken üb. e. Carl-August-Museum in Weimar 08; Aus Goethes Tagebüchern 08; Goethes dram. Dichtgn. (Großherzog-Wilhelm-Ernst-Ausg.) 09f. III; Goethes Faust, Gesamtausg. 09, 6. A. 15; J. H. Mercks Briefe an d. Herzogin-Mutter u. an Carl August 11; Goethe in Berka a. d. Ilm 11; Goethes Übersetzgn. u. Bearbtgn. fremder Dichtgn. (Großh.-Wilh.-Ernst-Ausg.) 11; Briefwechsel zw. Schiller u. Goethe (m. A. Leitzmann) 11 III; Goethes west-östl. Divan, Gesamtausg. 12; Die Liebesgedichte Goethes 12; Goethes Faust mit d. Lithographen von E. Delacroix 12; Goethes lyr. u. ep. Dichtgn. (Großh.-Wilh.-Ernst-Ausg.) 15 II; Goethes Briefwechsel mit s. Frau 16 II; Goethes Ehe in Briefen 20, 2. A. 22; Sverige i Goethes liv och skrifter 21.

Graf, Max, Musik♛ u. -Ästhetik, CC., Dr. jur., Prof. an der staatlichen Wiener Musikakademie, Musikkritiker der „Zeit". Wien XIII, Wattmanng. 7. (ebda $^{1}|_{10}$ 73.)

Graf, Oskar Maria, SDS., Nov., ✠, Kunstkritik. München, Barerstr. 87, Atelierhaus 1. Stck. (Berg a. Starnberger See $^{22}|_{7}$ 94.) B: Die Revolutionäre, Dchtg. 17; Amen und Anfang, G. 20; Maria Uhden 20; Frühzeit, R. 20; Ua — Pua . . .! Indianerdichtung 21; Zur freundl. Erinnerung, N. 22; Georg Schrimpf 23.

Graf, Wilh., ✠, ▣, ◯, Bibliothekar. Worms a. Rh., Schillerstr. 6. (Weinsheim b. Worms $^{17}|_{9}$ 72.) B: Leben im Leben, G. 98; Nehmt hin den Rosenkranz! G. 06; Aufruf z. Gesundung uns. deutsch. Jugend 11.

Graf-Lomtano, Josefine, Münchner Schriftstellerinnen-Verein, ◯, ♛, Dr.-Witwe. München, Hollandstraße 6 I. (Bütthardt $^{4}|_{12}$ 71.) B: Mama, erzähl' weiter! 05; Frithjof, MusikDr. 11; Was tat uns England? 15, 3. A.

Gräfe, Franz H., ✠, ◯, Eisenbahnfachw., Philatel., Obergütervorsteher. Zwickau i. S., Mittelstr. 4 I.

Grafenau, Wilhelm v., s. Resch, Wilh.

Gräflinger, Franz, Musikschriftsteller, Referent der Linzer Tages-Post, Linz a. d. D., Lessinggasse 8. (ebda $^{26}|_{11}$ 76.) B: Bausteine zu A. Bruckners Lebensgeschichte 11; Anton Bruckner, sein Leben und seine Werke 21; Regensburg; Anton Bruckner: gesammelte Briefe; Karl Waldeck, Kirchenmusikalische Streiflichter, 2. A. 11. *

Gragger, Robert, ungar. Ψ, Dr. phil., o. UP., Dir. d. Ung. Inst. d. Univ. Berlin-Dahlem, Hittorfstr. 14. (Aranyosmarót, Ungarn $^{5}|_{11}$ 87.) B: Gesch. d. deutsch. Lit. in Ungarn 14; Quellenstudien z. ungar. Lit.; u. a. H: E. altungar. Marienklage.

Gramsch, Alfred, Logaubund Liegnitz, Lit.♛, ✠, Dr. phil., Marburg (Hessen-Nassau), Wörthstr. 21. (ebda $^{26}|_{10}$ 94.) B: Ganz Dein, Wege einer Liebe, G. 21, 6. T. 23; Weiße Segel, Erz. 23, 6. T. 23; Deutschland stirbt!! Ball. 23, 15. T. 23; Zesens Lyrik, literarhistor. Studie 22. *

Gramzow, Otto, ∴, ✿, Dr. phil., Prof. Charlottenburg, Weimarer Str. 14. (Greiffenberg, U.-M. $^{1}|_{2}$ 64.) B: D. deutsche Sprache 94; Fr. Ed. Beneke als Vorläufer d. päd. Pathologie 98; dess. Leben u. Philos. 99; Auf welche höh. Schule soll ein Vater seinen Sohn schicken? 99; Friedr. Nietzsches Herrenmoral 02; Universit. u. Volksschullehrer 03; Gustav Ratzenhofer u. s. Philosophie 04; Gesch. d. Philosophie seit Kant 04, 2. A., I. Bd. 19; Kurzer Kommentar z. Zarathustra 07; Die Hauptströmgn. i. d. jüngstdeutsch. Lit. 09; Giordano Bruno, d. erste moderne Mensch 12; Prakt. Erziehungskunst 17; Philosophie des Zweckes 21. H: Literar. Ratgeber 09—10.

Gran, Peter, s. Omankowski, Willib.

Grand, Oskar, Ritter vom, s. Rommel, Otto, Berlin.

Gräner, Georg, Musikschriftsteller. Berlin N, Bornholmer Str. 87. (ebda $^{20}|_{11}$ 76.) **W:** Meisterführer durch Rich. Straußens Musikdramen 09; Paul Gräner.

Granzow, O. Th. Felix, s. Granzow, Oswald.

Granzow, Oswald (Ps. O. Th. Felix Granzow), VJ. & S., ✠, ℘, ⁂, Privatgelehrter. Berlin, Frankfurter Allee 278. ($^{15}|_{5}$ 77.)

Graeser, Erdmann (Ps. E. Grond), Roman, /, Red. d. „Vossischen Zeitung". Berlin-Schlachtensee, Friedrich-Wilhelm-Str. 34. (Berlin $^{5}|_{5}$ 70.) **W:** Zigeunerblut 92; Parzival v. Berlin 93; Hunger u. Liebe 96; D. schlanke blasse Mädchen 02; D. Berliner Familie 03; Lotte Glimmer 07, 08; Lemkes sel. Wwe. 07; Axel Larsens Modell 08; Julie 10; D. Frauenarzt 10; Die Flucht 11; Pfänderspiel 12; Mädchenschicksale 12; Der schwarze Schleier 12; Kandidat d. Lebens 20; Koblanks Kinder 21.

Grassow, Frl. Elsa, Biographie, Skizz., Reisebeschr. Potsdam, Lennéstr. 43a. (ebda $^{12}|_{8}$ 75.)

Gratopp, Karl, Dr. phil., Studienrat. Waren (Müritz) i. Mecklbg., Güstrower Str. 22. (Schwinkendorf i. Meckl. $^{3}|_{12}$ 90.) **W:** Dat Spinnwunner, plattd. Volksmärchensp. 22; Weg, ein plattd. Sp. 22. *

Gratowski, v., s. Kahle, Adolf W. J.

Graetzer, Franz, SDS., ✠, /, Essay, Theater- u. Lit.-Krit., Dramaturg und Spielleiter der Vereinigten Städtischen Theater in Kiel. Berlin-Friedenau, Bismarckstr. 22. (Sprottau i. Schl. $^{31}|_{3}$?.) **W:** Heroische Silhouetten, G. 17; Schau der Entfremdungen, Strophen der Liebe 20; Eigenbrödler, Essays 20. **H:** Don Carlos, Sonderheft der „Szene" 19; Die Gäste; „Breslauer Theaterwoche"; Saarbrücker Blätter für Theater und Kunst.

Grauert, Herm. v., (k.), ♛, Dr. phil., o. UP., GR. München, Tengstr. 35. (Pritzwalk $^{7}|_{9}$ 50.)

Graul, Rich., Kunst♛, Dr. phil., Prof., Dir. d. Kunstgew.-Mus. Leipzig-Gohlis, Wilhelmstr. 51. (Leipzig $^{24}|_{6}$ 62.) **W:** Beiträge z. Gesch. d. niederl. Plastik 88; D. antik. Porträtgemälde aus d. Grabstätten d. Faium 88; Einführg. in d. Kunstgesch. 92, 8. A. 23; M. Liebermann 92; 3 deutsche Naturalisten 93; F. v. Uhde 93; D. Pflanze in ihrer dekorat. Verwertg. 03; D. 18. Jahrhundert, Dekoration u. Mobiliar 05; Ostasiat. Kunst u. ihr Einfluß auf Europa 06; Rembrandt 06; 50 Zeichnungen v. Rembrandt 06; Altthüring. Porzellan (m. Kurzwelly) 09; D. Wandgemälde d. großen Saales im Hamburg. Rathaus 09; Alte Leipziger Goldschmiedearbeiten 10; Deutsche Kunst in Wort u. Farbe 11; Alt-Flandern 15; Rembrandts Radierungen 20, 2. A. 23. **H:** D. vervielfältig. Kunst d. Gegenwart (Radierg., Lithograph.) 92, 03; D. Krisis im Kunstgewerbe 01. **MitH:** Museum XI; Baukunst. Forts. v. Meyers Tafeln z. Geschichte d. Möbelformen 06—09.

Graumann, Armin, s. Hillger, Herm.

Grautoff, Erna, Nov., Romane. Berlin, Haberlandstr. 2. (ebda $^{10}|_{1}$ 88.) **W:** Gedichte 07; Von weitem Wandern, G. 10; Möglichkeiten d. Liebe 12; Verse e. Frau aus dem großen Kriege 15; Uta Curetis, R. 21, 13. T. 22; Wege ins Dunkle 23. **Ue:** (mit Otto Grautoff) Rolland: Jean Christophe, Colas Brugnon, franz. Lyrik.

Grautoff, Ferd., RP., Politik, ✉, Nov., /, ⚓, ⚔, Dr. phil. Raschwitz b. Leipzig, Wilhelm-Raabe-Str. 7. (Lübeck $^{10}|_{8}$ 71.) **W:** Die Beziehgn. Lübecks zu Christian IV. bis zum 30jähr. Kriege 99: Das 150jähr. Jubil. d. Lübeckischen Anzeigen 01; Seestern „1906", Der Zusammenbruch d. alten Welt, 1.—20. A. 05, Volksausg. 07; Parabellum „Bansai" 08, 6. A. 09; Seestern, Unter der Kaiserstandarte, 1. u. 2. A. 10; In Leipzig während der Völkerschlacht 13; Die Garibaldidroschke, lust. Geschn. 13; Eine Fahrt an die Westfront; Auf unserer Flotte in der Ostsee 16.

Grautoff, Otto, SDS., bild. ℘, Ästh., Dr. phil., Doz. a. Handelsh. u. Lessingh. Berlin, Haberlandstr. 2. (Lübeck $^{31}|_{5}$ 76.) **W:** D. mod. Plakat 99; Entwicklg. d. mod. Buchkunst in Deutschl. 01, 2. T.; Moritz von Schwind 04; Der deutsche Bucheinband i. 19. Jahrh. 05; D. Gemäldesammlgn. Münchens 07; Exzentr. Liebes- u. Künstlergeschn. 07, 2. T.; Auguste Rodin 08, 5.—8. T. 11; Lübeck (Stätten d. Kultur) 08; D. lyr. Bewegg. im gegenw. Frankreich (m. Erna Grautoff) 11; Romain Rolland 14; Nicolas Poussins Jugend 14; Nicolas Poussins Werk u. Leben 14; Kunstverwaltg. in Frankreich u. Deutschland 15; Bauten u. Bilder in den baltischen Provinzen 16; Formaufbau u. Formzertrümmerg. 18; Die neue Kunst 20; Franz. Malerei seit 1421; Wilhelm Wagner 22; Ein Skizzenbuch 22; Zur Psychologie Frankreichs 22; D. Maske u. d. Gesicht Frankreichs 23; F. von Rayski 23; B. v. d. Marwitz 23. **Ue:** D. freie Eintritt in d. Kunstsammlgn. Italiens 04; Rolland, Jean Christophe (m. Erna Grautoff) I—IV 14, V—VII 15. **H:** Ostsee u. Ostland, I. D. balt. Provinzen 16.

Grävell, Paul Harald (Ps. Harald

Arjuna van Jostenoode), Dr. phil. Konstanz, Richentalstr. 15 I. (Berlin $^{2}|_{12}$ 56.) **B**: Die 10 Gebote des Germanen; Die arische Bewegung eine ethische Bewegung; Lotusblüten, ein Aufstieg zur Gralsburg 13; Der Kampf zwischen deutscher Kultur u. französ. Zivilisation; Deutsche Wiedergeburt; u. a.

Graevenitz, George v., ♛, Kunst♛, ⚔, Dr. phil., Major a. D. Freiburg i. B., Gartenstr. 28. (Danzig $^{28}|_{5}$ 58.) **B**: Deutsche in Rom 02; Goethe unser Reisebegleiter in Italien 04; Gattamelata und Colleoni u. ihre Beziehungen z. Kunst 06; Die militär. Vorbereitg. d. Jugend 16. **H**: Goethes Ital.-Reise (Pantheonausg.) 08; dieselbe mit Zeichngn. Goethes und seiner Reisegenossen (Inselausg.) 12.

Grazia, Anne-Marie de, s. Kunde, Anne-Marie.

Grazie, Frl. Marie Eug. delle, SDS., ✠, *O*, Essay. Wien XVIII, Abt-Carl-Gasse 21 II. (U.-Weißkirchen $^{14}|_{8}$ 64.) **B** (seit 00): Der Schatten, Dr. 00, 2. A. 02; Goldener, Dr. 01; Liebe, Nn. I 02, II 04; Schwäne am Land, Dr. 02; Zu spät, Einakt.-Cykl., 2. A. 03; Vom Wege, Erz. I 03, II 06; Dicht. u. Dichtkunst 04; Sämtl. Werke 03 f. IX; Narren d. Liebe, Lsp. 04; Ver sacrum, Dr., 1. u. 2. A. 06; Traumwelt, Erz. 06; Heilige u. Menschen, R. 09, 5. u. 6. T. 20; Vor dem Sturm, R. 11, 3. T. 21; Die Wunder der Seele, Nn. 13; Das Buch des Lebens, Erzn. 14; Zwei Witwen, Nn. 14; Eines Lebens Sterne, R. 16 II; Die blonde Frau Fina, N. 16; D. Buch d. Liebe, R. 16; O Jugend! R. 60.—80. T.; Homo, R. 20. T.; Donaukind, R. 30. T.; Der Liebe u. d. Ruhmes Kränze, R. I, II 21; Die Blumen der Acazia, N. 20. T.

Graziella, Thea, s. Schneidhuber, Th.

Greef, Frau Helene, geb. Schultz (Ps. Erika Riedberg), Roman, Skizze, Prof.-Wwe. Göttingen, Nikolausbergerweg 48. (Darrigstorf b. Wittingen $^{10}|_{8}$ 62.) **B** (seit 07): Mütter u. Söhne, R. 10; O du meine Heimat, Nn. 10; Kreuzträgerin, R. 10, 5. A. 12; Hier bin ich, R. 11; Leben, ich grüße dich, R. 12, 5. A. 13; Halali, R. 12; Orplid, mein Land, R. 12; Aus Tiefen! R. 13; Lachende Königin, R. 14; Versucherin Welt, R. 14; Waldhoftöchter, R. 14; Carpe diem, R. 18; Der Wille zur Flamme, R. 19; Das schlafende Glück, R. 20; Gebrochene Fackel, R. 21; Die das Leben verwarten, R. 21; Enttäuscht, R.; Kein Baum, R.; Marias Weg, R.; Ingeborgs Lebensweg, R.; Das Land der Verheißung, R. 23.

Greeven, Erich August, DB., SDS. München, Friedrichstr. 17. (Zürich $^{6}|_{12}$ 80.) **B**: Die letzten Brücken, R. 15, 2. u. 3. A. 21; Casanova, Sch. 15; Das Haus im süßen Winkel, N. 18.

Greggersen, Karl Heinz, Roman, Nov., Schriftsteller. Breslau, Sadowastr. 84. (Schleswig $^{6}|_{3}$ 96.) **B**: Die Masken des Gabriel Dodd, R. 21.

Gregor, Joseph, ✠, Rom., Übersetzung, Theatergeschichte, Dr., Vorstand der Theatersammlung an der Nationalbibliothek. Wien I, Josefspl. 1. (Czernowitz $^{26}|_{10}$ 88.) **B**: Isabella von Orta, N. 20; Tanz, Erz. 20; Nacht, Erz. 20; Von der Leidenschaft und vom Sterben, N. 20; Erben, R. 21; Ged. 21; Welt und Gott, Dr. 22; Das Wiener Barocktheater 22; Brand, N. 23; Wiener Szenische Kunst 24. **Ue**: Der Roman von der Rose; Il Rinescimento 23. *

Gregori, Ferdinand, Theatergesch., Ästhetik, Prof. Berlin NW 40, Kronprinzenufer 24. (Leipzig $^{13}|_{4}$ 70.) **B**: Shakespeares Hamlet im Lichte einer neuen Darstellung 94; Schaffen d. Schauspielers 99; Bernhard Baumeister 02; Schauspielersehnsucht 03; Jos. Kainz 04; Lyr. Andachten (An gold. Tischen), Anthol. 05; Droste-Hülshoff 08; „Michelangelo" nach Gobineau 09; Selbstverständliches u. Nachdenkliches aus e. Theaterleitg. 13; Aus meiner Theaterleitg. 3 Tage 13; Maskenkünste 13; Sachsenspiegel 16; Schauspieler 19.

Greiffenhagen, Otto, Balt.♛, Musikkritik, Stadtarchivar in Reval (Reval Stadtarchiv). (ebda $^{2}|_{7}$ 71.)

Greiner, Daniel, ✠, *O*, Dr. phil., Hrsg. d. „Kunst unsrer Heimat". Jugenheim a. d. B. (Pforzheim $^{27}|_{10}$ 72.) **B**: An die Nacht, D. 04; Jesus, Dr. 07; Das St.-Johannis-Evangelium 19; Jesus der Zimmermann 21; Die 4 Evangelien, IV Bde. 19—23; Johannsevangelium 19; Thomas Münzer, Dr. 22.

Greiner, Friedr., ✠, Kanzleirat b. Landesfinanzamt. Stuttgart, Johannesstr. 56. (Hohengehren, Württ. $^{13}|_{3}$ 58.) **B**: A Sträußle für Di! G. 96; J' be vom Schurwald ra! Greimts ond Ogreimts 12.

Greiner, Leo, SDS., ✠, *O*, Kritik, Dramaturg d. Verlages S. Fischer, Berlin. Charlottenburg, Sybelstr. 40. (Brünn $^{1}|_{4}$ 76.) **B**: Das Jahrtausend, Dchtg. 00; Lenau (Biographie) 04; Der Liebeskönig, Dr. 05; Das Tagebuch, G. 06, 2. A. 12; Lysistrata, Kom. (nach Aristophanes) 08, 2. A. 10; Boccanera, Dr. 09; Arbaces u. Panthea, Sch. 11; Altdeutsche Novellen 12; Chinesische Abende 14, n. A. 20. ()

Greiner, Wilhelm, Lit.♛, Dr. phil., RealgymnProf. Eisenach, Prinzenweg 1. (Römhild $^{28}|_{3}$ 79.) **B**: O. Ludwigs

Erstlingsnovellen u. ihr Verhältnis zu L. Tieck 03; J. H. Löffler 03; D. Problem d. menschl. Willensfreih. bei Kant und Schelling 09—11 III; O. Ludwig als Thüringer 13; Heimat u. Humor bei Jean Paul I 15; Thüringen (Führer) 23. Oberhof im Sommer u. Winter 17; Schulausg. v. Dichtg. u. Wahrheit 21; Goethes Schriften zur Literatur 23. H: Goethe, Biographie für höh. Schul. 23; Goethe auf der Wartburg 23; Seffners Goethe-Gedenkmünze 23; O. Ludwig: Heitereteí u. Zwischen Himmel u. Erde 23.

Greinz, Hermann, O, /. Reutte, Tirol. (Innsbruck $^{2}|_{7}$ 79.) B: D. G'moanwahl, Kom. (m. Rudolf Brix) 03; Tiroler Bauern anno 1915, Nn. 16, 2. A. 22; Das Fuchseisen, Kom. 17.

Greinz, Hugo, CP., PA., /, Krit., Pol., **Ue:** NorwDSchw, Red. d. „Volkszeitung". Wien I, Fleischmarkt 3. (Innsbruck $^{3}|_{6}$ 73.) B: H. v. Gilm 95; D. v. Liliencron 96, 10. T. 98; Jung-Tirol (m. H. v. Schullern) 98; Küsse, N. 00; D. Unvermählten, N. 14. H: H. v. Gilms Gedichte 02. **Ue:** Ibsen, Catilina 96, 4. T. 96.

Greinz, Rudolf, DB., BJ. & S., Rom., Nov., O. München, Rückertstr. 6. (Pradl in Tirol $^{16}|_{8}$ 66.) B (seit 00): D. Gsöllherr, Erz. 01; Der Märtyrer (Bühnensp.) 02; Das gold. Kegelspiel, neue Tiroler Geschn. 04; Marterln u. Votivtaferln des Tuifelemalers Kassian Kluibenschädel 05; Im Herrgottswinkel, lustige Tiroler Geschn. 05; Bergbauern, lustige Tiroler Geschn. 06; Tir. Bauernbibel 07; D. stille Nest, Tiroler R. 07; Aus'm heiligen Land, lust. Tirol. Geschn. 08; Das Haus Michael Senn, R. 09; D. Thurnbacherin, Dr. 10; Allerseelen, R. 10; Auf der Sonnseit'n, lustige Tir. Geschn. 11; Deutscher Literaturspiegel 11 und 12; Hin ist hin! Lustige Marterln 12; Die Vergangenheit, Sch. 12; Gertraud Sonnweber, R. 12; Unterm roten Adler, Nn. 13; D. Schellenkappe, lustige Historien 14; Äbtissin Verena, R. 15; Die eiserne Faust, Marterln auf unsere Feinde 15; D. kleine Welt, Tiroler Dorfgeschichten 15; Rund um d. Kirchturm, lust. Tir. Geschn. 16; Die Stadt am Inn, R. 17; Krähwinkel, Lustige Kleinstadtgeschn. 18; Der Jungfernbund, Lustsp. 19; Der Garten Gottes, R. 19; Die Pforten der Ewigkeit, Legenden 20; Königin Heimat, R. 21; Der heilige Bürokrazius, heitere Legende 22; Der Hirt von Zenoberg, R. 22; Fridolin Kristallers Ehekarren, R. 23.

Greiser, Wolfgang (Ps. W. G. Reiser), DB., ASB., ✠, Roman, Grenzwissenschaft, ♜, ⌂ u. ⌂gewerbe, Tierpsychologie. Elbing, Westpr., Hochmeisterstr. 3. B: Sandkörner, G. 07; Die Zeit, Dchtg. 14; Im Schützengraben, Einakter 15; Das deutsche Kriegs- u. Soldatenlied 15; Ilse, Msp. 15; Sonja, R. 19, 3. A.; Graphologie 20; Chiromantie 20; Gesündigt, R. 21; Roswithas-Ruh, R. 21; Hypnose 21; Astronomie 21; Astrologie 21; Willenskraft 21; Spiritismus 21; Heilmagnetismus 21; Seele u. Materie 21; Der neue Krieg 21; Sein Mädchen, R. 22; Polen 22; Frau Inga, R. 22; Das gestohlene Ich, R. 22; Gespenster, R. 23; Menschvogel Pinguin 23; Tigerjagden 23; Die Kindmörder, 4 Akte 23; Die sehnende Sucht, Dr. 23.

Grelle, Friedo, Roman, Intendant d. Stadttheaters. Zwickau i. S., Hauptmarkt 9/10. (Hannover.) B: Die Frau Pfarrerin, R.; Es wird ein Dolch durch deine Seele gehen, R. 03; Schwester Mathilde, Sch. 04; Bühne u. Welt, Sch. 06; Ahasver, Der ewige Kampf, dram. Dchtg. 19; Der Rabbi von Nazareth, dr. Dchtg. 20

Grelling, Richard, DB., ♁, Dr. jur., RA. Florenz, Via Incontri 4. (Berlin $^{11}|_{6}$ 53.) B: Gleiches Recht, Dr. 92; Ralsen wid. Ralsen, Dr. 93; Quousque tandem! 94; Streifzüge, Ges. Aufsätze 95; Bis ins dritte Geschlecht, Dr. 96; Brausewetter 96; J'accuse 15; Der springende Punkt 16; Das Verbrechen 17/18 III; Belgische Aktenstücke 18; Die Enthüllungen des Prozesses Suchomlinow 18; London—Berlin—Wien—Petersburg 18.

Greßer, Eugen, Dchtg., /. Frankfurt a. M., Rossertstr. 12 III. (Kehl a. Rh. $^{17}|_{12}$ 63.) B: Knospen, G. 93; Lieder, G. 14; Schlichte Weisen, G. 21.

Greßmann, Hugo, Oriental. Kultur♛, Universitäts-Prof., D. theol. Dr. phil. Berlin-Schlachtensee, Friedrich-Wilhelm-Str. 55. (Mölln $^{21}|_{3}$ 77.) B: Die Ausgrabungen in Palästina und das Alte Testament 08; Erdgeruch Palästinas 09; Altorientalische Texte und Bilder 09; Älteste Geschichtsschreibung u. Prophetie I 09; II 21; Das Gilgamesch-Epos erklärt 11; Mose und seine Zeit 13; Die Anfänge Israels I 13, II 22. *

Grève, Paul (Ps. Everg), Automobil- u. Radfahrwesen, Luftschiff- u. Flugsport, Kriegsgedichte, Hrsg. von „Verkehrs-Anzeiger" u. „Groß-Berlin bei Nacht". Berlin N 20, Bastianstr. 23. (ebda $^{4}|_{8}$ 71.)

Greyerz, Otto v., O, Ψ, Dr. phil., o. UP. Bern, Schweiz, Rudolf-Wyß-Weg 6. B: Beat Ludwig Muralt m. Auszügen aus s. Briefen 94; Vatter u. Suhn, berndeutsch. Lsp. 98, 2. A. 12;

Die Schweizergarde in Paris, dram. Scene 99; Ds Gongstangße, bernd. Lsp. 00, 2. A.; Anne Bäbi Jowäger, zwei Scenen aus Jer. Gotthelf 00, 2. A.; D. Mundart als Grundlage d. Deutschunterrichts 00, 2. A. 13; D. schön. Herr Nägeli, Lsp. 01, 3. A. 20; Herz ist Trumpf, Lsp. 04; Kl. Berndeutsches Wörterbuch 04; Kinderbuch f. Schwz. Elementarschulen 07; Deutsche Sprachschule f. Berner, Vorstufe (m. D. Studer) 09, 3. A. 13, 4. A. 20; Bärnerlüt, bernische Lspe. I 12; D. Weltverbesserer, Lsp. 12; D. Chlupf, Lsp. 13, 2. A. 20; Der Deutschunterricht als Weg zur nationalen Erziehg. 14, 2. A. 21; Ds Schmocker Lisi, Lsp. 17, 2. A. 21; Laßt hören aus alter Zeit, Volksliederspiel 20; Deutsche Sprachschule f. Schweizer Mittelschulen 22, 2. A. 23. **H**: Schweizerdeutsch, Proben schweiz. Mundart I, Ältere Mundartproben 18; Onkel Augusts Geschichtenbuch 22; Histor. Volkslieder d. deutschen Schweiz 22; Widmanns Wunderbrunnen von Is 22; Lettres sur les Anglais et les Français (1725) v. Muralt 97; Im Röseligarte, Schweiz. Volks-Lr. I—V 08—12, I 2. A. 12, II 2. A. 14; Von unseren Vätern, Bruchstücke Schweiz. Selbstbiographien I 12, II 13; Alte histor. Lieder z. Schweizergeschichte 15.

Greyerz, Theodor, ♛ u. Lit., Dr. phil., Gymnasiallehr. i. Frauenfeld, Schweiz. (Bern $^{13}|_{7}$ 75.) **V**: Bildung und Unterhaltung in Volksheilstätten 06; Försters Jugendlehre, Grundlinien u. Vorschläge f. eth. Unterricht 08; Quer durch Mitteldeutschland 08; Sprachenfrage in Österreich 13; Zur Vorgeschichte des Weltkrieges 15; Das Hungerjahr 1817 im Thurgau 18; Gottfried Keller 19; Vom Radfahren durch Heimat und Fremde 20; Wie studiert der Schweizer die Geschichte seiner Heimat? 21. **H**: Wenzel Holek, Vom Handarbeiter zum Jugenderzieher, Mit einer Einführung 21.

Grienberger, Theodor, germ. Ψ u. Altertumskde., Altlatein u. italische Dialekte, sprachw. Kritik, BiblWiss., Dr. phil., tit. a.o. UP., ObBibl. Wien, Währinger Str. 101. (Mittersill $^{15}|_{1}$ 55.)

Griese, Friedrich, DB., SDS., Drama, Epos, Lehrer. Stralendorf b. Rom, Mecklbg. (Lehsten b. Waren, Mecklbg. $^{2}|_{10}$ 90.) **V**: Feuer, R. 21; Godam, Tr.; Goffo, Kom. 22; Ur, eine deutsche Passion 23; Das Korn rauscht 23. *

Griese, Frl. Kaethe, SDS., ♅, /, Schriftstellerin. München, Maximilianstr. 20a. (Bad Oeynhausen i. Westf. $^{29}|_{5}$ 96.) **V**: Schaumburg Lipper Liebe, R. 18; Kinderschuhe, R. 20; Das Herz der Dinge, R. 21. *

Grimbühler, Ernst Otto, s. Venner, Joh. Vinc.

Grimm, Aug. Heinr., SDS., Gärtner. Deinstedt b. Bremervörde, Prov. Hannover. (Altona $^{16}|_{7}$ 73.) **V**: Zu viel Eisen, R. 17; De Füerböter, R. 20.

Grimm, Hans, Nov., /, ⊞. Lippoldsberg, Weser, Klosterhaus. (Wiesbaden $^{22}|_{3}$ 75.) **V**: Die Grobbelaars, Dr. 07; Straßburg—Paris (Luginsland-Serie) 11; Afrikafahrt West (desgl.) 13; Südafrik. Novellen 13, 8. T.; Der Gang durch d. Sand, Nn. 16, 6. T.; Die Olewagen-Sage, Erz. 18, 3. T.; Der Ölsucher von Duala, Erz. 18, 30. T.

Grimm, Ludwig, ♅, ∴, Kritik, ▮., Nov., Märchen, Dr. phil., Kreisschulrat. Greiz. (Gera, Reuß $^{29}|_{4}$ 69.) **V**: Wolfram v. Eschenbach u. d. Zeitgenossen 97; Blumen am Wege 00; Aus Elsterbergs vergang. Tagen 01; Das Ruinengespenst 03; Im Reiche Schillers 05; Gustav Frank, ein Gelehrtenleben 05; Zur Ausgestaltung d. Arbeitsschule 12; Vom steinichten Acker 13; Vom Mutterboden des Kinderstils 14; Aus dem Zauberwald 21. **H**: F. Chr. Fulda, Trogalien z. Verd. d. Xenien (1797) 03; Handwörterbuch d. Volksschulwesens 20; Für Geist und Herz 21, 22.

Grimm, Richard (Grimm-Sachsenberg), ♌, Kunstmaler, Mitinh. d. Druckerei „Ganymedes-Presse". Leipzig-Schleußig, Seumestr. 39. (Untersachsenberg, Sa. $^{22}|_{2}$ 73.) **H**: Frühling u. Liebe 01; Th. Körner, Leier u. Schwert 13. **V**: Der mod. Schildermaler 03; Mod. Monogramme 04. ()

Grimm-Sachsenberg, s. Grimm, Rich.

Grimme, Hubert, (k.), Orientalistik, Dr. phil., o. UP. Münster i. W. (Paderborn $^{24}|_{1}$ 64.) **V**: Mohammed: I. D. Leben 92, II. Einleitg. in d. Koran u. System d. koran. Theologie 95; D. weltgeschichtliche Bedeutg. Arabiens: Mohammed 04; D. Koran, ausgew., angeordet und im Metr. d. Originals übertr. 23; Althebräische Inschriften v. Sinai 23; u. a.

Grisebach, August, Kunst♛, Dr. phil., o. Prof. a. d. Univ. Breslau, Zwingerplatz 2. (Berlin $^{4}|_{4}$ 81.) **V**: Das deutsche Rathaus der Renaissance 07; Danzig (Stätten der Kultur) 08; Der Garten. Eine Geschichte seiner künstlerischen Gestaltung 10; Schinkel (Im Erscheinen). *

Groag, Frau Carola, geb. Karpeles (Ps. Carola Belmonte-Groag, Carola Buchheim), ASV., VF., Nov., Kritik, biogr. Skizzen, /, Ing.-Wwe. Mauer b. Wien. (Loschitz, Mähren $^{2}|_{10}$ 59.) **V**: Mozart-Nov. 95; Aus bangen Tagen, hist. Erz. 01; Über alles geht die Liebe, R. 02; Die Frauen im Leben Mozarts

06, 2. A. 23; D. **Königsbraut**, R. 06; **Gräfin Dubarry**, R. 15.

Groag, Edmund, ♛, Dr. phil., Kustos d. Nationalbibl., Doz. a. d. Univ. Wien. Mauer b. Wien. (Prerau $^{3}|_{3}$ 75.)

Grobe-Wutischky, Arthur, ASV., Okkultismus, ∴, Lehrer, Mitschriftleiter. Leipzig-Leutzsch, Turnerstr. 5. ($^{18}|_{3}$ 84.) **V**: Sparren und Ranken, G. 06; Johanna Denkert, Erz. 07; Der Weltkrieg 1914 in der Prophetie 15; Das Geheimnis der Lebenszahlen 20; Das Problem der Verjüngung im Lichte spiritualistischer Biologie 23; Fakirwunder u. moderne Wissenschaft 23. *

Gröber, Conrad, ✝, ♛, Kunst♛, Münsterpfarrer, Erzbischöfl. geistl. Rat, Dr. theol. Konstanz, Münsterplatz. (Meßkirch in Baden $^{1}|_{4}$ 72.) **V**: Geschichte des Jesuitenkollegs und Gymnasiums in Konstanz 04; Die Grabkapelle Ottos von Hachberg (zusammen mit Prof. Dr. Wingeroth) 09; Das Münster in Konstanz 13; Geschichte der Reformation in Konstanz 16; Das deutsche Wesen im Spiegel der Kunst 17; Reichenauer Kunst 22; Die Mutter 22, 3. A. 23; Christus lebte 23. *

Grod, Heinr. v., s. Evers, Heinr. Wilh. Hub.

Groeger, Wolfgang E., Gedichte, Versübersetzungen. Rechtsanwalt. Berlin-Steglitz, Sedanstr. 11. (Riga $^{8}|_{4}$ 82.) **V**: Tau, G. 23. **Ue**: Al. Block: Die Zwölf, G. 22; Rose und Kreuz, Dr. 23; Al. Puschkin: Der Eherne Reiter, G.; Der Steinerne Gast, G.; Märchen, Dchtg.; Graf Nulin, G. 22; Die Fontäne von Baktschi-Sarai, G. 23; Boris Godunoff, Dr. 23; Der Mohr Peter des Großen, Erz. 23; Leo Tolstoi: Das Märchen von Iwan dem Narren 23; Eugen Lundberg: Mereschkowski und sein Neues Christentum 22; Brjussow u. Balmont: G. 22; Maurice William: Die Soziale Geschichtsauffassung 23. *

Gröhe, Frau Theresa geb. Pauli (Ps. Resa), ♕, Novelle. Düsseldorf-Grafenberg, Graf-Recke-Str. 231 (ebda $^{8}/_{10}$ 53.) *

Grohmann, Frau Amanda, geb. Bleyer, DV., DÖSchG., ⚲. Wien V, Nikolsdorfer Gasse 7. (Hamburg $^{18}|_{7}$ 70.) **V**: s. Grohmann, Carl.

Grohmann, Carl Martin, DV., DÖSchG., ⚲, Ingenieur. Wien V, Nikolsdorfer Gasse 7. (Debreczin $^{10}|_{11}$ 70.) **V**: (m. Am. Grohmann unt. d. Kollektiv-Ps. Bleyer-Grohmann) Die lieben Nächsten, Vst. 05; Annas Sündenfall, Vst. 06; Das goldene Mutterherz, M. 07; Prinzessin Nimmersatt, M. 07; Lucia Viadagola (König Enzio), Dchtg. 08, 09; Johannistrieb, Vst. 16; Schatten, Sch. 19; Der Herr Major, Sch. 20.

Grolig, Moriz, /, ♛, Bibliogr., Bibliothekswes., RegR., BiblDir. Wien XII/1, Tivolig. 55. (Brünn $^{3}|_{8}$ 73.)

Grolman, Adolf v., dtsch. Lit., ♕, ∴, Dr. jur. et phil. Karlsruhe i. B., Hirschstr. 71. (ebda $^{6}|_{10}$ 88.) **V**: Der Gang nach Emmaus, Dchtg. 17; Friedrich Hölderlins Hyperion, stilkrit. Unters. usw. 19; F. M. Hessemer 20.

Gronau, Georg, Kunst♛, Dr. phil., GalerieDir. Kassel, Weinbergstr. 1. (Berlin $^{15}|_{8}$ 68.) **V**: Tizian 00 (engl. 04); Leibl 01; Aus Raphaels Florentiner Tagen 02; Leon. da Vinci 02; Correggio 07; D. Künstlerfamilie Bellini 09.

Gronau, Karl, Religions♛, ∴, Dr. phil., Studienrat und Privatdozent a. d. Technischen Hochschule. Braunschweig, Dörnbergstr. 2. (Trautenstein, Harz $^{3}|_{9}$ 85.) **V**: De Basilio, Gregorio Nazianzeno Nyssenoque Platonis imitatoribus, Diss. 08; Poseidonios, e. Quelle für Basilius 12; Poseidonios u. die jüdisch-alexandrinische Genesisexegese 14; Das Theodizeeproblem in der altchristlichen Auffassung 22; Vom Geistesleben der Gegenwart 23; Im Zeichen der Mystik 23.*

Grond, E., s. Graeser, Erdmann.

Gronen, Damian (Ps. H. v. Remagen, Dagobert Winter, Hubert D. Stiller, D. Colonius), Vorst. d. Wetterwarte. Köln a. Rh., Dasselstr. 10 (ebda $^{19}|_{8}$ 61.) **V**: Rom., Erz., Lustsp.

Groner, Frau Auguste (Ps. Renorga, A. v. d. Paura, Olaf Björnson, Metis), Kultur♛ u. Kriminalrom. Wien XIII/1, Lainzer Str. 38. (ebda $^{16}|_{4}$ 50.) **V**: Eva Bauernfeind, R. 11; D. Kreuz der Welser, KrimR. 12; Reich mir die Hand, mein Leben, R. 13; D. Uhrmacher-Marie, Vst. 13; D. Dirnbacher Leut, Vst. 13; D. alte Handschrift, KrimR. 14; Die alte Spieluhr 15; Ein Justizirrtum 18. ()

Groener, Frau Maria, geb. Freyburger, ∴, Sekr. d. Neuen Dtsch. Schopenhauer-Gesellsch. Brixen 345, Südtirol. (Achern i. Bad. $^{23}|_{8}$ 83.) **V**: Et in terra pax 17; Beitrag zur Wegbereitung Tagores 16; Kuno Fischer u. Schopenhauer 18; Schopenhauer u. die Juden 20; Hominibus bonae voluntatis 23. **H**: Junge Herzen, Bruchst. aus Dicht. d. Namenlosen 22.

Groos, Karl, ∴, Dr. phil., o. UP. Tübingen. (Heidelberg $^{10}|_{12}$ 61.) **V**: Die reine Vernunftwissensch. 89; Einleitg. in d. Ästhetik 92; D. Spiele d. Tiere 96, 2. A. 07; D. Spiele d. Menschen 99; Der ästhetische Genuß 02; Das Seelenleben d. Kindes 03, 6. A. 23; Die Befreiungen der Seele 09; Der Lebenswert des Spiels

10; Bismarck im eigenen Urteil, 1.—3. A. 20. D. Spiel 22; Fürst Metternich, 1.—3. A. 22; D. Aufbau d. Systeme 23.

Groos, Otto, Seekriegs♛, Korvettenkapitän im Reichswehrministerium, Marineleitung. Charlottenburg 9, Stormstr. 7. (Jülich $^{17}|_{7}$ 82.) V: Der Krieg zur See 1914—18; Nordsee, Bd. I, II u. III 20, 21, 22; Die Schlacht vor dem Skagerrak 20. *

Gropp, Kurt Reinhold, ¥, Theater- und Buchkritik, Novellen, Essay, Märchen, Gerichtsreferendar. Hannover, Rubensstr. 6. (ebda $^{29}|_{10}$ 90.) V: Im Schatten des Krieges, G. 17; Italienische Bilder, Nn. 23. *

Gros, Erwin, Pfarrer zu Gonzenheim b. Bad Homburg. ($^{13}|_{4}$ 65.) V: Auf der Dorfkanzel, 8 Bde.; Mit Gott zu Gott, Pred.; Am Jungbrunnen der Freude; Elsbeth von Helkhoyen, Erz.; Der Bauernpfarrer, Erz.; Der Lehrer von Hartenhausen, Erz.; Schwelendes Feuer, Erz.; Die letzte Nonne von Walsdorf; Trotzige Herzen, Erz.; Frau Sehnsucht, M.

Grosberg, Oskar, /, ▣, Red. d. Rig. Rundschau. Riga, Exportstr. 3. ($^{1}|_{4}$ 62.) V: Russische Schattenbilder 18.

Groß, Edgar, SDS., Gen. dtsch. Bühn.-Ang., Lit. u. Theater♛, /, Dr. phil., Regiss. u. Dramaturg am Stadttheater. Halle a. d. S., Staudestr. 7. (Lankwitz $^{26}|_{9}$ 86.) V: Die ältere Romantik u. das Theater 10; Friedrich Rückert, Biogr. 10; J. F F. Fleck, Zur Entwicklgsgesch. d. deutschen Theaters 14. H: Max v. Schenkendorfs Gedichte 11; Deutsch. Studentenbuch (m. G. Plotke) 13; Th. Fontanes Ges. Werke, 2. Reihe (m. Dr. E. Heilborn) 20; Franz Grillparzer (I. Tragödien, II. Märchen und Lustspiele) 21.

Groß, Fritz. Berlin-Steglitz, Schützenstr. 18. (Wien $^{20}|_{8}$ 97.) V: Büchner 19; Brüder 19.

Groß, Hans, Maler u. Schriftsteller. Heide, Holstein, Waldschlößchen. ($^{12}|_{12}$ 93.) V: Ein Totentanz, Holzschnitte u. Gcd. 20, 2. A.

Groß, Johannes, Konrektor. Oberhausen, Rheinland, Beaumontstr. 32. (Selbach b. Wissen, Sieg $^{21}|_{9}$ 65.) V: Biographisch-literarisches Lexikon 22. *

Großauer, Josef Vinzenz, DÖSchG., Ob.-Österr. Mundart, ¥, /, Satire, Schriftsteller und Beamter. Wien XXI, Kagran, Prandaugasse 447. (Steyr $^{17}|_{8}$ 86.) V: Aus mein' Gartl, G. 13; Va da Löba weg, G. 20; Aus meina Reimschmiedn, G. 21.

Grosse, Ernst, ∴, Dr. phil., a.o. UP. Freiburg i. B. (Stendal $^{29}|_{7}$ 62.) V: Spencers Lehre von dem Unverkennbaren 90; Die Anfänge der Kunst 94; Die Formen d. Familie u. d. Wirtschaft 96; Kunstwissensch. Studien 00; Aufgabe u. Einrichtung e. städt. Kunstsammlung 02; Die Ostasiatische Tuschmalerei 22; Die Ostasiatische Plastik 22.

Große, Gustav Paul (Pf. A. v. Heidelberg), SDS., Skizzen. Leipzig, Eisenbahnstr. 63. (Werdau $^{3}|_{10}$ 71.) V: Spital-Skizzen 09; Pietà, malerische Wandergn. durch Leipzig 14; Rosentage im Schwetzinger Schloßgarten; Heidelberger Landschaftsbriefe 15; Es schritt ein Weib in hohem Sinnen, dram. Lebensbild 16; All' altissimo poeta eine psycholog. Milieustudie 17; Ein Sommer in Kissingen 18; Worpsweder Herbstidyllen 20; Freiburger Atelierplaudereien 21.

Grosse, Martha, s. Fuchs, Martha.

Grosser, Reinhold Fritz, SDS., Romanschriftsteller. Saulgau i. Württ., Gesellenstr. 2. (Breslau $^{19}|_{9}$ 95.) V: Wege zum Film 19; Der Schein von drüben; Die Dame im Nebel; Der Mitternachtsbote; Im Royalclub; Der Tempelraub; Collin's Tat, sämtl. 20; Dic Nebelhöhle; Die Frau mit dem Gaminkopf; Der Mann, der sich das Leben nahm, sämtl. 21; Der Orientale; Die Aluminiumkrücke; Der Mann mit der Maske, sämtl. 22; Das Haus ohne Türen; Die Marokkancrin; Das Abenteuer der Madame d'Onnor; Menschen der Nacht, sämtl. 23. *

Großmann, Paul, ¥, Beamt. b. d. städt. Gaswerken. Mahlsdorf a. d. Ostbahn. (Berlin $^{21}|_{1}$ 65.) V: Adam an Eva 98: Das Bild von Sanct Marien, O. (m. Hugo Glanske) 04; Pfeffer u. Gewürz, G. 10; Schützenlieder, G. 10; Mahlsdorfer Ortsgeschichte 12; D. Mahlsdorfer freiw. Feuerwehr 12; Perlen, Sagensp. (mit Hugo Glanske) 16. H: Moderne Poesie, Anthologie 98—00 III.

Großmann, Stefan, lit. Essay u. Nov., ○, Hrsg. des „Tagebuch". Berlin W, Kurfürstendamm 244. (Wien $^{18}|_{5}$ 75.) V: Die Treue, N. 00; Die Gasse, N. 02; Österr. Strafanstalten 04; Vogel im Käfig, Dr. 05; Herzliche Grüße, N. 09; Grete Beier 13; Die Partei, R. 19; Der Vorleser der Kaiserin, N. 20. ( )

Grote, Georg August, Rom., ∴, Naturwissensch., Verlagsbuchh. u. Red. Hannover, Körtingstr. 9. (Bücken, Kr. Hoya $^{15}|_{2}$ 81.) V: Der große Anfang 08; Im Schatten der Ahnen, R. 10; Serramenra, M. 12; Azzähra, Oriental. Erzn. 12; Hilu, grinst das Scheusal, Satire 20; Wander- u. Tierlieder 22. H: Geistiges Deutschland I 15; Der Forscher; Der Kulturspiegel 20. ( )

Grote, Hans Henning Frhr. v., ¥,

Nov., Skizze, Oberltn. a. D., Schriftsteller u. Red. Dessau, Kavalierstr. 5/6. (ebda $^{7}|_{9}$ 96.) B: Das deutsche Merkbuch, Dichtgn. f. jedermann, 21, 1. u. 2. A.

Grote, Paul, Skizze, Nov., Rom., Buchhändler. Mülheim-Ruhr, Brückstr. 39. (Nordhausen $^{2}|_{12}$ 75.) B: D. Pulversepp u. a. Geschn. 07; D. Gräfin v. Hohenstein, R. 08; Lyrisches u. Satyrisches 08; Der Pfeiffer v. Zellingen, Rn. 09; D. Senator, R. 10; Heinzmichels Wanderschaft u. a. Geschn. 10; Rätsel d. Liebe, R. 12; Der Fremde, Sch. 14; Eiserne Wehr, G. 16, 5. T.; Aus Tag u. Traum, G. 21; 20 Balladen 23. H: Deutsche Kriegslieder 15.

Groeteken, Friedr. Alb., ♛, ●, Dr. phil., Rektor d. höh. Stadtschule. Fredeburg, Sauerland. (Bochum $^{12}|_{8}$ 78.) B: Sagen d. Sauerlandes 21; u. v. a.

Groth, Adolf, ▪, Ψ, ∴, ✝, ▪, /, Dr. phil., GymnProf. Nikolassee b. Berlin, An der Rehwiese 1. (Schwerin $^{21}|_{2}$ 55.) B: Unfertige Gedanken 10; Jesuslegende u. Christentum 14; Offene Antwort e. deutschen Professors u. Publizisten an Sir Edward Grey 15.

Groth, Ernst Joh., Lit.- u. Kultur♛, Nov., Dr. phil., Prof. Leipzig, Ferdinand-Rhode-Str. 7. (Lauenburg $^{15}|_{8}$ 59.) B: Komposition u. Alter d. altengl. Exodus 83; Germanentum in Spanien 84; Bild. a. d. Univ.-Leben von einem Grenzboten 92, 2. A. u. d. Tit.: D. alte Korpsstudent u. a. Geschn. 00; Stürm. Zeiten, R. 95, 2. A. 11; Deutsch. Frauenleben, dram. Kulturbilder 96, 2. A. 08; Die 3 Kanoniere u. a. Geschn. 00; Roswitha v. Gandersheim, Lsp. 01; Tilsit 1807, Sch. 07; Theano, Sch. 23; Deutsche Bürgerkunde (m. Gg. Hoffmann) 94, 7. A. 13; Einheitsträume u. Einheitskämpfe 90; Ch. Kingsley a. Dichter u. Sozialreformer 93; Gesch. d. engl. Literatur d. Gegenwart (in Wülkers Gesch. d. engl. Lit., 2. A.) 07; D. Kuhhaut 08; Humor u. Ernst 14.

Groth, Franz von der, Schriftstellerei, Pressewesen, Buchhandel, Reklamewesen. Weimar, Karlspl. 9. (85.) B: Standesbewußtsein u. a. 18; Der Filmschriftsteller 19; Wie leite ich eine Zeitschrift 21; Die Kartei im Buchhandel 21. H: Schriftsteller-Zeitung 17/20; Hilfsbücher f. Schriftsteller; Handbücher d. Presse; Hochschule d. Buchhandels; Die Freunde.

Groth, Frau Franziska, geb. Apel (Ps. Klara Richard u. Franziska Branitz), Nov., ▪. Leipzig, Ferdinand-Rhode-Str. 7. (Schwetz $^{15}|_{2}$ 63.) B: Frühlingsblumen 81; Schopenhauer im Fegfeuer 88.

Grothe, F. W., /, Skizz., Erz., ▪, VerlagsDir. Frankfurt a. M., Rothschildallee 25. (Greifenberg i. Pr. $^{4}|_{7}$ 63.) B: Die Heiligen Zehn, G. 21. ()

Grothe, Hugo, /, Lit.♛, ▪, ●, Dr. jur. et phil., Leit. d. Inst. f. Auslandskde. u. Auslandsdeutscht. Leipzig-Gohlis, Friedrich-Karl-Str. 22. (Magdeburg $^{15}|_{8}$ 69.) B: Staaten und Völker nach dem Weltkrieg; u. a.

Grothe(-Mahé), Richard (Ps. Lusignan-Mahé, G. Thevnert), Politik, /, Roman, ○, ♛, ∴, ▪, ▪, Dr. phil. Berlin O, Holzmarktstr. 49. (ebda $^{12}|_{1}$ 57.) B: Romeo u. Julia im Cirkus, N. 81, 2. A. 83; Marienlieder, G. 81; Miriam, Dr. 82; Heilig! N. 82; Lieder an e. Frühvollendete 83; Lieder an Eveline 84; Strandgut, R. 84 II; Unselige Liebe, R. 84 II; Verbannt nach Sibirien, R. 85 II; Der Nihilist, R. 85 II; Zwei Schwestern, R. 85; Elfenliebe, Ballett 85; Zu Leid bestimmt, R. 86; Eine diplomatische Frage, Lsp. 87; Panama 90; Das unbekannte Paris 00; Neue Dokumente zum Kriege v. 1870 00; La philosophie de Schelling 02; Der Einfluß Nietzsches in Frankreich 03; Otto III., Tr. 03; Pariser Mysterien, R. 03 II; Le problème du mal, étude philosophique 09.

Groetzinger, Frau Melly (Ps. Antonius), DB., ○. Wien III, Seidlg. 39. (ebda $^{2}|_{6}$ 85.) B: Der heiße Tag; Evas Sündenfall; Hochzeitsreise; D. leere Wohnung; Chansons usw.

Groetzsch, Georg, ASB., ▪, Kritik. Berlin-Lichterfelde, Goebenstr. 28. (Frankfurt a. O. $^{8}|_{7}$ 75.) B: Des Herzens Golgatha, G. 08; Ins Land der Einsamkeit, G. 20.

Grötzsch, Robert, BA., DB., RP., Red. a. d. „Dresd. Volks-Ztg." Dresden, Ankerstr. 7. (Naunhof $^{10}|_{3}$ 82.) B: Verschrobenes Volk Nn., 12; Muz der Riese, M. 13, 4. A. 21; Dyckerpotts Erben, Dr. 17; Die Kohlenzille, N. 18, 2. A. 20; Der Zauberer Burufu, M. 22, 2. A. 23.

Grube, Karl, ○, Großh. sächs. Hofschauspieler, Chefred. der „Ostdeutschen Rundschau". Berlin W 10, Lützowufer 5a II. (Hamburg $^{10}|_{9}$ 66.) B: Leonorens Zopf, Lsp. 98; Kurprinz v. Brandenburg, Dr. 00; Randgloss. e. Regisseurs 01; Dr. Ritter aus Chicago, Lsp. 02; D. Meininger 04; Reisen in Südbrasilien 12; Bei deutschen Brüdern im Urwald Brasiliens 16; Germania irredenta 21.

Grube, Max, ○, ▪, /, GHofR. Meiningen, Bernhardstr. 4. (Dorpat $^{25}|_{3}$ 54.) B: C. Günther, Dr., 5. A. 85; Strandgut, Sch. 86; Hans i. Glück, Sch. (m. Koppel-Ellfeld), 5. A. 86; Im Bann d. Bühne, G. 01; Im Theaterland, humor. Skn. 08; Adalbert Matkowsky, Biogr. 09; Ein Widerhall, G. 16; Jugend-

erinnerungen eines Glückskindes 17; Am Hofe der Kunst 18; O Theater! R.; Komödiantenkind, R. 22. H: Holtei, 40 Jahre 98; D. Rollen K. Seydelmanns 17. Bearb: Scribe, Das Glas Wasser 10; D. Kardinal, Sch. nach d. Engl. (m. R. Lothar) 10; Delavigne, Ludwig XI. 11; Molière, Don Juan 12; Die Hexe v. Orléans, nach Shakespeares Heinrich V. 17.

Gruber, E. H. Hugo, Lit.♛, Ψ, †, Dr. phil., GStudR., Dir. Berlin-Wilmersdorf, Uhlandstr. 91. (Pudewitz b. Posen $^{5}|_{1}$ 62.)

Grumbkow, Waldemar von, USV., rk, ✿, Dr. jur. Breslau, Monhauptstraße 22. (ebda $^{27}|_{4}$ 88.) V: Heidelieder 13; Der Menschengläubige, Dr. 13; Der Einsiedler, Dr. 13; Zweierlei Kampf, G. 16; Zweierlei Heimat, G. 16; Zweierlei Lieder, G. 20; Geschichte der Kommunalaufsicht in Preußen 21.

Grünbaum, Fritz, DV., ✿, Optten. Wien I, Kabarett Simplizissimus, und Charlottenburg, Kantstr. 116. (Brünn $^{7}|_{4}$ 80.) MitV: Dollarprinzessin, Zigeunerprimas, Dorine und der Zufall; Des Königs Nachbarin, Optten. V: Csikosbaronesse, Optte.; Verlogene Wahrheiten, G.; Menschen u. Viecher; Vom seligen Zensor, G.; Nieder mit mir. G.

Grund, Gustav, DV., SDS., ✿ und Drama, Lehrer. Hamburg 20, Rosenbrock 8 III. (ebda $^{7}|_{8}$ 90.) V: Welt Du und Ich, G. 21; Das Spiel von Bethlehem, Krippenspiel 21, 3. A. 22; Lanzelot und Sanderein, Sch. aus dem Altflämischen, übertragen 22; der deutsche Schlemmer, Sch. a. dem Mittelniederdeutschen, übertragen u. bearbeitet 22. *

Grünebaum, Moriz Ritter v. (Ps. Mac Wilson), hist. Statistik, Kunst♛, Dr. jur., Hptm. a. D. Wien IX/1, Liechtensteinstr. 45a. (ebda $^{6}|_{8}$ 73.)

Grueuer, Franz, USV., Journalistik, Nov., Roman, Dr., 1. Landeshauptmann-Stellv. u. Bundesrat v. Tirol. Innsbruck, Schlosserg. 1. ($^{24}|_{11}$ 79.) V: Tiroler Hundegeschichten, Nn. 19, 2. A. 20; Der Erstgeborne 19; Vom lieben Ich 21; Roseneva 21.

Grünert, Felix, ✿ u. dramat. Skizz., Prag-Weinberge, Puchmayerg. 31. (Prag $^{10}|_{11}$ 89.) V: Lichtgedanken 14; Musenfrühling 16; Mein Prag, 2. A. 18; Höhenfeuer 18; Herbstgold 23.

Grünewald, Alfred, ✿, O, Architekt. Wien VIII, Hamerlingpl. 10. (ebda $^{17}|_{3}$ 84.) V: Mummenschanz d. Todes, G. 09; Die Gezeiten der Seele, G. 12; Spiele 14; Das Vöglein Süzelin, G. 18; Urians Lendenschmuck, Sp. 19; Sonette an e. Knaben 20; Dithyrambischer Herbst, G. 20; Karfunkel, G. 20; Mutter, G. 20; Renatos Gesang, G. 21; Pavor nocturnus, Sp. 21; Ergebnisse (Aphorismen) 21; Die Streiche des Herrn Sassaparilla, E. 22; Der Teufel von Wien, G. 23.

Grünfeld, Paul Stefan, jetzt: Stefan-Gruenfeldt, Paul.

Grünfeld, Philemon Gottfried, USV., SDS., /, M. München, Pötschnerstr. 11. (Frankfurt a. M. $^{7}|_{1}$ 88.) V: Erlebnisse mit Eva 20.

Grüninger, Hans M., ✿, /, rk, Dr. jur., LGerR. Freiburg, Baden. (Stühlingen $^{15}|_{10}$ 62.) V: Ged. 91; V Wegrain 92; Us em Oberland, alamann, G. 96; Aus den Bergen der Heimat, G. 06.

Grunsky, Karl, Musik♛, Dr. phil. Stuttgart, Stitzenburgstr. 1 I. (Schornbach $^{6}|_{3}$ 71.) V: Musikgesch. d. 19. Jahrh., II, 4. A. 22; Bruckners 9. Sinf. 03, 1., 6. Sinf. 07; Musikgesch. d. 17. u. 18. Jahrh., 2. A. 13 f. III; Programmbuch z. Hugo-Wolf-Fest 06: Musikästhetik, 4. A. 22; Technik des Klavierauszugs 11; Richard Wagner u. d. Juden 20; Geistesleben u. Judentum 20; Das Christusideal in der Tonkunst 20; Anton Bruckner 22.

Grünwald, Alfred, DÖSchG., Optten. Wien IX, Seegasse 21. (ebda $^{16}|_{2}$ 86.) V: Die ideale Gattin, Die Kaiserin, Rose von Stambul, Der letzte Walzer usw. (Optten.).

Grunwald, Frau Elfriede, /, Politik. Berlin W 50, Nachodstr. 27.

Grunwald, Georg, ✿, ∴, Dr. phil., Hochschulprofessor. Regensburg, Neufferstr. 5. (Braunsberg, Ostpr. $^{3}|_{4}$ 79.) V: Geschichte der Gottesbeweise im Mittelalter bis zum Ausgang der Hochscholastik 07; Die Münchener katechetische Methode, J. Fr. Herbart und Fr. W. Förster 10; Philosophische Pädagogik 17; Pädagogische Psychologie 21. H: Krieg, Lehrbuch der Pädagogik, 4. A. 13, 5. A. (in 2 T.) 22/23. *

Grunwald, Max, Gesch. d. Judent., Dr. phil., Rabbiner. Wien II, Ferdinandsstr. 23. (Zabrze, Ob.-Schles. $^{10}|_{10}$ 71.)

Grünwedel, Albert, ind. u. zentralasiat. Archäol., Dr. phil., Dir. a. Mus. f. Völkerkunde. Berlin. (München $^{31}|_{7}$ 56.)

Grupe-Lörcher, s. Lörcher, Erica.

Grusemann, Michael, DV., SDS., O, Roman, Ue: R. Charlottenburg, Leibnizstr. 33. (Rußland $^{18}|_{12}$ 77.) V: Major Gawrilow, Dr. 08; Friedrich Norbert, R. 10, 6. A.; Russische Edelleute, Dr. (nach A. Pissemski) 12; Konstantin Léwaerse, Dr. 13; Tolstois Weltanschauung; Dostojewski 21; Beethoven 22. Ue: Tschechow u. a.

Gschwind, Hermann, ∴, Pädagogik, Dr. phil., PrivDoz. Riehen b. Basel. (Starrkirch b. Olten, Schweiz $^{6}|_{4}$ 78.)

Gubalke, Antonie (Ps. Lotte Gubalke), Pfarrers Wwe., Red. a. d. „Gartenlaube". Berlin SW, Yorckstr. 88/89. (Witzenhausen $^{31}|_{10}$ 56.) B: Das steinerne Haus, Erz. 10; Melchior u. seine Sippe u. a. Nn. 11; Im Strandparadies 11; Brücken z. Glück 14; Die Kardenbergs 14; Das Flügelmädchen 16; Das Felleisen 16; Doraline, R. 16; Scherls Jungmädchen-Buch; Dir kannst du nicht entfliehen, R. 17. ( )

Guckindluft, Justus, s. Kreis, Julius.

Guggenheim, Ernst, SDS., Kritik, Dramaturgie, **Ue:** D., Dr. phil. Konstanz, Bahnhofstr. 7. (ebda $^{10}|_{8}$ 82.) H: Des Knaben Wunderhorn 13. **Ue:** A. M. Goldschmidt „Ein Jude", R. 12; C. Jacobi: Judas, R. 13. B: D. Florian-Geyer-Stoff in d. deutschen Dichtung 08.

Guggenheim, Ferdinand, Vergleichende Religions- u. Kunst∴, Kultur♛, Dichtung, Schriftsteller. Hamburg 36, Holstenpl. 9. B: Hans Much, Leben u. Wirken 22; Indische Kunst 19/23. *

Guggenheim, Werner Johannes, SES., ⊙, Dr. phil. St. Gallen, Schweiz, Hebelstr. 6. (ebda $^{30}|_{9}$ 95.) B: Carl Spittelers Weltanschauung, Studie 18; Das Reich, Tr. 21.

Gugitz, Gustav, DÖSchG., Lit.- u. Kultur♛, **Ue:** F, Hrsg. d. „Denkwürdigkeiten aus Alt-Österreich". Wien XVIII, Abt Carl-Gasse 25. (ebda $^{9}|_{4}$ 74.) B bzw. H (seit 12): Frauenbriefe an Casanova (m. A. Ravà) 12; Friedr. Frhr. v. d. Trenck (m. Max v. Portheim) 12; Des Freihrn. Friedr. v. d. Trenck Lebensgeschichte 12; De la Garde, Gemälde d. Wiener Kongresses 12, n. A. 14; Schattenrisse aus Alt-Österreich 12; Fr. A. v. Schönholz, Traditionen 13; J. Fr. Reichardts vertraute Briefe 14; Gräffer, Kl. Wien. Memoiren (zus. m. A. Schlossar) 18; J. Richter, Die Eipelbauerbriefe (zus. m. E. v. Paunel) 19; Der weiland Kasperl 20; Alt-Wienerisches (zus. m. E. K. Blümml) 20; G. Casanova und sein Lebensroman 21; Von Leuten und Zeiten im alten Wien (zus. m. E. K. Blümml); J. Pezzl, Skizze von Wien (zus. m. A. Schlossar) 23; Die Frühzeit der Wiener Vorstadtbühnen (zus. m. E. K. Blümml) 23; Richelieu, Denkwürdigkeiten (zus. m. J. Bindtner) 23; Bekenntnisse einer Giftmischerin 23. **Ue:** Huysmans, Da unten! 02; G. Casanovas Briefwechsel (m. A. Ravà) 13.

Gulbransson, Frau Grete, geb. Jehly, ✠. München-Schwabing, Keferstr. 10. (Bludenz $^{31}|_{7}$ 85.) B: Gedichte 14; Ewiger Ruf, G. 22.

Gülzow, Erich, Lit.♛, Dr. phil., StudR. Barth, Pommern. (Loitz i. P. $^{29}|_{3}$ 88.) B: Stilkunde der Krone Heinrichs v. d. Türlin 14; Erläutergn. zu Heyses Kolberg 16; E. M. Arndt 20; Arndt in Schweden 20; E. M. Arndt und Stralsund 22. H: Heimatbriefe Arndts 19; Barther Heimatsbücherei 20; Pommersches Schrifttum (m. Dr. Hans Benzmann); Des Fürsten Wizlaw von Rügen Minnelieder und Sprüche 22; Chronik der Stadt Barth 22; Hoffnungsrede E. M. Arndts 21.

Gumpel, Salomon Semmy, VB., ▣, ∴ (Schopenhauer). Berlin W, Regensburger Str. 25. ($^{25}|_{11}$ 68.)

Gumpert, Martin, ✠, Dr. med. Berlin-Grunewald, Taunusstr. 8. ($^{13}|_{11}$ 97.) B: Verkettung 17, 2. A. 20; Heimkehr des Herzens 21.

Gumppenberg, Hanns Frhr. v., SDS., ⊙, ✠, ∴, /. München, Kaulbachstr. 8/10. (Landshut $^{4}|_{12}$ 66.) B: D. Verdammten, Dr. 01; Münchhausens Antwort, Kom. 01; D. teutsche Dichterroß (Parodien) 01, 9. u. 10. A. 18; D. elf Scharfrichter (m. Willy Rath) 01; Überdramen (u. d. Ps. Jodok) 02 III; Grundlagen d. wiss. Philosoph. 03; Schwed. Lyrik 03; König Konrad I., Dr. 04; König Heinrich I., Dr. 04; Herzog Philipps Brautfahrt, Op.-Lsp. 04; Aus m. lyr. Tagebuch, G. 06; D. Einzige, Tragikom. 07; Bellmann-Brevier 09; Legenden, deutsch nach Björnson (m. Niels Hoyer) 12; Schauen u. Sinnen, G. 12; Goethes weder—weder u. Schillers noch—noch (u. d. Ps. Prof. Dr. Tiefbohrer) 13; Schaurige Schicksale, fälschende Fama u. leere Lorbeeren 14; Der Pinsel Ying's, Kom. 14; Meine Spitäler (nach Paul Verlaine) 20; Philosophie u. Okkultismus 21. ( )

Gundelfinger, Friedr., s. Gundolf, Fr.

Gundolf, Friedrich (Ps. f. Friedr. Gundelfinger), Dr. phil., o. Prof. Heidelberg, Schloßberg 55. (Darmstadt $^{20}|_{6}$ 80.) B: Fortunat 03; Caesar in der deutschen Literatur 04; Zwiegespräche 05; Shakespeare u. d. deutsche Geist 11, 6. A. 22; Hölderlins Archipelagus 11, 2. A. 16; Stefan George in unserer Zeit 13, 3. A. 18; Goethe 16, 11. A. 22; George 20, 2. A. 21; Dichter und Helden 21, 2. A. 22; Heinrich von Kleist 22; Martin Opitz 23. H: Goethe im Gespräch 06; Romantikerbriefe 07; Heinrich Steffens, Lebenserinnerungen 08; Jahrbuch für die geistige Bewegung 10—12 (mit Friedrich Wolters); Johannes von Müller, Geschichten schweizerischer Eidgenossenschaft 23. **Ue:** Aufsätze über Stef. George (a. d. Holl.) 04; Shakespeare in deutsch. Spr. I—X 08—16, 2. Ausg. 20 f.

Günter, E. W., s. Freißler, Ernst W.

Günter, Heinrich, ♛, Dr. phil., a.o. UP. Tübingen, Uhlandstr. 2. (15|2 70.)

Günther, s. Katzenstein, Grete.

Günther, Felix, DB., Tonkünstler, Dr., Berlin-Charlottenburg 4, Gervinusstr. 10. (Trautenau 5|12 86.) B: Felix v. Weingartner, ein Beitrag zur Psychologie der modernen Musik 16. H: Blätter der Philharmonie. Ue: Alt-Heidelberg, Operntextbuch v. A. Colentuoni (gem. mit J. F. Heidenreich) 21.

Günther, Hans, ○, Dr. phil. Skien (Norwegen), Lövenskioldsgate 5. (Freiburg i. Br. 16|2 91.) B: Hans Baldenwegs Aufbruch 21; Rassenkunde des deutschen Volkes 22, 3. A. 23. H: Das Volksbuch von Fortunatus 14; Ritter, Tod und Teufel; Der heldische Gedanke 20.

Günther, Johannes, Theater- u. Lit.-Wissensch., Nov., Märch., Dr. phil., Dramaturg. Berlin-Nikolassee, An der Rehwiese 25. (Schneidemühl 19|4 96.) B: Der Theaterkritiker H. Th. Rötscher 21; Die märkische Landschaft im Spiegel der Dichter 22; Kinder und Kinderchen 23; Selbstmord; Alt, lyr. Sp. 23.

Guenther, Johannes v., ○, Ue: RE. München, Elisabethstr. 13. (Mitau 14|5 86.) B: Martinian sucht den Teufel, R. 16, 18; Der Magier, Sch. 16; Der liebste Gast, Sgsp. 17; Don Gil von den grünen Hosen, Lsp. 18; Der weiße Vogel, G. 20; Dummes Zeug wird hier getrieben, Lsp. 21. Ue: Dowson, Gribojädow; Tolstoi, Turgenjew; Puschkin. H: Lettische Volkslieder; Russische Gespenstergeschichten. ()

Guenther, Konrad, Ψ, /, Dr. phil., a.o. UP. Freiburg i. B., Reichsgrafenstr. 18. (Riga 23|8 74.) B: Unrein! R. 18; Heimatlehre 20; Das Tierleben unserer Heimat I; u. a.

Günther, Otto, klass. Ψ, ♛, Dr. phil., Prof., Dir. d. Staats- u. Univ.-Bibl. Breslau. (Celle 30|12 64.)

Günther, Waldemar Wilhelm (Ps. Günther Günthersberg), Belletristik, Dr. jur. utr. Berlin-Lichterfelde, Jülpenstr. 5a II. (Alt-Rüdnitz a. O. 17|3 74.) B: Heidelberger Lieder 99, 2. A. 21; Auf der Wanderfahrt 00; Bismarckiana 01, 2. A. 15: Der geblendete Simson (politische Weltverse) 19, 2. A. 21.

Günthersberg, Günther, s. Günther, Wald. Wilh.

Güntter, Otto v., WJSB., Lit.♛, Dr. phil. h. c., Prof. GHofR., Vorst. d. Schillermuseums in Marbach. Stuttgart, Panoramastr. 27. (ebda 30|10 58.) B bzw. H: Lessings Philotas 90; Walther v. d. Vogelweide 93; Ged. 93; Vaterländ. Gedenktage 99; Marbacher Schillerbuch I—V 05—22; Schillers Ged. u. Dramen, Volksausg. 05 u. 09; Schillers Werke (m. Witkowski) I—III 10; Hausbuch schwäb. Erzähler 11; Haus- u. Feldbuch schwäb. Erzähler 16; Aus dem Schillermuseum 16; Christ. Wagner's Ges. Dichtungen 19; Veröffentlichungen d. Schwäb. Schillervereins; Schiller über Volk, Staat u. Gesellschaft 19.

Gurk, Paul, DB., SDS., ○, Nov., Rom., Fabeln, Skizzen, Gedichte, Stadtsekr. Berlin SO 16, Melchiorstr. 20. (Frankfurt a. O. 26|4 80.) B: Thomas Münzer, Dr. 21; Dina, Dr. 21; Persephone, Sch.; Jeremia, Trag.; Frantzius, Beamtentrag.; Bruder Franziskus, Dr.; (über 30 Dramen, Komödien, Tragikomödien u. Lsp., Kleistpreisträger 1921; Die Wege des teelschen Hans, R. 23; Dreifältigkeit 22; Das Lied von der Freundschaft 23; Fabeln I 22 u. v. a.

Gurlitt, Cornelius, Kunst♛, Krit., /, △, Architekt, Dr. phil., Dr.-Ing. h. c., Dr. theol. h. c., THSchP. i. R., GR., Vors. d. Bundes deut. Architekten, Präsident der Freien deutschen Akademie des Städtebaues. Dresden, Kaitzerstr. 26. (Nischwitz 1|1 50.) B: Geschichte des Barockstiles, d. Rokoko u. d. Klassizismus 87/89; Albrechtsburg z. Meißen; Archit. u. Kunstgew. d. 17. u. 18. Jahrh. 87; Im Bürgerhaus 88; Kunst u. Künstler a. Vorabend d. Reformation 90; Deutsche Musterzeichenkunst u. ihre Gesch. 90; A. Schlüter 91; Hochzeitsreise, Erz. 91; Internat. Ausstellg. zu Berlin 91; Beitr. zur Entwicklungsgesch. d. Gotik 92; Sir Edward Burne Jones 94; Albrechtsburg zu Meißen (mit O. Wanckel) 95; Kunst unter Kurfürst Friedr. dem Weisen 97; Baukunst Spaniens (m. Junghändel u. Madrazo) 93/97 III; Die Baukunst Frankreichs 99/00; Deutsche Kunst d. 19. Jahrh. 99, 3. A. 07; Hist. Städtebilder: Heft I—XII; Gesch. d. Kunst 02; D. Westtürme d. Meißner Doms 02; D. Lutherstadt Wittenberg (Die Kunst) 03; Üb. Baukunst (Die Kunst) 03; Kirchen 06; D. engl. Porträt im 18. Jahrh. 06 II; Dresden (Die Kultur) 07; D. Baukunst Konstantinopels 07/11; Watteaus Handzeichngn. 09; Ehrensäulen Konstantinopels 09; Beschr. Darstellung der Bau- u. Kunstdenkmäler Sachsens, Heft XVI—XLI 94—21; Konstantinopel 09; Das französische Sittenbild des 18. Jahrh. 12; Andrea Palladio 14, 3. A. 21; Von deutscher Kunst u. Art 15; Schutz d. Kunstdenkmäler im Kriege 15; D. Klosterbauten der Cisterzienser in Belgien (m. P. Clemen) 16; Warschauer Bauten aus der Zeit der sächsischen Könige 17; Handbuch d. Städtebaues 20; Die Pflege der kirchlichen Kunstdenkmäler 21; Stuart u. Revett 22. H: Beiträge z. Bauwissen-

schaft 03f.; Die Kultur 05ff.; Stadtbaukunst (mit Bruno Möhring) 20ff.; Bauwissenschaftl. Beiträge 20ff.

Gurschner, Frau Alice, geb. Pollak (Ps. Paul Althof), Epos, Nov., /, Kunstkrit., ○, ♥. Wien VII, Lindeng. 9. (ebda $^{8}|_{10}$ 69.) B: Gernrode 90; D. Asolanen 93; Coghetta 94; Passion 97; Kunsthyänen, Dr. 03; Der Wintergarten, R. 04; Das verlorene Wort, R. 07; Die wunderbare Brücke, Nn. 08; Der heilige Kuß, Dr. 11; Semiramis, R. 14. ()

Gurski, Johannes (Rusigk), Dramatiker. Berlin-Friedrichsfelde, Berliner Str. 125. (ebda $^{12}|_{8}$ 71.) B: Freigeister, Dr. 95; Die Spinne, Dr. 99; Ein Blättlein Liebe, Dr. 99; Opfer, drei Lebensbilder 00; Lieder vom Licht und Leben, G.; Freiwild, R. 20; Der leuchtende Punkt, R.; Elektra und Iphigeneia, Dr. 22; Kaiser und Kebse, Dr. 23. *

Gurski, Viktor, /, Korrektor. Gautzsch b. Leipzig, Auerbachshof 4. (Berlin $^{16}|_{4}$ 74.) B: Volkstümliche Novellen 19; Die Erlösung vom Ich, R. 21; Heilige Sünde, R. 22; Briefe aus dem Jenseits, lit.-pol. Satire 22. *

Gurtis, F., s. Franke, Willib.

Gürtler, Danny, s. Diller, Walt. Em.

Gustav, Leopold, s. Oberlaender, Leop. Gust.

Gutberlet, Heinrich, ♥, Ꝃ, Nov. Berlin SW 61, Blücherstr. 64 II. (Hersfeld, Bez. Kassel $^{24}|_{8}$ 77.) B: Kampflieder aus d. Ostmark 97, 5. A. 20; Bunte Saat, G. 00; Deutsche Ged. 05; Deutschtum u. Panslavismus 09; Trutzfanfaren, G. 09; Karl Pröll's Vermächtnis, G. u. Denkspr. 13; Ges. Sozialpolit. Kriegsaufsätze 15; Ströme der Stille, G. 16; Das große Erleben, G. 18; Ausgewählte Gedichte 19; Heilige Stunde, G. 21; Bismarck in uns, G. 22.

Güterbock, Grethe, geb. Auer (Grethe Auer), SES., Frau Dr. Nikolassee b. Berlin, An der Rehwiese 12. (Wien $^{25}|_{8}$ 71.) B: Marokkanische Erzählgn. 05; Marokkan. Sittenbilder 06; Djemschid dram. Dichtg. 06; Bruchstücke aus d. Memoiren d. Chev. v. Roquesant 07; Marrakesch 10; Gabrielens Spitzen 19; Dschilali 22; D. Seele d. Imperia 23; König Echnaton in El-Amarna (mit Zeichnungen von Clara Siemens) 23.

Guth, Alfred, ○, Nov., /, Krit., ⊞. Wien III, Hintzerstr. 6. (Prag $^{12}|_{11}$ 75.) B: Leiden 96; Vom Wege, N. 97; Draußen im Leben 98; Vom letzten Tage, N. 01, 2. A. 02. MitH: Mod. Dichtgn. 97 III.

Gutherz, Gerhard, ○, Essay, Erzählg., Dramaturg der bayer. Staatstheater. München. (Wien $^{7}|_{8}$ 77.) B: Worte Thoreaus 09; Die Lilienkrone, Tr. 10; Das Herz von Jerusalem, Tr. 13; Der Kilin, ZbrP. 17; Drei zum Knoten, Erz. 20. ()

Guthmann, Johs., SDS., Epik, Ꝃ, Dr. phil. Mittel-Schreiberhau i. R. (Berlin $^{27}|_{8}$ 76.) B: Die Landschaftsmalerei der toskan. u. umbr. Kunst v. Giotto bis Rafael 02; Über Otto Greiner 03; Das goldene Land, M. 07; Eurydikes Wiederkehr, E. 09; Romantische Novellen 11; Die Pfeile Amors u. a. Nov. 14; D. Lied des Faunen, J. 14; Bilder aus Ägypten 17; Scherz u. Laune, Max Slevogt u. s. Gelegenheitsarbeiten 20.

Gutjahr, Oskar, Deutsche Lit., Ethik, Ästhetik, Soziologie, SanR., Dr. med. Naumburg a. d. Saale. (Castrop, Westf. $^{8}|_{4}$ 57.) B: Psychologische Skizzen 19; Sturmschritt-Kultur, Irrwege in der Vermittlung geistiger, sittlicher Werte 21.

Gutkind, Erich (Ps. Volker), ∴. Berlin-Grünau. (Berlin $^{9}|_{2}$ 77.) B: Siderische Geburt: seraph. Wanderung vom Tode d. Welt z. Taufe d. Tat 10; Welt-Eroberung durch Heldenliebe 11.

Gutmann, Paul, DB., SDS., Ꝃ, ○, ♥. Berlin-Friedenau, Wiesbadener Str. 8. (Berlin $^{27}|_{1}$ 73.) B: Ged. 95; Elegien 99; Frühling, Dr. 99; Der verkaufte Dichter, Kom. 04; Die ungeratene Tochter, Kom. 05; Narren: I. Im Krüppelhaus, II. D. Dichter, III. Der Graf von Massa-Malaspina, Kom. 06; D. Wahrheitsschule, Kom. 08; D. Sohn d. Michael Korta, R. 14; Der entfesselte Mann, Lsp. 15; Alles nur Menschen, Nn. 21; Die Kulturlüge 19.

Guttmann, Richard, ∴, ○, Essay, Satire, Red. d. „Morgen". Wien II, Czerning. 4. (ebda $^{20}|_{10}$ 84.) B: Die Kinomenschheit 16; Der Anfänger, Dr. 18; Varieté 19. H: Feuchterslebens Werke 07.

Guttry, Alexander v., SDS., Lit. u. Kultur♛, Ue: PF, Dr. jur. München, Franz-Josef-Str. 41. (Piotrkowice $^{25}|_{1}$ 87.) B: Die Polen u. d. Weltkrieg 15, 5. A.; Galizien, Land u. Leute 16, 5. A. H u. Bearb: Memoiren u. Denkwürdigkeiten z. Gesch. u. Kultur Polens. Mickiewicz, Poetische Werke 19; Wyspianski, Dramatische Werke 19; Reymont, Bauernnovellen 19; Przybyszewski, Der Schrei 19. Ue: Reymont, Lodz 15, 19. A. 18; Orzeszko, Licht in der Finsternis 16, 3. A.; Polen, Ein Novellenbuch 17; Lozinski, Poln. Leben in vergangenen Zeiten 17; Gomulicki, Warschau 17; Poniatowski, Memoiren 18; Sienkiewicz, Legionen 18.

Guttzeit, Johs., SDS., Ꝗ, ♥, Moral, Ltn. a. D. Neu-Esting b. München-Olching. (Königsberg, Pr. $^{6}|_{8}$ 53.) B: Spiritualist. Briefe 93; Spiel u. Ernst mit

Reformen 93; Naturrecht od. Verbrechen? (gleich-geschl. Liebe) 95, 3. A. 10; Himmel u. Erde, M. Reich ist von dieser Welt 96, 8. A. 21; Leitsterne (Sinngeb.) 97; Edle Sinnlichkeit 97; Beelzebub 99; Ein dunkler Punkt (Fruchtabtreibung) 05, 7. A. 20; Schamgefühl, Sittlichkeit u. Anstand 08, 8. A. 21; Verantwortlichkeit d. Arztes bei Mißerfolgen 12; Auf d. Flucht zu Fuß durch Marokko 12, 2. A. 16; Schöpfung und Sündenfall 14. H: Zentralbl. f. hum. Bestreb. 85; D. Bruder 89, 90; D. neue Mensch 00—03.

Gysae, Otto, DB., Roman, Nov., ⊙. Leit. d. Feuill. d. „Deutsch. Allg. Ztg." Charlottenburg, Uhlandstr. 180, pt. (Sirkowitz b. Dresden $^{10}|_{4}$ 77.) B: Schwestern Hellwege 05; Edele Prangen 06; D. silberne Tänzerin 08; Höhere Menschen Dr. 10; Die Leidenden, R. 14; Das Gesetz 20; Schräge Strahlen. ( )

H.

Haack, Friedr., Kunst♛, Dr. phil., a. o. UP. Erlangen. (Berlin $^{5}|_{10}$ 68.)

Haack, Konr. (Ps. Gg. Ernst), BB., Naturwiss. u. kulturhistor. /, Dr. phil., Lehrer f. Chemie. Berlin NW 23, Flensburger Str. 8. (Graudenz $^{9}|_{12}$ 60.)

Haake, Paul, ♛, Dr. phil., Prof., U.-Doz. Berlin W 50, Nachodstr. 8. (Berlin $^{30}|_{1}$ 73.)

Haar, Georg, Ästhetik, Dr. jur., RA. u. Notar. Weimar, Schillerstr. 2. (ebda $^{17}|_{11}$ 87.) B: Parenthesen zu Lessings Laokoon 07; Allerlei Lieder 08; u. a.

Haardt, s. Nevinger, Josephine H.

Haardt, J. von der, s. Knobloch, Joseph.

Haarhaus, Julius R., SDS., Lit.- u. Kult.♛, Ψ, Rom., Nov. Leipzig-Pl., Nonnenstr. 38b. (Barmen $^{4}|_{2}$ 67.) B: Makulaturalia, M. 96, 4. A. 22; Auf Goethes Spuren in Italien 95/97 III; J. W. v. Goethe 98, neue Bearbeitung 23; Das Georgenhemd, N. 02; Leipziger Spaziergänge, Bild. u. Skn. 03, 2. A. 06; D. Marquis v. Marigny, eine Emigrantengesch. 03; Unter dem Krummstab, Nn. 06; Wo die Linden blühn, Märch.-Nn., 2. A. 07; D. Boppar der Krieg, N. 08; Nach der Hühnersuche, Nn. 08; Der Prophet, N. 12; Die Erben v. Blankeneck, R. 12, 2. A. 21; Das Glück d. Hauses Rottland, R. 13; Deutsche Freimaurer z. Z. d. Befreiungskriege 13; Reincke Fuchs, freie Bearbeitg. 13; D. grüne Dämon, R. 14, 10. T. 20; Haus Malepartus, R. 19, 10. T. 20; D. Birschknecht v. Hambach, R. 19; D. Kreuzbock, Nn. 20, 2. A. 23; Jens Sventrup, N. 20; Der weidgerechte Pastor, ein heiteres Dorfidyll 22; Ahnen u. Enkel, Jugenderinn. 21; Die rote Exzellenz, Tierr. 22; Raketen vom Stephansturm; Um eine Königskrone, Nn. 23.

Haarmann, Wilhelm (Ps. W. Heeren), Erz., ⊙, Pastor. Halberstadt, Domplatz 47. (Heeren, Westf. $^{30}|_{4}$ 59.) B: Zur Evangelisation Brasiliens 96; Im fremden Lande, Volkserz. 99; Deutsch-evangel. Leben in Brasilien 01; Gesch. d. Sächs.-Anh. Gefängn.-Gesellsch. 09.

Haas, Albert (Ps. Harry A. Fiedler), BP., RP., ✉, ⚓, Dr. phil., Herausg. d. Zweimonatsschr. „Phönix", Chefred. d. Buenos Aires Handelsztg. Buenos Aires, calle Belgrano 1572, d. 2. (Herzberg $^{23}|_{3}$ 73.) B: Das deutsche Lied im Elsaß 18; Von deutscher Art und deutscher Arbeit in Vergangenh. u. Zukunft 19; Argentinien, s. Weltstellung u. s. Weltanschauung 21; Argentinien 23. Ue: Baroja, Der Majoratsherr v. Labraz, R.; Benavente, Dramen; Ganivet, Spaniens Weltansch; Gálvez, Nacha Regules, R.

Haas, Alfred, Pommersche Volkskunde, Professor Dr. phil. Stettin (Pommern), Arndtstr. 9. ($^{8}|_{7}$ 60.) B: Rügensche Sagen u. M. 91, 6. A. 22; Sagen und Erz. von den Inseln Usedom u. Wollin 04; Die Insel Hiddensee 96; Rügensche Skn. 98; Schnurren, Schwänke u. Erz. von der Insel Rügen 99; Pommersche Sagen 12, 3. A. 21; Stubbenkammer, Herthasee u. Herthaburg in Gesch. u. Sage 14, 2. A. 21; Rügensche Volkskunde 20; Plattdeutsche Volkslieder aus Pommern 22; Pommersche Wassersagen 23; Arkona im Jahre 1168, 18. H: Blätter für Pom. Volkskunde (m. Knoop), I—X 93ff.; Die Halbinsel Mönchgut u. ihre Bewohner (m. Worm) 09. *

Haas, Joseph, Roman, Ψ, Dr. phil., o. UP. Tübingen. (Moulins, Allier $^{16}|_{8}$ 63.)

Haas, Joseph, Komponist, Prof. a. d. Akademie der Tonkunst. München, Elvirastr. 4. (Maihingen, Bez.-A. Nördlingen $^{19}|_{3}$ 79.) B: Orchester- u. Kammermusikwerke u. zahlreiche Lieder u. Klavierkompositionen. *

Haas, Rudolf, ASV., DB., Roman, ♕, ⊙, /, Kritik, Dr. jur., Oberbahnrat. Villach, Peraustr. 24. (Mies, Böhmen $^{28}|_{3}$ 77.) B: Der Volksbeglücker, R. 10, 10. T. 20; Matthias Triebl, R. 15, 41. T.; Triebl, der Wanderer, R. 16, 36. T.; Verirrte Liebe, Erzn. 17, 14. T.; Michel Blank u. seine Liesel, R. 19, 25. T.; Der Schelm von Neuberg, Lsp. 19; Die wilden Goldschweine, R. 20, 15. T.; Der Alte vom Berge, R. 21; Auf lichter Höhe, R. 22; Diktatur, R. 23.

Haase, Karl, SDS., Pädagogik, Psychologie, Dr. paed., Studien-Direktor. Erfurt, Eobanstr. 4. (Berlin 18|9 70.) W: Der moderne Hauslehrer 00; Der weibliche Typus als Problem der Psychol. u. Päd. 15; Angewandte Seelenkunde 21; Die psychol. Strömungen der Gegenwart 22. *

Habbel, Josef, Belletristik, Jugendschr., Lexikon, Lit.♛, Volksbücher. Regensburg, Gutenbergstr. 17.

Haberlandt, Mich., **Ue:** Sanskr., Dr. phil., HofR., Dir. des Mus. f. Volkskunde, tit. a.o. UP., Konsulent d. Staatsdenkmalamtes. Wien XIX/1, Gymn.-Str. 56. (Ung.-Altenburg 20|9 60.) W: Indische Legenden 85; Der altindische Geist 87; Völkerkunde 98, 2.A. 06, 3.A.17; Hugo Wolf 03, 2. A. 11; Hugo Wolfs Briefe an H. Faißt 03; Die Welt als Schönheit 04; Völkerschmuck 06; Österreichische Volkskunst 10; Textile Volkskunst aus Österreich 12; Werke d. Volkskunst I—III 13; Die Völker Europas und des Orients 20; Die Abenteuer der zehn Prinzen 22.

Haeberlin, Carl (Ps. Bromios), klass. ♆, Archäol., Dr. phil., ObBibl. Göttingen, Hospitalstr. 4a. (Hannover 11|2 65.)

Habermann, Paul, Lit.♛, Verslehre, Musik, Dr. phil. StudR. Berlin W 30, Rosenheimerstr. 11. (Aschersleben 8|3 87.) W: Metrik der ahd. Reimgedichte.

Habermann, Wilh., s. Ohquist, Joh.

Haberstumpf, Albert, ✗, Aphorismen, Dr. jur., ObLGerR. München, Herrnstr. 52 II. (Kulmbach, Oberfr. 26|7 71.)

Habich, Georg, Münzkunde, Archäologie, Kunst♛, Dr. phil., Dir. d. Staatl. Münzsammlungen u. HonUP., Mitglied der bayr. Akademie der Wiss. München, Schönfeldstr. 20 II. (Darmstadt 24|7 68.) W: Die Amazonengruppe d. attalischen Weihgeschenks 94; Das Gebetbuch des Matthäus Schwarz 11; D. Medailleure des 16. Jahrhunderts 16; Prometheusbilder von Piero di Cosimo; Die Medaillen der ital. Renaissance 23.

Habicht, Victor Curt, SDS., Kunst♛, ✗, Dr. phil., Prof. an der Technischen Hochschule. Hannover, Allmersstr. 8. (Oberstein/Nahe 16|1 83.) W: Triumph des Todes, Dr. 19; Echnaton, R. 19; Der Funke Gott, G. 19; Odysseus und die Sirenen, Dchtg. 20; Die selige Welt, Dchtg. 20; Die letzte Lust, R. 20. *

Hach, Otto (Ps. Siladosi), ✗, ✗, /, Lehr. Berlin NW, Putlitzstr. 1. (Emanuelssegen, OS. 17|8 59.) W: Adolf von Menzel 05, 50. T. 12; Rembrandt 06; Schloß u. Seminar Koschmin 07; Berliner Museums-Führer 08; Lucas Cranach 08 u. 11; Berolina-Führer 12; Kaiser Wilhelm II u. die Kunst 13; J. G. Schadow u. die Berliner Bildhauerschule 13; Ehrenkranz deutscher Kriegsgedichte 15 u. a.

Hacke, Fritz, cand. phil. Freiburg i. B., Erwinstr. 31 II. (Zabern i. E. 15|3 95.) W: Judas, Nn. 23. **Ue:** Balzac, Jesus Christus in Flandern 23. *

Haecker, Theodor, Schriftsteller. München, Rankestr. 5. (Eberbach Württemb. 4|6 79.) W: Sören Kierkegaard u. d. Philosophie d. Innerlichkeit 13; Satire u. Polemik 22; Ein Nachwort 18. H: Fr. L. Graf zu Stolberg, Oden u. Lieder 23. **Ue:** Sören Kierkegaard: Der Pfahl im Fleisch 14, 2. A. 22; Kritik der Gegenwart 14, 2. A. 22; Der Begriff des Auserwählten 17; Religiöse Reden 22; Am Fuße des Altars 22; Die Tagebücher I 22, II 23. John Henry Kardinal Newman: Philosophie des Glaubens (Grammar of Assent) mit Nachwort 21; Die Entwicklung der Christlichen Lehre mit Nachwort 22; Vergil, Bucolica, Die Hirtengedichte mit Holzschnitten von Seewald 23. *

Hacker, Willy Reinhold (Ps. Heinz vom Berge, Siegwart Felden), ASV., VB., Roman, Nov., ✗, ✗, Philatelie, Schriftst. St. Andreasberg i. Harz. (31|7 88.) W: Sei hart, mein Herz! 15; Der Schneider Kilian 16; Nachtviola 18; Wir von der Westfront 18; Der alkoholgegnerische Zwangsstaat 19; Alkohol und Krankheit 19; Warum auswandern? 20; Der singende Eros 21. H: D. Briefmarkenfreund.

Hackland-Rheinländer, E., s. Annas.

Haecklingen, Ferd. Frhr. v., s. Trotha, W. v.

Haedicke, G., s. Schade, Georg.

Hadina, Emil, ✗, Nov., Roman, Lit.♛, /, Dr. phil., Dir. d. Familienschule. Troppau. (Wien 16|11 85.) W: Religion u. Leben 12; Alltag u. Weihe, G. 14; Moderne deutsche Frauenlyrik 14; Sturm u. Stille, G. 16; Nächte u. Sterne, G. 17; Kinder der Sehnsucht, Nn. 17; Heimat u. Seele, G. 18; Suchende Liebe, R. 19; Das andere Reich, R. 20; Von deutscher Art u. Seele, ein Trostbuch 20; Lebensfeier, G. 21; D. graue Stadt — die lichten Frauen, R. 22; Dämonen d. Tiefe, R. 23; Advent, R. 23. H: Deinhardsteins ausgew. Lustsp. 16; Großböhmerland (m. Müller-Rüchersdorf) 23.

Hagall, Walter, s. Buchow, Wilh.

Hagedorn, August, ✗, ✗, u. Krit., /, RechngsR. a. D. Berlin-Steglitz, Adolfstr. 17. (Bockhorst, W. 3|7 56.) W: Dürre Reiser, G. 86, 4. A. unt. d. Tit. Waldesklänge 01; Gloria concordiae, alleg. Spiel 93; St. Bonifatii, E. 95; D. arme Hein-

rich Hartmanns von Aue, metr. Übertr. 98; Potthennerken, M. 06; Pinndopp, M. 07; Kräuselnde Wellen, G. 17; Lottens Vermächtnis, R. 23.

Hagemann, Carl, PA., SDS., Dramaturgie d. Schausp. u. Musikdramas, Dr. phil., Staatstheater-Intend. Wiesbaden, Kaiser-Friedrich-Ring 19. (Harburg, Elbe $^{22}|_{9}$ 71.) B: Die Kunst der Bühne, 7. A. 23; Wilhelmine Schröder-Devrient 04; Wilde-Brevier, 2. A. 21; Oscar Wilde, sein Leben und seine Werke; Mit d. fliegenden Division 15; Weltfahrt, 6. A. 21; Spiele der Völker, 5. A. 21; Aphorismen zur Liebesweisheit, 2. A. 21; Lillis Park, 3. A. 20; Das Dutzend und die Eine, 3. A. 21; Das Schloß im Taunus 22. H: Das Theater, eine Monographiensammlung 04ff.

Hagen, s. Böhm, Willibald.

Hagen, Adolf, s. Harpf, Adolf.

Hagen, Arno, s. Jahncke, August.

Hagen, Hilde, s. Schilling, Hermann.

Hagen, Frau Margarete, geb. Paufler (früher auch Palfy), /, Gedichte, Novelle. Toledo, Ohio, U.S.A. 803 Nevadastr. (Leipzig $^{24}|_{10}$ 64.) *

Hagen, Joh. Ev. (k.), Epik, ✠, /, †, Red. d. „Thurgauer Volkszeitung", Tagesanzeiger u. d. „Mariengrüße a. Einsiedeln". Frauenfeld, Kant. Thurgau, Schweiz. (Buch $^{26}|_{10}$ 64.) B: Theolinde, Sang v. Bodensee 90; Christl. Jungfrau 95, 5. A. 15; Heil. Kindheit 96; Mein schönster Tag 97, 7. A. 14; Vier Liederhefte f Militär 00, 3. A. 06; Weihegesang (Kirche, Gnade, Mensch u. Leben) 07; Die kath. Konfession in d. Thurgauer Gesetzgebung des letzten Jahrh. 08.

Hagen, Maximilian v., Politik, ♛, Dr. phil. Berlin-Friedenau, Kaiserallee 111. (Gera $^{6}|_{7}$ 86.) B: Voraussetzgn. u. Veranlassgn. f. Bismarcks Eintritt in die Weltpolitik 14; England u. Ägypten 15; Gesch. u. Bedeutg. d. Helgolandvertrages 16; Die Wissensch. unserer Kolonialpolitik 18; Bismarcks Kolonialpolitik 21.

Hagen, Oskar, ◎-♛, Dr. phil., Priv.-Doz. Göttingen, Goldgraben 20. (Wiesbaden $^{14}|_{10}$ 88.) B: Corregio Apokryphen 15; Matthias Grünewald 19, 20. A.; Deutsches Sehen 20; Vincent van Gogh 20; Isenheimer Altar 20; Deutsche Zeichner 21.

Hagen-Müller, Frau Elise, Nov., Skizzen, Plaud., Humor. Leipzig, Weststr. 10 II. (ebda $^{14}|_{6}$ 69.)

Hagen-Thürnau, s. Thürnau, Carl.

Hagenbuch, Hans, s. Beerli, Hans.

Hagener, Herm., s. Dreyhaus, Herm.

Hager, Frl. Franziska, DB., Libretto, ✠, Volksschullehrerin a. D. München, Herrnstr. 27. (Traunstein $^{27}|_{6}$ 74.) B: Der Geiger von Gmünd, Libr. 12; Das Mädchen von Marienburg, Libr. 13; Vom Tische des Lebens, Dichtg. 13; Thamar, Dr. 14; Domine non sum dignus, Skn. 14; Die Priesterin, Dr. 15; Abigail, Sch. 17; Gerard u. Rosemund, Libr. 19; Der Dorfschullehrer, ein Heimatbuch 23.

Hager, Georg, Altertumskunde, Kunst-♛, Ur♛, Dr. phil., Dir. d. Generalkonservat. d. Kunstdenkm. u. Altert. Bayerns. München, Kochstr. 18. (Nürnberg $^{20}|_{10}$ 63.) B: Kataloge d. bayr. Nationalmus. IV: (Vorgesch. Altertümer) 92; Mittelalterl. Bauten Regensburgs 96; D. Kunstdenkmale d. Königr. Bayern 99 ff.; D. Weihnachtskrippe 02; Heimatkunst, Klosterstudien, Denkmalpflege 09. ()

Hahn, Arnold, SDS., Belletristik, Dr. phil., Physiolog. Chemiker. Berlin-Schöneberg, Vorbergstr. 13. (Kollautschen $^{28}|_{8}$ 81.) B: Die Bibse, groteske Satiren 21.

Hahn, Erwin, DB., Dramatiker, Schriftsteller, Intendant d. Schwarzburgischen Landestheaters in Rudolstadt. Rudolstadt i. Thür., Sigismundstr. 6. (Lehr b. Ulm Württbg. $^{24}|_{10}$ 87.) B: Afra, Sch. 21. *

Hahn, Joh., Erz., /, Bürger-Schuldir. Schlaggenwald, Böhm., Hauptstr. 39. (Elbogen, Böhmen $^{24}|_{5}$ 63.) B: Heimatklänge, Gesch. u. Gestalten a. fränk. Landen 99; Der Heideprinz, Sch. 04; Sagenbuch der Heimat 12.

Hahn, Victor, ◯, Hrsg. d. „National-Ztg." Berlin W, Kurfürstendamm 63. (Wien $^{19}|_{8}$ 69.) B: Luzifers Sendung, Dr. 97; Die Byzantiner, Sch. 05; E. Kaisertag zu Nürnberg, Festsp. 06; Moses, Tr. 07; Felix Austria, Festsp. 08; Cesar Borgia, Tr. 10; Warbeck, Tr. 16.

Hähnel, Franziskus (Ps. Erich Bardewiek), PA., ✠, ◯, Erz., Krit., Rezitator, Geschäftsführer d. Deutsch. Vortrupp-Bundes, Bundeswart des deutschen Lehrerbundes gegen den Alkoholismus, Schriftl. der „Enthaltsamkeit" u. d. „Jung Siegfried". Wellingsbüttel-Hoheneichen bei Hamburg. ($^{15}|_{5}$ 64.) B: Für Feierstunden, Erzn. 91, 3. A. 05; Abseits v. d. Heerstraße, Ges. Erz. I 97, 2. A. 99; D. Weg zum Glück, Erz. 99, 10. A. 22; Harro Tienbeck, Volkserz. 01, 6. A. 21; Alkoholismus u. Erziehg. 02, 4. A 10; Der Väter wert! dram. Sittenb. 10; Das Gemeindebestimmungsrecht u. d. Frauen 10; Im Sturmschritt voran, Lsp. 12; Auf Fichtes Bahnen 14, 2. A. 15 sowie Festspiele, Psychodramen u. a. H: Briefe d. Lukange Mukara v. Hans Paasche 22, 6. A. 23.

Hahnewald, Edgar, RP., BA., UB.,

Red. d. „Dresdner Volkszeitung“. Dresden, Wettinerplatz 10. (ebda $^{21}|_{8}$ 84.) **W:** Trümmer, Erz. 16; Der Mahlgang, Erz. 18; Der grüne Film, Pl. 20; Peter Schlemihls Erlösung, Erz. 20; Sächsische Landschaften, Pl. 22.

Haim-Graz, Klaus, s. Scheucher, Franz.

Hain, Herm., s. Jahn, Herm. Ed.

Hain, Willi von, s. Willhain, Jul.

Haindl, Johann, ✠, Erz., Msgr., päpstl. Ehrenkämmerer, Wallfahrtskurat in Birkenstein, Fischbachau, ObBay. (Piding $^{14}|_{11}$ 69.) **W:** Lose Blätter 11, 21; Lach nicht 12, 20; So geht es 12, 20; Schwert und Harfe 14, 15; Mein Birkenstein 17, 21; Birkensteinerglocken 19; Landstreicher 20; Dorflump 21; Bahnwärterbub 21; Heimatklänge 21; Lieder und Leben 21; Kinspänne 21.

Haiser, Franz, Philosoph.-biolog. Politik, Nietzscheanismus, Dr. phil., Privatgel. Scheibbs, NiedÖst. (Wien $^{6}|_{1}$ 71.) **W:** Die Krisis des Intellektualismus 12, 2. A. 19; D. aristokr. Imperativ 13; D. Überzeugungskraft des Beweises, e. Kampf zwisch. Stil u. Freih. um d. Vorherrsch. 16; D. Gastmahl des Frhr. v. Artaria, e. Kampf zw. aristokr. u. demokr. Weltansch. 20, 2. A. 21; Im Anfang war d. Streit, Nietzsches Zarathustra u. d. Weltansch. d. Altertums 21; Die Sklaverei, ihre biologische Begründung und sittliche Rechtfertigung 23.

Hajek, Egon, VB., ✠, Novelle, Lit.♛, Musikkritik, Dr. phil., Prof. am evang. Gymnasium. Kronstadt, Siebenbürgen, Langgasse 21. (ebda $^{6}|_{11}$ 88.) **W:** Das Tor der Zukunft, G. 20; Der tolle Kruß, siebenb. Erzn. 23; Ostlandjahrbuch 21; Die Hekatombe des Valentin Franck von Franckenstein, Literarhist. Studie 23. *

Halbach, Fritz, Schriftsteller. Hilgen Rhld. 47a. (ebda $^{10}|_{8}$ 79.) **W:** Romerike Berge, G. 06; Jesus von Nazareth, Dr. 10; Der deutsche Michel, pol. Komödie 19; Der Tanz, pol. Komödie 19; Jud Günther, R. 20; Genosse Levi, R. 21; Das Heil von den Bergen, G. 21; Die Magd, R. 21; Schnuppelbiwupp, Kinderbuch 21; Mutter, Erz. 22.

Halbe, Max, VJ. & S., DB., SDS., VBA., O, Dr. phil. München, Wilhelmstr. 2. (Guettland $^{4}|_{10}$ 65.) **W:** Ein Emporkömmling 89; Freie Liebe 90; Eisgang, Dr. 92; Jugend, Dr. 93; Der Amerikafahrer, Scherzsp. 94; Lebenswende, Kom. 96; Frau Meseck, Dorfgesch. 97; Mutter Erde, Dr. 97; Der Eroberer, Tr. 99; D. Heimatlosen, Dr. 99, 2. A. 00; Das tausendjähr. Reich, Dr. 00; Ein Meteor 00; Haus Rosenhagen, Dr. 01; Walpurgistag, Kom. 02; D. Strom, Dr. 03; Insel d. Seligen, Kom. 05; Das wahre Gesicht, Dr. 07; Blaue Berge, Kom. 09; D. Ring des Lebens, Nn. 10; D. Tat d. Dietrich Stobäus, R. 11; D. Ring d. Gauklers, Sch. 12; Freiheit, Sch. 13; Jo, R. 16; Schloß Zeitvorbei, Dr. 18; Hortense Ruland, Tr. 20; Kikeriki, Kom. 21; Ges. Werke, 7 Bde. 17—23.

Halbeck, Ernst, s. Hausmann, Seb.

Halbert, A., s. Halberthal, Awrum.

Halberthal, Awrum (Ps. A. Halbert), Roman, Red. Hamburg, Eichenstr. 48. (Botuschani, Rum. $^{16}|_{9}$ 81.) **W:** Das Rätſ.: Jude, R. 04, 2. A. 05; Mann u. Weib, Skn. 04; Heinrich v. Kleist 04; Zionstöchter, Nn. 04; Hinauf! R. 06; Lebensfieber, R. 09; Wie der Kunst zu helfen wäre, Gründgsplan d. Genossensch. deutscher Schriftsteller 09; D. Katastrophe unserer Kultur, Memoiren 12, 2. A. 13; D. Sängerin hinter dem Vorhang, R. 12; Henrik Ibsen u. Leo Tolstoi 12; Cosima oder Richard Wagner 12; Die Frau des Komödianten, R. 13; Die rote Kugel, Kom. 13; Frau Irenes Ehe, R. 13; Britischer Nebel, Kom. 14; Der Gott des Zufalls, R. 16; Der Geist der Reklame 23; Die Glocken des Glücks, R.; Wenn Kinder Menschen werden. **Bearb:** Per Bunkes Vorgeschichten 10; D. große Tote 10; Gustav Wied, Kletten 11.

Halde, Georg v. der, s. Postel, Georg.

Haldy, Bruno (L. vom Vogelsberg), ASV., Erzählung, Gesamtgebiet der Naturwissenschaften u. Kulturgeschichte. Gelnhausen, Hessen-Naussau. (ebda $^{14}|_{3}$ 82.) **W:** Die goldene Stadt, R. 13; Der Herr aus Java, R. 20; Das gebannte Land, R. 22; Gottesgarten, R. 22; Anleitung zum Pflanzensammeln 09; Pflanzenphotographie 18, 21; Architekturphotographie 22; Kunstgewerbliche Photographie 22; Die Vegetationsverhältnisse der Gemarkung Gelnhausen 16; Die deutschen Bauernregeln 23; Der deutsche Garten 22; Das deutsche Handwerk 24. **Ue:** Nord-Borneo 24. *

Halka, Alex., s. Ledochowska, Gräfin.

Hallener, F. O., SDS., ✠, Kritik, Erz. Adresse durch: Breslau XVIII, Landsbergstr. 12. (Breslau $^{16}|_{1}$ 03.) **W:** Rhythmus der Frauen 23; Jiu Jidsu der Charakterlosigkeit. **H:** Briefe aus dem endenden 18. Jahrhundert. *

Haller, Albrecht, DB., O, ehem. hrzgl. Hofschausp. Vitznau, Schweiz, Chalet Lauigrund u. Reichenberg, Böhmen, Arndtstr. 4. ($^{13}|_{8}$ 92.) **W:** Das andere …, Lsp. 20; Zeus, Kom. 21.

Haller, Herman, Opetten, Volksstücke u. Possen, Dir. des Theaters am Nollendorfplatz, Berlin. Berlin W 15, Kaiser-Allee 203. (ebda $^{24}|_{12}$ 71.) **W:** Die Dame

aus Trouville; Parkettsitz Nr. 10; Der Juxbaron (m. Willi Wolff) 13; Immer feste druff! (mit dems.) 14; D. Gulaschkanone; Blaue Jungens; Drei alte Schachteln (m. Rideamus); Der Vielgeliebte (m. Rid.); Wenn Liebe erwacht (m. Rid.); Der Vetter aus Dingsda (m. Rid.).

Haller, Johannes, ♕, Dr. phil., o. UP., Tübingen. (Keinis, Estl. $^{10}/_{10}$ 65.) V: D. Epochen d. deutschen Gesch.; Eulenbergs Memoiren; u. a.

Hallupp, Emil, ⊙. Berlin, Mittenwalder Str. 2a. (Weida, Thüring. $^{30}|_{1}$ 75.) V: Die Internationale, Sch. 20; Der Kampf um Ildefons, Schw. 22; Novembersturm, Schw. 22; Die Märzkappelei, Schw. 23.

Halm, Alfred, DB., VF., ⊙. Berlin W. 30, Münchener Str. 24. (Wien $^{9}|_{12}$ 63.) V: Frühlingswende 98; Welke Blätter 99; Der Weisheitszahn, Schw. (m. Wagh) 05; Heiligenwald (m. R. Saudek) 11; Graf Pepi (m. dems.) 12; Seite 105 (m. dems.) 13; Der galante König, Sk. 20; D. Verführer, Lsp. (mit Rud. Lothar) 23. **Bearb u. Ue**: Rabagas 08; F. Molnár, Der Herr Verteidiger 09; Ihr letzter Brief 10; Die Rampe 10; Königsmacht 12; Lavedan, Sire 13; Der Herr von Saubäuchle (Mr. de pourceaugnac.) 16.

Halm, Gustav, WSV., Nov., Märch., ⊙, Bank-Archivar. Köln-Ehrenfeld, Leostr. 29 II. (Köln $^{16}|_{7}$ 89.) H: Das Neue Leben, Ztschr. 12/13. V: Der Fangball u. a. Märchen 13; Unter d. Halbmond im Weltkrieg 16; Vom lieben Gott, d. Teufel u. d. übrigen bösen Welt 21; Der Zauberhandschuh, Sgsp. 22.

Halm, Philipp Maria, Kunst♕, Dr. phil., Prof., Generaldir. d. Bayer. Nationalmuseums und des Bayer. Armeemuseums München, Prinzregentenstr. 3. (Mainz $^{1}|_{10}$ 66.) V: D. Künstlerfamilie der Asam 95; Stephan Rottaler, e. Bildhauer der Frührenaissance 08; Adolf Daucher u. d. Fuggenkapelle in Augsburg 21.

Halwig, C., s. Kossak, Marg.

Hamann, Frl. E. M., SDS., Lit.♕, Kritik, Essay. Scheinfeld, Mittelfranken. (Hansühn $^{18}|_{12}$ 53.) V: Abriß d. Gesch. d. deutsch. Lit. 95/97, 7. A. 18; Aus Marfas Jugendzeit 97, 3. A.; Erhebet euch! 99; M. Herbert 00; Ferdinande v. Brackel 08; Karl Domanig 09; Friedenfinder, Rn. 11, 3. A.; Emilie Ringseis 13. H: Ferdinande v. Brackel, Ged., 6. A. 09; G. Brugier, Gesch. d. deutschen Literatur, 13. A.

Hamann, Ludwig (Ps. L. H. Spielmann, Xanthippos), PA., RP., ♕, ⊙. Berlin-Friedenau, Mainauerstr. 8 (bis April 22 auf Studienreisen in Rom). (Schwerin i. M. $^{14}|_{11}$ 67.) V: D. Umgang m. Büchern u. d. Selbstkultur 97, 2. A. 98; D. Jagd nach d. Glück, Optte. 08; Ihr Dämon, Dr. 09; D. Reise ins Pharaonenland 09; D. Klosterhexe v. Marienfließ, R. 10; Frau Staatsanwalt, Sch. 11; D. Sieg d. Frühlings, dramat. OsterM. 15; Die Mönchsbraut, E. 19; Die schönste Frau, Optte. 20. ( )

Hamann, Otto, ∴, Biologie, ⊙. Dr. med., Linz a. Donau, Volksgartenstr. 22. (Michaelnbach, ObÖsterr. $^{4}|_{4}$ 82.) V: Biologie deutscher Dichter und Denker 23; Hans Hueber, Ein Kleinmeister der deutschen Spätromantik 23. •

Hamann, Richard, Kunst♕, Dr. phil., o. UP. Marburg i. H., Uferstr. 12. (Seehausen, Kr. Wanzleben $^{29}|_{5}$ 79.) V: Das Symbol 02; Rembrandts Radiergn. 06, 2. A. 14, 3. A. 20; E. Gang durch d. Jahrhundert-Ausstellg. 06; D. Impressionismus in Leben u. Kunst 07; D. Wesen d. strafrechtl. Zurechnungsfähigkeit 07; D. Frührenaissance in d. ital. Malerei 09; D. Magdeburger Dom 10; Ästhetik 11, 2. A. 19; Die deutsche Malerei im 19. Jahrh. 14; Krieg, Kunst und Gegenwart 17; Der Schrein der heilg. Elisabeth zu Marburg 22 (in Gemeinschaft mit Dr. Kohlhausen); Deutsche Köpfe des Mittelalters 22; Deutsche u. franz. Kunst im Mittelalter, I: Südfranz. Protorenaissance 22, 2. A. 23, II: Klosterkirche zu Lehnin 23; Olympische Kunst 23; Impressionismus, 2. A. 23; Die Skulpturen des Zeustempels zu Olympia 23 (in Gemeinschaft mit Prof. Buscher).

Hambruch, H., s. Meyer, Alfr. Rich.

Hambruch, Paul, Völkerkunde, Sagen u. Märchen des austro-indonesischen-ozeanischen Kulturkreises, Prof. Dr., Abteilungsvorsteher am Museum für Völkerkunde, Privatdozent a. d. Universität. Hamburg 20, Schrammsweg 8. (ebda $^{22}|_{1}$ 82.) V: Südseemärchen, 1. A. 16, 2. A. 20; Malaiische Märchen 1. u. 2. A. 22; D. Wesen d. Kulturkreislehre. •

Hamburger, Frau Margarete, Ästhetik, Ψ, verw. Justizrat. Berlin-Halensee, Kurfürstendamm 152. (Fraustadt $^{8}|_{3}$ 69.) V: Problem d. Form i. d. neueren Ästhetik u. Kunsttheorie 14; Vom Organismus d. Sprache u. d. Sprache d. Dichters 20.

Hamburger, Frau Maria, geb. Seelhorst (Ps. Maria Seelhorst), SDS., Roman. Neukirch b. Breslau. (ebda. $^{9}|_{10}$ 79.) V: Sehnsucht nach d. Leben 95; D. Schicksal d. Tänzerin Ermina Hautaine, R. 10; D. Vermächtnis der

Marianne Terburg, R. 13; Der Oberstolz, R. 21; Stürme überall, Rn. 23.

Hamburger, Martin, VBJ., RP., Nov., Skizze, Roman, Übersetz. Berlin-Wilmersdorf, Prinzregentenstr. 66. (Berlin $^{23}|_{1}$ 76.) W: Der neue Lehrer 05; Natürlicher Tod 07; Die rote Nachtigall 10; Ein bedenklicher Kuß 13; Die Dirne 21; Der Löwin Erwachen 23.

Hamecher, Peter, ✠, /. Essay, Dramaturg d. dtsch. Theaters. Berlin NW 21, Embener Str. 11. (Lechenich b. Köln $^{20}|_{1}$ 79.) W: Gedächtnis, G. 08; Herb. Eulenberg, Ein Orientierungsversuch 11; Bild u. Traum, G. 13; Adele Gerhard, Essay 18; St. Georgsthaler, N. 19. H: Das Lied vom Großen König, Anthol. 18; Novellen der Freundschaft 19: Der Zauberwald, E. dtsch. Märchenbuch 19 III; Das Volk steht auf, Anth. 19: Sternberg: Braune Märchen 19; Voltaire: Candide 19. ()

Hamel, Ilse, s. Hamel, Marg.

Hamel, Frau Margarete (Ps. Ilse Hamel), ASV., DSch., ✠, Nov., Politik, ■, /, Red. d. „Jungdeutschlandpost" u. d. „Schriftstellerin". Berlin NO, Am Friedrichshain 12. (Hildesheim $^{10}|_{3}$ 74.) W: Kaiserlied 15; Vom Sturm umtost, G. 15; Deutsche Dichtung in Deutschlands Kriegen, Vortr. 16; Danken u. Dienen, G. 16, 2. A. 17. H: Halbmonatsschr.: „Deutsche Frauenwarte". ()

Hammann, Otto, Publizistik, ♛, Dr. jur., WGR., Erz., Ministerial Dir. im Auswärt. Amt a. D. Berlin-Charlottenburg, Wielandstr. 32. (Blankenhain $^{23}|_{1}$ 52.) W: Erinnerungen, I: Der neue Kurs 18, II: Zur Vorgeschichte des Weltkriegs 18; III: Um den Kaiser 19; Der mißverstandene Bismarck, Zwanzig Jahre deutscher Weltpolitik 21.

Hammer, Ernst, ⊙, ✠, StudienR. Flensburg, Marienstr. 80. (Marienwerder $^{17}|_{1}$ 77.) W: Savonarola, Dr. 99; D. Tote Gott, M. u. G. 08; Der Gekreuzigte, Dr. 11; Die Sünde, Dr. 12; Arminius' Tod, dramat. Festsp. 13; York, Dr. 13; Karl u. Wittekind, dramat. Festsp. 14; Kriegsbilder in Feldpostbriefen 15.

Hammer, Heinr., Nov., ♛, ⊙. Dr. phil., a.o. UP. Innsbruck, Hl. Geiststr. (Schruns $^{19}|_{3}$ 73.) W: Josef Schöpf 1745 bis 1822 08; J. F. Fromiller 10; D. Entwicklg. d. barocken Deckenmalerei in Tirol 12; Der Laurentiusaltar der Werkstätte M. Pachers 13; Nachträge u. Studien zu Alex. Colin 14; A. Pozzos frühestes Freskowerk 17; Innsbruck in s. baugeschichtl. Entwicklung 19; Aus Innsbrucks Altstadt 21; Der Bildhauer A. Colin; Die Erzbilder des Maximiliansgrabes in Innsbruck 22; Die Paläste und Bürgerbauten Innsbrucks 23.

Hammer, P. Robert, ✠, OFM. Innsbruck, Franziskanerkloster. (Obbrovazzo i. Dalmat. $^{22}|_{11}$ 94.) W: König und Bettler, ein Franziskusbuch für den Festsaal 21. Ue: (Speculum perfectionis) Im Spiegel der Vollendung 22.

Hammer, Roland, s. Stauf v. d. March, Ottokar.

Hammer, Rudolf Hans, ASV., ✠, Drama, Novellen, Skizzen, Roman, Beamter, „Neusiedler". Wien VI, Getreidemarkt 1. (Erlach b. W.-Neustadt, NÖ. $^{11}|_{2}$ 97.) W: Jugendstimme, G. 20; Kampf, Dr. 21; Die seltsame Stunde, Sk. 23.

Hammer, Walter, s. Hoefterey, Walter.

Hammer, Walter (Ps. Walter Hammer-Webs), ✠, Nov., Skizze, Lit.-Aufsätze, freier Schriftst. Wiesbaden, Bahnhofstr. 2. (Breslau $^{8}|_{4}$ 91.) W: Als ich mich verlor ..., G. 21.

Hammer, Wilh. Artur, VB., DÖSchG., SDS., modern. Ψ, ✠, ⊙, /, ■, Krit., Ue: EF., RProf., Schriftleit. d. Scheffelbundes. Wien XIX/5, Friedlgasse 55. (ebda $^{4}|_{1}$ 71.) W: Vogelsang, Märchen a. d. Wiener Walde 00; D. franz. Konjunktiv v. psycholog. Standpunkte 03; Tableaux des verbes français 04; Deutsche u. französ. Pflanzennamen 06; D. modern-sprachl. Unterricht in Österreich 09; Prakt. Lehrgg. d. franz. Sprache I 11, II 12, 2. A. 21, III u. IV 13; Kernstock-Festschrift (mit Aschauer) 13; Lehrgang der französischen Sprache f. Bürgersch. (m. Plaske) I 14, II 15, III 17, 2. A. 23; Aus der Kriegszeit, G. 15; Kriegsfranzösisch 16; Döblinger, Idyll 16. Red: Blätter f. deutsche Dichtg. 93/94; Scheffeljahrb., 17. Bd. 09; Scheffelkalender (Jahrbuch) auf 1913 u. 1914. H: Ada Christens Ausgew. Werke 11; Luise von François u. Ada Christen, Gräsers Schulausg. 12; Döblinger Heimatkunde 22.

Hammer-Stein, M. v., s. Aurnhammer.

Hammer-Webs, Walter, s. Hammer, Walter.

Hammerstein-Equord, Hans Frhr. v., SDS., ✠, Roman, Novelle, Bezirkshauptmann. Braunau a. Inn, O.-Ö. (ebda $^{5}|_{10}$ 81.) W: D. blaue Blume, M. 11, 3. A. 19; Roland und Rotraut, R. 13; Februar, R. 16, 15.—20. T. 22; Walpurga, Legende 17, 8. T. 18; Zwischen Traum und Tagen, Ged. 19; Schloß Rendezvous, Dchtg. 19; Der Glasprinz, M. 19; Das Tagebuch der Natur, Ged. 20; Ritter Tod und Teufel, histor. R. 21; Mangold von Eberstein, histor. R., 2. T. des R. 22; Wald, Erz. 23.

Hammerwerfer, Fritz, s. Römer, Fritz.

Hammon, Rudolf, Roman, ○, Pfarrvikar a. D., Verlagsbuchhändler. Frankfurt a. M., Myliusstr. 55. (Treuchtlingen $^{9}|_{12}$ 74.) B: Vikar Lonhard 05; Requiescat 08; D. Sünde wider den Geist 09; D. Gefühl — meine Welt! 18; Roman Brands Lästerung 19; D. Buch der Verzückung 19; D. Nazarener, Dr. 20; D. Jüngste Tag, Dram. Dchtg. 21; D. Schöpfung 21.

Hampe, Theod., deutsche Kunst-, Lit.- u. Kultur♛, Dr. phil., II. Dir. des Germanischen Museums. Nürnberg, Frommannstr. 19 III. (Bremen $^{28}|_{1}$ 66.) B: D. German. Nationalmuseum v. 1852 bis 1902 02; D. fahrenden Leute i. d. deutsch. Vergangenheit 02; Die Sebalduskirche in Nürnberg (m. a.) 12; Allgäuer Studien zur Kunst u. Kultur d. Renaissance 18; Das Alt-Nürnberger Kunstglas u. s. Meister 19; Die Zukunft des Germanischen Museums 20. ()

Hanau, Hermann, ○, Dr., Landgerichtsrat a. D. Rom. (Frankfurt a. M. $^{30}|_{7}$ 71.) B: Der arme Heinrich, dram. G. 00; Vaterland, Tr. 00; Der Religionsstifter, Tr. 01; Simson und Delila, Tr. 02; Der Wunsch, dram. Dchtg. 03; Das Märchen v. d. sieben Raben oder von der Kunst, dram. Dchtg. 05; Honoria, Tr. 10; Rigi, Ein Sonettenkranz 19.

Haendcke, Berth., Kunst♛, Dr. phil., o. UP., GRegR. Königsberg i. Pr., Orselnstr. 10. (Altona $^{2}|_{7}$ 62.) B: B. Furtmeyr 85; N. Manuel Deutsch als Künstler 89; Böcklin als Künstler 90; Bibl. f. schweiz. Landeskde; Architektur, Plastik, Malerei 92; Gesch. d. schweiz. Malerei d. 16. Jahrh. 93; Urs Graf u. s. Bannerträger 93; D. Münster in Bern (m. Arch. A. Müller) 94; D. Chronologie d. Landschaften Albr. Dürers 99; M. Klinger als Künstler 99; Studien zur Gesch. d. span. Plastik 00; Stud. z. Gesch. d. sächs. Plastik d. Hochrenaiss.- u. Barockzeit 03; Deutsche Kultur i. Zeitalter d. 30j. Krieges 06; Das Kind u. d. Kunst 06; D. Kunst u. d. natürl. Umwelt 07; Kunst-Analysen aus 19 Jahrh. 08, 2. A. 10; Deutsche Kunst im tägl. Leben 08; Die Darstellg. des unbekleideten Menschen in d. bildenden Kunst seit 19 Jahrh. 10; Entwicklgsgesch. d. Stilarten 13, 2. A. 23; Deutschland unter Kaiser Wilhelm II., Malerei u. Plastik 13. ()

Handel-Mazzetti, Enrica Freiin v., (k.), Roman, Nov. Linz, ObÖsterr. Spittelwiese 15. (Wien $^{10}|_{1}$ 71.) B: Nicht umsonst, Sch. 92; Des braven Flakers Osterfreude, N. 93; Pegasus im Joch, Lsp. 95; 's Engerl, N. 96; Meinrad Helmpergers denkwürdiges Jahr, R. 00, 28. T. 16; Der Verräter, Fahrlässig getötet, 2 Nn. 02; 's Engerl u. Dora, Erzn., ill. Neuaufl. 03; D. brav. Fiakers Osterfreude u. Der Stangelberger Poldl, 2 Erzn., ill. Neuaufl. 03; Skizzen a. Österreich 03; Fahrlässig getötet, ill. Neuaufl. 04; Der letzte Wille des Herrn Egler, ill. Neuaufl. 04; Als die Franzosen in St. Pölten waren, ill. Neuaufl. 04; Jesse u. Maria, R. 06, 79. T. 23; Deutsch. Recht u. a. Ged. 08, 15. T. 16; Acht geistl. Lieder 09; D. arme Margaret, R. 10, 102. T. 23; Sophie Barat, Sp. 10; Novellenbuch 10; Geistige Werdejahre 11; Imperatori, fünf Kaiserlieder 11; Napoleon II. u. a. Dichtgn. 12; Weihnachts- u. Krippenspiele 12; Stephana Schwertner, R. 13f. III, 58. bzw. 63. T. 23; Brüderlein u. Schwesterlein, R. 13, 65. T. 23; Friedensgebet 14, 36. T. 15; Ritas Briefe, R. I—V 15—21, 40. bzw. 14. T. 23; Der Blumenteufel, 1.—10. T. 16; Ilko Smutniak 17, 10. A. 18; D. deutsche Held, R. 20, 52. T. 23; Ritas Vermächtnis, R. 22.

Handmann, Bernhard, SDS., (Ps. Benno Fußmann), ○, Roman, Hum., ♅, Grundbesitz, kaufmänn. Geschäftsführer. Leipzig, Bayersche Str. 121 I. (Schleiz $^{2}|_{11}$ 63.) B: Los v. Rom, Sch. 02; Inspekt. Flamm, Heiteres aus d. Reiseleben 06; Das Geheimnis der Pappel, KrimR. 20; Um Amt und Ehre, KrimR. 21; Rudis Sündenfall, hum. R. 21; Der Totschläger, R. e. Gottlosen 21, 2. A.; Das Gasthaus zum kalten Frosch, R. 22; Röckele und Zwiebäckle, G. u. Erzn. 22; Die Erbschaft, kl. hum. R. 23; Der Dictator, R. 23.

Handwerck, Hugo, neuere deutsche Lit.-♛, Dr. phil., GP. Marburg i. Hess., Haspelstr. 25. (Kassel $^{28}|_{11}$ 62.) B: Stud. üb. Gellerts Fabelstil 91. H: Goethes Reineke Fuchs 99; Gellerts älteste Fabeln I 04, II 07.

Haenel, Erich, Kunst♛, ⌀, △, /, Dr. phil., Direktor des Histor. Museums u. d. Gewehrgalerie, Bibliothekar u. Prof. an d. Akad. der bild. Künste, Hrsg. d. „Zeitschr. f. hist. Waffen- u. Kostümkunde". Dresden, Lipsiusstr. 5. (ebda $^{22}|_{8}$ 75.) B: Spätgotik u. Renaissance 99; Das Einzelwohnhaus d. Neuzeit I 06, 2. A. 09, II 10; D. Wohnung d. Neuzeit 08; Das Mieth. d. Neuzeit 12; Das Kleinwohnh. d. Neuzeit (alle m. Tscharmann) 13; Der sächs. Kurfürsten Turnierbücher 10; Alte Waffen 13, 2. A. 20. H: D. deutsche Kunstgewerbe 06. Ue: Armstrong, Gesch. d. Kunst in England 09.

Hango, Herm., DÖSchG., ♅, Archiv-Dir. Wien IV, Starhemberggg. 26. (Hernals $^{16}|_{5}$ 61.) B: Zum Licht! G. 90; Neue Ged. 94; Faust u. Prometheus, E. 95; Nausikaa, Tr. 97; Asche! G. 99;

Lieder a. d. Wien. Walde, G. 02; Aus Ruh' und Unruh', G. 12; Jesus Christus, E. 13.

Haenisch, Konrad, VA., Politik, Lit.♛, seit 1913 Mitgl. d. Pr. Landtag., 1918 bis 21 preuß. Unterrichtsminister. Berlin-Steglitz, Dijonstr. 17. (Greifswald $^{14}|_{3}$ 76.) B: D. deutsche Sozialdemokratie in u. nach d. Weltkrieg 16, 2. A.; Die Not der geistigen Arbeiter 20; Staat u. Hochschule 20; Lassalle; u. zahlreiche andere polit. u. literarische Schriften.

Hankamer, Paul, Priv.-Doz. f. dtsch. Lit.♛ a. d. Univ. Bonn, Königstr. 61. (Wesel $^{11}|_{2}$ 91.) B: Zacharias Werner 20; Jakob Böhme 23.

Hannenheim, Wilhelm von. Hermannstadt i. Siebenbürgen, Rumänien. (ebda $^{13}|_{11}$ 85.) B: Kristian u. die Sterne.*

Hannott, Dr., s. Sebaldt, Otto F. W.

Hans, Kurt, s. Willecke, K. H.

Haensel, Carl, VDVS., Dramen, Nov., Dr. jur. Berlin-Friedenau, Kaiserallee 139. ($^{12}|_{11}$ 89.) B: Das Grauen, Dr. 19; Der Sieg, Dr. 20; Der Tanz, N. 21; Meister Mariae, Dr. 22; Menschen ohne Tragödie, Kom. 23. *

Hansen, Fritz (Ps. F. H. Normann, Hans vom Walde), PA., /, rz, ⊡, Gen.-Sekr., Syndikus, Red. Berlin S 59, Hasenheide 47. (ebda $^{1}|_{3}$ 70.)

Hansen, Jos., ♛, Dr. phil., Prof., GRR., Arch.-Dir. Köln a. Rh., Hansaring 85. (Aachen $^{26}|_{4}$ 62.)

Hansmann, Heinrich, O, Zeitungskorresp. Graz, Klosterwiesg. 39. (ebda $^{4}|_{3}$ 72.)

Hansmann, Paul, Übers., O, Nov., Kritik. München, Antonienstr. 8 I. (Göttingen $^{6}|_{3}$ 82.) **Ue**: Altfranz. Novellen 09; Tausend u. ein Tag III/IV 10; Bertrand, Voland 11; Des Herrn v. Münchhausen Tischgespräche 11; N. de Troyes, Probierstein, 12; Lafayette, Kleve 13; Alfieri, Dramen 19; Altdeutsche Mären I 19; Fräulein von Fortsange, Dr. 20; dass., Lustspiel 20; Francesca da Polenta u. die Malatesta, Tr. 20; Abbé Prevost, Geschichte der Donna Maria 22; Balzac, H. d., der Dorfpfarrer, die Bauern, der Landarzt 23; Merimée, N. I/II 23; De Vigny, N. 23; Salvator Gotta, Drei Welten, Chiesa, Francesco, Bubengeschichten 22.

Hanstein, Otfrid v., SDS., Roman, Reiseerz. Hermsdorf-Berlin, Neue Bismarckstr. 3. (Bonn a. Rh. $^{23}|_{9}$ 69.) B: Romane: Theaterprinzeßchen 06; Ballettmädel 12; Das Haus d. Gnade 16; Ein Lebenskämpfer 17; Die brennende Stadt 18; Der Fall des Dr. Romeiro 18; Die Madonna d. Perugino 18; Ein verhängnisvoller Auftrag 18; Der Pfarrer v. Goßnitzen 19; Das Schicksal d. Hilde v. Lingen 19; Die Feuer v. Tenochtitlan 20; Die beiden Rochus Winkler 21; Falsche Scheine 21; Gestohlene Gedanken 21; Die Sonnenjungfrau 21; Der Kaiser der Sahara 22; Wettkonzern Lange 22; Der rote Renner 22; Der blutrote Strom 23; Die Farm des Verschollenen 23; Der Klosterschüler v. Tashi-Lunpo 23; Der Fall Gudulla 23; Das Geld auf der Straße 23; Reisewerke: Im Reiche des goldenen Drachen 19 III; Im Lande d. ewigen Frühling 20 III; Unter dem Sonnenbanner 20 III; In den Tälern des Todes 21; Im wilden Afghanistan 22; Zwischen 2 Weltmeeren 22; Auf den Wogen der Südsee 23 II; D. Telefunkenteufel, R. 24.

Häntzschel, Walter, DV., ⊛, ⊡, O, Novelle, Red. d. „Eisen-Zeitung". Charlottenburg, Uhlandstr. 194 pt. (Mittweida $^{3}|_{7}$ 56.) B (ab 04): D. neust. Erfindgn. 04; Hugdietrichs Brautfahrt, O. 04; Röntgenstrahlen, Schw. 05; Drei Freier, Optte. 05; D. elektrotechn. Praxis 06; Vater Krause, Vst. 06; D. Hausgeißel, Dr. 07; D. Mysterien d. Isis, Dr. 08; D. Schablonenformerei 08; D. neue Stütze, Schw. 08; D. Schneider v. Ulm, Dr. 09; D. Praxis d. Kraftwagenbaues 09; Der Familientäuscher, Lsp. 09; Der verschnupfte König, Lsp. 10; Die Pseudo-Mama, Schw. 10; Harfenjule, Vst. 11; Sie werden nicht alle, P. 11; Leute von heute, Vst. 12; Ariadne auf Naxos, Optte. 13; Hochzeit d. Dionysos, O. 13; Die Friedensfreunde, Lsp. 14; Sein Kind! Dr. 15; Prinz Lieschen, Optte. 20; Der Geisterphotograph 22; Die Wiedergeburt, R. 23.

Harbeck, Hans, SDS., ✠, O, Kritik, Essay, Dr. phil., Dramaturg d. Hamburger Kammerspiele, Schriftl. d. Theaterztschr. „Der Freihafen". Hamburg, Saling 35. (Eckernförde $^{25}|_{12}$ 87.) B: Revolution 19; Der Vorhang 20; Rund um den Hund 21; Sonette an Sonja 21; Zeitgenossen 21; Die Poesie des Rinnsteins 21; Wedekinds Ethik 21; Der Bilderbogen 22.

Harbou, Frl. Sophie von, Biograph. Gr.-Flintbek b. Kiel. (Rendsburg $^{15}|_{10}$ 65.) **Ue**: Tennyson, Balladen 95; Emerson, Aus Welt u. Einsamkeit 02; Emerson jun., R. W. Emerson 04; Meredith, Rhoda Fleming 05; Stevenson, Die Schatzinsel 06; Flaubert, Briefe 08; Faust, D. Deutschtum in d. Verein. Staaten 12 II; Carpenter, Englands Ideal 13. B: Selbsterziehung z. Glück 11; Ferd. Krauskopf, e. Buch der Erinnerung 12. ()

Harbou, Thea von (Ps. f. Frau Thea Lang), Roman. Berlin-Grunewald, Hohenzollerndamm 52. (Tauperlitz b.

Hof 27/12 88.) W: Ein Sommernachtstraum, Märchendchtg. 09; Die nach uns kommen, R. 11, 8. A. 17; D. Krieg u. d. Frauen, Nn. 13, 100. A. 18; Von Engeln u. Teufelchen, M. 13; Deutsche Frauen, Nn. 14, 11. A. 15; Du junge Wacht am Rhein, Kindergesch. 15, 10. A.; Die deutsche Frau im Weltkrieg, Aufsätze 15, 6. T.; D. unsterbliche Acker, R. 15, 11. A. 18; D. Masken d. Todes, R. 15, 11. A. 18; D. Flucht d. Beate Hoyermann, R. 16, 30. A. 18; D. indische Grabmal, R. 17, 50. A. 20; Adrian Drost u. sein Land, R., 80. A.; D. Haus ohne Tür u. Fenster, R. 21, 20. A.; Legenden 19; D. Nibelungenbuch 24.

Hard, Frau Hedwig Elisabeth (Hedwig Weimar). Charlottenburg, Königsweg 24. (Aachen 11/4 72.) W: Beichte einer Gefallenen 06; Die im Schatten gehen, 30. Tsd. 07; Tagebuch einer anständigen Frau 09; Ferner liefen, RennbahnSkn. 22. *

Hardegger, August, (k.), ♛, Kunst♛, Architekt, Dr. Disentis, Kt. Graubünden. (St. Gallen 1/10 58.) W: Frauen zu St. Catharina 85; Mariaberg bei Rorschach 91; Altes u. Neues v. St. Gallen 91; D. Zisterzienserinnen zu Maggenau 93; St. Johann im Thurtal 95; Kirchenschätze v. Disentis u. Umgebg. 98; Die Pfarrei St. Gallen 01; Mariazell zu Wurmsbach 08; Die Herren von Wartensee u. Wartegg 15; Die alte Stiftskirche in St. Gallen 18; Baudenkmäler des Kantons St. Gallen, I. Bd.: Kirchliche Bauten der Stadt 23.

Harden, Maximilian, Polit., ▣, Lit.♛, /, Krit., Hrsg. d. „Zukunft". Berlin-Grunewald, Wernerstr. 16. (ebda 20/10 61.) W: Apostata 92, n. F. 92; Theater u. Lit. 96; Kampfgenosse Sudermann 03; Köpfe I 10, 45. A. 14, II 11, 22. A. 14; Prozesse 13, 20. A. 14; Krieg u. Friede 18, 10. A.; Deutschland, Frankreich, England 23.

Hardenberg, Kuno Ferdinand, Graf von, RP., DV., Ästhetik, Kultur, Belletristik. Vorsitz. d. Gesellschaft hess. Bücherfreunde. Darmstadt, Schloß Hardenberg. (Hannover 18/8 71.) W: Herkunft, Leben und Wirken des Hofmalers Joh. Chr. Fiedler 19; Kranichstein und die Jagdmaler des landgräfl. Hofes zu Darmstadt 18; Das orientalische Cabinett, Nn. 18—22. H: Das Kriegsschaubuch des XVIII. AK. 17. *

Harder, Frl. Agnes, PA., SDS., Rom. Nov., ✠, /. Berlin-Wilmersdorf, Hohenzollerndamm 199 I. (Königsberg 24/8 64.) W (seit 00): Und hätte der Liebe nicht, R. 00; Im Wunderlande Italien 01; Engelchen u. Bengelchen 03, 4. A. 04, 2. Teil 05; Tönerne Füße 04; Siebenschläfer 04; Ird. u. himml. Liebe, R. 05; Liebe 05, 3. A.; Rahel Baldbereit, R. 06; Vom Rain d. Lebens, G. 07; Frau Maja, R. 09; Anno Dazumal, R. 10; Die heilige Riza, R. 11; Der blonde Schopf u. seine Freier, R. 13; Erbsünde, R. 14; Gottesurteil, R. 15; Schlumski, Erz. 16, 20. Tsd. 23; Alltag, R. 16; Das trautste Marjellchen 18 II; Die goldene Otti, R. 18; Glück ohne Ruh', R. 19; Alas, eine Eisbaugeschichte, Knabenbuch 19; Die Präsidentin, R. 19; Lydia, R. 19; Himmelgarten, R. 22; Die Kinder Thors 22. H: Unsere Helden 16.

Hardt, Frau Emmy, SDS., Roman. Berlin-Steglitz, Birkbuschstr. 6. (Königsberg i. Pr. 1/1 85.) W: Aber! Nn. 08; Die lieben Nächsten, R. 09; Maiensünde, R. 10; Möblierte Zimmer, R. 14, n. A. 20; Familie Brehmer, R. 20; Fannys Erlebnisse, R. 21; Die Töchter der schönen Susanne, R. 22; Satanella, R. 21, 2. A. 22; Hart am Rande, R. 21; Abstieg, R. 22.

Hardt, Ernst, DV., SDS., Nov., ◯, ✠, /, ☊, Generalintendant des Deutschen Nationaltheaters. Weimar, Am Horn 17 B. (Graudenz 9/6 76.) W: Priester d. Todes, N. 98; Bunt ist das Leben, N. 02; D. Kampf, Sch. 11; Joseph Kainz, G. 10; Tote Zeit, Dr. 98, 2. A. 12; Aus d. Tagen d. Knaben, G. 04, 2. A. 10; Der Kampf ums Rosenrote, Dr. 03, 4. A. 19; An den Toren des Lebens, N. 04, 90. A. 19; Ninon von Lenclos, Dr. 05, 9. A. 18; Tantris d. Narr, Dr. 07, 48. A. 19; Gesammelte Erzählungen 09, 4. A. 18; Gudrun 11, 18. A. 18; Schirin u. Gertraude, Lsp. 13, 3. A. 14; König Salomo, Dr. 15; u. a. Ue: Taine, Flaubert, Balzac, La Rochefoucauld, Vauvenargues, Rousseau, Voltaire. ( )

Hardt, Hans, s. Albrecht, Paul.

Hardt, Wilm, s. Schwaner, Wilh.

Harich, Walther, SDS., RP., Epik, ✠, ◯, Essay, Dr. phil., Schriftleiter der „Königsberger Allgemeinen Zeitung". Königsberg, Ostpreußen, Tragheimer Pulverstr. 23/24. (Mohrungen, Ostpr. 30/1 88.) W: Die Pest in Tulemont, R. 20; E. T. A. Hoffmann, Biogr. 21 II, 4. A. 23; Der Turmbau zu Babel, e. Dchtg. 21; Gedichte 21; Das Ostproblem 22. H: E. T. A. Hoffmanns „Elixiere des Teufels" 23.

Haringer, Jakob, Dichter, Dr. phil. Bayrisch-Gmain bei Bad Reichenhall, Oberbayern. (16/3 93.) W: Hain des Vergessens 17; Abendbergwerk 19; Die Kammer 19; 30 Werke, Bd. I—IX: Die Spiele; Bd. X—XVII: Die Dchtgen.; Bd. XVIII bis XXV: Die Romane, Geschn.; Bd.

XXVI/XXVII: Der Aschenkrug (Übertragungen aus Ronsard, Meilerm, Ch. Lerberghe, Dowson, der von Morungen, Jules Laforgue, Dominiko Burchielle, Nicolaus von Cues, Mong-Kao-Jen, Jakob Balde, Thomas Otway, Piron, Beddoes, Cornazano, Bandello, Gilles du Mesnil, William Blake, A. de Vigny, Beaumont, David Joris, Rutebeuf, Duclos); Bd. XXVIII—XXX: Die Essays, philos. Schrift. u. Schrift. zur Literaturgesch.: Bibliographie: Prof. Dr. Fernando Petitpierre: Le Monument de Jakob Haringer, Paris 23. *

Harlan, Walter, BP., SDS., DB., O, Epik. W., Dramaturgie, Dr. jur. Berlin-Grunewald, Kunz-Buntschuh-Str. 10 (Dresden 25|12 67.) W: D. Dichterbörse, K. 99, 8. T. 08; Schule des Lustspiels, e. System d. Dramaturgie 03; Jahrmarkt in Pulsnitz, Schw. 04, 3. A. 17; D. Sünde an d. Kindern, K. 08, 2. u. 3. T. 20; Familienszenen, 14 Geschn. 12, 2. A. 13; Catrejns Irrfahrt, N. 12; Das Nürnbergisch Ei, Sch. 13, 3. T. 20; In Kanaan, L. 15; Die vorsichtige Jungfrau, L. 18; Er schnarcht, Ein seliger Schabernack. ( )

Harlfinger, Frau Elisabeth (Else Venator), Jugendschriften. Klotzsche-Königswald b. Dresden, Richard-Wagner-Str. 2 II. (Magdeburg-Buckau 18|10 93.) W: Ein Jahr bei Hoffmanns 21. *

Harmlos, Dr., s. Nassauer, Max.

Harms, Willy, Roman, Nov., Lehrer. Lübtheen i. Mecklbg., Salzstr. 12 (Hagenow-Heide b. Hagenow i. Mecklbg. 31|1 81.) W: Das Magdtum Dörte Brüsehavers, R. 19; Tage und Nächte des Hallerhofes, R. 21; Die starken Godenraths, R. 22.

Harnack, C. G. Adolf v., Kirchen♛, D., Dr. jur. h. c., Dr. med. h. c., Dr. phil., o. UP., WGR., Exz. Berlin-Grunewald, Kunz-Buntschuh-Str. 2. (Dorpat 7|5 51.) W: Genaueres ☞ M. Christlieb, Harnack-Bibliogr. 12.

Harveck, Reimar, s. Stein, Otto.

Harpf, Adolf (Pseud. Adolf Hagen), ∴, W., Dr. phil. Maria Trost b. Graz, Waldhofstr. 5. (ebda 18|3 57.) W (seit 00): Darwin in der Ethik 01; Aus Heimat und Fremde 03; Weihnachten 04; Haschisch 04; Mathilde Gräfin Stubenberg 04; Morgen- und Abendland, vergleichende Kultur- und Rassenstudien 05; Der völkische Kampf der Ostmarkdeutschen 05; Landgraf werde hart! 06; Ostara, d. Auferstehg. d. Menschen 06; Der völkische Gedanke; das aristokratische Prinzip 06; D. Weibwesen 06; D Zeit d. ewigen Friedens 07; Natur- u. Kunstschaffen 10; Amerika u. die Religion d. Zukunft 14; Der Erzfeind, Rück- u. Ausblicke zum Weltkrieg 15; Grundlehren d. Kriegswirtschaft u. d. Geburtenausfall 17; Deutsche Waldandachten 22; Der völkische Adel, Südmark-Preisschr. 23.

Harrach, Max. Frankfurt a. M. Hainerweg 3. (München 20|3 74.) W: Haus Taubenfeld, R. 10; Lebensstürme, R 11; Die Mühle von Lichtenbach, R. 17; Die Insel, Sch. 19; Analon, Sch. 20.

Harrasser, Georg, SJ., Volkslit., Red. Innsbruck, Tschurtschentaler Str. 7. (27|7 69.) W: Dichtergärtlein, Anthologie 10. H: Friedensbote 18, 19, 20 (literar. Jahrbuch mit F. Eichert); Liebfrauenbote 23, 24, Jahrbuch); Daheim, Volkserz.-Sammlung, 6 Bde.; Sodalenbücher, 9 Bde.; Kongregationsbücherei, 3 Bde.

Harrwitz, Max, Bibliogr., Verl.-Buchh. u. Antiqu. Berlin-Nikolassee, Normannenstr. 2. (Berlin 8|12 60.) W: Helgoland einst u. jetzt 93.

Hart, Jul., RP., SDS., BSK., ASB., W., O, ♛, ∴, /, Roman. Zehlendorf b. Berlin, Derfflingerstr. 27. (Münster i. W. 9|4 59.) W: Sansara, G. 78; Don Juan Tenorio, Dr. 81; Kritische Waffengänge 82ff.; Der Rächer 83; Der Sumpf 86; Krit. Jahrb. 86; Homo sum 89; Fünf Novellen 89; Gesch. der Weltliteratur II, 91; Triumph des Lebens 93; Stimmen der Nacht 95; Der neue Gott 96; Neue Welterkenntnis 97; Reich der Erfüllung 02ff.; Träume der Mitternacht 05; Das Kleistbuch 07; Revolution der Ästhetik 08; Vernunft als Quelle des Übels; Vorbilder und Bilder e. neuen Gemeinschaft. H: Allg. D. Literaturkal. I—IV. Jahrg.; Buch der Liebe 83; Orient und Okzident 86; Spanische Anthologie 86; Persischer Diwan 87.

Hart, Marie, s. Kurr, M.

Haertel, Kurt, Genossensch. Dtsch. Bühnen-Angehöriger, O. Berlin-Lichterfelde, Wilhelmpl. 2. (Berlin 19|11 85.) W: Napoleon, Dr. 13; Der kleine Kreis, Lsp. 13; Des Kaisers Leibgesind, Burleske 15; Sappho, Tr. 16; Katilina, Tr. 17; Fräulein Frau, P. 18; On revient toujours..., Sentimentalität 20; Vererbung, Tanzintermezzo 20; Vaterschaft, Groteske 20; Der Einbruch, Situatiönchen 21; Arsakes, Dr. 21; Was kostet Ägypten? Optte. 22.

Harten, Angelika, s. Schmitz, Maria.

Harten-Hoencke, Toni, s. Schönemann, Toni.

Hartenau-Thiel, Gert Walther Adolf (Ps. Gert Hartenau), DB., O, /, K, W., K, zuletzt Dir. d. Friedr.-Wilh.-Theaters, Berlin. Klein-Glienicke b. Potsdam. (Nikolsburg i. Mähr. 11|9 65.) W: Und führe uns nicht in Versuchung, Sch. 04; Judas, Dr. 04; Kreuz u. Schwert, Dr. 04;

Hautevolee? Sch. 05; Grenadier Lehmann, Sch. 05; Hagar, Sch. 06; Ein Abenteuer, Erz. 06; Insulinde, Sch. 07; Im Allerheiligst., Erz. 07; Rache, Erz. 07; Gewehr ab! MilitDr. 09; Ursula, R. 10; Liselotte, Dr. 11; Und Du? Sch. 11; D. rote Kästchen, Msp. 12; Sirocco, Dr. 13; Rosen, Sch. 14; Das deutsche Gespenst, Sch. 14; Die Schwester, Dr. 15; Punktum streu Sand drauf! Schw. 15; Radschputana, Sch. 16; Konsul Krafft, Sch. 16; Coeur-Dame, Tr. 20; Der rote Kuckuck, Dr. 22; Im Reiche des Königstigers, indische Erz. 1.—6., 6.—50. T. 23; Der Radscha v. Negri-Lama, Erz. 1.—6. T. 23.

Hartenfels, Wilhelm (Pf. Ernst Freimut), ✠., Inhab. d. „Germaniaverlags" in Frankfurt a. M., Rumelinstr. 38. (Marxain, Bz. Wiesbaden $^{23}|_{8}$ 63.) B: Götzendienst, N. 09, 3. A. 21; Höhenluft, satir. Ged. 10, 2. A. 21; Der Gärtner, G. 12, n. A. 21; Ein Regenerationsprozeß, N. 12, n. A. 21; Mod. deutsche Psalmen, G. 12; Empor!, vaterl. G. 21.

Hartenstein, Frl. Anna, Roman, Nov., Oberlehrerin a. D. Oberhausen, Post Herglfing, Oberbayern. (Plauen i. Vogtl. $^{1}|_{11}$ 57.) B: Im Bürgerhause 89; Die goldene Karla 94; Donate vom Freihof 98; Die Freundin 03, 2. A. 04; Offene Türen, Nn. 07; Der gute Kamerad, R. 12; Der Hausfreund, N. 13; Der Geschwisterhof, R. 22.

Harter, Hermann, s. Frankl, Adolf.

Harthern, Ernst (Pf. Niels Hoyer), SDS., Roman, ⊘, Skandinav. Lit. Stade, Gr. Schmiedestr. 19. (ebda $^{6}|_{9}$ 84.) B: Axel Mertens Heimat, R. 13, 3. T.; Erlösung, Dr. 21; Nachtlied, Dchtg. 23. **H u. Ue:** Hans Jäger: Kranke Liebe 20 III, 5. T.; Kristiania Boheme 21 u. a. sowie Nachlaß Jägers; Aikio: Sohn des Hebräers, R. 14, 4. T. 20; Renntiere, R. 21; Hamsun: Hunger, Pan, Victoria, Mysterien, sämtl. 21, je 10. T.; Kinder ihrer Zeit 14, 6. T. 19; Letzte Freude 13, 7. T. 20; Björnson: Legenden 13, 4. T. 20, Synnöve Solbakken 12; Hans Jaeger „Olga", Dr. 22; Birger Mörner „Tiritiri", R. 22. **H:** Drucke der Schönen Rarität 23; Goethe „Hymne a. d. Natur"; Shakespeare „Sonette"; Paquet „Botschaft d. Rheines"; Edschmid „Rede an einen Dichter"; Lorenz „Vier Madonnen".

Hartig, Frau Mina, Bühnenwerke. Hagen, Westf., Mittelstr. 2. (Greiz $^{29}|_{4}$ 69.) B: Im Bann d. Lüge, Pst. 00; D. gute Ruf, Sch. 05; Abenteuer d. Inspektor Bräsig, Schw. 11.

Hartlaub, Gustav F., ⊘-♛, Dr. phil., Leit. d. graph. Kabinetts, Doz. d. „Akademie f. Jedermann" an d. Städt. Kunsthalle. Mannheim, Richard-Wagner-Str. 12. (Bremen $^{12}|_{3}$ 84.) B: Matteo da Siena u. s. Zeit 10; Die Großherzogliche Gemäldegalerie in Oldenburg 11; Kunst u. Religion 19; Die neue deutsche Graphik 19; Der Genius im Kinde 22.

Hartlieb, Wladimir Frhr. v., ✠. Adr.: Hugo Heller & Cie., Verlag, Wien I. (Görz $^{19}|_{3}$ 87.) B: D. Stadt im Abend, G.; Herbert, e. Gedicht; Noel, e. dramat. G.; Anima candida, Dchtgn.; König David, Dr.; Du, G.; Chaos, e. Farce; Epigramme; Mächtiger Ruf, G.

Hartmann, Alfred Georg, RP., ✎, /, Roman, Red. d. „Woche". Berlin-Friedenau, Fregestr. 4. (Heilbronn $^{13}|_{4}$ 74.) B: Das paradiesische Holland 13; D. Fahrt ins Himmelreich, R. 15; Das Künstlerwäldchen 16, 2. A. 18; Der Künstlerspiegel 20.

Hartmann, Frau Alma v. (Wwe. d. Philosophen Eduard v. H.), geb. Lorenz, ∴. Berlin S 59, Hasenheide 67. (Bremen $^{23}|_{7}$ 54.) B: Zurück z. Idealismus 02; Zwischen Dichtg. u. Philosophie 12. **Mitarb:** A. Drews, D. Monismus, Bd. II. **H:** Das sittliche Bewußtsein.

Hartmann, Ernst, ✠, Jugendschr., Dr. phil., StudDir. Grünberg i. Schles. (Osthausen $^{12}|_{8}$ 76.)

Hartmann, Friedr., RP., PA., BP., Politik, ♛, Kunst♛, ⊘, Dr. phil., Hauptschriftl. d. „Hann. Kurier". Hannover-Waldhausen, Zentralstr. 23. (Frankfurt a. M. $^{2}|_{3}$ 66.) B: Sechs Bücher Braunschweigischer Theatergesch. 05; Der Wunderliche v. Bevern, Dr. 08; Wilh. Raabe, wie er war u. wie er dachte 10; Vor hundert Jahren I 13, 2. A. 15; II 15; Ob.-Ost 17; Mein bulgarisches Tagebuch 18. ( )

Hartmann, Guido, ASV., ✠, /, Postinspektor. Aschaffenburg, Würzburger Str. 34. (ebda $^{9}|_{5}$ 76.) B: Fliehen und Sehnen 07; Aus dem Spessart 10, 3. A. 20; Auf der Sehnsucht Schwingen 19; Ludwig Hartmann, E. Künstlerleben 21.

Hartmann, Hans, Religiöser Sozialismus, Kultur∴, Liz. Dr. Pfarrer. Solingen-Foche, Rheinland, Zeppelinstr. 97. ($^{5}|_{11}$ 88.) B: Kunst und Religion in der Frühromantik 16; Kulturwende 19, 2. A. 22; Jesus, das Dämonische und die Ethik 19, 2. A. 23; Christ und Antichrist 21; Die Stimme des Volkes 20; Der dämonische Jesus 23. *

Hartmann, Karl, ✎, /, ✠, **Ue:** EF GISTArab. Wien IV, Waaggasse 5. (Schloß Prankh, Steierm. $^{26}|_{3}$ 82.)

Hartmann, Karl Otto, Baukunst, Ornament, Stillehre u. Kunst♛, Dr. ing. h. c., OberRegR., Prof., THSchDoz. Stutt-

gart, Seestr. 100. (Höpfingen i. B. 18/7 61.) W: Stilkunde 98, 6. A. Neudr. 22; D. Baukunst in ihrer Entwicklg. v. d. Urzeit bis zur Gegenwart I—III 10f.; Stilwandlungen u. Irrungen in den angewandten Künsten 16; Die Wiedergeburt der deutschen Volkskunst 17.

Hartmann, Kathinka v., geb. v. Tümpling, PA., /, Kunstkritik, ❦, ⌀, Graphologie, früh. Redaktrice der „Dresdner Hausfrau". Dresden-N., Bautzner Str. 27 II. (Leipzig 22/8 74.) W: Leedes Lokalreporter für 06.

Hartmann, Ludo Mor., ♛, Soziologie, Dr. phil., a. ö. Prof. Wien I, Rathausstr. 15. (2/3 65) W: Gesch. Italiens im Mittelalter; u. a.

Hartmann, Ludwig, Lit. Ver. d. Pfalz, Pfälz. Mundartdichtung, Eis.-Inspektor. Ludwigshafen a. Rh., Roonstr. 17. (Speyer 4/2 81.) W: Pfälzer Sternschnuppe, G. 14, 4. A. 20; Kinnersprich vum Ludewig, ein pfälz. Bilderbuch in Reimen f. groß u. klein, 1.—5. A. 20; De Unkel aus Amerika, Erz. 23; Muscht nit greine! G. u. Erz. 23.

Hartmann, Martin, Leipzig-Gohlis, s. Hartmann, K. A. Martin.

Hartmann, Otto, ASV., ❦, Dr. rer. pol., Oblt. a. D., Beamter bei der deutsch. Bank. Hamburg, Richardstr. 52 I. (Freudenberg a. Main, Baden 19/11 94.) W: Das deutsche Herz, G., 1. u. 2. A. 23.*

Hartmann, Otto (Ps. Otto von Tegernsee), PA., SDS., Reisen, Sozialpolitik, Erzähl., K. Wirkl. Rat, Dir. d. Manzgesellsch. Regensburg. (Tegernsee 8/9 76.) W: Adalbert Stifter 99; Sonntagsruhe i. Handelsgew. Münchens 02; E. Ferienfahrt n. Tegernsee 05; Im Stubaital 05; Entstehg. d. Buchdruckerkunst 05; D. Waisenbraut 06; G. J. Manz 06; Ein Heros deutsch. Poesie 06; Im Zillertal 07; In u. um Salzburg 08; Vom Brenner ins Zillertal 09; D. Entwicklg d. Liter. u. d. Buchhandel 10; Fünfzig Stunden auf d. Großglockner 10; Die graph. Kunst in d. Oberpfälz. Kreisausstellg. 10; Eine Glocknerbesteigg 11; D. silberne Jubiläum d. Manzgesellsch. 11; D. Wilde Gerlos 12; D. Arma 12; Volkstum u. Volkskunst 13; Im Zauber d. Hochgebirges 14, 6. A.; Taschenfaulenzer; Friedensfreudenquelle 18, 16. T. 21; Naturfriede und Schrifttum 19; Republik oder Monarchie 22, 4.—19. T.; Im Banne Karl Mays 23.

Hartmann, Paul, Kunst♛, Dr. phil., o. THSchP. Darmstadt. (Ludwigsburg 22/4 69.)

Hartmann, Walther Georg, ❦. Berlin-Friedenau, Wilhelmstr. 16. (Strelitz, Meckl. 17/7 92.) W: Der begeisterte Weg 19; Wir Menschen, G. 20; Die Erde 21; Die Tiere der Insel 23. *

Hartmund, Harald, s. Rosenfeld, Max.

Hartog, Frau Marie, geb. zur Megede (Marie zur Megede), /, Nov., Roman. Königsberg i. Pr., Schötterstraße 9. (Freistadt 17/9 55.) W: Um Gold, R. 83; Graue Gesch., N. 90, n. Folge 91; Aus der Gesellsch., R. 95; Liebe, N. 98; D. Licht, R. 02; Sport, N. 03; Narren, R 03; Unter Masken, R. 06; Frauengedanken üb. Menschenerziehung 07.

Hartung, Ernst, s. Langewiesche, Wilh.

Hartwig, Frl. Thora, DSch., ❦. Hadersleben, Nordschleswig. (ebda.) W: Gedichte 12; Aus Märchenlanden 12; Kraft aus der Höhe, KriegsG. 15; Von Straßen und Gärten des Lebens, Nn. u. Skizzen; G. in deutschen u. dänischen Zeitschriften u. Zeitungen.

Hartz, Erich von, DB., Drama. Kiel, Ringstr. 80. (Angermünde 5/1 86.) W: Kampfgesänge der Liebe, G. 22; Das Festmahl des Antonio, Dr. 23. *

Harz, Ola vom, s. Schönermark, Otto.

Haseloff, Arth., Kunst♛, Dr. phil., o. UP. Kiel, Esmarchstr. 20. (Berlin 28/11 72.) W: Eine Thür.-Sächs. Malerschule des 13. Jhdts.; Die Kaiserinnengräber in Andria 05. H: Codex Purpureus Rossanensis 98; Der Psalter Erzbisch. Egberts v. Trier, Codex Gertrudianis in Cividale (m. Sauerland) 01; Die Glasgemälde der Elisabethkirche in Marburg 07.

Hasenclever, Walter, SDS., DB., ⌀. Dresden, Robert-Koch-Str. 9. (8/7 90.) W: Das Unendliche Gespräch, Sk. 13; Der Jüngling, G. 13, 4. A.; Der Sohn, Dr. 14, 18. A.; Der Retter, Dr. 15, 4. A.; Tod und Auferstehung, G. 16, 6. A.; Antigone, Tr. 17, 10. A.; Die Menschen, Sch. 18, 3. A.; Die Entscheidung, Lsp. 19, 4. A.; Jenseits, Dr. 20, 3. A.; Gobseck, Dr. 21, 2. A.; Gedichte an Frauen 22 I. H: Dichter u. Verleger, Briefe v. Wilh. Friedrich an Detlev v. Liliencron.

Hasler, Eugen, ❦, Dr. jur., Bezirksrichter. Kilchberg b. Zürich, Schwellestraße. (Mailand 22/12 84.) W: Hochland, BergG. 20; Lias Jahr, eine Liebe in Liedern 22; Quadriga, ErzG. 23.

Hassack, Karl, Natur♛, Warenkde., ❦, Dr. sc. nat., RegR., Dir. d. Staats-Hand.-Akad. Graz, Grazbachg. 69. (St. Pölten 9/12 61.)

Hasse, Frl. Else, Essays üb. Ethik, Politik, Kunst u. Religion. Bad Schandau a. Elbe. (ebda 1/8 70.) W: Dantes „Göttliche Komödie", d. Epos v. inneren Menschen, e. Auslegg. 09, 4. A. 23; Der große Krieg u. die deutsche Seele 16; Kleine Blumenpredigten, Im Himmel

d. Freude 21; Stimmen aus dem Jenseits 21.

Hasse, Heinrich, ∴, Prof. Dr. phil. Cronberg i. Taunus, Hainstr. 21. (Lübeck 31|7 84.) V: D. Richtgn. d. Erkennens bei Schopenhauer 08; Schopenhauers Erkenntnislehre als System einer Gemeinschaft d. Rationalen u. Irrationalen 13; Die Philosophie Raoul Richters 14; Das Problem des Sokrates bei Friedrich Nietzsche 18; Das Problem der Gültigkeit in der Philosophie David Humes 20. *

Hasselberg, Felix, Lit.- u. Kultur♛, Kritik, /, Bibliothekar des Vereins f. d. Geschichte Berlins. Berlin NO 18, Lichtenberger Str. 19. (ebda 27|2 93.) V: Eine Lessingreliquie aus Gleims Freundschaftstempel 19. H: Der Freischütz, Friedrich Kinds Operndichtung und ihre Quellen 21; Dr. Carl Friedr. Bahrdt: Geschichte seines Lebens 22. *

Hassenberger, Ottmar (Ps. Othmar van Rhyn), DÖSchG., SDS., Sport- u. Reiseschr., VerlagsRed. Wien XIII/5, Linzer Str. 359. (Enns, ObÖstr. 3|6 89.) V: Wintersport-Kalend. 10, 11, 12; Wintersport im Ötschergebiet 11; Wintersportrevue 11; Sport u. Staat 12; Wanderungen im Mariazellergebiet 14; Der Kriegskamerad 14, 15; Der Olympionike, SportR. 20; Der Gladiator, SportR. 20; u. a. H: Boxsport-Jahrbuch; Skiläufer-Jahrbuch.

Hassenkamp, Leopold, DV., Komponist. Berlin-Schlachtensee, Friedr.-Wilhelm-Str. 38. V: Tanzverbot, Sgsp. 11; Spreewald-Käte, Sgsp. 11; Militärfalter, Optte. 12; Erin, O. 17; Volks- u. Studentenlieder, op. 5—8 21; Neue Lieder, op. 9—10 23.

Hatzfeld, Adolf von. Düsseldorf, Steinstr. 13c. (Olpe i. W. 3|9 92.) V: Franziskus, R. 18, 3. A. 20: An Gott, G. 19; Sommer, G. 20; Die Lemminge, R. 23; Gedichte 23.

Hatzfeld, Helmut, Romanische Philologie, Dr. phil., Privatdozent a. d. Universität. Frankfurt a. M., Klüberstr. 24. (4|11 92.) V: Dantes Weltanschauung 21; Paul Claudel u. Romain Rolland 21; Jean Jacques Rousseau 22; Einführung in die Interpretation neufranzösischer Texte 22; Führer durch die literarischen Meisterwerke der Romanzen 23; Rabelais 23; Der französische Symbolismus 23. *

Hatzfeld, Johannes, Musik, Religionslehrer. Paderborn, Giersstr. 1. (14|4 82.) V: Tandaradei, Volksliederbuch 16, 5. A. 22; Susani, Weihnachtsbuch 21, 2. A. 22. H: Musik im Haus.

Haubrich, Leo, WSV., ❦, /, ∂, ∴ (spez. Anthropologie u. Indologie), Buchhdl. Köln, Unter Goldschmied 40. (ebda 15|11 96.) V: Welt und Gedanke 21; Purgatorio. Aus der Amritavidya des Maitreya 23.

Hauel, Hermine. Adr. durch Verlag Parcus, München. (Prag 74.) V: Das Rätsel der Sphinx, M.; Junge Ehe, R. 19; Eva, R. 19; Lise und Marie, Bilder u. Verse 21; Spätgeboren, R. 21; Was der Kalender erzählt, M.; Novellenband 21.

Hauert, Adolf, /, ❦, ∂, ■, Nov., Plaud., Skn. Magdeburg, Halberstädter Str. 107. (20|2 96.) V: Blühender Mohn 18; Coeur Aß 19; Das Erlebnis der bildenden Kunst in der Schule 22.

Hauff, Walter von, ∴, Auslandsdeutschtum, Professor Dr. phil. Berlin-Steglitz, Filandastr. 33. (Holzmaden-Teck, Wttbg. 10|7 76.) V: Die Überwindung des Schopenhauerschen Pessimismus durch F. Nietzsche 04; Das Deutschtum in Belgien 15; Die Entstehung des Alten Testaments 21; Im Siegeswagen des Dionysos, Nietzsche-Roman 21, 3. A. 23; Deutsche im Ausland 23. *

Hauffen, Adolf, Ψ, Lit.♛, Volkskunde, Dr. phil., o. UProf. Prag-Smichow 250. (Laibach 30|11 63.) V: Scheidt 89; Shakespeare in Deutschland 93; Höritzer Passionsspiel 94; Die deutsche Sprachinsel Gottschee 95; Einführung in d. deutsch-böhmische Volkskunde 96; E. Ebert 01; D. deutsche mundartl. Dichtg. in Böhmen 03; Neue Fischart-Studien 08; Das deutsche Volkslied in Böhmen 12; Kriegslyrik der Gegenw., vornehmlich in Deutschböhmen 16; Geschichte d. deutschen Michel 18; Johann Fischart 21 bis 22 II. H: Drama d. klass. Periode 91 III; Fischart, Ausgew. Werke 92—94 III; Goethes Hermann u. Dorothea 94, 2. A. 01; Goethes Götz 04; Beiträge z. deutschböhm. Volkskunde 96 ff.; Prager Deutsche Studien 12ff.

Haug, Eduard, Lit.♛, Prof. Schaffhausen, Schweiz. (Widdern 30|6 56.) V: Erläuterungen zu Bächtolds Lesebuch 86; Aus dem Lavaterschen Kreise I 94, II 97; Arnold Ott, eine Dichtertragödie 24. H: Briefwechsel der Brüder J. G. u. Joh. von Müller I 91, II 92; Schweiz. Dichterbuch 03; A. Neher, Schaffhuser Dütsch 06.

Haug, Flamin Heinrich (k.), Mittelalterl. ♛, Kirchenrecht, Rechts♛, Urkundenwesen, Dr. phil., ArchR. Wertheim a. M., Ritterg. (Salzburghofen 78|4 80.)

Haumann, Konrad, Landschaftsbeschreibung, Heimatkunde, Wanderbilder, /, Skizze, kaufm. Angestellter. Leipzig-Leutzsch, Lindenauer Str. 21 I. (Leipzig-Connewitz 25|4 96.) V: Wandrer

heraus, Ein Buch fröhlicher Wanderfahrten durch Sachsen, Thüringen, Franken 23. *

Haupt, Albrecht, ⚭, spez. Architektur♛, Dr. phil. GBauR., o. Hon. Professor THSch. Hannover, Escherstr. 23. (Büdingen $^{18}|_{3}$ 52.) B: Bauk. d. Renaiss. in Portugal 90—95 II; Backsteinbauten d. Renaiss. in Norddeutschl. 99; Zur Baugesch. d. Heidelb. Schlosses 02; B. german. Bauk. 02; Peter Flettner, d. erste Meister d. Otto-Heinr.-Baus z. Heidelberg 04; Portugies. Frührenaiss. 07; Palastbauten in Oberitalien u. Toskana 08—23, III; D. älteste Kunst, insbes. d. Bauk. d. Germanen 09, 2. A. 23; D. deutsche Backsteinb. d. Gegenw. u. seine Lage 10, 2. A. 10; D. kranke deutsche Kunst 11; Totenstädte der Zukunft, e. Nekropole f. e. Million 11; Lübke, Gesch. d. deutschen Renaiss., neue Ausg. 13; Lissabon und Cintra 13; Monumenta Germaniae architectonica I/II 13; Kunst u. Architektur im Dienst d. Feuerbestattung 14; Baukunst d. Renaissance in Frankreich u. Deutschland 23.

Haupt, Hans (Ps. Berthold Stein), NP., ✉, ⚜, /, ◯, Dr. phil., Leiter d. Wolffbureau. Erfurt, Trommsdorffstr. 5 II. (Arnswalde $^{5}|_{3}$ 61.) B: Glockengold, Dchtg. 91; Namego, Dchtg. 99; D. Erfurter Kunst- u. Handelsgärtnerei 08; Holsten Korl, R. 14. H: Thüringer Warte I—V. ()

Haupt, Herman, ♛, Dr. phil., Prof., GHofR., UBibl.Dir. Gießen, Keplerstr. 1. (Markt Bibart $^{29}|_{6}$ 54.)

Haupt, Julius, Schlaraffia, Literatur, ∴, Kritik, ⚜, Dr. phil., Verlagslektor. Düsseldorf, Bahnstr. 31. ($^{1}|_{4}$ 93.) B: Elementargeister bei Fouqué, Immermann u. Hoffmann 23. *

Haupt, Paul, Dr., UP. Baltimore, USA., John Hopkin's Univ. (Görlitz $^{25}/_{11}$ 58.)

Haupt, Rich., Kunst♛, D. theol. u. Dr. phil., Prof., GRegR., Prov.-Konservator in Schlesw.-Holst. Preetz. (Büdingen $^{6}|_{10}$ 46.) B: Baugesch. von Büdingen 75; Bl. zur Kunde vaterl. Altert. in Wagrien 81; Vizelinskirchen 84; Bau- u. Kunstdenkm. in Schl.-Holst. 87—89 III; desgl. in Lauenburg 90; Über d. Schmerz 88; Domkirche zu Schleswig, 97, n. A. 05; Johanniskirche zu Oldenburg i. W. u. ihre Vollendung 07; Franz Devantier 08; Z. Erinn. an Franz Devantier 08; Nachr. üb. Wizelin I 13, II, III 16; Burgen in Schleswig 16. Ue: D. R. Meiborg, Bauernhaus in Schlesw. 96.

Haupt, Therese, s. Lehmann-Haupt.

Hauptmann, Gerhart, ◯, Litt. D. h. c., Dr. phil. h. c. Agnetendorf i. Riesengeb. (Salzbrunn $^{15}|_{11}$ 62.) B: Promethidenlos 85; Vor Sonnenaufgang, Dr. 89; D. Friedensfest 90; Einsame Menschen, Dr. 91; Die Weber, Dr. 92; Hanneles Himmelfahrt 92; D. Biberpelz 93; College Crampton, Kom. 94; Florian Geyer 95; Der Apostel, Bahnwärter Thiel, Nov. Studien 96; D. versunk. Glocke 96; Fuhrmann Henschel 98; Schluck u. Jau 00; Michael Kramer 00; D. rote Hahn 01; D. arme Heinrich 01; Rose Bernd 03; Elga 05; Und Pippa tanzt 06; D. Jungfern v. Bischofsberg 07; Kaiser Karls Geisel 08; Griech. Frühling 08; Griselda, Dr. 09; D. Narr in Christo Emanuel Quint, R. 10, Volksausg. 16; D. Ratten, Berliner Tragikom. 11; Gabriel Schillings Flucht, Dr. 12; Atlantis, R. 12; Festspiel in deutsch. Reimen 13; Der Bogen d. Odysseus, Dr. 14; Winterballade, Dr. 17; Der Ketzer von Soana 18; Der weiße Heiland, dram. Phant. 20; Indipohdi, dram. Ged. 21; Sonnette 21; Phantom, R. 22; Anna, E. 22; Peter Brauer, Tr.-Kom.; D. blaue Blume. ()

Hauptmann, Hans, DB., Rom., ◯, ∴, ✝, Hauptmann a. D. Laatzen-Hannover, Kronsbergstr. 88. (Koburg $^{23}|_{11}$ 75.) B: Steinigt ihn! R. 03; Gigantomachie, R. 03; Wie Se. Hoheit verpöbelte, R. 04; Auf tönernen Füßen, R. 08; Sturmlied, Lsp. 09; Scherbengericht, Sch. 10; Wer bin ich? R. 11; Die nackte Herrin, Dr. 11; Das Fräulein vom Globus, Lsp. 12; Ein Teil von jener Kraft, R. 13; Ein Todesflug u. a. Nn. 13; Heraus dein Wälsungschwert, KriegsG. 15; Im Schatten großer Zeit, Nn. 15; D. goldene Schatten, Tragikom. 15; Die Rächer, Dr. 18; Geistlehre, geoffenb. Religionsphilos. 23 III; Das Urevangelium u. das sog. Evang. Matthäi 23.

Hauptmann, Josef, Heimat⚭, Dr. phil., Prof., Staatsreformrealgymnasium in Neutitschein, Mähren, Bürgergasse 11. (Deutsch-Jaßnik, Mähren $^{11}|_{11}$ 82.) B: Der Einzug der Väter 13; Der Rockengang, Bst. 20; Huldigung der Heimat 21; Die Bauerntruhe, G. 22. *

Hauptvogel, Franz Ehregott, VLP., Populäre ∴, Novellen, Bühnendichtung, Sächs. Volksdichtung. Leipzig, Kronprinzstr. 1 R. (ebda $^{9}|_{5}$ 72.) B: Das große Geheimnis (Shakespeare oder Bacon?) 96; Fietsch uff dar Leibzcher Messe 96, 2. A. 18; Als gemeiner Soldat 18; Friede! 18; Fietsche macht na Leibzch nei 19; Ruf an Wilson 19; Die Schwalben 20; De broggne Bemme 20; Was zum Lachen, was zum Weenen 21; Unwetter 21; Der Königsee 21; Die neue Sittlichkeit! 22; Lerchenlied 22. *

Hausberger, Frau Mathilde, geb. Borniger, (k.), Nov., ❦. Trier-Pallien, Augustastr. 3. (Trier $^{22}|_{2}$ 73.) B: Von Mosellas Strande, G. 09.

Hauschner, Frau Auguste, SDS., Rom. u. Nov., O. Berlin W 35, Am Karlsbad 25. (Prag in Böhmen.) B: Dr. Ferenczy u. andere Novellen 95, 2. A. 96; Abschied, R. 97; Die Unterseele, R. 98; Lehrgeld, R. 99; Frauen unter sich, 12 Dialoge 01; Daatjes Hochzeit, R. 02, 3. Taus. 05; Kunst, R. 03; D. sieben Naturen des Dichters Clemens Breißmann, R. 05; Zwischen d. Zeiten, R. 06; D. Familie Lowositz, R. 08; Damenwahl, satir. P. 10; Rudolf u. Camilla, R. 10; Die große Pantomime, R. 13; Der Tod des Löwen, R. 16; Die Siedelung, R. 18; Der Versöhnungstag, R. 18; Erste Liebe, R. 19; Nachtgespräche, R. 19; Jünglinge, R. 21; Die Heilung, R. 21.

Hausenstein, Wilhelm, SDS., Kunst♛, polit. u. Lit.♛, Dr. phil., Leit. d. Jahrb. „Ganymed" u. Herausgeber der Kunsthistor. Atlantenserie „Das Bild". München, Montgelasstr. 8. (Hornberg, Baden $^{17}|_{6}$ 82.) B: D. Bauern-Bruegel 10, 2. A. 20; D. nackte Mensch in der Kunst: kl. Ausg. 12, 4. A. 18, gr. Ausg. 13, 2. A. 16 II; Rokoko-Illustratoren 12, 2. A. 16; J. G. Seume 13; Greco (Barrès, deutsche Ausg.) 13; Vom Künstler u. seiner Seele 14; D. bildende Kunst d. Gegenwart 15; Georg Büchner 15; Belgien 16; Daumier 18; Weisgerber 18; 150 Jahre deutscher Kunst (1650—1800) 19; Der Isenheimer Altar d. Mathias Grünewald 19; Über Expressionismus in d. Malerei 19; Rudolf Großmann 19; Vom Geist des Barock 20; 5. A. 21; Der deutsche Student (m. Alb. Kranold) 20; Zeiten u. Bilder (Ges. Aufsätze) 20; Renoir 20; Eroten 20; Bild u. Gemeinschaft 21; D. Kunst in diesem Augenblick 21; Kairuan 21; Lovis Corinth 21; Max Unold 21; Barbaren u. Klassiker 21; Tafelmakerei der deutschen Gotik (Atlantenserie „Das Bild" Bd. 1, 22); Die Bildnerei der Etrusker (ebda Bd. 2, 22); Die Malerei der frühen Italiener (ebda Bd. 3/4, 22); romanische Bildnerei (ebda Bd. 5/6, 22); Altfranzösische Tafelmalerei (ebda Bd. 7, 23); Giotto 23; Fra Angelico 23; Das Gastgeschenk 23.

Hauser, Kaspar, s. Tucholsky, Kurt.

Hauser, Otto, Erz., poet. Übersetzgn., Lit.♛, Rassenforschg., Verl. A. Duncker. Weimar, Lassenstr. 9. (Dianesch $^{22}|_{8}$ 76.) B: Ethnogr. Nov. 01; Lehrer Joh. Johansen, Erz. 02; Mutter u. Sohn, Dr. 03; E. abgesetzter Pfarrer, Erz. 04; Die jap. Dichtg. 04; Lucidor d. Unglückliche, Erz. 05; Der Reigen d. schönen Frauen, G. 05; Angelika u. Malwine, Erz. 06; 1848, R. 07; Spinoza, R. 08; D. chines. Dchtg. 08; Runen, G. 09; D. Familie Geßner, R. 09; Weltgeschichte d. Literatur 10 II; Alt-Wien, R. 10; Faustulus, Erz. 11; Aus fremden Gärten, 100 Hefte, 11ff.; D. Roman d. Auslands 12; D. liebe Augustin, R. 13; Rassebücher: Rasse u. Rassefragen, Die Germanen in Europa, Genie u. Rasse, Der blonde Mensch, Rasse und Politik 13ff.; D. Drama d. Auslands 13; D. Lyrik d. Auslands 14; Die Fürstin Mutter, R. 20; D. deutsche Herz, Erz. 21; Atlantis, E. 21; Gesch. d. Judent. 21; Klingsor und Morgane, E. 22; D. Nibelungenlied, E. 23. H: Homer, Ilias u. Odyssee, revidierte Übers. v. Voß 12; Tasso, Befreites Jerusalem, revid. Übers. v. Gries 13. Ue: P. Verlaine, Gedichte 00; Rossetti, D. Haus d. Lebens, Son. 00; Die niederl. Lyrik, Stud. u. Üb. 01; D. belg. Lyrik 02; Die dän. Lyrik 04; Die japan. Lyrik 04; Aus fremden Gärten: Swinburne, van Eeden, Li-taipe 05—07; Wilde, G. 06; Dante, D. neue Leben 06; Longfellow, Evangeline 08; J. P. Jacobsen, Gedichte (m. R. F. Arnold) 08; D. Buch Hiob 09; Swinburne, Ged. (m. W. Unus u. a.) 10; Molière, Sämtl. Werke (m. Udo Gaede u. E. Meyer) 11.

Haushofer, Emma (Ps. Emma Merk), Vorsitz. des Münchner Schriftstellerinnen-Vereins, Rom., Nov., /, Prof.-Wwe. München, Königinstr. 10. (ebda $^{15}|_{6}$ 54.) B: D. Rätsel der Bergnacht 03; Am Hochzeitstage 03; Die junge Generation 04; Freundinnen 05; Frauengestalten 06; Unt. der Asche, R. 08; Seine Frage u. a. Nov. 08; Neue Frauen, alte Liebe 08; Urteile du! R. 11; Der Pakt mit dem Himmel, R. 13; Luxuspflänzchen u. a. Rn. 14; Weiße Lilie 20; Die Gewissensbisse des Ignatius Stüpfer 21; Spieglein, Spieglein an der Wand 21; Es wetterleuchtet 23.

Hausknecht, Alfred (Ps. Karl Welzäcker), AB., RP., Nov., Skizze, Kulturpolitik, Ztgsverleger d. „Turm", Hrsg. v. „D. Aufbau", Feuill.-Korresp. f. d. kath. Presse. Bielefeld, Koblenzer Str. 12. (ebda $^{22}|_{10}$ 91.) B: Bruder Mensch (unter Pseudonym Karl Weizäcker) 22, 4. A. 23.

Häusle, Hugo, Lit.♛, Dr. phil., Bibliothekar. Rankweil, Vorarlberg. (ebda $^{14}|_{4}$ 85). B: Eichendorffs Puppenspiel: Das Inkognito 10. H: Eichendorffs Werke, Band X 11.

Hausmann, Friedrich Wilhelm, ❦, O, /, Theaterkritik. München-Laim, Lutzstr. 119. (Essen a. d. Ruhr $^{7}|_{2}$ 71.) B: Der betrogene Sultan, Optte. 09; Kegelstruwwelpeter 10; Des Königs Artollerey 15. H: der „Deutschen Worte",

vaterl. Flugblatt 21, 22, 23; Treudeutsch allerwege, vaterländische G. 23.

Hausmann, Sebastian (Ps. Ernst Halbeck), ✠, Kultur♛, Nov., Dr. d. Staatswiss., a.o. Prof. München, Cuvilliesstr. 1. ($^{20}|_{2}$ 60.) V: D. Grundentlastg. in Bayern 92; Gesch. d. Straßburger Univ.- u. Landes-Bibliothek 95; D. Kaiser-Wilhelms-Univ. Straßburg, ihre Entwicklg. u. ihre Bauten 97; Der Totengräber in Baden-Baden u. Kaspar Hauser; Favorite bei Baden-Baden, Die evang. Stadtpfarrkirche zu Freudenstadt. H: Elsaß-Lothringische Kunstdenkmäler; Die Denkmäler d. elsäss. Baukunst; Die Bücherei der Kultur und Geschichte. **Ue:** D. Kathedrale von Straßburg; Sitten u. Trachten im Elsaß.

Hauttmann, Max, Kunst♛, Dr. phil., Konservator d. bayr. Nat.-Mus., Priv.-Doz. an d. Univ. München. Grünwald b. München. (Landau, Pfalz $^{10}/_{2}$ 88.) V: D. kurbayr. Hofbaumeister Joseph Effner 12; Gesch. der kirchl. Bauk. in Bayern, Schwaben u. Franken 1550 bis 1790 21. (*)

Havemann, Hans, DV., Kultur∴, ✠, Dr. phil., Hannover, Stephansplatz 6 I. ($^{5}|_{5}$ 89.) V: Charles Baudelaire: Der Verworfene, Nachdichtungen 20; Der polare Mensch, Gestalten und Gespräche 23, 1. A.; Die Not in Calais, Dr. 23. *

Havemann, Julius, SDS., ✠, Novell., Rom. Lübeck, Hüxstr. 55. (ebda $^{1}|_{10}$ 66.) V: Perücke u. Zopf, Rn. 10; Am Brunnen Rn. 12; Eigene Leute, Rn. 12; D. Ruf des Lebens, R. 13 II; Schönheit, R. 14; Glücksritter, Rn. 15; Gedichte 17; Ruth Sydentop, R. 19; Die Göttin der Vernunft, R. 19; Dolores, R. 21; Drei Märchen 22; Stimmen der Stille, Rn. 23; Overbeck, R. 23.

Havenstein, Martin, ∴, [illegible], Prof., Studienrat a. Grunewald-Gymnasium. Berlin-Schmargendorf, Sulzaer Str. 14. ($^{28}|_{11}$ 71.) V: F. Nietzsche ein Jugendverderber? 06; Vornehmheit u. Tüchtigkeit 19, 5. A. 23; Die alten Sprachen u. die deutsche Bildung 20; Nietzsche als Erzieher 22. H: Sigismund Rauh †, Die Grundfragen des deutschen Unterrichts 23; Deutsche Spracherziehung in der Schule 23; Der deutsche Schulaufsatz und seine Umgestaltung 23; Prosa u. Poesie im deutschen Unterricht.

Hawkt, s. Withalm, Hanns.

Haydak, Alfons, ✠, /, Schriftst. u. Journalist. Breslau 3, Freiburger Str. 1. (Oppeln, Ob.-Schles. $^{18}|_{11}$ 00.) V: Das Heilige Antlitz, Ged. d. oberschles. Heimat 21; Der Himmelsschlüsselhans, E. Leg. f. Kinder 21; Das schlesische Adventspiel, Sp. 21; Das Maisingerspiel, Sp. 22; Der königliche Bettler, die Gedichte dem Heiligen Franz 23; Bruder Wacholder, das Buch einer fröhlichen Armut, Erz. 23. H: Der Neue Osten, Zweimonatsschrift für Kultur, Kunst, Kritik 23.

Hecht, Hans, engl. Ψ, Dr. phil., o.UP. Göttingen, Planckstraße 1. ($^{16}|_{7}$ 76.) V: Songs from David Herd's Manuscripts 04; Bischof Waerferth's von Worcester Übersetzg. d. Dialoge Gregors d. Großen I 00, II 07; Th. Percy u. William Shenstone 09; Robert Burns 19; Daniel Webb 20. **Ue:** Walter Pater, Plato u. d. Platonismus 04. H: d. Bibl. d. ags. Prosa.

Hecht, Hugo (Ps. Arwed Hugo u. a.), ✠, Kaufm. Berlin SO 16, Engelufer 1. (Merbeck, Reg.Bez. Aachen $^{5}|_{2}$ 61.) V: Gedichte 88; Gedichte, alte u. neue 96; Dichtungen 05; Büchlein d. Übermuts 10.

Heck, Ludwig, Y, Natur♛, Dr. phil., Prof., Dir. d. Zool. Gartens. Berlin W, Zoolog. Garten. (Darmstadt $^{11}|_{8}$ 60.)

Heckel, Hans, Dtsch. Lit.♛, Priv.Doz. Breslau, Kastanienallee 17/19. (ebda $^{14}|_{8}$ 90.) V: Das Don-Juan-Problem in der neueren Dichtung 15; Die Schlesischen Provinzialblätter 1785—1849 in ihrer literargesch. Bedeutung 21; Das deutsche Weihnachtsspiel 21.

Heckel, Frau Li Maria. Schöngeising b. München. (Newport, Amerika $^{10}|_{6}$ 80.) V: Wie Gertrud die Kunst lieben lernte, Erz. 10; Hansis Vorfrühling, Erz. 2. A. 20.

Hecker, Max, ✠, ∴, deutsche Lit.♛, Prof., Dr. phil., Assistent am Goethe- u. Schiller-Archiv, Herausgeber des „Jahrb. der Goethe-Gesellschaft". Weimar, Lindenberg 7. (Köln $^{6}|_{4}$ 70.) V bzw. H: Von Blume zu Blume 92; Schopenhauer u. d. indische Philosoph. 97; Goethes Aufsätze z. Lit. 01ff. V (Weim. Ausg.); Triumph d. Empfindsamkeit 02; Schillers Persönlichkeit I 04; Goethes Briefe (Weim. Ausg., Bd. 31, 32, 36, 43, 44, 49) 04ff.; Goethes „Maximen und Reflexionen" 06; Goethes Sprüche in Reimen 08; D. Briefe des jungen Schiller 09; Goethes Kunstschriften (Großherzog-Wilhelm-Ernst-Ausgabe) 10f., II; Goethes Briefe an Auguste zu Stolberg 12; Briefwechsel zw. Goethe u. Zelter 13f. III; Goethes Briefwechsel mit Marianne v. Willemer 15, 21; Register zu Goethes Werken, Weim. Ausg. 15f. II; Goethes Briefwechsel mit H. Meyer 17f. III; Goethes „Römische Elegien" 20f.; Volksgut deutscher Dichtung (mit Hans Wahl) 20f.; Goethes „Märchen" 21, 23.

Hecker, Oswald Artur, ♛Historiker,

Studienrat, Prof. Dr. phil., Privatdozent Technische Hochschule. Dresden-N., Bautzner Str. 77. (ebda 5/8 79.) **B:** Karls V. Plan eines Reichsbundes 06; Relig. u. Politik i. letzt. Lebensjahr Hz. Georgs v. Sachsen 12; Schriften Dr. Melchiors von Ossa 22; Aufsätze, Bespr. **H:** (m. E. Brandenburg): Polit. Korresp. d. Kf. Moritz v. Sachsen. *

Hedenström, Alfred v., balt. u. russ. ♛, Dr. phil., Staatsr., Doz. d. Hochsch. Riga, Exportstr. 3. (ebda 1/9 69.)

Hedrich, Karl (Ps. Irmin), BVJ., ○, Red. d. „Wochenschau". Essen, Gudulastr. 9. (Gera 13/1 64.) **B:** Der Sieg des Rades 94; Wodan, Sch. 96; Elise, P. 97; Irminfrid, Sch. 99; Treibholz, Sch. 09; Himml. u. irdische Liebe, Dr. 13. ()

Heege, Franz, Kunst♛, Priester SJ. München, Kaulbachstr. 31, Gh. (Buer, Westf. 25/9 70.) **B:** Luthers Kampfbilder (m. Hartm. Grisar SJ.), 21—23 IV Hefte. *

Heer, Jakob Christoph, /, ✠. Rüschlikon bei Zürich. (Töß bei Winterthur 17/7 59.) **B:** Ferien a. d. Adria 88; An heiligen Wassern, R. 98, 99. A; Streifzüge im Engadin; D. König d. Bernina, R.; Felix Notvest, R.; Joggeli, Erz.; Der Wetterwart, R. 05; Laubgewind, R. 08; Da träumen sie v. Lieb' und Glück, Nn. 11; Die Luftfahrten des Herrn Walter Meiß u. a. Novellen 12; Gedichte 13; Der lange Balthasar, Dorfgeschichte 15; Was die Schwalbe sang, Geschn. f. Jung u. Alt 16; Heinrichs Romfahrt, R. 14, 60. A.; Nick Tappoli, R. 21, 60. A.; Tobias Heider R. ()

Heerdegen, Ernst, DB., RP., Politik, /, ○, Theat., Dr. phil., polit. Schriftleiter d. Chemnitzer Allg. Ztg. Chemnitz, Gravelottestr. 5. (Nürnberg 25/1 80.) **B:** Die fromme Helene, Lsp. 18; Politik u. Liebe, Kom. 20; Nachrichtendienst der Presse 19. ()

Heeren, W., s. Haarmann, Wilhelm.

Heerwagen, Heinrich, ♛, Dr. phil., Hauptkonserv. a. Germ. Nat.-Mus. (Bibl.). Nürnberg, Friedrichstr. 12 III. (Wunsiedel 10/7 74.)

Hefele, Herman, ♛, ⁂, ✠, Dr. phil., Archivar am Staatsarchiv. Stuttgart, Neue Weinsteige 20. (ebda 13/10 85.) **B:** Das Gesetz der Form 19, 2. A. 21; Die Entsagenden, Nn. 19; Der Katholizismus in Deutschland 19; Dante 21, 2. A. 23; Bekenntnisse d. hl. Augustinus 21, 2. A. 22; Das Wesen der Dichtung 23; dazu eine Reihe Übersetzungen aus der Zeit der ital. Renaissance.

Hegaur, Engelbert, s. Oeftering, W. E.

Hege, Christ., PA., ♛, ▣, Handelsred. d. „Frankf. Nachr." Frankfurt a. M., Rothschildallee 33. (Bonfeld, Wrttbg. 20/12 69.)

Hegeler, Wilh., BP., Roman. Blankenhain, Thür. (Varel 25/3 70.) **B:** Sonnige Tage, R. 98, 2. A. 09; Nellys Millionen, R. 99, 6. A. 13; Ingenieur Horstmann, R. 00, 8. A. 13; Pastor Klinghammer, R. 03, 9. A. 09; Heinrich v. Kleist, Monogr. 04; Flammen, R. 05, 9. A. 13; Pietro d. Korsar u. d. Jüdin Cheirinca, R. 06, 4. A. 07; Das Ärgernis, R. 07, 8. A. 08; Die frohe Botschaft, R. 10, 5. A. 11; Der Mut z. Glück, R. 11; Des Königs Erziehg., satir. R. 11; Eros, Nn. 13, 3. A. 14; Die Leidenschaft des Hofrat Horn, R., 1. bis 3. A. 14; Die goldene Kette, R. 15; Zwei Freunde, R. 21; Der verschüttete Mensch, R. ()

Heger, Mauriz Hans, DÖSchG., DB., ○, Roman, Satyre, Skizze, Lehr. u. ständ. Referent des „Neuen Wr. Tagblatt", Direktor der 1. österr. Vortragsfilmgesellschaft „Omnia". Wien 2, Sterneckplatz 9. (ebda 26/3 91.) **B:** O diese Rangen! P. 10, 3. A.; Verurteilt, Dr. 11; Volkswohl, Dr. 12; Skizzen 13; Neue Direktion, Sch. 13; Der Mut zum Leben, R. 15; Ihr gutes Recht, R. 15; Der geliebte Mann, Einakt. 15; Am Tag, der uns vereint, Groteske 17; Der Unbekannte, Dr. Episode 20; Wenn alles Liebe wär'..., R. 2. A.; Schelme, Sat., 3. A.; Träumer..., phant. Akt 20; Unser Burgenland 21; Alexander Girardi und sein lachendes Wien, Vortragsstudie 21; Könige des Humors, Wiener Sittenbild 22; Der Siegeszug der Wiener Operette, Studie 23; Im Reiche des Wiener Gassenhauers, Vortragsstudie 23.

Heger, Robert, DB., Komponist u. Librettist, Kapellmstr. am Nationaltheater. München, Georgenstr. 4 I. (Straßburg i. Els. 19/8 86.) **B:** Ein Fest zu Haderslev, O. 20. ()

Heichen, Walter (Ps. W. Eichner u. a.). Berlin-Steglitz, Schöneberger Str. 1. (Stuttgart 22/8 76.) **B:** Der Sang au Ägir; Das Salz der Erde, Hum.; Ein polit. Pastor; Die Stiefkinder der Alma mater, R.; Die Spielplatzstadt; Auf See u. in Kamerun; Geo der Flieger; Helden, gesch. Erz. 3 Bde; Abenteuer der Luft; Die Entscheidungsschlachten der Weltgesch. v. Marathon bis Tsuschima; Der Goldmacher v. Brandenburg; Deutsche Forscher in Tibet; Unter den Fahnen Hindenburgs, 4. A.; Kaliber 42; Mit U-Boot u. Schlachtschiff gegen England; Mit Zeppelin u. Flugzeug; Der Kampf um die Dardanellen; Die Helden von Tirol; Die Hölle von Verdun; Madho Singh, der Maharadscha; van Blootens Erbschaft; Der Letzte der Inkas; sowie

Klassiker-Ausgaben, Bearbeitungen u. Übersetzungen.

Heide, Hans Karl, s. Silvester Ewald.

Heide, Frau Hede von der (Hedwig Orendi Hommenau), Dichterin. Temesvar, Banat, Rum. B: Geistliche Lieder. *

Heide, Heinrich, ✠. Neheim, Ruhr, Kr. Arnsberg i. W., Forsthaus Heide. (Königswinter, Rhein $^{29}|_{12}$ 95.) B: Abseits, Ein Buch Gedichte 21.

Heidelberg, A. von, s. Große, G. P.

Heidenheimer, Heinrich, ♛, Dr. phil., Prof., Oberbibl. Mainz, Greiffenklaustr. 13. (ebda $^{25}|_{10}$ 56.) *

Heidenreich, Carl L., DÖSchG., D. Journ.- u. Schr.-Verein f. Mähr. u. Schles., Ges. d. Autor., Komp. u. Musikverl. in Wien, /, ☺, Musik♛, Musikschriftst., Kritiker. Brünn, Tschechosl., Straßeng. 31. (Wien $^{15}/_{10}$ 79.) H: Die authentischen Melodien d. offiz. Volkshymnen aller Weltstaaten 09; Musiktechnische Kunstausdrücke, deren Verdeutschung und Erläuterung (Musik-Fremdwörterbuch) 12.

Heidmann, G. A. Karl, DB., Dramaturg d. Städt. Theater. Lübeck, Johannisstr. 15 I. (Pr. Eylau i. Ostpr. $^{23}|_{9}$ 89.) B: Walhalls Ende, M. f. Erwachsene 16; Der Gott der Esther, Tr. 21.

Heidrich, Frl. Hermine Margarete, Schriftst. u. Tonkünstl., Gründerin u. Vorsitzende d. Heidrich-Bundes. Charlottenburg, Leibnizstr. 19 (Dresden-Strehlen $^{2}|_{7}$ 84.) B: Aus einem kleinen Leben, G. 12; Blutige Saat, G. 16; Vision, Pantomime 16; Das Heiratsinserat, O. 17; Für Zwei, die Eines sein wollen 18; Lieder, Kammermusik; Haß, R. 22; Junggesellinnen, Erz. 22; Neue Lieder 23; Studien über Alltäglichkeiten 23.

Heidrich, Leo, Roman, Nov., /, Buchhändler. Wien XIII/10, Melchartg. 5. (Gaya $^{18}|_{11}$ 84.) B: Briefe an e. schöne Frau 10, 3. A. 11; Briefe an einen Freund 11, 2. A. 12.

Heidsiek, Hanns, ASV., ✠, O, Nov., Rom., Schriftst. Wiesbaden, Emser Str. 15. (Koblenz $^{30}|_{10}$ 92.) B: Die treibende Kraft, Dr. 13; Rings um das Leben, G.R. 20.

Heilborn, Adolf, Biologie, spez. Anthropol. u. Ethnologie, Nov., Ue: FE, Dr. med. Berlin-Friedenau, Menzelstr. 28. (Berlin $^{11}|_{1}$ 73.)

Heilborn, Ernst, BP., SDS., Kritik, Dr. phil., Hrsg. „Die Literatur". Berlin W, Kurfürstenstr. 83. (ebda $^{10}/_{6}$ 67.) B: Kleefeld, R. 99; Novalis, der Romantiker, Biogr. 01; Der Samariter, R. 01; D. Tier Jehovahs, kulturhist. Essay 05; Ring u. Stab, 2 Erzn. 05; Josua Kersten, R. 08; D. steile Stufe, R. 10; Die kupferne Stadt, Legenden 18; Vom Geist der Erde, Zeitbrevier 21; Die gute Stube 23. H: Novalis' Schriften: Krit. Neuausgabe auf Grund handschriftl. Nachlasses 01.

Heilbron, Fritz, Politik, Wirkl. Legat.-Rat z. D. Berlin-Wilmersdorf, Prinzregentenstr. 74. (Berlin $^{3}|_{11}$ 72.) ( )

Heilbronn, Ludwig, O, /, Hrsg. d. „Osnabrücker Ztg." Osnabrück. (Insterburg $^{6}|_{10}$ 69.) B: Hoogeland, Dr.; Invasion, Kom.; D. verlorene Paradies, Dr.; u. a.

Heilig, Otto, Germanistik, Volkskunde, GP., Mithrsg. d. „Zeitschr. f. Deutsche Mundarten" 98—20. Karlsruhe i. B., Friedenstr. 8. (Walldürn $^{18}|_{9}$ 65.) B: Grammatik d. ostfränk. Mundart d. Taubergrundes u. d. Nachbarmundarten 89; D. Ortsnamen d. Großherzogt. Baden 06; H: Hebels Alemannische Ged. 02 (phon. Ausg.); Ged. v. Schiller in leichtfaßl. Lautschrift m. einleit. Aussprachelehre 10; Schlehe u. Haselnüß (Dialekt.-Ged. v. † J. Dürr) 20; K. G. Nadlers „Fröhlich Palz, Gott erhalts" (Neuausgabe) 22.

Heilmaier, Ludwig, Lokal- (u. Familiengesch.) u. Katechetik, Kirchenvorstand bei St. Stephan u. Katechet. München, Thalkirchner Str. 11II. B: D. Stiftskirche St. Zeno zu Isen 03, 2. A. 20; Geschichte v. Pfaffenhofen 04; Gesch. v. Niederbergkirchen 07; D. ehem. Freising. Herrschaft Burgrain 11; Gesch. v. Böbling b. Weilheim 14; Krieg u. Frieden im Mittelalter 16; D. altbayer. Geschlecht d. Heilmaier, ab 19; D. Gottheit in d. ält. christl. Kunst 20; Text z. Jahresmappe 22 d. „Deutsch. Gesellschaft für christl. Kunst". *

Heilmann, Alfons, (k.), Hauptschriftl. München, Lachnerstr. 10. (Oedheim $^{5}|_{10}$ 83.) B: Bibelbilder 11; Volksbibel 12; Stunden der Stille 19, 37. T. 23; Seelenbuch der Gottesfreunde 20, 10. T. 21; Feuer vom Himmel 20; Gottesträger 21; Zwischen Alltag u. Ewigkeit 21, 26. T. 23. H: Ill. Ztschr. „Deutscher Hausschatz, Sonntag ist's".

Heilmann, Karl, †, ✠, Dr. phil., Geh. Reg.- u. SchulR. Minden. (Hohenzell $^{18}|_{10}$ 57.) B: Gesch. d. deutschen Nationalliteratur u. Poetik 92, 10. A. 20; u. a.

Heilmann, Frau Margarete, geb. Bie (Ps. Käthe Helmar), SDS., /. Berlin-Grunewald, Cunostr. 50. (Breslau $^{9}|_{1}$ 71.) Ue: G. S. Street, Die Ehe d. George Ashton, R. 09. B: Künstler-Ehen, R. 12; Skizzen, Kabarett-Berichte; Berliner Plauderbriefe!

Heilmeyer, Alexander, ☊, Kunstschriftsteller. München, Rankestr. 9 II. (Günzburg 23|8 72.) B: Adolf Hildebrand 02; Die moderne Plastik in Deutschland 03; Wie wir unsere Heimat sehen: „Die Stadt München" 06; Die Plastik seit Beginn des 19. Jahrh. 07, n. A. 21; Ignatius Taschner 21; Adolf von Hildebrand 22; Schwabenland, Eindrücke und Bilder aus Bayrisch-Schwaben 22. H: der Wanderbücher d. Münchner Neuesten Nachrichten.

Heim, Karl, ∴, †, D., Dr. phil., o. UProf. Tübingen, Neckarhalde 25. (Frauenzimmern 20|1 74.)

Heim, Werner, s. Schlack, Emil.

Heimann, Moritz DB., SDS. Kagel i. d. Mark. (Werder, Kr. Niederbarnim 19|7 68.) B: Weiberschreck; Gleichnisse 04; Liebesschule 05; Joachim v. Brandt 08; Feind u. Bruder 10; Novellen 12; Prosaische Schriften 18 III; Armand Carrel 20; Wintergespinst 21; Das Weib des Akiba 23.

Heimbach, Hans, s. Richter-Heimbach.

Heimdal, s. Schrönghamer, Frz. Xav.

Heimdal, Olaf, s. Weißer, Anna.

Heimfelsen, Sepp, s. Kerausch, Josef.

Heimwahl, G., s. Hütten, Georg.

Hein, Alfred, RP., Deutsche Liga für Menschenrechte, ♅, Novelle, Drama, Reiseschilderung, ♜, Feuilletonredakteur d. Hartungschen Ztg. Königsberg i. Pr., Mitteltragheim 17. (Beuthen, O.-Schl. 7|10 94.) B: Sammelnde Trommel, G. 17; Die Terzinen an die tote Isot, Dchtg. 18; Die Lieder vom Frieden, G. 19; Der Unerlöste, Erz. 19; Der Linden-Frieden, G. 20; Tod ..., Dr. 20; Die Frauenburger Reise, J. 21; Kurts Maler, eine Courths-Mahler-Parodie, 1. A. 22, 6. T. 23; Der Liebesflug der Nachtpfauenaugen, Erz. 23; Ein Sommertag oder: Der Meister der Liebe, Dr. 23; Herwarth und Libelline, Kom. 23. H: Thomas von Kempen, Die Nachfolge Christi (neu übertragen) 23.

Hein, Franz, Maler u. Prof., Lehrer a. d. Kgl. Akademie f. graph. Künste u. Buchgewerbe. Leipzig, Talstr. 7. (Altona 30|11 63.) B: Die Nixe, Märchensp. 01; Lieder u. Bilder 02; Hellenische Sänger (m. K. Preisendanz) 04; Scheherasade, Märchensp. 06; Schneewittchen, Msp. 12.

Heinatsch, Eberhard, ASB. Berlin NW. 87, Ottostr. 17. (Prauß in Schlesien 15|4 02.) B: Henrik Händchen, R. 22; Asmarsy der Narr, Dchtg. 23. *

Heine, Anselm, s. Heine, Selma.

Heine, Anselma, s. Heine, Selma.

Heine, Carl, Lit.♛, Dramaturgie, Dr. phil., Ob.-Regiss., Ehr.-Mitgl. d. Vorst. d. Vereinigung künstler. Bühnenvorstände. Berlin W, Pariser Str. 38. (Halle a. S. 24|8 61.) B: Johannes Velten 87; Der unglückselige Todesfall 88; Schauspiel der deutschen Wanderbühne 89; Die alte Jungfer, Lsp. (mit Alfred Bock) 90; Die Motten, Sch. (mit dems.) 91; Das Theater in Deutschland 91; Der Roman in Deutschland 91; Herren und Diener der Schauspielkunst 05. ( )

Heine, Erwin, ♅, Erzählung, Roman, Cand. phil., Schriftleiter der „Sudetendeutschen Tageszeitung". Prag III, Böhmen, Wälsche Gasse 15. (Schrittenz, Böhmen 19|9 99.) Das singende Herz, G. 22, 2. A. 23; Waldseele 23; Vlasta und ihr Student, R. 24. *

Heine, Gerhard, Lit.♛, Roman, Dr. phil., Prof., Studiendirektor. Ziebigk b. Dessau. (Cöthen 13|1 67.) B: D. Verhältnis der Ästhetik zur Ethik bei Schiller 94; Ferd. Avenarius als Dichter 04; Aus d. silbern. Zeit unserer Lit. 05; Verschneite Seelen, R. 05; Kleinkrieg in Weisenberg, Erz. 07; Die neuere deutsche Lit. im Wandel der Weltanschauung 11; Könige, 2 dram. Dchtgn. 13; Der Kaiser u. wir 16; Die Mobilmachung der Schule 15; Die Befreiung, Sp. 22; Ulricus uff dem Ziebigk oder das Sommerfest, Sp. 22.

Heine, Frl. Selma (Ps. Anselm Heine, Anselma Heine), SDS., Nov., /. Berlin W., Lützowplatz 3. (Bonn a. Rh. 18|6 55.) B: Drei Nov. 96; Unterwegs 97; Auf d. Schwelle 00; Bis ins dritte u. vierte Glied 01; Maeterlinck 04; Aus Suomiland 05; Mütter 05; Vom Markte der Liebe 07; Der Wegweiser, R. 08; Eine Peri, R. 09; Die Erscheinung, R. 12; Fern von Paris, R. 14; Die verborgene Schrift (Elsaßroman) 18; Gürtelkämpfe, R. 22. Finnische Novellen 23.

Heine, Werner, ASB., ♅, Drama, Zahnarzt. Königsberg i. Pr., Steindamm 27/29. (ebda 22|12 89.) B: Der Falter und die Einsame, dram. Skn., G., Romanzen 20; Die rote Kammer, Dchtgn.; Im Hause des Wahns, Grot. v. d. Grenze d. Jenseits.

Heinemann, Felix Oscar (Ps. F. O. Römer), BP., PA., ♅, /, Übersetzgn. Briefe durch Verlag Vita, Charlottenburg, Hardenbergstr. 14. (Hamburg 24|8 63.) B: Vorposten 86; Sei, G. 21.

Heinemann, Fritz, ∴, Dr., Privatdozent Universität Frankfurt a. Main, Mendelssohnstr. 81. (Lüneburg 8|8 89.) B: Der Aufbau von Kants Kritik der reinen Vernunft und das Problem der Zeit 13; Plotin 21. *

Heinemann, Hermann Olaf, ♅, Nov., Kritik, Red. Wohlau b. Breslau.

(Riesel 22/2 80.) W: Trutznachtigall (m. a.) I 04; II 06; Requiem, N. 07, 15. T.; Aus d. Jugendzeit, G. 08; Von Dichtern, Juristen u. klein. Mädchen, N. 10, 10. A. 20; Der Tag von Langemarck, N. 15, 2. A. 15; Der Teufel im Weibe, Nn. 17, 5. A.; Von Damen u. Dämchen, Spießern u. Spitzbuben, N. 18, 4. A.; Der Don Juan von Banausia 1.—4. A. 19; Vom Frühling u. von erster Liebe, N. 21. ( )

Heinemann, Karl, Ψ, Dr. phil., OberstudR., Prof. Leipzig, Rosentalg. 1. (Deutsch-Eylau 9/3 57.) W: Üb. d. Hrabanische Glossar 81; Goethes Mutter 91, 9. A. 21; Goethe 95, 4. A. 16: D. deutsche Dichtg. 10, 6. A. 21; Die klass. Dichtg. der Griechen 12; D. klass. Dichtg. d. Römer 14; Die tragischen Gestalten d. Griechen i. d. Weltliteratur 20. H: Goethes Werke (Bibl. Institut): Hundert Briefe Goethes 19; Goethes Liebesbriefe 20; Goethekalender; Goethe in Rede u. Umgang. ( )

Heinemann-Grautoff, Erna, s. Grautoff, Erna.

Heinitz, Wilh., ❦, Dr. phil. Hamburg 24, Kuhmühle 1a III. (Altona 9/12 83.) W: Eiwel Dürs; Baal; Fantasie appassionata, E.

Heinrich, Herm., s. Glücksmann, H.

Heinrich, Karl Borromäus, Dr. phil. Pasing-München. (Hangenham 22/7 84.) W: Karl Asenkofer, Erz. 07; Flucht und Zuflucht, R. 09; Menschen von Gottes Gnaden, R. 10; Florian, Prosadichtung, 22; Kasimir, Erz. 23. *

Heinrich, Rudolf, s. Kalmar, Rudolf.

Heinrich, Walther E. (Ps. Walther Unus), ASV., ❦, ⦶, Essays, Nov. Charlottenburg, Suarezstr. 47. (Berlin 28/8 72.) W: Wege durchs Land, G. 13; Kain und Abel, Dchtg. 21. H: Dt. Lyrik des Barock 23. Ue: Wilde, Zuchthausballade 06; Swinburne: Chastelard 08; Gedichte u. Balladen 09.

Heinrichs, O., s. Hellinghaus, O.

Heinz, Karl, s. Satow, Hans.

Heinzim, s. Zimmermann, Heinr.

Heinzmann, Kurt (Ps. Kurt Heinz Mann), Theaterrecht, O, Nov., ❦, Schauspielkritik, Biographie, Dr. jur., AmtsgerichtsR. u. Staatsanwalt a. D. Berlin-Lichterfelde, Dürerstr. 21 I. (Neusalza-Spremberg i. Sa. 4/4 73.) W: Deutsches Theaterrecht 05; Volkstüml. Strafrechtskunde 10.

Heise, Carl Georg, Altdtsch. u. mod. ⦶, Dr. phil., Dir. d. Museums f. Kunst u. Kulturgeschichte in Lübeck, Roeckstr. 40. (Hamburg 28/6 90.) W: Norddeutsche Malerei 18. H: „Genius", Zeitschr. f. werdende u. alte Kunst.

Heise, Karl (Paul Hermann), Politik, Kultur♕, ∴, Okkultismus. Zürich-Adliswil. (Laucha a. d. Unstrut 27/11 72.) W: Das Alter der Welt 10; Die innerliche Konstitution des Menschen 10; Liederband „Meine Lieder" 11, 1. A. 18; Die Ententefreimaurerei und der Weltkrieg 3. A. 20; Okkultes Logentum 2. A. 22; Geheime Gesellschaften 2. A. 23; Der katholische Ansturm wider den Okkultismus und sein tiefgehender Einfluß auf das Völkerleben 23; Parsifal, kulturgeschichtliche Betrachtg. 23. *

Heise, Walter, Skizz., Humor., Nov., ❦, Red. d. Cuxhavener Tageblatts. Cuxhaven, Feldweg 2. W: Vaterländische Gedichte 14.

Heitz, Paul, Buchdruckereibes. u. Verleger i. Straßburg i. E. (ebda 4/4 57.) W: Zahlreiche Schriften zur Bücherkunde des 15. und 16. Jahrh. H: Einblattdrucke d. 15. Jahrh. 1—50; D. Einblattdrucke Sebastian Brants (m. Schultz) 15.

Helbig, Frau Helene, geb. Tränkner (Helbig-Tränkner), ASV., /, ❦, Rom., Nov., Politik, Frauenbewegg., Ue: FES. Zittau i. S., Reichsstr. 4. (Dresden 16/1 78.) W: Über Tälern u. Tiefen, Dichtgn. 02/03; Philisterland, R. 11; Hinaus ins Leben 13; Schwester Margarete, R. 17; Kriegsklänge in deutschen Frauenseelen, Dchtgn. 18; Der Sonnenwinkel, R. 19; Des Anderen Schuld, R. 22.

Helbig-Tränkner, Helene, s. Helbig, Hel.

Held, Hans Ludwig, SDS., Relig.∴, Rom., ❦, Stadtbibl. München, Leopoldstr. 44 III. (Neuburg a. D. 1/8 85.) W: Buddha, sein Evangelium u. seine Auslegg. I 11, II 21; Brautmesse, G. 13; D. Idee d. Buddhismus 13; Kriegshymne, G. 14; Deutsche Bibliographie d. Buddhismus 16; Von Golem und Schem 21. H: Angelus Silesius' sämtl. Werke 21 I—III; Der cherubinische Wandersmann 21. ( )

Held, Harry, s. Méville, Henri de.

Held, J., s. Lubowski, Käte.

Held, Martin, Ged., Nov., Sk. Zürich 6, Markusstr. 10. (Pardisla b. Seewis in P. Grbdn. 27/9 82.) W: Auf goldenen Spuren; D. Schauplatz v. Gfr. Kellers Novellen „Die Leute v. Seldwyla" 20.

Helgolandus, s. Merleker, Hartmuth.

Helios, s. Ettlinger, Karl.

Hellen, Eduard v. der, Lit.♕, O, ❦, Nov., ▣, Dr. phil., Hrsg. d. Monatsschrift „Der Greif". Stuttgart, Arminstr. 14. (Wellen i. Hann. 27/10 63.) W: Goethes Anteil an Lavaters Physiogn. Fragm. 88; D. Lehnwörter d. nhd. Schriftsprache 89; Das rote Programm, 5. A. 92; Die Andere, Sch. 97; Italiens

Volkswirtschaft 99; Register zu Goethes Sämtl. Werken 12; Die Sünden der Väter, Dr. 17; Hyazinth, dram. Utopie 18; Heinrich v. Plate, R. 22. H: Wilhelm I. u. Bismarck in ihrem Briefwechsel, Ausw. u. Erläuterung 17. ()

Heller, Adolf, PA., VJ. & S., RP., Politik, /, ▣, Polit. Red. am „Schwäb. Merkur". Stuttgart, Stitzenburgstr. 12 III. (ebda $^{28}|_{10}$ 66.)

Heller, Fred, CC., CP., /, Theaterkritik, ⊘, Redakteur des „Tag". Wien IX, Währinger Str. 33. (Ober-Siebenbrunn, N.-Ö. $^{16}|_{4}$ 89.) B: Vom Leben u. Lieben, G.; Das zügellose Mädchen, Kom. (m. Theodor Graan) 22. H: Österreich-Ungarns Zukunft, Halbmonatsschr. 16.

Heller, Leo, RP., DB., ⊘, Nov., ⚜, /, Kaiserl. Rat, Red. d. „National-Ztg." Berlin W 10, Von-der-Heydt-Str. 4. (Wien $^{18}|_{3}$ 76.) B: Volkslieder, G. 02; Bunte Lieder, G. 03; Garben, G. 06; Präludien, G. 07; Neue Lieder, G. 09; Jasmin, O. (m. Rich. Wurmfeld) 11; D. Wiese, G. 14; Gott erhalte, G. 16; Schwarzgelbe Buch, G. 17; Die Postille, G. 17; Neue Ged. 20; Lieder v. Frühling 21; Lieder v. Abend 21; Aus Pennen u. Kaschemmen, G. 21; Berlin, Berlin ..., Lr. 23; Chantant, Lr. 23; Rund um den Alex, Pl. 24. H: Stimmungen, G. 01; Boccaccio, Dekamerone 24.

Helling, Carl Ferdinand Conrad, DB., ⊘ u. literar. u. polit. Essays, Kaufmann. Hamburg 21, Adolphstr. 38. (ebda $^{26}|_{7}$ 95.) B: Kta, 9 Sc. 19; Leben, Liebe, Tod, Dr. 20; Lassalle: Franz v. Sickingen (Tr., Bühnenbearb.) 20.

Helling, Victor, s. Schmidt-Helling.

Hellingen, Erika, s. Montzheimer, Elsb.

Hellinghaus, Otto, (k.), ♛, Lit.-♛, GehR., Dr. phil., Prof., GDir. a. D. Münster, Westf. (Drolshagen $^{23}|_{3}$ 53.) H: Deutsche Poesie, Anth., 3. A. 02; Meisterwerke uns. Dichter 84 ff.; Ausgew. Volks- u. Jugendschr. 85 ff.; Briefe Stolbergs an Voß 91; Quellen u. Forschgn. z. Gesch. Münsters I 00; Biblioth. deutsch. Klassik. 05 ff. XII, 4. A. 21; Biblioth. wertv. Novell. u. Erzählgn. 08 ff., 2. A. 20 XVIII; Biblioth. wertv. Denkwürdigkeiten 13 f. V; Die kirchl. Hymnen t. d. Nachbildungen deutsch. Dichter 19; Storm, Ausgew. Nov. 19; Stolbergs erste Gattin 20; Stolberg, Ausgew. Prosaschriften 21; G. Kellers Ausgew. Novellen 21. ()

Hellmann, Arnold, ⚜, ⊘, /, Nov., See-Erzähl., philosophische Abhandlgn., Kinderschriftsteller, Schiffsoffizier. Hamburg 23, Papenstr. 88 III. (ebda $^{30}|_{10}$ 70.) B: Meeresklänge 04; D. Waldes u. d. Meeres Rauschen 08.

Hellmann, Oskar, Lit.♛, Verlagsbuchh. Glogau, Markt 44. (Ostrog b. Ratibor $^{29}|_{9}$ 69.) B: Janus, Studien u. Kritiken 04; Jos. Chr. v. Zedlitz 10; Napoleon im Spiegel der Dichtung 14; Hans Bloch, Sk. u. Studien e. schles. Künstlers (mit Alfred Hadelt) 15; Das ist Altöstreichs Siegesschritt! 16.

Hellmer, Edmund R. v., s. Hellmer, Edmund.

Hellmer, Edmund (Edmund R. v. Hellmer), SDS., /, Erz., Hugo-Wolf-Forscher, ObLandGerR. Wien V, Ziegelofengasse 25. (ebda $^{28}|_{6}$ 73.) B: Fenster, Nn. 20; Hugo Wolf, Erlebtes und Erlauschtes 20. H: Hugo Wolfs Briefe an E. Kaufmann; Hugo Wolfs Familienbriefe.

Hellmers, Gerhard, VJ. & S., Theaterkritik, ⊘, Oper, Dr. phil., Prof., Gymn.-Oberlehrer, Vors. d. Volks-Schillerpreisstiftg. der Deutschen Goethebünde. Bremen, Scharnhorststr. 185. (Blexen, Oldenburg $^{2}|_{6}$ 60.) B: Robert Manning of Brunne 86. H: Schuré, Paysages historiques de la France 94; Arthur Fitger, Einsame Wege (lyr. Auswahl u. Nachlaßgedichte m. biogr. Einleitg.) 11; Perthes-Sammlg. Engl. u. Franz. Schriftsteller für die Schule. ()

Hellmuth, Fritz, ⊘, ⚜, Rh. Prof. Wien IV, Alleeg. 42. (Zwestow $^{12}|_{3}$ 78.) B: Aus dem Reiche d. Leiden, 3 Einakter 01; Die Glasschleifer, Dr. 03; Die Meistergeige, MDr. 04; Gesprochene Lieder, G. 05, 2. A. 06; Aktuar Salzer, MDr. 06, 2. A. 07; Der Zinnhusar, Op. 08; Ein Wiedersehen, Sch. 09; Eveline, Vst. 10, 4. A. 12; Die Zauberglocken, O. 14; Das große Sterben, G. u. N. (Erlebnisse e. österr. Landsturmmannes im Weltkrieg 1914—18) 18, 5. A. 20; Basta, die Hexe, Dr. 20; Die Stiegen hinauf, Dr. 21; Verkaufte Seelen, Filmdrama 22; Wie Narren leben, N. 22; Gasthaustypen und Straßenfiguren, N. 23.

Hellmuth, Martha, s. Schlesinger, Martha.

Hellpach, Willy, Psychologie, Dr. phil. et med., Bad. Kultusminister, a. o. THSchP. Karlsruhe i. B., Amalienstraße 40. (Öls i. Schl. $^{26}|_{2}$ 77.)

Helm, Karl, Germanist., Dr. phil., o. UP. Marburg a. L. B: Rhythmik d. Reimpaare d. 16. Jahrh. 95: Untersuchg. üb. Heslers Ev. Nicod. 99; Got.-lat. Bibelfragm., Gießen 10; Altgerman. Relig.-Gesch. I 13; Lit. d. Deutschen Ordens 16. H: Heslers Ev. Nic. 02; D. md. Buch d. Macchabäer 04; Heslers Apokalypse 07; Hess. Blätter f. Volkskde. V—XVIII 06—19. ()

Helm, Dr. W. M., s. Kowarz, Wilh. M.

Helmar, Käthe, s. Heilmann, Marg.

Helmer, Franz Alfons, DB., Satire, Eisenbahnbeamter. Innsbruck, Tirol, Pradlerstr. 23. (Quabl i. Tirol $^{2}|_{6}$ 76.) B: Roman eines Strolches 08; Bernhard 11; Triner 13; Die drei Heiligen 19; Das wahre Gesicht Tirols 21.

Helmold, Will, s. Leusen, Will.

Helmolt, Hans F., PA., ♛, Dr. phil., Prof. Berlin-Grunewald, Cunostr. 45. (Dresden $^{8}|_{7}$ 65.) B: Deutsche Gesch. 98, 3. A. 07; Amalfi 04; Italien 6.—14. Jh. 06; Krit. Verzeichnis aller Liselotte-Briefe 08; Ranke-Bibliogr. 10; Dreibund (m. A. Singer) 14; Weltkrieg I—IV 14ff.; Geh. Vorgesch. 14; Bismarck 15; Napoleon-Brevier; 1/4 Jahrh. Weltgesch.; D. Ehrenbuch d. Deutsch. Volkes 23; Leopold Rankes Leben u. Wirken. H: Liselotte, Briefe in Ausw. 07f. II; u. a. ()

Henckell, Karl, ASV., SDS., ✿, /. München, Kufsteiner Platz 1. (Hannover $^{17}|_{4}$ 64.) B: Umsonst 84; Poet. Skizzenbuch 84; Dichtercharaktere, Anth. (m. Arent) 85; Quartett 86; Strophen 87; Amselrufe 88; Diorama 89; Gründeutschland 90; Trutznachtigall 91; Aus meinem Liederbuch 92; Buch d. Freiheit, Anth. 93; Zwischenspiel (Lr. v. heiml. Kaiser) 94; Mod. Dichterabende 95; Ada Negri 96; A. Böcklin 97; Ged. 98; Neues Leben 00; Mein Liederbuch, Neuland 03; Gipfel u. Gründe 04; Mein Lied 06; Dichter seit Heine 07; Schwinggn. 07; Weltlyrik 10; Im Weitergehn 11; Ein Lebenslied 11; Lyrik u. Kultur 14; Hundert Gedichte 14, Feldpostausg. 16; Weltmusik 18; Ausgew. G. 20, 2. A. 22; Ges. Werke 21 IV, 2. A. 23 V; Buch der Saat 23; An die neue Jugend 24. H: Dichtercharaktere 85; Buch d. Freiheit 93; Sonnenblumen 95—99; Cunita v. L. Jacoby, Volksausg. 96; Pfander: Helldunkel 08.

Hengst, Wilhelm (Ps. Felix Wald, W. v. Meer, W. H. v. Fehn, Walter Omega). Nov., plattd. ✿, Jugendschr. St. Fehn, Post Hesel, Ostfriesl. (Stikelkamperfehn $^{23}|_{6}$ 59.)

Henkel, Heinrich W. L., ASV., ▮, ♪, /, StudR. Bad Homburg v. d. H. (Melsungen $^{9}|_{1}$ 83.)

Hennicke, Oskar, neuprovenz. Sprache u. Lit., Dr. phil., Prof. Bremen, Feldstr. 42. (Gotha $^{14}|_{8}$ 52.) B: s. LK. 17.

Hennig, Gustav, Bibliothekwesen, Red. „Der Bibliothekar", Leit. d. VolksHSch. Reuß. Gera-Tinz, Reuß, Schloß. (Seifersdorf $^{5}|_{1}$ 68.)

Henning, Hans (Ps. H. Ernst), Lit. ♛, ∴, /, Dr. phil., Priv.-Doz., Studiendirektor. Berlin-Charlottenburg, Königsweg 31. (Braunschweig $^{13}|_{2}$ 74.) B: Rattenfänger v. Hameln 93; Z. Entstehungsgeschichte d. Siebenjähr. Krieges 99; Gesammelte Aufsätze 04; Jakob Böhme 05; E. Grisebach 05; K. Phil. Moritz 08; A. Schopenhauer 09; Friedrich Spielhagen 10; Nietzsche 13; Probleme d. Philosophie 14. H: Moritz' Anton Reiser 06; Freiligrath, Ged. 07; Schopenhauers Werke 09; Spielhagen, Erinnerungen 11; Blimplamplasko 13; Wulfila 14; Die deutsche Literatur, Geschichte u. Hauptwerke 3. A. (m. Erich Schulze †) 23.

Henning, Hans, Mitgl. d. Deutschen Ges. f. exp. Psychologie, Ges. f. Anthrop., Ethnol. u. Urgesch. Berlin, Danziger Naturforschende Ges., Dr. phil., o. Prof. für Philosophie, Psychologie u. Pädagogik an der Technischen Hochschule der Freien Stadt Danzig. Danzig-Langfuhr, Johannistal 4. (Straßburg $^{15}|_{2}$ 85.) B: Kants Nachlaßwerk 12; Goethe u. d. Fachphilosophie 12; Irrgarten d. Erkenntnistheorie 12; Der Traum e. assoziativer Kurzschluß 14; Ernst Mach als Philosoph, Physiker u. Psycholog 15; Der Geruch 16, 2. A. 23; Psychol. Stud. am Geschmackssinn 22; Einsteins Relativitätslehre 22; Aufmerksamkeit 23. H: Zeitschrift für Psychologie; Jodl, Lehrbuch d. Psychol.; Münsterberg, Grundzüge d. Psychotechnik.

Henning, Max, Oriental., Nov., /. Neuhaldensleben, Calvörder Str. 37. (Ruda, Pos. $^{18}|_{12}$ 61.) B: Römische Afterreligion od. Frankfurter Lümmeleien? 08; Amulettkatholizismus 10; Der Teufel, sein Mythos und seine Geschichte im Christentum 21. H: „Das freie Wort" u. d. Probleme d. Zeit 08; Der „rote Kaplan", Auswahl d. im „freien Wort" pseud. erschienenen Artikel v. H. V. Sauerland 10; Arth. Pfungst, Gesammelte Aufsätze 13; F. v. Sallet, Ausgew. Gedichte 13; Handbuch d. freigeistigen Bewegg. 14; Eine Akademie des freien Gedankens 16. Ue: 1001 Nacht, aus dem Arab.; Der Koran, aus dem Arab.

Henning, Rudolf, deutsche Ψ, Dr. phil., o. UP. Heidelberg, Alb.-Überle-Str. 30. (Kirchdorf, Pomm. $^{30}|_{5}$ 52.) B: D. St. Gallischen Sprachdenkmäler bis zum Tode Karls d. Gr. 74; D. deutsche Haus 82; Nibelungenstudien 83; Die deutschen Runendenkmäler 89; D. Helm v. Baldenheim 07; Denkmäler d. Altertumssammlg. zu Straßburg 12. ()

Hennings, Emmy. Agnuzzo-Lugano, Schweiz. (Flensburg.) B: Die letzte Freude, G. 13; Gefängnis, R. 18; Das Brandmal, R. 20; Helle Nacht, G. 22; Das ewige Lied, Dchtg. 23.

Henri, Cl., s. Driesmans, Heinr.

Henrici, Emil, Lit.♛, Dr. phil., Prof. Berlin-Lichterfelde, Augustastr. 19. (Berlin $^{16}|_{2}$ 52.) B: Zur Gesch. der mhd. Lyrik 76; 30 Jahre nachher, Betrachtgn. üb. d. Verhältnis zw. Deutschland und Frankreich 01; Andreas Mylius, der Dichter der Warnow 08; Sprachmischung in älterer Dchtg. Deutschlands 13; Barbarolexis, Sprachmischg. in ält. Schriften Deutschlands 14. H: Deutsch. Heldenb. in Kürschners N.-L.; Hartmann von Aue, Iwein 91/93. ()

Henriks, Al., s. Buschmann, Alons.

Henschel vom Hain, Frau Henny, geb. Rosenbaum, Wirtschaftspolit. Artikel, Kunstgewerbe, Red. „Wohnungskunst". Charlottenburg, Krumme Str. 62. (Berlin $^{18}|_{5}$ 80) B: Allesamt Sünder 04.

Henschke, Alfred, s. Klabund.

Hensel, Paul, ⁂, Dr. phil., o. UP. Erlangen, Rathsberger Str. 24. (Gr.-Barthen $^{17}|_{5}$ 60.) B: Ethisches Wissen u. ethisches Handeln 89; Carlyle, sozialpolit. Schriften 94/98 III; Carlyle 00; Hauptprobleme d. Ethik 03; Rousseau 07; Kleine Schriften u. Vorträge 20. ()

Hensel, Paulrichard, SDS., ♣, /, ⌂, Märch., Nov., Skizz., Schriftst. u. Graphiker. Berlin-Steglitz, Althoffstr. 5. (Königsberg $^{17}|_{4}$ 93.) B: Herzblut 18; Gespräche zur Nacht 21; Das große Herz 21; Das verschlossene Tor 21; G. 23; Liseiy, R. 23.

Hentschel, Willibald, Dr. phil., Adr. z. Z. unbest. (Lodz 58.) B: Varuna, das Gesetz d aufsteig. u. sink. Lebens in der Gesch. 02, 3. A. 18; Mittgart, ein Weg z. Erneuerung d. germ. Rasse 04, 5. A. 18; V. aufsteigenden Leben, Ziele der Rassenhygiene 10, 2. A. 21; Das Relativitätsprinzip im Rahmen einer Gesamtansicht von Welt u. Mensch 21. ()

Henze, Clemens Maria, ✝, Aszetik, ♛, Redempt. Priester. Collegium Josephinum zu Bonn, Kölnstr. 415. (Repe bei Helden i. W. $^{15}|_{8}$ 80.)

Henze, Friedrich, /, Touristik, Volkskunde, Kgl. Seminarlehrer. Torgau, (Uslar $^{4}|_{1}$ 64.)

Hepner, Frau Clara, verw. Muschner (Cl. Hepner-Muschner), /, Jugendschr. München-Nymphenburg, Nördl. Auffahrtsallee 67. B: Sonnenscheinchens erste Reise, M. 06, illustr. 09; Der Himmelswagen, Kom. 07; Neue Märchen 08; Hundert neue Tiergeschichten 10; Alte indische Fabeln 14; Auf der Kuckuckswiese, M. 21; Arachne u. a. Tiergesch. 21; Marianne u. d. Küchenvölkchen 22; Liebesgesch. a 1001 Nacht 22.

Hepner-Muschner, Cl., s. Hepner, Clara.

Herbatschek, Heinr., ▣, rz, Ue: Slav, Dr. jur., Rechtsanw. Wien III, Marxerg. 25. (Wsetin $^{10}|_{8}$ 77.) B: Der Gottsfopper u. a. Erz. 17.

Herbert, Heinz, s. Wolfradt, Heinz.

Herbert, M., s. Keiter, Therese.

Herbert, Wilh., s. Mayer, Wilh.

Herbertz, Rich., ⁂, Dr. phil., o. UP. Bern. Thun, Schweiz, Beau Rivage. (Köln a. Rh. $^{15}|_{8}$ 78.) B: Die Lehre vom Unbewußten im System des Leibniz 05; Bewußtsein u. Unbewußtes 08; Studien zum Methodenproblem u. s. Gesch. 10; D. philosoph. Literatur, e. Studienführer 12; D. Philosophie d. Raumes 12; Philosophie u. Einzelwissenschaften 13; D. Wahrheitsproblem in d. griech. Philosophie 13; Prolegomena zu e. realist. Logik 16; D. philosophische Urerlebnis 21.

Herbst, Kurt, ASV., /, Roman, Lehrer und Schriftsteller, Schriftleiter „Werdendes Volk". Charlottenburg, Havelstr. 7. ($^{13}|_{9}$ 96.) B: Gedanken über Frank Wedekinds „Frühlings Erwachen", „Der Erdgeist" und „Die Büchse der Pandora" 1. u. 2. A. 20. *

Herbst, Rudolf, Erziehungskunde, /, Novellen, Skizzen, Fachlehrer. Saaz, Böhmen. (Podersam $^{26}|_{8}$ 71.) *

Hercher, Wolfg. (Ps. Johs. Funk), ♣, RA. u. Notar. Berlin W 50, Regensburger Str. 14. (ebda $^{31}|_{1}$ 69.) B: Der Sieg der Frau, Dr. 92; Nachtschatten 00; Lieder aus einem Dorfe 05; Der Liebestrank, Schelmensp. 08; Der Pfennig, Schw. 08; Der Demokrat, Schw. 08; Einsame Höhe, Dr. 08; Der Goldwurm, Schw. 09; Die Teufelskur, Schw. 09; Der Gemeindesumpf, Dr. 10; Prometheus, Dr. 12; Des Hammers Heimholung, Dr. 14.

Herfeld, Paul, s. Spannuth-Bodenstedt, Ludw.

Herfurth, Emil, Dr. phil., Studienrat. Weimar, Sedanstr. 9. (Saarburg i. Loth. $^{9}|_{8}$ 87.) B: Die Stunde der Erkenntnis 17; Die blaue Mauritius u. a. Humoresken 18; Weimar und das Staatliche Bauhaus 20; Der Reichs- und Kaisergedanke im Wechsel der deutschen Geschichte 23. *

Hering, Ernst, Erz., ♣, Kritik, Kinderpsychologie, ▣, ♛, Dr. phil., Magistratsschulrat. Berlin-Neukölln, Weserstr. 25 III. B: (Magdeburg $^{20}|_{3}$ 88.) B: Die Seele des 6jähr. Kindes 16; Der Einzelne u. die Gemeinschaft 20; Geist, Arbeitsgebiete u. Arbeitsweise in den pädagog. Arbeitsgemeinschaften 21; Münchhausens Reisen u. Abenteuer, Erz. 22, 2. A. 23; Meier Helmbrecht, Erz. 23. *

Herke, Karl, Kunstschriftsteller, Studienassessor, Dr. phil., Geschäftsführer des

Städt. Volksbildungsamtes Wiesbaden. **Wiesbaden**, Abeggstr. 15. (Mainz $^{\bullet}|_{5}$ 89.) **V**: Hebbels Theorie und Kritik poetischer Muster, mit besonderer Rücksicht auf die Entwicklung seiner Lyrik unter Uhlands Einfluß 13, Neue Ausg. 22; Der Dreifaltigkeitsspiegel in der modernen Wissenschaft 21; Vom Expressionismus zur Schönheit. Versuche über Entwicklung und Wesen der modernen Kunst 23. *

Herl, Christian, ASV., ✠, /, ⓓ, ∴, Schriftsteller. **Köln-Nippes**, Bülowstr. 28. (Köln-Kalk $^{23}|_{5}$ 81.) **V**: Gedichte 09, 11; Die Rhein. Industriestadt Kalk 11; Die Frau im Jahre 1917 17; Die Idealbühne 18; Das kosmische Universalproblem 21.

Herm, Friedr., s. Löscher, Friedr. Herm.

Hermann, Fritz, s. Unger, Hellmuth.

Hermann, Georg (Ps. f. Georg H. Borchardt), VP., SDS., Kunstkritik, Nov. **Neckargemünd**, Poststr. 2. (Berlin $^{7}|_{10}$ 71.) **V**: Aus guter alter Zeit 13; Jettchen Gebert, Sch. 13; Heinrich Schön jr., R. 15, 13. A. 16; Vom gesicherten u. ungesicherten Leben 15, 2. A. 16; Henriette Jacoby, Sch. 15; Einen Sommer lang, R., 4. A. 17; Mein Nachbar Ameise, Sch. 18; Randbemerkungen, E. 3. A. 20; Kleine Erlebnisse, N. 20, 5. A.; Schnee, R. 21; Frau Antonie, Sch. ()

Hermann, Josef, s. Hoffmann, Hermann, Breslau.

Hermann, K. F., s. Schnoor, Herm.

Hermanns, Wilh. Dr., RP., WSV., Verlagsdirektor des La Rueleschen Zeitungsverlags G. m. b. H., Aachen. **Aachen**, Augustastraße 76. (ebda $^{25}|_{8}$ 85.) **V**: Leuchtende Tage, G. 05; Heässe Quelle (Aach. Mundart), Lyr. 09; Von Helden u. Hexen u. a. Ged. 11; Der Krëg (Aach. M.-A.), G. 15; Eiserne Wehr, G. 16; Reinart der Fochs singe Dued (Aach. M.-A.), E. 16, 4. A.; Öcher Prënte 1917 (Aach. M.-A.) 18; Bildung u. Bühne 19; Reinart der Fochs (Aach. M. A.), E. 21; Aachener Puppenspiele (teilw. Aach. M.-A.) 21; H. v. Karl Röttgen, Bekenntnisse zu einem Dichter 22; Öcher Laachduvve (Anthologie, Aach. M.-A.) 23.

Hermano, s. Herrmann, Oskar.

Hermes, Frau Anna, geb. Gnevkow, Jugendschr., Rom., Nov. **Berlin-Steglitz**, Südendstr. 12. (Berlin $^{16}|_{9}$ 46.) **V**: Die Verschwörung v. Amsterdam 02; Die Lehrbuben d. Meist. Wohlgemut 02; Erika 02; Junge Mädchen 03; Feurige Kohlen 04; Fern v. d. Heimat 04; Sängers Laufbahn 05; Bezahlte Schulden; Onkel General 07 u. a.

Hermes, Richard, RP., VJ. & S., /, ✉, Verlagsbuchh., Red. **Hamburg-Harvestehude** (37), Hochallee 40. (Hamburg $^{18}|_{12}$ 80.) **H**: „Niedersachsenbuch" 17—21; u. a.

Herms Eschu, s. Schumann, Herm.

Herndl, Franz, soz.-okkultist. Roman, oberösterr. Mundart, Finanzministerialbeamter. **Wien** XIII, Einwangg. 40. (Grein $^{\bullet}|_{6}$ 66.) **V**: Grein, die Perle am Donaustrande 90; Das Wörther Kreuz 01; D. Trutzburg 09; D' Resl, DialektJ. 13.

Herold, Eduard, ASV., ○, ✠, Skizz., /, Lit.♛, Dr. phil., StudR. am Hum. Gymn. **Hof a. d. Saale**, Maxplatz 11. (ebda $^{22}|_{3}$ 85.) **V**: Jean Paul als Oberfranke 19; Ein Jahr deutsche Republik 20; Die Heimat Jean Pauls 21, 2. A.; Deutsche Not, Symbolisches Bühnenspiel 21.

Herold, Emil, ASV., PA., RP., Red.-Mitgl. d. Münch. Ztg. **München**, Rüthlingstr. 2 III. (Neustadt b. Koburg $^{23}|_{10}$ 80.) **V**: Thüringen 08; Die Heldin der Vogesen 15; Kampf um Mitau 17, 4. A. 19; Ein Jahr bayrischer Revolution 19, 20. T. 20.

Herold, Franz, DÖSchG., ✠, Germ., ♛, Dr. phil., GP. i. R. **Wien** XIII, Penzinger Str. 108. (Böhm.-Leipa $^{15}|_{2}$ 54.) **V**: J. C. Hilscher 88; Wachsen u. Werden, G. 92; Spuren, ausgew. G. 93; Fremde u. Vaterland, Dichtgn. 95; Ein Ausflug nach Ob.-Ägypten 02; Ernte, ausgew. Dichtgn. 08; Stilleben, n. G. 14.

Herold, Johannes (Ps. Herold v. Güntherssdorf), ♛, Lehrer. **Breslau** 16, Auenstr. 31. (ebda $^{19}|_{8}$ 75.) **V**: Allein u. and. Erz. 07; u. a.

Herold, Karl, Rom., ○. **Berlin-Wilmersdorf**, Helmstedter Str. 2. (Weida $^{14}/_{1}$ 56.) **V**: D. Kattburgs, R. 00; Kapitän Simic, R. 02; Die Orden des Prinzen Miza, Fatum, Nn. 02; Apollo, Lsp. 04; Vergessen, Sch. 04; Die Okella, R. 06; Ramses der Zweite, R. 08, 2. A. 15; Zenab, R. 09, 2. A. 22; Die Hauptprobe, R. 09; Prinzeß Nelly, Optte. 14; Lebenswogen, R. 15.

Herold, Theodor, ✠, Lit.♛, Dr. phil., Prof., Beigeordneter. **Düsseldorf**, Burgmüllerstr. 14. (Herzfeld $^{30}|_{12}$ 71.) **V**: Gretchen, Sang aus d. Freiheitskriegen 95, 9. u. 10. F.-A. 09; Fr. A. Clemens Werthes u. d. deutsch. Zrinydramen 97; Du u. ich, G. 02, 4.—8. T. 21; Moderne Lit. u. Schule 08, 4.—8. T. 09; Deutsches Lesebuch f. Mittelschulen (m. a.) 10 III. **H**: Das Lied vom Kinde, Anthol. 09, 34.—38. T. 21.

Herold v. Günthersdorf, s. Herold, Johannes.

Herr, Alfred, klass. ✝, Volkskde., Dr. phil., GP. **Eger** (Böhm.), Wallensteinstr. 6. (Eidlitz $^{28}|_{11}$ 79.)

Herrle, Theo, ■, Kultur♛, Dr. phil., Gymnasiallehrer, Dozent an der Volkshochschule. Leipzig, Wiesenstr. 24 II. (ebda $^{25}|_{10}$ 88.) V: Latein und Leben 17; Lateinisches Übungsbuch für Studenten 19, 2. A. 23; Redeakte bei Erwerbung der akademischen Grade 21. H: Die deutsche Jugendbewegung 21, 2. A. 22; Griechentum 23. *

Herrlein, Rudolf, RP., PA., ⊞, Kunstkritik, /, Red. Dresden-N., Alaunstr. 93. (Königsberg i. Pr. $^{1}|_{1}$ 63).

Herrmann, Emil Alfred, ▼, ○, Dr. jur. Heidelberg, Häusserstr. 23, Gh. (Karlsruhe $^{17}|_{3}$ 71.) V: Lieder 02, 2. A. 11; Der Gestiefelte Kater, Msp. 11, 2. A. 21; Das Rotkäppchen, Msp. 11, 2. A. 22; Das Gottes Kind, WeihnSp. 12, 3. A. 23; Schneewittchen, Msp. 22.

Herrmann, Erich, s. Paetel, Erich.

Herrmann, Gustav, DV., SDS., WSV., ASV., ▼, /, ○, Kritik, Doz. a. d. Volksakad. Leipzig, Künstler. Sprecher. Winter: Leipzig, Zeitzer Str. 26, Sommer: Tutzing a. Starnb. See. (Leipzig $^{3}|_{4}$ 71.) V: Bayreuther Eindrücke 04; Tristan u. Isolde, Studie 06; Der Triumph d. Mannes, Sch. 06; Der große Baal, Dr. 07; Vineta, G. 07; Und doch! G. 15; Am dritten Tage, dramat. Dichtg. 16: Lebensfahrt, G. 18; Sakuska, Sk. 19; Gesichter u. Grimassen, Grotesken 20; Kunst d. polit. Rede 20; Die Maulwürfe 21; Der Affenspiegel, satirische Skn. 23. H: Lachender Olymp, Anthol. 21.

Herrmann, Frau Helene, geb. Schlesinger, deutsche Ψ, Dr. phil., Berlin W 50, Augsburgerstr. 34. (ebda $^{9}|_{7}$ 77.) V: Die psychol. Anschauungen des jungen Goethe u. seiner Zeit I 04; Studien zu Heines Romanzero 06. MitH: Heines Werke (Bong). ()

Herrmann, Karl RP., /, Redakteur d. „Landesztg.“, Neustrelitz, Schloßstr. 16. ($^{3}|_{7}$ 81.) V: Andreas Dirks 18; Das alte und das neue Deutschland 22, 2. A. 23. H: Wilh. Busch an Maria Anderson, 70 Briefe 08; Das Buch der Braut 21.

Herrmann, Max, deutsche Ψ, Dr. phil., a.o. UP. Berlin. (ebda $^{14}|_{5}$ 65.) V: A. v. Eyb u. d. Frühzeit d. deutschen Humanismus 93; Die Rezeption des Humanismus in Nürnberg 98; Jahrmarktsfest zu Plundersweilern 00; Ein feste Burg ist unser Gott 05; Forschgn. z. deutschen Theatergesch. d. MA. u. d. Renaissance. H: Alb. v. Eyb Deutsche Schriften; Jahresber. f. neuere deutsch. Lit.-Gesch. 92 f.; Goethes Werke (Cottasche Jubil.-Ausg.) Bd. 16; u. a. ()

Herrmann, Max (Ps. Herrmann-Neiße), DV., ▼, ○, Erz. Berlin-Friedenau, Stierstr. 14/15, Grths. ptr. (Neiße i. Schl. $^{23}|_{5}$ 86.) V: Ein kleines Leben, G. u. Sk. 06; D. Buch Franziskus, G. 11; Porträte d. Provinztheaters, G. 13; Sie u. d. Stadt, G. 14; Empörung, Andacht, Ewigkeit, G. 17; Verbannung, G. 19; D. Preisgabe, G. 19; Joseph d. Sieger (Albine u. Aujust), Dr. 19; Die Laube d. Seligen, Dr. 19; Hilflose Augen, Nn. 20; Cajetan Schaltermann, R. 20; Der Flüchtling, R. 21; Der letzte Mensch, Dr. 22; Panoptikum, Dr. 22; Die bürgerliche Literaturgeschichte und das Proletariat 22. H: Jonathan Swift: Attacken, Eine kleine Auswahl 17.

Herrmann, Norbert (Ps. N. Kyriander, Alarich H. v. Tostetten), Auslandsdeutschtum, ▼, Kaufmann. Carácas, Venezuela, bei Behrens & Co. (Hamburg $^{14}|_{11}$ 96.)

Herrmann, Oskar (Ps. O. Kyriander, Hermano, O. Herrmann-Thun, H. von Ostphalen), ■, Politik, ▼, Ue: EFIS, Kaufmann. Hamburg 5, Kolbergstr. 42, Hs. 2 I. (Breslau $^{18}|_{5}$ 53.)

Herrmann, Otto L., Politik, Weltwirtschaft, Red. d. Wochenschr. „Lateinamerika“, Syndikus d. Dtsch. Wirtschaftsverb. f. Süd- u. Mittelamerika. Berlin-Schöneberg, Berchtesgadener Str. 26. (Berlin $^{10}|_{5}$ 88.)

Herrmann, Paul, Kunst♛ des Altertums, Dr. phil., Dir. d. staatl. Skulpturen-Sammlg., THSchP. u. Prof. a. d. Kunstakademie. Dresden, Franklinstr. 21. (Halle a. S. $^{14}|_{12}$ 59.) H: Denkmäler d. Malerei d. Altertums 06 ff

Herrmann, Paul, Germanistik, bes. Nordisch, Übersetzungen, Dr. phil., Prof., Vors. d. Vereinigg. d. Islandfreunde. Torgau a. d. E. (Burg b. M. $^{10}|_{12}$ 66.) V: Wagner u. d. Stabreim 83; Christ. Schubart 88; Studien üb. d. Stockholmer Homilienbuch 88; Deutsche Mythologie 98, 2. A. 06; Saxo Grammatikus I 01, II 22; Nord. Mythologie 03; Gesch. d. Hrolf Kraki 05; Island in Vergangenheit u. Gegenwart 07 II; Zweite Reise auer durch Island 10; Auffätze über das Nibelungenlied 10; Gesch. v. dem starken Grettir 13; Inner- u. Nordost-Island 13; Island, das Land u. d. Volk 14; Glaube u. Brauch der alten Deutschen 19; Einführung in d. dtsche. Mythologie 19; Isländische Heldenromane 23. Ue: Ibsen, Kaiser u. Galiläer 88; Brandes, Dostojewsky 89; Ibsen: Baumeister Solneß 92, Sämtl. Werke, Bd. V 99, Volksausg., Bd. III 07; Heliand 94; Indridi Einarsson, Die Neujahrsnacht 10.

Herrmann, Walther, Dtsch. Lit.♛, Dr. phil., StudR. Freiberg i. Sa., Claußallee 2. (Reichenau b. Zittau $^{12}|_{1}$ 84.)

V: Theodor Storms Lyrik 11. H: Theodor Storms Werke in Reclams Universalbibl. 19—21.

Herrmann-Neiße, s. Herrmann, Max, Berlin-Friedenau.

Herrmann-Thun, O.; s. Herrmann, Oskar.

Hertel, Frl. Betty, Hauptlehrerin. München, Lindwurmstr. 49 IV. (Würzburg 24|12 65.) V: Klein-Elsbeth u. die Welt 06; Kinder u. wunderliche Leute 10; Das alte Schulhaus u. d. neue Zeit 11; Lieder aus dem alten Schulhaus 14; Das Geheimnis des alten Stadttores 19; Kleinstadtkäuze 20; Lebensfahrt der Ameisen; Königin Juliane 20. ( )

Hertel, Johs., ind. Ψ, Dr. phil., Prof. Leipzig. V: Das Pañcatantra 14; ferner zahlreiche Uebersetzungen a. dem Indischen. ( )

Hertwig, Hugo (Ps. Hertwig-Behringer, H. Behringer), PA., RP., ○, /, Red. d. „Großenhainer Tageblatts". Großenhain, Schillerstr. 6. (Dresden 23|10 68.) V: Taschen-Fremdwörterbuch f. d. Alltagsgebrauch; Zum Nordkap hinauf; Mit Kurs nach Süden 08; Aus vergilbten Blättern 14; Reiseeindrücke aus Balkanstaaten 16.

Hertwig-Behringer, s. Hertwig, Hugo.

Hertz, Wilhelm, Lit. ♛, Dr. jur., Reichsfinanzrat, Mitglied des Reichsfinanzhofes. München, Grillparzerstr. 47 II. (Breslau 5|7 74.) V: Goethes Naturphilosophie im Faust 13; Bernhard Crespel, Goethes Jugendfreund 14.

Herwagen, Karl, Praktische Psychologie, Leiter der päd. Abteilung des Zentral-Instituts für Erziehung und Unterricht. Köln-Klettenberg, Heisterbachstr. 12. (Nierenheim bei Neuß 31|10 82.) V: Der Siebenjährige, Versuch einer Gefühlstypik und ihre Anwendung auf den Gesinnungsunterricht 20; Der Geschichtsunterricht in der kath. Volksschule und seine psychologische Grundlage 22. *

Herwegen, Ildefons, Ordensgesch. u. Liturgia, Dr. jur. h. c., Abt von Maria-Laach, Rheinland. (Junkersdorf bei Köln 27|11 74.) V: Das Paktum des Hl. Fruktuosus von Braga 07; Geschichte der benediktinischen Profoßformel 12; Germanische Rechtssymbolik in der römischen Liturgie 13; Das Kunstprinzip der Liturgie 16; Der hl. Benedikt 17, 2. A. 19; Alte Quellen neuer Kraft 20, 2. A. 22. H: Beiträge zur Geschichte des alten Mönchtums u. des Benediktinerordens, sowie der Ecclesia orans. Einführung in den Geist der Liturgie.

Herwey, Franz, s. Weiher, Eug.-Aug.

Herwig, Franz, SDS., Rom., ○, /, Verlagsredakteur der Kösel & Pustet Komm.-Ges., München. Weimar, Belvederer Allee 7. (Magdeburg 30|3 80.) V: Herzog Heinrich, Dr. 04, 2. A. 13; Die letzten Zielinskis, R. 06; Wunder d. Welt, R. 10, 2. A. 21; D. Stunde kommt, R. 11; Heinrich der Löwe, Dr. 11; Herrn Karls Schwert, Lsp. 12; Jan von Werth, R. 13; D. getreue Deserteur, Erz. 13; Aus d. Fremdenlegion in d. Kaisers Heer, Erz. 15; Für Preußens König, R. 16; Drei gute Kameraden, Erz. 16; Pinz u. d. hl. Krieg, Erz. 16; D. Schlachtfeld, R. 20; Dunkel über Preußen, R. 20; Das kleine Weihnachtsspiel 20; Das Passions- und Osterspiel 20; Das Adventspiel 21; Das Sextett im Himmelreich, R. 21; Sankt Sebastion vom Wedding, Leg. 21; Der Pfarrer zu Pferde u. Jabusch, Erz. 21; Das Begräbnis des Hasses, Erz. 21; Die Zukunft d. kath. Elementes i. d. deutsch. Lit. 21; Die feine Ingeborg, R. 22; Das märkische Herz, R. 23; Deutsche Heldenlegende 23.

Herz, Hermann, (k.), AV., ♛, Erz., Bibliotheksw., Pfr. Dettlingen, Hohenzollern. (Weildorf 19|4 74.) V: Musterkatalog f. volkstüml. Biblioth. 07, 4. A. (m. a.) 18; D. Weg des Buches ins Volk 09; D'rr Garribaldi u. 2 a. Erzn. (u. d. Ps. Johann Driggeberger) 10, 3. A. 19; Alban Stolz, 2. A. 20; Wandlung u. a. Erzn. 16, 2. A. 19; Peter Schwabentan, Teil I: Vikar u. Preßhusar, R. 21.

Herzberg, G., s. Litzmann, Grete.

Herzer, Ludwig, s. Herzl, Ludwig.

Herzfeld, Hans, Dr. phil., ♛, Privatdozent. Halle a. S., Königstr. 12 II. (22|6 92.) V: Die deutsch-französische Kriegsgefahr von 1875. *

Herzfried, Osk., s. Quincke, Ida.

Herzl, Ludwig (Ps. Herzer Ludwig), DÖSchG., CC., ○. Wien VIII, Lange Gasse 61. (18|7 72.) V: Optten.: Die weiße Gefahr 13, Gräfin Fifi 13, Die goldene Tochter 16, Das Zimmer d. Pompadour 16, Der Aushilfsgatte 17, Der dunkle Schatz 18; Morphium, Notturno 21. ( )

Herzog, Frl. Annie, Nov., Dr. phil., Schriftst. Stein, Aargau, Schweiz. (ebda 29|5 81.) V: Die Frau auf den Fürstenthronen der Kreuzfahrerstaaten, Diss. 19; Die Eine Liebe, Gesch. v. Haus a. Rhein, 1.—3. A.

Herzog, Frau Elsa, RV., SDS., Mode, Tanz u. Gesellschaft, Red. im Verlage A. Scherl. Berlin-Charlottenburg, Kurfürstendamm 35. (Berlin 5|3 76.) V: Tanzsport-Almanach 23.

Herzog, Eugen, roman. Linguistik, Dr. phil., o. UP. Czernowitz, Herreng. 39. (Wien 14|4 75.)

Herzog, L., s. Enckhausen, Malwine.

Herzog, **Oswald**, **Bildhauer**. Berlin-Steglitz, Göbenstr. 16. (Haynau i. Schl. 14/8 81.) **B**: Die stilistische Entwicklung der bildenden Künste 12; Rhythmus, Kunst, Natur 14.

Herzog, Rudolf, Rom., ◯, ✱. Rheinbreitbach a. Rh., Obere Burg. (Barmen 6/12 69.) **B** (seit 00): Der Graf v. Gleichen, R. 01, 150. A. 23; Ged. 03, 25. A. 23; Die vom Niederrhein, R. 03, 216. A. 23; D. Lebenslied, R. 04, 70. A. 16; Die Wiskottens, R. 05, 320. A. 23; Die Condottieri, Sch. 05, 3. A. 11; Der alten Sehnsucht Lied, Nn. 06, 46. A. 23; Auf Nissenskoog, Sch. 07, 2. A. 08; Der Abenteurer, R. 07, 140. A. 23; Hanseaten, R. 09, 245. A. 23; Es gibt ein Glück, Nn. 10, 86. A. 23; Die Burgkinder, R. 11, 100. A. 16; Herrgottsmusikanten, Lsp. 12, 3. A.; Sigfried der Held, Erz. 12, 50. T.; Der Nibelungen Fahrt ins Hunnenland, Erz. 12, 50. T.; Die Nibelungen, große Ausg. 13, 10. A. 23; Preußens Geschichte 13, 40. T. 23; D. Welt in Gold, R. 13, 60. A. 23; Wir sterben nicht! G. 13, 23. A. 23; D. große Heimweh, R. 14, 230. A. 23; Ritter, Tod u. Teufel, KriegsG. 15, 70. T. 16; Vom Stürmen, Sterben, Auferstehn, KriegsG. 16, 30. T.; Stromübergang, dramat. Dchtg. 16, 10. T.; Die Stoltenkamps u. ihre Frauen, R. 17, 265. T. 23; Jungbrunnen, Nn. 18, 105. T. 23; Germaniens Götter, Myth. 19, 50. T. 21; Die Buben der Frau Opterberg, R. 21, 200. T. 23; Kameraden, R. 22, 180. T. 23; Gesammelte Werke I. u. II. T., 25. T. 23.

Herzog, Wilhelm, Politik, ⊞, Lit., Kritik, Hrsg. d. „Forum". Berlin W 35, Derfflingerstr. 4. (ebda 12/1 84.) **H**: G. Chr. Lichtenbergs Schriften 07 II; H. v. Kleists sämtl. Werke u. Briefe 08/11 VI: Pan, Halbmonatsschr. (m. P. Cassirer) 09/10; Forum-Werke (Kant, „Zum ewigen Frieden"; „Geist", d. besten Essays d. Weltlit. I 17); „Die Weltliteratur", d. best. Rom. u. Nov. all. Zeit. u. Völker (m. W. Hirth) 15/16; Romain Rolland: Revolutionsdramen (Die Wölfe 14, Danton 17), „Michelangelo" 19; „Die Republik", revol. Tagesztg. 18/19. **B**: H. v. Kleist, Sein Leben u. sein Werk 11, 2. A. ()

Herzog-Toms, Alfred, ASB., DB., BF., ◯, ✱, Roman, Theaterdir. Elbing, Hl. Geiststr. 32. (Dirschau 9/8 95.) **B**: Sumpfrose, Sch. 18; Sein Mädchen u. d. Freund, Dr. 18; Sonja, Optte. 19; Irrlicht, Dr. 19; Ersten Liebe goldne Zeit, Optte. 20; Mädchen u. d. Freund, R. 21; Seltsame Menschen, R. 21; Mette v. Marienburg, Tr. 21; Gesetz u. Menschlichkeit, Film 21; Hühnchen, R. 21.

Hesdin, Heinz, s. Nitsch, Harry.

Heß, Heinrich, Mitgl. d. Pensionsfonds d. Concordia, Red. d. „Mitteil. d. Deutsch. u. Österr. Alpenver." Wien VII, Kandlgasse 19/21. **B**: Zahlr. Spezialführ. durch d. Alpen. **Bearb**: Trautweins Tirol; dess. Bayr. Hochland usw. **H**: Purtscheller, Üb. Fels u. Firn. **MitH**: D. Hochtourist (mit Purtscheller). (*)

Heß, Johannes, DB., ◯. Berlin-Pankow, Prinz-Heinrich-Str. 4. (24/3 75.) **B**: Bilanzen des Lebens, Sch. 12; Der Rabbiner von Prag, Dr. 13; Der Narr, Sch. 19; Zweierlei Maß, Sch. 19; Sein Weib, Sch. 22; Leutnant a. D., Sch. 22.

Heß, Josef Hermann, Dr. phil. Engelberg, Ob. Schweiz. (ebda 3/2 97.) **B**: Junges Heldenblut, Tr. 17; S' Füriomeitschi, Vst. 20; Il Poverello, O. 21; P. Marianus Rot, Ein Kap. schweizerischer Theatergeschichte 23; Gedichte 23; Vom literarischen Barock 23.

Heß, Ludwig, DB., ◯, Kammersänger u. Musikdir. Berlin-Friedenau, Sponholzstr. 52. (Marburg i. Hess. 23/3 77.) **B**: Die Nacht von Naxos, O. 10; Abu und Nu, M.-O. 17; Was ihr wollt, O. 21; Heißes Blut, O. 21; Chorwerke: Weihe, Frohe Ernte, Von unsterblicher Liebe, Neuer Morgen, Feierabend, Die Piraten.

Hesse, Ferdinand, /, ✱, ⚘, ◯, Begr. u. Leit. d. Oybiner Waldtheaters u. d. Naturtheaters Hammer am See, Red. Ebersbach i. Sa. u. Oybin, Bez. Dresden-Annenheim. (Braunschweig 6/8 82.) **B**: Jugend, G. 02; Reise d. Kgs. Friedr. Aug. i. d. Oberlausitz 05; D. Abschluß, Dr. 08; Scharka, Dr. 20.

Hesse, Hs., s. Diller, Walt. Em.

Hesse, Hermann, ✱, Roman, Nov. Montagnola bei Lugano, Schweiz. (Calw 2/7 77.) **B**: Romant. Lieder 98; Eine Stunde hinter Mitternacht 99; Ged. 02; Peter Camenzid, R. 04; Boccaccio, Biografie 04; Franz v. Assisi 04; Unterm Rad, R. 05; Diesseits, 5 Erzn. 07; Nachbarn, 5 Erzn. 08; Hermann Lauscher 08; Gertrud, R. 10, 16. A. 12; Unterwegs, G. 11; Umwege, Erzn. 12; Aus Indien 13; Roßhalde, R. 14; In der alten Sonne 14; Musik des Einsamen, G. (Auswahl) 15; Knulp, Erzn. 15; Am Weg, Erzählgn. 16; Briefe ins Feld 16; Schön ist die Jugend, 2 Erz. 16; Märchen 19; Kleiner Garten 19; Klingsors letzter Sommer, Erz. 20; Zarathustras Wiederkehr 20; Blick ins Chaos, 3 Aufs. 20; Wanderung 21; Siddharta, ind. Dichtung 22; Ausgew. Ged. 22; Italien, Verse 23; Demian; Sinclairs Notizbuch. **MitB**: Dreizehn aus Schwaben,

Fröhl. Gesch. 17; Deutsch. Kleinstadt-Gesch. 19. H: Albert Welti 17; Alemannenbuch 19; Elf Aquarelle aus d. Tessin 21. MitH: Vivos voco, Monatsschr. ( )

Hesse, Kurt, Militärgeschichte, vornehmlich Militärpsychologie, Oberleutn. im Reichsheere. Potsdam-Wildpark, Viktoriastr. 44. ($^{6}|_{12}$ 94.) B: Das Marnedrama des 15. Juli 18 20, 3. A. 21; Der Feldherr Psychologos 22; Zum neuen Kriege 23. *

Hesse, Otto Ernst, DB., SDS., ○, Dr. phil. Berlin-Friedenau, Rubensstr. 38. (Jeßnitz i. Anh. $^{20}|_{1}$ 91.) B: Zweisamkeit, G. 18; Elegien d. Gelassenheit 20; Das Privileg, Kom. 21; Der Bigamist, Kom. 21; Janusopfer, Tr. 21; Der Kaiserpapst, Tragikom. 21; Ameisen, Kom. 21; Drögen Unweis, Trag. 22; Robert Blum, Trag. 23; B.G.B. § 1312, Kom. 23; Klinkusch, Kom. 23. H: Das Ruhrgebiet i. d. d. Dichtung 23.

Hessel, Franz, ✠, Novellen, Romane. Berlin W 10, Friedrich-Wilhelm-Str. 15. ($^{21}|_{11}$ 80.) B: Verlorene Gespielen, G. 05; Laura Wunderl, Nn. 08; Der Kramladen des Glücks, R. 13; Pariser Romanze, Papiere e. Verschollenen 20; Von den Irrtümern der Liebenden, Eine Nachtwache 22. Ue: Stendhal: Über die Liebe 21.

Hessel, Richard, ✠, Naturw. Schriftst., Heimatdichtg., Roman., Postinsp. Neugersdorf i. Sa., Uhlandstraße. (Haßlau b. Roßwein i. Sa. $^{18}|_{12}$ 77.) B: Das goldene Götzenbild (mit Karlos Frey) 23.

Hesselbacher, Karl, D. theol., Pfr. B.-Baden. (Mückenloch $^{29}|_{8}$ 71.) B: Aus d. Dorfkirche, Pred. 05—13; Glockenschläge, Skn. 06; Seelsorge a. d. Dorf 09; Silhouetten neuerer bad. Dichter 10; Mit güldner Waffe, Erz. 11; Unsere Dorfheimat — unser Stolz, 3 Vorträge 12; Vom Vaterland d. Treue, Erz. 12; Mutter u. Kind 14; Im Flammenglanz d. großen Zeit 15 f. III; Die Kirchnerin, Erz. 17; Daheimgeblieben, Erz. 17; Treu auf dem Posten, Erzn. 18; Marienkind, Erzn. 19; Wege zur Freude, Skn. 21; Am unsichtbaren Goldfaden, Erzn. 22.

Heßhaimer, Ludwig, /, ✠, Novelle, Märchen, Erzählung, ak. Maler, Radierer, Oberstltn. a. D., Präsident des Philat.-Verbandes Österreich, Präsident des „Kunstheimes". Wien III, Ungarg. 53 I. (Kronstadt i. Siebenbürgen $^{10}|_{3}$ 72.) B: Heil und Sieg 15; Der Weltkrieg ein Totentanz, e. Dichtung in Radierungen 21.

Hettauer, s. Schuldes, Jul.

Heuberger, Richard, ♛, bes. tirolische Geschichte, a. o. UP. Innsbruck, Tirol, Erzherzog-Eugen-Str. 9. (Wien $^{30}|_{3}$ 84.) *

Heubner, Rud., Roman, Nov., Epos, Gerichtsdir. Dresden, Kurfürstenstr. 10. (Plauen i. V. $^{12}|_{12}$ 67.) B: Dichtgn. 93; Sekr. d. Königs 94; Stürme u. Sterne 95; D. Haar der Berenike 05; Napoleon 06; Der König u. der Tod, R. 08, 3.—5. T. 20; Karoline Kremer, R. 10, 6.—10. T. 19; Venezianische Novellen 11; Juliane Rockox, R. 12, 6.—8. T. 19; Das Wunder des alten Fritz, R. 14, 6.—8. T. 19; Sankt Michels Heervolk, Nn. 16; Pascha u. Odaliske, R. 16; Jakob Siemering u. Kompanie, R. 17, 31.—35. T. 22; Jakob Siemerings Erben, R. 18, 26.—30. T. 22; Ein Volk am Abgrund, R. 19; Peter Paul, N. 20; Das Lied von Rosamunde, E. 21; Der verhexte Genius, R. 21, 6.—10. T. 21; Die Flambergs, R. 22; Erdgeschlecht, Nn. 23.

Heuckenkamp, Ferd., roman. Ψ, Dr. phil., a. o. UP. Greifswald, Roonstr. 7. (Pappenheim $^{10}|_{4}$ 62.)

Heuer, Otto, ♛, Lit.♛, Dr. phil., Prof., GenSekr. d. Fr. Deutsch. Hochstiftes u. Dir. d. Frankf. Goethe-Mus. Frankfurt a. M., Goethehaus. (Hannover $^{9}|_{2}$ 54.)

Heuer, Reinhard, ■, *M*, Heimatkunde, Schulrat. Templin. (Bützer, W.-Pr. $^{23}|_{3}$ 78.) B: Heimatkunde der Prignitz 12, 2. A. 20; Prignitzer Sagen u. Geschichten 12, 2. A. 21; Allg. Botanik 13; Vom deutschen Volke 18; Hirts Arbeitsfibel; Hirts Lesebuch. H: Was das Herz bewegt, Ged. 22, 3. A. 23.

Heuer, Walther, DB., RP., ○, ✠, Chefredakteur d. „Goslarschen Ztg." Goslar a. H. (Rathenow $^{11}|_{10}$ 91.) B: Der doppelte Feldwebel, Schw. 12; Auferstehung, Sch. 17; Fahnen im Sturm G. 18; Komödiantin, Sch. 20; Minen, Sch. 20; Die Tochter, Tr. 21; Die Tochter der Asra, Tr. 21; Der Ratsherr von Goslar, Sch. 22 (zur Tausendjahrfeier der Stadt Goslar); Heinrich der Löwe (Ein Kampf um Goslar), Sch. 23.

Heukeshowen, Karl v., s. Stursberg, Karl.

Heuler, Alo, ✠, ○, Erz., Roman, Schriftsteller. Würzburg, Harfenstr. 2. (Kitzingen a. M. $^{30}|_{10}$ 98.)

Heuschele, Otto, ✠, G., Erz., N., Literatur- u. Kunstkritik, ∴. Waiblingen (Württ.), Beinsteinerstr. 4. (Schramberg $^{8}|_{5}$ 00). B: Aus dem Tempel der Dichtung, Essays 19; Die Hoffnung des Volkes, G. 21; Fest und Festkunst 23; Briefe aus Einsamkeiten 24. *

Heusler, Andreas, Germanistik, Übersetzungen, Dr. phil. et jur., o. UP. Arlesheim b. Basel. (Basel $^{10}|_{8}$ 65.) B: Die Lieder der Lücke im Cod. R. d. Edda 02; Eddica Minora (m. Ranisch.) 03; Urväterhort, die Heldensagen der Germanen

04; Lied u. Epos in german. Sagendichtg. 05; D. gelehrte Urgesch. im altisl. Schrifttum 08; D. Strafrecht der Isländersagas 11; Zum isl. Fehdewesen in der Sturlungenzeit 12; Altisl. Elementarbuch 13, 2. A. 21; Anfänge der isl. Saga 14; Deutscher u. antiker Vers 17; Nibelungensage u. Nibelungenlied 21, 2. A. 22; D. altgerm. Dchtg. 23. **H**: Edda, übs. v. Genzmer 14/20 II.

Heuß, Alfred, Musik, Dr. phil., Hauptschriftl. d. Ztschr. f. Musik. Gaschwitz b. Leipzig, Gustav-Meisel-Str. 23. (Chur 27/1 77.) **W**: Festschr. z. d. Bachfesten 04, 07, 08, 11, 14, z. deutschen Händelfest 06; Kleine Konzertführer 06—11; J. S. Bachs Matthäuspassion 09; Kammermusik-Abende 19; Beethoven 21; Kompositionen (bis op. 17). **H**: Arien v. Ad. Krieger (1634—66) 05; Kretzschmar, Gesamm. Aufsätze aus den Grenzboten 10; u. a.

Heuß, Theodor, SDS., ♛, ⊞, /, Dr. rer. pol., Berlin-Friedenau, Fregestr. 80. (Brackenheim, Wttbg. 31/1 84.) **W**: Weinbau u. Weingärtnerstand in Heilbronn 06; Schwaben u. d. deutsche Geist 15; Kriegssozialismus 16; Bundesstaaten u. Reich 18; Haus der Freundschaft in Konstantinopel 18; Zwischen Gestern u. Morgen 19; Die neue Demokratie 20. **H**: Sieben Schwaben 08.

Heußner, Alfred, ∴, Psychologie, Dr. phil., Seminardirektor. Rinteln. (Kassel 9/6 71.) **W**: Die altchristlichen Orpheusdarstellungen 92; Die französische Kolonie in Kassel, Magdeburg o. J.; Die philosophischen Weltanschauungen und ihre Hauptvertreter 09, 6. A. 21; Einführung in Wilh. Wundts Philosophie u. Psychologie 20; Einführung in Rud. Euckens Lebens- und Weltanschauung 21; Einführung in die Psychologie 18, 2. A. 20; Friedel Horns Weg zu Gott 19; Hilfsbüchlein für Kantleser, 1. Prolegomena 21, 2. Metaphysik der Sitten 22. *

Heyde, Wolf von der, Natur∴, ⊞, Leiter des Literar. Bureaus d. Elektrowerke A.-G. Berlin-Schöneberg, Hauptstr. 101. (Berlin 7/3 92.) **W**: Die Sonne muß doch wieder scheinen! G. 19. *

Heydemarck, Georg. Leipzig, Kantstr. 59. (Magdeburg 27/10 91.) **W**: Männer, N. 13, 20. T. 16; Im Hexenkessel, Sk. 15, 10. T. 16; Der Landser, Lr. 15, 21. T. 16; Die Leuchtkugel, Sk. 16; Doppeldecker, Sk., 100. T. 17 (Schwed. 17, Holl. 18); Erste Gedichte 20; Balladen aus meinem Leben 20.

Heye, Artur, SDS., Reise-, Abenteurer-, koloniale Erzählg. Wangen, Amt Konstanz, Baden. (Leipzig 4/11 85.) **W**: Vitani 21, 2. A. 22; Wanderer ohne Ziel 22; Hatako, 1. Bd. 21, 2. Bd. 22. *

Heye, E. Friedr. Günther, Belletristik, Schriftsteller, Adresse durch A. Bonz' Erben, Stuttgart. (Delmenhorst 8/8 81.) **W**: Dicht. u. Auff.; Nachzügl.; Adolf Heye, e. Lebensb.; Erinnerg. 19; Neue Schrift 22. *

Heyfelder, Erich, Ästhetik, Dr. phil., UDoz. Tübingen, Gartenstr. 9. (Bromberg 20/12 74.) **W**: Klassiz. u. Naturalism. bei Fr. Th. Vischer 01; D. Illusionstheorie u. Goethes Ästh. 04; G. Gerber, Z. Gesch. d. Fr.-Wilh.-Gymn. zu Berlin 07; Die Aufgaben d. Stuttgarter Gemäldegalerie 07; D. Reitkunst auf d. deutsch. Universit. 09; H. Genter 12. ( )

Heyking, Baronin Elisabeth, geb. Gräfin Flemming, Erz. Crossen a. d. Elster. (Karlsruhe i. B. 10/12 61.) **W**: Briefe, die ihn nicht erreichten 03, 98. A. 21 (ins Franz., Engl., Russ., Ital., Poln. u. Norweg. übs.); Der Tag Anderer, Nn. 05, 26. A. 06; Ille mihi, R. 12 II, 8. A. 13; Tschun, R. 14, 30. T. (ins Holl. übs.); Die Orgelpfeifen 18; Liebe, Diplomatie u. Holzhäuser, R. 19, 12. T. (ins Ung. übs.); Das vollkommene Glück, R. 20, 10. T.; Weberin Schuld, N. 21.

Heymer, Frau Ludmilla, geb. v. Rehren (Ludmilla v. Rehren), Rom., Nov. Lehmrach b. Mölln, Lauenburg. (Insel Ösel 20/1 75.) **W**: Reinheit, R. 03; Drei aus einem Nest, Erz. 05; Gertrud Gawenda, R. 08; Herrenmoral, R. (m. Marie v. Pistohlkors) 12; Freiheit in Liebe u. Ehe, Das Geheimnis d. Liebe u. Ehe (beide m. Emil Gast u. Pseudon. „Von Ihm und Ihr") 20; Herr Thielemann u. seine Bräute, hum. R. 20; Morgenröte, N. 21; Das Schloß der Schrecken, R. (m. Victor Paratus) 21; Wo du nicht bist, R. 21. ()

Heyne, Frl. Hildegard, Kunst♛, Dr. phil., Kustos am Museum der bildenden Künste. Leipzig-Gohlis, Schkeuditzer Str. 21 II. (Leipzig 17/2 78.) **W**: Max Klinger 07; Leipziger Museumsführer, I. Gemälde der Gegenw. u. des XIX. Jahrh (zugleich Anleitg. z. Verständnis künstl. Werte) 21; Das Gleichnis v. d. klugen u. töricht. Jungfrauen, e. lit.-ikonogr. Studie z. altchristl. Zeit 21. **MitW**: Kat. d. Leipz. Porträtausstellg. 12; Das Bildnis in Leipzig 12.

Heynen, Walter, deutsche Lit.♛, Dr. phil., Leit. d. „Preußischen Jahrbücher". Berlin W 10, Friedrich-Wilhelm-Str. 10. (ebda 29/11 89.) **W**: Der Sonnenwirt v. Herm. Kurz 13; Diltheys Psychologie d. dichterischen Schaffens 15; Mit Gerhart Hauptmann 22. **Ue**: Briefwechsel zw. Friedrich d. Gr. u. Voltaire I 17.

Heynicke, Kurt, DB., SDS., schöne Lit. (Kleistpreis 19.) Solingen, Breite Straße 1 II. (Liegnitz, Schlesien $^{20}|_{9}$ 91.) **B:** Rings fallen Sterne, G., 2. A. 19; Das namenlose Angesicht, G. 20; Der Kreis, Ein Spiel über den Sinnen 20; Gottes Geigen, G. 3. T. 21; Die hohe Ebene, G. 21; Ehe, Ein Bühnenwerk 21; Tai-A-Oh. ()

Hiemesch, Sepp (Ps. H. Sepp), Buch- u. Kunstverlgr. Berlin-Charlottenburg, Kaiser-Friedrich-Str. 15. (Kronstadt i. Siebenbürg. $^{3}|_{9}$ 77.) **B:** Volkstüml. naturw. Abhandlgn. **H** und **B:** Streifzüge d. d. Natur 22 X; Wandergn. d. d. heim. Kunst 22 IX. **H:** Heimbücherei 20/21 III; Kl. Heimatbüchl. 22 IX; Heim.-Hochschule 21 II; Neuzeit- (Glückwunsch-) Büchlein 21. **Ue:** Boccaccio 21.

Hierl, Joh. Georg, (k.), ♥, ♛, Pfr. Jahrsdorf b. Hilpoltstein, Mittelfr. (Heldmannsberg $^{4}|_{8}$ 73.) **B:** Das Lächeln des Glücks 19; u. a.

Hieß, Josef, O, Erz., ♥, N., Sk., Student. Oberhollabrunn, N.-Ö., Gassnergasse 6. (Wolfstal, N.-Ö. $^{3}|_{4}$ 04.) **B:** Roderich, Gesch. Tr. 23; Heimatsagen aus Nieder-Österreich 23. *

Hildebrand, s. Hübl, Friedr. Jos.

Hildebrand, Franz, ∴, ♞, ♥, Studiendir. Berlin, Badstr. 22. (Schöneberg $^{4}|_{4}$ 83.) **B:** Die höhere Schule und der Mensch 18; Vom Auf und Ab des Lebens 19.

Hildebrand, Frau Maximiliana, geb. v. Renauld, Edle v. Kellenbach (Ps. Falk v. Sonnenfels), Psychologie, ♥, Dr. phil., Journalistin u. Konzertsängerin. München, Kaulbachstr. 85 I l. (Ingolstadt $^{9}|_{8}$ 79.) **B:** Wanderlieder 07 u. 20; Festzeiten 10; Brautlieder 10; Platonismus u. kath. Christentum 10; D. Marienburg in Pr. 10; Studentin, Dr. 10; Zur Psychologie des Sprichworts 12; D. Fluch 12; Psychische Merkwürdigkeiten 20. ()

Hildebrandt, Edmund, Kunst♛, Dr. phil., Prof. a. d. Univ. Berlin-Westend, Württembergallee 27. (Berlin $^{29}|_{4}$ 72.) **B:** Friedrich Tieck 06; Leben, Werke u. Schriften des Bildhauers E.-M. Falconet 08; Goethes Italien-Reise 08; Michelangelo 13; Malerei u. Plastik d. 18. Jahrh. in Frankreich 14 ff.; Antoine Watteau 21.

Hildebrandt, Frl. Gudrun, Meist. d. Tanzkunst u. Schriftst. Berlin-Charlottenburg, Uhlandstr. 180. **B:** Modetanzbuch (Grammatik d. mod. Tänze) 20; Was sollen Tänzerinnen lernen? 21; Mein Kampf f. d. Lehrfreiheit in d. Tanzkunst 21.

Hildebrandt, Karl Erich (Ps. Jost Adrian Seyffarth), DB., Belletristik, Schriftst. Magdeburg, Rollenhagenstr. 7. (Berlin $^{31}|_{8}$ 01.) **B:** Spieler, Sch.; Morgenröte, Tragikom.; Die Flucht ins Paradies, Lsp.; Süße, süße Venus; Tannhäusers Sang; Nun schlafen alle Nächte; Des Herzens Wallfahrt; Pilgrim Seele 21; Mater dolorosa, Dchtg. 23; Das Kreuz im All, Verse 23; Die wundersüßen Weihenächte, Verse 23.

Hildebrandt, Kurt, Dr. med. et phil. Berlin-Tegel, Uferstr. 1. (Florenz $^{12}|_{12}$ 81.) **B:** Norm u. Entartung d. Menschen 20, 2. A. 23; Norm u. Verfall d. Staates 20, 2. A. 23. **Ue:** Platons Gastmahl 12, 4. A. 22; Nietzsches Wettkampf mit Sokrates und Plato 22, 2. A. 23; Nietzsche als Richter unserer Zeit (mit Ernst Gundolf) 23; Wagner und Nietzsche; der Kampf gegen das 19. Jahrhundert 24. **Mitarb:** Jahrbuch f. d. geistige Bewegung.

Hildebrandt, Martin. Charlottenburg 5, Kuno-Fischer-Str. 19. Magdeburg $^{22}|_{8}$ 54.) **B:** Nicht gegen den Kaiser 90; Ohne Bismarck 90; D. Reichsschwiegermutter kommt 91; Wider d. Kommunisten am geistigen Eigentum 99; Vater Martins Briefe an s. kleinen Michel 07; Stimmgn., G. 08; Der deutsche Zorn, G. 14; Rodies Bekanntschaften, E. 15; Ins deutsche Gewissen, G. 17; Denkzettel, Spr. 20. **H:** Das Recht der Feder 91—01; Das deutsche Landhaus 05—07; D. Abonnenten-Versicherg. 12—13.

Hildebrandt, Paul, ⚭, ♥, Red. Berlin-Charlottenburg, Uhlandstr. 180. (ebda $^{15}|_{12}$ 62.) **B:** Jugendklänge 88; Meisterwerke 91; D. Erfüllg. d. Siegfriedbotschaft 91; Columbia 92; Bucht d. Abgeschiedenen 93; Kunst, d. Stiefkind d. Gesellschaft 93; J. Künstlerland 94/95; Wiedergeburt deutsch. Kunst u. deutsch. Kunstgew. i. nat. Sinne 95; D. hohe Lied v. d. nackten Kunst 98; Neue Brettl-Chansons 02; Ein Traum 03; Lustige Chansons 04; Das Spielzeug im Leben des Kindes 04; Neues Schweizer Liederbuch 06; Gudrun Hildebrandts Vaterländische Vorträge, G. 15; Tanznovelletten 22.

Hildebrant, Gustaf, Schrift. z. völk., künstl. u. relig. Erneuerung. Berlin-Pankow, Lindenpromenade 2. **B:** Auftakt, dr. Dialog; Gustav Müller (e. Orientierungsversuch u. Beitr. z. Religionsgesundung); Die völkisch-religiöse Weihebühne — das Theater der Zukunft 23; Okkultismus u. geistige Erneuerung 23; Henrik Ibsen u. das Drama der Zukunft 23. **H:** Diesseits u. Jenseits. Wanderungen durch zwei Welten (Gustav-Müller-Bücher) 23.

Hildeck, Leo, s. Meyerhof, Leonie.

Hildemühl, Hermann, s. Doppler, Michael.

Hildenbrandt, Fred, Kritik, Essay, Redakteur am Feuilleton des Berliner Tageblatts. Berlin, Mossehaus. (27/4 92.) B: Briefe a. eine Tänzerin 22. *

Hilger, Joseph, ✠, Rektor. Mayen. (Kottenheim 23/8 57.) B: Gedichte 94. Zur Jubelfeier des 100. Geburtstags Kais. Wilh. d. Gr., G., 3. A. 97; Dichterklänge v. Laacher See u. s. Umgebung 97, 3. A. 06; Bunte Blätter, n. G. 07; Gesch. d. Stadt Mayen (m. a.) 10; D. Abweichgn. der Mayener Mundart v. Hochdeutschen 10; Goldkörner, Sinnsprüche 13; Aus West, Ost u. Süd; KriegsLr. 15, 2. A.; Dahut, E. 21.

Hilka, Alfons, roman. ✠, Dr. phil., o. UProf. Göttingen. (Walzen 30/7 77.)

Hille, Curt, ✠, †, Stoffgesch., Literaturkritik, Dr. phil., Prorektor am Lehrersem. Kyritz, Prignitz, Perleberger Str. 2. (Posen 26/8 82.) B: Aristophanes u. d. politische Komödie des 19. Jahrh. 07; Die deutsche Komödie unter der Einwirkung d. Aristophanes 07.

Hillebrandt, L., geb. Schuhmacher, /, Reg.-Baumeisters-Gattin. Charlottenburg-Westend, Kastanien-Allee 25. (Wanckow 17/8 86.) B: Ernstes u. Heiteres, Erzn.

Hiller, Fanny, verw. Frau Baurat, RP., Ue: EF, Red. im Scherlschen Verlage. Berlin-Wilmersdorf, Günzelstr. 24/25. (Konstantinopel 13/8 67.)

Hiller, Kurt, erörternde Prosa, Dr. jur. Berlin-Friedenau, Hähnelstr. 9. (ebda 17/8 85.) B: Das Recht über sich selbst 08; D. Weisheit d. Langenweile 13 II; Ein Deutsches Herrenhaus 18; Geist werde Herr 20; Logokratie 21; Aufbruch zum Paradies 22; Schmach des Jahrhunderts 22. H: Max Steiner, Die Welt d. Aufklärung 12; Der Kondor, Verssammlg 12; Das Ziel, Jahrbücher f. geistige Politik 16 ff.

Hiller, Paul, VDM., SDS., WSB., /, Musik-, Schausp.- u. Lit.-Krit., Essay, Libretto, Ue: FFlämLIE. Köln a. Rh., Eifelstr. 31. (Paris 1/8 53.) **Bearb:** Verdi: Opern (in Ricordis neuer Volksausg.) 06. **Ue:** De Clercq-Sevens, De Vlasgaard, Um die Weberin 06; B. Kingston, The Light of Asia, Oriental. Legende 07; Lagunensturm 08; Zunft u. Ritter 09; Der Seestern 09; Padre 09; Quatre Mélodies, Liederzykl. v. Alex. Friedr. von Hessen 10; An der Grenze 10; Old English Tunes 11; Saint-Saëns, Déjanire 11; Die letzte Hoffnung 11; Alarich 12; Der Einsiedler am Meere 12; D. Traum d. Königin 12; Nachtschatten u. Blütenschimmer 13; Die Verirrten 13; Gust. Doret, Les Armaillis, neu eingefügter 2. Akt 13; Buddha u. des Weibes Frühling, Legende 14; D. Braut vom Sonnenfelsen 14. B: Umdichtung d. Internat. Liederschatzes 15; Der Freischütz, Studie üb. d. Urquellen d. textl. Stoffes 16; Friedr. Smetana (Schaffen u. Bedeutg.) 16; Die deutschen Opern seit 1900 23.

Hiller v. Gaertringen, Friedr. Frhr., klass. Altertumsw., Dr. phil., Dr. litt. h. c., o. HonProf. Charlottenburg-Westend, Ebereschenallee 11. (Berlin 3/8 64.)

Hillern, Hermine v., s. Diemer, Hermine.

Hillgenberg, Egon, ASB., Erz., G., Lr., M., R., Pl., R., Dr., Sch., Schw., Sk. Hamburg 26, Dimpfelsweg 9 II. (Stettin, 24/12 83.) B: Märchen für Märchenseelen 10; Hans der Träumer 11; Am Vorabend 13; Schnurrige Märchen 20; Hauffs Märchen 22; Von einem, der auszog, das Glück zu suchen 22; Ekkehard 23; Lichtenstein 23; Der König von Schlaraffenland 23; Deutsche Kinder 16; Spion 16; Eine haarsträubende Verlegenheit 21; Mädchenhandel 22. *

Hillger, Herm., PA., Verlagsbuchh., Verwaltungsrat d. deutschen Rentenbank. Berlin W, Potsdamer Str. 124 und Spiegelberg b. Neustadt-Dosse. (Calbe a. S. 22/8 65.) H: Kürschners Bücherschatz; Kürschners Jahrbuch; Kürschners Universal-Konversat.-Lex., 6. A. 21; Sechssprachen-Lexikon, 5. A. 21; Bücher des Wissens 04 f.; Deutsche Jugendbücherei; Hendel-Bücher; Feierabend.

Hillmann, Franz (Ps. Franz Walden), ✠, Nov., ⊙, Musik♛, Gymn.-Zeichenlehrer. Neuß a. Rh., Breite Str. 36. (Erfurt 29/7 81.) B: In d. Dämmerung, Verse 02; Aus dunklen Talen, desgl. 04; Revanche, Lsp. 06; Lena S., Lsp. 07; Im Hause des Tintorett, Sch. 09; D. probate Mittel, Schw. 11; Der Fliegertag, Schw. 12; Die Bürgschaft, Schw. 14; Der Diamantendieb, Lsp. 14; Kindermund u. Kunterbunt, G. 14; Vitus, Sch. 14; Schön Gundel, M. 14; Kriegs-Urkunden 15; Mobil, Festspiel 15; Das Kreuz von Eisen, Festsp. 15; Des deutschen Reiches Schirmherr, Festsp. 15; Der neue Gott, Sch. 16; Die feindl. Königinnen, Sch. 16; Kreuz u. Opferstein, Sch. 16; Katharina v. Alexandrien, Sch. 16; Zahlr. volkstüml. Schausp.; 9 Schw. der Pfiffkopp Grippo-Serie; 10 Schw. der Nante-Serie; die Ahnfrau, Lsp.; 7 Kinderreigenspiele.

Hillmann, Robert, Jugendschr., /, Belletr., Kult.♛, Übers., ⊙. Red. der Thür. Volkswacht, Hochheim-Erfurt, Pr. Sachs., Poststr. 22. (Erfurt 23/8 70.) B: Aus Kantor Simsens Studienjahren, hum. G. 03; D. Mimik 11; Vereins-

bühnenlexikon 11; Schwankbuch 13; Hochheims Entwicklg. 13; Hochheimer Kriegszeiten 15; Gesch. d. Liebh.-Bühne 16; Theaterstücke.

Hilsenbeck, Adolf, Neuere ♛, Bibliothekswesen, Dr. phil., Ob.Bibl.-Rat u. Akad.-Bibl. München, Ismaningerstr. 64. (Nördlingen $^{23}|_{7}$ 73.) B: Joh. Wilhelm v. d. Pfalz 04; Realkatalog der Staatsbibliothek München 12; Register d. Akademie-Schriften 13; M. Schreitinger 14; Bayerns Handel, Gewerbe und Industrie 21.

Himmele, Adolf, ⚘, ✒, Nov., ☉, Sozialwiss., Red. Mannheim, Rosengartenstr. 18. (Schwetzingen, Baden $^{9}|_{2}$ 94.) B: Lachender Kampf, Skn. a. d Leben 20.

Himmelstein, Wilh., ⚘, Prof. Eberbach a. N. (Baden-B. $^{13}|_{4}$ 68.) B: Glühen u. Blühen, G. 95; Lieben u. Leben, G. 96; Äolsharfe, G. 98; Singen u. Sagen 04; Hochsommer 08; Lieblinge 12.

Hindenburg, v., s. Beneckendorff.

Hinneberg, Paul ♛, Dr. phil., Prof., Hrsg. d. „Deutsch. Lit.-Ztg.". Berlin W 30, Luitpoldstr. 40. (Felchow $^{16}/_{3}$ 62.)

Hinnerk, Otto, s. Hinrichsen, Otto.

Hinrichs, August, ☉, Tischlermeister. Oldenburg i. Gr., Kurwickstr. 8. (ebda $^{18}|_{4}$ 79.) B: Kinder der Sehnsucht, Dr. 09; Frithjof, Dr. 11; Der Moorhof, R. 20, 2. A. 21; Das Licht der Heimat, R. 20, 2. A. 21; D. Nest in d. Heide, R.

Hinrichsen, Ludwig, SDS., DB., Nov., Rom., Niederd. Drama, Schriftst. Hamburg, Hammerdeich 135. (Kappeln a. Schlei, Schleswig $^{21}|_{3}$ 72.) B: Schlick im Netz, R. 18; Üm denn Böukenhoff, Dr. 14; Hellrider, R. 20; Bedragen, Dr. 21; Börgermeister Stine 21; Opa, Kom.; D. Vagabund, R.; Abseits v. Wege, Nn. 23; Jens Störtebeker.

Hinrichsen, Otto (Ps. Otto Hinnerk), SDS., ☉, Psychiatrie, Dr. med., UDoz. Friedmatt, Basel. (Rostock $^{7}|_{7}$ 70.) B: Närrische Welt, 08; Graf Ehrenfried 10; Gedichte 06; Cyprian 07; Ehrw. Trimborius 11; Zur Psychol. u. Psychopath. d. Dichters 11; Sexualität u. Dichtung 12; Ehrsam u. Gen. 13; Nomen est omen 16; Liebesgarten 20; Umgang mit sich selbst 21. ()

Hintze, Leo, SDS., ⚘, Nov., Lit., Kritik, Dr., Sekretär. Wien, I., Neuer Markt 14. B: Von Wien zum Balkantor, ein Reisebüchlein 19; Vom einsamen Weg, Nn. 20; Die hohe Blume, G. 20; Den Manen Girardis, szenischer Dialog 21; Ortaspa, Ein Zyklus 22; Blutpfad der Seele, Dr. Mythos 23.

Hinzelmann, Hans Heinz, DB., SDS., ☉, Roman, Dramaturg b. d. „Bibl. f. Dramatik u. Musik, Verlagsges. m. b. H. Berlin". Lübeck, Kronsforder Allee 28a. (ebda $^{3}|_{4}$ 89.) B: Sandro der Narr, O. 16; Magdalena, O. 19; Der Geliebte der Frau Kastellanin, R. 20; Die Sünder vom Heiligen Geist, R. 20.

Hippe, Max, Lit.♛, Biogr., Dr. phil., Prof., Dir. d. Stadtbiblioth. Breslau, Brandenburger Str. 48. (Boischow $^{9}|_{5}$ 64.) B: Untersuchgn. z. der mittelengl. Romanze von Sir Amadas 88; Christof Köler, ein schles. Dichter d. 17. Jahrh. 02. H: Mitteilgn. a. d. Stadtarchiv u. d. Stadtbibl. Breslau (m. H. Wendt) 06 ff.; Wort u. Brauch, volkskundl. Arbeiten (m. Th. Siebs) I—XIV 08—21. ()

Hippel, Hildegard von, s. Tiessen, H.

Hirsch, Albrecht (A. von der Pleiße), ASV., Humor., ⚘, Dr. Berlin W 57, Yorkstr. 54 I. (Leipzig $^{31}|_{12}$ 69.)

Hirsch, Anton, SDS., Kunst♛, Dir. d. Kunst- u. Gewerbeschule. Luxemburg. (Eich $^{22}|_{3}$ 68.) B: Die Frau in der bildenden Kunst 05; Die bildenden Künstlerinnen der Neuzeit 05; Bau- u. Wohnprobleme d. Gegenw. 14.

Hirsch, Julian, Psychologie, Dr. phil. Berlin, Ansbacher Str. 16. (Jarotschin $^{19}|_{3}$ 83.) B: Fouqués „Held d. Nordens" 10; Die Genesis des Ruhmes 14.

Hirsch, Maximilian, ∴, Ethik, ✒, Redakteur. Neustadt a. d. Haardt (Rheinpfalz), Seilerbahn 1. (Deidesheim, Pfalz $^{28}|_{5}$ 71.) B: Neunzehntes oder zwanzigstes Jahrhundert? 00; Chronologische Reformen 01; Konstruktive oder Organisatorische Ethik 18; Das Problem der Vernunftherrschaft, Vorträge 22/23. *

Hirsch, Richard, ⚘, Dr. phil. Charlottenburg, Neue Kantstr. 3. (Stettin $^{6}|_{7}$ 65.) B: Mensch sollst du sein!, G. 20; Ich bin so jung! G. 21; Fernab der Straße, Bilder aus stillem Land (Nov., lyr. Prosa, poetisch-philos. Aphorismen) 21; Bis mein Kind zur Schule geht, G. 23. **Ue:** Dante, Göttliche Komödie, I. Hölle (nach Streckfuß, mit Radierungen von Jäckel) 22.

Hirschberg, Herbert, DB., VF., Verband Deutscher Erzähler, ☉, ♛, Theater♛, ✒, Kritik, Prof., Dr. phil., Hrsg. d. „Geistigen Arbeiters". Berlin-Grunewald, Caspar-Theyß-Str. 23. (Gnesen $^{19}|_{1}$ 81.) B: Mascha, Tr. 05; Fehler, Dr. 06; D. Frankfurter Fürstentag 06; Aus d. Mappe e. Dramaturgen 08; Harry Walden, e. Künstlerleben 08, 4.—7. T. 10; D. Erholgsheim, Schw. (m. Wenzel Goldbaum) 09; Gesch. der Herzogl. Hoftheater zu Koburg und Gotha 10; Stilicho, Dr. 10; Asche, grotesk. R. 13; Faßnarr, Dr. 14; Vater Adam, R. 20; D. Heilung d. Heiligen, hist. R. 17; Maskenrausch, R. 21; Weltgeschichtl. Entwicklung d. re-

publikan. Staatsform 21; Bulgarisches Geistesleben 22; Herzen von Heute, N. 23; So lacht das Laster . . ., Zeitsatiren 23; Gniecie klucha, der Werdegang eines Würdelosen 23. **Bearb**: Brachvogel, Narciß 08.

Hirschberg, Leopold, Lit.- u. Musik♛, Dr. Berlin-Dahlem, Miquelstr. 75. (Posen $^{6}|_{12}$ 67.) **B**: Die Kriegsmusik der deutschen Klassiker u. Romantiker 19; Erinnerungen eines Bibliophilen 22. **H**: Rückert-Nachlese 10/11 II; Rückert, Polit. Notizbuch 11; Loewes Weltliche Chöre 11 f. III; Marschners Balladen 12 f. IV; Musikbücherei 12 f.; Wagners religiöse Tondichtungen f. Chorgesang; Rückert, Morgenländ. Sagen 19; Hoffmann, Zeichnungen 21; Rückert, Märzgedichte 22; Günderode, Gesammelte Werke 22; Hoffmann, Sämtliche Werke (Serapions-Ausgabe) 22; Hoffmann, Groteske Gestalten 22; Klassiker in Urausgaben 23 f.; Daumer, Dichtungen des Morgenlandes 24.

Hirschberg, Rudolf (Ps. Hirschberg-Jura), ASV., PA., Roman. München, Linprunstr. 60 III. (Meißen $^{31}|_{12}$ 67.) **B** (seit 05): Zwei Hundertmarkscheine 06; D. wahre Kunst 07, 2. T. 09; Villa d. Gerechten 07, 2. Engelhornaufl. 18; Wahre Kunst 07, 8. T. 20; Sinniges, Unsinniges, G. 07; Möblierte Zimmer 07; Theatersommer 09; Primanerliebe 09, 47. T. 21; Theaterglück 09, 5. T. 14; Philisters Kinder 09, 5. T.; Aber Emil, Schw. 10; Cabaret, G. 10, 2. T. 11; Eine schöne Erzieherin 12; Der Zaubermeister 12; Vergib uns unsre Schuld 12, 2. A. 21; Die Erstlinge 12; Harte Liebe 12; Zu viel Liebe 13; Pfui, wie reizend! 13; Das Brillantenfräulein 14; Der Berg des Friedens 15; Die verbotene Braut, Lsp. 15; Heddas Heirat 16; Das goldene Haar 16; Zweite Liebe, 18. T. 21; Schulbank der Liebe, 64. T. 21; Das neue Blut 23; Der bittersüße Spaß 24.

Hirschfeld, Franz (Ps. Franz Röhr), VB., ○, /, ♯, Stadtrat a. D., Bankdirektor Berlin NW, Werftstr. 2 II. (Kottbus $^{15}|_{8}$ 68.) **B**: Die neue Völkerwanderung 93; Künstlerliebe, Dr. 95; Dur und Moll, N. 96; Der Kommunalbeamt. Not, hum.-satir. Ged. 04; Deutsch. Liederbuch 04, 3. A. 09; Germanias Befreiung, Festsp. 04; Der Frechdachs, Schw. 09; Die 500jähr. Hohenzollernjubelfeier 12; Elektra, Nn. 23; Des Lebens Kreis, G. 23.

Hirschfeld, Georg, SDS., ○, Nov., Roman. München-Großhadern. (Berlin $^{11}|_{2}$ 73.) **B** (seit 00): Der junge Goldner, Kom. 01; Freundschaft, R., 2. A. 02; Der Weg z. Licht, Märchendrama 02; Nebeneinander, Sch. 04; Erlebnis, Nn. 04; Das grüne Band, R., 2. A. 05; Michael Lewinoffs deutsche Liebe, Erz. 05; D. verschloss. Garten, Nn. 05; Spätfrühling, Lsp. 06; Das Mädchen von Lille, R. 06, 50. T. 20; E. Requiem, R. 06; Mieze u. Maria, Kom., 2. A. 07; D. Wirt v. Veladuz, R., 90. T. 23; Die Madonna im ewig. Schnee, Erz. 08; Auf d. Schaukel, Nn. 09; Hans aus einer and. Welt, R. 09; D. zweite Leben, Dr. 10; D. Nixe vom Güldensee, M. 10; Angst u. Emma, Nn. 11; Rasten u. Gefahren, Nn. 11; D. Kampf d. weiß. u. d. rot. Rose, R. 12; Onkel u. Tante Vantce, R. 13; Pension Zweifel, R. 13; Überwinder, Dr. 13; Die Belowsche Ecke, R. 14, 15. T. 20; Rösickes Geist, Kom. 14; Nachwelt, R., 5. A. 15; Das Kreuz der Wahrheit, R., 3. A. 15; Der japan. Garten, R. 15; Die geborgte Sonne, R. 16; Die deutsche Prinzessin, R., 85. T. 20; D. Hände d. Thea Ligrüner, R., 19. T. 23; Die Tanzseele, R., 5. T. 23; Das schöne Mädel, R., 4. T. 23; Die Frau im Feuer, R. 23; Die Jagd auf Ubbeloh, Erz. 22; Das Haus mit der Pergola, R. 23.

Hirschfeld, Leo, s. Feld, Leo.

Hirschfeld, Ludwig, CP., SDS., DB., /, Kritik, ○, Nov., Red. d. „Neuen Freien Presse", Chefred. d. „Moderne Welt". Wien III/2, Bechardg. 17. (ebda $^{21}|_{8}$ 82.) **B** (seit 10): D. Puderquaste, Kom. 10; D. Wetterhahn, Lsp. 11; Die plötzliche Insel, N. 12, 2. A.; Die klingende Stadt, Skn. 12, 4. A.; Das sind Zeiten! . . . Skn. 13, 2. A.; Jupiter in der Wolke, N. 13; Die verflixte Liebe, Kom. 14; Der berühmte Gabriel, Optte. (m. R. G. Eger) 16; Wo sind die Zeiten . . ., 10 Jahre Wien in Skn., 5. A. 20; Manzi u. Mully, eine junge Ehe in Humoresken, 2. A. 21; Die steinerne Maske, Sch. 21; Spiel der Sinne, Sch. 22; Ein Jahr ohne Liebe, Optte. (m. Leo Ascher) 23; Die Dame mit den zwei Herzen, Lsp. 23. **Ue**: Banco! (Kom. v. Alfred Savoir) 22; Die Dame mit dem Scheidungsgrund (Lsp. von Ernst Vajda) 23; Pouche (Lsp. v. René Peter u. Henri Falk) 23.

Hirschfeld, Magnus (Ps. Ramien), ⚕, Sozialhygiene, sexuelle Fragen, San.-Rat, Dr. med., Präs. d. wissenschaftl.-humanitären Komitees. Berlin NW 40, In den Zelten 10. (Kolberg $^{14}|_{5}$ 68.)

Hirschfeld, Max (Ps. Max Feder), /, Hum., Dr. phil., Vors. d. Allg. Schriftst.-Ver., Hrsg. v. „Die Feder". Berlin W 57, Elßholzstr. 8. (Kaukehmen $^{13}|_{8}$ 60.) **B**: Verlegerlisten f. Schriftsteller 05; Kontobuch f. Schriftsteller 05; Hilfsbuch für schriftstellerische Anfänger 05; Wegweiser für Dramatiker 06; Übersetzer-Hilfsbuch 06; Schriftsteller-Katalog 10; Zweitdruck-

Verwertg. 10; Sammelbuch deutscher Schriftsteller d. Gegenwart 12; Filmschriftsteller 13; u. a.

Hirschfelder, Kurt, DB., ⊙, ✱, Feuerversicherungsinspektor, Grünberg (Schlesien), Niederstr. 5. (Frankenstein i. Schlesien $^{24}|_{10}$ 93.) **B:** Schieber & Co., Kom.; Nur Menschen, Dr.; Hochwohl- und ungeboren, Groteske; Das schiefe Buch, Lyrik.

Hirschmann, Maurice, ⊙, **Ue:** RP, Red. Wien IX, Wasag. 31. (ebda $^{1}|_{11}$ 76.) **B:** Spiel d. Leidenschaft (nach Artzybatschew), Dr. 20; Kampf der Geschlechter (n. Art.), Dr. 21; Das Mädchen mit dem Gänsefuß, Schw. 21; Alkohol, Schw. 21; Die Gasse (n. Juschkewitsch), R; Sonkin (n. Juschkewitsch), Dr. 23; Miserere (n. Juschkewitsch), Dr. 23; Das Haus Kotschergin (nach Tschirikoff), Dr. 23; Der rote Tod (nach Tschirikoff), Dr. 23; Die unverstandene Frau (n. Urwanzoff), Dr. 23; Explosion (nach Urwanzoff), Dr. 23; Leda (n. Kamenski), Dr. 23; Doppelgänger (nach Awertschenko), Schw. 23; Die Geschichte der 7 Gehenkten (n. Andrejew), Dr. 23; Das Dorf Stepantschikowo (nach Dostojewski), Dr. 23; An dem Flusse Babylons (n. Surgutschoff), Dr. 23; Teuerung, Index und Gehalt, Humoresken (n. Awertschenko) I 23.

Hirschstein, Hans, RP., SDS., ▣, Red. d. „Frankf. Ztg." Berlin-Grunewald, Cunostr. 52a. ($^{16}|_{8}$ 78.)

Hirt, Ernst, Dr. phil., Prf. Winterthur, Schweiz, Breite Str. 6. (ebda $^{1}|_{12}$ 87.) **B:** Das Formgesetz der epischen, dramatischen u. lyrischen Dichtung 23. *

Hirt, Herman, indog. Sprachw., Dr. phil., o. UP. Gießen. (Magdeburg $^{19}|_{12}$ 65.)

Hirt, Karl Emerich, DÖSchG., SDS., ✱, Epos, ▣, /, ⊘, Vorst. d. Österr.-Nat.-Bank u. Vorst. d. Kriegsdarlehenskassa. Innsbruck, Ansitz Felsegg. (Troppau $^{19}|_{12}$ 66.) **B:** Der Heereszug Gottes, E. 14, 4. A. 20; Pfingsten, eine Bergandacht, Dchtg. 16; Gott bleibt Sieger, Kriegstagebuch eines Deutschen, Lr. 20.

Hirt, Willi, Roman, Dr. med., Sanitätsrat. Breslau I, Am Ohlauufer 27 I. (ebda $^{5}|_{8}$ 71.) **B:** Die Harmonien der Welt, R. 22. *

Hirtler, Franz, Roman, Nov., ✱, /, Hauptlehrer. Freiburg i. B., Albertstr. 34. (ebda $^{17}|_{4}$ 85.) **B:** Das Spiel des Vikars 20; Der Vampir 23.

Hitschmann, Eduard, Seelenkunde, Psychoanalyse, Nervenarzt. Wien IX., Währinger Str. 24. (ebda $^{28}|_{7}$ 71.) **B:** Freuds Neurosenlehre 11, letzte A. 13, I; Gottfried Keller, Psychoanalyse des Dichters, seiner Gestalten und Motive 19, I. *

Hjarmstedt, Anders, Dichtung, Dramatik, Adr. durch d. Ferdinand Acker Verlag, Wolfach, Baden. ($^{29}|_{11}$ 93.) **B:** Erwachendes Mädchen, Nn. 19; Tagebuch eines Verliebten, Dchtg. 20; Auf Tod und Leben, Nn. 20; Eros, Dchtg. 21; Der Schrei, 3 Einakter 21; Der Brennende, Dchtg. 22; Spinne, Dchtg. 22; Der Tor und die Dirnen, Dchtg. 22; Reigen, Einakter 23. *

Hoeber, Karl, RP., ♛, Lit.♛, Dr. phil., SemDir. a. D., Red. d. „Akad. Monatsblätter". Köln-Lindenthal, Franzstr. 7a. (Diez $^{8}|_{2}$ 67.) **B:** Edm. Hardy, e. Lebensbild 05; Sprachgebrauch im Volkslied d. 14. u. 15. Jahrh. 08; Der Streit um den Zentrumscharakter 12; Das deutsche Universitäts- u. Hochschulwesen 12; Der Kartellverband d. kath. Stud.-Vereine, 2. A. 20; Die relig. Pflichten d. gebild. Laienstandes; Englands Kriegs- u. Blutschuld v. d. Richterstuhl d. Geschichte 17; Pro Deo et patria 21. **H:** Zeit- u. Streitfragen 15—18.

Hobohm, Martin, ♛, Dr. phil., UDoz., Reichsarchivrat. Charlottenburg, Königin-Luise-Str. 11. (Friesdorf $^{12}|_{9}$ 83.) **B:** Machiavellis Renaissance der Kriegskunst 13 II; Vaterlandspolitik 18; Wir brauchen Kolonien 18; Die Alldeutschen (m. Paul Rohrbach) 19. **H:** Deutsche Korrespondenz 17—18.

Hoch, Christa, s. Rogge, Pia Sophie.

Hochdorf, Max, SDS., DB., ♛, Ästhetik, **Ue:** FEISNeugriech., Dr. phil., Theaterkritiker d. „Vorwärts", Pressechef der deutschen Bühnengenossenschaft. Berlin-Halensee. (Stettin $^{19}|_{3}$ 80.) **B:** Irrlichter, Lsp. 04; Von Himmel zu Himmel, Tr. 05; Dunkelheiten, Nn. 08; D. Herz des Little Pu, R. 09; Die Leiden der Simoni, Nn. 10; Die Träume d. Natalie Braunstein, R. 11; Die Lügner u. die Blinden, R. 14; Die Erleuchteten, R. 20; Geschichte der deutschen Bühnengenossenschaft 21; Gottfried Keller im europäischen Geiste; Zum geistigen Bilde Gottfried Kellers; Die letzte Tat des Jean Jaurès; Comte u. d. Göttin Clotilde; Inheitschu, Die Entensauce und der Mops, Nn.; Baron B. stirbt, Nn.; Katharinas Psalter, G. **H:** Die Zukunft d. dtsch. Theaters. **Ue:** Ch. L. Philippe, Bubu de Montparnasse 12; Balzac, Gérard de Nervals Maupassant, Barbusse.

Hoche, Alfred (Ps. Alfred Erich), ✱, Dr., Prof. der Psychiatrie in Freiburg i. Br., Weiherhofstr. 6. (Wildenhain, Prov. Sachsen, $^{1}|_{8}$ 65.) **B:** Deutsche Nacht, 1. A. 20, 2. A. 21; Narrenspiel 21; D. Tod d. Gottlosen 23. *

Hochstetter, Gustav, Hum., ♣, /, ○, Nov., Red. d. „Lustigen Blätter", Berlin-Wilmersdorf, Gieselerstr. 15. (Mannheim 12/8 73.) W: Asphaltstudien 04; Knigge im Rasiersalon 05: Jungheidelberg 06; Prinz Romeo 06; D. Tafeln im Walde 07; Das Viribl 07; D. starre System, Lsp. 08; Galante Stunden 09; D. Guillotine 09; Diskretion Ehrensache, Lsp. 10; Mit Hörrohr u. Spritze (m. G. Zehden) 10; Alpenball, Schw. (m. Carl Schüler) 11; Mein buntes Berlin 11; Das Füßchen der gnädigen Frau 12; Die Heiratsjagd, R. 12; D-Zug-Geschichten 13; Hundert Frauen 13; Wir sind wir, KriegsG. 14; Bismarck, histor. Karikaturen 14; Eiserner Frühling, KriegsG. 15; Hoch d. Herzen! desgl. 15; Das Morse-Alphabet 15; Feldgraue Humoresken 15; Spielbuch fürs Feld 15; Maruschka Braut gelibbtes 15; Debberitzer Briefe 16; Lachende Geschichten 17; Das Buch der Liebe 18; Venus in Seide 19; Das lustige Hundebuch 20; Lachendes Blond 21; Der Musenkinderwagen 22.

Hoechstetter, Frl. Sophie, SDS., ASV., Roman, Nov., ♣, Kritik. Berlin W 15 u. (im Sommer) Dornburg a. d. Saale, Altes Schloß. (Pappenheim 15/8 78.) W: Sehnsucht, Schönheit, Dämmerung, 3. A. 21; Passion, 22. A. 21; Fränkische Novellen, 2 Bde. 20; Erdgesicht, 5. A. 21; Brot und Wein, Letzte Flamme 21; Frau Hüttenrauchs Witwenzeit, R.; Augusts Rettung; Krongut, R.; Scheinwerfer, R.; Meine Schwester Edith; Maskenball d. Herzens 23. ()

Hock, Stefan, CP., SDS., Lit.♛, Dr. phil., UDoz., Direktor-Stellvertreter des Theaters in der Josefstadt. Wien XIX 4, Langackerg. 7a. (ebda 9/1 77.) W: Die Vampyrsagen 00; D. Traum, e. Leben 04; Leopold Kompert 06; Anastasius Grün 07; Deutsche Literaturgeschichte f. österr. Mittelschulen 11—13, 3. A. 21. H: Ed. v. Bauernfelds Gesamm. Aufsätze 05; Anton Auerspergs Polit. Reden u. Schriften 06; Leop. Komperts Kl. Schrift. 06; L. A. Frankls Erinnerungen 10; Grillparzers Werke (Gold. Klassiker-Bibl.) 11—13 XVI u. Gesamtregister; Lyrik aus Deutsch-Österreich 19; Jacob Minor, Aus d. alten u. neuen Burgtheater 20; Grillparzer, Des Meeres und der Liebe Wellen; Hebbel, Die Nibelungen I, II; Shakespeare, Romeo und Julia, Othello (Weltbibliothek) 21—23. Ue: Shakespeares Macbeth 20; Antonius und Kleopatra 23.

Höcker, Paul Oskar, BP., Roman, Hrsg. v. Velhagen u. Klasings Monatsheften, Major d. L. a. D. Berlin W 50, Tauentzienstr. 7 b. (Meiningen 7/12 65.) W (seit 00): Weiße Seele, R. 01, 2. T. 06; Von mir, von Durchlaucht u. Anderen, Hum. 01, 4. T. 09; Letzter Flirt, R. 01, 3. T. 08; Es blasen die Trompeten, R. 02, 4. T. 08; Die Wappenhännse, Sch. 02; Närrische Käuze, Hum. 03; Prinzessin Fee, R. 03, 3. T. 09; Frühlingsstürme, R. 04; Zur Freiheit, R. 04, 3. T. 09; Don Juans Frau, R. 05; Dodi, R. 06, 3. T. 11; Ich grolle nicht, R. 07, 3. T. 08; Paradiesvogel, R. 07; D. verbotene Frucht, R. 08, 130. T. 16; D. gold. Schiff, R. 10; Musikstudenten, R. 10, 5. T. 11; Lebende Bilder, R. 11; D. ungekrönte König, R. 13, 7. T. 14; D. indische Tänzerin, R. 14; Die Sonne von St. Moritz, R.; D. lachende Maske, R.; Fasching, R.; Kleine Mama, R.; D. Meisterin v. Europa, R.; D. Volk in Waffen, Sch.; Das flammende Kätchen, R.; Die junge Exzellenz, R.; An der Spitze meiner Kompagnie, Erinn.; Ein Liller Roman; Die Stadt in Ketten, R.; Kinderzeit, Erinn.; Hans im Glück, R.; Der Held des Abends R.; Die kleine Tutt und ihre Liebhaber, R.; Die blonde Gefahr, R. H: Auslese der Liller Kriegszeitung: Vom Pfingstfest zu Weihnacht 15, Sommerlese 16; Auslese I—VI der Liller Kriegszeitung; Finnland, Volksbuch.

Hodann, Valerie verw., geb. Berka, /, Erz., Märch., Rom. Kalksee-Rüdersdorf (Mark). (Chlewo in Posen 16/5 66.) W: Heldenkämpfe, Erz. 07, 4. A. 13; Genie u. Liebe, R. 09 (ins Franz. übers.); Durch Nacht zum Licht, Erz. 10; Auf rauhen Pfaden, Erz. 10; Schmugglers Bekehrung, Erz. 11; Im Luftschiff über den Ozean, Erz. (u. Ps. Hans Daub) 11; Ein Lützower Jäger, Erz. 12; Rund um die Erde, Erz. 12; Der Goldmacher, R. 13 (Ps. H. Daub); Baywuzzu od. der Affe des Sultan von Marokko 14; E. Liebesheirat, R. 14, Astas Liebe, R. 18; Arme Mädchen, R. 21.

Hoede, Carl, Kulturw♛, Dr. med., San.-Rat. Zerbst. (7/9 66.) W: Was bedeutet d. Zerbster Butterjungfer? 03; Die sächs. Rolande 06; Das Rätsel d. Rolande 11; Urwüchsige Gestalten und Geschichten 21.

Ködel, Otto, CC., Dr. phil., Präs. d. Org. steir. Journ., Red. d. Graz. „Tagespost", Musik- u. Lit.-Kritiker. Graz II, Hartenaug. 41. (ebda 28/11 86.) W: Schlaucherl, Optte. 10; Flatternde Fahnen, Skn. 17, 2. A.; Flora, die Sklavin, N. 19, 2. A.

Höfer, Conrad, Lit.♛, Dr. phil., Studien-Dir., Sekr. d. Gesellsch. d. Bibliophilen. Eisenach, Goldschmiedenstr. 24. (Koburg 27/7 72.) W: Heinrich Schaum-

berger 99; Rudolstädter Festspiele 1665 bis 67 u. ihre Dichter 04; Gesch. d. Kob. Buchdr. i. 16. Jahrh. 06; Gedichte in Koburger Mundart 08, 2. A. 12; Weimar. Theater unter Wilhelm Ernst 14. **H**: Schillers Werke, hist.-krit. Ausg. von Güntter u. Witkowski, Bd. 10—12, 17—20 10/11; Schillers Werke (Horenausg.) 10 ff.; Studien z. Literaturgesch. (Festgabe f. A. Köster) 12; J. Ch. Günthers Leonorenlieder 13; Eckermanns Gespräche mit Goethe 13; D. Puppenspiel v. Dr. Johs. Faust 14; Goethes Egmont in Schillers Bearbeitg. 14; Martin Luthers geistliche Lieder 15.; G. Kellers Werke 19 u. a.

Hofer, Fridol. Römerswil, Schweiz. (Meggen $^{26}|_{10}$ 61.) **B**: Stimmen aus der Stille, G. 07, 2. A. 23; Im Feld- u. Firnelicht, Neue G. 14; Daheim, Neue G. 18; Neue Gedichte 24.

Hofer, Klara, s. Höffner, Klara.

Hoferichter, Ernst, /, Sk., R., Erz., M., Leg., Hum., ∴, Psychologie, cand. phil. München, Obermaierstr. 2 I. (ebda $^{19}|_{1}$ 95.) **B**: Thespiskarren 20; Vorstadtmärchen u. -legenden 21; Theaterhumoresken 21; Das mondsüchtige Limonadenfräulein, Vorstadtgesch. 23; Die schweb. Jungfrau, Panoptikumsabnormitäten 24.

Hoffer, Eduard, Dr., Dr. jur., Finanzrat i. R. Graz, Seebachergasse 10.) (ebda $^{1}|_{10}$ 76.) **B**: Im Frühlicht, Dr. 00; Arme Seelen, Dr. 06; Merlin, Dr. 19, 2. A. 21; Der blaue General, R. 21; Griechenland, Hamlet, Goethe, Sozialitäten, Essays 22; Führer, Dr. 23. *

Hoffmann, Adolph (Ps. als Dramatiker: J. F. A. Volkmann), ⊞, ○, Verlagsbuchhändler, Mitgl. d. AbgH. Berlin O 7, Koppenstr. 6. (ebda $^{22}|_{3}$ 58.) **B**: Die Zollvorlage, Vst. 93, 2. A. 10; Gensdarm Schlunk, Schw. 94, 4. A. 11; Kammergericht kontra Kammergericht 00; Der 1. Hecht im Karpfenteich, Sc. 00; D. Sozialdemokraten kommen, P. 01; Mit gefangen, Vst. 08; Los von der Kirche 08, 5. A. 12; Berlin O, P. 11; Lazarett-Baracke 9, Einakter; Frau ohne Vergangenheit, Einakter. ( )

Hoffmann, Alfred, Lit.♛, Dr. phil., Studiendir. Frankenstein i. Schlesien. (Kattowitz $^{25}|_{3}$ 83.) **B**: De Platonis in dispositione Legum consilio 07; Zu Klemens Brentanos Märchen 13. **H**: Hebbels Agnes Bernauer, 2. A.; Goethes Reineke Fuchs 12; Briefe d. jüng. Plinius m. Komm. 13; Meisternovellen von Stifter 13; Goethes Tasso 13; Auswahl aus d. Romantikern 15. **Ue**: Bekenntnisse d. hl. Augustinus 14; Ausgewählte Briefe des hl. Augustinus I und II.

Hoffmann, Artur, ∴, Dr. phil. Erfurt, Nordhäuser Str. 21. (ebda $^{10}|_{7}$ 89.)

Hoffmann, Bernhard, Ornitholog, Oberstudienrat a. D., Prof. Dr. Dresden, Uhlandstr. 16. (Pirna a. d. E. $^{28}|_{2}$ 60.) **B**: Kunst und Vogelgesang 08; Führer durch unsre Vogelwelt, I. T. 19, 2. A. 21, II. T. 23; Die erste Meerturnfahrt nach dem Orient 92; An die Grenzen des Orients 94; Die spanischen Lieder; Duett „Es ist im Dorf an der Linde". *

Hoffmann, Camill, SDS. Berlin W, Rauchstr. 27. (Kolin $^{31}|_{10}$ 78.) **B**: Adagio stiller Abende, G. 02; Die Vase, G. 11; Deutsche Lyrik aus Österreich, G. 11; Briefe der Liebe, G. 13. **Ue**: Baudelaire; Charles-Louis Philippe; Balzac. ( )

Hoffmann, Eckard, Gedichte, Skizzen, Plaudereien, /, cand. jur. Berlin-Friedenau, Deidesheimer Str. 2 II. (Köslin, Pommern $^{8}|_{4}$ 04.) **B**: Poetische Skizzen und erste Gedichte 22. *

Hoffmann, Ernst, ♛ der ∴, Dr. phil., ord. Prof. Heidelberg, Ziegelhäuser Landstr. 43. (ebda $^{13}|_{1}$ 80.) **B**: Blütezeit der griechischen Philosophie 13; Aufklärung des fünften Jahrhunderts v. Chr. 14; Die Antike. In Lambecks Propädeutik 18; Antike Philosophie, Band I 21. *

Hoffmann, Frau Eugenie, Jugendschriften, Märchen. Wien XIII, Titlg. 6. (ebda 71.) **H**: Konegens Jugendschriften 95—21.

Hoffmann, Gerhard (Ernst Mann), ∴, Biologie, Sozialwissenschaft, Kultur♛. Weimar i. Thür., Belvederer Allee 2. (ebda $^{30}|_{7}$ 87.) **B**: Die Moral der Kraft 20; Die Erlösung der Menschheit vom Elend 22. *

Hoffmann, Guido (Ps. Vitus), Ästhetik, ♘, Dr phil., Bildhauer, Maler, Schriftsteller. Binz auf Rügen. (Essen-Ruhr $^{14}|_{7}$ 78.) **B**: Stratigraphie u. Ammoniten-Fauna d. Unter-Doggers in Sehnde 13; Grundlagen reiner Kunstkritik 14. **H**: Sei auf der Wacht, Zeitschrift 14; Die Asterolepiden u. Bothriolepiden.

Hoffmann, Hermann, (k.), ✝, Jugendbewegung, Prof., StudR., Religionslehrer a. Matthias-Gymn. Breslau I, Antonienstr. 30. (Glogau $^{14}|_{7}$ 78.) **B**: Alkohol u. Erziehung 13; Über Schülerwandern 14; In Freuden wandern 18; Die Tage auf Burg Rothenfels 19; Wehender Geist 20; Vorher und nachher 21; Deutsche Passion 21. **H**: Friedensblätter 06—09; Heliand 09—18; Sobrietas, seit 20.

Hoffmann, Hermann, DÖSchG., ○ /, ♛, GPr. i. P. Mödling bei Wien, Ungarg. 5. (Olmütz $^{28}|_{3}$ 51.) **B**: Blüten u. Nieten, G. 86; In Freud' u. Leid, G.

87; Schwarz-Gelb, SoldatenLr. 88; sowie zahlreiche Bühnenwerke, darunter wiederholt aufgeführte: Der Herr Gesandte; Bergheil; Das Beethovenhaus; zahlreiche Liederkompositionen und Festspiele (darunter das Anschlußfestspiel); Belletristisches: Der neue Christus, ethischer Roman; Selbstmord oder Mord?, KriminalR.; Die boxende Ekkehartin, krimineller SportR.

Hoffmann, Karl, ♛, ⁂, Dr. phil. Berlin-Friedenau, Lefèvrestr. 19. (Lübben 30|4 76.) V: Zur Lit. u. Ideengesch. 09; D. Ende d. kolonialpol. Zeitalters 17; D. kleineurop. Gedanke 18; D. Doppelgesicht d. Revol. 19; D. akad. Jug. u. d. Parteien 20; Westpreuß. als Sinnbild 20. H: D. deutsche Mensch 15; Die Tat III—VII, 11—15; Burschenschaftl. Handbuch f. Politik 20. ()

Hoffmann, Karl Emil, ¥, Lit. u. Kult.-♛, Biogr. Zollikon, Schweiz. (Darmstadt 27|2 74.) V: Stimmen, G. 03; Vorgesang, G. 03; Neue Stimmen, G. 07; Von Tönen klingt es in mir, G. 10; Jacob Burckhardt als Dichter 18; Der Zürch. Maler L. Vogel 21. H: Florenz in der Dichtg. v. Dante bis Goethe, Anthol. 11.

Hoffmann, Ludwig, Hauptschriftleiter, Lit.♛, ⁂, Ψ, Lebenskunst, Astrologie, Okkultismus, Politik, /. Kempten, Allgäu, Bodmannstr. K 130. (Aschbach 30|4 82.) H: Bildung u. Leben. Ue: Das Traumgedicht, Ein volkstümlicher Einweihungsgesang aus dem Mittelnorwegischen 17; Sammlung franz. Komödien u. Schauspiele 23.

Hoffmann, Frau Luise, Nov., Volkswirtschaft, Frauenfrage. Berlin NW 21, Alt-Moabit 84a. (Jaenischwalde 27|5 66.) V: Sprache u. Literatur der Wenden 99.

Hoffmann, Maurus, s. Hofmann, Hugo.

Hoffmann, Oskar, RP., naturw.-phant. Roman, pop.-wissensch. Lehrbuch, ◯. Hamburg, Grindel-Allee 68. (Gotha 29|10 66.) V: Von d. Terra z. Luna, R. 02; Unter Marsmenschen, R. 05; D. Goldtrust, R. 07; Bezwinger d. Natur, R. 07; D. Eroberung der Luft, R. 08; D. vierte Dimension, R. 08; Vögel ohne Nester, Kom. 08; Das Rätsel d. Lebens, R. 11; Lit. Praxis, 15 Unterr.-Briefe 19. ()

Hoffmann, Paul, Lit.♛. Berlin NW 21, Alt-Moabit 84a. (Linderode 28|3 66.) V u. H: Fontane-Festschr. 19; Abhandlgn. in Fachztschr.

Hoffmann, Paul Theodor, Lit., Theaterkritik, Indologie, Dr. phil., Feuill.-Red. d. „Dresdner Neuesten Nachrichten". Dresden, Fürstenstr. 20. (Putlitz 26|1 91.) V: Der indische und der deutsche Geist 15; Raffael 17.

Hoffmann, Rudolf Stephan, CC., CP., Dr., Musikschriftst. Wien VI, Linke Wienzeile 6. (ebda 21|8 78.)

Hoffmann-Krayer, Eduard, deutsche Ψ, Dr. phil., o. UP., Red. u. Hrsg. d. „Schweiz. Archivs f. Volkskunde" u. der „Schweizer Volkskde." Basel, Hirzbodenweg 44. (ebda 5|12 64.) V: D. mundartliche Vokalismus v. Basel-Stadt 90; Stärke, Höhe, Länge 92; Walther v. d. Vogelweide 94; Bilder aus d. Fastnachtsleben i. alten Basel 96; D. Volkskde. als Wissensch. 02; Feste u. Bräuche d. Schweizervolkes 13; Volkskundliche Bibliographie f. d. Jahr 1917 u. ff.

Hoffmann-Kutschke, Artur, Religions- u. Sagen♛, vergleich. Sprachwissensch., alte ♛, ⊠, Dr. phil., Privatgelehrter. Halle a. d. S., Sophienstr. 1. (Hansdorf, Kr. Sagan 24|6 82.) V: Sonnenwende 19, 4. A. 20; Deutschland den Deutschen 20, 2. A. 21. ()

Hoffmann-Queckenau, Hans, ASV., nationale ¥, Roman, Nov. Sternberg, (Neum., Bez. Ffo.). (Pirschütz b. Zduny, ehem. Prov. Posen 27|12 83.) V: Germanen Kaländer 20/24; Heilige Flamme, glüh!, G. 23; Hab' ein Lied auf den Lippen! G. 23; Heimvertrieben, R. 23; Völkisches Dichter-Jahrbuch 24. H: Germanen-Geist 23.

Hoeffner, Erwin (Ps. Erwin Rainach), RP., Roman, ◯, Schriftsteller u. Red. Dresden-A., Eisenacher Str. 32. (Zwickau i. S. 24|12 76.) V: Poniatowski, Dr. 05; 20 Jahre Zwickauer Stadttheater 07; Der Ring d. Kardinals, R. 16; Das Brillenglas, R. 18; Im Waldwinkel, R. 20; Die eherne Schlange, R. 20; Der große Erfolg, R. 20; Die Panzerfaust, R. 21; Im Namen der Liebe, R. 22; Das rote Element, R. 22; Die Brieftasche, R. 23; Schlagende Wetter, R. 23; Der Schatten im Fenster, R. 23.

Höffner, Johs., VP., Nov., Rom., Lit.-♛, StrafanstPfr. a. D. Berlin-Wilmersdorf, Landhausstr. 36. (Dramburg, Pom. 18|3 68.) V: Pastoraltheologie in Beispielen 06; Elisabeth Goethe, geb. Textor 10, 2. A. 13; D. scharfe Weingesang, Nn. 10; Misericordia, R. 10; Gideon d. Arzt, R. 11, 2. A. 12; D. Treue v. Pommern, Erz. 12; O du Heimatflur, R. 16; Goethes Leben 20; Deutsche Seele, R. 20. ()

Höffner, Frau Klara (Ps. Klara Hofer), Rom. Berlin-Wilmersdorf, Brandenburger Str. 33. (13|5 75.) V: D. Lebende hat Recht, R. 09; Weh dir, daß du ein Enkel bist, R. 10; D. Spiel mit dem Feuer, R. 11; D. gleitende Purpur, R. 12; Alles Leben ist Raub; D. Weg Fr. Hebbels 13, 16. A.

21; **Bruder Martinus**, R. 17, 12. A. 21; Goethes Ehe, 1.—3. A. 21. ()

Hoeflich, Eugen, Orientalist., Zionismus, Erz. Wien 16, Feßtgasse 17. ($^{15}|_{9}$ 91.) **W**: Der Weg in das Land 18; Der Rote Mond 20; Feuer im Osten 20; Die Pforte des Ostens 23.

Hofmann, Anton Adalb., DÖSchG., V, O, Nov., /, Notariatskand. Tamsweg, Salzburg. (Braunau, Böhm. $^{30}|_{10}$ 81.) **W**: Schatten, Erzn. eines Einsamen 13; Lieder u. Balladen 14; Spiritus saeculi (anachron. Tragikom.) 21; Die Staudingerhexe, R. 21; Althaia, Tr. 21.

Hofmann, Egon (E. W. Hofmann), Kunstkrit., alpine, satyr. Schriften, V, Dr., Kunstmaler u. Graphiker. Linz a. d. D., Herrenstr. 18. (Kleinmünchen, Ob.-Östr. $^{13}|_{9}$ 84.) **W**: Aus einer alten Monarchie, Satiren; Ausrüstung für Hochtouren.

Hofmann, Emil, DÖSchG., V, Essay, Erz. Wien XVII, Jörgenstr. 37. (Preßburg $^{13}|_{4}$ 64.) **W**: Aus ernster Zeit, G. 99; An m. Heimat, G. 00; D. Lehrer als Dichter, Anthol. (m. H. Cl. Kosel) 01; Legenden u. Sagen v. St. Stephansdom in Wien 04; Alt-Wien, Sagen u. Gesch. a. 4. Jahrh. I 06, II 08; Im Siegeszeichen, Gesch. aus deutsch. Vergangenheit 08; Kleine Heimatkunde v. Wien 08; Erzählgn. u. Bilder aus d. Gesch. I (m. K. Schwalm) 09, II/III 10; D. Donau m. ihren Burgen u. Schlöss. 10; Mären vom Donaustrand 13; Meine liebe kleine Puppe (Bilderbuch m. Versen) 13; Wiener Wahrzeichen 14; Unter Platanen, G. 16; Österreichs Völkertor, G. 18; Alt Wien, Sag. u. Gesch. 18 III; Josef Haydn, G. 19; Buntes ABC, G. 21; Bilder aus Karnuntum, Sk. 21; Kinderlieder (Weisen u. Verse) 21; Der Pfaff vom Kahlenberg 22; Die Zerstörung v. Karnuntum, E. 22; Heimatlieder 23; Das Heidentor von Petronell, E. 23; Märchenlieder 23.

Hofmann, Frl. Else, Jugendschr., Roman, Nov. Schmiedefeld, Thür. (Leipzig $^{21}|_{10}$ 62.) **W**: Muschi, R. 11; Wiener Comtesserl, R. 12; Deutsche Mädel in großer Zeit 16; Wenn du noch eine Mutter hast 17; Aus goldener Mädchenzeit 18; Friderlene 19; Schulmädelgeschichten 19 II; Die Rasselbande 19; Mädel von heute 20: Diese zwei! 20; Auf eigenen Füßen 20; Märchen 21.

Hofmann, Friedrich H., Kunst♛, (△, Kunsthandwerk), Dr. phil., Prof., Dir. d. Museen u. Kunstsammlg. d. ehemal. Krongutes in Bayern. München, Residenzstr. 1. (Forchheim $^{17}|_{5}$ 75.) **W**: Die Kunst am Hofe der Markgrafen von Brandenburg, fränkischer Linie 01; Bayreuth u. seine Kunstdenkmale 02; Kunstdenkmäler d. Bezirksamts Parsberg in der Oberpfalz 06; Bildnisse König Ludwigs II. von Bayern 06; Kunstdenkmäler des Bezirksamts Beilngries 08; Kunstdenkmäler des Bezirksamts Riedenburg 08; Katalog d. europ. Porzellans im Bayr. Nationalmuseum 08; Kunstdenkmäler des Bezirksamts Neumarkt in d. Oberpfalz 09; Katalog d. Ausstellg „Bayr. Porzellan des 18. Jahrh." im Bayr. Nationalmuseum 09; Frankenthaler Porzellan 11 II; Führ. durch das Porzellankabinett der Kgl. Residenz in München 12; Malerei u. Plastik des 18. Jahrh. in Bayern (Katalog, m. Braune u. Goldschmidt) 13; München in Bildern (Ausstellgs.-Katalog) 14; Gesch. d. bayr. Porzellanmanufaktur Nymphenburg 21, 22, 23 III; Joh. Peter Melchior 21; München vor 200 Jahren 22.

Hofmann, Frl. Hella, SDS., BB., ASB., Belletristik, Organisation der Wiener Presse, Theater- u. Kunstreferat, Buchrezens. Wien VII, Lindeng. 5. (ebda $^{20}|_{12}$ 00.) **W**: Blonde Komtesse, Biedermeiergesch. 21; Das Liebesthermometer, hum. R. 23. **Mitarb**: Zahlr. Tageszeitungen.

Hofmann, Hugo (Ps. Maurus Hoffmann), Ästhetik, V, Dr. phil., RegR., Bibl. Dir. Wien XIII, Spohrstr. 49 (Mähr.-Ostrau $^{24}|_{5}$ 65.)

Hofmann, Josef, Dialekt V, △, O, Bürgerschuldir. Karlsbad. (ebda $^{19}|_{3}$ 58.) **W**: Egerländer Dialektdichtungen; Popelrausen 01; 28 Egerländer Volkslied. 01; Volkskde. Westböhm. 06; Die ländl. Bauten, Trachten u. Einrichtungsgegenstände d. XIX. Jahrh. im Elbogner Kreise 07; Die Nordwestböhm. Volkstracht 08; Kaspar Becher, hist.-dram. Schilderg. 08; Fastnachtsspiel 08; Trachtenkde. Westböhm. 08; Aus dem Volksleben Nordwestböhm., Erzn. 10; Hausbachanas Braut, DialektG. u. Erzn. 13; 12 Fastnachtsspiele, Ein- und Zweiakter, dram. Schildergn. u. a. im Egerl. Dial.; 1400 Hausinschr. 18; A. Lediezerl 20; Hausbachens Braut 20; Egerl. Volkslieder 20; Mir riadn egerlandrisch, Egerl. G. 22; 70 Egerländer Volkslieder in Text u. Weise 22; Köichla u. Näihagüazl, Egerl. G. u. Gesch. 23.

Hofmann, Karl, ♛, Literatur, Dr. phil., Prof. Karlsruhe, Baden, Kaiserallee 25 b. (Boxberg, Baden $^{7}|_{3}$ 67.) **W**: Der Bauernaufstand im bad. Bauland u. Taubergrund 1525, 02; Ged. zur Heimatkunde Badens 03; Lieder u. Mären aus dem Frankenland, G. 10; Die Sagen des bad. Frankenlandes 09, 2. A. 10; Die Unruhen der Jahre 1848/49 im bad. Frankenland 11; Baden im deutschen Freiheitskrieg 1813/14, 13; Quellenbuch

zur bad. Geschichte 13; Aus badischen Landen 17. *

Hofmann, Frl. Katharina, Volkserz., **Ue**. Stuttgart, Bismarckstr. 6 II. (Fellbach $^{15}|_{10}$ 58.) **B**: Der Lindenmüller 08, 5. A. 19; Das Erbe der Helfensteiner 09, 3. A. 17; Pfalzgraf Hugo v. Tübingen 15, 2. A. 19. **Ue**: Garrold: Kleine Brauseköpfe 12, 5. A. 19; Echte Jungen 11, 6. A. 20; Das wilde Kleeblatt 13, 4. A. 19; Coloma L.: Boy 10, 28. T. 19. ()

Hofmann, Wolfgang, Kunst♛, Dr. phil. Berlin-Grunewald, Hagenstr. 9. (Berlin $^{8}|_{11}$ 88.)

Hofmannsthal, Hugo v. (frühere Ps.: Loris Melikow, Loris, Theophil Morren), ✠, ⊙, Essay, Dr. phil. Rodaun bei Wien. (Wien $^{1}|_{2}$ 74.) **B**: Gestern, Dram. Studie 91; Der Tod des Tizian, dram. Fragm.; Der Tor u. der Tod; Theater in Versen 99; Studie über die Entwicklung des Dichters Viktor Hugo 01; D. Schüler, Pantomime 02; Das Märchen d. 672. Nacht u. a. Erzn.; Elektra, Tr. 03; Viktor Hugo 04; Das gerettete Venedig, Tr. (nach Thomas Otway), 1.—3. A. 05; Ödipus u. d. Sphinx, Tr. 05, 6. A. 06; Vorspiele 08; D. prosaischen Schriften gesammelt I 07; Gesammelte Gedichte, 1. u. 2. A. 07; D. Rosenkavalier, mus. Kom. 11; Jedermann, e. altes Spiel, erneuert 12; Ariadne auf Naxos, O. 12; Prinz Eugen, d. edle Ritter 15; Alkestis, Tr. 16; Rodauner Nachklänge 20; Der Schwierige, Lsp. 21; Cristinas Heimkehr, Kom.; Die Frau ohne Schatten, Erz.; Die Gedichte und kleinen Dramen, 41.—45. T.; Florindo; Buch der Freunde 22; D. Salzburger Große Welttheater; Reden und Aufsätze. **H**: Österr. Almanach auf das Jahr 1916; Deutsche Erzähler 9.—13. T.; Das deutsche Lesebuch. ()

Hofmiller, Josef, literar. Kritik, Dr. phil., ObStudR., MitHrsg. der „Süddeutschen Monatshefte". Rosenheim, Prinzregentenstr. 18. (Kranzegg $^{26}|_{4}$ 72.) **B**: Versuche 09; Zeitgenossen 10; Vom alten Gymnasium 17. **H**: Fichte, Macchiavellis Politik 17; Chansons d'Amour 21.

Hofstaetter, Walther, Deutsche Lit.♛. ✠, Dr. phil., StudR., Hrsg. d. „Zeitschr. f. Deutschkunde". Dresden 21, Elbstr. 1 (München $^{27}|_{7}$ 83.) **B**: Das Deutsche Museum (1776—91) 08; Gesamtübersicht d. Jahrg. 1—27 der Zeitschr. f. d. deutschen Unterricht 15. **H**: Deutschkunde 17, 4. A. 23; Ein Jahrtausend deutscher Kultur 20, 3. A. 22; Wägen und Wirken, ein Lebensbuch 21—23 VIII; Forderungen u. Wege f. d. neuen Deutschunterricht 21; Kleine Deutschkunde 23.

Hoeft, Bernhard, Nov., Roman, ♛, Rektor. Wilhelmshorst, Bez. Potsdam. (Filehne $^{29}|_{11}$ 63.) **B**: Befreite Seelen, Nn. 06, 2. A. 07; Es ging ein Säemann, R. 06, 8. A. 14; Väter u. Söhne, R. 10, 5. A. 14; Der Dorfheiland, R. 14, 3. A. 15; Was ich im Osten sah 15; Berühmte Männer und Frauen Berlins und ihre Grabstätten, I 19.

Hohenau, Paul v., s. Cohn, Paul.

Hohenauer, Friedrich (Heinrich Fogar), ASV., ✠, Drama, Oberbibliothekar an der Universitätsbibliothek Wien. Wien 17, Haslingerg. 2a. (Klagenfurt i. Kärnten $^{8}|_{3}$ 71.) **B**: Gedichte 03; Waschgold, G. 23. *

Hohenemser, Ernst (Ps. Alexander Frauentraut), ⁂, Dr. phil. Rom, Via Maria Adelaide 12. (Mannheim $^{1}|_{6}$ 70.) **B**: Die kleinen Vorstellungen bei Leibniz 99; Aphorismen 18. **Ue**: Catull, deutsch 20; Des P. Ovidius Naso Lehrbuch der Liebe mit Illustr. v. Max Slevogt 20; Al. Frauentraut, Sonette an Helly, Dchtg. 20.

Hohenlohe, Prinz Philipp P. (Constantin Hohenlohe), OSP., ♛, ✠, ⁂, †, Dr., UP. Wien III, Fasangasse 4. (ebda $^{14}|_{12}$ 64.)

Hohenstein, Ottomar Ralph, s. Torenburg, Erw. Erich.

Hohlbaum, Robert, SDS., ✠, Ro., Novellen, Dr. phil., Bibliothekar der Univ.-Bibl. Wien IV, Goldegg. 1 II. (Jägerndorf $^{28}|_{8}$ 86.) **B**: Aus Sturm- u. Sonnentagen, G. 08; Ein Leben, G. 09; D. ewige Lenzkampf, Nn. 12; Simplicius Academicus, R. 13; Österreicher, R. 14, 5. T.; Deutsche Ged. 16, 2. T.; D. Vorspiel, R. 18, 5. T.; Unsterbliche, Nn. 19, 5. T.; D. Amouren d. Mag. Föderlein, R. 20, 8. T.; Fallbeil u. Reifrock, R. 21, 5. T.; D. wilde Christian, R. 21, 10. T.; Grenzland, R. 21; Zukunft, R. 22; Himmlisches Orchester, Der Unsterbl. neue Folge, Nn. 23; Deutschland, Sonettenfolge 23; Rudolf Hans Bartsch 23. **H**: Christian Günthers Gedichte 21; Justinus Kerner, Bilderbuch a. d. Knabenzeit 22.

Hohlfeld, Frau Dora, Roman, Nov. Salzburg, Plain-Brücke. (Asemissen, Lippe $^{21}|_{2}$ 62.) **B**: Aus d. Krautwinkel, Nn. 05; D. arme Josefa, R. 06; Im Freudensaal, R. 07; Geringe Leute, R. 09; Wie sie über die Erde gehn 10; Die Frauen der Familie Nebelsiek, R. 12; Bekenntnisse, R. 15; Nicht nach Czarndamerow; Vom Leben der toten Dinge; Der Roman eines Halbnarren; Kaspar Grunes Tochter.

Hohlfeld, Johannes, ♛, ▣, Staatsrecht, Genealogie, Dr. phil. Leipzig, Stötteritzer Str. 73 I. (Reichenbrand $^{1}|_{1}$ 88.)

Hohlmann, Dr. O., s. Kohnt, Oswald.

Holdermund, Hans, s. Rosenfeld, Max.

Holitscher, Arthur, SDS., Roman, Essay. Berlin W 15, Ludwigkirchpl. 12. (Budapest $^{22}|_{8}$ 69.) **W**: Leidende Menschen, N. 93; Weiße Liebe, R. 96; An d. Schönheit, Tr. 98; D. vergiftete Brunnen, R. 00; D. and. Ufer, Dr. 01; V. d. Wollust u. d. Tode, N. 02; D. sentimentale Abenteuer, Erz. 05; Charles Baudelaire, Monographie 05; Leben mit Menschen, Monogr. 06; Der Golem, Dr. 09; Worauf wartest du? R. 10; Amerika heute u. morgen 12; Gesch. aus zwei Welten 14; In England, Ostpreußen, Südösterreich 1914/15 15; Bruder Wurm 18; Das amerikan. Gesicht 18; Wildes Zuchthausballade, Übersetzg. 18; Schlafwandler, R. 19; Adela Bourkes Begegng., R. 20; Ideale an Wochentagen, Aufsätze 20; Drei Monate in Sowjet-Rußland 21; Reise durch das jüdische Palästina 22; Stromab die Hungerwolga 22; Gesang an Palästina 22; Ekstatische Novellen 23; Amerika, eine Auswahl für die sozialistische Jugend 23; Frans Masereel 23.

Holl, Karl, Deutsche Sprache u. Lit.♛, Dr. phil., a.o. Prof. u. engl. Lektor a. d. THSch. Karlsruhe, Kriegsstr. 244. (Heidelberg $^{26}|_{5}$ 86.) **W**: Zur Gesch. d. Lustspieltheorie 11; Gerhard Hauptmann, His life and works 13; Grundlagen dtsch. Ästhetik im 18. Jahrh. 13; Otto Ludwig-Probleme 13; Geschichte des Deutschen Lustspiels 15; Goethe: Stoff, Gehalt, Form 17; Goethes Vollendung in ihrer Beziehung zu Byron und Carlyle 21; Gesch. d. deutsch. Lustspiels; Tolstoj nach s. Tagebüch.

Hollander, Frau Else v., DV., **Ue**: DEFHINSchwSp. Berlin-Lichterfelde, Händelpl. 1a. (Stralsund $^{23}|_{3}$ 89.) **H**: Skandinavische Bibliothek. **Ue**: Strindberg (Romane u. Dramen), Boccaccio (Gesammelte Werke), Voltaire, Diderot, Flaubert (Briefe an George Sand), Jacobsen (Frau Marie Grubbe), Ernst Didring, Julius Magnussen, Ebbe Kornerup usw.

Holländer, Eugen, ✒, Kunst♛, Dr. med., GehRat., Prof., Spezialarzt f. Chirurgie. Berlin W, Kurfürstendamm 212. ($^{28}|_{7}$ 67.) **W**: D. Medizin u. d. klass. Malerei 03, 2. A. 13, 3. A. 23; D. Karikatur u. Satire in d. Medizin 05, 2. A. 21; Gesch. d. Medizin in Kunst u. Kunsthandwerk, Katalog 06; Plastik u. Medizin 12; Wunder, Wundergeburt, Wundergestalt 21, 2. A. 23; Des Todes Bild; Auferstehung Christi, relig. med. Testament. **H** u. **Ue**: von Parkes Weber.

Hollaender, Felix, VP., Roman. Adr.: Deutsches Theater Berlin. (Leobschütz $^{1}|_{11}$ 67.) **W**: Frau Ellin Röte, R. 93; Sturmwind im Westen, R. 95; Pension Fratelli, N. 96; Das letzte Glück, R. 99, Erlösg., R. 99; D. Weg d. Thomas Truck, R. 02 II, 8. A. 05; Ackermann, Tragikom. (m. Loth. Goldschmidt) 03; Der Baumeister, R. 04; Traum u. Tag, R. 05; D. Pflegesohn, Erzn. 06; Charlotte Adutti, R. 07; D. Witwe, Erzn. 07; Agnes Feustels Sohn, R. 08; Unser Haus, R. 11, 10. A.; D. Eid des Stephan Huller, R. 12, 20. T.; Der Tänzer, R. 14; Die Kastellanin, R. 21; Salomons Schwiegertochter, R. ()

Hollander, Walther v., SDS., Nov., Roman, ○, /, Dr. phil., Besitzer d. Hollander-Presse. Berlin W 30, Luitpoldstr. 13. (Blankenburg, Harz $^{29}|_{1}$ 92.) **W**: Grenze der Erfüllung, Novellenkreis 20; Narzissos, Legende 21. **H**: Sophie Merlan, Blütenalter der Empfindung 19. ()

Hollatz, Frau Dorothea, geb. Maß, ♥, Nov., Hochschulprofessorsgattin. Darmstadt, Herderstr. 18. (Stralsund $^{20}|_{1}$ 00.) **W**: Gedichte 21; Roland d. Getreue 22.

Holle, Clara, s. Baumbach-Holle.

Holle, Hugo, Musikschriftsteller, Dr. phil., Schriftleiter der „Neuen Musikzeitung". Stuttgart, Hohenheimer Str. 54. (Mehlis/Thür. $^{25}|_{1}$ 90.) **W**: Goethes Lyrik in Weisen deutscher Tonsetzer 14; Regers Chorwerke 22; Max Reger, eine Biographie 23. **H**: Mozartbiographie v. Karl Storck 23. *

Holler, August, RP., PA., HJ&Sch., Genealogie u. Heimatgesch., Red. a. Hamburger Fremdenblatt. Hamburg 30, Gneisenaustr. 11, Hpt. (ebda $^{29}|_{9}$ 83.)

Höller, Guido, Jugendschr., Rektor. Hamburg-Großborstel, Lokstedterdamm 13. (Hamburg $^{19}|_{12}$ 71.) **Ue**: Märchen u. Geschn. v. Andersen 04. **W**: H. Chr. Andersen u. seine Märchen 05; V. losen u. einfältigen Leuten 08. **H**: Grimmelshausen, D. abenteuerliche Simplizissimus 07; Otto Ernst, Gesund u. frohen Mutes 10; Falke, Unruhig steht die Sehnsucht auf 11; Fünf Englein haben gesungen (mit Emil Weber) 13.

Höllriegel, Arnold, s. Bermann, Rich.

Holm, Carl, Roman, Dr. med., Arzt. Hamburg 24, Mühlendamm 17. (Altona/Elbe $^{4}|_{12}$ 56.) **W**: Aus schwerer Zeit 96; Daheim u. draußen 01; Im scheeben Stebel 09; Stapellauf 13; Rungholt 16; Die Papagoyentwiete 20.

Holm, Frithjof, s. Leiningen, Helene Gräfin zu.

Holm, Korfiz, DV, Roman, Nov., ○, ♥, **Ue**: RF, Teilhaber d. Verl. Albert Langen. München, Hubertusstr. 27. (Riga

$^{31}|_{6}$ 72.) V: Thomas Kerkhoven, R. 06, 5. A. 18, wohlf. Ausg. 12; Die Tochter, R. 11, 10. A. 18; Marys groß. Herz, Kom. 12; Herz ist Trumpf, R. 17, 15. A. 19; u. a. Ue: Werke von Dostojewski; Gogol, Gorki, Tolstoi, Tschechow u. a.

Holmsen, Bjarne P., früh. Kollektiv-Pseudonym von Arno Holz u. Jhs. Schlaf.

Hölscher, Georg, RP., Reise, /, Chef-Red. d. „Köln. Volksztg." Köln, Moltkestr. 99. (Coblenz $^{11}|_{1}$ 63.)

Holst, Adolf, Nov., Dr. phil., Hofbibliothekar a. D. Bückeburg, Schaumburg-Lippe. (Branderoda $^{7}|_{1}$ 67.) V: Sternschnuppen, G. 02; Allerliebster Plunder, KinderLr. 05; Die blaue Kutsche, M. 07; Mit Wolken und Winden, G. 09; Lustige Vögel a. m. Garten 10; Das goldene Tor, KinderLr. 12; Von Himmel u. Erde, M. 13; Die weißen Mäuse, M. 15; Märchenreigen 19; Gen Abend, G. 21; Hans Quak, M. 21; zahlr. Kinderbüch. ()

Holst, Heinrich v., Prof., Gymn. Dir. Elbing, Königsberger Str. 17. (Kannapäh in Livland $^{5}|_{8}$ 64.) V: Fröhliche Leute, Abendgespräche mit Schülern 11, 6. u. 7. A. 20; Glückliche Leute, Freundesgruß an Schüler 2 A. 21.

Holstein, Günther, Priv.-Doz. Bonn. ($^{22}|_{8}$ 92.) V: Staatsphilosophie Richard Wagners 16; Franz Stassen der Deutsche 19; Hermann Hendrich 21; Lichtwärts, Dchtg. 21; Staatsphilosophie Schleiermachers 22. *

Holten, Elsa v., geb. Klien, Belletristik, Ehefrau des Landgerichtsrat Dr. v. Holten. Berlin-Südende, Berliner Str. 20. (Leipzig $^{5}|_{10}$ 71.) V: Eine Hochzeitsreise (E. v. H.) 00; Linde, ein Buch von Bienen u. Menschen 19; Das grüne Kabinett 20. *

Holthausen, Ferd., Anglistik, Ψ, Dr. phil., o. UP. Kiel, Feldstr. 118. (Soest $^{9}|_{9}$ 60.) V bez.: Stud. z. Thidrekssaga 84; Soester Mundart 86; Vices and Virtues I 88, II 21; Caxtons Infantia Salvatoris 91; Altisländ. Elementarbuch 95f.; Altisländ. Lesebuch 96; D. engl. Ausspr. bis 1750 nach dän. u. schwed. Zeugn. 95f. II; D. Noahspiel von Newcastle 97; Altsächs. Elementarb. 99, 2. A. 21; D. altengl. Walderebruchstücke 99; Havelok 01, 2. A. 10; Beowulf 05f., 5. A. 21; Cynewulfs Elene 05, 3. A. 14; Greins Sprachschatz der angelsächs. Dichter, 2. A. 12f.; Lee's Sophonisba 13; Sir Perceval 13; D. ält. Genesis 14; Enterlude of Welth and Helth 22. H: Alt- u. mittelengl. Texte; Kieler Studien z. englischen Philologie. Ue: Wimmer, Runenschrift 87.

Holtz, Friedrich Carl, Politik. München, Bürkleinstr. 7 II. (Rabensteinfeld i. Meckl.-Schwerin $^{17}|_{4}$ 82.) V: Musketier Blückhahns Kriegstrauung, Erz. 17; Die Hamburgische Revolution (gemeinsam mit Prehn-Dewitz) 19; Aus meiner gelben Mappe, Politische Streiflichter 21. H: Deutsche Wochenschrift „Fridericus". *

Holtzendorff, Frl. Inge v., Drama. Waltenhofen b. Kempten, Algäu. (Finsoln b. Florenz $^{14}/_{6}$ 96.) V: Luzifer, Maria, Die Dirne, D. Fest d. Herzogin, Dr. 20.

Holtzinger, Heinr., Kunst, Dr. phil., Univ.- u. THSchP. a. D., Gutsbesitzer. Tenever bei Hemelingen, Bremen. (Oldenburg $^{16}|_{8}$ 56.) V: Urspr. u. Bedeut. d. Doppelchöre 81; Kunsthist. Studien 85; Altchristl. Architektur in systemat. Darstell. 89; Altchristl. Basiliken in Rom u. Ravenna 97; Sophienkirche in Konstantinopel 98; Altchristl. u. byzant. Baukunst 98, 2. A. 08; D. Ruinen Roms (Modern. Cicerone, Rom I) 03, 2. A. 12, engl. Ausg. 05, 2. A. 12; Timgad u. d. röm. Archit. in Nordafrika 05. ()

Holz, Arno, O, Dr. h. c. Berlin W 30, Stübbenstr. 5. (Rastenburg $^{26}|_{4}$ 63.) V: Klinginsherz 82; Deutsche Weisen (m. O. Jerschke) 84; E. Geibel 84; Buch der Zeit 85, endgült. Ausg. 24; Die Kunst, ihr Wesen u. ihre Gesetze 90/92 II; Neue Gleise, Gemeinsames (m. J. Schlaf) 91; Sozialaristokraten, Kom. 96, 2. A. 05; Phantasus, G. 99 II, n. A. 24 VII; Revolut. d. Lyrik 99; Dr. R. M. Meyer, Privatdoz. a. d. Univ. Berlin, e. lit. Ehrabschneider 00; D. Blechschmiede 01, endgült. A. 24; Joh. Schlaf, ein notgedrungenes Kapitel 02, n. A. 05; Aus Urgroßmutters Garten, ein Frühlingsstrauß aus dem Rokoko 03, 2. T. 05; Dafnis, lyr. Porträt aus d. 17. Jahrh. 04, n. A. 24; Traumulus, trag. Kom. (m. O. Jerschke) 04, 10. T. 05; „Frei!" E. Männerkomöd. (m. demf.) 05; Sonnenfinsternis, Tr. 08; Gaudeamus! Sch. (m. O. Jerschke) 08; Bürl, Kom. (m. demf.) 11; Ignorabimus, Tr. 13, n. A. 24; Das ausgewählte Werk 18; Die befreite deutsche Wortkunst 21; D. Werk 24 X.

Holzapfel, P., Heribert, †, D., OFM., Lektor. München, St. Annastr. 12. (Neckarsulm $^{22}|_{11}$ 68.) V: Montes Pietatis 1462—1515 03; St. Dominicus u. d. Rosenkranz 03; Bibliotheca Immac. Concept. BMV. Franciscana 04; Franziskus-Legend. 07; Handb. d. Gesch. d. Franziskanerordens 09; Monistische u. christl. Weltanschauung 12; Können wir noch Christen sein? 13; Christus im Lichte der Vernunft 19; Die Kirche u. die Freidenker 21.

Holzbock, Alfred, BP., Publizistik, Red. Berlin W, Joachimsthaler Str. 15. (Posen $^{31}|_{7}$ 57.)

Holzer, Marie, ASV., /, Nov., ✠, Essay, Oberstensgattin. Innsbruck. (Czernowitz 77.) B: Im Schattenreich d. Seele, Rn. 11.

Holzer, Valentin, Ψ, ✠, Dr. phil., OberrealschProf. Krems a. D., Körnermarkt 13. (Deinsberg, Kärnten $^{12}|_{2}$ 71.)

Holzhausen, Paul, /, Kritik, Lit.♛, ♛, Dr. phil., Prof. Bonn, Nassestr. 7. (Cöslin $^{12}|_{12}$ 60.) B: D. Ballade u. Romanze bis Bürger 82; Lustspiele Voltaires 88; Davout in Hamburg 92; Judenhatz in deutsch. Nordseebädern 93; D. erste Konsul Bonaparte u. s. deutschen Besucher 00; Der Urgroßväter Jahrhundertfeier 01; F. Ch. Laukhard 02; Napoleons Tod 02; H. Heine u. Napoleon I. 03; Bonaparte, Byron u. die Briten 04; D. Deutschen in Rußland 1812, 1.—4. A. 12. H: Laukhards Leben u. Schicksale 08 II, 7. A. 13; Von Jena bis Waterloo, Memoiren v. Coignet; Mit Napoleon in Rußland 11, 4. A. 13; Frémeaux, Napoleons letzte Tage (m. E. Oesterheld) 12; Goethe, Aus dem Leben eines sächsischen Husaren 12; Tagebuch d. Hauptm. Maillinger 12; Bürgers Münchhausen 13.

Hölzke, Hermann, Erz., Nov., Roman, Lit.♛. Charlottenburg, Niebuhrstr. 2. (ebda $^{14}|_{11}$ 73.) B: D. Siegerin, D. Drei, Erzn. 00; D. größte Glück, N. 01; Das Häßliche i. d. mod. deutsch. Literatur, krit. Studie 02; Fremdlinge, R. 04 II; Kinderseelen, Erzn. 05; Meister Belial, Erz. 09; D. Hagestolz, R. 11; D. deutsche Lit. v. d. Anfängen d. Moderne bis z. Gegenwart 14, 3. A.; Brigitte v. Brugmann, R. 17, 2. A.

Holzmann, Frau Clara, geb. Forrer (Clara Forrer), SES., ✠. Zürich 7, Ilgenstr. 10. (Meilen b. Zürich $^{19}|_{4}$ 68.) B: Ged. 86, 2. A. 93; Blütenschnee, neue G. 95; Neue Ged. 08; Jungbrunnen, ein Buch für Kinder, II 10.

Holzmann, Mich., /, Bibliographie, Dr. phil., ObBibliothekar der Univ.-Bibl., Hofrat i. P. Wien IX, Alserbachstr. 2. (Slawathen $^{21}|_{9}$ 60.) B: Börne 88; Adreßbuch d. Bibliotheken der Österr.-Ung. Monarchie (m. Bohatta) 00; Deutsch. Anonymen-Lexikon (m. Bohatta) 02 bis 11 VI; Aus d. Lager d. Goethe-Gegner 04; Deutsch. Pseudonym.-Lexikon (m. Bohatta) 06; X. Y. Z., Satyrisch-literarisches Taschenbuch für 1848, 24.

Homann, Hans Joachim, Lit.♛, Kritik, Dr. phil., städt. Bibliothekar. Charlottenburg-Westend, Ulmenallee 42a. ($^{18}|_{2}$ 93.) B: Mielke-Homann, D. deutsche Roman im 19. u. 20. Jahrh., 5. A. 20. H: Bücherei und Bildungspflege, Zeitschr.

Homeyer, Fritz, Germanistik, Dr. phil. Berlin-Schöneberg, Hauptstr. 117. (Posen $^{23}|_{9}$ 80.) B: Stranitzkys Drama v. Heiligen Nepomuck 07. H: Wieland, hrsgg. im Auftrage d. Kgl. Preuß. Akad. d. Wiss. I 1., 2., 3. u. 4. 09/16; Kleist, Pr. v. Homburg f. d. Maximilians-Ges. 14; G. Hauptmann, Fasching 22.

Homo, s. Wagner, Rich. (Kassel).

Homscheid, Frl. Maria, Rom., Erz., ✠. Koblenz (Rhein), St. Castor. (Herdorf, Rhld. $^{19}|_{12}$ 72.) B: Am Meilenstein vorüber, 3. u. 4. A; Alltagskinder, Erz. 09, 23; Eifelprinz, R. 10, 3. A. 20; Auf heimlichen Steigen, Erz. u. Sk. 11, 2. A. 17; Folge mir nach, Leg. 11; Erzfunken, G. 13; Der heimliche Ruf, R. 15, 3. A. 21; Blindgänger, Erz. 16; Wenn's um die Heimat ist, Erz. u. Sk. 18; Der Schleuderer, Erz. 20; Frauenschuh, Leg. 20; Glanzdam', R. 22.

Homunculus, s. Weil, Robert.

Hoenig, Bertold, engl. Lit.♛, ✠, Dr. phil., Prof. Prag II, Wladislawg. 56. (Drenitz in Böhm. $^{29}|_{9}$ 67.)

Hönig, Johannes, ✠, Lit.♛, Krit., Dr. phil., Studienrat. Liegnitz, Schles., Sophienstr. 23. ($^{18}|_{1}$ 89.) B: Vater Martin, E. 07; Ferd. Gregorovius als Dichter 14; Auszug u. Heimkehr, G. 17; Ferd. Gregorovius, der Geschichtschreiber der Stadt Rom, mit Briefen an Cotta, Rühl u. a. 21; Dichtung u. Weltanschauung 23.

Hönigswald, Richard, ⁂, Dr. med. et phil., o. UP. Breslau, Gabitzstr. 140. (Ung.-Altenburg $^{18}|_{7}$ 75.) B: Z. Begriff d. exakt. Naturwissenschaft 99, 2. A. 00; Ernst Haeckel, d. monist. Philosoph, 1. u. 2. A. 00; Z. Kritik d. Machschen Philosophie 03; Üb. d. Lehre Humes von d. Realität d. Außendinge 04; Beiträge z. Erkenntnistheorie u. Methodenlehre 06; Vom allg. System der Wissenschaften 07; Giordano Bruno 11; Zum Streit über die Grundlagen der Mathematik 12; Prinzipienfragen der Denkpsychologie 13; Studien z. Theorie pädagog. Grundbegriffe 13; D. Skepsis in Philosophie u. Wissenschaft 14; Die Philosophie des Altertums 17; Üb. d. Grundlagen der Pädagogik 18; Phil. Probl. d. neuzeitl. Humanismus 18; Grundl. d. Denkpsychologie 21; Die Philos. v. d. Renaiss. bis Kant 23; Hobbes u. die Staatsphilos. 23.

Hood, Fred, s. Huth, Friedr.

Hoogestraat, Erich, s. Cohn, Erich.

Hoops, Johs., engl. Ψ, Dr. phil., o. UP., Geh. Rat, Korresp. Mitgl. d. Wiener Akad. d. Wiss. Heidelberg.

Klingenteichstr. 13. (Rablinghausen, Bremen $^{20}|_{7}$ 65.) V: Die altengl. Pflanzennamen 89; Keats' Jugend u. Jugendged. 95; Waldbäume u. Kulturpflanzen i. german. Altertum 05; Reallexikon d. germ. Altertumskunde 11—19 IV; Bremens Anteil an d. Neueren Philologie 14, 2. A. 15; Der englische Volkscharakter 20; Forschungsbericht üb. Engl. Sprachkunde 23. H: Keats' Hyperion 99; „Engl. Textbibl." 98 ff.; „Engl. Studien" 99 ff.; „Anglist. Forschungen" 00 ff.; Bacon's Essays 20.

Hopf, Dora-Lotti, s. Kretschmer, D.-L.

Hopffgarten, Frl. Elinor von, DB., O. Thangelstedt, Post Blankenhain, Thür. (Mülverstedt $^{9}|_{8}$ 74.) V: Kunne Eisenberg 16; Tränen, G. 16; Rebellen (Die stärkere Macht) 19.

Hoppe, Ludwig, Pflege d. Deutscht. i. Ausl., Volkssittlichk., Pfarrer. Stülpe, Kr. Luckenwalde. (Duisburg-Ruhrort $^{8}|_{8}$ 71.) V: Aus dem Tagebuch e. brasilischen Urwaldpfarrers 01; Zwischen Basel u. Bagdadbahn 19; Sexueller Bolschewismus u. seine Abwehr 21.

Horand, F. M., s. Münter, Ferd.

Hörmann, Leopold, DÖSchG., VB., ✠, Nov., Humor, Skizze, Lit., Kritik. Linz a. D., Martinsg. 8. (Urfahr $^{26}|_{10}$ 57.) V: Schneekaderln u. Himmelschlüsseln 86; Im Lodenrock 90; Biogr.-krit. Beitr. z. österr. Dialektlit. 95; Geht's mit auf d'Rax 05, 3. A.; Hört's zua a weng! 05, 2. A. 11; Für an' iad'n was 18, 3. A.; Spatobst 19, 2. A.; Frisch g'schöpfte Freud' 20, 3. Tsd.; Mein Weg I: Andenka an dahoam (Kindheitserrinrgn.) 20. H: Franz Stelzhamers Ausgew. Werke, 2 Bde.

Horn, August, O, /, Schauspieler. Düren, Rhld., Weierstr. 33. (ebda $^{28}|_{8}$ 01.) V: Ziska, Kleine Dramen.

Horn, Carl, s. Buschhorn, Carl.

Horn, Hermann, SDS., VBA., O, Rom., /. München, Prinzenstr. 48. (Flensburg $^{26}|_{8}$ 75). V: Zwei Dramen 04; D. Entfesselten, Dr. 05; Shakespeares Wandlung, Sch. 06; Die Altäre, Dr. 06; Wie Gottlieb wieder zu sich kam, Erz. 07; Glück, Sch. 10; Menschl. Tragikomödie 12; Der arme Buchbinder, R. 16; D. Kreuzers letzte Not u. a. Kriegserzählgn. 16; Anna vor der Hochzeit, R. 17; Meer u. Matrosen, R. 17; Die Mannschaft der Aeolus, R. 18, 5. A. 20; Der hl. Xaver, R. 20; Tage um ein Schloß, Erz. 21; Gertrud und Regina, R. 23; Der junge Ringseisen, R. 23.

Horn, Wilhelm, Engl. Ψ, Dr. phil., o. UP. Gießen, Ludwigstr. 32. (Rehbach i. Odenwald $^{6}|_{4}$ 76.)

Hornbostel, Erich M. von, vergleich. Musikwiss., Musikpsychologie, Prof., Dr. Leit. d. Phonogramm-Archivs a. Psychol. Inst. d. Univ. Berlin. Berlin-Steglitz, Arndtstr. 40. ($^{25}|_{2}$ 77.) H: Sammelbde. f. vergleich. Musikwiss. 21.

Horneffer, Aug., ∴, ✠, Dr. phil. Solln b. München. (Treptow a. Rega $^{5}|_{7}$ 75.) V: Nietzsche als Moralist u. Schriftsteller 06; Das klass. Ideal (m. E. Horneffer) 06; Der Verfall der Hochschule 07; Erziehg. d. mod. Seele 08; Mensch u. Form 09; Der Priester, s. Vergangenheit u. s. Zukunft 12 II; D. Bund d. Freimaurer 13; Deutsche u. ausländische Freimaurerei 15, 4. A.; Symbolik der Mysterienbünde 15; Religiöse Volksbildung 20; Philosophiebüchlein, 3 Bde. 22, 23, 24. H: Nietzsches Nachgel. Werke, Bd. IX, X, XI, XII, XIII (m. and.) 00—03. Ue: Platon, Der Staat 08; Theophrast, Charakterbilder 09; Tacitus, Germanien, Annalen 09; Cäsar, D. Bürgerkrieg 09; Herodotos, Historien 10; Demosthenes, Olynth. Reden 10; Cicero, Reden gegen Catilina 11; Thukydides, D. peloponn. Krieg I 12.

Horneffer, Ernst, ∴, Dr. phil., a.o. UP. Gießen, Moltkestr. 18. (Stettin $^{7}|_{9}$ 71.) V: Nietzsche-Vorträge, 15. bis 17. T. 20; Platon gegen Sokrates 04; D. klassische Ideal (m. Aug. Horneffer) 06, 2. u. 3. T. 09; Nietzsches letztes Schaffen 07; Hebbel u. d. relig. Problem d. Gegenwart 07; Wege zum Leben 07, 2. A. u. d. T.: Vom starken Leben 12; Am Webstuhl der Zeit, religiöse Reden 14, 2. A. 23; Der Krieg 14; Tod und Sieg 14; Der Krieg u. d. deutsche Seele 15; Soldatenerziehung 18; Erkenntnis I, Die Tragödie des deutschen Volkes 19, 8. bis 12. T. 20; Erkenntnis II, Die Wiedergeburt des deutschen Volkes 20; Der Platonismus u. d. Gegenwart 20; Der junge Platon I, Sokrates und die Apologie 22; Die große Wunde, psychol. Betrachtungen zum Verhältnis von Kapital u. Arbeit 22, 2. A. 23; Drei Wege 24. Ue: Platon, Apologie u. Kriton 09.

Hornstein, Ferd. Frhr v., ✠, O, Nov., Dr. jur. München, Arcisstr. 17 Gths. (ebda $^{31}|_{5}$ 65.) V: Ged. 94; Fühlung, D. 95; Buddha, Leg. 99, 2. A.; Don Juans Höllenqualen, D. 00; Der kleine Karl u. andere Kleinigkeiten, dr. Dichtgn. 02; Novellen 03; Mohammed, Dr. 06; Leib u. Seele, G. 09; Der Lebenshorcher, Rn. 09; Lieder an eine Göttin 12. H: Rob. v. Hornstein, Memoiren 08; Zwei unveröffentl. Briefe Rich. Wagners an Rob. v. Hornstein 11. ()

Hornstein-Bußmannshausen, Felix Franz Frhr. v., Roman, Drama, Dr. jur., Bezirkshauptm. Linz a. D., Platz des

12. November. (Wien $^{8}|_{6}$ 83.) W: Liebe Erde, R. 19; Gewalten, R. 20; Der königliche Weg, R. 21.

Horschik, J. J. Dresden-A., Sedanstr. 49 II. (Schönhof b. Podersam i. Böhm. $^{16}|_{2}$ 74.) W: Lieder des Wanderers, Lr. 05; Reif im Frühling, N. 06; Johannes Lister, R. 08.

Horst, Julius (Ps. f. Jos. Hostasch), O. Wien VI, Kurzg. 3. (Innsbruck $^{12}|_{11}$ 64.) W: Himmel auf Erden, Schw. 10; Eheurlaub, Schw. 17. MitW: Der fesche Rudi, Schw. 08; D. blaue Maus, Schw. 08; Welt ohne Männer 09; Damen des Regiments 11; Schrei nach d. Kind, Schw. 14; D. Geliebte in Moll, Schw. 20 u. a.; Vierzehn Tage Arrest, Posse 23.

Horst, Martin, s. Görlich, Martin.

Horst, Wilh. vom, s. Gomoll, W. C.

Horwitz, Leo, SDS., ✉, /, Lit.♛, Berliner Red. d. Tagesztg. „La Nacion", Buenos Aires, Ref. f. d. Reichszentrale f. Heimatdienst (Presseabtlg. der Reichsregierung). Charlottenburg, Droysenstr. 2. (Marienwerder, W./Pr. $^{10}|_{12}$ 84.)

Hostasch, s. Horst, Julius.

Hostenrode, Harald Arhuna van, s. Grävell, Paul Harald.

Hoesterey, Walter (Ps. Walter Hammer), Kulturpolitik, Jugendbewegung, Pazifismus. Werther b. Bielefeld. (Elberfeld $^{24}|_{5}$ 88.) W: Die Generalanzeigerpresse 11, 4. A. 12; Schlittensport 11, 2. A. 22; D. Gefahren des Wintersports 12, 4. A. 13; Davos 13; Nietzsche a. Erzieher 13, 2. A. 14; Dokumente d. Vegetarism. 12, 4. A. 14; Wintersport im Sauerland 13, 2. A. 14; Neue Dokumente 14, 2. A. 15; D. Buch der 236. J.-D. 19. H: Zeitschr. Junge Menschen; Junge Gemeinde; Junge Republik.

Hotop, Luise, geb. Kluge, Nov., Rom., Schulrats-Gattin. Berlin-Steglitz, Kurfürstenstr. 5 II. (Berlin 69.) W: De servo arbitrio, N. 97; Der Tote, N. 97; Die Fremde, R. a. d. Marsch 11; Besiegt 13; Abschied, N. 14.

Hotzel, Curt, ✾, ⁂, Chefredakteur des „Reigen", RP. Berlin W 30, Schwäbische Str. 7. (Leipzig $^{20}|_{4}$ 94.) W: Blutweihe, Gedanken üb. deutsche Zukunft 19, Albion u. Rosimund, Tr. 19; Die Stadt des guten Gewissens, Pl. 20; Ernst Wachler, Ein Beitrag z. Geistesgesch. uns. Zeit 21.

Hoetzsch, Otto, ♛, BP., RP., Dr. phil., o. UP. Berlin W 10, Bendlerstr. 18. (Leipzig $^{14}|_{2}$ 76.)

Houben, Heinrich Hub., BP., RP., SDS., Krit., /, Nov., Dr. phil., Prof. Leipzig-Go., Äuß. Hallische Str. 48. (Aachen $^{30}|_{3}$ 75.) W: Studien üb. die Dramen K. Gutzkows 99; Gutzkow-Funde 01; Entwurf zu e. deutsch. Bibliographie 02; Emil Devrient, Leben, Wirken, Nachlaß 03; Von Sorgen und Sonne, Erinnerungen aus Kunst u. Leben von Lina Fuhr 04; Laube-Biogr. 06; Gutzkow-Biogr. 08; Jungdeutscher Sturm und Drang 11; Hie Zensur, wer dort? 18; Damals in Weimar! Erinnerungen und Briefe an Johanna Schopenhauer 23; Verbotene Literatur 23. H: Heine fürs Volk 00; Veröffentlichungen d. Bibliograph. Gesellsch. I—V 02—05; H. Laubes ausgew. Werke 06; Carlyle, Franz. Revol. 07; K. Gutzkows ausgew. Werke 08; Laubes ges. Werke 08/09; Eckermann, Gespräche mit Goethe 08, 14. A. 16; Rellstab, 1812 09, 30. A. 13; Gutzkow, Zauberer v. Rom 11; Lebensroman d. Wit v. Dörring 12; Gregorovius, Wanderjahre in Italien 12; Berühmte Autoren d. Verlags F. A. Brockhaus 14 (mit Menke-Glückert); Deutsche Revolution, 12 Bde. 19—20; Hartmann, Revol.-Erinnerungen 19; Schurz, Kinkels Befreiung 20 (mit Wahl); Adele Schopenhauer, Ged. u. Scherenschnitte 20; Ad. Schopenhauer, Tagebuch ein. Einsamen 20; Ottilie v. Goethe, Erlebnisse u. Geständnisse 23; Dingelstedt, Lieder eines kosmopolitischen Nachtwächters 23. Bearb: Sven Hedin: Transhimalaja, Von Pol zu Pol, Volk in Waffen, Nach Osten, Bagdad — Babylon — Ninive, Jerusalem, Abenteuer in Tibet, Durch Asiens Wüsten, Zu Land n. Indien; Scott: Letzte Fahrt.

Hoven, Erwin, s. Sachse, A. E.

Höver, Otto, Kunsthistoriker, Dr. phil., Privatgelehrter. München, Lachnerstr. 35. (Bremerhaven $^{14}|_{12}$ 89.) W: Kultbauten des Islam 22; Indische Kunst 23; Javanische Schattenspiele 23; Vergleichende Architekturgeschichte 23; El Greco 23. *

Hoewer, Eugen Hagen, O, 🎥, Literatur, ✍, Psychologie, ✉, /, Kritik. Coblenz/Rheinprovinz, Löhrstr. 70 I. (Coblenz $^{23}|_{4}$ 78.) W: Die Sitte der Sonnenwende I 21, 2. A. 22. *

Hoyer, Niels, s. Harthern, Ernst.

Hübbe, Thomas (Ps. Jan Jürgensen), RP., Staatspolitik, /, Musikkrit., Naturschilderg., verantw. Red. a. d. „Hamburg. Nachrichten". Hamburg, Juratenweg 3. (Dalchau $^{15}|_{6}$ 67.)

Huber, Alois Hilmar, Inhaber des Wolkenwanderer Verlages Leipzig, ✾, Rom., Dr., E., Erz., M., Sch. Leipzig, Salomonstr. 16. (Regensburg $^{2}|_{7}$ 77.) W: Der stille Träumer, G. 10; Der Liebe wunderlich Wesen, R. 11; Das Sühnopfer, MSp. 17; Einer unter Euch, eine

Judasleg. 19; Ein Haus brennt, R. 20; Die Teufelsschmiede, ein LegSp. 20; Sulamith, R. 21; Balders Wiederkehr, N. 21; Das Nachtgesicht, E. 23; Anna Maria, Neue Gedichte 23. H: Andersens Märchen f. d. Jugend 15.

Huber, A. M., geb. Renner, ✠, ✠. Leipzig, Dresdner Str. 33. (Stadtamhof $^{16}|_{8}$ 83.) B: Der Fremde 18; Die keusche Sünderin 19; Fabrikbesitzer Gumbert, soz. Dr. 19; Ehrlich sein ist unsere Pflicht 19; Prinz Louis Ferdinand 21; Das Nachtgesicht; s. a. Huber, Al. H.

Huber, Frl. Berta, **Ue:** FI, Verlagsred. Minden i. Westf., Lindenstr. 7 I. (Zabern $^{27}|_{12}$ 73.) **Ue:** De Amicis „Im Reich der Liebe" 07; Rachilde „Der Wölfinnen Aufruhr" 12; „Der Liebessturm" 13; „Die Mordmühle" 17; Flaubert „Bouvard und Péruchet"; „November, Drei Erzählungen" 22. H: Grimmelshausen, „Simplicius Simplizissimus" 15.

Huber, P. Michael, (k.), Legendenforschg., StudProf., OSB. Stift Metten, N.-Bay. (Weil-Altomünster $^{26}|_{1}$ 74.) H: Die Wanderlegende v. d. Siebenschläfern 10. B: Unter Pinien u. Palmen 16; Im Reiche der Pharaonen 18, 20 II. ( )

Hubicki, Oskar v., Rom., Nov., Feuill.-Red. am „Interessanten Blatt". Wien III, Erdbergstr. 67. (Löcse, Ungarn $^{28}|_{4}$ 74.) B: Der kleine Huzule, Erz.; Blutsbrüderschaft, Erz.; Stürzende Throne, R. 23; Der Graf von Zollern, R.; Geschichten aus alten Tagen, Nn.

Hübl, Friedr. Josef (Ps. Hildebrand), Politik, Kritik, ✠, /, Landeskassendir. Salzburg, Auerspergstr. 50. (Bruck a. Mur $^{7}|_{7}$ 70.) B: Schachzüge, Sch. (mit Phm. Lauris).

Hübner, Otto R., ✠, ✠. Dresden-Blasewitz, Tolkewitzstr. 4. (Dresden $^{18}|_{12}$ 60.) B: Lichte Sommertage, Dchtgn. 07; Vom Tasten z. Denken 08; Vom Liede als Urform aller Musik 08; Liliencron als Liederdichter 09; Aszendismus, d. Glaube an d. Lebensaufstieg 12; Religiöse Evolution 13.

Hübsch, Richard Georg Karl Herm., Mitgl. versch. Vereine, ✠, Rom., Nov., Märch., ✠, ✠, Humor., ✠, †, Okkultism., Hypnose. Berlin W 35, Potsdamer Str. 26a/b. (Breslau $^{15}|_{8}$ 72.) **Mitarb.** an verschiedenen Zeitschriften.

Huch, Frau Ricarda, geb. Huch, ✠, ✠, kulturhist. Erz., Dr. phil. München, Kaulbachstr. 35. (Braunschweig $^{18}|_{7}$ 64.) B: D. Bundesschwur 91; Neutral. d. Eidgenossensch. währ. d. span. Erbfolgekrieges 92; Evoe! Dr. 92; Erinnergn. v. Ludolf Ursleu d. Jüngern 92, 10. A. 08; Ged. 94 (u. d. Ps. Richard Hugo), 2. A. 08; D. Mondreigen v. Schlaraffis, Erz. 96; Teufeleien, Erz. 97; Hadewig im Kreuzgang, Erz. 97; Blütezeit d. Romant. 99, 3. A. 08; Fra Celeste u. a. Erz. 99; Aus d. Triumphgasse, Erzn. 01, 11. T. 15; Dornröschen 02; Ausbreitg. u. Verfall d. Romantik 02, 2. A. 08; Vita somnium breve, Erz. 02; Von d. Königen u. d. Krone, R. 04; Seifenblasen, 3 scherzhafte Erzn., 1.—3. A. 05; D. Verteidigg. Roms, hist. R. 06; D. Kampf um Rom hist. R. 07; Neue Gedichte 07; Aus dem Zeitalter d. Risorgimento, Essays 08; Leben d. Grafen Federigo Confalonieri 10; D. letzte Sommer 10; Der große Krieg in Deutschland, R. 12—14 III; Natur u. Geist als d. Wurzeln d. Lebens u. d. Kunst 14; Wallenstein 15; Das Judengrab 16; Luthers Glaube 16; Der Fall Deruga 17; Der Sinn d. Heiligen Schrift 19; Entpersönlichung 21; Michael Bakunin und die Anarchie 23.

Huch, Rud., SDS., Rom., JustR., RA. u. Not. Bad Harzburg, Bismarckstr. 38. (Porto Allegre $^{28}|_{2}$ 62.) B: Aus dem Tagebuche e. Höhlenmolches 95; Mehr Goethe 99; Hans d. Träumer, R. 02; Eine Krisis, Betrachtungen über den gegenwärtigen Stand d. Literatur 04; Der Frauen wunderlich Wesen, R. 05; Komödianten d. Lebens, R. 06; Max Gebhard, Studie 07; Die beiden Ritterhelme, R. 08; D. Familie Hellmann, R. 09; Die Rübenstedter, humor. R. 10; Brinkmeyers Abenteuer, R. 11; Dies u. Das u. Anderes, Kulturbetrachtungen 12; Talion, R. 13; Junker Ottos Romfahrt, R. 17; Lied der Parzen, R. 18; Das unbekannte Land, R. 20; Aus einem engen Leben, Erinnerungen 23.

Huffnagl, Karl, s. Huffnagl-Baumgartten.

Huffnagl-Baumgartten, Karl (Ps. Karl Baumgartten, Nithart Stricker), Org. Wr. Presse, Polit., Feuill., Dichtg., Satire, Dr. phil., RegR., Staatsarchivdir. i. R. Wien VIII, Lercheng. 11. (ebda $^{18}|_{12}$ 72.) B: Zehn Jahre schwarz-gelbes Leben 19; Sozialdemokraten 19; Judentum u. Sozialdemokratie 20, 6. A. 23; Juda, Krit. Betrachtgn. üb. d. Wesen u. Wirken d. Judentums 21, 4. A. 23; Arbeiter 21, 4. A. 23; Repablick, Pol.-sat. R. 23; Judenfibel 23.

Huggenberger, Alfred, Landw. und Schriftst. Gerlikon b. Frauenfeld. (Bewangen $^{26}/_{12}$ 67.) B: Lieder u. Balladen 95; Hint. Pflug, G. 08, 8. A. 16; Von d. kleinen Leuten, Erz. 09, 10. A. 20; Das Ebenhöch 11, 10. A. 18; Die Bauern v. Steig, R. 13, 25. A. 19; Die Stille der Felder, G. 13, 16. A. 19; Dorfgenossen, Erz. 14, 14. A. 18; D. Gesch. d. Heinr. Lentz, R. 15, 13. A. 19;

Aus m. Sommergarten, Erz. 17, 2. A. 19; Die heiml. Macht, Erz. 19, 13. A. 20; Wenn d. Märzwind weht, G. 20; Jochems erste und letzte Liebe 22, 10. A. 23; Lebenstreue, G. 23.

Huggenberger, Joseph, ✠, Dr. jur., GArchRat., Archivdir. München, Herzog-Heinrich-Str. 22 I. (Weilheim $^{6}|_{2}$ 65.) B: Akkorde, Lr. 98, 2. A. 01; Vaterland!, G. 14, 2. A. 14. ( )

Hügli, Emil, Mitgl. d. Schweiz. Preß-Vereins, SES., ✠, Nov., ○, Dr. phil., Red. d. „Fr. Rätier". Chur, Alexanderstr. 44. (Bern $^{9}|_{8}$ 73.) B: Dorf Düssel, e. Satire 95, 2. A. 08; D. roman. Strophen i. d. Dichtg. deutsch. Romantiker 00; Ged. 01, 2. A. 08; Um der Liebe willen, Nn. 03; Vergangene Tage, R. 05; Lebenslust, n. Ged. 07; Untergang, R. 07; D. Hochzeitsfahrt, Nn. 08; D. Jungfrau, Dchtg. 09; Lockende Flut, Nn. 10; Rita Roselli, Tr. 10; Spiele des Eros, G. 12; Heimatland, berndeutsches Dr. 20; Der Meisterknecht, berndeutsche Kom. 22.

Hugo, Arwed, s. Hecht, Hugo.

Hugo, Richard, s. Huch, Ricarda.

Hugo, S., s. Schoeppl, Hugo.

Hüke, Frida, s. Körner, Frida.

Huldschiner, Rich., Roman, Dr. med. Korrespondent der Vossischen Zeitung. München, Residenzstr. 10. (Gleiwitz $^{11}|_{7}$ 72.) B: Einsamkeit 01; Fegefeuer 02; D. stille Stadt 04; Arme Schlucker 05; Starkenberg 08; D. adlige Schützenfest 08; D. Nachtmahr 09; Narren d. Liebe 10; D. Tod d. Götter 12; Beatus 21; Friedrich Rotbart, Erz. f. d. reifere Jugend 24.

Hüller, Ernst, s. Floericke, Curt.

Hülsen, Hans v., Rom., Nov., ○. Berlin-Schöneberg, Vorbergstr. 15. (Warlubien, poln. Westpr. $^{5}|_{4}$ 90.) B: D. aufsteigende Leben, R. 11, 2. A. 11; D. seidne Fessel, Nn. 12; D. Aufzeichnungen d. Mörders Sigrist, Studie 12; Rebellion, Sch. 14: Brand im Land, R. 15, 10. A. 15; Schatten üb. d. Meer, R. 15; Platen in Deutschland, R. 16; Den alten Göttern zu, Platen-R. 19, 5. A. 19; Versprengte Edelleute, Nn. 19, 2. A. 19; Eos und Hesperos, 2 Platen-Nn. (m. Sophie Hoechstetter) 20; Kleine Agnete, Idyll 20, 3. A. 20; D. Maltheser, Sch. (nach Schillers Entwurf) 20; Christophorus od. d. verschollene Liebesruf, R. 21; Nickel List, R. 23.

Hülsen, Frau Ilse von, geb. Reicke (Ilse Reicke), SDS., ✠, Nov., Kritik, Rom., Ess., Dr. phil. Berlin-Schöneberg, Vorbergstr. 15. (Berlin $^{4}|_{7}$ 93.) B: Das schmerzliche Wunder, e. Buch Verse 14; Psychol. Probleme d. dichterischen Schaffens 15; D. Weg nach Lohde, R. 20, 6. A. 21; D. neue Lebensform, Essays 20; Frauenbewegung u. -erziehung, Essays 21, 3. A. 21; Ewige Legende, ein Zyklus von 16 Gesängen 23 (vertont von Emanuel Klinger); Wandelnde Gestalt, ein Buch Verse 24.

Hülter, Carl, ✠, ○, /, Kaufm. Düsseldorf, Grunerstr. 39. (Iserlohn $^{24}|_{6}$ 73.) B: Heinz Helke, Sch. 94; Westfäl. Dichtg. d. Gegenw. 95; Aus e. Mai, G. 95; Chronik v. Iserlohn 96; Unner krümder Kreone, plattd. Erz. 98; Hohensyburg, G. 01. H: H. Turk, G. 97; V. Stamm d. Eiche, westf. Anthol. 01.

Humanus, s. Katscher, Leop.

Huemer, Camillo, ✠, klass. Ψ, Dr. phil., GP. Salzburg, Ernst-Thun-Str. 7. (Matzen i. NÖstr. $^{29}|_{1}$ 66.) B: Zwischen zwei Feuern, Dr. 97; Cäsarentum und Christentum, Dr. 18. ( )

Hummel, Frl. Frida (Ps. Frida v. Kronoff), ✠, /, Märchen, Nov., Roman, Ue: F. Cannstatt, Olgastr. 48 III. (ebda $^{19}|_{2}$ 53.) B: Narziß, N. 87; Gold. Märchenbuch 90, 12. A. 05; Zahn um Zahn, R. 08; Lebensart 08; Um totes Recht, R. 09; Unser Mamsellchen, Erz. 12; Großmütterch. Juwelen, Erz. 16; sowie zahlr. Jugendschr. u. Kinderbücher. H: Blütenzweige, Anthologie 22.

Hummel, Richard (Ps. R. H. Laarß), ASV., Dr., Herausgeber und Schriftleiter der Monatsschr. „Magische Blätter". Leipzig-Gohlis, Wilhelmstr. 64. (Swinemünde $^{4}|_{7}$ 70.) B: Das Geheimnis der Amulette und Talismane 19. *

Huna, Ludwig, PA., SDS., Roman. St. Gallen, Steiermark-Österr. (Wien $^{18}|_{1}$ 72.) B: Erstarrte Menschen, Sch. 02; Carmencita, Sch. 05; Der Herr auf Ronewalde, Dr. 05; Tandaradei, Liebeskom. 07; Der Posten, Dramolett 08; Lockere Vögel, Einakterzyklus 08; Offiziere, R. 11; Monna Beatrice, R. 13; D. Friedensverein, R. 14; Die Harmonien im Hause Sylvanus, R. 15; Der Wolf im Purpur, R. 19; Die Stiere von Rom, R. 20; Der Stern des Orsini, R. 21; Das Mädchen von Nettuno, R. 22; Der Kampf um Gott, R. 23.

Hundt, Frau Auguste, geb. Meixner, Professorsgattin. München, Richildenstr. 20. (Weilheim, Ob.-Bay. $^{9}|_{10}$ 60.) B: Aus bewegter Jugendzeit 88; Frisches Grün 89; Kleine u. große Freunde 89; Gartenfreuden 90; Ringel-Ringel-Reihe 91; Was ihr wollt 92; Im Zwielicht 93; Der Osterhase u. a. Erz., 11. A. 00; Der Gänsebub u. a. Erz. 01; Für lustige kleine Leute 03; In der Umfuhr u. a. Erz. 03, 2. A. 11.

Hünerbein, Charlotte v., geb. v. Ende (Ps. Carla Eden, C. v. Ende), Roman, Nov., Skizzen, Kritik. Eisenach, Karthäuserstr. 52. (Marburg i. Hessen $^{4}|_{9}$ 55.) **B**: Stoppelfelder, R. 90; Sand in die Augen, R. 92; Stille Kämpfe, R. 01; D. Regimentstochter, zwei Erzn. 01; Samiel, d. wilde Jäger u. a. Humoresken 05; D. goldene Brücke, R. 10; Eigenart, R. 12; Der Andere, R. 15.

Hünerberg, Charles, /, Rezens., Freimaurerei, ∴, Privatbeamter. Stellingen b. Hamburg, Kieler Str. 101. (Kiel $^{4}|_{4}$ 69.) **B**: Ein Opfer, Erz. 12; Verwegenes Spiel, R. 13; E. heimliche Ehe, R. 14; Unter schwerem Verdacht, R. 14; Friedrich Lienhard, e. deutsch. Dichter 16; Die Mysterien des Altertums, kulturhistor. Sk. 17. ()

Hungerland, Heinz, schwed. UDoz.a.D., Germanistik, ❦, **Ue**: ESkand, Dr. phil. Osnabrück, Riedenstr. 6 II. (Bremen $^{8}|_{5}$ 73.) **B**: Zeugnisse zur Völsungen- u. Niflungensage a. d. Skaldenpoesie 03; D. wissenschaftl. Studium d. deutschen Sprache u. Lit. 06; Deutschland u. d. Deutschen (m. Kron) 06, 2. A. 14; Runen u. Rhythmen, lyr. Ged. 10; Weisen aus dem Morgendämmer, lyr. Dichtgn. 12; Deutsche Stamm-, Sprach- u. Literaturgesch. 13; Deutsche Stilübgn. (m. Collin) 13; Waterloo, Dr. 13; Deutsche Übersetzgsübgn. 14; u. Schr. in schwed. Spr.; Siegrunen, KriegsLr. 15, 2. A. 16; Die Volkshochschule Deutschlands Rettung, sozial-pädagog. Studie 19. **H**: Skandinavisk Månadsrevy 05—07; Philologiae Novitates 05—07; Schwed. Schulausgaben deutsch. Dichter, Grammat.-stilist. Hilfsbücher 07—16. **Ue**: A. Bugge, Die Wikinger 06; Karlin, D. Kulturhistor. Museum zu Lund 11; N. Lithberg, Gotlands Steinzeit 15.

Hünich, Fritz Adolf, Ψ, ❦, Kritik, /, Dr. phil. Taucha b. Leipzig, Lindnerstr. 31 I. (Zwickau i. S. $^{26}|_{4}$ 85.) **B**: Das Fortleben d. älteren Volksliedes im Kirchenliede d. 17. Jahrh. 11. **H**: Anakreont. Oden u. Lieder 11; Lieder d. Landsknechte 15; D. deutschen Lande i. deutschen Gedicht 15, 2. A. 16; Deutsche Wanderlieder 20; Hölty 21; Aus der Frühzeit Rainer Maria Rilkes 22; Die Leiden des jungen Werther 22.

Hunkel, Ernst, ✝, ✉, Dr. phil., Leit. d. Genossensch. „Deutsch-Ordens-Land", Freiland-Siedlung Donnershag bei Sontra i. Hess. (Lindenfels $^{10}|_{8}$ 85.) **B**: Deutsche Gemeinschaft 16; Jungdeutsches Erwachen 16; Durch Sieg u. Sturz 19; Deutsches Gesangbuch 19; Deutsche Taufe 19; Deutsch-Ordens-Land 21. ()

Hunkel, Frau Margart, Rel., Dchtg., Frauenfrage. Freiland-Siedlung Donnershag b. Sontra i. Hess. (Bamberg $^{29}|_{3}$ 87.) **B**: Freia u. Frauva 18; Von deutscher Gottesmutterschaft 19.

Hunnius, Carl, ❦, Lit. ♛, Musikkritik, Liturgik, Hygiene, Oberlehrer, Pastor. Dorpat, Ausstellungsstr. 19, Republ. Eesti. (Narva $^{6}|_{11}$ 56.) **B**: Gedichte 98, 2. A. 03; Rudolf v. Procházka 02; Zu höheren Sternen, relig. Lyrik 03; Heimatstimmen, Balt. Jahrbuch (m. V. Wittrock) 04, 06, 08, 10, 12; Gustav V. Adolfs Vikingerfahrt nach Reval, Dchtg. 09; Weltostern, Ausg. G 18; Oster-Flugblätter 1—13; Völker-Pfingsthymne (Text u. Musik) 20; Völker-Pfingsten; Aus d. Weißbuch d. Reiches Gottes 21; Dante-Trifolien; Minister-Korresp. Nr. 1—10, Zeit-Epigramme. **Ue**: Wl. Ssolowjews philos. u. relig. Lyrik, R. Estn. Lettisch. Komposit.: Lieder u. Gesänge, Chormusik. Johanneisches Christentum, Prosa u. Verse 24.

Hunnius, Frl. Monika. Riga, Totlebenboulev. Commerz-Schule, Republ. Lettland. (Riga $^{14}|_{7}$ 58.) **B**: Mein Onkel Hermann 21, 3. A. 23; Bilder a. Rigas Bolschewistenzeit 21; Menschen, die ich erlebte 22; Meine Weihnachten 22. *

Hunold, George (Geo), ❦, O, ♛, ●, Fabrikdir. Berlin SW, Johanniterstr. 16. (London $^{10}|_{9}$ 71.) **B**: D. Rose vom Dilsberg 05; Rheineszauber 08; Für Heidelberg — mein Leben, R. 08; D. heilige Armut, Sch. 09; Palm, GeschichtsR. 09; D. Leuchte Hamburgs, R. 10; D. verliebten Frauen, Romanesk. 10; George Washington, O. 12; Alt-Hollands große Meister, Skn. 22; Renaissance, Künstler und Zeiten 23.

Hunziker, Fritz, Dr. phil., Prof. a. Gymn. Zürich, Kapfstr. 9. (ebda $^{3}|_{12}$ 86.) **B**: Glattfelden u. d. Grüne Heinrich 11; Gottfr. Keller, Heimat u. Dichtung 15. **Mitarb**: Keller-Jubiläumsausgabe 19.

Hunziker, Rudolf, klass. Ψ, Lit. ♛, Musikkritik, **Ue**: GLSchw, Dr. phil., GP. u. -Prorektor, Präs. d. Lit. Vereinigung. Winterthur i. Schweiz, Tachlisbrunnenstr. 9. (Zürich $^{5}|_{2}$ 70.) **B**: Jer. Gotthelf u. J. J. Reithard in ihr. gegenseit. Beziehgn. 03; Z. Erinnerg. a. d. Catull-Feier auf Sirmione a. Gardasee 06; Musikgesch. Winterthurs 09 u. 15; Aug. Corrodi 10, 11 u. 13; Reithard I/III 12—14; Charles Biedermann 17/18. **H**: D. junge Gotthelf a. Seelsorger 21; Publikationen d. Lit. Vereinigg. Wthr.: Almanach 18; Gedenkbuch Th. Reinhart 20; Jahrbuch 19, 20, 21; Jeremias Gotthelfs sämtl. Werke (m. Dr. Bloesch) 24. ()

Huonder, Anton, (k.), kath. Missions- ♛, SJ. Bonn, Hofgartenstr. 9. (Chur

$^{25}|_{12}$ 58.) B: Der selige J. G. Verbohre 90; Vater Renés letzte Fahrt 93, 16. A. 20; D. Schwur d. Huronenhäuptlings, Erz. 94, 16. A. 22; Die rote und die weiße Rose 96, 13. A. 23; D. „heilige Brunnen" v. Chitzen-Itza, Erz. 08, 9. A. 22; D. Findling v. Hongkong u. a. Erzn. 09, 9. A. 22; D. Rache d. Mercedariers 10, 11. A. 22; D. Tasse des weißen Bonzen 12, 7. A. 20; Bannerträger d. Kreuzes I 13, II 15; Zu Füßen des Meisters, 1.—6. A. 13, 12. A. 22; Gil u. Blas od. Mit Magelian um die Welt herum 14, 7. A. 20; Zur Geschichte des Missionstheaters 18; u. a.

Hupfeld, Hans, RP., Verbd. d. Berliner Theaterkritiker, /, Feuilletonredakteur und Theaterkritiker der Potsdamer Tageszeitung. Potsdam, Französische Str. 13. (Mannheim $^{11}|_{7}$ 91.) *

Huppert Rudolf, ◊, /, Kritik, Korresp. reichsdeutsch. Blätter. Wien IX, Althanpl. 2. (Groß-Pohlom in Österr.-Schles. $^{10}|_{9}$ 81.) H: Jungdeutschland 03. B: Die Falle 12.

Hupperts, Andr., Dr. phil., kath. Geistl. Prof. f. christl. Kunst a. d. Staatl. Kunstakad. Düsseldorf. Köln a. Rh., Hohenstaufenring 18. (Kreuzau, Rhld. $^{30}|_{11}$ 83.) B: Die Abteikirche zu Laach u. d. Ausgang d. gebund. roman. Systems i. d. Rheinlanden 13; D. altköln. Malerschule 14; Der Kölner Dom 17. H: „Gotteshr", Ztschr. f. christl. Kunst, seit 19.

Hupperts, Hans, Roman, Geschäftsführer. Fischbach, Riesengeb. (Aachen $^{22}|_{8}$ 76.) B: Christ u. Mohammedaner 12; Die Faust des Papstes 21, 2. A. 22.

Hürbin, Frau Marie /, M., Sk., lit. Krit., ◊, G., ■, Prof.-Wwe., Red. d. „Schweizer Hausztg." Luzern, Brambergstr. 14 (Chalet Allenwinden). (Zuzgen im Aargau $^{24}|_{3}$ 66.)

Hurwicz, Elias, SDS., Soziologie, Dr. jur. Berlin W 30, Frankenstr. 5. (Rogatschow, Rußl. $^{1}|_{8}$ 84.) B: R. v. Ihering u. d. dtsch. Rechtswiss. 11; Die Seelen d. Völker, Ideen zu e. Völkerpsychologie 20; Zur Reform d. pol. Denkens 21; Gesch. d. jüngsten russ. Revolution 22; Orientpolitik der III. Internationale 22. H u. Ue: Rußlands polit. Seele, russ. Bekenntnisse 18; P. Tschaadajew u. d. Sendung Rußlands 21; Tugan-Baranowsky, Die kommunist. Gemeinwesen d. Neuzeit 21; Vikt. Tschernow, Erlebn. in Sowjetrußland; Dubnow, Neueste Gesch. d. jüd. Volkes III 23.

Husmann, Fritz (Ps. Fritz von'e Waterkant), plattdtsch. ✠ u. Erz., Mitgl. u. Mitbegr. d. „Schütting-Bund", Plattdeutscher Erzähler u. Lyriker, Rektor. Speckenbüttel, Debstedter Weg 36. (Siebenburg, Kr. Sulingen, Hannover $^{7}|_{12}$ 77.) B: Frische Blomen, G. 02; Eene nordhannöwersche Burnhochtiet, Dichtg. 04, 2. A. 05; Een glücklichen Musfang, Lsp. 04; Een Kranz för de Görn, Kinnerleeder 06; Inkiek un Utkiek, Pl. 07; Hohlt fast, Kriegsgeb. 15; Bornwater, G. 23.

Husserl, Edm., ⁂, Dr. phil., o. UP. Freiburg i. Br. (Proßnitz, Mähr. $^{8}|_{4}$ 59.)

Huth, A., s. Müller, Maria.

Huth, Friedrich (Ps. Fred Hood, Arnold Rohde, E. Osten usw.), /, ✠, △, ⊛, Archit. u. Hrsg. d. Berl. Feuill.-Korresp. „D. Skizze" u. a. Charlottenburg, Kaiser-Friedrich-Str. 53. (Krotoschin $^{22}|_{8}$ 66.). B: Skizzen u. Abenteuer 03; Vom Rhein zum Mississippi 04. ()

Hüttemann, Adolf, (k.), Pfr. Büren i. Westf. (Langscheid $^{22}|_{5}$ 63.) B: Patroklus, Sch. 94; Kathol. deutsch. Dichter d. 19. Jahrh. 98, 2. A. 11; D. Budenulk, Lsp. 05, 6. A. 13: u. a.

Hutten, Marie Freiin v. Lohr a. Main, Valentinusberg. (Würzburg $^{24}|_{1}$ 67.) B: Rufende Weite, R. 14, 3. A. 19; Des Weges Ende, R. 17, 2. A. 19; Der Erbe 16, 2. A. 21; Die große Harmonie, Rn. 19.

Hutter, Paul, s. Klobučar, P.

Hutter, Theod., ✠, /, ♛, ⊞, Ue: F, Hrsg. d. „Allg. deutsch. Gewerbe-Zeitg.", Red. des „Geraden Michel", der „Deutschen Bäcker-Zeitg." u. „Deutschen Fleischer-Zeitg". Reichenberg i. Böhm., Görlitzer Str. 17. (Hermsdorf $^{20}|_{9}$ 60.) B (seit 06): In d. Fremdenleg. 08; Der Jeschken in Gesch., Sang u. Sage 08; Zur Gesch. d. Unabhängigkeitserklärg. Nordamerikas 09; Polit. Zeitgedichte; Burg Hammerstein 23, 2. A.; Bilder aus der Hussitenzeit 23.

Huyskens, Albert, ♛, Dr. phil., Dir. d. Stadtarchivs. Aachen, Habsburger Allee 2. (M.-Gladbach $^{30}|_{7}$ 79.)

Hyan, Hans, /, ◊. Berlin-Charlottenburg, Rognitzstr. 12. (Berlin $^{2}|_{6}$ 68.) B: Diana, JagdRn. 14; D. Polizeiagent, Rn. 14; D. Familienschmuck, Rn. 15; D. Massenmörder, Rn. 16; Die schöne Blonde, R. 16; Zwischen Tag u. Traum, R. 16; Die Edelsteinsammlung, R. 18; Feuer fiel vom Himmel, R. 19; Das polit. Karussell 19; Berliner Gefängnisse 20; Die nicht arbeiten wollen, R. 21: Leichte Mädchen — Schwere Jungen, Sk. 21. ( )

Hyckel, Georg (Ps. G. v. d. Oder), OS., Taubstummenlehrer. Ratibor, Hohenzollernstr. 21. (ebda $^{10}|_{5}$ 80.) B: Mein Heimatland; Schlesischer Sagenborn; Leute vom Wege; Das Wärterhaus. H: Unsere Heimat.

J.

Jäckh, Ernst, VJ. & S., VP., Dr. phil., Prof., Dir. d. dtsch. Hochschule f. Politik, Gesch. Vors. d. dtsch. Liga f. Völkerbund, Mitgl. d. RWirtschR. Berlin W, Schöneberger Ufer 36a. (Urach $^{23}|_{2}$ 75.) W: Kotzebues Lustspieltechnik 99; D. Schwaben in d. Lit. d. Gegenwart 06; Nietzsche u. D. F. Strauß 08; 25jähr. Entwicklungsgeschichte d. Salzwerks Heilbronn 09; Friedrich List als Orientprophet 10; Der aufsteigende Halbmond 11; Im türkischen Kriegslager durch Albanien 12; Deutschland im Orient nach dem Balkankrieg 13; Werkbund u. Mitteleuropa 16. H: D. Deutsche Krieg 15f.; Deutsche Orientbücherei 15f.; Weltkultur u. Weltpolitik 15f.; Der Große Krieg.

Jacob, Hans (bis 14 Ps.: Jean Jacques), Ue. München, Königinstr. 4. (Berlin $^{30}|_{11}$ 96.) W: Das Erlebnis des Adrios Tan, R. 15; Heini Kehr, Sch. 21; Das Leben des Dichters Jean Arthur Reinhard, Biogr. 21. H u. Ue: Briefe des Malers Ganguin 20; Emile Zolas Ges. Nov. 20; James Ensor v. Paul Colin 20; Diderot, Die geschwätzigen Kleinode 20; Voltaire, Mein Aufenthalt in Berlin 20; Zola, Um eine Liebesnacht 20; Die 4 Tage d. Jean Gourdon 20; J. K. Huysmans, Gegen den Strich, R. 21; Vor Anker 21; Jacques Rivière, Studien 21; G. Coquiot, Cézanne 21.

Jacob, Heinrich Eduard, DB., SDS., ◯, ♣, Roman, /, ∴. Berlin W, Bamberger Str. 25. ($^{7}|_{10}$ 89.) W: Das Leichenbegängnis der Gemma Ebria, N. 12; Reise durch den belgischen Krieg (Tagebuch) 14; Der Zwanzigjährige, R. 18; Das Geschenk der schönen Erde, J. 18; Beaumarchais und Sonnenfels, Dr. 19; Die Physiker von Syrakus, N. 20; Der Tulpenfrevel, Dr. 21: D. Flötenkonzert der Vernunft: Die Leben d. Generals Bonaparte. H: Der Feuerreiter, lit. Monatsschr.

Jacobs, Fritz (Ps. Hans Sternau),* ◯, Epos. Mülheim-Ruhr-Broich. (Altenessen $^{8}|_{8}$ 76.) W: Vor u. achter dem Maste, G. 05; Humoresken u. Scherzgedichte 05; Sachen z. Lachen 06; Den Blick aufs Meer, Germane! 07, 4. A.; Wind u. Wogen 08; Die Linientaufe 09; Humor u. Scherz fürs Herz 12; Ein Überfall in Südwest 13. ()

Jacobs, Monty, VP., SDS., Lit.♛, /, Dr. phil., Redakteur d. Vossischen Ztg. Nikolassee b. Berlin, Normannenstr. 11. (Stettin $^{8}|_{1}$ 75.) W: Gerstenbergs Ugolino 98; Maeterlinck 01; Wanderstunden in Wilna (mit P. Fechter) 16; Ibsens Bühnentechnik 20; Paul Wegener 20. H: Arnims Werke 08 IV; Eckermanns Gespräche mit Goethe 11; Deutsche Schauspielkunst 13; Ernst-Schur-Gedächtnisbuch 13. ()

Jacobsohn, Siegfried, Theaterkrit., /, Ästhetik, Dramaturgie, Lit.♛, Hrsg. d. „Weltbühne". Charlottenburg, Königsweg 33. (Berlin $^{28}|_{1}$ 81.) W: Das Theater d. Reichshauptstadt 04; Max Reinhardt 10, 5. A. 21; Das Jahr der Bühne I 11/12, II 12/13, III 13/14, IV 14/15, V 15/16, VI 16/17, VII 17/18, VIII 18/19, IX 19/20, X 20/21; Der Fall Jacobsohn 13; Die ersten Tage 17.

Jacobsohn-Lask, Berta (Berta Lask), Drama, ♣, Essays. Berlin-Lichterfelde, Mittelstr. 11. (Wadowice Österreich $^{17}|_{11}$ 78.) W: Stimmen, G. 19; Senta, lyrisch-dramatische Dchtg. 21; Rufe aus dem Dunkel, soziale antimilitar. G. 21; Weihe der Jugend, Sprechchor-Dchtg. 22; Unsere Aufgabe an der Menschheit, Essays 23; Mitternacht, Dr. 23; Weg in die Zukunft, Sprechchor-Dchtg. 23. *

Jacobson, Leopold, CC., DB., stellv. Chef.-Red. d. „Neuen Wiener Journals", Theaterkrit., Librettist, Schriftst. Wien VI, Königsklosterg. 7. (Czernowitz $^{30}|_{8}$ 76.) W: Opttn.: Walzertraum 07; Tapfere Soldat 08; Auf Befehl d. Kaiserin 14; Ballnacht 18; Tanzgräfin 21.

Jacoby, Carl M., DB., Drama. Sachsenhausen, Mark, Villa Jacoby. (Halle a. S. $^{10}|_{8}$ 71.) W: Eine Ehe, Dr. 11; Das Rätsel „Weib", Dr. 12; Laura massiert, Satire 13; Roms rote Rosen, Dr. 13; Das Volk steht auf — der Sturm bricht los! Sch. 13; Loulou — kleine, süße Loulou, Lsp. 14; Stärker als der Tod, Dr. 15; Germanische Frauenehre, Dr. 16; Küken, Satire 17; Mandelblüte, Satire 18; Eine Frau ohne Herz, Dr. 19; Arme Suse, Dr. 20; Die Bredenkamps, Dr. 21.

Jacoby, Günther, ∴, Lic., Dr. phil., UP. Greifswald, Roonstr. 10. (Königsberg i. Pr. $^{21}|_{4}$ 81.) W: Herders und Kants Ästhetik 07; Der Pragmatismus 09; Herder als Faust 11; Englische und deutsche Mannesart 21.

Jacoby, Frau Katy, geb. Andreae (Katy Andreae), Roman. Seeheim a. d. Bergstraße, Haus Tanneck. (Frankfurt a. M. $^{13}|_{12}$ 70.) W: Aus vergangnen Zeiten, M. u. Sagen 95; Humanum amare est 05: Das liebe Ich 07: Wir suchen Menschen 11; Frauenspiegel 18.

Jacoby, Wilhelm, DB., Schwank. Wiesbaden, Adelheidstr. 42. (Mainz $^{8}|_{2}$ 55.) W: Pension Schöller; Ungläubiger Thomas; Goldgrube; Großer Komet; Strohwitwe; Resemanns Rheinfahrt;

Tanzhusar, Doppelmensch; Prinzpapa; Bachmeisels Himmelfahrt; Alles mobil; Los vom Manne; Morgen wieder lustik; Der lustige Kakadu; Die beiden Husaren; Sah ein Knab' ein Röslein stehn; Kommt ein schlanker Bursch geg.; Zu Bacharach am Rheine; u. m. a. (meist m. a.).

Jacot Des Combes, Frau Sophie, ❦, Roman. Stäfa a. Zürichsee u. Alexandrien Ägypten. (Erfurt $^{11}|_{11}$ 79.) B: Allerhand Verse 16; Moses, R. 17; Gedichte u. Variationen 22; Annas Irrwege, R. 22. *

Jacques, Norbert, SDS. Abelinenhof, Post Schlachters b. Lindau, Bay. (Luxemburg $^{6}|_{6}$ 80.) B: Funchal, R. 09; Der Hafen, R. 10, 50. A. 20; Heiße Städte, Reiseb. 11; London u. Paris im Krieg 15, 17. A.; Die Flüchtlinge 15, 6. A.; In der Schwarmlinie 16; Piraths Insel, R. 17, 32. A. 20; Landmann Hal, R. 19, 10. A. 20; Die hl. Lant, R. 20, 8. A.; Die Frau von Afrika, R., 15. A.; Siebenschmerz, R.; Südsee, 15. A.; Auf dem chinesischen Fluß, Reiseb., 9. A. 21; Mariens Tor, Erz. 21; Dr. Mabuse, R. 21, 150. A. 22; Die Pulvermühle, R. 21; Sturmbock, Reiseb. 22; Am Bodensee 22; Ingenieur Mars, R. 22, 15. A. 22.

Jadassohn, Alexander, VB., 𝔇. Theater u. Musik, ❦, ◯, /, in Firma Verl.-Gesellschaft „Harmonie". Berlin-Halensee, Georg-Wilhelm-Str. 17. (Leipzig $^{31}|_{8}$ 73.)

Jadassohn, Frau Alice, geb. Fliegel (Ps. Alice Fliegel), DB., SDS., /, Skn., ❦, Humor, ◯, 𝔇, ●, Kritik. Berlin-Halensee, Georg-Wilhelm-Str. 17. (Leipzig $^{6}|_{8}$ 84.) B: Totenwache, R. 07, 6. T. 08; D. Versuchung Jesu, R. 20; Denn es ist Erntezeit, R. 14, 6. T. 21; Heilig Land, Dr. 16; Der Narr, Dr. 16; Der tote Gast, Dr. 16; Auf eigener Scholle, Erz. 17, 10. T. 21; Die Leute v. goldenen Tal, Erz. 18, 10. T. 21; Aus Großmutters Truhe, Erz. 19, 10. T. 21; Ein Sommerlied, R. 20, 3. T. 21; Worauf sie warten, Sk. 20, 3. T. 21; Der Freund Gottes, R. 21. ()

Jaden, s. Krticzka Frhr. v. Jaden.

Jaffé, Frl. Selma, ASV., DSch., ❦, /, ◯. Berlin W 50, Passauer Str. 26. (Jastrow $^{10}|_{11}$ 62.) B: Gomera, Oper; Der Tanz im Selbstunterricht 12, 63. bis 131. T. 20; Reigen 14; Der gute Ton der neuen Zeit 20.

Jäger, Heinrich, (k.), ❦ (auch mundartl.). Deggendorf i. Bayern. (München $^{3}|_{1}$ 75.) B: Aus dem Leben, ernste u. heitere Ged. 04.

Jäger, Hermann, ∴, Geh. Schulrat, Oberrealschuldir. i. R. Butzbach b. Gießen, Wetzlarer Str. 26. (Darmstadt $^{13}|_{3}$ 56.) B: Die gemeinsame Wurzel d. Kunst, Moral u. Wissenschaft 09; Neue Wege z. Erforschung d. deutschen Volkscharakters 19; Fortschritt? 21.

Jaeger, Paul, Weltanschauungs- u. religiöse Fragen, D. theol., Dr. phil h. c., StadtPfr. Freiburg i. B., Rheinstr. 2a. (Wennungen a. d. Unstrut, Prov. Sachsen $^{6}|_{10}$ 69.) B: Zur Überwindung des Zweifels 05; Liberale Weltanschauung 09; The religion of Goethe (auch deutsch) 10; Unterwegs 11, 2. A. 20; Gottfinden u. Überwinden 11, 2. A. 20; Lichtspuren 14. 2. A. 20; Bekenntnis u. Freiheit 14; Wege zur inneren Freiheit 14; Ich glaube keinen Tod... 14, 6. A. 22; Zwei Schicksalsfragen 16; Meine Wehr und Waffe 16; Meine Freude 16; Jnnseits 17; Vom Sinn d. Lebens 19, 2. A. 22; Unverloren 21; Freude zuvor 22; Festland I 22, II 23; Vorsehung 23; Vom Grunde der Freude 23. **Ue**: Thom. Carlyle, Lebenserinnerungen I 97, 2. A. 02; II 00.

Jäger, Richard, DB., ◯. Berlin-Wilmersdorf, Nauheimer Str. 42. (Chemnitz $^{1}|_{2}$ 78.) B: Villa Benkendorf, Schw. 05; D. Goldfisch, Libr. 06; Witwe Brenner, Kom. 07; Keuschheitsklub, Schw. 08; D. Hexe (Text u. Musik) 10; Wenn die Sonne untergeht, Sch. 11; Monica Vogelsang, O. 13; Wenn die Liebe nicht wär, Optte. 20; Frau Helga, O. 21. ()

Jaeger, Werner, Ψ u. ∴, Dr. phil., o. Prof. a. d. Univ. Berlin W 50, Kurfürstendamm 241. (Lobberich, Rhld. $^{30}|_{7}$ 88.) B: Entstehungsgeschichte der Metaphysik des Aristoteles 12; Nemesios von Emesa 13; Aristoteles de motu animalium 13; Humanismus und Jugendbildung 21; Gregorius Nyssenus Opera Bd. I u. II 21/22; Aristoteles, Grundlegung einer Geschichte seiner Entwicklung 23. *

Jahde, Hans von der, s. Krticzka Frhr. v. Jaden.

Jahn, Erich (Erich Jahn-Dresden), Gauleiter f. Sachsen der Deutschen Dichtergilde, Jugendliteratur, ❦ Erz., Heereslehrer. Dresden 19, Bergmannstr. 54 II. (ebda $^{8}|_{11}$ 89.) B: Jahrbuch neuer Kindermärchen, M., Erz., G. 14; Das alte Lied, G. 20; Das frohe Jahr, M., Erz., G. 22. *

Jahn, Herm. Eduard (Ps. Herm. Hain, A. Westphal, A. v. d. Warnow), ❦, ◯, /. Berlin-Südende, Albrechtstr. 63. (Kl.-Vielen $^{13}|_{8}$ 57.) B: Arbues de Epila 79; König Erich 80; Deutsche Lieder (m. Hamel) 80; Agnes Bernauer, Tr. 80; Im Bann der Venus 80; Ich denke dein! 81; Verwehte Blätter 82; Slavina 82, 2. A. 97; Jsuschka 82; Frau Eva 88; Tambour schlag an! N. 97; Sie 00, 3. A. 02; Naturgeschichte d. Weibes 02, 2. A. 13;

Feuer u. Schwert in Südafrika, R. I u. II 02; Die Liebe in der Welt 03; Spiel und Liebe 07.

Jahn, Johannes, Kunstwissenschaft, Dr. phil., Assistent am Kunsthistorischen Institut der Universität. Leipzig, Elisenstr. 68 I. (Orlandshof 22/11 92.) B: Der Stil der Westfenster der Kathedrale zu Chartres, Diss. 17; Kompositionsgesetze französischer Reliefplastik im 12. u. 13. Jahrh. 22. H: Die Kunstwissenschaft der Gegenwart in Selbstdarstellungen, Bd. I 24. *

Jahn, Max, ℙ, ∴, Dr. phil., Prof., Dir. i. R. Jena, Kaiserin-Augusta-Str. 10. (Ronneburg 30/10 53.)

Jahn-Dresden, Erich, s. Jahn, Erich.

Jahncke, August (Ps. Arno Hagen), DB., ○, Kaufmann. Hamburg, Zimmerstr. 34. (Altona 28/8 83.) B: Menschenopfer, Dr. 09, 2. A. 20.

Jahne, Heinr., /, ♁, ℙ, Oberlehrer. Rumburg, Gabelsbergerstr. 23. (Unter-Kratzau 17/11 65.)

Jahne, Ludwig, /, Dir. d. d. Bleiberger Bergwerks-Union. Klagenfurt, Kärnten, Gasometerg. 14. (Wien 1/9 56.) B: Poetische Bekenntnisse, G. 96; Arnulf v. Kärnten, E. 98; Die Khevenhüller, E. 05; Verirrte Liebe, R. 07.

Jahnke, Rich., Ψ, Dr. phil., Ministerialdir. im Minist. f. Wiss., Kunst u. Volksbldg. Berlin. (Altdamm, Pomm. 28/3 68.) B: Vaterländ. Gedichte aus d. Zeit d. Befreiungskriege, erläut. 02; Hebbels Nibelungen, desgl. 03; Grillparzers Sappho, desgl. 06; Aus der Mappe eines Glücklichen, 5. A. 20; Werden u. Wirken 18; Handbuch f. höhere Schulen 18; Von der Menschen Art und Unart 19; Mein Freund Lindwurm 20; Isolde Alfinger 21 u. a.

Jahnn, Hans Henny, DB., ○, Oberleit d. Ugrino f. d. Arbeitsgebiete △, Orgelbau u. Dichtkunst. Klecken, Kr. Harburg a. Elbe. (Stellingen-Langenfelde 17/12 94.) B: Pastor Ephraim Magnus, Dr. 19 (Kleist-Preis 20); Die Krönung Richards III., Tr. 21; Hans Heinrich, Tr. 21; Der Arzt, sein Weib, sein Sohn, Dr. 22; Der gestohlene Gott, Tr. 23.

Jaksch, Friedrich, DB., ♁, ⚘, ∴, /, ○, Nov., Roman, Dr. phil., Leiter der Bücherei der Deutschen, Zentralbibliothek der Deutschen in der Tschechoslowakei. Reichenberg, Cordaweg 4. (Budweis 4/4 94.) B: Gedichte 14; Das heilige Feuer, Dr. 15; Eltern, Tr. 16; Wellen u. Wogen, G. 17; Märchen der Liebe, R. 18, 2. A. 21; Hartherz, der Zwerg, Dr. G. 19; Sklavin, Tr. 20; Eros Licht, G. 21; Der enthauptete Heiland, R. 21, 2. A. 23; Die bildstilistischen Turbulenzerscheinungen in Friedrich Hebbels Werken, ein Beitrag zur Psychologie seines dichterischen Schaffens 23. H: Der neue Roman; Monatliche Bücherschau.

Jakubczyk, Karl, †, Lit., Domvikar, Red. Breslau 9, Domplatz 6. (Beuthen, Ob.-Schles., 15/10 88.) B bezw. H: Der deutsche Eichendorff 16; Die heilige Wehr, Kr. Lyr. 17; Denk Jesu nach, Christus-Ged. 20; Dante, s. Leben u. s. Werke 21.

Jancke, Oskar, ♁, ⚘, ∴, /, Dr. phil. Aachen, Rudolfstr. 34. (ebda 3/2 98.) Ue: Uriel Acosta, Dokument eines Menschenschicksals 23. *

Janell, Walther, Dr. phil., Prof., Gymnasialdirektor. Demmin i. Pommern. (Mirow i. M. 3/9 77.) B u. H: Ausgewählte Inschriften 06; Vergil-Auswahl 12; Nicodemus Frischlin, Julius Redivivus 12; Kriegspädagogik 16; P. Vergilius Maro, Opera omnia 21; Mime u. Mimus 22. *

Janitschek, verw. Fr. Maria, geb. Tölk, ♁. München, Amalienstr. 2. (Mödling-Wien 23/7 59.) B: Mimicry, ein Stück modern. Leben 05; Esclairmonde 06; E. Liebesnacht, R. 07; Irrende Liebe, R. 08; Heimweh, R. 09; Im Finstern, R. 10; Gesammelte Gedichte, 3. A. 11; Lustige Ehen, R. 11; Stille Gäste, Rn. 12; Liebe die siegt, R. 14; Die Sterne des Herrn Ezelin, R. 15; D. rote Teufel, R. 16; Gesammelte Gedichte, n. A. 17. ()

Janke, Erich, DB., VB., ○, ♁, /, Dr. phil., Red. Berlin-Steglitz, Mommsenstr. 58. (Berlin 25/11 79.) B: Z. Gesch. d. Verhaftung des Staatsrats Karl Justus Gruner i. J. 1812 01; Das Geisterschloß, Lsp. 02; Vom Kern des Lebens, G. 04, 4. A., 21; Die Sarazenin, Tr. 05; Paulinzelle, Tr. 08; Antinous, Tr. 13; Wandervogel, G. 20; Rübezahl, Sch. 21. H: Feldbriefe eines Kriegsfreiwill. v. 1813 01, 2. A. 12; Bogumil Goltz, Buch der Kindheit 04; Naturgeschichte d. Frauen 05; A. E. Brachvogel, Friedemann Bach 05.

Janke, Hans, ♯, ∴, Dr. med., Inh. d. Verlages Otto Janke. Berlin SW 11, Anhaltstr. 8. (ebda 6/1 84.) B: Schopenhauer im Lichte d. Relativismus 18; u. medizin. Schriften.

Jaeno, Josef, Theaterdir. u. Schausp. Wien XVII, Jörgerstr. 32. (Budapest 25/8 65.) B: Der Rabenvater, Schw. 98; Aschermittwoch, Schw.; Momentaufnahmen, Lsp.; Arche Noah, Schw.

Janoske, Felix, Roman, Sk., Lehrer. Breslau 5, Yorkstr. 42. (Brieg, Bz. Breslau 7/8 72.) B: Die Schnutenorgel, Sk. 14, 20. T. 16; Der Kompagniehund, Sk. 15, 10. T.; Daniel auf der Tonleiter, R. 15, 13. A. 21; Karlchens peinliche Liebe, Sk. 16, 3. A.; Fremdes Herdfeuer, R. 20; Kantor Kalmus, R. 21.

Jaensch, Theod., ⁂, Biologie u. Physiologie, Genealogie u. Geneanomie, Germanologie, Ethnologie u. vergl. Sprachw., /, Kritik, **Ue:** German. Sprachen, Dr. phil., Prof. Berlin W, Kurfürstendamm 100. (Hardershoff $^{8}|_{6}$ 60.)

Jansen, Bernhard, SJ., ⁂, Prof. Valkenburg, Holland, Ignatius-Kolleg. (Telgte i. W. $^{10}|_{4}$ 77.)

Jansen, Ferdinand, VJ. & SV., DV., VVJ., Drama, ✠, /, Redakteur d. Zeitschrift „Die Schöne", G. V. d. Lit.-mus. Monatshefte. Berlin-Neukölln, Mainzer Str. 45 II. (Kiel $^{13}|_{8}$ 65.) B: Der neue Heiland, E. 02; Der Sohn der Sterne, Dr. 05; Raphael, Dr. 17; Leuchtende Funken, G. 19, 2. A. 21. *

Jansen, Werner, Roman, ☩, Dr. phil. Eldena, Pommern. (Wülfrath, Rhld. $^{5}|_{2}$ 90.) B: Das Buch Treue, Nibelungenr. 16, 100. T. 23; Das Buch Liebe, Gudrunr. 18, 80. T. 23; Das Buch Leidenschaft, Amelungenr. 20, 60. T. 23; Unheilige Weltbibel, Sat. 20, 10. T. 21; Heinrich der Löwe, R. 23. H: Schumacher, Leben, Lieben, Wandern, R. 20, 10. T. 21; Der schöne Niederrhein 20, 10. T. 21; Gottes deutscher Garten 21; Die Märchen 21, 10. T. 23; Firdusis Königsbuch 21; Die Volksbücher 22; Storm, G. 22; Mörike, G. 22; Cooper, Der rote Freibeuter 23; Cooper, Die Wassernixe 23; Die Volkssagen 23; Eichendorff, G. 23; G. Keller, G. 23.

Janson, Hans, ASV., Roman, Nov., ✠, staatl. gepr. Handelslehrer. Düsseldorf, Kaiserstr. 13. (Köln a. Rh. $^{22}|_{10}$ 80.) B: Der Götterspruch, R. 06; Der Unglücksprophet, R. 12; Voll Friedenssehnsucht und voll Kampfeslust, G., 2. A. 16; Von Nerven und Narren, N. 19; Ringelreigen, G., 3. A. 21; Die im siebten Stand, R. 21; Rhein-Not, R. 22; Der Waldspringer, R. III Teile 22; Die Nachtwandlerin von Le Tréport, Erz. 23; Die Schandbank, Erz. 23; Auf leisen Sohlen, Erz. 23.

Janssen, Albrecht, Erz., ☾, Kritik, Gewerbeschullehrer, Schriftl. d. „Niedersachsenbuches". Hamburg 19, Eppendorfer Weg 111. (Bingum $^{8}|_{1}$ 86.) B bzw. H: Harbert Harberts 14; Als der Weltbrand lohte 15; Mit Napoleon nach Rußland 16; Der bunte Garten 18; Die Frauen rings um Hebbel 18; Borkumer Kinder 19; Jungse un Wichter 19; Wilde See 19; Almuth Folkerts 20; De Diekrichter, Dr. 22; Der Deichgraf, R. 22; Der Wundervogel, M. 22; Andersens Märchen 22; Niederdeutsche Jugend- u. Volksbühne 22; Letzte Ernte 22. **Ue:** Mester över Mester, Lsp. 23.

Janstein, Frl. Elisabeth v., Mitgl. d. Wiener Presse. Wien III, Hauptstr. 68. (Iglau $^{19}|_{10}$ 93.) B: Gebete um Wirklichkeit, G. 20; Die Kurve, Prosa 20; Die Landung, G. 21.

Jantzen, Herm., Germanistik, engl. Ψ, Dr. phil., GReg. u. ObSchulrat. Breslau, Brandenburger Str. 52. (ebda $^{19}|_{2}$ 74.) B: Gesch. d. deutsch. Streitged. i. MAlt. 96; Got. Sprachdenkmäler 98, 5. A. 20; Saxo Grammaticus, Die ersten 9 Bücher d. dän. Gesch. 01; Deutsche Literaturgesch. 04 (schwed. 09); Königin Luise 10; Ostpreuß. Sagen 12; Von deutscher Schule u. Erziehung 15. H: Literaturdenkm. d. 14./15. Jahrh. 03, 2. A. 19; Goethes Egmont 14; Über Erziehg. u. Unterricht 18; Hebbels Nibelungen, Agn. Bernauer 19. ()

Janus, s. Oppenheimer, Frz.

Jaspers, Karl, ⁂ und Psychiatrie, Dr. med., o. U.P. Heidelberg, Plöck 66. (Oldenburg $^{23}|_{2}$ 83.) B: Allgemeine Psychopathologie 13, 3. A. 23; Psychologie der Weltanschauungen 19, 2. A. 22; Max Weber, Trauerrede 21; Strindberg und van Gogh, Versuch e. pathographischen Analyse u. vergleich. Heranziehung v. Swedenborg u. Hölderlin 22; Die Idee der Universität 23. *

Jauker, Karl, Germanistik, ♛, ⁂, Dir. d. Lehrer- u. Lehrerinnen-Bildgsanst. i. R., RegR. Graz. (Wien $^{27}|_{4}$ 50.)

Jeus-Rothe, W., s. Amelung, Wanda.

Jdeuhoff, Karl Udo, Jgdbewegung, Gerichtsref. Erfurt. (Straßburg i. E. $^{20}|_{7}$ 94.)

Idus, Dr. F., s. Noack, Friedr.

Jecht, Rich., klass. Ψ, ⁂, ♛ d. Oberlausitz u. deutsche Mundart, Dr. jur. h. c., Dr. phil., Prof. Görlitz, Neißstr. 30. (Neuglück $^{4}|_{9}$ 58.)

Jedrzejewski, Franz (Ps. zuweilen Franz Theophil), ☾, Lit.♛, Heimatkunde, Lehrer. Laurahütte, O.-S., Wilhelmstr. 13 I. (Schönsee i. Westpr. $^{14}|_{12}$ 59.) B: Ein Veilchenstrauß, Skn. 92; Bei Justinus Kerner in Weinsberg 08; Justinus u. Theobald Kerner u. d. Kernerhaus in Weinsberg 10; Jul. Roger 10; K. Mayer, ein Meister der Naturdichtung 16; und Theaterstücke.

Jeep, Ernst, Lit.♛, ✠, Dr. phil., Bibliothekar a. d. Kgl. Bibl. a. D. Charlottenburg, Berliner Str. 17. (Wolfenbüttel $^{13}|_{10}$ 67.) B: H. Friedr. v. Schönberg 90; Chafot 95; Karol. v. Günderrode 95; Eulenspiegel 96; Zentrale Volksbibliothek 96; Bücherverz. d. städt. Volksbibl. z. Charlottenburg 98; Macbeth 07; Aus d. Tabakskollegium 11, 2. A.; Bismarck ist Deutschland! 12; Das dtsche. Reichspanier 15; Das war der Herzog von Braunschweig 15; Verschied. polit. Gedichte 16. ()

Jegerlehner, Johs., Roman, Jugendschr., Dr. phil., Gymnasiallehrer. Bern, Rabbentalstr. 39a. (Thun $^{9}|_{4}$ 71.) B: Was die Sennen erzählen, M. 07, 10. A. 20; Am Herdfeuer der Sennen, M. 08, 9. A. 21; Aroleid, R. 09, 10. A. 21; An den Gletscherbächen, Erz. 10, 6. A. 21; Marignano, R. 11, 11. A. 21; Petronella, R. 13, 11. A. 21; Grenzwacht d. Schweizer, Erz. 15, 8. A. 21; Blümlisalp, M. 16, 6. A. 21; Mein Schweizerland, Erzn. 17; Bergluft, Erz. 19, 9. A.; Die Schloßberger, Erz. 20, 10. A.; Unter der roten Fluh, R. 23. ( )

Jehle, Alfons (Ps. Olaf Eljens), ASV., PA., Reiseroman, Dr. Landshut, Bayern, Nahensteig 182 I. (Schönenberg i. Schwab. $^{25}|_{9}$ 88.) B: Der rote Teufel 21; Der wilde Harry 21; Ein Operettenakt auf Haiti 21; Dämon Gold 21; Die Gebeine der heiligen Ampulla 21; Das Wunder von Springfield 21; Im Lande Hendrik Witboois 21; Ko-Lao, die älteren Brüder 21; Die Letzte ihres Stammes 21; Am sprudelnden Sagenquell, Sagen 21; Das Lied vom Rosenbusch 22; Der Fluch des Rassenhasses 22; Das Rätsel des Diamantendiebstahls 22; Die Propheten von Dionysopolis, hum. R. 23; Unter südlicher Sonne 23; Der Kris des Radja 23; Die berühmten Mauritius 23. *

Jehly, Grete, s. Gulbransson, Gr.

Jellinek, Frau Camilla. Heidelberg. (Wien $^{24}|_{9}$ 60.) B: Die Frau im neuen Deutschland 20.

Jellinek, Josef, BP., RP., PA., BV., BJ. & SV., VBJ., /, O, Ω, ♣, Ψ, Theat. ♛, ●. Berlin-Halensee, Joach.-Friedrich-Str. 38. (Olmütz $^{10}|_{9}$ 74.) B: Über den Zeiten, dr. Dchtg. 02; Kunstkaufleute, R. aus der Berliner Theater- und Journalistenwelt 06; D. Theatergründung, Kom. 07; Kuli-Kurt, Berlin. KünstlerR. 14; Kopke, Schnurre in 1 Akt 15; Weltbeglücker, 5 Einakter 16. Ue: Die Annäherung zw. Deutschland u. Frankreich 10.

Jellinek, Max Hermann, Germanische Philologie, Dr. phil., Professor an der Univ. Wien VIII, Skodagasse 17. (ebda $^{29}|_{5}$ 68.) B: Die Sage von Hero und Leander in der Dichtung 90; Beiträge zur Erklärung der germanischen Flexion 91; Ein Kapitel aus der Geschichte der deutschen Grammatik 98; Geschichte der neuhochdeutschen Grammatik 13/14. H: Die Psalmenübersetzung des Paul Schede Melissus 96; Philipp von Zesen, Adriatische Rosemund 99; Friedrich von Schwaben 04; Kleine Schriften von Richard Heinzel (mit C. von Kraus).

Jellinek, Oskar, DV., ♣, O, Essay, Dr. jur., Schriftst. Wien VIII, Lange Gasse 72. (Brünn $^{22}|_{1}$ 86.) B: Das Burgtheater eines Zwanzigjährigen 07; Verstreute Ged. u. Essays 07—23.

Jelusich, Mirko, SDS., ♣, O, Roman, Essay, Dr. Wien II/1, Volkertpl. 1. (Semil $^{12}|_{12}$ 86.) B: Das große Spiel, Sch. 12; Abisag von Sunem, Sch. 15; Die Prinzessin von Lu, Sch. 16; Der gläserne Berg, Sch. 17; Don Juan, Tr. 18; Der Thyrsosstab, R. 20; Die schöne Dame ohne Dank, Kom. 21.

Jenko, Karl Maria Johann (Ps. Karl J. Rettenbach), ASV., Volksstück, Schw., Lsp., Privat. Rettenbach b. Maria-Trost, Steiermark. (Kroisbach b. Graz $^{10}|_{7}$ 73.) B: Im Seitengaßl, Wiener Vst.

Jenny, Ernst, Lit.♛, Erzählg., Dr. phil., Lehrer und Bibliothekar. Zofingen (Schweiz), Lateinhaus. (Liederstwil $^{17}|_{11}$ 76.)

Jenny, Gustav, deutsche Lit.♛, ♣, /, Nov., Dr. phil., Prof. a. d. HandelsHSch. St. Gallen, Blumenaustr. 28. (ebda $^{14}|_{10}$ 65.) B: Miltons verl. Paradies i. d. deutsch. Lit. d. 18. Jahrh. 90; Arnold Halder 12; Maler Emil Rittmeyer 14; Hector Zollikofer 17.

Jensen, Walter, ASV., Opernlibretto, Rezension, Privatbeamter. Darmstadt, Roßdörferstr. 10. (Gernsbach i. Schwarzwald $^{23}|_{5}$ 87.) B: Kreuzfahrer; Rama; Bath-Seba; Eifersüchtige. *

Jeremias, s. Kreutz, Rud. Jerem.

Jerusalem, Else, s. Jersalem-Kotányi.

Jerusalem-Kotányi, Else, geb. Kotányi (Else Jerusalem), Ps. für Frau Else Widakowich, Nov., Rom. Buenos Aires, O'Higgins 2368. (Wien $^{23}|_{11}$ 77.) B: Venus am Kreuz, N. 00; Gebt uns d. Wahrheit 02, n. A. 04; Komödie der Sinne 03, 3. A. 05; Der heilige Skarabäus, R. 09, 22. A. 11; Die Angst der Geschlechter 10.

Jerusalem-Widakowich, s. Jerusalem-Kotányi.

Jesinghaus, Walter, ♣, ⁂, Dr. phil., Prof., RGymn.-Dir. Vacha, Thür. (Barmen $^{28}|_{7}$ 71.) B: Scherz u. Ernst mein. Jugend, G. 93; Quo tendimus 94; Streben u. Arbeiten a. deutsch. Hochschulen 95; Uns. Univ.-Professoren 95; Sehnsuchtsklänge, G. 96, 2. A. 97; Flammenblitze, G. 97; D. innere Zusammenhang d. Gedank. vom Übermenschen bei Nietzsche 01; Nietzsches Stellg. zu Weib, Liebe u. Ehe 06, 3. A. 11; Nietzsche u. Christus 13, 2. A. 23; Aus meiner Welt, G. 22. H: Hoffmann v. Fallersleben, 50 Ged. 16.

Jeß, Hartwig, Deutsche Lit.♛, Dr., Prof. Leipzig-Gohlis, Wilhelmstr. 51.

(Stade $^{24}|_{7}$ 76.) B: August Friedrich Ernst Langbein und seine Verserzählungen 02; Theodor Storm, Leben und Werke 17. H: Theodor Storm, Novellen (Psyche, Söhne des Senators) mit Einleitung; Heine, Gesammelte Werke, mit biographischer Einleitung, Anhang und Anmerkungen, 4 Bde.; Einzelausgaben: Atta Troll, Deutschland, Reisebilder, Italien, Letzte Gedichte, Buch der Lieder, Neue Gedichte, Romanzero, Harzreise, Schnabelewopski, Rabbi von Bacharach in Reclams U.-B.; Jakob Boßhart, Zwei Erzählungen, ausgewählt u. eingeleitet 22. *

Jessel, Leon, Komponist. Berlin-Friedenau, Ortrudstr. 2. (Stettin $^{22}|_{1}$ 71.) B: Optten.: Die beiden Husaren 13, Schwarzwaldmädel 17, Närrische Liebe 19, Schwalbenhochzeit 21, Die Postmeisterin 21, Das Detektivmädel 22, Des Königs Nachbarin 23.

Jessen, Jarno, s. Michaelson, Anna.

Jezewski, Frl. Käthe v. (Ps. Käthe Altwallstädt), ❦, Skizze, Schriftst., Porträtsilhouettenzeichn. Jena, Steinweg 8 II. (Leipzig $^{6}|_{1}$ 86.) B: Ein famoser Wink, Hum. 19; Eines nur, G. 21.

Ježower, Ignaz, SDS., Beirat für Literatur u. Kunst bei der Filmprüfstelle. Berlin-Lichterfelde W., Weddigenweg 69. ($^{17}|_{6}$ 78.) H: Venedig (Der poetische Cicerone), 2. A. 08; Schiller 10; Die Befreiung d. Menschheit, Freiheitsideen in Vergangenheit u. Gegenw. 21; Die Rutschbahn, d. Buch vom Abenteurer 22; Das Buch der Träume 24.

Iger, Artur, ASV., PA., Humor, /, Roman, Nov. Weikersheim i. Taubertal, Wttbg. (Berlin $^{13}|_{8}$ 76.) B: Die Gehängten 03, n. Folge 04; Entscheidungen des Kaufmannsgerichts; Spartakustage 19; Das Schicksal der Liddy Marahn, 20, 5. A. 22; Schrecken des Kontors 22; Mergentheim Einst und Jetzt 23.

Ihering, Herbert, RP., SDS., Dramaturg, Theaterkritiker d. „Berliner Börsencouriers". Charlottenburg, Kalckreuthstr. 9 I. (Springe bei Hannover $^{29}|_{12}$ 88.) B: Albert Bassermann 21; Regisseure und Bühnenmaler 21; Der Kampf ums Theater 22. H: Monographiensammlung „Der Schauspieler".

Jiriczek, Otto L., engl. Ψ u. Germ., Dr. phil., o. UP., GHofR. Würzburg, Trölitschstr. 9. (Ung. Hradisch $^{18}|_{12}$ 67.) B: D. Hven. Chronik 92; D. deutsche Heldensage 93, neubearb. 13; Bosasaga 93; Bosarimur 94; Amleth auf Island 96; Deutsche Heldensagen 98; Gill's Logonomia Anglica 03; Viktorianische Dichtg 07, Anh. 09; Macphersons Fragments 15; Seyfriedsburg 17. H: Beitr. z. engl. Litgesch. Münster 06—09 VI, Würzburg 11—18 IV; u. a. ()

Ilg, Paul, SDS., Rom., ❦, ○. Zürich, Klausstr. 19. (Salenstein $^{14}|_{3}$ 75.) B: Skizzen u. Gedichte 02; Lebensdrang, R. 06; Gedichte 07; Der Landstörtzer, R. 09; Die Brüder Moor, R. 12; Das Menschlein Matthias, R. 13, 9. A.; Was mein einst war, Nn. 15; Maria Thurnheer, Erz. 16; Der starke Mann, R. 16, 8. A.; Der Führer, Dr. 19; Ga Llama, Lsp. 21; Probus, R., 30. T. 22; Im Vorübergehn, Nn. 23; Ein glückliches Paar, Erz. 23.

Ilgen, Pedro, ∴, ❦, Dr. phil., evang. Geistlicher, Hrsg. d. Monatsschr. „Für Geist u. Gemüth". 2810 So. 62. Ave., Chicago-Berwyn, Ills., U.S.A. (Wiesbaden $^{5}|_{7}$ 69.) B: Blumenkranz, poet. Versuch 87; Welt-Gottesreichsklänge, G. 90, 2. A. 92; Stechäpfel, satir. G. 95; Herzensleben in Liedern 96; Blüthenwehen, G. 00, 3. A. 05; Unter westlichen Sternen, G. 05; Tiefgluth, philos. Dchtgn. 06; Sulamith, G. 07, verm. Prachtausg. 08; Treu dem Banner, Festsp. 07; Liebe u. Sittlichkeit 10; Dtsche. Geisteszeugnisse in Amerika I 11; Salve Regina, G. 11; Die Weltreligion d. Zukunft I 11; Höhen u. Tiefen, Amtserfahrg. 11; Crossing the Ocean in Peace and War. ReiseSk. 15; Friede auf Erden, Weihnachtsspiel 22; Erntefestspiel 22; Laurel and Olivebranches 23; Osterfestspiel 23.

Ilgenstein, Heinr., SDS., DB., ○, Kritik, Lit.♛, Politik, /, Dr. phil., Hrsg. der Wochenschr. „Die Gegenwart". Charlottenburg, Kuno Fischerstr. 7. (Memel $^{3}|_{8}$ 75.) B: Goethe u. Mörike, Studie 03, 2. A. 05; Wilhelm v. Polenz, Studie 04; Die Wahrheitssucher, Dr. 08; Der Preußenspiegel, 1.-10. A. 09; Die beiden Hartungs, R. 09, 3. A. 10; Fiat Justitia, Groteske (mit Lothar Schmidt) 11; Europa lacht, Lsp. 11; Kammermusik, Lsp. 12; Quisisana, Lsp. 13; Der Herr von oben, Lsp. 16; Haß regiert! R. 17; Marias Hochzeit, Sch. 18. ()

Illing, Friedrich Wilh., DÖSchG., VB., Kritik, /, ♫, Ψ, Nov., stud. phil., cand. jur. Wien 102, Brunnengasse 69. (Aussig a. E. i. Dtschböhm. $^{24}|_{9}$ 99.) B: Erste Versuche, N. 18; Magedin, R. 23 (Erstdruck „Salzburger Chronik").

Ilper, Heinz, ASV., Weko-Weltbund, Hannov. Kunst-Verein, German., ❦, Erz., Märch., Rom., Nov., Pl., Sk., freier Schriftst. Hannover, Pferdestr. 9. (Scharnhorst, Füneb. Heide $^{27}|_{8}$ 91.) B: Jugend ist einmal, G. 20; Liebesgluten, G. 21; Frankreich hüte Dich, G. 23; Deut-

sche Ostern, G. 23; Treuschwur, G. 23; Schlageter, G. 23.

Il Turdus, s. Schilling, Hermann.

Imelmann, Rudolf, engl. Ψ, Dr. phil., o. ö. UP. Rostock, Lindenbergstr. 6. ([31]|1 79.) B: D. altengl. Menologium 02; Lagamon (Vers. über s. Quellen) 06; D. deutsche Krieg u. d. engl. Lit. 15; Forschungen z. altengl. Poesie 20. H: Johannis Bramis Historia regis Waldei 21. Ue: Byron 12; Browning 16; Shakespeares Antonius u. Cleopatra 23.

Imendörffer, Benno, ●, ♛, Jugderz., /, Ue: M, Dr. phil., k. k. Realschul-Prof. Wien V/1, Kriehuberg. 12. (Budapest [25]|6 67.) B: Lehrbücher d. Erdkunde; Poldl, Erz. 02; Bange Tage, Erz. 06; Wie Peter in den Wald kam, Erz. 09; Wie der kleine Rudi die große „Silberne" erwarb, Erz. 16. H: Mein Österreich, mein Heimatland 13, 2. A. 14; Deutsch-Westungarn.

Impertro, Michael (Ps. Mark Twain d. Jüngere), ASV., Kulturkritik, humor. Satire, Erz., ✻, Märch., Rom., Pl., Sk., Schw., philosophische Aphorismen. Ludwigshafen a. Rh., Obergasse 21. (ebda [3]|4 71.) H: Humor.-satir. Ztschr. „Rheinschnoke" 01—03.

Ineichen, Alfred, Dr. phil., Seminarlehrer. Luzern, Schweiz, Hertensteinstr. 62. (Rudolfingen, Kt. Zürich [18]|1 85.) B: Jeremias Gotthelfs Weltanschauung 20. MitH: Jer. Gotthelfs sämtl. Werke (bearb. v. „Anne Bäbi Jowäger" v. Jer. Gotthelf, 2 Bde. 21).

Inheim, Heinrich, s. Collin, Ernst.

Innerkofler, P. Adolf, DÖSchG., Seelsorger. Wien IV, Paulanerpfarre, Nied.-Österr. (Sexten, Tirol [18]|12 72.) B: Klemens Hofbauer 13; Hofbauer-Gebetb. 14; Erzherzogin Marianne 11; Die Brüder v. Kirchschlag, R. 16 II; Der Sänger des Heliand, N.; Tiroler Buben, N. 21; Ein Krippeng'spiel, Vst.; Ein Opfer des Beichtstuhls 22; Nikolausbüchlein; Perle von Peru; Ein Leiden-Christi-Spiel; Eine edle junge Seele, 4. A. 23; Rich. v. Kralik, Literaturstudie. Ue: Das fünfte Buch der Nachfolge Christi.

Intimus, s. Sonntag, Josef.

Joachim, Bernd v., SDS., ✠, Red. Berlin SW 47, Wartenburgstr. 20 ([4]|6 91.) B: Sternchenkalender 19; Der Mann ohne Mitleid 21; u. a.

Joachim, Jörg, s. Nieblich, Joachim Kurd.

Joachimi-Dege, s. Dege, Marie.

Jov, s. Baß, Joseph.

Job, Jakob, SES., ✻, Nov., Lit.wissenschaft, Dr. phil., Schuldirektor. Birmensdorf bei Zürich 7, Forchstr. 5. (ebda [14]|12 91.) B: Jakob Boßhart als Erzähler, Stud. 23.

Jobst, Frau Julia, VB., Roman, ◇, Skizze, /, Oberstleutnantsgattin. Eberswalde, Neue Schweizer Str. 11. (Remscheid-Ehringhaus. [8]|11 53.) B: Claus Winkler 04; Im Herrenstall 04; Mußte es sein? 04, 6. A. 06; Wenn man allein bleibt, N. 05; D. Puppenjunge u. Anderes, Humoresken 06; Ich warte, R. 06, 35. Tsd. 21; Laß mich allein, R. 08, 26. Tsd.; Groß Stauffen, Sch. (m. E. Ritterfeldt) 08; Haus Boosen, R. 10; Er liquidiert, hum. Erz. 10; Nimm das Leben wie den Tag, R. 12, 6. A.; D. Wahrsagerin, Einakt. 13; Oh diese Kassen, Einakt. 14; Die wilde Jagd, R. 19, 18. Tsd.; Aus hartem Holz, R. 22, 10. Tsd.

Jockisch, Hermann, Ue: E. Berlin-Friedenau, Beckerstr. 11. (Leipzig [13]|8 82.) B: Gesänge eines Einsamen 04; Heimweh 17; Deutschland, eine Kriegssymphonie in Versen 22. Ue: Jerome K. Jerome: Henrys Beobachtungen 12.

Jodl, Frau Margarete, geb. Förster, ⁂. Wien XIX, Reithleg. 13. (Dresden [11]|8 59.) B: Friedrich Jodl, sein Leben und Wirken (nach Tagebüchern u. Briefen) 20. H: Bartholomäus von Carneri's Briefwechsel mit Ernst Haeckel u. Friedrich Jodl 22. Ue: Schreiner Olive, „Träume" 94, 3. A. 07.

Jodok, s. Gumppenberg, Hanns v.

Joël, Karl, ⁂, Dr. phil., o. UP. Basel, Ob. Heuberg 12. (Hirschberg i. Schl. [27]|3 64.) B: Zur Erkenntnis d. geist. Entwickl. u. d. schriftstell. Motive Platos 87; D. echte u. d. xenophontische Sokrates 93/01 II; Philosophenwege 01; Nietzsche u. d. Romantik 05, 2. A. 23; D. Ursprung d. Naturphilosophie aus d. Geiste d. Mystik 06; D. freie Wille 08; Seele u. Welt 12, 2. A. 23; D. philos. Krisis d. Gegenw. 14, 3. A. 22; Antibarbarus 14; Neue Weltkultur 15; D. Vernunft in d. Geschichte 16; D. Bedeutg. uns. klass. Zeitalters f. d. Gegenwart 16; Geschichte der antiken Philosophie I, 21.

Joël, Frl. Käte, ◇. Zürich, Steinhaldenstr. 66. (Berlin [12]|6 62.) B: Sonntagskinder, Msp. 99; Unter Christkindleins Schutz, Weihn.-Dr. 05; Bei den Osterhasen, Sgsp. 06; Frühlingseinzug, Sgsp. 06; Ein Küchenabenteuer, Lsp. 06; In der Rumpelkammer, Lsp. 06; Jahreswende, Einakter 06; Vier kleine Einakter 06; Das Goldkrönlein, M.-Sgsp. 07; Die Schildträger der Jungfrau, Msp. 08; Aschenputtel, Msp. 08; Dem artigen Kinde, G. 10; Die Fischerhochzeit, Dchtg. 10; „Fang' mich!" Ballbilderbuch, G. 11; Unser Heldenvolk, Dchtg. 15; Im deutsch. Märchenwald, Msp. 15; Gratulanten, G.

17; Das Schulreischen, Freilichtsp. 20; Hochzeitsgratulanten, G. 23; Vier Wuche verhüratet, Schw. 23; Im Redaktionsbureau, Schw. 23.

Johannes, Franz Paul, Vereinig. Münchener Filmkritiker u. Filmjournalisten, Theater- u. Kunstkritik, /, Nov., Rom., Drama. München, Adelgundenstr. 25 IIr. (ebda [12]|[9] 81.)

Johannes, Martin Otto, Pseud. für: M. O. Johannes Nädlein, ♅, Rassenfrage, Lehrer. Allendorf, Werra, Hessen-Nassau. (Dresden [1]|[12] 87.) B: Wegsucherin Liebe, R. 14, 3. A. 23; Ernst von Mansfeld, Dr. Dchtg. 15; Erdlinde u. der Wanderer, Dchtg. 18, 4. A. 21; Glaube! Dr. Dchtg. 18; Die Ukrainerin, Erz. 18; Adel verpflichtet! R. 20; Leben in Einfalt, Pl. 23. H: Kriegsbeute, Lr. 18. Ue: Gobineau: Amadis E III, 1. Buch: Königskinder 14, 2. A. 20, 2. Buch: Schicksalswende 17, 2. A. 21, 3. Buch: Weltendämmerung 21.

Johannes, Wilh., s. Kahle, A. W.

Johannsen, Bruno, s. Johannsen-Wallsbüll.

Johannsen, O. Heinr., s. Böckler, O. H.

Johannsen-Wallsbüll, Bruno, /, Kritik, ∴, ♅, Standesbeamter, Schultheiß a. D. Jena, Kahlaische Str. 12. (Hamburg [9]|[9] 52.)

Jöhlinger, Otto, BP. Zeitungskunde, Staatswissenschaften, ⊞, Dr., MinR., StudDir. d. Verwaltgsak. u. Doz. d. Journalistik, Berlin SW 47, Yorkstr. 84d. (Köln [1]|[12] 83.)

John, Alfred, SDS., Essay. Breslau, Moritzstr. 38. (Charlottenburg [19]|[7] 87.) B: Savonarola 18. H: Schatzkästlein 19; U. P. Scheer: „Iwo" 20.

John, Alois, Krit., Lit. u. Kunst♛, /, Volkskde., Hrsg. u. Red. „Uns. Egerland". Antonienhöhe bei Franzensbad. (Oberlohma b. Franzensbad [30]|[9] 60.) B: Goethe in Deutschböhmen 89; R. Wagner-Studien 89; Bayr. Bühnenfestsp. 89; R. Wagner i. d. deutsch-böhm. Bädern 89; Lit. Jahrb f. W.-Böhmen 91/96 VI; Egerl. Volkslieder (m. Czerny) I 98, II 01; Sitte, Brauch u. Volksglaube im deutsch. Westböhmen 05; Volkstümliches im „Freischütz" 05; Richard Wagners Beziehungen zu Böhmen 06; Goethe-Festschrift 06; Egerländer Heimatsbuch 07; Scharfrichter Carl Huß u. s. Manuskript: Vom Aberglauben 09; Ein egerländer Procuratorenbuch 20; Das städt. Museum in Franzensbad 23; u. a.

John, Johannes, RP., /, Kritik, Politik, Satire, Journalist. Z.Zt. Flensburg, Eichenstr. 7 I. (Altona a. E. [24]|[6] 81.) B: Der Marienkantor, R. 22, 3. A. 23. *

Joho, Karl, Theaterkritik, /, Red. beim K. Tageblatt. Karlsruhe, Gartenstr. 44 b. (Bruchsal [13]|[10] 75.) B: Erzählgn. 15; Humoresken 19; Plaudereien 20.

Johst, Hanns, DB., SDS., ♁. Oberallmannshausen a. Starnberger See. (Seerhausen [8]|[7] 90.) B: Stunde der Sterbenden, Sc. 14; Stroh, Kom. 15; Wegwärts, G. 16; Der junge Mensch, Dr. 16; Der Einsame, Dr. 17; Der Anfang, R. 17; Rolandruf, G. 18; Der König, Dr.; Mutter, G.; Der Kreuzweg, R. 21; Propheten, Dr. 22; Wechsler und Händler, Kom. 23.

Jollos, Waldemar, Dr. phil. Zürich, Zeltweg 1. (Moskau [21]|[1] 86.) B: Esau und Jakob, Dr. 19. *

Jolowicz, Frl. Julie, SDS., Nov., Skizze, /, Kunstgewerbe. Berlin-Wilmersdorf, Prinz-Regenten-Str. 76. B: Menschen gegeneinander 10.

Jonen, Hans, DB., WSB., SDS., ♅, Nov., ♁. Köln, Rhl., Severinstr. 64. (ebda [30]|[11] 92.) B: Klinge, ehernes Lied, G. 18; Pingsſamsdag, Mel. Dr. 18; Und Hellas Sonne, Dr. 18; Das Lied ist aus . . ., Bst. 19; Freie Liebe, Dr. 20; Meister Klein, Dr. 22; Kumedemächer, Kölnisches Volksdr. 23.

Jordan, Karl Friedr. (Ps. Max Katte, Arduin, Friedwart), ⚘, ∩, ∴, ♁, ♅, /, Dr. phil., Prof. Berlin SO, Kottbuser Ufer 17. (ebda [23]|[9] 61.) B: Goethe — u. noch immer kein Ende (Kritische Würdigung d. Lehre Goethes v. d. Metamorphose d. Pflanzen) 88; Mod. Bühne u. d. Sittlichkeit 91, 2. A. 91; Morgenglühen! Oden u. Lieder e. Antimodernen 93; Heil d. Jugend! Festsp. 99; Ulrich v. Hutten, e. Vorläufer uns. Zeit 08; Grausamkeiten im Kriege m. Anh.: Kriegsgedichte 15; Die wandernde Seele 21; u. a.

Jordan, Leo, roman. Ψ, Dr. phil., ao. UP. München, Hiltensbergerstr. 29. ([28]|[9] 74.)

Jordan, Max, BP., RP., Politik, /, ∴, †, Dr. phil., Berliner Redakteur der amerikanischen Hearst-Presse. Berlin-Wilmersdorf, Uhlandstr. 126. (San Remo [21]|[4] 95.)

Jordan, Robert, SDS., RP., Belletristik, /. Braunschweig, Göttingstr. 15. ([11]|[6] 85.) B: Historische Arabesken 10, 2. A. 19; Historische Nov. 16, 2. A. 19; Der wilde Kulmbacher (Bühnensp.) 17; Trommel und Fiedel, G. 19; Steckbriefe, Persönliches über Persönlichkeiten 23.

Jörg, Paul, s. Boeddinghaus.

Joergensen, Johannes, Mitgl. d. Pen-Klub, ♅, Nov., Hagiographie. Assisi (Italien), Via Santa Maria delle Rose. (Svendborg, Dänemark [6]|[11] 66.) B:

Lebenslüge u. Lebenswahrheit 97, 3. A. 11; Das Reisebuch 98, 2. A. 10; Der jüngste Tag 98, 2. A. 05; Parabeln 99, 2. A. 05; Eva 03; Das heilige Feuer 03; Das Pilgerbuch 05, 4. A. 08; Römisches Mosaik 06; Römische Heiligenbilder 08; Reisebilder aus Nord u. Süd 07; Gras 07; Der hl. Franz von Assisi 08, 2. A. 11; Gesch. der dänischen Literatur 08; J. K. Huysmans 08; U. l. Frau von Dänemark 09; Beurow 09; Die lieblichste Rose 09; Vom Vesuv nach Skagen 10; Geschichte eines verborgenen Lebens 12; Lourdes 12; Die Glocke Roland 16.

Joseph, Leo, BJ. & SB., BSK., PA., RP., Nov., Märch., Skizz., Schriftst. u. Red., Hauptl. d. „Lotterie-Post", Korrespond. verschied. Blätter. Berlin W 30, Luitpoldstr. 32. (Schwedt a. O. $^{31}|_{5}$ 61.)

Josephi, Walter, Kunst♛, Dr. phil., Prof., Großh. Museumsdir. Schwerin i. Mckl. (Rostock $^{22}|_{3}$ 74.) B: D. gotische Steinplastik Augsburgs 02; Geschichte d. Baukunst 04; Gesch. d. Bildhauerkunst 05; Kataloge des German. Nationalmus.: Die Werke plast. Kunst 10. ()

Joß, Viktor (Ps. Alicandro Tirio), Musik-, Lit.- u. Kunst♛, /, ♔, Ψ, Ue: FEISTsch, Dr. phil., Chefred. d. illustr. „Reise- u. Bäderzeitg." Prag-Weinberge, Celakowskyanlagen 12. (Prag $^{29}|_{5}$ 69.) B: F. Wieck u. s. Verhältnis zu R. Schumann 00; D. Musikpäd. F. Wieck u. s. Familie m. bes. Ber. s. Schwiegers. R. Schumann 02; Anton Dvořak 03; Clara Schumann 05; Sascha Culbertson 10 (auch engl.); D. span. Musik u. ihre Meister I 12; D. Sängervereinigg. d. Prager Lehrer u. ihr Dirigent 13: Der Sturm auf die Mühle (m. R. Batka u. K. Weis), O. 13; Iris (m. Brokes u. Reiser), O. 14; Kl. Ordenskatechismus 15; Der Hagestolz (a. d. Tsch.), Lsp. 16; Der Liebling d. Frau Maharadscha (a. d. Tsch.), Optte. 17 u. m. a. H: Lit. Flugblätter 99; Prager Rundschau 18 u. a. MitH: Mitvers. d. Fachkatalogs d. „Internen Musik- u. Theaterausstellg." 92; Das Deutsch-österr. Schriftst.- und Künstlerlexikon Wien 04.

Jost, Walter, Dtsch. Lit.♛, Dr. phil. Basel, Eichenstr. 8. (ebda $^{22}|_{11}$ 92.) B: Von Ludwig Tieck zu E. T. A. Hoffmann 21.

Joest-Krüger, Frau Elisabeth, BB., Roman, Nov. Berlin W, Schaperstr. 2. (Karlsruhe $^{19}|_{7}$ 93.) B: Jens Palmström, Rn.; Vibrationen, R.; D. Todesurteil, R.; Der Eibenstrauß des Knaben, Sk.; Gdchte.

Josten, Hans, /, ✝, Pfr. Honnef a. Rh. (Reusrath $^{3}|_{4}$ 83.) B: Zahlr. Kriegsschr. u. Flugblätter 17—19; Der Stärkste, R. 20, IV—VII 23; Die Holdselige, M. 21; Menschen d. Sehnsucht 21; Nahe am Abgrund, Erz.

Jostes, Franz, Germanistik, Dr. phil., o. UP. Münster i. W. (Glandorf $^{12}|_{7}$ 58.)

Irmin, s. Hedrich, Karl.

Iro, Otto, ~~Mitgl.~~ d. Genossenschaft d. dramat. Schriftst. u. Komponisten. Wien 12, Schönbrunner Str. 252/16. (Eger i. B. $^{10}|_{8}$ 90.) B: Die ominöse Ecke, Lsp. 14; Das Mitleid, Kom.; Der amputierte Tenor, N. 15. H: „Stimmbildung", Blätter f. Kunstgesang, seit 19.

Iron, Sven, s. Reimer-Ironside.

Iros, Ernst (Ps. f. Julius Rosenstiel), RP., ASB., Theater, Belletristik, Münchener Redakteur d. 8-Uhr-Abendblatt Berlin. München, Ansbacher Str. 4. (Rottweil a. N. $^{24}|_{8}$ 85.) B: Neue Wege für die Frau 18.

Isaacsohn, jetzt Isolani.

Isaacsohn, A. (Ps. Albert Knaus), DB., Librettl. Charlottenburg, Mommsenstr. 6. (Brietzig $^{30}|_{10}$ 66.)

Isarius, Hans, s. Schmidkunz, Hans.

Isemann, Bernd, Rom., ♔. Ober-Schleißheim b. München 38½. (Schiltigheim b. Straßburg $^{19}|_{10}$ 81.) B: Moderne Elegien 03; Statuen einer Jugend 05; Die Erde, Gesammelte Dichtgn. (mit Bonsels, Brandenburg. Vesper) 05; Lukrezia, ein Akt 06; Doppelstimmen 07; D. große Passion 07; Die Mitternacht, Weihnachtssp. 08; Im Zwielicht d. Liebe, N. 09; Die Reise um das Herz 11; Lothringer Novellen 12; Der Musikantenstrauch, M. 14; Maria im Tempel, Nn. 14; Nala u. Re, eine Ameisengesch. 20, 2. A. 23; Heimliche Briefe, N. 20; Jean-Philipps Erbe, R. 20; Klothilde, N. 21; Lieder an ein Brautpaar, Lr. o. J. 21; Christus, Dr. 21; Die Lederkappen, N. 21; Ungewollt, Ein Kinder-Schicksal 22; Zeitgarbe, G. 23; Die Kehrseite der Medaille, aus einer elsässischen Familiengeschichte 23.

Isler, Leopold, ⚭, Dr. med., Nervenarzt. Wien IX, Lichtensteinstr. 13. (Wien $^{8}|_{3}$ 81.) B: Verabschiedet 01.

Isolani, Eugen (früher: Isaacsohn), BP., /. Berlin W 15, Württembergische Str. 33. (Marienburg $^{21}|_{10}$ 60.) B: Humoresken, Romane u. a. H: C. G. Salzmann, Seb. Kluge 98; Konr. Kiefer 99.

Isolani, Gertrud, s. Sternberg, Gertr.

Istel, Edgar, DB., Musik, Dr. phil., Komponist. Madrid IX, Ayala 144. (Mainz $^{23}|_{2}$ 80.) B: Das deutsche Weihnachtsspiel u. seine Wiedergeburt aus dem Geiste der Musik 00; J. J. Rousseau als Komponist seiner lyrischen Szene Pygmalion 01; Rich. Wagner im Lichte

eines zeitgenössischen Briefwechs. 02; Der fahrende Schüler, kom.-romant. Oper 05; Die komische Oper, Studie 06; Peter Cornelius, Biogr. 06; D. Entstehg. d. deutsch. Melodramas 06; Op.-Führer zu Thuilles „Lobetanz“, Cornelius' „Barbier von Bagdad“ u. Humperdincks „Heirat wider Willen“ 07; Des Tribunals Gebot, O. 08; Die Blütezeit d. musikal. Romantik in Deutschland 09, 2. A. 21; Das Kunstwerk Rich. Wagners 10, 2. A. 20; G. Mahlers 8. Symphonie 10, 2. A. 12; Das Libretto 14; D. moderne Oper vom Tode Rich. Wagners bis zum Weltkrieg 15, 2. A. 23; Das Buch d. Oper 20, 2. A. 21; Wenn Frauen träumen; Endlich! O. 20; The art of writing opera-librettos 23. H: Ges. Aufsätze v. Peter Cornelius 04; Dittersdorf, Autobiogr. 09; Hoffmanns Kreisleriana, Dichter und Komponist 14; E. T. A. Hoffmanns musikal. Novellen u. Schriften 21.

Itzerott, Frau Marie. Auf Reisen, z. Zt.: S o m m e r s t e i n b. Saalfeld i. Th. (Kirch-Pollritz $^{18}|_{11}$ 57.) B: Meine Lieder; Ostern, Dchtg.; Neue Lieder; Dido, Dr.; Aglaia, Dr.; Frau Ada, Dr.; Liebesopfer zu Toledo, Dr.; Die Weißhand, Dr.; Ein Finale, Dr.; Delila, Dr.; Schweigen, Dchtg.; Hilde Brandt, Dr. ()

Judeich, Bruno, RP., /, ⊞, ℘, Polit., Chefred. d. „Zittauer Nachr.“. Z i t t a u, Komturstr. 1. (Dresden $^{30}|_{3}$ 62.) B: Erreichte Ziele (m. Schramm-Macdonald) 00.

Judeich, Frl. Johanne Luise Helene, DB., Drama, ❦, SemObLehrer am Staatl Lehrerseminar Dresden. D r e s - d e n - G r u n a, Schneebergstr. 37. (Dresden $^{26}|_{10}$ 63.) B: Ein Schulmeistermärchen, Schw. 88; Neugermanien, Schw. 02; Kriegsgedichte 17; Die singende Seele, Mysterienspiel 21.

Judeich, Frau Sidonie, geb. Mierswa, Rom., Nov. Z i t t a u, Komturstr. 1 (Herminenhütte $^{16}|_{3}$ 74.) B: Aus d. Reiche d. Naphta 02; Coeurbube 05; Familie Leersen 11; Mamuscha 15.

Judeich-Mierswa, s. Judeich, Sidonie.

Jühling, Johs. (Ps. William Taylor), SDS., VF., Volkskunde, Reiseerzählgn., Roman, Übersetzgn., Privatgelehrter. D r e s d e n - Z s c h a c h w i t z. (Mittweida $^{28}|_{9}$ 70.) B: Die Tiere in d. deutschen Volksmedizin 00; D. Inquisition 03; Souldrivers, New-Souldrivers, Erzn. 03—06; Im Kreuzhof, Erz. 06; D. Arbeiterkönig, R. 07; Und hab' so große Sehnsucht doch —, R. 12; D. Teufelsrad, R. 13; D. Liebeszaubereien d. Gräfin v. Rochlitz 14; Der Geisterdetektiv, E.; Wörterbuch d. Zigeunersprache; Filmszenarien; Die Gespenster von Garden Hall, F. 18; Im Panzerautomobil um die Erde, F. 19; Frommholds Lene, R. 19; Meinh. Tollings Mündel, R. 20; Zigeunergift, KE. 20; Die vom Hinterhaus, R. 21; Der gestohlene Gott, PhE. 22; Turnerlore, R. 23.

Juhre, Alfred, RP., Roman, B e r l i n N 31, Demminerstr. 3. (Cottbus $^{8}|_{5}$ 00.) B: Föhrenglühen; Von Angesicht zu Angesicht; Margarete. *

Julamél, s. Burkard, Lie.

Julia Virginia, s. Fould, Jul. Virg.

Jüllig, Hans, ❦, Drama. W i e n III, Ungargasse 20. (ebda $^{17}|_{12}$ 88.) B: O Bumurung, dr. G. 17; D. Stahlkönig, E. 20; Sechzehn grüne Jahre, G. 23. *

Juels, Paul Friedrich, Erz., Kritik, ❦, Prosa. H ü t t e n w o h l d b. Bokhorst (Holstein). (Horst, Holstein $^{14}|_{7}$ 85.) B: Tobias Traddl, N. 23. H: Jahrbook vör Norder-Dithmarschen 22. *

Julien, Frl. Rose, DSch., Volkskde., /. B e r l i n W 35, Genthinerstr. 9. (Würzburg $^{20}|_{4}$ 69.) B: Die deutschen Volkstrachten zu Beginn d. 20. Jahrh. 12; Stasia, Ukrain. Erz.; Die schöne Melusine, Märch.-Film.

Juncker von Ober-Conreut, Frl. Elisabeth (Ps. E. v. Weitra), Novell., O, ℘, ❦. K a s s e l, Hohenzollernstr. 68. (Gumbinnen $^{12}|_{3}$ 70.) B: Wenn die Schatten dunkeln . . ., Dichtungen 96; D. trauernde Madonna, Einakt. 03; Seelenfäden, Nn. 06; Lebenskampf, Einakt. 07; Rübezahls Tochter, Tr. 10; Königin Luise, Festsp. 10; Es lebe das Vaterland, Festspiel 10; Der Bärengraf, Tr. 11; Die Herzogin will es . . ., Sch. 12; In der Herberge zu Worms, Luthersp. 16; Das Spiel von der deutschen Seele.

Jünemann, Frl. Igna Maria (Ps. Igna Maria), Roman, Nov. F r a n k f u r t a. M., Gwinnerstr. 15 III. ($^{22}|_{3}$ 92.) B: Kriegshilfe d. Stadt Frankf. 15; Uns. Gemeinden u. d. Krieg 16; Aus d. Leben d. Rheinschiffer 17; Kriegshilfe d. St. Essen 17; Die sechs Matties, R. 18; Man ist nur einmal jung, R. 19; Georg Freiberg, R. 23; Im Paradies der Kinder, M. 23; Der Weg zum Christkind, M. 23.

Jünemann, Frl. Maria Regina (Ps. Maria Regina), AB., RP., Nov., Kritik, Feuill.Red. der „Germania“. B e r l i n SO 33, Moosdorfstr. 13 III. (Frankfurt a. M. $^{4}|_{8}$ 88). B: Diavolo, N. 08; Theaterskizzen 10; Meine Residenzarbeit, soz. Skn. 13; Kriegshilfe der Stadt Köln 15; O Deutschland hoch in Ehren! R. 16; Kriegshilfe der Stadt Aachen 16; Kirchl. Kriegshilfe 16; Kämpferinnen, Theater-R. 22.

Jung, Frieda, s. Brauer, Frieda.

Jung, Gustav, Lit.♛, Kultur♛, ✠, StudR. Frankenberg i. Sa., Humboldtstr. 21. (Leipzig $^{12}|_{8}$ 86.) B: Aus stillen Stunden, G. 09; Die Darstellung des Weibes in Heinrich Heines Werken 20; Die Geschlechtsmoral des deutschen Weibes im Mittelalter 21.

Jung, Wilhelm, Kunst♛, Dr. phil., Architekt, Baurat. Grunewald-Schmargendorf, Charlottenbrunner Str. 1. (Durlach $^{30}|_{11}$ 69.) B: D. Klosterkirche zu Zinna im MA. 04; D. Kunstdenkmäler des Kr. Lebus 09, der Stadt Frankfurt a. d. O. 12, des Kreises Weststernberg 13, des Kreises Luckau 17, des Kreises Crossen 21.

Jung-Reinisch, Jos., DB., ✆, Rezitator, Schriftst. Erfurt, Gotthardstr. 4. ($^{5}|_{6}$ 67.) B: Nanette 01; Der Teufelssteg 02; Der weiße Rabe 03; Tirolerblut 04; Im Sektquartier 05; Die Ausgestoßenen 06; Der Staatsverbrecher 07; Gletscherrosen 08; Durch die Heiratsannonce 09; Arnold v. Winkelried 10; Wilh. Tell 11; Hans Waldmann 12; Schlacht bei St. Jakob 13; Florian Geyer 14; Seppels Sommerrachtstraum 15; 16—21: D. Mönch von Cruta, abenteuerl. R.; Durch das Heiratsinserat, hum. R.; Liebe die Welt und — gute Freunde!; O selige Flitterwochenzeit!; Im Hotel „Influenza" (sämtlich Humoresken); Die Sonne sank u. es kam d. Nacht; Führe uns nicht in Versuchung; Über d. Leben u. d. Pflicht u. Ehre (sämtl. Charakterbilder); Gereimte Scherzdichtungen, 2 Bde.

Jungbauer, Gustav, Volkskunde, Dr. phil., Priv.-Doz. a. d. deutschen Univ. Prag, Prof. Gymnasium Leitmeritz. (Oberplan $^{17}|_{7}$ 86.) B: Volksdichtung aus dem Böhmerwalde 08; Bibliographie des deutschen Volksliedes in Böhmen 13; Kriegsgefangen 21; Die fünfblättrige Rose 22; Märchen aus Turkestan und Tibet 23; Böhmerwaldsagen 23; Böhmerwaldmärchen 23; Die Rübezahlsage 23. *

Jünger, Ernst, Allgem. Literatur, Leutnant. Hannover, Mittelstr. 7a pt. (Heidelberg $^{29}|_{3}$ 95.) B: In Stahlgewittern 20, 5. A. 23; Der Kampf als inneres Erlebnis 22. *

Jünger, Nathanael, s. Rump, Joh.

Junger, Oswald (Ps. Oswald Dreigestirn), SDS., /, Jagdsport, Reisebeschr., ⟋, ♠, ▤, Red. Berlin-Schöneberg, Belzigerstr. 55 (Rokitten $^{17}|_{10}$ 72.)

Jungfer, Victor, ASB., SDS., ✠, Roman, ▤, Dr. rer. pol., Fr. Schriftstell. Memel (Litauen). (Hirschberg, Schles. $^{6}|_{5}$ 93.) B: Vor Tag, G. 13; Mit der Schles. Landwehr in Rußland 15; Balladen u. neue Lieder 16; Kulturbilder aus Litauen 18; Das Gesicht der Etappe, R. 19 20. T. 21; Yrsa, R. 20, 5. T. 21; Heimliche u. unheimliche Geschichten, Grotesken 20, 5. T. 21.

Jungmann, Ernst, ✠, Red. a. d. „Hamburg. Nachr." Hamburg, Malzweg 14. (Oldenburg $^{3}|_{6}$ 51.) B: Nordische Herbstblätter, G. 83; Skomand, E. 83, 2. A. 85; Tönnies Evers, histor. R. 88, 2. A. 22; Sinkende Zeiten, hist. Erz. 90; Aus Hamburgs schwerer Zeit (Unter der Faust des Korsen), Erz. 12; Von Bundestag bis Nationalversammlung 19; Autuma, hist. Erz. 20; Die Hochverräter in Lübeck, hist. Erz. 20. H: Ed. Jungmann, Eckernförde u. der 5./4. 1849 98.

Jungnickel, Max, DB., Erz., ✆. Lichterfelde-Berlin, Albrechtstr. 8a. (Saxdorf, Kr. Liebenwerda $^{27}|_{10}$ 90.) B: Himmelsschneider, M. 12, 4. A.; Trotz Tod u. Tränen, Erz. 14, 25. A.; Vom Frühling u. Allerhand, Erz. 15, 13. A.; Peter Himmelhoch, Erz. 16, 15. A.; Ins Blaue hinein, R. 17, 18. A.; Blaue Marie, Sch. 16, 5. A.; Mütter, Dr. 18, 3. A.; Jakob Heidebuckel, N. 17, 10. A.; Gäste der Gasse, N. 18, 5. A.; Aus d. Papieren e. Wanderkopfes, Erz. 18, 10. A.; Wolkenschulze, Erz. 19, 10. A.; Kinder, Erz. 20; Menschen auf der Himmelsstraße, Erz., 5. A. 21; Der Puppenspieler auf der Blaumeise, Dchtg., 5. A. 22; Das müde Haus, R., 3. A. 23; Das närrische Lesebuch, Sk. 23; Der Vogelkantor, Dchtg. 23.

Jungsohn, A., s. Seitzinger, A. E.

Jüngst, Hugo C., RP., ✠, /, Kritik, Red. Hagen, Westf., Bergstr. 62. (Essen $^{7}|_{11}$ 71.) B: Herzblut, G. 92; Seelenakkorde, G. 95; Los von Berlin! 99; D. Furcht v. d. Kinde 02; Flammenzeichen, Zeitged. 03; Der Sturz Haeckels 10; Kulturglaube u. Weltkrieg 15; Ausgewählte Gedichte 21. H: Deutsches Dichterbuch. ()

Junk, Victor, deutsche Sprache u. Lit.♛, Musik, Dr. phil., UDoz., Aktuar d. Akad. d. Wiss. Wien III/1, Hainburgerstr. 19 III. (ebda $^{18}|_{4}$ 75.) B: Goethes Forts. d. Mozartschen Zauberflöte 00; Die Epigonen des höf. Epos 06; Max Reger 10; Tannhäuser in Sage u. Dichtg. 11; Gralsage u. Graldichtg. des MA. 11, 2. A. 12. H: Rudolfs von Ems Willehalm von Orlens 05. ()

Junk, Wilhelm, Naturwiss., Bibliogr., Humorist, Dr. phil. et rer. nat. h. c. Berlin W 15, Sächsische Str. 68. B: Meine Alpenfahrt, hum. E. 03; Philosophie des Schachs 19; Mehrere Werke über Linné. *

Junker, Carl, BB., /, ♂♂, Polit., Bibliograph., Buchhdl., Ue: FEIH. Wien III, Hauptstr. 6. (ebda $^{10}|_{8}$ 64.)

Junker, Fritz, s. Doenges, Willy.

Junker, Siegfried Carlheinz (Ps. S. Carlheinz), VDR., SDS., ASV., ⊙, ⚜, Essay, Sk., Aphorism., UP., Chefred. d. Monatsh. u. d. Ztschr. f. Seelenkunde. Frankfurt a. M., Gr. Seestr. 46 I. West-New York City. ($^{23}|_{6}$ 93.) W: Mein Skizzenbuch 11, 2. A. 14; Poésies françaises 11, 2. A.; Grundriß der Journalistik 15, 2. A.; Problematische Naturen 15, 4. A.; Unsere Flitterwochen 15, 5. A.; Mein Glaube 17, 2. A.; Sonnenaufgang 17, 2. A.; Der Liebesbrief 19, 3. A.; Oh du mein Sauerland 20, 2. A.; Allerseelen 20, 3. A.; Annalen der Vortragsgesellschaft deutscher Schriftsteller 20, 2. A.; Das Unaussprechliche, 2 Bde. 20, 3. A.; Sauerländische Dichtungen 20, 2. A.; Kompendium der Journalistik 21, 2. A.; Der Galiläer, Tr. 21; Der Revolutionär 21, 1. A.; Corbaccio (Privatdruck) 21, 1., 2. u. 3. A.; Allerseelen 21, 3. A.; Amerikanisches Hochschulwesen 21, verbess. Ausg. 2. A. 23.

Jura, Rud., s. Hirschberg, Rud.

Jürgens, Frl. Anne Marie, ⚜. Braunschweig, Am Fallerslebertore 4. (ebda $^{24}|_{5}$ 97.) W: „Vom Wundergarten der Jugend", Lieder, Gedanken u. eine kleine Geschichte 19; Pagenlieder 21. *

Jürgensen, Jan, s. Hübbe, Thomas.

Jürke, Franz, ASV., Baukunst, Kunstgewerbe, ⊞, Architekt. Nürnberg, Stefanstr. 19. (ebda $^{1}|_{12}$ 95.) W: Der harmonische Mensch 21, 1.—5. Tsd. H: Glück u. Glas, Anthologie 21.

Just, Walter, ∴, Dr. med., Nervenarzt. Dresden-A., Stormstr. 5. (Leipzig $^{21}|_{3}$ 72.) W: Vom Weg zu sich selber, Bekenntnisse und Betrachtungen, Eine neue Art Literatur 22. *

Justi, Ludwig, Kunst♛, Dr. phil., Prof., GRegR., Direktor der National-Galerie. Charlottenburg, Karolingerplatz 3. (Marburg $^{14}|_{3}$ 76.) W: Konstruierte Figuren u. Köpfe unter den Werken Albrecht Dürers 02; Dürers Dresdener Altar 04; Giorgione 08; Gesch. d. Kunst (m. a.) 09 ff.; Der Ausbau der Nationalgalerie 13; Der Umbau in der Nationalgalerie 14; Deutsche Zeichenkunst im 19. Jahrh. 19, 2. A. 20; Deutsche Malkunst im 19. Jahrh. 20/21; Habemus Papam 21; Hans Thoma 23.

Justus, Dr., s. Mankowski, Herrmann.

Justus, Carola, s. Paris, Therese.

Justus, Carolin, s. Paris, Rich.

K.

Kaboth, Hans, Nov., Rom., ♈, Jagd- u. Forstliter., Preuß. Forstmstr. Roßberg b. Marburg a. L. (Poppelau, Ob.-Schles. $^{23}|_{12}$ 66.) W: Der Friedhof der Heimatlosen, N. 08, 2. A. 09; Im grünen Rock, R 09; Das grüne Wandern, R. 10; Das grüne Haus, R. 11; Der grüne Mulus, R. 12; Die Sonnenburg, Hist. R.; Die Kauzburg, R.; Aus meinem Waldversteck, Nn.; Trompta Maria, R.; Walderinnerungen des alten Forstmeisters, Nn. 20; Aus schles. Grünrockzeit, Erz. ()

Kade, Reinhard, Ψ, Musik♛, Dr. phil., Prof., ObStudR. Dresden, Löbauer Str. 5 I. (ebda $^{25}|_{9}$ 60.)

Kadelburg, Gust., ⊙, /. Berlin NW, Brückenallee 36. (Pest $^{26}|_{7}$ 51) W: Husarenfieber (m. Rich. Skowronnek); Der letzte Funke (m. Blumenthal); Die Tür ins Freie (m. dems.); Der dunkle Punkt (m. Presber); Alt-Wien (m. Wilhelm); Im grünen Rock (m. Rich. Skowronnek); Die Schöne vom Strande (m. Blumenthal); Der Reisebegleiter (nach Klapp); D. ehemalige Leutnant (m. Gordon). ()

Kafka, Franz, Erzählg., Novelle. Adr. durch Kurt Wolff Verlag, München. W: Ein Landarzt, kleine Erzn; In d. Strafkolonie; Das Urteil; Die Verwandlung. (*)

Kafka, Gustav, ∴, Psychologie, Dr., Prof. an der Techn. Hochschule Dresden. (Wien $^{23}|_{7}$ 83.) W: Versuch einer kritischen Darstellung der neueren Anschauungen über das Ichproblem 10; Einführung in die Tierpsychologie 14; Die Vorsokratiker 21; Sokrates, Platon und der Sokratische Kreis 21; Aristoteles 22; Tierpsychologie 22. H: Geschichte der Philosophie in Einzeldarstellungen 21; Handbuch der vergleichenden Psychologie 22. *

Kahane, Arthur, ⚜, Rom., ⊙, Essay, Dramaturg d. Deutschen Theaters, Hrsg. d. „Blätter d. D. Th." u. „Das junge Deutschland". Berlin, Levetzowstr. 9. (Wien $^{3}|_{5}$ 72.) W: Lieder 10; Clemens u. seine Mädchen 18; Willkommen u. Abschied 19; Die Tarnkappe 20. **Bearb**: Hans Häschen od. Die Kraft d. Stimme; Nov. a. d. Bibel.

Kahle, Adolf W. J. (Ps. v. Grotowski, A. Wilhelm, Wilh. Johannes), Roman. Berlin-Pankow, Schulstr. 3. (Kolberg $^{30}|_{1}$ 70.) W: Mysteriöses Dunkel 99: In Liebesketten 00; Verschlungene Pfade 00; Verbrecherwege 01; Die verhängnisvolle Inschrift 02: Kommerzienrats Töchterchen 13; Musikskizzen; Sportartikel.

Kahle, Frl. Maria, ⚜, polit. u schöngeist. Aufsätze, freie Schriftstell. Olsberg i. Westf., Bahnhof. (Wesel/Rhein $^{3}|_{8}$ 91.) W: Liebe u. Heimat 16, 4. A. 23; Deutsche Worte 17; Am Rhein, Festsp. 17, 2. A. 23; Gegrüßet seist du, Königin 20; Urwaldblumen 21, 2. A. 23; Sauerlandsgedichte 21; Ruhrland 22; Volk Freiheit Vaterland 22, 2. A. 23. H: Mein Schatz

der ist ein Reitersmann, Noten 16; Deutschland oh Deutschland, Noten 22; Sauerlandslied, Noten 22; Liebe und Heimat, 10 Lieder 23. **Ue:** P. Sinzig, Lebendig begraben (aus d. Portugies.) 22.

Kahlenberg, Hans v. (Ps. f. Keßler, Frau Helene, geb. v. Monbart) Nov., Rom., ⊙. Locarno-Muralto, Schweiz, Villa Carmencita. (Heiligenstadt $^{23}|_{2}$ 70.) **B:** Die Familie von Barchwitz, R. 99, 3. A. 01; Nixchen, N. 99, 110. T. 06; Die Sembritzkys, R. 99, 15. A. 13; D. liebe Gott, 1.—9. A. 08; D. enigmatische Mann 09, 4. A. 11; Spielzeug, R. 10, 6. A. 11; Der Kaiser, Trag. 11; Ahasvera, R., 1.—8. A. 11; Sünde, R. 12, 7. A. 13; Über den Dunst, R. 17; Lisa Gorst, R. 21; Des Teufels Schachspiel, R.; u. a. ()

Kahler, Erich, ⁂, ♛, Dchtg., Dr. phil. Wolfratshausen b. München. (Prag $^{14}|_{10}$ 85.) **B:** Die Brücke der Iris 05; Über Recht und Moral 11; Weltgesicht und Politik 15; Das Geschlecht Habsburg 19; Der Beruf der Wissenschaft 20.

Kähler, Fritz, plattd. ✠, Bürgermstr. Laage i. M. (Klink b. Waren $^{6}|_{8}$ 73.) **B:** Niege Kamellen, Erz. 05; De Ollsch mit de Lücht, Schw. 09; De Halwswestern, Weihnachtssp. 10; De Wedderschien, Tr. 11; Führe uns nicht in Versuchung, Sch. 14; Fürst Blücher in Laage, Einakt. ()

Kahlo, Gerhard, G., Sk., Erz., Dr., ♆, Volkskunde, Dr. phil., Studienassessor. Wanzleben b. Magdeburg, Schranstr. 6. ($^{29}|_{1}$ 93.) **B:** Leichtsinn, Erz. 18; Die Verse in den Sagen und Märchen, Abhdlg. 19; Psalmen in Grete, G. 20; Die neuhumanistische Arbeitsschule, Abhdlg. 21. **H:** Niedersächsische Sagen I 23; Die Sagen des Harzes 23. **Bearb:** Der Komet, Lustspiel nach Iffland 23. *

Kahn, Harry, DB., SDS., Dram., Nov., Lyr., Essay. Rom, Via Sardegna 34. ($^{11}|_{8}$ 83.) **B:** Opfer, N. 14; Der Ring, Kom. 14, 2. A 20; Krach, Kom. 19; D. Göttin d. Vernunft, R. 22; D. Protagonist. ()

Kaibel, Franz, SDS., DB., ⊙, /, ⁂, Weimar, Cranachstr. 26. (Leipzig $^{16}|_{1}$ 80.) **B:** Schillers Demetr. erg. 04; Der Mönch von Sendomir, Dchtg. 06; Die andre Hälfte, Dr. 07; Muhammed, Sch. 07; Wenn Verliebte schwören! Lsp. 09; Der große Thespis (Pasquino), Sat. 11; Rosa Mystica, Ball. 13; Karol. Testmt.-Ball. 14; Abrechnung, Dchtg. 14; Die Sands u. d. Kotzebues, Dr. 14; Geschichten einer neuen Zeit, N. 18; Hochverrat, Sch. 19; Plus und Minus, N. 20; Die Frohe Botschaft, N. 22; Bacos Haupt, N. 23. **Ue:** Molière, Lope, Beaumont-Fletcher.

Kaiser, Franz, Dchtg., /, stud. germ. Tübingen, Münzstr. 13. (Ulm $^{18}|_{9}$ 95.) **B:** Hinter den Drahtzäunen, G. 20; Wüste, du Erlöserin, Erz. a. d. alger. Gefangenenleben 20, 6.—10. T. 21.

Kaiser, Georg, ⊙. Magdeburg. (ebda $^{25}|_{11}$ 78.) **B:** D. jüd. Witwe 11; König Hahnrei 13; Die Bürger v. Calais 14; Europa 15; Der Zentaur 16; Von Morgens bis Mitternachts 16; Die Lorina, Kom. 17; D. Versuchung, Tr. 17; Rektor Kleist, Tr.-Kom. 18; Claudius, Friedrich u. Anna, Juana, Einakt. 18; D. Brand im Opernhaus 19; Hölle, Weg, Erde 19; D. geretfete Alkibiades 20; Gas, Sch. 20; D. Koralle, Sch. 20; D. Frauenopfer, Sch. 20; Kanzlist Krehler, Tragikom. 22; Strehlicke; Gilles u. Jeanne; Nebeneinander, Vst. 23; D. Flucht nach Venedig. ()

Kaiser, Hans, ♛, Dr. phil., früher UP. Straßburg, OberArchR. am Reichsarchiv. Potsdam. (Köln $^{28}|_{9}$ 74.)

Kaiser, Hermann Fritz, ASV., SDS., Roman, Skizze, Kinder- u. Lebensstudien, Freier Schriftsteller. Ilmenau, Thür., Alexanderstr. 10. ($^{27}|_{8}$ 95.) **B:** Kriegsnovellen 15: Das Geheimnis im Stadtpark 19; Um der Liebe willen, R. 19; Gefährliches Spiel, erot. Nn. 19; Aus Amors Geheimakten, G. 20, 2. A. 2.—5. T. 23; Pulsschläge, G. 21; Der Einsame vom Wald, Erz., 1.—5. T. 21; Das Hohelied der Liebe, R. 23. *

Kaiser, Fräul. Isabelle, Roman, ✠. Beckenried a. Vierwaldstätter See. (ebda $^{2}|_{10}$ 66.) **B:** Seine Majestät! Nn. 05; Vater unser, R. 06; L'éclair dans la voile, Nn. 07; Mein Herz! G. 08, n. A. 21; D. Friedensucherin, R. 08; Marcienne de Flüe, R. 09; D. wandernde See, R. 10; Le jardin clos, Poésies 12; La Vierge du Lac, R. 13; Von ewiger Liebe, Nn. 14; Le vent des cimes, Nn. 16; Rahels Liebe, R. 21; Hilda, die Hexe! R. 21; D. Nächte d. Königin, Nn. 24. ()

Kaiser, Oscar (Ps. Soso), Drama, Reklame, Sammelsport, Verleger. Weimar, Kaiserin-Augusta-Str. 42. (geb. 85.) **B:** Unsere Füsiliere, Schw. 10; Samurai, Tr. 11; Napoleon, Bühnenbearbeitg. 12.

Ka-Ky, s. Kaselofsky, Wilhelm.

Kaldewey, Frl. Paula, Sozialschriftst. Berlin-Schöneberg, Stubenrauchstr. 4, Hochpart. (Breslau $^{19}|_{10}$ 70.)

Kalenter, Ossip, /, Adr. durch: Paul Steegemann Verl. Hannover. ($^{15}|_{11}$ 00.) **B:** Der seriöse Spaziergang, Lyr. 20; Sanatorium, Ged. 20; Das goldene Dresden, Essays 23; D. Idyllen um Sylphe. **Ue:** Der intime Balzac 21.

Kaliebe, Luise, s. Düsterbrock, M.

Kalisch, Frl. Helene, ASV., Belletristik. Berlin O, Bossestr. 11. (ebda $^{21}|_{6}$ 78.) W: Charlotte Klinger, R. 16; Der lockende Ruf, R. 18; Flammen, R. 21.

Kalischer, Frida (Ps. Fried Kaiser), Roman. Berlin W 15, Konstanzer Str. 1. W: Der Stern über der Schlucht, R. 20.

Kaliska, s. Landau, Lise.

Kalkowska, Frau Eleonore, ✠, ◊. Berlin, Sybelstr. 24. (Warschau $^{22}|_{6}$ 83.) W: Die Oktave, G. 12; Der Rauch des Opfers, G. 16.

Kalkschmidt, Eugen, PA., Publizistik, bild. ℌ. Solln b. München, Wiesenstr. 5. (Memel $^{10}|_{12}$ 74.) W: Großstadtgedanken 07; Aus d. Mietkaserne ins eig. Heim 14, Krieg u. Arbeit im Westen 16. H: Ludwig Richter an Georg Wigand 03; Bismarck, Reden, Auswahl I 07, II 08; Bismarck, Reden u. Briefe 14.

Kallenbach, Joseph, poln. Lit.♛, Dr. phil., o. UP. Krakau. (Kamjenjetz Podolski 61.)

Kalliwoda, Emma, ♛ d. Naturw. u. Natur∴. Freiburg i. B., Lorettostr. 2. (Durlach $^{20}|_{7}$ 69.)

Kalmar, Rudolf, DÖSchG., Red. d. Deutsch. Volksbl., Vizepräs. d. Klubs „Wiener Presse". Wien VIII, Lerchengasse 4. (ebda $^{29}|_{12}$ 70.) W: Wiener Skizzen „Vater Ramsauer" 19.

Kalmar, Rudolf jun. (Ps. Rudolf Heinrich), DÖSchG., Red. d. „Deutsch. Volksblattes". Wien VIII, Lercheng. 4. (ebda $^{18}|_{9}$ 00) W: zahlr. Lr. u. dram. Sk.

Kaiser, Fried, s. Kalischer, Frieda.

Kaiser, Leo (Ps. Maasfeld), Operette; Gedichte, defin. Beamter der Pensionsanstalt für Angestellte. Salzburg, Vierthalerstr. 9. (ebda $^{4}|_{2}$ 88.) W: Der Tod eines Unsterblichen, Sch. 16; Zwiegespräche mit dem Teufel, G. 17; Hans Werners Glücksritt, G. 22; Dort wo die sünd'gen Frauen wohnen, dram. G. 23; Lagunenzauber, Optte. 23. *

Kamen, Gregor, s. Stein, Edm. G. Frhr. v.

Kaminka, Armand, ♛, ∴, Orientalia. ✠, Ue: ArmenHebGLF., Dr. phil. Wien III, Ob. Weißgärberstr. 24. (Berditschew $^{6}|_{8}$ 66.)

Kaminsky, Gerhard, Kultur∴, Student der Chemie. Suhl, Thür., Bahnhofstr. 25. (ebda $^{7}|_{10}$ 02.) *

Kamlah, Kurt (Ps. Kurti), SDS., Novelle, ✠, GRegR. Düsseldorf, Burgmüllerstr. 10. (Hannover $^{4}|_{12}$ 66.) W: D. Lieder d. arm. Kurti 96; D. Bernsteinfrage 98; Letzte Verse v. armen Kurti 03; Mumuksha, Nov. u. Sk. 04; Frühlingstage in Spanien 06; Verse 08; D. Erziehung zum Lyriker durch O. E. Hartleben 12; D. Liebe d. Vinzenz Leuther 12; Verse aus dem Felde 15; Sprüche 17; Mißverstandene 18; Gedichte 19; Das Geheimnis der Edelsteine 22.

Kaemmerer, Frida Beyer, s. Beyer, Frida.

Kaemmerer, Geo. (Ps. Georg Oswald), Auswärt. Politik, /, ⚓, ℌ, ✠, Red. d. „Danziger Ztg." Danzig, Karpfenseigen 6. (ebda $^{4}|_{11}$ 71.)

Kaemmerer, Ludwig, Kunst♛, Prof., Dr., Direktor der Sammlungen a. d. Veste Coburg. Coburg, Veste. (Danzig $^{11}|_{11}$ 62.) W: Die Landschaft i. d. deutschen Kunst 86; Daniel Chodowiecki 97; Hubert u. Jan van Eyck 98; Hans Memling 99; Max Liebermann 00; Ahnenreihen a. d. Stammbaum d. portugies. Königshauses 03; Die wichtigsten Baudenkmäler der Provinz Posen 09; Kaethe Kollwitz 23. *

Kammerhoff, Ernst, lit.-hist. Essay, Kritik, Rektor. Itzehoe, Breitenburger Str. 24. (Ratzeburg $^{23}|_{7}$ 69.) W: v. Wildenradts ep. Dichtgn. 01; Paul Gerhardt 07; Landheimat, Leseb. (m. a.) 08; Prinz Emil v. Schoenaich-Carolath 09; Wilh. Arminius 09, 2. A. 14; Johs. Dose 10; Charlotte Niese 10; Paul Kunad 10; H. A. Krüger 11; Theodor Körner 11; Die Sieger von Düppel 13, 40. T.; Fr. Hebbel 14; Fedor Sommer 14; Charles Dickens 14; K. E. Knodt 16; Ernst Zahn 17; Vaterländ. Leseb. für d. Prov. Schlesw.-Holst. (m and.) 24.

Kamnitzer, Ernst, SDS., ✠, ◊. Starnberg b. München, Schloßbergstr. 125. W: Der einsame Weg, Lyr. 09; Die Nadel, Lsp. 14. ()

Kampers, Frz., mittelalt. ♛, Dr. phil., o. UP. Breslau XIII, Kronprinzenstr. 54 III. (Oesede $^{16}|_{10}$ 68.)

Kania, Hans, ♛, ℌ-♛, Dr. phil., Prof. StudR. Potsdam, Alexandrinenstr. 12. (Berlin $^{10}|_{7}$ 78.) W: Friedrich der Große u. d. Architektur Potsdams 09, 3. A. 12; Potsdamer Baukunst, 2. A. 16; Graf Schlieffen als Vorbereiter d. groß. Krieges 2. A. 16, Staatsbürgerkunde, 2. A. 21.

Kann, Mathias Conrad, ASV., Rom., Erz., Ged., Lehrer. Köln-Vingst, Ostheimer Str. 28. (Köln-Deutz $^{11}|_{7}$ 71.) W: Abseits v. Weg, G. 07; Festliche Klänge, G. u. Lr. 09; Nur ein Zigeunermädchen, E. 10; Maria Mittlerin, Sp. 14; So nach und nach, Erz. 15; Drei Mütter, Erz. 15; D. goldene Tag, G. 15; Die heilige Elisabeth, Dchtg. 18; Der Landfahrer, Balladen 22.

Kanner, Heinrich, Politik, ♛, Dr. jur. Wien IX, Wasagasse 52. (Galatz $^{9}|_{11}$ 64.) W: Die neuesten Geschichtslügen 21; Kaiserliche Katastrophenpolitik 22; Der Rechtsweg zur Revision des Friedens-

vertrags von Versailles 22; Ist Wilhelm II. strafbar? 23. *

Kant, Karl, Deutsche Ψ, Dr. phil. Leipzig, Emilienstr. 21 II. (ebda $^{9}|_{12}$ 49.) **B:** Scherz u. Humor bei Wolfram v. Eschenbach 78. **Bearb:** Grimms Wörterb. IV, 1 (m. R. Hildebrand) 90 ff.; Weigands Deutsch. Wörterb., 5. A. (m. K. v. Bahder u. H. Hirt) 07 ff.

Kapff, Ernst, PA., O, [?], Dr. phil., RealgymnProf. Göppingen, Württ. (St. Gallen $^{17}|_{4}$ 63.) **B:** Kanzel u. Schaubühne, hist. Lsp. 89; Columbus, Sch. 92; Alt-Ulm, Festsp. 94; Jephta, Orat. 95; Ein Besuch bei Wilhelm Hauff, Bühnensp. 96; Die deutsch. Schulen im Ausland 02; Die Erziehungsschule 06; Magdalenenbrunnen, O. 12; Laurins Rosengarten, O. 18. **Ue:** Ferrero, Größe u. Niedergang Roms, Bd. III—V, 08—10; Frauen der Cäsaren 12; Untergang der antiken Zivilisation 22.

Kapherr, Egon (Einhart), Frhr. v., Nov., Rom., Reise, pop. [?], Jagd, Tiergesch. Manytsch (Don), Südrußland. (Bärenklause i. Sa. $^{30}|_{10}$ 77.) **B:** Meine Reise i. d. hohen Norden d. Gouv. Olenezk 08; In russ. Wildnis 10, 4. A.; D. Elchwild 09; Kolk, der Rabe, Tiergesch. 10, 4. A.; In sibir. Urwäldern, Reise u. Jagd 11, 3. A.; Scheitan, Nov. 11, 3. A.; E. Sohn der Wälder, E. 12, 4. A.; Drei Jahre i. Sibirien 14, 4. A.; Die gr. Bestie, Nov., 3. A.; Im Lande d. Finsternis, Nov. 20, 2. A.; Im Netz d. Kreuzspinne, R. 21; Der Waldschreck 21; 9 Kapitel der Lebensbilder a. d. Tierwelt; 22—23 Tiergeschichten; Die Ansiedler in Sibirien.

Kapp, Julius, Dr. phil. Berlin-Westend, Lindenallee 26. (Steinbach b. Lahr $^{1}|_{10}$ 83.) **B:** Frank Wedekind 08; R. Wagner u. Franz Liszt 08; Biographie Franz Liszts 09, 18. A. 21; Lisztbrevier 10; Rich. Wagnerbiographie 10, 31. A. 22; Der junge Wagner 10; Liszt u. die Frauen 11; Arthur Schnitzler u. s. Werke 12; Rich. Wagner u. die Frauen 12, 14. A. 21; Nicolo Paganini 13, 12. A. 21; Hector Berlioz 17, 7. A. 21; Das Dreigestirn 19, 6. A. 23; Giacomo Meyerbeer 20, 8. A. 23; Carl Maria von Weber 22; Das Opernbuch 22, 13. A. 23; Die Oper der Gegenwart 23. **Begr u. Red:** Liter. Anz. 04—07; Blätter der Staatsoper (Berlin) 20ff. **H:** Liszts Ges. Schriften (Volksausgabe) 10; Rich. Wagners Ges. Schriften 14 XIV; desf. Ges. Briefe 15, vorerst II; desf. Wesendonckbriefe 15; Beethovens sämtl. Briefe 23; Das Schauspielbuch 23.

Kappert, Adam, s. Adam, Karl.

Kappstein, Frau Anna, geb. Behnisch (Ps. Anna Behnisch-Kappstein), SDS., [?], Nov., Rom., Plauder., Naturstimmg., Tierbeobachtung, Kritik. Charlottenburg, Schloßstr. 17. (Potsdam.) **B:** Blutstropfen, Nn. u. Skn. 97; Am Zuchthaus vorbei, R. 00; Wanderkameraden, G. 02; Freie Bahn, R. 05; Das klingende Fließ, 7 Nn. 06; Meine zoologischen Freundschaften 07; Ehrenschuldner R. 08; Der Opferstein, R. 11, 2. A. 13; Der lichte lange Tag, R. 13; Fernweh, R. 14; Wir leben, R. 15; D. Beruf d. Kriegswitwe; Die Fackelträgerin, R. 20; Ehekunst 22; Reisekunst 23; Gespräch und Brief 23.

Kappstein, Theodor, BP. SDS., RP., ✝, Lit.♛, /, Kritik, ⁂. Charlottenburg, Schloßstr. 17. (Berlin $^{28}|_{11}$ 70.) **B:** Johannes d. Täuf. u. s. Zeit 98; Emil Frommel 03, 2. A. 06; Peter Rosegger 04; G. E. Lessing 06; Buddha u. Christus 06; Wesen u. Geschichte der Religion 06; Ahasver in der Weltpoesie 06; Eduard v. Hartmann 07; Herder u. Schleiermacher als Vorkämpfer d. mod. Theologie 07; Zur Psychologie d. Frömmigkeit 08; Mod. Theologie u. Kultur 08; Leuchten d. Menschheit 08; Führende Geister d. Gegenwart 08; Rud. Eucken 09; D. drei Berliner Religionsgespräche m. Arthur Drews 10f.; Auf die Schanzen, Lichter u. Losungen 11; Ad. Hausrath 12; Gegen d. Zwang 12; Bibel u. Sage 13; D. Krieg in d. Bibel 14; D. Morgenstern, Waffenweihe im Weltkrieg 16; Entwaffnete Völker (m. Wilh. Doegen) 17; Kriegsgefangene Völker (m. Wilh. Doegen) I, 19; II, 24; Schillers u. Goethes Weltanschauung 20; Die Religionen der Menschheit II, 20/21, 2. A. 23; Schleiermacher 21; Artur Schnitzlers Dramen, H. Sudermanns Dramen 22; Fritz Mauthner 23. **H:** Modern. Christentum, Essayserie (m. a.) 96ff.; Die deutschen Hochschulen, illustr. Monographien 07ff.; W. v. Humboldt Schriften u. Briefe (W. v. H. im Verkehr m. s. Freunden) II, 15f.; K. Gerok Palmblätter; Sudermann Nov. 17f.; Fr. Th. Visher Ausgewählte Schriften, 8 Teile in III 19.

Kappus, Franz Xaver (Ps. Franz Xaver), Rom., Nov., Satire. Temesvár, Rumänien, III, Dojaplatz 5. (Temesvár $^{17}|_{5}$ 83.) **B:** Im mohrengrauen Rock, Sat. 03; Ha! Welche Lust . . ., Sat. 11; Durchs Monokel, Mil. Satiren 14; Blut u. Eisen Kriegsnov. 16; Die lebenden Vierzehn, R., 12.—20. T. 18; Der rote Reiter, R., 45. T. 22; Der Milliardencäsar, R. 24.

Kaps, Herm., RP., Red. d. „Barmer Ztg." Barmen, Siegesstr. 18. (Pasewalk $^{23}|_{1}$ 70.)

Karafiat, Karl, Ur♛, ✎, ⚜, Pfr., Konservator für Denkmalpflege. Teplitz-Schönau. (Mähr. Trübau $^{21}|_{10}$ 66.) B: Zahlr. Schriften z. Gesch. u. Kunstgesch. v. Teplitz; Gedichte 21—22.

Karell, Ludwig, ASB., BB., CC, DÖSchG., ♆, ✎, /, ♫, ▮, Naturwiss., Dr. phil., Dir.-Mitgl. d. Wien. Urania. Wien III/3, Salesianerg. 4. (Mähren $^{26}|_{9}$ 58.) B: Bausteine z. Agrarfauna Ungarns 93; Paracelsus 94; Perlen u. Korallen 95; Justus v. Liebig 03; Tiefseetiere u. ihre Erforschg. 03; D. Naturgesch. i. d. Dichtgn. Grillparzers 07; D. Friedensbewegg. 08; D. Lüge als Kriegsmacht 15; Schulhumoresken 20. **Red:** D. Wage 04—08.

Kaergel, Hans Christoph, Erz., Schriftsteller, Leiter d. Landesstelle Sachsen d. Bühnenvolksbundes Dresden, Kügelgenstr. 22. (Striegau i. Schles. $^{6}|_{2}$ 89.) B: Des Heilands zweites Gesicht, R. 19; D. Hellseher, R. 20; Schlesiens Heide u. Bergland 21; Das Marienwunder, R. 21; Volk ohne Heimat, Dr. 22; Der Traum des Urban Krain, R. 22.

Karin, Frau Ellyn (Ps. f. Ellyn von Sayn-Wittgenstein), DB, Roman, ○, Erz., Märch., Nov., ▮. München, Rumfordstr. 14 II. (Blindendorf i. N.-Österr. $^{1}|_{8}$ 79.) B: Magd Maria Burg, R.; Im Namen des Herrn, soz. Trag.; Das Wattemännchen, Bühn.-Märch.; Prinz Wiederwind u. d. Nebelweibchen; Die Spinne, M.; Das Kindlein in d. Königskerze; Die Leute vom Mühlenhof, R.; Immaculata Kröger, R.; zahlr. Filme.

Karl, Friedrich, s. Möhl, Friedrich Carl.

Karlchen, s. Ettlinger, Karl.

Karll, Alfred, ○, ♛, /, ▦, Postrat, Dr. Frankfurt a. M., Gutleutstr. 87. (Altona $^{3}|_{6}$ 72.) B: Aachener Verkehrswesen bis zum Ende d. 14. Jahrh. 05; Aachener Reiseverkehr im MA. 06; Napoleonische Studien 07; Ihre Kaiserl. Hoheit, Lsp. 09; Die Schwester Sr. Majestät, Lsp. (m. Frau Constance Karll) 13; Franz. Regierung u. Rheinländer vor 100 Jahren 21.

Karlob, Wolfgang, s. Klob, Karl Maria.

Karlsen, Eirik, s. Schönebeck, Erich.

Karlweis, Frau Martha (Martha Karlweis), Roman, Nov. Altaussee, Steiermark. (Wien $^{27}|_{4}$ 89.) B: Der Zauberlehrling, Erz. 11; Die Insel der Diana, R. 19; Das Gastmahl auf Dubrowitna.

Károyáth, Ludwig, PA., CP., Musik, Schriftsteller Wien IV, Prinz-Eugen-Str. 16. (Budapest $^{27}|_{4}$ 66.) B: Siegfried Wagner als Mensch und Künstler 02; Einführgn. in d. Opern „Der Kobold" u. „Bruder Lustig" von Siegfried Wagner; Zu d. Briefen Rich. Wagners an d. Putzmacherin Bertha 06; Unarten u. Rücksichtslosigkeiten 13; Rich. Wagner der Schuldenmacher 14. **Bühnenbearb:** Beiller, Im Rahmen des Gesetzes 14.

Karpfen, Fritz, SDS., ✎. Wien IV, Blechturmgasse 28. (ebda $^{21}|_{2}$ 97.) B: Die Aussaat; Der dumpfe Klang 17; Ich rufe Klage! 18; Literarisches Verbrecheralbum 19; Der Wille der Kreatur, R. 20; Das Egon-Schiele-Buch 21; Gegenwartskunst, Bd. I: Rußland 21/22; Bd. II: Skandinavien und Holland 22, 2. A.; Bd. III: Österreich 23, 2. u. 3. A.; Die Adamslieder 21; Der Kanal, Einakt. 21; Der Bildhauer Gustinus Ambrosi 23; Kunst — Erotik — Sittlichkeit, Essays 23; Der Kitsch 23.

Karrillon, Adam, Rom., Dr., Arzt. Wiesbaden. (Waldmichelbach $^{12}|_{5}$ 53.) B: Eine moderne Kreuzfahrt 97; Michael Hely 01, 11. T. 06; D. Mühle zu Husterloh 06, 10. T.; O domina mea 09, 9. T.; Im Lande unserer Urenkel 12, 4. T.; Bauerngeselchtes 14; Adams Großvater 17, 8. T.; Sechs Schwaben und ein halber 19, 8. T.; Der Stammtisch zum faulen Hobel 22; Erlebnisse eines Erdenbummlers 23.

Karsch, Ferd., Psychol., Dr. phil., Prof., Kustos a. D. Charlottenburg 2, Knesebeckstr 92. (Münster i. W. $^{3}|_{9}$ 53.)

Karstädt, Otto, Pädagogik, Sozial♣, Dr. phil., GRegR., Berlin-Halensee, Friedrichsruher Str. 11. (Wust $^{7}|_{8}$ 76.) B: Spoß mütt sino 07; Mundart u. Schule 08; D. allg. Mädchenfortbildungsschule 09; Heldenmädchen u. Frauen a. großer Zeit 11, n. A. 13; Rousseau 11; Freie Aufsätze I/II 13, 3. A. 14; Dem Dichter nach! 13, 2. A. 21; Diktate 13, 3. A. 16; Kinderaug' u. Kinderaufsatz im Weltkriege 16; Der gestirnte Himmel über mir 19, 5. A. 23: Methodische Strömungen der Gegenwart 20, 12. A. 23. **H:** Plattd. Blomengarden 07, 2. A. 14.

Karsten, Carl, RP., BP., Politik u. ▦, Leit. d. Abt. f. innere Politik d. „Dtsch. Allg. Ztg." Berlin-Grunewald, Cunostr. 52A. (Röbel i. Mecklenb.-Schw. $^{20}|_{4}$ 72.)

Karsten, Frl. Paula, ✎, ▮, ♯, ✎, /, ⚜, ♆, ♛, ✗, ♯, ▦, **Ue:** EF1SSchw. Charlottenburg 2, Hardenbergstr. 38. (Pasewalk $^{8}|_{3}$ 50.) B: Wer ist mein Nächster? Negertypen aus Deutsch-Westafrika 03; Hirundo und Rustica, eine Schwalbengesch. 04; Bilder aus Deutsch-Westafrika 05.

Karzke, Georg, Anglistik, spez. Amerika, Dr. phil., StudR. Berlin-Treptow, Am Treptower Park 54. (Berlin $^{24}|_{11}$ 83.)

V: Fachzeitschriften. **Ue:** Brauder Matthews, Amerikan. Literaturgesch. 14.

Karwath, Frl. Juliane, SDS., Rom., Nov., Märchen. Erfurt, Beaumontstr. 9. (Straßburg i. Els. $^{16}|_{7}$ 77.) V: Kathargna Holzerbeck, R. 10; Die drei Thebenbrinks, R. 11; Das Feuer hinter dem Berge, R. 13; Das schlesische Fräulein, R. 17, 4. A. 21; Eros, R. 18, 2. A.; Das Erlebnis des Erasmus Luckhardt, R. 19; Der Tugendbrief, N. 21; Die Abenteuer des Müllers Crispin, M. 22; Der wandernde Traum, R. 22.

Karyatides, s. Salinger, Bruno.

Kasack, Hermann, Dchtg. Potsdam. (ebda $^{24}|_{7}$ 96.) V: Der Mensch, Verse 18, 2. A. 21; Die Heimsuchung, Erz. 19; Die Insel, G. 20; Die tragische Sendung, Dr. 20; Die Schwester, Tr. 0; Der Gesang des Jahres 21; Stadium, e. Ged.-Reihe 21; Vincent, Sch. 24. H: Hölderlin, Elegien 20, Hymnen-Bruchstücke a. d. Spätzeit aus d. Hdschr. z. erstenmal übertr. 20; Gesammelte Werke 21 IV.

Kaselofsky, Wilhelm (Ka-Ky), DV., ○, ✠. Berlin NW 52, Paulstr. 8. (Charlottenburg $^{20}|_{9}$ 82.) V: Lichtenstein, Sch. 10; Waldemar, Sch. 12; Die Brüder Karamasow, Dr 20; Die stärkere Macht, Lsp. 21; Dissonanzen, G.

Kaser, Kurt, ♛, Dr. phil., o. UP. THSch. Graz. (Steyr in Ob.-Österr. $^{22}|_{10}$ 70.) V: Gesch. Europas im Zeitalter d. Absolutism. u. der Vollendg. d. modern. Staatssystems. ()

Kaeser-Kesser, s. Kesser, Hermann.

Kaßlatterer, Pacifikus, s. Luchner, O. F.

Kaßner, Rudolf, **Ue:** FGR, Dr. phil. Oberstdorf i. Allgäu. (Groß-Pawlowitz i. Mähren 73.) V: Englische Dichter 00, 2. A. 20; Tod und Maske 02, 2. A. 12; Der indische Idealismus 03; Diderot (Sammlg. Kultur) 03; Die Moral der Musik 04, 2. A. 12; Motive (Essays über Kierkegaard, Hebbel, Baudelaire, Abbé Galiani usw.) 06; Melancholia, e. Trilogie d. Geist. 07, 2. A. 16; Dilettantismus 09; Die Elemente der menschlichen Größe 11, 2. A. 21; Der indische Gedanke 12, 2. A. 21; Die Chimäre, Der Aussätzige 14; Zahl und Gesicht 19.

Kastan, Isidor, VP., RP. Politik, Lit.-Kritik, Naturwiss. Essays, Dr. med., Schriftst., Red. am Berl. Tagebl. Berlin, Potsdamer Str. 123. (Kempen $^{24}|_{11}$ 40.) V: Gesundheitspflege im Hause; Berlin wie es war.

Kastello, s. Wasem, Ludwig.

Kastner, Alex. Cornel. Willy, ✠, ○, ✒, Übersetzgn. Leipzig, Sebast.-Bach-Str. 16. (Schwerin i. M. $^{18}|_{12}$ 61.) V: Waldorakel, E. 91; D. Rhapsode von Venedig, Tr. 93; Sansara, E. 97; Die Satanide 00; Mathilde von Hohenfels, Schw. 04; Neue Verse 11; D. Urbild d. Ischarioth, Dr. 12; Weltwahn, G. 13; Königsweihe, Dr. 14; Märchen der Seele, N. 19; Sonette an die schöne Frau, G. 20. H: Franz.-deutsch. Wörterbuch 04.

Kastner, Ed. Fedor (Ps. Friedr. v. d. Adler), ✠, ✒, Lit. ♛, ✠, Alpinistik, Lehr. i. R., Hrsg. von „Böhmens deutsch. Poesie u. Kunst". Wien XIX/5, Budnikgasse 30. (Neudorf a. A. $^{6}|_{1}$ 59.) V (seit 05): Toniongebiet, alp. Führer 06; Im innerst. Böhmerwald 10, 3. (illustr.) A. 16; Bergfahrten, G. 10; Winterfahrt ins Lavanttal 10; Kampf- u. Trutzsänge 11; Schlendertage u. Bergfahrt im Kärntnerlande 11, 2. A. 17; Deine Briefe, lyr. R. 12; Neue Bergfahrtweisen 12; Feinde ringsum, Kampfweisen 14, 5. A. 17; Du, lyr. R. 15; Ich hebe meine Augen auf zu den Bergen, G. 15; Wanderungen im innersten Böhmerwald I. (illustr.) 17; Waldtraut, Hochlandslieder aus Kärnten (illustr.) 18; Bergfahrten u. Schlendertage in den Alpen 23; Das Gailtal (illustr.) u. Bergweisen, G. 23.

Kastner-Michalitschke, Else (verehel. Braum), ○, ✠, ✒, Nov., Skizz., Kunstkritik. Wien XVIII/1, Gentzg. 135. (Rokitnitz in Böhm.) V: Imortellen, G.; Ernste Weisen, G.; Zypressen, G.; Der Sternkreuzorden, Monogr.; Auf roter Heide, N.; Psyche, G.; — und hätte der Liebe nicht, G.; Seine Hände u. a., N.; Ein Mörder? N.; Ehe, Dr.; Hedwig Rohnau, Dr.; D. gute Sitte, Dr.; Der Mantel, Dr.; Graf Saurau, Dr.; D. Tagebuch eines Gefallenen, Satire; Künstlerprofile, Ess.; Aus unserem lieben deutschen Wald, M.; Kritische Essays; Reisebriefe; Neue Ged.; Rund um mich, Nov.; Aus ehernen Tagen, G.; Der Schuldner, Dr.; D. Thronerbe, Dr.; Neue Nov.; Dchtgn. u. a.

Katann. Oskar, ⁂, Lit., Ästhetik, Dr. phil., Kustos d. Wiener Stadtbibl. Wien XV, Robert-Hamerling-Gasse 3. (ebda $^{18}|_{1}$ 85.) V: Ästhetisch-liter. Arbeiten 18; Dichtung und Leben 23. H: Jahresbericht über die wichtigsten Erscheinungen d. schönen Lit. 12—16; Grillparzer-Studien 24.

Katscher, Leop. (Ps. Ludwig Koelle, Ludwig Ungar, Albert Kellner, Ludmilla Koelle, Kosmopolit, Humanus), Vors. d. Europ. Komitees f. prakt. Sozialreform. Interlaken, Schweiz. (Csakova $^{30}|_{8}$ 53.) V: Zahlreiche lit.-geschichtl., ethnogr., biogr., pazifist., hygien. u. sozialreform. Schriften sowie Übsetzgn. aus dem Engl. u. Franz.

Katschinski, Alfred, Heimatkde. Tilsit (Ostpr.), Gartenstr. 3/4. (Graventhien,

Ostpr. $^{24}|_{1}$ 90.) W: Offener Brief a. d. ostpr. Landbewohner 17; Unser Kampf für die Heimat, Kriegstagebuchblätter 17; Offener Brief a. d. ostpr. Landbewohner nördl. d. Memel 19; Jerassim Ferdinandowitsch, Sibirienr. 21; Die zweite Heimat, Memellandr. 21; Der Bauerndoktor, Heimatr.; Das Schicksal des Memellandes, Heimatgeschichte. *

Katz, Georg, Belletristik, Dr. med., Arzt. Berlin-Friedenau, Kaiserallee 139. (Glogau $^{29}|_{3}$ 86.) W: Schatten, Rn. 08; Marionetten der Liebe, R. 11: Lotte Lands Traum vom Glück, R. 15.

Katzenstein, Frau Gretl (Pf. Günther), DB., Theater u. Nov. München, Rauchstr. 20. ($^{29}|_{3}$ 94.) W: Marls Weihnachtsreise; Um eine Nacht; Märchenschaukel; Die parfümierte Braut, Schw.; Die nackte Susi, Sketch; Panoptikum.

Kauders, Walter, BBB., CC., SDS., Verlagsdirektor des Rikola Verlages. Wien VIII, Lerchenfelder Str. 66. (ebda $^{12}|_{11}$ 89.) W: Spiel der Gestaltung, R. 13; Der Blaue Kinderkalender, Jahrg. I—III; Die Tausend Bunten Büchlein, I—XII, 21; Der Guckkasten 23. *

Kauffmann, Friedr., Germanistik, Dr. phil., o. UP., GRegR. Kiel, Moltkestr. 55. (Stuttgart $^{14}|_{9}$ 63.)

Kaufmann, Carl Maria (Pf. M. di San Callisto), (k.), Altertumskde., ⊙, Prof., D. Frankfurt a. M., Schifferstr. 44. (ebda $^{3}|_{3}$ 72.) W: Der letzte Flavier, R. (pseud.) 97, 2. A. 98; D. Dokument d. Lady, R. 99, 4. A. 21; u. a.

Kaufmann, Paul, Sozialversich., Rhein. u. Kunst♛, WGORR., Dr. jur., Dr. med. h. c., Dr. rer. pol. h. c. Berlin W 10, Königin-Augusta-Str. 26. (Bonn $^{28}|_{8}$ 56.) W: Zur Gesch. d. Familien Kaufmann a. Bonn u. v. Pelzer a. Köln, Beitr. z. rhein. Kulturgesch.; Aus d. Tagen d. Kölner Kurstaats 04; Joh. Mart. Niederee, e. rhein. Künstlerbild 08; Aus rhein. Jugendtagen 19, 3. A. u. Volksausg. 21; Auf d. Pfaden nazaren. u. romant. Kunst 22. *

Kaufmann, Theo, PA., RP., /, Bühnenkunst, Kommunalpolit., Krit., Chefred. d. „Würzburg. Generalanz." Würzburg, Sanderglacisstr. 44. (Stadtlauringen $^{23}|_{3}$ 80.)

Kaulbach, Frl. Isidore, Rom., Nov. Hannover, Georgspl. 11. (ebda.) W: Die weiße Nelke, R. 00; Im freien Wasser, R. 10; Schatten, R. 10; Der Dritte, R 10; Herr Vater Petri, R. 18; Der blaue Schmetterling, R. 19.

Kaulfuß-Diesch, Carl, s. Diesch, Carl.

Kaun, Hugo, DB., Ord. Mitgl. d. Akad. d. Künste. Berlin-Zehlendorf-West, Schwerinstr. 25. (ebda $^{21}|_{3}$ 63.) W: Sappho, O.; Der Fremde, O.

Kaus, Frau Gina (Pf. Andreas Eckbrecht), DB., DÖSchG. Wien III, Hyegasse 3. (ebda 94.) W: Diebe im Haus, Kom. 19; Der Aufstieg, R. 20.

Kaus, Otto, SDS. Wien III, Hyegasse 3/9. (Triest $^{19}|_{9}$ 91.) W: Der Fall Gogol, Essay 12; Dostojewski, Essay 16; Strindberg, Essay 18; Dostojewski und sein Schicksal, Essay. *

Kautsky, Karl, BA., ♛, ▣. Charlottenburg, Windscheidstr. 31. (Prag $^{18}|_{10}$ 54.)

Kautzsch, Rud., Kunst♛, Dr. phil., GRegR., o. UP. Frankfurt a. M., Reuterweg 83. (Leipzig $^{5}|_{12}$ 68.) W: Einleitende Erörterungen zu einer Geschichte der Handschriftenillustration im späteren MA. 94; Diebolt Lauber 95; Holzschnitte d. Kölner Bibel 96; Die deutsche Illustration 03; D. bild. Kunst u. das Jenseits 05; Der Dom zu Mainz 19; Die Kunstdenkmäler in Wimpfen am Neckar 20; Die Entstehung der Frakturschrift 22.

Kawerau, Siegfried, Zweiter Vorsitzender des Reichsbundes entschiedener Schulreformer, ♛, Gesellschaftswissenschaften, Dr. phil., Studienrat an der Berliner Sophienschule mit Studienanstalt. Berlin-Charlottenburg 1, Königin-Luise-Str. 18 I. (ebda $^{8}|_{12}$ 86.) W: Lieder aus dem Dunkel 10; Rabbi Jesus von Nazareth 12, 2. A. 15; Stefan George und Rainer Maria Rilke 14; Das Weißbuch der Schulreform 20; Soziologischer Ausbau des Geschichtsunterrichts 21; Soziologische Pädagogik 21, 2. A. 23. H: Synoptische Geschichtstabellen 21, 2. A. 22; Das Görlitzer Programm 22; Der Bund entschiedener Schulreformer, Wesen und Werden 22; Jugendart (zusammen mit Dr. Danziger) 23. *

Kayser, Hans, Dr. phil., Leiter des „Dom", Bücher der deutschen Mystik Inselverlag. Berlin-Wilmersdorf, Hohenzollerndamm 27a. ($^{1}|_{4}$ 91.) H: „Paracelsus" und „Böhme". *

Kayser, Rudolf, SDS., Kritik, kulturphilos. Essay, Dr. phil., Red. d. „Neuen Rundschau". Berlin-Charlottenburg, Uhlandstr. 183. ($^{28}|_{11}$ 89.) W: Moses Tod, Leg. 21; Die Zeit ohne Mythos 23. H: Novellen von Achim von Arnim 18; Anthologie „Verkündigung" 21; Kleine Schriften von Fichte, Humboldt usw.

Kaußler, Friedrich, O. Schausp. Berlin, Lessingstr. 51. (Neurode i. Schles. $^{7}|_{4}$ 74.) W: Simplicius, Dr. 05; D. Pan i. Salon (Grotesken, Prosast., Ged.) 07, 2. A. 22; Sagen aus Mjnhejm 09, 5. A. 22;

Schauspielernotizen I 10, 2. A. 20; II 14, 2. A. 21; Worte z. Gedächtnis an Josef Kainz 11; Kreise, G. 13, 3. A. 21; Zwischen Tal u. Berg der Welle, G. 17, 2. A. 21; Jan der Wunderbare, Lsp. 17, 2. A. 22; Besinnungen, Aphorismen 22; Stunden in Jahren, G. 23. H: Goethes Götz v. Berlichingen, f. d. Bühne neu bearb. 16; Shakespeares Cymbeline, für d. Bühne neu bearb. 23.

Keckeis, Gustav, Lit.♛, /, Dr. phil., Hrsg. d. „Literarischen Handweisers". Freiburg i. Br. (Basel $^{27}|_{3}$ 84.) B: Dramaturgische Probleme 07; Die bewegenden Kräfte der schönen Literatur 22. Der Fährmann, Ein Buch für werdende Männer (m. andern) 22.

Kehlmann, Eduard, Roman, Oberingenieur. Wien IX, Liechtensteinstr. 20. (Zavale $^{15}|_{12}$ 82.) B: Der Roman des Herrn Franziskus Höndl, R. 12; Parzival, Legende 14; Von Pauli bis Palmarum, R. 21. ( )

Kehr, Paul Fridolin, ♛ u. hist. Hilfswissensch., Dr. phil., Prof., GObRegR., GenDir. d. Staatsarchive u. Dir. d. Geh. Staatsarchivs. Berlin. (Waltershausen $^{28}|_{12}$ 60.)

Kehrer, Hugo, Kunst♛, Dr. phil., a.o. UP. München, Keuslinstr. 9. (Gießen $^{17}|_{4}$ 76.) B: D. Heiligen Drei Könige in Literatur u. Kunst 10 f. II; D. got. Wandmalereien in d. Kaiserpfalz zu Forchheim 12; D. Kunst des Greco 14, 3. A. 20; Alt-Antwerpen 17; Francisco de Zurbarań 19; Goyas Proverbios 20; Goyas Desastres de la Guerra 21.

Keilitz, Arno, (Ps. Atz von Wernburg), RP., /, ✓, ♯, Heimat- u. Lit.♛, Red. d. d. Landwirtschaftskammer f. Braunschweig. Braunschweig, Kaiser-Wilh.-Str. 32. (Wernburg i. Thür. $^{8}/_{9}$ 89.) B: Sagenschatz d. Kreises Ziegenrück 12.

Keim, Heinrich Wilhelm, SDS., Essay, Kunstkritik, Dr. phil., StudR. Düsseldorf, Stockkampstr. 38. ($^{5}|_{4}$ 89.) B: Das Spielmannsepos von Gg. Oswald 12; Des Expressionismus Aufstieg und Irrgang 18; Das Problem der Tat i. d. Literatur d. Gegenwart 20; Die geistige Grundlage der neuesten Dichtung 21.

Keindl, Ottomar, ∴, Kritik, /, Dir. i. R. Prag II, Inselgasse 2. (ebda $^{26}|_{6}$ 42.) B: Friedrich Theodor Vischer 88, 3. A. 07.

Keiter, Frau Therese, geb. Kellner (Ps. M. Herbert), (k.), Roman Regensburg, Ostendorfer Str. 10. (Melsungen $^{20}|_{6}$ 59.) B: (seit 05): Ohne Steuer, R. 05; Vom Leben u. Sterben, Nn. 05; Briefe einer Häßlichen, N. 05; Dr. Sörrensen, R. 06; Vittoria Colonna, Erz. 07; Aus unseren Tagen, R. u. 2 Nov. 07, 2. A. 08; Lebenslieder 08; Volksgeschichten, Lebensausschnitte 08; D. Wenderrots, R. 09; Idealisten, R. 10, 2. A. 14; Michel-Angelo-Geschichten 10; D. Weg d. Michel Angelo, Jakob im Walde, D. wilde Dorneck, Nn. 10; Heimfahrten, Liebe u. Tod, G. 10; D. Schicksalsstadt, R. 11; Tröstungen, lyr. G. 12; Lebenssprüche 13; D. Kinder d. Kilians, R. 13; Hungerbäum', Volks-Geschichten 13; Prinz Spiro Maria, R. 14; Stirb u. werde! Nn. 14: Verborgenheiten, G. 14; Mein Kriegsbuch, Nn. 16; Helden u. Menschen, Nn. 16; Sanct Erhards Haupt, N. 19; Verleugnetes Blut, R. 20; Anna Jakobi Buechlin, R. 20; Die Bergwiese, N. 21; Das goldene Gold, Nn. 22; Der blutige Lehrpfennig, R.; Die Bartenwetzer, R. 22; Tragödie der Macht, R. 22; Gott allein genügt, G. 23.

Kekule von Stradonitz, Stephan, BP., SDS., neue ♛, Staatsrecht, Genealog., Vererbungslehre, Heraldik, Dr. jur. et phil., Kammerh., Hptm. a. D. Berlin-Lichterfelde, Marienstr. 16. (Gent $^{1}|_{5}$ 63.)

Kelchner, Frl. Mathilde, ∴, Politik, Essay u. **Ue**: R, Dr. phil., Privatgelehrte. Berlin-Halensee, Kurfürstendamm 102. (St. Petersburg $^{22}|_{11}$ 72.)

Kellen, Tony (= Anton), Krit., /, Rom., **Ue**: F. Hohenheim bei Stuttgart. (Luxemburg $^{24}/_{1}$ 69.) B: Der Wunderdoktor, R. 02; Marie Antoinette 05; Französ. Liebesbriefe 07; Das Zeitungswesen 07; Dichter- u. Schriftsteller-Anekdoten 09; Schauspieleranekdoten 09: Aus d. Gesch. d. Feuilletons 09; D. Dichtkunst 11; Die Schriftsteller u. das Publikum 14; Führende Frauen 21; D. Frau u. ihre Berufe 21; u. a. ( )

Keller, Adolf, SES., Kulturphilosophie, Psychologie, Pfarrer. Peterhofstatt b. Zürich. ($^{7}|_{3}$ 72.) B: Eine Sinaifahrt 01; Eine Philosophie des Lebens (Henri Bergson) 14.

Keller, Albrecht, deutsche Kultur♛, Dr. phil., Oberrealsch. StudR. Wiesbaden, Rheingauer Str. 10. (Freiburg i. B. $^{17}|_{6}$ 81.) B: Die Schwaben in d. Geschichte d. Volkshumors 07; Die Handwerker i. Volkshumor 12; Schwaben u. Schwabenstreiche 14; Der Scharfrichter in der deutschen Kulturgeschichte. H: Maister Franntzn Schmidts Nachrichters inn Nürmberg all sein Richten 13. ()

Keller, Heinrich, soz. Roman, Dr., prakt. Arzt. Wien VI, Köstlerg. 7. ($^{8}|_{12}$ 66.) B: Ballast, R. 03; Das Gespenst unserer Zeit, R. 04; Im Dienste d. Menschheit, R. 05; Streber, R. 06; Ketten, R. 07; Unterlehrer Straub, R. 08; Leni u. Ernst, e. Kindergesch. für El-

tern 09, 2. A. 10; Vernünftige u. unvernünftige Mütter 16, 2. A. 17.

Keller, Paul, Nov., Rom., Hrsg. d Monatsschr. „Die Bergstadt". Breslau 16, Hedwigstr. 40. (Arnsdorf ${}^{6}|_{7}$ 73.) B: Gold u. Myrrhe, Erz. II; Waldwinter, R.; In deiner Kammer 03; Die Heimat, R.; D. letzte Märchen, R.; D. Niklasschiff, Erzn.; Sohn der Hagar, R. 07, 39. A. 14; Die alte Krone, R. 09, 21. A. 13; Die fünf Waldstädte, Ein Buch f. Menschen, die jung sind 10, 18. A. 14; Stille Straßen, Nn. 12, 10. A.; Die Insel der Einsamen, R. 13, 13. A. 14; Ferien vom Ich, R. 15, 10. A.; D. Kgl. Seminartheater u. and. Erz.; Ein Stück eigener Lebensgeschichte, Erzn. 16; Von Hause, Ein Päckchen Humor a. d. Werken v. Paul Keller 17; Hubertus, R. 18; In fremden Spiegeln, R. 20; Altenroda, Nn. 21; Die vier Einsiedler, R. 23. ()

Keller, Paul Anton, ✠, Photograph. Graz, Steierm., Neutorg. 7 II. (${}^{11}|_{1}$ 07.) B: Erleben, Sonette; Bleamerln a. m. Hausgarterl, G. 24. *

Keller, Sam. (Ps. Ernst Schrill), Rom., Nov., Erz., Pastor, Hrsg. d. Monatsschr. „Auf dein Wort". Freiburg i. B. (St. Petersburg ${}^{15}|_{2}$ 56.) B: Der Brautwächter, N. 96, 5. A. 16; Vom braven Schlingel, Erz. 00, 8. A. 16; An d. Schwelle d. Glaubens 01, 23. T. 18; D. Herr ist mein Hirte 03, 9. A. 15; Naturtrieb u. Sittlichkeit 03, 64. T.; Sein eigen, Erz. 05, 15. A. 19; E. Höhenweg 06, 15. A. 19; Mein Abendsegen, 6.—10. T. 21; Meine Minuten, 15. T. 19 u. 20; Aus meinem Leben, 10. T. 19; Schleudersteine, 5. T. 20; Sonnige Seelsorge, 10. T. 20 u. a.

Keller, Walter, ital. Lit., Dr. phil., Sprachlehrer. Basel, Weiherweg 24. (St. Gallen ${}^{29}|_{2}$ 82.) B: Das toskan. Volkslied 08; Sizilien 16; D. schönsten Nov. d. ital. Renaissance 18; D. tessinische Volkslied; Die Quellen Shakespeares 19; Ital. Volksmärchen; u. a.

Keller, Wolfgang, engl. Sprach- und Lit.♛, Dr. phil., o. UP. Münster i. W., Langenstr. 9. (Freiburg i. B. ${}^{14}|_{2}$ 73.) B: Die latein. Universitätsdramen unter Elisabeth 98; Richard II. 1. Teil 99; Die lit. Bestrebgn. von Worcester in angelsächs. Zeit 00; The Wars of Cyrus 01; Angelsächs. Paläographie 06. **Bearb:** Shakespeares Werke (Schlegel u. Tieck) 15 Teile 16. **H:** Shakespeare-Jahrb. 97—09 u. 19 ff.

Kellerer, Josef, PA., ⊙, Red. der Bayern-Warte (Münchener Stadtanz.). München, Corneliusstr. 42/o. (ebda ${}^{17}|_{10}$ 53.) B: Alter Sünder, P.; Eine, von der man spricht, Bst.; Am Blumenfeste der Madonna, O.; Im Garten d. Venus, Oqtte.

Kellermann, Bernhard, Roman. Berlin W 15, Emser Str. 21. (Fürth ${}^{4}|_{3}$ 79.) B: Yester u. Li, R. 04, 15. A. 11; Ingeborg, R. 06, 14. A. 11; Der Tor, R. 09, 7. A. 11; Das Meer, R. 10, 10 A. 12; E. Spaziergang in Japan 10, 4. A. 12; Sassa yo Yassa 12, 3. A.; Der Tunnel, R. 13, 110. T. 14 (in viele Spr. übersetzt); D. Krieg im Westen 15; Der Krieg im Argonnerwald 16; Der neunte November, R. 20, 30. A.; Die Heiligen, N. 22; Schwedenklees Erlebnis, R. 23.

Kellermann, Hermann, VB., Dr. phil. Weimar, Lassenstr. 9. (Oberhammer ${}^{7}|_{3}$ 81.) B: Deutsche Kriegsschwänke 14; Der Krieg der Geister 15. H: Th. Storm, Ausgew. Novellen 19; Rembrandt als Erzieher 22.

Kellert, Franz, RP., ✠, Redakteur. Greiz (Reuß), Wiesenstr. 4. (Hennersdorf, Kreis Jauer [Schl.] ${}^{15}|_{9}$ 76.) B: Ill. Führer durch Berneck u. Umgebung 02; Ill. Führer durch die Vogtl. Schweiz 03; Im Märchenlande des Nordens 11; Aus großer Zeit, Kriegsg. u. Lr. 16; Heimkehr, Bst. 18; Daheim, Bst. 18; Verklärung, Traumsp. 19; Der Jubiläumstag, Szene a. d. Handwerkerleben 21; Die erste Sitzung, Lsp. i. 1 Akt 21; Der Jenseitswanderer, Dante-Trag. 22. H: Heimatstimmen 21. *

Kellinghusen, Hans, ♛, Dr. phil., wissensch. Hilfsarb. im Staatsarchiv Hamburg-Bergedorf, Wentorfer Str. 23. (ebda ${}^{30}|_{3}$ 85.)

Kellner, Albert, s. Katscher, Leop.

Kellner, Leon, CC., engl. Ψ u. Lit., Dr. phil., früher o. ö. UP. Czernowitz, Wien XVIII/1, Messerschmidgasse 28. (Tarnow ${}^{17}|_{3}$ 59.) B: Engl. Märchen 98; Shakespeare 00; Ein Jahr in England 00; Engl. Lit. i. Zeitalter d. Königin Viktoria 09; Gesch. d. nordamerik. Lit. 13; u. a. ()

Kellner, Ottokar. Triest, Italien, via Belpoggio 1. (ebda ${}^{26}|_{6}$ 76.) B: D. Buch der Scheine, G. 23 I; Borgo, Tr. 23 I. *

Kemmer, Ludwig, Kult.♛, Heeres♛, ⚔, Dr. phil., GP. München, Arcisstr. 32. (Germersheim a. Rh. ${}^{3}|_{3}$ 69.) B: Von Hermanns u. Dorotheas Ahnen u. Enkeln 17; Briefe an e. jg. Offizier 07, 5. T. 08; u. a.

Kemmerich, Max, SDS., Kultur- u. Kunst♛, ∴, Okkultismus, Dr. phil. München, Franz-Joseph-Str. 19. (Koblenz a. Rh. ${}^{6}|_{1}$ 76.) B: D. Charakteristik bei Machiavelli 02; D. frühmittelalt. Porträtmalerei in Deutschland 07; E. unbekannter Codex d. Vöge'schen Malschule in Augsburg 07; Die Porträts

deutsch. Kaiser u. Könige bis auf Rudolf v. Habsburg 08; D. frühm. Porträtplastik i. D. 08; Lebensdauer u. Todesurs. innerh. d. deutschen Kaiser- u. Königsfam. 09; D. deutsch. Kais. u. Könige im Bilde 09; Kultur-Kuriosa I 09, 18. A. 23 (auch schwed.), II 10, 12. A. 22; Dinge, die man nicht sagt 10, 11. A. 20; Prophezeiungen 11, 8. T. 21; Aus der Gesch. d. menschl. Dummheit 12, 8. A. 22; Das Kausalges. d. Weltgesch. I 13, II 14, 2. A. 22; Die Berechng. d. Gesch. u. Deutschlands Zukunft 21, 3. A. 23; Gespenster u. Spuk 21.

Kemper, August, PA., RP., Politik, Chefred. der „Württ. Ztg." Stuttgart, Rotebühlstr. 172. (Meinerzhagen $^{20}|_{8}$ 70.)

Kempin, Frau Lely, Erz., Märch., ❦. Celle, Hannoversche Allee 3. (Altona $^{2}|_{7}$ 78.) B: Heilige Insel 17, 8. A. 21; Glückliche Kinderzeit 18, 3. A. 20; Lebenslicht, 2. A. 20; Insel des Friedens 21; Freude 21.

Kempis, Theobald a, s. Sieg, Arthur.

Kempner, Hans, DB., ⊙, Dr. jur., Rechtsanwalt. Breslau, Gartenstr. 64 Hpt. ($^{1}|_{5}$ 89.) B: Frank Wedekind als Mensch u. Künstler 11, 10. T.; Der lockere Zeisig, Schw. 20; Die Rosen der Karinna, Lsp. 21.

Kempner-Hochstädt, Frau Martha (Ps. Lalla Rookh), Kindergesch., Rezitatorin. Berlin-Steglitz, Schloßstr. 68. (Berlin $^{8}|_{4}$ 65.)

Kempner-Hochstädt, Max, ❦, /, ⊙, Ue: FEI., DB., SDS. Berlin-Steglitz, Schloßstr. 68. (Breslau $^{5}/_{3}$ 63.) B: Die Schatten leben, 3 Einakter 08; Kammervirtuose, Schw. 12; Scirocco, Sch. 12; Serafinchens Strickleiter, Schw. 12; Mamsell Taroc, Baud. 12; D. schwarze Filippo, Sch. 12; Die Verba auf mi, Einakter 12; Was ist Wahrheit? grotesk. Reimsp. 13; Abisag, Sch. 13; Die Knute, Sch. 14; Sankt Irene, Einakt. 15; Böhmst-Schnakenburg-Waltershude, Kom. 15; Wenn du zum Weibe gehst! Sch. 15; Die Unruhe, L. 15; Die Hausdame, L. 16; Alterserscheinungen, Lsp. 16; Die Einzige und ihr Eigentum, L. 17; Münchhausen, Optte. 18; Der Stärkere, Sch. 18; Graziella, O. 19; Der Vetter aus Dingsda, L. 19; Abälard u. Heloise, Dr. 20; Das Haar der Berenike, L. 21; Der Vetter aus Dingsda, Optte. 22; Joujou, Lsp. 22; Fabrikant Lentner, Tragik. 23.

Kemski, Paul, s. Paulk, E. G.

Kene, S., s. Joseph, D.

Kentaur, H. J., s. Kurth, Jul.

Keppler, Paul Wilh. v., (k.), †, D., Bischof von Rottenburg. (Gmünd $^{28}/_{9}$ 52.) B: Aus Kunst u. Leben, 1. u. 2. A. 05, 8. A. 23; Mehr Freude 09, 175. T. 21; Deutschlands Totenklage, 15. T. 17; Leidensschule, 71. T. 23; Im Morgenland, 15. T. 19; u. a.

Kerausch, Josef (Ps. Sepp Heimfelsen) DÖSchG., ⊙, Rom., Nov., Dialektdchtgn. u. Prosa, Schriftst. Landeck i. T. (Imst, Tirol $^{10}|_{8}$ 59.) B: Andr. Hofer, dr. Festsp. 91/92; Die Großberghofer, Vst. 94; Kleine Erzählungen 95, n. A. 07; Die Generalshose, Schw. 96; Zu spät, Dr. 96; Vrlika 03; Abgeschossen, Mil.-R. 06; Der Weg ins Eremo, R. 14; Heimkehr (Vorspiel m. 3 Einaktern: Der Loisl; 's Jörgele; 's Mariele) 20; Die sich wieder finden, Vst. 20; Laß dich warnen; Großmutters Traum; Es tagt; u. a.

Kern, Fritz, ♛, Dr. phil., o. UP., Bonn. (Stuttgart $^{28}|_{9}$ 84.)

Kern, G. Joseph, Kunst♛, Maler u. Graphiker, Dr., Prof., Kustos d. Nat.-Galerie a. D. Berlin-Halensee, Halberstädter Str. 2. ($^{17}|_{2}$ 78.) B bzw. H: Grundzüge d. linearperspekt. Darstellung in d. Kunst der Brüder van Eyck 04; Karl Blechen 11; Anselm Feuerbachs Briefe an seine Mutter (m. Uhde-Bernays) 11 II; Andreas Aubert: Caspar David Friedrich „Gott, Freiheit u. Vaterland" (a. d. Nachlaß) 15; A. von Menzel: Fünfzig Zeichnungen, Pastelle u. Aquarelle a. d. Besitz d. Nat.-Galerie (m. M. Liebermann) 21.

Kern, Maximilian, Jugendschriften, Technik, Sinologie, Redakteur im Ullstein-Buchverlag. Charlottenburg, Grolmanstr. 67 II. (Böhm. Wiesenthal $^{5}|_{8}$ 77.) B: F. E. R. T., Erz. 99; Photogr. Vergrößerung u. Projektion 12; Selbst ist der Mann 09; Neun Bände Jugenderzählungen 04—17. H: Das Licht des Ostens 22. *

Kernstock, Ottokar, DÖSchG., VB., ❦, ✎, Dr. phil. h. c., Chorherr des Stiftes Vorau u. Pfarrer in Festenburg i. Steierm. (Marburg a. D. $^{25}|_{7}$ 48.) B: Verloren u. wiedergefunden, Weihn.-M. 94; Die wehrhaft Nachtigall, altdeutsche Weisen 00; Aus dem Zwingergärtlein, ges. G. 01, 10. A. 17; J. C. Hackhofers Festenburger Gemälde 03; Unter der Linde, ges. G. 05, 8. A. 23; Turmschwalben, ges. G. 08, 6. A. 23; Aus der Festenburg, ges. Aufsätze u. Gelegenheitsgedichte 11; Tageweisen, ges. G. 12, 3. A. 19; Schwertlilien aus dem Zwingergärtlein, KriegsG. 15, 15. T.; Steirischer Waffensegen (mit P. Rosegger) 16; Der redende Born, ges. G. 22.

Kerr, Alfred, ❦, Kritik, Dr. phil. Berlin-Grunewald, Höhmanstr. 6. (Breslau $^{25}|_{12}$ 67.) B: C. Brentanos Jugenddichtungen 94; Godwi 98; Herr Sudermann, der D... Di... Dichter,

1.—4. T. 03; D. neue Drama 04, 4. A. 12; Schauspielkunst 04; Die Harfe 18, 4. A. 21; Die Welt im Drama, 6. A. 18 V, 10. A. 22; Die Welt im Licht, 10. A. 20, 15. A. 22 II; Der Krämerspiegel (mit Musik von Rich. Strauß) 22; New York und London, 1.—7. A. 23.

Kerschensteiner, Marie, verw. Dürr, geb. Vorst, Dr. phil. München, Möhlstr. 39. (Würzburg 24|12 70.) **B**: Die Sakramentshex, R. 19. **Ue**: Das künstlerische Genie (Gabr. Séailles) 04; Psychologie (W. James) 09, 2. A. 20.

Kerst, Friedrich, Musik♛, Bildende ♘, Kunstref. Elberfeld, Markgrafenstr. 16. (ebda 8|2 70.) **B**: Bergische Dichtg. 00; Beethoven im eigen. Wort 04, 2. A. 05; Mozart im eigenen Wort 05; Schumann im eigenen Wort 05; Bergischer Almanach 07; Gesammlte Kriegserinn. 1806/07 Kunstgeschichtl. Führer nach Altenberg 08; D. Erinnergn. an Beethoven 13 II. ( )

Kersten, Kurt, SDS., Lit.♛, Kritik, Essay, Glosse, Dr. phil., Schriftst. Charlottenburg, Stuttgarter Pl. 21 II l. (Welheiden b. Kassel 19|4 91.) **B**: Voltaires Henriade in der deutschen Kritik 14; N. Lenin 20; Ein europäischer Revolutionär (Georg Forster 1754—94) 21; Rétif de la Bretonne, Revolutionsnächte 21; Fridericus Rex und die Krise des Absolutismus 22. **H**: Das heutige Rußland, Ein Sammelwerk 23.

Kesseler, Kurt, †, ∴, Lic. Dr., Oberstudiendirektor. Minden i. W., Videbullenstr. 22. (Rawitsch 26|2 84.) **B**: Die Vertiefung der Kantischen Religionsphilosophie durch R. Eucken 08; Kant und Schiller 10; Der Unsterblichkeitsglaube 10; Die religiöse Weltanschauung Schillers und Goethes 11; R. Euckens Werk 11; R. Euckens Bedeutung für das moderne Christentum 12; Das Lebenswerk der großen Pädagogen 13, 2. A. 20; Der Kampf R. Euckens um einen geistigen Grund oder Inhalt des Lebens 14; Pädagogische Charakterköpfe 17, 3. A. 21; Die wissenschaftliche Vertretung des Christentums in der Gegenwartstheologie 17; Das Problem der Religion in der Gegenwartsphilosophie 17, 2. A. 20; Pädagogik auf philosophischer Grundlage 21; Die religiöse Bewegung der Gegenwart 22. *

Kessemeier, Friedrich Heinrich, ∴. Hamburg 37, Hochallee 127. (Verlebeck 23|10 76.)

Kesser, Hermann, DB., SDS., SES., ⊙, Rom., Nov., ♞, Dr. phil. Winter: Wiesbaden, Adelheidstr. 19; Zürich 7, Aurorastr. 84; Sommer: Ueberlingen am Bodensee, Villa Brons. (München 4|8 80.) **B**: Der assoziative Faktor im ästhet. Eindruck 04; Luzern, Vierwaldstätter See u. Gotthard (kulturhist.) 08; Lukas Langkofler, D. Verbrechen d. Elise Geitler, N. 12, 2. A. 16; D. Himmelserscheinung, N. 13; Kaiserin Messalina, Dr. 14; Unteroffizier Hartmann, N., 1.—3. T. 15; Die Stunde d. Martin Jochner, R. 16, 4.—8. T. 21; Die Peitsche, erz. Dchtg. 18, n. A. 22; Vorbereitung, 4 Schriften 1.—2. T. 18; Summa Summarum, Tragikomöd., 1.—3. T. 20; Die Brüder, Dr. 1.—3. T. 21; Revolution d. Erlösung, 1.—2. T. 21; Die Reisenden, Kom. 23; Beate, Sch. 23; Rettung, Sch. 23.

Keßler, Frau Helene, s. Kahlenberg, Hans v.

Keßler, Richard, DB., PA., Drama, Libretto, 🎥, Bühnendramaturg, Filmfabrikant. Berlin-Westend 9, Reichsstr. 10. (Berlin 6|7 78.) **B**: Drei Paar Schuhe, Bst. (m. Kren) 15; Inkognito, Optte. (Musik v. Nelson) 18; D. doppelte Emil, Schw. 19; D. verjüngte Adolar Musikschw. (Musik v. Kollo) 20; D. Scheidungsanwalt, Lsp. 20 (m. Kraatz); D. Günstling der Zarin, Große Optte. (Musik v. Winterberg) 21; D. Perle der Frauen, Schw. 21; D. blonde Engel, Schw.-Optte. (Musik v. Winterberg) 21; Der geizige Verschwender, Optte. (Musik v. Fall) 22; Der Schildpattkamm, Lsp. 22; Hochzeitsnacht, Lsp. 23; viele Einakter, Filme u. Filmoperetten. **Ue**: Protopopow, Raben! Sch. (m. Goldschmidt) 12; Michel Provins, D. Nest, Sch. 12.

Keyser, Erich, Historische Kommission für ost- und westpreußische Landesforschung, Westpreußischer Geschichtsverein, Kantgesellschaft, ♛, Dr. phil., Staatsarchivar. Danzig, Hansaplatz 5. (ebda 12|10 93.) **B**: Westpreußen und das deutsche Volk 19; Danzigs Geschichte 21. *

Keyserling, Graf Hermann, ∴. Dr. phil., Leiter d. Schule d. Weisheit zu Darmstadt, Prinz-Christians-Weg 4. (Koenno i. Livl. 20|7 80.) **B**: Das Gefüge der Welt 06, 3. A. 22; Unsterblichkeit 07, 3. A. 20; Individuum u. Zeitgeist 09, n. A. 10; Entwicklungshemmungen 09; Prolegomena zur Naturphilosophie 10; Schopenhauer als Verbilder 10; Zwei Reden (German. u. roman. Kultur, vom Interesse der Geschichte) 11; D. innere Beziehg. zw. d. Kulturproblemen d. Orients u. d. Okzidents 13; Das Reisetagebuch eines Philosophen 19, 7. A. 23; Deutschlands wahre politische Mission 19, 3. A. 20; Philosophie als Kunst 20; Politik, Wirtschaft, Weisheit 22; Schöpferische Erkenntnis 22. **H**: Der Leuchter,

Jahrbuch d. Schule d. Weisheit; Der Weg zur Vollendung.

Keyserling, Rob. Baron, Drama, Dr. med. Reval in Estland, Große Baleinastr. 10A, Frauenklinik. (ebda 22|12 73.) W: Die da unten sitzen, Dr. 18.

Keyßner, Gustav, PA., Kunst- u. Lit.♛, Dr. phil., VerlagsRed. Stuttgart, Stitzenburgstr. 10 II. (Meiningen 67.) W: Die drei Psalterbearbeitungen Luthers v. 1524, 1528 u. 1530 90. H: Mörikes sämtl. Werke 06. ()

Khull-Kholwald, Ferd., Lit.♛, Dr. phil., Prof. Graz, Wielandg. 2. (Klagenfurt 3|12 54.)

Kickton, Fräulein Erika, ∴, Musik, Schriftstellerin und Lehrerin für Theorie und Komposition. Potsdam, Burggrafenstr. 34. (Berlin-Schöneberg 21|6 96.) W: Durch Potsdams Gärten 21; Gedanken und Stimmungen in Versen 21. *

Kiefer-Steffe, Frau Margarete, ✠, ⊙. Breslau, Rehdigerstr. 54 II. (ebda 17|6 81.) W: Erdenheimat, du liebe, G. 13; Unser Holtei, Essay 14; Und immer bist du's! G. 20; Rübezahlskomödie.

Kiehne, Hermann. Gießen, Friedrichstr. 17. (Wernigerode a. H. 10|4 55.) W: Ged.: Lenzfahrt, Kleine Lieder; Neue Lieder; Wandern und Weilen; E.: Die Dorfprinzeß; König Hübich; Nn.: Harznovellen; Erz.: Der lustige Krieg; Dr.: Wanderndes Volk; Der Pfalzgraf; An die Freude; Sc.: Bühnenkleinkunst VI. H: Deutsche Lieder; Zeitschr. f. Dichtg. u. Kritik: Auswahl deutsch Dichtgn. VII.

Kiehr, Martin, BP., ∴, Epik. Berlin-Wilmersdorf, Prinzregentenstr. 90. (Haynau, Schlesien 28|10 93.) W: Frühlingsgräber, N.; Die rechte Freiheit 19. *

Kiekebusch, Albert, Vor♛, Dr., Abt.-Vorst. a. Märk. Mus. i. Berlin. Erkner-Hohenbinde bei Berlin. (Waßmannsdorf, Kr. Teltow 9|3 70.)

Kienzl, Hermann, SDS., ⊙, Kritik, Dramaturg, /, ✠, Politik. Berlin-Wilmersdorf, Berliner Str. 10. (Graz 22|6 65.) W: Dramen d. Gegenwart 05, 2. A. 06; Rautendelein, Dchtg. 06; D. Bühne ein Echo d. Zeit 07; D. rote Leutnant, Sch (mit Ed. Goldbeck) 07; Kaiser Franz Josef I., 18. T. 08; Brautnacht, Sch. 08; D. Insel im See, O. 10; Peter Schlemihl, O. 12; Auf bebender Erde, G. 14, 4. A. 16; Totenvolk, O. 15; D. Kammerwahl, L. (m. Mite Kremnitz) 17; Eulalia, L. 18; Im Tal d. weißen Lämmer, Dr. 20; Karl Schönherr, Monograph. 22; Hahn im Dorf, Lsp. 23. H: Kotzebue, Das merkwürdigste Jahr meines Lebens 15; Mite Kremnitz, D. Fäulnis Rumäniens 17, 6. A. 18; Mutter unbekannt, R. 18.

Kienzl, Wilhelm, Musik, Dr. phil., Komponist. Wien II, Stephaniestr. 1. (Waizenkirchen 17|1 57.)

Kiesel, Otto Erich, VJ. & S., RP., Kritik, Nov., Red. am „Hamburger Fremdenblatt". Hamburg 20, Bellevue 58. (ebda 7|11 80.) W: Ebbe u. Flut, Nn. 04; Mors Imperator, Nn. 05; D. Demagog, Sch. 05; Zöfchen, Schw. 13; Die alten Hamb. Friedhöfe (Kulturgesch.) 21; Frau Martha und ihr Sohn, R. 21; Führer d. Hamburg 22; Der Golfstrom, R. 23.

Kiesgen, Laurenz, ✠, Nov., Krit., Jugendschr., MittelschulLehr. Köln-Sülz, Zülpicher Str. 306. (ebda 8|12 69.) W: Himmel u. Erde, G. (m. W. Ruland) 93; D. Deutsch-Franz. Krieg 1870/71 95, 2. A. 11; Cantaten, Vereinsbühne Festsp. 94 u. 97; H. v. Kleist 01; Randglossen z. Jugendschriftenfrage 04; Maisegen, G. 01; Mart. Greif 05; Charakterbilder z. Kunst u. Lit. 07; D. Lesepest 09, 11. bis 20. T. 10; Nächtliche Geschichten 12; Vom lieben Kind Maria, Legenden 13, 4.—8. T. 20; Deutsche Lieder 16; Mickelpickels Abenteuer 15, 2. A. 17; Der Märchenvogel M. 17, 4.—6. A. 20; Unseres Herrgotts Kostgänger, Erz. 19. H: A. Droste-Hülshoff, Auswahl für die Jugend 05, 2. A. 10; Ausgewählte Märchen deutscher Dichter 09/10 IV, 2. A. 21.

Kietz, Georg Martin, Politik, ⊙, Theater-, ⊗- u. Musikkritik, Dr. phil. Berlin W 50, Kulmbacher Str. 8. (Drossen 23|1 68.)

Kilchner, Ernst, s. Bernoulli, Carl Albrecht.

Kilian, Eugen, Dramaturgie, Dr. phil. München, Nymphenburger Str. 185. (Karlsruhe 10|11 62.) W: Goethes Götz und die neueingerichtete Münchner Bühne 90; Beiträge zur Geschichte des Karlsruher Hoftheaters unter Eduard Devrient 93; Der einteilige Theater-Wallenstein 01; Dramaturg. Blätter 05: Mein Austritt aus dem Verbande des Karlsruher Hoftheaters 06; Goethes Faust auf der Bühne 07; Schillers Wallenstein auf der Bühne 08; Aus der Praxis der modernen Dramaturgie 14; Bühnenbearbeitungen und Theaterausgaben. H: Feodor Wehl, Dramaturgische Bausteine; Samuel Fr. Santer, Ausgew. Ged.; Goethe, Adalbert von Weislingen; Goethe, Die Mannheimer Bühnenbearbeitung des Götz von Berlichingen vom Jahre 1786; Eine Bühnenbearbeitung des Götz von Berlichingen von Schreyvogel. *

Kinau, Rudolf, niederdtsche. Erz. Altona a. d. E., Kl. Mühlenstr. 137. (Finkenwärder b. Hamburg 23|3 87.) W:

Steernkickers, Sk. 17, 30. T. 21; Blinkfüer Sk. 18, 60. T. 23; Thees Bott, Erz. 19, 40. T. 23; Lanterne, R. 20, 30. T. 23; Strandgoot, Sk. 21, 24. T. 23; Hinnik Seehund, R. 23.

Kindermann, Heinz, dtsch. Lit., Dr. phil., Ministerialkonzipist i. Unterrichtsminist **Wien XVIII**, Anton-Frank-Gasse 8. (ebda $^{8}|_{10}$ 94.) **B**: Schiller u. Leibniz 16; Herm. Kurz u. seine Balladen 18; Herm. Kurz u. die deutsche Übersetzungskunst im 19. Jahrh. 18; J. M. R. Lenz und die deutsche Romantik 23. **H**: Autobiogr. Skizze von Herm. Kurz 16; Lisardo, verschollener Roman von Herm. Kurz 19; Briefwechsel zwischen Kurz u. Mörike 20; Blätter „Von deutscher Art und Kunst" 23.

Kinkel, Walter, ∴, ♆, Dr. phil., a.o. UP. **Gießen**, Großer Steinweg 23. (Hagen i. W. $^{23}|_{12}$ 71.) **B**: Vom Stein u. von der Seele 06, 3. A. 20; Lieder eines Wandermüden 07; Aus Traum u. Wirklichkeit d. Seele 07, 2. A. 20; Lebensgaben 09; Der Humanitätsgedanke 09; Idealismus u. Realismus 11; Leibniz (Große Denker) 11; Verträumte Stunden 12; Erziehg. z. Humanität durch Geistesbildung 14; Allg. Gesch. d. Philosophie I 20, II 21. ()

Kinkerlitz, Theophrastus, s. Ettlinger, Karl.

Kinzel, **Karl,** Germanistik, Lit.♛, Prof., Dr. phil., GehStudR. **Berlin C**, Klosterstr. 74. (ebda $^{17}|_{8}$ 49.) **B**: Bild. Kunst im deutsch. Unterr. d. Prima 04; Klopstocks Lyrik 07; Anzengruber als Dramatiker 07; Begleitstoffe z. d. Lit.-Gesch. d. 16.—18. Jahrh. 07, 10. A. 20; Aus Goethes Prosa 07; Tiroler Bergfahrten 10; D. Bayrische Hochland 14. **H**: Königs Lit.-Gesch. 02, 08, 20; u. a.

Kipp, Friedrich, ASB., ♆, Nov., Roman, Sat. **Lengerich** 2 i. Westf. (ebda $^{14}|_{7}$ 78.) **B**: Sehnsuchtswege, G. 2. A.; Joachim Biedermeier, der Ehrenmann, Sat. 3. A.; Der Segen des Reichtums, Sat.; Die Frau mit dem Gemüt, Sat. 16. A.; Lächerlichkeiten, Sat. 2. A.; Lust. Spiegelbilder, Sat. 2. A.; Tolle Teufeleien, Sat. 5. A.; Von Welt u. Weib, N. 7. A.; Reimer Pilotis Lebensfahrt, R.; Das helle Licht, R.; Die in Sehnsucht weinen, R.; Gib mir Kraft, R.; Die Waldheimat des Donatus Quind, R.

Kipp, Heinrich (Ps. K. Heinz u. Lucifer), ♆, Satire, ∴, Realschullehrer in **Bremen**, Bischofsstr. 8. (Lengerich i. Westf. $^{19}|_{11}$ 81.) **B**: Schlichte Lieder 04; Ein Jahr in Dunkelhausen, sat. R. 10; Der Sündenfall, Verssat. 13; Von Haeckel zur Theosophie 13; Geisteswissenschaft 15, 2. A. 19; Der Ring des Nibelungen als Weltanschauung 21; Goethes Faust als Weltanschauung u. Geheimlehre 21; Stimmen des Herzens, Lr. 19 III; Im Ring des Lebens, Film 23; Die Malerprinzeß, Optte. 24.

Kippenberg, Anton, Lit.♛, ♆, /, Dr. phil., Bremischer Prof., Mitbes. u. Leiter d. Insel-Verlags. **Leipzig-Gohlis**, Richterstr. 27. (Bremen $^{22}|_{5}$ 74.) **B**: Die Sage vom Herzog v. Luxemburg 01; Katalog der Sammlung Kippenberg 13. **H**: Jahrb. d. Samml. Kippenberg 21ff.; Goethe, Privatdrucke. **Ue**: Bergmann, Ernst Staas 15; Streuvels, Der Arbeiter; Die Ernte 17; Vermeylen, Der ewige Jude 17; Timmermans, Das Jesuskind in Flandern 19.

Kipper, Hans, DÖSchG., /, ⊞, ♛, Politik, Hrsg. u. Hauptschriftl. d. „Michel" in **Graz**, Grillparzerstr. 17. (Illischestie $^{10}|_{11}$ 89.)

Kipper, Heinrich, DÖSchG., ⊘, ♆, Rom., ♛, /, ▮, Hptm. a. D., Prof. **Oberhollabrunn**, N.-Ö., Waldweg 6. (Illischestie $^{16}|_{12}$ 75.) **B**: A. d. Tagebuch e. Gendarmen 13; Lieder e. Verwundeten 15; Aus Wunden u. Wonnen 16; Der Dickvetter als Hexenmeister, Schw. 22; Die gezähmten Schwiegerväter, Schw. 23; Die Teufelsschmiede, Vst. 23; Der Weg zum Licht, R. 23; Die Schulgemeinde von Schwarzhof, Kom. 23. **H**: „Freie Lehrerzeitung" 01—08; „Bukowiner Boten" 08—10; Deutsche Kunst 22; „Michel" (Graz) 23.

Kirchbach, Marie, jetzt Strube, Marie.

Kircheisen, Friedrich M., VB., Universal♛, Literat., napoleon. ♛, ●. **Berlin W 15**, Fasanenstr. 58. (Chemnitz $^{23}|_{6}$ 77.) **B**: Napoleon der Denker; u. a.

Kircheisen, Gertrude, jetzt Aretz, Gertrude.

Kirchmair, Robert, ♆, ⊘, Nov., Rom., Prof. **München**. (ebda $^{13}|_{7}$ 78.) **B**: Zum Preise des Sports, Melodrama 99; Harmonie, Festsp. 02; Ambros Worbacher, Sch. 05; Irmentraut, Ball. 06; Anna Herbert, Dr. 08; E. zerstörtes Leben, Dr. 12; Lehrgang d. Rechtschreibg. 14; Käthe, Dr. 15; Kußbazillen, Lsp. 15; Ketten, Dr. 16. **H**: Grimms Märchen 15 III; Hauffs Karawane 15.

Kirchsteiger, Hans, Roman, Pfarrer i. R. **Salzburg**, Villa Kirchsteiger. (Eberschwang, ObÖstr. $^{21}|_{10}$ 52.) **B**: Das Beichtsiegel, R. 05 II, 36. A. 08; Die Katakomben zu Salzburg, R. 06 II, 3. A. 07; Das Schulfest, Vst. 06; Der Weltpriester, R. 07; Der Primas v. Deutschl., R. 08; Ein Tag bei Gott, Andachtsbuch 09; Der Beichtvater, R. 10; Die Erbsünde, R. 11; Wie heißt d. 6. Gebot? R. 13; Der Teufel.

R. 15; Der Pfarrer v. Ramsau, Dr. 20; Aus der Hölle, R. 21; Der eiserne Paragraph, R. 23.

Kirstein, Gustav, Dr. h. c., Verlagsbuchhändler, (Firma: E. A. Seemann). Leipzig, Dittrichring 10. ($^{24}|_{8}$ 70.) W: Die Welt Max Klingers 17; Das Leben Adolf Menzels 20. *

Kirstein, Paul A. (Ps. A. Pauly, P. Cerisier, Hugo v. Gießen), BP., RP. Berlin W 30, Bamberger Str. 40. (ebda $^{24}|_{8}$ 69.) W: Dramen, Romane u. Nov.

Kirsten, Paul, Humor, Roman, /. Dresden-A. XIV, Ostbahnstr. 34. (Wilsdruff $^{18}|_{12}$ 53.) W: Tolle Streiche 77, 4. A.; All Heil 87, 2. A. 88; Zwirl-Dudensing 88, 2. A. 88; Dox 89; D. Morgenröte des 20. Jahrh. 90 III.

Kisch, Egon Erwin, Schriftsteller. Berlin W 30, Hohenstaufenstr. 36. (Prag $^{29}|_{4}$ 85.) W: Der Mädchenhirt, R., 1. A. 13, 8. A. 20; Die Abenteuer in Prag, R., 1.—10. A. 21; Die gestohlene Stadt, Kom. 22; Die Himmelfahrt der Galgentoni, dram. Lcg. 22; Soldat im Prager Korps, R. 23. H: Klassischer Journalismus, Anthologie 23. *

Kisch, Gustav Oswald, Ψ, Dr. phil., o. ö. UP. Klausenburg i. Siebenbürgen. (Bistritz $^{26}|_{8}$ 69.) W: Nordsiebenbürgisch. Namenbuch 07; Altgriech. Ortsnamen in Siebenbürgen 11; German. Elemente i. Rumänisch. 11: Grendel 11: Zur Wortforschung 21: Erloschenes Magyarentum in Siebenbürg. 24: Erlosch. Slawentum in Siebenbürgen 24; u. a.

Kispert, Frau Annette, SDS. Berlin NW, Luisenplatz 9 pt. r. (Leipzig $^{24}|_{10}$ 79.) W: Liebeshunger 06; Claires Liaison 09; Tinas Einsamkeiten 21. *

Kissenberth (früher Stern-Kohlhund), Frau Ella-Luise, ASV., /, ❦, Erz., ○, ♬, Ѵ, Übersetzungen. Berlin-Wilhelmshagen, Wilhelmstr. 8. (Weildorf, Baden $^{15}|_{1}$ 82.) W: Sonnenheimweh, G. 07: Im Sonnenland, G. 07; Im Reiche der Frau, Pl. 07.

Kißling, Frau Ella (Kißling-Valentin), SDS., Belletristik, Majors-Gattin. Baden-Baden, Werderstr. 11, Villa Bell-Arti. (Konstanz, Bodensee $^{24}/_{11}$ 86.) W: Das Leben ist unser, R. 08; Margerits Vergangenheit, R. 10; Viktoria Denzien, R. 14; Bismarck u. d. Frauen, hist. R.; Geheiligte Sünde, R. 22; Die große Einsamkeit, R.

Kißling-Valentin, s. Kißling, Ella.

Kittel, Joseph Balduin, PA., ▦, ft, ❦, ○, /, Lokal♛, Dr. jur., HofR. Würzburg, Leistenstr. 84. (Obernburg $^{28}|_{4}$ 69.)

Kiy, Hermann, PA., SDS., /, Ue: DN. Kopenhagen-Brönshöj, Hvidkildevej 10 II. (Trier $^{6}|_{8}$ 79.)

Kjölenson, Dr. Hjalmar, s. Rauter, Dav.

Klaar, Alfr., PA., Lit.♛, ○, ❦, Essay, Dr. phil., Prof., Red. Berlin C, Brüderstr. 34—38. (Prag $^{7}|_{11}$ 48.) W: Börnes Leben u. Wirken, Einleitg. zu Börnes Werken 99; D. Faust-Cyklus 99; Wir u. die Humanität 02; Grillparzers Leben u. Schaffen 03; Schiller u. Goethe 05; Uriel Acosta, Leben u. Bekenntnis e. Freidenkers 09; Probleme d. modernen Dramatik; u. a. ()

Klabund (Ps. für Alfred Henschke), SDS., Essay, ❦, ○, Nov., Roman. Berlin SW, Hallesche Str. 21. (Crossen $^{4}|_{11}$ 91.) W: Morgenrot! 12; Karussell 13; Moreau 15, 7. A. 21; Marketenderwagen 15; Chinesische Nachdichtungen 15 u. 16; Sinngedicht 15; Himmelsleiter 16; Krankheit 16; Geisha O-sen 17; Mohamed 17; Irene 17; Bracke 18; Der himmlische Vagant 18; Nachtwandler 19; Feueranbeter 19; Deutsche Literaturgeschichte 19, 40. T. 22; Dreiklang 20; Geschichte der Weltliteratur 21, 20. T. 23; Blumenschiff 21; Kleines Klabundbuch 21; Franziskus 21; Spuk 22; Das heiße Herz 23; Der letzte Kaiser 23; Pjotr 23. H: Das deutsche Soldatenlied 15, 2. A. 16.

Kläger, Emil (Ps. Milo oder Milo Boy), CC., Roman, Novelle, Essay, Kritik, Kritiker der „Neue Freie Presse". Wien IX, Müllnergasse 4. (Wisnitz $^{10}|_{8}$ 82.) W: Durch die Wiener Quartiere des Elends und Verbrechens, 10.—20. T. 08; Von Kleidern und Liebe, Gespräche, Briefe und Geschichten, 5. T. 15; Legenden und Märchen unserer Zeit, 8. T. 16; Pippas Tanz 10. T. 22. *

Klages, Ludwig, ∴, Psychologie. München, Leopoldstr. 153 u. Kirchberg b. Z. (Seminar für Ausdruckskunde). (Hannover $^{10}|_{12}$ 72.) W: D. Probleme d. Graphologie 10; Prinzipien d. Charakterologie 10; Ausdrucksbewegung u. Gestaltungskraft 13; Handschrift und Charakter 16; Mensch und Erde 20; Vom Wesen des Bewußtseins 21; Vom kosmogonischen Eros 22.

Klaiber, Pauline, s. Klaiber-Gottschau.

Klaiber-Gottschau, Frau Pauline, Ue: SchwDNEI. Würzburg, Theaterstr. 2.

Klamfoth, Hermann Heinrich Friedrich, Journalistik, Politik, ♛, Dr. Dorn, Ingenieur. Hamburg 20, Knauerstr. 17. ($^{15}|_{1}$ 94.) W: Schärft die Geisteswaffen 21; Der Erkaiser 20. H: Von Büchern und Menschen 20. *

Klappstein, Paul, Religionswissenschaft, Dr. phil. Hauptpastor in Ueter-

sen (Schleswig-Holstein), Kirchenstr. 14. ($^{6}|_{8}$ 88.) W: 4 Turkestanische Heilige, ein Beitrag z. Verständnis der islamischen Mystik 20. *

Klarenthal, Karl v., s. Schneidt, Karl.

Klatt, Fritz, Pädagogik, ∴, Lit.♛, Dr. phil., Leiter eines Ferien- und Jugendheimes in Prerow a. d. Ostsee, Waldstr. 34. (Berlin $^{22}|_{3}$ 88.) W: Die Schöpferische Pause 21, 3. A. 23; Jean Paul als Verkünder von Frieden und Freiheit 19; Die Würde der Gemeinschaft 22. *

Klatte, Wilh., Musik, Prof., MusikRef. d. „Berlin. Lokalanz." u. Lehrer am Sternschen Konservatorium. Berlin W, Nettelbeckstr. 24 III. (Bremen $^{13}|_{3}$ 70.) W: Zur Gesch. d. Programm-Musik 05; Frz. Schubert 07; Aufgaben für den einfachen Kontrapunkt 10, 2. A. 15; Grundlagen d. mehrstimmigen Satzes 22.

Klatzkin, Jakob, SDS., ∴ und Publizistik, Dr. phil. Murnau am Staffelsee, Bayern. ($^{10}|_{3}$ 82.) W: Das Problem der Bewegung, erkenntnistheor. Studie 12; Probleme des modernen Judentums 18; Hermann Cohen 19, 2. A. 21; Krisis und Entscheidung 21; Jüdische Politik 21; Spinoza, Leben, Schr. u. Lehre (hebr.) 23; Spinoza, Ethik, ins Hebräische übersetzt 23; Fragmente, hebr. Essays 23.

Klausener, Frau Hanna, AV., Jugendschriften, Skizzen, Übersetzungen, Gedichte. Hagen, Westf., Elberfelder Str. 53. (Elberfeld $^{18}|_{2}$ 78.) W: Die Wuppermännchen und ihre Freunde 20. *

Klausnitz, Erich Hans, SDS., VF., ✠, Nov., Oper, Pharmazie, Freier Schriftst. Berlin-Mahlsdorf, Florastraße 82. (Kremmen, Kr. Ost-Havelland $^{28}|_{1}$ 00.) W: Jugendträume, G. 21. *

Klee, Rudolf, deutsche Ψ, Dr phil., GymnObLehr. Marburg i. H. (Rinteln $^{16}|_{8}$ 80.) W: Das mhd. Spiel vom Jüngsten Tage 06; Die Regula monachorum Isidors v. Sevilla 09; Ibsen u. d. Christentum 11; Lessings Stellg. zu d. positiven Religionen 13. ()

Kleefeld, Wilhelm, Dr. phil., Hofkapellmstr. a. D. Berlin W, Schöneberger Ufer 41. (Mainz $^{2}|_{4}$ 69.) W: Musikgeschichtliche Schriften; Don Pasquale 02; Herr Kapellmeister 04; Beatrice 05. ()

Kleemann, Selmar, Germanistik, Dr. phil. Quedlinburg, Amelungstraße 1. (Nordhausen a. H. $^{7}|_{12}$ 51.) W: Zahlr. Schriften zur Geschichte Quedlinburgs.

Kleimann, Paul Alex. (Ps. Paul Alexander), DB, PA., ☉, /. Hamburg, Isestr. 8. (ebda $^{14}|_{8}$ 63.) W: Erdenglück, Märchendr. 94; D. Prophet v. Memphis, dr. G. 97; Erlebtes u. Empfundenes, N. u. Skn. 97; Prakt. Anleitg. z. Erlerng. d. stummen Spiels auf d. Bühne 00; Spielteufel, Der Ehrenmann, Der klassische Zeuge, Einakter; Vom Regen in die Traufe, Burleske; Spätsommer, Komödie (m. Victor Stephany); Das Recht auf Liebe, Sch.; Peters Jagd nach dem Glück, WeihnM. 10; Mann, Frau u. Teufel, Hans Sachsiade 11; Inez de Castro, Sch. 11; Junges Volk, e. lustiges Spiel 12; Schwache Seelen, Sch. 15; Ach so . . .! Burl. 16.

Klein, Berthold, s. Walter van der Bleek, C. L.

Klein, Clemens, PA., RP., ♛, ✉, /, Dr. phil., Red. Berlin-Grunewald, Warmbrunner Str. 8. (Glogau $^{19}|_{7}$ 65.)

Klein, Erich, ASV., DB., Plaud., Skizzen, Essays, Lit.- u. Kulturkritik, Dr. Allenstein, Ostpr., Moltkeplatz 5. ($^{9}|_{2}$ 89.) W: Vom Wesen und Werden, Gedanken, Meinungen, Deutungen zur Kritik der Zeit 23.

Klein, Ernst Ferd., ASV., †, ✠, Pfr. Berlin-Lichtenrade. (Wohlau, Schles. $^{18}|_{4}$ 63.) W: Aus d. Schatzkammer heil. Väter, 12 Hefte: Märtyrerakten I 06; Wider d. Gesunddenker, d. fälschl. Gesundbeter heißen 02; D. Urgemeinden u. d. jetz. Gemeinden 07; Russ. Reisetage 09; Zeitbilder aus der Kirchengesch. I 11, II 12, III 13; Lieder der Sehnsucht 17, 2. A. 19; Lieder der Liebe 18; Was mein Garten spricht 22.

Klein, Rudolf, s. Klein Diepold, Rud.

Klein Diepold, Rudolf (Klein, Rud.), ☉, ∴. Berlin W 10, Hohenzollernstr. 3. (Köln $^{9}|_{11}$ 71.) W: Arnold Böcklin 01, 2. A. 05; Aubrey Beardsley 02, 5. A. 22; Max Klinger 03; Adolph v. Menzel 04; Düsseldorfer Ausstellung 04; Die Sezession 05; Félicien Rops 05; Ein Jahrh. deutscher Malerei 06; Max Liebermann 06; Lovis Corinth 08; Fritz Böhle 08; Ferd. Hodler, Adam Oberländer u. Moritz v. Schwind 09; D. deutsche Kunstproblem der Gegenwart 15.

Klein-Rogge, Frau Th., s. Harbou, Thea v.

Kleinberg, Alfred, SDS., PA., Lit.♛, Dr. phil., Prof. Karlsbad, Böhmen, Parkstr. 31. (Friedek $^{18}|_{12}$ 81.) W: Mihi et mundo, G. 03; Die Übersetzgn. der Horaz. Ode Donec gratus eram tibi 13/14 II; Grillparzer 15; Denken im Vormärz, Zensur im Vormärz 17; Anzengruber 21. H: Raimunds „Verschwender", Grillparzers „Selbstbiographie", Goethes Neue Melusine u. Fouqués Undine 12; Grillparzers Selbstbiographie 14.

Kleinert, Karl Erasmus, Vizepräsident des VB. (Landesgruppe Österreich), CC.,

Politik, /, Krit., lit. Essay, kais. Rat, Vortragsmeister, Red. i. P. Wien XIX, Glatzgasse 4. (ebda $^{14}|_{8}$ 57.) V: Hamerling 89.

Kleinpaul, Johs., Kultur♛, Dr. phil., UAssist. u. HandelsHSchBibl. Leipzig, Johannisallee 4 I. (Meißen $^{10}|_{8}$ 70.) V: Unser täglich Brot 18; Wie wir uns kleiden 19; Die Fuggerzeitungen d. österr. Staatsbibl. in Wien 1568—1605 20; Das deutsche Dorf 21; Anno dazumal, vergessene sächs. Anekdoten u. Historietten 21; Journalistenpraxis 22.

Kleinschmidt, Max, ∴, Erz., Dr. phil., Prof. Jena, Sophienstr. 7. (Stolzenau a. W. $^{25}|_{4}$ 74.) V: Deutsche Ausgabe d. Bilder aus Südafrika von Jos. Bryce 00; Engl. Grammatik 06; Grammatik und Wissenschaft 08; D. wissenschaftliche Methode z. Erlerng. fremder Sprachen 09; Wissenschaftl. Lehrgang d. engl. Sprache 09 II; Versuch e. allg. Theorie d. Grenzverfahrens 13; Der Beutel des Glücks 21; Die neun Mütter Heimdalls 21; Abenteuer u. Träume 22.

Klement, Richard, Kinderlieder, Erz., /, Schuldirektor. Wien 6, Webgasse 11. (ebda $^{29}|_{8}$ 77.) V: Kinderlieder 12; Deutsche Märchenlieder 18; Was Kinder gern singen u. sagen 21; Sing u. Sang im Sonnenschein 21; Der Fritzl u. der Spitzl 22; Für morgen u. heut, für kleine Leut' 23; O, diese List 23.

Klemenz, Paul, Deutsche Lit.- u. Heimatkunde, Dr. phil., GymnProf. Breslau, Monhauptstr. 14. (Tarnau b. Frankenstein $^{23}|_{8}$ 59.) V: Der syntakt. Gebr. des Partizips im Altfranzös. 84; D. Ortsnam. der Grafschaft Glatz 87, 2. A. 89; Les Petites Poésies de Pierre Corneille 94; Der Anteil der Grafschaft Glatz an der deutsch. Lit. 10; F. v. Sallet 12; Der Anteil des Neisser Landes an d. deutsch. Lit. 13; Der Anteil Oberschlesiens an deutscher Geisteskultur und Dichtung 18; Biogr. d. Gesamtlit. über Gust. Freytag 20; Die Lit. der Landes- u. Volkskunde d. Grafsch. Glatz 20, II. Teil 20—23.

Klemm, Heinz (Ps. Heinz Moenanus). Tagesfragen, schöne Lit., Poesie, Rom., Nov. München S 41-Thalkirchen, Schachnerstr. 6 II. (Frankfurt a. M. $^{13}|_{4}$ 68.)

Klemm, Wilhelm, ⚕, Dr. med. Leipzig, Karl-Tauchnitz-Str. 33. (ebda $^{15}|_{8}$ 81.) V: Gloria, G. a. d. Felde 15; Aufforderung, G. 15; Verse u. Bilder, G. 16; Entfaltung, G. 19; Ergriffenheit, G. 20; Traumschutt, G. 20; Verzauberte Ziele G. 21.

Klenz, Heinrich, deutsche Ψ, Gelehrten-♛, Biogr., ⚕, ⊘, literar. Kritik, Dr. phil. Berlin-Steglitz, Altmarkstr. 7 III. (Kröpelin $^{25}/_{8}$ 60.) V: Die Quellen von J. Rachels erster Satire „Das Poet. Frauenzimmer od. Böse Sieben" 99; D. deutsche Druckersprache 00; Wörterb. nach d. neuen deutsch. Rechtschreibung 04, 3. Neudr. 23; Erläutergn. z. Fritz Reuter, Ut mine Stromtid 05/06 II; Dörchläuchting, niedd. Lsp. 06; Schelten-Wörterbuch, Die Berufs-, bes. Handwerkerschelten 10; Felix Stillfried, e. niedd. Dichter 11; Alkoholiker unter d. Gelehrten u. Schriftstellern 13; Gelehrten-Kuriositäten (Ztschr. für Bücherfreunde) 13ff.; Fierabendsklӓng', niedd. G. 22. H: Schiller, Demetrius 03; Kürschners Deutscher Lit.-Kal. 04—17; Mörike, Mozart auf der Reise nach Prag 06.

Klepetar, Frl. Helene, SDS., /, Ue: DN. Wien VIII, Lupkag. 6. Ue: Werke von A. Haukland, H. Langgaard, K. Larsen, H. Rode, Blicher-Clausen, E. Nebelong, H. Bang, S. Michaëlis, Chr. Houmark, R. Hjorth-Schöyen, Karin Ewald u. a.

Klesper, Reinhard Jakob Wilhelm (Reinhard Klesper-Fritzlar), ASV., Dichtung, Kaufmann. Frankfurt a. M., Saalburgallee 10. (Fritzlar $^{30}|_{8}$ 93.) V: Des Römers Traum, phant. Dchtg. 13; Heimatklänge, G. 18; Minnende Menschheit, G. 22; Tagebuchblätter eines Dichters 23. H: Weit in die Welt hinaus . . . 18.

Klesper-Fritzlar, Reinhard, s. Klesper, Reinh. Jak. Wilh.

Klette, Werner, SDS., Essay und Fachartikel über ♜, Filmkritik. Ue: F, Dr. phil. München 50, Reitbergerstr. 4. (Dresden $^{20}|_{8}$ 85.) V: Über Theorien u. Probleme der Bühnenillusion 11. H: Unsere Feinde I 14, 6. A. 15, III 15, 4. A. 15. Ue: Romain Rolland: Michelangelo 19; Romane: Cyril-Berger: Der Kamerad 22; Alfred Machard: Titine 22; Ins Franz.: Bernhard Kellermann: Le Tunnel (mit Cyril-Berger) 21; Le „Neuf Novembre" (mit B. Cyril) 23; Lion Feuchtwanger: Les Prisonniers de Guerre, Dr. (mit B. Cyril) 22.

Kleukens, Chr. Heinr., Leit. d. Kleukens-Presse. Nieder-Ramstadt bei Darmstadt (Achim $^{7}|_{8}$ 80.) V: Fabeln 10; Reinke Voß 13. H: Sackmans plattd. Predigten 12; Aus des Angelus Silesius Cherubin. Wandersmann 12; Till Ulenspiegel 13; D. Buch d. Fabeln (m. O. Crusius) 13 u. 20. ( )

Kley, Ernst Heinrich, (k.), Politik, Red. a. d. „Köln. Volksztg.", Begründer von „Wissen und Glauben, Magaz. f. volks-

tüml. Apologetik". Brühl b. Köln a. Rh., Moltkestr. 8. (ebda $^{23}|_{8}$ 67.)

Kliche, Franz, Relig. u. erz. Lit.-Werke, Sup. a. D. Berlin, Skalitzer Str. 49. (Regenwalde $^{17}|_{11}$ 63.) B: Wir sahen s. Herrlichkeit, Pred. 10 III; Eisenhut u. Bundschuh, R. 17; Kreuz auf roter Erde, R. 18; Heilige Berg, Erz. 18/19 II; Ein feste Burg, R. 20; Ehre den Rosenkamps, R. 21; Bausteine zu den Evangelien, 2. A. 21; Für Arbeit u. Stille, 2. A. 21; Frau Ursulas Fahrt ins Glück, R.; Klotze v. Steineck, R.; D. Sieger, Erz.; Hillger Siebennot, Erz.

Klieba, Michael, DÖSchG., VB., ♀, Erz., Nov., Rom., /, literar. Aufsätze, Bezirksschulinspektor u. Fortbildgsschul-Dir. Wien V, Ramperstorfferg. 58. (ebda $^{25}|_{9}$ 74.) B: Mein Wien, Großstadt-M. 12; Adalbert Stifter, 2 dramat. Bilder 12; Margareten. Ein Heimatbuch 22.

Kliemke, Ernst (Pf. Heinrich Nienkamp), ♀, ∴, Dr. jur. Berlin-Schöneberg, Freih.-v.-Stein-Str. 2. ($^{2}|_{1}$ 70.) B: Die Tugend des Genusses 04; Reichs-Aktien-Gesellschaft 14; Fürsten ohne Krone 16, 14. A. 21; Grundlagen d. F. v. K 16; Kultur u. Sprache 16; Wiederaufbau Europas 17; Der Weg zu Freiheit u. Glück 20; Die Volksgenossenschaft 23; Wohlstand für Alle! 23.

Klimsch, Uli, DB., O. Freiburg im Breisgau, Pontosverlag, Kirchstr. 33. ($^{22}|_{11}$ 95.) B: Der Toten Heimkehr, Tr. 22; Die Schillschen, Sch. 23. *

Klincksieck, Friedr., franz. u. deutsche Lit.♛, Dr. phil., Prof., GOLehr. Halle a. d. S., Händelstr. 31. (Paris $^{17}|_{2}$ 60.)

Klinenberger, Ludwig, CP., PA., SDS., Theater/, Red. an d. „Neuen Freien Presse", Hrsg. u. verantw. Red. d. „Berl. Illustr. Ztg." u. von „Musik für Alle" für Österr., Wiener Korresp. d. Berl. „National-Ztg." Wien I, Fichteg. 11. (ebda $^{16}|_{9}$ 73.) B: Nach Island und zum Nordkap 06; Leo Slezak 10.

Klingenfeld, Frl. Emma, **Ue:** DSchw NF. München. (Nürnberg.) **Ue:** Dramen von Ibsen; Adam Homo, E.; Hektor Berlioz.

Klinghammer, Waldemar, Schwarzb. Hofrat, RA. Rudolstadt, Schwarzburger Str. 27. (ebda.) B: Mei Rudelschtadt, Dchtgn. i. heim. Mundart I—III; Eine Reise nach Norwegen u. Spitzbergen a. d. „Auguste Viktoria".

Klings, Karl, ♀, Rektor. Berlin-Schöneberg, Wartburgstr. 40. (Gesetz $^{11}|_{1}$ 67.) B: Liebeswonne, G. 93; Bunte Reihe, G. 96; Aus 'em Rutkatelgebirge, mundartl. (schles.) G. 02, 2. A 05; Wieland d. Schmied, Dr. 03; Dideldumdei, mundartl. (schles.) G. 07; Im Zwielicht, Erzn. u. Skn. aus Oberschles. 08; Schläsches Kriegsbrut, mundartl. G. 16; Verschel fir kleene Perschel, desgl. 21; Neckisches u. Gruslisches, desgl. 21; Der schwarze Sturch, schles. E. 22.

Klinkenborg, Melle, ♛, Archivwiss., Dr. phil., GStaatsarchR. Berlin-Steglitz, Arndtstr. 40. (Grimersum, Kr. Emden $^{23}|_{1}$ 72.)

Klippel, Ernst, ♛Archäologie, Orientalia, Architekt, RegBauinsp. a. D. Wünsdorf, Kr. Teltow. (Liebau, Schles. $^{19}|_{4}$ 72.)

Klob, Karl Maria (Pf. Wolfgang Karlob, Hans auf der Mauer), VB., O, /, Musik♛, Wien I, Schottenring 17. (Olmütz $^{18}|_{5}$ 73.) B: Der Uhrmacher von Olmütz, Dr. 97; Drei Einakter 98; Ernster Sang u. Schellenklang, G. 98, 2. A. 01; Im Hexenwahn, Dr. 98; Drei Fastnachtspiele v. Hans Sachs, neu bearb. 98; Prinz Habezwirn, Dr. 00; Wunderorgel, Dr. 01; Dämmer u. Strahlen, Nn. 02; Christian Schubart, Dr. 02; Aus d. Provinz, Dr. 02; Beitr. z. Gesch. d. deutsch. kom. Oper 03; Die kom. Oper nach Lortzing 04; Karl Eugen, Dr. 05; Der Rothenburger, Tr. 07; Schubartbiographie 08; Musik u. Oper 09; Literatur u. Theater 09; Im Reiche der Töne, N. 10; Drei musikal. Biedermänner, Biogr. 11; Die Oper von Gluck bis Wagner 12; Ketzerbriefe an eine Dame 13; Die Verirrte, R. 14; Mepho, N. 19; Homunkulus, E. 19.

Klobukar, Paul (Pf. Paul Hutter), Politik, /, Kritik, Theater, ▮, Red. des „Tagesboten". Brünn, Prager Str. 6. (Budapest $^{8}|_{7}$ 84.)

Klopfer, Carl Ed. (Pf. gelegentl. Martellus), Rom., Hrsg. d. „Wien. Theater- u. Fremdenztg.", Theater-Referent u. Theater♛, Ψ. Wien VIII, Skodag. 28. (ebda $^{29}|_{4}$ 65.) B: Zwei Dichter, R. 93; Käthes Bild, Lsp. (mit C. Pander) 93; Frauenräthsel, R. 94; Bruder Roderich, R. 95; Glückspiel a. Hofe, R. 96; Irrtümer, R. 97; Das Geheimnis v. Birkenried, R. 98; Aus fürstl. Geblüt, R. 98; D. Soldatenweib u. anderes, N. 98; Fegfeuer, R. 99; Der Selige, R. 00; Der Schuß im Nebel, R. 19; Die Bürde des Schweigens, R. 20; Anders zwitschern die Jungen, R. 21.

Klopfer, Fritz, s. Stumme, Hans.

Klotz, Peter, Reiseschrift., Dr. phil., OSB. Stift St. Peter in Salzburg. (Kaltern, Südtirol $^{9}|_{4}$ 78.) B: Was ich unter Palmen fand 11, 5. A. 21; Mit Stab u. Stift 12, 3. A. 19.

Kluckhohn, Paul, a. o. Prof. f. dtsch. Sprache u. Lit. a. d. Univ. Münster i. W., Neustr. 8. (Göttingen $^{10}|_{4}$ 86.) B: Die Ministerialität in Südost-Deutschland v. 10. bis z. Ende d. 13. Jahrh. 10; Die

Auffassung der Liebe in der Lit. d. 18. Jahrh. u. i. d. dtsch. Romantik 22; u. a. H: Deutsche Vierteljahrsschrift f. Literaturwissenschaft u. Geistesgeschichte 23.

Klug, Ignaz, †, ∴, ▣, HSchProf. Passau, Bay., Klaftergasse 2. (Keilberg in Unterfranken $^{31}|_{7}$ 77.) V: Das ewige Heimweh, R. 20; u. a.

Kluge, Friedr., Germanistik, Dr. phil., em. UP., GR. Freiburg i. B., Thurnseestr. 11. (Köln $^{21}|_{6}$ 56) V: Etymolog. Wörterb. d. deutsch. Sprache 81, 10. A. 24; Von Luther bis Lessing 87, 5. A. 18; Unser Deutsch. Einführg. i. d. Muttersp., Vortr. u. Auff. 07, 4. A. 19; D. Elemente des Gotischen 12, 2. A. 21; Zur Nachfolge Erich Schmidts, Akad. Zeit- u. Streitfragen 13; Deutsche Namenkunde 17; Hildebrandslied 19; Deutsche Sprachgeschichte 21. H: Zeitschr. f. Deutsche Wortforschg. 10—15.

Kluge, Otto, †, Kunstkritik, Nov., Dr. phil. Berlin-Steglitz. (Quedlinburg $^{21}|_{9}$ 79.)

Kluge, Reinhard, /, ✿, ⊙, Schriftst. Berlin-Friedenau, Gutsmuthsstr. 12. (Berlin $^{4}|_{12}$ 81.) V: Sawitri, Dr. 10.

Klutmann, Rudolf, DB., SDS., ⊙, Theaterkritik, Dr., Dozent, Pädagoge. Blankenese a. d. E., Schillerstr. 4. ($^{30}|_{3}$ 83.) V: Meister Grobian, O. 18; Anselm u. Angela, Dr. 21; Der Tanzbär, Tragikom. 22; Das Recht auf den Vater, Lsp. 23; Der Mann im Knabenkittel, Dr. 23.

Knapp, Fritz, Kunst♛, Dr. phil., o. UP. Würzburg, Sanderring 16. (Halle a. d. S. $^{29}|_{10}$ 70.) V: Piero di Cosimo 99; Fra Bartolommeo u. die Schule v. S. Marco 03; Katalog d. ital. Bronzen u. Plaketten d. Kaiser-Friedrich-Museums, 2. A. 04; Michelangelo 05, 4. A. 20; Perugino 06; Andrea del Sarto 07; Italien. Kunstgesch. 08; Italienische Plastik 09; Mantegna 10; Fränkische Plastik 11; Katalog d. Univ.-Sammlg. Würzburg 14; Würzburg u. s. Sammlgn. I—III 14 f.; Die künstlerische Kultur des Abendlandes, Bd. I—III, 4./5. A. 24; Michelangelo, Tafelwerk 22; Leonardo da Vinci 23.

Knatz, Karlernst, („werle"), BP., RP., SDS., Satire, /, Politik, ∴, Lyrik, Vors. d. „Verbandes d. Zeitschriftenredakteure". Berlin-Schöneberg, Kufsteiner Str. 8. (Bromberg $^{15}|_{8}$ 82.) V: Aus Goethes Sonnentagen 09. H: „Bücher des deutschen Hauses" 08/09. Red: Arena 06—09; Über Land u. Meer 09—13; Voss. Ztg. 15—20; „Woche" 20; Kladderadatsch 21—23.

Knauer, Georg, VB., ✿, Aphorismen, ✗, /, Dr. med., Arzt. Wiesbaden, Wilhelmstr. 6. (ebda $^{21}|_{10}$ 65.) V: Gedichte 02; Aus meiner Welt, Aphor. 06, 2. A 07.

Knaus, Albert, s. Isaacsohn, A.

Kneip, Jakob, Epik, Lyrik. Köln/Rh.-Mauenheim, Gudrunhof. (Morshausen, Hunsrück $^{24}|_{4}$ 81.) V: Wir Drei (mit Vershofen, Winckler), G. 04; Ein deutsch. Testament, Dchtg. 16; Bekenntnis, G. 17; Barmherzigkeit, Dchtg. 18; Der lebendige Gott, E. 19; Das Mirakel, Dchtg. 23; Das Schicksalsbuch, R. 23.

Kneschke, Frau Martha verw. (Ps. M. Kneschke-Schönau), DSch., PA., Humor, ⊙, Nov., Rom., /, Graphologie. Dresden-Loschwitz, Viktoriastr. 44. (Teplitz-Schönau $^{8}|_{11}$ 66.) V: Florians Brautfahrt, Schw. 00; Verdorben — Gestorben, R. 03; Unwiderruflich, Hum. 05; Auf d. Spuren d. weißen Frau, R. 07/21; Unterm Rheingrafenstein, R. 11; Spätsommerglück, R. 12; Die Reisewitwe, R. 13; Das Kreuz am Gardasee, R. 13; Im Burgfrieden von Lauenstein, Rn. 14; Der Sprung aufs Brett'l, R. 20; Die Fahrt n. d. Schicksalsring, N. 21. ()

Knies, Richard, Erz., Roman, ✿, Verlagsleiter. Mainz, Kaiserstr. 64. (Offstein b. Worms a. Rh. $^{12}|_{1}$ 86.) V: Hähraffa u. Siebenguldennas 11, 2. A. 16; Schrei der Mutter 14, 4. A. 19; Dromedar 16, 3. A. 21; Gitarre 16, 3. A. 20; Feierliche Zelle 17; Sonderlinge v. d. Gasse 18, 4. A. 23; Herlishöfer u. ihr Pfarrer 19, 4. A. 21; Servaz Duftigs Frühlingswoche 20, 2. A. 21. H: Das Gastmahl der Erzähler; Jean Paul: Friedenspredigt an Deutschland 23.

Knoblauch, Adolf, SDS., ✿, Erz., Ue, Biblioth. Berlin-Zehlendorf-West, Hermannstr. 17. (Harburg a. d. E. $^{25}|_{5}$ 82.) V: Gedichte 08; Die schwarze Fahne, Erz. 15; Kreis des Anfangs, G. 16; Dada, Erz. 19; H: Mysterium Jesu von Peter Hille 21; Übersetzungen.

Knobloch, Joseph (Ps. J. v. d. Haardt), SDS., Kultur♛, Rom., Nov., Erz., pop.-wissensch. /, Theater, ⊙, Schriftst., ⊙- u. Theaterref. München, Reifenstuelstr. 10. (ebda $^{10}|_{7}$ 70.) V: Der deutsche Scharfrichter u. d. Schelmensippe 21; Der Becher des Wahnsinns 23; Der Henker u. der Hexenprozeß 24.

Knopf, Ernst, jetzt Altkirch, Ernst.

Knopf, Jul., DB., /, Theaterkritik. Berlin SO, Melchiorstr. 10. (Driesen $^{1}|_{1}$ 63.)

Knötel, Paul, Kunst♛, ♛, Altertumskunde, Jugendschr., Dr. phil., Prof. Breslau, Tauentzienpl. 2. (Glogau $^{2}|_{12}$ 58.) V: Bilderatlas z. deutsch. Gesch. 95; Ill. allgem. Kunstgesch. im Umriß 02, Bürgerl. Heraldik, 1. u. 2. A. 03, 3. A. 22; Im Kampf um d. Heimat 04, 2. A. 13; Gesch. Oberschlesiens 06; Der

Hungerturm 06, 2. A. 14; Oberschles. Sagen (m. Frau Hildegard Knötel) I 07, 2. A. 11, II 11; Schles. Bilderbuch 07; Oberschlesien einst und jetzt 09, 3. A. 10; Kunst u. Heimat 10; Gesch. d. Provinz Posen 11; Kunst in Oberschlesien 12; An der Katzbach, Dr. 13; 1813/1913, Jugendschr. 13; D. griech Bildwerke in Orig. u. Nachbildgn. 20; Schlesien, unteilbar, deutsch, preußisch 22.

Knuchel, Eduard Fritz, SES., Theater, /, ✠, Dr. phil., Red. d. Feuill. u. d. Sonntagsblattes d. „Basler Nachrichten". Binningen b. Basel, Multenweg 31. ($^{29}|_{12}$ 91.) V: Die Umzüge der Klein-Basler Ehrenzeichen 14; Die Umwandlung in Kult, Magie u. Rechtsbrauch 19.

Knudsen, Hans, Lit.- u. Theater♕, Theaterkritik, /, Essay, Dr. phil., Schriftl. d. „Szene", Generalsekr. d. „Ges. f. Theatergesch.". Berlin-Steglitz, Alsenstr. 8. (Posen $^{3}|_{12}$ 86.) V: Schiller u. d. Musik 08; Hauptepochen d. Gesch. d. deutsch. Theaters in Posen 12; Heinr. Beck 12; D. Dichter Herm. Burte 18; D. Schulbibliothek (m. Dr. W. Pieth) 20; Büchner u. Grabbe 21. H: Hebbel: Herodes u. Marianne 21.

Knurrmeyer, Willibald, s. Böttger, Franz.

Knuffert, Rudolf, ✠, Nov., AmtsgerR. Oettingen. (Neu-Ulm $^{24}|_{12}$ 63.) V: Lieder 96; Frauengestalten 98; D. Abenteuer d. Kapitän Flint 06; Lianen 13; Auf d. Kanzel u. a. Jagdh. 21.

Kobald, Karl, ✠, Roman, Ministerialrat. Rodaun b. Wien. (Brünn $^{28}|_{8}$ 76.) V: Hirtenflöte, Lyr. 14; Erde, Lyr. 18; Künstlerfrühling, R. 18; Alt-Wiener Musikstätten 19; Schubert u. Schwind (ein Wiener Biedermeierbuch) 20; Wiens theatralische Sendung 21; Franz Schubert, Aus dem Leben eines österreichischen Genies 22; Schloß Schönbrunn 23.

Köbele, Frau Hanna, geb. Christaller (Hanna Christaller), Kolonialnovellen. Schorndorf i. Württ. (ebda $^{4}|_{7}$ 72.) V: Alfreds Frauen 03, 3. A. 05; Leibeigen 07.

Kober, Aug. Heinr. (Ps. Ob, Balthasar Schmitz, Tyll), SDS., VP., ⁂, Lit.-Wissensch., Kritik, kath. ✝, Nordiska, Orientalia, Leit. d. Feuill. d. Voss. Ztg. Charlottenburg-Westend, Ulmenallee 38. (Potsdam $^{21}|_{10}$ 87.) V: Gesch. d. relig. Dchtg. in Deutschland 19; Seele d. Journalisten 20; Obs Tanzbuch 21. H: Kultur-Bibliothek. ( )

Koch, Dr. A., s. Kaßner, Karl.

Koch, Alexander, PA., Kunstschr., Hofrat, Verl. u. Hrsg. v. „Deutsche Kunst u. Dekoration", „Innen-Dekoration", „Tapeten-Zeitung", „Stickereien u. Spitzen". Darmstadt, Sandstr. 16. (Köln a. Rh. $^{9}|_{11}$ 60.) V: Ein Dokument deutsch. Kunst (Darmst. Künstlerkolonie) 01; Ausstellung Turin 02; Darmstadt, eine Stätte mod. Kunstbestrebgn. 05; Darmst. Ausstellg. 08; Handbücher neuzeitlicher Wohnkultur; Werkbund-Ausstellg. Köln 14; Ausstellg. d. Darmst. Künstlerkolonie 14; „Das schöne Heim", Die Ausgestaltung der Wohnräume 20; Das neue Kunsthandwerk in Deutschl. u. Österreich (Gewerbeschau München 22).

Koch, Carl W. H., Afrika (Kamerun), Kaufmann. Bonn, Rheinland, Beringstr. 7. (Frankfurt a. M. $^{13}|_{8}$ 82.) V: Im toten Busch, Kameruner Erzn. 22; Das Lied des Landes, Erlebtes und Empfundenes aus Kamerun 23. *

Koch, Gaudentius (Ps. Liebfrauenlob), (k.), ✠, Lesemeister des Kapuzinerordens, Tertiarendirektor. Bregenz, Kapuzinerkloster. (Solothurn $^{9}|_{12}$ 67.) V: Liebfrauenlobs Marienleben 98, 7. A. 23; Have pia anima, Lr. auf meiner Mutter Tod 06, 2. A. 14; Liebfrauenleben, Liebfrauenminne, Bethlehem 07 III; Kirchenlieder 07, n. F. 08, 2. Folge 14; Bilder vom Heil. Land 09; Eine Fahrt nach Alemannien 10; Aus stillen Bergen, Skn. 10; Tirolische Fahrten, Böhmische Bilder 17; Neue Pred. 18; Lieder zum Kirchenjahr 19; Das Büchlein Nazareth 20, 4. A. 23. **Bearb:** Kochem, D. Große Leben Christi 12, 2. A. 14.

Koch, Günther, ⌬, Antiquar. München, Hiltenšberger Str. 21. (Dresden $^{9}|_{9}$ 70.) V: Kunstwerke u. Bücher am Markte 15.

Koch, Hans (Ps. Johannes Leonardus), ✠, Dr. med., Arzt. Düsseldorf, Bismarckstr. 40. (St. Avold i. Loth. $^{4}|_{2}$ 81.) V: Dieweil es Lebens gilt! G. 05; Mein Lebtag geht auf krummen Wegen, G. 06; Proleten, Nn. 08.

Koch, Julius (Ps. Johs. Meinen), ⌬, ✠. Bremen, Contrescarpe 138a. (ebda $^{11}|_{7}$ 70.) V: Ein Bruderkuß, Dr. 93; Im Frühglanz, G. 00; Die Gerechten, Dr. 04; Versailles, Dr. 05; Trude, Erz. in Vers. 07; D. Rätsel, Dr. 08; Mittag, G. 09; Tibeta Vasmer, Dr. 10; Aus großer Zeit, G. 13; Deutschland, du heiliger Bronnen, G. 18; Diesseits d. Berge, Dr. 18; Die Mühle am Deich, Dr. 18; Vor den Pforten, G. 21.

Koch, Maidy. s. Meyer, Maidy.

Koch, Max, Lit.♕, Dr. phil., o. UP., GRegR. Breslau XIII, Kais.-Wilhelm-Str. 105 III. (München $^{22}|_{12}$ 55.) V: Münchner Wertheriade 88; Grillparzer 91; Nationalität u. Nat.-Lit. 91; Gesch. der deutsch. Lit. 93, 9. A. 20/21 II; Geschichte d. deutsch. Lit. v. 1600 bis z. Gegenwart 97, 4. A. 19/20 II; Zu Ehren Schillers, Festrede 05; R. Wagner,

Biogr. I 07, II 13, III 18; D. deutsche Lit. v. Jena bis zu d. Befreiungskriegen mit bes. Berücksichtigg. Schlesiens 08; Ludwigs I. v. Bayern Anteil an d. Befreiungskriegen 13; R. Wagners Stellg. i. d. Entwicklg. d. deutsch. Kultur 13; Abriß der schles. Lit.-Gesch. bis z. Thronbesteigg. Wilhelms II. 13; Deutsche Vergangenheit in deutsch. Dichtung 18; Akad. Festrede zu Ehren gefallener Kommilitonen 19; Deutsch-nationale Gedächtnisrede für d. Gefallenen 19; Zum 150. Geburtstag E. M. Arndts 20; Reich und Kaiser im Wandel deutscher Geschichte 21; Schillers Malteserdichtungen u. ihre Bedeutung für deutsche Gegenwart 23. **Neubearb:** Vilmar, Lebensbilder deutsch. Dichter 85; Goethe- u. Schiller-Lit. (in Goedekes Grundriß) 91/92. **H:** Shakesp., Wke. 82/84, n. A. 02/07; Chamisso, Wke. 83, n. A. 06; Lessing, Wke. 86; Immermann u. Lenau, Schulze u. Hoffmann, Arnim u. Brentano, Eichendorff u. Fouqué in Kürschners Nat.-Lit.; Hock, Blumenfeld in Braunes Neudr. 99; Hebbels Herodes u. Mariamne in „Meisterwerke d. deutsch. Bühne" 07; Platens sämtl. Werke 10, ausgew. Wke. 10; Wagners Parsifal 14; Breslauer Beiträge zur Lit.-Gesch., seit 04.

Köcher, Ferdinand, Erz. u. Sage, Lehrb., Oberl. Jena, Wöllnitzer Str. 12. (Taupadel b. Bürgel $^{30}|_{4}$ 64.) **B:** Bergblumen, Sagen aus der Vorder-Rhön 88; Madje Fremdling, Erz. 97, 2. A. 12; Kirchbergs Geschick 98; Die Burggrafen v. Kirchberg, 2. A. 20, 3. A. 23.

Kochheim, Gustav, Dichtung. Hamburg 30, Ulischerstr. 35 III. (Schalke, Gelsenkirchen $^{18}|_{1}$ 90.) **B:** Seines Lebens Sinn, Nn. 18; Das Märchen von der Lichtgemeinde 21; Lebenswende, Nn. 22; Der letzte Tag, Zwei Gespräche 22.

Köchling, Frl. Maria, Lit., Kritik, soz. Fragen, Frauenfrag., Schriftleit. „Die Beamtenfrau". Berlin NW 23, Klopstockstr. 21. (Grevenbrück, Westf. $^{30}|_{7}$ 94.) **H:** Dichters Werden 18; Flammen 19; Jugendborn 19 u. a.

Kochmann, Adolf Arnim, VDJ., Lit.♛, Musikästhetik, Theater, Red. Berlin-Schöneberg, Gotenstr. 45. (Kattowitz $^{8}|_{12}$ 90.) **B:** D. Kabarett 11, 15. T.; Vogesenwacht, Erz. 15; Zur Entwicklg. d. Oper in der Gegenwart 18. **H:** Berliner Dichterbuch 18; Bücher für Volkskultur, Almanache.

Kocmata, Karl F., SDS., Organisation der Wiener Presse, Sozialpolitik, Redakteur des „Abend". Wien XIX/5, Sieveringer Str. 116. (ebda $^{18}|_{1}$ 90.) **B:** Jugend- und Schundliteratur 08; Sexuelle Aufklärung in der Schule, ja oder nein? 11; Dr. Viktor Adler und die österr. Arbeiterbewegung 12, 2. A. 20; Josef Schöffel, der Erhalter des Wienerwaldes 12; Carmen, R. 13; Hermann Bahr, Eine Abrechnung 16; Karl Kraus, der Krieg und die Helden der Feder 16, 2. A. 19; Zur Kriegszeit als Geheimbündler im Landesgericht 19; Einsamer Wald, G. 19; Anny Rober, R. 20. *

Kofler, Franz Josef, Dr. phil., Erz., Roman, Supplent für Deutsch am Gymnasium Lyzeum Vinzentinum zu Brixen (Südtirol). Innsbruck, Tirol, Schöpfstr. 13 I. (Heimfels, Pfarre Sillian $^{25}|_{8}$ 94.) **B:** Der Sieger, Bergr. 22. *

Kögel, Dörthe, geb. v. Nathusius. Kiel, Niemannsweg 61. (Neinstedt a. H. $^{16}|_{9}$ 84.) **B:** Klein-Gunna, R. 14; Schwesterchen, Nov.-Slg. 20. **H:** „Wege u. Ziele", Monatsschr.

Koegler, Harald Adalbert, SDS., /, ☊, ●, ♯, Schriftst. Weimar, Gerberstr. 3. (Eisenach $^{3}|_{11}$ 62.)

Kohfeldt, Gustav, Kultur- u. Bildungsgesch., Prof., Dr. phil., UnivObBibl. Rostock, Kröpeliner Str. 22. (Neukalen $^{25}|_{2}$ 67.)

Kohl, Albert, ♅, ☉, Hauptschriftl d. „Nordh. Ztg." Nordhausen, Geiersberg 5. (Hessen i. Braunschweig $^{9}|_{7}$ 72.) **B:** Gedichte 06.

Kohlenegg, Viktor v., Rom. Berlin-Lichterfelde-Ost, Bismarckstr. 11a. (München $^{6}|_{3}$ 72.) **B:** Bille Brandt, R. 00; Paul Utes Frau, R. 04; Was Toby von Krake schrieb, Rn. 05; Die Ehe im Schatten, R. 06; Eifersucht, R. 07; Dorchen, R. 08; Die Liesegang-Mädchen, R. 10; Die schöne Melusine, R. 11; Der Katzentisch, R. 13; Die drei Lieben der Dete Voß, R. 14; Die Treppe, R. 15; Dedekind der Spätere; u. a. ()

Köhler, Anton (Toni Köhler), Volkserneuerung, Lehrer. Bilin in Böhmen, Tschechoslowakei, Radowesitz Nr. 60. (Hettau bei Bilin $^{16}|_{2}$ 88.) **B:** Kämpfe, damit die Sonne sich wende! Die Feier einer Sonnenwende 22; Schafft deutschen Geist! Ein ernstes Wort an Deutschböhmens Eltern und Erzieher 22; Aus meines Lebens Lenz, G. 23; Auf rauhem Pfade empor, Zeitg. 23. *

Köhler, August, Jugendschr., Lehrer. Braunschweig, Goethestr. 17. (Einbeck $^{1}|_{4}$ 75.) **H (Bearb):** Armand (Friedrich Aug. Strubberg): Karl Scharnhorst, Abenteuer e. dtsch. Knaben in Amerika 21; In Texas 21; Von Texas in die Felsengebirge 21.

Köhler, Bernhard, Nov., **Krit.**, /, ⁂, ♜, Polit., ⊞, **Ue:** FLÉ. Polln b. Dachau, ObBay. (Greiz i. V. $^{30}|_{12}$ 82.)

Ue: Loyola, Geistl. Übungen 06. **H:** Finanz- und Geldsachen 22.

Köhler, F., ∴, Dr. med., Dr. phil., Prof. Köln, Kaiser-Wilhelm-Ring 24. (Elberfeld 20/3 74.) **B:** Kulturwege und Erkenntnisse 16 II; Friedrich Nietzsche 21 I; Rousseau 22 I; Wesen und Bedeutung des Individualismus 22 I; Weltanschauung und Lebensführung 23 I; Einführung in das Wesen der Kultur 23 I; Einführung in das Wesen der christlich-religiösen Kultur 23 I.

Koehler, Gustav (Ps. Wilhelm Geka), Rom., Nov., Dr. phil. Berlin W 15, Emser Str. 22. (Braunschweig 9/8 86.) **B:** Duell der Geschlechter 21; Der Astralstrolch, ein okkulter R. 23.

Köhler, W. Alexander, DB., Mitgl. des Alten Liter. Vereins. Dresden-Wilder Mann, Großenhainer Str. 227. (ebda 8/3 85.) **B:** Europa in Flammen, Sch. 15; Mammon, Dr. 18; Mensch und Meer, Dr. 19; Golgatha, Dr. 20; Skandal, Kom. 22.

Köhler, Walter, ♛, Nov., Roman, ⊞, Dr. rer. pol. München, Kaulbachstr. 20. (Altenburg i. S.-A. 8/4 84.) **B:** Friedensbilder 18; Lieder an Jolla 19, 2. A. 20; Das Wunder 20; Brautnacht 22; Das Loch ins Blaue 23.

Köhler, Walther, Reformations♛, Dr. phil., o. UP. Zürich. (Elberfeld 27/12 70.)

Köhler, Willibald, ♣, Epik, SDS. Oppeln (Oberschlesien), Moltkestr. 25. (Beuthen, Oberschles., 6/8 86.) **B:** Die Spiegelbrücke, G. 21; Die getreuen Füße, N. 23. *

Köhler-Haußen, Ernst (Ps. Friedrich Fröhlich, Laetus), ASB., RP., ♣, Nov., ∴, O, /, **Ue:** FEIH, Verlagsbuchhändler. Dresden-A., Zöllnerplatz 11. (Davos-Dörfli 14/8 72.) **B:** Erinnerungen, G. 93; Empor, Dchtgn. 95; Kleine Gesch., Nn. 97, 2. A. 07; Universitas litterarum, Festsp. 97; Galgenstrickslieder, hum. G. 03, 5. A. 21; Triumph der Liebe, lyr. Dchtg. 04; Tanze, mein Seelchen! G. 07; Dresdner Jahrbuch 08; D. Kgl. Sächs. Marstall z. Dresd. 09; D. große Narrenspiel, Sprechtondchtg. (m. Paul Colberg) 11; Von König Quebrabrachos Gnaden, M. 11; Im Wahn, N. 11; D. gläserne Berg, Sprechtondchtg. (m. Paul Colberg) 11; Kriegsgedichte 16; Tilltapp, M. 19; Dir! Spruchkarten 20; Mein Jahrbuch „Lebe!" 21, 2. A. 23; Schattenspiele, N. 21, 2. A. 23; Lauensteiner Mädchenlieder (m. Lothar Bär) 21; Zwei Gesänge, Lr. (m. Alfred Mello); Welt u. Ewigkeit, Lr. (m. Alfred Mello) 21. **H:** Mod. Dichtg., Vierteljahrsschrift 95/96.

Kohlhaas, Michael, s. Schmidhuber, Erwin.

Kohlhardt, Frau Mariska, /, ♣, Essays, Sk. Berlin-Tempelhof, Parkstr 11 I. (Csiglén, Ungarn 15/8 90.)

Kohm, Josef, krit. u. ästhet. Studien, Dr., GP. Wien XIII, Breindlg. 6. (Merkelsdorf 12/6 56.) **B:** Schillers Braut v. Messina u. ihr Verhältnis z. Sophokles' Oidipus tyrannos 01; Grillparzers Tragödie Die Ahnfrau in ihr. gegenwärt. und früheren Gestalt 03. **H:** Grillparzers Ahnfrau nach d. Orig.-Manuskr. 03; Grillparzers Goldenes Vlies u. s. handschriftl. Nachlaß 06.

Kohn, Hans, Kultursoziologie, Geschichts∴, Judaica, Dr. jur. London (England), 75 Great Russell Street W 41. (Prag 15/9 91.) **B:** Nationalismus 22; Sinn und Schicksal der Revolution 23; **H:** Vom Judentum 13. **Ue:** Klausners Gesch. d. neuhebr. Lit. 21. *

Kohne, Fridel, s. Langfurth, Fridel.

Kohne, Gustav, DB., SDS., Roman, Drama, Rektor. Hannover-Kleefeld, Kirchröderstr. 11. (Brelingen 19/12 71.) **B:** Bürgermeister Markstein, Bst. 07; Vorsteher von Holtebauk, Sch. 07; Konrad Barko, Sch. 08; Um das Gewissen, Sch. 09; Unter Birken u. Tannen, R. 11; Regina Stockhans, Erz. 12, 3. A. 22; Erhart Rutenberg, R. 16, 15. T. 18; Der siebte Sohn 17, 10. T. 18; Ellernbrook, R. 18, 11. T. 20; Hooge-Veld, R. 20, 6. T. 21; Kurt Haselhorsts Erbe, R. 21, 4.—6. T. 22; Die Gottsucher von Bergenstedt, R. 22.

Köhrer, Erich, BJ. & SB., PA., RP., SDS., /, Kritik, ⊞, Politik, Reiseschilderg. Leiter d. Limaverlags G. m. b. H. Berlin W 15, Knesebeckstr. 46. (Aachen 1/6 83.) **B:** Gesch. d. Handwerks 07; Grabbe, Ess. 08; E. Sieger, R. 08, 3. A. 09; L. M. Goldberger, Ess. 08; Warenhaus Berlin, R. 09, 3. A. 10; Wohnungskunst 13; D. wahre Gesicht d. Bolschewism. 19, 320. A. 19; Unter d. Herrschaft d. Bolschewism., 20. A. 20; Joe Jenkins, Kom. (m. Paul Rosenhahn) 17; u. a. **Bearb:** Don Juan u. Faust v. Grabbe 17. **H:** Deutsche Stadt — Deutsches Land, e. Bücherreihe 22 ff.

Kohut, Oswald (Ps. Dr. O. Hohlmann, Franz Conring u. a.), RB., BJ. & SB., BBJ., BSK. u. Mitbegründer des Vereins Berliner Zeitungs-Verleger, Lit.- u. Kult.-Skizzen, Essays, Biogr., Nov., ♣, Dr. phil., Journalistik, Chefred., Ztgs-Verleger. Berlin-Grunewald, Hobrechtstr. 1. (Düsseldorf 9/8 77.) **B:** Das deutsche Militär i. d. Karikatur 07; Psycholog. Stud. über Frauen u. Ehen. **H:** „Grunewald-Echo" 99—23; Kulinarische Blätter 04—22. **H u. Red:** Ein Jahrhundert deutsches Dichten u. Denken 21 IV.

Koigen, David, Soziologie, ∴, Prof., Dr. phil., ULehr. (Kiew). Berlin-Schmargendorf, Misdroyer Str. 16. (Ukraine $^{23}|_{10}$ 79.)

Kokoschka, Oskar, ●, ☙, ○, Professor. Ober-Boschwitz b. Dresden. (86.) V: Vier Dramen: Der brennende Dornbusch; Mörder, Hoffnung der Frauen; Hiob; Orpheus und Eurydike. (*)

Kola, Richard, Präs. d. „Rikola"-Verl.-A.-G. u. der „Musarion"-Verl.-A.-G. München. Wien IV, Gußhausstr. 28. (ebda $^{1}|_{7}$ 72.) V: Ledige Frauen, Lsp. 91; Die Gusti, R. 06; Rückblick ins Gestrige, Memoirenwerk 23; Die abgeschaffte Liebe, Nn. 24.

Kolb, Annette, SDS., Roman, Essay. Ue: FEI. München, Kaulbachstr. 14. (ebda $^{2}|_{2}$ 75.) V: Sieben Studien, L'âme aux deux patries 06: Das Exemplar, R. 13: Wege u. Umwege 14; 13 Briefe e. Deutsch-Französin: D. Last, R.: Zarastro, Westl. Tage. Ue: Die Briefe der hl. Catarina v. Siena: Die Markgräfin v. Bayreuth: Chesterton, Orthodoxie; Villiers de l'Ile Adam, L'Eve Future. ( )

Kolb, Victor, Soc. Jes. ✝, Superior. Graz, Sporgasse 21a. (Breitenbach, Böhmen $^{13}|_{2}$ 56; H: bzw. V: Conferenzen über die soziale Frage 91; Christoph Genelli SJ.: Leben des St. Ignatius v. Loyola, 2. A. 94, 3. A. 20; Ein Wort zum religiösen Frieden 03, 3. A. 17; Vorträge über die Redekunst 03, 2. A. 20; Offene Antwort auf öffentliche Angriffe 14; Abriß der gesamten Tugendlehre 18, 2. A. 21; Immanuel Kant 19; Aussprüche der Weltweisen über Gott, Seele u. Unsterblichkeit 20; Gesammelte Pressereden 20; Ausgewählte Gelegenheitspredigten u. Gelegenheitsreden 23; Die Gottesbeweise 20, 3. A. 23; Der Zauber der menschlichen Sprache. *

Kolbe, Frl. Elisabeth, ASV., ❦, städt. Lehrerin. Berlin N 37, Fehrbellinerstr. 87. (Böcke $^{8}|_{3}$ 64.) V: Weiße Lilien, G. 05, 4. A. 10; Marienfäden, Sprüche 08, 2. A. 10.

Kolbenheyer, Erwin Guido, ○, ∴, Rom., Nov., Essay, ❦, Dr. phil. Tübingen, Neckarhalde 39. (Budapest $^{30}|_{12}$ 78.) V: Giordano Bruno, Tr. 03; Die sensorielle Theorie d. opt. Raumempfindung 05; Amor Dei, ein Spinoza-Rom. 08, 14.—18. T. 23; Meister Joachim Pausewang, R. 10, 6.—10. T. 20; Montsalvasch, R. 12, 3.—7. T. 20; Ahalibama, 3 Erz. 13, 5. T. 20: Die Kindheit des Paracelsus, R. 17, 9.—15. T. 23; Das Gestirn des Paracelsus, R. 21, 7.—13. T. 23; Drei Legenden 23. H: Grimmelshausen: Simplizissimus 20, 2. A. 22.

Kolde, Aug., Jugendschr., Pfr., Kreisschulinsp. a. D. Görlitz, Jochmannstr. 7. (Friedland $^{8}|_{8}$ 46.) V: s. LK. 17.

Koldemanz, G., s. Ganske, Willy.

Koelle, Ludmilla, s. Katscher, Leop.

Koelle, Ludwig, s. Katscher, Leop.

Koller, P. Ludwig, OSB. österr. Kulturgesch., Kapitular des Stiftes Göttweig, N.-Ö., Pfarrverweser, Untes-Nalb b. Retz, N.-Ö. V: Österreichische Kulturbilder aus dem Mittelalter 14; Aus der Kulturvergangenheit altösterreichischer Abteien 20; „Stift Göttweig" in „Österr. Kunstbücher" 21. *

Koelsch, Adolf, SDS., Popul. Naturwiss., Natur∴, Dichtg., Dr. phil. Rüschlikon a. Zürichsee. (Buch a. Ahorn $^{7}|_{7}$ 79.) V: Biol. Spaziergänge 08, 3. A.; Zwischen Dorf und Trift 10, 32. A. 23; Mit Fischen und Vögeln auf Reisen 11, 3. A.; Durch Heide und Moor 11, 28. A. 21; Bunte Beute 12, 3. A.; Leben der Pflanze 12; Der blühende See 13, 25. A. 23; Würger im Pflanzenreich 16, 12. A. 23; •Steine u. Brot 17; Verwandl. d. Lebens 19, 10. A.; Das Erleben 19, 4. A.; Werkstatt d. Lebens 20, 5. A.; Kreatur 20, 10. A. 22; Die Lebensgemeinde 20, 10. A.; Das Geheimnis des Hormone 21, 10. A.

Kolsen, Adolf, BJ&SV., Dr. phil., Prof., Doz. d. Russ sch. am Zentralinstit. f. Erziehg. u. Unterr. an der Humboldt Hochsch. Berlin-Schöneberg, Schwäbische Str. 3. (Schwerin a. W. $^{22}|_{1}$ 64.) H: Werke d. Troubad.

Kölwel, Gottfried, SDS., ❦, Epik, ○ München, Gabelsbergerstr. 105. (Beratzhausen, Bayern $^{16}|_{10}$ 89.) V: Gesänge gegen den Tod 14; Die frühe Landschaft 17; Erhebung 18; Der tote Gaul; Der Volksfreund, R.; Bühnenwerke: Der lebendige Gott; Die Sternsucher; D. tödliche Zeit, R.; D. Bekehrung, N. 23; Lamense.

Komorzynski, Egon Ritt. v., Lit.- u. Musik♛, Dr. phil., Prof. a. d. Handelsakademie. Wien XVIII, Währinger Str. 160. (ebda $^{7}|_{5}$ 78.) V: Eman. Schikaneder 01: Mozarts Kunst der Instrumentation 05; Ziele u. Wege d. Deutsch-Unterrichts an Handelsakad. 13. H: Kotzebues „Deutsche Kleinstädter" 13; Wagners „Meistersinger" u. „Parsifal" 14: Grillparzer, Der Traum ein Leben 14; Grillparzers Klavierlehrer 19; Der Streit um den Text der „Zauberflöte" 22.

Koenen, Constantin, ♛, ☙, kulturgesch. u. naturwiss. Archäol. d. Westens, Direktorial-Assistent a. D. d. Rhein. Prov.-Mus., Red. der „Rhein. Geschichtsblätter". Godesberg a. Rh., Annabergstr. 86. (Bielefeld $^{29}|_{1}$ 54.)

Konen, Raoul, O, Roman. Köln a. Rh., Kerpener Str. 45A. (ebda 30/6 80.) W: Tilly, hist. Sch. 03; Nov. 03; Thomas Becket, Tr. 04, 5. A. 21; Flavius Stilicho, Tr. 14, 2. A. 19; Der junge König, Tr. 18, 3.—4. T. 21.

Koenig, Alma Johanna, s. Ehrenfels, Alma, J.

König, Anton (Ps. Anton von Ölkofen), VJ. & S., ▼, Dialektged., /, Lit.♛, ObReallehrer. Friedrichshafen a. B. (Ölkofen 24/11 72.) W: Mimosen, Lr. 94; E. klein. Strauß, G. 04; Liederkranz Oberndorf a. N. 08; Württembergische kath. Lehrer als Dichter u. Schriftsteller 10; Auf stillen Wegen, ausgew. G. 11; Michel Buck, e. schwäb. Dichter u. Forscher 14; Koizig u. gmüetle Dial., G. 23. H: Michel Buck, Bagenga, G., 2. A. 14; M. Buck, Kindheitserinnerungen 22.

König, Eberhard, DB., O, Erz., Essay. Frohnau i. Mark. (Grünberg i. Schl. 18/1 71.) W: Filippo Lippi 99; Gevatter Tod, Dr. 00; Klytämnestra, Dr. 01; König Saul, Dr. 03; Herbort u. Hilde, Operndichtg. 02; D. Sackpfeifer v. Neisse, Operndichtg. 03; Frühlingsregen, Dr. 04; Meister Josef, Dr. 06; Riquet mit dem Schopf, Operndichtg. 06; Wielant d. Schmied, dram. Heldenged. 06; Stein, vaterl. Festsp. 06; Von Hollas Rocken, M. 07; Ums heilige Grab, Erz. 07; Der Waldschratt, Sgsp. 09; Ariadne, Dchtg. 09; Von Philistern u. Helden, Ess. 09; Das Wasser des Lebens, Legende 09; Don Ferrante, Dr. 10; Alkestis, Dr. 10; Tranion, Schelmsp.; D. Dombaumeister von Prag, Erz. 10; D. Gesch. von der silberfarbenen Wolkensaumweise, Erz. 10; Fridolin Einsam, Das Volk steht auf! Erz. 11; Albrecht der Bär, Festsp. 11; Aus des Gr. Kurfürsten Tagen, Erz. 14; Teukros, Dr. 15; Otto der Sachse, Dr. 15; Weihespiel vom Kriege 16; Von dieser u. jener Welt, Legd. 16; Hermoders Ritt, E. 16; Dietrich v. Bern, dram. Trilogie: I Sibich, II Herrat, III Rabenschlacht, 17—21; Legende vom verzauberten König 23; Wehe, mein Vaterland, dir! Zeitged. 23. H: Sophie Schwerin, Lebensbild 09. Ue: Rostand, Prinzessin im Morgenlande, Friedrich d. Gr.: Antimachiavel; Oden, Epist.; Palladion, Konföderierten-Krieg; Polit. Flugschr. u. a.

Koenig, Emil, Biologie, ♯, ⁂ u. populärwiss. /, Dr. med., Knappschaftsarzt. Mittel-Berbach, Rheinpfalz. (Ob.-Völklingen 4/12 65.) W: D. Entstehung d. Lebens auf d. Erde 04; D. Leben, s. Ursprung u. s. Entwicklg. auf d. Erde 05; Das Wesen des Lebens 06; Das Wesen d. Fortpflanzg. 06; Wie ist d. Leben entstanden? 07; Die Lösung des Lebensrätsels 09 ()

König, Erich, ♛, Dr. phil., a.o. UP., Red. München, Liebherrstr. 3. (Liegnitz 23/5 81.)

König, Friedrich, Dr. phil. Gießen, Wilhelmstr. 56. W: Deutschlothringen 23; u. a. (*)

König, Otto, ▼, /, Roman, Politik, Red., Hrsg. d. „Widerhall". Innsbruck, Maria-Theresien Str. 20. (Wien 13/1 82.) W: Glocken im Sturm, G. 15, 10. A.; Stimme der Seele, G. 15, 3. A.; Heimat in Not, G. 18, 40. T.: Kameraden vom Isonzo, Kriegsbilder 16, 50. T.; Neue Ged. 21; Die Städte verderben, R. 21; Historien, Nn. 23.

Königsberg, Werner v., s. Berendt, W.

Königsbrück, Heinz v., s. Pleißner, Art.

Koninski-Weiß, M., s. Weiß, Milka.

Konrad, Karl, ♛, Lit.♛, ▼, Dr. phil. Breslau 7, Gabitzstr 48 II. (Nutroschin, Posen 26/11 81.) W: Die deutschen Studenten und das Theater 08; Die deutsche Studentenschaft in ihrem Verhältnis z. Bühne u. Drama; Zur Bilderkde. d. deutschen Studentenwesens 21. ()

Konrad, S., s. Schindler, Konrad.

Konrades, Konrad, s. Schindler, Konr.

Konstantiner, s. Geißler, Fr. J. Kurt.

Konzèt, Carl Hermann (Ps. von der Nellenburg), ASV., DB., Belletristik, ▼, Schriftst. München II, Postschließf. 107. (Konstanz 1/2 90.) W: Granatsplitter, Sk. 16, 8. A. 17; Die Schreckgespenster Amerikas 17, 2. A. 19; Die Revolution der Zukunft in Amerika 18, 2. A. 19; Die Frage des modernen Strafvollzugs 19; Ihr Paria, dr. Dchtg. 20; Nerven — Briefe und Tagebuchblätter eines serbischen Diplomaten, R. 21.

Koepp, Friedr., Archäol., Dr. phil., Hon.-Prof. a. d. Univ. Frankfurt a. M., Falkensteiner Str. 25. (Biebrich a. Rh. 3/2 60.)

Köpp, Fritz, ▼, O, Kritik, Feuill.-Red. d. „Tägl. Rundschau". Berlin SO 36, Graetzstr. 19/20. (ebda 28/8 84.)

Koppelmann, Wilh., ⁂, Dr. phil., o. HonProf. Münster i. W., Abschnittsstr. 34. (Schüttorf 8/2 60.) W: Kants Lehre vom kategor. Imperativ 88; Kant u. die Grundlagen der christlichen Religion 90; Sittenlehre Jesu 96, 2. A. 06; Deutsche Synopse 97; Glaubenslehre auf Grund der Lehre Jesu 01; Kritik des sittlichen Bewußtseins 04; Die Ethik Kants, Entwurf zu einem Neubau 07; Jesus, Dr. 10; Einführung in die Weltanschauungsfragen 11; Untersuchungen zur Logik der Gegenwart I 13, II 18; Einführung in die Religionsgeschichte 14; Weltanschauungsfragen 20, 2. A. 22; Was

wissen wir von der menschlichen Seele? 22; Das Wesen des Christentums 22.

Koeppen, Alfred, ⚭, Dr. phil. Berlin W 15 u. M. Schreiberhau. (14|4 69.) W: Der Teufel u. d. Hölle in d. darstellend. Kunst bis auf Dante 96; D. mod. Malerei in Deutschland 02, 2. A. 14; D. Gesch. d. Möbels, eine Stillehre f. Bau- u. Möbeltischler 04; Volkskunstabende u. ihre prakt. Ausgestaltg. 06; Heimat u. Haus 08; Kunst u. Anschauung 10; Die „Nibelungenhalle" bei Königswinter 13; Bernhard Sehring, e. Kulturgemälde 15. ()

Koeppen, Arnold, ⚪, Nov., ♥, Pyritz, Bahnhofstr. 19. (Brandenburg 18|4 75.) W: Die Kraft des Glaubens, Sch. 98; Germania, Festsp. 00; Preuß. Mädchen 02; Unser Schiller! Festschr. 09; Gesühnt! Erz. 12; Auerbach als Erzieher 12; Eleonore Prohaska, Sch. 13; D. letzte Spiel, Erz. 13; Pyritz 1807 bis 13 15; Das Horn von Gollen, Erz. 17; Leuchtende Stunden, G. 19; D. goldenen Tage, G. 19; Die Mahrt, Erz. 19; Das goldene Herz, Erz. 21.

Köppen, Franz, /, Kritik, Feuill.-Red. an der „Berl. Börsen-Ztg." Berlin-Friedenau, Niedstr. 31. (Brandenburg a. H. 30|6 72.)

Koepper, Gustav, VB., Belletristik, popul. Technik, Handwerk, Dir. Halle a. d. S., Merseburger Str. 159. (Essen 8|4 72.) W: Schwankender Grund, R. 94; In Plutos Reich, Krupp 98; Handwerker-Bibl. 31 Bde. 04—21; In Schacht und Hütte 13; Geschäftshandbuch 21, 5. A.; Alfred Krupp 16; Geschichte d. Kruppschen Werks 21 u. a.

Koppin, Richard O., Skizze, ♥, ⁂, ⚭, Kritik. Berlin-Steglitz, Lauenburger Str. 2 II. (Berlin 18|7 79.) W: Zur Kunst empor! 02; Grundlagen zu e. Philosophie d. Relation 12; Singendes Erz, ZeitG. 15; Der Arbeiter als Persönlichkeit 16; Aus Tiefen und Tempeln, G. 16; Rosenmysterium, Verszykl. 17, 2. A. 19; Das Gesicht der Nacht, G. 17; Mit Kerze u. Spiegel, Aphorism. 18; Betende Hände, G. 18. **Red:** Der Weckruf, Monatsschr. 13/14.

Koppitz, Alfred, Germanistik, Dr., Prof. a. d. Theres.-Akad. Wien V, Margaretenstr. 86 I. (24|12 71.) **H:** Werner, 24. Februar; Müllner, 29. Februar; Anzengruber, Das vierte Gebot 11; Goethe, Faust II 19, 23; Goethe, Egmont 23; Gudrun 24; Eulenspiegel 24; Göttweiger Trojanerkrieg, Deutsche Texte d. Ma. **Ue:** Nibelungenlied.

Kopsel, Frl. Anna Elisabeth, (Ps. Lisa Alberti), ASV., Nov., Skizze, Reiseschilderg., Stimmungsbilder. Köthen, Anhalt, Leopoldstr. 42. (ebda 21|11 76.) W: Die blaue Blume, ein Harztraum 10.

Korb, Dolf von, s. Koerber, Ad.-Vict. v.

Koerber, Adolf-Victor v., DB., ⚪, /, ♥, ⚔, Rittm. a. D., Schriftleiter. München, Beethovenstr. 4. (Bergen a. Rügen 27|2 91.) W: Des Menschen Tod, Dchtg. 13; Feldflieger an der Front, Erz. 15; Luftkreuzer im Kampf, Erz. 16; Deutsche Heldenflieger 17; Kaiserplatz 3, eine Treppe, Optte. 15; Die Tänzerin aus Liebe, Optte. 18; „Erstens kommt's anders ...", Optte. 19; Die Nadelprinzeß, Optte. 21; Der Feind im Land, Siegelbilder aus deutscher Not u. Schmach 22/23; Bestien im Land, Skizzen a. d. mißhandelten Westmark 23; Adolf Hitler spricht ..., 12 Reden 23; Ghetto Berlin 23; Novemberverbrecher 23.

Körber, Frau Clara, Vorträge, Kulturgesch. Aufsätze. Adr.: Deutscher Lyzeum-Klub, Berlin W 62, Lützowpl. 8. (Lemberg 5|10 64.) W: Das unentdeckte Rußland 12; Österreichs Geist u. Schwert (m. a.) 15; Was ist Kultur 17. ()

Körber, Paul, Erz., ⚪, ♥, Heimatdichter. Waldshut. (30|1 76.) W: Jägersleut 06; Der Herrenbur 08; Mutter Agnes 09; Alles durch Liebe 10; Sein Sohn 11; Meister Hartkopf, Vst. 12; Der große Lug, Dr. 13, 14; Der Blumen Erwachen 16; In der Waldblumen Reich 16; Als die Glocken mußten wandern 17; St. Nikolaus im Himmelshaus, M.Sc. 18; Puppenliesel, Sgsp. 18; Klein-Glückwünschl 18; Stille Nacht, G. 18; Der treue Knecht, Erz. 13: Fürs Gmüet, G. 14; Heimatbrünneli, G. 23.

Korff, Herm. Aug., neu. dtsch. Lit. ♛, Dr. phil., o. Prof. a. d. Univ. Gießen. (Bremen 3|4 82.) W: Scott u. Alexis 07; Voltaire im literar. Deutschland d. 18. Jahrh. 17 II; Goethe u. der Sinn seines Lebens; Geist der Goethezeit 23 I.

Korn, Amandus, VB., ♥, /, Nov., Reiseschild., Kritik, Polit., Zeitungskorr. Ludwigshafen a. Rh., Marxstr. 49 III. W: Erinnerung an Metz aus d. Jahre 1877, Erz. 96; Heines Bedeutg. als Lyriker 86; Gedenkbl. f. Uhland 88; Rückert 88; Beitrag z. Heine-Lit. 88; Auf Schicksalswogen, N. 89; Gedenkbl. f. R. Hamerling 90; Gedenkbl f. Th. Körner 91; Gedenbl. f. H. Sachs 94; Gedenkbl. f. A. Becker 96; Weiße Rosen, N. 96; Auferstanden, N. 00; Vierfach verloren, N. 04; Versöhnt, Erz. 04; Martin Greif 12.

Korn, Erich, DB., ⚪, Dr. phil. Berlin-Wilmersdorf, Trautenaustr. 1. (Breslau 26|12 68.) W: Dramen: Columbine; Venuszauber; Nachtmar; Anteros; Istar; Mamzell Courasche; Circe von Rochlitz; Golden Quarry; Der Sklave;

Fortsetzung von Grabbes Marius und Sulla.

Körner, Frau Frida (Pf. Frida Hüke), Nov., Skizzen. Dessau i. Anh., Friedr.-Schneider-Str. 1. (Putzig i. Wstpr. $^{14}|_{11}$ 71.) **V:** Fr. Fama 99; Entsühnter Kuß, Nn. 04.

Körner, Josef, Literaturwissenschaft, Dr. phil., Gymnasialprofessor. Prag I, Veleslavinova 10. (Rohaletz, Mähren $^{15}|_{4}$ 88.) **V:** Nibelungenforschungen der deutschen Romantik 11; Germanische Renaissance 12; Die Klage und das Nibelungenlied 20; Das Nibelungenlied 20; Bibliographie zu Scherer-Walzel, Geschichte der deutschen Literatur 21; Arthur Schnitzlers Gestalten und Probleme 21; Romantiker und Klassiker 24. **H:** A. W. Schlegel, Geschichte der deutschen Sprache und Poesie 13; G. Keller, Der grüne Heinrich 21; C. Brentano, Die Schachtel mit der Friedenspuppe 22; Die Brüder Schlegel, Briefe aus frühen und späten Tagen der deutschen Romantik 23. *

Kornfeld, Paul, SDS., Dramatik. Frankfurt a. M., Feldbergstr. 43. (Prag $^{11}|_{12}$ 89.) **V:** Die Verführung, Trag. 17, 5. A. 21; Legende, Erz. 18; Himmel und Hölle, Trag. 20, 2. A. 21; Der ewige Traum, Kom. 22; Palme od. der Gekränkte, Kom. 24. *

Korodi, Lutz, PA., Politik, /, Staatssekr. Bukarest, Str. Lutherana 12. (Kronstadt $^{15}|_{9}$ 67.) **H:** Honterusjubelfeier 98; Deutsches Lesebuch (m. L. Geifrig-Korodi), 3. A. 15. **V:** Ung. Rhapsodien 05; Siebenbürgen, Land u. Leute 06; Deutsche Vorposten im Karpathenland 08; Anmerkungen z. D. LB. 11, 13, 16; Siebenbürgen u. d. ung. Mutterland, 2. A. ()

Korrodi, Eduard, Lit.♛, Essay, Dr. phil., Red. d. lit. Teils d. Neuen Zürcher Ztg. Zürich, Hottingerstr. 27. (ebda $^{20}|_{11}$ 85.) **V:** G. Keller als Lyriker 11, 2. A. 12; C. F. Meyer-Studien 12; Schweiz. Literaturbriefe 19. **H:** David Heß, Salomon Landolt; Gottfried Kellers Aufsätze über Jeremias Gotthelf 18; Die Junge Schweiz 19.

Körte, Alfred, klass. Ψ, Dr. phil., o. UP. GHR. Leipzig-Gohlis, Wahrener Str. 20. (Berlin $^{5}|_{9}$ 66.)

Korte, Frl. Theodora, Roman, Nov., Skizze, Jugendschr. Münster i. W., Warendorfer Str. 8. (Haus Nienhaus b. Aschendorf/Ems $^{12}|_{11}$ 72.) **V:** Trude Friedwald 09, 3. A. 21; Zeitgesänge 15, 3. A. 15; Auf, auf z. Kampf 16; Jan Bernd Hoeftmann 19; Frühlingsblüten O. 21; Glockenläuten 21.

Korth, Clemens, Dr. jur. et phil., Schriftleiter der Krefelder Zeitung. Krefeld, Verlag: Röhre & Co. (Köln-Deutz $^{4}|_{2}$ 89.) **V:** Die Leute v. Ehrenstein, N. 10; Heimkehr, R. 10; Meine Kinder, G. 14; Schattenbilder am Rhein (Hist. Miniat.) 19; Tiefenbronn 20; Maulbronn 21. **Ue:** Pietro Aretino 20. **H:** Burg Gudenau 15; Eugen Bracht 22. ()

Kosch, Wilhelm, Lit.♛, Pol., Dr. phil., o. UP., Hrsg. „Der Wächter", „Deutsche Quellen u. Studien", „Eichendorff-Kalender". Nymwegen (Holland), Berg-en-Dalsche-Weg 170; in den akad. Ferien: München, Renatastr. 7. (Drahan in Mähren $^{2}|_{10}$ 79.) **V:** Stifter und die Romantik 05; Adalbert Stifter (Festschrift) 05; 2. Bericht über die Ausgabe von Stifters Werken (mit Sauer, Horcicka, Weyde) 06; Martin Greif in seinen Werken 07, 2. A. 09; Die Deutschen in Österreich und ihr Ausgleich mit den Tschechen 09; Menschen und Bücher, ges. Reden und Aufsätze 12; Melchior Diepenbrock 13; Das deutsche Theater und Drama im 19. Jahrh. 13, 2. A. 22; J. M. Sailer 14; Fr. Spe 14, 2. A. 21; L. Aurbacher 14; Martin v. Kochem 15, 2. A. 21; FM. Graf Radetzky 15; A. Hofer 16; Geschichte der deutschen Lit. im Spiegel der national. Entwicklung von 1813—1918, etwa 75 Liefgn., seit 22; J. v. Eichendorff, sein Leben u. seine Werke (mit H. u. K. v. Eichendorff) 3. A. 23. **H:** Eichendorffs Gesch. d. poet. Literatur Deutschlands 06, 5. T. 10; Aus Eichendorffs Nachlaß 06; Krit. Gesamtausg. von Eichendorffs Werken 08ff. XXIII; Deutsche Quellen u. Studien, seit 08; Eichendorff-Kal., s. 10; M. Greifs Liedertraum 11; M. Greifs nachgel. Schriften 12; Italien einst u. jetzt 15; Bibliothek d. Ostens 16 III; Akad. Bücherei IV seit 23.

Koschützki, Rudolf v. Liebenburg i. Harz. (Ptakowitz, O.-Schles. $^{8}|_{4}$ 66.) **V:** Vom Pflug zur Feder, Erz. 03, 2. A.; Siehdichum, R. 08; Der Schatz im Acker, Erz. 14; Quelle der Kraft 12, 3. A.; Das Paradies in euch 18.

Kosmopolit, s. Katscher, Leop.

Kossinna, Gustaf, Ur♛ u. dtsch. Altertumskunde, Dr. phil., a.o. UP., GRegR., Hrsg. v. „Mannus", Ztschr. f Vorgesch. Berlin-Lichterfelde, Karlstr. 10. (Tilsit $^{28}|_{9}$ 58.) **V:** Die ältesten hochfränk. Sprachdenkmäler 81; Bibliotheca philolog. 83; K. Baedekers Berlin u. Umgeb., 5. A. 87; Urspr. d. Germanennamens 95; Vorgeschichtl. Ausbreitung der Germanen 95; Gesch. d. Volksnamens Griechen 96; Ethnolog. Stellg. d. Ostgerm. 96; Die indogerm. Frage archäolog. beantw. 02; Zur Archäologie der Ostgermanen 05; Der Ursprung der Urfinnen u. der Urindogermanen 09/10; Kurze Übersicht der wich-

tigsten Lit. d. Vorgeschichte Mitteleuropas 09; Die Herkunft der Germanen 11, 2. A. 20; Die deutsche Vorgeschichte e. hervorragend nationale Wissenschaft 12, 2. A. 14, 3. A. 21; German. Goldreichtum i. d. Bronzezeit I 13; Altgerman. Kulturhöhe 18; Das Weichselland e. uraltes Heimatgebiet d. Germanen 19; Die Indogermanen I 21. **H**: Darstellgn. über früh- u. vorgeschichtl. Kultur-, Kunst- u. Völkerentwicklg; Forschgn. z. Früh- u. Vorgesch. Europas; Mannusbibliothek 1—35.

Köster, Adolf, SDS., Dr. phil., Reichsminister a. D., MdR., deutscher Gesandter in Riga, Lettland. (Verden, Hann. $^{8}|_{3}$ 83.) **B**: Die Ethik Pascals 06; Der junge Kant 13; Die 10 Schornsteine 10; Die bange Nacht 13; Der Tod in Flandern 15; Die stille Schlacht 15; Brennendes Blut 16; Mit den Bulgaren 16; Der Kampf um Schleswig 20; Konnten wir weiterkämpfen? 21; Fort mit der Dolchstoßlegende 22; Unser Recht 23.

Köster, Albert, Lit.♛, Ψ, Theaterwes., Dr. phil., o. UP., GHofR. Leipzig-Gohlis, Schönhausenstr. 6. (Hamburg $^{7}|_{11}$ 62.) **B**: D. Wormser Annalen 87; Schiller als Dramaturg 91; Der Dichter d. Geharnschten Venus 96; G. Keller 00, 4. A. 23; Festrede z. 500jähr. Geburtstagsfeier Joh. Gutenbergs 00; D. Briefwechs. zwisch. Theodor Storm u. Gottfried Keller 04, 3. A. 09; Gedächtnisrede z. Feier d. 100jähr. Wiederkehr v. Herders Todestag 04; Die Briefe d. Frau Rat 04 II, 6. A. 23; Gedächtnisrede z. Feier der 100jähr. Wiederkehr von Schillers Todestag 05; Das Bild an d. Wand 09; Die allg. Tendenzen der Geniebewegung im 18. Jahrh. 12; Prolegomena zu einer Ausgabe der Werke Th. Storms 19; Die Meistersingerbühne des 16. Jahrh. 21; Klopstock und die Schweiz 23; Zahlr. Aufs. u. Reden. **H**: Chrph. O. Frhrn. von Schönaichs Ganze Ästhetik in einer Nuß 00; Goethes Werke (Cottaische Jub.-Ausg.) Bd. VII u. XII; Schillers Werke (Cottaische Säk.-Ausg.) Bd. IX u. X; Th. Storms Sämtliche Werke VIII, krit. Ausg. 19ff.; „Probefahrten", seit 04; Briefe v. Goethes Mutter, ausgew. u. eingel. 07.

Koster, Heinz, DB., ↄ. München, Karlstr. 31. ($^{21}|_{11}$ 92.) **B**: Das große Abenteuer, Lsp. 21.

Köster, Herm. L., ▪, Lit., Lehrer. Hamburg-Langenhorn, Schäferhof 49. (Altona $^{1}|_{1}$ 72) **B**: Gesch. d. deutschen Jugendlit. 06/08, 3. A. 20; Wertvolle Bücher f. d. Jugend 12, 3. A. 20; Deutsche Sprachhefte (m. Gansberg) 20. **H**: Deutsche Jugendbücherei seit 09. **Bearb**: Robinson, Gulliver, Dietr. v. Bern, Rein. Fuchs, Frithjof. ()

Koester, Reinhard, SDS., DB., ↄ, Roman. Mürnsee, Post Bad Heilbrunn, Obb., Haus am Hang. (Hagen i. W. $^{6}|_{5}$ 85.) **B**: Die Lieder des Einsamen, G. 10; Der Gang des Gottlosen, R. 19; Peregrinus, Dr. 19; Komödie der Lüge, Sp. 19. **Ue**: Tartuffe, Frauenschule u. a. (13—21) i. d. Gesamtausg. Molière im Propyläenverlag. ()

Köster, Rudolf, Privatgelehrter u. Maler, Deutscher Monistenbund. Görlitz, Kahle 15 II. (Bremen $^{17}|_{12}$ 66.) **B**: Vom Wesen der Dinge I 17, II 23. *

Koetschau, Karl, Kunst- u. Kult.♛, Dr. phil., o. HonProf. a. d. Univ. Bonn, Dir. d. städt. Kunstsammlgn., Hrsg. d. „Museumskunde" u. d. „Rep. f. Kunstwissenschaft". Düsseldorf, Brehmstr. 38. (Ohrdruf $^{27}|_{3}$ 68.) **B**: B. Beham u. d. Meister v. Meßkirch 93; Max Jähns 03; D. Verwendg d. Metalle f. Wehr u. Waffen 09; Alb. d. Kais.-Friedr.-Mus. (m. A. Philippi) 11; Wilhelm Bodes Geschenke 12; Anfänge d. städt. Kunstslg. Düsseldorfs 16; Schröders Zeichng. zu Zachariäs Renommisten 19; Rheinisches Steinzeug 2. **H**: Zeitschr. f. hist. Waffenkde. 00—07; Geschichtl. Aufsätze v. M. Jähns 03; Beiträge z. Gesch. d. Handfeuerwaffen 05; Dresdner Jahrb. d. bild. Kunst (m. F. v. Schubert-Soldern) 05; Jähnssche Familiengeschichte 06; Goethes Schweizer Reise 1775 (m. M. Morris) 07; Jugenderinnergn. K. F. v. Klöden 11; D. Kunstmus. u. d. deutsche Volk (m. Gust. Pauli) 20; Das rheinisch-fränkische Barock (m. K. Lohmeyer) 21.

Kotzde, Wilhelm, Rom., Nov., ※, Märchen, ▪. Ebnet, Amt Freiburg i. Br. (Gohlitz i. Havell. $^{1}|_{3}$ 78.) **B**: Schulmeister Wackerath, R. 04, 2. T. 07; D. Schwedenleutn., märk. Erz. 04, 30. T. 11; Kleine Leute, Geschn. aus d. Heimat 05, 2. T. 09; Horst u. Heide, Lr. u. Balladen 05; Im Schillschen Zug, Erz. 07, 18. T. 14; D. Tag v. Rathenow, Erz. 08, 15. T. 13; Lustige Märch. 09; Wode Brausebart 09; Herzog Wittekind 10; D. Geschichte des Stabstrompeters Kostmann 11, 11. T. 13; Der Feind im Land, Erz. 11; Und deutsch sei die Erde, Erz. 11; Die Fahrt zu den Ameisleuten, phantast. Erz. 13; Wilhelm Drömers Siegesgang, R. 13; Der von Bismarck, Erz. 14; Frau Harke, R. 15; Heimatwässer, R. 15; Die Krone Svinthilas, Nov. 16; Die Wittenbergsch Nachtigall, R. 17; Die Pilgerin, R. 18; Wolfram, R. 20; Mittsommernacht, Nov. 20; Der Verlorene Junker, R. 23. **H**: Hans Thoma, ein Buch seiner Kunst 06, 60. T. 13; Giovanni

Segantini, 1.—20. T. 07; Hans Thoma, Landschaften 08, 40. T. 13; Mainzer Volks- u. Jugendbücher I—XXVI 08ff.; Deutsch. Jugendbuch 09 VI; Hans Thoma u. seine Weggenossen 10, 30. T.; Edmund Steppes 10; Fritz Boehle 11; Ed. v. Gebhardt 12; D. Kindes Fibel 12; Vaterländisches Bilderwerk 12 XII; Ludwig Knaus 13; Jungmädchenbücher I—V 13ff.; Von Lüttich bis Flandern 14, 15. T. 15; Bismarckland, deutsche Wanderungen 15.

Kowalewski, Arnold, ∴. A, Dr. phil., Prof., UDoz. Königsberg i. Pr., Königstr. 82 B C. (Sallewen, Kr. Osterode $^{27}|_{11}$ 73.)

Kowalsky, Alfred, Komponist. Luxemburg, Avenue Monterey 9. V: Opern: Griselinde, Flammentod, Bordun; Lieder u. a. Komposit.

Kowarz, Wilhelm Maria (Ps. Dr. W. M. Helm), Nov., Dr. jur., Hofrat. Linz a. d. D., Donaulände 7. (Freudenthal i. Östr. Schl. $^{29}|_{7}$ 73.) V: Blütentraum, M. 97: Aus Odhins Zeit, germ. N 99; Das Recht 03; Rechtskunde für jedermann 04, 3. A. 10; Das Eheglück, N. 08.

Koy, Eirt, s. Mayer-Koy.

Kraatz, Curt, DB., O. Wiesbaden, Grillparzerstr. 5, Villa Frohwalt. ($^{12}|_{11}$ 56.) V: Bocksprünge, Schw.; Logenbrüder, Schw.; Mamselle Tourbillon, Schw.; Kilometerfresser, Schw.; Hochtourist, Schw.; Liebesmanöver, Lsp.; Die rote Ampel, Schw.; Hochgeboren, Lsp.; Scheidungsanwalt, Lsp.; So'n Windhund, Schw.; Hoheit muß heiraten, Schw.; Perlhuhn machts, Schw.; Flottenmanöver Schw.; O diese Leutnants, Lsp.; Polnische Wirtschaft, P.; Puppchen, P.; Inkognito, Optte.; Der verjüngte Adolar, P.; Der doppelte Emil, Schw.; Blondinchen, P.; Tango-Prinzessin, P.; Blaue Jungens, Optte.; Die Doppelehe, Schw.; Olympische Spiele, P.; Die falsche Note, Lsp.; Die Hamburger Filiale, Schw.; Die Frau, von der man spricht, Lsp.

Krack, Otto, BP., DB., RP., BF., Dr. phil., Red. a. d. „Woche". Berlin-Dahlem, Unter den Eichen 93. (Schwerin i. Meckl. $^{23}|_{8}$ 65.) V: Grabbe 04; Die Gesetze der Kunst 05. H: Die Stimme der Großen: I Friedrich d. Gr., II Königin Luise, III Napoleon 07; D. Urbild des Blaubart (Gilles de Rais) 09; Briefe e. Kaiserin, Maria Theresia an ihre Kinder u. Freunde 10; Lutherbriefe 10; Briefe e. Kaisers, Joseph II. an seine Mutter und Geschwister 11; Das deutsche Herz, Feldpostbriefe unserer Helden 15; General Ludendorff 15; GFM. v. Bülow 16.

Krafft, Elfe, s. Stramm, Else.

Krafft, Erich, BP., Lit. u. kulturhist. Arbeiten, Theater- u. Buchkritik, Dr. phil., Theaterref. d. „Rhein.-Westf. Ztg." und des „Gellweg". Berlin-Schöneberg, Stübbenstr. 12. (Berlin $^{9}|_{2}$ 90.)

Kraft, Victor, ∴, Dr. phil., UDoz. Wien VII, Kenyong. 20. (ebda $^{4}|_{7}$ 80.)

Kraft, Zdenko v., DB., Roman. Stuttgart, Hackländerstr. 31. (Jitschin, Böhm. $^{7}|_{3}$ 86.) V: Briefe an e. alte Frau 08; Märzgrün u. Herbstlaub 09; Starke Herzen, 3 Einakter 10; Adagio consolante, R. 10; D Osterprinz, e. sonniges Leben 12, Volksausg. 14; D. Stimme v. Helgoland, R. 16; Sonnwend d. Glücks, R. 17 II; Wikings letzte Fahrt, R. 17; Maria Theresia, R. 18; Missa solemnis, R. 20; Richard-Wagner-Trilogie, R. III: a) Barrikaden 20, b) Liebestod 21, c) Wahnfried 21—22; Kaufhaus Alljeder, R. 22; Tobias Wilders Weg z. Höhe, R. ()

Kraeger, Heinrich, Kunst- u. Lit. ♛, Dr. phil., Prof. Düsseldorf, Kaiserstr. 43. (Bremen $^{13}|_{8}$ 70.) V: Joh. M. Miller 92; Byrons Heldentypus 97; Carlyle u. d. deutsche Literatur 99; Bremen im Spiegel d. Lit. 00; Quellen u. Wandlungen d. Gedichte C. F. Meyers 01; Schiller 05; An Deutschland 08; Vorträge, Aufsätze und Kritiken 11; Adolf Schill; Christ. Kröner; Reden (1813—1913) 14; Die heilige Not, Reden a. d. deutsch. Volk 18. H: Briefe u. Vorträge v. H. Bulthaupt. ()

Krakowski, Erich, Roman, Novelle. Wiesental, Kreis Angerburg, Ostpr. (Berschkallen, Ostpr. $^{30}|_{3}$ 90.) V: Das Land Paraiso, Rn. 21. *

Kralik, Ritter v. Meyrswalden, Dietrich, germ. Ψ u. Altertumskde., Dr. phil., UDoz. Wien. (ebda $^{15}|_{8}$ 84.)

Kralik, Ritter v. Meyrswalden, Heinrich, Musikw., Dr. phil., Musikreferent der „Wiener Zeitg". Wien XIX, Karl-Ludwig-Platz 3. (ebda. $^{27}|_{1}$ 87.) V: Fachschr. ()

Kralik, Ritter v. Meyrswalden, Rich., (k.), DÖSchG., O, ♕, ∴, ♛, Dr. jur. Wien XIX, Hasenauerstr. 20. (Eleonorenhain $^{1}|_{10}$ 52.) V: Zahlr. kulturgeschichtl. Werke; Dramen nach Calderon, Hans Sachs u. a. Ferner: Veronika, Dr. 98; Rolands Tod, Tr. 98; Rolands Knappen, Lsp. 98; D. Erwartg. d. Weltgerichts, Dr. 98, 4. A.; Kaiserfest, Dr. 98; Deutsche Götter- u. Heldensage 98; Sokrates, Biogr. 99; Kulturstud. 00, 2. A. 04; D. deutsche Götter- u. Heldenb. 00/04 VI; Angelus Silesius 02; Goldene Legende 02; Neue Kulturstudien 02; D. Dichtertrank, Dr. 04; D. Veilchenfest, Dr. 05; Philosophie u. Leben 06; Karl d. Gr. in Wien, Erz. (m. Musik) 06; Lukas d. Arzt, Erz. (m. Musik) 06; Kulturfragen 07; D. Gralsage 07, 2. A. 09; D. Rettg. der Heimat, Dr. 07; D. Revolution, 7 Dr. 08; Gesammelte

Werke I—V 09f.; Heimaterzählgn. aus neuerer Zeit 10; Der heilige Gral, Dr. 12; D. letzte Ritter, Dr. 12; Merlin, Dr. 13; Allg. Gesch. d. neuesten Zeit 14/23 VI; Grundriß u. Kern d. Weltgesch. 20, 2. A. 22; Tage und Werke, Lebenserinnerungen 22; Laienapostolat 23; Genußsucht u. Enthaltsamkeit 23; Heinrich v. Ostering, R. 23. **H:** Hausbrot (m. L. Auer) I—XII 07/08; D. unbekannte Österreich 16; Vom Weltkrieg z. Weltbund 16.

Kralik-Gutenfeld, Julius Eg. v., s. Burkard, Lie.

Kraemer, Hans, ♛. Berlin W 10, Königin-Augusta-Str. 51. (Mannheim $^{22}|_{4}$ 70.) **B:** Bismarck 94 (m. C. W. Allers); Deutsche Helden 97; Das 19. Jahrhundert 98 IV, 100. T. 01; Weltall u. Menschheit 02/04 V, 150. T. 05; Der Mensch u. d. Erde 06/12 X. **Ue:** Loti Spahi, R. 91; Mad. Chrysanthème 95. **H:** Reden d. Fürsten Bismarck 95 III. ()

Kramer, Hans, DÖSchG., Geschäftsf. Red. d. „Deutsches Volksblatt", Korresp. d. „Schlesischen Ztg." Wien VIII, Josefsg. 4. (Ernsthofen, N.-Öst. $^{10}|_{4}$ 86.)

Krämer, Philipp (Hermann Rufer), schöngeistige Lit., Dr. phil., Studienrat. Darmstadt, Heinrichstr. 91. (ebda $^{7}|_{1}$ 90.) **B:** Serpentino 14, 3. A. 20; Buben 16, 3. A. 20; Ernst Ludwig Zwingenberg 17, 2. A. 18; Begegnungen 18; Kinderschriften: Sommerreise 18, 2. A. 20; Frühes Licht 19; Der Dieb 21; Die zwei Getreuen 21, 2. A. 22; Das nächtliche Schulhaus, Sk. 22; Die tiefsten Klänge in Goethes Lyrik 17, 3. A. 23; Expressionismus 22; Das Religiöse in d. mod. Lyrik 22. **H:** Ztschr. „Jugendkraft".

Krane, Anna, Freiin v., ASV., Rom., O, Legende. Düsseldorf, Schützenstr. 57. (Darmstadt $^{26}|_{1}$ 53.) **B:** Der Friedensfürst, Leg. 14; Seine Vielgetreuen, Leg. 15; Wenn die Steine reden, R. 17; Wie ich mein Leben empfand, Autob. 18; Von Weltkindern, armen Sündern und Heiligen, Nov. 19; Aus dem Skizzenbuch meines Lebens 19; Die Sünderin, Dr. 19; Das Hindernis, Nov. 20; Adagio, Nov. 20; Am kristallnen Strom, Leg. 21; Die Leidensbraut, R. ()

Kranich, Timotheus (Ps. Peter Walde), (k.), ■, OSB. Beuron, Hohenzollern. (Peterswalde i. Ostpr. $^{23}|_{8}$ 70.) **B:** Beuron im Donautal 03, 7. A. 14; Schlichte Spende, G. 04, 3. A. 14; Goldne Fernen, G., 3. A. 19; Fink u. Nachtigall, G. 08; Echo des Herzens, G. 10; Licht u. Leid, G. 13; Gretel in der Heck, N. 13; Das Wort d. Lebens, Pred. 13, 2. A. 14; Bunte Beute, N., 2. A. 21. ()

Kranz, Herbert, DV., Dramatiker, Dr. phil. Düsseldorf-Oberkassel, Wildenbruchstr. 74. (Nordhausen $^{4}|_{10}$ 91.) **B:** Freiheit, Dr. 19; Die Richterin, Dr. 19; Die Frauen des Don Juan, Dr. 21.

Kranz, Richard, Versdchtg., Lehrer. Liebau, Schles., Wilhelmstr. 4. ($^{14}|_{12}$ 64.) **B:** Bildhafte Phantasien 05; Stunden d. Glücks, Nov. u. Ged. 10; Der Sonne zu, Oden u. L. 18, 3. A.; Ein Lorbeerreis, G. 20; Abendröte, Neue Ged. 20.

Krapp, Frau Elsbeth-Lotte (Ps. E. Petsch-Krapp), ASV., Hum u. satir. Skn. Kassel, Kölnische Str. 170. ($^{24}|_{5}$ 86.)

Kraetzer, Adolf, ■, Theater, Dr. jur., Intend. d. Nationaltheaters in Mannheim. (Darmstadt $^{31}|_{10}$ 79.) **B:** Aufsätze üb. Theater u. Musik in Fachschr.; u. a.

Kratzmann, Ernst, ASV., VB., Belletristik, Dr. phil. Wien XIII/2, Ameisg. 7. (Budapest $^{8}|_{12}$ 89.) **B:** Sterbende Könige, Rn. 20; Die Automaten, R. 21.

Krauel, Wilhelm, Rom., Major a. D. Hedwigshof, Post Daberkow, Pomm., Kr. Demmin. (Jarmen i. P. $^{10}|_{10}$ 76.) **B:** Die Heidenhofer, R. 07; Unruh' in Herzen, R. 09; Von der andern Art, e. einfache Gesch. aus dem pommerschen Land 11; Das Erbe d. Väter, e. Lebensbericht 13; Das lebendige Recht, R. 21. Fiete Schult un Jochen Knaast, Plattdeutsche Erz. 22.

Kraus, Carl v., deutsche Philologie, Dr. phil., o. UP., GHofR. München, Liebigstr. 28. (Wien $^{20}|_{4}$ 68.) **B:** Deutsche Gedichte d. 12. Jahrh. 94; Trier. Silv. 95; Das sog. 2. Büchlein u. Hartmanns Werke 98; Veldecke u. d. mhd. Dichtersprache 99; Metr. Untersuchgg. 02; Reinbots Georg 07; Mittelhochdeutsches Übgsbuch 12; Morungen 16; Reimar 18/19 III; Waltheriana 22; Wessobrunner Gebet 23. **H:** Lachmanns Walther 07 u. 22; Heinzel, Kl. Schriften (mit Jellinek) 07. **MitH:** Prager Deutsche Studien, bis 11.

Kraus, Ernst (Ps. K. Arnosti), Germanistik, Dr. phil., o. ö. UP. (tschech. Univ.). Prag. (Treboratic $^{4}|_{11}$ 59.)

Kraus, Karl, Hrsg. d. „Fackel". Wien. (Gitschin $^{28}|_{4}$ 74.) **B:** Ausgew. Gedichte; Die chinesische Mauer, 4. A.; Die letzten Tage der Menschheit, Trag., dazu Epilog: Die letzte Nacht; Weltgericht II; Worte in Versen; Peter Altenberg, Rede. ()

Kraus, Oskar, ∴, Dr. jur., o. ö. Prof. a. d. Deutsch. Univ. Prag, Havličekplatz 8. (ebda $^{24}|_{7}$ 72.)

Krausbauer, Theodor (Odo Twiehausen), ■, Volksschr., Schulrat, Dr. phil., Stadt- u. Kreisschulrat i. R. Naumburg a. d. S., Provinz Sachsen, Burgstr. 32. (Kleinbrunnen $^{1}|_{5}$ 57.) **B:** Bilder aus m. Leben, Erz., I. Daheim b. Vater u. Mutter 04, 3. A. 22; Schul-

ausg. (Sonnenschein, komm herein) 11; II. Ein' Sichel hört' ich rauschen 15, 2. A. 23; Aus m. Mutter Märchenschatz, M. 05, 6. A. 23; Was d. Großmutter erzählt, M. 05, 6. A. 23; Durch Flur u. Hain, M. 05, 4. A. 21; Im Reich d. Tiere, M. 06, 3. A. 21; Heimatbilder aus dem Posener Lande I—III, Erz. 11; Unser Kind, G. 11; Auch ein Heimatbuch, Bilder aus d. heimischen Vogelleben 14; Deutsches Bauerntum: I. Urborn der Volkskraft, Erz. 09; II. Aus Schollen u. Schwaden, G. 11; Unsrer Kinder Lustrevier, G. 12; Schlichte Geschichten aus dem großen Kriege, Erz.: I. Lieder, Blumen, Eichenreiser 17, II. Glimmen u. Glasten 18, Heimat, süße Heimat, Erz. 21; Eia popeia, Schlummerlieder aus d. Heide 21; Goldmareileken, M. 22; Kinderkranz, Erz. 23. *

Krause, August Friedrich, Rom., Nov., Dichtg., /, Lehrer. Breslau 16, Piastenstr. 23. (ebda $^{28}|_{8}$ 72.) **B:** Schlesisches Dichterbuch 02; Unter dem starken Leben, R. 04; Sonnensucher, R. 07; Das stille Leuchten, R. 10; Flammensturm, R. 1. u. 2. A. 13; Der Fluch der Materne-Gertrud, R. 15; Mutter, R. 21.

Krause, Paul, ■, Heimatdchtg., Sprachlehrer. Dresden-A. 21, Eisenacher Str. 44. (Colditz i. Sa. $^{4}|_{8}$ 82.) **B:** Gold u. Eisen, Bilder aus Krieg u. Frieden 16; Der Dorfschulmeister v. Korneck 19; u. a.

Krause-Görner, Hugo, ASV., ❧, Erz., Märch., Nov., Plaud., Rom., Sk., Red. Berlin W 57, Kurfürstenstr. 168. (ebda $^{18}|_{6}$ 53.)

Krause-Seifert, Ott J. (Ps. Bub vom Burkhardtsberg, Hans Lichtwart), ASV., Rom., O, Schriftst., Red. d. „Jüngsten". Boden b. Radeburg, Bez. Dresden. (Schluckenau, Böhm. $^{14}|_{4}$ 95.) **B:** Sonnenvögel, G. 20; Das Ich, G. 21; Eva m. d. Schatten, R. 21; Der Tauftaler 21; Der Fluch, Dr. 21; Brennendes Ich, Ged. **H:** „Die Jüngsten"; „Führer zu d. Geistesschatze unserer Nation" 20/21.

Krauß, Ernst, ASV., ❧, Roman, /, O, K. (Leit. d. „Egmond. Kunstkring"). Satteldorf, Württ. u. Egmond, Holland. (Eberbach, Württ. $^{8}|_{8}$ 87.) **B:** Leben u. Liebe, G. 12, 4. A. 13; Seelen, die zum Lichte führen, Erz. 13, 3. A. 13; Schatten u. Licht, G. 16; Holland in poet. Bildern, G. 16; Blumen d. Heimat 18, 15. A. 19. **H:** Der Deutschnationalen Kriegslieder 15, 20. A. 16; Deutschlands Dichter, Neuztl. d. Lyr. 17, 25. A. ()

Kraufs, Friedr. S. (Ps. Suljo serhatlija), PA., CP., slav. Völkerkunde, **Ue:** SüdslavRP, Dr. phil., Prof. u. Direktor an der Kriegsinvalidenschule des Kriegspitals in Grinzing, Inh. d. Ethnolog. Verlages in Leipzig, Hrsg. von „Der Urquell", „Bibliothek ausgewählter serb. Meisterwerke", „Roman. Meistererzähler", „Anthropophyteia, Jahrb. f. folklor. Erhebgn.", „Beiwerke u. „Histor. Quellenschriften z. Studium d. Anthrop.", „D. Volksmund". Wien VII/2, Neustiftg. 12. (Požega $^{7}|_{10}$ 59.) **B** (seit 00): Streifzüge im Reiche d. Frauenschönheit, n. A. 23; Die Braut muß billig sein! Singsp. 03; Künstlerblut, Sch. (m. C. Norberg) 03; Die Anmut d. Frauenleibes, n. A. 23; D. Volkskunde i. d. Jahren 1897—1902 04; Südslav. Volksüberlief., d. sich a. d. Geschlechtsverkehr beziehen, I. Erz. 04; Um holder Frauen Gunst, R. (m. Kulke) 05; Zigeunerhumor 07; Slav. Volkforschgn. 08; D. Geschlechtsleben in Glauben, Sitte u. Brauch der Japaner 11; D. Geschlechtsleben des ukrain. Bauernvolkes (m. Tarasevskyj u. Hnatjuk); Sagen u. Märchen der Südslaven, n. A. 14ff. VIII. **H:** Ed. Kulkes Schriften; Erot. Zauberwahnprozesse zu Berlin im Jahre 1913. **Ue:** Zahlr. Werke d. slav. Lit.

Krauß, Ingo Arthur Richard, DB., O, Dr. phil., Spielleit. u. Darst. am Stadttheater in Altona, Heinrichstr. 3. (Berlin $^{2}|_{1}$ 78.) **B:** Das Porträt Dantes 04; Judas Ischarioth, Tr. 05; Nur ein Mensch, Tr. 05; Lucifer, Tr.; Der Kaiser, Sc.; Der Kaiser v. Rom, Tr.; Wer ein Liebchen hat gefunden, Vst.; Der Stadtschultheiß v. Frankfurt, Lsp.; Die Stimme d. Natur, Lsp.; Liebe, Tr.; Der Sohn der Sonne, Tr.; Die Frösche, Lsp. nach Aristoph.

Krauß, Otto, DB., Dramatiker. Berlin-Steglitz, Lauenburger Str. 34. ($^{17}|_{8}$ 86.) **B:** Circe, Tr. 21; Fortunio, Kom.; Die Belagerten, Tr.; Der Tod im Brokat, Dchtg. 20.

Krauß, Rud., Lit.- u. Kult.♔, Essay, Dr. phil., Geh. Archivrat a. D. Rohr bei Stuttgart, Landhaus Hohenrohr. (Kannstatt $^{14}|_{8}$ 61.) **B:** Ed. Mörike als Gelegenheitsdichter 95; Schwäb. Literaturgesch. 97/99 II; Esther, Dr. 03 (Ergänzg. v. Grillparzer); Das Schauspielbuch 07 (6. A., 18.—20. T. als Modernes Schauspielbuch 21); Das Stuttgarter Hoftheater 08; Die Frau 13; Klassisches Schauspielbuch 20. **H:** Mörikes sämtl. Werke 05, 2. Ausg. 09; W. Hauffs sämtl. Werke 12; Deutscher Heldentod 15; Deutsche Trostbriefe 19; Fr. Th. Vischer (Brevier) 20; Kleinstadtgeschichten 21. ()

Kraze, Frl. Friede H., SDS., DSch., Rom., Nov., ❧, O. Weimar, Kaiserin-Augusta-Str. 26. (Krotoschin $^{5}|_{1}$ 70.) **B:** Was ich meiner kleinen Gertrud erzählte 95; Johs. Brüggemann, Dr. 02; Allerleirauh, Vogelfrei, Rn. 04; Im Schatten

d. Weltesche, R. 05; Heim Neuland, KolonR. 08; Christoph Frei, R. 13; Kriegspfarrer, kulthist. R. 14, 2. A.; Vaterland, G. 15; Erfüllungen, Dr. 16; Quellen, die springen, N. 17; Die von Brock, R. 19, 4. T.; Unser Garten, N. 20; Die schöne u. wunderbare Jugend d. Hadumoth Siebenstern, Erz. 20; Der Ring, N. 20; Die Birke von Dondangen, N. 21; Amey, R. aus der Zeitseele 22; Maria am Meer, R. 23; Das Geheimnis, Erz. 23.

Krebs, Carl, VP., RP., Musik, Dr. phil., Prof., Senats-Mitgl. u. II. ständ. Sekr. d. Akademie d Künste a. D. Berlin-Friedenau, Häbnelstr. 13. (Hanseberg $^{5}|_{2}$ 57.) V: Die Frauen i. d. Musik 95; Dittersdorfiana 00; Schaffen u. Nachschaffen i. d. Musik 02; Haydn, Mozart, Beethoven 05, 3. A 19: Mozart 19; Des jungen Kreislers Schatzkästlein 09; Meister des Taktstocks 19.

Krehl, Stephan, Musik, Lehr. f. Theorie u. Studiendir. am Kons. f. M. Leipzig, Seb.-Bach-Str. 5. (ebda $^{5}|_{7}$ 64.) V: Musikal. Formenlehre 03 II; Allg. Musiklehre 04; Kontrapunkt nebst Beispielen u. Aufgaben 08; Fuge 08; Musikerelend 12; Theorie d. Tonkunst u. Kompositionslehre I 20.

Kreibich, Hans R., Erz., ♥, Dialekt, ♣, Ue: FEI, RealschulDir. Aussig in Böhm. (Algersdorf $^{16}|_{8}$ 63.) V: Das franz. Sprichwort als Musterbeisp. f. synt. Regeln 95; Ollclee aus'n Darfe 95; Der Hutberg b. Mertendorf 96; Bachblüml u. Battlzwackn 07; Dem Siege zu!, KriegsG. 16. H: W. Ernst, Aus vergangenen Jahrhunderten 11; Kriegsgedichte a. Dtsch.-Böhm. 15. Red: Kalender u. Jugendbüchl. des Bundes d. D. in B.

Kreindler, Leo, RP., Theaterkritik, /, Berliner Briefe, Nov., Sk., Hrsg. d. Feuilleton-Korresp. „Berliner Bilderbogen". Berlin W 15, Pfalzburger Str. 10. (Kolomea $^{23}|_{9}$ 86.)

Kreis, Friedrich, ⁂, Dr. phil. Heidelberg, Handschuhsheimer Landstr. 43. (Mannheim $^{19}|_{2}$ 93.) V: Die Autonomie des Ästhetischen in der neueren Philosophie 22.

Kreis, Julius (Ps. Justus Guckindluft), SDS., Erz., Humor., Satire, Volksschullehrer. München, Ickstattstr. 26 III. ($^{21}|_{8}$ 91.) V: Aus des Herrgotts Tiergarten 18; Vom lieben Adam Mensch 19; Der umgestürzte Huber 20; Auf stillvergnügter Walz 21, 2. A. 22; Das fröhliche Vogelhaus 21, 2. A. 22.

Kreisel, Hanns Horst, RP., SDS., Siedlungswesen, Sozialpolitik, Schriftst., Verbandsleit. Dresden, Gutzkowstr. 6. (Scheibenberg $^{3}|_{8}$ 91.) V: Das Dreieck, Dr. 16; Selbstmörder, Dr. 16; Der Freitod, Dr. 16; Der Siedler, 12 Hefte 18; Volkshochschulblätter, 12 Hefte 19; Siedlerschulen—Volkshochschulen, Arbeitsschulen, Führerschulen, Heimatschulen 19.

Kreisler, Karl, Lit.♛, Dr. phil., Prof. Brünn. (Wien 82.) V: Der Ines-de-Castro-Stoff im roman. u. germ. Drama 08; Rainer Maria Rilke 10; Junge Jahre, G. 12; Über d. Prinzipien e. mod. Homerübertragg. 12; Savitri, e. altes Spiel v. Tod u. Treue in einem Rahmen, Dr. 23; Hieronymus Lorms Schicksal u. Werk 22. H: F. Kürnberger, Novellen, mit Biogr. 11; Goethes Gedichte u. Lieder 22.

Kreitmaier, Josef, SJ., Kunstschriftst., Mitgl d. Schriftl. an d. „Stimmen der Zeit". München, Veterinärstr. 9. (Siegenburg $^{20}|_{11}$ 74.) V: Beuroner Kunst 14, 4. u. 5. A. 23; Unsere Kirche 15, 6. u. 7. A. 21; Ed. v. Steinle, 1.—20. T. 17; W. A. Mozart 19; Die Weihnachtskrippe 20; Der Kampf um die neue Kunst 20; Leo Samberger 23; Kirchenkompositionen (Op. 1—25).

Krejcik, Josef Emil, ♥, Skizze, Schach, Dante-Forschg., Populärwiss. (♛, ●, ♣), Dr. phil., Prof., Präsident des Österreichischen Schachverbandes, Red. d. Neuen Wiener Tagblatts. Wien II/1, Sterneckpl. 18. (ebda $^{22}|_{1}$ 85.) V: Dantes quaestio de aqua et terra 21; 13 Kinder Cassens 23.

Krell, Max, SDS. Partenkirchen, Ob.-Bayern, Mittenwalder Str. 99 1/10. (Hubertusburg $^{24}|_{9}$ 87.) V: Das Meer, Erz. 19, 2. A. 20; Die Maringotte, R. 19, 3. A. 20; Entführung, N. 20; Der Spieler Cormick, R. 22; Die sieben Pavillone, N. 23; Zirkus in Genf, N. 23; D. Flucht, N. 16; Über neue Prosa, Ess. 3. A. 20; Reise in Deutschland, Ess. 22; Bilanz der Dichtung, Ess. 23. H: Die Entfaltung, N. a. d. Zeit 21; Das deutsche Theater der Gegenwart 23; Cervantes, Ausgew. Werke III, 23. Ue: Kipling, Das Dschungelbuch 22; Guérin, Die Bacchantin 22.

Kretschmer, Frau Dora-Lotti, geb. Hopf (Ps. Dora-Lotti), /, ♥, Nov., Rezitatorin. Breslau, Bockstr. 14 I. (Görlitz $^{7}|_{10}$ 84.) V: Gedichte 04.

Kretzer, Max, SDS., Rom., Nov., ♁, Charlottenburg 4, Mommsenstr. 60. (Posen $^{7}|_{6}$ 54.) V (seit 99): Mit verbundenen Augen, R. 99 II, Volksausg. 10; Großstadtmenschen, Skn. 00; Warum? R. 00, 2. A. 08; D. Kunst zu heiraten, Schw. 00; D. Verderberin, Sch. 00; Der Holzhändler, R. 00, 20. A. 11; D. Madonna vom Grunewald, R. 01; Der wandernde Taler, M.Dichtg 02; D. Sphinx in Trauer, R. 02, Volksausg. 07;

Magd u. Knecht, Erz. 02, Volksausg. 14; Treib. Kräfte, R. 03; Volksausg. 13, 10. T.; Familiensklaven, R. 04, 3. A. 06; Das Armband, Erz. 05, Volksausg. 15; Der Mann ohne Gewissen, R. 05, 2. A. 07, Volksausg. 11, 60. T.; Was ist Ruhm? R. 06, 10. T. 12; Herbststurm, Erz. 06; Das Kabarettferkel, R., 1.—5. A. 07; Leo Lasso, Sch. 07; Söhne ihrer Väter, R. 08, 3. A. 12; Das Hinterzimmer, R. 08, 10. T. 12; Mut zur Sünde, R. 09; Reue, R. 10, 2. A. 11; Waldemar Tempel, R. 11, 2. A. 12; Die blanken Knöpfe, R. 12, 2. A. 13; Ausgew. Novellen 12; Stehe auf u. wandle, R. 13, 2. A. 14; Das Mädchen aus der Fremde, R. 13, 2. A. 14; Der irrende Richter, R. 14; Gedichte 14; Die alten Kämpen, KriegsG. 15; Berliner Geschichten 16; Kreuz u. Geißel, G. 19; Wilder Champagner, Sk. 19; Fidus Deutschling, R. 21.

Kretzmann, Friedrich Karl, ❦, Nov., Dr. jur., Amtsgerichtsrat. Ortelsburg, Luisenstr. 9. (Elberfeld 19|7 74.) W: Ged. 96, 2. A. 00; Neue Ged. 02, n. A. u. d. T.: Einen Sommergarten weiß ich fern.

Kretzschmar, Herm., Musik♛, Dr. phil., o. UP., Dir d. Kgl. Instituts f. Kirchenmusik u. Dir. d. Kgl. akad. Hochsch. f. Musik, GRegR. Berlin. (Olbernhau i. Sa. 19|1 48.)

Kreusch, Max v., Charakterologie, Psychologie, Dr. phil., Herausgeber der Bibliothek für praktische Menschenkenntnis. Berlin S. 59, Freiligrathstr. 5. (Riga 29|11 92.) W: Das System der Graphologie 21, 3. A. 23; Praktische Phrenologie 21, 2. A. 22; Das System der Chirologie 21, 3. A. 23; Systematische Charakterbildung 21, 2. A. 22; Moderne Systematische Menschenkenntnis 22. H: Dr. A. Peschke „Populärwissenschaftliche Astrologie" 22; Gustav Mahler „Tatkraft" 22. *

Kreutz, Rudolf Jeremias (Ps. Jeremias), DÖSchG., SDS., Rom., Nov., /, ❦, Sat., Kritik, Oberstleutn. a. D. Sommer: Grundlsee, Steierm., Winter: Wien VII, Neubaug. 71. (Rosdalowitz 21|3 76.) W: Vom grinsenden Leben, Sat. 11; Aus dem Affenkasten der Welt, Sat. 14; Die große Phrase, R. 19 (auch dän., schwed., engl.); Der vereitelte Weltuntergang, Sat. u. Sk. 19; Die einsame Flamme, R. 20, 3. A. 21 (auch dän., schwed.); Der neue Mensch 21; Menschen im Schutt, Nn. 23.

Kreyenborg, Herman, Indologie, Iranistik, Litauische Philologie, Bibliothekswissenschaft. Bearb. u. Herausg. von Rückerts orientalischem Coburger Nachlaß. Dr. phil. orient. Münster, Westfalen, Grevener Str. 53. (Damme, Old. 13|11 89.) H: Kalidasa: Der Kreis der Jahreszeiten (Rhusamhara). Nach d. metr. Übersetzung P. von Bohlens; Gitagovinda, das indische Hohelied des bengalischen Dichters Jayadeva. Nach der metrischen Übers. Friedrich Rückerts; Alharwaweda. Übertragen von Friedrich Rückert 23. *

Kreyfern, Frau Friede, geb. v. Boetticher (Friede von Boetticher), /, ❦, Hum., Rom., Nov. Starnberg b. München. (Dresden 10|8 62.)

Krickeberg, Frau Elisabeth, DSch., Roman, Nov., Essay. Charlottenburg, Schloßstr. 16. (Liebenau 2|3 61.) W: D. Frau Professor, R. 06; D. Krähe u. a. N. 10; Der Schwester Vermächtnis, R. 10; Wie wir vergeben, R.; Und hätte der Liebe nicht, N. 13; Trotzige Liebe, N. 15; Bechtold Hergersbergs Heirat, R. 19; Rittmeister Segendorf, R. 20; Die Hollmanns, N.; Tokiwa, N.; Auf einsamer Höh', N.; u. a.

Krieck, Ernst, ⁂, Hauptlehr., Dr. phil. h. c. Mannheim, Rennershofstr. 25. Vögisheim 6|7 82.) W: Persönlichkeit u. Kultur 10; Neueste Orthodoxie 10; Lessing u. die Erziehg. d. Menschengeschlechts 13; Deutsche Staatsidee 17; Revolution d. Wissenschaften 20; Erziehung u. Entwicklung 21; Philosophie d. Erziehung 22.

Krieg-Hochfelden, Frau Edith Freifrau v., geb. Gräfin Salburg-Falkenstein (Ps. E. Salburg), O, ❦. München, Carlstr. 4. (Schloß Leonstein 14|10 68).

Krieger, Adele, s. Schreiber-Krieger.

Krieger, Albert, ♛, Dr. phil., GArch.-Rat. Karlsruhe i. B., Jollystr. 6. (Gaggenau 17|4 61.)

Krieger, August, SDS., O, Erz., ❦, Lehrer. Altona, Palmaille 120 II. (Tondern 10|2 80.) W: Uwe Jens Lornsen, Sch. 14; Wer andern eine Grube gräbt, Lsp. 21; Tante Lina, Einakt. 22; Olief Braven, Vst. 22; Wilddieb Shakespeare, Lsp. 23.

Krieger (Krüger), Hermann, /, O, ✉, ❧, Tierkunde. Hamburg, Lokstedter Weg 88. (Bielefeld 31|5 66.) W: Willy Meier, E. 99; Der Kaffee 04; Die Gründer, Lsp. 08; Familie Hahnekamp u. ihr Freund Schnurrig, R. 13; Imma, R. 23; Not-Wende 24. ()

Kries, Georg von, ASV., ❦, Rittergutsbesitzer in Klein-Waczmirs, Pommerellen. (20|1 63.) W: Ged. 06, n. A. 11; Aus alten u. jungen Tagen 15, 2. A. 17; Sand u. Erde 17.

Krille, Otto, ❦, O. München, Elisabethpl. 3 II. (Börnersdorf i. S. 5|8 78.) W: Sonnensehnsucht, Dchtg. 03; Aus engen Gassen, G. 04; Aus der guten

alten Zeit, Lsp. 04; Aus Welt u. Einsamkeit, G. 05; Neue Fahrt, G. 08; Anna Barenthin, Dr. 11; Das stille Buch, G. 13; Unter dem Joch, Gesch. e. Jugend 14.

Krimling, Bruno, ☙, /. Schriftleiter. Novisad, Kralja Petra 3 I. (Weißkirchen, Ungarn 87.) B: Mit roten Rosen, Ged. *

Krische, Paul, BP., PA., Naturw., Soziologie, ⚒, ⊞, /, Dr. phil., Bibl., Berlin-Lichterfelde O, Berliner Str. 151. (Göttingen $^{1}|_{6}$ 78.) B: Jugendehe! 18; Heimat! 19; Die Frau als Kamerad 19, 3. A. 23; Vom werdenden Leben 20, 2. A. 21; Jugend! 21; Die landw. Hauptbodenarten Deutschlands 21; Gemeinschaftskunde 21, 2. A. 23; Sozialismus und Religion 21; Marx und Freud 22; Soziologie der Ehe 22; Familie und Sippe 22; Neuland der Liebe 23.

Kriz, Rudolf, jetzt Kreutz, Rud. Jerem.

Krocker, Hans (Ps. Krockow), ASB., Schriftst., Inh. d. Verlags „Ora", Hrsg. u. Chefred. d. „Faun". Berlin SW 47, Kreuzbergstr. 73. (Zeulenroda $^{31}|_{11}$ 72.) B: Eberhard von Danckelmann, hist. Sch.; Liebes Erwachen, Sp.; Die Jungfrau von ***, Sgsp.

Kröger, Otto, ∴, Hofbesitzer u. Privatgelehrter. Haale b. Todenbüttel, Holst. (ebda $^{12}|_{10}$ 69.) B: Die Philosophie d. reinen Idealismus, Eine Weltanschauungslehre 21.

Kroker, Ernst, Dr. phil., D., Prof., Dir. d. Stadtbibl. u. Archivdir. Leipzig, Kaiser-Wilhelm Str. 46 I. (Waldenburg i. Sa. $^{21}|_{11}$ 59.)

Kroll, Adolf, Weih- und Weistum, ☉, ☙, /, ☊, ●, ∴, ♯, ✝, ⊞. Schriftl. Weihwart i. d. germ. Glaub.-Gem. Berlin-Blankenburg, Triftstr. 30. (Brodowien $^{2}|_{1}$ 80.) B: Das Hohelied von Allvater, E. 18 I, 24; Das denkende All, Verf. 18 I, 19; Die Edda, ihre trag., philos. und eth. Grundlinien, Verf. 18 I. *

Kromayer, Johannes, alte ♛, Dr. phil., o. UP., GHofR. Leipzig-Gohlis, Berggartenstr. 10 I. (Stralsund $^{31}|_{7}$ 59.)

Krome, Hermann, DB., Optte., O., Sgsp., Lr., Volksliedforschung, Hauskomponist b. Schall u. Rauch. Berlin SW 48, Verl. Hedemannstr. 5. (ebda $^{27}|_{5}$ 88.) B: Weiberfeind, Sgsp.; Veilchenmädel, Sgsp.; Eine Frau wie Du, Optte.

Kron, Rich., neuere Ψ, Prof., Dr. phil., StudR. i. R. Wiesbaden, Parkstr. 65. (Gaderoth $^{29}|_{7}$ 59.)

Kronenberg, Ignaz, Förderung mundartlicher Poesie, Kritik, /, Sagen, Erz., Lr., Pfarrer in Meierskappel, Luzern. (Münster, Luz. $^{31}|_{12}$ 59.) H: Pfarr. X. Herzogs Volkserz. 13—21 VI; ferner: geistl. u. weltl. Lieder; 15 Festoffertorien f. Männerchor; die 4 marianischen Antiphonen f. gem. Chor. B: D. verlorene Dose, grot. Szene in Schw. Mundart.

Kronenberg, Moritz (Ps. Montanus, Philalethes), BP., ∴, Politik, Liter., ⊞, Dr. phil. Berlin W, Margarethenstr. 13. (Blotho $^{3}|_{4}$ 65.) B: Herders Philos. 89; Kant, s. Leben u. s. Lehre 97, 6. A. 21; Mod. Philosophen 99; Nietzsche u. seine Herrenmoral 01; D. Grundfragen d. franz. Kulturkampfs 04; Ethische Präludien 05; Gesch. d. deutsch. Idealismus I 09, II 12; Gewalt und Gedanke 20; Der politische Gedanke 22, I. Der Menschheitsgedanke; II. Der nationale Gedanke. H: Spinozas Ethik; Fichte, Die Bestimmung des Menschen 22; Fichte, Reden an die deutsche Nation 23.

Kroner, Rich., ∴, Dr. phil., UDoz. Freiburg i. B. (Breslau $^{8}|_{3}$ 84.)

Kronfeld, Ernst Moritz, CP., ❦, Naturw., ♯, /, Dr. phil., kais. Rat, Red. a. „Neuen W. Tagbl." Wien II, Heinestr. 33. (Lemberg $^{3}|_{6}$ 65.)

Kronoff, Frida v., s. Hummel, Frida.

Krook, Olaf Pederson, s. Ehrenkrook, Gust.-Ad. v.

Kroepelin, Hermann, SDS., ☙, Nov., Roman. Berlin-Friedenau, Rheinstr. 32/33. (Malchow i. Mecklbg. $^{11}|_{4}$ 74.) B: Wilde Rosen, G. 05; Jesus, E. 06; Harte Ehen, R. 11, 2. A. 12; Tideke Flotow, R. 13. ( )

Kroth, Anton, Politik, ⊞, /, Chefred. u. Dir. d. „Altonaer Nachr." Altona a. d. E., Düppelstr. 15. (Andernach a. Rh. $^{17}|_{12}$ 62.)

Kroyer, Theodor, Musik♛, Dr. phil., o. HonProf. Heidelberg. (München $^{9}|_{9}$ 73.) ( )

Krticzka, Frhr. v. Jaden, Hans (früh. Ps. Hans v. d. Jahde), ☙, ☉, ●, nord. Lit.♛, Dr. jur. Wien XVIII, Walriesstr. 72. (ebda $^{26}|_{11}$ 66.) B: Festgesänge 88; Lieder u. Ged. 88; Gefunden u. wiedergefunden, Sch. 89; Sommerfreuden, G. 89; D. corpus juris canonici, akad. Scherz 90; Th. Körner u. s. Braut 96; E. Reise n. Island u. d. Färöer 97; Durch Korneuburg u. auf Kreuzenstein 01, 2. A. 03; Th. Körner 13. H: Lit. Nachlaß des ✝ Islandforschers Dr. J. Cal. Poestion seit 23.

Krüdener, Adalbert, Baron, Jagdzoologie. Jena, Grietgasse 9. (Rittergut Wohlfartslinde i. Livland.) B: Wenn die Schnepfen streichen 21; D. Birkwild 23. MitB: Weydewerk, Sammelwerk v. A. H. v. Byern; Vom Bären u. anderem hohen Wilde, Sammelwerk v. E. v. Kapherr, 2 Bde.

Krügel, Gerhard, Jugendschriften, Volkskde., ✠, ☊, Lehrer. Berlin

SW 29, Bellealliancestr. 17. (Buckow, Märk. Schweiz $^{8}|_{6}$ 83.) **B**: Zwielicht, Erz. m. lyr. Ausklang 06, 2. A. 07; Russ. Märchen 10, 36. T. 19; Aus d. Großen (30j.) Krieg 11; Das Buch v. d. Meerleuten 11, 10. T. 21; Festschrift zur 100jähr. Jubelfeier d. Lehrerseminars Neuzelle 20. **H**: Wilhelm Steinhausen 07, 57. T. 22; J. Fr. Millet 09, 20. T. 10; Wilhelm Trübner 11, 32. T. 22; Wilhelm Leibl 22, 6. T.; Fouqué, Undine 07; Chamisso, Peter Schlemihl 10; Grimmelshausen, D. Jäger v. Soest 22; Deutscher Volkswart, Monatsschr. 13—14, 17—21; Nationale Erziehung, Monatsschr. 20—22.

Krueger, Felix, ⁂, Psychologie, Dr. phil. et litt. h. c., o. UP. Leipzig. (Posen $^{10}|_{8}$ 74.)

Krüger, Herm. Anders, Lit.♛, O, Rom., Dr. phil., Prof., Dir. d. Goth. Landesbibl., Staatsrat a. D. Neudietendorf. (Dorpat $^{11}|_{8}$ 71.) **B**: Vermächtnis des Tacitus, Sat. 96; Waldhüters Weihnacht, Festsp. 97, 6. T.; Ritter Hans, Dr. 97; Sirenenliebe, R. 97, 2. A. 02; Simple Lieder 98, 2. A. 00; Der junge Eichendorff 98, 2. A. 04; Der Weg im Tal, R. 03, 4. T. 05; Pseudoromantik: Friedr. Kind u. d. Dresdner Liederkreis 04; Krit. Stud. 04, 28. T. 10; Gottfried Kämpfer, R. 04, 72. A. 22; D. Kronprinz, Dr. 07; D. Graf von Gleichen, Tr. 08; Kaspar Krumboltz, R. 09, 15. A. 21; Der junge Raabe 11; Diakonus Kaufung, Erz. 13; D. Pelzmütze, Kom. 13; Deutsches Literaturlexikon 14; Sohn u. Vater, e. Lebensrechenschaft 22, 13. A. 23.

Krueger, Theodor, ✝, Lic. theol., Hilfs-Bibl. Königsberg i. Pr., Hochmeisterstr. 14 I. (Tilsit $^{8}|_{8}$ 92.) **B**: Richard Dehmel als religiös-sittlicher Charakter 21.

Krukenberg-Conze, Frau Elsbeth, SDS., Roman, Frauenkultur, ▮, Univ.-Prof.-Wwe. Kreuznach, Salinenstr. 61. ($^{5}|_{3}$ 67.) **B**: Jugenderziehung u. Volkswohlfahrt 11; Die Kulturaufgaben der Frau in d. Familie 13; Die Erziehung d. Kindes zu Gesundheit u. Arbeitsfreudigkeit 15; Von Sehnsucht u. Reichtum, R. 20.

Krumbholtz, Robert, ♛, Dr. phil., Geh. ArchivR. Münster i. W., Kleimannstr. 3. (Stettin $^{1}|_{12}$ 63.)

Krünes, Erik, Dr. jur., Reiseschriftstell. Wien I, Riemergasse 1. (Aussig $^{3}|_{8}$ 90.) **B**: Südslav. Zukunft 20. **Ue**: Südslav. Novellen 21.

Krupp, A., s. Fritzsche, Anna.

Krusch, Bruno, ♛, Chronologie, Quellenkritik, Verwaltgs.♛, Dr. phil., Geh. ArchivR., Dir. d. Staatsarchiv. Hannover, Wiesenstr. 24. (Görlitz $^{8}|_{7}$ 57.) **B**: Studien zur christl. mittelalterl. Chronologie 80; Gesch. des Staatsarchivs zu Breslau 08; Ausg. in den Monumenta Germaniae (Script. rer. Meroving. u. a.) 84ff.

Kruse, Georg Rich., PA., O, /, Musik, Dir. d. Lessing-Museums, Red. d. Bühnen- u. Musikwerke f. Reclams Universalbibl. Berlin. (Greiffenberg, Schles. $^{17}|_{1}$ 56.) **B**: Die Herzlosen; Lortzing, Biogr. 99; Anneken vom Mönchgut 04; Falstaff u. D. lust. Weiber in vier Jahrh. 07; Otto Nicolai, Biogr. 11; Der Klarinettenmacher, O.; Kl. Lortzing-Biogr.; Zelter-Biogr.; Schubert-Biogr.; Meyerbeer-Biogr.; Jahresberichte des Lessing-Mus. **Ue**: Die Jungfernstadt, Optte.: Rokoko, O.; Diana u. Endymion, O.; Bethlehems Stern, Kantate. **H**: Lortzingbriefe 01, 2. A. 13; Die Werke Rich. Wagners; O. Nicolais musikal. Schriften; Tiecks Schöne Magelone; Shakespeares Widerspenstige u. viele Operntexte und Klavierauszüge.

Kruse, Johs., s. Prümer, Karl.

Kruse, Julie, s. Röttger, Julie.

Krutina, Edwin, SDS., O. Karlsruhe i. B., Südendstr. 7. (ebda $^{10}|_{8}$ 88.) **B**: Der Flieger, dram. Gedicht 15; Abschied v. Ogygia. ()

Krützner, Frau Irma, geb. Neugebauer (Irma Krützner), ASV., Club d. Schriftstellerinnen i. Prag, Romane, Erzählungen, Gedichte, Notarsgattin. Prachatitz, Tschecho-Slowakei, Böhmerwald. (Graslitz i. Erzgebirge $^{21}|_{7}$ 84.) **B**: Bunte Vögel, Erz. 23; Im grünen Winkel, R. 23. *

Küas, Richard, Kolon., Marine, O, Roman. Leipzig, Sedanstr. 3. (Kempczowitz O.-S. $^{28}|_{10}$ 61.) **B**: Götzen, Dr. 07; Vom Baum der Erkenntnis, R. 11; Brandung, R. 12; Reveille, Dr. 14; Wacht im fernen Osten, R. 15; Eroberer, R. 16; Ums Deutschtum, R. 17; Kinder vom Brühl, R. 19; Jung Wagner, R. 20. ()

Kubczak, Viktor. Lit.♛, Kritik, Theater♛. Hrsg. d. ost-deutsch. Monatshefte des Bühnenvolksbunds „Der Ostwart". Breslau, Seminarg. 1/3. (ebda $^{27}|_{9}$ 99.) *

Kubel, Ludwig, Roman, Oberlehrer i. R. Meißen a. d. Elbe, Gustav-Graf-Str. 17. (Eschershausen $^{7}|_{11}$ 59.) **B**: Die Glocke v. Falkenried, Gesch. e. märk. Schulhauses 99, 3. A. 07; Winzenburg, R. a. d. Zeit der groß. Hildesheimischen Stiftsfehde 01 II; Die Apotheke zu Angerbeck, R. 05, 2. A. 07.

Kubsch, Hugo, RP., SDS., ⁂, Soziologie, Roman, Novelle, O, Kritik, Feuilletonredakteur der „Deutschen Tages-

zeitung". Berlin-Steglitz, Kuhligks-hof 1. (Berlin $^{7}|_{3}$ 85.)

Küchler, Kurt, ⚬, Nov., Rom. Nienstedten, Holst., Osdorfer Str. 53. (Essen $^{6}|_{3}$ 83.) **V:** Adalbert v. Hanstein 04; Hamburger Schauspielerporträts 09; Des Lebens Possenspiel, Dr. 09; Sommerspuk, Lsp. 10; Ransis, Dr. 11; Friedr. Hebbel u. s. Werk 11; Kajus der Strolch, Kom. 11; Ursulas fröhliche Fahrt, Lsp. 12; Die goldene Locke, Lsp. 13; Der Orkan, Dr. 14; Feuertaufe, R. 15, 3. A. 16; Die letzten Tage von Tsingtau, Erz. 16; Die deutsche Flotte im Weltkrieg 16; Allerhand Kriegsvolk 16; Kriegsflagge am Heck, 20. A. 17; Steuermann Holk, R. 19, 25. A. 20; Aus Hafenschenken u. Jungfernstuben, R., 5. A. 20; Die versilberte Braut, Kom. 20; Gastmahl der Liebe, Dr. 21; Der Hafenmaler, R. 21; Die kleine Magd, R. 21; Der Sohn des Stauers, R. 22; Von schweren und leichten Herzen, R. 23: Zwischen den Dünen, R. 23. **H:** Liliencron-Brevier 05; Hebbels Briefe, Ausw., 1. bis 4. A. 08.

Küchler, Ottomar Felix, Belletristik, Kirchschullehr. Brünlos b. Thalheim, Sachs. (Stollberg $^{31}|_{8}$ 70.) **V:** Knud und Ingeborg, R. 96.

Küchler, Walther, Dr. phil., UP. Wien XIII, Lainzer Straße 49. (Essen, Ruhr $^{19}|_{7}$ 77.) **V:** Französische Romantik 08; Romain Rolland, Henri Barbusse, Fritz v. Unruh 19, 2. A. 20; Libussa 19; Renan 21.

Küchler-Ming, Frau Rosalie, Jugendschr. Sarnen, Schweiz. (ebda $^{8}|_{1}$ 82.) **V:** Das Schaukelpferd u. die kleinen Engelein; D'r Amerikaner (Schweizermundart) 23.

Kück, Eduard, Germanistik, Dr. phil., Prof., Studienrat. Berlin-Lichterfelde, Holbeinstr. 56. (Hollenstedt, Kreis Harburg $^{26}|_{12}$ 67.) **V:** Studia maxime critica in Aeschylum et scholia Aeschyli Medicae 90; Judas Nazarei, Vom alten u. neuen Gott (Flugschr. v. 1521) 96; Ausg. d. Schriften Hartmuths v. Cronberg 99; Schriftstellernde Adlige d. Reformationszeit: I: Sickingen u. Landschad 99; Niederdeutsche Beiträge z. deutsch. Wörterbuch 05; Das alte Bauernleben d. Lüneburger Heide 06; Feste u. Spiele d. deutsch. Landvolks (m. H. Sohnrey) 09, 2. A. 11; Heinrich Sohnrey (m. a.) 09; Heidjers Tanzmusik (m. Elfr. Schoenhagen) 11, 2. A. 21; Ein gotisch-westgerman. Zahlenproblem 12; Volkssprache d. Lüneburger Landes 14; Wetterglaube in der Lüneburger Heide 15.

Kuck, Max, ⚬, ▣. Stettin (Pommern), Karlstr. 8. (78.) **H:** Stettiner Jahrbuch 20, 21, 22; Monatshefte Theatergemeinde Stettin 21 u. ff. *

Kuckei, Max, ■, Jugendbewegung, Lehrer. Suxdorf (Post Cismar), Holstein. (Tondern, Nordschleswig $^{7}|_{1}$ 90.) **V:** Van Gold dree Rosen, Volkslieder aus Schleswig-Holstein I 13; Lebensstätten der Jugend, Vom Werden neuer Schule 23. **H:** Zeitschriften: Die Schulbewegung, Blätter vom Werden und Wachsen 22ff.; Das Ende der Schule 23. *

Kudnig, Fritz, ♥, Justizobersekretär. Königsberg, Pr., Steffeckstr. 6. ($^{17}|_{6}$ 88.) **V:** Durch Leid und Licht, G. 22; Das Lied der Kurischen Nehrung, G. 23. *

Küffer, Georg, SES., Sek.-Lehrer. Bern, Mittelstr. 6. (Biel $^{17}|_{8}$ 90.) **V:** Seelchen, G. 15, 3. A. 19; Lenker Sagen 16; William Wolfensberger, Lebensbild 19; Religion 19; Aus der Zukunftsschule 19; Die Volkshochschule der Schweiz 19; Heimatglüt 20; Hymnen, G. 22; Schultheater (mit Josef Reinhart) 22; Auf nordischen Volkshochschulen 23. **Red:** Die schweizerische Volkshochschule, Zeitschr.

Kugler, Emil, ♥, Belletr., ♯, Dr. med., MedR., Sanatoriumschefarzt in Gmunden, Ob.-Österr. (Brixen, Tirol $^{17}|_{9}$ 68.) **V:** Hausmärchen d. Kuglerkinder 20; Weihnachtsspiele 12, 14, 16, 18; System der Neurose 22.

Kugler. Frz. Xav., (k.), Bibl.-hist. Forschgn., SJ., Dr. phil., Prof. a. Ignatiuskolleg. Valkenburg (L.), Holland (Königsbach, Pfalz $^{27}|_{11}$ 62.)

Kügler, Hermann, ♥, /, ♛, u. Kunst♛, ♯ (Volkskunde), Dr. phil., Studienrat. Berlin N 39, Kieler Str. 18. ($^{18}|_{7}$ 89.) **V:** Aus Alt-Berlin 14; ie und seine Parallelformen im Angelsächsischen 16; Deutsche Verslehre 18; Hohenzollernsagen 22. *

Kuhl, Ferdinand, Kunst, Prof. Dr., Studienrat a. D. Frankfurt a. M.-Süd, Klingenberger Str. 12. (Nenderoth, Westerwald $^{6}|_{8}$ 60.) **V:** Der Kunstfreund, e. Anleitung zur Kunstbetrachtung 22, 8. A. *

Kuhl, Hermann v., Kriegswissenschaft, General der Infanterie a. D., Dr. phil. Berlin-Steglitz, Breite Str. 36. (Koblenz $^{2}|_{11}$ 56.) **V:** Bonapartes erster Feldzug 1796; Der Deutsche Generalstab in Vorbereitung und Durchführung des Weltkrieges 20, 2. A. 20; Der Marnefeldzug 21; Die Kriegslage im Herbst 1918 22, 2. A. 22. *

Kühl, Thusnelda, s. Petersen, Thusn.

Kuhlmann, Karl (Karl A. Kuhlmann), Literarische Kritik, Novelle, Dr. phil. Kiel (Holstein), Goethestr. 30 IIr.

(Lerbeck b. Minden $^{9}|_{6}$ 80.) **V**: J. H. Voß als Kritiker 14; Wie stellen wir uns zur Einheitsschule? 19; Hamlet-Erkenntnisse 22; Du siegende Erde, Dchtg. 23. *

Kuhlmeyer, Georg, Dr. jur., Kaufmann. Stettin, Bismarckstr. 8. ($^{29}|_{3}$ 94.) **V**: Sehnsucht des Lebens, G. 21. *

Kuhn, Alfred, ASV., Dichtg., Lit.♛. Neustadt a. Rbg., Hannov. (Stuttgart $^{15}|_{2}$ 87.) **V**: H. Hesse, Ess. 07; Bunte Momente, G. 17. **H**: Phaethon, Monatsschr. f. Lyrik 19/20; Die Brücke, Büch. neuer Autoren, Bd. 1—50 19/20; Frischlin, Nik., Frau Wendelgard, Dr. 07. **H** u. **Ue**: Verlaine, Zweisprach. Anthologie (m. Dehmel u. a.) 21. **Ue**: Wilde, Der Sozialismus u. der Einzelne 19; Poe, Balzac, Maupassant, Erz.

Kuhn, Alfred, Dr. phil., SDS., Kunsthistoriker, Herausgeber der Seemann'schen Kunstchronik. Berlin-Friedenau, Fregestr. 26. (Mannheim $^{1}|_{2}$ 85.) **V**: Die Illustration des Rosenromans, Jahrb. der Kunsthistor. Sammlungen des allerhöchst. Kaiserhauses 12; Die Faustillustrationen des Peter Cornelius in ihrer Beziehung zur deutschen Nationalbewegung d. Romantik 16; Faust-Ausgabe mit den Illustrationen des Peter Cornelius 20; Emy Roeder 21; Käthe Kollwitz 21; Die neuere Plastik von 1800 bis z. Gegenwart 21, 2. A. 22; Peter Cornelius und die geistigen Strömungen seiner Zeit 21; Anselm Feuerbach 22; Max Liebermann 23. *

Kühn, Erich, RP., Red. u. Schriftst., Feuill.-Leit. d. Hamb. Korr. Hamburg, Kolonnaden 27 III. (Dresden $^{23}|_{8}$ 87.) **V**: Prinzeß Money, Optte. 10; Fräulein Frau 14; Jung Dietrichs Königsfahrt 16; Großmutter erzählt 18; Aber Hoheit! Lsp. (m. S. Neumann) 19; Schneiderlein auf Reisen 20; Gruschke (m. Neumann), Schw 20. ( )

Kühn, Erich, Dr. phil. München, Holzkirchner Str. 2 II. (Rogehnen, Ostpr. $^{5}|_{10}$ 78.) **V**: Kaspar, der Nachgemachte, R. 20; Rasse? R. 21. **H**: „Deutschlands Erneuerung", Zeitschr. ( )

Kühn, Herbert, DV., ○, Roman, ⊗, Dr. phil., Priv.-Doz. für Kunst♛ an d. Univ. Köln. Berlin-Schöneberg, Bayerischer Platz 11. (Beelitz, Mark $^{29}|_{4}$ 95.) **V**: Stilwandel in der mod. Kunst 19; Der Mord 20; D. Malerei d. Eiszeit 22, 3. A. 23; D. Kunst d. Primitiven 23.

Kühn, Hugo, Heimat♛, Studien R. Weimar, Wörthstr. 50. (Kammerberg b. Ilmenau $^{1}|_{8}$ 78.) **V**: Quellen u. quellenmäßige Berichte aus Thüringen I 14, II 10; D. Wartburgfest 13; Kulturgesch. Bilder aus Thüringen 14; Bilder u. Skizzen aus d. Leben der Großen Weimars 16, 3. A. 23.

Kühn, Julius, ✿, ○, /, Lit.♛, Dr. phil., StudR. a. d. Oberrealschule. Koburg. (Bad Köstritz $^{10}|_{6}$ 87.) **V**: Welt u. Wille, G. 11; Drei Träume 12; Der junge Goethe im Spiegel der Dichtung seiner Zeit 12; Beseelte Düfte, Parfümsizilianen 12; Auf der Walhalla, ein Spiel 14; Die Brücke, G. 13; Wilhelm v. Scholz 17; Der Dichter und das All, Essays 20; Das wandernde Jahr, ein Kalender in Versen 20; Der Garten Gottes, Leg. 21; Thüringer Skizzenbuch, G. 21, 4. A. 22; Seraphische Legende, G. 21; Coburg, ein Bilderbuch 22. **H**: Die Barke, Sizilianenanthologie 16; Die Flöte, Monatsschr. f. neue Dchtg. 18—20 II; Sternbild am frühen Firmament, Erstlingsgedichte von Elisabeth Joest 20; O du Heimatflur, Rückert-Auswahl 23.

Kühn, Walter, Musik, Musikpädagogik, Obermusiklehrer, Mitglied des staatl. Künstlerischen Prüfungsamtes, Leiter des Musikpädagogischen Forschungsinstituts. Berlin-Tempelhof, Albrechtstr. 41. (Züllichau $^{3}|_{12}$ 83.) **V**: Schulmusik 23. *

Kühn-Foelix, August, Schriftsteller u. Verleger. Berlin W 15, Hohenzollerndamm 5. (Mainz $^{29}|_{5}$ 93.) **H**: Bilderhandschriften. **Mitarb**: Zeitschrift „Der Sammler". **Ue**: Maupassant. *

Kühnau, Richard, Volkskunde, 𝔄, Dr. phil., StudR., Prof. Breslau, Kaiserstr. 76. (Branitz b. Kottbus $^{10}|_{2}$ 58.) **V**: D. Bedeutung d. Backens u. d. Brotes im Dämonenglauben d. deutschen Volkes 00; Schlesische Sagen I 10, II 11, III/IV 13; Sagen aus Schlesien 14. ( )

Kühnau, Richard, WSV., ○, Dr phil., StudR. Köln a. Rh., Niederichstr. 12. (Koblenz $^{23}|_{5}$ 84.) **V**: Sizilianische Vesper 13. ( )

Kühnel, Joseph, Essays, **Kuratus**. Breslau I, Antonienstr. 30. ($^{9}|_{3}$ 86.) **V**: Vom Reichtum der Seele 22, 2. u. 3. A. 23; Vom Leben aus Gott 23; Von Gott und von uns 23; Von den Tagen Gottes 23; Meister Eckharts Gedankengut 23. **H**: In heiliger Glut, Essays von Hildegard Mackenbock 22; Heliand, Zeitschrift zur Pflege religiösen Lebens f. Gebildete, 13. Jahrg. *

Kühnemann, Eugen, ∴, u. Lit.♛, Dr. phil., Lit. D. h. c. (Harvard u. Wisconsin), o. UP. Breslau-Krietern, Schloßparkstr., Altes Schloß. (Hannover $^{28}|_{7}$ 68.) **V**: Turgenjew u. Tolstoj 93; Grundlehren d. Philosophie, Stud. üb. Vorsokratiker, Sokrates u. Plato 99; Die Eröffnung d. Kgl. Akademie zu Posen, Festrede 03; Schiller 05, 6. A. 20; Von der deutschen Kulturpolitik in Posen 06;

Herder, 2. A. 12; Vom Weltreich des deutsch. Geistes, Reden u. Aufsätze 14; An die deutsche Jugend im Weltkrieg 14; Deutschland und Amerika, 3. A. 18; G. Hauptmann, a. d. Leben d. deutschen Geistes d. Gegenw. **H:** Herder, Werke I, IV u. V (in Kürschners Deutsch. Nation.-Lit.); Schillers philosoph. Schriften u. Ged.; Schillers ausgew. Briefe; u. a. ()

Kühnert, Herbert, Kritik, Religionswissenschaft, Pädagogik, Soziologie, Dr. phil., Regierungsrat, Vortragender Rat im Thür. Min. für Volksbildung. Weimar, Burgplatz 2/0. (Steinach i. Thür. $^{11}|_{7}$ 87.) **B:** Comtes Verhältnis zur Kunst 10; Wege zur Universitätsreform 13; Neue Beiträge zur Hochschulreform 13; Entwicklungsgesch. d. Wirtschaft i. Thür. 21. **H:** Republik und Jugend, Zeitschr. **MitH:** Sozialistische Monatshefte und Pädagogisches Zentralblatt. **Ue:** Sidney-Webb, Die Schwächen des ökonomischen Individualismus 13; Quellenheft zur Wirtschaftsgeschichte von Großthüringen 21. *

Kuhnigk, Josef, Kunstkritik, Nov., Roman, Lit. Leiter des Verlags Karl Köhler & Co., Hrsg. d. Feuilletonkorresp. „Das Manuskript" u. „Die kleine Post". Berlin W 15, Hohenzollerndamm 3. (Roessel $^{5}|_{10}$ 77.) **B:** Um ihr Herz, R. 16.

Kukol, Louis (Ps. C. G. Elka), ✓, Skizze, Nov., Übersetzgn., Verlags-Red. i. H. Ullstein A.-G. u. Propyläen-Verlag. Berlin-Schöneberg, Gust.-Müller-Str. 37. (Hildesheim $^{12}|_{7}$ 84.)

Kulka, Georg, **B**, ∴, **Ue:** EFGL Sanskrit, Dr. phil. Wien VI, Gumpendorfer Str. 77. (Weidlingau in N.-Ö. $^{5}|_{6}$ 97.) **B:** Der Stiefbruder, Aufzeichnung u. Lyrik 20; Der Zustand Karl Kraus (m. Wolf Przygode) 20; Requiem 21. **H:** Paul Heller (1895—1915), Ged. a. d. Nachlaß (m. Walther Heller) 20.

Kullberg, Emil Frithjof, Roman, ○. Hamburg 6, Schäferkampsallee 9. (Cuxhaven $^{3}|_{1}$ 77) **B:** Springtanz, R. aus d. nord. Bauernleben 05; Ludwig Bösenberg & Sohn, e. hamburg. Kaufmannsgesch. 06; Der Pilgrim, R. 11; Joachim Sterntaler, R. 15; Jedermanns Schicksal, R. 16; Geist von Gestern, Erz. 17; Die blaue Vase, G. 18; Lebensinsel, R. ()

Küllertz, Jose, s. Lichtenberg-Küllertz.

Kullnick, Max, Schulpolitik, Dr. phil., Prof., Dir d. Staatl. Auskunftstelle für Schulwesen. Berlin-Friedenau, Wilhelmshöher Str. 6. (Berlin $^{9}|_{2}$ 76.) **B:** Vom Reitersmann zum Präsidenten, e. Lebensbild Th. Roosevelts 08; Präsident Taft 09; Die Neuordnung des deutschen Schulwesens u. das Reichsschulamt 19. **Ue:** Roosevelt: Jagden in amerik. Wildnis 07, 4. A. 08; Im Reiche d. Hinterwäldler 05, 2. A. 10; Jägerfreuden 07; Als Cowboy unter Cowboys 09; Afrikan. Wandergn. 10. **H:** Roosevelts Staats- u. Lebenskunst, aus s. Reden u. Botschaften ausgewählt 10; Jahrbuch der Kgl. Preuß. Auskunftstelle f. Schulwes. 13; Zeitschr. „Die deutsche Einheitsschule" 19. ()

Kümmel, Otto, Ostasiat. Kunst♛, Dr. phil., Dir. d. Ostasiat. Kunstabt. d. Staatl. Museen, MitHrsg. d. „Ostasiat. Zeitschr." Berlin-Lichterfelde, Potsdamer Str. 9. **B:** Das Kunstgew. in Japan 11, 2. A. 19; Die Kunst Ostasiens 21. ()

Kummer, Friedr., Dr. phil., Prof. d. Lit.-Gesch., Feuill.-Red. am „Dresd. Anz." Dresden, Breite Str. 7. (ebda $^{30}|_{3}$ 65.) **B:** Tarquin, Dr. 89; M. Weitmoser, Dr. 91; Lockende Liebe, R. 94; Deutsche Literaturgesch. d. 19. u. 20. Jahrh., dargest. nach Generation. 08, 3. A. 23 II; Karl Kösting, Biogr. 09; Führer durch Dresden 10; Richard-Wagner-Annalen 13; Festschrift z. Eröffnung d. Dresdner Kgl. Schauspielhauses 13. **H:** Karl Köstings Werke 09 III. ()

Kunde, Frau Anne-Marie (Ps. Anne-Marie de Grazia), ○, Nov., Roman, Übers. Dresden-Loschwitz, Schillerstr. 37. (Graz). **B:** Mächtige Liebe, R. 18. **Ue:** s. d. Folg.

Kunde, Johannes (Ps. Hans Kürenberg), Übersetzer u. Schauspieler. Dresden-Loschwitz, Schillerstr. 37. (Dresden $^{16}|_{1}$ 77.) **Ue:** L. Frapié, D. Figurantin, R. (m. A.-M. Kunde) 09; Henry Bordeaux, Das Phantom der Rue-Michel-Ange 23.

Künigl-Ehrenburg, Frau Ilka Gräfin (Ps. J. v. Michaelsburg), Roman und Landschaftsnov. Lana b. Meran, Rathaus 2. St., Italien. (Marburg, Steiermarck $^{19}|_{11}$ 91.) **B:** Im belagerten Przemysl, Tagebuchbl. a. groß. Zeit 15; Du heilig Meer 16; Das Buch vom Glück 19; Vier Lieder vertont von Sepp Amschl 23.

Künneke, Eduard, DB., Komponist. Berlin-Halensee, Katharinenstr. 20. (Emmerich a. Rh. $^{27}|_{1}$ 85.) **B:** Robins Ende, O. 09; Coeur-As, O. 13; Das Dorf ohne Glocke, Sgsp. 19; Der Vielgeliebte, Optte. 19; Wenn Liebe erwacht, Optte. 20; Der Vetter aus Dingsda, Optte. 21

Kuno, Hermann, s. Kunz, Hermann.

Künsberg, Sophie Freiin v., **B**. Reisach b. Oberaudorf, Oberbay. (Karlsbad $^{5}|_{6}$ 61.) **B:** Weihnachten im Wald 93; Marien-Leben 96; Sonnenwendnacht im Wald 05; Alpenblümeln 10; Alpenkräuter 11; Befreite Gefangene 13; D. fossile

Tante 13; D. sektische Derndl 14; Der g'spaßige Herr 16; Die Kath 16. ( )

Kuntz, Wilhelm, ⁂, Kritik, Dr. phil., Oberlehrer. Spandau bei Berlin. (Schwarzhausen i. Th. $^{19}|_{1}$ 72.) B: Beiträge zur Entstehungsgesch. der neueren Ästhetik 99; Was muß man von der Ästhetik wissen? 03; Sammlg. englischer Gedichte 11; Bismarcks Schuld am Weltkriege 20.

Kuntze, Friedrich, ⁂, Dr. phil., UDoz. Berlin. (Nordhausen $^{20}|_{4}$ 81.)

Küntzel, Georg, ♛, Dr. phil., o. UP. Frankfurt a. M. (Schroda, Posen $^{20}|_{11}$ 70.)

Küntzel, Frl. Martha, Theosophie, Oberlehrerin an der 13. Volksschule. Leipzig-R., Tiefe Str. 4. (Brieg i. Schl. $^{22}|_{12}$ 62.) B: Die Gedanken als Schöpfer unseres Schicksals 23. *

Kunz, Ludwig, Kritik. Görlitz, Schles., Berliner Str. 24. ($^{15}|_{2}$ 00.) H: Die Lebenden, Blätter für neue Künste 23. *

Kunze, Friedr., Kult.♛, Volkskde., /, ♯, Lehrer an d. Mädchen-Bürgersch. Suhl i. Th. (Craja $^{25}|_{4}$ 61.) H: Luthersagen 17; Suhler Sagenbuch 20. ( )

Kunze, Kurt, Essay, ▣, Politik, ⊞, ♛, Dr. phil., Geschäftsführer d. Berufsamtes f. Akademiker. Frankfurt a. M., Universität. (Prießnitz b. Kamburg a. d. S. $^{26}|_{11}$ 87.) B: D. Dichtg. Richard Dehmels als Ausdruck d. Zeitseele 14. ( )

Kunzendorf, Franz (Ps. Franze aus Berlin, Kunz Franzendorf), RP., BBJ., Polit. u. gesellsch. Satire, Mitarb. d. „Jugend", Red. a. d. Deutsch. Allgem. Zeitg. Zehlendorf-Berlin, Berliner Str. 8. (Berlin $^{28}|_{7}$ 83.) B: Der Hexenkessel, satir. Zeitged. 21.

Kunzler, Jacob, Erzählung, Korrespond. Mitgl. d. Tübinger Missionsärzte-Vereins, Direktor des Near-East-Relief-Waisenhauses. Ghazir, Syrien. (Hundwil, Schweiz $^{3}|_{3}$ 71.) B: Im Lande des Blutes u. der Tränen, Erz. 21; Seltsame Lebensgeschichte eines syrischen Mönchs, Erz. 22. *

Kupffer, Elisar v. (Ps. Elisarion), ◯, Nov., ♜, ●, Kult.♛, Übersetzgn. Locarno-Muralto. (Sophienthal i. Estland $^{20}|_{2}$ 72.) B: Auferstehung, ird. Ged. 3. A. 18; An Edens Pforten, Ged. 2. A. 11; Hymnen d. Heil. Burg 13; D. Herr d. Welt, Trag. 99; Irrlichter, Dr. 00; Aino u. Tio, Dr., 2. A. 11; Feuer im Osten, Dr. 08; D. gefesselte Afrodite, Tr. 11; Lebenswerte 07; Ein Neuer Flug u. e. Heil. Burg 11; Heiliger Frühling 13; 3000 Jahre Bolschewismus 20.

Kupffer, Hugo v., BP., BBJ., RP., /, Politik, Reisebriefe, Kultur♛, Ue: a. u. i. d. E, Chefred. d. „Berlin. Lokalanz." Berlin SW, Yorckstr. 4. (Petersburg $^{7}|_{1}$ 53.)

Kupka, Paul, ♛, ⊕, vorgesch. Archäol., Dr. phil., Prof., StudR. Stendal, Schadewachten 47a. (Guben $^{8}|_{8}$ 66.) H: Beiträge z. Gesch., Landes- u. Volkskde. d. Altmark, Bd. II 09, Bd. III 14. B: Über mittelalterl. Totentänze 05; Zur Genesis d. Totentänze 07; Zur Genesis d. mittelalt. Totentänze 08; Das älteste Stendal 12.

Küppers, Gustav Adolf (Küppers-Sonnenberg), Siedlung, ⊞, Siedler u. Telephonist. Müden, Kr. Celle, Prov. Hannover, Siedlung Sonnenberg. ($^{21}|_{8}$ 94.) B; Ich geh durch Nacht u. Sonnenschein, G. 16; Eigen Land, biogr. Aufruf 18. *

Kupsch, Walther, Lit., ⊞, Dr. phil., Referent d. Kulturliga. Kottbus, Prov. Brdbg., Münzstr. 27. (Dresden $^{11}|_{7}$ 94.) B: Wozzek, Ein Beitrag zum Schaffen Georg Büchners 20; Mater Dolorosa, Dr.; Armut, Dr. 20; Als weißer Sklave Frankreichs 22.

Kürenberg, Hans, s. Kunde, Johs.

Kurlbaum-Siebert, Frau Margarete, Erz., Dr. phil. Leipzig, Sebastian-Bach-Str. 7. (Berlin.) B: Allerlei Liebe, Drei Erz. 07; Rahel Hake, R. 08: Aus dem Leben des jungen Martin Wigelandt, R. 09; Maria Stuart in Schottland, R. 11; Karllutz, Raugraf zu Pfalz, R. 13; Türme von weitem 18. ( )

Kurnik, Paul (Ps. Peter Keller), Kaufmann. Neubabelsberg, Kaiserstr. 6. (Breslau $^{30}|_{4}$ 62.) B: Soldaten Merkurs, R. 14 III; Sachsen-China, kulturhist. R. 17.

Kurpiun, Robert, SDS., Roman, ◯, /, Lehrer an d. Oberschles. Bergsch. Tarnowitz, Gleiwitzer Str. 24. (Gandrinnen, O.-Pr. $^{13}|_{4}$ 69.) B: Der Mutter Blut, R. 10, 12. A. 20; Bunt Volk, R. 11, 3.—8. A. 20; Die Schwarzweißen, Sch. 14; Das schwarze Weib, R. 15, 5. A. 20; Zwischen Nacht u. Morgen 16; Ultimo, R. 20; Einbruch m. d. H., Schw. 20; Entrissenes Land, Oberschl. Gesch. 22; Das Flammenhaus, R. 23.

Kurr, Frau Marie (Marie Hart), Dialektdichtung, Novellen, Gedichte, Theater, Rittmeisters-Gattin. Liebenzell, Württemberg. (Buchsweiler, Unter-Elsaß $^{29}|_{11}$ 56.) B: D'r Stadtnarr, Vst. 07; G'schichtle u. Erinnerungen üs de 60ger Johr 11, Neuaufl. 18; D'r Herr Merkling u. sine Deechter 12, Neuaufl. 18; D'r Hahn im Korb 17, Neuaufl. 18; Üs unserer Franzosezit 18, Neuaufl. 21; Elsässische Erzählungen 22. *

Kürten, Franz-Peter, ASV., WSV.,

✠. Düren-Birkesdorf, Rhld., Kreuzstr. 41. (Köln-Dünnwald $^{8}|_{12}$ 91.) B: Die Trommel rief …, Kriegslr. 15; Der Brunnen 16; Lieder eines Dorfpoeten 18, 6. T. 21; Heggerüsger, plattd. Lr. 20; Hör, wat Ülespagel säht! Sprüche 21, 4. A. 23; Neudeutsche Volkslieder 21, 3. A.; Der rheinische Fiedelmann 21; Feuerlilien, hochd. Lieder 22, 2. A. 22; Dörplender, plattd. Lieder 22, 2. A. 23; Em Loßhüsge, plattd. Lieder 23, 2. A. 23.

Kurth, Ernst, Musikwiss., Dr., a.o. UP. Bern, Riedweg 19 (Wien $^{1}|_{6}$ 86.) B: Die Jugendopern Glucks 12; Die Voraussetzungen d. theoretischen Harmonik 13; Grundlagen des linearen Kontrapunkts 17; Romantische Harmonik 20; u. a.

Kurth, Ferd. Max, ✠, ⊙, ℒ, /, Ästhetik, Dir. d. Memeler Stadttheaters 12|20, Gründer u. Leiter d. Kunsttheat., Hrsg. v. „D. Kunsttheater", Leiter der Freilichtspiele in Belvedere b. Weimar. Berlin W 8, Jägerstr. 64 u. Oettern 4 b. Weimar. (Berlin $^{31}|_{3}$ 79.) B: Dichtgn. 99; Reigen der Totentänze 00; D. Sonne d. Todes, Dr. 01; Das Kunsttheater, Heft 1—6 02; D. Nonne v. Certosa, Dichtgn. 07; Durch Mitleid wissend, G. 08; Über den Beruf des Bühnenleiters 10, 2. A. 16.

Kurth, Julius (Ps. H. J. Kentaur [nur in kleinen Artikeln]), ℒ, ✠, ✝, Nov., Dr. phil., Pfr. Berlin-Hohenschönhausen. (Berlin $^{15}|_{6}$ 70.) B: Christliche Kunst unt. Gregor I. 97; E. Fahrt n. d. Mittelmeer u. Orient 97; Kunstbilderbibel (m. H. L. Strack) 99, 10. A. 13; Mosaiken d. christl. Ära I: Ravenna 02, 2. A. 13; A. Menzel u. s. Vaterunser 05; Wie sah Huß aus? (m. W. Faber) 07; Kitagawa Utamaro 07; Aus Pompeji 07; Schlichte Antworten auf kluge Fragen 09, 2. A. 17; Japan. Lyrik aus 11. Jahrh. 09; Jap. Holzschnitte aus d. Slg. Straus-Negbaur 09; Harunobu 10, 2. A. 23; Sharaku 10, 2. A. 22; D. japan. Holzschnitt 11, 2. A. 21, 3. A. 22; D. Altertümer v. St. Nikolai, St. Marien u. Klosterkirche in Berlin 11; Die Momochidori des Kitagawa Utamaro 12; Im Schatten des Weltkrieges, Poesie und Prosa 15; Der chinesische Farbendruck 22; Die Primitiven des Japanholzschnitts 22.

Kurti, s. Kamlah, Kurt.

Kurtz, W., s. Platz. Wilhem.

Kurtzahn, Ernst Tristan (Ps. Daktylanus), ∴, Xenologie, Okkultismus, Gnostik, Ingenieur u. staatl. Gewerbelehrer. Hamburg 24, Ifflandstr. 40. (Königsberg i. Pr. $^{29}|_{11}$ 79.) B: Die Rosenkreuzer 20; Der Tarot 20.

Kurvig, Heinr. (Ps. Bogumil Curtius), ✠. Charlottenburg, Wilmersdorfer Str. 78. (Hohensalza $^{1}|_{3}$ 65.) B: Fidele Landpartie, G. 86; Mod. Klänge, Dchtg. 87: Hohe Dilettanten, Lsp. 87; D. Wandervogel, Dchtg. 13.

Kurz, Hermann, Roman, ⊙. Freiburg i. Bad. (Basel $^{31}|_{10}$ 80.) B: Die Schartenmättler, R. 07, 2. A.; Stoffel Hiß, R. 07, 2. A.; Fortunatus, R. 08, 5. A.; Die Guten von Gutenberg, R. 11, 3. A.; Sie tanzen Ringel-Ringel-Reihn, R. 13, 3. A.; Das Glück in der Sackgasse 14; Vogesenwacht, Erlebnisse u. Schildergn. e. Neutralen 16. ( )

Kurz, Frl. Isolde, SDS., ✠, Nov., Märchen, Essays, Erinnergn., Dr. phil. h. c. München, Ainmillerstr. 18 III. (Stuttgart $^{21}|_{12}$ 53.) B: Ged. 89, 5. A. 06; Phantas. u. Märchen 90; Florent. Nov. 90, 14. A. 22; Ital. Erz. 95, 10. A. 23; Von dazumal 00, 2. A. 19; Unsere Carlotta, N. 01; Die Stadt des Lebens 02, 16. A. 22; Neue Gedichte 05; Im Zeichen des Steinbocks, Aphor. 05, 2. A. 08; Hermann Kurz, Biogr. 06, 3. A. 20; Die Kinder der Lilitt, Dchtg. 08; Florent. Erinnergn. 09, 10. A. 23; Wandertage in Hellas 13, 6. A.; Cora, Nn. 1. u. 2. A. 15; Schwert aus der Scheide, G. 17; Aus m. Jugendland, Biogr. 18, 22. A. 22; Deutsche u. Italiener 19; Traumland 20; Legenden 21; Nächte von Fondi, R. 22. H: Gedichte von Edgar Kurz, mit e. biogr. Vorwort 05.

Kurz, Karl Friedrich, Schriftsteller, Maler. Bönigen a. Brienzer See. ($^{28}|_{9}$ 78.) B: Vom Nil zum Fujiyama 10; Dr. Siegels Ostasienfahrt 11; Mitternachtssonne u. Nordlicht 13; D. Krummbacher u. d. Katzengustl, N. 13; D. Held v. Björnäs, N. 14; D. Lyngö, R. 16; Jos. Kogers Fluch 17; Kohana 18; Im Lande d. Tschechoslowaken, Sk. 19; Schön Elsbeth, R. 20; D. Mooshof, R. 20; Zwischen Aare u. Rohne (m. O. Gurtner) 20. ( )

Kurz-Thurn-Goldenstein, Ludw. (Ps. Angelo), (k.), ℒ, k. k. SchulR., GP. i. R., Historienmaler. Graz III, Grabenstr. 16. (Laibach i. Krain $^{7}|_{10}$ 50.) B: Zeich.- u. Kunstunterr. a. d. Mittelsch. 91; Album relig. Kunst 92; Erläut. Text z. Petrak, Meisterwerke v. M. Schongauer 93; Josef Ritter v. Führich, e. Gedenkblatt 02; D. akad. Maler Frz. S. v. Kurz 07. H: D. Werk des steir. Bildhauers Jak. Gschiel 10.

Kuschar, Rudolf (Ps. Julius Röwen), ⊙, Dr. jur., Gerichtshof-Sekret. Schladming, Steierm. (Graz $^{18}|_{4}$ 55.) B: D. Kurzbauer-Rosl, Vst. 92, 2. A. 06; Der Gargschette, Vst. 94; Dem Ahnl sei Geist, Kom. 94, 5. A. 08; Karls XII. Jugendliebe, Dramolett 97; D. Lüge ums

Glück, Volksdr. 00; Die Unehr, Volksdr. 04; D. Wirtin z. gold. Salbling, Kom. 04; Aus d. Wunderlande d. Lotosblume, Lehr-Drama (m. G. W. Geßmann u. d. Kollektiv-Pseud.: Kama Deva) 05, 2. A. 06; Die Verlobungsreise, Lsp. 12.

Kutscher, Artur, SDS., Lit. ♛, dtsche. Stilkde., Kritik, Theaterwiss., Dr. phil., a. o. UP. München, Bismarckstr. 15. (Hannover $^{17}|$, 78.) B: Das Naturgefühl in Goethes Lyrik 06; Hebbel als Kritiker des Dramas 07; D. Kunst u. unser Leben, Grundstein zu einer Kritik 09; Schiller u. wir 09; D. Ausdruckskunst d. Bühne 10, 4. T. 18; Hebbel u. Grabbe 13; Kriegstageb. I 15, 6. T. 16, II 16, 3. T.; Frank Wedekind, s. Leben u. s. Werke, 5. T. 21; Das Salzburger Barocktheater 23, 3. T. H: Schillers Werke (Gold. Klass.-Bibl.) 08 VIII; H. v. Rebers Gedichte 10, 4. A. 10; G. Scherer, Deutscher Dichterwald, 24. A. 11; Das richtige Soldatenlied 17, 3. T.; J. V. v. Scheffels Werke 17 III; Frank Wedekind, Gesamtausgabe Bd. VII. VIII, IX. 20/21; Wedekinds Lautenlieder 21; Bühnenbearb.: J. M. R. Lenz, Die Soldaten, Kom. 12.

Kuypers, Franz, SDS., Geistes ♛, Dr. phil., StadtschulR. a. D. Calcar, Niederrhein. (ebda $^{28}|_{6}$ 67.) B: Vives in s. Pädagogik (quellengemäß) 97: Volkssch. u. Lehrerbildung i. d. Verein. Staaten, Reiseeindrücke 07: Zwei Welten, Dr. 22: Spanien, Wanderfahrt durch seine Kulturen 17, 2. A.; Spanien wie ich's erlebte 23: Der tote Gott u. die Religion, Streitgespräche 24. *

Kyber, Manfred, ○, ✠, /. Teußerbad, Post Löwenstein, Württ., ständ. Adr.: Verlag Walter Seifert, Heilbronn a. N. (Riga $^{1}|_{3}$ 80.) B: Gedichte 02; 3 Waldmärchen 03; Cour-As, N. 04; Meister Mathias, Dr. 06, 2. A. 23; D. Schmied vom Eiland, G. 08, 3. A. 21; Halbmast geflaggt, nord. Gesch. 08, 2. A. 21; Unter Tieren 12, 60. T. 22; Drei Mysterien, Dr. 13, 2. A. 21; Genius astri, G. 18, 2. A. 22; Märchen 20, 20. T. 22; Das wandernde Seelchen, Der Tod und das kleine Mädchen, 2 MSp. 21; Der Königsgaukler, M. 21; Küstenfeuer, Dr. 22; Grotesken 22; Im Gang der Uhr, Nn. 22; Einführung in das Gesamtgebiet des Okkultismus 23. H: Swift, Gulliver, Jugendausgabe; Zwölf Legenden des Heiligen Franz von Assisi, Jugendausg. **Ue**: Taburno, Die Wahrheit über den Krieg.

Kyriander, N., s. Hermann, Norbert.

Kyriander, O., s. Herrmann, Oskar.

Kyser, Hans SDS., ✠. Berlin, Hafenpl. 1. (Graudenz $^{22}|_{7}$ 82.) B: Der Blumenhiob, R. 09, 2. A.; Einkehr, Lr. u. G. 09; Medusa, Tr. 10; Titus u. die Jüdin, Tr. 11; Erziehung zur Liebe, Dr. 13; Charlotte Stieglitz, Sch. 16; D. Aprikosenbäumchen, Nn.

L.

Laarß, R. H., s. Hummel, Rich.

Lábán, Anton, Dr. phil., GP. an der Theresianischen Akademie in Wien. Wien IV, Schellein-Gasse 50. ($^{3}|_{7}$ 84.) B: Ungarische Sprachlehre 20; Ungarn in seiner Dichtung 23. *

Labry, Emil, s. Scharnweber, P.

Lachmann, Benedict, DB., ⊞, ○. Berlin W 30, Freisingerstr. 11. (Kulm $^{8}|_{2}$ 78.) B: Platz d. Egoismus 14; Jeanettes Dunkelkammer, Lsp. 14; Was ist Sozialismus 18; Der Schrei nach Ruhe, Lsp. 20; Federigo Confalonieri, Sc. 21. H: Der individualistische Anarchist.

Lachmann, Ismar, RP., SDS., Essay, Plaud., /, Theater- u. ♪Kritik, Red. a. d. „Deutsch. Allg. Ztg." Berlin S 59, Jahnstr. 12. (Reinersdorf, Ob.-Schles. $^{27}|_{3}$ 82.)

Lademann, Otto. Berlin-Zehlendorf, Ahornstr. 2 A. (Berlin $^{30}|_{4}$ 57.) H: Die Neue Schönheit, Von Not u. Zukunft deutsch. Stils u. Geschmacks 22. *

Ladewig, Paul, ♛, /, ♪, Dr. phil. Berlin-Lichterfelde W, Theklastr. 6. (Brest-Litowsk $^{26}|_{10}$ 58.)

Lahmann, Johann Friedrich, ○. Weißer Hirsch b. Dresden, Ringstr. 6. (Bremen $^{30}|_{6}$ 58.) B: Auf Kaiser Friedrichs Tod 88; Gesänge u. Balladen 90; Genovefa, Dr. 93; Ägyptische Gedichte 04; Marino Falieri, Tr. 10.

Lahusen, Christian, DB., Bühnenkomposition. München, Werneckstr. 1. ($^{18}|_{4}$ 86.) B: Volks- u. Bänkellieder 10; Der Wald, Tanzsp. 20; Die Hochzeit d. Schäferin, Ballett 20.

Lalla Rookh, s. Kempner-Hochstädt, Martha.

La Mara, s. Lipsius, Marie.

Lám, Friedrich, ✠, /, Roman, **Ue**: UF, Prof. an d. Realschule. Raab-Györ, Ung. (Kesmark $^{13}|_{5}$ 81.) B: Zipser Treue, Ged. *

Lambert, Th., s. Ziel, Victor.

Lambrecht, Frl. Nanny (Ps. Alca Ruth), Rom., Nov., Skizz., ○, ⊞, ✠. Bad Honnef, Rhein. (Kirchberg, Bez. Koblenz $^{15}|_{4}$ 68.) B: Was im Venn geschah ..., Nn. 05, 2. A. 09; Was d. Dichter sagen 05; Hausiererkinder 05; D. Haus im Moor, R. 06; Statuendame, R. 08; D. Land d. Nacht, R. 08; Allsünderdorf, Nn. 08; Armsünderin, R. 09; Die Mädchen, Dr. 10; Die neue Mutter,

e. Frauenbuch 10; Die Suchenden, R. 11; Bruder Mensch, Rn. 12; Notwehr, R. d. Ungeborenen 12; Wie man seine Frau liebt, Kom. 12; Tolle Herzogin, R. 12; Das Heiratsdorf, R. 13; Eiserne Freude, R. 14; Fahne der Wallonen, R. 15; Die Hölle, Rn. 16; Lächeln der Susanna, R. 18; Vor dem Erwachen, R. 19; Der heimliche Gast, R. 20; Die Jungfrau, Dr. 21; Bockreiter, Dr. 21; Die Braune, die Blonde, die Schwarze, R. 21; Kinder Kains, R. 22; Das Haus der sieben Freuden 23.

Lamey, Ferd., DV., Lit.♛, ♥, ♥, ○, Dr. phil. Freiburg i. B., Dreikönigstr. 50. (Heidelberg $^{30}|_{12}$ 52.) W: Bruder Wernher 80; Kartensammlung 89; Hermann v. d. Hardt 91; Roman. Handschr. d. Bad. Landesbibl. 94; Der Lotse 94; Morgiane 97; Hundert Jahre 04; Das künstlerisch gestaltete Lesestück 06; Zwei Idyllen 10; Am Oberrhein, G. 14; Oku-Sama, Lsp. 20; Hans Imtraum, R. 20; Eine Universitätsstadt im Süden 20; Wartenweiler Denkwürdigkeiten, R. 23.

Lamm, Louis, ♛, Verlagsbuchhändler. Berlin C, Neue Friedrichstr. 61—63. (Wittelshofen $^{12}|_{12}$ 71.)

Lämmergeier, Peter, s. Loosli, C. A.

Lämmle, August, WJSV., ♥, volkstüml. Erz., Volkskunde, Schriftsteller. Cannstatt, Württ., Taubenheimstr. 35. (Oßweil-Ludwigsburg $^{3}|_{12}$ 76.) W: Oiges Brot, G. 14; Spinnstubengeschichten 16; Bunte Geschichten, E. 17; Junker Goldmacherlein 18; Sonntich, G. 19; Schwobespiegel, G. 22; Das Geschichtenbuch, E. 22; Schwäbische Volkskunde I (Volkslieder), II (Volksmund) 23.

Lampe, Karl, Stenographie, Dr. phil., Prof., RegR. am Stenogr. Landesamt. Dresden-Striesen, Ermelstr. 2 II. (Celle i. Hann. $^{31}|_{3}$ 73.) W: Iffland als Dramatiker 99; Gesch. der Organisationsbestr. der Gabelsb. Schule 00; Gesch. d. Stenographie 06; Gesch. d. Stenographie in Sachsen 10. H: der Monatsschr. „Über Berg und Tal".

Lamszus, Wilhelm. Hamburg, Parkallee 13. (Altona $^{13}|_{7}$ 81.) W: Thomas Münzer, Dr. 09; Unser Schulaufsatz, ein verkappter Schundliterat (mit A. Jensen) 10, 10. T. 14; Das Menschenschlachthaus 12, 55. T. 21; Der Weg zum eigenen Stil 12, 8. T. 21 (mit A. Jensen); Die Poesie in Not (m. ds.) 13, 2. A. 21; Der verlorene Sohn 14, 2. A. 21; Die Begabungsschule 19; Der Kinder Land 19; Das Irrenhaus 19; Lisa, R. 20; Der Leichenhügel, G. 21. ()

Lancken, Frl. Berta v. d., Roman, Nov. Berlin-Steglitz, Vionvillestr. 14. (Slavenhof i. Mecklenb.) W: Erlöst, R. 87; Christa, R. 88; Magelone Dyrfurt, R. 89; Schloß Seligkeit, Einer v. Beid., Rn. 98; D. Günstling, R. 99; E. neues Geschlecht, R. 00; Antje, R. 06; D. verlorene Paradies, R. 06; Einsame Seelen, R. 07; Um der Mutter willen, R. 08; Gräfin Sofies Heirat, R. 09; Comtesse Kathrein 09; Die kleine Fan, R. 10; Noras Ehe 10; Dunkle Wege, R. 12; Prinzessin Marias Liebe, R. 16.

Land, Hans (urspr. Hugo Landsberger), SDS., Rom., Nov., ○, Essay. Berlin-Halensee, Kronprinzendamm 11. (Berlin $^{25}|_{8}$ 61.) W: Stiefkinder d. Gesellschaft; D. am Wege sterben; Armor Tyrannus, Dr.; Die hl. Ehe, soz. Dr.; Skorpion; Liebesopfer 00; Der neue Gott, R. 90; Die Richterin, R. 93; Mutterrecht, R. 94; Sünden, R. 02; Bande! hum. R. 02; Arthur Imhoff, R. 05; Staatsanwalt Jordan, R. 16; Friedrich Werders Sendung, R. 17; Spartacus, R. 18; Tyrannei d. Schatten, R. 19; D. Liebe Golgatha, R. 21; D. Mädchen m. d. Goldhelm, R.; Flammen, Rn.; Liebe ohne Grenzen, R. 24. ()

Landau, Frl. Elisabeth (Ps. L. Audnal), Rom. Berlin W 8, Wilhelmstr. 71. (ebda $^{26}|_{8}$ 84.) W: Romantrilogie: I. Der Holzweg 18, II. Ahasver 19, III. Die Brandfackel 21.

Landau, Isidor, BP., BJ. & SV., /, Krit. Berlin W 30, Bamberger Str. 22. (Zbaraz $^{20}|_{8}$ 51.) W: Nordlandfahrt, 2. A.; Westindienfahrt usw.

Landau, Frau Lise (Ps. Kaliska u. Karl Weinold), Nov., Skizz., **Ue**: FEI. Berlin W 30, Bamberger Str. 22. (Posen $^{14}|_{8}$ 68.)

Landau, Frau Lola (Gattin d. Schriftst. Armin T. Wegner), ♥, Nov., ○. Neu-Globsow am Stechlinsee i. d. Mark. (Berlin $^{3}|_{12}$ 92.) W: Schimmernde Gelände, G. 16; Urlaub, Einakter 19; Das Lied der Mutter 18.

Landau, Paul, deutsche Lit., Kunst♛, Dr. phil. Berlin-Westend, Akazien-Allee 17. (Namslau $^{17}|_{8}$ 80.) W: Giorgione 03; Karl v. Holteis Romane 04; Mimen, hist. Miniaturen 11; Ostpreußische Wanderungen 17; Chodowiecki, ein kulturgeschichtliches Lebensbild 23. H: Georg Büchners Gesammelte Schriften 09; Chodowieckis Illustrationen zu deutschen Klassikern 14, 2. A. 20; Frauenbriefe der Romantik 22.

Landegg, Carl, s. Loewenthal-Landegg.

Landersdorfer, Pf. Simon, OSB., Dr. theol. et phil., Orientalistik, biblische Theologie, Abt des Benediktinerklosters Scheyern, Obbay. (Neutenkam, Nbay. $^{2}|_{10}$ 80.) •

Landkammer, Hans (Johannes Landkammer). USV., ♥, Dramatik. Schreckenstein a. d. Elbe, Nordböhmen.

(Schönthal, Egerland 12|7 95.) W: Liebe ... unstillbares Sehnen, G. 23; Silvesterprolog, Dramatisches G. *

Landsberger, Artur, SDS., Rom., Kritik, Dr. jur. Berlin W 10, Tiergartenstr. 1. (ebda 26|3 76.) W: Wie Hilde Simon mit Gott u. dem Teufel kämpfte R. 11, 64. A.; Das Kind mit den vier Müttern, Lsp. 11; Moral, R. 12, 74. A.; Der Großfürst, Lsp. 12; Um den Sohn, R. 13, 54. A.; Millionäre, R. 13, 75. A.; Lu die Kokotte, R. 14, 72. A.; Haß, R. 16, 41. A.; Lache Bajazzo, R. 16, 76. A.; Die neue Gesellschaft, R., 31. A.; Feldpostbriefe e. engl. Offiziers 17, 10. A.; Bei seinen Leuten, Sk. 17, 28. A.; Teufel Marietta, Rn. 18, 45. A.; Der Fall Horn, ein Abenteuer 18, 68. A.; Frau Dirne, R. 19, 40. A.; Wie Satan starb, R. 19, 62. A.; Miß Rockefeller filmt, R. 20, 10. A.; Was die Nacht mir zuträgt, Sk. 20, 10. A.; Das Blut, R. 20, 25. A.; Elisabeth, der Rom. einer deutschen Frau 21, 15. A.; Der Schieberprinz, R. 21, 5. A.; Gott Satan, das Ende des Christentums 23, 10. A.; Raffke, R. 24. H: Ghettobuch, 10. A.; Das Volk des Ghetto, 6. A.

Lang, Martin, [?], Kritik, Lit.♛, Verlagsred. bei Eugen Salzer, Heilbronn. Stuttgart, Friedrichstr. 5. (27|11 83.) W: Schbatzaweisheit, G. 12, 11. T. 18. H: Der Lindenbaum, deutsche Volkslieder (m. Hermann Hesse u. Emil Strauß) 11; Der Dom, Segen u. Lieder 11; Kirbekucha, ein lustiges Schwabenbuch 13, 6. T. 21; Walt in Tübingen; u. a.

Lang, Robert Jakob, SES., Nov., Roman, freier Schriftst. Uetikon a. Zürichsee. (Reiden, Luzern 12|3 89.) W: Aus einem Maien, G. 10; Leonz Wangeler, Rn. 18; Die ehrsame Jungfrau, R. 20; Frühling, R. 22; Heimkehr, R. 23.

Lang, Thea, s. Harbou, Thea.

Lang-Anton, Helene, s. Anton, Helene

Lange, Carl, ASV., [?], Nov., Lit., Major a. D., Herausgeber d. Ostdeutsch. Monatshefte. Oliva, Freistaat Danzig, Albertstr. 9. (Schöneberg 27|1 85.) W: Verse, G. 12; Meinen Kameraden, G. 15, 2. A. 17; Auswahlband der Borkumer Kriegsztg. 18; Strom aus der Tiefe, G. 19, n. A. 21; Der Kronprinz und sein wahres Gesicht, 12. A. 21; Kleiner Führer durch Danzig 23; Almanach der Ostdeutschen Monatshefte 24.

Lange, Edgar, ⁂. Berlin-Tegel, Steinbergstr. 51. (Bukarest 30|1 81.) W: Aus d. Notizbuch e. Immoralisten 09, 5. A. 21; Wer ist Gottes Schöpfer? 21; Von d. gottlosen Liebe 21. ( )

Lange, Fritz, /, ○, Musik, Prof. Wien XVI/2, Neulerchenfelder Str. 56. (ebda 7|3 73.) W: J. Lanner und Joh. Strauß 04; Franz Schubert u. d. Tanzmusik s. Zeit 06; Anat. Tafeln f. d. Kunstgesangunterricht 08; Lanner u. Strauß' Beziehgn. zu Baden 11; Gesangbuch f. Mittelschüler m. Berücks. d. Tonbildgsgesetze 11; Joh.-Strauß-Biogr. 12; Zieht mit! Taschenliederbuch f. Wandervögel 14; Musik zu Holzers: „Das Ende vom Lied" 15; „Der Wiener Walzer" 17; „Humor aus Alt-Wien" 19; Wiederholungsvorträge der Wiener Urania: Aus Lanners Tagen, Strauß u. Lanner, Johann Strauß, Richard Wagner, Aus der Glanzzeit der heiteren Wiener Musik, Wiener Walzer, Humor in der Musik.

Lange, Heinrich, Lehr. u. Organ. Wustrow auf Fischland i. Meckl. (Tessin 23|7 63.) W: Volks- u. Jugendschr., z. T. plattdeutsch.

Lange, Frl. Helene, Frauenfrage, [?], Dr. phil. Berlin NW, Hansaufer 7. (Oldenburg 9|4 48.)

Lange, Hermann, RP., VA., ○, [?], Nov., [?], /, [?], Red. Halle a. S., Albrechtstr. 14. (ebda 4|8 94.) W: Camorrista, Dr. 12; Lieder d. Einsamkeit 13; Über Welt, Zeit u. Seele, Aphorismen 18. H: Hallische Kunstausstellung 19.

Lange, Walter, SDS., ♛, Lit.♛, ⁂, ✝, /, ○, Dr. phil., Kustos am Stadtgeschichtl. Museum (Alt. Rathaus). Leipzig, Christianstr. 27. (ebda 9|1 86.) W: Sonnenwende, Dr. 10; Rich. Wagner, Leben u. Werk ein rel.-sittl. Problem 13; Rich. Wagners universale Bedeutung 20; Rich. Wagner u. s. Vaterstadt Leipzig 21; Heinrich Laubes Aufstieg, ein deutsches Künstlerleben im papiernen Leipzig 23.

Lange, Wilhelm (Ps. Wilhelm Eichbaum-Lange), DV., Nov., ○, Reisebild., Pathographie, Dr. med., Nervenarzt. Tübingen, Kelternstr. 20. (Hamburg 28|4 75.) W: Greift nur hinein! Rn. 01; Und wo Ihr's packt! Rn. 01; Was heißt Philosophie? 01; Leise! Rn. 05; Brandung, Dr. 09; Ferne Fahrt, Reisebilder aus Brasilien u. Ostasien 09; Hölderlin, e. Pathographie 09; Die Psychose Maupassants 09; Zum Löwen, Dr. 10; D. Maske, Einakt. 15; Wölund d. Schmied, Dr. 16; Fata Morgana, 4 Einakt. 21.

Langen, Martin, DV., SDS., ○, Dr. jur., Schriftl. a. d. „Welt am Montag". Berlin-Grunewald, Königsallee 39. (Antwerpen 10|11 66.) W: Edith u. Edwin, Dr. 95; Geben u. Nehmen, Sch. 02; v. Falkenburg-Cohn, Lsp. 04; Don Juan, Tr. 08; Julius Cäsar u. s. Mörder, Tr. 13; Dunkle Sonne, Tr. 15; Ein Kuß, Lsp. 16; Die Erzieherin, Kom. 17; Pour le mérite, Sch. 18; Das Gesicht d. Welt, Tr. 20; Lieder e. Zwanzigjährigen 20.

Langenscheidt, Paul, Rom., ❦, Dr. phil. Berlin W 30, Hohenstaufenstr. 30. (ebda $^{25}|_{11}$ 60.) B: Im Blütenschnee 06, 3. A. 20; Arme kleine Eva, R. 07, 90. T. 23; Um Nichts, R. 07, 39. T. 22; Eine dumme Geschichte, R. 08, 24. T. 20; Graf Cohn, R. 08, 58. T. 22; Ich hab dich lieb, R. 09, 70. T. 20; Du bist mein, R. 10, 70. T. 22; Blondes Gift, R. 11, 62. T. 22; Mutter, hilf mir, R. 12, 32. T. 22; Taumel, R. 13, 38. T. 22; Die weiße Nacht, R. 14, 25. T. 20; Soldatenherzen 15, 10. T.; Beate, R. 19, 25. T. 22; Diplomatie der Ehe 19, 20. T. 22; Der Sprung ins Dunkle, R. 20, 18. T. 22; Kanaillen, R. 21, 21. T. 22; Heute ist heut, R. 22, 10. T.; Narren der Liebe, R. 23, 7. T.

Langer, Alfons (Ps. Paul Schultze), (k.), ○, ❦, ☊, ✎, Dr. phil., Chemiker. Berlin N, Anklamer Str. 38. (Breslau $^{20}|_{6}$ 59.) B: Recht der Natur, Sch. 90; Im Kampf ums Dasein, Sch. 96; Mirowitsch, Tr. 11; Robert Bunsen, Biogr. 13; Justus Liebig, Biogr. 14.

Langer, Erich, ❦, Lehrer u. Schriftst. Dresden-Leutewitz. (Thalheim, Erzgeb. $^{30}|_{8}$ 82.) B: Aus deutschem Herzen, G. 19; u. a.

Langer, Heinz, s. Rieß, Richard.

Langewiesche, Wilhelm, ❦, Dr. h. c., Buchh. Ebenhausen b. München. (Barmen $^{18}|_{3}$ 66.) B: Im Morgenlicht, G. 94, 2. A. 95; Frauentrost 02, 18. T. 14; „Planegg", e. Dank aus d. Walde, G. 04, 38. T. 21; „. . . u. wollen des Sommers warten", G. 05, 23. T. 23; „Jugend u. Heimat", Erinnergn. e. 50jähr. 16, 75. T. 21; „Wolfs" Gesch. um e. Bürgerhaus 19, 60. T. 23: Georg Forster, Biogr. 23. H: (u. d. Ps. E. Hartung) Goethes Briefe: I. „Alles um Liebe" 06, 220. T. 21; II. „Vom tätigen Leben" 07, 135. T. 21; „Über allen Gipfeln", Goethes G. 08, 100. T. 21; (u. d. Ps. H. Amelungk): Die Droste (Ausw.) 09, 115. T. 21; (u. d. Ps. Joh. Armbruster): E. preuß. Königstochter (Denkw. d. Markgr. v. Bayr.) 10, 100. T. 21.

Langfurth, Frau Fridel (Ps. Fridel Röhne), SDS., VF., Rom., ✠, Dramat. u. Disposit. b. d. Vera-Film-A.-G. Hamburg. Altona, Elbe, Marktstr. 66. ($^{26}|_{6}$ 90.) B: Das große Geschäft, R. 16; Der Schellenträger, R. 18; zahlr. Filme.

Langhanki, Eduard, ○. Hamburg, Spaldingstr. 142. (Magdeburg $^{25}|_{1}$ 78.) B: Beatrix, Tr. 96; Hans Schibuk, dram. M. 96; Bell u. Tell, e. lustige Hundegeschichte 11.

Lanner, Ehrentraut, ❦, Dr. med. Innsbruck. (Salzburg $^{10}|_{7}$ 97.) B: Deutsch-Südtiroler Trutzlied 19.

Lap, Michael H., Neueste deutsche Lit. ♕, Kritik, Dr. phil., Direktor der „Innsbrucker Urania". Innsbruck, Österr., Grillparzerstr. 10. (Linz $^{8}|_{7}$ 91). B: Kralikbibliographie 12. *

Lapini, s. Stein, Rich. H

Larisch, Rudolf v., ☊, Prof. d. Akademie d. bildenden Künste u. d. Kunstgew.-Schule, RegR. Wien III, Ungargasse 71. (Verona $^{1}|_{4}$ 56.) B: Der „Schönheitsfehler" d. Weibes 96, 2. A. 96; Über Zierschriften i. Dienste d. Kunst 99; Beispiele künstl. Schrift 00, 2. Ser. 02, 3. Ser. 06, 4. Ser. 10; Über Leserlichkeit v. ornamental. Schriften 04; Unterricht in ornamental. Schrift 05, 10. A. 23: Über die kunsterzieherische Macht d. Schriftpflege 14; D. Kajak u. s. Arten 20.

Lasch, Agathe, Dr. phil., UDoz. Hamburg.

Laserstein, Botho, Wissensch. Pazifismus, Theater- u. Kinokritik, Red. d. „Berl. Fremdenztg." Berlin N 4, Chausseestraße 116. (Chemnitz i. Sa. $^{31}|_{7}$ 01.)

Lask, Berta, s. Jacobsohn-Lask, Berta

Lasker, Frau Martha (Ps. L. Marco), ✎, ❦. Berlin-Wilmersdorf, Aschaffenburger Str. 6a. (Berlin $^{19}|_{11}$ 67.)

Lasker-Schüler, Frau Else, ❦. Berlin W, Motzstr. 78 (Hotel Koschel). (Elberfeld $^{11}|_{2}$ 76.) B: Styx, Ged. 02; Das Peter Hille-Buch 06; Die Nächte Tino v. Bagdads, Nn. 07; Die Wupper, Sch. 08; Gesichte, Essays 11; Mein Herz, R. 12, 3. A.; Hebr. Balladen 13; Der Prinz v. Theben; Die Kuppel, G.; Der Wunderrabbiner v. Barcelona, N.; Die Briefe Peter Hilles an Else Lasker-Schüler. ()

Laßleben, J. B., Oberpfälzische Heimatliteratur, Oberlehrer. Kallmünz b. Regensburg. (Lupburg $^{5}|_{3}$ 64.) H u. Gründer: Die Oberpfalz; Nordgaukalender 12—16; Hochwald-Jugendbücher; Heimatzauber; Oberpfälzische Dorfgeschichten. *

László, Frau Else (Else Luz), ✎, ❦, Kunstkritik. Starnberg, Landhaus László. (Hamburg $^{31}|_{8}$ 91.) *

Laetus, s. Köhler-Haußen, Ernst.

Latz, Georg, Humor, ❦, ✎. Berlin W 15, Sächsische Str. 9. (Posen $^{1}|_{3}$ 58.) B: Gänzlich kuriert, Schw. 85; Sein Signalement, P. 87; Der kleine Moritz in der Schule, heit. G. 97; Bummeleien zum Parnaß, desgl. 01; Der Bataillonstopf, Schw. 03; Mein fideler Pegasus, heit. G. 13; Dessert, desgl. 13.

Lau, Friedrich, ♕, Dr. phil., Staatsarchivar, ArchR. Düsseldorf, Mauerstr 22. (Lübeck $^{1}|_{6}$ 67.)

Lau, Fritz, plattd. Erz., Oberpostsekr. a. D. Glückstadt, Holst. (Möltenort b. Kiel $^{10}|_{6}$ 72.) B: Katenlüd, Erzn. 09, 11. A. 23; Ebb un Flot — Glück un Not,

Erzn. 11, 6. A. 21; Brandung, Erzn. 13, 8. A. 21; Helden to Hus, Erzn. 15, 4. A. 17; In Luv un Lee, Erzn. 16, 5. A. 20; Elsbe, R. 18, 3. A. 23; Kopp hoch, Erzn. 21, 2. A. 22; Drees Dreesen, R. 23.

Laube, Richard, Deutschwissenschaft, Schulkunde, Prof., Dr. phil., Studienrat a. d. Altst. höh. Mädchen- u. Frauenschule. Dresden-A., Haydnstr. 29 II. (Niedersaida i. Erzgeb. 24|11 74.) W: Rudolf Hildebrand u. s. Schule, e. Beitr. z. Gesch. d. deutschsprachl. Unterr. i. d. 2. Hälfte d. 19. Jahrh. 03; Wortkunde f. d. Volksschule 08; Wortkundliche Führung durch die Muttersprache 12 II.

Lauber, Frau Cécile, SES., Roman, Novelle. Luzern, Schweiz, Kapellpl. 3. (ebda 13|7 87.) W: Die Erzählung vom Leben u. Tod des Robert Duggwyler 22.*

Lauchert, Friedrich, (k.), ✝, Patristik, Kirchen♛, klass. Ψ, Dr. phil., Prof., Stadtbibliothekar. Aachen, Theaterpl. 7. (Meßkirch 1|8 63.) W: Herders griech. u. morgenl. Anthologie 86; Gesch. des Physiologus 89; Sprichwörter bei P. Abraham a. S. Clara 93; G. Chr. Lichtenbergs schriftst. Tätigkeit 93; Die Lehre des heil. Athanasius 95; Merswins Buch v. d. 2 Mannen 96; Die Kanones d. Konzilien 96; La estoria de los quatro dotores de la santa Eglesia 97; F. A. Staudenmaier 01; Leben des hl. Athanasius 11; Die ital. literar. Gegner Luthers 12.

Lauckner, Clara, s. Sudermann, Clara.

Lauckner, Rolf, DB., ☉, Dr. jur. Stuttgart, Kernerstr. 52. (Königsberg i. Pr. 15|10 87.) W: Gedichte 12; Der Umweg zum Tod, Dr. 15; Der Sturz des Apostels Paulus, Dr. 18; Predigt in Litauen, Dr. 18; Frau im Stein, Dr. 18; Wir, Sturm u. Klage, G. 18; Christa die Tante, Dr. 19; Wahnschaffe, Dr. 20; Sonate, Dr. 21; Schrei aus der Straße, Dr. 22; Die Reise gegen Gott, Dr. 23.

Lauenburg, Erich, s. Collin, Ernst.

Lauer, Frau Herma, geb. von Skoda (schreibt noch jetzt u. d. N.: Herma v. Skoda), DLSchG., SDS., ❦. Györ, Ung., Wenesjenönt 6. (Pilsen 18|4 79.) W: Es war einmal, G. 07; D. Spinnerin, G. 08; Der gordische Knoten, G. 09; Der zerrissene Schleier u. and. Märchen 10; Neues Leben, hist. Dr. 17

Lauff, Joseph v., PA., Epik, ❦, Roman, ☉, Major a. D. Wiesbaden, Alwinenstr. 24 u. (im Sommer) Haus Krein b. Cochem a. d. Mosel. (Köln 16|11 55.) W: (seit 00): Die Geißlerin, ep. Dichtg. 00; Kärrekiek, R. 02; Der Heerohme, Dr. 02; Marie Verwahnen, R. 03; Pittje Pittjewitt, R. 03; Frau Aleit, R. 05; Gotberge, dram. Ged. 07; D. Deichgraf, Dr. 07; D. Tanzmamsell, R. 07; Sankt Anne, R. 08; D. Tucher v. Köln, R. 09; Kevelaer, R. 10; Lux aeterna, R. 11; Singendes Schwert, Lr. 15 f. II; Anne Susanne, R. 15; D. Brixiade, Kom. Ep. 15; D. große Krieg 16; D. Seherin von der Getter, R. ()

Lauffer, Otto, dtsch. Altertumswiss. u. Volkskde., Dr. phil., o. ö. UP., Dir. d. Mus. f. Hamburg. Gesch., Hrsg. d. „Mitteilungen" daraus. Hamburg-Harvestehude, Brahmsallee 53. (Weende 20|2 74.) W: Das Landschaftsbild Deutschl. i. Zeitalt. d. Karolinger 96; Der volkstüml. Wohnbau im alten Frankfurt a. M. 10; Hamburg (Stätten d. Kultur 29) 12; Niederdtsch. Volkskde. 17, 2. A. 23; Dtsch. Altertümer im Rahmen dtsch. Sitte 18; D. dtsch. Haus in Dorf u. Stadt 19; Dtsch. Altert. im Wandel d. Jahrh. 20; Dtsch. Sitte 20; Dtsch. Altertums- u. Volkskunde, Rektoratsrede 23.

Lauscher, Hermann, s. Hesse, Hermann.

Lauterer, Karl. Le Locle, Schweiz. (Frankfurt a. M. 30|5 78.) W: Gedanken u. Wahrheit, G. 98; Zwischen Pflicht und Recht, Sch. 00; Friedenskämpfe, Sch. 08; Der Glaube a. d. Menschheit, Sch. 12; Schutz d. Reklame 15; Der schlafende Quell, R. 21; Der Werbewert der Mustermessen 22; Lehrbuch d. Reklame 23.

Laurmann, Luise, ☉, Dialekt. Zuffenhausen. (Rüschlikon 6|9 67.) W: Aus großer Zeit; In der Christnacht vor Paris; Freudenstadt; Vorwärts — Aufwärts! (Zeppelinstück); In des Königs Rock; Väter u. Söhne; Prost Neujahr!; u. a.

Laven, Ferd. (Ps. Flavius, F. de Trèves), Erz., /, ✍, ❦, Heimatkde., Kritik, Ue: EFS. Trier, Dampfschiffstr. 2a. (ebda 14|8 79.)

Lazarus, Nahida s. Remy.

Lebede, Hans, SDS., Lit.♛, ♜, Ψ, Kritik, Dramaturgie, Theater♛, /, Ue: EF, Dr. phil. Berlin-Steglitz, Karl-Stieler-Str. 21. (Berlin 2|3 83.) W: Tiecks Nov. „D. Aufruhr in d. Cevennen": Beitr. zur Erforschg. ihrer Quellen 06, lit.-hist. Untersuchg. 09; Locke u. Rousseau als Erzieher 12; Richard Wagners Musikdramen 14; Klass. Dramen auf d. Bühne 16; Pfitzners Palestrina 19; Das deutsche Theater, seine Entwicklung u. seine Bedeutung f. d. Gegenwart 20; Abriß d. Theatergeschichte 21; Faust, Vom Volksbuch zu Goethe 21; Im Opernhaus 22; Vom Werden der deutschen Bühne 23. H: Ludwigs „Erbförster" 12; Goethes „Faust" I synoptisch 12; Faust II Bühnenbearb. 16; Der unbekannte Goethe 23; The Story of Sindbad the Sailor 14; Wagners Lohengrin u. Parsifal 14; Einzelausg. v. Wagners Musikdramen 14 ff. XI (Parsifal 5. 14); Schulausg. v.

Goethes Faust 15 II, u. Clavigo, Schillers Kabale u. Liebe, G. Kellers Dichtungen, Legenden, Handbuch; Poe, The Gold Bug 23. Ue: Werke v. Carlyle, Irving, Poe, Dickens, Gaskell, Am. Edwards, Ch. Collins, Spicer, de Quincey.

Lebius, Rudolf, /, ⊟, Hrsg. der „Staatsbürger-Ztg." Frohnau b. Berlin. (Tilsit $^{4}|_{1}$ 68.) **V**: Religion d. Zukunft 98; Was lehrt d. I. Deutsche Städteausstellung? 03; Unter Spiritisten, Lsp. 04; Indiskrete Fragen a. d. Sozialdemokratie 06; Das falsche Ideal d. Sozialismus 06; Gärung, R. 07; Die gelbe Arbeiterbewegg. 08; Gelbe Gedanken 08; Schriftreform 16; Die Schulfrage 16; Unter d. Hexenbesen 17; Nationaldemokr. Politik 19. ()

Leboert, E., s. Wibel, Else.

Lechler, Frl. Cornelie, VB., ♕, Jugendschriften. Winnenden, Ob.-Waiblingen. (ebda $^{20}|_{4}$ 57.) **V**: Jugendglück, Erz. u. G. 03; Des Kindes Lieblingstiere, Erz. u. G. 04; Der Kinder schönster Bilderschatz, G. 06; Augenweid u. Herzensfreud f. d. selige Kinderzeit, G. 08; Im Sonnenglanz bei Spiel u. Tanz, G. 10; Der Tiere Klugheit u. Gemüt, Erzn. 11, 3. A. 20; u. v. a.

Lederer, Julius, Freidenk. Schriften, Roman. Nürnberg, m. Pirkheimerstr. 30. (Podersam, Böhm. $^{1}|_{4}$ 67.) **V**: Verfehlte Liebe — Verf. Leben, R. 02; u. a.

Lederer, Moritz, Hrsg. d. Ztschr. „Der Revolutionär". Mannheim, Augusta-Anlage 9. (ebda $^{17}|_{11}$ 88.) **V**: Sintflut 16, 3. A.; Förderg. deutscher Theaterkultur 16, 2. A.; Über das Theater 18, 3 A.; Der Sintflut Ende 18, 2. A.; Der Schrei nach Wahrheit 19, 3. A.; Freund Schmock der Kritikus 19, 2. A.; Die Befreiung des Prometheus 21.

Ledóchowska, Gräfin Maria Theresia, (k.), ○, Generalleiterin d. St.-Petrus-Claver-Sodalität f. d. afrik. Missionen, Red. d. „Echo a. Afrika", d. „Negerkind" u. d. „Kath. Missions-Propaganda". Rom 23, via dell' Olmata 16. (Loosdorf $^{29}|_{4}$ 63.) **V**: Zaida, d. Negermädchen, Sch. 89; Das Weinkörbchen, Sch. 06, 2. A. 21; Ein Freiheitlicher am Kongo, Dr. 10; Von Hütte zu Hütte, Dr. 10; Die Prinzessin v. Uganda, Sch. 15. ()

Ledwinka, Adolf, dz. Graz, Steierm., Sperbersbachg. 49. (Marburg a. d. Drau $^{26}|_{11}$ 91.) **V**: Opfer d. Zaren, Tr. 17; Glück u. Tränen, G. 18; Seelenleiden, Lyr. Rn. 18; Unter Sternen, G. 18; Was ich am Wege fand, G. 21.

Leeb, P. Willibald, (k.), Sagenkunde, Orts♕, Benediktiner v. Göttweig, emer. Prof. d. Theol., Pfarrer in Kilb, NÖst. (Hasbach $^{14}|_{6}$ 61.) **V**: Sagen Niederösterr. 92; Arpads Grab 14.

Leffler, Fräulein Elisabeth, ASV., ♕, Lehrerin. Nürnberg, Maxplatz 28/o. (Bonnland, Unterfrk. $^{8}|_{1}$ 91.) **V**: Das grüne Land, 1. A. 21. *

Lefsson, August, Lit. ♕, Dr. phil., Ob.-Studiendir. Berlin-Schmargendorf, Kleist-Realgymnasium. (Meiningen $^{3}|_{4}$ 77.) **V**: Immermanns Alexis 04. **H**: Mörikes Werke (Gold. Klassikerbibl.) 08 II; E. M. Arndts Werke (Gold. Klassikerbibl.) I u. II 12.

Lehmann, C. F., jetzt: Lehmann-Haupt, C. F.

Lehmann, Emil, ▮, Lit.- u. Kult.♕, Dr. phil., GP. Turn-Teplitz, Böhmen, Lehmannstr. 6. (Turn $^{18}|_{11}$ 80.) **V**: Ebner-Eschenbach, D. Kreisphysikus 10; Hölderlins Hymnen an die Ideale der Menschheit 15; Deutsches Volkstum auf Vorposten 18; Landskroner Heimatbuch 18, 2. A. 20; Der Schönhengstgau 19, 2. A. 23; Heimatkundliche Volkserziehung 20; Vom Kronwald und vom Krottenpfuhl, Sagen 21; Altvaterland, Zur deutschen Stammeserziehung 21; Beim Kratschenwirt, Sagen u. Schwänke 22; Heimattrost 22; Hölderlins Lyrik 22; Hölderlins Gedichte der Reifezeit 22; Michael Weiße u. s. Landskroner Liederbuch von 1531 22; Der Schönhengster Hochzeitsbitter 22; Schönhengster Volkshochschule 22. **H**: Heimatbildung; Sudetendeutsche Heimatgaue; Wünschelrute (Jahrbüchlein); Bundeskalender d. Bundes d. Deutschen in Böhmen; Landskroner Heimatbücherei; Schönhengster Heimatbücherei. *

Lehmann, Kurt (Lehmann-Issel), †, Lic. theol., Pfarrer. Neuenweg, Amt Schönau i. W. (Baden). (Dossenbach, Baden $^{19}|_{4}$ 92.) **V**: Die Grenzen des objektiven Erkennens in der Theologie 21; Anthroposophie oder religiöse Erneuerung 22. *

Lehmann, Rudolf, ⁂, ▮, Dr. phil., UP., GRegR. Breslau, Kurfürstenstr. 18. (Krefeld $^{28}|_{3}$ 55.)

Lehmann, Walter, Pfr. Lic. Borby, Eckernförde i. Schleswig. (Puerto Caballo in Venezuela $^{9}|_{12}$ 83.) **V**: Das abendrote Haus, N. 11; Heinrich Seuse's deutsche Schriften, übertragen u. eingeleitet, 2 Bde. 11, 3.—5. T. 22; Tauler's Predigten, übertragen u. eingeleitet, 2 Bde. 13, 3. u. 4. T. 23; Vom deutschen Gott, Kriegspredigten 15; Deutsche Frömmigkeit 17; Meister Eckehart 20; Lebensverklärung, Predigten 23. *

Lehmann, Wilhelm Heinrich, SDS., Roman, Dr. phil. Eckernförde, Schleswig, Saxtorfer Weg. (Puerto Cabello

$^{4}|_{8}$ 82.) B: Der Bilderstürmer 17; Die Schmetterlingspuppe 18; Weingott 21; Vogelfreier Josef 22; Der Sturz auf die Erde 23. *

Lehmann-Haupt, Carl F., alte ♛ u Keilschriftforschung, Dr jur. et phil., UP. Innsbruck. (Hamburg $^{11}|_{3}$ 61.) ()

Lehmann-Haupt, Therese, geb. Haupt, Ⓞ, UP.-Gattin. Innsbruck. (Posen $^{11}|_{2}$ 64.) ()

Lehmann-Osten, Paul, PA., Musikw., Dir. d. Ehrlichschen Musiksch., Tonkünstler, Verpflicht. Kunstsachverst. d. Polizeidir. Dresden, Räcknitzstr. 1. (ebda $^{16}|_{4}$ 65.)

Lehmann-Rußbüldt, Otto, SDS., /, Sekr. d. Dtschen Liga f. Menschenrechte. Berlin W, Wilhelmstr. 66. (ebda $^{1}|_{1}$ 73.) B: Metaphysik d. Geschlechtsliebe, 3. A. 00; Weckruf an Deutschlands junge Geister 01; Venus Madonna, 2 Nn., 3. A. 09; Trennung v. Kirche u. Staat, 4. A. 14; Gotteslästerungsprozeß wider Friedrich d. Gr. 14; Jung-Frühling, ProsaDchtg., 2. A. 19; Warum erfolgte d. Zusammenbruch a. d. Westfront? 2. A. 19.

Lehne, Fr., s. Butenschön, Helene.

Lehner, Franz, (k.), ✠, Stadtpfr., Schuldekan. Waldmünchen, Oberpfalz. (Gleiritsch $^{18}|_{7}$ 69.) B: Was ich fand 01; Helldunkel 02; Der verlorene Sohn 03; Das wandernde Lied, G. 19; Blaue Blume, G. 20; Der Ordensritter, E. 21; Die Klause, Sch. 23.

Lehnert, Georg Herm., ✠, Naturw., Kunstgew., Dr. phil., a.o. Prof. a. d. THSch. Berlin W 50, Würzburger Str. 22 I. (Zittau $^{13}|_{3}$ 62.) B: Zur Orientierg. im Zoologischen Museum der Universität Leipzig 85; Beobachtgn. an Landplanarien 91; Lieder eines Soldaten 98; Liebhaber-Photographie 99, 36.—45. T. 22; Radfahren 00, 8. A. 11; Porzellan 02; Zimmerturnen 03; Geschichte des Kunstgewerbes I. im Altertum 21; II. in der vorromanischen und romanischen Zeit 22. B u. H: Illustr. Geschichte des Kunstgewerbes 07/09 II. Red: Die Werkkunst 05—11.

Lehr, Simon, VB., Ⓞ, /, ▣, Ingen., kais. Rat, Dir. des „Globus", GenSekr. d. Studienfürsorge. Wien IV, Gußhausstr. 20. (ebda $^{8}|_{4}$ 67.) B: Soz. Streiflichter 95; Es tagt, Sch. 97. ()

Lehrs, Max, Kunst♛, Dr., Prof., Geh. RegR., Dir. d. Kupferstichkabinetts. Dresden, Liebigstr. 17. (Berlin $^{24}|_{8}$ 55.) B: Karl Stauffer-Bern 07; Gesch. u. krit. Katalog d. deutschen, niederländ u. franz. Kupferstichs im 15. Jahrh. Text I—IV u Tafeln I—IV 08—20; Holzschnitte der 1. Hälfte des 15. Jahrh. im K. Kupferstichkabinett zu Berlin 09; Martin Schongauer 14. ☛ Bibliographie von M. L.-Schriften 15.

Leichtentritt, Hugo, DB., Musikschriftst. u. Komp., Dr. phil., Musikref. d. Voss. Ztg., Lehr. a. Klindworth-Scharwenka-Konservat. Berlin W, Winterfeldtstr. 25a. (Pleschen, ehem. Prov. Posen $^{1}|_{1}$ 74.) B: Chopin-Biographie 05, 2. A. 21; Geschichte d. Motette 08; Musikal. Formenlehre 11, 2. A. 20; Busoni-Biographie 16; Analyse d. Chopinschen Klavierwerke 21. **Neubearb.** d. 4. Bds. d. Ambrosschen Musikgeschichte 09.

Leidinger, Georg, ♛, Dr. phil., Abt.-Dir. d. Staatsbibl. München, Lotzbeckstr. 6. (Ansbach $^{30}|_{12}$ 70.)

Leiner, Richard, Ⓞ, Nov., /, Kritik, Dramaturg. München, Bruderstr. 12. (Saaz i. Böhm. $^{21}|_{1}$ 77.) B: D. verlorene Sohn, Tr. 94; Die feindlichen Profaxen, Tragikom. 95; Männertreue, Lsp. 95; Frieden, Dr. 97; Der schlechte Zweig, Sch. 98; Buße, Dr. 99; Abschied, Sch. 00; Sumpf, Kom. 05; Pflicht, Sch. 06; In memoriam, Zyklus 11; Anbetung, Kom. 12; Takt, Kom. 13; Zur Nachahmung empfohlen, Sc. 14; Der Schlips, Sc. 15; Bühnenbearbeitg. von Kleists Kätchen v. Heilbronn 15; Ehespiele, Zyklus 17; Dr. Clown, Groteske 22.

Leinert, A. Rud., Drama Essay, Kritik, ✠. Dresden-A. 1, Gr. Plauensche Str. 13 II. B: Gott-Mensch Geburt, G. 14/18; Der aussätzige Mai, G. 14/21; Herr Neumond, Tragik. 17/20; Die Rückkehr vom Tode, Tragik. 22/23; Noli me tangere, Dr. 23.

Leiningen, Helene Gräfin zu (Ps. Frithjof Holm), Ⓞ. Wiesbaden, Parkstr. 25. (Breslau $^{8}|_{8}$ 65.) B: Sonnenwende; Der Philosoph von Sans-Souci; Kaiser Joseph; Von Tilsit nach St. Helena.

Leinitz, L., s. Zeitlin, Leon.

Leip, Hans, SDS. Hamburg, Neuerwall 2. ($^{22}|_{9}$ 93.) B: Laternen, die sich spiegeln, Skn. 20; Die Segelfähre, Skn. 20; Der betrunkene Lebenskelch, Puppensp. 21; Der Pfuhl, R. 23; Der grüne Wagen, Lr. 23. H: Der Almanach der Götzenpauke 21. *

Leiß, Heinrich, DB., Nov., Essay, Theaterkritik, cand. phil. u. Schriftsteller. Wiesbaden, Erathstr. 15. ($^{22}|_{7}$ 93.) B: Besuch am Abend, N. 20; Opfergang der Liebe, R. 21; Wunder Welt, G. 22; Der ewige Weg, Dr. 23; Der König und der Narr, Sch. 23.

Leischner, Max, ASR., Erz., Märch., ✠, Ⓞ, Schriftst. Fichtenwalde/Beelitz-Heilstätten in der Mark, von-Tschirschky Str. 238/239. (Kottbus $^{20}|_{11}$ 82.) B: Wenn durch die Zauberlande das Dämmern geht, M. 18; Die schlafende

Seele der brausenden Stadt, Berliner Sagen 21; Von Geistern und Menschen (Musäus) 21; Froher Reigen (Friedrich Güll) 22; 1001 Nacht 23.

Leisegang, Hans, ∴, Dr. phil., UDoz. u. Stud.R. in Leipzig. Markranstädt b. Leipzig, Marienstr. 28. (Blankenburg 18/8 90.) V: Griech. Philosophie v. Thales bis Platon; Hellenistische Philosophie; u. a. ()

Leisner-Ellerbek, Ellegaard, Drama. Zinnowitz auf Usedom, Haus Fensalir. (Kiel 4/, 77.) V: Hunger nach Menschen, R. 04; Sturmgesänge, Dchtg. 09; Sterbende Stadt, Vorsp.; Der Blonde Gott; Auf Heldischer Heerfahrt, Dchtg. 14—15; Aus deutscher Mutternacht, Dchtg. 15; Pressident Bluff, Amerika-Skizzen 16; Die Deutschen-Dämmerung, Bismarck-Weihspiel 15; Versailler Visionen 19; Sönne Sonnings Söhne auf Sonnensee, R. 19; Ritter Rottmanns Rufen, Rhythmen des Eisernen Reiters 21; Wallfahrt zu Gott, e. Spiel aus dtsch. Streben ins Licht 21; Heilande der Welt 21; Gottgeschöpf Weib, sein Fall u. s. Auferstehung, Vortr. 21; Das Ticke-Tack, Lsp. (ein deutsches Lachen) 22; Die Heiligen des Bluts, Dr. 23; Didi Lada, G. d. Liebe 23; Sigrun, Lieder einer Leidenschaft 23; Biographie über E. E. von Siercks 23.

Leitgeb, Otto Georg Ritter v., Nov., Rom., Essay, ✠, /, **Ue:** EFI, Dr. jur. Corso V. E. 36, Gorizia, Italia, u. Schloß Sandhof bei Klagenfurt. (Pola 24/10 60.) V: Ausklang, N. 96; Psyche, N., 2.—4. A. 99; D. Gänsemännlein, N, 2. A. 00; Um Liebe, N., 2. u. 3. A. 00; Sidera cordis, R. 01, 1./2. A.; Der verlassene Gott, N., 1.—3. A. 02; Die stumme Mühle, R. 03, 4. A. 06; Bedrängte Herzen, Nn. 04, 2. A. 05; Sonnensplitter, R., 1. u. 2. A. 07; Das Hohelied, Nn. 13.

Leithaeuser, Julius, Volkskunde, Prof., RealgymnObstudR. Barmen, Mozartstr. 13. (ebda 11/1 61.) V: Gallicismen in niederrhein. Mundarten I 91, II 94; Bergische Ortsnamen 01; Beiträge zur Gesch. des Realgymn. i. Barmen 03; Volkskundliches aus dem Berg. Lande: 1 Tiernamen I 06, II 07, 2. Pflanzennamen 12; Sprachl. u. kulturgeschichtl. Skizzen zur Jahrhundertfeier von Barmen 08; Schriftsprache u. Mundart im Berg. Lande 09; Elberfelder Flurnamen 10; (u. d. Ps. J. L. Gemarker): Wichelkus' Käpp, 5. A. 22; Stadtossen (dgl.), 3. A. 13; Baaskääls, 3. A. 22; Fazüner, 2. A. 13; Feldgrau 16; Olt-Wopperdal 22.

Leitl, Ludwig, DB., ⊙. München, Agnesstr. 48 I l. (Tittmoning, Obbay. 8/4 83.) V: Herma, Sch. 18; Vollendung, Sch. 18; Die lieben Verwandten, Kom. 18; Zarathustras Verzweiflung, Dr. 21.

Leitner, Franz, ✠, Nov., Politik, Dr. jur., Regierungsbeamter. Lienz, Osttirol. (Innsbruck 24/8 92.) V: Tandaradei 12; Die Larve der Jugend 21; Kinder u. Narren 22.

Leitzmann, Alb., deutsche Sprach- und Lit.♛, Dr. phil., a.o. UP. Jena, Weimar-Geraer Bahnhofstr. 16. (Magdeburg 3/8 67.) V: bzw. H: König Tirol, Winsbecke u. Winsbeckin 88; Briefe von W. v. Humboldt an F. H. Jacobi 92; G. Forster 93; Briefe u. Tagebücher G. Forsters von seiner Reise 1790 93; Üb. Goethes Hermann u. Dorothea, aus V. Hehns Nachlaß 93, 2. A. 98; Tagebuch W. v. Humboldts v. seiner Reise nach Norddeutschland 1796 94; G. Forsters kleinere Schriften 94; Quellenschriften z. neueren deutsch. Lit.- u. Geistesgesch. 94f. IV; Goethes Briefe (Weim. Ausg.) XVII—XXI 95f.; Sechs ungedr. Aufsätze üb. d. klass. Altert. v. W. v. Humboldt 96; Jugendbriefe A. v. Humboldts an W. G. Wegener 96; Briefw. zw. Karol. v. Humboldt, Rahel u. Varnhagen 96; Register z. Schillers Briefen v. Jonas 96; D. Fabeln Gerhards v. Minden in mn.-deutscher Sprache 98; A. Lichtenbergs Nachlaß 99; Briefw. zw. Schiller u. W. v. Humboldt 00; Untersuchgn. üb. Wolframs Titurel 00; Lichtenbergs Briefe (m. K. Schüddekopf) 01f. III; R. Haym zum Gedächtnis: Neue Briefe v. Karol. v. Humboldt 01; Lichtenbergs Aphorismen 02ff. V; Wolfram v. Eschenbach 02ff. V; W. v. Humboldts ges. Schriften 03ff. IX; Die Melker Handschr. 04; Luthers geistl. Lieder 07; Briefw. zw. W. v. Humboldt u. A. W. Schlegel 08; W. v. Humboldts Briefe an e. Freundin 09 II, kl. Ausg. 12; Beethovens Briefe 09, 2. A. 12; Heines Sämtl. Werke IX/X 10f.; Kleine geistl. Ged. d. 12. Jahrh. 10; Goethes erste Weim. Gedichtsammlung 10; Mozarts Briefe 10; D. Quellen v. Schillers u. Goethes Balladen 11; Briefw. zw. Schiller u. Goethe (m. Gräf) 12 III; D. Quellen v. Schillers W. Tell 12; W. v. Humboldts Sonettdichtg. 12; Goethes röm. Elegien 12; Retz, Hist. de la conj. du comte de Fiesque 13; Mozarts Persönlichkeit 14; Beethovens Persönlichkeit 14; St-Réal, Hist. de Don Carlos 14; D. Hauptquellen zu Schillers Wallenstein 15; Briefe an K. Lachmann 15; Lebensbeschr. Herrn Götzens v. Berlichingen 16; Histoire du Cid 16; Briefe aus d. Nachlaß W. Wackernagels 16; W. v. Humboldt 19; Lichtenbergs Briefe

an Blumenbach 21; Ludwig van Beethoven 22; Briefe der Brüder Grimm 23.

Leitzmann, Frau Else. Jena, Weimar-Geraer Bahnhofstr. 16. (Berlin $^{6}|_{2}$ 75.) V: Zwölf Nächte, M. 12.

Le Mang, Erich Erwin Woldemar (Pf. Erwin Wulff, Curt Baum, Hans Munter, Karl Weißalles), Pop. Wissensgebiete, Verlagsred. Dresden-A., Fürstenstr. 69 III. (Borna b. Leipzig $^{28}|_{11}$ 75.) V: Die persönl. Schuld Wilhelms II. 19; Wie man uns belogen hat 19; Zur heiteren Einkehr 20; Das Tausend-Rätselbuch 20; u. v. a.

Lemcke, Curt, DV., Theaterstücke, Dir. Berlin-Wilmersdorf, Kaiserpl. 13. (Rössel, Ostpr. $^{5}|_{7}$ 66.) V: Flimmer-Klärchen, musikal. Schw. 18.

Lemke, Ernst, ASV., Lit.♛ d. 19. u. 20. Jahrh., ♣, Musik, StudR. a. Staatl. Gymn. in Dramburg i. Pom., Falkenburger Str. 3. (Stargard i. Pom. $^{4}|_{1}$ 83.) V: fünf Lieder f. 1 Singstimme u. Klavier 10; Die Hauptrichtungen im deutsch. Geistesleben d. letzten Jahrzehnte 14; D. Hauptrichtgn. i. dtsch. Geistesleb. d. l. Jahrz. u. ihr Spiegelbild in d. Dichtg. 16; Hans Benzmann 19; Die Lyrik der Romantik 21; Herzliebes Frouwelin! 6 Lr. 22; G. Hauptmann 23; Nicolaus Lenau 23. H: Lenaus Werke 23 II.

Lemmermann, Albert, Plattdeutsche Schauspiele, Rektor. Hamburg 23, Ottostr. 10. (Meinstedt, Kr. Zeven $^{28}|_{4}$ 71.) V: Ut Hartensgrund, VolkslrSmlg. aus Niedersachsen 08, 3. A. 21; Wigmodi, Vst. 13; De neemod'sche Bur, Vst. 21; Bi'n erstn Brotknust, Ehestandssp. 21.

Lemmermayer, Fritz, CV., /, Kritik, Rom., Erz., ♣. Wien VIII, Breitenfelderg. 6. (ebda $^{28}|_{8}$ 57.) V: Alchymist, R. 85; Menschen u. Schicksale 90; Gudrunlied, übers. u. eingel. 91; Im Labyrinthe d. Lebens, G. 92, 2. A. 01; Simson u. Delila, Tr. 93; Belladonna, R. 96; Repetitorium d. deutsch. Lit.-Gesch. 94/98 III; Haschisch, Erz. 98; Nov. u. Novttn. 03. H: F. Schlögl, ges. Schriften 93 III; Hebbels Briefe (m. R. M. Werner) 01 III; Neue Hebbel-Dokumente (m. Dietrich Kralik) 13. ()

Lenk, Felix, s. Winkler, Anna.

Lennarz, Albert, histor. Erzählg., Dr. phil., StudR. Düren, Rhld., Eschstr. 59. (Düsseldorf $^{25}|_{4}$ 77.)

Lennemann, Wilhelm, ♣, /, Kritik. Köln-Dellbrück. (Annen $^{24}|_{9}$ 75.) V: Aus Bauernlanden, G. 04; Saat und Sonne, G. 05; Meine Ernte, G. 10; Der Spion, Erz. 15; Eiserne Zeit, G. 15; In Sturm u. Stille, G. 16. H: Helen Keller, Auswahl; Der Aufgang. ()

Lenich, Paul, Politik, Dr. rer. polit., UP. Berlin. Neubabelsberg, Stahnsdorfer Str. 94. (Potsdam $^{31}|_{3}$ 73.)

Lent, Getrud, s. Besold, Getr.

Lentz, Ernst, ☎, Ψ, Dr. phil. Zoppot, Danziger Str. 60. (Insterburg $^{17}|_{5}$ 57.)

Lentz, Walther, ♣, Skizze, Dipl.-Handelslehrer. Königsberg i. Pr., Nachtigallensteig 5. (Dublienen b. Rastenburg, Ostpr. $^{4}|_{1}$ 00.) V: Blühend steigt ein Rauch ins Blau, G. 21.

Lenz, Max, neuere ♛, D., Dr. phil., Preuß. GRegR., UnivProf. Hamburg. (Greifswald $^{13}|_{7}$ 50.)

Lenz, Mia (Pf. M. Lorenz), ♣. Bad Sooden an der Werra. (Wangerin, Pommern $^{1}|_{2}$ 78.) V: Friedrich Lißmann, ein Lebensbild 19.

Lenz, Philipp, deutsche Dialekte, Dr. phil., Prof. a. d. höheren Mädchensch. Baden-Baden, Ebersteinstr. 27. (Handschuhsheim $^{21}|_{10}$ 61.) V: Vergleich. Wörterb. d. neuhochdeutsch. Sprache u. d. Handschuhsheimer Dial. 98. H: Zeitschr. f. hochd. Mundarten (m. O. Heilig) 00 bis 05; Zeitschr. f. deutsche Mundarten (m. dems.) 06—12.

Lenzara, s. Lenz, Mia.

Leo, Johs., PA., RP., Journalistik, Dr. phil., Red. a. d. „Königsb. Hartungschen Ztg." Königsberg i. Pr., I. Fließstr. 24/25. (Berlin $^{3}|_{2}$ 79.) V: J. G. Sulzer u. s. Allg. Theorie d. Schön. Künste 07.

Leo, Frau Meta, s. Schoepp, Meta.

Leo, Willibald, s. Lütgendorff, W. L. Frhr. v.

Leonardus, Johannes, s. Koch, Hans.

Leonhard, L., s. Schalit, Leon.

Leonhard, Rudolf, SDS., ♣, Essay, ⊙, Nov., ✇. Berlin-Charlottenburg, Luisenpl. 3. (Lissa i. P. $^{27}|_{10}$ 89.) V: Angelische Strophen 13; D. Weg durch d. Wald, G. 13; Barbaren, Balladen 14; Über den Schlachten, G. 14; Äonen des Fegefeuers, Aphorismen 16; Bemerkungen zum Reichsjugendwehrges. 17; Polnische Gedichte 18; Beate u. d. große Pan, R. 18; Briefe an Margit, G. 19; Katilinarische Pilgerschaft, G. 19; Kampf gegen die Waffe 19; Alles und Nichts, Aphorism. 20; Die Vorhölle, Dr. 20; Die Insel, G. 23; Mensch über Mensch, Essays 23; Das Chaos, G. 23; Die Ewigkeit dieser Zeit, eine Rapsodie gegen Europa 23. **Ue**: France, Aufruhr der Engel, R. 17; Maria Stuart, G. 20.

Leonhardt, Joh., DÖSchG.-Nov., /, Lit.♛, ⊙, Dr. theol. Graz, Radetzkystr. 10. (Schäßburg $^{28}|_{7}$ 59.) V: Aus Siebenbürgen 90, 2. A. 95: Frau Balk, Dr. 96; D. Werberin, Vst. 98; D. Silberguiden, Vst. 02; Siebenbürg. Kleinleben 12; Zeiden 12.

Leopold, Friedrich (Pf. für Fritz Cassirer), ❀, Essay. München, Georgenstr. 36 III. (Breslau $^{29}|_{3}$ 71.) W: Helldunkle Welt, Ged. 21; Beethoven und die Gestalt 24 I. *

Leopold, s. Schwarzschild, Leop.

Lepel, Hans von, DB., Drama, ❀, Märch., Mitgl. d. Würzb. Stadttheaters. Würzburg. (Darmstadt $^{28}|_{7}$ 94.) W: Bath-Seba, Sch.; Strina-Dona, Tr.

Leppa, Karl Franz, Volksschr., Mundart-Dchtg. Budweis i. Böhm., Ottokargasse 1. (ebda $^{28}|_{1}$ 93.) W: Herzenssachen, ein Trost- u. Wehrbüchlein f. d. deutsche Volk 20, 3. A. 23; Die Bekehrung des Ellechsners, Erz. 21, 2. A. 22; Kornsegen, Mundartged. 21; An deutschen Gräbern, G. 23. H: Die Heiteretei von Otto Ludwig 21.

Leppin, Paul, ❀, Kritik. Prag-Weinberge, Luschitzgasse 33. (Prag $^{27}|_{11}$ 78.) W: D. Türen d. Lebens, R. 01; Glocken, die im Dunkeln rufen, G. 03; Daniel Jesus, R. 05; Der Berg der Erlösung, R. 08; Severins Gang in die Finsternis, R. 14; Hüter der Freude, R. 18; Venus auf Abwegen, Essays 19; Das Paradies der andern, N. 20.

Leppmann, Franz, SDS., BP., RP., literar. Essay, Dr. phil., Red. d. Propyläen-Verlages, Charlottenburg, Giesebrechtstr. 18. (Berlin $^{4}|_{11}$ 77.) W: Gottfr. Kellers Grüner Heinrich von 1854/55 u. 1879/80 02; Kater Murr u. seine Sippe 08; Thomas Mann 16; Mirabeau 19. Ue: Manon Lescaut des Abbé Prévost 20; Maupassant, Stark wie der Tod 24.

Lepsius, Johannes, ✝, ♕, Dr. phil., Dr. theol. h. c. Potsdam, Gr. Weinmeisterstr. 45. W: J. H. Lambert, Kosmol. u. philos. Leistungen 81; Ahasver, Dr. 95; Armenien u. Europa 96, 6. A. 97, französ. Übs. 96, engl. Übs. 97; Reden u. Abhandlungen; Totentanz, Dr. 06; Franz v. Assisi, Dr. 11; John Bull, Polit. Komöd. 15, 2. A. 18; D. Todesgang d. armenischen Volkes 16, 2. A. 19, französ. Übs. 19; Das Leben Jesu 17/18 II; Jesus at the Peace Conference, Sc. 19, 2. A. 20. H: Beiträge z. Erkenntnis d. dramat. Kunst (m. L. Traube) 80; Das Reich Christi, Theol. Monatsschrift 1898—1909 XII; Jahrbuch d. dtsch. Orientmission 03; Der Christl. Orient 97—17 XXI; Der Orient 18—23 VI; Deutschland u. Armenien 14—18; Sammlg. dipl. Aktenstücke 19; Die große Politik d. europ. Kabinette 1871—1914, Sammlg. d. dipl. Akten d. Ausw. Amtes (m. A. Mendelssohn-Bartholdy u. Fr. Thimme) 22/23 XII (71—97), Forts. 97—14 XII. *

Lerbs, Karl, SDS., ❀, Nov., Dir. der Film-Industrie-A.-G. Ue: EF. Bremen, Steintor 73 II. (ebda $^{22}|_{4}$ 93.) W: Poeta Liliputanus, G. 07; Wellen, G. 11; D. tote Schwadron, N. 16; D. Erscheinung, N. 21. H: D. Entscheidungsschlacht, Kriegsnov. 14; D. Spiegel, Anekd. 18; D. Wunderkelch, Leg. (m. Theodor Etzel) 20; Chorus Eroticus, Liebesged. 21. Ue: Zola, Nana 22; Mehr, v. E. A. Poe 22.

Lerch, Eugen, roman. Ψ, liter. Kritik, Essay, Dr. phil., a.o. UProf. Pasing vor München, Richard-Wagner-Str. 30. ($^{25}|_{12}$ 88.)

Lerch, Hanns, DB., SDS., Nov., Rom., ⚲. Dresden-A., Zöllnerpl. 11 II. ($^{30}|_{4}$ 95.) W: Weltuntergang, R. 20; Dirne-Apassionata, N. 20; Pest, G. 20; Der Teufel u. das Mädchen, Dr. 20; Nachtmar, Dr. 20; Herbert Krahmann u. d. Frauen 21; Im Taumel, ein Tanz um Dollar und Weib 23, 3. A.; Eva im Spiegel 23; Die Liebe der kleinen Sibyll, R. 23.

Lerch, Rudolf, ❀, ⊞, Dr. phil., selbständiger Landwirt. Lüttow b. Zarrentin in Meckl.-Schwerin. ($^{22}|_{9}$ 79.) W: Der Steppenreiter, G. a. d. Kalahari 21. *

Lerche, Jul., Techn., Naturwiss., ⊞, Ministerialrat. Berlin-Zehlendorf, Wsb., Rotherstieg 8. (Cörlin $^{29}|_{10}$ 67.) W: Die Gründorfer, M. 13, 4. A. 20; Waldhof, M. 16, 3. A. 21; Arbeiter unter Tarnkappen, N. 19, 2. A. 20; Der Güterberg, Erz. 21.

Lernet, Alexander Maria, s. Lernet-Holenia.

Lernet-Holenia, Alexander, ❀, Dzt. Klagenfurt, Kärnten, St.-Veiter-Ring 5; im Sommer: Sankt Wolfgang, OberÖsterr., Villa 117. (Wien $^{21}|_{10}$ 97.) W: Pastorale, G. 21; Kanzonnair, G. 23.

Leser, Hermann, ∴, ❀, Dr. phil., o. UP. Erlangen, Burgbergstr. 41 I. (Weimar $^{1}|_{6}$ 73.) W: Z. Methode d. krit. Erkenntnistheorie 00; D. Wahrheitsproblem unt. kulturphilos. Gesichtspunkt 01; Grundcharakter u. Grundprobleme d. Euckenschen Philosophie 07; Joh. Heinr. Pestalozzi 08; Einführg. in d. Grundprobleme d. Erkenntnistheorie 11; Der Idealismus des Deutschen 18; Das pädagogische Problem in der Geistesgeschichte der Neuzeit 23 III. H: Fichtes Reden an d. deutsche Nation 08.

Lessen, Ludwig Salomon, RP., VA., UV., Reise/, ❀, Nov., Essays, Red. d. illustr. Wochenschriften „Volk und Zeit" u. „Siedlung und Kleingarten". Müllrose i. Mark, Gubener Str. (Lessen i. Westpr. $^{17}|_{9}$ 73.) W: Vignetten 94; Kosmische Kränze 95; Fackeln 04; Achtung Bombe!

Schw. 05; Mimosen, Erz. 05; Die Perlenschnur d. Adria 06; D. Agitator wider Willen, Schw. 08; Lebensmittag 10; Aus Tag und Tiefe 12; Rotkoller, Schw. 12; Kreuz und quer durch den Balkan 13; An deutschen Flüssen, Seen u. Buchten 14; Geburtstagsbüchlein, G. 19; H. Kinderland 22/23.

Lessiak, Primus, ältere deutsche Ψ u. Lit.♛, Dr. phil., o. ö. Prof. a. d. Univ. Würzburg, MitHrsg. d. Zeitschr. f. dtsche. Mundarten u. d. „Prager Deutschen Studien" bis 1920. Würzburg, Ludwigstr. 27. (Köttmannsdorf $^{8}|_{6}$ 78.)

Lessing, Theodor, ∴, ▣, Dr. med. et phil., PrivDoz. a. d. THSch. Hannover, Stolzestr. 47. (ebda $^{8}|_{2}$ 72.) B: Weib u. Dame; Die verfluchte Kultur; Dührings Haß; Europa u. Asien; Untergang d. Erde am Geist; Feind im Land, Sat. u. Nn. ()

Lettow-Vorbeck, Friedrich von, Roman, Nov., ⊙, ♛, Major a. D. Neckargemünd, Schießhausstr. 26. (Reims, Frankr. $^{17}|_{1}$ 72.) B: Lyrische Versuche 93; Gesch. des Füs.-Regts. 80 13; Aus der Zeit der Stockprügel u. Gavotten 01; Ruhig, Philister 03; Stockprügel u. Gavotten 19; Töchter des Alchemisten 20.

Leuchs-Mack, Maximilian, RP., /, Kritik, ⊙, Dr. jur., FeuillRed. d. „Deutschen Allgemeinen Zeitung, Süddeutsche Ausgabe". Frankfurt a. M., Schaumainkai 43a. (ebda $^{19}|_{2}$ 78.) B: Ägyptische Reiseskizzen 10; Hellmuth Unger in seinen Bühnenwerken 23.

Leufen, Will (Pf. Will Helmold), VB., ▣, /, ⊙, ♣, Generalsekr. Dresden-A., Werderstr. 28 III. (Leuffarth, Rheinl. $^{31}|_{3}$ 69.) B: Verlorenes Spiel, R. 90; Die Sünde der Mutter, R. 99; 25 Jahre Verbd. landw. Genossensch. i. K. S. 16; Das Gastmahl Belsazers, Sch. 22.

Leumann, Ernst, Sanskrit.-Lexikogr., Jaina-Lit., Entzifferg. ostturkest. Fragmente, Dr. phil., o.UP. Freiburg i. Br., Schwaighofstr. 5. (Berg i. Thurgau $^{11}|_{4}$ 59.)

Leumann, Gerhard, s. Lutz, Gottlob.

Leuschner, Oskar (Pf. Erich Stark), ♣, ⊘, /, Hum., ⊙. Berlin W 30, Gossowstr. 8. (Großburg $^{9}|_{6}$ 70.) B: Humoresken 93; Aus gold. Zeit, G. 94; Psychodram. Vortragsdichtungen 95; Am Weihnachtsabend, Festsp. 95; Die Comitésitzg., Pst. 95; Durfgeschichten in schles. Mundart 96; Rübezahl, Märchensp. 04 u. a. m.

Leutelt, Gustav, Erz., ObLehrer. Oberrosenthal 256 b. Reichenberg in Böhmen (Josefsthal $^{21}|_{9}$ 60.) B: Schilderungen a. d. Isergebirge 99; Die Königshäuser, R. 05; Das zweite Gesicht, R. 1 u. 2. A. 11; Hüttenheimat, R. 19, 4. A.; Aus den Iserbergen, Erz. 20. ()

Lentz, Frl. Ilse, SDS., Roman. Berlin-Schöneberg, Bahnstr. 35. ($^{8}|_{6}$ 96.) B: Das Werk des Titanen, R. 19; Priester der Kali, R. 19; Der Traum in Marmor, 21; Volk ohne Land, R. 21 II; Weltkatastrophe, R. 21; D. Liebschaften e. Träumerin, R.

Leverkühn, August, ♣, Dr. jur., Amtsgerichtsrat. Lübeck, Schillerstr. 1a. (Hannover $^{25}|_{10}$ 61.) B: Inhalt u. Auslegung d. Hohen Liedes 92; Jugendged. 00; Dantes Pilgerfahrt durch das Jenseits 00; Industrielle Ansiedelung 06.

Levetzow, Karl Michael Frhr. v., ♣, Essay, ⊙, Nov. Wien I, Staudiong. 4 IV, und Schloß Divak, Post Auspitz, Mähren. (Schloß Dobromielitz, Mähren $^{10}|_{4}$ 71.)

Levin, Julius, SDS., /, ⊘, Dr. med. Berlin W 30, Heilbronner Str. 22. (Elbing $^{31}|_{1}$ 62.) B: Modemaler 87; Was tut der deutschen Kunst not? 12; Lächeln d. Herrn v. Golubice-Golubicki, R. 15; Zweie und der liebe Gott, R. 19; Wehrmann Ismer, E. 20; Die singende Dame, E. 21; Die Großfürstin, R. 21; Der Panzer, E. 21.

Levy, Hermann (Hermann Lint u. Hermann Levy), Roman, Novelle, ♣, literarische Skizzen, Prof. a. d. Technischen Hochschule Berlin, Dr. d. Staatswirtschaft. Berlin W 35, Magdeburger Str. 2. (ebda $^{22}|_{6}$ 81.) B: Orchideen 11; Die stille Frau 12; Die Frau im Traum 13; Der Weg zur Einsamkeit 22; Cyril und Gaselis 23. *

Lewalter, Joh., Musik, Musiklehrer u. Komponist. Kassel, Wolfsschlucht 10 III. (ebda $^{24}|_{1}$ 62.) H: Deutsche Volkslieder in Niederhess. ges. 90/94, 2. A. 96; Hess. Kinderliedchen (m. Dr. Eskuche) 91; Schwälmer Tänze 97, 2. A. 04; „Es sol sich ocker Keiner mit der Liewe abgäwen", volkstüml. Lied a. Hess. 07; Deutsches Kinderlied u. Kinderspiel, ges. in Hess. (m. G. Schläger) 11; Feldblumen, G. 17; Reichswacht, Soldaten-, Matrosen- u. Vaterlandslr. 18; Das alte Puppenspiel „Dr. Fausts Leben u. Höllenfahrt", 19; „Dr. Kasper", Puppenspiel f. d. Kaspertheater 20; Herbstfäden, G. 21.

Lewikoff, S. J., s. Wasserburger, Paula v.

Lewin, Heinz, DB., Optte. Wiesbaden, Luisenplatz 2. (ebda $^{22}|_{3}$ 88.) B: Optten.: Der Prinzpapa 09; Der lustige Kakadu 13; Morgen wieder lustik! 11; Der schlummernde Amor 21; Wenn im Frühling der Holunder, B. 17.

· **Lewin,** Ludwig, Literaturw., Dr. phil., Dir. d. Lessing-Hochschule. Berlin

W 50, Augsburger Str. 43. (ebda $^{12}|_{11}$ 87.) **V**: Friedrich Hebbel, Beitrag zu e. Psychogramm 13. **Ue**: Brieux, Kletten, Kom.

Leyen, Friedrich v. der, german. Ψ, Volkskde, Dr. phil., o. ö. UP. Marienburg, Wolfgang=Müller Str. 28. (Bremen $^{19}|_{8}$ 73.) **V**: Des armen Hartmann Rede vom Glauben 97; Indische Märchen, übers. 98; Das Märchen in den Göttersagen d. Edda 99; Deutsche Universität u. deutsche Zukunft 06; Einführung in das Gotische 07; Die Götter u. Göttersagen der Germanen 09, 3. A. 24; Das Märchen 11, 2. A. 17; D. altdeutsch. Teppiche in Regensburg (m. Adolf Spamer) 11; Die deutschen Heldensagen 12, 2. A. 23; Das Studium der deutschen Philologie 13; Deutsche Volkskunde und deutscher Unterricht 16; Deutsche Dichtung in neuer Zeit 22. **H**: Herder, Ideen 04; F. Schlegel, Fragmente 04; Wilh. Hertz, Gesammelte Abhandlgn. 05; Deutsches Sagenbuch 08; W. H. Wackenroder 10; Die Märchen der Weltliteratur (m. Paul Zaunert) 12f.; Bayrische Hefte f. Volkskunde 14f.; Deutsche Länder, deutsche Stämme 19f. **H** u. **Ue**: Älteste deutsche Dichtgn. (m. K. Wolfskehl) 09, 3. A. 23.

Lhotzky, Heinrich, Dr. phil. Ludwigshafen am Bodensee. (Klaußnitz, Sa. $^{21}|_{4}$ 59.) **V**: Leben u. Wahrheit 98, 2. A. 03; Der Weg zum Vater, e. Buch f. werdende Menschen, 4. T. 04; Religion oder Reich Gottes, e. Gesch. 04, 2. A. 05; Die Gesch. von den Schäfchen f. Kinder und ihre Gesellen 07; D. Zukunft der Menschheit 07; D. Seele deines Kindes 08, 70. T.; Vater u. Sohn, ein Wort zur geschlechtl. Aufklärung 09; Vom Erleben Gottes 09, 20. T.; D. Buch der Ehe 11, 50. T.; Immanuel Müller, R. aus d. bessarab. Steppen 12, 5. T.; Im Reiche der Sennerinnen, R. 13, 4. T.; Vom Ich u. vom Du, Gedanken üb. Liebe, Sinnlichkeit, Sittlichkeit 13, 10. T.; Daß ich mich nicht ärgere 13, 5. T.; Geschichten aus Weihertal nach japan. Bildern 13, 2. T.; Aus Gott suchender Zeit 13; Das Evangelium von der Kraft 14; Der Glaube des Tapferen 14; Um den Völkerfrieden 14; An unsere feldgrauen Jungen 14; Vom heiligen Lachen 15; Vom Erleben des Glücks 15; Geld oder Leben 16, 5. T.; Strahlenland 17; Der Mensch u. sein Buch 18; Wenn man alt wird 19; Arbeiten, nichts als arbeiten 19; Das große Schweigen 20; Der Wunderpfarrer 22; Geschichten, die nie veralten 22; Das Geheimnis der Spielkarten u. andere deutsche Heiligtümer 22. **H**: Leben, Vierteljahrsschrift 04—11.

Liberalissimus, s. Kappstein, Theodor.

Lichnowsky, Frau Mechtild, Dchtg. i. Versen u. Prosa, ♁. Berlin, Buchenstr. 2. (Schönburg, NiedBay. $^{8}|_{3}$ 79.) **V**: Götter, Könige u. Tiere in Ägypten 12; Ein Spiel vom Tod, Dr. 13; Der Stimmer 15; Gött betet 16; Der Kinderfreund, Sch 18; Geburt, R. 21. ()

Lichtenberg, Reinhold Frhr. v., Kunst♛, Dr. phil., Prof Gotha, Moltkestr. 10. (Fiume $^{15}|_{12}$ 65.) **V**: Haus, Dorf, Stadt 09; Die ägäische Kultur 11; Einflüsse d. ägäischen Kultur auf Ägypten u. Palästina 11, 2. A. 13; Mehr Schutz dem geistigen Eigentum! Der Kampf um das Schicksal des „Parsifal" (m. Müller v. Hausen) 13; Die Anfänge der arischen Kultur und ihre Einflüsse nach Völkern anderer Rasse 13; Cypern u. d. Engländer 15; Deutsches Land den Deutschen! 21. ()

Lichtenberg-Küllertz, Frau Josi (Josi Küllertz), ASV., WSV. Düsseldorf, Salierstr. 17. (ebda $^{11}|_{7}$ 88.) **V**: Lose Ernte 20, 2. A. 22.

Lichtenberger, Franz, ✠, ✠, Ästhetik, Naturw., Volks= u. Jugendschr. Magdeburg, Leipziger Str 1. (Ahrensfelde b. Berlin $^{31}|_{8}$ 81.) **V**: Was wir uns v. d. deutsch. Flotte erzählt haben, Gespräche m. mein. Schuljungen 05, 60.—70. T. 11; Allerlei v. Leben d. Pflanzen I 07, 2. A. 08, II 08; Meine Verse I 08; Klein-Susel 23. **Bearb**: Reineke Fuchs 11; Deutsche Sagen 22.

Lichtenstein, Edmund (Ps. Ed. Mund [für Polit.], L. Stein [f. Satir.]), Red. Berlin=Wilmersdorf, Eisenzahnstr. 64. (Kottbus $^{22}|_{1}$ 64.) **V**: Den Manen Berth. Auerbachs, G.; Wilde Ranken, G.; Sibirien i. Preußen, polit. Streitschr.; Fluch auf Juda, erz. G.; In Banden, G.; Bunt Gedränge, G.; Gedanken u. Ged. ()

Lichtenstein, Jul. RP., PA., ✠, Kritik, /, Journalist. Breslau, Schwerinstr. 64. (Pletna i. ObSchl. $^{3}|_{2}$ 60.)

Lichter, August, Dialektdichtg., Lehrer. Leutmannsdorf, Kr. Schweidnitz. (Naselwitz i. Schl. $^{8}|_{3}$ 60.) **V**: Meine Mutterschprooche, Erz. 93, 2. A. 98; Durfpum'ranza, Erz. 98, 2. A. 22; Wenzel Hannes, Volksst. 98, 4. A. 20; Derheeme, Erz. 00; Mietebrenge, Erz. 05, 2. A. 23; Pampel Willem, Volksst. 06, 3. A. 19; Die Schlacht bei Burkersdorf und Leutmannsdorf 08, 4. A. 12; Rockagänger, Erz. 13; Guck ock, Mutter, gucke, G. 13.

Lichtwart, Hans, s. Krause=Seifert.

Liebau, Arno, BJ., SV., Musikkritiker, Musikschriftsteller, Komponist (Lehrer am Konservatorium). Berlin-Lichterfelde W, Hindenburgdamm 93a III. (Leipzig $^{10}|_{6}$ 88.) **V**: Musiker=Essays

20/22; Liederhefte „Mädchensehnsucht“ 16; Kammersänger-Kase-Zyklus 22; Liederkreis „Falterseelchen“ 23; Liederkreis „Libellenhochzeit“, Rheinlr. 23; Die Bonbonnière des Pianisten 23; Lyrische Stücke für Streichorchester 23. *

Liebenfels, Herwik, ♣, ⊙. Wien XIII/1, Hietzinger Hpstr. 7. (S. Giovanni $^{10}|_{6}$ 74.) V: Der Prinz v. Marokko 08; Der rote Baron 09; Die Fledermaus, e. Szene aus der Alhambra 11; Der Komet; Eine amerikanische Schreckensnacht. ()

Liebermann, Marie, s. Roda Roda, Marie.

Liebermann, Max, ω, Dr. phil. h. c., Prof, Maler, Präs. d. Akad. d. Künste. Berlin NW, Pariser Platz 7. (ebda $^{20}|_{7}$ 47.) V: Degas 02, 8. A.; Jozef Israels 01, 7. A.; Über d. Phantasie in der Malerei 04, 5. A.; 54 Steinzeichnungen zu H. v. Kleists kleineren Schriften 18. ()

Liebert, Arthur, ⁘, Kultur- u. Kunst ♛, Prof., Dr. phil., stellv. Geschäftsführer der Kant-Gesellschaft, Doz. a. d. HandHSch. Berlin W 15, Fasanenstr. 48. (ebda $^{10}|_{11}$ 78.) V: Pico von Mirandula 05; Monismus u. Renaissance 09; D. Anthropomorphismus d. Wissenschaft 09; D. Problem d. Geltung 14; D. Geltungswert d. Metaphysik 15; Wie ist kritische Philosophie überhaupt möglich? 19, 2. A. 23; Vom Geist der Revolutionen 19, 3. A. 23; August Strindberg, seine Weltanschauung u. s. Kunst 20, 3. A. 23; Ethik 23; D. geistige Krisis d. Gegenwart, 2. A. 24. MitRed: Kant-Ausg. d. Preuß. Akademie d. Wissensch. H: G. E. Schulze, Anesidem 11; Spinoza-Brevier, m. Nachwort 12; Fichte, Reden, m. Einleitg. 12.

Liebfrauenlob, s. Koch, Gaud.

Liebich, Bruno, Indologie, Dr. phil., a.o.UP. Heidelberg, Römerstr. 52. (Altwasser, Bez. Breslau $^{7}|_{1}$ 62.)

Liebich, Constantin. Berlin SW 47, Kreuzbergstr. 44. (Breslau $^{9}|_{6}$ 47.) V: D. Somnambule 83; Obdachlos 94, 2. A. 01; Im Abgrund, R. 97: Das Arbeitsheer 02.

Liebig, Hans Frhr. v., Politik, Dr., Prof. Bernried, ObBay. ($^{11}|_{10}$ 74.) V: Die Politik von Bethmann-Hollwegs I u. II 15, 3. A. 19, III 18; Der Betrug am deutschen Volke 19; Wege zur politischen Macht 21: Reichsverderber I: Bethmann — Erzberger — Scheidemann 22.

Liebisch, Rud. (Ps. Jean Boesen), Erz., /, ♣, VerlDir. d. „Anhalt. Anzeigers“. Dessau, Blumenthalstr. 2 I. (St. Johann $^{25}|_{12}$ 61.) V: Lieder e. Handwerksburschen 90, 2. A. 96; D Hochzeitsreise, R. 98; Der zerbrochene Krug u. a. Rn. 02.

Lieblich Karl, Nov., Gedicht, Kritik, Dr. jur., Rechtsanwalt, vorm. Hrsg. d. „Tribüne“, Halbmonatsschr. f. soz. Verständigg. Stuttgart-Botnang. (ebda $^{1}|_{8}$ 95.) V: Die Traumfahrer 23.

Liebmann, Kurt, ♣, Novelle, Dessau (Anhalt), Agnesstr. 5. (ebda $^{18}|_{5}$ 97.) V: Entwerden, Dchtg. 21; Kreuzigung, N. 24; Schräg geöffnet, G. 24. H: Feuerball rollt (Auswahl Herm. Conradi) 24. *

Liebrich, Fritz, SES., ♣, Lehrer. Basel, Schweiz, Rigistr. 98. (ebda $^{7}|_{12}$ 79.) V: Masken, Dialektstück 20; Meine Stadt, G. 23; Johann Peter Hebel. *

Liebrich, Karl Aug., PA., Dr. phil. Gotha, Kunstmühlenweg 1. (Wißmar, Kr. Wetzlar $^{19}|_{1}$ 58.) V: v. Kleist, Dr. 88; Lebensleid u. Liebe, eine Philosophie des Herzens 22. H: O. Baisch, Lieder u. Sinnsprüche 93; Karl Schwerdt, G. 15.

Liegler, Leopold (Ps. Ulrik Brendel), Kritik, Beamter d. Akad. d. Wissensch. Wien IV, Mittersteig 15. (ebda $^{30}|_{6}$ 82.) V: Karl Kraus und sein Werk 20.

Lienau, Heinrich, ASV., DV., niederdtsch. Lit., Schlesw.-Holst. Heimatsgesch., Dir. d. Arbeitsamts d. Insel Sylt. Westerland/Sylt. (Neumünster i. Holst. $^{24}|_{8}$ 83.) V: Heidlüchen, Nd. Dr. 16; De Herr vun Hoffsee (Jus primae noctis), Nd. Dr. 19; Gottlieb Pommerenke, Lsp. 20; Oberschieber, Schw. (Mit-V.) 20; Uem de Hauw, Nd. Dr. 22.

Lienert, Meinrad, Nov., ♣. Zürich. (Einsiedeln $^{31}|_{5}$ 65.) V (seit 00): Die Wildleute 01; Der Strahler 02; Die Immergrünen 04; Das war eine goldene Zeit! 07; ’s Heiwili 08; Der Pfeiferkönig 09; D. Bergspieglein 10; Das Hochmutsnärrchen 11; Bergdorfgeschichten 13; Schweizer Sagen und Heldengeschichten 14; Der jauchzende Bergwald 14; Drei altmodische Liebesgeschn. 16; ’s Schwäbelpfyffli 13, 18 III; Der Weihnachtsstern (Schweiz. Krippensp.) 17; Das Gesichtlein im Brunnen 17; Zürcher Sagen 18; Frohfarbenfähnlein 18; Die schöne Geschichte d. alt. Schweizer 19; Der Ahne, Dr. 22; Hansjöhrlis Fahrt nach dem Zauberwort 22; Die Schmiedjungfer, Neuausgabe a. d. Bergdorfgesch. 23.

Lienhard, Friedrich, ⊙, /, ♣, Dr. phil. h. c., Prof., Hrsg. des „Türmers“. Weimar, Carl-Alexander-Allee 4. (Rothbach i. Els. $^{4}|_{10}$ 65.) V: Naphtali, Dr. 88; Wasgaufahrten, e. Zeitbuch 95, 24. A. 20; Till Eulenspiegel, Dr. 96, 4. A. 10; Gottfr. v. Straßburg, Dr. 97, 3. A. 15; Odilia, Dr. 98; D. Vorherrschaft Berlins 00; König Arthur, Tr. 00, 3. A. 08; Münchhausen, Dr. 00, 2. A. 14; Der Fremde, Dr. 00; Die Schildbürger 00, 2. A. 06; Helden 00, 2. A. 08; Neue Ideale 01, 2. A. 13; Ges. Ged. 01, 4. A.

16; Heinrich v. Ofterdingen, Sch. 03, 8. A. 11; Thüring. Tagebuch 03, 80. A. 23; D. hl. Elisabeth, Sch. 04, 3. A. 16; Wieland d. Schmied, Sch. 05, 7. A. 20; Wege nach Weimar 05—08 VI, 10. A. 23; Luther auf d. Wartburg, Sch. 06, 7. A. 20; Das klass. Weimar 08, 4. A. 20; Wesen u. Würde der Dichtkunst 09; Oberlin, R. 10, 120. A. 23; Odysseus, Dr. 11, 2. A. 14; Lichtland, G. 12; Einführung in Goethes Faust 12; Der Spielmann, R. 13, 90. A. 22; Parsifal u. Zarathustra 14; Ahasver am Rhein, Dr. 14; Deutschlands europäische Sendung 14, 18. A. 15; Der Einsiedler u. sein Volk, Nn. 15, 22. A. 20; Heldentum u. Liebe, KriegsG. 15, 5. A. 16; Schillers Gedichtentwurf Deutsche Größe 16; Lebensfrucht, Ges. Ged. 15, 7. A. 20; Westmark, R. 19, 40. A. 21; Der Meister der Menschheit 19—21 III, 2. A. 23; Wer zuletzt lacht, R. 21.

Liepe, Wolfgang, Dtsche. Lit. ♛ Dr. phil., PrivDoz. a. d. Univ. Halle, Ulestr. 9. (Schulzendorf-Mark $^{27}|_{8}$ 88.) **W:** Das Religionsproblem im neueren Drama von Lessing bis z. Romantik 14; Elisabeth von Nassau-Saarbrücken, Entstehung u. Anfänge des Prosaromans in Deutschland 20.

Liersemann, Heinrich, SDS., VB., RP., /, Humor., ✻, ⚓, Kapitänleutn. a. D. Berlin-Zehlendorf W, Flensburger Str. 6. (Glogau a. O. $^{9}|_{4}$ 68.) **W:** Erinnergn. eines deutsch. Seeoffiziers 01, 2. A. 02; „S. M. H. Prinz" Ludw. Paul Heinr. M'Pundo Njasam Akwa, Beitr. z. Rassenfrage 07, 2. A. 12; Führer durch d. Kriegsereignisse 15, 20. T.; Klar zum Gefecht 15, 70. T.; Wir von der „Möwe"! Husarenstreiche zur See 16, 60. T.; Zwei Jahre Seekrieg 16; Kriegsabenteuer e. deutschen Matrosen 16; Die Laufbahnen in der Kaiserlichen Marine 17, 6. A.; Alle Mann an Bord! 17, 10. T.

Liesegang, Erich, ♛, Dr. phil., Prof., Bibl.-Dir. Wiesbaden. (Duisburg $^{26}|_{8}$ 60.)

Liesegang, Frau Mara, ✻, Märchen. Medingen b. Dresden. (Düsseldorf $^{6}|_{4}$ 96.) **W:** Die heilige Quelle, Lr. 22; Das Märchen vom Pfeil 22; Meerfahrt und Land 23. •

Liesegang, Raphael Ed. (Ps. Raphael Ganga), Drama. Frankfurt a. M., Schloßstr. 21. (Elberfeld $^{1}|_{11}$ 69.) **W:** Monismus 92; Rhapsodie 93; Das bist Du 95; Grißhma 02; Ird. u. himml. Liebe 03; Philosophie der Versöhnung 06; Dante 06; Provence 07; Messias 07; Stateira 08; Sintflut 19; Simile Deo 19; Fibel der Religionstifter 21; Saskia, Dr.

Liesenberg, Frau Tilly, Erz., ◯, Kommerzienrats-Gattin. Neustadt a. d. Haardt, Kellereistr. 12. (Essen $^{2}|_{5}$ 68.) **W:** Neustadt an der Haardt, Erz. 16; Treue, Sch. 17.

Lieske, Walter, ASV., DV., Drama, Lederfabrik. Berlin-Weißensee, Falkenberger Str. 27. (Berlin $^{22}|_{8}$ 89.) **W:** Sündige Menschen, Tr.; Kurz ist das Glück, Dr.; Am Vorabend des Glückes, Tr.; Friede und Heimat, Tr.; Nette Geschichten, Schw.; Heilige Feuer, G. 12.

Lignis, A., s. Schmidt, Expeditus.

Li Hu King, s. Schweitzer, Alb.

Lilienfein, Heinrich, VP., DV., SDS., ◯, Roman, Dr. phil., Generalsekr. d. Deutsch. Schillerstiftg. Weimar, Kurthstr. 4. (Stuttgart $^{20}|_{11}$ 79.) **W:** Kreuzigung, Dr. 02; Die Anschauungen von Staat und Kirche im Reich d. Karolinger 02; Menschendämmerung, Sch. 03; Maria Friedhammer, Dr. 03, 3. A. 05; Modernus 04, 2. A. 05; Heinrich Vierordt, Profil e. deutschen Dichters 05; Berg des Ärgernisses, Tr. 05; D. Kampf mit dem Schatten, Dr. 06; Der Herrgottswarter Dr. 06; Der große Tag, Sch. 06; Ideale des Teufels 08, 2. A. 10; Der schwarze Kavalier Olympias, Dr. 08; Der Stier von Olivera, Sch. 10, 2. A. 11; Von den Frauen u. e. Frau, Nn. 11, 2. A. 12; Die große Stille, R. 12, 14. A. 21; Olimpias, Dr. 12; D. Tyrann, Dr. 13; Der versunkene Stern, R. 14, 8. A. 20; Die Herzogin von Palliano, Dr. 14; Im stillen Garten, Erz. 15, 35. T. 23; Ein Spiel im Wind, R. 16, 8. A. 20; Hildebrand, Dr. 18, 2. A. 19; Die feurige Wolke, R. 19, 10. A. 20; Die Überlebenden, Dr., 1.—3. A. 20; Cagliostro, R. 22; Das trunkene Jahr, R. 23. **H:** B. Erdmannsdörffer, Kleinere histor. Schr. 11 II.

Lilienthal, Erich, Sozialwissenschaften, Auslandsdeutschtum, Roman, Dir. d. Deutsch. Auslandssekretariats. Berlin-Wilmersdorf, Prinzregentenstr. 92. (Berlin $^{13}|_{8}$ 79.)

Lilienthal, Siegfried, s. Stahl, Fritz.

Lill, Georg, ✎ u. Kunstgewerbe, Dr. phil., Hauptkonservator am Bayer. Nat.-Mus. München, Pettenkoferstr. 6. (Würzburg $^{9}|_{8}$ 83.) **W:** Hans Fugger u. die Kunst 08; Die Kunstdenkmäler d. B.-A. Nabburg (mit R. Hoffmann u. F. Mader) 10, d. B.-A. Sulzbach (mit G. Hager) 10, der Stadt u. d. B.-A. Kitzingen (mit F. K. Weysser) 11; d. B.-A. Hofheim (mit F. Mader) 12, d. B.-A. Stadtamhof (mit H. Karlinger u. G. Hager) 14, d. Stadt u. d. B.-A. Schweinfurt (mit F. Mader) 17; Fayencemarken 12; Fayencesammlung Gg. Kitzinger-München 12; Sammlung Freih. v. Gasser 12; Sammlung de Ridder-

Frankfurt a. M. 19; Max Heilmaier, ein deutscher Bildhauer 22. **MitH:** Einzeldarstellungen z. süddeutsch. Kunst. *

Limprecht, Carl, ✠, Nov., Kritik, Ästhetik, ♢. Elberfeld, Hofkamp 16. (ebda $^{24}|_{7}$ 65.) **V:** Ursprung d. Gotik u. der altgerm. Kunstcharakter 98; Sprachwissenschaft u. heimischer Dialekt. **H:** (Lokal-) Lit. Rundschau 96; Rheinland 98.

Linck, Otto, WJSV., ✠, Epik, ♢, Kultur♛, Forstamtmann. Schorndorf, Württ., Schloß. (Ulm a. D. $^{15}|_{8}$ 92.) **V:** Aus den Jahren, G. 16; Alt-Ludwigsburg, ein Stadtbild 20; Rast auf der Reise, G. 21; Die flammende Kirche, Nn. 21.

Lindau, Hans, ∴, Lit.♛, Religions♛, Dr. phil., Bibl. Berlin-Wilmersdorf, Hohenzollerndamm 205. (Berlin $^{12}|_{8}$ 75.)

Linde, Ernst, ✠, ∴, ♢, Oberlehrer. Gotha, Liebetraustr. 14. (ebda $^{20}|_{5}$ 64.) **V:** D. Muttersprache im Elementarunterricht 91, 2. A. 07; Persönlichkeitspädagogik 96, 4. A. 16; Der darstellende Unterricht 99, 2. A. 09; Kunst u. Erziehung 01; Vom goldnen Baum 02; Religion u. Kunst 05; Moderne Lyrik in schulmäß. Behandlg. 05, 2. A. 09; D. Zukunft d. Protestantismus (anonym) 06; Wer hat ein Recht auf die Volksschule? 06; Eros u. Christus (pseud.) 07; Natur u. Geist als Grundschema der Welterklärung 07; Gudes Erläuterungen deutscher Dichtungen, 10 Bde., 08—20; Pädagog. Streitfragen d. Gegenwart 12; Führer durch die Dramen d. Weltlit. 14. **H:** Schulanthologie 04; Kehr u. Schlimbach, D. deutsche Sprachunterr. im 1. Schuljahr, 10. A. (m. E. Wilke) 09; Schlimbachs Fibel, 11. A. 15; Gudes Erläutergn. deutsch. Dichtgn. Bd. IV 10, Bd. I—III 13.

Linde, Otto zur, ✠, ∴, Essay, Kult.♛, Lit.♛, /, Krit., Hrsg. d. Monatsschr. Charon, **Ue:** E, Dr. phil. Berlin-Lichterfelde, Verl. Wilhelmstr. 2a. (Essen a. d. R. $^{26}|_{4}$ 73.) **V:** Ged., Märch., Skizzen 01; Fantoccini 02; D. Kugel, e. Philos. i. Versen 09; Arno Holz u. d. Charon, e. Streitschr. 11; Ges. Werke I: Thule Traumland, II: Lieder d. Liebe u. Ehe, III: Stadt u. Landsch., IV: Charont. Mythus, V: Wege, Menschen u. Ziele, 11—13. ()

Linde-Walther, Heinr. Eduard, Prof., Maler. Berlin W, Potsdamer Str. 121k. (Lübeck $^{16}|_{8}$ 68.)

Lindemann, Adolf, RP., Roman, Politik, Chefred. d. Halleschen Zeitung. Halle a. d. S., Albert-Dehne-Str. 1. (Einbeck $^{18}|_{11}$ 79.) **V:** Unter Islands Gletschern 19; Die schöne Giulia 21; Die falsche Königstochter 21; Studio im Morgenlande 21; An der Schwelle des Jenseits 23.

Lindemann, Friedrich, Drama, Roman, Verlagsredakteur. Bremen, Häfen 96. (ebda $^{4}|_{1}$ 98.) **V:** De Weg na'n Hewen, een eernst Stück in twe Dele 22; Spök, een Späl twuschen Dag un Droom 22; De Düwelskomedi 22; De Fisch, Märkenkomedi 23; De Nobiskroog, Gesch. 23; Beowulf, ein Heldenrom. 23. **H:** Dat Wettlopen twüschen den Swinegel un den Hasen (Schröder-Süs) 23. **Ue:** Dat Osterspäl vun Redentin 22. *

Lindemann, Wilhelm, DV., VF., Opten., Lr., ✠, Komponist u. Schriftsteller. Berlin-Karlshorst, Villa Lindemann. (Berlin $^{5}|_{4}$ 82.) **V:** Opten., Possen, Singsp., Weihnachtsmärchen; Heinrich Heines erste Liebe 19.

Linden, E., s. Postler, Elisab.

Linden, Ilse, SDS., Essay. Berlin-Grunewald, Kunz-Buntschuh-Str. 11 I. **V:** Literarische Visionen 20. **H:** Der letzte Brief 19; Fanny Elßler 21. **Ue:** Voltaire, Romane 20; Murger, Bohême 23. *

Linden, Walther, Lit.♛, Dr. phil. Dölau b. Halle, Ostraustr. 18. (Barmen $^{26}|_{1}$ 95.) **V:** Studien zum Wigamur 20; Conrad Ferdinand Meyer, Entwicklung und Gestalt 22. *

Lindenbaum, Robert, ✠, Erz., Beamter. Ziebitz a. Eg. i. Böhmen. (Komotau $^{5}|_{1}$ 98.) **V:** Deutscher Kampf, G. 16; Sonnensehnsucht, G. 19; Stimmen des Herzens, G. 20; Herrn Walthers Wanderschaft, Erz. 22. *

Lindenberg, Paul, VP., RP., VBJ., Nov., ●, ♛, /, GehHofR. Lichterfelde b. Berlin, Ringstr. 73. (Berlin $^{11}|_{11}$ 59.)

Lindenblatt, Walther, RP., ∴, /, Sammelwerke, Lexika, Populärwiss., Verlagsred. Berlin-Neukölln, Bürknerstr. 13/14. (Halberstadt $^{14}|_{11}$ 75.)

Lindenthaler, Frau Christine, Roman, Novelle, Prof. am Mädchen-Reformrealgymn. Iglau, Mähren, Steing. 13. (Salzburg-Stadt $^{19}|_{1}$ 77.) **V:** Die Geschichte von Hans Burkhard u. der kleinen Lotte, R. 21; Die ferne Höhe, R. 23. *

Lindner, A. L., s. Fleck, Wilhelmine.

Lindner, Adalbert, Mitgl. d. Allg. deutsch. Tonkünstler-Ver., Regerforschg. Weiden, Oberpfalz, Pfarrpl. 24. (Neukirchen $^{23}|_{4}$ 60.) **V:** Max Reger, Ein Bild f. Jugendlebens u. künstler. Werdens 21, 2. A.; viele Chöre, Klavierstücke, Lieder u. a. *

Lindner, Arthur, Kunst♛, Dr. phil., Kustos am Schles. Museum der bildenden Künste. Breslau. (Danzig $^{31}|_{12}$ 71.) **V:** Die Basler Galluspforte 99; Danzig 03, 2. A. 11; Kunst u. Handwerk in Westpreußen 04; D. Dom zu Köln u. seine

Kunstschätze 05; D. Kunstschatz (mit A. Kisa u. E. Renard) 06; D. Breslauer Froissart 12. H: Carl Aldenhoven, Gesammelte Aufsätze 11. ()

Lindner, Johannes, ✎. Klagenfurt, Kärnten. (Moosburg i. Kärnten $^{22}|_{11}$ 96.) B: Gott, Erde, Mensch, G. 20; Die Komödie vom grimmigen Tod, Dchtg.

Lindt, Gust., s. Lütgendorff-Leinburg.

Lingau, Otto, s. Hellinghaus, O.

Linke, Osk., BP., ☐, ♣, ✎, ○, Musik♕, /, Dr. phil., Red. der W. L. Z. „Deutschland". Weimar, Wörthstr. 47 pt. (Berlin $^{15}|_{7}$ 54.) B: Milesische Märchen 81; Leukothea, R. 82 III; Bild des Eros, N. 84; Eros u. Psyche, E. 84; Aus d. Paradiese, G. 85; Versuchg. d. heil. Antonius, E. 85; Veilchen v. Kephissosthal, E. 89; Als d. Rosen blühten, G. 91; Schlummere, Schwert, unter Myrthen, n. G. 94; Vasanta, G. 98; Jesus, Dichtg. u. Wahrheit, R. 08; Die zehnte Symphonie 18. ()

Linkenbach, Hans Ludwig, VB., ✎, /, Nov., Drama, ⚒, Red. Mainz, Taunusstr. 41 pt. (Bad Ems $^{11}|_{8}$ 76.) B: Ged. 04; Kinderliedch. f. d. Weihnachtszeit 04; Er lebt uns noch, Bismarckfestsp. 05; Hügelland, G. 05; In Kittel u. Leder, BergmannsErzn. 09; D. Bergbau 10; Bergleute, Erzn. 10; Tief unter der Erd', BergmannsErzn. 12; Marientag, Esp. (m. C. Nohascheck) 20; Wie der Frieder sein Glück suchte, dtsch. M.Sp. 21. H: Nassauisches Dichterbuch 08. ()

Lint, Hermann, s. Levy, Herm.

Lintner, Ludwig, (k.), ✎, Erz., Marmorarbeiter. Kiefersfelden i. ObBay. (ebda $^{30}|_{8}$ 72.) B: Wildrosen 03; Hochlandsblüten, lyr. u. ep. Dchtgn. 13f. II; Des Schicksals Hammerschlag, Vst. 20.

Lipman-Wulf, Frau Lilly, geb. Brodsky (Ps. Felix Ego), ASV., Belletristik. München-Neuwittelsbach, Aiblinger Str. 4. (Wien 71.) B: De Profundis 00; Sturm 02; Die Geschichte e. Ehe 03; Faustina 04; Sonnekind 09; Es kam e. blasser Schmetterling 10; Die Kette, Kom. 14; Die Ahnen (Schnurre um Mitternacht) 18; Die Namenlosen, Dr. 19. ()

Lippa, Lazur von, GRegR. Breslau, Ahornallee 12/14. (Proskau, Kr. Oppeln $^{29}|_{5}$ 62.) B: Der Aufstieg von Kant zu Goethe 21.

Lippmann, Edmund O. v., Naturwiss., Lit.♕, Dr. phil., Dr.-Ing. h. c., Prof., Dir. Halle a. d. S., Raffineriestr. 28. (Wien $^{9}|_{1}$ 57.)

Lipvott, Eduard, Heimatkunde, Hauptschriftleiter d. „Tiroler Grenzbote", Herausgeber der „Heimatblätter", Monatsschrift für Geschichte, Natur- u. Volkskunde im Unterinntal. Kufstein, Tirol. (ebda $^{13}|_{9}$ 73.) B: Festung Kufstein-Geroldeck, Geleit- u. Erinnerungsbuch 04 I; Festung Kufstein, Geschichtliche Erinnerungen u. Bilder 12 II; Tiroler Heldendank, Heimstätten-Fürsorge für heimkehrende Krieger 16 II. H: „Heimatblätter", Monatsschr. f. Gesch., Natur- u. Volkskunde im Unterinntal. *

Lipps, Gottlob Friedrich. ♣, Dr. phil., o. UP. Zürich, Ceresstr. 17. (Albersweiler $^{6}|_{8}$ 65.)

Lips, Dr., s. Pasig, Paul.

Lipsius, Friedrich Reinhard, ASV., ♣, Lic., Dr. phil., UP. Leipzig. (Jena $^{3}|_{10}$ 73.)

Lipsius, Frl. Marie (Ps. La Mara), ✎, ♕. Leipzig, Wettinerstr. 9. (ebda $^{30}|_{12}$ 37.) B: Marie v. Mouchanoff-Kalergis, geb. Gräfin Nesselrode in Briefen an ihre Tochter 07, 2. A. 11; Briefw. zw. Liszt u. Großh. Carl Alex. v. Sachsen 09; Beethovens unsterbliche Geliebte, Das Geheimnis d. Gräfin Brunswik u. ihre Memoiren 09; Liszt u. die Frauen 11, 2. A. 19; Beethoven u. die Brunswiks 20. ()

Lisowski, Frau Kath., geb. Müller (Ps. Käte Müller, Müller-Lisowski). Oranienburg b. Berlin, Eden. H: Irische Volksmärchen 20.

Lissauer, Ernst, SDS., DB., ✎, Drama, Essay, Kritik, Anthol. Wiesbaden, Kapellenstr. 25 II. (Berlin $^{10}|_{12}$ 82.) B: Der Acker, G. 07, 2. A. 10; Der Strom, G. 12, 2. A. 20; 1813, Zyklus 13, 4. T. 13; Worte in die Zeit, Flugblätter 14; Der brennende Tag, Ausgew. Ged. 16, 3. T.; Bach, Idyllen u. Mythen 16, 2. A.; Die Ewigen Pfingsten, Gesichte u. Gesänge 19; Der Inwendige Weg, Neue G. 20; Gloria Anton Bruckners, Verse u. Prosa 21; Eckermann, Sch. 21; Yorck, Sch. 21; Die drei Gesichte, drei Einakter 21; Von der Sendung des Dichters, Aufsätze 22 (Kritische Schriften Bd. I); Festlicher Werktag, Aufsätze u. Aufzeichnungen 22; Flammen und Winde, Neue G. 22; Gewalt, Kom. 24. H: Mörike, Ausgew. Ged. 08; Kopisch, Ausgew. heitere Ged. 09; ders., Der Träumer, N. 12; J. G. Fischer, G. 23; D. Kinderland, Anth. 24; D. heil. Alltag, Anth. 24; Geschichten v. Musik u. Musikern, Anth. 24.

Lissauer, M., s. Weinberg, Marg.

List, Friedrich (Ps. [f. ✎] Friedr. T. Sill), (ʀ), ☐, /, Goethe-Gesellschaft, Verwaltungsrecht, Sozialwissensch., Goethes Leben, Werke, Verwandtschaft, Freimaurerei, Dr. jur., Bibl. Gießen, Ludwigsplatz 10. (Straßburg i. Els. $^{1}|_{8}$ 87.) B: Goethes Werther als Sozialgemälde 21; Der junge Goethe als Sozialerzieher 22; Friederike Brion 23, 2. A. 23; Goethes „Selige Sehnsucht" 23. H: Mono-

graphien zur Geschichte der Goethe-Zeit und des Goethe-Kreises.

Listowsky, Paul, RP., VJ. & S., Hauptschriftl. u. beauftr. Hrsg. d. „Hartungschen Ztg." Königsberg i. Pr., Münchenhof. (Friedland i. Ostpr. 9|10 65.)

Litt, Theodor, ∴, ▮, Dr. phil., o. UP. Leipzig, Beethovenstr. 31. (27|12 80.) **W**: Geschichte u. Leben 18; Individuum u. Gemeinschaft 19; Pädag. u. Kulturphilos. Auff.

Litthardt, Karl, s. Scharlitt, B.

Litzmann, Berthold, Lit.♛, Dr. phil. o. UP. i. R., GRegR. München, Pienzenauer Str. 50. (Kiel 18|4 57.) **H**: resp. **W**: Günther, Ged. 80; Z. Textkrit. u. Biogr. Günthers 80; Liscow 83; Briefe A. M. v. Hagedorns 85; Schröder u. Gotter 87; Schiller in Jena 89, 2. A. 90; F. L. Schröder 90/94 II; D. deutsche Drama in d. liter. Beweggn. d. Gegenwart 94, 5. A. 12; Zu Kaiser Wilhelms Gedächtnis 97; Abschied von Bismarck 98; Ibsens Dramen 01; Clara Schumann I 02, 7. A. 20, II 05, 6. A. 20, III 09, 5. u. 6. A. 23; Goethes Lyrik 03, 4. A. 21; D. große Schröder 04; Goethes Faust, 1. u. 2. A. 04; Ernst v. Wildenbruch I 13, II 16; Ernst v. Wildenbruch u. d. nation. Gedanke 14; Bismarck u. wir 15; Im alten Deutschland, Erinnerungen e. Sechzigjähr. 23. **H**: Goethe, Iphigenie in d. Weim. Goethe-Ausg. 89; Theatergesch. Forschgn. 91—16 XXIX; Hölderlins gesamm. Dchtgn. 97 II; Schriften d. Literarhist. Gesellsch. Bonn I—X 06—11, n. F. u. d. T.: Bonner Forschungen I—X 11/17; E. v. Wildenbruch, Sämtl. Werke I—XXIV 11/22.

Litzmann, Frau Grete, geb. Herzberg (G. Herzberg), Lit.♛, Nov., /, O. München, Pienzenauer Str. 50. (Breslau 3|9 75.) **W**: Mittagsgewölk, Lsp. 08; Am roten Brook, Dr. 09; Media Vita, N. 15; Die weiße Frau, Dr. 21.

Loeb, Moritz, BP., RB., /, ▤, /, Meteorologie, Red. a. d. „Berliner Morgenpost", Hrsg. d. „Wissenschaftl. Korrespondenz" u. „Meteorolog. Korrespondenz", Geschäftsführ. Vorstandsmitgl. d. Ver. d. deutsch. Korrespondenzverleger, Berlin SW, Großbeerenstr. 95. (Krefeld 23/4 75.) **W**: Seine Majestät der Reisende 05, n. A. 12; Siegfrieds Rheinfahrt 06; Berliner Konfektion 06; Eduards unselige Erben 15; Schürer d. Weltbrandes 17; Der papierne Feind 18.

Lobe, Georg (Ps. Erich Werner), ✠, /. Leipzig-Reudnitz, Dresdner Str. 74 A. (Leipzig 21|8 66.)

Lobkowitz, Albrecht Frhr. v. (Ps. A. Barinel), DB., Oper, Musik, Sk., O. München, Theresienstr. 66 I r. (Tölz 15|1 92.) **W**: Der Fürst der Dschungel, 1 Akt (Text v. H. Tresko u. Fr Alvero).

Löbl, Emil, CP., Dr. jur., Hofrat a. D., Chefred. d. „Neuen Wiener Tagbl." Wien I, Falkestr. 1 (ebda 5|2 63.) **W**: Kultur u. Presse 03.

Lobsien, Wilh. G. N. R., ✠, Nov., Roman, Krit. Kiel, Hardenbergstr. 31. (Foldingbro 30|9 72.) **W**: Strandblumen, G. 94; Ich liebe dich, G. 02; Selige Zeit, Kinderlr. 02, Volksausg. 03, 5. T. 14; Dünung, G. 04, 2. A. 07; Blau blüht ein Blümelein, Volkslr. 05; Aus silbernen Schalen, Anthologie 05; Nun singet u. seid froh, Volkslr. 06, 2. A. 07; Hinterm Seedeich, N. 07, 3. A. 22; Die erzähl. Kunst in Schlesw.-Holst. v. Th. Storm bis z. Gegenw. 07, 2. A. 08; Wellen u. Winde, N. 08, 3. A. 22; Pidder Lyng, R. 10, 18. T. 21; Wattenstürme, R. 10, 2. A. 21; Jodute, R. 11, 8. T. 12; Unter Schwedens Reichsbanner, R. 12, 8. T. 13; Trutz, blanke Hans, N., 1.—20. T. 12; Der Halligpastor, R. 14, 27. T. 23; Heilige Not, Erz. 14, 15. T. 15; Im Eisboot, N. 15; Ekke Nekkepenn, M. 18; Das rote Segel, N. 19; Renate Elsvershof, N. 19; Ebba Enevolds Liebe, R. 19; Holstenritter, R. 20; Landunter, R. 21; Der Pilger im Nebel, R., 1.—10. T. 22; Das Rosendach, R., 1.—10. T. 22; Letzte Fahrt, N., 1.—30. T. 23. **Bearb**: Biernatzki, D. Schiffbrüchigen auf d. Hallig, R. 10; Schlesw.-Holst. Märchen 16.

Lochmüller, Benedikt, Geistliche u. weltliche ✠. Bayreuth, Bayern, Stuckbergstr. 2. (Passau 13|5 94.) **W**: Phantasien zu Rafael (Freie Gesänge zu Rafaelischen Madonnen und heiligen Familien) 21. *

Locher-Werling, Frau Emilie, VSP., SSV., ✠, Erz., O in Züricher Mundart. Zürich 7, Witikonerstr. 11. (ebda 13|7 70.) **W**: 12 große u. kleinere Theaterstücke 05—23; Wiseblueme 12; I dr Morgesunne, Erz. 13; Fröhliche Szenen u. Vorträge f. d. Kinderwelt 14, 4. A. 22; 's Lisi Meier a dr Landesusstellig z' Bern 14; Für euseri Chind 18; De Kaiser-b'suech z'Züri; Diheim im Stübli 23.

Loë, Margarete Baronin Didi (früher M. vom Walde). Segenhaus b. Neuwied a. Rh. (Paris 6|10 66.) **W**: Kleine Bilder im engen Rahmen 92; Märchen 94; Rosen u. Dornen 10; Puppenheim in Buchform 16; R. Franz-Brevier 16; A. Heuselt-Brevier 19.

Löffler, Klemens, ♛, Politik, Dr. phil., Prof., Bibl.-Dir. Köln, Sachsenring 44. (Steinbach im Eichsfeld 30|1 81.)

Löffler, Paul Rudolf, Roman, Drama, ✠. Berlin NW 23, Siegmundshof 8. (Reichenbach i. Schles. 31|10 84.) **W**: Das

liebe Leben, G. 15; Das Lied aus dem Felde, G. 15; Gerd Kasper, der Wandersmann, R. 20 II; Das Gespenst, Dr. 21. ()

Loge, s. Mauke, Wilh.

Loge, s. Willhain, Jul.

Lohmeyer, Ernst, †, o. UP., Dr. theol. h. c., Dr. phil. Breslau 18, Güntherstr. 19. (Dorsten, Westf. $^{8}|_{7}$ 90.) **B:** Diatheke 13; Die Lehre vom Willen bei Anselm v. Canterbury 14; Christuskult u. Kaiserkult 19; Vom göttlichen Wohlgeruch 19; Soziale Fragen im Urchristentum 21. *

Lohmeyer, Karl, Kunst- u. Kultur♛, Dr.-Ing. h. c., Dr. phil. h. c., Dir. d. Kurpfälz. Mus. Heidelberg, Hainsbachweg. (Saarbrücken $^{21}|_{1}$ 78.) **B:** Bearbeitung von Birkenfelder Kirchenbüchern 08; F. J. Stengel, ein Meister des deutschen Barockbaus 11; Die Briefe Balth. Neumanns von seiner Pariser Studienreise 12; Johannes Seiz, Die Bautätigkeit eines rheinischen Kurstaates in der Barockzeit 14; Die Sagen des Saarbrücker u. Birkenfelder Landes 20; Die Briefe B. Neumanns und Dokumente a. d. ersten Baujahren der Würzburger Residenz 21.

Lohmeyer, Walther, Dramaturgie, ∴, Politik, ✦, Dr. phil., Verlagsdir. Basel, Kohlenberggasse 6. (Stuttgart $^{27}|_{4}$ 90.) **B:** Dramaturgie der Massen 13; Deutschland vor d. Gang n. Versailles 19. **H:** Ferrero, D. Dichter Roms 09. **Ue:** Finot, D. Lehre v. Glück 08; Marden, D. Lebensbuch 13; Barzini, D. dtsche. Flut 18.

Lohr, Otto, Amerikan. Geschichte, Geschichte d. Deutschen in d. Ver. Staaten. Montclair, New Jersey, 56 Harrison Avenue. (Eßlingen $^{23}|_{4}$ 72.) **B:** The First Germans in North America 12; Deutsche Kapitel der amerikanischen Geschichte 24. *

Lokesch, Artur, DB., SDS., ⊘, /, Miteigent. des „Eigenbrödlerverlags". Berlin, Siegmundshof 1. (Prag $^{23}|_{3}$ 78.) **B:** In Sachen Purps, Schw. 14; Der Regimentspapa (m. Keßler u. Stobitzer), Optte. 14; Unsere Feldgrauen, Optte. 14; Der Flimmerprinz, P. 15; Einmal kommt die Stunde, Optte. 21; Die Dame mit dem Monokel, Optte. 23. **H:** Alte Kasperlstücke 20.

Lomer, Georg (Ps. de Loosten, Golo), Psychiatrie, Naturwissensch., Ess., Erz., ♣, /, Dr. med., Nervenarzt. Hannover, Sallstr. 88 II. (Losten in Mecklenb.-Schw. $^{12}|_{9}$ 77.) **B:** Jesus Christus vom Standpunkte d. Psychiaters 05; Ged. in Moll 05; Vineta, R. 06; Liebe u. Psychose 07; Bismarck im Lichte d. Naturwissenschaft 07; Kurzgefaßter prakt. Ratgeber f. Irrenärzte u. solche, die es werden wollen 08; D. Wahrheit üb. d. Irrenanstalten 09; Krankes Christentum 11; Die Christusgestalt in Gerhart Hauptmanns „Emanuel Quint" 11; Ignatius v. Loyola, Vom Erotiker zum Heiligen 13.

Lonau, Walter, s. Strähler, Georg.

Loofs, Frau Elisabeth (Ps. Elisabeth Franke), Erz. Freiburg i. B., Talstr. 1. (Kiel $^{27}|_{3}$ 86.) **B:** Das große stille Leuchten 11, 10. A. 21.

Loofs, Friedrich (Ps. Armin Steinart), Erz., Dr. med. z. Z. Halle a. d. S., Lafontainestr. 6. (Leipzig $^{19}|_{3}$ 86.) **B:** Der Hauptmann 16, 11.—15. A. 18; Heiliges Leben 17; Schwarze Strahlen 19.

Loos, Frau Lina, Drama. Wien XIX, Sieveringer Hauptstr. 107. **B:** Mutter, Dr. 20.

Loose, Walter, Bartelsarchiv, Heimatkunst, Lehrer in Naunhof b. Leipzig, Schillerstr. 12. (Waldheim i. Sa. $^{9}|_{3}$ 87.) **B:** Sagen aus dem Schwarzwassergebiet 17, 2. A.; Die besten geharnischten Sonette von Adolf Bartels 21; Deutschchristentum, schon jetzt eine starke Bewegung 21; Adolf Bartels, der Literaturgeschichtschreiber der Gegenwart 21; Adolf Bartels, Zu seinem 60. Geb. 22. **H:** Mitteilungen der Bartels-Bund, Festgabe zum 60. Geb. von Adolf Bartels 22; Bartels-Jahrbuch 24/25.

Loosli, Carl Albert (Ps. Carl Trebla, Peter Schöps, Peter Lämmergeier), Novelle, Satire, ⌂. Bümplitz/Bern. (Schüpfen $^{5}|_{4}$ 77.) **B:** Reiseskizzen u. Erinnerungen (u. d. Ps. Carl Trebla); Über sexuelle Hygiene; Bümplitz und die Welt 06; Narrenspiegel 08; Mys Dörfli 09; Uese Drätti 10; Mys Aemmitaw 11; Ist die Schweiz regenerationsbedürftig? 12; Satiren u. Burlesken 13; Die schweizerische Kunsthetze 13; Schweizerische Zukunftspflichten 15; Wir Schweizer und das Ausland 16; Ausländische Einflüsse in der Schweiz 16; Was ich in England sah! 18; Ferdinand Hodlers Leben, Werk und Nachlaß, 4. Bde. 20—23; Wi's öppe geit! 21; Die trunkenen Demiurgen 22. **H:** Ferdinand Hodler, Mappenwerk m. Textband 17—20; dess. Handzeichnungen 20. **Ue:** Bourget, Des Todes Sinn 15; Correvon, Unsere Bäume 19. *

Loosten, de, s. Lomer, Georg.

Lörcher, Frau Erica, geb. Grupe (Ps. Grupe-Lörcher), BJ. & S., **DB., Roman,** Nov., Bühnenm. Hamburg 20, Schedestr. 45. (Manila a. Philippinen $^{19}|_{2}$ 75.) **B:** Prinzessin Herzlieb, dramat. M. 06; Prinzessin Flunkerli, M. 09; Auf heißem Boden, R. 11; Zu Straßburg a.

d. Schanz, Rn. 11: Im Kampf um Straßburg, R. 12; Ums Elsaß, Rn. 15; Die Ewige Schmach, R. 16; Zum deutschen Rhein, R. 16; Schatten d. Straßburger Münsters, R.; Muck, M.; Herzlieb, M.: Sylvias Ehe, R. 21; Die Ähre im Wappen, R. 22; Gänsemagd, Bühnenmärchen 22; Unter der Trikolore, R. 23.

Lörcher, Ulrich, Erz. Untertürkheim, Gartenstadt. (Lorch $^{30}|_{1}$ 69.) B: Familie Lavenstein 94; D. Müllerfritz 94; Aus Ungarns Schreckenstagen 95, n. A. 97; Geigerjakoble 96; Aus d. Volke f. d. Volk 98; Allerlei Herzen 02; Elsässer Geschichten 06; Treu im Glauben 09; Im Kampf ums Elsaß 11; Der Chasseurcorporal, R. 15; Vogesenhelden 18; Um Hermanstadt 19. ()

Lorek, Alfred, BP., PA., RP., Nov., Roman, Hauptschriftl. d. „Getreuen Eckart". Dresden-A., Hübnerstr. 22. (St. Petersburg $^{10}|_{6}$ 72.) B: D. Gesch. e. Frau, R. 14; Auf der Sonnenseite, R. 16; Die Groschennot, R. 21.

Lorentz, Alfred, DB., Opern, Optten., Lr., Komponist, Hofkapellmeister am Landestheater. Karlsruhe, Liebigstr. 13. (Straßburg i. Els. $^{7}|_{3}$ 72.)

Lorenz, Emil Franz, ∴, Psychologie, Novelle, Dr. phil., Landesreferent f. d. Volksbildungswesen in Kärnten. Klagenfurt, Künstlerhaus. (Steinfeld, Niederösterr. $^{15}|_{2}$ 89.) B: Zur Psychologie der Politik 19; Der politische Mythus 23. H: Kleines Konzert 23. *

Lorenz, Felix (auch Ps. Lorenz Terentius), PA., SDS., ♣, /, ◇, ◇, ∴, Satire, Ue: FEHI, Chef-Red. d. „Frühlings". Berlin-Friedenau, Lefèvrestraße 8. (Berlin $^{23}|_{12}$ 75.) B: Märchen 00; Der Klex 01, 4. A. 02; D. gerettete Moral 04, 8. A. 05; Deutschland, e. neues Wintermärchen 05, 5. A. 06; Die Paddenpuhler, R. 08; Leo Tolstoi 08; Sizilien, Kulturgesch. 09; Mailand, Kulturgesch. 10; D. kühlen Wälder, G. 11; Mich brennt's an meinen Reiseschuhn, Skn. 13; Rossius-Rhyn 13; D. Buch der Grotesken 14; Der Deutsche im Kriege 15; Heldenkränze 15; Das Kreuz von Eisen, R. 16; Hölderlin, d. Dichter d. Ideals 18; Das Schillerbuch 19; Die Neue Bibel 20; Die Welt voll Sonne, Sk. 21; Deutsche Dichter u. ihre Werke 22; Das Dach der Welt 23. H: D. Kunstwelt, Monatsschr. 11—14; Der Garten der Romantik 19; Nächte des Schreckens, Erz. 20; Th. Storms Wke. 20 III; Eichendorff, Rom. Nov. 20; Phantast. Gesch. 20 II.

Lorenz, Karl, s. Kiesgen, Laur.

Lorenz, Karl, ASV., Dichtg., Hrsg. v. „Die rote Erde" u. „Das neue Hamburg". Wandsbek, Schlesw.-Holst., Manteuffelstr. 42. (ebda $^{25}|_{11}$ 88.) B: Gedichte 14; An mein Volk, G. 14; Mutter u. Kind, G. 21; Das Buch der weißen Liebe, G. 21; Die gelben Blumen, G. 21; Die vier Madonnen, G. 21. H: Die rote Erde, e. Zeitschrift für Kunst, I. Folge 19—20; II. Folge, 1. Buch 22; II. Folge, 2. Buch 23; Die Drucke der Tafel-Runde, Bücher für Kunst, I—VI 21; Das neue Hamburg, Jahrb. f. Kunst 23.

Lorenz, Louis, PA., VB., /, ♣, ◇. Zwickau i. S., Osterweihstr. 8. (Rosenthal $^{29}|_{1}$ 60.) B: Gerettet, Lsp. 99: Hoffnung, Sch. 99; Ein Denkmal des Erzgebirges, Vst. 03; Die Liebe der Geschlechter.

Lorenz, Ludwig, Dr. phil. Erfurt, Luisenstr. 17. (ebda $^{24}|_{11}$ 77.) B: Adolf Bartels u. seine Dichtungen 08; H. v. Treitschke in unserer Zeit 16; Luther im Urteil deutscher Dichter u. Denker 17; Die besten deutschen Geschichtswerke 19; Materialistischer oder nationaler Geschichtsunterricht? H: W. Alexis, Romane; Stein, Denkw. u. Briefe; Niebuhr, Briefe und Schriften.

Lorenz, M., s. Lenz, Mia.

Lorenz, Maximilian, ♣, /, Rendant. Mühlberg, Elbe. (ebda $^{22}|_{1}$ 65.) B: Ged. 92; Aus meinen Mußestunden 93; Die Klosterkirche zu Mühlberg a. E. 06; Die Schlacht bei Mühlberg 07; Führer durch Mühlberg 09; Ein Kranz den Gefallenen 15. ()

Lorenz, Rudolf, Dramen, Sprechtechnik, Theater, Lektor f. Vortragskunst an d. Univ. Göttingen, Nikolausberger Weg 23. (Berlin $^{20}|_{8}$ 66.) B: Moderne Regiekunst 97; Lerne reden 97; Aug. Herm. Francke, Vst. 98; Lichtenstein, Sch. 01 II; Unter d. Reichssturmfahne, Hohentwielsp. 06; Heinrich der Löwe, Vst. 06; D. Freilichttheater Hartenstein am Vierwaldst. See, Monogr. 10; D. Hussiten vor Bernau, Vst. 11; D. Freilichttheater 12; Im Wetterleuchten e. neuen Zeit, Jüterboger Sp. 14; Herr Walther v. d. Vogelweide, Sch. 23. *

Lorenzen, Ernst, ASV., Skizze, Nov., ♣, ◇, Lehrer. Hagen i. W., Am Stirnband 40. (Wellsee, Kr. Kiel $^{5}|_{11}$ 76.) B: Mit Herz u. Hand 06; Kinder vom Lande 07, 2. A. 10; Kinderleben 14; Lustige Leute (m. Heinr. Seebaum) 14; Was der kleine Heini Will vom Weltkrieg sah und hörte 15, 2. A. 17; Gestern u. heute 20; Die Mutterschule 22; Hagen, ein Haus- und Heimatbuch 22. H: Hagener Heimatblätter; Kinnerriemels ut Westfaolen 22; Sonnborn, e. Ausw. deutscher Dichtung (m. Heinr. Weitkamp) 23, I Tiermärchen, II Kindermärchen, III Hausmärchen.

Lorenzen, Friedr. (Ps. August v. Fried-

lor), PA., O, ▼, /. Flensburg, Knuthstr. 16. (ebda $^{4}|_{8}$ 63.) B: Der Liebe Fluch, Tr. 87; E. echter Rembrandt, Lsp. 90; Aus d. Journalistenleben, Erz. 00; D. Universalbazar, Erz. 03; D. Mietskontrakt, Hum. 09; Unsere Stenogräphin, Lsp. 13; D. falsche Doktor, Lsp. 20; D. Hausschlüssel, Lsp. 21; D. Holzdieb, Lsp. 21. ()

Loris, s. Hofmannsthal, Hugo v.

Loerke, Oskar, SDS., ▼, Erzählg. Berlin-Halensee, Joachim-Friedrich-Str. 34. (Jungen $^{13}|_{3}$ 84.) B: Vineta, Erz. 07; Franz Pfinz, Erz. 09; D. Turmbau, R. 10; Wanderschaft, G. 11; Gedichte 16; Das Goldbergwerk, N. 19; Chimärenreiter, N. 19; Der Prinz und der Tiger, Erz. 20; Der Oger, R. 21: Die heimliche Stadt, G. 21. H: Rückert, ausgew. u. eingel. (Pantheon-Ausg.) 11.

Lorme, Frau Lola, O, ▼, Sprachwiss. Ö, /, Kritik, Ue: EFI. Z. Zt. München, Theresienstr. 80. (Wien $^{23}|_{12}$ 83.) H: Wiener Wandelbilder 11. B: Première, Dr. 12; Redoute, Sc. 12; Glatteis, Lsp. 13; Sehnsucht 17. Ue: Mutter u. Tochter (J. Marni) 14; Santa Lucia (Matilde Serao) 14. H. Ue: Chopin, der Mensch, der Künstler (J. Huneker) 17, 2. A. 21: Rousseau-Märchen 20; Franz Liszt (J. Huneker) 21. ()

Losch, Philipp, ♛, Dr. phil., Prof., ObBibl. Berlin-Steglitz, Zimmermannstr. 12. (Kassel $^{6}|_{11}$ 69.)

Löscher, Friedr. Hermann (Ps. Friedr. Herm.), Erz., Heimatkde., O, Pfr. Zwönitz i. S. (Annaberg i. S. $^{14}|_{9}$ 60.) B: Wie Sachsen beinahe e. Schutzheiligen bekommen hätte 07; Mutter Heimat 07; Die erste Besiedelg. d. Erzgebirges u. d. Anfänge d. erzgebirg. Landwirtschaft 08; Deutsche Schülerherbergsarbeit 08; Bornkindl, Weihn.-Festsp. 09; Sachsen i. Winter 12; D. Blumen Erwachen, Festsp. 14. ()

Löschhorn, Hans, Dr. phil., Prof. Berlin W 10, Genthiner Str. 41. (ebda $^{2}|_{2}$ 50.) B: Rede auf Jakob Grimm 85; Kudrun, übertr. u. erl. 91, 7. A. 17; Museumsgänge 03, 4. A. 20; Leitfaden f. d. Unterricht i. d. Kunstgesch. 07, 2. A. 11; Isabella von Este 14. ()

Löser, Franz, DÖSchG., Bühnenschriftsteller, /, Roman, ✠. Salzburg, Reichenhaller Str. 13. (Neunkirchen, N.-Öst. $^{26}|_{2}$ 89.) B: Die Herrgottsbrücke, Vst. 19; Der Jedermann, Nachdchtg. 21; Gerücht Vst. 23. *

Loßnitzer, Heinr., ∴, stud. math. Leipzig, Brommestr. 4. ($^{23}|_{5}$ 04.) B: Die Deutung der Welt in Begriff und Idee 22. *

Lothar, Ernst, ▼, Rom., Nov., O, Essay, Dr. jur. Wien III, Barichg. 14. (Brünn $^{25}|_{10}$ 90.) B: Der ruhige Hain, G. 10; Die Einsamen, Nn. 12, 2. A. 12; Die Rast, G. 13; Österr. Schriften, Essays 16; Der Feldherr, R. 18, 15. A. 19; Ich! Dr. 21; Irrlicht der Welt, R. 21, 10. A. 22; Irrlicht des Geistes, R. 22, 5. A. 23; Bekenntnis eines Herzsklaven, R. 23.

Lothar, Rud., PA., DB., SDS., VF., O, /, ♆, Ue: FE, Dr. phil. Berlin-Friedenau, Sponholzstraße 51/52. (Budapest $^{23}/_{2}$ 65.) B (seit 00): König Harlekin, Maskensp. 00, 3. A. 03; Das Wiener Burgtheater 00; Glück in d. Liebe, Lsp. 03; H. Ibsen 02, 3. A. 03; Herzdame, Dr. 02; D. Königin v. Cypern, Lsp. 03; D. Wiener Burgtheater 04; Tiefland, Musikdr. 04; Tragaldabas, Musikdr. 04; Das deutsche Drama d. Gegenwart 05; Adolf Sonnenthal 05; Septett, R. 05; Die Rosentempler, Dr. 05; D. große Gemeinde, Lsp. (m. Leopold Lipschütz) 06; Fräulein in Schwarz, Lsp. 07; Fahrt ins Blaue, R. 08; Leben sagt nein, N. 09; Kurfürstendamm, R. 10; D. drei Grazien, Lsp. (m. O. Blumenthal) 10; Thal d. Liebe, Optte. 10; Ich liebe dich, Dr. 10; Izeyl, Musikdr. 10; Herr v. Berlin, R. 10; Venus im Grünen, Optte. 11; D. Gefangene der Zarin, Optte. 11; D. verschenkte Frau, Optte. 11; Liebesketten, Musikdr. 12; Frauenlist, O. 16; Die Seele Spaniens 16; Weltrausch, R. 18; Hofloge, Lsp. 18; Morgenblatt, Lsp. 19; Casanovas Sohn, Lsp. 20; Die javanische Puppe (m. H. Bachwitz), Lsp. 21; Li-Tai-Pé, O. 21; Die Metternichpastete (m. Lucien Besnard), Lsp. 21; Der Werwolf, Lsp. 21; D. kritische Jahr (m. H. Bachwitz), Lsp. 22; Die Frau m. d. Maske, Lsp. 22; Die schwarze Messe, K. 23; Mexiko-Gold (m. H. Bachwitz), Lsp. 23; Don Gulvara, O. 23; Der sprechende Schuh (m. E. Welisch), Lsp. 24; Erotische Komödien 24.

Lotharski, Moritz, s. Morecki, Lothar.

Lotting, Frl. Eva, DB., SDS., O, Rom., Nov. Hamburg a. d. E., Bornstr. 24 I (Bisenz i. Österr. $^{19}|_{2}$ 81.) B: Das bockige Alma; Zum lächelnden Frieden 07; Nervosität 11; Vor den Toren 12.

Lotze, Alfred, ▼, Nov., Dr. phil., Studienrat. Eisleben, Bismarckstr. 9. (Senftenberg in Brandenburg $^{28}|_{4}$ 82.) B: Kritische Beiträge zu Meister Eckhart 07; Lieder d. Liebe 07; Ilse, die Gesch. e. jungen Ehe, N. 08; Gesch. der deutsch. Literatur 11; Fragen u. Antworten zur deutsch. Literaturgesch. 12.

Loetzow, Immanuel, s. Romanowski, Max.

Loubier, Hans, Kunstgewerbe, Buchgewerbe, Dr. phil., Prof., Kustos am St.

Kunstgewerbe-Museum. Berlin-Friedenau, Wielandstr. 18. (Berlin 9|4 63.) B: D. Ideal d. männl. Schönheit bei d. afz. Dichtern 90; D. künstler. Bucheinband 04; D. neue deutsche Buchkunst 21.

Loevenich, Joseph, Begr. d. E.-M.-Arndt-Museums, d. Rhein. National-Museums (Dank- u. Ehrungsstätte f. d. Großen d. deutschen Nation). Bonn, Arndtstr. 6. (Köln a. Rh. 23|7 61.) B: Katalog d. Arndt-Museums 09, 3. A. 11. H: E. M. Arndt, Gedenkblätter deutscher Dichter zum 50. Todestage 10; An E. M. Arndt, zur Jahrhundertfeier 13; (m. Dr. Gülzow): Heimatbriefe E. M. Arndts 19.

Loewe, Heinr., SDS., ♛, jüd. Volkskunde, Prof., Dr. phil., Biblioth. an d. Univ.-Bibl., Dir. d. Univ.- u. Nat.-Bibl. zu Jerusalem. Berlin NW 52, Flemingstr. 12. (Wanzleben 11|7 69.) B: E. jüd. Nationalbibliothek 05; Dr. Vogelsteins Propaganda f. d. Zionismus 06; Ring d. Elijjahu, M. 06; Aus d. Geschichte d. Berlin. Judenschaft 08; Chibbat Zijjôn 10; Treibende Kräfte 11; D. Sprachen d. Juden 11; D. Juden in d. kathol. Legende 12; Fahrt ins Geisterland, M. 13; Und tausend Jahre, M. 14; Führer durch d. Theologie 14; Judentum u. Orientalia 14; D. jüd.-deutsche Sprache 15; Juden im türk. Orient 15; Berlin 17; Schelme u. Narren 20; Jüd. Bibliothekswesen in Palästina 22. H: Jüd. Volkszeitg. 94/95; Zion 95/96; D. Jüdische Student 02/03; Jüd. Rundschau 02—08; Neu-Judäa, von C. L. K. 03; Literaturblatt d. Jüd. R. 05—08; A. H. Heymann, Lebenserinnergn. 09; M. Wasserzug, Memoiren eines polnischen Juden (hebr.) 11; Jüd. Jugendbuch 20; Scripta Univ. atque Bibl. Hierosolym. 23.

Loewe, Viktor, ♛, Dr. phil., Archivrat. Breslau, Kaiserstr. 26. (Laurahütte 18|9 71.)

Loewenberg, Jak., DV., VJ. & S., Nov., ♁, O, ♣, Dr. phil., Schuldir. Hamburg, Johnsallee 33. (Niederntudorf 9|3 56.) B: Über Ottways u. Schillers Don Carlos 86; Ged. 89; Vor d. Feind, Tr. 90; Lieder e. Semiten 92; In Gängen u. Höfen 93, 3. A. 10; Neue Ged. 95; Aus jüd. Seele 01, 3. A. 11; Vom goldenen Überfluß, Anthol. 02, 225. T. 20; Gustav Frenssen 03; Geheime Miterzieher, päd. Studien 03, 5. A. 07; Rübezahl, Märchensp. 04, 2. A. 08; Deutsche Dichterabende, lit. Vortr. 05; Von Strand u. Straße, G. 05; Detlev v. Liliencron 05; Stille Helden, Nn. 06; Steht auf, ihr lieben Kinderlein, Anthol. (hrsgg. m. Gustav Falke) 07; Aus d. Welt d. Kindes 10; Bittegrün, Kinderbuch 13; Aus zwei Quellen, R. 14, 3. A.; Kriegstagebuch e. Mädchenschule 16; Aelfrida, Tr. 19; Deutsche Balladen, Anthol. 23.

Loewenthal, Siegfried (Pf. Friedrich Went), VP., ♁, O, Red. Berlin-Schöneberg, Ebersstr. 18. (Danzig 26|8 66.) B: Der Ring des Midas, dr. Dichtg. 18.

Loewenthal-Landegg, Carl (Pf. Carl Landegg), DV., O, Dr., Rechtsanw., Not. Berlin, Bülowstr. 100. (Breslau 3|10 75.) B: Im Morgengrauen, Sc. 14; Auf der Schwelle, Sch. 17; Der Sieger, Sch. 18; Wenn Menschen richten, Sch. 19.

Loewig, Frau Hedwig, geb. Lange, ♁, O, Rom. Schweidnitz, Freiburger Str. 4. (Kalk b. Deutz a. Rh.) B: Raimund des Walen Fahrt ins Riesengebirge, R. 11; Der Witwer, N. 19; Die Spiegeluhr, N. 20.

Loewig, Walter, ASV., DV., ♁, O, Ω, ∴, Dr. phil., Studienrat. Schweidnitz, Freiburger Str. 4. (Dresden 11|9 76.) B: Über Mechanismus u. Teleologie i. d. Philosophie Lotzes 01; Der Tribun, Dr. 10; Gedichte 21/22; Balladen 23. H: Die Waldmühle (m. J. Eichhorn) 00—05.

Löwis of Menar, August Arthur von, Märch.- u. Sagenforschung, Dr. phil., Privatgelehrter. Berlin-Wilmersdorf Nikolsburger Str. 6. (Riga 27|12 81.) B: Der Held im deutsch. u. russ. Märchen 12; Natursagen, Bd. IV (m. O. Dähnhardt) 12. Ue: Russ. Volksmärchen 14, 2. A. 21. H: Ostsee u. Ostland I, Bd. 5: Märchen u. Sagen 16; Finnische u. estnische Volksmärchen 21.

Loewy, Leo, ASV., ♁, Theaterkritiker. Breslau XIII, Viktoriastr. 86 II. (Berlin 26|7 74.) B: Breslauer Weltkriegsgedichte u. Lieder 15; Aus Charlottenbrunner Bergen, G. 22.

Loewy, Siegfr., CP., /, Korr. u. Vertreter d. „Frankfurter Nachrichten". Wien XIX/1, Lannerstr. 20. (ebda 1|11 57.) B: Aus Wiens großer Theaterzeit 21; Deutsche Theaterkunst von Goethe bis Reinhardt 23.

Lübbe, Axel, DV. Freiburg i. B. (Littfinken 18|12 80.) B: Deutsches Antlitz, G. 13, 2. A. 21: Eva Ave, Dchtg. 18, 2. A. 21; Terzinen, Dchtg. 19; Becher d. Phantasie, Sp. 19; Menschen u. and. Mächte, Erz. 20; Die Jahre, G. 20; Phönix, R. 21; Gottes Geheimnis über m. Hütte, R. 23; Ultima ratio hominis, Tr.; E. preuß. Offizier. Ue: Dante, Göttl. Kom. 20.

Lubow, Karl, s. Lubowski, Karl.

Lubowski, Karl (Pf. Karl Lubow) PA., VB., Nov., O, /, Red. d. „Königsberger Allg. Ztg." Königsberg-Mittelhufen, Straußstr. 15. (Schlochau 16|11 57.) B: Ostpreuß. Kriminalnov., 2. A. 90;

Maskenscherze, Sch. 96; Die Kunst, einen Mann zu bekommen 04, 5. A.; Heimlich Recht, ein Roman zweier Weltanschaung. 05, 2. A.; Die Dinge außer uns, friedensphilos. Betrachtungen 21; Suchen und Sehnen nach dem Menschenreich 22.

Lubowski, Frau Käte, geb. Wesser, Rom., Nov., Humor, Landger.-Rats-Witwe, Inhaberin der Roten-Kreuz-Medaille III. Charlottenburg, Königsweg 24. (Rittergut Linz $^{24}|_{12}$ 75.) B: D. Kampf der Frau ums Recht, R. 03; Leute vom Pommernland 06; Kampfgenossen 09; Die Ihr gesegnet seid 09; Ester v. Tollen 10; Tyrann Ehre 11; Reine Herzen 11; Ehre über Alles 11; Stärker als Du 12; Bestrafter Opfermut, R. 14; Lieb' Vaterland, magst ruhig sein, R. 15; Die tiefe Wunde, R. 16; Herzblut; Der Übel größtes, 10. A.; Gabi Schaffner, 10. A.; Liebesopfer; Tollkopf vom Fichtenhof; Der Weg der Susanne Kaskar, R.

Lubrich, Fritz, Kompositionen, Kirchenmusik, musikal. Liturgik, Dr. mus., Kgl. Musikdir., Sem.-Musiklehrer. Sagan, Prov. Schles. (Bärsdorf, Prov. Posen $^{29}|_{7}$ 62.) H: d. Ztschr. „Die Orgel", „Schlesisches Blatt für evangel. Kirchenmusik".

Lucerna, Frau Camilla, SHS., Lit. ♛, Prof. i. R. Zagreb Grič 2. (Riva i. Südtirol $^{24}|_{6}$ 68.) B: G. (Ps. Camilla Leonhart) 91; Natalie Wickerhauser 09; Das Märchen, Goethes Naturphilosophie als Kunstwerk 10; Asseneth 21. Ue: Aus südslawischen Dichtungen 18. *

Luchner, Oskar Friedrich (Pacifikus Kaßlatterer), DB., O, D, /, Dr. jur., Rechtsanwalt. Bozen, Musterstr. 2. ($^{21}|_{8}$ 80.) B: Der rechte Mann (m. K. Schönfeld), Lsp. 07; Streusand drauf 11; Die Tiroler Stadt 14. *

Luck, Paul Richard, Nov., Essay, Skizze, ♪, Operettenlibr. Hamburg, Moorende 11. (ebda $^{17}|_{9}$ 80.) B: Lieder eines Einsamen 11; Dämon Liebe, R. 11; Stimmen der Stille, phil. Aphorism. 20.

Lucka, Emil, ∴, ♪, O, Roman, Nov. Wien IX, Rossauerg. 4. (ebda $^{11}|_{5}$ 77.) B: Sternennächte, Dchtgn. 03; Gaia, d. Leben d. Erde, e. Dchtg. 03; Otto Weininger, sein Werk u. s. Persönlichkeit 05; Beethoven, Dr. 06; Tod u. Leben, R; Die Phantasie; Isolde Weißhand, R., 60. A. 12; Das Unwiderrufliche; Eine Jungfrau, R., 6. A.; Adrian u. Erika, R.; Winland, Nn., 6. A.; Buch der Liebe; Die drei Stufen der Erotik, 15. A.; D. brennende Jahr, Kriegs-Anekdoten 15; Grenzen der Seele, 12. A.; Das Brausen der Berge, R. 37. A.; Heiligenrast, R., 10. A.; Der Weltkreis, Nn., 4. A.; Ehegeschichten, 4. A.; Thule, R.; Die Verzauberten, Sch.; Die Mutter, Sch.; Fredegund, R., 10. A.; Dostojewski 24.

Luckenwaldt, Hanns (Hans Rauter), O, ♪, ♜. Schwedt/Oder, Prinz-Heinrich-Str. 35. (Bln. $^{27}|_{8}$ 00.) B: Die Insel des Frühlings, F. 20; Weg der Opfer, Tr. 21; Die Vogeljungfrau, R. 21; Ane, Dchtg. 22; Se. Durchlaucht der Geiger, Sgsp. 23. *

Luckwaldt, Friedrich, neuere ♛, Dr. phil., THSchP. Danzig, Rennerstiftsgasse 3. (Stettin $^{25}|_{11}$ 75.)

Lüdecke, Eduard Friedrich (Ps. Martin), VDR., Rom., Nov., Übersetzgn. München, Leopoldstr. 56 I. (Helgoland $^{5}|_{3}$ 95.) B: La mort de Jean Lacov (franz.), R. 13; Poema 14; Arabische Novellen, 20. ()

Lüders, Arnaud, O, Roman, /. Hamburg 22, Finkenau 6. (ebda $^{5}|_{11}$ 90.) B: D. Weg z. Vollendung, Dr. 12; D. Geschichte vom Bettelfritz, R. 14.

Lüders, Frau Else, geb. Peipers, ind. Ψ, Dr. phil. h. c. Charlottenburg, Sybelstr. 19. (Göttingen $^{20}|_{10}$ 80.) Ue: Buddhistische Märchen aus dem alten Indien 21.

Lüders, Heinr., indische Ψ, Dr. phil., o. UP., GRegR. Berlin. Sybelstr. 19. (Lübeck $^{25}|_{6}$ 69.)

Ludewig, Frl. Therese, (k.), DSch., ASV., Dialekt ♪, Humor, Konrektorin. Kreuznach, Johannisstr. 14. (Algermissen $^{23}|_{12}$ 70.) B: Die neueste Mode u. a. Couplets 11; Zwei Weihnachtsbriefe, Festspiel 12; Jut Därp un Heimoat, plattd. G. 13, 2. A. 14; Mein Heimatort, Volkslied m. Klavierbegl. 13; Plattd. Beiträge in: „1400 deutsche Hausinschriften"

Lüdtke, Franz, SDS., VB., ♪, /, Kritik, ♛, ♜. Dr. phil. Berlin-Pankow, Berliner Str. 104 u. Meseritz, Markt 4. (Bromberg $^{5}|_{8}$ 82.) B: Lieder eines Suchenden, G. 09; Führer durch Bromberg u. Umgebg. 09; Krit. Geschichte der Apperzeptionsbegriffe 11; Polen u. d. Erwerbg. d. preuß. Königswürde durch die Hohenzollern 12/13 II; Der Deutsche Ritterorden 14; Preuß. Kulturarbeit im Osten 15; Das deutsche Jahr, G. 15; Gottes Heimkehr, G. 17; Grenzwacht, Sch. 17; Wie Deutschlands Schüler den Weltkrieg erleben, Erz. 18; Deutsches Volkstum 18; Die sexuelle Not der Jugend 18; Menschen um achtzehn 20; Ostmark und Volkshochschule 20; Heimat, G. 20; Lieder u. Balladen, G. 21; Wann kommst du, Bismarck? G. 21; Der Heilandsweg des Benedikt Freudlos, R. 22; Die Nacht der Erlösung, R. 23; Die grauen Blätter Valentin Brunns, des Goldmachers, R. 23; Geschichten aus

meinem Zuhaus, N. 23; Die Lieder der Düne, G. 23. H: Renan, Das Leben Jesu 07; Robert Reinick; Ostmärkische Volkshochschule 19/20; Heimatbücher; Die Bücher vom heimlichen Leben, 1. Folge 23. MitH: Wachtfeuer, Künstlerblätter 15/23; Die verlorene Ostmark 20; Ostland 21f.

Lüdtke, Gerhard, german. Ψ, Dr. phil., Verlagsbuchhändl. Berlin-Schmargendorf, Friedrichshaller Str. 17. (Greifenberg, Pomm. $^{22}|_{10}$ 75.) H: Minerva, Jahrb. d. gelehrt. Welt. MitH: Kürschners Deutsch. Literatur-Kalender. **Geschäftsf.** d. Deutsch. Morgenländ. Gesellschaft.

Ludwig, Albert, Lit.♕, Dr. phil., Dir. des Realgymnasiums zu Berlin-Lichtenberg. (Berlin $^{24}|_{12}$ 75.) B: Lope de Vegas Dramen aus d. karolingischen Sagenkreise 99; Das Urteil über Schiller im 19. Jahrh. 05; Schiller u. d. 1. Dezennium d. 19. Jahrh. 08; Schiller u. d. deutsche Nachwelt 09; Schillers Leben u. Werke 11; Schiller, sein Leben und Schaffen 12; Die dramatische Dichtung 23. H: Busse, Das Drama II—IV 19, 22.

Ludwig, August, ASV., Musikliteratur. Berlin W, Uhlandstr. 54/55. (Waldheim i. S. $^{16}|_{1}$ 65.) B: Mädchenbilder 04; Artige u. unartige Gedichte I—VIII 05; Bohéminchen; Leichte Ware, G. 06; Rauschgold, Lsp.-Oper 06; Fromme und unfromme Gedichte I—III 07; Verrücktheiten u. Entzücktheiten I/II 07; Das Rätsel d. Inneren Stimme 07; Harfenklang u. Hammerschlag, G. 07; D. Neue Logau od. Die Welt in Reimsprüchen 08; Cabaret-Muse, G. 08; Dresdner Tonspiele 08; Das Hohelied Salomos?! 09; Der Neue Tannhäuser; Der Neue Walther v. d. Vogelweide; Der Neue Ritter Frauenlob; Kußhändchen, Nasenstüber u. Schabrübchen in Reimsprüch. 09; Deutsches Blumenversbuch 11; Margariten-Versbuch 11; Reisegeleit zur Reisezeit 12; Der schwarze Diamant 13; Kunst in Dresden 13; Euphonion; Die Musik d. Zukunft 14; Geheimnisse d. Natur I 17; Judenlob 19.

Ludwig, Aug. (Pf. Aug. Rabe), Thür. Dial. ♣, ○, †, ∨, Pfarrer, Dozent für Bienenzucht an d. Universität. Jena, Haseweg 9. (Hochdorf, S.-W. $^{9}|_{7}$ 67.) B: Schnärzchen 02; Schnurren 03; Schnaken 04; Schnozeln 05; Schnitzer 08; Schnippchen 09; Schnorrgicken 10; Schnapp 12; — Schnozelborn, Vst. 05; Daheim u. draußen, Vst. 08; Die Cyprer, Schw. 08; D. Rote Kreuz im Krieg u. Frieden, 2 Theaterst. 09, 6. T. 11; Und in Jene lebt sich's bene, Lsp. 09; Am Bienenstand, Lehrb. 09, 5. A. 20; So ziehet hin, relig. Betrachtgn. 11; Wie die Alten sungen, Familiengesch. 22, u. v. a. H: Liederbuch für Sanitätskolonnen 12; Unsere Bienen, Handbuch 06, 3. A. 22.

Ludwig, Emil, ♣, ○, ♕, Dr. jur. Heidelberg, Haus Schloßpark. (Breslau $^{25}|_{1}$ 81.) B: Napoleon, Dr. 06; Der Spiegel von Shalott, Dr. 07; Trilogie der Renaissance 04—10; Atalanta — Ariadne, Dr. 11; Manfred u. Helena, R. 11, 2. A.; Bismarck 11, 12. A. 21; Wagner od. Die Entzauberten 13, 4. A.; Die Reise nach Afrika 13, 3. A.; Friedrich v. Preußen, Sch. 14; Der Künstler, Essays 14, 2. A.; Diana, R. 18, 4. A.; Meeresstille u. glückliche Fahrt, R. 20, 3. A.; Goethe, Gesch. e. Menschen 20, 7. A. III; Römische Sonette 21; Bismarck, Trilogie I: Volk u. Krone; Die Entlassung, Sch. 22; Genie u. Charakter 23; Am Mittelmeer 23. ()

Ludwig, Erna, s. Pariser, Erna.

Ludwig, Heinz H., s. Goetz, Adolf.

Ludwig, Herbert, s. Müller, Herb. Ludw.

Ludwig, Karl, ASV., VB., Vaterl. Aufsätze u. Ged. Baden-Baden, Hahnhofstr. 23. (Söllingen b. Durlach i. Bad. $^{12}|_{3}$ 53.) B: Kaiserlieder 94; Biographien: Gust. Adolf, Kaiser Wilh. I., Großh. Friedr. I. v. Bad., Bismarck.

Ludwig, Max, DB., SDS., Roman. Oberalting-Seefeld, Obbay. (Dresden $^{8}|_{10}$ 73.) B: Marianne, R. 10; Der Kaiser, R. 11; Das Reich, R. 13; Die Sieger, R. 14; Der Statthalter, R. ()

Ludwig, Vinzenz Oskar, DÖSchG., /, ♕, ●, ○, Dr. phil., Konservator, Prof. u. lat. Chorherr, Bibl. a. Stift Klosterneuburg, N.-Österr. (Hillersdorf, Östr.-Schles. $^{18}|_{7}$ 75.)

Luhmann, Heinrich, Märch., Legende, Nov., Roman, Dr. phil., Rektor. Soest i. W., Kolkstr. 2. (Hultrop, Kr. Soest, Westfalen $^{22}|_{12}$ 90.) B: Wo die Wälder Wache halten, Gesch. a. d. Bergen 18, 4.—10. T. 20; Walddoktor Willibald, R. 21, 5.—10. T. 22; Die Heiligen in Holzschuhen, Legenden u. Mn. 23, 3. T.; Geschichten aus den Bergen, Volks- u. Jugendschr. 23, 1.—3. T.

Luick, Karl, engl. u. deutsche Ψ, Dr. phil., o. UP. Wien XIX/1, Gatterburggasse 6. (Wien-Floridsdorf $^{27}|_{1}$ 65.) B: D. engl. Stabreimzeile im 14., 15. u. 16. Jahrh. 89; Untersuchgn. z. engl. Lautgesch. 96; Studien z. engl. Lautgesch. 03; Deutsche Lautlehre, m. bes. Berücksichtgg. d. Sprechweise Wiens u. d. österr. Alpenländer 04; Gesch. d. heimischen engl. Versarten 05; Histor. Grammatik d. engl. Sprache 14 ff.

Luntowski, Adalbert, jetzt Reinwald, Adalbert.

Lurje, Walter, Dr. med., Facharzt f.

seelische Leiden. Frankfurt a. M., Zeil 111. (Stettin [27]|4 91.) V: „Mystisches Denken, Geisteskrankheit und moderne Kunst" 23. *

Lürmann, Werner, ✱, Novelle, /, Kaufmann. Iserlohn i. Westf., Altstadt 6. ([18]|3 97.) V: Erdenlose Sehnsucht, G. 22; Das hirtenhafte Lied, G. 22; Vor d. nur angelehnten Pforte, G. 23. *

Luschnitz, E. W., s. Weber, Edmund.

Luserke, Martin, ✱, ○, Bühnenspiel der Jugend, Leit. d. Freien Schulgemeinde Wickersdorf b. Saalfeld a. d. S. (Berlin [3]|5 80.) V: Schulgemeinde; Zum Aufbau d. neuen Schule; Shakespeare-Aufführungen; Über die Tanzkunst; 5 Komödien; Wickersdorfer Bühnenspiele II. Reihe: Brunhild auf Island, Die 3 Wünsche, König Drosselbart.

Lusignan-Mahé, s. Grothe (= Mahé), Rich.

Lütge, Karl (Ps. Karolus, K. L. Nordhausen), RP., Rom., /, ✱, Drama, ⌒. Leipzig, Dufourstr. 22 I. (Nordhausen [21]|12 95.) V: Der Flug zur Sonne, R. 17; Die Hohnsteinerin, R. 17; Dämon Ehrgeiz, R. 18; Thüringer Humoresken, Sammlung 18; Der ledige Lebemann, R. 20; Die vom Film, R. 20; Die Sackgasse, R. 21; Der Storchnestklub, R. 21; Die Harzfelder Kur, hum. R. 21; Die rosa Sünderin, R. 22; Der Abenteurer vom Rhein, R. 23; Der Minutenkönig von Talmatien, Dr. 23; Klapperschlangen, Dr. 23.

Lütgendorff, M. A. v., s. Lütgendorff-Leinburg.

Lütgendorff-Leinburg, Martha Freiin v. (Ps. M. A. v. Lütgendorff, Gustav Lindt), Naturw., Kulturhist. München, Aldringenstr. 12. (Wien [16]|6 80.) V: Ernste u. heitere Tiergesch. 19; u. a.

Luther, Arthur, Lit.♛, Kritik, Theater, /, Ue: RFSchw, Dr. phil., Biblioth. a. d. Deutsch. Bücherei. Leipzig, Gohliser Str. 17. (Orel [3]|5 76.) V: Byron, Heine, Leopardi 04; Goethe, 6 Vortr. 05; Franz Grillparzer 07; Jesus u. Judas i. d. Dichtg. 09; Rußland 18; Ein Jahr Bolschewismus 19; Alt-Dorpat und das russische Geistesleben 20. H: Eichendorff, Aus dem Leben eines Taugenichts; Meisterwerke der russ. Bühne 22; Lermontow, Werke 22; Puschkin, Werke 23; Gogol, Werke 23; Tolstoj, Briefe 23. Ue: Hippius, D. Teufels Puppe 12; Leskow, Die Klerisei 20; Dymow, Haschen nach dem Wind 20; Tolstoj, Der Vampir 22; Turgenew, Nov. 22; Dostojewskij, Der Idiot 23.

Luther, Ernst PA., Volkskde., ✱. Würzburg, Friedenstr. 36 u. Gnodstadt b. Marktbreit a. Main. (Gnodstadt [1]|11 94.) V: Hollersträuwali, G. i. fränk. Mundart 19, 3. T. 21; Sonnige Heimat 21; Lieder in fränk. Mundart (vertont v. Kaspar Bauer-Würzburg) 21. H: Die fränk. Mundartdichtg. v. Altmeister Grübel bis z. Gegenw., Anthologie 20. ()

Luther, Friedrich, ⁂, ⊡, Kultur♛, Privatlehrer. Berlin, Wartburgstr. 41. (ebda [24]|12 88.)

Luther, Joh. Germanistik, Reformat.-Lit., D. th. h. c., Dr. phil., Prof., Dir. d. Univ.-Bibl. Greifswald. (Seehausen [12]|9 61.)

Luther, Paul, Dr. phil., Erster Pfarrer d. Trinitatiskirche, M. d. R., Hrsg. des Volksblatts „Sonntag u. Alltag". Charlottenburg, Leibnizstr. 79 II. (Prenzlau [18]|5 68.) V: Briefe an e. jungen Theologen 95; Deutsche Volksabende 98, 3. A. 17; Ich will in die Sonne sehen 19; Stresemann-Buch 22.

Lüthgen, Eugen, WSB., Deutsche Plastik u. mittelalterliche Kunst, Dr. jur. et phil., a.o. Prof. d. Univ. Bonn. Weiden b. Köln (Rheinprov.), Schillerstr. 3. (Ruhrort [17]|4 82.) V: Belgische Baudenkmäler 15; Die Niederrheinische Plastik v. d. Gotik bis z. Renaissance 17; Die Abendländische Kunst d. 15. Jahrh. 20; Die Aufgaben d. Kunst u. des kunstgeschichtlichen Hochschulunterrichts 19; Rheinische Kunst d. Mittelalters a. Kölner Privatbesitz 21; Gotische Plastik in d. Rheinlanden 21; Romanische Plastik in Deutschland 23. H: Forschungen z. Formgeschichte d. Kunst aller Zeiten u. Völker; Forschungen zur Kunstgeschichte Westeuropas. *

Lüttgen, Lorenz, Literaturkde., Sem.-Oberlehr. Warendorf, Westf. (Winterberg [8]|9 62.) H: W. Reuter, Literaturkde., 22. u. 23. A. 19; Perlen a. d. Schatze deutsch. Dichtg., 4. A. 17; Poetik, 4. A. 12; Lessings Literaturbriefe u. Abhandlgn. üb. d. Fabel 04, 4. A. 18; Herders Prosaschriften in Auswahl, 2. A. 12; Lessing u. Herder, Wie d. Alten den Tod gebildet 09.

Lutz, Franz Xaver, †, ⌒, /, ✱, Pfarrer. Buch/Vorarlberg. (Bregenz [2]|12 74.) V: Treu zu Rom 03; Der Kulturkampf in Frankreich 04; Immergrünes Tannenreis 08; Ver sacrum 18; Waldhausstunden 21; Zwischen Adventsnacht u. Gerichtstag 22; Lebendiger Ruhetag, 2./3. A. 23.

Lutz, Gottlob (Ps. Gerhard Leumann), ○, Roman, /, Zeit♛. Luzern, Maihofstr. 64. (Stuttgart [26]|12 77.) V: Mädchen v. Eßlingen, Tr. 05; Parasiten, K. 07; Satan d. Jüngere, Zeitsat. 13; u. a.

Lutz, Hans, DB., ○, Dr., Rechtsanw. Berlin-Schöneberg, Nymphenburger Str. 2. ([3]|1 85.) V: Die Liebe, der Narr

u. d. Tod, Sch. 19; Die treuen Frauen von Cythere, Verslsp. 20.

Lutz, Walter, VJ. u. S., ⚬, Dr. jur. Bad Teinach, Württemb. (Besigheim, Württbg. 25|10 79.) V: Thomas Münzer, Dr. 09; Die Kraftgenies, Lsp. 10; Andr. Hofer, Dr. 12; Geiger v. Gmünd, Operntext 18; Lichte Nacht, Sch. 19; Tag des Zorns, Dr. 20; Bauernblut, Sch. 20; Junger Wein, Lsp. 21; König Saul, Dr. 21. ()

Lützeler, Heinrich, Lit.♛, ∴, stud. phil. Bonn (Rheinprovinz), Breite Str. 68. (ebda 3|1 02.) H: Novalis, Religiöse Schriften 22, 1. A. Ue u. H: Pascal, Religiöse Schriften 23, 1. A. *

Lux, Hans Arthur, RP., DV., Politik, /, ⚬, Leit. d. Presseamts d. Stadt Düsseldorf, Tiergartenstr. 43. (Elbing 8|11 82.)

Lux, Joseph Aug., SDS., DV., VF. ∴, ♁, ⚬, ♅, Nov., Roman, Kritik. Bayr. Gmain b. Reichenhall. (Wien 8|4 71) V: Amsel Gabesam, R. 09; Chevalier Blaubarts Liebesgarten, R. 10; Die Vision der lieben Frau, R. 11; Grillparzers Liebesroman, R. 12; Lola Montez, R. 12; Franz Schuberts Lebenslied, R. 14; Das große Bauernsterben, R. 15; Kultur der Seele, Bl. 16; Auf deutscher Straße, R. 18; Das Fenster, Dr. 18; Zwölf Wiener Elegien, G. 21; D. alte gemütl. Wien; Der unsterbliche Walzer. H: Die weißen Hefte 21; Viele Kunstschriften usw.

Luz, Else, s. László, Else.

M.

Maack, Ferdinand, ∴, ♯, /, Dr. med., Prakt. Arzt. Hamburg, St. Pauli, Carolinenstr. 3 pt. (Husum 1|1 61.) V: Beiträge z. Neo-Okkultismus 97 III; Okkultismus-Enquete 98; Wissensch. Zeitschr. für Okkultismus 98; Wissensch. Zeitschr. f. Xenologie 99—02; Wie steht's mit dem Spiritismus? 01; Bibliographia Xenologica 03—05; Die goldene Kette Homers 05; Polarchemiatrie 05; Schachraumspiel (dreidimensionales Schachspiel) 08; Anleitg. z. Raumschach 08; Mitteilgn. üb. Raumschach u. wissenschaftl. Schachforschg. 09/11; Zweimal gestorben, Gesch. e. Rosenkreuzers a. d. 18. Jahrh. 12; J. V. Andreaes 4 Rosenkreuzerschriften 13; Elias Artista Redivivus, d. Buch vom Salz u. Raum 13; Spielregeln z. Raumschach 13; D. schwarze Lilie, z. Kritik u. Krisis v. Theosophie u. Spiritismus 14; Raumschach, Einführung in die Spielpraxis 19; Das Wesen der Alchemie 20; Das zweite Gehirn 21. H: Das Rosenkreuz 23.

Maack, Martin (Ps. Germano), ⚬, Novellen, ♅, Dr. phil. Cleverbrück bei Bad Schwartau. (Lübeck 16|2 63.) V: In den Stürmen des Lebens, Nn. 91 u. and. Nov.; E. neue Zeit, Sch. 93, 2. A. 97; Lexikon d. Novellendichter 96; Heroldrufe, Liederbuch u. Deklamatorium 99; Leben, Sch. 04; Allerhand snurrig Kruttram, plattd. G. 07; Pulterabend u. Hochtied, desgl. 07; St. Laurenzius, R. 09; Kultische Volksbräuche 15; Blut und Eisen, Sch. 16; Roggenwolf, Heimatsp. 20. ()

Maasfeld, s. Kalser, Leo.

Maaß, Ernst, klass. Ψ, Dr. phil., o. UP., GRegR. Marburg i. H., Renthofstr. 19. (Kolberg 12|4 56.) V: Goethe u. d. Antike 12; Goethes Medea 13; Goethe in Spoleto 14; Goethes Geheimnisse und Wahlverwandtschaften 15; Der Mann von 50 Jahren 16; Neues üb. Goethe u. die Antike 16; Vom Wesen d. Deutschen u. Griechen 16; Goethe u. Horaz 17; Goethes Elegien 20; u. a.

Maaß, C. Fr. Gustav, ♅, Rektor a. D., zur Zeit Lehrer an der Hauptgewerbeschule. Hamburg 39, Sierichstr. 172. (Osterburg in der Altmark 15|2 66.) V: Heimliches Singen und Klingen, G. 23; Ein Rosenkranz der Liebe, G. 23. *

Maaßen, Carl Georg v., SDS., Lit.♛. München, Friedrichstr. 21 pt. (Hamburg 27|8 80.) H: E. T. A. Hoffmanns Sämtliche Werke, hist.-krit. Ausg. 08 f.; J. C. Wezel, Herrmann u. Ulrike 19; J. G. Schummel, Spitzbart 20; Der grundgescheute Antiquarius 20 ff.; Die Bücherei der neuen Serapionsbrüder 22 f. X.

Mâc, v., s. Gaetschenberger, Arthur.

Macco, Herm. Friedr., Genealogie, ♛. Berlin-Steglitz, Humboldtstr. 2. (Aachen 13|7 64.)

Mack, Fritz, DV., RP., SDS., ⚬, Feuilletonleit. d. „Leipz. Neuest. Nachr." Leipzig, Fockestr. 13. (Heidelberg 5|4 82.) V: Opfer, Dr. 09; Zeitgenossen, Dr. 21; Flucht aus dem Himmel, Dr. 22.

Mackay, John Henry, ♅, Nov., Anarchism., Ue: E. Charlottenburg, Berliner Str. 166. (Greenock 6|2 64.) V: Sturm, G. 87, 6. A. 20; D. Anarchisten, Kulturgem. 91, 10. T. 12; D. Menschen d. Ehe 92, 3. A. 12; Zwischen den Zielen 96 u. 03, 3. A. 12; Max Stirner, s. Leben u. s. Werk 98, 3. A. 14; Der Schwimmer 01, 3. A. 12; Gedichte 09; Gesammelte Werke 11 VIII; Der Freiheitsucher 21. H: M. Stirners kleinere Schriften u. Entgegnungen 98, 2. A. 14. ()

Macke, Heino (Ps. selten: Harry Werner), Erz., ♅, Nov., Skizze, Plaud.

Wolfenbüttel, Lange Herzogstr. 55. (ebda 28|8 89.)

Mackel, Emil, Ψ, niedd. Spr., Dr. phil., Dir. d. staatl. Andreas-Realgymn. **Hildesheim.** (11|1 62.) **W**: D. german. Elemente i. d. franz u. provenz. Sprache 87; Die Mundart der Prignitz 05; Die Sprache Fritz Reuters 10; Die Deutschen u. ihre Muttersprache, D. Krieg u. d. deutschen Frauen 14; Warum sind die Deutschen so verhaßt? 15. **H**: Kriegsnovellen 16; Thiers, Expedition usw. 19.

Mackowsky, Hans, Kunst♛, Dr. phil., Prof., Kustos a. d. Nat.-Gal. **Berlin-Lichterfelde-Ost**, Auguststr. 9. (Berlin 19|11 71.) **W**: Ein Erdengang, G. 91; Das Friedrichsdenkmal 94; Verrochio 01; A. Bayersdorfer's Leben u. Schriften 02; Michelagniolo 08, 3. A. 21; Führer durch die Bildnis-Sammlg. d. Nationalgalerie 13; Christ. Daniel Rauch 16; Häuser und Menschen im alten Berlin 23. **H**: Die Soldaten Friedrichs d. Gr., mit Holzschnitten von Adolf Menzel 23; Carl Friedr. Schinkel, Tagebücher u. Briefe 22.

Mac Wilson, s. Grünebaum, Moritz.

Mader, Fr. Wilhelm, ASV., VB., Dr., Pfr. a. D. **Stuttgart**, Am Kochenhof 1. (Nizza 1|9 66.) **W**: John Bull u. die Buren, Dchtg. 00, 2. A.; Die Emanzipierten, Lsp. 00; Die Geschichte der Burenstaaten 01; Ernstes u. Heiteres aus dem Burenkriege 01; El Dorado, JgdErz. 03, 15. A. 12; Der König der Unnahbaren Berge, dgl. 09, 10. A. 23; Im Lande der Zwerge; Nach den Mondbergen; Ophir, Wunderwelten, dgl. 11, 15. A. 22; D' Frankfurtere, Lsp. 11, 2. A. 19; Wunderwelten 11, 15. A. 22; D' Haushaltungsschul', Lsp. 12, 2. A.; Der Kronprinz von Dommlinge, Lsp. 12, 3. A.; Geistliche Lieder u. Gedichte 12; D' Waschweiber, Lsp. 13, 5. A.; Die Friedensteller, Lsp. 14; Oranjehof 6. A. 22; Die tote Stadt 23; Der letzte Atlantide 23.

Maderno, Alfred, ♣, Roman, Lit.♛, ●, ♡. **Mannheim**, Schließfach. (Marburg a. D. 25|10 86.) **W**: D. Haus a. Himmel, R. 13; Korsika 13; Elbflorenz, R. 14; D. Wildenrainer, R. 15; D. tör. Herz, R. 16; D. Kellerwohnung, R. 16; Scirocco, R. 16; Zwischen zwei Nationen, R. 17; Du bist m. Heimat, R. 18; Kino, R. 19; D. deutschösterr. Dchtg. d. Gegenw. 20; u. a.

Mäding, Franz, ♣, O, Jugendschr., Red. d. „Südd. Sänger-Ztg." **Heidelberg-Rohrbach**, Villa Maria. (Leipzig 12|11 76.) **W**: Schnick-Schnack 04, 2. A. 05; Eine Reise ins Märchenland 07; Prinzeß Tausendschön, Märchensp. 09; Bauern, Dr. 11, 3. A. 20, 6. A. 23; Ledige Kinder, Bauern-P.; Der Dummkopf, Pl.; Neue Kinderlieder; Eine Reise ins Märchenland, Märchensp.

Madjera, Wolfgang, VB., DÖSchG., ♣, O, ✓, Dr. jur., ObMagistratsrat d. R. **Wien XVIII/1**, Anastasius-Grün-Gasse 25. (ebda 20|6 68.) **W**: Mod. Sonette u. Vierzeilen 93; Schatten u. Sterne, G. 02; Helden d. Feder, Sch. 02; Ahasver, Tr. 03; Märtyrer d. Krone, Sch. 06; Wie verrichten die Wiener Theater Kulturarbeit? 06; Briefe üb. das Christentum 07; Kinder des Waldes, G. 09; Frau Poesie sucht Herberge, M. 12; Sommersonnenwende, G. 18; Der Satyr und das Elfenkind, M. 20; Der Minne Sang und Sehnen, G. 20; Verklärter Geist — verklärtes Land, Ess. 21; Drei Feuermärchen. **H**: Karl Maria Heidt, Sein Vermächtnis (m. Leop. Hörmann) 01; Fercher von Steinwand, Sämtl. Werke (m. J. v. Fachbach u. Fr. Christel) 03; Karl Madjeras Tagebuchblätter und Briefe 12; K. M. Heidt, D. Buch Kassandra 20.

Madlinger, Ferdinand, s. Wilhelm, Rud.

Madol, Hans Roger, s. Salomon, Gerhard.

Mages, Marie Freiin von, Drama. **Innsbruck**, Margarethenplatz 6. (Bozen 25|3 62.) **W**: Ezzelino v. Romano, Dr. 11; Fıanziskus, Dr. 20; u. a.

Magnus, Erwin, SDS., DV., korresp. Mitgl. d. dänischen Schriftsteller-Ver., Essays (skandinav. Literatur), ✓, Ged., **Ue**. **Berlin-Wilmersdorf**, Waghäuselerstr. 9—10. (24|11 81.) **Ue**: Oehlenschläger, Aladdin 20; Jacobsen, Hervers Sperring; Sophus Michaelis; Thit Jensen; Olaf Aslagsson; Otto Rung; Georg Brandes u. a., ferner skand. dramat. Werke. *

, **Magnus**, Rudolf, Pharmakologie, Dr. med., o. UP., **Utrecht.** (Braunschweig 2|9 73.) **W**: Goethe als Naturforscher 06; u. a.

Magon, Leopold, deutsche u. skandin. Lit.♛, Dr. phil., PrivDoz. **Münster i. W.**, Erphostr. 29. (Düsseldorf 9|4 87.) **W**: Der junge Rückert, sein Leben und Schaffen, I bis z. Beginn d. politischen Dchtg. 14.

Mahlau, Ludwig, Religion, ♛, heimische Literatur, Volksschullehrer. **Danzig-Langfuhr**, Hochstrieß 53. (Campenau, Kr. Marienburg, Wstpr. 19|1 78.) **W**: Kirchengeschichte Westpreußens 09; Geschichte der Freien Stadt Danzig 21; Ostdeutsches Heimatgeschichtsbuch (m. J. Fuhlbrügge) 23 V. **H**: Kafemanns Religionsbuch für evang. Schüler (mit M. Kadatz) 21; Erzählungen

aus der Ostmark, 10 Bde. ostdeutscher Dichter u. Schriftsteller 09—13; Erzählungen aus dem Weichselgau, IV 22, 23. *

Mahlke, Franz, Lyrik, Nov., Lehrer. Berlin, Bouchéstr. 51. (Hammerstein $^{29}|_{5}$ 85.) **H:** Auf Patrouille 15; Hoch i. d. Lüften 15; Wenn ihr's nicht fühlt . . . 16; Ut mine Schippertid 16; Vom Taugenichtsdichter 21; Pastelle des Alltags 21.

Mahn, Paul, BP., PA., SDS., Dr. phil. Charlottenburg 9, Ahornallee 43/45. (Malchin $^{16}|_{10}$ 67.) **B:** A. Silesius 92; G. Hauptmann 94; Lieben u. Leben 97; Kreuzfahrt 02: D. franke Fritz 03; Guy de Maupassant 08; D. Orgie d. Lebens 09; Birgit Wiborg 11; D. Kamerad 16; D. Ged. d. Properz 18. ( )

Mahnke, Hans (Ps. Fritz Ebers, Jean Micrône), DB., BDE., ✠, ☉, /, ∴, ♛, Schauspieler u. Regiss. am dtsch. Theater. Berlin W 57, Göbenstr. 1 I. (Eberswalde $^{24}|_{7}$ 84.) **B:** Wilde Rosen, G. 02; Bekenntnisse e. Pessimisten 03; Seeschlacht bei Hull, Sc. 06; Gespenster, Sk. 06; Korona Schröter 07; Landsknechte, Bst. 07; Der Mann mit den 4 Frauen, Schw. 08; Buffallo Bill, Bst. 09; D. Tod des Moliere, dramat. Epilog 09; Narrenlieder 10; H. v. Kleist 11; Alb. Lindner 11; Beichte, dramat. Epilog 12; Rotkäppchen, Msp. 12; Shakespeares Totenmaske, dramat. Sk. 13; D. sagenumwobene Windscheskuipp 13; Grabbe-Predigten I 14; Friedrich d. Große u. das Theater, Sk. 15; Kriegstheater, Essay 15; Rätsel der Berge, R. 21; Dante Alighieri, Sc. 21; Carl Hauptmann, Biogr. 21; Schiffbruch, Sp. 22; Von Frauen Lust und Männer Gaukelspiel, Nn. 23; D. Burgenland d. Fläming 23; D. stürzende Pyramide 23. **H:** H. Eulenberg, Der sterbende Grabbe, Dr. 13; Das „Grabbe-Buch" (m. Paul Friedrich) 21.

Mahnke, Manfred Carl (Ps. Mahnke-Ebers), SDS., BJ. & SB., Red. Berlin-Schöneberg, Akazienstr. 10. (Eberswalde $^{9}|_{2}$ 92.) **B:** Die silberne Lilie, N. u. Gesch. 12; Dr. Fantasus, Dr. 13; Ars amandi und Kamasutram in moderner Beleuchtung 16; Das deutsche u. polnische Volkslied 19; D. singende Lotos, ind.-buddh. Legenden 23. **H:** Deutscher Volksrat, Zeitschr. f. dtsch. Volkstum.

Mahnke-Ebers, s. Mahnke, Manfr. Carl.

Mahrholz, Werner, BP., SDS., Lit.-♛, Lit. u. Kunstkritik, Volksbildg., polit. Pädagogik, Hochschulwesen, Dr. phil., Hrsg. d. „Hochschule". Berlin W 35, Potsdamer Str. 41. (ebda $^{1}|_{12}$ 89.) **B:** Julius Mosens Prosaschriften 12: Dtsche. Selbstbekenntnisse, z. Gesch. d. Selbstbiogr. von der Mystik bis z. Pietismus 19; Der Student u. d. Hochschule 19; (m. H. Roeseler) Neuer Humanismus 21; Litergesch. u. Literarwissensch. 24. **H:** Der deutsche Pietismus 20; Die Selbstbiographie des Burkhard Zink 20; Religiöse Lyrik der Klassik und Romantik 21; Dostojewski. ( )

Mai, Victor Mathias, RP., /, Red. d. „Düsseldorfer Nachrichten". Düsseldorf, Rochusstr. 33. (Worms $^{25}|_{2}$ 72.)

Mai-Rodegg, Gustav, DB., Kritik, Drama. Oberhof i. Thür., Haus Eulenspiegel. ($^{7}|_{10}$ 85.) **B:** Hamlet-Entdeckungen 16, 2. A. 17; Wege über die Erde, Sch. 20. **H:** Bühnen-Hamlet 23.

Maier, Heinr., ∴, Dr. phil., o. UP., Geh. Hofrat. Heidelberg, Steigerweg 51. (Heidenheim $^{5}|_{2}$ 67.)

Mailly, eigtl. Chaurand de Mailly, Anton, DÖSchG., VB., Kultur♛, Archäologie, 𝔐, Nov., /, Rechn.-Dir. i. R., Schriftsteller. Wien III/2, Parkg. 8. (Görz $^{19}|_{8}$ 74.) **B:** D. roman. Kirche v. Millstatt 13; Mythen usw. im alten Grenzland am Isonzo 16; Sagen a. Friaul u. d. Jul. Alpen 22; Kath. Rosenkreuzerei 22; D. Tempelherrenorden in N.-Österr. 23; Allerlei Merkwürdigkeiten vom Wiener Stephansdom 23; Sagen a. d. Leithagebiet 23; Klosterneuburger Sagenkranz 23.

Mainau, Franziska, s. Nast, Clara.

Mainzer, Frau Claire (Ps. Claire Pape), Roman. Saßnitz auf Rügen. (Berlin.) **B:** Zwischen zwei Frauen, R. 10; Und sie rüttelte an der Kette, R. 13; Brigitte. Nach dem Weltkrieg, R. 22.

Makowski, Erich, Belletristik, Roman, Novelle, ✠, Schriftsteller u. Graphiker. Duisburg-Meiderich, Koopmannstr. 6a. (Lyck $^{28}|_{11}$ 96.) **B:** Das Buch Mensch 22; Der Mann aus der Plebs 23. *

Malade, Theo, SDS., Roman, ☉, Dr. med., Arzt. Bad Kösen. (Spremberg $^{23}|_{7}$ 69.) **B:** Geschichten v. d. Scholle 01, 2. A. 05; Der Hilfsprediger, R. 02; Lebenskünstler, Sch. 04; Schatten, Sch. 10; Herrn Bredenfelds Erde, R. 12; Die Geschichte vom lütten Schnieder, R. 14; Der Wanderer am Strick, R. 20.

Malea-Byne, s. Mauthner, Malwine.

Malgov, s. Wehrmeister, Cyrillus.

Malkowsky, Emil Ferd., DB., BF., ☉, Humor, Nov., 𝔔. Berlin-Halensee, Joachim-Friedrich-Str. 3. (Köln $^{26}|_{6}$ 80.) **B:** 16 Gedichte 02; Willy Spatz, Monogr. 03; Ethelwold, Tr. 08; Die Schwestern d. Boccaccio, Kom. 09; D. hl. Grab, Sch. 10; Kasperle als Freersmann, Kom. 12; Hans u. Heinz, Hum. 12; Ein Pechvogel, Lsp. 13; Der kluge Fridolin 14; Die Abenteuer d. geschnitzten

Augustin 14; Fräulein Mutter, Dr. 14; Die Hexe vom Brocken, M.-Optte. 14; Willys Hochzeitstag, Schw. 15; Europa in Waffen 15; Die schöne Türkin, Schw. 15. H: Wir Rheinländer 03; Fidele Kommode, 3. A. 21. ()

Mallinckrodt, Max v. (Pf. Max Wetter bis 1907), O, Nov., ∴. Haus Broich b. Weingarten, Rheinland. (Köln a. Rh. $^{13}|_{12}$ 73.) **V:** Lieder u. Gedichte 00; D. Kurfürst, Sch. 01; Verse 02; Altrhein. Geschichten u. Schwänke 03; Vittorio, Dr. 03; Der Erobrer, Dr. 04; Polyxena, Dr. 05; Merlin, Tr. 06; D. Prinzip der Fürsorge als die der Natur entstammte Grundlage christlicher Moral 08; Peire Vidal, Sch. 10; Mären u. Märchen 13, n. F. 15; Der Weg des Ahasver, Dr. D. 20.

Malo, Frl. Elisabeth, O. Birndorf i. Anh. (Pratau 55.) **V:** D. Recht d. Frau in d. chr. Kirche 96; D. Kossätensohn, Dr. 10, 2. A. 14; Landflucht, Dr. 12; Wartenburg i. J. 1813, Festsp. 13; Glücksucher, Dr. 13; D. Dorfschneiderin, Dr. 14; Kleine Leute in großer Zeit 15; D. Erbtante, Lsp. 16; Der geprellte Neidhammel, Lsp. 16; Der 31. Okt. 1517 in Wittenberg, Festsp. 17; Erntefestspiel 20; Deutscher Vorfrühling, Dr. 21. ()

Malten, L., s. Putz, Liddy.

Maltzahn, Frau Ada Baronin v. (Pf. Ada von Gersdorff), Roman. Swinemünde, Krausenstr. 10. (Charnikow $^{14}|_{5}$ 54.) **V:** Bettelbrot; Aus d. Papieren eines Hochstaplers; Gerda Gerovius; D. Bild zu Sais; Freiherrnhaus u. Warenhaus; Paradies d. Erde; D. Tochter d. Regiments; Glück u. Segen; Des Vaters Schuld; Stammbaum u. Lebensbaum; Leutnant Tugendreich; Rittergut Goldgrube; Anvertrautes Gut; Weltmeisterschaft; Schwere Frage; Am Gestade d. Vergessenheit; Von Todes Gnaden; Abseits, Rn.; u. a.

Malzkorn, Heinrich, WSV., ♔, Nov., fr. Schriftst. Bensberg b. Köln, Markt 2. ($^{4}|_{1}$ 92.) **V:** Rheinischer Bursch, Lr. u. G. a. d. Tagebuch e. rhein. Scholaren 21; Von junger Kraft u. junger Liebe, n. Ged. 22.

Mancke, Maria (Pf. Marie v. Felseneck), PA., VB. Berlin W 30, Bamberger Str. 19. (Leipzig $^{29}|_{11}$ 47.) **V:** Die schönsten Sagen u. Märchen der Inseln Usedom u. Wollin 95, 4. A. 08; Königin Luise 97; D. kleine Wilde 97, 2. A. 06; Frl. Doktor 98, 2. A. 12; Kaiser Friedrich 99, 45. T.; Was die rote Suse erzählt 99, 2. A. 09; Frl. Studentin 10; Landwehrmanns Einzige 15/16 III; Elfriede 19 II; Das lustige Kleeblatt 20; An der Schwelle d. Lebens; u. a.

Manderscheid, Paul, Musikwissensch., SemLehr. Münster i. W., Kanalstr. 7. (Hatzenport a. Mosel $^{5}|_{12}$ 67.) **V:** Musik- u. Gesanglehre f. höh. Schulen u. Lehrerbildungsanstalten 10, 3. A. 22; Abriß der Musikgesch. 10, 4. A. 21; D. traditionelle Choral 11.

Mandler, Ernst, Dichterische Übertragungen a. d. Tschechischen, ak. Maler. Wien IV, Schleifmühlg. 3. (Humpolitz, Böhm. $^{16}|_{4}$ 86.) **Ue:** J. S. Machar: Das Gewissen der Zeiten, 3 Bde. 19, I. Im Strahl der hellenischen Sonne; II. Das Gift aus Judäa; III. Barbaren; „Hier sollten Rosen blühen ..." 23. *

Manheimer, Victor, SDS., PA., deutsche Lit.♕, Dr. phil. Berlin, Hohenzollernstr. 8. (ebda $^{7}|_{12}$ 77.) **V:** Die Lyrik des Andreas Gryphius 04; Die balli von Jacques Callot, Essay 21.

Manitz, Friedr., Naturw., Weltanschauung u. Kulturpolitik, Dr. med., Verlagsbuchh., Red. Leipzig, Kantstr. 17. (Freienwalde a. d. O. $^{8}|_{7}$ 69.)

Mankowski, Herrmann (Pf Dr. Justus), (k.), O, Nov., Red. Danzig, Gr. Schwalbeng. 13. (Cabienen $^{8}|_{1}$ 54.) **V:** Belagerung der Marienburg, Dr. 01; Die Jungfrau v. Orleans, Dr. 02; Sedan 04; Führer durch Ermland 04; D. Halbinsel Hela 06; Oliva 07; Der Nibelungen Hunnenfahrt 07; D. Stiftungsfest 07; Sneewittchen 07; D. Geburtstag d. Veteranen, Dr. 08; In der Handwerkskammer, Dr. 08; Graf Mielzynski, Dr. 10; Undank ist der Welt Lohn, Dr. 12; Lieder u. Festansprachen 12; Erblich belastet, Dr. 12; Michael Wojna, Erz. 15; Ekkehard, Dr. 18; Nomeda, Erz. 18; Geldschwache Siedler 20; Das Bernsteinjuwel d. Zaren, Erz. 20; Im Exil, Dr. 21; Luzie, Erz. 22; Wenn die Versöhnung anklopft, R. 22; Führer durch Oliva 23; Blauaugen, Bst. 23; Um die Krone, Dr. 23.

Mann, Frau Franziska, geb. Hirschfeld, Skizzen, Essays. Berlin-Halensee, Westfälische Str. 54 I. **V:** Könige ohne Land, Alte Mädchen 03; Vom Mädchen m. dem singenden Herzen 05; Kinder 06; Wege hinauf 09; Von Kindern 10; Frau Sophie u. ihre Kinder 12; Der Schäfer 19. Den Erwachenden; Flug in's Kinderland; Die Stufe.

Mann, Heinrich, Rom., Nov., O, Essay, Übers. München, Leopoldstr. 48. (Lübeck $^{27}|_{3}$ 71.) **V:** Gesammelte Romane u. Novellen in 12 Bdn. 16 (Auflagen v. 60—100 T.): Im Schlaraffenland 1; D. Göttinnen 2—4; D. Jagd nach Liebe 5; Professor Unrat 6; Zwischen den Rassen 7; D. kleine Stadt 8; Novellen

9—10; D. Untertan 11; D. Armen 12. Dramen: Drei Akte 10; Schauspielerin 11; D. große Liebe 12; Madame Legros 13; Brabach 16; D. Weg z. Macht 18; D. gastliche Haus 23; Macht u. Mensch, Essay 19. **Ue:** Capus, Wer zuletzt lacht; Anatole France, Komödiantengesch.; Choderlos de Laclos, Gefährl. Freundschaften.

Mann, Kurt, Heinz, s. Heinzmann, Kurt.

Mann, Frau Mathilde, geb. Scheven, Lektorin f. dän. Lit. u. Sprache an d. Univ., **Ue:** DNSchwEFI. Rostock, Im Kloster z. Heil. Kreuz 14.

Mann, Thomas, Rom. u. Nov. Dr. phil. h. c. München, Poschingerstraße 1. (Lübeck $^{6}|_{6}$ 75.) **W:** Der kleine Herr Friedemann, N. 98; Das Wunderkind, Nn.; Buddenbrooks, R. 01, 50. A. 09; Tristan, Nn. 03; Fiorenza, Dr. 05; Bilse und ich 06; Königliche Hoheit, R. 09; Der Tod in Venedig, N. 13; Tonio Kröger, N. 14; Friedrich u. d. große Koalition 15; Betrachtungen e. Unpolitischen 18; Herr u. Hund, Gesang v. Kindchen, 2 Idyll. 20; Rede u. Antwort, Essays; Novellen 22 II; Goethe u. Tolstoj 23; Von deutscher Republik 23; Bekenntnisse des Hochstaplers Felix Krull; Das Buch Kindheit 23; Schnee 23; Okkulte Erlebnisse. ()

Maenner, Ludwig, Neuere ♕, Dr. phil. München, Ainmillerstr. 33. (Kaiserslautern $^{9}|_{6}$ 90.) **W:** Karl Gutzkow u. d. demokratische Gedanke 21.

Mannes, Wilh., VBJ., BJ. & SV., BSK., RP., ⊟, ⚒. Berlin W 50, Eislebener Str. 14. (Holzappel $^{2}|_{11}$ 71.)

Manns, Alfred, ⊟, Belletristik, Hrsg. d. „Deutschen Wirtschafts- u. Sozial-Korrespondenz". Bremen, Sielwall 63. (ebda $^{21}|_{9}$ 77.)

Manns, Benno Ludwig, DV., Dchtg., ⊙, Dr. phil. Braunschweig, Moltkestr. 11. (Mehlis i. Thüringen $^{1}|_{6}$ 83.) **W:** Luginsland, satir. G. 09; Neues Leben, G. 10; Ernte, Sch. 21; Rufe vom Turm Sch. 23; Bubi, ein Buch vom Glück, N. 23.

Manz, Gust., PA., VP., RP., Lit. ♕, ⁄, Dr. phil., Feuill.-Red. d. „Zeit". Berlin W, Würzburger Str. 20. (Karlsruhe $^{12}|_{12}$ 68.) **W:** M. Beer 92; D. Tageb., G. 92; Das lebende Wort 13, 5.—7. A. 21; D. Volk in Eisen, KriegsG. 14; Von Flandern bis Polen, Feldpostbriefe der „Tägl. Rundschau" 15; D. Englandbuch der „Tägl. Rundsch."; 100 Jahre Berliner Humor 16; Luther im deutschen Wort u. Lied 17. **H:** Gött, Verbotene Früchte 94; E. Mörikes Werke 12; Scheffel, Ekkehard 16; Emil Gött, Briefe an einen Freund 19; Th. Storm, Ausgew. Werke IV; Fr. Th. Vischer, Auch Einer; Emil Gött, Nachdenkliche Geschichten 23.

Manz, Otto, ⊙, Dr. med. Freiburg i. B., Katharinenstr. 21. (ebda $^{3}|_{4}$ 68.) **W:** Römer, 3 Einakter 07; Ermenrich, Dr. 09; Ged. 10; D. Berufung d. Tiberius, Dr. 14; Die Teestunde d. Herrn Kampmann, Dr. 21.

Mappes, Anton, Redakteur u. Theaterkritiker. Berlin-Neukölln, Emser Str. 131. (München $^{25}|_{12}$ 68.)

Marasse, Frau Marg., ✠. Berlin W, Derfflingerstr. 4. (ebda.) **W:** Backfischbriefe aus Kairo 99; Römische Sonntage 06.

Marbe, Karl, ∴, bes. Psychologie, Dr. phil., o. UP. Würzburg, Crevennestr. 8. (Paris $^{31}|_{8}$ 69.)

March, Hans v. d., s. Schukowitz, Hans.

Marck, Otfried, s. Passehl, Otto.

Marcks, Erich, ♕, Dr. phil., o. UP., GehR. Berlin. (Magdeburg $^{17}|_{11}$ 61.) **W:** Kaiser Wilhelm I. 97, 8. A. 18; Elisabeth v. England u. ihre Zeit 97; Zu Bismarcks Gedächtnis 99; Bismarcks Gedanken u. Erinnergn., krit. Würdigg. 99; Deutschland u. Engl. 00; Imperialistische Idee in d. Gegenwart 03; Biograph. Essays 05—08; Männer u. Zeiten II 11, 5. A. 18; Otto v. Bismarck, e. Lebensbild 20. A. 19; Alfred Lichtwark 14; Luther u. Deutschland 17; u. a. ()

Marckwald, Ernst, elsaß-lothring. Bibliogr. u. ♕, Dr. phil., Prof. Frankfurt a. M., Guiollettpl. 31. (Berlin $^{22}|_{3}$ 59.)

Marco, L., s. Lasker, Martha.

Marcus, Eli (Ps. Natzohme), niederdeutsche Dchtgn. u. Volksstücke, Kaufmann. Münster i. W., Goebenstr. 1. (ebda $^{26}|_{1}$ 54.) **W:** De graute Kumeet 01; Hiärtens Fennand 02; Lünings Lena 02; Schnippsel 02; Jans Krax 03; Dürgemös 03; Up Bruutschau 03; Graf Tucks u. seine Nachkommen 04; 5 niederd. Volksstücke 04; Usse Dölfken 05; Professor Landois, Lebensbild (m. a.) 07; He hät sienen Dag, P. 09; Aolle Döhnkes un Vertällsels 09; Sunnenblomen, G. 12: De Suohn, Sp. 20; De guede Maondag, Vst. 21; Graute Schlemm, Gesangs-P. 22.

Marcus, Erich, SDS., Dr. phil., Journalist. Charlottenburg, Niebuhrstr. 64. (Berlin $^{16}|_{10}$ 94.)

Marcus, Hugo, ∴. Berlin W, Fürther Str. 11a I. (Posen $^{6}|_{7}$ 80.) **W:** Frühlingsglück, N. 00; D. ornament. Schönheit d. Landschaft 12. ()

Marcus, Max (Ps. Marcus-Willenberg), Red. d. „Weltkrieg" u. Chefred. d. „Beispiel". Berlin-Wilmersdorf, Wilhelmsaue 3. (Willenberg, Ostpreußen $^{17}|_{8}$ 78.)

Marcus, Otto, Roman, Nov., ⊙, Klavierpädagoge u. Pianist. St. Gallen, Winkelriedstr. 8. (Berlin 13|3 78.) B: Du holde Kunst, R. 10; Adagio lamentoso, N. 11; D. Lilien auf d. Felde, satir. Kom. 13; Hernach! Tragikom. 18.

Marcus-Willenberg, s. Marcus, Max.

Marcuse, Ludwig, Kultur ∴, Ästhetik, Dr. phil., Dozent d. Humboldt-Hochsch. Berlin, Bachstr. 3. (ebda 8|2 94.) B bzw. H: Hauptmann u. s. Werk 22; Strindberg, D. Leben d. tragischen Seele 22; D. Welt der Trägödie 23. *

Marès, Frau Jolanthe, SDS., VF., Roman. Berlin W 50, Schaperstr. 33. B: Lilli, Lillis Ehe, Sittenbilder aus Berlin W; Begierde, Berliner R.; Mütterreigen, Ernste Gesch.; D. große Unrecht, aus d. Leben e. Frauenarztes; Die fremde Frau, R.; Verschenktes Leben, R.; Sünderin; Stationen d. Liebe.

Maresch, Frau Maria, Kultur♛, Dr. phil., Sektionsrat im Bundesministerium f. Unterr., Referentin f. Frauenbildung. Wien IV, Viktorg. 18. (18|3 86.) B: Katharina von Siena 14, 2. A. 21; Luxus u. Verantwortlichkeit 14; Aus Polens Geschichte u. Kultur 15; Der Heilige u. das Volksgericht, N. 16; Der russische Mensch 18, 2. A.; Elisabeth v. Thür. 18, 2. A. 21; Briefe d. Katharina v. Siena 21. H: Lebenspflege in Vergangenheit u. Gegenwart 23.

Margreiter, Hans, Tirol. Lit., RegR., Oberbibl. d. Univ.-Bibl. Innsbruck, Adamg. 6. (Fügen, Tirol 28|8 73.) B: Tirol. Anonymen- u. Pseudonymen-Lexikon 12.

Marheine, Frau Wilhelmine, geb. Schroeter (Ps. Schroeter-Marheine), ❦, Balladen, Erzählungen. Delitzsch, Prov. Sachs., Angerstr. 8 pt. (Angerburg 22|3 81.) B: Beim Feuerschein, G. 06; Wir, die wir suchen ..., G. u. Sk. 07; Und dennoch, Seelchen, singe ..., G. 22; Lichtgebote, Mappe 23; Deutsches Vaterunser, Was ich glaube, 2 Kunstblätter 23. *

Marheineke, Frl. Maria (Ps. M. Marnek), SDS., Belletristik. München, Claude-Lorrain-Str. 25 II. (ebda 15|1 73.) B: Eigene Wege, Hochlandserz. 12; Im stillen Dörflein, Erz. 16; Mein Lied dem König, Erz. 17; Zwischen Tal und Firn, Hochlandserz. 17; Confiteor, Erz. f. d. Jgd. 19. *

Maria, Igna, s. Jünemann, Igna Maria.

Maria Regina, s. Jünemann, M. R.

Mariels, E., s. Schaefer, Elisabeth.

Marienburg, W. v. s. Nieborowski, Paul.

Märker, Friedrich, SDS., Literatur. Ammerland am Starnberger See. (1893.) B: Lebensgefühl u. Weltgefühl 20; Zur Literatur der Gegenwart 21; Pansymbolismus.

Maerker-Branden, A. Paul (Ps. Albrecht Maerker-Brandenburg), Dtsch. Preß Club New York, Nat.-Verb. dtsch.-amerik. Schriftst. u. Journ., Manager „Europart Co." New York City, 457 Broadway. (Berlin 27|2 88.) B: Rush, R. aus d. dtsch. Neuyork 15; Deutsches Gebet 16; Treudeutsch 16.

Maerker-Brandenburg, A., s. Maerker-Branden.

Mark Twain d. Jüng., s. Impertro, Mich.

Markus, Stefan, ASV., DV., ⊙, Roman, Dr. phil., Schriftst. Zürich 6, Frohburgstr. 60. (ebda 16|7 84.) B: Himmelhoch jauchzend ..., R. 16; Biblische Komödien 17; D. Doppelbild, Lsp. 17; D. Frauentausch, Dr. 17; Cäcilie, Dr. 17; Thomas Hildebrachts Modell, Dr. 17; Lady Hamilton, Dr. 17; Die Tragödie des Genies (Kleist), Tr. 17; Semiramis, Tr. 17; Casanova, Trilogie frecher Liebeskom. 18; Zar Peter III., Tr. 18; Madelones Erwachen, Dr. 18; Biblische Tragöd. 19; Der Brand von Rom, Tr. 19; Das verlorene Paradies, R. 21; Don Quichottes Enkel, R. 23; Zwischen den Zeilen, R. 23; Das Paradies am See, F. 23. H: Casanova, Lebensweisheiten eines Don Juans 18.

Markwitz, Albert, DV., dram. Dchtg., Schriftst. Berlin-Lichterfelde-West, Drakestr. 36. (Mlawa 17|6 77.)

Marnek, M., s. Marheineke, Maria.

Marly, Baronin v., s. Baudissin, Eva Gräf. v.

Maro, Francis, s. Franzos, Marie.

Marquardsen, Frl. Anna, Jugendschr., ObLehrerin a. d. städt. Oberlyzeum. Altona (Elbe), Missundestr. 1. (Flensburg 18|3 64.) B: Märchengrüße 00; Kleine Mädchen 01, 3. A. 10; Zu Lust u. Freud 02; Die Familie Bonnet 03; Aus tiefer Not; Prinz Verkehrt u. a. M. 07; Sonnenaufgang 10; Der Sohn des Ratsherrn 13; Spiegelungen, G. 18. ()

Marr, Ludwig (früher Louis Zacharias), VP., ⊙, Rom., Nov., ❦. Berlin SW 48, Wilhelmstr. 9. (Königsberg i. Pr. 9|7 71.) B: Gedichte 02; Karneval d. Lebens 06; Der Weg der Liebe 10; Der Thronfolger 11; Die Liebesinsel 12; Des alten Soldaten Weihnachtsspiel 15; Ich bin Du ... 20; Die Nächte des Cornelis Brouwer 21. ()

Marriot, Emil, s. Mataja, Emil.

Marschalk, Max, 1. Musikreferent a. d. „Voss. Ztg." Berlin-Halensee, Halberstädter Str. 6. (Berlin 7|4 63.)

Marschan, Joachim Hans, Dr. phil.

Berlin-Friedenau, Kaiser-Allee 105. ($^{18}|_{1}$ 95.) **B**: Das Mitleid bei Gerhart Hauptmann, Psycholog.-ästhet. Betrachtungen 19. *

Martell, Karl, s. Vierath, Willy.

Martellus, s. Klopfer, Carl Ed.

Märten, Frau Lu, SDS., ✠, ⊙, ▣. Berlin-Steglitz, Albrechtstr. 72c. (Berlin $^{24}|_{9}$ 79.) **B**: Gedichte 06; Torso, R. 09; Bergarbeiter, Sch. 09; Die wirtschaftl. Lage der Künstler 14; Die Künstlerin 14/18; Historisch-Materialistisches über Wesen u. Veränderungen d. Künste 20.

Martens, Amandus M. F. (Ps. Max-Marten-Manfried, Manuel Frix), RP., ✠, ⊙, ▣, Kritik, Chefred. d. Ztschr. „Der Weltmarkt", 1. Vors. d. „Red.- u. Schriftst.-Verb." Hannover, Allmersstr. 10. ($^{31}|_{3}$ 88.) **B**: Präludium, G. 09; Feurige Lava, G. 11; Das Reich der Jugend, Sch. 18; Friedensfragen, ein wirtsch.-polit. Sammelwerk, 19; Wirtschaftsmonogr. wicht. Handelsstaaten 19, 20, 21; Schiebertanz, Sch. 19; Der Weg in die Ferne, Sch. 20; Mainachtszauber, phant. Sp. 21; Alhambra, e. „Flug" zur Höhe, Sch. 23.

Märtens, Frl. Ilse, Neuere Lit., Dr. phil., Studienreferendarin. Lüneburg, A. d. Meere 1—2. (ebda $^{24}|_{8}$ 92.) **B**: Die Mythologie bei Mörike 21.

Martens, Kurt, SDS., Rom., Nov., Kritik, Dr. jur. München, Ungererstr. 34. (Leipzig $^{21}|_{7}$ 70.) **B**: Roman a. d. Décadence 98; Die Vollendung, R. 02; Kaspar Hauser, Dr. 03; Katastrophen, N. 04; Kreislauf der Liebe, R. 06; Der Freudenmeister, Kom. 07; Literatur in Deutschl., Ess. 10; Geschmack u. Bildung; Drei Novellen v. adeliger Lust 09; Deutschland marschiert, R. 13; Pia, R. 13; Hier und Drüben, R. 15; Jan Friedrich, R. 16; Schonungslose Lebenschronik, Autobiogr. 21; Deutsche Literatur d. Gegenw. 21; D. Alp von Zerled, R. 20; Der Emigrant; Pulververschwörg.; Des Geliebten dopp. Gestalt, R. 23. ()

Martens, Paulfried, ✠. Wandsbek I, Schleswig-Holstein, Kurvenstr. 37. (Altona/Elbe $^{12}|_{8}$ 92.) **B**: Die südliche Krone 21. **H**: Die Hamburg-Drucke 23; Der leuchtende Dom. *

Martens, Rolf Wolfgang, DB., ⁄, ✠, ⊙, ⊛, ∴. Berlin-Lankwitz, Waldmannstr. 25. (ebda $^{11}|_{9}$ 68.) **B**: Charfreitagszauber (Frühling) 95; Befreite Flügel, mod. G. 99; Störtebecker, Tr. 03; Machiavelli, Tr. 06; Dialog m. d. Anarchisten 12; Der falsche Woldemar, Sch. 13; Erik der Rote, Chorwerk 14; Im Schützengraben, Kriegsliedersp. 15; Burg Heidenstein, R. 16; Ein vermeintlicher Held, Tr. 17; Lukrezia Borgia, Sch. 18; Alt-Berlin, Sch. 20; Ästhetik des Lichtspiels 22.

Marterstieg, Max, Theater♛, ⊙, ⊛, ✠, GHofR., Intendant a. D. Gräfelfing b. München. (Weimar $^{11}|_{2}$ 53.) **B**: P. A. Wolff 79; Demetrius von F. Hebbel, vollendet u. bearb. 93; Der Schauspieler, ein künstl. Problem 00; Giov. Segantini 04; Das deutsche Theater im 19. Jahrh. 04; u. a. **H**: Protokolle d. Mannheimer Theater 90; Jahrb. d. bildenden Kunst 02, 03. ()

Marti, Hugo, SES., Dr. phil., Literar. Redakt. d. „Bund". Bern, Schweiz, (Basel $^{23}|_{12}$ 93.) **B**: Das Haus am Haff, R. 22; Das Kirchlein zu den sieben Wundern, Legenden 22; Balder, E. 23. *

Martin, s. Lübecke, Ed. Friedr.

Martin, Anton Karl, Rom., ⊙, ✠, ∴. Berlin, z. Zt. auf Reisen. (Wien $^{13}|_{6}$ 84.) **B**: Die hl. Liebe, R. 10; Der stille Sieger, G. 10, 2. A. 14; Ikarus, Dr. 14; Das Wunder der Beate, Kom. 14. **H**: Der klingende Garten 11. ()

Martin, Ernst, ⁄, Dramaturgie, Kritik, Intendant des Stadttheaters, Herausgeber d. „Saarbrücker Blätter f. Theater u. Kunst". Saarbrücken, Im Heimgarten 17. (Möckmühl, Württbg. $^{19}|_{3}$ 91.) **B**: Die Ausgestaltung d. volkstüml. Theaterwesens in Württbg. 19; D. Schwank 21. **H**: Clemens Brentano: Zwei Erzählungen 20; Blätter d. Württemb. (Schwäb.) Volksbühne, Jahrg. I—III, 19—22.

Martin, Franz, ♛, Staatsarchivar, Konservator, Dr. phil. Salzburg, Nonnbergg. 3. (ebda $^{24}|_{9}$ 82.)

Maertin, Karl, ✠, Novelle, Werkmeister. Berlin-Wilmersdorf, Wilhelmsaue 7. (Anröchte, Kreis Lippstadt in Westf. $^{22}|_{2}$ 82.) **B**: Opfere 22. *

Martin, Kurt, ASB., SDS., Roman, Nov., ⊙, Dr. phil. et lit. h. c., Schriftst. u. Verleger. Weinböhla b. Dresden, Melanchthonstr. 19 (Hof i. B. $^{9}|_{8}$ 91.) **B**: Der Fall Tolstikoff, R. 17, 5.—10. A. 21; Die beiden Ehen des Edgar Hallinger, R. 18, 3.—5. A. 21; Das Glück des Lebens, R. 20, 3.—5. A 21; Die Liebe der Christine Klawonn, Sch. 20, 3. A. 21; Die Schuld der Anna Huller, R. 21; Die Novellen des Todes, N. 23; Eva, ein Buch der Liebe, N. u. Dchtgn.; Hjalmar Nylander und die Mädchen, R. 23.

Martin, Frl. Marie, StudR. a. d. Elisabethanstalt. Berlin-Friedenau, Wielandstr. 35. (Niedermeiser, Kr. Hofgeismar $^{26}|_{4}$ 56.) **B**: Die Psychologie der Frau 04; Aus der Welt der deutschen Frau 05; Wahre Frauenbildung 05; Deutsches Heimatglück 16, 50.—60. T. ()

Martinak, Edu., Ψ, ∴, ✠, Dr. phil.,

o. UP., Hofrat. Graz, Alberstr. 7. (Warasdin $^{5}|_{9}$ 59.)

Marwein, Wolf, s. Weinberg, Marg.

März, Friedrich, s. Schindler, Wladimir.

Mascha, Ottokar, ♘, Dr. jur. Wien, XIII/9, Wambacherg. 14. (Pilsen $^{7}|_{8}$ 52.) W: Félicien Rops u. sein Werk 10; Österreichische Plakatkunst 15.

Maser. Fritz, ⊙, ✠, ♛, Dr. phil., Red. in Wolffs Telegraph.-Bureau a. D., Presseref. i. Minist. d. Inn., Hrsg. d. „Einwohnerwehr". Berlin-Friedenau, Stubenrauchstr. 59. (Lagos, WAfr. $^{4}|_{1}$ 61.) W: Adalgunde, E. 88, 2. A. 89; Nordlandskönigin, Tr. 89; Die Zahlbilder d. erst. Kreuzzuges 91; Deponirt, Tr. 92; Glückträger, Tr. 93; Den Manen Schillers, G. 05; Schwabenspiegel 06; D'Schulteswahl, Lsp. 06; Zeppelin und Leutle vom See, Lsp. 08; Die beiden Hugendubel, Lsp. 10; Durch, Husaren-Lsp. 11; Heimatklänge, G. 11; Deutschendämmerung, kulturgeschichtl. Erz. 22; Astralbriefe, satirisch-humoristische Beiträge z. Zeitgesch. 23; Neue Wahrheit (Religionsphilosophische Arbeit) 23.

Maß, Frau Hedwig, geb. Rodatz, Roman, Frau Oberbürgermeister. Stralsund, Hohe Uferstr. 1. (Ostorf b. Schwerin $^{22}|_{11}$ 78.) W: De Königsschuß in Vollentin, R. 17; Unkel Hinrich, R. 20, 2. A. 22. *

Maß, Konrad, Nov., Rom., Oberbürgermeister a. D. Stralsund, Hohe Uferstr. 1. (Anklam $^{16}|_{11}$ 67.) W: Pommersche Gesch. 99; Goldschmuck v. Hiddensee 02; Haus Stavenhagen 02; Sylvia 03; Dörch Blaumen un Nettel 03; Mönch v. Pudagla 04; Die Praxis des Gewerbegerichts f. d. Stadtkreis Stettin 07; Vom Meeresstrande, Nn. 07; Mutterliebe, N. 08, 2. A. 12; Vom Glauben u. Glaubenszwang, Bekenntn. e. Laien 09; Zum Licht, R. 10; Deutschtum u. Erziehg. 11, 2. T.; Neue Ziele, neue Wege, e. Vorschlag z. Hebg. d. Jugendnot 12; Reiseführer durch Rügen 13; Aus Sturm u. Not, Erz. 14; Von de Waterkant, Nn. 14; Wofür sie starben, e. Weckruf zu soz. Arbeit 17; Allerlei Lüd, Nn. 19; An den Externsteinen, R. 20, 2. A. 22; Deutsche Kraft, R. 23.

Massé, Frl. Grete, ASV., ✠, Kritik, Nov., Roman, ♜. Hamburg, Grindelallee 165. W: Und draußen war Krieg ... 15; Das Rubinhalsband 16; Enkel der Unsterblichen 16.

Massow, Wilh. v., BP., PA., RP., Politik, Hauptm. a. D. Berlin-Halensee, Nestorstr. 16. (Woblanse $^{8}|_{8}$ 55.) W: Aus Krim u. Kaukasus 02; Die Polennot im deutsch. Osten 03, 2. A. 07; Die deutsche innere Politik unter Kaiser Wilhelm II. 13; Wie steht es mit Polen? 15; Wer trägt die Schuld? 21. H: Fürst Bülows Reden I 10, II 11, III 13, IV 14, V 15.

Mataja, Frl. Emilie (Ps. Emil Mariot), DÖSchG., Roman, /, Nov., Skizze. Wien III/1, Arenbergg. 1. (ebda $^{20}|_{11}$ 55.) W: Familie Hartenberg, R. 82, 3. A. 95; D. geistliche Tod, R. 84, 12. A. 16; Novellen 87 II, 2. A. 97; D. Unzufriedenen, R. 88, 3. A. 08; Mod. Menschen R. 94, 2. A. 00; D. Starken u. die Schwachen u. a. Nov. 94, 3. A. 99; Caritas, R. 95, 6. T. 19; Junge Ehe, R. 97, 8. A. 14; Der Heiratsmarkt, Sittenb.; Gretes Glück, Sch. 97; Auferstehung, R. 98, 5. A. 16; Tiergeschn. 99; Schlimme Ehen, Nn. 01, 2. A. u. d. T.: Meine Frau u. Anderes 10; Menschlichkeit, R., 1.—4. A. 02; Anständige Frauen, R. 06, n. A. 13; Sterne, Nn. 08; Heinz Henning, R 11; Kinderschicksale, Skn. 12; Der abgesetzte Mann, R. 16; Das Sündengesetz, R. 20.

Mathar, Ludwig, Romanschriftsteller, Dr. und Studienrat. Köln, Worringer Str. 30. ($^{5}|_{6}$ 82.) W: Die Monschäuer, R. 22; Das Glück der Oelbers, R. 23; Unter der Geißel, R. 24; Der Niederrhein, Bilder von Land und Kunst (Erster Band des achtbändigen Heimatwerkes „Die Rheinlande") 22; Die Mosel, Bilder von Land, Volk und Kunst (Zweiter Band der „Rheinlande") 24. *

Mathern, Carl, ⊙, Kritik, Plauderei, Red. a. Gen.-Anz. Frankfurt a. M., Schillerstr. 19 I. (Homburg v. d. H. $^{2}|_{2}$ 81.) W: Schach Matt, Schw. 10; Das Kind, Schw. 11; 777:10, Turf-Schw. (m. O. Schwartz) 13; Berlin an der Themse, P. (m. dems.) 13; Halt! Wer da? Küch.- u. Kasernen-Schw. 14; Jungges-Dämmerung, Lsp. 14; Riese Goliath, Lsp. 15; Die drei Zwillinge, Schw. 16; Wer niemals e. Rausch gehabt, Schw. 17; „1919", Schnurre 20 (alle m. Impekoven); Peterle, Lsp. 20 (m. Sachs); Ehezauber Lsp. 21; Lustige Vagabunden, P. 21; Mohrenwäsche, Lsp. 22; Meisterboxer, Schw. 22; Blonde Scheidungsgrund, Schw. 23; Hamlet in Krähwinkel, Bst. 23.

Mathies, Paul v., (Ps. Ansgar Albing), (k.), ✝, Religions⁂, Belletristik, Dr., päpstl. Hausprälat, Msgr. Genf, Avenue du Mail 24. (Hamburg $^{12}|_{8}$ 68.) W: Moribus Paternis. Erz. 98, 3. u. 4. A. 10 II; D. Pessimist, R. 99 II, 2. A. 08; Gedichte 05; E. seltsame Verbindg., R. 07; Frühling im Palazzo Caccialupi u. a. Geschn. 07 II; Gräfin Wera, R. 15. ()

Matschoß, Alexander, Dr. phil., Stud.-Rat. Waldenburg i. Schles., Fürstensteiner Str. 2. (Neutomischel $^{1}|_{8}$ 79.) W: Kriegseindrücke eines 212ers, KriegsGed.

18; Der Kulturschutzpark, e. Tier- und Menschheitsgeschichte 19; u. a.

Matthaei, Adelbert, Kunst♛, Dr. phil., GRegR., THSchP. Danzig. (Heidegersdorf i. Schl. $^{4}|_{7}$ 59.)

Matthes, Alfons, ∴, ⚘, ♥, ⊙, Rom., Nov. Berlin SW 47, Kreuzbergstr. 22. (Ob.-Glogau $^{18}|_{8}$ 67.) B: Diotima, drei Bücher d. Liebe, R. 91; Das Bild der Welt, Grundriß u. Einleitg. 94; Das Urbild Christi: Lehre, Charakter, Leben u. Nachwirkung 97; Mignon, Ein Seelenaufschluß 01; Jung-Goethe, Lsp. 11. H: Marq. Matthes, Gedichte 07. ()

Matthes, Erich, Verlagsbuchhändler. Hartenstein i. S. (Neuhausen, Bez. Dresden $^{3}|_{8}$ 88.) B: Alte deutsche Volksballaden 12; Hans Sachs Fastnachtsspiele 18—20 IX; Das Buch Maria 21.

Matthes, Jos. Friedr., ♥, ⊙, Chefred. Aschaffenburg. ($^{10}|_{2}$ 86.) B: Gedichte u. Gedanken 07; Herodes, Frau Marion, Dr 09: Der Jünglingsredakteur, Tageb. 09; Kriegsgedichte 14, 3. T.; Ich hatt' einen Kameraden, Lsp. 15; Ein Tagebuch, Kammerspiel 15; Die große Flucht, Dr. 15; Pädagogische Sünden im Beichtstuhl, 10. T.

Matthey, Frau Maja, ♥, /. Zürich 8, Dufourstr. 169. (Halver in Westf. $^{8}|_{9}$ 72.) B: Tessiner Novellen 05, 3. A. 06; Die guten Willens sind, Tessiner R. 10; Die Stadt am See, Zürcher R. 13; Der Pfarrer von Villa, R. 18; Im Atem der Sonne, Rn. 19; Heilige u. Menschen, R. 21. ()

Matthias, Leo, Dr. jur. Berlin-Wilmersdorf, Prinzregentenstr. 93. (Berlin $^{16}|_{1}$ 93.) B: Der jüngste Tag, groteskes Dr. 14, 2. A. 20: Die Entfesselung 21; Genie und Wahnsinn in Rußland 21; Die Partitur der Welt 21; Klavier, Komödie 22. H: Die Schriften Fr. H. Jacobis 24.

Matthias, Th., ♛ d. deutsch. Spr. u. Lit., Dr. phil., Prof., ObStudR., Rektor des RealGymn. Plauen i. V., Bärenstr. 59 II. (Bernstadt i. S. $^{7}|_{9}$ 59.) B: Sprachleben u. Sprachschäden 93, 5. A. 21; Kleiner Wegweiser durch d. Schwierigkeiten u. Schwankungen d. deutsch. Sprachgebrauchs 96, 4. A. 13; Aufsatzsünden 97, 5. A. 17; Katechismus d. guten Deutsch 98; Ausführl. Wörterb. d. deutsch. Rechtschreibung 98, 3. A. 04; Bismarck als Künstler, e. sprachl.-psychol. Studie 01. H: Herders Werke 03 V; H. Riehl: Land und Leute 95, 3. A. 10; Bürgerl. Gesellsch. 95, 2. A. 08; Familie 96, 2. A. 11; 6 Nov. 01, 2. A. 06; Herder: Auff. z. griech. Kunst 01, Ursprg. d. Sprache 00, Werke 03 V; Goethe, d. Heinemannsch. Ausg. 7., 18. u. 20. Bd.; W. H. Riehl, D. Fluch d. Schönheit; Am Quell d. Genesg., d. „Gerechtigk. Gottes" (in O. Lyons deutsch. Dichtern d. 19. Jh.); J. Grimm, Reden üb. d. Alter u. Auf Schiller 04; Fortsetzg. von F. Schultz, Meditationen, Heft 10—14 06/07; Handbuch der deutschen Sprache I 07, II 08; Deutsches Leben im Spiegel dtsch. Schulreden 09; Wagners Meistersinger 12; Der deutsche Gedanke bei Jakob Grimm 15; Lessing, Werke 23 VIII; Lessing, Dichtungen 23 II.

Matthießen, Wilhelm, Dichtg., ♛, ∴, ⚘, Dr. phil. München, Hofenfelsstr 55. (Gemünd $^{8}|_{3}$ 91.) B: Hans der Räuber 19; Der Himmelsküster 20; Regiwissa 20; Abenteuer d. „Weltdetektivs" Kabeuschen 20/21 ff. IV MitH: Theophrastus Paracelsus, 12 Bde.

Mattl-Löwenkreuz, Baronin Emanuela, s. Dürfeld.

Mauch, Theod., PA., ♥, /, Lit.-Krit. Stuttgart, Reinsburgstr. 160. (Göppingen $^{1}|_{4}$ 63.) H: Schiller-Anekdoten 05.

Mauer, Hans auf der, s. Klob, Karl Maria.

Mauermann, Siegfried (Ps. Hermann Walther), DB., ♥, ⊙, Dr. phil., Schriftl. d. Ztschr. „Das Graue Kloster". Berlin-Friedenau, Albestr. 18. (Berlin $^{6}|_{11}$ 84.) B: Ein moderner Werther, N. 06; Gesch. d. Grauen Klosters 09; Verzichten ist Sünde, N. 10; Die Bühnenanweisg. i. deutsch. Drama 11; Diogenes auf d. Redoute, Lsp. 14; Auf d. dunklen Erde, Dr. 20. H: Der Richtige Berliner 11, 8. A. 21; Wielands ges. Schriften (Preuß. Akademieausg.) I, 7 11; Norbert Hillner, Feldpostnachr. 15.

Maulbecker, Maximilian, SDS., Hrsg. d. „Nova-Korrespondenz". Berlin-Friedenau, Moselstr. 12. (Germersheim $^{26}|_{3}$ 86.) B: Seine Majestät Mars; Leitstern für Auswanderer; Der rote Sumpf; Die Türme des Schweigens; Ein Hasser des Menschengeschlechts; Krone u. Kapital; Das brasilianische Weiberrätsel; Der Fall Erler; Nächte des Grauens; Die Zweimillionen-Dollarpolice.

Maurenbrecher, Max, Dr. phil., Leiter d. Deutschen Zeitung. Berlin-Lichterfelde, Elisabethstr. 29. (Königsberg in Pr. $^{17}|_{7}$ 74.)

Mausbach, Jos., (k.), ✝, D., Dr., o. UP., P. Hausprälat. Münster i. W., Dompl. 29. (Wipperfeld $^{7}|_{2}$ 61.) B: D. kath. Moral u. ihre Gegner 11, 4. A. 13; Kernfragen christl. Welt- u. Lebensauffassung 03, 5.—7. A. 08; D. Ethik d. hl. Augustinus 09 II; D. Geist Dantes und unsre Kulturaufg. 21; u. a.

Maushagen, Hubert, RP., Politik, ♛, Dramaturgie, Musik♛, Chefredakteur des „Chemnitzer Tagebl." Chemnitz, Thea-

terstr. 8. (Kattowitz, Ob.-Schl. $^{13}|_{8}$ 83.) B: Rich. Wagners Parsifal 14; Der Aufstand in Posen (Ps. J. Lamla) 19; Die drei Fragen des Oberschlesiers 20.

Mausolf, Werner, dtsch. Lit., Dr. phil., Studienassessor. Bielefeld, Luisenstr. 12. (Thorn $^{8}|_{4}$ 95.) B: E. T. A. Hoffmanns Stellung zu Drama u. Theater 20.

Maußer, Otto, SDS., german. Ψ, Dr. phil., UP. München, Schellingstr. 5. (Grafenau $^{3}|_{10}$ 80.) B: Reimstudien zu Wigamur 07; Der Vokalismus des Altbayrischen 15 f. II; Deutsche Soldatensprache 17. H: Hist.-krit. Ausg. d. Oberammergauer Passionsspieltextes v. P. Ottmar Weiß 10; Satirische Bibliothek: I/II. Obermayr, Bildergalerie d. kathol. u. klösterlichen Mißbräuche 13 f.

Maußner, Karl, Kunst- u. Kulturpflege, Dir. d. Dtsch. Kulturarch., 1. Vors. d. Dtsch. Heimatbund. u. d. Vereinigg. f. dtsch. Wertbuchh., Verlagsbuchh. Berlin-Zehlendorf-West, Lessingstr. 2. (Bamberg $^{19}|_{7}$ 89.) B: Gedichte 08; Im Schloß zu Heidelberg, hist. Sch. 08; Uns. Zukunft 14, 5. A.; Zum neuen Reich, KriegsG. 15; Mozart 16; Walpurgisnacht od. Romantik 18; Die Jugendvolkshochschule 19. H: Dürer-Kalender für Kultur und Kunst, seit 12; Deutscher Heimatkalender, seit 15; Born der Jugend, s. 20; Das Füllhorn, s. 21; Der Bronnen, Jahrb., seit 22; Rundschau für Literatur und Kunst, Kritische Wochenschr. d. Vereinigung für deutschen Wertbuchhandel, seit 23.

Mauthner, Frl. Malwine (Ps. Malea-Byne), SDS., ASV., ✠. Wien XIX, Pet.-Jordan-Str. 32. (Komotau i. Dtsch.-Böhmen.) B: Die kleine Gottheit, R. 09; Märchen 23.

Max, Hero, s. Peter, E. Herm.

Max-Marten-Manfried, s. Martens, Amandus F. M.

Maximilian, s. Streese, Max.

Maxis, Emil, Skizze, Novellen, Märchen, Dr. phil. Breslau XVI, Piastenstr. 37 II. (Lipine, Oberschl. $^{16}|_{1}$ 81.) B: Tiefengold, R. 20.

May, Frank, s. Droescher, Otto.

May, Frl. Marie Therese, ✠, Erz, Nov., Lustsp., Jugendschr. Troppau, Östr.-Schles., Teichg. 7. (Bielitz $^{9}|_{1}$ 51.) B: Irene, R. 80; Fräulein Doktor, R. 81; Tiefverschleiert, R. 82; Klostergeheimnis 82; Mimosa, R. 83; Rätsel, R. 84; Unter d Königstanne, R 89, 2. A. 98; Wie es endete, R. 94; Kleines Volk, Erz. 95; Treue Seelen 01.

May, Richard, O, Rom., polit. Red. ausw. Ztgn., Schriftl. d. Ztschr. „Die deutsche Einheit". Berlin-Wilmersdorf, Landhausstr. 41. (Berlin $^{19}|_{6}$ 86.) B: Herrin Helga, Dr. 10; Prometheus' Erlösung, Dr. 11; Die Rouxillons, R. 14; Die Not der Hella Grawehn, R. 20.

Maydell, Walter v., Lyrik. Dorpat, Teichstr. 39. (Livland 85.) B: Gedichte 13.

Mayer, August L., DB., SDS., Ɒ-♛, O, Dr. phil., a. o. UP., Hauptkonservator d. Bayr. Staatsgem.-Sammlg. München, Ansbacher Str. 2. (Darmstadt $^{27}|_{10}$ 85.) B: Jusepe de Ribera 08, 2. A. 22; Die Sevillaer Malerschule 11; Geschichte der spanischen Malerei 13, 2. A. 22; El Greco 11, 3. A. 20; (m. Joh. v. Guenther) Don Gil von den Grünen Hosen nach Tirso de Molina, Lsp. 18; Grünewald 18; Alt-Spanien 20; Goya 22; Mittelalterl. Plastik in Spanien 22; Spanische Barockplastik 23; Mittelalterl. Plastik in Italien 23.

Mayer, Eduard v., Epik, ∴, Kritik, Kultur♛, Ɒ, Dr. phil. Locarno-Muralto, Tessin. (St. Petersburg $^{18}|_{8}$ 73.) B: D. Bücher Kains 99; Falsche Feuer, R. 02; Die Lebensgesetze der Kultur 04; Pompeji in s. Kunst 05, engl. 07; Die Seele Tizians 06; Technik u. Kultur 06; Mod. MA. 06; Fürsten u. Künstler 07; Lebenswerte 07; Herr v. Mensch, Narrenpredigten 11; D. Goethelüge 12; Die Zukunft d. Natur 14; D. Märchen d. Naturw. 07; Der Dienst d. Goldes 07; Priesterin Mutter (m. Elisar v. Kupffer) 07; u. a.

Mayer, Ferd., s. Mayer-Eschenbacher.

Mayer, Friedrich Arnold, Germanist., Theater♛, Dr. phil., RegR., ObBibl. d. Wiener Univ.-Bibl. i. R. Kassel, Kölnische Str. 32. (Wien $^{5}|_{11}$ 62.) B: Wiener Bühnenunwesen (Ps. F. Scenicus) 90; D. Monsee-Wiener Liederhandschrift (m. H. Rietsch) 96: Kasperl als Benefiziant 10; Die Bibliotheken u. Archive d. Theater Wiens I 14. H: Deutsche Thalia I 02; Aus den Papieren e. Wiener Verlegers (Leop. Rosner) 08.

Mayer, Gottlob, RP., ✠, Ästhetik, Hauptschriftl. v. „Reclams Universum". Leipzig-Marienhöhe, Wachauer Str. 9. (Stuttgart $^{6}|_{12}$ 68.)

Mayer, Karl (f. hochd. Schriften: Mayer-Freinberg), DÖSchG., Dialekt- u. hochd. ✠, literar. /. Linz a. D., Villa Edelweiß. (Steyr, Ob.-Östr $^{24}|_{8}$ 75.) B: Griasnockà 05; „'s Parádeisgsángl" 19. H: Hoamátgsang I 10, 3. A. 11, II 20; Josef Deutl's ausgew. Volksdichtgn. (m. A. Webinger) 16. ()

Mayer, Karl Leop., SDS., ✠, Dr. jur., Regierungsrat. Nowawes b. Potsdam, Eisenbahnstr. 3. (Berlin $^{9}|_{10}$ 80.) B: Im Waffenrock, G. 04; Von Helden, Bettlern u. Christus, Balladen u. Bilder

10; Der Raub der Europa, lyr. Dr. 13; Die Wolken, G. 20; Potsdamer Miniaturen, G. 22. H: Bismarck in deutscher Dichtung 14.

Mayer, Paul, SDS., ❀, Nov., Essay, Dr. jur., Lektor d. E.-Rowohlt-Verlags. Berlin W 10, Bendlerstr. 25/26. (Köln a. Rh. $^{1}|_{11}$ 89.) B: Wunder und Wunder, G. 13; Masken und Martern, G. 14; Die Erweckung, N. 19; Vox humana, G. 20; Der Kreuzzug, G. 22.

Mayer, Theodor Heinrich, BF., Belletristik, Dr. Steinhaus am Semmering, Steiermark. ($^{27}|_{2}$ 84.) B: Herbstlied, Nn. 10; Von Maschinen u. Menschen, Nn. 15; Sport, Nn. 20; Typhus. R. 20; WJR, Dr. 21; Film, Nn. 21; Rapanui, R. 21; Prokop d. Schneider, R. 22.

Mayer, Wilhelm (Wilhelm Herbert), SDS., DB., Münchner Journalisten- u. Schriftstellerverein, Roman, ◯, ❀, Novelle, Skizze, Märchen, Landgerichtspräs. München, Rumfordstr. 7 IIr. (ebda $^{11}|_{1}$ 63.) B: Um einen Tag, R. 20; Starnberg, R. 19; Schritte hinter ihm, R. 19; Stehauferl, R. 22; 25 Bräute, R. 23; Spitzwegpfeiferl, R. 23; Corpus delicti, R. 00. *

Mayer-Bergwald, Frl. Anna, Dialekt-❀, relig. ❀, Dorfgesch., Märch., alp. Reiseschild. Frauenchiemsee, Oberbay. (Ansbach $^{11}|_{5}$ 52.) B: Aus meiner Wandermappe, Oberbayer. Dorfgesch.: Am Weg brockt; Alpenluft; Bergwelt u. Bergvolk; Text zu e. Kaulbach-Album; Chiemseebilder; Aus dem Frankenlande: Werdenfelser Land und Volk.

Mayer-Eschenbacher, Ferdinand, CC., ❀. Wien XIII, Auhofstr. 206. (ebda $^{21}|_{5}$ 78.) B: Wenn die Stunde spricht 16; Ahnung u. Erfüllung 19; Ausgewählte Dichtungen 21; Offenbarung und Befreiung 23; Erzählungen 23.

Mayer-Freinberg, s. Mayer, Karl.

Mayer-Koy, Josef, (Ps. Sixt Koy), PA., Politik, ▣, ♛, Red. München, Wilh.-Düll-Str. 5. (Flintsbach $^{8}|_{3}$ 87.)

Mayerhofer, H., s. Graedener, Hermann.

Mayne, Harry, Lit. ♛, deutsche Ψ, Kritik, Dr. phil., o. ö. UP. Bern, Sulgeneckstr. 8. (Berlin $^{6}|_{9}$ 74.) B: Uhlands Jugenddichtg. 99; Ed. Mörike, sein Leben u. Dichten 02, 2. A. 13; Goethes „Wilhelm Meister" u. Erzählgn. (krit., komment. Ausg. v. Heinemann, Bd. X u. XI) 04; Immermanns Werke (krit., komment. Ausg.) 06 V; Gesch. d. deutschen Goethe-Biographie 06, 2. A. 14; Uhlands Gedichte (Pantheon-Ausg.) 07; Mörikes Werke (krit., komment. Ausg.) 09, 2. A. 14 III; D. altdeutschen Fragmente v. König Tirol u. Fridebrant, e. Untersuchg. 10; Goethe, Wilh. Meisters theatralische Sendung: a) Festgabe d. Univ. Bern an d. Univ. Berlin 10, b) Weimarische Sophien-Ausg. Bd. LI u. LII 11, c) Ausg. f. Bibliotheken 11, d) Volksausg. 11; Dichtung u. Kritik, e. Rechtfertigg. d. Literaturwissenschaft 12; Mörikes Gedichte in Auswahl (Insel-Bücherei) 13; Detlev v. Liliencron, e. Charakteristik d. Dichters u. s. Dichtungen 19; G. Keller 1819—1919 (akadem. Festvortrag) 19; Th. Fontane 20; Immermann, Der Mann u. sein Werk 20; G. Kellers Werke (kritisch durchgesehene u. erläuterte Ausgabe) 21/22 VI; Einleitungen zu Sonderausgaben von C. F. Mayers „Jenatsch", „Heiligen" u. „Pescara" 22 III; G. Keller, S. Leben u. Dichten 23; Albr. v. Hallers Gedichte (kritisch durchgesehene Ausgabe nebst e. Abhandlung: „Haller als Dichter") 23. H: Sprache u. Dichtung, Forschg. z. Sprach- u. Literaturwissenschaft (m. S. Singer) I—XXVIII 10—23; D. Schweiz i. deutschen Geistesleben. E. Sammlung n. Darstellungen u. Texten 22/23 I—XXV.

Mayr, Hans, Wanderbücher, Privatlehrer f. klass Sprach. München, Barerstr. 11. (Ingolstadt $^{4}|_{2}$ 71.) B: Frührot, G. 98; Gedichte 06; Vertrautes Land 10, 2. A.; Bayrische Wanderschaft 16, 4. A.; Alte bayrische Erde 21.

Mayr, Frl. Hetta, SDS., ❀. Hergershausen, Kreis Dieburg, Hessen. (Rangun, Hinterindien $^{7}|_{2}$ 79.) B: Gleichnisse und Legenden, Dchtg. 12; Messiade, Dchtg. 21. *

Mayreder, Frau Rosa, geb. Obermayer, Nov., Essays, ❀. Wien IV, Schönburgstr. 15. (ebda $^{30}|_{11}$ 58.) B: Der Corregidor, Operntextbuch 96; Aus meiner Jugend, N. 96; Übergänge, N. 97; Idole, R. 99; Pipin, R. 03; Z. Krit. d. Weiblichkeit, Ess. 05, 3. A. 11; Zwischen Himmel u. Erde, Son. 08; Der typische Verlauf sozialer Bewegungen 17; Die Frau u. d. Internationalismus 21; Fabeleien 21; Geschlecht und Kultur, Essays 23.

Mayrhofer, Johs., ◯, Nov., Lit. ♛, Reiseschilderg., Vortragsredner. Regensburg, Stahlzwingerweg 23 I. (Hamburg $^{8}|_{11}$ 77.) B: In verlorenen Augenblicken 03, 2. T. 23; D. Mutter Vermächtnis, N. 03, 6. T. 20; Seleukus und Stratonike, Sch. 04; Die Welt der Kulissen, Theaterstudien 07; Im Abendstrahl, G. 07, 2. T. 23; Du meine Göttin! G. 08, 3. T. 23; Christ oder Antichrist! Sch. 08; Gebr. Plaswich, Erz. 08, 6. T. 20; In der Jasminlaube, R. 09, 3. T. 20; Was die Alster rauscht, Skn. 10,

6. T. 20; Henrik Ibsen 11, 3. T. 21; Der kleine Abenteurer, Erz. 11, 8. T. 21; Moderne Irrlichter: I. Kant 11, II. Schopenhauer 12; Nordische Wanderfahrt 13, 4. T. 19; Zauber des Südens 13, 6. T. 21; Jens Peter Jacobsen, sein Leben und s. Werke 14; Durch Länder u. Meere 15, 6. T. 20; Spanien 15, 12. T. 21; Türk. Lenzestage 16, 9. T. 17; SJ., JesuitenR. 16, 17. T. 22; Der Kaiser d. Sonnengottes, R. 17, 12. T. 21; Unter uns Barbaren, Briefe aus dem Weltkrieg 17; Dilettanten der Liebe, R., 5. T. 19; Die Ideale d. Schulmeisters, 4. T. 20; Tagebücher eines Weltenbummlers, 3. T. 20. **H**: Petermann, Blüten, die der Sturm verwehte, G. 20, 5. T. 21. **Ue**: Jörgensen: Reisebilder aus Nord u. Süd 07; U. L. Frau v. Dänemark, R. 08, 5. T. 22; Beuron 09, 8. T. 13; In excelsis 10, 5. T. 22; Eindrücke u. Stimmungen 13; Meine Weltanschauung 13; Dechevrens, Nazareth u. d. Gottesfamilie in d. Menschheit 09; Svensson: Aus Islands alten Schätzen I 09, II 10: Zwischen Eis u. Feuer, e. Ritt durch Island 11, 4. T. 20.

Mazakarini, Leopold Phil., (k.), ♥, ○, /, Bürgerschullehr. **Wien XI**, Simmeringer Hauptstr. 9. (ebda $^{13}|_{9}$ 78.) **W**: Stille Pfade, G. 98; Parricida, E. 07; Peter, R. 09; D. Baßgeigen-Michl u. a. Geschn. f. die Kinder 10; D. Hetzprophet, R. 10; Der Sargmacher, R. 11.

Meckauer, Walter, DB., SDS., RP., ○, ♥, ∴, Ästhetik, Dr. phil., **Garmisch** (Bay.), Postfach 61. (Breslau $^{13}|_{4}$ 89.) **W**: D. Intuitionismus u. s. Elemente b. Henri Bergson 16; Die Bergschmiede, Nn. 16, 3. A. 20; Der Höllenfahrer, Nn. 17; Der heimliche Sinn, G. 17; Genosse Fichte, Lsp. 19; Das glückhafte Schiff, Lsp. 20; Der blonde Mantel, Dr. 20; Begegnungen mit einem Faun, Nn. 20; Wesenhafte Kunst, 20; Herr Eßwein, Erz. 22.

Medem, Frl. Emma, Erzählungen, Märchen, Vaterländische Gedichte, Rote-Kreuz-Schwester. **Greifswald**/Pomm., Bismarckstr. 39 I. (Marienwerder, Westpreußen $^{1}/_{8}$ 79.) **W**: Knecht Ruprecht u. a. M.; Allermann, Der Osterhase, M. *

Meder, Joseph, Kunst♔, HofR., Dr. phil., Dir. d. graph. Sammlung „Albertina" i. R. **Wien XVIII**, Haizingerg. 49. (Lobeditz $^{10}|_{8}$ 57.) **H**: Handzeichnungen alter Meister aus d. Albertina u. and. Sammlgn. Igg. I—XII (1896—1908) u 1 Bd. Text, neue F. I 22. **W**: Neue Beiträge z. Dürer-Forschg. 02 u. 12; Geschichte d. Lithogr. in Österr. 04; Das Büchlein vom Silberstift 10; Leben u. Meinungen e. Bauernjungen 18; Die Handzeichnung, ihre Technik u. Entwicklung 19, 2. A. 23. **H**: Albertina-Faksimile, 4 Mappen 21—23; Die Grüne Passion 23.

Meder, Paul, Roman, ○, Pastor. **Axien**, Kr. Torgau. (Pr.-Stargard $^{3}|_{9}$ 72.) **W**: Vom Forsthaus zum Grafenschloß, Erz. 04; D. Jagdeinladg., Lsp. 05; Die Retter, Lsp. 06; Ein Übermensch, R. 11; Liebe macht erfinderisch, Lsp. 12; Flammen, Erz. 13; Das heilige Muß, Sch. 13; D. Genesung, Sch. 13; Die Heimkehr, Sch. 14; Die Schmuggler, Sch. 14; Der Brandstifter, Sch. 14; Auf der Studentenbude 14; D. Geburtstagsfreude, Lsp. 14; Ohne Gott, Sch. 20; Hagel, Sch. 20; Gebrochener Starrsinn, Sch. 20; Des Vaters Schuld, Sch. 22; Kein Baum wächst in den Himmel, Vst. 23; Konkurrenz, Sch. 23.

Medicus, Fritz, ∴, Dr. phil., Prof. a. d. Eidg. THSch. **Rüschlikon** b. Zürich. (Stadtlauringen $^{23}|_{4}$ 76.) **W**: Kants Philosophie der Geschichte 02; J. G. Fichte, 13 Vorlesungen 05; Fichtes Leben 14, 2. A. 22; Die Kulturbedeutung des deutschen Volkes 15; Grundfragen d. Ästhetik 17; Cuno Amiets Jungbrunnen 21. **H**: J. G. Fichtes Werke, Ausw. 08—12 VI, 2. A. 22ff. VI.

Meebold, Alfred, Nov., Rom. **Heidenheim** a. d. B. (ebda $^{24}|_{9}$ 63.) **W**: Vox humana 97; Allerhand Volk, Nn. u. Skn. 00; Luzies Testament, R. 01; Sarolta, R. 04; D. Erwach. d. Seele, R. 07; Indien 08; Der Weg zum Geist 17, 2. A. 20. ()

Meer, W. v., s. Hengst, Wilh.

Meerwald, Alois, ♥, ○, Buchhalter. **Krumau**, Südböhmen, Obertor 19. ($^{28}|_{4}$ 86.) **W**: Gedichte aus d. Kriegsgefangenschaft 20; Ein Hexenkind, Dr. 21.

Megede, Marie zur, s. Hartog, Marie.

Mehlis, Georg, ∴, Dr. phil., a.o. UP. **Freiburg** i. B., Schwimmbachstr. 28. (Hannover $^{8}|_{3}$ 78.) **W**: Schellings Geschichtsphilosophie 06; Die Geschichtsphilosophie Aug. Comtes 09; Lehrbuch d. Geschichtsphilosophie 15; Gestalten d. Krieges; Einführung in ein System der Religionsphilosophie 17; Probleme der Ethik 18; Über Formen der modernen Lyrik und Epik 22; Die deutsche Romantik 22; Spinoza 23.

Mehrens, Otto, Dichtg., Kritik, Lit.♔. **Frankfurt** a. M.-Rödelheim, Winterstr. 18. (Frankfurt a. M. $^{22}|_{6}$ 88.) **W**: Aus m. Mappe, G. 08.

Mehring, Walter, Satire, ♥, Kultur♔. **Berlin W**, Magdeburger Str. 20. (ebda $^{29}|_{4}$ 96.) **W**: Das politische Cabaret 20; Das Ketzerbrevier 21; Wedding-Montmartre 22. *

Mehringer, Friedrich, Nov., ⚜, Lehr. München, Heßstr. 27 I. (Nördlingen $^{26}|_{8}$ 00.) B: Verdammnis, 5 Nn. 19; Dämmerung, 5 Nn. 22; Aus schwarzen Gärten, G. 23.

Meidner, Ludwig, hymnische Dichtgn. Berlin W 30, Motzstr. 55. (Bernstadt, Schles. $^{18}|_{4}$ 84.) B: Im Nacken das Sternemeer 18; Septemberschrei 20; Autobiograph. Plauderei 23; Einkehr 23.

Meier, John, germ. Ψ, Dr. phil., o. HonUP. Freiburg i. B., Silberbachstr. 13. (Bremen $^{14}|_{6}$ 64.) B u. H: Bergreihen, e. Liederb. d. 16. Jahrh. 92; Hallesche Studentenspr. 94; Köhler, Volkslieder v. d. Mosel u. Saar I (Texte u. Anm.) 96; Basler Studentensprache 10. B: Kunstlied u. Volkslied in Deutschl. 06; Kunstlieder im Volksmunde, Materialien u. Untersuchgn. 06; Werden u. Leben des Volksepos 09; Das deutsche Soldatenlied im Felde 16; Volksliedstudien 17; u. a. ()

Meier, Paul Jonas, Kunst♛, Archäol. u. Numismatik, Dr. phil., Museums-Dir. Braunschweig, Husarenstr. 43. (Magdeburg $^{22}|_{1}$ 57.) B: Quaestiones selectae de gladiatura Romana 81; Beitr. z. Brakteatenkunde d. nördl. Harzes 89/92; (m. K. Steinacker) Bau- u. Kunstdenkmäler d. Herzogt. Braunschweig 96—22 VI und Beschreibg. d. Bau- u. Kunstdenkmäler der Stadt Braunschw. 06; Braunschweig (Stätten d. Kultur) 10; Werk und Wirken des Meisters Konrad von Soest 21; Niedersächsischer Stadtatlas, I (Braunschweigische Städte) 22; Goslar (Historische Städtebilder).

Meier, Siegfried, SDS., Erz., Weingroßhändler Königsberg i. Pr., Luisenallee 61. (ebda $^{8}|_{10}$ 68.) B: Die Laima rief, R. 12; Der Weg d. gesegneten Geister, R.

Meier-Graefe, Jul., Roman, Kunst ♛. Berlin-Schlachtensee, Seestr. 4. (Resitza $^{10}|_{6}$ 67.) B: Felix Vallotton; 97 Edouard Manet u. sein Kreis 02; Der moderne Impressionismus 02; Entwicklgsgesch. der modernen Kunst, Beitrag zu ein. neuen Ästhetik 04 III; Der Fall Böcklin u. d. Lehre v. d. Einheiten 05; Corot und Courbet 05; Der junge Menzel 06; William Hogarth 07; Impressionisten (Guys, Manet, van Gogh, Pissaro, Cézanne) 07; Die großen Engländer 08; La Collection Chéramy (mit Klossowski) 08; Eine Reise nach Spanien 09 II; Adam u. Eva, Dr. 09; Hans von Marées, Bd. II 09, Bd. I u. III 10; Auguste Renoir 11; Orlando u. Angelica, Puppensp. 12; Edouard Manet 12; Wohin treiben wir? 13; Eugène Delacroix 13; Neue Entwicklungsgesch. I/II 14; Cézanne und sein Kreis 18; Der Tschainik, Erz. 18; Heinrich, der Beglücker, Lsp. 18; Degas 20; Die reine Farbe, Dr. 20; Vincent van Gogh, 2 Bde. 21, engl. 22; Geständnisse meines Vetters, N. 23; 3. Bd. der neuen Entwicklungsgeschichte 23. H: Germinal, Die Weltausstellg. in Paris 00; Ganymed, seit 18; Die Werke der Marées-Gesellschaft, seit 17.

Meinecke, Friedrich, ♛, Dr. phil., o. UP., GRegR. Berlin-Dahlem, Am Hirschsprung 13. (Salzwedel $^{30}|_{10}$ 62.) B: D. Zeitalter d. deutsch. Erhebg. 1795—1815 06, 2. A. 13; Weltbürgertum u. Nationalstaat 08, 5. A. 19; Von Stein zu Bismarck, 2. A. 08; Radowitz u. d. deutsche Revol. 13; Die deutsche Erhebg. v. 1914, 11.—15. A. 15; Probleme d. Weltkrieges 17; Preußen u. Deutschl. i. 19. u. 20. Jahrh. 18; Nach d. Revolution 19. ()

Meinecke, Wilhelm, ASV., O, Nov., ⚜. Halle a. d. S., Gesenlusstr. 7. (Neinstedt $^{4}|_{2}$ 77.) B: Burgscheidungen, Dr. 10.

Meinen, Johs., s. Koch, Julius.

Meinhart, Roderich, s. Müller-Guttenbrunn, Roderich.

Meinhold, Paul, deutsche Lit.♛, Dr. phil., Prof. am Kgl. Wilhelms-Gymnas. Stettin, Derfflingerstr. 3 I. (Cammin i. P. $^{7}|_{1}$ 60.) B: Aus Arkonas Fremdenbüchern 07; Ernst Moritz Arndt 10; Wilhelm II., 25 Jahre Kaiser u. König 12, 4. A.; Bismarck u. Goethe 15. **Bearb:** Schäfer u. Krebs, Hilfsbuch f. d. evangel. Religionsunterricht I 13, II 15.

Meinke, Hanns, O, Dchtg., Lehrer. Kammermark b. Falkenhagen, Ost-Priegnitz. (Straßburg, Uckermark $^{12}|_{3}$ 84.) B: Masken des Marsyas, 6 Holzschn. u. 6 Sonette 10; Stimme im Sturm 15; Merlin, e. Prolog 18; Leonardo 18; An Allegra 19, 2. A. 21; D. drei Sonettenkränze 18, 2. A. 21; Schall d. Nacht 19; Flucht d. Dionysos 19; Terzinen; Widmungen 22; Zarathustras Geburt 22; Gesichte und Gesänge des Kindes Merlin 22.

Meisels, Samuel, Rom., Nov., O, Essay, Hrsg. d. Ztschr. „Die Neuzeit". Wien IX, Eiseng. 28. (Przemysl $^{9}|_{12}$ 77.) B: Westöstliche Miszellen 08; Das Liebeslied, R. 17; Kaddisch, Sch. 20; Daniel Wurmser, N. 21; Deutsche Klassiker im Ghetto 22; Dante und Manoello 23. **Ue:** Das Gottesgericht, Dr. 05; Ruchele, R. 08.

Meisinger, Othmar, Deutsche Mundarten, Volkslied, Dr. phil., Prof. am Mädchenrealgymn. Heidelberg, Römerstr. 45. (Rappenau $^{29}|_{11}$ 72.) B: Wörterbuch d. Rappenauer Mundart 06; Volkskunde von Rappenau 06; Volkswörter u. Volkslieder aus dem Wiesental

07; Volkslieder aus d. bad. Oberland 13; Oberbad. Volksliederbuch 13; Gloria Viktoria, aus d. Leben unseres Soldatenliedes 15; Bilder aus der Volkskunde 19; Liederbuch des Odenwaldclubs 22.

Meisl, Josef, Dr., jüdischer Historiker. Berlin-Halensee, Halberstädter Str. 3. (Brünn 30/5 82.) B: Die Juden im Zartum Polen 16; Heinrich Graetz. Eine Würdigung des Historikers und Juden 17; Haskalah 19; Gesch. d. Juden in Polen und Rußland I 21, II 22. *

Meisner, Heinr. Otto, ♛, Dr. phil., Staatsarchivar, Red. Charlottenburg, Goethestr. 79. (Berlin 1/4 90.)

Meißner, Bruno, Orientalistik, Dr. phil., o. UP. Berlin-Mahlsdorf, Köpeniker Allee 50. (Graudenz 25|4 68.)

Meißner, Carl, Ökritik, lit. Kritik, ✠, /. Berlin-Wilmersdorf, Bingerstr. 82. (Elbing 28|7 70.) B: Kunst d. 19. Jahrh. 98; Im Schauen d. Dinge, G. 12; Der schwere Weg, Dichtg. 12; Carl Spitteler 12; Das schöne Kurland 16. H: Novalis' sämtl. Werke 98 III; W. S. Stavenhagen: Neues Album Balt. Ansichten 13.

Meißner, Franz Herm., BP., BBJ., Nov., Rom., Ö, Dir. Berlin, Keithstr. 6. (ebda 8|12 63.) B: Insulaner, R. 88; Max Klinger 96; Tiepolo, Veronese 97; Künstlerbuch I: A. Böcklin 98, 10. A. 01, II: M. Klinger 99, 5. A. 04, III: F. Stuck 99, 3. A. 00, IV: H. Thoma 99, 3. A. 00, V: F v. Uhde, 2 A. 00, VI: F. v. Defregger 00, VIII: A. v. Menzel 02, 2. A. 02; Prells Wandmalereien im Palazzo Caffarelli 99; Moderne Menschen, Berliner R. 09, 13.—15. A. 11; Richard-Müller-Werke 22; Geheimnis d. Nürnberg. Madonna, R. 23.

Meißner, Rudolf, Mitglied der Kongl. Nordisk Oldskriftselskab in Kopenhagen u. d. Gesellschaft d. Wissenschaften in Kristiania, korr. Mitglied der Gesellsch. d. Wissenschaften in Göttingen, germ. Ψ, Dr. phil., o. UP., GRegR. Bonn, Meckenheimer Allee 84. (Glogau 8|2 63.) B: Strengleikar 02; Skaldenpoesie 04; Rómveriasaga 10; D. Gesch. v. d. Leuten aus d. Lachswassertal 13; D. Kenningar der Skalden 21; Die Lilie des Epsteiner Asgrimsson 22. **Mitarb**: am Dtsch. Wörterb.

Meister, Alois, ♛, Wirtsch.♛, Dr. phil., o. UP. Münster i. W., Burchardstr. 16. (Frankfurt a. M. 7|12 66.)

Meister, Carl (Ps. Carl Retisem, Raphanus), /, Kaufmann. Hamburg, Abteistr. 11. (ebda 7|1 64.) B: Ein Heiratsantrag, Einakter 06; Brautglocken, desgl. 07; Mit Schiller durch d. Jahr 08; Sein Rezept, Schw. (m. L. Auspitz) 09; D. Buch d. Freundschaft 10, n. F. 14.

Meisterbernd, Max, PA., RP., /, Kritik, spez. Musikkritik, Red. d. Frankf. Nachr. Frankfurt a. M., Wolfsgangstr. 139. (Elberfeld 4|12 63.)

Meixner, Otto, VB., ✠, Epik, Insp. d. ö. Postsparkassenamtes. Wien V, Garteng. 19A. (Jägerndorf 22|7 74.) B: Sturm und Stille, G. 14; Satan und Gabriel, E. 21; Feierabend—Feierstunde, G. 22.

Melchers, Bernd, Chinesische Kunst, Dr. phil., Studienrat. Kassel, Parkstr. 49. (Remscheid 4|9 86.) B: Chinesische Schattenschnitte 21; China, Der Tempelbau; Die Lehren von Ling-yän-si, ein Hauptwerk buddhistischer Kunst in China. *

Melchers, Frl. Maria, DB., Rom., O, Jugendschr. Wiesbaden, Philippsberg 41. (Düsseldorf 24|7 91.) B: Die eines guten Willens sind, R. 1.—2. A. 20; Frohe Ferien, Erz. 20; König Wichtelmann, M.; Gullivers Reisen, M. 21; Wege, die zur Heimat führten, Erz. 1—2. A. 22.

Melikow, Loris, s. Hofmannsthal, Hugo v.

Mell, Max, ✠, Dr. phil. Wien XIII, Auhofstr. 244. (Marburg a. D. 10|11 82.) B: Lateinische Erzählungen 04; Die drei Grazien d. Traums 06; Jägerhaussage u. a. Novellen 10; D. bekränzte Jahr, G. 11; Barbara Naderers Viehstand, N. 14; Gedichte 20; Das Wiener Kripperl von 1919 21; Die Osterfeier, N. i. Vers. 21; Das Apostelspiel 23; Das Schutzengelspiel 23. H: Österr. Zeiten u. Charaktere 12; Das Wunderbündel, deutsch. Volksbücher 21. **Ue**: Enea Silvio Piccolomini, Briefe 11.

Meller, Frau Clara, geb. Heder, O, Rom. Weimar, Bürgerschulstr 4 II. (Ziesar 26|4 67.) B: Imker-Liedersträuß 05; Im Banne der Musenstadt Weimar 09; Aus Heimat u. Fremde 10 II; Spulemann in Ängsten 10; Kuno, Frosch v. Unkenstein 11; Ostern im Walde 12; Schulter an Schulter, patriot. Dichtg. 15; Der Mann im Pflug, Sagsp. 20; Die Macht der Schutzengel, Msp. 20; Frau Holles Zauberwiese, Msp. 21.

Memminger, Ant. (Ps. Oswald Stein), Rentier. Schonungen a. M. (Straubing 46.) B (seit 00): D. verhexte Kloster 03, 3. A. 09; Der Bayernkönig Ludwig II. 10, 4. A. 12; Schloß Mainberg 16, 2. A. 21; Das Erbe der Druiden, 11. A. 23. H: J. B. Schad, D. Paradies d. Liebe, 2. A. 14; G. Lommel, Für Kaiser u. Reich, d. fränk. Städte- u. d. Bauernkrieg, 4. A. 14; Neustadt a. S. u. d. Salzburg 21; Schweinfurt 22; Kissingen,

Gesch. d. Stadt u. d. Bades 23; Volksmedizin 23.

Mencken, Henry Louis, DV., Redakt. d. American Mercury, Kritiker. 1524 Hollins Str., Baltimore. (ebda $^{12}|_{9}$ 80.) V: George Bernard Shaw 05; The Philosophy of Friedrich Nietzsche 08; A book of Burlesques 16; A Book of Prefaces 17; In Defense of Women 17 (Verteidigung der Frau 22); The American Language 18, 3. A. 22; Prejudices, 3 Serien, 19, 20, 22.

Mendel-Meyer, Frau Dorothea, ✠. Linnich, Kr. Jülich, Rhld. (Linz, Rhld. $^{26}|_{8}$ 66.) V: Aus d. Leben f. d. Leben 10; Herzensklänge 12; Freud u. Leid aus schwerer Zeit; Das wandernde Heer, E. 16. Blumen am Wege, Lied 23; O wandle nicht einsam, Dchtg. 23.

Mendelssohn-Adamkiewicz, Frau Anja, (Anja Mendelssohn). München, Arcisstr. 61 IV. Maja, Der Roman einer Schauspielerin 13; Gestalten aus 1001 Nacht 22; Verborgene Seelenkräfte 22. •

Mendelssohn Bartholdy, Albrecht, ✠, ✠, Dr. jur., o. UP. Blankenese b. Hamburg, Kösterbergstr. 38. (Karlsruhe $^{25}|_{10}$ 74.) V: Grenzen d. Rechtskraft 00; D. Imperium des Richters 08; Engl. Richtertum 10; Rechtsspiegel d. Hans Sachs 15; Kriegsbegriff d. engl. Rechts 15; — Gedichte 93; Mopsus (m. W. Volz) 96; Simplizius 98, n. A. 12. H: Handbuch der Politik 21; Die große Politik der europäischen Kabinette 1871—1914, 1—6 22, 7—12 23; Europäische Gespräche, Hamburger Monatshefte für auswärtige Politik 23.

Mendheim, Max, PA., RP., Verband Leipziger Kritiker, Vereinigung Leipz. Buchverlags-Schriftleiter, Lit. ♛, ✠, O, Erz., /, Kritik, Dr. phil., Red. a. „Brockhaus' Konv.-Lex." Leipzig, Lößniger Str. 9. (ebda $^{11}|_{1}$ 62.) V: D. reichsstädtische Söldnerwesen im 14. u. 15. Jahrh. 89; Hauff 94; Uhland 00 u. 12; Retter Tod, Sch. 03; Im Tod vereint, Tr. 03; D. Eindringling, Schw. 05; Gedichte 05; D. Wasunger Krieg, Optte. 07; Sommerliebchen, Schw. 09; In Lebensfluten, im Tatensturm, n. G. 12; Der Weihnachtsklänge Allgewalt, Dichtung 12, 3. A. 22; Geibel 15. H: Werke von Hauff, Jung-Stilling, Eichendorff, Geibel, Nettelbeck, Häusser, Scheffel, Schwab, Scherr, Leuthold, Kugler, Beitzke u. a.

Mené, Viola, s. Stern, Lola.

Mengelberg, Rudolf, Musik, Dr. phil., künstlerischer Beirat und Herausgeber der Programme des Concertgebouw. Amsterdam (Holland), Joh.-Verhulst-Str. 123. (Krefeld $^{1}|_{2}$ 92.) V: G. A. Ristori 16; Gustav Mahler 23. H: Das Mahlerfest in Amsterdam, Vorträge u. Berichte 20. •

Menghin, Oswald, DÖSchG., VB., Dichtg., /, Rom., Märch., Urgeschichte, Volkskde., Dr. phil., o. ö. UP. Wien XVIII, Gersthoferstr. 108. (Meran $^{19}|_{4}$ 88.) V: Regenbogen, Erzn. 19; Frau Nachtigall, Balladen 23; Tiroler Riesen- und Reckenbuch, Erz. 23.

Mengs, Georg, s. Büstorff, Gertrud.

Menne, Karl J. J., deutsche, spez. niederl.-vläm. Lit. ♛ u. Ψ, Erdkunde, Dr. phil., Prof., StudR., Priv.-Doz. a. d. Univ. Köln, Brüsseler Platz 13. (Geseke i. W. $^{1}|_{1}$ 73.) V: Üb. d. Einfluß d. deutsch. Lit. auf d. niederländ. um d. Wende d. 18./19. Jahrhunderts 97; D. Entwicklung d. Niederländer zur Nation 03; Goethes Werther i. d. niederländ. Lit. 05; Zurück zu Schiller! 16; Die vlämische Literatur 16. H: Seyffardt, Die Geusen, E. 98; Keiters Kath. Lit.-Kal. 09/14.

Mennicken, Peter, Kunst, ⁂, Dr. phil. Aachen, Lönsbergstr. 2. (ebda $^{10}|_{4}$ 94.) V: Die Seele des Aachener Münsters 23. •

Mensi von Klarbach, Alfr. Frhr., PA., RP., ⁂, 1. Schauspiel- u. Opern-Ref. d. „Bayrischen Staats-Ztg u. bayr Staatsanzeiger", Mitgl. d. Sachverständigenkammer f. Werke d. Lit. u. d. Film-Zensur-Beirats München, Aldringenstr. 12. (Innsbruck $^{16}|_{12}$ 54.)

Mensing, Otto, Germanistik, Dr. phil., Prof., StudienR. u. UDoz. Kiel, Niemannsweg 92. (Lütjenburg $^{28}|_{7}$ 68.) V: Grundzüge d. deutsch. Syntax nach ihrer histor. Entwicklg. 98; Deutsche Grammatik f. höh. Schulen 03, 21. A. 21; Hilfsbuch f. d. deutsch. Unterr. auf höh. Schulen, 6 Teile 07 ff.; Mhd. Gramm. nebst Auswahl aus Walth. v. d. Vogelw. 16. H: Müllenhoffs Sagen u. Märchen aus Schleswig-Holstein 21. ()

Mentz, Ferd., Ψ, Bibliogr., Dr. phil., ArchR., Archivar am Volksliederarchiv. Freiburg i. Br., Thurnseestr. 20. (Bern $^{24}|_{4}$ 64.)

Mentz, Georg, ♛, Dr. phil., a.o. UP. Jena, Beethovenstr. 10. (Apolda $^{31}|_{8}$ 70.)

Menz, Ada (Ada Freifrau v. Aretin-Menz), SDS., Rom., /, ✠. München, Sedanstr. 8 I. (Köln a. Rh. $^{1}|_{1}$ 90.) V: Wir höheren Töchter, R. 08; Die heilige Kümmernis, R. 13; Hol' über! R. 18; Der Kampf des Hauses Kammacker, R. 23; Die Verzauberung des Rechtsanwalts Graumann, R. 23.

Menzel, Frau Elfriede (Friede Birk-

ner), Heitere Romane. Charlottenburg Knesebeckstr. 12 II. (Halle 21|4 91.) V: Die blonde Hindu; Das Glück der Gladys Petersen; Wurstelpeter; Der neue Chauffeur. *

Menzel, Viktor, ASV., ♛, Erz., ○, ∴, ♛, Prof., StudR. Charlottenburg, Goethestr. 61. (Ratibor 15|9 65.) V: Entstehung d. Lehnswesens 90; Dtsch. Gesandtschaftswesen i. Mittelalt. 92; Sarmatenweisen, G. 04; Moderne Lieder e. Unmodernen, G. 05; Ewige Wahrheit 05; Schwurbrüder, R. 13, 40. T. 20; Die Wataga, R. 21.

Men:er, Hermann, ♛, Konsul in Neckargemünd. (ebda 15|11 80.) V: Durch Traum und Wachen, G. 22. *

Menzer, Paul, ∴, Dr. phil., o. UP. Halle a. S., Fehrbellinstr. 2. (Berlin 3|3 73.) V: Kantstudien II u. III; Philos. Lesebuch (m. Dessoir), 5.—6. A. 20; Kant (in v. Asters „Große Denker") 12; Einleitg. in d. Philos., 2. A. 18; Weltanschauungs-Fragen 18; Lebenswerte 19; u. a. ()

Mephisto, s. Schneidt, Karl.

Merbach, Paul Alfred, VP., RP., Theater♛, /, ♛, ⌀, Feuilleton-Red. der Kreuzzeitung. Berlin O 112, Travestr. 3. (Dresden 14|9 80.) V: Goethe 12; Bibliographie d. Theatergesch. 13; Bismarck 15; Literaturgesch. Entwicklung d. Provinz Brandenburg (Landeskunde d. Mark Br.) 15; Feind im Land 17; Neuausg. v. Giesebrechts Deutscher Kaisergesch. 23; Neuausg. v. A. v. Humboldts Südamerik. Reisebeschreibung 24; Aug. Wilh. Iffland 24; Weltgesch. d. Theaters 24; Deutsche Ausg. d. Tagebücher d. Gebr. Goncourt 24; Neuausg. d. Lebensbeschreibung v. Joh. Christ. Brandes 24.

Mercator, A., s Fritzsche, Anna.

Merian, Wilhelm, /, Musikwiss., Musikred. d. „Basler Nachrichten", Dr. phil., Priv.-Doz. Basel, Holbeinstr. 59. (ebda 18|9 89.) V: Die Tabulaturen v. Joh. Kotter 16; Festschrift f. Musikschule u. Konservat. 17; Basels Musikleben im 19. Jahrh. 20.

Merich, J. M., s. Schidlof, B.

Meridies, Wilhelm, Mitgl. d. Vereinigung oberschles. Schriftsteller, neuere dtsch. Lit.♛, /, Dr. phil., Chefred. d. „Oppelner Nachrichten". Oppeln Ob.-Schles., Moltkestr. 27. (ebda 28|9 98.) H: Hermann Stehr, sein Werk und seine Welt 23.

Meringer, Rudolf, Ψ, Dr. phil., o. UP. Kroisbach b. Graz. (9|3 59.) V: Indogerm. Sprachw. 03; D. deutsche Haus 05; Aus d. Leben d. Sprache 08; Mitteldtsch. Palast usw. 16; u. a. H: „Wörter u. Sachen" 09 ff. ()

Merk, Emma, s. Haushofer, Emma.

Merkel, Frl. Helene, Roman, Nov. Leipzig, Davidstr. 10. (ebda.) V: Aus alten u neuen Tagen, Skn. u. Erzn. 07; Nicht wahlverwandt, R. 14; Im Banne d. Ruhms, R. 16; Im Heimatfrieden, R. 18; Eine Künstlerliebe, R. 20.

Merker, Paul, deutsche u. nordische Ψ, Dr. phil. et iur., o. UP. Greifswald, Wolgaster Str. 34a. V: Studien z. nhd. Legendendichtg. 06; D. Strafrecht d. altisländ. Grágás 07; Simon Lemnius, e. Humanistenleben 08; Von Goethes dram. Schaffen 15; Murnerstudien 17; Reformation u. Literatur 18; Neue Aufgaben d. deutschen Literaturgeschichte 21; Forschungsbericht über neuere dtsch. Literaturgesch. 22; D. Verf. d. Eccius desolatus u. a. Reformationsdialoge 23. H: Grimms deutsche Sagen 08; Otto Ludwig Heiterethei 09; Hans Sachsens ausgew. Werke (m. R. Buchwald) 11; Schillers Werke 11; O. Ludwigs sämtl. Werke II, III, VI, 12ff.; Klopstocks Oden 13; Lyrik d. 17. Jahrh. 13; Murners Reformationssatire: Von dem großen lutherischen Narren 18.

Merkl, Kaspar Ludwig, SDS., Apotheker. Pasing, Apfelstr. 23. (Kemnath-Neustadt 4|2 85.) V: Der Gutsbesitzer von Holderau, R. 13; Die Kakteensammlung, 2 Nn. 16; Das Narrenseil, 2 Nn. 20; Die Geige in Gottes Hand, R. 21; Die vierfältige Allmacht, R. 22.

Merleker, Hartmuth (Ps. Helgolandus), RP., SDS., VP., /, ♛, ⚔, ⚓, ▣, Schriftl. d. „Voss. Ztg." Berlin, „Tide" W'haven. Berlin S 59, Hasenheide 67 I. (Potsdam 27|6 94.)

Merten, Thomas (Ps. A. Thomas), SDS., Nov., Skizze, Humor. Berlin-Pankow, Schmidtstr. 23. V: Diplomatie der Liebe, Lsp. (m. G. Schade); Feuer, Lsp.; Noblesse oblige, Dr.

Mertens, Walter, WSV., Schöngeist. Literatur, Dichtungen, Dramen, Lehrer u. Vortragskünstler. Düsseldorf-Ratingen, Kronprinzenstr. 30. (Breyell, Kreis Kempen 24|6 94.) V: Bosco, Dr. 20; Ein Kampf im Idealen, ein Ringen vom Licht durch Schatten zum Licht 22. *

Meru, Johannes, s. Müller, Fedor.

Merzbach, Georg, medizin. Epigramme, Aphorismen, ♛, ♯, /, Dr. med., Arzt. Berlin W, Neue Winterfeldtstr. 23. (Magdeburg 21|7 68.)

Merzenich, Frau Friedel, Rom., ○, /. Berlin-Wilmersdorf, Helmstedter Str. 6. (Biebrich a. Rh. 21|7 79.) V: Das Tor der Wünsche, R. 16, 24. T. 21; Der Hahn im Korb, Lsp. 17; Liller Guckkasten, Sk. 18; Das Schiffermännchen, R. 18, 214. T. 21; Der fremde Vogel, R. 21;

Strandkorb 57, R. 21; Die jüngste Kunnstedt, R. 21; Der Witwer, R. 24.

Meschendörfer, Adolf, Theater, Rom., Nov., literarhist. u. kunsthist. Kritik, Übersetzg., Handelsschuldir. Kronstadt, Brasov. Wagnerzeile 1. (ebda 8/5 77.) B: Vorträge über Kultur und Kunst 06; H. v. Kleist als Prosaschriftsteller 10; Michael Weiß, hist. Dr. 19, 2. A. 21; Leonore, Rom. eines nach Siebenbürgen Verschlagenen 20; Kalender der Deutschen Großrumäniens 21 ff.

Meschwitz, Heinrich, PA., ♛, /, ○, Jugendschr., Roman, Hptm. Dresden-Cossebaude. (Dresden 15/7 69.) B: Boxer u. Blaujacke 00; In Poseidons Lehrstube 02; Auf schmalem Pfad 01/02; Der Kampf um das Teuerste, Dr. 03; Willy Baumann, e. Händlergesch. a. d. Südsee 03; Gesch. des Kgl. sächs. Kadetten- u. Pagenkorps 07, nebst Nachtrag 13; Gesch. d. Dresdner Heide u. deren Bevölkerg. 11; Im Banne des Magiers, hist. R. 14; Mein Vaterhaus, Er. Bl. a. d. Leben einer alt. Fort-Familie 20.

Meschwitz, Frl. Rosa, /, Rom., Malerin. Dresden-Cossebaude. (Dresden.) B: Seine Frau 03.

Meseke, Hermann (Ps. Hermann v. Uslar, Herm. Wilh. Meseke, Herm. Meseke-Uslar), Politik, Ethik, ✝, Geisteswiss. u. Seelenkunde, Kaufm. Remscheid-Hasten, Blücherstr. 1. (Uslar im Salling, Prov. Hannover 26/5 72.)

Meseke, Herm. Wilh., s. Meseke, Herm.

Meseke-Uslar, s. Meseke, Herm.

Messer, August, ⁂, ■, Dr. phil., o. UP. Gießen, Stephanstr. 25. (Mainz 11/2 67.) B: Kants Ethik 04; Gesch. d. Philos. 12 ff., IV, 4. A. 20; Philos. der Ggwart, 3. A. 20; Natur u. Geist 20; Sittenlehre 20; Fichte 20; Erläutergn. zu Nitzsches Zarathustra; D. freideutsche Jugendbewegg.; D. kritische Realismus 23; u. a. ()

Messer, Rich. (Meszleny), Germanistik, Kunstkrit., Dr. phil., UDoz. Preßburg, Donaugasse 19. (Pancsova 10/2 81.) B: Hebbels Genoveva 10; Tell-Probleme 11; Genfer Maler 13; Deutsche Erzählungskunst, Bd. I 17; Rainer Maria Rilke — Pražslv mystik. (Rainer Maria Rilke — ein Prager Mystiker). H: Winckelmanns Briefe 12.

Messerer, Ernst, SDS., Dichtung, Oberpostinspektor. München, Laimerstr. 18. (Nürnberg 14/2 70.) B: Liebesfrühling, Verse 23. *

Metelmann, Diedrich Franz (Ps. Franz Telmann), /, Kritik, ■, Lit.- u. Kultur-♛, Ue: F, Schriftl. d. Ztschr. „Volkswohl", künstl. Leit. d. Volkswohl-Abende. Dresden-Loschwitz, Kotzschweg 14. (Kiel 28/4 79.) B: Sehnsucht, Sk. 04; In der Liebe Land, G. 07, 2. A. 08; Zur Gesch. d. Kieler Stadtklosters 09; Die Liebe des Bersagliere, O. 14 (m. Max Wiese); 3 Jahre Volkswohlarbeit 19. ()

Metis, s. Groner, Auguste.

Metlake, George, s. Laux, Joh.

Metscher, Gustav, ■, Plaud., Skizze. Eberswalde, Prov. Bdbg., Kais.-Friedrich-Str. 27. (Bölkendorf, Kr. Angm. 26/7 84.) B: Herzglocken läuten, G. 13; Unser Hauptmann, Sk. 15; Das Käuzlein laß ich trauern, G. 15; Heimaterde, G. 17; Mörike u. Joh. Georg Fischer, Studie 20; Jubilate, G. 21; Der Halmschneider, Erz. 21; Die öffentliche Unterrichtsstunde, Studie 21.

Mett, Walter, Dichtung. Gralsburg-Verlag. Medingen b. Dresden. (Stettin 19/2 93.) B: Wer Ohren hat 20; Prophet Sk. 21; Ein altes Pergament, Dchtg. 22; Von Stern zu Stern 23; Es nahet gen den Tag 23. H: Der Gralsbote. *

Metterhausen, Otto (Ps. Vogel Strauß), ○, /, Dialekt ■, Jugendschr., RegR. u. Dir. d. Statist. Amts. Schwerin i. M. (Wittenburg, Meckl. 13/8 61.) B: Schelmstück' (plattd.) 01, 3. A. 20; Im Kampf ums Neuland in Südwest 07; Eheferien, Lsp. (m. P. F. Evers) 11; Frl. Direktor, Lsp. (m. dems.) 13. ()

Metternich, Tony (Ps. Rex Winter), ASV., ■, Nov., Rom., Skizze, Schriftst. Königswinter, Rhld., Bahnhofstr. 24. (ebda 6/2 91.) B: Von Liebe, Lenz u. Leid, G. 19; Die Angst vor dem Glück, R. 20; Der singende Tor, Erzn. 21.

Metz, Frl. Josefa, DV., ■, ○ Bielefeld, Detmolder Str. 4. B: G. 03; Didi u. Konsorten, Skn. 05; Den König drückt der Schuh, Msp. 08; Armer kleiner Pierrot, Skn. 08; Neue Gedichte 12; Im goldenen Garten, Kinderbuch 13; Das Puppenhaus, desgl. 13; Das Ferienbuch, desgl. 15; Wehrlose, Nn. 16; Der verschlossene Garten, G.; Von Kindern, Tieren u. Puppen, Bilderbuch; Jephthas Tochter, Sch.; Der Schritt zurück, L.; Theater, Einakt.-Zykl.; Ruth Webers Erlebnis, R.; Ueberraschgn., Einakt.-Zykl.; Eva Brandts Freunde, R.; Der Herr in der Loge, R.; u. a. ()

Metz, Karl, DV., ○, Oberst d. R. Wien XIX, Hackhoferg. 15. (Bruck a. d. Mur.) B: Bürgerliche Mesalliance, Bst. 06; Schwarzer Peter, Lsp. 12; Auf Freiers Füßen, Lsp. 23.

Metz, Karl Adolf, DV., ○, ■, Rechtsanwalt, jurist. Beirat. Stuttgart, Kronenstr. 41. (Gießen 8/4 80.) B: Vier Menschen, Dr. 12; Von Sommernacht u. Flieder, G. 12; Wahrheit, Dr. 14; Der blühende Garten, G. 19.

Metzger, Frau Hermance, geb. Katz (Pf. H. Walther, S. Arnold), /, Nov. Landau i. Pfalz, Westring 29. (Straßburg i. E. $^{24}|_{6}$ 64.) **V**: Auch eine konventionelle Lüge; Wie Lenchen unter die Haube kam; Auf diesem nicht mehr ungewöhnlichen Wege 85.

Metzger, Max, DB., Prof., Dir. d. Gewerbeschule zu Lübeck, Sophienstr. 24. (Karlsruhe i. B. $^{17}|_{8}$ 66.) **V**: Der Gangbutscher, R. 18; Irrwege, R. 19; Das Konkurrenzprojekt, Dr.: Nichts als Überraschungen, Lsp.; Unsere Perle Marie, Lsp.; Aus d. Talentwinkel, R. 22.

Metzler, Josef Maria, /, Nov., Dchtg., Dr. jur., Postkommissär. Innsbruck, Maximilianstr. 23. (Arco $^{11}|_{1}$ 90.) **V**: Der Bergnarr 16; Die Post in Geschichte, Humor und Poesie 23.

Meurer, Kurt Erich, ✠, O, /, Kritik. Berlin SW 29, Belle-Alliance-Str. 74. (Meiningen $^{24}|_{3}$ 91.) **V**: Das Labyrinth, G. 12; Die Entfesselung, Dr. 12; Lyr. Anthologie (m. a.) 12; Vorspiel, G. 13. 2. A. 20; Jeder Tag hißt Fahnen, G. 14; Der lebendige Kreis, G. 16; Der große Trost, R., 3. A. 20; Der Tod des Pierrot, Dchtg. 20; Scharwerk vor Rheims, Dchtg. 22. **Ue**: Bonheur XV des Paul Verlaine 20.

Méville, Henri de (Pf. Harry Held), ⚓, Segel- u. Autosport, ⊛, O, /. Berlin, Kl. Andreasstr. 4. (Berlin $^{17}|_{3}$ 74.)

Mewis, Frl. Marianne (Pf. Marianne Wittich), Rom., Nov., Humor. Schwerin i. M., Gustavstr. 10. (Arnsfelde, Westpr. $^{6}|_{12}$ 66.) **V**: Die Grenzwarte, R. 05; Der große Pan, R., 1. u. 2. A. 08; Mettes Kinder, R. 09; Bröms, R. 10; Pastings Duve, R. 12; Der Siebenfresser, Rn. 12; Die holde Gärtnersfrau, R. 13; Die Wolfsjägerin, R. 15; Blaubart, R. 17; Heiße Zeit, Reifezeit, R. 19; Der Umweg zum Glück, R. 20; D. Buch. ()

Meyer, Alfred Richard, SDS., ✠, Skizze. Berlin-Wilmersdorf, Kaiserplatz 16. (Schwerin i M. $^{4}|_{8}$ 82.) **V**: Würzburg im Taumel, G. 11; Aldegrever-Mädchen, R. 12; Buch Hymen, G. 12; Munkepunkes Bowlenbuch, G. 13, 5. A. 20; Vor Ypern, G. 16; Flandrische Etappe, R. 17; Mysterien 18; Große Umwallung, R. 19; Munkepunkes Meta-Morphosen 20; Dornburger Maskenzug 20; Die Sammlung, G. 21; Der große Munkepunke. **Ue**: Friedrich der Große, Deubel, Verlaine, Ossian, ostasiat. Lyrik. **H**: Lyr. Flugblätter, Bücherei Maiandros, Der Venuswagen u. a. ()

Meyer, Arnold Oskar, ♛, Dr. phil., o. UP. Kiel, Beselerallee 54. (Breslau $^{20}|_{10}$ 77.)

Meyer, Diedrich, Kritik, Politik, Dr. phil., StudR. Berlin-Pankow, Hartwigstr. 113. (Norddeich, Ostfriesland $^{16}|_{3}$ 82.) **V**: Schiller und das Fremdwort 08; Die deutsche Reichsverfassung von 19, 22. **H**: Der deutsche Demokrat 19ff.

Meyer, Eduard, ♛, Dr. jur. h. c., Dr. phil., o. UP., GRR. Berlin-Lichterfelde, Mommsenstr. 7. (Hamburg $^{25}/_{1}$ 55.) **V**: Gesch. d. Altertums V, 84—02; Forschgn. z. alten Gesch. 92 u. 99 II; Caesars Monarchie u. d. Prinzipat d. Pompejus, 2. A. 19; Preußen u. Athen 19; Ursprung u. Anfänge d. Christentums, III 20—22; u. a.

Meyer, Erich, Roman, /, ♛, ▣, Dr. phil., Prof., Direktor d. Lyzeums Berlin-Grunewald, Siemensstr. 22. (Berlin $^{10}|_{6}$ 62.)

Meyer, Friedrich, Bibliographie, Buchhändler u. Antiquar. Leipzig, Georgiring 3 II. (Friedberg i. H. $^{19}|_{3}$ 68.) **V**: Verzeichn. e. Heinrich-Heine-Bibliothek 05, Register u. Ergänzg. 10; Verzeichn. einer Goethe-Bibliothek 08; Über Goethes letzte Tage 08; Wertherbibliographie 11; Maler-Müller-Bibliogr. 12; Verzeichnis v. R. M. Werners Hebbel-Sammlg. 17; Die Veröffentlichungen des Leipziger Bibliophilen-Abends 05—16, 19; Eine Fichte-Sammlung beschrieben 21. **H**: Kukuk an meinen lieben Müller in Mannheim (1777); Ein verschollener Aufsatz Fichtes 21.

Meyer, Friedrich Albert, RP., SDS., 1. Vors. des Vereins Braunschw. Presse, Märchendchtg., Jugendschr., O, ✠, /, Schriftl. Braunschweig, Ziethenstr. 1 I. (Hildesheim $^{1}|_{7}$ 83.) **V**: Deutsche Helden der Luft 17, 2. A.; Im Netz der Märchenspinne 19, 2. A. 20; Lustige Streiche Till Eulenspiegels, Erz. 21; Der Maisonntag weinte im Gotteshaus, Dchtg. 22; Der lange Peter, Msp. 22. **H**: Es war einmal 20, 2. A. 21; Das Fiedelhänschen, M. 22.

Meyer, Hans, ⁂, Dr. phil., a.o. UP. München, Von-der-Tann-Str. 11. (Etzenbach $^{18}|_{12}$ 84.)

Meyer, Heinr. (Pf. Meyer-Benfey), /, Literaturw., Dr. phil., Prof., PrivDoz. Wandsbeck, Königstr. 41. (Liebenburg $^{14}|_{3}$ 69.) **V**: D. Sprache d. Buren 01; Mod. Religion 02; Herder u. Kant 04; Friedr. Naumann 04; Heinrich Heine 07; Josef Frhr. v. Eichendorff 08; D. sittl. Grundlagen d. Ehe 09; D. Drama H. v. Kleists I 11, II 13; Kleists Leben u. Werke 11; Hebbels Dramen I 13; Minna v. Barnhelm 15; Sophokles' Antigone 20; Rabindranath Tagore 21; Kleist 23; Das Maeterlinck-Buch 23. **H**: Herder, Werke I (in Kürschners D. Nat.-Lit.); Naumann-

Buch 03; Tolstoj-Buch 06; Mhd. Übungsstücke 09, 2. A. 21.

Meyer, Frau Helene (Pf. Meyer-Franck). Wandsbeck, Königstr. 41. (Schwerin $^{28}|_{9}$ 73.) **Ue:** Rabindranath Tagore.

Meyer, Hermann, ♛, Staats- u. Kirch.-R., Archivwiss., Dr. phil., ObRegR. Berlin, Johannisstr. 12. (Soest i. Westf. $^{1}|_{4}$ 89.)

Meyer, Herrm., Völkerkde., Dr. phil., Konsul, Mitinh. d. Bibl. Instituts. Leipzig, Täubchenweg 17. (Hildburghausen $^{11}|_{1}$ 71.)

Meyer, Frau Johanna, /, ✠, **Ue:** IF, Rezitatorin, Lehrerin. Berlin-Wilmersdorf, Pfalzburger Str. 25. (Berlin $^{13}|_{1}$ 74.)

Meyer, Kurt, s. Meyer-Rotermund.

Meyer, Frau Maidy, geb. Koch (Pf. Maidy Koch), ✠, ⊙. Freiburg i. B., Günterstalstr. 82. (ebda $^{12}|_{6}$ 75.) **B:** Gerlind, Dchtg. 99; Dämmerg., G. 00; Magd. v. Sydow, Dr. 00; Jos. Fritz, Dchtg. 00; Ein Totentanz, Dr. 01; Arnold Böcklin, G. 02; König Enzios Tod, Dchtg. 10; Das Evangelium Lukä, Dr. 12; Vergangenheit, Dr. 21; Vergangenheit, Dr., Folge 2 u. 3, 22.

Meyer, Frl. Martha (Pf. M. Folkart, Erich-Frey), Nov., Erz., Mode, Aufsätze, /. Berlin-Wilmersdorf, Güntzelstr. 29. **B:** Das liebe Ich, Nn. 03.

Meyer, Oskar Erich, ASB., ✠, alpine Touristik, △, Dr. phil., Univ.-Prof., 21—22 Schriftleit. d. Deutsch. Alpenztg. Breslau 16, Hobrechtufer 8. (ebda $^{22}|_{2}$ 83.) **B:** Sucht u. Sehnen, G. 08; Die Lieder des leisen Lebens, G. 10; Tat und Traum, ein Buch alpinen Erlebens, Erz. 20, 2. A. 22; Afrikanische Briefe, Erinnerungen an D. O. A., Erz. 23. **H:** Klassiker (Körner, Goethe, Eichendorff u. a.).

Meyer, Semi, Psychologie, Nervenarzt. Danzig, Hundegasse 91. (Kröben $^{14}|_{1}$ 73.) **B:** Der Schmerz 06; Probleme der Entwicklung der Geister; Die Geisterformen 13; Die Zukunft der Menschheit 18; Freiheit, Gleichheit, Brüderlichkeit 21; Traum, Hypnose u. Geheimwissenschaften 22. *

Meyer, Theodor A., Deutsche Literatur u. Ästhetik, Dr. phil., o. THSchP. Stuttgart, Reinsburgstr. 160. (ebda $^{31}|_{8}$ 59.) **B:** Stilgesetz der Poesie 01; Die ästhetische Erziehung in der Schule 19; Ästhetik 23.

Meyer, Ulrich, Jugendschr., ✠, Buchhändler, Red. v. „Sonntagsbote f. d. Jugend". Berlin SW 11, Großbeerenstr. 87 II. (Zollgrün $^{25}|_{7}$ 59.) **B:** Neue Fabeln z. Bild v. O. Speckter (mit Esmarch u. Schlottke) 91; Lenzheimfreuden 12; Vierbeinig Volk — und zweibeiniges, ein Kinderbuch 21; D. Meister u. s. Schüler 24. **H:** „Jugendheim" 92.

Meyer, Wilhelm (Meyer-Rinteln), Ψ, Dr., Privatgelehrter u. -lehrer. Hannover, Gellertstr. 11. (Rinteln $^{22}|_{2}$ 69.) **B:** D. Schöpfung d. Sprache 05. **H:** Die Überlieferung d. deutsch. Brandanlegende, I: Der Prosatext 18. ()

Meyer, Willy, Dr. phil., Direktor der Kammerspiele. Nürnberg, Rollnerstr. 25. (Breslau $^{26}|_{8}$ 94.) **B:** Junge Lieder, G. 19; Ecce homo, G. u. M. 21; Fachschr.

Meyer-Balte, jetzt: Balte, Fred M.

Meyer-Benfey, s. Meyer, Heinr., Hamburg.

Meyer-Eckhardt, Victor, ✠, Roman, Dr. Düsseldorf, Rosenstr. 55. ($^{23}|_{9}$ 89.) **B:** Der Bildner, G. 21; Das Vergehen des Paul Wendelin, N. 22; Die Möbel des Herrn Berthélemy, R. 22; Dionysos, Dchtg. 23.

Meyer-Elbing, Oskar (Pf. Effendi), VB., PA., Reisebeschr., /, ⊙, Theater, ⚓, ●, △, Kritik, **Ue:** F, Maler. Wiesbaden, Niederwaldstr. 14. (Elbing $^{24}|_{7}$ 66.) **B:** D. neue Kurhaus in Wiesbaden 08; Kreuz und quer durchs Wiesbadener Rote Kreuz 17. **Neubearb:** Wiesbaden u. Umgebg. (Griebens Reiseführer), 9, 10. u. 11. A.

Meyer/Erlach, Wolf, DB., Schauspiel, evgl. Pfarrer. Fessenheim, Bayern, Schwaben. (Kitzingen/Main $^{21}|_{9}$ 91.) **B:** Das deutsche Lied, Sch. 1. u. 2. A. 23. *

Meyer-Förster, Wilh., ⊙, Roman, /. Berlin-Grunewald, Beymestr. 7. (Hannover $^{12}|_{6}$ 62.) **B:** Saxo-Saxonen, Sat. 85; Unsichtbare Ketten, Dr. 90; Kriemhild, Dr. 91; Eine böse Nacht, Lsp. 93; Eldena, R. 96; Derby, R. 97; Alltagsleute, R. 97; Der Vielgeprüfte, Lsp. 98; Heidenstamm, R. 98, 13. A. 09; Karl Heinrich, R. 99; Alt-Heidelberg, Sch. 01; Süderssen, R. 02: Lena S., R. 03: Die Liebe der Jugend 20; Durchlaucht v. Gleichenberg, R. 23.

Meyer-Franck, s. Meyer, Helene.

Meyer-Rinteln, s. Meyer, Wilh., Hannover.

Meyer-Rotermund, Kurt, RP., Essay, /, ♛, Hauptschriftl. Wolfenbüttel, Anna-Vorwerk-Str. 4. (ebda $^{16}|_{3}$ 84.) **B:** Lessingspiele 04; Johannes Schlaf 06; Dunkle Nächte, G. 07; Knut Hamsun 07; Die hl. Sünderin, Dr. 10; Rausch d. Jugend, Sch. 13; Schatten d. Vergangenheit, Sch. 17; Neureligiöse, monist. Freilichtdichtung, Essay 18; Weltwende, G. 20; Fische im Netz, R. 20. **H:** Griepenkerl, Bella, N. 19; Buch d. deutsch. Kleinstadt, Antholog 20; Buch v. deutsch.

Pfarrhaus, desgl. 21; Nachtwächterbüchlein 23.

Meyerfeld, Max, DB., SDS., Dr. phil. Berlin W 62, Lützow-Ufer 29. (Gießen $^{30}|_{6}$ 75.) B: Rob. Burns, Studien zu seiner dichter. Entwicklung 99; Von Sprach' u Art der Deutschen u. Engländer 03; Robert Anstey 12. H: George Moores Frauenromane: Arb. u. Bete (Esther Waters) 04; Ird. u. himml. Liebe: I. Evelyn Innes; II. Schwester Teresa 05. **Ue:** Oscar Wilde, D. Herzogin von Padua 04; Oscar Wilde, De profundis 05, 19. A. 12; J. M. Synge, Der heilige Brunnen 06; Oscar Wilde, Eine Florentinische Tragödie 07, 3. A. 09; George Moore, Aus toten Tagen 07; Oscar Wilde, Ästhetisches u. Polemisches 09; John Galsworthy, Der Zigarettenkasten 09; George Moore, Der Apostel 11; John Galsworthy, Justiz 13.

Meyerhof, Frl. Leonie (Pf. Leo Hildeck), ASB., Nov., O, Kritik, /. Frankfurt a. M., Böhmerstr. 15. (Hildesheim $^{2}|_{3}$ 58.) B: D. gold. Käfig u. a. Nov. 92; Abseits vom Wege, zwei Nn. 94; Feuersäule, R. 95; Wollen u. Werden, R. 97; Zaubergewand, R. 97; Libellen, R. 99; Bis ans Ende, R. 99; Herbstbeichte, R. 00; Töchter der Zeit, R. 02; Das Ewig-Lebendige, R. 04; Penthesileia, Frauenbrevier f. männerfeindl. Stunden (anonym) 07, 5. A. 09; Zuerst komm' ich, 4 Einakt. 13.

Meyerin, Maximilian, ASB., SDS., ♘, ⁂, Wissenschaft, Verlagsdir. München, Maistr. 25. ($^{25}|_{6}$ 91.)

Meyrinck, Gustav, SDS., Nov., Rom., **Ue:** E. Starnberg. (Wien $^{19}|_{1}$ 68.) B: Der heiße Soldat u. a. Geschn. 03, 30. T.; Orchideen, seltſ. Geschn. 04, 25. T.; Wachsfigurenkabinett, sonderb. Geschn. 07, 10. T.; Jörn Uhl u. Hilligenlei, 2 Parod. 07, 10. T.; Des Deutschen Spießers Wunderhorn, ges. Nov., 1 Bd. 09, 20. T.; Der Golem, R. 15, 220. T.; Das grüne Gesicht, R. 16, 150. T.; Fledermäuse, Nn. 16, 50. T.; Walpurgisnacht, R. 16, 120. T.; Der weiße Dominikaner, R. 21, 60. T.; An der Schwelle des Jenseits (okkultwissenschaftl.) 23, 20. T.

Michael, Erich, ♛, Dr. phil., Prof., ObStudDir. Leipzig, Kaiserin-Augusta-Str. 29. (ebda $^{9}|_{7}$ 71.) B: M. Rinckhart als Dramatiker 94; D. Pfarrer v. Grünhain, Tr. 01; In Klein-Byzanz, Kom. 10; Aus meinen Gellertstudien 13; Unterwegs nach Wittenberg, R. 17, 2. A. 18; Marienmägde, R. 22.

Michael, Friedrich, SDS., Theaterkritik, Essay, /, Dr. phil. Leipzig-Gohlis, Kickerlingsberg 24. (Ilmenau $^{30}|_{10}$ 92.) B: Die Anfänge d. Theaterkritik in Deutschland 18; Deutsches Theater 23. H: 5. A. v. Wustmanns Als der Großvater die Großmutter nahm 22; Hölderlins Werke 23.

Michael, Hans, s. Vogelsberg, K. R.

Michael, Rudolf, RP., BJ. & S., SDS., Essay, Roman, Drama, Red. am Hamburgischen Korresp. Hamburg 20, Haynstr. 29. (ebda $^{9}|_{5}$ 90.) B: Die Hamburg. Universität 13; Notzeit, Sch. ()

Michael, Wolfg., ♛. Dr. phil., a.o. UP. Freiburg i. B., Maria-Theresia-Str. 3. (Hamburg $^{22}|_{7}$ 62.)

Michaeli, Otto, ♛, ♘, Lit.- u. Musik-♛, **Ue:** E, Notar. Bruchsal, Schloßpark. (Eberbach a. N. $^{24}|_{7}$ 70.) B: Schumann u. Wagner 93; Scherz u. Schmerz, G. 03; Das Lämmlein ohne Leber, Dchtg. 06; Maulbronner Liederbuch, G. 07; Luise v. Degenfeld, Dchtg. 08; Liebe um Liebe, G. 12; Kriegslieder 14 f.; Hammer u. Harfe, G. 15; Richilde Lichtherz, Dchtg. 21. **Ue:** Byron, Gefangener u. Parisina. ()

Michaëlis, Carolina, s. Vasconcellos.

Michaelis, Georg, D. theol., Dr. jur., Ehem. Reichskanzler. Saarow, Mark. (Hainau $^{8}|_{9}$ 57.) B: Der Wert d. einzeln. Persönlichkeit 05; Lebenserinnerungen 21.

Michaelis, Paul, BP., RP., ⁂, O, /, Politik, Dr. phil., Red. a. „Berl. Tagebl." Berlin-Neukölln, Sanderstr. 17. (Libbesdorf $^{8}|_{3}$ 63.) B: Aufg. d. Zukunft 87; Kometenbriefe 88; Sind wir Sozialdemokr.? 90; Irrwege d. deutsch. Politik 91; Willensfreih. 97; D. neue Professor, Lsp. 98; D. Zweite, Sch. 00; Sein erster Patient, Lsp. 01; Neues Rittertum, R. 03; Von Bismarck bis Bethmann 11; Aus d. deutschen Osten 16; Kurland u. Litauen in deutscher Hand 17. ()

Michaëlis, Sophus, DB., Dchtgn., Romane, Novellen, Schauspiele, Übersetzgn., Vors. d. Dänischen Schriftstellervereins. Kopenhagen, Ved Klövermarken. (Odense $^{14}|_{6}$ 65.) Ins Deutsche übertr.: Aebeloe, R. 00; Giovanna, R. 05; Totentanz, R. 09; Revolutionshochzeit, Sch. 09; 1812, Der ewige Schlag, R. 11; Der Arzt und der König, Sch. 13; Hellenen und Barbaren, R. 20; Der Richter, R. 22; Novellen 22. Ins Dänische übertr.: Wolfram v. Eschenbachs Parzival.

Michaelsburg, J. v., s. Künigl-Ehrenburg.

Michaelson, Fräul. Anna (Pf. Jarno Jessen), SDS., Kunst♛ u Lit., Vertreterin des „Studio" (London). Berlin W 35, Stegliter Str. 51. (ebda.) B: George Frederick Watts 01; William Hogarth 03; Dante Gabriel Rossetti 05; Präraffaelismus 06; Lord Byrons Briefe 06; D. Kai-

ſerin Friedrich 07; Die Hausgallerie 11; Peasant Art in Germany 14.

•**Michaelson**, Fräul. Hedwig, Kunſt♛, Dr. phil., Doz. a. d. Humboldt-Hochſchule. Berlin W 35, Steglitzer Str 51. (ebda.) V: Lukas Cranach, Unterſuchung über die ſtiliſt. Entwicklg. ſeiner Kunſt 02; Allg. Kunſtgeſch. (Velhagen & Klaſing) Bd. II; Jahrb. d. Kgl. Preuß. Kunſtſammlung Bd. 29; u. a.

Michaelſon, Frl. Margarete (Pſ. Ernſt Georgy), VF. und des Verbandes deutſcher Erzähler, Roman, Nov. Berlin W 35, Steglitzer Str. 51 II. (ebda $^{24}|_{5}$ 73.) V: Berlin, wie es lebt und liebt! 01; Hochzeitsvorbereitungen 02; Diesſeits und jenſeits der Liebe 02; Fräulein Mutter 02; Anonyme Briefe 03; Groß-Berlin: I Frau Schütze, II Das vergnügte Hinterhaus 04; Juttas Schickſale 04; Jenſeits d. Ehe 05; D. Berliner Range, 12 hum.-ſat. Bde.; Schwiegermama 06; Die Peitſche 06; Morgenröte, ruſſ. RevolutR. 07; Gottes Mühlen, R. 09; Theater, R. 10; Familienglück 11; Scheidungen 14; Großinduſtrielle 14; D. Recht der Eltern, R.; Scheinehe, R.; Helene, R.; Der Sonnenvogel, R.; Bodenſatz, R.; Der Konfektionsbaron, R. 23; Die Demoiſellen Landmann, Geſchichte aus dem Rokoko, R. 24.

Michaeln, Paul, ſ. Schalek, Alice.

Michel, Ernſt, Relig. ⁂, Äſthetik, Dr. phil., Doz. d. Ak. d. Arbeit. Frankfurt a. M., Staufenſtr. 37 II. (Klein-Welzheim a. M. $^{7}|_{4}$ 89.)

Michel, Hermann, RP., deutſche Ψ, ⁂, Dr. phil. Leipzig, Haydnſtr. 8. (Berlin $^{22}|_{7}$ 77.) V: Heinrich Knauſt 03. H: Nachtwachen v. Bonaventura 04; Mosellanus, Paedologia 06; Zeitſchr. des Vereins f. Volkskunde, Jahrg. XXI 11; Fontanes Berliner Märztage 19. **Bearb**: Pfeiffers Walther von der Vogelweide 11.

Michel, Karl, Altertums-, Kultur- u. Kunſtw., Dr. phil. Saargemünd in Lothringen. (Straßburg $^{28}|_{5}$ 75.) V: Gebet u. Bild in altchriſtlicher Zeit 02.

Michel, Oskar, RP., BP., PA., Religions⁂, Rittmeiſter a. D., Hrsg. d. Halbmonatsſchrift „Deutſche Lebenskunſt". Berlin-Lichterfelde-Oſt, Ferdinandſtr. 14. (Cannſtatt $^{1}|_{1}$ 71.) V: Vorwärts zu Chriſtus! Fort mit Paulus! Deutſche Religion! 05, 2. A. 06; Deutſche Zukunftsreligion 13, 3. A. 14; Patrouille Schierſtaedt 18; Cadettenſtreiche, Schw. 18; Von den letzten Dingen 20.

Michel, Otto, ♣. Hanau a. Main, Wangertſtraße 7. (Prov. Heſſen-Naſſau $^{9}|_{12}$ 92.) V: Der Kranz des Jahres, 5. Buch der Artusrunde, G. 21. *

Michel, Robert, SDS., ⊙, ♜, Nov., Major d. R. Wien XIX, Kaasgraben. (Chabeřic $^{21}|_{2}$ 76.) V: Die Verhüllte, Nn. 09; Moſtar 09; Der ſteinerne Mann, R. 09; Mejrima, Dr. 10; Geſchichten v. Inſekten 11; D. letzte Weinen, Nn. 12; Fahrten in den Reichslanden 12; D. Häuſer a. d. Dzamija, R. 15; Auf d. Südoſtbaſtion unſ. Reiches 15; Briefe e. Hauptmanns an ſ. Sohn 16; D. weiße u. d. ſchwarze Beg, Lſp. 17; Briefe e. Landſturmleutnants an Frauen 18; Gott u. d. Infanteriſt, Lſp. 19; D. hl. Candidus, Dr. 19; Pixifilm, Lſp.

Michel, Wilhelm, SDS., Eſſay, ♣. Darmſtadt, Sandbergſtr. 66. (Metz $^{9}|_{8}$ 77.) V: Apollon u. Dionyſos, Eſſays 04; Rainer Maria Rilke 06; Der Zuſchauer, G. 07; Leo Putz, Eſſ. 08; D. Teufliſche u. Groteske in d. bild. Kunſt 10; Friedrich Hölderlin, Eſſ. 11; Max Oppenheimer, Eſſ. 11; D. Krieg in Bildern, Eſſ. 11; Das Ohr des Dionyſos, Eſſays 13; Guſtav Landauer, Romain Rolland u. a. Eſſays 20; D. Menſch verſagt 21; Verrat am Deutſchtum, Streitſchrift z. Judenfrage 22; Hölderlins abendländiſche Wendung, Eſſays 22; Der abendländiſche Zeus, Eſſays. 23.

Michelitſch, Anton, (k.), ⁂, ✝, Dr. th. et ph., o. UP. Graz, Nibelungeng. 45. (Eibiswald $^{25}|_{6}$ 65.) V: Einleitg. in die Naturphiloſophie 21, 2. A. 23; Einleitg. in die Metaphyſik 22; Kommentatoren zur Summa theologiae des hl. Thomas von Aquin 23; u. a.

Michels, Victor, deutſche Ψ, Dr. phil., o. UP., GHofR. MitHrsg. der German.-roman. Monatshefte. Jena, Carl-Alexander-Platz 2. (Staßfurt $^{5}|_{7}$ 66.) V: Zum Wechſel d. Nominalgeſchlechts im Deutſch. 89; Stud. zu den älteſten deutſch. Faſtnachtsſp. 96; Mittelhochd. Elementarb. 00, 3. A. 21; Zu Schillers Gedächtnis 05; Goethe u. Jena 16; Üb. Begriff u. Aufgaben d. deutſch. Philologie 17. H: Th. Morus, Utopia 96; Goethes Iphigenie, Pr. 97; Goethes Torquato Taſſo 04; Cl. Brentanos Romanzen v. Roſenkranz 10; Kuno Fiſcher, Goethes Fauſt I—IV 14; Wilmanns Walther v. d. Vogelweide, I 16.

Micheu, Franz (Pſ. Franz v. Salzburg), PA., DÖSchG., ⊙, Präſident der Sch. G. Wien I, Annagaſſe 10. (Salzburg $^{15}|_{11}$ 77.) V: D. Weibes Sünde 04; Was die Lagune erzählt 04; Aus Grados Fiſcher- u. Badeleben 07; Unſere Deutſchmeiſter 08; Eine Sommerreiſe nach Afrika 11; Mit d. Elektriſchen nach Mariazell 13; Verklungene Töne 13.

Michl, Peter, ſ. Raithel, Hans.

Michler, Karl, VB., ♣, ⊙, /, Beamt. d. Deutſch. Phönix. Frankfurt a M.,

Oberlindau 63. (Mustin $^{9}|_{11}$ 68.) V: Aus Jugendtagen 88; Licht und Schatten 89; Dichtungen 89, 3. A. 97; Markart von Heistenberg, 1. u. 2. A. 90; Blätter mod. Lyrik 00; Im Banne der Schönheit 09; Der Sehnsucht Wundertiefe, G. 12; Das singende Blut, Lyr., 4. A. 21; Asor Gatresto, Lyr. 23.

Michler, Kurt Wilhelm, ASV., DV., u. Mundartl. Dichtg. u. Dramatik., Städt. Lehrer in Brieg, Prov. Schles. (Mollwitz, Kr. Brieg $^{12}|_{8}$ 63.) V: A der bloven Jacke G 94, 6. A. 06; O diese Rangen, Schw. 94; Eine lust. Instruktionsstunde, Schw. 94; Flickstunde, Schw. 96; Die Schlacht bei Mollwitz, Vst. 94, 2. A. 12; H: Der „Durfmusikke" seit 13; Pichale Schuster als Landsturmer 17, 5. A. 20 II; Ich Landsturm-Rekrute, G. 18. ()

Micrône. Jean, s. Mahnke, Hans.

Mido, s. Doppler, Mich.

Miegel. Frl. Agnes, ⚘. Königsberg i. Pr., Gr. Domplatz 2. (ebda $^{9}|_{3}$ 79.) V: Gedichte 01, 03, 08, 11; Balladen u. Lieder 07, 10; Gedichte u. Spiele 21. ()

Mielert, Fritz, ●, /, ♛, Kunst, Schriftsteller. Dortmund, Kreuzstr. 89. (Wartha, Rgbz. Breslau $^{3}|_{7}$ 79.) V: Im Lande des Khedive 16; Durch deutsche Bergwelten 20; Verträumte Städte, deutsche Kleinstadtbilder 21; Durch Mecklenburg, ein Buch für Heimat- u. Reuterfreunde 21; Das schöne Westfalen I 20; 9.—18. T. 22, II 20, 14.—24. T. 23, III 1.—10. T. 22; Du schönes Niedersachsen I 21, 11.—15. T. 23, II 22, III 23; Westfalen, Monographie 23; Das romantische Rheinland I, 23, II; Schlesischer Bergsommer 23; Grüß Gott Bayernland! 23. H: Westfalenbuch 22. *

Mielke, Robert, Kunst ♛, a. o. Prof. a. d. THSch. Berlin-Hermsdorf, Bismarckstr. 142. (Berlin $^{15}|_{12}$ 63.) V: Die Münchener Kunstgew.-Ausstellg. in Bezug auf Stil- u. Zeichenunterr. 89; Revolution in d. bildenden Kunst, 2. A. 91; Volkskunst 96; D. Bauernhäuser der Mark 99; Der Einzelne und seine Kunst 00; Der Rote Adler, Brandenb. Kal. für 1902, 1903, 1904; Museen u. Samml. 03; D. deutsche Dorf 07, 3. A. 21; Landeskde. d. Prov. Brandenburg 09; D. Dorf, Handbuch e. künstler. Dorf- u. Flurgestaltg. 09; Vom Werden d. Dorfes 11; Auf dem Wege zum Kurhut 12; Unsere Dorfkirche 13; D. Entwicklg. d. dörfl. Siedlgn. u. ihre Beziehgn. z. Städtebau alter u. neuer Zeit 14; Ostpreußen u. s. Wiederaufbau 15.

Migerka, Frl. Helene, ⚘, /, Graz III, Liebigg. 22. (Brünn $^{13}|_{9}$ 67.) V: Gedichte 89; Neue Gedichte 95; Das Glück d. Häßlichen u. a. Skn. u. Sat. 14.

* **Milau,** Gerhard Ludwig, SDS., ⚘, Drama, Nov., Kaufmann. Bremen, Fedelhören 91. (Oldenburg $^{28}|_{2}$ 97.) V: Von Leben, Lenz und Liebe, G. 22. *

Milde, Josef Franz (Jost Milde), Psychologie. Buchhändler. Oranienburg-Eden b. Berlin. (Landeck i. Schl. $^{24}/_{2}$ 92.) V: Menschenkenntnis u. Schrift 23; Der Kampf m. dem Tode, N. 24. *

Miles, s. Eichert, Franz.

Milkau, Fritz, Dr. phil., G.Reg.Rat, Dir. d. Staats- u. Univ.-Bibl., Breslau, Neue Sandstr. 3. (Lötzen $^{28}/_{9}$ 59.)

Millenkovich, Max v. (Ps. Max Morold), CP., DÖSchG., VB., ⚘, ○, /, ☊, MinistRat d. Unterr.Min. u. Burgtheaterdir. i. R. Wien IV, Joh.-Strauß-G. 6. (ebda $^{2}|_{8}$ 66.) V: D. Totentanz, ein Tanz- u. Singsp. 03; Jos. Reiter 03; Ich aber preise die Liebe!, O. 11; Ant. Bruckner 12; Hugo Wolf 12; Über Franz Liszt 17; Tell, mus. Dr. 17; D. österr. Tonkunst 18. H: Mod. Lyriker, VII. Ferd. v. Saar. ()

Miller. Alfred (Ps. Miller-Kißlegg), ⁂, ✝, Germanistik, ♛, ☊, ▣, Dr. phil., Kreisschulrat in Hechingen, Hohenzollern. (Kißlegg, Württ. $^{21}|_{7}$ 81.) V: F. Leopold Graf zu Stolberg als Homerübersetzer 08; Methodenbüchlein 12; Grundlinien zu e. künft. Literaturpädagogik 16. Zwölf Artikel schwäbischer Bauernlehrer 23. H: F. X. v. Linsenmanns Werke I 11; Voigtländers Quellenbücher Bd. 77; Die Jesuiten 14; Prof. C. Isenkrahes „Experimental-Theologie" 21.

Miller, Edm., ⚔, ♛, Hptm. a. D. Riedlingen i. Württ. (ebda $^{19}|_{8}$ 55.) V: Kais. Joseph II. u. s. Gemahlinnen Isabella von Parma u. Josepha von Bayern 04; Die Mordnacht von Vincennes 04; D. franz. Expedition in Mexico u. d. Geschichte des mexican. Kaiserreichs 06; Militär-Conventionen, Versailler Verträge, Kämpfe vor Paris 06; Das hl. römische Reich deutsch. Nation im Todeskampf 07; Russ. Erinnerungen 07; Kg. Friedrich I. v. Württemberg unter bes. Berücksichtigung s. Beziehgn. zu Bonaparte 07; Napoleon II. 09; Gen.-Ltn. Karl Frhr v. Reitzenstein 09; Gen. d. Inf. Adolph Frhr. v. Starkloff 10; Prinz-Regent Luitpold v. Bayern 11; Ein Opfer schwerer Schuld 12; Die Ritter vom Block, R. 12; u. a.

Miller-Kißlegg, s. Miller, Alfred.

Millesi, Matthias Edler v. (Ps. Hans v. Werthenau), DÖSchG., ○, Ue: EFI, gew. Reichsr.-Abg. Villach, Kärnten. (ebda $^{22}|_{12}$ 42.) V: Frauenlist, Singsp. 98; Roxane, Dr. 98; Arnulf v. Kärnten, Dr. 99; D. Hauptmann d. Kaisers, Vst. 00; Gudrun, dramat. Dichtg. 07; Friedrich II. v. Hohenstaufen, Dr. 20. Ue: Carlo

Goldoni: Der Lügner; Die kluge Gattin; Weibertratsch; E: Das Luftschiff; Liebste Mama; Ein Blättchen Papier; Antlitz und Maske; F: Die Abenteuerin; Blamage und Duell, Schw.; Die Ehen werden im Himmel geschlossen; Das Portrait, Vaudeville in vier Bildern.

Milo, s. Kläger, Emil.

Milo Von, s. Kläger, Emil.

Milrad, Richard, /, Theater, Red. d. „Prager Tagblatt", Feuill.=Red. d. „Montagsblatt aus Böhmen". Geschäftsleiter des Vereins deutscher Schriftsteller und Künstler in Böhmen „Concordia". Prag=Weinberge, Nerudag. 24. (ebda 24|8 61.)

Minde-Pouet, Georg (Ps. George Minet), Lit.- u. Kunst♛, Dr. phil., Prof., Dir. d. Deutsch. Bücherei a. D. Leipzig, Münzgasse 28. (Berlin 5|6 71.) V: H. v. Kleists dram. Stil 96; H. v. Kleist, s. Sprache u. s. Stil 97; Festrede z. 80. Gründungstag des Kauf. Vereins zu Posen 01; Kunstpflege in Posen 02; Katalog d. Kunstausstell. Bromberg 05; Friedrich d. Gr. u. die vaterlind. Dichtg. 06; Bismarck, Festrede 07; Katalog d. Kunstausstellung Bromberg 10; Katalog d. Bromberger Stadtbibliothek I 11; D. Bromberger Stadtbibliothek 11; A. Warschauer (m. R. Prümers) 12; Bücherverzeichn. der Loge Janus in Bromberg 13; Kunst u. Wissenschaft in Posen 13; Der Geist d. deutschen Freimaurerei 1813 u. heute 14; Die Kunstsammlg. Czartoryski in Goluchow 15; Kleists Germania an ihre Kinder 18; Seemannskost 19; Die Not der wissenschaftlichen Forschung in Deutschland 21; Aus Goedekes Nachlaß 22; Die Wandgemälde L. v. Hofmanns i. Lesesaal d. Deutschen Bücherei 22. H: Festschrift für A. Warschauer 02; H. v. Kleists Werke u. Briefe (m. Erich Schmidt u. Reinhold Steig) 04/05; Mitteilgn. aus d. Stadtbibliothek Bromberg I—IV 06—11; Aus dem Posener Lande, Monatsblätter, Jg. VI—VIII 11—13; 25 Jahre Ansiedlg 11; Kleists Robert Guiskard 20; Jahrbuch der Kleist=Gesellschaft 22.

Minden, Heinrich, /, Verlagsbuchh. Dresden=Blasewitz, Berggartenstr. 33 (Dresden 8|1 87.) V: 240 Rätsel 14, 4. A. 19: In Erwartung des Eisgangs, Bilder aus Rußl. u. Finnl. 20, 4. A. 23; Aus der Rätselmappe 23.

Minden, Martin. Dresden=Blasewitz, Berggartenstr. 33. (Dresden 6|1 92.) V: Stell den Strauß von roten Rosen, G. 15; Richard Plattensteiner, Ein Volksdichter 18; Wenn ich die Möwen schwingen seh', neue G. 19; Aufstieg od. Abstieg? Beitr. z. Deutg. mod. Kunst 20; Und manch ein Traum ist wahr, G. 21.

Minet, George, s. Minde=Pouet.

Minges, P. Parthenius, †, ∴, Dr. theol. et phil., O. Fr. Min. München, St.=Anna=Str. 12. (Flemlingen, Pfalz 15|1 61.)

Mira, Paul, s. Engel, Alex., Wien.

Mirau, Leo Paul, Schriftst u. Ztgs.=Korresp. in Buenos Aires, Avenida Cramer 1913. (Zipplau b. Danzig 31|3 58.) V: Lieder aus weiter Ferne 04; Meine Lieder 10; Wie ich die Heimat fand 18; Argentinien von heute, 3. A. 20

Misch, Georg (Pseud. Peter Langen), ∴, Dr. phil., o. UP. Göttingen, Friedländerweg 35. (5|4 78.) V: Gesch. d. Autobiogr. I 07; Von d. Gestalt. d. Persönlichkeit 10; Herm. Lotzes Philos. 12; Üb. d. Zusammenhang v. Philos. u. Weltanschauung 05; u. a.

Misch, Robert, DV., O, Roman, Nov., /. Saarow bei Berlin, Ulmenstr. 10. (Rittergut Zurczyn 5|3 60.) V: Villa Kaltenbach, R. 03, 20. T.; Biederleute, Kom. 04; Übermenschen, Einakterzyklus 05; Kinder, Lsp. 07; Komödianten, Sch 07; Mamsell Unschuld, Verserz. 07; Das Prinzchen, Lsp. 10; D. Marketenderin; Gaudeamus! (Musik Humperdinck) 14; D. Kuckucks=Ei, Kom. 20; D. Herrenreiter, R. 20, 20. T. ()

Missenharter, Hermann, RP., /, Ꝺ, Nov., Hrsg. d Monatsschr. „Der schwäb. Bund" u. Theaterref. d. „Württ. Ztg." Stuttgart, Olgastr. 77. (ebda 5|6 86.)

Mittendorfer, Hans, DÖSchG., ❦ (in oberösterr. Mundart), Dr. jur., LandGerR. Wien XVIII, Gentzg. 115. (Gaspoltshofen, Ob.=Österr. 11|12 75.) V: Dorfglocken aus Oberösterreich, Mundartgeb. 09: Rätselbilderbuch 21.

Mittler, Otto Max, SDS., Teilhab. d. Fa. H. Jaffe & O. Mittler, Antiquare in München, Stievestr. 30. (Wien 1|4 88.) Ue u. H: Bandello, Nov. 19; Apuleius, Amor und Psyche 19; Maupassant, Schmalzküchle 19; Ovid, Liebeskunst 20; Wieland, Komische Erzählungen 20; France, Perlmutterdose 20.

Mittwoch, Eugen, Orientalistik, Dr. phil., o. UP. Berlin NW 52, Kirchstr. 23. (Schrimm 4|12 76.)

Möbis, Emil, ❦, /, Lehrer. Hamburg 26, Saling 41 III. (Neuruppin 4|3 69.) V: F. Möhring 93; Ged. 97.

Möbius, Martin Richard, O, Ꝺ, /. Chemnitz, Andréstr. 23. (Dresden 10|9 92.) V: Vom gewissenlosen Tod 19; D. Triumph d. Venus 22; D. Krisis d. Kunst 22. *

Moede, Walther, Psycholog., Dr. phil., PrivDoz. a. d. THSch. Charlottenburg. Berlin W 30, Luitpoldstr. 14.

Modersohn, Herm. (Ps. H. Birkenfeld), Lit.♛, /, Nov., ❦, Dr. phil., Prof.,

Studiendir. Wolgast i. P. (Birkenfeld $^{20}|_{8}$ 58.) W: Auf d. alten Scholle, Erz. 00; Mutter Ortlands Kinder, Erz. 03; Der Oger, R. 04. ()

Mogk, Eugen, Germanistik, bes. Nordisch, Dr. phil., o.ö.UP. Leipzig, Salomonstr. 25B. (Döbeln $^{19}|_{7}$ 54.) W: German. Mythologie 91, 2. A. 97; Gesch. d. norweg.-isländ. Lit., 2. A. 04; German. Mythologie 06, 2. A. 21; D. deutsch. Sitten u. Gebräuche 09, 21; D. Menschenopfer bei d. Germanen 09; Deutsche Heldensage 17. H: Altnord. Textbibliothek; Gunnlaugssaga 86, 2. A. 08; Mitteilgn. d. Ver. f. sächs. Volkskde; Beitr. z. Volkskde. MitH: Altnord. Sagabibliothek.

Mohacsi, Jenö, ✠, ⊙, Operntexte, Dr. jur. Wien III, Hörnesgasse 18. (Mohács, Ungarn $^{28}|_{3}$ 86.) W: Crescens 04; Die Seele des Janus 09; Das Fürstenschiff, Sch.; Das Kind, Dr.; Donna Anna, O. 20. Ue: Ung. Bühnen- u. erz. Werke.

Möhl, Friedrich (Ps. Friedrich Karl), VJ. & S., PA., ⊞, ⁂, ⌂, Dr. phil., Leit. d. Lit. Abt. d. Münchner Lichtspielkunst A.-G. (Emelka). München, Ohmstr. 9. (ebda $^{10}|_{10}$ 75.) W: Kunst u. soziale Bewegung 01; Die Vorläufer d. heutigen Organisation d. Armenpflege 03; Testament des neuen Glaubens 03; Jdni und Naama, Dchtg. 23.

Möhler, Anton, Musikwissenschaft, Dr. phil. Steinhausen bei Schussenried, Württ. (Schwäbisch-Gmünd $^{8}|_{8}$ 66.) W: Griech.-röm. u. altchristl.-latein. Musik 98; Gesch. d alten u. mittelalterl. Musik 00, 2. A. 07 II; Compend. d. kath. Kirchenmusik (m. Gauß) 08, 2. A. 10; Ästhetik d. kath. Kirchenmusik 10, 2. A. 15.

Mohr, Heinrich, ✝, Pfarrkurat a. D., Schriftst. Freiburg i. B., Immentalstr. 9. (Lauda $^{10}|_{9}$ 74.) W: Narrenbaum 09, 17.—20. T. 19; Dorf in der Himmelssonne 11, 28.—32 T. 20; Seele im Herrgottswinkel 13, 24.—29. T. 20; Feldbriefe 14, 750. T.; Held in Wunden 14, 3. A. 16; Stimme der Heimat, Feldpred. 15—18, 26 Mill.; Rache des Herrn Ulrich 18, 7.—13. T. 21 u. a.

Mohr, Max, DB., SDS., ⊙, Dr. med. Wolfsgrube b. Rottach am Tegernsee, ObBay. ($^{17}|_{10}$ 91.) W: Frau Maries Gast, R. 19; Tarras, Kom. 19; Gregor Rosso, Trag. 20; Dadakratie, Kom. 20; Molow, Fr. 20; Improvisationen im Juni, Kom. 20; D. gelbe Zelt, Dr. 21; Sirill am Wrack, Kom. 22; D. Arbeiter Esau, Kom. 23. *

Mojsisovics, Edgar, DÖSchG., VB., Dr. phil., Prof. Wien XIII, St.-Veit-Gasse 67. (Graz $^{20}|_{5}$ 81.) W: Metrik und Sprache Rustebuefs 06; Jean Passerat, Leben u. Persönlichkeit 07; Gesichtsbildg. des Genies 08; Der Berg, R. 20; Sieben Nächte, R. 23; D. Auge d. Meisters R. 24.

Mojsisovics Edler von Mojsvár, Roderich, GDT., Musik, Dr. jur., artist. Dir. d. steiermärkischen Musikvereines. Graz-Waltendorf, Plüddemanng. 27 I (Graz $^{10}|_{8}$ 77.) W: 7 Programmbücher d. Brünner Musikvereins 04/05; Führer durch Kienzls O. „Don Quixote" 05; Themat. Leitfaden z. Pfitzners O. „Die Rose vom Liebesgarten" 06; E. W. Degner, Einführung in s. Werke 09; Kleine Musikführer zu Liszts Bergsymphonie, Heldenklage 11; Liszts Heldenklage 11; Tantchen Rosmarin, O. 14; Merlin, MDr. 21; u. Kompos.

Möllenberg, Walter, ♛, Dr. phil., Staatsarch. Magdeburg, Lennéstr. 7. (Warsleben $^{1}|_{6}$ 79.)

Mollenhauer, Karl, Erz., ♛, Lit., GymnProf. Blankenburg a. Harz, Institutsstr. 5. (Bockenem $^{8}|_{10}$ 60.) W: Justus Mösers Anteil an der Wiederbelebg. d. deutsch. Geistes 96; Der Wille zum Leben 01; D. Stadttheater, Kom. 06. ()

Möller, Alfred, DB., ASB., /, ●, Kritik, ⊙, Psychol., Essay, Dr. phil., Feuill.-Red. der „Tagespost". Graz, Steiermark, Alberstr. 4. (Cilli $^{22}|_{1}$ 77.) W: Die Tragödie d. Liebe 01; Künstler u. Publikum, Essays 01; D. Naturgefühl in d. Plastik des Nicolo Pisano 06; D. bedeutendsten Kunstwerke bildweise erläutert 06/07 II; Die Fahrt ins Wunderland, Sp. 21; Durch den Hexenwald ins Mohrenland, Sp. 22; Ferdinand Raimund, Bilder von seinem Lebensweg 23. H: H. L. Wagner, Die Kindesmörderin 14.

Möller, Hermann, Germanistik, Ψ, Dr. phil., o. UP. Kopenhagen, Mathildevej 2.

Moeller van den Bruck, Arthur, ♛, ⁂, ⌂. Berlin-Lichterfelde, Unter den Eichen 127. (Solingen $^{23}|_{4}$ 76.) W: Die mod. Lit. in Gruppen u. Einzeldarstellgn. 00/03; D. Variété e. Kulturdramaturgie 01; D. Deutschen, unsere Menschengesch. I—VIII 04/10; D. Zeitgenossen 05; D. italien. Schönheit 13; Der preuß. Stil 15, Neue Ausgabe 22; Die Rasse d. Blutes u. die Rasse des Geistes 15; Das Recht d. jungen Völker 18; Das dritte Reich 23. H: Poe, Werke 00/03; Dostojewski, Werke 05/15; Die neue Front.

Möllhausen, Balduin, SDS., BP., RP., Reiseberichterstattg., Lit., Theater, ✇, Wirtschaftspolitik, Meßwesen, Pressechef des Handels- und Industrieamtes der Stadt Kiel und der Nordischen Messe in Kiel. Kiel, Feldstraße 76. (Charlottenburg $^{3}|_{12}$ 88.) W: Oberschlesien, ein Land deutscher Kultur 21; Kiel als

Hafen-, Handels- und Industriestadt 23. **Mitarb**: zahlr. Tageszeitungen.

Molo, Walter Reichsritter von. Berlin-Zehlendorf. (Sternberg i. M. $^{14}|_{6}$ 80.) B: Als ich die bunte Mütze trug 04, n. A., 21. A. 14; Wie sie d. Leben zwangen, R. 06, n. A., 25. A. 16; Hochzeitsjunker, N. 08, n. A., 17. A. 13; D. Lebenswende 08, n. A., 29. A. 15; Die unerbittliche Liebe, R. 09, 3. A. 10; Die törichte Welt, R. 10, 3. A. 11; D. gezähmte Eros, R. 11, 2. A. 11; Totes Sein, R. 11, 41. A. 16; Das gelebte Leben, Dr. 11; Wir Weibgesellen, R. 11, 2. A. 11; Ums Menschentum, Schiller-R. I 12, 14. A. 16; Die Mutter, Dr. 13; Im Titanenkampf, Schiller-R. II 13, 12. A. 16; Der Infant d. Menschheit, Dr. 13; Die Freiheit, Schiller-R. III 14, 10. A.; Kriegsaufsätze 15, 3. A.; Deutschland u. Österreich 15, 5. A.; Deutsch sein heißt Mensch sein 15, 4. A.; Der Schiller-Rom., Volksausg. in 2 Bdn. 50. T.; Sprüche der Seele, G. 2. T.; D. Infant d. Menschheit, Dr. 2. T.; D. Erlösg. d. Ethel, Dr. 3. T.; Der Hauch im All, Dr. 2. T.; Die helle Nacht, Dr. 3. T.; „Ein Volk wacht auf“, Rom.-Trilogie, 100. T.; Kleinere Romane, 26. T.; Im Schritt d. Jahrhunderte 13. T.; Die Liebessymphonie, R. 21. T.; Sprüche der Seele, G. 12. T.; Im Zwielicht der Zeit, N. 15. T.; Im Schritt der Jahrhunderte, N. 20. T.; Der Schiller-Roman, 2 Bde., 54. T.; D. Roman meines Volkes, Trilogie 15. T.; einzeln: Fridericus 60. T.; Luise 38. T.; Das Volk wacht auf, 25. T.; Fugen des Seins, Luxusausgabe; Auf der rollenden Erde, R. 20. T.; Die Erlösung der Ethel, Tr. 13. T.; Der Hauch im All, Tr. 13. T.; Die helle Nacht, Sch. 12. T.; Till Lausebums, Lsp. 13. T. H: Weltkriegsgeschichten 16, 20. A.

Molsdorf, Wilh., Kunst♛, Dr. phil., Prof, ObBibl. a. D. Breslau, Tiergartenstr 46. (Erfurt $^{29}|_{8}$ 66.) B: Idee d. Schönen bei Thomas Aquinas 91; Einblattdruck d. 15. Jahrh. VII, XII, XIV 07/08; Bedeutg. Kölns f. d. Metallschnitt 09; Gruppierungsversuche i. ält. Holzschn. 11; Schrifteigentümlichkeit auf ält. Holzschn. 14; Führer d. d. symbol. u. typolog. Bilderkreis d. christl. Kunst d. M.-A. 20; Beiträge z. Gesch. u. Technik d. ält. Bilddrucks 21.

Moltan, Hans, s. Rudelsberger, Hans.

Moltke, Siegfried, Nov., ✠, ⊙, /, ♛, Biblioth. d. Handelskamm. Leipzig, Petzscher Str. 11. (ebda $^{9}|_{7}$ 69.) B: Zahlr. Schriften z. Handels- u. Verkehrsgesch. v. Leipzig; ferner: Kreuzwege des Lebens, Erz. 16; Bernh. v. Tauchnitz, Biogr. 16; Die Leipziger Messen im Kriege 17; Um die Mark Meißen, R. 19; Sigfrid v. Schwarzburg, R. 23. H: Schauberg, Ich grüße dich 95; Weber, Handwörterbuch der deutschen Sprache, 25. A. 08.

Mombert, Alfred, ✠, ⊙, Dr. Heidelberg. (Karlsruhe i. B. $^{6}|_{2}$ 72.) B: Tag u. Nacht 94, 3. A. 22; Der Glühende 96, 3. A. 21; Die Schöpfung 97, 3. A. 21; Der Denker 01, 2. A. 20; Die Blüte des Chaos 05, 2. A. 20; Der Sonne-Geist 05, 2. A. 23; Aeon d. Welt-Gesuchte 07, 2. A. 21; Aeon zwischen d. Frauen 10, 2. A. 21; Aeon vor Syrakus 11, 2. A. 21; D. himml. Zecher 09, 2. A. 22; D. Held d. Erde 19.

Mommsen, Dr., s. Naumann, Max.

Moenanus, Heinz, s. Klemm, Heinz.

Monbart, Helene v., s. Kahlenberg.

Mönius, Georg, Dr., Kuratus. Haßlach, Post Steinbach a. W. (Oberfranken $^{19}|_{10}$ 90.) B: Mein Madonnenbüchlein, G. 18; Hölderlin 19; Gotik, G. 19; Der Kreuzfahrer, Sp. 20; Das geschlossene Tal, R. 21; Die Madonna des Memling, Mir. 21; Die kleine Passion G. 22. *

Montanus, s. Kronenberg, Mor.

Montanus, s. Rolfs, Wilh.

Montanus, s. Vorberg, Gaston.

Montau, L. v. d., s. Wolski, Alex.

Montzheimer, Frl. Elsbeth, Nov., Märchen. Rahden, Prov. Westfalen. (Berlin $^{5}|_{4}$ 58.) B: Tropfen aus dem Märchenborn 03; Märchen 23.

Moog, Willy, ⁂, Pädagogik, Dr. phil., a.o. UP. Greifswald, Bahnhofstr. 33. (Neuengronau $^{22}|_{1}$ 88.) B: Das Verhältnis v. Natur u. Ich in Goethes Lyrik 09; Kants Ansichten über Krieg u. Frieden 17; Fichte über den Krieg 17; Das Verhältnis der Philosophie zu den Einzelwissenschaften 19; Logik, Psychologie u. Psychologismus 20; Philosophie (Wiss. Forschungsberichte 5) 21; Die deutsche Philosophie des 20. Jahrhunderts 22; Grundfragen der Pädagogik der Gegenwart 23. H: Heman, Gesch. d. neuer. Päd., 6. A. 21; Überweg, Grundr. d. Gesch. d. Phil. III, 12. A. (m. Frischeisen-Köhler) 23. *

Moos, Herbert, SES., Roman, Nov. Bern, Ensingerstr. 25. (Zug $^{1}|_{1}$ 93.) B: Der Bürger 18.

Moos, Paul, ⁂, 𝔔. Ulm a. D., Frauenstr. 7. (Buchau $^{22}|_{8}$ 63.) B: Mod. Musikästhetik in Deutschland 02; Richard Wagner als Ästhetiker 06; Die deutsche Ästhetik der Gegenwart, I. Die psychologische Ästhetik 20; Die Philosophie der Musik von Kant bis Eduard von Hartmann 22.

Moosmayer, Moriz, ✠, Württ. Forstmeister. Justingen, Württ. (Weißen-

stein, Württ. 19/5 70.) B: Im Wechsel der Zeit, G. 21.

Mora, Otto, s. Mysing, Oscar.

Moraht, Hans, DB., F, LegR u. Dirg. im Ausw. Amt. Berlin W 30, Haberlandstr. 4. (Heiligenhafen 4/10 79.) B: Gen Ithaka, G. 16.

Moralist, s. Goldschmidt, Victor.

Moravec, Maria, jetzt Ptáček, Maria.

Morcelly, Delphine, s. Schachne, Clara,

Moreck, Curt, SDS., VBA., Nov., Roman, Krit., /, F, Kultur♛, Übersetzungen. München-Prinz-Ludwigshöhe, Josefinenstr. 10. (Köln 10/10 88.) B: Die Puderquaste der Venus von Medici, R. 10, 2. A. 10; Jokaste, d. Mutter, R. 12, 2. A. 20; Die gotischen Fenster, G. 13; Büßer d. Gefühls, R. 14; Menschen im Kampf, R. 16; Der Gast, Rn. 16; D. Pole d. Eros, R. 18, neue A. 23; Umweg z. Liebe, Rn. 18; Bürger v. Brügge, Dchtg. 19; D. strahl. Mensch, Rn. 19; Die Hölle, R. 19; Der Riese, R. 20; Brüder im Schicksal, Rn. 21; D. Liebespilgerin, R. 21; D. Flammende, R. 21; Wunder der Liebe, Rn. 23; Die Musik in der Malerei 23. H: Quevedo, Wunderliche Träume 18; Triumph der Liebe, Schönste Liebesgesch. d. Weltlit. 21; Die Märchenquelle, M. aller Völker 21; Der Silberelefant, Ind. M. 22; Rousseau, Neue Heloïse; Voltaire, Die Jungfrau; Margarete v. Navarra, Heptamerone; Madame Guillotine, Revolutionsgesch.; Lafontaine, Ergötzliche Geschichten; Cervantes, Don Quixote; Bunkels Leben, Bemerkungen u. Meinungen; Bettina von Arnim, Gespräche mit Dämonen; Rahel, Frauenleben in Briefen.

Morecki, Lothar (Ps. Armor, Moriz Lotharski), literarhist. Kritik, /, Dr. jur. Prag, Stephansgasse 49. (ebda 21/9 80.)

Morf, Walter, SES., Berndeutsche Dialektdichtg. Bern, Eschmannstr. 7. (Zürich 23/9 74.) B: Ds Mejeli, J. 16; Am Heidewäg, J. 17; 12 bärndütschi Lieder 19; Heidis Heimwehliedli 19; Im Lindetal, J. 19; Värse u. Liedli vo dinne und duß 20. ()

Morgan, Camillo, DÖSchG., Roman, Erz., Chef-Red. d. „Reichsrundschau". Wien IX/4, Sechsschimmelg. 15. (ebda 28/10 60.) B: Propst Waidfroh, R. 13; Der Wildschütz v. Stuben, R. 13; Schloß Gamseneck, R. 13; Waldungus, R. 13; Adria nostra. R. 17; Im Kaisertal, R. 19; Gold, R. 20; Jagden in Heimat u. Fremde, Erz. 20 III; Der Liebestraum Maria Annunziatas, R. 22; Byblis, dr. Dchtg. 23; Auf der Waldburg, Erz. 23.

Morgan, Walter, s. Pollaczek, Max.

Morgenstern, Gustav, Dr. phil., Lit. Beirat d. städt. Bücherhallen. Quasnitz b. Leipzig. (Pausa 4/10 67.) B: Leipziger Theaternot 10.

Moro, Hugo, F, Mundartdchtg., Bezirksschulinsp. Villach i. Kärnten, Gerbergasse 29. (17/2 65.) B: Das Gailtal 94; Karntnerisch! Hamalliadlan u. lustige Stücklan, Ged. in Kärntner Mundart 21; u. a.

Morold, Max, s. Millenkovich, Max von.

Morren, Theophil, s. Hofmannsthal, Hugo von.

Morsbach, Lorenz, engl. Spr. u. Lit., Dr. phil., o. UP., GRegR. Göttingen, Hoh. Weg 10. (Bonn 6/1 50.) B: D. Lyrik Rob. Burns 10; Gramm. u. psychol. Geschlecht i. Engl. 13; Univ. u. Schule 14; Zur Charakteristik d. Persönlichk. Shakespeare, 16; England u. d. engl. Gefahr 17; D. Weg zu Shakespeare u. d. Hamletdrama, e. Umkehr 22; u. a. H: „Stud. z. engl. Philologie" s. 97. MitH: Old and Middle English Texts 00.

Moersberger, Frau Rose Felicitas, geb. Schliewen (Ps. Felicitas Rose), ASV., Roman. Berlin NW 23, Klopstockstr. 56. B: Kerlchen, lustige Geschn. 00, 2. A. u. d. T.: Allerhand Frohes! 07; Provinzmädel 02—04 X; Eiks v. Eichen, R. 08; Heideschulmeister Uwe Karsten, R. 09; Aus den vier Wänden, Rn. 10; Plauderbriefe einer Mutter 11; Drohnen, Erz. 12; Pastor Verden, R. 12; Heide-R. 12, 5. A.; Lyzeum in Birkholz, R. 17; Mutterhof Hallig, R. 18; Der Tisch der Rasmussens, R. 20; Der graue Alltag und sein Licht, R. 22; Rotbraunes Heidekraut, G. 23.

Moeschlin, Felix, Roman. Uetikon a. S, Kt. Zürich. (Basel 31/7 82.) B: Die Königschmieds 09; Hermann Hitz 10; D. Amerika-Johann 12; D. Revolution des Herzens, Dr. 18; Die vier Verliebten, R. 19; Der glückl. Sommer, R. 20; Wachtmeister Vögeli, R.

Mose, Frl. Josepha (Ps. Jassy Torrund), SDS., Nov. Scheinfeld, Mittelfranken, Lindenhof. (Preetz i. Holst. 20/9 60.) B: E. Kuß aus Versehen u. a. Nov. 10; D. Krone d. Königin u. a. Nov. 10; Wenn Landsleute sich begegnen u. a. Nov. 12; Mit Gott u. gutem Wind u. a. Nov. 12; D. neue Mama u. a. Nov. 14; D. graue Frau u. a. Nov. 17; Aufgestoßene Tore u. a. Nov. 18; Dinge zwischen Himmel u. Erde 18; Hannas Lehrjahre, Erz. 19, 2. A. 20. ()

Moser, Andreas, Musik♛, Prof. a. d. Kgl. Hochschule f. Musik Berlin W 30, Mart.-Luther-Str. 20. (Semlin 29/11 59.) B: Joseph Joachim, Lebensbild 99, 2. A. 08 f. II. H: Briefwechsel zwischen Joh. Brahms u. Jos. Joachim 08 II. MitH: Briefe von u. an Joh. Joachim 11 ff. III.

Moser, Bernhard, SES., Schriftsteller, a.o. Mitgl. des Lit.-Klubs des Lesezirkels Hottingen in Zürich. Hägendorf, Kt. Solothurn, Schweiz. ($^{20}|_{3}$ 97.) **W**: Irrfahrt 21; Gedichte 23; Adam Zeltner, Dr. 23; Im Spiel der Morgenröte, Festspiel.

Moser, Ernst, ✠, ○, Humor, Ep., Rom **Königsberg** i. Pr., Kaplanstr. 12. (ebda $^{9}|_{1}$ 63.) **W**: Königsberger Theatergeschichte 02; Aus einer kleinen Garnison, Schw. 03; Vergangenheit, R. 04; Der Geburtstag des sozialdemokr. Zukunftsstaates, Hum. 05; Schatten, Krim.-R. 06; Charakterspiegel 07; Wetterwolken, Dr. 07; Auf wankendem Grunde, Sch. 07; D. Glückspilz, Schw. 07; E. verrückte Idee (D. Liebesbazillus), Schw. 07; Meerfahrt, Dr. 07; Gewitterwolken, R. 10; E. geheimnisvolle Tat, R. 10; Vergeltung, R. 10; Der erste Kuß, R. 10; Ein Freundschaftsdienst, humorist. R. 11; Diplomatenkunst, desgl. 11; Neue Saat, desgl. 12; Flieder im Schnee, Kom. 15; In Sonnennähe, Dr. 15; Das Kreuz, Dr. 16; Kriegsgetraut, Dr. 17; Die Abenteurerin, Dr. 18; Erbschleicher, Lsp. 19; Aberglaube, Lsp.; Unter Wölfen, Dr. 20; Heimattreue, Dr. 21; Der Dorftrottel, N. 21.

Moser, Hans (Ps. Hans Waldmoser), (k.), /, Volksromane, Nov. u. Erz., bes. Bauern- u. Arbeiterleben. **Wels**, Ob-Österr., Salzburger Str. 14. (Linz a. D. $^{6}|_{4}$ 68.)

Moser, Hans Joachim, DV., Musikwiss., Dr., UP. **Halle** a. S., Advokatenweg 36. (Berlin $^{25}|_{5}$ 89.) **W**: Frühlingsenzian, E. 08; Liebe der Rosemaret, MSp. 12; Deutsche Gesangskunst 12, 2. A. 21; Sieben Raben, O. 15; Armer Judas, R. 20; Gesch. d. dtsch. Musik 20, 3. A. 22 II; Musikal. Zeitenspiegel 22. **H**: Alte Meister d. dtsch. Liedes 14; Bizetalbum 14. **Ue**: Händels Orlando furioso, O. 22; Luthers Liedweisen (Weim. Ausg.) 23.

Moser, Virgil, Deutsche Ψ, PrivGel. **München**, Herzog-Rudolf-Straße 23. (ebda $^{6}|_{9}$ 82.) **W**: Hist.-gramm. Einführg. in d. Frühneuhdtsch. Schriftdialekte 08; Sprachliche Studien zu Fischart 10; Beiträge z. Lautlehre Spees 14; D. Straßburger Druckersprache z. Zeit Fischarts 20; Zur Gesch. d. Nhd. Schriftsprache in Bern 21; Frühnhd. Studien 23; u. a. Fachschriften.

Moses, Julius, VJ.& SV., Dr. med., Prakt. Arzt, M. d. R. **Berlin** N 24, Elsasser Str. 42. (Posen $^{2}|_{7}$ 68.) **W**: Die Bluterkrankheit 93; D. Handwerk u. d. Juden 97; D. polit. Dichtkunst in Deutschland 10; Auch einer von Gottes Gnaden 11; D. Toten an die Lebenden 11; Der Hausarzt 12; Wider die Pfaffen u. Jesuiten 13; Polenlieder 15. **H**: Hebr. Melodien 07; D. Lösung d. Judenfrage 07; Illustr. jüdischer Familienkal. 07 ff.; Schlemielbuch 07; Jüdischer Novellenschatz 08; Kommentar z. Gesetz z. Bekämpf. d. Geschlechtskr. 23.

Mosse, Erich, DV., SDS., Drama, Prosa, Dr. med., Arzt f. Psychotherapie. **Berlin**, Kurfürstendamm 165. ($^{25}|_{1}$ 91.) **W**: Zugvögel, Dr. 20; Der Tod und die Maske, Dr. 20; Himmel auf Erden, Lsp. 21. ( )

Moest, Friedrich, Kritik, Dir. d. Reicherschen Hochschule f. dramat. Kunst. **Berlin** W, Prager Str. 30 III. (Karlsruhe i. B. $^{28}|_{7}$ 67.)

Moszkowski, Alex., VP., Humor, /, Kunstessay, Chefred. der „Lust. Blätter“. **Berlin** W, Fasanenstr. 5. (Pilica $^{15}|_{1}$ 51.) **W**: D. dümmste Kerl d. Welt 12; Meine verstimmte Flöte 12; Da lachen d. Hühner 14; Die Ewigen Worte; Der Sprung über den Schatten; Das Geheimnis d. Sprache; Die Welt von der Kehrseite; Sokrates der Idiot 17; Einstein; Die Ehe im Rückfall; (m. A. Fürst) Das Buch der 1000 Wunder 17; Meister Robinson. ( )

Moths, Fräulein Anna, „Feder“ **Berlin**, ✠, Novellen, ○, Bilderbuch. (Greiz $^{30}|_{4}$ 69.) **W**: Hans fliegt durch die Welt, Bilderbuch 16; Hans u. Anneliese im Weihnachtsland, Lsp. 17; Tante Jettchens Neffe, Lsp. 18; E. Heimatstreißel, Vogtl. Dialekt 19; Ernste u. heitere Vorträge zu Polterabend u. Hochzeit 21; Jugendlust im Jahresreigen, Lieder- u. Tanzsp. 21; Rinnt ein Brünnelein, G., Balladen u. M. 21; Eine Weihnachtsszene 21.

Moewig, Arthur, /, Reiseber., **Ue**: FE, Verlagsbuchhändler. **Dresden-A.**, Uhlandstr. 32. (Königsberg i. Pr. $^{14}|_{12}$ 73.) **W**: Beiträge z. Gesch. d. Kriminalromans 08. **Ue**: D. Denkmaschine 09; Auf d. Meeresgrunde 10; Im Automobil 10; D. Wendeltreppe 11; Schloß Marchester 11; Wie man Verbrecher fängt 11 II; u. a.

Mohseowicz, Leo, s. Erichsen, Leo.

Mrasek, Karl Norbert, Roman, Nov., ✠, Dramatik, Schauspielkrit. d. „Deutsch. Ztg.“, Buchkritik. d. „Tagesboten“, Oberkommissär. **Brünn**, Prager Str. 45. (ebda $^{6}|_{3}$ 92.) **W**: Sankt Georg mit dem Drachen, Rn. 16; Aschenglut, Dr. 22; Midasgold, R. 23; Der Schönheitsucher, R. 23.

Much, Hans, ✠, Erz., Hygiene, Dr. med., UP., Leit. d. hamb. Forschgsinst. f. Tuberk. u. Dir. des serolog. Instit. am Eppendorfer Krankenhause. **Hamburg**

36, Alsterkamp 12. (Zechlin, Brandenburg $^{24}|_{3}$ 80.) B: Denken und Schauen, G. 2. A.; Buddha, Der Schritt aus der Heimat, Erz.; Die Heimkehr des Vollendeten, Erz.; Ich nahm meine Zuflucht, Neue Lieder; Boro Budur, Erz.; Das Nirvana des Vollendeten, Trilogie; Zwei Tage vor Damaskus, Erz.; To Hus, Lr. 2. u. 3. A.; En nedderdüütschen Doodendanz, Lr.; Nedderdüütsche Welt, 10. T.; In't Kinnerland; Norddeutsche Backsteingotik, 3. A.; Norddeutsche gotische Plastik; Islamik; Vom Sinn der Gotik; u. a.

Much, Rud., german. Sprach♛ und Altertumskunde, Urgeschichte, Dr. phil., o. UP., Mit-Hrsg. v „Wörter u. Sachen". Wien XIII, Penzinger Str. 84. (ebda $^{7}|_{10}$ 62.) B: Deutsche Stammsitze 92; Der german. Himmelsgott 98; Deutsche Stammeskunde 00, 20; Rüdiger von Pechlarn 13; Der Name Germanen 20.

Muckermann, Hermann, Biologie u. Sozialbiologie, SJ., Red., Dr. Bonn, Hofgartenstr. 9. (Bückeburg $^{30}/_{8}$ 77.) B: Werdende Reife; u. a.

Müffelmann, Leo, VP., ⁂, ⊟, Dr. phil., Generalsekr. Berlin W 15, Kurfürstendamm 220 I. (Rostock $^{1}|_{5}$ 81.)

Müffelmann, Ludwig, VP., RP., ♛, ✿, /, ☉, ⊟, Freimaurerei, Dr. phil. Berlin-Halensee, Seesener Str. 54. (Schwerin i. M. $^{10}|_{8}$ 53.) B: Reimchronik d. Marschalk Thurius u. ihre Quellen 76; Richard Wagner u. die Entwicklg. z. menschlichen Freiheit 03, 2. A. 04. ()

Muggli, Hans, Red. Romanshorn, Schweiz. ($^{19}|_{1}$ 77.) B: Wirbelnde Flocken, G. 08; Volk u. Jugend in Gefahr 11; Lybias Brautfahrt 12.

Mühlenweg, Heinrich, Märchen, Sage, Erz. Gummersbach, Rhld., Blücherstr. 20. (Heepen, Krs. Bielefeld $^{11}|_{3}$ 72.) B: Westdeutsche Volksmärchen 23. *

Mühlestein, Hans, SDS., O, Roman, ✿, ⁂, ☉. Mittenwald, Oberbay., Haus Tannenberg. (Biel, Schweiz $^{16}|_{3}$ 87.) B: Gedichte 06; Kosmische Liebe, G. 14; Die Eidgenossen, ein Rückzug aus d. Weltgesch., Dr. 14; Sonette der Vittoria Colonna, Umdchtgn. 14; Ferdinand Hodler, Biogr. 14; Europäische Reformation 18.

Mühlgrabner, Frl. Maria, Stimmungsbilder u. Erz. Innsbruck, Mandelsberger Str. 10. (Gries b. Bozen $^{11}|_{8}$ 01.)

Mühlhausen, Rudolf, ✝, Pfarr. d. ref. Gem. in Leipzig, Schreberstr. 14b. (Kassel $^{19}|_{2}$ 79.) B: Es ist ein köstlich Ding nach Sonne gehn 12; Deutsche Sehnsucht 13; Der Sturm bricht los, Im Morgenrot des deutschen Tags, Türmerlieder 14/15; Es führen viele Wege nach Rom 20; Von der fröhlichen Kanzel 21; Der leuchtende Alltag 22; Der Offenbarungsberg 22.

Mühling, Carl, RP., VP., SDS., Politik, ♛, Dr. phil., Hauptschriftl. d. „Tag". Berlin-Friedenau, Wilhelmshöher Str. 24. (Berlin $^{19}|_{9}$ 58.)

Mühsam, Erich, SDS., ✿, Satire, O, Politik. Festung Niederschönenfeld, Bay. (Wohnung: München, Adalbertstr. 37). (Berlin $^{6}|_{4}$ 78.) B: D. Wüste, G. 04; Ascona 05, 2. A. 06; D. Hochstapler, Lsp. 06; D. Jagd auf Harden 08; D. Krater, G. 09, 2. A. 12; Kain-Kalender f. 12 u. 13; Wüste, Krater, Wolken, Ges. G. 14; D. Freivermählten, Sch. 14; Brennende Erde, G. 20; Judas, Dr. 21. H: Kain, Zeitschr. f. Menschlichkeit 11—15.

Mühsam, Kurt, RP., SDS., O, Theater- u. Kunstkritik, /, Politik, Dr. jur., Berlin W, Kurfürstendamm 201. (Graz $^{3}|_{5}$ 82.) B: D. Sonnenbursch, Sch. 11; Salonmenschen, 4 Einakt. 11; Hippolyt, Tr. 13; Germania u. Austria, Festsp. 13; Dtsche. Heerführer im Kriege 1914 14 II; Unsere Flieger über Feindesland 14; Wie wir belogen wurden 18, 3. A. 19; Tiere im Film 22; D. Kunstauktion 23.

Mühsam, Paul, Dchtg., Dr. jur., Rechtsanwalt u. Notar. Görlitz, Bismarckstr. 4. (Brandenburg a. H. $^{17}|_{7}$ 76.) B: Gespräche mit Gott 19; Aus dem Schicksalsbuch der Menschheit 19; Worte an meine Tochter 20; Mehr Mensch! 21; Vom Glück in dir 23.

Mülbe, Wolf-Heinrich v. der, Kunst♛, ✿, Erz., Buchkrit., Dr. phil. München, Clemensstr. 43. (Berlin $^{22}|_{10}$ 79.) B: Sonne u. Nacht, G. 02; D. erste Schule von Fontainebleau 04; D. Darstellung d. jüngsten Gerichts an d. roman. u. got. Kirchenportalen Frankreichs 11; Michelangelo, Sonette 12. Ue: Joh. Buchholtz: Egholms Gott, R. 20; Ejnar Mikkelsen: Jon Dale, R. 22.

Müllenhoff, Frl. Emma, Skizzen, Ue: E. Kiel, Schloßgarten 5. (ebda $^{27}|_{9}$ 71.) B: Aus ein. stillen Hause u. a. Geschichten für besinnliche Leute 04, 25.—35. T. 19; Abseits, niederdeutsche Heimatbilder 05, 2. A. 06; Kleine Lieder 06; Was aus ihnen wurde, Rn. 08; Wandernde u Wollende 11, 7.—11. T. 20; Nach eigenem Gesetz 13; Im Helldunkel 17, 3. A. 19; Der Herzbaum 20, 2. A.; Über dem Alltag 20, 3. A. ()

Müller, Ant. (Ps. Bruder Willram), (k.), ✿, Professor. Innsbruck. (Bruneck i. Tirol $^{10}|_{3}$ 70.) B: Kiesel u. Kristall, G., 3. A. 01; Wanderweisen u. Heimatlieder 97, 2. A. 11; In wachen Träumen 00; Blütenstaub u. Blättergold 03, 3. A.;

Das Passionsspiel v. Brixlegg 03; Heliotrop, Skn. aus Ital. 05, 3. A.; Grünes Laub u. weißer Flieder, G. 07, 2. A. 11; Aus goldnen Tagen, G. 10, 2. A. 12; Bilder auf Goldgrund, Epopöen 13; Kennt ihr das Land? 15; Das blutige Jahr, G. 15, 5. A.; Der heilige Kampf, G. 16, 4. A.; Aus Herz u. Heimat, Vers-Epen 19; Unter morgenländischem Himmel 23.

Müller, Arthur, VJ. & S., ⊙, Reg.-R., gerichtl. Sachverständiger f. d. Schriftfach, Generalsekr. d. österr. Völkerbundliga. Baden b. Wien, Albrechtsg. 52. (Wien $^{3}|_{12}$ 73.) **B**: Das Problem des Fremdenverkehrs in Österreich 09; Pacifist. Jugendbuch 10, 2. A. 11 (auch franz., dän. u. fläm.); Der Herr Schulinspektor 11; Paracelsus u. der Träumer, Dr. 12; D. persönl. Wirken u. Werben 12.

Müller, Bernard, Kunst♛, Archäol., Dr. phil., Dir. d. städt. hist. Mus., o. H.-Prof. a. d. Univ. Frankfurt a. M.-Eschersh., Lindenhöhe 13. (Hannover $^{26}|_{9}$ 69.) **B**: 13 Gemmen d. Göttinger Univ.-Sammlg. 91; Seb. Furck, Kupferst. u. Kontrafaiter v. Frankfurt 98; Führer durch d. Sammlg. von Höchster Porzellan im hist. Mus. Frankfurt 10; Bilderatlas z. Gesch. d. Stadt Frankfurt 16. **H**: Philipp der Großmütige, Festschr. 04; Quartalblätter d. hist. Ver. f. d. Gr. Hessen 04—06; Alt-Frankfurt, ein Heimatbuch a. d. Maingau 17.

Müller, Carl (Müller-Braunschweig), /, ∴, Dr. phil. Berlin-Schmargendorf, Helgolandstr. 1. (Braunschweig $^{8}|_{4}$ 81.) **B**: D. Methode e. reinen Ethik, insbes. der Kantischen, dargest. an der Analyse d. Begriffes e. „Prakt. Gesetzes“ 08.

Müller, Carl (Ps. Carl Müller-Rastatt), PA., ♣, ⊙, Nov., /, Dr. phil., Red. am „Hamb. Korresp.“ Hamburg, Klosterallee 39. (Rastatt $^{29}|_{7}$ 61) **B**: Heidelerche, Lsp. 88; Heimkehr, Sch. 91; F. Hölderlin 93; D. Glücksritter, O. 96; Herm. u. Dorothea, O. 97; In die Nacht, N. 98; Herzoginnen, Kom. 09; Fritz u. Franz, Hum. 10; Der Renegat, Dr. 12; Verse 13; Hölderlin 20. ()

Müller, Conrad, ♛, Volkskde., ⚓, /, Dr. phil., Hausarchivar. Potsdam, Bertinistr. 12/13. (Breslau $^{3}|_{12}$ 58.) **B**: Leben u. Dichten D. Caspers v. Lohenstein 82; Bismarcks Mutter u. ihre Ahnen 09; Germanist. Erinnerungen 11; Altgerman. Meeresherrschaft 14; Ulfilas Ende 14; Deutscher Seeheldensang im Weltensturm 15; Gründung u. Geschichte des Klosters Geringswalde 20; Die Urheimat der Dynastien v. Schönburg 20.

Mueller, Erich H., ☠, /, ♛, ⚭, Dr. phil., Chefred. d. „Maske u. Palette“. Dresden, Wasastr. 14. (ebda $^{31}|_{8}$ 92.) **B**: Angelo u. Pictro Mingotti 15; J. G. Mraczek 16; Programmbuch zum 1. mod. Musikfest Dresden 17. **H**: Zur Zeitmusik.

Müller, Ernst (München), s. Müller-Meiningen.

Müller, Ernst, Lit.♛, Dr. phil., GP. Stuttgart, Gaisburgstr. 19. (Goldburghausen $^{1}|_{2}$ 57.) **B**: Schillers Kabale u. Liebe 92; Schillers Kal., nach d. 1865 ersch. Text ergänzt u. bearb. 93; Schillers Mutter 94; Schillers Jugenddichtg. u. Jugendleb. 96; Schiller-Regesten 00; Schillerbüchlein f. Schule u. Haus 01, 2. A. 05; Schiller, Intimes aus seinem Leben 05. **H**: Just. Kerners Briefwechsel mit seinen Freunden 97 II. ()

Müller, Ewald, ♣, Epik, ⊙, Nov., /, Krit., Mittelschullehrer. Kottbus, Karlstr. 10. (Drebkau $^{21}|_{1}$ 62.) **B**: Frühlingsblüten, G. 84; Verhaltene Gluten, G. 88; Morkusko, E. 91, 2. A 13; Aus der Streusandbüchse, G. 93; D. Wendentum i. d. N-Lausitz 93, 2. A. 21; Humor-, bilder- u. reimvoller Spreewaldführer 97; Der kranke Sultan, Optte. 98; Cottbus, Festsp. (m. M. Birkenfeld) 00; Führer durch d. Stadt Cottbus 01; Spreewaldgrüße, G. 01; Die Saligen, E. 06; Unter dem Halbmond, Optte. 12; D. heimliche König, Spreewälder Heimatsp. 14, 18; Heimat, G. 22.

Müller, Fedor (Ps. Johannes Meru), ♣, ⚭, ♛, /, ▮, Redakteur d. illustr. Monatsschrift „Die Kunstschule“. Berlin NO, Trakehner Str. 14. (St. Petersburg $^{28}|_{8}$ 81.) **B**: Walpurgis, G. 02; Wer soll unser Führer sein? 20; Blätter, G. 21. **MitVerf**: Unterrichtskursus im Malen und Zeichnen 20/21.

Müller, Friedr., oriental. Ψ, Dr. phil., Bibl. Berlin NW 23, Klopstockstr. 21. (Königsberg i. Pr. $^{8}|_{3}$ 72.)

Müller, Fritz, s. Gerhardi, August.

Müller, Fritz (Ps. Fritz Züricher), ASV., SDS., VB., Nov., Rom. Partenkirchen b. München. (München $^{24}|_{2}$ 75.) **B**: O Frida! 12, 4. A.; D. andre Hälfte 12; Zweimal e. Bub 13, 4. A.; Alltagsgeschichten 13, 2. A.; Kurzehosengeschichten 15, 11. A.; Hinter der Front 15, 5. A.; Fröhliches vom Krieg 15, 20. A.; D. Land ohne Rücken, 16, 14. A.; D. eisernen Kameraden 16, 3. A.; Fröhl. Wissenschaft 16, 11. A.; Fröhl. a. d. Kaufmannsleben 16, 100. A.; Sepp im Krieg 16, 8. A.; Klassengold 16, 5. A.; Vergn. Geschichten 18, 12. A.; Kramer & Friemann 20, 13. A.; Dreizehn Aktien 21, 8. A.; Der Kallix 21, 6. A.; Hessing, Ein Leben 22, 6. A.; Die Sengs 22, 2. A.; Passion 22, 3. A.; Fernsicht 22, 3. A.; Bauerngeschichten 23, 5. A.; Fröhliche

Jugend 23, 2. A.; Reise in die innere Schweiz 24, 1. A.

Müller, G. C. H. (Ps. Georg Müller-Mülheim), ASV., Technik, Jugenderz., Humoresken, Übersetzungen, Tiernov. Köln-Mülheim. (Hamburg $^{27}|_{4}$ 70.) B: Fürs Vaterland, Sch. 13; Blauer Montag, Schw. 22; Die alte Geschichte, Hum. 22; Durch Feld u. Wald, Tiererz. f. d. Jug. 23.

Müller, Georg Elias, ⁂, Dr. med. et phil., o. UP., GRegR. Göttingen, Bergstr. 4. (Grimma $^{20}|_{7}$ 50.)

Müller, Gustav Adolf, Archäologie, Prähistorie, Goetheforschg., ○, ♛, Rom., Novelle, Dr. phil., Dir. d. Reformpäd. Crailsheim (Buch, Bad. $^{24}|_{5}$ 66.) B: Ecce homo, R. 08, 10. T.; Das sterbende Pompeji, R. 10; Die leibl. Gestalt Jesu nach d. monum. u. schriftl. Urtradition 10; Nach Jerusalem! 13; Im Kampf um Lourdes, R. 14; Die letzten Tage von Jerusalem, R. 14; Brennende Welten, R. 15; Stimme d. Heimat, R. 17; Lebensschicksale d. Seherin v. Prevorst 21. ()

Müller, Gustav Adolf (Ps. Müller-München), VJ. & S., RP., ♛, ○, Red. an d. „Münch. Neuest. Nachr." München, Wörthstr. 3 II. (Kassel $^{28}|_{1}$ 72.) B: Gedichte 00; Gedichte 02; Der Jungbrunnen, Lsp. (m. O. Gluth) 11; Anmerkungen eines Zuschauers, Aphorism. u. Dialoge 21. ()

Müller, Hans von, SDS., Lit.♛, Bibliogr., Genealogie, Dr. phil. h. c. Berlin W 30, Motzstr. 31. (Kiel $^{30}|_{3}$ 75.) B: Neues von u. über E. T. A. Hoffmann 01; Hoffmann u. s. Leihbibliothekar 04; Aus den Materialien zu e. Biogr. Hoffmanns I—IV 07—18; Hoffmann contra Spontini 08; Hoffmann u. Härtel 08; Eduard Grisebach 10; Fragmente e. Biogr. Hoffmanns I 14; Beiträge zur Bibliographie d. dt. Dichtg. (i. d. Zeitschr. f. Bücherfr.) I—IV 16—20; Die namhafteren dt. Dichter u. Denker seit Reimarus u. Günther in Altersgruppen geordnet 17; Die Veröffentlichungen d. Ges. d. Bibliophilen u. d. jüngeren dt. biblioph. Vereinigungn. I 21; Die dt. Voltaire-Lit. d. 18. Jahrh. (m. Paul Wallich) 21. H: Das Kreislerbuch: Texte, Komp. und Bilder von Hoffmann 03; Zwei unvollendete Singspiele von Hoffmann 03; Raspe-Bürgers Münchhausen 06; Die Märchen der Serapions-Brüder von Hoffmann 06, 2. A. 20; Hoffmanns Meister Floh 08; Hoffmanns Brautwahl 10; Hoffmanns letzte Komposition 12; Hoffmann im Verkehr: I. Hoffmann u. Hippel 12, II. Hoffmanns Briefwechsel 12; Hoffmanns Tagebücher u. lit. Entwürfe: I. D. Texte d. Tagebücher 15; Hoffmann, Lebens-Ansichten d. Katers Murr 16; Zwölf Berlinische Geschichten a. d. J. 1551—1816 von Hoffmann 21; Tieck-Hoffmanns Jägerlied 22.

Müller, Hans, ♛, Nov., ○, Dr. jur. Wien I, Schwarzenbergstr. 8. (Brünn $^{25}|_{10}$ 82.) B: D. Rosenlaute, G. 09; Geheimnisland, Nn. 09; Das Wunder des Beatus, Dr. 10; Träume u. Schäume, Nn. 11; Gesinnung, Komödienzyklus 12; D. reizende Adrian, Lsp 13; Die blaue Küste, Lsp. 14; Könige, Dr. 15; Violanta, O. 16; Die Kunst, sich zu freuen, Sk. 17; Der Schöpfer, Sch. 18; Die Sterne, Dr. 19; Flamme, Sch. 20; D. Vampir, Sch. ()

Müller, Herbert Ludwig (Ps. Herbert Ludwig), ♛, ⊞, Skizz., Bürgermstr. a. D. Bad Oldesloe. (Magdeburg $^{26}|_{3}$ 79.) B: Ungefragte Stimmen, philosoph. u. lyr. G. 03; Die Venus v. Milo, Skn. 04; D. Examenskandidaten, Göhrensche Nn. 05; Lieder, die Euch selber eigen 07; La lettre de créance dans les relations internationales 12; Rose, die die Kaiserin mir bot, G. 15, 3. A. 16.

Müller, Johs., kulturphilos. Essays, Dr. Elmau b. Klais, Oberbayern. ($^{19}|_{4}$ 64.) B: Beruf und Stellung der Frau, 1. A. 02, 8. A. 23; Quellen des Lebens, 1. A. 05, 6. A. 23; Bergpredigt, 1. A. 06, 7. A. 23; Hemmungen des Lebens, 1. A. 07, 6. A. 22; Vom Leben u. Sterben, 1. A. 07, 26. T. 23; Bausteine f. persf. Kultur, 1.—4. Stück, 1. A. 08 u. ff.; Reden Jesu, 1. Bd., 1. A. 09, 3. A. 23; 2. Bd., 1. A. 12, 2. A. 17; 3. Bd., 1. A. 17; Neue Wegweiser, 1. A. 13, 3. A. 23; Weihnachten bis Pfingsten, 1. A. 14; Die deutsche Not, 1. A. 16; Die Liebe, 1. A. 22; Gott, 1. A. 22. H: D. grünen Blätter, 1. Jahrg. 99, 25. Jahrg. 23.

Müller, Frl. Joh. Martha, ASV., Jugendschriftstellerin. Pausa i. Vogtland, Badestr. 56. (Hannover $^{26}|_{9}$ 90.) B: Die Wette, Schw. 21; Die Überraschung, Schw. 22; Der Brief an das Christkind, Weihnachtssp. 22; Osterfreuden, G. u. Zwiegespr. 23; Bärbelis Weihnachtserlebnis, Weihnachtssp. 23; Weihnachtsfreuden, G. u. Zwiegespr. 23.*

Müller, Karl Alexander v., ♛, Dr. phil., HonUP., ObRegR., Syndikus. München, Mauerkircher Str. 12. (ebda $^{20}|_{12}$ 82.)

Müller, Karl Otto, dtsch. Rechts- u. Verf.♛, schwäb. ♛, Dr. jur., Archivar. Ludwigsburg, Württ., Schloß. (Ravensburg $^{18}|_{5}$ 84.)

Müller, Käte, s. Lisowski, Kath.

Müller, Ludwig, s. Bredow, Heinr.

Müller, Frl. Maria (Ps. A. Huth), Jugendschr., Lehr. a. d. Kreislehrerinnenbildungsanst. München, Karlstr. 17 II.

(Kaiserslautern $^{8}|_{2}$ 83). **B:** Brennende Kerzen vom Weißen Sonntag 14, 3. A.; Zum hl. Krieg 16; Friedensglöcklein 17, 2. A.; Emmy Giehrl 18, 3. A.; Sonnenblicke 18, 2. A.; Resi Meier 19; Herzblut 19, 2. A.; Mein goldenes Buch 21; In der Kongregationsschule 22; Der Heimat verlobt 22; Der Weg ins Heiligtum u. a. (Daheim) 23.

Müller, Otto Karl, Dr. phil. Jena, Frommannstr. 4 II. ($^{17}|_{4}$ 94.) **B:** Von Blumen u. Soldaten 19; Die Heimkehr, Son. u. Lieder 22; Der brennende Tod, Feuersp. 22; Das Naturgefühl bei Thomas Hardy 23. *

Müller, Robert, SDS., DB., Romancier, Publizist, Direktor d. „Muskete". Wien I, Wollzeile 11. (ebda $^{29}|_{10}$ 87.) **B:** Macht, Ess. 15: Tropen, R. 15; Österreich u. d. Mensch, Ess 16; Europäische Wege, Ess. 17; D. Politiker d. Geistes, Sch. 17; D. Inselmädchen, Erz. 19; Bolschewik u. Gentleman, Ess. 20; D. Barbar, R. 20; Camera obscura, R. 21; Rassen, Städte, Physiognomien, E. 23; Arena, Erz. 23.

Müller, Rudolf, RP., Politik, /, D, Polit. Red. a. „Dresdner Anzeiger". Dresden-A. (St. Petersburg $^{23}|_{10}$ 70.) **Ue:** Clarice Tartufari, Il Miracolo 09.

Müller, Waldemar, s. Müller-Eberhart.

Müller, Walter Silvan, Mundartschriftst. Wädenswil, Kt. Zürich, Zugerstr. 6. (Muri, Kt. Aargau $^{31}|_{1}$ 73.) **B:** Buechnüßli vom Lindeberg; Heublueme; Us Götti's Grümpelchammer; Ab de Chouscht obe u. abe. ()

Müller, Walther, ♛, Dr. phil., Archiv. Weimar, Belvedere-Allee 23. (Wurzen $^{14}|_{7}$ 84.)

Müller, Walther (Ps. Walther Müller-Waldenburg), RP., O, /, D, Vertr. d. „Frankf. Ztg." f. Nassau, Red. d. „Badeblattes". Wiesbaden, Wielandstr. 10. (Osterode i. Ostpr. $^{22}|_{3}$ 77.) **B:** Reklame, Par. Sittenb. 01; Das sind wir 02; Totes Leben, Sch. 02: Josef Lauff 06.

Mueller, Wolfgang, Technologie, Dramaturgie, O, Ingenieur u. Fabrikdir. Ulm a. D. (Köln a. Rh. $^{16}|_{1}$ 81.) **B:** Maria Böst, Dr. 10; Fachschriften. **H:** Klass. Dramaturgie 16. ()

Müller-Bertelmann, Hans (Ps. früher Hans Müller-Arminger), V, Nov., /, Lit., Krit., Essay, Redaktor (Schweiz. Preßverein). Rüschlikon, Schweiz, Hofacker 234. (Küßnacht b. Zürich $^{27}|_{3}$ 72.) **B:** Gedichte 99.

Müller-Braunschweig, s. Müller, Carl, Berlin-Schmargendorf.

Müller-Doering, Herbert Ludwig, Gedichte, Bürgermstr. a. D. Berlin-Wilmersdorf, Gerolsteiner Str. 11. (Magdeburg $^{26}|_{3}$ 79.) **B:** Ungefragte Stimmen, philosoph. u. lyr. G. 03; Die Venus v. Milo, Skn. 04; D. Examenskandidaten, Göhrensche Nn. 05; Lieder, die Euch selber eigen 07; La lettre de créance dans les relations internationales 12; Rose, die die Kaiserin mir bot, G. 15, 3. A. 16; Eine Trauerfeier, Bühnenbild in 1 Aufz. *

Müller-Eberhart, Waldemar, DB., O. Oberschreiberhau, Haus Bergfrieden. (Bromberg $^{8}|_{6}$ 71.) **B:** Lokomotivführer Claußen, Sch. 06; D. Kind, Dr. 06, 2. A. 09; Dr. Volkner, Dr. 06; D. Turbine, Dr. 09; Bühnen-Not 10; Das Buch d. Lebens, N. 11: Eines Königs Tragödie, Dr. 13; Kriegsschriften; Märkische Erde, Vsp. 5. A. 18; Lillys Liebe, Lsp. 18; Kunigunde, Kynastvsp. 20, 2. A. 23; D. Legende d. hl. Hedwig, Vsp. 5. A. 21; Michal Holtenbeen der Seifensieder, das Spiel v. deutschen Michel, Vst. 23; Aus d. schönen alten Zeit, Eichendorff-Erinnergn, Vst. 23.

Müller-Freienfels, Richard, ∴, Psych., Dr. Berlin-Halensee, Joachim-Friedrich-Str. 7. (Ems $^{1}|_{8}$ 82.) **B:** Psychologie der Kunst 11 II; Poetik 13; Psycholog. d. Denkens u. der Phantasie 16; Persönlichkeit u. Weltanschauung; Psychol. d. deutsch. Menschen u. s. Kultur; Irrationalism.; Philosophie d. Individualität; D. Gefühls- u. Willensleben; u. a. ()

Müller-Guttenbrunn, Roderich (Ps. Roderich Meinhart), SDS., DÖSchG., Roman, Nov., O, Schriftst., Chefredakteur der „Österreichischen Hl. Zeitung". Wien 18, Schulgasse 80. (ebda $^{3}|_{8}$ 92.) **B:** Nach d. Heimat möcht ich wieder, R. 19; Die am Wege blieben, Nn. 20; Wiener Totentanz, R. 20; Untergang, Dr. 21; Die vergessene Stadt, R. 21; Aus herbstl. Garten, N.

Müller-Jabusch, Maximilian, SDS., BP., ausw. Politik, Wirtschaft, Kulturgesch., /, Herausgeber des „Politischen Almanachs", Bankarchivar. Charlottenburg, Sybelstr. 26. (Helmsted $^{14}|_{12}$ 89.) **H:** Die Abenteuer des Prinzen Genji, japan. R. 11; Thersites, Die Erinnerungen Garlieb Merkels 21; Der Politische Almanach (Jahrbuch d. öffentlichen Lebens, d. Wirtschaft u. d. Organisation 23/24.

Müller-Irminger, s. Müller-Bertelmann, Hans.

Müller-Lyer, Frau Betty, geb. Seefels, Wwe. d. Dr. F. M.-L. München, Kaiserstr. 29 III. (Baden-Baden $^{18}|_{10}$ 79.) **H:** D. spät. Bde. d. „Entwicklungsstufen der Menschheit", Bd. VI: Zähmung der Nornen I, 1. A. 17, 5.—8. T. 23, u. Bd. VII: 1. A. 24.

Müller-Meiningen, Ernst, Staats-, Völker-, Straf- u. Urheberrecht, Dr. jur., ObLGR. München, Beethovenpl. 4. (Mühlhof, Bez. A.-Schwabach 11/8 66.) **B:** D. Weltkrieg u. d. „Zusammenbruch d. Völkerrechts" II, 4. A.; Diplomatie u. Weltkrieg II 17; Aus Bayerns schwersten Tagen.

Müller-Mülheim, Georg, s. Müller, G. C. H.

Müller-München, s. Müller, Gustav Adolf, München.

Müller-Rastatt, s. Müller, Carl, Hamburg.

Müller-Rüdersdorf, Wilh., ASV., /, ♪, Lit.♛, Kritik, Erz., Märch., Skizze, Lyrik, Schriftleit. u. Verlagslektor. Charlottenburg, Horstweg 28. (Berlin 1/7 89.) **B:** Erste Aussaat, Sprüche 10; Sonnenblicke, SinnG. 11; Das Isergebirge 14; Die Zeit der großen Ernte, G. 15; Heldentafeln, Dchtgn. 16; Des Glückes Brücke, Sinngeb. 17; Schmied' uns, Leben, Sinngeb. 18; Wo d. hohen Wälder wogen, G. 20, 6.—7. T. 23; Am Quell d. Wunder, M. 20; Lieder aus d. Venussommer 21; Der Nachtjäger u. a. Geister, Sag. u. Leg. 21; Die selige Stille, G. 21; Sudetenfeuer, G. 23; Der zauberhafte Rübezahl, Geschichten 23. **H:** Der Erde goldener Segen 14; Wenn am Baum die Lichter brennen 16; Aus d. Jugendzeit 18; Iserraunen 21; D. lachende Stunde 21; Logau 21; Silesius 21; D. Schlesierbaum, 2 Bde., 21; Unsere Kinderdichter, Bücherei; Schlesien, ein Heimatbuch 22, 4.—8. T. 23; Großböhmerland, ein Heimatbuch 23; Zauberwinkel, eine Iserlese 23; Kortums „Jobsiade" 23; Schlesisches Vortragsbuch, 2. Bde. 23; Schwab-Band 23; Weisflog-Band 23; „Höhentraum"-Bücher 22/23; Rübezahlkalender 1.—3. Jahrg.

Müller-Schlösser, Hans, DB., ☉, hum. Romane, Erz., Düsseldorf-Gerresheim, Quadenhof. **B:** Schneider Wibbel, K.; Das Geschenk des Himmels, K.; Die Zinnkanne, K.; Dreierlei Liebe, 3 Einakter; Der Glückskandidat, K.; Eau de Cologne, Schw.; Der Rangierbahnhof, K.; Das Loch in der Hecke K.; Der Barbier von Pempelfort, K.; Aus alten Häusern und von kleinen Leuten, N.; Der enge Kreis, N.; Jan Krebsereuter, R.; Hopsa, der Floh, R.; Niederrheinische Schwänke und Schnurren.

Müller-Steglitz, Erich Fritz Erdmann (Ps. Fritz von Alten), Heimat- u. Gedenknotizen, Musikerbiographien. Gründer 14 u. Vors. des „Pommern-Bund zur Förd. heim. Kunst u. Art". Berlin-Steglitz, Holsteinische Str. 53 II. (Stettin 18/9 76.)

Müller-Waldenburg, s. Müller, Walth.

Müller-Wulckow, Walter, SDS., Dr. phil., Dir. d. Landesmuseum. Oldenburg i. O., Altes Schloß. (Breslau 18/8 86.) **B:** Zur Gesch. d. Uhrmacherkunst in Straßb. 14; Die Konstruktion d. Bildarchitektur in d. deutsch. Graphik d. 15. Jahrh. 14; Aufbau — Architektur 19. ()

Müller-Wunderlich, Marie, s. Wunderlich, Marie.

Mumbauer, Johannes, (k.), ✝, Soziolog. ⁂ d. Kultur, Ästhetik, ☧, Lit., /, **Ue:** G, Pfr. Piesport a. Mosel. (Kreuznach 27/7 67.) **B:** Maler Müller in Rom 13; Machiavellistische u. antimach. Politik 15; Allerh. Literaturschmerzen 15; D. dtsch. Gedanke bei Ketteler 16; D. Dichterinnen stiller Garten 18. **Ue:** Renée Erlös, Die Perlenschnur 14, 2 A. 21; Johannes der Jünger 20. **H:** W. E. v Kettelers Schriften 11 III; Joh. B. v. Hirscher, Selbsttäuschungen 15, 3 A. 20, Marienleben 21. **Red:** Hausens Bücherei; Das Neue Münster. ()

Münch, Paul Georg, SDS., Roman, Essay, Volksschullehrer. Leipzig-Connewitz, Windscheidstr. 35. (Leipzig 16/2 77.) **B:** D. Weg ins Kinderland, R. 08; Rund ums rote Tintenfaß, Ess. 08, 2. A. 09; Arnd u. Silene, N. 10; Wendel d. Bub u. d. Bursch, R. 13; Liese Lustig, Lsp. 15; Neuer Frühling, R. 19; Die Kunst Kinder zu unterrichten 20, 18. A. 22; Freude ist alles 21, 10. A. 22; Lustige Leutchen 22, 10. A. 23; Mit Jungvolk aller Länder auf Sylt 23; Erlebnisse mit Eltern 24.

Münch(-Born), Philipp (Philochrist Münchborn), Religions⁂, Studienrat, Prof., Dr. phil., Leutn. a. D. Probstdeuben b. Leipzig, Weststr. 99. (Leipzig 9/7 70.) **B:** Relative Absoluta 00, 2. A. 03; D. Haupt- u. Grundgedanken der Philosophie Sören Kierkegaards in krit. Beleuchtg. 02; Wie kann ich mich von der Wahrheit od. Unwahrheit d. Christentums überzeugen? 08; Die Beichte des Verführers, nebst Anh.: D. moderne Lebenskunst 13, 2. A. u. d. T.: Durch! I. Paul Michels Erwachen u. Wiedergeburt 16; Durch! II. Paul Michels Kampf um die Kultur 17; Durch! III. Der neue Gott und die freie Liebe 19; Gottes Höllenqualen und die Himmelsleiter 21.

Münchhausen, Börries, Frhr. v., Dr. jur., Kammerherr, Rittmstr. d. R. Windischleuba b. Altenburg. (Hildesheim 20/3 74.) **B:** Ged. 96: Juda 00, 12. T. 22; Balladen 00, 3. T. 06; Ritterliches Liederbuch 04, 3. T. 08; Die Balladen u. Ritterl. Lieder 09, 77. T. 22; Das Herz im Harnisch 11, 35. T. 23; Hofball, G. 14; Alte u. neue Balladen u. Lieder, Auswahl fürs

Feld 15, 70. T. 18; Die Standarte, G 16, 30. T. 22; Schloß in Wiesen, G. 21, 30. T. 22; Fröhliche Woche mit Freunden 22, 10. T. 22; Meisterballaden 23. H: Münchhausen-Beeren-Auslese 20, 90. T. 22; Göttinger Musenalmanach f. 1898 98, f. 1901 01, f. 1905 04, f. 1923 22; Mehrere Luxus-Ausgaben einzelner Balladen und eine Faksimile-Ausgabe.

Muncker, Franz, Lt. ⁂, Dr. phil., o. UP. München, Liebigstr. 28. (Bayreuth 4/12 55.) B: resp. H: Über 2 kl. deutsche Schrift. Aventins 79; Lessings persönl. u. lit. Verhältnis zu Klopstock 80; Ausg. d. klein. deutsch. Schriften Aventins 80; Ausg. d. altfranz. Rittergeb. Joufrois (m. K. Hofmann) 80; J. W. Schäfer, Gesch. d. deutsch. Lit. im 18. Jh., 2. A. 81; Hermann v. C. M. Wieland 82; H. von Kleists sämtl. Werke 82 IV; Klopstocks Messias I/III. Gesang 83; Lavater 83; Lessings sämtl. Schrift. v. Lachmann, 3. A. 86ff. XXII; Lessings ausgew. Schrift. 86 VI, n. A. 90 u. 94; Klopstocks ausgew. Wke. 87 IV; Klopstock, Gesch. s. Lebens u. s. Schriften 88, 2. A. 00; Klopstocks Oden 89 II; Wielands ausgew. Werke 89 VI; Bremer Beiträger 89 II (in Kürschners Deutsch. Nat.-Lit.); Lessings Werke 90 XII; F. Rückert 90; R. Wagner 91, 2. A. 09, engl. 91; Briefwechsel zw. Schiller u. Goethe, 5. A. 93 IV; Briefwechsel zw. Schiller u. Humboldt, 3. A. 93; Anakreontiker u. preuß.-patriot. Lyriker 94 f. II (in Kürschners Deutsch. Nat.-Literat.); R. Wagner-Werk (begleitend. Text) 94 f. II; Immermanns ausgew. Werke 97 VI; Schillers Jungfr. v. Orl. 03 u. 10; Goethes Wahlverwandtschaften 03; Prosaische Dramen Goethes 05; Wandlungen in den Anschauungen über Poesie währ. der zwei letzten Jahrh. 06; J. Grosses erzählende Dichtungen 09; K. Goedekes Grundriß zur Geschichte der deutschen Dichtung, 2. A., Bd. 12 (mit A. Rosenbaum) 19ff.

Mund, Ed., s. Lichtenstein, Edmund.

Munier, Frau Mia, geb. Wroblewska (Ps. Mia Munier-Wroblewska), Roman, Nov. Goldingen in Lettland, Windauer Str. 22. (Schleck in Lettl. 21/2 82.) B: Der schwarze Tod 12; Und doch 17, 18; Der graue Baron 19; Schwester Ursula 20. ()

Munier-Wroblewska, s. Munier, Mia.

Münsterberg, Frl. Margarete, Roman, Biographie. Ue: E. Brookline Mass., U. S. A., 53 Westbourne Terrace. (Freiburg i. B. 2/4 89.) B: Anna Bordens Career, R. 13; Red Poppies, R. 15; Hugo Münsterberg: His Life and Work, Biographie 22. Ue: Peabody, Der Pfeifer, VersDr. 12; „A Harvest of German verse“, G. 16.

Münsterberg, Maximilian, s. Rentwich, Max.

Münter, Ferd. (Ps. F. M. Horand), O, Dr. phil. Halle a. S., Hermannstr. 33. (ebda 12/11 77.) B: Am Untrüborn, G.; Im Spiegel, N. 03; Liebe?, N. 05; Selbstbetrug, Einakter 05; Cilly, Tr.; Gedichte 11; Geschlechtstrieb u. Fortpflanzg. 11; Alte Schuld, Dr. 11; Henning Strobart, Tr. 12; Cesare Monti, Tr. 12; Die Varusschlacht, Sch. 15; Lukretia Garaschin, Dr. 16; Das Cheruskerlied, Dchtg.: I. Die Freiheitsschlacht 21, II. Armins Tod 20, III. Der Cherusker Not 21, IV. Der Cherusker Untergang 21.

Munter, Hans, s. Le Mang, E. F. W.

Munz, Robert, ✠, gelehrte Forschung, Dr. phil. Zürich, Neptunstr. 38. (4/11 93.) B: Quellenkrit. Forsch. zu Strabo, Diss. 18; Sonette 22; Zarte und harte Gedichte 22; Präludium und Fuge zu einem wissensch. Werke 23. *

Münzel, Gustav, Kunstwiss. Abhandlungen, Nov., Skizz., Dr. Freiburg i. Bad., Schillerstr. 18. (Koblenz 19/12 74.) B: Geschichte vom Schorschel, M. 20; Der Flöterich, M. 22.

Münzer, Kurt, SDS., Rom., ✠, O, ⌂, /. Berlin-Grunewald, Wißmannstr. 22. (Gleiwitz 18/8 79.) B: D. Kunst d. Künstlers 05; D. verlorene Lied, 4 Einakter 07; D. Weg nach Zion, R. 07; Abenteuer d. Seele, Nn. 08, 4. T. 08; Schweigende Bettler, R. 09; Der gefühlvolle Baedeker, Reiseskn. 10; Der Strandläufer, N. 10; Ruhm, Tragikom. 10; Kinder der Stadt, R. 11, 12. A.; Mein erster Hund, R. 13; Casanovas letzte Liebe, Nn. 13; Taten u. Kränze, G. 14; D. jüngste Tag, N. 15; D. graue Tod, N. 15, 3. A.; D. Rosentreppe, N. 15; D. Wert d. Lebens, Essays 15; Zwischen zwei Welten, N. 16; Menschen von gestern, R. 16, 16. A.; D. Ladenprinz, R. 17, 32. A.; D. verlorene Mutter, R. 18, 13. A.; Phantom, R. 19, 15. A.; Leidenschaft, N. 19, 10. A.; D. weiße Knabe, N. 19, 8. A.; D. entfesselte Jenseits, N. 19, 5. A.; Namenlos, R. 20, 10. A.; D. liebende Mann, G. 20; Labyrinth des Herzens, N. 20, 5. A.; Götterliebling, R. 21, 6. A.; D. tödliche Sehnsucht, N. 21, 10. A.; Verirrte Bürger, N. 21, 4. A.; D. Tier ist stumm, N. 21; Sturm u. Sterne, N. 22; Esther Berg, R. 23, 10. A.

Muenzer, Otto, ASV., ✠, ⁄, Verwaltungswes., Preuß. Distriktskommissar z. D. Oberwiesenthal, Kr. Löwenberg, Schles. (Neusalz a. O. 5/2 60.) B: Kommersbuch für Landwirte 93, 2. A.

06; Des Landwirts Liederbuch 93, 4. A. u. d. T. Das Landliederbuch bzw. Das Landbundliederbuch 22; Ostmarkausg. von des Landwirts Liederbuch 06; D. deutschen Landwirts Liederb. 95, 9. u. 10. A. 21; u. a.

Münzer, Richard, ∴, Belletristik, Dr jur. Wien I, Bräunerstr. 11a. (ebda $^{29}|_{7}$ 64.) V: Bausteine zu e. Lebensphilosophie 05, 3. A. 09; Starke Menschen, Sch. 05; Das Cayenne Whist (u. Bridge) 06; Sein letztes Tagebuch, R. 06; Aus der Welt der Gefühle 07; E. Vorurteil, Hoffmanns Erzählgn., Der Teagown, 3 Nn. 08; Lehrbuch des Bridge 10; Auktion-Bridge 13; 1001 Aphorismus 14.

Murau, Frau Caroline, Mode, Nov., /. Wien V, Pilgramgasse 10. (ebda $^{1}|_{3}$ 61.) V: Aus Österreichs Herzen, Lr. (m. Rosa Barach) 82; Wiener Malerinnen 95.

Murko, Matthias, slaw. Ψ, Dr., o. UP. Prag, Albertov 5. (St. Urban, Steiermark $^{10}|_{2}$ 61.)

Musa Effendi Muhammad, s. Falls, J. C. Ewald.

Muschg, Adolf, Volkstüml. Erz., Nov., Lehrer. Zollikon, Zürich, Oetwil a. See ($^{24}|_{9}$ 72.) V: Perlensucher 11; u. a.

Muschik-Droonberg, Emil (Emil Droonberg), SDS., Ethnologische Romane. Schilderungen a. d. amerik. Westen. Leipzig, Wittstockstr. 7. (Bautzen $^{8}|_{2}$ 64.) V: Minnehaha. (Lachendes Wasser) 21, 6.—10. T. 23; Der Prospektor 23; A Step into the Unknown 21; Laughing Water 23; Reporterabenteuer in Amerika 23. *

Muschler, Reinhold Conrad, Roman, ♀, Dr., E. G., N.-Kritik, /, Dr. phil. Breslau, Eichendorffstr. 55. (Berlin $^{9}|_{4}$ 82.) V: Reiseskizzen aus Unterägypten 15; Erwachen der Prinzessin Annunziata 21; Douglas Webb, R. 21; Der lachende Tod, R. 22; Die Komödie des Lebens 23. *

Muschner, Clara, s. Hepner, Clara.

Müsebeck, Ernst, ♛, Dr. phil., Dir. a. Reichsarch. Berlin C 2, Klosterstr. 76. (Conerow b. Greifswald $^{4}|_{4}$ 70.)

Musil, Robert, DV., SDS., Dr. phil., Ing. Wien IV, Rasumofskygasse 20. (Klagenfurt $^{6}|_{11}$ 80.) V: D. Verwirrgn. d. Zöglings Törleß 06, 5. A. 23; Vereinigungen 11; Die Schwärmer 21; Vinzenz 23; Drei Frauen 23.

Muth, Carl, ♔, /, Literatur♛, Prof., Hrsg. d. „Hochland". Solln b. München. (Worms a. Rh. $^{31}|_{1}$ 67.) V: Festschrift des Wormser Spiel- u. Festhauses 89; Wem gehört die Zukunft? Aus d. Lit.-Leben d. Gegenw. 93; Steht d. kath. Belletristik auf d. Höhe d. Zeit? 2. A. 98; D. lit. Aufgab. d. deutsch. Katholiken 99; D. Wiedergeburt d. Dichtg. aus d. religiösen Erlebnis 09; Religion, Kunst u. Poesie 14; Martin Deutinger 15. **Ue**: Klein, Lavigerie u. s. afrikan. Werk 93; Goyau, D. Vatikan 97; Theuriet, Stiftsdame 02.

Muthesius, Hermann, △, Kunstgew., Dr.-Ing., GRegR. Nikolassee b. Berlin. (Groß-Neuhausen $^{20}|_{4}$ 61.) V: Engl. Baukunst d. Gegenw. 00/02; D. neuere kirchl. Baukunst in Engl. 02; Stilarchitektur u. Baukunst 02, 2. A. 03; Das engl. Haus I/II 04, III 05, 3. A. 24; Kultur u. Kunst 04, 2. A. 09; Landhaus u. Garten 07, 3. Folge 20; Kunstgewerbe u. Architektur 07; Landhäuser 13, 2. A. 22. Wie baue ich mein Haus? 3. A. 20; Kleinhaus u. Kleinsiedlung, 2. A. 20.

Muthesius, Karl, ▮, SchulR., Seminardir., Red. Weimar, Zöllnerstr. 14a. (Wolferstedt $^{16}|_{1}$ 59.)

Muetzelfeldt, Frl. Maria (Ps. Ria Feld), SDS., Rezens., /, Skizze, ♀, ✗. Hamburg 24, Ifflandstr. 78. (Hermannsburg $^{3}|_{4}$ 80.)

Mynona, s. Friedlaender, Salomo.

Mysing, Oscar (Ps. bis 92 Otto Mora), Roman, Dr. phil., Korresp. d. „Köln. Ztg." Berlin, Schöneberger Ufer 18. (Bremen $^{1}|_{11}$ 67.) V: Reaktionär 90; Heidnische Geschn. 91; Überreif 91; Revolutionär 92; Verfolgte Phantasie 94; D. Bildgsmüden 95; Feindin Napoleons 96; Beresina 98; Schwertadel 99; Große Leidenschaft 00; Das neue Geschlecht 02; D. Kaiserin 03; Narr der Zarin 04; E. werdender Gott 06; Festspielrausch 07; Der erste Dandy 10; Der fremde Vetter (engl. Feuilletons) 14; Bismarcks Agent 21; Die schöne Albigenserin 23.

N.

Nabl, Franz, Roman, Nov., ♁. Baden b. Wien, Hochstr. 2. (Lautschin $^{16}|_{7}$ 83.) V: Noch einmal, Dr. 05; Weihe, Dr. 05; Hans Jäckels erstes Liebesjahr, R. 08; Narrentanz, Nn. 11; Ödhof, R. 11 II, 3.—5. A. 22; Grab des Lebendigen, R. 17, 2. A. 20; Tag der Erkenntnis, Nn. 19; Galgenfrist, R. 21.

Nabor, Felix, (Ps. f. Carl Allmendinger), VJ & S., Rom., Nov., /. München-Pasing, F.-Reuter-Str. 9. (Mühlhausen a. d. Fils $^{19}|_{10}$ 63.) V: Mysterium crucis 02, 5. A. 24; Vogt v. Lorch, 2. A. 22; Kreuzzug d. Kinder, 2. A. 22; Schloß Sonneck, 2. A.; Stern von Marburg 08, 8. Tsd. 20; Gesühnt, N. 10; Furchtlos u. treu!, R. 10; Engel v. Augsburg, Erz. 11; Heldentod, N. 11; Der Kaiser mit der Dornenkrone, Erz. 12; Marienritter, Erz. 12; Die versunkene Krone, R. 14; Das

steinerne Meer, R. 15, 4. A. 18; Lebenswunder, R., 2. A. 21; Heimatzauber, R. 21; Der rote Reiter, R. 21; Das Rosenhaus, R. 21; Bergpfarrer, 5. A. 23; Die deutsche Schmiede, R. 21; Bauernkönige, R. 23; Der Klostersturm, R. 23; Die Rosenkönigin, R. 23; Die Bären v. Appenzell, R. 24.

Nachbaur, Sigmund, SJ., Lebensbeschreibung, Bibl., Ignatiuskolleg, Valkenburg (L.), Holland. (Sulz, Vorarlberg 23|8 70.)

Nachod, Oskar, Geschichte Ostasiens, Dr. phil. Dresden-Loschwitz, Malerstr. 10. (Leipzig 4|8 58.)

Nacht, Johannes, ASV., BJ. & SV., Aphorismen, Skizz., /, ⁂, Satiren. Berlin NW 23, Klopstockstr. 19. (Jassy 1|6 01.) V: Pflugschar und Flugsame, Aphorismen und Die Aphoristik, der neue Stil 22, 2. A. 23.

Nack, Hans Regina v., CC., DV., RP., Red. d. „Prager Abendblatt". Prag-Smichow, 476. (ebda 21|8 94.) V: Gemischter Aufschnitt 15; Auf feldgrauem Pegasus, Hum. 15; D. lyrische Dichter, Lsp. 16; D. Bürgermeisters Nase, Kom. 18; Dr. Friedls Tat, Dr. 19; Wanderin Seele, R. 20; Im Dampfbad, Schw. 20; Das hohe C, Kom. (m. H. Demetz) 21; Der Mann mit der Maske, Kom. (m. Demetz) 21; Kranke Lust, Erz. 21; Rübezahl, E. 21; Caspar Hauser, Dr. 22; Der Fakir, Optte. (Musik: Béla Laszky) 23.

Nacken, Ernst, Roman, Nov., O. Bielefeld, Missunbestr. 10A (Hongkong 10|4 71.) V: Morgenlicht leuchte! 09, 3. A. 21; Adam u. Eva 09.

Nadel, Arno, SDS., Dchtg., ♪. Berlin W 50, Eislebener Str. 17. (Wilna 3|10 08.) V: Aus vorletzten u. letzten Gründen 79; Cagliostro, Dr. 13; Um dieses alles, G. 14; Adam, Dr. 17; Der Sündenfall, 7 bibl. Sz. 20; Das Jahr des Juden, G. 20; „Rot u. glühend ist das Auge d. Juden", Ged. 20; Das gotische Alphabet, G. 21; Der Ton, relig. Ged. 21; Jacob Steinhardt; Sonne; u. a. ()

Nadherny, Josef, DÖSchG., DV., Genossensch. d. dram. Schriftsteller u. Komponisten, Rom., ♣, österr. Bezirkskommissar a. D. Wien I, Nibelungengasse 11 und Jistebnice, Böhmen. (Jistebnice 1|8 82.) V: Spiel und Gegenspiel, R.; Die gefallenen Engel, R. 21, 3. A. •

Nadler, Josef, Lit. ♛, Dr. phil., o. UP., MitHrsg. d. Zeitschr. „Euphorion". Düdingen b. Freiburg i. d. Schweiz. (Neudörfl, Böhm. 23|5 84.) V: Eichendorffs Lyrik 08; Literaturgesch. d. dtschn. Stämme u. Landschaften, 2. A. I 23; Entwicklungsgesch. d. deutschen Lit. 14; Die Berliner Romantik 21; Von Art u. Kunst der deutschen Schweiz 22. H: Prinz Eugen v. Martin Greif 09; Romant. Nov. 10 II; Stifter: Schwestern, Hagestolz 10; Goethes Briefwechsel mit Zauper (mit Sauer).

Nagel, Alfred G., DV., RP., Chefred. d. „Hamburgischen Correspondenten". Hamburg 22, Oberaltenallee 13. (Tübingen 6|8 74.) V: Geschichte deutsch. Kriegsschiffe 12/14 III; Thamar, Sch. 18; Arne Nielsens Ruhm, Sch. 18; Tod u. Dichter, Kammersp. 21; Königskind, Sch.; Der Einzige, Sch. 23; Einakt.

Nagel, Gustav Friedrich, Bibl., Erbaul., Prediger u. Evangelist. Hamburg, Klopstockstr.-Fontenay 1. (Wengern, Kr. Hagen i. W. 10|8 68.) V: D. Wirken Gottes u. unsre Verantwortung.

Nagel, Robert, O, /, ♞, Literaturwissenschaft, Roman, Novelle, Okkultismus, Dr. phil., Prof. i. R. Wien IX, Porzellang. 54. (ebda 28|9 75.) V: Mitternacht 99, 2. A. 04; Der tote Punkt, Sch. 01; Entwicklungsgesch. der deutschen Literatur 02, 4. A. 10; Die Hauptwerke der deutsch. Lit. 04, 2. A. 10; Deutscher Literaturatlas 06; Der neue Mensch, Sch. 11; Immer ist Sonntag, R. 17, 2. A. 18; Vater Engelbert, Vst. 18; Grundzüge des Okkultismus 19; Okkultistisches Lexikon 20; Myrmex, R. 21, 5. A. 22; Anna Rothe 23; Die roten Pfähle, R. 23. H u. Ue: Strindberg, Aus dem lat. Viertel 01; Lona Helrad, Botschaften aus dem Geisterreich 21. •

Nagel, Frl. Vally, Nov. Deutsch-Lissa, Schles. (Rothenburg a. O. 9|6 80.) V: Von lieben Leuten 07, 2. A. 12; Bausteine 09; Lyr. Novellen 13; Unser Kaiser 15, 2. A. 16; Habe dein Schicksal lieb 16; Menschen, die mir begegneten 23.

Nagel, Wilibald, Musikwiss., Dr. phil., Prof., Red. d. „Neuen Musik-Ztg.", Prof. a. d. Württ. Hochschule f. Musik. Stuttgart, Rotebühlstr. 77. (Mülheim a. d. R. 12|1 63.) V: Beethoven u. s. Klavier-Sonaten I 03, II 05; Gluck u. Mozart 05; D. Musik im tägl. Leben 07; Studien z. Gesch. d. Meistersänger 09; Das Leben Chrph. Graupners 10; Techn.-ästhet. Analysen von Brahms' Klavier-Sonaten 16; W. Mauke 19. ()

Naegele, Anton, ♆, ♛, ♪, Dr. phil., GymnProf. Schwäb.-Gmünd. (Straßdorf 16|1 76.)

Nagler, Franciscus, ASV., Nov., Erz. u. Schilderg., Komponist, Kirchenmusik-Dir. Leisnig i. S., Postschließfach 11. (Prausitz 22|7 73.) V: Dorfheimat, J. 15; Zwischen Lenz u. Sommer, J. 16; An der Stadtmauer, J. 17; Wie lieb ich dich, mein Sachsenland 18; Ein lustiger Mu-

sikante, Zeitbild 19; Mit Märchenaugen in die Welt 19; Das Sängerfest 20; Lindenberger Tagebuch 22; Orat., Kantaten, Singspiele, Kinderfestspiele.

Namenhauer, Fritz, Pfarrer. Kiel, Konsistorium. (Oranienburg $^{31}|_{3}$ 84.) B: In welchem Zeichen?, R. 19, neue A. 22; Untergang, hist. R. 21; Zu neuen Ufern, R. 21.

Naso, Eckart v., DB., Drama, Nov., Dr. jur., Dramaturg a. Staatl. Schauspielhaus. Berlin W 10, V.-d.-Heydt-Str. 7 II. (Darmstadt $^{2}|_{6}$ 88.) B: Die Insel, Dr. 18: Die Frau im Garten, Sp. 21.

Nassauer, Ernst, s. Brand, Karl.

Nassauer, Max (Ps. bisweil. Dr. Harmlos), Nov., ✗, Dr. med., Arzt. München, Prinzregentenstr. 54. (Würzburg $^{8}|_{10}$ 69.) B: Doktorfahrten, Nn. 02; Der Arzt der großen u. d. kleinen Welt, Sk. 08, 2. A. 09; Gebirge u. Gesundheit 08; Pasmis, Nn. 09; Sterben ... ich bitte darum, N. 11; Das Nessushemd, R. 12; Die Hohe Schule f. Ärzte u. Kranke, Nn. 14; Soldatenfrauen, Nn. 15; Der moderne Kindermord 21; Die Doktorschule 22; Neuzeitliche Findelhäuser 22; Der gute Doktor, Bilderbuch, 8. A. 23; Des Weibes Leib u. Leben in Gesundheit u. Krankheit, 2. A. 23.

Nast, Frau Clara, geb. Seyffert (Ps. Herbert Fohrbach), VB. Tilsit, Oberst-Hoffmann-Str. 20. (Rußland $^{30}|_{4}$ 66.) B: Wandernachtigall, R. 97; Irrwege der Liebe, R. 00; Garde in Korzany, R. 02; Familie Swetzow, R. 03: Madame Narcisse, R. 04; Die Hexe, R. 06; Die Herren von Krischacken, R. 06; Die Schwalbe von Nagorow, R. 09; Frau Skrabs auf Sturmen, R. 10; Platon Kiritschenko und die Seinen 22; zahlr. Nov. u. Jugendschr.

Nastl, Florian (Roland v. Bergen), romant. Erz., Redakteur und Verleger des Familienkalender „Deutscher Hausfreund", d. Unterhaltungsblattes „Deutscher Hausfreund", d. „Spaßvogel" u. „Allg. Weltpost". Langenlois, N.-Ö. 451. (ebda $^{18}|_{2}$ 84.) H: Ill. Jahrbuch f. Bücherfreunde.

Nathusius, Frau Annemarie v., SDS., Nov., Roman. Berlin W 10, Kaiserin-Augusta-Str. 58. (Rittergut Ludom, Prov. Posen $^{29}|_{9}$ 75.) B: Die Herrin auf Bronkow, R. 05, 2. A. 07; Der stolze Lumpenkram, R. 10, 10. A. 14; D. Reise nach Baden-Baden, R. 12, 2. A. 13; Ich bin das Schwert R. 14, 17. A.; Jugendträume R. 17, 3. A.; Julie v. Voß, R. 18, 15. A.; Eros, R. 19, 20. A.; Die Unerlösten, R. 21, 10. A.; Es leuchtet meine Liebe, R. 21, 3. A.: Rheinsberg, R. 20; Heimat, R.; D. Befreier, R. ()

Natonek, Hans, ASV., DB., RP., Essay, Kulturpol., Nov., Kritik, ○, Feuilletonleit. d. „Leipziger Tagebl." u. der „Leipziger Ztg." Leipzig, Kronprinzstr. 4. (Prag 92.)

Natorp, Paul, ∴, ■, Dr. phil., o. UP., GRegR. Marburg i. H., Barfüßertor 25. (Düsseldorf $^{24}|_{1}$ 54.) B: Sozialpädagogik 99, 4. A. 20; Philos. Propädeutik 03, 3. A. 09, Platos Ideenlehre 03; Allg. Psychologie in Leitsätzen 2. A. 10; Allg. Pädagogik 05, 2. A. 13; J. H. Pestalozzi, 3 Teile 06, I 2. A. 10; Ges. Abhandlgn. z. Sozialpädag. I 07; Pestalozzi, S. Leben u. s. Ideen 09, 3. A. 19; Volkskultur u. Persönlichkeitskult. 11; Philos., ihr Probl. u. ihre Probleme 11, 2. A. 18; Hoffngn. u. Gefahren unserer Jugendbewegg. 14, 3. A. 20; Allg. Psychologie u. kritische Methode I 12; Deutsch. Weltberuf II 18; Stunden m. R. Tagore; Individuum u. Gemeinschaft; u. a.

Natzohme, s. Marcus, Eli.

Nauendorf, Bertha Freifrau v., geb. Schellenberg, Skizzen, Nov., Roman, Theater- u. Kunstkritik, Reisebriefe, /, Feuill.-Red. a. „Wiesbadener Tagblatt". Wiesbaden, Lessingstr. 8. (ebda $^{7}|_{3}$ 84.) B: Gereifte Frucht, R. 17, 2. A. ()

Nauendorf, W. v., s. Wintzer, Wilh

Nauheim, s. Naval, Margaret.

Naumann, Carl W. (Carl Willnau), Kulturgeschichtl. Nov., Dr. phil. Leipzig, Karl-Heine-Str. 34. (ebda $^{11}|_{10}$ 86.) B: Der Bildschnitzer, N. 19; Sieben neue Lieder zur Laute 20; Ledermüller, Erz. 21 (letztere beide unter Carl Willnau). H: Urkunden der Stadt Querfurt 20. *

Naumann, Ernst, Herderforschung, Dr. phil., Prof., GStudR., GymnDir. a. D., Hrsg. d. „Zirkel-Korresp." Berlin-Schöneberg, Martin-Luther-Str. 22/23. (Berlin $^{10}|_{7}$ 53.) B: Über Herders Stil 84; Herder, Vortr. 03. H: Homers Odyssee, m. Komm. 94f. II; Homers Ilias 97 f. II; Herders Ideen z. Philosophie d. Geschichte 97; Herders Cid 98; Herders Abhandlgn. 98 f. II, 2. A. 10; Herders Werke 08 VIII, 12 XV.

Naumann, Hans, deutsche u. nord. Ψ u. Volkskunde, Dr. phil., o. UP. Frankfurt a. M. (Görlitz $^{13}|_{5}$ 86.) B: Altnordische Namenstudien 12; Notkers Boethius 13; Althochd. Grammatik u. Lesebuch 14, 2. A. 23; Kurze hist. Syntax d. dtsch. Sprache 15; Altdeutsches Prosalesebuch 16; Ernst Stadler 20; Primitive Gemeinschaftskultur 21; Grundzüge der deutschen Volkskunde 22; Die deutsche Dichtung d. Gegenwart 24. H: D. deutsch. Personennamen von Kleinpaul 21; Deutsche Volkslieder 21; Ludwigs Kreuzfahrt 23; Isländische Volksmärchen 23.

Naumann, Max (Ps. Dr. Mommsen), ✎, ♠, ⊛, ▤, ⁂, ✉, ●, **Ue:** FES, Ingenieur u. Architekt. Berlin W 30, Goltzstr. 24. (Berlin 31/1 79.)

Nautilus, s. Seemann, Arthur.

Naval, Frl. Margret (Nauheim), Essays, Chirologie, ✤, ╱. Private Briefadr.: Wien I, Rathausstr. 3. (ebda 4/2 96.) **B:** Die Hand als Charakterspiegel 22, 2. A. 23. *

Neal, Max, ⊙, ╱. München, Rumfordstr. 6 IV. (ebda 26/3 65.) **B:** Der Zechpreller, P. (m. K. Dreher) 07; Wintersport, Schw. (m. H. Stobitzer) 08; Leutnant der Reserve, Lsp. (m. Franz Wolff) 09; Der Tugendprinz, Optte. 10; Parkettsitz Nr. 10, Schw. (m. Hans Gerbeck) 11; Zwischen Zwölf u. Eins, Optte (m. Okonkowski) 12; Fürst Casimir, Optte. (m. M. Ferner) 12; Der müde Theodor, Schw. (m. H. Gerbeck) 13. D. blaue Wunder, Schw. (m. Franz Cornelius) 14; D. Ei des Columbus, Schw. (m. Rud. Greinz) 15; Auch ich war ein Jüngling, Schw. (m. Ferner) 15; Die Dame aus Ischl, Schw. (m. dems.) 15; Herzlich willkommen! Lsp. (m. dems.) 16; Die Hamburger Filiale, Schw. (m. Kraatz) 22; Die Flucht aus der Ehe, Schw. (m. Halton) 22; Eine Frau, von der man spricht, Schw. Lsp. (m. Kraatz) 23; Das Bett der Pompadour, Schw. Optte. (m. Gfaller); u. a.

Nebinger, Frl. Josephine H. (Ps. Haardt), Roman, Nov., Jugendschriften. Bad Kreuznach, Philippstr. 12. (Bödingen 10/10 61.) **B:** Der Hartsteiner 17; Ave Imperator 99; Ich hatt' einen Kameraden; Der Götterbote 06; Seine Venus 20.

Neckarsulmer, Ernst, ▤, ╱, Nov., ⚘, Red. an der „National-Ztg.“, Hrsg. der „Standarte“. Berlin-Charlottenbg., Kastanienallee 14. (Aachen 18/10 77.) **B:** Berliner Saison 02; Aus dem Leben eines jungen Mannes 04; Gedichte 06; Irene, Gesch. e. Liebe 08; D. Schicksal d. Grafen d'Ambert 14; Lorenz Büttners Abenteuer 14; Hotel zum Seeblick 15; Staatsanwalt Möricke 16.

Neckel, Gustav, Germanistik, Dr. phil., o. UP. Charlottenburg, Bismarckstr. 66. (Wismar 17/1 78.) **B:** Über d. german. Relativsätze 00; Beiträge zur Eddaforschung m. Exkursen zur Heldensage 08; Die erste Entdeckung Amerikas 13; Walhall 13; German. Heldentum 15; Die Überlieferungen v. Gotte Balder 20; Ibsen u. Björnson 21; Die altnord. Literatur 23. **H:** Edda 14. **Ue:** 7 Geschichten v. d. Ostlandfamilien 13.

Neeb, Ernst, ✉, Prof., Dr.-Ing. h. c., Dir. d. Altertumsmuseums u. d. Gemäldegalerie. Mainz, Walpodenstr. 17 II. **B:** Mainzer Kunstdenkmäler.

Neers, Jan van, s. Gieben, Joseph.

Neese, Wilhelm, Dr. jur., RegR. in Schwerin, Meckl., Anastasiastr. 6. (Waren, Müritz 10/3 79.) **B:** Börmahd, plattd. Lied. u. Ball. 16; Mang Brink un Brauk, plattd. Nn. 20; Verspelt, plattd. Dr. 22; Dei beiden Babendieks, plattd. Lst. 23.

Nef, Karl, Musik, Dr. phil., a. o. UP. Basel, Hardstr. 131. (St. Gallen 22/8 73.) **B:** Collegia Musica in der deutsch.-reform. Schweiz 96; Ferd. Huber 98; Zur Gesch. d. deutsch. Instrumentalmusik i. d. 2. Hälfte d. 17. Jahrh. 02; J. Rosenmüller, Sonate da camera 04; Katalog d. Musikinstrumentensammlung d. Hist. Museums in Basel 06; Bibliographie der schweizer. Landeskunde: Schriften über Musik und Volksgesang 08; Einführung in die Musikgeschichte 20; Gesch. d. Sinfonie u. Suite 21.

Neff, Curt Paul, VB., Roman, ⊙, ⚘, Verlagsleiter. Jena-Ammerbach, Am Beutenberg. (Biberach a. Riß, Wttbg. 13/2 90.) **B:** Feierstunde, G. 20; Der Phantast 21; Der Narr von Meskalero 21. **H:** d. Illustr. Zeitschr. „Der Weltwanderer“ 21.

Negelein, Carl Gustav v., DB., Lustspiel. Berlin-Friedenau, Niedstr. 25. (Neu-Ruppin 29/10 77.) **B:** Der Alarmvogel 11; Der Austauschleutnant (mit K. Wilde) 11; Die falsche Gondel 13; Der Musterknabe 19; Der Ziegenbock, das Rizinusöl u. d. Marienbader Kur; D. Herr im Schlafwagen 19. ( )

Neidhardt von Gneisenau, Maria Gräfin (jetzt Baronin v. Manteuffel-Szoege), geb. v. Bonin, ⚘, Nov., Essay. Schloß Molsdorf b. Neu-Dietendorf u. Berlin W, Schellingstr 10. (Elberfeld 11/10 73.) **B:** Aus dem Tal der Sehnsucht, Rhythmen; Die letzte Aventiure des Herzogs Kindheart Gant.

Neidhart, August, DB., DÖSchG., ⊙. Berlin W 62, Kurfürstendamm 1. (Wien 12/8 67.) **B:** Liebesinsel, Lsp. 16; Dorf ohne Glocke, Singsp. 17; Opttn: Schwarzwaldmädel 17; Strohwitwe 20; Postmeisterin 21; Detektivmädel; Straßensängerin 22; Süße Susi; Frau ohne Schleier; Abenteuerin; Milchschwester; D. unsterbliche Kuß 23.

Neitzer, Arthur, SDS., Musik, bild. ✉, **Ue:** FI, Dr. phil. Wien III, Landstr. 9. (Berlin 6/4 75.)

Nelson, Leonard, ⁂, Dr. phil., UP. Göttingen, Nikolausbergerweg 61. (Berlin 11/7 82.)

Nelten, Ludw., ⊙, ╱, Privatbeamter. Halle a. d. S., An der Johanniskirche 5. (Schneidemühl 15/9 68.) **B:** Die Ver-

gnügungsreise, Schw. 88; Mod. Theaterzustände 88: Im Dienste der Musen, dr. Pl. 91; Dramaturgie d. Neuzeit 93, 2. A. 94; Pro et contra. dramaturg. Studien 96; Goethes „Ur-Faust" 97. H: Bühnen-Faust 13. ( )

Nemo, s. Schade, Georg.

Nentwich, Max (Ps. Maximilian Münsterberg), BJ. & SV., RP., /, Roman, O, Kunst- u. Theaterkritik., Reiseberichte, bes. Heimat u. Mittelmeerländer. Berlin-Wilmersdorf, Güntzelstr. 23. (Münsterberg i. Schles. $^{16}|_{3}$ 68.) B: Glatte Rechnung, Kom. (m. Paul Bliß) 10; Nisa Gosler, R. 11; Verschlungene Pfade, R. 12; Lebenskünstler, Kom. 20; Alt-Heidelberg u. d. Neckartal 21.

Nepos, Franz, s. Pocci, Franz Graf v.

Neresheimer, Eugen, ASV., Naturw. u. Belletr., Dr., PrivDoz. Wien IX, Borschkeg. 7. (München $^{10}|_{3}$ 76.)

Nespital, Robert, DV., O, Red. Rostock i. Meckl., Bahnhofstr. 5. (Strelitz $^{13}|_{1}$ 81.) B: Dramen: Tutenhusen 10; Verflucht sei der Acker 12; Häusler Grothmann 14; Das tausendjährige Reich 15; Der ewige Wanderer 17; Willem Marten 18; Der Lehmpastor 22.

Nestriepke, Siegfr., Dr. phil., Generalsekr. d. Volksbühne E. V. Berlin-Wilmersdorf, Waghäuseler Str. 9/10. (Bartenstein, Ostpr. $^{17}|_{12}$ 85.) B: Chr. Fr. D. Schubart als Dichter 09; Volksbühnengemeinden 22; u. a.

Netoliczka, Oskar, ✝, ∴, ♞, Lit.♛, Dr. theol., Dr. phil., GDir. Kronstadt, Siebenbürgen, Honterushof 9. (Komorn $^{8}|_{10}$ 65.)

Netto, Hadrian Maria, SDS., Roman, O, Rittmeister a. D. Potsdam Schloßstr. 9a. ($^{6}|_{6}$ 85.) B: Die Augen der Angeline Perza, R. 12; Maria von Burgund in Brügge R. 13; Der goldene Strumpf, N. 20; Sibylle und der Papagei, J. 20; Herbst, R. 21; Lili, Leda und der Handschuh, Kom. 22; Leska, Sch. 22; Adele, Kom. 23; Der Selbstmörder, Kom. 23; Floridor, sein Mantel und die Seele der Welt, R. 24.

Netzle, Christoph, SDS., Epos, Drama, Roman, Polit. Studien, Schweiz. Vertr. d. Verlages Ph. Reclam. Zürich, Bäckerstr. 141. (München $^{3}|_{10}$ 87.) B: Weltgesang, 1.—15. Gesang, E. 21; Empedokles, Tr.; Fräulein Mozart, R.

Neubauer, Friedr., ♛, Dr. phil., GDir. Frankfurt a. M., Hansa-Allee 27. (Erfurt $^{20}|_{3}$ 61.)

Neubauer, Paul, ♉, Roman, Dr. jur., freier Schriftsteller. Nove Mesto nad Vahom, Tschechoslowakei. (ebda $^{20}|_{9}$ 91.) B: Wohin? 22. *

Neubert, Franz, ☊, Ψ, Verlagsdirektor der Firma J. J. Weber. Leipzig, Hardenbergstr. 20a. (Chemnitz $^{23}|_{12}$ 78.) B: Goethebilderbuch f. d. deutsche Volk 06; Martin Luther (m. Paul Schreckenbach) 16, 3. A. 21; Goethe und sein Kreis 19, 2. A. 22. H: Deutsches Zeitgenossenlexikon 05; Faust, mit zeitgenöss. Illustr. 21, 2. A. 23. Ue: Sarah Bernhardts Memoiren (m. Frohwalt Küchler) 08; James O'Donnel Bennet, Was ich auf dem Kriegsschauplatz sah 15. *

Neubert, Max, Altertumswiss. Nördlingen, z. Zt. Gabrowo, Bulgarien. (München $^{30}|_{12}$ 92.)

Neubert, Theodor, RP., Polit., Schriftsteller u. Red. Haynau, Schles., Bahnhofsplatz 6. (Lippstadt, Westf. $^{7}|_{12}$ 90.) B: Italiens Erwachen; 10 Jahre ital. Politik 21; Die Entscheidungsschlacht im Stillen Ozean 21; Wege neuer deutscher Politik.

Neubner, Alfred (Ps. Roland Aarhorst), Lit.♛, Naturw., ⊕, ∴, Koloniales, /, Reklamekunst, Philatelie. Berlin-Friedenau, Rembrandtstr. 10. (Dresden $^{10}|_{3}$ 77.) B: Mißachtete Shakespeare-Dramen 07. Ue: Shakespeare, Ein Trauerspiel in Yorkshire 07; derselbe, König Lokrin, Tr. 08. Bearb (anonym): Deutsches Kolonial-Handbuch, Ausg. 09 u. 10: Slösteen, Das moderne Belgien, deutsche Ausg. 09.

Neuburger, Paul, BP., RP., Lit.-Wiss., Dr. phil., Dr. jur. et rer. pol. Berlin-Zehlendorf, Cecilienstr. 10. (Aschaffenburg $^{18}|_{7}$ 81.) B: Der Schutz des gutgläubigen Pfandrechtserwerbs 04; Weimars Vermächtnis 19; Die Verseinlage in die Prosadichtung der Romantik, 24. H: Kinder- u. Hausmärchen ges. durch die Brüder Grimm (Gold. Klassikerbibl.) 16; Heines sämtl. Werke (Insel-Ausgabe), Bd. 5 14 u. Registerband 20.

Neuendorff, Edmund, ♞, Dr. phil., OberrealschulDir. Mülheim (Ruhr). (Berlin $^{23}|_{4}$ 75.) B: Neues deutsches Volkstum 16; Der Weg in die Stille, R. 19; u. a.

Neugebauer, Karl Anton, Archäologie, Dr. phil., Kustos an den Staatlichen Museen. Berlin-Charlottenburg 1, Kirchstr. 33/34. (Berlin $^{4}/_{11}$ 86.) B: Studien über Skopas 13; Asklepios, ein Beitrag zur Kritik römischer Statuenkopien 21; Antike Bronzestatuetten 21; Griechische Bronzen 23. *

Neukirch, Herb., s. Wolfradt, Heinz.

Neumair, Josef, DÖSchG., Verband kath. Schriftsteller u. Schriftstellerinnen Österreichs, /, Ψ, ♞, Dir. d. Bundeslehrerbildungsanstalt. Wien I, Hegelgasse 12. (Bruneck i. Südtirol $^{8}|_{4}$ 77.)

B: Im serb. Feldzug 14, 18; Methodik des vaterländ. Unterr. 18; In allen Winkeln d. Balkans 19; Am Lagerfeuer 19; Weihnachtsspiel 21; Passionsspiel 23; Zwischen zwei Feuern, R. 23. H: D. Lesebuch f. österr. Lehrerbildungsanst. 12—20 IV; Es haben viel Dichter gesungen, Anth. 21; Alle guten Geister, Tiroler Sagen 23.

Neumann, Alfred, SDS., ♣, Nov., Roman, Essay, **Ue**: F, Dr. phil. München, Wiltrudenstr. 5. (Lautenburg, Westpr. $^{15}|_{10}$ 95.) B: Die Lieder vom Lächeln und der Not, G. 17; Die Heiligen, legend. Gesch. 19; Neue Gedichte 20; Rugge, Erz. 20; Lehrer Taussig, Erz. 23; Die Brüder, R. 23; Leben d. Christine v. Schweden 24. **Ue** u. H: Molières Misanthrop 22; Nachdichtungen alt- und neufranzösischer Lyrik 22 II; Jakobiner und Girondisten in Porträts von Lamartine u. Raffet 23.

Neumann, Arno, ✝, ⁂, ▮, Mitglied des Thür. Landtags, Oberstudienrat, Prof. Dr. phil. Jena, Riemannstr. 4. (Weimar $^{11}|_{6}$ 72.) B: Grundlagen u. Grundzüge der Weltanschauung von Lipsius 96; Lichtenberg als Philosoph u. s. Beziehgn. zu Kant 99; Encyclopädie u. Religionsphilosophie des Theolog. Jahresberichts u. seiner Bibliographie 01—06; Jesus, wer er geschichtl. war 04 (engl. 06, 2. A. 14, javanisch 10); Beiträge zur „Allg. Deutsch. Biogr." 06; Berichte des Weimar. Philologenvereins 11 u. 13; Die Mitarbeit der Thüringer a. deutsch. Nationalverein 12; Schulische Realpolitik 20.

Neumann, Carl, Kunst♛, Dr., o. UP., GehHofR. Heidelberg, Friedrichstr. 5. Mannheim $^{1}|_{7}$ 60.) B: Bernh. v. Clairvaux 82; Griech. Geschichtschreiber d. 12. Jahrh. 87; Weltstellg. d. Byzant. Reiches 94, franz. 05; Kampf um die Neue Kunst 96, 2. A. 97; Rembrandt 02, 3. A. 22; Byzant. Kultur u. Renaissancekultur 03; Rembrandt und Wir 06; Heidelberg als Stadtbild 14; Aus der Werkstatt Rembrandts 18; Jak. Burckhardt, Deutschland und die Schweiz 19; Vom Glauben an eine kommende nationale Kunst 19. H: Anselm Feuerbach v. Julius Allgeyer 04; Jak. Burckhardts Briefwechsel m. H. v. Geymüller 13; Heidelberger kunstgeschichtliche Abhandlungen, seit 14; John Kruse, Die Zeichnungen Rembrandts u. seiner Schule in Stockholm 20.

Neumann, Carl W., Naturw., ♆, ❦, Ästhetik. Leipzig-R., Göschenstr. 17. (Malchin i. M. $^{19}|_{1}$ 71.) B: Ernst Haeckel 05; Spaßvögel 06; Ins Menschenland 08; Wunder der Urwelt I 12, II 14, III 19; Wilh. Busch 19; Märchenbuch d. Natur 20; Ludw. Anzengruber 20; Am Wald entlang 21; Das Geheimnis des Nils 23. H: Haeckel, Natur u. Mensch 12; Anzengrubers ges. Werke 21; Brehm, Leben d. Vögel 21; Brehms Tierleben in Auswahl 22f.; Das Paradies der Tiere 22. **Ue** u. H: Darwin, Entstehung der Arten u. Abstammung d. Menschen 21; Poe, Seltsame Geschichten, Gordon Pym 22.

Neumann, Ernst Alfred, ASV., Rom., Nov., Satire, Humoresk., Skizze. Dresden-N., Glacisstr. 16, I. (ebda $^{25}|_{6}$ 81.) B: Zeitenwende 21; Schnapaperle 22; Brauttaler 23.

Neumann, Ernst Ferdinand. Dresden, Kaiserstr. 5. (Spitzkunnersdorf b. Zittau $^{3}|_{10}$ 58.) B: Leben, G. 09; Ernte, Dr. 17; Das wahre Gesicht, Sch. 18; Losgesprochen, Sch. 18; Marein, E. 20; Der Wanderer, Ein seelisches Erleben 23.

Neumann, Felix, Epen, Romane, Nov., Ω, Chef d. Berlin. Abt. d. „Leipz. N. Nachr.", Schriftst. u. Journ., Hauptmann a. D. Berlin-Südende, Potsdamer Str. 17. (Steglitz $^{7}|_{10}$ 78.) B: Tannenberg, E. 16/18; Ave-Maria, R. 20; Der Prophet, R. 21; Severus, R. 23; Tibu u. Asathor, R. 23; Jugend v. Langemarck; Heinz, Jochen Winning, R.; Der Burgschreck, R.; Das ferne Ziel, R.; Das heilige Band, R.; Novellen 23.

Neumann, Franz, DB., Komponist, Operndir. Brünn, Parkstr. 10. (Prerau $^{18}|_{6}$ 74.) B: Brautwerbung, O.; Liebelei, O. 06; Herbststurm, O. 19; Beatrice, O. 21.

Neumann, Fritz, roman. ♆, Dr. phil., o. UP., GHofR., MitHrsg. d. „Literaturbl. f. germ. u. rom. Philologie". Heidelberg-Neuenheim, Roonstr. 14. (Warnemünde $^{23}|_{4}$ 54.)

Neumann, Hellmuth, DB., Ω, ♣, /. Berlin-Tempelhof, Kaiser-Wilhelm-Str. 4. (Berlin $^{8}|_{7}$ 84.) B: Fridericus Rex, Preußensp. 11; Märkische Treue, Heimatsp. 11; Und alle alle kamen 12; Hans Pechvogels Glücksfahrt, MSp. 13; Der alte Blücher u. s. Piepenmeister 13; In großer Zeit, Vst. 14; Glück ab! Fliegersp. 14; Spreewaldtreue, Heimatsp. 19; Berlin u. m. grüne Mark, Ball. 19; Geschichte des Res.-Inf.-Rgts. Nr. 59 I 21; Alte, liebe Volkstänze II 22; Hans der Hasenhirt, Msp. 22. H: Alexis, Cabanis 11, 2. A. 12; Ruhe ist die erste Bürgerpflicht 13; Fritz Reuters Lustsp. 19; 27 Hefte v. „Das Haustheater" 21; 24 Bände Marryat-Erzählungen 23; Grimms Sagen 23; Sieben Schwaben 23; Rheinsagen 23.

Neumann, Joh. Walter, (k.), Roman, Schriftsteller. Pier b. Düren, Im

Grunental 81. (Köln $^{17}|_{1}$ 75.) W: D. Schmied v. Aachen, R. 08, 3. A. 09; Zwischen Rur u. Wehebach, R. 09, 3. A. 16; Jakobe v. Jülich, R. 10, 4. A. 22; Gott u. Götter, R. 11; Im Kirschenhof, R. 11, 2. A. 12; Zweier Freunde Zwist, Tr. 11; Jakobe v. Jülich, Tr. 12; Zwei Drachen, bibl. Sch. 13; Tile Kolup, R. 13; Napoleon, E. 13; Deutschland im Weltkrieg, G. 14, 5. A. 15; Meiner Mutter, G. 16, 3. A. 16; Die Tochter des Königs von Ys, Tr. 17; Deutsches Volk im Völkerkrieg, E. 18; Der Hütebub von Müllenork, R. 20; Die Jungfrau von der Dornenweide, R. 23; Schön Margit v. Stolberg, Sch. 23; Der Löwe v. Jülich, Sch. 23.

Neumann, Robert, SDS., ✠, Nov. Wien-Grinzing, Langackerg. 1. (ebda $^{22}|_{5}$ 97.) W: Gedichte 19; Zwanzig Gedichte 23. *

Neumann, Sigmund, RP. DB., Dr., Red. Nürnberg, Schweppermannstr. 26. (Fürth i. Bay. $^{1}|_{3}$ 86.) W: Operette, Lsp. 14; Das badende Mädchen, Lsp. 15; Aber Hoheit, Lsp. 19; Die Legende von Aschau, Lsp. 20; Der Sprung ins Paradies, Lsp. 21; Der Held des Palace-Hotels, Lsp. 23.

Neumann, Wilhelm, PA., CP., RegR., Red. am „Fremdenbl." Wien II/1, Ferdinandstr. 14. (Trencsén, Ung. $^{6}|_{9}$ 60.)

Neumann-Jödemann, Ernst, Nov., Roman, ⊙, Lektor u. Geschäftsleiter des „Lektorats deutscher Dramaturgen", Red. der „Deutschen Bühne" u. des „Deutschen Bühnenspielplans". Berlin-Friedenau, Rönnebergstr. 12. (ebda $^{9}|_{2}$ 63.) W: Zu Weihnachten, dramat. M. 01; Bühnenzauber, R. 02, n. A. 03; Unter Tieren u. Menschen, N. 03; Moderne Lumpe, N. 03; Der Rächer, R. 04; Der lange Ledebur, Erz. 06; Durchlaucht Gänserich, R. 07; Mutterrecht, Sch. 13; Bowlen-Spuk, Schw. 23.

Neumark, David, ∴, Dr., Prof. am Hebrew Union College. Cincinnati, O., 836 Rockdale Ave., W. H. (Szczerzec, Östr. $^{3}|_{8}$ 66.)

Neunauge, Wilhelm, s. Bamberger, Georg.

Neuner, Erich, Germanist., ⊙, ✠, Nov., Dr. phil. Berlin-Friedenau, Fehlerstr. 7 II. (Bozen, Südtirol $^{31}|_{8}$ 88.) MitH: Kürschners Deutscher Literatur-Kalender, seit 22: Minerva, Jahrbuch d. gelehrten Welt, seit 23.

Neuner, Luis, PA., VJ. & S., Reiseschr., nationale Aufsätze, ✉, Ψ, Red. am „Alpenland", Syndikus d. „Alpenländ. Syndikats der Auslandspresse". Innsbruck, Kais.-Franz-Joseph-Str. 9. (ebda $^{28}|_{4}$ 75.) W: Ins Stubai (m. Herm. Prechtl) 04, 2. A. 11; Zillertal du bist mei' Freud 06, 2. A. 23.

Neunert, Hans, Erz., Jugend- u. Volksschriften, ⊙, Verlagsbuchh., Inh. d. Verlagsbuchh. Kribe-Verlag, Mitgl. des Börsenvereins deutscher Buchh. Berlin N 113, Schivelbeiner Str. 3. (Glashütte Baruth, Mark $^{29}|_{1}$ 75.) W: Nur treu, Erz. 08; Und dräut der Winter noch so sehr, Erz. 08; Das Zöllnerrosel, Erz. 09; Die ich rief, die Geister, Erz. 10; Das Leben, wenn es köstlich gewesen ist, Erz. 11; Kriegs-Weihnachten, Festsp. 15; Herzblut, Skn. 16, 4. A.

Neurath, Karl, RP., SDS., DB., Dr. phil., Leit. Feuill.-Red. d. Weserztg. Bremen, Neustadts-Contrescarpe 158. (Mainz $^{11}|_{4}$ 83.) W: Einsame Sterne, G. 06, 2. A. 10; D. Tanzkunst 08; Wilh. Holzamer 10; Das Domgut, R. 12; Gesch. d. ma. Lit. i. Hess. 19; Der Bundschuh, Dr. 20; Der Preußenkaplan, R. 22; Der Narr von Nola, Dr. 23; Sturmflug, Dr. 23. H: Hess. Mus.-Alm. 05/06; A. Bock, D. Meßfahrt 11; Rund um Gießen; C. Viebig, Töchter d. H.; L. Finckh, Unterm Gartenbusch; Fr. Stoltze: Alt Frankfurt 22; Kurt Martens: Abenteuer der Seele 23; L. Eichrodt, Das Buch Biedermaier 23.

Neurath, Otto, ∴, Sozialw., ✉, Dr. phil., Sekr. d. österr. Verbandes f. Siedlungs- u. Kleingartenwesen. Wien V, Schloßg. 1. (ebda $^{10}|_{12}$ 82.) W: Ludw. H. Wolframs Leben 06; D. allgem. Einführg. d. volkswirtsch. u. staatsbürgerl. Unterr. 08; Lehrb. d. Volkswirtschaftslehre 09; Antike Wirtschaftsgesch. 09; Die Kriegswirtschaft 10; Wesen u. Weg der Sozialisierung 19; Die Sozialisierung Sachsens 19; Antispengler 20; u. a. H: F. Marlow (L. H. Wolfram), Faust 06; Lesebuch d. Volkswirtschaftslehre (m. † Anna Neurath) 10.

Neurode, Kurt, s. Rothkirch u. Panthen.

Neuwirth, Josef, Kunst♕, Dr. phil., o. ö. THSchP., k. k. HofR. Wien IV, Favoritenstr. 68. (Neugarten i. Böhm. $^{5}|_{6}$ 55.) W: Albrecht Dürers Rosenkranzfest 85; Gesch. d. christl. Kunst in Böhmen bis zum Aussterben der Premysliden 88; Wochenrechnungen u. Betrieb des Prager Dombaues i. d. J. 1372—78 90; Gesch. d. bildenden Kunst in Böhmen vom Tode Wenzels III. bis z. d. Hussitenkrieg I 92; Mittelalt. Wandgemälde u. Tafelbilder d. Burg Karlstein 96; Braunschweiger Skizzenbuch eines mittelalt. Malers 97; Der Bilderzyklus d. Luxemburger Stammbaumes aus Karlstein 97; Wandgemälde im Kreuzgange des Emausklosters in Prag 98; Der Dom zu Prag 98; Das Kunstleben in Österreich-Ungarn von

1848/98 98; Münster zu Ulm 99; Adalbert Stifter u. die bildende Kunst 03; Die Stellung Wiens in der baugeschichtl. Entwicklg. Mitteleuropas 03; Baukunst d. Mittelalters 04; Prag (Berühmte Kunststätten VIII) 11; Illustrierte Kunstgeschichte 11; Die k. k. Techn. Hochschule in Wien 1815—1915 15; Beiträge z. Gesch. d. Studentenschaft der k. k. Techn. Hochschule in Wien 16; Bildende Kunst in Österreich 18; Studien z. Gesch. d. Gotik in Böhmen, 6 Hefte v. 92—18; Umarbeitg. des Bandes Mittelalter d. Handbuchs d. Kunstgesch. v. Ant. Springer 21.

Newald, Julius Ritter von, DÖSchG., Dr. iur., /, ♛. Wien IX, Währinger Str. 22. (ebda $^{16}|_{12}$ 59.) **B**: Friedr. Schlögl 95; Die Babenberger in ihrer Bedeutung für Österreich 09; Die Sparkasse in Melk 1862—1912 14.

Newald-Graffe, Frau Anny Edle v., geb. Mehl, DÖSchG., /, Musik, Lokal♛, ■. Wien IX, Währinger Str. 22. (ebda $^{17}|_{2}$ 75.)

Nhil, Wilhelm, CC., CP., DB., BF., Theater, Belletristik, Red. d. „Ill. Wiener Extrablattes". Wien XVIII, Scheibenbergstr. 11. (Chodau bei Karlsbad $^{19}|_{2}$ 88.) **B**: Der Wahn d. Predigers, Lsp. 18; Der voreilige Leichnam, Erz. 20; Die Bruderschaft d. gründlichen Erneuerung, R. 21.

Nielassen, John, PA., Theater- und Musik-Kritik, Red. am „Hamburg. Fremdenblatt". Altona-Othmarschen, Bogenstr. 5. (Hamburg $^{5}|_{10}$ 65.)

Nicoll, s. Collin, Ernst.

Niderberger, Franz, /, O, ■, ♘, A, Dr. jur. utr., Rechtsanwalt in Sarnen, Schweiz. (Stans $^{23}|_{4}$ 76.) **B u. H**: Sagen, Märchen u. Gebräuche aus Unterwalden 09—14 III; Alpenrosen, G. 22 I.

Nieborowski, Paul (Ps. W. v. Marienburg), ASB., O, ♛, Dr. phil. Breslau-Carlowitz. (Ornontowitz $^{9}|_{2}$ 73.) **B**: Oberschlesien u. Polen 19, 3. u. 4. A. 21 (auch engl., franz., ital. poln.); Oberschl. Volkskal. 20 (dtsch. u. poln.); Landsmann ich rate dir gut 20 (poln. 20); Der treue Oberschlesier 21 (dtsch. u. poln. Kal.); Der Fels der Wahrheit 21; Zacharias, Tr. 21; Milly die Heldenjungfrau, Lsp.; Das verlorene Schäfchen, Sgsp. 21; König Brontolone, Msp. 21; Die Sakramentsritter, E. 21; Blumen u. Schwerter, G. 21. ( )

Niebour, Frl. Minna (Ps. Adolf Wahn), BB., DB., O. Frankfurt a. M., Schweizerplatz 54c. (Barel $^{14}|_{10}$ 63.) **Ue**: Homers Odyssee 07, 2. A. 11; Homers Ilias 11. **B**: Lebensbilder aus Gesch. u. Sage 10, 3. A. 15, 4. A. 18, 5. u. 6. A. 23; Die Tragödie vom Sterben, Dr. 11; Staufenblut, Dr. 11; Wanderung durch d. Gesch. d. Kunst 12; Bilder zu Homer 13; Zagen u. Wagen, Dr. 13; Die letzten Tage einer Königin, Dchtg. 13; Deutsch. Boden, Dr. 16.

Niedermann, Max, vergl. Ψ u. Sanskrit, Dr. phil., UP. Basel u. Neuchâtel. Basel, Batterieweg 73. (Winterthur $^{19}|_{5}$ 74.)

Niedlich, Joachim Kurd, dtsch. Relig.- u. Kultur♛, O, Herausg. d. „Deutsch. Kirche", Dr. phil. Berlin-Friedrichsfelde. (Baudach, Kr. Sorau $^{5}|_{7}$ 84.) **B**: Am Zaune, Lr. u. Ball. (u. d. Ps. Jörg Joachim) 08; Von Sonnenaufgang, Auslese israel. Poesie 08; König Saul, Dr. (u. d. Ps. Jörg Joachim) 08; Und deine Seele wird ein Schwert durchdringen, Dr. (desgl.) 08; Des Wölsung Weib, Dr. (u. d. Ps. Jörg Joachim) 10; Fridericus rex, G. 12, 2. A.; Gesch. Israels 14; Deutsche Religion als Vorausetzg. dtsch. Wiedergeburt 21, 2. A. 22; Germanische Mythen- u. Märchenwelt als Quelle dtsch. Weltanschauung 21, 2. A. 23; Jehova oder Jesus? 21; Ragnarok II, Dr. 21; Das germanische Mythenbuch 23; Der Heiland, dtsch. Weihespiel in 4 Abenden, I. Um die Heimat, Dr. 23; IV. Um die Treue, Dr. 24.

Niedner, Felix, Dr. phil., Prof. Eberswalde b. Berlin, Schneider 7. (Halle a. d. S. $^{14}|_{4}$ 59.) **B**: Das deutsche Turnier im 12. u. 13. Jahrh. 81; Carl Michael Bellmann, der schwedische Anacreon 05; Islands Kultur zur Wikingerzeit (Einleitungsband zu Thule) 13 u. 20. **H**: Thule, Altnordische Dichtung und Prosa 11. **Ue**: Isl.: Carl Michael Bellman, Fredmans Episteln, Übertragg. a. d. Schwed. 09; Die Geschichte vom Skalden Egil, Thule Bd. 3, 11 u. 23; Vier Skaldengeschichten, Thule Bd. 9, 14 u. 23; Die Geschichte vom Goden Snowi, Thule Bd. 7, 20; Snowis Königsbuch, Thule Bd. 14—16, 22/23. *

Niedner, Heinrich (Ps. Siegm. Harry), ■, Nov., RA. Saarbrücken, Burbacher Str. 10. ($^{11}|_{4}$ 69.) **B**: Lose Blätter, Nn. 98; Traum u. Leben, G. 99; Wider d. Strom, G. 00; Stille Einkehr, G. 05; Über dem Alltag, G. 22.

Niemann, Ernst, /, Skizze, Verkehr, Postverwalter. Crossen a. d. Mulde i. S. (Börninghausen, Bez. Minden $^{18}|_{5}$ 68.)

Niemann, Gustav Jul. Adolf, ■, Novelle, Roman, Schriftsteller. Hamburg 23, Seumestr. 50 III. (ebda $^{4}|_{7}$ 85.) **B**: Aus den Tagen d. Erinnerung, G. 19. *

Niemann, Walter Rud., Musikwissensch., Dr. phil., Komponist, Musikschriftsteller. Leipzig-Connewitz, Kochstraße 119. (Hamburg $^{10}|_{10}$ 76.) **B**: Kleine Konzert-

führer 01 ff.; Musik und Musiker des 19. Jahrhund. (20 farb. Taf.) 05: Die Musik Skandinav. 06; D. Klavierbuch 07, 11. A. 22; Edv. Grieg (m. G. Schjelderup) 08; D. Nordlandbuch 09; Die mus. Renaiss. d. 19. Jahrh. 11; D. Klavierlexikon 12, 4. A. 18; D. Musik d. Ggwart seit R. Wagner, 20. A. 22; J. Sibelius 17; D. nord. Klaviermus. 18; D. Virginalmus. 19; Meist. d. Klav., 9.—14. A. 21; Brahms, 11.—13. A. 22. **Bearb**: O. Klauwell, Formen d. Instrumentalmusik 18.

Niemeyer, Wilhelm, ✠, Kunst♛, Dr. phil., Doz. a. d. Staatl. Kunstgewerbesch. Hamburg 24, Hartwikusstr. 14. (Barchfeld $^{11}|_{6}$ 74.) **B**: Strophen d. Zwiemuts 08; Malerische Impression u. Kolorist. Rhythmus 11; Goetheschriften d. Gold. Klass. Ausg. 12; Nicola Tuldo u. Santa Catarina, Dchtg., 18; Oluf Braren, der Maler von Föhr 20; Matthias Grünewald 21; Jesus und Johannes am Jordan zu Enon, Dchtg., 22; Das Klangbuch, G. 23. **H**: Kündung, e. Zeitschr. f. Kunst 21; Hamburger Handdrucke der Werkstatt Lerchenfeld: Novalis, Die Christenheit oder Europa 22; Ranke, Gilgameschepos 23; Mörike, Homerische Hymnen 23; Meier-Thur, Hymnus des Gottschalk 23; Zeitbücher der Werkstatt Lerchenfeld: Heß-Schott, Die Rote Glocke, G. 22; Meier-Thur-Stramm, Weltwehe 22; Heß, Eichendorffs Sonette 23.

Nienkamp, Heinr., s. Kliemke, Ernst.

Niese, Frl. Charlotte (Ps. Lucian Bürger), Nov., /. Altona-Ottensen, Philosophenweg 14. (Burg a. F. $^{7}|_{6}$ 54.) **B**: Aus dän. Zeit, Bilder u. Skn., 23. b. 27. T. 19; Aus dem Jugendland, Erzn. 14.—19. T. 21. D. Alten u. d. Jungen, 5. A.; Allerhand Sommergäste u. a. Geschn. 11; Geschn. a. Holstein, 12.—15. T. 22; D. Hexe v. Mayen, R. 14; Licht und Schatten, 20. T. 19; Vergangenheit 02; Die Klabunkerstraße, 12. T. 19; Menschenfrühling 07; Sommerzeit 07; Reifezeit 08; Minette von Söhlental, 9. T. 21; Ottony von Kelchberg 14; D. Lagerkind 14; Damals! R., 6.—9. T. 21; Römische Pilger, R. 10; Unter d. Joch d. Korsen, Bst.; Tilo Brand u. s. Zeit, R. 22; Ges. Romane u. Erzn. (m. Einl. v. Friedr. Castelle), 8 Bde. 22.

Niesel-Lessenthin, Frau Christa, ✠, /, Journalistik. Breslau, Maadstr. 87. ($^{28}|_{12}$ 79.)

Niessen, Carl, Theater♛, Priv.-Doz. an der Univ. Köln, Genterstr. 1. (ebda $^{7}|_{12}$ 90.) **B**: Dramatische Darstellungen in Köln (1527—1700) 17; Sturm und Drang 21; Das Kölnische Puppenspiel 23. **Ue**: Das alte Kölner Spiel von Jedermann nach Jaspar von Gennep 22. *

Nießen-Deiters, Frau Leonore, ASV. Skizze, Nov., Roman, Auslanddeutschtum. Düsseldorf, Grafenberger Allee 64. (ebda $^{20}|_{11}$ 79.) **B**: Leute mit u. ohne Frack 07; Mitmenschen 08; Im Liebesfalle 11; Die unordentlich verheiratete Familie 12, 5. A. 13; Der Faun, R. 13, 3. A. 14; D. deutsche Frau im Auslande u. in den Schutzgebieten 13; Krieg, Presse, Auslanddeutschtum 14, 2. A. 15; Kriegsbriefe e. Frau 15, 4. T.; Mein schönes Deutschland! 16; Eros in Breitegraden 20; D. Unschuld v. Lande u. a. Gesch.

Nießner, Alwis, Politik, ♛, ⊞, **Ue**: EFIH, Dir. Wien XIX, Neberg. 21. (ebda $^{17}|_{10}$ 78.)

Nieten, Otto, deutsche Lit.♛, Dr. phil., Prof., Gymn.ObLehr. Duisburg. ($^{27}|_{6}$ 72.) **B**: Lessings religionsphilosoph. Ansichten 96; Ch. D. Grabbe 02; Üb. Grabbes „Don Juan u. Faust" 06; Frank Wedekind 08; Chr D. Grabbe, sein Leben u. seine Werke 08; Nachträge z Grabbe 11 f.; E. Hardt 13; Rheinisches Lesebuch 14 f. **H**: Grabbes sämtliche Werke 08 VI. ( )

Niethammer, Frl. Wera, Jugendschr. Zürich, Plattenstr. 68. (Stuttgart $^{13}|_{1}$ 78.) **B**: Regen muß sein! Erz.; Wunderfitzchen, M.; Bei Gacks, Erz.; Ihr Kinderlein kommet! G. u. Sp.

Nieveling, Wilhelm, DB., Optten., Lieder, Sgsp., Komponist, Dr., Badearzt. Bad Lippspringe. (Borghorst, Westf. $^{10}|_{12}$ 76.) **B**: Der Nachtwandler 16; Annchen v. Tharau 18; Das Medaillon der Zarin, kom. O. 19. ( )

Nikola, Andreas Wolfgang, ASV., ✠, Roman, O, Hauptlehrer. Würzburg, Heidingsfelder Str. 12. (Fahr i. Unterfr. $^{31}|_{10}$ 74.) **B**: In ernster Zeit, G. 19; Die Drude, Aus Würzburgs ältesten Tagen, R. 20; Das Kriegskind, Vst. 16; Im Sonnenlicht, Plaud. 21.

Nilas, E., s. Schulz, Gabriele.

Nippoldt, Frau Marie, geb. Böhler (Ps. Ria Nippoldt-Böhler, Fr. Brünings), ASV., ✠, /. Potsdam, Weißenburger Str. 31. (Frankfurt a. M. $^{22}|_{6}$ 81.) **B**: Genesung 04; Lose Blätter vom Baume der Erkenntnis, neue ausgew. G. 20.

Nippoldt-Böhler, Ria, s. Nippoldt, Marie.

Nirrnheim, Hans, ♛, Prof., Dr. phil., ArchR., Red. Hamburg, Sierichstr. 102. (ebda $^{23}|_{7}$ 65.)

Nissen, Adolf (Nissen-Stinde), Reiseschriften, plattdeutsche u. germanist. Artikel, Nov. Berlin-Tempelhof, Hohenzollernkorso 68. (Gottesgabe, Holstein $^{21}|_{7}$ 71.)

Nissen, Gregers, Reiselit., Lehrer. Altona a. E., Fischers Allee 52. (Soholm, Kr. Tondern $^{3}|_{6}$ 67.) **B**: Westdeutsch-

land 05; Süddeutschland u. Alpengebiet 06, 2. A. 11; Mitteldeutschland 08; Ostdeutschland 10; Ardennen-Luxemburg 11; Kroatien-Bosnien-Montenegro 12; Zentralschweiz 13; Sauerland, Westerwald, Taunus 14; Lüneburger Heide 16; u. a.

Nissen, Walther, SDS., VF., Nov., Drama. Berlin-Charlottenburg, Pestalozzistr. 10 (Breslau $^{23}|_{2}$ 78.) W: Der verzauberte Philister, R.; Beatrice Cenci, Tr.; Olympia, Sch.; Geschichten aus Dahlem, N.; Thomas Grimhut, R.; Spiel und Tod, N.

Nissen-Stinde, s. Nissen, Adolf.

Nistler, Aloys (Ps. Egger Bruno), ASV., Reiselit. München, Maximilian-Str. 1 I. (Stein, Bez.-Amt Tirschenreuth, Bay. $^{30}|_{5}$ 71.) W: Der Tharer Wirt, Vst.; Zum Gardasee, ill. Monogr. 11, letzte A. 22; Südbayern u. Tirol, letzte A. 22; Aurum diaboli; Humanitas.

Nithack-Stahn, Walther, SDS., DV., O, Roman, /, ✝, Pastor. Berlin W, Achenbachstr. 18. (ebda $^{23}|_{10}$ 66.) W: Brutus, Tr. 92, 2. A. 12; Deutsche Weihnacht, e. deutsch. Spiel 96, 3. A. 08; D. Christen, Sch. 07, 5. u. 6. A. 09; J. Böhme, V.-Sch. 98; D. Prozeß d. röm. Kirche gegen Galileo Galilei 02; Über d. Leben nach d. Tode 04, 3. A. 16; Denifles „Luther" 04; Luther in Oppenheim 04, 2. A. 08; Schillerpredigt 05; Der Mittler, R. 06, 10. A. 21; D. apostol. Glaubensbekenntnis in Predigten 08, 2. A. 14; Zwei Frauen, R. 10; Ahasver, dram. Ged. 10; Das Christusdrama 12, 4.—6. A. 18; Völkerfriede?, Streitgespräch 12, 2. A. 14; Goethes Religion 12; Barbareien, Gedank. z. Gegenw. 13; Kirche u. Krieg 13; Höhengänge, Erzn. a. d. Alpen 15; Jahrbuch einer Seele, R. 18; An Alle, R. 20; Lutherfestspiel 21; Dies illa, R. 23.

Nitsch, Harry (Ps. Heinz Hesdin), PA., humorist. Romane u. Erz., Red. d. „Hotels". Dresden. (Erfurt $^{1}|_{8}$ 67.) W: Dummheiten 01; Vom Piccolo z. Millionär 02; D. erste Zank 02; Humoresken 02; D. Mäuseschwänzchen 02; D. Nebenbuhler 02; Eufrosine Lämmerschwanz 03; Der Kellnerapostel 03, 04; Trolls Brautschau 03; Die Ladnerin 04; Die roten Schuhe 04; Ungleiche Welten 10; Die Prachtmenschen 10; Der häßliche Doktor Liebling 11; Die Amerikanerin 11; Ein Sonntagskind 12; Die Heiratslustige 13; D. Hexe v. Haarlem 22.

Nitsch, Mathes, Romane, Erzählungen, Schauspiele, Schriftleiter am Pester Lloyd. Budapest II, Hunyadistr. 12. (Straßsommerein $^{19}|_{12}$ 84.) W: Hans und Hani, R. aus Deutsch-Ungarn 20. *

Nitzsche, Rolf, Deutsche Dichter-Gilde, ✠, Skizze, z. Zt. Hilfsbeamter. Zettlitz, Post Rochlitz i. Sa. (ebda $^{13}|_{8}$ 03.) *

Noack, Friedr. (Ps. Dr. F. Idus), ♛, /, Satire, Dr. phil., Realsch.-Lehr. a. D., Vertr. d. „Köln. Ztg." München, Georgenstr. 38. (Gießen $^{20}|_{1}$ 58.) W: Hardenberg u. d. Geh. Kabinett Friedr. Wilh. III. 81; Quitten, Hum. 83; Sebast. Brandts Neues Narrenschiff 86, 2. A. 90; Italien. Skizzenbuch 89 II; Deutsches Leben in Rom 1700—1900 07; D. röm. Campagna 10; Das deutsche Rom 11. Ue: Die Erziehung Viktor Emanuels III. 02; Italienische Patrioten 02. Mitarb: d. Allg. Künstler-Lexikons. ( )

Noack, Walter, DV., Komponist u. Schriftst. Berlin O 112, Wühlischstr. 9. (ebda $^{12}|_{8}$ 00.) W: Inderrache, O. 21; Das letzte Lied, Sgsp. 21; Waltraut, Märchenoper 22.

Noder, Anton Alfred (Ps. A. De Nora), ASV., DV., PA., RP., VF., Nov., O, ✠, /, Dr. München, Alexandrastr. 1 I. (ebda $^{29}|_{7}$ 64.) W: Stürmisches Blut, 100 G. 05; Sensitive Nov. 05; Totentanz, Nn. 06; Ruhloses Herz, G. 07; Maxl Bierjung, a. d. Leb. e. Penälers, Erz. 08; Nazi Semmelbachers Hochzeitsreise, hum. Erz. 10; Hochsommer, n. G. 12; Die 7 Schelme v. Großlichtheim, Nn. 13; Madonnen, e. Dchtg.-Zyklus 13, 30. A. 23; Das Soldatenbuch, G. 14; Erfüllung, n. G. 16; Stunden, N. 17; Gesichte, Dchtg. 18; Rächer, N. 19; Liftboy, N. 20; D. Täuscher, R. 22; D. Tanzprinzessin, N. 23; D. Eumenide, Dr. 23; D. Ursprung, R. 24.

Noder, Frau Frigga (Frigga Brockdorff-Noder), ASV., Novelle, ✠, /. München, Alexandrastr. 1. (Wien $^{27}|_{8}$ 80.) W: Es wurde Tag, es wurde Nacht ... 05; Der Weg nach Taglaching, G. 16; Mit leiser Stimme, N. 23.

Nohascheck, Carl, Red. d. „Mainz. Anz." Wiesbaden, Knaus 2. (Mainz $^{27}|_{7}$ 54.) W: Winapoh, O.; La Biondella, O.; Die Teufelsmühle, Spiel-O.; Cartouche, Sp.-O. (m. Carl Laufs); D. drollige Florian, Lsp.; Chilina, N.; Margot, N.

Nohl, Herm., jun., ⁂, ■, Ästhetik, Dr. phil., o. Prof. Göttingen, Baurat-Gerberstr. 7. (Berlin $^{7}|_{10}$ 79.) W: Sokrates u. die Ethik 04; D. Weltanschaugn. d. Malerei 08; Typische Kunststile in Dichtung u. Musik 15; Pädag. u. polit. Aufsätze 19; Stil u. Weltanschauung 20. H: Herder, Auswahl m. Einleitg. 05; Hegels theolog. Jugendschriften 06; Josef Bayer, Baustudien 20; Wilh. Dilthey, Ges. Schrift., Bd. IV 21; Göttinger Studien zur Pädagogik 23.

Noeldechen, Ernst, Christliche Legendendichtung, Zeitlegende, Schauspieler u. Rezitator eigener Dichtungen. Kaiserslautern i. d. Pfalz, Eisenbahnstr. 53. (Braunschweig 26|6 90.) B: Westwärts, Sonette u. Lieder aus d. Weltkrieg 15. Blüten u. Träume, Legenden 22; Gottes bunter Garten, Zeitlegenden 22; Heiligenbilder 22. *

Noltsch, Ottokar (Ps. Falkenburg), DB., „Ammre" Berlin, ⊙, Schriftsteller. Detmold-Lippe, Bülowstr. 29. (14|6 87.) B: Kreuz u. Halbmond, Dr. 13; Baron Mucki, Opttc. 14; Saat u. Ernte, Sch. 15; Die feine Familie, Schw. 20; Der falsche Fürst, Schw. 23.

Nonnemann, Friedr., BP., Kult.♛, †, ∴, Prof. Berlin-Lichterfelde, Mittelstr. 8b. (Waltershausen b. Nakel 26|1 57.) B: Elsa 87; 1000 Jahre deutsche Kulturgeschichte 90; Die Völkerwanderung u. die Kultur ihrer Zeit 90; Kurze Antworten auf brennende Fragen 90; Mod. Laiengedank. üb. Religion u. Verwandtes 92; Christentums Ende 98, 2. A. 05; Das Gebet 05; Neues Werden, Neues Glauben, Heiligland 06; Jesus d. Christus 07; Auf zu froher Jugend! 12; Glaube, Kampf u. Friede 13; u. a.

Nonveiller, Heinz. Graz, Freiheitsplatz 2 II. (ebda 9|12 85.) B: Die Unbekannte, G. 17; Das Evangelium der Liebe 20. H: Hugo Wolf, Briefe an Heinrich Potpeschnigg 23.

Norden, Ed., klass. Ψ, Dr. phil., o. UP., GRegR. Berlin-Lichterfelde, Carlstr. 26. (Emden 21|9 68.)

Nordhausen, K. L., s. Lütge, Karl.

Nordhausen, Rich. (Ps. Caliban), BP., /, ⊠, polit. Satire, Roman, Epos. Berlin W, Stübbenstr. 1. (ebda 31|1 68.) B: Bismarckhetze 90; Gib uns Brot, Kaiser 91, 11. T. 92; Ehe denn die Schlacht beginnt 92, 4 T. 94; Joß Fritz d. Landstreicher, E. 92, 3. T. 93; Vestigia Leonis, E. 93, 5. A. 06; Urias Weib, R. 95, 6. A. 96; Die rote Tinktur, R. 95, 22. T. 08; Sonnenwende, E. 95, 3. T. 96; Deutsche Lieder 96; Das Gespenst, R. 96, 13. T. 07; Was war es?, R. 98; Zwischen Vierzehn u. Achtzehn 10, 9. T. 19; Die versunkene Stadt, R. 10. H: Ars amandi; Sport u. Körperpflege; Unsere märkische Heimat, 10. T. 21.

Nörenberg, Frl. Marie (Ps. M. Proßnitz u. M. Nörenberg-Proßnitz), Roman, Nov., Bibliothek. a. d. Stadtbücherei Charlottenburg. (Rittergut Proßnitz a. Rügen 29|4 72.)

Normann, F. H., s. Hansen, Fritz.

Nörrenberg, Constantin, deutsche Ψ, Bibliothekwes., Dr. phil., Dir. d. Landes- u. Stadt-Bibliothek. Düsseldorf, Heinrichstr. 151. (Dormagen 25|8 62.)

Noruschat, Herm., ■, Skizze, Nov., Roman, Red. d. „Niederrhein. Nachr." Duisburg, Friedrich-Wilhelm-Platz 1. (Ederkehmen, Ostpr. 15|9 86.) B: Deutsche Arbeit, G. 23; Über u. unter Tage. R. *

Nossig, Alfred, ⊠, ⊙, Dr., auch Bildhauer. Berlin W, Kurfürstendamm 150. (Lemberg 18|4 64.) B: Die Erneuerung des Dramas 05; Die Neue Türkei und ihre Führer 16; Dramen: Die Tragödie d. Gedankens 85, D. König v. Zion 87, Manru, O. 01, Göttliche Liebe 01, Die Hochstapler 02, Abarbanell 07, Die Retterin 09, Die Legionäre 11; Progr. d. Weltsozialismus 21.

Nostitz-Rieneck, P. Robert v., ♛, Kult.♛, ∴, SJ. Regensburg, Bismarckpl. 2. (Slabez 18|8 56.)

Noth, Günther, ∴, Deutsche Lit., ■, Dr. phil., Dir. Frankfurt a. O., Fürstenwalder Str. 12. (Jena 5|4 73.)

Nötzel, Karl, SDS., Essay, Sozialphilos., Ue: R, Dr. phil., Berufsschriftsteller. Pasing b. München, Hermannstr. 8. (Moskau 30|8 70.) B: Das heutige Rußland, Einführung an der Hand von Tolstois Schriften u. Leben I 15, 2. A. 16; Die slawische Volksseele 16; Der französische u. der deutsche Geist 16; Die Grundlagen des geistigen Rußland 17, 3. A. 22; Tolstois Meisterjahre, II. Bd. des „Heutigen Rußland" 19; Der russische und der deutsche Geist 20; Tolstoi u. wir 20; Dostojewsky u. wir 20; Das Schicksal der Armen 20; Einführung in den Sozialismus ohne Dogma 20; Das Verbrechen als soziale Erscheinung 20; Vom Umgang mit Russen 21; Einführung in den russischen Roman 21; Russische Meisterbriefe 22; Tolstois religiöse Briefe 23; Die soziale Bewegung in Rußland 23. Ue: Danilewski, Rußland u. Europa; Dostojewski, Die Brüder Karamajoff, 3 Bde.; Tolstoi, Polikuschka; Tolstoi, Der Morgen eines Gutsbesitzers; Gogol, Taras Bulba; Gogol, Mirgorod; u. a.

Nowack, Alfons, (k.), Provinzial♛, Lit.♛, Fürstbisch. ArchDir. Breslau IX. (Groß-Strehlitz 9|8 68.) B: Lubowitzer Tagebuchblätter Joseph v. Eichendorffs; Fahrten u. Wandergn. d. Frhrn. Joseph u. Wilh. v. Eichendorff; Joseph u. Luise v. E's letzte Lebenstage 07; Studien z. Gesch. d. Neustädter Gegend; u. a.

Nowack, Wilh., †, D., Dr. phil., o. UP. Leipzig, Blumeng. 2. (Berlin 3|3 50.) B: Lehrb. d. hebr. Archäologie 94 II; D. Entstehg. d. israel. Religion, 2. A. 96; D. Psalmen, 88 II; u. a. H: Handkomment. z. Alt. Testament (mit anderen).

Nowak, Karl Friedr., ✠, Essay. Berlin W, Livländische Str. 8. (Wien $^{1}|_{1}$ 82.)

Nowy Edler von Wallersberg, Gustav (Ps. Gustav v. Wallberg), ⚔, Roman, ⁄, ⚔, ♕, ⚔, ∩, ●, Technik, Oberst a. D. Wien III, Wasserg. 31. (Neuhaus i. Böhm. $^{31}|_{3}$ 76.) B: Mona Lisa Gioconda, Künstlerrom. 08; Eine oberitalienische Reise 11; Die Zugstraßen der Völkerhegemonie; Der Brand im Osten 21.

Nüchtern, Hans, DÖSchG., DSch., ✠, ⚔, Nov., ⁄, ♕, Dr. phil. Wien III/1 Neulinggasse 20/T 26. (ebda $^{25}|_{12}$ 96.) B: Wie mir's tönt von ungefähr, G. 18; Die letzte Insel, Ein Lied dem Einen u. Vielen, Dchtg. 19; D. große Friede, R. 21; Der Haß gegen die Stadt, R. R. 21; Das unnennbare Licht, Dchtg. 21; Roman einer Nacht, R. R. 23; Geschichte von Salzburg 23. H: Das Buch der Dreizehn.

Nüdling, Ludwig, ASV., AV., ✠, ⚔, Jugendbücher, Pfr., Hrsg. „Jugendborn" u. „Kommunionglöcklein". Kleinsassen b. Fulda. (Poppenhausen $^{26}|_{3}$ 74.) B: Lied von der Glückseligkeit (Chronik) 00; Irhäuser Geschichten 01, 2. A. -2; Rhönmärchen 04; Eisenbahnbilderbuch 06; Kinderreime zu Konewkas Schattenbildern 09; Märchenkönigin, Dr. 12, 4. A. 22; Ein neuer Engel, Dr. 12, 4. A. 22; Weihnachten bei Schlichtemanns, Dr. 13, 3 A. 21; Fallende Blätter, G. 16, 3 A. 23; Eva, Tr. 17; Wege zum Heiland, Erz. 19, 3. A. 23; Für junge Herzen, Kindergeb. 20, 3. A. 23; Rifka, R. 21.

Nuél, M., s. Schnitzer, Manuel.

Nuernberg, Frau Cornelie geb. Bärwinkel, DV., ⚔, Arztwitwe. Erfurt, Bergstromweg 3. (ebda $^{10}|_{2}$ 74.) B: Der Kronprinz, Sch. 11; Heilig ist das Leben, Dr. 13; Im Banne der Götter, German. Tr. 17, 2. A. 20. **Bühn.-Bearb.:** Schatten (v. A. Halbert) 16.

Nußberger, Max, Lit. ♕, Kritik, Dr. phil., o. UP. Riga, Samsonstr. 7. (Rüti-Zürich $^{23}|_{10}$ 79.) B: D. Landvogt v. Greifensee u. s. Quellen, E. Studie z. Gottfr. Kellers dichter. Schaffen 03; Schiller als polit. Dichter; Shakespeare u. d deutsche Drama 17; Conr. Ferd Meyer 19. **Ue:** Walther v. d. Vogelweide, Ess. u. Übertr. 13. H: Kellers Werke (krit.-histor., komment. Ausg.) 21 VIII.

O.

Ob, s. Kober, A. H.

Obach, Teut, s. Warnken, H.-H.

Oblée, Adolf, SDS., Erz. Dr., Lsp. Hannover, Podbielskistr. 344. (Cassel $^{18}|_{9}$ 84.) B: Der Globus und Tante Nelly 22. *

Obenauer, Karl Justus, Dr. phil., früh. ULektor (Paris). Darmstadt, Wenckstr. 31. (ebda $^{29}|_{2}$ 88.) B: Grothe i. s. Verhältnis z. Religion 21, 2. A. 23; Der faustische Mensch, 14 Betrachtungen zu Goethes Faust II 22.

Ober, Frl. Anna. Danzig, Steindamm 9, Ghs. (Golzern b. Grimma i. Sa. $^{9}|_{10}$ 82.) **Ue:** Baker, Heimgefunden 14 (mit J. Ober).

Oberdieck, Frl. Marie, ✠. Breslau, Ohlauufer 42 II. (ebda $^{7}|_{12}$ 67.) B: Balsamindel (in schles. Mundart) 01; Summer- u. Wintersoaat (desgl.) 03; Sonnenwende (hochdeutsch) 06; Tust de mitte? Erzn. u. Gcd. (in schles. Mundart) 07; Schlesische Spinnstube, Einakter (desgl.) 08; D. Verdacht, Einakter (desgl.) 11.

Oberhauser, Franz Friedrich, ASV., Novelle, Korrespondent der „Tyd". Amsterdam. Wien 15, Tanneng. 1. (Leoben, Steiermark $^{29}|_{9}$ 94.) B: Novellen 15.

Oberkofler, Josef Georg, ✠, Dr. jur. St. Johann-Ahrn, Deutsch-Südtirol. (ebda $^{17}|_{4}$ 89.) B: Stimmen aus d Wüste, G. 18; Gebein aller Dinge, G. 21; Die Knappen von Prettau, Erz. 21.

Oberländer, Carl (Ps. für Carl Rehfus-Oberländer), Jagd, Fabrikbes. Kehl a. Rh. (ebda $^{25}|_{10}$ 55.) B: Quer durch deutsche Jagdgründe, 2. A. 01; Eine Jagdfahrt nach Ostafrika 02; Das Jägerhaus am Rhein, 3. A. 03; Im Lande des braunen Bären 04; Der Leibeigene, Erz., 3. A. 10; Durch norwegische Jagdgründe, 2. A. 10; Herbstblätter 14; Lehrprinz, 3. A. 21; u. a.

Oberlaender, Leopold Gustav (Ps. früher Leopold Gustav), Roman, Nov., ✠, Kritik. München, Elisabethstr. 12. (Frankfurt a. M. $^{4}|_{7}$ 74.) B: Süsette, hist. R. 96.

Oberleithner, Max, Opern, Dr., Komponist. Wien, Seilerg. 9. (Mähr. Schönberg $^{11}|_{7}$ 68.) B: Aphrodite; Der eiserne Heiland; Cäcilie; La Vallière.

Obst, Arthur, PA., VJ. & S., RP., ♕, Dr. phil., Red. am „Hamb. Fremdenbl." Altona-Bahrenfeld, Schubertstr. 12. (Wittenberge $^{26}|_{9}$ 66.) B: D. Nachtigall, Märchendichtg. 94; Landen u. Stranden, Erzn. 04; u. a.

Ochs, Ernst, german. Ψ, Dr. phil., Prof. Freiburg i. B., Zähringerstr. 5. (Ettenheim $^{27}|_{8}$ 88.) B: Lautstudien zu Notker 11; Gliederung d. bad. Mundarten 20; Proben d. Bad. Wörterbuchs 23.

Ockel, Hans, ♕, Dr. phil., StudProf. Kaiserslautern. ($^{20}|_{5}$ 73.)

Oder, G. v. d., s. Hyckel, Georg.

Oder, Till v. d., s. Clobes, H. W.

Odermatt, Frl Esther, SES., Dr. phil., Prof. a. d. höh. Töchterschule. Zü-

rich 1, Stadelhoferstr. 26. (Stans, Nidwalden $^{29}|_{12}$ 78.) V: D. Seppe, e. Geschichte aus Unterwalden 16, 4.—6. T.; Die gelbe Kette, N. 19.

Odo, s. Plawina, Oswald.

Odrowonsch-Wysocki, Stefan v., SDS., Drama, Roman, Übersetzg., Dr. jur. Berlin W 50, Prager Str. 4. (Warschau $^{10}|_{7}$ 86.) V: Novembernacht; Die Warschauerin 18; Gericht; Tatralegende.

O. E. W., s. Wantalowicz, Osk. E.

Offner, Frz. Xav., (k.), ♛ (Biogr. i. bes.), ❦, Pfr. Durach, Schwaben. (Nördlingen $^{23}|_{7}$ 68.)

Ofner, Josef Fr., DÖSchG., VB., deutschvölk. Journalistik, ❦, /, Satire, ⊠, Beamter. Wien XIV, Sechshauserstr. 27. (Deggendorf, Bay. $^{27}|_{2}$ 77.) V: Deutsches Singen u. Wagen, G. 15, 2. A.

Oeftering, Wilh. Engelbert (Ps. Engelbert Hegaur), Lit. ♛, Dr. phil., Prof., Bibliothekar. Karlsruhe-Rüppur. (Engen im Hegau $^{8}|_{2}$ 79.) V: Wordsworth u. Byron 01; Karlsruhe u. Umgebg. 13: Umsturz 1918 in Baden 20. H: Grimmelshausen 08; Simplicius 08, neue A. 22; Götz v. Berlichingen 09; Schertlin v. Burtenbach 10; Hans v. Schweinichen 11; Chr. Reuters Schelmuffsky 12; Ulrich Schmidel, Reise 14; Die Gelb-Roten Bücher 19ff. **Ue:** Rabelais, Gargantua u. Pantagruel (m. Dr. Owlglaß) 05—09 V, Neudruck 20 II; Courasche, Springinsfeld, Vogelnest 23.

Oehl, Frau Ilse, geb. Franke (Ps. Ilse Franke), DSch., ASV., ❦, Roman, Nov., Kritik, Prof.-Gattin. Freiburg i. Schw., Place du Collège 27. (Göttingen $^{29}|_{6}$ 81) V: Iris, G. 05, 2. A. 06; Lebenskunst, Aphorismen 08; Von beiden Ufern, G. 11, 2. A. 22; Deutsche Treue, Kriegslieder 14, 2. A. 15; Das heilige Geheimnis, G. 15; Heimat, N. 16; D. graue Lied, N. 16; Friedenssaat, Kriegs-Lr. 16; Gott ist mein Sieg, desgl. 16; Das zweite Eisenjahr, desgl. 16; Die wahrhaftige Pepi, N. 18; Das gläserne Schwert, N. 22.

Oehl, Wilh., (k.), DÖSchG., Ψ, ∴, ❦, Kritik, Dr. phil., o. UP. Freiburg i. Schweiz, Place du Collège 27. (Wien $^{28}|_{12}$ 81.) H: Monsalvat, lyr. Anthol. 08, 2. A. 10, n. F. 11; Auswahl aus Heinrich Seuse 10; Mechtild v. Magdeburg 11; Cl. Brentanos Religiöse Schriften I 11, II 12; Tauler 19. V: Almende, G. 08; P. Wilh. Schmidt, SVD. 21. **Ue:** Wie man Gott anhangen soll 23.

Oehl, Wilh., ❦, humor. Erz. in schles. Mundart, Sparkassenbeamter. Grulich i. Böhm. (ebda $^{18}|_{9}$ 60.) V: Vo drheeme! 97, 2. A. 98; Drhemme is drheeme 00; Ondr'm Schniebarche 08.

Oehler, Raimund, klass. Archäologie u. Topogr., Dr. phil., Prof. Berlin-Lichterfelde, Zehlendorfer Str. 52. (Halle a. S. $^{23}|_{8}$ 52.) H: Lessings Hamburg. Dramaturgie, 2. A. 21; u. a.

Oehler, Richard, ∴, ❦, Dr. phil., Un.-Bibliothekar, Staatskommissar. Leipzig, Georgiring 9. (Heckholzhausen $^{27}|_{2}$ 78.) V: Fr. Nietzsche u. die Vorsokratiker 04; Ernst Baumann, aus d. Seelenleben eines jungen Deutschen 04; Stimmungsbilder aus Florenz, G. 06; Nietzsche als Bildner der Persönlichkeit, Vortrag 10; Zwischen Tod u. Leben, G. 13; Am jungen Tag, Versuche u. Gedanken 20. H: Nietzsche: Briefe 11, Werke (Taschenausg.) Bd. XI 13, 2. A. 18; Nietzsche, Briefwechsel mit Overbeck 16; Blätter f. Volksbibliotheken 20—22.

Oehlke, Alfred, PA., Lit. ♛, Biogr. **Ue:** I, Dr. phil., Verleger u. Chefred. d. „Breslauer Ztg." Breslau, Novastr. 13. (Schlobitten, Ostpr. $^{19}|_{11}$ 62.) V: Zu Tannhäusers Leben u. Dichten 90; Frhr. v. Stein 96, 2. A. 13; Hermann Settegast, biogr. Studie 04, 2. A. 08; 100 Jahre Breslauer Ztg. 20. **Ue:** Tasso, Aminta.

Oehlke, Waldemar, Lit. ♛, Dr. phil., Prof. an der Techn. Hochschule, Berlin, z. Z. National-University Peking (China). Vorstands- u. lebenslängl. Mitglied der Gesellschaft für deutsche Bildung (Deutscher Germanisten-Verband), Vorsitzender des Deutsch-Chinesischen Kulturverbandes, Schriftführer des „Weltverbandes der freien Wissenschaft" i. E. (Krückwald b. Danzig, $^{29}|_{4}$ 79.) V: Bettina von Arnims Briefromane 05; Deutsch in Prima 10; Lessing u. seine Zeit 19; Geschichte der deutschen Literatur 19, 2. A. 23; Abriß 20; Die deutsche Literatur seit Goethes Tode 20; Schopenhauers Ideenlehre 20, 2. A. 22. H: Lessings Dramen u. dramat. Fragmente 07; Von Luther bis Klopstock 18, 2. A. 21; Bettina von Arnims sämtl. Werke (m. Max Friedländer) 21; Hallesche Neudrucke aus dem 18. u. 19. Jhrh. (m. Leitzmann). **Mitarb:** „Jahresberichte f. neuere deutsche Literaturgeschichte".

Ohlmeier, Theophil, Franziskanerpater, Aszese u. Pädagogik. Warendorf, Westf. (Ennigerloh, Westf. $^{12}|_{7}$ 82.) *

Ohly, Christian Adolf, ❦, ◯, ∴, Studiendir. Donauwörth, Bay. (Dernbach i. Hess.-Nassau $^{16}|_{6}$ 74.) V: Ingeborg, Sch. 01; Rheingold, Dichtgn. 02; Der

schwäbische Dichterkreis 07; Zur Frage d. ästhet. Bildung 08. ( )

Oehmke, Frau Henny, geb. Krollmann, Kult.♛, Musik♛, Nov., Rom. Karlshorst b. Berlin, Weselerstr. 2. (Oldenburg i. Gr. 23/9 57.) B: Maienfrost, Nn. 97; Aus allen Kreisen, Nn. 98; Im Bannkreis d. Pflicht, R 99; Ein mod. Ismael, R. 00; Heimgefunden, R. 02; Im Lebenskampf, Nn. 07; Allein in der Welt, R. 08; Dissonanzen, R. 11; Regina, R. 12; Durch fremde Schuld, R. 13. ( )

Ohnefalsch-Richter, Frau Magda Helene, Orientalist., Reisen. Wiesbaden, Gneisenaustr. 35. (Langenberg 10/8 73.)

Ohorn, Ant., DB., BJ. & S., ASV., VF., Epik, ✠, Nov., ⌬, Lit.♛, Dr. phil., Prof. a. d. Gew-Akad., HofR. Chemnitz, Kaßbergstr. 17. (Theresienstadt 22/7 46.) B: Los von Rom 03, 6. A. 10; Deutsches Erbe, R. 02, 3. A. 21; Die Brüder von St. Bernhard, Sch. 04, 10. A. 21. Deutsch und treu, G. 17; Mein Deutsch-Böhmen, G. 18; Geld und Ehre, Sch. 18; Deutsch-Österreich auf ewig Deutsch 19; Aus Kloster und Welt; Das Buch meines Lebens 19; Der Geist des Hus, R. 20; Christian Günther, R. 21; Das Blutmal, Erz. 21. ( )

Ohquist, Johannes (Ps. Wilhelm Habermann), SDS., Dchtg., Politik, ♛, Attaché a. d. finn. Gesandtschaft, Berlin. Berlin-Friedenau, Handjerystr. 24. (Slavanka bei St. Petersburg 6/12 61.) B: Der Pilger, Dchtgn. 08; Das politische Leben Finnlands 16; Finnland 18; Aus der Versdichtung Finnlands 18; Das Löwenbanner. Des finnischen Volkes Aufstieg zur Freiheit.

Ohrem(-Bonn), Herm. Jos. (Ps. Alphons v. Rhein, Herm. v. Ahrem, Herm. Walter), (k.), BA., RP., /, ✠, ▣, Ue: EFSI, Red. Vors. d. Liter. Gesellschaft. Köln a. Rh., Alte Wallg. 14. (Bonn 28/8 63.) B: Kais. Friedr. d. Gute 88, 3. A. 93; Fröhl. Rheinland 93, 3. A. 13; Aus Spaniens großer Zeit 00, 5. A. 09; Geschichte d. Liter. Gesellsch. in Köln 18.

Olaf, s. Heinemann, H. O.

Olan, B. J., s. Sebelmayr, Georg.

Olbrich, Karl, Deutsche Sprache, Liter.- u. Volkskde, /, ♛, ♬, Dr. phil., Prof., StudR. Breslau IX, Martinistr. 6. (Groß-Glogau 30/11 65.) B: Goethes Sprache u. d. Antike 91; Reisebilder aus Hellas 03; D. Freimaurer im deutsch. Volksglauben 05; Der schles. Bauerngarten 06; Zur Entwicklungsgesch. d. Volksliedes 07; E. T. A. Hoffmann u. d. deutsche Volksglauben 10; Konzentrationsmöglichkeiten 13; Kloster- u. Burggärten 14; D. Jungfernsee b. Breslau, e. mytholog. Streifzug 14; Deutsche Soldatenschutzbriefe u. russ. Heiligenamulette im Weltkriege 19; Justinus Kerner u. d. deutsche Volksglauben 21; Allerlei Geschichten von merkwürdigen Schlesiern u. ihren Erlebnissen 23 I.

Olden, Balder, SDS., DB., /, Kritik, Nov., Roman, ⌬, Übersetzgn. München, Leopoldstr. 143. (Zwickau i. Sa. [illegible]6/3 82.) B: Aus der Mannschaftsstube 04, 6. A. 09; Der Hamburger Hafen 07, 5. A. 09; Der Gottverhaßte, R. 09, 2. T.; D. verhexte Million, hum. R. 09; D. Strom d. Lebens, Nn. 10; Schatten, R. 11; Der Ewer, R. 12; Die Wüste, Nn. 20; Die Letzten, Sch. 21; u. a.

Olden, Frau Bertha-Felicitas, frühere Freifrau v. Nauendorf, geb. Schellenberg, Skizzen, Nov., Roman, Theater- u. Kunstkritik, Reisebriefe, /, Feuill.-Red. a. „Wiesbadener Tagblatt". Wiesbaden, Friedrich-Lang-Str. 11. (ebda 7/3 84.) B: Gereifte Frucht, R. 17, 2. A.

Olden, Hans, BP., DB., ⌬, Nov., Übersetzgn. Wiesbaden, Friedr.Lang-Str.11. (Frankfurt a. M. 5/8 59.) B: Ilse, Sch. 88; Der Glücksstifter, Dr. 91; Thielemanns, Lsp. 94; Die offizielle Frau, Sch. 96 (nach Savage); E. Gastspiel, Kom. (m. E v. Wolzogen) 99; Tannhäuser, R. 01; Hermann u. Walter Soltau, R. 03; D. erste Kravatte u. a. Gesch. 03; Wiederkehr, Schsp. 05; Der Kaiser, Tr. (m. H. v. Kahlenberg) 08; Narren d. Natur, R. 10; Das Frühstück auf Blue Island, E. ekelhafter Kerl, 2 Gesch. 12; Der letzte Trumpf, Sch. 23. Ue: Shakespeare.

Oldendorff, Paul, ⁂, ▣, StudR. am Kais.-Friedr.-Realgymn. Berlin-Cöpenick-Wendenschloß, Körnerstr. 44. (Elbing 28/3 80.) B: Fausts Ende 06; Höh. Schule u. Geisteskultur 11; Geistesleben, Gedanken z. Umbildg. unserer inn. Kultur 12; Von deutscher Philosophie d. Lebens, z. Einführg. in Eucken 16; Das Opfer 16.

Oelenheinz, Leopold, △, /, Kunst♛, ♛, Prof. a. d. BaugewSch. Koburg, Seidmannsdorfer Str. 3 c (Karlsruhe i. B. 11/3 71.) B: Festschrift z. Einweihung d. Marienkirche in Königsberg in Franken 04; Das Röslein in Franken, G. 04; Friedr. Oelenhainz, ein Bildnismaler d. 18. Jahrh. 07; Bayerdorffersche Genealogie 09; Frankenspiegel 10ff.; Der Wünschelring 20. Mith: Herald.-geneal. Blätter 04—09.

Oliven, Fritz (Ps. Rideamus), DB., ✠, Dr. jur., RA. Berlin W, Joachimsthalerstr. 11. (Breslau 10/5 74.) B: Kleinigkeiten 07; D. Erfindung d. Sittlichkeit 08; Reinfälle 10; Wilde Sachen 11; D. falsche Prinz, Verssp. 11; D. Schatz des Rhampsinit, Verssp. 11; Lauter Lügen

12; Alte Schachteln, Optte. 17; Vielgeliebte, Optte. 19; Wenn Liebe erwacht, Optte. 20; Lustige Liebe 20; Vetter aus Dingsda, Optte. 21. ( )

Oelkers, Frau Elsa, geb. v. Kraatz (Ps. Ilse-Dore Tanner, Elsa Staark), BB., Nov., Roman, Jugendschr., Märchen, ✤ Charlottenburg, Goethe-Park 11 B: Von Königskindern, M. 09; Ursula, Erz. 20; Der Onkel aus Amerika, Erz. 20; Magdalenes Dienstjahr, Erz. 20; Prinz Miesepeters Abenteuer, M. 21. ( )

Ölkofen, Anton von, s. König, Anton.

Olshausen-Schönberger, s. Dombrowski zu Papyros.

Oelwein, Arthur, BB., DÖSchG., Nov. ✤, /, Kritik, Dr. jur. Wien IX, Liechtensteinstr. 91. (ebda $^{20}|_{8}$ 68.) B: Aus d. Ferienzeit. G. 88; Die Erbsünde, Mysterium 97; Suchende, N. 99; Starke, N. 00; Neunzehn Märchen, Prosadchtg. 02; Eisenhut u. Pfauenfeder, Lr. u. Aventiuren d. fahrenden Ritters 06; Adventbriefe, R. 11; Die Reise ins Aschgraue, hum. R. 13; Die Fahne von Öblarn, Erz. 14; D. absonderl. Liebe d. schönen Jungfer Magelone de Brissac, R. 18; Er nimmt einen Anlauf, N. 20.

Ölzelt-Newin, Anton, ∴, Dr. phil. Wien I, Schotteng. 10. (ebda 54.) B: D. Unlösbarkeit d. ethischen Probleme 83; D. Grenzen d. Glaubens 85; Über Phantasievorstellungen 89; Üb. sittl. Dispositionen 92; Kosmodicee 97; Weshalb das Problem d. Willensfreiheit nicht zu lösen ist 00; Kleinere philosophische Schriften 03; E. Schritt z. Frieden im relig. Kampf, zugl. e. Rechtfertigg. d. Austritts von nichtkirchlich Gläubigen u. Skeptikern aus den Kirchengemeinschaften 08; Welche Strafe soll die treffen, die Schuld am Weltkrieg tragen? 15; Völkerbund oder Weltstaat? 18; Teleologie als empirische Disziplin 18.

Oman, Frank, Lib., s. Omankowski, Willib.

Omankowski, Willibald (Ps. Frank Libold Oman, Peter Gran), /, ✤, Kunst- u. Theaterkritiker d. „Dzg. Volksstimme". Danzig-Langfuhr, Friedensteg 1. (ebda $^{24}|_{8}$ 86.) B: Rosen im Reif, G. 12; Schatten, N. 16; Die Windharfe, G. 20; Georg Kaiser 23.

Omega, Walter, s. Hengst, Wilhelm.

Ommerborn, Joh. Christ. Jos. (Ps. Karl Christiansen), Roman, christl. Moral, Evangelium u. evangel. Politik. Barmen, Jägerstr. 41. (Lennep $^{28}|_{4}$ 63.) B.: Die Kinder der Sünderin, R. 12; Saulus, R. 13; Die ihr mühselig u. beladen seid, N. 13; Die Liebe sucht nicht d. Ihre, N. 13; Genosse Mensch, pol. Brosch. 14; Arbeite! R. 15; D. Dorfgeister v. Birkenloh, N. 15; D. arme Trautchen, N. 16; D. Drehorgelshendrich, N. 18; Moloch Hamburg, R. 20; Der Oberamtmannshof, R. 20; Mein Weggenosse Fr. Binde, Biogr. 22; Pastor Hans Kroppmann, R. 23; Die Opfer der Goldsünde, R. 23.

Ompteda, Georg Frhr. v., ✤, Nov., Romane, ⊘, Rittmeister a. D., Kammerherr. Meran. (Hannover $^{29}|_{3}$ 63.) B (seit 00): Monte Carlo 00, 8. A. 11; D. Radlerin, 1.—5. A. 01; Cäcilie v. Sarryn, R. 01 II; D. schönere Geschlecht, N. 02; Traum im Süden, N. 02; Aus großen Höhen, R. 03; Nerven, N. 03; Denise de Montmidi, R. 04; Heimat d. Herzens, R. 05, 11. A. 11; Herzeloide, R. 05, 14. A. 11; Normalmenschen, R., 1.—11. A. 06; Ein Glücksjunge, R. 06, 10. A. 11; Wie am ersten Tag, R. 08, 1.—8. A. 08; Minne, R. 08, 14. A. 10; Droesigl, R., 1.—7. A. 09; Excelsior, ein Bergsteigerleben, 1. bis 12. A. 10; Benigna, R. 11; Das alte Haus, R. 14; Margret u. Ossana, R. 15; Alle neune, Erzn. 16; Sachsen im Felde 16; Der Hof in Flandern, R. 17; Der neue Blaubart, 2. A. 19; Es ist Zeit, R. 21; Ausgew. Novellen 23. Ue: Guy de Maupassant, Ges. Werke (20 Bde.). ( )

Oncken, Hermann, neuere ♛, Dr. phil., o. UP., GHofR. Heidelberg, Werderplatz 5. (Oldenburg $^{16}|_{11}$ 69.) B: Lassalle 04, 3. A. 19; Zum Gedächtnis Bismarcks 08; Rudolf v. Bennigsen 10 II; Amerika u. d. großen Mächte; Histor.-polit. Aufsätze u. Reden, II 14; D. alte u. d. neue Mitteleuropa 17; Aus Rankes Frühzeit; u. a. MitH: Deutschl. u. d. Weltkrieg 15. H: Allgem. Staatsgesch. ( )

Oppeln-Bronikowski, Friedr. v., BJ. & SB., /, Rittm. a. D. Charlottenburg, Mommsenstr. 65. (Kassel $^{7}|_{4}$ 73.) B: A. dem Sattel geplaudert 98, 3. A. 08; Militaria 04; Fesseln u. Schranken, R. 05, neu bearb. u. d. T.: Der Rebell, R. 08; Zwischen Lachen u. Weinen, N. 12; Antisemitismus? pol. Brosch., 35. T. 20; Reichswirtschaftsrat u. berufsständ. Volksvertretung, pol. Brosch. 20. H: D. blaue Blume (m. Dr. L. Jacobowski); Deutsche Kriegs- u. Soldatenlieder 11; Deutsche Gesamtausgaben der Werke, Briefe u. Gespräche Friedrichs d. Großen 12/13; Werke Beyle-Stendhals 20/23; Maurice Maeterlincks, Charles de Costers („Tyll Ulenspiegel" 50. A. 21); Machiavalli, Fürstenspiegel, 2. A. 20; Discorsi („Polit. Betrachtungen") 20, u. zahlr. andere Übersetzungen.

Oppenheim, Samuel, /, Dr. phil., o. ö. UP. Wien, Sternwarte. (Braunsberg $^{19}|_{1}$ 57.) B: Probleme d. modernen Astronomie 09; D. astronom. Weltbild im Wandel d. Zeit, 2. A. 11; Weltun-

tergang in Sage u. Wissenschaft (m. K. Ziegler); u. a.

Oppenheimer, Franz (fr. Dr. Friedrich Ranzow, Janus), ▣, ✒, O, /, Dr. med. et phil., o. UP. Frankfurt a. M., Hühnerweg 1. (Berlin $^{30}|_{3}$ 64.) B: D. Weg z. Liebe 87; Föhn, Sch. 93; Ferienwanderg. 94; Freiland in Deutschland 95; D. Siedelungsgenossenschaft 96, Neudruck 13, 3. A. 19; Großgrundeigent. u. soz. Frage 98, 2. A. 21; D. v. Liliencron 98; Das Grundgesetz d. Marxschen Gesellschaftslehre 03; D. Staat 08, neue A. 22; Theorie der reinen u. polit. Ökonomie 10, 5. A. 23; D. soziale Frage u. der Sozialismus 12; Weltwirtschaft u. Nationalwirtschaft 15; Kapitalismus, Kommunismus, wissenschaftlicher Sozialismus 19; System der Soziologie: I. Allgemeine Soziologie, 1. Grundlegung 22, 2. Der soziale Prozeß 23; III. Theorie der reinen und politischen Ökonomie, 1. Grundlegung 23, 2. Die Gesellschaftswirtschaft 24; u. a. H: Göde und Rist, Geschichte der volkswirtschaftlichen Lehrerinnungen, 3. A. 22. Ue: A. Lien, Das Märchen von der französischen Kultur 16.

Oppermann, Otto, ♕, ♣, Dr. phil., a.o. UP. Utrecht. (Blasewitz $^{10}|_{6}$ 73.)

Orbing, L., s. Falk, Norbert.

Orchelle, R. L., s. Scheffauer, H. G.

Orel, Alfred, DMG., Musik♕, Dr. jur. et phil. Universitätsprivatdozent, Leiter der Musiksammlung d. Stadtbibliothek. Wien XIX, Tallesbrunngasse 6. (ebda $^{3}|_{7}$ 89.) B: Unbekannte Frühwerke Anton Bruckners 21; Ein Wiener Beethovenbuch 20. H: Trienter Codices 4. Auswahl 20; Bruckners Ouverture in g 21; F. Schuberts Sonate f. Kl. Vl. u. Vcl. a. d. Jahre 1812 23; Die Musik zu Raimunds Bühnenwerken 23. *

Orelli, Frl. Bertha v., Nov. Thalhof-Zürich. B: Einsame Wege, N.; Schmerzende Heilung, N.; Seelenwege, G. 21.

Orendie-Hommenau, Viktor, DOSchG., Ehrenmitglied des akademischen Vereins România Jūna in Wien, Ritter des rum. Kronenordens, ausgezeichnet mit dem Orden Bene merenti 1. Kl., ♣, /, Schriftst., Hrsg. d. Monatsschr. „Von der Heide". Temesvar, Banat, Rum. (Elisabethstadt, Siebenb. $^{13}|_{6}$ 70.) B: Blätter u. Blüten, G. 96, 2. A. 02; Das Heidebuch, Almanach 19; Arier u. Germanen 20; Erinnerungen an Deutschland 20; Deutsche Dichter a. d. Banat 21; Aus Licht und Leid, ausg. G. 22.

Orlishausen, Otto, ♣, Drama, Roman. Bad Lobenstein, Thür. (Zeitz $^{19}|_{8}$ 82.) B: Stürme u. Träume, G. 06; Einsame Welt, G. 11; Der Sumpf, Sch. 19; Zwei Wege, R. 20; Sehnen, Sinnen, Schauen, G. 20.

Ormános, Sandor, s. Böhme, Marg.

Orno, Ari, s. Arnoldt, Leopoldine.

Oertel, Fritz, SDS., Roman, Drama, Nov. Dresden, Ludwig-Richter-Str. 3. (Bautzen $^{25}|_{7}$ 66.) B: Reise nach den Kanarischen Inseln 07; Fontana Trevi, R. 13; Richter u. Welt 13; Die goldene Schale, R. 20; Hans Hortner u. d. Colmar, R. 21. ( )

Oertel, Otto, VB., DB., ♣, ●, Roman, O, Dr. phil., Oberstudienrat Prof. Dresden-A., Tiergartenstr. 6. (Röhrsdorf $^{30}|_{10}$ 72.) B: Ernste u. heitere Gesch. u. Gedanken 96; D. Wald u. seine Bewohner im deutsch. Liede 97; Die Naturschilderung bei den deutsch. geogr. Reisebeschreibern d. 18. Jahrh. 99; Amerika, Betrachtgn. 01; Amerika, Schildergn. 01; D. große Drama 01; D. Volksgraf, Dr. 02; Henze Heintzen, e. Stück niederdeutsches Bauernleben in 4 Aufz. 05; Die Waldschnepfe, D. 08; Im Bann der Heimat, Erz. 11; Deutscher Stil 12; Im Feuer, Lsp. 22.

Oerthel, Kurt v., O, ♣, Dr. phil. Berlin-Friedenau, Wilhelm-Hauff-Str. 9. (Breslau $^{6}|_{7}$ 88.) B: Das Naturtheater 09; Das rote Gespenst, Dr. 10; Fata Morgana, Dr. 13; Und laßt die lieben Toten sprechen! G. 15, 2. A. ( )

Ortlepp, Oscar, Lehrer. Hamburg, Vierländerstr. 6a. (Berlin $^{5}|_{6}$ 67.) B: De wunnerbore Regenschärm, M. 19, 6.—12. T. 21; Wunnerland un Woterkant, M. 21, 3.—5. T. 22.

Ortner, Eugen, SDS., DB., Drama. Leipzig, Kronprinzstr. 32. (ebda ($^{26}|_{11}$ 90.) B: Die Intellektuellen und der Sozialismus 19; Französinnen ohne Geschlecht 19; Die Komödie hinter Gipfeln, Dr. 20; Uhula Dr. 21; Der Fall Landrü 21; Die Häßlichen, Dr. 22; Gott Stinnes 22; Schutt, Dr. 23; Das ungelebte Leben 23.

Ortner, Hermann Heinz, Drama. Wien VI, Müllergasse 17 II, Sommer: Bad Kreuzen, O.-Ö. (Bad Kreuzen, O.-Ö. $^{11}|_{11}$ 95.) B: Vaterhaus, Dr. 19; Auferstehung, Sch. 20; Das Märchen, Dr. 20; Trilogie: Zeit; Christus Heimdal 21; Kohle; Menschen; Mater dolorosa, Dr. 23; Sumpf, Dr. 23; Steile Berge, Dr. 23. H: Trilogie: Mütter 23; Das Märchen 23; Träumereien des André Chénier 23.

Ortner, Max, Germanist, Dr. phil., HofR., Dir. d. Studienbibl. Klagenfurth i. K. (Linz $^{2}|_{9}$ 63.) B: Reimar d. Alte; D. Nibelungen 87; D. Problem e. wissenschaftl. Zentralbibliothek in Wien 98; Kant in Österreich u. Milde 01; Register d. „Carinthia" 1811—1910 11; D. Dichter des Nib.-Liedes (Teutonia 17) 20.

Oertzen, Frau Elisabeth v., geb. von Thadden, hinterpomm. Geschichten. Dorow b. Regenwalde i. Pomm. (Triglaff $^{19}|_{7}$ 60.) W: Ententrike u. a. Geschn. 01, 8. T. 16; Der Strandbauerhof 02, 2. A. 05; Meine Kuh u. a. Geschn. 03, 5. T. 16; Mütterliche Reformgedanken 06; Die ollen vielen Jungs u. a. Geschn. 09, 5. A. 11; Sie u. ihre Kinder, R. 11; D. gold. Morgen 13, 10. T. 16; Wir auf d. Lande, Bilder aus d. Kriegszeit 16; D. Königin von Warschau u. a. Erzn.; Über Hecken u. Zäune, Ein Erinnerungsbuch aus Kinderland 22, 3. T.

Oertzen, Frau Margarete v., geb. von Plüskow, Erz., Lieder. Rostock, Lloydstr. 7. (Kowalz $^{14}|_{10}$ 54.) W: ER ist unser Friede; Wenn ich Ihn nur habe; Schwach und doch stark; Deines Bruders Blut.

Oertzen-Fünfgeld, Margarete (Ps. f. M. Fünfgeld, geb. v. Oertzen), Roman, Novelle. Freiburg i. Br.. Erwinstr. 6. (Heidelberg $^{6}|_{11}$ 68.)

Oesau, Ferdinand, DV. Glückstadt i. Holstein, Dithmarschenstr. 12. (ebda $^{24}|_{9}$ 66.) W: Vater Bargmanns Weihnachten 03; Der Waisenkinder Märchenfahrt 04; Ein Märchen vom lieben Gott 09; Großvaters Liebling 19; Wi lütt Jann to See keem 19; Der Bühne Scherz und Ernst, Märchensp. 21; Hein Butendörp sin Bestmann, Lsp. 21; Betlehem, Märchensp. 23.

Osborn, Max, VV., Kunst♛, Lit.♛, Dr. phil., Red. d. „Voß. Ztg." Berlin W, Luitpoldstr. 20. (Köln $^{10}|_{2}$ 70.) W: D. Teufellit. d. 16. Jahrh. 93; Die Frauen in der Lit. und Presse 96; Die deutsche Kunst im 19. Jahrh. 01; Der Holzschnitt, Monogr. 05; Moderne Plastik, Essay 05; Porträtmalerei, Essay 05; Monogr. üb. Reynolds 08; Berlin (Berühmte Kunststätten) 09; Eugen Bracht, Monogr. 09; Berlin 09; Gesch. d. Kunst 10, 6.—10. T. 12 (Volksausg. u. d. T. „Meisterbuch d. Kunst"); F. Krüger 10; Gesch. d. Kunst 10, n. Bearb. 21; Führer durch die Kgl. Nationalgalerie 15; Drei Straßen d. Krieges 16; M. Pechstein 21. H: Musculus' Hosenteufel 94; Kunst im Leben des Kindes (m. Stahl, Feld u. a.) 02; Dürers schriftl. Vermächtnis 05; Springers Handb. d. Kunstgesch. V. Bd. 06, 8. A. 21; Silhouettenalmanach für d. J. 08; Die neue Universität Jena 08; Berlin 1810—1910 10; Kunstgeschichte (mit Bode u. Koetschau) I 15.

Oeser, Max, ⌀, ♛, /, ⌀, Prof., Vorstand der Städt. Schloßbücherei. Mannheim, Schloß. (Dresden $^{27}|_{3}$ 61.) W: Die öffentl. Bibl. zu Mannheim 96; Stadt Mannheim 97, 2. A. 99; Gesch. d. Kupferstechkunst zu Mannheim im 18. Jahrh. 00; Kunstpflege in Mannh. 00; A. d. Kunststadt Karl Theodors 01; Gesch. d. Stadt Mannheim 04, 2. A. 08; Die Mannheim. Buchausgaben z. Schillerzeit 05, 2. A. 15; Flickwort, der arme Teufel, Schiller-Dr. 06; F. Klein-Chevalier u. s. neue Kunst 10; Gesch. d. Klosters Lorsch 12; Michel Koch, ein deutscher Maler 13. H: Maler Müllers Werke, Volksausgabe 16.

Osmin, H., s. Simon, Heinrich.

Oest, Bernhard, ASV., ✱, Epos, Drama, Skizze. Hildesheim, Friesenstr. 17/18. (Hamburg $^{11}|_{8}$ 63.) W: Reineke Fuchs 11, 20. A. 23; Am Heimatbrunnen, G. 19.

Ost, Gotthard, Dr. phil., ObStudDir. des Lyzeums I nebst Studienanstalt. Steglitz bei Berlin. (Magdeburg $^{17}|_{5}$ 73.) W: Das Verhältnis von Cibbers Lustsp. ‚Love Makes a Man' zu Fletchers Dramen ‚The Elder Brother' u. ‚The Custom of the Country' 97; Unser Irrtum über Frankreich 17, 3. A. 18; Der unpolitische Deutsche 21.

Ostarir, s. Plawina, Oswald.

Osten, E., s. Huth, Friedr.

Osten, Hans v. d., s. Pawlecki, Johs.

Osterberg, Max (Ps. Ernst Verakoff) 1. Vorsitzender der „Freien Bühne Stuttgart", Verein für literarische Kultur, ⌀, Nov., Rom., /, Kritik, Hrsg. d. Zeitschr. „Ehekultur" u. d. „Südd. Literaturschau". Stuttgart, Kasernenstr. 13. (Fürth $^{7}|_{8}$ 65.) W: E. Verschwörung, Lsp. 86; Kunst u. Leben, Sch. 87; Himml. Liebe, R. 89; Sintflut 90; Heiteres u. Ernstes 91; Betrogene Betrüger, Lsp. (m. L. Gottschalk) 91; Das Reich Judäa im Jahre 6000, R., 2. A. 93; Weihnachtszauber, Spiel 12; Der ewige Friede 17.

Oestéren, Friedrich Werner van. DV. Berlin W., Lützowplatz 13. (Berlin $^{18}|_{9}$ 74.) W: Merlin, E. 00; Wir, Satiren 01; Domitian, Tr. 01; Schatten im Walde Dchtg. 02; Die Wallfahrt, Erz. 03; Christus, nicht Jesus, R. 06; Der Weg ins Nichts, Rn. 07; Die Exzellenzen, Erz. 09; Armes Kalabrien! 09; Maria m. Musik, R. 10; Ein junger Mann von Welt, R. 11; Um eine Seele, Sch. 11; Unterm Joch, Sketch 11; Ein Kriegsurlaub, R. 16; Der Schatten der Gorgo, R. 18; Des Weibes wegen, Rn. 18; Wie sie lieben, Rn. 19; Die Nadelprinzeß, Optte. 21; Die Tochter Napoleons, F. 22; Die Kette klirrt, F. 23; Die k. u. k. Hose, Schw. 23.

Oesterhaus, Frl. Bertha, ASV., DSch., VV., Erz., Jugendschriften, Nov. Detmold, Sophienstr. 34. (ebda $^{10}|_{8}$ 73.) W: Leuchtkäferchen, Jugendschr. 08, 2. A. 16; Goldhähnchen, desgl. 12; Des Bergherrn Enkelin, desgl. 20.

Oesterhaus, Wilh., VV., Dialekt, ⌀,

Roman. Detmold, Sophienstr. 34. (ebda $^{9}|_{3}$ 40.) **B**: Hermann, Cheruskerfürst, Tr. 94; Wilhelm d. Große, Festdichtg. 97; Die Bürgerschützen Detmolds, Jub.-Schr. 00; Gesch. d. fürstl. lippischen Truppen 1807/15 09; Aule Euken 13.

Oesterheld, Herm., s. Oesterwitz, Herm.

Oesterreich, Traugott Konstantin, ∴, Psychologie, Dr. phil., a.o. UP. Tübingen, Nauklerstr. 23. (Stettin $^{15}|_{9}$ 80.)

Österreicher, ein, s. Sosnosky, Theod. v.

Oesterreicher, Rudolf, ❦, ⊙, Optten.-Librettist. Wien VII, Siebensterng. 31. **B**: (m. Fr. v. Schoenthan) Ihr Adjutant, Optte, Lori Pollinger, Schw.; (m. Dr. Willner) Die Faschingsfee, Johann Nestroy, Die Seejungfrau, Opttn.; Der Herr ohne Wohnung (m. Jenbach), Das Bett Napoleons, Das Romankapitel, Einakt.

Osterrieth, Armin, BP., SDS., Kunstpolitik, Sozialpolitik, Dr. jur., RA. Berlin W 35, Potsdamer Str. 121c. (Köln a. Rh. $^{17}|_{12}$ 73.)

Ostertag, Otto, ❦, Prof. Stuttgart-Degerloch, Kirchheimer Str. 28. (Schönaich, Württ. $^{17}|_{6}$ 78.) **B**: Meine grüne Insel 20.

Oesterwitz, Hermann, populäre Lit., Hofbuchhändler, Verlagsdirektor der Akt.-Ges. Görlitzer Nachrichten, Görlitz. (Leitzkau $^{10}|_{8}$ 56.) **B**: Zahlr. Schriften z. Hygiene der Ehe; Stadtführer u. a.; ferner: Was sind die Odd-Fellows und was wollen sie? 3. A. 16; Freimauertum, 11. A. 21; Enzian, Alpenliederbuch 03; Toaste u. Tischreden 03 VII; Die Kunst des Gefallens I. u. II. Teil, 3. A.

Ostini, Fritz Frhr. v., PA., SDS., /, ☊, ❦, Red. d. „Jugend". Pöcking bei Starnberg. (München $^{27}|_{7}$ 61.) **B**: Großes u. Kleines, R. 88; Eduard Grützner 00; Hans Thoma 00; Fritz v. Uhde 02; Arnold Böcklin 04; Biedermeier mit ei, Lieder e. Zeitgenossen 04, 2. A. 08; Arme Seelen, Geschn. u. Schnurren 05; Wilhelm v. Kaulbach 06; Schwarmgeister, polit. u. a. Ged. 08; Buch der Torheit, Rn. 10; Hugo v. Habermann 12; Tat u. Schuld, R. 19; Karl Spitzweg 20; Fritz Erler 21. ()

Ostphalen, H. v., s. Herrmann, Oskar.

Oestreich, Paul, pädag. u. soziale Ref., Prof., StudR. Berlin-Friedenau, Menzelstr. 1. (Kolberg $^{30}|_{3}$ 78.)

Ostwald, Hans, BP., DB., PA., Kultur♛, ⊙, Erz., soz. Studien, /, Hrsg. d. „Neuen Reich" u. d. „Diskussion" (Kultur-Parlament"). Zehlendorf, Wannseebahn. (Berlin $^{31}|_{7}$ 73.) **B**: Vagabonden, R. 00, 6. A. 07; Die Tippelschickse, Brettl-Sc. 01; Verworfene, Erz. 02; Die Bekämpfung der Landstreicherei 03; Lieder a. d. Rinnstein, Anthologie 03—06, n. A. 20 III; Berliner Nachtbilder, Erzn. 03, 100. A. 14; Der Kaiserjäger, märk. Vst. (mit Hans Brennert) 04; Zwei Gesellen, R. 04; Maxim Gorki, Monogr. 04; Ins Freie, Erz. 05; Das Berliner Dirnentum 05f.; Rinnsteinsprache, Gaunerlexikon 06; Landstreicher, Monogr. 06; Frau Meyen, Erz. 06; Walli und ihre Liebe, Berl. Erz. 09; Soziale Kolonisation (m. A. v. Kaphengst) 09; Berlin u, die Berlinerin 10, 3. A. 23; Die Ballonfahrt, Erz. 10; Liebesjahre, R. 10; Erotische Volkslieder, Anthologie 10; Urberliner Humor 11; Die Versuchgn. d. Hrn. Welsch, Erz. 11; Landstreichergeschichten 11; Eisen, Dr. 13; D. Siegerin, Sch. 14; Das gelobte Land, R. 19. **H**: Großstadtdokumente; Menschen vom Wege, Erz. 19; Lockende Steine, R. 22.

Oswald, Georg, s. Kaemmerer, Geo.

Oswald, Hugo, Aphorism., ❦, Skizz. /, ☊, Kritik, Bibliographie. München, Seitzstr. 2. (Domb i. Ob.-Schl. $^{9}|_{9}$ 65.) **B**: Sprechendes Leuchten 02. **H**: Schiller-Brevier 05; Grillparzer-Brevier 05; Mörike-Brevier 06.

Oswald, Josef. Wiesbaden, Adolfsallee 8. (Koblenz $^{1}|_{7}$ 59.) **B**: Gedichte 92; Fr. Th. Vischer als Dichter 96; Don Octavio, Erz. 06; Im stillen Winkel, Bl. 07; Frühlingsstreiche, Erz. 08. **H**: Unbekannte Aufsätze Jak. Burckhardts 22.

Otfried, s. Zauner, Lothar.

Ott, August, ASV., SDS., ❦, ⊙, Volksredner. Edingen b. Mannheim. (Mannheim $^{3}|_{4}$ 88.) **B**: Gedichte in Vers und Prosa 11; Frag' mich was, ich sag' dir was, G. 18; Hellmut, Sch. 18; Wer ist Sozialist? 19; Tagebuch d. jungen Mündel, R. 19; Bei Siegfried, Völkertrag.-Märchendrama 21; Siegfried, I. Teil der deutschen Volkstragödie 23; Der Messias der Juden, II. Teil, der deutschen Volkstragödie 23; Der Prophet und sein Volk, III. Teil der deutschen Volkstragödie 23; Die Nacht kommt, letzter Aufruf an das deutsche Volk 23.

Ott, Emil, ∴, †, Dr. phil., Pfr. Neckarbischofsheim. (Pforzheim $^{10}|_{12}$ 78.)

Otte, Viktor, ☊, Lit., Prof., Schriftleit. d. „Deutschösterr. Tagesztg." Wien VII, Bandg. 32. (Dziedit, Schles. $^{2}|_{7}$ 87.) **B**: D. Mechanik im menschl. Geistesleben 11; D. tschechoslov. Republik; Zur Psychologie d. Macht 20; Frühlingsstürme, Sch. 13; Familie Schützendorf, Sch. 13; Apollos Sorgenkinder, Lsp.; Im Erholungsheim der Seele, Kom. ()

Otten, Frl. Else, SDS., DB., Bearbeitung von Bühnenwerken, **Ue**: EFSH. Berlin W 62, Keithstr. 20. (Amsterdam $^{27}|_{10}$ 75.) **Bearb**: v. Rossem, Femina

Phyllis Pomarius, Fußball, Wiedergeburt Diogenes; Stayton, Das schwache Geschlecht, Lsp.; Teirlinck, Filmromanze; E. Otten Niemsdyk, Requiem, Sch.; Else Otten, Bluff, Sch.

Ottenthal, Emil v., ♛, Dr. phil., o. UP., HofR. Wien IX, Universitätsstr. 8. (Taufers i. Tirol $^{15}|_{6}$ 55.)

Ottersbach, Frau Martha, geb. Saendig (Ps. Hedda Fromberg), Roman, Nov., Humor, Jugendschriften. Hamburg-Volksdorf. (Hamburg $^{17}|_{11}$ 71.)

Oettingen, Wolfgang v., Kunst♛, /, Dr. phil., Prof., GRegR., Direktor des Goethe-Nationalmus. u. des Goethe- u. Schiller-Archivs a. D. Reichenberg b. St Goarshausen a. Rh. (Dorpat $^{25}|_{3}$ 59.) W: Das Gesetz in der Kunst 03; Die Schicksale d. Künstler 05; Die bunte Menge 06; D Chodowiecki's, Handzeichnungen 07; Berlin 08; Aus stiller Werkstatt 08; Führer dch. d. Goethe-Nat.-Museum (anonym) 10; Goethe u. Tischbein 10; Erlebtes u. Erdachtes 11. ()

Oettinger-Burckhardt, Hans, ⚜, Skizz., Dr. jur., Rechtswissenschaft, Staatsanwalt. Basel, Eisengasse 9. (ebda $^{31}|_{10}$ 83.)

Ottmann, Victor, /, D, ●. Berlin W 30, Speyererstr. 7. (Breslau $^{17}|_{4}$ 69.)

Otto, Albrecht, /, Humor., Roman, **Ue**: HS. Berlin-Wilmersdorf, Südwestkorso 58. (Waren $^{30}|_{5}$ 82.)

Otto, Berthold, VV., Sozialpolitik, ⚜, /, Red., Begr. u. Leit. d. Berth.-Otto-Schule. Berlin-Lichterfelde, Holbeinstr. 21. (Bienowitz $^{6}|_{8}$ 59.)

Otto, E. von, s. Pfau, Elisabeth.

Otto, Eduard, Dr. phil., ♛, ⚜, GSchulR., Dir. d. Viktoriasch. u. des Lehrerinnensem. Darmstadt, Heinrichstr. 124. (Rüddingshausen $^{4}|_{7}$ 62.) W: Bevölkerung d. Stadt Butzbach (i. d. Wetterau) während d. Mittelalters 93; Bilder aus d. Leben d. ersten Deutschen Kaisers, G. 98; Das deutsche Handwerk in seiner kulturgeschichtl. Entwicklg. 99, 5. A. 20; Deutsch. Frauenleben im Wandel d. Jahrhunderte 03, 3. A. 18; Deutsche Weihestunden 12. ()

Otto, Friedrich, RP., ⚜, Nov., Roman. Berlin-Schlachtensee, Adalbertstr. 33. (Neumünster $^{23}|_{11}$ 77.) W: Gedichte 02; Erste Ernte, G. 14; Das Unterseeboot im Kampf 15; Die fliegenden Pioniere, Rn. 15; Schwarze Symphonien, Rn. 16; Ultra, Rn. 16; Abenteuer aus aller Welt, Erz. 19.

Otto, Frau Helene (Ps. Ellen Otto-Fulda), DSch., /, ⚜, O, Roman, Nov. Berlin-Wilmersdorf, Südwestkorso 58. (Ribnitz $^{17}|_{11}$ 56.) W: Vistrafte Oewerglöben, plattd. Einakter.

Otto, Hermann Waldemar (Ps. Signor Saltarino). Düsseldorf, Scheurenstr. 28. (Hohenstein i. S. $^{14}|_{4}$ 63.) W: Auf geharktem Sande, Rn. 88: Heidoooc-En-avant, Rn. 90; Artisten-Lexikon 90; Der Artist, Sch. 90; Pauvres Saltimbanques 91; Im Banne der Chambrière 91; — (m. B. Leitner): Wie wurde ich stark?; Fahrend Volk 92; Horlàh, R. 93; Alfredo, R. 94; Aritsten-Kal. 94; Am Feldrain entlang, Rn. 95; Cavalcada, R. 98; Abnormitäten 99; Wildes Blut, R. 99; Auf schwanken Bahnen, R. 99; Unter Flittern, Rn. 07; Circusblut, Rn. 08; Tamtam, Rn. 09; Satanella, Rn. 09; Das Artistentum u. seine Geschichte 10; Bohème, Erinnergn. 15; Im Tamtam des Lebens, R. 15.

Otto, Hugo, Heimatkde. d. Rheinpr., Naturw., Jagd, Rektor. Mörs a. Nied.-Rhein. (Forsthaus Dornick b. Emmerich $^{5}|_{3}$ 75.) W: Natur erzählt 21; Naturdenkmäler der Heimat am Rhein 21: Am Born der Heimatliebe 22; Die deutschen Schulen im Dienste d. Natur- u. Heimatpflege 22; Niederrhein'sches Wanderbuch 22, 2. A. 23; Mörs und seine Sehenswürdigkeit 23; u. a.

Otto, Karl Ernst, s. Berbig, Otto.

Otto, Karl Heinrich, s. Schulze, Otto, Elberfeld.

Otto, M., s. Muenzer, Otto.

Otto, Maria, s. Bucher, Clara.

Otto, Richard, Ψ, /, Dr. phil. München, Königinstr. 37 II. (Magdeburg $^{11}|_{6}$ 68.)

Otto, Walter, klass. Ψ, Dr. phil., o. UP. Frankfurt a. M. ($^{22}|_{6}$ 74.)

Otto, Walter, alte ♛, Dr. phil., o. UP. München, Widenmayerstr. 10. (Breslau $^{30}|_{5}$ 78.)

Otto-Fulda, Ellen, s. Otto, Helene, Berlin-Halensee.

Overmann, Alfred, ♛, Kunst♛, Dr. phil., Prof., Archivdir. Erfurt, Schillerstr. 18. (Bergheim $^{6}|_{11}$ 66.)

Overmans, Jakob, SJ., ✝, Lit.♛, Red. a. d. „Stimmen der Zeit". Kiel, Lindenstr. 7. (Brenell, Rheinpr. $^{26}|_{1}$ 74.) W: Roman, Theater u. Kino im neuen Deutschland 20. **Ue**: Morawski, Abende am Genfer See 04, 12. A. 21. ()

Overweg, Robert, DV., SDS., O. Leipzig, Lampestr. 11. (Soest $^{18}|_{11}$ 77.) W: Brüderchen, Dr. 06, 2. A.; Hubertus, Sch. 07, 3. A.: Ave Maria, Sch. 07; Der Befehl des Fürsten, Lsp. 08: Der Frosch von Seeburg, Lsp. (m. Henry F. Urban), 11; Kümmelblättchen, Lsp. 12; Gabina, Musikdr. (m. Artur Wulffius) 12; Durchs Schlüsselloch, Schw. 13; Generalpardon, Lsp. 14; Eingeschneit, Lsp. 15;

Der Schrittmacher, K. 17: Laubhüttenfest, Lsp. 21; Der Charlatan, Sch. 22; Der Glückspilz, Sch. 23.

Owlglaß, Dr., s. Blaich, Hans Erich.

P.

Paalzow, Hans, Politik, zz, Bibliothekswesen, Dr. jur., Prof., BiblDir. Berlin-Friedenau, Lauterstr. 12. (Lohm, Mark $^{9}|_{11}$ 62.)

Paarmann, Friedrich, Pfarrer. Charlottenburg, Siemensdamm 1. (Wongrowitz, Posen $^{5}|_{8}$ 73.) V: Deutschkloster, Ostmarkenroman 09; Eisern Kreuz, Reden 14; Predigten. H: Relig. Zeitschr.

Paasch, Richard, Dr. med., GMedR., Arzt. Berlin SW, Wilhelmstr. 22. (ebda $^{29}|_{9}$ 54.) V: Michael Servetus, Tr., 1. u. 2. A. 02; Sabine v. Steinbach, Tr. 08; Gesundheit u. Lebensklugheit 13, 2. A. 21.

Pabisch, Emmerich (Ps. Sigurd Richter), /, ⚘, Dr. phil., Geschäftsstellenleiter des Allgemeinen Industrie-Angestellten-Verbandes, Reichenberg. Briefadresse: Reichenberg, Böhmen, Schloßgasse 1. (Zlabings, Südmähr. $^{28}|_{10}$ 81.) V: Ernst Freiherr v. Feuchtersleben.

Pachaly, Paul, german. Ψ, /, †, Dr. phil., StudDir. Perleberg, Am Ziegelhof 3. (Berlin $^{27}|_{2}$ 68.) V: Die Variation im Heliand u. i. d. altsächs. Genesis 99; Erläut. zu Grillparzers Ahnfrau 01, 2. A. 13, zu Medea 02, 2. A. 08, zu Sappho 02, 3. A. 16, zu Gastfreund u. Argonauten 03, 2. A. 13; Aufgaben über den religiösen Unterrichtsstoff d. höh. Schulen: I. über das AT. 05, II. über das Leben Jesu 06, III. über die Lehre Jesu 08, IV. über Apostelgeschichte und Briefe 09; Kirchengesch. 11f., gekürzt 15; Bibelkunde 13; Evangel. Glaubens- u. Sittenlehre 14; Menschentum, Der Grundstein zum Wiederaufbau für das ganze deutsche Volk ohne Unterschied von Alter, Geschlecht u. Bildung 24. H: Grillparzer, Der Traum ein Leben 03; Weh dem, der lügt 04, 2. A. 22; Düntzers Erläut. zu Emilia Galotti, 5. A. 08; u. a.

Pachinger, Anton Max, (k.), ⚭, Münzforschg., HofR. Linz a. D., Bethlehemstr. 31 I. (ebda $^{22}|_{11}$ 64.) V: Medaillen v. Peter u. Paul Seel u. diesen verwandt. Meistern 04; Die Wallfahrtsmedaillen d. österr. Kronländer: Oberösterreich, Tirol u. Salzburg 04—08 III; Die Mutterschaft in d. Malerei u. Graphik 06; Glaube u. Aberglaube im Steinreich 10; Amulette d. Cath. v. Medicis 14; Krankheitspatrone auf Bildern u. Medaillen 15 II; Geschichte des Strumpfes und Strumpfbandes 23.

Paganetti-Hummler, Gust., DÖSchG., Natur♛, Nov., Reiseschilderung, ∴, Ψ, /, ⚘, Red. Vöslau b. Wien. (Klosterneuburg $^{21}|_{12}$ 71.) V: Aus meiner Welt, Nn. u. Skn. 01; Ein Ende, Dr. 04; Kleinigkeiten, G. 06; Vöslau, Studie ()

Pagés, Frl. Helene, (k.), Erz. Münster i. W., Südf. 1. (Sauerbrunnen b. Boppard, Rh. $^{14}|_{12}$ 63.) V: Marthas Tageb. 03, 6. A. 21; Marthas Ferien 07, 6. A. 20; Ährenlese (mit El Nieland) I. Balladen 09, II. Legenden 10, III. Lyrik 11; Kleine Buben u. d. große Krieg 15, 2. A. 16; Dtsch. Mädchen 17; Ehrenpreis 14, 10. A. 21; Aus Gottes Garten 18, 2. A. 19; Die Liebe drängt 19; Aus Großmutters Jugendland 19, 2. A. 21; Großm. Mädchentage 20; Komm Heil. Geist 20; Mutter Nanni u. ihre Kinder 21. H: „Deutsches Gut", Erz.; „Ins Leben"; Jugendschr.-Kritik.

Pal, Friedrich, zz, O, Nov., ⊞. Dr. jur., Sektionsrat. Wien IX, Garnisongasse 6. (ebda $^{30}|_{8}$ 81.) V: Ja Wir! 01; Irrfahrten, Lebenstrag. (m. Siddy Pal) 01. ()

Pal, Frau Siddy (früher Frau Eisenschitz; Ps. Siddy), Nov., /, ✎, O, ⚘, Dr. phil. Wien IX, Garnisong. 3. (ebda $^{1}|_{12}$ 64.) V: Rätsel, Liebesgesch. 87; Sommerfäden 93; Beitr. z. Morphologie der Sproßpilze 95; Irrfahrten, Tr. (mit F. Pal) 01. ()

Palleske, Richard, Ue: DIsländ, GymProf. Landeshut i. Schles. (Ückermünde $^{22}|_{1}$ 62.) V: Winke f. d. Tätigkeit d. Zweigvereine des A. D. Sprachver. 07; Untersuchgn. üb. den Stil der Translatzen des Niclas v. Wyle 10; Deutsche Stilproben von Lessing bis auf die Gegenwart 15. ()

Palten, Robert, s. Plattensteiner, Rich.

Panconcelli-Calzia, Giulio, experimentelle Phonetik, Prof., Dr. (Paris), Leiter des phonet. Laboratoriums d. Sem. f. Südsee- u. afrik. Spr., MitHrsg. der „VOX". Hamburg, Jungiusstr. 7. (Rom $^{4}|_{10}$ 78.) V: De la Nasalité en italien 04; Italienisch (Skizzen lebender Sprachen IV) 11; Einführg. in die angewandte Phonetik 14; D. phon. Beweggn. am Röntgenbild 15; D. Hamburger phonet. Praktikum 15; Experimentelle Phonetik 21.

Pander, Oswald (Pick als MArb. d. „Zwiebelfisch"), SDS., Theaterkritiker, Essayist, Tanzkunst, Red. d. Hamburger Theaterrundschau. Hamburg, Fruchtallee 28. (Berlin $^{7}|_{6}$ 81.) MArb: Zahlr. Zeitschr.

Panhofer, Peter, DÖSchG., Direktor. Mürzzuschlag, Steiermark. (ebda $^{6}|_{7}$ 93.) V: Das Kriegsbuch 15; Lieder aus

der grünen Mark 18; Heimattreu, Vſt. 23. *

Panhuys, Anny Frfr. v., verw. Generalkonſ.-Gattin, Rom. Soden a. Taun., Wieſenſtr. 14. (Eberswalde 27|3 79.) **V:** Götze Theater, R. 12; Armſpange der Valois, R. 15; Lied vom Glück, R. 17; Walzerkönigin, R. 17; Regina Uthermöhlen, R. 18; Das weiße Pferd, R. 18; Marietje ſingt, R. 19; Klingende Seele, R 19; Aus dem gleichen Neſt, R. 20; Rubinſchmuck, R. 20; Ein ſtolzer Traum, R. 20; Zigeunerſchweſtern, R. 20; Wenn die Liebe nicht wär, R. 20; D. geſchiedene Frau, R.; Mauſi, R.; u. a.

Pank, Oskar, SDS., †, ✠, Pfr. a. D., Schriftſteller. Oberhof i. Thür., Haus Walter Raſt. (Schorbus 21|8 67.) **V:** Ich bin bei euch alle Tage 02, 110. T. 12; Was jedermann von d. Guſtav-Adolf-Verein wiſſen ſollte 04; Unſre Kriegsandachten 15, 10. T.; Herz u. Hand fürs Vaterland 23. **Ue:** Margarete (a. d. Franz.) 95.

Pannewitz, Frau Emmy v., ○, Erz. Görlitz, Steinſtr. 13. (Goslar a. H. 27|3 65.) **V:** Fridr. Barbaroſſa, vaterl. Sch. 98; Der erſte Zwiſt, Eheſtandsintermezzo 01; Zwei Bauernmädchen 01; Im 20. Jahrh., Lſp 02; Fortunas Roſen, Feſtſp. 02; Neues Orakel 03; Im Sturm gereiſt 06; Hinter Kloſtermauern, Sch. 09, 2. A. 10.

Pannwitz, Rudolf. Adr.: Koločep Gruža, Jugosl. Dalmacija. (Croſſen a. O. 27|5 81.) **V:** Landſchaftsmärchen 01; Prometheus, E. 02; Beim göttl. Sauhirten, Dr. (m. Ludwig Gurlitt) 04; Pſyche, E. 05; Kultur, Kraft, Kunſt (Charonbriefe an Berthold Otto) 06; Der Volksſchullehrer u. die deutſche Sprache 07; Der Volksſchullehrer u. die deutſche Kultur 09; D. Erziehg. (in „D. Geſellſchaft") 09; Das Werk d. deutſch. Erzieher 09; Zur Formenkunde d. Kirche 12; Dionyſiſche Tragödien 13; Die Kriſis d. Europ. Kultur 17; Deutſchl. u. Europa 18; Europ. Zeitged. 19; D. Deutſche Lehre 19; Baldurs Tod, Dr. 19; Das Kind Aion, E. 19; Mythen I—III, V—X, E. 19/20; Aufruf an Einen 19; Aufruf z. Heil. Kriege d. Lebendigen 20; Europa 20; Einführung in Nietzſche 20; Aus dem Chaos zur Gemeinſchaft 21; Rede an die deutſche Jugend 22; Das Geheimnis 22; Die Erlöſerinnen 22; Orplid 23.

Panoff, T., Wiſſenſch., D., Prof. Neuchâtel 3, Maladière.

Panter, Peter, ſ. Tucholsky, Kurt.

Panzer, Friedr., german. Ψ, 𝔐, Dr. phil., o. UP., GRegR., Mithrsg. d. „Zeitſchr. f. Deutſchkunde." Heidelberg, Neuenh. Landſtr. 12. (Aſch 4|9 70.) **V:** Meiſter Rumslands Leben u. Dichten 93; Lohengrinſtudien 94; Bibliogr. zu Wolfram v. Eſchenbach 97; Hilde-Gudrun 01; D. altdtſch. Volksepos 03; Dtſch. Heldenſage im Breisgau 04; Märchen, Sage u. Dichtg. 05; Stud. z. german. Sagengeſch.: I. Beowulf 10, II. Sigfrid 12; Volkslied d. Gegenw., Rekt.-Rede 12; Von dtſch. Erziehg. 12 (m. J. G. Sprengel); Deutſchkunde als Mittelpkt. deutſch. Erziehg. 22. **H:** D. Kinder- u. Hausmärch. d. Br. Grimm in ihrer Urgeſtalt 13 II; Scheffels Werke 19 IV; Dtſch. Forſchungen (m. J. Peterſen) 21 ff.; Meier Helmbrecht v. Wernher dem Gartenaere 02, 3. A. 11; Merlin u. Seifrid de Ardemont v. Abrecht v. Scharfenberg 02; Innocens v. F. v. Saar 10; Scheffels Werke 19 IV.

Pape, Claire, ſ. Mainzer, Claire.

Papke, Frl. Käthe, hiſt. u. gegenwärt. Roman. Wernigerode, Harz, Tiergartenſtr. 3. (Cleveland, Ohio, U.S.A. 4|7 72.) **V:** Hilligenleifinder 10, 16. A.; Rötteln 12, 18. A.; Kampf u. d. W. 13, 13. A.; Um ſein Glück 14, 12. A.; Wettergaſſe 16, 12. A.; Gundermann 19, 10. A.; Forſthaus 20, 8. A.; Sonnenſehnſucht 21, 3. A.; Exzelſior, R.

Pappritz, Frl. Anna, Rom, /. Berlin-Steglitz, Mommſenſtr. 23. (Radach 9|5 61.) **V:** Aus d. Bergen Tirols, N. 94, 2. A. 94; Vorurteile, R. 94 II, 2. A. 97; Wahrheit, N. 97; E. Enterbter, R. 99; Die Welt, von der man nicht ſpricht, 1.—3. A. 07.

Pappritz, Rich., Reiſebeſchr., Populär. Wiſſenſch., Dr. phil., GP. Naumburg a. S., Bürgergartenpromenade 4c. (Radach 17|8 67.) **V:** Thurii, ſ. Entſtehg. u. Entwicklg. 90; Ulrich v. Hutten 93; Anleitg. z. Stud. d. klaſſ. Philologie u. Geſch. 97; Wandergn. durch Frankreich 98; Marius u. Sulla 99; Deutſch. Leſebuch f. Obertertia 04, 6. A. 12; Epaminondas u. ſeine Zeitgenoſſen 10; Frankreich u. die Franzoſen im 19. Jahrh.

Paquet, Alfons, SDS., ✠, ●, Nov., ▣, Dr. phil. Frankfurt a. M. (Wiesbaden 26|1 81.) **V:** Lieder u. Geſänge 02; Auf Erden, G. 06, 2. A. 08; Anatolien u. ſeine deutſchen Bahnen 06; Das Ausſtellungsproblem in der Volkswirtſchaft 08; Südſibirien u. die Nordweſt-Mongolei 09; Aſiatiſche Reibungen 10; Held Namenlos 11; Kamerad Fleming 11; Li od. Im neuen Oſten 12, 2. A. 13; Limo, d. große beſtändige Diener, Dr. 13; Erzählungen an Bord 14; Der Sendling 14; In Paläſtina 15; Nach Oſten! 15; Der Kaiſergedanke 15; Die jüd. Kolonien 15; Im kommuniſt. Rußland 19; D. Geiſt d. ruſſ. Revolution 19; D.

Rhein als Schicksal 20; D. Prophezeiungen, R. 22; Delphische Wanderung 22; Fahnen, Dr. 22; D. Botschaft des Rheins 22; Rom oder Moskau 23; D. Rhein, eine Reise 23; Drei Balladen 23. H: Ku-Hung-Ming, Chinas Verteidigg. geg. europäische Ideen 11; Jahrb. d. Deutschen Werkbundes 12; Aus deutschen Kriegsgefangenenlagern 16; Gildensozialismus 21; D Aufzeichnungen d. Quäkers J. Woolman 23; Kvijewski: Rußlands Kritik an Europa 23.

Paracelsus, s. Bock, Ida.

Paratus, Victor, s. Gast, Emil.

Paris, Alfred, Kultur- u. Naturwiss. Frankfurt a. M., Hochstr. 7. (Schleusingen $^{3}|_{9}$ 62.)

Paris, Richard (Ps. Carolin Justus), ❦, ◯, Roman. Weimar. (Königsee, Thür. $^{19}|_{11}$ 49.) B: Um einen Kreuzer, R.; Bühnenw.: König Tabor, Grisson, Ahasver I u. II; Libretti: Der Rodensteiner, Prinz mauvais sujet u. a.

Paris, Frau Therese (Ps. Carola Justus), DB., SDS., ◯, Rom., Nov. Weimar. (Waldmünchen, Oberpfalz $^{17}|_{11}$ 68.) B: D. rote Handschuh; Kulturland; Der Schneider v. Ulm, Tragikom.; Es liegt eine Krone, Zeitbild; Meine Frau die Ilsebill (m. Musik v. Karl Goepfart), Msp.; Zahlr. dram. Jugendschriften.

Pariser, Frau Erna (Ps. Erna Ludwig), ❦. München, Grillparzerstr. 51. B: Gedichte 07; Leda, Sch. 15.

Partout, Alex., s. Flachs, Ad.

Pascendi, s. Saenger, Otto Maria.

Pasch, Kurt, ❦, ♛, ∴, ⚔, ▤, Dr. phil., UP. Washington, D. C. Krefeld, Rhld., Oberstr. 39. (Düsseldorf $^{16}|_{11}$ 94.) B: Blaue Blumen, G. 19; Größenwahn, Anmaßung, Stümpertum 20; Die verschrobene Jungfrau, Parod. 20; Kommunale Presseämter 20.

Paschelke, Max, ❦, /, Rom., Nov. Charlottenburg 4, Fritschestr. 43. (Berlin $^{10}|_{8}$ 92.) B: Gertrud Radloff, R. 14; Auf Leben u. Tod, N. 14; Aus den Briefen einer Dirne, R. 21; Die Embenade, E. 23.

Pasig, Paul (Ps. Rich. Felsenegg, Theo Philander, Dr. Lips), ASB., Kultur- u. Lit.♛, /, ❦, Schriftleiter von „Welt und Haus", Oberlehrer a. D. Leipzig, Moltkestr. 25 I. (ebda $^{27}|_{8}$ 52.) B: Aus der Jugendzeit 79; Luthers Trostschriften 83; Herzensklänge 85; Am Nil 88; Der große Kaiser als Mensch 97; O. v. Bismarck als Christ, 2. A. 19; Das evang. Kirchenjahr 99; Ilmenaus klass. Stätten 00; Goethe u. Ilmenau, 1. u. 2. A. 02; Abriß d. Staats- u. Rechtskunde 07, 7. A. 21; dass., Ausg. B, f. höh. Bildungsstufen 12, 3. A. 15; Ilmenau, Goethe u. Corona Schröter, 3. A. 11; Fürst O. v. Bismarck 16; u. a.

Pasquino, s. Kaibel, Franz.

Passehl, Otto (Ps. Otfried Marck), ASB., Politik, Wirtschaft, Lit., k. Landrat, Hrsg. d. Zeitschr. „Der Lotse". Hohenkrug, Kr. Greifenhagen, Prov. Pommern. (Greifswald $^{5}|_{7}$ 74.)

Passini, Grete, s. Urbanitzky, G. v.

Pastor, Willy, Kult.♛. Berlin-Wilmersdorf, Gasteiner Str. 4/5. (Burtscheid $^{22}|_{9}$ 67.) B: Lebensgesch. d. Erde 03; Die Erde in der Zeit der Menschen 04; Der Zug vom Norden 06; Aus germanisch. Vorzeit 07, 2. A. 13; Altgerman. Monumentalkunst 10; Die Geburt der Musik 10; Die Kunst d. Wälder 12; Albr. Dürer 16; M. Klinger 17; Theoderich 20; Grünwald 21; D. Leben Albrecht Dürers 23.

Pataky, C. F. v., s. Fehérpataky, C. v.

Paetel, Erich (Ps. Erich Herrmann), Roman, Essays, ⚔, ◯, Dir. d. „Neuen Shakespeare-Bühne". Berlin-Friedenau, Isoldestr. 5 I. (ebda $^{30}|_{6}$ 75.) B: Ein Recht auf Liebe, R. 96; Irrlicht, Dr. 00; Die rechtl. Stellung des Zwischenzessionar 07; § 50 R.St.G.B. 08; Der Zufall bei Shakespeare 12; Matkowsky als Shakespearedarsteller 15; Von d. Pyramiden zur Jungfrau 15; Anonyma, N. 23; Späte Liebe, N. 23. H: Neue Shakespeare-Bühne 03ff.; Dramaturg. Plauder. 09ff.

Patzak, Bernh, ◯, Dr. phil., Prof., UDoz. Breslau IX, Schwenckfeldstr. 6 II. (Liegnitz $^{21}|_{8}$ 73.) B: F. Hebbels Epigramme 02; Die Renaissance- u. Barockvilla in Italien: I. Palast u. Villa in Toskana 12 f. II; III. Die Villa Imperiale in Pesaro 08; D. Breslauer Jesuitenbauten u. ihre Architekten 18; Führer zur Kunst u Kultur der Heimat: Bd. I. Die Grafschaft Glatz, Teil 1. Kreis Habelschwerdt 21. ( )

Pauer, Ign. (Ps. Ahasver, P. v. Waldegg), DÖSchG., VB., ◯, ❦, /, Privatbeamt. Wien III, Rochusg. 10. (Waldegg $^{27}|_{6}$ 59.) B: Kreda, Lsp. 86; Logische Konsequenzen, Sch. 91; D. Hosen des Vaters, Hum., 2. A. 92; Heitere Abende 95; Spottvögel 06; Das neue Mädchen, P.; Fritz u. Flora, P. ( )

Paul, Adalbert, ASB., ❦, /, ⚔, Dr. jur., kgl. rumän. Landesgerichtsrat. Radautz, Bukowina, Neubauergasse 5. (Kolmea $^{3}|_{10}$ 86.)

Paul, Adolf, DB., SDS., Verband d. Berliner Theaterkritiker, ◯, Roman. Berlin W, Joachimsthalerstr. 11. (Bromö in Schweden $^{6}|_{1}$ 63.) B (seit 00):

Harpagos, Sch. 00 u. 03; Heroische Komödien (David u. Goliath, D. Fall Voltaire, Der Tiger), 3 Einakter 02; Die Doppelgängerkomödie 03; D. Madonna mit d. Rosenbusch, R. 03; Die Teufelskirche, Kom. 05; Hille Bobbe, Kom. 06; Lohndiener, Kom. 06; Oedipus i. Norden u. a. Nn. 07; Heroische Komödien II. (Der Klingelbeutel; St. Helena) 07; Der Triumph d. Pompadour, Kom. 08; Wie die Sünde in die Welt kam, dramat. Legende 09; De veer Uhlen, Nord-OstseeR. 09; Blauer Dunst, Kom. 09; Unverkäuflich, Kom. 10; Die Sprache der Vögel, Kom. 11; Drohnen, Kom. 12; Dornröschen, R. 12; Strindberg-Erinnerungen u. -Briefe 15; Wenn die Kosacken kommen, N. 15; D. Tänzerin Barbarina, R. 15, 30. A. 21; Exzellenz Unterrock, R. 15, 15. A. 20; Stille Teilhaber, R. 16; Lola Montez, Kom. 17; Der bewußte Jemand, Kom. 18; Das heilige Donnerwetter, R. 19; Aus der Chronik des schwarzen Ferkels, Erz. 21; Von Rechts wegen, Kom. 22.

Paul, Albert, ◯, Kgl. sächs. Hofschauspieler a. D., s. Z. Vize-Präs. d. Genossenschaft Deutsch. Bühnen-Angehör. Charlottenburg, Knesebeckstr. 72. (Berlin $^{2}|_{2}$ 59.) V: Auf Triburg u. Rodek, Sch.; Alte Geschichten, Sch.; Tante Regine, Lsp.; In unsern Kreisen, Lsp.; Russisch, Lsp.; Die neue Zeit, Lsp.; Ein Königsmärchen, Sch.; Im Bergwaldfrieden, Sch.; Auf Wanderwegen, Erinnerungen.

Paul, B., s. Brunner, Armin.

Paul, Carl, s. Pawel, Carl.

Paul, Ernst, s. Volger, Paul.

Paul, Friedrich, DÖSchG., ◯, Obermagistratsrat. Wien XIII, Hütteldorf, Hüttelbergstr. 7a. (ebda $^{13}|_{2}$ 73.) V: 14 Bühnendichtungen; Rosen im Schnee, Kom. 23. *

Paul, Herm. Carl, s. Tauscher, Herm.

Paul, Theodor, s. Voigt, Paul.

Pauli, Gustav, Kunst♛, Dr phil., Dir. d. Kunsthalle. Hamburg, Adolphstr. 50. (Bremen $^{2}|_{2}$ 66.) V: Venedig 98 (engl. 04), 4. A. 13; D. Renaissancebauten Bremens 91; D. Rathaus zu Bremen 98; H. Seb. Beham, krit. Verz. 01, Nachtr. 11; Gainsborough 04, 2. A. 09; Inkunabeln d. deutsch. u. niederl. Radierg. 08; Barthel Beham, krit. Verz. 11; Ph. O. Runge i. Spiegel uns. Zeit 16; P. Modersohn 19. H: Liebermann (Klass. d. Kunst) 11; Ph. O. Runges Zeichnungen 16; Zeichnungen alt. Meist. a. d. Kunsthalle 14—17 III; Paula Modersohn 19.

Paulick, Frau Margarete (Ps. Hans Lorenz), DV. Hamburg, Winterhuderweg 14. MitV: Wo d. Schwalben nisten, Vst.; D. Jugendpächter, Lsp.; D. tanzende Herz, Optte.; Strumpfband d. Herzogin, Optte.

Paulick, Max, DV. Hamburg, Winterhuderweg 14. (Coswig i. Anh. $^{5}|_{8}$ 62.) MitV: Junker Krafft, Lsp.; Sturm i. Wasserglase, Lsp.; Paul u. Pauline, Schw.

Paulk, E. G. (Ps. Paul Kemski), ◯, Roman, Erz., ♯, ∴. Hattenheim i. Rhg. (Königsberg i. Pr. $^{3}|_{1}$ 80.) V: Höchste Lebenskraft 05; Neue Wissenschaften 09; Manneslehre 17, 19; An den Quellen des Lebens 17; Über psychokratische Lebenskunst 18; Raucht Sauerstoff 18/19. H: Der Psychokrat 21; Psychoenergetik u. Psychokratie 22.

Pauls, Eilhard Erich, Roman, Prof. Lübeck, Schulstr. 1a. (Großsalze $^{24}|_{8}$ 77.) V: Vom Leid, Nn. 09; Blücher, Lebensbild 09; D. Freiheit Hauch, R. 10; Frau Christel, N. 11; Napoleon, Lebensbild 11; Kai Friedrich, R. 12; Belle-Alliance, Schilderung 12; Fries. Novellen 14 III; Hüter Israels, Nn. 15; Jan Jites Wanderbuch, R. 16; Meerumschlungen, Nn. 17; Brandung, Nn. 18; D. Heidewanderer, Nn. 19; Kleinstadt, Nn. 20; Wolfshof R. 20; Sassische Sage, Nn. 21; D. Gang nach Canossa, Nn. 22. H: Von Kindes Sonne u. Segen 24.

Paulsen, Rudolf, ♥, ∴, /, Nov. Berlin-Steglitz, Fichtestr. 31. (Berlin $^{18}|_{3}$ 83.) V: Töne d. still. Erinnerg. u. d. Leidenschaft zum Kommenden, G. 10; Gespräche d. Lebens, G. 11; Totensonette (für R. W.) 11; Lieder aus Licht u. Liebe, G. 12; Otto zur Linde 12; Christus u. d. Wanderer, Dchtg. 20; Ewige Wiederkunft des Gleichen oder Aufwärtsentwickelung? 21; Im Schnee der Zeit, G. 22; Und wieder geh ich unruhvoll, G. 22.

Paulsen, Wilhelm, Feuill.-Skizzen, satir.-polit. Sonntagsplaud., Reisebriefe, ♥, Kgl. Eisenb.-Betr.-Sekr. a. D. Hamburg 23, von Essen-Str. 8 II. (Kopenhagen $^{15}|_{7}$ 56.)

Pauly, A., s. Kirstein, Paul A.

Paumgartten, Karl, s. Huffnagl-Paumgartten.

Paura, A. v. der, s. Groner, Auguste.

Paust, Frau Clara, DSch., Roman. Leipzig, Burgstr. 2. (Chemnitz $^{22}|_{9}$ 74.) V: Marie Schuberts Kampfjahre, R., 4. A. 12; Die kleine Clauß, R., 5. A. 18; Schattentrude, R., 4. A. 20; Frau Adele u. ihre Nichte, R. 21. *

Pawel, Carl (Ps. Carl Paul), (k.), ◯, Skizze. Hellbrunn b. Salzburg. (Brünn $^{3}|_{1}$ 77.) V: Das Leben, Skn. 01; Gedachtes, Aphorism. 06; Spott, desgl. 07; Das nackte Mädchen, Einakter-Zyklus 23.

Pawlecki, Johs. (Ps. Hans v. d. Osten), ♥, ♣, Lehrer. Hamburg 20, Martini-

str. 8. (Schönlanke i. Pos. $^{22}|_{2}$ 64.) **B:** Ewiger Frühling 89; Ein Lehrerleben 93; Dichterstimmen aus der deutsch. Lehrerwelt 92, 4. A. 02; Russ. Ostern 92; D. Gedächtnis 92; D. Bedeutg. d. Lehrerstandes f. die Kultur 96; Martin Gasreck, Lose Blätter 97, 2. A. 08; Auf den Weg des Lebens, G. 97; Sprachfehler 01; Dichter von heute 05. ()

Payer v. Thurn, Rud., Lit.♛, Dr. phil., Dir. d. ehem. Habsburg-Lothring. Fam.-Fideikommiß-Bibl., UnivDoz., Red. der „Chron. d. Wien. Goethe-Vereins". Wien IV/2, Prinz-Eugen-Str. 56. (Gr.-Becskerek $^{27}|_{9}$ 67.) **B:** Grillparzers Ahnen 15; Doktor Faust, N. 19; Joseph II. als Theaterdir. 20. **H:** Wiener Haupt- u. Staatsaktionen I 08, II 10; Der allegorische Faust v. Paul Weidmann 11; Grillparzers Werke, Ausg. v. A. Sauer, III 6: Aktenstücke 1813—1856 15.

Paysen Petersen, Georg, Lehrer a. D. Hamburg 20, Ericastr. 141 I. (Rendsburg $^{1}|_{12}$ 52.) **B:** Reinhart Rotfuchs 92, 3. A. 05; Gesch. a. d. Heimatstadt, N. 93; Mütterchen, erzähl uns was! 94, 3. A. 17; Till Eulensp. lustg. Streiche 96, 29. A. 20; Fürs dtsche. Haus, M. 96; Kiekinnewelt, plattd. Familienb. 04; Beowulf, d. ält. dtsch. Heldengeb. 05; Onkel Toms Hütte 06, 8. A. 20; Wahrhaftg. Gesch. d. Schildbürger, 2. A. 07; Lustg. Streiche d. 7 Schwaben, 2. A. 08; Kapitän Kiene 09, 2. A. 14. ()

Pazaurek, Gust. E., Kunst♛, Dr. phil., Prof., Dir. d. Württ. Landesgewerbemuseums. Stuttgart. (Prag $^{21}|_{5}$ 65.) **B:** C. Screta 89; Kunstschmiedearbeiten 94; Gesch. d. Nordböhm. Gewerbemuseums 98; Ausgew. Sammlungsobjekte 98, 2. Folge 05; Graf F. A. Sporck 00; Mod. Gläser 01; Die Gläsersammlung d. Nordböhm. Gew.-Mus. 02; Keramik 05; Mitteil. d. Nordböhm. Gew.-Mus. 92/05; Symmetrie u. Gleichgewicht 06; Biedermeierwünsche 08; Geschmacksverirrgn. 09; Dreierlei Rokoko 09; Schrezheimer Fayencen 09; Vereinskunst 09; Guter u. schlechter Geschmack 11; Schwäb. Goldschmiedearbeiten 12; Museumsführer 13; Patriotismus, Kunst und Kunsthandwerk 14; Schönheitswert der Postmarken 19; Württ. Glas- u. Edelsteinschneider 20; Gläser der Empire- u. Biedermeierzeit 23; L. Duttenhofer 23; u. a.

Pechel, Rudolf, BV., RV., Deutsche Liter., Kunst♛, Staatswiss., Dr. phil., Hrsg. d. „Deutschen Rundschau". Berlin-Dahlem, Parkstr. 3. (Güstrow $^{30}|_{10}$ 82.) **H:** Ch. Wernickes Epigramme 09; Goethes Werke (Bong & Co.); Biographie von C. M. v. Weber 12. **B:** Rokoko (m. F. Poppenberg) 13.

Peerz, Rudolf, Pädagogische Belletristik, Prof. Mies, Böhmen. (Budapest $^{6}|_{1}$ 71.) **B:** Talaufwärts von Schule zu Schule, 3. A. 10; Kreuz und quer von Schule zu Schule, 2. A. 11. *

Pego, Frl. Marie, ASV., Rom., Skizze, ☙. Dresden-A., Tischerstr. 5 I. (Hamburg $^{7}|_{1}$ 82.) **B:** Und du sollst ein Segen sein, R. 05, 2. A. 08; Die reines Herzens sind, R. 10; Leidensgewinn, G. 10; Lea Hardtmuth, R. 14. ()

Peine, Theodor (Rolf Rolffsen), Rom., ☙, Bankbeamter. Bremerhaven, Langestr. 113. (Dortmund $^{4}|_{6}$ 92.) **B:** Der Moralpastor 22. *

Peiser, Curt, Lit. Ges. „Osten", ☙, /, Kaufmann. Breslau, Gabitzstr. 178. ($^{6}|_{10}$ 77.) **B:** Tage u. Nächte 09.

Pelka, Georg, VJ. & SV., Politik, /, Chefred. Berlin-Steglitz, Peschkestr. 17. (Berlin $^{6}|_{8}$ 78.) ()

Pelka, Otto, Christl. Archäologie, mod. Kunstgewerbe, Dr. phil. Leipzig-Oetzsch, Hauptstr. 29 (Berlin $^{3}|_{2}$ 75.)

Peltzer, Karl, SDS., Dramaturg, Journalist, Schauspiel- u. Bücherkritik. Köln, Magnusstr. 5. **B:** Kein Ich, kein Du, Lyrik; George, R.; Haugatyr, Essays; Das richtende Volk, Dr.; Kunalas Opfergang, ind. Legendensp.; Die Friedlosen, Sch. **H:** Der deutsche Film 23. *

Pelzel, Edle von Staffalo, Frau Henriette, geb. Schrott, (k.), Roman. Meran u. Zirl b. Innsbruck. (Innsbruck $^{24}|_{1}$ 77.) **B:** Jakob Brunner, R. 10; Die letzten Edelsbacher u. a. Nov. 11; Klaudi Geiser, R. 12; Dr. Urthaler, R.; Vom Hochquell ins Tieftal, Rn.; Peter Andersag 21. ()

Pembaur, Josef, Genossensch. deutscher Tonsetzer, Bund konzertierender Künstler Münchens e. V., Musik, Prof. a. d. staatl. Akademie d. Tonkunst. München, Ohmstr. 13. (Innsbruck, Tirol $^{20}|_{4}$ 75.) **B:** Von der Poesie des Klavierspiels 10, 6. A. 19; Drei Marienlieder 11; Beethovens Sonaten 15. *

Penck, Albr. ●, ⌂, ⚓, Dr. phil., Dr. of sci, o. UP., GRegR. Berlin W 15, Knesebeckstr. 48. (Leipzig $^{25}|_{9}$ 58.)

Penzig, Rudolf, ⁂, /, ☙, ☙, Dr. phil., Stadtrat a. D., Red. Berlin W 15, Uhlandstr. 174. (Samitz $^{30}|_{1}$ 55.) **B:** Ernste Antworten auf Kinderfragen 97, 5. A. 20; Pioniere d. sittl. Fortschritts 02; Z. Kulturkampf um die Schule 04; Massenstreik u. Ethik 05; Laienpredigten von neuem Menschentum 05; Ohne Kirche 07; D. Harmonie zw. Religions- u. Moralunterricht 13; Was ethische Kultur nach d. Kriege soll 15; Der Religionsunterricht einst, jetzt u. künftig 16; Freimaurerlehrbuch 19; Erziehungsbriefe an

e. Sozialistin 22; Die Religionsstunde unsrer Enkelkinder 22; Religionskunde u. Lebenskunde in der weltlichen Schule 23; u. a.

Perfall, Karl Frhr. v., Rom., Kunstkrit., /. Gierenfeld b. Schönenberg, Bez. Köln. (Landsberg a. L. $^{24}|_{3}$ 51.) B (seit 00): Königsliebchen 01; S. Recht 05; D. schöne Wahn, 5. A. 05; Loras Sommerfrische 02; D. Treulosen 03; Frau Sensburg 04; Bittersüß 05; Um die Familie, R. 06; D. Ehering, R. 07; Ritter u. Damen, R. 08; Vaterschaft, R. 09; Hörner trägt der Ziegenbock, R. 10; D. neue König, R. 12; Seine erste Frau, R. 13; Weibfremd, R. 14; D. Weg d. Witwers, R. 16; D. Schicksal d. Agathe Rottenau, R. 16; Wendezeit, R. 17, 5. A.; Der kluge Pitter, R. 18, 9. A.; Wellermanns Ehenot, R. 19, 5. A.; Die Schule des Gefühls, R. 20, 3. A.; Der Spielgefährte, Rn. 21. ()

Perkonig, Josef Friedrich, Roman, O, Nov. Klagenfurt in Kärnten, Paradeisergasse 3. (Ferlach in Kärnten $^{3}|_{8}$ 90.) B: Die stillen Königreiche, R. 17; Maria am Rain, R. 19; Trio in Toskana, R. 20; Heimsuchung, Dr. 20; Heimat in Not, R. 21; Komödie, Erz. 23; Siebenruh, R. 23.

Perl, C., s. Thulcke, Margarethe.

Perl, Frau Marianne, ❦, Nov., Skizzen. Berlin W, Tiergartenstr. 21a. (ebda.) B: Gedichte 12.

Perles, Felix, sem. Ψ u. †, Dr. phil., Rabbiner. Königsberg i. Pr., H. Vorstadt 42|43. ($^{18}|_{3}$ 74.) B: Jüdische Skizzen 12, 2. A. 20; u. a.

Perlmann, Emil, Theater, Zirkus, Variété u. Sport, Chefred. d. „Artist" u. d. „Kinematograph", Red. d. „Düsseldorfer Theater-Woche". Düsseldorf, Hüttenstr. 38. (Berlin $^{9}|_{4}$ 66.) B: D. Kulturwert des Kinematograph. 09; Der Kino als modernes Volkstheater 12. H: Soldatenbücher I—IV 14f. ()

Perutz, Leo, Histor. u. phant. Roman. Wien IX, Porzellang. 37. (Prag, Nov. 84.) B: Die dritte Kugel 15; Zwischen neun u. neun 18; Der Marquis de Bolibar 20; Das Gasthaus z. Kartätsche 20; Geburt d. Antichrist 21; Der Meister des jüngsten Tages 23.

Peschkau, Emil, BP., ❦, O, /, Rom., Naturw., Kritik. Berlin-Lichterfelde, Dahlemer Str. 73. (Wien $^{19}|_{2}$ 56.)

Peschke, Julius (Ps. Janus Sylvestris u. a.), DB., /, O, Humor., Nov., Jagd. Rabensburg, N.-Österr. (Buchbergsthal, Schles. $^{13}|_{8}$ 65.) B: D. zerschossene Birkhahnfeder, Krim.-N. 09; Drei Mörder, P. 10; Die weißen Mäuse, Lsp. 11; Der Fall Mariette, Schw. 12; Er hat zu wenig Feuer, Lsp.; Unter Verbrechern, Lsp. 13; Der Weiberfeind, N. 15. ()

Pesendorfer, Friedr. Jos., (k.), /, ❦, O, Reiselit., Domkapitular, päpstl. Kämmerer, Monsignore, Red. Linz a. D. (Gmunden $^{9}|_{3}$ 67.) B: D. Inschriftendichter 05; Constantinopel, Reise-Skn. 06; Auf d. Welterlösers Pfaden 10; Alpenblumen aus Tirol 10; Grüß Gott, G. 11, 2. A. 12; Mein Spruchbüchlein 12; Nach London 12; E. Frühlingsausflug nach Nordafrika 13; D. Rose von Magdalon 14; Österreich im Weltkrieg 14, 2. A. 15; Kriegsbilder 14, 2. A. 15; A lustigö Eicht, mundartl. Ged. 19; Waldvögerlgsang, desgl. 20; Rosmunda, die Gralkönigin, Sch., 2. A. 22; Mysterienspiel vom Leiden Christi 22; Mysterienspiel von der Geburt des Herrn 23; Humoristische Gedichte: Sammlung Ulk, Zick Zack, Schnick Schnack, Tick Tack, Tripp Trapp, Klipp Klapp (Ps. Fritz Ulk) 20—22; Schwänke; u. v. a.

Pestalozza, Karl Maria August Graf v., P, ∴, ObStudDir. Berlin SW 68, Kochstr. 66. (München $^{18}|_{7}$ 76.)

Pestalozzi, Heinrich, Komponist u. Gesangslehrer in Zürich. (geb. 78.) B: Gedichte, 2 Bde.; Kinderlieder, 3 Bde.; 100 Lieder; zahlreiche Kompositionen.

Pester, Georg, Heimatspiele, Drama, Volksschullehrer. Matschdorf, Bez. Frankfurt a. O. (Drossen, Kr. West-Sternberg $^{18}|_{10}$ 85.) B: Die Gründung Matschdorfs, Heimatsp. 20; Kind in Not, Dr. 21; Der Einfall der Polen in das Land Sternberg 1324, Heimatsp. 21; Das Goldstück, Dr. 22.

Peteani, Frau Maria. Linz a. D., Mozartstr. 26. (Prag $^{2}|_{8}$ 93.) B: Das Glück der Hanne Seebach, R. 20; Die Liebesleiter, R. 21, 4.—12. T. 22.

Peter, Frl. Eva Hermine (Ps. Hero Max), ASV., ❦, Skizzen, O. Freiburg i. B., Schwimmbadstr 20 I. (Meiningen $^{26}|_{2}$ 63.) B: Das Buch Eros, G. 95; Um Mitternacht, n. D. 00; Maja, E. 06; Szene im Kloster, dramat. Sk. 08, Nächstenliebe, Einakt. 08; Die Seligkeit d. Einsamen, metaphys. Gespräche 08; Legende vom Christkind, M. 20; Mona Lisa Gioconda, Rn. 20; Der Gott, Dr. 20.

Peter, Joh., Oberlehrer. Haida, Nordböhmen. (Buchwald $^{23}|_{2}$ 58.) B: Der Poet im Dorfschulhause; Mittel u. Wege d. Erziehg.; Waldmeister u. Enzian; Gesch. a. d. Böhmerwalde; Es war im Böhmerwald!; Granit u. Gneis; Volks- u. Sittenbilder aus dem nied.-österr. Weinlande; Schnurren u. Schwänke a. d. Böhmerwald 13; Tanne und Rebe, 2. A.; Im tiefen Keller; D. Schelm a. d. Böhmerwalde; D. Richterbub, ein Heimatbuch

aus eigener Jugend 14, 4. A.; Helden aus d. Volke 16; Volksedlinge 17; Im deutschen Urwald 18; u. a.

Peters, Hans, s. Braunschild, Alex.

Peters, Ulrich, Pädagogik, Dr. phil., Oberlehrer. Neurahlstedt b. Hamburg, Lessingstr. 4. (Langenhanshagen i. Pommern $^{12}|_{7}$ 78.) V: Charakteristik der inneren Kirchenpolitik Barbarossas 09; Die äußere Kirchenpolitik Friedrich Barbarossas bis zum Tode Rainalds von Dassel 10; Franz von Assisi 12; Lehrplanentwurf für das deutsche Gymnasium 22; Kulturkundlicher Teil; Die soziologische Bedingtheit der Schule 22. H: Hamburger Lesebuch (m. Prof. Dr. Karl Lohmeyer) 22—24, IV.; Vergleichende Zeittafeln zur deutschen Geschichte (m. Dr. Paul Wetzel) 23; Diesterwegs deutschkundliche Schülerhefte und Unterrichtsbeispiele (m. Dr. Paul Wetzel). *

Petersdorff, Herman v., ♛, Dr. phil., Archivrat. Berlin W50, Passauer Str. 13. (Stettin $^{16}|_{1}$ 64.)

Petersen, Albert, Belletristik, Postinspektor. Hamburg, Ohlendorffstr. 20. (Husum $^{24}|_{8}$ 83.) V: Ralves Carsten, R. 06; Die Warthos, R. 15; Die Halliggräfin, Erz.; D. Zauber v. St. Jürgen, R.; Hanne Jeysen, R.; Kumm inn Linnwullrock, Erz. 16—21; Arnold Amsinck, R. 20, 2. A. 22; Dronning, R. 20; D. Komödienbuer, R. 21; Karoline Mathilde, R. 22, 3. A. 23; Seecapitän Orla Wormskjold, Erz. 22.

Petersen, Carl Ernst Johann, neuere ♛, Dr. phil., PrivDoz. a. d. Univ. Kiel, Holtenauer Str. 125. ($^{5}|_{3}$ 85.) V: Über den Kurmärkischen Adel im 17. Jahrh. 11; Die Heldensagen d. germanischen Frühzeit (mit Friedrich Wolters) 21, 2. A. 22; Die Geschichte des Kreises Beeskow-Storkow 22; Das Schicksal d. Musik (mit Erich Wolff) 23. *

Petersen, Georg (Georg Julius Petersen), Romane. Hamburg, Schleusenstr. 25. (Husum $^{11}|_{3}$ 82.) V: An der Wende, R. 23. *

Petersen, Julius, Deutsche Ψ, Lit.♛, Dr. phil., o. UP. Berlin-Grunewald, Humboldtstr. 45. (Straßburg i. E. $^{5}|_{11}$ 78.) V: Schiller u. d. Bühne 04; D. Rittertum i. d. Darstellg. des Joh. Rothe 09; Literaturgesch. als Wissenschaft 14; Kommentar zu Lessings Hamb. Dramaturgie 16; D. dtsche. Nationaltheater 19; Die Entstehung d. Eckermannschen Gespräche u. ihre Glaubwürdigkeit 23. H: Schillers Werke (Säkularausg. Bd. 6 u. 16) 05; Goethes Briefe an Charlotte v. Stein 07 III, 3. A. 23, Auswahl 09; Lessings Werke (Gold. Klass.-Bibl.) 07f. III; Schillers Persönlichkeit II/III 08/09; Schillers Gespräche 10; Lessings Briefe 11; Heines Reisebilder (Insel-Ausg. Bd. 4) 12; Deutsche Forschungen (m. Friedr. Panzer) 21ff.; Jahrb. d. Kleist-Gesellschaft (m. G. Minde-Ponet) 22ff.; Weltrich, Schiller auf d. Flucht 23; Schillers Don Carlos (Welt-Bibliothek) 23.

Petersen, Peter, Gesch. d. ∴, ▮, Dr. phil., o.ö. UP. Jena, Grietgasse 17a. (Großenwiehe $^{26}|_{6}$ 84.) V: D. Philosophie Fr. Ad. Trendelenburgs, z. Gesch. d. Aristoteles i. 19. Jahrh. 13; Goethe u. Aristoteles 14; Allgem. Erziehungswissenschaft 24; u. a.

Petersen, Frau Thusnelda, geb. Kühl (Kühl-Petersen), Roman. Nortorf in Holst. (Kollmar i. Holst. $^{14}|_{8}$ 72.) V: D. Lehnsmann von Brösum 04; Um Ellwurth 04; D. Leute v. Effkebüll 05; Harro Harring 05; D. Haus im Grunde 06; D. Heimatlosen 06; Margaret Wendt, R. 07; D. Inseldoktor 08; D. junge Margarethe Haller 11; D. Töchter v. Friedrichsholm 12; Renate Westedt 15. ()

Peterson, Eugen, Red., Hrsg. d. „Deutschen Töchterzeitung" u. d. „Jungborn", Halbmonatsschr. f. Geistesbildg. u. Unterhaltung. Stuttgart, Gaisburgstr. 18. (Elbing $^{2}|_{2}$ 60.) V: Die Gepidentochter, Germ. Sch. 85; Essays über Kunst u. Lit.

Petersson, Erich (Ps. Peter Robinson), Nov., Humor, /. München 27, Kolberger Str. 13. (Danzig $^{19}|_{6}$ 76.) V: D. letzte Sarg 09; Doktor Eisenbart 14; D. drei Koffer 14; Die Hindenburgstraße 15; Falsche Taktik 16; Die Bergung der „City of London" 16; Ein merkwürdiger Gründer 17.

Petras, Bonifatia (Ps. M. Fels), Drama, Ursuline, Ob.-Lehr. am Lyzeum Liebenthal, Kr. Löwenberg, Schles., Ursulinenkloster. (Oppeln $^{23}|_{4}$ 74.) V: Maria Virgo, Sch. 06; Träumele, Sgsp. 13; Ketterlein, Sch. 14; Deutschlands Friede, Sgsp. 17; Isabella von Kastilien, Sch. 19; Der große Pan, R. 20.

Petras, Paul, VJ. & S., RP., ♛, Erz., Skizze, Dr. phil., Red., Archivar. Hamburg, Hasselbrookstr. 41. (Grünberg i. Schles. $^{10}|_{10}$ 60.)

Petsch, Robert, Lit.♛, Volkskde., Dr. phil., o. ö. UP. Hamburg, Mittelweg 45. (Berlin $^{4}|_{6}$ 75.) V: Neue Beiträge zur Kenntnis des Volksrätsels 99; Formelhafte Schlüsse im Volksmärchen 00; Über Ludwigs Makkabäer 02; Über Ibsens Brand 02; Vorlesgn. üb. Goethes Faust 03; Kleists Prinz von Homburg 03; Wagners Meistersinger 03; Freiheit u. Notwendigkeit in Schillers Dramen 05; Einführg. in Goethes Faust 10; Schiller u. der deutsche Idealismus 10; Deutsche Dramaturgie von Lessing bis Hebbel 12, 2. A. 21; The Development

of the German Drama in the nineteenth Century 13; Das deutsche Volksrätsel 16. H: O. Ludwigs Makkabäer 01; Hebbels Herodes und Marianne 02; Goethe- und Schillerstudien 05ff.; Chr. Weise, Masaniello 07; Theophilus (mittelniederd. Drama) 08; Lessings Briefwechsel m. Mendelssohn u. Nicolai üb. das Trauerspiel 10; Lessings Faustdichtung 11; Goethes Urfaust 11; Das Volksbuch von Doktor Faust 11; Schillers Werke, versch. Bde. der Neubearbeitg. der Bellermannschen Ausg. 15 ff.; Puppenspiel vom Dr. Faust (Simrock usw.) 23.

Petsch-Krapp, Frau Elsbet-Lotte (Ps. E. Petsch-Krapp), Hum. u. satir. Skn. Kassel, Kölnische Str. 170. (24/8 86.)

Petzet, Erich, Lit.♛, Germanistik, Dr. phil., Ob.-Bibl. a. D. München, Clemensstr. 38. (Breslau 8/8 70.) B: J. P. Uz 96; D. Heidelberger Titurel 03; P. Heyse als Dramatiker 04; Zentralisierung im Bibliothekswes. 06; Elternvereiniggn 08; Platen u. d. Romantik 11; C. W. L. Heyse u. s. Syst. d. Sprachwiss. (m. G. Herbig) 13; P. Heyse, e. dtsch. Lyriker 14; D. dtsch. Perg.-Hss. d. Staatsbibl. München 20; H: Platens dram. Nachlaß 02; Platens Tagebücher 05; Platens sämtl. Werke (m. Max Koch) 10 XII; Dt. Schrifttafeln des 9.—16. Jahrh. (m. O. Glauning) I 10, II 11, III 12; Seltenheiten aus süddeutsch. Bibliotheken (m. Freys u. Glauning) 12—15; Briefwechsel von J. Burckhardt u. P. Heyse 16; Briefwechsel von Geibel u. Heyse 22.

Petzet, Wolfgang, Gesellschafts♛, ✿, ◯, Dr. phil. Frankfurt a. M., Wasserweg 19 IV. (München 4/7 96.) B: D. Geist d. Paulskirche (m. O. E. Sutter) 23; Der Vorläufer, G. 23. •

Petzl-Basny, Walter, DB., Dr., Rechtsanwalt u. Komponist. München, Ohmstr. 22. (8/6 86.) B: Der kleine Salon, Optte. 14; Der Mädchenhändler, Optte. 21.

Petzold, Emil (Ps. E. Rosalba), DB., Drama, Roman, Red. d. Dresden-Pirnaer Tagebl. Niedersedlitz i. Sa., Villa Petzold. (Kirchberg i Sa. 10/2 53.) B: Sittl. Weltordnung, Sch.; Sommers Lieb, Sch. 03; Töchter d. Lindenmüllers, Sch.; Schwester Anna, Sch. 15; Hammerschmieds Käte, R.; Waldtraut v. Bünau, R.; Zwei Rosen, R. 21. ()

Petzold, Kurt, RP., /, ✎, ▤, Politik, Red. Breslau, Herrenstr. 24. (Zittau i. Sa. 11/8 79.) B: Elfriede, Traumsp. 14; Ist Oberschlesien deutsch oder polnisch? 19; Die oberschlesische Tragödie 22.

Petzoldt, Joseph, ∴, bes. naturwiss. Erkenntnistheorie, Dr. phil., Prof., StudR., THSchPrivDoz. Berlin. Spandau, Wröhmännerstr. 6. (Altenburg i. S.-A. 4/11 62.)

Peuckert, Will-Erich, DB., Dchtg., Volkskunde. Breslau IX, Fürstenstr. 32. (Töppendorf 11/8 91.) B: Passion, Dr. 19; D. brennende Nacht, G. 20; Apokalypse 1618, R. 21, 2. A. 23; Kleine Komödie, Dr. 21; Luntroß, R. 23. H: Schlesische Sagen 23; Rückertscher Frühling, Dtsche. u. nord. Volksballaden; D. lust. Lessing; Landfahrer.

Pfannenstiel, Alex., PA., VB., BP., BBJ., ✿, ✎, ●, /, Musikred. Berlin W 50, Nachodstr. 22/23. (ebda 5/7 61.) B: Die Erhaltung d. Militärkapellen — eine Kulturfrage 14.

Pfannmüller, Gustav, ✝, D. theol., Prof., Bibl. Darmstadt, Ohlystr. 69. (Dornheim i. Hess. 1/10 73.)

Pfau, Frau Elisabeth, geb. v. Otto (Ps. E. von Otto. E. Schirmer), Roman. Leipzig-Gautzsch, Oststr. 53. (ebda 26/7 62.) B: Tsarenbraut R. 11; System e. neuen Sozialreform 14; Gazelle 15; Um ihres Kindes Seele 23; Demetrius, Dr.; Wilson usw. MitH: Arndt 06—08; Lassalle, Heraklit; u. a.

Pfauenblau, Pankratius, s. Friedlaender, Robert.

Pfaundler von Hadermur, Hermann, ✿, Dr. jur., Hofrat, Vorstandstellvertreter der Amtlichen Nachrichtenstelle. Wien VIII, Piaristengasse 17, Sommer: Oetz in Tirol. (Innsbruck 12/12 82.) B: Meine Jugendgedichte, G. 09 I; Mein Himmele, neue Dchtgn. 11 I; Die Vergeltung, Sch. 11 I. •

Pfeifer, Hans, RP., /, ✿, Kritik, Ue: Ek, Red. d. illustr. Wochenschr. „Das Illustr. Blatt". Frankfurt a. M., Am Eschenheimer Tor 3. (ebda 13/6 81.) Ue: Diderot: Eine wahre Geschichte 20; Monnier: Naturgesch. d. Spießbürgers 20; Gobineau: Mademoiselle Irnois 21.

Pfeiffer, Albert, ✿, Nov., Roman, Drama, Essay, ♛, ∴, ✎, Musik, Soziologie, Sexualpsychologie. München, Kaiserstr. 57 II. (Bonn 30/6 81.) B: Aufsätze in Zeitgn. u. Zeitschriften.

Pfeiffer, Georg Philipp (Ps. Georg Alfredy, Dr. Verus, Dietmar Lauermann), ASB., ✿, /, Lit.♛, Kritik, ♛, Dr. phil. Darmstadt, Moosbergstr. 37. (ebda 19/12 87.) B: Gedichte 10; D. Lyrik der Annette v. Droste-Hülshoff 14; Die Kämpfe im Elsaß, Skn. 16; Flammenzeichen, N. 18; D. andere Ufer, R. 19; Am Elfenhügel, R. 21; Der Werwolf, R. 22; Das Haar der Berenike u. and. Novellen 23. H: Kriminalroman d. Wirklichkeit; Heliosbücher.

Pfeiffer, Maximilian (Max Joseph), AB., Lit., ♛, ✿, /, ☙, Dr. phil., a.o. Gesandter u. bevollmächtigter Minister, M. d. R. Wien, Metternich-Gasse 3. (Rheinzabern 31/12 75.) B: Amadisstudien 05; Bamberg, Führer durch d. Stadt 05; Beitr. z. Gesch. d. Säkularism. in Bamberg 06; Einzel-Formschnitte d. 15. Jahrh. i. d. K. Bibl. Bamberg I 09, II 11; Theaterelend 09; D. Besuch Kaiser Maximilians I. in Speyer 1494 12; Prinz Heinr. v. Bayern 17; Archivalisches Lustwäldlein, Priv. Druck 21; Kyrie eleison, hist. R. I 22, II/III 23. H: Mosaik 01; Literar. Warte 00/02.

Pfeiffer, Moritz, Länder u. Völker Ostasiens, Dr., Generaloberveterinär a. D. Köln-Mülheim, Lassallestr. 36. (Ensdorf b. Saarlouis 8/6 75.) B: Ein deutscher Reiterposten in Schantung 09; Die Welt des fernen Ostens 23. •

Pfeiffer-Belli, Wilhelm, Lit.♛, Dramaturgie, Dr. jur. et phil., Doz. a. d. Univ. Frankfurt a. M., Vogelweidstr. 21. (ebda 11/4 70.) B: Einige Bemerkgn. zur Aufführg. d. Meistersinger 99; Üb. Fouqués Undine 03; Dramaturg. Aufsätze 11. **Bühnenbearb:** Schillers Glocke 07. H: Katharina Elisabetha Goethe, Gedächtnisschr. 08; Das Puppenhaus (Jügel) 21.

Pfeill, Karl Gabriel, Essay, ✿, Schriftsteller. Neuß a. Rh., Sternstr. 78. (ebda 7/3 89.) H: Sammelbuch f. neue religiöse Kunst u. Dchtg.: Der weiße Reiter 20; Vom Licht bedacht, der Mund der Nacht 23. •

Pfemfert, Frau Alexandra Stera, geb. Ramm, Essays, Kritik, Frauenfrage, **Ue:** R. Berlin-Wilmersdorf, Nassauische Str. 17. (Starodub, Gouv. Tschernigow, Rußl. 31/12 84.) **Ue:** Mahomed Aischin, Die Freiheitsbewegung in d. Türkei 09; E. A. Nagrodskaja: D. Zorn d. Dionysos, R. 12, Die bronzene Tür 12, 2.—10. A. 19; Sawaty, D. Buch in Saffian, R. 1.—10. A. 18; A. Bodanow, D. Wissenschaft u. d. Arbeiterklasse 19, 10.—20. T. 20; N. Bucharin, D. Weltsystem d. Kommunismus 21. ()

Pfemfert, Franz (Pf. U. Gaday), /, ✿, Kritik, liter. Essay, Politik, Hrsg. u. Red. d. Wochenschr. „Die Aktion". Berlin-Wilmersdorf, Nassauische Str. 17. (Lötzen, Ostpreuß. 20/11 79.) H: Sammlg. „Aktions-Lyrik", Bd. I—X 16; Lit. Aktionsbücher, Bd. I—VI 16, VII—IX 19, X 21; Polit. Aktions-Bibl., Bd. I—III 15/16, IV—X 20; Sammlg. „Der rote Hahn", Bd. I—XXVIII 17, XXIX—XL 19, XLI—LII 20; D. Akt.-Buch 17; Ged.-Schr. f. R. Luxemburg u. K. Liebknecht 19; N. Lenin, Staat u. Revol. 20; K. Liebknechts Briefe a. d. Zuchthaus 20; K. Liebknechts pol. Nachlaß 21. B: Die dtsche. Sozialdemokratie b. Aug. 1914 17; (m. O. Rühle) Moskau u. wir 20; Sternnacht im All. ()

Pfennig, Richard, ⁂, Dr. phil., Ob.-Bibl. Berlin-Lichterfelde W, Roonstr. 24. (Zeißau 17/2 62.)

Pfister, Kurt, ☙, Kunstschriftsteller. München, Ainmillerstr. 34. (Ludwigshafen a. Rh. 16/1 95.) B: Rembrandt 20, 2. A. 23; Herkules Segers 20; Edwin Scharff (Junge Kunst, Bd. 10) 20; Rembrandts religiöse Legenden 20; Bruegel 20; Deutsche Graphiker d. Gegenwart 20; D. neue Staatsgalerie in München 21; D. junge Dürer 21, 2. A. 22; Holbein 21; Hans v. Marées 21; Die primitiven Holzschnitte 21; Die mittelalterliche Buchmalerei des Abendlandes 22; Jan van Eyck 22; Bruegels Handzeichnungen 22; Vincent van Gogh 23; Hieronymus Busch 23; Katakombenmalerei 23; Hugo van der Goes 23; Irische Buchmalerei 23; Leonardo da Vinci 23. H: Die Donaueschinger Holzschnittpassion 22; Teutscher Kalender von 1480 22; Der Ritter von Turn 22; Der Eunuch des Terenz 22; Die Augsburger Passion 23; Boccaccios Buch von den berühmten Frauen, Ulm 1473, 23; Die Blockbücher I. Antichrist, II. Defensorium immaculatae virginitatis 23.

Pfister, Rudolf, Architektur♛ u. Denkmalpflege, Dr., Bauamtmann a. Landbauamt München. München, Hiltensbergerstr. 53. (Freising 8/1 86.) B: Das Würzburger Wohnhaus im 16 Jahrh. mit einer Abhandlung über den sog. Juliusstil 15; Die fürstbischöfliche Residenz zu Würzburg, 2 Bde (m. Dr. Richard Sedlmaier) 23. •

Pfitzner, Hans, Dr. h. c., Prof. Unterschondorf a. Ammersee. (Moskau 5/5 69.) B: Vom musik. Drama 15; Futuristengefahr 17; D. neue Ästhetik d. musikalisch. Impotenz 20; Musikdramen: D. arme Heinrich, D. Rose vom Liebesgarten, Palestrina, D. Christelflein; Lieder; Von Deutscher Seele, romant. Kantate.

Pflug, Hans, SDS., RP., Schöne Lit., ✿, /, Nov., Rom., Kritik, Schriftstell. u. Journalist. Cadolzburg b. Fürth i. Bay., Haus 190. (Fürth 14/5 99.) B: Eines Lebens Sprache, G. 18; Singendes Blut, Neue Verse 19; Lo, Verse 20; Seine Auferstehung, R. 21.

Pflüger, Ernst, ✿, Volkskde. Hannover, Kriegerstr. 7. (14/7 71.) B: Heimat ist alles, G. 21.

Pflüger, Max, ♛, Prof., ObRealsch.-ObLehr. Delmenhorst i. Oldb., Bismarckstr. 15. (Bischweiler i. E. 12/10 74.)

Pfohl, Ferd., /, Prof., Musikkritik. d. „Hamb. Nachr." Hamburg, Beneckestr. 6. (Elbogen 12|10 63.)

Pfordten, Herm. Frhr. v. d., Musik♛, Dr. phil., a.o. UP. München, Bürkleinstr. 15. (ebda 6|7 57.) **V:** Wagners Bühnenwerke 93, 7. A. 19; Musikal. Ess. 97, n. F. 99; H. Vogl 00; Beethoven 07, 3. A. 19; Mozart 08, 2. A. 19; Schubert 16, 2. A. 20; Deutsche Musik 17, 2. A. 20; Weber 19; Schumann 20; Wagner. ()

Pförtner, Hans, ✝, Theater- u. Kunstkritik, Nov., ❦. München, Schönfeldstr. 32, I. (Henfenfeld, Mittelfr. 28|10 77.) **V:** Gedichte 04. ()

Pförtner, Wilh., s. Wauer, William.

Pfuhl, Ernst, Griech. Kunst, o. UP. Basel, Schönbeinstr. 42. (Charlottenburg 17|11 76.) **V:** De Atheniensium pompis sacris 00; Der archaische Friedhof am Stadtberge von Thera 03; Malerei u. Zeichnung der Griechen 22 III. ()

Pfuhl, Frau J. A., VV., Rom., Nov., Humor, Prof.-Gattin. Potsdam, Gr. Weinmeisterstr. 58. **V:** Die Bombe platzt, Schw. 05; Der Mut zum Leben, R. 07; Zwischen den Grenzen, R. 09; Zwischen zwei Feuern, R. 13. ()

Pharus, s. Huth, Otto v.

Philalethes, s. Kronenberg.

Philander, Theo, s. Pasig, Paul.

Philipp, Arno, PA., **Ue:** Port., Gymn.Prof., Oberstlt. d. Res., M. d. Abg.-H. Porto Alegre, Brasilien, Rua Hoffmann 43. (Zwickau 11|1 70.) **Ue:** A. d. Escragnolle Taunay, Innocencia, R.00, 2. A. 23.

Philipp, Ed. (Ps. P. v. Schönhorst, Cephi), PA., ❦, ⌂, Nov., Ph. D., Prof. of Ped., Hrsg. „Die Weltkultur" u. „Der Phönix", Direktor des Intern. Päd. Instituts. Leer, Ostfr. (Schönhorst 19|9 83.) **V:** Strandgut, N. 03; Liebe od. Pflicht? N. 05; Deutsche Auslandschule 05; Nur ihn! G. 06; Hab' immer das Meer so lieb gehabt, Erz. 06; Kinderchor 06; Liederhort 07; D. Chorgesang 08; Wünschet Jerusalem Glück, 2. A 18; Die Schule im Ausland 20; Pubertät u. Schule 20; Jugendpflege 21; Geistwissenschaft u. Schule 21; Ziele u. Wege 22; Sexualethik 23.

Philipp, Hugo Wolfgang, ❦, ⌂, Nov., Roman, Kritik, Essay. Adr.: Spitzbogenverlag, Berlin W 35. (Dortmund 2|2 83.) **V:** Die Welt im Blickpunkt, Versuch ein. Kosmosophie 21; Der Clown Gottes, Grot. Tr. 21; Der Sonnenmotor, phant. Nn. 21; Neueinteilung der Kunst, Ess. 21; D. glühende Einmaleins, Lsp. 22; Bocksprünge, Grotesken 23.

Philipp, Michel, Drama, Nov., Roman, Bahnbeamter. Hötting, Tirol, Sonnenstr. 10. (Wörth 10|10 76.) **V:** Wald, tirolische Mären aus der Zeit 10; ... u. keinen Eichenkranz, Nn. 12; Der fremde Gott, R. 14; Laurins Klage, Dr. 23.

Philippi, Friedr., gesch. Hilfswiss., Verfass.- u. Wirtschafts♛, Dr. phil., GArchR., ArchDir. a. D., Hon. UP. Münster i. W. (Elberfeld 14|7 53.)

Philippi, Fritz, SDS., ❦, Erz., Pfr. Wiesbaden. (ebda 5|1 69.) **V:** Aus der Stille, Lr. 01; Hasselbach und Wildendorn, Westerwälder, Erzn. 02; Jeremia, dramat. Dchtg. 04; Unter den langen Dächern, Westerwälder Erzn. 05; Menschenlied, n. G. 05; Adam Notmann, R. a. d. Zuchthaus 06; Westerwälder Volkserzn. 06; Von der Erde u. vom Menschen, Bauerngeschn. 07; Auf der Insel, ZuchthausGeschn. 10; Vom Weibe bist du, R. 11; Im Netz, SchicksalNn. 12; Judas, Dr. 12; Adams Wiederkunft, e. neues Mysterium 13; Pfarrer Hellmund, Dr. 13; Weiße Erde, R. 13; D. heimliche Stimme, G. 14; Bruder Mensch, Dr. 14; Altmutter, Dr. 15; Wendelin Wolf, R. 17; Weltflucht, R. 20; Auf d. hoh. Heide, Erzn. 21; Erdrecht, R. 21; Niemandsland, R. 23.

Philipsohn, Martin (Ps. Heinz Welten), Rom., ❦, ⌂, /, Dr. phil. Berlin-Friedenau, Sieglindestr. 1. (Dresden 2|2 76.) **V:** D. Waffen d. Wehrlosen 08, 2. A. 09; Unsere Giftpflanzen 11; Liebesleben d. Pflanzen 11; Sinnesleben d. Pflanzen 11; Hundskomödie, R. 11; Der deutsche Wald 12; D. ehrl. Name, Dr. 12; Illustr. Tierkunde 14; Kranke Pflanzen 15; Aus d. großen Kriege 15; E. Wiedersehen u. a. N. 15; Feinde ringsum, N. 15; D. Augen d. Giokonda, N. 16; Biolog. Studien 19; Biolog. Probleme 20; Globusapotheker, R. 21; D. gold. Mantel, R. 21; D. blaue Flamme, R. 21; Die Hosen d. Frau v. Bredow, R. 22; Nitokris, R. 23.

Pianta, Ludwig Josef, ⌂, /. Wien XIII, Leegasse 3. (ebda 3|8 63.) **V:** Verlobt, Lsp. 91; Strohfeuer, Lsp. 94; Edelwild, Sch. 01; Weiber v. Weinsberg, Lsp. 01; Parodien: König Lear 01; D. Räuber 01; Freischütz 02; Käthch. v. Heilbronn 02.

Picard, Jakob, SDS., ❦, Kritik, Dr. jur., Rechtsanwalt. Konstanz, Schottenstr. 75. (11|1 83.) **V:** Das Ufer, G. 13; Erschütterung, G. 20. *

Picard, Max, Dr. Schopfheim i. B. (ebda 5|6 88.) **V:** Das Ende des Impressionismus 16, 2. A. 20; Expressionistische Bauernmalerei 18, 3. A. 23; Mittelalterliche Holzfiguren 20; Der letzte Mensch, Dchtg. 21; Erschütterung.

Pichler, Anton, ✝, ❦, /, Direktor Salzburg, Hübnerg. 5. (ebda 7|8 74.)

V: Apotheose Don Juans d'Austria, Dchtg.; Gottsuchers Christnacht, Dchtg.; Die neue Kunst; Die Glocken der Heimat.

Picht, Werner, Volksbildungswesen, Dr., Ref. f. Volkshochschulwesen im Preuß. KultMin. Berlin W 57, Steinmetzstr. 49. (ebda $^{28}|_{9}$ 87.) V: Toynbee Hall u. d. engl. Settlement-Bewegung 13; Die Frucht des Leidens 20; England nach dem Kriege 23. H: Bücher der Arbeitsgemeinschaft: 1. Bd.: Leo Weismantel, Wilhelm Tell, Schillers Vermächtnis an das deutsche Volk 22; 2. Bd.: Dr. H. Geiringer, Die Gedankenwelt der Mathematik 22; Zeitschrift „Die Arbeitsgemeinschaft".

Pick, Otto, SDS., DV., ✠, /, Kritik, Red., Ue: F Tsch. Prag-Weinberge, Slezská 34. (ebda $^{22}|_{5}$ 87.) V: Freundliches Erleben, G. 12; Die Probe, Nn. 13. H: Casanova, Correspondance avec J. F. Opitz 13; Tschechische Erzähler 20; Deutsche Erzähler aus der Tschechoslowakei 22; Casanova, Briefwechsel mit J. F. Opiz 22. Ue: Péguy, Březina, Šrámek, Čapek, Langer, Machar.

Pickert, Gustav, DV., O, Schausp. Kassel, Querallee 52. (Königsberg N/M.) V: Das Mansardenquartett, Lr.; Flori geht tanzen, Schw.; Lüttjewitts Hochzeit, Lsp.; Was das Christkind brachte, M.; D. Pensionsschwein, Schw.; Vater Morgana, Lsp.; Schön ist die Jugend! Lr.

Piedra, s. Stein, Rich. H.

Pieth, Willy Fr., Mitgl. d. Kurat. d. Nord. Gesellsch., des Vereins d. Biblioth. u. a. m., ⁂, ✠, BiblW., Lit., Kritik, Hochschulfragen, Volksbildung, Kultur♛, Dr. phil., BiblDir., M. d. B. Lübeck, Fritz-Reuter-Str. 2. (Stettin $^{22}|_{12}$ 83.) V: Abh. z. dt. Kulturgesch. 08—11; Essen u. Trinken im mhd. Epos 09; Abh. „Universitäten" u. „Orden u. geh. Gesellschaften" (Die Religion i. G. u. G. V) 11; Kritik d. Lotzeschen Psychologie i. d. Analyse i. Grundlagen 11; Grundl. e. Instrukt. f. d. Kat. v. Volks- u. Stadtbüchereien (m. F. Lüdicke) 14; Das Bildungsamt d. Großstadt 19; Die Schulbibliothek (zus. m. Hans Knudsen) 20; Mitteil. über d. Lübecker Stadtbibliothek 1616 (1622) —22. H: Jahresberichte d. Lübecker Stadtbibliothek 19ff.; Lüb.-Nord. Ausst. d. Lüb. Stadtbibliothek 21; Veröff. d. Bibl. d. Fr. u. Hansastadt Lübeck 22ff.

Pietsch, Otto, Roman, Nov., Dr. phil. Heidelberg, Wolfsbrunnenweg. (Königsberg i. Pr. $^{27}|_{3}$ 74.) V: Italienische Reise, G. 13; D. Abenteuer d. Lady Glana, R. 13; Das Gewissen der Welt, R. 15, 15. A. 18; Taten u. Schicksale, N. 16, 3. A. 18; Vicox & Co., R. 20; Vaterhaus, R.

Pietsch, Paul, deutsche Ψ, Dr. phil., Dr. theol. h. c., o. HonProf., GRegR. Greifswald, Roonstr. 10. (Breslau $^{9}|_{8}$ 49.) V: Über d. Verwandtschaftsverhältn. der oberfränkischen Dialekte des 9. Jahrh. 75; Entwurf einer systemat. Darstellg. d. schles. Mundart i. MA. von H. Rückert 78; Schles. Denkmäler d. deutsch. Schrifttums i. MA. I (Trebnitzer Psalmen) 81; M. Luther u. d. hochd. Schriftsprache 83; Kampf geg. d. Fremdwörter 87; Leibniz u. d. dtsche Sprache: d. „Ermahng. a. d. Teutsche" u. die „Unvorgreiflich. Gedanken" 08; Bibliographie d. dtsch. Bibel M. Luthers 1522—46 (in Deutsche Bibel II 09). H: Luther, Werke (Weimar) 91—06, Bibel I 06, II 09; Wiss. Beihefte z. Zeitschr. des Deutsch. Sprachver. 6—40 94—18; Der deutsch. Sprache Ehrenkranz; Dichterische Zeugnisse z. Gesch. uns. Muttersprache 98, 2. A. 15, 3. A. 21.

Pietschmann, Rich., altägypt., orient., amerikan. ♛, Buch- u. Bibliothekswesen, Dr. phil., o. UP., GRegR. Göttingen, Bühlstr. 10. (Stettin $^{24}|_{9}$ 51.)

Pietzsch, Frl. Lina, DÖSchG., Rom., Nov., Märch., Skizze. Wien VI, Turmburgg. 5. (ebda $^{17}|_{8}$ 88.) V: Genia, N. 17; Du mein Wien, Erz. 20; Die Märlein v. Deutschen, pol. M. 21; Allwiß a. d. Freite, Erz. 21.

Pigni, Paul, DV., O, Reg. u. Dramaturg. Düsseldorf, Immermann 29. (Hundsfeld $^{6}|_{2}$ 76.)

Pilf, Traugott, VV., Roman, Nov., Dr. Kreisarzt. Wiesbaden (Sickte b. Braunschweig $^{13}|_{10}$ 66.) V: Glück im Vorübergehen, Nn. 95; Doktor Dackels Operationstisch 08, 3. A. 21; Geschn. aus der Ostmark 09; Das bunte Haus, R. 10; Grete Rautenstrauch, R. 10; Ein Reiterlied, Erz. 15, 2. A.; Hermann Löns der Dichter 15, 16. A. 20; D. Kreuz d. Ehre, Erz. 16; Eulenspiegeleien von Löns, 10. A. 20. ()

Pilger, Bruno, s. Weinrich, Alfons.

Pilz, Johann, VV., ✠, Nov., ✎, ✠, ⁂, Ψ, Kritik, /, Dr. phil., Prof. Wien IX, Servitengasse 7. (Nixdorf $^{11}|_{3}$ 85.) V: Von Geigen u. Gästen, G. 10; Miniaturen G. 18; Jan Pomuks Legende, N. 21. H: Sprossende Saat, Anthol. deutsch-böhm. Dichter (m. Hans Hajek) 11; Der Heimat zum Gruß, Almanach deutscher Kunst aus Böhmen (m. Osk. Wiener) 14. Ue: Meier Helmbrecht 23.

Pinder, Wilh., Kunst♛, Dr. phil., Prof., Univ. Leipzig. (Kassel $^{25}|_{6}$ 78.) V: Die deutsche Plastik des 15. Jahrh. 23; Rythmik roman. Innenräume in d. Nor-

mandie, I 40; II 05; Deutsche Dome 07; Deutsches Barock 12; Mittelalterl. Plastik Würzburgs 11; Dtsch. Plastik v. Ausgg. d. Mt. bis z. Ende d. Renaissance 14—22; Die Pietà 22.

Pinkus, L. Felix (Ps. L. Felix Pinus), PA., ▣, /, Dr. phil., Schriftst. Zürich 7, Hochstr. 65. (Breslau $^{13}|_{8}$ 81.) B: Die mod. Judenfrage 03; Palästina u. Syrien 03; Studien z. Wirtschaftstellung d. Juden 05; Die Entfesselten, Rn. 08; Vor der Gründung d. Judenstaates 18.

Pinner, Rudolf, Roman, ✿, ✒, Dr. med., Arzt. Berlin NW 52, Paulstr. 9. (Glogau $^{8}|_{10}$ 82.) B: Was ihm d. Leben gab, R. 06; Das endverlorene Lied, N. 09; Es blasen die Trompeten, G. 08; Das Volk stand auf, der Sturm brach los, G. 15.

Pinthus, Kurt, SDS., Essay, /, Kritik, Lit.♛, Dr. phil. Berlin-Halensee, Küstriner Str. 12. (Erfurt $^{29}|_{4}$ 86.) B: Die Romane Levin Schückings, ein Beitrag z. Gesch. d. d. Romans 10. H: Menschheitsdämmerung, Symphonie jüngster Dchtg. 20, 10.—15. A. 22.

Pinus, L. Felix, s. Pinkus, L. Felix.

Piper, Hartmut, ∴, AmtsGerR. Elmshorn, Holst., Sandberg 35. (Altona $^{28}|_{8}$ 78.)

Piper, Kurt, Mitgl. d. Anthroposophischen Gesellsch., ✿, Essay, Dr. med., Red. d. „Anthroposophie" u. d. „Drei", „Kommender Tag". Stuttgart, Champignystr. 17. (Altona/Elbe $^{23}|_{12}$ 75.) B: Fegefeuer, G. 03; Waffen u. Wunden, G. 05; Tellurische Feuer, G. 10; Künstlertypen u. Kunstprobleme, Essays 10; Bibelgold in neuer Prägung, Nachdichtungen: Buch Hiob, Apokalypse, Prediger Salomon, Joh.-Evangelium 21; Missa solemnis, Dchtg. 24.

Piper, Paul, Germ., Dr. phil., Prof., GehR. Altona a. E., Lessingstr. 22. (Spremberg $^{14}|_{3}$ 44.) H: Joseph, Goethes erste große Jugenddichtung 20; Die Rolandsburg u. d. Buchdruck Altonas 21; u. a. ()

Pirchan, Emil, SDS., Leit. d. Ausstattungswes. d. Staatstheater Berlin. Berlin-Wilmersdorf, Prinzregentenstr. 2. (Brünn $^{27}|_{5}$ 84.) B: Das Teufelselixier 15; Der zeugende Tod, R. 18; Weinwunder, Dr. 18; Pyramide, R. 23; Die lebhafte Stadt, Essays 23. H: Faustbrevier 17; Bibelbrevier 18.

Pirkhert, Alfred, Kunst, Malerei, /, akad. Maler, Prof. Wien V, Margarethenstr. 103. (Serajevo $^{31}|_{5}$ 87.) *

Pirkhert, Ella, s. Triebnigg, Ella.

Pissin, Raimund, Kritik, /, Essay, ☉, Dr. phil. Marburg-Lahn, Sybelstr. 8. (Berlin $^{25}|_{11}$ 78.) B: Otto Heinrich Graf von Loeben 05; Frank Wedekind 05 H: Ausgewählte Gedichte des Grafen Loeben 06; D. Jugendgedichte der Brüder Eichendorff 06; Musenalmanache der Romantik (Bibliograph. Repertor. V.) 10; Uhlands poet. Werke (Tempel-Verlag) 11; Justinus Kerners Werke, Auswahl in 2 Bdn. (Gold. Klass.-Bibl.) 14. ()

Pisza, Karl Oskar, SDS., Satire, Dr., Abteilungsl. i. d. Literaria A.-G. Wien, Österr., XIX, Döblinger Gürtel 8. (ebda $^{9}|_{4}$ 94.) B: Kritik der unreinen Vernunft 18 I; Die weiße Schmach 20; Kulturfinsternis 21 I. *

Planck, Max, ∩, bes. Wärmestrahlg., Dr. phil., o. UP., GRegR., ständ. Sekr. der Preuß. Akad. d. Wiss. Berlin-Grunewald, Wangenheimstr. 21. (Kiel $^{23}|_{4}$ 58)

Planitz, Ernst Edler v. der, ✿, ☉, ∴, ♛. Berlin-Kaulsdorf. (Norwich $^{3}|_{3}$ 57.) B: Der Dragoner v. Gravelotte, E. 86, 12. A.; Ein Königs-Märchen, E. 87, 9. A.; Die volle Wahrheit üb. d. Tod d. Kronprinzen Rudolf 89, 57. A. II; Verschämte Lieder 90, 15. A.; D. Weiber v. Weinsberg, E. 97, 24. A.; D. Hexe von Goslar, E. 98, 3. A.; Der Esel vor Gericht, Lsp. 04, 6. A.; Sisyphus' Geschlecht, Sch. 05, 2. A.; Buch der Balladen; u. m. a. ()

Planta, Gaudenz v., ✿, Drama, Politik, Gutsbesitzer. Fürstenau, Graubünden. (Alexandrien, Ägypten $^{23}|_{11}$ 69.) B: Der erste Flug, G. 09; Niklaus v. Flugi, Dr. 10; Jenatsch u. Lucretia, Dr. 14; Der zweite Flug, G. 15; Die Schweiz im Staatenbunde 15; Europa auf dem Wege zur Einheit 18.

Plaßmann, Joseph Otto, Internat. Studienklub Münster (Schriftführer), Germanistik, Niederländ. Lit., Mystik, Dr. phil. Münster/Westf., Nordstr. 47. (Warendorf i. Westf. $^{12}|_{6}$ 95.) Ue u. B: Die Werke der Hadewych, Ue u. Untersuchungen 23; Orpheus, Altgriechische Mysteriengesänge 23. *

Pläter, Nic., s. Rost, Bernh.

Plath, Konrad, Klass. u. dtsch. Ψ, Kunst♛, Archäologie, ♛, Schwerhörigenfürsorge, Dr. phil., Bibl. a. d. Preuß. Staatsbibl. Berlin NW 23, Brückenallee 5. (ebda $^{24}|_{8}$ 65.) B: Die Königspfalzen d. Merowinger u. Karolinger, I 92, II 94; Ernst Curtius u. d. Erforschung d. deutschen Altertums 97; Margarete von Witzleben 18; Ein frischer Kranz a. d. Grab Margaretes von Witzleben 19; u. a.

Plattensteiner, Richard, ✿, ☉, /, Dr. phil., Vortragsmeist. Purkersdorf b. Wien. (Wien $^{18}|_{3}$ 78.) B: Empfundenes, G. 02, 2. A. 03; Franz Stelzhamer, Biogr. 03; Kunst, Leben u. Natur, Lr. u. G. 05; Lautes u. Leises, e. Liederb. 05; Vom Dr. Hons u. andere Wiener Geschichteln u. Gedichteln 05 II, 2. A. 06;

Frau Not, Dr. 07; Der Schusterfranzl, R. 08, 2. A. 09, Volksausg. 13, 2. A. 20; Peter Rosegger, Biogr. 13, 4. A. 22; Volksschr. 13; D. Wirtin z. gold. Hirschen, Erz. 13 II, 3. A. 18; Vom Seppl, Erz. 15 II, 4. A. 18; Der Grillparzer Franz u. s. Kathi, Dr. 15; Der sak'rische Franzl, R. 16, 3. A. 18; Das Lied vom Steffel, G. 16; Beethoven, Dr. 16, 2. A. 20; Die Leut vom Hochkogel, Erz. 18, 2. A. 18; Dorfgesch. 18. H: Mit Herz und Hand fürs Vaterland, KriegsLr. 15, 3. A.; Franz Stelzhamers mundartl. Dchtgn. 16; Kunst u. Leben, Dchtg. 23.

Platz, Hermann, Kultur∴, franz. Geistesgesch., Dr. phil., StudR., UDoz. Bonn, Kronprinzenstr. 20. (Offenbach a. Qu. (Pfalz) $^{19}|_{10}$ 80.) B: Die Früchte einer sozialstudentischen Bewegung (zugleich Einführung in das geistige Leben des sozialen Katholizismus in Frankreich) 13; Im Ringen der Zeit 14; Zeitgeist und Liturgie 16, 2. A. 21; Geistige Kämpfe im modernen Frankreich 22; Zwischen heute u. morgen 23; Großstadt u. Menschentum 23. •

Platz, Wilhelm, ASV., Roman, Novelle, Erz., Drama. Weinheim i. Bad. (ebda $^{7}|_{6}$ 66.) B: Erlebtes u. Erdachtes, G. (Ps. W. M. Weiß) 94; Lieder (desgl.) 96; Valtin Hanjörg u. d. Gret, R. (Ps. W. Kurtz) 13, 2. A. 16; Kriegsgedichte 14, 30. T. 15; Hans Waldners Glücksjahr, R. (Ps. W. Kurtz) 15; Wandlungen, N. 16, 2. A. 23; Herrn Selberts freundl. Geschichten, Erz. 16, 2. A.; Aus Herrn Selberts altem Notizbuch, Erz. 16, 3. A. 20; Stille Menschen, N. 16; Herrn Selberts neues Notizbuch, Erz. 17; Meister Wegmann, R. 18; Wege der Liebe, R. 20; Mein Deutschland, Dr. 21; Am Herzen der Natur, G. 22; Lieb u. Leid, G. 22; Wieland, Dchtg. 22.

Platzbecker, Heinr. Aug, PA., BJ. & S., RP., Prof. d. Mus., Musikref. d. „Sächs. Staatsztg." Dresden-A., Hähnelstr. 12. (Merzenhausen i. Rhld. $^{13}|_{9}$ 60.) B: Z. Einf. in Bungerts „Kirke" 98; D. Wahrheitsmund, Optte. (m. A. Osterloh) 99; D. Brautvater 00; Gockel, Hinkel u. Gackeleia, Märchensp. 04; Papa Schwerenöter, Optte. 07; König Lustik, Optte. 14; Vidura, Tanzpant. 21. ()

Platzhoff, Walter, ♛, Prof., Dr., o. UP. Frankfurt a. M. (Elberfeld $^{27}|_{9}$ 81.)

Platzhoff-Lejeune, Eduard, ∴, †, Lit., Musik, Dr. phil., Pfr. Bullet sur Yverdon, Schweiz. (Frankfurt a. M. $^{30}|_{8}$ 74.) B: Ernest Renan 00; Paul de Lagarde 03; Werk u. Persönlichkeit 03; Lebenskunst I 05, II 06; Relig. geg. Theologie u. Kirche 05; Handschuhmoral 05; Die Reklame 09; La politique ferroviaire en Suisse 10; La Suisse italienne 11; Lugano 13; Lötschbergbahn 13; Brissago 14.

Plaut, Joseph, Humoristika, Parodien. Berlin-Charlottenburg, Fredericiastr. 5. (Detmold $^{5}|_{6}$ 79.) H: Das heitere Plautbuch II. •

Plawina, Oswald (Ps. Norbert Wahl, Teut, Argus), Bartels-Bund, /, ✠, Lit.♛, Skizze, Kritik, Humor, Aphor., Kritiker d. „Deutschen Volksboten" u. d. „Deutschen Volksstimme", Dr. jur. utr., ObMagRat. i. R., Prof. Brünn, Tschecho-Slowakei, Schlosserg. 8. (ebda $^{29}|_{3}$ 64.) B: Aus Zeit u. Leben, G. 05; Bilder aus d. mähr. Schweiz 05. MitH: Ein Jahrh. deutsch. Dichtens u. Denkens, volkstüml. Enzykl. d. deutschsprachl. Lit. u. Kunst, Wissensch. u Technik v. Beg. d. 19. Jahrh. bis z. Gegenw. 21 II.

Pleiße, A. von der, s. Hirsch, Albrecht.

Pleißner, Artur (Ps. Artur Arten, Heinz v. Königsbrück), Dr. jur., Inh. d. „Deutschen Literatur-Verlags". Dresden-Loschwitz, Villa Heimchen. (Rippien $^{10}|_{2}$ 72.) B: Robert Forster, Dr. 90; Modell ohne Kopf, N. 97, 3. A. 00; Alkohol, Weiber 97; Vor los, N. 99, 4. A. 06; Lex Heinze, Protestnov., 1.—5. A. 00; D. Talisman, N. 00; Kommandierende Generäle, R. 04; Millionen-Brand, R 09 f. ()

Pleitner, Emil, Nov., ✠, /, Jugendschr., ♛, ○, SemObLehr. Oldenburg i. Gr., Adlerstr. 3. (Brake a. d. W. $^{3}|_{9}$ 63.) B: Janßen, der Butjadinger Bauernpoet 98; Oldenburg im 19. Jahrh. 99/00 II; Heil Dir, o Oldenburg, Auff. u. G. 01; Oldenburgisches Quellenbuch 03; Deutsche Geschichte (m. Neels) 05; Botterbloomen, plattd. G. 05; Van use Slag, plattd. Gesch. 06; Zum Rhein, übern Rhein! Festsp. 10; Altsächs. Weihnacht, Weihnsp. 11; Neuenburg, Heimatspiel 13; Die Reformation im Oldenburger Lande 17; Durch Not u. Tod, Festsp. 21.

Plenzat, Karl, ✠, ○, Heimat- u. Volkskde, ■, Dr. phil., Rektor d. Städt. Höh. Mädchenschule. Marggrabowa, Ostpr., Bahnhofstr. 458. (Gr.-Warningken $^{22}|_{7}$ 82.) B: Lose Blätter aus d. Kriegstagebuche e. Ostpreußen, G. 16, 2. A.; Der Liederschrein, deutsche, litauische u. masur. Volkslieder a. Ostpr. 18; Deutsche Spiele: 1. Maispiel, 2. Weihnachtssp. 20; Der Wundergarten, deutsche, lit. u. mas. Volksmärchen a. Ostpr. 22; Winterjugendarbeit 22; Die Theophiluslegende in den Dichtungen des Mittelalters 23; Ostpreußische Sagen 24. H: Ostpreußische Heimatliteratur, ein Ratgeber u. Wegweiser 22; Ferdinand

Hirts Deutsche Lesehefte u. Lesebücher für Ostpreußen (m. Hassenstein u. Kraulebat) 23; Deutsche Heimatbücherei 24.

Plettke, Friedr., ♣, /, ✒, Vorgeschichte, Konserv. d. städt. Morgenstern-Mus. Geestemünde, Buchtstr. 10. (Flinten $^{2}|_{1}$ 64.) **V**: Strandgut, G. 96; Die Karlsburg, hist. Erz. 02; Strand- u. Heidewanderungen im Mündungsgebiet d. Weser 22; Vor- u. Frühgeschichte d. Reg.-Bez. Stade: I. Die Urzeit 23, II. Die Zeit der nordindogermanischen Landnahme 23. **H**: Aus der Heimat — für die Heimat I—V 99—05, n. F. I—II 08—12; Heimatkunde d. Reg.-Bez. Stade I 09; Führer d. d. geol. Abt. d. Morgenstern-Mus. 20; Hansa-Heimatbücher, H. 1 bis 7 21—23.

Pleyer, Kleo, ♣, Drama, Erz., Journalistik, Hochschüler, Hauptschriftleiter der „Deutschen Akademischen Stimmen". München, Kaulbachstr. 60a/I. (Eisenhammer b. Scheles, Tschechosl. $^{19}|_{11}$ 98.) **V**: Frühlicht, G. 20; Weiße Sturmglocken, e. völk. Buch 21; Wintersonnenwende, e. völk. Zeitwerk i. 4 Aufzügen 22.

Plothow, Frau Anna, RP., Rom., /, Nov., Märch., Kritiken, Red. am „Berl. Tagebl." Berlin SW 68, Friedrichstr. 36. (ebda $^{4}|_{2}$ 53.) **V**: Romeos Debüt, R. 88; D. Buch d. Frau 00, 2. A. 03; Märkische Skizzen 05, 2. A. 06; D. Begründerinnen d. deutschen Frauenbewegung 06, 5. A. 11; Kaisergeburtstagsfeier der Blumen 08; Das deutsche Lied, Festspiele 08; Klatschliesel, Msp. 12; Heideprinzeßchen u. a. M. 12; Kriegsmärchen 15; Tanzelfchen, M. 20.

Ploetz, Hermann, ♣, Volksschullehrer. Stettin, Pomm., Pölitzerstr. 37B. (Cretlow, Pomm. $^{31}|_{10}$ 70.) **V**: Text z. Oratorium „Das Licht" 07; Wein u. Brot, G. 20, 2. A. 21.

Ploetz, Ludw. v., RegRat. Charlottenburg 2, Marchstr. 4. (Hannover $^{26}|_{9}$ 67.) **V**: Kein Raum 97; D. Jauchz. d. Geigen, R. 04.

Plutus, s. Bernhard, Georg.

Pniower, Otto, deutsche Altertumskde., Lit♕., Dr. phil., Prof., Dir. d. Märkisch. Mus. Berlin SW 11, Hallesches Ufer 21. (Gleiwitz $^{23}|_{5}$ 59.) **V**: Z. Wiener Genesis 83; Goethes Faust 99; Bilder aus d. Alten Berlin 07; Dichtgn. u. Dichter 12. **H**: K. Müllenhoff, Dtsche Altertumskde; Cottasche Jub.-Ausg. Goethes Werke (3 Bde.); Goethes Zeitdramen usw. 05; Goethes Dramatische Fragmente u. Übersetzgn. 06; Pantheon-Ausg.: Goethes Faust I, Werther, Faust II 03, Ged. I u. II 05, Tasso 08; Briefe Th. Fontanes, 2. Sammlg (m. P. Schlenther) 10 II; Richard M. Meyers Dtsch. Lit. bis z. Beg. d. 19. Jahrh. 16; Alt-Berliner Humor um 1830 19.

Pocci, Franz Graf v. (Ps. Franz Nepos), ♕, ✓, ○. Schloß Ammerland, Oberbay. (München $^{15}|_{5}$ 70.) **V**: D. Fasan in Bayern 06; Emma Hart, Sch. 14. **MitV**: Frz. Poccis Kunterbunt 10; D. schönsten Heiligen-Legenden 12/14 II. **H**: Pocci, Totentanz 20; Lustiges Komödienbüchlein 21; Brentano, Rotkehlchen — Liebseelchen 21. ( )

Pochhammer, Margarete, geb. Cauer (Ps. M. Tellmar), DSch., Nov., ○, Abhandl., Oberstleutn.-Wwe. Berlin-Lichterfelde, Moltkestr. 52. (Breslau $^{5}|_{8}$ 52.) **V**: Die Geschichte der Eltern, Erz. 03; Marinemütter, Lsp. 04; Frau Major Lüdicke, Lsp. 09; D. Frauenkleidung, rassehygienisch u. sozial 12. **H**: Weihnachten im Weltkriege 14; Deutsche Helden, deutsche Frauen 15; Dantes Göttl. Komödie in dtsch. Stanzen frei bearb. v. Paul Pochhammer, 5. A. 23.

Poeck, Wilhelm, DV., Roman, Erzählung, Märchen, ♣, Lustspiel, /, Dialekt (plattd.), Kritik. Schloß Inzing b. Innsbruck. (Moisburg, Hann. $^{29}|_{12}$ 66.) **V**: Schicksale, Nn. 01; Islandzauber, R. 04, 2.—4. T. 22; De Herr Innehmer Barkenbusch, plattd. u. hochd. Humoresken 05, 4.—6. T. 21; In de Ellernbucht, R. 06, hochd. A. 22; Turmschwalben, hum. R. 07, 4.—6. T. 19; Von Löwen, Lumpen u. anständigen Leuten, plattd. u. hochd. Humoresken 07; Nordkaper, hum. R. 08; Sinkendes Land; Hallig, R. 08, 2. A. 19; Von Hamburger Herrschaften, Kökschen u. Kindern, Hum. 09; Planetenpleite, hum. R. 10; Simon Külpers Kinder, Fischer-R. 10, 5.—8. T. 21; Das Kraut Orant, R. 11; Der Austauschprofessor, Hum. 11, 4.—7. T. 22; Grenzer, R. 12; Er malt — sie schriftstellert, hum. R. 13, 5.—8. T. 21; Das verhängnisvolle Honorar, Hum. 14; Die Eisenrose, G. 15; Trina Groots Vermächtnis, Elbmarschen-R. 17, 6.—7. T. 22; Flint u. Genossen, See-R. 17; Der Kampf um die Heimat, Hallig-R. 18; Hauschilds in Paris, hum. R. 19; Der Kriminalkutter, See R. 19, 10.—13. T. 21; Die göttliche Molli, Studenten-R. 20; Die gestohlene Fregatte, hum. R. 20; Robinsonland, Hallig-R. 21; Poggenkönig un Dübelsprinzessin, plattd. Märchen 21; Das Plattdeutsche u. die akadem. Berufsstände 22; Heino der Klabautermann, Jugenderzählung 23.

Pohl, Gerhart, SDS., Erzählende u. erörternde Prosa, Lektor bei Elena Gottschalk Verlag, Berlin. Berlin-Friedenau, Offenbacher Str. 4. ($^{9}|_{7}$ 02.) **V**:

Fragolfs Kreuzweg, Erz. 21, 2. A. 22; Symbol Oberammergau, 1.—3. A. 22; Das Tagebuch merkwürdiger Verführungen, Erz. 23. H: Die Neue Bücherschau, eine Schriftenfolge, 2. Folge 23; usw. *

Pohl, Guntram Erich, ASV., Dchtg., Erz., Märch. Hochdahl b. Düsseldorf, Millratherstr. 20. (ebda $^{11}|_{7}$ 91.) V: Heidestunde 15/20, 4. A.; Gedanken zu Diefenbachs „Göttliche Jugend" 16/21, 3. A.; Traumfahrt 17; Sonnwendzeit 18/21, 2. A.; Kinder d. Lichts 18/20, 3. A.; Kasperl u. d. Alkohol 18; Großstadt-Dämmerung 18/21, 2. A.; Die Hüter Straßburgs 19; Jünglingsseele 20; Tiefe Welt 21; Sonnwendzeit, e. Spiegel d. Wandervogels 23.

Pohl, Fräul. Hertha, VDS., Roman, Novelle u. Skizze. Krappitz, Krs. Oppeln, Oberschlesien. (ebda $^{24}|_{7}$ 89.) V: Die klagende Nacht, Oberschlesische Erz. 22; Die Bettelgret, Ein Schicksalsbild aus Oberschlesien 23; Der Weg der Martiner Förster, R. 23; Armes Volk, Nn. 23. *

Pohl, Rob., DV., ⊙, Humor, Nov. Meran i. Tirol, Laburnerhof. (Prag $^{15}|_{3}$ 50.) V: (seit 00): D. neue Bürgermeister, Libr. (m. E. Gettke) 02; Er kann nicht untreu werden, P. (m. O. Eisenschitz) 03; D. Marketenderin, Libr. (m. W. Ascher) 04; Der Polzeichef, Libr. (m. Jul. Horst) 05; Uns. Theodor, Libr. (m. W. Ascher) 06; Madame Troubadour, Libr. (m. B. Jenbach) 07; Die Liebesschule Libr. (m. dems.) 09; Die Sultansbraut, Libr. 10; Der hl. Antonius (der keusche Josef), Libr. (m. B. Decker) 11; Schmerzlose Behandlg., Einakt. 11; Die Autodame, Schw. 11; Die Nordseekrabbe, Libr. (mit B. Decker) 12; Wenn Männer schwindeln, Libr. 13; Strumpf ist Trumpf, Schw. 14; D. dumme August, Libr. 15; Der Mann seiner Frau, Libr. 16; Die Schulreiterin, Libr. 16; Der Mann ohne Vergangenheit, Libr. 16; Der glückliche Kiebitz, Libr. 20; Onkel Muz, Libr. 21; Der Schwan von Siam, Libr. 21; u. m. Bühnenbearbeitgn.

Pohlidal, Frau Helene verw. (Ps. Hermann Dahl), ⊙, /, Nov. Breslau, Paulstr. 38. (Gr.-Glogau $^{31}|_{9}$ 57.) V: Psyche, R. 92; Ein freigeword. Weib, Rom. 96; Felix, Fam.-Dr. 01; Der Göttliche, R. 03; Harald Atterdal, R. 06; Erlöser-Arbeit, R. 06; D. Missionar, Dr. 06; Das Reich in uns, R. 06; Das Volk d. Ozeans, Dr. 06; Schilflotte, R. 10; Frauen von heute, R. 10; Der König und seine Frauen, Dr. 12 (m. Zdenko v. Kraft); Offiziere, 3 Einakter 12; Luzifer, D. 16; Verschlossene Welten, Essais; Passionsspiel; Mose, Biblisches Dr.

Poehlmann, Ludwig, M. München, Amalienstr. 3. (ebda $^{28}|_{7}$ 67.) V: Musiklehre (mit Thauer) 09; Das Gedächtnis u. s. Entwicklungsfähigkeit 09; Die Kunst zu denken 10; Leitfaden z. vernunftgemäßen Studium der reinen u. angewandten Mathematik 11; Spanisch leicht gemacht 11; Geistesschulung 14; Das Gute d. Weltkrieges 14; D. deutsche Frau nach 1914 14; Gudrun, Sch. 15; Wie werde ich wahrhaft glücklich? 19; u. a.

Pöhlmann, Frau Olga, Romane, Ober-Studienrats-Gattin. Nürnberg, Ebensee-Str. 21. (Kitzingen a. M. $^{21}|_{4}$ 80.) V: Die arme Stadt, hist. R. a. d. Bauernkriege 13; Käthe Hallerin, Nürnberger hist. R. a. d. 30j. Kriege 19; Die drei Mädel von Finsterviereck 20; Der Puppenspieler 21, 2. A. 22; Niklas Muffel, hist. Nürnberger R. 22. *

Pokorny, Hans (Ps. Hans Weber-Lutkow), Kritik, Nov., /, ⊙, Dr. jur. Lowce b. Radymno, Galizien. (Lemberg $^{27}|_{9}$ 61.) V: Schlummernde Seelen, Nn. 00; Die schwarze Madonna, Nn. 01; Bilder aus d. franz. Revolution 09; Longwood, Dr. 13. ()

Polaczek, Ernst, Kunst♛, Dr. phil., ehem. HonUP. u. Dir. d. Kunst- u. Kunstgewerbe-Museums in Straßburg i. E., jetzt München, v. d. Tannstr. 19. (Reichenberg $^{6}|_{7}$ 70.) V: Der Übergangsstil im Elsaß 94; D. Kunstdenkmäler d. Landkreises Köln 98, d. Kreises Rheinbach 98, d. Kreises Bergheim 99; Denkmäler der Baukunst im Elsaß 03/05; Das Elsaß u. s. Stellung in der kunstgeschichtl. Entwicklung 05.

Polckow, Erich, Politik, Nov., Theaterkritik, Chefred. d. „General-Anz. f. d. ges. Neumark". Landsberg a. d. Warthe. (Grunziger Heidemühle, Kr. Meseritz, $^{13}|_{11}$ 69.)

Polenske, Karl, ⚔, ▣, ⊙, Dr. jur., Prof. Berlin W 62, Kleiststr. 21. (Neuyork $^{16}|_{1}$ 81.) V: Goethe u. d. Umsturz (Faust II) 19; Zehn Tage Rätefinanzminister, Dr. 20; u. a.

Polgar, Alfred, Kritik, ⊙, Nov. Wien I, Stallburggasse 2. (ebda $^{17}|_{10}$ 75.) V: Der Quell des Übels; Bewegung ist Alles; Brahms Ibsen; Die Musteroperette; Goethe, Lsp. (mit Friedell); Soldatenleben im Frieden (mit dems.); Der Freimann (mit dems.); Talmas Tod (m. Armin Friedmann); Hiob; Kleine Zeit: Pallenberg; Gestern und heute.

Polheim, Karl, Dr. phil., Privatdoz. für deutsche Sprache und Literatur a. d. Universität Graz, Honorardoz. a. d. Techn. Hochschule in Graz. Graz, Radetzkystr. 17. (ebda $^{28}|_{6}$ 83.) V: Latein. Reimprosa 12; Bericht ü. steirische Volksschauspiele 16 u. 19; Neue Bruchstücke altdeutscher

Texte (mit K. Zwierzina) 19. H: Gottfried Keller, Sinngedicht u. Legenden 20.*

Polixa, Johann, Erforschung der ältesten Baudenkmäler, Vermessungs-Sekretär. Stettin, Pommern, Delbrückallee 92. (Kleszöwen 7/12 86.) B: Die Sprache der Cheops-Pyramide, das enthüllte Geheimnis des wunderbaren Bauplanes der 5000 Jahre alten Steinpyramide von Gizeh 22. *

Pollack, T., s. Braunbeck, Rich.

Pollaczek, Max (Ps. Max Richter, Walter Morgan), BP., RB., Roman, /, ⊙, ♛, r̈z, ▣, Dr. jur., Schriftleit. d. Berl. Lok.-Anz. Berlin SW, Neuenburger Str. 13. (Nikolai 15/3 68.) B: Gertrud 97; D. Wohltäter 98; Die neue Brücke 99, 13; D. zweite Doktor 01; D. Marracher Partie 01, 13; Vor d. Gesindeball, Lsp. 02; Geläutert 03; Glatteis 06; Wunderliche Wahrheiten 13; Orden u. Ehrenzeichen 15. ()

Pollak, Alice, s. Gurschner, Alice.

Pollak, Karl (Ps. Karl Walde), ⊙, Dramaturgie, /, ℌ, Privatbeamter. Klosterneuburg b. Wien, Peter-Rosegger-Gasse 17. (Wien 24/3 76.) B: Das Wesen des Dramas; Selbstbildung; Gabriel, dramat. Ged. 07; Die Grundlagen d. lit. Kritik 21.

Pöllmann, P. Ansgar, OSB. (k.) Lit.♛, Ästhetik, ❦, Kunst♛, München, Augustenstr. 88. (Hechingen 21/9 71.)

Pölt, Frau Klara (Pölt-Nordheim), /, Volkskde., Kultur♛, Kais. Ratsgattin. Innsbruck, Pembaurstr. 1. (Sarnthein 1/8 62.) B: Lodenrock u. Wifflingkittel, Tiroler Geschn. 11; Bergler u. Dorfleut, desgl. 14; Tiroler Nagelen, desgl. 17.

Poltermann, Willibald, s. Böttger, Frz.

Polzer, Aurelius (Ps. Erich Fels u. Armin Stark), ❦, Ev., /, ♛, ♆, GP. a. D. Graz, Mucharg. 12. (Feldkirch 16/12 48.) B: Zu Schutz und Trutz (A. Stark) 83; Rufe aus d. deutsch. Osten (m. A. Hagen) 84; Wehr u. Waffen (m. demſ.) 85; Bekennt euch z. deutsch. Nationalkirche 86; Im Harnisch 87; Kalend. des Schulvereins 88; R. Hamerling 89; Gedenktage f. das deutsche Volk 93; R. Hamerling als völkischer Dichter 97; Julfest 02; Sonnenwende 02; Südmark-Kalender (m. K. W. Gawalowski) 98—04; In Sturmnacht u. Sonnenschein 07. H: Grazer Wochenbl. 89—14; Harfenklänge aus eiserner Zeit 18.

***Pomme,** Erich, r̈z, ⁂, Nov., Dr. jur. Berlin-Wilmersdorf, Mannheimer Str. 53. (Kassel 1/6 72.)

Ponten, Josef, Roman, ℌ, ●. München, Josef-Klar-Str. 12. (Raeren b. Eupen 3/6 83.) B: Jungfräulichkeit, N. 06, 10. u. 11. A. 22; Augenlust, philos. Studie u. Totentanz-G., 1. u. 2. A. 07; Siebenquellen, R., 1.—3. A. 08; Alfred Rethel 10, 2. A. 21; Peter Justus, R., 1.—2. A. 11; Griech. Landschaften 14 II, 4. A. in I 23; Führer durch die Karlsfresken A. Rethels 15; Der Babylonische Turm, R. 18, 11.—15. A. 20; Die Insel, N., 1.—5. A. 18; Der Meister, N. 19, 4.—6. A. 20; Der Knabe Vielnam, N. 21; Die Bockreiter, N., 4.—6. A. 22; Der Jüngling in Masken, N. 22; Studien über Alfred Rethel 22; Architektur, die nicht gebaut wurde 23; Die Uhr von Gold, N. 23; Der Gletscher, N. 23. H: Briefe A. Rethels 11.

Pontzen, Alfr., Belletr., Musik. Düsseldorf, Hindenburgwall 15. (Eupen 5/5 70.) B: Von d. Nordsee bis z. Mittelmeer 99, 3. A. 10; E. Ausflug z. Pariser Weltausstellg. 00; Wanderlieder 16.

Popert, Hermann M., Hebung d. deutschen Kultur, Richter am Amtsger. Hamburg, früh. Hrsg. d. Halbmonatsschr. „Der Vortrupp". Blankenese b. Hamburg. (Hamburg 12/11 71.) B: Helmut Harringa 10, 285. T. 23; Tagebuch eines Sehenden 1914—1919 20; Wenn — —, Dr. 22; u. a.

Popp, Herm., Kunst-, Kultur♛, Ästhetik, Dr. phil., Hrsg. d. „Führer zur Kunst". München, Herschelstr. 23. (Hannover 25/10 71.) B: Beiträge z. Gesch. der neuen Künstler-Ästhetik 00; Maler-Ästhetik 02; D. Architektur d. Barock- u. Rokokozeit in Deutschland u. d. Schweiz 12; Geschichte d. deutsch. Kunst 13; Germanenkunst 13; Werden der deutschen Familie 13; Mittelalterliche Architektur u. Skulptur der Normannen u. Hohenstaufen in Apulien 22.

Popp, Joseph, Kunst♛ u. Ästhetik, Dr. phil., o. Prof. d. THSch. München, Tristanstr. 8. (Donauwörth 30/7 67.) B: Text z. d. Jahres-Mappe d. Deutschen Gesellsch. f. christl. Kunst 00 u. 03; Martin Knoller 05; Gedanken üb. unser Verhältnis z. bild. Kunst 05; Baugesch. d. Dreifaltigkeitskirche in München 06; Ed. v. Steinle 06; D. Innere der Dreifaltigkeitskirche zu München, künstlerisch u. ikonographisch 07; A. v. Keller 08; Amtl. Führer durch d. Bayr. Gewerbeschau 12; Bruno Paul 14; Deutsches Warenbuch 15; D. Kunstwissenschaftl. Unterricht, insbes. auf d. Hoch- u. Kunstschulen 17; Amtl. Führer durch d. Deutsche Gewerbeschau 22; D. figurale Wandmalerei, ihre Gesetze u. Arten 22.

Popp, Wilh., ⚘, Kinderlied, Kritik, Lehr. Roth a. Sand i. Mittelfranken, Marktplatz 47. (Sugenheim i. Franken 17/1 70.) W: Ringel-Reihe, Kinderlied. 20.

Poppe, Paul (Paul Schirmer), DV., ⊙, Dr. phil., ObStudDir. Charlottenburg 9, Kaiserdamm 31. (Berlin 10/2 64.) W: Der Backfisch, Kom.; Die Gliederpuppe, Trag.-Kom.; Die moralische Tänzerin, Die neun Väter, Der Marionettenspieler, 3 Grotesk.; Der Theaterdirektor, Die nachträglichen Söhne, Hochzeitsflug, 3 Kom.; Menschlichkeit, Bühnendchtg.: Geschichten von der Straße, N.: Der Herr Minister, K.; Friedrich der Tüchtige, K.; Der Sardinenkönig, K.; Der Ehemann vor der Tür, Lsp.

Poppel, Georg van, deutsche, niederl. u. mittellat. Lit.♛, Geistlicher, ObLehr. a. D. Birkenwerder, Bez. Potsdam, Friedensallee 14. (Reuver, Holland 23/4 72.) W: Grundriß d. deutsch. Lit.-Gesch. f. d. niederl. Schulgebrauch, 3. A. 20.

Popper, Frl. Wilma, VV., Nov., Märchen. Györ (Raab) i. Ung. (ebda 57.) W: Märch. u. Gesch. f. große u. kl. Kinder 91; Altmod. Leute, N. 94; Miniaturen, N. 97; N. Märch. u. Gesch. 98; Sonderlinge, N. 98; Nieten, N. 00; Gegen den Strom, N. 02; Die Fahne hoch, Erz. 02; Fratres sumus, N 03; Fünke aus einer Hülse, Nn. 04; Kleine Münze, Skn. 06; Wintersonne, Nn. 07; Fromme Seelen, Nn. 09; Auf Abwegen, Nn. 11; Feierabend, Nn. 14. ()

Pordes, Victor Emanuel, 🎥, /, Nov., Dr. jur., Rechtsanwalt. Wien VIII, Floriang. 20/20. (Sadowa Wisznia 22/4 81.) W: Das Lichtspiel (Wesen, Dramaturgie, Regie) 19.

Pordes-Milo, Alex. Sigm., DV. Charlottenburg, Giesebrechtstr. 19. (Lemberg 6/11 78.) W: Mondscheindame, Optte.; Dame im Frack, P. 19; Corsofel, P. 19: Verliebte Frauen, Optte. 21; Schwalbenhochzeit, Optte. 21; Die Bredenkamps, Sch. 21: Der niegeküßte Mund, Optte. 21; Das Mädchen aus der Rosenmühle, Optte. 21; Das lila Sévaré, Optte. 22; Mein Freund, der Lakai, Sgsp. 22; Miß Blaubart, P. 22; Sataniel, O. 23; Die Schusterkomtesse, Optte. 23; Jimmy Valentin, Sch. 23; Die Millionen des Lord Cuningham, Vst. 23; Der Bräutigam meiner Frau, Schw. 23.

Porges, Elsa, s. Bernstein, Elsa.

Porges, Friedrich, CC., CV., VF., ⊙, Nov., /, 🎥, Red. d. Wiener Sonn- u. Montags-Ztg. Wien IX, Eiseng. 23 (ebda 14/7 90.) W: Licht, Dr. 08; Die Helden, Dr. 09; Der tote Wille, 3 Einakter 10: Der Schritt ins Dunkel, N. 19: 50 m Kinoweisheit 19; Die Liebe des Thomas Hill, R. 20. H: Allg. Theater-Ztg. 12/13. Mitarb: zahlr. Zeitschr. ()

Poritzky, J. E., DV., SDS., ⊙, /, ●, ♛, Ψ, ∴, Roman. Berlin-Wilmersdorf. (Lomza 13/1 76.) W (seit 00): D. Studentin, Berliner R. 01; Lamettrie, Leben u. Werke 00; Ged. 02; Heine-Dostojewski-Gorki, Ess. 02; Peter Brohs Geständnis, Erz. 06; Aphorismen v. Casanova, mit e. Essay 06; Probleme u. Porträts, Essays 06: Meine Hölle 06; Brüder, Dr. 07; D. Glücklichen, Lsp. 08; Shakespeares Hexen 09; Kulturhist. Charakterbilder 09; Das Herz der Nacht 09; Von jungen Philosophen und alt. Narren, Nn. 12: Liebesgeschichten, Nn. 12; Gespenstergeschichten, Nn. 13; Musik im Bild 13; Imago mundi 17; Die Erotiker 21: Dämonische Dichter, Essays 22; Phantasten und Denker, Essays 23; Geist und Schicksal, Essays 23; Mysterien Nn. 23; Über Nacht, Dr. 23. Ue: Die Bekenntnisse d. hl. Augustin. H: Musäus, Die deutschen Volksmärchen 13; Arndt, Märchen u. Jugenderinnerungen 13; Sammlung menschl. Dokumente 11—15; D. Sieg d. Todes 15.

Porstmann, Walter, Normung, Organisation, ∴, Dr. phil, Berlin-Südende, Langestr. 6. (Geyersdorf, Erzgeb. 8/3 86.)

Port, Frl. Frieda, PA., ⚘. München, Seidlstr. 10 III. (ebda.) W: Gedichte 88; Hermann Lingg, eine Lebensgesch. 12; Goldene Phorminx: Griechische und Römische Lyriker und Elegiker 23.

Porzig, Walter, Ue, Dr. phil., Priv.-Doz. Leipzig (Sa.). Königstr. 15 IV. (Ronneburg, S.-A. 30/3 95.) Ue: Die wichtigsten Erzählungen des Mahābhārata II 23. *

Poeschl, Heinr., PA., RV., deutschnat. Politik, ▣, ⚖, Vertr. auswärt. Blätter. Dresden-A., Breitestr. 12. (Brünn 3/5 68.) H: Jung Siegfried, Jahrb. f. d. deutsche Jugend 20f.; u. a.

Post, Egidius, Pädagogik, Volksschullehrer. Kuckum b. Wanlo, Kreis Grevenbroich, Rheinland. (Köln 25/7 91.) W: Die Wiedergeburt der deutsch. Volksschule 18; Vom Geiste der neuen Volksschule 22.*

Postel, Georg (Ps. Georg v. d. Halde), Humor, ⚘, ✗, /, ▣. Oberstltn. a. D. Greiz i. V., Poststr. 2b. (Neiße 28/4 62.) W: Aus dem Tornister, Mil.-Hum. 02; Der Bergmann v. Falun, eine Bergmannsmär 02. ()

Postler, Frl. Elisabeth (E. Linden), NSV., ⚘, Missionsschr. Halle a. S., Leipziger Str. 65 I. (Santomysl 11/1 63.) W: Unt. d. Weihnachtstern, Erz. 95; Ernstes u. Heiteres, Geleg.-G. 00: Um e. Pflaume, Erz. 02; Schwester Martha Postler, ein Frauenleben im Dienste der deutschen Blindenmission in China

07; Lebende Bilder nach O. Pletsch zu Volksliedern usw. 08; In alle Welt, Missionssp. 09; Das Walten d. Frau, Festsp. 10; Schwarz-Weiß-Rot, Dchtg. 13; Ein fröhl. Echo a. Kinderland, Dchtg. 15; Erntedank, desgl. 15; Weihnachtsklang, desgl. 15; die letzten drei zus. u. d. T.: Heimatgrüße f. uns. Feldgrauen 15; Kriegskinder, Dchtg. 16; Graf Bülow v. Dennewitz, Festsp. 16; Heimgekommen, Erz. 23.

Pottag, Alfred, Ⓟ, Kreisschulrat. Spremberg L., Wilhelmstr. 30. (Eulo b. Forst i. L. $^{30}|_{8}$ 78.)

Potthoff, Alfred, WSB., ✤, Student. Bielefeld, Westf. (ebda $^{27}|_{3}$ 98.) B: Im Frühlicht 21.

Potthoff, Heinz, SDS., Sozial- und Wirtschaftspolitik, Arbeitsrecht, Dr. phil. München, Ainmillerstr. 33. (Bielefeld $^{9}|_{5}$ 75.)

Pöttke, Lothar, PA., Nov., Humoresken, ✤, aktuelle Art., Journalist. Berlin N 20, Christianiastr. 93 I. (ebda $^{17}|_{6}$ 80.)

Povinelli, Adolf Heinrich, O, ✤, Rom., **Ue:** IF, Privatbeamter, Hauptmann a. D. Wien XVIII, Hofstattgasse 7. (Innsbruck $^{12}|_{7}$ 61.) B: Morgenwolken, G. 83; Sylvestergedanken e. Tirolers, Dchtg., 4. A. 86; Ahasverus in Tirol, E. 90, 2. A. 92; Mönch u. Herzogin, E. 93; Freie Liebe, Dchtg. 94; Thalias Weihe, Festsp. 95.

Povinelli, Frl. Hilda, Erzählg., Roman. Wien XVIII, Hofstattgasse 7. (ebda $^{9}|_{7}$ 89.) B: Das Krane-bitt-Manndl, R. 23.

Praehauser, Ludw., Kritik, Essay, Dr. phil. Salzburg, Mönchsberg 8. (ebda $^{10}|_{8}$ 77.) B: Das künstlerische Bild als pädag. Problem 06; Aus den Schatzhäusern der Kunst 07; Lehrerkonferenzen 13; Das Problem der Bildbetrachtung 23.

Praschniker, Camillo, Wirkl. Mitgl. d. deutsch. archäol. Instituts, d. österr. arch. Instituts, Klassische Archäologie; Dr. phil., o. ö. Prof. d. deutsch Univ. Prag, Clementinum ($^{13}|_{10}$ 84.) B: Archäologische Forschungen in Albanien u. Montenegro 19; Musekhia u. Malakastan 20; Kretische Kunst 21. *

Prast, Firmin Siegfried, O, Dr. phil., Gymnasial-Prof. Salzburg (Parsch), Gaisbergstr. 7. (Innsbruck $^{13}|_{3}$ 82.) B: Die Perle Österreichs, Sgsp. 06; Wildfangs Berufung, Freilichtsp. 22; Alpen-Weihnacht in der guten alten Zeit, Bühnen-J. 23. *

Praxmarer, Konrad. Marburg a. d. Lahn, Roserstr. 42 oder Graz (Deutschösterreich), Jahng. 2. (Gottschee, Krain, jetzt Jugoslavien) $^{16}|_{8}$ 95.) B: Spenglers zweiter Band. Eine Einleitung zur öffentlichen Diskussion 22; Idee und Wirklichkeit. Dostojewskij, Rußland und wir 23. **Ue:** Dostojewskij, Ein Traum, phantastische Begebenheit eines sehr lächerlichen Menschen 22; Dostojewskij, Die Stimme aus dem Untergrund 23. *

Prechtl, Hermann, PA., ♛, Reiseschrift., Chefred. a. D., Buchdruckereibes. Innsbruck, Leopoldstr. 12. (Braunau a. Inn $^{11}|_{3}$ 73.) B: Ins Stubai (m. L. Neuner) 04, 3. A. 23; Am Brenner 04; Achensee-Tegernsee 21, 2. A. 23; Ein Tag in Innsbruck 22. H: Tiroler Sonntagsblatt.

Preczang, Ernst, ASB., Schriftst. Berlin SW, Dreibundstr. 9. (Winsen a. L. $^{16}|_{1}$ 70.) B: Im Strom d. Zeit, G. 08, 4. A. 21; Im Hinterhause, Bst. 03, 3. A. 21; Die Glücksbude, R. 09, 3. A. 20; Gabriello der Fischer, Lsp. 11; In den Tod getr., Erz. 12, 2. A. 19; Der Ausweg, R. 12, 15. T. 20; Nuckel das Kapital, Erz. 18.

Preiß, Herbert Adolf (Ps. für ✤: F. Spires), O, ✤, Rom., Hauptschriftleit. d. Monatsschr. „Der Beobachter". Frankfurt a. M., Nordendstr. 18. (ebda $^{26}|_{7}$ 84.) B: Erlebtes u. Erlogenes, mundartl. G. u. Erz. 19, 20; Marguerita, R. 20, 21; Die Kehrseite, Lstsp. 20; Auf Umwegen, Lsp. 21; Grausamkeit, Pl. 20, 21; Des Lebens Erfüllung, R. 22; Melittas Freier, R. 22; Frei als Knecht, R. 22; Doppelte Moral, Schw. 22; Und dennoch, R. 23; Heuchler, Sp. 23; Susemichel, R. 23.

Preißer, Gerhard, ✤, ⁂, O, Nov. Weimar, Schwanseestr. 42. ($^{31}|_{8}$ 00.) B: Opferungen, leg. Dr. 22; Ur-Geburt, myth. Dchtg. 24.

Preitz, Max, deutsche Literaturw., ♫ u. ♛, Dr. phil., StudR. u. Beauftragte Lehrkraft a. d. Universität. Frankfurt a. M., Holbeinstr. 57. (Zerbst $^{26}|_{12}$ 85.) B: Gottfr. Kellers dramat. Bestrebgn. 09; Prinz Moritz von Dessau im 7jähr. Kriege 12; Deutschkundlicher Lehrplan 22; Brentanos Freudenhaus-Romanze 22. H: Cl. Brentanos Werke 14 III; Lebensgut, ein deutsches Lesebuch 23ff. VI.

Preller, Hugo, Dr., ♛, Studienrat, ORS. Gotha, Seebachstr. 24. (Ufstrungen a. Harz $^{1}|_{6}$ 86.) B: Das Altertum, s. staatliche u. geistige Entwicklung u. deren Nachwirkungen 19; Weltgeschichtliche Entwicklungslinien vom 19. zum 20. Jahrh. in Kultur und Politik 22; Die Weltpolitik des 19. Jahrhunderts, 23. *

Prellwitz, Frl. Gertrud, O, ObLehr. Oberhof i. Thür. Wald. (Tilsit $^{9}|_{4}$ 69.) B: Ödipus, Dr. 98; Weltfrömmigkeit u.

Christentum 98; Zwischen zwei Welten, Dr. 00; Der religiöse Mensch u. die mod. Geistesentwicklg. (7 Vortr.) 04, 3. A. 16; Michael Kohlhas, Dr. 04; Vom Wunder des Lebens, Dchtg. 09, 7. A. 14; Seine Welt, Dr. 12; Die Legende vom Drachenkämpfer, Dchtg., 4. A. 12; Die Tat! Dr. 12; Durch welche Kräfte wird Deutschland siegen?, religiöse Vorträge 14; Der Kaisertraum, Dr. 16; Weltsonnenwende 19; Drude, Erz. 20; Osterfeuer, Erz. 21; Ruth, Erz. 21; Ged. 21; Unsere neue Weltanschauung 21; Schaffende, R. 22; Ein heiteres Märchenspiel 23; Drude, 2. Bd. (Neue Zeit) 23.

Prels, Max, SDS., CC., ⚜, /, Roman, Kritik, Dr. jur. Berlin-Halensee, Küstriner Str. 23. (Wien $^{28}|_{7}$ 78.) B: Jugend-Ernte, G. 01; Juris utriusque Doctor u. a. Nov. u. Skn. 05; Erste Fahrt, R. 10; Kino, ein Volksbuch 19; Das Narrenhaus, R. 20; Die winkende Gasse, R. 21. ()

Prels, Frau Viki, jetzt: Baum.

Presber, Rudolf, VP., DB., RP., VF., ⚜, Nov., ℒ, Dr. phil. Berlin W, Kaiserallee 222. (Frankfurt $^{4}|_{7}$ 68.) B (seit 00): A. d. Lande d. Liebe, G. 01, 10. A.: Herbstzauber 03; Media in vita, G., 6 A. 02; Dreiklang, Ged. 04; D. Knick im Ohr, 4. A. 07; D. Mädchen v. Nil 6. A. 08; Von Leutchen, die ich lieb gewann, Skn. 05, 52. A. 21; Von Kindern u. jungen Hunden, Nn. 06, 28. A. 21; Spuren im Sande, G. 06, 6. A. 20; Die 7 töricht. Jungfrauen, N. 07, 13. A. 20; Aus Traum u. Tanz, G. 08, 3. A. 20; Das Mädchen vom Nil 09, 10. A. 20; Die bunte Kuh, R. 11, 22. A. 20; Von Ihr u. Ihm 12, 11. A. 19; Der Don Juan der Bella Riva, N. 15, 12. A. 19; Der Rubin d. Herzogin, R. 14, 24. A. 21; Glückliche Finder, Mysterium 15, 8. A. 19; Mein Bruder Benjamin, R. 19, 40. A. 21; Pierrot, G. 21; Der silberne Kranich, R. 21; D. Fuchsjagd, Lsp. 22; D. Unschuldslämmchen 20; Trotz alledem! u. a. **Bearb**: Calderon, D. Richter v. Zalamea, D. Arzt seiner Ehre 07; Gustav Esmann, Vater u. Sohn, Dr. 08. ()

Presler, Frau Johanna, geb. Flohr (Presler-Flohr), DSch., ⚜, ○. Hannover, Königsworther Str. 47. (Gleidingen $^{18}|_{2}$ 62.) B: Gedichte 01; Ulrich v. Hutten, Dr. 09; Mütter, G. 15.

Pretzel, C. L. A., [illegible], lit. Kritik, ObRR., Abteilungsleiter i. Prov.-Schulkollegium. Berlin NO 55, Prenzlauer Allee 227 I. (Großtychow $^{14}|_{8}$ 64.) B: Schulaufsicht u. Schulleitung in den deutschen Staaten 08.

Preuner, Erich, Archäologie u. Epigraphik, Dr. phil., UP. Berlin W 62, Lützowplatz 1. (Greifswald $^{11}|_{8}$ 67.)

Preuß, Frau Anna, geb. v. Eckhel (Ps. Anna Hilaria v. Eckhel), ⚜, Roman, Nov. Eisenach, Hainstein 9. (Triest $^{16}|_{1}$ 73.) B: Im Karst, Tagebuch e. Dorfschullehrerin, G. 05, 3. A. 15; Nanni Gschaftlhuber, R. 19; Zwischen Wellen u. Steinen, N. 20; Unter dem Hammer der Zeit, G. 21; Auf der Lenzfahrt des Lebens, ein Wandervogeltagebuch (in Versen u. Prosa) 22.

Preuß, Erhard Walter, Dresdner Literarischer Verein, ○, Roman, ⚜, Prokurist. Meißen, Sa., Johannesstr. 16. (Dresden $^{31}|_{7}$ 93.) B: Adagio, ein Lied der Liebe 18; Vom Wandern, Prosa u. Ged. 22, 2. A. 23; Teja, Trag. 22, 2. A. 23. *

Preuß, Hugo, Staatswiss., Polit., Dr. jur., Reichsminist. a. D. Berlin W, Matthäikirchstr. 29. (ebda $^{28}|_{10}$ 60.)

Preuß, Konr. Theod., Ethnologie, Dr. phil., Prof., MusDir., UDoz. Berlin-Schöneberg, Hähnelstr. 18. (Preuß.-Eylau $^{2}|_{6}$ 69.)

Prévot, René, /, ℒ, Lit., Kritik, Dr. München, Krumbacherstr. 9. (Moosch i. Elsaß $^{14}|_{12}$ 80.) B: D Waldmühle (m. H. K. Abel), Dr. 01; Freiheit! Dr. 02; Lieder für Sie 03; D. deutsch-französische Kulturproblem im Elsaß, Ess. 06; Elsässische Streifzüge, Ess. 13; Wohlfahrtseinrichtungen d. Arbeitgeber (m. Prof. A. Günther); Du mein Schwabing! Nn. 21; Casanovas Begegnungen, H. 21; Ali Bumba, Nn. 22; Boheme, Nn. 23.

Pribilla, Max, Ethik, Prof. Ignatius-Kolleg. Valkenburg, Holland. (Köln $^{22}|_{11}$ 74.)

Prieß, Frau Dr. Clara, ⚜, Nov., Jugendschr., RAWwe. Lübeck, Roeckstr. 48. (Solingen $^{11}|_{1}$ 65.) B: Leidensgedächtnis, Memoiren der Gräfin Ulfeld 11; Hansemanns Kinder u. ihre Kameraden 13f. II; Garten d. Jugend 14, 4.—6. A.; Frühling 1915, G. 15, 3. A. u. d. T.: Daß Dir wachsen Deiner Seele Schwingen 16; Geschichten f. Feldgraue u. a. Leute 16; Als wär's ein Stück von mir, Lyrik 17; Der Weg ins Leben 16, 3.—6. A.; Allerlei Frauen 18.

Prilipp, Frl. Beda, SDS., Essay, **Ue**: E, Schriftleit. Berlin-Schöneberg, Stubenrauchstr. 4. (Berlin.) **H**: Stifter, Auswahl 10. **Ue**: Franck, Als Vagabund um die Erde 11, 7.—9. A. 13; Aus feindlichen Schützengräben 16. B: Wahrheitsucher, DürerR. 16; Johannisnacht.

Primer, Paul, deutsche Lit., Dr. phil., GP., GehStudR. Frankfurt a. M., Ober-Mainanlage 3. (Wollstein $^{27}|_{3}$ 50.) B: Stimmen geg. die Überschätzung der Kunst 87; Die Heilung des Orest in Goethes Iphigenie auf Tauris 94; Schillers

Verhältnis z. klass. Altertum 05; Goethes Verhältnis z. klass. Altertum 11; Goethes Beziehungen zu Gottfr. Hermann 13. H: Lessings Hamburger Dramaturgie 95, 2. A. 08. ()

Printz, Wilh., SDS., ind. Ψ, indogerm. Sprachw., Lit.♛, Dr. phil., UDoz. Frankfurt a. M., Falkensteiner Str. 19. (Karlsruhe $^{9}|_{8}$ 87.) H: Goethe, W. Meisters Wanderj. (Tempel-Ausg.) 10. Ue: Boccaccio, Labyrinth d. Liebe 07; D. Liebesbriefe d. Babet 08; A. Meillet, Einf. in d. vgl. Gramm. d. indogerm. Sprachen 09.

Prinzhorn, Hans, SDS., Dr. phil. et med., Nervenarzt und Kunstforscher. Dresden-Weißer Hirsch, Schulstr. 19. B: Bildnerei der Geisteskranken, e. Beitrag zur Psychologie u. Psychopathologie der Gestaltung, 22, 2. A. 23. •

Probst, Eugen, Lit.♛, Erzählg., Dir. d. Städt. Sammlungen. Wien III, Kleistgasse 6. (ebda $^{24}|_{11}$ 58.) B: Ein Schwabenstreich; Sonntagskinder; Der Herr von Mezökut. ()

Probst, Hans, ✠, Gymn.Rektor. Ansbach. (Rothenburg o. T. $^{2}|_{3}$ 61.) B: Lieder sind wir 96; Deutsche Redelehre 97, 3. A. 05; Wen soll ich malen? Bilderbuch 00, 9. A. 13; D. Schnellmaler, ein neues Bilderbuch 01, 6. A. 13; D. junge Künstler, Bilderb. 04, 3. A. 10; D. Mitschüler, Lsp. 04; D. Heinrichstag v. 1520, Fsp. 08; D. Madonna Sixtina 10; Stud. zur Ilias 14; D. schwäbische Färber, N. 16; D. wunderliche Reise; D. Heldenprobe N. 17; Sturmnacht, Peter Erdmann, N. 22; Für stille Stunden, G. 22; O diese Götter! G. 23.

Procházka, Rud. Frhr., ✠, Musik♛, Kompos., MinistR., Landes-Musik-Referent. Prag I 191. (ebda $^{23}|_{2}$ 64.) B: Asteroiden, G. 87; Versuch einer Reform der deutschen Lyrik 89; Mozart in Prag 92, 2. A. 99; R. Franz 94; Arpeggien 97, 2. A (Musikal. Streiflichter) 01; Joh. Strauß 99, 3. A. 13; Christus, geistl. Melodr. 01; Aus 5 Jahrhdtn, Mus.-Ausstell.-Katal. 11; D. romant. Musik-Prag 13; Jahre u. Gedanken I 14. MitB: Kothes Mus.-Geschichte 09, 11. A. 20. H: Vorschriften f. d. Mus. Staatsprüfg. 06, 2. A. 13.

Promber, Otto, PA., /, ✠, O, Rom., Epigramm, Jugendschr., Red. d. „Universal-Korrespondenz". Dresden-Laubegast. (Zittau i. Sa. $^{22}|_{11}$ 74.) B: Neue Heinelieder, G. 99; Herzmuscheln, G. 00; Träumereien eines Nachtwandlers, G. 03; In Sturm u. Not im Lenkballon, Erz. 11, 10. T.; Zurück ins Jugendland! G. 12; D. Stern d. Resi Wildt, R. 21 u. a.

Promontarius, C., s. Forberger, Carl.

Prorók, s. Wahl, Edg. v.

Proschko, Frl. Hermine Cam. (Ps. C. Wittendorf), (k.), Erz., Jugendschr., Hrsg.geberin d. „Jugendheimat" u. d. „Jugendlaube". Wien VI, Kopernikusg. 12. (Linz $^{29}|_{7}$ 54.) B: Ins Herz getroffen u. a. Erzn. 09; Luegerbüchlein 10; Habsburgs Herrscherfrauen 10; D. Weihnachtsglocken klingen, Theaterstücke 10; Tiroler-Traudel, Sch. 12; Gesammelte Erzn. I—VI 01—12; Lustige Geschichten 15. ()

Prosl, J. Hans, PA., Gew.Dir. u. verantw. Red. d. Zeitung „Die Zeit". Wien IX, Liechtensteinstr. 21. (ebda $^{18}|_{3}$ 58.)

Prosl, Robert Maria, DÖSchG., PA., O, ✠, /, Red. u. Schriftst. Wien XXI/5, Industriestr. 141. (ebda $^{14}|_{9}$ 73.) B: Der Müller u. sein Kind, O. (m. K. Schreder) 07; Pompei, O. (m. dems.) 12; Der Türmer von St. Stephan, Optte. (m. Roffan) 12. ()

Proßnitz, M., s. Nörenberg, Marie.

Prüfer, Arthur, Musik♛ u. Ästhetik, Dr. jur. et phil., a.o. UP. Leipzig, Schwägrichenstr. 6. (ebda $^{7}|_{7}$ 60.) B: Untersuchgn. üb. den außerkirchl. Kunstgesang im 16. Jahrh. 90; J. H. Schein, Monogr. 95; Briefwechsel zwischen C. v. Winterfeld u. Ed. Krüger 98; Bühnenfestspiele in Bayreuth 99, 2. A. u. d. T.: Das Werk von Bayreuth 09; Joh. Seb. Bach u. die Tonkunst des 19. Jahrh. 02; J. H. Schein u. d. weltl. deutsche Lied d. 17. Jahrh. 08; Richard Wagner in Bayreuth 10; Einführung in R. Wagners „Feen" 12; Rich. Wagner u. Jac. Grimm 13; Franz Liszt u. d. Schiller-Goethe-Denkmal in Weimar 17; D. Musik als tönende Faust-Idee 20. H: J. H. Schein: Sämtl. Werke I—VII, 01—19 (VIII im Druck) 23.

Prüfer, Johs., ∴, ▮, Dr. phil., Oberstudiendirektor. Leipzig-Go., Pölitzstr. 24. (Leipzig $^{1}|_{9}$ 82.) B: Vorläufer Fröbels 11; Kleinkinderpädagogik 13, 2. A. 23; Friedrich Fröbel 14, 2. A. 20; Theorie und Praxis in der Erziehung 17; Die häusliche Erziehung 20; Die Kinderlüge 20; Henriette Goldschmidt 22. H: Fröbels Mutter- und Koselieder 11, 3. A. 19; Quellen zur Geschichte der Kleinkindererziehung 13; Fröbels Menschenerziehung usw. 16.

Prümer, Karl, ✠, Hum., MitHrsg. d. „Zeitschr. f. Rhein. u. Westf. Volkskde." Dortmund, Prinz-Wilhelm-Str. 5. (ebda $^{23}|_{6}$ 46.) B: Gestalten u. Gesch. ut Westf. 83, 2. A. 20; Aus Alt-Westfalen 08; Unser Heimatland Westfalen 08/09; Der Armeleutpastor (u. d. Ps. Johs. Kruse) 08; Kornblumen un Hiegenrausen 11; Als wir noch jung waren 12; Pipenbrink im Schüttzengrawen un to Hus 16; Schelmen-

streiche 17; Daseinshumor e. alten Buchhändlers 20; Westfälische Dorfgeschichten 20/21 IV; De Dod as Richter 20. ()

Prusse, Ulrich (Ps. Wolfram Achilles, Maximilian Ulrich), O, Epos, ✿, Kritik, Liederkompos., Offiz. a. D. Liegnitz. (Trachenberg, Schles. $^{13}|_{2}$ 48.) B: Arminius, Tr. 86; Stralsund, VolksSch. 86; Aus Kampf und Frieden, G. 97; Sunhilde, Tr. 03; Vineta, VolksSch. 03; Widukind, der Sachsenherzog, Dr. 03; Brunhildens Rache, Tr. 10; Burg Zion, Tr. 11; D. Wild- u. Rheingraf, Libr. 11; Soldatenehre, Volks-Oper 13; Harfenklänge13; D. Gott der Deutschen, Dr. ()

Przygode, Wolf, Essay, Dr., Lit. München, Montsalvat-Str. 17. ($^{20}|_{9}$ 95.) B: Der Zustand Karl Kraus 20 (m. Georg Kulka). H: Die Dichtung I 18/19, II 20/23; Buch der Toten 19; Die Erste Mappe 21; Die Zweite Mappe: Franz Marc.

Przywara, Erich, SJ., ✝, ✿. München, Veterinärstr. 9. (Kattowitz, Ob.-Schles. $^{12}|_{10}$ 89.) B: Unsere Kirche 15, 21; Eucharistie und Arbeit 17, 21; Vom Himmelreich der Seele 22/23; Kirchenjahr 23; Religionsbegründung 23. H: J. H. Newman, Christentum 22/23 VIII.

Pschorn, Karl, Obmann des „Reichsbundes deutscher Mundartdichter", Ausschußrat der DÖSchG., Mundartdichtg., Bürgerschullehrer. Wien XVI, Thaliastr. 146. (Waidhofen a. d. Ybbs $^{17}|_{7}$ 85.) B: Mei erschte Fechsung 15; Stade Stunden 21.

Ptáček, Frau Maria, geb. Štěpánek, Frauenbewegg., Vorträge, Nov., Ue ins Tsch. Prag, Košíře, Václavka 308. (Radboř $^{4}|_{10}$ 72.)

Puchstein, Hans, /, Präs. d. Deutsch-Österr. Schriftst.-Genossenschaft, Chefred. am „Deutsch. Volksbl." Wien VII, Kaiserstr. 62. (Labes, Pomm. $^{24}|_{8}$ 65.)

Pudor, Heinr., △, Kunstgew., Sozialhygiene, ▣, Dr. phil., Hrsg. d. Zeitschr. „Unlauterer Wettbewerb" (Mitteilgn. d. Schutzverb. f. deutsch. Qualitätsarb.), „Kultur d. Familie" (illustr. Monatsschr.), „Der Deutsche Volksrat", „Der Deutsche Finanzmann", „Antisemit. Rüstzeug", „St. Georg" u. Kunstgewerbl. Korr." Leipzig, Stötteritzer Str. 77 IV.

Pühringer, Franz, ✿, Oberlehrer. St. Stefan ob Leoben, Steierm. (Pürbach i. Nied.-Österr. $^{10}|_{9}$ 76.)

Pult, Eduard, ✿, /, Prof. Wien VI, Köstlergasse 4. (ebda $^{19}|_{1}$ 81.) B: Aus stillen Stunden 08; Ein Jahr 10; Frühlingsernte 14.

Pulver, Max, DB., SDS., Dr. phil. München, Tristanstr. 4 II. (Bern $^{0}|_{12}$ 89.) B: Selbstbegegnung, G. 16; Robert der Teufel, Sch. 17; Alexander, Sch. 17; Odil, Erz. 17; Igernes Schuld, Sch. 18; Merlin, E. 18; Zwischenspiele, Sp. 19; Auffahrt, G. 19; Das große Rad, Lsp. 21; Die weiße Stimme, G. 23; Kleine Galerie, Sk. 23. H: Schriften Franz von Baaders 21. Ue: Fortunio 23; Die Reiterin Elsa 23.

Pulz, Robert, O, Beamter. Rositz, S.-Alt. (Bitterfeld $^{27}|_{3}$ 86.) B: D. Tragödie von Thorn 20; Schlacht b Skurkola, Dr.; Wie lange noch? Tr.; Friedrich der Sanftmütige, Sch.; Das seidene Kleid, Schw.

Pünjer, Karl, Epik, ✿, Essay, ☊, ∴, Mithrsg. d. „Dithmarschen". Heide in Holstein, Klaus-Groth-Str. 21. ($^{11}|_{4}$ 93.) B: Steenbock, N. 21.

Purlitz, Friedrich, RP., ♛, ⚓, Ue: LE, Dr. phil. Dresden-A., Bamberger Str. 26. (Bremen $^{21}|_{8}$ 67.)

Püschel, Ernst, Romane, Dr., Lit., O, Verlagsinhaber. Neudietendorf, Thür. (Berlin $^{14}|_{7}$ 81.) B: Christen von heute, Skn. 09; D. deutsche Pest, Skn. 09, 2. A. 11; Johannes d. Täufer im Drama d. Gegenw. 10; E. glücklicher Mensch, R. 11; Rostock u. die Rostocker, Skn. 11; D. neue Heimat, R. 12, 3. A.; D. neue Luther, Dr. 12; Vorfrühling, G. 12; Im geistl. Rock, Erzn. 12; Wortbrüchig, Erz. 13; Lieder v. Glück 15; Husar von Möckern, Erz. 15; Hilfsprediger Bertram, der Dieb, Erz. 18; D. Rosenlieder, Erz. 18; Zur Sturmzeit in Berlin 19; Das höchste Gebot, Dr. 20; Der Sieger, Dr. 20; Luthers Versuchung, Dr. 21; Morgenleuchten, Dr. 23. H: Ev.-kirchl. Jahrbuch 05; Geistlicher Humor 11, 3. und 4. A. 12; Zeit- u. Ewigkeitsfragen.

Püttmann, Eduard Oskar, BJ. & SV., RP., Roman, Nov., ✿, O, Krit. Berlin-Steglitz, Peschkestr. 4. (Berlin-Großlichterfelde $^{15}|_{5}$ 80.) B: Der Schatten, Nn. 14; Das Kreuz des Ich, Nn. 16; Anna Carolina, R. 17; Weltstadtgeschichten, Nn. 17; Gespräche 17; Auf violetten Wegen, G. 17; Das Diadem der Tränen, G. 17; Colmar, G. 17; Der Spiegel, Nn. 18; Bianca, Nn. 22; Tal der Reue, Nn. 23; Am Tor des Todes, R. 23; Märtyrer, Verszykl. 23.

Putz, Frau Liddy (Ps. L. Malten), Roman, ✿, Skizze, O. Berlin-Lichterfelde W, Weddigenweg 41. (Leipzig $^{17}|_{7}$ 70.) B: Nur eine Magd, R. 09; Auf deutscher Wacht, R. 16.

Putz zu Adlersthurn, Anton, SDS., ✿, O, Kritik, Schriftst. München 8, Rosenheimer Str. 100 I. (ebda $^{4}|_{5}$ 92.) B: Welke Wonne, Lr. 20; Frithjof, O.-Dchtg. 21; Erste deutsche Nachdichtung nach dem altitalienischen: „Boccaccios Liebes-

Labyrinth" 22. H: Jon 20; D. Bettlerin v. Pont des Arts 21; D. Verbrecher aus verlorener Ehre 21; Goethes Balladen und Romanzen 23.

Q.

Quade, Fritz, Okkultismus, Dr. phil., Chemiker u. Patentanwalt. Berlin-Zehlendorf, Winfriedstr. 4a. (Stettin $^{1}|_{3}$ 84.) B: Die Jenseitigen 19; Zur Kritik des Offenbarungsglaubens; Die Befragung der Jenseitigen 21; Die Überwelt und wir 22. *

Quanter, Rudolf, ✱, Kultur♛, ✠. Tempelhof b. Berlin, Theodorstr. 3. (Leipzig $^{17}|_{10}$ 61.)

Quefeld, Martin J., s. Cohn, Fritz Th.

Quehl, Friedrich, ✱, /, ♛, ✠, Literaturgeschichte, Kritik, Vorsitzender des Bartelsbundes, Gau Groß-Berlin). Berlin-Steglitz, Albrechtstr. 119. (Halle a. d. S. $^{27}|_{10}$ 74.) B: Als der Weltbrand entfachte, G. 14, 2. A. 15; Im Flammenschein d. Weltbrands, G. 15; Sturmglocken im Weltbrand, G. 15; Weltbrandswende, G. 16; Deutschlands Anteil am Weltkrieg 16; Deutschlands Sendung, 1. u. 2. A. 18; Kampf um Hithabu, E. 20; Adolf Bartels 22; Otto Erler 23; Gedichte 23; Balladen 23. H: Briefe F. L. Jahns 14; H. Gutberlets ausgew. Ged. 20.

Queisner, Rob. (Wild-Queisner), Humor, /, ◯, Roman, ♠, Jagd, Hauptm. a. D. Berlin-Friedenau, Maybachpl. 11 IV. (Groß-Malsau $^{10}|_{9}$ 62.)

Quensel, Paul, /, ✱, ◯. Prof., Weimar, Silberblick 1. (Weida $^{8}|_{6}$ 65.) B: Wiedersehen, Dr. 94; Ein Liebeslied, Dr. 95; Dornröschen, Märchendichtg. 96; Um die Scholle, Tr. 97; Menschenleid, Sk. u. Dchtg. 99; Das Alter, Kom. 01; Zeichenschule 02, 2. A. 06; Meisterbilder und Schule 05; Drei Novellen 12; Herrenrecht, VolksSch. 13; Der Stammvater, Kom. 16; Arbeit, Sch. 18; Das Kleeblatt, Kom. 20; Wunderlich Volk, N.; Thüringer Sagen; Brigittens Leiden, Lsp. 22; Minko, Kom. 23. H: Deutsche Volksstücke, Neue Volksstücke u. a.

Quenzel, Karl, PA., ⁂, Lit.♛, Kunst♛, Kritik, Verlagsredakteur. Leipzig, Lorckstr. 4. (Berlin $^{6}|_{9}$ 75.) B: Grundriß d. deutsch. Lit.-Gesch. 14, 20. T. 20; Der Maler Feuerbach 20; Das Geheimnis Nietzsches 21. H: Heines sämtl. Werke (m. Beyer u. Wegener) 21 XII; Boccaccio, Das Dekameron 23; Hölderlins Werke 23.

Quessel, Ludwig, PA., Politik, ▣, Dr., M. d. R., Redakteur. Darmstadt, Rhönring 127. ($^{1}|_{7}$ 72.) B: Der moderne Sozialismus 19. *

Quidde, Ludwig, ♛ u. Politik, Dr. phil. München, Gedonstr. 4. (Bremen $^{23}|_{3}$ 58.) B: Nationale Lebens- und Ehrenfragen 10; Reale Grundlagen für dauernden Frieden 15; D. Friedensfrage i. d. russ. Rev. 17; Völkerbundspolitik 19; Völkerbund u. Demokratie 20; Völkerbund u. Friedensbewegg. 20; u. a. ()

Quincke, Frau Ida (Oskar Herzfried), ✱, ◯. Oberaudorf a. Inn (Ob.-B.). (Wien $^{28}|_{1}$ 67.) B: Seine beste Idee, Lsp.; Gräfin Fritzl, Lsp.; Aus hellen Tagen, G.; Wien 1908; Das Ende des Materialismus 23. *

Quincke, Wolfgang, Kulturgeschichte, Oberspielleiter i. R. Oberaudorf am Inn (Ob.-B.) Nr. 148 1/2. (Berlin $^{8}|_{2}$ 59.) B: Handbuch der Kostümkunde 1889, 3. A. 08. *

Quisisso, s. Scharl, Robert.

R.

Raabe, Eduard, ◯, ♛, /, RechnR. Hamm i. Westf. (Soest $^{7}|_{4}$ 51.) B: S. G. V. od. De Reise in 't Suerland 93; D. Krugwirt von Burgtal, Lsp. 02; De Geschichte van Hamm, pläseierlik vertallt, I 03, II 04; D. Weihnachtsfeier, Dchtg. 05; Lachendes Leben bei den Borussen in Dünckelheim, hum. R. 10; Psalmen-Tante, R. 13. ()

Raaben, E., s. Wrany, Eug.

Rabe, Aug., s. Ludwig, Aug., Jena.

Rabenlechner, Mich. Maria, VB., ✱, /, Lit.♛, Dr. phil., BundesGProf. Wien XII, Schwenkgasse 11. (ebda $^{12}|_{7}$ 68.) B: H.s Leben und Werke 96; O. von Redwitz' religiöser Entwicklungsgang 97; Ein Sealsfield-Mythus 94, 2. A. 99; Das Weibliche im lit. Wien 99; P. Rosegger 99; Hamerlings Triester Programmaufsätze 00; D. Bauernkrieg in Steiermark 1525 01; Eine bisher unveröffentlichte Jugenddichtg. Hamerlings (Die Märtyrer) 02; Hamerlings „Danton u. Robespierre" u. d. Geschichte 06; D. mexikan. Kaisertum 07; Eine Seminararbeit Hamerlings (Mohammed) 09; Vorlauff, Rampersdorfer Rock 10; Wien in d. Tagebüchern u. Dichtgn. Hamerlings 16; u. a. H: Lorbeerblüten (m. G. Eichinger), 2. A. 94; Den Manen Hamerlings 97; Hamerlings Werke, Volksausg. 01 IV, 3. A. 07; Hamerlings sämtl. Werke 12 XVI; Brentanos Kasperl 20.

Rabinowitz, Sally (Ps. Siegbert Römer), /, Lit.♛, Musik, Ue: F, Dr. phil., Verlagsbuchhändler. Leipzig, Weststr. 74. (ebda $^{22}|_{7}$ 89.) B: Beitrag zur Geschichte d. franz. Novelle 10. H u. Ue: Die galanten Schwänke des Guillaume Bouchet 19. ( )

Raché, Paul, SDS., VP., ⊞, /, Dr. phil., Red. d. „Dtsch. Allg. Ztg." Berlin SW 48, Wilhelmstr. 30. (ebda 15/8 69.) V: Komödiantin, R. 90; Dtsch. Schulkomödie 91; Plebejerblut, R. 92, 2. A. 93; Was tut Deutschland für s. Außenhandel 98. H: Roosevelt, Amerikanismus 04, 2. A. 14. Ue: Couperus, Schicksal, R. 92; Vosmeer de Spie, Eine Leidenschaft, R. 93; Couperus, Weltfrieden, R. 94; Heyermans, Ghetto, Dr. 95; Multatuli, Erz. 02.

Rachel, Hugo, ♕, Dr. phil. Berlin-Schmargendorf, Ruhlaer Str. 14. (7/8 72.)

Rachfahl, Felix, ♕, Dr. phil., o. UP. Freiburg i. B. (Schömberg 9/4 67.) V: Friedr. Wilh. IV. u. d. Berliner Märzrevol. 01; Wilhelm v. Oranien u. d. Niederländ. Aufstand II; Kaiser u. Reich 1888—1913 13; u. a. ()

Racquet, s. Rolfs, Wilh.

Radaković, Frl. Mila, Journalistik, ∴, religiöse u. soz. Fragen, Private, Leiterin der Sozialen Bereitschaft. Graz, Steiermark, Naglerg. 14. (ebda 27/10 61.) V: Religiöse Strömungen 21. *

Radbruch, Gustav, Strafrecht, Rechts-∴, Dr. jur., o. UP., M. d. R., Reichsminist. a. D. Kiel, Feldstr. 122 u. Berlin. (Lübeck 21/11 78.)

Radeck, Reinhart, s. Strähler, Georg.

Rademacher, Carl, ♕, Mus.-Direktor. Köln a. Rh., Eifelstr. 66. (Altenrath i. Kr. Sieg 8/8 59.) V (seit 00): Bilder a. d. Gesch. d. Stadt Köln 00; Aus der Jugendzeit 01; Aus der Zeit d. Völkerwanderg. 03; Führer durch d. städt. prähist. Museum Kölns 07, 5. A. 23; Ausgrabung d. Kadtsteins 11; German. Ur- u. Vorzeit 13; Chronologie d. niederrh. Hallstattzeit 13; Die vorgeschichtliche Besiedelung der Heideterrasse zwischen Rheinebene, Acher und Sulz 20; Cäsarius von Heisterbach, R. 23.

Rademacher, Frau Hanna, DV., ⊕. Düsseldorf, Venloer Str. 22. (Nürnberg 16/12 81.) V: Johanna v. Neapel, Dr. 11; Golo u. Genovefa, Dr. 14; Utopia, Sp. 20; Rosamunde, Dr. 23.

Rademaker, Frl. Franziska, Roman, Poesie, Skizze, Nov., Jugenderzählg., Märchen, Soziales, Frauenwelt, ⚑, Lit., Lyzeallehr. a. D., Schriftst. Düren, Rheinl., Kölnplatz 4. (Amsterdam 19/7 78.) V: Das Ave der Heimat, R. a. Kevelaer 20, 2. A.; Monika Hagemanns Liebe, R. a. Neu-Deutschland 21.

Radestock, Hermann (Ps. Heinrich Repperg), volkstüml. Naturw. Stuttgart, Charlottenstr. 2. (Luckau, N.-Lausitz 13/3 65.)

Radlauer, Curt, Polit.-anthropolog. Schriften, Dr., RegR., Hilfsarb. i. Ausw. Amt. Berlin W 50, Kurfürstendamm 240. (Posen 10/10 84.) ()

Rädlein, M. O. Johannes, s. Johannes, Martin Otto.

Radler, Friedr. Edler v. ⊕, Nov., ♀, Dr. jur., Magistr.-R. Wien VIII, Josefstädter Str. 66. (Olmütz 47.) V: Jos. Haydn; Schikaneder; Türken vor Wien; D. Königin d. Wiener Lieder; Er ist fehlbar; D. Pariser Weltausstellg.; D. Welt ohne Geld; Unt. Wilden; Uns. Gusti; Wienerische Hanswurststücke; Kasperlstücke; D. Frauenrebellion in Nürnberg; D. Wiedererstandene; Vora; Heitere Sensationsgeschichten, Nn.; Lachtauben. ()

Raff, Frl. Helene, Münchn. Schriftstellerinnen-Verein, Red. d. „Münchner Neueste Nachr.". München, Mauerkircherstr. 12 I. (Wiesbaden 31/3 65.) V: Modellgesch. 02; D. Braven u. d. Schlimmen 04; Sünder u. Entsühnte 07; Naturgewalten 09; Paul Heyse 10; Der Nebelreiter u. a. Nov. 12; Der Findling vom Arlberg 13; Regina Himmelschütz 14; Das junge Geschlecht 15; Friedenskämpfe 17; Fortunat 19; Die Georgine 20; Recht wider Recht 21; Der Teutzmauerhof, Erz. 22 I; So lang der alte Peter . . ., Ein Münchner Stadtbuch 23.

Rahlwes, Alfred, DV., Lieder u. Kammermusik, Komponist, Prof., Univers.-Musikdir. Halle a. S., A. d. Universität 1. (Wesel a. Rh. 23/10 78.) V: Frau Potiphar, O.

Rahtgens, Hugo, Kunst♕, Dr.-Ing. Lübeck, Moltkestr. 10. (ebda 8/12 72.) V: St. Donato zu Murano u. verwandte venezianische Bauten 03; Die Ruinen d. Oybin bei Zittau 09; Die Kunstdenkmäler der Stadt Köln, I. Bd., 4. Abt., II. Bd., 1. Abt. (m. Ewald u. Krudewig); Die Kirche S. Maria im Kapitol zu Köln 13.

Rainach, Erwin, s. Hoeffner, Erwin.

Rainalter, Erwin H., Nov., /, Red. d. „Neuen Freien Presse". Wien II, Obere Augartenstr. 54. (Konstantinopel 6/8 92.) V: D. dunkle Falter, G. 11; Anno dazumal u. heute, N. 16; Die Menagerie, N. 20; D. Einsatz, N. 22.

Rainer, Paul, Dr. phil., Dir. d. Mädchengymn. in Reichenberg i. Böhm., Friedländerstr. 54. (Innichen, Südtirol 10/8 85.) V: Meinem Probekandidaten, e. Buch v. froh. Schulmeisterart 18; Unterm Haunold 20; Legenden aus dem Pustertal 20; Tiroler Heimatgedichte 21.

Raithel, Hans, VP., SDS., Oberfränk. Dorfgeschn., Prof., StudR. Lüdenscheid. (Benk b. Bayreuth 21/3 64.) V: Herrle u. Hannile 96, 4. A. 23; Annamaig 08, 3. A. 20; Auf dem schmalen Steg, hist. Sch. 12; Schusterhans 15;

Stiglhupfer 16; Männertreu 17; D. Geschichte von der Butter 18; Der Weg zum Himmelreich 19; Der Pfennig im Haushalt 20; Die heilige Frucht des Feldes 22.

Rajewska von W., s. Weiher, Ruth.

Ramberg, Gerh., Kunstessay, /, ⊞. Wien I, Hegelgasse 8. (Puntarenas $^{21}|_{10}$ 62.) B: Gewohnheitsmensch, Schw. 83; Komödiantin, Sch. 84; Beschreibung moderner Bilder 86; Italienische Malerei der Gegenwart 87; Heutige Kunst 88; Preisausschreiben 89; Hellmalerei, 2. A. 89; Flötenspieler von Bornim, Lsp. 90; Wladimir Nelescu, Sch. 91; Nur drei Jahre, Sch. 91; Celeja 92; Nachklang, Stimmungsbilder, ill. 98; D. mod. Kunstbewegg., Zweck u. Wesen d. Sezession 98; Theater-Plaudereien 00; Volkskunst 00; Huber-Album 02; Öffentl. Kunstpflege — e. Stück d. Sozialpolitik 04.

Ramm, Alexandra, s. Pfemfert, A. S.

Rammien, s. Hirschfeld, Magnus.

Ramsloh, Julius v., s. Bröring, Jul.

Ranegger, Franz, SDS., Deutsche Lit.♛, Kritik, GP. Mödling b. Wien, Templergasse 2. (St. Ulrich i. Greith, Steierm. $^{10}|_{11}$ 83.) B: Die Quellen von Eichendorffs literarhistor. Schriften 19.

Ranft, Alfred (Ps. Ranft-Blankenstein), ASV., Roman, ♉, Volkskunde und Heimatgeschichte des Meißner Landes, Lehrer. Blankenstein, Bez. Meißen i. Sa. (ebda $^{13}|_{9}$ 95.) B: Der Kampf ums Elsaß 19; Lyrische Stimmen 20; Um deutsches Wesen, R. 21; Das Geheimnis der Ruine Blankenstein, Erz. 21.

Ranft-Blankenstein, s. Ranft, Alfred.

Ranftl, Johann (k.), Lit.- u. Kunst♛, Dr. phil., GP., UDoz. Graz, Grabenstr. 29. (Wundschuh $^{26}|_{12}$ 65.) B: L. Tiecks Genovefa 99; Über d. Kunstanschauungen in B. Castigliones „Cortegiano" 10; Kurz zum Thurn u. Goldenstein (m. A. Sattler) 10. H: Kunsthistor. Studien 06, 07, 10; Handel-Mazzetti „Meinrad Helmperger", „Jesse u. Maria" (Schulausg.) 10; „Weihnachts- u. Krippenspiele", „Napoleon u. a. Dichtgen" 12.

Ranisch, Wilhelm, altgerm. Lit.♛, Dr. phil., Prof. a. Ratsgymn. Osnabrück, Herderstr. 12. (Memel $^{16}|_{11}$ 65.) B: Walhall, d. Götterwelt d. Germanen 00, 2. A. 05; Eddalieder 03. H: D. Volsungasaga 91, 2. A. 08; Die Gautrekssaga (in zwei Fassgn.) 00; Eddica minora (m. A. Heusler) 03. Ue: Olrik, Nordisches Geistesleben i. heidn. u. frühchristl. Zeit 08.

Rank, Otto, Psychoanalyse, Dr. phil., Red. an d. Zeitschr. „Imago" u. „Intern. Zeitschrift für Psychoanalyse". Wien I, Grünangerg. 3. (ebda $^{22}|_{4}$ 84.) B: Der Künstler, Ansätze zu e. Sexualpsychologie 07, 2. u. 3. A. 18; D. Mythus v. d. Geburt des Helden, Versuch e. psycholog. Mythendeutg. 09, 2. A. 21 (engl. 14, ital. 21); D. Lohengrinsage 11; D. Inzest-Motiv in Dchtg. u. Sage, Grundzüge e. Psychologie d. dicht. Schaffens 12; Die Bedeutung d. Psychoanalyse f. d. Geisteswiss. (m. Hanns Sachs) 13 (engl. 16); Psychoanalyt. Beitr. z. Mythenforschg. 19; D. Trauma d. Geburt 24. ()

Rank, Wilhelm, s. Frankl-Rank, Wilhelmine.

Ranke, Friedr., deutsche Ψ u. ♗, Dr. phil., UP. Königsberg i. Pr., Gluckstr. 1. (Lübeck $^{21}|_{9}$ 82.) B: Sprache u. Stil im Wälschen Gast des Thomasin v. Circlaria 08; D. deutschen Volkssagen 10, 2. A. 23; D. Erlöser in der Wiege 11. H: Des Knaben Wunderhorn 08. Ue: D. Gesch. v. Gisli d. Geächteten 08; Fünf Geschn. von Ächtern u. Blutrache (m. A. Heusler) 22.

Rantzau, Frl. Adeline, Gräfin zu, Roman. Vinzelberg i. Altmark, Akazienhaus. (Rastorf $^{25}|_{6}$ 67.) B: Feuer 02; Hans Kamp 05; Ein unmöglicher Mensch 06; Aus dem Untergrund d. Lebens, R. 08; Der Dritte 10; Roland Klintens Erbe 13; Hein Spinners Feldzug, R. 16; Ganz jemand anders, R. 18; Mein Land, G. ()

Ranzow, Dr. Friedrich, s. Oppenheimer, Frz.

Rapsilber, Maximilian, Kunst♛, △. Charlottenburg, Königsweg 5. (Bernau $^{22}|_{11}$ 62.) B: Reichstagshaus in Berlin 94; J. Pitcairn-Knowles 95; Reichstagsgebäude 95, 4. A. 13; Alt-Berlin 96; Melchior Lechter 03; E. M. Geyger 04; A. Grenander 04; A. Messel 05; F. E. Wolfrom 07; Hotel Adlon 08; D. Tafelschmuck 08; D. Mode d. Jahrhunderte 09; D. Hof Wilhelms d. Zweiten 10; D. Kunst in Hamburg 10; Stephan Sinding 10; Hamburg, kulturgesch. Bilder 11; Weihnachtszauber 12; Berlin u. d. Hohenzollern 12; D. eiserne Hindenburg 18; Max Rabes, ein Weltbild 19.

Raschid Bey, Helene al, s. Böhlau, Helene.

Rasenberger-Koch, Frau, s. Wilde, Karin.

Rasenberger-Koch, Friedrich, SDS., ASV., RP., Vortragswesen, Kompon., Kritiker, Schriftsteller u. Hauptschriftleit. d. „Intelligenz, Deutsche Geistesarbeiter-Zeitung", Präsident der „Gewerkschaft Deutscher Geistesarbeiter E. V." Berlin-Zehlendorf-West, Haus Weltfrieden. (Glarus, Schweiz $^{22}|_{11}$ 94.) B: Kriegstagebuch 15; Liebesgesch. 16; Sirenengesang 17; Grammatik des Sprechens 21; Rotes Soldatenlied 21; Ballade 21.

Rath, Hanns Wolfgang, s. Schulz Euler, Carl Fr.

Rath, Willy, BP. Berlin SW 11, Hallesches Ufer 26. (Wiesbaden 21|7. 72.) W: Theaterstücke.

Rathgeber, Alphons M., relig.-asz., Benefiziat. Wasserburg a. I., Bayern. (Unterroth 8|3. 88.) W: Mir strahlet der Himmel 21; Deutsche Frauen 21; Sorgenspiegel 21; Des Kindes Sonntagsbuch 21; Am Sonntag Nachmittag 22; Im Schatten des Dorfkirchleins 23.

Ratislav, Josef Karl, PA., SDS., ♣, ○, /, Lit.♛, Kritik, Dr. phil., Dramaturg d. Burgtheaters. Wien II, Böcklinstr. 88 III. (Wien 27|8. 90.) W: Artur Schnitzler 11; Stefan Milow, e. dtsch. Dichter 12; Franz Nissel, s. Leben u. s. Werke 14; Sonnenland, G. 12. H: Rudolf Greinz, Tiroler Bergluft 12; Emil Ertl, Christl. 13 u. Aus d. Bienengasse 14; Wien im Gedicht, Anthol. 24; Herrn Kyselaks Alpenreise 22.

Ratzka, Clara, s. Ratzka-Wendler.

Ratzka-Wendler, Frau Clara (Ps. Clara Ratzka), Romanschriftstellerin, Dr. scient. pol. Berlin-Zehlendorf, Alsenstr. 42, z. Z. London, Deutsche Botschaft. (Hamm 4|9. 72.) W: Blaue Adria, R. 15; Juliane, R. 16; Urte Kaleris, R. 18; Die Gasse, R. 18; Familie Brake, R. 19; Die grüne Manuela, R.; Sie, die ich nicht kenne, R. 21; D. Sieben u. ihr Weg, R. 21; Frau Doldersum u. ihre Töchter, R. 21; Die Rätsel von Odry; Renate im Irrgarten 23; Die Venus von Syrakus, R. 24.

Rauch, Christian, Kunst♛, Dr. phil., o. UP. u. Leiter d. Kunstwissenschaftl. Instituts d. Univ. Gießen, Schiffenberger Weg 2 II. (Berlin 30|9. 77.) W: Die Kirche zu Segeberg 04; Die Trauts 07; Führer durch die Kunststätte Fritzlar 09; Die Kunstdenkmäler des Kreises Bingen; Die Kaiserpfalz z. Ingelheim. H: Jahrbücher Hess.-Kunst, s. 05; Beiträge u. Studien zur Kunstgeschichte Hessens u. des Rhein-Main-Gebietes. ()

Rauch, Herm., PA., Theater, /, Dr. phil., HofR., ehem. Eigent. u. Dir. d. Wiesbadener Residenz-Theaters, Direktor der Kurverwaltung in Wiesbaden, Leiter des Kurhauses in Wiesbaden, Erathstr. 15 I. (Berlin 8|6. 69.) W: Lenz und Shakespeare 93.

Raupp, Otto, ASV., ♣, Dekan. Jenzlingen i. Bad. (Dossenbach b. Schopfheim 25|8. 67.) W: Veieli un Zinkli, alemann. Ged. 00, 2. A. 02; Kinder-Weihnachtsfeiern 06, 07, 08, 11, 21; Aus ländlicher Stille, G. 07; Kinder-Erntefeiern 06, 07; Heckerösli, alemann. G. 10; Grüeß Gott!, alem. Sonntagsbetrachtgn. 11; Im Frieden Gottes, Betrachtgn. f. Kranke 12; Kriegswiegenlied 16. H: Ev.-prot. Kirchenblatt 02—11; Wegweiser 06.

Rausch, Albert H., ♣, Nov., Schilderg. Adr. d. Deutsch. Verl.-Anst. Stuttgart. W: Jonathan, Patroklos 16; Kassiopeia, Lyrik 19; D. Träume v. Siena, R. 20; Südliche Reise; D. Seele Lothringens 18. (*)

Rausch, Alfred, ♣, Ψ, ■, Dr. phil., OStudDir., GStudR. Königsberg i. Pr., Jägerhofstr. 6. (Treffurt 8|3. 58.)

Rauschenberger, Walther, ♣, Dr. jur., BiblDir. Frankfurt a. M., Viktoria-Allee 9. (Stuttgart 12|7. 80.)

Rauscher, Ulrich, SDS., ○, Roman, /, Ue: F. Ministerial-Dir. Berlin W 62, Schillstr. 2. (Stuttgart 26|6. 84.) W: Richards Dankwards Weltgericht, R.; Vierzig Jahre aus dem Leben eines Toten; u. a. ()

Rausse, Hubert, Lit.♛, Dr. phil Regensburg, Luitpoldstr. 5. (Telgte, Westf. 11|9. 85.) W: Gesch. d. spanischen Schelmenromans in Deutschland 08; Der deutsche Abenteurer-Roman 12; Gesch. d. dtschen Romans bis 1800 14; Gesch. d. dtschen Volkes III. 23. Ue: Lazarillo de Tormes 10; Cervantes, Don Quixote 12; Spanische Novellen III. ff. 23.

Rauter, Hans, s. Luckenwaldt, Hans.

Rayle, Marga, s. Schaible, M.

Rebele, Casimir, ■, Jugendschr., SchulR. Augsburg, Rosenaustr. 45. (Monheim 26|3. 58.)

Rebiczek, Franz, Dr. phil., CC. Wien XX, Kluckygasse 14 I. W: Das Leben u. das Sterben des berühmten Harfenisten Maria Eusebius Zittersam, Dchtg. 13; Der Wiener Volks- und Bänkelgesang in den Jahren v. 1800—1848 13; Ecce vitae somnium, ein Sp. von Mann und Weib 20; Das Ende, ein eschatologisches Sp. 21; Jan Bagesens Fahrt, R. 23.

Rechert, Emil, CC., ♣, /, Dr. jur., Hof- u. Gerichtsadvokat. Wien I, Heiligenkreuzerhof. (ebda 24|3. 68.) W: Ch. Baudelaire u. d. Modernen 95; Aus dem Skizzenbuch d. Flaneurs 96; Rauchringe 97; Das Leben ohne Schicksal 00; Humor im grauen Hause 12, 2. A. 17. ()

Rechnitz, Alex., Künstlerbiogr., /, ○, Red. Teplitz-Schönau i. Böhmen, Uherstr. 12. (Budapest 28|6. 46.) W: Nach Paragraph 1 d. Zivil-Ehegesetzes 72; Die Macht d. Liebe 02; G. m. b. H. 03; D. Ball-Pause 03; D. Geheimnis einer Frau 04; Amor auf d. Redoute 05; Die Theater-Prinzessin 06; Mutterliebe 06; Häusliches Glück 08; Österreichs Freudentag 08;

Unser höchstes Ideal 09; Aus d. Leben uns. Kaisers 10; D. Bild des Kaisers 11; Dem Kaiser — ein Denkmal! 12; Schwarz-gelb sind meine Farben! 13; Unser Schutzgeist 14; Mit vereinten Kräften! 15; Der heimgekehrte Held 16; Es kommt der Tag — 16; Friede ist es, was ich will! 20; Das schwächere Geschlecht 21.

† **Rechnitz**, Frau Marie, ○. Teplitz-Schönau i. B., Uherstr. 12. (Wien 11/2 61.) B: Die Wunderblume 07; Das Tannenprinzeßchen 10; Frühlingsmärchen 11; Wiener Kinder 12; D. Alpensee 13; Was Lenchen in der Christnacht träumt 14; Wie Hansi in den Krieg zog 15. ()

Reck-Malleczewen, Fritz Percy, DB., ○, Rom., Dr. Schloß Schnaittach b. Lauf, Mittelfr. u. Pasing b. München, Mussinanstr. 10. (Dominium Malleczewen 11/8 84.) B: Uradel, Tr. 16; D. Fremde, R. 17; Frau Übersee, R. 18 (schwed. 20); Joannes, Dr. 20 (russisch 23); D. Dame a. New York, R. 21 (holländ. 22, spanisch 23); Phrygische Mützen, Rn. 22.

Recke, Bruno, ✠, Buchhändler u. Rezitator. Frankfurt a. M.-Süd, Schadowstr. 16. (Leipzig 3/9 79.) B: Einsame Wege, G. 07. ()

Redlich, Osw., ♛, Dr. phil., o. UP., HofR., Präs. d. Akad. d. Wiss. Wien XIX, Vegag. 9. (Innsbruck 17/9 58.)

Redlich, Otto, ♛, Dr. phil., GArchRat, ArchDir. Düsseldorf, Winkelsfelderstr. 9. (Hain b. Borna 15/8 64.)

Reeg, Ludwig, ✠, ∴. Wiesbaden, Emser Str. 27. (Vilbel 23/8 66.) B: Gnade u. Wahrheit 98 f. II; Von der tiefen Wirklichkeit 10, 5. A. 20; Das verborgene Leben 13, 3. A. 21; Der Heimweg 17, 2. A. 20; Die Gemeinde 20; Der Strom 21.

Reese, Willy (Ps. Willy v. d. Ria), ASV., ○, ✠, Erz., Rom., Nov., Sk., Pl., Märch., /, ⚑, Schriftst. u. Red. Weimar. B: Der Golkon, R. 20; Berlin—London—Calais, R. 20; Oka Yuma, der japanische Spion, R. 21; Cox, der Abenteurer, R. 21 u. a

Regel, Heinrich Hermann, DB. Wien IV, Kleine Neugasse 8. (Bielitz 1/7 58.) B: Tanzspiele: Rouge et Noir 91; Die roten Schuhe 97; Vergißmeinnicht 98; Aschenbrödel 01; Mondweibchen 08; Die Jahreszeiten d. Liebe 11; Prinzessin von Tragant 12; Die Tänzerin von Schemacha, O. 20; Das einsame Herz, Sch. 21.

Regensburger, Reinhold, Rechts∴, Lit., Übers., Dr., Syndikus. Berlin NO 18, Friedrichsberger Str. 18. (Frankfurt a. M. 10/5 91.)

Reh, Karl Christian, Belletristik jeder Richtung, Dr. phil. Wien XVIII/3, Glanzinggasse 48. (Mährisch-Schönberg 9/9 88.) B: Traum im Tag, Sk. 21; Der Hidalgo, R. 22 (Ps. Christian Rey). •

Rehbein, Arthur (Ps. Atz vom Rhyn), RP., PA., BP., BSK., SDS., ✠, /. Berlin-Zehlendorf. (Remscheid 26/10 67.) B: Ged. 93, 3. A. 17; Neue Ged. 97; Vom Kyffhäuser z. Wartburg 00; Momentaufnahmen, 2. A. 01; Aus d. Sennelager u. and. Humoresken 02; Unser Rhein 05; Ged., 2. A. 06; Bilder aus Thüringen 06; Rheinische Schlendertage 07, 3. A. 19; Zwischen Sieg und Wupper 08; Schwäbische Streifzüge 09, 2. A. 19; Studiosus Goethe 10; Grün-Weiß, Wandergn. durch Thür. u. d. Harz 11, 2. A. 22; Nachlese, G. 12; Ehrt eure deutschen Meister. (zeitgenöss. Maler, Bildh. u. Baukünstler) 16; Mit Kapitän König in sonnigen Breiten 16; Wunder im Sande, märk. Wanderbilder 19; Junge, mach die Augen auf! 23.

Rehbinder, Graf Nikol. (Ps. Ottomar v. Balten), Politik, Belletristik, ♛, Genealogie, Heraldik, Bibliothekswiss., Reiselit., UnivObBibl. Berlin NW 6, Schiffbauerdamm 28. (Hapsal 28/5 59.)

Rehfisch, Hans J., DB., Drama, Dr. jur. et rer. pol., Gerichtsassessor. Charlottenburg, Württembergallee 26. (10/4 91.) B: Die goldenen Waffen 13; Heimkehr 18; Das Paradies 19; Der Chauffeur Martin 20; Das feindliche Leben 21; Deukalion 21; Erziehg. durch Kolibri, Kom. 22; Wer weint um Juckenack? Tragikom. 24. ()

Rehfus-Oberländer, s. Oberländer, Carl.

Rehm, Herm. S., ASV., SDS., Kultur♛. Frankfurt a. M., Nibelungen-Allee 19a. (Aachen 1/4 59.) B: Meine Freunde von der Kunst 11; Deutsches Lachen 12, 25. A.; Paul Tschitschikows Irrfahrten 13, 2. A. 16; Mohammed u. d. Welt des Islam 15; Nasreddin, der Schelm 16, 3. A.; König Jerômes Karneval 18; Die Erzählungen des Scheichs v. Damaskus 19; Der Humor in der Memoirenlit. 19. ()

Rehmke, Johs., ∴, Dr. phil., em. UP., GRegRat. Greifswald. (Elmshorn 1/2 48.)

Rehren, Ludmila v., s. Heymer, Ludm.

Rehse, Bernhart, DB., SDS., ○. München, Isabellastr. 36. (Barmen 11/11 75.) B: Der Märtyrer, Kom. 01; Arme Seelen, Dr. 02; So sind die Menschen, Kom. 08; Vaterland, Kom. 09; Die neue Generation, Sch. 10; Triumph d. Liebe, Lsp. 14; Raub der Proserpina, Lsp. 15; Der Ehrenbürger, Kom. 16; Quartett, Lsp. 18; Die Köpfe der Hydra, Kom. 20; Die deutsche Seele, Dr. 21. ()

Reich, Amalie, s. Altmann-Reich.

Reich, Emil, ∴, Ästhetik, Ethik, /, Dr. phil., a.o. UP. Wien XIX, Döblinger Hauptstr. 70. (Koritschan i. Mähr. $^{29}|_{10}$ 64.) B: Schopenhauer als Philos. d. Tragödie 88; G. V. Gravina 90; Grillparzers Kunstphilosophie 90; D. bürgerl. Kunst u. d. besitzlosen Volksklassen 92, 2. A. 94; H. Ibsens Dramen 94, 13. u. 14. A. 22; Frz. Grillparzers Dramen 94, 3. A. 09; Kunst u. Moral 01; Aus Leben u. Dichtung 11. ()

Reich, Hermann, klass. Ψ, Staatspädag., Dr. phil., Prof., UDoz., Leit. d. Arbeitsgemeinsch. f. vergl. Lit. a. d. Univ. Berlin-Lankwitz, Siemensstr. 67. ($^{8}|_{10}$ 68.) B: Die Flotte, Dr. 18; Ardalio, Dr. 20; H: Die Zukunft des nationalen Erziehungsstaates; u. a.

Reich, Otto, Dichter, Fabrikarbeiter. Elberfeld, Rheinl., Wirkerstr. 28 I. (ebda $^{8}|_{11}$ 82.) B: Der Herr seines Willens, Sch. 21. *

Reiche, Erwin, Mitglied des Verbandes Berliner Theaterkritiker, des Deutschen Anwaltvereins, des Berliner Anwaltvereins, Dichtung, ⚘, Theater-, Kunst- und Buchkritik, /, ⚖, Dr. jur., Rechtsanwalt u. Syndikus. Berlin NW, Claudiusstr. 10. (ebda $^{20}|_{1}$ 94.) B: Der Bühnenvertrieb 17; Der Schrei der Stille, Sp. 20; Der zuckende Altar, R. 21; Weltenländle, Reise durch romantische Landschaft 21; Ein Lied im All, Sp. 21.

Reiche, Frau Laura (Ps. Leonore Frei), SDS., PA., Roman. Berlin W, Bendlerstr. 35. (ebda $^{28}|_{5}$ 62.) B: Lebensflut, G. 99; Der neue Gott, R. 02, 2. A. 05; Wegwende, R. 03, 2. A. 06; Und sie bewegt sich doch, R. 03, 2. A. 06; Kettenträger, R. 06; Totgeweihte Seelen, Rn. 09; Sturm u. Sonne, G. 09; Das leuchtende Reich, R. 12. ()

Reichelt, Johs. (Ps. Egon Ritter), ASV., Theater- u. Musikkritik, /, ⚘, Erz., Nov. Dresden, Königsbrücker Str. 72 I. (Glauchau $^{14}|_{6}$ 78.) B: Aus Heimat u. Fremde, Tier-Skn. 04 (Ital. 13); Rautendelein, R. 17; Unser Vormarsch 18; Der Stellungskrieg im Westen 18; Die Große Angriffsschlacht 21; Die Große Abwehrschlacht 21 (m. GehR. Walde). H: Gesammelte Holtei-Briefe 12; Herder-Briefe 13; Gleim-Briefe 14; Die Silberne Treppe, Zeitschr. 21/23.

Reichenau, L. J., ASV., Naturw., ∴, Weltanschauungsfragen. Haus Neuland b. Lychen, Uckermark. (Rtg. Lissau, Westpr. $^{26}|_{4}$ 76.)

Reichenbach, Hermann, DV., SDS., Drama. Hamburg, Schlüterstr. 57. (ebda $^{8}|_{2}$ 69.) B: Hochwasser; Strömungen; Ketten; Eine halbe Stunde vor Tag; Unterm Schwert (1813); Die Erbschaft der Lore Braband; Haß; Zwischen zwei Rassen; Der Absturz.

Reichenfels, Harry Heinz, s. Drabke, Emil Karl.

Reichenfelser, Heinrich L., DÖSchG., VB., Dchtg., Roman, ⚭, Rechnungs-Direktor i. österr. Hand.-Minist., Schriftleit. d. „Deutsches Schrifttum“. Wien 5, Strobachg. 11. (Budapest $^{7}|_{8}$ 71.) B: Das Heldenschwert 17. **Mitarb:** versch. Ztgn. u. Ztschr.

Reichenwallner, Balduin (Ps. Balder), Roman, Drama. München, Wessobrunnerstr. 29. (Wiesbaden $^{20}|_{6}$ 89.) B: Ingrid auf Snorresund, Dr. 20; Ein Experiment des Doktors Sargillac, R. 20; Die silberne Harfe, G. 21. ()

Reichert, Heinz, CC., CP., DV., DÖSchG., VF., ⚭. Wien XIII/1, Lainzerstr. 60. (ebda $^{27}|_{12}$ 77.) B: Dreimäderlhaus, Sgsp.; zahlreiche Optten.

Reichert, Otto, ✝, Lutherforschung, Lic. theol., Dr. theol. h. c., Pastor in Giersdorf, Kr. Löwenberg, Schles. (Saarau, Schles. $^{18}|_{8}$ 79.)

Reichl, Josef, ASV., DÖSchG., ♣. Wien XV, Sechshauser Str. 2. (Güssing, Heinzenland $^{19}|_{6}$ 60.) B: Hinta Pfluag und Aarn 18, Va Gmüat za Gmüat 21. Hulzschnitt 22; Vamitschs 23.

Reichl, Kurt, Lyrik, ∴, /, Dr. Wien VIII, Lederergasse 23. (ebda $^{5}|_{8}$ 99.) B: Reflexionen 22. *

Reichl, Otto, Verlagsbuchhdlr. Darmstadt, Nikolaiweg 9. (Leipzig $^{27}|_{9}$ 77.) B: Denkschrift üb. e. Reichsstelle z. Pflege d. geistigen Lebens in Heer u. Marine 16; Fachaufsätze. H: Deutsche Bibliothek 12; Die Bücher d. Leuchters 15.

Reichmann, Hans, ♣, /, Bürgerschullehr. Brünn, Legionärstr. 39. (Rosternitz $^{16}|_{5}$ 76.)

Reichold, Frau Clotilde, ASV., Märch. Nürnberg, Kaiserstr. 16. (Frankfurt a. M. $^{21}|_{11}$ 61.) B: Poetische Märchen 16.

Reicke, Emil, ♛, Dr. phil., ArchDir. Nürnberg, Kaulbachstr. 19. (Königsberg i. Pr. $^{18}|_{1}$ 65.)

Reicke, Ilse, s. Hülsen, Ilse v.

Reicke, Johs., Lit.♛, Dr. phil., Ob-Bibliothekar a. d. UBibl. Göttingen, Weender Landstr. 5. (Königsberg i. Pr. $^{7}/_{3}$ 61.) B: Zu Gottscheds Lehrjahren auf d. Königsberger Universität 92.

Reif, Fritz, Drama, Oberrevident der tschechoslov. Staatsbahn. Eger, Böhmen, Schanzstr. 22. (Franzensbad $^{10}|_{2}$ 85.) B: Lukian, Dr. 23; Draßn u. dahoim, G. 17; Summerzeit, Lsp.; Da Baua im Himml, Sat.; Da Volksdokta, Schw. 19; Schlachtfest, Lsp.; Da Marktkommissär, P.; Haupttreffer, Lsp.; Wastl, Schw. 23. *

Reif, Joh. Ewald (Ps. Johann Ewald), RV., VP., /, Kritik, ♜, **Ue:** F, Red. a. Berl. Lokalanzeiger. Berlin-Wilmersdorf, Sigmaringer Str. 8. (Wien 29/1 82.)

Reigers, Frau Toni, geb. Brandt, DV., ◯, Notarsgattin. Neheim i. Westf. (Düsseldorf 9/10 80.) **V:** Deutsche Zuversicht 13; Der Blinde 18; Schwester Toras Versuchung; An der Pforte des Glücks; Semiramis; Enteignet 23.

Reik, Theodor, Psychoanalyse, Dr. phil. Wien IX, Lackiererg. 1 A. (ebda 12/5 88.) **V:** Rich. Beer-Hofmann 11; Flaubert u. s. „Versuchg. d. hl. Antonius" 12; Arth. Schnitzler als Psychologe 13; Aufsätze z. Psychoanalyse 14; Probleme d. Religionspsychologie I 19; Der fremde u. d. eigene Gott 23.

Reimann, Arnold, Humanismus u. Reformat. ♛, Dr. phil., Stadtschulrat z. D. Berlin W 35, Blumeshof 15. (Bütow 10/10 70.) **V:** Pirckheimer Studien 00; Sebastian Franck als Geschichtsphilos.; u. a. **Neubearb:** Kaemmels Werdegang.

Reimann, Franz, s. Rheinhardt, Paul Gustav.

Reimann, Hans, SDS., Humorist., Grotesken, Kritiker d. Neuen Leipziger Ztg. Leipzig, Scheffelstr. 30. (18/11 89.) **V:** Mein Kabarettbuch 23; Sächs. Miniaturen I 25. A., II 15. A.; Der Geenig, sächs. Min. III, 50. A.; Das Paukerbuch 14. A.; D. verbotene Buch 16. A.; D. Dame m. d. schönen Beinen, Grot. 21. A.; Die Dinte wider das Blut 35. A.; „Hedwig Courths-Mahler" 10. A.; Ewers, Parodie 20. A.; D. Engel Elisabeth, R. 21. ()

Reimann, Max, Schwank, Direkt. des Intimen Theaters. Nürnberg. (Danzig 23/8 75.) **V:** 777 : 10 (m. O. Schwartz u. K. Mathern) 13; E. feine Familie (m. O. Schwartz) 14; Das Glücksmädel, Vst. (m. dems.) 15; Die Königin d. Luft, P. (m. dems.) 16; Willis Frau, Lsp. (m. dems.) 18. ()

Reimarus Tertius, s. Reimer-Ironside.

Reimer, Edmund, s. Reimer-Ironside.

Reimer, Thomas Wilhelm, Novelle, Dram., Lyrik, wissenschaftl. Auff. und Rez. über Psychol. u. Logik, Dr. phil., Studienrat. Berlin, Friedenstr. 25. (ebda 17/8 88.) **V:** Von der Irrfahrt und der Heimkehr der Seele 20; Die Gabe des Leids, Sonette 21; Dein Bilderbuch, Balladen 22; Ein deutscher Psalm, G. 23; Judas Ischarioth, 4 Sz. f. Musik 23. *

Reimer-Ironside, Edmund (Ps. Reimarus Tertius, Sven Iron), PA., ✒, /, ♆, ♜, ◯, Nov., Roman, ⁂, ☊, Kritik, **Ue:** EFHTschSerb. Prag-Podbaba, Vila Vlasta. (Babitzberg, Mähr. 28/9 79.) **V:** D. Sünde d. Augen, Rn. 09, 2. A. 10; Liebesspiel, Dr. 11; Herbstrhapsodie, iron.-sat. Dchtg. 12, Luxusausg. 13; Die Magie der Sieben Todsünden 13. **Ue:** Katherine Mackay, Gabrielle, Dr. (mit José de Mont) 04, Luxusausg. 05; Jeschua Ben Barabas, Die roten Legenden. ()

Reimérdes, Ernst Edgar, ♜, ☊, /. Celle, Poststr. 8 II. (Bentheim 21/7 75.) **V:** Klingende Akkorde 01; Schicksalskampf 03; Die Nacht d. Todes, Rn. 05.

Rein, Leo (Ps. Leo Erras, Florian Morgenroth), RP., Verb. d. Berl. Theaterkritiker, /, Lyrik, Essay, Lit., Theater. Berlin-Friedenau, Odenwaldstr. 9. (Vandsburg, W.-Pr. 31/5 82.)

Reinacher, Eduard, Dchtg., Dichtlehre, ◯, Kritik, ⁂, Roman. Adresse durch: Deutsche Verlags-Anstalt, Stuttgart. (Straßburg i. E. 5/4 92.) **V:** Die arme Elisabeth, Erz. 17; Werwolf, Dchtg. 17; Tod v. Grallenfels, Erz. 18; Odilie, Dicht. 18; Runold, Erz. 19; Hochzeit d. Tods, Erz. 21; Robinson, Erz. 21; Der Verwundete, dram. Sc. 21; Tâwas, Erz. 22; Der Bauernzorn, kl. Dr. 22; Runolds Ahnen, Balladen 23; Todes Tanz, Balladen 23. **Ue:** Verlaine, Beichte 22.

Reincke, Heinrich, ♛, ♄, Dr. jur., Archivrat a. Staatsarchiv Hamburg. Hamburg-Langenhorn, Moorreye 58. (Hamburg 21/4 81.) **V:** Hinrich Boger, ein norddeutscher Wanderpoet aus der Zeit des Frühhumanismus 13; u. a.

Reinecke, Adolf, /, Hrsg. d. „Heimdall". Berlin-Zehlendorf (Wannseebahn), Eichenhof. (Berlin 13/8 61.) **V:** Verdeutschungs-Wörterbuch der Kunst- und Geschäftssprache d. deutsch. Buchh. u. d. verw. Gebiete 86; Nachteile u. Mißstände d. Fremdwörterei 88; Mitteilungen d. Berl. Deutsch. Sprachvereins 90—94; Mitteiungen d. Allg. Deutsch. Schriftver. 90—96, n. F. 11—12; Die Sprache des Buchhandels und der Schriftstellerei 91, 2. A. 07; Kleiner deutsch-völk. Leitf. 01; Deutsche Wiedergeburt 01; D. deutsche Buchstabenschrift 10; Mitteil. d. Deutschen Schriftbundes 14 f.; Wie wird der Weltkrieg die Landkarte gestalten? 15; Der Erlöser-Kaiser, R. 23.

Reinecke, Frl. Clara, Jugenderzählg., Nov. Leipzig, Grassistr. 24 III. (ebda 20/9 76.) **V:** Von jungen u. alten Geschwistern, Jugenderz. 20; Treue Freundschaft, Jugenderz. 20.

Reinecke, Wilh., ♛, Dr. phil., Prof., StArch. u. MusKonserv. Lüneburg. (Göttingen 6/11 66.)

Reinelt, Paul, Heimaterz., Dr. theol., StudR. Beuthen (Oberschl.), Pickarer

Str. 59. (Neuweistritz, Kr. Habelschwerdt $^{6}|_{4}$ 77.) B: Skizz. u. Erz. aus d. Glatzer Bergen 10; Eine Handvoll junger Märch. a. d. Glatzer Lande 19; Fünf schlichte Märch. a. d. Glatz. Lande 20; Iluscha, Tr. 22.

Reiners, Heribert, Kunst♛, Dr., a.o. Prof. Bonn a. Rh., Schumannstr. 82. (Lobberich a. Niederrh. $^{23}|_{9}$ 84.) B: Rhein. Chorgestühle d. Frühgotik 08; Hub. Salentin 11; D. Kunstdenkmäler d. Kreise Aachen-Land u. Eupen (Kunstdenkm. d. Rheinprov. IX 2) 12; Kölner Kirchen 11, 2. A. 21; Zwischen Argonnen u. Champagne (m. O. Müller) 17; Römersiedlung vor Verdun 18; Kunstdenkm. zwisch. Maas u. Mosel (m. W. Ewald) 21; Rheinische Baudenkmäler 21; Köln, s. Bauten u. Kunstschätze 23.

Reinhard, Robert, Volksbildungswes., Kritik, ✱, ◇, /, Dr. phil. et med. Dessau, Wilhelm-Müller-Str. 18. (Budweis $^{7}|_{10}$ 76.) B: Wallensteins Charakter in Gesch. u. Dichtg. 08; Blüten u. Blätter, G. u. Skn. 12, 3. A. 13; Kläre, Sch. (m. Jos. Wenzel) 20; Bergkristall, MärchO. 21; Zahlreiche Libretti u. verschiedene Volksbücherausgaben. **Begr**: Die Quelle, Halbmonatsschr. ()

Reinhardt, Ludwig, ✱, Naturwiss., Ur♛, Dr. med., Spezialarzt f. Magen- u. Darmkrankheiten. Muttenz b. Basel. (Tellitschery, Ostindien $^{26}|_{1}$ 64.)

Reinhardt, Frl. Mathilde (Ps. Jobst Dietrich), Deutsche Dichtergilde, ✱, Nov., Heimat-Skn. Hameln a. d. Weser, Kaiserstr. 12. (Bergen b. Celle $^{1}|_{8}$ 87.)

Reinhart, Hans, ✱, ◇, /. Winterthur, Schweiz, Rychenbergstr. 94. (ebda $^{18}|_{8}$ 80.) B: Führer durch F. Kloses „Sonne-Geist" 18; Ges. Dchtgn. in 4 Bdn. 21/23. **Ue**: Die heilige Kümmernis (v. Baud-Bovy, mit W. Reinhart) 18; König David (v. R. Morax) 23; Geschichte vom Soldaten (v. C. F. Ramuz) 23.

Reinhart, Hugo, RP., ▣, Politik, Naturwissensch., Dr. phil., Schriftleit. an d. Schles. Ztg. Breslau, Hansastr. 24. (Nikolai O.-S. $^{13}|_{1}$ 84.) H: Schles. Heimatkalender 20.

Reinhart, Josef, Volksstücke, hochdtsch. Erz., Prof. Solothurn. (Rüttenen $^{1}|_{9}$ 75.) B: Waldvogelzyte, 3. A.; Geschn. v. der Sommerhalde, 2. A.; Hemwehland, 3. A. 21; D'r Lindehof, Vst. ()

Reinhold, Carl Ferd., ◇, ∴, deutsche Lit., /, Dr. phil., Verlagsred. Berlin-Pankow, Zillertalstr. 3 I. (Stettin $^{31}|_{8}$ 83.) B: Ernst Machs Erkenntnistheorie 08; Heinrich v. Kleist 19; Heinrich Heine 20. **Ue**: Haydn, Kopenhagener Porzellan 13

Reinhold, Heinrich, klass. u. deutsche Ψ, Dr. phil., UBibl. Marburg i. H., Biegenstr. 26 (Königsberg $^{1}|_{1}$ 73.)

Reinhold, Peter, Nov., ✱, Finanzpolit., Dr. phil., sächs. Finanzminister a. D., Verleger d. „Leipziger Tageblatts". Leipzig. (Blasewitz $^{1}|_{12}$ 87.) B: Sehnsucht, M 07; Der Pfauenaugentag, dram. Sk. 09; So leer im Herzen, Nn. 09; Rügers Schwarzseherei 09; D. Empörung König Heinrichs (VII.) gegen seinen Vater 11; D. Reichstagsparteien. ()

Reinhold, Siegfr., s. Zapf, Georg.

Reinicke, Albert, CC., DB., RP., BB., Schriftstell., Dir. d. „Deutsch-Österr. Tagesztg." Wien VII, Bandgasse 32. (Küstrin $^{4}|_{10}$ 80.) B: Der Kirchenfürst, Dr. 18; Die Erbsünde, Dr. 19; Vergeltung, Dr. 19; Aus Herzenstiefen, G. 21.

Reininger, Robert, Theoret. ∴, Dr., o. ö. UP. Wien XIX, Karl-Ludwig-Str. 80. (Linz a. D. $^{28}|_{9}$ 69.)

Reinke, Steph., Naturw., /, ✱, Sem.-Dir. Beuthen O.-S., Guttenbergstr. (Beckum $^{27}|_{5}$ 63.)

Reinöhl, Walter, ♛, Lit.♛, ∴, /, Dr. phil., StudR. Aalen, Württbg., Rombacherstr. 27. (Stuttgart $^{23}|_{8}$ 87.) B: Uhland als Politiker 11. H: Ges. Werke v. Ludw. Uhland 14 II; Revolution und Nationalversammlung 1848; Schwäb. Urkunden 19.

Reinstorf, Ernst, Heimatkde. u. Fam.-♛, Rektor in Wilhelmsburg, Prov. Hannover. ($^{19}|_{9}$ 68.)

Reinwald, Adalbert, ✱, Kritik, Kultur-∴. Haus Asel, Post Herzhausen, Bez. Kassel. (Danzig $^{16}|_{11}$ 83.) B: Menschen I 10, II 13; Heroische Novellen 10; Und ein Sieg muß es sein, G. 11; Die Not d. schöpferischen Menschen 13; D. Geburt des deutschen Menschen 14; Die Schloßfrau v. Tamsel, Dr. 14; Hutten, Dr.; Thomas 18; Sprüche des Wanderers 19; Hamburger Friedensspiel. **Ue**: Carlyle: Friedrich d. Gr. 11; Franz. Revolution 11, 6. T. 13, Schiller 12; Heldenverehrg. 12; Gobineau, D. Renaissance 13. ()

Reis, Hans, s. Siehr, Linda.

Reis, Hans, Deutsche Ψ, Dr. phil., Prof., StudR. a. Lehrerinnenseminar u. Studienanst. Mainz, Emmerich-Josef-Str. 11. (ebda $^{27}|_{10}$ 67.)

Reisch, Emil, antike Kunst- u. Kultur♛, Dr. phil., o.UP., Hofrat, Dir. d. Deutsch-Österr. Archäol. Instituts, Wien IX, Türkenstr. 4. (ebda $^{28}|_{5}$ 63.)

Reiser, Hans, DB., SDS., Drama. München, Tengstr. 33. (ebda $^{29}/_{3}$ 88.) B: Der Freund, G. 07, n. A. 23; Die Nacht, R. 20; Cherpens Binscham der Landstreicher, R. 20/21; Holdeguck u.

Dieterwackl, Erz. 21; Der Ausflug, Kom. 21; Sonette, G. 23.

Reisert, Karl, Ψ, Dr. phil., ObStudR., GP. Würzburg, Franz-Ludwig-Str. 7½. (Alzenau i. B. $^{8}|_{6}$ 57.)

Reisiger, Hans, SDS., Roman. München, Leopoldstr. 41. (Breslau $^{22}|_{10}$ 84.) **W:** Stille Häuser, Nn. 10; Maria Marleen, R. 11, 2. A.; Jakobsland, R. 13, 2. A.; Totenfeier, Oden aus d. Krieg 16; Junges Grün, Nn. 19; Santa Caterina da Siena, R. 21; Walt Whitmans Werk u. Leben 21 III. **Ue:** Walt Whitman, Grashalme 20, 3. A. 21; Farrère, Die Todgeweihten. ( )

Reiß, Anton, DB., O, Komponist, Schriftst. Straubing, NiedBay., Rennbahnstr. 2 II. (Münden $^{20}|_{2}$ 00.) **W:** Liebesspiel, Sch. 20; Liebesskizzen 20; Leben, Sch. 21; Wirtin zu der Linde, Sgsp.-O. 21.

Reiß, Jos. (Ps. Freund d. Wahrheit), (k.), AB., BJ. & S., Volksschr., ♛, Red. Ellwangen. (Abtsgmünd $^{15}|_{10}$ 68.)

Reissert, Osw., Dr. phil., GehStudR., ObStudDir. Breslau, Kaiserin-Augusta-Platz 1. (Fülme $^{26}|_{3}$ 61.) **W:** Syntakt. Behandlg. d. zehnsilb. Verses i. Alexius- u. Rolandsliede 84; Höhere Mädchensch. 86; Notstand d. höh. Mädchensch. 87; Otto mit d. Barte 92; Däumling 92; Weserbergland 09.

Reiter, Hans, DB., ASB., Operette, Volksstück, Schriftst. Zerbst i. Anhalt, Friedrichsplatz. **W:** Optten.: Die weiße Maus vom Warenhaus; O diese Basen; Das blonde Postfräulein; Das Elfenheim 21; Laßt mich von der Liebe singen; Liebesgesänge an Nina vom Luganer See; Mädelchen tanzt auf einem Bein 22.

Reiterer, Karl (Ps. Karl von Wald), (k.), Erz., /, ●, Dir. Graz, Steiermark, Jahng. 9. (ebda $^{17}|_{9}$ 60.) **W:** 's Auswürfl, Dr. 95; Älplerblut, Erz. 02; Ennstaler Führ. 05; Murtaler Führ. 05; Ill. Führer durch Obersteiermark, einschließlich Graz und Oststeiermark 06; Lust. altst. G'sangeln 06; Ennstaler G'sangeln 06; Ill. Führer durch Steiermark 07; Unser Steirerland 07; Illustr. Führer durch Steiermark u. Umgeb. 09; Waldbauernblut, Ethnogr. 10; Ennstalerisch, desgl. 13; Altsteirisches, desgleichen 16; 's steirische Paradies 19; Mein goldenes Steirerland 21.

Reitterer, Frz. X. (Ps. Frz. v. Friedberg, Fritz Rohrer, Gabriel von Stein, Franz Baumgartner usw.), DÖSchG., Inh. d. Verlagsanst. „Moldavia". Budweis, Böhmen. (Friedberg i. Steierm. $^{21}|_{9}$ 68.) **W:** Hinterlandskrieger 18; Die nationalen u. wirtsch. Verhältnisse d. Böhmerwaldes 19; Theaterstücke, Erzählgn. u. polit. Broschüren. ( )

Reitterer, Theodor, DÖSchG., engl. Sprache u. Lit., Dr. phil., Landesschulinsp. Wien VIII, Florianigasse 2. (ebda $^{5}|_{1}$ 60.)

Reitz, Walter, SES., Kunst- u. Musikkritik, Dr. phil., Feuill.-Red. der „Schweizer. Mittelpresse". Bern, Zimmerweg 11. (Burgdorf, Bern $^{4}|_{11}$ 89.) **W:** Die Landschaft in Th. Storms Novellen 13; Kruzifix, Märchenmythus einer Seele 18.

Reitzenstein, Ferd. Frhr. v. Anthropologie, Völkerkunde, Kultur♛, Sexualwissensch. Dresden-Strehlen 20, Lockwitzer Str. 3. (Schwarzenstein, ObFrank. $^{24}|_{9}$ 76.)

Reko, Victor A., ⌒m, /, Ψ, Prof., Berlin-Grunewald, Cronberger Str. 11. (Wien $^{5}|_{8}$ 80.) **W:** Prinzessin Seele 03; Liebesleben der Zigeuner 07 III; Zahlr. chem.-techn. Monographien.

Remagen, H. von, s. Gronen, Damian.

Rembert, Karl, ♛, Dr. phil., Prof., StudR. Krefeld-Bockum, Krefelder Str. 34. (Baukau b. Herne $^{8}|_{1}$ 68.)

Remer, Paul, BP., Kritik, Nov., ✠, Dr. phil. Molchowhaus b. Altruppin. (Godow b. Waren $^{16}|_{8}$ 67.) **W:** Unterm Regenbogen 94, 3. A. 05; Unt. fremder Sonne 96; Th. Storm als nordd. Dichter 97; Frau Sonne 97; Johanniskind 99; D. Buch d. Sehnsucht 00; Osterglocken 01; D. Ährenfeld 04; Detlev Liliencron 04, 5. A. 11; In gold. Fülle 06. **H:** Die Dichtung, Monographiensammlg. ( )

Remling, Konr., O, Roman. Berlin SW 29, Kloedenstr. 8 I. (ebda $^{24}|_{8}$ 76.) **W:** D. Weg d. Märtyrers, R. 07; Götze Gold, R. 09; D. Gentleman u. a. Krim.-Skn. 12; Frau Elisabeth, R. 12; Der Märchenprinz; Prinzessin Lo; Ada. ( )

Remy, Nahida geb. Sturmhoefel (verw. Frau Geh. Reg.-R. Mor. Lazarus), Mitgl. Deutsche Schillerstiftung, Drama, Roman, Nov., Kritik, Kultur♛. Meran, Italien, Villa Schlettheim, Defreggerstr. 6. (Berlin $^{8}|_{2}$ 49.) **W:** D. Rechnung ohne Wirt, Lsp. 70; Wo die Orangen blühen, R. 72; Konstanze, Dr. 79; Grafen Eckardstein, Dr. 80; Schicksalswege, Vst. 80; Domenico, Sch.; Nationale Gegensätze, Dr. 84; Sizilianische Novellen 85; Liebeszauber, Dr. 87; Geheime Gewalten, R. II 90; Das jüdische Weib, Kult.-Studie, 4. A. 22; Humanität im Judentum 94; D. Gebet; Bibel u. Talmud 95; Ich suchte dich, autobiograph. Erz. 98; M. Lazarus' Lebenserinnerungen 06; Ein deutscher Professor i. d. Schweiz, kulturgeschichtl.-biograph. Erz. 10; Meine Bildersammlung 12; Tirol. Tierschutz-

Kal. 14. H: D. Erneuerung d. Judentums v. M. Lazarus 09; Aus meiner Jugend, Autobiogr. v. M. Lazarus, m. Vorw. u. Anhang v. Nahida Lazarus 13.

Renauld, Edle v. Kellenbach, Maximiliane v., s. Hildebrand, M.

Renesse, Frl. Margarete v., Jugendschr., Märch., Verlagsred. Leipzig, Kochstr. 20. (ebda $^{1}|_{8}$ 82.) W: Orchidee, Jungmädchenerz. 20; Sturzel u. Purzel, M. 20; Heiners wunderbare Luftreise M. 21; Zur Lust u. Freude f. kleine Leute 21; Stips u. Stops, M. 22; Vom unartigen Englein u. artigen Teuflein, M. 24; Bilderb. u. zahlr. Märchen. H: Onkel Antons Kinderkalender 21, 22, 23; Der frohen Jugend Zeitvertreib 22.

Renker, Felix, DB., ○. Dresden 19, Wartburgstr. 31 I. ($^{2}|_{12}$ 67.) W: Der Glücksbauer, Optte. 16; Die von Stolzenburg, Lsp. 18; Im grauen Hause, Sch. 20; Es war einmal, Traumsp. 21; Lose Falter, Optte. 21; Mitleid, Sch. 21; Spartacus, Tr. 22; Revolutionsnächte, Dr. 22; Der Weg ins Paradies, Optte. 23; Alexander der Große, Schw. 23.

Renker, Gustav Friedrich, Belletristik, Bergsport, Dr. phil., Red. Bern, Zeughausg. 14. (Zürich $^{12}|_{10}$ 89.) W: Bergsteiger gegen Italien 17; Einsame vom Berge, R. 18; Der Abend des Heinrich Bichler, R. 20; Heilige Berge, R. 21; Die Kinder vom Rosengarten, R. 23; Bauernnot, R. 22; Der Herold des Todes, R. 23.

Renner, Anna Maria, s. Huber, A. M.

Renner, Gustav, ■, Nov., ○. Berlin W 15, Uhlandstr. 42. (Freiburg i. Schl. $^{17}|_{10}$ 66.) W: Ged. 96; Neue Ged. 98; Ged., Ges.-Ausg. 04; Ahasver, Dchtg. 03; Merlin, Tr. 04; Francesca, Tr. 09; Alkeste, Dr. 10; Dunkle Mächte, Dr. 11.

Renner, Karl (Ps. Rudolf Springer), Dr. jur., Bibl.-Dir., Staatskanzler a. D. Wien II, Praterstr. 8. ($^{14}|_{12}$ 70.)

Renner, Paul, Maler, DWB. Maria-Höbingen a. Bsee. (Wernigerode a. H. $^{9}|_{8}$ 78.) W: Typographie als Kunst 22. •

Renorga, s. Groner, Auguste.

Rentz, Alfr. Frhr. v., /, ♛, Krit., Red.: „Die Bergstadt". Breslau 16, Fürstenstr. 41/43. (ebda $^{1}|_{10}$ 58.) W: Aus d. ersten Jahrh. d. „Schles. Provinzialressource" 1800—1900. H: Jahrbuch d. schles. Roten Kreuzes 16.

Rentzell, Frl. Marga v., ■. Potsdam, Augustastr. 20. (Frankfurt a. d. O. $^{14}|_{10}$ 86.) W: Traum und Tat, G. 23. Mitarb: Zahlr. Tagesztgn. u. Ztschr.

Repperg, Heinrich, s. Radestock, Herm.

Resa, s. Gröhe, Therese.

Resa, Fritz, ■, Dr. phil., Prof., StudR. Berlin-Wilmersdorf, Seesener Str. 54. (Breckerfeld i. Westf. $^{13}|_{10}$ 72.)

Resch, Wilh. (Ps. Wilh. v. Grafenau), Dialekt■, ○, Volksschr., Gerichtsobersekretär. Eichstätt. (Grafenau $^{19}|_{8}$ 76.) W: Das Wodansopfer, Festsp. 11; Der Liebe Sieg, oberbayr. Vst. 11; Des Wilderers Christtag, Weihnsp. 11; D. Erbschaft, Vst. 11; O, die Weiber! P. 11; Verruchte Lieb, Vst. 11; D. alte Schmied, Dr. 12; Der Türmer v. St Peter, Dr. 13; Der Quartiermacher, Vst. 14. ( )

Reska, Hanns, s. Kreutzer, Guido.

Resz, Rob., ■. Berlin W, Berchtesgadener Str. 35. (Prag $^{2}|_{8}$ 71.) W: Farben, G. 99; Arno Holz u. s. künstler. weltkulturelle Bedeutg. 13; Arno Holz u. d. deutsche Presse 14. ( )

Ressel, Anton, Kultur- u. Lokal♛, ■, ObLehr. Voigtsbach b. Reichenberg i. Böhm. (Rückersdorf b. Friedland i. B. $^{28}|_{8}$ 73.)

Ressel, Emil, ■, /, ○, Lehr. i. R., Rezitat. Sankt Georgenthal i. Böhm. (Lusdorf $^{30}|_{11}$ 61.) W: Liederstrauß aus Böhmens Norden 88; Th. Körner u. s. Zeit 91; Flammenzeichen, Freih.- u. Vaterlandsgesänge 95, 2. A. 96; Pflichten d. deutsch. Lehrers zu s. Volksstamme 97; Im Rauschen der Eichen, Sturm- und Trutzlieder 99; Balders-Blut, Tellstätten, 2 Dchtgn. 00; Deutsche Kämpfe, Walas Kunde, 2 E. 01; Im Grauen der Nächte, Vsch. 03.

Ressel, Gust. Andr., DÖSchG., VB., Archivdirektor der Stadt Wien i. R. Wien IX/4, Canisiusg. 21. (ebda $^{5}|_{4}$ 61.) W: Glücksgodl, P. 91; Raimund-Theater, Denkschr. 92; Handbuch zur Führung d. Amtsgeschäfte der Schulleitungen 92, 2. A. 00; Wiener Vorstadtgeschichten 94; D. Fortbildungsschule 95; Arme Narr'n, Neue Gesch. 00; D. junge Herr, Vst. 02; Rare Leut', neue Gesch. 03; G'spassige Menschen, Neue Gesch. 06; Die Siegel der ehemal. Wiener Vorstädte 13; Das Archiv d. Bäckergenossenschaft in Wien 13; Aus unsern alt'n Wien, Gesch. in der Wien. Mundart 20. H: A. Teniers' Dichtgn 91, 2. A. 95.

Ressel, Wilh. (Ps. Dr. Ludw. Schwarz), Nov., Naturw. Dresden, Pohlandpl. 1. (Rumburg $^{9}|_{1}$ 52.) W: Traum u. Liebe, G.; Moosblumen, G.; Empor z. Licht, R.; Zur Stunde d. Entscheidg.; Der Dorfnarr, Erz.; Mod. Gelehrte, Sch. H: Familienfreund 84—88; Zukunft 88 f.; Der Impfgegner 01—12; Lieder aus d. Frieden u. aus großer Zeit. ( )

Retsiem, Carl, s. Meister, Carl.

Rettenbach, Karl J., s. Jenko, Karl M. J.

Reulecke, Aug., SDS., hist. R., M., G., Lr., Rektor i. R. Delitzsch, Pr. Sachsen, b. Leipzig. (Kl.-Rechtenbach b. Wetzlar 11/12 63.) W: Im Tode treu, Erz. 92, 3. A. 08; Kaltgestellt u. a. Hum. 96; Der Leuthener Schwerenöter, hist. R. 96, 3. A. 02; Der Disziplinarprozeß in Preußen, Flugschr. 06; Neue Lieder von deutschen Helden, G. 08, 2. T. 09, Musikausgabe 11; Die güldene Olga, gesch. R. 10; Sankt Bernhard, hilf! hist. R. 11, 2. A. 12; Deutsche Helden in deutschem Lied, G. 15, 6.—10. T. 16; Schlagworte der Feinde und ihre Bekämpfung, Flugschr. 17; Sieben seltsame Historien, M. 21, 3. A. 23; Die schwedischen Reitersignale, gesch. R. 22; Neue Leipziger Balladen, G. 23; Du sollst den Stahl in Feindes Herzen tauchen, gesch. R. *

Reuschel, Karl, PA., deutsche Ψ, Lit.-♛, Volkskunde, Dr. phil., ObStudR., THSchP. Dresden-N., Stolpener Str. 4. (Chemnitz 1/5 72.) W: Volkskundl. Streifzüge 03; Deutsche Weltgerichtsspiele d. MA. u. d. Reformationszeit 06; Allg. u. französ. Volkskde. 10. H: Rich. Wagner, Dramat. Werke I—III 14, 2. A. 17/18; Herm. Dunger, Größere Volkslieder aus d. Vogtlande 15; D. deutsche Volkstum im Unterricht an höh. Schulen 17; Deutsche Volkskde. I 20; D. deutsche Volksschauspiel 21. ( )

Reuschle, Frl. Sophie, Märch., Erz. Borna b. Leipzig, Roßmarktstr. 4 I. (Neuenstein, Württ. 3/3 91.) W: Der wundersame Garten, M. 19, 5. A. 21; Die Kinder a. d. Röslihaus, Erz. 20, 3. A. 22; D. schwäb. Herz, Erz. 20, 3. A. 22; Sein, 4 Ges. 20, 2. A. 22; D. Seele Wanderflug, Dchtg. 20, 3. A. 22; D. wartende Acker, Tageb. 20, 2. A. 22; Peter Träumerleins Himmelfahrt, Erz. 21, 2. A. 22; Marienlieder, G. 20, 2. A. 23; Kling-Klang, Kinderlr. 20.

Reuß, Franz, Nov. u. ⚘, Übersetzgn., Prof., OberStudR. Chemnitz, Helenenstr. 14 I. (Augsburg 5/5 79.) W: Ein Vorspiel, N. 08; Lebenslagen, G. 09; Aus Altisland, N. 09; Lydgates Naturgefühl 09; Das stille Herz, Sk. 10; Jung gefreit, Erz. 11; Froh u. unfroh sind Tage, G. 12; E. nord. Reise 12; Bei Türken u. Kroaten 13. H: H. D. Thoreaus' Walden or life in the woods 13; Dumas, Aventures de Lyderie 20.

Reuter, Gabriele, SDS., DB., DSch., Nov., Rom., /. Berlin W, Ludwigkirchstr. 2. (Alexandria 8/2 59.) W: Glück u. Geld, R. 88; Episode Hopkins, Zu spät, 2 Studien 89; Kolonistenvolk, R. 91; Ikas Bild, Lsp. 94; Aus gut. Familie, R. 95, 22. A. 13; Lebenskünstler, N. 96; Frau Bürgelin u. ihre Söhne, R. 99; Ellen v. d. Weiden, R. 00; Frauenseelen, N. 01; Liselotte v. Reckling, R. 03; Das böse Prinzeßchen, Märchensp. f. Kinder 04; Gunhild Kersten, R. 04; Wunderliche Liebe, Nn. 05; Ebner-Eschenbach 05; Annette v. Droste 05; Die Probleme der Ehe 07; Der Amerikaner, R. 07; D. Tränenhaus, R. 09; Sanfte Herzen, N. 10; Frühlingstaumel, R. 11; Liebe u. Stimmrecht 14; Ins neue Land, R. 16; D. Jugend eines Idealisten, R. 17; D. Herrin, R. 18; Großstadtmädel 20; Vom Kinde zum Menschen, Gesch. mein. Jugend 22; Benedikta, R. 23.

Reuter, Otto S., Telegr.-Dir. Bremen. (Leer i. Ostfriesl. 2/9 76.) W: Heilwig Rennenberg, Sch. 05; Hero Omkens Ausfahrt u. Heimkehr, R. 09; Sigfrid od. Christus?! 09, 2. A. 10; Das Rätsel der Edda u. d. arische Urglaube 21, 2. A. 22, Bd. 2 23.

Reuter, Rudolf, WSB., ♛, ∴, Volksbildung, ⚘, ⊙, Dr. phil., StudAss., Bibl. b. d. Kölner Volksbibliothek. Köln, Vorgebirgstr. 41 III. (Essen, Ruhr 30/7 91.) W: D. Kampf um d. Reichsstandschaft d. Städte auf d. Augsburger Reichstag 1582 19; D. Priesterin, Dr. 20.

Revelstein, H. v., s. Rosen, Herm. v.

Reventlow, Graf Ernst zu, BP., Kap.-Ltn. a. D., Red. d. „Reichswart". Berlin-Charlottenburg, Steinpl. 1. (Husum 18/8 69.)

Revocatus, P. Fr., s. Schmidt, Exped.

Rexilius, Frl. Luise, ♛, Lit., Politik, Oberlehr. Berlin, Meyerheimstr. 14. (Schiltigheim bei Straßburg i. Els. 6/12 72.) W: Straßburg, die Burg an der durch keltisch-römisch-christliche Tempel geweihten, von militärischer Macht verteidigten Straße nach Gallien; Argentoratum an seinem Fluß Argenza; Das Gold Siegfrieds und die Kaiserinnen des Elsasses; Attila und Odovacar 20.

Rey, Piet van, s. Reyher, Piet v.

Reyher, Frau Dolly v., geb. Peins (Ps. v. Reyher-Peins), ⚘, /. Berlin-Wilmersdorf, Kaiserpl. 8. (Tönning 28/8 79.) W: Mein Sonnenkind, G. 06; Kriegsgedichte 15f.; Fallend Laub, N.; Liebes u. Leides, G. 19. H: s. Reyher, Piet v.

Reyher, Piet v. (Ps. Piet van Rey), Ⓓ, ●, /, /, ■, Preßlektor a. D. Berlin-Wilmersdorf, Kaiserpl. 8 III. (Riga 15/5 62.) H: Alexander Andreas: Im Flecken, Erz. (m. Dolly v. Reyher) 09, Botscharow d. Großkaufmann (m. ders.) 11. W: Wilh. Ostwald 14; Zur baltischen Krisis 15; Von baltischer Deutschtreue 15; Baltische Not 15; Von baltischen Frauen 16; Neue Menschen 20; Zur Organisierg. d. geist. Arbeit. ( )

Reyhing, Hans, SDS., WJSV., Romane, Erzählungen, Lehrer. Ulm a. d. D., Zinglerstr. 46. (Bernloch b. Münsingen, Württemberg.) **V:** Burrenhardter Leut', Erz. 17, 9.—11. T.; Sommerjohanni, heitere Albgesch. 18, 4. bis 6. T.; Brachland, Erz. 20; Der Väter Gut, R. 21; Der Hülonbauer, R. 22. **H:** Der Schwäbische Heimatkalender 20—24; Unsere Heimat; Die Brunnenstube. *

Rhein, Alphons v., s. Ohrem-Bonn, H. J.

Rhein, Schelm vom, s. Clobes.

Rheinberg, von, s. Gottberg, Anna v., Düsseldorf.

Rheiner, Walter, SDS., ♛, ☉, ⁂, ☾, /. Adr. durch Dresdner Verlag, Dresden-Klotzsche. (Köln 18/3 95.) **V:** D. tönende Herz, G. u. N. 18, 2. A. 19; D. schmerzliche Meer, G. 18; Kokain, N. 18; D. inbrünstige Musikant, Dchtg. 18, 2. A. 20; Insel der Seligen, G. 18; D. bunte Tag G. 19; D. Fo-Buch, G. 21; D. Flamme, G. 21.

Rheinfurth, Karl, Literaturgeschichte, Roman, Lyrik. Lehrbach, Provinz Oberhessen. (Burkhards, Kreis Schotten (Vogelsberg 21/2 95.) **V:** Du ferner lichter Geist, Verse 17; Waldemar Bonsels, eine Studie, 1. A. 19, 2. A. 21, 3. A. 23. **H:** Lichtlein sind wir. *

Rheinhardt, E. A. (Emil Alphons), ♛, Epos, Essay, Übersetzgn. München, Herzog-Rudolf-Str. 43. (Wien 1/4 89.) **V:** Stunden u. Schicksale, G. 12; D. Abenteuer im Geiste, 2. Erz. 17; Tiefer als Liebe, G. 19; D. unendliche Reihe, G. 20; D. schöne Garten, M. 20; D. Botschaft, Anthol. neu. Dchtg. 20; Ferien, Erz. 22. **Ue:** Francis Jaunus, D. Paradies 19; H. de Balzac, Die tötlichen Wünsche (la peau de chagrin) 21.

Rheinhardt, Paul Gustav (Ps. Franz Reimann), (k.), CC. Wien VI, Getreidemarkt 15. (Preßburg 24/6 53.) **V:** Theaterstücke. **Red:** Deutsch-österr. Künstler- u. Schriftstellerlexikon, Bd. I 02. ( )

Rheinsch, Erika, s. Spann, Erika.

Rhenanus, Beatus, s. Birt, Th.

Rhodokanakis, Nikolaus, semitische Ψ, Dr. phil., o. ö. UP. Graz II, Mandellstraße 7. (Alexandria 8/4 76.)

Rhyn, Atz vom, s. Rehbein, Arthur.

Rhyn, Hans, Dr. phil., Gymn.-Lehrer. Bern, Rabbentalstr. 37a. (Langenthal, Kt. Bern 8/8 88.) **V:** D. Balladendichtg. Theodor Fontanes 14; Schweizer Balladen G. 17; Balladen u. Lieder, G. 19; Abriß der deutschen Grammatik 19, 3. A. 21. Das wundersame Lied, Erz. 21; Schweizer Wilderergeschichten aus dem Hochgebirge 23; Parzival und Kondwiramur, Dr. 24.

Rhyn, Ottmar van, s. Hassenberger, O.

Rhyn, René van, s. Blittersdorff, Philipp Frhr. v.

Ria, Willy v. d., s. Reese, Willy.

Ribbeck, Konrad, s. Floericke, Curt.

Ricek, Leopold Georg, ♛, ●, /, Nov., Schulleiter. Klosterthal b. Gutenstein, N.-Österr. (Wien 15/11 63.) **V:** Im Banne d. gold. Wachau 05; Sonnenkinder, Nov. 06; Unsere Muttersprache 10; D. Ostmark im Spiegel dtsch. Dichtg. 10; Wachauer Sagen 10; Heimatkunde d. Bezirks Melk 12; D. dtsche. Schrifttum u. d. Schule 12; D. Gestalt d. Volksschullehrers im Lied, im Roman u. a. d. Bühne 14. ( )

Richert, Hans, ⁂, ♛, StudDir. Reichenbach i. Schl. (Köslin 21/12 69.)

Richli, Frl. Anna, (k.), SES., Mitgl. des Vereins der Schweizerpresse, Roman, Nov., ♛, Schriftstellerin. Luzern, Hofstr. 1. (Willisau 9/10 84.) **V:** Höhenleuchten 16, 2. A. 21; D. Kreuzweg d. Magnus Segnewald 19, 2. A. 21; Schatten im Licht 22; Im Mantel der Liebe 23; Die da singen in den Tiefen 21.

Richter, Alfred (Andreas Igel Richter), SDS., Roman, Reklameschrifttum, Reklameschriftleiter des Quickborn-Schokoladen-Werkes. Greußen i. Thür., Töpfermarkt 31. (Kassel 21/3 90.) **V:** Der Rosenhag (ill. v. Hans Mang), humor. R. 20; Das Totenlodern, phant. R. 21.

Richter, Andreas Igel, s. Richter, Alfred.

Richter, Arthur, s. Richter-Heimbach.

Richter, Arthur, ♛, Dr. phil., Ober-Biblioth. Dresden, Sächs. Landesbibl. (ebda 10/7 67.) **V:** Erasmusstudien 91; F. C. Neuberin, E. deutsch. Verssp. 1734. ( )

Richter, Frl. Claire, ⁂, ▣, Dr. Berlin W, Potsdamer Str. 48. (Dresden 20/11 76.)

Richter, Frl. Elise, Dr. phil., Romanische Ψ u. Literatur, a. o. Professor a. d. Univ. Wien XIX, Weimarer Str. 83. (ebda 2/3 65.) **V:** Zur Entwicklung der romanischen Wortstellung aus der lateinischen 03; AB im Romanischen 04; Die Bedeutungsgeschichte der romanischen Wortsippe Bur(d) 08; Wie wir sprechen 12; Aeneas Sylvius' Euryalus und Lucrezia, übersetzt von Octovien de Saint-Gelais nebst Bruchstücken der Anthitus-Übersetzung, mit Einleitung, Anmkgn., Glossas hrsgg. 14; Fremdwortkunde 19; Grundlinien der Wortstellungslehre 19; Lautbildungskunde 22.

Richter, Georg Martin, ☉, /, ☾, Dr. phil. München, Max-Josef-Str. 1. (San Franzisko 27/4 75.) **V:** Der Fasching 03;

Melcher Feselein 08; Der Halfisch (mit L. Heller) 11.

Richter, Gustav, Dr. jur., ⁂, Advokat. Bozen, Defreggerstr. 12. (Mähr. Ostrau $^{14}|_{12}$ 85.) **B:** Das kleine Problem 08; Die ewige Wiederkunft, Dr. 09; Bewegung die vierte Dimension 12; Kritik der Relativitätstheorie Einsteins 21; Vom Heiligen zum Gravitationsgesetz, ein philosophisches Bilderbuch der Entwicklung des Alls 22; Gott und die Wissenschaft, eine Streitschrift 22. *

Richter, Hans, Mitgl. d. Verb. deutscher Erzähler, Roman, Novelle, /, ♜. Charlottenburg, Stuttgarter Platz 7. (Berlin $^{12}|_{7}$ 89.) **B:** Der Spielfilm 20; Im letzten Moment 20; Das ewige Feuer 21; Der Kanal 22; Die Grothes 23; Hochofen I 23; Rautendelein 23.

Richter, Frl. Helene, CC., engl. Ψ. Wien XIX, Karl-Ludwig-Str. 69. (ebda $^{4}|_{8}$ 61.) **B:** Märchen a. d. Leben 88; Mary Wollstonecraft 97; P. B. Shelley 98; Thomas Chatterton 00; William Blake 06; George Eliot 07; Gesch. d. engl. Romantik I 11, II 1. 16; Oscar Wilde I 12, II 20; G. B. Shaw 13; Schauspielercharakteristiken 14; Unser Burgtheater 18; Shakespeare der Mensch 23. **Ue:** Shelleys Entfesselter Prometheus 92.

Richter, Helmuth, ASB., ❦, Dr. med., Oberarzt im Reiter-Rgt. 8. Militsch, Bez. Breslau. (Breslau $^{8}|_{1}$ 92.) **B:** Schwert u. Seele, Kriegserlebnisse u. Menschheitsged. 19; Wandern, Lieben; Sterben 21.

Richter, Klaus, Mitgl. d. Berl. Sezes. Professor a. d. Staatl. Kunstakademie Königsberg, Pr., Verwalter des Lehrstuhls für Theaterwissenschaft a. d. Albertus Univers. ebendort. Königsberg, Pr., Werder Allee 38. (Berlin $^{26}|_{1}$ 87.) **B:** Schrecken, Nov. u. Federzeichgn. 20; D. Buch v. Menschen u. d. geist. Technik zu s. künstl. Darstellung 20; Illustrierende Graphik für: Cervantes, „Novelle v. d. Macht des Blutes", 7 Kupfer 20; Gellerts Briefe, 1 Kupfer; Balzac, „El Verdugo", 6 Kupfer 21; Jacobsen, „Pest v. Bergamo", 5 Kupfer 22; Ostpr-Wiegenlied, 6 Kupfer 23; Balzac, „Verlorene Frau", 4 Lithos 22: Arnold Zweig, „Gerufene Schatten", 9 Lithos. 23.

Richter, L., s. Roth, Luise.

Richter, Martin Erich, Handels-Politik, Wirtsch.-Frag., Chefred. mehr. Handels-Ztgn. Charlottenburg, Weimarer Str. 45/46. (Berlin $^{7}|_{11}$ 83.) **B:** Stimmungen, G. 07.

Richter, Max, s. Pollaczek, Max.

Richter, Paul, ASB., ❦, Dr. Stettin, Roßmarktstr. 6. (Berlin $^{6}|_{7}$ 73.) **B:** Mason, d. weise, alleg. Dchtg. 09; Von d. Insel deiner Seele, ernste G. 12; Meine Wege, n. G. 13; Stille Wasser, lyr. G. 14; Elf. Herzen, Kr.-G. 18, 3. A.; Im ewigen Ring, n. lyr. G. 19; Gunderot, d. Dichter u. Dulder, Vers-N. 19; Tageb. e. Berl. Jungen, R. 19, 2. A.; Großstadtmärchen 19; Weihe den Werktag! 19; Vom Königtum des Menschen, Prosa 22; Meiner Väter Scholle, G.-Zyklus 23.

Richter, Sigurd, s. Pabisch, Emmerich.

Richter, Walter, Predigt, ObPfarrer. Charlottenburg 2, Carmerstr. 1. (Glogau $^{27}|_{1}$ 73.) **B:** Für Gottsucher 04; Miserere-Credo-Gloria in excelsis 06; Herberge bei Jesus — Herberge für Jesus 07; Er bleibt 08; Er siegt 08; Das hohe Lied der Liebe 09; Parsifal u. unser Gottsuchen 10; Glaube u. Heimat u. der „eiserne Heiland" als Volkspredigten 11; Drei köstliche Dinge im Leben des großen Preußenkönigs 12; Junges Eichenlaub in Gottes altem deutschen Walde 13; Gottes Wind in d. alten Zollerneiche, Gedächtnispredigt 13.

Richter-Heimbach, Arthur (Ps. Hans Heimbach), ❦, /, ♬, ●, ♛, Kritik. Ruhla. (Neustadt a. d. Orla $^{3}|_{11}$ 79.) **B:** Abseits, G. 09; Auf stillen Pfaden, G. 11; Mommelstein-Sang, G. 19; Bei Ernst Haeckel, Pl. 20; Mit GHofR. A. Trinius: Thüringen, 2. A. 21; Im Zauber d. Wartburg 21, 2. A. 22; Mit Laute u. Rucksack, 2. A. 21; Die Mosel, 2. A. 22. **H:** Chronik d. Elgersb. Ritterschaft 03/05; m. Dr. phil. H. Haupt: Thür. Warte I/V 04/09; Thüring. Liederbuch 07; Ruhlaer Heimatbücher I/III 08/10; Bechsteins Thüringer Sagenbuch I 12, 6. A. 23, II 13, 3. A. 20; III 20, 2. A. 22, IV/V 22; Kyffhäusersagen 22; Trinius, Vom eigenen Haus u. Leben 19; Ludwig Richter, Bilder aus dem Harz I 21, II/III 22; Führer durch die Thüringer Berg-, Burg- u. Wald-Gemeinden 22; mit Dr. jur. Fritz Böckel: Bundes-Nachrichten des Bundes der Thüringer Berg-, Burg- und Wald-Gemeinden 23.

Rickel, Frl. Gertrud, jetzt: Donner, Frau G.

Rickert, Heinr., ⁂, Dr. phil., o. UP., GHofR. Heidelberg, Scheffelstr. 4. (Danzig $^{25}|_{5}$ 63.) **B:** Zur Lehre von d. Definition 2. A. 15; D. Gegenst. der Erkenntnis 3. A. 15; D. Grenzen d. naturwiss. Begriffsbildg. II, 2. A. 13; Kulturwiss. u. Naturwiss. 4. A. 20; Fichtes Atheismusstreit u. d. Kant. Philos. 99; Psychophys. Kausalität u. psychophys. Parallelism. 00; Geschichtsphilosophie 2. A. 07; Zwei Wege d. Erkenntnistheorie 09; Z. Begriff d. Philos. 10; Der Eine, die Einheit u. das Eins 11; Lebenswerte u. Kulturwerte 11; Urteil u. Urteilen 12; Vom System d. Werte 14; D. Philo-

sophie d. Lebens 20; Allgemeine Grundlegg. d. Philos.; System d. Philos. ()

Ricklinger, Erich, RP., ✒, Dr. phil., Red. München, Adalbertstr. 90, pt. (Celle $^{12}|_{8}$ 81.) B: Kismet, Tr. 05; D. Zauberkäppchen, Msp. 09. ()

Ridderhoff, Kuno, Deutsche Lit.♛, ☽, Dr. phil., Prof. a. d. Gelehrtenschule d. Johanneums. Hamburg-Alsterdorf, Alsterdorfer Str. 374. (Nörten b. Göttingen $^{33}|_{8}$ 69.) B: Sophie v. La Roche, die Schülerin Richardsons u. Rousseaus 95; Seine Filia hospitalis, Dr. 06; Heimweh, Sch. 06; Sophie v. La Roche u. Wieland 07; Georgia Augusta, R. 22. H: Sophie v. La Roche, Gesch. d. Fräuleins v. Sternheim 07; Paldamus-Winneberger, Deutsches Lesebuch f. höh. Lehranst., Ausg. f. Hamburg I—V 13 f.

Rideamus, s. Oliven, Fritz.

Rie, Frau Therese (Ps. L. Andro), SDS., Rom., Musik, Essay. Wien IV, Schönburgstr. 48. (ebda $^{1}|_{1}$ 79.) B: D. Augen d. Hieronymus, Nn. 05; Lilli Lehmann, Ess. 07; D. offene Tor, R. 09; D. Tod d. Tristan, Dr. 11; D. Liebende, Nn. 14; D. Komödiantin Dora X., R. 20; Der Klimenole, R. 23; Das entschwundene Ich, R. 24; Marie Gutheil-Schoder, Ess. 24. Ue: Barbusse, Romain Rolland, Stendhal, Taine, Ste. Beuve.

Riebesell, Carl, DB., Drama. Nienstedten a. E., Schulstr. 6. (Arnis a. Schlei $^{3}|_{11}$ 75.) B: De Guldene Humor, G. 10; Mudder Jonas, Bst. 14; Leidenschaft, Dr. 21

Riebicke, Otto, RP., BP., Dichtg., ✒, Buch- u. Filmkritik, Red., Leiter der Presseabteilung des Reichskriegerbundes. Berlin-Wilmersdorf, Landhausstr. 41. (Altruppin $^{16}|_{3}$ 89.) B: Als Schipper in der Front 16; Ringen a. d. Somme u. im Herzen 17; Ambroisine, N. 17; Im Moselstübchen 17; Unsere Pioniere im Weltkriege 19. H: Versch. Volkskal. 19/24 u. Zeitschriften.

Riedberg, Erika, s. Greef, Helene.

Riedel, Paul, ASB. Berlin-Neukölln, Ilsestr. 28. (Meerane, Sachsen $^{6}|_{1}$ 67.)

Riedel, Wolfgang, DB., Komposition, Kapellmeister. Ulm a. d. Donau, Donaustr. 11. (Braunschweig $^{28}|_{9}$ 84.) B: Das Lösegeld, O.; Judas, O.; Der Wundertrank, O.; Liebesduell, Optte.; u. Chorwerke, Lieder, Orchesterkompositionen.

Rieder, Karl, (k.), ♛, Dr. phil. et theol., StadtPfr. u. Dekan. Bonndorf im Schwarzwald. (Emmendingen $^{9}|_{2}$ 76.)

Riedl, Richard, Zeit- u. Kunst♛, Kunstgewerbe, Tagesfragen, Journalist. Wien IV/2, Mommseng. 5. (Passau $^{10}|_{1}$ 61.)

Rieffel, Franz, Kunst♛, Geheimer Justizrat, Richter. Frankfurt a./M., Grüneburgweg 145. (Mainz $^{11}|_{3}$ 60.) *

Rieger, Erwin, SDS., R., Erz., Essay, Übersetzgn., Dr. phil., Arzt. Wien VI, Linke Wienzeile 4. (ebda $^{13}|_{9}$ 89.) B: Offenbach u. s. Wiener Schule 20; Juliska u. d. Husaren 21; Die Zerrissenen, R. 21; Die versunkene Welt 22; Phantasie über Don Juan 22. Ue: Aucassin u. Nicolette 19; Stéphane Mallarmé; Stendhal; Mérimée; Villers die l'Isle-Adam; Mallarmé; Suarès; Dechamel; u. a.

Riegler, Richard, Bedeutungslehre, Phraseologie, Prof. Klagenfurt, Villacher Str. 41. (St. Georgen b. Cilli $^{3}|_{4}$ 74.)

Riehemann, Joseph, Lit.♛, Dr. phil., Gymn.-Dir. Meppen, Gymnasialstr. 3A. (Osnabrück $^{20}|_{3}$ 65.) B: De litis instrumentis in Demosthenis or. adv. Neaeram 86; D. Dchtgn. Broxtermanns 92; Erläut. Bemerkgn. zu Annette v. Droste-Hülshoffs Dichtgn. 96, 98, 08 III; Der Humor in d. Werken Just. Mösers 02; Osnabrücker Dichter u. Dichtgn. 03; Schulreden 10; Annette v. Droste-Hülshoff in ihren Briefen 22. H: Ausgewählte Dichtgn. Annettes v. Droste-Hülshoff 12.

Riehl, Alois, ⁂, Dr. phil., LL.D., o. UP., GRegR. Neubabelsberg, Bergstr. 3. (Bozen $^{27}|_{4}$ 44.) B: Realist. Grundzüge 70; Moral u. Dogma 71; Über Begriff u. Form der Philosophie 72; Der philosoph. Kritizismus 76/87, I 2. A. 08; Lessing 82; Üb. wiss. u. nichtwiss. Philos. 83; G. Bruno 89, 2. A. 00; Beitr. z. Logik 92, 2. A. 12; F. Nietzsche 97, 8. A. 23; Z. Einführg. in d. Philos. d. Gegenw. 03, 5. A. 21; Imm. Kant, Rede 04; H. v. Helmholtz u. Kant 04; Plato, Vortr. 04, 2. A. 12; Logik u. Erkenntnistheorie (Kultur d. Gegenw.) 07; Humanist. Ziele des math. u. naturwiss. Unterr. 09; Fichtes Universitätsplan 10; 1813 — Fichte — 1914, e. Rede 14; Führende Denker und Forscher 22.

Riem, Johs., ✒, Kosmologie, Dr. phil., Prof. Berlin-Steglitz, Johanna-Stegen-Str. 27. (Cantreck, Pomm. $^{15}|_{11}$ 68.)

Riemann, Robert, Lit.♛, Ästhetik, ♛, Redekunst, Dr. phil., ObRealschulProf. Leipzig, Moltkestr. 50 III. (Bielefeld $^{4}|_{10}$ 77.) B: Björn der Wiking, Dr. 01; Goethes Romantechnik 02; Gottfried Aug. Bürger, Biographie 04; Deutsche Literaturgesch. 07, 15. T. 14; G. E. Lessing, Biogr. 10; Goethes Faust 11; Entwicklg. des polit. Romans in Deutschland 11; Rednerschule 20; Schwarz-rot-gold 21; Von Goethe zum Expressionismus 22; Deutsche Poetik 23. H: Reinicks Lieder 05; Grimms Märchen 08; Goethes Dramen (Gold. Klass.-Bibl.) 08/12; Lessings Werke (Reclam) 09 VI.

Rienhardt, Albert, Studienwesen, Dr. rer. pol., Stadtschultheiß in Backnang, Württ. (Burgstall, Bez. Marbach a. N. $^{10}|_{9}$ 77.)

Rienößl, Heinrich, Roman, Nov., Drama, RechnR. Wien XVIII/4, Hameaustr. 37. (ebda $^{4}|_{8}$ 77.) W: Herbstesrauschen, Nn. u. Skn. 07; Das hl. Erbe, R. 12; D. große Komödie, Dr. 14; Wien im Kriege, Nn. 15; Werbende Frauen, Dr. 16; D. Kinderbergstadt, Vst. 20; D. schöne Braunhild, Dr. 21; D. Bummerin von St. Stephan, R. 21; Das Rosenwunder, Dr. 22; Der schwarze Geiger, Vst. 23; Der heilige Bürokratius, Lsp. 23.

Ries, John, dtsch. Ψ, Dr. phil., Prof., StudR. Freiburg i. Br., Erwinstr. 93. (Königsberg i. Pr. $^{20}|_{1}$ 57.) W: Stellg. d. Subjekt u. Prädikatsverbum im Hêliand 80; Was ist Syntax? 94; Wortstellg. im Beowulf 07. ()

Riesch, Frl. Helene, ♛, Lit.-Kritik, Schriftstell. München, Thalkirchnerstr. 22. ($^{6}|_{1}$ 79.) W: Savonarola u. s. Zeit 08; Die hl. Katharina v. Siena 11, 4. u. 5. A. 21; Frauengeist d. Vergangenheit, biogr.-lit. Stud. 15, 2. u. 3. A. 21; Die hl. Hildegard v. Bingen 18, 2. u. 3. A. 20; Werden und Wirken, Lebensbilder 20; Maria Ward o. J. 21; Charakterbilder aus dem Mittelalter 22.

Riese, Hans-Georg, SDS., Wirtsch. Politik, Leit. d. Presseabtlg. d. vorl. R.-WirtschRats. Berlin-Friedenau, Fröaufstr. 9. (Schöneberg $^{16}|_{1}$ 94.)

Riesen, Gertrud, geb. Kleist (Ps. W. Wiesen), /, Belletristik, ○, Frau Oberstleutn. Zoppot, Freist. Danzig, Beerenstr. 6. (Gut Perkuiken i. Ostpr. $^{19}|_{8}$ 48.) W: Aus d. Jugendzeit, Lsp. 03; Lebenspfade, R. 03; D Spielgefährten, R. 04; D. Dernbergs, R. 07; Aus uns. lieben Garnison, Mil.-Humor. 08; Die Leute sagen, R. 09; Auf freier Bahn, R. 11; Du Unschuldsengel, Lsp. 12. ()

Riesenfeld, Paul, ☊, Lit., Ψ, ⁂, Theater- u. Musikkritik, Dr. phil., Musiklehr., Doz. a. d. Humboldt-Akad. Breslau, Viktoriastr. 101. (ebda $^{29}|_{10}$ 80.) W: Heinrich von Ofterdingen in der deutschen Lit. 12; Die Auswanderung vom heiligen Gralsberge 14. ()

Rieß, Richard (Ps. Ri-Ri, Heinz Langer), SDS., Nov., ○, ♉, Kritik. München, Siegfriedstr. 20/0. (Breslau $^{6}|_{7}$ 90.) W: Nachdichtg. v. Voltaires „Mérope" 10; Uhus Nachtlieder, Grotesken 10; D. Städtegründerin, Dr. 10; D. Tod d. Eros, Verse 12; D. ewige Haß, Dr. 12; D. Erziehg. zur Mutter, Kom. (m. Hirschberg-Jura) 12; Schicksal u. Krieg, Nn. 15, 7. A. 16; Kriegszeit, Nn. 15; E. Soldatenmutter, N. 15; Krank am Kriege, Nn. 15, 6. T.; Daheim u. im Felde (m. Rich. Sexau), Nn. 15, 70. T.; D. trockne F'sch 16, 11. T.; Konfituren, N. 18, 2. A. 20; D. Vergnügungspark, N. 18, 5. T.; D. Humorbuch, Anth. 18; D. Münchner Bilderbuch, N. 19, 10. T. 20; Hulda Grögel, 15. T. 20; D. gründliche Adolf Grot 21; D. dtsche Karneval, Sat. 21; Moloch, Phant. Nov. 21. Üs: d'Aucourt, Thémidore 21. ()

Rietsch, Heinr., Musikwiss., Dr. jur., o.UP. Prag-Smichow 479, Ferdinandskai 15. (Falkenau a. d. E. $^{22}|_{9}$ 60.) H: G. Muffat, Florilegium 94 f. II; Frauenlob, Reinmar v. Z. u. Alexander 13; J. J. Fux, Concentus mus.-Instr. 16. W: D. Mondsee-Wiener Liederhandschr. (m. F. A. Mayer) 95/96; D. Tonkunst in der 2. Hälfte d. 19. Jahrh. 00, 2. A. 06; D. deutsche Liedweise 04; D. Grundlagen d. Tonkunst 07, 2. A. 18. — 31 veröffentlichte Tonwerke.

Riezler, Sigmund Ritter v., ♛, Dr. phil., o. UP., Geh.R. München, Widenmayerstr. 2. (ebda $^{2}|_{5}$ 43.)

Riff, Jean (früh. Ps. Hans Steinender). Schiltigheim i. Els, Bitscherstr. 2. (Mittelhausbergen, Kr. Straßbg. i. E. $^{17}|_{8}$ 74.) W: Burschenherrlichkeit, Cptte.; D'r Hasestrickler, Lsp. 14; Tod und Teufel, Erz. 20: Junke üß d'r Schmidde, G. 20; D' Gmaaneroots-Herre, Lsp. 20/21.

Rilke, Rainer Maria, ♉, Nov., ☊. Auf Reisen; Adr.: Insel-Verlag, Leipzig. (Prag $^{4}|_{12}$ 75.) W: Leben und Lieder 94; Larenopfer 96; Jetzt u. in d. Stunde uns. Absterbens, Dr. 96: Traumgekrönt 97; Frühfrost, Dr. 97; Advent, G. 98; Am Leben hin, N. 98; Ohne Gegenwart, Dr. 98; Zwei Prager Gesch., N. 99; Mir zur Feier, G. 99, 15.—17. T. 22; V. lieb. Gott u. and., Geschn. 00, 29.—33. T. 22; D. Letzten, 3 Nn. 02; D. tägl. Leben, Dr. 02; D. Buch d. Bilder, G. 02, 20.—22. T. 22; Worpswede, Monogr. 03, 3. A. 10; Aug. Rodin, Monogr. I 03, 2. A. 04, II 08, n. Ausg. 13, 36.—40. T. 22; D. Stundenbuch, G. 06, 40.—49. T. 22; D. Weise v. Liebe u. Tod d. Cornets Christ. Rilke, Dchtg. 06, 231.—251. T. 22; N. Ged. I 07, 18.—20. T. 23, II 08, 14.—16. T. 23; Requiem 09, 8.—9. T. 21: Aufzeichngn. d. Malte Laurids Brigge 10, 18.—20. T. 22; D. Marienleben 13, 51.—60. T. 22; Erste Ged. 13, 10.—13. T. 21; Die Sonette an Orpheus 23; Duineser Elegien 23. Üs: El. Barret-Brownings Sonette nach d. Portug. 08, n. A. 11. bis 15. T. 22; Maurice de Guerin, D. Kentauer 11, 2. A. 19; D. Liebe d. Magdalena 12, 7.—10. T. 22; Portug. Briefe 13, 21.—25. T. 20; Gide, Rückkehr d. verlor.

Sohn. 14, 16.—20. T. 21; 24 Sonette d. Louïze Labé 18, 11.—15. T. 22.

Ring, B., s. Büring, Wilhelm.

Ring, Frau Barbra, Roman, Kinderbüch., Märch., Schausp., Obristin. Kristiania, Norweg. (Drammen, Norweg. $^{4}|_{7}$ 70.) W: Flocken, Nn.; Anne Karine Corvin; Zwei Jahre später; Ja ja, die Liebe, Nn. 16; Die Jungfrau, R. 17; Der Weg, R. 19; Feldmaus, Erz.; Der goldene Mantel; Zwei.

Ringelnatz, Joachim, s. Böttilcher, Hans.

Rintelen, Friedr., Kunst♛, Dr. phil., o. UP. Basel. W: Giotto u. die Giotto-Apokryphen.

Ripcke, Leopold, ○, ObLehr. Rostock, John-Brinkmann-Str. 11 I. (Schwerin i. M. $^{29}|_{11}$ 71.) W: Balders Tod, Götterdr. 02; D. Schmied v. Ruhla, dram. Dchtg. 05; Schiller u. Luther, Festrede 10. H: Lessing, D. Mensch u. der Kritiker, Schulausg. 12. ()

Rippler, Heinrich, BP., RP., BSK., PA., Polit., /, Hrsg. u. Chefred. d. „Zeit". Berlin SW 48, Wilhelmstr. 141. (Kempten $^{8}|_{11}$ 66.) ()

Ri-Ri, s. Rieß, Richard.

Risor, Marc, s. Rosenfeld, Max.

Risse, Joseph, Deutsche Lit.♛, /, Dr. phil., StudR. Dortmund, Beurhausstr. 4. (Hörde $^{30}|_{8}$ 87.) W: Ch. Reuters Schelmuffsky u. s. Einfluß auf d. dtsche Dichtg. 11; Mit der Kluckschen Armee nach Belgien u. Frankreich hinein 15; Die Kriegsgefangenenlager i. Bez. d. IV. Armeek. 16 (auch franz. u. russ.). ()

Riticus, K., s. Joseph, D.

Rittelmeyer, Friedr., ✝, ⁂, Lic., Dr. phil., Prediger. Berlin W, Kronenstr. 70. (Dillingen $^{5}|_{10}$ 72.).

Ritter, Albert (Ps. K. v. Winterstetten), Dr. phil. Weiler, Vorarlberg. (ebda $^{19}|_{1}$ 72.) W: Christus d. Erlöser 04; Noismus 08; D. Nibelungenjahr, Hist. R. 12, 3. A.; D. wahre Gott u. s. Tafeln 12; Berlin-Bagdad 13, 17. A. 16; D. Gottesfreund, Hist. R. 20, 2. A. 21.

Ritter, Constantin, ⁂, Dr. phil., GP., o. HonUP. Tübingen, Hirschauer Str. 3. (Rutesheim $^{8}|_{4}$ 59.)

Ritter, Eduard, ○, Dr. jur. Berlin-Halensee, Kurfürstendamm 138. (Bremen $^{21}|_{1}$ 69.)

Ritter, Egon, s. Reichelt, Joh.

Ritter, Emil, (k.), Erz., Politik, Volksbildung, ○, Schriftleiter d. „Volkskunst". Leiter des Bildungswesens an der kath. Jugendzentr. Düsseldorf, Schadowstr. 54. (Frankfurt a. M. $^{7}|_{12}$ 81.) W: D. Dilettantenbühne 04, 2. A. 11; Jesus Messias, Festsp. 06; Uns. nächsten Aufgaben (kath. Presse) 07; D. interkonfess. Charakter d. Zentrumspartei 10; D. Saat des Hasses, Dr. 11; Der Streikbrecher, Dr. 12; Volksabende 14; Die Volksbildung im deutschen Aufbau 19.

Ritter, Hans (Ps. Charles Rudolph), ASV., Roman, ○, Theaterdir. München, Karlstr. 50. (Berlin $^{26}|_{9}$ 78.) Ue: Gorczynski: Morast, Sch. 06. W: Unser Junge, Vst. 12; Der falsche Schein, Sch. 15; Der unsichtbare Dieb, R. 20; Die Insel der Dreizehn, R. 21; Alwin Neuß, Biogr. 21; D. Tochter d. Bischofs, R. 21. ()

Ritter, Hermann, Nov., Skizz., Reiseschilderungen, Kulturhistorisches, Gedichte. Köln, Brabanterstr. 55. (ebda $^{18}|_{3}$ 64.) W: Stolbergs Vergangenheit 89; Elis Heimkehr, Erz. aus d. Zeit des 30jähr. Krieges 96; Godelind von Reifferscheidt, Eif. Gesch. a. d. 14. Jahrh. 98; Berg u. Tal, Eif. Skn. 04; Eifeler N. u. Skn., Bd. I—IV; Trierer Skn. u. Bilder 06; Deutscher Wein, Bilder aus d. Heimat u. der Gesch. dess. 07; Wanderungen durch Eifel u. Ardennen 07; Andreas Hofer u. d. Freiheitskampf Tirols 09; Kölner Bilder, Skn. 09; Zwischen Dhün u. Sülz, Wandergn. 10; D. Jülicher Land 11; Rhein. Grenzland 12; Aus d. Reichsstadt Aachen, Skn. 12; Berg. Land I 13 (Deutsche Erde); Kriegszeit daheim 15; La vie belge 16; Räuberunwesen vor hundert Jahren 19; Alte rheinische Fabrikantenfamilien und ihre Industrien 20; Mein altes Köln 20.

Ritter, Frl. Lina, ○. Lörrach i. Bad., Basler Str. 40. (ebda $^{19}|_{5}$ 88.)

Ritter, Oskar, s. Rommel, Otto, Berlin.

Ritter, Otto, engl. Ψ, Dr. phil., Prof., UDoz. Halle a. S. (Berlin $^{9}|_{1}$ 76.) ()

Ritterfeldt, Ernst, DV., ○, Direktor d. Luisen-Theaters. Berlin-Neukölln, Kaiser-Friedrich-Str. 93. (ebda $^{18}|_{11}$ 67.) W: Das Jungfernstift, Optte. (m. Jean Gilbert) 00; Gib mich frei, Sch. 11; Mudickes Reise nach Indien, P. 12; Ich lasse dich nicht, Sch. 12 (nach Courths-Mahler); Berlin—Hamburg—New York, Vst. 13; Mag auch die Liebe weinen, Sch. 13 (nach H. Lene); u. a.

Rittershaus, Alfred, ♥, Aphorismen u. Epigramme, Kgl. Hofopernsänger. Berlin-Grunewald, Königsallee 5. W: Lustige Bosheiten 21; Einfälle u. Ausfälle 21.

Rittner, Rudolf, DV., ○. Weißbach b. Jauernig, Tschechoslovakei. (ebda $^{30}|_{6}$ 69.) W: Wiederfinden, Sch. 01; Narrenglanz, Spielmanns-Dr. 06. ()

Rittweger, Frl. Betty, Skizze, Nov. Limbach, Post Steinheid (Thür.). (Hildburghausen $^{3}|_{3}$ 56.) W: Aus d. Kleinstadt, Skn. 02; 's Oberstüble u. a. Erzn. u. Skn.

03; Aus des Lebens Fülle, Ernstes u. Heiteres, Skn. 19.

Ritzel, Jörg, SDS., Roman, ♁, ○, hum. /, ▣, franz. u. span. Übersetzungen. Hamburg 23, Rückertstr. 55. (St. Goarshausen $^{31}|_{3}$ 64.) B: Eine Nacht in Andalusien, hist. Erz. 05; Trutz-Katz, E. 10; Deutscher Föhn, G. 17; Die Herrgottsschenke, R. 23.

Ritzhaupt, Frau Jenny M., Jugendschr., Schriftleit. Leipzig, Humboldtstr. 2 I. (ebda $^{22}|_{6}$ 89.) B: Seelenreggn., lyr. Dchtg. 09; Im Backfischaquarium 09; Backfischbuch; Fürs Vaterland 15; Ein Frauenlos, Erz. 16. **Mitarb:** verschied. Jahrbücher u. a.

Ritzinger, Maximilian (Ps. van Rizzo), (k.), PA., ♁, /, Red. Wasserburg am Inn. (ebda $^{1}|_{12}$ 73.)

Roeber, Friedrich Max, ASV. Red. Könnern a. d. Saale, Burgstr. (ebda $^{20}|_{8}$ 94.) B: Im singenden Hain, Gesänge 19; Das Zigeunerkind, Lr. 20, 2. A. 21; Der ewige Frühling, G. 21; Der träumende See, R. 21; Das Buch der silbernen Waldesquellen, G. 21; Im Lande der Seelen, G. 21. H: Leuchtendes Gold neuer deutscher Dichter, Lyr. Anth. 20/21 II; In Tyrannos, G. 23.

Robert, Max, s. Promber, Otto.

Robertino, s. Bertin, Rob.

Roberts, Adolf, s. Trojan, Otto.

Roberts, S., s. Kossak, Marg.

Robertus, Gerda v., s. Schlieben, Gertrud v.

Robinson, Peter, s. Peterssohn, Erich.

Robitschek, Kurt, DV. Wien III, Löwengasse 49. (Prag $^{23}|_{8}$ 90.) B: Das verliebte Kabarettl 22; Von Frauen u. Freuden 23; Die heilige Fifi; O selig, ein Rindvieh zu sein; Da muß ich lachen; Wein, Weib und Gesang; Alles sing mit; Familie Veilchenstein; Wenn Du zum Weibe gehst; Bunte Gesellschaft; Der keusche Joseph, Schw.; Börsenfieber, Schw.; Der blaue Diamant, Optte. *

Rochowanski, Leopold Wolfgang, SDS., ○, Lyrik, ⊘. Wien IV, Margaretenstr. 5. (Zuckmantel $^{3}|_{8}$ 85.) B: Der Phantast, E. 18; Nackte Inspirationen, N. 18; Unsterblicher Daniel, Sch. 18; Der tanzende Schwerpunkt 22; Abend—Morgen—Mittag, G. 22; Formwille der Zeit 22; Psychopathische Künstler 23; Der brennende Mensch 23; Wiener Keramik 23; Festung, Sch. 23; Schlapphut und Zylinder, Kom. 23; Phantastische Schaubude, N. 23; Theaterkunst IV 23; Dagobert Peche 23. H: „Hämetgsang" 12. *

Röcken, Frl. Fränze Eleonore, Skizze, Roman, Nov. Berlin-Schöneberg 1, Akazienstr. 6. (Wanne $^{29}|_{1}$ 88.) B: D. Kind d. fremd. Mannes 20; Beiträge in „Gem. alt. u. neuer Meister" 21.

Rockenbach, Martin, Dr., Kritiker, Mit-H. der literar. Monatsschrift „Der Gral". Bonn, Jagdweg 27. ($^{15}|_{10}$ 98.) B: Reinhard Johannes Sorge 23. H: Rückkehr nach Orplid 24; Storck-Rockenbach, Deutsche Literaturgeschichte, 10. A. 24. *

Roda Roda, Alexander (auch Aaba Aaba), Satire. München 23, Montsalvatstr. 3. (Puszta Zdenci $^{13}|_{4}$ 72.) B: Der Schnaps, der Rauchtabak u. die verfluchte Liebe 08, 34. A. 20; Ihre Gnaden u. d. Bäuerinnen, Adelige Geschn. 06, 19. A. 23; Schummler, Bummler, Rossetummler 09, 24. A. 24; D. Pascha lacht, morgenländ. Schwänke 09, 25. A. 22; 500 Schwänke 13, 24. A. 22; D. Feldherrnhügel, Schnurre (m. Carl Rößler) 10, 17. A. 19; D. Sanitätsrat, Kom. (m. Gustav Meyrink 11, 2. T.; Bubi, Lsp. (m. Meyrink) 12, 2. T.; D. Sklavin aus Rhodus, L. nach Terenz (m. Meyrink) 12, 2. T.; D. verfolgte Unschuld 14, 68. T. 21; D. Uhr, Sp. (m. Meyrink) 13, 3. A. 17; D. Streiche d. Junkers Marius, e. Buch f. Backfische 10, 15. A. 21; Von Bienen, Drohnen u. Baronen 08, 27. A. 21; D. sieben Leidenschaften 21, 10. T. 22; Frau Tarnotzis feinster Coup, 40. T. 22; Eines Esels Kinnbacken 06, 28. A. 22; Weisheit d. Morgenlandes, 10. T. 22; D. Staatsgewalten, 3 Einakter, 2. T. 20; D. Rosenland, Bulgar. Anthol. 18, 4. T.; Irrfahrten eines Humoristen, 20, 7. T. 23; D. Kummerziege (m. Marie Roda Roda), Rn., 4. T. 20; Schwabylon oder: D. sturmfreie Junggeselle 21, 10. T. 23; Serb. Tagebuch, 50. T. 18; So jung u. schon — 18, 40. T. 20; D. Hühnerleiter 21, 6. T.; E. Frühling i. Amerika, 7. T. 24.

Roda Roda, Frau Marie (Ps. für Marie Liebermann), Nov. Budapest IV, Régi-posta-utca 6. (Puszta Zdenci $^{1}|_{8}$ 75.) B: Der wilde Milan, R. 00, 16. A. 19; Ehegarten, 3. A. 13; D. Kummerziege, 4. T. 20 (alle m. Roda Roda).

Rodatz, Frl. Hedwig, plattd. Roman, Erz. Schwerin i. Meckl., Grenadierstr. 24. (ebda $^{29}|_{11}$ 78.) B: Der Königschuß v. Bollentin 17; Unkel Hinrich 20.

Rodemann, Karl, DV., ASV., VF., PA., ○, Nov. Berlin-Schöneberg, Grunewaldstr. 21. (Lübeck $^{21}|_{12}$ 66.) B: Wem d. Gunst, Lsp. 91; Die Liebesprobe, Lsp. 91; Die Erbarmungslose, Rn. 99; Buße, Dr. 01; Die Mächtigere, Dr. 02; Die Experimentiertante, Lsp. 03; Blinde Liebe, R. 04; Erlösung, Sch. 07; Die Abenteurer, Lsp. 07; Grenzvisitation, Lsp. 09; Herr Jens von Öland, Tr. 10; Antjes Hochtid, plattd. Volksst. 10; Se-

ñorita Panchita, die Schlanke, Schw. 13; Marzipan, Bst. 18; Die Perle von Mexiko, Sgsp. 20; Im goldenen Anker, Kom. 21; Spinne Petra, R. 24.

Roden, Max, Organisation der Wiener Presse, CC., Lyrik, Redakteur der „Volks-Zeitung". Wien III, Ungargasse 24. (ebda $^{21}|_{7}$ 81.) **V:** Frühlingsgarten, G. 06; Aventüre, G. 09; All meine Liebe, G. 17, 2. A. 18; Drei Leben, Sc.-Reihe 18; Brücken der Sehnsucht, G. 18; Anrufung, lyr. Zyklus 19; Zwischen den Stimmen, Dr. 19; Erlösendes Lied, G. 22. **Ue:** Das Leben Oscar Wildes 08; Bathseba, Dr. 22. *

Rodenberg, Carl, ♛, Dr. phil., GRegR. o.UP. Kiel, Moltkestr. 59. (Bremen $^{15}|_{10}$ 54.)

Röder, Adam, ASV., Journalist u. Schriftst., Hrsg. d. „Süddeutschen konservativen Korresp." Karlsruhe, Hirschstr. 52. (Kirchheim-Heidelberg $^{15}|_{11}$ 58.) **V:** Frau Lydia, Sch.; Um 20 Flaschen Sekt, Nov.; Der Agitator, R.; Christlich-konservativ 92; Ein neues Reichstagswahlrecht 95; Kulturkonservatismus 09; Reisebilder aus Amerika 06; Zukunftskonservatismus 17; Fidelitas; Der deutsche Konservatismus und die Revolution 20; Reaktion und Antisemitismus 22.

Roeder, Karl, Musik, Kgl. Musikdir. Herford i. Westf. (Hangard b. Ottweiler $^{27}|_{6}$ 60.)

Roderburg, Andreas, /, Bibliogr., Krit., ▣, Stadtbibl. Stolberg, Rhl., Inselstr. 10. (ebda $^{8}|_{10}$ 88.) **H:** Hornscher Erzhlgn. 19 V; u. a.

Rödiger, Karl, ♥, /, ▣, Bürgerschuloberlehrer. Plauen i. V., Rhänisstr. 40. (ebda $^{24}|_{11}$ 70.) **V:** Schiller als Erzieher zur Persönlichkeit 05. **H:** Heimatbuch vogtländ. Schriftsteller u. Künstler 11, 3. A. 12. ()

Roffenstein, Gaston, Dr., ∴, Psychologie, Soziologie, Dr. phil. Wien 9, Währingerstr. 48. (Triest $^{19}|_{6}$ 82.) **V:** Zur Psychologie und Psychopathologie der Gegenwartsgeschichte 21; Das Problem des Unbewußten 23. *

Rogge, Frl. Alma, plattd. Dchtgn. Brunswarden b. Rodenkirchen i. Oldenburg. ($^{24}|_{7}$ 94.) **V:** Up de Freete, plattd. Lsp. 17, 3. A. 20; De Vergantschoster, Lsp. 22.

Rogge, Heinrich, rk, ∴, Dr. jur. Neustettin, Pom., Klosterweg 8. ($^{19}|_{11}$ 86.)

Rogge, Marcello, Nov., Roman, ▣, Presseleiter der „Liga zum Schutze der deutschen Kultur". Charlottenburg 4, Mommsenstr. 35. (Blasewitz $^{6}|_{11}$ 83.) **V:** An d. Toren d. Lebens, G. 11; Auf den Wegen des Lebens 13; Quo vadis Romania? 15 (auch rum.); Rumän. einziger Weg 16; D. mitteleurop. Bulgarien 17; Uns. Bundesgenossen 18; Mit Schwert u. Pflug, G. 18; Von gold. Freude u. eis. Schmerz, G. 20; Schleichendes Gift, R. 20; Wie Tomas Wegeweit sein Vaterland suchte, R. 21. **H:** Deutsche Wehr — Deutsche Ehr, G. 14; Nat. Rundschau 14—20.

Rogge, Frau Pia Sophie (früh. Ps. Christa Hoch), ♥, Roman, Novell., Politik. Langen, Kr. Lehe i. Hann. (Warendorf i. Westf. $^{24}|_{7}$ 78.) **V:** Dich segnen meine Lieder 07; Die da hungern u. dürsten 07; Du hast wohl nie das Glück besessen 19; Licht von Dollenkamp 20; In Evas Garten 20.

Rohde, Arnold, s. Huth, Friedr.

Roehl, Arthur (Ps. Avell), Roman, /, **Ue:** EFSI. Berlin; zur Zeit Frankfurt a. O., Peitzer Str. 3. (ebda $^{21}|_{10}$ 53.) **V:** Hannas Laufbahn, R.; Freilichtbilder, N.; Bei der Kavall., R.; Zweierlei Tuch, N.; Blauerts Bild, R.; Pension Völkerling, R. 01; D. schöne Hederich, R. 02; Glänzend Elend, R. 06; Der Fall Madelung, R. 07; Die Traute 09; Galante Spekulationen 14.

Röhl, Hans, Lit.♛, Dr. phil., Lyzeal-Studienrat. Charlottenburg, Herbartstr. 15. (Berlin $^{29}|_{9}$ 85.) **V:** Die ältere Romantik u. d. Kunst des jungen Goethe 09; Gesch. d. deutsch. Dichtung 14, 4. A. 22; Abriß d. deutsch. Dichtung 16, 2. A. 22; Wörterbuch zur deutsch. Lit. 21.

Roehle, Reinhard, Erz., Jugendschrift. Schiffsoffizier a. D. Jugenheim a. d. Bergstr. (Berlin $^{22}|_{2}$ 76.) **V:** Am Berg der Läuterung, N. 09; Von Seebären u. Landratten, Erz. 10, 15. A. 20; Vikar Körner u. die Wandervögel, N. 13; Unter Bullerdieks Teerjacken, Erz. 15, 16. A. 20; Emden-Ayesha, Erz. 15; Durch Urwald u. Sertao, Erz. 16, 21. A. 19; D. Kriegsfahrten uns. Kreuzergeschwaders, Erz. 16; Über Anden u. Meer ins deutsche Heer, Erz. 16, 15. A. 19; Graf Dohnas Heldenfahrt auf S.M.S. „Möwe", Erz. 16; Als Flüchtling um den halben Erdball, Erz. 17, 15. A. 19; Das Geheimnis von Raggura, Erz. 19, 13. A. 20; Auf großer Safari, Erz. 21; Der Kampf um die Tigermine, Erz. 22.

Rohleder, Theodor, Religion u. Religions∴, Pfr. Haßfelden bei Hall i. Württ. (Plochingen $^{9}|_{7}$ 64.)

Rohmann, Ludwig, PA., RP., Rom., /, ○, ∴, Kritik, Leit. d. Presseamts d. DVP. Braunschweig, Hagenring 21. (Cronberg $^{27}|_{6}$ 65.) **V:** Sybille Röcknitz, R. 11; Kleiner Krieg, Sch. 12; Die klingende Schelle, Sch. 13; Das ältere Recht, R. 13; Rund ums Jahr 14; Phi-

nele, R. 14; Die nach uns kommen, R. 16; Die Konstruktion d. Dreiecks, Lstp. 21; Der Dornenweg d. Ruhmes, R. 21. ( )

Rohmer-Heilscher, Frau Lucie, ASV., DSch., ⚜, Gedichte, Lieder, Balladen, Legenden. Hofheim i. Taunus (Nassau), Heimhof im Klingen. (Berlin $^{11}|_{11}$ 81.) W: Aus Tag und Traum 16.

Röhr, Frz., s. Hirschfeld, Frz.

Rohr, J., ◯, Dr., Studienrat. Berlin S 59, Hasenheide 71. W: Die Schulhausbühne 22; Gevatter Tod 22; Gänsemagd 23. H: Sammlung Volksspiele. •

Rohrbach, Paul, ●, ✉, ✝, Lic., Dr. phil. Berlin-Grunewald, Hohenzollerndamm 87. (Irgen in Livl. $^{29}|_{6}$ 69.) W: D Berichte über d. Auferstehung Jesu 98; Im Lande Jahwes u. Jesu 01, 2. A. 11; Deutschland unt. d. Weltvölkern, 5. A. 21; Um Bagdad u. Babylon 09; Aus Südwestafrikas schweren Tagen 09; Der Deutsche Gedanke in der Welt 12; Die Geschichte d. Menschheit 14; Rußland u. wir 15; Weltpolit. Wanderbuch 15; Das Baltenbuch 17; Woher es kam? 19; Polit. Erziehg. 19; D. Beweise für d. Verantwortlichkeit d. Entente am Weltkrieg 20; Gottes Herrschaft auf Erden 20. ( )

Rohrer, Fritz, s. Reitterer, Frz. X.

Röhrig, Karl, ASV., ✝, ⚜, Pfr., Red. Potsdam, Auguste-Viktoria-Str. 6. (Schmiedel b. Simmern $^{31}|_{1}$ 66.) W: Reminiscere, 50 Jahre d. Rettungsanst. auf d. Schmiedel 01; Gustav Adolf in der Dichtung 03; Die röm. Volksmissionen 04; Hunsrücker Liederbuch 06; Aus d. Welt d. Berge, Lr. 07; E. Herberge in d. Wüste 07; Unt. d. Fahne d. I. Napoleon 08, 3. A. 11; Die Erlöserkirche in Potsdam 08; Die Aufgabe der Predigt 09; Am Rhein, G. 09; Helden, G. 13; Kriegsfanfaren, G. 14, 2. A. 15; D. Lebenslauf d. Deutschen, G. 18; Auf d. Heldentod d. Sohnes, G. 18; Zum Tode der Kaiserin, G. 21; Zum Gedächtnis der Kaiserin, G. 22, 5. A.; Die Weltereignisse bis zum Jahre 1953; Gesichte von Anton Johanson aus dem Jahre 1907, 1.—3. A. 22, 4.—6. A. 23.

Rohrscheidt, Kurt v., Märch., ⚜, /, fr, ✉, GRegR., Dr. jur. h. c. Merseburg, Hallische Str. 23. (Lützen $^{23}|_{11}$ 57.) W: Zahlr. nationalökon. Schriften, ferner: Ged. 93; Satans Erlösg. 94; Am deutschen Herd 80; Sinnen u. Weben 83; Am Märchenbrunnen 93; Armin u. Thusnelda, Helden-Lr. 97; Deutschland! Deutschland! KriegsG. 16. **MitH**: Sächs.-thüring. Dichterbuch 84, n. F. 87.

Roland, Paul, VP., RP., Polit., /, Red. am VCA. Berlin-Schlachtensee, Adalbertstr. 16. (Sangerhausen $^{13}|_{8}$ 56.) W: H. Sturinger 84; A. Jacobsens Reisen i. d. Bandasee 94; D. Verlernen der Malerei 08; D. Königsurlauber 16.

Rolffs, Ernst, wiss. u. prakt. ✝, Lic., Pastor. Osnabrück, An der Katharinenkirche 7. (Bremervörde $^{30}|_{8}$ 67.) W: Politische Ethik u. ethische Weltanschauung 23; u. a.

Rolfs, Wilh., bild. ♔, Ψ, körperl. Erziehg., Dr. phil., GHofR. Bettenburg b. Hofheim i. Unterfr. (Schwarmstedt $^{7}|_{8}$ 56.) W: Rasenballspiele 80; D. Abgarlegenden 82; Unsere Volksfeste 96; Die deutsch. Nationalfeste 97; Neapel 05 II; Franz Laurana 07 II; Gesch. d. Malerei Neapels 10; Deutsche Kampfspiele 1920 12; Soldatengräber u. Einheitskreuz 16; D. Grunewaldlegende 23.

Rolfsen, Rolf, s. Peine, Theodor.

Rollet, J., s. Rolletschek, Jos.

Rolletschek, Joseph (Ps. J. Roller), SDS., Nov., ⚜, Maler. Weimar, Luisenstr. 7. (Giessaus i. Böhm. $^{19}|_{10}$ 59.) W: Verwehte Träume, G. 95; Schatten, N. 00; Was sich die Blumen erzählen, Nn. 04.

Roellig, Frl. Ruth Margarete, ASV., Roman. Bonn a. Rh., ·Weberstr. 52. (Schwiebus $^{14}|_{11}$ 78.) W: Geflüster im Dunkeln 13; Traumfahrt 15; Liane 16; Lutetia Parisiorum, R. 18; Das Auge von Türkis, R. 21; Pan küßte mich, G.; Der Kritiker; Die heiligen Annunziaten: Die fremde Frau, Nn. 22.

Roloff, Ernst M., PA., klass. Philol., Ägyptologie, Pädagogik, ✉, Prof., Wissenschaftl. Generalreferent in der Reichszentrale für Heimatdienst. Berlin-Lichterfelde W, Zehlendorferstr. 19 I. (Fürstenberg a. Weser $^{5}|_{4}$ 67.) W: Ägypten einst u. jetzt 08, 4. A. 23 (franz. 12); Lexikon der Pädagogik 12—17 V, 2. A. 21f.; In zwei Welten 20 (Lebenserinnerungen); Im Lande der Bibel 21; u. a. H: Literarischer Handweiser 18—19. **MitH**: Herders Konversationslexikon 03 bis 10 IX.

Roloff, Gustav, ♛, Dr. phil., o. UP. Gießen, Walltorstr. 48. (Ob.-Röblingen a. S. $^{7}|_{10}$ 66.)

Rom, Thé von, s. Rommel, Theodore von.

Romanowski, Max (Ps. Immanuel Loetzow), ■, ♛, /, ⚜. Leipzig-Thonberg, Stötteritzer Str. 77. (Lötzen $^{20}|_{4}$ 80.) W: F. Herz u. Gemüt, Aphorism. 02; Immanuels Kummer, N. 03; Register z. Heft 1—10 d. Mitteil. d. Lit. Ges. Masovia 05; In Freude u. Schmerz, Dichtgn. 06; Register zu E. Deegen, Gesch. d. Stadt Saalfeld, Ostpr. 07; D. Einkommensverhältnisse masur. Landschullehrer seit 100 Jahren 07; C. L. Velthusen, e. vergessener masur. Publizist 09; Kaiser

Wilhelm II. 11; Dem Kaiser Heil! 13; Unser heiliger Vater Papst Benedikt XV. u. s. erstes Wirken 14. H: Ostpreußens Russennot, Dchtgn. 15.

Romar, Vely, s. Schwan, Willy.

Römer, Alwin, ✿, Humor, Nov., Rom., /, O, ♘. Bregenz a. Bodensee, Kornmarktstr. 22. (Aschersleben $^{18}|_{8}$ 61.) B (seit 00): Die Kraftprobe, Lsp. 02; Die Jubiläumsnummer, Lsp. (mit Haßkerl) 04; Ein bißchen Glück, ein bißchen Schuld . . ., N. 07; Der Luftschifferleutnant, hum. R. 09; Veronikas Abenteuer u. a. Humor 09; Schloß Huttenberg, N. 10: Biwouakhühner u. a. Hum. 11; Die Amati der Nestelhoffs, R. 12; Der Pusztahirt u. a. Soldaten-Hum. 13; Die Sektpanscher u. a. Sold.-Hum. 13; Wir biwakieren, Kom. 13; Naschkatzen, Schw. (m. Stolle) 13; D. verkaufte Kuß, R. 14; Der Mündeljäger, R. 14; Die Franzosenuhr, R. 15; Der Birnbühlhofer, N. 15; Frieden im Kriege, Kom. (m. Rolf Römer) 15; 's Freien zu Dreien, Schw. (m. R. Römer); Titania, Schw. 23; Aschenbrödel, M. (m. Rolf Römer) 23.

Römer, Felix Oscar, s. Heinemann, F. O.

Römer, Fritz (Ps. Fritz Hammerwerfer), ✝, O, ✿, Dr., Hrsg. d. Wochenschr. „Deutsche Sonntagspredigten", Schriftleit. d. Verlages „Die deutschen Baumeister". München, Georgenstr. 66. (ebda $^{9}|_{8}$ 90.)

Römer, H., s. Thieme, Friedr.

Römer, Siegbert, s. Rabinowitz, Sally.

Rommel, Otto, Lit. ♛, Pädagogik, Dr., Direktor der Bundeserziehungsanstalt Wien-Breitensee. Wien XIII, Kendlergasse 1. (Mähr-Schönberg $^{12}|_{8}$ 80.) B: Der Wiener Musenalmanach 1776—96 06; Johann Nestroys Ausgew. Werke (Goldene Klassikerbibliothek) 08; Deutsch-österreichische Klassikerbibliothek I—LX 08—14; Ludwig Anzengrubers Sämtliche Werke, historisch-kritische Ausg. I—XVII (m. Rudolf Latzke) 18—23. *

Rommel, Frl. Pauline, ✿, Lehrerin an der städt. Volksschule zu Fulda. Fulda, Hessen-Nassau, Peterstor 2. (ebda $^{29}|_{11}$ 86.) B: Chrysanthemen, G. 22. *

Rommel, Frau Theodore v. (Ps. Thé von Rom, Jon v. Goldmar), VB., DSch., Roman, ✿, Obersts-Gattin. Kassel, Nahlstr. 5 II. (Mainz $^{31}|_{8}$ 71.) B: Heinz Arnolds Frauen, R. 01, 2. A. 04; Man lebt so hin, R. 02; Eine Leidensch., lyr. R. 03; D. Neue Mann, R. 04; Unser Buch, Jgdb. 12; Balladen 14; Rosen a. Gewehr, Krgsged. 16—17, 4. A.; E. Zerrbild Gottes, lyr. R. 19. ()

Ronai, Armin, SDS., /, Nov., ♘. Neckarsteinach. (Maros Vortò $^{18}|_{1}$ 64.) B: Der Kampf ums Mandat, R. 08; Leutnant Schwerenöter, R. 10; Vor zwanzig Jahren, Mannheimer Erinnergn. 11; Ja, in Abbazia, Lsp. 12; Villacher Radium, Lsp. 12; Asien u. Afrika, R. 13; Lustige Quellengeister, G. 15; Das Heiratsbad, Lsp. 16; Der Nachtwächter von Wipfen, Lsp.; An d. Neckarmauer, Lsp. ()

Rooth, Lalla, s. Kempner-Hochstädt, Martha.

Roon, Frau Carola von, geb. Freiin von Seckendorff, ✿. Schloß Krobnitz, Oberlausitz. (Teutzerow, Vorpom. $^{3}|_{4}$ 77.) B: Lichter auf den Wellen, G. 16; Klingende Stille, G. 19: Lebenskristalle, G. 21; Um den Tropfen am Eimer, Erschautes u. Gedachtes 22; Worte im Traum, G. 22.

Roose, Georg Peter Maria, SDS., Belletr., Biogr., Übersetzgn. Kleinstorkwitz (Post Rüssen, Bez. Leipzig). (Antwerpen $^{3}|_{7}$ 81.) B: Der Gezeichnete, R. 20; Der Meister des Lebens, Dr. 20; Unheimliche Geschichten 21; Wie Michel Deutsch die sieben Reiter fand 22; zahlr. Bühnenwerke u. Rom. in niederl. Sprache, Übersetzgn., Biogr. u. Monogr.

Roosen, Wilh. v., s. Segmüller, Fridolin.

Roepke, Fritz, Politik u. Lit., bes. franz., Dr. phil. Berlin-Neukölln, Roseggerstr. 38. (Berlin $^{26}|_{5}$ 84.) B: Von Gambetta bis Clemenceau, 50 J. franz. Geschichte 22. **Ue:** Musset, Die weiße Amsel 11.

Ropp, Carlo Frhr. v. der, Rezitator, /, Kritik. Dresden-A., Augsburger Str. 23 pt. (Maihof b. Mitau i. Kurland $^{12}|_{9}$ 77.) B: In stillen Stunden, Erz. 94, 2. A. 95; Blätter im Winde, G. 95. ()

Roquette, Henri, ASV., O, Kritik, Erz., ✿, Politik. Lehrer i. R. Nikolassee b. Berlin, Alemannenstr. 20. (Frankfurt a. O. $^{3}|_{2}$ 68.) B: Cozaiba, d. Tochter d. Incas 03; König Otto 09 II; Deutschland u. Griechenland 16; Griechenlands Stellung im Weltkriege (m. Kallidis-Athen) 18. ()

Roer, Victoria (Frau Victoria Schneyer geb. Roer), VB., Märchen, ✿, O. Weimar i. Thür., Bernhardsgasse 22. (Hagen i. Westf. $^{21}|_{1}$ 94.) B: Hans Wohlgemut, Bühnenmärchen 14; Mein Blumengarten, Erlaubtes u. Erlebtes 23. *

Rörig, Fritz, ♛, rk, Dr. phil., UP., Leipzig, Parthenstr. 1. (St. Blasien $^{2}|_{10}$ 82.)

Rosalba, E., s. Petzold, Emil.

Roeschen, Aug., ♆, ♛, ✿, Dr. phil., Prof., GObLehr. i. P. Laubach. (Winnerod $^{7}|_{12}$ 55.)

Rose, A., s. Austerlitz, Rose.

Rose, Anton Heinrich, RP., /, ■, ■, ▪, Dr. phil., Berufsamtsleiter. Breslau 23, Gallestr. 12. (Neiße, OS. $^{26}|_{10}$ 88.)

Rose, Carl, Sozialpolitik, Moralpädag., Lit.♛, Nov., Lehrer, Stadtrat. Burgstädt, Sa., Silberstr. 25 II. (Kohren $^{13}|_{7}$ 74.)

Rose, Felicitas, s. Moersberger, R. F.

Rose, Fritz (Ps. Soré), ⁂, Lit., Erz., G., Sgsp., Sk., ■, /, **Ue,** Dr. phil., Red. München, Goethestr. 50. ($^{13}|_{8}$ 76.)

Röse, Otto, Mitinh. d. Firma Wilh. Gottl. Korn (Verlag d. Schles. Ztg.). Breslau. (Schnepfenthal $^{29}|_{5}$ 53.) **V:** Revanche, Bilder aus Paris 84; Ein Herbst im Elsaß 98; Wegweiser durch die Oper „Salome" 07; „Elektra" (m. J. Brüwer) 09; Im römischen Hexenkessel. ()

Roseeu, Robert, /, ♛, ■, Dr. phil., Schriftleit. d. Zettka-Feuill. Berlin-Wilmersdorf, Emser Str. 18. (Frankfurt a. M. $^{29}|_{5}$ 87.) **V:** Ludwig Börne als Kunstkritiker 10; Arthur Schnitzler 13.

Rosegger, Hans Ludwig, Dr. jur., Hrsg. der Monatsschr. „Heimgarten". Krieglach, Steierm. (ebda $^{10}|_{8}$ 80.) **V:** Von Königen u. Jakobinern, Nn. 10; Die Komödiantin Magdalene, R. 11/14; Und David sah ein Weib, R. 12; D. Buch der Kaiser, Nn. 13; Der Golfstrom, R. 13; E. kleine Frau, R. 14; Polycarpe, der Erbarmungslose, R. 16; Der alte Feldzeugmeister u. a. Gesch. 16; Urban u. die Schlangen, R. 17; Hart a. d. Fersen, Nn. 19; Die tanzende Bärin, R. 19; O du mein Österreich, Sat. 20; Frau Sphinx, R. 21. ()

Roeseler, Hans, BP., ♛, Politik, ■, Dr. phil. Berlin-Lichterfelde, Bahnhofstr. 9. (Steglitz, Kr. Teltow $^{8}|_{5}$ 93.)

Roselieb, Hans (Ps. Firmin Coar), SDS., z. Zt. Münster i. W., Melcherstr. 4. ($^{19}|_{10}$ 84.) **V:** Der Erbe, R. 20, 3. A. 21; Narren der Arbeit, Nn. 20; Peter Hille 20; Die Fackelträger, R. 21; Die Gnadenlandschaft, R. 22; D. Abenteurer in Purpur; D. Mahd, N.; Der Schalk in d. Liebe, N.

Rosen, Franz, s. Sydow, Marg. v.

Rosen, Friedr., Orientalia, Dr. phil., Wirkl. Geh. R., Reichsmin. d. Außeren a. D. Berlin, Friedr.-Wilhelm-Str. 3. (Jerusalem). **V** bzw. **H:** D. Sinnsprüche Omars des Zeltmachers 3. A. 19; u. a. **Neubearb:** Übers. d. Mesnevi d. pers. Dichters Dschelai ed Din Rumi (von Georg Rosen), nebst Einleitg. üb. die myst. Philos. d. Dichtkunst; Elementa Persica. (*)

Rosen, Hermann v. (bis 18 u. d. N. H. v. Revelstein), Politik. Berlin, Uhlandstr. 79. (Kusna, Estland $^{17}|_{3}$ 58.) **V:** Das Deutschtum in Rußland u. seine Zukunft 15; Die Not der Fremdvölker unter d. russ. Joche 16; Russ. Zukunft 19. ()

Rosenbacher, Martin, Lit.♛, Dr. jur., Rechtsanwalt. Hamburg, Agnesstr. 39. (ebda $^{19}|_{10}$ 64.) **V:** Drewes 19.

Rosenbaum, Alfr., deutsche Lit.♛, Bibliogr., Dr. phil. Prag II, Brenntegasse 7. (ebda $^{18}|_{1}$ 61.) **Mitbearb:** Goedeke, Grundriß, Bd. 6/12 98/19. **Bearb** u. **MitH:** Bibliographie d. deutsch. Lit.-Gesch. 1907/18 (Euphorion, 9., 10., 11. u. 12. Ergänzungsheft) 11—21. ()

Rosenbaum, Henny, s. Henschel vom Hain, Henny.

Rosenbaum, Kory, Elis., s. Towska, K.

Rosenbaum, Rich., Lit.♛, deutsche ♆, Dr. phil., Dramaturg, gewes. lit.-artist. Sekr. d. k. k. Hofburgtheaters, Gesellsch. u. Geschäftsf. d. Donauverlages. Wien VIII, Florianig. 23. (Zikow $^{4}|_{11}$ 67.) **H:** Thümmels Wilhelmine, erste Ausgabe 1764 94. ()

Rosenberg, Alfred, Politik, Judentum, Freimaurerei, Dipl.-Architekt, Hauptschriftleiter des „Völkischen Beobachters" München. München, Nikolaipl. 1/0. (Reval $^{12}|_{1}$ 93.) **V:** Die Spur der Juden im Wandel der Zeiten 19; Unmoral im Talmud 19; Das Verbrechen der Freimaurerei 20; Pest in Rußland 22; Bolschewismus, Hunger u. Tod 22; Der staatsfeindliche Zionismus 22; Wesen, Grundsätze u. Ziele der Nat.-soz. deutsch. Arbeiterpartei 23; Die Protokolle der Weisen von Zion u. die jüd. Weltpolitik 23. **Ue:** Gougenot des Mousseaux, Der Jude, das Judentum u. die Verjudung der christlichen Völker 20. *

Rosenberg, Artur, ♛, Dr. phil. Eggenberg bei Graz, Grasbergergasse 70. (Marburg $^{4}|_{7}$ 87.) **V:** Erlösung, N. 03; Jungdeutschland, Essays (m. R. Huppert) 03; Beiträge z. Gesch. d. Juden in Steiermark 14. ()

Rosenberg, Maximil. v., Roman, Nov., Kgl. Zeremonienmeister. Niederpöcking b. Starnberg, Ob.Bay. (Halberstadt $^{16}|_{9}$ 49.) **V:** Ein gefährliches Liebesspiel, N. 99, 2. A. 12; Pflichten, R. 99; Nach d. Liebesmahl 99; Magdalena, R. 01; Vizefeldwebel Starke, R. 01; Von Geschlecht zu Geschlecht, N. 03; Der Kampf um Ehre, Dr. 03; Die Perlen der Gräfin Osterhold, N. 13; Herbst 18; Sonettenkranz 19. ()

Rosenberger, Hans-Joachim, Logaubund-Liegnitz, ▪, Dramatik, Schriftsteller. Liegnitz, Schles., Gustav-Adolf-Str. 28. ($^{19}|_{9}$ 04.) **V:** Sonnenaufgang, Poesie u. Prosa 21. * ✿

Rosenblum, Salomon, Gedichte, cand. phil. Berlin-Charlottenburg, Kant-

str. 92. (Cechanovitz, ehemals Rußland), $^{14}|_{6}$ 96.) B: In der Fremde 23. *

Rosendahl, Alfons, WSV., ✠, Dir. d. städt. kaufmänn. Fortbildungsschulen. Köln a. Rh., Nassestr. 22. (Much im Siegkreis $^{7}|_{3}$ 64.)

Rosenfeld, Max (Ps. Hans Holdermund, Marc Risor, Harald Hartmund), ○, ✠, Erz., Maler. Dresden-Strehlen, Mary-Krebs-Str. 4. (Berlin $^{6}|_{4}$ 74.) B: Vermächtnis e. Unbekannten, G. 02; D. Geburtstagsabend, Schw. 06; Der kl. Salomo, Lsp. 07; Poesie u. Magenknurren, Schw. 07; Die Tragische, Lsp. 07; Babel, Dr. 08; Sarai, Dr. 08; Osmund und Blandina, Erz. 09; Bunter Teppich, Lr. 09; Jugendschriften; Kriegsliteratur; Sprüche u. a. ()

Rosenfeld, Oskar, Roman, Dr. Wien IX, Türkenstr. 19. (Koritschan $^{13}|_{5}$ 85.) B: Die vierte Galerie 10; Mendl Ruhig 14; Tage u. Nächte 20.

Rosenhagen, Hans, BP., Ästhetik, Ꝙ. Berlin W, Frobenstr. 23 III. (ebda $^{1}|_{6}$ 58.) B: Max Liebermann 00; Würdiggn. 02; Fritz v. Uhde 08; Wilh. Trübner 09; Alb. v. Keller 12; Arthur Kampf 22. H: R. Muther, Gesch. d. Malerei 09; R. Muther, Aufsätze über Bildende Kunst 14; Adf. Rosenberg, Handb. d. Kunstgesch., 3. A. 21.

Rosenhahn, Paul, DB., BF., Roman u. Nov. Berlin-Friedenau, Eschenstr. 3. (Hamburg $^{11}|_{12}$ 77.) B: Der Schlittschuhläufer, R.; Die Nacht ohne Morgen, R.; Die Drei auf der Platte, Rn.; Hawaii, Dr.; Razzia, Dr.; Der Herr der Valuta, R.; Cascapol, R.; Der Vagabund im Frack, R.; D. Mann a. d. Kronleuchter, R. ()

Rosenmann, M., Dr. Wien XXI, Holzmenterg. 12. (ebda $^{27}|_{10}$ 67.) B: Studien zum Buche Tobit; Der Ursprung der Synagoge 07; Isak Noa Mannheimer 22. *

Rosenstiel, Julius, s. Jros, Ernst.

Rosenthal, Friedrich, TC., ○, Oberregisseur des Deutschen Volkstheaters. Wien IX, Universitätsstr. 10. (ebda $^{21}|_{7}$ 85.) B: Bettinas Flucht, Sch. 13; Dessert, Lsp. 14; Der interessante Mann, Lsp. 14; Der Ruf der Liebe, Sch. 15; Die goldene Brücke, Lsp. (m. Fritz Grünbaum) 16; Die Weiterentwicklg. d. Stilbühne 16; Schauspiele aus deutscher Vergangenheit 19; Die Wanderbühne 21; Unsterblichkeit des Theaters, eine Kulturgeschichte der deutschen Bühne 23/24.

Rosenzweig, Franz, ⁂, Dr. phil., Leit. d. Freien Jüd. Lehrhauses. Frankfurt a. M., Schumannstr. 10. (Kassel $^{25}|_{12}$ 86.) B: Hegel u. d. Staat.

Rösler, Jo Hanns, SDS. Dresden-Pirna. (Königstein a. E. $^{7}|_{4}$ 99.) B: Das keusche Dresden 20; Ich der Krüppel 20; Das erotische Panoptikum 21; Jese, d. groteske Christusroman 21; Die Höllenrevolution 21. ()

Rosmer, Ernst (Ps. f. Elsa Bernstein, geb. Porges). ○. München, Briennerstr. 8. (Wien $^{28}|_{10}$ 66.) B: Wir Drei, Dr.; Madonna, N.; Dämmerung, Sch.; Königskinder, MDr.; Tedeum, Kom.; Themistokles, Tr.; Mutter Maria, Tr.; Dagny, Sch.; Merete, Dr.; Johannes Herkner, Dr.; Nausikaa, Dr.; Maria Arndt, Sch.; Erkennung, Kom.; Achill, Tr.; Michel, N.; Ehe, Sch.; Schicksal, Sch.

Rosner, Karl, BP., Rom., Nov., Übersetzgn. Berlin W, Bamberger Str. 47. (Wien $^{5}|_{2}$ 73.) B (seit 00): Ein Brandstifter, N. 01; Der Fall Versegy, R. 04; Rinnender Sand N. 06, 7. A. 23; Georg Bang's Liebe, R. 06, 6. A. 13; Der Puppenspieler, R. 07; Die Mumienhand, N. 07, 16. A. 11; Sehnsucht, R. 07, 10. A. 13; D. silberne Glocke, R. 09, 10. A. 10; D. Ruf d. Lebens, R. 10, 4. A. 22; D. Herr d. Todes, R. 10, 7. A. 11; Es spricht die Nacht, N. 11, 3. A. 11; Der Diener Dieffenbach, Nn. 11, 3. A. 12; D. drei Fräulein v. Wildenberg, R. 14, 11. A. 16; Wir tragen d. Schwert, G. z. deutsch. Krieg 14, 6. A. 19; Der graue Ritter (Kriegsberichte) 16, 15. A.; Vor dem Drahtverhau 16, 20. A. 17; Der Deutsche Traum, R. 16, 13. A. 23; Mit d. Armee v. Falkenhayn geg. d. Rumänen 17, 30. A. 18; Vor der Siegfriedstellung 17, 26. A. 18; D. große Frühlingsschlacht 18, 20. A.; Die Beichte des Herrn Moritz v. Cleven, R. 19, 15. A. 23; Der König, R. 20, 115. A. 23. H: Ferd. Kürnberger, D. Schloß der Frevel, R. 03; Erinnerungen des Kronprinzen Wilhelm 22, 270. A. 23. **Ue**: Maupassant, Die Erbschaft, 1.—3. A. 96.

Roß, Colin, Nov., Roman, /, ⊛, Dr. phil., Red. Berlin-Karlshorst, Gundelfingenerstr. 31. (Wien $^{4}|_{6}$ 85.) B: Eisenhüttenwesen (Illustriertes Techn. Wörterbuch) 10; Großeisenindustrie 11; Im Banne des Eisens 11; Im Balkankrieg 13; Wir draußen 16; Südamerika, die aufsteigende Welt 22, 2. A. 23; Der Weg nach Osten 23. *

Roßbach, Erwin, s. Collin, Ernst.

Roßberg, Walther, ⁂, /, Psychologie, Okkultismus, Schriftst. Nieschütz, Post Seußlitz, Bez. Dresden. (Lohmen $^{13}|_{1}$ 84.)

Rößger, Richard, Ψ, Dr. phil., Prof., ObStudR. Leipzig, Auenstr. 24. (Wurzen $^{8}|_{12}$ 60.) B: Von allen Zweigen, Gedichtsammlung 03, 4.—6. A. 18; u. a.

Rossi, Paul, /, ♣, Nov., Roman, Dr. phil., GymnProf. Wels, ObÖsterr., Wilh.-Ring 24. (Meran 1/9 79.)

Roeßler, Arthur, /, Q, ⁂, Kunstref. d. „Arbeiter-Ztg." Wien XIX/1, Billrothstr. 6. (ebda 20/2 77.) W: Dachau, Künstlermonographie 04; D. Stimmung d. Gotik u. andere Essays 04; Ferd. Geo. Waldmüller 07; Rudolf Alt 09; Dalmatien 10; Josef Danhauser 11; Fritz Hegenbart 12; Hans Brühlmann 18; Krit. Fragmente 18; G. Keller u. Böcklin 18; In memoriam Egon Schiele 20. H: P. Eudel, Fälscherkünste 09; Beethovenhäuser 10; J. u. E. de Goncourt, Künstlerköpfe 11. ()

Rößler, Carl, ○. München, Ungererstr. 70. (Wien 25/5 64.) W: Der reiche Jüngling 06; D. Lebensfest 06; Hinterm Zaun 08; Wolkenkratzer, Burl. (m. Ludw. Heller) 08; Clubsessel (m. Rud. Heller) 09; Feldherrnhügel (m. Roda Roda)10; Die fünf Frankfurter 11; Rösselsprung 13; Der Jüngling mit d. Ellenbogen 15; D. beiden Seehunde 17; Eselei 18; Der pathetische Hut 20; Der Stiefel 22.

Rößler, Hermann. München, Ungererstr. 70 II. (Karlsbad 8/5 95.) W: Ein Mensch in der Nacht 19; Der Expreßzug des Teufels, R. 20.

Roßmann, Hans (Ps. Hans v. d. Else), /, ♣, ○, Red. d. „Spandauer Ztg." Spandau, Neuendorferstr. 101. (Danzig 24/1 63.) W: D. Waffenrock, Schw. 12. ()

Rost, Bernhard (Ps. Aug. Fiebiger, Nic. Pläter), Staatswissensch., Lit.♛, Ψ, ⁂, Reisebeschrbg., Personengesch., Lexikographie, Bibliographie, /, Dchtg., Kgl. Sächs. Prof., Dr. sc. pol., Prof. a. d. Staatl. Gew.-Akad. Chemnitz, Mittelstr. 4. (ebda 1/10 71.) W: Zahlr. pädagog., literarhistorische und belletrist. Schriften, darunter (seit 20): Briefe eines dramatischen Dichters an mich 21; Aus meiner Tübinger Studentenzeit 21; Ein Vorspruch 21; Friedrich Kurt Benndorf, ein Dichter aus Chemnitz 21; In Tübingen Student 21; Als Landsturmmann während des Weltkrieges 21; Aus der Lebenschronik eines Fünfzigjährigen 21; Die Riechberger Geibelleute in Grillenburg 21; August Sturm, der Dichter u. Rechtsphilosoph 22; Der Mutter Heimgang 22; Emil Walther 22; Auswahl aus Emil Walthers Gedichten 22; Heinrich Schütz, der größte deutsche Tondichter des 17. Jahrh. 22; Friedrich Thieme, ein schönwissenschaftl. Schriftsteller 22; Ein ungesprochener Vorspruch 23; Die letzten Meistersinger von Ulm 23.

Rost, Paul, Kritik, Chefred. v. „Thüring. Lesehalle" usw., Hrsg. der „Geflügelten Korrespondenz" und d. „Mitteldeutschen Staaten-Korrespondenz". Bad Sulza. (ebda 17/8 63.)

Rotermund, Frau Elfriede, geb. Schoenhagen, NSP., Nov., Skizze, Pastors-Gattin. Hallig Oland, Kreis Husum. (Schlangen im Teutoburger Walde 3/7 84.) W: Heidjers Tanzmusik (m. Ed. Kück) 11; Volkert Nissens erste u. s. letzte Fahrt, Erz. 19; Umbrandet — Umfriedet, Halligskizz. 21. ()

Rotermund, Kurt, s. Meyer-Rotermund, Kurt.

Roth, Frl. Luise (Ps. L. Richter), Rom., Skizz., Nov. Dresden, Haydnstr. 5. (Hattingen 11/5 57.) W: Lose Blätter, N. 92; Ariadne 99; Ringende Kraft, R. 06; Im Moorgarten 10; Irrwege, R. 13.

Rothacker, Erich, ⁂, Dr. phil., Priv.-Doz. Heidelberg, Häußerstr. 41. (Pforzheim 12/3 88.) W: Einleitg. i. d. Geisteswiss. 20. ()

Rothbarth, Frl. Margarete Johanna, ♛, Dr. phil. Berlin NW 6, Schiffbauerdamm 36. (Frankfurt a. M. 7/8 87.)

Rothbarth, Walter, ♣, /, ♛, Lit.♛, Kunst♛, ⁂, Ψ, Kritik, Graphik. Berlin SW 11, Kleinbeerenstr. 4 II (Rostock 16/9 86.) W: Aus der Jugendzeit, G. 06; Wilh. Jensen u. Flensburg 07; D. Stein bei Pultawa, E. 08, 2. A. 09; Evviva la vita! G. 10; Kriegsstimmen, G. 14; H: Traulsen, Die Leute im Watt, Erz. 07; H. v. Mühler, G. 13; A. Friedmann, Sonderbare Geschichten, N. 15. ()

Rothe, Friedrich, Dr. phil., Syndikus eines Konzerns der Montanindustrie. Dortmund, Neuergraben 40. (Witten a. d. Ruhr 27/8 88.) W: Rote Erde, der Roman eines Bergmannes 20, 5. A. 23.*

Rothe, Georg (Ps. Viktor Georgen), DB., ♣, Drama, Dr. jur. Berlin-Wilmersdorf, Kaiserallee 31 II r. (Detmold 5/1 82.) W: Stimmungen, G. 04; D. Hochzeit d. Maria, Ep. 14; Der blinde Gott, Kom. 17; D. Traum des Vincenz Christoffer, Tr.-Kom. 20.

Roethe, Gustav, deutsche Ψ, Dr. phil. o. UP., ständ. Sekretär d. Preuß. Akad. d. Wiss., Mit-Hrsg. d. „Zeitschr. f. deutsch. Altertum u. deutsche Lit. „Palästra", Hrsg. der „Deutsch. Texte d. Mittelalters". Berlin-Westend, Ahornallee 39. (Graudenz 5/5 59.) W: Helbers deutsches Syllabierbüchlein 83; Ged. Reinmars v. Zweter 87; Reimvorreden des Sachsenspiegels 99; Brentanos Ponce de Leon 01; Humanist. u. nat. Bildg. 06, 2. A. 13; Nibelungias u.

Waltharius 09; Deutsch. Geistesleben in d. Ostmarken 13; Deutsche Reden in schwerer Zeit 14; Vom Tode fürs Vaterland 14; Von deutsch. Art u. Kultur 15; Luthers Bedeutg. f. d. dtsch. Lit. 18; Goethes Campagne in Frankreich 19; Deutsche Dichter d. 18. u. 19. Jahrh. u. ihre Politik 19; Entstehung des Urfaust 20; Deutsche Männer 22. MitH: Neuausg. d. deutsch. Gramm. v. J. Grimm, Bd. III (m. Edw. Schröder) 90, IV 97.

Rothe, Hans, DB., Shakespeare-Übersetzg. Leipzig, Prendelstr. 1. (Meißen 14|8 94.) Üe: Troilus und Cressida 21, neue revid. A. 22; Macbeth, König Lear, Wie es euch gefällt, Richard der Zweite 22; Was ihr wollt; Kaufmann von Venedig 23. *

Rothe-Mucha, E. H. (Ps. Ehtor, Clausen u. a.), ASB., SDS., Romane, Kulturwissenschaft, ✠, Privatgelehrter, Hrsg. d. Schriftstell.-Ztg., Geist. Eigentum u. J. G. u. E., Direktor. Greiffenberg, Schles., Bahnhofstr. 62. (18|10 85.) B: Neue d. Poesie und Prosa; Kleines aus zwei großen Schlachten; Vortragskunst; Jahrbücher jüngster Dichtung 19, 21; Handbücher d. Schriftstellers 21 XIV; Ich fahr' in die Welt 22; Ehe, der Platz in der Sonne 23.

Rotheit, Frau Marie, PA., Berichterstattg., /, Red.-Mitgl. d. Breisg. Ztg. Freiburg i. Brsg., Herrenstr. 33. (Wien 3|10 78.)

Rothenburg, Hans v., s. Winkler, Johs.

Rothenfels, Hermann, s. Steinlein, Adalbert.

Rothes, Walter, Kunst♛, Dr. phil. München, Possartstr. 4. (Wiesbaden 18|12 73.) B: Fra Angelico 02; Sienesische Malerei 04; Altumbrische Malerschulen 08; Madonna 05, 3. A. 20; Christus 10, 2. A. 23; Russisches u. Polnisches 12; Schönheit d. menschl. Antlitzes 14; Michelangelo 12; Quer durch Spanien u. im Norden Afrikas 10; Aus verschied. Herren Ländern 14; Krieg u. bild. Kunst 17; Deutschlands Wiedergeburt im christl. Geiste; D. Kunstpflege d. Wittelsbacher; Grdriß d. Kunstgesch. 21, 2. A. 23; Drei Meister deutschen Gemüts 21; u. a.

Rothfels, Hans, ♛, Archivrat a. Reichsarchiv u. Priv.-Doz. a. d. Univ. Berlin-Wilmersd., Mecklenburgische Str. 90. (Cassel 12|4 91.) B: Carl v. Clausewitz, Politik u. Krieg, eine ideengeschichtl. Studie 20; Carl v. Clausewitz, Polit. Schriften u. Briefe 22. *

Rothhardt. Hans, Essay, Literarische u. Musikkritik, ✠, Nov., Skizze, Dr. jur., Oberstadtbibliothekar. Berlin-Steglitz, Mommsenstr. 19. (Gollub, Polen 20|10 76.) B: Die Prävarikation d. Rechtsbeistände 06; Meine lieben vier Wände, G. 09; Singseelchen, G. 23; Legenden u. Spiele, G. 23; Hinter dem Alltag, Burlesken, Idyllen u. Grotesken 23; Mit dem Silberstift, Tagebuch 23; Mondesglanz und Sternentanz, Märchen, Phantasien u. Geschichten 23. *

. **Rothkirch u. Panthen,** Kurt v. (Ps. Kurt Neurode), ○, Rittergutsbes. u. Rittmstr. Schloß Massel, Kr. Trebnitz, Schl. (Schön-Ellguth 3|3 65.) B: Anderer Leute Frauen, Skn. 06; Das Spitzennegligee der Frau Marquise, Lsp. 06; Mod. Diplomaten (Die Spionin), Sch. 07; Ein Ehrenwort, Einakter 08; Potpourri, Skn. 09; D. Nihilistin, Einakt. 09; Ihr Abschied, Einakt. 09; Reingefallen Einakt. 09; Außerhalb d. groß. Menge, Sch. 10; Elfentanz, Stück in 2 Akten 11; Im heil. Rußland, Intrigenstück 12; Frauenrecht, Lsp. 14; D. Teufels Spielkameraden, R. 21.

Rothmund, Frau Toni, Roman, Jugendschriften. Emmendingen i. Bad., Bahnhofstr. 2. (Barlt i. Holst. 2|10 77.) B: Die Pfaueninsel, R. 19; Das Haus zum kleinen Sündenfall, R. 18; Märchen 18; Das stumme Klavier, R. 19; Vom Allermärchenbaum, M. 20; Die Bernsteinperle, M. 20; Der Fremdling, Jugendschr. 22.

Roetschi, Robert, Ästhetik, Dr. phil., Prof. Solothurn, Schweiz, Rathausgasse 141. B: Der ästhet. Wert d. Komischen u. das Wesen d. Humors 15.

Rottauscher, Alfred v., DB., Komödie. Wien IV, Frankenbergg. 7. (Wien 22|8 88.) B: Das Kaiserreich Guyana, Kom. 21; Das Taghorn, bayrisch-österr. Minnelieder 22.

Roetteken, Hubert, Lit.♛, Dr. phil., a. o. UP. Würzburg, Sartoriusstr. 4. (Grünfelde 8|7 60.) B: Die epische Kunst Heinrichs v. Veldeke u. Hartmanns v. Aue 87; Poetik I 02; Heinrich v. Kleist 07. ( )

Röttger, Julie, geb. Kruse (Ps. Julie Kruse), ✠, Nov. Littfeld, Kr. Siegen. (Iserlohn 21|8 83.) B: Julchen, autobiogr. R. 10; Frühwinter, G. 12; Gesänge d. Einsamkeit 20.

Röttger, Karl, ✠, Nov., ▪, /, ○, DB., SDS. Düsseldorf-Wersten, Kölner Landstr. 12. (Lübbecke 23|12 77.) B: Moderne Jesusdichtung 07; Christuslegenden 14, 4.—6 T. 18; D. Eine u. d. Welt, Leg. 16, 6.—8. T. 19; D. Religion d. Kindes 18; D. Allee, Nov. 18; Die Flamme, Ess. 18; Gespaltene Seelen, Kam.-Spiel 18; Haß, Dr. 18; Stimmen im Raume, Nov. 20; D. Gastmahl der Heiligen, Leg. 20; Sehnsucht u. Schicksal, E. 20; Das letzte Gericht, Dr. 20; Simson, Dr. 21; Zum Drama u. Theater

d. Zukunft 21; D. fernen Inseln, a. d. Tag. d. Kindheit 21; D. tr. Johannes, Dr. 22; D. Antlitz d. Todes, Dr. 23; Die Seele der Armut, R. 23.

Roßland, Aug. Ernst, SDS., Rom., Nov., ♥, /, Musik, Essay, ✕, ○, Oberst. Wien II, Darwing. 11. (Korneuburg $^{17}|_{7}$ 72.) B: Mars auf Liebeswegen, Nn. 11; G'schichten a. d. Wienerwald 12; Menschen, Sch. 14; Heimat, Wiener R. 16; Mein Wien! G. 19; Die Jagd nach dem Glück 20; Die Heimat d. Herzens, R. 21; Zertretene Menschen, Tr. 21; Der Liebe Rätselwege, N. 23.

Rowe, Ernst, Satire, Bibliographie, Berliner ♛, Dr. phil., ObBibl. Berlin-Wilmersdorf, Nestorstr. 4. (Stettin $^{25}|_{8}$ 63.)

Röwen, Julius, s. Kuschar, Rud.

Rübezahl, Kuno, s. Seyther, Wilhelm.

Rubiner, Wilhelm (Ps. Gerhard Stein; auch Otto Waldegg, Walter Gerhard, William Thompson), RP., BP., SDS., VF., Roman, ●, Naturwissenschaften. Berlin SW 68, Neuenburger Str. 35. ($^{11}|_{7}$ 51.) B: Die geograph. Entdeckgs-reisen in alter u. neuer Zeit 84; Erdkde. 87; Abent. in dtsch. Kolonien 88; Reise um die Welt 89; D. Nord-Ostsee-Kanal 95; D. Neue Welt 95; Ganz Berlin 96; Reichtum 05; D. Kräfte in uns 06; — Dunkle Mächte, R. 85; D. Afrikareisende, N. 86; Novellen 90; E. sonderbarer Fall, R. 93; Die Freunde, N. 94; Das Rätsel des Roten Löwen, R. 02; Das Bild, R. 04; Im Lebenskampf, R. 07; D. Diamantenmacher, R. 08; D. Sprung i. d. Wolken, R. 09; Fata Morgana, R. 11; Das hohe Ziel, R. 13; Das Jugendwunder, R. 16; Vor der goldenen Pforte, R. 23; Millionen-Kompanie, R. 23.

Rubli, Alfred (Ps. Manuel Rubly), Drama, Volksschullehr. in Elsau, Kt. Zürich. (Dachsen $^{30}|_{3}$ 86.) B: Der Tod der Heilandin Maria Beatrice Gravasalvas, dram. Dchtg. 19.

Rubly, Alf. Manuel, s. Rubli, Alfred.

Rücker, Fritz (Ps. Fritz vom Berg), Jagd u. Lyrik, /, ♪, ♈, ♠, ●, ✎, ♛, Jagdmaler. Dessau, Heidestr. 94a. (Weidelbach, RBez. Wiesbaden $^{1}|_{7}$ 67.) B: Herz, Mund u. Hand dem Vaterland!, G. eines Kriegsfreiwilligen 15; Neue Worte zu alten Weisen 15; Fliegende Blätter f. Feld u. Heimat, G. 15. ( )

Rücker-Embden, Oscar, Chines. Kunst, Dr. Meran, Hochetsch, Italien. ($^{20}|_{4}$ 65.) B: Chinesische Frühkeramik, eine Einführung 22, 2. A. 23. *

Rudelsberger, Hans (Ps. Hans Moltan), /, ○, ♖, ●, RA. München, Karlspl. 1/. ($^{8}|_{6}$ 68.) B: Streifzüge durch Nordafrika 02; Frau Magda, Sch. 03; Deutsches Erbrecht 09; Chines. Novellen 14; Chin. Schwänke 20. ( )

Rudl, Otto, Humor. Skn. in Tir. Mundart, Dr., Stadtarzt in Bozen, Südtirol. B: Abenteuer d. Hiesl 11. A.; Holla, d. Hiesl kommt, 7. A.; Der Hiesl auf Reisen, 7. A.; D. Hiesl im Krieg, 3. A.; Der Hiesl in Walschland 21.

Rudloff, Erich (Ps. Ludwig Erloff), ♥, Journalist, Musikkritiker. Berlin-Pankow, Binzstr. 52. (Berlin $^{3}|_{12}$ 74.) B: Vom Wege, G. 06. ( )

Rudolph, Carl, s. Besser, Emil.

Rudolph, Charles, s. Ritter, Hans.

Rudolph, Hermann, Mystik, Theosophie, Okkultismus, Oberlehrer. Leipzig-R., Wurzner Str. 13. (Eibau i. S. $^{8}|_{5}$ 65.) B: Meditationen 13, 5. A. 21; Der Pfad der Selbsterkenntnis 14, 4. A. 20; Die vier Wege zur Theosophie 15, 4. A. 20; Der Weltfriede 18; Der Aufstieg zum Göttlichen 23; 20 Theosophische Kulturbücher; 13 Theosophische Bausteine. *

Rudolph, Maximilian, s. Schenck, M. R.

Rudorff, Otto (Ps. Otto Wildling), Roman, ♥, Oberlandesgerichtsrat. Kiel, Esmarchstr. 22. (Sulingen, Hann. $^{25}|_{4}$ 71.) B: Bei sinkender Sonne, G., 2. A. 10; Heinz Hellmanns Erlebnisse, aus e. deutschen Jugend, R. 12; Deutschland, mein Deutschland, Marschlied 15; Über alles die Pflicht, R. 19; Ihr Recht zur Freude, R. 21. ( )

Ruffert, Bernh., Orts♛, GP. Neiße, Marienstr. 20. (ebda $^{26}|_{3}$ 56.) B: Sagen der Stadt Neiße 18; Sagen aus d. Landkr. Neiße 18; Bilder a. d. Gesch. d. Stadt Neiße 20; u. a.

Ruhe, Alfred (A. von der Ems), Dr., GehStR. in Münster i. Westf. (Rheine $^{24}|_{6}$ 50.) B: Olle Schoolfrönde, Denkbläder ut de Jugendtid 17; Naowerskinner 19.

Rühfel, Josef, Mythologie, Germanistik, Dr., StudR. Fürth, Friedrichstr. 21/II. (Straßberg b. Augsburg $^{21}|_{9}$ 78.) B: Belesenheit von Thomas Nash 10; Ortsgesch. d. Dorfes Straßberg b. Augsburg 10; Scheppach u. d. Scheppacherhof 12; Die drei Nornen 21.

Ruhkopf, Karl, RP., Dr. phil., Schriftleiter am „Reichsboten". Zehlendorf (Wannseebahn), Heidestr. 27. (Burgdorf $^{22}|_{8}$ 67.) B: Der tolle Assessor, R. 22; Das Traumland der Kinderzeit, Märchen des kleinen Rembrandt, M. 23 I. *

Ruhland, Max., Archäologie, ♟, Dr. phil., GP. a. D. Bonn a. Rh., Händelstr. 13. (Köln $^{10}|_{4}$ 68.)

Ruisz, Fr., s. Umrath, Fanniska.

Ruland, Wilh., Dr. phil., **Kgl.** sächs. HofR. München, Mauerkircherstr. 3, (Bonn $^{15}|_{10}$ 69.) **B:** Rhein. Sagenbuch 94. 24.—29. A. 21; Ännchen v. Godesberg, Dchtg. 95, 7.—10. A. 17; Kleists Amphitryon 96; Friedhofrosen, G. 97; Saul, Dr. 99; Athalia, Dr. 01; Tausendundeine Weisheit 06; Kinderlieder (mit Lothar Meggendorfer) 07; Gedichte 10; Schuld u. Schicksal, Nn. 13; Unser Kaiser 12, 15. T. 14; Meerfahrten 20. ()

Rumbauer, Martha, s. Siegroth, M. v.

Rummel, Walther Frhr. v., /, ⊙. München, Georgenstr. 25. (Nürnberg $^{15}|_{4}$ 73.) **B:** Glücksmärchen, Dchtg. 00; Simplizissimus, Dr. 01; L'assesseur de Prusse u. a. 05; Die Provence 11; Erster Klasse u. Zwischendeck 11; D. oberitalien. Seen 12; Graf Zeppelin 14; Das erste Jahr 16; König u. Kabinettchef 19; Sünden 19; Das Stille Land, R. 19; Lia, Erz. 20; Der Reiter u. die Frau, R.; Sünden, R.; D. Liebe Freiheit. ()

Rump, Joh., (Ps. Nathanael Jünger), Lic., Dr. phil., Pastor. Berlin NW 21, Perleberger Str. 33. (Hamburg $^{22}|_{10}$ 71.) **B:** Hof Bokels Ende, R. aus d. Lüneburger Heide 07, 7. A. 19; Heidekinds Erdenweg, Erz. 08, 2. A. 16; Past. Ritgerodts Reich, R. 10, 2. A. 12; Der Pfarrer von Hohenheim, R. 10, 2. A. 19; Heimaterde, R. v. der Küste 11, 2. A. 19; J. C. Rathmann & Sohn, Hamburger R. 13, 10. T. 14; Die lieben Vettern, R. 16, 2. A.; Revanche, R. 16; Pfarrhausgesch. 20, 1.—5. Tsd.; Volk in Gefahr, Deutschvölk. R. 21, 10. T. ()

Rumpel, Paul, SDS., ♮, ⊞, ♛, ∴, ⊗, Internationalismus, Dr. jur., Syndikus. Berlin-Wilmersdorf, Motz-Str. 52, u. Locarno-Monti, Schweiz, Villa Giuseppina. (Gumbinnen $^{16}|_{10}$ 82.)

Rumpf, Konrad, DÖSchG., Hauptschriftleiter d. Landesreg. f. N.-Ö.-Land. Wien XVIII, Bastiengasse 22.

Runge, Hermann, ♛, Dr. phil., UOb.-Bibl. Göttingen, Bühlstr. 28a. (Bad Essen $^{14}|_{9}$ 63.)

Rungg, Josef, Dramatik, Lit.♛, Dr. phil., österr. Bundesbeamter. Innsbruck, Leopoldstr. 5. (Ried im Oberinntal $^{15}|_{1}$ 98.) **H:** Alois Meßmer, ein Tiroler Dichter 22. *

Runze, Georg, ∴, ✝, ▪, D., Dr. phil., o. HonP. Berlin-Lichterfelde, Geibelstr. 6. (Woltersdorf $^{13}|_{2}$ 52.) **B:** Uns. Feinde u. wir, G. 18; u. v. a.

Runze, Max, ∴, Balladenforschg., Musik, ♥, /, Dr., Pfarrer. Berlin NW 52, Calvinstr. 14. (Woltersdorf $^{8}|_{8}$ 49.) **B:** Carl Loewe 84; Loewe redivivus 88; Weihnachtsm. 95; Beim Königsregt. 70/71 96; Goethe u. Loewe 01; D. musik. Legende 02; C. Loewe 04; Karl Gutzkow, ein deutscher Geistesheld, 2. A. 11; Volkslied u. Ballade 08. **H:** Ges.-Ausg. d. Balladen, Legenden, Gesänge C. Loewes 99/05 XVII; u. a. ()

Rupé, Hans, SDS., Dr. phil., Konservator am Bayer. Nationalmuseum. München, Widenmayerstr. 39. (Warschau $^{5}|_{4}$ 86.) **B:** Beiträge zum Werke Hans Burgkmairs d. Ä. 12; Ilias des Homer, I.—XII. Gesang i. Deutsch 22. *

Rupp, Frl. Elisabeth, ♥, Roman, Dr. jur., Doz. a. d. VolksHSch. Reutlingen, Württ., Gartenstr. 15. (Ravensburg, Württ. $^{22}|_{11}$ 88.) **B:** Wiesenlieder 16; Wolke, Wiese, Welt, G. 18; Im Zweige, Prosa 21; Maldn u. Cobas, Prosa 21.

Ruppel, Heinr., ♥, Erz., Rom., Märch., ⊙, Taubst.-Lehr. Homberg, Bez. Kassel, Bahnhofstr. 28. (Neukirchen b. Fulda $^{8}|_{11}$ 86.) **B:** Wichtelweihnacht, Sp. 13, 2. A. 21; Rhönbauern, Erz. 19; Die zu Häupten Frührot haben, G. 19; Aus Mutters Märchentruhe, M. 20; Glücksvogel, Erz. 21; Henn Laubenbachs Heimkehr, Erz. 21; O du heller Heimatsommer! G. 21; Magnum bonum, Vst. 21.

Ruprecht, Gustav, Verlagsbuchhändler. Göttingen, Herzberger Landstr. 7. (ebda $^{19}|_{8}$ 60.) **B:** Das Kleid d dtschen. Sprache, 5. A. 12; Die deutsche Schrift u. das Ausland, Augenärzte u. Schriftfrage 11.

Rusigk, s. Gurski, Johs.

Russak, Hugo, /, ⊙, Theaterkritik, Dr. jur. Berlin-Halensee, Kurfürstendamm 136. (ebda $^{25}|_{8}$ 63.) **B:** Das Archidiakonat im Mittelalter 82; Loge Nr. 2, Schw. 88; u. a.

Russell, Erich, ✝, Relig.∴, Rittm. a. D. München. (Berlin $^{23}|_{8}$ 83.) **B:** Wer und was bin ich 21.

Ruest, Anselm, ∴, ♥, ▪, /, Dr. phil. Berlin-Friedenau, Stubenrauchstr. 38. (Kulm $^{24}|_{8}$ 78.) **B:** Max Stirner, Leben, Weltanschauung, Vermächtnis 06; Shakespeare 08; Napoleon I. 08; Apollodors, e. Dialog üb. Lyrik 13. **H:** Cl. Brentano, Godwi 06; Eckermanns Gespräche m. Goethe 07; Briefwechsel Schiller-Goethe 09; Jean-Paul-Anthologie 12; Der Einzige, philos. Ztsch. 19ff.

Rust, Wilh., plattd. Lit., Dr. phil., Oberlehrer. Rostock i. M., Lessingstr. 15. (Schwerin i. M. $^{18}|_{3}$ 89.) **B** bzw. **H:** John Brinckmans hoch- u. niederdeutsche Dichtgn. 13; Brinkmanbok 14. ()

Ruth, Alca, s. Lambrecht, Nanny.

Ruths, Christoph, Dr. phil. Darmstadt, Steinstr. 29. (Nentsch $^{30}|_{12}$ 51.) **B:** Fundamentalgesetze d. psych. Phänomene 97; E. Untersuchung üb. Musikphantome; Hertha Ruland, R. 05; Hee-

restragödie u. Völkerversöhnung, Dchtg. 09; Neue Relationen im Sonnensystem u. Universum 15; D. indische Entscheidung, Dchtg. 16; Über der Zeit, Dchtg. 21; Titanische Szenen, Dr. 21. ()

Rutra, s. Bleißner, Artur.

Rutra, Arthur, Ernst, SDS., DB., ○, ✠, Essay, Übersetzgn., Dr. phil. München, Krumbacherstr. 7. (Wien 18|9 92.) B: Aus Österreich, G. 15; Russensturm, G. 15; Golgatha, Dr. 18; Genesis, Dchtg. 19. H: Der Anbruch 20; Zola: Die Rougon-Macquart 23/24 XX. Ue: Mickiewicz: Sonette aus der Krim 19; Poet. Werke, Bd. I 19; Chledowski: D. letzten Valois 21; Zola: Der Bauch von Paris 23.

Rüttenauer, Benno, Nov., Roman, /, Kunst♛, Dr. phil. München-Gern, Kratzerstr. 2. (Wittstadt 3|2 55.) B: (seit 00): Walpurgisnächte, R. 00; Symbolische Kunst, Ess. 00; Studienfahrten 02; Larissa, R. 03; D. Kampf um d. Stil 05; Jesus Christus 05; Tagebuch e. Dame, 7. A. 09; Prinzessin Jungfrau, R. 10, 5. A. 13; Der Kardinal, R. 12, 5. A. 14; Graf Roger Rabutin, R. 12, 3. A. 14; D. Enkelin der Liselotte, R. 12, 5. A. 15; Alexander Schmälzle, R. 13, 3. A. 16; Tankred, R. 14, 5. A. 17; Bertrade, R. 16; Tolldreiste Gesch. nach Balzacs Contes drolatiques, 24. A. 20; Pompadour, R. 21; Aus d. Landschaft v. Hinterwinkel, Erz. ()

Rutz, Ottmar, Kunst- u. Ausdrucksw. München, Maximilianstr. 31. (Fürth 15|7 81.) B: Neue Entdeckungen von der menschl. Stimme 08; Sprache, Gesang u. Körperhaltg. 11; Musik, Wort u. Körper als Gemütsausdruck 12; Bayernkämpfe 16; Typen-Stimmbildung 20; Menschheitstypen u. Kunst 21.

Rutz, Wilhelm, Stud.-Prof., Oberrealschule. Coburg, Bay., Alexandrinenstr. 10 I. (Kaufbeuren 22|3 82.) B: Friedrich Hebbel und Elise Lensing, Ein Kampf um Leben und Liebe 22. *

Rürleben, Frau Vally verw. v., geb. v. Wolden (Ps. Hans Carmer), ✠, Nov. Dresden, Weißer Hirsch, Degelestr. 3. (Grünberg 8|3 64.) B: Wilde Blumen, G. 90; Licht u. Schatten, G. 93; Dirk Kluin, E. 95/99 II; Zwei stille Geschichten, N. 97; Jelängerjelieber, G. 97; D. Gundel v. Birkenhof, N. 98; Was die Liebe vermag, M. 98; Wie meine Sehnsucht stille ward, G. 10; Und es ward Licht, N. 14; Das Fernweh, N. 16; Kaiserlieder aus Amerongen, G. 19.

Rychnovsky, Ernst, Musikwissenschaft, Dr. Prag-Weinberge, Untere Blanikgasse 7. (Janowitz a. A. 25|6 79.) B: Ludwig Spohr u. Friedrich Rochlitz 04; J. F. Kittl, 04/05 II; Leo Blech 05; Opernführer: Blech, Smetana, d'Albert 07; Josef Haydn 09; Rob. Schumann 10; 50 Jahre deutscher Männergesangverein in Prag; Franz Liszt 11; Keußlers Jesus aus Nazareth 18. H: F. Niemetschek, W. A. Mozarts Leben 05. ()

S.

Saager, Adolf, /, Übersetzgn., Dr. phil. Massagno-Lugano, Schweiz. (Menziken, Schweiz 30|4 79.) B: Die Welt der Materie 07; Von der Natur zur Kunst 11; Durchlaucht, Einakter 11; Das Rätsel Kaspar Hauser 11; Ansbach, Führer 11; Schriften d. „Brücke" (Organ d. geist. Arbeit) 11/12; Bücher naturw. künstl., polit., biograph. Inhalts, Führer (u. a. von Lugano) 07/23; Die Frucht des Weltkrieges 15; Der Krieg u. wir (Schweiz) 15; Hubers Kriegserlebnisse, Sat. 16; Unser Feind, der Krieg, R. 17; Tessiner Geschichten, Erz. 22; Menschlichkeit. Zukunftsr. vom Geiste des Völkerbunds 23. H: Dreimal hundert Tausend Teufel, Anekdotensammlg. 09; Von der Liebe, den Frauen u. der Galanterie, Aus Ninon de Lenclos' Briefen (m. Essay) 10; Alexis u. Daphne, Schäfersp. 11; Blücheranekdoten 12; Blüchers Briefe an s. Frau 12; Aus dem Leben e. Wiener Phäaken (J. F. Castelli) 12; Memoiren e. östr. Generalstäblers (Gründorf v. Zebegény) 13; Erinnergn. e. alten Lützower Jägers 13; Napoleons Briefe an Josephine 14; Zeppelin-Anekdoten 15. Ue: Dide, D. Antievangelium des Celsus 07; Helen Keller, Briefe meiner Werdezeit 10.

Saar, Anna, s. Claud-Saar, Anna Mar.

Sabià, Mary, Germanistik, Kritik. Lektorin des Wolkenwanderer-Verlages in Leipzig. (Hamburg 17|7 87.) H: Goethes Briefwechsel mit Zelter 22; Brentanos Frühlingskranz 22.

Sachau, Eduard, Oriental., Dr. phil. et (h. c.) jur., o. UP., GObRegR., Dir. d. Sem. f. orient. Sprach. Berlin W, Wormser Str. 12. (Neumünster 20|7 45.)

Sacher, Friedrich, DÖSchG., VB., SDS., ✠, Nov., Roman, Bürgerschullehrer. Klosterneuburg b. Wien, Burgstr. 14. (Wieselburg a. d. Erlauf, NÖ. 10|9 99.) B: Die stille Stunde, Erz. 20; Das große Suchen, G. 21; Sieger, Novellenkranz 22; Das Leid um den Hügel, G. 22; Opfer, Sk. 22; Fränzli, eine kleine Totenmesse 22; Brunnen aus der Tiefe, Versbuch 22. H: Das Buch vom lieben Kinde, Anthologie 23.

Sacher-Woenckhaus, Alfred, DB., SDS., Drama, Nov. Großhadern b. München.

Sachisthal, Kurt, /, ⊛, ♣, **Ue:** EFHS, Verlagsdir., GenSekr., Chefred. Berlin-Lichterfelde, Schillerstr. 22. (Magdeburg $^{4}|_{2}$ 66.)

Sachs, Heinrich, ☊, ♦, Kulturpolitik, Maler u. Bildhauer. Oberhambach, Odenwaldschule b. Heppenheim (Bergstraße), Hess.-Darmstadt. (Mannheim $^{11}|_{10}$ 94.)

Sachs, Lothar, RV., DV., /, Lyrik, Skizze, Satire, Humoreske, Kritik. Briefadr.: Vertriebsstelle Berlin, Motzstr. 85. Hamburg. (Brückenau $^{9}|_{9}$ 87.) **V:** Entwicklungsgesch. d. bayr. Landtags in den ersten drei Jahrzehnt. n. d. Verfassgsgebg. 14; Meine Frau, die Hofschausp. (m. Möller), Lsp. 17; Hausmusik, Kom. Zykl. 17; D. drei Kavaliere, Libr. 18; Peterle, Lsp. 20; D. Strumpfband d. Herzogin, Libr. (m. Möller) 21; Ehebarometer, Lsp. (m. Möller).

Sachse, Alfr. Erwin (Ps. Alfred Erwin, Erwin Hoven), P.A., /, ☊, Nov., ♦, ⊞, Mülheim-Ruhr, Sandstr. 64. (Dresden $^{6}|_{3}$ 75.)

Sacks, Frau Beatrice, **Ue:** F. Charlottenburg, Sesenheimer Str. 78. (Berlin $^{27}|_{9}$ 80.) **Ue:** Anatole France. **Mitarb:** an zahlr. Tagesztgn. u. Zeitschr.

Sadée, Leopold, Lit.♛, Ψ, Dr. phil., StudR. Erfurt, Kgl. Gymn. (Berlin $^{18}|_{8}$ 79.) **V:** De Boeotiae titulorum dialecto 03; Schiller als Realist 09; Vom deutsch. Plutarch 11. ()

Sadger, Isidor, Lit.-Kritik, Dr. med., Nervenarzt. Wien IX/1, Liechtensteinstr. 15. (Neu-Sandec in Galiz. $^{29}|_{10}$ 67.) **V:** Konr. Ferd. Meyer, e. pathograph.-psycholog. Studie 08; Aus dem Liebesleben Nikolaus Lenaus 09; Heinrich von Kleist, e. pathogr.-psycholog. Studie 10; Belastg. u. Entartg., e. Beitrag z. Lehre vom kranken Genie 10; Üb. Nachtwandeln u. Mondsucht, e. med.-literar. Studie 14; Friedrich Hebbel, e. psycho-anal. Versuch 20. ()

Sadil, Meinrad, (k.), DÖSchG., ◇, Epik, Kapitul. d. Stiftes Schotten, Prof. Wien I, Freyung 6. (Nebes i. Mähren $^{30}|_{7}$ 64.) **V:** D. Menschensohn, Dr 97, 2. T. 00; Tantalos, Tr. 00; Otfried, erz. Dchtg. 03; Dramat. Novellen (D. Friedensrose, Der Meister von Paris, Der große Moloch) 07; Rüdeger, Tr. 14.

Saedler, Heinrich, Lit., ☊, ♦, Dr. phil. München-Gladbach-Bettrath, Rheinprov. (Aachen $^{21}|_{8}$ 84.) **V:** D. Entstehungsgeschichte v. Hebbels Moloch 14; Hebbels Moloch, e. Kultur- u. Religionsdrama 16; Soldatengrabm. u. Kriegsgedenkzeichen 18; D. Heim u. s. Schmuck 19. **H:** Alte Heiligenlegenden a. d. Kölner Passional v. 1485, 1. Tl. 19, 2. Tl. 22; Else Eisgrubers Scherenschnitte u. Zeichnungen 20; „Die Auswahl". Aus neuerer Dichtung u. Kunst, 1. Jakob Kneip. 2. Richard Seewald 23.

Sagitta, Konrad, s. Sachisthal, Kurt.

Saint-Trond, s. Driesmans, Heinrich.

Saitschick, Rob., ♣, Lit.- u. Kunst♛, Dr. phil., o. UP. Köln a. Rh. (Litauen $^{24}|_{4}$ 67.) **V:** Dostojewski u. Tolstoi 92; Meister d. schweiz. Dichtg. d. 19. Jahrh. 94; Goethes Charakter 98; Aus d. Tiefe; Genie u. Charakter 00; Menschen u. Kunst d. ital. Renaissance 03, Ergänzgsband 04; Franz. Skeptiker 06; Deutsche Skeptiker 06; Quid est veritas? E. Buch über d. Probleme d. Daseins 07; Wirklichkeit u. Vollendung, Gedanken z. Menschenkenntnis 11; D. Mensch u. sein Ziel 11, n. A. 22; Franziskus von Assisi 16, n. A. 23; Von der innern Noth unseres Zeitalters 17, n. A. 20; Wotan u. Brünnhilde 18, n. A. 22; Der Staat u. was mehr ist als er 19, n. A. 23.

Saekel, Herbert (Ps.: hanns), SDS., Dichtg., Nov., /, Kritik, ♣, Politik, **Ue:** F. Hrsg. d. Halbmonatsschr. „Das Neue Rheinland". München, Königinstr. 71/0. (Johannisthal, Kr. Schwetz a. W. $^{27}|_{9}$ 91.) **V:** Erde, G. 11; Aus ehernen Tagen, G. u. Skn. (mit Heinr. Lersch u. a.) 17; Bekenntnis zur Erde, G. u. Kl. Prosa 19; Laß dich verklingen, G. 20.

Sakheim, Arthur, DV., SDS., Nov., ♦, ◇, Essay, /, Dr. phil., Dramaturg, Regisseur und künstl. Leiter d. liter. Veranstaltungen an d. Kammerspielen, Redakteur des „Freihafens". Hamburg 37, Hansastr. 55. (Libau $^{27}|_{10}$ 84.) **V:** E. T. A. Hoffmann, Studien 08; Magnificat, G. 12; Marion in Rot, R. 13; Pilger u. Spieler, Dr. 15, 3. A. 20; Krise im Gottesländchen, Sch. 16; Expressionismus, Ess. 19, 2. A. 20; Galante Pantomime, Tanzdichtg. 19; Patmos u. Kythera, G. 20; Der Kopf zwischen den Bergen, R. 21; Kettenträger, Dr. 23; Der Zadik, Dr. 23; Das Buch der Matineen, Vorträge 23. **Ue:** Pourceaugnac auf Freiersfüßen, Lsp. v. Molière 21; Das Lügnerchen; Die ledige Pamela, Lustspiele von Goldoni 23.

Saladin, s. Schmitt, Josef Adolf.

Salburg, E., s. Krieg-Hochfelden, Frau Edith, Freifrau v.

Salinger, Bruno (Ps. Karyatides), SDS., ASV., Belletristik, lit. Beirat d. Freien Künstler-Studien-Ringes. Breslau, Eichendorffstr. 63. (Doelitz, Pomm. $^{15}|_{11}$ 94.) **V:** Morgenrot, Lr. 13; Gedanken eines Commisstiefels 17; Vom heißen Leben 20; Ich klage an! Sch. 20; Traumtot, Sch. 20; Das gestohlene „Ich", R. (m. W. Gräser) 20/21; Eine Frau von

Welt, Sk. 21; Tiermenschkreis — eine Menschheitstragödie (Trilogie) 21/23.

Salinger, Richard, ♣, /, Dr. phil., Red. d. „Voss. Ztg." Berlin W 62, Wormser Str. 10. (ebda $^{1}|_{8}$ 59.) B: Der Weltschmerz in der Poesie 03; u. a.

Salis, Arnold v., klass. Archäologie, Dr. phil., o. UP. Münster i. W. (Liestal, Basel-Land $^{29}|_{7}$ 81.) B: Der Altar von Pergamon, Ein Beitrag zur. Erklärung d. hell. Barockstils in Kleinasien 12; Die Kunst d. Griechen 19. ()

Saller, Karl, Regensburg, Dechbettnerstr. 32 u. München, Wittelsbacherstr. 18 III. B: Der einsame Weg, Bilder und Gestalten 22. *

Sallwürk, Edmund von, deutsche Lit., Dr. phil., Seminardirektor. Karlsruhe i. B., Hirschstr. 58. (Baden-Baden $^{13}|_{4}$ 74.) B: Mörikes Leben 06; Scheffels Leben. H: Goethes Märchen u. Nov. 05; Mörikes Werke 06; Wielands Oberon 07; Mod. Lyrik 07; Deutsche Lyrik d. Neuzeit 08; Gedichtsammlung 13; Scheffels Werke 18; Deutsche Romantik 21.

Salm, Carl, SDS., WSB., ASB., ♣, ○, /, Kritik, Chefred. d. Ill. Monatsrundschau Kölner Leben. Köln-Nippes, Yorkstr. 29. (Köln $^{16}|_{9}$ 88.) B: Eifel-Wanderlieder 06; Frauenmut, ein Moselsang 08; Leben u. Weben, G. 09; Das Christwunder, Weihnachtssp. 09; Aus hohen Sommertagen, G. 13; Die frühen Stunden, G. 13, 2. A. 17; E. heiße Sehnsucht singt, G. 14; Geist d. Tat, G. 16; D. Fliegerleutnant u. d. Gräfin St. Hilaire, R. in Versen 16, 2. A. 17; Fülle des Lebens, G. 16; Du bist mein hohes Lied, N. Verse 21; D. neue Mensch, dr. Dchtg. 21; Ges. Ged. I 24. H: Flugblätter rhein. Dchtg. 1.—3. Reihe, Neue Flugbl. 1. Reihe 20; Sonderheft d. Flugbl. 1—8, 20/21; D. Schneider-Clauß-Buch 21; Das Kabarettbuch, Anth. 22; Von Venus u. Wein, Gesellschaftslieder des 16. u. 17. Jahrh. 23; Vom Brettl fürs Brettl, Verse-Prosa-Sketsche 23.

Salomon, Frl. Alice, ▣, Dr. phil., Schuldir. Berlin W 30, Luitpoldstr. 27. (ebda $^{19}|_{4}$ 72.)

Salomon, Gerhard (Ps. Hans Roger Madol), ♣, Erz., Roman. Berlin-Halensee, Westfälische Str. 63. (Berlin $^{4}|_{4}$ 03.) B: Ich wachse, G. 20. H: Der Feuerreiter (Ged., Erz., Sc.) 20/21 VI.

Saltarino, Signor, s. Otto, H. W.

Salten, Felix, CC., Nov., ○, Theater-Ref. d. „Neue Freie Presse". Wien XVIII, Cottageg. 37. (Budapest $^{6}|_{9}$ 69.) B: Der Hinterbliebene, N. 99; Der Gemeine, Dr. 99; D. Gedenktafel d. Prinzessin Anna, N. 01; Die kleine Veronika 03; Gustav Klimt 03; Der Schrei der Liebe, N. 04; Wiener Adel, Essays 05; Das Buch der Könige, Karikaturen 05; Herr Wenzel auf Rehberg, N. 06; Künstler-Frauen, Nn. 08; Vom andern Ufer, 3 Einakter 08; Die Geliebte Friedrichs des Schönen, N. 08; D. österr. Antlitz, Ess. 09; Olga Frohgemuth, R. 10; D. Wege d. Herrn, N. 11; D. Schicksal d. Agathe, N. 12; D. stärk. Band, Lsp. 12; Gestalten u. Erscheingn, Ess. 13; D. kling. Schelle, R. 14; Prinz Eugen, d. edle Ritter, Erz. 15; Kinder d. Freude, 3 Einakt. 16; Schauen u. Spielen, Ess. 21; D. Hund v. Florenz, R. 21; Burgtheater, Erz. 22; Bambi 23.

Salter, Siegbert, /, ♣, ◇, ▣, ♆, Roman, Nov., Humor, Chefred. d. „Koralle", Hrsg. d. Zeitschr. „Der Film von Heute"; „Europa auf Reisen"; „Wie spare ich?". Berlin W 30, Freisingerstr. 13. (Speicher, Eifel $^{21}|_{3}$ 73.) B: Aus trüben Tagen, G. 98; Im Lande der Quellen (Eifelsagen), G. 99; Anekdoten a. d. Leben berühmter Männer, I, Heinr. Heine 06, II: D. Rothschilds 06; III. Ferd. Lassalle 06; Nicol Wendekamp, hist. R. a. d. Bergmannsleben i. Freiberg 07.

Saltern von, s. Wallner-Thurm.

Saltzwedel, v., Roman, Nov., Major z. D. Weimar, Cranachstr 10. (Bronikowen b. Sensburg, Ostpr. $^{4}/_{7}$ 57.) B: Goldelse, Erz.; Junker Kleist, Sch.; Unsere Ostmärker, R. 20. ()

Salus, Hugo, SDS, ♣, Nov., Dr. med. Prag II, Čelakovskypark 6. (B.-Leipa $^{3}|_{8}$ 66). B: Ged. 98; Neue Ged. 99; Ehefrühling 00, 18. T. 21; Reigen, G. 00, 2. A. 02; Susanna i. Bade, Verssp. 01; Christa, ein Evang. d. Schönh. 02, 5. T. 11; Ernte, G. 03, 2. A. 03; Novellen d. Lyrikers 04, 4. A. 10; Neue Garben, G. 04; D. blaue Fenster, Nn. 06, 2. A. 07; D. Blumenschale, G. 07; Trostbüchlein f. Kinderlose, Nn. 09; Röm. Komödie, Versdr. 09; Schwache Helden, Nn. 2. A. 10; Glockenklang, G. 11; Seelen u. Sinne, Nn. 13; Nachdenkliche Geschichten 14, 80. T. 19; Sommerabend 16; D. neue Buch, G. 20; D. schöne David d. Michelangelo 22; Klarer Klang, G. 22.

Salve! s. Eichacker, Reinhold.

Salzer, P. Anselm, klass. ♆, Germanistik, Dr. phil., GP., OSB. Seitenstetten i. N.-Österr. (Waidhofen a. d. Ybbs $^{8}|_{10}$ 56.) B: D. christl.-röm. Hymnenpoesie u. Otfried v. Weißenburg 83; Über Koglhubers Otfried-Übersetzg.; D. Sinnbilder u. Beiworte Mariens i. d. deutsch. Lit. u. lat. Hymnenpoesie d. MAlt. 93; Illustr. Geschichte der deutschen Literatur 12 III. ()

Salzer, Eugen, Bibliogr., /, Kritik,

Verlagsbuchhändler, Hrsg. d. „Der Buchwart". Heilbronn. (ebda $^{17}|_{9}$ 66.) H: Hie gut Württemberg allwege, lit. Jahrb. I 97; Sieben Schwaben, Dichterb. 09, 4. T. 10; Unter d. Firnelicht, Schweizer Novellenb. 09, 4. T. 10; Von schwäb. Scholle, Kal. 13/22.

Salzer, Marcell, Vortrag. Prof. Berlin-Lichterfelde-West. (St. Johann a. d. March $^{27}|_{3}$ 73.) H: Das lustige Salzerbuch IV.(*)

Samhaber, Edw., ✠, ◇, Lit.♛, Dr. h. c., Prof. i. R. Linz a. D., Marktstr. 15. (Freistadt, Ob.-Öst. $^{29}|_{12}$ 46.) B: Dichtungen, Gesammelte Werke 09f.

Samter, Ernst, klass. Ψ, Religionsw., ✠, Volkskde., Dr. phil., Prof., StudR. Berlin N 37, Weißenburgerstr. 26. (Posen $^{7}|_{2}$ 68.)

Samtleben, Gustav, ✝, Lit., ⁂, ◇, ✠, Orts- u. Dorfgesch., Kritik, Dr. phil., ev. Pfr. a. D. Nürnberg-Ebensee, Kapferstr. 14. (Wimmelrode $^{14}|_{2}$ 61.) B (seit 00): Gesch. u. Sagen d. beid. Mansfelder Kreise 99/00; Pax vobiscum, e. Sang aus d. Mansfelder Lande 02; Ch. Kingsley 07; Die bibl. Wunder 07; u. a.

Samtleben, Joachim, Lyrik. Nürnberg-Ebensee, Zapferstr. 14. (Thondorf $^{17}|_{6}$ 94.) B: Credo, G. 23. *

San Callisto, Marchese di, s. Kaufmann, Carl Maria.

Sandberger, Adolf, Musik♛, Dr. phil., o. UP., Komponist. München, Prinzregentenstr. 48. (Würzburg $^{19}|_{12}$ 61.) B: Chabriers Gwendoline 93; P. Cornelius' Cid 93; Gesamtausgabe der Werke des Orlando di Lasso seit 94; Beiträge z. Gesch. d. bayr. Hofkapelle unter dems. 94; Denkmäler d. Tonkunst in Bayern seit 00; darin Ev. F. Dall' Abaco 00 und 09; Biographie Pachelbels 01; J. K. Kerll 02; Biographie H. L. Haßlers u. Musikgesch. v. Nürnberg u. Augsburg im 16. Jahrh. 05; Ges. Aufsätze z. Musikgesch. Bd. I 21, Bd. II 23; Ludwig der Springer, O.; Der Tod des Kaisers, O.; u. a.

Sande, Ludw. von, s. Grabinski, Ludw.

Sander, Ernst Leo, ✠, Nov., ◇, Übersetzgn., Dramaturg., Dr. phil. Berlin-Lankwitz, Waldmannstr. 11. (Braunschweig $^{16}|_{6}$ 98.) B: Abend u. Traum, G. 21; D. Entwurzelten, Dr. 22; Rud. Huch, d. Dichter u. s. Werk, Essay 21; Joh. Schlaf u. d. natural. Drama. H: Tillgners Klassiker (Schillers V, Kleists III, Heines IV, Goethes X, Lessings III, Werke) 23; E. T. A. Hoffmann, Musik-Novellen 23. Ue: D. Priester u. d. Meßnerknabe 17, 4. A. 20; Crébillon, Das Sofa 19; Voltaire, Candid 21; Wilde, Märchen 21; Geschichte in Prosa 21; Murger, Ball. u. Fantas. 21; Dickens, Londoner Bilder 23; Balzac, Der Succubus 23; Wilde, Das Bildnis d. Dorian Gray 23; Flaubert, Madame Bovary 23; Balzac, Glanz u. Elend d. Kurtisanen 23. Bearb: Jacobsen, Niels Lyhne 23.

Sanderwet, Herberts, s. Schoch, Erich.

Sandrock, Christoph, Drama, Akad. Maler. Berlin-Wilmersdorf, Detmolder Str. 3. (Rotterdam $^{23}|_{1}$ 65.) B: Jeanne, Sch. 10; D. Weinkiste, Hum. 11; Mileała, Sch. 11; D. Schweizerhaus, Schw. 11; Ihre Auferstehung, Sch. 12; Die dritte Macht, Sch. 12; Lydia, R. 13; Pariser Bohème, R. 14; Hans Sinkels Töchter, R. 14; D. Badeengel, Lsp. 14; Papa macht Karriere, Schw. 14; Annie Stephan, R. 16, Alexander d. Große, Sch. 20; Olympias, G. 21.

Sandt, Emil, SDS., DB., Roman, ◇, ⁄, Kritik. Hamburg 26, Hammersteindamm 114. (Mittelwalde, Glatz $^{27}|_{12}$ 64.) B: Cavete! E. Gesch. üb. der. Bizarrerien man nicht ihre Drohungen vergess. soll. 07, 28. A. 09; Im Äther 10, 5. A. 11; Das Lichtmeer, R. 11; Brüder (Der Henker), Sch. 13; D. Atheist, Sch. 14; Ararat, Polit. Denkschr. 15; Vision (Wenn Engel sich langweilen), Sch. 16; D. Karussell d. Lebens, Nn. u. Skn., 3. A. 16; Der dritte Akt, Lsp. 20; Jenseits der Augen, Nn. 23.

Saenger, Eduard, SDS., ✠, ⁂. Berlin-Wilmersdorf, Detmolder Str. 21 I. (Berlin $^{17}|_{4}$ 80.) B: Der Pfad, Gd. 13; Shakespeares Sonette, Nachdichtg. 22; Weg u. Wesen, G. 22; Nichts u. Alles, e. Lehre v. Adel 23. *

Saenger, Otto Maria (Ps. Pascendi), Polit., Ethik, Übersetzg., PrivGel. u. Lehr. Schloß Langenau b. Obernhof a. d. Lahn. (Frankfurt a. M. $^{25}|_{12}$ 86.)

San Nicolò, Marian, Dr. juris, ordtl. Professor des römischen Rechtes an der deutsch. Univ. Prag III, Kai 3. (Rovereto, Südtirol $^{20}|_{8}$ 87.) B: Ägyptisches Vereinswesen zur Zeit der Ptolemäer und Römer I 13; II 15; Die Schlußklauseln der altbabylonischen Kauf- und Tauschverträge 22. H: Lehrbuch der Institutionen des römischen Rechtes von Czyhlarz, 18. A. 23. *

Santer, Anton, Dichtungen, Essay. Innsbruck, Anschrift: Brennerverlag. (ebda $^{23}|_{2}$ 84.) B: Strafen des Schwärmers 14; Trübungen im schönen Lande 15; Gedichte 15—18; Nachruf 21; Die Stationen des Leutnants B. 22. *

Sapper, Frau Agnes, Familienbücher. Würzburg, Sophienstr. 17. (München $^{12}|_{4}$ 52.) B: D. erste Schuljahr 95, 8. A. 20; Gretchen Reinwalds letztes Schuljahr 01, 7. A. 20; D. kl. Dummerle 04, 40. T. 20; D. Fam. Pfäffling 06, 135. T. 21;

Lieschens Streiche 07, 3. A. 20; Frau P. Prater 08, 27. A. 20; Werden u. Wachsen 10, 82. T. 21; Erziehen od. Werdenlassen? 12, 2. A. 20; D. Enkelhaus 17, 2. A.; Agnes Sapper z. 70. Geburtstag, e. Gruß an d. Freunde m. Bücher 22. ()

Saran, Franz, Deutsche Literatur, Rhythmik, Dr. phil., o. UP. Erlangen, Löwenichstr. 21. (Altranstädt $^{27}|_{10}$ 66.) **W:** Hartmann v. Aue als Lyriker 89; Zweck u. Vortragsw. von Otfr. v. Weißenburg, Evang.-B. 96; Wirnt v. Grafenberg u. der Wigalois 96; D. Rhythmus d. franz. Verses 04; Deutsche Verslehre 07; Goethes Mahomet u. Prometheus 14; Das Hildebrandslied 15; Deutsche Heldengedichte des Mittelalters 22. **H:** Jenaer Liederhandschrift (mit Holz u. Bernoulli) 01; Bausteine z. Gesch. d. deutsch. Lit. 09ff.; Handbücherei f. d. deutschen Unterricht 22f.

Sarden, O. von, s. Harbou, Sophie v.

Sarnen, Sadi, s. Böhlje, Georg.

Sarnetzki, Dettmar Heinrich, RP., ✠, Nov., Rom., O, /, Red. d. Köln. Ztg. Köln-Lindenthal, Bachemerstr. 266. (Bremen $^{26}|_{11}$ 78.) **W:** Der Eroberer, Sch. 12; Aus heiligen Stunden, Lr. 13; Der Ruf vom Meere, Sch. 17; Wanderer und Gefährte u. a. Nov. 21; Die Pfeifer von Altensande, R. 21; Weihe des Lebens, Lyr. 23; Semiramis, Dr. 23. **H:** Rhein. Dichterbuch 09; Festgabe für Karl v. Perfall 11: Das Lied vom Rhein, Anthol. I., II. 22, 5. T. 23.

Sarnow, Emil, /, Archäologie, Bibliothekswesen, Dr. phil., Prof., Bibl. Frankfurt a. M. (Schwerin $^{10}|_{10}$ 63.)

Sarre, Friedrich, Kunst♛ d. islamisch. Orients, Dr. phil., Prof., Major d. R. Neubabelsberg b. Berlin, Kaiserstr. 39. (Berlin $^{22}|_{6}$ 65.) **W:** Erzeugnisse islamischer Kunst I 06, II 09; Iranische Felsreliefs 09; Reise im Euphrat- und Tigrisgebiet (mit Ernst Herzfeld) 11; Meisterwerke mohammedanischer Kunst (m. F. R. Martin) 12; Die Zeichnungen des Riza Abbasi (m. Eugen Mittwoch) 14; u. a.

Sartori, Karl (Ps. Karl Schröter), ✠, Kunst♛, klass. Ψ, Dr. phil., Kgl. Gymn.-Prof. Weiden, OPfalz, Nicolaistr. (Schwandorf $^{14}|_{8}$ 70.)

Sartori, Paul, Volkskunde, Professor, StudR., MitHrsg. d. „Zeitschr. d. Vereins f. rhein. u. westfäl. Volkskunde". Dortmund, Ardeystr. 29. (Lübeck $^{5}|_{11}$ 57.) **W:** Sitte u. Brauch I 10, II 11, III 14.

Sartorius, Benvenuto, s. Schneider, Martha.

Sartorius, E., s. Schneider, Emil.

Sarwey, Helmut, BP., PA., Politik, Alpenkunde. Charlottenburg, Neue Kantstr. 16. (Stuttgart $^{21}|_{1}$ 73.) **W:** Kolonialpolitik 06. **Ue:** Bret Harte, Pioniere d. Westens 05.

Saß, Johann, Biographie, Lit.♛, Dr. phil., ObRegR. im Ausw. Amt, Vorst. d. Bibliothek dess. Berlin-Wilmersdorf, Landauer Str. 5. (Koldenbüttel in Schl.-Holst. $^{22}|_{12}$ 67.) **W:** Deutsches Leben zur Zeit d. sächsischen Kaiser 92. **H:** Chr. Eckermann, As ik so'n Jung weer 06.

Satanello, s. Schmid, Euchar.

Satow, Hans (Ps. Heinz Wotas, Karl Heinz), Handelslehrer. Lübeck, Klosterstr. 22. (ebda $^{1}|_{1}$ 78.) **W:** Das Licht-Luftbad in seinem Wert f. d. Gesundheit 02, 2. A. 07; Bewegungs- u. Unterhaltgs.-spiele im Freien 06; Von de Waterkant, Volkskalender 07; Bilder von der Wasserkante 11, 2. A. 13; Deutsche Flagge, sei gegrüßt 13. **H:** v. Wessels Jugend- u. Volksbücher Bd. 1—11; Aus deutscher Märchenwelt 22; Großmütterlein erzählt 22; Von Sehnsucht u. Liebe — Scheiden u. Meiden; Von Lieb' u. Treue 22.

Satow, Louis, SDS., Weltanschauungs- u. Kulturbelletristik, ∴, Kritik, Rezitator u. Spez. f. Sprachkrankheiten. Hamburg 37, Hochallee 19. (Lübeck $^{20}|_{6}$ 80.) **W:** Hypn. u. Sugg., kulturpsych. Betrachtg. 20, 8. A. 22; Wege i. d. neue Zeit, Essays 21; Weltl. Feiern, prakt. Handb. f. kirchenlose Lebensfeiern u. Feste 23. **H:** Die heilige Erde, Hausbuch f. freie Menschen 12, 6. A. 22; Das neue Freimaurertum 22; Kultur- u. Zeitfragen, neue Schriftenreihe 23, X; Es werde Licht, Monatsbl. f. Humanität, Freiheit u. Fortschr.

Saturnn, B., s. Thomann, Berta.

Saudek, Emil, Essay, **Ue:** Tsch, Dr., Bankbeamter. Wien IX, Währinger Gürtel 168. (Iglau $^{14}|_{9}$ 76.) **Ue:** J. S. Machar, Rom 08, 2. A. 20; Otakar Brezina, Hände 08, Winde von Mittag nach Mitternacht (m. Fr. Werfel). **W:** Dichter Machar u. Prof. Masaryk im Kampfe gegen den Klerikalismus 12. ()

Saudek, Robert, O, ∴, /, Graphologie. Potsdam, Jägerallee 16. (Kolin i. Böhm. $^{21}|_{4}$ 80.) **W:** Drei Bühnendichtungen der Kinderseele 03 und 04; Billige Weisheiten, Essays 04; Eine Gymnasiastentragödie, Tr. 07; Und über uns leuchtende Sterne, R. 07; Dämon Berlin, R. 07, 21. A. 13; Das Märchen des Meeres, R. 1.—3. A. 09; Kavaliere, Kom. (mit Rudolf Lothar) 09; Der entfesselte Riese, R. 10, 5. A.; Die Spielerin, R. 10, 4. A. 13; Eine Heilige und zwei Sünder, R. 11, 4. A. 13; Heiligenwald, Lsp. 11; Die Hoffnung der Nation, Lsp. 12; Graf Pepi, Lsp. (m. Alfr. Halm) 13; Seite 105, Lsp. 14; Die Distel, Lsp. 17;

Diplomaten, R. 1.—15. A. 21 (auch holl., tschech., franz., italien.).

Sauer, August, Germanistik, Dr. phil., o. UP., HofR., MitHrsg. der Zeitschr. für Lit.-Geschichte „Euphorion". Prag-Smichow 586 alt. (Wiener Neustadt $^{12}|_{10}$ 55.) B bzw. H (seit 00): Graf Casp. Sternberg und sein Einfluß auf d. geistige Leben in Böhmen 01; A. Stifters sämtl. Wke. (m. a.) 01ff.; Briefwechsel zw. J. W. v. Goethe u. Caspar Graf v. Sternberg (Sternbergs ausgew. Werke I) 02; D. Reden u. Aufsätze z. Gesch. d. Lit. in Österr. u. Deutschld. 02; Goethe u. Österr. (Schriften d. Goethe-Gesellsch. XVII und XVIII) 02 u. 03; Grillparzers Gespräche (Schriften d. lit. Vereins in Wien) 04—16 VI; Rede z. Enthüllg. d. Stifter-Denkmals in Oberplan 07; Kleists Todeslitanei 07; Literaturgesch. u. Volkskunde 08; Aus Jacob Grimms Briefwechsel m. slav. Gelehrt. 08; Grillparzer, Werke, krit. Ausg. d. Stadt Wien (m. a.) 09ff.; Brentano, D. Gründg. Prags (m. O. Brechler) 10; Annette von Droste, Judenbuche 11; G. Keller, Das Fähnlein d. sieben Aufrechten 11; Goethes Götz in d. Weim. Ausg., Bd. 8, 13, 39; Goedekes Grundriß z. Gesch. d. deutsch. Dichtg., § 230, 298, 323; Goethes Briefwechsel m. Grüner u. Zauper (m. Stadler) 17; Über d. Bedeutg. d. dtsch. Univ. in Prag 20; D. Memoiren d. Ulrike v. Levetzow 21; Niklas Ulenhart, Historia v. Isaak Winkelfelder u. Jobst von d. Schneid 22; Grillparzers Geheimpapiere 23; dess. Liebesged. (Facs.) 23; dess. Gesammelte Werke, Volksausg. auf Grdl. d. Krit., Ausg. d. Stadt Wien (m. Edwin Rollett) VIII 23. MitH: „Bibl. deutscher Schriftsteller aus Böhmen"; „Prager Deutsche Studien".

Sauer, Frau Hedda, geb. Rzach, ✿, /, Prag-Smichow, 586. (Prag $^{24}|_{9}$ 75.) B: Im Frühling, G. 92; Gedichte 95; Ins Land d. Liebe, G. 00; „Wenn es rote Rosen schneit", G. 04; Gedichte 12; Bei d. gefangenen Tieren, G. 20; Biblische Balladen 23; Ulrika von Levetzow 23.

Sauer, Julius, DÖSchG., SDS., Lyrik, /. Hamburg 26, Claudiusstr. 33. (Zbeschau, Mähren $^{2}|_{12}$ 89.) B: Deutscher Totentanz, G. 19; Das Einhorn, G. 22. *

Sauer, Frau Marie, ASR., VB., relig. ✿. Wiesbaden, Lanzstr. 12. (Hannover $^{28}|_{9}$ 71.) B: Aus heiliger Zeit 14; Die da Sehnsucht tragen 15, 10. A. 20; Das heilige Tor 16, 6. A. 21; Im Jahresreigen 17, 5. A. 23; Das ist Leben! 18, 6. A. 23; Neuer Tag 20, 3. A. 21; Kleine Leute (Kinderlieder) 21; Miez, Flick und andere Lieblinge 22; Frohe Sommer- und Wintertage 23 u. a. Kinderbücher.

Sauer, Wilhelm, ⚖, ∴, Ꝺ, Kultur♛. ord. Prof. d. Rechte a. d. Univ. Königsberg i. Pr. (Frankfurt a. d. O. $^{24}|_{6}$ 79.) B: Die Ehre 16; Philosophie der Zukunft. Eine Grundlegung der Kultur 23; Das juristische Grundgesetz 23; Zahlreiche Fachschriften. *

Sauerhering, Friedrich, ♛, Ꝺ, /, Dr. phil. Leipzig, Göschenstr. 11. (Berlin $^{14}|_{8}$ 65.)

Sauerland, Cäs., s. Borgman, W. H.

Sauerlandt, Max, Kunst♛, Dr. phil., Prof., Dir. d. Hamb. Mus. f. Kunst u. Gewerbe. Hamburg, Möwestr. 2. (Berlin $^{6}|_{2}$ 80.) B: Üb. d. Bildwerke des Giovanni Pisano 04; Griech. Bildwerke 07; Der stille Garten, deutsche Maler der 1. Hälfte d. 19. Jahrh. 08; Jahresberichte d. städt. Museums f. Kunst u. Kunstgew. 08 ff.; Deutsche Plastik d. MA. 09; Michelangelo 11; Hallische Goldschmiedearbeiten aus 4 Jahrh. 12; Halle a. S. (Stätten der Kultur) 13; Emil Nolde 21; Kinderbildnisse aus 5 Jahrhunderten der europäischen Malerei 21; Die Musik in fünf Jahrhunderten der europäischen Malerei 22; Deutsche Porzellanfiguren des 18. Jahrh. 23.

Sauermann, Ernst, Dr. phil., Direktor des Thaulow-Museums. Kiel, Reventlow-Allee 12. (Flensburg $^{9}|_{3}$ 80.) B: Die mittelalterlichen Taufsteine der Provinz Schleswig-Holstein 04; Schleswigsche Beiderwand 08; Handwerkliche Schnitzereien aus drei Jahrhunderten 09. H: Schleswig-Holsteinischer Kunstkalender 11—23ff. *

Saure, Otto, WSB., Erz., Nov., Märchen, Lyrik, ✉. Lennep, Rhld., Schillerstr. 27. (Barmen $^{23}|_{1}$ 78.) B: Frauentreue, N. 03; Es war einmal, G. 04; Das Kohlenbergwerk 12, 40. T.; Essen 13, 10. T.; Kinderlieder 14; Des Kindes Sonnenland, G. 20; Aus dem Tierleben, G. 21, 5. T.; Spruchbuch 22, 2. T.; Im Wunderland, M. 23, 2. T.

Sauter, Constantin, ∴, Danteforschg., Dr. phil., PrivGel. München, Tengstr. 15. (Brettheim $^{16}|_{5}$ 80.)

Savelsberg, Heinrich, (k.), ♛, Dr. phil., Prof., GObLehrer. Aachen, Harskampstr. 37. (ebda $^{28}|_{5}$ 61.)

Saversky, Maria v., s. Woop, Anna Emma.

Saxl, Fritz, Kunst♛, Dr. phil., Priv.-Doz., Leiter d. Bibl. Warburg. Hamburg, Woltersstr. 32. ($^{8}|_{1}$ 90.) B: Verz. astrol. u. myth. ill. Hdschrften in röm. Bibl. 15; Spätes Heidentum u. frühes Christentum in ihren künstler. Ausdrucksformen 23; Panofsky-Saxl, Dürers „Melencolia I" 23. H: Vorträge der Bibl. Warburg u. Studien d. Bibl. Warburg. *

Sayn-Wittgenstein, Ellyn v., s. Karin, Ellyn.

Scapinelli, Carl Graf, BJ. & S., ASV., /, ✎, Nov., Rom. Neu-Pasing I b. München, Pet.-Vischer-Str. 9. (Wien $^{17}|_{4}$ 76.) **B:** Bezirkshauptmann v. Lerchberg, R., 1. u. 2. A. 03; Phäaken, R. 07, 5. T.; Otterbräu, R. 08, 10. A. 14; Heimatgift, R. 09, 4. A.; Prater, R. 09, 6. A. 14; Gipfelstürmer, R. 10, 10. A. 14; Ballast, R. 1. u. 2. A. 10; D. Künstlerkolonie, R. 11; E. bürgerliches Jahr, R. 12; Lebensfreude, R. 12; Frau Melodie, R. 13; D. Herzog von Sorsona, R. 15; Von der Adria bis zum Ortler, Kriegsberichte 16; Der Vagant, R. 18.

Scenicus, F., s. Mayer, F. Arn.

Schabbel, Otto, Kritik, Essay, Nov. Feuill.-Leit. d. „Hamb. Nachr." Hamburg, Mühlendamm 72. (Rostock i. M., $^{6}|_{4}$ 88.) **H:** Heimat, ein Niedersachsenbuch 19; Schweizerbuch 20.

Schache, Johannes, Volkstümliches Schrifttum u. altdeutsche Religionsgeschichte, Lehrer. Untergneus b. Roda, Thür. ($^{20}|_{2}$ 87.) **B:** Kunz von Kaufungen, geschichtl. Erz. des sächs. Prinzenraubes 11; Thüringer Not, Erz. 14; Das Werben um Marie Bringer, R. 18; Zwerggeschichten, M. 20, 2. A. 22; Der deutschvölkisch-christliche Religionsunterricht 21; Tius-Wodan-Heliand, eine Geschichte des altdeutschen Glaubens 21; Knecht Ruprechts Herkommen; Christkind bei der Hexe; Knecht Ruprecht kommt; Nixleins Weihnachten; Zwerge streiken, Weihnachtsspiele 22; Im Zauberwald, M. 23; Thüringer Dorfgeschichten, R. 23. *

Schacherl, Anton, RP. Gesch. Südböhmens, Sprachenkde., Schriftleit. d. „Handwerker". Budweis i. Böhm. (Plattetschlag in Böhm. $^{24}|_{11}$ 72.) **B:** Zur neuesten Kulturforschung 95; Geheimnisse der Böhmerwäldler 99; Sagen und Volksgstanzel 00; Universal-Handb. f. d. österr. Handwerker 08; Mein Heimatdörflein 17; Seltene Ausdrücke der Böhmerwald-Mundart 18; Erinnerungen aus Jugend und Heimat 21; Volksliederbuch 21. Red. des Dorfboten-Kal.; Handwerker-Kal.

Schachne, Frau Clara (Ps. C. Scholt, Delphine Morcelly), ASV., Märch., Rom., Hauswirtsch. Leipzig, Karolinenstr. 13 II. (Meseritz $^{8}|_{6}$ 64.) **B:** Die Märchentante 91, 20; Am Märchenbrunnen 17, 19; Die Märchenfee 18, 20; Die Kränzchenschwestern; Frühlingsreif 18, 20; Die Ausgewiesenen, 2. A.; Pariser Range 3. A. ()

Schacht, Roland (Eugen Quendt, Menenius Peter Feil, Balthasar), ✎, ausw. Pol., Ψ, /, ✝, ●, Dr. phil. Charlottenburg, Leibnizstr. 42 Gth. ($^{15}|_{8}$ 88.) **H:** Jahresber. f. n. d. Litg.; Geibels Werke; Happel, Studentenroman. **Ue:** Ekhoud, Nov., Streuvels, Nov.; Henri Matisse 23.

Schade, Georg (Ps. Nemo, G. Hädicke), BJ. & SV., RP., Roman, /, ✎, ✝, Direktor, Ober-Regisseur, derzeit Dramaturg u. Regisseur d. Ufa. Berlin-Südende, Potsdamer Str. 22, Portal II. (Berlin $^{4}|_{8}$ 73.) **B:** Richters Millionen, Vst. 11; Diplomatie der Liebe, Lsp. (m. Thomas Merten) 11; Der Kintopponkel, P. 10; Die nicht alle werden, Sat. 13; Nur für Herren!, P. 14; Sie und die andere 21; u. a. m.

Schade, Frau Josefine, geb. Utecht (Ps. J. Utecht, J. Schade-Hädicke), DSch., Roman, /, Jugenderz., Nov. Berlin-Südende, Potsdamer Str. 22. (Hannover $^{20}|_{4}$ 75.) **B:** Beppo der Geiger, Erz. 11; Im Auto quer durch Amerika, R. 13; Liebesehe, R. 14; Glückskind, R. 19; Hauses Herrin, R. 21; Launen des Schicksals, R. 22; Thomas Hillers Schuld, R. 23; u. a. m.

Schade, Frl. Maria, Rom., Nov., ○, ✿. Königsberg i. Pr., Nachtigallensteig 10. (ebda.) **B:** Arbeit, R. 04; Osterbrief einer Malerin an ihr. Freund u. a. Nn. 04; Ihre Madonna, R. 06; Wetterwolken, R. 10; Königin Luise, Dr. 13; Große Frauen, Lebensbilder 14; D. Kirche zu Abschwangen, Gedicht 15, 3. T.

Schade, Rudolf, ⁂, Germ., ✿, ○, /, Dr. phil. Berlin NW 40, Heidestr. 51. (Königsberg i. Pr.) **B:** Kants Raumtheorie u. die Physiologie 98; Kant e le donne 04; Das Land der Seele 23. **H:** Osk. Schade: Faust, vom Ursprung bis z. Verklärung durch Goethe 12.

Schade, Wolfgang (Ps. Wolf Gang), BJ. & DSV., RP., Rom., Nov., Pl., Sk., Red. d. „Heiteren Fridolin". Berlin-Südende, Potsdamer Str. 22, P. II. (Dresden $^{1}|_{1}$ 04.) *

Schäfenacker, Paul, ASV., DV., ✿, ○, Prof. Mannheim, L 14, 15. (ebda $^{23}|_{6}$ 77.) **B:** Das andere Land, dr. Dchtg. 21; Rip van Winkle, Kom. 24. **Ue:** Aucassin u. Nicolette 03; Der Rabe 06.

Schaefer, Frau Anni, DV., DSch., Oberbayr. Dialekt. München, Possartstr. 4/0. (Diez a. Lahn $^{13}|_{11}$ 59.) **B:** Aus bi' Boarisch'n Berg, G. 91; Auf'm Sunnwendhof, Vst. 92; Bauernliab, Vst. 92; Bauernstolz, Vst. 92; 's Glück im Elend. Vst. 13; Die verbotne Hochzeit, Vst. 20; Die schwerste Sünde, Dr. 20; Requiem, Dr. 21.

Schäfer, Dietr., ♛, D., Dr. jur. h. c., Dr. phil., o. UP., GehR. Berlin-Steg-

litz, Friedrichstr. 7. (Bremen $^{16}|_{5}$ 45.) W: Württ. Gesch.-Quellen 94/96 III; D. Hanse, 2. A. 14; Kolonialgeschäfte, 4. A. 20; D. Bauernhaus i. deutsch. Reich 04; Weltgesch. d. Neuzeit II, 7. A. 20; Deutsche Gesch. II, 7. A. 20; Abhandlgn. z. Verkehrs- u. Seegesch. I—XI 08—13; D. dtsch. Volk u. d. Osten 15; Staat u. Volk 15; D. Krieg 14—18 III, 16—20; Dtsch. Kultur u. ihre Aufgaben 17; D. Vereinigten Staaten als Weltmacht 17; Karte der Länder u. Völker Europas, 9. A. 19; Rußland 18; Wir Deutschen als Volk 18; D. Grenze d. deutsch. Volkstums 18; D. Schuld am Kriege 19; Unser Recht auf d. Ostmarken, 2. A. 20; Deutschland u. England in See- u. Weltgeltg. 15; Staat und Welt 24; u. a. ()

Schäfer, Ernst, ♕, Dr. phil., Prof., Bibl. Schwerin i. Meckl., Tannhöfer Allee 15. (Alsterdorf $^{25}|_{6}$ 72.)

Schaefer, Friedr., VB., ✠, Märch., Rom., Nov., Lehr. a. D. Wolfenbüttel, Campestr. 3. (ebda $^{26}|_{9}$ 57.) W: Ged. 92; D. Köstlichste, Msp. 01; Heimatlieder 02; Bismarck-Liederbuch 04, 2. A. 08; D. M. v. Didel mit d. Zauberpfeifchen 07, 2. A. 19; Heilige Nacht, Weihnsp. 08, 2. A. 19; D. M. v. d. 7 Gesellen 08; D. M. v. d. König d. Zwerge 12; D. Jahres letzte Stunde, Einakt. 19; Aus Not u. Schmach, Zeitged. 19; D. berühmte Gast, Einakt. 20; D. Amulett, R. 20; D. Märch. vom Friedel mit d. Wunderreifchen 21; Drei Rosen, Dichtgn. 22; Das Märchen von Jan und Jantje 22.

Schäfer, Heinr., Ägypt.-Forschg., Dr. phil., Prof., Dir. Berlin-Steglitz, Im Gartenheim 3. ($^{29}|_{10}$ 68.) W: Schriften üb. ägypt. Altertumskunde u. Kunstgesch., alt-ägypt., nubische u. neu-arab. Sprache.

Schaefer, Karl, Kunst♕, Dr. phil., Dir. d. Wallraf-Richartz- u. d. Kunstgew.-Mus. Köln. (Mannheim $^{3}|_{3}$ 70.) W: D. älteste Bauperiode d. Münsters z. Freiburg 93; Das alte Freiburg 95; Des Hieronymus Braun Prosp. d. Stadt Nürnberg v. Jahre 1604 96; D. Baukunst d. Abendland. 98, Neudruck 01; Bremen (Stätten deutscher Kultur) 07. ( )

Schaefer, Frl. M. Elis. (Ps. früher E. Mariels), Belletr. Moritzburg b. Dresden. (Dresden $^{11}|_{1}$ 73.) W: D. kl. Tierfreund, Jahrb. f. 1911 ff.; Kinder u. Tiere, 4 Bilderb. 13, 19; Vom Gesundwerden im Kranksein 19, 3. A. 21; Aus tiefstem Erleben 21. ( )

Schäfer, Moritz (Ps. Volkmar Böhme), Belletr., Politik, /, ✠, ⊙. Frankfurt a. M., Gärtnerweg 32. (Wiesbaden $^{23}|_{6}$ 68.) W: D. Moralisten, Sch. 96; D. Fremde, dr. G. 96; D. Liebessklavin, dr. G. 99; Fellner u. Co., Kom. 04; Wenn d. Binde fällt, Sch. 05; Frl. Tunichtgut, Vaudev. 08; Prinz Cayenne, Lsp. 09; Ali, Schw. 09; D. Bürgerprinz, Lsp. 12; Dreiviertelwelt, Satiren 12, 2. A. 17; Sturmfalke, Lebensbild 16; Das Bild d. Venus, G. 19; u. zahlr. Theaterstücke u. Filme.

Schäfer Richard, (Der Unmaßgebliche), relig. ✠ u. Kulturbetrachg., Generalsekr. der Dr.-Lepsius-Orient-Mission. Potsdam, Jägerallee 29. (ebda $^{18}|_{12}$ 73.) W: D. Mensch, Fragen und Antworten des Unmaßgeblichen 21; Die neue Religion des falschen Christus 12; Ist der Islam eine Gefahr? 12; Das Erwachen der mohammedanischen Welt und die Aufgabe der Christenheit 12; Die Aufgabe der Kirche gegenüber dem Islam 12. *

Schäfer, Wilhelm, Nov., Epik. Ludwigshafen a. Bodensee. (Ottrau $^{20}|_{1}$ 68.) W: Der Niederrhein u. das bergische Land 07, 2. A. 23; Anekdoten 08, 5. A. 13; Die Halsbandgeschichte 10, 5. A. 23; 33 Anekdoten 11, 9. A. 23; Der Schriftsteller 12; Karl Stauffers Lebensgang, R. 12, 13. A. 23; D. unterbroch. Rheinfahrt, Erz. 13; Rheinsagen 14, 4. A.; D. Lebenstag e. Menschenfreundes (Pestalozzi), R. 15, 24. A. 23; Die begrabene Hand 18, 4. A. 23; Lebensabriß 18; Erz. Schriften 21 IV; Drei Briefe an die Quäker 21; Die dreizehn Bücher der deutschen Seele 22, 15. A. 23; Der deutsche Gott 23; Das Lied von Kriemhilds Not 23.

Schäff, Heinrich, s. Zerweck, Herrmann.

Schaeffer, Albrecht, ✠, ⊙. Neubeuern a. Inn. (Elbing $^{6}|_{12}$ 85.) W: Amata, Wandel d. Liebe, G. 11; Die Meerfahrt, E. 12; Attische Dämmrung, G. 14, 2. A. 21; Heroische Fahrt, G. 14; Die Mütter, Dr. 14; Des Mich. Schwertlos' vaterländ. Gedichte 15; Josef Montfort, R. 18, 3. A. 22; Gudula, R. 18, 3. A. 22; Elli, R. 19, 3. A. 23; Helianth, R. 20, III, 2. A. 23; D. göttliche Dulder, E. 20; Der Raub der Persephone, E. 20; Saalborner Stanzen, G. 22; Demetrius Dr. 22; Das Kleinod im Lotos, E. 23; Das Gitter, Erz. 23; Dichter und Dichtung, Kritische Versuche 23; Legende vom doppelten Lebensalter; Fidelio. H: Gedichte von Hölderlin, Hebbel, Brentano, Platen, A. von Droste, Klopstock, Eichendorff, Arndt. Ue: Oscar Wilde, Die Ballade vom Zuchthaus zu Reading; R. v. Stevenson, Zwei Erzählungen.

Schaeffer, Emil, SDS., Kunst♕, Dr. phil. Arendsee, Meckl., Bahnhofstr. 149. (Bielitz $^{30}|_{9}$ 74.) W: D. Frau in d. venez. Malerei 99; Sandro Botticelli 03, 2. A. 04; Das Florentin. Bildnis 04; Andrea

del Sarto 04; Friedrich Karl Hausmann 06; Anthonis van Dyck 08; Von Bildern u. Menschen d. Renaissance 14; Goethes äußere Erscheinung 14; D. Venus mit dem Papagei, Kom. (mit Loth Schmidt) 12; Christiane, Sch. (mit dems.) 13; Von Bildern u. Menschen d. Renaissance 14; Goethes äußere Erscheinung 14; Gedanken Machiavellis 18; Sandro Botticelli 21. **H**: Das Abendmahl v. Leonardo da Vinci mit Einleitg. v. Goethe 14; Leben des Benvenuto Cellini.

Schaffer, Heinrich, Dr. jur., Beamter. Wien II, Venedigerau 2. (Gurahumora, $^{25}|_{10}$ 95.) **W**: Schlechter Wandel, R. 23. *

Schaeffer, Frau Suse, geb. Hahn, ASV., PA., ✠, Reisebeschr., Märch., Journalist., Schriftst. Eberswalde b. Berlin, Blumenwerder Str. 14. (Züllichau, Prov. Brdbg. $^{14}|_{2}$ 85.)

Schaffner, Jakob, Roman. Berlin-Schöneberg, Bozener Str. 17. (Basel $^{14}|_{11}$ 75.) **W**: Irrfahrten, R. 05; Die Laterne u. a. Nov. 07; Die Erlhöferin, R. 08; Hans Himmelhoch, Briefe 09; Konrad Pilater, R. 10, neue Fassung 22; D. Bote Gottes, R. 11, billige Ausg. 15; D. goldene Fratze, R. 12; Geschichte der Schweizer. Eidgenossenschaft 15; Das Schweizerkreuz, N. 16; Der Dechant von Gottesbüren, R. 17; Die Weisheit der Liebe, R. 19; Die Erlösung vom Klassenkampf 20; Passionsweg e. Volkes 20; Kinder des Schicksals, R. 20; Johannes, R. 22; Das Wunderbare, R. 23.

Schaffner, Paul, Dr. phil., Prof. a. d. Kantonschule. Winterthur, Schweiz. (Brugg $^{23}|_{8}$ 90.) **W**: Der „Grüne Heinrich" als Künstlerroman 19.

Schaible, Alex. (Ps. Camill Alexander Voß), Roman, Lustspiel, Oberamtmann. Karlsruhe, Karl-Friedr.-Str. 15. (Freiburg i. Br.) **W**: Die Leute aus d. alten großen Hause 05; Das verzauberte Mädchen 10; Elitemenschen, Einakt. 12.

Schaible, Frau Marga, geb. Rayle (Marga Rayle), ASV., DSch., PA., Rom., Jugendschr., ⊙, Majors-Gattin. Mannheim, L 15, 12. **W**: Briefkastenteufelchen 01, 2. A. 12; Majors Einzige 06, 150. T. 18; Ruscha 07, 9. A. 17; Komteß Ruth 09, 8. A. 23; In der Geisterstunde, Lsp. 11; Als Majors Einzige heimkam 12, 17. A. 19; Gute Freundschaft, Lsp. 13; In der Kochschule, Lsp. 14; Majors Einzige im Kriege 15, 14. A. 19; Christa v. Blums Abenteuer 18, 20. T. 19; Loris Ferienreise 23.

Schäke, Gerhard, ASV., DV., Bühne, ✠, Regisseur. Leipzig, Hardenbergstr. 60. (Düsseldorf a. Rh. $^{21}|_{1}$ 02.) **W**: Dame im Hemd, satir. R. 20; Acht Tage Filmschauspieler, Erz. 22; Ironiedlichkeiten 22; Die Wahrheit über Fern Andra 22; Ehe, Sc. 23; Die Einbruchs-G. m. b. H. (gemeinsam mit Karl Lütge), Sc. 23; Alter Mann kramt in Erinnerungen, Sc. 23. Filme: Morphium; Himmel auf Erden; Salome. *

Schalek, Frl. Alice (Ps. früh.: Paul Michaely), CC., Roman, Nov., /, ●. Wien I, Schottenring 15. (ebda $^{21}|_{8}$ 74.) **W**: Wann wird es tagen? R. 02 II, 2. A. 03; Das Fräulein, Nn. 05; Auf dem Touristendampfer, Nn. 05; Schmerzen der Jugend, R. 09; Indienbummel, ill. Reisewerk 12; Tirol in Waffen 15, 7. A.; Drei Monate an der Isonzofront (Ill.) 17; Im Lande Buddhas (Ill. Reisewerk); Ein Bummel durch Birma, Java, Siam und Tongking 23.

Schalit, Leon (Ps. L. Leonhard), DV., CC., CP., PA. Wien XIX, Billrothstr. 79a. (ebda $^{19}|_{2}$ 84.) **Ue**: Galsworthy: Der Menschenfreund, Tr.-Kom. 12; Der Erbe, Sch. 13: Der Flüchtling, Dr. 13; Die dunkle Blume, R. 22.

Schall, Frau Sybilla, ASR., WSV., Romane, Nov. Köln, Hansaring 52. (ebda $^{24}|_{1}$ 65.) **W**: Auf heimatlicher Scholle 19; Vergeltung 21; Der letzte Friedenburg 23.

Schams, Anton, Ψ, /, ✠, Dr. phil., RealschDir. Warnsdorf, Böhmen, Schulvilla. (Leitmeritz $^{25}|_{3}$ 61.) **W**: Opfer, 2 Nov. 08; Sebastian Tutewohls Meinungen u. Kümmernisse, Hum. 11; Deutsche Bürger, R. 20; Leutauer Kabale u. Liebe, R. 23. **H**: J. C. H. Fischers Werke, 3. A. 06.

Schanderl, Josef, VBA., ✠, RA. München, Sophienstr. 3. ($^{13}|_{6}$ 74.) **W**: Wurzeln, G. 00, 2. A. 11; Erdreich, G. 05, 2. A. 11; Stamm, G. 11; Krone, G. 22; Hohe weite Welt, ausg. G. 22. *

Schanz, Frida (Ps. f. Frau Frida verw. Soyaux, geb. Schanz), Nov., ✠, Jugendschr., Mitgl. d. Daheim-Red. Berlin-Schöneberg, Am Park 12. (Dresden $^{16}|_{5}$ 59.) **W**: Vierblätter, 7. A.; Huberta Sollacher 03; 365 Sprüche: Gesammelte Ged. 06; Kinderballaden 09; Balladen 10; Neue dtsche. Märchen I/II 13f.; „Fridel", Jugenderinnerungen 20; Von der Welle zum Meer 22.

Schanzer, Rudolph, ⊙, /, ✠. Charlottenburg, Schlüterstr. 44. (Wien $^{12}|_{1}$ 75.) **W**: Drei Pantomimen 02; Cabaret u. Varieté 02; D. Sonnenvogel, Optte. (mit Okonkowski) 02; Der Sterndeuter, Optte. 06; Lord Piccolo, Optte. (m. Karl Lindau) 09; Bummelstudenten, P. (mit Bernauer) 11; D. Mädel v. Montmartre, Optte. (m. Feydeau) 11; Große Rosinen, P. (m. Bernauer) 12; Filmzauber, P. (m. Bernauer) 12; Mein Mäderl, Optte.

(m. Burg) 12; Die beiden Husaren, Optte. (m. Jacoby) 13; Wie einst im Mai, P. (m. Bernauer) 13; Extrablätter, P. (m. Bernauer u. Gordon) 14; Wenn zwei Hochzeit machen, P. (m. Bernauer) 15; Der siebente Tag, Lsp. (m. Welisch) 16; Auf Flügeln d. Gesanges, P. (m. Bernauer) 16; Die tolle Komteß, Optte. (m. Bernauer) 16; Die tanzende Nymphe, Lustsp. (m. Welisch) 18; Die Frau im Hermelin, Optte. (m. dems.) 19; Die spanische Nachtigall, Optte. (m. dems.) 20; Die Braut des Lucullus, Optte. (m. dems.) 21; Madame Pompadour, Optte. (m. dems.) 22.

Schaer, Adolf (Ps. Edgar Rayz), ✿, Musikkritik, bild. ☺, Dr. jur., Verbandssynd. a. D. Hannover, Am Holzgraben 6 III. ($^{6}|_{11}$ 90.) **W:** Ged., Ausw. 14; Ged. 2. Tl. 14; Die Rechtsstellung d. Theaterzensur in Preuß. 19.

Schaer, Alfred, SES., Deutsch. Lit., Dr. phil., PrivDoz. a. d. THSch. Zürich, Mutschellenstr. 21. (ebda $^{17}|_{10}$ 74.) **W:** D. altdtsch. Fechter u. Spielleute, Diss. 01; D. dram. Bearbeitgn. d. Pyramus-Thisbe-Sage in Deutschland i. 16. u. 17. Jahrh. 09. **H:** Deutsch-schweiz. Lyrik d. neu. Zeit 07; D. Susannenspiel d. Sam. Israel v. Straßburg 1603, 07; Emil Kuhs, krit. u. literar. Aufsätze 10; Drei dtsche. Pyramus-Thisbe-Spiele 1581—1607, 11.

Schaer, Wilh., Skizze, Nov., Roman. Bremen, Schillerstr. 1. (Bad Rehburg i. Hann. $^{24}|_{8}$ 66.) **W:** Heimatliebe, Gesch. 00; Sachsentreue, Gesch. 01; Am Herdfeuer, Gesch. 02; D. Schatz im Moor, Erz. 04, n. A. 16; D. Erbe d. Stubenrauch, R. 06, n. A. 23; Drei-Heiden, R. 08; Kerstorf, R. 10, n. A. 16; Gerold Beckhusen, R. 13; Fremde Heimat, R. 17, 12. A. 20; Sommerrausch, N. 19; Heimliche Liebe, N. 17; D. Silberring, R. 19; Heimat d. Herzens, Pl. 20; Siebeneschen, R. 22. **H:** Sonne, Dchtg. v. Fr. Schaer.

Scharf, Ludwig, SDS., ✿, Übersetzer. Patosfa b. N.metlad, Ungarn. (Meckenheim $^{2}|_{2}$ 64.) **W** bezw. **Ue:** Lieder eines Menschen 92; Papst Alexanders VI. Bulle: In rebus amoris 94; Dumas Fils: Novellen 01; Tschandala-Lieder 04; König Laurins Rosengarten 10; Verhaeren: D. Großstadt lauert 21; D. Fleischmarkt 22.

Scharl, Robert (Ps. Ego, Quisisso, Veritas), ASV., Satire, Humor., Verlagsred. Stuttgart, Liststraße 29 IV. (Wien $^{15}|_{3}$ 73.) **W:** Schaut nur hinein, Sat. 08; Eine Bestellung aus der Hölle, B. 21; Selbstmordkandidaten, Lebensbild in e. Aufzug 21; Mariechens Christbescherung, Ein Weihnachtsbild 22.

Scharlau, M., s. Alberti, Magda.

Scharlitt, Bernard (Karl Litthardt), DV., Journalist (Korrespondent der „Neuen Freien Presse"), Dr. phil. Warschau, Leszno 5. ($^{15}|_{11}$ 77.) **W:** Chopins gesammelte Briefe 11; Die Invasion, Dr. 16; Chopinbiographie 18; Neros Ende, Dr. 18. **Bearb:** Gabryela Zapolskas Schauspiele: Die Warschauer Zitadelle; Sibirien; Fröschchen; Der Zarewitsch, sämtl. 16—18. *

Scharnagl, Sebastian, s. Bachmair, H. F.

Scharnweber, P., ✿, Prof., Gymn.-ObLehrer a. D. Breslau X, Blücherstr. 1. (ebda $^{3}|_{10}$ 50.) **W:** Wratislaviae Laudes, G. 96; Immortellen, G. in 5 fremd. Sprachen m. dtsch. Umdichtung z. 22. März 1897; Silesian Ballads and Romances 97; Schles. Balladen u. Romanzen 98; Fin de siècle (Ps. Emil Labry), sat. Dchtg. 99; Zanoni, romant. Melodr. 99. ()

Scharrelmann, Heinrich, SDS., Pädagogik, /, Schulleiter. Bremen, Herderstr. 28. (ebda $^{1}|_{12}$ 71.) **W:** Herzhafter Unterricht 02, 18. T.; Aus Heimat und Kindheit und glücklicher Zeit, I 03, II 21; Weg zur Kraft 04; Im Rahmen des Alltags 05, 40. T.; Heute und vor Zeiten 05; Fröhliche Kinder 06; Der Geburtstag 07, 2. A.; Goldene Heimat 08, 13. T.; Berni I 08, 35. T.; dass. Volksausg. 08, 52. T.; II 22. T.; III 14. T.; IV 10. T.; V 10. T.; Aus meiner Werkstatt 09, 10. T.; Däumling, eine Geschichte für Kinder 12, 5. T.; Erlebte Pädagogik 12; Das Malen und Zeichnen zur Belebung des Elementarunterrichts 13; Plaudereien über mein Leben und Schaffen 13; Produktive Geometrie 14; Die Tarnkappe 19; Technik des Schilderns und Erzählens 19; Die Inge-Bücher 21; Sonniger Alltag, ein Buch über Kindererziehung und Familienglück 22; Die Großstadt I—III 14, 5. T.; Religion von der Straße 22, 3. T.

Scharrelmann, Wilh., SDS., 𝒪, Nov., Rom. Bremen, Parkallee 27/29. (ebda $^{3}|_{9}$ 75.) **W:** Stimmen d. Stille, N.; Großmutters Haus, Gesch. 11.—18. T.; D. Fahrt ins Leben, N., 2. A.; Piddl Hundertmark, R. 4. A.; Gesch. a. d. Pickbalge, 9. A.; Rund um Sankt Annen, N. Gesch. a. d. Pickbalge, 4. T.; D. Hochzeit i. d. Pickbalge, Lsp.; Täler d. Jugend, R., 5. T.; Selige Armut, R., 5. T.; Schweigende Liebe, N.; Jesus d. Jüngling, 10. T.; Die erste Gemeinde, R., 3. T.; Traumland, R., 3. T.; Hahnemanns Liebesgarten 24.

Scharrer, Eduard (Ps. Scharrer-Santen), 𝒪, Dr. phil., Dramaturg u. Reg. München, Georgenstraße 107. (Straß-

burg i. Elſ. $^{18}|_{8}$ 69.) **V**: Sieg (Sur la Foi des Etoiles), Dr. (nach Gabriel Trarieux) 06; Fackellauf (La Course du flambeau), Dr. (nach Paul Hervieu) 08; D. Besiegten (Les Vaincus), Dramenzyklus (nach G. Trarieux) 10; Adolf Wilbrandt als Dramatiker 12; Die Gerichtsnarren (Les Plaideurs), VersLſp. (nach Racine) 14. **H**: Iffland, Meine theatraliſche Laufbahn 16; Goethe als Dramaturg 21; Chr. F. Gellerts Ausgew. Werke 23. **Ue**: Leſage, Turcaret, Lſp. 16.

Scharwenka, Xaver, Prof., Ordentl. Mitglied und Senator der Akademie der Künſte, Berlin. Berlin W 57, Blumenthalſtr. 17. (Samter, Poſen $^{6}|_{1}$ 50.) **V**: Klänge aus meinem Leben, Selbſtbiogr.; Mataſwintha, O.; Methodik des Klavierſpiels. *

Schätte, Adolf, ✠, Nov., Schriftſtell. München, Ainmillerſtr. 36, Gths. (Corbach, Fürſtent. Waldeck $^{24}|_{1}$ 89.)

Schatten, Eugen, ♛, Dr. phil., GP., OFM. Dalheim. (Rheinl. Sterkrade $^{4}|_{7}$ 78.)

Schatz, Joſef, Deutſche Ψ, Dr. phil., o. UP. Innsbruck-Hötting, Riedgaſſe 8. (Imſt, Tirol $^{3}|_{3}$ 71.) **V**: D. Mundart v. Imſt 97; D. Gedichte Oswalds v. Wolkenſtein 02, 2. A. 04; D. tirol. Mundart 03; Altbayr. Grammatik 07.

Schätzler-Peraſini, Gebh., PA. Fichtenau b. Berlin. (Ulm a. d. D. $^{4}|_{9}$ 66.) **V**: Marmorgraf, Optte. 21; Mädel a. d. Paradies, Optte. 21; Hexentanz, R. 21; Weib d. Tragöden, R. 21; u. a. Theaterſtücke u. Romane. ()

Schauer, Frau Maria geb. Meyer, Lit.♛, Dr. phil. Hannover, Detmoldſtr. 2. ($^{5}|_{4}$ 88.) Smyrna. **V**: Carlyles Einfluß auf Kingsley 14; Caroline Schlegel 22. *

Schaukal, Richard (v.), ASV., PA., SDS., ✠, Nov., Eſſay, Kritik, ⊙, **Ue**: F, Dr. jur., MinisterialR. i. R. Wien XIX/4 Cobenzlgaſſe 42. (Brünn $^{27}|_{5}$ 74.) **V**: Interieurs aus dem Leben der Zwanzigjährigen 01; Einer, der ſeine Frau beſucht und andere Szenen, Dr. 01; Von Tod zu Tod u. andere kleine Geſch. 02; Vorabend, Dr. 02; Pierrot u. Colombine od. d. Lied v. d. Ehe 02; D. Buch d. Tage u. Träume (2. A. d. T. u. T.), G. 02; Mimi Lynx, N. 04; Ausgew. Ged. 04, 2. A. 09 II; E. T. A. Hoffmann 04; Wilh. Buſch 95; Großmutt. 06, 3. A. 18; Kapellmſtr. Kreisler, N. 06, 2. A. 18; Giorgione od. Dialoge üb. d. Kunſt 06; Literatur, 3 Geſpräche 06; Eros-Thanatos, Nn. 06, 2. A. 11; Leben u. Meinungen d. Hrn. Andr. v. Balthesser 07, 7. A. 18; D. Mietwohnung 07, 8. A. 11; Schlemihle, 3 Nov. 07, 2. A. 08; Richard Dehmels Lyrik 07; D. Buch der Seele, n. G. 08; Vom Geſchmack, 1. u. 2. A. 10; Vom unſichtbaren Königreich (Verſuche 1896 bis 1909) 10; Beiläufig, Aphorismen 12; Neue Verſe 12; Die Märchen von Hans Bürgers Kindheit 1. u. 2. A. 13; Zettelkaſten e. Zeitgenoſſen 1. u. 2, A. 13; Kindergedichte 14; Herbſt, G. 14; Kriegslieder aus Öſterreich I 14, II 15, III 16; Eherne Sonette I 14, II/III 15; D. Buch Immergrün 16; Z. Gedächtnis Kaiſer Franz Joſefs I., 7 Ged. 16; Zeitgemäße deutſche Betrachtgn. 16; Heimat, Proſa-Ausw. 16; Heimat d. Seele, G. 17; Öſterr. Züge 18; Erlebte Gedanken 18; Gedichte (91—18) 18; Dionys-bacſi, N. 22; Jahresringe, G. 22; E. T. A. Hoffmann 23; Gedichte (91—23) 24. **H**: Heinebreviarium 97; E. T. A. Hoffmanns Ausgew. Werke 08; E. T. A. Hoffmanns Märchen I 20. **Ue**: Verlaine-Heredia 06; Mérimée, Ausgew. Nov. I 08, II 14; Barbey d'Aurevilly, Vom Dandytum u. von G. Brummell 08; Flaubert Bücherwahn 20.

Schaumann, Frl. Ruth, ✠, Bildhauerin u. Schriftſtellerin. München, Kaulbachſtr. 62a III. (Hamburg $^{24}|_{8}$ 99.) **V**: Die Kathedrale, G. 20.

Schaumberg, Georg, PA., RP., ⊙, ✠. München, Leopoldſtr. 67. (Ansbach $^{30}|_{10}$ 55.) **V**: E. gründl. Kur, Schw. 86; Donna Clara, Lſp. 86; Backfiſchſtreiche 86; Die Nihiliſten, Schw. 88; Tag v. Sedan, Sch. 88; Leah, Sch. (m. Riotte) 89; Dies irae, G. 93; D. Landshuter Hochzeit, Feſtſp. 05; Fanfreluche, kom. O. 11; Der Diplomat, kom. O. 19.

Schaumburg, Paul (Pſ. Paul Burg), RP., SDS., Roman, Kritik, Prof., Beirat d. Heimatverl. f. Schule u. Haus. Quasnitz b. Leipzig. (Hedersleben $^{12}|_{12}$ 84.) **V**: Da iſt Heimat, R. 07; Die vom Roten Haus, R. 09; Der Giebichenſtein 09; D. Lied d. Eiſenbahn, R. 10; D. Provinz Sachſen 11; Strecke frei! R. 11; Die Wetterſtädter, R. 12, 25. T. 22; Geſch. d. Quedlinburger Äbtiſſinnen 12; Der Held v. Kanoſſa, R. 13, 3. A. 20; Lützower in d. Leipziger Völkerſchlacht, R. 13; Fliegerleutnant Bärenſprung, R. 14, 5. A. 14; D. Geſchichten d. Lena Kalinſka, R. 14, 5. A. 15; Seſenheim, Sch. 14; Vorwärts, feſte druff! Skn. 14; Deutſche Prinzen, die f. Deutſchland ſtarben 14, 3. A. 16; D. Sendung d. Gräfin Marie Barbara, R. 15, 7. A. 16; Der tapfere Prinz v. Waldeck 15; Alles um Frieden, Skn. 15; Wir dienen dem Frieden, N. 15; Oſtpreußen in Harren u. Krieg, Nn. 15; Ins Land d. Litauanen, R. 16; Oſtpreußens Wiederaufbau, Eſſay 16; Deutſche Dichter im Weltkriege

16; Deutscher Frühling, Skn. 16; D. litauische Braut, R. 6. A. 18; D. goldene Schlüssel, R. 15. A. 23; D. schöne Gräfin Königsmark 19; D. befreite Gott, R. 20 II; D. Jungfer a. gläs. Sohlen, R. 10. A. 22; Hexe, e. heit. Harzroman 21; D. eiserne York, R. 10. A. 22; D. heilige Scholle, R. 10. A. 22; Alles um Liebe, e. Goetheroman IV, 10. A. 22; Glaubenskämpfe, Nov. 22; Meine Jugend, Selbstbiogr. 22. H: Heimat, Zeitschr. f. Heimatpfl.; P. Schreckenbachs Nachlaßr.

Schauroth, Freifrau Charlotte v., geb. Laue (Ps. C. v. Dornau), Roman. Gotha, Waltershäuserstr. 24 I. (Magdeburg $^{12}|_{8}$ 66.) W: Das Licht, R. 06; Kameraden, R. 08; Gäste auf Oberfriebach, R. 09; D. Wunderblume, R. 11; D. hl. Strom, R. 13; Burg Tresa, R. 14; Hahn im Korbe, Erz. 15; Killmanns mit 'm Strich, R. 16, 15. A. 18; Eulenspiegel, R. 19; Ich weiß warum, hum. R. 24.

Schauwecker, Franz, SDS., Roman, Schöngeist., Lit. Deutsch-Krone, Westpr., Landhaus Schauwecker. (Hamburg $^{26}|_{3}$ 90.) W: Im Todesrachen, D. dtsch. Seele i. Weltkriege, 1.—5. A. 19; D. Dolch d. Condottiere, 1.—3. A. 19; Weltgericht, 1.—3. A. 20; Ghavati, Ein Tierroman, 1.—5. A. 20: Hilde Roxh 21; Die Götter und die Welt 22.

Schauwecker, Heinz, Jungdeutsche ❦, /, Dr. med., prakt. Arzt und Schularzt, Nürnberg, Geisberg 4. (Regensburg $^{11}|_{10}$ 94.) W: Frankenmappe (Holzschnitte von Jakob Dietz) 19; Fallende Blätter, Ein Totentanz (mit Federzeichnungen von Hermann v. Raumer) 20; Elisabeth Harinta, Ein Lied für die Weiße Frau 21; Dtsch. Gedichte 21; Dtsch. Vision, Ein Spiel am Rhein; Schneckenburgers Wacht am Rhein, umgedichtet 22, 4. A. 23; Die bayrische Trutznachtigall, 2. Bd. deutsche Gedichte 22; Wendelin Siebengangs Haus in der Flußtorstraße, Vom Leben und Sterben in der Vorstadt 23; Deutsche Heimaterde, Ein Spiel für deutsche Wehr; Das neue Teufelaustreiben, Ein kräftiger Exorzismus gegen die 7 schlimmsten Teufel 23. *

Schede, Kurt, Nov., /, ❦, Lit. Vertr. d. Köln. Ztg. Waldtrudering b. München, Haus Schede. (Schwetzingen i. B. $^{28}|_{10}$ 70.) W: Schatten, Rn. 16; Schwetzinger Historien, Erz. 20. ()

Schede, Martin, Mitgl. d. Archäologischen Gesellschaft, Vereinigung der Freunde antiker Kunst, Bund der Asienkämpfer, Dr. phil., Kustos an den Staatlichen Museen. Berlin-Dahlem, Lentze-Allee 22. ($^{20}|_{10}$ 83.) W: Antikes Traufleistenornament 09; Die Burg von Athen 22. *

Scheel, Wilh., Ψ, ♁, ♛, ●, ❦, Dr. phil., RealGDir. Nowawes, Bez. Potsdam. (Berlin $^{29}|_{9}$ 69.)

Scheer, Adolf, ASV., Deutsche Dichter-Gilde, ❦, ○, ∴, Roman, Märch., Nov., Skizze, Plaud., Buchhalter. Nordhausen a. Harz, Lrebnitzstr. 13. (ebda $^{12}|_{2}$ 97.) W: Bunte Blumen, G. 19. H: Lenz und Liebe, Anth. 19.

Scheff, Werner, Verb. Deutscher Erzähler, Roman. Berlin W 50, Nachodstr. 20. (ebda $^{5}|_{5}$ 88.) W: Die Arche 17, 42. A. 19; D. flammende Meer 19; D. Läufer v. Marathon 20; D. wandernde Seele 18; Juan Fernandez 20, 20. A. 21; D. Dame u. d. Landstreicher 21; D. gelbe Schmetterling 22; D. große Tenor 23; D. Meisterschaften d. Walter Issing 23.

Scheffauer, Herman George (Ps. R. L. Orchelle), ❦, ○, /, ω. Berlin-Grunewald, Cunostr. 48. (San Franzisko $^{8}|_{2}$ 78.) W: Of Both Worlds 03; Looms of Life 07; The Sons of Baldur, Dr. 08; G. Drake in California 12; The Masque of the Elements 12; The New Shylock, Dr. 13; Hollow Head of Mars 15; Debates and Differences 18; German Prison-House 20; Das deutsche Gefängnis 20; Blood Money 21; The Infant in the News-sheet 21; Das Land Gottes 23; Seers and Seekers 23; The Champagne Ship 23. **Ue**: Heines Atta Troll; Zusammenbruch des Völkerrechts; Herr und Hund; Gas usw.

Scheffer, Thassilo, v., ASV., SDS., ❦, ω, /, ∴, Ψ, ♛, Dr. phil. München, Rambergstr. 2. (Pr.-Stargard $^{1}|_{7}$ 73.) W: Stufen 96; Seltene Stunden 98; Eleusinien 98; Mod. Cicerone: Rom III, d. Umgebg. 03; Neue Ged. 07; D. Mensch u. d. Religion 08, n. A. 13; Neapel (Stätten d. Kultur) 09; D. Schönheit Homers 21; Die homerische Philosophie (Philos. Reihe) 21; D. Philosophie d. Ehe 22. **Ue**: Homer, Ilias 14, 2. A. 21, Odyssee 18; Friedr. d. Große, D. 7jähr. Krieg 13, 2. A. 22; Zola, Geld. **Bearb**: Aristophanes' Werke 13, II; Senecas Schriften 23, II.

Scheffer, Theodor, Publizistik, Politik, ▣, ♛, △, ❦, Dr. phil., Hrsg. v. „Das Neue Leben". Bad Berka bei Weimar. (Düsseldorf a. Rh. $^{1}|_{10}$ 72.) W: D. preuß. Publizistik unt. d. Einfluß d. ital. Krieges im J. 1859 01; Im Wanderschritt des Lebens 10; Zwischen Vergangenheit u. Zukunft 15; Bismarck, Grundz. f. Politik 15; Unsere zukünftige Volkserziehg. 15; Von d. Gottesordg. i. d. Welt 15, 2. A. 16; Von d. Heimat 15; Deutsch-östr. Aufgaben d. Volkserziehung nach d. Kriege 17; Wege z. Heimat 19; Potsdam 20;

D. Arndt-Hochschule, Geist. Grundl. e. dtsch. Volks-Hochschule 21; Einführung in d. deutsche Baugeschichte 22. MitH: „Das Akadem. Deutschland" I—III. H: Die Bücher der Kirche.

Scheffler, Karl, SDS., ⊙, Red. von „Kunst u. Künstler". Berlin-Grunewald, Orberstr. 1. (Hamburg $^{27}|_{2}$ 69.) B: Ludwig v. Hofmann 02; Konstantin Meunier 03; Die moderne Malerei und Plastik 04; Mod. Baukunst 06; Max Liebermann 06, 2. A. 12, 3. A. 22; D. Architekt 07; D. Frau u. d. Kunst 08; Paris 08; Berlin 09; Idealisten 10; Deutsche Maler u. Zeichner im 19. Jahrh. 11; Krit. Führer durch d. Berliner Nationalgalerie 11; Ges. Essays 12; Italien 13; D. Architektur d. Großstadt 13; Adolf Menzel 15; Talente 16; Geist d. Gotik 17; Bismarck 19; D. Melodie 19; D. deutsche Januskopf 21. (Von fast allen diesen Büchern neue Auflagen.) H: Deutsche Meister.

Scheffler, Ludwig v., Dr. phil. Weimar, Wörthstr. 25 I. (Mainz $^{13}|_{11}$ 52.) B: Michelangelo 92. H: D. Tagebücher d. Grafen Aug. v. Platen (m. G. v. Laubmann) I 96, II 00.

Schefraneck, Gustav, DB., VF., ⊙, Oberspielleiter. Hannover, Kl. Düwelstr. 12A. (Skalitz $^{22}|_{2}$ 64.) B: D. Heuschrecke, Schw. 94; D. Schulze v. Itzenplitz, P. 96; D. Bräutigam auf Probe, Schw. 97; D. Badesaison, Schw. 98; D. große Null, Lsp. 03; D. Badereise wider Willen, Schw. 18.

Scheibe, Karl, Spezial♛, ▮, Lehrer. Linden vor Hannover, Haasemannstr. 6 pt. (Hannover $^{13}|_{5}$ 67.) B: Burg Grubenhagen, Beschreibg. u. Gesch. 98; Gesch. d. Klosters u. Dorfes Fredelsloh 00; Gesch. d. Burg u. Dorfschaft Catlenburg 04; D. Marktkirche zu Hannover 09; Weißmachende Leute (a. d. Bäcker- u. Müllerleben) 12; Im Sonnenstrahl durchs Wesertal, G. 13; Deutscher Kriegshumor 15; Kriegsrätselbuch 16; U-Boot-Ulk 17. ()

Scheid, Nik., Germanistik, SJ. Trier, Priesterseminar. (Selbach $^{28}|_{10}$ 52.) B: Jakob Masen SJ. 98; Nik. Avancini SJ. 99; D. dram. Schüleraufführungen 01; Edmond Rostand 03; D. Jungfrau von Orleans, von Schiller als Heilige dargestellt 05; Franz Hunolt SJ., e. Prediger a. d. 1. Hälfte d. 18. Jahrh. 06; A. Baumgartner SJ. 11; Nik. Avancini SJ. als Dramatiker 13; Martin Greif (H. Frey) u. d. deutsche Bühne 20; Br. Peter Friedhofen, Stifter der Barmherzigen Brüder von Trier, ein Lebensbild 22.

Scheidel, Felix, Roman, Nov., Essay. Wien XVIII, Türkenschanzplatz 1. (Stuttgart $^{2}|_{7}$ 75.) B: Um des Weibes willen, R. 05; Lebensprobe, R.; Hindurch mit Freuden, Rn. 13; Des Herzogs Amme, R. 17; Der goldene Dolch, Rn. 23. *

Scheidemann, Philipp, VA., M. d. R., Reichsministerpräs. a. D., Ob.-Bürgermstr. v. Kassel, Wilhelmshöher Allee 5. (ebda $^{26}|_{7}$ 65.) B: Der Zusammenbruch; Papst, Kaiser und S.P.D. im Sommer 17; Zwischen d. Gefechten, mundartl. a. d. Jugend; Mundartl. Geschichten; Propagandaschriften.

Scheidemantel, Eduard, Deutsche Lit., Dr. phil., Prof., ObRegRat. Weimar, Wildenbruchstr. 18. (ebda $^{11}|_{3}$ 62.) B: Zur Entstehgsgesch. v. Goethes Tasso 96; D. klass. Weimar 08, 2. A. 20. H: Goethes Gedichte (Gold. Kl.-Bibl.) 08; Goethes Natürl. Tochter u. Pandora (desgl.) 09; Goethes Ged. a. d. Nachlaß (desgl.) 12, Anmerkgn. 13; Almanach d. Weimar-Bundes 19/20; Johann Martin Mieding 20/21; Schillers Eintritt i. Weimar 21/22.

Scheidweiler, Frl. Paula, SDS., Lit.-♛, Kritik, /, Dr. phil. Mannheim, Q 7, 5. (Rauenberg $^{15}|_{11}$ 90.) B: Der Roman der deutschen Romantik 16.

Scheler, Max, ⁂, Dr. phil., o. UP., Dir. Köln, Wolfgang-Müller-Str. 1. (München $^{22}|_{8}$ 75.) B: Abhandlgn. u. Aufsätze II 15, 2. A. 19; D. Formalismus in d. Ethik u. d. materiale Wertethik II, 2. A. 21; Der Genius d. Krieges u. d. Deutsche Krieg, 3. A. 17; Krieg u. Aufbau 16; V. Umsturz d. Werte (2. A. d. Abhandlgn.) II 19; D. Ursachen d. Deutschenhasses, 2. A. 19; Wesen u. Formen d. Sympathie; Moralia; Vom Ewigen im Menschen I 21. MitH: Jahrb. f. Philos. u. phänomenolog. Forsch.; Kölner Vierteljahrshefte f. Soziologie.

Scheliha, Doris verw. v., geb. Gräfin Matuschka (Ps. D. Freiin v. Spättgen). (k.). Breslau, Opitzstr. 14 I. (ebda $^{29}|_{7}$ 47.) B: Der Sieger, R. 11; Farbenspiele, R. 12; Die höhere Pflicht, R. 14; Die alte Generation, R. 15; Irrlicht, R. 19; u. v. a. Romane u. Nov.

Schellberg, Wilhelm, Deutsche Lit., Dr., GRegR. u. MinR. Charlottenburg, Uhlandstr. 24. (Essen, Ruhr $^{7}|_{8}$ 80.) B bzw. H: Untersuchg. d. Märchens Gockel, Hinkel u. Gackeleia u. d. Tagebuchs der Ahnfrau 03; Ausgewählte Werke und Briefe J. v. Görres 11; Joseph v. Görres 13, 2. A. 21; Briefe von J. Görres an Fr. Perthes 13; Der deutsche Görres 16; Clemens Brentano 16, 2. A. 22; Festschrift für Sebastian Merkle 22; Dichtungen von Cl. Brentano, ausgewählt, eingele'tet u. erläutert 23.

Schellenberg, Ernst Ludwig, ✠, Nov., Essay. Elgersburg i. Th. (Weimar

$^{16}|_{6}$ 83.) **V**: Gedichte 02; Aus Leben u. Einsamkeit, Ged. 05; Erlösung, Ged. 06; Rainer Maria Rilke 07; Gustav Falke 08; Gedanken üb. Lyrik 09; Aus m. Stille, G. 10; Kinderlieder 10, 3. A. 20; Emile Verhaeren 11; Briefe an Emanuel Tönemeier 12; Hugo Wolf, Vortrag 12; N. Gedichte 14; Irene, R. 18; D. dtsch. Mystik 19, 2. A. 23; Die Bekehrung, N. 23; Das Buch der deutschen Romantik 23. **H**: Jacobsen, Novellen 12; Brentano, Novellen 12; Rob. Schumann, Aphorismen 12; Arabische Nächte 14; Wackenroder, Herzensergießungen 14; D. dtsch. Volkslied 15 II. **Ue**: Franz. Lyrik 11; D. Lyrik d. heut. Frankr. 12; Guérin, D. Centauer 13; Stendhal, Nov. a. Ital. 13; Fromentin, D. alt. Meister 14; Jacobsen, Ged. 16, Nov. 19.

Scheller, Will, ♛, ✍, ⁂, ❦, Erz., Kritik, Politik. Kassel, Kurhess., Königstor 40 I. (ebda $^{28}|_{10}$ 90.) **V**: Ave Maria 09; Die Ausfahrt 10; Stefan George 18; Hessische Köpfe, I. Bd. 23. **H**: Hess'sche Zeitung (Wochenblatt für Deutschtum und Heimat).

Schellhas, Paul, VSK., VB., ✠, amerikan. Archäol., populärwiss. Essay, Nov., Dr. jur., LandgerR. Berlin S 59, Fontane-Promenade 3. (ebda $^{16}|_{11}$ 59.) **V**: Mayahandschr. d. Kgl. Bibl. zu Dresden 86; Wert d. Lebens u. Bedeutung d. Todes 91; Ideale u. Idealismus im Recht 96, 2. A. 98, ital. 03, serb. 05; Die Göttergestalten d. Mayahandschr. 97, 2. A. 04, engl. 04; D. gerichtl. Aktenkunde 00; D. Konkurssachen in d. gerichtl. Praxis 02; An d. Grenzen uns. Wissens 08 (schwed. 09).

Schelm vom Rhein, s. Clobes.

Schelper, Clara, s. Wedelstaedt, Cl.

Schemann, Karl Ludw., ⁂, Anthropol., ♛, Dr. phil., Prof., Bibliothekar a. D. Freiburg i. B., Maximilianstr. 22. (Köln $^{10}|_{10}$ 52.) **V**: Meine Erinnerungen an R. Wagner 02; Die Gobineau-Sammlung d. Kaiserl. Bibl. zu Straßburg 07; Gobineaus Rassenwerk 10; Gobineau u. d. dtsch. Kultur 10, 4.—6. A. 19; Gobineau, Biogr. I 13, II 16; Quellen u. Untersuchgn. z. Leben Gobineaus I 14, II 20; Paul de Lagarde 19, 2. A. 20; Von dtsch. Zukunft 20. **H**: Schopenhauer-Briefe 93; Gespräche u. Briefwechsel mit A. Schopenhauer, aus d. Nachl. v. Carl Bähr 94; Nachgelassene Schriften Gobineaus: Dichter. Wke. I 00, 2. A. 02; Prosaschriften I 07; Briefe I 11. **Ue**: Gobineau: Asiat. Nov. 93; Renaiss. 96, Ausg. letzter Hand 12; Versuch üb. d. Ungleichheit d. Menschenrassen 98/01 IV, 3. A. 07; Alexander 03, 3. A. 11.

Schember, Frl. Ziska Luise, Balladen, nationale Dichtg., Historie, ⊙, ♜, Aphorismen. München, Amalienstr. 11 II. (Waldshut i. B. $^{6}|_{7}$ 86.) **V**: Die Herzogin v. Lavalliere, hist. Großfilm; Schwertsegen; Das Täubchen von Holland (Christian II.); Die Rose von Trollhätta (historische Großfilme).

Schenck, Maximilian Rudolph, ASV., SDS., ❦, Nov., **Ue**: IPerE. Leipzig-Gohlis, Pölitzstr. 25. (ebda $^{16}|_{1}$ 51.) **V**: Für wen? G. (Ps. Maximilian Rudolph) 86, 2. A. 88; Erbe, Versbuch eines Verbannten 12; Aphorismen: Was ist d. Leben? 20, Was nenn' ich Glück? 21; Irrungen, R.; Üble Nachrede 20; Wenn Gott ich wär' 21. **Ue**: Omar Chajjam, Sprüche 02; Metastasio, Dr. 11; Edward Fitzgerald, Omar Khayyam Ruba'iyat 12; Persische Dichter 16. ()

Schendell, Werner, SDS., DV., Dr. phil. Berlin-Friedenau, Rubensstr. 20. (Elsterwerda $^{18}|_{4}$ 91.) **V**: Parteien, Dr. 18; Dienerin, R.-Dchtg. 19; Irene, R. 20. **H**: Wienbarg, Tagebuch auf Helgoland 21; Nachspiel, R.

Schenk, Frau Marie M., geb. Rudolph, ASV., Märchen ❦, Nov. Freiburg i. B., Schwarzwaldstr. 78. (Burladingen i. Hohenz. $^{8}|_{9}$ 66.) **V**: Wintersonnenwende 02; Im Reiche d. Waldfee 03; D. Legende d. hl. Odilia 06; Leute v. d. Rauhen Alb, Erz. 14, 6.—9. T. 21; D. Bäuerin an der Staig, Erz. 21; Vom kleinen Lehrer und seinen drei Tugenden, Erz. 23.

Schenker, Heinrich, SDS., PA., Tonkünstler, Dr. Wien III, Keilgasse 8. (Wisniowczyki, Galizien $^{19}|_{6}$ 67.) **V**: Neue musikal. Theorien u. Phantasien 06/10 II; D. 9. Sinfonie v. Beethoven 12; D. letzten fünf Sonaten v. Beethoven; Gesamtausg d. Klaviersonaten v. Beethoven; D. Tonwille 21 f.

Schenzinger, Karl Aloys, DV., Drama, Dr. med., Arzt. Hannover, Königstr. 6. (Neu-Ulm $^{28}|_{5}$ 86.) **V**: Berggang, Dr. 21; Die Macht, Dr. 21

Schepp, Fritz, pädagog. Pathologie, Dr. phil., Stadt- u. Kreisschulrat. Berlin NO 18, Landsberger Allee 6. (Salchendorf, Kr. Siegen $^{6}|_{1}$ 64.)

Scher, Peter (Ps. Emanuel), ❦, ✍, /, Red. a. „Simplizissimus". München, Hubertusstr. 27. (Großkamsdorf $^{30}|_{9}$ 80.) **V**: Kettenklirren, Ged. u. Erzn. a. d. Gefängnis; Unkenrufe, Sat. 10; Holzbock im Sommer, Sat. 13; D. Flucht aus Berlin Erzn. 14, 8. T. 16; Kampf u. Lachen. Erzn. u. G. 15, 5. T. 16; Das Friedenssanatorium, Erzn. 16, 10. T.; Die Brudersch. v. Hl. Womst. Erz. 18, 12. T.; D. hl. Rußland, Sat. 6. T.; Sinnged. 21; Panoptikum. **Ue**: Mussets Briefe a. m. Mühle in neuer Übertragg. 21. **H**:

Gottfr. Kellers sämtl. Erz., Nov. u. Leg. 21; Bierbaums Briefe an Gemma 21. ()

Scherber, Ferdinand, CC., CP., Organis. d. Wiener Presse, Komponist u. Musikschriftst., /, Kritik, Dr. phil., Vorstand d. Musikabteilung der Nationalbibliothek i. P. Wien IV, Starhemberggg. 6. (ebda $^{31}|_{8}$ 74.) *

Scherek, Jakob, DB., BP., PA., Polit., Kritik, RegR., Stellv. Pressechef d. preuß. Staatsreg. Berlin-Steglitz, Horst-Kohl-Str. 14. (Schrimm $^{31}|_{12}$ 70.) B: Josef, Dr. 95; Und ich suche d. Schönheit, R. 05, 2. A. 09; Wahn, Dr. 07; E. Leidensweg, Dr. 11; Reinheit, Dr. 14; Kampf um die Bühne 16; Doppelverlobung, Erz. 20.

Scherer, Christian, Kunst♛, Dr. phil., Prof., Mus.-Insp. Braunschweig, Altewiekring 24. (Kassel $^{24}|_{8}$ 59.) B: D. Fürstenberger Porzellan 09; u. a. ()

Scherer, Christoph, (k.), ⁂, D., Dr. phil., o. HSchProf. Bamberg. (Schweinfurt $^{11}|_{6}$ 71.)

Scherer, Franz Wolfram, hist. Roman, O, städt. ObOffizial im Ruhest. Salzburg, Gabelsbergerstr. 17. (ebda $^{11}|_{6}$ 67.) B: Meister Heinrich, Erz. 07; Der Theologe, Sch. 08; Minnedank, R. 12; Stainer am Stain, R. 13; Die Fraue von Ingelheim, R. 16; Lacrimosa, Erzn. 16; Direktor Heim, R. 20; Die große Lüge, Erz. 21; Das Evangelibuch, Erz. 21; Haus Vornwaldt, R. 22.

Schering, Arnold, Musikw., Dr. phil., o. UP. an d. Univ. Halle. Leipzig, Kantstr. 30. (Breslau $^{2}|_{4}$ 77.) B: Gesch. des Instrumentalkonzertes 05; Geschichte des Oratoriums 11; Musikalische Bildung 11; Die niederl. Orgelmesse 12; Studien zur Musikgeschichte der Frührenaissance 14; Tabellen zur Musikgeschichte, 3. A. **Red:** Neue Zeitschrift für Musik 03/06. H: Bach-Jahrbuch, seit 04. **Bearb:** Dommer, Musikgesch. 14; Ältere Musikwerke, Dichtungen: Der Thomaskantor, Der junge Händel.

Schering, Emil. Berlin-Schmargendorf, Auguste-Viktoria-Straße 65. (Münden $^{14}|_{1}$ 73.) **Ue** u. H: Strindbergs Werke, deutsche Gesamtausgabe 99/23 XLIV; Peladans Werke, deutsche Ausg. 09/23 XII.

Scherlag, Lorenz, ASB., /, ♕, Nov., **Ue:** P, Ingenieur. Lemberg, Sapiehagasse 43. (Chorostkow $^{30}|_{1}$ 81.) B: Sehnsucht, G. u. Lr. 07; Empfindsame Menschen, N. 13; Anthologie Moderner Lyrik Polens 23.

Scherlag, Marek, ♕, Dr., RA. Wien III, Neulingg. 20. (ebda $^{3}|_{7}$ 48.) B: Einsamkeit, G. 99; In der Fremde, G. 19; Heimaterde G. 22.

Scherman, Lucian, ind. Ψ, Bibliogr. Dr. phil., o. UP., Dir. d. Kgl. ethnogr. Museums. München, Herzogstr. 8. (Posen $^{10}|_{10}$ 64.) B: Materialien z. Gesch. d. indischen Visionslit. 92; D. Sterne im indogerman. Seelenglauben 96; Allgem. Methodik d. Volkskunde 99; Zur zentralasiat.-ind. Archäologie 03; Berichte d. Mus. f. Völkerkunde München I—VII; Völkerkundl. Notizen aus Oberbirma I—VI 11—20; Bei südind. Bergstämmen 13; Zur altchines. Plastik 15; Im Stromgebiet d. Irrawaddy; Birma u. s. Frauenwelt. ()

Schermann, Leo, s. Tritsch, Leopold.

Schermann, Theodor, Spätgriech. ♛ u. Ψ, vergl. Relig.-Wiss., Dr. phil., a.o. UP. a. D. München, Hohenzollernstr. 81, Mitte. (Ellwangen $^{19}|_{1}$ 78.)

Scherrer, Max R., Literaturgeschichte, Kritik, Dr. phil., UDoz. München, Neuhauser Str. 32/3. (St. Gallen, $^{26}|_{10}$ 89.) B: Kampf und Krieg im deutschen Drama von Gottsched bis Kleist 19. H: Thomas Murner, Des alten Christlichen Bären Testament 19; Adalbert Stifter, D. Nachsommer 19 (m. Max Stefl); Der Seldwyler Hinkende Bote 22. *

Schertel, Ernst, ⁂, Roman, Dr. phil., Schriftstell. Stuttgart, Johannesstr. 95. ($^{20}|_{6}$ 84.) B: Schellings Metaphysik d. Persönlichkeit 11; D. Katakomben von Ombos, R. 17; D. Sünde d. Ewigen, R. 18; Weltwerdung, Dchtg. 20; D. Blut der Schwester, F. 21; Magie (Gesch. Theor. Prax.) 23.

Schettler, Paul, PA., /, Kritik, O, ♕, Hrsg. u. Verl. d. „Oeynhaus. Anzeigers u. Tageblatts" u. d. „Löhner Tagebl." Bad Oeynhausen i. W. (Pillkallen $^{11}|_{11}$ 64.) B: Hertha, O. 90; Schiffbrüchig, O. 91; D. Witwe, Sch. 95; Mitternachtszauber, 3 Spiele 07; Sechs Mädel, Erz. 12. **Ue:** Paul Guiraud, Lolos Berufg., R. 98. H: Humboldts Kosmos 05.

Schettler, Paul Alexander, RB., SDS., Musik, ♕, O, Ω, ●, Dramaturg der Städtischen Theater Aachen. (Cöthen $^{18}|_{9}$ 86.) B: D. Schneekönigin, dram. M. 11, 2. A. 13; D. Kunigunde d. Hrn. Schlotterhos, N. 11; Seifenblasen, G. 11; Krachmandeln, N. 12; Sonne hinterm Haus, N. 17; Dagmar Rense, R. 19.

Scheff, Robert, Dr. Prag I, Palais Colloredo, Carolina Světlá 48. (Schönau $^{11}|_{7}$ 73.) B: Ware (m. O. Stoeßl); Tote Götter (m. dems.); Protokoll d. Mittelschul-Enquete in Wien I/II; Kulturpolitik 01; D. Staatsstreich 04; Schülerbriefe üb. d. Mittelschule 07; K. Kraus 09; D. letzte Abend 12; Alltag e. Fröhlichen 13; Des Satans Schüler, Der

Marquis Lusac, Romantische Tragödie; Einakterbühne; Komödien. *

Scheucher, Franz (Ps. Klaus Haim-Graz), VJ. & S., ○, /, Red. d. „Republikaner". Graz III, Attemsg. 8. (Leoben $^{10}|_{4}$ 83.) W: Dorfjustiz, Vst. 10; Kunstmäzen, Schw. 11; D. Recht d. Jugend, Sch. 12; Exzelsior, Sch. 13; Das Wunder, Vst. 13. ()

Scheuer, Oskar F., Dermatologie, Hochschul♣, Dr. med., Red. Wien III, Daponteg. 12. (Znaim $^{1}|_{12}$ 76.) W: Richard Wagner als Student 20; Das Liebesleben des deutschen Studenten im Wandel der Zeiten 20; Heinr. Heine als Student; u. a.

Scheuermann, Julia Virginia, s. Fould, J. V.

Scheuermann, Wilhelm, VP., RP., SDS., Schriftsteller und Redakt. der Deutschen Tageszeitung. Berlin. Obstgut Freienbrück, Post Erkner, Mark. (Straßburg i. E. $^{21}|_{7}$ 79.) W: Neue Elsässer Bilderbogen (gemeinsam mit H. Loux) 04; Mézières-Charleville 17. *

Scheurmann, Erich. Horn in Baden, Amt Konstanz. (Hamburg $^{20}|_{11}$ 78.) W: Ein Weg, R. 11; Abseits, N. 13; Paitea und Ilse, R. 19; Der Papalagi, Satyre 20, 2. A. 21, 3. A. 22; Erwachen, R. 21; Adam, Dchtg. 21; Neue Kasperstücke, Schwänke I/II 22; Der Segen der Dummheit, Essays 22; Als Landstreicher durch Amerika, Erz. 23; Das Menschenbuch 23. *

Schibli, Emil, schöne Lit., ♣ u. Prosa, Lehrer. Lengnau b. Biel, Schweiz. ($^{6}|_{8}$ 91.) W: Die erste Ernte, G. 16; Die zweite Ernte, G. 19; Die innere Stimme, R.

Schick, Edgar, DB., Optte., Theaterkapellmstr. Berlin-Neukölln, Kaiser-Friedrich-Str. 9. ($^{31}|_{10}$ 71.) W: Haiderose; Fandango; Weihnachtstraum, Ballet; Herzliebchen.

Schick, Joseph, Anglistik, A, Dr. phil. Litt.D., o. UP. München, Ainmillerstr. 4. (Rißtissen $^{21}|_{12}$ 59.)

Schickele, René, DB., Berlin-Steglitz, Arndtstr. 40. (Oberehnheim i. Els., $^{4}|_{8}$ 83.) W: D. Ritt ins Leben, 3 Hefte Lyrik 05; Aïssé, N.; Der Fremde, R. 07, 2. A. 13; Weiß und Rot, G. 11, 2. A. 21; Meine Freundin Lo, Erz. 12, 10. A. 21; Die Leibwache, G. 14; Benkal, der Frauentröster, R. 14, 4. A. 19; Mein Herz, mein Land, ausg. G. 15; Hans im Schnakenloch, Dr. 16, 5. A. 19; Am Glockenturm, Dr. 19; Die Neuen Kerle, Dr. 21; Die Genfer Reise 19; Die Mädchen, 3 Erzn. 20; Trimpopp u. Manasse, Erz. 14; Schreie a. d. Boulevard 13. H: „D. weißen Blätter", Monatsschr. 16|21; „Der Stürmer" 02; Briefe d. Mad. Dubarry; Ign. v. Loyola, Geistl. Übungen. Ue: Flaubert, Madame Bovary; Balzac III. ()

Schiebel, Heinr., /, ●, alpine Berichte, Red. Bern, Fichtenweg 1. (Tübingen $^{17}|_{12}$ 66.)

Schiebelhuth, Hans Heinrich Hieronymus, ♣. Darmstadt, Grüner Weg 3. (ebda $^{11}|_{10}$ 95.) W: Klänge des Morgens, G. 12; Der kleine Kalender, G. 19; Der Hakenkreuzzug, sat. G. 20; Don Juan, E. 21; Wegstern, G. 21. Ue: William Beckford: Vathek 21. ()

Schieber, Frl. Anna, Roman, Nov., ♣. Degerloch-Stuttgart, Kirchheimerstr. 1B. (Eßlingen a. N. $^{12}|_{12}$ 67.) W: Alle guten Geister, R. 05, 104. A. 20; Wanderschuhe, Erz. 19, 25. A. 20; Und hätte der Liebe nicht, Erz. 12, 110. A. 20; Amaryllis, Erz. 13, 60. A. 20; Heimat, Erz. 15, 41. A. 20; Das Kind, Erz. 16, 40. A. 20; Ludwig Fugeler, R. 18, 30. A. 20; D. Lebens- u. Liebesgarten, Erz. 19; Bruder Tod, e. Lied v. lebendigen Leben, Dchtg. 20; Opfer, Erz. 20; Röschen, Jaköble, e. Kinderbuch; Warme Herzen, 10 Geschn. 24.

Schieder, Hermann, ♣. Bichl b. Kochel, Ob.-Bay. (Nürnberg $^{2}|_{10}$ 79.) W: Tief in Ruh, G. Mitarb: „Jugend", „Simplizissimus".

Schiefler, Gustav, Kunst♛, LandGer.-Dir. a. D. Mellingstedt, P. Bergstedt b. Hamburg. (Hildesheim $^{28}|_{12}$ 57.) W: Hamburg. Kulturaufgab. 99; D. Kaiser, d. neue Kultur u. d. dtsch. Einzelstaaten 02; Verz. d. graph. Werks neuerer Hamb. Künstler 05; desgl. Edward Munchs 07; D. graph. Werk Max Liebermanns 07, 2. A 14; desgl. Emil Noldes 11; desgl. Wilh. Laages 12; Hans Feddersen, e. nordfries. Maler 13; Uns. kulturellen Verantwortungen nach d. Kriege 14. ()

Schierghofer, Georg, Orts- u. Kultur♛, Apotheker. Traunstein, Bay. (ebda $^{1}|_{11}$ 78.) W: Traunstein u. d. Salz 11; D. Oster- od. Georgiritt in Traunstein 11; Altbayerns Umritte u. Leonhardifahrten 13; Der Liendl am Brunnen 14. H: Heimatbilder a. d. Chiemgau. ()

Schiering, Robert, Politik, Theater u. Musikkritik, ○, /, ♣, Chefred. Grünberg, Schles. (Potsdam $^{5}|_{8}$ 68.) W: Aus d. Leben e. dtsch. Musikers, R. 91; Hülas, N. 92; E. Ehrentag, Festsp. 94; Marghis Padilla 95; Jettka, Sch. 96; D. Börsenspekulanten, Lsp. 03; Coris u. Thaloris, Verskom. (m. Ges. u. Tanz). ()

Schieß, Traugott, Reformations♛, Dr. phil., Stadtarchivar. St. Gallen i. d. Schw. (München $^{30}|_{10}$ 64.)

Schiff, Otto, ♛, Dr. phil., Bibl.

Frankfurt a. M., Klüberstr. 24. (Breslau $^{20}|_{12}$ 74.)

Schiffmann, Konrad, Germanistik u. Altertumskunde, Dr. phil., Dir. d. Staatsbibl. Linz a. D. (Grieskirchen $^{25}|_{4}$ 71.) B: Drama u. Theater in Österr. ob der Enns bis z. Jahre 1803 05; Oberösterr. Ortsnamen 07 u. 08; E. altes Bilderbuch, kulturgesch. Skn. 08; Johs. Reuchlin in Linz 14; D. Anfänge d. Buchdruckes u. Zeitungswesens in Oberösterr. 15; Die Stationsnamen d. Staatsbahnlinien in Oberösterr. erkl. 5. A. 21. Ue: Helmbrecht 05.

Schikowski, John, SDS., Kunst- und Kultur♛, /, Dr. phil., Kunstkritiker d. „Vorwärts". Charlottenburg, Scharrenstr. 11. (Gumbinnen $^{17}|_{7}$ 67.) B: Über Arbeitslosigkeit u. Arbeitslosenstatistik 94; D. Entwicklung d. dtsch. Bühnenkunst 05; Charakter- u. Sittenbilder a. d. franz. Revolution 20. ()

Schilling, Heinar, ✱, ♫, ♣, ♪, Dresden-Klotzsche, Goethestr. 9. (Dresden $^{20}|_{10}$ 94.) B: Versuche I: Erste Gedichte (1. u. 2. T.) 14, 8. T. 20; Frühe Gedichte (3. T.) 19, 8. T. 20; Freundschaft (Ausw. aus G., 1.—3. Teil) 10. T. 21; Lotos, buddhist. Katechismus 15; Versuche II: Studien und Meinungen (Pan, Dr.; D. Trilogie d. Seele, Sp.; Wege, R.; Lichter, N.; Die Schatten, N. usw.; D. l. Zigarettenspitze; D. Richtung; D. sch. neue Kunst) 17/18; Versuche III: Historien (Erik Wiking, E.; König Rudolf, Dr.; La colomba, d. Ritter, R.) 19, 3. T. 20; Der verfluchte Dichter, G. (4. Teil) 20, 3. T. 23. H: Zeitschrift für neue Kunst „Menschen" seit 18. *

Schilling, Hermann (Ps. Jl Turdus), ✱, O, Nov., Kritik, Lit.♛, Prof., Doz. a. d. Humboldtakad. Berlin, Hasenheide 77. (ebda $^{11}|_{2}$ 72.) B: Hilde Hagen, R. 07, 3. T. 20; Marzella Sanden, R. in Vers. 07; Mahela, die Jüdin u. a. Nov. 07, 2. T. 20; Jedem das Seine, Lsp. 15; Schicksale, Rn. 15, 12. T. 20; D. kriegführenden Mächte 15, 13. T. 16; Lieb Vaterland, G. 15; Neuland, phant. Erz. 16, 3. T. u. d. T.: Eine Zukunft 21; Englands Werdegang 16, 4. T. 17; Cornelia, R. 21; Flitter u. Flammen, Ballad. u. Lr. 21. ()

Schilling, Otto v., ✱, Ballad., Schriftl. d. Deutschen Ztg. Berlin SW 11, Königgrätzer Str. 46c. (Mitau $^{27}|_{6}$ 74.) B: Tandaradei 06; In Liebe u. Haß 11; Herzeleid 21.

Schilling, Otto, Moraltheologie, Sozialethik, Dr. theol. et sc. pol., UP. Tübingen, Neckarhalde 39. (Stuttgart $^{12}|_{10}$ 74.)

Schillmann, Fritz, ♛, Politik, Kunst♛, mittellat. Ψ, Kritik, Dr. phil. Berlin N 58, Tresckowstr. 18. (ebda $^{20}|_{3}$ 84.) B: D. Anteil Friedr. Wilh. IV. an d. Berufg. d. Brüder Grimm nach Berlin 14; Otto v. Bismark 15; Verz. d. lat. Handschriften d. Kgl. Bibl. III 19; u. a. H: Gregorovius: D. Grabdenkmäler d. Päpste, 3. A. 11.

Schimmelmann, Arnd, Graf, Jagd- u. Jugendschr., Major a. D. Lichterfelde b. Berlin, Zietenstr. 5. (Tangstedt, Holst. $^{22}|_{5}$ 67.) B: D. Lebensgeschichte e. Katers 18; Böse Buben 19; Schimmelmanns Kinderbücher I 19, 2. A. 20, II 20.

Schimmelpfeng, Karl Adolf, Buchhändler. Bad Sooden a. d. Werra. (Solz, Bz. Kassel $^{1}|_{4}$ 76.) B: Aufsätze u. Gedichte; Z. Geschichte der Familie Schimmelpfeng 13; Seid fruchtbar 21.

Schindler, Konrad (Ps. Konrad Konrades, C. v. d. Spittlern, S. Konrad), SDS., Kritik, Rom., /, Sport, Journalist. Troppau, Johannesg. 3. (ebda $^{3}|_{7}$ 81.) B: Zeitfratzen, Backfischgeschichten 08; Ein Erfolg 11; Wir atmen 11. ()

Schindler, Wladimir (Ps. Friedrich März), Bibliogr., Essays, ✱. Hammerstein, Westpr., Schmiedestr. 7 pt. (Moskau $^{26}|_{11}$ 66.)

Schindler (Wallenstern), Emil, DÖSchG., /, ▣, Buch- u. Theaterkritik, Bankoberbeamter, emerit. Zeitungsherausg. u. Hauptschriftleiter. Wien VIII/2, Blindeng. 29. (Bergreichenstein $^{6}|_{8}$ 75.)

Schindler von Wallenstern, s. Schindler (Wallenstern).

Schipper, Hans, ASV., Theater, Lit.-Kritik, Niederdeutsche ♫, /, Erz., Nov., Satire, ▣. Bremerhaven, Fährstr. 7a. (ebda $^{9}|_{8}$ 00.) B: Schattenrisse, N. 19.

Schirmacher, Frl. Käthe, Dr. phil. Berlin, Herkulesufer 15. (Danzig $^{6}|_{8}$ 65.) B: 1813 u. d. Ostmark 14; D. Frauendienstjahr 15, D. dtsch. Vertretung i. Ausland 15; D. nat. Schäden d. dtsch. Auswanderung 15; Dtsch. Erziebg. u. feindl. Ausland 16; Deutschland über alles 16; Völkische Frauenpflichten 17; Frauendienstpflicht 18; Flammen 21. ()

Schirmer, Alfred, Deutsche Ψ, Dr. phil., StudR. Siegmar b. Chemnitz. (Glauchau, Sa. $^{10}|_{10}$ 87.) B: Wörterbuch d. dtsch. Kaufmannssprache 11; Der Wortschatz d. Mathematik 12; Deutsche Bauernkolonien in Rußland 20.

Schirmer, E., s. Pfau, Elisabeth.

Schirmer, Maximilian, s. Tandler, Max.

Schirmer, Paul, s. Poppe, Paul.

Schirmer, Wilh. (Ps. Wilh. Cajetan), ▣, Jugendschr., ●, ♛, ✱. Dr. theol., Pfr. Konstanz a. Bodensee. (Andrichau $^{12}|_{2}$ 47.) B: Was ist Glück? Anth. 91; Beata, Erz. a. d. 3. christl. Jahrh. 94; Um Volkst. u. Glaub., Erz. 05; Schnee-

flocken, G. 96; Weißt du es noch? Skn. u. Bild. a. Amt u. Leben 08; u. a. ()

Schirokauer, Alfred, DB., SDS., ☉, Roman, Dr. jur. München, Rottmannstr. 12. (Breslau $^{18}|_{7}$ 80.) B: Ilse Isensee, R. 03; Satan, R. 04; Eick u. Co., R. 05; D. lieben jungen Frauen, Nn. 05; Junges Volk, R. 06; Marta Riel, R. 08; D. graue Macht, R. 10; Im Schatten, R. 10; Einsame Frauen, R. 11; Ferd. Lassalle, R. 12; Lord Byron, R. 13; Die siebente Großmacht, R. 14; August der Starke, R. 16; Die Stürmer, R. 17; Frauenruhm, R. 20; Mirabeau, R. 22; Die kleinen Fürsten, R. 22; Napoleons erste Ehe, R. 23.

Schlack, Emil (Ps. einmal Werner Heim), DB., Dr. phil. Berlin SW, Bergmannstr. 24. (ebda $^{10}|_{1}$ 64.) B: Das Marmorweib 11; Verbotene Braut 10; Paloma 13; Ein Spiel ums Leben 14; Finkenlust 14; Der Kurier d. Kaisers 15; Korsische Rache 18; Die Perle vom Balkan 19; u. a.

Schlaf, Johs., ✤, ☉, Nov., ∴, /, **Ue:** E. Weimar, Lassenstr. 31 II. (Querfurt $^{21}|_{6}$ 62.) B: Papa Hamlet, N. (m. A. Holz); Familie Selicke, Dr. (m. Holz); Neue Geleise (m. Holz); In Dingsda, N. 4. A. 12; Meister Ölze, Dr.; Frühling, G. 3. A. 13; Sommertod, N.; Walt Whitman, Ess. 04; Gertrud, Dr. 98; D. Feindlichen, Dr. 99; Stille Welten, N. 99; Helldunkel, G.; Leonore, N.; D. Kuhmagd, N.; Das dritte Reich, R.; Frühjahrsblumen, N.; Jesus u. Mirjam, N.; D. Suchenden, R.; D. Narr, N.; Peter Boies Freite, R.; D. Kleine, R.; D. Nonne, Nn.; Emile Verhaeren, Ess. 05; Sommerlied, G.; Mentale Suggestion 05; Maeterlinck, Ess. 05; Weigand, Dr. 06; Novalis u. Sophie v. Kühn, Ess. 06; Kritik d. Taineschen Kunsttheorie 06; D. Krieg 06; Frenderchen u. A. 07: Hermelinchen, N. 07; D. Prinz, R. 08 II; D. „Fall" Nietzsche 07; Am toten Punkt, R. 09; D. alte Weismann u. a. Nov. 10; Aufstieg, R. 10; Religion u. Kosmos 11; Mieze, R. 12; Mutter Lise, R. 14; Auffallende Unstichhaltigkeit des fachm. Einwandes 14; Tantchen Mohnhaupt u. a. Nov. 14; Ein fachm. Zugeständnis 16; Die Erde — nicht die Sonne 19; Miele, N. 20; D. Tod d. Antichrists; Vorfrühling; D. Greisin, Erz.; Das Fruchtmahl; Radium; D. Lilienstrauß, D. Ruf, Nn.; E. freies Weib, R.; D. Gottlieb, Gcd.; D. Wandlung, R.; Das dritte Reich, R. 23. **Ue:** Walt Whitman, Verhaeren; u. a. ()

Schlager, Paul, ■, experiment. Psychologie, Lehrer. Leipzig, Albertstr. 54. (Köln a. Rh. $^{30}|_{6}$ 78.)

Schlaikjer, Erich, ☉, Theorie d. Dramas. Berlin-Südende, Öhlertstr. 16. (Apenrade $^{20}|_{11}$ 67.) B: D. Schönheitswanderer, Nn. u. Skn. 97; Hinrich Lornsen, Dr. 00; Berl. Kämpfe, liter. Auff. 01; Des Pastors Rieke, Kom., 1.—3. A. 02; Mein Freund Niels u. a., Skn. 06; Der lahme Hans, Dr. 06; Außerhalb d. Gesellsch. (Halbwelt), Dr. 07; In schlimmen Händen, R. 13; Vom bösen König, der nicht lachen konnte, WeihnM. 13; Wenn d. Krieg ruft, Dr. 14; Der Kampf mit d. Drachen, Schw. 15; Die Welt der Gestorbenen 20; Im Kampf mit der Schande, kulturpolitische Aufsätze 20; Die Vision der schwedischen Margret, Nn. 22.

Schlecht, Jos., (k.), D., Dr. phil., Erzbischöfl. Geistl. Rat, o. HochschulProf. Freising i. Bay. (Wemding $^{16}|_{1}$ 57.) B: Geschichtl., literatur- u. kunstgeschichtl. Schriften.

Schleich, Gustav, engl. Ψ, Dr. phil., Prof., RealgymnDir. a. D. Berlin SW 47, Katzbachstr. 12. (Burg $^{20}|_{7}$ 56.) B: Prolegomena ad carmen de Rolando anglicum 79; Üb. das Verhältnis d. mittelengl. Romanze Ywain u. Gawain zu ihr. altfrz. Quelle 89. H: Ywain and Gawain 87; Lydgates Fabula duorum mercatorum 97; The Gast of Gy 98; Sir Ysumbras 01; Sir Eglamour 06; Guy of Warwick 23.

Schleicher, Erasmus, s. Bennert, J. E.

Schlender, Frl. Ida (Ps. J. H. Schlender), PA., Germanistik, Doz. d. Bismarck-Hochschule. Dresden-A., Pirnaische Str. 32. (Königsberg i. Pr.) B: German. Mythologie 98, 3. A. 12; Zum deutschen Gedanken: Was lehren Religion u. Leben d. Urväter der Jetztzeit 20. ()

Schlesinger, Erwin, ✤. Breslau, Kronprinzenstr. 53. (ebda $^{17}|_{4}$ 78.)

Schlesinger, Helene, s. Herrmann, Helene.

Schlesinger, Frau Martha, geb. Avellis (Ps. Martha Hellmuth), DSch., PA., ☉, ✤. Berlin W, Schaperstr. 32 Gh. II. (ebda $^{8}|_{2}$ 54.) B: Gedichte 82; Lieder des Pagen Cherubin 83; Wieland d. Schmied, E. u. a. Dchtgn. 89; Vor Aschermittwoch, dramat. Pl. 01; Kirke, das Spiel der Verwandlungen, Dramolet 05. ()

Schlesinger, Frau Olga, geb. Steiner (Ps. Olga Steiner), ☉, /. Breslau, Goethestr. 89. (ebda $^{6}|_{4}$ 65.) B: Mädchenbühne 88 XX; Damenbühne 90 XII; Polterabend-Aufführgn. f. Kinder 91; Hochzeitszeitgn. 92; Hochzeitsüberraschgn. 98; Prinzess. Wunderhold 03; Drei Wünsche 05; Das Wüstenkind, M. 06; Mucki, Sat. 06; Heimchen am Herd, M. 08; Heinzelmännchen, M. 11. ()

Schlesinger, Paul (Pf. Sling), RP., BP., SDS., /, O, Red. an d. „Voff. Ztg." Berlin-Charlottenburg, Droysenftr. 16. (Berlin $^{11}|_{8}$ 78.) **B:** Urlaub von der Liebe 17; Das Kopierbuch der Liebe 20; Stefan und Elfa Hirrlinger, R. 22; Die Erwachfenen, Lfp. 22; Kafpar am Nordpol, im Zoo ufw., ZauberM. 23; Das Sling-Buch 23.

Schleußner, Wilhelm (Br. Bardo), ✝, Germaniftik, Prof. Afchaffenburg, Bay., Erthalftr. 4a. (Gernsheim a. Rh. $^{1}|_{8}$ 64.) **B:** Vom Urfprung des Böfen 13; Deutfche Gebete 16, 4. A. 21; Die minnende Seele 20.

Schlicht, Frhr. v., f. Baudiffin, Wolf Graf v.

Schlichtegroll, Carl Felix v. (Pf. Georg Fr. Collas, C. F. Stauffer, F. v. Schorn), Roman, ✠, Novelle, Ꝺ. Leipzig, Antonftr. 4. (Gr.-Behnkenhagen $^{13}|_{1}$ 62.) **B:** D. Hexe v. Klewan 01, 2. A. 03; Sacher-Mafoch u. d. Mafochismus 01; Ulrich v. Liechtenftein, N. 02, 2. A. 14; D. Beftie im Weibe 03 II, 2. A. 05; Lady Hamilton 04; E. Sadift im Priefterrock 04; Satans Töchter 05; Die Wölfin 06, 2. A. 14; „Wanda" ohne Pelz und Maske 06; Cäfarenwahn und Blutraufch 07; Gilles de Rais, das Urbild d. Blaubart 08; Liebesleben im klaff. Altertum 09; Luftige Tiere (m. M. L. Capeller) 11; Bunte Tiere (m. demf.) 11; Die hohe Schule d. Weltmannes 12, 10. A. 21; O Sonnenfchein 12; Gefch. d. Flagellantismus I 13; Der Führer im Goldlande 14; Der Fahnenträger v. Verdun 15, 10. A. 16; Der Flieger von Ypern 15, 5. A. 16; Treufeft vereint 15; Wir halten durch 15, 2. A. 16; Ich war auch dabei 16; Lucian, Lucius oder der Efel 21; Gefchichten von Rübezahl 22. **H:** Afrikas Semiramis von Sacher-Mafoch 01; Etienne Richet, Memoiren e. Junggefellen 10. **Ue:** A. de Nerciat, D. Teufel im Leibe 06.

Schlieben, Frau Gertrud v. (Pf. Gerda von Robertus), ASV., DSch., ✠, /. Klotzfche b. Dresden, Goetheftr. 9 I. (Dresden $^{20}|_{1}$ 73.) **B:** Vom Baum des Lebens, G. 08, 2. A. 12; Schattenriffe, G. 09; Hohelieder an d. Unbekannten 11; D. goldene Kugel, M. 13; Froh u. Freya, G. 15, 3. A.; Kriegsdichtgn. 16, 5. T.; D. deutfche Siegvertrauen, G. 17; Lenzfturm — Völkerfrühling, G. 18; Aus Deutfchlands Schickfalsftunden, G. 18; D. Schwert St. Georgs, G. 19; Sonnenfehnfucht — Sonnenglaube 19; Eine Gedankenfünde, R. 21; Ich will Dir fingen ein Hohelied (6 Lieder v. Rudi Stephan) 20. **H:** Balladenbuch deutfcher Dichterinnen der Gegenwart (m. Tea Girardelli) 13.

Schlieben, Richard Thaffilo Graf v., VB., Hauptmann. Berlin SW 11, Tempelhofer Ufer 29. (Sanditten i. Oftpr. $^{31}|_{8}$ 72.) **B:** Königin Zenobia u. d. Ruinen d. Sonnentempels v. Palmyra; Kunft u. Kunftgewerb. n. palmyr. Ausgrabgn.; Aphorismen über die Entftehung d. Madonnenkultus; Maria Immaculata; Gartenftädte; Jugendbundgärten; Schloß Oranienburg u. d. Hofjagd; Reiherjagd u. Falkenfp. i. d. Mark.

Schliepmann, Hans, SDS., △, Äfthetik, Nov., Mag. Oberbaurat a. D. Berlin SW, Wilhelmftr. 9. (Strausberg $^{26}|_{11}$ 55.) **B:** Betrachtgn. über Baukunft 92; D. Tugendgrache, traveft. Dr. 94; Wir Gebildeten 96; Der Einbrecher 98; Rache, R. 03; Humorige Leutchen 05; Volk — Staat — Preffe 10; Gefchäfts- u. Warenhäufer 12 II; D. Wenigen u. d. Vielen 18 II; Abfonderliche Gefchichten 19; Was d. Leben erfüllt, R. 20; Von feligen Herzen, R. 23.

Schlitter, Hanns, ♛, Dr. phil., Sekt.-Chef, ArchDir. i. R., UDoz. u. THSchDoz. Wien IV, Starhemberggg. 44. (Vicenza $^{8}|_{3}$ 59.)

Schlipköter, Wilhelm, ✠, ✠, Novellen, Hauptlehrer. Höhfcheid-Solingen, Rheinprov. (Elberfeld $^{9}|_{7}$ 81.) **B:** Buch der Mutter I 13, 4. A. 23; II 19; Feldgraue Helden 16; Goldner Jugendmorgen, G. 16; Unfer Kaifer — Unfer Herzog 17; Mit fliegenden Fahnen, G. 17; Um die Kinderfeele, Ein Weckruf 20, 2. A. 22; Mein Jugendland 21; Frau Chrifta und ihr Sohn 22; Schmückt das Feft, Gedichte und Aufführungen für Feft- und Freudentage. *

Schloß, Martin, mittelalterliche Literatur, Legenden, Märchen, Myftik, Gefchäftsführer der Deutfchen Dichter-Gedächtnis-Stiftung. Hamburg-Großborftel, Woltersftr. 21. (Emmendingen, Baden $^{4}|_{11}$ 95.) **B:** Legenden (Sammelband) 21, 5.—10. T. 22; Totentanz, Myfterienfp. 22. *

Schloffar, Anton, ✠, Kult.- u. Lit.♛, Dr. jur., RegRat., Dir. d. UBiblioth. i. R. Graz, Nibelungeng. 8. (Troppau $^{27}|_{6}$ 49.) **B:** Kultur- u. Sittenbild. aus Steiermark 85; Hiftor. u. geogr. Lit. v. Steierm. 86, 2. A. 14; 100 J. deutfch. Dichtg. in Steierm. 1785—1885 93; Lenaus Briefe an v. Reinbeck 96; Briefwechf. zw. Erzh. Joh. u. A. Graf Prokefch-Often 98; Vier Jahrhunderte deutfch. Kulturlebens in Steierm. 08; Erzherzog Johann v. Öfterr. 08; Peter Rofegger, Biogr. 21. ( )

Schloffer, Julius v., Kunft♛, Dr. phil., o. UP., HofR., Dir. a. kunfthift. Staatsmufeum. Wien VI, Gumpendorfer Str. 21. (ebda $^{23}|_{9}$ 66.) **B:** Mod. Märchen 87;

Abendl. Klosteranl. d. früh. MA. 89; Beiträge z. Kunstgesch. 91; Schriftquellen z. Gesch. d. Karoling. Kunst 92; Quellenbuch z. Kunstgesch. 94; D. Kunst- u. Wunderkammern d. Spätrenaiss. 07; D. Werke d. Kleinplastik in d. Skulpturensammlgen d. österr. Kaiserhauses 10; Gesch. d. Porträtplastik in Wachs 11; u. a. H: Lorenzo Ghibertis Denkwürdigkeiten 12 II; Kallab, Vasaristudien 08; Material z. Quellenkunde d. Kunstgesch. 14ff. ()

Schloz, Emil, geschichtl. Roman, Notar. Faurndau-Göppingen, Württ. (Baltmannsweiler $^{27}|_{12}$ 61.) **W**: Was die Tannen rauschen, Schwarzwaldgesch. 93, 4. A. 95; D. Kampf um d. Stettenburg od. die Hohenloher u. Graf Eberhard im Bart, hist. Rom. 97; Schwabenalb, Hist. u. Sagen 97.

Schlözer, Leopold (Ludwig) v., ⚔, Major a. D. Meran, Südtirol. (Stettin $^{9}|_{3}$ 59.) **Ue**: M. Maeterlinck: Die Blinden 96, 2. A. 02; D. Eindringling 97, 2. A. 01. **W**: Beiträge z. Kenntnis d. türk. Armee 01; Lehm op! Manöverskizzen 02; Unter sardischen Hirten 11; Generalfeldmarsch. Frhr. v. Loë 14, 2. A. **H**: Kurd v. Schlözer: Tugendbriefe 20, Petersburger Briefe 21; Letzte römische Briefe 24.

Schlund, Erhard, OFM., Religionswissenschaft, ∴, Dr. phil., Lektor der Theologie. München, Franziskanerkloster St. Anna. (Siegenburg, Niederbay. $^{25}|_{7}$ 88.) **W**: Petrus Peregrinus v. Maricourt, Sein Leben u. seine Schriften 11; Nach Cochinchina 11; Im Heiligen Lande 13; Das bayerische Volk und seine Klöster 19; Der Bolschewismus 19; St. Franziskus u. sein Orden in der Heidenmission 19; Der Ordensstand u. seine Gegner 20; Die philos. Probleme des Kommunismus 22; Katholizismus u. Vaterland 23; Neugermanisches Heidentum im heutigen Deutschland 23; Der moderne Mensch und seine religiösen Probleme 23. *

Schlüter, Willy, SDS., ■, ∴, Ethik, ⚘, Soziologie, Lebenswiss. Berlin-Zehlendorf, Potsdamer Str. 50 III. (Hamburg $^{28}|_{7}$ 73.) **W**: Der Sonne entgegen 00; Jesus am Urdabrunnen 06; Also sprach Lodfafner 07; Warum denn sterben? 10; Mut u. Macht 11; Uwes Sendung (m. Hans Würtz) 14; Deutsches Tatdenken 19; Empormenschlichung 19. ()

Schmahl, Frau Grete, geb. Wolf (früher Grete Wolf), Lyrik. Wien IX, Liechtensteinstr. 20. (ebda $^{21}|_{12}$ 82.) **W**: Das blaue Land 05; Die hellen Tage 10.

Schmalstich, Clemens, DB., Komposition: M., Optte., Lieder, Kammermusik, Berlin W 30, Eisenacher Str. 22. (Posen $^{8}|_{10}$ 80.) **W**: M. Peterchens Mondfahrt, M. 13; Die Wunderuhr, Ballett 14; Tänzerin aus Liebe, Optte. 15; Romantische Symphonie 20; E. Spiel ums Leben, Mimodr. 22; Faschingssuite 23.

Schmarsow, Aug., Kunst♛, Dr. phil. emer., o. UP., GHofR. Leipzig, Bismarckstr. 1. (Schildfeld $^{26}|_{5}$ 53.) **W**: Leibniz u. Schottelius 77; Rafael u. Pinturicchio 80; Pinturicchio in Rom 82; Melozza da Forli 86; Donatello 86; Giov. Santi 87; St. Martin v. Lucca 89; Kunstgesch. an uns. Hochschulen 91; D. Bildwerke d. Doms zu Naumburg 92; D. Wesen d. architekton. Schöpfg. 93; Masaccio-Studien 99 V; Beiträge z. Ästhetik d. bild. Künste 99 III; Unser Verhältnis zu d. bild. Künsten 03; Grundbegriff d. Kunstwiss. 05; Lessings Laokoon 07; Federigo Barocci 10 III; Juliano Florentino 11; Gherardo Stanina 12; Joos v. Gent u. Melozzo da Forli 13; Peruginos erste Schaffensperiode 15; Kompositionsgesetze in d. Kunst d. MA. I 15, II 20, III 21; K.-G. roman. Glasgemälde in frühgot. Kirchenfenstern 16; K.-G. der Franzlegende in der Oberkirche zu Assisi 18; K.-G. frühgotischer Glasgemälde 19; Gotik in der Renaissance 21. **H**: Italien. Forschgn. z. Kunstgesch. 90; Meisterwerke deutsch. Bildnerei d. MA. 92; Festschrift zu Ehren d. Kunsthist. Instituts in Florenz 98; Lessings Laokoon (gekürzt) 07; W. Bürgers Kunstkritik (m. B. Klemm) 10 III. ()

Schmeißer, Felix, ASV., Erz., Nov., Skizze, ■, /, ♛, Journalist., Red. Husum. (Rödemis b. Husum $^{19}|_{1}$ 82.) **H** u. **W**: Förster Heises schleswig-holstein. Feldzugserinnerungen (1848—51) 12; E. westschleswigsche Stadt in d. Jahren 1848—51 14; Friesische Geschichte 21; Nordfriesland 22.

Schmekel, August, ∴, Dr. phil., o. ö. UP., GRegR. Greifswald, Hindenburgstr. 1. (Jastrow i. WPr. $^{29}|_{10}$ 57.)

Schmertosch v. Riesenthal, Rich., ♛, ♆, Genealogie, Dr. phil., Prof., ObStud.-R. Leipzig-Gohlis, Wilhelmstr. 57 II. (Leipzig $^{18}|_{1}$ 64.)

Schmid, Anton (Ps. Bergschmid), SDS., Belletristik, Dr. phil., Archivreferendar. München, Georgenstr. 93. (Ort bei Kochel $^{4}|_{4}$ 88.) **W**: Sonnenstieg, Dchtg. 19; Einleitung zu: „Der Waldfriedhof des Jägerregiments 3 in den Karpathen bei Macarlau". Herausgegeben vom Jägerregiment 3 18. *

Schmid, Euchar (Ps. Satanello), PA., /, Nov., Kritik, ⚘, Handelsw., Dr. jur., Verlagsdir. Radebeul b. Dresden,

Roonstr. 23. (Gemünden $^{29}|_{8}$ 84.) **B:** Erwerb u. Aufrechterhaltg. d. Patents 08; Eine Lanze für K. May 18. **H:** Karl May, Mein Leben 14; Halbblut 15; Geograph. Predigten 16; „Ich“ 16: Der alte Dessauer 21; Aus dunklem Tann 21; Der Waldschwarze 21; K. May-Jahrbücher 20/24.

Schmid, (Heinrich) Alfred, Kunst♛, Dr. phil., o. UP. und Konservator der Öff. Kunstsammlg. Basel, Hirzbodenweg 86. (ebda $^{10}|_{7}$ 63.) **B:** Forschgn. üb. Hans Burgkmair 88; Hans Holbeins d. J. frühste Gemälde 92; Arnold Böcklin 99; A. Böcklin, s. Leben u. s. Schaffen 01; D. Gemälde u. Zeichngn. v. M. Grünewald 07/11 II; Deutschtum u. bildende Kunst 15; Arnold Böcklin 19, 2. A. 22; A. Böcklins Handzeichnungen 21.

Schmid, Johannes, KP., Erzählung, Redakteur. München, Agnesstr. 54 III. (Trochtelfingen $^{5}|_{10}$ 91.) **B:** Ljubscha, Erz. aus der Schwäbischen Alb 21. *

Schmid, Max, Kunst♛, Dr. phil., THSchP., GRegR. Aachen, Viktoriaallee 14. (Weimar $^{3}|_{10}$ 60.) **B:** D. Geburt Christi in d. Kunst 90; Meisterwerke d. Skulptur im Trocadero 95; A. Rethel 97; Allg. Kunstgesch. 98; M. Klinger 99, 5. A. 13; E. Aachen. Patrizierhaus 00; Goeler-Schmid, Grundr. d. Kunstgesch. 02, 4. A. 22; Kunstgesch. d. 19. Jahrh. I 04, II 06; Bismarck-National-Denkmal Düsseldorf 11; 100 Wettbewerbsentwürfe zum Bismarck-National-Denkmal Düsseld. 11.

Schmid, Otto, PA., Prof., Musikref. an der Sächs. Staats-Ztg. Dresden-A., Struvestr. 38 III. (ebda $^{6}|_{5}$ 58.) **B:** Th. Koschat 87; Ed. Kretschmer 90; Mary Krebs 92; Bunte Blätter 93; Musik am sächs. Hof 98; Franz Tuma u. d. böhm. Altmeisterschule Czernokorskys 01; Festschrift d. Tonkünstlervereins zu Dresden 04; Das geist. Band in Mozarts Schaffen 04; Michael Haydn 06; Fürstl. Komponisten aus dem sächsischen Königshause 06; Merkblätter der Musikgeschichte 12; Richard Wagners Opern u. Musikdramen 19; Die Heimstätten d. Sächs. Landestheater 19; Rich. Wagner, Gedanken üb. s. Ideale u. s. Sendung 20; Die Kirchenmusik in d. Kathol. (Hof-) Kirche in Dresden 21; C. M. v. Weber u. seine Opern in Dresden 22; Die Sächs. Staatskapelle (1548—1923).

Schmid, Ulrich, Kultur- u. Kunst♛, Dr. phil., Hrsg. der „Walhalla“. München, Elisabethplatz 2. (Niederrieden $^{4}|_{7}$ 76.)

Schmid, Wilh., Ψ, Dr. phil., o. UP. Tübingen, Hirschauerstr. 3. (Künzelsau $^{24}|_{2}$ 59.)

Schmid-Breitenbach, Frz., Ehrenmitglied der MKG., SDS., ●, München, Schwanthaler Str. 81 I. (ebda $^{17}|_{8}$ 57.) **B:** Stil- u. Kompositionslehre f. Maler 03. **Neubearb:** Jännicke, Handb. d. Ölmal. ()

Schmid-Noerr, Friedrich Alfred, DB., ∴, ✠, Dr. phil., w. a.o. UP., dzt. ins Privatleben zurückgetreten. Percha bei Starnberg a. See. (Durlach $^{30}|_{7}$ 77.) **B:** J. G. Fichtes Philosophie u. ihre innere Einheit, Diss. 02; Friedr. H. Jacobi, Darstellung seines Lebens u. s. Philosophie 08; Die Gefangenen, Dr. 08; Mönch u. Philister 09; Der Herrgottsturm, R. 11; Straßen und Horizonte, G. 17; Ecce homo, Dr. G. 18; Wie St. Antonii Altar zu Isenheim durch Meister Matthis Grünewald errichtet ward, Ein Gespräch 21. *

Schmidbauer, Rich., Roman. Ψ, Bibliotheksw., Dr. phil., BiblDir. Augsburg, Thelottstr. 35. (Furth i. W. $^{15}|_{11}$ 81.)

Schmidhuber, Erwin (Ps. Michael Kohlhaas), Erz., O, Amtsrichter a. D. Fürstenfeldbruck, ObBay., Ludwigstr. 20. (Laufen a. d. Salzach $^{14}|_{1}$ 66.) **B:** Heimat u. Weltkrieg, Kl. Gesch. 18.

Schmidinger, Josef Michael, (k.), AB., ✠, Red. Donauwörth, Berger-Vorstadt 276 $^{1}|_{8}$. (Gaißau i. Vorarlberg $^{24}|_{10}$ 60.)

Schmidkunz, Hans, BP., PA., ∴, ✠, Dr. phil., Red., PrivDoz. i. Greifswald-Eldena, Kirchhofweg, u. Berlin-Halensee, Halberstädter Str. 6. (Wien $^{7}|_{2}$ 63.)

Schmidl, Leopold (Ps. Poldi Schmidl), SDS., Musik, Chefredakteur. Wien V, Zeinthofg. 12 II. (Brünn $^{4}|_{9}$ 77.)

Schmidl, Poldi, s. Schmidl, Leop.

Schmidt, Adolf, Lit.♛, Bibliographie, Dr. phil., BiblDir. Darmstadt, Heidelberger Str. 12. (ebda $^{27}|_{12}$ 57.)

Schmidt, Berthold, ♛, Dr. phil., G.-ArchR. Schleiz, Reuß j. L. (Ibenack $^{12}|_{1}$ 56.)

Schmidt, C. W., ♔, O, ✠, Dramaturgie, Ästh., ∴, Kritik, /, Bühnenbau, Geschäftsf. d. Verlags f. prakt. Kunstwiss., Ue: FEGäl. München, Rich.-Wagner-Str. 11. (Frankfurt a. M. $^{2}|_{8}$ 79.) **B:** Wesen d. Kunst 04, 3. A. 12; Antigone, Trilogie (m. Hugo Schoeppl) 04; Beatrice Cenci, Tr. (m. dems.) 05; Überwunden, Dr. (m. dems.) 07; Deutschlands Welthandel, Export-Nachschlage- und Auskunftsbuch, 6. A. 13; Bühnenbearbeitgn.

Schmidt, Carl Eugen, ✝, ✠, ∴, Essays, D., ev.-luth. Pfr. u. Senior, Senator. Preßburg II, Nonnenbahn 23. (ebda $^{29}|_{10}$ 65.) **B:** Bilder aus dem Leben Jesu 06; Beiträge zur Gesch. der ev Gem. A. B. zu Preßburg 06; Blätter d. Erinnerung 14; Unverzagt 14; Ehre sei Gott in d. Höhe 14; Versöhnt — Erlöst

15; Aus Gnaden selig 15; Friede auf Erden 15; Kraft, Mut u. Trost 16; Große Freude 16; Sieg 17; Halte, was du hast 17; Ein notgedrungenes Nachwort zum Reformationsjubiläum 17; Der Tag von Worms 21; Die luth. Kirche der Slowakei und der Kampf der Kirchengemeinde Preßburg 22; u. Schriften in magyar. Sprache; u. a. **H:** Evang. Gemeindeblatt. **Red:** Christl. Gesangbuch f. ev. Gem. A. B. 95, 4. A. 13.

Schmidt, Carl Robert, PA., ☙, Erzählung, Kritik, Drama, Mittelschullehrer. Elberfeld, Kieselstr. 27. (Dillingen a. d. Saar 16/3 79.) **B:** Würfel, G. 04; Märchen- und Jugendspiele: Im Forsthaus zu Talheim 08; Der Zwerge Auszug 10; Der erste Christbaum 11; Ein Blütenstrauß, G. 11; Zwergkönigs Heimkehr 13; Die Stadt, G. 14; Die Fahne weht, G. 14; Das Gedicht in der Schule I 14; Sonnenleuchten, G. 16 (mit Peter Schröder); Sturmleutnants, G. 18; Die Blinde, Epos 18, 3. A. 23; Moloch, G. 19 (mit Ed. Dollerschell, Radierungen), Ein Totentanz, G. 19 (mit Ed. Dollerschell, Holzschn.).

Schmidt, C(onrad) M(artin), BP., /, ◯, Red. Berlin-Schöneberg, Berchtesgadener Str. 16. (Tannhausen 29/1 73.)

Schmidt, Curt-Wilh., s. Schmidt-Helling.

Schmidt, Erich K., SDS., /, Skizze, Roman, Kritik, Dramaturg d. Theaterverlags Felix Bloch Erben. Berlin-Schöneberg, Wexstr. 60. (Rawitsch 17/2 90.) **B:** Fahrt dch. den Harz, Skn. 17; Tage am Meer, Skn. 19; Die Tänzerin, R. 1.—3. A. 19.

Schmidt, Erich Ludwig, ∴, Kultur♛, ⚑, Dr. phil., StudR. Berlin-Friedenau, Beckerstr. 20 A. (Göttingen 14/2 81.) **B:** Deutsche Volkskunde im Zeitalter d. Humanismus u. d. Reformation 04; Schopenhauer u. die Mystik 09; Schülerwandergn. am La Plata 10; D. Anteil der Dichtg. an d. dtsch. Erhebg. vor 100 Jahr. 13. **H:** Johs. Bohemus, D. deutsche Volk (1520) 10; Zeitschr. f. Argentin. Volkskunde 11—13; Zeitschr. f. Argentin. Volks- u. Landeskunde 13; Deutsch, ein Lehr- und Lesebuch für deutsche Auslandsschulen (zusammen mit W. v. Hauff und W. Rumpf) 22; Moltkes Briefe aus der Türkei 23.

Schmidt, (Hanns) Ernst Hermann Reinhold (Ernst Smithanders; Pierrot D'Holm; E. S.), VB., WJSV., /, Kultur♛, ♫, Landeskunde, ▣, ⚑, Enzyklopädie, Reklame, Verkehrswesen, Reisen, Bibliophilie, Bibliographie, Heraldik, Genealogie, Kritik, Vorträge, Werbeleiter der Sektkellerei Chr. Adt. Kupferberg & Co., Mainz. Wiesbaden, Schenkendorfstr. 5. (Ulm a. d. Donau, 16/10 96.) *

Schmidt, P. Expeditus (Ps. P. Fr. Revocatus, A. Lignis), Lit.♛, Kritik, OFM., Dr. phil., Kloster Füssen a. Lech. (Zittau 3/7 68.) **B:** Blüten vom Stamme des Kreuzes 95; D. Bühnenverhältnisse d. dtsch. Schuldramas i. 16. Jahrh. 03; Ein Spiel v. verl. Sohne am Pfalz-Zweibr. Hofe 06; Anregungen, ges. Studien u. Vorträge 09; Vom Lutheraner zum Franziskaner 13, 2. A. 16; Otto Ludwig, hist.-krit. Ausg. V 22; Faust, Goethes Menschheitsdichtung 23. **H:** Analecta Germanica (m. Friedrich Wilhelm) 06; Pocci, Lustiges Kommödienbüchlein, Ausw. II (m. K. v. Rożycki) 07; Schöppner, Literaturkunde, 7. A. 11; Die schönsten Heiligenlegenden in Wort u. Bild I 12, II 14. **Begr:** Über den Wassern.

Schmidt, Ferdinand Jakob, ∴, Dr. phil., a. o. UP. Berlin. (Mettlach 20/12 60.) **B:** Herders pantheist. Weltanschauung 88; D. Lebensideal K. Chr. Plancks 96; Grundzüge d. konstitutiven Erfahrungsphilos. 01; Z. Wiedergeburt d. Idealism. 07; D. Christus d. Glaubens u. d. Jesus d. Gesch. 10; D. weltgesch. Mission d. Protestantismus 10; D. philosoph. Sinn 12; D. Problem d. national. Einheitsschule 16; Volksvertr. u. Schulpolitik 19.

Schmidt, Franz-Werner, Roman, Dr. phil., Lektor des Verlages Franz Schneider. Berlin-Grunewald, im Bucheneck 2 (Kolonie Eichkamp). (Straßburg i. Els. 16/11 88.) **H:** Die Romansammlung Der gute Schmöker 22/23, 10 Bände; Luxusgraphik Schneider, 12 Bände; „Strindberg", eine Einführung in seine Dramen 22. **Ue:** Balzac, Die verlassene Frau 22; Merimée, Tamango 22; Gobineau, Die Liebenden von Kandahar 22. *

Schmidt, Friedr. Walter, ∴, Begr. u. Verw. d. Philos. LitArch. Berlin W 57. (Pilgersdorf 9/6 69.)

Schmidt, Gust., Ztgswesen. Berlin-Zehlendorf (Wa.), Albertinenstr. 6. (Leipzig 29/5 72.)

Schmidt, Hans-Walter (Dr. Faber), ASV., Zoologie, ▣, Schriftsteller, Dir., Landwirt. Erlangen, Landsitz Buckenhof, Hubertus-Haus. (Danzig 20/5 85.) **B:** Liebe und Schwert Rn. 16; Die Stimmen der Vergangenheit, R. 19; Gräfin Sige, R. 19; Es liegt im Blut, Jagdr. 19; Im Bannkreise des Weißen Todes, Rn. 20; Das Flüstern der Berge, R. 22. *

Schmidt, Heinrich, theoret. Biologie.

Natur∴, Monismus, Dr. phil., Prof., Dir. Jena, Am Pfaffenstieg. (Heubach, S.-M. $^{15}|_{12}$ 74.)

Schmidt, Johannes, Erz., ✠, AmtsgR. Zinten, Ostpr. (Berent, Westpr. $^{28}|_{4}$ 68.) **B:** Trost, Kraft u. Freude in Gott, G. 17.

Schmidt, Johannes E., Lit.♛, Dr. phil., GymnProf. Berlin-Steglitz, Fichtestraße 57. **B:** Shakespeares Dramen u. s. Schauspielerberuf 14. ()

Schmidt, Karl, Musikw., Dr. phil., Prof., StudR. a. d. Augustinersch. Friedberg, Hess., Am tauben Rain 6. (ebda $^{10}|_{7}$ 69.) **B:** Gesch. d. „Musikvereins" 94, 04, 09 u. 18; Quaestiones de musicis scriptoribus Romanis 98; Beiträge z. Frage d. rationelleren Gestaltung d. Gesangunterrichts im Gymn. 98; Hilfsbuch f. d. Unterricht i. Gesang 02; Geistl. Liederbuch 04, 2. A. 13; Wilh. Hill, Leben u. Werke 10; Die Tätigkeit der Rich. Wagner Stipendienstiftung, Ortsgr. Friedberg 04/13 13; Arien-Album 12/15 X; Kirchenmusik. Veranstaltungen 17; Beitr. z. Kenntnis d. musik. Lebens in Friedberg 18. **H:** P. Gerhardts geistl. Lieder in neuen Weisen v. Fr. Mergner 07, 2. A. 09.

Schmidt, Kurt, RP., Politik, Indologie, Stenographie, Dr. jur., Red. d. Münch. Neuest. Nachr. Pasing-München, Rembrandtstr. 19. (Berlin $^{10}|_{3}$ 79.)

Schmidt, Leopold, Musik♛ u. -Kritik, Dr. phil., Ref. d. „Berl. Tagebl." Berlin W, Nollendorfstr. 31. (ebda $^{2}|_{8}$ 60.) **B:** Meister d. Tonkunst im 19. Jahrh. 08; Beethoven-Briefe 08, 2. A. 12; Aus dem Musikleben d. Gegenwart I u. II 09 u. 13; Brahmsbriefe 10; Mozart-Biogr. 11; Führer dch. R. Strauß' Ariadne 12; Erlebnisse u. Betrachtungen 12; Führer dch. Rezniceks „Blaubart" 20. ()

Schmidt, Lothar, (Pf. f. Goldschmidt, Loth.) PA., ✠, /, Nov., Krit., ⊙, **Ue:** IF, Dr. phil., Berlin-Wilmersdorf, Deidesheimer Str. 12 III. (Sorau $^{5}|_{8}$ 62.) **B:** Die Heilige Sache, Kom. 05; Der gerettete Selbstmörder, Rn. 17; Die Renaissance in Briefen I 08: Nur e. Traum, Lsp. 09; Entgleisung, Kom. 11; D. Venus m. d. Papagei, Kom. 12; D. Buch e. Frau, Lsp. 12; Perlen, Lsp. 16; Das Enkelkind, Kom. 17; Das Schloß am Wannsee, Schw. 18; Der Mann vor 50 Jahren, Kom. 19; Fortrott, Kom. 20.

Schmidt, Ludw., deutsche ♛, Dr. phil., Prof., ObBibl. Dresden, Bernhardstr. 30 II. (ebda $^{16}|_{7}$ 62.)

Schmidt, Max Gg. Konst., ♛, ●, ✎, Dr. phil., Prof., Oberstudiendir. Lüdenscheid i. W., Staberg 20. (Vetschau $^{6}|_{7}$ 70.)

Schmidt, Marie (Pf. Mirjam Schmidt), ✠. Potsdam. (Breslau $^{10}|_{4}$ 62.) **B:** Kinderland, G. 16; Goldene Jugend, G. 21.

Schmidt, Mirjam, s. Schmidt, Marie.

Schmidt, Otto (Pf. Schmidt-Gibichenfels), BSK., Politik, ⊞, Naturw., /, ∴, Dr. phil. Berlin-Friedenau, Kaiserallee 138. (Nietleben b. Halle a. d. S. $^{16}|_{1}$ 61.)

Schmidt, Otto Ernst, s. Ernst, Otto.

Schmidt, Paul Ferd., SDS., Kunst♛, Dr. phil., I. Direktor d. Städt. Samml., Kunstpfleger. Dresden-A., Eisenstuckstr. 27. (Goldap i. Ostpr. $^{7}|_{4}$ 78.) **B:** Maulbronn 03; Frankfurt a. M. (Stätten d. Kultur) 07; D. Dom zu Magdeburg 11; Joseph Führichs religiöse Kunst 20; Salomon Geßner 21; Deutsche Landschaftsmalerei v. 1750—1830 21; Biedermeier-Malerei 22, 2. A. 23; Die Kunst der Gegenwart 22; Philipp Otto Runge 22.

Schmidt, Peter, AB., Red., Inh. d. Ztgsbür. „Argus". Berlin SW 48, Wilhelmstr. 118. (Waldböckelheim, Rhld. $^{1}|_{4}$ 79.)

Schmidt, Raymund, ∴, Dr. phil. Leipzig, Fichtestr. 13. (Magdeburg $^{17}|_{7}$ 90.) **B:** Vaihinger: Die Philosophie des Als-Ob 18, 19, 21, 23; Annalen der Philosophie I 19, II 21, III 23; Bausteine zu einer Philosophie des Als-Ob, Bd. 1—7 22/23; Die Philosophie der Gegenwart in Selbstdarstellungen I 20 (23), II 21 (23), III 22 (23), IV 23. **H:** Fichtes Reden in Kernworten 21; Lotze: Mikrokosmos 23. **Ue:** Berkeley: Die Theorie der Gesichtswahrnehmung 12; Stanley Hall: Die Begründer der Modernen Psychologie 14; Stanley Hall: Wilhelm Wundt 14.

Schmidt, Richard, indische Kultur♛, Dr. phil., o. UP. Münster i. W., Wilhelmstr. 5 II. (Aschersleben $^{29}|_{1}$ 66.)

Schmidt, Robert, Prof. Dr., Direktor des Kunstgewerbe-Museums Frankfurt a. M. Frankfurt a. M., Im Trutz 30. (Bad Oeynhausen $^{2}|_{12}$ 78.) **B:** Das Glas 12, 2. A. 22; Möbel 13, 5. A. 22; Brandenburgische Gläser 14; Die Gläser der Sammlung Mühsam 14; Das romanische Kunstgewerbe in Deutschland 22; Luthmer-Schmidt: Empire- und Biedermeiermöbel 23; Chinesische Keramik 23. *

Schmidt, Rudolf, ♛, märk. Heimatskde. Red. u. Schriftst. Eberswalde, Michaelisstr. 8. (Dillingen, Bez. Trier $^{5}|_{2}$ 75.)

Schmidt, Walter, Niederd. Sprache u. Lit., Mithrsg. d. „Heimatsuchers" u. „Ratgebers f. niederl. Lit.", Mittelschullehrer. Wernigerode, Kruskastr. 6. (Greifswald $^{13}|_{1}$ 92.)

Schmidt, Walther, DB., Drama, Dr.

Döbeln i. Sa. (Leipzig $^{23}|_{12}$ 72.) B: Fridericus secundus, Dr. 17; Die alte Schule, Bst. 18; Sesenheim, Dr. 20; Kleon der Gerber, Dr. 21; Der Gemütsmensch, Lsp. 21.

Schmidt, Werner (Schmidt-Schönebeck), **Kunstmaler.** Menzenschwand, Amt St. Blasien (Schwarzwald). (Hinterdorf-Schönebeck a. d. Elbe $^{23}|_{3}$ 97.) B: O sieh, wie ist die Welt so schön! Lieder und Bilder, G. 22. *

Schmidt, Wilhelm, Bonn, jetzt: Schmidtbonn, Wilh.

Schmidt, Wilhelm, Völkerkunde, ✝, SVD., Red. St. Gabriel-Mödling bei Wien. (Hörde, Westf. $^{16}|_{2}$ 68.)

Schmidt, Wilh. (Ps. Schmidt-Oberlößnitz), Deutsche Lit. ♛, Dr. phil. Lyck, Ostpr., Bismarckstr. 31 III. (Dresden $^{11}|_{3}$ 78.) B: Otto-Ludwig-Studien: I. D. Makkabäer 08. ()

Schmidt-Breitung, Hellmuth, ♛, Dr. phil., StudR. a. d. Fürstenschule St. Afra. Meißen, Freiheit 8. (Dresden $^{11}|_{4}$ 84.) B: D. sächs. Bauernunruhen d. J. 1790 08; Grundriß d. Bürgerkunde 10; Lebensbilder a. d. dtsch. Vergangenheit u. Gegenwart 16, 2. A. 19; Weltgeschichte d. neuesten Zeit 1902—1918 19; Neubearbeitung von Weber-Baldamus' Weltgeschichte Bd. 4, 22. A., 1. Abdr. 18, 2. Abdr. 21; Texte zu d. Orig.-Holzschnitt-Mappen Alfred Gelbhaars: Freiberg, Nürnberg, Salzburg, Regensburg, Erfurt 21/22. H: Baldamus' 11 histor. Schulwandkarten z. dtsch. Gesch. d. Mittelalters u. d. Neuzeit, 4.—7. A. 11—16; Mitt. d. Vereins f. Gesch. d. Stadt Meißen, Bd. 10, H. 4 20.

Schmidt-Fanmiller, Frl. Anny, ASV., ✠, Roman. Leipzig-Marienhöhe, Naunhofer Str. 27. (Frankfurt a. M. $^{14}|_{5}$ 92.) B: Einst waren wir Winde, G. 21; König Alarich (aus d. Tagebuch einer Frau) 21; Der Läufer ums Morgenrot, R. 22.

Schmidt-Gibichenfels, s. Schmidt, Otto.

Schmidt-Karlo, PA., ASV., ☊, Artistik, Oberspielleit. Deutsches-Theater-Variété. München, Bavariaring 41. ($^{14}|_{6}$ 80.) B: Fidele Ehen, Einakter 06; Sonnenhof, Dchtg. 17.

Schmidt-Helling, gen. Victor Helling, Roman, Humor, Jug.-Erz., Hptm. a. D. Berlin-Steglitz, Jever Str. 5. (Freiberg $^{27}|_{11}$ 74.) B: Das gebrauchte Herz; Prinzessin ohne Land; Aus hartem Holz; Hoheit i. R.; Erotische See- u. Reiseerlebnisse; Unter Indiens Sonne, 8. A. 21; D. Schloß d. Zweitgeborenen; Die ums Leben spielen; D. Becher v. Benepartus; Schön Ulla; Geißel der 500 23; u. a.

Schmidt-Oberlößnitz, s. Schmidt, Wilh., Lyck.

Schmidt-Schönebeck, siehe Schmidt, Werner.

Schmidt v. Waffenstein, s. Weilandt, C.

Schmidtbonn, Wilh., DB., SDS., ☊, Nov., ✠. Rottach, Oberbay. (Bonn $^{6}|_{3}$ 76.) B: Mutter Landstraße, Dr. 01; Uferleute, Nn. 03; D. goldene Tür, Dr. 04; Raben, Nn. 04; Der Heilsbringer, R. 06; Der Graf von Gleichen, Dr. 08; D. Zorn des Achilles, Tr. 09; Hilfe! Ein Kind vom Himmel gefallen, Tragikom. 10; D. spielende Eros, Lsp. 11; Lobgesang d. Lebens, G. 11; D. verlorene Sohn, Dr. 12; D. Wunderbaum, Leg. 13; D. Stadt d. Besessenen, Dr. 15; Menschen u. Städte im Kriege 15; Krieg in Serbien 16; D. Geschlagene, Dr. 20; Die Schauspieler, Lsp. 21; D. Fahrt nach Orplid, Dr. 22; D. Flucht zu den Hilflosen, E. 22; D. Garten der Erde, M. 23; Verzauberte, R. 23.

Schmidtz-Hofmann, C. v., s. Brepohl, Friedr. Wilh.

Schmied-Kowarzik, Walther, ∴, Psychologie, Ästhetik, Dr. phil., UP. Dorpat in Estland, Teichstr. 19. (Mödling $^{22}|_{5}$ 85.) B: Zeit u. Raum 08; Intuition 11; Umriß e. neuen analyt. Psychologie 12; Ein Weltbund des Deutschtums 16; Die Gesamtwissenschaft vom Deutschtum und ihre Organisation 18. H: Leibnizens Deutsche Schriften: I. Muttersprache u. völkische Gesinnung, II. Vaterland und Reichspolitik 16.

Schmieder, Arno, ✠, Prof., ObStudR. Leipzig, Pfaffendorfer Str. 40. (Mittelsaida $^{29}|_{1}$ 70.) B: Zahl und Zeit, D. Kampf zwischen d. vier- und fünfdimensional. Weltgefühl.

Schmitt, Askan, SDS., /, ✉, Hrsg. d. humor. Blatt. „Die Weimarsche Botenfrau". Weimar, Lisztstr. 29. (Spandau $^{12}|_{7}$ 67.) B: Herrn Manfred Pulvermüllers Wanderung v. Lindenstadt nach Kaldenbreit 10; D. Schwänke d. Tullius Linsenbaum 19; Gedanken üb. Gott, d. Welt u. d. Theologie 19. ()

Schmitt, Christian, ✠, /, Obersekr. a. d. Bad. Landesbibl. Karlsruhe, Stephanienstr. 4 I. (Geudertheim $^{28}|_{3}$ 65.) B: Alsalieder, G. 91, 3. A. 14; Neue Gedichte 01; Die Weihnachtsboten, szen. Prolog 02; Aus Höhen u. Tiefen, G. 06; Goethe im Elsaß 10; Ausgew. Gedichte 14; Zu Kampf u. Sieg, Kriegs-Gedichte 15, 3. A.

Schmitt, Ernst, schöne Literatur und Wirtschaftspolitik, deutscher Generalkonsul in Mailand, Kommissar des Auswärtigen Amts für Reparations- und wirtschaftliche Verhandlungen. Mailand,

Via Goito 11 bzw. Berlin, Auswärtiges Amt. (Lauterbach i. Hessen 14|5 79.) B: Hochzeit, R. 20; Am Anfang war die Kraft, R. 20; Das Jahr, Sonette 20; Die Wiederaufrichtung Europas 21. *

Schmitt, Heinr., SDS. u. B.-K., Bühnenautor u. Publizist, Mitarb. d. Frankf. Zeitung u. d. Frankfurter General-Anzeigers. Frankfurt a. M., Hermannstr. 44. (Wien 9|3 94.) B: Kain, Sch. 15; Die Stärkere, Sch. 15; Die feste Überzeugung, K. 17; Komödie der Wirklichkeit 18; Fünf Tage einer Revolution, histor. Überblick 19; Die rote Hölle in Ungarn, hist. Überblick 19; Exzellenz, K. 19; Graf Tisza, Trag. 20; Vision, Trag. 21; Der Titan, Sch. 22; Man weiß es nie, Kom. 22; Die Technik des modernen Dramas, Einführung 22; Das Loch in der Luft, Rn. 22; Zehn Jahre Neues Theater, Almanach 22; Begegnungen, G. 23; Das große Erlebnis, Kom. 23; Die goldene Horde, Kom. 23; Umballer, R. 23. *

Schmitt, Josef Adolf (Ps. Saladin), RP., Verband „Deutsche Turnpresse", ♣, /, ♛, Weinfach. Bingen a. Rh., Rathausstr. 22. (ebda 5|8 81.) B: Vine Culture and Wine Trade of Germany 07; D. Lage d. Weinbaues u. Weinhandels 10; Anno 1813 13; Auf verlorenem Posten 14.

Schmitt, Karl, Lit.♛, Domkapitular. Osnabrück, Große Domsfreiheit 5—6. (Hamburg 21|2 72.) B: Der moderne Roman 08. H: Hebbels Nibelungen 06, 5. A. 21. *

Schmitt, Rich., ♛, Dr. phil., a. o. UP., GRegR. Charlottenburg, Witzlebenstr. 32. (Neusalz 15|2 58.)

Schmitz, Alexander, Schriftsteller. Wien VIII, Lange Gasse 44. (ebda 6|4 72.) B: Das Weib 20; Die Liebe, Erz. 21; Rosa Scaris Liebesabenteuer, R. 22; Vor der Sündflut, R. 22; Ein Weib der Liebe, R. 23. *

Schmitz, Arnold, Musikwissenschaft, Dr. phil., Privatdozent an der Universität Bonn. Bonn a. Rh., Kronprinzenstr. 2b. (Sablon b. Metz 11|7 93.) B: Beethovens Zwei Prinzipe 23. *

Schmitz, Balthasar, s. Kober, A. H.

Schmitz, Carl, DB., Drama, ♣, Bellestrist., ♣, Schriftstell. Hamburg, Durchschnitt 29. (14|5 80.) B: Kain, Tr. 07; Peitsche, Sch. 11; Wenn die Liebe stirbt, Dr. 12; Tolle Graf, Lsp. 15; Eine königl. Frau, R. 21; Karthago, Tr. 21; Sonnenpilger 21. ()

Schmitz, Eugen, RP., Musikw., Dr. phil., a.o. THSchProf., MusikRed. d. „Dresdner Nachrichten". Dresden, Hübnerstr. 17. (Neuburg a. D. 12|7 82.) B: Rich. Strauß als Musikdramatiker 06; Hugo Wolf 06; R. Wagner 09/18; Harmonielehre 11; Palestrina 14; Gesch. d. Kantate 14; Lasso 15; Musikästhetik 15; Klavierbuch 20; Madonnen-Ideal in der Tonkunst 21. H: Ausgew. Werke v. Joh. Staden 06 f. II; Naumann, Ill. Musikgesch. 08/21; Mosel, Ästhet. d. dramat. Tonsatzes 10; Marx, Anleitung z. Vortrag Beethovenscher Klavierwerke 12.

Schmitz, Georg, RP., Kunstgewerbe, Technik, Red. v. „Westermanns Monatsheften". Berlin-Steglitz, Lauenburger Str. 5. (Niedermendig, Eifel 13|12 84.)

Schmitz, Frau Maria, geb. Köhler (Ps. M. Fabri de Fabris u. Angelika Harten), (k.), DSch., Belletristik. Aachen, Wallstr. 35. (Neuß a. Rh. 26|2 58.) B: Aus Wildfangs Kinderjahren 97, 18. A. 20; Draußen in der Welt 97, 15. A. 20; Wildfang im Pensionat 98, 18. A. 19; Aus Wildfangs Brautzeit 02, 12. A. 18; Im Waldparadies, Erz. 08, 5. u. 6. A. 20; Ruth Hergarten, R. 11, 2. A. 21; Schnurri, e. Gesch. v. Kindern u. Kätzchen 21; Wandlungen, R. 21; Auf d. Waldwiese, Kind.-Märch.; D. Zauberburg; u. a.

Schmitz, Oscar A. H., SDS., Erz., ♣, ○, Essay. Salzburg, Generalihof. (Homburg v. d. Höhe 16|4 73.) B: Englands politisches Vermächtnis an Deutschland; Das Land ohne Musik; Was uns Frankreich war; Das wirkliche Deutschland; Die Weltanschauung der Halbgebildeten; Fahrten ins Blaue; Casanova und andere Charaktere aus der großen Welt; Brevier für Weltleute; Bürgerliche Boheme; Herr von Pepinster und sein Popanz; Haschisch; Don Juan und die Kurtisane; Ein deutscher Don Juan; Der hysterische Mann; Orpheus; Brevier für Einsame; Brevier für Unpolitische; Der Geist der Astrologie; Das rätselhafte Deutschland; Scheinwerfer über Europa; Das dionysische Geheimnis; Menschheitsdämmerung; Psychoanalyse als Yogamethode.

Schmitz-Kallenberg, Ludwig, ♛, Dr. phil., o. Hon. Prof.; Red. Münster i. W. (Rheydt 10|6 67.)

Schmückle, Georg, ♣, ○, ⚔, Dr. jur., Herausgeb. d. Monatsschr. „D. Schwäb. Bund", nachmals „Oberdeutschland". Cannstatt, Taubenheimstr. 12. (Eßlingen a. N. 18|8 80.) B: Gedichte 15; Neue Gedichte 21; Lichter überm Weg 21; Haubitzen vor! 22; Die Muschel des großen Pan 23. Schwäb. Kunde aus dem großen Krieg, Bd. II—IV 18/19.

Schnabel, Franz, ♛, Dr. phil., o. THSchProf. Karlsruhe i. B., Nördl. Hildapromenade 2. (Mannheim 18|12 87.)

Schnack, Anton, RP., ♣, Essays, Kritik,

Feuill.-Red. d. „Neu. Bad. Landesztg.“ Mannheim, Heinrich-Lanz-Str. 30 II. (Rieneck, Unterfr. $^{21}|_{7}$ 92.) W: Strophen der Gier, G. 19; Die Tausend Gelächter, G. 19; Der Abenteurer, G. 20; Tier rang gewaltig mit Tier, G. 20.

Schnack, Friedrich, ♕, Erzählung, Kritik, SDS., Stift Neuburg b. Heidelberg. (Rieneck, Unterfrank. $^{5}|_{3}$ 88.) W: D. kommende Reich, G. 20; Vogel Zeitvorbei, G. 21; Traumfuge, R. 21; Der Zauberer, G. 21; Klingsor, Erz. 22; Die goldenen Äpfel, R. 23; Die tödliche Reise, R. 23; Die Hochzeit zu Nobis, R. 23.

Schnackenberg, Ernst, /, Volksbildg., Rezitator. Altona, Elbe, Marktstr. 51. (ebda $^{11}|_{7}$ 82.) W: D. Männer d. Rebekka Meinert, Erz. 21; Abseits, niederdtsche. Rn. 23.

Schnehen, Rud. Frhr. v., geschichtl. Roman, k. u. k. Oberförster a. D. Graz, Volksgartenstr. 3. (Salzburg $^{8}|_{2}$ 68.) W: Aus Paris Lodrons Tagen, R. aus Alt-Salzburg 08.

Schneickert, Hans, Kriminalistik u. Kriminalpsychologie, Dr. jur., UDoz. Berlin-Halensee, Nestorstr. 14. (Wattenheim, Rheinpf. $^{10}|_{3}$ 76.) W: D. Weib als Erpresserin u. Anstifterin. H: Kleine kriminal. Bücherei.

Schneider, Albert, SDS., Belletristik. Liebertwolkwitz b. Leipzig. (Glauchau $^{7}|_{11}$ 95.) W: Der Dichter 19; Nackte Menschen 20; Der Liebe Dreiklang 21. *

Schneider, Bernh., dram. Lit., Ob.-Postsekr. Köln-Dellbrück, (Köln $^{1}|_{8}$ 72. W: Peter, der Flötenspieler, Lsp.; Der Arme u. der Reiche, Lsp. 10/12; (m. Hennes) Johannes u. s. Reisekamerad, Vst. (Mus.: Prof. Heuser) 16.

Schneider, Emil (Ps. E. Sartorius), Epos, LL.D., Schriftleiter. Hasbrouck Heights, N. J., 214 Kipp Av., Nordamerika. (Mühlberg a. d. E. $^{20}|_{1}$ 39.) W: Poetenbibel 79, 3. A. 02; Isabella, Dr. 80; Heldenbücher 82, 3. A. 99; Ulfila, Dr. 82; Flickschneidereien 83, 2. A. 98; Reisetagebuch 85, 2. A. 03; Waldpot v. Bassenheim 85; Deutsche Taten 05; Söhne Teuts 07; Amerika, E. 08; Lipsia 09; N. deutsche Heldenbücher 14 f.; Die Deutschen v. Boonville am Missouri, Heldenlied 15, 2. A. Ue: Emerson, Führg. d. Lebens 62, 5. A. 00.

Schneider, Fedor, ♕, Dr. phil., o. UP. (Frankfurt a. M.) Cronberg, Wilhelm-Bonnstr. 28. (Hausdorf, Schles. $^{24}|_{7}$ 79.)

Schneider, Ferd. Josef, Lit.- u. Kult. ♕, Dr. phil., o. UP. Halle a. d. S., Am Kirchtor 23 I. (Mariaschein $^{6}|_{12}$ 79.) W: Jean Pauls Altersdichtung 01; Jean Pauls Jugend u. erst. Auftreten i. d. Lit. 05; D. Freimaurerei u. ihr Einfluß a. d. geistige Kultur in Deutschland am Ende des 18. Jahrh. 09; Th. G. v. Hippel i. d. Jahren v. 1741—81 u. d. erste Epoche f. literar. Tätigkeit 11; Victor Hadwiger 21. ()

Schneider, Franz, ♕, ⊖, Lehramtspraktikant. Gernsbach, Münztal. (Mannheim $^{12}|_{7}$ 92.)

Schneider, Friedrich, Mittelalterliche u. neuere ♕, Priv.-Doz. a. d. Univ. Jena u. Archivar. Jena, Kaiser-Wilhelm-Str. 7a u. Greiz, Elsterstr. 76. (Greiz $^{14}|_{10}$ 87.) W: Herzog Johann von Baiern, Erwählter Bischof von Lüttich u. Graf von Holland 13; Der Europäische Friedenskongreß von Arras 1435 u. d. Friedenspolitik Papst Eugens IV. und des Basler Konzils 19; Aus den Tagen Heinrichs XXII. 21; Die Entstehungszeit der Monarchia Dantes 22. *

Schneider, Georg, Dr. phil., Oberbibliothekar an d. Preuß. Staatsbibliothek. Berlin-Halensee, Schweidnitzer Str. 2. ($^{13}|_{10}$ 76.) W: Die finanziellen Beziehungen der florentinischen Bankiers zur Kirche von 1285—1304 99; Schriften zur Einführung in die Benutzung der Berliner Univ.-Bibliothek, H. 1/2 13; Handbuch der Bibliographie 23. *

Schneider, Georg, RP., /, Kgl. HofR., Red. an „Wolffs Telegr.-Bureau“. Berlin SO, Schmidstr. 25. (ebda $^{10}|_{7}$ 63.)

Schneider, Guilherme Volbrandt, DB., Drama, stud. phil. Leipzig, Dittrichring 5. (Itajahy, Brasilien $^{1}|_{3}$ 96.) W: Endspiele, Einakt. 22; Die Jungfrau, Dr. 23; Dolly Rosa, Einakt. 23; Ritter, Tod u. Teufel, Tragikom. 23; Der Weg ins Nichts, Trag. 23; Triumph, Kom. 23; Die Bürgerin Corday, Trag. *

Schneider, Heinrich, ♕, ∴, Kritik, StudR. Sterkrade, Rhld., Wilhelmstr. 54 I. (Köln $^{18}|_{11}$ 88.)

Schneider, Hermann, ∴, Dr., UP. Leipzig, Talstr. 33 II. (Pforzheim $^{29}|_{4}$ 74.) W: Entwicklungsgesch. d. Menschheit I 07, II 10; Metaphysik a. exakte Wissenschaft 19/21; Philos. d. Geschichte 23; u. a.

Schneider, Hermann, Dtsche. Sprach- u. Lit. ♕, Dr. phil., o. UP. Tübingen, Lenaustr. 2. (Zweibrücken $^{12}|_{8}$ 86.) W: Halm u. d. span. Drama 09; Gedichte u. Sage von Wolfdietrich 13; D. dtsch. Sagen d. Brüder Grimm 14; Studien zu H. v. Kleist 15; Uhland, Leben, Dichtung, Forschung 20; Uhlands Gedichte u. das deutsche Mittelalter 21; Walther von der Vogelweide 23.

Schneider, Karl Camillo, Y, Psychologie, ∴, UP. Wien XVIII; Gersthofer Str. 103. (Pomsen i. Sa. $^{28}|_{6}$ 67.)

Schneider, Frau Lena, gen. Stein-Schneider, DB., Lieder, Märchen, ☾. Berlin W 15, Lietzenburger Str. 6. (Leip-

zig $^{5}|_{1}$ 74.) **B**: Drosselbart, M. 13; Prinz Heldenmut, M. 14; Lustige Liebe, Optte. 19. ()

Schneider, Manfred, Dr., ✠, Lit.♛. Dramaturg des Württ. Landestheaters. Stuttgart-Degerloch, Werastr. 2. (Stuttgart $^{24}|_{2}$ 84.) **B**: D. Expressionismus im Drama 20; Im Atem der Welt, G. 21; Einführung in d. neueste deutsche Dichtung 21; Dom unter Sternen, G. 23. **H**: Hölderlins Werke 21 IV, 2. A. 22; Eichendorff, G. 21; Droste-Hülshoff, G. 21; Hölderlin, Oden u. Hymnen 22; Angelus Silesius, Geistreiche Sinn- u. Schlußreime aus seinem Cherubinischen Wandersmann 22; Der junge Goethe, Die Hauptstücke seiner Lyrik aus der Zeit vor Weimar 22; Droste-Hülshoff, Werke 23 II; Dreiundzwanzig neue Droste-Briefe 23. **Ue**: Blüten und Schwerter, Nachdichtungen japanischer Lieder 23.

Schneider, Martha verw., geb. Willkomm (Ps. M. Willkomm-Schneider, Benvenuto Sartorius), ASV., Nov. Jena, Weimar-Geraer Bahnhofstr. 5. (Tharandt i. Sa. $^{10}|_{2}$ 56.) **B**: Narowanixe u. a. Nov. 90; Dmitri 90; Schattenbilder 96; Verirrt 04; Ein letzter Wille 05; Herbstfäden 12.

Schneider, Max, Musik♛, Dr. phil., o. UP., Dir. d. Musikal. Inst. b. d. Univ. Breslau. ($^{20}|_{7}$ 75.) **B**: Fachschriften.

Schneider, Maximilian, Bibliographie, Dr. phil., wissenschaftl. Bibl. an d. Hamburgischen Staats- u. Universitäts-Bibliothek. Hamburg. (Bad Reinerz $^{19}|_{9}$ 59.) **B**: Von wem ist das doch?! 07.

Schneider, Paul, Dr. med., Prakt. Arzt. Bienenmühle i. Sa. **B**: Lebensglaube eines Arztes 21; D. sittliche, wirtschaftl. u. politische Wiederaufbau nach d. Gesetzen d. Eigenwillens.

Schneider, Robert, Dialekt✠, Kaufm. Darmstadt. (ebda $^{6}|_{12}$ 75.) **B**: D. verwechselte Brief, Lsp. 02; Heinerblut, G. 05/07 II, 2. A. 10; Lieweshennel, Schw. 05; D. Wildsau, Humoresken 10, 2. A. 21; Lyrisches u. Lustiges 20/21, 2. A. ()

Schneider, Rudolf, DB., SDS., Schriftstell. München, Wilhelmstr. 6. (Antwerpen $^{8}|_{3}$ 90.) **B**: Kaber, N., 5. T. 22; Sekunde der Freiheit, Sch. 22; Jagd auf Toren, N., 3. T. 23; Abend, Nacht, Morgen, F; Bürl, F.; Hände, F.; Schatten, F. 20, 21, 22, 23.

Schneider, Frl. Thekla, (k.), ✠. Friedrichshafen a. Bodensee, Friedrichstr. 14. (Ravensburg $^{19}|_{6}$ 54.) **B**: Wellen v. Bodensee 82; Aus alten Tagen, E. 85; Ged., 2. A. 89; Frau Wendelgard, E. 93; Irmentrud, R. 97; Tannenreis, 2 Weihn.-Gesch. 98; Hinaus, Ged. 04; Heckenrosen, Erzn. 08; Schloß Meersburg, Annette v. Drostes Dichterheim 12.

Schneider, Wilh., s. Schneider-Clauß.

Schneider-Clauß, Wilh., WSV., Mundartdichtg., Dr. phil., Prof. Köln, Brüsseler Platz 11. (ebda $^{19}|_{1}$ 62.) **B**: Gesch. d. Großen Karnevals-Ges. in Cöln, 2. A. 94; Aus deutsch. Frauen Ruhmeshalle, Dchtg. 94; Jubeljahr d. Gr. Karnevalsgesellsch. 94; Us unse Lotterbovejohre, N. 94/95 II; D. Gymnicher Ritt, R. 95; Ming erzte Liebschaff, N. 97; Auf d. platten Lande, R. 02; Fletten un Blotsdröppchen, G. 07; Us dem Ahle Posthof, N. 07; Alaaf Kölle! N. 08; Zwesche Bringspooz un Eigelstein, N. 09; Heimgefunge, Vst. 11; De Elerkönigin, Vst. 12; Unger der Krützblom, Vst. 13; D. wirkl. Geheime, Vst. 14; Et große Loß, Vst. 16; Aachunveezig, Vst. 19; Der Schudderhot, Vst. 19. **H**: Cölner Kommersbuch 96.

Schneiderfranken, Joseph (Ps. Bô Yin Râ), Mystik, Lebensweisheit, ☉. Horgen a. Zürichsee, Schweiz. (Aschaffenburg $^{26}|_{11}$ 76.) **B**: D. Buch v. lebend. Gott; D. Buch v. Jenseits; D. Buch v. Menschen; D. Buch v. Glück; D. Buch d. königl. Kunst; D. Buch d. Gespräche; Mehr Licht!; D. Reich der Kunst; Das Mysterium von Golgatha; Okkulte Rätsel; Das Geheimnis; Funken (Deutsche Mantra); Das Buch der Liebe.

Schneidewin, Max, ∴, Ψ, /, Dr. phil., Prof., GOLehr. a. D. Hameln, Klütstr. 52 A. (Göttingen $^{24}|_{2}$ 43.)

Schneidhuber, Frau Thea Graziella (Ps. Thea Graziella), DB., SDS., ☉, ✠, /. Bad Tölz, Oberbay., Villa Mignon. (Lyck, Ostpr. $^{3}|_{8}$ 81.) **B**: Ruth Richter, Sch. 05; Ihr Erdenwallen, Dr. 06; Im Spiegel der Seele, G. 06; Spiele d. Schicksals, Skn. 08; Versteckte Wahrheiten, Satir. 12; Göttin Weib, Dr. 13; D. Reichsversicherg. f. Hausangestellte 13; D. Mädchenschutzhaus in Berlin 14; D. Unpatriotische, R. 15; Karthagos Niedergang, Dr. 18; D. Prophetin, Dr. 20; Sauls Tochter, R. 23.

Schneidt, Karl (Ps. Karl von Klarenthal, Hans Streit, Mephisto), Hrsg. der „Tribüne". Strausberg 2 i. d. Mark. (Rußhütte, Kr. Saarbrücken $^{18}|_{8}$ 54.) **B**: Sozialpolit. Schriften, krit. Essays, Satiren, „Briefe an d. Kaiser", Dramen, Romane, Novellen, Humoresken. **H**: In Wehr u. Waffen.

Schnellbach, Peter, ✠, /, ☉, ▣, Dr. phil. Mannheim, Carolastr. 18. (Neckargemünd $^{21}|_{1}$ 65.) **B**: Gedichte 03; Von Werkstätten u. Wasserstraßen 14, 3. A.; Städte d. Heimat, G. 04; Robinson, e. G. 08; Aus Schacht u. Scholle G. 12;

Glaubensbekenntnis; Himmel über mir. H: Lieder e. Schiffsknechts a. d. Rhein 03.

Schneller, Franz, Novelle, Roman, /, Dramaturg am Stadttheater Freiburg, Brg., Schriftleiter der Freiburger Theater- u. Konzertzeitung. Freiburg, Brg., Zasiusstr. 3. (ebda $^{18}|_{1}$ 89.) B: Prosastücke 19; Im Vorhof der Hölle, Nn. 20; Unter Indianern im Missourigebiet 22; Die Jahreszeiten eines Einsamen, R. 23. *

Schneller, Karl, VB., ⚘ Oberst. Wien III, Untere Weißgärberstr. 43. (ebda $^{19}|_{4}$ 78.) B: Gedichte 20; Neue Gedichte 22. *

Schneller, Ludwig, Reisebilder, D., Dir. d. Ev. Missionsgesellschaft d. Syr. Waisenhauses in Jerusalem. Köln a. Rh., Marienburg. (Jerusalem $^{9}|_{4}$ 58.) B: Nicäa u. Byzanz 07; Dch. d. Wüste zum Sinai 10; Adolf Clarenbach, e. Sang vom Rhein 11; Credo 13; Weihnachts-Erinnerungen 16; Konfirmanden-Erinnerungen 17; Auf allerhand Schulbänken 18; Allerlei Sang u. Klang 19.

Schnerich, Alfred, Kunst♛, Dr. phil., HofR., ObBibl. d. Univ.-Bibl. a. D. Wien VIII, Lange Gasse 6. (Tarvis $^{22}|_{10}$ 59.) B: Messen-Typus v. Haydn bis Schubert 92; D. beid. bibl. Gemälde-Zyklen d. Domes zu Gurk 94; D. Frage d. Reform. d. kath. Kirchenmusik 01; Führer dch. St. Peter in Wien 02; Messe u. Requiem seit Haydn u. Mozart, m. e. themat. Verz. 09; Uns. Kirchenmus. 11; Joseph Haydn u. s. Sendung. H: Mozarts Requiem (Faksimile-Ausg. d. Orig.) 13; D. Dom zu Gurk 20; Wiens Kirchen u. Kapellen 21; Joseph Haydn 22.

Schnippel, Emil, Ψ, ♛, ▣, Ostpreuß. ♛ u. Volkskde., Dr. phil., Prof., GObLehr. a. D. Berlin-Lichterfelde W, Manteuffelstr. 10. (Schönebeck a. d. E. 47.)

Schnitzer, Manuel (Ps. M. Nucl), VP., SDS., VBJ., RP., Nov., /, ⚘. Berlin-Wilmersdorf, Aschaffenburger Str. 6. (Andrychau $^{12}|_{2}$ 61.) B: Käthe u. ich, Hum. 94, n. Ausg., 50. T. 20; Drillichauer Lebensläufe 97; Allerlei Schimpf, Sat. 98; Eitelkeit, N. 98; Franja die Magd, N. 00; Erst. Sem. 3. A. 02; D. Liebesbrief m. Köchin, 3. A. 03; Humoresken 03; E. Mann, der geliebt wird, Lsp. (m. Käte Schnitzer); D. Scheidewand, N. 5. A. 08; D. Buch d. jüd Witze, 90. A 14; Peter u. Fann, Hum. 08, 8. A 20; Rabbi Lach, Hum. 10, 10. A. 21; D. Tante m. d. Palmenzweig, N. 13, 4. A.; D. Fall Potiphar, Ess. 2. A. 20; D. Sonetten d. alten Herrn, G. 21; Goethes Josephbilder — Goethes Josephdichtung, Ess. 5. A. 21. H: Grimmelshausen: Bärenhäuter, die Judennovelle. ()

Schnitzler, Arthur, ♡, ⚘, Dr. med., Arzt. Wien XVIII, Sternwartestr. 71. (ebda $^{15}|_{5}$ 62.) B: Anatol 93; Das Märchen, Sch. 94; Sterben, N. 95; Liebelei, Sch. 95; Freiwild, Sch. 96; Die Frau d. Weisen, Nttn. 98; D. Vermächtnis, Sch. 98; Paracelsus, Die Gefährtin, D. grüne Kakadu, 3 Einakter 99; Reigen, Dialoge 00; Der Schleier der Beatrice, Sch. 00; Leutnant Gustl, N. 01; Bertha Garlan, N. 01; Lebendige Stunden, 4 Einakt. 02; Der einsame Weg, Sch. 03; Die griechische Tänzerin, N. 04; Zwischenspiel, Kom. 05; Der Ruf des Lebens, Sch. 05; Marionetten, 3 Einakt. 06; Dämmerseelen, Nn. 07; D. Weg ins Freie, R. 08; Komtesse Mizzi, Kom. 09; D. junge Medardus, dram. Hist. 10; D. weite Land, Tragikom. 11; Masken u. Wunder, Nn. 12; Prof. Bernhardi, Kom. 12; Frau Beate u. ihr Sohn, N. 13; Komödie d. Worte, 3 Einakt. 15; Fink u. Fliederbusch, Kom. 17; Doktor Graesler, Erz. 17; Casanovas Heimfahrt, N. 18; Die Schwestern, Lsp. 19.

Schnitzler, Michael Hubert, ✝, ▣, Dr., SemDir. Linnich. (Gindorf, Kr. Grevenbroich $^{10}|_{2}$ 75.)

Schnoor, Hermann (Ps. früher K. F. Hermann), Roman, Nov., /, Dr. jur. München, Schwanthalerstr. 91. ($^{16}|_{11}$ 63.)

Schnorr v. Carolsfeld, Hans, german. u. klass. Ψ, Dr. phil., BiblDir. München, Franz-Joseph-Str. 15. (ebda $^{21}|_{8}$ 62.)

Schnürer, Frz., /, ♛, Lit.♛, Dr. phil., HR., BiblDir. i. R., Red. d. „Allg. Lit.-Bl." (s. 92) u. d. „Kultur" (s. 99). Klosterneuburg, Martinstr. 16. (Wien $^{10}|_{8}$ 59.)

Schnütgen, Alex., ♛, Dr. phil., Bibl. Berlin NW 7, Unter den Linden 38. (Steele a. d. Ruhr $^{1}|_{7}$ 83.)

Schnyder, Michael, Monograph., Belletristik, Red. in Luzern. ($^{5}|_{12}$ 59.) B: Alois Fellmann, Kunstmaler 91; Heinr. Vikt. v. Segesser 99; Im Sonnenschein, Sk. 09, 2. A. 11; D. schöne Welt, Reisebilder 12; Heimat im Frieden 17; Heimat u. Jugend, Sk. 18; D. Sprache d. Seele 21; D. Bauernhaus 21; Herbstabend, Sk. 23.

Schoebel, Frl. Agnes, Roman, Nov., ♡. Berlin W, Blumeshof 14. (ebda $^{8}|_{8}$ 67.) B: Prinzenmärchen 90; Uns. Teufelchen u. a. Nn. 91; Faschings Ende 93; E. Gespenst, R. 95; Aschenbrödel 96; Mod. Bräute 98; Champagner 99; Wer will sie richten? R. 99; Fesche Frauen, N. 00; Übersinnl. Liebe, N. 01; Talmi-Liebe, N. 01; Salon-Gespenster, N. 01; Flitterwochen d. Ruhmes, R. 02; Schlafende Knospen, N. 03; Opfer d. Liebe, N. 04; Die Lukaskinder, Erz. 04; Schicksals-Stunde, Dr. 05; Löwinnen d. Ge-

sellschaft, R. 07; D. Geisterfürstin, R. 09; Weiße Damen, R. 10; Fräulein Durchlaucht, R. 24.

Schoch, Erich (Ps. Herberts Sanderwet, Halden-Hallerstedt), DB., ○. Berlin-Lichtenberg, Gryphiusstr. 14/15. (${}^{11}|_{8}$ 92.) B: D. Weiberfeind, Bst. 14; D. Flucht um d. Erde, Optte. 20; Wenn ich Dich nur hab! Bst. u. R. 21; Die erste Sünde, Optte. 23; Die Frau aus dem Nichts, Kom.

Schödel, Hanns, DB., SDS., ○, /, ❦, Ω, Dramaturg a. d. Vereinigten Stadttheatern Nürnberg u. Fürth. Nürnberg, Maximilianstr. 27. (Bayreuth ${}^{6}|_{1}$ 94.) B: Nürnberger Sehenswürdigkeiten, bissige Pl. 21; Familie Gedal, Dr. 21; Aha, 3 Einakterkom. 21.

Schöffer, Carl, SDS., Südamerika, Deutschtum im Ausl., Buchhdl., Exportwirtsch., Auswandergswes. Leipzig, Schlegelstr. 5. (Hamburg ${}^{14}|_{9}$ 67.)

Scholar, s. Scholz, Oskar.

Schöler, Hermann, Staatswissenschaft., W. Charlottenburg 5, Dernburgplatz. (${}^{6}|_{7}$ 69.) B: Markmannshof, R. 21; u. a.

Scholl, Emil, SDS., DB., Roman, Dr. phil., Marinebeamter a. D. Wien XVIII 1, Wilbrandtgasse 3. (ebda ${}^{4}|_{1}$ 75.) B: Arnold Bach, R. 08; D. Kuckuckskind, R. 11, 2. A. 11; D. Roßtäuscher R. 20 II, 1.—20. T.; D. Abenteuer, R. 21; D. letzte Herzog, R. 23.

Scholl, Klaus, Lit. ♛, deutsche, engl. u. roman. Ψ, ✠, Dr. jur. et phil., StudR. Essen, Meisenburgstr. 1. (Hasborn, Kr. Ottweiler ${}^{19}|_{8}$ 85.)

Schöllenbach, Karl Albert, s. Theuermeister, Rob.

Schollenberger, Hermann, Biogr., Lit.-♛, Dr. phil., Prof. a. d. Kantonsschule, Präs. d. Museumsgesellschaft. Zürich 1, Rämistr. 14 (Schönenhof). Winterthur ${}^{18}|_{2}$ 82.) B: Leonhard Widmer 07; Edward Dorer-Egloff 11; Edmund Dorer 14; Grundriß z. Gesch. d. dtsch.-schweiz. Dichtg. (Schweizer-Goedeke I) 19; Gesch. d. Sängerver. Harmonie Zürich 21; Sängerpfarrer J. J. Sprüngli 22.

Schöller, Wilhelm, Theat.- u. Ω kritik, /, ○, Roman, Nov. München, Leonrodstr. 36 IV. (Zwiesel ${}^{10}|_{8}$ 77.) B: D. Bauer, R. 00; D. Widerspenstigen Zähmung, R. 08; La belle Ferronnière, Dr. 08; D. Wallfahrtsort, Groteske 09. ()

Schollmeyer, Willy, ❦, ○, /, Gen.-Agent. Stettin, Friedrich-Karl-Str. 31 III. (Magdeburg ${}^{7}|_{2}$ 69.) B: Mußestunden, lyr. Dchtg. 90; Wer ist Salomo II.? Schw. (m. A. Jäger) 00; D. Brandstifter, Schw. (m. A. Jäger) 00; Parnaß, Verssp. 98; Cupidos Schelmenstreiche, Burl. (m. A. Jäger) 01; D. Onkel war's, Schw. (m. A. Jäger) 01; Eingeschneit, Schw. (m. A. Jäger) 02; Karl IV. in Magdeburg, Festsp. 02.

Scholtz, Rudolf v., polit. Kritik, Korresp. österr. u. ausl. Blätter. Riederau am Ammersee. (Wiesbaden ${}^{22}|_{9}$ 90.) **Ue**: Vanderlip, Was Europa geschehen ist 21.

Scholz, Heinrich, ⁂, o. Prof. d. Philos. a. d. Univ. Kiel, Erster Vorsitzender der Kieler Ortsgruppe der Kantgesellschaft. Kiel, Feldstr. 61 I. (${}^{17}|_{12}$ 84.) B: Christentum u. Wissenschaft in Schleiermachers Glaubenslehre 09; Glaube u. Unglaube in der Weltgeschichte, Ein Kommentar zu Augustus de civitate dei 11; Die Religionsphilosophie des Herbert v. Cherburg 14; Die Hauptschriften zum Pantheismusstreit zw. Jacobi u. Mendelssohn 16; Das Wesen des deutschen Geistes 17; Der Unsterblichkeitsglaube als philosophisches Problem I 20, II 22; Religionsphilosophie I 21, II 22; Die Bedeutung der Hegelschen Philosophie 21.

Scholz, Frau Marie verw., geb. Stonawski (Ps. Maria Stona), VB., DÖSchG., PA., ❦, Rom., Nov., /, Kritik. Schloß Strzebowitz i. Tschech. Schles. B: Presto prestissimo 87; Buch der Liebe, G. 88, 3. A. 97; Erzählt u. gesungen 90; Meine Mutter 92; Menschen u. Paragraphe 96; D. Provinz unterhält sich, Federzeichnung 98; Lieder e. jungen Frau, G. 99, 2. A. 00; Im Spiel der Sinne, N. 01; Ludw. Jacobowski im Lichte d. Lebens 01; Klingende Tiefen, G. 03; D. Rabenschrei, R. 06; König Eri, Lied d. Liebe 07; Mein Dorf, Nov. 08; Rahel, R. 09, 2. A. 11; Flammen u. Fluten, n. G. 12; D. Haidelerche, N. 15; Reich gefreit, heit. Gesch. 17; Klein Doktor, e. Versbuch 18; Die wilde Wolhynierin, R. 22; Von Prag in die Provence 22.

Scholz, Oskar (Ps. Scholar), DÖSchG., Polit., Satiren u. Glossen, /, Privatbeamter. Wien XVIII/1, Haizingerg. 18. (ebda ${}^{8}|_{12}$ 64.)

Scholz, Wilhelm von, ❦, Nov., ○, Krit., Lit. ♛, /, Skizze, Dr. phil., Erster Dramaturg u. Regiss. d. Hoftheaters. Stuttgart, Danneckerstr. 12 u. Seeheim bei Konstanz. (Berlin ${}^{15}|_{7}$ 74.) B: D. Gast, Dr. 00; D. Spiegel, G. 02, 2. A. 08; Gedanken z. Drama 04, n. F. 16; D. Jude v. Konstanz, Tr. 05; Kunst u. Notwendigkeit 05; Meroë, Tr. 06; D. Bodensee 07; Deutsche Mystiker 07, 2. A. 16; D. unsichtbare Bibliothek 09; Vertauschte Seelen, Kom. 10; Neue Gedichte 12; Gefährliche Liebe, Sch. 13; Sommertage, Skn. 14; Doppelkopf, Marionetten-Groteske 14; Fähnrich v. Braunau,

Rn. 15, 2. A. 16; Die Unwirklichen, Erz. 16; Reise u. Einkehr 16; Minnesang, fr. Nachdichtgn. 17; D. Huldigung, Festsp. 17; Der Dichter, Auff. 17; Die Beichte, Erzn. 19; Das Herzwunder, Mir. Sp. 20; Der Wettlauf m. d. Schatten 21; Droste-Hülshoff, Hebbel, 3. A. 24; Zwischenreich 22. **H**: Stuttg. dramaturg. Blätter; D. neue deutsche Nov.-Buch 18. **Bearb**: Troilus u. Kressida; Empedokles. **MitV**: Das gelbe Buch; u. v. a.

Schön, Friedrich, Mundartforschung, Seminarlehrer. Franzburg i. Pomm. (Saarbrücken $^{30}|_{8}$ 79.) **V**: Ged. in Saarbrücker Mundart 01, 3. A. (unter dem Titel „'s Saarbricker Herz" 22); Kinderlieder u. -spiele d. Saarbr. Landes 09; Kant u. d. Kantianer in d. Pädagogik 11; Gesch. d. fränk. Mundartdichtg. 18; Gesch. d. deutsch. Mundartdichtg. 20/21 II; Wörterbuch u. Grammatik d. Mundart des Saarbrücker Landes 22.

Schoenaich, Gust., ♛, Dr. phil., GP. Breslau XVI, Hobrechtufer 17. (Polkwitz $^{10}|_{12}$ 58.)

Schönau, M., s. Kneschke, Martha.

Schönborn, Frl. Gräfin Louisemarie, ♆, ♛, Skizze, Nov., stud. phil., Mitgl. d. Ges. f. freie Philosophie Darmstadt. Bayrisch-Zell, Oberbay. (Laband, O.-S. $^{2}|_{9}$ 93.) **V**: Bayrische Heimat 12, 23; Zwei Jahrtausende bayr. Geschichte 12, 21; Windsor, Dr. 14; Jussun, Nov. u. Skn. 21.

Schoene, Elmar, Nov., ♥, stud. jur. Stettin, Große Lastadie 56. ($^{29}|_{7}$ 00.) **V**: Volker von Alzeys Gesänge, G. 22.*

Schönebeck, Erich, ♡, ∴ Pädagog., Dr. phil., Oberstudiendirektor. Holzminden a. d. Weser, Wilhelmstr. (Berlin $^{29}|_{12}$ 84.) **V**: Johannes Hus, Dr. 08; Tieck u. Solger 10; Strindberg als Erzieher 23.

Schönemann, Friedrich, Lit.♛, Nordamerik. Kultur u. Lit., Dr. phil., Univ.-Lektor. Münster i. W. (Kottbus $^{30}|_{8}$ 86.) **V**: Achim von Arnims geistige Entwicklung 12; Amerikakunde 21.

Schönemann, Frau Toni, geb. Hoencke, verw. Harten (Toni Harten-Hoencke), SDS., ASV., ♥, Nov., Rom., Essay. Münster i. W. (Kiel $^{7}|_{8}$ 72.) **V**: Gedichte 07; Zur großen Frage: Mann u. Weib 10; Erwerbsmöglichkeiten der Hausfrau 21; Die Kraft, die heilt 21; Reifende Saaten, R. 22. **Ue**: Hayes, Hiram W.; Paul Anthony, ein Christ 14, 3. A. 23; Hayes, H. W., Der tönerne Mensch 23.

Schoener, Josef (Ps. Josef Deininger), Roman, Drama, **Ue**: EFIS., MagR. a. D. Bad Tölz, Ober-Bayern. (Deining.) **V**: Gastmahl in Delhi 14; Geschichte v. Jenkins Ohr 18; Mircko 20. ( )

Schönermark, Otto (Ps. H. Treseburg), ✎, ♥, ♛, Bürgermeister. Thale a. H. (Seesen a. H. $^{8}|_{11}$ 65.) **V**: Lit. d. Harzlande 95; Nervenleiden 96, 2. A. 97; Wilh. d. Gr. 97; Kurorte Württembergs 97; Wüstungen d. Harzgeb. 97; Nov., Ged. 99; Führer durch Thale 07; Zur Gesch. v. Thale 07; Der Hubertusbrunnen in Thale 07; Thale als Winterfrische u. Wintersportplatz 08; Führer durch Thale 14; Bodetalsagen, Notgeldpoesie 21; u. a.

Schönfeld, Fritz Wilhelm, ASV., Drama, ♥, Kritik, Innere Kolonisation, Siedlungsbeamter. Zur Zt. Glogau, Schles., Wilhelmstr. 5. (Breslau $^{15}|_{9}$ 88.) **V**: Deine Fritzi, Lsp. 10; Wir alarmieren uns, G. 19.

Schönfeld, Hans, ASV., DV., ✎, Nov., Dr., Red. Berlin-Schlachtensee, Seestr. 43. (Wien $^{8}|_{10}$ 77.) **V**: Erlauschtes u. Erlebtes, Erz. 01; Joringel u. Jorinde, Dr. 21; Der Weg des Lukas, Dr. 22.

Schoenfeld, Hans, VF., Roman, Nov., Kulturessays, Lit., Satire, ♜, Hauptm. a. D. Oldenburg i. O., Ofener Chaussee 60. ($^{28}|_{7}$ 83.) **V**: Abenteuer in Flandern, Soldat.-Leg. 18; Im Schatten Kleists, R. 20; Standhafte Liebe, R. 21.

Schoenhagen, Elfriede, s. Rotermund, Elfr.

Schönherr, Karl, ♡, Dr. med. Wien IX, Severingasse 5 I. (Axams i. Tirol $^{24}|_{2}$ 67.) **V**: Innthaler Schnalzer, Dialektged., 1. u. 2. A. 95; Allerhand Kreuzköpf' 95, 3. A. 11; Die Bildschnitzer, Dr. 00, 5. A. 11; Sonnwendtag, Dr. 02, 5. A. 11; Schuldbuch, Erzn.; Karrnerleut, Dr. 04, 6. A. 11; Familie, Sch. 05; Erde, Kom. 07, 5. A. 11; D. Königreich, Dr. 08, 2. A. 10; Glaube u. Heimat, Tr. 14, 90. A.; Aus meinem Merkbuch, Erzn. 16. A.; Die Trenkwalder, Kom. 14; Der Weibsteufel, Dr. 15, 23. A.; Volk in Not, Dr. 15, 10. A.; Frau Suitner, Dr. 16; Narrenspiel des Lebens, Dr. 17; Kindertragödie, Dr. 19, 4. A.; Der Kampf, Dr. 20; Die Ballade vom Untergehen, Dr. 21; Vivat academia, Kom. 22; Maitanz, Dr. 22; Es, Dr. 23.

Schönhoff, Hermann, ♛, Lit.♛, ♆, Volkskunde, Geneal., Dr. phil., Redakteur. Berlin-Steglitz, Lenbachstr. 15 I. (Münster i. W. $^{12}|_{8}$ 82.) **V**: Vokalismus d. Mundart von Lathen 06; Emsländ. Grammatik 08; Die Wiedertäufer in Münster 12; Gesch. der westfäl. Dialektlit. 14; Schwabenstreiche 22 II. **H**: E. v. Dincklage, Nov. 10, 11 u. 12.

Schönhorst, P. v., s. Philipp, Carl, Ed.

Schönlank, Bruno, SDS., ♥, Chorwerke für Sprechchöre, Märchen, Dr.,

Statistiker. Berlin N, Pappel-Allee 15. (ebda $^{31}|_{7}$ 91.) B: In diesen Nächten, G. 17; Ein goldner Ring, ein dunkler Ring, G. 18; Blutjunge Welt, G. 19; Sonniges Land, G. 19; Erlösung, Chorwerk 19; Brennende Zeit, Chorwerk 19; Verfluchter Segen, Dr. 20; Großstadt, Chorwerk 22; An die Erde, Chorwerk 23; Moloch, Chorwerk 23; Großstadtmärchen, Chorwerk 23. *

Schönlank, Herbert, DB., ✿, ◯, /, Ꝺ, ●, Dramaturg d. „Bottr. Volks- u. Oper-Th.", Schausp., Zeichner, Maler. Bottrop, Westf., Prosperstr. 3a. (Hamburg $^{14}|_{11}$ 88.) B: Der ausgebildete Kranke, Schw. 19; König Schwarzherz, M. 19; Spanische Glocken, dram. Sonate in 3 Sätzen, 3 Einakt. 21; O dieser Affe! Optt.-P. 21; Ged.-Sammlg. ()

Schönleber, Herm., VJ. & S., /, Dr. phil., Red. a. „Schw. Merk." Stuttgart, Hasenbergsteige 15 III. (Bietigheim $^{24}|_{1}$ 60.)

Schönmann, Wilh. W. (Ps. Wilh. Wolf), VB., Rom., Nov., /, Ꝺ, ∴, ●, Ästhetik, ▣, **Ue**: FM, Red. Budapest VII, Akáczfa-utcza 65 III. (ebda $^{30}|_{5}$ 63.)

Schönowsky von Schönwies, Maximilian (Max v. Schönwies), ◯, ⚔, Nov., Oberst. Wien III/1, Erdbergstr. 35. (Teschen $^{9}|_{8}$ 67.) B: Rosen am Wege, Sch. (m. Sophie v. Schönwies) 03; Wachtmeister Neuwirth, Sch. (m ders.) 04; **Krieg**, Sch. 05; D. rote Herzogin, In dieser Stund, Nn. 08, 5. A.; Carpe diem, Einakterzyklus 10; Die Stärkere, Sch. 11; Die Ehre der Frau, Sch. 14; „Luck", der russ. Durchbruch im Juni 16; Persönl. Erinnergn. 19; Trude Lehmann, Sch. 19. ()

Schönowsky von Schönwies, Frau Sophie (Sophie v. Schönwies), ✿, ◯, Obersten-Gattin. Wien III/1, Erdbergstr. 35. (**Krakau** $^{10}|_{8}$ 73.) B: s. d. vorig.

Schönwald, Erich, s. Christel, Franz.

Schönwies, Max v., s. Schönowsky von Schönwies, Maximilian.

Schönwies, Sophie v., s. Schönowsky von Schönwies, Sophie.

Schoepp, Meta (Ps. f. Frau Meta Leo, geb. Schoepp), PA., SDS., Rom., Nov., Majorsgattin. Berlin-Lichterfelde, Fontanestr. 1. (Düsseldorf $^{10}|_{5}$ 68.) B: **Los von Berlin** 03; Auf roter Erde 03; Couleur 04; Teufelspfarre 04; Leute auf Böddla 08; Das Weibchen 08; Mein Junge und ich 10, 6. A. 11; Skepp uhn Strunn 11, n. A. 19; Blockade 15, 15. A.; Der Herr auf Silberberg 17; Millionensegen 20.

Schoeppl, Frl. Grethe, ASV., Satire, Groteske, Rom., Erz., Nov., ✿, Essay, Skizze, ◯. Wien IV, Klagbaumg. 17. (ebda $^{27}|_{11}$ 96.) B: Das Mirakel, R.; Winterstürme wichen dem Wonnemond, N.; Die Versuchung, N.; Das Ahnen, N.; Sommer-Idyll, N.; Die Erlösung, R.; Das Leben, R.; Der ferne Klang, R.; Das Wunderbare, R.; Ole, Tr.; Das Erbe der Väter, Dr.; Der Spuk im Hause Glaster, R.; Der Giftring des Rubama Alhambar, N.

Schoeppl, Hugo (Ps. S. Hugo), ✿, ◯, Epik, ∴, ♛, Kritik, /, ObRRat, emer. dramat. Prof., Rezitat. Wien IV, Klagbaumg. 17. (Wels i. ObÖsterr. $^{26}|_{8}$ 67.) B: Agandecca, Tr. 87; Thôrr, dr. Dchtg. 90; Musaion 91; Lydia, N. 92; Bernh. v. Weimar u. d. Schweiz (Ps. Thonhofer) 96; Verus, Aus d. Tageb. eines Mannes, N. 02; Carthon, dr. Dchtg. 02; Mozart, dr. Charaktergem. 03; Die Horen, Zeitschr. für Poesie u. Kritik, Jahrg. 03 u. 04; Antigone, Tr. (m. C. W. Schmidt) 04; Beatrice Cenci, Tr. (m. dems.) 05; Überwunden, Dr. (m. dems.) 06; Leitfaden d. Geheimwissenschaft 10; Bruno Holm, Dr. 15; Der Narr vom Kammerstein, R. 16; Gespräche über Spiritismus 21.

Schoeppl, Frl. Mizzi (Ps. Oswald Strehlen), Belletristik. Wien IV, Klagbaumg. 17. (ebda $^{14}|_{7}$ 95.) B: Das Land der Sehnsucht, R. 19; Suchende Seelen, R.; Das ewige Rätsel, R. 20; Das Kind der Liebe, R. 21; Zwischenakt, R. 21; Eva Mertens, N.; Schoßhündchen, N.; Gleiche Pole, N.; Onkel Johannes, N.; Die Freunde, N.; Glück, N.; Liebe, N.; Dr. Tassilo; Minister Wellinghausen; Liebe und Freundschaft; Ferdinand Lelio, a. d. Leb. e. alt. Komödianten; Verhängnisse; Der kleine Marquis; Der Einsame; Das Weib; Das Echo; Seelen im Exil; sowie mehrere Nn., Skn. u. Pln. 23.

Schöps, Peter, s. Loosli, Carl Alb.

Schorn, F. v., s. Schlichtegroll, C. F. v.

Schoßleitner, Karl, Organisation d. Wr. Presse, Alpenländ. JVB., DÖSchG., ◯, /, ✿, Höhlenforschg., Flugwesen, **Ue**: I, Chefr. d. (Salzb.) „Neuesten Nachrichten". Salzburg, Wolfdietrichstr. 23 u. Wien VIII, Lange Gasse 13. (Cavalese, Südtirol $^{18}|_{6}$ 88.) B: Erster Erfolg, N. 13; Wirf weg, damit du nicht verlierest, G. 16; Auch ein paar Kriegsged. 17; Der rote Turm, Prinz Blaubart, Konrad Bedächtig, Der Bildernarr, Die späten Freunde, Der Geistermusikant (auch engl.) Nn. 19; Nach innen u. außen, Ged. d. Fliegers 20; Erbe des Vaters, Dr. 20; Salzburg, Reisebuch 22; Salzburg, Führer 22; Salzkammergut, Führer 22; Wie Hans von München nach Venedig flog, Erz. 23.

Schott, Ant., PA., /, ✠, ✿, Doz. Sigbachzell, ObÖsterr. (Hinterhäuser

bei Neuern, Böhmerwald $^{8}|_{2}$ 66.) **W:** Das Glücksglas, R. 02, 2. A.; Eines Verganteten Kinder, R. 12; Schwedenzeit, R. 12; Bibel u. Jesuit, R. 12; Waldbauern, R. 13, 2. A.; Seltsame Leut', R. 14; Der Schichtmeister v. Lameck, R. 14; D. Kaiserbraut, R. 15; Um die Heimat, Erz. 15; Hinterwäldler, Erz. 15; Die neue Zeit im Walde, hist. R. 20; Altmännersommer, R. 20; Im Hochriß, R. ()

Schott, C., s. Schachne, Clara.

Schott, Georg, RP., Lit.♛, Theater- u. Buchkritik, Dr. phil., Red. a. „Frankf. General-Anz." Frankfurt a. M., Sternstr. 19. ($^{23}|_{11}$ 88.) **W:** Die Puppenspiele d. Grafen Pocci, ihre Quellen u. ihr Stil 11. **H:** Ludwig Walesrode, Der Storch v. Nordenthal 13.

Schott, Rolf, Drama, Essay, Kritik, Kunstwissenschaft, Schriftsteller, Graphiker. München, Kunigundenstr. 29 III. (Mainz $^{26}|_{6}$ 91.) **W:** Ludwig Richter. *

Schotte, Heinrich, ✎, /, Roman, Dr. phil. Aachen, Zollernstr. 37. (Koesfeld i. W. $^{26}|_{1}$ 85.) **W:** Westfälische Mark u. Markgenossenschaft 09; Ein Dezennium internat. Antarktisforschung 11; Hans Heiner Roseliebs ewiger Sonntag, R. 21; Volk im Erwachen, Dr. 22; Julius II., F.; Meister Gerhards Hochamt, R. 23.

Schotte, Walther, BP., RP., Politik, ♛, Dr. phil., Red. Berlin W 10, Königin-Augusta-Str. 43. (Berlin $^{3}|_{10}$ 86.)

Schottelius, Justus Wolfram, DV., BV., Dchtg., Oberspielleiter u. Dramaturg d. Stadttheaters Flensburg. (Arnsberg $^{25}|_{1}$ 92.) **W:** Marina, Dr. 10; Heinrich VI., Dr. 11; Amalaswintha, hist. Sc. 15; Stein d. Weisen, Dr. 16.

Schottenloher, Karl, Buchwesen u. Reformations♛, Dr. phil., ObBiblRat. München, Öttingenstr. 26 III. (Rodau b. Regensburg $^{11}|_{1}$ 78.) **W:** Die Buchdruckertätigkeit Georg Erlingers in Bamberg von 1522—1541 07; Bamberger Privatbibliotheken aus alter u. neuer Zeit 07; Jak. Ziegler u. Adam Reißner 08; Jak. Ziegler, e. Gelehrtenleben aus d. Zeit d. Humanismus u. d. Reformation 10; D. Entwickelg. d. Buchdruckerkunst in Franken 10; Die liturgischen Druckdenkmäler in ihrer Blütezeit 10; Das alte Buch 19, 2. A. 21; Philipp Ulhart, e. Augsburger Winkeldrucker 21; Das Regensburger Buchgewerbe im 15. u. 16. Jahrh. 21; Flugblatt u. Zeitung 22; Die liturgischen Druckwerke Erhard Ratdolts aus Augsburg 1485 bis 1522 22. **H:** Flugschriften aus d. ersten Jahren d. Reformation, Bd. IV H. 5 11; Historia Georg u. Kasp. v. Frundsbergs von Adam Reißner 13; Tagebuchaufzeichnungen des Regensburger Weihbischofs Dr. Peter Krafft 1500—1530 20.

Schottlaender, Leo, 1. Kapellmeister u. Leit. d. Oper a. Stadttheater in Görlitz, Emmerichstr. 15. (Benkwitz b. Breslau $^{6}|_{8}$ 86.) **W:** (Kompon.): Kaiserplatz 3, eine Treppe; Das Mädel aus 1001 Nacht; Der Leutnant des Königs; Die Nacht von Paris u. a. Optten.

Schöttler, Horst, Belletristik, O. Machern in Sachsen. (Leipzig $^{7}|_{8}$ 74.) **W:** Finessen vom Leben, Lieben, Lachen 10, 38. T. 20; Das Buch Adelheid 11, 3. T.; Treue, Sch. 12; Weib, Wahn, Wahrheit 12, 25. T. 20; Zwischen zwei Kriegen, R., 3. T. 14; Feldpostbriefe, 8. T. 14; Deutsche Art, 3. T. 14; Zur kurzen Rast 15, 30. T. 18; Plaudereien in Grau und Blau 17, 10. T.; Plaudereien m. e. schönen Frau 19, 20. T. 20; Weltgeschichte in einer Stunde 19, 15. T. 20; Heidenbibel 20, 10. T.; Malthus, e. Roman d. Zukunft, 10. T. 20; So ein Hundeleben, R. 22, 8. T.; Die Unbegreifliche, R. 23, 5. T.

Schottmüller, Frl. Frida, Kunstwissenschaft, Dr. phil., Prof., Kustos b. d. staatl. Museen. Berlin W, Lutherstr. 9. (ebda $^{21}|_{8}$ 72.) **W:** Donatello, e. Beitrag zum Verständnis f. künsterisch. Tat 04; Fra Angelico da Fiesole 11; Daniel Chodowiecki 12; D. ital. u. span. Bildwerke d. Renaiss. u. d. Barock 13; Bronze-Statuetten u. Geräte 18, 2. A. 21; Wohnungskultur u. Möbel d. ital. Renaiss. 21; D. ital. Möbel u. dekorativen Bildwerke im Kaiser-Friedrich-Museum 22; Italienische Bildnisbüsten (in Serie Meisterwerke in Berlin) 23.

Schowalter, August, Religiöse, politische u. kirchenpolitische Schriften, Superintendent in Wittenberge. (Neustadt a. d. Hdt. $^{6}|_{8}$ 70.) **W:** Allgemeines Wahlrecht 04; Deren Gott der Bauch ist, 7. T. 10; Buren, Engländer und Deutsche, 3. T. 15; Der Krieg in Predigten I, 3. A. 15, II 16; Bedeutung und Aufgabe der Kirche 17; Die Kirche als Erlebnis 17; Die neue Kirche im neuen Staate, 5. T. 19. **H:** Im Kampfe um Südafrika 02/03 IV. **Ue u. Bearb:** Conscience, Der Löwe von Flandern 98, 3. A. 12; Domela Nieuwenhuis, „Flandern frei", 2. A. 18; D. van Warmelo, Kriegsbilder aus Südafrika 02; Spoelstra, Sind die Buren Feinde der Mission? 02.

Schrader, Hans, klass. Archäologie, Dr. phil., o. UP. Frankfurt a. M., Schumannstr. 49. (Stolp i. Pomm. $^{15}|_{2}$ 69.)

Schramm, Albert, Dr. phil., Prof., Dir. d. Buchgewerbe- u. Schrift-Mus., Hrsg. d. Zeitschr. d. Deutsch. Vereins f. Buchwesen u. Schrifttum, Mitteilgn. d.

Verbandes Deutscher Kriegssammlgn. Leipzig, Zeitzer Str. 14. (Sindelfingen $^{6}|_{8}$ 80.) V: D. deutschen Kriegszeitungen 17; Deutsches Notgeld 18ff.; D. Bilderschmuck d. Frühdrucke 20ff.; Schreib- u. Buchwesen einst u. jetzt 21; Stenographie (Sammlg. Göschen); Esperanto, 35. A. 22; Der Heidelberger Totentanz vom Jahre 1485 aus der Offizin von Knoblochtzer 22; Die illustrierten Bibeln der Deutschen Inkunabeldrucker 22; Die Illustration der Lutherbibel 23; Der Ulmer Ptolemäus 23; Führer durch das Leipziger Buchmuseum 23.

Schramm, Hermi, s. Meißner, Hermi.

Schreder, Karl, DÖSchG., Operntexte, Märchensp., Drama, Ausstattungschef d. Wiener Volksoper, Komponist und Maler, Red. d. „Dtsch. Volksbl." Wien VII, Kaiserstr. 79. (ebda $^{28}|_{10}$ 63.)

Schregel, Josef, [illegible], bes. Dialekt[illegible]. Düren i. Rhld. (Jülich $^{13}|_{3}$ 65.) V: Burschenlieder 99; Gedichte in Dürener Mundart 03; Heematkläng, 2. A. 06; Det on Dat, Dürner Platt 06; Gedichte u. Lieder 06; Saache zom Laache, 1. u. 2. A. 07; Aus Herz u. Heim, Lr., G. u. Ballad. 08; Heimatkund — Heimatmund, Lr., Ballad. u. Erzn. 09, 3. A. 13; Krieg, Dchtgn. ()

Schreiber, Georg, Kirchen♛, ♛, Karitas, D., Dr. phil., o. UP., M. d. R. Münster i. W., Kanalstr. 14. (Rüdershausen, Hann. $^{5}|_{1}$ 82.)

Schreiber, Hans, Rom., Essay, Finanzpolitik, O. Berlin NW, Werftstr. 1. (ebda $^{8}|_{1}$ 67.) V: Kinder der Nacht, Berl. R. 00; Nichts f. Backfische, Sittenstud. 01; D. Heiratsvermittler, Lsp. 02; Wie schützt sich der Kapitalist vor Verlusten an der Börse? (u. d. Ps. Veritas) 1—43, 03—23, Hinter den Kulissen deutscher Banken u. Privatbankiers 13, 2. A. 20; Der Finanzsumpf, 5. A.; Der Totentanz des Kapitals, 2. A. 23; u. a.

Schreiber, Heinr., ♛, †, Pastor. Ostseebad Brunshaupten i. M. (Rehna i. M. $^{18}|_{7}$ 64.)

Schreiber, Walther, DV., O, Dr. phil., Dir. d. sächs. Städtebundtheaters „Kammerspiele Dresdner Bühnenkünstler". Dresden 16, Elisenstr. 10 II. (ebda $^{13}|_{8}$ 87.) V: Märzwind, R. 11; Pilgrime, Sch. 15; Sponsalia, Lsp. 16; Der Dichter, Sp. 18; Rübezahl u. d. Schneidergesell, M. 19; Der Liebesfloh, Lsp. 21. H: Die Geschichte vom braven Kasperl u. dem schönen Annerl (Brentano) 13; Der romantische Oedipus (Platen) 14. ()

Schreiber-Krieger, Frau Adele, verehel. Krieger, M. d. R., SDS., Nov., Essay, /, [illegible]. Berlin-Westend, Ahornallee 50. (Wien.) V: Nacht, O. (m. Fumagalli) 00; Kinderwelt u. Prostitution, 2. A. 03; Prügelkinder, 2. A. 03; Settlements 04; Das Buch vom Kinde, ein Sammelwerk für alle Fragen der Kindheit 07; Romane aus d. Leben 08; Mutterschaft, ein Sammelwerk für alle Probleme d. Mutterschaft 11; Unsere Dichterinnen, als Vorkämpferinnen und Vordenkerinnen neuer Frauenideale I: Hedwig Dohm 13; Zur Frage d. unehel. Mütter u. Kinder 18; Revolution u. Frauenrecht 18; Schutz unsern Frauen u. Müttern 19. H: Kleine Monographien zur Frauenfrage I, II 13, 18.

Schreibershofen, Frau Hedwig v., VB., Roman, Nov. Hannover, Podbielskistr. 12 III. (Bückeburg $^{14}|_{6}$ 40.) V: Sühne, R. 87 III; Italienisches, 6 Nn. 90; Im Wechselspiel d. Lebens, R. 92; Graf Esterhazy, R. 95; D. Veronski 97; Antonie, R. 99; Jan van Knebel, R. 03, 2. A. 06; Heißes Blut, R. 04; Mira, R. 04; Sennorita Dolores, R. 05; Unter dem Gesetze, R. 09; Dunkle Wege, R. 20. ()

Schreier, Maximilian, Vizepräs. d. CC., Politik, Hrsg. u. Chefred. d. Montagblattes „Der Morgen". Wien VIII, Feldg. 10. (Brünn $^{23}|_{6}$ 77.) V: Am Hochzeitsabend, Einakterzyklus.

Schreiner, Ernst, †, Histor. Erzählg., Schriftsteller. Korntal i. Württ. V: D. erste Auferstehg. 19, 4. A. 21; Kl. Geschn. v. großen Dingen 19; Gottes Licht im Erdendunkel 20; D. Meistergeige, Erz. 21, 3. A. 22; Allerlei Menschen von heute, Erzn. 21; Sieben Segensquellen 18, 4. A. 21; D. Harfe d. Hugenottin, Erz. 22; Gesprengte Ketten, Erz. 23. *

Schreiner, Wilhelm, Marine, Jugendschriften, Geschichtliche Skizze, Pfarrer. Hohenstein, Nassau. (Dillenburg $^{21}|_{7}$ 89.) V: Nordlicht, Erz. 08; Hohe Fahrt, Kühner Kurs, Harte Pflicht, Junger Sieg, Letztes Lied, Seekriegsskizzen 15—22; Der Tod von Ypern, d. Herbstschlacht in Flandern 16, 6. A. 17; Augen gradeaus! 16; Jetzt eben — denk dran! 16; Fern in Flandern, Sk. 18; Vinetas Glocken 20; Deutsche Weihnacht, Sp. 21, 3. A. 23; Das Vermächtnis, Jugendschr. 22; Im Kampf um die Stadt, Hamburger Sk. 22, 6. A. 23; Diamanten Gottes 22, 3. A. 23. H: Der „Echobücher" und der „Funken"; Literarkritik des „Aufwärts", christl. Tageszeitung. *

Schreiter, Otto, Erziehungswesen, Jugendschriften, Beamtenfragen, Rezension, Lehrer. Meerane i. Sa., Ziegelstr. 68. (Annaberg $^{10}|_{11}$ 86.) V: Das Lesebuch als Grundlage der literarischen Erziehung 14; Mörike für die Schule 14; Ballade und Schule 22. *

Schrempf, Christof, †, Lic., Dr. phil., Prof. Eßlingen a. N. (Besigheim $^{28}|_{4}$

60.) B: Akten zu m. Entlassg. aus d. württ. Kirchendienst 92; Schriften zur „Pfarrersfrage" 92—11; Zur Theorie d. Geisteskampfes 97; Menschenlos 00; M. Luther 01; Goethes Lebensanschauung: I. 05, II. 07; Lessing 13; Vom öffentlichen Geheimnis d. Lebens 20; Fr. Nietzsche. Ue: versch. Schriften S. Kierkegaards 90—14. ()

Schrenck-Notzing, Alb. Frhr. von, Psychologie, ♠, Dr. med., Prakt. Arzt. München, Max-Joseph-Str. 2. (Oldenburg $^{13}|_{8}$ 62.)

Schreyer, Johs., Musikschriftst. Dresden-Blasewitz, Schubertstr. 26. (Possendorf b. Dresden $^{20}|_{8}$ 56.) B: Von Bach bis Wagner, e. Beitrag zur Psychologie des Musikhörens 03; Harmonielehre 05, 4. A. 19; Beiträge zur Bachkritik 11. ()

Schreyvogl, Friedrich (Friedl), DÖSchG., DB., VB., Roman, Kritik, ☉, ✿, Dr. der Staatswissenschaften, Verwaltungsrat u. Dir. der Wiener Literarischen Anstalt A.-G. Wien I, Walfischg. 13. (Mauer b. Wien $^{17}|_{7}$ 99.) B: Singen u. Sehnen, G. 17; Klingen im Alltag, G. 18; Aus unserer Seele, G. 19, 2. A. 22; Friedliche Welt, G. 20, 10. A. 23; Karfreitag, Dr. 20; Das Lebensspiel d. Amandus, R. 20; Der zerrissene Vorhang, Dr.-Zykl. 20; Auferstehung, Dr. 21; Der Antichrist, R. 21; Flöte am Abend, G. 21, 5. A. 23. H u. Ue: Die Staatslehre d. hl. Thomas v. Aquin 21.

Schrickel, Leonhard, PA., Roman, Nov. ☉, ✿, /. Weimar. (ebda $^{7}|_{9}$ 76.) B: Von Gestern und Morgen, R. 03; Auchmenschen, Sch. 05; Der goldne Stiefel, R. 07, 2. A.; Zukunft! R. 10; Die Weltbrandschmiede, R. 11; Hille Bobbe, R., 2. A 13; D. Gottesknecht, R. 14; Land!, R., 4. A.; Im Spinnenwinkel, Kom. 15; Just Haberlands Fahrt ins Glück, R. 20; König Woda, Dr. 21; Das Buch der Könige, Rahmenerz. 21; O Straßburg, Sp. i. 1 Akt 21; Hedwig u. Bernhard. ()

Schrill, Ernst, s. Keller, Sam.

Schröder, Alfred, (k.), ♛ u. Kunst♛, Dr., o. HSchP. Dillingen a. D. (Passau $^{4}|_{2}$ 65.)

Schröder, August (Schröder-Plön), ☉, Dialekt ✿, Prof. h. c. Charlottenburg, Marchstr. 11. (Oldesloe $^{22}|_{2}$ 73.) B: De sleswo.-holst. Husfründ, Erz. 99; Eekbomblöder 05; Im Heim der Ledigen 07; Luftaktien 08; Inselkönig 10; In dämmernder Nacht 15.

Schröder, Edward, Geschichte d. dtsch. Sprache u. Lit., Dr. phil., o. UP., GRegR., Sekr. d. Ges. d. Wiss., MitHrsg. d. „Ztschr. f. deutsches Altertum". Göttingen, Grüner Weg 2. (Witzenhausen $^{18}|_{5}$ 58.) B: Fachschriften.

Schröder, Heinrich, german. Ψ, Kultur♛, ☉, Dr. phil., Hrsg. d. „German.-Rom. Monatsschr." Kiel, Waitzstr. 39. (Wotersen $^{8}|_{8}$ 63.)

Schröder, Johs., /, ✠, Ing. Münster i. W., Alter Steinweg 28. (ebda $^{26}|_{11}$ 76.) B: Bauratgeber 08. H: Münst. Liederbuch 10; Unsere Heimat, Halbmonatsschr. 14f. ()

Schröder, Ludwig, Nov., /, Humor (niederdeutsch). Iserlohn, Im Weingarten 4. (Soest $^{26}|_{8}$ 63.) B: Chronika van Saust 96; D. gold. Hochzeit, Lsp. 96; Führer d. Iserlohn u. Umg. 02; Riägenbuogen 06; Freiligraths Leben und Schaffen 07; Haltet aus im Sturmgebraus 15.

Schröder, Max, BP., RP., Politik, Polit. Red. d. „Frankf. Generalanzeiger". Frankfurt a. M., Neuhaußstr. 24. (Libbenichen, Kr. Lebus $^{5}|_{5}$ 75.)

Schroeder, Otto, Ψ, Dr. phil., Prof., GStudR. Charlottenburg-Westend, Eschenallee 22. ($^{14}|_{7}$ 51.) B: Fachschr. V. papiern. Stil 89, 9. A. 19; Heilig ist mir die Sonne 00.

Schröder, Peter, s. Schröder, Wilh.

Schröder, Peter H., Epik, ✿, Lehrer i. R. Elmshorn, Schl.-Holst., Kirchenstr. 18. (Achterhörn $^{25}|_{2}$ 62.) –

Schröder, Rud. Alex., ✿, Ue: E. Bremen-Horn, Schwachhauser Chaussee 365. (Bremen $^{26}|_{1}$ 78.) B: Unmut, e. Buch Gesänge 99; Sprüche in Reimen 00; Lieder an eine Geliebte 00; Empedokles 01; An Belinde 02; Sonette an eine Verstorbene 04; Elysium 05; Hama, G. u. Erzn. 08; Deutsche Oden 14; Heilig Vaterland, KriegsG. 14. H: Hesperus, Jahrb. I 08. Ue: Homers Odyssee. ()

Schröder, Wilh. (Peter Schröder), ☉, ✿, Nov. Diessen a. Ammersee, Oberbayern. (Gaarden $^{15}|_{7}$ 90.) B: Matthias Erikson, N. 16; Kl. Kaleidoskop, G. 18; D. Sprung i. d. Sonnenkringel, Erz. 20; Guten Abend, Marie! Erz. 20.

Schröder, Wilhelm, ✿, ☉, Kunstkritik, /, Red. Elberfeld, Sophienstr. 14. (Kiel $^{15}|_{7}$ 90.) B: Matthias Erikson (Irrwege e. Knaben), N. 16. H: Sonnenleuchten, e. Künstlergabe an d. Berg. Land (m. C. Rob. Schmidt) 16.

Schröder-Plön, s. Schröder, August.

Schröer, Gustav, SDS., Roman, Schriftst. Erfurt. (Wüstegiersdorf $^{14}|_{1}$ 76.) B: Der Freibauer, R. 13, 3. T.; Drei Tage gesessen, Vst. 14; Kriegsfreiwillige 15; Ich hatt' einen Kameraden, R. 16; Ein Barbarenstückchen 16; Die Kriegsanleihe der Jungen von Erlesbach 16; Flucht v. d. Murmanbahn, 8. T. 17; Scherben am Wege 17; Stille Geschichten, 5. T. 17; Peter Lorenz 17; Heiland vom

Binsenhofe, R., 10. T. 18; Wirtshaus zur Kapelle, R., 3. T. 19; Das Stärkere 20; Die Leute aus dem Dreisatale, R., 5. T. 20; D. Bauern v. Siedel, R.; Deutsche Legenden, e. Buch d. Hoffng. ()

Schröer, M. M. Arnold, Anglistik, Lit.♛, Ψ, ▮, Dr. phil., o. UP. Köln a. Rh., Habsburger Ring 1. (Preßburg $^{10}|_{11}$ 57.) **B**: resp. **H**: Üb. d. Anfänge d. Blankverses i. England 80; Über Erziehg., Bildg. u. Volksinteresse in Deutschl. u. Engl. 91; D. Fortbildg. d. neusprachl. Oberlehr. u. d. engl. u. franz. Seminar a. d. HHochsch. Köln 04; Grundzüge u. Haupttypen d. engl. Lit. 06 II, 3. A. I 20, II 14; Neuengl. Elementargramm. f. Hochschulen 09, 2. A. 20; Neuengl. Aussprachwörterb. 13; Zur Charakt. d. Engl. 15. ()

Schröer, Rud., bild. ♎, △, ●, /, Bildhauer, Hptm. a. D. Wien XIII/6, St.-Veit-Gasse 67. (ebda $^{1}|_{10}$ 64.)

Schrönghamer, Franz (Ps. Heimdal). Erzählungen, Oberleutnant d. L. a. D., Architekt und Landwirt. Iggensbach i. Bayr. Wald, Niederbayern. (Marbach i. Bayr. Wald $^{12}|_{7}$ 81.) **B**: Fern u. leise, G. 04; Wo die blaue Blume blüht, G. 11; Ein deutsches Lied, G. 13; Kriegssaat u. Friedensernte, Skn. 15; Helden der Heimat 15: Kund'n u. Kampl'n, Hum. 15; Mein Dörfl im Krieg, E. 16; Weißblau u. Feldgrau, E. 17; Vom Antichrist 17, 2. A. 18; Vom Ende der Zeiten 17, 2. A. 18; Das kommende Reich 18; Die Sommerfrische, R. 18; Waldsegen, E. 18; Wie's daheim war, E. 19; Das große Glück, E. 19; Der Stein der Dummen, Spr. 20; Bei uns im Wald, E. 21; Das ewige Märchen, M. 21; Ursula Kranawitter, R. 22; Neue Heimatgeschichten 24. **H**: Musenalmanach deutscher Hochschüler, 2. Jahrg. 03, 3. Jahrg. 04.

Schröter, Eva, s. Cartellieri, Eva.

Schröter, Karl, s. Sartori, Karl.

Schroeter-Marheine, s. Marheine, Wilhelmine.

Schrott, Frl. Henriette, jetzt: Pelzel, Edle v. Staffalo.

Schrott-Fiechtl, Hans, ♪, sp. Milchwirtschaft, Tiroler Dialekt-Erz. Berlin-Friedenau, Taunusstr. 26. (Kundl i. Tirol $^{15}|_{7}$ 67.) **B**: Zwischen Joch und Ach'n, Erz. 05; Moderne Bergbauern, Erz. 07; Ich zwings, R. 07; Aus'm Tiroler Landl, Erz. 07; Ein Spatz am Joch, R. 10; Der Bauernprofessor, R. 10; Hellauf Tirolerisch! Erz. 11; Die Herzensflickerin, R. 11; Der Herrgottslupfer, R. 12; Das Federl am Hut, R. 15; Der Bauer auf der Stang', R. 15; D. deutsche Bruder u. Österr., Brosch.; Tiroler Geblüet, Erz.; Wettertannen, R.; Sonnseitige Menschen, R.; Hinter Pflug u. Dengelstock, Erz.; Die Moßeggerin, R.; Die Magd d. Enkelin, R.; Der Bauernsegen, R.; Al fresco, Erz.; Der Bauer als Wurzel d. Volkskraft, Brosch.; D. Bäuerin auf der Vogeltenn, R. 20; D. Buch mein bester Kamerad 21; Bergblüh, Erz. 21.

Schrott-Pelzel, Frau Henriette, s. Pelzel, Edle v. Staffalo.

Schrötter, Georg, (K.), ♛, Dr. phil., OArchR. München, Trogerstr. 48. (Lam $^{24}|_{10}$ 70.)

Schruf, Toni, Tagesblätter, Monatsschriften, /, Reisebeschreibungen u. landschaftl. Schilderungen, Gedichte, Obmann der „Roseggergesellschaft", Hotelbesitzer. Mürzzuschlag. (ebda $^{26}|_{9}$ 63.) *

Schrutz, Demetrius, ♉, ♎, **Ue**: F, Krit., Dram., Rezit. Auf Reisen. per Adr.: Otto Feigenspan, Köln a. Rh., Gereonswall 29. (Wien $^{18}|_{7}$ 56.) **B**: Die Lindenwirtin, Sp. in Versen 96; Im Sommer des Lebens, Dchtgn. 09; Dorfspatzen, südd. Dchtgn. 10; Zweig an Zweig, Dchtgn. 12; Die Kunst d. Sprechens u. Vortrags 20; außerdem Lustsp., Kinderkom., Vortrags- u. and. Anthologien. ()

Schubart, Arth., Schriftst. u. RA. München, Theresienstr. 4. (Landshut i. Bay. $^{4}/_{2}$ 76.) **B**: Erinnerungen aus meiner Heimat 03; Aus St. Hubertus Reich 04; Neues aus meiner Heimat 05; Hochlandskämpfe 06; Die Forelle 07, 2. A.; Wildwasser, R. 10, 2. A.; Auf Elchjagd in Norwegen 12, 2. A.; Kimmerlingers Kavaliere 12, 2. A.; Bunte Beute, Skn. 13; Bergfrühling, N. 14, 2. A.; Tiere und Menschen 16, 3. A.; Kuckuck, Menschen u. Tiere; Radierungen (4 Glossen, Fabelbücher); Schattenschnitte, N 16, 2. A.; Wasserweid, N. 17, 2. A.; Hubertusbilder 18; Signe, N.; In nord. Wildnis, N. 19; Grüne Geschichten, N.; Auf Grüngrund, N.; Rauchbilder, Sk. 20; Die Schwedendirn, Nov. a. d. 30jähr. Krieg; Frl. Potiphar, N.; Hüttengeschichten, N.

Schubart, Wilh., klass. Ψ, Dr. phil., Dr. jur. h. c., Prof., Kustos b. d. Kgl. Museen, Verw. d. Berl. Papyrussamml. Berlin-Steglitz, Beymestr. 2. (Liegnitz $^{21}|_{10}$ 73.)

Schubert, Harold, RP., / üb. ♎ u. Lit., Nov., Red. an Wolffs Telegr.-Bur. Berlin-Friedenau, Laubacherstr. 8 III l. (Bremen $^{28}|_{6}$ 84.) **B**: Die Weltpresse als Wertmesser der Weltgeltung 21.

Schubring, Paul, Kunst♛, Dr. phil., Lic. theol., ord. THSchP. Hannover, Schleidenstr. 1. (Godesberg $^{28}|_{1}$ 69.) **B**: Altichiero und seine Schule 99; Schloß- und Burgbauten d. Hohenstauf. i. Apulien 01; La Puglia 01; Moderner Cicerone, Florenz I u. II 02, 2. A. 07; Pisa

02; Urbano da Cortona 03; Grabmal der Frührenaissance 04; Luca della Robbia 05, 2. A. 21; Mod. Cicerone, Berlin, Kais.=Friedr.=Mus. 06; Rembrandt=Biogr. 07; Die Plastik Sienas im Quattrocento 07; Donatello 07, 2. A. 23; Urbino 09; Sixtin. Kapelle 09; Hilfsbuch z. Kunstgesch. 10, 2. A. 13; Truhen u. Truhenbilder d. ital. Renaissance, m. Atlas 15, 2. A. 23; Dantes Göttl. Komödie in Zeichnungen deutscher Romantiker 21. **Ue**: Shakespeares ital. Nov. 20; Vesp. Bisticci, Lebensbeschreibungen berühmt. Männer des Quattrocento 14; G. Vasari, Trecento 16.

Schubring, Walther, ind. Ψ, Dr. phil., o. UP. Hamburg, Feldbrunnenstr. 43. (Lübeck $^{10}|_{12}$ 81.)

Schuch, Julius, Musikschriftst. Graz, Schubertstr. 25. (ebda $^{4}|_{8}$ 62.)

Schuch, Marg., s. Schuch=Mankiewicz.

Schuch-Mankiewicz, Frau Margarethe, SDS., DÖSchG., Historische und moderne Belletristik, Musik=, Theater= und Kunstkritik. Wien IV, Argentinierstr. 36. (ebda $^{28}|_{8}$ 81.) **B**: Mein Skizzenb., G. 08; Miniaturen 10; Platz d. Jugend 11; Carneval 12; Glück auf d. Welt 16; Alte Weihnacht 21. **Ue**: Maffei: Labyrinth d. Wollust 20; Ruggi: Herz und Welt 21.

Schuchardt, Hugo E. M., Ψ, Dr. phil., o. UP. i. R., HofR. Graz, Joh.=Fux=Gasse 30. (Gotha $^{4}|_{2}$ 42.) **B**: Fachschr. ☛ „Verzeichnis d. Druckschr. v. H. Sch." 16.

Schuchardt, Max, VJ. & S., Naturw., ☽, ♥, Privatgelehrter. Darmstadt, Dieburgerstr. 144. (Dreieichenhain, Hess. $^{14}|_{5}$ 61.) **B**: D. menschl. Staat als Glied der Naturentwicklung 03; Amyntas, dramat. Dchtg. 04; Aus alten u. neuen Tagen, G. 06; Sinnen u. Minnen, G. 12.

Schuchardt, Ottomar, Politik, Dr. phil., Kustos an d. Biblioth. d. Gehestiftung zu Dresden. Dresden=Gorbitz. (Großzöbern $^{12}|_{3}$ 56.) **B**: Deutsche Warte 84/87; Zu den Waffen! 93; Constantin Frantz 96; D. deutsche Politik d. Zukunft 00/02 III; Umrisse einer Staatsverfassung für das mittlere Europa 05, 2. A. 20; Zur Charakteristik d. mod. Frauenbewegung 08; D. orientalische Frage das ist die deutsche Frage 09; Marokko, Tripolis u. d. deutsche Zukunft 11; Bismarck, e. geschichtl. Ergänzg. d. geplanten Bismarck=Nationaldenkmals 12; Die ersten Kammern u. d. mod. Staat 12; D. mitteleurop. Bund 13; Moderne Hunnenwirtschaft 14; Deutschland u. d. kommende Krieg 14; Mitteleuropa u. die Politik der Zukunft 16; Gen Osten 19; Die Schuldigen d. Weltkrieges 20.

Schuchhardt, Karl, Prähistoric, Dr. phil., Prof., GRegR., Staatl. MusDir. Berlin. (Hannover 59.) **B**: D. Hannoverschen Bildhauer d. Renaiss. 09; Alteuropa in s. Kultur= u. Stilentwicklg. 19; u. a.

Schücking, Levin L., ♥, Ψ, Dr. phil., o. UP. Breslau 18, Eichendorffstr. 49. (Burgsteinfurt i. W. $^{29}|_{5}$ 78.) **B**: Beziehungen der italienischen zur englischen Komödie 01; Satzverknüpfung im Beowulf 04; Beowulfs Rückkehr, krit. Studie 05; Shakesp. im lit. Urteil s. Zeit 08; Lieder u. Balladen 09; Die vertauschten Schäfer, Verssp. 09; Bedeutgslehre d. angelsächs. Dichtersprache 15; Der englische Volkscharakter 15; Beow.=Ausg., 12. A. 18; Die Charakterprobl. b. Shakesp. 19 (in engl. Übersetzung 22); Kleines angelsächsisches Dichterbuch 19; Soziologie der liter. Geschmacksbildung 22. **H**: Göttinger Musenalmanach für 1900 99; Anglist. Arbeiten u. Neue Anglist. Arbeiten seit 12. **Bearb**: Das maler. u. romant. Westfalen 98; M. Heyne, Beowulf m. Glossar, 11. A. 15.

Schücking, Lothar Engelbert, Politik, Verwaltungsrecht u. westfäl. ♛, Dr. jur., RA. Dortmund, Ostenhellweg 46, u. Sassenberg in Westf. (Wollin i. Pom. $^{30}|_{4}$ 73.)

Schuder, Kurt, Lit.♛. Jena, Steiger 6. (Keula, Thür. $^{26}|_{8}$ 84.) **B**: Fr. Hebbel, Denker, Dichter, Mensch 08, 2. A. 10. ()

Schuhknecht, Otto, /, ♥, Rom., Journalist. Dresden, Rabenerstr. 2. (Meuselwitz, S.=A. $^{12}|_{5}$ 66.) **B**: Scherz u. Ernst d. Lebens, G. in sächs. Mundart 16; Elsa v. Glanzewitz, R. 16; Der Nachtwandler, R. 16; Alle Schuld rächt sich auf Erden, R. 21; Div. Film=Texte 21. ( )

Schuk, Pankraz (Ps. Maximilian Stürmer), DÖSchG., ♌, Erz., /, Postamtsdir. Mödling b. Wien. (Proßnitz $^{13}|_{5}$ 77.) **B**: Stille Pfade, G. 02; Erika, Bst. 02; E. Kampf um die Heimat, R. 05; Thomas Rotts Traum, R. 06; Christian Hellmann, Sch. 07; Das elfte Gebot, Sch. 07; Geheimnisvolle Mächte, R. 07; D. König d. Panduren, R. 08 II; Frl. Postmeister, P. 08; Kaiser Josefs Jugendliebe, R. 08; D. Macht d. Liebe, R. 09; Die Verschwörer v. Wien, R. 09; Aus entschwundener Zeit, Erzn. 11; Auf heißem Boden, R. 11; Wiener Kinder, R. 12; Ferd. Raimunds letzte Liebe, R. 12; Im Kampfe der Völker, R. 17; Der Weg nach Mayerling, R. 19, 25. A. 21; Wiener Walzer, R. 20; Hollenbrunn, R. 21; Der Schullehrer von Mariensee, R. 22; Die Söhne der Frau Harland, Erz. 22; Adalbert Stifters Liebestraum, Nov. 23.

Schukowitz, Hans (Ps. Hans v. der March), Kultur- u. Lit.♛, Dr. phil., Univ.-Oberbibl. I. Kl. Graz, Schumanng. 21. (Mannersdorf b. Wien 5|8 63.)

Schuldes, Jul. (Ps. Hettauer), ⚘, /, ∴, RegRat, Hoftelegraphenvorst. a. D. Baden b. Wien. (Hettau 2|8 49.) **B:** Böhm. Schweiz 78; Nordböhm. Volkssagen 79; Iduna, G. 83; Bardenlied, E. 02; Z. Verfall d. Literatur 04; Hagens Traum, Dr. 08; D. Zeitgespenst 09; Umwertungen 10.

Schulenburg, Werner v. der, SDS., ♛, Belletristik, Dr. jur. et phil. Adr.: Verlag Carl Reißner, Dresden-Blasewitz. (Pinneberg i. H. 9|12 81.) **B:** E. Winterfahrt durch d. Provence, Dichtg. 10; Stechinelli, R. eines Kavaliers 11; Sanssouci, Lsp. 11; Eulenspiegel, Dchtg. 11; Judas, Dchtg. 12; Romanreihe Hamburg: I. Don Juan im Frack 12, 2. A., II. Antiquitäten 13, 3. A., III. Thomas Dingstäde 16, 3. A.; Die katholischen Novellen 13; Deutsche Flamme, G. 15; Meine Kadetten-Erinnerungen 20; Dante u. Deutschland, ein Versuch 21; Doctor Boëtius, der Europäer, R. 21; Malatesta, R. 23. **Ue:** D. Gastronomie d. Joseph Berchoux, Dichtg. 19. ()

Schüler, Gustav, ⚘, ʘ, /, Red. Freienwalde a. d. O., Berliner Str. 10. (Königlich Reetz 27|1 68.) **B:** Balladen 09; Mitten in der Brandung, G. 11; Von Stundenleid u. Ewigkeit, G. 14; Balladen u. Bilder 14; Wider die Welt ins Feld, KriegsLr. 14; Gottes Sturmflut, relig. G. 14; In Waffen u. Wahrheit, KriegsG. 14; Unerschütterlich bereit, desgl. 15. **H:** Vergessene Lieder 08. ()

Schüler, Karl, DV., VF., Roman, Nov., ʘ. Bad Schandau, Villa Schüler. (Fritzlar i. Hess. 18|10 67.) **B:** Staatsanwalt Alexander, Sch., 5. A.; Im Café Noblesse, Kom.; Oliveiras Millionen, R.; Der Brasilianer, R.; So lange wir irren, Sch.; Von kleinen und großen Spitzbuben, KrimErzn., 9. A.; Der Doppelgänger des Emil Schnepfe, hum. R.

Schüler, Paul (Ps. Paul Anders), Novelle, Roman, Humoreske, ʘ, Dr. jur., Just.ObSekr. Berlin-Steglitz, Alsenstr. 11. (ebda 4|11 69.) ()

Schulhoff-Hilzeimer, Else, DV., Lit. Berlin, Dörnbergstr. 7. (Braunschweig 21|12 63.) **Ue:** Ariadne in Mantua, Dr. 06. **Bühnenbearb:** Die Erweckung des Calimachus (Roswitha v. Gandersheim) 21.

Schulken, Fräulein Kaethe, Wanderschriften, ⚘, Lehrerin. Vegesack b. Bremen, Grüne Str. 6. (ebda 19|7 91.) **B:** Frohes Wandern 20, 2. A. 21; Gabst mir die herrliche Natur zum Königreich 21; Mein heiliges Land 22; Mein Weserbuch 23. *

Schullern, Heinr. v. (auch Ps. Paul Ebenberg), Rom., Nov., ⚘, ʘ, Dr. med., Landw.-Oberstabsarzt i. R. Innsbruck, Speckbacherstr. 18. (ebda 17|4 65.) **B:** Helldunkel, Bilder u. Lieder 92; Vampyre, N. 99; Im Vormärz der Liebe, R. 00; D. Trichine, Schw. 00; Neues Skizzenbuch 01; Ärzte, R. 02, 9. u. 10. T. 11 (tschech. 04, ital. 07); Katholiken, R. 04, 2. A. 04; Genußmenschen, Zyklus einakt. Dramen 06; Streiflichter, Erzn. 08; Jungösterreich, R. e. Burschenschafters 10, 2. A. 11; Gedichte 12; Vom Blühen u. Verderben, Tragödie e. Schülers, R. 12, 3. A. 13; Berggenossen u. a. Erzn. 14, 85. T. 19; Vom Garten d. Glaubens, kl. Erz. a. Tirol 19, 5. T. 20; Possen d. Schicksals, Nn. 20. **H:** Jungtirol, mod. Musen-Almanach a. d. Tiroler Bergen (mit Hugo Greinz) 99.

Schullerus, Adolf, Ψ, †, D., Dr. phil., StadtPfr., Senator d. Kgr. Rumänien, Red. Hermannstadt i. Siebenb. (Fogarasch 7|3 64.)

Schulte, Aloys, ♛, Dr. jur. et phil., o. UP., GRegR. Bonn, Buschstr. 81. (Münster 2|8 57.)

Schulte, Eduard, ♛, Dr. jur., Stadtarchivar. Münster i. Westf., Tibusstr. 12. (Wattenscheid 6|2 86.)

Schulte, Frau Marie v., geb. v. d. Kall, Geheimratswitwe. Meran-Obermais, Südtirol. (Hostenbach a. d. Saar 30|4 52.) **B:** Friedr. v. Schultes Lebensabend, 2. A. 17.

Schulte, Rob. Werner, ASV., ∴, Psychologie, Pädagogik, Medizin, Literatur, Kritik, Musik u. Stimmbildung, Dr. phil., prakt. Psychologe, Dozent, Abt.-Leiter d. Dtsch. Hochschule für Leibesübungen. Spandau, Schönwalder Allee 62. (1|3 97.) **B:** (bes. wiss. Arbeiten u. Filme aus oben gen. Gebieten) zur Lit.: Über des ringenden Lebens rauschendem Reihn, G. u. Sk. 19; Herzeliebez frouwelin! Lr. 19; Schleiermachers Monologen i. ihr. Verhältn. zu Kants Ethik 20; Daidalos, Flieger-N. 21; Der heiml. Abend, G.; Abschied, Sc.; Hans Trutzing, Epist. 21; Das Studium der Liebe, Lsp.; Sakhi, von Liebe, Gott u. Tod, R. 23.

Schulte, Wilhelm, SDS., Dtsch. Lit. u. ♛, /, Ꭰ, Dr., StudR. Ahlen i. Westf., Karlstr. 7. (Iserlohn 14|1 91.) **B:** Christian Diedr. Grabbes Hohenstaufendramen (Neue Beiträge zur Grabbe-Forschg.) 18; Hans Roselieb 23. **H:** „Heimat", Monatsblatt f. d. Gesch. u. Heimatkunde d. märk. u. köln. Sauerlandes.

Schulte-Strathaus, Ernst, Lit. ♛. Ir-

schenhausen, P. Ebenhausen, OBay. (Bövinghausen, Westf. 9|7 81.) B: Die Bildnisse Goethes 10; Bibliogr. d. Orig.-Ausg. deutscher Dichtungen I 1 13. H: Zeitschr. „Die Bücherstube". ()

Schülter, Joseph, P, Politik, Lehrer. Bonn a. Rh., Brückenstr. 17. (Hilberath, Kr. Rheinbach 30|11 71.)

Schultz, Albert (Peryt Shou), Geisteswissenschaften, Esoterik, Religions-Philosophie, Okkultismus, Vorsitz. d. „Gesellschaft f. psychol. Forschung E. V." und d. „Esoterischen Gesellschaft". Charlottenburg, Kaiser-Friedrich-Str. 42. (22|4 73.) B: Verkehr m. Wesen höh. Welten 12; Heilkräfte d. Logos 13; Yoga-Praxis 19; Geheimlehre d. Totenbuchs 20; Kwanon-sch, Weltreligion des Neu-Buddhismus 21; Inri, Esoterik d. Urchristentums 22; Esoterik der Edda 22; Kette d. großen Wollens 23; Medusa 23; Deutschlands Zukunft im Gesetz kosmologischer Entwicklung 23. *

Schultz, Aug. Heinr., s. Schultz, Jul. A. H.

Schultz, Franz, deutsche Ψ, bes. neuere, Dr. phil., o. UP. Frankfurt a. M., Feldbergstr. 7. (Culm 4|12 77.) B: Phil. Otto Runge, ein Maler d. Romantik 01; Herm. Hüffer 05; J. Görres als Herausgeber, Literarhistoriker, Kritiker im Zusammenhang mit der jüngeren Romantik 02; B. rhein. Dichtung 09; Der Verf. d. Nachtwachen v. Bonaventura 09; Steinmar i. Straßburger Münster 22. H: D. Narrenschiff u. s. Holzschnitte 12; Fr. Lienhards schöpferische Persönlichkeit 15; Das Elsaß (mit Anrich u. Wittich) 18; Elkuß, Zur Beurteilg. d. Romantik u. zur Kritik ihrer Erforschung 18; Görres, Charakteristiken u. Kritiken; Goethes sämtl. Werke 04; Eichendorffs Werke 10; Th. Murners Deutsche Schriften 18ff. ()

Schultz, Julius Aug. Heinr. (Ps. C. G. Bruno), O, ∴, Dr. phil. Berlin NO, Prenzlauer Berg 11. (Göttingen 16|4 62.) B: Königssohn u. Rebell, Dr. 87; Pinsel u. Kutte, Dr. 90; Du sollst nicht töten, Dr. 92; Deutsche Lyrik v. 1891 (m. Montanus u. Servaes) 92; Altgriech. Lyrik in deutschem Reim (m. J. Geffken) 95; Psychol. der Axiome 99; Das Lied vom Zorn Achills 01; Periander u. sein Sohn, Dr. 03; Die Bilder v. d. Materie 05; D. drei Welten der Erkenntnistheorie 07; D. Maschinentheorie d. Lebens 09; D. Philosophie am Scheidewege 22; Leib u. Seele 23.

Schultz, Wolfgang, Ψ, ℳ, ∴, Dr. phil., Red. Wien XIX/5, Sieveringerstr. 149. (ebda 28|6 81.)

Schultz-Gora, Oskar, rom. Ψ, Dr. phil., o. UP. Jena, Kahlaische Str. 1. (Gora i. Westpr. 25|9 60.) B: Die provenzal. Dichterinnen 88; A. Chénier 91; D. Briefe d. Trobadors R. d. Vaqueiras 93; Un testament littré de J. J. Rousseau 97; Zwei altfrz. Dichtgn., 4. A. 19; Altprovenz. Elementarb., 3. A. 15. H: Merimée, Ausg. Novellen 06; Folque de Candie II 15; Provenz. Studien. ()

Schultze, Frl. Marie v., (k.), Biographie, Jugenderzählg., Lehr- u. Erziehungsdame a. D. d. Kgl. Max-Josef-Stiftes. Bad Tölz i. Oberbayern, Marktstraße 74 I. (Augsburg 21|8 50.) B: Königin Marie von Bayern 92, 2. A. 94; Am Tegernsee 05; Die Winkhler 06; Aus Napoleons Tagen, 3 Erzn. 11, 2. A. 16; Ein verhängnisvoller Fund u. a. Erzn. 13; Im Geleite des Löwen, Erz. 20.

Schultze, Paul, s. Langer, Alfons.

Schultze, Walter, ♛, ⊞, Alpinistik, Dr. phil., Prof., ObBibl. Berlin W, Konstanzer Str. 58. (Kolberg 9|6 62.)

Schultze-Mündhow, Walther (Ps. f. Belletristik: Leberecht Sittsam), ♛, Humor, Dr. phil., GenKonsul a. D. Baden-Baden, Quettigstr 24. (Berlin 24|6 70.)

Schultze-Naumburg, Paul, Dr. h. c. Saaleck b. Kösen i. Thür. (Naumburg 10|6 69.) B: Studium u. Ziele d. Malerei 96, 2. A. 00; Häusl. Kunstpflege, 6. A. 04; D. Technik d. Malerei 00; Kunst u. Kunstpflege 01; Kulturarbeiten I—IX 02—16; n. A. 22; D. Gestaltung d. Landschaft 16; D. Kultur d. weibl. Körpers als Grundl. d. Frauenkleidung 02; Die Entstellung uns. Landes 08; Der Bau des Wohnhauses 18; Die Einrichtung des Hauses 22.

Schulz, Adalbert Maria, (k.), Kunst♛, ObStudR. München, Sendlingertorplatz 3 III. (ebda 8|9 68.) B: St. Michaels-Hofkirche 97. ()

Schulz, Carl, s. Rentwich, Max.

Schulz, Erich, Lit.♛, Kritik, Bibl.-Wesen, Dr. phil., BiblDir. Dortmund, Freiligrathstr. 11. (Löcknitz 18|7 74.) B: Meine Wälder rauschen..., G. 06; In memoriam Hoffmann v. Fallersleben 20. H: Karl-Prümer-Festgabe 21; u. a.

Schulz, Friedrich Ernst, SDS., Roman, Dram., Dchtg., Hamburg 23, Börnestr. 71. (Pillkallen, Ostpr. 21|2 82.) B: D. Befreier, Monist. Sch. 12; Frau Dithas Liebesschuld, R. 20, 6.—15. T. 21; Das Gruselbuch, Rn. (m. and.) 35. T. 21.

Schulz, Fritz Traugott, Kunst- u. Kultur♛, Dr. phil., Prof., Hauptkonservator d. kunst- u. kulturgesch. Sammlgn. d. German. Mus. u. Dir. d. Städt. Galerie. Nürnberg, Friedrichstr. 52 II. (Dahlhausen a. d. Ruhr 6|8 75.) B: Beschreibg. d. städt. Kunstsammlg. in Nürnberg 10, Nachtrag 11; Festschr. z. Einweihung d. Künstlerhauses in Nürnberg 10; Nürn-

berg, e. Rundgang in Bildern 12; Kataloge d. Ausstellgn. d. A. Dürer-Vereins i. d. Kunsthalle a. Marientor. ()

Schulz, Frl. Gabriele, Ⓢ, Lehrerin. Gramzow i. Uckermark. (Dresden $^{29}|_{6}$ 60.) **B:** Geläutert 91; Der Pfarrer v. St. Jürgen 03; Lore Baumgart 14, 3. A.; Die große Tat 18. ()

Schulz, Gotthold (Ps. Schulz-Labischin), Ⓢ, /, Nov., O, Krit., Bibliothekar z. Disp. Berlin-Schöneberg, Belziger Str. 46, Eing. 3. (Gollantsch $^{27}|_{10}$ 72.) **B:** Die Polenlucy, N. 00; Heimkehr, Dr. 06; Orientfahrt 08; Die Gräber draußen..., Dtchg. 17. **Red. Bearb:** v. Lipperheides Sprachwörterbuch 99—04.

Schulz, Hans, ♕, Dr. phil., BiblDir. d. RGerichts. Leipzig, Schlegelstr. 7. (Zwätzen b. Jena $^{16}|_{6}$ 70.) **H:** Fichtes Briefwechsel 24.

Schulz, Heinr. (Ps. E. Almsloh), VA., UV., SDS., Schulpolitik, ◉, Volksbildung, /, Staatssekr., M. d. R. Berlin-Steglitz, Viktoriastr. 5. (Bremen $^{12}|_{9}$ 72.)

Schulz, Frau Sofia verw., geb. Euler (Schulz-Euler), Ⓢ, Nov., Roman. Ludwigsburg i. Württbg. (Frankfurt a. M.) **B:** Buntes, Rätselsammlg. 99; Cum tempore, Frankfurter Familien- u. Zeitgeschichten 01; Die schöne Gritt, Nn. 03; Leben, G. 04; Am Pfaffengarten, R. 04, 2. A. 05; Leonhard Euler, e. Lebensbild 07; — anonym: Ungelesen zu verbrennen 06, 15. A. 16; Zum Verwundern 07, 10. A. 16; Die Durlachers 13, 3. A. 16.

Schulz, Wilhelm. München, Hubertusstr. 13. (Lüneburg $^{23}|_{12}$ 65.) **B:** Märchen 00; Prutzeltopf 04, 2. A. 09; Bunter Kranz 07.

Schulz-Besser, Ernst, Lit.♕, Kunst♕, Verlagsbuchh. u. Kunstantiquar. Leipzig, Fockestr. 53. (Berlin $^{2}|_{5}$ 73.) **B:** Die deutsche Literatur ohne Buchstaben, R. 10; Die Karikatur im Weltkriege 15; Tiersymbolik im Weltkriege 16.

Schulz-Euler, Carl Fr. (Ps. Hanns Wolfgang Rath), SDS., ◉, Lit.♕, Ⓢ, Vors. d. Ges. d. Mörike-Freunde. Ludwigsburg i. Württbg. (Essen a. d. Ruhr $^{24}|_{3}$ 80.) **B:** Üb. d. moderne Exlibris; Meine eigenen Exlibris 07; Zur Exlibris-Ausstellung in Offenbach a. M. 07; Moderne Exlibriskünstler 08; Dir, Madonna 08, 2. A. 12; Lyra sacra 09; Willi Geiger 09; Von Schuft u. Lump, Dichtung 09, 2. A. 13; In memoriam Detlev v. Liliencron 10; D. bunte Falter 10; Lacerta 11; Pierrots sonderbare Ehe u. Absterben, R. 12, 2. A. 13; Im Nachen des Traums 13; Das Lebenstheater 13; Von innerm Gold ein Widerschein (Unveröffentlichtes von Mörike) 13; Seelen, die ein Klang umspinnt 16; Siebenschleier, R. 18; Mörike u. Waiblinger 21; Ein Bild v. Hölderlins Jugendland 22; Ed. Mörike sein eigner Neffe sein eigner Onkel 23. **H:** Sammlg. mod. Exlibris-Künstler: I. Max Bucherer 06, II. Otto Ubbelohde 06, III. Hubert Wilm 07, IV. Alfred Soder 07; Herm. Conradi, Friedr. Hebbel in s. Tagebüchern 07; Autographen-Publikationen I—X 07; Im Spiegel d. Handschrift 08; Willi Geiger, Briefköpfe u. Initialen 10; Mörike-Schwind, Briefwechsel 19, 2. A. 20; Storm-Mörike-Bfw. 20; „Luise", Bfe. d. Liebe, a. s. Braut Luise Rau geschr. von Ed. Mörike 21, 4. A. 23; Gretchen, e. Dichters Schicksal, e. Chronik vom Erdenleid Ed. Mörikes 22, 3. A. 23; Luise Walther, Aus Mörikes Kreis u. Stuttg. Zeit, 150 Charakterköpfe (Silhouetten) 23.

Schulz-Euler, Sofia, s. Schulz, Sofia.

Schulz-Labischin, s. Schulz, Gotthold.

Schulze, Alfred, roman. Ψ, Dr. phil., UBiblDir., GRegR. Marburg, Frankfurter Str. 56. (Berlin $^{1}|_{10}$ 61.)

Schulze, Berthold, germ. Ψ, Dr. phil., Prof., GymnObLehr. Berlin-Lichterfelde, Theklastr. 11. (Berlin $^{27}|_{1}$ 68.) **B:** Neue Studien üb. Heinrich v. Kleist 04; Kleists „Penthesilea" od. von d. lebendig. Form d. Dichtg. 12; Aus d. Seelenleben 3 junger Helden 17; Marksteine der Entwickelung neudeutscher Dichtung I 22. **H:** Hebbels Agnes Bernauer 08.

Schulze, Eduard, Heil-Erziehungskde., /, Hauptlehrer. Stettin i. Pom., Eckerbergstr. 1. (Quedlinburg $^{22}|_{8}$ 72.)

Schulze, F. W., s. Gurlitt, Cornelius.

Schulze, Friedrich, SDS., Geistes♕, Dr. phil., Dir. am Stadtgesch. Mus. Leipzig, Grassistr. 26. (Weimar $^{20}|_{4}$ 81.) **B** bez. **H:** D. Gräfin Dolores 04; Briefe eines alten Schulmannes (C. G. Scheibert) 06; D. Franzosenzeit in deutsch. Landen, in Wort u. Bild der Mitlebenden 08; D. deutsche Studententum (m. Ssymank) 10; B. G. Teubner 1811 bis 1911, Gesch. der Firma 11; D. ersten deutsch. Eisenbahnen 12; Ausgew. Briefe u. Reden Blüchers 12, 2. A. 16; 1813—1815, zeitgenöss. Schilderung 12, 9.—12. T.; Napoleons Briefe 12; Gesch. d. Familie Ackermann 12; Urkunden d. deutschen Erhebung 13, 7. T.; Weimarische Berichte u. Briefe aus den Freiheitskriegen 13; Weimars Kriegsdrangsale 1806—14 15; Die deutsche Napoleonkarikatur 16; 100 Jahre Leipziger Stadttheater 17; Das Stadtgeschichtliche Museum 22; Die Entstehung des Leipziger Kunstvereins (Beiträge zur Stadtgeschichte I) 23.

Schulze, Hans, Rom., O, Dr. med., Oberarzt an d. Landes-Irrenanst. Sorau

in N.L. (ebda 17|5 76.) V: Die Kette 09; Der 16. Geburtstag, Dr. 10; Die Jagd nach d. Glück, R. 10; Die Siegerin, R. 12; Das Bild des Dorian Gray, Sch. (nach O. Wilde) 13; Gesch. d. Landes-Irrenanstalt Sorau 13; Jugend, R. 14; Die Stärkere, R. 15; Der langsame Tod, R. 15; Das Feuer, R. 16; Vor dem Sturm, R. 17; Mondscheinsonate, Sch.

Schulze, Otto (Ps. Schulze Köln, Karl Heinrich Otto), ✍ und ✍gewerbe, Ethik, Prof., Dir. d. Handwerker- u. Kunstgewerbesch., Doz. d. Volkshochschule. Elberfeld, Herzogstr. 39. (Magdeburg 22|8 63.) V: Feige Väter — herzlose Mütter 02; D. Harmonie d. Gegensätze 02; Eine neue Schreibschule 24.

Schulze, Paul (Ps. Schulze-Berghof), SDS., ✠, Novelle, Roman, ✍, Kritik. München, Ysenburgstr. 4. (Landsberg a. d. W. 16|4 73.) V: Schiller und die Kunsterzieher 05; Die Kulturmission unserer Dichtkunst, Essays 08; D. Nationalbühne 11; Die Königskerze, Frideriz. R. 12, 6. A. 19; Edelinge, Rn. 12, 3. A. 20; Reife Jugend, Lsp. 12; Fürst Barbarus od. Die Komödie d. Kultur, Lsp. 12; D. schöne Sabine, Frideriz. R. 16, 14. A. 22; Der Königssohn, R. 16, 6. A. 20; Neuland d. Kunst u. Kultur, Essays 16; Dämonen in uns, Rn. 17; Am Urquell, Dchtg. 17; Zeitgedanken z. Ibsens Peer Gynt 18; Hochwildfeuer, R. 19; Der grüne Beutel, Sch. 19; Ibsens Kaiser u. Galiläer als Zeitsinnbild 23.

Schulze, Theodor, ASV., Kultur♛, Dr. phil., StudR., Stadtarchivar. Zerbst (Anhalt), Friedrichsholzallee 62. (Schlabendorf, N.-Laus. 10|7 78.) V: Das nächste Leben, R. 22.

Schulze, Wilhelm, Ψ, Dr. phil., o. UP., GRegR. Berlin W 10, Kaiserin-Augusta-Str. 72. (15|12 63.)

Schulze-Berghof, s. Schulze, Paul.

Schulze-Etzel, Theodor (Ps. Theodor Etzel), SDS., ✠, Rom., Lit.♛., Lit. Beirat des Vlgs. Walter Seifert, Heilbronn. Mettingen b. Stuttgart. (Gelnhausen 9|1 78.) V: Ein Fabelbuch (m. Ewers) 01, 3. A. 02; Tage des Lebens, Dchtg. 04; Der Rohrspatz, Fbln. 07; Von Löwen u. Lausbuben 09; Reineke Fuchs u. a. Jugendschriften; Das Urwaldkind, M.-R. 20, 6. T. 23; Das nächste Leben, R. 22; Fabeln, Ges. Ausg. 23. H: Fabeln u. Parabeln d. Weltliteratur 07; Welthumor (m. Roda Roda) 10—11 V; Die Lese, Wochenschr. 10—15; Der Wunderkelch, Legenden (mit Lerbs) 20; Ges. Ausg. E. A. Poe 21, 6. T. 23 VI; Jean de Lafontaine 22, 9. T. 23, II; mehr. biblioph. Werke.

Schulze-Köln, s. Schulze, Otto, Elberfeld.

Schumacher, Frau Dorothea (Mimosa Orientalis), ASV., Skizze, Studie, populär. wiss. Erz., Volkskunde. Gräfrath b. München. (Breslau 5|10 80.) V: Eine türkische Ehe in Briefen 13, n. A. 14; Die Kinder des hl. Waldes 18, neue A.; Pervine, ein türk. Frauenleben 18; Ehe u. Liebe im Islam 22; etwa 700 volkskundl. u. a. Skn.

Schumacher, Fritz, Kunst♛, △, Prof., Dr. Ing. h. c., Oberbaudirektor. Hamburg, An der Alster 39. (Bremen 4|11 69.) V: Im Kampfe um d. Kunst 96, 2. A. 02; Leon Battista Alberti u. s. Bauten 99; Phantasien in Auerbachs Keller, Spiel in Versen 99; D. Bauschaffen d. Jetztzeit u. hist. Überlieferung 01; Architektur (in: Die deutschen Städte) 04; Streifzüge e. Architekten 06; Kriegs-Gedächtnis-Male 16; Ausblicke in d. kunsttechn. Zukunft uns. Volkes 16; Kulturpolitik 19; Grundlagen der Baukunst, 2. A. 19; Vom Baume der Erkenntnis, Moderne Märchen 20.

Schumacher, Hermann, ⊞, Dr. phil. et jur., LL. D., o. UP., GRegR. Berlin-Steglitz, Schillerstr. 8. (Bremen 6|3 68.)

Schumacher, Karl, Archäologie, Dr. phil., Prof., Dir. a. Röm.-Germ. Zentralmus. Mainz, Höfchen 2. (Dühren 14|10 60.) V: Siedelungs- u. Kulturgesch. d. Rheinlande I 21, II 23.

Schumacher, Leopold, philosoph. Essay. Leipzig, Mittelstr. 21 III. (Elberfeld 12|9 67.) V: Gedanken z. Regeneration im deutsch. Volksleben 08; Das Wesen der Persönlichkeit 08; Fahnenweihe, R. 09; u. a.

Schumacher, Richard, Musik, Obermusiklehrer am Dorotheen-Lyzeum in Berlin. Hermsdorf b. Berlin, Friedrichstr. 3. (8|4 60.) V: Germania, Klänge a. d. deutsch. Lehrerwelt 94; Deutsche Heimatklänge 96; Zionsharfe 97, 2. A. 19; Liederbuch für Mädchenschulen 11, 3. A. 21; Methodik d. Gesangunterr. 14; Froh u. frei! Lr. f. Wandervögel 15.

Schumann, Friedrich, ∴, Dr. phil., o. UP., Rcd. Frankfurt a. M., Mertonstr. 17. (16|6 63.)

Schumann, Harry, Naturwiss., Lit., Weltanschauung, ∴, ✍. Dresden-A., Schaufußstr. 25. (23|5 94.) V: Ernst Hardt u. die Neuromantik 13; Walter Heymann 14; Deutscher Geist 15; Unser Masuren in Forschung u. Dichtung 15, 7. A. 21; Die Seele u. d. Leid 18; Die Hochzeitsreise der Königin 18, 34.—39. A. 23; Vom Sinn d. Eros 20, 3. A. 21; Karl Liebknecht, ein unpolitisches Stück Weltanschauung 19, 10. A. 21.

Schumann, Hermann (Herms Eschu), ASV., Schriftstellerverein Mannheim-Ludwigshafen, Gewerkschaft deutscher Geistesarbeiter, Lyrik, Novelle, /, Heimatschriftstellerei, Skizzen, Volksschullehrer, Schriftsteller. Z. Zt. Altneudorf, Amt Heidelberg (Baden). (Staffort, Amt Karlsruhe $^{6}|_{8}$ 92.) V: Draußen und daheim, G. 18; Mitarbeiter an Zeitungen und Zeitschriften, auch in neueren Anthologien vertreten. *

Schumann, Max, RP., Lit.♛, ∴, Sanskrit, Dr. phil., Geschäftsf. d. dtschn. Mus.-Verlegervereins. Gautzsch b. Leipzig, Weberstr. 18. (Dresden $^{1}|_{12}$ 82.) V: F. Schlegels Umarbeitg. f. Schriften f. d. Gesamtausg. 12. H: Luthers Werke 14ff.

Schumann, Paul Th., PA., RP., Kunst♛, Δ, Ψ, Dr. phil., Prof. Dresden-Blasewitz, Wachwitzer Str. 3. (Großenhain $^{12}|_{8}$ 55.) V: Gedanken üb. histor. Kunst 80; Rubens in Dresd. Galerie 84; Barock u. Rokoko 84; Die Wandgemälde in St. Afra zu Meißen 85; Gutbiers Mus. d. ital. Malerei 85, 2. A. 86; Galerien zu Paris u. St. Petersb. 86; Hogarths Werke mit Text von Lichtenberg durchges. u. fortges. 87; Dresdner Aquarellmappe 87; Sprachl. Betrachtungen 93; F. A. Lange, der Gründer der Glashütter Uhrenfabrikation 95; Dresden und das Elbgelände 98, 2. A. 02; Max Klingers Christus im Olymp, Beethoven u. Leipziger Wandgemälde; Der troj. Krieg in Zeichnungen zu franz. Gobelins 98; Führer durch Dresdens Architektur 00; D. amtl. Verordnung über d. franz. Gramm. vom 31. Juli 00; Der Sachse als Zweisprachler 04; Nosseni u. d. Dresdner Bildhauerfamilie Walther 08; Berühmte Kunststätten: Dresden 09; Das neue Dresdner Rathaus 10; Hat Belgien sein Schicksal verschuldet? 15; Deutschtum u. höhere Schulen 17. H: D. Kgr. Sachsen in Farbenphotographie 14.

Schumann, Wolfg., Herausg. d. „Tat", früher „Kunstwart" (seit 1922) u. Schriftführer des Dürerbundes. Dresden-A. 16, Trinitatisstr. 33 II. (ebda $^{22}|_{8}$ 87.) V: Wolf Castells Gast, R. 09; Der Krieg u. d. deutsche Dichtung 15; Lebensordnung u. geist. Kultur 19; Parteiwesen u. Parteiprogramme 21; Die Wissenschaft u. ihre Sendung 23; Von Brueghel zu Rousseau, Einf. in d. Kunst d. Zeit 23 (mit K. Hanusch). H: des Literarischen Ratgebers des Dürerbundes, 5. A. 19, u. des Lit. Jahresberichts des Dürerb. von 08—23 jährlich; Gildensozialismus (von Cole) 21; Komödie des Verbrechens (von Maartens) 22; Ges. Novellen von Maartens 23; Ges. Werke von Maartens ab 22; Kunstwart-Bücherei ab 23. *

Schumm, Oskar, ◇ mit Musik, ♣ (Lieder u. Instrumentalkompositionen), Lehr. Eisenach, Hainweg 28. (Naumburg a. d. S $^{28}|_{12}$ 62.)

Schunck, Peter, erzählende ♣, Hauptlehrer. Cleve. (Aachen $^{16}|_{4}$ 64) V: Don Kichote, e. drolliges Heldengeb. 95. ( )

Schupp, August, Friedensfrage, ⊞, /, Reise, Touristik. München, Herrnstr. 22. (Gent $^{24}|_{12}$ 63.)

Schupp, Luise, /, Erz., Nov., Plaud. München, Herrnstr. 22. (ebda $^{5}|_{7}$ 66.)

Schurek, Paul, SDS., Gewerbeschullehrer. Hamburg, Breitenfelder Str. 22. (ebda $^{2}|_{1}$ 90.) V: Düwel u. Dichter, Sk. 20; Knesel, P. 20; De rode Heben, Erz. 21; Stratenmusik, Kom. 21; Snaksche Geschichten, Erz. 22; Der Hamburger Brand, historische Erz. 22; Vörjohrstorm, Sch. 23.

Schurig, Arthur, Dr. phil., Major a. D. Dresden-A., Kaitzer Str. 42. (Dresden $^{24}|_{4}$ 70.) V: W. A. Mozart, Biogr. 13 II, 2. A. 23, französische Ausgabe (Paris, Delagrave) 24; D. junge Heinse 10, 2. A. 12; Seltsame Liebesleute, R. 13, 40. T. 21; Das Leben eines Sonderlings (Biogr. Stendhals) 21, 5.—9. T. 24; Tristan und Isolde, in der Bretonischen Urgestalt 23, franz. Ausg. 24; Stendhal der Europäer 24; Die Bildnisse Mozarts und ihre Geschichte 24. Ue: Stendhal-Beyle: Von der Liebe; Kartause von Parma; Rot u. Schwarz; Flaubert: Frau Bovary; Salambo; Julie de Lespinasse, Liebesbriefe; Theophil Gautier, Mdlle. de Maupin 13, 2. A. 21. H: Leuthold, Gedichte 10; Leopold Mozart, Reiseaufzeichnungen 20; Stendhal, De l'Amour, Bibl. Mundi 21; Konstanze Mozart Briefe, Aufzeichnungen, Dokumente 23.

Schurz, Frl. Mathilde (Ps. F. Devantier), DV., DÖSchG., /, Nov., Libretto, Privatiere. Wien XVIII, Gersthof, Scheidlstr. 13. (Prag $^{11}|_{8}$ 68.) V: 's Seeröserl 96; Schlaraffenland, Libr. (nach Fulda) 04; Goldene Märchenwelt, Msp. 10; Narciß Rameau, Libr. 10; Die drei Freier, Libr. 19; „§ 88", Opttenbuch. ( )

Schussen, Wilhelm (Ps. für Wilh. Frick). Stuttgart, Seestr. 102. (Schussenried $^{11}|_{8}$ 74.) V: Vinzenz Faulhaber, R. 7.—9. A.; Meine Steinauer, R. 4.—7. A.; Joh. Jak. Schäufeles philos. Kuckuckseier, 4.—5. A.; Medard Rombold, R. 3. A.; Der verliebte Emerit, R. 4. A.; Haus Mollenkopf, Erz. 4.—7. A.; Höschele der Finkler, Erz. 4.—7. A.; Der Rote Berg, R. 1.—5. A.; Erste Liebe, R. 1.—4. A.; Heimwärts G.; Leutnant Vollmar erzählt, Erz.;

Im großen Jahr, Erz. 1.—3. A.; Der geadelte Steinschleifer, Erz. 4.—6. A.; Das war mein Gang, G.; Gildegarn, R. 2. T.; Freund Huchler schreibt, Erz. 5. T.; Die schöne Witwe, Erz. 4. T.; Ein guter Stolperer, R.; Der Roman vom Doktor Firlefanz, 1.—5. T.

Schuster, August, ✠, Volks- u. Jugendschr. Zürich 7, Moussonstr. 22. (Freiburg i. B. $^{18}|_{9}$ 60.)

Schuster, Bernhard, Kapellmeist., Komponist. Berlin-Wilmersdorf, Prinzregentenstr. 9. (Berlin $^{26}|_{3}$ 70.) H: Die Musik, Monatsschr. 01—23. V der Opern: Der Jungbrunnen; Der Dieb des Glücks.

Schuster, Georg, ♛, Dr. phil., Geh. Archivrat. Berlin-Halensee, Halberstädter Str. 2. (Beeskow $^{22}|_{10}$ 59.)

Schütky, Frau Helene, geb. v. Gersdorff, Roman, Nov., ✠, Erzählgn, ◯, Ue: REFI. Stuttgart, Kernerstr. 30 III.

Schütte, Willy, ✠, Essay, Nov. Berlin-Großlichterfelde, Albrechtstr. 15a II. (Steglitz b. Berlin $^{7}|_{8}$ 78.)

Schütz, Julius Franz, ✠, /, ◯, Nov., Dr. jur., Landes-Bibl. Graz, Brunng. 10. (Mureck $^{10}|_{11}$ 87.) V: Erbe, Eigen u. Liebe, G. 13; Die goldene Weltfahrt, G. 16; Vaterunser d. Schaffenden, G 17; Die tote Frau, Sz. (m. B. Ertler) 17; Die Legende v. d. Königin Wundersam u. v. Dichter Medardus 17: Der tolle Federball, Sk. 18; Frauen (m. Bartsch u. Ginzkey), N. 18; Die Kreise v. ewigen Leben, G. 19; Kreise u. d. Welt, G. 20; Das Buch v. Ruhen i. Gott, N. 20; Briefe a. d. Prinzessin Wu, G. 21. H: † Ernst Goll, Im bitteren Menschenland, G. ()

Schütz, Ludw. Harald, ∴, ∩, ❁, Ψ, /, ✠, Ue: ChLIndArabSlav, Dr. phil., Doz. a. Frankf. Ver. f. oriental. Sprachen. Frankfurt a. M., Elsheimer Str. 4. (Traunstein i. OB. $^{10}|_{1}$ 73.) V: Der Eisenhammer, techn. Ged. d. 16. Jahrh. 95; D. Lehre v. d. Leidenschaften bei Hobbes u. Descartes 01; D. neuesten Fortschritte in d. Messung hoher Temperaturen 04; D. Fortschritte der Techn. Physik in Deutschl. seit d. Regierungsantritt Kaiser Wilhelms II. 04; D. hohe Lehre d. Confucius oder d. Kunst, weise zu regieren 09; D. Hauptsprachen unserer Zeit 10, 2. A. 16; D. deutsch. Kolonialsprachen 12; D. Entstehung d. Sprachen 14, 2. A.; D. Entstehung d. Sprachen u. a. Vorträge, 3. A. 15; Frankfurter Märchen I 15, II 17. H: Jahresberichte d. Frankfurter Ver. f. orient. Sprachen, Hilliger-Album 13; Heyne, Geschichten u. Schwänke aus d. Orient 14; Sunufatarungo, Vereinigte Ged. v. Vater u. Sohn 14; Kriegslieder von Vater u. Sohn 15; Wie schreibt man Türkisch? (Mit Daud Sagan Eid) 17; Drei Fabeln Lokmans 23; Verschiedene Lustspiele: Rotkäppchen, Der Lügner, Fritzchens Rache usf.

Schütz, Fräulein Maria v., Roman. Leerodt b. Geilenkirchen, Rheinpr. (Paderborn $^{10}|_{3}$ 75.) V: Höhensteiger, R. 23. *

Schwab, Josef, Politik, ✉, Red. am „Berl. Tageblatt". Berlin SW 47, Dreibundstr. 1. (Uffenheim, Bay. $^{23}|_{3}$ 65.)

Schwab-Plüß, Frau Margarethe, Belletristik, Dr. phil. Sissach, Baselland, Schweiz. (Mülhausen i. Elsaß $^{22}|_{8}$ 81.) V: Luschtigs u. Truurigs, alemannische Ged. 08; Bei den Kleinen 18; Aus einem Welschlandtagebuch 20; Jugendland 21.

Schwabach, Erik-Ernst (früh. Ps. Ernst Sylvester), Prosa, Drama, ∴, Begr. d. „Weißen Blätter". Märzdorf, Schles. (Kronstadt, Siebenbg. $^{24}|_{1}$ 91.) V: Zaubertheater, Einakter 14; Peter van Pier, der Prophet 15, 3.—8. T. 16; Nur eine Liebe, Sch. 17; Puppenspiel d. Liebe, 2 Einakter 17; Die Stiftsdame, N. 18; Vier Novellen v. d. armen Kreatur 22; Über d. Nervosität i. deutschen Charakter. H u. Ue: Gauguin, Vorher und Nachher 20; Baudelaire, Kleine Verse in Prosa 23.

Schwabacher-Bleichröder, Frau Anna, Oper, Optte., wiss. Arbeiten. Berlin-Grunewald, Ilmenauer Str. 11b. V: Schatzhauser i. grünen Tannenwald, O. (Mus. v. W. Ladwig) 20; Der zerbrochne Krug, kom. O. (Mus. v. dems.) 21; verschied. Märchendramen.

Schwabe, Theodorich, s. Buck, J. G.

Schwabe, Frl. Toni, SDS., Rom., Nov., ✠, Hrsgin u. Verl. d. Monatsschr. „Das Landhaus". Jena, Villengang 1. (Blankenburg $^{31}|_{8}$ 77.) V: Ein Liebeslied 00; Hochzeit d. Esther Franzenius, R. 02, 3. A. 12; Die Stadt mit lichten Türmen, R. 03; Bleib jung, meine Seele, R. 06, 4. u. 5. A. 08; Verse 07; Tristan u. Isolde, N. 08; Komm kühle Nacht, G. 09. Ue: J. P. Jacobsens Novellen 12. H: Deutsche Kriegerbibliothek 15; Das Gespensterschiff, e. Jahrb. für unheiml. Gesch. ()

Schwadron, Abraham, Kulturkritik und jüdische Renaissancebewegung, Dr. Zloczow, Polen. (Bieniow $^{10}|_{9}$ 78.) V: Mauschelpredigt eines Fanatikers 15; Nach dem Pogrom (d. i. eine Übersetzung von Gedichten Ch. N. Bialiks aus dem Hebräischen) 19; Von der Schande eurer Namen 19. *

Schwaiger, Johann Friedrich Adolf, Theaterkritik, Gründer d. „Freien Bühne" Berlin-Steglitz, Red. d. „Allgem. Künstler-Ztg." Berlin-Steglitz, Zimmermannstr. 6. (Berlin $^{13}|_{1}$ 75.)

Schwamborn, Heinrich (Ps. Richard Born), ○, Dchtg., /, Dr. phil. Birk-Inger, Siegkreis, Rhld. (Inger $^{16}|_{8}$ 94.) V: Um eine Seele! G. 20.

Schwan, Willy (Ps. Vely Romar), Psycho-○, poet. Studien, Konrektor, Grapholog, Maler. Eichwalde, Kr. Teltow, Kronprinzenstr. (Eberswalde $^{9}|_{11}$ 66.) V. u. H: Runen aus Preußens Gesch. 01; Erinnerungsblatt z. Jubil. Sr. Maj. 13.

Schwandt, Erich, ASV., Jugendbewegung, Lebenserneuerung, Dichtung, Kritik. Woltersdorfer Schleuse bei Berlin. ($^{20}|_{2}$ 03.) V: Mein Sonnenlied, Frohe Briefe f. junge Menschen 21, 3. A. 23; Anni, R. 22; Die neue Jugend, Tagebuchblätter 22; Sonnwendfeier 22, 2. A. 23; Der heilige Geist, Sp. 23; Runenzeichen 23, 3. A. 23; Wandern—Heimat—Jugend, Ges. Aufsätze 23. H: „Volkswart" (seit 19).

Schwaner, Wilhelm (Ps. Wilm Hardt, Christian W. B. Bach), Religion, Sozial-P, Politik, Kosmologie, Mystik, Verl. u. Hrsg. d. „Volkserzieher" u. d. „Upland". Berlin-Schlachtensee, Haus Waldeck. (Corbach $^{10}|_{11}$ 63.) V: Es werde Licht 93, 2. A. 94; Moderne Opfer 97; Schulmeisterbuch 2. A. 03; Germanenbibel 05, 2. A. 06; Wander- u. Lagerlieder d. Volkserzieher 07, 3. A. 08; Vom Gottsuchen der Völker 08; Unterm Hakenkreuz, Bundesbuch d. Volkserzieher 13; 200 Marsch- u. Lagerlieder deutscher Soldaten 15; Todtrotzend kämpfen 16; Weltscheiding 17; Lichtsucherbuch unterm Hakenkreuz 19; Vollband 1 d. Germanenbibel, 5. A. 20, 23. A. 21, Vollband 2 21; Junggermanenbibel 20; Großes Wanderbuch d. Volkserzieher 21; Licht-Nächte (Traumbuch) 23; Licht-Tage (Traumb.) 23.

Schwangart, Friedrich, ✓, ♅, Essays, Dr. phil., o. Prof. a. d. Forstakad. Dresden-A., Terrassenufer 23 I. (München $^{16}|_{4}$ 74.) V: Signale, Dchtgn. 19; Die Klage, Dchtgn. 21. ()

Schwann, Mathieu, VV., ▣, ♛, ♅, /, ∴, Dr. phil., Wirtschaftsarchivar a. D., Bibliothekar der Papierfabrik J. W. Zanders. Bergisch-Gladbach, Rich.-Zanders-Str. 51. (Godesberg a. Rh. $^{22}|_{6}$ 59.) V: Ill. Gesch. v. Bay. 90/92 III; Janssen u. d. deutsche Reform. 92/93; Heinr. Emanuel, R. 95; Elsaß-Lothr. 96; Die Rheinlande v. Mainz bis Koblenz 99; Sophia, Sprossen zu e. Philos. d. Lebens 00; Liebe 01; Gesch. d. Kölner Handelskammer I 06; Lud. Camphausen als Wirtschaftspolitiker I—III 15; England wider England 15; Der Sinn d. deutschen Geschichte 16; Vom Staate 18; Firmengeschichten u. a. H: Der erste allg. Wirtschaftsarchivtag 14. Ue: Brieux, Die Schiffbrüchigen, Dr. 02.

Schwantje, Magnus, Vors. d. Bundes f. radikale Ethik, e. V. Berlin W 15, Düsseldorfer Str. 23. (Oldenburg i. Gr. $^{3}|_{6}$ 77.) V: Zahlreiche Schriften über Tierschutz, Vegetarismus, Pazifismus u. a. Fragen d. Ethik. H: Ethische Rundschau (Monatsschrift) 12—15.

Schwappacher, Fritz, PA., VJ. & S., DÖSchG., Kritik, /, ♎, Dramaturg., Musikw., ♅, ●, Reisen, Sport, Alpinismus, Städt. Kurkommissar. Marienbad i. Böhm., Villa „Erica". (Bamberg $^{6}|_{7}$ 85.) V: Marienbad 16; Die Technik des Skilaufes 20; Das Recht auf Vergangenheit, Kom. 20; Trieb, Sch. 21; Goethes letzte Liebe, Festspiel 21. H: Zeitschrift für Selbstverwaltung.

Schwär, Oskar, Erz., Nov., Roman, /, ○. Dresden-A., Töplerstr. 8. (Dürrhennersdorf i. Sa. $^{11}|_{1}$ 90.) V: Die Mummelswalder, Erzn. 17; Die Heimatdichtg. der Oberlausitz 19; Die Höllmühle u. a. Erz. 19; Der Vater, Nn. 20; Die Ahnengalerie, Gesch. 21, 2. A. 23; Bergstunden, Dchtg. 21; Die selige Magd, R. 22, 2. A. 23; Die große Sünderin, R. 23.

Schwartz, Otto, Bühnenschriftsteller, Dr. phil. Frankfurt a. M., Leerbachstr. 16. V: Familie Hannemann, Schw. (mit Max Reimann) 18; Willis Frau, Schw. (mit dems.) 20; Börsenfieber, Schw. (mit dems.); Der blaue Heinrich, Schw. (mit Georg Lenzbach) 21; Der Meisterboxer, Schw. (mit Carl Mathern) 22; Der Sprung in die Ehe, Schw. (mit Max Reimann). *

Schwartz, Rud., Lit.♛, Besitz. der Schulzeschen Hofbuchdruckerei u. Verlagsbuchhdlg. Oldenburg i. Gr., Roggemannstr 3. (ebda $^{6}|_{11}$ 65.) V: Esther im deutsch. u. neulat. Drama d. Reformationszeitalt. 94, 2. A. m. Nachtr. 98.

Schwartzkopff, Frau Maja (Maja Schwartzkopff-Winter), Schriftstellerinnen-Verein München, Übersetzg., cand. phil. München, Rheinstr. 24 IV. ($^{18}|_{8}$ 76.) MitUe: Vertraul. Briefe des Präsid. de Brosses 18 II; Reise Karls d. Gr. nach Jerusalem 22. *

Schwarz, Arthur Zacharias, hebräische Lit., Dr. phil., Rabbiner. Wien IX, Wasagasse 31. (Karlsruhe, Bad. $^{4}|_{3}$ 80.)

Schwarz, Hanns, /, ♛, Übersetzer von englischen Werken. Abensberg, Nied.-Bay., Aventinusplatz 24. (ebda $^{6}|_{4}$ 91.) *

Schwarz, Heino, /, Kritik, Lit.♛, Dr. phil., Assessor. Düsseldorf, Brehmsstr. 31. (ebda $^{2}|_{4}$ 87.) V: Der Kamisarden-Aufstand i. d. deutschen Lit. d. 19. Jhrh. 11.

Schwarz, Heinrich, ✉, Red. Wien II|1, Nordbahnstr. 14. (Groß=Surány $^{7}|_{12}$ 74.) B: Durchs mod. Leben, Rn. 95; In Zahlungsnöten, R. 07; Heran ans Leben! 10; D. Erfolg im Leben 15. H: ABC d. Kaufmanns.

Schwarz, Hermann, ∴, D. h. c., Dr. phil. o. UP., GRegR. Greifswald. (Düren, Rheinpr. $^{22}|_{12}$64.) B: D. Wahrnehmungsproblem vom Standpunkt des Physikers, des Physiologen u. des Philosophen 92; Was will d. kritische Realismus 94; D. Umwälzung d. Wahrnehmungshypothesen durch die mechan. Methode nebst einem Anhang üb. die Grenzen d. physiol. Psychologie 95; Grundzüge der Ethik 96; Psychologie des Willens als Grundlage d. Ethik 00; D. sittl. Leben, e. Ethik auf psycholog. Grundlage 01; Glück u. Sittlichkeit 02; Der Materialismus als Weltanschauung u. Geschichtsprinzip 05, 2. A. u. d. T.: D. Grundfragen d. Weltanschauung 12; D. Gottesgedanke in d. Gesch. d. Philosophie 13; Fichte u. wir 17; Weltgewissen oder Vaterlandsgewissen? 19; Über neuere Mystik in Auseinandersetzungen mit Bonus, J. Müller, Eucken, Steiner 20, 2. A. 22; Gottesvorstellungen großer Denker 21, Neudruck 22; Das Ungegebene, Eine Wert- und Religionsphilosophie 21; Ethik d. Vaterlandsliebe 22; Leib u. Seele 22.

Schwarz, Hugo Engelbert, SDS., /, Theater, ✉, Dr., Industrieller. Wien VII, Kaiserstr. 91. (Baden b. Wien $^{16}|_{4}$ 80.) B: Ein wahrhaft glücklicher Mensch 18; Schottische Volkslieder 21.

Schwarz, Karl, SDS., Kunstwiss., Dr. phil. Berlin W 30, Aschaffenburger Str. 70. (München $^{22}|_{4}$ 85.) B: Augustin Hirschvogel 17; Das graphische Werk von Lovis Corinth 17, 2. A. 21.

Schwarz, Dr. Ludwig, s. Ressel, Wilh.

Schwarz, Paul, PA., Dr., Konsul, RegR. Berlin W 62, Kurfürstendamm 4. (M.=Ostrau $^{12}|_{6}$ 82.) B: Volkswirtschaftl. u. politische Schriften.

Schwarz, Wolfgang, Ausw. Politik, Polit. Sekr. d. Dtsch. Liga f. Völkerbund. Berlin NW 7, Unter den Linden 78. (Berlin=Lankwitz $^{15}|_{9}$ 94.)

Schwarzbach, Paul, SDS., ♣, Spiele, ☉, Theosophie, Stud.=Rat. Leipzig, Weststr. 58. (Löbau i. Sa. $^{23}|_{1}$ 85.) B: Drei Spiele für die Jugendbb. 18; Das Buch Sehnsucht, G. 20, 2. A. 21; In Sturm u. Stille, G. 21.

Schwarzer, Franz, s. Brand, Adolf.

Schwarzkopf, Nikolaus, Roman, Lehrer in Ockenheim b. Bingen a. Rh. (Urberach bei Darmstadt $^{27}|_{3}$ 84.) B: Greta Kunkel, R. 13, 2. A. 14; Maria vom Rheine, Legende 14; Das kleine Glück, Erz. 15; Riesele, Erz. 20; Das Walzerdörfchen, Erz. 20; Mathias Grünewald, ein Büchlein für Kinder Gottes 20; Die Häfner aus dem Erbseneck, Erz. 23.

Schwarzschild, Leopold (Ps. Leopold), RP., DB., ✉. Frankfurt a. M., Fischerfeldstr. 4. (ebda $^{8}|_{12}$ 91.) B: Sumpf, Dr. 20. ()

Schwebsch, Erich, Musikgeschichte, Dr., Lehrer an der Freien Waldorfschule. Stuttgart, Alexanderstr. 26b. (Frankfurt a. d. O. $^{9}|_{7}$ 89.) B: Schottische Volkslyrik in J. Johnsons The Scotts Musical Museum 20; Anton Bruckner 21. MitH: (mit Dr. Kurt Piper) Monatsschrift „Die Drei". •

Schweder, Paul, PA., VBJ., RP., Kriegslit., Red. Rudolstadt, Thür., Schillerstr. 41. ($^{5}|_{4}$ 75.) B: Im Kaiserl. Hauptquartier 15, 2. A. 16; Von d. Donau z. Maas, Von d. Vogesen zur Nordsee, Von der Yser z. Isonzo 15 f.; Im Türk. Hauptquartier 16; D. Münchn. Geiselmordprozeß; D. Erzberger=Mordprozeß.

Schweiger, Paul Ludwig, SDS., DB., ☉, ▮, Roman, Nov. München, Adelheidstr. 9. (Schwabach $^{21}|_{9}$ 84.) B: Michael, Dr. 16, 2. A.; Das Signal, 17, 3. A.; Der Pakt mit dem Leben, R. 19; Die Fackel, Dr. 20; Der Weg, Dr. 21. ()

Schweikhardt, Frau Bertha, geb. Michael (Ps. H. Trotha), Skizze, Nov., Märchen, Libretto f. Frauenchorwerke, Verlagsbuchh.=Gattin. Stuttgart, Alexanderstr. 107. (Schwerin i. M. $^{27}|_{7}$ 75.)

Schweitzer, Albert (Ps. Melitta Falkenstein, Li Hu King, Alitzer), ASV., /, ●, ♛, Kultur♛, Ethnographie, ♯, Chefredakteur, H. der Berliner Revue und Kulturgeschichtlichen Korrespondenz. Berlin=Neukölln, Jägerstr. 59. (Mülhausen i. E. $^{19}|_{11}$ 93.) B: Geschichtle üs dr Heimat, Nov. 13; Agnes Stein und andere Novellen 19; Die Fahrt ins Glück, R. 20; An heiligen Wassern und in Märchentempeln 22. •

Schweitzer, Albert, ✝, Musikw., D. theol., Dr. med., Dr. phil., Prof. Günsbach, Ob.=Elsaß und Lambarene, Äquatorialafrika. (Kaysersberg, Els. $^{14}|_{1}$ 75.) B: Zwischen Wasser u. Urwald 21; Die Religionsphilosophie Kants 00; Das Messianitäts= u. Leidensgeheimnis Jesu 01; Gesch. d. Leben=Jesu=Forschg. 05, 3. A. 22; Joh. Seb. Bach 07, 4. A. 22; Gesch. d. Paulinischen Forschg. 11; Die psychiatr. Beurteilg. Jesu 13, 5. A. 23; Verfall und Wiederaufbau der Kultur (Kulturphilos. I) 23; Kultur und Ethik (Kulturphilos. II) 23.

Schweitzer, Herm., Kunst♛, Dr. phil., Dir. d. Suermondt=Mus., d. Kunstge=

werbemus. u. d. Hist. Mus. Aachen. (Karlsruhe $^{8}|_{10}$ 71.) ()

Schweizer, Viktor, VB., Ästhetik, Okkultismus, Lit.♛, Dr. phil., Verlagsbuchh. i. Fa. Joh. Baum Verlag. Pfullingen, Württbg., Untere Bahnhofstr. 5. (Lomersheim $^{9}|_{12}$ 72.) B: L. Wienbarg als jungdeutsch. Ästhetiker u. Kunstkritiker 96; Beiträge zu e. jung-deutschen Ästhetik 98. H: Goethe, Hoffmann, O. Ludwig u. Platen; Otto Ludwig, Hetterethei 99; Kulturträger 07; Kulturdokumente 08; Klassiker d. Auslands 10; Dokumente d. Okkultismus 20; Die Weiße Fahne, vereinigt mit „Die Burg", „Der 6. Sinn" und „Die Okkulte Welt" 23; Bücher der „Weißen Fahne" 23.

Schwengberg-Eggersdorf, s. Eggersdorf, Max.

Schwenger, Frau Lily, geb. Cords (L. Schwenger-Cords, früher Pseud. L. C. Funke), Novelle, Dramatik, Lyrik. Freiburg i. Br., Thurnseestr. 62. (Köln a. Rh., $^{26}|_{6}$ 90.) B: Wanderbeute, G. 11; Neue Wanderbeute, G. 13; Der Steinbruch, G. 22; Der dritte Reiter, N. 22; Die Narrenklippe, drei Erz. 22; Vom Leben und Sterben des Giorgione, N. 23. *

Schwerdfeger, Josef Adolf, DÖSchG., ♛, ●, Dr. phil., GB. u. Doz. Wien I, Freyung 6, Schottenhof. (St. Pölten, N.-Österr. $^{19}|_{12}$ 67.) B: Vienna gloriosa.

Schwerin, Otto (Ps. Guido Haller), SDS., ASV., Roman, 🎥, Red. d. d. Filmfachpresse. Frankfurt a. M., Bäckerweg 5 II. (ebda $^{22}|_{3}$ 90.) B: Der Kurier d. Präsidenten, R. 19; Die Juwelenmarder, R. 20; Die rote Wanda, R. 20; Die Lampe mit dem roten Schirm, R. 20; Die Dame im weißen Fuchspelz 21; Das Forrnitpulver 22; Venus Vulgivaga 23; Der Feldkornett 23.

Schweriner, Oscar T., VBJ., RP., SDS., Rom., Novellette, Red. am „Berl. Lokalanzeiger". Berlin W 30, Luitpoldstr. 5. (Czarnikau $^{20}|_{8}$ 73.) B: D. gefundene Handschrift, R. 05; Die russische Spionin, R. 05; Um jeden Preis, R. 06; D. geraubte Bild, R. 07; E. gefahrvolle Verschwörung, R. 08; Polize X 24, R. 09; Im Berlin-Palermo-Expreß, R. 09; Mit versiegelten Orders, R. 10; Hohkönigsburg, R. 11; Arbeit, R. 11; Opium, R. 11; Ums blaue Band d. Ozeans, R. 12; Der Wohltäter, R. 12; Anno dazumal, R. 12; Kabine Nr. 11, R. 13; Die Macht des Hasses, R. 13.

Schwering, Jul., ✠, ♛, Lit.♛, Dr. phil., o. UP. Münster i. W., Erphostr. 29. (Ibbenbüren $^{24}|_{2}$ 63.) B bzw. H: F. Grillparzers hellen. Trauersp. 91; F. v. Kleist 92; Z. Gesch. d. niederländ. u. span. Dramas i. Deutschl. 95; F. W. Weber, Leben u. Dichten 00; Literar. Beziehgn. zw. Spanien u. Deutschl. 02; Schiller 05; Die Literatur d. westf. Mark 09; Freiligraths Leben u. Werke (Gold. Klass.-Bibl.) 09; A. v. Droste-Hülshoff, Leben u. Werke (desgl.) 11. ()

Schwertfeger, Bernhard, Politik, ✕, ♛ u. Kriegs♛, Oberst a. D. Bad Pyrmont. (Aurich $^{23}|_{9}$ 68.)

Schweter, Walter, Erz., Märch. Darmstadt, Frankensteinstr 56. (Oberlahnstein a. Rh. $^{5}|_{7}$ 79.) B: Waldgeschichten 20; Jaköbchens wundersame Waldfahrt, M. 20; Wanderjahre 21; Sieben Jahre bei den Zwergen 21.

Schweynert, Fritz, jetzt: Scher, Peter.

Schwiefert, Fritz, DB., ⊙, Dr. phil. Charlottenburg, Bismarckstr. 106. (Berlin $^{4}|_{12}$ 90.) B: Rainer Maria Rilke 13; Hans von Huttens Buße, Tr. 19; Bakchos Dionysos, myth. Kom. 21.

Schwietering, Julius, Dr. phil., Priv.-Doz. für german. Philologie a. d. Univ., ständ. Mitarb. a. Mus. f. Hamb. Gesch. Hamburg 37, Parkallee 31. (Engter, RB. Osnabrück $^{25}|_{5}$ 84.) B: Fachschr.

Schwilling, Hanns (Dr. Hanns Hannsen), Literatur, ⁂, Kultur⁂, Kritik, Dr. phil. Halle a. d. S., Geiststr. 59/60. (Mainz $^{2}|_{7}$ 79.) B: Aus heimlichen Lebensbronnen, Ged.; Herbstblätter, Stud.; Der Freund, Dr. H: „Der Kampf". *

Schwindrazheim, Oskar, volkstüml. u. Bauern[Symbol], Prof., Bibliothek. a. d. Handw.- u. Kunstg.-Schule. Altona a. d. E., Bahnhofstr. 2. (Hamburg $^{16}|_{4}$ 65.) B: Beitr. z. e. Volkskunst 91/93; Lübeck 95; Studien aus Deutschhausen 02; Dtsche Bauernkunst 04; Hamburg 05; Unterfranken 07; Kunst-Wanderbücher 08 V; Wie einer d. Schönheit d. Kleinstadt fand 07; D. Dorfkunst u. d. Gebildeten auf d. Lande 07; Jugendwanderungen 09; Heimatkunst in Hessen-Nassau I 13.

Schwinge, Paul, ⊙. Berlin NW 21, Dortmunder Str. 13. (Schöneberg b. Berlin $^{7}|_{11}$ 72.) B: Leid u. Freud, G. 15, 2. A. 19; 11 Lieder m. Gesang 19; Kunst und Leben, Lsp. 20; Schwestern II, Dr. 14, 2. A. 22; Almansor, Dr. 13, 3. A. 23; Meeresglück, Sgsp. 23; Politik und Religion, zwei Reden 23.

Schwitters, Kurt (Ps. Merz), Mitgl. d. Hannov. Sezession u. d. J. V. d. Expressionisten, Kubisten u. Futuristen, ✠, Abstrakte Dichtg., Grotesken. Hannover, Waldhausenstr. 5 II. (ebda $^{20}|_{6}$ 87.) B: Anna Blume und Kathedrale 19, 13. A. 21; Sturmbilderbuch IV, G. 20; Die Blume Anna 22; Auguste Bolte 22: Blei, E. 22.

Schwock, Otto, ASV., ❦, Skizze, Kunstessay, Vers.-Insp. Tapiau, Ostpr., Villa Maria. (ebda $^{22}|_{8}$ 98.) **V:** Bruder Mensch ich hab dich lieb, G. 20; Singende Stille, G. 21; Im Atem der Erde, Sk. 21.

Schworm, Karl, Vaterländische, phantastisch-abenteuerliche Romane, Kaufmann. Darmstadt (Hessen), Rheinstr. 47. (Odernheim, Pfalz, $^{14}|_{4}$ 89.) **V:** Durch Meere und Wüsten, Hist.-romant. Erz. 22; Der Schmied vom Rhein, R. aus deutscher Gegenwart und Zukunft 23. *

Screeth, s. Stecher, Richard.

Sebaldt, Otto F. W. (Ps. O. S. Baldus, Dr. Hannoti), ❦, Ð-Kritik, ●, ⁂, /, ❦. Dresden, Bernhardtstr. 116 I. (Nancy $^{24}|_{1}$ 73.)

Sebrecht, Friedrich, DV., Drama u. Dramaturgie, Dr. phil., Spielleiter am Deutschen Nationaltheater Weimar. (Leipzig $^{2}|_{9}$ 88.) **V:** Berthold Auerbachs dramaturg. Studien 12; David, Dr. 18; Sünderin, Dr. 18; Götzendienst, Dr. 18; Saul, Dr. 19; Don Juan und Maria, Dr. 19; Kleist, Dr. 20. **Ue:** Comte, Abhandlung üb. d. Geist d. Positivismus 15.

Sedelmayr, Georg (V. F. Olau), (k.), ❦, Jugend- u. Volksschr. Wemding, Schwaben. (Violau $^{8}|_{1}$ 54.) **V:** Feierabendstunden, Lehrererz. 93; Waldgeschichten, M. u Er. 03, 2. A. 07; Geschichten u. Sagen aus Lothringen 12, 2. A. 14; An stillen Ufern, Schwabenl. Dorfgesch. 22.

Sedlak, Karl, DÖSchG., Ständiger Mitarbeiter a. d. „München-Augsburger Abendztg." u. „Neue Zeit", Chicago, Schriftleiter der „Deutsch-öst. Tageszeitung" Wien VII, Bandg. 32. (Krumau i. Böhm. $^{29}|_{6}$ 62.)

Sedlmaier, Richard, Dr. phil., Konservator am Kunstgeschichtlichen Museum und Privatdoz. an d. Univ. Würzburg, Huttenstr. 43. (ebda $^{10}|_{8}$ 90.) **V:** Grundlagen der Rokoko-Ornamentik in Frankreich 17 („Zur Kunstgeschichte des Auslandes", Bd. 116); Die fürstbischöfliche Residenz zu Würzburg 23 *

Seebach, Hans, s. Demel, Hans.

Seelhorst, Maria, s. Hamburger, Maria.

Seelig, Carl, Leit. d. „Zwölf Bücher". Kastanienbaum b. Luzern. (Zürich $^{11}|_{5}$ 94.) **V:** Lieder 20 (v. Eugen d'Albert, Hans Huber, Richard Würz); Mein wildes Herz, G. 21; Erlösung, G. 22; Im Märchenwald (illustr. von Eggimann), M. 22; Erlebnisse, N. 23; Nachtgeschichten, N. 23; Die Jahreszeiten (illustr. von R. Urech), Dchtg. 23; Die Jagd nach dem Glück (illustr. von Szafranski), R. 23. **H:** Die zwölf Bücher: Neuausgaben von Mathias Claudius, Jean Paul, Eichendorff, Mörike, Heinrich Leuthold 21—23; 33 echte Volksldr. d. deutsch. Sprachgebietes 20; Das fromme Buch (Math. Claudius), 6. T. 20; Jüd. Volksldr. 21; Russ. Volksldr. 21; Slaw. Volksldr. 21; Grotesken 21; Der Tag bricht an 21; Vogel Volk 23. **Ue:** Mussorgsky 21; Neue Menschen (Knut Rasmussen), 3. A. 23; Gullivers sämtliche Reisen (Swift), R. 23.

Seeliger, Ewald Gerhard, SDS., DV., Ballade, Roman, Nov., Drama. Walchensee, ObBay., Haus Avalun. (Rathau b. Brieg $^{11}|_{10}$ 77.) **V:** An der Riviera 01; Leute vom Lande 01; Aus der Schule geplaudert 03; Der Stürmer, R. 04; Chinesen, 4 Spiele 05, 2. A. 07; Üb. den Watten, R. 05; Nordnordwest, R. 05, 13. A. 13; Hamburg, e. Buch Balladen 05, Volksausg. 07; Auf Tod u. Leben, Nov. 06; Der Schrecken d. Völker, e. WeltR. 08, 5. A. 09, Volksausg.: England Feind 10; Zwischen d. Wäldern, R. 08; Mandus Frixens erste Reise, R. 09, 12. A. 13; Zurück zur Scholle, R. 09, 2. A. 10; Top, Seegeschichten 10; Riffe d. Liebe, R. 10; Meerfahrt, Verse 10; 17 schles. Schwänke 11, 2. A. 13; Schlesien, e. Buch Balladen 11; Zwischen Polen u. Böheimb, 20 Historien 11, 2. A. 13; D. Weiber v. Löwenberg, Spektakulum 11; Frau Lenens Scheidung, R. 12; Buntes Blut, N. 12, 3. A. 13; Peter Voß, der Millionendieb, R. 13; Das Paradies der Verbrecher, R. 13; Mein Vortragsbuch, Balladen 13; D. sterbende Dorf, R. 14; Der gelbe Seedieb, R. 15; Das deutsche Dekameron, 100 N.: I. Das Meer 15, II. Die Macht 19; Max Doberwitz, der Tantenmörder, R. 15; Das amerikanische Duell, R. 15; Die Abenteuer d. vielgeliebten Falsette, R. 18; Junker Schlörks tolle Liebesfahrt, R. 19; Feind im Land, Tr. 20; Die Zerstörung der Liebe, R. 20; D. Diva u. d. Diamant, R. 22; Handb. d. Schwindels 22; D. Entjungferung d. Welt 23; D. Weltgewissen 23; Ist der Staat ein Schießkerl? 23; D. Ende d. bayerischen Löwen 23. **H:** Die 5 Komödien d. Marquardt v. Bryndt 13.

Seelmann, Theo, VJ. & S., /, Ɵ, ❦, Red. Stuttgart, Reinsburgstr. 218. (Wittenberg $^{22}|_{8}$ 64.) **V:** D. höchste Gut, Sch. 99; Jak. Fugger, Biogr. 09; Herdfeuer, Sch. 10; D. Madonnentaler, R. 20.

Seelmann, Wilh., deutsche Ψ, Dr. phil., Prof., Red. des „Niederd. Jahrb.". Berlin-Wilmersdorf, Mainzer Str 19. (Oschersleben $^{20}|_{1}$ 49.) **V:** De propagat. scholiorum Aeschyl. 75; Zur Geschichte d. deutschen Volksstämme 87; Totentänze 93; Reuterforschungen 10. **H:**

Deutscher Univ.-Kal. 73/77; Gerh. v. Minden 78; Valentin u. Namelos 84; Mittelndd. Fastnachtsp. 85; Ndd. Reimbüchlein 85; Ndd. Schausp. älterer Zeit 95; Fritz Reuters Werke (Bibliogr. Inst.) 05.

Seemann, Arthur (Ps. Nautilus), Krit., Verlagsbuchh. Leipzig, Hospitalstr. 11a. (ebda 30|11 61.) W: Schaum, G. 88; Billige Weisheit 89, 6. A. 90; Adreßbuch deutscher Kunstgewerbezeichner 93; D. Hunger nach Kunst 01; Bildende Kunst i. d. Schule 04; Suum cuique 21. ()

Seeßelberg, Friedr., Philosophie der Bauk., Δ, künstler. Kultur, Dr.-Ing. h. c., Dr. phil., o. THSchP., GRegR, Major d. R. a. D. Berlin-Lichterfelde, Ulmenstr. 9. (Veerssen b. Uelzen 2|3 61.) W: D. frühmittelalt. Kunst d. germ. Völker 97; D. skandinav. Baukunst der ersten nordisch-christl. Jahrh. 97; Das Prämonstratenserkloster Delapais auf der Insel Cypern 01; Helm u. Mitra 04/05; D. Pflege d. Idealismus im Kunstbetrieb d. Hochschulen 05; Volk u. Kunst 07, 2. A. 09; D. Heimatschutz als Charakterangelegenheit 10; D. flache Dach im Heimatbilde 13. H: Werdandi-Schrifttum, Sitzungsberichte des Reichsverbandes zur Förderg. sparsamer Bauweise.

Seestern, s. Grautoff, Ferd.

Segerer, Sebastian (Ps. Josef Viera), J. & SV., München, Kolonial- und Jugendschriftsteller, Völkische Dichtung u. kolonialer Gedanke. München 23, Giselastr. 31 II. W: National-Kommunismus 20.

Segmüller, P. Fridolin (Ps. Wilh. v. Roosen), (k.), Nov., ♛, OSB., Prof. Stift Einsiedeln, Schweiz. (Altstätten, Kt. St. Gallen 17|3 59.)

Seibert, Frau Liesbeth, s. Drigalski, v.

Seidebert, R. v., s. Eberdt, Anna.

Seidel, H. Wolfgang, Lit.♛, Erz. Pfarrer. Berlin W 8, Kronenstr. 70. (ebda 28|8 76.) W: Erinnerungen an Heinrich Seidel 12, 2. T. 18; D. Vogel Tolidan, N. 13; Des Königs Fahnen gehn hervor! Andachten 14; Wege zum Sieg, Andachten 15; Ameisenberg, N. 15; Die Varnholzer, R. 18, 6.—8. T. 20; Das vergitterte Fenster, R. 19; Das deutsche Jahr, Bild. u. Erz. 19; George Palmerstone, R. 21; Das Erwachen, N. 22; D. Mann im Alang. H: Nachlaß H. Seidels: R. Flemmings Abenteuer II u. III 06; Ludolf Marzipanis 07; Naturbilder 09; — Th. Storms Briefe an Frdr. Eggers 10.

Seidel, Frau Ina, geb. Seidel, SDS., ♥, Erz. Berlin W 8, Kronenstr. 70 II. (15|9 85.) W: Gedichte 14; Neben der Trommel her, G. 15; Das Haus zum Monde, R. 16; Weltinnigkeit, G. 18; Hochwasser, N. 20; Das Labyrinth, R. 21; Sterne der Heimkehr, R. 23.

Seidel, Paul, Kunst♛, Dr. jur., Prof., GRegR., Dirig. d. Kunstsamml. i. d. K. Schlössern u. Dir. d. Hohenz.-Mus., Mitgl. d. Senates d. Kgl. Akad. d. Künste z. Berlin, Hrsg. d. „Hohenz.-Jahrbuchs". Berlin N 24, Oranienburger Str. 79. (Schwerin i. M. 14|4 58.) W: Gemälde alter Meister im Besitze Sr. Majestät des Kaisers u. Königs 06; Der Kaiser u. d. Kunst 07; Friedrich d. Gr. u. die bildende Kunst 12, 21. ()

Seidel, Rob., ASV., PA., VB., SES., ■, ♥, ▣, Sozialwiss., ♛, ⁂, Techn. Hochschulprof. Zürich 6, Vogelsangstr. 5. (Kirchberg 23|11 50.) W: Sozialdemokratie u. ethische Bewegung 97, 5. A. 11; Die Handarbeit, d. Grund- u. Eckstein d. harm. Bildg. u. Erziehg. 01, 6. A. 11; D. Achtstundentag 02, 50. A. 10; Aus Kampfgewühl, G., 5. A. 02; Herweg 05; Schiller 05; Lichtglaube, G. 08; D. Zukunftsschule e. Arbeitsschule 08, 2. A. 10; Soz. Frage, Schule u. Lehrerschaft 09, 2. A. 09; Arbeitsschule, Arbeitsprinzip u. Arbeitsmethode 10; Ziel der Erziehung 15; Staatsbürgerl. Erziehg. u. Sozialdemokratie 16.

Seidel, Willy, Dr. phil. München, Elisabethstr. 30 IV. (Braunschweig 15|1 87.) W: Der schöne Tag, G. u. Versdramen 07; Der purpurne Fächer, Nllen. 08; Absalom, Legende 11; Der Garten des Schuchan, Nn. 12; Der Sang der Sakije, R. 14; Yali und sein weißes Weib, Nn. 14; Der Buschhahn, R. 21; Der Neue Daniel, R. 21; D. älteste Ding d. Welt, N. 23.

Seidenfaden, Theodor, ♥, Erzähl., Drama, /, Lehrer. Bessenich, Bez. Köln. (ebda 14|1 86.) W: Die Teufelsschlucht, Rhein. Gesch. 21; Im Wunderkahn, Leg. 22; Zu himmlischen Ufern, G. 23. H: Fastnachtsspiele von Hans Sachs 20. •

Seidl, Arthur, VDMK., PA., Musik, Kritik, ⁂, Dr. phil., Prof., Doz. am Leipziger Konservat. Dessau, Kaiserplatz 17. (München 8|6 63.) W: Vom Musikal.-Erhab. 87, 2. A. 07; Z. Gesch. d. Erhabenh.-Begr. s. Kant 89; Hat R Wagner e. Schule hinterl.? 92; R. Strauß (mit W. Klatte) 96; Was ist modern? 00; Mod. Geist. i. d. deutsch. Tonk. 00 u. 21; Wagneriana 01; Kunst u. Kultur 02; Festschr. z. 50jähr. Best. d. „Allg. D. Mus.-Ver." 11; Hellerauer Schulfeste 12; Ascania 13; Straußiana 13; Neue Wagneriana 14; R. Wagners Parsifal 14; H. Pfitzner 21. H: Fr. Nietzsches Schriften u. Briefe 99/00; Die Musik (begr.

v. Rich. Strauß), ab Nr. 35; L. Ramanns, Lisztiana 17.

Seidmann-Freund, Frau Tom, Bilderbücher. Berlin-Charlottenburg, Witzlebenplatz 3. (Wien $^{17}|_{11}$ 92.) **B**: David the Dreamer 22; Buch der Dinge 22; Die Fischreise 23; Buch der Hasengeschichten 23. *

Seifensieder, Jakob, Institutsvorstand. Nürnberg, Obere Turnstr. 1. (Bad Neuhaus $^{9}|_{11}$ 66.) **B**: Wehrli, ein Jünger Pestalozzis 96; Gabriel Rießer, e. deutsch. Mann jüd. Glaub. 20. **H**: Das Mutterherz, Der deutsch. Dichtg. schönste Mutterlieder 98.

Seifert, Frau Meta, geb. Lemberg, /, ⚜, Arztes-Gattin. Hamburg, Hallerstr. 70. (Nürnberg $^{22}|_{10}$ 81.)

Seiffert, Max, Musik, Dr. phil., Prof., Senator d. Akad. d. Künste, Lehrer a. d. Hochschule f. Mus. u. a. Institut f. Kirchenmusik. Berlin W, Göbenstr. 28. (Beeskow $^{9}|_{2}$ 68.) **H**: Gesamtausg. d. mus. Werke J. P. Sweelincks 94ff.; Gesch. d. Klaviermusik I 99; Instrumentalwerke G. F. Händels f. d. prakt. Gebrauch 02ff.; Orgelwerke Buxtehudes 05. ()

Seiffhart, Arthur, Übersetzungen. München, Flemingstr. 27. (Halle a. d. S. $^{12}|_{2}$ 80.) **Ue**: Marcel Schwob, Der Kinderkreuzzug 13; Gustave Le Bon, Psychologische Grundgesetze in der Völkerentwicklung 22; Anatole France, Die Blütezeit des Lebens 23. *

Seiler, Friedr., deutsche Ψ, Reiseschildergn., /, Dr. phil., Prof., GStudR., Gymn.-Dir. a. D. Wernigerode, Harburgstr. 1. (Polkritz $^{27}|_{7}$ 51.) **B** resp. **H**: Ruodlieb, d. ältest. Rom. d. Mittelalt. 82; D. schwarze Erdteil u. s. Erforscher 87, 5. A. 90; D. lat. Primaneraufsatz u. d. Lehrpläne v. 1882 90; Heimat d. Indogerman. 94; D. Entwicklg. d. deutsch. Kultur im Spiegel d. deutsch. Lehnworts 95—12 IV, I 3. A. 13, II 3. A. 21, III 2. A. 93; Tacitus' Germania u. Agricola 95; Schillers Demetrius 97; G. Freytag 98; Allerlei Fahrten 99; Auf alt. Kriegspfad. vor Paris 01; D. Gegenwartswert d. Hamb. Dramaturgie 01, 2. A. 12; D. Oberlehrer 02; Griech. Fahrten u. Wandergn. 04; Gesch. d. deutsch. Unterr.-Wesens 05 II; Das deutsche Sprichwort 18; Deutsche Sprichwörterkunde 21. **Ue**: Tacitus, Germ. 97; Das deutsche Lehnsprichwort I—IV, 21—23.

Seiler, Johs., Ψ, Dr. phil., Prof., StudR. Bielefeld, Mozartstr. 6. (Halle a. d. S. $^{26}|_{4}$ 61.) **B**: Meier Helmbrecht, übersetzt 01, 09; Heliand, übers. 03, 4. A. 20; Die Anschauungen Goethes von der deutschen Sprache 09.

Seipp, H., ⚜, ⚜, ✿, Baustoffkde., Baugewerkschul-Unterr., Dr. phil., Ing., Prof. u. Baugewsch.-Dir. a. D., Gewerbeschul-Rat. Erfurt, Schlüterstr. 1. (Frankfurt a. M. $^{8}|_{2}$ 54.) **B**: Zahlreiche bautechn. Schriften; ferner: Vom Baume des Lebens 99; San Marco, eine venezianische Materialstudie 06; Zwei österr. Marmore 07; Italienische Materialstud. 11; Unsere Bausteine 12; Berggesänge 16; Vom Naumburger Dom 20; Ges. Gedichte 21; D. Seeberg-Sandstein 22; Grabmalkunst u. Grabmalwerkst. 23; D. Deutsch. Travertin 24; 2 Rhein. Werk- u. Bildnerst. 24.

Seitz, Anton, (k.), spekul. ✝, ∴, Dr. theol. et phil., o. UP. München. (Windsheim $^{27}|_{1}$ 69.)

Seitz, Josef Michael, Körperkultur, Lebenserneuerung, Vernatürlichungsbestrebungen, Prokurist u. Leiter d. Zweigstelle München d. Verl. d. Schönheit (Dresden-A. 24). München, Ludwigstr. 14. (Landsberg a. Lech $^{16}|_{9}$ 96.) **B**: Die Nacktkulturbewegung 23. **Ue**: Back to nature 23. *

Seitzinger, Adelb. Emil, Nov., /, ⚜, Bankdir. a. D. Erfurt, Walkmühlstr. 10 II. (Suhl $^{12}|_{10}$ 66.) **B**: Höhen u. Tiefen d. Lebens, novell. Skn. 87; Erfurt u. die Musen 92; Aus dumpfer Zeit, Erz. (u. d. Ps. A. Jungsohn) 14; Michel Thoring, e. deutsche Mär, Erz. 17. ()

Selchow, Bogislav Frhr. v., ⚜, ♛, ⚓, Fregattenk. a. D., Dr. phil. Berlin W 10, Corneliusstr. 4. (Köslin $^{4}|_{7}$ 77.) **B**: Weltkrieg u. Flotte 18, 165. T.; Von Trotz u. Treue, G. 21, 10. A.; Der Ruf des Tages, G. 22; Der Kampf um das Posener Erzbistum 23.

Selden-Goth, Frau Gisella, SDS., Musik. Berlin-Halensee, Eisenzahnstr. 65. (Budapest $^{6}|_{6}$ 84.) Ferruccio Busoni 22. *

Seler-Sachs, Frau Cäcilie, Reisen, Völkerkunde. Berlin-Steglitz, Kaiser-Wilhelm-Str. 3. (Berlin $^{1}|_{6}$ 55.) **B**: Auf alt. Wegen in Mexiko u. Guatemala 00; Die Sammlerinnen auf d. Ausstellung 12; Familie u. Frauenstimmrecht 14; Die Huaxteca-Sammlg. im Kgl. Museum f. Völkerkunde zu Berlin 15; Die Tuxtla-Sammlung ebenda 19; Frauenleben im Reiche der Azteken 19.

Selige, Kurt (Kurt Selige u. Kurt Werner), VDB., Bühnenstücke, Romane, Schriftsteller. Leipzig, Rochlitzstr. 11. (Bünde, Westfalen, $^{6}|_{5}$ 88.) **B**: Arme Sünder! Volkstragödie 19; Der Höllbart, Bst. 19; Die Macht des Gewissens, Sch. 19; Der neue Weltdiktator, R. 21; Die Rassekokotte, Opttn-P. 21. *

Selke, Georg, Lit. ♛, Mus. Kritik, Dr. phil., StudR. Liegnitz, Schles., Grenadierstr. 14. (Breslau $^{28}|_{12}$ 86.) **B**:

Der Anteil d. „Schles. Provinzialblätter" a. d. Literatur Schlesiens mit bes. Berücksichtigung niederschles. Dichtung 22.

Sell, Frl. Sophie Charlotte v., Rom., Nov., ✿, Ω. Berlin W 50, Schaperstr. 33. (Schwerin i. M. 25|10 64.) B: Fannys Tagebuch, Erz. f. junge Mädch. 94; D. Glocke vom Helfenstein, Weihnachtsm. 00; D. helle Nacht, R. 09; Erfolg, R. 09; Weggenossen, R. 11, 12. A. 21; Unterirdische Wasser, R. 12, 5. A. 21; Bismarcks Frau 13, 10. A. 20, D. heilige Feuer, R. 14; Germanische Gestalten, Balladen 14; Rosenhaus, R. 17; Prähme, R. 17; Die Sonne leuchtet, R. 19; Nike, R. 23.

Selle, Friedrich, ∴, †, ✎, D. theol., Dr. phil., Pfr. Bad Aussee, Steiermark. (11|6 60.)

Sellke, Herbert. Danzig, Kohlenmarkt 14/16 I. B: Die Geisterstunde v. Wittenberg, Dchtg. 17; Danziger Nachtgesichte, ein Sagenbuch 18; Das goldene Tor, G. 19; Maria am Gestade, R. 20.

Selten, Fritz, DB., SDS., Drama, RA. Charlottenburg, Bleibtreustr. 33. (4|9 75.) B: Sündige Liebe, Sch. 99; Fiedlerbauer, Sch. 02; Taumel, Dr. 06; Der Lieblose, Sch. 07; Luxuskabine, R. 09; Objekt, Groteske 11; König Istrau, Dr. 18.

Selten, Kurt, Lit.♕, Dr. phil. Berlin-Schöneberg, Rosenheimer Str. 21. (Schweidnitz 8|12 75.) B: Die Revolution in der Literatur, 3. A. 94; Scylla u. Charibdis, Dr. 95; Deutschland, Frankreich u. Kaiser Wilhelm II., eine Völkerstudie 12.

Seltsam, Ernst, s. Böhm, Willibald.

Semerau, Alfred, SDS., DB., BF., ☉, Roman, Nov., Dr. phil. Berlin-Schöneberg, Grunewaldstr. 87. (Bromberg 14|6 79.) B: Die Dynastie, Kom. 07; Die Condottieri 09; D. Millionär, Kom. 12; Die Burg d. Glücks, N. 13; Die Kurtisanen der Renaissance 14; Der Untergang von Pompeji, Schw. 14; D. Krieg 14, 22. A. 15; Sturm auf England 15, 15. A.; Das Schicksal Italiens 15, 8. A.; D. Schwarzbuch 15; Unter Sense und Sichel, N. 16; Der Millionär, R. 18; Prinz Louis Ferdinand, R. 19; Die Heimkehr des Toden, R. 20; Flammende Herzen, R. 21; Die Abenteurerin, N. 23. H: Celander, Der verliebte Studente 03; Venusrosenkränzlein 06; Michelangelo 16; Luther 16; u. mehrere Übersetzgn.

Semmig, Frl. Jeanne Berta, Nov., ✿, Biographie, Oberlehrerin. Dresden-A., Reinhardstr. 9 II. (Orléans 18|6 67.) B: Ged. 97; Enzio 01; Die Stadt der Erinnerung 04; Silhouetten 06; Stark wie der Tod 08; Aber ging es leuchtend nieder —, G. 10; Wir hatten gebauet, Erz. 16; Isolde Weißhand 19; Reinhard Golanders Heimkehr 21; Die Wege eines Deutschen 21; Renate im roten Hause, Erz. 23.

Semper, Carl Georg, Plattd. SDS., ✿, Dichterkomponist, Wollmakler. Blankenese i. Holst., Caprivistr. 28. (Altona 28|9 80.) B: Semperlieder, 2 Bde.; De Kwesel, Wenn in Holsteen de Wind wait, Semperlieder z. Klavier, D. u. Lr.; De Scheerenslieper, Sp.; De Quesel (Übertragungen aus dem Vlämischen, neue niederl. Dichtungen u. Kompositionen).

Semper, Max, ⌂, Dr. phil., Prof., Doz. a. d. THSch. Aachen, Bachstr. 34. (Altona a. d. E. 29|8 70.) B: Achilleo 03; Das Ewige, I. D. Opfer 06; D. geolog. Studien Goethes 14; Wissenschaftl. u. sittl. Ziele d. künftigen Deutschtums 20. ( )

Sempf, Adolf, Buchhandel, Literatur, /, ✿, Nov., Rom., Verlagsbuchhändler. Leipzig-Oetzsch, Südstr. 1. (Hildesheim 23|8 96.) B: Der Tod am Kemmel, Skn. 20; Die Nachtbeichte, N. 23. H: Führ. d. d. Hygiene-Messe (m. H. Alberti) 20. *

Semrau, Max, Kunst♕, Dr. phil., o. UP. Greifswald. (Breslau 7|8 59.)

Senz, Frau Maria, SDS., /, Schriftl. d. Thüring. Frauen-Ztg. Weimar, Moltkestr. 9 ptr. (ebda 11|1 94.)

Serenus, Dr., s. Stekel, Wilh.

Sergel, Albert, ✿, /, ☉, Lit.♕, Dr. phil. Berlin-Karlshorst, Waterbergstr. 28. (Peine 4|11 76.) B: Sehnen u. Suchen, G. 04, 8. T. 21; Jenseits d. Straße, G. 05, 5. T. 21; Marienburg, O. 06; Oehlenschläger 07; Ringelreihen, Kindergeb. 07, 10. T. 22; Im Heimathafen, G. der Liebe 09, 4. T. 22; Eiserne Saat, KriegsG. 14, 10. T 15; Sommersegen, ausgew. G. 19, 3. T. 21; Unterm Holderbusch, Neue Kindergeb. 22; Bilderbücher: Strampelchen, Dideldumdei, Bunte Welt, Rattenfänger, Husche-Pusche, O du Heimatflur! u. a.; Anthologien: Tausendschön, Frühlingsgarten, Du mein Vaterland, Flammenzeichen.

Sering, Max, ⊞, Dr. rer. polit., Dr. jur. h. c., o. UP., GRegR. Berlin-Dahlem, Luciusstr. 9. (Barby 18|1 57.)

Sermes, Frl. Carla, (k.), ☉. Hildesheim, Neue Str. 6. (Lingen 13|3 51.) B: Muttersegen 90, 2. A. 03; Notburga, rel. Sch. 93; Geburtstagsscherz 93; Excelsior, Festsp. 94, 2. A. 01; Dorothea, Dr. 96; Frieden, Dr. 96; Die Silberkrönchen, Kinder Msp.

Servaes, Franz, CP., Kunst♕, /, ☉, Dr. phil. Berlin-Steglitz, Grunewaldstr. 6a. (Köln a. Rh. 17|6 62.) B: Th. Fontane 00, 4. A. 21; Kleist, Biogr. 02; D. Karraborrier, N. 03; Max Klinger 03;

D. neue Tag, Dr. 03; Dürer 04; Jungfrau Ambrosia, Dr. 05; Giovanni Segantini, Biogr. m. 63 Kunstdrucktaf. 02, Volksausg. 07, 4. A. 20; Shakespeare 06; Wien, Briefe an e. Freundin in Berlin 08; Michael De Ruyters Witwerjahre, R. 09, 2. A. 10; Anders Zorn 10; Wenn d. Traum zerrinnt, R. 11; Im Knospendrang, R. 12; Goethes Lili 16, 2. A. 20; Heinrich v. Kleists tragischer Untergang. ()

Seuffert, Bernh., Germanistik, Dr. phil., o. UP. Graz, Harrachg. 1. (Würzburg $^{23}|_{8}$ 53.) **B**: Maler Müller 77; Legende v. d. Pfalzgräfin Genovefa 77; Wielands Abderiten 78; Der Dichter des Oberon 00; Teplitz in Goethes Novelle 03; Prolegomena zu einer Wieland-Ausg. I bis VII 04—21; Wieland in Biberach, Fest-Vortrag 07. **H**: (m. K. Siegfried) Goethe, Noten z. westöstl. Divan 88; Goethe, Gute Weiber 95; Goethe, Die Leiden des jungen Werder 99. ()

Seunig, Vinzenz, Griech. u. röm. Altertumskunde (Kultur♛), Dr., GP. Graz, Opernring 2. (Laibach $^{22}|_{6}$ 75.)

Sewett, Arth., s. Brausewetter, Artur.

Sexau, Richard, SDS., Roman, Nov., ◯, Essay, Lit.♛, Dr. phil. Schloß Ascholding a. d. Isar, ObBay. (Karlsruhe i. B. $^{11}|_{1}$ 82.) **B**: D. Tod im dtsch. Drama d. 17. u. 18. Jahrhdts. 06; Märztrieb, R. 11, n. A. 20; Ein Vermächtnis, R. 12, 2. A. 16; Die ewig dürsten, R. 11, 3.—6. A. 20; Blut u. Eisen, Kriegsnov. 14, 7. A. 15; Sieg oder Tod, desgl. 15, 4. A.; D. alte Weise, Erz. 16, 4. A.; Brigitta, Erz. 17, 4. A. 20; Der Rächer, Dr. 21; Venus u. Maria, R. 21. ()

Seydlitz, Reinhart Freiherr v., PA., VJ. & S., Roman, /, ●. München, Leopoldstr. 108. (Berlin $^{20}|_{10}$ 50.) **B**: Rosa-Kongreß, R. 91; Goldfliege 91; Orientfahrt d. Ritter A. v. Harff 90; Kastl vom Hollerbräu 93, 2. A. 95; In Licht u. Sonne 97; Pierres Ehe 00; Wintergrün, R. 05; Deutsche Schützenchronik (m. F. Poths-Wegner) 06; D. Schloß der Validulscha, R. 12; Auf Klosterwörth, R. 21. **H**: Frz. Liszts Briefe; R. Wagners Briefe.

Seyfarth, Heinr. Otto Walther, ✝, ⁂, Dr. phil., Pastor a. Zentralgefängnis. Hamburg. (Zella St.-Bl. $^{26}|_{10}$ 63.) **B**: Aus d. Leben u. d. Werken d. Prinzen Emil von Schönaich-Carolath 08; Schatten, R. (u. d. Ps. Heinz vom Berge) 09; Gezeichnete Stirnen, R. (desgl.) 12; u. a. ()

Seyfert, Rich., ▪, Politik, Dr. phil., Landt.-Abg., Kultusmin. a. D., Red. Dresden. (ebda $^{20}|_{4}$ 62.)

Seyffarth, Jost Adrian, s. Hildebrandt, Karl Erich.

Seyth, Adyr, s. Thies, Ida.

Seyther, Wilhelm (Ps. Rübezahl, Reh Tyes). Stuttgart, Schickhardtstr. 47. (Waiblingen $^{5}|_{8}$ 62.) **B**: Das Weinfaß; Launige Geschichten aus Schwaben; Theaterstücke; Humoresken; Märchen. ()

Sherwood, Clarence, **Ue**: E, Dr. phil. Berlin W, Fasanenstr. 40. (Dresden $^{4}|_{7}$ 63.) **B**: Bearbeitungen d. Erz. Boccaccios v. Ghismonda u. Guiscardo 92; Kurzer Abriß d. Gesch. d. Musik u. Oper 03. **Ue**: John Ford, Das gebrochene Herz u. Annabellau (m. Franz Evers) 14.

Shou, Peryt, s. Schultz, Alb.

Sibbers, Frl. Annemarie, ▪. Florenz, Via Pietra Piana 18. (Hörst, Schlesw.-Holst. $^{10}|_{4}$ 93.) **B**: Vom tiefsten Brunnen, G. 21.

Siber, Carl, SDS., ASV., Roman, ◯. Stuttgart, Mörikestr. 34. (Stuttgart-Cannstatt $^{5}|_{3}$ 90.) **B**: Balduin Lechleitner, R. 19; D. Verehrer d. Beate Zollheim, R. 19; Eva, R. 20; Weg zum Laster, R. 20; Marion Valeska, R. 20; Kapital u. Arbeit, Sch. 20; Dem Tag entgegen! Sch. 20; Lukas Hochfarth, R. 21; Familie Kulicke, Schw. 20; Der Jagerfranzl v. Ammergau, Sgsp. 21; Der Streikbrecher Schw. 21; u. a. Rom., Dr., Sch., Sgsp. u. Schw.

Siber, Jul. Berlin, Kleiststr. 23, Pension Gerlach. (Dettelbach i. Bay. $^{30}|_{10}$ 72.) **B**: Novellen, die ein Spielmann schrieb 08; Hexentanz (für Violine Solo) 09; Paganini, R. 20; D. Antichrist 21; Satan Triumphator, R. 22.

Sickel, Paul, ⁂, Lit.♛, Prof., RealgymnOberlehrer a. D. Aachen, Boxgraben 118. (Essen/Ruhr $^{13}|_{7}$ 74.) **B**: Fr. Hebbels Welt- u. Lebensanschauung 12.

Sickenberger, Therese, s. Tesdorpf, Th.

Siddy, s. Pal, Siddy.

Sidow, Max, SDS., ▪, ◯, /, ⌂, Dr. phil. Zeitz, Prov. Sa., Roßmarkt 13a. (Calbe a. d. S. $^{21}|_{3}$ 97.) **B**: Der Tageskreis, G. 19; Die Stadt, Dr. 20; Hermaphrodit, D. 20; Die goldnen Kammern, G. 21; Beiträge zum Werk des Piero della Francesca 23. **H**: Frührot, Jahrb. d. Neudeutsch. Künstlergilden 21.

Siebe, Frl. Josephine, PA., Roman, Jugendschrift., /. Leipzig, Weststr. 16. (ebda $^{10}|_{11}$ 70.) **B**: Stille Kämpfer, R. 01; Wie Lenchen eine Heimat fand, Jugdschr. 04, 2. A.; Deutsche Jugend in schwerer Zeit, Jugdschr. 04, 2. A.; Ludwig-Richter-Buch, Jugendschr. 04, 2. A. 07; Otti, Jugendschr. 05, 2. A.; Bärbelis Wunderbett, desgl. 06; Durchgerungen, R., 1. u. 2. A. 07; D. Edelweißbub, Jugdschr. 07, 2. A.; Oberheudorfer Buben- und Mädelgeschichten, Jgdschr. 08 III; Im Paradiesgärtlein, R. 10; Lustige Fahrten ins Blaue hinein, Jugendschr. 10; Heimatsucher, Jgdschr. 11; Joli, desgl. 12;

D. Ruhmesbüchlein, N. 13; Deutsches Herz im fremden Kleid, N. 15; Meister Schnupphase, Jugdschr. 15; D. Helden v. Spatzenbühl, R. 19; Herrn de Charreards deutsche Kinder, Volkserz. H: Flemming, Jahrbücher.

Siebel, Johanna, s. Zürcher, J.

Sieber, Rudolf, Drama, Roman, 𝔏, Dr., Prof. Bihać, Bosnien. ($^{31}|_{12}$ 96.) B: Sieber-Siegl, gesprochene Lieder 17 II; Gedichte 18; Atrapa, Tr. 20; Die Erlösung, R. 21; Der Kerker, N. 22; Die Brüder, Tr. 22.

Sieber, Siegfr. (Ps. Ludwig Bär), Volkskunde, Lit.- u. Kultur♛, Dr. phil., StudR. Aue i. Erzgeb. (Oschatz $^{27}|_{3}$ 85.) B: Ahasver, e. Tagebuch 10; Volksbelustigungen bei deutschen Kaiserkrönungen 11; Bei den deutschen Gebirgstruppen 16; Die Massenseele 18; Das deutsche Handwerk 19; Serb. Konversgramm. 21; Goethes Großoheim J. M. v. Loen 21. H: Festschrift zur 750-Jahr-Feier von Aue 23.

Siebert, Herm., deutsche ♛ u. Kult.♛, Dr. phil. Bernburg i. Anh., Franzstr. 14. (ebda $^{13}|_{6}$ 65.)

Siebert, Karl, Kunst- u. Kultur♛, Dr. med. et phil. Freiburg i. B., Oberau 67 IV. (Windecken $^{25}|_{8}$ 58.) B: Georg Cornicelius, s. Leben u. s. Werke 05; 300 berühmte Deutsche 12; Verzeichnis d. Werke d. Malers Georg Cornicelius 14; Hanauer Biograph. aus 3 Jahrh., Festschr. 19. ( )

Siebert, Margarete, jetzt: Kurlbaum-Siebert.

Siebert, Rudolf, ⊞, Soz.-Pol., Krit., Kult.- u. Sitten♛, Volkskunde, Statistiker. Buchschlag i. H., Bahnhofstr. 30. (Soborten i. Böhm. $^{14}|_{6}$ 70.)

Sieberts, Paul, (k.), AV., VB., Dir. d. „Verlag Jos. Kösel u. Friedrich Pustet". Wien XII, Valerie Cottage 9. (Roisdorf b. Bonn $^{11}|_{8}$ 77.) B: Geschichtl. Führer 99, 2. A. 00; Polit.-soz. Abc-Buch 00; Brotwucher? 01; Ringende Mächte, Dr. 01; Los v. Rom im Lichte d. Gesch. 02; Wer stört den konfessionellen Frieden? 03; Waffen zum Schulkampf 06; Albanien u. d. Albanesen 10, 2. A. 10; Karl Fürst zu Löwenstein, ein Lebensbild 23; Deutschland zur Zeit s. größten Schmach 24.

Siebs, Theod., Germanistik, Literatur♛, Volkskunde, Dr. phil., o. UP., GRegR., Dir. d. germanist. Seminars u. d. akad. Instituts f. Kirchenmusik, Hrsg. d. „Mitteilgn. d. schles. Gesellschaft f. Volkskde", von „Wort und Brauch" und „Schlesiens volkstümliche Überlieferungen". Breslau XIII, Hohenzollernstr. 53 II. (Bremen $^{26}|_{8}$ 62.) B: Altfries. Vokalismus 85; Assibilierg. d. fries. Palatalen 87; Z. Gesch. engl.-fries. Sprache I 89; Gesch. der fries. Sprache u. Lit. (in Pauls Grundriß) 90; Altfries. Gerichtsverf. (m. Heck) 94; Westfries. Stud. 95; Gesch. d. fries. Sprache 95, 2. A. 00; Flurnamen 95; Greifswalder Lied 97; Sölring Song (Sylter Lied) 98; Deutsche Bühnenaussprache 98, 22. A. 22; Sylter Lustspiele 98; Grundzüge d. Bühnenausspr. 00, 4. A. 08; Gesch. d. fries. Lit. 02; Entwicklung der germanist. Wissensch. in d. letzten 25 Jahren 02; Helgoland u. s. Sprache 08; Rede z. Jahrhundertfeier d. Univ. Breslau 11; Schles. Volkskunde 13; Fel. Dahn u. Jos. Scheffel 14; Herm. Allmers, s. Leben u. Dichten, mit Benutzg. s. Nachlasses 15; Gesch. d. deutschen Lit. bis z. Mitte d. 11. Jahrh. (mit v. Unwerth) 20. H: Schlesiens volkstümliche Überlieferungen; Wort u. Brauch.

Sieburg, Erich, 𝔏, ◯, Roman, Kritik, Dr. phil. Herne, Westf. (Duisburg $^{26}|_{3}$ 78.) B: Leben u. Sterben, G. 05; Verlorene Spiele, 3 Einakt. 06; Wahn u. Schuld, 2 Nn. 08; Volk u. Drama, Ess. 10; Baumeister Falk, R. 10; D. Modernisten, Dr. 12; Alte u. neue Romantik, Ess. 14; Die Blätter fallen, Einakt. 16; Gewitterwind, Kom. 18; Stimmen aus der Nacht, Sch. 19; Peregrina, Märcheneinakt. 21. ( )

Siecke, Ernst, 𝔄, Dr. phil., Prof. am Lessing-Gymn. a. D. Berlin NW 21, Rathenower Str. 75. (Spandau $^{19}|_{1}$ 46.) B: Die Liebesgeschichte d. Himmels 92; Mythol. Briefe 01; Götterattribute 09; Indogermanische Mythologie 21.

Siedel, Otto, Lit.♛, Vortragsredner, 1. Vorsteher d. Leipziger Goethe-Gesellsch. Leipzig-Mockau, Kieler Str. 16 II. (Leipzig $^{26}|_{6}$ 75.) B: Heinrich v. Treitschke 15; Goethe als Förderer der Begabten 16; Friedrich Lienhard als Idealist 17; Luther u. d. deutsche Sprache 18; Beethoven u. d. deutsche Geist 20. ( )

Siefkes, Frl. Wilhelmine, Erz., Märch., plattd. 𝔏, Lehrerin. Leer, Ostfriesl., Bremer Str. 11. (ebda $^{4}|_{1}$ 90.) B: Uda van der Mölen 20; Hör eenzig Eegen 22; Dor was ins mal 23.

Sieg, Arthur (Ps. Theobald a Kempis), Mittelschulrektor. Schneidemühl. (Krojanke $^{3}|_{7}$ 65.) B: Der Zöllner, R. 04; Der deutsche Michel, R. 05; Schlichte Weisen, G. 08; Aus flammender Zeit, KriegsG. 15; Neuland, R. 16; Zwischen zwei Welten, Tr. 17; Sünder, Tr. 21; Festspiele. ( )

Siegel, Carl, ⁂, Dr., o. UP. Czernowitz, Rumänien, Dr.-Reß-Str. 20a. (Wien $^{19}|_{8}$ 72.)

Siegert, Hans, 𝔏 u. Erz. in erzgeb. Mundart, Schuldir. Leipzig-Reudnitz,

Holsteinstr. 28. (Hammerunterwiesenthal $^{17}|_{1}$ 68.) W: A dieser Traam, Schw. 97, 5. A. 22; De neie Stroß, Schw. 04, 4. A. 22; Geschn. a. d. ob. Erzgeb. I 04, II 09; Ta-Zappen 07, 3. A. 22; Schwarzbeer 08, 2. A 22; Erzgebirg.- u. Vogtlandssagen 11; Lausitzer Sag. 12; Staapilzle 12, 2. A. 23; Sag. d. Sachsenlandes 14; Aus Heimat und Kindheit 14; Preißelbeer 14, 2. A. 22; Waldluft 21; Fichtenzweigle 21; Zwei Wege, R. 22; A Ugelücks-tog, Schw. 23.

Siegfried, s. Loewy, Siegfr.

Siegfried, Frl. Eva (E. Siegfried), Musikpädag. Verb. Goslar, angeschl. an Zentral-Verb., Berlin, Musikwissenschaftliches, Musikalisches, Musiklehrerin, Schriftstellerin. Goslar, Gartenstr. 6 a. (Schulpforta b. Naumburg a. d. Saale $^{22}|_{4}$ 75.) W: Studie über Strauß' Tod u. Verklärung 11; Studie über Strauß' Macbeth 12. *

Siegfried, Paul, SES., Dchtg., Roman, Dr. jur., Schriftst. Basel, Schützenmattstr. 42. (ebda $^{2}|_{11}$ 78.) W: Wetterleuchten, Schweiz. R. 18; Das brennende Herz, R. 21; Die Schweiz im Weltkrieg 21; Basels Straßennamen 21.

Siegfried, Walther, Roman. Partenkirchen i. Bay. (Zofingen, Schweiz $^{20}|_{3}$ 58.) W: Tino Moralt, KünstlerR 90, n. A. 11; Fermont 93, n. A. 11; Um der Heimat willen, R. 97; Adolf Staebli als Persönlichkeit 02; Gritli, E. Wohltäter, Rn. 04; Die Fremde, R. 04; Tag- und Nachtstücke 21; Wanderschaft, Aufzeichnungen aus Leben und Kunst 21; Der berühmte Bruder, R. 22; Eine Schwester vom Roten Kreuz 22.

Siegfrieda, Dr., s. Weinberg, Siegfriedt.

Sieghardt, August, ASV., ♛, Lit.♛, /, ✠, Kritik, Redakteur. Nürnberg, Marientorgraben 9. (ebda $^{13}|_{3}$ 87.) W: Der Wendelstein u. s. Bergbahn, Monogr. 19, 21; Am feurigen Tatzelwurm, Monogr. 21.

Sieglerschmidt, Hermann, ●, ♛, ✠, Dr. phil., Prof. a D. Binz auf Rügen. (Wald b. Solingen $^{12}|_{3}$ 49.) W: D. Ergebn. d. Nordpol-Expeditionen (in Mitt. d. Geograph. Ges. Hamburg 80/81); Aus Licht u. Leben, G. 99; Schulausg. d. Vercingétorix v. Jullian 03; Übers. dess. Werkes 05.

Siegmund, Frau Maria, geb. Zeillinger, Roman, Nov., /, ○. Wien I. Franziskanerpl. 5. (Wald, Steiermark $^{4}|_{9}$ 64.) W: Judith Simon, R. 07; Spuck, Bst. 13; Das Testament, Lsp. 13; Der tote Gast, Lsp. 14; E. Juninacht 14; Verschlossene Türen, R. 15. ()

Siegmund-Schultze, Friedrich, soziale u. internat. Ethik, D., 1. Dir. d. Berl. Jugendamts, Red. Berlin. (Görlitz $^{14}|_{6}$ 85.)

Siegroth, Martha, Baronin v., geb. Rumbauer, DSch., VB., ✠, /. Ue: I. Berlin W62, Courbièrestr. 9. (ebda $^{23}|_{10}$ 62.) W: Von d. Ufern d. Ganges, Lsp. 81; Röm. Mosaik 83, 4. A. 91; Fünf Jahre in Ostafrika 87; Unt. d. Nordlicht, R. 88, 3. A. 91; In d. Sternenbannerrepublik 00; Balkanbilder 09; Italienischer Sprach- u. Reiseführer 22.

Siehr, Frl. Linda (Ps. Hans Reis), Roman, Skizze, ○. Berlin W 30, Lindauer Str. 12. (Stettin $^{3}|_{10}$ 72.) W: Ehescheu, Lsp. (m. M. Neal) 09; Ein Kuß, Lsp. 10; Eva, R. 11; Herzenskrisen, R. 12; Der Prinzgemahl, R. 13; Seine zweite Frau, R. 13; E. Brautfahrt, R. 14; Lieben u. Leiden, R. 21.

Siemers, Kurt (Tyll), WSV., RP., ✠, /, Feuilletonredakt. d. Bergisch-Märkischen Zeitung in Elberfeld. Hamburg 22, Schleidenplatz 3. (Bad Walsrode, Prov. Hann. $^{22}|_{4}$ 94.) W: Durch Traum u. Welt, Lr. 18; Viel Blumen rot und blaue, Lr. 20; Venusgärtlein, Lr. 21.

Siemsen, Hans. Bremen, Meißener Str. 11. (Mark b. Hamm i. Westf. $^{27}|_{3}$ 91.) W: Auch ich, auch Du 19; Wo hast Du Dich denn herumgetrieben? 20; Alexander d. Gütige 21; D. Gesch. m. Bruders.

Sievert-Brausewetter, Frau Gertrud, Rom., Nov., Kritiken, Abhandlungen. Stralsund, Vorpommern, Marienstr. 19. (Stettin, Pommern $^{28}|_{3}$ 72.) W: Zwischen zwei Welten, R. 20; Das unsichtbare Königreich, R. 21; Vom Karneval des Lebens, Rn. 22; Eva-Maria 23; Die Entwicklungsgeschichte eines jungen Mädchens in Abhandlungen und Tagebuchblättern. *

Siewert, Frl. Elisabeth, Lyzeum-Klub, Roman. Berlin-Wilmersdorf, Durlacher Str. 14. (Budda, Westpr. $^{20}|_{11}$ 67.) W: Bajowo; Die schönen Herbsttage; Kinder u. Leute; Unvergessene Menschen 12; Lipskis Sohn 13; Die Mistel 21; Der Garten Eden 21; Gesinde 23.

Sigerus, Emil, Ethnographie, ✎, /, ●, ♛. Hermannstadt i. Siebenb., Großer Ring 11. (ebda $^{19}|_{9}$ 54.) W: Reisehandb. v. Siebenbürgen 85, 4. A. 15; Siebenb. Burgen u. Kirchenkastelle 00, 5. A. 23; Aus alt. Zeit, siebenb. Städtebilder 03; Mineralquellen u. Heilbäder Siebenbürgens 03; Durch Siebenbürgen 04, 2. A. 08; Siebenbürg.-Sächs. Leinenstickereien I 06, 2. A. 23, II 14, 2. A. 23, III 22; Hermannstädter Kriegschronik 1.—3. A. 17; Aus der Romänenzeit 1.—3. A. 17; Kaiser Wilhelm II in Siebenbürgen 18; Vor einem Jahr 17; Vom alten Hermannstadt I 21, II 22.

Siking, Franz (Pſ. f. Frau Henriette Strauß-Siking), ASB., ⊙, hiſt. Rom. Berlin N 4, Keſſelſtr. 19. (Bühl $^{1}|_{11}$ 45.) B: D. Roſe v. Urach, R. 82, 3. A. 08; Des Nordlands Königstochter, E. 84, 3. A. 91; E. Kampf m. d. Gartenlaube 87; Albertus Magnus u. Gerhard v. Riehl, Erz. 90, neueſte A. 22; Kaiſ. Friedrich I. Sch. 93; Beatrice, Tr. 94; Wolfram v. Eſchenbach, R. 07; D. Bajadere, R. 12; D. Weisſagung d. Brahmanen 15; Deutſche Lieder 23; Die Tochter des Imâms von Bagdad 23; Reinmar der Fiedler 23; Albertus Magnus u. Gerhard von Riehl, neueſte A. 22.

Siladoſi, ſ. Hach, Otto.

Silberer, G., jetzt: Sil-Vara, G.

Silberer, Frl. Roſe, SDS., /, Bildhauerin u. Schriftſt. Wien I, Stallburgg. 2. (ebda $^{4}|_{1}$ 93.) B: Dchtg. zur Oper „Der türkiſenblaue Garten" (Aladas Szendrei) 20; Stimmen i. d. Wüſte 20; An einen Pagen — Briefe aus Rom 21; Ged. e. Bildhauerin 21. H: Anderſens Gedichte 17.

Silbergleit, Arthur, ✠, Nov., Kritik. Berlin W 15, Naſſauiſche Str. 13|14. (Gleiwitz, ObSchleſ., $^{26}|_{8}$ 86.) B: Flandern, G. 15; Das Füllhorn Gottes, Paſtelle 19; Die Magd, Leg. 19; Der verlorene Sohn, Dchtg. 20; Alte Stadt, Lyr. 21; Die Balaleika, Lyr. 21; D. Farbenfeſt, Proſadichtg. 22; Gott als Verleger, Leg. 22.

Silbermann, Peter, SDS., Volksbildung, Politik, Prof., Dr. phil., Generalſekretär. Berlin W 30, Landshuter Str. 28. (Görlitz $^{8}|_{12}$ 78.) B: Die Sprachverderbnis im deutſchen Handelsſtand 05; Der General der Republik 20; Die deutſch-nationale Republik 22; Boccaccio für alle 21. *

Silberſchmidt, Walther (Pſ. S. Walther Uhlenhorſt), /, ▣, Bibliothekswesen, Bildungspflege, Ing. Cöpenick-Uhlenhorſt, Eſchenſtr. 3. (Schöneberg $^{8}|_{11}$ 99.) B: Bildung u. Buch 21; Berlin in Poeſie u. Proſa 21; u. a.

Silberſtein, Leo (Pſ. Leo Gilbert), BP., ⊛, ∴, ∩, Phyſiologie, Pſychologie, wiſſ. /, Ing. Wien VIII, Buchfeldg. 19. B: S. Erz. der Automat, ſatir.-phantaſt. R. 07. ()

Sill, Friedr. T., ſ. Liſt, Friedr.

Silling, Frl. Marie Eliſe, Erzähl., Kritik, /. Dresden, Strehlener Str. 55. (Stettin $^{22}|_{12}$ 45.) B: Familie Schrötter 89, 2. A. 99; Lotte 92; Sie lebt, Erz. 95, 2. A. 96; Heimgekommen, Kom. 99; Wandlgn., Erz. 01; Welche Schriften geben wir Kindern? 07, 10. T. 11; Lebensgang v. Annette Droſte v. Hülshoff 17, 2. A. 22; Jugenderinnerungen einer Stettiner Kaufmannstochter 22.

Sil-Vara, G. (früher G. Silberer), CC., CP., DB., DÖSchG., Nov., ⊙, /. Wien I, Stallburgg. 2, z. Z. London, 41 York Terrace, Regents Park. B: Babys Liebesgeſchichte 04; Pierrots Drama, 3 Einakter 05; Blick vom Kahlenberg, Wiener Erzn. 07; Goldene Jugend, Sch. 07; Trixie 11; D. Frau v. 40 Jahren 13; Londoner Spaziergänge 14; Ein Tag, Lſp. 14; Vom Wiener Landſturmmann, aus Galizien 15; Engl. Staatsmänner 16; Gitana, Dr. 16; Es geht weiter, Dr. 18; Mit der Liebe ſpielen, Kom. 20. Ue: Der Held d. Weſterlands (a. d. Iriſchen), Dr. 12; Brand im Schloß, Dr. 23.

Silveſter, Ewald (Pſ. f. Heide, Hans Karl), SDS., DB., PA., ✠, ⊙, Nov., Rom., Lit.♛, Kritik, /, Chur, Schweiz, Poſtfach. (Dresden $^{28}|_{6}$ 78.) B: Triumphatrix, R. 02; Mein Lied, G. 03; Das Verhältnis, 3. A. 05; Nora Gyllenſee, R., 2. A. 06; D. kom. Prinz 08; Die Dichtelei 09; D. Laboriſten, Kom. 10; Unter der Wolke, Sch. 12; D. Liebesletter, R. 14; D. 13 Sonette 18; D. flammende Kranz, G. 18; Morgenrot, Sch. 22; Flucht, Sch. 22; Erbgift, R. 23. H: Th. G. v. Hippel, Über die Ehe 11; J. Koller, Aphorismen f. Schauſpieler 20; Bogumil Goltz, D. Deutſchen 23.

Simchowitz, Saſcha, Literat.- u. Kunſt-Kritik, Dr. med., Dramaturg der Ver. Stadttheater, UDoz. Köln a. Rh., Boiſſeréeſtr. 3. (Königsberg i. Pr. $^{20}|_{8}$ 68.) B: Graf Hochberg als Erzieher (anonym) 91; Richard Dehmel 02; Maxim Gorki 07; Die ruſſiſche Literatur in der 1. Hälfte d. 19. Jhrh. 09; D. jüdiſch-deutſche Literatur 10; Die ruſſ. Literatur ſeit 1850 11; Guſtave Flauberts hiſtoriſche Dichtungen 13.

Simon, Heinr. (Pſ. Osmin), A, Muſik, BiblWeſen, /, Dr. phil., Prof., ObBibl. d. THSch. i. R. Berlin-Grunewald, Kaſpar-Theyß-Str. 13. (Berlin $^{4}|_{5}$ 58.) B: Die harmon. Reihe 86; Kl. Muſiklex. von Kalauer 92, 6. A. 23; Muſik u. Muſiker im Lichte d. Humors u. d. Satire 99.

Simon, Heinrich, Politik und geiſtige Strömungen, Dr. phil., Vorſitzender der Redaktionskonferenz der „Frankfurter Zeitung". Frankfurt a. M., Untermainkai 3. ($^{31}|_{7}$ 80.) B: Fragmente von Novalis 05; Der magiſche Idealismus (Studien z. Philoſophie d. Novalis) 06. *

Simon, Karl, Kunſt♛, Dr. phil., Kuſtos am Städt. Hiſtor. Muſeum. Frankfurt a. M., Honſteinerſtr. 13. (Teicha, Saalkr. $^{14}|_{9}$ 75.) B: Studien zum romaniſchen Profanbau in Deutſchland 02; Gottlieb Schick, E. Beitr. z.

Geschichte der deutschen Malerei um 1800 14. *

Simon, Max, Dchtg., ▣, Rektor, Mtgl. d. Pr. Ldtgs. Neusalz a. Oder, Berliner Str. 1. (Schönbankwitz $^{3}|_{11}$ 84.) B: Freie Geister, R. 08; Pionier Sommer vor Alsen, Erz. 14; Mutter- u. Vaterland, Sch. 16; Frohe, freie Lieder, G. 19; D. Kronenhof, R. 21; u. a.

Simon, Theodor, †, ⁂, D., Dr., Prof., GKonsistR. Münster i. W., Erphostr. 40. (Fambach $^{11}|_{8}$ 60.)

Simon, Frau Wilma, Mädchengesch. Wunsiedel i. Bay. ($^{23}|_{11}$ 00.) B: Gretel Wirbelwind 16, 2. A. 18.

Simons, Ernst M. (Pf. Drems), Reiseschr., ❦, /, Dr. med., SanR. Bad Reichenhall. (Neuß, Rh. $^{30}|_{3}$ 69.) B: E. Südamerikafahrt 03; Von Draußen u. Daheim, G. 10; Hochzeitreise u. a. Nn. 12; Drei Monate Regimentsarzt im Ostheere 15.

Simson, Hein, s. Sinram, Heinr.

Singer, Erich, SDS., ❦, Parodien, Herausgeberarbeiten, Kritik, Dr. jur., Rechtsanwaltsanwärter. Wien IX, Säuleng. 21. (Czernowitz, Bukowina $^{10}|_{4}$ 96.) B: Heiterkeit, G. 20. H: Bänkelbuch, Chansons 20, letzte A. 22; Dichtermärchen 21; Die rote Laterne, N. 22. *

Singer, Hans Wolfg. (Pf. L. Tyson), Kunst♛, Dr. phil., Prof., Kustos a. Kupferstichkabinett. Dresden-Wachwitz, Bergstr. 16. (New York $^{16}|_{9}$ 67.) B bzw. H: Radiergn. u. Zeichngn. zahlr. heutiger Künstler, ferner Bürgerl. Trauerspiel in England (b. 1800) 91; Gesch. d. Kupferstichs 94; Lex. der Künstler, n. Ausg. 95/01 V, Nachtr. 05; J. C. Leblon 00; Dürer-Bibliogr. 03; Der Kupferstich 03, 2. A. 12; Whistler 03 (engl. 06); Rossetti 04 (engl. 06); Moderner Cicerone: Dresden I 06 (engl. 07); Anmutige Frauen 07; Die Kleinmeist. 08; Käthe Kollwitz 08; Schnorr 11; Unika u. Seltenheiten des Dresdener Kabinetts 11; Englische Präraphaeliten 12; Meisterwerke der Dresdener Galerie 13; Leitf. d. Ornamentik 13; D. moderne Graphik 14, 3. A. 22; Handbuch f. Kupferstichsmlgn. 16, 3. A. 23; Dürer 17; Michelangelo 17; Holzschnitte L. Richters 17; Dürer 18; Feuerbach 19; Thoma 20; Die Radierungen Rembrandts 20 III; Kunstgesch. in einer Stunde 21; Führer d. d. Dresdn. Gal. 21; Franz. Buchillustration 22; Kupferstichsammlung Greiz 23. H: d. Jahrbuchs d. Originalgraphik 19ff.

Singer, Kurt, Verb. deutsch. Musik-Kritiker u. Berl. Theater-Kritiker, Musik-Kritiker d. „Vorwärts", Dr. med., Nervenarzt. Berlin W, Rankestr. 15. (Berent, Westpr. $^{11}|_{10}$ 85.) B: Ibsen-Studie 06; Rich. Wagner 13; Vom Wesen der Musik 23; Bruckners Chormusik 23.

Singer, Kurt, ⁂, ▣, Dr. rer. pol., PrivDoz. Hamburg, Alsterufer 4. (Magdeburg $^{18}|_{6}$ 86.)

Singer, Samuel, ältere deutsche Spr. u. Lit., Dr. jur. et phil., o. UP. Bern, Laupenstr. 27. (Wien $^{12}|_{7}$ 60.) B: Apollonius v. Tyrus 95; Schweizer Märch. I 03, II 06; Mittelalter u. Renaissance, D. Wiedergeburt des Epos 10; Aufsätze u. Vorträge 12; Literaturgesch. d. deutschen Schweiz im MA. 16; Wolframs Stil u. d. Stoff d. Parz. 16; Wolframs Willehalm 18; Neidhart-Studien 20; Walter v. d. V. 20; D. Dichterschule v. St. Gallen. ( )

Sinn, Werner, VP., RP., 🎥, Politik, ▣, /, Pariser Korrespondent d. „Dtsch. Allgem. Ztg." Berlin-Wilmersdorf, Nassauische Str. 48. (Hagen i. W. $^{27}|_{1}$ 87.) B: Die Kriegsziele unserer Feinde 17; Die deutsche Frau — der deutsche Sieg 17; Des Vaters Vermächtnis, R. 21; Filme.

Sinram, Heinr. (Pf. Hein Simson), ASV., Nov., Humor., Skizze. Hamburg 5, Brennerstr. 7. (Wismar i. M. $^{18}|_{9}$ 62.) B: Wilde Rosen 13; Der Dachdecker von Hamburg 15; Fröhliche Fahrt 21. ( )

Sinsheimer, Hermann, Dr., Theaterkritiker d. „Münch. N. Nachr." München, Habsburgerpl. 2. (Freinsheim, Rheinpf. $^{6}|_{8}$ 84.) B: Das neue Pathos auf der Bühne; Alte u. neue Bühne; Heinrich Manns Werk; Die drei Kinder, R.; Peter Wildangers Sohn, R.; (m. and.) An den Wassern Babylons.

Sinthern, Peter, SJ., ♛, Dr. theol. Wien IX, Canisiusg. 16. (Krefeld $^{21}|_{7}$ 70.)

Sinwel, Rudolf (Rolf Kurz), ♛, Tirol. Volkskunde, ❦, Erzählung, mundartl. Dichtung, Handelsakademieprofessor i. R. Mühlau b. Innsbruck. (Zell b. Kufstein $^{5}|_{11}$ 65.) B: Hans v. Pienzenau 05; Sinwel-Eichler, Lehrbuch d. Gesch. f. Handelsakademien seit 01, I. Bd. 5. A. 23, II. Bd. 4. A. 21, III. Bd. 3. A. 23, IV. Bd. 2. A. 20; Sepp Zangenfeind, ein Unterinntaler Heimatdichter 19; u. a. H: Carlo Friedl, Heimatlos u. a. 14; Seit 1920; „Feierabend" (Unterhaltungsbeilage des „Tir. Grenzboten"); „Heimatblätter", Monatsschrift f. Geschichte, Natur- u. Volkskunde des Unterinntals. *

Sirius, s. Böhm, Willibald.

Sittenberger, Hans, Dramaturgie, Dr. phil. Wien XIII, Einwangg. 19. (Klagenfurt $^{30}|_{4}$ 63.) B: Dramaturgie d. Gegenwart I (Das dramatische Schaffen in Österr.) 98; Scholastica Bergamin, N. 99; Franz Grillparzer, biogr. Stud. 04; Einführg. in d. Gesch. d. deutsch. Lit. 09; Der

geheilte Vitus, R. 10; D. Wallfahrt nach Kythera, R. 12. ()

Sittsam, Leberecht, s. Schultze-Münchow.

Skalitzky, Sepp, ✠, Volkskundliche Arbeiten, Lehrer. Markt Eisenstein, Böhm. (Rothenbaum 30|1 01.) W: An deine Seele, Meisterson. 22; Von Heimat und Minne, Erz. u. G. 23; Waldheimat. *

Skoda, Herma v., s. Lauer, Herma.

Skowronnek, Fritz (Ps. Fritz Bernhard, Hans Windeck), VJ. & SV., Publizist., /, O, Dr. phil. Berlin-Friedenau, Kaiserallee 135. (Schuiken b. Goldap 20|8 58.) W: Masurenblut 04; D. Kampf um d. Scholle, R.; D. dumme Magd, R. 04; Heimatlos, Nov.; D. Jagd, illustr. Lehrb.; Lustiges Waidwerk, Hum.; Jagdgeschichten; D. Ethik d. Waidwerks; D. Musterknabe, R.; u. a.

Skowronnek, Rich., VP., O, Roman. Rittergut Hoeckenberg, Kr. Regenwalde, Pom. (Schuiken b. Goldap 12|8 62.) W: D. schwarze Schäflein, Sch. 01; D. Frau Leutnant, R. 01; Ihr Junge, R. 02; Geschw. Lemke, Schw. (m. L. W. Stein) 02; Hans, d. Sieger, R. 03; D. Bruchhof, R., 3. A. 08; D. rote Haus, R. 03 II; Waterkant, Sch. 04; Sommerliebe, N. 04; Husarenfieber, Lsp. (m. G. Kadelburg) 06; Schweigen im Walde, R. 08; Das Verlobungsschiff, hum. R. 09; Hohe Politik, Lsp. 10; Bruder Leichtfuß, R. 11; Die Generalsecke, Lsp. 12; Das Bataillon Sporck, R. 12; Das Bißchen Erde, R. 13; Die gute Auskunft, Lsp. 14; Sturmzeichen, R. 14, 200. T. 15; Das große Feuer, R. 15; Die schwere Not, R. 16; Morgenrot, R. 16; Der weiße Adler, R. 18; Liebschaften d. Käte Keller 17; u. a. ()

Skrepek, Viktor Adalbert (Herrmann), DÖSchG., RP., /, O, Schriftleiter. Breslau, Kaiser-Wilhelm-Straße 8. (Wien 6|10 79.) W: Runenblätter, G. mit Weltbrand, Dr. 17; Herr Ix und seine Geschäfte, phant. R. 20. *

Sleumer, Albert, Hugoforschg., Kritik, Biogr., Moral †, Ue: EFIPort., Dr. theol. et phil., Prof., StudDir. Bochum i. W., Augustastr. 6. (Osnabrück 5|8 76.)

Slovoda, Karl, DV., Drama. Gmunden, Österr., Esplanade 27. (Preßburg 25|10 75.) W: D. ewige Krieg, Sch. 01; Pharisäer, Sch. 08; D. kleine Herrgott, Kom. 10; Am Teetisch, Kom. 14, 4. A. 22; Sonate, Lsp. 20; D. Schlange, dram. G. 22. *

Smekal, Richard, SDS., Lit.♛, Theater♛, Belletristik, Dramaturg. Berlin-Neukölln, Böhmische Str. 16. (Ala i. Südtirol 12|8 88.) W resp. H: Gesamtregister zu Grillparzers Werken (m. Stefan Hock) 14; Das alte Burgtheater 16; Altwiener Theaterlieder 20; Grillparzer und Raimund 20; Theater u. Kultur (m. Herm. Bahr u. Hugo v. Hofmannsthal) 20; Ferd. Raimunds Lebenslauf (m. H. v. Hofmannsthal); Mozartanekdoten 20; Verklungenes Rokoko 21; Eine romantische Dramaturgie; Neues von Cl. Brentano 21.

Smithanders, Ernst, siehe Schmidt, (Hanns) Ernst.

Snaga, Joseph, DV., Komponist. Berlin-Halensee, Joh.-Sigismund-Str. 19. (Branitz OS.) W (Kompon.): Das Bild der Favoritin, O.; Rodelzigeuner, Ledige Ehefrau, Optten.; Der Hutmacher Sr. Durchlaucht, Frau Bärbel, Sgsp.

Sochaczewer, Hans, Roman, Novelle, Literaturkritik, Schriftsteller. Berlin-Schlachtensee, Waldemarstr. 68. (Berlin 10|8 92.) W: Die Grenze, R. 22. *

Soffé, Frl. Elisabeth, /, Fachlehrerin. Brünn, Neugasse 20. (ebda 15|8 88.) W: Eine Ferienreise 07; Auf deutscher Erde 10.

Söhle, Karl, ♔, ✠, Prof. Dresden, Helmholtzstr. 3b. (Ülzen 1|8 61.) W: Musikantengeschichten 97; Musikanten u. Sonderlinge, Nn. 00; Sebast. Bach in Arnstadt 02; Schummerstunde, Bilder u. Gestalten a. d. Lüneburger Heide 04; Mozart, Dr. 07; Der heilige Gral, Dchtg. 11; Der verdorbene Musikant 18.

Söhngen, Aug. Ernst, DV., Rom., O. Elberfeld, Kieler Str. 8. W: Mod. Arbeiter, R. 07; Nach Jena, Dr. 08, n. A. u. d. T.: Heldentod 13; Kasernenluft, Sch. 10; § 95, Dr. 13; Sünden von gestern, Sch. 19; Die Seidenbandweber von Kurzenberg, Vst. 21. ()

Sohnrey, Heinr., Dorfgeschicht., Volkskunde, Jgdschr., Dr., Dr. h. c., Prof. Berlin-Steglitz, Beymestr. 9. (Jühnde 19|6 59.) W: Deutsch. Sagenschatz (m. Kassebeer) 85; Die Leute a. d. Lindenhütte 86 I (Friedesinchens Lebenslauf), 80. T. 21, II (Hütte u Schloß), 60. T. 20; Verschworen, verloren 88, 8. A. 09; Philipp Dubenkropps Heimkehr 88, 18 T. 20; Die hinter den Bergen 94, 13. A. 20; Der Bruderhof 97, 21. A. 21; Der kleine Heinrich 01; D. Dorfmusikanten, Vst. 01, 6. A. 14; D. Gemeindeabend 02, fortges. u. d Tit.: Handreichn. f. Volks- u. Familienabende; Im grünen Klee, im weißen Schnee 03, 12. A. 19; Kunst auf dem Lande 05; Das Glück auf dem Lande (m. E. Löber) 05, 10. A. 11; Robinson in der Lindenhütte 07, 41. A. 14; Feste und Spiele des deutschen Landsvolks (m. Ed. Kück) 09, 2. A. 10; Düwels, Bauern-Dr. 09, 4. A. 12; Grete Lenz 09, 12. A. 19; Die Lebendigen und die Toten, R.; Die Sollinger, Volkskundl.;

Wenn die Sonne aufgeht 10, 3. A. 11; Draußen im Grünen 12; Vaterländ. Lesebuch (m. Lembke) 15; Der Hirschreiter 15; Heimat u. Vaterland (m. Lembke) 16; Fürs Herzbluten, 20. T. 20; Herzen der Heimat 20, 10. T. H: versch. Ztschr.

Söhns, Franz, Germanistik, ⊙, Dr. phil., ObLehr. Hannover, Hildesheimer Str. 197. (Aderstedt $^{8}|_{2}$ 54.) B: Das Handschriftenverhältnis in Rudolf von Ems' Barlaam u. Josaphat 78; Die Parias der Sprache 88; Unsere Pflanzen, Namenserklärg., Stellung in Mythologie u. Volksaberglauben 97, 6. A. 20; Barbarossas Erwachen, patriot. Festsp. 97, 2. A. 02; Entgegengesetzte Pole, Lsp. 98; Die Gründung des Klosters Brunshausen 00; Die Gandersheimer Familiennamen 01; Bilder aus Alt-Gandersheim 02; Volksetymologische Plaudereien 02; Schwänke nach Hans Sachsschen Ideen 04; Ihr letzter Streich, Lsp. 06; Wort u. Sinn, Begriffswandlgn. in d. Sprache 11; Andresen, Sprachgebrauch u. Sprachrichtigkeit, 11. A. 21; Hannoversche Sprachecken, Monatsschrift.

Söker, Wilm, s. Goßmann, Wilh.

Solf, Ferdinand Eugen, RP., Unterhaltungsliteratur u. Journalistik, Major a. D., Schriftleiter d. Sulzbacher Kalend. u. Sulzbacher Zeitung. Sulzbach. Oberpfalz. (Straßburg in Elsaß $^{14}|_{1}$ 76.) B: 1934 Deutschlands Auferstehung 21, 5. A. 20.—25. T. 22. H: Vollständiger Geschäftskalender, Statistisches Jahrbuch für Wirtschaft u. Politik; Gemeinnütziger Hauskalender; Kalender für Bürger und Landmann u. Taschenkalender ab 22. *

Soll, Karl, **Ue**: F, ♛, Dr. phil., Leit. d. Buchverl. Aug. Scherl. Berlin-Schöneberg, Cranachstr. 5 II. (Eutin $^{26}|_{5}$ 81.) B: Die Geschichte des Stiftsdorfes Westerau 15. H: Der Wiener Kongreß 16; Der junge Schiller 21; Scherls Jungdeutschlandbuch Bd. 9 22, Bd. 10 23. **Ue**: Der tanzende Kongreß (Tagebuch Jean Gabriel Eynards) 23.

Solleder, Fridolin, ♛, Essay, Dr. phil., StaatsArch., Red. München, Blütenstr. 10. (Straubing $^{28}|_{8}$ 86.)

Söllner, Frl. Ottilie (Ps. C. Vollbrecht), Nov., Roman, /. Großpriesen a. Elbe. (Ronneburg $^{13}|_{2}$ 41.) B: Dissonanzen, Nn. 87; D. kateg. Imperativ, R. 89; Wolfseck, R. 92; In Fesseln, R. 94, 2. A.; Ein Schatten, R. 96; Schicksal, R. 98; Nach d. Sturme, Der Supplent, Nn. 01; Comteß Hanna, R. 13; Hohenbühl, R. 13; Siebenhufen, R. 13.

Solms-Laubach, Bernhard Graf zu, DB., ✠, /. Laubach (Oberhessen). (Arnsburg b. Lich, Oberhess. $^{4}|_{3}$ 00.) B: Meine Lieder, G. 19; Lichtweg, G. 20; Mahnruf, G. 21; Ritter Kunigrat, Dchtg. 21; Ansprache 22; Vor der Zeit, Tr. 23.

Sombart, Werner, ⊞, Dr. phil., GReg.-R., UP. Berlin-Wilmersdorf, Rüdesheimer Platz 10. (Ermsleben $^{19}|_{1}$ 63.) B: Mehrere hundert Schriften sozialwiss. Inhalts.

Somborn, Carl, Musik-⊙, ✠, Prof. München, Barerstr. 71. (Barmen $^{16}|_{11}$ 51.) B: Das venezian. Volkslied: d. Villotta 01; Philenor, O. 03; D. Flammen, Musik-Dr. 08.

Sommer, Fedor, Roman, ⊙, Kreisschulrat. Bolkenhain, Schlesien. (Hohenfriedeberg $^{21}|_{9}$ 64.) B: Auf der Wanderschaft, G. 90; Friede am Berge, E. 90; Gielana, Tr. 91; Pestalozzi in Stanz, Dr. 94, 8. A. 96; Im Nebel, Schw. 95; In der Waldmühle, R. 02, 4. A. 16; Ernst Reiland, R. 04, 5. A. 20; Am Abend, R. 06, 2. A. 07; Hans Ulrich u. der Narr zum Briege, Nn. 08; Hussitenjahre, Erz. 08; Gesch. Schlesiens 08; D. Fremden, R. 10, 2. A. 19; Die Schwenckfelder, R. 11, 4 A. 22; Bei den Lützowern u. an der Katzbach, Erz. 12, 40. T. 14; D. Rokokopult u. a. Erzn. 13; Ein wunderliches Eiland, R. 14; Das Waldgeschrei, R. 15; Der Sparfranze, Erz., 4. T. 18; Luise Eberhardt, R. 19; Unter dem Selbstherrscher, R. 23.

Sommer, Reinhold, s. Fiedler, Franz.

Sommer, Rob., Psychiatrie, Dr. med. et phil., o. UP., GMedR. Gießen, Psychiatr. Klinik. (Grottkau $^{19}|_{12}$ 64.) B: Die Goldmacher, e. Kom. 21; u. v. a.

Sommerfeld, Adolf, SDS., Politik, ⚐, Belletrist, Dramaturg., **Ue**: IFS. Berlin-Friedenau. (Schroda $^{13}|_{7}$ 70.) B: Nieder m. d. bildenden Kunst! (u. d. Ps. Adolf Borchardt) 96; D. Geheimnis d. Camorra 11, 2. A. 12; D. ital.-türk. Krieg u. s. Folgen 11 (auch ital.), 2. A. 12; Frankreichs Ende im Jahre 19?? 12, 7. A. 12; Auf sonniger Erde, italien. Erzählungen 12; Kißlar Agassi, Aus d. Tagebuch d. Obereunuchen 13, 3. A. 16, 4. A. 18, 5. A. 21; Der Fall Zabern 14; Italien? . . . und der Krieg (nach Dr. Gino Bertolini) 15; Der Russenspiegel 16; Deutsche u. brit. Kultur 18; Nicolaus II. 19; Schekerpara, Kisslar Agassi, 2 Haremsgesch. 20; Der Antisemitismus eine Rassenlüge 20; Aus dem dunkelsten Berlin, 10 Kriminalgeschichten 21, 2. A. 22; Das Fräulein vom Spittelmarkt, R. 22; Grete Hagen, R. 22; Dilgüscha Kisslar Agassi III. (Der türkische Dekameron) 22.

Sommerfeld, Martin, SDS., Lit.♛, ∴, Dr. phil. Priv.-Doz. a. d. Univ. Frankfurt a. M., Schumannstr. 39.

(Angerburg $^{2}|_{5}$ 94.) W: Fr. Nicolai u. d. Sturm u. Drang 21; Hebbel u. Goethe 23.

Sommerlad, Theo, Wirtschafts♛, ❦, Dr. phil., o. HonUP., Hrsg. d. „Thüring.-Sächs. Zeitschr. f. Gesch. u. Kunst". Halle a. d. S., Reichardtstr. 13. (Frankfurt a. M. $^{7}|_{2}$ 69.) W: Im Donner d. Weltkampfes, G. 14 f. III.

Sommerstorff, Otto, ✪, Kgl. Hofschausp. a. D. Spital am Semmering, Steiermark. (Krieglach $^{29}|_{5}$ 59.) W: Scherzgedichte 99, 8. A. 19; Aus meinem Reimstübl 08, 4. A. 20; Ins Wunderland der Neuen Welt 14.

Sommert, Ernst Herm., DOSchG., ❦, ✪, ╱, Lit.-♛, ⁂, Nov., Krit. Berlin-Grunewald, Hubertus-Allee 28. (Wien $^{19}|_{4}$ 87.) W: Hie deutsch allerwege!, G. 12; Siegvolk, Festsp. 14; Des Kaisers Ziel, Sonettenkranz 15; Der alban. Volkscharakter 19. Ue: Proben alban. Dichtkunst 19.

Sonderburg, Hans, Prof., Musikkrit. u. -schriftstell., Red. d. akadem. Monatsschr. „Organum". Kiel, Hohenbergstr. 7. (Schleswig $^{18}|_{9}$ 71.)

Sonka, s. Sonnenschein, Hugo.

Sonnemann, Kurt, ❦, Roman, Kritik, Theater- u. Musik-Referent d. Stadt-Anzeig. Mannheim, Heinr.-Lanz-Str. 34. (München $^{27}|_{9}$ 81.) W: Ringen, Träume u. Leben, G. 09.

Sonnenfels, Falk von, s. Hildebrand, Maximilian.

Sonnenschein, Hugo (Sonka), SDS., ❦, Politik, Journalist. Wien VIII, Daung. 1. (Kyjov $^{25}|_{5}$ 90.) W: Ichgott, G. Dr. 10; Slovakische Heimat, G. Sk. 10, 3. A. 20; Geuse Einsam von Unterwegs 12; Mein Becher wider die Schwere der Welt 14; Erde auf Erden, G. 15, 2. A. 20; Die Legende vom weltverkommenen Sonka, Dchtg. 20; War ein Anarchist 21; Tagebuch meiner Kuttenberger Haft, R. 21; Revolutionäre Auswahl, G. 21; Dem Bürger ins Gesicht, G. 24; Der politische Dichter, Sk. 24.

Sonnleitner, A. Th., s. Tlučhok, Al.

Sonntag, Frau Erika, geb. Vorbusch, VV., ╱, ✪, Roman. Berlin-Steglitz, Hohenzollernstr. 6. (Danzig $^{24}|_{7}$ 81.) W: Sensation, Lsp. 10; Wintermärchen aus d. Bergen, R. 12; D. Rom. König Eduards, R. 13; Auf Deutschlands Edelsitzen 13.

Sonntag, Josef, RP., VBJ., pol. Publizist, Hrsg. d. vertraul. „pol.-wirtschaftl. Briefe" u. die „Tägl. Sonderinf.", Zeit.-Korr. Sonntag. Berlin-Steglitz, Hohenzollernstr. 6. (Thröm $^{9}|_{7}$ 70.) W: Im Fluge durch d. Schweiz 98; Modesalon, R. 04; Deo juvante, Satiren 08; Stürmer v. Flottbach, R. 12; Hoch hinaus, R. 12; Deutschland vor d. Katastrophe 13; Clotilde v. Savoyen, R. 13; Isabella, R. 14; Der wahre Held, Lsp. 17; D. Verhängnis, R. 18.

Soré, s. Rose, Fritz.

Sorge, Frl. Marie, DV., RP., ASV., ❦, Märch., Skizzen, ✪, Nov. Plauen, Vgtl., Reichsstr. 58. (Treuen, Vgtl. $^{16}|_{1}$ 77). W: Wellen u. Wogen, ep. u. lyr. Dichtg. 06; Und fing mir einen Sonnenstrahl, lyr. u. ep. Dichtg. 09; Briefe aus d. Süden 10; Frauenlieder, G. 14; Die sieben Raben, M.-Sp. 19; Brüderlein u. Schwesterlein, M.-Sp. 20; Klinge, mein Herz! G. 23.

Soergel, Albert, neuere Lit.♛, Kritik, Dr. phil., Prof. a. d. staatl. Gewerbe-Akademie. Chemnitz, Helenenstr. 11. (ebda $^{15}|_{6}$ 80.) W: Ahasverdichtgn. s. Goethe 05; Dichtg. u. Dicht. d. Zeit 11, 54.—60. T. 22. H: D. dtsche. Dichtung d. letzten 30 Jahre, Leitsätze u. Streitsätze, Wege u. Ziele 20.

Sorgenfrei, Paul, ▣, ⚒, ❦, ✪, ╱, Kritik, Red. Dresden-A., Blasewitzer Str. 48. (Leipzig $^{6}|_{8}$ 70.)

Sosnosky, Theod. v., ⚔, ♛, Politik, Roman. Wien XIX/1, Obkircherg. 31. (Budapest $^{4}|_{1}$ 66.) W: Sprachsünden 90; Dichter-Steckenpferd 90; Sprachwart 94; Ridicula 94; Aus der Drei-Viertelwelt, Nn. 95; Pierres de Strass 99; Shoking! Nn. 99; Schule u. Leben (anon. v. e. Österr. 00; D. deutsche Lyrik d. 19. Jahrh. 01; England's Danger 01; D. „Militarismus" in Österr.-Ung. (anon. v. e. Österr.) 02; Militär u. Zivil (anon. v. e. Österr.) 03; D. sechste Gebot, R. 05; An der Lebensbörse, R. 09; Der Minnesöldner, R. 10; D. Politik im Habsburgerreich I 12, II 13; Erotische Falterpracht 13; D. Balkan-Politik Österreich-Ungarns I 13, II 14; Irredenta-Politik 15; Österreich-Ungarn u. d. Balkan 15; D. Balkan-Politik Italiens 15; D. Traum vom Dreibund 16; Wiener Luft, R. 20; Abwärts, R. 20.

Soso, s. Kaiser, Oscar.

Soukup, Friedrich, DV., ✪. Brünn in Mähren, Schulgasse 3. (ebda $^{12}|_{2}$ 99.) W: Dichtungen 18; Rom, Dr.; Der Untergang, Tr.; Der Narrentanz, Nn. 23; Extase des Erwachens 23; Der Schrei, Dr. 23.

Soyaux, Frida, s. Schanz, Frida.

Soyka, Otto, Rom., ✪. Wien VII, Neustiftg. 31. (ebda $^{9}|_{5}$ 82.) W: Herr im Spiel, R. 10, 3. T. 12; D. Fremdling, R. 11, 2. T.; D. Herbarium d. Ehre 11, 8. T. 22; D. Söhne d. Macht, R. 12, 42. T.; Revanche, Kom. 12; Geldzauber, Kom. 13; D. Glück d. Edith Hilge, R. 13, 28. T.

22; D. Liebesfalle, Nn. 16, 10. T.; Der entfesselte Mensch, R. 19, 15. T.; Im Joch der Zeit, R. 20, 6. T.; Der Seelenschmied, R. 21, 5. T.; Die Traumpeitsche, R. 21, 10. T.; Der Geldfeind, R. 23, 25. T.; Eva Morsini, Rom. 23, 10. T.

Spahn, Martin, ♕, Dr. phil., o. UP. Köln, Maternusstr. 6. (Marienburg $^{7}|_{8}$ 75.)

Spael, Wilhelm, RP., Kunst- und Theaterkritik, Feuilletonredakteur der Germania. Berlin-Wilmersdorf, Bernhardstr. 7. (Köln $^{3}|_{2}$ 94.) B: Reinhard Johannes Sorge, Eine erste Einführung in seine Werke 21. *

Spandow, Philipp, Nov., ○, /, ❀. Leipzig, An der alten Elster 16. (Berlin $^{26}|_{12}$ 74.) B: Von Ihr u. mir, R., 1. u. 2. A. 96: Tyrann Ich, R. 03; Die Weltausstellung in St. Louis 04.

Spangenberg, Frau Irmgard, geb. Voß, ASV., SDS., Roman. Schwerin i. Meckl., Steinstr. 27. (ebda $^{2}|_{6}$ 89.) B: Der hölzerne Konrad, R. 21; Der Weg durch die Wiese, R. 23; Peter Quiddes Weg zum Licht, R. 23. *

Spanier, Max, WSV., ○. Köln, Am Duffesbach 22. (Frankfurt a. M. $^{9}|_{3}$ 99.) B: Agnus Dei, Dr. 21.

Spanier, Meier, Germanistik, ✱. /, Dr. phil., Rektor der Mädchen-Mittelschule. Berlin C 25, Kaiserstr. 29/30. (Wunstorf $^{1}|_{11}$ 64.) B: Üb. Murners Narrenbeschwörung u. Schelmenzunft 93; Künstler. Bilderschmuck f. Schulen 97, 3. A. 02; Falke als Lyriker 00; Hans Thoma u. seine Kunst fürs Volk 03; Zur Kunst 05; Nemt frouwe etc., 15 Ged. Walthers 11; Psalmen, Eine Einführung 22. H: Murner, Narrenbeschwörung 94; Schelmenzunft 12.

Spann-Rheinsch, Frau Erika, geb. Reinsch (früher Ps. Erika Rheinsch), ✱. Wien XIX 1, Blaasstr. 3. (Trennfeld, Bay. $^{4}|_{10}$ 80.) B: D. Motive aus dem „Ring" Rich. Wagners in lyr. Nachdichtg. (m. Othmar Rheinsch) 06; Tragödien u. Festgesänge d. Blumen u. Bäume 07; Schöne Welt!, Ged. 07; Andachten, Ged. 08; Das Kindlein, Erz. 11, 2. A. 17; Die Laute, Lr. u. G. 13; Trutznachtigall, G. 19, 2. A. 20; Parazelsus u. s. Jünger, G. 21; Buch der Einkehr, G. 23; Frohe Wanderschaft, G. 23. H: Goethes Ged. f. Kinder 10; Ged. von Schiller, Claudius, Mörike, Hebbel, Droste-Hülshoff, Uhland. Ue: Sprüche des Confuzius.

Spannuth-Bodenstedt, Ludwig (Ps. Paul Herfeld), DB., ✱, ○, Kritik, Theaterdir., Winter: Dir. des Stadttheaters Würzburg, Sommer: Hanau a. M., Bruchköbeler Landstr. 15. (Kalk $^{7}|_{7}$ 80.) B (seit 00): Goethe-Festspiel 00; Heines letzter Traum, Festsp. 00; Frau Eva, Lsp. 01; Draußen i. Leben, Sch. 02; Doktor Mayer, P. 04; Der Löwe d. Tages Schw. 04; D. träumende Land, Sch. 05; Jambus Brautschau, Schw. 07; D. Glücksschmied, Vst. 09; Gold-Elschens Reise ins Glück, Märchenspiel 09; Die süße Rache, Schw. 10; Im wunderschönen Monat Mai, Lsp. 12; Burschen heraus!, Skn. 14; Im Krug zum grünen Kranze, Vst. 16; Die Teufelsmühle, Dr. 21; Die Frühlingsfee, Sgsp. 23.

Spättgen, Doris Freiin v., s. Schelilha, Doris v.

Specht, Rich., CC., VB., ✱, ○, /, Ɛ (Musik). Wien XIX, Kreindlgasse 8. (ebda $^{7}|_{12}$ 70.) B (seit 00): Kritisches Skizzenbuch 00; Gustav Mahler 05; Gustav Mahlers VI. Symphonie, themat. Analyse 06; Johann Strauß 09, 2. A. 22; Richard-Strauß-Katalog 10; Gustav Mahlers VIII. Symphonie, themat. Analyse 12; Gust. Mahler 13, 6. A. 22; Jul. Bittners „Abenteurer", analyt. Studie 13; Rich. Strauß u. s. Werk 17, 3. A. 21; Erich Wolfgang Korngolds Einakter 18; Franz Schrekers „D. Gezeichneten", Themat. Einführung 18; „Der Schatzgräber", desgl. 19; Rich. Strauß, „D. Frau ohne Schatten", desgl. 19; D. Wiener Operntheater 19, 4. A. 20; Jul. Bittner, 3. A. 21; Wilhelm Furtwängler 21; Arthur Schnitzler 22, 3. A. 23; E. N. von Reznicek 22, 2. A. 23. H: Hebbels Werke (Cottas Weltliteratur) 04 VI; Widmungen zu Ferd. v. Saars 70. Geburtstage, Anthol. 03. Ue: Verdis „Troubadour", neue Textbearbeitung.

Speck, Georg, Roman u. Nov., Essay. Zürich, Kilchbergstr. 61. (ebda $^{26}|_{4}$ 79.) B: Snob 03; Am Rheinfall 06; George 06; Zwei Menschen 07; Ruth 10; Der Garten 13; Eynars Töchter 20. ()

Speck, Wilh., Roman, D., Pfr. Kassel-Wilhelmshöhe, Landgraf-Karl-Str. 27. (Großalmerode $^{7}|_{7}$ 61.) B: Arbeit an d. Gefangenen 92; D. Flüchtlinge, Erz. 94, 7.—11. T. 21; Zwei Seelen, R. 04, 33. b. 37. T. 20; Menschen, die den Weg verloren (Flüchtlinge, Ursula), Nn. 06, 6. T. 07; Joggeli 07, 49.—50. T. 18; Quartettfinale 08, 11.—30. T. 19; Ursula N. 14, 16.—18. T. 21. ()

Speckmann, Diedrich, Erz. Fischerhude bei Bremen. (Hermannsburg $^{12}|_{2}$ 72.) B: Heidjers Heimkehr 04; Heidhof Lohe 06; D. goldene Tor 07; Herzensheilige 09; Geschwister Rosenbrock 11; Erich Heydenreichs Dorf 13; D. Anerbe 14; D. Heidklause 19; Neu-Lohe 20; Gesamtausgabe 21; Jan Murken 22; Die Insel im Grünen 23.

Spectator, s. Collin, Ernst.

Spectator, s. Willhain, Jul.

Speich, Robert, ✠, Kaufm. Zürich 7, Hedwigstr. 20. (Sestri Ponente $^{10}|_{11}$ 73.) B: Vom Zürichsee, G. 94.

Speier, Max, /, Kritik, Kaufmann. Frankfurt a. M., Ostendstr 28. (Eschwege $^{5}|_{6}$ 73.) B: Daheim u. Draußen, Gesch. 10 II. ()

Speil, Gerhard, ASB., Naturschild., Roman, Politik, Schriftst. Breslau, Paulstr. 25. (Ruda, Oberschles. $^{31}|_{8}$ 90.) B: Streifzüge i. d. Beskiden 18, n. A. 21; Zigeunerlieder, Ged. 19; Wem soll Oberschlesien gehören? 20; Von Bergen, Menschen u. Tieren 21; D. hamsterndeBerggeist u. a. Erz. 21; Waldsturm, R. 21.

Speiser, Wilhelm, Komponist, Musikdir. Köln, Eigelstein 118. (Aachen $^{5}|_{6}$ 73.) B: Chöre, Lieder u. Operetten.

Spemann, Franz, Christentum u. H. Dresden-Blasewitz, Deutsche-Kaiser-Allee 1. (Stuttgart $^{30}|_{1}$ 77.) B: D. unsichtbare Welt.

Spengler, Oswald, Dr. phil., Privatgelehrter in München. (Blankenburg a. Harz $^{29}|_{5}$ 80.) B: Untergang des Abendlandes I 18, II 22; Preußentum u. Sozialismus 20.

Spengler, Otto, Dir. d. „Argus Press-clipping Bureau" f. Zeitungsausschnitte, Red. d. „Nachrichten d. Verbands deutscher Schriftsteller in Amerika". New York, 352 Third Avenue. . (Strasburg, Westpr. $^{18}|_{4}$ 73.) B: Das deutsche Element der Stadt New York 13; Jacques Urlus, e. Künstler-Monogr. 17; Gesch. d. Weltkrieges (in ca. 400 Ztgs.-Ausschnitten) 21. H: Deutschamerik. Lit.-Kalender 11. ()

Sperl, August, Roman, Dr. phil., Archivdir. Würzburg. (Fürth $^{5}|_{9}$ 62.) B: Fahrt nach d. alt. Urkunde 93, 24. A.; D. Söhne d. Hrn. Budiwoj, R. 96, 30. T.; F. Nansen, Sang 98, 2. A.; Portner, R. 01, 22. A.; So war's! N. 02, 6. A.; Herzkrank, N. 03, 5. A.; Kinder ihrer Zeit, N. 06, 7. T.; Richiza, R. 09, 10. A.; D. Ratsschreiber v. Landeshut, N. 10, 6. T.; Burschen heraus! N. 13, 22. T.; Konradin, Kindererz. 16, 10. T.; Der Archivar, R. 21, 10. T. ()

Speyer, Friedr., Germanistik u. neu. Spr., Kritik, ✠, ◯, GymnProf. Berlin-Zehlendorf, Heidestr. 1. (Darmstadt $^{18}|_{4}$ 61.) B: Ged. 02; Lieder u. Balladen 05; Schiller, Festsp. 05; Der treue Eckart, Sch. 06. ()

Speyer, Willy, DB., SDS., Roman, ◯, Feldafing, Starnberger See. (Berlin $^{21}|_{2}$ 87.) B: Oedipus, R. 07, 2. A.; Wie wir einst so glücklich waren, N. 09, 7. A. 23; Gnade, Sch. (nach P. Busson) 11; Der Herzog, Erz. 12; D. fürstl. Haus Herfurth, R. 14; Der Revolutionär, Dr. 18; Karl V., Dr. 19; Er kann nicht befehlen!, Lsp. 19; Mynheer van Heldens große Reise, R. 21, 5. A. 23; Rugby, Lsp. 21; Schwermut der Jahreszeiten, Erz. 22, 10. A. 23; Südsee, Dr. 23; Lilo 24.

Spiegler, Hugo, Politik, Theaterkritik, Journalistik, Dr. phil., Schriftl. d. „Wiener Morgen-Zeitg." Wien XIX, Sieveringer Str. 32a. (ebda $^{23}|_{8}$ 87.)

Spielmann, L. H., s. Hamann, Ludwig.

Spielmeyer, Werner, DB., ◯, Nov. Dessau, Marktstr. 11. (ebda $^{16}|_{8}$ 99.) B: Du deutsches Volk, Sp. 21.

Spiero, Heinrich, Lit.♛, ✠, Nov., Kritik, Dr. jur. Berlin SW 47, Wartenburgstr. 17. (Königsberg i. Pr. $^{24}|_{3}$ 76.) B: Ged. d. Wanderers 02; Kranz und Krähen, G. 03; Fontane-Brevier, 2. A. 06; Deutsche Lyrik seit Claudius, 2. A. 15; Rudolf Lindau 09; Deutsche Geister, Essays 10; Verschworene d. Zukunft, R. 11; Lebensmächte, Nn. 11; Das poet. Berlin (Alt-Berlin) 11, (Neu-Berlin) 12; Hamburger Märchen 12; G. Hauptmann 12; Gesch. d. dtsch. Frauendichtg. s. 1800 13; Berlin 13; D. Werk Wilh. Raabes 13; Adalbert Kallweit, D. Manuskript, Erz. 13; Detlev v. Liliencron, s. Leben u. s. Werke, 1. u. 2. A. 13; Deutschlands Schicksal und Schuld 20; Julius Rodenberg. H: Novellenb. neuer dtsch. Meister 11; Th. Körners Werke 12 II; Deutsche Lyrik seit 1850 12; u. a. ()

Spierro, Ella, Lit.♛, Kritik, Dr. phil., StudR. Berlin. (Königsberg i. Pr. $^{13}|_{1}$ 84.) B: Florians Fabeln 12; Jakob Julius David 20.

Spies, Heinrich, Anglistik, das moderne England, Dr. phil. o. ö. UP. Greifswald, Blücherstr. 2. (Bremen $^{6}|_{11}$ 73.) B: Stud. z. Gesch. d. engl. Pronom. im 15./16. Jahrh. 97; Gower-Stud. 00: Aus d. Tätigkeit des Allg. Deutsch. Schulver. i. Brasilien 02; D. mod. England 11; E. im Spiegel d. Auslands 11; Chaucers relig. Grundstimmung u. d. Echtheit des Parsons Tale 13; Deutschl. Feind, Engl. u. d. Vorgesch. d. Weltkriegs 15; D. Engl. als Inselvolk 16; Engl. Mannschaftsersatz i. Flotte u. Heer 17; D. e. Sprache u. d. neue Engl. 21. H: Shakespeares Meisterdramen, nachgel. Übersetzgn. O. Gildemeisters; M. Schwarz, Alliteration im engl. Kulturleben neuerer Zeit 23.

Spires, F., s. Preiß, Herb. Adolf.

Spiro, Mario, SDS., ✠, **Ue:** FS., Leiter der dramaturg. Abt. der Universum Film A.-G. Berlin W., Kaiserallee 21. (ebda $^{28}|_{1}$ 83.) B: Schatten 07. **Ue:** Balzac, Murger, Mérimé, Musset,

Ch Louis-Philippe, Hernando Cortez, M. Cossio, Pio Baroja, Perez Ayala u. a. H: Emerson, Versuche; Franz. Meisternovellen; Span. Meisternovellen; Daumier, Robert Macaire u. Die Portierfrau.

Spitta, Heinr., ⁂, Dr. phil., o. HonUP. a. D. Tübingen, Neckarhalde 31. (Berlin 9|7 49.)

Spitteler, Carl (Ps. Felix Tandem), ✠, Dr. phil. h. c. Luzern, Gsegnetmattstr. 12. (Liestal 24|4 45.) B: Prometheus u. Epimetheus, E. 81, n. A. 21; Extramundana, D.; Schmetterlinge, G.; Friedli der Kolderi, Erzn.; Gustav, Erz 92; Literar. Gleichnisse 92; Balladen 96; Conrad d. Leutn., Erz.; Lachende Wahrheiten, Ess.; Olympischer Frühling, E. n. A. II; Glockenlieder 06; Imago, R.; D. Mädchenfeinde, Erz.; M. frühesten Erlebn. 14; Rede über Gottfr. Keller 19. ( )

Spittlern, C. v. d., s. Schindler, Konrad.

Spitzenpfeil, Lorenz Reinhard, ✆, Ästheitk, Schriftw. Kulmbach. (Michelau, Obfrk. 8|7 74.) B: Zum Bauprojekt des Petriturms in Kulmbach 08; D. Behandlg. der Schrift in Kunst u. Gewerbe 11; Die Grundformen neuzeitl. Druckschriften 12; D. Schriftkünstler I 12, II 13; Deutsche Antiqua u. Weltfraktur 13; Denkmal u. Schrift 21. MitH: Der Mainbote v. Oberfranken, Kal.

Spitzer, Hugo, ⁂, Dr. med. et phil., o. UP. Graz, Rich.-Wagner-G. 27. (Einöde 7|4 54.) B: Nominalismus u. Realism. in d. neuest. deutsch. Philosophie 76; Ursprung u. Bedeutg. des Hylozoismus 81; Verhältn. d. Philos. zu d. organ. Naturwiss. 83; Beitr. zur Deszendenztheorie u. z. Methodologie d. Naturw. 86; Krit. Studien z. Ästhetik d. Gegenw. 97; Hermann Hettners kunstphilosophische Anfänge und Literarästhetik, Untersuchungen z. Theorie u. Geschichte der Ästhetik I 03.

Spitzer, Leo, Roman. Ψ, Dr., PrivDoz. Bonn, Weberstr. 9. (7|2 87.) B: Studien zu Henri Barbusse.

Spitzner, Reinhard (Ps. Reinhard Volker), ✠, Humor, Satire, Dr. jur., LGR. Loschwitz b. Dresden, Carolastr. 10b. (Dresden 27|4 63.) B: Gottes Teppich, M. 08; Cis-Moll, Lr. 09; Der Igel, G. 09; Prinzessin Haschanascha, G. 10; Wunderliche Welt, M. 11; Der heilige Zorn, KriegsLr. 15; Trotz Tod u. Teufel, deutsche Lr. 16; Michel, werde hart! deutsche Lr. 17. ( )

Splettstößer, Willi, VB., Lit. ♛, Dr. phil., Prof. Studienrat. Berlin-Wilmersdorf, Schweidnitzer Str. 7. (Berlin 12|2 75.) B: Der heimkehrende Gatte u. sein Weib in der Weltliter. 98; Maxim Gorki, Studie üb. d. Ursachen seiner Popularität 04; Der Grundgedanke in Goethes „Faust" 11. H: Molière, L'Avaro, f. d. Schulgebr. 07, 2. A. 17. Ue: Vittorio Alfieri, Oreste 07. ( )

Spohr, Oswald, Familiengeschichte, Verlagsbuchhändler, Mitarb. an Zeitschriften f. Familiengesch. Leipzig, Göschenstr. 15. (Leipzig-Plagwitz 10|4 88.) B: Spohr-Archiv, Bd. I 19, II 20, III 21, IV 22; Familienkartei u. Familienarchiv 22. •

Spohr, Wilhelm, ✆, Lit. Friedrichshagen b. Berlin, Seestr. 47. (Hamburg 8|2 68.) B: Die Justizgreuel von Barcelona 97; Endlich künstler. Bilderbücher f. uns. Jugend! 00; D. Kunst im Leben des Kindes (m. a.) 02; Fidus 02; Berliner Heimatbüchl. 13; Wann glücken Volkskunstabende? 23. H: ca. 40 Jugendschriften, Storm- u. R.-Wagner-Ausgaben. B u. Ue: Multatuli, 11 Bde.

Spranger, Eduard, ⁂, ✠, Dr. phil., o. UP. u. Dir. d. phil. u. pädag. Sem. Berlin-Wilmersdorf, Hohenzollerndamm 39. (Gr.-Lichterfelde 27|6 82.) B: D. Grundlagen d. Geschichtswiss. 05; W. v. Humboldt u. d. Humanitätsidee 09; Beethoven u. d. Musik als Weltanschauungsausdruck 09; W. v. Humboldt u. d. Reform d. Bildungswes. 10; Wilhelm Dilthey 12; Wandlungen im Wesen der Universitäten 13; Schule u. Lehrerschaft 1813/1913 13; Lebensformen 14, 3. A. 22; Die Idee e. Hochschule f. Frauen u. d. Frauenbewegg. 16; D. humanist. u. d. polit. Bildgsideal im heutigen Deutschland 16, 2. A. 19; 25 Jahre deutscher Erziehungspolitik 16; Begabung und Studium 17; Kultur u. Erziehung 19, 2. A. 23; Völkerbund u. Rechtsgedanke 19; Gedanken über Lehrerbildung 20; Der gegenwärt. Stand der Geisteswissenschaften und die Schule 22; Humanismus und Jugendpsychologie 22; Der Anteil des Neuhumanismus an der Entstehung des deutschen Nationalbewußtseins 23; Der Bildungswert der Heimatkunde 23. H: Hutten, Briefe an Luther 03; Fechner, Üb. d. Seelenfrage, 2. A. 07; J. J. Rousseau, Kulturideale 08; Fichte, Schleiermacher, Steffens üb. d. Wesen d. Universität 10; F. Paulsens gesammelte pädagog. Abhandlungen 12.

Sprengel, Joh. Georg, deutsche Lit. u. Unterricht, Kulturpolitik, Dr. phil., StudR., beauftr. Lehrkr. a. d. Univ. Frankfurt a. M., Falkensteiner Str. 17. (Kassel 1|11 63.) B: D. neuere deutsche Dichtg. in der Schule 11; Von deutscher Erziehung (mit Fr. Panzer) 12; Die deutsche Kultureinheit im Unt. 16; Der deutsch. Unt., Kampf um s. Recht 17; D. Staatsbewußtsein i. d. deutsch. Dichtung 18; Die deutsche Prosadichtung 21. H: „Deutsche

Bildung", Mitteilgn. d. Ges. f. deutsch. Bdg., seit 20; „Diesterwegs Deutschkunde" (mit W. Schellberg); E. Zahn, Der Büßer 12; Grillparzer, Weh dem, der lügt 14.

Springer, Hermann, Dr. phil., Prof., Oberbibl. a. d. Preuß. Staatsbibl., Musikref. d. „Deutsch. Tagesztg." Berlin-Schöneberg, Innsbrucker Str. 21. (Döbeln $^{9}|_{5}$ 72.) H: Musikgeschichtl. Quellennachweise 11; Miscellanea musicae biobibliographica 12ff.; Canzonette da battello 16. ()

Springer, Frl. Rosa (Ps. Käthe Dorn). Dresden-Bühlau, König-Albert-Allee 3 II. (Großschönau i. Sa. $^{17}|_{4}$ 66.) B: Die Hand ans Schwert — das Herz empor! G. 14; Aus großer Zeit — für große Zeit, Dchtg. 15; Jehovas Sieg im Weltenkrieg 15; Der Reiter auf dem roten Pferde 15; Pelagia, Erz. 19; Alle meine Quellen, Erz. 20; sowie christl. Erzählgn.

Springer, Rudolf, s. Renner, Karl.

Spunda, Franz, SDS., , Drama, Roman, Essay, Dr. phil. Wien VII, Kaiserstr. 26. (Olmütz, Mähren $^{1}|_{1}$ 90.) B: Hymnen 19; Astralis, Dithyramben u. Gesänge 20; Die Befreiung, Ein Akt 21; Devachan, R. 21; Der magische Dichter, Essays 23; Der gelbe und der weiße Papst, R. 23. H: Petrarca, Sonette 20; Paracelsus, Magische Unterweisungen 23. Ue: Petrarca, Sonette 21; Aretino, Gespräche 21; Leopardi, G. 23.

Ssymank, Paul, Hochschulkde., mod. Lit.♛, Dr. phil., Prof., StudR. Göttingen, Theaterstr. 25. (Dresden $^{10}|_{9}$ 74.) B: Ludw. XIV. in s. eig. Schriften u. im Spiegel der zeitverwandten Dichtung 98; Die Finkenschaftsbewegung 01; Die freistud. oder Finkenschaftsbewegung an d. deutsch. Hochschulen 05; Bausteine z. Finkenschaftsprogramm 05; D. Reformbedürftigkeit d. Gesetzgebg. f. Studierende 08; Dreizehn Jahre Freistudententum 10; D. deutsche Studententum (m. F. Schulze) 10; Das Hochschulwesen im röm. Kaiserreich bis z. Ausgang d. Antike 12; Das Hochschularchiv der deutschen Studentenschaft u. seine Ausgestaltung 20. H: Finkenblätter 04—07; Freistudentenblätter 09—12; Hermann Conradis gesammelte Werke (m. G. W. Peters) 11; Neudeutsches Studentenbrevier 12; Verhandlgn d. 51. Versammlg. deutscher Philologen 12; Hochschulhefte Serie C 1—10, 21—22.

Staark, Elsa, s. Oelkers, Elsa.

Stach, Ilse v., s. Wackernagel, Ilse.

Stadelmann, Heinrich (Ps. bei Satiren „Xaver"), DB., PA., Drama, Roman, Psychologie, Naturwiss., , Dr. med., Nervenarzt. Dresden-A., Nürnberger Str. 55. (Memmingen, Bay. $^{15}|_{1}$ 65.) B: Psychopathologie u. Kunst 08; Ärztlich-pädagogische Vorschule 09; Unsere Zeit u. ihre neue Kunst 16; Im Lande Nein 18; Peter Joel will Hochzeit halten, R. 20; Wer war Balthasar? R. 20; Freie Bahn dem Tüchtigen, Kom. 21; Gabriele, Dr. 22; Messalina und ihre Zeit 23.

Stadler, Eduard, BP., RB., Außenpolitik, nationale Selbstschutzbewegung, Dr. phil., Hrsg. d. polit. Wochenschr. „Gewissen". Berlin W 35, Potsdamer Privatstr. 121 i. (Hagenau i. Els. $^{17}|_{2}$ 86.) B: Franz. Revolutionsideal u. neudtsche. Staatsidee 17; Weltkriegsrevolution 20; Diktatur d. sozialen Revolution 20; Die Revolutionsgefahr 21. ()

Stahl, Edgar, DB., , Skizzen, Satiren, Essays, Kritik, Red. Würzburg, Huttenstr. 1 pt. ($^{24}|_{12}$ 94.) B: Zwei Welten, Dr. 16; Das letzte Rennen, Dr. 18; Die Kurtisane, Dr. 18; Das ewige Karussel, Kom. 20; Die Ballade d. Königin Marguerite 21.

Stahl, Ernst Konrad, Kunst♛, Dr. phil., Dir., Kunstref. d. Verl. Koesel-Pustet, K.-G., München. München-Bogenhausen, Ismaningerstr. 102 I. ($^{28}|_{3}$ 86.) H: Bibliotheca Bavaria 10—12 VII. B: Graph. Darstellg. von Licht- u. Luftphänomenen in Dürers Apokalypse 16; D. Legende v. hl. Riesen Christophorus in d. Graphik d. 15. u. 16. Jahrh. 20 II.

Stahl, Ernst Leopold, RP., SDS., Dramaturgie, Theater♛, Dr. phil., erster Dramaturg und stellv. Intendant der Bayrischen Landesbühne, Gen.-Sekr. d. Theaterkulturverbands, Hrsg. v. „Dichter und Bühne", Red. d. „Rheinischen Thalia" und d. „Blätter der Württemberg. Volksbühne", dramaturgischer Referent des Shakespeare-Jahrb. München, Wendlstr. 9 I, l. (Mannheim $^{19}|_{1}$ 82.) B: Das altdeutsche Osterspiel 10; J. v. Auffenberg u. d. Schauspiel d. Schillerepigonen 10; Der Heidelberger Hebbelverein 11; Das erste deutsche Lektorat in England 11; Parsifal (szen. Dramaturgie) 13; D. engl. Theater im 19. Jahrh. 14; Gemma Boic, dem Gedächtnis e. Künstlerin 15; Büchners Leonce und Lena 18. H: Engl. Theater in deutsch. Übertragg. 11ff.; Sammlg. älterer Schauspiele f. d. Naturbühne 11ff. Ue: Yeats, Das Land der Sehnsucht (m. Frieda Weekrey) 11; Galsworthy, Das liebe Ich (m. ders.) 13; Friedrich d. Gr., Der Modeaffe 13.

Stahl, Fritz, (Ps. f. Siegfr. Lilienthal), BP., -u. Kult.♛, /, Nov., Red. u. Kunstkrit. d. „Berl. Tagebl." Berlin-

Wilmersdorf, Prinzregentenstr. 89. (Rosenberg, Westpr. ${}^{10}|_{12}$ 64.) ( )

Stahl, Irma, s. Lubowski, Käte.

Stahl, Marie, s. Dieckmann, Marie.

Stahl, Wilhelm, ♛, Dr. phil. Ortenburg, Niederbay. (ebda ${}^{23}|_{6}$ 81.) H: Schultheß' Europ. Geschichtskalender 17ff. V: Die diplomat. Verhandlgn. v. Ausbruch d. Weltkrieges auf Grund d. Farbbücher 17, 2. A. 18.

Stählin, Karl, osteurop. ♛, Dr. phil., o. UP. Berlin, Neue Ansbacher Str. 7a. (Breitenau, Mittelfrank. ${}^{21}|_{1}$ 65.)

Stählin, Otto, Ψ, Dr. phil., o. UP. Erlangen, Burgbergstr. 46. (Reutti o. D. ${}^{22}|_{1}$ 68.)

Stählin, Wilhelm, Religionspsychologie, Jugendbewegung, Dr. phil., Pfr. Nürnberg, Lorenzerplatz 10. (${}^{24}|_{9}$ 83.) V: D. neue Lebensstil 18, 3. A. 23; Uns. Zukunft u. uns. Kinder 19; Jesus u. d. Jugend 22; Unsere geistige Lage und die Aufgabe der Führer 22; Fieber und Heil in der Jugendbewegung 22, 3. A. 23; Advent 22; Das Kreuz Christi 22; Vom Sinn und Segen des Dienens 23; Schicksal und Sinn der heutigen Jugend 23. H: Archiv für Religionspsychologie I 14, II/III 21; „Gottesjahr" IV. Jahrgang 24. *

Stammler, Georg. Mühlhausen i. Thür. (${}^{28}|_{8}$ 72.) V: Worte an eine Schar 14, 2. A. 20; Zwanzig Gedichte 14; Haus Bühlerberg 15; Du und Es 16, 3. A. 21; Werkgemeinden! Ein Ruf ins deutsche Volk 20; Komm, Feuer! Ged. u. Sprüche 21; Bäume, Flaggen, Richtmale, Neue Lieder und Sprüche 23. H: Die junge Volksgemeinde.

Stammler, Wolfgang, Deutsche Ψ, Dr. phil., a. o. Prof. a. d. Techn. Hochschule. Hannover, Rühmkorffstr. 8. (Halle a. d. S. ${}^{5}|_{10}$ 86.) V: Der Hofmeister von J. M. R. Lenz 08; F. A. Klockenbring 14; Matthias Claudius 15; Gesch. d. niederdeutschen Literatur 20; Mittelniederdtsch. Lesebuch 21; Studien zur Gesch. d. niederdtsch. Mystik 21; Die Totentänze des Mittelalters 22; Die Totentänze 23; Deutsche Literatur vom Naturalismus zur Gegenwart 24. H: Anti-Xenien, Auswahl 11; Schillers Anthologie 12; Briefwechsel von J. M. R. Lenz (m. K. Freye) 17 II; Geibels Werke 20 III: Schillers Werke, Bd. X—XII 21; Martin Luther, Ausgew. Werke, Bd. III 22.

Stamper, Georg, BP., PA., RP., ●, ♛, ▣, Anthropologie, Journalist. Berlin-Charlottenburg 4, Waitzstr. 23 II. (${}^{3}|_{6}$ 62.)

Standke, Karl, [Symbol], Nov., /, [Symbol], Gymnasiallehr. Berlin S 59. Hasenheide 75. (Wohlau ${}^{29}|_{4}$ 72.) V: Dem Vaterlande, G. 96; Vaterl. Kinderlieder, G. 03, 3. A. 05.

Stang, Carl, SDS., O, /, [Symbol], Oberregisseur der Oper des Badischen Landestheaters. Karlsruhe, Amalienstr. 25a. (Düsseldorf ${}^{23}|_{2}$ 81.) V: Max Stolz, ein neudeutscher Holzschnitzmeister 16; Die blaue Blume, M. 18; Signor Formica, O. 23.

Stange, Alfred, Kunst♛, Dr. phil. München, Isabellastr. 22. (Glauchau ${}^{14}|_{8}$ 94.) V: Lucas Moser u. Hans Multscher 22; D. Entwicklg. d. deutsch. mittelalterl. Plastik 23; Deutsche Kunst um 1400 23. *

Stange, Carl, ✝, D., Dr. phil. h. c., o. UP. Göttingen. (Hamburg ${}^{7}|_{8}$ 70.) V: Waldemar Bonsels 21; Der Untergang des Abendlands 21; u. v. a.

Stange, Erich, Jugendbewegg., Neutest. Wiss., Missionskde., Lic. theol. Leipzig-Gohlis, Köthener Str. 52. (Schweppnitz ${}^{23}|_{3}$ 88.)

Stanger, Hermann, Lit.♛, /, [Symbol], Ψ, [Symbol], Dr. phil., RealschProf., Hrsg. d. Vierteljahrsschr. „Der Tabakgegner". Trautenau i. Böhm., Brunhildenstr. 10. (Wien ${}^{14}|_{4}$ 75.) V: D. Einfluß Ben Jonsons auf Ludwig Tieck I 01, II 02; Gemeinsame Motive in Ben Jonsons u. Molières Lustspielen 03; Sexuelles in u. außerhalb der Schule; Die Persönlichkeit Schillers in ihrer Wirkung auf seine Zeitgenossen und die Folgezeit 05; Zur Sagengeschichte der Kraniche des Ibykus 05; Gräser u. Halme, G. 10; Tabak u. Kultur 12; Der arme Spielmann 21; Religion, Sittlichkeit und Tabakgenuß, 2. A. 19.

Stapel, Wilh., Religiös-Soziales, Volkserziehg., Dr. phil., Red. Altona-Bahrenfeld, Sandkamp 5. (Calbe i. d. Altmark ${}^{27}|_{10}$ 82.) H: 55 vergessene Grimmsche Märchen. ( )

Stark, Armin, s. Polzer, Aurelius.

Stark, Erich, s. Leuschner, Oskar.

Stark, Josef (Ps. Eckfried), DÖSchG., Nationale Politik, /, ▣, Sport, Dr. jur., RA. Prag II, Nekazanka 8. (Tuschkau, Böhm. ${}^{8}|_{12}$ 81.)

Starnfeld, T. G., s. Gerstner, Tonina.

Staub, Franz, ♛, Kunst♛, Hofr., Archivdir. u. Bibliotheksleiter i. Unterrichtsminist. Wien I, Minoritenplatz 5. (Wr. Neustadt ${}^{10}|_{9}$ 60.) V: Notizen zur Baugesch. d. Frauenkirche in Wr. N. I/III 90/95; W. Boeheim 92; Schatzinventar d. Wiener Schottenstiftes 98; Restaurierg. der Frauenkirche in Wr. N. 99; Schatzinventar des Stift. Klosterneuburg 00; J. B. Schenk 00; D. Reckturmfrage in Wr. N. 01; Weitere Beiträge z. Biogr. J. B. Schenks 03. H: D. ältesten Kauf-

bücher d. Stadt Wien 98; D. älteste Gewerbebuch d. Stadt Wien 11; D. älteste Satzbuch 22.

Staudhamer, Sebastian, (k.), bildende 𝔎, päpstl. Geh. Kämmerer, Kgl. geistl. Ra., Stiftsdekan, Red. von „Die christl. Kunst" u. „Der Pionier". München, Promenadepl. 3. (Burgkirchen v. W. $^{18}|_{12}$ 57.)

† **Staudinger,** Franz, VJ. & S., Weltanschauung (Ethik u. Sozial⁂), Dr. phil., GP. Darmstadt, Inselstr. 26. (Wallerstätten $^{15}|_{2}$ 49.)

Staudte, Fritz, DV., ⊙. Berlin-Steglitz, Althoffstr. 12. (Sipirok, Sumatra $^{19}|_{4}$ 83.) **B:** Hans, mein Chauffeur, Schw. 15; Drei Wege zur Frau, Schw. 18; Ephraim Gott, Sch. 20; Dynamitbombe, Sc. 20; Marie, Sch. 21; Lügner! Kom. 21.

Stauf von der March, Ottokar, VB., Epik, ✠, ⊙, Kultur♛, /, Krit., **Ue:** TschechFIRS. Wien VIII/1, Schlösselgasse 3 III. (Olmütz $^{20}|_{8}$ 68.) **B** (seit 00): Germanen und Griechen 00, 5. A. 09; Die Todesstrafe 00; Historien, Ball. und R. 03, n. A. 14; Lit. Studien und Schattenrisse (lit. Ess.) 03; Zensur, Theater und Kritik 04; D. Deutschtum in Böhmen 07; D. Waffen hoch! Aus der Zeit und für d. Zeit, G. 07; Caravaggio, R. 08; Aus den heimatlichen Bergen, Erz. 08; Armin 09; Marbod 09; Victor Hugo 11; Wir Deutschösterreicher 13; Fiat justitia! 13; Walther v. d. Vogelweide 14; Der Tag des Deutschen, G. 15; Karl Bleibtreu 20; Thule 20; Das Elfenkrönlein 20; Aus der Zeit der langen Kerls 21; Zum Kampf um Erhaltung d. Deutscht. i. Öst. 21; Zwei Deutsche in Deutschl. furchtb. Zeit 21; Felix Dahn 21; Der Wolkensteiner 23. **H:** Neue Bahnen 01—06; Josef Schmid-Braunfels, Ausg. Schriften 12; Die Juden im Urteil d. Zeiten 21; Ottokar Kernstock 21. **Ue:** Legenden v. G. A. Becquer 95.

Stauff, Philipp, Deutschvölkisches, Germanistik, Vors. d. Guido-v.-List-Gesellsch. Berlin-Lichterfelde W, Moltkestr. 46a. (Bayr. Franken 76.) **B:** D. Krieg u. die Friedensbestrebungen 07; Deutsch. Wehrbuch 12; Runenhäuser 12; Märchendeutungen 14, 2. A. 21. ()

Stauffen, Otto Maria, s. Stoffregen, O.

Stauffer, C. F., s. Schlichtegroll, C. F. v.

Stave, Ludwig, /, ⊙, Nov., ✠, Roman. Dornburg a. S. (Hamburg $^{6}|_{1}$ 59.) **B:** Verratene Liebe, 2 Nov. 00; D. Unverlobten, 3 Nov. 00; Doctor Blaubart u. a. Humor. 10; Wenn Zwei sich lieben, romant. Gesch. 11 II; In grüner Pracht, R. 12; Ein heiteres Maskenspiel, R. 16; Sekundanerin, R. 19; Ehrentrunk, Hum. 19; Not um Brot, R. 20; Labyrinth der Brust, R. 21; Niemand hat größere Liebe, R. 21. ()

Stecher, Richard (Ps. Rud. Echters u. Screeth), /, ✠, ♛, Schuldir. Dresden-N. 6, Luisenstr. 42. (Grubnitz b. Oschatz $^{17}|_{2}$ 66.) **B:** Aus d. Leben, R. 95; L'âme mourante 95; D. sieben Worte, Rn. u. G. 96; Auf d. Felde d. Ehre, Dchtg. 08; Königskindes Weihnachtstraum, Dr. (m. Ther. Wallner-Thurm) 09; Fröhl. Weihnacht, Dr. 10; Südslav. Dorfbilder 11; An d. Wolga 12; Mazeppa 14; Auf der Pußta 16; Erläutergn. zu den Klassikern (30 Bde.). **H:** Es war einmal, Märchen aus aller Welt, 70 Bde.; Fremdländische Volksweisen (m. Hugo Jüngst).

Steck, Johann (Ps. seit 02: Hans Etschwin), (k.), histor. Erz., ✠, Pfr. Grifflan i. Südtir. (Tschengels $^{20}|_{1}$ 59.) **B:** St. Valentin, Wanderbischof v. Rätien, Erz. 96; D. Tharerwirt, ein Tiroler Held v. J. 1809, Erz. 93; Hocheppan, seiner Grafen Trutz u. Sturz, Erz. 97; Säben, E. 02; Harte Wahl, 2 Erz. a. Südtirol 09; Stubais Achtundvierziger, Erz. 09; Hochwiesen, G. 09.

Stefan, Paul (auch Stefan-Gruenfeldt), SDS., Dr. jur. Redakteur d. „Musikblätter des Anbruch". Wien VIII, Hamerlingpl. 7. (Brünn $^{25}|_{11}$ 79.) **B:** Stimmgn., G. 00; Der Heimatsucher 03; Umbrien, e. Wanderbuch (m. E. Diez) 07; Gustav Mahlers Erbe 09; G. Mahler 10, 7. A. 21 (auch engl.); Oskar Fried 11; Das Grab in Wien 13; D. ungehörte Ruf 14; D. Feindschaft gegen Wagner 18; D. Neue Haus (Wiener Oper 1869—1919) 19; Neue Musik u. Wien 21; Mahler für jedermann 22; Max Reinhardt 23. **H:** G. Mahler, e. Bild der Persönlichkeit in Widmgn. 10; Oskar Kokoschka, Dramen u. Bilder 13; R. Wagner, Kleine Aufsätze 14; E. T. A. Hoffmann, Mus. Novellen u. Kritiken 14; „Die Wiedergabe", Sammlg. v. Wiener Monographien (seit 21). **Ue:** Daudet, Tartarin von Tarascon 13; Tacitus, Germania 13.

Stefan-Gruenfeldt, jetzt: Stefan, Paul.

Stefansky, Georg, Literatur♛, Dr. phil. Prag-Smichow 841. ($^{6}|_{11}$ 97.) **B:** Das Wesen der deutschen Romantik, Kritische Studien zu ihrer Geschichte 23. *

Steffen, Albert, Roman. Dornach, Goetheanum, Schweiz. (Murgenthal $^{10}|_{12}$ 84.) **B:** Ott, Alois u. Werelsche 07; D. Bestimmg. d. Roheit 12; Die Erneuerung d. Bundes 14; Der Auszug aus Ägypten, Die Manichäer, 2 Dr. 16; D. rechte Liebhaber d. Schicksals, R. 17; Bauz, 2 Erzn. 17; Sibylla Marianna, R. 17; D. Heilige m. d. Fische, 7 Nov. 19. ()

Steffens, Wilh., ♛, Lit.♛, ℙ, Pol.,

Stud.-Dir., M. d. L.: Bartenstein, Ostpr. ($^{23}|_{8}$ 83.) W: Hardenberg u. d. ständige Opposition 1810/11 07; D. Gr. Kurfürst 11; Lebensbild E. M. Arndts 13; D. dtsch. Volkspartei u. d. Deutschnationalen, Z. Entwicklungsgesch. liberal. u. konserv. Weltanschaug. 20. H: E. M. Arndt, Ausgew. Werke II (Gold. Klass.-Bibl.); D. Krieg v. 1870 (Quellenhefte).

Stegemann, Herm., Roman, ⚔, Kritik, Ψ, ♛, HonProf. f. neuere Geschichte d. Univ. München, Dr. jur. pol. h. c. Luzern, Gärtnerstr. 4. (Koblenz $^{30}|_{5}$ 70.) W: Mein Elsaß, R. 91, 2. A. 96; Dorfdämmerg., R. 92, 2. A. 00; Lieder zweier Freunde (m. Vict. Hardung) 93; Des Horatius schönste Lieder 93, 2. A. 95; Ernte-Novell. 94; Herzog Bernhard, Tr. 94, 2. A. 95; Südsturm, Dr. 95; Fest der Jugend, dramat. Idyll 95, 3. A. 96; Daphnis, Dichtg. nach Theokrit 98; Stille Wasser, R. 99; Nikolaus v. Flüe, Dr. 01, 3. A. 13; Der Gebieter, R. 03; Söhne d. Reichslandes, R. 03; Daniel Junt, R., 1. u. 2. A. 05; D. Befreiten, R. 06; Die als Opfer fallen, R. 07, 9. A.; Vita somnium breve, G. 07; Kreisende Becher, R. 10; Thereslе, d. Wirtin v. Heiligenbronn, R. 10, 9. A., Thomas Ringwald, R. 12, 8. A.; Die Himmelspacher, R. 12, 4. A.; Ewig still, R. 13, 3. A.; Der Schäfer v. Sulz, R. 13, Die Krafft v. Illzach, R. 13, 29. A.; Der gefesselte Strom, R. 14, 16. A.; Überwinder, R. 16, 15. A.; Die Bantiger, R. 24; Geschichte des Krieges I—IV: I 17, 177. T., II 19, 161. T., III 20, 89. T., IV 22, 61. T.; Ausg. Werke 21 VI; D. Kampf um den Rhein.

Steglich, Aug., Frohschammersche ∴ u. ihre Beziehgn. zur ▣, Dr. phil., ObLehr. Dresden-N., Königsbrücker Straße 24. (Reinhardsdorf b. Schandau $^{15}|_{1}$ 63.)

Steguweit, Heinz, WSV., ASV., ✠, Epik, Skizzen. Köln-Klettenberg, Petersbergstr. 82. (Köln $^{19}|_{3}$ 97.) W: Komm in meinen Garten 19; Aus junger Seele 20; Ich liebe Dich 21; Du — die Sonne kommt 22; Im Rauschen der Wälder 23; Glüh auf, deutsche Seele 23.

Stehr, Hermann, Roman. Bad Warmbrunn im Riesengeb. (Habelschwerdt $^{16}|_{2}$ 64.) W: Auf Leben u. Tod, Erz. 98, n. A. 00; Der Schindelmacher, N. 99; Leonore Griebel, R. 00, 34. A.; Das letzte Kind, N. 03, 5. A.; Der begrabene Gott, R. 05, 7. A.; Meta Konegen, Dr. 05; Drei Nächte, R. 09, 7. A.; Geschichten aus d. Mandelhause, R. 13, 4. A.; Abendrot, N., 2. A. 15; Der Heiligenhof, R., 14. A. 17 II; Das Lebensbuch, G. 2. A. 20; Wendelin Heinelt, M. 23, 2. A.

Steier, Heini v., s. Wastian, Heinr.

Steiger, Hans, ✠, RP., /, Nov., Kritik. Berlin W 35, Am Karlsbad 5. (Graz $^{30}|_{11}$ 89.) W: Draußen steht alles in Herrlichkeit 13, 2. A. 20; D. anmutige Tag 14; Waffenhandwerk 15; Geharnischte Zeit 15; Doktor Heiland 15; Gewaffnete des Kaisers 16; Das sterbende Görz 16; Job der Feigling 18; Der fröhliche Tote 19; Zauberbrille 20; Bräutigam der Welt 20; Peter Jason u. seine Widersacher 20; König Augenblick 20; Das Blumenhaus 21.

Stein, Arthur, ∴, Dr. phil., Gym.-Lehr. u. Priv.-Doz. Burgdorf, Schweiz, Östliche Alpenstr. 15. (Zürich $^{22}|_{1}$ 88.) W: Der Begriff des Geistes bei Dilthey 13; Gottfried Kellers Leben 19; Nietzsche u. die Wissenschaft 21.

Stein, Arthur, ♛, Altertumskde., Dr. phil., UP. (Deutsche Univ.) Prag I, Ferdinandstr. 25. (Wien $^{10}|_{6}$ 71.)

Stein, Berthold, s. Haupt, Hans.

Stein, Edm. Geo. Frhr. v. (Ps. Gregor Kamen), RP., VJ. & S., DÖSchG., Polit., /. München, von-der-Tann-Str. 30. (Meiningen $^{29}|_{1}$ 66.)

Stein, Fr. Emilie, **Ue:** Nord. Wien IX, Koling. 11. **Ue:** Werke von Verner von Heidenstam, Georg Brandes, Otto Rung, Emil Rasmussen, Nils Kjaer, Barbra Ring, Waldemar Swahn u. a.

Stein, Erich, Skizze, Novelle, Dr. phil., landw. Beamter. Kobermitz, Kr. Breslau. (Stralsund $^{29}|_{10}$ 96.) W: Singendes Blut, Sk. 21. *

Stein, Friedrich vom, s. Wrede, Friedr.

Stein, G., s. Fürth, Henriette.

Stein, Gabriel v., s. Reitterer, F. X.

Stein, Gerhard, s. Rubiner, Wilhelm.

Stein, Hans Wilh., s. Stein-Saaleck.

Stein, Jacobus Conrad (Ps. Franz Feld), Nov. Graz-Ruckerlberg, Ruckerlbergg. 43. (Franzfeld $^{27}|_{7}$ 78.) W: Die schöne Magelone, E. 04; Banater Dorfgeschichten 07; Helge, Dchtg. 11; Joggls Liebessorgen, Erz. 13; Bauernehre, N. 13; 25 Jahre deutschen Schrifttums im Banate 15; Schatten, Nn. 15; Stephan Milow 16. ( )

Stein, L., s. Lichtenstein, Edmund.

Stein, Leo Walther, DV., O. Dresden-A., Lothringer Str. 4. ($^{10}|_{8}$ 60.) W (seit 00): m. Lippschitz: Led. Ehemänner 01; m. Rich. Skowronnek: Geschwister Lemke 02; m. Ludw. Heller: Soldaten 04; Roßbach 05; Die von Hochsattel 05, 2. A. 07; D. Kieler Woche 06; Alex. d. Gr. 06; Im Sperlingsnest 07; D. Scheidungsreise 09; Das Leutnantsmündel 09; Landtagswahl 10; D. hl. Aloisius 10; D. Ahnengalerie 11; mit Engel: Frauer'l 11; Die Hoflieferantin 12; Biedermeier 13;

D. blaue Reiter 13; Majolika 13; m. Jacobson: Die schöne Unbekannte 13; m. Hans Hauptmann: D. rosenrote Diamant 14; m. E. Eug. Ritter: Wolkenreiter 14; m. Rud. Presber: Die selige Exellenz 15; Die Dose Sr. Majestät 16; Liselott v. d. Pfalz 18; Die Ballerina des Königs 21; m. Bredschneider: Die beiden Nachtigallen 22; Der Gauklerkönig 23.

Stein, Frau Lola (Ps. f. Lola Stern), SDS., Roman. Hamburg, Isestr. 77. (ebda 13|3 85.) B: Das vierte Gebot, R. 16, 4. A. 18; Die Millionen des Hauses Korf, R. 17, 3. A. 22; Der Triumph des Lebens, R. 17, 2. A. 20; Der gute Kamerad, R. 17; Seine Braut, R. 18; Für dein Glück, R. 18, 3. A. 22; Arsinöe, Erz. 19; Es ist eine alte Geschichte, R. 19; Die Geißel der Menschheit, R. 19, 3. A. 22; Das Spiel mit dem Tode, R. 19, 2. A. 21; Lotti; Frühlingssonate; Der Triumph des Lebens; Des Meisters Gefährtin; Für dein Glück; Weiße Rosen, 2 Erzn. 19, 4. A. 22; Die Vestalin; Sünden, R. 19, 2. A. 22; Richard Sengers Schuld, R. 19; Das Gewissen Amerikas, R. 19; Die Marquise von Trouvilliers, R. 19; Die Fürstin Tschertatoff, R. 19; Erika, R. 20; Die Sünde der Gedanken, R. 21; Gebr. Westenwald, R. 22; Die schwarze Kugel, R. 23; Und hätte der Liebe nicht, R. 23; Andreas Herbrechts Ehen, R. 23; Rotrauts Gelöbnis, R. 23.

Stein, Ludwig (Ps. Ed. Vollmer), VP., SDS., VB., ⁂, Dr. phil., o. UP. a. D., Red. im Ullstein-Verlag. Berlin W, Lützowufer 5a. (Venye 12|11 59.)

Stein, Margarete Baronin v., ✆, ♣, /. Berlin W, Regensburger Str. 15. (Ershausen 17|2 71.) B: Attila, Sch. 11; Mohammed, Sch. 12; Ohne Gegner, Sch. 12; Der Puppendoktor, Sch. 13; Paradies u. Sumpfvögel, G. 13; Tempelsteine, G. 15.

Stein, Maximilian, Lit.♛, Essays, ⊞, Sozialversicherg., Versich.-Statistik, Eisenbahnhygiene (insbes. Alkoholfrage), ✠, ObInsp. d. österr. Bundesbahnen i. R. Wien II, Am Tabor 22, T. 56. (Triesch 20|8 55.) B: Gedichte; Japanische Märchen u. Sagen; u. a.

Stein, Oswald, s. Memminger, Ant.

Stein, Otto Theodor (Ps. Reimar Harpeck), SDS., ⊞, Sozialpolitik, Schles. Lit., Erz. Greiz-Dölau. (Hirschberg i. Schl. 3|4 74.) B: Der Dichter der Totenkränze 11; Das Isergebirge 21.

Stein, Paul, Lehrer u. Organist. Dinker, Kr. Soest. (Krefeld 31|5 72.) H: Jahrbuch f. d. evangel. deutsche Jugend 03, 04, 05, 06, 07; C. Ludw. Stein, Erinnergn. e. alten Offiziers 16. B: Der Sänger von „Wandersmann u. Lerche" Superintendent D. Wilhelm Hey 04; Der Astenberg u. sein Gebiet 08. ()

Stein, Richard H. (Ps. Lapini, Piedra, Stone), ASV., ⁂, ✆, Musik, Skizzen, ♣, Dr. phil. Berlin-Steglitz, Paulsenstr. 55. (Halle a. S. 28|2 82.) B: Die psycholog. Grundlagen d. Ethik 11; Die moderne Musik 18 (auch span.); Edvard Grieg, Biogr. 21, 4. A. 22; außerdem zahlr. Klavierstücke, 60 Lieder, Kammermusik. Orchesterwerke.

Stein, Robert, Dr. phil., Studienrat. Leipzig, An der Tabaksmühle 5. (Koblenz a. Rh. 9|3 81.) B: Geschichte d. Naturwissenschaften; Schulgeschichte, Lit.-Gesch. (bes. Goethe, Görres, Übersichtstafeln).

Stein, Walter Johannes, Philosophie, Pädagogik, Anthroposophie, Dr. phil., Lehrer an der freien Waldorfschule. Stuttgart, Kanonenweg 44. (6|2 91.) B: Die moderne naturwissenschaftliche Vorstellungsart und die Weltanschauung Goethes, wie sie Rudolf Steiner vertritt, Diss. 19, 2. A. 21; Rudolf Steiner als Philosoph und Theosoph 20, 2. A. 21. *

Stein, Walther, ASV., ♣, ⊡, Kritik, ✆, Nov., Rektor. Saarbrücken III, Lortzingstr. 16. (Krefeld 30|4 80.) B: Auf des Lebens Wogen, Erz. 02; Frische Zweige, n. Ged. 02; Kreuz u. Krone, n. G. 04; Rembrandt, H. van Rijn, 3 Skn. 06; Iduna u. a. Erzn. 08; Kunsthist. Auss. u. Vortr. 14; Gl. u. Sittenl. 14; Um Vaterland u. Freiheit 14f. IV, 2. A.; Bismarck 14, 2. A. 15; Unsere Führer gegen d. Feind 15; Österreich-Ungarn im Weltkrieg 15; Im Reiche d. weißen Adlers 16; Parzival nach Eschenbach 21; Römischer Frühling 22; u. a. H: Im Strom der Zeit, Jahrb.; Vinetaglocken; Montanusbücher; Comeniusbücher, Bilder deutscher Vergangenheit: Deutsches Kulturlesebuch (Hofer-Bücher) m. Fr. J. Niemann (bis jetzt 31 Bde); Welt und Zeit mit Hans Bongard (bis jetzt 6 Bde); Saar-Sänger-Bund, Monatsschr. mit Hans Bongard (seit 22).

Stein, Wilhelm, deutsche Lit., Seminarlehrer. Habelschwerdt. (Grünberg 9|6 72.) B: Bilder aus d. Gesch. d. deutsch. Dichtg. 03; Erläuterg. d. Nibelungenliedes 04, 3. A. 16; Erläuterg. d. Gudrunliedes 04, 2. A. 12; Erläuterg. neuerer Dramatiker: I. Fr. Hebbel 06, II. O. Ludwig 06; D. Ilias in ihrer Beziehg. z. deutsch Dichtg. 08; Erläutergn. z. Parzival usw. 09. ()

Stein, Wolfg. C. Ludwig, ⊞, Politik, ♛, ♣, ✆, Vertreter d. „Deutschen Tagesztg." u. Red. d. röm. „Tribuna". Rom, via XX Settembre 89. (Krefeld 23|2 68.) B:

Graf Otto v. Tecklenburg, E. 84, 3. A. 86; Gedichte, 2. A. 86; Kassia, Tr. 86; Gordons Tod, Tr. 90; Ein Jahr, G. 13; Verlangen u. Entsagen, G. 14; Italien.-deutsche Wirtschaftsfragen 20; Hesperischer Liebessommer, G. 20; I rapporti econ. e polit. fra l'Italia e la Germania 22; La tradiz. polit. d. Francia ecc. 23. **Ue:** Giolitti, Denkwürdigk. 23.

Stein-Landesmann, Frau Alice (geb. Stein), DV., Roman, Novellen, Ɔ. Berlin W, Lutherstr. 47. (Dresden $^{7}|_{1}$ 82.) **V:** Im Bahnwärterhaus, Sch. 17; Mutter Martini, Dr. 20; Das treibende Boot, R. 20; Die Flucht vor der Wahrheit, R. 21; Der Flug ins Weite, R. 22. *

Stein-Saaleck, Hans Wilhelm, DV., Drama, Dr. jur., fr. Schriftst. Burg Saaleck, Saale. (Magdeburg $^{16}|_{10}$ 75.) **V:** Ahasver, Dr. 20; Tiberius, Dr. 21. **H:** „Berg, Burg und Wald", Monatsschrift.

Stein-Schneider, s. Schneider, Lena.

Steinach, Eugen, Physiologie u. Biologie, Dr. med., o.ö.UP. Wien II, Prater. (Hohenems $^{27}|_{1}$ 62.)

Steinacker, Karl, Kunst♛, Dr. phil., Prof. am Landesmuseum. Braunschweig, Ferdinandstr. 9. (Wolfenbüttel $^{2}|_{8}$ 72.) **V:** D. Holzbaukunst Goslars 99; Die Bau- u. Kunstdenkmäler der Stadt Braunschweig (mit P. J. Meier) 06; Die Bau- u. Kunstdenkmäler d. Herzogtums Braunschweig, Bd. IV 08, Bd. V. ()

Steinberg, Salomon D., SDS., SES., ♣, ♛, Kultur♛, Kritik, Dr. phil. Zürich, Ekkehardstr. 17. (Luzern $^{25}|_{8}$ 89.) **V:** Die blaue Stunde, G. 13; D. Proselyten d. Kantons Zürich 14; Die Erinnerungen der Regula Engel 14; Untergang, G. 15; David, G. 18; Der kleine Spiegel, Prosastücke 19: Ferdinand Hodler, Essay 19. **H:** Lyrisches Bekenntnis (Anthologie) 17; Aussaat (Almanach) 18; Das Pazifistische Lesebuch „So war der Krieg" 19. **Ue:** R. Rolland, „Michelangelo" 19; „Tragödien d. Glaubens", Dr. 19.

Steinberger, Alphons, Lit.♛, ♣, Jugendschriften, Dr. phil., ObStudR., GRekt. Günzburg a. D. (Regensburg $^{18}|_{8}$ 52.) **V:** Bayr. Sagenkranz, Erzn. 97. 19 II; Wolfg. Roritzer, d. Dombaumeister v. Regensburg, Erz. 10; Schwere Tage, Erz. 11; Kaiserin Theophano, Erz. 11; Hans Dollinger u. Krako, ep. Dchtg. 11; Frauenbilder aus Bayerns Vergangenh., Erz. 13; Bayernlieder 15; Herbstzeitlosen, Erz. ()

Steinberger, Julius, Lit.♛, Dr. phil., Univ.-Bibliothekar. Göttingen, Feuerschanzengraben 15. (Frankfurt a. M. $^{18}|_{9}$ 78.) **V:** Lucians Einfluß auf Wieland 02.

Steinborn, Elis. v., s. Unterweger, Rose.

Steindorff, Georg, Ägyptologie, Dr. phil., o. UP., GHofR., Red. Leipzig-Gohlis, Fritzschestr. 10. (Dessau $^{12}|_{11}$ 61.) **H:** Zeitschr. d. Deutschen Morgenländ. Gesellsch.

Steindorff, Ulrich, DV., VP., Ɔ, ♣, Übersetz. Adresse: Potsdam, Verlag Gustav Kiepenheuer. ($^{10}|_{8}$ 88.) **V:** Panthea, Tr. 11; Frau Cardinal, Kom. 13; Freiheit, die ich meine! Festsp. 13; Wundrams Auferstehung, Sch. 19; Die Irren, Sch. 19; Fahrt aus der Nacht, G. 19; Das philosophische Ehezuchtbüchlein 20. **Ue:** Hewlett, Ital. Novellen 12; Kipling, Schlichte Geschichten 14; Maupassant, Gesamte Novellen 19—21; Mark Twain, Ges. Werke 21; Okakura Kakuzo, Das Buch vom Tee. ()

Steineck, Herbert, s. Weigel, Philipp.

Steinen, Karl v. den, Völkerkunde, Dr. med. et phil., Prof. Berlin-Wilmersdorf, Güntzelstr. 66. (Mülheim a. R. $^{7}|_{3}$ 55.)

Steiner, Carl (Ps. J. Sternei, Stanislaus Thurén), /, ♣, Kultur♛, Lehrer u. Amtsvorsteher. Schakummen b. Tollmingkehmen, Ostpreußen. (Schillupönen $^{8}|_{8}$ 66.) **V:** Preuß.-deutsche Gesch. f. Volksschul. 91; Die Tierwelt u. ihre Stellg. in Mythologie, Volksglaub., Sitte usw. 91; Das Mineralreich ebenso 94. **H:** Heimatblätter für Stallupönen und Umgegend (mit Hitzigrath-Eydtkuhnen).

Steiner, Gustav, ♛, Lit.♛, Dr. phil., Gymnasiallehr. Bottmingen b. Basel, Schweiz. (Basel $^{2}|_{10}$ 78.) **V:** Gottfried Keller. Sechs Vorträge 18, 2. A.; Napoleons I. Politik und Diplomatie in der Schweiz 07 I.

Steiner, Leopold, DÖSchG., SVS., DV. Wien XVII, Kalvarienberggasse 16. (ebda $^{22}|_{10}$ 86.) **V:** Nach Feierabend, Erz. 10; Aus d. Leben e. Fabrikarbeiters, Erz. 12; Landflucht, Erz. 15; Im Kampf um Glück u. Sonne, N. 19; Mann über Bord, R. 20; Späne, G. 21; Arme Menschen u. a. Erz. 22; Unter russ. Knute, Erz. 23; Echo, G. 23; Abseits der Straße, N. 24. **H:** Der deutsche Turner. **MitH:** „Der Fährmann".

Steiner, Olga, s. Schlesinger, Olga.

Steiner, Paul Nikolaus (Ps. Paul Nikolaus, Peter Natron), DV., SDS., Ɔ, ♣, Prosa, z. Zt. am Theater. Berlin W 35, Lützowstr. 46. ($^{30}|_{3}$ 94.) **V:** Tänzerinnen; Wirtschaft Horatio! Sc. 19; Katastrophe; Bürgerliches Zimmer, G.; Der lachende Sarg, Hum.; Sieger, Dchtg. 20; Dörrgemüse, Kom. 22.

Steiner, Rudolf, ⁂, Ästhetik, /, Kritik, Naturw., Dr. phil. Berlin W 30, Motzstr. 17. (Kraljevic $^{27}|_{2}$ 61.) **V:** Goethe als Vater e. neuen Ästhetik 89; Wahrh. u. Wiss. 92; Philos. d. Freiheit 94;

Fr. Nietzsche 95; Goethes Weltanschauung 97; Haeckel 00; Lyrik d. Gegenwart 00; Welt- u. Lebensanschauung im 19. Jahrh. 00; D. Mystik 01; D. Christentum als mystische Tatsache 02; Theosophie 04; Kernpunkte d. soz. Frage; In Ausführg. d. Dreigliederg. d. soz. Organismus; D. Hetze gegen d. Goetheanum (m. Boos) 21; Grundr. e. Erkenntnistheorie d. Goetheschen Weltanschauung; D. Mystik. **H:** Goethes naturwiss. Schriften (in Kürschners Dtsch. Nat.-Lit.); Luzifergnosis, Monatsschr. **MitH:** Weimarer Goethe-Ausg. ( )

Steiner-Osten, Wilhelm, Versdrama. Berlin SO, Wiener Str. 10. (Posen.) **W:** Ganthos u. die Menschin 04; Hagar 06; Die Toteninsel 07; Gudrun 16. ( )

Steiner-Wischenbart, Josef, Korr. d. österr. Staatsdenkmalamtes. Graz, Ranfeng. 15. (Oberzeiring, Steierm. 13|8 76.) **W:** 's Judenburger G'läut', Rn. u. G. 13; Eisenerz, das eiserne Herz der Mittelmächte 18; sowie steir. Bauerngeschichten, Reise-(Heimat-)Schriften, hist. u. volkskundl. Schriften.

Steinhauer, Walter, RP., VF., ⚙, Leipziger Redakteur des „Film-Kurier". Leipzig-Lindenau, Hahnemannstr. 2a. (Wurzen 24/2 01.) **W:** Filme: Der Spion v. Le Peux, Dr. 21; Der Friede der Welt, Sch. 21; Es kommt oft anders . . ., Lsp. 21.

Steinhausen, Georg, Kult.♛, Dr. phil., Prof., Dir. d. Stadtbibliothek. Kassel, Kaiserpl. 14. (Brandenburg 2|8 66.) W. Gesch. d. dtsch. Briefes 89/91 II; Kulturstudien 92; Häusl. und gesell. Leben im 19. Jahrh. 97; Der Kaufmann in der deutsch. Vergangenheit 99; Gesch. d. deutsch. Kultur 04, 2. A. 12 II; German. Kultur in d. Urzeit 05, 3. A. 16; Kulturgesch. d. Deutschen im MA. 10, 3. A. 21; Kulturgesch. d. Deutschen in d. Neuzeit 12, 2. A. 17. ( )

Steinitz, Frau Clara verw., geb. Klausner, ASV., Roman, Nov., Drama, /, **Ue:** EFI. Berlin-Wilmersdorf, Meierottostr. 7. (Kobylin 16|4 44.) **W:** Des Volkes Tochter, Erz. 78 II; Die Häßliche, R. 84 III; Ihr Beruf, Erz. 86; Im Priesterhause, Erz. 90; Ring des Nibelungen 93; Irrlicht, R. 95; Thamar, Tr. 06, 2. A. 09; Der Allerletzte, dramat. Humoreske 12; Uriel, dr. G. 22.

Steinitzer, Alfred, SDS., /, Sport, ♛, ✉, Oberstltn. a. D. München, Römerstr. 6. (Innsbruck 15|2 62.) **W:** Aus d. unbekannten Italien I 11, II 13, III 21; D. Alpinismus in Bildern 12; Bajuwarische Bilderbogen 21. **H:** Alpine Sieger 17; „Und Dennoch", geschichtl. Szenen 1806—1815 22; Das Land Tirol, geschichtl., kultur- u. kunstgeschichtl. Wanderungen 22; Shakespeares Königsdramen, geschichtl. Erläuterungen 22; Einführung in die italienische Kunst 22. **Ue:** Gobineau, Renaissance 21.

Steinitzer, Heinrich, SDS., Roman, Psychologie. München, Clemensstr. 34 I. (3|1 69.) **W:** Märchen des 19. Jahrh. 94; Honos, R. 95; Perspektiven, R. 97; Wie wir lieben, Sk. 01; Sport u. Kultur 10; Menschenkenntnis, Essays 11; Der Monistenbund, hum. R. 12; D. Tragödie des Ich, R. 12; Via Santa, R. 13; Gesegnete u. Verfluchte, N. 16; Der Mann, der geliebt sein wollte, Erz. 18, 2. A. 19; Der bucklige Theodor, N. 20; Die fünf Don Juans, N. 22.

Steinitzer, Max, Musik, Dr. phil., Musikreferent der „Leipziger Neuest. Nachr." Leipzig, Simsonstr. 8 III. (Innsbruck 20|1 64.) **W:** Musikal. Strafpredigten 03, 6. A. 20; Musikgeschichtl. Atlas 08; Merkbüchl. f. Mitgl. v. Männerchören 08; Dtsch. Mädchenbriefe 09; Straußiana 10; Rich. Strauß 11, 16. A. 22; Rich. Strauß in s. Zeit 14, 2. A. 22; Trost im Leid 15; Zur Entwicklungsgesch. d. Melodrams 19; Meister d. Gesangs 20; Ein musikal. Büchmann (v. „Kurt Frölich") 20; Einführung i. d. Konzertsaal 23.

Steinlein, Adalbert (Ps. Herman Rothenfels), Erz., Plaud., Nov., ⊙, Rätsel. Nürnberg, Martin-Richter-Str. 8. (Hersbruck 1|11 70.)

Steinlein, Stephan, Kultur♛, ♫. Stuttgart, Zeller Str. 26. (Nürnberg 18|4 69.)

Steinmann, August, SES., Lit., Theater, Δ, ♛, ⌘, Nov., Erz., FeuillRed. d. „St. Galler Tagblattes". St. Gallen, Schweiz. (Genf 16|10 83.)

Steinmann, Ernst, ✉, Dr. phil., Prof., Dir. d. Biblioteca Hertziana. Rom, 28 via Gregoriana. (Jördensdorf 4|9 66.) **W:** Botticelli 97, 3. A. 13; Ghirlandajo 97; Pinturicchio 99; Rom in der Renaissance 99, 3. A. 08: Antonio da Viterbo 00; D. Sixtin. Kapelle I 01, II 05; Geheimnis d. Medici-Gräber Michelangelos 07; Pilgerfahrten in Italien (m. † Olga Steinmann, geb. v. Gerstfeldt) 10, 4. A. 22; Georg David Matthieu (m. P. Witte) 11; Grabmal Pauls III. in St. Peter in Rom 12; Porträtdarstellgn. des Michelangelo 13; Zerstörung d. Königsdenkmäler in Paris 17.

Steinmetzer, Franz X., vergleich. Religions♛ u. Assyriologie, o. ö. UP. (Dtsch. Univ.) Prag V 75, Kostečná 5. (Dauba, Böhm. 12|1 79.)

Steinmüller, Paul, Roman, Nov., ✠, ⊙, ♛. Rittergut Holthof b. Grimmen. (Berlin 2|10 70.) **W:** Gesch. d. märk. Re-

form 03; Rhapsodien v. d. Freude 17; Rhapsodien d. Lebens 18; Heiland 19; Von Zeit u. Ewigkeit 19; Trosteinsamkeit 20; Zehnjungfrauenspiel 20; Novellenkranz 20; Lieder des Kommenden 20; Verlorenes Königreich 21; Sendschreiben 21; Die sieben Legenden v. d. Einkehr 21; Alltägliches im Licht 22; Gottesnähe 23; Richter der innersten Kammer, R. 23.

Stekel, Wilhelm (Ps. Dr. Serenus, Willy Bojan), CC., /, ♯, ∴, ❦, O, Dr. med., Nervenarzt. Wien XVIII, Salmannsdorf Str. 46. (Bojan i. Bukowina $^{18}|_{8}$ 68.) W: Was im Grund' d. Seele ruht 09, 3.—5. A. 23; Dichtg. u. Neurose 09; D. Sprache d. Traumes 11, 2. A. 22; Äskulap als Harlekin 11; D. Träume d. Dichter 12; D. liebe Ich 13, 2. A. 22; Das nervöse Herz 13; Die Menschen, sie nennen es Liebe 14; D. Humor als Arzt 15; Onanie u. Homosexualität 15, 3. A. 23; D. Wille zum Leben 16; Mistren der Sexualität 16; Der Wille zum Schlaf 16; Unser Seelenleben im Kriege 16; Der Weise u. d. Tor, G. 19; Kreislauf d. Liebe, Einakter 19; Psychosexueller Infantilismus 20; Impulshandlungen 22; Fetischismus 23; u. a.

Stella Maris, s. Fandel, Franziska.

Stelljes, Wilh., Rom., Kunst♛, /, Nov., Hum., Thür. Museumsdirektor. Eisenach, Am Ofenstein 14. (Geestemünde $^{4}|_{10}$ 67.) W: Das Rendezvous u. a. Humoresken 04; Abenteuerliche Geschichten, Nn. 04; Um sein Erbe, R. 05; Al Fresco, Nn. 06; Am heim. Herd, Nn. 06; Die hübsche kl. Häßliche, Nn. 07; Ohne Schuld, R. 08. ()

Stelzner, Edgar, Jugendbeweg., Hochschulpolitik, ❦, Referendar. Erlangen, Bubenreutherhaus. ($^{13}|_{8}$ 92.) W: Vom Tod u. vom Leben, G. 18.

Stemmann, Ernst, ❦, Märch., Nov., StudienDir. Zeulenroda, Thür., Bergstr. 12. (Hannover $^{3}|_{12}$ 78.) W: Der König ohne Schlaf 13, 6.—10. T. 20; Elfenmärchen 14, 11.—13. T. 22; Mit sonnenhellen Augen, Ein Buch von Weisheit und Freude 22, 6.—10. T. 23.

Stempel, Max, O, ❦, Epos, Kritik, Essay, Nov., Skizze. Berlin-Lankwitz, Mühlenstr. 34. (Breslau $^{24}|_{11}$ 57.) W: Der Weltkrieg, G. 14; Max u. Moritz im Felde, hum. Kriegsepos. H: Deutsche Monatsblätter; Die Literatur, Monatsschrift; Jahrbuch deutscher Dichtung, Anthologie. ()

Stempel, Rich. Chr., ❦ (auch plattd.), ⊞, /. Bremen, Treseburger Str. 35. (ebda $^{28}|_{2}$ 70.) W: Ut min Rimelschapp, Läuschen 10.

Stemplinger, Eduard, Ψ, Dr. phil., Konrektor, Red. Rosenheim. (Plattling $^{9}|_{1}$ 70.) W: D. Ewigkeit d. Antike, Ges. Aufsätze 24; u. a. ()

Stenglin, Felix Frhr. v., Rom., O, ❦ Berlin-Friedenau, Odenwaldstr. 27. (Schwerin i. M. $^{18}|_{11}$ 60.) W (seit 00): Mutter, 4. A. 07; Allerlei Geschn. f. kleine Leser, 3. A. 10; Leidenschaft, R. 2. A. 14; D. Landpomeranze, R. 2. A. 07; E. Dichterling, R. 01; D. Wartburglied, Dcht. 02; 's Rement, R. 02; Eine reiche Partie, Erz. 02; Das Höchste, R. 02; Der Tugendweg, zwei kleine Stücke 02; Drei Hofgeschichten 03; Der Synodale 03; Die Anderen, R. 04; Die Erbprinzessin, R. 04, 2. A. 10; Frauchen, R. 05; Im Wunderland der Liebe, G. 05; Aus dem Buche des Lebens 05; Die Korrekten, R. 06; Kampf, R. 08; Über die letzten Dinge 08; Schneewittchen, Winter- u. FrühlingsM., Bühnensp. f. d. Jugend 08; Aus den Erinnerungen d. Majors 10; Die letzte Ernte, Erz. 10; Im Krug z. Hölle, Erz. 12; Arme Sünder, R. 12; Märkisches Rokoko, Erz. 12; Luise v. Laval'ère, R. 13; Aristokraten, R. 14; Die fröhliche Familie 20.

Stepanek, Maria, s. Ptáček, M.

Stern, Bernh., jetzt: Szana, Bernh.

Stern, Frau Berta, ❦, /. Baden-Baden, Scheibenstr. 15. (Offenburg $^{1}|_{6}$ 78.) W: Tautropfen 98; Leben 05. ()

Stern, Herm., Geschäftsf. d. Frankf. Societäts-Druckerei, Red. a. d. „Frankf. Ztg." Frankfurt a. M., Böhmerstr. 6 (Seesen $^{20}|_{6}$ 56.)

Stern, Julius, ❦, Ψ, ∴, Gymn.-Prof. Baden-Baden, Scheibenstr. 15. (Wollenberg $^{28}|_{10}$ 65.) W: Homerstudien d. Stoiker 93; Leben, Ged. 05. ()

Stern, Lola, s. Stein, Lola.

Stern, Maurice Reinhold v., DÖSchG., VB., ∴, ❦, ⊞, O, /. Höflein Nr. 17, Post Ottensheim a. D., Ob.-Österr. (Reval $^{3}|_{4}$ 60.) W: Typen u. Gestalten mod. Belletristik u. Philosophie 02; Sonnenwolken, G. 03; Die Selbsterziehg. als Grundlage d. sozialen Reform 04; Indiskretionen 04; Der Seiltänzer u. a. Erzn. 05; Lieder a. d. Zauberthal 05; Donner u. Lerche, n. G. 07; Wilh. Jordan 10; Wildfeuer, n. G. 11; Weltanschauung 21. ()

Stern, Victor (Ps. Joh. Esterle), PA., Fremdenverkehr, Red. Wien XIII/7, Firmiang. 34, u. München, Türkenstr. 26. (Wien $^{15}|_{4}$ 76.)

Stern, William, Psychologie, ∴, Dr. phil., Dr. of laws h. c., Prof. Hamburg,

Bei Sankt Johannis 10. (Berlin $^{20}|_{4}$ 71.) **V**: erg. LK. 17.

Stern-Kohlhund, s. Kissenberth, Ella-Luise.

Stern-Rubarth, Edgar, BP., Politik, Wirtschaftspolitik, Lit.♛, /, Essay, Dr. phil., Chefredakteur Verlag Ullstein. Berlin-Zehlendorf, Gertraudstr. 16. (Frankfurt a. M. $^{15}|_{8}$ 83.) **V**: Das Leid der Na'ure 16; Die Duchesse de Duras 16; Die Propaganda als politisches Instrument 21, 2. A. 22; Der Fr edensvertrag in Stichworten 22.

Sternau, Hans, s. Jacobs, Fritz.

Sternaux, Ludwig, BP., /, Feuill.-Red. u. Theaterkrit. d. „Berl. Lok.-Anzeiger", Herausg. des „Styl", Chefred. von „Das Sammlerkabinett". Berlin-Schöneberg, Hewaldstr. 9. (Berlin $^{17}|_{7}$ 85.) **V**: Sommer im Harz 17; Herbstfahrt a. d. Ostsee 18; Über d. Sammeln moderner Bücher 18; Goethe in Dornburg 19; Bücher, die man kennen sollte 20; Schattenspiel um Goethe 21; Der numerierte Goethe 21; Potsdam, Ein Buch d. Erinnerung 23; Der früh verstummte Mund 23. **H**: Der Herbst der Dichter, G. 21; Zwölf Altersgedichte Theodor Fontanas 22.

Sternbach, Hermann, ✠; Nov., Kritik, GP. Sambor, Galizien, Polen. (Drohobycz $^{30}|_{8}$ 80.) **V**: Dunkle Stunden, G. 04; Üb. d. Wesen d. antiken Trilogie 06; Ein Erntelied d. Liebe u. des Lebens 06; Wenn die Schakale feiern, Skn. 17; Das neue Lied (Sammelausg. m. P. Friedrich, E. Kraus, Koppin u. a.) 17; Sommerfeier, G. 18. **H**: Sappho (Schulausg. f. poln. Gymn.) 13. **Ue**: Die Elegien des Properz (Nachdichtg.) 20; Tibull, Elegien (Nachdichtg.) 20; Die Epigramme Martials (Nachdichtung) 24.

Sternberg, Gertrud, geb. Isolani (Ps. Ger Trud, Gertrud Isolani), Kritik, Skizze, Nov. Berlin-Steglitz, Uhlandstr. 8. (Dresden $^{7}|_{8}$ 99.) **V**: Malererbe; Studie zum Lebenswerk Christian Morgensterns 19; Der tanzende Eros, Nn. 20; D. Gesch. d. „Melderbaum" (v. Chr. Morgenstern), Essay. **H**: Chr. Morgensterns „Melderbaum".

Sternberg, Julian, Dr. jur., Red. a. d. „Neuen Freien Presse", Korresp. ausw. Blätter, ger. beeid. Sachverst. f. Ztgs.-Wesen. Wien III, Lagergasse 1.

Sternberg, Leo, SDS., WSV., DV., ✠, /, ☉, Amtsgerichtsrat, Rüdesheim a. Rh. (Limburg a. Lahn $^{7}|_{10}$ 76.) **V**: Leyer, Wanderstab u. Sterne, G. 00; Küsten, G. 04; Fahnen, G. 07; Bündnisse, Skn. 07; Neue Ged. 08; Limburg als Kunststätte 10, 3. A. 11; Kleine Balladen 11; Nass. Lit.-Gesch. 12; Ausgewählte Gedichte 13; Im Weltgesang, G. 14; Heldenring, Ball. 14; Mit bekränzten Kanonen, G. 14, 3. A.; Die Maske herunter 14; Von dem Volk der Ulanen, G. 15, 2. A.; Das eiserne Zeitalter, G. 15; Walküren üb. dem Land, G. 15; Christus in der Schlacht, G. 16; Gott hämmert am Volk, G. 16, 6. A.; Du schöner Lärm d. Lebens, Auswahlbd. 16; D. Venusberg, Nn., 3. A. 16; Von Freude Frauen sind genannt, N. 20; O, seiet Menschen, Skn. u. Dchtgn. 21; Gaphna, Dr. 22, 2. A.; Die Junggräfin, Dr. 23. **H**: Der Westerwald 11; Kriegslieder 15; Der ewige Strom, Nn. 22.

Sterneder, Hans, Roman, Fachlehrer. Gloggnitz am Semmering, Nied.-Östr. (Eggendorf $^{7}|_{2}$ 89.) **V**: Der Bauernstudent, R. 21, 4. A., 14.—18. T. 22; Der Sonnenbruder, R. 22, 2. A., 6.—10. T. 22.

Sternei, J., s. Steiner, Carl.

Sternfeld, Rich., ♛, Dr. phil., a. o. UP. Berlin-Zehlendorf, Bogenstr. 7. (Königsberg $^{15}|_{10}$ 58.) **V**: Beethoven u. Wagner 85; H. v. Bülow 94; Franz. Gesch. 98; Beethovens Missa Solemnis 00; Albert Niemann 04; Schiller u. Wagner; D. Kardinal Cajetan Orsini 05; Rich. Wagner u. Bayreuth, Ges. Aufsätze 05; Rich. Wagner u. d. heil. deutsche Krieg 14; D. nationale Einigg. Italiens i. 19. Jahrh.; u. a.

Sternheim, Carl, ☉. Uttwil, Thurgau. (Leipzig $^{1}|_{4}$ 78.) **V**: Ulrich u. Brigitte, dramat. Gedicht 09; Don Juan, Tr. 10; Die Hose, Kom. 11; Die Kassette, Kom. 12; Bürger Schippel, Kom. 12; Der Snob, Kom. 13; D. Kandidat, Kom. 13; 1913, Kom. 13; Busekow, Erz. 14; D. leidende Weib, Tr. 15; Napoleon (Gsch. e. Kochs) 15; D. Scharmante, Kom. 15; Schuhlin, Erz. 15; D. drei Erzählungen (Busekow, Napoleon, Schuhlin) 16; Tabula rasa, Sch. 16; Meta, Erz. 16; Marquise v. Arcis 19; Chronik 17; Europa, R. 20; Berlin oder Juste milieu 20; D. entfesselte Zeitgenosse 21; Das Fossil, Sch. 22; Der Nebbich, Lsp. 22; Fairfax, Erz.; Löbussa, Erz. 22; Legende von Vincent und Paul 23.

Sternheim, Ludwig, Dr. Hannover, Walderseestr. 8. (ebda $^{24}|_{11}$ 72.) **V**: Gereimtes u. Ungereimtes, Pl. 19; D. Ärzte u. ihre Patienten, Pl. 21.

Stettenheim, Ludwig, SDS., BP., PA., RP., Hochschulwes. ☊, Journalist., Lit.♛, /, Theater, ⚓, Dr. phil., Lpzg. Red. d. „Berl. Tagebl." Leipzig, Haydnstr. 1. (Hamburg $^{27}|_{10}$ 66.) **V**: Schillers Fragment „Die Polizey" 93; Die Kriegstreiber in Wall Street (Dtsche. Ausgabe 17).

Stettiner, Richard, Kunst♛, Dr. phil.,

Prof., Denkmalpfl. d. Hmbg. Staats, Hrsg. d. „Museum“. Hamburg, Karlstr. 15. (Berlin $^{12}|_{8}$ 65.) W: D. Illustr. Prudentiushandschr. 95 u. (Tafelbd.) 05; D. Ausstellung von Kunstw. d. MA. u. der Renaissance (mit W. Bode) 99; D. Webebild in d. Manesschr. u. seine angebliche Vorlage 11; Justus Brinckmann u. d. hamb. Denkmälerinventarisation 14; D. Kleinodienbuch des Jacob Mores 16.

Stettinger, Gottfried, Exegese N. B., Askese, Dr. theol., Privatdozent a. d. Universität Wien. Wien XXI, Amtsstr. 25. (Graz $^{30}|_{3}$ 87.) W: Mein täglich Brot 09; Thomasbüchlein 11; Jesus, König der Liebe 13; Einzel- und Massenseelsorge im Neuen Testament 16; Textfolge der johanneischen Abschiedsreden 18; Geschichtlichkeit der johanneischen Abschiedsreden 19; Der Held der Berge 20; D. Paraklet 22; Venite adoremus 22.*

Sthenos, s. Böhm, Otto.

Stickelberger, Emanuel, SES., Geschichtl. Romane u. Nov., Schriftst. Basel, Rheinfelder Str. 21. (ebda $^{13}|_{3}$ 84.) W: Hans Waldmanns letzte Tage, N. 15, 3. A. 21; Konrad Widerhold, R. 17, 2. A. 19; Der Stein der Weisen, R. 19, 2. A. 21; Das glückhafte Niesen, N. 21; Des Kranichs Ende, N. 21; Der Kampf mit dem Toten, N. 23.

Stickelberger, Heinr., deutsche Grammatik u. Lit., Dr. phil., SemLehr. Bern, Neubrückstr. 91. (Buch $^{18}|_{4}$ 56.) W: Lautlehre der Mundart von Schaffhausen 81; Mißbräuche in d. heut. Schriftspr. 82; Kunstmittel in C. F. Meyers Nov. 97; Über die Sprache J. Gotthelfs 97; Deutsches Lesebuch für schweiz. Sekundarsch. und Progymn., bearbeitet (mit R. Fischer) für die oberen Klassen 00; Schweizerdeutsch u. Schriftdeutsch 05; D. Volksdichter Gottlieb Jakob Kuhn 09; D. Aussprache des Hochdeutschen 11, 2. A. 12; Schweizerhochdeutsch u. reines Hochdeutsch 14; C. F. Meyer 18. H: G. J. Kuhn, Volkslieder u. Ged. 13.

Stieber, Ferd., s. Bock, Theod., Ferd.

Stieglitz, Frl. Olga, **Ue:** DNEFSchw, Dr. phil. Berlin W, Ansbacher Str. 26. (Gr.-Luckow $^{26}|_{9}$ 56.) W: Dr. H. Bischoff 90; D. sprachl. Hilfsmittel f. Verständnis u. Wiedergabe v. Tonwerken 06; Einführung i. d. Musikästhetik 12; Beitr. z. Lehre v. musikal. Gedächtnis 17.

Stiehl, O., △, Kunst♛, Magistratsoberbaurat, Prof., Dr.-Ing. ehr., THSchDoz. Berlin-Steglitz, Lessingstr. 6. (Magdeburg $^{24}|_{8}$ 60.) W: Die mustergültigen Kirchenbauten des Mittelalters in Deutschland (m. Schäfer) 92 b. 99; D. Backsteinbau romanischer Zeit 98; D. deutsche Rathaus im MA. 05; Studienentwürfe 08; D. Wohnbau d. Mittelalters 08; Unsere Feinde, Charakterköpfe aus deutsch. Kriegsgefangenenlagern 16; D. Weg z. Kunstverständnis 21; Backsteinbauten in Norddeutschland u. Dänemark 23.

Stiehler, Arthur, BP., PA., RP., DB., BF., Nov., Kunstkritik, Dramaturgie, O, Dr. phil. Berlin-Lichterfelde, Kommandantenstr. 85. (Öderan $^{22}|_{5}$ 64.) W: Lied als Gefühlsausdruck 91; Pfarr. Reinhardt, Tr. 95; Verwendg. d. Rührmotive u. d. Erregg. d. Rührg. dch. Aufbau d. Handlg. im Ifflandisch. Rührstück 97; D. Iffland. Rührstück 98; Im Wendekreis d. Ehe, Lsp. 06; D. preuß. Bank, Lsp. 07; Frauenzauber, Lsp. 08; Das kleine Verhängnis, Lsp. 10; D. Braut d. langen Kerls, Nn. 15; Herbsttag, Lsp. 15; Goldene Berge, R. 19; Prinz Lieschen, N. 19; D. berühmte Bande, Lsp. 20. H: Deutsche Dichter ihren bedrängten Stammesgenossen an Rhein und Ruhr 23, 2. A.; Deutschlands Auferstehung an Ruhr und Rhein 23.

Stieler, Frl. Dora, ✠. Tegernsee. (München $^{27}|_{8}$ 75.) W: Ged. 01, 3. A. 13; Nussen, Ged. in oberbayr. Mundart 06; Neue Gedichte 06; Erdhauch, Neue Gedichte 14.

Stieler-Marshall, Frau Else, Roman. Breslau, Sternstr. 116. (Weimar $^{21}|_{4}$ 76.) W: Musik, R. 13; Liebe d. drei Kirchlein, R. 15; Sonnenfinsternis, R. 17; Der Schatten, R. 19; Der steinerne Mann, R. 22.

Stielow, Marie, s. Dieckmann, Marie.

Stier-Somlo, Fritz, §, Dr. jur., o.UP. Köln, Marienburger Str. 31. (Berlin $^{21}|_{5}$ 73.)

Stieve, Friedrich, SDS., ♛, ✠, Dr. phil. Berlin W. 62, Keithstr. 6. (München $^{14}|_{10}$ 84.) W: Gedichte 08; Ezzelino v. Romano, Biogr. 09; Kampf unserm Jahrh. 09; Ein Königswerden, Dr. 09; Von erster Liebe, Nn. 11; Deutschland vor den Toren d. Welt 15; Warum u. wofür wir Krieg führen 15, 120. T.; Was es gilt 15; Die Kaiseridee im Laufe d. Jahrhunderte 15; Gedanken üb. Deutschland 20. H: Neue nord. Novellen 14; Unsere Feinde — wie sie die Deutschen hassen 15. **Ue:** Gedichte Verner v. Heidenstams 11.

Stilgebauer, Edward, Roman, Nov., Drama, Lit.♛, /, Dr. phil. Baden-Baden, Fremersbergstr. 35. (Frankfurt a. M. $^{19}|_{9}$ 68.) W (seit 00): D. tolle Rittmeister, Dr. 01; Saulus v. Tarsus, Tr. 01; Varna, Dr. 02; Götz Krafft, d. Gesch. e. Jugend 04/05 IV, 200. A.; Neidhart, Ritterschsp. 06; D. Börsenkönig 06; D. Liebesnest 07; Bildner der Jugend 08;

D. moral. Teeabend, P. 09; D. blaue Blume, N. 09; D. Eroberer 09; D. neue Stadt 11; Purpur 12; D. rote Gold 13; Pf. Schröder 13; Inferno, e. Rom. a. d. Weltkrieg 15/16 (auch holl., franz., engl., ital., russ., dän., schwed.); Wally; Frühlingsopfer; Fasching im Süden; Harry (Heinr. Heine), R.; D. Felsen v. Monaco; D. verlorene Paradies; D. Schiff d. Todes, R.; D. brennende Stadt, R.; D. Stunde d. Entscheidg., Ged.; u. a. ()

Stilke (Stillcke), Friedr. W., ASV., Städt. Handels- u. GewerbeschulDir.a. D. Hannover, Alte Döhr. Str. 86. (Celle $^{26}|_{12}$ 65.). **B:** Festsp. 91; Festsp. 92; Rinold u. Tuiskomar, Erz. 96, 2. A. 97; Lehrbücher f. d. gewerbl. u. kaufm. Unterr. 98/07; D. Alchimist, Sp. 08; Inkognito, Lsp. 08; D. Drache v. Pataliputra, Sch. 08; Dtsche. Märchen 11; Trutzbüchlein 12, 2. A. 13, 3. A. 23; Ein Wohltäter der Menschheit, Lsp. 13; Tante Gugelhupf, Lsp. 13; Frau Gertrud u. ich 14, 2. A. 23; Mehrere Einakter.

Stiller, Hubert D., s. Gronen, Damian.

Stiller, Rich., Essays, ♡, Lit., Maler, Kunstref. am „Dresdn. Anzeig." Dresden-Niederlößnitz, Körnerweg 10. (Kohlfurt b. Görlitz $^{12}|_{10}$ 71.) **B:** Ad. Stern u. s. dichterischen Werke 01; „Der Horagreis", „Der Julienstein", zwei Weinbergsgeschichten 19. ()

Stillfried, s. Domanig, Maria.

Stillfried, Arthur, s. Haese, Karl.

Stinde, Frl. Conradine, VB., Nov., Jugendschr., Hauswirtschaft. Berlin-Tempelhof, Hohenzollernkorso 68. (Lensahn, Holst. $^{30}|_{12}$ 56.) **B:** Glücksklee, Erzn. 97; D. Stütze der Hausfrau, Handbuch 00.

Stirner, Karl, Kunstmaler. Ellwangen a. J., Württ., Rosenberg O/a. (ebda $^{4}|_{11}$ 82.) **B:** Auf Wanderschaft („Deutsche Maler" I) 22. *

Stobbe, Horst, Lit.♛. München, Ludwigstr. 17a. (Elbing $^{30}|_{5}$ 84.) **H:** Almanach der Bücherstube 19/21; Bibliographie d. Erstausgaben Frank Wedekinds 20.

Stöber, Fritz, ✠, Nov. Berlin, Teltower Str. 9. (Siedlinghausen i. W. $^{4}|_{12}$ 74.) **B:** Dämmerstrahlen, G. 00; Mein Heideland, G. 10; Am Abgrund, Nn. 04.

Stöber, Otto, Roman. Linz, Adr. d. Verl. „Schönheit". **B:** Ich — wir, R. e. bekennenden Lehrers; Markus Sittikus; Ballett-Duo; Jesus der Ketzer, Dr.; D. zeitungslose Zeit; Gedichtauslese; 3 × 1 = 1; Sato der Methodist; D. Waffe des Riesen. *

Stobitzer, Heinrich, DB., ♡. München, Neustätter Str. 2. (Waldsassen $^{13}|_{12}$ 56.) **B:** Liselott; Die Babaren; Die Dragoner; Mamsell Tourbillau; Reiterattacke; An der Quelle saß der Knabe; Feigenblatt; Regimentspapa, Optte.; Günstling der Zarin, Optte.; Gletscherfürst, Optte.; Der deutsche Bär.

Stoeckel, Alfred, ✠, Fabrikant. Berlin S 61, Blücherstr. 30 I. (ebda $^{9}|_{7}$ 85.) **B:** Liebe, G. 16.

Stöcker, Helene, RP., SDS., Romantik, Frauenfrage, Mutterschutz u. Sexualreform, Pazifismus, Dr. phil., Hrsgin d. Zeitschr. „Die Neue Generation" (Mutterschutz, Sexualreform u. Völkerverständigg.). Berlin-Nikolassee, Münchowstr. 1. (Elberfeld $^{13}|_{11}$ 69.) **B:** Zur Kunstanschauung d. 18. Jahrh. 02, 2. A. 23; Die Liebe und die Frauen 06, 2. A. 09; D. Liebe d. Zukunft 21; Liebe, R. 22. **H:** Briefe d. Karoline Michaelis 12.

Stockert-Meynert, Frau Dora v., CC., DB., SDS., VF., Präsidentin d. Vereines d. Schriftstellerinnen u. Künstlerinnen in Wien, Roman, Nov., /. Wien VI, Mariahilfer Str. 5. (ebda $^{5}|_{5}$ 70.) **B:** Grenzen der Kraft, Erz. 03; Sabine, R. 05; Vom Baum der Erkenntnis u. a. Nov. 08; Die Blinde, Dr. 08; Jour bei Maraspin, Einakter 10; Herr Palejuk, R. 11; Und sie gingen in ihr Königreich, R. 12.

Stoecklin, Francisca, s. Betz-Stoecklin, F.

Stockmann, Dr., s. Wolfradt, Heinz.

Stockmann, Alois, (k.), Lit.♛, Kritik, Belletristik, SJ. München, Veterinärstr. 9. (Sarnen, Schweiz $^{8}|_{8}$ 72.) **B:** Thomas Moore, der irische Freiheitssänger 10; Zum Goethe-Problem 20; Die deutsche Romantik, ihre Wesenszüge u. ihre ersten Vertreter 21; Die jüngere Romantik 23. **Neubearb:** A. Baumgartner, Goethe, 3. A. 11/13 II, 4. A. 23. **H:** Alban Stolz u. d. Schwestern Ringseis (Briefwechsel) 12, 7. A. 23.

Stockmeyer, Karl Hayo v., deutsche Lit., Mus., Prof., Vorst. d. chem. Kgl. Hofbibliothek. Stuttgart, Akademie. (ebda $^{27}|_{3}$ 71.) **B:** D. deutsche Soldatenstück d. 18. Jahrh. seit Lessings Minna v. Barnhelm 98; Hector Berlioz, Festschr. 03. ()

Stodte, Hermann, ♡, ✠, Nov., Dr. phil., Dir. d. Realgymn. Johanneum zu Lübeck. (Gittelde am Harz $^{25}|_{1}$ 71.) **B:** Harzlieder 93; Königsglaube, bibl. Dr. 06; F. Hebbels Drama, aus der Weltanschauung u. d. Hinweisen d. Dichters erläutert I 08; E. M. Arndts Vermächtnis 20. ()

Stoffregen, Otto (Ps. Otto Maria Stauffen), ASV., Erzählungen, /, ✠, ♡, Roman. Nowawes-Potsdam, Reuterstr. 21. (Berlin $^{23}|_{5}$ 83.) **B:** Aus meinem Garten, G. 06; Eine Liebe, Dchtgn. 07; Halfdan, e. romant. Spiel 11;

Mater dolorosa, Tr. 13; Erlebnis u. Bekenntnis, G. 22.

Stoklaska, Ottok. Hans (Ps. Stoklasser), PA., Ep., O, LyzealDir. i. R. Wien VIII, Josefstädter Str. 80. (Gaya $^{13}|_{6}$ 52.) B: Wenn man sich nicht kennt, Lsp. 78; Fest zu Iglau, Festsp. 81; Hist. Ged. 84; Im Ruhestande, Schw. 93; Heinzelmännchen, Lsp. 96; D. silberne Schlange, Erz. 03; D. Mormone, Schw. 10. H: Deutsch. Dichterbuch a. Mähren (m. Kirsch) 92; Schiller, Don Carlos, Schulausg. 94.

Stoll, Adolf, ♛, Prof., Dr. phil. h. c., GymnOblLehr. a. D. Kassel, Bismarckstr. 11. (Hadamar $^{15}|_{8}$ 50.) B: D. Maler F. A. Tischbein u. s. Familie, e. Lebensbild nach d. Aufzeichngn. s. Tochter Caroline; u. a.

Stolle-Unterweger, s. Unterweger, Rose.

Stollreiter, Josef, ASV., Novelle, Roman, Drama, ♉, /, Skizze. Stettin, Augustastr. 58 II. (München $^{5}|_{2}$ 85.) B: Die kommenden Weltkatastrophen 23; Scherben, Nn. 23; Peter Jeus, der Apostel der Deutschen. *

Stolterfoth, Georg, s. Bonus, Arthur.

Stoltze, Adolf, O, Dialekt ♉. Frankfurt a. M., Miquelstr. 1. (ebda $^{10}|_{8}$ 42.) B: Alt-Frankfurt, Bst. (mundartl.) 87, 3. A. 02; Schönklärchen, dramat. M. (hochd.) 88, 3. A. 07; Neu-Frankfurt, Bst. (mundartl.) 89, 3. A. 02; Exelsior, dramat. Dichtgn. 91, 30. A. 07; Schuld der Schuldlosen, Dr. 98, 3. A. 07; Humoresken (mundartl.) 15. A. 21 IV; Gedichte (ma.) 5. A.; Frankfurter Theater (ma.) 11. A. 21; Humor u. Ernst (hchd. u. ma.) 5. A. 21. ( )

Stolz, Heinz, Dr. phil., Studienrat. Düsseldorf, Lennestr. 20. (Saarbrücken $^{11}|_{10}$ 88.) B: D. Theater Westfalens 09; Düsseldorf (Stätten d. Kultur XXXII) 14; Der Niederrhein in der Dichtung 23.

Stolz, Josef F., Mitgl. d. Autoren-Ringes. Graz, Overseegasse 27. ($^{13}|_{8}$ 56.) B: Aus Herzens Tiefen, G. 86; Die Kinder Floras, E. 87; Geschichten aus dem Leben I 87, II 89, III 91; 's Katherl u. a. Erz. 02; Heitere Geschichte 06; Sonnenaufgang, R. 08; Die barmherzige Schwester, Sch. 22; Mutterschaft, Lebensbilder 23. *

Stolzenberg, Georg, ♉. Berlin W 50, Passauer Str. 36. (ebda $^{11}|_{7}$ 57.) B: Neues Leben I 98, II 99, III 03.

Stolzenburg, M., PA., RP., Red. von Wolffs Telegr.-Bureau. Stettin, Beutlerstr. 7/8. (Bannow $^{28}|_{3}$ 68.)

Stolzenburg, Wilhelm, Essay, Kritik, ♉, Nov.,. Red. des New York German Herold, jetzt Buchhändler in Essen. (Wetter a. d. Ruhr $^{25}|_{12}$ 79.) B: Caviar fürs Volk, Sat. 07; Gedichte 07; Ernte 09; François Villon 18; Die Magische Loge 23. *

Stona, Maria, s. Scholz, Marie.

Stone, s. Stein, Rich. H.

Storch, Heinrich, ASV., DDDG., ♉, M., Sk. Berlin N 20, Pankstr. 65 II l. B: Der Weihnachtsmann im Jahre 20; Ostermorgen am Muttergrab 21; Abschied von Schwerin 22; Lieb Mütterlein mein! 23. *

Storfer, Ad. Jos., SDS., Kritik, /, Psychoanalyse, Leiter des Internationalen Psychoanalytischen Verlages. Wien VII., Andreasgasse 3. (Botoschani $^{11}|_{1}$ 88.) B: Sonderstellung des Vatermordes 11; Marias jungfräuliche Mutterschaft 14. *

Storm, Frau Margarete-Theodora (Ps. M. Th. Conrad), SDS., Übers., ♈, verw. Frau Dr. Berlin u. Siena, z. Zt. München, Bruderstr. 6. (Berlin $^{14}|_{2}$ 76.) Ue: Stevenson, Thackeray, Sue, ital. Dramen, plattd. Dichtgn. B: Filmdramen.

Storo, W., s. Weber, Heinrich, Reuters.

Störring, Gustav, ♣, Dr. phil. et med., o. UP., GRegR. Bonn. ($^{24}|_{8}$ 60.)

Stössinger, Felix, SDS., Politik, ⌀, Kultur, Theaterkritik, Alleiniger Inhaber von Felix Stössinger Verlag und Antiquariat, Berlin-Schöneberg, Wartburgstr. 18, Korrespondent des „Sozialdemokrat", Prag. Berlin W 30, Heilbronner Str. 8. (Prag $^{25}|_{8}$ 89.) B: Das System Noske 20. H: Die Revolution 20.

Stoessl, Otto, VB., /, Kritik, Roman, O, Dr. jur. Wien XIII/7, Mätrasg. 20. (ebda $^{2}|_{5}$ 75.) B: Waare, Dr. (mit Rob. Scheu) 97; Tote Götter, Dr. (mit dems.) 98; Leile, N. 98; Kinderfrühling, N. 04; Gottfried Keller, Ess. 04; Conrad Ferd. Meyer, Ess. 06; In den Mauern, R. 07; Sonjas letzter Name, R. 08; Negerkönigs Tochter, N. 09; Egon u. Danitza, N. 10; Allerleirauh, N. 11; Morgenroth, R. 12; Was nützen mir die schönen Schuhe, N. 13; Unterwelt, N. 15; Lebensform u. Dichtungsform, Ess. 17; Das Haus Erath, R. 20; Sonnenmelodie, R. 23; Opfer, N. 23; Johannes Freudensprung, N. 23.

Strähler, Georg, ASV., DV., O, Dr. phil., RealgymnProf. Osterode a. H. ($^{26}|_{12}$ 64.) B: Das Licht von Esom 09; Der Altenteiler 11, 2. A.; D. Sklaven 12: Der Ausrufer 13; Sisyphos 20; Das Urbild der Aphrodite 21; Die letzten Menschen 22; Die Maulwürfe 23.

Strahlmann, Fritz, ♛, /, Dr. phil. Oldenburg i. O., Meinardusstr. 12. (Wildeshausen $^{19}|_{10}$ 87.) B: D. restaur.

Alexanderkirche in Wildeshausen 11; Erdentage, Erz. 11; Der Krieg 1870/71 u. unser Wildeshausen 15; Im Heidekranz, G. 16; Großes Erleben, G. 16; Heinz Heintzens Jugendtage, Erz. 19; Wildeshausen z. Zt. des Dreißigjährigen Krieges 22.

Straka-Wimmer, Frau Emilie (Pſ. Emilie Wimmer), ASV., PA., ♣, Erz., /, Verwalterswitwe. Hammerstein, Post Machendorf bei Reichenberg. (Warnsdorf $^{4}|_{9}$ 54.)

Strakosch, Frau Irma, geb. Czerwinska, ◇. Hamburg, Grindelallee 62 I. (Prag $^{11}|_{1}$ 60.) W: D. Journalistin; Alt-Wien.

Stramm, Else verw., geb. Krafft (Else Krafft), DV., DSch., Skizze, Nov., Roman, ♣. Berlin-Südende, Mittelstr. 18. (Breslau $^{15}|_{6}$ 77.) W: Kling, klang, gloria 11; Frauenlieder.

Stranik, Erwin, DÖSchG., Essay, Kritik, Drama, ♣. Wien V, Margaretengürtel 144/II. (ebda $^{3}|_{7}$ 98.) W: Worte im All, G. 19; Der blonde Frühling, e. Zyklus 20; D. Lied um den Tanz, e. Zyklus 20; Sturm, ein Akt 21; Der innere Schrei, e. Zyklus 21. ()

Straßburger, Egon H., DV. Berlin-Schöneberg, Schwäbische Str. 21. (Mannheim $^{3}|_{8}$ 77.) W: Mit auf die Lebensreise, Aphorismen; Fritz u. Franz, 6. A.; Guck in die Welt, 5. A.; Kasperle als Freiersmann, M.; Firlefanz, M.-D.; Unruhige Nacht, Schw.; Liebesgabe, Schw.; Teddybär, M. H: Sang u. Klang fürs Kinderherz (m. Prof. Humperdinck), 200. T., 2. Bde.; Fidele Kommode, 3. A.; Aktienbaron, Bst.; Unter dem Halbschuh; Höcker-Rößlein; Kinder von heute.

Straßer, Charlot, ♣, Märchen, Nov., Dr. med., Arzt. Zürich, Steinwiesstr. 38. (Bern $^{11}|_{5}$ 84.) W: E. Sehnen 05; E. Hochzeitsspiel 06; Gedichte v. e. Weltreise u. a. Lr. 08; Prinzessin Lüge 08; Üb. chines. u. japan. Lyrik 09; Reisenovellen aus Rußland u. Japan 10; D. Kumulativverbrechen 12; In Völker zerrissen 16; Wer hilft? 2 soz. Nn. 18; Das Pestschiff 18; Exotische Erz. 21.

Strasser, P. Josef, DÖSchG., Kunst- u. Kirchen♛, Archivar, Red., OSB. Salzburg, Stift St. Peter. (Erl in Tirol $^{14}|_{5}$ 70.)

Strasser, Karl Theodor, ◇, /, ♛, ⚘, ●, ⁂, ♣, Studienrat, Dr. phil. Flensburg, Schleswig-Holstein, Burgfried 3 III. (Lüneburg $^{5}|_{9}$ 88.) W: Der junge Czepko 12; Björnstjerne Björnson 22. *

Strasser, Theod. (Pſ. Th. Ämilius, Ernst Willich), ♣, ◇, Senior ministerii, Pastor prim. Lüneburg, B. d. St.-Johannis-Kirche 4. (Achim i. Hann. $^{20}|_{1}$ 58.)

W: Himmelsschlüssel 95; Wilde Ranken 01; Nesthäkchens Chronika 03; Wenn es tagt, e. Hoffnungssang aus den Nachtgesichten des Sacharja 08; Balladen, Bilder u. Stimmungen 11; Deutschlands Freiheitskampf, Festdichtg. 12; Vergeßt die treuen Toten nicht, Festsp. f. d. Freilichtbühne 12.

Sträßle, Friedr., PA., CC., Dr. jur., HofR., Chefred. d. amtl. „Wien. Ztg.". Wien II|1, Böcklinstr. 57. (ebda $^{30}|_{11}$ 63.)

Stratz, Karl Heinr., Kultur♛, ✗, ☠, Dr. med., Kgl. preuß. Prof., Arzt. Haag, Holland. W: D. Schönheit d. weibl. Körpers, 22. A. 13; D. Rassenschönheit d. Weibes, 7. A. 11; D. Frauenkleidg., 3. A. 04; Die Körperformen d. Japaner; Darstellg. d. Menschen in d. Kunst 13; u. a.

Stratz, Rud., Rom., ◇. Gut Lambelhof, Post Bernau, Oberbay. (Heidelberg $^{6}|_{12}$ 64.) W (seit 00): Arme Thea, R. 4. A. 05; D. weiße Tod, R. 60. A. 22; Die ewige Burg, R. 00, 8. A. 15; Samum, R. 00; Das weiſe Lamm, humor. Erz. 01; Alt-Heidelberg, du feine . . ., R. 02, 17. A. 15; Es war ein Traum, Berl. Rn. 03, 6. A. 15; Der Stern v. Angora, R. 03; Vorbei . . ., R. 04; Gib mir d. Hand, R. 04, 14. A. 13; Ich harr' d. Glücks, Rn. 05, 6. A. 13; Du u. ich, R. 05; D. Hand d. Fatme, R. 05; Du bist d. Ruh', R. 05, 10. A. 13; Der du von d. Himmel bist, R. 06, 9. A. 15; Wundes Wild, Rn. 07; Herzblut, R. 09, 23. A. 15; Für dich, R. 09, 25. A. 13; Die zwölfte Stunde, Rn. 09, 5. A. 09; D. armen Reichen, R. 09; D. Liebestrank, R. 11, 20. A. 13; Lieb Vaterland 11, n. A. 15; Du Schwert an meiner Linken, R. 12, 53. A.; Seine engl. Frau, R. 13, 72. A.; Stark wie die Mark, R. 13, 50. A.; König u. Kärrner, R. 14, 50. A.; Das deutsche Wunder, R. 16, 100. A.; Der Eiserne Mann, R. 17, 90. A.; Das freie Meer, R. 18, 100. A.; Das Licht v. Osten, 19, 30. A.; Der Väter Traum, R. 20; 35. A.; Das Schiff ohne Steuer, R. 21, 40. A. 23; Der Platz an der Sonne, R. 22, 20. A. 23; Und wenn die Welt voll Teufel wär', R. 23.

Straub, Karl Willy, /, Essay, Kritik. Saarbrücken, Bahnhofstr. 73/75. (Karlsruhe $^{12}|_{3}$ 80.) W: Spiel u. Kampf, G. 07; Vollblutfrauen, R. 08; Zwischen Tag u. Abend, G. 16; Sonette 20.

Straub, Lorenz, ♛, d. antik-klass. u. d. deutsch. Lit., Dr. phil., ObStudR., Gymn.-Rektor a. D. Stuttgart, Seestr. 41. (Ulm $^{12}|_{2}$ 39.) W: Sophokles' Antigone verdeutscht, m. Versuch üb. Ursprung u. Wesen d. antiken Tragödie 86; D. Natursinn d. alten Griechen 89; Aufsatzent-

würfe 91, 4. A. 3. Abdr. 07; Goethes Hermann u. Dorothea, Schulausg. 96; Goethes Prosa, Schulausg. 96; Liederdichtung u. Spruchweisheit d. alten Hellenen in Übertragungen 08; Kurzgefaßter Führer durch Goethes Faustdichtung 21 II; Ausgew. Gedichte Goethes erläutert; Sprüche aus Shakespeares Dramen; Nekrolog von Adolf v. Doudorf.

Strauch, Phil., Germanistik, Dr. phil., o. UP., GRegR. Halle a. d. S., Martinsberg 8. (Hamburg $^{23}|_{9}$ 52.) **W:** D. Marner 76; D. Offenbarungen d. Adelh. Langmann 78; Pfalzgräfin Mechthild in ihren lit. Beziehungen 83; Bibliogr. d. neueren deutsch. Lit. (1624—1832) 84/89; Marg. Ebner u. H. v. Nördlingen 89; Enikels Werke 91/00 II; Schürebrand 03; Schiller 05; D. Deutschordenslit. des MA. 10; Meister Eckharts Buch d. göttl. Tröstung 10, 2. A. 22; Meister Eckhart-Probleme 12; Sechs Briefe von J. Ch. Edelmann an G. Ch. Kreyßig 18; Paradisus animae intelligentis 19. **H:** Hermaea I—XIV 05 ff.

Strauß, Emil, Erz., O. Schlierbahn, Post Stockach, Bad. (Pforzheim $^{31}|_{1}$ 66.) **W:** Menschenwege, Erz. 98, 5. A. 23; Don Pedro, Tr. 99, n. A. 14; D. Engelwirt, Erz. 00, 63. A. 23; Freund Hein, R. 02, 31. A. 22; Kreuzgn., R. 04, 57. A. 22; Hochzeit, Dr. 08; Hans und Grete, Nn. 09, 5. A. 19; D. Nackte Mann, R. 12, 14. A. 19; Spiegel, Erz. 19, 8. A. 19; Vaterland, Dr. 23. **H:** Poet. Werke von J. P. Hebel; Hölderlins Gedichte, Pantheonausg.; Briefe Jak. Burckhardts an F. v. Preen 22.

Strauß, Henriette, s. Siking, Franz.

Strauß, Ludwig, Dchtg. Berlin-Schlachtensee, Waldemarstraße 68. (Aachen $^{28}|_{10}$ 92.) **W:** Der Mittler, 10 Nn. 16; Wandlung u. Verkündung, G. 18; Die Flut, Das Jahr, Der Weg, G. 21; Das Ufer, G. 22; Tiberius, Tr. 23. **Ue:** Ostjüdische Liebeslieder 20; Ch. N. Bialik, Ged. 21.

Strauß, Otto, ind. Ψ u. ∴, Dr. phil., Prof., PrivDoz. Kiel, Universität. (Berlin $^{18}|_{10}$ 81.)

Strauß, Vagel, s. Metterhausen, Otto.

Strauß u. Torney, Frl. Lulu v., jetzt: Diederichs, Frau L.

Strecker, Karl, BP., PA., RP., SDS., DB., O, Epos, Roman, /, Theaterkritiker am „Tag", Buchkritiker d. „Velhagen u. Klasingschen Monatshefte". Berlin W 30, Motzstr. 86. (Dumadel $^{8}|_{4}$ 62.) **W:** Fam. Knippe 90; Hobelspäne 91; Sang v. Mönchgut, 3. A. 98; O. v. Bismarck 95; Frühtau, Ess. 98; Sterbend. Frühling, Dr. 98; Totentanz, N. 01; Letzte Stunden, Dr. 03; Vater Riekmann, Dr. 05; D. Niedergang Berlins als Theaterstadt 11; Lebensstudenten, R. 11; H. v. Kleist 12; Goethes Faust 12, n. A. 21; Friedr. Hebbel 13; Von Hannibal zu Hindenburg 15; Der Pfeifenkönig, R. 17, 3. A. 20; Humorstudien 20; Nietzsche u. Strindberg 21; Die deutschen Erzähler d. Gegenwart 21; Aug. Strindberg 21; Kränze, N. 21; Das Krokodil, Kom. 22; Tybbke, Lsp. 22; Der Erbsohn, Lsp. 23.

Strecker, Reinhard, ∴, ❦, O, Dr. phil., Präs. d. Landesamtes f. d. Bildgs.-Wesen. Eisenach, Burgstr. 1. (Berlin $^{22}|_{1}$ 76.) **W:** Der ästhetische Genuß 01; Maifrost, G. 02; Gedichte 06; Sonntagsgedanken eines Politikers 07; Die moralische Phrase im Liberalismus 07; Religion u. Politik bei Goethe 07; Gott u. d. Kirche 08; Sonntagsbetrachtungen über Schillers Ged. 08; Kants Ethik 08; Die dritte Lehrkraft, Einakt. 09; Die Amerikaner, Lsp. 09; Erziehung z. Gemeinschaft 09; D. kath. Schulkatechismus in pädag. Beleuchtung 10; Die Humboldtianer, Festsp. 13; Die Anfänge v. Fichtes Staatsphilosophie 16; Das Erbe des deutschen Idealismus 19; Deutschlands Zusammenbruch u. Weltberuf 20.

Streese, Max (Ps. Maximilian), RP., VJ. & S., Ω, /, Red. d. „Darmstädter Tageblatt". Darmstadt, Morneweg-platz 3. (Landsberg a. W. $^{8}|_{4}$ 79.) **W:** Darmstadt 1908 08; Der deutsch. Flotte Zufluchts- u. Rüstungsstätte 09; Im Sonnenreich der Kunst 10; Karneval in Darmstadt 11; Dokumente Neudeutscher Baukunst I 21. ()

Strehlen, Oswald, s. Schoeppl, Mizzi.

Streibel, Karl, ❦, Epos, O, Roman, GJustR., LGR. Breslau, Schweidnitzer Stadtgraben 20. (Jassen i. ObSchl. $^{14}|_{9}$ 53.) **W:** Julia Alpinula, Sch. 88, 2. A. 10; Dichtgn. u. Reimereien 90; Balladen u. Briefe 90; Kassius u. Julia, Sch. 90; Getrennt u. geeint, Sch. 90; Lucius Papirius Kursor, Sch. 91; H. Finke, Dchtg. 93; D. Griechen, Dchtg. 97; Ball. u. Romanzen 98; Mächte d. Lebens, R. 12 II; Nena Haider, Dchtg. 11; D. Fest in Roßwaldau, Dchtg. 11; Der Krönungsfechter, Dchtg. 13; Balladen 14.

Streicher, Oskar, deutsche Sprache, Dr. phil., Prof., GymnDir., Hrsg. der „Zeitschrift des Allgem. Deutschen Sprachvereins". Berlin-Lichterfelde, Wilhelmstr. 33. (Schmölln i. S.-A. $^{24}|_{2}$ 60.)

Streit, Hans, s. Schneidt, Karl.

Streitberg, Wilh., indogerm., germ. Ψ, Dr. phil., o. UP., Mitgl. d. Bayerischen u. d. Sächsischen Akademie d. Wissenschaften, Herausgeber der „Indogerm. Forschgen." nebst „Anzeiger", Mithrg. d. „Indog. Jahrbuchs", d. „Germ.-rom. Mo-

natsschr." Leipzig, Schillerstr 7. (Rüdesheim $^{23}|_{2}$ 64.) **V:** Zur germ. Sprachgesch. 92; Entstehg. d. Dehnstufe 94; Urgerm. Gramm. 96; Got. Elementarbuch 97, 5./6. A. 20; Got. Bibel I 08, 2. A. 19, II 10; Erforschg. d. germ. Spr. 24; Geschichte der gotischen Literatur 24 u. a. **H:** Germ. Bibliothek; Religionswissenschaftl. Bibl.; Gesch. d. indog. Sprachwiss. I 16, III 17. **Mit H:** d. indog. Bibl.

Streitenberger, Gustav Adolf Julius, Dramaturg u. Schriftsteller. Frankfurt a. M., Burgstr. 13a. (Neu-Isenburg $^{3}|_{9}$ 94.) **V:** Kloster u. Welt, lyr. G. 13; Ich u. Gott 13; Nulla dies sine linea 13; Liebe 14; Renatum, Sch. 14; Der Erleuchtete, Sch. 14; Untergang, Dr. 17.

Streliskker, Georg, BP., Nov., Skizze, ⚘, Schriftst. Berlin W 15, Uhlandstr. 155. (Focsani, Rum. $^{8}|_{12}$ 91.) **V:** Das ewige Hoffen 14; Evangelium des Nirva.

Strelzik, s. Strzelczyk, Franz.

Stresemann, Gustav, Dr. phil., Reichsminister d. Auswärtigen, M. d. R. Berlin, Tauentzienstr. 12a. (ebda $^{10}|_{5}$ 78.) **V:** Wirtschaftspolitische Zeitfragen, 2. A. 11; Michel, horch, der Seewind pfeift 16, 37. T.; Macht u. Freiheit 18; Von der Revolution bis zum Frieden von Versailles 20. **H:** Deutsche Stimmen, Halbmonatsschr.

Streß-Karlweis, Frau Martha (Martha Karlweis), Roman, Nov. Altaussee, Steiermark. (Wien $^{27}/_{4}$ 89.) **V:** Der Zauberlehrling, Erz. 11; Die Insel der Diana, R. 19.

Strich, Fritz, Literaturw., Dr. phil., a. o. UP. München. (Königsberg i. Pr. $^{13}|_{12}$ 82.) **V:** Grillparzers Ästhetik 05; D. Mythologie in d. deutsch. Lit. von Klopstock bis Wagner 10; Schiller, s. Leben u. s. Werk 12; Deutsche Klassik und Romantik. **Mitarb:** Abhandlgn. z. deutsch. Literaturgesch. 16. ()

Strich, Walter, ∴, Dr. phil. München, Werneckstr. 8. (Königsberg i. P. $^{19}|_{4}$ 85.) **V:** Prinzipien d. psychologischen Erkenntnis 14. **H:** (in Gemeinschaft mit Dr. Fritz Strich) v. Schillers Kl. Schriften u. Gedichten; Dioskuren. •

Stricker, Nithart, s. Huffnagl-Baumgartten.

Strieder, Jakob, ♛, Nationalökonomie, Dr. phil., a. o. UP. München, Ainmillerstr. 34. (Dorchheim i. Hess.-Nass. $^{13}|_{12}$ 77.)

Strobl, Karl Hans, SDS., ⚘, Rom., Novelle, Essay, Dr. jur., Finanzkommissär i. P. Perchtoldsdorf b. Wien, Franz-Josef-Str. 25. (Iglau $^{18}|_{1}$ 77.) **V:** Aus Gründen u. Abgründen, Skn. 01; Und sieh, so erwarte ich dich, Skn. 01; Die Weltanschauung in der Moderne, Essay 02; Der Buddhismus und die neue Kunst, Essay 02; Die Vaclavbude, R. 02, 10. A. 17; Arno Holz u. die jüngstdeutsche Bewegung, Essay 02; Die Starken, Sch. 03; Der Fenriswolf, R. 03; Die Eingebungen des Arphaxat, N. 04; Die gefährlichen Strahlen, R. 06; Bettina v. Arnim 06; Alfred Mombert, Essay 06; Bedenksame Historien, n. Nn. 07; D. Nibelungen an der Donau, Festsp. 07; D. Schipkapaß, R. 08; Mährische Wanderungen, Skn. 09; Romant. Reise im Orient, Reise-Skn. 10; Eleagabal Kuperus, R. 10 II; Der brennende Berg, R. 10; D. knöcherne Hand, N. 11; D. Frauenhaus v. Brescia, N. 11; D. Streiche der schlimmen Paulette, R. 12; D. Wirtshaus zum König Przemysl, N. 13; D. vier Ehen des Matthias Merenus, R. 13; D. drei Gesellen, R. 14; Bismarck, R. 15—19 III; Ein gute Wehr u. Waffen, KriegsG. 15; Zwischen Weichsel u. Karpathen 15; Madame Blaubart, R. 15; Die Kristallkugel, N. 16; Der Krieg im Alpenrot 16; Lemuria, N. 17; Snidn Borowitz, R. 18; D. Attentäter, R. 20; Verlorene Heimat, Erzn. 20; Umsturz im Jenseits, R. 20; Gespenster im Sumpf, R. 20; Die alten Türme, R. 21; Der dunkle Strom, R. 22; Der Zauberkäfer, N. 23; Mit Dolch und Regenschirm, N. 23; Der verruchte Schwerpunkt, N. 23. **H:** Geschichten d. Bettina v. Arnim (m. K. W. Fritsch) 07; Poe-Brevier 08; Ludwig Anzengruber 21, III.

Strobel, Hans, ⚘, Lit.♛, Kritik, Dr. phil. Berlin W 30, Goltzstr. 31. (Lüdenscheid $^{10}|_{4}$ 95.) **V:** Heinr. v. Kleist, Monogr. s. Briefwerks 23. •

Stroh, Heinz, SDS., Theaterref. des „Kleinen Journals", Buchkritik, Mitarbeiter an der „Berl. Börsen-Zeitung". Berlin SO 16, Franzstr. 11. (ebda $^{31}|_{5}$ 99.) **H:** Die Einsamen 20.

Strohschneider, Richard, /, Novellen. Innsbruck-Hötting, Villa Kathrein. (Aussig $^{2}|_{9}$ 73.) **V:** Irin u. Elsa, N. 04; D. Tal der Gnade, R. 14; Der Teufelsgriff, N.; Tiroler Novellen der Gegenwart 20.

Stromberg, Karl, Roman, ☉, Übersetzg. Berlin W 57, Kurfürstenstr. 9. (Riga $^{5}|_{4}$ 81.)

Stromer von Reichenbach, Friedrich, Geschichts-∴, Historionom. Grünsberg, Post Winkelhaid bei Nürnberg, Haus Nr. 14 III. (Nürnberg $^{4}|_{3}$ 67.) **V:** Deutsche verzagt nicht. Eine wissenschaftliche Prophezeiung zum Weltkrieg nach dem geschichtsphilosophischem System 14, 3.—5. T.; Was wird? Vorausberechnung

der deutschen Revolutions-Entwicklung 19; Was ist Weltgeschichte? Zukunftsgedanken 19; In höchster Not Deutschlands Errettung 23; Berechn. d. Zukunft d. indisch-britischen Weltreichs 23; Historionomie und Weltkrieg 14—19, 23; Die Berechnung der nächsten politischen Zukunft nach dem System der Historionomie 23; An d. deutsch. Kaiser- u. Königstreuen 23.

Ströter, Maximilian Maria, ✿, Epik, /, Kunstpsycholog. Düsseldorf 93, Arndtstr. 5. (Wülfrath b. Elberfeld $^{30}|_{11}$ 93.) **B:** Das Menschbruderbuch, Prosadichtungen 23. **H:** Wie eine Quelle, Volksl. des vierten Standes mit ihren Singw. 23 (mit Seifert).

Ströver, Frau Ida C., Erz., Ethik, Kunstmalerei u. Schriftst. Bremen, Osterlorssteinweg 98 I. (Gut Wedigenstein, Porta Westfalika $^{16}|_{9}$ 72.) **B:** Taugeschmückte Ged. 10; Die goldene Pforte 10. T.; Amazonen, Dchtg. 22.

Strübe, Herm., s. Burte, Herm.

Strube, Frau Marie Luise, verw. Wolfgang Kirchbach, geb. Becker (Ps. Marie Luise Becker), DB., SDS., ○, ✿, /. Remscheid, Ottostr. 11. (Eberswalde $^{28}|_{12}$ 77.) **B:** Sonnenkinder, G. 01; Der Tanz 01, 2. A. 03; **Kanalkinder,** R. 05, 20. A. 13; D. Erben d. Babette Niebenschütz, R. 09, 2. A. 11; Fr. W. Karsten u. s. Enkel, R. 10, 12. A.; D. Wächter 11; Schlösser, Dchtgn. 11; D. Eiserne Ring, R. 12, 12. A; D. Richter, Einakt. 12; D. Kinder d. Genies, R. 12. A.; Vom kleinen Mädchen, Jugendschr. 14; D. grüne Unterrock, R. 14, 2. A.; Ikarus, R. 20, 20. T.; Prinzessin Eselshaut, Zbr. 21; Das verschleuderte Erbe, R. 23. **H:** Begegnung mit Pan (Waldspiel v. Wolfgang Kirchbach u. Marie Luise Becker) 23.

Struck, Hermann, ☉. Haifa, Palästina, P.O.B. 136. (Berlin $^{6}|_{3}$ 76.) **B:** Die Kunst d. Radierens 08, 5. A. 23; In Russisch-Polen, e. Kriegstagebuch 15; Skizzen aus Rußland (m. Herbert Eulenberg) 16; Kriegsgefangene (mit F. v. Luschan) 16; Das ostjüdische Antlitz (m. Arnold Zweig) 20, 2. A. 22; Venedig (m. Robert Hamerling) 20; Amerika (m. Arthur Holitscher) 22; Gesang an Palästina (m. Arthur Holitscher) 22.

Strunz, Franz, ♛ d. Natur✠ u. -wiss., ✿, ✠, Dr. phil., a.o. THSchP., Dir. a. d. Wiener Urania. Wien XVII/2, Dornbacher Str. 86. (Eger i. Böhm. $^{15}|_{11}$ 75.) **B:** Z. Entstehungsgesch. stöchiometr. Forschung 00; Theophrastus Paracelsus, s. Leben u. s. Persönlichkeit 03; Naturbetrachtung u. Naturerkenntnis im Altert. 03; D. Werden u. d. Lehre Friedr. Nietzsches 04; Üb. antiken Dämonenglauben 05; Die Chemie im klass. Altertum 05; J. B. van Helmont 07; Paracelsus in Österreich 07; Beiträge u. Skizzen z. Gesch. d. Naturwissensch. 09; Gesch. der Naturwissenschaften im MA. 10; Die Vergangenheit der Naturforschung 13; Die menschliche Rede u. das Leben 14; Goethe als Naturforscher 17; Unsere liebe Frau in Österreich 21; Theophrastus Paracelsus (Die Schweiz im deutschen Geistesleben) 24. **H:** Theophrastus Paracelsus: Paragranum 03, Paramirum I u. II 04; Klassiker d. Naturwissenschaften u. Technik; Empor d. Herzen. (m. Max Grunwald) 16. **Ue:** M. Berthelot, D. Chemie im Altertum u. MA. (m. Emma Kalliwoda) 09. **Red:** Urania-Bücherei.

Strunz, Karl, Musikw., ✠, Dr. jur., RegR., KanzleiDir. d. HSch. f. Bodenkultur. Wien XVIII, Hochschulstr. 17. (Prag $^{8}|_{7}$ 75.) **B:** Beiträge z. e. Lebensgesch. d. Tonkünstlers J. W. Kalliwoda 09; J. W. Kalliwoda 10. **H:** Kalliwodas Werke I, II, III 09. ()

Strzelczyk, Franz (Ps. Strelzik), ✿, /, StudR. Rudolstadt. (Königshütte in Ob.-Schl. $^{2}|_{12}$ 80.) **B:** Knospen, lyr. G. 05; Fuchs Stöpsel 06; Stoßt an! Jena soll leben! G. 09; Sturmblätter, Sonette 14; Goldene Kinderzeit, M. 20.

Strzygowski, Jos., Kunst♛, Dr. phil., o. ö. UP., HofR. Wien IX, Hörlg. 6. (Biala $^{7}|_{3}$ 62.) **B:** Iconographie der Taufe Christi 85; Handzeichnungen d. S. Botticelli zu Dantes göttlicher Komödie im Vatikan 87; Cimabue u. Rom 88; Kalenderbilder der Chronographen von 354 88; Byzantinische Denkmäler I—III 91—03; Das Werden des Barock bei Raphael u. Correggio 97; Der Bilderkreis des griechischen Physiologus 99; Orient od. Rom 01; Hellenist. u. kopt. Kunst in Alexandria 02; Kleinasien, e. Neuland d. Kunstgesch. 03; Koptische Kunst (Catalogue gén. du Musée du Caire) 03; Der Dom zu Aachen u. seine Entstellung 04; Mschatta, Amtl. Festschr. z. Eröffnung d. Kaiser-Friedrich-Museums in Berlin 04; E. alexandrinische Weltchronik 05; Die Miniaturen d. serb. Psalters 06; D. bildende Kunst der Gegenwart 07, 2. A. 23; Kleinarmenische Miniaturenmalerei 08; Amida 10; Die Bildende Kunst des Ostens 16; Altai-Iran u. Völkerwanderung 17; Die Baukunst der Armenier 18 II; Ursprung d. christl. Kirchenkunst 20 (auch schwed., engl.); Krisis der Geisteswissenschaften 23; Indische Miniaturen im Schlosse Schönbrunn 23, I. **H:** Arb. d. kunsthist. Instit. d. Univ. Wien I—XXXII; Beiträge zur vgl. Kunstforschung 20/24, I—IV.

Stübe, Rudolf, ♛, Religions♛, Dr. phil., Prof., StudR. Leipzig. (Behren-Lübchin i. Meckl. $^{27}|_{7}$ 70.)

Stubenberg, Mathilde verw. Gräfin, geb. Freiin v. Tinti, ♣, O. Schloß Laubegg b. Lebring i. Steiermark. (Schallaburg $^{29}|_{10}$ 63.) W: Gedichte 01; Gabriel v. Herrenburg, E. 02; Eisblumen, neue Ged. 03; D. arme Wenzl, Dr. 04; Myrthen, ein Brautkranz, G. 04; D. alte Mädchen, G. 08; Huldigungsfestspiel d. Steiermark 08; An d. Sehnsucht ew'gem Wanderstab, G. 12; Heimaterde, R. 16; D. eherne Wacht, G.17; Licht, R.20 II. ()

Stucken, Eduard, O, ♣, ♄. Berlin W 62, Burggrafenstr. 2A. (Moskau $^{18}|_{5}$ 65.) W: Astralmythen I 96, II 97, III 99, IV 02, V 07; Yrsa, Dr. 97; Balladen 98, 2. A. 20; Gawan, Dr. 02, 8. A. 20; Lanvâl, Dr. 03, 5. A. 20; Myrrha, Dr. 08; Die Gesellschaft des Abbé Châteauneuf, Dr. 08; Lanzelot, Dr. 09, 4. A. 22; Astrid, Dr. 10; Romanzen u. Elegien 11, 2. A. 22; Opferung d. Gefangenen, TanzSch. 13; D. Ursprung d. Alphabets 13; Merlins Geburt, Dr. 13, 2. A. 16; D. Hochzeit Adrian Brouwers, Dr. 14; Tristram u. Ysolt, Dr. 16, 2. A. 17; D. Buch d. Träume, G. 16, 3. A. 21; D. weißen Götter, R. 18, 8. A. 22; Das verlorene Ich, Dr. 22; Vortigern, Dr. 23.

Stücklen, Wilhelm Carl, DB., Drama. Gut Kaltenbrenn, Tegernsee. (Zürich $^{1}|_{6}$ 87.) W: Die Straße nach Steinaych, Kom.; Perpus, Sch.; Einöds Tochter, Dr.

Studer, Claire, s. Goll, Claire.

Studer, Heinrich, Belletristik, Dr. jur., Inh. d. Amalthea-Verlages (Zürich-Leipzig-Wien). Zollikon-Zürich, Villa Erba u. Wien IV, Wiedener Hauptstr. 1. (Olten, Schweiz $^{7}|_{5}$ 89.) W: Waldmann, Tr.; Geburt d. Venus, E.

Studniczka, Franz, Klass. Archäologie, Dr. phil., o. UP., GHofR. Leipzig. (Jaslo $^{14}|_{8}$ 60.)

Stuhlfauth, Georg, Christl. Archäologie u. kirchl. ℌ, Dr. theol., Dr. phil., a. o. UP., Dir. d. Christl. Mus. a. d. Univ. Berlin NW 23, Lessingstr. 39. ($^{6}|_{8}$ 70.) W: Die altchristl. Elfenbeinplastik 96; Die Engel i. d. altchristl. Kunst 97; Theol. Jahresber., Abt. Kirchl. Kunst 01—10; Gott zur Ehr', Pred. 04; Das Heilandskind nach Holzschn. u. Kupferst. A. Dürers 18; Die „ältesten Porträts" Christi u. der Apostel 18. ()

Stuhlmann, Adolf, plattd. ♣, Dr. phil., Prof., SchulR. a. D. Hamburg. (ebda $^{8}|_{8}$ 38.) W: Rymels (u. d. Ps. S. T. Uhlmann) 98; To 'r nedderdütschen Rechtschrivung (u. d. Chiffre S. T. U.) 01; Leberbook (u. d. Ps. S. T. Uhlmann) 03; Hasselpoggen, Rimels un Vertelln in holsteensch Mundaart 06, 2. A. 19; Sünte Jürgen, de heemliche Ridderorden von Lohusen, Erz. 08, 2. A. 19; Gesammelte Dichtungen 14 IV; Lehrbuch der Reliefperspektive 14; Ultimo, etwas vom Hecht im Karpfenteich, Erz. 15; Ernst Meliboker, die Jugendgeschichte ein. alt. Hamburgers, Erz. 19; Ultimo, Erzählg. 19; Mathilde Porthun, Erz. 19; Lotosblumen aus Siebensinns Irrgarten, R. 23.

Stuhlmann, Franz, Kultur♛, Dr. phil., Prof., GRegR., Dir. d. Welt-Wirtschafts-Arch. Hamburg, Graumanns Weg 13. (ebda $^{29}|_{10}$ 63.)

Stuhrmann, Heinrich, Weltanschauungsfragen, nationale und soziale Ethik, Erster Direktor des Deutschen Evangelischen Volksbundes für öffentliche Mission des Christentums, Mitglied des Preußischen Landtages, Pastor. Godesberg a. Rh., Lessingstr. 9/13. (Wehlau, Ostpr. $^{23}|_{8}$ 69.) W: Schwert u. Kelch 03 III; Rankende Rosen, relig. Gedichte 06; Hunger nach Leben, 5. A. 21; Der deutsche Tag der Weltgeschichte 16; Das große Rätsel 20. H: Das neue Zeitalter 15/22; Sturm und Stille 18/23; Schauen und Schaffen 19/23.

Stülcken, Julius Cäsar (Ps. Peter Werth), O in niederd. Mundart, Schiffbau-Ingen. Hochkamp b. Hamburg. (Hamburg $^{4}|_{4}$ 67.) W: Kleine Leute (Lütte Lüd), 3 Einakter 05; D. Sühne, Hamburger Dr. 06; Sankt Elmsfeuer, Sch. 08; Es ist eine alte Gesch., Sch. 11; Mudder Gräun, niederdtsch. Vst. 13; Überfällig, Sch. 14; Die Hanseatin Anna Lühring, Vst. 15; Osterfüer (Moorbrand) niederd. Sch. 20; Duwenhewen, niederd. Sch. 22; De Spelmann, niederd. Sch. 23.

Stümke, Bruno, BP., RP., Politik, ♛, Theaterkrit., Red. a. „Berl. Tagebl." (Redaktionsvertreter f. Südwestdeutschl.). Frankfurt a. M., Waidmannstr. 45. (Berlin $^{30}|_{10}$ 81.) W: Die Entstehung der deutschen Republik 23, 1.—3. T.

Stumme, Hans, Orientalia, Dr. phil., o. HonUP. Leipzig, Südstr. 72. (Mittweida $^{3}|_{11}$ 64.)

Stumpf, Carl, ⁂, Dr. phil. et med., o. UP., GRegR. Berlin W, Augsburger Str. 45. (Wiesentheid i. Bay. $^{21}|_{4}$ 48.) W: Musikpsychol. in Engl. 85; Lieder d. Bella-Kula-Indianer 86; Tonpsychologie 83/90; D. pseudo-aristotel. Probl. üb. Musik 97; Beiträge z. Akustik u. Musikwiss., 8 Hefte 98—15; Tafeln z. Gesch. d. Phil. 3. A. 10; Philosoph. Reden u. Vorträge 10; D. Anfänge d. Musik 11; Zum Gedächtnis Lotzes 17; Die Attribute d. Gesichtsempfindgn. 17; Spinozastudien; u. a. ()

Stünkel, Heinrich (Ps. Heinrich Römer), DB., O, Dramaturg der Volksbühne Berlin-Bülowplatz. Berlin W 62, Wich-

mannstr. 23. (Neustadt am Rübenberge 13|8 78.) **B**: Schneewitchen; Dornröschen 22; Das tapfere Schneiderlein, Bst. 23; Till Eulenspiegel; Der Rattenfänger von Hameln 24. *

Stuppöck, Franz, DÖSchG., nation. Politik, Dir. d. „Deutsch-akadem. Verl." G. m. b. H. **Wien VII**, Siebensterng. 58. († Inzersdorf, N.-Ö. 8|8 84.)

†**Sturm**, August, ♣, ☉, Epos, ⁂, ∴, Dr. jur., JustR., RA. **Naumburg a. S.** (Göschitz 14|1 52.) **B**: Ritter, Tod u. Teufel-G. 09; D. Liebesburg, Dr. 10; Im Morgenrot d. Menschheit, 4 Dr. 12; Unser Fritz, E. 13; Fels u. Firn, G. 14; Deutschland u. Österreich über alles, G. 15; Gloria! Viktoria! G. 15; Auf eigener Scholle, Dr. 15; Der Sieger, Dr. 16; Neuland, G. 21; Tersiam in Waffen 21; Frauenlist u. Frauenrache, Rn. 21. ()

Sturm, Bruno, s. Breitner, Burghard.

Sturm, Hans, DB., Ob.Regiss. **Charlottenburg**, Schlüterstr. 81 II. (31|1 74.) **B**: Der ungetreue Eckehart, Schw. 13; Lehmanns Kinder, Schw. 15; Große Kinder, 3 Einakter 16; Das Extemporale, Lsp. 17; Wie feßle ich meinen Mann? Lsp. 17; Eheringe, Lsp. 20; Das Recht auf Liebe, Lsp. 20; Die Mausefalle, Schw. 21; Liebe u. Trompetenblasen, Lsp. 21; Das Baby, Schw. 22; Zwischen neun und neun, Tragikom. 23.

Sturm, Hans (Ps. Sturm-Gundal), SDS., Rom., Nov., Kritik, ♣, ☉, ▣, /, ♛, ✎, ∴, ♫, ♆. **Berlin-Charlottenburg**, Schlüterstr. 81 II. (Köln 16|8 89.) **Ue**: DEFGHILN PortSSchw Vläm. **B**: Aus Gassen u. Gärten, Fab. u. Erz. 21; Sehnende Not, Haidhaus, Erz. 21. **H**: Dürener Kriegszeitg. 16; Uns. Hoffm. v. Fallersleben 18; E. M. Arndts Märchen 22; Neue deutsche Märchen 22; Märkische Sagen 22. **Red**: Der ewige Schrein (Bücherreihe).

Sturm, Josef, Kultur♛, Dr. **München**, Hildegardstr. 6. (ebda 5|6 83.) **B**: Der Ligurinus, e. dtsch. Heldenged. 11; Die St. Annapfarrkirche i. München 15; Mon. Germ. Necrologia Germaniae Tom. IV Dioecesis Pataviensis, pars prior 20; Wittelsbach u. Preysing 20; Johann Christoph v. Preysing, e. Kulturbild 23. *

Sturm, Karl Fritz, ▣, ∴, Lit.♛, Bez.-Schulrat. **Dippoldiswalde i. S.** (Berlin 12|6 80.) **B**: Robert Reinick 07; Maximilian Harden 08; Die nationale Einheitsschule 13.

Sturm, Frau Ria (Ps. Ria Weil), ♣, /, Nov., Roman. **Berlin-Pankow**, Kissingenstr. 33. (Koblenz 18|4 00.)

Sturmann, Manfred, SDS., ♣ Novelle, cand. phil. und Verlagsbuchhändler. **München**, Pündterplatz 7 II. (6|4 03.) **B**: Althebräische Lyrik, Ein Buch Nachdichtungen (Eingeleitet von Arnold Zweig) 23. *

Stürmer, Maximilian, s. Schuk, Pankraz.

Sturmfels, Elmar von, s. Sturm, Hans.

Sturmfels, Käthe, s. Becker, Käthe.

Stursberg, Carl (Ps. Karl v. Heukeshowen), ♣, auch in berg. Mundart, Schlosser. **Barmen**, Ottostr. 62. (Hückeswagen 3|8 80.) **B**: Hammer u. Harfe, Berg. G. 11; „Hüüü Käswagen!" Berg.. SagenDchtg. 11; Arbeitslust u. Feierabendfreude 13. ()

Sturtevant, Erich, Kultur- u. Heimat♛, Maler u. Schriftst. **Berlin-Friedenau**, Stubenrauchstr. 60. (Frankfurt a. O. 15|10 69.) **B**: Der gute Ton im Wandel der Jahrhunderte 17.

Sturzenegger, Catharine, Journalistin. **Zürich 1**, Limmatquai 76. (Trogen, Appenzell 6|12 54.) **B**: Oßmund, oder Friede auf Erden; Dunkle Tage 16. **Red**: d. Illustr. Zeitschr. „Heimat u. Fremde" 21; u. a.

Stürzer, Rudolf, Humor, Novelle, Skizze. **Wien II**, Schüttelstr. 71. (Udine 19|9 65.) **B**: Alles für die Katz 17; Die Lamplgasse 21; Auf stolzen Rossen u. a. lust. Gesch. 22; Der tote Hund u. a. lust. Gesch. 23. *

Suchier, Edmund, Archäologie, Kultur♛, Dr. phil., Prof., LyzDir. **Höchst a. M.**, Hauptstr. 23. (Rinteln 8|1 63.)

Suchier, Walther, Romanistik, Dr. phil., UP. **Göttingen**, Lotzestr. 20b. (Halle a. S. 4|11 78.)

Suchier, Wolfram, Gelehrten- u. Lit.♛, Dr. jur., Bibl.-Dir. **Erfurt**, Anger 18 II. (Halle a. S. 25|7 83.) **B**: Gesch. d. Venia aetatis in Deutschland 07; Jahrgebg. in Mecklenburg 12; Gottscheds Korrespondenten 12; Gesch. d. Univ.-Bibl. Halle 13; J. D. Reyser als lat. Dichter 15; J. F. Joachim 15; C. P. Hoester, gekr. Dichter 16; Die Mitglieder der Deutschen Gesellschaft zu Göttingen 1738/55 16; C. R. Dadichi 19; A. Drachstedt u. s. Gedichte, 2. A. 19. **H**: Guseck, Wilde Rose, N. 12. ()

Suchland, Otto, ♣, ☉, /, Dramaturg u. Schauspieler. **Breslau IX**, Gertrudenstr. 15 III. (ebda 20|4 83.) **B**: Widerspiel, G. 08; Pierrot, Sp. 14.

Südekum, Albert, BA., UB., ▣, Dr. phil., Staatsminister a. D., Red. **Sakrow** b. Potsdam. (Wolfenbüttel 25|1 71.)

Sudermann, Frau Clara, verw. Lauckner, geb. Schulz, Erzählg. Schloß Blankensee b. Trebbin, Kr. Teltow. (Königsberg i. Pr. $^{14}|_{2}$ 61.)

Sudermann, Hermann, BP., SDS., Rom., Nov., ⚬. Winter: Berlin-Grunewald, Bettinastr. 3; Sommer: Schloß Blankensee b. Trebbin, Kr. Teltow. (Matziken, Ostpr. $^{30}|_{9}$ 57.) B (seit 00): Im Zwielicht; Frau Sorge, R.; Geschwister, Nn.; D. Katzensteg, R.; D. Ehre, Dr.; Sodoms Ende, Dr.; Jolanthes Hochzeit, Erz.; Heimat, Sch.; Rosen, Einakter; Es war, R.; D. Schmetterlingsschlacht, Kom.; Morituri, Sch.; D. Glück im Winkel, Sch.; Johannes, Trag.; D. drei Reiherfedern, Msp.; Johannisfeuer, Sch. 39.—41. T. 24; Es lebe d. Leben, Dr.; D. Sturmgeselle Sokrates, Kom.; Stein unter Steinen, Sch.; D. Blumenboot, Sch.; D. Hohe Lied, R.; Strandkinder, Sch.; D. indische Lilie, Nn.; D. Bettler v. Syrakus, Trag.; D. gute Ruf, Dr.; D. Lobgesänge d. Claudian; D. entgötterte Welt: D. Freundin, Sch., Die gutgeschnittene Ecke, Tragikom.; Das höhere Leben, Lsp. 15, 8.—10. T. 20; Reginc, Sch. (nach dem „Katzensteg") 16; Litauische Geschichten, Nn. 17, 46.—60. T. 18; Romane u. Novellen 19 VI, 11.—15. T. 20; Die Raschhoffs, Sch. 20, 6.—8. T.; Der Hüter der Schwelle, Lsp. 21; Das deutsche Schicksal: Heilige Zeit, Sch., Opfer, Sch., Notruf, Dr., 1.—6. T. 21; D. Bilderbuch m. Jugend; D. Denkmalsweihe, Sch. 23; Dramat. Werke, Gesamtausg. VI 23.

Sudhoff, Karl, Gesch. d. ⚕, Dr. med., o. UP., GMedR. Leipzig, Stephanstr. 18. (Frankfurt a. M. $^{26}|_{11}$ 53.)

Suljo serhatlija, s. Krauß, Friedr. S.

Sulzbach, Walter, Gesellschaftswiss., Dr. rer. pol., PrivDoz. Frankfurt a. M., Westendstr. 47. (ebda $^{21}|_{2}$ 89.)

Sunkel, Wilh., /, Pfr. a. D. Marburg i. H., Frankfurter Str. 55. (ebda $^{9}|_{6}$ 57.) B: Stille Lieder 74; Weg zum Glück 90, 2. A. 95; Unter d. Menschen 96; Blumen am Wege 96.

Supper, Frau Auguste verw., BJ. & S., Epos, Roman. Kornthal b. Stuttgart. (Pforzheim $^{22}|_{1}$ 67.) B: Lehrzeit 09, 4. A. 13; Holunderduft, Erzn. 10; Herbstlaub, G. 12; Die Mühle im kalten Grund, R. 13; Am Wegesrand, Nn. 13; Der Mann im Zug, Nn. 14, 4. A.; Vom jungen Krieg, Erz. 16; Gottfried Fabers Weg, Erz. u. Versuche 16; Der Herrensohn, R. 16; Der Weg nach Dingsda, Erz. 19; Das hölzerne Schifflein, R. 23.

Surga, G. W., s. Georgievitz-Weitzer.

Susan, Camillo Valerian, ♱, Dr. phil., Hofrat, Leiter der Administrativen Bibliothek. Wien XIX/1, Hackenbergg. 16. (Wels i. Ob.-Östr. $^{11}|_{9}$ 61.) B: Friede sei mit Euch! Dchtg. 91; Mit bunten Schwingen, G. 05; Rosen am Fenster, Nn. 08.

Susemihl-Gildemeister, Frau Lissy. Bremen, Hagenauer Str. 17. (ebda $^{22}|_{8}$ 62.) H: Briefe Otto Gildemeisters 22. *

Susman, Frau Margarete (Ps. f. Marg. v. Bendemann). Säckingen a. Rh. (Hamburg $^{14}|_{10}$ 74.) B: Mein Land, G. 01; Neue Gedichte 07; Vom Wesen d. mod. deutsch. Lyrik 10; Vom Sinn d. Liebe 12; Die Liebenden, Dchtg. 17; Lieder v. Tod u. Erlösg., G. 23.

Sutermeister, Eugen, ▮, ♱, Red. Bern, Schw. (Küsnacht-Zürich $^{26}|_{11}$ 62.) B: Lieder e. Taubst. 95; D. Anstaltsleben e. Taubstummen 96; Neue Lieder e. Taubst. 97; Klänge aus stiller Welt 01; Kurze Predigten f. Taubst. 05; Neue Predigten f. Taubst. 09; Fürsorge für erwachsene Taubst. in der Schweiz 10; Sechs Jahre bernischer Taubstummenpastoration 10.

Sutter, Berthold, ♱, /, ▣, ⚔, ♁, Freimaurerei, Gen.-Dir. u. Stadtverordn. Pforzheim. (ebda $^{29}|_{7}$ 86.) B: Die Heidelberger Turnerschaft Ghibellinia in 20 Jahren 06; Die weiße u. d. rote Rose, Nn. 08, 2. A. 09; Nachklänge, G. 14, 2. A. 15; Der Münchener Verlagsbuchhandel auf d. Bugra 14; In letzter Stunde, Kritik d. Betriebsrätegesetzes 19; Der sterbende Krieg, R. 21. H: Münchener Liebhaberdrucke 1—12.

Sutter, Carl, ♛, Kunst♛, Dr. phil., a. o. UP. Freiburg i. B. (Schopfheim $^{15}|_{4}$ 67.)

Sutter, Otto Ernst (Ps. Jodokus Vydt), SDS., Belletristik, ▣, Verkehrswesen, Messefragen, Technik, Dipl.-Ing., Dir. im Meßamt Frankfurt a. M., Eschersheimerland Str. 8 II. (Freiburg, Bad. $^{3}|_{7}$ 84.) B: Der Mausmatthis, R. 15; Aus bad. Kalendern 20. H: Verschiedene Sammelbände aus Joh. Pet. Hebels Werken; Der Geist der Paulskirche 23 (mit Dr. Petzet).

Sütterlin, Adolf, sprach-, lit.-gesch. u. pädagog. Aufsätze, Dr. phil., Prof. u. Schuldir. a. D. Freiburg i. B., Bürgerwehrstr. 12. (Langenau $^{1}|_{11}$ 55.) B: Die Straßburg. Mundart in Arnolds Pfingstmontag 92; Aus vergang. Tagen, Schulgesch. 04; Lahr u. Umgegend 04, 2. A. 10; Gesch. d. Lahrer Feuerwehr 07. H: Colomb, Deux mères; Plan v. Paris; Hebels alem. Gedichte; Hebels Werke

(Gold. Klass.≈Bibl.) 11; Maria Stuart 21; Luginsland Bd. 4 u. 5 (Hebelauswahl).

Sütterlin, Ludwig, Sprachwissenschaft, Dr. phil., o. UP. Freiburg i. B., Schwaighofstr. 5. (Heidelberg $^{16}|_{11}$ 63.) **B:** Gesch. d. Nomina agentis im German. 87; Gesch. d. Verba denominativa im Alt≈griech. 91; Die deutsche Sprache d. Gegen≈wart 00, 4. A. 18; Das Wesen d. sprachl. Gebilde, Krit. Bemerkgn. zu W. Wundts Sprachpsychologie 02; Die Lehre v. d. Lautbildg. 08, 2. A. 16; Werden u. Wesen d. Sprache 13. ()

Suttner, Frau Margarete v., geb. v. Kelle. Berlin W 1, Nassauische Str. 3. (Prag.) **B:** Damen≈Brevier 14, 20; Darf ich? dsgl. 19; und Übersetzungen: Geheimnisse der Hand, fr. nach Desba≈rolles 22.

Svensson, Jón Stefán, Prosa≈dichtungen, SJ., Gymn.≈Prof. Feld≈kirch, Vorarlberg, Gymn. Stella Matu≈tina. (Island $^{16}|_{11}$ 57.) **B:** Zwischen Eis u. Feuer; Ein Ritt durch Island 11, 5. A. 20; Nonni, Erlebnisse e. jung. Isländers 13, 15.—20. A. 23; Sonnentage, Nonnis Ju≈genderlebnisse 14, 7. A. 19; Nonni u. Manni 14, 4. A. 20; Nonni, II. Teil: Die Stadt am Meer 21; Schr. in dän. Sprache u. Übers. in vielen Sprachen.

Swaantje Swantenius, s. Fueß, Hanna.

Swarzenski, Georg, Kunst♛, Dr. jur. et phil., Museumsdir. u. o. HonUP. Frankfurt a. M., Gutleutstr. 80. (Dres≈den $^{11}|_{1}$ 76.) **B:** Denkmäler d. süddeutschen Malerei des Mittelalters I 01, II 09, III 13; Handzeichngn. alter Meister im Städelschen Kunstinstitut 11 ff.; Das Frankfurter Bildnis 16 ff.; Städeljahr≈buch I 21, II 22; Meisterwerke der Bild≈hauerkunst in Frankfurter Privatbesitz I: Deutsche und französische Plastik des Mittelalters 21.

Switalski, Wladislaus, ⁂, Dr. phil., o. UP. Braunsberg, Langgasse 10. (Kankel, Kr. Lissa i. P. $^{27}|_{8}$ 75.)

Swoboda, Heinrich, Altertums♛, Dr. phil., o. UP. Prag, Malteserplatz 6. (Wien $^{15}|_{10}$ 56.)

Swoboda, Heinr., Pastoral≈✝, Archäo≈logie, D., Dr. phil., Hofkaplan u. o. ö. UP. Wien. (ebda $^{28}|_{8}$ 61.)

Swoboda, Hermann, Psychologie, Dr. jur. et phil., UDoz. Wien IX, Garni≈song. 24. (ebda $^{23}|_{11}$ 73.)

Sydow, Anna v., geb. v. Heinz. Eisenach, Marienthal 14. (Berlin $^{17}|_{2}$ 63.) **H:** Gabriele v. Bülow, Tochter Wilhelm v. Humboldts 92—20; Wilh. u. Caroline v. Humboldt in ihren Briefen 06—16 VII (Ausg. in 1 Bd. 20). ()

Sydow, Eckart v., Kunst♛, ⁂, Dr. phil. Hannover, Kl. Pfahlstr. 9. (Dobberphul b. Rufen N/M. $^{5}|_{9}$ 85.) **B:** Figuraler Schmuck der christl. Altar≈Antependia u. ≈Retabula 12; Cuno Amiet 13; Gedanke d. Idealreichs v. Kant bis Hegel 14; Deutsche expressionistische Kultur u. Malerei 20; Exotische Kunst 21; Kultur der Dekadenz 21. ()

Sydow, Frau Margarethe v. (Ps. Frz. Rosen), Roman. Stolzenfelde i. Kr. Königsberg i. NM. (Berlin $^{16}|_{12}$ 69.) **B:** Erlöse uns v. d. Alltag 04; Der Sünde Sold 04; Hinrik Gehrts, R. 06; E. Kampf ums Dasein, R. 07; Die Kinder vom Köbinghof 08; Eines großen Mannes Liebe 10, 7. A. 20; Wenn reife Frauen lieben 12; Das große Labyrinth 13; Der wilde gelbe Mohn 14; Kraft 17; Ein Büchlein vom Warten 20. ()

Sydow, Max, Germanistik, ⁂, Dr. phil. Berlin≈Westend, Hölderlinstr. 10. (Ber≈lin $^{28}|_{11}$ 76.)

Sylvester, Ernst, jetzt: Schwabach, Erik≈Ernst.

Sylvester, Hektor, s. Wölfert, Wilh.

Sylvester, Janus (Ps. Chalikiopoulos Leonidas), ●, ⁂, Metaphysik, Dr. phil., Gutsbesitzer. Schloß Wettolsheim b. Colmar i. Els. (Kairo $^{27}|_{10}$ 79.) **B:** Sitia 03; Landschafts≈Kulturtypen 06; Menschliches, M. 10; Vom Wesen der Dinge 21; Türmer u. Stürmer d. Geistes 21; Aristokratie und Sozialismus 22.

Sylvestris, Janus, s. Peschke, Jul.

Syrutschek, Jul., DÖSchG., ♥, /, Nov., Rom., /, ♠, Hofrat u. Landes≈forstinsp. i. R. Wien XVIII/1, Gürtel 71. (Wieliczka $^{15}|_{3}$ 58.) **B:** Fährten im Schnee, N. 91; Ernestine Walter, Tr. 92; D. soz. Stellung d. österr. Forstwirte 92; Die Waldungen d. Stadtgem. Cilli 92; Kin≈der d. Sünde, N. 92; Üb. forstgesetzwidr. Holzschlägergn. u. d. forstpolizeil. Straf≈verfahren 96; Dorffriede u. Alpenwild≈nis, N. 97; Der Bachernjäger, E. 00; Mutterherzen, N. 02; Leitf. z. zweckmäß. Bewirtsch. d. bäuerl. u. d. Gemeinde≈(Gemeinschafts≈) Waldes in NÖsterr. 02; D. Studienreise d. „Kommerziellen Kursus" an der Hochschule f. Bodenkultur in Wien i. J. 1908 10; Aus still. Winkeln, N. 10; Abg'hauste Leut', N. 10.

Szana, Bernh. (früher Stern, Bernh.), /, Nov., ♥, Kultur♛, Krit., Politik. Wien IX, Alserstr. 26. (Riga $^{13}|_{6}$ 67.) **B:** Jungtürken u. Verschwörer, 2. A. 01; Der kranke Mann 02; Medizin, Aber≈glaube u. Geschlechtsleben in d. Türkei 03; Der Sultan u. seine Politik 06; Gesch. d. öffentl. Sittlichkeit in Rußland I 07, II 08; Gesch. d. erot. Literatur 08; Die moderne Türkei 08; Bibliotheca curiosa et erotica 21. ()

Szpitter, Frau Helene, geb. Stein' Kinderlieder, Märchen, Redaktrice. Hamburg, Ackermannstr. 16 pt. (Danzig $^{28}|_{10}$ 72.)

T.

Tabarelli, Hans von, Roman, Nov., /. Innsbruck, Kolingasse 4/I. ($^{6}|_{7}$ 93.) ()

Tacchi della Pietà, Armand (Ps. Armand de Taky, früher Carl Arno), ❦, Nov. München, Öttingerstr. 30 I. (Frankfurt a. M. $^{23}|_{7}$ 59.) B: Passionsblumen, G. 82; Aus dem Leben, G. 86, 2. A. 94; Zu spät!, Sch. 91; Totentänze, N. 04. ()

Takatscher, Franz, ❦, Nov., Lit.♛, /, Regierungsrat, GymnDir. Kufstein. (Telfs in Tirol $^{4}|_{10}$ 69.) B: Aloys Weissenbach 21.

Tagger, Theodor, DB., DÖSchG., SDS., ❦, Roman, Drama. Wien III, Baumgasse 26. (ebda $^{26}|_{8}$ 91.) B: Der Herr i. d. Nebeln, Lyr. 17; Die Vollendung eines Herzens, R. 17, 5. A. 19: Psalmen Davids 18; Der zerstörte Tasso, Ausgew. Ged. 19; Auf der Straße, R. 20; Harry, Dr. 20; Annette, Dr. 20 (beides aus dem Zyklus: „Die Komödie vom Untergang der Welt"); Kapitän Christoph, Dr. 21; Te Deum.

Taky, Armand de, s. Tacchi della Pietà.

Talhoff, Albert, DB., ⊘, Dchtg. Ludwigshöh b. Starnberg a. See. (Solothurn $^{31}|_{7}$ 88.) B: Nicht weiter — o Herr! Dr. 20; Passion, Dchtg., 21; Sintflut, Dr. 22; Der rote Ignaz, R. 22.

Talhoff-Meyer, Albert, s. Talhoff, Alb.

Tamm, Traugott, Roman, Dr. phil., Vorstmitgl. d. Hebbelstiftg. Ratzeburg, Abrahamsberg 3. (Eddelak $^{22}|_{10}$ 60.) B: Üb. den Ursprung d. Rumänen 92; Im Lande der Jugend, R. 05, 10. A. 20; Im Lande der Leidenschaft, R., 1.—3. A. 06; Heddas Freier, Sch. 07; Im Föhn, Erz., 1.—5. T. 07; Gül Hanum, R., 1. u. 2. A. 07; Auf Wache und Posten, R. 09; Die Hingstberger, R. 13, 3. T.; Geert Holdts Brautschau, R. 20, 1.—5. T.; Die zwei Nationen, R. 20, 1.—5. T.; Haus Thormälen, R. 22, 1.—5. T.

Tamme, Georg, ♛, Aphorismen, Hofbuchhändler. Dresden, Prager Str. 39. (Breslau $^{28}|_{7}$ 56.) B: Denkmünzen u. Denkzettel für alle Tage des Jahres 95, 4. A. 08; 365 Gedanken, Alltägliches u. Nichttägliches 09; Die Welt als Lebenszwang, Eine Daseinsbetrachtung in zwanglosen Gedanken u. Glossen 19.

Tandem, Felix, s. Spitteler, Carl.

Tandler, Max (Ps. Kurt Tanner, Marcell Tortosa, Maxim. Schirmer). Wien III, Daponteg. 3. (ebda $^{17}|_{7}$ 74.) B: Theaterstücke u. Nov.

Tannenbaum, Eugen, BP., RP., Kritik, /, Dr. phil., Red. d. Montag Morgen, Dramaturg der Sternfilmges. Berlin W 30, Heilbronner Str. 22. (Offenbach a. M. $^{9}|_{11}$ 90.) B: Friedrich Hebbel und das Theater 14. H: Kriegsbriefe deutscher u. österreichischer Juden 15; Landsturm, Br. v. d. Front 15.

Tanner, Ilse-Dore, s. Oelkers, Elsa.

Tanner, Kurt, s. Tandler, Max.

Tantalus, s. Heinemann, Herm. Olaf.

Tänzer, Aron (Ps. Arno Tänzer), ⁂, ✝, ♛, ⊘, /, Dr. phil., Kgl. Rabbiner, Red. d. „Isr. Wochenschrift". Göppingen. (Preßburg $^{30}|_{1}$ 71.) B: Gesch. der Juden in Tirol u. Vorarlberg I 05; Gesch. der Königswarter-Stiftung in Meran 07; Die Mischehe in Religion, Gesch. u. Statistik der Juden 13; Brest-Litowsk, Ein Wahrzeichen russ. Kultur im Weltkriege 18; Gesch. d. Juden in Brest-Litowsk 18. ()

Tanzmann, Albert Bruno. Hellerau. (Alt-Hänitz, Sachsen $^{1}|_{12}$ 78.) B: Denkschrift z. Begründung e. deutschen Volkshochsch.; Jahrb. d. deutsch. V.-H.-Bewegg. Was zum Lichte reifte, G.; D. Rettg. d. Schopenhauerschen Philosophie; u. a.

Tappert, Wilh., neuere Ψ, Kritik, Dr. phil., Prof., ObLehr. an d. Sophiensch. Hannover. ($^{21}|_{12}$ 60.)

Tardel, Hermann, neue dtsch. u. vergleich. Lit.♛, Volkskunde, Dr. phil., Prof., StudR. Bremen, Altmannstr. 31. (Güstrow $^{25}|_{5}$ 69.) B: Untersuchungen z. mhd. Spielmannspoesie 94; D. engl. Fremdwort in d. mod. franz. Sprache 99; D. Sage von Robert dem Teufel 00; Stud. z. Lyr. Chamissos 02; D. „Arme Heinrich" in d. neueren Dichtg. 05; 2 Liedstudien (d. engl.-schott. Raben-Ballade u. d. Lammerstraten-Lied) 14. H: Chamissos Werke (Bibliogr. Instit.) 07/08 III; Herweghs Werke (Gold. Kl.-Bibl.) 09.

Tartaruga, Ubald, Reg.-Rat, Oberpolizeirat. Wien XVIII, Gentzg. 132. (ebda $^{12}|_{8}$ 75.) B: über 50 Bücher, darunter: Die Mönche von Czenstochau 12; Barbara Ubryk 15; Hände hoch! Skn. 16; Detektiv Frank, Erzn. 16; Der Wiener Pitaval 13; Bitt schön, Herr Wachmann! Skn. 17; Im Zwielicht des Lebens, Skn. 17; Polizei- und Kriminalgeschichten, Erz. 17; Polizeihumoresken, Erz. 18; Detektivgeschichten, Erz. 18; Alles auf den Kopf gestellt! Skn. 19; Die Tochter des Milliardärs, R. 19; Aus der Mappe eines Polizeibeamten 19; Alt-Wiener Guckkastenbilder, Skn. 19; Aus dem Reiche der Mystik und Magie 20. H: Kriminal-

telepathie und -Patroskopie 21; Das Medium Megalis in Schweden 22.

Taesler, Clemens, ♦, Relig.-, Lit.- u. Kultur♛, ⁂, unitar.-freireligiösen Pfr., Dozent der Philosophie. Frankfurt a. M., Eckenheimer Landstr. 39 II. (Breslau $^{25}|_{6}$ 87.) B: Freireligiöse Lieder u. Sprüche 12, 2. A. 15; Zwischen den Toren der Ewigkeit, G. 19; Eine freireligiöse Trauerfeier 19; Freier Geist u. Glaube, G. 23, 2. A. 23; Die Freirelig. Gemeinde Frankfurt a. M. (gegr. 1845), ihr Wesen und Wollen 23, 2. A. 23; Seele, Willensfreiheit, Unsterblichkeit Gott, Sinn der Welt als philosophische Probleme 23. H: Bresl. „Akad. Blätter", W.-S. 08—09; Bresl. Akad. Musenalmanach f. 1909 08; Dahn-Festschrift 09; „D. Schwarze Brett", Leipzig, W.-S. 09 bis 10; Student. Taschenb. f. d. Univ. Leipzig, 4. A., S.-S. 10; „Der Freireligiöse", Jahrg. 1—4, 13/16.

Tau, Max, SDS., Lit.♛, Lektor i. Fr.-Lintz-Verlag, Trier. Berlin W 50, Culmbacher Str. 5. ($^{19}|_{1}$ 96.) B: Bruno-Arndt-Buch 20; Das Wather-Erlebnis 21. H: Die Deutsche Novelle (Bücherei zeitgenössischer Dichtg.) 20 Bde. 23; Die Stillen, Dichtungen u. Bekenntnisse, 3. A. 23; Hermann Stehrs ges. Werke IX 23.

Taube, Max, Politik, Sozialpolit., Organisationskunde, Redekunst, ⁂, Verlags-Dir. Berlin W 30, Martin-Luther-Str. 81 II. (Braunsberg $^{26}|_{8}$ 82.)

Taube, Otto, Freiherr von, Roman, Novelle, ♦, Übersetzgn., Dr. jur. et phil. Gauting, Oberbayern, Gartenpromenade 18. (Reval, Estland $^{21}|_{6}$ 23.) B: Verse, G. 07; Gedichte u. Szenen, G. 08; Neue Gedichte, G. 11; Der verborgene Herbst, R. 13, 2. A. 20; Zur Frage deutsch. Siedlung auf neuerworbenem Gebiete, 17; Russische Märchen, M. 19; Adele und der Dichter, N. 19; Die Löwenprankes, R. 21. H: von Freifrau Helene v. Taube: Am russ. Hof in den Jahren der deutschen Reichsgründung 20. Ue: Blütenkranz d. Heiligen Franziskus v. Assisi 05, 2. A. 08, 3. A. 21; William Blake: Die Ethik der Fruchtbarkeit 07; Gabriele d'Anunzio: Auf den Tod eines Vernichters, Dchtg. 06; Giov. d. Boccaccio: Leben Dantes; Luis de Camões: Ausgewählte Sonette. *

Tauffstein, Louis, DB., Ⓞ. Berlin-Friedenau, Kaiserallee 137. (Wien $^{3}|_{2}$ 70.) B: Kusinchen, Schw. 15; Herrschaftlicher Diener gesucht, Schw. 16; Der fidele Geiger, Optte. 18; Hazard, Optte. 19; Polizeistunde, Schw. 20; Eine gewöhnliche Frau, Schw. 21; Steuerflüchtling, P. 21.

Taunus, Till vom, s. Clobes, Heinz Wilh.

Tauscher, Hermann (Ps. Herm. Karl Paul), Nov., Ⓞ, /, ♦, ▮. Altenburg, Sa.-A., Nordstr. 12 I. (Friedrichshaide $^{29}|_{5}$ 54.) B: D. Philosoph v. Rauda 01, 2. A. 04; Die Retterin von Digny, Dr. 15; O du heil'ge Einfalt! Hum. 18; H: Schriften von Gerstäcker, A. v. Winterfeldt u. a.

Taylor, William, s. Jühling, Johs.

Tecklenburg, August, ♛, ♦, ▮, Rektor. Göttingen, Lotzestr. 38. (Uslari. Solling $^{24}|_{10}$ 63.) B: Dtsch. Gesch. (m. Weigand) 96, 17. A. 21; Bild. a. d. Gesch. uns. Heimatlande 08; Gesch. v. Göttingen u. Umg. 97; Schule u. Heimat 09, 3. A. 22; Bildender Gesch.-Unterr. 04, 2. A. 21; Methodik d. Gesch.-Unterr. 05; Gesch. d. Provinz Hannover f. Lehrer usw. (m. Dageförde) 06, 3. A. 21; Quellen-Lesebuch z. Gesch. d. Prov. Hannover 07; Hannoveraner, Braunschweiger u. Oldenburger im Kriege gegen Frankreich 1870/71 08, 2. A. 10; Aus der Siegfrieds- u. Nibelungensage 08, 5. A. 20; Göttingen in s. histor. Entwicklg. 10; Hilfsbuch f. d. Geschichtsunterr. (m. Querfurth) 12; Gesch. d. Göttinger Brauwesens 14; Der Göttinger Hainberg 21; Mariaspring und Plesse 21; Geschichten, Sagen, Denkmale des niedersächsischen Berglandes 22. H: Protokolle des Vereins f. d. Gesch. Göttingens 92/07: Förster Flecks Kriegsfahrt u. Gefangensch. in Rußland 1812 bis 14 07, 2. A. 11; Deutscher Sagenschatz 3. A. 19; u. a.

Tegernsee, Otto von, s. Hartmann, Otto.

Teich, Walther, SDS., Drama, Nov., Kritik, ♦. Hamburg-Langenhorn 2, Wördenmoorweg 103. (Hamburg $^{19}|_{8}$ 94.) B: Die Gefangenen, Sp. 21; Tyll auf Korsika, Nn. 21. ()

Teichmann, Frau Hedwig, ASV., Belletrist., Dir.-Gattin. Müglitz, Mähren. (Buchbergstal, Schles. $^{30}|_{7}$ 75.) B: Aus meinem Königreich 11; Die Perlenhändlerin 13; Die Mädlmühle 16; Es war einmal ein Prinz, Waldfrieden 19; Wenn Jug. u. Liebe einsam sind 20; Mona Lisa 20; Joh. Böhns Himmelsleiter 20; Sudetenland 21.

Teichmann, Wilhelm (Niklaus Bruck), Elsäß. ♛ u. Literatur, Dr. phil. Stadtbibliothekar. Karlsruhe (Baden), Adlerstr. 25. (Glogau i. Schles. $^{30}|_{3}$ 65.) B: Ich warte, R. 17; Ausklang, R. 21; Straßburg, Ein Städtebild, Pl. 22. *

Tellmar, M., s. Pochhammer, Marg.

Telmann, Franz, s. Metelmann, D. F.

Telschow, Frl. Margarete, DSch., ▮, Jgdschrift., Frauenfragen, Volksschullehr.,

Schriftl. d. Pr. Volksschullehr.-Ztg. u. d. Ztschr.: Treuhilde. Berlin N 37, Schönhauser Allee 29. (Chicago, N.-A., $^{23}|_{11}$ 69.)

Tempeltey, Frau Margarete, Belletristik. Berlin, Spichernstr. 24. (ebda $^{12}|_{5}$ 81.) **V:** Der König mit der Seidenschnür; u. a. Nov. 21.

Templer, Bernhard, Orientalia, ⁂, Dr. phil., Rabbiner u. GLehr. Wien IX/2, Marianneng. 23. (Brzesko $^{1}|_{5}$ 65.)

Tempsky, Eugen v., Roman, Nov., **Ue:** E. Rittergut Baara b. Schmolz, RB. Breslau. (Maserwitz $^{4}|_{7}$ 55.) **V:** Des Bruders Weib, R. 00; E. guter Rat, N. 01; D. Gastgeschenk, N 04. **Ue:** Ouida, Zwei Sünder, N. 04; Franz Norris, Der Octopus, R. 06; D. Getreidebörse, R. 09. ()

ten Hompel, Adolf (Wicking t. H. u. Hermann Wahrober), Rechts-, Kultur- und Geschichts⁂, schöne Literatur, Drama, Dr. jur. Rechtsanwalt und Notar. Münster i. Westf., Hoyastr. 18. (Recklinghausen $^{15}|_{6}$ 74.) **V:** Inderbewegung und Kulturgesellschaft 08; Über den Ursprung 09; Das Kölner Osterdienstags-Protokoll (unter dem Pseudon. Athanasius) 09; Recht, Weltanschauung u. Praxis 10; Sturmflut, Schicksalstrag. (unter dem Pseudon. Hermann Wahroder) 23; u. a. **H:** Grenzfragen. *

Teplitz, M. B. von, s. Bauer, Max; Berlin-Friedenau.

Tepp, Max, Pädagogik, Tanz. Wendehof, Holtorf, Post Hollenstedt, Kreis Harburg-Elbe. (Hamburg $^{12}|_{6}$ 91.) **V:** Bis vor Paris, Erz. 17; Die neue Schule 19, 3. A. 23; Vom Sinn des Körpers 19, 3. A.; Der Leib 19; Fidelfumfei 19, 3. A.; Das Heer der Sonne 20, 3. A.; Der Galgen 20; Meeresfahrt des Wendekreises 20; Gimpelgampel, Volkstänze 20, 2. A.; Zur Heimat, E. 20; Die Tanzbuben 21; Die Vernunft des Leibes 22; Das Hohe Lied von meiner Härte und meiner Süße 22; Bocksprünge, Burschentänze 22; Matthäus Evangelium 23; Tandaradei, Volkstänze; Nie Danzschoh, Volkstänze. **Ue:** Frühling u. Sommer, Tänze; Das Tor, Lesebuch 21. *

Teranus, V. E., s. Zapp, Arth.

Terentius, Lorenz, s. Lorenz, Felix.

Térey, Gabriel v., ✍, Dr. phil., HofR., Dir. d. Gem.-Gal. alt. Meister u. Tit.-Dir. d. Mus. f. bild. Künste. Budapest VI, Arenastr. 41, Mus. d. bildenden Künste. (ebda $^{9}|_{2}$ 64.) **V:** Rembrandts Handzeichngn. im Mus. d. bild. Künste in Budapest; Verz. der Stiche u. Handzeichngn. moderner Künstler des Mus. d. bild. Künste in Budapest; Kat. d. Gemäldegal. des Graf. Joh. Pálffy. ()

Terramare (Eisler-Terramare), Georg, DV., DÖSchG., O, Rom., Nov., Drama, Dr. phil. Wien, Favoritenstr. 4. (ebda $^{2}|_{12}$ 89.) **V:** Brutus, dram. G. 06; D. Stadt der Verheißg., M. u. Gleichnisse 08; Goldafra, dr. G. 10; Die ehemals waren, Nn. 11, 2. A. 12; Die Mächtigen, Einakt. 11; Gräfin Godiva, Dr. 13; Der Liebesgral, R. 13, 2. A. 14; Des Odysseus Erbe, Tr. 14; Die stille Stunde, Kom. 14; Mutter Maria, Dr. 16; Matthias Graudeggers Erlebnis, Erz. 20; Ein Spiel von der Geburt des Herrn, den Hirten und den Königen, Sp. 20; Das Mädchen von Domremy 21 II; Die goldene Brücke, Kom. 21; Ein Spiel vom Tode, Sp. 22; Hirschkampf, Sch. 22; Die Stimmen am Wege (Ein Buch um Franz von Assisi) 23; Erfüllung, Dr. 23.

Teßmer, Hans, RP., /, Kritik, Dramaturg. Assist. d. Dresdner Staatsoper. Dresden-A., Strehlener Straße 67. (Charlottenburg $^{19}|_{1}$ 95.) **V:** Profile u. Phantasien, Essays 20; Anton Bruckner, Monogr. 21; Der klingende Weg, R. 23; R. Schumann, Monogr. 24.

Tetzel, Karl, ASV., Jugendschr., Nov., Erz., Rezens., Korrektor a. d. „Nordd. Allg. Ztg." Berlin-Zehlendorf (Wannseebahn), Potsdamer Str. 30. (Berlin $^{18}|_{11}$ 57.) **V:** Die Stimme des Himmels, Erz. 99; Richtet nicht, Erz. 02; Verirrt u. heimgefunden, Erz. 03; Papst u. Kaiser, Erz. 11; Das Rätsel, Erz. 16. ()

Tetzlaff, Arthur, Lit.♛, Dr. phil., Verlagsbuchhdlr. Zehlendorf-West b. Berlin, Herderstr. 14. (Prenzlau $^{8}|_{11}$ 71.) **V:** D. Shakespeare-Bacon-Frage in ihrer hist. Entwickelg. bis z. heut. Stande 96; D. Kindergestalten bei d. engl. Dramatikern vor Shakespeare u. bei Shakespeare selbst 98.

Tetzner, Frau Lisa, Prosa, Märchenerzählerin, Rezitatorin. Jena, Katharinenstr. 9. (Zittau, Ober-Lausitz $^{10}|_{11}$ 94.) **V:** Vom Märchenerzählen im Volke 22, 3. A.; Aus Spielmanns Fahrten u. Wandertagen 22, 1. A.; Im Land der Industrie zwischen Rhein u. Ruhr 23, 1. A. *

Teuchert, Hermann, Niederdeutsch, Dr. phil., o. ö. Prof. f. Nd. u. Nld. Rostock i. M., Bei den Polizeigärten 1. (Loppow, Kr. Landsberg a. W. $^{3}|_{8}$ 80.) **H:** Zs. f. d. Mundarten; Jahresber. f. germ. Phil., Abt. hd. Mdaa.; Fachschriften.

Teut, s. Plawina, Oswald.

Teutenberg, Adolf, SDS., /, Lit., ✍, ▤, ⁂. Berlin NW 5, Lehrter Str. 48. (Emmerich a. Rh. $^{20}|_{3}$ 80.) **V:** Üb. Christentum u. Sozialismus 07; Zur Psychologie d. Militarismus 08; D.

Freilicht-Bühne 09 VIII; Zeitgen. Dokumentbücher: Über Annexionspolitik, Das Neue Europa, Amerika ohne Maske 17. **H**: „Die Schatzkammer“ 20/21; Stimmen a. d. Goethe-Lande 21; Didaskalia, Blätt. d. Erkenntnis 21. **Ue**: Marc. Emants-Haag, Der Leute wegen, Sch.; Militärs, Sch.; Liebesbriefe, Lsp.; Die Macht der Dummheit, Sch.; Wenn das Mysterium spricht, Sch.

Teutgen-Horst, Frl. Constanze, Nov., Roman, Skizze, Erz., staatl. geprüfte Lehrerin. Landsberg a. Warthe, Böhmstr. 11. (Friedeberg-Neumarck $^{27}|_{8}$ 60.) **V**: Gewagtes Spiel, R. 10. ()

Teutoburg, s. Brunner, Armin.

Teweles, Heinr., PA., ○. Prag, Stadtpark 19. (ebda $^{13}|_{11}$ 56.) **V**: D. Schauspielerin, Sch. 81; Kampf um d. Sprache 84; D. Armen, R. 85; Presse u. Staat 86; Eherecht, Lsp. 86; Schule d. Frauen, Lsp. 87; Ring des Polykrates, Lsp. 88; Gesellschafterin, Lsp. 89; D. hundertste Geburtstag, Festsp. 91; Mein Papa, Schw. 93; Joh. Strauß, Festsp. 94; Demetrius (v. Hebbel) bearb. u. ergänzt 95; Volksfreund, Sc. 98; Beitrag zur Goethefeier in Prag 99; Harzreise u. and. Fahrten 04; D. Romanschiff, heitere Liebesgesch. 10; Der Roman Goethes 18; Wenn die Schwalben heimwärts ziehn, ein Gedenkblatt für Karl Herloßsohn 20; Goethes erstes Mädchen 22; Erinnerungen an Josef Sallomitzer 22; Die Kette, drei Einakter 23. **H**: Prager Dichterbuch 93.

Tews, J., /, ■, Volksbldg., Red. Berlin NW, Lübecker Straße 6. (Heinrichsfelde b. Dramburg $^{19}|_{8}$ 60.) **V**: Aus Arbeit u. Leben, Erinnergn. u. Rückblick 22.

Thalhammer, Hans, DÖSchG., ASV., Literatur- u. Musikgesellsch. Wien, Belletristik, ✠, ○, ■, /, ♛, ♫, Fachlehrer, Schriftst. Lilienfeld, Nd.-Österr., Dörflpromenade 14. (Freiland $^{9}|_{7}$ 92.) **V**: Stille Blüten, G. 12; Geschichten aus der Heimat, Erz. 12; Waldesrauschen, G. 18; Oberammergau, Reisebeschreibung 22; Dorle, R. 23. **H**: Verschlungene Pfade, Anthologie 20.

Thalhofer, Franz Xaver, (k.), Katechetik, ■, D., Dr. phil., StudProf. Pasing b. München. (Dillingen a. D. $^{13}|_{9}$ 67.)

Theele, Joseph, Dr. phil., ♛, Lit.♛, Bibl.-Wiss., Biblioth. a. d. Univ.- u. Stadtbibl. Köln a. Rh., Kunibertskloster 19. (Halle a. S. $^{3}|_{4}$ 89.) **V**: Die blaue Blume, Bd. 1 Novalis 12; Die Handschriften des Benediktinerklosters S. Petri zu Erfurt 20; Der Kölner Dom in der deutschen Dichtung 23. **H**: Hallische Universitätszeitung 19; Köln als Stätte der Bildung (mit Adam Wrede) 22. **Mitarb**: Unsere Bücherei, Jugendschriftenkatal. 21.

Theen, Heinrich, ♪, ▦, ♆, ❦, ♛, Nov., /, Lit. Seeholz b. Holzdorf i. Schleswig. (Ruhwinkel i. Holst. $^{12}|_{9}$ 62.)

Theiß, Frl. Anna, ✠, ○, /, Nov., Kritik. Darmstadt, Riedlingerstr. 33. (Groß-Gerau $^{27}|_{4}$ 60.) **V**: Saitenklänge, G. 94; Höhen u. Tiefen, G. 03; Skn. u. anderes, Prosa 04; Psyche, Einakt. 08; Im Redaktionsbureau, Kom. 08.

Thelemann, Max, ♛, Lit.♛, Legende, Dr. phil., Feuillet.-Red. d. Bayer. Volkszeitg. Berlin-Schöneberg, Hauptstr. 100 III. (Berlin $^{21}|_{10}$ 90.) **V**: Credo, Sp. a. d. alten Berlin 22; Legenden v. Unserer Lieben Frau 23; Maria unter den Föhren 24. *

Thenau, Hans Georg, RP., SDS., ✠, ○, Lit.♛, ♘, ⁂, Schriftst. Leipzig, Eilenburger Str. 26 II. (Steina im Zschopautale $^{17}|_{2}$ 75.) **V**: Dämmernde Welten, G.; Harzeszauber, Poet. Reisebilder; Weihe des Lebens, G.; Born der Weisheit (Vierzeiler). ()

Theophil, Franz, s. Jedrzejewski.

Therese, Prinzess. v. Bayern, Kgl. H. (Ps. Th. v. Bayer*), (k.), ●, ♆, ❦, Dr. phil. h. c. München, Palais Odeonsplatz 4. (ebda $^{12}|_{11}$ 50.) **V**: Reiseeindrücke und Skizzen aus Rußland 85; Über den Polarkreis 89; Meine Reise in d. brasil. Tropen 97; Reisestudien aus dem westlich. Südamerika 08 II. **H**: Des Prinzen Arnulf von Bayern Jagdexpedition in den Tian-Schan 10.

Thermosan, s. Sommert, Hans.

Thesing, Curt, ♆, Dr. phil., Mitinh. d. Verl. Naturwissenschaften. Bichl, Ob.-Bayern, Ldhs. Thesing. (Danzig $^{21}|_{4}$ 79.)

Theuermeister, Robert (Ps. Karl Albert Schöllenbach), Kinderliteratur, ■, Lebensreform, Volksschullehrer. Weißenfels a. S., Kugelberg 57. (Lützkewitz, Kreis Zeitz $^{24}|_{8}$ 82.) **V**: Unser Körperhaus 09, 5. A. 18; Wenn Ihr nicht werdet wie die Kinder 10; Von Steinbeil u. Urne 11, 3. A. 18; Im Märchenlande 12; Vom Luftballon zum Zeppelin 13; Wilm Heinrich Berthold, R. 16, 5. A. 19; Der heimliche König, R. 19, 3. A. 20; Blauäugelein 20; Frisch auf 20; Wenn ich ein Vöglein wär 22; Am Brunnen vor dem Tore 22; Spiele: Hans u. Michel, D. Arme u. d. Reiche; Frau Zukunft. **H**: Kristnacht, ein Weihnachtssp. von F. Ferung; Kinderzeitung f. geist. Austausch: „Für unsere Kinder“.

Thevnert, G., s. Grothe (-Mahé), Rich.

Thiede-Paris, Fr. Maria. Wernigerode a. H., Schöne Ecke 6 I. (Berlin 51.) **V**: Klein-Richard, M. 06; Frühlings-

götter 05; Brautschau d. Fr. Jutta Sch. 13; Aria 19: Exzellenz v. Goethe u. Christiane Vulpius, Sch. 21 ()

Thiel, Walter Adolf, jetzt: Hartenau-Thiel, Gert W. A.

Thiele, Adolf, PA., ASV., Humor, Red. d. „Hanauer Zeitung". Hanau a. M. (Halle $^{18}|_{11}$ 57.) B: Flüchtlinge u. a. Hum. 90; Hobelspäne 90; Kater Mauz 03; Das verhängnisvolle Osterei u. a. Hum. 07; Biedermeier-Geschichten 07; Lustige Geschichten 08; Exzellenz auf Reisen u. a. Hum. 11; Ein boshafter Spaßvogel u. a. Hum. 12; Ein geheimnisvolles Verbrechen 20. ()

Thiele, Adf. Eberh., /, ꝺ, ♯, ○, Dr. med., Stadtschularzt. Chemnitz, Barbarossastraße 14. (Halberstadt $^{11}|_{11}$ 67.)

Thiele, Heinrich (Ps. Walter Treu), Epos, Kulturskizze, Nov., ✱, Bauinsp. a. D. Dresden-A., Zöllnerstr. 35. (Sonnenburg, Brandenb. $^{29}|_{7}$ 49.) B: Blumensträuße, G. 12; Göttliche Komödie u. Teufelsspuk, G. 12; Üb. Freimaurer u. Jesuiten 12; Balladen u. Lieder 13; Florentina, e. Sang auf Frauenlieb' u. Treue 13; Eichenruhmeskranz 13; Germanenbund u. politische Folgebriefe 14—22. ()

Thiele, Marg., s. Abshagen, Margarete.

Thielemann, Otto, BA., UV., SDS., Redakteur. Braunschweig, Fasanenstr. 13. (ebda $^{13}|_{1}$ 91.) B: Der Schwärmer von Bazancourt, R. 21; Reingott der Mensch, R. 24.

Thiem, Paul, ꝺ, ○, Roman, Kunstmaler. Starnberg b. München, Villa Thiem. (Berlin $^{8}|_{11}$ 58.)

Thiemann, Aug., ✱, /, städt. Lesehallenvorsteher. Düsseldorf, Stockkampstr. 47. (ebda $^{13}|_{8}$ 75.) H: Weihnachten im Dichtermund 02—21 VI, 3. A. 22; Die Kriegszeit im Dichtermund 14f. II; Briefe urs. Krieger 15 II; Weihnachten in d. Kriegszeit, G. u. Lr. 15; Verlobung u. Hochzeit im Dichtermund 22: Geburtstag u. Taufe 23.

Thieme, Friedr. (Ps. F. Clemens, H. Römer), VB., SDS., /, ○. Jena, Knebelstr. 11. (Burgstädt $^{23}|_{11}$ 62.) B: (s. 00): E. Millionendiebstahl d. 19. Jahrh. 00; D. Fall Gembalsky, Krim.-R. 01; Der Offizialverteidiger u. D. Flucht ins Gebirge, Krim.-Nn. 03; Exzellenz Pumpernickle, Schw. 03; Stimmen d. Zeit u. d. Herzens, G. 04; D. einzige Zeuge, R. 05; D. Flucht d. Kassierers, Krim.-Nn. 05; Uns. Schiller 05; Ernst Abbe, Lebens- u. Charakterbild 05, 2. A 09; Dr. Ohlhoffs Geheimnis, Krim.-R. 06; Der Einäugige, Krim.-R. 06: D. Kapuzinerpredigt geg. d. Monisten 08; Kriminalhumoresken 11; Das Probestück u. a. Hum. 11; Finstere Gewalten u. a. Erz. 11; Die Weihnachtskiste u. a. Hum. 11; Durch wessen Hand, Krim.-R. 15; Das Diamanten-Auge, R. 16; Kriegshumoresken 16; Das verlassene Dorf, R. 19.

Thiergen, Curt (Ps. Kurt Wildmann), DB., ✱, ○, /. Dresden, Stephanstr. 38. (ebda $^{18}|_{9}$ 78.) B: Dorian Gray, O. 09; D. arme Margaret, O. 11; D. Stunde kommt, Pst. 15: D. Forsthaus, Pst. 15: Wein, Erben, Optte. 19; Frl. Bürgermeister, Optte. 20; Haremsgesch., Optte. 21; Valuta-Mädel, R. 21; dasselbe, Optte. 21; Goldmine, R. 21. ()

Thiersch, Hermann, klass. Archäologie, Dr. phil., o. UP., GRegR. Göttingen, Bühlstr. 7. (München $^{12}|_{1}$ 74.)

Thies, Hans Arthur, RV., Novelle, Drama, /, Dr. phil., Redakteur. München, Brienner Str. 8o. (Hannover $^{27}|_{11}$ 93.) B: Die Gnadenwahl, Erz. 19. *

Thies, Frl. Ida (Ps. Adyr Seyth), ✱, gepr. wiss. Lehrerin f. höh. Mädchensch. und Deklamatorin. Berlin-Westend, Kirschenallee 20. (Berlin.) B: Traumeskinder, erz. D. 91; Tropfen im Meere, e. M. f. Erwachs. 04: Gloria in excelsis Deo, Gedanken üb. Gott u. Welt 10; Hjalmar, e. Nordlandgesch. 15.

Thieß. Frank, Roman, Essay. Theaterkritiker a. „Hannov. Anzeig." Hannover. (Eluisenstein b. Uerkuell in Livland $^{14}|_{3}$ 90.) B: Die Stellung der Schwaben zu Goethe 15; Der Tanz als Kunstwerk 19, 11.—15. T. 23; Lucie Höflich, Monogr. 20; Der Tod von Falern, R. 21; Die Verdammten, R. 22; Angelika ten Swaart, R. 23; Gogol und seine Bühnenwerke, Essay 22; Das Gesicht des Jahrhunderts (Briefe an Zeitgenossen) 23.

Thiessen, Johannes, Politik, Roman, Dchtg., Dr. jur., Stadtrat a. D., Verbandsdir. Berlin-Lichtenrade. (Neu-Holzkrug $^{11}|_{8}$ 83.) B: Kindheit, Erinnerungen 17, 31. T. 20: Der preuß. Militarismus 19; Der Jüngling, Dchtg. 21; Der Friedensvertrag v. Versailles, Dchtg. 21.

Thilenius, Georg, Anthropologie u. Ethnologie, Dr. med., o. UP., MusDir. Hamburg 37, Abteistr. 16. (Bad Soden $^{4}|_{10}$ 68.)

Thimme, Adolf, Volkskunde, Ψ, Dr. phil., Prof. Göttingen, Hanßenstr. 26. (Dorf Elbingerode $^{30}|_{4}$ 57.) B: Lied u. Maere 96: Das Märchen 09; Märchenlande der Kindheit 21. ()

Thimme, Friedr., ♛, Dr. phil., Bibl.-Dir. Berlin-Friedenau, Kaiserallee 69. (Crimderode $^{12}|_{2}$ 68.)

Thom, Andreas, s. Esmarich, Rudolf.

Thomann, Frau Berta (Ps. B. Saturny), Roman, Nov., Doktors-Gattin.

Graz, Sackstraße 19. (Wildon $^{29}|_{10}$ 57.) B: Das Ganserl, N. 02; Sein Wille, Erz.; Aphroditens Zauber, R.; Akkorde in Moll, Nn.; D. Künstlers Golgatha, R.; Der Armendoktor, Erz.; Die Einzelnen, R.; Verglimmende Gluten, R., 2. A.; Am Glück vorbei, Nn.; Lulu Ucelli, R.; Zwei Frauen, Der Wohltäter; Don Juan v. Wörrikoffen; Schloß Strahlegg; Rote Liesel; Raub der Wellen; Seines Vaters Blut, R.; Auf fremdem Boden, R.; Der schöne Halyna, R.

Thomas, A., s. Merten, Thomas.

Thomé, Frl. Marga (Ps. Camilla Werner), Erz., Lehr. Kenn b. Trier, Rheinl. (ebda $^{10}|_{8}$ 89.) B: In der Stille 19, 2. A., 4.—8. T., 20: Die heiligen zwölf Nächte 20; Das unsichtbare Reich 22; Der Wanderweg des Fabian Unruh 23.

Thommen, Frau Elisabeth, SES., Red. d. „Schweizer Kindergarten". Zürich, Pelikanstr. 15. ($^{10}|_{4}$ 88.) B: Das Tannenbäumchen (3 Frauenbilder).

Thommen, Frl. Martha (Ps. D. H. Wagner), Dchtg., Skizzen, /, Nov. Basel, Mittlere Str. 32. (Zeglingen, Baselland $^{28}|_{10}$ 83.)

Thompson, William, s. Rubiner, Wilhelm.

Thöne, Johs., ⁂, Dir. d. Albertbundes. Oberelvenich b. Euskirchen. (Düsseldorf $^{19}|_{11}$ 84.)

Thöne, Otto, franz. u. provenc. Spr. u. Lit., Fortbildungsschulwesen, Ue: FE, Dr. phil., GRegR. Hannover, An der Marcuskirche 1. (Dresden $^{12}|_{6}$ 58.)

Thonhofer, s. Schoeppl, Hugo.

Thormann, Werner E., Neuere dtsche. Lit. ♕, Kultur ⁂, Dramaturgie, Kunst- u. Theaterkritik, Politik, Dr. phil., Red. Frankfurt a. M., Jahnstr. 7 II. (ebda $^{8}|_{1}$ 94.) B: Karl Immermann u. d. Düsseldorfer Musterbühne 20; Prophetische Romantik 20; August Strindberg 21. H: Soziale Ged. 13: Im Jubel des geschlossenen Rings, Ged. 20.

Thörner, Otto, ✿, Lehrer. Chemnitz i. S., Ulmenstr. 39. (ebda $^{18}|_{6}$ 73.) B: Kriegsdichtungen aus dem Sachsenlande 16; Sonne, ich grüße dich! G. 21. *

Thossan, O. Eugen, s. Anthes, Otto.

Thouret, Georg, Mitgl. des Fürstl. Inst. f. musikw. Forsch., Bückeburg. Musik ♕, Dr. phil., Prof., Geh. StudR. Berlin-Friedenau, Cecíliengärten 2 II (Berlin $^{25}|_{8}$ 55.) B: Am Kyffhäuser, vaterländ. Festspiel für Schulen 88; Sedan, vaterländ. Festsp. 95; Katalog d. Musiksslg. auf d. kgl. Hausbibl. 95; Unterm roten Kreuz, vaterl. Festsp. f. Mädchensch. 96; Friedr. d. Gr. als Musikfreund u. Musiker 98; Analyse d. 12 Metamorph.-Symphonien v. Karl v. Dittersdorf 99; Zum Abschied, Reden u. a. 20. H: Gesch. d. röm. Republik, Vorlesgn. v. K. W. Nitzsch 84/85 II; Gedichte d. Michelangelo Buonarroti, übersetzt v. W. Robert-Tornow, aus dessen Nachlaß 96; Ged. v. W. Robert Tornow 97; Musik am preuß. Hofe, 18 Nummern.

Thran, Georg, DB., Kaufmann. Königsberg i. Pr., Maraunenhof, Ottokarplatz 2. (ebda $^{23}|_{10}$ 74.) B: Fräulein Frosch, Nn. 00; Anker u. Kette, R. 08; Die Raubritter, R. 10: D. Pfeffersack, Lsp. 12; D. eigensinnige Prinzessin, Kom. 14; Alte Märchen f. neue Bühnen 15; Knabe oder Mädchen, Schw. 15; Hanna, Tr. 15; Die Barfußtänzerin 16; Preuß. Ordnung 16: Spielzeug, Sch. 18; Karton 13, Sch. 18; Spekulation, Lsp. 18; Doktor Täuflig, Schw. 19; D. Heimkehr, Schw. 19; D. blonde Affe, Optte. 21; Hoheit d. Wanderbursch, Optte. 22; D. Meisters Visavis, P. 22; D. toten Perlen, Optte. 23; D. gute Schmöker, Schw. 23; Tantchen, Lsp. 23.

Thrasold, Ernst, s. Tressel, Jos. Matth.

Thulcke, Margarethe, ASP., DB. Berlin W 30, Freisinger Str. 3. (ebda.) B: Lebensbilder 08; Ingomar, O.; Marut, O.; Schneekönigin, MSgsp.; Eine Ehe, Sch.; Von d. Landstr. d. Lebens, N.; Feuertänzerin u. and. ind. Dchtgn.; Das Auge Gottes, O.; Galoschen des Glücks, Optte.; Libellen-Hochzeit, Indische S. 23.

Thurandt, Alfons, s. Meyer, Alfr. Rich.

Thurén, Stanislaus, s. Steiner, Carl.

Thürnau, Carl Hagen, DB., ✿, Nov., Roman, Drama, Dr. phil. Berlin-Südende, Hermannstr. 6. B: Mira, R. 19; Das ferne Leuchten, R. 22. *

Thurneysen, Rudolf, vergl. Sprachwiss., kelt. u. roman. Ψ, Dr. phil., o. UP., GRegRat. Bonn. (Basel $^{14}|_{3}$ 57.)

Thurnwald, Richard, Privatdozent. Berlin, Universität. (Wien $^{18}|_{9}$ 69.) B: Forschungen auf den Salomo-Inseln und dem Bismarck-Archipel 12, I. Lieder und Sagen, III. Volk, Staat und Wirtschaft; Die Gemeinde der Bánara, Ehe, Verwandtschaft und Gesellschaftsbau eines Stammes im Innern von Neu-Guinea 21; Psychologie des primitiven Menschen 22. *

Tiaden, Heinrich, SDS., Trier, Adelheidstr. 12. (Witten, Ruhr $^{9}|_{8}$ 73.) B: Pipin Magnus der Querkopf, R.; Die siebenfache Sünde, R.; Der Dämon Asmo Luzi, R.; Auf heißem Boden, R.; Harm Tiaddens seltsame Zeit, R.; Am Liebeshof Napoleons, R.; Burgen-

zauber an der Mosel; Gegen den Strom, Sch.; Der Heereslieferant, Kom.; Vom Hauch des Lebens, N.; O du schreckliche große schöne Zeit! N.; Das eiserne Geschlecht, R.; Vom sonnigen Tag, N.; Lieder eines Toten, R.; Ein Abend in einer Eifeler Spinnstube, Bst.

Tiedje, Johannes, SDS., Politik, Schlesw. Landeskde., völk. Minderheiten, Freimaurerei, Ministerialrat im Reichsminist. des Innern. Berlin-Steglitz, Miquelstr. 31. (Skrydstrup, Nord-Schleswig $^{7}|_{10}$ 79.) B: D. Zustände in Nordschleswig 09; D. dtsch. Freimaurerei 13; D. kirchenfreie Evang. 14; D. dtsch. Note über Schleswig 20; Die Nordmarkpolitik Bismarcks in amtl. Urk. 24 II. H: D. Selbstbestimmungsrecht d. Völker.

Tiefbohrer, Prof. Dr., s. Gumppenberg, Hanns Frhr. v.

Tiessen, Frau Hildegard, geb. v. Hippel (schreibt u. d. N.: H. v. Hippel), Roman, Nov. Charlottenburg, Kantstr. 164. (Hannover $^{15}|_{4}$ 72.) B: Des Nächsten Ehre, R. 03, 3. A. 08; Schweigt u. geht, Nn. 04; Sei so wie ich, R. 07; D. unbekannte Gott, R. 13; Siedler, Nn., 2. A. 22.

Tietze, Hans, ✎, Dr. phil., UP. Wien XIX, Armbrusterg. 20. B: Methode der Kunstgeschichte 13, 18; Österr. Kunsttopographie 07—21; Albrecht Altdorfer; Bibl. d. Kunstgesch.

Tiger, Theob., s. Tucholsky, Kurt.

Till Eureidi, s. Dietz, Curt Reinh.

Till vom Taunus, s. Clobes, Heinz Wilh.

Till von der Oder, s. Clobes, Heinz Wilh.

Tille, Armin, SDS., ♛, Dr. phil., ArchivR., ArchDir., Red. Weimar, Lottenstr. 10 II. (Lauenstein $^{26}|_{2}$ 70.)

Tillich, Paul, Relig.- u. Kultur⁂, Lic. Dr., PrivDoz. Berlin-Friedenau, Taunusstr. 1. (Starzeddel, Kr. Guben $^{20}|_{8}$ 86.)

Timidier, Dr. O., s. Scheuer, Oskar.

Timmen, Wilhelm, ✠, Dr. phil., Pfarrer. Eutin, Holstein, Plönerstr. 44. (Haselünne, Bez. Osnabrück $^{26}|_{8}$ 81.)

Timmermann, Hans, Erzählung, Lehr. Waidmannslust b. Berlin, Dianastr. 36. (Templin N/M. $^{1}|_{1}$ 92.) B: Fröhlich Finden, Erz. 23. *

Tintophenius, Dr., s. Weisfert, Jul. Nik.

Tinzmann, Rudolf Erhard, ✠, ✆, /, Kritik, Lehrer. Weckersdorf b. Braunau i. B. (Braunau $^{19}|_{6}$ 84.) B: Bunte Blüten 07; Lyrischer Roman u. a. G. 09; Frühlingstraum, Sch. 13. ()

Tischer, Gerhard, Dr. phil., Herausg. d. „Rheinischen Musik- u. Theater-Zeitung" und Leiter des Musikverl. Tischer & Jagenberg G. m. b. H. Köln-Bayenthal, Kastanienallee 20. ($^{10}|_{11}$ 77.) *

Tischer, Irma, s. Tunas, Myrrha.

Tischner, Rudolf, SDS., Theoret. u. Reformmedizin, Okkultismus, Dr. med. München, Ditlindenstr. 18. (Hohenmölsen $^{3}|_{4}$ 79.)

Tlučhoř, Al. (Ps. A. Th. Sonnleitner), Erz., ⁂, ✠, B.-S.-Dir. Perchtoldsdorf, NÖstr., „Auf d. Sonnleiten". (Daschitz, Böhm. $^{25}|_{4}$ 69.) B: D. Bäckerfranzel 07, 2. A. 10 (holl. 13); Eltern-Konferenzen I—VIII 10, 2. A. 21; Die Grille (2. A. Die Braut) 11, 2. A. 21; D. Universal-Erbe 12, 2. A. 21; Das Märchen in d. Seele d. Kindes 13; Suggestion d. Objektes 14; Die Höhlenkinder (I: im Heimlichen Grund, II: im Pfahlbau, III: im Steinhaus) 18, 52. A. 23; Haus der Sehnsucht, R., 16. A. 22; Die Hegerkinder von Aspern, 1.—25. T. 23; Die Hegerkinder in der Lobau, 1.—25. T. 23; Von Schönheits Gnaden, G. 1.—25. T.

Tögel, Fritz, ✠, Nov., ✆, Kritik, Lit., Dr. phil., StudR., Schriftl. d. Monatsschr. „Neues Land". Rochlitz, Sa. (Leipzig $^{25}|_{12}$ 88.) B: Empor!, G.; Sonnenwärts!, G.; Vom Gastmahl des Lebens, Nn.; Das Problem d. Erziehung b. Gottfried Keller; Anleitung z. Selbststudium d. Lit.-Gesch.; Zar Peter der Große, Dr.; Licht! Liebe! Leben!, Freie Andachtsreden.

Toller, Ernst, SDS., DB., ✆, Festungsgefang. Niederschönenfeld b. Rain a. Lech. Ständ. Adr. durch Gust. Kiepenheuer Verlag, Potsdam. (Samotschin $^{1}|_{12}$ 93.) B: Die Wandlung, Dr. 19, 20. T. 22; Der Tag des Proletariats, Chorwerk 20; Requiem den gemordeten Brüdern, Chorwerk 20, 6. T. 21; Masse Mensch, Dr. 21, 11. T. 22; Die Ludditen, Dr. 21; Die Rache des verhöhnten Liebhabers, Lsp.; Vormorgen, G.; Die Maschinenstürmer, Dr. 22, 10. T. 22; Gedichte der Gefangenen, G. 21, 6. T. 23; Der Deutsche Hinkemann, Dr. 23, 5. T.; Der entfesselte Wotan, Kom. 23; Das Schwalbenbuch, Dchtg. 23.

Tomasczewska, Anna, s. Blos, A.

Tomaseth, Heinz Julius, ✆, ✠, ✎, Dr. phil., Prof., Kustos u. Bibliothekar d. erzhzgl. Kunstsammlung Albertina a. D. Wien XIX, Eroicag. 7. (Wien $^{22}|_{8}$ 71.) B: Sommermärchen 96; Die vier Bücher des armen Thoms 00; Die Sinkenden, Dr. 02; Die Tändelnden, Tragikom. 04; Winterernte, Tr. 11; Der letzte Strahl, Satyrspiel 11; u. a.

Tomicich, Hugo, Musik, Kapellmstr. u. Komponist. Berlin W 30, Eisenacher Str.

121. (Veglia in Jugoslavien $^{20}|_{1}$ 79.) **V:** Welches Werk Rich. Wagners halten Sie für d. beste? 99; Von welchem Werke R. Wagners fühlen Sie sich am meist. angezogen? 03; Führer durch Puccinis „Mad. Butterfly" 08; Führ. d. Smareglias „Istrianische Hochzeit" 08; Führ. d. Smareglias „Die Falene" 14. **Ue:** Cesi, Methode f. d. Studium d. Klaviers 08.

Tönnies, Ferd., ASV., sozialwiss. ⁂, Dr. phil., GRegR., o. UP. (Kiel) a. D. Eutin. (Oldenswort $^{26}|_{7}$ 55.) **V:** Kritik d. öffentl. Meing.; Gemeinschaft u. Gesellschaft; u. a. ()

Topel, Friedrich Wilhelm (Topelius), VF., Pädag. u. schöngeist. Lit., Schuldir. u. Oberlehr. a. D. Kolberg i. P., Wernerstr. 11. (Lauenburg i. P. $^{6}|_{9}$ 64.) **V:** Die Schöne Magret, Sag., Dchtg.

Toepel-Fredersdorff, R. H. (Ps. Hans Fredersdorff), RP., Roman, Nov., Kritik, ♛, Reiseschilderung, Theater, Feuilletonred. „Schwäbischer Merkur" Stuttgart. (Grimma $^{3}|_{12}$ 93.) **V:** Der Herr aus der Rabengasse, R. 19; Der Bürgermeister auf dem Kanapee, R. 20; Der Bürger und die Seiltänzerinn., R. 21; Die Jagd der Damen Püttekower, Erz. 22; Geschichten in der Winternacht, Erz. 23.

Topelius, s. Topel, Friedr. Wilh.

Torau, Frl. Antonie, DSch., ⊙. Berlin-Halensee, Kronprinzendamm 4. (Berlin $^{7}|_{4}$ 64.) **V:** Der gold. Schlüssel, Sch. 02; Alboin u. Rosamunde, Dr., 1. Teil 06, 2. Teil 21.

Torau, Frl. Marie, ASV., ⊙. Berlin-Halensee, Kronprinzendamm 4. (Berlin $^{29}|_{12}$ 67.) **V:** Vor dem Lebensfest, Dr. 04; Herrenmoral, Sch. 09; Der Eremit, Tr. 09.

Torbrech, Carl Peter, s. Borchert, Carl.

Torenburg, Erwin Erich (Ps. Ottomar Ralph Hohenstein), ASV., SDS., ❦, Roman, Kritik, Chefred. v. „Bühne u. Volk". Düsseldorf 52, Jahnstr. 22 u. Oldenburgische Landeszeitg. Oldenburg i. O. (Düsseldorf $^{18}|_{6}$ 96.) **V:** Stunden der Inbrunst, Verse 20; Liebesopfer, R. 21; Letzte Steigerung, Verse 23.

Torge, Frau Else, geb. Ritter, ⊙. Marburg i. H. (Kassel $^{27}|_{8}$ 85.) **V:** Ringeleins Insel, R. 11; Das Urteil des Salomo, Sch. 11; Das Schicksal einer Frau, G. 13; Kaiser, Volk und Totentanz, G. 16. ()

Tornius, Valerian, SDS., RP., Lit.- u. Kultur♛, Roman, /, **Ue:** R, Dr. phil. Leipzig-Connewitz, Windscheidstr. 33 I. (Rybinsk $^{22}|_{3}$ 83.) **V:** Wir Balten 06; Gestalten u. Träume, G. 06; Goethe als Dramaturg 08; Woldemar Sacks, Charakterskizze 09; Schöne Seelen (D. Empfindsamen in Darmstadt) 10, 2. A. 20; Klapperstorchs Ende, Kom. (m. Traut) 11; D. gold. Christus, R. 12; Salons I/II 13, 4. A. 20; Goethe über sich selbst 13; D. Balt. Provinzen 15, 3. A. 17; Kavaliere 16, 3. A. 23; Abenteurer 18; D. Dame 20; D. ästhetische Tee 21. **Ue:** Arzybaschew, Novellen 09; Amphiteatrow, Der gelbe Paß, R. 12; Gusieff-Orenburgsky, Novellen 13.

Tornow, Robert, s. Kossak, Margarethe.

Török, Alphons, ASV., Tanz, Ballettmeister, Ref. d. Ztschr. „Der Merker". Wien III, Gerlgasse 22. ($^{4}|_{3}$ 96.) **V:** Tanzabende 18.

Torrund, Jassy, s. Mose, Josepha.

Tortosa, Marcell, s. Tandler, Max.

Toth, Karl, roman. Lit. u. Kultur, Nov., **Ue:** FEIS, Dr. phil., Prof. Wien V, Ramperstorfferg. 5. (Sternberg $^{1}|_{4}$ 82.) **V:** D. franz. Gesellsch. d. 18. Jahrh. I 18, II 21; Von roman. u. deutscher Kultur, Essays 21; Grotesken aus dem Rokoko, R. 21; Biscuit de Sèvres, R. 22; Weib und Rokoko in Frankreich 23; Rokoko, ein Dornenkranz von Novellen 23. **H:** Kleine Amalthea-Bücherei I. Reihe, Bd. 1—6 20; II. Reihe, Bd. 1—6 22; Dante, Göttl. Komödie, ital. u. deutsch 21 III. **Ue:** Caylus, Kutscher Wilhelm 19; Franz v. Assisi, Legenden 20; Cervantes, Rinconete 20; Beckford, Vathek 20; Fürstin P. v. Metternich, Erinnerungen v. Hofe Napoleons III. Eclairs du Passé) 22.

Touaillon, Frau Christine, Lit.♛, Dr. phil., Dozentin a. d. Univ. Wien 18, Michaelerstr. 29. (Iglau $^{27}|_{8}$ 78.) **V:** Der deutsche Frauenroman d. 18. Jahrh. 19. **H:** Altwiener Bilderbuch 09.

Tovote, Heinz, PA., BP., ♛, Roman, Nov., ⊙. Berlin-Schöneberg, Salzburger Str. 14. (Hannover $^{12}|_{4}$ 64.) **V** (seit 00): Die rote Laterne, R. 00, 22. A.; Frau Agna, R. 01, 23. A.; D. letzte Schritt R. 03, 29. A.; Sonnemanns, R. 04, 20. A.; Klein Inge, R. 05, 19. A.; In der Irre, R. 20. A.; Ich lasse dich nicht!, Dr., 4. A.; Hilde Vangerow u. ihre Schwester, R., 28. A.; Nicht doch! ..., R., 38. A.; Frl. Grisebach, R., 30. A.; Lockvögelchen, R., 20. A.; Zu B'fehl!, Gesch. e. scheuen Liebe; Durchs Ziel!, RennR., 23. A.; Aus einer deutschen Festung im Kriege; Nimm mich hin!, R., 28. A.; Die Scheu vor der Liebe, R. 21, 30. A.; Brautfahrt, R. 23, 15. A.; Suse Gaudi, R. 23, 16. A.; Um Eveline, R. 24. **Ue:** Maupassant Yvette 94, 18. A.

Towska, Frau Kory (Pseud. f. Kory Elis. Rosenbaum), SDS., DB., Humor, ❦, ⊙, /, ✠. Wien VIII, Floriani-

gasse 23. (Berlin.) W: Literar. Karneval 03; Im Bunde die Dritte, Lsp. 03; Michael Kohlhaas, Lsp. 03; Parodist. Schelmenstreiche 06; Olly-Dolly-Dicky 06; Von Gottes Gnaden (Filou), R. 08; Die Hosen des Herrn v. Bredow, Sch. 08; Tantris d. Narr, Travestie 09; D. Fingerhut, Lsp. 10; D. Chauffeur, Lsp. 14; Aladdin u. d. Wunderlampe, M.-Sp. 17; Ali Baba u. d. 40 Räuber, M.-Sp. 18; Dämon Frauenseele, R. 20; Der Prinz v. Hysterien, R. 21; Harun-al-Raschid, M.-Lsp. 21.

Traber, Joh., (k.), Bibl., Stadtarch. u. MusVerw. Donauwörth. (Fimmelsberg 22/6 59.)

Trabold, Rud., SES. Chambéry, Savoie, 10 Rue de Boigne. (Bern 30/7 73.) W: Stolze Träume, G. 01; Zwei Dächer, R. 11; D' Spraach, Lsp. 14; Die Herrin von Wulatten, R. 20; Im Widerschein, R. 21; Aechti Liebi rostet nid, Lsp. 21; Hurni-Fritz, Sch. 21.

Tralow, Johannes, DB., Dramaturgie, Oberregisseur am städt. Schauspielhaus. Frankfurt a. M., Unterlindau 52 I. (2/8 88.) W: Gastmahl zu Pavia, Dr.; Inge, das Drama einer Liebe, Dr.; Peter Fahrs Modelle, Sch.; Kain — der Heiland, R.; Die Mutter, Dr.; Die Oresteia (nach Aischylos) 22. •

Tränkner, Helene, s. Helbig, H.

Trapet, Augustin, ♛. Koblenz-Ehrenbreitstein a. Rh., Am Teichert 112. (Koblenz 9/1 56.) W: Kaiser Wilhelm I. 97; Gedankenspäne e. Sonderlings 98, 2. A. 99; Deutsche Sprache u. deutsches Leben 98.

Traub, Gottfried, SDS., soz. Frage, Kirchen♛, D., Hrsg. d. „Münch.-Augsbg.-Abdztg." München-Solln, Wolfratshauserstr. 14. (Rielingshausen 11/1 69.) W: Gott u. wir 02; Die Wunder i. Neuen Testament 08; Ethik u. Kapitalismus 09; Staatschristent. u. Volkskirche 11; Ich suchte Dich, Gott 12; M. Verteidigg. gg. d. ev. Oberkirchen-Rat 12; Gott u. d. Welt 13; Aus suchender Seele 13; Kampf u. Frieden 14; Technik d. Rede 17; u. a. H: Christl. Freiheit; Eiserne Blätter. ()

Traudt, Valentin, ASV., ♉, ◯, /, Lehr. Kassel. (Fulda 23/7 64.) W: Bonifatius, Volksschr. 91; Auf einsamem Pfad, G. 92, 2. A. 94; Seelenliebe 93; In Sturm u. Sonnenschein, G. 93; Leute vom Burgwald 02; Schafft frohe Jugend! 04; Bergheimer Mädel, R. 04; Lehrer Korn, R. 06, 3. A. 07; Stille Winkel, Erzn. 07; Gedichte 09; Schaffen u. Wirken 10; Der letzte Grenadier, R. 12; Am Schießrotried, R. 12; Ein Liebestraum, R. 12; Kulturkunde 12; Die Steinfeldbauern, R. 13; Die Winkelbürger, R. 17; Aber he?, Erz. 19. ()

Trausil, Hans, ♉, ◯, Essay. Bernried, Obb. (Röblingen am See 12/1 90.) W: Heilige Nacht, Märchensp. 22; Stille Feste 22; Die Landstraße zu den Sternen 23; Ein Zweig vom Schlehdorn, Anthologie irischer Dichtungen 23. Mit Ue: R. M. Rilkes ins Englische. •

Traut, Hugo, Ψ, ♉, /, Dr. phil., Prof., stellvertr. Dir. Leipzig, Schenkendorfstr. 11 pt. (Wismar 9/8 56.) W: Erziehung und Schule (nach dem Engl. des Thring) 90; Die Hamlet-Kontroverse 98; Der Leipziger Dichter Adolf Böttger 20; Der Münchner Dichter Melchior Meyr 21; Der Wiener Humorist Friedr. Schlögl 21. H: Otto Ludwigs „Makkabäer", m. Einleit. u. Erläutergn. 12. ()

Trautmann, Karl, (k.), Theater♛, Kunst♛, Dr. phil., Prof. München, Stievestr. 30. (ebda 4/11 57.)

Trautmann, Reinhold, slaw. Ψ, Dr. phil., o. UP. Königsberg, Mitteltragheim 16 III. (ebda 16/1 83.) W: Germanische Lautgesetze in ihrem sprachgeschichtl. Verhältnis 06; D. altpreuß. Sprachdenkmäler 10. H: Die alttschech. Alexandreis 16; Poln. Lesebuch 20.

Trebitsch, Siegfried, Novelle, Roman, Ue: FE. Wien XIII, Maxingstr. 20. (ebda 21/12 69.) W: Genesung, R. 01; Weltuntergang, Nn. 02; Das verkaufte Lächeln, Nn. 04; Ein letzter Wille, Dr. 05; Das Haus am Abhang, R. 05; Tagwandler, Nn. 09; Des Feldherrn erster Traum, R. 10; Ein Muttersohn, Sch. 11; Wellen u. Wege, G. 13; Gefährliche Jahre, Sch. 13; D. Tod u. die Liebe, Nn. 14; Spätes Licht, R. 18; Die Frau ohne Dienstag, R. 19; Frau Gittas Sühne, Dr. 20; Die Last des Blutes, Nn. 21; Der Geliebte, Dr. 22. Ue: Georges Courteline; Bernard Shaw.

Trebitsch-Stein, Frau Marianne, SDS., /, Kritik, ♉, ♯. Ue: EF. Wien IX, Spitalgasse 31. (ebda 20/12 83.) Ue: John Luther Long, Madame Butterfly, R. 10, H: T. G. Smollet, Roderich Random, R. 14 II.

Trebla, Carl, s. Loosli, Carl Alb.

Trebor, A. v., s. Austerlitz, Rob.

Treitel, Richard, VBJ., SDS., Theater- u. Varietérecht, Musikerrecht, Kinematographie und Urheberrecht, Dr. jur., RA. Berlin, Cuxhavener Str. 14. (Betsche 27/10 79.)

Tremel-Eggert, Kuni, s. Eggert, Kuni.

Trendelenburg, Adolf, Ψ, Kunst♛, Archäologie, Dr. phil., Prof., GRegR., Oberstud.-Dir. a. D. Berlin NW 6, Albrechtstr. 26. (Bromberg 10/8 44.) W: Gramm. graec. de arte tragica iudicio-

rum reliq. 67; Laokoongruppe u. d. Gigantenfries d. pergamen. Altars 84; Gigantomachie dess. Altars 84; Bendis 98: Der große Altar d. Zeus in Olympia 02; Erläutergn. zu Platos Menexenus 05; D. Anfangsstrecke der Heiligen Straße in Delphi 08; Φαντασίαι 10; Pausanias' Hellenika 11; Pausanias in Olympia 14; Hie Marmor, hie Gips!, aus d. Kampfe ums Gymnas. 16; Kaiser Augustus u. Kaiser Wilhelm II. 16; Zu Goethes Faust 19; Humor in der Antike 20; Goethes Faust II (Kommentar) 21, I 22; Dante und Goethe 22; Homers Ilias 23.

Trenkler, Frau Elisabeth, geb. Sieber (Trenkler-Sieber), ASV., ○, ❦, Nov., Kapellmstr.-Gattin. Dresden-Weißer Hirsch, Rißweg 27 I. **V**: Die Wunderschale, Zauberm. 05; Luise, Königin v. Preußen 10; Kämpfende Herzen, R. 13; D. schonste Weihnachtsgeschenk, SoloLsp. 14; Übertrumpft!, Einakter 16; 's Müller-Lenel, Vst. 16; Ein Husarenstreich, Einakter 16; Burg Friedlinde, R. 20. ()

Trentini, Alb. v., Roman, Dr. jur., Sektionsrat. Wien III, Beatrixgasse 16. (Bozen $^{10}|_{10}$ 78.) **V**: D. große Frühling 08; D. Sieg d. Jungfrau 10; Lobesamgasse 13 11, 2. A.; Comtesse Tralala 11, 4. A.; D. letzte Sommer 13, 3. A.; Stunden d. Lebens, Nn. 13, 2. A.; Unser Geist 16, 2. A.; Candida 16; Ehetag 20; Deutsche Braut 21; Goethe, d. R. von s. Erweckung.

Treseburg, H., s. Schönermark, Otto.

Tressel, Jos. Matthias (Ps. Ernst Thrasolt), SDS., Volksaufartung, Schriftst. Berlin-Weißensee, Gürtelstr. 8. (Beurig, Saar $^{13}|_{8}$ 78.) **V**: De profundis, G. 08, 5. T. 22; Stillen Menschen, G. 09, 4. T. 23; Witterungen der Seele, G. 11, 5. T. 23; Lit. u. lit. Erziehungsaufgaben 12, 2. A. 20; Gottlieder eines Gläubigen, G. 21, 3. T. 23; Mönche u. Nonnen, G. 22; Du schöne arme Magd, G. 22; In memoriam, G. 22; Behaal meech liew, G. 22. **H**: D. Efeuranken 08/12. **Begr** u. **H**: d. „Heiligen Feuers" 13/15.

Treu. Max, SDS., Roman, Novelle, rechtswissenschaftliche und historische Arbeiten, Redakteur, Geschäftsbevollmächtigter. Hamburg 23, Wandsbecker Chaussee 265. (Mittenwalde $^{24}|_{9}$ 63.) **V**: Das ewige Gericht, R. 06; Weltuntergang, R. 06; Es lebe der König, R. 06; Das Gastmahl des Marschalls von Sachsen R. 09; Unsterbliche Schönheit, R. 11; Menschenlos, R. 20; Bis ins Elend, 23. *

Treu, Walter, s. Thiele, Heinrich.

Treubier, E., s. Schliepmann, Hans.

Treuenfels, Werner DV., VF., ○, ✠, Roman. Charlottenburg, Knesebeckstr. 3. ($^{8}|_{7}$ 83.) **V**: Darf die Frau ehebrechen? 21; Die gefesselte Frau, R. 21; Wer ist der Papa?, Hum. Rom. 21; Vetter Sausewind, Optte.

Treupel, Gustav, ♪, Erz., ❦, Gedank. u. Sprüche, Dr. med., Prof., Dir. d. Heilig.-Geist-Spitals. Frankfurt a. M. (Herborn $^{29}|_{4}$ 67.) **V**: Kräftespiel 21.

Treuter-Cohn, Frau Marie, PA., Roman, Nov., Hum. Niederschönhausen b. Berlin, Charlottenstr. 27 Hpt. (Brandenburg a. H. $^{16}|_{7}$ 59.)

Trèves, F. de, s. Laven, Ferd.

Triebnigg, Frau Ella (Ps. für Pirkhert), DÖSchG., TSDS., VF., ○, Ⓚ, ❦, /, ✎, Kritik, **Ue**: MFArm., Prof.-Gattin. Wien V, Margarethenstr. 103 I. (Budapest $^{23}|_{12}$ 74.) **V**: Die aus dem Volke, Dr. 05; Vorgesetzte, Dr. 06; Meine Felder, G. 07; Abisag, D. 13; Rosegger u. die Frauen 14; Heimatboden, Nn. 16; Ums Erbe, Erz. 16; Was die Blumen erzählen, Jugendschr. 19; Meister Schicksal, R. 19. **H**: Wolfgang Schmeltzl, Auslese s. Werke 14; Der Kaiser rief, Nn. 16. **Ue**: Eugen Rakosi, Äsop, Lsp. 06; Mikszath, D. taube Schmied, Erz. 15.

Trietsch, Davis, Judenfrage, Palästina, Siedlungswesen, Welt-Politik, -Wirtsch. u. -Verkehr. Berlin W 50, Nürnberger Platz 5. (Dresden $^{4}|_{1}$ 70.)

Trippenbach, Max, Lit. ♛, ♛, ev. Pfr. Wallhausen a. Kyffh. (Aschersleben $^{16}|_{2}$ 62.) **V**: Eman. Geibels Leben, Werke u. Bedeutg. f. d. deutsche Volk 94; Asseburger Familiengeschichte 15. ()

Tritsch, Leopold (Ps. Leo Schermann), Humor, /. Wien IX, Liechtensteinstr. 21. (ebda $^{22}|_{1}$ 74.) **V**: Firma Murks 08; Allerlei von Herrn Murks 09; Murks & Schnapper 10; Neues von Herrn Murks 11; Firma Murks 14; Beserl i. Krieg 17; Kleine Leut' aus kleiner Zeit 22.

Trobloff, F., s. Vollbarth, Franz.

Trog, Hans, Kritik, Dr. phil., Feuill.-Red. der „N. Z. Ztg." Zürich, Arterstr. 28. (Basel $^{20}|_{1}$ 64.) **V**: Conr. Ferd. Meyer 97; Jak. Burckhardt 98; Erasmus' Gespräche 07; F. Hodler 18. **H**: Briefe Jakob Burckhardts an e. Architekten 12.

Trojan, E(rnst) W(alter) (Ps. Jan Ewert), SDS., Kultur- u. Kommunalpolitik, Erz., Plaud., Skizze, Szene, ✠, Redakteur. Zehlendorf (Wsb.), Karlstr. 15. (Stettin $^{13}|_{8}$ 80.) **V**: Renaissance d. Liberalismus („Soziale Kultur") 08; Wanderkunst — Lebenskunst 10; F. L. Jahn u. sein „Deutsches Volkstum" 10; Die Barcarole, N. 11; Wilh. Schwaner, Sprüche u. Gedanken aus den Werken eines Volkserziehers 13; Das Büchlein vom frohgemuteten Invaliden 18.

Trojan, Otto (Ps. Adolf Roberts), Napoleon- u. Faustforschung, Theaterreform,

Kritik, Nov., Skizze, /, ○, ✠, Vortragskünstler, Filmschauspieler, Verlagsbuchhändl. München, Burgstr. 15 III. (Stettin $^{8}|_{12}$ 81.) W: Ferdinand Avenarius u. Goethes Faust 20.

Troll, Inge, s. Bock, Ida.

Trommsdorff, Paul, Bibliothekswesen, Dr. phil., ObBibl. d. THSch. Danzig. (Erfurt $^{19}|_{8}$ 70.)

Trotha, H., s. Schweikhardt, Bertha.

Trotha, Wilh. v. (Ps. Ferdinand Frhr. v. Haecklingen), /, ✕, ⚓, Kritik, Politik, Rittm. a. D. Berlin-Halensee, Friedrichsruher Str. 11 I (Weimar $^{7}|_{10}$ 72.) W: Lanzen gefällt, Militärhumoresk.; Erbschaft d. Herzens, R.; Graf v. Haeseler unter s. alten Soldaten, Lebensbild; Halali, SportR.; Sport u. Spiele an Bord; Mit den Feldgrauen nach Belgien hinein; Unter dem Halbmond im Weltkrieg; u. zahlr. Erzählgn. für das Volk und die Jugend.

Trott, Frl. Magda, BB., ○. Misdroy. (Freystadt $^{30}|_{8}$ 82.) W: Die Wunderblume, Lsp. 09; Der Lohndiener, Lsp. 11; Die Heiratsannonce, P. 12; Auf Pellauken, R. 12; Das Spiel ist aus, R. 13; Das Perpetuum mobile, P. 13; Treu deutsch, R. 14; Um Herd u. Vaterland, R. 15; Treu der Scholle, R. 15; Söhne d. schwarzen Berge, R. 16; Am Staffin, E. 17; Die Monddistel, M. 18; Die Stärkeren, R. 19; Schmerzender Lorbeer, R. 20; Die Heimat ruft, R.; Wandernde Seele, R. 21; Freiwild am Rhein, R.; Der Filou, R. 22.

Trübe, Otto, Lit.♛, ♣, ▮, Essay, Musikkritik, Dr. phil., StudR. Dessau, Mendelssohnstr. 2. (Salzwedel $^{29}|_{11}$ 78.) W: Rudolf Euckens Stellung zum religiösen Problem 04.

Trümpelmann, Max, volkstümliches ○, Kompos., Pfr. Neuhaldensleben i. Th. (Friedrichswerth b. Gotha $^{4}|_{6}$ 70.) W: Waldzauber, G. 07; Das Choralmelodienbuch der Provinz Sachsen 08; Ernte, Vst. 10; J. S. Bach u. s. Bedeutg. für d. Choral-Komposition uns. Zeit 11; Hans Sachsens Erwachen, Frühlingssp. 12; Thomas Münzer, Dr. 13; Rose Marie, Dr. 21; Wlaska, Dr. 21; Die Martinsklause, Dr. 21. ()

Trützschler von Falkenstein, Baron Curt, ASV., Relig.-♣, Dichtg., Privatgel., Hauptmann a. D. Weißer Hirsch, Rißweg 58. (Torgau $^{17}|_{7}$ 74.) W: Im Geist u. in der Wahrheit 17; Vom Glück 17; Die Lösung der Judenfrage 17; Das explodierende Sein 17; Der polit. Imperativ 17; Freiheit, Sozialismus, Demokratie 18; Die Entscheidung d. Juden 18; Kraft zum Guten 18; Wille zur Weisheit 18; Zum Weltfrieden 18; Darmstadt 19; Vom Urquell der Liebe 19; Vom aufsteigenden Leben 20.

Tschinkel, Hans, Germanistik, Dr. phil., Ref.-Realgymn.-Dir. Prag III 600. (Lichtenbach, Krain $^{5}|_{8}$ 72.) W: Die Gymnasialfrage eine nationale Frage 03; Gramm. der Gottscheer Mundart 08; Der Bedeutungswandel im Deutschen 14; Willomitzer, Deutsche Sprachlehre f. Mittelschulen, 13.—18. A. H: L. Anzengruber, Der Meineidbauer 10; Neuere Dichter 10ff.; F. Grillparzer, Die Ahnfrau 11.

Tschuppik, Walter, DB., ○, ♛, ♣, Red. d. „Prager Tagblattes". Prag IV—255. (Leitmeritz in Böhmen $^{7}|_{7}$ 89.) W: Die Dame in Trauer, Dr. 20; Die tschechische Revolution, Histor.-kritisch. Essays 20; „Der Christ und sein Schatten" oder „Die Geburt des Juden aus dem Geiste der absoluten Moral", Philos.-geschichtl. Werke 23.

Tschurtschentaler, Paul, Nov., Bezirksrichter in Sarntal, Südtirol. (Bruneck, Tirol $^{2}|_{7}$ 74.) W: Saitengold u. Lieder, G. 05; Wanderungen 10.

Tucholsky, Kurt (Ps. Theobald Tiger, Peter Panter, Ignaz Wrobel, Kaspar Hauser), SDS., BP., DB., ○, ✠, /, ✕, ⌂, Dr. jur., Redaktion der „Weltbühne". Berlin-Charlottenburg, Königsweg 33. ($^{9}|_{1}$ 90.) W: Rheinsberg, Ein Bilderbuch für Verliebte 12, 50. A. 21; Ignaz Wrobel, Der Zeitsparer 13; Theobald Tiger, Fromme Gesänge 20; Peter Panter, Träumereien an preuß. Kaminen 20.

Tugendhat, Otto, Politik, Sozialpolitik, /, Dr. phil., Verlagsdir. u. Chefred. d. „Bresl. GenAnz." Breslau, Hansastr. 15. (Biala $^{22}|_{2}$ 15.)

Tumarkin, Frl. Anna, ♣, Dr. phil., a.o. UP. Bern, Hallwylstr. 44. (Kischineff in Rußl. $^{16}|_{2}$ 75.) W: Herder u. Kant 96; Spinoza 08; Die romantische Weltanschauung 20; Prolegomena zu einer wissenschaftlichen Psychologie 23.

Tumlirz, Otto, ▮, Psychologie, Dr. phil., PrivDoz., GymnProf. Graz, Körösistr. 3. (Rosenberg, Böhmen $^{27}|_{7}$ 90.) W: Aus dem Kriegstagebuche eines Glückskindes 17; Waffengänge des J.-R. 6 17; Die Rosen der Madonna, Musikdr. (m. Br. Hardt, Musik v. Robert Stolz) 20; u. a.

Tummeley, Werner (Ps. Bernhardy). Berlin W 15, Kaiserallee 19. (Magdeburg $^{14}|_{8}$ 84.) W: Heiliger Abend, Sch. 11; Palmarum, Sch. 12; Die Maske des Grauens, N. 20; Märtyrer der Liebe, R. 21; Das neue Geschlecht, Dr. 21; Erotische Grotesken, N. 22; Der graue Herr, Optte. 22; Der sanfte Heinrich, Sch. 23;

Heinrich Heine, F.; Der Tod der Irene Straaten, F. *

Tümpel, Herm., Germanistik, ♛, Dr. phil., GymnProf. i. R., Red. der „Ravensberger Blätter f. Gesch., Volks- u. Heimatskunde". Bielefeld, Goldbach 42. (Ernstrode $^{13}|_{1}$ 57.) **V:** Niederdeutsche Studien 98; Minden-Ravensberg unter d. Herrschaft d. Hohenzollern 09; Gustav Buchholz, Aus d. Leb. e. dtsch. Mannes. ()

Tümpling, Kathinka v., s. Hartmann, Kath. v.

Tunas, Frau Myrrha (Ps. f. Irma Tischer), ASV., /, Dchtg., Roman, Nov., Sekretärin in Internationaler Frauenliga für Frieden und Freiheit. Genf, Maison Internationale, 6 rue de Vieux Collège. (Dresden $^{24}|_{11}$ 84.) **V:** Makaria, Dr. 09; Die steinerne Geisha, R. 12; Tsunami, Nn. 13; Archaeopteryx 18; Hiobide 23; Irrfahrten 23.

Türck, Herm., SDS., ⁂, Dr. phil. Weimar, Marienstr. 2. (Georgenburg in Rußl. $^{13}|_{8}$ 56.) **V:** Wesen d. Genies (Faust u. Hamlet) 88; Hamlet e. Genie u. Psychol. Problem in d. Hamlet-Tragödie 88, 90, 2. A. 02; Fr. Nietzsche u. s. philos. Irrwege 91; Übereinstimmung v. K. Fischers u. H. Türcks Hamlet-Erklärg. 94; Kuno Fischers krit. Methode 94; Meine Erfahrgn. mit K. Fischer 95; Der geniale Mensch 96, 12. A. 21; Eine neue Faust-Erkl. 01, 5. A 11; Hat Christus gelebt und lebt er noch heute? 12; Die Hüllen d. Christentums 13; The Man of Genius 14; Faust, Hamlet, Christus 17, 3. A. 22; Goethe u. sein Faust 21.

Turdus, Jl, s. Schilling, Hermann.

Turel, Adrien, SDS., Soziologie u. Psychoanalyse. Berlin, Kottbuser Str. 19. (Petrograd, Rußl. $^{5}|_{6}$ 90.) **V:** Es nahet gen den Tag 18; Selbsterlösung 19; Wiedergeburt der Macht aus dem Können 21; Christi Weltleidenschaft 23. *

Türk, Georg, Roman, Erzählung, Pfarrer. Schwabach, Bayern, Pfarrgasse 8. (Kulmbach $^{7}|_{1}$ 83.) **V:** Das Unglückshaus, R., 2. A. 13; Heimkehr, Eine Geschichte aus den Tagen des Friedens 19; Der Bürgermeister von Buchheim u. andere Geschichten 20; Die unsichtbaren Hände, R. 22; Steinkopfs Volksbücherei: Dornenschlief u. andere Gesch. 23; Der Christtagswunsch 23. *

Tutte, Carl, ✠, /, ♪, ✠, Oberlehr. Groß Tschernitz b. Saaz i. Böhm. (Lobositz i. Böhm. $^{31}|_{10}$ 75.) **V:** Heimatskunde des politischen Bezirkes Saaz 04.

Twardowski, Hans Heinrich v. (Ps. Paul Bernhard), SDS., Satiren, Parodien. Berlin W 15, Kaiserallee 210. (Stettin $^{5}|_{5}$ 98.) **V:** Der rasende Pegasus 18, 2. A. 20; Neue Galgenlieder 21.

Tyll, s. Kober, A. H.

Tyndall, Paul Camill, Dr., Schauspieler u. Spielleiter, BHD. Groß-Lichterfelde-Ost, Jungfernstieg 19. (Wien $^{11}|_{12}$ 89.) **V:** Das gottlose Buch 23. *

Tyson, L., s. Singer, Hans Wolfg.

Tzschirner-Tzschirne, Hans Erich v., SDS., Dchtg., Roman, Reisebeschr., Kais. ottom. Gouv. u. Hptm. a. D. Berlin-Grunewald, Taunusstr. 7. (Demmin $^{24}|_{10}$ 82.) **V:** Bric-à-brac, N. 05; Die nicht lieben dürfen, R. 07, 30. A. 19; Rosenherz am Rhein, R. 09, 8. A. 15; Das Tagebuch Heinrichs XXXII., R. 10, 6. A. 16; Streifzüge um d. pers. Golf, 14, 10. A. 17; Der letzte Bär, Ball. 17, 4. A. 19; Die Baralong-Bestialität, 10. A. 18; Süße Leidenschaft, Rom. in Lrn. 18, 5. A. 20; In die Wüste 19, 3. A. 20; Sterbende Seelen, R. 21; Über d. Zusammenbruch 21; Philosophie der Liebe 21.

U.

Ubaldus, s. Bator, Hans.

Uebelacker, Theowill, Bankangestellter, ✠. Augsburg, Schießgrabenstr. 34. (Nürnberg $^{31}|_{5}$ 91.) **V:** Sankt Überall, G.; Nürnberger Legenden. *

Uebelhör, Max, ASV., RP., Roman, Reise, Dr. phil. Konstanz, im Tägermoos. ($^{27}|_{8}$ 81.) **V:** Frankreichs finanz. Oligarchie 15; Syrien im Krieg 16; Die goldene Republik, R. 20, 5. T.; Die maltesische Hochzeit 23, 5. T.; Einer gegen Millionen 23, 5. T.; Sieg ringsum! (Die Romane eines Abenteurers von Ehre) 23, 5. T. **H:** Osman. Lloyd, Konstantinopel 16—17. **Ue:** Prosper Mérimée.

Ubell, Hermann, Kunstgeschichtl. Essay, ✠, Dr. phil., Konservator u. Museums-Dir. Linz a. D., Museumstr. 14. (Graz $^{3}|_{8}$ 76.) **V:** Vier Kapitel vom Thanatos 03; Stundenreigen, Ged. 03; Praxiteles 03, 2. A. 04: Phidias 04: Zur Ikonographie der Florianslegende 04; D. griech. Tragödie 05. ()

Ueber Wasser, Walter, Essay, ✠, Im Moos Riehen b. Basel. (Hamburg, März 98.) **V:** Überwindung des Todes, Nn. 21; Reden mit einem Kinde, Prosa u. kl. Dchtgn. 21.

Udeis, Dr., s. Ziel, Victor.

Uhde, Waldemar, plattd. ✠ u. Erz. aus d. Börde, Kaufmann. Groß-Germersleben, Bez. Magdeburg. (ebda $^{25}|_{1}$ 76.) **V:** Himmelssnettelken, G. 07; Anno Dreizehn, R. 13, 2. A. u. d. T.: Der wollte keine Knechte 14; Dat Russenjahr, Erz. 13; Heer un Heimat, R. 16, 2. A.; Wittenföhr, R. 21. ()

Uhde, Wilhelm. Berlin SW 47, Hagelberger Str. 11. (Friedeberg i. N. $^{28}|_{10}$ 74.) V: Am Grabe der Mediceer 99; Savonarola, Sch. 01; Vor den Pforten des Lebens, R. 02; Perikles 02; Gerd Burger, R. 03; Paris 04; D. alte Fritz 05; Henri Rousseau 11, 2. A. 23; Die Freundschaften Fortunats, R. 21; Das flammende Reich 21. H: Die Freude I 20. *

Uhde-Bernays, Herm., SDS., deutsche Lit. ♛, Kunst ♛, Dr. phil., Prof. Starnberg, Oberbay. (Weimar $^{31}|_{10}$ 73.) V: D. Mannheimer Shakespeare 02; Catharina Regina v. Greiffenberg 03; Rothenburg 07, 2. A. 10; Ans. Feuerbach 10; K. Spitzweg 12, 16. A. 20; Henriette Feuerbach 12. H: Ans. Feuerbachs Vermächtnis, 6. A. 10: dess. Briefe an s. Mutter 11; Lübke-Wickenhagens Grundriß d. Kunstgesch., 15. A. 20; Winckelmann, Schr. z. Kunst 13. ( )

Uhden, Karl, VB., Roman, Pastor. Hannover, Sallstraße 97. (Hildesheim $^{9}|_{4}$ 64.) V: Die unter Sankt Andrees, R. 11; Der neue Amtsrichter, R. 12; Die beiden Schiefertafeln, R. 14.

Uhl, Willo, RP., mittelalterl. u. neuere Lit., Dr. phil., FeuillRed. a. d. „Frankfurter Ztg." Frankfurt a. M., Eschersh. Ldstr. 89 I. (ebda $^{3}|_{1}$ 90.) V: Der Franckforter (Theologia Deutsch) 12. ( )

Uhlenhorst, S. Walther, s. Silberschmidt, Walther.

Uhlig, Hermann, ■, Volksbildg., ○, Schuldir. Lauter, Sa. (Grumbach $^{8}|_{12}$ 71.) V: Vst.: Ein frohes Weihnachten Anno 13, Der Störenfried, Dorfbilder, Kinderfreuden, Daheim u. Draußen, Im Grenzforsthaus, Was der Turmhahn erschaute!, Märzgewitter im Hammergrund 1849, Das Betglöcklein zu Schmalzgrube, Gute Geister!, Der Himmelsstein zu Rittersgrün; Schicklichkeits- u. Ritterspiegel; Gott schütze den deutschen Bauernstand!; Im Dienste des Heimatortes. ( )

Uhlmann, Josef, Dr., ⁂, Gymnasiallehr. Wien XVIII, Gentzgasse 142. (ebda $^{27}|_{12}$ 93.) V: Die Existenzberechtigung einer christlichen Philosophie 22. *

Uhlmann, S. T., s. Stuhlmann, Adolf.

Uhlmann-Bixterheide, Wilh., ■, Nov., westfäl. ♛, ○, Kritik. Dortmund, Weisbachstr. 22. (Iserlohn $^{14}|_{3}$ 72.) V: Westfäl. Dichtg. d. Gegenw. 94; Unser Weg, G. (m. Roth) 95; Chronica v. Iserliaun 96, 2. A. 21; Westfalenfahrten 06, 3. A. 21; Menden u. s. Geschichte 08; D. rote Erde, e. Heimatbuch 12, 4. A. 21; Westfäl. Sagenbuch 20, 4. A. 22; Das sauerl. Bergland 19, 3. A. 21; Aus Frühe u. Mittag, Verse 19, 3. T. 21; Das plattd. Westfalen 20; Westfalens Erzähler u. Dichter 21; Männer u. Helden d. roten Erde 21; Die deutsche Balladenchronik 22; Deutsche Abenteurer 22; Aus deutscher Not, Neue Ged. u. Ball. 24. H: Ausgewählte Werke von Fr. W. Grimme, 3. Bde, 22; Ruhr u. Lenne von Gustav Natorp 23.

Ulbrich, Franz, ○, /, Germanistik, Dr. phil., Intend. d. Hof- u. Landestheaters Meiningen u. Schauspielh. Pyrmont. Meiningen. (Baerenstein $^{22}|_{1}$ 85.) V: Traumäugelein, M. 05; An der Grenze, Dialekt-Sch. 07; Sommerreise, Sch. 08; D. Belustigungen des Verstandes u. des Witzes 11; Du gleichst dem Geist . . ., Dr. 11; Milada, Sch. 11; Hans Träuminsblau, Maiensp. 14; Und Dein ist die Erde! G. 14; Venus dolorosa, Dr. 17. H: Dramaturg. Blätter.

Ulbrich. Martin, Dr. theol. h. c., Volkserz., geistl. †, Ψ, ■, Dir. der Pfeifferschen Anstalt. Magdeburg-Cracau. (Breslau $^{10}|_{11}$ 63.) V: Seliger Dienst, G. 05, 3. A. 13; Schles. Geschichten 06 II, 2. A. 10; Das Pfarrhaus zu Carlsrode, Erz. 15; 500 Jahre Hohenzollern 15; Osterpalmen 16; Thomas Schweicker, Erz., 2. A. 20; Lichtvolles Leben 20; Schw. Hildegard, Erz. 21; Gefahren der Vererbung 21; Not der Anormalen und ihre Abwehr 22; Der Sohn des Goldsuchers, R. 23; u. a.

Ulbricht, Frau Else, ○, Schriftstellerin. Leipzig, Rochlitzer Str. 11. (Naundorf b. Roßwein, Sa. $^{17}|_{5}$ 88.) V: Der blaue Diamant, Sch. 19. *

Ulitz, Arnold, Epik, ■. Breslau XVI, Auenstr. 39. (ebda $^{11}|_{4}$ 88.) V: Die vergessene Wohnung, Nn. 15, 1.—5. T.; Die Narrenkarosse, Nn. 17, 1.—2. T.; Der Arme und das Abenteuer, G. 19; Ararat, R. 20, 1.—10. T.; Die ernsthaften Toren, Nn. 21, 1.—5. T.; Die Bärin, R. 22, 1.—5. T.; Das Testament, R. 23, 1.—5. T.

Uellenberg, Emil, Dr. phil. Vohwinkel i. Rheinl. (Elberfeld $^{28}|_{8}$ 74.) V: Dornen u. Rosen, Dchtgn. 96; Mitten im Leben, G. 97; Zum Strande d. Seligen, Dchtg. 01; Akkorde u. Dissonanzen, G. 09; Drei Ringe, ausgew. G. 12; Das Kreuz auf Dornawyl, R. 13; Adolf Klarenbach, R. 17; Die Stimme in der Wüste, R. 19; Der Moosnarr, R. 21. ( )

Ullmann, Regina, SES., ■, Erzählungen, Romane. München, Widenmayerstr. 44. (St. Gallen, Schweiz $^{14}|_{12}$ 84.) V: Feldpredigt, Dr.; Von der Erde des Lebens, mit einem Vorwort von Rainer, Maria Rilke; Gedicht; Die Landstraße, Erz. *

Ullmann, W. Otto, ASV., Erz., Nov.,

Plaud., Roman. Dresden-N. 23, Stephanstr. 38. (Dresden-Rähnitz $^{12}|_{6}$ 87.) B: Großstadtjunge, Erinnerungen 19, 2. A. 20; Aus der Dresdner Heimat 01, 3. A. 23; Lisa Lehmanns Liebeslenz 23. H: Aus der Heimat, Schlichte Bücher zum Verständnis der Heimat.

Ullrich, Herm., Lit.♛, ℳ, ⚑, Ψ, **Ue**: E, Dr. phil., Prof., LgzObLehrer a. D. Gotha, Reinhardsbrunner Str. 50. (Waltershausen $^{23}|_{4}$ 54.) B: Robinson u. Robinsonaden I 98. H: C. L. Wucke, Sagen d. mittl. Werra, d. Rhön u. fränkischen Saale, 3. A. 21; D. Insel Felsenburg I 02; Robinsonübersetzg. v. 1720 09. **Ue**: Defoe, Robinson Crusoe 05; Miltons poet. Werke (m. a.) 10. ( )

Ullstein, Franz, BP., Dr. jur. Berlin SW, Kochstr. 23. (ebda $^{16}|_{1}$ 68.)

Ulmenried-Naujeck, Frau Lo, Skizzen, ❦, Frau d. nachfolgenden. Königsberg i. Pr. Henschestr. 14. B: Aus meiner Seele Garten, Skizzen u. Märchen 19.

Ulmenried-Naujeck, Wilhelm W., RP., Roman, Drama, ❦, Chefred. Königsberg i. Pr., Henschestr. 14. (Bartenstein, Ostpr. $^{3}|_{3}$ 89.) B: Ein Letzter, R. 14 II; Litauische Heidelieder u. -Dainos, G. 19; Geschichten aus Litauen, Erz. 19; Einsame Nächte, R. 19.

Ulrich, Maximilian, s. Prusse, Ulrich.

Umrath, Frau Fanniska, geb. Gallauner (Ps. Fr. Ruisz), /, Skizze. Berlin-Halensee, Karlsruher Str. 29. (Totis-Tata, Ung. $^{10}|_{3}$ 56.)

Ungar, Hermann, Dr. jur., SDS., Belletristik. Berlin W, Brandenburgische Str. 38. (Boskowitz, Mähren, $^{20}|_{4}$ 93.) B: Knaben und Mörder, Erz. 20, 4. A. 22; Die Verstümmelten, R. 22. *

Ungar, Ludwig, s. Katscher, Leop.

Unger, Erich Walther, ASB., ❦, Novelle, Drama, Essay. Zwickau (Sa.), Moritzstr. 10 IV. (Bockwa $^{4}|_{2}$ 97.) B: Ausgewählte Gedichte 19; Die Nach-Tisch-Gespräche der sieben Mönche 24; Ehebruch?, Gesch. mit einem Mittelpunkt 24; Ewig in Versuchung (1. Comedia erotica, 2. Spiegel der Venus, 3. Anbruch u. Aufruhr — Andacht u. Abgesang) 24. H: Der Hain, eine Vierteljahrsschrift für neue Lyrik (mit W. Schühle u. E. Worbs) 21; Der Himmel, eine lyrische Monographie (mit Fr. A. Zimmer) 23. *

Unger, Franz, DÖSchG., ∴, Kultur- u. Sitten♛, Red. d. „Österr.-Ung. Buchhändler-Ztg." Wien I, Postg. 2. (Graz $^{27}|_{10}$ 71.) B: Die Magie d. Traumes 99; Nietzsches Träumen u. Sterben 00, 2. A. 03; D. Praxis d. wissensch. Antiquariats 00; D. Flagellantism. v. einst u. jetzt (an.) 02; D. Flagellanten (Geschichtl.) 02; Rätselhafte Naturen I—VIII 02—10; Im Zeichen d. Grausamkeit 03; Johann v. Leyden 03; Bahnbrecher zu Wohlstand u. Lebensglück 03; Die schwarze Magie 04; Ged. in niederöstr. Mundart, 3. A. 07; Durch eigene Kraft d. Glück entgegen, 4. A. 09; Die Erkenntnis im Sterben 13; Vortragsged. in nied.-öst. Mundart 20; desgl. in Wiener Mundart 21; sowie Spielanleitgn. u. Übersetzgn. **Ue**: Meusnier de Querlon, die Courtisane v. Smyrna 00; Marden, Bahnbrecher z. Wohlstand 00; Flammarion; D. Rätsel d. Unsterblichkeit.

Unger, Hellmuth, DB., SDS., BF., Drama, /, Dr. med. Augenarzt. Leipzig, Ferd.-Rhode-Str. 31. (Nordhausen $^{10}|_{8}$ 91.) B: Das Tiefenbachlied, Dchtg. 09; Gedichte 11; Lieder d. hellen Tage 12; Sturm im Osten 15, 3. A. 16; Sieg! Nn. 16; Berge d. Heimat, N. 16; Geächtete, Sch. 18; Gottes Bote, Sch. 18; Kentaurin, Dr. 19; Verlorner Sohn, Sch. 19; Schnurpels, R. 20, 3. A. 20; Joanna u. Alexis, dr. Dichtg. 20; Die Nacht, phant. Sp. 20, 2. A. 22; Morells Milliarden, R. 21, 5. A.; Verklärung Falaises, Sch. 21; Spiel der Schatten, Sch. 22; Mutterlegende, Sch. 22; Mammon, Sch. 22; Der Sprung nach drüben, R. 22; Menschikow und Katharina, Sch. 23; Karneol, Sch. 23; Einsamkeit, N. 23; Godwins ewige Masken, Sch. 23. H: D. Literaturblatt 13f.

Unger, Hermann, Musik, Dr. phil., Lektor am Konserv. f. Musik in Köln a. Rh., Lindenburgerallee 86. (Kamenz, Sa. $^{30}|_{10}$ 86.) B: Max Reger, mus. Laienbrevier; Musiktheoret. Laienfibel.

Unger, Rudolf, Lit.♛, ∴, Ψ, Dr. phil., o. UP. Königsberg i. Pr., Steinmetzstr. 24. (Hildburghausen $^{8}|_{5}$ 76.) B: Platen in s. Verhältnis zu Goethe 03; Hamanns Sprachtheorie 05; Philosoph. Probleme in der neuer. Literaturwiss. 08; Hamann und die Aufklärung 11 II; Von Nathan zu Faust 16; Weltanschauung u. Dichtung 17; Herder, Novalis u. Kleist 22. H: Hamanns Sibyllinische Blätter 05; Heines Lyrik u. Tragödien 09; Goethes Annalen 10; Briefe Dorothea u. Fried. Schlegels an Paulus 13.

Unglehrt (-Berchem), Max, DB., △, ○, Architekt. München, Kaiserstr. 54. B: Haarschneider Hipp, Lsp.; Mutter Verberich, Lsp. 18; Allgemeine Architekturprobleme 23.

Unmaßgebliche, der, s. Schäfer, Richard.

Unold, Johannes, prakt. ∴, ⚑, Dr. phil., Prof. Starnberg b. München. (Memmingen $^{11}|_{9}$ 60.)

Unruh, Fritz v., ○. Oranien bei Diez. B: Offiziere 12; Louis Ferdinand

Prinz v. Preußen 14; Stürme, Dr. 14; Vor der Entscheidung, Dchtg. 15; Opfergang, Erz. 16; Ein Geschlecht, Tr. 16; Platz, Sp. 20; Rosengarten, Sch.; Stirb und Werde 22; Vaterland und Freiheit. ()

Unterweger, Frau Rose (Ps. Rose Stolle-Unterweger, Excelsior), (k.), /, soz. Frage. Berlin-Schmargendorf, Hundekehlestraße 19. (Steinbach 6/10 49.) V: Antisemitismus im Lichte d. gläubigen Christentums 92; Sklavenketten d. Frauen 93; D. geschlechtl. Stellg. d. Frau (Ps. Elis. v. Steinborn) 95; Vom Manne 97; Die geschlechtl. Erziehg. u. Belehrg. d. weibl. Jugend 98; Neuest. Allg. Kochb. f. Jederm., 3. A. 99; Der praktische Hausfreund 00; D. sexuelle Leben, e. Fluch der Menschheit 00; Schönheitspflege 00, 2. A. 03; Dunkle Bilder aus d. Menschenleben, Nn. 05; Was ich suchte, was ich fand, Bekenntnisse e. Konvertitin 14; Gesammelte Gedichte 14; Kandidat Hellmich, R. 14; Kriegsged. 16.

Unus, Walther, s. Heinrich, Walther E.

Urban, Frau Gisela, geb. Stern, Nov., Skizze, Frauenbewegg., Politik, ✎, Hauswirtschaft. Wien XIII/1, Fichtnerg. 22.

Urban, Konrad, DB., Vors. d. Saatges. (Lit. Zeitschr. „Die Saat"). Liegnitz, Grünstr. 4. (Ulbersdorf-Haynau, Schles. 10/10 78.) V: Sigurd 07; Die 3 Getreuen, D. Trompeter d. schles. Husaren, Bergsepp, Nachbarkinder, Jgderzn.; In Rübezahls Reich, Sp.; Kriegsfreiwillige, Christrosa, Die echte Havanna, Einakt.; Jugendschriften; Volkoburg und Schweinhaus, R., 2. u. 3. A.; Aus dem Gräffauer Klosterlande, Erz.; Gesch. aus d. Heide, Erz.; Hans von Schweinichen, Lsp. 21; Mongolenschlacht, Sch. 22; Heidelieder, G. 23; u. a. Rom. u. Nov.

Urbanitzky, Frau Grete v. (Pseudon. für Grete Passini), geb. v. Urbanitzky, DÖSchG., Union d. auswärt. Presse Wien, Roman, Nov., ✱, Kritik. Wien IV, Viktorgasse 12 A. (Linz a. d. D. 9/7 93.) V: Sehnsucht, Nn. u. M. 11; Wenn die Weiber Menschen werden 14; Des Kaisers junge Soldaten 15; Das andere Blut, R. 20, 7. T.; Der verflogene Vogel, G. 20; Die Auswanderer, R. 21; Das Jahr der Maria, G. 21; Die goldene Peitsche, R. 22; Masken der Liebe, R. 22; Maria Alborg, R. 23.

Urgiß, Julius, SDS., VBJ., VF., Musik, ✱, Red. Berlin-Wilmersdorf, Rudolstädter Str. 1. (Anklam i. Pomm. 6/8 73.) V: Allgem. Musiklehre 02; Wegweiser f. d. Opernbesuch 08; Wegweiser f. d. Operettenbesuch 09; mehrere Nrn. in Hourschs Opernführer; zahlr. Filme (m. M. Jungk) u. a.

Ury, Else. Charlottenburg, Kantstr. 30. (Berlin 1/11 77.) V: Jugendschr.

Urzidil, Johannes, SDS. Geschäftsführer Deutscher Literarisch-künstlerischer Verein in Prag, Obmann-Stellvertr., Schöne Literatur, ✱, Polit. Aufsätze, Kritische u. philos. Essays, Presse-Attaché der Deutschen Gesandtschaft in Prag. Prag-Karlin (in Böhmen), Vinohradská 3. (ebda 3/2 96.) V: Sturz der Verdammten, G. 19. H: Karl Brand, Das Vermächtnis eines Jünglings 20. *

Uslar, Herm. v., s. Meseke, Herm.

Utecht, J., s. Schade, Josefine.

Utitz, Emil, ✱, ✱, /, Kritik, Dr. phil., UP. Rostock i. M., Alexandrinenstr. 9a. (Prag 27/5 83.) V: J. J. Wilhelm Heinse u. d. Ästhetik z. Z. d. deutsch. Aufklärung 07; Grundzüge d. ästhet. Farbenlehre 09; Funktionsfreuden im ästhet. Verhalten 11; Was ist Stil? 11; Die Grundlagen der jüngsten Kunstbewegung 13; Grundlegg. d. allg. Kunstwissenschaft I 14, II 20; Die Gegenständlichkeit des Kunstwerks 17; Psychologie der Simulation 18; Akad. Berufsberatung 20; D. Kultur d. Gegenwart.

Uxkull, Frau Gräfin Lucie, SDS., Rom. Berlin W 50, Fürther Str. 11a. (Paris 25/4 61.) V: Sonnenflug 03; Friedliche Eroberungen 04; Im Weiterschreiten 04; Das Reich des Schönen 05; Ins Leben zurück, Nn. 06; Cesare Borgia, dramat. Lebensbild 07; D. Wege d. Frhrn. v. Wolfsburg, R. 11; Rote Nelken, R. 13; Der Irisbogen, Nn. 20; Die Kämpfer Jahves, Nn. 22.

Uxkull, Baron Woldemar (Wold. v. Uxkull), SDS., Rom., Epos, ✱. Meran, Italien, Schloß Rubein. (Neuenhof 4/9 60.) V: Die Schwurbrüder, R. 11; Kaukasische Novellen 12; Der heil. Ilà vom Tpau, R. 12; Ssosirkò, E. 13; Selim-Han, Dr. 13; Hadshi-Umar, Dr. 13; Junus, Dr. 14; Imam Gamsat, Dr. 18; Lucie Bertier, R. 20; Spartakus, hist. R. 20; Eine Einweihung im alten Ägypten 22.

V.

Vaihinger, Hans, Kantforschung, ✱, Dr. phil., o. UP. a. D., GRegR., Begr. u. Geschäftsf. der „Kantgesellsch.", Begr. d. „Kantstudien". Halle a. d. S., Reichardtstr. 15. (Nehren 25/9 52.) V: Goethe als Ideal univers. Bildung 75; Hartmann, Dühring u. Lange 76; Komm. zu Kants Kritik d. rein. Vernunft 81/92 II, 2. A. 22; Kants Wiederlegg. d. Idealismus 83; Naturforschg. u. Schule 89; Königin Luise als Erzieherin 94; Kant — ein Metaphysiker? 99; Die

transzendentale Deduktion der Kategorien 02; Nietzsche als Philosoph 02, 3. A. 05; Feldausg. 16; D. Philosophie in d. Staatsprüfung 06; D. Philosophie des „Als-Ob", mit bes. Rücksicht auf Kant u. Nietzsche 11, 7. u. 8. A. 22; Ein Atheismusstreit gegen d. Philos. d. Als-Ob u. d. Kantische System 16.

Valentin, Veit, ♛, Dr. phil., UP., Reichsarchivrat. Charlottenburg, Grolmanstr. 59 A. (Frankfurt a. M. $^{25}|_{3}$ 85.) W: Frankfurt a. M. und die Revolution v. 1848/49 08; Fürst Carl Leiningen u. das deutsche Einheitsproblem 10; D. Mächte des Dreiverbandes 14; Bismarck u. s. Zeit 15, 4. A. 17: Kolonialgeschichte der Neuzeit 15; Belgien u. die große Politik der Neuzeit 15; Die Weltmachtskrise des Deutschen Reiches 16; Entente und Neutralität 17; D. 1. deutsche Nationalversammlg. 19; Die 48er Demokratie u. d. Völkerbundgedanke 19; D. 1. deutsche Parlament u. wir 20; Geschichte des Völkerbundgedankens in Deutschl. 20; Deutschl. Außenpolitik 1890—1914 21; Bismarcks Außenpolitik von 1871—1890 22.

Vállas, Alexander Max, DÖSchG., Mitgl. d. „Autoren-Bund" z. Schutze d. geist. Eigentums, Vorstandsmitgl. mehr. Artisten- u. Bühnenverb., Satire, ♣, O, Groteske, Dir. d. „Wr. Reformbühne". Wien II, Unt. Donaustr. 33. (Pozsony $^{13}|_{7}$ 84.) W: Museng'spusi, G.; Der Trottel u. a. Liebenswürdigkeiten, G., 2. A.; Die tausend Glocken des Li-Hung-Li, Grtsk.; Wie ich seziert wurde, Grtsk.; Mein Amuseum, G.; Ach ja die Liebe, G.

Vallazza, Karl (Ps. Wallner), /, Kritik, ♣, ♣, BürgerschLehrer, Schriftleiter der Monatsschr. „Jugendland", Redakt. des „Südmährer-Kalenders" für 1924. Brünn, Glacisstr. 41 II. (ebda $^{22}|_{3}$ 66.) W: Lose Blätter, G. 98; Franz Wisbacher, ein Lehrerdichter 08; Im goldenen Licht, G. 13. H: Die Kunstwarte, Jahrb. f. Dichtgn. v. Blinden u. Blindenfreunden (m. Ant. J. Rappawi) I 08, II 09, III 10.

Vancsa, Max, ♛, Dr. phil., Arch.-Mus.-BiblDir., Doz. Wien IV/2, Phorusg. 10. (ebda $^{1}|_{10}$ 66.)

Vanderstetten, Emil, O, Kultur♛, Nov. Stuttgart, Just.-Kerner-Haus. W: D. deutschen Meistersinger; Die hl. Elisabeth; Der Regimentsmedicus, Sch.; D. blonde Komtesse, Sch.; Die Heiterethei, O.; Rauschegrimm, O.; Schach dem Leben, O.; Der Bürgermeister, Sch. ()

van Dyk, s. Dyk, Joh. Wilh.

Vanselow, Albert, Ψ, Kunst/. München, Schraudolphstr. 3. (Hannover $^{31}|_{8}$ 63.) W: Manuel de corresp. à l'usage du libraire 92; R. Wagners photograph. Bildnisse 08; Wilh.-Busch-Bibliographie 13. H: W. Busch, Kneipzeitungen 21.

Vanselow, Karl, ♣, Nov., O, /, ♣, Hygiene, Verlag „Schönheit". Dresden-A. 24, Strehlener Str. 21. (Schönlanke $^{20}|_{3}$ 76.) W: Märchen d. Liebe, 2. A. 99; Von Weib u. Welt, Ged. 01. H: D. Schönheit, Monatsschr. 02—14; Das Schulhaus 99—12; Geschlecht u. Gesellschaft 06—14.

Varinel, A., s. Lobkowitz, Albr. Frhr. v.

Varnhagen, Herm., engl. u. roman. Ψ, Dr. phil., o. UP., GHofR. Erlangen, Löwenichstr. 26. (Arolsen $^{10}|_{8}$ 50.)

Vay, Frau Beatrice v. (Ps. Dovsky), DÖSchG., VF., O, Red. Wien XIII, Hietzinger Hauptstr. 16. (ebda.) W: Unser einz. Kind, Lsp.; Das war eine köstl. Zeit, Lsp.; D. alte Herr, Lsp.; Lady Godiva, Sch.: Mona Lisa, O.-Dchtg.; Fest d. Lebens; Mantel d. Assunta; Stürmerin; Gürtelspanner; Das verwehmte Lachen; Turm der Treue.

Vegesack, Frau Clara v. (Clara Nordström), SDS. Burg Weißenstein, Post Regen, Bayer. Wald. (Carlskrona, Schwed. $^{18}|_{1}$ 86.) W: Tomtelilla, R. 23. **MitUe:** Maria Aurora Königsmarck, eine Chronik des Grafen Birger Moerner 22 (m. Siegfr. v. Vegesack).

Vegesack, Siegfried v., DB., SDS. Burg Weißenstein, Post Regen, Bayer. Wald. (Blumbergshof in Livland $^{21}|_{3}$ 88.) **Ue:** Gogol: Die Nase u. and. Geschichten 21; „Maria Aurora Königsmarck", Chronik des Grafen Birger Mörner 21 (m. Cl. Vegesack-Nordström); Ljesskow, Der Mensch im Schilderhaus u. and. Gesch. 22; Ljesskow, Lady Macbeth von Mzensk 22. W: Eros u. Ethos; D. kleine Welt v. Turm gesehen 24.

Veldenz, A., s. Weismüller, Auguste.

Vely (eigtlich Couvely), Frau Emma, Roman, Novelle. Berlin W 30, Maaßenstr. 14. (Braunfels $^{8}|_{8}$ 48.) W (seit 00): Spiel d. Witterg., R. 00; Erbschaft, R. 00; Arbeit, R. 01; Allerweltsleute, Sk. 01; Obdach, R. 02; Anker geworfen, R. 03; Wohltätigkeit, R. 04; Gustel, R. 04; Regenbogen, R. 05; Die Eine heirat' ich mal, R. 06; Die Denhardts, R. 06; Lo Micó, R. 07; Bettchen Brennecke, R. 07; Serenissima, R. 08; Teufelshay, R. 08; Geerteerd, R. 09; Schiffbruch, R. 11; Der Gnadenlöhner, R. 12; Bärbele, R. 12; Försters Mariechen, R. 13; Hagar, R. 14; Die geborne Canthussen, R. 14, 2. A.; Westfalenblut, R. 15; Soldatenblut, R. 15; Drei Schwestern, R. aus Triest 16; Leska, R. 16; Am schönen Main, R. 16; Bergab

gleitet der Weg, R. 20; Morgen ist noch ein Tag, R. 22.

Vendramin, Lorenz, s. Wendriner, Richard.

Venner, Johannes Vincent (Ps. Ernst Otto Grimbühler), ✿, /, Ꝋ, Red. d. „Lugano". Lugano, Schweiz. (Bern $^{18}|_{6}$ 85.) W: Die Mittagsegel, G. 13; Der Tessin, Monogr. 19, 21; Lyrische Flugblätter, G. 21. H: Tessiner-Blätter.

Vera, Frl. Alma de la, (k.), ASV., Ꝋ, Skizze, ✿, Nov., **Ue:** RFF. Prag-Koschirsch, Piseckyg. 200. (Prag $^{31}|_{5}$ 76.) W: Die Heidin, Dr.; Tasilo, Dr.; Monismus u. Fatalismus; Momentaufnahmen, Aphorismen; D. weiße Fahne, Filmdr. 21.

Verokoff, Ernst, s. Osterberg, Max.

Verax, Severus, s. Stauf v. d. March, Ottokar.

Veremundus, s. Muth, Carl.

Veritas, s. Scharl, Robert.

Veritas, s. Schreiber, Hans, Berlin.

Veritas, s. Wasserburger, Paula v.

Veritas, s. Wien, Moriz.

Verkade, Willibrord, OSB. Beuron, Hohenzollern. (Zaandam, Holland $^{18}|_{9}$ 68.) W: Die Unruhe zu Gott, Erinnerungen eines Malermönchs 23, 3. A., 16.—26. T. **Ue:** Von mystischen Schriften (Ruysbroeck-Auswahl).

Vershofen, Wilhelm, ✿, ⊞, Dr. phil., Verbandsdir. Sonneberg, S.-M. (Bonn $^{25}|_{12}$ 78.) W: Gedanken z. Technik d. Dramas 07; D. Fenriswolf 14; Amerika 17; Das Weltreich und sein Kanzler 17; No-Fi-Ba 18; Tyll Eulenspiegel 19; Erlösung 19; Außenhandelsbilanz u. Valuta 20; Der hohe Dienst 21. ()

Verus, Dr., s. Pfeiffer, G. Ph.

Verus, s. Schoepp, Hugo.

Verweyen, Johs. M., ⁂, Musik, Dr. phil., UProf. Bonn. (Till, Kr. Cleve $^{11}|_{5}$ 83.) W: D. Philosophie d. Mittelalters 21; D. Tat im Ganzen d. Philosophie 08; D. Problem d. Willensfreiheit in d. Scholastik 09; Philos. des Möglichen 13; Naturphilosophie 15; D. Krieg im Lichte großer Denker 16; Form als Wesensausdruck. ()

Vesper, Will, SDS., ✿, Germanistik, Roman. Meißen, Badg. 2. (Barmen $^{11}|_{10}$ 82.) W: Der Segen, Lyrik 05; Tristan und Isolde; Parzival 11, 162. T. 20; Spiele der Liebe, Schwänke in Versen 12; Die Liebesmesse u. a. G. 13, 5. T. 21; Vom großen Krieg, G. 15, 5. T. 16; Briefe zweier Liebenden, G. 16, 20. T. 22; Der blühende Baum, G. 16, 7. T. 21; Schön ist der Sommer, G. 18, 7. T. 20; Martin Luthers Jugendjahre, R. 18; Traumgewalten, N. 20, 5. T. 21; Mutter u. Kind, G. 20; Gute Geister, M. 21; Porzellan, N. 22, 7. T. 23; Die Wanderung des Herrn Ulrich von Hutten, R. 22, 3. T. 23; Fröhliche Märchen, M. 23; Die ewige Wiederkehr, N. 23. H: Tacitus' Germania, übs. 06, 3. T. 08; Der arme Heinrich von Hartmann v. Aue, übs. 06, 3. T. 09; Das Hohelied in Minneliedern, übs. 06, 3. T. 09; Wernher d. Gärtner, Meier Helmbrecht, übs. 06, 3. T. 09; D. Ernte aus 8 Jahrhunderten deutscher Lyrik 06, 135. T. 16; D. zweite Buch d. Ernte aus 8 Jahrhunderten deutscher Lyrik 10, 60. T. 16; Aus tausend Jahren, deutsche Balladen u. Kriegslieder 12, 30. T. 15; Der deutsche Psalter, geistl. Dchtgn. 13; Der deutschen Seele Trost 15.

Vetter, August, ⁂. St. Georgen b. Diessen, Ammersee. (Elberfeld $^{19}|_{3}$ 87.) W: Das offene Buch 11; Die dämonische Zeit 19; Kritik des Gefühls 23.

Vetter, Karl, VP., Polit. Schriftst., Redakt. der „Berl. Volkszeitung", Chefredakteur u. Herausg. d. Korrespondenz „Republikanische Presse". Berlin-Neukölln, Hobrechtstr. 58. (Berlin $^{18}|_{3}$ 97.) *

Vetterlein, Ernst, Ꝋ, Dr.-Ing., o. Prof. d. Baukunst. Hannover, Yorckstr. 9. (Leipzig $^{12}|_{4}$ 73.)

Vezin, August, Lit.-Kunst♛, Kritik, **Ue:** EGI, Dr. phil., Prof. Hechingen. (Münster i. W. $^{10}|_{1}$ 79.) W: Eumenes v. Kardia 07; Die Freudenbotschaft unseres Herrn 15; F. Reuter, Ut mine Stromtid, erl. 19. **Ue:** Longfellow, Evangeline (u. erl.) 21; Dante, Göttliche Komödie I.

Viebig, Frau Clara geb. (Ps. für Frau Clara Cohn), Rom., Nov., Ꝋ. Berlin-Zehlendorf, Königstr. 3. (Trier $^{17}|_{7}$ 60.) W: Kinder der Eifel, Nn. 97, 22. A. 22; Rheinlandstöchter, R. 97, 35. A. 22; Es lebe die Kunst, R. 99, 11. A. 23; D. Weiberdorf, R. 00, 44. A. 22; D. tägl. Brot, R. 00, 37. A. 22; D. Wacht am Rhein, R. 02, 40. A. 23; D. schlafende Heer, R. 04, 42. A. 23; E. Mutter Sohn, R. 06, 40. A. 23; Absolvo te, R. 07, 23. A. 22; D. Kreuz im Venn, R. 08, 37. A. 22; Die vor den Toren, R. 10, 30. A. 23; E. Handvoll Erde, R. 15, 23. A. 20; Töchter d. Hekuba, R. 17, 43. A. 21; D. rote Meer, R. 20, 16. A. 21; Ausgewählte Werke 22 VIII; Menschen u. Straßen, N., 1.—5. A. 23.

Viebig, Ernst, VP., DV., Komponist u. Musikschriftst. der Zeitschr. „Die Musik". Berlin-Zehlendorf, Königstr. 3. (Berlin $^{10}|_{10}$ 97.) W: Nacht der Seelen, O. 22. *

Viera, Josef, s. Segerer, Sebast.

Vierath, Willy (Ps. Karl Martell, Asmodi, Ehrwart, Virgil), ASV., SDS., Psychol., Hyg., ✿, /, ⁂, ⊞,

Privatgel. Berlin C 54, Rosenthaler Str. 44. (Berlin $^{3}|_{3}$ 78.)

Viereck, George Sylvester, Präsident Verb. dtsch. Schriftst. u. Literaturfreunde in Amerika, ♛, Essay, Politik, Hrsg. d. „American Monthly", früher „Fatherland", Mitarb. groß. amerik. Tagesblätter. New York, 30 West 90 th Street. (München $^{31}|_{12}$ 84.) **V**: A Game At Love and Other Plays 06; Nineveh and Other Poems 07, deutsche u. amerik. Ausgabe; The House of the Vampire 10, deutsche u. amerik. Ausgabe; The Candle and the Flame 12; Songs of Armageddon 16; Gedichte 22, deutsche Ausgabe (hrsg. von Ed. Engel, Auswahl aus Viereck's englischen Gedichten); Rossevelts A Study in Ambivalence 19. **Ue**: Schillers Jungfrau von Orleans 13; Mr. W. H., e. Stück üb. Shakespeares Sonette (m. Woolf). **Bearb**: House of the Vampire, dramat. (m. Edgar Allan Woolf). *

Vierkandt, Alfred, Soziologie, Dr. phil., UP. Berlin-Großlichterfelde, Wilhelmstr. 22. **V**: Stetigkeit im Kulturwandel 08; Staat u. Gesellsch. in d. Gegenwart 16; Machtverhältnis u. Moral 15; D. sozialpäd. Forschg. d. Gegenw. 20; Gesellschaftslehre 20; D. Dualism. im mod. Weltbild; u. a. ()

Vierordt, Heinr., ♛, Dr. phil., HofR. Karlsruhe i. B., Westendstr. 44. (ebda $^{1}|_{10}$ 55.) **V**: Ged. 80; Lieder u. Balladen 82, 2. A. 85; Kranzweihe, Festsp., 2. A. 85; Neue Balladen 84, 2. A. 00; Akanthusblätter, Dchtgn. a. Italien u. Griechenland 88; Vaterlandsgesänge 90, 2. A. 03; Fresken, n. Dichtgn. 01; Gemmen und Pasten, Tagebuchbl. a. Italien 02; Meilensteine, Dichtgn. aus d. Leben 04; Kosmoslieder 05; Ausgewählte Dichtgn. 06; Deutsche Hobelspäne 09; Deutsche Ruhmesschilder u. Ehrentafeln 14; Das Büchlein der Träume, Ein Nacht-Bilderbuch 22.

Viëtor, Karl, dtsch. Ψ u. Lit.♛, Dr. phil., Privatdoz. Frankfurt a. M., Feldbergstr. 22. (Wattenscheid, Westfal. $^{29}|_{11}$ 92.) **V**: Die Lyrik Hölderlins 21; Gesch. der deutsch. Ode 23. **H**: Die Briefe der Diotima 21, 4. A. 23; Cl. Brentano, Ges. Schriften (mit Heinz Amelung) 23; Hölderlin, Gedichte u. Briefe 23; Gesch. d. deutsch. Literat. nach Gattungen 23ff.

Vietor, Rudolph, Erz., Roman, Pastor. Bremen, Nordstr. 129. (ebda $^{2}|_{10}$ 63.) **V**: Mosaik; Ein fröhlicher Mensch; Wenn die Steuerung versagt; Maria Sophia, die letzte Königin von Neapel, hist. R.; u. a.

Vieweg, Ernst Kurt (Ps. Konrad Weg), ASV., SDS., ♛, ⌀, /, ♛, Astrologie, Inhab. d. K. V. Verlag Leipzig, Brüderstr. 37. (Ehrenberg S.-A., Schloß $^{8}|_{8}$ 89.) **V**: O lieb, so lang . . . (eine lyr. Spende) 21.

Vigo, s. Goldschmidt, Victor H. F.

Vincenti, Arthur Ritter v., Ψ, Dr. phil., StadtbiblDir. Magdeburg, Böttcherstr. 41. (Amberg $^{30}|_{8}$ 78.) **V**: D. altengl. Dialoge v. Salomon u. Saturn 03; D. Ausstellg. z. Jahrhundertfeier d. Befreiungskriege 13; Magdeburgs Heimatlit. 14; Volkstüml. Vorträge 19. ()

Vinder, s. Friedlaender, Martin.

Violet, Franz, VP., ♛, ●, Lit.♛, Dr. phil., Prof., StudR. Berlin W 30, Gleditschstr. 42. (Mescherin, Pommern $^{13}|_{4}$ 59.)

Virgil, s. Vierath, Willy.

Vischer, Melchior, Mitgl. d. Reichsgewerkschaft d. deutsch Presse in der tschechosl. Republik, Dramatik, Epik, Theaterkritik. Würzburg, Bahnhofstr. 1/2. (Teplitz-Schönau $^{7}|_{1}$ 95.) **V**: Sekunde durch Hirn 20; Der Teemeister, R.; Der Hase, E. 22; Strolch u. Kaiserin, E. 21; Debureau, Dr. 23; Japanische Oper, Dr. 23; Der Titan, Dr.; Die Börse, Sch. 23. *

Vitus, s. Hoffmann, Guido.

Vitzthum von Eckstädt, Georg Graf, Kunst♛, Dr. phil., o. UP. Göttingen. (Oberlößnitz b. Dresden $^{14}|_{8}$ 80.)

Vlenten, Carl Ferdinand van (Ps. Carl Ferdinands), ♛, Erz., Jugendschr., Kritik, Wissensch., Dr. med., Oberarzt in Dalldorf, Berlin-Waidmannslust, Höhe 8—11. (Bonn $^{20}|_{10}$ 74.) **V**: Frauenlob 98; Vernichter u. Vernichtete 06; Die Pfahlburg, Erz. 07, 15.—18. T. 20; Normannensturm, Erz. 08, 15.—18. T. 21; Die schöne alte Zeit 20; Der Sieg des Hein Hammerschlag, Erz. 22; Um die Kaiserstadt Trier, hist. Erz. 22; Die Höhlenbären, Erz. 22; Die drei Treuen auf Kaltenborn, Erz. 23 u. Bilderbücher. **H**: Aus d. gold. Schmiede 10/11 II; Velhagen u. Klasings Volksbücher d. Kunst 11ff.; Forscherfreude 13; Scherers deutsch. Kinderbuch, 10 A. 20; Flemmings Saatbücher 22; Drei Bogenbücher 22.

Vloten, van, s. Vortisch, Herm.

Vloten, Willem van (Ps. van Wulfen). Malans, Kt. Graubünden, Schweiz; im Winter in Italien. **V**: Der Gartengenuß 1.—3. T. 19; Der Genußmensch, ein Cicerone im rücksichtslosen Lebensgenuß, 3. A., 6.—9. T. (u. d. Ps. van Wulfen) 20; Don Juan empor! 1.—4. T. 22. *

Vockeradt, Frau Emma geb. (Ps. für Frau Dr. Fechter), SDS. Berlin W 30, Starnberger Str. 2. (Paderborn $^{28}|_{11}$ 78.) **V**: Im Nebel, N. 07; Wanderer im Dunkeln, R. 11. ()

Böge, Wilh., Kunst♛, Dr. phil., o. UP. a. D. Freiburg i. B. (Bremen $^{16}|_{3}$ 68.) **W:** E. deutsche Malerschule um d. Jahr 1000 91; D. Anfänge d. monumentalen Stils im MA. 94: Raffael u. Donatello 96; D. Elfenbeine der k. Museen zu Berlin 00; D. deutsch. Bildwerke der k. Museen zu Berlin 10. ()

Vogel, Frau Frida Erdmute, SDS., Nov., /, ✎, **Ue:** ESchwDN. Berlin-Wilmersdorf, Landauer Str. 2. (Berlin $^{9}|_{10}$ 76.) **Ue:** V. Krag, Major v. Knarren 08; Sigurjónsson, Loftur der Schwärmer 15; Mikkelsen, Sachawachiak der Eskimo 21.

Vogel, Heinrich, Erzähler, Mittelschullehrer. Stettin, Alleestr. 28. (ebda $^{9}|_{4}$ 79.) **W:** Das Schiff in der Flasche, Erz. 09; Die gelbrote Katze, N. 21; Das rote Licht, R. 22; Die Käsewährung, Lust. Geschichten 23. *

Vogel, Jul., Kunst- u. Kultur♛, Dr. phil., Prof., Dir. d. städt. Mus. d. bild. Künste. Leipzig, Mittelstr. 2. (Penig i. S. $^{4}|_{5}$ 62.) **W:** Szenen euripid. Tragödien in griech. Vasengemäld. 86; D. städt. Mus. zu Leipzig von s. Anfängen b. z. Gegenw. 92; Stud. u. Entw. ält. Meist. im städt. Mus. zu L. 96; Anton Graff, Bildnisse v. Zeitgenossen d. Meisters 98; Goethes Leipz. Studentenjahre 99, 4. A. 22; Leipzig zu Beginn d. 20. Jh. 01; Böcklins Toteninsel u. Frühlingshymne 02, 3. A. 20; Max Klingers Leipz. Skulpturen 02; Otto Greiner 03; D. Römische Haus in Leipzig 03; Aus Goethes Römischen Tagen 05; Bramante u. Raffael 10; In d. Stadt der Lagunen 12; Julie Dohmke 14; Otto Greiners Graph. Arbeiten 17; Klingers Kreuzigung Christi 18, 2. A. 20; Käthchen Schönkopf 20; Max Klinger u. seine Vaterstadt Leipzig 23; Franz Hein, e. dtsch. Künstler 23. **H:** Seemanns Wandbilder: Porträtgalerie 02/04; Goethes Tagebuch der ital. Reise 06, 2. A. 08; Goethes Briefe aus Italien 07 (beide zus. u. d. T.: Mit Goethe in Italien 08); Goethes Röm. Elegien 07; Spitzweg 13; Justi, Winckelmann u. seine Zeitgenossen, 3. A. 22 III.

Vogel, Reinhard, ✠, ⊙, ∴, Schriftleiter. Leipzig, Dörrienstr. 14. (Hohenreinkendorf.) **W:** Tod dem Leben, Dr.; Sonnenuntergang, R. 20; Des Liebesgottes Hirtenspiel, Nachdichtung 21; Weltweisheit des Fortschritts 21. *

Vogel, Theodor Maria, DÖSchG., Mundartdchtgn., Bergbeamter. Gloggnitz, N.-Ö., Hauptstr. 4. (Wr.-Neustadt, N.-Ö. $^{16}|_{7}$ 81.) **W:** Fidel u. Kreuzlusti 11, 21; Schneeglöckerl 13, 21; Hoamatloab und Hoamatfreud 21.

Vögele, Albert, Ästhetik, Ethik, Dr. phil., Pfarrer. Essendorf b. Biberach. (Waldsee $^{6}|_{10}$ 64.) **W:** Der Pessimismus und das Tragische in Kunst und Leben 10, 3. A. 21; Höhenblicke, Festtagsgedanken 11, 5. A. 17; Eine Trost- u. Osterbotschaft 16; Himmelslichter (Festtagsgedanken II) 16, 2. A. 19.

Vogeler, Adolf, DB., ⊙, Nov., Dr. phil., RealGP. Hildesheim, Weißenburger Str. 10. (Minden $^{6}|_{11}$ 58.) **W:** Zeus von Olympia, Lsp. 88; Wunder v. Rosenstock, rom. Sch. 92; Herodias, hist. N. 95; Wer liebt, Sch. 98; Iphigenie im Drama d. Griechen u. bei Goethe 00; Die Sturmglocke, Tr. 01; Kollegen, Sch. 07; Ännchen v. Tharau, Lsp. 12; Kranzreiten, Sch. 17; Sohn der Kaiserin, Tr. 18. ()

Vogelsberg, Karl Robert (Ps. Hans Michael) ✠, ♛, ⊞, Salinendirektor. Arnstadt-Arnshall. (Arnstadt $^{14}|_{10}$ 78.)

Vogelsberg, L. vom, s. Haldy, Bruno.

Vogelstein, Herm., jüd. Ψ u. ♛, oriental. Ψ, Dr. phil., Rabbiner. Breslau. (Pilsen $^{8}|_{1}$ 70.)

Vogelstein, Julie, s. Braun-Vogelstein.

Vogl, Carl, SDS., ∴, Religion, Indologie, Mystik, Dr. phil., evangel. Pfarrer. Unterneubrunn i. Thür., Kr. Hildburghausen. (Bechin in Böhmen $^{4}|_{3}$ 66.) **W:** Der moderne Mensch in Luther 07, 2. A. 17; Unsterblichkeit, Vom geheimen Leben der Seele und der Überwindung des Todes 17; Angelus Silesius, der Cherubinische Wandersmann (Auswahl); Sir Oliver Lodges Raymond oder Leben und Tod; Die evangelische Kirche und der Krieg 18; Das magische Ich 21; Sri Ramakrischna, der letzte indische Prophet 21; Die Philosophie des Freitodes 23. **Ue:** Spinozas Ethik 09; David Humes Untersuchungen über den menschlichen Verstand 10. *

Vogler, Josef, Roman, Nov., Drama, ✠, Aphorismen, Inspektor des Postsparkassenamtes. Wien XIII, Einwanggasse 4a. (ebda $^{13}|_{2}$ 76.) **W:** Mehltau, Erz. 99; Getrennt, N. 05; Lieder d. Lebens, G. 06; Romanze, N. 10; Ballade, N. 10; Heinrich Weigands Höllenfahrt, R. 11; D. güldene Kugel d. schönen Maria, R. 13; Das letzte Stündlein, N. 13; D. Schutzgeist d. Hauses Berndl, spirit. Gesch. 14; D. Schüler Machiavellis, N. 14; D. Parabel Lionardos, R. 17; Freiheit, die er meinte, N. 17; D. Baum d. Erkenntnis, Dr. 18. *

Vogt, Karl, Theaterästhetik, ⊙, Schauspieler. Wolfsberg bei Breitbrunn a. Chiemsee. (Weimar $^{5}|_{7}$ 84.)

Vögtlin, Adolf, ASV., Nov., ✠, Dr. phil., Red. v. „Am häusl. Herd“. Zürich 7. (Brugg i. Aarg. $^{25}|_{2}$ 61.) **W:** Meist. Hansjakob 1. A. 20; Das Vater-

wort, R. 96, 26. A. 18; Gedichte 01, 2. A. 01; Der Kujon, Charakter-Schw. 01; Liebesdienste, Nov.-Sammlg. 04; Sephora, R. 04, 17. A. 20; Prinz Adebar, d. Klapperstorch, sat. Spiel 06; Jugendliebe, Nn. u. Skn. 07; Heinrich Manesses Abenteuer u. Schicksale, R. 10, 4. A. 20; Pfarrherrn-Geschichten 12, 2. A. 20; Hans Waldmann, Volks-Dr. 14; Gottfried-Keller-Anekdoten 14, 16. A; Heimliche Sieger, R. 17, 13. A. 19; Geschichte der deutschen Dichtung 20, 10. A.; Aus der Jugendzeit, R. 22; Frauenschicksale, R. 22; Die Dame, Versn. 23. **Ue:** Maupassant: Pariser Abenteuer 97, 13. A. 01; Der Regenschirm u. a. Nn. 97, 8. A. 04; Sie winkt! Nn. 08.

Voigt, Heinr. G., Kirchen♛, ♛, D., Dr. phil. h. c., o. UP. Halle a. d. S., Viktoriastr. 1. (Stade $^{29}|_{8}$ 60.) **V:** Perpetua, dram. Dichtg. 05; Wendungen, desgl. 05; D. christl. Kirche des MA. an d. deutsch. Seeküste, G. 07; u. v. a.

Voigt, Frl. Hildegard, ASV., Drama, Nov. Stettin, Pölitzer Str. 28 III. ($^{31}|_{12}$ 56.) **V:** Knecht Ruprechts Werkstatt, M.-Sp. 07; Im Pfarrhaus zu Tuchthagen, Sch. 17; X und andere Novellen 19; Dornenkinder, G. 19; Aphorismen 19.

Voigt-Diederichs, Frau Helene, Nov. Braunschweig, Herzogin-Elisabeth-Str. 23. (Marienhoff i. Schlesw. $^{26}|_{5}$ 75.) **V:** Schlesw.-Holst. Landleute 98, 3. A. 04; Abendrot 99; Unterstrom, G. 01; Regine Vosgerau 01, 2. A. 23; Leben ohne Lärmen 03; Dreiviertel Stund vor Tag 05, 3. A. 21; Aus Kinderland 07, 3. A. 23; Nur ein Gleichnis 10; Wandertage in England 13; Wir in der Heimat 16; Luise 16; Zwischen Himmel und Steinen 19; Mann und Frau, Nn. 21, 2. A. 22; Regine, R. 23.

Voigtländer, Albrecht, s. Böttger, Franz.

Volbach, Fritz, Musikschrift., Dr. phil., Komp., o. Prof. a. d. Wilhelms-Univ. u. städt. Musikdir. Münster i. W. (Wipperfürth $^{17}|_{12}$ 61.) **V:** Begleitg. d. gregor. Gesanges 88; Händel 98, 5. A. 14; Beethoven 05; Die deutsche Musik im 19. Jahrh. 09; Das moderne Orchester i. s. Entwickelg. 10, 2. A. 19; Die Kunst der Sprache 12, 2. A. 14; Die Instrumente des Orchesters 13, 2. A. 21; Die Klaviersonaten Beethovens 19, 2. A. 20.

Volbehr, Frau Lu, geb. Scharrer, SDS., ⚭, Roman, Nov. München, Kaulbachstr. 61. (Nürnberg $^{5}|_{8}$ 71.) **V:** Konsul Stormanns Tochter, Dr. 00; Ihr Gott, Dr. 01; Führe uns nicht in Versuchung, R. 02; Schwester Fides, Dr. 02; Stephan Henlein, R. 02; D. Bäuerin von Vorra, R. 03, 2. A. 18; D. Fest d. Lebens, Dr. 04; Der Hut, Dr. 04; Die neue Zeit, R.: I. Sebastian Rottmann 05, II. Und alles ist Frucht 09, 3. A. 13; Die Sieben, Dr. 06; König Drosselbart, Msp. 12; D. Spiegelsaal, R. 13; Auf der Schwelle, R. 13; Kathrin, Dr. 15; Das Jung-Mädchenjahr, Erz. 16; Frauenwerk, R. 18; Evassöhne, Dr. 22.

Volbehr, Theod., SDS., Kunst♛, Dr. phil., Prof., Museumsdirektor a. D. München, Kaulbachstr. 61. (Rendsburg $^{9}|_{11}$ 62.) **V:** Watteau 85; Lucas van Leyden 88; Goethe u. die bild. Kunst 95; Ein Orig.-Aufsatz R. Muthers 96; Das Verlangen nach einer neuen dtsch. Kunst 01; Hinter d. Erdentag, M. 03, 4. A. 13; Bau u. Leben d. bild. Kunst 04, 2. A. 14; Gibt es Kunstgef.? 05; Führ. durch d. Kais.-Friedrich-Mus. v. Magdeburg 06ff.: König Bob 07, kl. Ausg. 12; Die Zukunft d. dtsch. Mus. 09; Museumshefte d. Kaiser-Friedrich-Mus. 1—50, 16—21; Bildbetrachtung. Eine Einführung f. alle Stufen des Unterrichts 22.

Volckmann, Erwin, VB., ♛, Kultur♛, ●, ⚭. Rostock. (Elbing $^{19}|_{4}$ 62.)

Volger, Paul (Ps. Ernst Paul), Verlagsbuchhdlr. Landsberg a. d. W. (ebda $^{4}|_{9}$ 56.) **V:** Theaterstücke.

Volkart, Martha, s. Wichgraf, Martha.

Volkart. Otto, ASV., SES., ♛, ♛, Kulturpropaganda, Generalsekr. d. Internat. Ord. f. Ethik u. Kultur. Wilderswil-Interlaken, Kanton Bern. (Zürich $^{12}|_{3}$ 80.) **V:** Menschentum, G. 16; Literarische Porträts: Jaures, Tolstoi, Herwegh, Nietzsche 17; August Forel, e. lit. Lebensbild 18; Rote Rosen, G. 19; Sozialistische Jugenderziehung 19; Vom Lebensquell, G. 21; Sonnenstrahlen, G. 23. **H:** Kinderland, pazifist. Kinderbuch (illustr. von Kreidolf) 17. **Ue:** Debrit, Et ce fut la guerre 18.

Völkel, Karl (Ps. Rudolf Benrath), ♛, Ölsnitz i. Vogtl., Schönecker Str. (Tanna i. Reuß j. L. $^{3}|_{1}$ 69.) **V:** Burschenweisen in Dur u. Moll, G. 90; Heinrich u. Jutta, E. 05; Burgstein, E. 12.

Volkelt, Johs., ⁂, Dr. phil. et theol. h. c., o. UP., GHofR. Leipzig, Auenstr. 3. (Lipnik i. Gal. $^{21}|_{7}$ 48.) **V:** Pantheismus u. Individualismus usw. 71; Das Unbewußte u. d. Pessimismus 73; Traumphantasie 75; Symbolbegriff usw. 76; Kants Erkenntnistheorie usw. 79; Üb. d. Möglichkeit d. Metaphysik 84; Erfahrung u. Denken 85; Grillparzer als Dichter des Tragischen 88, 2. A. 09; Vorträge z. Einführung in d. Philos. d. Gegenw. 92; Ästhetische Zeitfragen 95; Ästhetik d. Tragischen 97, 4. A. 23; Arth. Schopenhauer, seine Persönlichkeit, seine

Lehre, sein Glaube 00, 5. A. 23; D. Kunst d. Individualisierens in d. Dichtgn. Jean Pauls 02; System d. Ästhetik I 05, II 10, III 14; D. Quellen d. menschl. Gewißheit 06; Zwischen Dichtung u. Philosophie, gesammelte Aufsätze 08; Kunst u. Volkserziehung 11; Was ist Religion? 13; Bildungswege der Frau 11; Gewißheit u. Wahrheit 18; Religion u. Schule 19, 2. A. 23; D. ästhet. Bewußtsein 20; Mein philos. Entwicklungsgang 21; Die Gefühlsgewißheit 22.

Volker, s. Gutkind, Erich.

Volker, Reinhard, s. Spitzner, Reinhard.

Volker zu Alzey, s. Stauf v. d. March, Ottokar.

Volkmann, Hans v., ⚘, Prof., Maler. Karlsruhe i. B., Graf-Rhena-Str. 16. (Halle a. d. S. $^{19}|_{5}$ 60.) **B:** Strabanzerchen Kinderbilderbuch 06; Alt-Halle I 08, 2. A. 09, II 09, III 12. ()

Volkmann, J. F. A., s. Hoffmann, Adolph.

Volkmann, Ludw., Kunstwissenschaft, Dr. phil., GHofR., Verlagsbuchh. (Breitkopf & Härtel). Leipzig, Schreberstr. 13. (ebda $^{9}|_{1}$ 70.)

Volkmann, Siegfried v., Politik, ⊞, ♛, polit. Satiren, Dr. jur., RegR. a. D., Dir. Charlottenburg, Uhlandstr. 22/23 III. (Halle a. d. S. $^{5}|_{4}$ 71.)

Volland, Friedrich (Fritz), Balladen-Dchtg., Dr. jur. Berlin-Charlottenburg, Lietzenburgerstr. 4. (Koburg $^{10}|_{7}$ 82.) **B:** Balladen der Liebe 08; Aus alten Chroniken u. jungen Tagen 10.

Vollborth, Franz (Ps. Fr. Troboff), WSB., Hotelwesen. Köln, Riehlerstr. 35. (Berlin $^{29}|_{10}$ 54.) **B:** Zimmer 26, R.; u. a.

Vollbrecht, C., s. Söllner, Ottilie.

Völler, Frz. Jos., (k.), Dr., Chefred. u. Verleger v. „Natur u. Kultur". München, Herzogstr. 5. (Unterhausen b. Neuburg a. D. $^{28}|_{2}$ 76.) ()

Vollert, Konrad, Roman, Kunstkritik, Dr. phil., Direktor des Gyldendalschen Verlags, A.-G. Berlin W 15, Konstanzer Str. 6. (Eisenach $^{8}|_{7}$ 84.) **B:** Zur Gesch. der Facetiensammlgn. d. 15. u. 16. Jahrh. 12; Sonja, R. 13.

Vollerthun, Georg, DB., Lieder, Komp. Strausberg b. Berlin, Kaiserstr. 102. (Fürstenau, Kr. Elbing $^{29}|_{9}$ 76.) **B:** Veeda, O. 16; Lieder.

Volley, Richard, DB., ⚬, ObRegR. im Justizminist. Karlsruhe i. B. (Marburg i. H. $^{13}|_{6}$ 68.) **B:** Sturmbraut, Dr. 20; Der Weltkrieg in Sonetten; u. zahlreiche Dramen.

Vollmer, Ed., s. Stein, Ludw.

Vollmer, Friedrich, klass. Ψ, Dr. phil., o. UP. München, Mauerkircher Str. 26. (Fingscheidt $^{14}|_{11}$ 67.)

Vollmer, Hans, ✝ u. Ψ, Lic., Prof., RSchDir. a. D. Schmalenbeck, Bez. Hamburg, Ihlendieksweg. (Kaiserswerth a. Rh. $^{9}|_{2}$ 71.)

Vollmoeller, Karl, Gustav DB., ♛, ⚬, Dr. phil. Stuttgart, Hasenbergsteige 27. (ebda $^{7}|_{5}$ 78.) **B:** Parcival, Die frühen Gärten 03; Catherina, Gräfin v. Armagnac u. ihre beiden Liebhaber, Dr. 03; Assüs, Fitne u. Sumurud, Dr. 04; D. Buch d. Landschaften 04; Giulia, Einakter 05; D. deutsche Graf, Kom. 06; Wieland, Msp. 10; D. Mirakel, Dr. 12; Antigone 06; Venezianische Abenteuer 12; Turandot 11; George Daudin 12. **Ue:** Oresteia 08; d'Annunzio, Francesca da Rimini 04. **Mitarb:** Blätter für die Kunst. ()

Vollmöller, Kurt. Basel, Rheingasse 74. (Stuttgart $^{25}|_{11}$ 90.) **B:** Schein, R. 22. *

Volz, Robert, RP., BP., Theater, ⚘, ♞, Dr. jur., Schriftleit. a. d. „Tägl. Rundschau". Berlin-Pankow, Wilhelm-Kuhr-Str. 5. (Karlsruhe $^{26}|_{9}$ 87.)

Vömel, Alexander, Biogr. u. rel. Lit., Pfarrer. Frankfurt a. M., Falkstr. 29. (ebda $^{21}|_{7}$ 63.) **B:** Folge mir nach 00, 6. A. 20; Graf Ferd. v. Zeppelin 08, 13; Ein sonniges Heim 13, 20; Reife Garben 19; J. C. Lavaters Leben 23. **H:** Briefe Jung-Stillings 05; Jung-Stillings Leben 07, 20; Stillings Heimweh 22. *

Vondrák, Václav, slav. Ψ, Dr. phil., o. UP. Wien. (Dub $^{22}|_{9}$ 59.)

Vorberg, Gaston (Ps. Montanus), SDS., ♛ d. Medizin u. Sittengeschichte, Pathographie, Dr. med., Prakt. Arzt. München, Prinzregentenplatz 23. (Köln a. Rh. $^{23}|_{1}$ 75.)

Vorbusch, Erika, s. Sonntag, Erika.

Voretzsch, Karl, roman. Ψ, Volkskde., Dr. phil., o. UP., GRegR. Halle a. d. S., Gütchenstr. 10. (Altenburg i. S.-A. $^{17}|_{4}$ 67.) **B:** D. franz. Heldensage 94; Epische Studien I 00; Einführg. in das Studium d. altfranz. Sprache 01, 5. A. 18; Einführg. in d. Studium d. altfranz. Lit. 05, 2. A. 13; Roman. Philologie u. d. Studium d. Franz. 14. **H:** Balduins Tod 10; Pariser Reformationsspiel v. 1524 13; Altfranz. Lesebuch. ()

Vorländer, Karl, ⁂, Dr. phil., Ob.-SchulR. u. Prof. Münster i. W. (Marburg i. H. $^{2}|_{1}$ 60.) **B:** Kant u. d. Sozialism. 00; D. neukant. Bewegg. im Sozialism. 02; Gesch. d. Philosophie II, 5. A. 19; Marx u. Kant 04; Kant, Schiller, Goethe 07; Kants Leben 11; Kant als Deutscher 19; Kants Weltanschauung in s. Werken 19; Kant, Fichte, Hegel u. d. Sozialism.

20; Kant u. s. Einfluß auf d. deutsch. Denker 20; Franz. Philosophie 23; u. a. ()

Vortisch (= van Vloten) Hermann, Lyrik (schriftdeutsch u. alemanisch), ●, ■, /, ♯, ⅄ u. ∩, ✝, Märchen, Nov. u. Erzählungen, Dr. med., Leitender Arzt d. Heilanstalt Kork; Missionsarzt a. D. Kork, Kreis Offenburg, Baden. (Lörrach, Baden 18|6 74.) V: Alemanische Gedichte 02; Hebels Haimet 07; Trost u. Kraft, relig. Ged. 16; Hin u. her auf der Goldküste 07, 2. A. 10; Chinesische Patienten u. ihre Ärzte 14; Mutter u. Kind 19, 3. A. 23; Die Nervosität 19, 2. A. 21; Die Relativitätstheorie 21, 2. A. 22. *

Vorwerck, C. A., s. Forberger, Carl.

Vosberg, Harry, DB., Theater, Dr. jur., Generaldirektor. Schedetal, Kr. Hann.-Münden. (Gleiwitz 3|3 75.) V: Till Eulenspiegel, Lsp. 12; Generalprobe, Lsp. 15; Hans Michel Elias Obentraut, R. 19; Schlagende Wetter, Sch. 21.

Voß, Camill Alexander, s. Schaible Alex.

Voß, Georg, VP., Kunst♛ u. △, Dr. phil., Prof., Konserv. d. Kunstdenkm. d. Thür. Staaten, Mitgl. d. wissensch. Beirats d. Märk. Mus. Berlin-Grunewald, Auguste-Victoria-Str. 7. (Magdeburg 5|9 54.) V: Darstellg. d. jüngsten Gerichts 84; Thüringer Kalender, kunsthist. Jahrb. 02ff.; Bau- u. Kunstdenkmäler Thüringens, 02—17; Berliner Kalender, kunsthist. Jahrbuch 03ff.; Meisterwerke d. Kunst in Sachsen u. Thür. 04; Grabdenkmäler in Berlin u. Potsdam 05; Bilder aus d. Brandenburg-Preuß. Gesch. 08, 4. A. 09. ()

Voß, Karl, ■, ○, /, ♢, ■, Oberzeichenlehrer am Reform-Realgymn. Kiel, Eckernförder Allee 8. (ebda 22|1 66.) V: Kruse Dinger ut min Muskist' I, G. 90; Joh. Meyer u. s. Bedeutg. als deutsch. Volksdichter 99; Plattdütsch Leed 00; Köster Suhr, Bst. m. Ges. 01; Lischen will frigen, Lsp. 02; De Reis' nah Belligen, Schw. (m. W. Fricke) 02.

Voß, Frau Lena, geb. Wietfeldt. Braunschweig, Celler Str. 22. (Meinerdingen 1|7 82.) V: Goethes unsterbliche Freundin 21, 2. A. 22. *

Voßler, Karl, roman. Ψ u. Lit.♛, Dr. phil., o. UP. München, Leopoldstr. 87 II. (Hohenheim b. Stuttgart 6|9 72.) V: Poet. Theorien in d. ital. Frührenaiss. 00; Ital. Lit.-Gesch., 2. A. 08; D. philos. Grundlagen z. „süßen neuen Stil" 04; Positivism. u. Idealism. in d. Sprachwissensch. 04; Sprache als Schöpfg. u. Entwicklg. 05; D. Göttl. Komödie, Entwicklungsgesch. u. Erklärg. 07—10; Frankreichs Kultur 13; Leopardi; u. a.

Voulliéme, Ernst Herm., Inkunabel-Bibliogr., Dr. phil., Prof., ObBibl. a. d. Staats-Bibl. Berlin-Halensee, Paulsbornerstr. 27. (Gumbinnen 11|1 62.)

Vowinkel, Ernst, ⁂, ■, ■, Lic., Dr. phil., StudDir. Mettmann, Rhld. (18|3 72.) V: Pädagogische Deutungen, Prolegomena zu einem System des höh. Unterrichts 08; Leben u. Erkenntnis, Betrachtgn. zwischen den Zeilen 11; Beiträge zur Philosophie u. Pädagogik 12; Lebensläufe u. Todesgänge, G. 13; Neue Gedichte 14; Die graue Wolke, N. 16; Echo d. Stille, G. aus d. Kriegszeit 16; Der falsche Prophet, Tr. 16; Die göttliche Antwort, Tr. 16; Erscheinungen, G. 17; Seele u. Zeit, G. 18; Brunnenspiegel, G. 19; Psychologie der Pädagogik 22; Pädagogische Typenlehre. *

Vrieslander, Frau Minni, Nov., philos. Essays. Dachau b. München, Münchener Str. 25c. (Berlin 10|9 89.) V: Die frohe Botschaft der Frau 20 (holl. 21); Gespräche mit Sokrates; Napoleon Bonaparte 18.

Vydt, Jodokus, s. Sutter, Otto Ernst.

W.

Waag, Albert, deutsche Ψ, Dr. phil., GHofR., Dir. d. Höh. Mädchenschule mit MädchRealgymn. u. o. Hon.UP. Heidelberg, Landfriedstr. 3. (Mannheim 10|8 63.) V: Zusammensetzg. d. Vorauer Handschr. 85; Kl. deutsche Ged. 11. u. 12. Jahrh. 90, 2. A. 16; Herders Übertragungen engl. Gedichte 92; Chronik d. Stadt Heidelberg 93/96; Bedeutungsentwicklg. uns. Wortschatzes 01, 4. A. 21; Deutsche Sprachlehre f. höh. Lehranst. (m. L. Sütterlin) 05, 7. A. 21. ()

Waas, Christian, Ψ, ♛, Dr. phil., Prof. ObLehr. Mainz-Gonsenheim, Kapellenstr. 26. (Friedberg 1|2 74.)

Wäbekindt, Friedr., heimatl. Erzählg., Lehrer. Ritterhude b. Bremen, Hauptstr. 96. (Celle 16|1 69.) V: Kriegerwaisen, Festsp. 03; Der Briefschreiber, P. 04; Volksdichtung 10; Jürgen Wewer, Erz. 12; Kampf nach zwei Fronten, Lsp. 17; Ut'n Burnstand, Plattd. Bauernst. 20; In 'r Spinndöng, Sp. 20. ()

Wache, Karl, DÖSchG., Roman, ■, /, Lit.♛, Dr. phil., Bibliothekar an der Wien. Univ.-Bibl. Wien XVIII/1, Schopenhauerstr. 18. (ebda 26|4 87.) V: Meine Welt u. andere Gesch., Nn. 18; Die Künste, ihr Wesen u. Werden 19; Welt und Seele, Nn. 20; Neuer Wiener Führer 22; Roland, R. 23; Agnes Ingwersen, N. 23.

Wachler, Ernst, SDS., DB., ❀, ⚲, ∴, /, Dr. phil., Eigent. d. Berg-Theaters bei Thale (Harz). Weimar, Roonstr. 19. (Breslau $^{18}|_{2}$ 71.) B (seit 00): Über die Zukunft d. deutsch. Glaubens 00; Schles. Brautfahrt 01; Rhein-Dämmerungen 02; Wie kann Weimar zu einer neuen literarischen Blüte gelangen? (Nebst „Pflichten einer führenden Bühne") 03; Das Landschafts-Theater 03; Walpurgis 03; Die Elfe 04; Widukind 04; Unter der goldnen Brücke, G. 04; Ringbüchlein 04; Mittsommer 05; Mittwinter 08; Spruch- und Merkbüchlein des Harzer Bergtheaters 08; D. Freilichtbühne 09; Sommerspiele auf vaterländischer Grundlage 10; Die Osternacht 11; Osning, R. 14; Kriegsbeute, G. 15; D. Durchbruch v. Brzezinn, Feldzugs-Erinnergn. 15; Till Eulenspiegel 20; Fabeln für Deutsche 21. H: Iduna, Monatsschrift 98—05; Volksbühne 01—03; Spielmann, G. 01—03; Deutsche Wiedergeburt, Schriften z. nat. Kultur 08 III.

Wacker, Karl, ♛, Dr. phil., SemDir. Koblenz, Beethovenstr. 7. (Neuenkleusheim i. W. $^{2}|_{1}$ 59.)

Wackernagel, Frau Ilse, geb. Stach v. Goltzheim (Ilse v. Stach), (k.), DB., ⚲, Roman, ❀, Prof.-Gattin. Münster i. W., Hochstr. 3. (Haus Pröbsting, Westf. $^{17}|_{2}$ 79.) B: Gedichte 97; D. hl. Nepomuk, Einakter 09; Die Sendlinge von Voghera, R. 10; Missa poetica, G. 12, 3. A. 22; Die Beichte, N. 13; Haus Elderking, R. 15, 4. A. 23; Requiem, G. 18; Genesius, e. christl. Tr. 20, 2. A. 22; Weh' dem, der keine Heimat hat, R. 21; Griseldis, Dr. 22; Melusine, Dr. 22.

Wackernagel, Jacob, vgl. Sprachwiss., Dr. phil., o. UP. Basel, Gartenstr. 93. (ebda $^{11}|_{12}$ 53.)

Wackernagel, Martin, (k.), Kunst♛, Dr. phil., o. Prof. Münster i. W., Hochstr. 3. (Basel $^{2}|_{1}$ 81.) B: Die Plastik des 11. u. 12. Jahrh. in Apulien 11; Basel (Ber. Kunststätten) 12; Die Baukunst d. 17./18. Jahrh. in d. german. Ländern (Handb. d. Kunstwiss.) 21, 3. A. 22.

Wagener, Clemens, Dr. scient. pol. Berlin NW, Paulstr. 22 I. (Burg b. Magdeburg $^{31}|_{1}$ 70.) B: Aus allen Zeiten u. Weiten, G. 95; Unterm Domkrahn, epische Dchtg. 05; Die Höherbelastung fundierter Bezüge 08; Die Wohnung des Arbeiters 09; Staats- u. Gemeindeleben 11; Alte u. neue Zeit 11; Natur u. Heimat 12; Aus dem Gesellenleben 12; Kinder untereinander 12; Natur u. Heimat 13; „V 9" und anderes, Kriegsdchtgn. 15; Kriegsallerlei; Persien 16; Bulgarien 16; Vorm Kachelofen, Geschn. 20. *

Wagenfeld, Karl, Dialekt❀, Lehrer. Münster i. W., Nordplatz 2. (Lüdinghausen $^{5}|_{4}$ 69.) B: 'n Öhm 05; 'ne Göppsvull 09; Volksmund 10; Un buten singt de Nachtigall 11; Daud un Düwel, E. 12; Dat Gewitter, Dr. 12; Dat Gaap-Pulver, Dr. 13; Krieg, G. 14; Weltbrand, G. 15; De Antichrist, E. 16; Hatt gegen hatt, Dr. 18; Luzifer, Dchtg. 20. ()

Wagenknecht, Paul (Ps. Paul Claudius), RP., Kritik, Essays, Pl., /, Feuill.-Red. u. Theaterreferent. Chemnitz, Kurze Str. 12. (Berlin $^{16}|_{8}$ 70.)

Waghalter, Ignatz, Komponist, Kapellmeister a. Deutsch. Opernhaus. Berlin-Wilmersdorf, Konstanzer Str. 55. (Warschau $^{15}|_{3}$ 81.) B: Teufelsweg, Mandragola, Jugend, Sataniel, der ekelhafte Kavalier, O.; Lieder u. a. Kompos.

Wagner, Albert Malte, Lit.♛, Ψ, Dr. phil., UDoz. Hamburg, Loogestieg 3. (ebda $^{16}|_{11}$ 86.) B: Henrik Ibsen 07; D. Drama F. Hebbels 11; Goethe, Kleist, Hebbel u. d. relig. Problem ihrer dramat. Dichtg. 11; Der Krieg u. die Aufgabe der deutsch. Mutter 15; Bücherkunde z. Gesch. u. Literatur Polens (m. W. Recke) 18; Hamburg, seine Universität u. seine Jugend 19; H. W. v. Gerstenberg u. d. Sturm u. Drang I 20, II 23; Neuromantik 24.

Wagner, Carl, Kultur♛, Schuldirektor. Kufstein i. Tirol. (Dortmund $^{7}|_{6}$ 75.) B: Geschichte der Volksschule Kufstein 12. *

Wagner, D. H., s. Thommen, Martha.

Wagner, Hans. Bolligen b. Bern. (Konolfingen $^{14}|_{6}$ 86.) B: Singen und Sagen, G. 16; Menschen sind wir, N. 21.

Wagner, Hans Gustav, DB. Münster i. W., Warendorfer Str. 63. (Frankfurt a. M. $^{17}|_{8}$ 91.) B: Holger Korreland, R. 19; Der Aufrechte, R. 20; Am Tore der Zukunft, Nn. 21; Trotzdem, Dr. 23.

Wagner, Johann Philipp, (k.), Ehren-Prof. Ettelbrück i. Luxemb. (Berburg $^{24}|_{1}$ 51.) B: Pädagogisch-didaktische, mathemat., land-, obst-, garten- u. volkswirtschaft. Schriften in deutscher und franz. Sprache.

Wagner, Karl (Singsang), ♯, ❀, Dr. med. Graz, Wielandg. 12. (Vorbernberg $^{21}|_{12}$ 79.) B: Ged., Nn., Erzn., Sch., Lsp., Dr.

Wagner, Ludwig, lyrischer Dichter, Bankbeamter (absolvierter Jurist). Linz, Oberösterreich, Hauptplatz 18 II. (Gutau, Oberösterreich $^{30}|_{2}$ 92.) B: Gedichte, 1. A. 23; Orientalisches Tagebuch; Südlandsfahrt. *

Wagner, Max Leopold, Romanische Ψ,

Dr. phil., UDoz. Charlottenburg, Kantstr. 31. (München $^{17}|_{8}$ 80.)

Wagner, Michael, Erz., Korrektor. München, Äußere Wiener Str. 71. (ebda $^{25}|_{2}$ 95.) B: Berge u. Menschen, R. u. Sk. 21; D. Berg d. Sünde, Erz. 22. *

Wagner, Richard, (Homo), PA., Roman, /, ❦, Drama, Freier Schriftsteller. Kassel, Querallee 13. ($^{22}|_{11}$ 68.) B: Traum u. Rausch, G. 99; Das Evangelium der Verachtung, Dchtg. 00; Äther u. Wille oder Haeckel u. Schopenhauer 01; Byron, Tr. 04; Rheinweinzauber, Satyr-(Zbr.-) Sp. 19; Zigeunerblut im Aktenschrank, biograph. R. 23. *

Wagner, Richard (Ps. Erich Dipp), ASB., G., Lr. Pl., Sk. Ludwigshafen a. Rh., Bayern, Frankenthaler Str. 184. *

Wagner, Siegfried, Musikdramatiker. Bayreuth, Haus Wahnfried. (Triebschen $^{6}|_{6}$ 69.) B: D. Bärenhäuter, O.; Herzog Wildfang, O.; Dame Kobold, O. 04; Bruder Lustig, O. 05; Sternengebot, O. 08; Schwarzschwanenreich 11; u. a.

Wahl, Adalbert, ♛, Dr. phil., o. UP. Tübingen, Hauffstr. 16. (Mannheim $^{29}|_{11}$ 71.) B: Studien z. Vorgesch. d. franz. Revol. 01; Vorgesch. d. franz. Rev. I 05, II 07; Beitr. z. deutsch. Parteigesch. 10; Gesch. d. europ. Staatensystems 12; D. Ideen v. 1813 13; Vom Bismarck d. 70er Jahre 20; u. a. ()

Wahl, Edgar v. (Ps. Prorók), ∴, ❦, cand. math., Staatsrat, Leutn. z. S. a. D., Journalist. Reval, Petrischule. (Olwiopol $^{24}|_{8}$ 67.)

Wahl, Gustav, Lit.- u. Sprach♛, Prof., Dr. phil., St.- u. UBiblDir. Hamburg 37, Klosterallee 21. (Berlin $^{25}|_{7}$ 77.)

Wahl, Hans, Lit.♛, Kunst♛, Dr. phil., Dir. d. Goethe-Nationalmus. Weimar, Moltkestr. 23. (Burkersdorf $^{28}|_{7}$ 85.) B bzw. H: Gesch. des Teutschen Merkur 14; Weimarische Briefe aus d. Franzosenzeit 14; Carl August v. Weimar in s. Briefen 15; Briefwechsel des Herzogs-Großherzogs Carl August mit Goethe 15—18 III; Der Adjutant d. Prinzen Louis Ferd. 16; Prinz Louis Ferd. v. Preußen 17; Die Holzschnitte der Lübecker Bibel v. J. 1494 17; Chodowieckis Kupfer z. d. Anekd. v. Friedrich d. Gr. 17; Die Zeichnungen von J. Heinrich Meyer (Schr. d. Goethe-Ges. 33) 18; Weimar 19; Goethes Schweizerreisen 20; Scherenschnitte der Adele Schopenhauer 20; Hebbels Werke, Mörikes Werke, Schillers Werke 20ff.; Goethe-Gedenkblätter: Weimar 21; Goethes Parkzeichnungen 23; Die Bildnisse Goethes 23; Die Dornburger Schlösser (Schr. d. Goethe-Ges. 36) 23.

Wahl, Norbert, s. Plawina, Oswald.

Wahle, Julius, deutsche Lit.♛, Dr. phil., Prof., Archivar am Goethe- u. Schiller-Archiv. Weimar, Fürstenpl. 3. (Wien $^{15}|_{2}$ 61.) B: Weim. Hoftheater unt. Goethe 92. H: Goethes Briefe an Fr. v. Stein; Goethe, Italien. Reise (Weim. Ausg.) 03f.; Aus Goethes Archiv: Die erste Weimarer Gedichtsammlung (m. B. Suphan) 08. ()

Wahlström, Frau Irene, geb. Stadelmann, Märchen, Skizzen, ❦, /, Kompos., Fabrikdir.-Gattin. München, Ismaningerstr. 64. (Speyer $^{2}|_{10}$ 73.) B: Poetisches Kaleidoskop 03; Was Frühling, Liebe u. Musen mir heimlich sangen ins Ohr 05; Kleine Märchen für große Leute 10.

Wahn, Adolf, s. Niebour, Minna.

Wahrmund, Ernst, s. Schaer, Adolf.

†**Waiblinger,** Frl. Emma. Eßlingen a. N., Turmstr. 12. (Düsseldorf $^{7}|_{7}$ 97). B: Die Ströme des Namenlos, R. 20. *

Waitz, Eberhard, ✝, Lit.♛, Superintendent, Pastor. Hannover, Am Markt 2. (Göttingen $^{4}|_{2}$ 56.) B: Goethe u. Pauline Gotter 19; u. a.

Wald, Felix, s. Hengst, Wilh.

Wald, Karl von, s. Reiterer, Karl.

Waldberg, Max Frhr. v., Lit.♛, Dr. phil., o. HonUP. Heidelberg. (Czernowitz $^{1}|_{1}$ 58.) B: erg. ()

Waldberg, W. v., s. Mayrhofer, Johs.

Walde, Alois, vgl. indogerm. Sprachwiss., Dr. phil., o. UP. Innsbruck. (ebda $^{30}|_{11}$ 69.)

Walde, Hans vom, s. Hausen, Fritz.

Walde, Karl, s. Pollak, Karl.

Walde, Peter, s. Kranich, Timotheus.

Waldeck, Hermann, ◯, Dialekt❦, Humor, /, ♒. Mannheim, Friedrichsring 48. (Neuwied $^{2}|_{7}$ 54.) B: Aus d. Mannemer Mapp, G. u. Hum. in Mannh. Mundart 96, 2. A. 06; Maud, D. artesische Brunnen, P., neu bearb. u. lokalisiert 97; Stoltze, Durch den kaufm. Verein, Schw., lokalis. u. in Pfälz. Mundart übertr. 98; Norr nit brumme! G. u. Hum. in Mannh. Mundart 99; Bunn dr Lewwer weg, desgl. 03. ()

Waldegg, Otto, s. Rubiner, Wilhelm.

Waldegg, P. v., s. Pauer, Ign.

Waldey, Franz, s. Hillmann, Franz.

Walden, Herwarth, ♒, Kritik, Musik, Dchtg., Hrsg. d. Monatsschrift „Der Sturm". Berlin W 9, Potsdamer Str. 134a. (ebda $^{16}|_{9}$ 78.) B: Opernwegweiser d. Schlesingerschen Musikbibl. 07; Richard Strauß (Meisterführer) 08; D. Buch der Menschenliebe, R. 16; Gesammelte Schriften, I. Kunstkritiker u. Kunstmaler 16; Weib, Dr. 17; Die Härte der Weltenliebe, R. 17; Kind, Dr. 18; Trieb, Dr. 18; Menschen, Dr. 18; Unter

den Sinnen, R. 19; Die neue Malerei 20; Glaube, Dr. 20; Einblick in Kunst 20; Sünde, Dr. 20; Die Beiden, Dr. 20; Erste Liebe, Dr. 20; Letzte Liebe, Dr. 20.

Walderstötten, Hanns von Walther, Bibliographie, Reg.=Amtmann, Hvtm. a. D. Regensburg, Straubinger Str. 14. (Sulzbach i. Opf. $^{19}|_{8}$ 91.) **B:** Die Bücherei eines Deutschen 23. *

Waldeyer-Hartz, Hugo v., Kap. z. See a. D., Vorst. d. Hauptbüch. d. Reichswehrminist. Berlin=Lichterfelde, Theklastr. 10. (Straßburg i. E. $^{7}|_{11}$ 76.) **B:** Hansa — unsere Welt, Erz. 15; Ran an den Feind! Erz. 15; Von Tsingtau zu den Falklandinseln, Erz. 16; Alle Mann — Klarschiff! Erz. 17; U=Boot u. U=Bootkrieg 17; Land= u. Seekrieg, e. vergl. Darstellg. 17; Ziel erkannt — Kraft gespannt, R. 19; Rochus v. Balkenberg, R. 18; Wurmstichig Holz, R. 19; Die nagende Maus, R. 19; Deutsche Flottenträume, Erz. 20; Der alte Fluch, R. 21; Der Hanstein, R. 21, 3. A. 23; Altheidelbergs Not, R. 23.

Waldkauz, s. Jennerjahn, Wilhelm F. H.

Waldmann, Emil, Kunstw, Dr. phil., Dir. d. Kunsthalle. Bremen. (ebda $^{16}|_{12}$ 80.) **B:** Provis. Führer durch d. Gem.=Slg. d. Univ. Göttingen 05; Lanzen, Stangen u. Fahnen als Hilfsmittel d. Kompos. in d. graph. Frühwerken A. Dürers 06; D. got. Skulpturen am Rathaus zu Bremen 08; Die Nürnb. Kleinmeister 11; W. Leibl 14; Griech. Originale 14; Albrecht Dürer, 15—17 III; Führer durch die Bremer Kunsthalle 19; August Gaul 19; Sammler und ihresgleichen 20; Das Bildnis im 19. Jahrh. 20; Max Slevogts graphische Kunst 21; Tintoretto 21; Tizian 22; Max Slevogt 22; Edouard Manet 23.

Waldmoser, Hans, s. Moser, Hans, Wels.

Waldner, Fred, s. Wurmb, Alfred Ritt. v.

Waldstetter, Ruth, s. Behrens, Martha.

Walheim, Alfred, Germanistik, /, Dr. phil., GymnProf., Landeshauptmann d. Burgenlandes. Sauerbrunn. (Ödenburg, Ungarn $^{5}|_{11}$ 74.) **B:** Emil Ertl 12. **H:** Grillparzer, Der arme Spielmann, u. Saar, Tambi 10; Liliencron, Richtungspunkt, Frenssen, Jörn Uhl, u. Ertl, Leute vom Blauen Guguckshaus 10; Fontane, Kriegsgefangen, u. Reuter, Festungstid 11; Ertl, Salto Mortale u. a. 11; Fischer, Frauendienst, u. Brentano, Chronika 12; Brentano, Kasperl u. Annerl, u. Traun, Scharfrichter Rosenfeld 12; Gutzkow, Königsleutnant 13; Sealsfield, Squatter Regulator 15. **Ue:** Der Wiener Meerfahrt 22.

Wall, Viktor, VB., Roman, Hptm. a. D. u. Rechnungsdirektor. Wien III/1, Neulingg. 15. (Göding $^{6}|_{12}$ 77.) **B:** Morgendämmerung 04; Der Kreuzweg 12.

Wallberg, Gust. v., s. Nowy, Edler v. Wallberg.

Wallenstein, s. Friedland, Jack.

Walleser, Max, ind. ⁂, Dr. phil., UDoz., a.o. UP. (Heidelberg) u. GProf. Heidelberg. ($^{13}|_{6}$ 74.)

Wallisch, Friedrich, ASB., DB., SDS., BF., ○, ✠, Roman, Nov., /, Theaterkritik, Ethnographie, Politik, ▭, Dr. med., Dramaturg, Theaterref. Wien VIII, Pfeilg. 7. (Weißkirchen $^{31}|_{5}$ 90.) **B:** Der Adler des Skanderbeg 14; Balkan=Nächte, R. 17; Die Pforte zum Orient 18; Narrenspiegel der Liebe, 12 Erz. 19, n. A. 21; Das verborgene Feuer, 4 Einakter 19; Opium — Die letzte Nacht, 2 Einakt. 21; Der rote Bart, Nn. 21; Genius Lump, R. 21; Träume, Nn. 21. **H:** Max Foges Nachgelassene Schriften 23 I.

Wallner, s. Vallazza, Karl.

Wallner, Frz., BP., ○, Schauspieldir. Dresden=Blasewitz, Schulstr. 3. (Posen $^{19}|_{12}$ 54.) **B u. Ue:** Der dritte Kopf 88; Nervöse Frauen 89; Im Boudoir 89; Die Grammatik 89; Madame Edouard 89; Schlag auf Schlag (mit L. Herrmann) 91; Immer zerstreut 92; Der Bärenführer (m. Teuscher) 92; In Fesseln 93; Bühneneinrichtung von Heines Almansor; In steter Angst 03. ()

Wallner (verehelichte Frau Kränzl), Susi, DÖSchG., Erzählungen, Schriftstellerin u. Hofratsgattin. Linz a. d. D., Oberösterreich, Klammstr. 2. (St. Leonhard im Mühlkreis, Oberösterreich $^{8}|_{3}$ 68.) **B:** Alte Stiege, R. 98; Hallstätter Märchen, M. 00; Erzählungen 02; Linzer Skizzen, Erz. 05; Bunte Blätter, Erz. 08; Gestalten aus Oberösterreich, Erz. 12; Soldatenbraut, Erz. 15. *

Wallner-Thurm, Frau Therese (Pf. von Saltern), PA., ✠, Nov., Rom. Dresden=Striesen, Zinnwalderstr. 2 III. (Dresden $^{29}|_{12}$ 60.) **B:** Wenn zwei sich lieben, R. 16; D. Töchter d. Kommerzienrats, R. 16; Nantsch u. Fritz, die beiden Maler, heit. Rom. 19; Hilde Möllendorfs Ideal, desgl. 18; Das Haupt der Hydra, R. 19; Flüssiges Gold, R. 19; Amors Geschoß, M. 20; Deine Heimat ist meine Heimat, R. 20. ()

Walloth, Wilh., ✠, Roman. München, Gernerstr. 36. (Darmstadt $^{6}|_{10}$ 56.) **B:** D. Opfer, Dr.; Alboin, Dr.; Ein Liebespaar, R. 92; Es fiel e. Reif..., R. 93; Im Banne der Hypnose, R. 97;

E. Sonderling 01; Eros, R. aus d. griech. Altertum 06; Im Schatten des Tods, R. 08 II; Ein Messias, R. 09 II; Im Völkersturm, KriegsLr. 15; Ein Fastnachtsdrama R. 21; Der große Julius, Optte. (m. and.) 21; Neid, R. 22. ()

Wallpach zu Schwanenfeld, Arthur R. v., ◆. Schloß Anger b. Klausen, Südtirol; im Winter: Innsbruck, Innrain 14. (Vintl $^{6}|_{8}$ 66.) B: Im Sommersturm 93, n. A. 01; Sonnenlieder 99; Kreienfeuer u. Herdflammen 01; Es will tagen, Ketzersprüche (m. Tim. Klein) 02; Sturmglock, pol. u. soz. G. 02; Bergbrevier 04; Tiroler Blut 08; Heiliges Land 13; Wir brechen durch den Tod, G. 16. ()

Wallsbüll, Bruno, s. Johannsen, Bruno.

Walsemann, Hermann, ■, Dr. phil., OberlyzealDir. Schleswig, Bahnhofstr. 27 II. (Rödenbeck $^{3}|_{2}$ 66.)

Walstret, Heinrich, s. Grabinski, Bruno.

Walter, Curt L., jetzt: Walter van der Bleek.

Walter, Friedrich, ♛, /, Dr. phil., Prof., Städt. Archivar u. Bibliothekar, Direktor d. Hist. Museums, Hrsg. d. „Mannheimer Geschichtsblätter" (seit 00). Mannheim, Kirchenstr. 10. (ebda $^{3}|_{9}$ 70.) B: Wahl Maximilians II. 92; Entwickelung d. Mannh. Musik- u. Theaterleb. 97; D. Siegelsammlg. d. Mannh. Altertumsvereins 97; Gesch. d. Theater u. d. Musik am kurpfälz. Hofe 98; Archiv u. Bibliothek d. Mannh. Theaters 99 II; Chronik d. Stadt Mannheim üb. d. Jahre 1900/02 III; Gesch. Mannheims 07 II; D. Mannh. Museumssammlgn. u. ihr weiterer Ausbau 08; D. Kaufhaus in Mannheim (m. R. Perrey) 10; Versuch z. Gewinnung e. Methode d. Straßenbenennung (m. F. Wichert) 12; Das Mannheimer Schloß 22.

Walter, Herm., s. Ohrem-Bonn.

Walter, Frl. Marie, /, **Ue:** EF. Frankfurt a. M., Fichardstr. 15. (Hannover $^{8}|_{10}$ 60.) B: Der rote Dolman 02; Der Herr Postdir., Sgsp. 06; Im Netz gefangen, KriminalR. 13; u. mehr. Übers.

Walter, Reinhold v., Dchtg., **Ue:** R. Berlin-Wilmersdorf, PfalzburgerStr. 24. (St. Petersburg $^{5}|_{8}$ 82.) B: Der Kopf 20 (m. 10 Holzschn. v. Barlach); D. Totengräber, Fragm. 23. **Ue:** Ssologub, Brjussow, Block, Puschkin u. a.

Walter, Robert, ◆, ♛, ⚲, ⊙. Lokstedt b. Hamburg. (Wülfel b. Hannover $^{14}|_{9}$ 83.) B: Wir wollen ins Himmelsschlößlein fahren 10, 6. T. 21: Götterdämmerung 11, 8. T. 13; Münchhausens Wiederkehr 12, 5. T. 13; Blindermanns Weltlauf 18; D. Mensch des Rechts 18; D. Krippenschnitzer 19; D. Hahnenkomödie 20; D. Geburt des Narren 20; D. glückselige Meergarten 21; D. Liebhaber vom Saturn, Dr., Scherz, Satire, Ironie, m. zeitgemäßer Bedeutg.; D. Licht d. Kindheit, Erz.; Noahs neuer Kasten 24. H: Wettersprüche, Dtsch. Bauernregeln 20. ()

Walter van der Bleek, Kurt L., ♛, ●, ⚲, ⊙, ⁂, ■, ▣, **Ue:** GLIF, Dir. d. Two Worlds-Campany: Deutsche Heimat u. Ausland, G. m. b. H. Berlin-Wilmersdorf, Pfalzburger Str. 26 a. (Berlin $^{18}|_{9}$ 77.) B: Akadem. Bühnenspiele als Bausteine zu e. deutsch. Akad. u. zu e. deutsch. Nationaltheater 02; Babel, Bibel u. — Bebel 03; Prolegomena einer zu schaffenden Freien Akademie 04; Borngräbers Giordano Bruno u. König Friedwahn in ihrer Stellung zum Gesamtkunstwerk Rich. Wagners 05; Giordano Bruno — Goethe u. d. Christusproblem 11; Paul Friedrich 14; Deutschland u. Griechenland 16; Die volkserzieherische Bedeutung der germanischen Weltkultur 16; Die protestantische Staatsidee 19; Der protestantische Lebensgeist 21. H: Dr. Harriets Gesch. d. Prostitution (Ps. Berthold Klein); Gust. Freytags Briefe an s. Gattin 12; Charles de Coster, La legende d'Ulenspiegel et de Lamme Goedzak 12; Dante, La divina Commedia 12; Illustr. Klassiker d. Deutsch. Theaters nach Inszeniergn. v. Max Reinhardt 13/14; Richard Wagners „Parsifal" 14; H. Conscience, D. Löwe v. Flandern 16; H. Conscience, Jacob van Artevelde 17; E. M. Arndt, Die Frage über die Niederlande und die Rheinlande, Belgien und was daran hängt 18.

Walter vom Wingolf, s. Jung, Emil.

Walthari, Herm. s. Culmann, Hellm.

Walther, Friedrich, s. Eynern, Walther von.

Walther, H., s. Metzger, Hermance.

Walther, Frl. Gerda, ⁂, Dr. phil., Privatgelehrte. Nordrach, Kolonie (bad. Schwarzwald). B: Es war einmal; Ein Beitrag zur Ontologie der sozialen Gemeinschaften 22; Ausführliches Sachregister zu Edmund Husserls „Ideen zu einer reinen Phänomenologie..." 23; Zur Phänomenologie der Mystik 23. **Ue:** Indianersagen 15. *

† **Walther,** Karl August, ASB., Belletristik, ▣, Psychologie, Dir. der Schloß-Galerie in Dresden. Dresden-Loschwitz, Gabelsbergerstr. 3. (Bielefeld $^{30}|_{4}$ 02.) B: Jugendwandern 23. *

Walther, Theodor, /, ⊙, ◆, ■, ⁂, Lehrer a. D. Siedlung Kalksee bei Kalkberge, Mark Brandenburg. (Wetzen-

dorf $^{10}|_{8}$ 61.) B: 2 Tage aus d. Leben Schillers, Erz. 05; Bei den Hanseaten, Erz. 06; Des Kindes 1. Rechenbuch 06; D. Reise nach Wetzenstedt, hum. Erz. 07; 2 Tage aus dem Leben d. Preuß. groß. Königin, Erz. 10; Ovids Verwandlgn. (Übertrg.) 15; Heilige Gluten auf den Altar des deutschen Hauses, Erz. 16; Am Urborn deutsch. Wesens (Übertrag. d. Lr. W. v. d. Vogelweide) 16; Meister Siegwart, Dr. 18; Oleanderblüten, Erz. 19; Holzschnitte 19; Ged. 19; Aus Idunas Garten, G. u. Ballad. 21; Der Page Gust. Adolfs, hist. Tragöd.

Walther, Wilhelm, ✿, Nov., ☊, Roman. Seeheim a. d. Bergstr. (Grebenau $^{28}|_{1}$ 89.) B: Der erwachende Gart., G. 11, 2. A. 14; Unsere Liebe Frau, G. 12, 2. A. 14; Die blaue Passionsblume, G. 13, 2. A. 15; Die Truhe, N. 15; Das Buch vom Leben in Demut und Stolz, G. 17; Almosen, N. 20; Brosamen, G. 20; Der Krug, Dchtg. 20: Die Harfe Leila, G. 20; Der Hirt und das Einhorn, R. 22: Das Schloß im Ried, N. 22; Die Asche, G. 22; Myosotis, G. 22; Der eucharistische Heiland, G. 22; Der Bauende / Die Golden Hymne, G. 22. **Ue:** Sappho, Ged. u. Fragmente 14.

Walzel, Osk. F., Lit.♛, /, Dr. phil., o. UP. a. d. Univ. Bonn, Scharnhorststr. 8. (Wien $^{28}|_{10}$ 64.) B bzw. H: Fr. Schlegels Briefe an s. Bruder A. W. 90; A. W. Schlegel, Fr. Schlegel u. Chamisso (i. Kürschners Deutsch. Nat.-Lit.) II 92; Goethe, Prosafassung v. Claudine v. Villa Bella (Weim. Ausg.) 97; Goethe u. die Romant. (m. C. Schüddekopf) 98/99 II; Frau v. Staël u. W. Schlegel 98; Von 1870—1900, Strömung. d. neuest. deutsch. Lit. 00; Goethes Annalen (Cottasche Jub.-Ausg.) 03; Untersuchgn. zur neueren Sprach- u. Lit.-Gesch. I—XII 03/07, n. F. I—XIII 09/12; Schillers Braut v. Messina, Tell usw. (Cottasche Säk.-Ausg.) 04; Zeitschriften der Romantik (m. H. H. Houben) 04; Kleists Zerbr. Krug 05, 2. A. in Siegens Ausg. 14; Schillers philosoph. Schriften (Säk.-Ausg.) II 05; Rede zum Schillertage 05; Goethes Schriften zur Literatur (Jub.-Ausg.) III 07; D. Wirklichkeitsfreude d. neueren Schweizer Dichtung 08: Deutsche Romantik 08, 4. A. 18; Hebbelprobleme 09; Das Prometheussymbol 10; Heine (Inselausg.) 10—14 X; Vom Geistesleben des 18. u. 19. Jahrh. 11; Pandora I—XII 11/13; H. Ibsen 12, 2. A. 14; Leben, Erleben und Dichten 12; F. Hebbel u. s. Dramen 13, 2. A. 19; Rich. Wagner in s. Zeit und nach s. Zeit 13; R. Haym, Romant. Schule, 3. A. 14, 4. A. 20; Die künstlerische Form des Dichtwerks 16, 2. A. I 19; Zukunftsaufgaben deutsch. Kultur 16; Ricarda Huch 16; Wechsels. Erhaltung d. Künste 17; Anh. zu Scherers Gesch. d. Deutsch. Lit. 18, 3. A. 21; Die deutsche Dichtung s. Goethes Tod 19, 2. A. 20; Vom Geistesleben alter und neuer Zeit 22; Gehalt und Gestalt (im Handbuch der Literaturwissenschaft) 23.

Wandrey, Konrad, Lit.♛, Dr. phil. München, Kaulbachstr. 94 I. (Strehlen i. Schles. $^{4}|_{6}$ 87.) B: Stefan George 12; Theodor Fontane 19; Gottfried Keller, Sein Werk und Wesen 21; Hans Pfitzner, Seine geistige Persönlichkeit u. d. Ende der Romantik.

Wangart, Stefan, Buchhandelsfragen, Zeitungskunde, Fachliteraturkritik, Verlagsbuchh., Leit. d. Abt. Buchverlag d. Frankf. Soc.-Druck. G. m. b. H. Frankfurt a. M., Oederweg 75. (Konstanz $^{26}|_{12}$ 93.) B: Um die Zukunft d. dtsch. Buches 20; Die Zeitung im dtsch. Gefangenen- u. Interniertenlager 20.

Wantalowicz, Oskar E. (O. E. W.), DÖSchG., VB., hum. ✿, Epigramme, Erzählungen f. d. Jugend, Sprüche, /, Prokurist d. Versich.-Gesellsch. „Donau". Wien XIX, Langackerg. 14. (Istvandy i. Ung. $^{20}|_{8}$ 65.) B: Nessel und Blüten, humor. Ged. 01; Aus der Spottvogelschau 07.

Warburg, Aby, Kunst♛, Dr. phil., Prof. Hamburg, Heilwigstr. 114. (ebda $^{13}|_{6}$ 66.) B: Sandro Botticellis Geburt der Venus u. Frühling 93; Bildniskunst u. Florentinisches Bürgertum I 02; Heidnisch-antike Weissagung in Wort und Bild zu Luthers Zeiten 19.

Warmuth, Kurt, †, ✿, Lic. theol., Dr. phil., Pfarrer. Dresden, Wasastr. 16. (ebda $^{3}|_{9}$ 72.) B: Das religiös-ethische Ideal Pascals 00; Sonnenfalter, G. 01; Luther im deutsch. Lied 02; Wissen u. Glauben bei Pascal 02; Dresdner Dichterbuch 03; Die Herzen in die Höhe!, relig. Gedichtsammlg. 14; Sören Kierkegaard, e. Seelsorger f. d. Seelsorge 16.

Warncke, Paul, BP., RP., ✿, /, ☊, Hauptschriftl. d. „Kladderadatsch". Kl.-Glienicke b. Potsdam, Kurfürstenstr. 10. (Lübz $^{13}|_{5}$ 66.) B: Bismarcklied 95; Pet. Melander v. Holzappel 96; Fritz Reuter, woans hei lewt un schrewen hett (plattd. Biogr.), 3. A. 12; Snurrig Lüd 00; Worpswede 02; Sturm, KriegsG. 15; Am Born d. Borniertheit, Satiren 20; Ged. 20; Erwache, Volk!, vaterl. Ged. 21. ()

Warner, H., s. Biendl, Hans.

Warnken, Heinrich-Hans (Ps. Teut Obach), ASV., Belletristik, Übers. Berlin-Lichterfelde, Heckenburgdamm 30. (Bremerhaven $^{24}|_{7}$ 70.) **Ue:** Barry Pain:

Die Memoiren des Constantin Dix 09; W. W. Jacobs: Fräulein Schiffsjunge 18.

Warnow, A. v. der, s. Jahn, Herm. Ed.

Warstat, Willi, ✠, ∴, Ästhetik, künstl. Photographie, Kinematographie, StudR., Dr. phil. Stettin, Kronenhofstr. 6. (Angerburg, Ostpr. 4|12 84.)

Wasem, Ludwig (Ps. Kastello), ASV., ◯, Dramaturgie, Dchtg. Pirmasens, Pfalz, Wiczlerstr. 30. (Homburg, Pfalz 23|9 71.) V: Auf die Wunden deutscher Krieger, Lr. u. Ged. 15; St. Petrus Erlebnisse, als Himmelstorwächter in einer Woche, Dchtg. 16; Gebrochene Treue, Dr. 16; Der vaterlandslose Geselle, Dchtg. 21; Schusterahl und Feder 22; Ein Edelweiß, bayrisches Gebirgsdr. 23.

Waser, Frau Maria, geb. Krebs, ♁, Lit., ✎, Essay, Dr. phil. Zollikon b. Zürich. (Herzogenbuchsee 15|10 78.) V: Die Politik von Bern, Solothurn u. Basel 1466—68 02; Henzi u. Lessing, Studie 03; D. Geschichte der Anna Waser, R. 13, 22. A. 23; Das Jätvreni, Erz. 17; Scala santa, Nn. 18, 9. A. 23; Von der Liebe u. vom Tod, Nn. 20, 9. A. 21; Wir Narren von gestern, R. 22, 15. A. 23.

Waser, Otto, ♁, ♬, Dr. phil., UProf. Zollikon b. Zürich. (Zürich 23|9 70.) V: Skylla u. Charybdis in d. Lit. u. Kunst d. Griech. u. Römer 94; Charon, Charun, Charos 98; Aug. Weckesser 00; Anton Graff 03; Meisterwerke d. griech. Plastik 12 (russ. 14); Volkskunde u. griech.-röm. Altertum 16.

Wasner, Georg, VP., Roman, Nov., Dr. phil. Berlin-Zehlendorf (Wannseebahn), Spandauer Str. 19. (Grünberg i. Schles. 10|3 66.) V: Seine Liebe, R. 99; Frau Ilse, R. 01; Die Stelle im Wege, R. 02; Frau v. Röhloff, N. 04; Fatum, R. 07; Der rote Faden, N. 08; Eine Berlinerin, R. 14; D. Presseball, R. 15; Studiosus Heym, R. 16; Die Verlobung des Freiherrn von Wehlen, R. 20; Die Gärten in der Stadt, R. 21. ( )

Wasserburger, Frl. Paula v. (Ps. S. J. Lewitoff), DÖSchG., Nov. Wien IV/1, Gußhausstr. 7. (ebda 12|2 65.) V: Liebesstürme 05; Tagebuchblätter eines Weltpriesters 06; Gesundheit 07, 2. A. u. d. T.: D. Sünden der Väter 09; Vom Eros zum Dulder auf Golgatha 09; Zu Bürgermeister Luegers Todestag 10; Englands Schuldbuch (u. d. Ps. Veritas) 15.

Wassermann, Jakob, Rom. Altaussee, Steiermark. (Fürth 10|3 73.) V: Die Juden v. Zirndorf 97, n. A. 06; Die Schaffnerin 97; Die Geschichte d. jungen Renate Fuchs 00, 11. A. 08; D. Moloch 02, n. A. 08; Der niegeküßte Mund, Hilperich, 2 Nn. 03; Die Kunst d. Erzählg., Dialog 04; Alexander in Babylon, R. 05; Die Schwestern, 3 Nn. 06; Caspar Hauser od. Die Trägheit des Herzens 08, n. wohlf. Ausg. 12; Die Masken Erwin Reiners 10; Der Literat oder Mythos u. Persönlichkeit 10; Der goldene Spiegel 11; Faustina, ein Gespräch über die Liebe 12; Der Mann von 40 Jahren, R. 13; Deutsche Charaktere u. Begebenheiten 15; Das Gänsemännchen, R. 15; Christian Wahnschaffe, R. 19 II; Der Wendekreis, 1. Bd. Nn. 20; Mein Weg als Deutscher und Jude 21; Oberlins 3 Stufen (Wendekreis II); Ulrike Woytech R. (Wendekreis III); Imaginäre Brücken, Essays.

Wassermann, Frau Paula verw., ✿. Graz, Buhneng. 15. (Klagenfurt 27|11 65.) V: Im Herzgarterl 15; Sonnenschein u. Rauhreif 15; Herzgarterl 16; Almglöckerl, Dchtg. in steir. Mundart; Die Waldmühle; Das Elendmaidle, Hagar u. and. Nov.; Der Sonnleitnerhof, R.; Eine Jugendsünde, R.; Hum. Dchtgn.; Almglöckerl, hum. Vortragsdchtgn. 23; Lebensklänge 23.

Wasserzieher, Ernst, ♆, Dr. phil., Studiendir. a. D. Halberstadt. (Stettin 15|8 60.) V: Woher?, ableit. Wörterbuch 18, 5. A. 22; Hans und Grete, 500 Vornamen 19; Leben u. Weben der Sprache, 4. A. 22; Schlechtes Deutsch, 2. A. 20; Bilderbuch der deutschen Sprache 20; Sprachgeschichtliche Plaudereien 23; Spaziergänge durch unsere Muttersprache 23.

Wastian, Heinrich (Ps. Heini von Steier), ✿, Lit.♛, Politik, ♛, Hofrat i. Graz. (ebda 3|9 76.) V: Jakob Eduard Schmölzer, ein steir. Künstlerleben; Der Kampf um Cilli; Den Deutschen Österreichs; Ein Buch von deutscher Art; Ungarns Tausendjährung im deutschen Lichte; Der Grazer Schloßberg.

Waterfiln, s. Berbig, Otto.

Waterkant, Fritz von'e, s. Husmann, Fritz.

Wätjen. Herm., neuere ♛, Dr. phil., o. UP. Münster i. W. (Bremen 14|9 76.)

Watzdorf-Bachoff, Frau Erika v., geb. Freiin Bachoff von Echt, SDS., ✿. Weimar, Gutenbergstr. 8. (Schloß Dobitschen, S.-A. 6|5 78.) V: Zwischen Frühling u. Herbst, G. 09, 2. A. 12; Das Jahr, G. 11, 2. A. 13; Maria u. Yvonne, R. 14, 2. A.; Nachklang, G. 21. ( )

Watzinger, Carl, klass. Archäologie, Dr. phil., o. UP. Tübingen. (Darmstadt 9|8 77.)

Watzlik, Hans, ✿, ✎. Neuern, Böhm. (Unterhaid 16|12 79.) V: Im

Ring des Opfers, Rn. 13; Der Alp, R. 14; Phönix, R. 16; O Böhmen! R. 17; Die Abenteuer des Florian Regenbogner, R. 18; Aus wilder Wurzel, R. 20; Schloß Weltfern, R.21; Böhmerwaldsagen 21; D. Reise nach Ringolay, Erz. ()

Waetzoldt, Wilhelm, Kunst♛, Dr. phil., GehRegRat., Vortr. Rat i. Kultusminist., Hon.-Prof. a. d. Univ. Berlin W8, Unter den Linden 4. (Hamburg $^{21}|_{2}$ 80.) B: Hebbel u. d. Philosophie s. Zeit 04; D. Kunstwerk a. Organismus 05; Die Kunst d. Porträts 08; Einführg. in d. bild. Künste 11 II; Der Universitätsbau zu Halle u. F. Schinkel 13; Deutsche Wortkunst u. deutsche Bildkunst 16; Dürers Befestigungslehre 16; Deutsche Malerei seit 1870, 2. A. 19; Gedanken zur Kunstschulreform 20; Deutsche Kunsthistoriker I 21; II 24; Bildnisse deutscher Kunsthistoriker 21. H: H. v. Kleists Werke (Goldene Klassiker-Bibl.) 08.

Wauer, William (Ps. Wilhelm Pförtner, als Filmautor: Ernst Hermann), VF., Theater- u. Kunstkritik. Berlin-Halensee, Paulsbornerstr. 91. (Oberwiesenthal i. Sa. $^{26}|_{10}$ 66.) B: Die Lösung des Welträtsels 91; Der Kunst eine Gasse, krit. Beiträge z. Theaterreform 06; Die Kunst im Theater 08; Ein deutsches Theatergesetz 09; Hinter d. Kulissen d. Kapp-Reg. 20; Ketzereien e. gläubigen Sozialisten 21; Der Expressionismus 21. H: Quickborn 98; Dresdner Gesellschaft 04—05; Mitteilgn. der Gesellschaft für Bühnenkunst 09. ()

Webel, Oskar, Theater, Roman, /, ▣, O, 𝔙. Pforzheim, Kanalstr. 8. (Dresden $^{25}|_{11}$ 64.) B (seit 00): Über geschmackvollen Schmuck 01; Mehr Licht (okkult.) 01 X; D. Lore v. Drachenfels, Erz. 02; D. Pflicht, Erz. 02; Handlex. d. deutsch. Presse 05; Goldschmied u. Juwelier 05; D. Weihe des Reiches, Sc. 10; Der Pforzheimer Goldarbeiterstreik 11; Illustr. Bijouterie-Kal. 13, 14; Aus großer Zeit, Lebd. Bilder 13; Die Rabenecker, Sc. 14; Die Vierhundert von Pforzheim, Sc. 14; Unsere Feldgrauen, G. 15; Kriegs-Taschen-Lexikon 15; Ein frei Geschlecht, G. 17; Der verhexte Studio J. M. 23; — (mit Schmidt): Praxis des Zeitschr.-Verlegers 99; Zeitungs-Verleger 99.

Weber, A(lexander) O(tto), Satir., Humor., O, Kinderbüch. Berlin W 50. (Dresden $^{15}|_{4}$ 68.)

Weber, Alfred, ▣, Dr., o UP. Heidelberg (Erfurt $^{30}|_{7}$ 68.) B: Schriften z. Soziologie der Kultur. ()

Weber, Carl Maria, SDS., 𝔙, Kritik, Essays, Lehrer. Wickersdorf b. Saalfeld, Freie Schulgemeinde. (Düsseldorf $^{6}|_{9}$ 90.) B: Erwachen u. Bestimmung, Eine Station, G. 18; Der Ekstatische Fluß, Rheinklänge ohne Romantik, G. 19; Lieder eines Zeitgenossen, G. 20; Befreiung, lyr. Sc. 20; Bucht der Märtyrer und Seligen, G. 21; Läuterung, 21. Sp.

Weber, Edmund, (Edmund W. Eichler, E. W. Luschnitz), DÖSchG., /, 𝔙. Wien XX, Wallensteinstr. 59. (ebda $^{8}|_{8}$ 00.) B: Sehnsucht, Traumland meiner Seele, G. 20; Akkorde, G. 21; Um Danubias Reich, Erz. 21.

Weber, Emil, 𝔙, /, 𝔐, Lehrer. Hamburg 30, Heidestr. 10. (ebda $^{20}|_{8}$ 77.) H: Neue deutsche Märchen, Sammlg. 00, 4. A. 18; Neue Märchen für die Jugend 00, 4. A. 18; Neue Kinderlieder, Sammlg. 02; 100 Lieder zum Lobe des Weins 21. B: Sonne u. Wind, G. 05, 3. A. 20; Die Nibelungensage 23; Die Gudrunsage 23.

Weber, Ernst, 𝔙, 𝔐, Ꝺ, Dr. phil., ObStudDirekt. d. Lehrerbildungsanstalt. Bamberg. (Königshofen im Grabfeld $^{5}|_{7}$ 73.) B: Hans Stock, d. Schmied v. Ochsenfurt 00, 2. A. 14; Jugendträume: I. Der Barde 02, II. Der Troubadour 04; Karl May 03; Deutsche Bildungsideale 04; D. Kampf um die allg. Volksschule 04; Die päd. Gedanken des jungen Nietzsche im Zusammenhang mit seiner Welt- u. Lebensanschauung 06; Ästhetik als päd. Grundwissensch. 07; D. Muttersprache in d. Volksschule 07; D. Technik d. Tafelzeichnens 09, 3. A. 13; Die epische Dichtg. 09, 3. A. 21, II. u. III. Teil 23; Von eignen Spielmannsweisen 09; Auf der Streife 11; Angewandtes Zeichnen 11; D. Lehrerpersönlichkeit 12; Zeichnerische Gestaltung u. Bildungsarbeit 13; Der Weg zur Zeichenkunst 13; Lebendiges Papier 13; Kunsterziehung u. Erziehungskunst 14; Deutsche Dichterpädagogik 21 I—V; Dorf u. Stadt 21; u. v. a. H: D. deutsche Spielmann I—XL 03—10, 3. A. 23. Ue: Siegfried—Kriemhilds Rache 11.

Weber, Franz Sylvester, Familien- u. Heimatkunde, Volkssagen, Novellen, Prof. am (Staats-)Reform-Gymnasium-Lyzeum zu Bozen. Gries b. Bozen (Italien), Fagenstr. 662. (Bozen $^{28}|_{12}$ 76.) B: Burkhard, Sp. 96; Hans Lutz von Schussenried, Sp. 98; Dietmar von Ried, Sp. 07; Heinrich Tuschl, Vst. 11; Laurius Rosengarten, Sagen aus den Dolomiten, Erz. 14. *

Weber, Friedrich, jetzt: Weber-Robine.

Weber, Fritz, (Fritz Karl Weber), Erzählung, Reiseschilderungen, Dr., Stud.-Prof. an der Oberrealschule Regensburg. Regensburg, Kumpfmühlerstr. 34. (Neuendettelsau, Mittelfranken $^{29}|_{7}$ 73.)

B: Reinhart der Stammler, Gesch. einer Jugend 22. *

Weber, Hans v., Kritik, Verlagsbuchhändler. München, NW 16, Adalbertstr. 76. (Dresden $^{22}|_{4}$ 72.) H: Der Zwiebelfisch. (*)

Weber, Gottwalt, ASV., ♣, Märch., Nov., Jgderz., StudDir. Zerbst, Anhalt, Schloßfreiheit 12. (Clöden, Kr. Schweinitz $^{10}|_{10}$ 69.) B: Aus der Stadtmauerecke, M. 13, 6.—8. T. 22; Sonnenglanz u. Wolkenschatten, G. 20; Neunmalklug u. seine Getreuen, Erz. 20; Tier- u. Menschengeschichten 20, 20. T. 23; Pudelnärrische Leute, Erz. 22; Neue Märchen 23; Neben der Heerstraße, Erz. 23; Schneeflocken, Jgdschr.

Weber, Heinrich, /, ♪, ♣, Lehrer. Offenbach a. Main, Wilhelmsplatz 13. (Storndorf $^{12}|_{2}$ 85.) B: Die Storndorfer Volkslieder 10; Die Lingelbacher Musikantensprache u. d. Geheimsprache d. Vogelsberger Maurer (m. L. Günther) 12; Neues hess. Lesebuch I—III (m. a.) 14; Was ich von Landstreichern erlauschte 14; Helden d. Untersee, Erz. 15; Das Fegefeuer, Erz. 19; Die Erbwiese, Erz. 20. H: Der Pfeil, Monatsschr. 19—22; Der Kampfgenoß, Monatsschr. 23 f.

Weber, Josef, DV., Jgdschrift., Lehr. a. D. Oberandorf a. Inn b. Kufstein. (Freising, Oberbay. $^{5}|_{5}$ 69.) B: Nesthockerl, Bilderb. 11; Der alte Lindenbaum, Nikolaus der Kinderfreund, Die Macht des Kreuzes, Prinz Hans und Prinzeß Gretelein, Kasperl als Doktor, Aus Jesu Jugendzeit, Märch.; Neues Leben aus Ruinen, Sch.; Das Heiratsinstitut „Sie kriegen sich", Optte.; Der Nei'g'schmeckte, Vst.; u. a.

Weber, Leopold, Belletristik, Kritik, Germanistik, Dr. phil. München, Klenzestr. 105. (St. Petersburg $^{24}|_{1}$ 66.) B: Gedichte 94; Traumgestalten 00; Vincenz Haller 02; Die Warnung, e. Reimpredigt 12; Aus Weltis Leben 12; Kreidolfmappe 19; Die Götter der Edda 20; Asgard 20; Weltimappe 20; Midgard 22; Traumgestalten, 2. A. 23.

Weber, Ludw., deutsche Ψ, Kunst♛, Dr. phil., Kunstkrit. d. „Leipziger Neuesten Nachrichten". Leipzig, Braustr. 29. (Alzey $^{12}|_{1}$ 69.)

Weber, Otto, oriental. Altertumskunde, Dr. phil., Prof., Mus.-Dir. Berlin-Steglitz, Grunewaldstr. 7. (Polsingen $^{28}|_{7}$ 77.)

Weber, Paul, Kunst♛, Dr. phil., a. o. UP. Jena, Landgrafenstieg 9. (Schwelm $^{29}|_{4}$ 68.) B: Geistliches Schauspiel u. kirchl. Kunst 94; Wandgemälde zu Burgfelden 96; Beiträge zu Dürers Weltanschauung 00; Iweinbilder aus dem 13. Jahrh. im Hessenhofe zu Schmalkalden 01; Baugesch. d. Wartburg 07; Alte u. neue Kunstwerke auf der Wartburg 07; Kunst u. Religion 11; Amtl. Inventar d. Bau- u. Kunstdenkmäler d. Kr. Schmalkalden 13; Wilna, eine vergessene Kunststätte 17.

Weber, Rob., Goetheforschg., Dr. phil., GymnProf. Leipzig, Weststr. 87 II. (Wünschendorf i. S. $^{25}|_{1}$ 62.) H: Goethes Italien-Reise 03.

Weber, Wilh., alte ♛, Dr. phil., o. UP. Tübingen, Herrenlagerstr. 11½. (Heidelberg 82.)

Weber-Lutkow, Hans, s. Pokorny, Hans.

Weber-Robine, Friedrich (U. S. A.), Musik, Bühnenwesen, ⁂, Soziale Ethik, Geisteswissenschaften, Prof. d. Musik u. ⁂. Berlin-Wilmersdorf, Babelsberger Str. 50. (München $^{17}|_{10}$ 71.) B: D. Parsifalschutz ... eine Ehrung des Meisters? 12; Die Resonanz des Klaviers 13; Neuland 14; An Deutschlands Kunstfreunde 14; Volkskunstabende d. Presse 14; Kampfgenosse Kunst 16; Der Verkehr mit d. Jenseits 20; Die Wiedererweckung reiner Kunst 20; Okkultismus, die brennende Zeit- u. Menschheitsfrage 21; Deutschland stirb ... und werde! 21; Berliner Medienfang 22.

Webinger, Alfred, Dialekt♣, Volkskde., Dr. phil., GymnProf. Graz-Waltendorf, Am Ring 3. (Taiskirchen, ObÖstr. $^{13}|_{8}$ 85.) B: Die Beziehgn. zw. Innviertlern u. Landlern 10. H: (m. K. Mayer) Josef Deutls ausgew. Volksdichtungen 16.

Webinger, Hugo, PA., ♣, /, ♪, **Ue:** IFE, Korrespondent. Rom, Via Aurora, 43. (Oberhofen, ObÖstr. $^{14}|_{5}$ 78.) B: Röm. Liebesfrühling u. a. G. 09. **Ue:** Antonio Rosa, Verlorene Heimat, Dr. 09. ()

Wechßler, Eduard, roman. Ψ, Dr. phil., o. UP. Berlin-Nikolassee, Teutonenstr. 6. (Ulm a. d. D. $^{19}|_{10}$ 69.) B: Die roman. Marienklagen 93; D. Sage v. hl. Graal 98; Gibt es Lautges.? 00; D. Kulturproblem d. Minnesangs: I. Minnesang u. Christent. 09; Molière als Philosoph 10; Weltanschauung u. Kunstschaffen 11; Begriff u. Wesen d. Volkslieds 13; Verlaine, s. Kunst u. s. Glaube 14; D. Franzosen u. wir; Wege zu Dante 22.

Weckesser, Albert, ⁂, Dr. phil., GP. Karlsruhe i. B., Moltkestr. 15. (Kirchardt $^{24}|_{2}$ 62.)

Weddigen, F. H. Otto, Lit.♛, ♣, Epos, Märch., Nov., Roman, ⊙, Dr. phil., G.ObLehr. a. D. Charlottenburg. (Minden $^{9}|_{2}$ 51.) B (seit 00): Deutsches Jugendbuch 20. A. 23;

Literatur u. Kritik 01; Die Favoritin d. Königs, R. 01; Raub d. Odaliske, Skn. u. Noveletten 01; Erinnergn. aus meinem Leben I 02; Aufsätze u. Reden I 02; D. Ruhestätten u. Denkmäler uns. deutsch. Dichter 03; Illustr. Gesch. der Theater Deutschl. 04/06; Über Sage u. Märchen 04; Jung-Siegfried, ep. Dichtg. 04; Die Bettlerin v. San Marco, Nn. 06; Krieg u. Katastrophen, R. 06; D. König v. Sion, Dr. 07; Kaiser Karl V., Dr. 07; D. Philosoph v. Sanssouci, Lsp. 07; Hans Tunichtgut, illustr. v. F. W. Weddigen 07; Neues u. Altes aus Westfalen 08; Moderne Welt, Lsp. 08; Leichtsinn u. Ehre, Tr. 08, 4. A. 11; Nausikaa, Tr. 09; Doktor Eisenbart, Lsp. 09; Dramat. Bilder aus d. westfäl. Gesch. 09; Thomas Pfefferling, illustr. v. F. W. Weddigen 09; Unter der Vaterschuld, R. 10; Gedichte, letzte Garben 10; Lachen u. Weinen, Hum. u. Nn. 11, 3. A. 13; Westfalens Anteil an d. Befreiungskriegen 12; Festschrift zur Säkularfeier d. Befreiungskriege 12; 1812/13, Festspiel 12, 2. A. 13; Kriegsgedichte 14, 10. A. 15; Unser Seeheld Weddigen 15, 80. T.; Neue Kriegsgedichte 15; Unsere Möwe, Heldenfahrten d. Graf. Dohna 16, 5. T.; Wie können wir eine neue Blüte unserer Literatur erreichen? 17; Aus Kaiserreich u. Republik, G. (Abb.); Märchen, illustr. Volksausg., 1. A. 20, 5. A. 23; Gesammelte poet. Werke (wohlfeile Volksausg.) 04 III; Gesammelte Werke in 15 Bänden 14ff.

Wedelstaedt, Frau Clara von, geb. Schelper (Ps. Clara Schelper). Ludwigshafen a. Rh., Prinzregentenstr. 21. (Frankfurt a. d. O. $^{30}|_{6}$ 81.) B: Zwanzig Jahr u. rotes Blut, G., 2. A. 09; Vom Lieben, Leben u. Lachen, G., 2. A. 14; Sein Leibfuchs Lotte 16; Aster 19; Der Butznickel 20; Schelmenmädel 21. H: Jugend-Jahrbuch 11; Unter Siebzehn, Nn. I—IV 15. ()

Weege, Fritz, antike ♀, o. Prof. d. klass. Archäol., Dir. d. arch. Mus. Breslau XVIII, Kleinburgstr. 8. (Frankfurt a. M. $^{29}|_{10}$ 80.) B: D. gold. Haus des Nero 13; Etrusk. Malerei 21.

Weese, Arthur, Kunst♛ des MA., Dr. phil., o. UP. Bern, Fellenbergstr. 12. (Warschau $^{9}|_{6}$ 68.) B: Baldassare Peruzzi u. der Schmuck d. Farnesina 94; MAlterl. Bauwerke, D. Dom zu Bamberg 98; D. schöne Mensch II 00; Franz Stuck 03; München 06; Renaissanceprobleme 06; D. Bildnisse Albrecht v. Hallers 08; Die Cäsarteppiche 10; Ferd. Hodler 10, 2. A. 17; D. Bernische Kunstgesellschaft 13; D. Wandmalerei 14; D. Bamberger Domskulpturen 14; Frankreichs Malerei u. Plastik 15.—17. Jahrh. 16.

Weg, Ludwig, Deutschvölk. Abhandl., Privat-Angestellt. Jenbach, Tirol. (Frankfurt a. M. $^{31}|_{1}$ 69.) B: Ernst. u. Heit. über Land u. Volk in d. Alp. i. hochd. u. Mundart.

Wegener, Carl Hanns, Lit.♛, Kritik, O, /, Dr. phil., Studienrat. Essen-R., Justusstr. 8. (Elberfeld $^{13}|_{6}$ 86.) B: Ferd. Avenarius, der Dichter 08; Eichendorffs „Ahnung u. Gegenwart" 09; Hans Aßmann v. Abschatz 10; Deutsche Literatur u. Literaturgesch. seit 1910 11; Das große Opfer, R. 22. H: Sandeau, Mademoiselle de la Seiglière 14; Heines Werke (Hesse u. Becker) Bd. IX, X, XII 21; Eichendorffs Werke VI (ebda) 23.

Wegner, Armin T., SDS., ♣, /, ⊞, Politik, Dr. jur. Neu-Globsow am Stechlinsee i. d. Mark, Haus Siebenwälder. (Elberfeld $^{16}|_{10}$ 86.) B: Im Strome verloren, G. 03; Zwischen zwei Städten, G. 09; Gedichte in Prosa 10; Höre mich reden, Anna-Maria 12; D. Antlitz der Städte, G. 17; Der Weg ohne Heimkehr 19, 2. A. 21: Im Hause der Glückseligkeit 20; Der Knabe Hüssein, N. 21, 3. A. 22; Das Geständnis, R. 21, 4. A. 23; Der Ankläger 21; Die Verbrechen der Stunde — Die Verbrechen der Ewigkeit 22; Die Straße mit den tausend Zielen 23.

Wegner, Frau Bertha (Ps. B. W. Zell, B. von York), PA., BB., Nov., Roman, Krit., Essay. Berlin W, Neue Winterfeldtstr. 36. (Bromberg $^{3}|_{3}$ 50.) B: Lebenskunst (Neuer „Guter Ton") 94; sowie zahlreiche Romane u. Nov. von 97—18. H: Th. v. Gumpertsche Jahrb.: Töchteralbum u. Herzblättchens Zeitvertreib; Das grüne Haus am Rh., Jungmdcherz. 21.

Wegner, Lola, s. Landau, Lola.

Wehner, Josef Magnus, Erzählung. München, Giselastr. 22. ($^{14}|_{11}$ 91.) B: Der Weiler Gottes 20; Der blaue Berg, R. 22; Die mächtigste Frau, N. 22; Die Tropfenlegende, N. 23. *

Wehrhan, Karl, Volkskunde, ♣, Mittelschulrektor u. MitHrsg. d. „Zeitschrift f. rhein. u. westf. Volkskde." Frankfurt a. M. W 13, Volta-Mittelschule West 13. (Heidenoldendorf b. Detmold $^{12}|_{7}$ 71.) B bzw. H: D. Volkskunde u. ihre Beziehg. z. Schule 04; D. Sage 08; Kinderlied und Kinderspiel 09; Rheinisch-westfäl. Kunstkal. f. 09ff.; Sitten, Bräuche u. Feste d. deutsch. Handwerks 09; Heimatkunde von Frankfurt a. M. (m. Fr. W. Schmidt) 11, 3. A. 18; Lippische Volkslieder (m. Fr. Wienke) 12; Contes populaires 13, 4. A. 21; Gloria, Viktoria! Volksdichtungen von Militärzügen 15; Letzte Grüße! Volksdichtgn. in Nachrufen 15; La force allemande et la guerre qui

vient 17; Die Freimaurerei im Volksglauben 19, 2. A. 21; Die deutschen Sagen des Mittelalters 20 II; Wilhelm Oesterhaus zum 80. Geburtstage, s. Leben u. Dichten 20; Sagen aus Hessen u. Nassau 21; Das Küsterhaus, R. 22; Das niederdeutsche Volkslied „van Herrn Pastor siene Koh" 22; Vierzehn Engel fahren, Reime, Reigen u. Rätsel 23; Die schönsten Sagen der alten freien Reichsstadt Frankfurt a. M. 23.

Wehrmann, Bernhard, s. Bargmann, Alex.

Wehrmann, Johs., Roman, Pastor zu Eilbeck. Hamburg 23, Papenstr. 68. (Flensburg $^{22}|_{8}$ 77.) B: Willi Alten 07, 2. A.; Das Licht der Tiefe 09, 2. A.; Menschen ohne Heimat 13, Volksausg. 16, 6.—10. T.; Die Gemeinde, die Zukunft der Völker 20; Die Erben der Erde 21, 6.—8. T. 22; Könige des Kreuzes 22.

Wehrmeister, P. Cyrillus (Ps. Malgov), (k.), Nov., OSB. St. Ottilien, Post Geltendorf i. Bay. (Füssen $^{17}|_{10}$ 69.) B: D. Geheimn. d. Sonnenpriesters, Erz. 00, 12. A. 21; Rebus-Büchlein 02; Die hl. Ottilia, ihre Legende u. ihre Verehrung 02; Die Sterne d. Glücks 03, 3. A. 19; Vor dem Sturm 06; Die Jungfrau v. Orleans, 3. A. 20; Parzival, 4. A. 21; Hermenegild; Gudrunlied; Mutterherz, denkst du daran, Was soll ich denn noch glauben, Das goldene Kreuz, Ottilienbüchlein. ( )

Weibel, Frl. Rosa, Belletr. Zürich, Minervastr. 17. (Bern $^{24}|_{10}$ 75.) B: Ged. 09; Lieb und Leid, N. 14; Seine Wahl 15; Klee u. Korn 20.

Weichand, Philipp, DB., ⊙, Theaterdirektor. München, Preysingstr. 6 II. (ebda $^{11}|_{1}$ 75.) B: Salvator, Sgsp. 11; Der heilige Florian, Satyre 12; Der Himmelsschäffler, Vst. 21; Der fromme Xaver, Satyre 22.

Weichardt, W., s. Blumtritt, Walter.

Weichberger, Konrad, Germ., Dr. phil., Prof. Bremen, Bismarckstr. 33. (Weimar $^{10}|_{2}$ 77.) B: Eichendorffs Incognito 01; Schorlemorle, Studentengedichte 03; Das Bremer Gastbett 08; Planetenquadrille 17; Wie konnten Urvölker Entfernungen am Himmel messen 17; Mein Hund u. Mara Miróh, Erz. 19.

Weichelt, Hans, Prof. a. d. Elisabethschule in Marburg a. d. L. (Plauen i. V. $^{14}|_{12}$ 73.) B: Zarathustra-Kommentar, 2. A. 22. *

Weichert, Ludwig, ✝, Belletristik, Missionsinsp. d. Berl. Missionsgesellsch. Berlin NO 43, Georgenkirchstr. 70. ($^{13}|_{4}$ 87.) B: Frank Reins denkwürdiges Jahr, N. 12, 3. A. 19; Schulwesen ev. Missionsgesellsch. in d. deutsch. Kol. 14; Der Weltkrieg der Mission 16; Wenn die Liebe fehlt ..., R. 17, 2. A. 19; Zur Freude geboren 19. **Red:** „Wohin?", Wochenbl.; „Der Lehrermissionsbund"; „Der Missionsfreund". ( )

Weick, Hermann, DB., Roman, Nov., /, Skizzen, Musikkritik, Feuill.-Red. d. „Karlsruher Tagblattes". Karlsruhe i. B., Amalienstr. 25a. (Grötzingen, Baden $^{30}|_{12}$ 87.) B: Träume, R. 20; Lore, R. 21; Die Hexe Li, R. 21.

Weicker, Georg, ⚔, Dr. phil., Prof., Staatsgymnasium Plauen i. V. B: De Sirenibus 95; D. Seelenvogel in d. alten Lit. u. Kunst 02. ( )

Weidel, Karl, Magdeburger Presse, Lit.♛, ⊙, ∴, Dr. phil., Oberstudiendirektor. Magdeburg, Tauentzienstr. 9. (Schrimm $^{10}|_{8}$ 75.) B: Jesus u. Paulus 07; Jesu Persönlichkeit, psychologische Studie, 3. A. 21; Pessimismus u. Religion 09; Bilder u. Bemerkungen zu Lessings Laokoon 10; Kunst u. Natur 10; Deutscher Kirchbau im Mittelalter 11; William Wrede in memoriam 11; Weltleid u. Religion 16; Weltkrieg u. Kirchenglaube 16; Reformation u. Volksschule 17; Deutscher Friede 18; Goethes Faust, eine Einführung in sein Verständnis 19, 2. A. 22; Vom genialen Schaffen 19; Fichtes Reden an die deutsche Nation u. unsere Zeit 19; Die Marienkirche u. die andern Baudenkmäler des Klosters U. L. Fr. in Magdeburg 20. *

Weidenmüller, Frl. Anna, ♥, Nov., Lehrerin. Neukirchen, Kr. Ziegenhain, Hess. (Mackenzell $^{23}|_{8}$ 54.) B: Die letzte Rose, WaldM.; Schildheiß, Dchtg.; Fides, Dchtg.; Ein Glaube, Erz.; Piz Zupò, Erz.; Im Steinbachhof, Erz.; Christ ist erstanden, Erz.; Ein treues Herz, Erz. 10; Salz der Erde, Erz. 14. ( )

Weidner, Albert, ✉, /, ⊙, Red. an d. „Welt am Montag", Hrsg. v. „Der arme Teufel". Friedrichshagen b. Berlin. (Berlin $^{24}|_{2}$ 71.) B: Aus den Tiefen der Berliner Arbeiterbewegg. 05.

Weigand, Wilh., ♥, ⊙, Rom., Nov., Essay. München-Bogenhausen, Sternwartstr. 3. (Gissigheim $^{13}|_{3}$ 62.) B: Der Abbe Galiani 07, n. A. 21; Montaigne 11; Könige, Sch. 12; Psyches Erwachen 12; Der Ring, Rn. 13, 2. A. 21; Weinland, Rn. 13, 4.—6. T. 21; Die Löffelstelze, R. 19; Frauenschuh, Rn. 20; Wunnihun, R. 20; Lolos Onkel, Kom. 22. H: Rabelais-Übersetzg. v. Regis 06, 3. A.; D. Hof Ludwigs XIV. (nach Saint-Simon) 13, 2. A. 21. ( )

Weigel, Philipp (Ps. Herbert Steineck), DB., ✉, ⊙, Dr. phil., Syndikus. Berlin W 50, Spichernstr. 7 II. (Raschau, Erzgebirge $^{7}|_{7}$ 78.) B: Jugend-

sünden, Sch. 09; Frauengunst, Lsp. 10; Ehrgefühl, Sch. 16; u. volkswirtsch. Schr.

Weigelt, Agathe, geb. Doerk. Berlin-Friedenau, Deidesheimer Str. 6. **V:** Die Rahel 21.

Weigert, Joseph, Volkskunde, Bauernleben, kath. Pfarrer. Mockersdorf, Post Neustadt am Kalm, Oberpfalz. (Kelheim $^{14}|_{2}$ 70.) **V:** Deutsche Volksschwänke des 16. Jahrhdrt., 2. A.; Das Dorf entlang, 2. u. 3. A.; Treu deiner Scholle, Treu deinem Gott 20; Bauer, es ist Zeit 20.

Weiglin, Paul, VP., PA., RP., Lit.♛, Dr. phil., Verlagsdirektor im Volksverband d. Büchersr. Berlin-Wilmersdorf, Helmstedter Str. 6. (Neustrelitz $^{26}|_{9}$ 84.) **V:** Gutzkows u. Laubes Literaturdramen 10; Unsere Feinde unter sich 15. **H:** Gerstäcker, Abenteuergeschn. 11; Menzel auf Reisen 23.

Weigmann, Otto, Kunst♛, Dr. jur. et phil., Prof., Dir. d. Graph. Sammlg. in München, Widenmayerstraße 37 III. (Lauf $^{13}|_{5}$ 73.) **V:** Eine Bamberger Baumeisterfamilie um die Wende des 17. Jahrh. 02; D. Lachner-Rolle von M. v. Schwind 04; M. v. Schwind 05; Schwind (Klass. d. Kunst IX) 06; D. Münch. hist. Kunstausstellg. 1906 07; Ein Kapitel Kgl. bayr. Kunstpflege 13; Sion Longley Wenban 13; Holzschnitte a. d. Gulden Püchlein von 1450. ()

Weigt, Karl, VP., Journal., Politik, /, Dr. phil., VerwDir., Red. u. Verl. Hannover, Schellingstr. 8. (Berlin $^{16}|_{11}$ 62.)

Weiher, Eugen August v. (Ps. Franz Herwey), DV., ⊙, Major a. D., Schriftst. Freienwalde a. d. O, Gesundbrunnenstr. 21. (Berlin $^{28}|_{12}$ 75.) **V:** Hypatia, Dr. 11; Ein Vampir, Dr. 19; Die Kommandantin, Dr. 20; Sühne, Dr. 21; Pikkol oder Der Kuß des Teufels, Lsp. 22; Freya, ein Sonnensp. 23.

Weiher, Frau Ruth v. (Ps. Rajewska von W.). München, Linprunstr. 60 III. **V:** Wenn das Blut ruft . . ., 1.—10. T. 21; Masken auf der Landstraße, 1.—10. T. 22; Ihr Spielzeug 24.

Weil, Gotthold, Semit. u. islam. Ψ, Dr. phil., HonUP., BiblDir. Charlottenburg, Carmerstr. 1. (Berlin $^{13}|_{5}$ 82.)

Weil, Robert (Ps. Homunculus), ⊙, Humor., Dr. jur. Wien XII/1, Schönbrunner Str. 291. (ebda $^{4}|_{8}$ 81.) **V:** Dem Leben abgerungen, Nn. 02; Irdische Richter, Dr. 05; Aus m. Werkstatt, Sammelbändchen 15, 30. T.; Schulaufsätze d. Poldi Huber, Heft 1—9, 13 ff. 500. T.; Auf dem Auslug, Aphorismen 14, 30. T.; Was einem passieren kann, Erz. 18, 5. T.; Klingers I und II Humorist. Ep. 18, 20. T.; Rück näher, Bruder, R. 20, 20. T. ()

Weilenmann, Hermann, SES., Zentralsekr. d. Neuen Helvet. Gesellschaft. Bern, Theodor-Kocher-G. 4. (Winterthur, Schweiz $^{9}|_{5}$ 93.) **V:** Der Befreier, Eine Prosadchtg. 18.

Weiler, Jakob, ländl. Wohlfahrts- u. Jugendpflege, kath. Pfarrer. Mertesdorf b. Trier. (Speicher, Eifel $^{10}|_{11}$ 77.) **V:** Dorffrühling u. Dorfheime 16; Mich ruft es zur Arbeit 20, 4. T.

Weimann, Karl, ♛, Dr. phil., UDoz. Leipzig-Gohlis, Wilhelmstr. 70. (Duisburg $^{21}|_{9}$ 73.) **V:** Aus Welt u. Leben, G. 18. ()

Weinberg, Frau Margarete (Ps. M. Lissauer, Wolf Marwein), geb. Lissauer, Essay, /, Kultur♛, soziale Kultur, Fraueninteressen, ✉. Berlin W 35, Am Karlsbad 4 III. (ebda $^{14}|_{3}$ 76.)

Weinberg, Max, **Ue:** Heb, ✠, Erz., Märchen. Berlin-Schöneberg, Kyffhäuserstr. 12. (Barenburg $^{25}|_{7}$ 45.) **V:** Vom Ostseestrand, Seebilder 00. **Ue:** Ewige Weisheit (Spruchpoesie des Talmud u. d. rabb. Lit. nebst Fab., Parabeln u. Sagen ders.) 08, 4. A. 14: Aus dem Spruchborn der Weisen, Spruchpoesie, Fabeln u. Sagen d. Talm. u. d. rabb. Lit., poet. übertr. 20.

Weinberg, Siegfried (Ps. Dr. Siegfrieda), ♂♀, Sozialpolitik, Kriminologie, Dr. jur., RA. Berlin C 2, Klosterstr. 65/67. (ebda $^{3}|_{12}$ 80.)

Weinert, Erich Bernhard Gustav, Satirische Dichtung, Schriftsteller, Kabarettist. Magdeburg-Hopfengarten, Cäcilienstr. ($^{4}|_{8}$ 90.) **V:** Der verbogene Zeitspiegel 23; Der Gottesgnadenhecht und andere Abfälle 23. *

Weingartner, Felix, Komponist u. Schriftst., Dir. d. Volksoper Wien. (Zara $^{2}|_{6}$ 63.) **V:** Genesius, O. 92; Lehre v. d. Wiedergeburt u. d. musik. Drama 95; Bayreuth 76/96, 2. A. 00; Orestes, O. 02; Carl Spitteler 04, 2. A. 13; Musikalische Walpurgisnacht, Scherzspiel 07; Die Symphonie nach Beethoven, 3. A. 09; Akkorde 12; Erlebnisse e. „Kgl. Kapellmeisters" in Berlin 12; Kain u. Abel, O. 14; Dame Kobold, kom. O. 16; Bühneneinrichtung und Musik zu Goethes „Faust" 17; Ratschläge für Aufführungen 19; Bühneneinr. u. Mus. zu Shakesp. „Sturm" 20; Die Dorfschule, O. 20; Meister Andrea, kom. O. 20; Eine Künstlerfahrt nach Südamerika 21; Lebenserinnerungen 21 II; Üb. das Dirigieren klassischer Symphonien: I. Beethoven, II. Schubert und Schumann, III. Mozart 23; Bô Chin Râ 23.

Weingartner, Josef, Erzählung, Reiseschilderung, Kunst♛, Dr., Propst und Hauptstadtpfarrer. Innsbruck, Tirol. (Dölsach [10]|[3] 85.) **B:** Kirchliche Kunstfragen 11; Durch Tirol 11; Über die Brücke, R. 18, 2. A. 22; Innsbrucker Kirchen 21; Bozner Bürgerhäuser 22; Südtirol 22; Bozner Burgen 22; Südtiroler Kunstdenkmäler 24 IV; Der Umbau des Brixner Domes 23. **H:** Das jüngste Tirol 09. *

Weinheber, Josef, ✠, technischer Verwalter. Wien XVI/1, Hamerstr. 134. (ebda [9]|[3] 92.) **B:** Der einsame Mensch, G. 20.

Weinitz, Franz, ♛, Kunst- u. Kultur♛, Dr. phil., Prof. Berlin W, Frobenstr. 23. (ebda [15]|[9] 55.) **B:** Der Zug des Herzogs v. Feria nach Deutschl. (i. J. 1633) 82; Des Don Diego de Aedo y Gallart Schilderung der Schlacht von Nördlingen (i. J. 1634) 84; Verzeichnis der Kunstsammlung im Hause Raussendorf 95; In 8 Monaten rund um die Erde (1893/94) 02; Der Greif mit dem Apfel, eine Augsburger Goldschmiedearbeit des 17. Jahrh. 02; Samuel Graf zu Waldeck 04; Drei Wildunger Gedächtnistafeln 06; Das Fürstl. Residenzschloß zu Arolsen 07; Die Bericher Bibelhandschrift in der Landesbibl. zu Detmold 08; D. alte Garnisonkirche in Berlin 08; Die Landschaftsuhr im Hzl. Schlosse zu Altenburg 10; D. Schloß Luisium bei Dessau 11; B. Rodes Gemälde Preuß. Kriegshelden 12; Joh. Jacobi, der Gießer des Denkmals des Gr. Kurfürsten in Berlin 14.

Weinmann, Karl, Musik♛, Dr. phil., Dir. der Hochschule f. Kirchenmusik. Regensburg, Sedanstr. 9. (Vohenstrauß, ObPf. [22]|[12] 73.) ( )

Weinold, Karl, s. Landau, Lise.

Weinrich, Alfons (Ps. Bruno Pilger), ASB., AB., PA., Lit.♛, /, Privatsekr. d. Prinz. Max, Herzog zu Sachsen. Köln, Weißenburgstr. 41. (Braunschweig [23]|[9] 78.) **H:** Friedrich Spee, Trutznachtigall nebst den Liedern aus dem Güldenen Tugendbuch 08.

Weinrich, Franz Johannes, SDS., fr. Schriftst. Neuß, Friedrichstr. 48. (Hannover [7]|[9] 97.) **B:** Himmlisches Manifest, Dchtg. 19; Ein Mensch, Sc. 20; Der Tänzer unserer lieben Frau, Leg.-Sp. 21; Mit dir ertanze ich den nächsten Stern, G. 21; Spiel vor Gott, Mysteriensp. 22; Columbus, Tr. 23; Das Tellspiel der Schweizer Bauern 23; Mittag im Tal, G. 23.

Weinschenk, Jacob Hugo, ✠. Gonsenheim b. Mainz, Heidesheimer Str. 35. (Mainz [28]/[6] 79.) **B:** Friedsame Sonette 06; Ged. 07; Sonette in B-Moll 09 u. 11; Die fünf Segel 13; Von verblühenden Leiden 15; Die silbernen Sonette 20.

Weis, Joh. Ev. (Weis-Liebersdorf), (k.), Kirchen♛ u. christl. Archäol., D., Dr. phil. München, Öttingerstr. 16, Vinzentinum. (Liebersdorf [8]|[12] 70.)

Weisbach, s. Weißbach, Franz, H.

Weisbach, Werner, Kunst♛, Dr. phil., Prof., UDoz. Berlin W 10, Margarethenstr. 19. ([1]|[9] 73.) **B:** D. Meister d. Bergmannschen Officin u. A. Dürers Bez. z. Basler Buchillustr. 96; D. Basler Buchillustr. d. 15. Jahrh. 96; Franc. Pesellino u. d. Romantik d. Renaiss. 02; D. junge Dürer 06; Impressionismus 10/12 II; Kriegsziele u. deutscher Idealismus 15; Trionfi 19; D. Barock als Kunst der Gegenreformation 21.

Weise, Johannes, ⁂, †, Studentenwesen, Dr. phil., Sekr. d. Dtsch. Christl. Stud. Vereinigg. Berlin-Johannistal, Birkenweg 92. (Hannover [9]|[1] 88.) **B:** Die Begründung der Ethik bei Herm. Cohen 11; Pazifismus u. Christentum 20; D. Dtsch. Christl. Stud. Vereinigung i. Geistesleb. d. Gegenw. 20; Spenglers Untergang d. Abendlandes 21.

Weisen, Hans, Dipl.-Ing. Siedlung Wießeloh, Post Hemfurth i. Waldeck. **B:** Baukunst 10, 3. A. 21; Wießeloh 20; Schneckenhäuser 20.

Weiser, Karl, /, **Ue:** E, Dr. phil., Instituts-Dir. Wien IV, Paulanerhof. (Czernowitz [22]|[10] 55.) **B:** Popes Einfluß auf Byron; Engl. Lit.-Gesch. 97, 4. A. 15; Rose aus der Vendée, R. 00; Die Buchensaat, dram. Gedicht 12; Aus großer Zeit, G; 16. ( )

Weisfert, Julius Nikolaus (Ps. Dr. Tintophonius), RB., ♛, Biogr., /, ⚓, Red. im Verlag für Politik u. Wirtschaft, G. m. b. H. Berlin SW 48, Besselstr. 21. (Moskau [26]|[7] 73.) **B:** Biogr.-lit. Lexikon f. Königsberg u. Ostpreußen, 2. A. 99; Was muß ich mir auf Helgoland ansehen? 13.

Weiskirch, Frau Johanna, WSB., ✠, R., N., Sk., Jugendschriftst., Red. der „Märchentante". Düsseldorf-Grafenberg. (Selters i. W. [25]|[12] 66.) **B:** Gedichte 00; Neue Gedichte 07; Vater u. Sohn, Dr. 09; Kinderszenen 10f. II; Und du sollst mein Herr sein, Lsp. 10; Egon, Dr. 11; Humoristische Bauernszenen 11/13 II; Der Manöverschatz, Lsp. 14; Vortragsstücke für Kinder 14 III; Das deutsche Schwert, G. 14; Vaterland, G. 15; Unter dem Halbmond u. Stern, R. 16; Der Heilige Krieg, R. 16; Die Studentenlore, Lsp. 17; Und Sonne drüber, Sk. 18; Das ungehorsame Wichtelmännchen, Märchensp.; Das tapfere Schneiderlein, Märchensp. 20; 5 Mär-

chensp. 21; 3 Märchensp. 22; Sonne der Jugend, M. 23. *

Weismantel, Leo, DV., Roman, Drama, Pädag., Dr. phil. Marktbreit a. Main, Haus Zetz. (Obersinn $^{10}|_{8}$ 88.) V: Mari Madlen, R.; Das unheilige Haus, R.: Der Gangolfsbrunnen, N.; Die Reiter der Apokalypse, Dr.; Der Wächter unter dem Galgen, Dr.; Das Spiel vom Blute Luzifers, Dr.; Der Totentanz, Dr. 21; Wilhelm Tell — Schillers Vermächtnis an das deutsche Volk; Die Bettler des lieben Gottes, N.; Fürstbischof Hermanns Rhönfahrt, N.; Die Kläuse von Niklashausen, N.; Das Perlenwunder, N.; Der närrische Freier, R.; Johann Christian, der Richter von Orb, R.; Die Blumenlegende, M.; Die Hexe, M.; Wallfahrer und Musikanten, N.; Gußeiserne Leuchter, N.; Die Kommstunde, Dr.; Werkbuch der Puppenspiele; Die Bücherei der Puppenspiele; Die Bücherei der Lebensalter; Der Geist als Sprache; Rudolf Schiestl, über ihn und sein Werk: Flugschriften der Gemeinschaft fränkischer Dichter: Volk u. Dichter; Der Spielplan des Kulturtheaters; Die Jugendspielscharen.

Weismüller, Frl. Auguste (Ps. A. Veldenz), (k.), Nov. Düsseldorf, Tonhallenstr. 12. (Menden, Westf. $^{4}|_{7}$ 52.) V: Im Bann der Schlange, N. 88, 2. A. 97; Postlagernd, Wie ich Maler wurde, D. beiden Schwestern, Nn. 94; Auf den Brettern, N. 97; Anita, röm. Nn. 05.

Weiß, Albert, PA., Politik, ChefRed. d. „Tagesboten". Brünn, Hohlweg 29. (Pilsen $^{8}|_{2}$ 71.)

Weiß, Berthold, ∴, Dr. phil. Berlin W, Kaiserin-Augusta-Str. 73. (Wien $^{15}|_{3}$ 60.)

Weiß, Emil Rudolf, ✠, Prof., Maler. Berlin W, Magdeburger Str. 34. (Lahr i. B. $^{12}|_{10}$ 75.) V: Pan 94; D. blassen Cantilenen 96; Trübungen 98; Der Wanderer 00, 2. A. 08. ()

Weiß. Ernst, DV., SDS., Roman, Drama. Berlin W 30, Nollendorfstr. 22a. (Brünn $^{28}|_{2}$ 84.) V: Die Galeere, R. 13, 8. A. 19; Franziska, R. 15, 22. A. 19; Tiere in Ketten, R. 18, 21. A. 22; Mensch gegen Mensch, R. 19, 10. A. 19; Tanja, Dr. 20, 3. A. 20; Versöhnungsfest, G., 3. A. 20: Stern der Dämonen, R. 21, 2. A.; Nahar, R. 21, 10. A. 23; Olympia, Dr. 22; Ätna, Erz. 23, 3. A. 23; Feuerprobe, R. 23; Hodin, Erz. 23.

Weiß. Jos., (k.), Dr. phil., ♛, GArchR., ArchDir., Red. München, Malsenstr. 53. (Oggersheim $^{12}|_{3}$ 64.)

Weiß, Karl, ⊙, ✠, /, Theaterdir. Berlin W, Motzstr. 17. (Wien $^{27}|_{12}$ 67.) V: D. Schnitzertoni, Optte. 02; Festspiel 02; Kaisers Geburtstag 03; Z. Helle d. Menschheit, Sch. (m. Hans von der Wörnitz) 07; Der kleine Bäckerjunge, Optte. 08; Aug um Auge, Dr. 13; D. faule Florian, Optte. 14; D. törichte Jungfrau, Optte, 16. H: Deutsche Dichtung I 98. ()

Weiß, Konrad, Dchtg., Ω. München, Mozartstr. 13 III. (Rauenbretzingen $^{1}|_{5}$ 80.) V: Zum geschichtlichen Gethsemane 18; Tantum dic verbo 18; Die cumäische Sibylle 21.

Weiß, Frau Milka (Ps. M. Koninski-Weiß). Breslau, Tauentzienstr. 7. (Grätz, Pr. Pos. $^{6}|_{8}$ 58.) V: Großes Reinmachen, Schw. 97, 3. A. 05; Heimlich verlobt, Lsp. 00, 3. A. 10: Herzlich willkommen, Schw., 3. A. 09; Sie spart, Lsp., 2. A. 11; Männeremanzipation, 3. A. 12; Eheautomat, Sgsp.; Amtsjubiläum, Lsp., 2. A. 12; Stadtverordnetenwahl, Sch. 13.

Weiß, s. Wolfgang, Otto.

Weiß, Otto, ∴, Ästhetik, Ω, Musik, Dr., PrivGelehrt. Berlin-Friedenau, Schwalbacher Str. 1. ($^{28}|_{1}$ 86.)

Weiß, W. R., s. Platz, Wilhelm.

Weißalles, Karl, s. Le Mang, E. E. W.

Weißbach, Frz. H. (früher Weisbach), orient. Ψ u. ♛, Dr. phil., a.o. UP., Bibliothekar a. d. UBibl. Leipzig. (Chemnitz $^{25}|_{11}$ 65.)

Weißenfels, Richard, neuere deutsche Lit., Dr. phil., o. UP. Göttingen. (Magdeburg $^{17}|_{5}$ 57.) ()

Weißenthurn, Frau Max(imiliane) v. (Ps. Hugo Falkner), VV., Roman, Nov., Essay, /, Ue: EIF. Wien IV, Schaumburger Gasse 6. (ebda $^{1}|_{8}$ 51.) V (seit 00): Erbteil der Liebe, N. 01; D. goldene Kreuz, N.; Dämon Weib, R.; Verfehmt, N. 03; Hand d. Glückes, N. 04; Und doch, N. 06; Die Brakierer, N. 06; Der Freund Bellinis, N. 06; Roman des Glückes, R. 06; Ohne Liebe, R. 07; Treubruch, R. 07; D. Tragödin, N. 08; Briefe einer Mutter 09; Sic itur ad astra, N. 09; Glückskind, R. 10; Aus Mangel an Beweis, R. 10; Dämonische Mächte, N. 12; Lola v. Heim, R. 13; D. elende Herz, N. 14; D. Doppelgängerin, N. 15; Das Urteil, R. 15; D. Wunderdoktor, R. 15; Das große Los, R. 16; Der Verstoßene, R. 16; Eine Mutter, R.; Im Banne des Schicksals, R.; Die Braut des Bruders, R.; Eine Mutter; Kismet; Der Semering, Essays; Zahlreiche pädagogische Essays; Aphorismen, Kunstkritiken, Rezensionen v. Büchern.

Weißer, Frau Anna (Ps. Olaf Heimdal), PA., ✠, Germanistin, Red. der „Weißerschen Blätter". Tharandt, Bez. Dresden. (Neuhaldensleben $^{5}|_{7}$ 55.) V: Rotkopfs Görge 95; Schleiermachers 10

Gebote 96; Skalde Brun, E. 97; Altes und Neues vom Hilligen Born 07; Altes u. Neues v. Granaten 13; Edda-Sang; Dies ist die Nibelungen Not, Dr.; Der junge Odin, Dr.; u. Spiele für die Naturbühne. ( )

Weißmann, Adolf, SDS., Musik, Dr. phil., Prof. Berlin-Wilmersdorf, Konstanzer Straße 11. (Rosenberg, OS. $^{15}|_{8}$ 73.) **W:** Georges Bizet 07; Berlin als Musikstadt 11; Chopin 12; Verdi; Musik in d. Weltkrise; u. a.

Weißmann, Frau Maria Luise, SDS., ♥. Pasing, Planegger Str. 5 I. (Schweinfurt a. M. $^{30}|_{12}$ 99.) **W:** Das frühe Fest, G. 22; Robinson, Dchtg. 23.

Weitra, E. v., s. Juncker von Ober-Conrent, Elisabeth.

Weittenhiller, Eberhard v., Skizze, Satire, Groteske, ∴, ○, ♥, Plaud., ObRechRat. Innsbruck, Bahnstr. 20. (Wien $^{16}|_{3}$ 76.) **W:** Es werde Licht! Dr. 04; Kleopatra, Dr. 09; König Laurin, Dr.; Flirrebunt, Erz.

Weiß, Hans Philipp, VDE., VF., ASV., RP., Epos, Ω, ∴, Prof. Berlin W 57, Bülowstr. 18. (Aschersleben $^{9}|_{1}$ 84.) **W:** Gott u. die Götter, e. nord. Lied 06; Sarapis 12; Saat u. Ernte, Dr. 13; Der Glockensucher vom Scharfeneck, R. 22, 5. A. 23; Lieder der Gosse, Lr. 22, 3. A. 23; Georg Engel, sein Werk und seine Zeit 23.

Weitzel, Frau Clärc, Literarischer Verein der Pfalz, Roman. Bad Dürkheim, Rheinpfalz, Seebacherstr. 36. (Lauterecken, Rheinpfalz $^{29}|_{11}$ 89.) **W:** Armer Hans 19; Heimat 20. *

Weitzer, Rudolf V., ♥, Industriebeamter. Mürzzuschlag, Steiermark. (Kindberg im Mürztale $^{7}|_{4}$ 98.) **W:** Dein, Lieder und Klagen 21; Der Dornenkranz, R. 22; Die eine Saite, G. 22. *

Weizäcker, Karl, s. Hausknecht, Alfred.

Weizsäcker, Heinrich, Kunst♛, Dr. phil., o. THSchP. Stuttgart, Schützenstr. 13. (München $^{18}|_{10}$ 62.) **W:** Katalog d. Gemäldegal. des Städelschen Kunstinstituts: I. Ältere Meister 00, II. Neuere Meister 03; Die Meisterwerke d. St. K.-J. m. 60 Taf. Abb. 99; Das Frankfurter Kunstleben im 19. Jahrh. 07; Die Kunstschätze des ehemaligen Dominikanerklosters in Frankfurt a. M., ein Text- u. Tafelband 23; Die Zeichnungen Adam Elsheimers 23.

Welcker, Heinrich, SDS., DB., ○, Dr. jur., Rechtsanwalt. Leipzig, Hainstr. 6. (Erfurt $^{28}|_{12}$ 68.) **W:** Der Heiland aus den Bergen, Dr. 94; Robespierre, Dr. 97; Die erste Pflicht, Dr. 97; Die Heiterethei, Vst. 00; Abenteuer in Venedig, Lsp. 06; Der Pfarrer v. St. Georgen, Sch. 08; Ein Kampf um Gott, R. 12; Drama u. Freimaurerei 12; Der Baumeister von Alt-Leipzig, R. 19; Friedemann Bach, Dr. 20. ( )

Weldler-Steinberg, Frau Augusta, SDS., Lit.♛, Dr. phil. Zürich 1, Geßnerallee 52. (Pomorzany, Gal. $^{1}|_{11}$ 79.) **W:** Studien z. Gesch. der Juden in d. Schweiz währ. d. Mittelalters 03. **H:** Th. Körners Werke (Gold. Klassiker-Bibl.) 08; Th. Körners Briefwechsel mit den Seinen 10; Hoffmann v. Fallerslebens Werke (Gold. Klass.-Bibliothek) 11; Rahel Varnhagen, Briefwechsel mit Varnhagen von Ense 12. **Ue:** Pfade im Gebirge von M. Maeterlinck 22.

Welis, E., s. Wibel, Else.

Welleminsky, Ignaz Michael, DÖ.-SchG., DB., Operntexte. Wien IV, Johann-Strauß-Gasse 6. (Prag $^{7}|_{12}$ 82.) **W:** Schneider von Schönau, O. 16; Eiserne Heiland, O. 17; Fredigundis, O. 21 (alle m. Br. Warden).

Weller, Hermann (Ps. Hans Lindach), Akademischer Schutzverein, Mitglied der Deutschen Morgenländischen Gesellschaft, Indologie, Lateinische Dichtung, Dr. phil., Studienrat. Ellwangen a. J., Württemberg, Kanalstr. 4. (Schwäbisch-Gmünd $^{4}|_{2}$ 78.) **W:** Im Lande der Nymphäen, Bilder aus Indiens Liebesleben nach Amaru (von Hans Lindach) 08. **Ue:** Die Abenteuer des Knaben Krischna Sch. von Bhasa 22. *

Wellner, C., s. Weßner, Clara.

Welten, Heinz, s. Philipsohn, Martin.

Welter, Nikolaus, SDS., ○, ♥, Lit.-♛, Dr. phil., Oberschulinspektor, Prof. Luxemburg. (Mersch $^{9}|_{1}$ 71.) **W:** Frederi Mistral, der Dichter d. Provence 99; Siegfried u. Melusine, dram. Volkssage 99; Jóusé Roumanille, s. Leben u. s. Werke 99; Aus alten Tagen, Romanz. u. Ball. 00; Griselinde, Dr. 01; Theodor Aubanel, e. provençal. Sänger d. Schönheit 02; Frühlichter, G., 1. u. 2. A. 03; D. Söhne des Öslings, Dr. 03, 2. A. 04; Der Abtrünnige, Tr. 05; Die Dichter d. luxemburg. Mundart, 1. u. 2. A. 06; Lene Frank, Lehrerinnen-Dr. 06; Professor Forster, Tr. 08; Gesch. d. franz. Lit. 09, 2. A. 12; In Staub u. Gluten, n. G. 09, 2. A. 10; Segnungen der Stunde, G. 10; Mansfeld, Tr. 12; Hohe Sonnentage, Ferienbuch aus Provence u. Tunesien 12; Hochofen, ein Büchlein Psalmen, 8. A. 15; Franz Bergg, e. Proletarierleben 13; Das Luxemburgische u. s. Schrifttum 14, 7. A. 21; Über den Kämpfen, ZeitG. e. Neutralen 15, 6. A.; Dantes Kaiser, Tr. 21.

Weltmann, Lutz, Literatur- u. Kunstgeschichte, Kritik, Essay, /, Dr. phil.,

Dramaturg am Lessingtheater. Berlin NW 23, Lessingstr. 23. (Elbing, Wpr. 15/2 01.) B: Bühnenbearb. v. Shakespeares „Wie es euch gefällt" 23; Die verdeckte Handlung bei Kleist 23.

Weltsch, Felix, ∴, Dr. phil. et jur., UBibl. Prag VII, Socharskagasse 333. (ebda 6/10 84.)

Weltzien, Otto, PA., /, ♛, ♉ u. Erz. in mecklb. Mundart, Red. Celle. (Darze bei Parchim 18/11 73.) B: Tosamsöcht Wor, G. u. Geschn. 02; Zur Gesch. Parchims 03; Kronika van Rostock 08; Kronika van Swerin 09; Das niederdeutsche Drama 12; Brinckman-Buch (Biogr.) 14; Up Posten, G. 16; Führer durch Mecklenburg 20; Jungmaehl, Ged. u. Skn. 21; Celler Heimatbuch 21; Huhch Hochtit, Theaterst. 22. H: John Brinckmans sämtl. Werke 03; F. Reuters sämtl. Werke 05; Melch. Meyrs Erzählgn. aus dem Ries 05; Reuters Briefe 13; Niederdeutsche Heimatklänge, Anthologie 14; Brinckmann, Kasper-Ohm un ick, nach der 1867er Original-Fassg. 14.

Wenck, Frl. Lene, Novellen, Romane, Priv.-Sekr., Mitarbeiterin von Westermanns Monatsheften. Halle a. d. S., Prov. Sachs., Wittekindstr. 28 (Halle a. d. S. 7/6 89.) B: Das singende Meer, R. 20; Konsul Holtmaus Tochter, R. 22. *

Wencker, Friedrich, Lit.- u. franz. ♛, /. Wildberg b. Uffenheim, Bay. (Würzburg 27/8 93.) B: D. Zusammenbruch Serbiens 16; Der nächste Weltkrieg 16, 150. T. 18; Don Juan, R. 21; Geheimnisse der Bastille 21; Verbrechen der Liebe, Tr. d. Ehe 22; Deutschlands tiefste Erniedrigung 23; Geschichte der Abenteurer aller Zeiten 23/24. H: Napoleon I. u. s. Zeit, hist. R. 13 VI; Dichter um Napoleon 13; Alex. Dumas, Memoiren 13 II, 2. A. 14; Aber Herr Herzog! 14, 18. T. 20; Don Juans Memoiren 15 II; Kriegs- u. Liebesabenteuer d. Chevalier d'Artagnan 20; Der Gefangene Friedrichs des Großen 22; Casanovas Flucht aus d. Bleikammern 23; Mittellos in Amerika 23; Alex. Dumas, Ausgew. R. u. Erzn. 23.

Wendel, Hermann, SDS., ♛, Politik, Lit. ♛. Frankfurt a. M., Roseggerstr. 32. (Metz 8/3 84.) B: D. preuß. Polenpolitik 08; Frankfurt a. M. von d. großen Revolution bis zur Revolution von oben 10; August Bebel 13, 4. A. 23; Heinrich Heine 16; Elsaß-Lothringen u. d. Sozialdemokratie 16; Südosteuropäische Fragen 18; Aus und über Südslawien 20; Aus dem südslawischen Risorgimento 21; Von Marburg bis Monastir 21; Von Belgrad bis Buccari 22; Kreuz und quer durch den slawischen Süden 22; Aus drei Kulturen 23; u. Broschüren. H: Friedr. Stoltze, Trutz Gewalt! 16; Heinr. Heine und der Sozialismus 19; Joh. Christ. Günther, Die deutsche Laute 21; Südslawien (Königreich der Serben, Kroaten und Slowenen) 23. Ue: Stanojević, Die Ermordung des Erzherzogs Franz Ferdinand 23.

Wendel, Viktor. Hannover, Celler Str. 58. (Metz 24/8 90.) B: Morgenstürme, G. 12; Die Schalmei der Scholle, G. 15; Wo die Kanonen stehn, G. 16.

Wendland, Olga, s. Wohlbrück-Wendland.

Wendlandt, Wilh., VB., BP., RP., Reichsvd. d. Volkswirte, Rouleaux-Ges., ⊙, ♉, /, ▣, ♁, ♛, ∴, Dr. phil. Berlin-Friedenau, Kirchstr. 11. (Tranquebar, Ostind. 30/7 59.) B: Magnus, Tr. 85; Friedrich von Hohenzollern, Sch. 88; Alt-Berlin, Sch. 95; D. Marinedirektor, Sch. 99; D. Förderung des Außenhandels 04; De Duwwelgänger, plattd. Erz. 10; Die deutsche Industrie 13 III; Neujahr, dr. Dchtg., 2. A. 22; Gilgamesch, Der Kampf mit d. Tode, E. 22; Das Himmelschiff, Dchtg. 23. Begr: Deutsche Industrie.

Wendriner, Karl Georg, Lit. ♛, /, Kritik, Dr. phil. Berlin-Charlottenburg, Knesebeckstr. 20/21. (Landeshut, Schles. 25/4 85.) B: D. romantische Drama 09; D. Faustdichtung vor, neben u. nach Goethe 13. H: Heine, Buch d. Lieder 10; Heine, Schriften in Prosa 11; Halm, Das Haus an der Veronabrücke 11; Tieck, Phantasus 11; Eckermann, Beiträge zur Poesie 11; Falk, Goethe aus näh. persönl. Umgang 11; Riemer, Mitteilgn. üb. Goethe 12; Heine, Der Doktor Faust 12; A. W. Schlegel, Blumensträuße italien., span. u. portugiesischer Poesie 12; Goethes Werke 12ff.

Wendriner, Richard (Ps. Lorenz Vendramin), roman. ♆, ⊙, Dr. phil. Breslau, Hohenzollernstr. 77. (ebda 13/12 65.) B: Föhn, R. 97; High Life, Kom. 02; Künstler, Kom. 11. ( )

Wengenmayr, Flor., (k.), Volks- u. Jugendschr., Pfarrer. Ottobeuren. (Dillingen 5/8 63.) B: Engel d. Blinden, Erz. 95; Bergfexen, Lsp. 95, 2. A. 08; Dreimal hoch die Eisenbahn, Erz. 96; Der Arbeit Preis, Sch. 96, 2. A. 06; O dolce Napoli, Lsp. 96; D. Macht d. christlich. Nächstenliebe, Weihn.-Sp. 99; 's katholisch Mädeli, Erz. 99; Bauernschutz — Bauerntrutz, Erz. 00. ( )

Wenger, Frau Lisa, SES., Märch., Fabeln, Novellen, Roman. Delsberg, Kt. Bern, Schweiz, Solitude. (Bern 2/1 58.) B: D. blaue Märchenbuch 05,

4. A. 22; Wie der Wald still ward 07; Prüfungen, R. 08; Die Wunderdoktorin, R. 09, 2. A. 19; Irrende, Rn. 11; D. Rosenhof, R. 15, 25. T.; Er und Sie und das Paradies 17, 12. T.; Amoralische Fabeln 20; Die Altweibermühle, Frauenmärchen 21; Der Vogel im Käfig, R. 22.

Wengersky, Marie Luise Gräfin v. (Ps. früher Wengstein), Roman. Dresden-A., Joh.-Georgen-Allee 27, dzt. Schloß Colmdorf b. Bayreuth. (Pleß, OS. $^{8}|_{8}$ 64.) **Ue:** Couperus, Stille Kraft 00, 2. A. 08. **V:** Sturm, R. 11; Schiffbrüchige, R. 13; Die am Wege, R. 13; 2 Novellen 16; Die goldne Brücke, R. 21.

Wengraf, Edm., CC., Politik, /, ✠, Dr. jur., Präs. d. CC. Wien IX, Grüne Torgasse 16. (Nikolsburg $^{9}|_{1}$ 60.) **V:** St. Georg v. Zwettl 87; Wie man Sozialist wird 88; Armer Leute Kinder, R. 94.

Wengraf, Ernst, Operette, Lied, Prokurist u. lit. Beirat d. Wien. Bohême-Verlag. Wien XIX, Hardtg. 32. ($^{29}|_{10}$ 86.) **V:** Etwa 20 Optten., darunter: Die fidele Pension 20, Schloß Rosenstein 21; Lieder.

Wengstein, s. Wengersky, M. L. Gräfin v.

Wenke, Artur, RP., ⊞, Lit., Archivar, Dr. phil. Berlin-Steglitz, Körnerstr. 45. (Kamenz, Sa. $^{20}|_{4}$ 73.) **V:** Junghegeltum u. Pietismus in Schwaben, e. Kulturbild a. d. Mitte d. 18. Jhrh. 08; In der Freiheit Morgenrot, Vaterl. Erz. 10; Theodor Körner, e. Lebensbild 13.

Wensauer, s. Hager, Franziska.

Went, Friedr., s. Loewenthal, Siegfr.

Wentscher, Erich, Dchtg., ♛, ⚔, Dr. jur. Berlin-Friedenau, Eschenstr. 7. (Itzehoe $^{20}|_{7}$ 92.) **V:** Munition, Rüstungsbilder 17, 2. A. 18; Soldatenlust, Soldatenweh, G. 17; Freiheit, R. 20; Der Ritter und sein Hund, N. 20; Jubilate, G. 20.

Wentscher, Max, ∴, Dr. phil., o. UP. Bonn a. Rh., Lessingstr. 36. (Graudenz $^{12}|_{8}$ 62.)

Wentzcke, Paul, ♛, Dr. phil., Direktor d. städt. Archivs. Düsseldorf, Andreasstr. 4/8 u. Herderstr. 79. (Koblenz $^{4}|_{9}$ 79.)

Wentzel, Hans v., DV., BP., ◯, /, Krit., Major a. D. Berlin W 30, Schwäbische Str. 25. (Brandenburg a. d. H. $^{1}|_{4}$ 55.) **V:** Prinzeß Wjera, Sch. (m. Ferd. Runkel) 00; Frideric. Rex. 3 Dr.: 1. Schatt. d. Zweifels, Sch., 2. Nach Tisch in Sans-Souci, Lsp., 3. Der 3. November 1760, Sch. 01; Das Fähnrichsherz, Rn. 04; Pharaos Tochter, Lsp. (m Rud. Presber) 04; Die Stärkere, R. 05; Charlotte von Boyen. Sch. (m. Ferd. Runkel) 06; Dämonen, Sch. 07; Schneider Fips, Libr. 08; Der Sieger, Libr. 09; Buchhändler Palm, Sch. 10; Epauletten, Erz. 11; Vom Leutnant zum Major, Hum. 14; D. weibl. Gefahr. Kom. 16; O, wie so trügerisch! Lsp. 16. **H:** Im Wirbelsturm der Freiheitskriege. Lebenserinnerungen d. Generalleutnants v. Wentzel 06; 360 Frauen, Lsp. (m. Johanna v. Wentzel); Der unverstandene Mann, Kom. (m. Johanna v. Wentzel); Der große Zerstörer, Sch.

Wenz, Gustaf, Germanischer Kulturkreis, Bodenreform, Dr. phil., Studienrat. Liegnitz, Prov. Schles., Grünstr. 5. (Sparsbach, Kreis Zabern, Elsaß $^{20}|_{6}$ 90.) **V:** Die germanische Welt 23. **Ue:** Die Friðþjófssaga 14; Die Geschichte von Frithjof dem Kühnen 22. *

Wenz, Richard, WSV., R., Dr., Red. d. „Rheinwarte“. Köln-Nippes, Neußer Str. 495. (St. Wendel $^{19}|_{12}$ 76.) **V:** D. Witwe, Skn. 02; Nacht und Tod, Verse 03; Luise, Rn. 04; Der Krüppel, R. 06; Totes Geleise, Skn. 07; Kind und Erbe, Erzn. 09; Heinrich Mittler, R.; Der Rondbachmüller, R. 11; Tante Regina, R. 12; Um die Scholle, Dr. 12; Scherben, Dr. 13; Der Fremde, R. 13; Der Büßer, Erz. 14; Landfahrerblut, Rn. 15; Auf dem Eulenhof, R. 19; Frau Welt und Frau Sehnsucht, R. 19; Rheinische Literatur, Übersicht 22; Irrgänge der Liebe, Rn. 23; Rheindämmerung, R. 23. **H:** Zeitstimmen 04; W. Holzamer, Erzn. I 05; II 10; Hesses Meisternovellen IV—XII 08—21; Merkbuch d. schön. Literatur 13.

Wenzel, Max, Lehrer. Chemnitz, Helenenstr. 55. (Ehrenfriedersdorf $^{8}|_{4}$ 79.) **V:** Erzgebirg. Dialektdichtgn., Volkskdl. u. Reiseschr.

Wenzlik, Theodor (Ps. Th. Wollen) (k.), Mitgl. d. Ges. d. Autoren, Komponisten u. Musikverleger Wiens, ◯. Wien XIII/7, Geylingg. 11. (ebda $^{1}|_{9}$ 61.) **V:** 's Stummerl vom Königsee 84; Klosterglöckner 86; 's Dornenschloß 87; D. Nachtwächters gold. Hochzeitstag 88; Erzählung eines Berchtesgadner Marterlmalers 90; Was der Waldfriedhof erzählt 91; Salzburgs Nachtwächter-Poesie 92; D. Schmierkomöd. 93; Letzte Worte 95; Die Waldpfarr 96; Zwischenbrettl 99; Bauernbrettl 03; Unterspicktes 04; Artiges u. Unartiges 05; Dem Reinen ist alles rein 06; Titellos 07; Mein Repertoire 13; Soldatenhumor 15; Allotria 16; Hallo! Hallo! Neue Witz sind da! 17; Der Witzbold 18; Späße u. Witze bei Kälte und Hitze 19.

Werdenfels, Heinr. K., s. Wiener, Josef.

Werder, Hans, s. Bonin, A. v.

Werfel, Franz ✠. Breitenstein a. d.

Südbahn. (Prag $^{10}|_{9}$ 90.) **B**: Spielhof; Nicht d. Mörder der Ermordete ist schuldig, R.; Weltfreund; Wir sind; Einander; Gesänge a. d. 3 Reichen; Beschwörungen, G. 23; Gerichtstag; Mittagsgöttin; Besuch a. d. Elysium; Versuchung; Troerinnen; Spiegelmensch; Bocksgesang; Schweiger. **Ue**: Winde von Mittag nach Mitternacht.

Werle, Fritz. Auerbach, Hessen. ($^{1}|_{12}$ 99.) **B**: Entseelte Blumen, Dr. 20; Gerichtstag, Kammersp. 22; Hymnen in Blau u. Weiß, Lieder u. Sonette, G. 22; Wesen u. Ethik der Astrologie 23; Astrologie u. Erziehung 23; Karfreitagmorgen, Dchtg. 23. *

Werminghoff, Albert, ♛, D. theol., Dr. phil., o. UP., GRegR. Leipzig. (Wiesbaden $^{3}|_{8}$ 69.)

Werneck, Fritz, s. Werneck-Brüggemann.

Werneck-Brüggemann, Fritz, DB., ◯, ❦, ◯, ●, Verlagsleiter, Kunstmaler, Musikschriftst., Chordir. Kassel, Hohenzollernstr. 124. **Ue**: Alte fläm. Volksldr. 17, 3. T. **H**: Vaterld. Erbauungsbuch 21. **B**: Zwei Epen, G. 19; Küsse des Mirgal, G. 19, 2. T.; Liebeslieder an Elisabeth, G. 19, 25. T.; Ritter, Tod und Teufel, G. 21; Auf dem Schaukelpferdchen, G. 21; 2 Musikdchtgn. (Verlor. Kronen, Orat. — Totentrud, O.) 19, 2. T.; Gepanzerte Braut, SpO. 21; u. v. a.

Werner, Alfred, ∴, Dr. phil., z. Zt. Bürgermeister i. Friedland in Meckl. (Danzig $^{8}|_{10}$ 92.)

Werner, Arno, Musik♛, Prof., Organist u. Gesanglehrer a. Realgymn. Bitterfeld, Ratswall 7. (Prittitz i. Kr. Weißenfels $^{22}|_{11}$ 65.)

Werner, Camilla, s. Thomé, Marga.

Werner, Erich, s. Lobe, Georg.

Werner, Ferd., Politik, Lit.♛, Dr. phil., Prof., StudR. Butzbach, Hessen. (Weidenhausen, RB. Wiesbaden $^{27}|_{10}$ 76.)

Werner, Harry, s. Macke, Heino.

Werner, Heinrich, ◯, ◯, Lit., Prof. Berlin-Wilmersdorf, Münstersche Str. 23. (Darmstadt $^{30}|_{11}$ 70.) **B**: Gesch. d. deutsch. Lit. 14, 2. A. 16; Hans Thoma 19; Der Weg der Kunst 21.

Werner, Hermann, WJSV., PA., Politik, /, Kritik, Schriftleit. am Schwäb. Merkur. Stuttgart, Neckarstr. 136. (Altenstadt $^{12}|_{8}$ 80.) **B**: Der Zeitungsleser und die Zeitung 20.

Werner, J., s. Wiener, Josef.

Werner, Johs., ♛, Kirchen♛, Kunst♛, Lic., Dr. phil., Prof. Leipzig, Ferdinand-Rhode-Straße 14. (Ohrdruf $^{30}|_{9}$ 64.)

Werner, Karl Heinrich, ❦, Essays, Schriftst. Nürnberg, Meizenstr. 5 II. ($^{24}|_{12}$ 03.) **B**: Föhn, G. u. Sc. 23. *

Werner, Kurt, s. Selige, Kurt.

Werner, Kurt, Erforschg. d. histor. Dichtung, Schuldir. Schwarzenberg i. S. (Plauen i. V. $^{22}|_{6}$ 77.) **H**: Deutsch. Schwert u. deutsch. Pflug, Gedichtsammlg. z. Belebung d. Geschichtsunterr. 12, 2. A. 15; Kriegsgedichte f. d. deutsche Jugend 16, 5. A. 18.

Werner, Dr. Ludw. Friedr., s. Bötte, Werner.

Werni, Child, s. Winderlich, Carl.

Wernigk, Ferdinand, (k.), ∴, ✝, ♛, Dr. phil., Pfarrer. Niederschönenfeld, Schwaben. (Homburg v. d. H. $^{3}|_{9}$ 64.)

Werth, Peter, s. Stülcken, J. C.

Wertheimer, Fritz, VP., PA., RP., ▣, Ostasien, Auslanddeutschtum, Auswanderung, Dr., GenSekr. d. Dtsch. Ausl. Inst. Stuttgart, Werastr. 42. (Bruchsal $^{12}|_{9}$ 84.)

Wertheimer, Paul, CC., ❦, /, Nov., ◯, Dr. jur., RA., Red. d. „Neuen Fr. Presse". Wien I, Wipplinger Str. 35. (ebda $^{4}|_{2}$ 74.) **B**: Ged. 96; Neue Ged. 04; Die Frau des Raja, Dr. 07; Wenn zwei dasselbe tun, 4 Einakt. 09; Im Lande der Thorheit, neue Verse 10; Krit. Miniaturen 11; Joujou, Hum. 12; Der Brand der Leidenschaften, Nn. 14; Die himmelblaue Zeit, Sgsp. 14; Die Frau Rat, Kom. 19; Das war mein Wien, G. 20; Sommerhaidenweg, neue Ged. 21; Menschen von heute, Dr. 23; Brüder im Geiste, Essays 23. **H**: Fr. Graeffers Josephinische Curiosa 19; Friedr. Nicolais Reise nach Österreich 20; Altwiener Theater 20. **Ue**: Oscar Wilde: Ziele, Der Sozialismus u. die Seele des Menschen, Weisheiten.

Werthenau, Hans v., s. Millesi, Matth. v.

Wesner, Ernst, RP., PA., Journalistik, /, Red. Bockwitz, Kr. Liebenwerda, Pr. Sachs. (Charlottenburg $^{13}|_{12}$ 90.) **B**: Die Zeitung 20, 2. A. **H**: Volkszeitung f. d. gesamte Niederlausitz.

Wespy, Léon, ◼, franz. Sprache, Lit.- u. Kultur♛, Gemeinderecht u. Schulverw., **Ue**: F, Dr. phil., Senator u. Stadtschulrat. Hannover, Schiffgraben 30. (Gotha $^{18}|_{10}$ 58.)

Wesse, Curt, SDS., ❦. Berlin-Lichterfelde-Ost, Siedlung Langestr. (Magdeburg $^{21}|_{4}$ 84.) **B**: Hodos, G. 21; Der grenzenlose Spiegel, G. 22; Das Kind, Kom. 22. *

Wessel, Berth. Oskar, Belletrist, /, stud. germ. Köln, Aachener Str. 45. (Düsseldorf $^{28}|_{7}$ 99.) **B**: Die Opferfeuer lohen! R. 21.

Wesselski, Albert, vergl. Lit.♛ u. hist. Volkskde., Chefred. d. Bohemia. Prag I, Annahof. (Wien $^{3}|_{9}$ 71.) **B**: Hr. Bebels Schwänke 07 II; Mönchslatein 09;

Narren, Gaukler u. Volkslieblinge 10ff. V; Italien. Volks- u. Herrenwitz 12; Deutsche Schwänke 14; D. lachende Buch 15; Vlämische Volkslieder 17; D. Legende um Dante 21. **H**: Perlen älterer roman. Prosa I—X (m. H. Floerke). **Ue**: De Costers Vlämische Mären 16; Hochzeitsreise 16; Brabantes Geschichten 17. ()

Weßner, Frl. Clara (Ps. C. Wellner), Nov., **Ue**: EF. Berlin-Schöneberg, Wartburgstr. 39. (Dresden 20|5 64.)

Westerich, Thomas, ✠, ○, /, Schriftleiter. Hamburg 31, Sillemstr. 6. (ebda 12|5 79.) **B**: Ünnern Sassenbom, hoch- u. niederd. G. u. Ball. 13; Zwischen Brückenköpfen, G. 20; Hammar, Das Atlantis-Mysterium, Dr. 20; Nebucadnezar, Dr.; Gewitter, Dr.; Der weiße Herzog; Orplid, das heilige Land, Mysterien; Der dritte Weg; Der heimliche Deutschmeister ⁂; u. a. **H**: Gedenke, daß du ein Deutscher bist, Jugendgeleitbuch 14, 2. A. 20.

Westermann-Hausleiter, Frau Charlotte, VBA., Nov., Politik, ♛, Kritik. München, Lerchenfeldstr. 11 b. (Nürnberg 12|10 86.) **B**: Knabenbriefe 11, 3. A.; Briefe der Liebe 13, 50. T.; Fr. v. Gentz, Biographische Fragmente 18/19.

Westheim, Paul, SDS., ♔, Hrsg. „Das Kunstblatt" u. „Die Schaffenden". Berlin-Steglitz, Albrechtstr. 73a. **B**: Oskar Kokoschka 19; Die Welt als Vorstellung 20, 2. A.; Wilhelm Lehmbruck 20; Indische Baukunst 21, 2. A.; Das Holzschnittbuch 21; Für u. wider.

Westkirch, Frl. Luise, VB., Nov., ○. Klein-Süntel b. Hasperde, z. Z.: München, Horemansstr. 31 II. (Amsterdam 9|7 58.) **B** (seit 00): Urschels Fundgut, R. 01; Im Teufelsmoor, R. 01; Jenseits v. Gut u. Böse, R. 02; Geschichten von der Nordkante 03; Um ein Liebesglück, R. 03; Loreley, R. 03; König Haß, R. 04; Unter Schwarzwaldtannen, R. 04; Junker Freds Roman, N. 04; Die Gletschermühle, N. 06; Kains Entsühnung, R. 06; Der Staatsanwalt, R. 07; Auf der Menschheit Höhen, R. 07; Der Marquis von Weyermoor, R. 08; Zwisch. Abend u. Morgen, Sch. 08; Niedersächs. Leute, Nn. 09; Timm Bredenkamps Glück, N. 09; Wenn die Masken fallen, N. 09; Im deutsch. Versailles, R. 11; Der Bürgermeister von Immelheim u. a. Nov. 11; Der Todfeind, R. 12; Schauspieler d. Lebens, R. 12; Der Franzosenhof, R. 13; Erzählgn. u. Nov. 14 II; Nach dem Sündenfall, Nn. 15; Schmetterlinge auf See, R. 16; Das Licht im Sumpfe 17; Die vom Rosenhof 18; Das Gespensterschloß, R. 21; Der Werwolf, R. 22; Der Mann mit der Maske 23.

Westphal, A., s. Jahn, Herm. Ed.

Westphal, Edmund, Dichtung, Novelle, Lyrik, Stadtobersekretär. Berlin-Neukölln, Hobrechtstr. 47. (Berlin 22|8 93.) **B**: Aus Dämmer und Nacht 21. *

Wettel, F., Landes♛, Biogr., Politik, Gutsbesitzer. Temesvár III., Königsplatz 1. (Werschetz 24|2 54.) **B**: Biograph. Skizzen 08; Sechs Lyriker d. Banats 13; Steph. Milow 14; Gedenkblätter 17. **H**: Deutschbanater Volksbücher.

Wetter, Max, s. Mallinckrodt, Max v.

Wettstein, Oscar, PA., Politik, ⊞, Dr. jur., RegR. u. Mitgl. d. schweiz. Ständerates, Priv.-Doz. f. Journalistik a. d. staatswiss. Fakultät. Zürich 7, Heliosstr. 6. (ebda 24|8 66.) **B**: D. Schweizer Presse 02; Die Tagespresse in uns. Kultur 03; Staat u. Presse 04; Die Tagespresse vor 100 Jahren 06; Die Tagespresse als geist. Volksnahrg. 12; D. Schweiz 15. ()

Wetzel, Franz, Dr. phil., AB., Kulturpolitik, allg. Politik, ♛, Dichtung, Verlagsdirektor. Solln b. München, Ottilienstr. 16. (Gernsbach, Baden 24|6 88.) **B**: Mein Morgenlied, G. 11; Geschichte der kath. Presse Deutschlands im 18. Jahrhund. 13; Gesch. der mar. Bürgersodalität Heidelberg 13; Staat u. Politik 19; O Licht, o Sonne G. 21. *

Wey, Ilse, s. Wocher-Wey, Elis.

Weyde, Johann, ■, Ψ, Dr., Realschuldir. Aussig, Deutschböhmen, Schillergasse 230. (Krummau 25|5 70.) **B**: Deutsches Rechtschreibwörtb. 02; Adalb. Stifter als Erzieher s. Volkes 07; Zur Entwicklung d. Sprache des Kindes 09; Plan e. dtsch. Einheitsmittelschule 21 **H**: A. Stifter.

Weygandt, Wilhelm, Psychologie, Psychiatrie, Neurologie, Dr. phil. et med., o. UP., Dir. Friedrichsberg in Hamburg. (Wiesbaden 30|9 70.)

Weymar-Hey, Frau Gertrud, ASB., /, Rom., ✠. Görlitz, Biesnitzer Str. 83. (Gotha 21|10 88.) **B**: Skizzenbuch 05; Veilchen 05; Margherita 06.

Weynand, Rudolf, Ψ, ♛, Theater, Dr. phil., ObStudDir. Lüneburg, Schießgrabenstr. 7. (Trier 17|1 75.) **B**: Fachschr.

Wibbelt, Augustin, Dr. phil., kath. Pfr. Mehr b. Cleve. (Vorhelm 19|9 62.) **B**: Wildrups Hoff, niederd. Erz. 00, 5. A. 10; De Strunz, niederd. Erz. 02, 3. A. 08; Schulte Witte, desgl. 05 II, 4. A. 09; D. Buch v. d. vier Quellen 10, 24. A. 21; E. Trostb. v. Tode 11, 4. A. 20; Ein Sonnenbuch 12, 24. A. 21; Ein Heimatbuch 16, 4. A. 20; Ut de feldgrave Tied, R. 17 II; Ein Familienbuch 18; Ein Spruchbuch 19; Ein Skizzenbuch 20;

Kinner-Paradies, niedd. G. 20; Ein Buch vom Himmel 21; E. Büchlein vom Walde 21; Hillgenbeller.

Wibel, Frau Else (Ps. E. Welis, E. Leboert), Roman, Nov., Oberstleutnantsgattin. Fürstenfeldbruck, Oberbay. (Ludwigsburg, Wrttbg. $^{6}|_{7}$ 82.) **B**: Ise Wernows Weg; Hauptmann Brenken; Da kam das Leben; Hans Raßmuts Heimkehr, R.; Erlöserin, R.; Herreninsel, N.; Karikaturist, N.

Wichert, Fritz, Bild.♔, Dr. phil., Dir. d. städt. Kunsthalle in Mannheim, L. 14, 9. ($^{22}|_{8}$ 78.)

Wichgraf, Frau Martha (Ps. Martha Volkart), ✿. Potsdam, Sedanstr. 1. (Bromberg $^{19}|_{10}$ 66.) **B**: Verbotene Liebe, R. in Lrn. 01, 2. A. 16; Mutter, Lr. 02, 5. A. 16; Huldigg. d. Stände, Festsp. 03; Errungen, R. in Lrn. 04; Ein Talent, R. in Lrn. 05; Sein Heldenmal, Dchtg. 16, 2. A.

Wichmann, Ludwig, Reisel., /, Jurist, Hauptm. d. L. a. D. Bad Nauheim. (Falkenberg $^{6}|_{3}$ 53.) **B**: Geheimnisse des Waldes 80; Reisen in England 86; Engl. Briefe 87; Feldzugserinnerungen aus Frankreich 90.

Wick. August, ○, Libretto, Roman, Nov, ✿, Dr. phil. Frankfurt a. M., Unterlindau 55. (Wiesbaden $^{18}|_{1}$ 69.) **B**: Seltsame Geschn. 96, 2. A. 04; E. unbedeutende Frau, Sch. 98; Tobias in d. dramat. Lit. Deutschlands 99; Neue Menschen, R. 03, 3. A. 04; Aus Evas Reich, Skn. 03; Ein neues Eden, R. 04.

Wickert, Richard, ∴, Dr. phil., Prof., StudR. Dresden, Trinitatisstr. 35 I. (Greiz $^{9}|_{7}$ 80.)

Wickihalder, Hans, ○, Dr. phil. Zürich, Neue Beckenhofstr. 37. (ebda $^{26}|_{7}$ 96.) **B**: Fortunat, Trag. 23; D. Schaubühne, e. kunstphilos. Untersuchg. 24. *

Widakowich, Frau Else, s. Jerusalem, Else (im Nachtrag).

Widder, Wilhelm, DB., ✿, Erz., Drama, Dr. phil., Prof. Würzburg, Stephansstr. 6. (Kitzingen a. Main $^{29}/_{10}$ 79.) **B**: Gesichte des Wanderers, G. 20; Landsleut, heitere Geschichten aus Franken 20, 2. A. 22; Ella Heiden, Sch. 22.

Widmann, Wilhelm, PA., ✿, /, Hum., Theaterkrit., Theater♛, **Ue**: FE. Stuttgart, Danneckerstr. 19A. (Bamberg $^{7}|_{6}$ 57.) **B**: Lied v. Stadtgarten 93; Wanderung dch. Stuttgart u. Umg. 96, 3. A. 04; V. Radeln 97; Für verliebte Leute 99; Stuttgarter Schillertage 05; Hänschen, Lieschen, Fritz 11; Reimchronik d. gr. Krieges 14; Fr. Schiller u. d. Weltkrieg 15; Michel u. Sepp 15, 2. A. 16; Der Schwabenkönig u. s. Haus 16, 2. A. 17; Theater u. Revolution 20; Wilhelm Tells dramatische Laufbahn und politische Sendung 23.

Widmer, Johannes, Kunst♛, Dr. phil., Priv.-Doz., Kunstschriftst. Genf, 10b Boulevard des Tranchées. **B**: Frank Buchser 12; Max Buri 17; Von Hodlers letztem Lebensjahr; Franz Xaver Bronner; Ferd. Hodler. **Mitarb**: (f. Kunst) zahlr. Zeitgn. u. Zeitschr.

Widmer, Karl, Kunstgeschichte, Prof., Dozent an der Landeskunstschule. Karlsruhe i. Baden, Roonstr. 6. (Herdwangen $^{23}|_{7}$ 68.) **B**: Keramik (in: „Baden, seine Kunst u. Kultur") 07; Die Frau des Rokoko 08; D. bild. Kunst (in d. „Gesch. d. Stadt Karlsruhe") 15.

Wiechert, Ernst Emil, Romane, Studienrat. Königsberg, Ostpr., Hagenstr. 21. (Forsthaus Kleinort, Kr. Sensburg, Ostpr. $^{18}|_{5}$ 87.) **B**: Die Flucht, R. (u. Ps.: Ernst Barany Bjell) 16; Der Wald, R. 22. *

Wiechmann, Hermann Adolf, Verlagsbuchh. München, Giselastr. 21. (Oldenburg $^{5}|_{7}$ 67.) **H**: Heimatbücher d. Menschen: Meine Heimat, 20. A., Heimatlieder, 12. A., Aus d. Heimat d. Menschen, 18. A., Tiefland, 4. A., Stimmgsbild a. d. Heide, 16. A., Stimmgsbild. a. d. Moor, 11. A., Wandergn. i. Harz, 20. A., Wanderungen i. Thür. Wald, 11. A., Aussaat u. Erntezeit, Mutter Erde, 10. A.; Aus der alten schönen Zeit, 3 Bde.; Deutsche Sehnsucht; Aus vergangenen Tagen; Deutsche Freiheit, 5 Bde.

Wied, Frau Alexandrine Martina (Martina Wied), ✿, Drama, Nov., Essay, Dr., Fabrikdirektors-Gattin. Wien IX, Rossauerlände 45. (ebda $^{10}|_{12}$ 85.) **B**: Bewegung, G. 19; Spuk, Dr.; Das unruhige Herz, Nov. 22; Heliodor und die Gefangenen, Tr. 22.

Wiedenmann, Joh. Baptist (Ps. Ali Bâkur, Durga Prasad). Leipzig, Postschließfach 148. (Nürnberg $^{1}|_{1}$ 77.) **B**: Okkultist. Schriften u. a.

Wieder, Konrad, s. Arzen Edler v. Cserepy, Eugen.

Wiegand, Carl Friedrich, DB., BB., ○, Roman, Nov., ✿, /, ∴, Kritik, Dr. phil., Prof. Zürich 6, Büchnerstr. 18. (Fulda $^{30}|_{1}$ 77.) **B**: Aus Kampf u. Leben, G. 04; Bedeutung d. Gestaltqualität 07; Niederländische Balladen 08, n. A. 20; Winternacht, Dr. 09, 2. A. 21; Der Korse, Dr. 09; Stille u. Sturm, G. 10; Miodela, e. Spiel 10; Marignano, Dr. 11, 5. A. 15, 6.—10. A. 23; D. Herrlichkeit d. Cyriakus Kopp u. a. Nov. 13, 2. A. 13; Die Simulanten, Kom. 14/19; Ein Walzer, O. 16; Kriegslieder eines Gefreiten, G. 16; Totentanz, G. (mit Hans Witzig) 14/18 20; Adolf-Frey-Buch 20;

Die Gefesselten, 2 Tr. 21; Unterm Dach der Welt, G. 23; Pritsche und Peitsche (mit Otto Baumberger), G. 23.

Wiegand, Friedr., Kirch.♛, Archäologie, D., Dr. phil., o. UP. Greifswald. (Hanau $^{14}|_{10}$ 60.)

Wiegand, Johs., ☾, Dir. d. Schauspielhauses. Bremen. (ebda $^{27}|_{7}$ 74.) **V**: Thalea Bronkema, Sch. 08; Der Fall Henner, Sch. 09; Das zerstörte Paradies, Sch. 12; Die heilige Not, Sch. (m. W. Scharrelmann) 14; Brandung, Sch. (m. A. Gutheil) 15; Cajus der Leibfuchs, Lsp. 16; U. 79, der Frühling d. Wolfgang Erler, R. 16; Eva Merlyn, R. 16; Die Tante aus Sparta, Lsp. 17; Satans Sohn, dr. Dichtg. 20; Genie u. Gesellschaft, Sch. 22.

Wiegand, Johs., (k.), Archäol., Kunst♛, Dr. theol. et phil., Domvik. Trier, Hinter d. Dom 2a. (Unkel a. Rh. $^{8}|_{7}$ 72.)

Wiegand, Julius, ■, Lit.♛, Dr. phil., Studienrat. Köln-Deutz, Gotenring 14. (Fulda $^{1}|_{11}$ 80.) **V**: Stilistische Untersuchungen zum König Rother 04; Geschichte d. deutschen Dichtung 22.

Wiegand, Theod., Archäol., Dr. phil., Dr.-Ing. h. c., GRegR., MusDir. Berlin-Dahlem, Peter-Lenné-Str. 30. (Bendorf a. Rh. $^{30}|_{10}$ 64.)

Wiegershaus, Friedrich. Elberfeld, Humboldtstr. 37. (Dilldorf b. Kupferdreh $^{2}|_{8}$ 77.) **V**: Erste Akkorde, Sch. u. G. 00; Ausfahrt, G. 04, 2. A.; Segel im Winde, G. 13.

Wiegler, Paul, Literat., ∴, **Ue**: F. Berlin-Wilmersdorf, Paretzer Str. 10. (Frankfurt a. M. $^{15}|_{9}$ 78.) **V**: Franz. Rebellen 04; L'Allemagne litt. contemp. 04; Frz. Theat. d. Vergangenheit 06; Max. Harden 08; Weltliteratur 13; Figuren 16. **Ue**: Baudelaire, Verlaine, Laforgue, France, Balzac. **H**: Schopenhauer, Briefe 16; Beethoven, Briefe 17; Wallenstein 20.

Wieman, Bernard, Nov., Dr. jur., AmtsGerR. Osnabrück. (ebda $^{31}|_{8}$ 72.) **V**: Tötung auf Verlangen 96; Er zog mit seiner Muse 06, 2. A. 08; Bosnisches Tagebuch 07; Am Wege des Lebens, N. 09; Liebe u. Tod, G. 21.

Wiemar, Peter, WSV., Mittelschullehrer, Lyrik, Novellistik, Roman Wiesdorf-N.-Rh., Hauptstr. 92. ($^{2}|_{7}$ 89.) **V**: Madonne 22; Mein Eifelbuch 22. *

Wiemer, Otto polit. Publizistik, Dr. jur., Syndikus, Stadtrat a. D., Stadtältester, M. d. L. Berlin W, Elßholzstr. 13. (Tilsit $^{27}|_{1}$ 68.)

Wien, Alfred, Lit., ☊, Theater, Schriftleit. d. Abteilg. „Kunst u. Wissen" d. „Deutschen Zeitg.". Berlin-Friedenau, Friedrich-Wilh.-Pl. 7 I. ($^{9}|_{8}$ 87.) **V**: Karoline v. Humboldt; Henrik Ibsen; Die Insel Rügen; August Strindberg; Liebeszauber der Romantik, 6. A. 21; Die Seele der Zeit in der Dichtung um die Jahrhundertwende 21.

Wien, Moriz (Ps. Veritas), VJ. & S., ☾, /, ⚔, kaiserl. Rat, Syndikus d. „Syndikats d. Prager Deutsch. Presse", Chefred. d. offiziellen „Prag. Ztg." i. R. Prag-Weinberge, Jungmannstr. 25. (ebda $^{11}|_{1}$ 60.) **V**: Ideal, N.; Ja u. Nein, N.; D. Testament, Volksdr.; Einödbauer, Vst.; Cavaleria praga, Possenpar.; Stettiner Kaisertage; Hochwasser-Katastrophe Böhmens 97; Kaisertage NBöhmens 99; Mannschafts-Katechismus, Gesch. sämtl. österr.-ungar. Regimenter, nebst Vademekum 05; Detektiv Keller, R. 06; Das Geheimnis der Eudoxia, R. 06; Zw. zwei Welten, R. 08; Die Prag. Jubiläumsausstellung 1908, Schwankburl. 08; Vademekum u. Führer durch Prag 09; Meeresweben, R. 10; Jugendbildner, Schulkomödie 11; Aus Österreichs Sonnenlanden, Nn. 12; D. dritte Läuten, Schw. 13; Der Korsar, Optte. 13; Im Fluge durch Dänemark, Skn. 14.

Wiener, Josef, s. Wiener-Braunsberg.

Wiener, Meir, Dichtungen u. Religionsphilosophie. Wien II, Praterstr. 60/7. (Krakau $^{1}|_{1}$ 94.) **V**: Messias, drei Dichtungen 19; Die Lyrik der Kabbalah, eine Anthologie in Nachdichtungen 20; Anthologia Hebraica I (mit Dr. Heinrich Brody-Prag) 22, 2. A. 23; Von den Symbolen, zehn Kapitel über den Ausdruck des Geistes 23. *

Wiener, Oskar, ✠, Nov., Roman, Kinderlit., Kultur♛, /, Krit. Prag-Karolinenthal (Karlin), Královska 75/89. (Prag $^{4}|_{8}$ 73.) **V**: Gedichte 99; Balladen u. Schwänke 03; Das deutsche Kinderlied 04; Das hat die liebe Liebe getan, Lr. u. Ged. 05; Das deutsche Studentenlied 06; Das deutsche Handwerkerlied 07; Verstiegene Novellen 07, 3. T.; Der lustige Kindergarten, G. 07, 4. T.; Das deutsche Bauernlied 09; So endete das schöne Fest, Erzn. 10; Kinderland, Erzn. u. Ged. 10, 20. T. 20; Das deutsche Jägerlied 11; Das deutsche Fuhrmannslied u. die Lieder der Landstraße 13; Prinz Eugenius 13; Arien und Bänkel aus Altwien 14; Mit Detlev v. Liliencron dch. Prag 18; Böhm. Sagen 19; D. Haupt d. Medusa, Nn. 19; Freut euch d. Lebens, Nn., Erzn. u. Ged. f. d. Jug. 19; Im Prager Dunstkreis, rom. R. 20, 6. T.; Alt-Prager Guckkasten, Romantische Wanderungen durch das alte Prag 22. **H**: Klassischer Novellenkranz 09; Der Heimat zum Gruß, Almanach deutsch-böhm. Dichter (m. J. Pilz) 14; Deutsche Dichter a. Prag, Anthol. in

Vers u. Prosa 19; Von zahmen u. wilden Gesellen, e. poet. Tierbuch 20; Unter Blättern u. Blüten, e. poet. Pflanzenbuch 20; Das lustige Buch, Erz., Sagen und Schwänke f. d. Jugend u. d. Volk 22.

Wiener, Richard, SDS., Nov., Essay, Q, Kritik, /. Wien I, Heinrichsg. 4. (ebda 7|8 85.) B: Novellen 16; In einem Hause, Erz. H: Pallas und Cupido, Deutsche Lyrik der Barockzeit 22; E. Th. A. Hoffmann: Briefe. Eine Auswahl 22.

Wiener-Braunsberg, Josef, SDS., BJ. u. SV., BP., BSK., Roman, ✠, O, Chefred. d. „Ulk". Berlin W 30, Berchtesgadener Str. 34 IV. (Braunsberg i. Ostpr. 12|10 66.) B: Almas Ende, R., 12. A. 11; Aber, — — Herr Sudermann! 03; Mein Vater ist ein klein. Mannchen, G. 04, 3. A. 19; D. wandernde Hand, R. 04; Nach den Gewittern, R. 05; Mirjam, R. 05; D. Weg zum Herzen. R. 06; Die letzte Instanz, R. 07; Im Forsthause von Lindenhofen, R. 07; D. letzte Instanz, Vst. 08; Die Erziehung zur Bestie, R. 09; Heil dir, Germania, Dchtg. 14; Erlebnisse des ostpreuß. Landwehrmannes W. Kaluweit I—X 14; Unsere Feldgrauen in Feindesland, Skn. (u. d. Ps. Heinr. K. Werdenfels) 15; Wat Wehrmann Aug. Pieseke Muttern aus'm Felde schreibt 16; Schnurriges und Knurriges, G. 22; Warenhausmädchen, R. 23; Die Venus von der Tauentzien, R. 23; Die Brettlgräfin, R. 23.

Wienert, Oskar Franz, SDS., Roman, Novelle, Gedichte. Uffing a. Staffelsee. (Kolberg 6|8 90.) B: Sturz des Tieres, R. 23. *

Wienkötter, Helm, Hochschulwesen, Schriftleiter a. Kölner Tageblatt. Köln-Nippes, Schwerinstr. 10. (Metz, Lothr. 15|8 95.)

Wieprecht, Christoph, ✠, Eisendreher. Essen, Simsonstr. 10. (ebda 15|10 75.) B: Flammen, G. 16; Hammer und Schwert, G. 18; Erde, G. 21.

Wiesa, Hans v., s. Artopé, Theod.

Wiese, Bruno, ✠, Maler. Berlin W, Lessingstr. 13. (Elberfeld 3|8 65.) B: Ged.

Wiese, Leopold v., s. Wiese u. Kaiserswaldau.

Wiese, Max, DB., Musikschriftst., Komponist. Kiel, Adolfstr. 81. (ebda 23|7 82.) B: Die Liebe des Bersagliere, O. 15; Bergnachtigall, O. 16; Der Zauberlehrling, M.-Sp. 17; Das Mädel aus dem Paradies, Optte. 19; Aus dem Leben e. Taugenichts, Sgsp. 21; Lieder, Chöre u. a.

Wiese u. Kaiserswaldau, Leop. v., Novellistik, Soziologie, ⊞, ⁂, Dr. phil., o. UP. Köln. (Glatz 2|12 76.) B: Einführung in die Sozialpolitik 10, 2. A. 20; Gedanken über Menschlichkeit 15; Staatssozialismus 16; Liberalismus 17; Strindberg 19, 2. A. 20; Briefe aus Asien 22; Nava, Erz. 7.—8. T. 23. H: Wirtschaft u. Recht d. Gegenwart 12 II; Soziologie des Volksbildungswesens 21; Kölner Vierteljahrshefte für Soziologie.

Wiesebach, Wilhelm, Roman, Nov. Frankfurt a. M., Eschersheimer Landstr. 50. (Aachen 14|2 78.) B: Theo, R. 13, 5. A.; Gestalten, Erz. 13, 5. A.; Der Einzige, Erz. 14, 4. A.; Er u. Ich, R. 16, Mit Siebzehn, Erz. 16; Wildes Land u. deutsche Hand, Erz. 17, 6. A.; Am hl. See, R. 18, 2. A.; Werdende Kraft, Erz. 19; Begegnungen, Sk. 19; Hariolf u. Hildegard, e. Märch. v. d. Seele 20; D. Leiden Christi, Pass.-Sp. 20, 3. A.; Halleluja, Ostersp. 21; Mutter, Erziehungsbuch 20, 2. A.; Primaner und Student, Führungsbuch 22; Krippe und Stern, Weihnachtssp. 22; Sonnenglanz im Alltag, besinnliche Geschichtlein 23; Ein Spiel von der heil. Messe 23; Bräutigam, Gatte und Vater, Erzhgsbuch 23; Die Frohbotschaft der Tat, Erzhgsbuch 23.

Wiesen, R., s. Riesen, Gertrud.

Wieser, Max, Lit.♛, ⁂, Dr. phil., Leit. d. Stadtbibl. Spandau, Bismarckstr. 2. (Berlin 14|5 90.) B: Deutsche u. romanische Religiosität; Fénelon, seine Quellen u. s. Wirkungen 19.

Wieser, Sebastian (Ps. Sebastian Außhart), (k.), Belletristik, Pfr. Waal, Schwaben. (Kirchweidach in Ob.-Bay. 15|1 79.) B: Brausende Klänge 02; Rosen u. Rosmarin 05; In Lied u. Leid, ausgew. G. 08; Lindenblüten, Geschn. 08; Der Goldner, Märchenoper 08; Der Antichrist, Dr. 11; Via sacra, 14 Kreuzwegpredigten 11; D. Eroberung von Mexiko, Erz. 11; Um die liebe Heimat, Erz. 12; Kleines Festspiel f. Jugendvereine 13; Zarathustras neue Avestalieder 14; Land des Herzens 14; Joseph, Dr. 14; Schildgesang 15, 3. A.; Mein geistl. Schwert I/II 15; Selig sind, die…, R. 16; P. Prokopius, ein dtsch. Paulus 16; Paradies u. Brudermord, Dr. 18; Judith, Dr. 19; Elias, Dr. 20; Tapfer u. treu, Festsp. 21; Verschonung, Dr. 21; Am Freitisch des Lebens, R. 21; Johannes, Predigten 22; Judas, Predigten 21; Stimme der Wüste, Dr. 22 (in holländ. Sprache). H: Zollners Kreuzwegpredigten 12; Gedichte des P. Prokopius von Templin 14. Red: Lukasbücher.

Wiesler, Johann v., Politik u. Übersetzungen ital. lit. Werke, Redakteur der „Meraner Zeitung". Meran, Italien, Steinachplatz 10. (Hatzendorf, Steiermark 13|5 80.) B: Il Castel Tirolo (Das Schloß Tirol) 23; Meran, die Perle der Süd-

alpen, italienisch 23. **Ue:** Auf kleinem Nachen, Einführung in die Dante-Literatur, aus dem Ital. Janni 22. *

Wießner, Georg Gustav, Dr. phil., SDS., Dramaturgie, Lit.- u. Kunst♛., Doz. a. d. Nürnbg. Volksbildungskursen. Nürnberg, Schildg. 23. ($^{9}|_{3}$ 93.) **B:** Einsames Wandern, G. 19; Judas, Sch. 22. **H:** Storms Ged. 20; Der Roman von der blauen Blume 20 (Novalis).

Wigand, Curt. Berlin-Westend, Kirschenallee 5. (Kassel $^{28}|_{3}$ 65.) **B:** Unkultur, 4 Kapitel Deutschtum 07, 3.—5. T. 08; Basun, Schw. 12; Es dämmert, Grot. 15.

Wihlfahrt, Arthur (Pſ. T. R. Favilla), tal.♛, Ψ u. Lit., ♯, Photogr., UP. Göttingen, Herzberger Landstr. 19. (Freiburg i. Br. $^{20}|_{4}$ 72.)

Wilamowitz-Moellendorff, Ulrich v., klass. Ψ, **Ue:** Altgriech, D., Dr. jur. h. c., Dr. phil., o. UP., WGR., Exz. Charlottenburg, Westend, Eichen-Allee 12. (Markowitz $^{22}|_{12}$ 48.) **B:** Analecta Euripidea 97; Aristoteles u. Athen 93 II; Textgesch. d. griech. Lyriker 00; Griechisch. Lesebuch, 3. A. 04; Reden u. Vorträge; Griech. Literaturgesch., 3. A. 12; Staat und Gesellsch. d. Griech. 10; Timotheus d. Perser 03; Callimachi hymni et epigrammata, 3. A. 07; Euripides Herakles, 3. A. 09; Einleitg. in d. attische Tragödie, 2. A. 07; Euripides' Hippolytos 91; Bucolici Gr. 05; Sappho u. Simonides 12; Aeschyli tragoediae 14; Homer u. Ilias, 2. A. 17; Platon, 2. A. 18 II; Philol. Untersuchgn. (m. Kießling); Griech. Dichterfragm. (m. Schubart); Reden a. d. Kriegszeit 17; Antike Metrik 22; Pindar 23; u. a. **Ue:** Griech. Tragödien III. ()

Wild-Queisner, s. Queisner, Rob.

Wilda, Johannes, BP., Nov., ♥, /, ⚓, ●, Weltreisen. Berlin-Steglitz, Fichtestr. 27. (Breslau $^{22}|_{2}$ 52.) **B:** Amerika-Wanderungen e. Deutschen: I. In d. Mitte d. Kontinents 06, II. Auf d. Kontinent d. Mitte (zwischen Alaska u. Peru) 07, III. Im Süden d. Kontinents d. Mitte 07; Kriegsflagge u. Fischersegel, Erzn. 07 II; Konsul Godars Kinder, R. 10; Ein Urlaub, R. 11; Im Kurs d. Leidenschaften, R. 14. ()

Wilda, Oskar (Pſ. O. Abliw), PA., RP., ♥, /, Nov., **Ue:** EFI, Dr. phil., Feuill.-Red. d. „Bresl. Zeitg.“. Breslau, Moritzstr. 25, I. (Danzig $^{31}|_{12}$ 62.) **B:** Örtl. Verbreitung d. 12zeil. Schweifreimstrophe in Engl. 87; Lustige Gesch. 92; Jettka Finkenstein, Biogr. 06; Die schwarze Stunde, Sch. 06. **H:** Mignon 90; Deutsche Denker 90/91. **Ue:** S. Baring-Gould, Dartmoor-Idyllen 01. ()

Wildberg, Bodo, s. Dickinson-Wildberg, Heino L. B. v.

Wilde, Karin (Pſ. für Frau Rasenberger-Koch), ♥. Berlin-Zehlendorf-West, Haus Weltfrieden. (Waldkappel $^{16}|_{12}$ 91.) **B:** Ged. 21; Skizzen 21; Heilige Liebe, R. 21. *

Wilde, Rich., DB., SDS., BP., RP., BF., ⚬, /, ♥. Berlin W 50, Geisbergstr. 23. (ebda $^{30}|_{5}$ 72.) **B:** Letzte Nacht 01; Gala-Oper 01; Gott zur Ehr', dem Nächsten zur Wehr 01; Soiree 01; Liebeshandel (m. P. Stark) 04; Bretzenburg (m. Rich. Skowronnek) 08; a. G. 11; Der Austauschleutnant (m. C. G. v. Negelein) 12; Ehequartett (m. R. Wurmfeld) 12; D. beid. Uhren 13; Porzia 13; D. arme Lord 14; D. drei Grazien 14; Feierklänge 15; Der Zauberzylinder (m. Zelnik) 15; D. Recht d. Jungen 16; D. W.W.-Familie 16; Zum Kampfe entschlossen, zum Frieden bereit 17; D. ist d. Sieg 17; Wer zuerst kommt 17; D. Zufallskette 20; Könnemanns Töchter 23; Man soll nicht heiraten 23. **Bearb:** Der Toreador 02; Chines. Flitterwochen 02; Madame Gogo (m. Wilh. Thal) 04; Der Moralfex (mit demſ.) 06; Ränkespiel 12; Der Frechdachs 22; Von acht bis acht 22; Das schwache Geschlecht (mit E. Otten) 23.

Wildensinn, Hans, ASB., ♥, /, Schriftl. d. „Jugendlust“. Fürth i. B., Luisenstr. 2. (Rückersdorf b. Nürnberg $^{9}|_{8}$ 67.) **B:** Lieder u. Balladen 10. ()

Wildermuth, Frl. Adelheid, Jugendschriften. Stuttgart, Ottilienhaus. (Tübingen $^{*}|_{3}$ 48.) **B:** Wollt ihr's hören 82, 3. A. 96; Schule u. Leben 82, 3. A. 90. **H:** Ges.-Ausg. von O. W.'s Werken 94. **MitH:** D. Jugendgarten 77/98; Ottilie Wildermuths Leben, 4. A. 88.

Wildgans, Anton, SDS., ♥, ⚬, Dir. d. Burgtheaters. Mödling b. Wien, Anderg. 3. (Wien $^{17}|_{4}$ 81.) **B:** Herbstfrühling, Verse; Und hätte der Liebe nicht 11; Die Sonette an Ead 13; In Ewigkeit Amen, Einakt. 13; Armut, Tr. 14; Österr. Gedichte 14f.; Liebe, Tr. 16; Kain, Dr.; Ausgew. Gedichte; Dies irae, Tr. 18. ()

Wildhagen, Karl, engl. Ψ, Dr. phil., UP. Leipzig, Dorotheenplatz 1. (Hannover $^{23}|_{8}$ 73.) **B:** D. Psalter d. Eadwine v. Canterbury 05; D. Cambridger Psalter 10; Studien zum Psalterium Romanum in England 13.

Wildling, Otto, s. Rudorff, Otto.

Wildmann, Kurt, s. Thiergen, Curt.

Wilheim, Frl. Käthe, /, Skizzen, Wien VIII, Blindeng. 18. (ebda $^{1}|_{3}$ 00.) **B:** Der verlorene Stolz 20, 2. A. 22.

Wilhelm, A., s. Kahle, Ad. W. J.

Wilhelm, Friedrich, Germanistik, Dr. phil., o. UP. Freiburg i. Br., Reiterstr. 20. (Jena $^{23}|_{2}$ 82.)

Wilhelm, Hans, Studienassessor. Charlottenburg, Knesebeckstr. 16 III. ($^{30}|_{11}$ 92.) **B:** Freiheit, R. 19; Werden, Eines Volkes Auferstehung, R. 20.

Wilhelm, Julius, DB., PA., Lieder, O. Gmunden, Ober-Österr., Franz-Wolff-Gasse 2. (Wien $^{22}|_{2}$ 71.) **B:** Frühlingsluft; Wien bei Nacht; Sprudelfee; Die süßen Grisetten; Brüderlein fein; Alt-Wien; Der Zigeunerprimas; Ludwig XIV.; D. Winzerbraut; D. Verliebten; D. Werber; Durchlaucht gastiert; D. gold. Vogel; D. Schuster v. Delft; Mozart 23; Die arme Kaiserin 23; Betty Kalmus 23; Salomons Schwiegertochter 23.

Wilhelm, Rudolf (Ps. Ferdinand Madlinger), ■, schöne Lit., Prof. Karlsruhe i. B., Bunsenstr. 20. (Rastatt $^{9}|_{7}$ 80.) **B:** D. Armee als Schule 08; Glaubenslose Erziehung 09; Unter der Pickelhaube 10; D. Kriegerfest, Kleinstadt-Geschichten 13; Steinacher Leute 19.

Will, Leopold, Ing. chem., Reg.-R. Wien XVIII, Schöffelg. 52. (ebda $^{9}|_{10}$ 76.) **B:** Der Tod in den Bergen u. a. Nov. 11; Notre Dame, O. 13; Das Buch der Liebe, Ghaselen u. Vierzeilen 21.

Wilke, Fritz, altt. Wissensch. u. Arch., D., o. ö. UP. Wien IX/2, Widerhoferg. 4. (Greifenberg i. P. $^{7}|_{2}$ 79.)

Willam, Franz Michel, Erzählg., Novelle, Roman, Dr. theol., Kaplan. Schwarzenberg, Bregenzerwald, Vorarlberg. (Schoppernau $^{11}|_{6}$ 94.) **B:** Vorarlberger Erzählungen 21, 2. A. 23; D. Sonnensteg 22; Auf d. Tannenhofe 22; D. Lügensack 23; D. Herrgott auf Besuch 23; D. Streit d. Friedfertigen 23. *

Willdeygut, s. David, Ant.

Wille, Bruno, SDS., /, ✠, ⁂, ■, ■, ■, †, ■, ■, ♛, ■, Dr. phil., Haupt der „Allgemeinde" u. Logenbruder „Zur aufgehenden Sonne". Schloß Senftenau bei Lindau (Bodensee), Bayern. (Magdeburg $^{6}|_{2}$ 60.) **B** (seit 00): Materie nie ohne Geist 00; Offenbarungen d. Wachholderbaumes 01 u. 03 II; Neues Lehrbuch für den freireligiösen Unterricht 00; Aus dem Nachlasse von Novalis 01; D. fr. Hochschule 02; Romant. Märch. 02; D. Sagenhalle d. Riesengeb. 03; D. Christus-Mythe als monistische Weltanschauung 03; Auferstehung 04; D. lebendige All 05; Darwins Weltanschauung 06; Faustischer Monismus 07; Darwin 08; Der heilige Hain 08; Die Abendburg 09; Unsere großen Dichter: I. D. klass. Blüte 10, II. D. Romantik 10, III. Im Strome d. Zeit 11, IV. Zwischen Welt u. Einsamkeit 11; Zum Problem der Erlösung 11; Die Weltdichter fremder Zungen, von den Veden bis Tolstoi 12 II; Tolstois „Kosaken" 12; Lebensweisheit 13; Stifters Waldgeschichten 13; Rousseaus Bekenntnisse aus seiner Jugend 14; Das Gefängnis z. Preuß. Adler 14; Einleitung zu Goethes „Wanderjahren" 14; Feldpredigt für Daheimgebliebene 14; Krone des Lebens, Goethes Gedichte 15; Und gib uns Frieden 16; Mein 60jähr. Leben 20; Der Glasberg 20; Die Allgemeinde 20; Hölderlin und seine heimliche Maid 21; Legenden von der heimlichen Maid 21; Die Maid von Senftenau 22; Das Bruno Wille-Buch 23.

Willecke, Kurt Hans, ✠, Dr. jur., Hptm. a. D. Charlottenburg, Leonhardstr. 10. (Stutthof, Kr. Randow $^{24}|_{8}$ 79.) **B:** Ein Reisebummel von Berlin nach Monaco (u. d. Ps. Kurt Hans) 06; Das Recht der Angestellten an ihren Erfindgn. in vermögensrechtl. Hinsicht 08; Reflexe, G. 10; Durch meine Gärten, G. 15; Lisa-Sonette 22. ( )

Willhain, Jul. (Ps. Spectator, Cunctator, Argus, Loge), ✠, Essay, Polit. Leit. u. Feuill.-Red. d. Berl. Woch.-Zeitschr. „Die Geschäfts-Welt". Berlin NW 23, Brückenallee 28. (Innsbruck $^{13}|_{3}$ 52.) **B:** Achilleion, e. Sang a. d. Süden 08, 2. A. 09; Schönbrunn, Festdchtg. 08.

Willich, Ernst, s. Strasser, Theodor.

Willige, Wilhelm, Dr. phil. Bautzen, Löhrstr. 18 I. (Dresden $^{8}|_{8}$ 90.) **B:** Klassische Gestaltung und romantischer Einfluß in den Dramen Heinrichs v. Kleist 15; Das Ewige in den Zeiten, Versuche 23. **H** u. **Ue:** Die Liebeslieder des Wolfram von Eschenbach 23. **Ue:** Larochefoucauld, Maximen 14; Meister Eckhart; Ewige Geburt 22; Meister Eckhard: Schau und Werk 23. *

Willkomm-Schneider, M., s. Schneider Martha.

Wilm, Bruno, Lit. ♛, Heimatforschung, ■, StudR. Dt.-Eylau, Niederwallstr. 8. (Pr.-Stargard $^{12}|_{11}$ 81.) **H:** Deutsches Lesebuch für Höhere Lehranstalten, Ausgabe für die Provinzen Ost- und Westpreußen 12/13 V. (zusammen mit Franz Ganske); Ost- und Westpreußen im Spiegel deutscher Dichtung, eine Gedichtsammlung 21; Lebensgut, ein deutsches Lesebuch für höhere Lehranstalten. Ausgabe für Ostpreußen, und das Weichselland 23/24, V. (mit Arno Hundertmarck). *

Willnau, Carl, s. Naumann, Carl W.

Willner, Meta, s. Muralt, Lily v.

Willpart, Eberh., s. Plawina, Oswald.

Willram, Bruder, s. Müller, Ant.

Willrath, Clara, jetzt Wedelstaedt, Clara v.

Wilms, Balthasar, Zunftgesch.; Kaufmann. Freiburg i. Br. (Borbeck, Rhld. $^{6}|_{1}$ 72.) B: Die Kaufleute von Freiburg i. Br. 17.

Wilser, Ludwig, Menschen- u. Völkerkunde, Dr. med. Heidelberg, Leopoldstr. 41. (Karlsruhe $^{5}|_{12}$ 50.)

Wimmer, Emilie, s. Straka-Wimmer.

Wimperg, Bruno, s. Wolff-Beckh.

Winand-Riemann, Frau Henriette, Roman, Nov., Essays, ✒, Politik. Doberan i. Mecklbg., Dammchaussee 18. (Wien $^{23}|_{12}$ 84.) B: Pierrot im Schnee, R. 12; Der andre Tod, Nn. 19.

Winckler, Josef, SDS., VF., ✒, Dr., Mitbegr. d. Werkleute auf Haus Nyland. Mörs. (Rheine $^{6}|_{7}$ 81.) B: Eiserne Sonette 14, 2. A. 17; Mitten im Weltkrieg 15, 2. A.; Das brennende Volk 15; Ozean 16; Irrgarten Gottes 21; Der chiliastische Pilgerzug, Erz. 23; Der tolle Bomberg, R., 3. A. 23; D. Ruf d. Rheins, G. 23; Trilogie d. Zeit 23.

Windeck, Georg, PA., Nov., Humor, Zeitungsbesitzer. Augsburg, Lessingstr. 18. (Rittergut Suckau $^{27}|_{8}$ 57.) B: Brummen in Vertretung 89.

Windeck, Hans, s. Skowronnek, Fritz.

Windelband, Wolfg., Neuere ♛, Dr. phil., a.o. UP. Heidelberg, Kußmaulstr. 1. (Straßburg i. Els. $^{31}|_{8}$ 86.)

Winder, Ludwig, SDS. Prag, Vězenská 3. (Schaffa, Mähren $^{7}|_{2}$ 89.) B: Das Tal der Tänze, G.; Die rasende Rotationsmaschine, R. 17, 2. A.; Kasai, R. 20, 3. A.; Die jüdische Orgel, R. 22, 6. A.

Winderlich, Carl, ✠, Dr. phil., Stud.-Dir. Görlitz. (Breslau $^{19}|_{2}$ 62.) B: Krauser Krimskrams, Märchen f. große Kinder 93; Phryne, E. 96; Kreuz u. Christbaum, Festsp. 96; Goethes Faust — ein polit. Gedicht? (u. Ps. Child Werni) 96 II; Prolog u. Festsp. z. Einweihg. d. höh. Mädchenschule Erfurt 02; O du mein Schlesien! 4 Einakter 07; Spartakus-Putsche. H: Ein Luther-Faustus-Drama 21. ()

Windhopp, Louis, PA., ○, Dir. d. Ges. d. Autoren, Komponist. u. Musikverleger. Wien III, Baumannstr. 8. (Brünn $^{5}|_{8}$ 61.) B: Die von der Bande, Lsp. 87; Ein Sonntag im Wienerwald, P. 03; Die Prinzessin v. Japan, Gesangsburleske 04; Letzter Fasching, Optte. 09; Die siamesischen Zwillinge, Optte. 09; Revanche, Vaudev. 09; Fasching in Paris, Optte. 10; Geschiedene Ehen, Sch. 10. ()

Windisch, Hans, Erforschg. d. Urchristentums, D., Dr. phil., o. UP. Leiden, Wasstraat 2. (Leipzig $^{25}|_{4}$ 81.)

Winds, Adolf, Essay, Prof. Leipzig, Waldstr. 8. (Wien $^{10}|_{8}$ 55.) B: Aphrodite, O. 85; D. zerbrochene Krug, Musiksp. (frei n. Kleist) 01; Aus der Werkstätte des Schauspielers 02; D. Technik d. Schauspielkunst 05, n. A. 20; Hamlet auf der deutsch. Bühne bis z. Gegenw. 09; Schminke, R. 10; D. Schauspieler 18; Quer üb. d. Bühne 19; Das Theater 20; Drama u. Bühne 23.

Windthorst, Frl. Margarete, Roman, Novelle, ✠. Gut Haus Hesseln bei Halle i. Westf. (ebda $^{3}|_{11}$ 84.) B: Gedichte 11; Die Seele des Jahres, Lyrik, 3. T. 19; Wenn der Gärtner kommt, Lyrik u. Prosa, 3. T. 22; Das Jahr auf dem Gottesmorgen, N., 3. T. 21; Die Tau-Streicherin, R. 22. *

Wingler, Hugo (Ps. Hugo v. d. Elz), alemannische Gedichte u. Volksstücke, Ober-Postsekretär. Freiburg i. B., Karthäuserstr. 70. (Elzach $^{18}|_{4}$ 69.) B: Schwarzwaldstrauß 04, 2. A. 06; D. Brüder, BauernDr. 06; D. verirrte Förster, Weihnachtsidylle 07; Ramse, n. alemann. G. 09; Zwischen zwei Stühlen, Schw. 11; D. Lied d. hl. Michael, Vst. 11; Anno 70, Schw. 17.

Winicky, Ottokar, SDS., Drama, J. U. Dr. Prag-Weinberge, Manesg. 43. (Außig $^{13}|_{6}$ 72.) B: Cantilenen der Einsamkeit, G. 02; Das bunte Schild, G. 10; Herostratos, Tr.-Kom. 22.

Winkel, Friedrich, hoch- u. plattdtsche. ✠, ✠, Lehrer. Neustrelitz, Elisabethstr. 13. (Mirow $^{2}|_{10}$ 53.) B: Stella oder die Sterntaler, Märchendchtg. 04; Zu Bethlehem geboren!, Krippensp. 07; Luise, Herzogin zu Mecklenburg-Strelitz, Königin v. Preußen 10; Heilige Nacht, Krippensp. 11; Ein Puppenspiel 11; Für Kaiser u. Reich, Festsp. 13; Vom schönen Neustrelitz 19. ()

Winkel, Gustav Gotthilf, Kultur♛, GRegR. Marburg, Friedrichstr. 8. (Pritzwalk $^{18}/_{8}$ 57.)

Winkelmann, Julius (Ps. Bellachini), DB., ○, Intendant d. städt. Theaters Oberhausen (Rhld.) u. Dir. d. Kurtheaters. Bad Wildungen. (Frankfurt a. O. $^{31}|_{12}$ 77.) B: Napoleon; D. wunderbare Zauberer (nach Calderon); Frl. Kadett; Tolle Sache; Marie Louise.

Winkler, Frau Anna (Ps. Felix Lenk), DB., PA., SDS. Buchenau, Post Zwiesel, Bayer. Wald. ($^{18}|_{3}$ 61.)

Winkler, Arnold, CP., ♛, Kritik, Dr. phil., a.o. UP. Freiburg i. d. Schweiz, dzt. Wien XV, Hütteldorfer Str. 56. (ebda $^{3}|_{6}$ 82.) B: Das Reichskammergericht 06; Die Visitation des Reichs-

kammerger. unt. Joseph II. 07; Histor.-topograph. Führer durch d. XIII. Wr. Bez. 11; Werden u. Entwicklung d. Habsburger Monarchie 12; Die Grundlage d. Habsb. Monarchie 15; Die polit. Fragen im europ. Kriege 17; Die öffentl. Meinung 19; Aus d. Werkstatt d. Weltpolitik 19; Studien z. Gesch. d. Schweizer Sonderbundskrieges 19—21; D. Visitationsstreit um d. Seminar d. Collegio 1846; D. Korresp. d. Erzh. Johann m. d. Staatskanzlei üb. d. Schweizer Sonderbund 21; Beiträge z. Gesch. d. österr. Volksschule 21—23. H: J. W. Heinses Gemäldebriefe, 2. A. 14; mit A. Fournier: Tagebücher von Friedr. v. Gentz (1829—1831) 20.

Winkler, Frau Blanca, DÖSchG., ○, ✱, Tonkünstlerin. Wien XIII, Penzingerstr. 136. (ebda.) **W:** Ekkehard, Sch. 06; Prinz Sausewind, Optte. 06; Der Primas, Optte. 07; Phryne, Optte. 07; Frau Aventiure, M.-P. 08; D. Mausfalle, Schw. 08; 's Lorle, Optte. 08; Ulanenattacke, Lsp. 09; Vollblut, Lsp. 09; Karriere, Lsp. 10; Mozart, Sch. 10; D. Nixnutz, Optte.; D. Wacht am Rhein, Schw.; Salambo, O. ()

Winkler, Johs. (Ps. Hans v. Rothenburg, Dr. Zwickl), /, Sport, Humor, Nov., ✱, ♯, ∴, Jugendschr., Krit., Chefred. d. Illustr. Weltvereins-Ztg. München, Auenstr. 64 I. (Rothenburg o. T. $^{5}|_{7}$ 56.) **W:** Dummheit, Hum., 6. A.; Radfahrsport in Bild u. Wort; Leben voll Arbeit, 2. A.; Wiener Sportbuch; Allgem. Sportbuch; Weihnachtsblätt.; Weihnachtsbuch; Sporthumor; Weltvereins-Jahrbuch.

Winnig, August, Politik, Wirtschafts♛, Bauwesen, Oberpräsident z. D. Potsdam. (Blankenburg, Harz $^{31}|_{3}$ 78.) **W:** Preußischer Kommiß 10; Der große Kampf im deutschen Baugewerbe 10; Weltkrieg v. Standpunkte des deutschen Arbeiters 15; Die deutschen Gewerkschaften im Kriege 16; Der englische Wirtschaftskrieg und d. deutsche Volk 17; Die (sozialdem.) Kriegspolitik im Lichte der Tatsachen 17; Am Ausgange der deutschen Ostpolitik 20; Frührot, Erz. 20; Die Hauptberufe des Baugewerbes 23. *

Winter, Dagobert, s. Gronen, Damian.

Winter, Franz, klass. Archäologie, GRegR., Dr. phil., o. UP. Bonn, Nachtigallenweg 50. (Braunschweig $^{4}|_{2}$ 61.) **W:** Kunstgeschichte in Bildern, I: Altertum 00, Neubearb. 12; D. Typen d. figürl. Terrakotten 03 II; D. Hildesheimer Silberschatz (m. Pernice) 01; Altertümer v. Pergamon, Bd. VII; D. Alexandermosaik 09; D. Alexandersarkophag 12; Griechische Kunst (in Gercke-Norden Einleitg. in d. Altertumswiss.) 10; u. a. ()

Winter, Gotthard, ✱, ○, /, Dr. phil., Prof., Leiter d. „Meißner Tageblatts". Meißen, Neumarkt. (Schwarzenberg $^{23}|_{2}$ 55.) **W:** Goethes deutsche Gesinnung I 80; Lieb u. Leid, G. 94; Eifersucht, Lsp.; König Albert v. Sachsen, e. Gedenkblatt 03; Aber die Liebe ist die größte unter ihnen, 7 Einakter.

Winter, Paul, Humor, Nov. u. Gedichte, Buchhändler. Leipzig-Anger, Lüderitzstr. 37. (Weißenfels $^{7}|_{11}$ 81.)

Winterfeld, Achim v., Literatur. Berlin-Steglitz, Am Stadtpark 2. (Oranienburg $^{18}|_{6}$ 84.) **W:** Fr. Hebbel, Biogr. 08; Ibsen, Biogr. 10; Zum fernen Osten 13; Im Schein d. Mitternachtssonne 13; Im hl. Hain, R. 21. ()

Winterfeld, Frau Emmy v. (Ps. E. v. Winterfeld-Warnow), DSch., DB., Nov., ✱, /, ○. Eberswalde, Bergerstr. 58. (Bremen $^{24}|_{10}$ 61.) **W:** Nur deutsch, N. 95; Mein Lied, G. 98; Bogdana, Dchtg. 99; Deutsche Frauen in schwerer Zeit, R., 2. A. 10; Mod. Jugend, R. 02; Aus alten Schlössern, N. 03; Bei Tante Charlotte, Jugendschr., 35. T. 20; Die wunderbare Uhr, Erz. 05; Die Frau Kastellanin, R. 06; Ferd. v. Schill, Dr. 07; D. verkannte Raubmörder, Einakter 07; Pommersche Volksbücher I u. II 09; Fürstin Mechtild v. Werle 10; D. Mönches Fluch, Erz. 10; Die Blinde, R. 13, 2.—3. A. 22; D. Kaiser rief, Kriegs-Lr. 15; Schokoladenmädchen, Dr. 20; Ilse von Beneckendorff, R. 20; Ein geprüftes Herz, N. 23.

Winterfeld, Hans Karl v., ○. Rostock i. Mecklbg., Paulstr. 56. (Berlin $^{26}|_{10}$ 88.) **W:** D. fidele Bibelkränzchen, Burleske 10; D. Ende v. Liede, Dr. 10; Letztes Leuchten, lyr.-dram. Dchtg. 10; Rund um Island 12. ()

Winterfeld-Warnow, E. v., s. Winterfeld, Emmy v.

Winternitz, Frid. Maria, s. Zweig, Fr. Maria.

Winternitz, Moritz, Indologie, Allgem. Völkerkde., Dr. phil., o. UP. (Deutsche Univ.) Prag II, Opatowitzerg. 8. (Horn, Nieder-Österr. $^{23}|_{12}$ 63.)

Winterstein, Franz, deutsch-nation. Bestrebgn., rz, ▣, Theaterrezension, Dr. jur., GerAssessor a. D. Kassel, Humboldtstr. 30. (Magdeburg $^{17}|_{11}$ 62.)

Winterstetten, K. v., s. Ritter, Albert.

Winther, F. H., Vergl. Lit.♛, Bewegungskunst, Mythenforschung, Dr. phil. Prof. a. d. Lessingsch. Mannheim, Richard-Wagner-Str. 26. (Bühl, Baden $^{31}|_{8}$ 81.) **W:** Körperbildung als Kunst u. Pflicht 13, 2. A. 15, 5. A. 23; D. gerettete Venedig 14; Lebendige Form 20; Der

rhythmische Mensch 22; Der heilige Tanz 23.

Wintzer, Rich., Musik, ⊙, Mitarb. des „Berl. Lokal-Anzeigers". Berlin-Friedenau, Wilhelm-Hauff-Str. 7. (Nauendorf b. Halle $^{9}|_{3}$ 66.) V: Marienkind, O. 05; Kämpfer, Dr. 07; Menschen von anderm Schlage, R. 12; Salas y Gomez, O. 21.

Wintzer, Wilh. (Ps. W. v. Nauendorf), PA., RP., Politik, ✝, ∴, /, 𝔔, Reisen, Nov., Dr. phil., Chefred. d. „Ess. Allg. Ztg." Berlin-Friedenau, Wilhelm-Hauff-Str. 7. (Nauendorf b. Halle $^{7}|_{2}$ 67.) V: Christlicher Glaube u. Gewissen im Widerspruch? 96; Natürliche Sittenlehre L. Feuerbachs 98; Die Deutschen im trop. Amerika 00; Nation. Handbuch, Abt.: Die Deutschen in Mittel- u. Südamerika, Australien u. a. überseeischen Gebieten 06; Unter Siebzehn, Rn. f. d. Jugend (m. Cl. Schelver) 15 II; Der Sinn und Zweck des Lebens, natürliche Ethik des 20. Jahrh. 22.

Wirbitzky, Wilhelm, 𝔔, ♉, Roman, Lehrer. Myslowitz, O.-S., Bahnhofstr. 4. (ebda $^{8}|_{4}$ 85.) V: Die Schulzentochter v. Knappenruh, R. 13; Die Sterne des Glücks, R. 13; Schwere Kämpfe, R. 17; Mein Märchen, M. 17; Sonnengrund, R. 18; Pulsendes Leben, Erz. 19; Wohin?, Vst. 20; Ein Gottesgericht, R. 21; Heimattreu, R. 21. H: des Schlesischen Musenalmanach 15 ff.

Wirth, Albrecht, ♛, ▦, Dr. phil., PrivDoz. München 55, Sternstr. 5. (Frankfurt a. M. $^{8}|_{3}$ 66.) V: Abriß d. Gesch. Afrikas 00; Abriß d. Weltgesch. 00; Ostasien 00; D. Entwicklg. Asiens 01; Volkstum u. Weltmacht in d. Gesch. 01; Entwicklg. Rußlands 01; Aus Übersee u. Europa 02; Weltgeschichte d. Gegenwart, 2. A. 11; Gesch. Asiens u. Europas 05; D. gelbe u. d. slav. Gefahr 05; Weltverkehr 06; Streiflichter z. Weltpolitik 08; Weltgesch. 10; Gesch. d. Türken 12; Männer, Völker, Zeiten 13; Rasse u. Volk 14; Gesch. d. Weltkriegs 19; Deutschtum d. Erde 20; Gesch. d. russ. Leides 20; u. a.

Wirth, Leo, /, ♉, ♛. Charlottenburg, Guerickestr. 3. (Hägglingen, Schweiz $^{15}|_{3}$ 71.) V: Kornblumen, G. 94; E. Vorspiel d. Morgartenschlacht 09.

Wirz, Otto. Bern, Luternauweg 6. (Olten, Schweiz $^{3}|_{11}$ 77.) V: Gewalten eines Toren, R. II 23. *

Wirz-Matthey, Maja, jetzt: Matthey, Maja.

Wisniewski-Leonardi, Alexander, Mitglied vom ASV., Bund Deutscher Forscher, Bund Deutscher Freidenker, Neusonnland-Bund, Naturalisten-Welt-Verband, ∴, ♉, Schriftsteller, Leiter d. Deutschen Schriftsteller-Lektorats, Haupt-Geschäftsleitg. „Die Deutsche Dichter-Gilde". Schwerin, Warthe. (Thorn $^{21}|_{2}$ 84.) V: Gedankenblitze, Neue Parabeln u. Fabeln 19; Naturklingen, Anthologie 22; Naturzauber 23; Liederkompositionen u. a. H: „Welt-Geist". Begr: Die Deutsche Dichter-Gilde. *

Witz-Stäheli, Josef, Adjunkt. Zürich, Kronenstr. 33. ($^{26}/_{10}$ 78.) V: Theaterstücke im schweiz. Dialekt; Für alli Chind, wo lustig sind, Sprüche u. Szenen für Kinder 22; Nöldi u. Pöldi, eine Jugendgeschichte 23.

Wissenbach, Frau Else (Else Goetze), ♉. Diez a. d. Lahn, Reg.Bez. Wiesbaden. (Gemünden $^{3}|_{2}$ 98.) V: Opfer, Ged. 23. *

Wisser, Karl, DÖSchG., ∴, Ψ, Red.-Sekr. d. „Deutschakademischen Verlages". Wien XVIII/1, Schopenhauerstr. 19. (Schwechat, N.-Ö. $^{8}|_{6}$ 91.)

With, Karl, SDS., 𝔔, Dr. phil., Amsterdam, Keizersgracht 496. ($^{22}|_{6}$ 91.) V: Buddhistische Plastik in Japan 19, 3. A. 23; Java 20, 2. A. 23; Insel Bali, I: Mensch u. Natur, II: Tänze, Tempel und Feste 20, 2. A. 21; Asiatische Monumentalplastik 21, 2. A. 23 (auch italien.); Jizo, Dichtung 21; Die japanische Plastik 23. *

Withalm, Hanns (Ps. Hawitt), Nov., ♉, Automobilsport, Kritik, Reiselit., ⊙. Hallein-Adnet 17 bei Salzburg. (Paris $^{23}|_{2}$ 81.) V: Ecce homines, Skn. 03; Religion u. Menschlichkeit 03; Verbrochenes, G. 04; Die Karawankenbahn 06/07; Der Briefmarkensammler 10; Das Benzinautomobil 11/14; Cairo 12; Der Pascha, Skn. 12; Küchenbrevier f. Hagestolze 12; Straße u. Land, Münch. Autofahrten 12; Mannheimer Autof. 13; Autof. um d. Bodensee 13; Chauffeurschule 13; Harlaching 13; An d. Toren zum Balkan 13; Portorose, e. kleines Fabelbuch 14; D. deutsche Sieg 15; Der Krüppel, Sch. 17; Der Asket, Sch. 17; Krieg und Friede, Sch. 18.

Witkop, Phil., Lit.♛, Ästhetik, Dr. rer. pol. et phil., UP. Freiburg i. B. (Kleinenberg $^{17}|_{4}$ 80.) V: E. Liebeslied u. and. Ged. 02; D. Organisation d. Arbeiterbildung 03; Eros, G. 08; Die deutschen Lyriker von Luther bis Nietzsche 09/13 II, 2. A. 21; Gottfried Keller als Lyriker 11; Heidelberg u. d. deutsche Dichtung 15; H. v. Kleist 21; Frauen im Leben deutscher Dichter 22; Deutsche Dichtung der Gegenwart 24. H: Traum u. Welt: Novalis' Werke 13; Kriegsbriefe deutscher Studenten 15; Kriegsbriefe gefallener Studenten 18; G. Keller, Leute v. Seldwyl[illegible]

20 u. 22; Gedichte 22; Züricher Novellen 23; Hölderlin, Gedichte 23.

Witkowski, Georg, Lit.♛, Dr. phil., a.o. UP., Hrsg. d. „Zeitschr. f. Bücherfreunde". Leipzig-Gohlis, Ehrensteinstr. 20. (Berlin 11/9 63.) V: Dieberich v. d. Werder 87; M. Opitzens Aristarchus u. Buch v. Deutsch. Poeterei 88; Vorläufer d. anakreont. Dichtung in Deutschl. u. Frdr. v. Hagedorn 89; Walpurgisnacht i. erst. Teile v. Goethes Faust 94; Anfänge des deutschen Theaters 97; D. Handlung des 2. Teil v. Goethes Faust 98, 3. A. 13; Goethe 99, 3. A. 23; Cornelia, d. Schwester Goethes, 2. A. 23; L. Tieds Leben u. Werke 03; D. deutsche Drama d. 19. Jahrh. 03, 5. A. 23; Was sollen wir lesen u. wie sollen wir lesen? 04, 31.—40. T. 09; Die Kunst u. das Leben 05; Goethes Faust f. d. Bühne eingerichtet 06; Gesch. d. lit. Lebens in Leipzig 09; Aus Schillers Werkstatt 10; D. Entwicklung d. deutsch. Lit. seit 1830 11, 9.—13. T. 12; Der alte deutsche Kriegsgesang 15; Miniaturen (Ges. Aufsätze) 22. H: Goethe: Aufsätze zur Lit. 91, Benvenuto Cellini 91, Kl. Jugendschriften in Prosa, Winckelmann, Ph. Hackert, Reden u. Ansprachen 93, Aufsätze üb. bild. Kunst u. Theater 94, sämtl. in „Kürschners Deutsch. Nat.-Lit."; Goethe, Werke, W. A. Bd. 37 u. 38; M. Bernays, Schriften z. Kritik u. Lit.-Gesch., Bd. 3 u. 4 99; Goethe, Die Mitschuldigen 99; M. Opitz, Deutsche Poemata 02; Schiller, Wilhelm Tell, Räuber, Fiesko, Kabale u. Liebe 03, Tieds Werke 03; Ansichten der Literatur u. Kunst 03; Don Karlos 04; Demetrius 05; Goethes Faust 06 II., 6. A. 23; Gleims Kriegslieder 06; Der Wurmsamen 08; Schillers Werke (m. O. Güntter) 10 f. XX; Lessings Werke 11 VII; Chr. Reuter, Graf Ehrenfried 11; Chr. Reuter, Sämtliche Werke 16 II; G. Büchner, Woyzeck 20; Goethe: Biographisches Schema 23.

Witt, Leo, s. Wittmayer, L.

Witte, Frl. Anna Maria. Berlin W, Kaiserin-Augusta-Str. 70. (Charlottenburg 18/6 63.) V: Heidekraut, G. 84; Johanna von Ghilnya 88; Drei Abende 89; Glück 91; Er u. Sie 92; Frauenherzen 93; Der Ruhmesweg, Festsp. 98; Der Adler i. Mark Brandenburg 98, 2. A. 02; Von Meer u. Heide 09; Anonym 10; Das Ahnenbild 10; Die Wunderblume 10; Verklungen, nicht vergessen 11; Streifzüge durch d. deutsche Heimat 11; Lebenswogen 12; D. letzte schwarze Ritter von Wilhelmshöhe 13; Meine Mutter hat's gewollt 16; Magdalene 23.

Witte, Fritz, Kunst♛, Dr. phil., Dir. d. Schnütgen-Museums. Köln a. Rh. (Dorsten, Westf. 18/2 76.) ( )

Witte, Frl. Gustave-Helene, jetzt: Krefeld, Frau.

Witte, Hans, hist. Nationalitätsforschg., Dr. phil., ArchivR. Neustrelitz, Schloß. (Doberan 30/4 67.)

Wittek, Bruno Hanns, SDS., [illegible], Roman, Novelle, /, Kritik, Feuilletonredakteur d. Tagebl. „Deutsche Post". Troppau, Tschechoslowakei, Berggasse 29. (Freudenthal, Schlesien 18/8 95.) V: Frau Minne, R. 20; Seele im Lichte, Ged. 22. *

Wittels, Fritz (Avicenna), Romancier und Essayist, Dr. med., Wien XVIII, Sternwartestr. 74. (18/11 80.) V: Alte Liebeshändel, N. 09; Die sexuelle Not, Essays 09; Ezechiel der Zugereiste, R. 10; Tragische Motive, ps. Essays 11; Alles um Liebe, ps. Essays 12; Der Juwelier v. Bagdad, R. 14; Über den Tod und den Glauben an Gott 14; Die Vernichtung der Not, nationalök. Studie 22; Zacharias Pamperl, R. 23; Sigmund Freud, e. Monogr. 24.

Witten, M. v., s. Gottschall, Marg. v.

Wittendorf, C., s. Proschko, Herm. Cam.

Wittfogel, Karl August, SDS. Lüneburg, Ziegelhof 16. (Woltersdorf, 6/9 96.) V: Rote Soldaten, Dr. 21; Der Mann, der eine Idee hat, Sch. 22; Die Mutter, Der Flüchtling, Zwei Einakter 22; Die Wissenschaft der bürgerlichen Gesellschaft 22; Wer ist der Dümmste? Lsp. 23; Vom Urkommunismus bis zur proletarischen Revolution, I. Teil: Urkommunismus und Feudalismus 22; II. Teil: Der Aufmarsch des Kapitals 23 (in Vorb.) *

Wittich, Marianne, s. Mervis, Marianne.

Wittig, Joseph, Kirchengeschichte und Religion, Ord. Univ.-Prof. Breslau 16, Sternstr. 108. (Schlegel, Kr. Neurode 22/1 79.) V: Papst Damasus I. 02; D. altchristl. Skulpturen des deutschen Camposanto in Rom 06; Die Friedenspolitik des P. Damasus I. 12; Grundriß der Patrologie 21; Ein Apostel der Karitas, Robert Spiske 21; Basilius d. Gr., Geistliche Übungen 22; Herrgottswissen, Geschichten, Sk. 21, 2. A. 22; Das Schicksal des Wenzel Böhm, Erz. 22, 2. A. 23; Wiedergeburt, Sk. 23; Meine „Erlösten" in Buße, Kampf und Wehr 23, 2. A. 23. *

Witting, Rich., Politik, Nov., GRegR. Berlin W 10, Stülerstr. 13. (ebda 19/10 56.)

Wittmaack, Adolph, SDS., DB., Roman, Drama, Essay. Hamburg 24, Schwanenwik 28. (Itzehoe 30/6 78.) V: Butenbrink, R. 09; D. kl. Lüge, R. 11; Konsul Möllers Erben, R. 13; Nackte

Götter, R. 20; Kl. Geschichten z. Hcbg. d. Moral, Sat. 19; D. Lump, Kom. 20; Die große Erbin, Dr. 21; Die Fahrt ins Bürgerland, Sch. 22.

Wittmann, Herm., Biographie, Schuldir. Aschersleben, Vogelgesang 22. (Posen $^{15}|_{7}$ 61.) **B:** Lortzing-Biographie 88, 2. A. 00.

Wittmann, Michael, (k.), ⁂, Dr. phil., HSchProf. Eichstätt, Bayern. (Berg $^{13}|_{6}$ 70.)

Wittmayer, Leo (Ps. als Lyriker: Leo Witt), ✠, Dr. jur., MinRat u. tit. a. o. UP. Wien, Bundesministerium für soziale Verwaltung. (ebda $^{25}|_{8}$ 76.)

Wittner, Frau Doris, SDS., RP., VF., Belletrist. Berlin-Charlottenburg 4, Mommsenstr. 61. ($^{25}|_{8}$ 80.) **B:** Aus sterbenden Zeiten, Nn. 11, n. A. 20; Drei Frauen, D. Liebesleben Napoleons, R. 13, n. A. 20; Die Geschichte der kleinen Fliege, ein Heine-Rom. 15, 15.—20. T. 20. ()

Wittsack, Richard, Lit. u. Theater♛, Essays, Dr. phil., Lektor f. Vortrags- u. Redekunst a. d. Univ. Halle. Berlin NW 87, Wikinger Ufer 5. (Cöthen $^{9}|_{9}$ 89.) **B:** Karl Leberecht Immermann, der Dramaturg 14.

Wittstock, Oskar, ev. Pfr. Heltau, Siebenbürg. (Bistritz $^{27}|_{8}$ 65.) **B:** Aus deutsch. Frauenleben, Festsp. 00; Nikolaus Lenau, Gedenkbl. 02; Wollen u. Vollbringen, 4 Vorträge 04; Der sechste Tag, aus Briefen e. siebenbürg.-sächs. Lehrerin 07; Unsere Volksgenossen in Amerika 10; Strandgut von e. Amerikareise 10; Das heimatmüde Geschlecht 21. ()

Wizenmann, Karl, Weltanschauung, Erziehung, Heil- u. Heilskunde, Lehrer. Obertal, Freudenstadt, Wttbg. (Honau O.-A. Reutlingen $^{17}|_{11}$ 95.) **B:** Fausts Heimkehr 21, 6. A. 23; Menschenerkenntnis 21, 6. A. 23; Zu neuem Leben 23. *

Wobbermin, Georg, syst. ✝ u. Relig.-⁂, D., Dr. phil., o. UP. Göttingen. (Stettin $^{27}|_{10}$ 69.) **B:** Theologie u. Metaphysik 00; D. christl. Gottesglaube, 3. A. 11; D. Wesen d. Christentums 05; Haeckel im Kampf gegen d. christl. Weltanschauung 06; Aufg. u. Bedeutg. d. Religionspsychologie 10; Monism. u. Monotheism. 11; Gesch. u. Hist. in d. Rel.-Wissensch. 10; Syst. Theol. u. relig.-psychol. Methode 13 I; D. Frage n. Gott 20; D. Wesen d. Religion; u. a.

Wocher-Wey, Frau Elisabeth (Ps. Ilse Wey), Erz., Nov., ✤. Luzern, Schweiz, Habsburger Str. 37. (Schaffhausen $^{9}|_{11}$ 87.) **B:** Wie Toneli ein Mann wurde u. and. Gesch. 20.

Wohlbrück-Wendland, Frau Olga (Olga Wohlbrück), Romane. Berlin-Friedenau, Sponholzstr. 1. (Gainfarn b. Wien $^{5}|_{7}$ 67.) **B** (seit 00): Im Dunkel, R. 01; D. fremde Herr, Kom. 01; Iduna, R. 02; D. moralische Oskar, Lsp. 02; Extreme, R. 04; Eine Stunde, Lsp. 04; Maria Stein, Sch. 05; Die Boyersen, R. 08; Du sollst ein Mann sein, R. 09; D. Goldene Bett, R. 10; Aus d. Memoiren d. Prinzessin Arnulf ⁂, R. 11; D. Neue Rasse, R. 12; Sonnenbrut, R. 13; Barbaren ..., R. 14; Der große Rachen, R. 15; Vor der Tat, R. 16; Romantik, R. 17; Die Goldene Krone, R. 18; Primadonna, R. 19; Der König v. Troplowitz, R. 20; Peter Sukoff, Opernlibr.; Athleten R. ()

Wohlmuth, Alois, Ehrenmitglied der deutsch. Bühnengenossenschaft, Mitgl. d. Nationaltheaters. München, Holbeinstr. 6. (Brünn $^{15}|_{8}$ 47.) **B:** Lessing in Kamenz, Dr.; Streifzüge eines deutschen Komödianten; Ungeschminkt, autobiographische Sk.; Feldprediger, O.; Die Krähen, Libr.; Hans Schreier, 2. A.; Benedikt Brömel, R., 2. A. 10; Se. Gestrengen, Lsp. 01; Die kleine Residenz, Lsp. 04; Großstadt-Kehricht, Vst. 04; Ferien-Träume 04; Gedichte 05; Reiseszenen 07; Zwei Kronen, M.-Kom. 12; Franz Kaldar, R. 14; Fabeln (illustriert); Schlehen (Sinnsprüche u. Schnaderhüpfeln); Ein Schauspielerleben, Autobiogr. 20.

Wöhrle, Oskar, Rom., Erz., ✤, O. Konstanz, Hussenstr. 18. (St. Ludwig i. E. $^{20}|_{1}$ 90.) **B:** Der Baldamus, Erz. 12; Die frühen Lieder, G. 14; Ein Handwerksbursch der Biedermeierzeit 14; Als ein Soldat in Reih u. Glied, G. 15; Soldatenblut, Geschn. 15; Das Bumserbuch, Skn. 16; Mars regiert die Stunde, Dr. 16; Schurimuri, R. 16.

Wolbe, Eugen, ♛, /, Professor Dr. phil., Stud.R. Berlin NW 21, Dortmunder Str. 11. ($^{6}|_{4}$ 73.) **B:** Major Burg, ein jüdischer Offizier 06; Berth. Auerbach 07; Kaiserin Augusta 08; Sir Moses Montefiore 09; Ludw. Aug. Frankl 10; Alexander von Kluck 17; Selbstmord oder neues Leben? 19; Prinz Leopold von Bayern 20; Handbuch für Autographensammler 23. **H:** Flowers of English Poetry 12; Auerbachs Meisternovellen 13; Holteis Schlesische Gedichte 13; Auerbachs Lebensweisheit. Aus seinen Schriften zusammengestellt 14; Kriegsgedichte 1914/15. *

Wolf, Berthold, RP., Pol., /, Dramaturgie, Theaterwesen, O, Verlagsdirektor des Nürnberger Achtuhrabendblatts, Redaktionschef des Sebaldusverlags. Nürnberg, Luitpoldstr. 5. (Wiesbaden $^{16}|_{2}$ 74.)

Wolf, Friedrich, DB., Drama, Dr. med. **Hechingen** (Hohenzollern), Oberthorplatz 18. ($^{23}|_{12}$ 88.) **B:** Das bist du, Sp. 18; Der Unbedingte, Dr. 19; Die schwarze Sonne, Kom. 20; Fegfeuer, Flut, Äther, 3 Einakter 21; Fahrt, G. 20; Tamar, Dr. 21; Der Löwe Gottes, Dr. 21; Der arme Konrad, Trag. 23.

Wolf, Frl. Grete, jetzt: Schmahl, Frau.

Wolf, Heinrich, Dr., Gymnasialprof. a. D. **Düsseldorf**, Rheinpr., Marschallstr. 6. (Duisburg $^{28}|_{5}$ 58.) **B:** Einführung in die Sagenwelt der griechischen Tragiker 02; Religion der alten Griechen 06; Religion der alten Römer 07; Geschichte des antiken Sozialismus u. Individualismus 09; Angewandte Geschichte 10, 10. A. (28.—37. T.) 20; Angewandte Kirchengeschichte 14, 2. A. 22; Deutsche Geschichte 21; Weltgeschichte der Lüge 22; Angewandte Kulturgeschichte (in Mythus, Sage, Dichtung) 23.

Wolf, Johannes, Musikwissensch., Dr., Prof., UDoz. u. Oberbibliothekar, Vorst. d. alt. Musiksammlg. **Berlin-Friedenau**, Beckerstr. 2. (Berlin $^{17}|_{4}$ 69.) **B:** Gesamtausg. d. Werke Jakob Obrechts 09 bis 20; Handbuch d. Notationskde. I 13, II 19. **H** u. **Ue:** Francesco Caza's Tractato vulgare de canto figurato (Mailand 1492) 22; Gio. Lucia Conforto's Breve et facile maniera d'essercitarsi a far passaggi (Roma 1596?) 22; Musikalische Schrifttafeln 23.

Wolf, Frl. Luise, **Ue:** SkandFE. **Berlin W**, Kurfürstenstr. 50. (Thorn, Westpr.)

Wolf, Paul, ASV., SDS., Lyriker. **Weimar**, Wildenbruchstr. 28. (ebda $^{5}|_{11}$ 71.) **B:** Gedichte 12; zahlr. Br., Ball. u. and. Dchtgn. in Ztschrn.

Wolf, Viktor, s. Farkas, Erich Viktor.

Wolf, Wilhelm, s. Schönmann, Wilh. W.

Wolf-Rabe, F., s. Wolfram, Elise.

Wolfenstein, Afred, SDS., ⚑, Drama, Dr. **München**, Moltkestr. 9. ($^{28}|_{12}$ 88.) **B:** Die göttl. Jahre, G. 13; Die Freundschaft, G. 17; Die Nackten, G. 17; Der Lebendige, N. 18; Menschlicher Kämpfer, G. 19; Wasser u. Feuer, Dr. 21; Mörder u. Träumer. **Ue:** Verlaine 21; Gérard de Nerval. ()

Wölfert, Wilh. (Ps. Hector Sylvester), BJ. & SV., ⚑, Ep., Rom., Nov., ○, Red. **Berlin-Niederschönhausen**, Kaiserweg 13. (Magdeburg $^{27}|_{10}$ 51.) **B:** Loreley, Rheinmär 84; Quasimodo, R. in Vers. 85; Ein Königswort, Dchtg. 86; Das goldene Kleeblatt, Kom. 93; Aus den Flammen gerettet, Ein Turnerstückchen, 2 Einakter 95; Der Teufel in Berlin, R. 01; Susanna u. Daniel, bibl. Dr. 02; Sonnenwende, Sch. 07; Sturmvögel u. Friedenstauben, G. 16; Das schiefe Haus, R. 23; Sibylle, R. 23.

Wolff, Bruno, s. Wolff-Beckh.

Wolff, Emil J. H., Engl. Ψ, Dr. phil., o. UP. **Hamburg** 39, Leinpfad 62. (München $^{11}|_{10}$ 79.) **B:** Francis Bacon u. seine Quellen I 10, II 13; Untersuchgn. üb. d. Gesch. „von der weinenden Hündin" 11; Persephone, Dchtg. 17. **H:** Shakespeares Sommernachtstraum u. Wintermärchen 13. **Ue:** Tyrrell, Zwischen Scylla u. Charybdis 09.

Wolff, Eug., Lit.♛, ⚑, Dr. phil., o. UP. **Kiel**, Esmarchst. 53. (Frankfurt a. O. $^{18}|_{9}$ 63.) **B:** Neue Burschenschaft, 3. A. 85; K. G. Lessing 86; Jüngste deutsche Lit.-Strömung und das Prinzip d. Modern. 88; O. Blumenthal, 3. A.; J. E. Schlegel 89; Prolegomena d. lit.-evolution. Poetik 90; Wesen wiss. Lit.-Betrachtung 90; Sardou, Ibsen u. d. Zukunft d. deutsch. Dramas 91; Zola u. die Grenzen v. Poesie u. Wiss. 91; Gesch. rückwärts? 92; Urkunden z. Gesch. d. neueren deutsch. Lit.: I. Briefe v. Heine an Laube, II. Blätter aus dem Werther Kreis 92; Goethes Leben u. Werke 95; Gottscheds Stellung im deutsch. Bildungsleben 95/97 II; Gesch. d. deutsch. Lit. i. d. Gegenw. 96; Poetik 99; 12 Jahre i. lit. Kampf 01; W. Raabe 02; V. Shakespeare zu Zola 02; C. F. Meyer 03; Der junge Goethe 07; Mignon 09; Wilhelm Meisters theatral. Sendung 11; Faust u. Luther 12. **H:** Lessing, Maitresse, Lsp. 87; In Kürschners Nat.-Lit.: Luthers Schriften, Kirchenlied des 16. und 17. Jahrh., Reinke de Vos u. satir.-didakt. Dichtung d. 16. Jahrh.: Zwei Jugendlustsp. v. H. v. Kleist; Meisterwerke v. H. v. Kleist; D. Familie Ghonorez v. H v. Kleist; Wally v. Gutzkow: Schiller im Urteil d. 20. Jahrh.; Wilh. Meisters Wanderjahre nach d. ursprüngl. Plan.

Wolff, Franz, CC., PA., DB., BF., VB., ○, Rom., Nov., Satiren. **Wien** IX/2, Zimmermannplatz 1. (ebda $^{18}|_{4}$ 58.) **B:** Theodorich, Tr. 91; Ged. 92; Welke Blätter, N. 93; Weihespiel 93; Neue Ged. 93; Novell. 94; Das Glück, ep. Ged. 95; Opfer d. Zeit, Sch. 97; Kinder d. Großstadt, Sch. 00; Das verkaufte Lied, Märchend. 02; Verarmte Leute, Lebensbild. 02; Schattenrisse, 4 Einakter 03; Ein Duell, Sch. 04; Lebenswege, N. 06: Zum Sonnenvogel, Sch. 08, 19; Silhouetten vom Tage 06; Erschautes u. Erträumtes, Nn. 08; Es zog ein Bursch . ., Sch. 11; Leutnant d. Reserve, Lsp. 10; Ehetrennung, Lsp. 13; Die Berge der Jugend, R. 19; Das verkaufte Lied, O. 21; Die wiedergefundene Heimat, R.

21; Der Streik der Namenlosen, R. 21; Geldrausch, R. 23.

Wolff, Friedrich, Kunst♛, Dr. phil. Berlin-Wilmersdorf, Paulsbornerstr. 8. (Wien $^{24}|_{3}$ 77.)

Wolff, Georg, ■, Lyzeallehrer und Schriftleiter d. Allgem. Deutschen Lehrerzeitung. Berlin NO 18, Werneuchenerstr. 4. (ebda $^{1}|_{10}$ 82.) B: Methodik des Orthographieunterrichts 08; Sprachhefte für Schulen 09; Berliner Begabtenschulen 17; Schule und Berufsberatung 18; Moderne Aufsatzprobleme 18; Dichtung der Gegenwart 20; Auf bunten Wiesen 22; Grundschule 23; Aufbauschule, Oberschul- und Lehrerbildung 23.

Wolff, Georg, Lit.♛, Dr. phil., Prof. f. Buch- u. Bibliothekswesen a. d. Univ. u. Dir. d. Univ.-Bibl. München, Barerstr. 37. (Leipzig $^{15}|_{10}$ 59.) H: Konrad v. Würzburg, Diu halbe bir 93; Platens Werke (m. Schweizer) 95 II; Matrikel der Univ. Ingolstadt 1472—1550, I. Text 06; Dichtg. d. Gegenwart (m. Gertrud Fauth). B: Regist. zu „Biogr. Jahrb. u. Deutsch. Nekrolog" I—X 08.

Wolff, Hugo, VB., Inh. d. lit. Verlags Greiner & Comp., Hrsg. d. „Feuill.-Ztg." Berlin W, Barbarossastr. 53. (ebda $^{11}|_{7}$ 65.)

Wolff, Frau Johanna, ♁, ♉. Hamburg, Alsterufer 17. (Tilsit 58.) B: Namenlos, Frauenlieder 96, 2. A. 00; Frauenbilder, Dramenzyklus: I. D. Meisterin 06, II. Susannens Rosengarten 06; Du schönes Leben, Dchtgn. 07; D. Töchter Sauls, Tr. 10; Min Hanneken, Erz. 12; Von Mensch zu Mensch, G. 16; Schwiegermütter, kl. Erz. 18; Die Totengräberin, N. 20; Hans Peter Kromm, der Lebendige, R. 21.

Wolff, Karl Felix, ASB., ●, Alpines i. Völkerkunde, /, ⁂, ♛, ♆. Bozen, Süd-Tirol, Obstmarkt 4 III. (Karlstadt $^{21}|_{8}$ 79.)

Wolff, Kurt, Lit.♛, /. München, Königinstr. 29. (Bonn $^{3}|_{3}$ 87.) H bzw. B: J. H. Mercks Schriften u. Briefwechsel in Auswahl 09 II; Adele Schopenhauers Tagebücher 09 II; Goethes Götter, Helden u. Wieland 11; Der Dramatiker Herb. Eulenberg 12; F. M. Klingers dram. Jugendwerke (m. Hans Berendt) 12 f. III

Wolff, Lion, /, Prediger. Tempelburg i. Pomm. (Emden $^{13}|_{3}$ 45.) B (seit 00): Lehrbuch der Circumcision 01; Lehrbuch der rituellen und empirischen Fleischbeschau 01; Traureden 02, 05; Der Mamser, Sch. 03; Der Talmud 12; Suppl. zur Universal-Agende 13; Festreden z. Jubelfeier des Kaisers 13, desgl. der Befreiungskriege 13; Kriegspredigten 15 III; Gedenkbuch an die Gefallenen 15; Lebenserinnerungen 20; Sabbathweihe 21; Humoresken III 22; Grabstein-Inschriften 22.

Wolff, Ludwig, Roman, Dr. Berlin SW 68, Kochstr. 22—26. (Bielitz $^{7}|_{3}$ 76.) B: Im toten Wasser 99; Studentenroman 00; Der Sohn des Hannibal 14, 250. T. 23; Der Krieg im Dunkel 15, 320. T. 23; Das Flaggenlied 16, 330. T. 23; Die Spieler 18, 100. T. 23; Doktor Bessels Verwandlung 19, 25. T. 23; Die Kwannon von Okadera 20, 110. T. 23; Die Prinzessin Suwarin 22, 70. T. 23.

Wolff, Frl. Margarete (Ps. Margarete Wolff-Meder), Roman. Berlin-Friedenau, Schmargendorfer Str. 21. (Stolp i. Pomm. $^{1}|_{1}$ 74.) B: D. Macht d. Guten, R. 03; D. rosenrote Flagge, Tagebuch-Dchtg. 06; In den Sielen, R. 08; Die Kleinbürgerin, R. ()

Wolff, Max, ♛ d. ■, Konrektor. Brandenburg a. H., Havelstr. 13. (Olvenstedt $^{25}|_{6}$ 78.)

Wolff, Max, Dr. jur., Justizrat. Breslau, Zwingerpl. 1. (Liegnitz $^{10}|_{1}$ 73.) B: Lernet werden! Gedanken über Kulturentwicklung u. Kulturpolitik 20.

Wolff, Max, DB., Komponist. Frankfurt a. M., Beethovenstr. 34. (ebda $^{3}|_{4}$ 85.) B: Das heiße Eisen, O. 09; Der Heilige, O. 13; Frau Berthes Vespergang, O. 21.

Wolff, Max Josef, Lit., Dr. jur., Prof. Berlin W 15, Wielandstr. 24. (Erfurt $^{1}|_{2}$ 68.) B: Ged. 96; Tanz der Gedanken 02; William Shakespeare, Studien u. Auff. 03; Irene Wesenburg, R. 04, 3. A. 05; Die Rächerin u. andere Novellen 05; Madame Penelope, Lsp. (m. H. v. Anderten) 05; Die Schönheitsucher, R. 06; Shakespeare 07, 14.—16. T. 21; Frau Geheimrat, R. 08; Molière 09, 2. A. 22; Goethe 21; Heine 22. H: Romeo u. Julia 10, Hamlet 13. **Ue**: Shakespeares Sonette 03, Hamlet, Othello, Lear, Sommernachtstraum, Verl. Liebesmüh (im Insel-Shakespeare) 21.

Wolff, P. Odilo, (k.), Kunst♛, Belletristik, OSB. Abtei Grüßau, Schles. (Köln $^{18}|_{10}$ 49.) B: Der Tempel von Jerusalem u. seine Maße 87; Beuron, Bilder u. Erinnerungen aus d. Mönchsleben 89, 6. A. 23; Besuche bei U. L. Frau 92; Tempelmaße 12; Der Tempel v. Jerusalem 13; Mein Meister Rupertus, ein Mönchsleben aus dem 12. Jahrh. 20.

Wolff, Paul, DB., PA., Übers. Berlin-Charlottenburg, Windscheidstr. 35. ($^{3}|_{4}$ 61.) **Ue**: Adam, Si j'étais roi! 08; Halevy-Bizet, Noah **Bearb**: Schumanns „Genoveva".

Wolff, Richard, ♛, Nationalökonomie,

Dr. phil., Dozent a. Seminar f. Politik in Leipzig, Mozartstr. 2. (Berlin 9|8 85.)

Wolff, Theodor, /, Polit., ○, Chefred. d. „Berl. Tagebl." Berlin. (ebda 2|8 68.) B: J. P. Jacobsen 89; Der Heide, R. 91; Untergang, R. 92; Die Sünder, N. 93; Die stille Insel, Dr. 93; Niemand weiß es, Dr. 94; Die Königin, Dr. 98; Pariser Tagebuch 08; Spaziergänge 09; Vollendete Tatsachen 19. ( )

Wolff, Frau Ulla (Ps. Ulr. Frank), PA. Berlin, Leibnizstr. 59. (Gleiwitz 2|4 50.) B: Franz Friedrich Erdmanns Mutter, R. 20; u. a. Romane u. Nov. ( )

Wolff-Beckh, Bruno (Ps. Rol. W. Buffon, Bruno Wimperg, Bruno Wolff), ♕, ○, ✉, /, ☧, Nov, Volkswirt, Verbandsdirektor a. D. Berlin-Steglitz, Flensburger Str. 6 II. (Berlin 18|4 60.) B: Ged. 86, 2. A. 03; Muster-Formular f. Verlagsverträge 92, 5. T. 02; Musterformul. f. Redaktionsverträge 02; D. Recht d. bild. Künstlers u. d. Kunstgewerbetreibenden 03; Joh. Fr. Böttger, der deutsche Erfinder d. Porzellans 03; Kaiser Titus (Gesch. f. Jugend) 05.

Wolff-Hamburg, Johanna, s. Wolff, Johanna.

Wolff-Meder, Maragrete, s. Wolff, Margarete.

Wolff-Thüring, s. Wolff, Theod., Berlin-Friedenau.

Wölfflin, Heinrich, Kunst♕, Dr. phil., o. UP., GRegR. München, Widenmayerstr. 26 u. Zürich. (Winterthur 21|6 64.) H: Prolegomena z. e. Psychol. d. Architektur 86; Renaissance u. Barock 88; S. Geßner 89; Jugendwerke d. Mich. Angelo 91; Die klass. Kunst 99; Die Kunst Albr. Dürers 05; Dürer-Zeichnungen 14; Kunstgeschichtliche Grundbegriffe 15; Die Bamberger Apokalypse 18. ( )

Wolfgang (früher Weiß), Otto, ASV., VB., (Ortsgruppe Wien), Internat. Autorenverband, Polemik, Übersetzung, Orient, Redakteur der Wr. Blätter „Illustr. Rundschau" u. „Kunst u. Leben". Wien VIII, Josefstädter Straße 87. (16|4 98.) B: Pastelle 19; Tanz um die Flamme Tendenzged. 20; Die Porzellanpagode, Nachdichtg. Chines. Lyrik 22; Wozu wir leben, Essays über die Unmoral Gottes 22. Ue: A. de Musset: Die weiße Amsel 21. *

Wolfradt, Heinz (Ps. Herbert Neukirch, Dr. Stockmann, Heinz Herbert), Essay, Kritik, Wirtschaftspolit., Verleg., Dramaturg u. Red. Berlin-Halensee, Kurfürstendamm 91. (Berlin 21|7 63.) ( )

Wolfradt, Willi, SDS., Bildende ✎, /, Dr. Berlin-Halensee, Kurfürstendamm 91. (19|6 92.) B: Die neue Plastik 20; George Groß 21; Deutsche Landschaftsmaler des XIX. Jahrhunderts 23: Caspar David Friedrich und die Landschaft der Romantik 23.

Wolfram, Aurel, DÖSchG., Kultur☧, Schriftst. Wien III, Barmherzigeng. 11. (ebda 16|10 96.) B: Das Schöne im Weibe, eine sittlich-kulturelle Betrachtung 21.

Wolfram, Elise (Ps. F. Wolf-Rabe). Rom., verw. Frau ObAmtsrichter. Leipzig, Karlstr. 26 III. (Danzig 12|2 68.) B: Midasgold, R. 02; Scheodan Singh, R. eines Hindu 02; Frauenehre, R. 04; D. german. Heldensagen als Entwicklungsgesch. d. Rasse 10; Das Übersinnliche in Kunst u. Mythos 20. ( )

Wolfram, Georg, ♕, Dr. phil., GRegR., früher BiblDir. u. UP. zu Straßburg, jetzt o. UP. u. Generalsekr. d. Wiss. Instituts d. Elsaß-Lothringer im Reich. Frankfurt a. M., Feldbergstr. 31. (Allstedt 3|12 58.)

Wolfram, Peter, s. Goetz, Adolf.

Wolfskehl, Karl, Germanistik, Dr. phil. Kiechlinsbergen i. Bad. (Darmstadt 17|9 69.) B: Ulais 97; Deutsche Dichtg. (Jean Paul, Goethe, D. Jahrh. Goethes) (m. St. George) 00/02, 2. A. 09f.; Gesammelte Dichtgn. 03, 2. A. 21; Saul 05; Wolfdietrich u. d. rauhe Els 07; Thors Hammer 08; Sanctus Orpheus 09; Älteste deutsche Dichtgn. (m. F. v. d. Leyen) 09, 2. A. 20; Die trunkene Mette (m. Ernst Schulte-Strathaus) 09. ( )

Wolkan, Rud., /, Kult.- u. Lit.♕, Dr. phil., Hofrat, a.o. UP. Wien XIII, Lammg. 7. (Prelouc 21|7 60.) B: Studien zur Reformat.-Gesch. Nordböhm. 82/84; Nordböhm. u. d. Reformat. 85, 2. A. 88; Leipa z. Zt. d. Reformat. 88; Pückler-Muskau u. L. Schefer 86; Beiträge zu ein. Gesch. d. Reformat. in Böhmen I 87; G. Tectanders von Gabel Reise nach Persien 89; Böhmens Anteil an der deutsch. Lit. d. 16. Jahrh. 90/92 II; D. deutsche Kirchenlied d. Böhm. Brüder im 16. Jahrh. 91; Gesch. d. deutsch. Lit. in Böhmen bis zum Ausg. d. 16. Jahrh. 94; Lieder d. Wiedertäufer 03; Die Hutterer 18. H: N. Hermans Sonntagsevangelia 94; Deutsche Lieder auf den Winterkönig 98; D. Briefwechsel d. Eneas Silvius Piccolomini I—V 09—17; Der Ehrenbrief der Püterich von Reichertshausen (mit Fr. Behrend) 20; Wiener Volkslieder aus 5 Jahrhunderten 19/23; Geschichtsbuch der Huttenschen Brüder 23.

Woller, Th., s. Wenzlik, Th.

Wollf, Jul. Ferd., Politik, Theater, Prof., Chefred. u. Mitinh. d. Verlags d. „Dresdner Neuesten Nachrichten". Dresden, Ferdinandstr. 4. (Koblenz 22|8 71.) B: Badisch Blut, hist. Lsp.; Theater.

Wollf, Karl, Lit. Theater, ♣, Religionswissenschaft, Dr. jur. et phil., Erster Dramaturg d. sächs. Staatstheater. Dresden, Hübnerstr. 25. (Koblenz 27/6 76.) **B**: Sozialer Geist 02; Katechismus d. Frauenbewegg. 05; Aus Sturm u. Sonne 07; Schillers Theodizee bis z. Beginn d. Kantischen Studien 09; Schiller u. das Unsterblichkeitsproblem 10. **Ue**: Shaftesbury, Moralisten 09. **H**: Lebensbeschreibung Götzens v. Berlichingen 11.

Wollmann, Franz, Lit.- u. Sprach♛, **Ue**: EF, Dr. phil., Landesschulinsp. Wien I, Hegelg. 14. (Kriesdorf i. Böhm. 12/8 71.) **B**: Zur Quellenfrage v. Gotters Erbschleichern 97; Üb. polit.-satir. Gedichte aus d. schott. Reformationszeit 98; Der deutsche Sprachunterr. nach den Grundsätzen R. Hildebrands 02, 5. A. 14; Sprachübungen f. Volkssch. (m. Merth u. Wandl) 02/05 III, 2. A. 07/08; Molières Femmes savantes u. Paillerons Le Monde où l'on s'ennuie 03; Sprachlehrübungen f. mehrklass. Volkssch. (m. Merth) 06 II; Schreiblese-Fibel (m. Streng u. Wintersperger) 07; Sprachübungen f. 5klass. Volksschulen, Schülerhefte (m. Merth) 08 IV; dasselbe f. 1—3kl. Volksschulen 09 III; dasselbe f. 4- u. mehrkl. Volksschulen 10 III.

Wollschlaeger, Hermann, Reisebeschreibungen. Berlin SW., Katzbachstr. 14. (Dlottoren, Ostpr. 27/10 57.) **B**: Das Hornschloß 10; Sommerferien i. Tirol 12.*

Woloszczuk (jetzt Passini), Grete, s. Urbanitzky, Grete v.

Wolski, Alexander (Ps. L. v. d. Montau), ⊙, /, ♞, Sekr. Kassel, Wiesenstr. 7 I. (Gr.-Kommorsk 30/4 79.) **B**: Kriegsteilnehmer Habakuk 10; Der Glöckner v. Laurentiusburg 11; Zweierlei Waffen 12; Der Universalerbe 13; Junggesellen-Weihnacht oder Engelberts Christkindchen 14; Hanneli 16; Onkel Bartholomäus 20; Der Dorfmichel 23.

Wolter, A., s. Ziemer, Herm.

Wolters, Friedr., ♛, ♞, ▣, Dr. phil., UP. Marburg, Lahn, Wörth-Str. 37. (Uerdingen 2/9 76.) **B**: Studien über Agrarzustände und Agrarprobleme in Frankr. v. 1700—1790 05; Über die theoretische Begründung des Absolutismus im 17. Jahrh. 08; Arkadische Launen (mit Friedr. Andreae) 08; Herrschaft und Dienst 09, 2. A. 20; Melchior Lechter 11; Wandel und Glaube 11; Gesch. der Zentralverwaltung des Heeres u. der Steuern in Brandenburg-Preußen 1630—97 15; Stimmen des Rheines, ein Lesebuch für die Deutschen 23. **H**: Jahrb. f. d. geistige Bewegung (m. F. Gundolf) 10/12. **Ue**: Minnelieder und Sprüche des 12.—14. Jahrh. 09, 2. A. 22; Hymnen und Sequenzen des 4.—15. Jahrh. 14, 2. A. 22; Lobgesänge und Psalmen des 1.—5. Jahrh. 22; Die Heldensagen der germanischen Frühzeit (mit Carl Petersen) 21, 2. A. 22.

Wolters, Paul, Archäologie, Dr. phil., o. UP., Dir. d. Glyptothek. München, Viktor-Scheffel-Str. 16 II. (Bonn 1/9 58.) **B**: Zu griech. Agonen 01; Arch. Jünglingsstatue in d. K. Glyptothek 13; Die Kunst des Altertums 23; u. a. **Bearb**: C. Friederichs Bausteine z. griech.-röm. Plastik; A. Springer, Handb. d. Kunstgesch. (in der Kunst d. Altertums, 11. A. 20.)

Wolterstorff, Frau Marie, geb. Hansen (Ps. Marie Burmester), Roman. Wandsbek b. Hamburg, Marienstr. 20. (Nordfriesland 27/9 70.) **B**: Pfarrhäuser 02; Gottfried Rissoms Haus 03, 2. A. 08; Vicisti Galilaee! 05; An jenem Tage 07, 2. A. 11; Unterwegs 09; Vom Garten Eden 10; Dämmerung, R. 11.

Wolzogen, Elsa Laura Frfr. v., geb. Seemann, ♞. ⊙. Auf Reisen. (Dresden 5/8 76.)

Wolzogen, Ernst Frhr. v., DB., BJ. & S., ASB., Nov., /, ♞, Roman, ⊙, Hauptmann a. D. Puppling b. Wolfratshausen, Ob.-Bay. (Breslau 23/4 55.) **B**: D. dritte Geschlecht, R.; D. arme Sünderin, R. 01; Feuersnot, e. Singged. 02, 20. T. 10; Eheliches Andichtbüchl (m. Elsa Laura v. W.), 1.—5. A. 03; D. Bäder v. Lucca, kom. O. 03; Was Onkel Oskar mit s. Schwiegermutter in Amerika passierte 04, 7. A.; Der Hilfsbremser, Lsp. (m. P. Stark) 05; D. Kraftmaur, Lsp. (m. E. Haller) 05; Seltsame Geschichten, 1.—5. A. 06; D. Topf der Danaiden, R., 1.—8. A. 06; Kolonialpolitik, Kom. 07; Verse zu meinem Leben, 1.—3. A. 07; Ansichten u. Aussichten 08; Augurenbriefe 08; A. Schnurrpfeifers Lügensack, M. 08; Die Großherzogin a. D. R. 08, 5. A. 09; E. unverstandener Mann, Kom. 09; Da werden Weiber zu Hyänen, R. 09; Leidige Schönheit, R. 10; Das Kuckucksei, R. 14, 150. T.; Peter Karn, Leben, Lieben u. Leiden eines deutschen Musikanten 14; Das deutsche Schwert, Kriegshymnus 15; Landsturm im Feuer 15, 100. T.; Das Mädchen mit d. Schwänen, R. 16; Der Bibelhase, Erz. 07; D. Maibraut, Tr. 09; Der Erzketzer, R. 11 II; Der Dichter in Dollarica, Sk. 12; Eine fürstl. Maulschelle, Kom. 13; König Karl, Tr. 13; Weibchen, Lsp. 16; D. Peitsche, Dr. 18; Harte Worte 19; A. d. deutschen Adel 20; Gesamtausg. ausgew. Werke 21ff. VI; Wie ich mich ums Leben brachte. ()

Wolzogen, Hans Paul Frhr. v., Kultur♛, Ästhet. Sprachw., Red. d. „Bay-

reuth. Blätt." Bayreuth, Lisztstr. 2. (Potsdam $^{18}|_{11}$ 48.) B (seit 00) Themat. Leitfaden durch die Musik des Parsifal, 10. A. 11; Raabenweisheit, herausgegeben 01, n. A. 11; Die Beverl vom Walchensee 02; D. starke Mann, e. Gespräch 02; Wagner-Brevier 03; Bayreuth 04; Rich. Wagner als Dichter 05; Flauto solo, Op.-Dichtg. 05; Aus deutscher Welt 05; Musikalisch-dramat. Parallelen 06; Von deutsch. Kunst 06; E. T. A. Hoffmann und Rich. Wagner 06; Ferd. Raimund 06; Aus R. Wagners Geisteswelt 08; Glaube u. Leben, Dichtgn. 08; D. Himmelreich in uns 09; Briefwechsel mit Heinrich v. Stein 10; Germanisierung d. Religion 11; Zum deutsch. Glauben 13; Uns. lieben Tiere 13; Vom Kriege zum Frieden 14; Gedanken zur Kriegszeit 15; Gedanken f. d. Friedenszeit 16; Luther auf der Koburg 17; Im dtsch. Frieden 18; Die Edda 19; Beowulf u. Gudrun 20; Der Nibelungen Not 20; Deutsches Hoffen — deutscher Glaube 21 (Deutsches Christentum 4. Teil 17); Parzival, Armins Söhne, E. T. A. Hoffmann, sämtl. 23. **Ue:** Beowulf 72; Hartmann v. d. Aue, Der arme Heinrich 73; Edda 76; Euripides, Bacchantinnen 77; Schuré, D. musikal. Drama 77; Äschylos, Tragödien 78; Ellis, 1849, d. Aufstand in Dresden 94, Gobineau.

Woop, Frl. Anna Emma (Ps. Ernst Woop, Maria von Saversky), ASV., DSch., Nov., Roman. Berlin-Wilmersdorf, Nassauische Str. 13/14. (Berlin $^{28}|_{12}$ 85.) **B:** Schwarze Rauch 19; Halsband d. Marie Antoinette 20; Juwelen der Setha 21; Rummelplatz! Seine Probiermamsell 22; Wege zweier Frauen 22; Tigerorchidee 22; Zwischen Weiß u. Gelb 23; Ein gefährlicher Posten 23; Der graue Mönch 23.

Woop, Ernst, s. Woop, Anna Emma.

Worbs, Erich, Studienref. Lychen, Mark, Strandpromenade. (Liegnitz $^{25}|_{4}$ 93.) **B:** Gethsemane, G. 18; Musik der Berge, M. 20; Das Herz der Landschaft, G. 20; Das nächtliche Golgatha, dr. Sk. 21. **H:** Der Berg 17/18 (Monatsschr. f. Kunst); Der Hain (Vierteljahrsschr. f. Lyrik).

Worm, Fritz, Lehrer. Alt-Rebbevitz auf Rügen. (Barth i. Pomm. $^{11}|_{7}$ 63.) **B:** D. Halbinsel Mönchgut u. ihre Bewohner (m. A. Haas) 09; sowie Gedichte, Erzählungen u. Theaterstücke, plattdeutsch u. hochdeutsch. ( )

Worm, Fritz. Düsseldorf, Königsallee 54. (Leobschütz $^{1}|_{6}$ 84.) **H:** Die Bücherschau, Ztschr. 10—15; Die Werke der Meister 13; Kurt Worm, ein Buch d. Andenkens (m. W. Worm) 17. **B:** Der Weltkrieg für die Jugend erz. (u. d. Ps. Franz Arnim) 14; Gottfried Keller 21. ( )

Worm, Hardy, /, 𝔇, ♥, Chefred. Berlin 39, Kieler Str. 5. (ebda $^{8}|_{2}$ 96.) **B:** Schrei aus dem Kerker 20; Harakiri 20. **H:** Das Bordell, Eine groteske Publikation 20.

Woermann, Karl, ♥, Kunst♕, Dr. phil. et jur., Dr. ing., Prof., GehR., Gemäldegal.-Dir. a. D. Dresden, Hübnerstr. 5. (Hamburg $^{4}|_{7}$ 44.) **B:** Geharnischte Sonette aus Norddeutschld. (anon.) 66; Aus d. Natur u. d. Geiste, G. 70; Anathema sit, Son. 71; Antike Odysselandschaften 76; Landschaft i. d. Kunst d. alt. Völker 76; Neapel, G. 77; Kunst u. Naturskizzen 80 II; Geschichte d. Malerei (m. Woltmann) 75/88 III; Neue Gedichte 84; Katalog der Dresdner Galerie 87, 7. A. 08; Dichtung zur Dresdner L. Richter-Feier 90; Wissenschaftliches Verzeichnis d. ält. Gemälde d. Galerie Weber 92, 2. A. 07; Zu Zweien im Süden, G. 92, 2. A. 93; Was uns die Kunstgeschichte lehrt, 1.—4. A. 94; Deutsche Herzen, G. 95, 2. A. 96; Handzeichn. der Dresdener Kupferstichkabin. 96/98; Wissenschaftliches Verzeichnis der Cranach-Ausstellung 99; Gesch. d. Kunst aller Zeiten u. Völker 00—11 III, 2. A. 14—22 VI; Katal. d. Ludwig-Richter-Ausstellung 03; D. Bildnis in d. ital. Renaissance 05; V. deutscher Kunst 07; V. Apelles zu Böcklin, Ges. Aufsätze 12 II; Erlebtes u. Erschautes, ausgew. G. 13; Hochrenaissance 21; Kunst der neuesten Zeit 23.

Worms, Carl, Roman, ObLehr. Mitau in Kurland, Große Straße 12. (Talsen $^{22}|_{4}$ 57.) **B:** Du bist mein 99, 2. A. 10; Thoms friert 01, 2. A. 04; Die Stillen im Lande, Erzn. 02; Erdkinder 03, 4. A. 04; Überschwemmung, Erz., 1. u. 2. A. 05; Aus roter Dämmerung, Skn. 07; D. Mann von Wasungen 14; Pansch 12; Schloß Mitau, 3. A. 17; Demetrius, 3. A. 19. ( )

Wörndel Friedrich, Erz., Kritik, Sk., Buchdruck-Technik, Redakteur der „Breisgauer Zeitung". Freiburg i. B., Merianstr. 18. (Mascherode b. Braunschweig $^{15}|_{1}$ 63.) **B:** Die Klassiker im Hause 95; Sankt Bürokratius, wie er lebt und wirkt 22. *

Wörndl, Friedr., ♥. Nürnberg, Fenitzerpl. 2. (ebda $^{31}|_{12}$ 63.) **B:** Dämon u. Engel, R. 89; D. neue Deutsche Reich in Freud u. Leid 90; D. Hohensteiner, Dchtg. 94; Wilh. Tell, bearb. f. d. Jugend 95; Engelsgruß, Dchtg. 03; Nürnberger Hum.: I. Die lustige Weis, G. in Nbgr. Mundart I 09; Kyffhäusersage, Erz. 10; Maiglöckleins Zeit, Reigen

12; Aus d. Großväter Zeit, Sp. 13; Töff-töff, Schw. 14; Wetterbrausen ums Vaterland, Erz. f. d. Jugend 15.

Wörner, Gerhard, PA., VJ. & S., Versicherungswesen, Buchhandelsrecht, Dr. jur., Prof., Dozent u. stellv.=StudDir. d. HandelsHSch. Leipzig, Dittrichring 11 I. (Meißen 11|6 78.)

Woerner, Roman, neuere Lit♛, Dr. phil., o. UP. (Freiburg i. B.) a. D., Hon.=Prof. München, Keferstr. 1a. (Bamberg 8|8 63.) V: Novalis' Hymnen an die Nacht u. geistl. Lieder 85; Nibelungenlied, bearb. u. eingel. 88; H. Ibsens Jugenddramen 95; D. Richterin, Sch. (m. C. F. Meyer) 99; H. Ibsen I 00, 2. A. 11, II 10, 2. A. 11, I u. II 3. A. 23; Fausts Ende, Akad. Antrittsrede 02, 2. A. 04; König Salomo, Dr. 12. H: A. Roulerius, Stuarta (1593) 06; Emil Gött: Ges. Werke 11 III, 4. A. 20; Tagebuch u. Briefe 14 III, Kalendergeschichten 14, 2. A. 21. Ue: P. Claudel, Mittagswende 18; Das ist die Stunde, die Frühling u. Sommer trennt 19; Die Frohe Botschaft, nach Mk., Mt., Lk., Jo. (1. kolometrische Ev.=Ü.) 22.

Worringer, Wilhelm, Kunst♛, Dr. phil., a. o. UP. Bonn, Argelander Str. 18. (Aachen 13|1 81.) V: Lukas Cranach 08; Abstraktion u. Einfühlung 08, 10.—12. A. 21; Formproblem der Gotik 11, 8.—12. A. 21; Altdeutsche Buchillustration 12, 2. A. 20; Künstlerische Zeitfragen 21; Frühdeutsche Tafelmalerei 23; Die Passion des Urs Graf 23; Die Kölner Bibel 23; Der Ulmer Äsop 23.

Wossidlo, Rich., Kultur♛, Dr. phil. h. c., GymnProf. Waren i. Meckl. (Friedrichshof 26|1 59.) V: Volkstümliches aus Mecklenbg. 87; Imperativ. Bildgn. i. Niederdeutsch. 90; Mecklenb. Volksüberlief.: I. Rätsel 97, II. Die Tiere im Munde des Volkes 99, III. Kinderwartung u. Kinderzucht 06; Winterabend in e. meckl. Bauernhause 01, 2. A. 05; Aus dem Lande F. Reuters 10.

Wotas, Heinz, s. Satow, Hans.

Wram, Hans, s. Allan, Hans.

Wrangell, George Baron, Landw., Theater, /, Frauenfrage, russ. Verhältnisse, Journalistik. Reval, Tatarenstr. 18 W 2. (Dorpat 24|8 72.) V: Aus Estlands schweren Tagen 14/18. ()

Wrany, Eug. (Ps. E. Raben), Vizepräs. d. VB. Österr., O, Nov., ♯, Dr. jur., ObLandesGerR. Wien XVIII, Labenburgg. 43. (Kuttenberg 15|7 54.) V: Weil ich sie hasse, Madame, Lsp. 82; Feuerprobe, Lsp. 83; Löwenhof, Erz. 84; Kl. Geschichten 91; Voltaire u. Lessing, Lsp. 92; Venus Anadyomene, E. 95; Üb. Veruntreuungen an Krankenkassen 93; D. Rechtsfindg, nach d. neuen östr. Zivilprozesse; Im Banne der Wahrheit, R. 00; Carola Steinz, Sch. 02; Zwisch'n Gut u. Bös, Vst. 03; Die Kuenringer, Tr. 04; Halbwitwen, 3 Einakter 08; Rud. Urdagger, R. 11; 's Weibertauschen, Vst. 12; Die Herrin auf Rugard, Sch. 14; Fünfzig Jahre lit. Rückerinnerungen 16; Der Liebe Leid, Sch. 17.

Wrede, Adam, Volkskunde und Kultur♛, Dr. phil., Prof. a. d. Universität Köln, Hohenzollernring 34. (Düsseldorf 13|4 75.) V: Die Kölner Bauerbänke 05; Das Klostergut Sülz bei Köln 09; Rheinische Volkskunde 19, 2. A. 22; Köln und Flandern=Brabant, kulturhistorische Wechselbeziehungen vom 12. bis 17. Jahrh. 20; Geschichte der alten Kölner Universität 1388—1798 21; Eifeler Volkskunde 22; Köln als Stätte der Bildung (mit Bibliothekar Dr. Theele) 22. •

Wrede, Ferd., Germanistik, Ψ, Dr. phil., o. UP. Marburg i. H. (Spandau 15|7 63.) V: Sprache der Wandalen 86; Sprache der Ostgoten 91; D. Sprachatlas d. Deutsch. Reichs (m. G. Wenker) 95. H: Ulfilas, 13.|14. A. 20; Deutsche Dialektgeographie. ()

Wrede, Friedr., Fürst (Friedrich vom Stein), PA., Roman, Nov. Salzburg, Villa Wrede. (ebda 9|2 70.) V: D. Laster, R. 93, 2. A. 94; Der Liebe Weh, R. 94; Entnervt, Dr. 94; Blutender Lorbeer, R. 95; Die Gosse, R. 96; Blaue, R. 98; Pflicht, Dr. 97; Recht auf sich selbst, Dr. 98; Die Goldschilds, R. 00; Durchlaucht Iff, R. 01; D. Liebesleben des Menschen, R. 07, 4. A. 11; Evoe, R. 08; D. stumme Herzog, R. 10.

Wrede, Rich., VDR., Kritik, /, O, ♯, ⊞, Kult.♛, Dr. jur., Dir. d. „Berl. Kammerspiel=Bühne". Berlin=Südende, Berliner Str. 18. (Braunschweig 27|2 69.) V: Eine? Dr. 94; Taten, soz. Dr. 95; Opfer, e. Freundschaftstrag. 97, 2. A. 05; Vom Baume d. Lebens, Skizz. 97, 6. A. 02; D. Körperstrafen 98; D. Journalistenhochschule in Berlin 99; Allerlei Liebe, Skn. 99, 4. A. 02; Ein Maskenscherz, Sgsp. 20. ()

Wriede, Hinrich, SDS., niedd. O, Lehrer. Hamburg=Finkenwärder, Westl. U. Elbdeich 6. (ebda 4|9 82.) V: Ut jede Rut een Brögamsnut 09; Fischerlüd 09; Sill Külper, d. Gesch. e. Finkenwärder Fischerfrau, Erz. 14, 3.—6. T. 21; Leege Lüd, Lstsp. 14, 9.—10. T. 21; Der Mann im Sturm, Erz. 20, 4.—6. T. 21; Lud van'n Neß, Finkwarder Geschn.

Wriede, Paul, Schriftleiter d. „Mitteilungen aus d. Quickborn". Hamburg 25,

Oben Borgfelde 3. (ebda $^{20}|_{8}$ 70.) B: Plattdeutsche Kinder- u. Volksreime 19, 10. T. 20.

Wrobel, Ignaz, s. Tucholsky, Kurt.

Wroost, Wilh. Friedr., SDS., fr. Schriftst. Hamburg 35, Wendenstr. 295. (ebda $^{13}|_{9}$ 89.) B: Der Russenkopf, R. 18; Vadder Soodmann, plattd. R. 19; Wrack, Bst. 20; Slagsiet, Sch. 21; Fiete Kieckbusch, R. 21; Peter Pink, R. 22; Peter Pink, Bst. 22; Frische Bris', plattd. Nov. 22; De Olsch mit de Lücht, plattd. Volksst. 22; An de Eck von de Steenstroot, plattd. Bst. 23.

Wukadinovic, Spiridion, Lit.♛, Dr. phil., o. UP. Krakau, Asnyka 3. (Wien $^{7}|_{3}$ 70.) B: Priorin Deutschland 95; Kleist-Studien 04; J. E. Hilscher 06; Goethes Novelle 09. H: Kleist: Mich. Kohlhaas 11; Hermannsschlacht 11; Grabbes Werke (Gold. Klass.-Bibl.) 12; Kleist, Der zerbrochene Krug 13.

Wulff, Oskar, Kunstw., Dr. phil., Prof., Kustos am K.-Friedrich-Mus. u. a. o. UP. Berlin-Steglitz, Filandastr. 4. (St. Petersburg $^{6}|_{8}$ 64.) B: D. Koimesiskirche in Nicäa u. ihre Mosaiken 03; D. altchristl. u. byzantinische Kunst (Burgers Handbuch III) 13/5; Grundlinien zur Prinzipienlehre d. K. Wiss. 17. ()

Wulffen, Erich, ✤, O, z, Dr. jur., MinistR. i. Justizminist. Dresden, Münchner Str. 9. (ebda $^{3}|_{10}$ 62.) B: Psychologie d. Verbrechers 08 II; D. Strafprozeß, ein Kunstwerk der Zukunft; Gerh. Hauptmann v. d. Forum d. Kriminal-Psychologie u. Psychiatrie 08; Große Verbrecher bei Shakespeare 11; Shakespeares Hamlet ein Sexualproblem 13; D. Mann m. d. sieben Masken, R. 16; Die Kraft des Michael Argobast, R. 17; Deutsche Renaissance, R. 18; Vorgelesen, genehmigt, R. 18; Das Haus ohne Fenster, R. 19; Der blaue Diamant, R. 19; Die geschlossene Kette, R. 20; D. Frauen von Koburg, R. 21; D. Psychologie d. Hochstaplers; D. Sexualverbrecher; D. Weib als Sexualverbrecherin; u. a. ()

Wunderle, Georg, (k.), ∴, †, Dr. phil. et theol., o. UP. Würzburg, Heidingsfelder Str. 32. (Weißenburg i. B. $^{22}|_{9}$ 81.) B: D. Lehre d. Aristoteles von d. Zeit 08; D. Religionsphilosophie R. Euckens 12; Experiment. Pädagogik 14; Aufgaben u. Methoden d. mod. Religionspsychologie 15; Grundzüge der Religionsphilosophie 18, 2. A. 23; Zur Psychologie der Reue 21; Das religiöse Erleben 22; Einführung in die moderne Religionspsychologie 23. H: Abhandlungen zur Philosophie und Psychologie der Religion, seit 22.

Wunderlich, Frau Marie, geb. Müller, ✤, Erz., O, Roman, ✤. Leipzig, Kronprinzstr. 13. (Luschwitz $^{9}|_{12}$ 51.) B: Die zwölf Monate 82, 5. A. 09; Kinderlied, Kinderspiel 86, 6. A. 13; An d. Weichsel, R. (Ps. G. Brahmüller) 02; Für die Fest- u. Gedenktage des Lebens, Glückwunschged., Lieder u. Reigen (Ps. Marie Müller-Wunderlich) 03; Zum Weihnachts- u. Neujahrsfeste, Wünsche, Ged. u. Lieder 04; Ein glückl. Jahr, Erz. (Ps. Marie Müller-Wunderlich) 06; Nionok, Ungelöste Menschheitsfragen, R. (anon.) 07; D. Fröbelschen Beschäftiggn. (Ps. Marie Müller-Wunderlich) 10; Puppenspiele (desgl.) 10; Köhler, Die Bewegungsspiele d. Kindergartens, neubearb. 13.

Wunderlich-Dornblüth, Frau Grete, M, Politik, /, Frauenfrage. Berlin-Wilmersdorf I, Jenaer Str. 24, pt. B: Bolschewismus, Zu s. Ursachen u. Auswirkungen.

Wundt, Max, ∴, Dr. phil., o. UP. Jena, Botzstr. 3. (Leipzig $^{29}|_{1}$ 79.) B: D. Intellektualismus in d. griech. Ethik 07; Gesch. d. griech. Ethik I 08, II 11; Griech. Weltanschauung 10; Goethes Wilhelm Meister u. die Entwicklg. d. mod. Lebensideals 13; Platons Leben u. Werk 14; Griech. Weltanschauung 17, 2. A.; Plotin 19; Vom Geist unserer Zeit 20, 2. A. 22; Staatsphilosophie 23.

Wundt, Theodor v., Alpinismus, Generalleutnant z. D. München, Prinzregentenplatz 23. (Ludwigsburg $^{21}|_{4}$ 58.) B: Besteigg. des Cimone della Pala 92, 3. A. 96; Wandergn. in d. Ampezzaner Dolomiten 93, 2. A. 95; Das Matterhorn u. seine Geschichte 96, 2. A. 97; Die Jungfrau u. das Berner Oberland 98, 2. A. 99; Engadin-Ortler-Dolomiten (m. Maud W.) 00; Disziplin, Dr. 15; Matterhorn, R. 15; Ich u. die Berge 17; Höhenflug, R. 18.

Würben-Buchtal, Julius, s. Peschke, Jul.

Würkert, Grete (Ps. Grete Baldauf), ✤, Dr.-Gattin. Dresden, Wettinerstr. 36. (Torgau $^{24}|_{8}$ 78.) B: Lieder des Mädchens aus dem Volke 00, 8. A. 01; Neue Lieder e. Mädchens a. d. Volke, 1. u. 2. A. 01; Das Höhlenmärchen, ein Liebesroman a. d. Erzgebirge 21. ()

Wurm, Alois, (k.), Dr. theol. München, Königinstr. 81/2. (Straubing $^{30}|_{12}$ 74.) B: Worauf es b. d. Kunst ankommt 20. H: „Seele" (s. 19).

Wurm, Alois, (k.), Naturwiss., Kultur- u. Lit.♛, Dr. phil., Hüttendir. Osnabrück, Venloer Str. 5. (Paderborn $^{28}|_{8}$ 66.)

Wurmb, Alfred, ✤, Kritik, Essay, Hum., /, Aphoristik, Dr. jur. Wien XV

Mariahilferstr. 154. (ebda 16/7 75.) B: In Hallstatt, G. 00; Im Wachen u. Träumen, G 02; Zwischen Heuberg u. Donau, Humoresken u. Skn. 10; Wiener Praterlieder, hum. G. 11; Meine Weggenossen, n. G. 12; Auf Roseggers Spuren, Sk. 19; Tannenluft u. Höhenrauch, G. 19; Du altes Wien . . ., G. 20. ()

Wurmbach, Adolf, Erwin Röslin, ASV., ✠, volkstüml. Prosa, Kalendergeschichte, /, Volksschullehrer. Gelsenkirchen IV, Wilhelmstr. 54 II. (Littfeld 15/7 91.) B: Blumen im Brachland, Kriegs- u. Heimatgedichte 19; Saiten, Dichtungen in Prosa 21; Die schwarze Stadt, Industriegед. 22. *

Wurzbach (Ritter von Tannenberg), Alfred Wolfgang, Romanische Philologie, Lit.- u. Kunst♛, Dr. phil., UP., Wien I, Bösendorfer Str. 2. (ebda 3/6 79.) B: Lope de Vega u. s. Komödien 99; G. A. Bürger, s. Leben u. s. Werke 00; Jos. Kriehuber, Katalog der von ihm lithogr. Porträts 02; Gesch. d. franz. Romans I 12; Cervantes, Einführung 13 III. H: G. A. Bürgers sämtl. Werke 02 III; Francois Villons Werke 03; Cervantes, Don Quixote, Jub.-Ausg. 05 IV, krit. Original-Ausg. 11/16 II; J. G. Seidl, Werke 05 IV; Calderon, Werke 10 X; Lope de Vega, Ausgew. Kom. 18—23 V.

Würzburger, Georg, s. Eichinger, Georg.

Wurzinger, Franz Emil, ♛, Kritik, Volkskunde, Stadtarchivar. Iglau in Mähren, Gr. Kreuzg. 6. (ebda 24/6 70.) B: Bilder aus Iglaus Vergangenheit 04; D. Wappen d. Stadt Iglau 06; D. Iglauer Berghäuerzug 12; Iglauer Künstler 14; Beiträge z. Gesch. d. Iglauer Theaters 14; Unsere „Susanna" 16; D. alte Post in Iglau 16. H: Abraham Letscher, Chronik d. Stadt Iglau 12.

Wussow, Otto Erich v., BJ.& SV., Politik, ✉, Belletristik, Hrsg. d: „Korrespondenz f. Handel u. Gewerbe". Berlin-Steglitz, Poschingerstr. 16. (Neu-Ruppin 4/12 74.) B: Die Gesch. u. Entwicklung d. Warenhäuser 06; Ein Fritz-Reuter-Abend 14; Humor im Felde 15.

Wüst, H. Th., VB., Mitgl. des Vereins Frankfurter Presse, Volkswirtschaftl. Kommunalpolitik, Kunstkritik, Red. d. „Deutsch. Allg. Zeitg." Frankfurt a. M., Nesenstr. 3. (ebda 23/7 75.)

Wüest-Hindemann, Frau Annie (Ps. Annie Hindemann), Nov. Zürich 1, Rämistr. 7. (Luzern 94).

Wüest-Hindemann, Curt, Dr. phil., Red. „Pro Helvetia". Zürich 1, Rämistr. 7. (Aarau 87.)

Wutke, Konrad, ♛, Dr. phil., Geh. Archivrat, Archivdir., Red. Breslau, Uferzeile 10. (Berlin 2/10 61.)

Wütschke, Hans, Lit.♛, Dr. phil., LyzealObLehrer. Dessau. (Reßlau 28/7 82.) B: Hebbel-Bibliographie 10; Hebbel im Urteil d. zeitgenöss. Kritik 10. H: Erdkundliches Lesebuch f. höh. Schulen 13.

Wychgram, Jakob, ♆, Lit.♛, Dr. phil., Prof., ObSchulrat. Lübeck. (Emden 1/9 58.)

Wychgram, Lukas, Humor, Satire, Polizei-Rat. Berlin-Schöneberg, Hohenstaufenstr. 9. (Oldendorp 18/6 74.) B: Glücksmarel 08; D. Kolonialonkel 08; D. Freibad 08. ()

Wyneken, Gustav, ✠, Dr. phil., Hrsg. d. „Freien Schulgemeinde". Adr.: z. Z. unbekannt. (Stade 19/3 75.) B: Schule und Jugendkultur; D. Gedankenkreis d. Freien Schulgemeinde; Was ist Jugendkultur?; Die neue Jugend 14; Der Krieg u. d. Jugend 15; D. Kampf f. d. Jugend; Revolution u. Schule; Eros; u. a.

X.

Xanthippos, s. Hamann, Ludwig.
Xaver, Franz, s. Kappus, F. X.

Y.

Yorк, B. v., s. Wegner, Bertha.

Z.

† **Zabel,** Eug., ⊘, Nov., Essay, /, Theaterkritik u. -♛, Werke üb. Rußl., Reiseschriften, Uc: RF. Charlottenburg, Leibnizstr. 25 III. (Königsberg 23/12 51.) B (seit 00): Zur mod. Dramaturgie: I. D. deutsch. Theater, 3. A. 05, II. D. ausl. Theater, 3. A. 05, III. Aus alter u. neuer Zeit 03, 2. A. 05; Literaturbilder; Wereschtschagin 00; Graf Tolstoi 00; Moskau 01; Europäische Fahrten 01 II; Auf der sibir. Bahn nach China 03, 3. A. 04; Bunte Briefe aus Amerika 05; St. Petersburg 05; Russ. Kulturbilder 06; Theatergänge 07; Fröhliche Fahrten 08; D. Roman e. Kaiserin, Katharina II. v. Rußland 11, 60. A.; Rrr . . ., Gesch. e. Konsonanten u. a. 12; Der Meister, e. Rich.-Wagner-R. 14; Aus tiefer Not, Einakt. 15; Frau Mara, Erz. 16; Der Werwolf, Einakter 16; Es ist nicht wahr!, Einakter 16; Gegen den Osten, R. 16; Deutsche Luftfahrt 18; Goethe u. Napoleon 20; Um einen Thron, R. 20; Sakuska, Russische Erinnerungen u. Erlebnisse 22; Sonnenflecken, R. 23. **Bühnenbearb.** der Dramen: Turgenjews

Natalie 89; Lope de Vegas Tugendwächter 92; Sſumbatows Im Dienst u. a. H: Das Land Goethes (mit J. Landau).

Zacchi, Ferdinand, Romanschriftsteller, Hauptschriftleiter der Niederd. Rdsch. und des Holsteinischen Courier. Neumünster i. Holst., Fritz-Reuter-Str. 15. ($^{27}|_{8}$ 84). B: Freeck Frandsens Blut 20, 22. T.; Klaar Kimming 22, 15. T.; De ole Klang 23, 10. T. *

Zach, Franz (Ps. Hans Berthold), DÖSchG., (k), Lit.-Kritik, Apologetik, Erzählg., Kultur, Soziologie, Chefred. u. Prof. Klagenfurt, Bismarckring 13. (Kirchbach b. Graz $^{31}|_{8}$ 76.) B: D. große Wunder d. Weltgesch. 10; D. Antichrist Nietzsche 10; Kulturschatten 11; D. Judengefahr 12; D. Programm d. Reformjuden 12; D. Juden — d. Herren d. Welt 12; Am Wege erblüht, Erz. 12; D. relig. Sehnen u. Suchen uns. Zeit 13, 5. T.; D. franz. Revolution 14, 142. T. 15; Gesch. d. Weltkrieges, Heldenzeit d. verbündeten Mittelmächte I 16, 142. T., II 17, 152. T.; Galizien u. Bukowina 17, 22. T.; Kann ein Katholik Sozialdemokrat sein? 18, 140. T.; Auf d. Wetterwarte d. Zeit 19; Modernes oder christlich-germanisches Kulturideal? Ein Wegweiser zum Verständnis der Gegenwart 23.

Zacharias, Johannes, Natur..., Okkultismus, Elektrotechnik, Obering. d. Radio Hochfrequenz A.-G. Obermenzing-München, Ludwigsfelder Str. 82 (Karalene-Insterburg, Ostpr. $^{23}|_{5}$ 50.) B: Rätsel der Natur 20; Verborgene Gewalten im Weltgeschehen 22. *

Zacharias, Louis, jetzt: Marr, Ludwig.

Zahn, Ernst, Nov., ✠, O, Dr. phil. h. c., gew. Präs. d. Landrats d. Kantons Uri. Meggen b. Luzern, Schweiz. (Zürich $^{24}|_{1}$ 67.) B: Menschen, Erz. 00; Albin Indergand, R. 00; Der Jodelbub 00; Herrgottsfäden, R. 01; Schattenhalb, Erz. 03; Die Clari-Marie, R. 04; Helden des Alltags, Nbuch 05; Firnwind, Erzn. 06; Lukas Hochstrassers Haus, R. 07; Vier Erzählungen aus den „Helden des Alltags", f. d. Jugend ausgew. 07; Die da kommen und gehen! 08; Einsamkeit, R. 09; Gedichte 10; Die Frauen von Tannd, R. 11; Erzählungen aus den Bergen, f. d. Jugend 12; Was das Leben zerbricht, Erzn. 12; Der Apotheker von Klein-Weltwil, R. 13; Uraltes Lied, Erzn. 14; Gesammelte Werke 14; Einmal muß wieder Friede werden!, Erzn. u. Verse 16; Die Liebe des Severin Imboden, R. 16; Bergland, 4 Dchtgn. 17; Nacht, Erz. 17; Das zweite Leben, Erz. 18; Johannes A Pro, Sch. 19; Lotte Eßlingers Wille und Weg, Erz. 19; Schweizer, Skn. 19; Der sinkende Tag, Erzn. 20; Jugendtag, ein Buch f. d. Jugend 21; Jonas Truttmann, R. 21; Das Licht, Nn. 22; Blancheflur, Erz. 23.

Zalisz, J. Fritz, Drama, Maler, Bildhauer, Radierer. Leipzig, Marschnerstr. 4. (Gera $^{17}|_{11}$ 93.) B: Klärung, eine Bekenntnisdichtung 21; Kleine kunstphilosophische Abhandlungen. *

Zander, Carl, Stenographie, Dr. med., Arzt u. Reichstagsstenogr., Begr. u. Hrsg. d. „Reichstagsstenogramme". Berlin-Grunewald, Auguste-Viktoria-Str. 107. (Greifswald $^{16}|_{8}$ 70.) B: In die neue Welt, R. 04. ()

Zangerle, Carl, Nov. u. Skizz., Magistratsbeamter in Meran (Stadtmagistr.), Südtirol. (ebda $^{30}|_{8}$ 77.) B: Meraner Geschichten 12; Jörg der Reimer 17.

Zapf, Georg (Ps. Siegfr. Reinhold), ✠, Epos, Nov., /, O, Musikästhetik, Sozialpolitik, Insp. u. Vorstand d. Bahnamtes. Gablonz a. N., Hauptbahnhof. (Eger $^{30}|_{8}$ 67.) B: Betulius 87; Fausts Jugend, Ahasvers Tod, G. 88; Harte Lose, R. 88; Im Fluge dch. d. deutsche Mekka 88; D. Herrn v. Rodenstein, O. 94. ()

Zapletal, Vincenz, (k.) u. semitische Sprachen, Alttest. Exegese, D., Dr. phil. h. c., o. UP. Freiburg i. d. Schweiz, Places 2. (Willimau $^{15}|_{1}$ 67.) B: Schriften u. Texte zum A. T.; ferner Jephtas Tochter, bibl. R. 20; David und Saul, kulturgesch. Erz. 21; Das Buch der Richter, übersetzt u. erklärt 23; David u. Bethsabe, kulturgesch. Erz. 23. H: Liber Ecclesiastae 06.

Zapp, Arth., BP., Sprachwiss., Nov., Rom., O, /, Ue: EF. Berlin-Lichterfelde, Potsdamer Str. 45. (Luckau $^{15}|_{8}$ 52.) B (seit 00): Hochzeitsnächte, R. 06; Der letzte Krieg, R. (u. d. Ps. B. E. Teranus) 07; Hurraschreier, R. (desgl.) 08; Die Glücksucher, R. 10; Die Heirat in London, R. 10; Soldatenliebe, R. 10; Der Staatsanwalt, R. 11; Berliner Mädel, R. 11; Mädchen, die man nicht heiratet, R. 12; Meineid, R. 12; Der Esel, R. 12; Das Liebesleben d. Franziska Lamm, R. 13; Zum Eheparadies 13; D. falsche Hundertmarkschein, R. 13; Frau Hertas Geheimnis, R. 14; Drei Ehen, R. 14; Zwischen Mann u. Frau, R. 14; D. Mann v. 50 Jahren, R. 17; D. Sünde wider d. Weib, R. 18; D. Unbezwingliche, R. 18; Was ist Liebe?, R. 19; Wie Liebgart Stahl Mutter wurde, R. 19; D. Liebesleben e. deutschen Jünglings, R. 20; Warum Frau Wanda Liebsch die Ehe brach, R. 20; Bürgerliche und natürliche Liebe, R. 21;

Junggesellinnen, R. 21; Die freie Frau, R. 22; Im Frauenstaat, R. 23; Alle Welt stiehlt, R. 23.

Zardetti, Eugenio, ASV., VSP., Express. Lyrik, Skizzen, kunstwiss. u. Kunst-, Wissenschaft-, Gesellschaft-, Kino-, Sport-Rezens., Schriftst. u. Journalist, Aphorismen. Luzern, Schweiz, Pilatusstr. 22. (Rorschach $^{5}|_{6}$ 85.) B: Vom Ultrafeuer des Marmors abendliche Gäste; Skulpturen der Seele; Mosaik aus Geist und Leben.

Zarek, Otto, Dramaturg d. Münchn. Kammerspiele. München, Theresienstr. 112. (Berlin $^{20}|_{2}$ 98.) B: Die Flucht, Nn. 18; Kaiser Karl V., Dr. 18; David, dr. Ged. 20.

Zarncke, Eduard, klass. Ψ, Dr. phil., ObBibliothek., Dir., a. o. UP., Hrsg. d. „Lit. Zentralblatt". Leipzig, Kaiser-Wilhelm-Str. 50. (ebda $^{7}|_{8}$ 57.)

Zauner, Adolf, roman. Ψ, Dr. phil., o. UP. Graz, Rosenberggürtel 25. (Wien $^{22}|_{8}$ 70.)

Zauner, Franz Paul, SDS., Kunst♛, Dr. phil. Oberweikertshofen bei München-Nannhofen. ($^{29}|_{8}$ 76.) B: München in Kunst u. Gesch. 14; Münchens Umgebung in Kunst u. Gesch. 12, 21; D. Baukunst d. Kirchen Münchens 21; D. Starnberger- u. Ammerseegebiet in Kunst u. Geschichte 21.

Zauner, Lothar (Ps. Otfried), ⊙, ❦, /, ⁂, Roman, ⚲, Sexualpsychologie, Direktor, Chefredakteur u. Hrsg. „Parzival-Bücher", „Mitternachts-Zeitung", Mitgl. u. Präsident des „Autoren-Ring", Interessen-Gemeinschaft d. Schriftsteller. Graz, Netzg. 11. (Kgl. Weinberge $^{14}|_{2}$ 98.) B: Um eine Krone, Dr. 16; D. Edelweißbua, Vst. 17; Gut Pfad, Dr. 17; Im Föhn der Seele, Dchtg. 19; Im Urlicht der Liebe, G. 21; Enterbte des Lebens, G. 21; Alle für Alle 22. H: St. Georg 14—18; Parzival 19—22; „Parzival-Bücher" seit 19; Mitternachts-Zeitung seit 23; Gralshüter seit 23.

Zech, Paul. Groß Besten, Kr. Teltow. (Briesen $^{19}|_{2}$ 81.) B: Waldpastelle, G. 10; Schollenbruch, G. 10; Der Wald, G. 11; D. schwarze Revier, G. 13; R. M. Rilke 13; D. eiserne Brücke, G. 14; D. Sonette aus d. Exil, G. 14; D. schwarze Baal, N. 16; Helden u. Heilige, Balladen 16; D. Grab d. Welt, Erz. 18; Golgatha, G. 19; D. Ereignis, N. 20; D. Terzett der Sterne, G. 20; Verbrüderung, Dr. 21; D. Ballade von mir, G. 22. H: D. neue Pathos, Zeitschr. 13/23. Ue: E. Verhaeren, D. wogende Saat 14; Balzac, Tante Lisbeth, R. 23.

Zedler, Gottfr., Dr. phil., Prof., Ob.-Bibl. Wiesbaden, Rheinstr. 103. (Vegesack $^{5}|_{12}$ 60.)

Zedlitz u. Neukirch, Anna Frfr. v., geb. v. Bonin. Wernigerode, Tiergartenstr. 16. (Magdeburg $^{3}|_{8}$ 47.) B: Kindergedanken u. Gedanken über Kinder 05, 2. A. 14; Aus frohen Jugendtagen 06; Aus dem Lebensbrunnen 07; Und hätte der Liebe nicht Krankenpflege 08, 3. A. 14; Alles Vergängliche ist nur ein Gleichnis 11; Übersetzungen.

Zeeck, Hans, Kunst- u. Kultur♛, Archiv. i. d. Pressestelle d. Ausw. Amtes. Charlottenburg, Waitzstr. 9. (Stralsund $^{2}|_{11}$ 83.)

Zeibig, Heinrich Max, ❦, Plaud., Skizzen, Volksschullehrer in Bautzen, Sachs. (Loschwitz b. Dresden $^{2}|_{4}$ 89.) B: Vom Felde zur Heimat 19; Bunte Gassen, helle Straßen, e. Buch v. Kinderland u. Heimat 21.

Zeidler, Paul Gerhard, SDS., ☿, ⚘, ♛, Roman, Novellen. **Ue:** FE, Verlags-Red. Berlin-Schöneberg, Akazienstr. 6. (Meißen $^{11}|_{8}$ 76.) B: Elisabeth von Platen 21, 15.—20. T. 23; Elisabeth, Kaiserin v. Österreich, Königin v. Ungarn, Die Leidgekrönte, R. 1.—10. T. 23; Abenteuer und Entdeckungsfahrten in den Eismeeren 23. **Ue:** Fraser, Der Panamakanal 12. **Mitarb:** Gem. u. ihre Meister 21; Ber. Musiker u. ihre Werke 22. **Ueberarbtg:** Geheimpfade d. Natur I/II 22.

Zeisel, Eugen (Ps. Eugen Ezl), ASV., SDS., /, Skizzen, ❦, Dr. phil., Prof. Brünn, Ponavkag. 3. ($^{28}|_{8}$ 83.) B: Alexander und die Blumenmädchen, Dr. 22.

Zeiß, Karl, Lit.♛, Theater♛, Dr. phil., Kgl. sächs. GHofRat, GenIntendant der Bayer. Staatstheater. München, Marstallplatz 6. (Meiningen $^{13}|_{9}$ 71.) B: D. Staatsidee P. Corneilles 96; Denkschrift üb. d. Notwendigkeit eines neuen Königl. Schauspielhauses in Dresden 09; Festschr. z. Eröffng. d. Neuen Kgl. Schauspielhauses in Dresden 13. H: Hebbels Werke, krit. Ausg. 99 IV. **Bühnenbearb:** Der Widerspenstigen Zähmung 03; Kleist, Der zerbrochene Krug 04; Was ihr wollt 05; O. Wilde, E. triviale Komödie f. seriöse Leute 06; Hebbel, Genoveva 13.

Zeitler, Julius (Ps. Robert Rehlen), ⁂, Ψ, Dr. phil., Prof. Leipzig-Gohlis, Kaiser-Friedrich-Str. 3. ($^{20}|_{9}$ 74.) B: Nietzsches Ästhetik 00; D. Kunstphilos. v. H. A. Taine 01; Taten u. Worte, e. Stück Lit.-Psychologie 03; Bismarck 10; Deutsche Reisebilder 10; Otto Richard Bossert, Sein Leben u. graph. Werke 19; Bibliophiles Lustgärtlein 20. ()

Zeitlin, Leon (Ps. L. Leinitz), BP., SDS., Politik, ▣, /, Kritik, Dr. phil., M. d. RWR. Berlin W 30, Maaßenstr. 13 II. (Memel $^{28}|_{2}$ 76.)

Zelewski-Waldenburg, Eberhart v., ❀, Skizze, Schriftsteller. Kroßnow b. Borntuchen, Pom. (Waldenburg, Pr. $^{30}|_{2}$ 92.) W: Griechische Statue, G. 21; Der güldne Stirnreif Liebe 21.

Zell, B. W., s. Wegner, Bertha.

Zeller, Alfred, ❀, Nov., /, ▣, Red. Dessau. (Graditz $^{28}|_{3}$ 74.)

Zemp, Josef, Schweiz. Kunst♛, Dr. phil., Prof. d. Eidg. Techn. Hochsch. u. a. o. UP. Zürich 7, Freudenbergstr. 20. (Wolhusen, Kt. Luz. $^{17}|_{8}$ 69.) W: Wallfahrtskirchen im Kanton Luzern 93; D. schweiz. Bilderchroniken u. ihre Architekturdarstellgn. 97; L'art de la ville de Fribourg au moyen-âge 05; D. Kloster St. Johann zu Münster in Graubünden 06—10; Baugesch. d. Fraumünsters in Zürich 14.

Zenker, Rudolf, roman. Ψ, Dr. phil., o. UP. Rostock, Hermannstr. 7. (Dresden $^{17}|_{8}$ 62.)

Zentner, Wilhelm, RP., DB., dramatischer Schriftsteller, Literatur- und Musikhistoriker, Dr. phil., Theaterkritiker, künstlerischer Beirat der bayr. Landesstelle für gemeinnützige Kunstpflege. München, Grütznerstr. 6 I. (Pforzheim $^{21}|_{1}$ 93.) W: Studien zur Dramaturgie Eduard von Bauernfelds 22; Die deutsche Oper 22; Der Schild des Archilochos, Dr. 23. H: Johann Peter Hebels Briefe an Gustave Fecht 21. *

Zenz, Reinhold, O, ❀, Roman, Novelle, Skizze. Berlin NW 23, Siegmundshof 3. (Koblenz $^{16}|_{4}$ 90.) W: Heinr. v. Kleist 21. H: Hessenbuch. *

Zepler Georg, ❀, Sozialpolitik, ✒, Dr. med. Charlottenburg, Reichskanzlerplatz 4. (Breslau $^{21}|_{1}$ 59.) W: D. Sünden d. Zivilisation 93; Rückblick u. Stimmgn. i. Herbst, G. eines Unzufriedenen (anon.) 03; D. Lage der Ärzte u. ihr Verhältnis zu d. Krankenkassen 03; Notwendigkeit e. Krankenunterstützg. f. Prostituierte 03; Stimmg. i. Herbst, neue Folge, G. 06; Sozialrevisionist. Demokratie 07; Neue Demokratie, Richtlinien für bürgerl. Politik 09; Von den höchsten Dingen, Exegese über Gott und Erlösung, Christentum und Antisemitismus 23.

Zepler, Frl. Margarethe N., SDS., Sozial❀, O, Ogewerbe, /. München, Stellstr. 7 III. (Berlin.) W: Volkshochschulen 05; Erziehg. zur Körperschönheit (Turnen u. Tanzen) 06; D. Schönheit d. Frauengestalt (nach d. Engl.) 06; Menschenkultur 07; V. inneren Wesen 09. ()

Zepler, Frau Wally, Politik, Frauenbewegg. Berlin-Westend, Reichskanzlerplatz 4. (Hirschberg, Schles. $^{8}|_{11}$ 65.) W: Welchen Wert hat die Bildung für die Arbeiterin? 07; Die Frauen u. d. Krieg 16; Akademiker u. Sozialismus 18; Der Weg zum Sozialismus 18; Sozialismus u. Frauenfrage 20.

Zerberus, s. Sonntag, Jos.

Zerkaulen, Heinrich, ❀, Nov., Kritik. Dresden, Gabelsbergerstr. 24. (Bonn $^{2}|_{3}$ 92.) W: Weiße Astern, Verse u M. 12; Hans Heiners Fahrt ins Leben, N. 13, 6. A. 20; Blühende Kränze, neue Verse u. M. 14; Wandlung, Mein Kriegsbuch 15; Allerhand Käuze, Erz. 16, 8. A. 21; Mit dem Fiedelbogen, G. 18; Die Spitzweggasse, Erz. 19, 5. A. 20; Der wandernde Sonntag, N. 20; Ursula Bittgang, Erz. 21; Der kleine Umweg, Erz. 21; Leuchtturm, Einakter 21; Der Tag in Blüten, Erz. 23; Theodor Körners Liebesfrühling, Studie 23; Lieder vom Rhein, G. 23.

Zerniko, H., s. Conitzer, Herm.

Zeromski, Frl. Anna v., ASV., ❀, Oberlehr. a. d. Klosterschule. Hamburg, Bismarckstr. 67a. ($^{16}|_{10}$ 64.) W: Auf dem Heidchügel, G. 14.

Zerweck, Hermann (Ps. Heinrich Schäff), WJSV., ❀, Erzählgn., Politik, ∴. Hallwangen b. Dornstetten o. a. Freudenstadt. (Stuttgart $^{23}|_{4}$ 62.) W: Mein Gehölz, 16 Zeichnungen 09; Abseits 10; Waldstift, Erz. 11; Krieg, G. 14; Im Zeichen der Stunde, Betrachtgn. 15, 2. A. 17; E. Balkanfahrt, Reiseerz. 16 II; Südwärts, Reiseepisteln 18; Meine Wege, Erinnerungen 23.

Zettl, Zephyrin, DÖSchG., VB., Mundartdchtg., ❀, Erz., O, Staatsbeamter. Wien III/1, Wasserg. 18. (Stadln im Böhmerwald $^{14}|_{7}$ 76.) W: Waldlerisch, Ged. in Böhmerwaldmundart 19, 2. A. 21; Woldgsangla, desgl. 22; Von uns dahoam, desgl. 23; Vo'n Vogerla wos in Himml kömma is, E. 23.

Zickel, Sigfrid (Ps. Franz Cornelius), DB., O. Berlin-Schöneberg, Nymphenburger Str. 3. (Krotoschin, Prov. Posen $^{13}|_{3}$ 78.) W: Die Prinzessin vom Nil 15; Der kleine Napoleon 17; 3 Jahre in Kriegsgefangenschaft 20; Die Verjüngungskur; Meine drei Frauen und ich; Mimikry 21; Die Nase der Kleopatra; Die Tochter der Lea; Bobby sag' die Wahrheit 22; Joujou: Die Verfehmten 23.

Zickler. Artur (Tobias Pemberlein, Bidder am Steen, Paulchen), SDS., Schriftsteller u. Journalist, Redakteur, Mitglied der Deutschen Allgemeinen Zeitung. Berlin N. 65, Barfußstr. 2. (Dresden $^{13}|_{1}$ 97.) W: Im Tollhaus 19; Die Brot-

winkel 20; Sprung in die Welt 22; Freischar; Blätter der neuen Bereitschaft usw. *

Ziegel, Erich, ○, Nov., Skizze, Dir. d. Hamburger Kammerspiele. Hamburg. (Schwerin a. W. 26/8 76.) B: Ein reiner Adelsmensch, Kom. (m. Jul. Schaumberger) 06; Der Liebling, Lsp. 11; Tod und Teufel, ein Geschichtenbuch 21.

Ziegler, Conrad (Ps. Adolf Lorey), /, Kritik, Kult.♛, ■, Lehrer. Fechenheim a. M. (Holzhausen 22/4 61.) B: Geschichtsunterricht im Dienste d. Erziehg. 86, 3. A. 07; Dasein der Seele 87; Hypnotismus 91; Dichter im deutsch. Schulhause 92; Der Rechenunterr. im Lichte des sozialpädagog. Prinzips 02; D. Stellung der Dezimalbrüche 02; Fibel u. erstes Lesebüchlein, 19. A. 12; Goethes Vater als Erzieher 11; K. Ph. Moritz u. sein „Anton Reiser" 13; D. Buch Hiob im Religionsunterr. 14; Die Anfänge der preußischen Volksschule am Rhein 15.

Ziegler, Helene. Zürich, Thalacker 25. B: Lieder 14.

Ziegler, Johannes, Ästhetik, ■, Dr. phil., Prof. a. d. Kais.-Aug.-Schule. Köln a. Rh. (Göppingen i. Württ. 22/4 62.)

Ziegler, Konrat, klass. Ψ, Dr. phil., o. UP., Breslau, Wilhelmsruh 19. (ebda 12/1 84.) B: Menschen- und Weltenwerden 13; Weltuntergang in Sage u. Wissenschaft (m. S. Oppenheim); Gedanken über Faust II 19; u. a.

Ziegler, Leopold, ⁂, Dr. phil. Achberg b. Lindau i. See. (Karlsruhe 1/5 81.) B: Z. Metaphysik des Tragisch. 02; Das Weltbild Hartmanns 10; Florentinische Introduktion 12; Volk, Staat und Persönlichkeit 16; Gestaltwandel der Götter 20, I, II; Der ewige Buddho 22.

Ziehen, Jul., klass. Ψ, Hrsg. „Deutsche Schulausgaben" u. „Männer der Wissenschaft", Dr. phil., o. UP., Stadtrat. Frankfurt a. M. (ebda 11/8 64.)

Ziehen, Ludwig, Ψ, ♛, Dr. phil., Prof., Dir. d. Ritterakademie. Brandenburg, Dom 60. (Frankfurt a. M. 7/1 71.)

Ziehen, Theodor, ⁂, Psychologie u. Psychiatrie, Dr. med. et phil., UProf., GMedR. Halle a. S., Ulestr. 1. (Frankfurt a. M. 12/11 62.)

Ziel, Victor (Ps. Dr. Udeis u. Th. Lambert), Roman, Red. Charlottenburg, Passauer Str. 36. (Krefeld 10/4 81.) B: Aus dem Liebesleben eines Arztes 19, 50. T. 20; Bekenntnisse eines Lebemannes 21; Opfer des Steinmeers 23, 10. T. H: Der freie Mensch, Zeitschr.; Berliner Zeitspiegel, Zeitschr.

Ziemann-Einstmann, Frau, Fernanda, ASV., Romane, Skizzen. Bremen, Hohenlohestr. 54 I. (Oldenburg in Oldenburg 6/8 73.) B: Wera Cornelius, R. 11; Die das Leben erstarkte, R. 13; Hochsommer, R. 19; Grüne Klippen, R. 20; Schicksal und Wille, R. 22; Frau Linda, R. 22. *

Zierow, Wilh., plattd. ■, Lehrer a. d. Domschule. Güstrow, Meckl., Feldstr. 22B. (Rienhagen 19/10 70.) B: Dei Kiesbarg, Lsp. 11; Irdgeruch, Heimatbiller ut Meckelborg 12; Dei Humpelrock, Lsp. 13; Minschen un Böß, plattd. Erz., 2. A. 20. ()

Ziersch, Walther, DB., SDS., Rom., Dr. jur et oec. polit. München, Herzogstr. 60. (Barmen 14/11 74.) B: Zwei Brüder, R. 09, 2. A. 11; Wider d. Welt, R. 10, 2. A. 11; Du gehst einen schweren Gang ..., R. 11, 2. A. 12; D. Eisen, Dr. 12; Die Götter im Turm, R. 14; D. Froschteich, Kom. 16; Dämon Schievelbein, Lsp. 20. ()

Ziesemer, Walther, deutsche Sprach- u. Lit.♛, Sprache u. Kultur d. Deutschordenslandes Preußen, Dr. phil., Stud.-Rat, a. o. UP. Königsberg i. Pr., Henschestr. 15. (Löbau i. Westpr. 7/8 82.)

Ziesenitz, Rudolf Kurt, DB., SDS. Pastor i. Lübeck-Kücknitz. (Aschersleben 20/9 82.) B: Ein liberaler Pastor, Sch. 12; Sonnengold, G. 15; Mein Sonntagsbuch 15; Der Tag des Deutschen, R. 15; Menschenfrühling, G. 23. H: D. glückhafft Schiff, Jahrb. Lüb. Dichter 18; Lübecker Dichterbuch 20; Das Anekdotenbuch von Peter Hebel zu Wilhelm Schäfer 23.

Zilchert, Robert, Religions⁂, Lic., Dr. theol. et phil., ev. Pfr., Kirchenrat, Prof. Prag, Gerbergasse 13. (Wien 18/12 67.) B: Goethe als Erzieher 21; u. a.

Zillmann, Friedrich, Dtsch. Sprach- u. Lit.♛, Dr. phil., Studienrat. Berlin-Weißensee, Berliner Allee 60. (ebda 27/8 92.) B: Theodor Fontane als Dichter 19; Helene Böhlau 19; H. v. Kleist als Mensch u. Künstler 20; Stoff- u. Formengeschichte d. Volksliedes „Es wollt ein Jäger jagen" 20.

Zillmann, Helene, ⁂, ○, ●, Essays, MitHrsgin. d. „Neuen Metaphys. Rundschau". Berlin-Lichterfelde-West, Ringstr. 47a. (Dresden 1/10 67.) ()

Zillmann, Paul, ⁂, Prof., Hrsg. der „Neuen Metaphys. Rundschau". Berlin-Lichterfelde-West, Ringstr. 47a I. (Dresden 19/11 72.) ()

Zils, Wilhelm, Kultur♛, ■, Red. u. Schriftst. München, Brüssler Str. 4 I. (O.-Lahnstein 20/7 87.) H: Geistiges u. künstl. München 13. B: König Ludwig III. i. Weltkrieg 17; Ludwig Knaus 17; Welt-

krieg, Revolution u. Aufbau i. Zahlen. **Mitarb:** Ztschr. f. christl. Kunst.

Zilsel, Edgar, ∴, ∩, Dr. phil., Gymn.-Lehrer. Wien XVIII, Währinger Str. 71. (ebda $^{11}|_{8}$ 91.)

Zimmer, Friedr., †, ■, ∴, Dr. theol. et phil., Prof. d. Theol. a. D. Berlin-Zehlendorf, Königstr. 19. (Gardelegen $^{22}|_{9}$ 55.)

Zimmer, Fritz Alfred, ASV., ♥, /, Essay, ■, deutsche Lit.♛. Zwickau i. S., Marienthaler Str. 3. (Schöneck i. Vgtl., $^{26}|_{11}$ 80.) **H** (m. K. A. Findeisen): Pestalozzileute, eine lyr. Monogr. 20; Der Liebesreigen, eine Anthologie (m. Hans Schönherr) 21; Der Himmel, eine Anthologie (m. E. W. Unger) 23.

Zimmer, Hans, Lit.♛, ■, Dr. phil., Verlagsleiter, Red. Niederlößnitz-Dresden, Schweizerstr. 3. (Dresden $^{1}|_{3}$ 70.)

Zimmer, Hugo Otto, Kommunal- u. Wirtsch.-Politik, Bildgswesen, Gemeindevorst. Besenhorst a. Elbe. (Elberfeld $^{8}|_{5}$ 82.) **H:** Niedersachsenbuch, Jahrb. 14. ()

Zimmerer, Heinrich, klass. Ψ u. ●, Dr. phil., ObStudR. München, Olgastr. 9. (Furth i. W. $^{12}|_{7}$ 60.) **V:** Mädchengymnasium, Lsp. 00; Abusina, Das Römerkastell Eining a. d. Donau, histor. Nov. 19; u. v. a.

Zimmermann, Ada, s. Cahn-Speyer.

Zimmermann, Adolf, VSK., VB., RP., Parlament, Reisen, Wirtschaftl., Kriegsberichterstatter. Berlin-Tempelhof, Hohenzollernkorso 1 III. (Breslau $^{22}|_{2}$ 67.)

Zimmermann, Felix, ♥, ♫, Musik, ∴, Dr. phil., Feuill.-Red. u. Theaterkritiker d. Dresdner Nachrichten. Dresden-A., Ostraallee 13 III. (Löbau i. S. $^{7}|_{3}$ 74.) **V:** Psychodramatische Dichtungen (m. a.) 93; Beethoven u. Klinger 06; Sprache als Wörtermusik 07; Klopstock u. wir 07; Volkslied u. Gassenhauer 07; Widerspiegelung d. Technik i. d. deutsch. Dichtg. 13; Gedenkbuch d. Lit. Vereins zu Dresden (m. Zschalig) 13; Neues Leben aus Klopstock 23; Sascha Schneider 24. **H:** v. Meerheimb, Nacht auf dem Parkett 97; Blätter des Alberttheaters 13.

Zimmermann, Franz Xaver, Lit., Gymn.-Prof. Klagenfurt, Pension Edelweiß. (Hopfgarten, Tirol $^{4}|_{8}$ 76.) **V:** Otto v. Leitgeb, Studie 11; Über die Görzer Landräte Savio 12; Görz 18. **H:** Leitgeb, Novellen 11; Neue Cop-Briefe 13; Otto E. Krick 15; Röm. Briefe d. Fürstin C. Sayn-Wittgenstein an Graf Coronini 16; Görzer Studien 18; Kärntnerland, Wochenschr. 19.

Zimmermann, Heinrich, Mitgl. d. Gewerkschaft Deutscher Geistesarbeiter. Berlin, Elßholzstr. 7. ($^{27}|_{9}$ 87.) **V:** In einer Frühlingsnacht (Marga) 18; Bund der Freunde 20; Masken 22.

Zimmermann, Joachim, DV., SDS., Drama, Dr. phil. Mittel-Schreiberhau i. R., Oberweg. ($^{10}|_{12}$ 75.) **V:** Ein Idealist, Tragikom. 11; Eigentlich eine reizende Frau, Kom. 12; Das Neue Leben, Sch. 14; Alte Märchen 20.

Zimmermann, Max Rudolf (Ps. M. Rudolf), Naturwissenschaften, Naturphotographie, Jagd, Erdkunde. Dresden A., Marienstr. 32 I. (Rochlitz, Sa. $^{8}|_{9}$ 78.) **V:** Sagen und Mären a. d. Tale d. Zwickauer Mulde 01; Die Naturphotographie 10; Tiere der Heimat 10; Das Ehe- und Familienleben unserer Vögel 11; Das Liebesleben der Vögel 22, 7.—12. A. 23. **Begr. u. H:** Mitteilungen des Vereins sächsischer Ornithologen; „Zoologica palaearctica". •

Zimmermann, Meta, jetzt: Leo, Frau Meta.

Zimmermann, Otto, ■, Jugendschr., Biographien, Seminarschullehrer. Hamburg 26, Hirtenstr. 12. (ebda $^{10}|_{6}$ 74.)

Zimmermann, Otto, (k.), ∴, †, SJ. Luzern, Kapuzinerweg 2. (Döttingen, Schweiz $^{24}|_{5}$ 73.) **V:** Ohne Grenzen und Enden 08; D. Gottesbedürfnis 10; Soll d. Religion national sein? 16; Warum Schuld und Schmerz? 18; D. immergleiche Gott 20; Vom Vielen zum Einen 21. **H:** M. Meschler, Ges. kleinere Schriften I—VII.

Zimmermann, Paul, ♥, (Ps. Zimmermann-Frohnau, Paul). Frohnau b. Berlin. (Marienburg, Westpr. $^{30}|_{5}$ 73.) **V:** Alte Lieder, G. 10, 2. A. 12; Lieb Vaterland, Sold.-Ldr. 14, 3. A. 16; Lieder eines Erwachten 20, 2. A. 21; sowie zahlr. Vortragsgedichte üb. Deutschlands Leid und Rhein und Ruhr.

Zimmermann. Paul v., †, ∴, D., Dr. phil., UP., Pfr., tit. a.o. UP. Wien I, Dorotheengasse 18. (Dresden $^{3}|_{9}$ 43.) **V:** Platos Lehre v. d. Unsterblichkeit d. Seele; Das Rätsel d. Lebens; Für stille Stunden; D. Vaterunser; Familien-Chronik; Tropfen ins Meer; Lieb u. Leid; Zufall, Schicksal, Fügung; Optimismus u. Pessimismus.

Zimmermann, Paul, ♛, Lit.♛, Dr. phil., GArchivR., Red. Wolfenbüttel, Stadtmarkt. (Vorsfelde $^{26}|_{2}$ 54.) **V:** Schachged. Heinr. v. Veringen 76; Ernst Th. Langer 83; Burg Dankwarderode in Braunschweig 85; Was bedeutet d. Ausdruck „Haus Braunschweig" in unserem Erbhuldigungseide? 2. A. 86; Braunschweig 1806—15; ein Schriftenverz. 90; Marie, Herzogin v. Braunschw.-Lüneb.-Oels, geb. Prinzessin v. Baden 93;

F. W. Zachariä in Braunschweig 99; Album d. Herzogl. Gymn. in Wolfenbüttel 03; Stammtafel d. Hauses Braunschweig 09; Haus Braunschw.-Grubenhagen 11. **H:** Schachged. Heinrichs v. Beringen 83; Thyms Ged. v. Thedel v. Wallmoden 87; Goethes Briefe an E. Th. Langer 22.

Zimmermann, Robert, Ind. Ψ u. ⁂, SJ., Prof. d. Sanskrit. Bombay, St. Xaviers College. (Döttingen, Schweiz $^{24}|_{10}$ 74.)

Zimmermann, Willi, DV., Drama. Charlottenburg, Sophie-Charlotten-Str. 36. (Berlin $^{20}|_{7}$ 78.) **B:** Voltaire in Rheinsberg, Lsp.; Die Macht in Jisrael, Sch. 18; Mary Stuart in Schottland, Sch.; Der Wunderweg des Rembrandt, Sch. 20; Die Amsivaren, Sch.

Zimmern, Heinr., semit. Ψ, spez. Assyriol., Dr. phil., o. UP., GHofR. Leipzig, Ritterstr. 16/22. (Graben i. Bd. $^{14}|_{7}$ 62.)

Zimmeter, Kunibert, Kunst♛, Kommerzialrat. Innsbruck, Saggenstr. 14 II. (Tramin $^{16}|_{12}$ 72.) **B:** Michel Angelo u. Franz Sebald Unterberger 02; Führer durch d. Hofkirche in Innsbruck 02; Jenbach u. Umgebg. 05; D. Kurort Igls 05; Gesch. d. Tiroler Glasmalerei- u. Mosaikanstalt in Innsbruck 11; Unser Tirol, ein Heimatschutzbuch 19; Tiroler Heimatkunst 23. **Red:** d. Mitteilgn. d. V. f. Heimatschutz.

Zincke, Paul, Lit.♛, Dr. phil., Gymn.-Prof. u. Priv.-Doz. a. d. Dtsch. Univ. Prag-Weinberge 1318, Jungmannstr. 99. (Schelten, Böhm. $^{4}|_{5}$ 79.) **B:** Fr. Hebbels philos. Jugendlyrik 08; Entstehungsgesch. v. Fr. Hebbels Maria Magdalena 10; G. Forsters Bildnis im Wandel d. Zeit. 21. **H:** G. Forsters Tagebücher (m. A. Leitzmann) 14; G. Forsters Briefe an Ch. F. Voß 14; G. Forster nach s. Originalbriefen: I. Grundriß zu e. hist.-krit. Ausg. sämtl. Briefe, II. F.'s Ehetragödie 15. ()

Zingler, Otto, ✠, Polizeioberinspektor. Frankfurt a. Main, Stegstr. 64. (Schönau a. Katzbach $^{27}|_{7}$ 86.) **B:** Am Wegrain des Lebens 23. *

Zinkernagel, Franz, Lit.♛, Dr. phil., o. UP. Basel-Riehen, Sieglinweg 12. (Hanau a. M. $^{20}|_{3}$ 78.) **B:** Die Grundlagen d. Hebbelschen Tragödie 04; Die Entwicklungsgesch. v. Hölderlins Hyperion 07; Goethe u. Hebbel, e. Antithese 11; Goethes Ur-Meister und der Typusgedanke 22. **H:** Herders Shakespeare-Aufsatz in dreifacher Gestalt 12; Hebbels Werke (Bibliogr. Instit.) 13; Hölderlins sämtl. Werke u. Briefe (krit.-hist. Ausg. d. Insel-Verlags) 14ff.

Zimm, Alexander, RP., DV., SDS., O. Hamburg, Marsa Louisenstr. 110. (Koburg $^{18}|_{3}$ 80.) **B:** Kreuzigg., Dr. 09; D. 3 Brüder v. Damaskus, Kom. 12; Gewitter, Kom. 14; Schlehmil, Kom. 19; D. Polarreise 20; Fegfeuer, Sch. 20; Wohlgemut, Dr. 21.

Zinnwalde, vom, s. Ehrhardt, Georg.

Zippert, Ludwig, DV., ✍, Dr., Arzt. Berlin W 50, Tauentzienstraße. 13a. (ebda $^{3}|_{11}$ 65.) **B:** Unlauterer Wettbewerb, Sch. 98; Schwester Vera, Sch. 04; Ein Lichtblick, Dr. 06; Die Halben, Tragikom. 09; Das Ateliergeheimnis, sat. Kom. 10; Capriccio mortale, Dramolett 10; Der schwarze Cavalier, O. (nach Heinr. Lilienfein) 12; Die Nachhilfe, Sch. 14.

Zlatnik, Frz. Jos., DÖSchG., ✠, Beamter. Wien XIV, Ullmannstr. 47 II, 17. (ebda $^{20}|_{11}$ 71.) **B:** Träume des Lebens, G. 96; Waldlieder (e. Cyklus vertonter Ged.) 02; Schattenblumen u. Sonnenstäubchen, G. 07; Sonnenhöhen u. Dämmertiefen, G. 08; Weihestunden, G. 10; Neue Lieder 12; Flut u. Ebbe, G. 13; Wetterschlag u. Sonnenblick, G. 15; Seelenklänge 17.

Zobel v. Zabeltitz, Max, Lit.♛, Dr. phil. Berlin W 30, Martin-Luther-Str. 93. (Nürnberg $^{27}|_{7}$ 91.) **B:** D. Problem d. Form im Schaffen Georg Büchners 15; G. Büchner, s. Leben u. s. Schaffen 15; D. deutsch. Geist u. d. Form 20.

Zobeltitz, Fedor v., BP., DV., RP., SDS., Rom., O, Bibliogr. Berlin W 15, Uhlandstr. 33; Spiegelberg b. Topper i. Neumark. (ebda $^{5}|_{10}$ 57.) **B** (seit 00): Besser Herr als Knecht, R. 00, 32. A. 13; D. Herr Intendant, R. 00, 120. A. 13; D. papierene Macht, R. 01; Die Freibeuter, R. 02, 2. A.; Albine, R. 02; Der Backfischkasten 02; Berlin und die Mark Brandenburg 02; Kreuzwendedich, R., 4. A. 03; Dem Wahren, Schönen, Edlen, R. 04, 4. A. 11; Die eiserne Krone, Dr. 04; Die arme Prinzessin, R. 05, 5. A.; Eine Welle von drüben, R. 05, 6. A. 13; Höhenluft, R. 06, 3. A.; D. Gasthaus z. Ehe, R. 07, wohlfeile Ausg., 210. A. 13; D. brennende Frage, Lsp. (m. Frz. v. Schönthan) 07; Tröst-Einsamkeit, R. 08, 6. A. 11; D. Lied v. Meth, Dr. 08; Eva, wo bist du? R. 08, 8. A. 11; D. Kolonialskandal, Lsp. (m. W. v. Metzsch) 08; Friedel halbsüß, R. 09, 10. A. 14; D. nette Mädel, R. 09, 12. A. 14; Meerkatz, R. 10, 6. A. 12; D. Spur des Ersten, R. 11, 56. A. 16; Drei Mädchen am Spinnrad 12, 11. A. 13; Will u. Wiebke, Lsp. 13; D. Hetzjagd, R., 1. bis 12. A. 13; D. Glücksfalle, R., 1.—63. A. 13; Das Geschlecht der Schelme, R., 1.—102. A. 14; Die deutsche Marke, Lsp. 14; Kriegsfahrten e. Johanniters 15;

Heinz Stirlings Abenteuer als Kriegsfreiwilliger, Jugdschr. 15 III; „Cap Trafalgar" 15; Das vorschnell vermählte Ehepaar, R. 15, 203. A. 16; Das Unrecht, Lsp. 16; Der Klapperstorchverband, R. 16, 103. A. 21; Der Herd i. d. Fremde, R. 17, 36. A.; Eine junge Dame von Welt, R. 17, 48. A.; Steppke, Jugendschr. 17; Die Junker, R. 18, 67. A.; Die Romantik zu Pferde u. a. Geschichten 19; Der Seelenvogel, R. 19; Die v. Schobitz, R. 20, 23. A.; Die Unverantwortlichen, R. 20, 17. A.; Das Expreßkind, R. 21, 94. A.; Die Entthronten, R. 22, 12. A.; Das Spiel mit dem Abenteuer, Jugendschr. 23. **Begr** u. **H**: Zeitschr. f. Bücherfreunde 97 bis $^{1}|_{4}$ 09. **H**: Neudrucke literarischer Seltenheiten 08ff.; Briefe deutscher Frauen 09.

Zockchen, s. Franck, Ernst.

Zoder, Paul, DV., PA., O, Maschinist. Altona a. Elbe, Große Prinzenstr. 35. (Köthen $^{28}|_{7}$ 72.) **W**: Der Lumpenpastor, Sch. 09; Die Last, Dr. 13: Ledige Mütter, Vst. 16; Die Heimatscholle, Sch.; Der andere Weg, Sch.; Hanne Himmelblau u. a. Nov.; Die Amme d. kl. Durchlaucht; Dat fofte Rad, Dr.; De Scheiter, Sch. u. a.

Zoff, Otto, SDS., ♣, Erz., O, Dr. phil., München, Siegesstr. 18. (Prag $^{9}/_{4}$ 90.) **W**: D. Haus am Wege, R. 13; Alte deutsche Marienlieder 13; Kerker u. Erlösung, Dr. 17; Der Winterrock, R. 18; Der Schneesturm, Dr. 19; Ged. 21; Die Freier (nach Eichendorff), Lsp. 23; Das Leben des Rubens, 3. A. 23. **Ue**: Französ. Liebesbriefe (m. Mimi Zoff) 14.

Zoege von Manteuffel, Kurt, Kunst♛, Dr. phil., Kustos am staatl. Kupferstichkabinett. Dresden-A. 26, Leitmeritzer Str. 3 II. (Reval $^{20}|_{8}$ 81.) **W**: D. Gemälde und Zeichnungen des Antonio Pisano 09; Leonardo da Vinci 20; Hans Holbein der Maler 20; Hans Holbein der Zeichner 20; Der deutsche Holzschnitt 21; Das flämische Sittenbild des 17. Jahrh. 21; Der deutsche Kupferstich von seinen Anfängen bis zum Ende des 16. Jahrh. 22. *

Zoege von Manteuffel, Baron Peter, ♣, Ballade, cand. phil. Reval. (z. Z. Stuttgart). **W**: Von Stürmen u. Sonnentagen; Briefe an den Frühling; Balladen; D. Zauberwald. *

Zois, Michelangelo, Baron, Sportroman, Novelle und wissenschaftliche Numismatik, Landesregierungsrat i. P. Klagenfurt, Sterneckstr. 15. (Veldes, Oberkrain $^{18}|_{8}$ 74.) **W**: Der Vollmensch, R. 00; Das Training des Rennfahrers auf Rennbahn und Landstraße, 2. A., R.; Mit 120 PS. 16; Der Sieger 16; Des Freiherren von Münchhausen neueste Friedens- und Kriegsabenteuer, 2. A. 17; Der schwarze Chauffeur, F. 17; Novitas vincit, F. 18; Im Artersberg 22; Der Fremdenführer, F. 24. *

Zoller, Bruno, s. Stehle, Bruno.

Zoller, Konrad, Kooperator in Wetzelsberg bei Stallwang, Niederbayern. ($^{9}|_{11}$ 86.) **W**: Das Talschloß, R. 22; Seelen und Geister, Volkssagen a. d. Oberpfalz 23. *

Zoeller, Ludwig, PA., ♣, O, ♣, ⊞, RA. Zweibrücken, Herzogstr. 11. (Landau $^{20}|_{2}$ 68.) **W**: Frau Minne, Bild aus Kreuznachs Vergangenheit 92, 2. A. 93; Djuna u. neue Ged. 97; Ebbe u. Flut, soz. Dr. 02; Grundzüge e. neuen Glaubens-, Seelen- u. Lebenslehre 07; Kriegs- u. Friedenserinnergn. e. Pfälzers 18.

Zollikofer, Fred von (von Zollikofer-Altenklingen), ♣. Hamburg. ($^{4}|_{1}$ 98.) **W**: Die frühen Tage 21. *

Zollinger, Albin, SES., Lehrer. Rüti, Kant. Zürich. (Zürich $^{24}|_{1}$ 95.) **W**: Die Gärten des Königs 21; Die verlorene Krone 22.

Zollinger, Max, Lit.♛, Dr. phil., Gymn.-Prof. Zürich 7, Unionstr. 5. (ebda $^{12}|_{11}$ 86.) **H**: Ged. von A. v. Haller 19; Gottfr. Kellers Werke (Gold. Klass.) 21.

Zoozmann, Frau Augusta, geb. Spielmann (Ps. Gusti v. Dufay-Zoozmann). Tabarz i. Thür., Villa Zoozmann. (Peterswaldau i. Schl. $^{1}|_{10}$ 68.) **H**: Es lebe die Liebe! Deutsche Liebeslieder aus allen Jahrhunderten 14; Goldene Worte 15; Anthologien u. Übersetzgn.

Zoozmann, Richard, SDE., ♣, Epik, Nov., O, Red. Tabarz i. Thür., Villa Zoozmann. (Berlin $^{13}|_{3}$ 63.) **W**: Minneborn, G.; Lieder, Romanz. u. Balladen; Neue Dichtgn.; Aus Herz u. Welt, G.; In Klios und Eratos Banden, G.; D. Salier, hist. Tr.; Seltsame Geschichten; Episoden, moderne Dichtgn.; Aus allen Zonen, ep. G.; Ged. in Ausw.; Neue Schrift; Gesammelte Gedichte; Zwischen Himmel und Erde, Bühnendichtung in 2 Teilen; Ums Recht, Tr.; Narrenchronik, G., 12. A. 23; Don Juan, dr. G. 03; Dantes letzte Tage 09; Zitatenschatz d. Weltliteratur 10, 3. A. 15, 60. T. 21; Allerlei fürs Kinderherz, G. 12/13, 30. T. 21; Das ist der Krieg der Kriege, Kriegs-G. 14; sowie zahlr. Anthologien u. Übersetzgn., darunter von Dante u. Calderon; Verschied. Lyrik-, Epik- u. Nov.-Bücher, Sammelwerke usw., Balladen, 7. A. 21; Musenkinder, 70. T. 21. **Ue**: Calderon, Dickens, Cooper; Dantes sämtl. poet. Werke.

Zoepf, Ludw., Mittelalterl. Kultur♛,

Märchenerzählg., Dr. phil. Worms, Martinsstift. (Tegernsee $^{8}|_{8}$ 80.) **B**: Von Sonnenschein u. Liebe, M.-Erz. 10, 2. A; 12; Es muß e. Himmel sein, desgl. 11. Sehnsucht u. Erfüllung, desgl. 12; Kieselsteine, M. 14, 3. A. 19; Deutsche Gottsucher 51; Das Ziel 16; Das Frühlingsmärchen, M. 17; Schuld oder Schicksal? 21. ()

Zorlig, Kurt, DV., **Komponist.** Berlin, Ansbacher Str. 6. ($^{27}|_{1}$, 93.) **B**: 3 tolle Tage (m. H. Sturm) 18; Talisman (m. A. Brieger) 19; Hoheit der Dieb (m. O. Engel) 20; American Girl (m. Dr. Blumenthal) 21: Operetten.

Zschalig, Heinr., DV., O, ■, /, poet. Übertragungen, Dr. phil., Prof. Dresden-A., Sedanstraße 3. (Geringswalde-Aitzendorf $^{20}|_{1}$ 48.) **B** (seit 00): Bilder und Klänge aus der Rochlitzer Pflege, Gedichte, Volksreime u. a. 03; Festspieldichtungen 06; Festgrüße zur 25jähr. Feier d. A. D. Sprachvereins, Dchtgn. 10; Fröhliche Weihnachten, Dr. 11; Gedenkbuch d. Literar. Vereins zu Dresden (m. Fel. Zimmermann) 13; Kriegsdichtungen 14—16; Burg Tharandt, Sagendichtungen 17; Spießgesellen, Lsp. 21. **Ue**: Drachmann, Meerbilder 91; Es war einmal, Märchensp. 94; Schneefried, Melodr. 94; Tausend u. e. Nacht, Dr. 95; Die Leute v. Strandoog, Sch. 97; Drei Einakter: Zu spät, D. goldene Karosse, Bürgerin Darcy, a. d. Frz. u. Dän. 02; Alvilde Prydz, Das gelobte Land, R. 06; Die grüne Hoffnung, Sch. 14.

Zscharnack, Leopold, Kirchen♛, D., Prof., UDoz. Berlin-Steglitz, Kurfürstenstr. 5. (Berlin $^{22}|_{8}$ 77.)

Zschorlich, Paul, /, Musikkritik, Chefred. Berlin-Schöneberg, Königsweg 12. (Frankfurt a. M. $^{3}|_{4}$ 76.) **B**: Mozartheuchelei 06; Europ. Literaturgesch. d. 19. Jahrh. 07; Europ. Musikgesch. d. 19. Jahrh. 12.

Zucco, Marianne Freiin v., Contessa di Cucagna (Ps. Faëdis), DÖSchG., ■, Skizzen. Görz, Italien. (Wien.) **B**: Vita sensitiva, G. 05; Die da untergehen, Skn. 10.

Zuchhold, Hans Ernst, ■, Nov., Dr. phil., Prof., StudR. Liegnitz, Albrechtstr. 10. (Tzschecheln i. L. $^{14}|_{8}$ 76.) **B**: Frau Sehnsucht, G. 00; Des Nikolaus von Landau Sermone als Quelle f. d. Predigt Meister Eckhardts 05; Vor den Toren d. seligen Gärten, G. 06; Aus der Hölle empor, Erlebnisse eines a. russ. Kriegsgefangenschaft Ausgetauschten 17; Drei Kränze, G. 18.

Zucker, Paul, Architekturästhetik, Kunst♛, Dr.-Ing. Charlottenburg, Carmerstr. 6. (ebda $^{14}/_{8}$ 89.)

Zugthal, Sepp von, s. Steiner-Wischenbart, Josef.

Zunk, Frau Johanna, geb. **Franz,** Nov., Sozial■. Berlin-Friedenau, Knausstr. 10. (Berlin $^{14}|_{8}$ 66.) **B**: Wenn Liebe irrt; Thea; Käthe Brink 11.

Zunk, Paul, VP., Red. a. d. Voss. Ztg. Berlin-Friedenau, Knausstraße 10. (Berlin $^{8}|_{7}$ 58.) **B**: Berliner ABC 03; Blonka 11.

Zürcher, Frau Johanna, geb. Siebel (Johanna Siebel), Rom., Erz., Gedichte, Staatsanw.-Gattin. Zürich, Gloriastr. 59. (Gummersbach, Rhld. $^{29}|_{4}$ 74.) **B**: Parabeln u. Gedichte 06; Die Odendahls, R. 10; Mutter u. Kind, G. u. Parab. 13; D. Leben v. Frau Dr. Marie Heim-Vögtlin, d. 1. Schweizer Ärztin 20, 2. A.; Des Lebens Lehrling, R. 23.

Zurhellen-Pfleiderer, Frau Else, ■. Frankfurt a. M., Güntersburgallee 35. (Berlin $^{3}|_{3}$ 77.) **B**: Wie erzählen wir den Kindern die biblischen Geschichten? (mit O. Zurhellen) 06, 5. A. 20; Die Religion der Patriarchengeschichten 08; Lebensziele (mit ✝ O. Zurhellen u. G. Traub) 09; Der Kaiserpat, Erz. 12; Der Krieg u. unsre Kinder 15; Biblische Geschichten u. Persönlichkeiten in ihr. histor. Rahmen 16; Jesus, R. 22. **H**: ✝ O. Zurhellen: Kriegspredigten 14, 2. A. 15, Helden u. Heilige d. Protestantismus 15. **Ue**: Augustins Bekenntnisse 02, 3. A. 20.

Züricher, Fritz, s. Müller, Fritz.

Zurlinden, P. Odilo, (k.), OSB., Prof. Disentis, Schweiz. (Düdingen $^{23}|_{8}$ 88.) **B**: Im Morgenrot, Knabengesch. 14; Wie der Herr so gut gewesen, Erz. 20; Blumen Gottes, Erz. 20; Sankta Maria, Leg. 21.

Zurlinden, Samuel, ♛, Sekr. d. Schweiz. Ver. f. d. Völkerbund. Zürich 8, Seefeldstr. 81. ($^{30}|_{3}$ 61.)

Zürn, Ralph (Ps. Rolf Berndt), VSK., ■, ■, Politik, Nov., Kritik, /. Berlin-Grunewald, Dunckerstr. 2. (Zschöllau i. S $^{21}|_{8}$ 74.) **B**: Fürstin Ljuba Woroschoneff u. a. Gesch. 20. **H**: der Zettkakorrespondenzen u. d. Zettkahefte.

Zur Westen, Walter von, graphische Kunst, Senatspräs. Berlin SW 11, Hallesches Ufer 19. (ebda $^{11}|_{12}$ 71.) **B**: Ex libris 01, 2. A. 10; Reklamekunst 03, 2. A. 14; Berlins graph. Gelegenheitskunst 12 II; Vom Kunstgewand d. Höflichkeit 21; Künstlerische Musiktitel aus vier Jahrhunderten 21. **H**: Exlibris, Buchkunst u. angewandte Graphik, Zeitschr.

Zuschneid, Hugo, AV., Komponist v. Lied. u. Singsp., Hrsg. „Echter deutscher Humor“ u. d. „Freiburger Taschenliederbuches“, Verleger d. „Offenburger Ztg.“

in Offenburg i. Bad. (Ober-Glogau in Ob.-Schles. $^{7}|_{8}$ 61.)

Zwehl, Hans Fritz v., DV., ⊙, Dr. jur., RA. Berlin-Dahlem, Ehrenbergstr. 13. (Berlin $^{7}|_{9}$ 83.) W: König Baidurs Liebe, M.-E. 01; Hortense, Sch. 06; D. schöne Mirjam, Kom. 07; D. Trödelvertrag nach Gem. u. Deutsch. Bürgerl. Recht 08; Opal, Sch. 11, 2. A. 16; Persephone, Sch. 12; Charybdis, Sch. 14; Godiva, Sch. 18; Joh. v. Werth, Sch. 21; Nach Trojas Fall, Sch. 23.

Zweig, Arnold, SDS., ⊙, Erz., Essay, Starnberg, Ob.-Bay. (Glogau, N.-Schl. $^{10}|_{11}$ 87.) W: Familie Klopfer 11 (5.—7. A. 23 in Zweites Geschichtenbuch: Söhne 23); Novellen um Claudia, R. 12, 64.—73. A. 22; Abigail u. Nabal, Dr. 12, 2.—4. A. 21; Ritualmord in Ungarn, Dr. 15, 18. A. als „Die Sendung Semaels" 20; Geschichtenbuch 16, 8. A. 20; Das ostjüdische Antlitz, Essay 20; Gerufene Schatten, Erz. 23; Zweites Geschichtenbuch: Söhne, Erz. 23; Angriff der Gegenstände, Essays 23; Kleist und Büchner, Essays 23; Hin zu Dir, G. 23. H: v. Kleist, Sämtl. Werke; Georg Büchners poetische Werke 23.

Zweig, Frau Friderike Maria (Ps. Friderike Maria Winternitz), Rom., Gattin Stefan Zweigs. Salzburg, Kapuzinerberg 5. (Wien $^{4}|_{12}$ 82.) W: Der Ruf der Heimat, R. 14; Vögelchen, R. 19. Ue: Magdeleine Marx: Weib, R. 20; René Arcos: Das Gemeinsame, Nn. 21; Verhaeren: Fünf Erzählungen 21; ders.: Der seltsame Handwerker 23.

Zweig, Stefan, ✱, Kritik, Dr. phil. Salzburg, Kapuzinerberg 5. (Wien $^{28}|_{11}$ 81.) W: Silberne Saiten, G. 01; Die Liebe der Erika Ewald, Nn. 04; Verlaine, Monogr. 05; Die frühen Kränze, G. 07; Tersites, Dr. 07; Emile Verhaeren, Monogr. 10; Erstes Erlebnis, Nn. 11; D. Haus am Meer, Sch. 11; D. verwandelte Komödiant, Kom. 13; Jeremias, Tr. 18; Drei Meister, Essays 19; Romain Rolland, Monogr. 20; Fahrten, Essays 20; „Amok", N. 23; D. gesammelten Ged. 24. H: Marceline Desbordes-Valmore, Ein Lebensbild 21; Sainte-Beuve: Literarische Charakterbilder 23. Ue: Charles Baudelaire, Ged. in Vers u. Prosa (m. Camill Hoffmann) 02; Emile Verhaeren: Ausgew. Ged. 06, Drei Dramen 10.

Zwenger, Hans, ⚔, Nov., Humor., /, VV., VSK., Oberst a. D. Charlottenburg, Marchstr. 12. (Koblenz $^{6}|_{6}$ 59.)

Zwerger, K(arl) Dankwart, ASV., ✱, /, Schulleiter, Leiter des Heim ins Reich-Dienstes. Bruck a. d. Mur, Arndorf, Steiermark. (Taufkirchen a. d. Trattnach $^{11}|_{12}$ 89.) W: Deutsch-Österreich, wach auf! 09, 6. A. 10; Heidehalme 11; Sonne u. Segen 11; Du heilige Sehnsucht 16.

Zwetz, Rudolf, Jugendschr., satir. Märchen, Dr. phil., StuR. Berlin SO 36, Heidelberger Straße 80. (Jena $^{12}|_{10}$ 91.) W: Der Traum vom Himmelreich, Schw. 16; Der Glücksucher, Legende 19; Krieg den Philistern!, 2 Erz. 20; Robert von Lauenstein, Erz. 20, 2. A.; Die Wallbürger, 2 Erz. 21; Der Raubzug ins Wolfsmoor, Erz. 22.

Zwickl, Dr., s. Winkler, Johs.

Zwicky, Frl. Nelly (Ps. N. Bergmann), Erz. Mollis, Kt. Glarus, Schweiz. (Obstalden $^{27}|_{7}$ 73.) W: Die Wacht a. d. Reichsgrenze 96; Das Erwachen 02; Einsame Häuser 18; Gesammelte Skizzen 21; Die rote Wand 23.

Zwierzina, Konr., deutsche Ψ, Dr. phil., o. UP. Graz, Parkstr. 7. (Wien $^{29}|_{3}$ 64.) W: Reimgebrauch Hartmanns u. Wolframs 98; Mittelhochdeutsche Stud. 00. H: (mit C. v. Kraus) Krit. Ausgaben altd. Texte 07 ff. IV.

Übersicht nach Orten.

* = Schriftstellerin.

Aachen: Arens, Besser, Brüggemann, Faymonville, Fritz, Hermanns, Jancke, Lauchert, Mennicken, Savelsberg, Schettler, Schmid, *Schmitz, Schotte, Schweitzer, Semper, Sickel.

Aalen i. Württ.: Reinöhl.

Aarau in der Schweiz: Fischer, Fleiner.

Abensberg: Schwarz.

Achberg b. Lindau: Ziegler.

Achim: *Ahues.

Adelinenhof: Jacques.

Agnetendorf: Hauptmann.

Agnuzzo-Lugano: Ball, *Hennings.

Ahlen i. Westf.: Schulte.

Albersweiler i. d. Rheinpf.: Culmann.

Alexandrien: Jacot Des Combes.

Allendorf: Johannes.

Allenstein i. Ostpr.: Eichler, Gerlach, Klein.

Altaussee i. Steierm.: *Karlweis (Streß-Karlweis), Wassermann.

Altenburg i. S.-A.: Eckardt, *Glaß, Tauscher.

Altneudorf: Schumann.

Altona a. d. E.: Ehlers, *Frahm, Kinau, Krauß, Krieger, Kroth, *Langfurth, Nissen, Piper, Schnackenberg, Schwindrazheim, Zoder. **Bahrenfeld:** Obst, Stapel. **Othmarschen:** Niclassen. **Ottensen:** *Niese.

Ambach a. Starnberg. See: Bonsels.

Ammerland a. Starnberg. See: Märker, Graf Pocci.

Amsterdam: Mengelberg, With.

Andernach a. Rh.: Antz.

Schloß Anger b. Klausen i. Südtirol: Wallpach zu Schwanenfeld.

Anklam i. Pomm.: Bruinier, *Düsterbrock, Eichhoff.

Ansbach: Probst.

Antonienhöhe b. Franzensbad: John.

Arendsee: Schaeffer.

Arlesheim b. Basel: Bernouilli, Heusler.

Arnsberg i. W.: *Gottschall.

Arnstadt-Arnshall: Vogelsberg.

Artern i. Thür.: Engelhardt.

Aschaffenburg: Becker, Brech, *Brochowska, Hartmann, Matthes, Schleußner.

Aschersleben: Wittmann.

Ascholding i. Oberbay.: Serau.

Haus Asel, Post Herzhausen, Bez. Kassel: Reinwald.

Assisi: Joergensen.

Aue i. Erzg.: Sieber.

Auerbach: Werle.

Aufhausen i. Oberbay.: Bumüller.

Augsburg: Brunner, Burk, Dickel, Rebele, Schmidbauer, Uebelacker, Windeck.

Bad Aussee: Selle.

Aussig i. Böhmen: Kreibich, Weyde.

Axien (Kr. Torgau): Meder.

Baara (Reg.-B. Breslau): v. Tempsky.

Backnang i. Württ.: Rienhardt.

Baden i. Niederöst.: v. Ehrhart.

Baden b. Wien: Anton, Band, Müller, Nabl, Schuldes.

Baden-Baden: Adelsberger, Beuttenmüller, *Forbes-Mosse, Hesselbacher, *Kißling, Lenz, Ludwig, Schultze-Münchow, *Stern, Stilgebauer.

Badenweiler i. B.: *Besold, *Collitz.

Baltimore: Collitz, Haupt, Mencken.

Bamberg: Ament, Dörfler, Scherer, Weber.

Barlt i. Holst.: Frenssen.

Barmen: Kaps, Leithaeuser, Ommerborn, Stursberg.

Barmen-R.: Fahrenkrog.

Bartenstein i. Ostpr.: Steffens.

Barth i. Pomm.: Gülzow.

Basel: Herm. Bächtold, Hanns Bächtold, Baur, *Betz-Stoecklin, Binz, *Braun, Coulin, Duffy, Flubacher, *Frohnmeyer, Fueter, Ganz, *Geering, Hoffmann-Krayer, Joël, Jost, Keller, Liebrich, Lohmeyer, Merian, Nef, Niedermann, Oettinger-Burckhardt, Pfuhl, Rintelen, Schmid, Siegfried, Stickelberger, *Thommen, Vollmöller, Wackernagel. **Riehen:** Aretz, Zinkernagel.

Bautzen i. Sa.: Arras, Willige, Zeibig.

Bayreuth: Chamberlain, Lochmüller, Wagner, v. Wolzogen.

Bayrisch-Gmain b. Reichenhall: Haringer, Lux.

Bayrisch-Zell i. Oberbay.: *Schönborn.

Beckenried: *Kaiser.

Benrath a. Rh.: v. Ernsthausen.

Bensberg b. Köln: Malzkorn.

Berge b. Kassel: Dittmer.

Bergedorf-Sande i. Holst.: Brüdt.

Bergedorf b. Hambg.: Burg, Kellinghusen.

Bergisch-Gladbach: Schwann.

Bad Berka: Scheffer.

Berlin: Abeling, Alfred, Allesch, Alsberg, *Alsen, Angel, *Apel, Apel, *Ar-

nim-Fredenwalde, Aronstein, Aschner, Auburtin, Auer. — Bab, Baeck, Loth. Band, Vikt. Band, Bauke, *Bäumer, Bäumer, Baumgarten, Becker, *Beckmann, Behl, Behrens, *Beinert-Oberreich, Bender, Benn, Beradt, A. Berg, R. Berg, Berger, *v. Berlin, Bernard, Bernauer, Bernhard, Beyer, Bittlinger, *Blanvalet, Blaese, Blaß, Bley, Bliß, Ludw. Bloch, Blumenthal, *Blüthgen, Böckler, E. Bock, K. Bock, H. Böhm, W. Böhm, *Böhme, Böhme, *Böhmer, Boebn, Bolte, Borchardt, *Borchart, Bornhak, Bornstein, Bothmer, Böttcher, Böttger, *Brandis, Brandl, H. Brandt, O. L. Brandt, Brann, Braun, Buchholtz, Buchow, *Bud, Bünger, *Bunsen, Eug. Burg, J. Burg, Burkhardt. — Cabanis, Calwer, Caro, Cechini, Chop, Claß, Clobes, Corinth, Corrinth, Cronbach, Cuno, *Cusig. — Damaschke, David, D'ell Fiore, Dencker, Dessoir, Dettbarn, *Deutsch, v. Dickinson-Wildberg, *Dieckmann, Dietzenschmidt, Diez, Dix, Döblin, Doeblin, Domet, Döring, Dresler, Dreßler, G. Droescher, O. Droescher, Dukmeyer, Dülberg. — Einstein, Elias-Ellinger, H. M. Elster, Emmel, F. Engel, G. Engel, O. Engel, Ertel, Espenhahn, Evers, Everth, Ewers. — Fabian, Fahrenhorst, Faktor, Falk, v. Falke, *Fauth, Feldmann, Feist, Filchner, Fischel, C. M. Fischer, E. W. Fischer, Fittbogen, *Flachs, Flake, Fleischer, Fließ, Förster, Franck, Fred, Frehsee, *Frey, E. M. Frey, H. Frey, Freyhan, Friedeberger, Friedegg, Friedemann, Friedländer, Friedlaender, Friedmann-Brook, Friedmann-Frederich, Friedrich, Frosch, *Frobenius. — v. Gagern, Gall, Gayda, Gellrich, Gensichen, R. George, St. George, *A. Gerhard, *M. Gerhard, v. Gerlach, Geucke, v. Glasenapp, Glaß, v. Gleichen-Rußwurm, Gleye, Goldmann, H. Goldschmidt, K. W. Goldschmidt, V. Goldschmidt, Gopčević, Görlich, Gräner, Granzow, v. Gottberg, *Goetz, Grabowsky, *Grautoff, Grautoff, Gregori, Grève, Großmann, Grothe (-Mahé), Grube, *Grunwald, Grünwedel, *Gubalke, Gumpel, Gurk, Gutberlet. — Haack, Haake, Habermann, Hach, Hahn, Halm, Haller, Hallupp, Hamecher, *Hamel, Hansen, *v. Hartmann, Hasselberg, *Hauschner, Heck, Hecht, Heilborn, Heinatsch, *Heine, Heine, Heller, Hercher, *Herrmann, Herrmann, Herzog, Hessel, Heynen, Hildebrand, Hildenbrandt, Hillger, Hinneberg, A. Hirsch, J. Hirsch, F. Hirschfeld, Magn. Hirschfeld, Max Hirschfeld, *Hoechstetter, Höcker, *Hoffmann, A. Hoffmann, C. Hoffmann, Hoffmann, Holitscher, v. Hollander, Holländer, Hollaender, Holz, Holzbock, Hotzel, Hoetzsch, Hübsch, Hunold, Hurwicz. — Jäckh, Jacob, *Jaffé, Jaeger, Jahnke, Janke, Jaensch, v. Joachim, Jöhlinger, Jordan, Joseph, *Joest-Krüger, Juhre, *Julien, *Jünemann, Junk, Isolani. — Kadelburg, Kahane, *Kalisch, *Kalischer, *Kalkowska, Kaselofsky, Kastan, Kaufmann, Kayßler, Kehr, Kellermann, Kietz, Kinzel, Kircheisen, Kirstein, *Kispert, Kisch, Klaar, Klabund, Klatte, Kleefeld, Klein-Diepold, Kliche, Knopf, Koehler, *Köchling, Köhrer, *Kolbe, Köpp, Koeppen, *Körber, Kraemer, Krause-Görner, Kreindler, Kretzschmar, Kreusch, Krocker, Krome, Kronenberg, Krügel, Kruse, Kügler, Kühn-Foelix, Kuhnigk, Kuntze, Kupffer, Kurth, Kyser. — B. Lachmann, J. Lachmann, Langenscheidt, Lamm, *El. Landau, J. Landau, *L. Landau, Landsberger, *Lange, Langer, Laserstein, *Lasker-Schüler, Latz, Lehmann-Rußbüldt, Lehnert, Leichtentritt, Leuschner, Levin, Levy, Lewin, *Lichnowsky, Liebermann, Liebert, Linde-Walther, Loeb, Löffler, Lokesch, Löschhorn, Loewe, Loewenthal-Landegg, Lüders, Ludwig, Luther. — Mahlke, Mahnke, Mahrholz, Mancke, Manheimer, Mannes, Manz, *Marasse, Marcks, Marcus, Marcuse, *Mares, Marr, Martin, Matthes, Mayer, Mehring, Meidner, Meißner, Merbach, Merleker, Merzbach, Meurer, Méville, H. Meyer, U. Meyer, Meyerfeld, *A. Michaelson, *H. Michaelson, *M. Michaelson, Mittwoch, Moede, Moll, Moraht, *Moersberger, Moser, Moses, Mosse, Moest, Moszkowski, *Moths, Müffelmann, Mühsam, Fed. Müller, Friedr. Müller, H. v. Müller, Müsebeck, Mysing. — Nacht, Nadel, v. Naso, *v. Nathusius, Naumann, Neidhart, *Neidhardt von Gneisenau, Neunert, Nithack-Stahn, Noack, Nordhausen, Nossig, Nowak. — Odrowonsch-Wysocki, Oehlke (z. Z. Peking), Oliven, Osborn, Oestéren, Osterrieth, *Otten, Ottmann. — Paasch, Paul, Penck, Penzig, *Perl, Graf Pestalozza, Petersdorff, Pfannenstiel, Philipp, Picht, Pinner, Plath, *Plothow, Pniower, Polenske, Pollaczek, Pöttke, Preczang, Presber, Pretzel, Preuner, Preuß. — Raché, Radlauer, Rath, Rauscher, Regensburger, Rehbinder, *Reiche, Reiche, Reimann, Reimer, Remling, Renner, *Rexilius, Resz, *Reuter, *Richter, Rippler, Rittelmeyer, Roehl (z. Zt. Frankfurt a. d. O.), Rohr, F. Rosen, H. Rosen, Rosenhagen, Rosner, *Rothbarth, Rothbarth, Rubiner, Rump, Runze. — Sachau, Salinger, *Salomon, Salter, Samter, Schade, Scharwenker, Scheff, Schellhas, H. Schilling, O. v. Schilling, Schillmann, Schlack, Schleich, Schepp,

*Schlesinger, Schlieben, Schliepmann, *Schirmacher, Schmalstich, F. J. Schmidt, Fr. W. Schmidt, L. Schmidt, P. Schmidt, Schmitt, *Schneider, Schneider, Schnütgen, *Schoebel, Schönlank, Schotte, *Schottmüller, Schreiber, Schuchhardt, *Schulhoff-Hilzeimer, Schultz, Schultze, Schulze, Schwab, Schwantje, K. Schwarz, P. Schwarz, W. Schwarz, Schweriner, Schwinge, *Seidel, H. W. Seidel, P. Seidel, Seiffert, v. Selchow, *v. Sell, Sherwood, Siber, Siecke, *Siegroth, *Siehr, Siking, Silbergleit, Silbermann, Singer, Spanier, Spiero, *Spierrd, Spiro, Stadler, Stählin, Standke, Steiger, *Stein, Stein, *Stein-Landesmann, P. N. Steiner, R. Steiner, Steiner-Osten, *Stieglitz, Stiewe, Stöber, Stoeckel, Stolzenberg, Storch, *Storm, Stössinger, Strecker, Streliskr, Stresemann, Stroh, Stromberg, Stucken, Stuhlfauth, Stumpf, Stünkel, *v. Suttner. — Tau, Tannenbaum, Taube, *Telschow, *Tempeltey, Teutenberg, Tews, *Thulke, Thurnwald, Tomicich, Treitel, Trendelenburg, Trietsch, Tummeley, Turel, Twardowski. — Uhde, Ullstein, Ungar, *Uxkull. — *Vely, Vierath, Violet, *Vockeradt, Vollert. — Wagener, Walden, Waetzoldt, Weber, *Wegner, Weichert, Weigel, *Weinberg, Weinberg, Weinitz, Weisbach, Weisfert, E. R. Weiß, E. Weiß, K. Weiß, Weitz, Weltmann, v. Wentzel, Wiemer, Wiener-Braunsberg, Wiese, Wilde, Willhain, *Witte, Witting, Wittsack, Wolbe, *Wolf, G. Wolff, H. Wolff, *Wolff, L. Wolff, M. J. Wolff, Th. Wolff, Wollschlaeger, Worm. — Zeitlin, Zenz, Zickler, Zimmermann, Zippert, Zobel v. Zabeltitz, Zorlig, v. Zur Westen, Zwetz. **Blankenburg:** Kroll. **Charlottenburg:** *Abels, *Aeckerle, Altrock, Angérmayer, Apel. — Barnewitz, Bars, Becker, Behne, Behrend, Bernfeld, Bernstein, Bie, Blau, Blüher, Bode, Bohs, Brieger, Brinkmann, *Bronn, Buchenau, Bulcke, *Busch. — Charol, *Courths, *Czygan. — *David, David, *Diers. — Edel, Elaesser, *Elzer, Ernest. — Falkenfeld, Feiner, Fellinger, *Fischer-Cwojdzinska, *v. Förster, Frank, Friedemann, Friedlaender, Frömmel, *Frost, Frowein. — Gärtner, Gast, Giese, Goldschmidt, Gordon, Götz, Gramzow, Greiner, Groos, Grünbaum, Grusemann, Günther, Gysae. — Hammann, Häntzschel, *Hard, *Heidrich, Heinemann, Heinrich, Henning, *Henschel vom Hain, Herbst, *Herzog, Hiemesch, *Hildebrandt, M. Hildebrandt, P. Hildebrandt, *Hillebrandt, Hiller v. Gaertringen, Hirsch, Hobohm, Homann, Horwitz, Hölzke, Huth, Hyan. — Jacobsohn, Jeep, Jhering, Jlgenstein, Jsaacsohn, Justi. — Kappstein, *Kappstein, Karsch, *Karsten, Kautsky, Kawerau, Kayser, Kern, Kersten, Kober, Kretzer, *Krickeberg, Kurtzig. — Leonhard, Leppmann, *Lubowski, *Lüders, Luther. — Mackay, Mahn, Marcus, Meisner, *Menzel, Menzel, Müller-Jabusch, Müller-Rüdersdorf. — Neckarsulmer, Neckel, Neugebauer, Nissen, *Nörenberg. — *Oelkers, Oppeln-Bronikowski. — Paarmann, Paul, Paschelke, Ploetz, Pordes-Milo, Poppe. — Rapsilber, Rehfisch, Graf Reventlow, H. Richter, M. E. Richter, W. Richter, Rogge, Röhl, Rosenblum. — *Sacks, Sarwey, Schacht, Schanzer, Schellberg, Schikowski, Schlesinger, Schmitt, Schöler, Schröder, Schultz, Schwiefert, *Seidmann-Freud, Selten, Stampu, Hans Sturm, Hans Sturm(-Gundal). — *Thiessen, Treuenfels, Tucholsky. — *Ury. — Valentin, Volkmann, Volland. — Wagner, Weddingen, Weil, Wendriner, v. Wilamowitz-Moellendorff, Wilhelm, Willecke, Wirth, *Wittner, Wolff. — Zabel, Zeeck, Zepler, Ziel, Zimmermann, Zucker, Zwenger. **Dahlem:** Altman, Christians, Erman, Friedlaender, Fulda, Gragger, Hirschberg, Krack, Meinecke, Pechel, Schede, Sering, Wiegand, v. Zwehl. **Friedenau:** Altmann, Amelung, Arzen Edl. v. Cserepy, Bamberger, Bauer, Bellardi, Berstl, Böhm, Böhme, *Bossin, Böttger, Brennert, Clemens, Daffner, Decker, Diesch, Draheim, Dreyhaus, Dumcke, Düsel, Edon, Elster, Engelhardt, v. Farkas, Felix, Freye, Funke, Goldstein, Graetzer, Gutmann, Hagen, Hamann, Haensel, A. G. Hartmann, W. G. Hartmann, Heilborn, Herrmann, Heß, Hesse, Heuß, Hiller, E. Hoffmann, K. Hoffmann, Jessel, Jocklisch, Katz, Kluge, Köppen, Krebs, Kroepelin, Kuhn, Kullnick, Lorenz, Lothar, Loubier, Marschan, Maser, Mauermann, Maulbecker, Mühling, v. Negelein, Neubner, Neumann-Jödemann, Neuner, Öhquist, v. Oerthel, Oestreich, Paalzow, Paetel, Philipsohn, Pohl, Queisner, Rein, Riese, Rosenhayn, Ruest, Schendell, E. L. Schmidt, O. Schmidt, Schrott-Fiechtl, Schubert, Skowronnek, Sommerfeld, Stenglin, Sturtevant, Tauffstein, Thimme, Thouret, Tillich, *Weigelt, Weiß, Wendlandt, Wentscher, Wien, W. Wintzer, R. Wintzer, *Wohlbrück-Wendland, Wolf, *Wolff, *Zunk, Zunk. **Friedrichsfelde:** *Borgstede, *v. Borgstede, Gurski, Niedlich. **Friedrichshagen:** Spohr, Weidner. **Grünau:** Gutkind. **Grunewald:** Austerlitz, *Austerlitz, Bieber, Breithaupt, Burdach, Davidsohn, Delbrück, Diestel, *Eberdt, Epstein, Federn, *Gebhardt, Gumpert, *v. Harbou, Harden, Harlan, v. Harnack, *Heilmann,

Helmolt, Hirschberg, Hirschstein, Hofmann, Jung, Karsten, Kerr, Klein, Kohut, Langen, *Linden, Meyer, Meyer-Förster, Münzer, Petersen, Planck, Reko, Rittershaus, Rohrbach, Scheffauer, Scheffler, Schmidt, *Schwabacher-Bleichröder, Simon, Sommert, Sudermann, Tzschiner-Tzschirne, Voß, Zander, Zürn. **Halensee:** Baerwald, Broh, Cohn, Dresdner, *Fischmann, Friedlaender, Goetz, *Hamburger, Hochdorf, *Jadassohn, Jadassohn, Jellinek, Karstädt, *Kelchner, Kern, Künneke, Land, Loerke, Malkowsky, *Mann, Marschalk, Massow, Meisl, Müffelmann, Müller-Freienfels, Pinthus, Prels, Ritter, Russak, Salomon, Schneickert, Schneider, Schuster, *Selden-Goth, Snaga, *A. Torau, *M. Torau, Trotha, *Umrath, Vaulliáme, Wauer, H. Wolfradt, W. Wolfradt. **Hermsdorf:** Franke, Fritz, Hanstein, Mielke, Schumacher. **Hohenschönhausen:** Kurth. **Johannistal:** Weise. **Karlshorst:** Lindemann, *Oehmke, Roß, Sergel. **Kaulsdorf:** Edl. v. d. Planitz. **Köpenick-Wendenschloß:** Oldendorff. **Köpenick-Uhlenhorst:** Silberschmidt. **Lankwitz:** Droop, Martens, Reich, Sander, Stempel. **Lichtenberg:** Schoch. **Lichtenrade:** Fechter, Klein, Thiessen. **Lichterfelde:** Andrae, Behrend, Beste, Boerschel, Brunner, Cleinow, Dietze, Dombrowski, Dragendorff, Enskat, *Fuchs, Georg, Götze, Groetzsch, Günther, Heinzmann, Henrici, *v. Hollander, Haertel, *Jacobsohn-Lask, Ježower, Jungnickel, Kekule von Stradonitz, v. Kohlenegg, Kossinna, Krische, Kück, Kümmel, Ladewig, Liebau, Linde, Lindenberg, Ludwig, Maurenbrecher, Meyer, Michel, Moeller van den Bruck, Nonnemann, Norden, Oehler, Otto, Peschkau, Pfennig, *Pochhammer, *Putz, Roloff, Roeseler, Runze, Sachisthal, Schimmelmann, Schnippel, *Schoepp, Schulze, Seeßelberg, Stauff, Stiehler, Streicher, v. Waldeyer-Hartz, Warnken, Zapp. **Großlichterfelde:** Schütte, Vierkandt. **Lichterfelde-Ost:** *v. Biehler-Buchensee, Mackowsky, Tyndall, Wesse. **Lichterfelde-West:** Dennert, Eppstein, Flemming, Markwitz, Salzer, *Zillmann, Zillmann. **Mahlsdorf:** Klausnitz, Meißner. **Neukölln:** Agahd, Daßke, Dautschat, Gbureck, Hering, Jansen, Lindenblatt, Mappes, Michaelis, Riedel, Ritterfeldt, Roepke, Schick, Schweitzer, Smekal, Vetter. Westphal. **Niederschönhausen:** *Treuter-Cohn, Wölfert. **Nicolassee:** Böndy, *Croner, Fischer, Frenzel, Groth, *Güterbock, Günther, Harrwitz, Jacobs, Muthesius, Roquette, *Stöcker, Wechßler. **Pankow:** Augustin, Aurich, Boehm, Elsner, Heß, Hildebrant, Kahle, Lüdtke, Merten, Meyer, Reinhold, Rudloff, *Sturm. Volz. **Reinickendorf-West:** Flemming. **Schlachtensee:** Albrecht, *Böttcher, Graeser, Greßmann, Hassenkamp, Meier, Graefe, Otto, Roland, Schönfeld. Schwaner, Sochaczewer, Strauß, **Schmargendorf:** Breitner, Havenstein, Koigen, Lessson, Lüdtke, Müller, Rachel Schering, *Unterweger. **Schöneberg:** Bovenschen, Daun, Delbrück, Donath, Felke, Frankel, Friedrichs, Fröschel, Hahn, Herrmann, v. d. Heyde, Homeyer, *v. Hülsen, v. Hülsen, Junger, *Kaldewey, Kliemke, Klings, Knatz, Kochmann, Kolsen, Krafft, Kühn, Kukol, *Leutz, Loewenthal, Lutz, Mahnke, Naumann, Preuß, *Prilipp, Röcken, Rodemann, Schaffner, *Schanz, C. M. Schmidt, E. R. Schmidt, Schulz, Selten, Semerau, Soll, Springer, Sternaux, Straßburger, Thelemann, Tovote, Weinberg, *Weßner, Wychgram, Zeidler, Zickel, Zschorlich. **Spandau:** Galle, Kuntz. **Steglitz:** Achelis, Benzmann, Berendt, Bertram, *Beyer, Biedermann, Bock, Boettger-Seni, Bronnen, Buchhorn, *Burda, Collin, Consentius, Cremer, Dierks, Drahn, Eggersdorf, Escher, Ewert, v. Eynern, Frenz, Genthe, *Gerbrandt, v. Gerh, Goldbaum, Goeres, Groeger, Groß, Hagedorn, 'Haenisch, *Hardt, Hauff, Heichen, Hensel, *Hermes, Herzog, *Hotop, v. Hornbostel, Janke, Kempner-Hochstädt, *Kempner-Hochstädt, Klenz, Klinkenborg, Kluge, Knudsen, Koppin, Krauß, Kubsch, Kuhl, *Lancken, Lebede, Losch, Macco, *Märten, Müller-Steglitz, Ost, *Pappritz, Paulsen, Pelka, Püttmann, Quehl, Riem, Rothhardt, D. Schäfer, H. Schäfer, Scherek, Schikkele, Schmidt, Schmidt-Helling, Schmitz, Schönhoff, Schubart, Schüler, Schulz, Schwaiger, *Seler-Sachs, Servaes, Sohnrey, *Sonntag, Sonntag, Standtc, Stein, *Sternberg, Stiehl, Tiedje, Weber, Wenke, Westheim, Wilda, v. Winterfeld, Wolff-Beckh, Wulff, v. Wussow, Zscharnack. **Südende:** Grabein, *v. Holten, Jahn, Neumann, Porstmann, *Schade, G. Schade, W. Schade, Schlaikjer, *Stramm, Thürnau, Wrede. **Tegel:** *Gebhardt, Hildebrandt, Lange. **Tempelhof:** Arnold, Bratter, Foerster, Gaulke, Gaetschenberger, Ganske, *Kohlhardt, Kühn, Neumann, Nissen, Quanter, *Stinde, Zimmermann. **Treptow:** Archenhold, Kartzke. **Weißensee:** Lieske, Tressel, Zillmann. **Westend:** Byk, Hildebrandt, Kapp, Keßler, Landau, Roethe, *Schreiber-Krieger, Schroeder, Sydow, *Thies, Wigand, *Zepler. **Wilhelmshagen:** *Kissenberth. **Wilmersdorf:** Abert, Albu, Aßmus, Barchan, Barthel, Beck, Beissel, v. Beneckendorff und v.

Hindenburg, Bergengruen, Bergmann, Bethge, Beversdorff, Borsdorff, Brückner, *Burchardt, *Cahn-Speyer, Cohn, Conring, Däubler, Deißmann, Döscher, Drach, Driesmans, *Einstein, *Elkan, Eelking, Engwer, Falb, Fischer, Frankfurter, Frohberg-Janssen, Fürst, Gellert, Georgi, Glaser, Goebel, Gottheiner, Gruber, Hamburger, *Harder, Herold, *Hiller, Hochstetter, *Höffner, Höffner, Jäger, *Jolowicz, Jordan, Kayser, Kiehr, Kienzl, Korn, *Lasker, Lemcke, Lichtenstein, Lilienthal, Lindau, Löwis of Menaz, Maertin, Magnus, Marcus, Matthias, May, Meißner, *Merzenich, *J. Meyer, *M. Meyer, Meyer-Müller-Doering, Nentwich, Nestriepke, *Otto, Otto, Pastor, *Pfemfert, Pfemfert, Pirchan, Pomme, Poritzky, Reif, Resa, *Reyher, Reyher, Riebicke, Roseen, Rothe, Rothfels, Rowe, Rumpel, Sandrock, Saenger, Saß, Schmidt, Schnitzer, Schuster, Seelmann, *Siewert, Sinn, Sombart, Splettstößer, Spranger, Stahl, v. d. Steinen, *Steinitz, Urgiß, *Vogel, Waghalter, Walter, Walter van der Bleek, Weber-Robine, Weiglin, Weißmann, Werner, Wiegler, Wolff, *Woop, *Wunderlich-Dornblüth. **Zehlendorf**: Aram, Braun, Braun-Vogelstein, Cohn, Dominik, Fuchs, Gomoll, de Haas, Hart, Kunzendorf, Lademann, Lerche, Liersemann, Maußner, v. Molo, Neuburger, Ostwald, Quade, Rasenberger-Koch, *Ratzka-Wendler, Rehbein, Reinecke, Ruhkopf, Schlüter, Schmidt, Speyer, Stern-Rubarth, Sternfeld, Tetzel, Trojan, *Viebig, Viebig, Wasner, Zimmer. **Zehlendorf-Mitte**: Bloch, Pet. Boch. **Zehlendorf-West**: Baun, Dahlke, Kaun, Knoblauch, Tetzlaff, *Wilde.

Bern: *Behrens, Benziger, Bühler, Chappuis, Dietiker, G. Fankhauser, A. Fankhauser, v. Greyerz, Jegerlehner, Küffer, Kurth, Marti, Mayne, Moos, Morf, Reitz, Renker, Rhyn, Schiebel, Singer, Stickelberger, Sutermeister, *Tumarkin, Weilenmann, Weese, Wirz.

Bernburg: Blachny, Siebert.

Bernkastel i. Rhld.: Feiten.

Bernried i. Obbay.: Bezold, Frhr. v. Liebig, Traufil.

Besenhorst a. d. Elbe: Zimmer.

Bessenich: Seidenfaden.

Bettenburg b. Hofheim i. Unterfr.: Rolfs.

Beuron: Kranich, Verkade.

Beuthen i. Ob.-Schl.: Reinelt, Reinke.

Bichl i. Obbay.: Schieder, Thesing.

Bielefeld: E. W. Fischer, Hausknecht, Mausolf, *Metz, Nacken, Potthoff, Seiler, Tümpel.

Bielitz i. Polen: Brüll.

Bienenmühle i. Sa.: Schneider.

Bihać i. Bosnien: Sieber.

Bilin i. B.: Köhler.

Binau i. Bad.: Buddensieg.

Bingen a. Rh.: Schmitt.

Binningen: Knuchel.

Binz: Hoffmann.

Binz auf Rügen: Sieglerschmidt.

Birk-Inger: Schwamborn.

Birkenstein: Haindl.

Birkenwerder b. Potsdam: Poppel.

Birmensdorf: Job.

Birndorf i. Anh.: Malo.

Bitterfeld: Werner.

Bad Blankenburg: Consten.

Blankenburg a. H.: Mollenhauer.

Blankenhain: Hegeler.

Blankenese i. Holst.: *Ey.

Blankenese a. d. E.: Klutmann, Mendelssohn-Bartholdy, Popert, Semper, Sudermann.

Blankensee b. Trebbin: *Sudermann.

Blankenstein i. Sa. (Bez. Meißen): Ranft.

Blaricum i. Holl.: Balet.

Blumenthal-Hannover: Dyk.

Bochum i. W.: Arns, Asanger, Sleumer.

Bockwitz: Wesner.

Boden b. Radeburg (Bez. Dresden): Krause-Seifert.

Bolkenhain i. Schlesien: Sommer.

Bollingen b. Bern: Wagner.

Bombey: Zimmermann.

Bönigen a. Brienzer See: Kurz.

Bonn: *Bodewig, Bertram, Bezold, C. Clemen, P. Clemen, Cohn, Curtius, Dibelius, Doelle, Dünwald, Dyroff, Enders, Erismann, Eschelbach, Feldmann, Franke, Frings, Frost, Genniges, Hankamer, Henze, Holstein, Holzhausen, Huonder, Kern, Koch, Loevenich, Lützeler, Meißner, Muckermann, Platz, Reiners, Rockenbach, *Roellig, Ruhland, Schmitz, Schulte, Schülter, Spitzer, Störring, Thurneysen, Verweyen, Walzel, Wentscher, Winter, Worringer.

Bonndorf i. Schwarzwald: Rieder.

Bonnschlößl i. Obbay.: Bonn, *K. Fack.

Borby b. Eckernförde: *L. Fack, W. Lehmann.

Bornim b. Potsdam: Engel.

Bottmingen b. Basel: Steiner.

Bottrop i. Westf.: Schönlank.

Bovenden b. Göttingen: Gierke.

Bozen: Görlich, Luchner, Richter, Rudl, Wolff.

Bramfeld b. Hamburg: Boeck.

Brandenburg a. d. Havel: Brodhun, Credner, Wolff, Ziehen.

Bratsch i. O.-S.: Gnielczyk.

Braunau a. Inn: Hammerstein-Equord.

Braunsberg: Switalski.

Braunschweig: Banse, Borch, Bücking, Crasemann, Diedicke, Eggersglüß, Finke-Bülter, Flechsig, Fuhse, *Gieselberg, Gronau, Jordan, *Jürgens, Kellitz, Köhler, Manns, Meier, Meyer, Rohmann, Scherer, Steinacker, Thielemann, *Voigt-Diederichs, Voß.

Bregenz: *Feurstein, Koch, Römer.

Breitenstein: Werfel.

Bremen: Arens, Bätjer, Beyer, Bode, *Bräutigam, *Cordes, Dietz, Felden, Garde, Gartelmann, Hellmers, Hennicke, Kipp, Koch, Lerbs, Lindemann, Manns, Milau, Neurath, Reuter, Schaer, H. Scharrelmann, W. Scharrelmann, Siemsen, Stempel, *Ströver, *Susemihl-Gildemeister, Tardel, Vietor, Waldmann, Weichberger, Wiegand, *Ziehmann-Einstmann.

Bremerhaven: Peine, Schipper.

Breslau: Andreae, Appel, Barsch, *Barsch, Bauch, *Baumbach-Holle, Baumgartner, Bertram, Bettauer, Biberfeld, Bischoff, Bitzkat, Bornhausen, Buchwald, Castelle, *Dahn, Dannegger, *Debo, Drescher, Eichborn, *Erben, Falkenhausen, Feige, Freund, Geyer, Gnerich, Greggersen, Grisebach, Grumbkow, Günther, Hallener, Hayduk, Heckel, Herold, Hippe, Hirt, Hoffmann, Hönigswald, Jahn, Jakubczyk, Janoske, Jantzen, Kampers, Keller, Kempner, *Kiefer-Steffe, Klemenz, Knötel, Koch, Konrad, Krause, Kretschmer, Kubczak, Kühnau, Kühnel, Lehmann, Lichtenstein, Lindner, v. Lippa, Lohmeyer, Loewy, Maxis, Meyer, Milkau, Molsdorf, Muschler, *Niesel-Lessenthin, Nowack, *Oberdieck, Oehlke, Olbrich, Patzak, Peiser, Petzold, Peuckert, *Pohlidal, Reinhart, Reissert, Rentz, Riesenfeld, Rose, Röse, Salinger, Scharnweber, *v. Schelitha, *Schlesinger, Schlesinger, Schneider, Schücking, Siebs, Skrepek, Schoenaich, Speil, *Stieler-Marshall, Streibel, Suchland, Tugendhat, Ulitz, Vogelstein, Weege, *Weiß, Wendriner, Wilda, Wittig, Wolff, Wutke, Ziegler. **Carlowitz:** Nieborowski. **Krietern:** Kühnemann.

Brettin b. Genthin: *v. Bonin.

Brieg, Prov. Schles.: Michler.

Briesen bei Dux (Böhmen): Danszky.

Haus **Broich** bei Weingarten, Rhld.: Mallinckrodt, v.

Brookline, (U. S. A.): *Münsterberg.

Bruchsal: Michaeli.

Bruck b. München: Blaich.

Bruck a. Mur: Bienenstein, Zwerger.

Brühl b. Köln: Kley.

Brünlos b. Thalheim i. Sa.: Küchler.

Brünn: Beamt, Fischel, Giugno, Heidenreich, Klobučar, Kreisler, Mrasek, Neumann, Plawina, Reichmann, *Soffé, Sonkup, Vallazza, Weiß, Zeisel.

Brunshaupten i. M.: Schreiber.

Brunswarden b. Rodenkirchen i. Oldb.: *Rogge.

Buch, Vorarlberg: Lutz.

Buchenau: *Winkler.

Buchenbach i. Baden: Christiansen.

Buchschlag i. Hess.: Binding, Siebert.

Bückeburg: Holst.

Budapest: Donnebaum, Fligl, Nitsch, *Roda Roda, Schönmann, v. Téreh.

Budweis in Böhmen: Leppa, Reitterer, Schacherl.

Buenos Aires: Haas, *Jerusalem-Kotanyi, Mirau.

Bukarest: Korodi.

Bullet sur Yverdon, Schweiz: Platzhoff-Lejeune.

Bümplitz b. Bern: Loosli.

Büren: Hüttemann.

Burgdorff i. d. Schweiz: Stein.

Burgstädt i. Sa.: Rose.

Burladingen i. Hohenzollern: *Buhl-Baur.

Butzbach: Jäger, Werner.

Cadolzburg b. Fürth i. B.: Pflug.

Calcar a. Niederrh.: Kuppers.

Cambridge (U. S. A.): Francke.

Cannstatt i. Württ.: *Boeckh-Arnold, *Hummel, Lämmle, Schmückle.

Carácas i. Venezuela: Herrmann.

Cassel siehe Kassel.

Castasegna: *Garbald.

Celle: *Fueß, *Kempin, Reimérdes, Weltzien.

Chambéry, Savoie: Trabold.

Chemnitz: Böttcher, Fischer, Göckeritz, Heerdegen, Maushagen, Ohorn, Reuß, Rost, Soergel, Thiele, Thörner, Wagenknecht, Wenzel. **Hilbersdorf:** Dreßler.

Chicago-Berwyn: Ilgen.

Chorin (Uk.): Dietert.

Christiania siehe Kristiania.

Chur: Aellen, Attenhofer, Heide, Hügli.

Cincinnati: Neumark.

Clavadel i. d. Schweiz: Bößhart.

Cleve a. Niederrh.: Becker, Engel, Schunck.

Cleverbrück b. Bad Schwartau: Maack.

Coblenz siehe Koblenz.

Coburg siehe Koburg.

Colmdorf b. Bayreuth: *v. Wengersky.

Cöln siehe Köln.

Cöthen siehe Köthen.

Cottbus siehe Kottbus.

Crailsheim: Müller.

Crefeld siehe Krefeld.

Cronau i. Ostpr.: Bohrke.

Cronberg: Hasse, Schneider.

Crossen a. d. Elster: *Heyking.

Crossen a. d. Mulde: Niemann.

Cunnersdorf i. R.: Fischer.

Cuxhaven: Heise.

Czernowitz: Herzog, Siegel.

Dachau b. München: Blumtritt, Bornstein, Gottschalk, *Brieslander.

Dalheim: Schatten.

Dalldorf b. Berlin: Blenten.

Danzig: Baranowski, Bechler, Brausewetter, Domansky, Kaemmerer, Keyser, Luckwaldt, Mankowski, Matthaei, Meyer, *Ober, Sellke, Trommsdorff. **Langfuhr**: *Ducht, Henning, Mahlau, Omankowski.

Darmstadt: Back, Bader, Bahder, *Becker, A. Berger, K. Berger, Bergmann, Bräuning-Oktavio, Büchner, Corwegh, Demmel, Diehl, *Eckel, Edschmid, Prof. Dr. K. Esselborn, Prof. K. Esselborn, *Esselborn, Goldstein, Hardenberg, Hartmann, *Hollatz, Jensen, Keyserling, Koch, Krämer, Michel, Oberauer, Otto, Pfannmüller, Pfeiffer, Quessel, Reichl, Ruths, Schiebelhuth, Schmidt, Schneider, Schuchardt, Schweter, Schwarm, Staudinger, Streese, Theiß.

Darshofen: Benz.

Degerloch b. Stuttgart: Abel, *Schieber.

Deggendorf: Jäger.

Deinstedt i. Hann.: Grimm.

Delitzsch i. d. Prov. Sa.: *Marheine, Reulecke.

Delmenhorst i. Oldbg.: Pflüger.

Delsberg i. d. Schweiz: *Wenger.

Demmin: Eichblatt, Janell.

Dessau: Grote, *Körner, Liebisch, Reinhard, Rücker, Seidl, Spielmeyer, Trübe, Wütschke, Zeller.

Detmold: Anemüller, v. Esbach, *Oesterhaus, Oesterhaus, Noltsch.

Dettlingen: Herz.

Deutsch-Eylau: Wilm.

Deutsch-Krone: Schauwecker.

Deutsch-Lissa: *Nagel.

Dieburg i. Hess.: Becker.

Diessen a. Ammersee i. Obbay.: Schröder.

Diez a. d. Lahn: *Wissenbach.

Dillingen: Engert, Euringer, Schröder, Francé.

Dinkelsbühl i. Mittelfrkn.: *Francé, Gorsleben.

Dinker (Kr. Soest): Stein.

Dippoldiswalde: Sturm.

Disentis i. d. Schweiz: Carnot, Hardegger, Zurkinden.

Ditterswind: v. Gersdorff.

Döbeln i. Sa.: Schmidt.

Doberan: *Winand-Riemann.

Dölau b. Halle: Linden.

Donauwörth i. Bay.: Ohly, Schmidinger, Traber, *Hunkel.

Donnershag: Hunkel.

Dornach i. d. Schweiz: Steffen.

Dornburg a. d. S.: *Hoechstetter, Stave.

Dorow b. Regenwalde i. Pomm.: *Oertzen.

Dorpat: v. Glasenapp, Hunnius, Maydell, Schmied-Kowarzik.

Dortmund: Briele, Mielert, Prümer, Risse, Rothe, Sartori, Schücking, Schulz, Uhlmann-Bixterheide.

Dramburg i. Pomm.: Lemke.

Dresden: *Abshagen, Adler, Rob. Albert, Rud. Albert, Altschul, *Aretz, Aretz, Artzt, Bandmann, Bassenge, Beyer, Blanckmeister, Bollert, Braun, Dreßler, Elb, Erler, Fiebiger, v. d. Gabelentz, Grötzsch, Gurlitt, Hahnewald, Haenel, Hasenclever, Herrmann, Heubner, B. Hoffmann, P. Th. Hoffmann, Hoffstaetter, Jahn, Kade, Kafka, Kaergel, Köhler, Kokoschka, Krause, Kreisel, Kummer, Laube, Lehmann-Osten, Lehrs, Leinert, Lerch, Leusen, Lorek, Le Mang, Mueller, E. A. Neumann, E. F. Neumann, Nitsch, F. Oertel, O. Oertel, *Pogo, Platzbecker, Poeschl, Purlitz, Reichelt, Renker, Ressel, Reuschel, Richter, Ropp, *Roth, Schmidt, Schmitz, Schreiber, Schuhknecht, v. d. Schulenburg, Sebaldt, Seyfert, *Silling, Söhle, Stecher, Tamme, Thiergen, Warmuth, Wickert, J. F. Wollf, K. Wollf, Woermann, Wulffen, *Würkert, Zerkaulen. **Dresden-A.**: *Bake, Beschorner, Brandt, Bruck, Engert, Enking, R. Fischer, Francke, Fritsche, Gaehde, Geißler, Gottschalch, Hoeffner, Horschik, Just, Kirsten, Köhler-Haußen, Moewig, Müller, *Schlender, Schmid, Schmidt, H Schumann, W. Schumann, Schurig, Schwangart, Schwär, *Semmig, Sorgenfrei, Stadelmann, Stein, Teßmer, Thiele, Vanselow, *v. Wengersky, F. Zimmermann, M. R. Zimmermann, Zoege von Manteuffel, Zschalig. **Dresden-N.**: Berling, Block, Doenges, Ebeling, *Enderlein, Findeisen, *v. Hartmann, Hecker, Herrlein, Steglich, Ullmann. **Blasewitz**: Benndorf, Böhmer, Hübner, H. Minden, M. Minden, Schreyer, Schumann, Spemann, Wallner. **Bühlau**: *Springer. **Cossebaude**: *Meschwitz, Meschwitz. **Gorbitz**: Schuchardt. **Gruna**: *Judeich. **Klotzsche**: Rheiner, Schilling, *v. Schlieben. **Laubegast**: Promber, W. Fischer. **Leubnitz-Neuostra**: Fischer. **Leutewitz**: Langer. **Loschwitz**: Brod, Geißler, *Kneschke, *Kunde, Kunde. Metelmann, Nachod, Spitzner, Walther: **Mobschatz**: Pleißner. **Niederlößnitz**. Stiller. **Niedersedlitz**: *Clausnitzer- **Pirna**: Rösler. **Strehlen**: Frh. v. Reitzenstein, Rosenfeld. **Striesen**: Brabant, Lampe, *Wallner-Thurm. **Wachwitz**: Singer. **Weißer Hirsch**: Böttcher, Lah-

mann, Prinzhorn, *Rüxleben, *Trenkler. **Zschachwitz:** Jühling.

Drevenack b. Wesel: Bockemühl.

Düdingen: Nadler.

Duisburg: Bresser, *Ebel-Marbach, Fischer, Nieten. **Meiderich:** Makowski.

Durach i. Schwaben: Offner.

Düren i. Rhld.: Horn, Lennarz, *Rademaker, Schregel. **Birkedorf:** Kürten.

Dürkheim: *Weitzel.

Düsseldorf: Baur, *Beckhaus, Bruchhaus, *Brülle, Busch, Decker, Denninger, Doerkes-Boppard, Ewers, *v. Gottberg, v. Hatzfeld, Haupt, Herold, Hülter, Jansen, Kamlah, Keim, Koch, Koetschau, Kraeger, *Krane, Lau, *Lichtenberg-Küllertz, Lux, Mai, Meyer-Eckhardt, *Niessen-Deiters, Nörrenberg, Otto, Perlmann, Pigni, Pontzen, *Rademacher, Redlich, Ritter, Schwarz, Stolz, Sträter, Thiemann, Torenburg, *Weismüller, Wentzcke, Wolf, Worm. **Gerresheim:** Müller-Schlösser. **Grafenberg:** *Gröhe, *Weiskirch. **Oberkassel:** Kranz. **Rath:** Bartmann, Borckenhagen. **Ratingen:** Mertens. **Wersten:** Röttger.

Dutzen i. W.: Adolf.

Ebenhausen i. Obbay.: Freimark.

Ebersbach i. Sa.: Hesse.

Ebersbach a. N.: Himmelstein.

Ebersberg i. d. Rhön: Burghardt.

Eberswalde i. Brandenbg.: *Jobst, Metscher, Riedner, *Schaeffer, Schmidt, *v. Winterfeld.

Ebnet (Amt Freiburg i. Br.): **Kotzde.**

Ebsdorf: *Frohwein.

Eckernförde i. Schlesw.: Wilh. Heinr. Lehmann.

Edingen b. Mannheim: Ott.

Edlach i. Niederöst.: Frey.

Eger: Bergmann, Herr, Reif.

Eggenberg b. Graz: Rosenberg.

Eichstätt: Resch, Wittmann.

Eichwalde: Schwan.

Eilenburg: Ahlemann.

Einsiedeln: Segmüller.

Eisenach: Bickhardt, *Elsner-Bielitz, Fuchs, Geißler, Greiner, Höfer, *v. Hünerbein, *Preuß, Schumm, Stelljes, Strecker, *v. Sydow.

Markt Eisenstein i. Böhm.: Skalitzky.

Eisleben: Lotze.

Elberfeld: *Brey, Kerst, Limprecht, Reich, Schmidt, Schröder, Schulze, Söhngen, Wiegershaus.

Eldena: Jansen.

Elbing i. Westpr.: Greiser, Herzog-Toms, v. Holst.

Elgersburg i. Thür.: Blachetta, Engelhardt, Schellenberg.

Ellwangen: Reiß, Stirner, Weller.

Elmau: Müller.

Elmshorn i. Holst.: Ehlers, Piper, Schröder.

Elsau (Kanton Zürich): Rubli.

Emmendingen i. Baden: *Rothmund.

Emmerich a. Rh.: Broering, Goebel.

Engelberg: Heß.

Erfurt: Alt, Cohn, Freudenthal, Haase, Haupt, Hoffmann, Idenhoff, Jung-Reinisch, *Karwath, Lorenz, *Nuernberg, Overmann, Sadée, Schröer, Seipp, Seitzinger, Suchier.

Erkner-Hohenbinde b. Berlin: Kiekebusch.

Erlangen: Brotanek, Geißler, Gengler, Haack, Hensel, Leser, Saran, Schmidt, Stählin, Stelzner, Varnhagen.

Eschwege: Abramczyk.

Eschweiler i. Rhld.: Bundgens.

Essen: *Amelung, Baumgard, Beckmann, Berg, Cremers, Cunz, Faßbinder, Hedrich, Scholl, Stolzenburg, Wieprecht. **Borbeck:** Ashauer. **Essen-Ruhr:** Cunz, Wegener.

Essendorf b. Biberach: Vögele.

Eßlingen a. N.: Schrempf.

Ettelbrück i. Luxemb.: Wagner.

Eutin i. Holstein: Timmen, Tönnies.

Faurndau-Göppingen: Schlaz.

Fechenheim-Mainkur: Geisow, Ziegler.

Feilnbach i. Obbay.: Bergmiller.

Feldafing i. Obbay.: *Bonn, Frank, Speyer.

Feldbach b. Zürich: Frey.

Feldkirch: David, Svensson.

Fessenheim i. Bay.: Meyer-Erlach.

Festenburg: Kernstock.

Fetan im Engadin: Camenisch.

Fichtenau b. Berlin: Schätzler-Perasini.

Fichtenwalde i. d. Mark (Beelitz-Heilstätten): Leischner.

Fintel i. Hannov.: Freudenthal.

Fischbach: Huppertz.

Fischerhude b. Bremen: Speckmann.

Fischlham i. Oberöst.: Bachleitner.

Flensburg: Dammann, Hammer, John, Lorenzen, Schottelius, Strasser.

Gr.-Flintbek b. Kiel: *v. Harbou.

Florenz: Boetticher, Grelling, *Sibbers.

Gr.-Flottbeck b. Hamburg: Ernst.

Kl.-Flottbeck: Bonne.

Forst i. d. Laus.: Bergener.

Forst-Jeser i. d. Laus.: Finger.

Frankenberg i. Sa.: Jung.

Frankenhorst i. Meckl.: Franck.

Frankenstein i. Schl.: Hoffmann.

Frankfurt a. M.: Auerbach. — Banner, *Becker, Berghoeffer, *Bethe, Biedenkapp, Biese, Bojunga, Brügmann, Bruhns, Burckhardt, Burghold, Butz. — Claar. — Dessoff, Deubel, Diebold, Dillmann, Dochnahl, Dohse, Dreyfus, Dyrssen. — Ehrhardt. — Fischer, Fleischer,

*Fould, Frank, Friedwagner, *Fromberg, *Fürth. — Gantter, Geck, Geisenheyner, v. Gerhardt, Gerst, Glogau, Golde, Götz, Gresser, Grothe. — Hammon, Harrach, Hartenfels, Hatzfeld, Heinemann, Heuer, Horovitz. — *Jünemann, Junker. — Karll, Kaufmann, Kautzsch, Klesper, Koepp, Kornfeld, Kuhl, Kunze, Küntzel.— Leuchs-Mack, Liesegang, Lurje. — Marckwald, Mathern, Meisterbernd, *Meyerhof, Michel, Michler, Müller. — Naumann, Neubauer, *Niebour. — Oppenheimer, Otto. — Paquet, Paris, Petzel, Pfeifer, Pfeiffer-Belli, Platzhoff, Preiß, Preitz, Primer, Printz. — Rauschenberger, Recke, Rehm, Riedl, Rosenzweig. — Sarnow, Schäfer, Schiff, R. Schmidt, Schmitt, Schott, Schrader, Schröder, Schultz, Schumann, Schütz, Schwartz, Schwarzschild, Schwerin, H. Simon, K. Simon, Sommerfeld, Speier, Sprengel, Stern, Stoltze, Streitenberger, Stümke, Sulzbach, Sutter, Swarzenski. — Taesler, Thormann, Tralow ,Treupel, — Uhl. — Viëtor, Vömel. — *Walter, Wangart, Wehrhan, Wendel Wick, Wiesebach, Wolff, Wolfram, Wüst. — Ziehen, Zingler, *Zurhellen-Pleiderer. — **Rödelheim**: Mehrens.

Frankfurt a. O.: *Dege, Noth.

Franzburg i. Pomm.: Schön.

Frauenchiemsee i. Obbay.: *Mayer-Bergwald.

Frauenfeld i. d. Schweiz: Greyerz, Hagen.

Fredeburg i. Sauerl.: Groteken.

Freiberg i. Sa.: Erler, Herrmann.

Freiburg i. B.: v. Below, Berner, Bittrich, Blume, Brie, Clauß, Cohn, Diepgen, *Ebertin, Eckhardt, Finke, Ganther, Geyser, *Gött, Götze, v. Graevenitz, Grosse, Grüninger, Guenther, Hacke, Hirtler, Hoche, Husserl, Jaeger, *Kalliwoda, Kapp, Keckeis, Keller, Klimsch, Kluge, Kroner, Kurz, Lamey, Leumann, *Loofs, Lübbe, Manz, Mehlis, Meier, Mentz, *Meyer, Michael, Mohr, Münzel, Ochs, *Oertzen-Fünfgeld, *Peter, Rachfahl, Ries, *Rotheit, Schemann, *Schenk, Schneller, *Schwenger, Siebert, Sutter, A. Sütterlin, L. Sütterlin, Vöge, Wilhelm, Wilms, Wingler, Wittkop, Wörndel.

Freiburg i. d. Schweiz: Büchi, Leitschuh, *Oehl, Oehl, Zapletal.

Freienbrück: Scheuermann.

Freienwalde a. d. O.: Schüler, Weiher.

Freihöls b. Neuern: Blau.

Freising i. Bay.: Detter, Schlecht.

Freiwalde-Maldeuten i. Ostpr.: Dreher.

Friedberg i. Hess.: Gebhard, Schmidt.

Friedland: Werner.

Friedmatt: Hinrichsen.

Friedrichsberg: Weygandt.

Friedrichshafen a. Bodensee: König, *Schneider.

Friemersheim a. Niederrh.: Brand.

Frohnau b. Berlin: Einstein, König, Lebius, Zimmermann.

Fulda: Balthasar, *Rommel.

Fulnek: Eichler.

Fürstenau i. Graubünden: Planta.

Fürstenfeld i. Steierm.: Frankl.

Fürstenfeldbruck i. Obbay.: Feldigl, Franke, *Franke, Schmidhuber, *Wibel.

Fürth i. Bay.: *Bayer, Rühsel, Wildensinn.

Kloster Füssen a. Lech: Schmidt.

Gablonz a. d. Neiße: Bernt, Zapf.

Gaienhofen a. Bodensee: Finckh.

Garmisch-Partenkirchen: Bäumer, Meckauer.

Gaschwitz b. Leipzig: Heuß.

Gauting: Taube.

Geestemünde: Plettke.

Gelnhausen: Haldy.

Gelsenkirchen: Wurmbach.

Genf: Allan, Bohnenblust, Mathies, *Tunas, Widmer.

Gera-Tinz: Hennig.

Gerlikon: Huggenberger.

Gernsbach: Schneider.

Ghazir i. Syrien: Künzler.

Gierenfeld b. Schönenberg (Bez. Köln): Perfall.

Giersdorf i. Schles. (Kr. Löwenberg): Reichert.

Gießen: Aster, Bechtolsheimer, Behaghel, Behrens, A. Bock, W. Bock, Collin, Dietz, Fritzsche, Haupt, Hirt, Horn, Horneffer, Kiehne, Kinkel, König, Korff, List, Messer, Rauch, Roloff, Sommer.

Glarisepp i. d. Schweiz: Ganz.

Glarus i. d. Schweiz: Buß, Erny.

Gleiwitz i. O.-S.: Dominik.

Kl.-Glienicke b. Potsdam: Hartmann-Thiel, Warncke.

Gliesmarode-Braunschweig: Bergfeld.

Glogau: Gebhardt, Hellmann, Schönfeld.

Gloggnitz i. Niederöst.: Sterneder, Vogel.

Glowno b. Posen: Drescher.

Glückstadt i. Holst.: Lau, Oesau.

Gmain-Reichenhall i. Obbay.: Dahms.

Gmunden i. Oberöst.: Kugler, Sloboda, Wilhelm.

Gnadenfrei i. Schl.: *Gaudy.

Godesberg a. Rh.: Koenen, Stuhrmann.

Göhren a. Rügen: Dreyer.

Goldingen i. Lettland: *Munier.

Gollenshausen i. Obbay.: Volhoevener.

Gonzenheim b. Mainz: Weinschenk.

Göppingen: Kapff, Tänzer.

Gorizia i. Ital.: Leitgeb.

Görlitz: Glauber der Jüngere, Jecht, Kolde, Köster, Kunz, Mühsam, Oesterwitz, *Pannewitz, Schottlaender, *Weymar-Hey, Winderlich.

Görz i. Italien: *v. Zucco.

Goslar a. H.: Heuer, *Siegfried.

Gösting b. Graz: Gawalowski.

Gotha: Beetz, Friedrichs, Lichtenberg, Liebrich, Linde, Preller, *v. Schauroth, Ullrich.

Göttingen: Ach, *Andreas, Brandi, Colsman, Crome, Ehrenberg, Fick, Fuldner, *Greef, Haeberlin, Hagen, Hecht, Hilka, Lorenz, Misch, Morsbach, Müller, Nelson, Nohl, Pietschmann, Reicke, Runge, Ruprecht, Schröder, Ssymank, Stange, Steinberger, Suchier, Tecklenburg, Thiersch, Thimme, Vitzthum von Eckstädt, Weißenfels, Wihlfahrt, Wobbermin.

Gottlieben b. Konstanz: Bodman.

Gräfrath b. München: *Schumacher.

Gramzow i. U.: *Schulz.

Graz: Adam, Altkirch, Bartsch, Berger, Binder, Claud-Saar, *Commer, *Conrad-Eybesfeld, Egger, Eichler, Erben, Erber, Ertl, Falke-Lilienstein, Farkas, Fischer, Gaß, Gigler, Goldhann, Hansmann, Hassack, Hödel, Hoffer, Jauker, Kaser, Keller, Khull-Kholwald, Kipper, Kolb, Kurz-Thurn-Goldenstein, Ledwinka, Leonhardt, Marlinak, Michelitsch, *Migerka, Möller, Nonveiller, Pesserl, Polheim, Polzer, *Radakovič, Ranftl, Reiterer, Rhodokanakis, Scheucher, Schlossar, Schnehen, Schuch, Schuchardt, Schukowitz, Schütz, Seuffert, Seunig, Spitzer, Steiner-Wischenbart, Stolz, *Thomann, Tumlirz, Wagner, *Wassermann, Wastian, A. Zauner, L. Zauner, Zwierzina. **Kroisbach:** Ertler. **Ruckerlberg:** Stein. **Waltendorf:** Mojsisovics Edler von Mojsvár, Webinger.

Greiffenberg i. Schles.: Bründler, Rothe-Mucha.

Greifswald: Curschmann, Dalman, Ehrismann, Girgensohn, Heuckenkamp, Jacoby, Lutter, *Medem, Merker, Moog, Pietsch, Rehmke, Scharz, Schmekel, Semrau, Spies, Wiegand. **Eldena:** Schmidkunz.

Greiz i. V.: Doehler, Grimm, Kellert, Postel. **Dölau:** Stein.

Greußen i. Th.: Richter.

Gries b. Bozen: Weber.

Griffian i. Südtirol: Steck.

Grimma i. Sa.: Fritzsch.

Groß-Auheim (Kr. Hanau): Fuchs.

Groß-Besten (Kr. Teltow): Zech.

Großenhain: Hertwig.

Groß-Germersleben: Uhde.

Großhadern b. München: Sacher-Woenckhaus.

Großpriesen a. d. Elbe: *Söllner.

Groß-Tschernitz b. Saatz i. Böhmen: Tutte.

Großwöhlen i. Böhm.: Böhm.

Grulich i. d. Tschechosl.: Oehl.

Grünberg i. Schl.: Hartmann, Hirschfelder, Schiering.

Grundlsee: Kreuz.

Grünhain i. Erzg.: Friedrich.

Grünsberg: Stromer v. Reichenbach.

Grünwald b. München: Hauttmann.

Abtei Grüssau i. Schles.: Wolff.

Guben: Biedermann, Gander.

Gummersbach: Mühlenweg.

Günterstal b. Freiburg i. B.: Fisher.

Günsbach: Schweitzer.

Günzberg a. d. D.: Steinberger.

Güstrow i. Meckl.: Zierow.

Györ i. Ung.: *Lauer, *Popper.

Haag: Bissing, Fabricius, Stratz.

Haale b. Todenbüttel i. Holst.: Kröger.

Habelschwerdt i. Schl.: Amft, Stein.

Hadamar: Böhlen.

Hadersleben i. Dänem.: Dose, *Hartwig.

Hagen i. W.: *Hartig, Jüngst, *Klausener, Lorenzen.

Hägendorf i. d. Schweiz: Moser.

Haida i. Nordböhmen: Peter.

Haifa i. Palästina: Struck.

Hainichen i. Sa.: Bahmann.

Halberstadt: Haarmann, Walther, Wasserzieher.

Halbmeile b. Deggendorf i. Bay.: Baudenbacher.

Hall i. Tirol: Gheri.

Hall i. Württ.: German.

Halle a. d. S.: Baesecke, Bremer, Dewischeit, *Dill, Ettlinger, Fester, Feuchtwanger, Ficker, Franke, *Friedrichs, Georgy, Gneiße, Gose, Groß, Herzfeld, Hoffmann-Kutschke, Klincksieck, Koepper Lange, Liepe, Lindemann, Lippmann, Loofs, Meinecke, Menzer, Moser, Münter Nelten, *Postler, Rahlwes, Ritter, Schneider, Schwilling, Sommerlad, Strauch, Vaihinger, Voigt, Voretzsch *Wenck, Ziehen.

Hallein-Adnet: Withalm.

Hallig Oland (Kr. Husum): *Rotermund.

Hallwangen b. Dornstetten (O. A. Freudenstadt): Zerweck.

Bad Hals: Demandowski.

Hamborn a. Rh.: Braach.

Hamburg: Alisat, Arenhövel, Arnold, Asbeck. — Baader, Bade, Bauer, Beil, Berendsohn, *Beßmertny, Beutler, Bieder, Biernatzki, Birnbaum, Blunck, Böe, Boldt, Borchling, Boy-Ed, Bredow,

Brehmer, v. Briesen, Brockmöller, Bubendey. — Capelle, Casstrer, Chevalley, Clarmann von Clarenau, Classen, Cohn, Conitzer. — Dahncke, Danzel, Dehnow, Diederich, Dodel-Elding, Duysen. — Eckardt, Eger, Ewers. — Fischer, Florenz, Foerster, Förster, Freyer, Friedland, *Funke. — Gaedicke, Garbe, Gättke, Gerdau, Gerstenberg, Goldfeld, *Goldschmidt, Görland, Gottschewski, Grund, Guggenheim. — Halberthal, Hambruch, Harbeck, Hartmann, Heintz, Helling, Hellmann, Herrmann, Hilgenberg, Hinrichsen, Hoffmann, Holler, Holm, Hübbe. — Jahncke, Janssen, Jungmann. — Kessemeier, Kiesel, Klamfoth, Kleimann, Kochheim, Kühn, Kullberg, Kurtzahn. — Lamßus, Langhankt, *Lasch, Leip, Lemmermann, Lenz, *Lörcher, *Lotting, Loewenberg, Lück, Lüders. — Maack, Maaß, *Maßé, Meister, Michael, Möbis, Much, Müller, *Muetzelfeldt. — A. Nagel, G. F. Nagel, Niemann, Niemeyer, Nirrnheim. — Ortlepp. — Panconcelli-Calzia, Pander, Pauli, *Paulick, Paulick, Paulsen, Pawlecki, Paysen, A. Petersen, G. Petersen, Petras, Petsch, Pfohl. — Reichenbach, Ritzel, Rosenbacher. — Sachs, Sakheim, Sandt, Satow, Sauer, Sauerlandt, Saxl, Schabbel, Schmitz, Schneider, Schubring, Schulz, Schumacher, Schurek, Schwietering, *Seifert, Seyfarth, Siemers, Singer, Sinram, *Stein, Stern, Stettiner, *Strakosch, A. Stuhlmann, F. Stuhlmann, *Szpitter. — Thilenius, Treu. — Wagner, Wahl, Warmburg, Weber, Wehrmann, Westerich, Wittmaack, *Wolff, Wolff, Wriede, Wroost. — *v. Zeromski, Ziegel, Zimmermann, Zinn, v. Zollikofer. **Alsterdorf:** Ridderhoff. **Finkenwärder:** Wriede. **Fuhlsbüttel:** Claudius. **Großborstel:** Fritz, Höller, Schloß. **Harvestehude:** Hermes, Lauffer. **Langenhorn:** Köster, Reincke, Teich. **Volksdorf:** *Ottersbach. **Winterhude:** Goetz.

Hameln a. d. W.: Flemes, *Reinhardt, Schneidewin.

Hamm i. Westf.: Raabe.

Hammerstein: Schindler, *Straka-Wimmer.

Hanau a. M.: Goerke, Thiele, Michel.

Hannover: Barnay, *Baum, Belzner, Bessell, Böhlje, Brandes, Buchmann, Budde, Dapping, *Enckhausen, *Feesche, W. Frerking, J. Frerking, Goebel, Göhring, Gropp, Grote, Habicht, Haupt, Havemann, Ilper, Jünger, Kalenter, *Kaulbach, Krusch, Lessing, Lomer, Martens, Meyer, Obée, Pfluger, *Pressler, Schaer, *Schauer, Schefraneck, Schenzinger, *Schreibershofen, Schubring, Schwitters, Söhns, Stammler, Sternheim, Stilke (Stillcke), v. Sydow, Tappert, Thieß, Thöne, Uhden, Vetterlein, Waitz, Weigt, Wendel, Wespy. **Kleefeld:** *Beaulieu, Kohne. **Linden:** Abbetmeyer. **Waldheim:** Anlauf, Dette. **Waldhausen:** Ey, Hartmann.

Hartenstein i. S.: Matthes.

Bad Harzburg: Huch.

Hasbrouck Heights i. Nordamerika: Schneider.

Haselbach i. Böhm.: Floth.

Haßfelden b. Hall i. Württ.: Rohleder.

Haßlach: Möntus.

Hattenheim i. d. Rhp.: Paulk.

Haynau i. Schles.: Frikel, Neubert.

Hechingen i. Hohenz.: Miller, Vezin, Wolf.

Heckershausen b. Kassel: Francke.

Hedwigshof i. Pomm. (Post Daberkow): Kraucl.

Heide i. Holst.: Groß, Pünjer.

Heidelberg: Bauer, Benz, *Bernthsen, Braune, Breßlau, *Cartellieri, Curtius, Eckardt, Fraenger, *Frensdorff, Frommel, Goldschmit, Gundolf, Henning, Herrmann, Hoffmann, Hoops, Jaspers, *Jellinek, Kreis, Kroyer, Liebich, Lohmeyer, Ludwig, Maier, Meisinger, Mombert, Neumann, Oncken, Panzer, Pietsch, Rickert, Rothacker, Waag, Waldberg, Walleser, Weber, Wilser, Windelband. **Kirchheim:** Crone. **Neuenheim:** Neumann. **Rohrbach:** Mäding.

Heiden i. d. Schweiz: Boeck.

Heidenheim a. d. B.: Meebold.

Heikendorf b. Kiel: Bruhn.

Heilbronn a. N.: Berberich, Franke.

Heiligengrabe b. Techow i. Brandbg.: *Auerswald.

Heiligenstadt: Daub.

Hellbrunn b. Salzburg: Pawel.

Hellerau b. Dresden: Adler, Gärtner, Tanzmann.

Helsingfors: Faber.

Heltau i. Siebenbürg.: Wittstock.

Heppenheim a. d. Bergstr.: Buber.

Herbesthal: Bischoff.

Herford i. Westf.: Roeder.

Hergershausen: *Mayr.

Herisau i. d. Schweiz: Burckhardt.

Hermannstadt i. Siebenbürg.: Buchholzer, Cagesius, v. Hannenheim, Schullerus, Sigerus.

Herne: Sieburg.

Hesseln b. Halle a. d. S.: *Windthorst.

Hettstedt i. Südharz: *Donner.

Heustreu i. Unterfr.: Dörfler.

Heydekrug b. Memel: Brust.

Hildesheim: Bongardt, Buschhorn, Goebel, Mackel, Oest, *Sermes, Vogeler.

Hilgen: Halbach.

Hindenburg i. O.-S.: Drechsler.

Hochdahl b. Düsseldorf: Pohl.

Schloß Kirchberg i. Württ.: v. Frankenberg und Ludwigsdorff.
Kirchheim a. Eck: Betsch.
Bad Kissingen: Fuchs-Liska.
Klagenfurt: Jahne, Lernet-Holenia, Lindner, Lorenz, Ortner, Perkonig, Riegler, Zach, Zimmermann, Zois.
Klausenburg: Kisch.
Klecken: Jahnn.
Kleinbittersdorf-Saar: Bruckmann.
Kleinsassen b. Fulda: Nüdling.
Kleinstorkwitz (Post Rüssen, Bez. Leipzig): Roose.
Klein-Waczmirs, Pommerellen: Kries.
Klosterneuburg i. Niederöst.: Ludwig, Pollak, Sacher.
Klosterthal b. Gutenstein i. Niederöst.: Ricek.
Knautkleeberg b. Leipzig: Blanck.
Koberwitz (Kr. Breslau): Stein.
Koblenz: Baldus, Becker, *Homscheid, Hoewer, Wacker. **Ehrenbreitstein a. Rh.:** Trapet.
Koburg: Kaemmerer, Oelenheinz, Rutz.
Kolberg i. Pomm.: Diller, Topel.
Koločep Gruža i. Jugosl.: Pannwitz.
Köln: Arend, Backes, Bayer, Beckey, Beckmann, Bender, Bennert, Brinckmann, Capitain, *Caspary, Deckelmann, Foy, Fleck, Fuchs, Graebner, Gronen, Hansen, Haubrich, Hiller, Hölscher, Huppertz, Jonen, Köhler, Konen, Kühn, Kühnau, Löffler, Mathar, Menne, Niessen, Ohrem(-Bonn), Peltzer, Rademacher, Reuter, Ritter, Rosendahl, Saitschick, Schaefer, *Schall, Scheler, Schneider-Clauß, Schneller, Schröer, Schrutz, Simchowitz, Spahn, Spanier, Speiser, Stier-Somlo, Theele, Unger, Vollborth, Weinrich, Wessel, v. Wiese u. Kaiserswaldau, Witte, Wrede, Ziegler. **Bayental:** Tischer. **Dellbrück:** Lennemann, Schneider. **Deutz:** Wiegand. **Ehrenfeld:** Halm. **Klettenberg:** Barthel, Becker, Brües, Herwagen, Stegnweit. **Lindenthal:** Bourfeind, Georgii, Hoeber, Sarnetzki. **Mauenheim:** Kneip. **Mülheim:** Müller, Pfeiffer. **Nippes:** Herl, Salm, Wenz, Wienkötter. **Sülz:** Kiesgen. **Vingst:** Kann.
Königsberg i. Pr.: *Alsen, *Anton, Anton, Borrmann, *Botsky, Dyck, Ebert, Goebeckemeyer, Goldstein, Haendcke, Harich, *Hartog, Hein, Heine, Kowalewski, Krueger, Kudnig, Lentz, Leo, Listowsky, Meier, *Miegel, Moser, Perles, Ranke, Rausch, Richter, Sauer, *Schade, Thrau, Trautmann, *Ulmenried-Naujeck, Ulmenried-Naujeck, Unger, Wiechert, Ziesemer. **Mittelhufen:** Lubowski.
Königshütte i. O.-S.: Frieben.
Königswald b. Dresden: *Harlfinger.
Königswinter i. Rhld.: Metternich.
Konstantinopel: Brockstieper.
Konstanz: *Berend, Grävell, Gröber, Guggenheim, Martin, Picard, Schirmer, Uebelhör, Wöhrle.
Kopenhagen: Brandes, Michaëlis, Möller. **Brönshöj:** Kiy.
Kork i. Baden (Kr. Offenburg): Vortisch.
Korntal i. Württ.: Schreiner, *Supper.
Bad Kösen: Malade.
Köthen i. Anh.: *Kopsel.
Kottbus: Kupsch, Müller.
Kötzschenbroda b. Dresden: Bernhardt.
Krakau: Kallenbach, Wukadinovic.
Krappitz i. Oberschl. (Kr. Oppeln): *Pohl.
Krefeld: Felner, Korth, Pasch. **Bokkum:** Rembert.
Krems i. Niederöst.: Colerus, Holzer.
Kremsier i. Mähren: *Bloch.
Kreuznach: *Krukenberg-Conze, *Ludewig, *Nebinger, Ortner.
Krieglach i. Steierm.: Rosegger.
Kristiania: *Eng, *Ring.
Schloß Krobnitz i. d. Oberlaus.: *v. Roon.
Kroisbach b. Graz: Meringer.
Kronstadt: Hajek, Meschendörfer, Netoliczka.
Kroßnow b. Bornkuchen i. Pomm.: v. Zelewski-Waldenburg.
Krumau i. Böhmen: Meerwald.
Kuckum b. Wauls i. Rhld. (Kr. Grevenbroich): Post.
Kufstein i. Tirol: Lippott, Tafatscher, Wagner.
Kulmbach: Spitzenfeil.
Kyritz: Hille.
Laage i. M.: Köhler.
Laatzen i. Hannover: Hauptmann.
Lahr-Krumbach i. Odenw.: Falls.
Lambarene: Schweitzer.
Lambelhof i. Obbay.: Stratz.
Lana b. Meran: *Gräfin Künigl-Ehrenburg.
Landau i. d. Pfalz: *Metzger.
Landeck: Kerausch.
Landeshut i. Schles.: Gebek, Palleske.
Landsberg a. d. W.: Dahms, Polckow, *Teutgen-Horst.
Landshut: Jehle.
Langen i. Hann. (Kr. Lehe): *Rogge.
Schloß Langenau b. Obernhof a. d. Lahn: Saenger.
Langenberg i. Rhld.: Bertin.
Langenlois: Nastl.
Langnau a. Albis: *v. Escher.
Langnau i. d. Schweiz: Schiblt.
Gr.-Lantow i. Meckl.-Schw.: Cammin.
Lassahn i. Lauenburg: Garber.
Laubach: Roeschen, Solms-Laubach.

kühn, Metzger, Pauls, Pieth, *Prieß, Rahtgens, Satow, Stodte, Wychgram. **Kücknitz:** Ziesenitz.

Lübtheen i. Meckl.: Harms.

Lüdenscheid: Gerhardi, Raithel, Schmidt.

Ludwigsburg: *Franck, Müller, *Schulz, Schulz-Euler.

Ludwigshafen a. B.: Lhotzky, Schäfer.

Ludwigshafen a. Rh.: Fränkel, Hartmann, Impertro, Korn, Wagner, *v. Wedelstaedt.

Ludwigshöh a. Starnberger See: Talhoff.

Lugano i. d. Schweiz: Bolt, Benner.

Lüneburg: Brendel, Buckmann, *Märtens, Reinecke, Strasser, Weynand, Wittfogel.

Lustheim b. Schleißheim: Alastair.

Lüttow b. Zarrentin i. Meckl.-Schw.: Lerch.

Luxemburg: Hirsch, Kowalsky, Welter.

Luzern: J. Bucher, Th. Bucher, *Hürbin, Ineichen, *Lauber, Lutz, *Richli, Schnyder, Spitteler, Stegemann, *Wocher-Wey, Zardetti, Zimmermann.

Lychen: Reichenau, Worbs.

Lyck i. Ostpr.: Schmidt.

Machern i. Sa.: Schöttler.

Madrid: Brinkmann, Istel.

Magdeburg: Berger, Bohner, Feldhaus, *Forstreuter, Hauert, Hildebrandt, Kaiser, Lichtenberger, Möllenberg, Vincenti, Weidel. **Cracau:** Ulbrich. **Hopfengarten:** Weinert.

Mahlsdorf b. Berlin: Großmann.

Mailand: Schmitt.

Mainz: Faustmann, Knies, Linkenbach, Neeb, Reis, Schumacher. **Gonsenheim:** Waas.

Malans i. d. Schweiz (Kt. Graubünden): Bloten.

Mannheim: Alt, Beringer, *Bernays, Blaustein, Darnbacher, Droop, Fischer, Hartlaub, Himmele, Kraetzer, Krieck, Lederer, Maderno, Oeser, *Schaible, Schäfenacker, *Scheidweiler, Sthnack, Schnellbach, Sonnemann, Waldeck, Walter, Wichert, Winther,

Manytsch: v. Kapherr.

Marburg i. H.: Berger, Birt, Bötte, Busch, Curtius, Deutschbein, Elster, Fabricius, Freund, Friedländer, Geldner, Glaser, Gramsch, Hamann, Handwerck, Helm, Klee, Maaß, Natorp, Reinhold, Pissin, Praxmarer, Schulze, Sunkel, *Torge, Weichelt, Winkel, Wolters, Wrede.

Marggrabowa: Plenzat.

Maria Laach: Herwegen.

Maria Trost b. Graz: Harpf.

Marienbad i. Böhm.: Schwappacher.

Marienburg i. Westpr.: Fethke, v. der Leyen.

Markranstädt b. Leipzig: Leisegang.

Marktbreit a. Main: Weismantel.

Massagno-Lugano: Saager.

Schloß Massel i. Schles. (Kr. Trebnitz): Rothkirch und Panthen.

Matschdorf (Bez. Frankfurt a. d. O.): Pester.

Mauer b. Wien: Groag, *Groag.

Maulbronn: Dürr.

Mayen: Hilger.

Märzdorf: Schwabach.

Medingen b. Dresden: *Liesegang, Mett.

Meggen b. Luzern i. d. Schweiz: Zahn.

Mehr b. Kleve: Wibbelt.

Meierskappel b. Luzern: Kronenberg.

Meiningen: Grube, Ulbrich.

Meißen a. d. Elbe: Kubel, Preuß, Schmidt-Breitung, Vesper, Winter.

Melle i. Hann.: Bäte.

Mellingstedt: Schiefler.

Memel: Jungfer.

Menzenschwand i. Schwarzw.: Schmidt.

Meppen: Richemann.

Meerane i. Sa.: Schreiter.

Meran: Ellmenreich, Ompteda, *Pelzel Edle v. Staffalo, Pohl, *Remy, Rücker-Embden, Schlözer, *v. Schulte, Uxkull, v. Wiesler, Zangerle.

Merseburg: Rohrscheidt.

Mertesdorf b. Trier: Weiler.

Merzhausen b. Freibg.: Booz.

Stift Metten: Huber.

Mettingen b. Stuttg.: Schulze-Etzel.

Mettmann i. Rhld.: Bowinkel.

Mies i. Böhmen: Peerz.

Militsch (Bez. Breslau): Richter.

Minden i. W.: *Bruns, *Huber, Heilmann, Kesseler.

Misdroy: *Trott.

Mitau i. Kurland: Worms.

Mittel-Bexbach i. Rhpf.: Koenig.

Mittel-Schreiberhau i. R.: Erichsen, Fechner.

Mittenwald: Mühlestein.

Mockersdorf a. Kalm i. d. Oberpf. (Post Neustadt): Weigert.

Mödling b. Wien: *Adam, Csokor, Hoffmann, Schuk, Wildgans.

Molchowhaus b. Altruppin: Remer.

Mollis i. d. Schweiz (Kt. Glarus): *Zwicky.

Mölln i. Lbg.: Behrends.

Molsdorf: *Neidhardt von Gneisenau.

Montagnola i. d. Schweiz: Hesse.

Montclair, New Jersey: Lohr.

Moritzburg: *Schaefer.

Mörs a. N.-Rh.: Otto, Winckler.

Müden (Kr. Celle): Küppers.

Müglitz: *Teichmann.

Mühlau b. Innsbruck: Sinwel.

Mühlberg a. d. Elbe: Lorenz.

Mühlhausen i. Thür.: Stammler.

Mühlheim a. M.: Alt.

Mülheim-Ruhr: Annas, Grote, Neuendorff, Sachse. **Broich:** Jacobs.

Müllrose i. Mark: Lessen.

Mülsen St. Jacob i. Sa.: Balke.

München: Achleitner, Ade, Abelt, Adler, *Adlersfeld, Albert, Althaus, Alverdes, Arndt, Aub. — Baeumker, *Bahr, Bahr, Ballin, Bartels, Barth, Bassermann-Jordan, *v. Baudissin, A. Bauer, K. Bauer, Baumann, Becher, C. Becker, P. H. Becker, Behrend, Berberich, Berend, Berger, Berliner, Berneker, Bernhart, Bernstein, Birkenbihl, Blessingen, Blei, *Blum, Bluth, Bode, *Böhlau, Borcherdt, Bötticher, Brachvogel, *Brachvogel, Brandenburg, Braunbeck, Braungart, Braunschild, Bremer, Brockstieper, Bruckmann, Bruns, Buchheit, Buchner, Bühler, Burchner, Burger, *Butenschön. — Carossa, Christoffel, Conrad, Cornelius, Cosack, Cramer, v. Czibulka. — Daya, *de Crignis, v. Delbrück, v. Delius, Derleth, Dietrich, Dimmler, Dirr, Doeberl, *Dombrowski zu Papros u. Krusric, Dörfler, Dornier, Drexler, Dreyer, Droem, Drygalski, Duch, Du Moulin Eckart auf Bertolzheim, Dyroff. — Ebner, Eckardt, Eckart, *Eggert, Eggert-Windegg, *Egidy, Ehmcke, Eiber, Einstein, Elchinger, Eliasberg, Englert, Ettlinger. — O. Falckenberg, R. Falckenberg, Falkenheim, Färber, *Federmann, Lion Feuchtwanger, Ludw. Feuchtwanger, Feulner, Fischer, Fleischmann, Floerke, Flüggen, Frankenburger, Franz, Freksa, Frey, Friedenthal, Friedrich, Frieß, Frisch, Frobenius, Fuchs, Funck. — Gaggell, Geiger, Geißler, v. Gemmingen, Georgievitz-Weitzer, Gerathewohl, *Giesenhagen, Glaeßner, v. Gleichen-Rußwurm, Goldmann, Gorm, Graf, *Graf-Lomtano, v. Grauert, Greinz, Greeven, *Griese, Grünfeld, v. Guenther, Gumppenberg, Gutherz, Guttry. — Haas, Haberstumpf, Habich, Haecker, Hager, *Hager, Halbe, Halm, Hansmann, *Hauel, Hausenstein, *Haushofer, Hausmann, Heege, Heger, Heilmaier, Heilmann, Heilmeyer, Held, Henckell, Herold, *Hertel, Hertz, *Hildebrand, Hilsenbeck, Hirschberg, Hoferichter, Hofmann, Holm, Holtz, Holzapfel, Horn, v. Hornstein, Höver, *Huch, Huggenberger, Huldschiner, *Hundt. — Jacob, *Janitschek, Johannes, Jordan, Iros. — Kafka, *Karin, *Katzenstein, Kehrer, Kellerer, Kemmer, Kemmerich, *Kerschensteiner, Kilian, Kirchmair, Klages, Klette, *Klingenfeld, Knobloch, Koch, Koerber, Köhler, *Kolb, Kölwel, König, Konzét, Koster, v. Kraus, Kreis, Kreitmaier, Krieg-Hochfelden, Krille, Kühn, *Kurz, Kutscher. — Lahnsen, Leidinger, Leiner, Leite, Leopold, *Lietzmann, Lill, Litzmann, Frhr. v. Lobkowitz, *Lorme, Lüdecke, *Lütgendorff-Leinburg. — Maaßen, Maenner, H. Mann, Th. Mann, *Marheineke, Martens, Matthießen, Maußer, A. Mayer, W. Mayer, Mayer-Koy, Mayr, Mehringer, *Mendelssohn-Adamkiewicz, Mensi v. Klarbach, *Menz, Messerer, Meyer, Meyerin, Minges, Mittler, Möhl, Moser, Mühsam, Mülbe, G. A. Müller, K. A. v. Müller, *Müller, *Müller-Lyer, Müller-Meiningen, Muncker. — Nafsauer, Neal, Neumann, Nistler, Noack-Nober, *Nober. — Oberlaender, Olden, Oswald, R. Otto, W. Otto. — *Pariser, Pembaur, Peterssohn, Petzet, Petzl-Basny, Pfänder, Pfeiffer, K. Pfister, R. Pfister, Frh. v. d. Pfordten, Pförtner, Pleyer, Poehlmann, Polaczek, Pöllmann, Ponten, H. Popp, J. Popp, *Port, Potthoff, Prévot, Przygode, Przywara, Pulver, Putz zu Adlersthurn. — Quidde. — *Raff, Rehse, Reichenwallner, Reiser, Reisiger, Rheinhardt, Richter, Ricklinger, *Riesch, Rieß, Riezler, Ritter, Roda Roda, Römer, Rose, Rosenberg, Rosmer, C. Rößler, H. Rößler, Rothes, Rudelsberger, Ruland, Frh. v. Rummel, Rupé, Russell, Rutra, Rutz. — Saekel, Sandberger, Sauter, *Schaefer, Schanderl, Scharrer, Schätte, *Schaumann, Schaumberg, v. Scheffer, *Schember, Scher, Scherman, Schermann, Scherrer, Schick, Schirokauer, Schlund, A. Schmid, J. Schmid, U. Schmid, Schmid-Breitenbach, Schmidt, Schmidt-Karlo, Schneider, Schnoor, Schnoor v. Carolsfeld, Schöller, Schott, Schottenloher, Schrenck-Notzing, Schrötter, Schubart, A. M. Schulz, W. Schulz, Schulze, Schupp, *Schupp, *Schwartzkopff, Schweiger, Segerer, Seidel, Seiffhart, A. Seitz, J. M. Seitz, Seydlitz, *Simons, Sinsheimer, Solleder, Somborn, Spengler, Stahl, Standhamer, Stange, Stein, A. H. Steinitzer, Steinitzer, Stobbe, Stobitzer, Stockmann, *Storm, F. Strich, W. Strich, Strieder, Sturm, Sturmann. — Tacchi della Pietà, *Prinzeß Therese v. Bayern, Thies, Tischner, Trautmann, Trojan. — *Ullmann, Unglehrt (=Verchem). — Vanselow, *Volbehr, Volbehr, Völler, Vollmer, Vorberg, Voßler. — Wagner, *Wahlström, Walloth, Wandrey, Hans v. Weber, Leop. Weber, Wehner, Weichand, Weigmann, *Weiher, Weis, J. Weiß, K. Weiß, *Westermann-Hausleitner, *Westkirch, Wiechmann, Winkler, Wirth, Woerner, Wohlmuth, Wolfenstein, G Wolff, K. Wolff, Wölfflein, Wolters, Wundt, Wurm. — Zarek, Zeiß, Zentner,

Zepler, Ziersch, Zils, Zimmerer, Zoff. **Bogenhausen:** Stahl. Weigand. **Ebenhausen:** Langewiesche. **Gern:** Balte, Rüttenauer. **Gräfelfing:** Martersteig. **Großhadern:** Hirschfeld. **Harlaching:** Baumgärtner. **Laim:** Hausmann. **Neuwittelsbach:** *Lipman-Wulf. **Nymphenburg:** *Hepner. **Pasing:** Bachmair, Bry, Capeller, *Croissant, Emmerich-Högen, Heinrich, Lerch, Merkl, Nabor, Nötzel, Schmidt, Thalhofer, *Weißmann. **Neu-Pasing I:** Scapinelli. **Prinz-Ludwigs-Höhe:** Moreck. **Schwabing:** *Gulbranßon. **Solln:** Euringer, Traub. **Thalkirchen:** Klemm.

Gladbach-Bettrath: Saedler.

Münden i. Hann.: Cascorbi.

Münster i. W.: Bahlmann, Bömer, Brunswig, Bücker, Buschmann, d'Ester, Ettlinger, Geisberg, Grimme, Hellinghaus, Jostes, Keller, Koppelmann, *Korte, Kreyenborg, Krumbholtz, Kluckholm, Magon, Manderscheid, Marcus, Mausbach, Meister, *Pagés, Philippi, Plaßmann, Roselieb, Ruhe, Salis, Schmidt, Schmitz-Kallenberg, Schönemann, *Schönemann, Schreiber, Schröder, Schulte, Schwering, Simon, ten Hompel, Volbach, Vorländer, *Wackernagel, Wackernagel, Wagenfeld, Wagner, Wätjen.

Murnau: Gobsch, Klatzkin.

Mürnsee (Post Bad Heilbrunn): Koester.

Mürzzuschlag i. Öst.: Böhm, Panhofer, Schruf, Weitzer.

Muttenz b. Basel: Reinhardt.

Myslowitz: Wirbitzky.

Nächst-Neuendorf b. Teltow: Dobert.

Bad Nauheim: Wichmann.

Naumburg a. d. S.: Borkowsky, Danckelman, Gutjahr, Krausbauer, Pappritz, Sturm.

Naunhof b. Leipzig: Dietrich, Loose.

Neckarbischofsheim: Ott.

Neckargemünd: Hermann, Lettow-Vorbeck, Menzer.

Neckarsteinach: Ronai.

Neheim: Heide, *Reigers.

Neiße: Ruffert.

Neubabelsberg b. Berlin: Behrens, Kurnik, Lensch, Riehl, Sarre.

Neubeuern a. Inn: Schaeffer.

Neuburg b. Heidelberg: v. Bernus, d'Ouckh, Schnack.

Neuchatel: Panoff.

Neudietendorf i. Th.: Krüger, Püschel.

Neuenahr: Gimmerthal.

Neuenweg i. Baden (Amt Schönau i. W.): Lehmann.

Neuern i. Böhmen: Watzlik.

Neu-Esting b. München: Guttzeit.

Neugersdorf i. Sa.: Hessel.

Neu-Globsow i. d. Mark: *Landau, Wegner.

Neuhaldensleben: Henning, Trümpelmann.

Neu-Isenburg b. Frankf. a. M.: Frank.

Neukirch b. Breslau: *Hamburger.

Neukirchen i. Hess. (Kr. Ziegenhain): *Weidenmüller.

Neumünster: Erbt, Zacchi.

Neurahlstedt b. Hamburg: Peters.

Neusalz a. d. O.: Simon.

Neuß a. Rh.: Borgmann, Hillmann, Pfeill, Weinrich.

Neustadt a. d. H.: Hirsch, *Liesenberg.

Neustadt i. O.-S.: Grabinski.

Neustadt a. Rbg. i. Hann.: Kuhn.

Neustettin i. Pomm.: Rogge.

Neustrelitz i. M.: Berg, Herrmann, Winkel, Witte.

Neutitschein: Hauptmann.

Neuwedell i. d. Neumark: Blümcke.

Neuwied a. Rh.: Ehrenhard.

New York: Maerker-Branden, Spengler, Viereck.

Nieder-Ingelheim a. Rh.: Burger.

Niederlößnitz b. Dresden: Zimmer.

Niederpöcking b. Starnberg i. Obbay.: v. Rosenberg.

Nieder-Ramstadt: Kleukens.

Niederschönenfeld i. Schwaben: Toller, Wernigk.

Niedersedlitz i. Sa.: Petzold.

Nienstedten i. Holst.: Küchler, Riebesell.

Nieschütz (Post Seußlitz, Bez. Dresden): Roßberg.

Nijmwegen i. Holland: Drerup, Kosch.

Nordhausen: Kohl, Scheer.

Nördlingen: Böhm, Neubert.

Nordrach i. bad. Schwarzwald: *Walther.

Nortorf i. Holst.: *Petersen.

Nove Mesto nad Váhom: Neubauer.

Novisad: Krimling.

Nowawes b. Potsdam: Bormann, Brönner, *Brönner, Mayer, Scheel, Stoffregen.

Nürnberg: Ackermann, Baege, Bardroff, Behr, Beißwanger, Bock, Bröger, Bubmann, *Büttner, *Dormitzer, Graf, Hampe, Jürke, Lederer, *Leffler, Meyer, Neumann, *Pöhlmann, Reichold, Reicke, Reimann, Schauwecker, Schödel, Schulz, Seifensieder, Sieghardt, Stählin, Steinlein, Werner, Wießner, Wolf, Wörndl. **Ebensee:** G. Samtleben, J. Samtleben.

Nürtingen i. Württ.: Ege.

Oberallmannshausen: Johst.

Oberalting-Seefeld i. Obbay.: Ludwig.

Oberaudorf a. Inn i. Oberbayern: *Quincke, Quincke, Weber.

Oberelvenich b. Euskirchen: Thöne.

Oberhambach b. Heppenheim a. d. Bergstr.: Sachs.

Oberhausen i. Rheinl.: Broermann, Groß, *Hartenstein.

Oberhof i. Th.: Mai-Rodegg, Pank, *Prellwitz.

Oberhollabrunn: Hieß, Kipper.

Obermenzing b. München: Zacharias.

Ober-Reißen: Ganske, *Ganske.

Oberrosenthal b. Reichenberg i. Böhmen: Leutell.

Obersasbach i. Bad.: v. Goltz.

Oberstdorf: Kaßner.

Obertal: Wizenmann.

Oberuf (Bez. Kassel): Bodemer.

Oberursel a. Taun.: Cornelius.

Oberweikertshofen b. München-Naunhofen: Zauner.

Oberwiesenthal: Muenzer.

Ockenheim: Schwarzkopf.

Offenbach: Weber.

Offenburg i. Bad.: *Batzer, Zuschneid.

Ohlau i. Schles.: Artopé.

Oldenburg i. Gr.: Biermann, Hinrichs, Müller-Wulckow, Pleitner, Schoenfeld, Schwartz, Strahlmann.

Bad Oldesloe: Müller.

Oliva i. Freistaat Danzig: Lange.

Olsberg i. W.: *Kahle.

Ölsnitz i. Vogtl.: Völkel.

Oppeln: *Grabowski, Köhler, Meridies.

Oranien b. Diez: Unruh.

Oranienburg b. Berlin: Gerling, *Lisowski.

Oranienburg-Eden b. Berlin: Milde.

Ortelsburg: Kretzmann.

Ortenburg i. Niederbay.: Stahl.

Oschersleben a. d. Bode: Brockes.

Osnabrück: Heilbronn, Hungerland, Ranisch, Rolffs, Schmitt, Wieman, Wurm.

Osterode a. H.: Strähler.

Ottilien i. Bay. (Post Geltendorf): Wehrmeister.

Ottensheim i. Oberöst.: Blittersdorff.

Oettingen: Knussert.

Ottobeuren: Wengenmayr.

Oybin: Hesse.

Bad Oeynhausen: Schettler.

Paderborn: Hatzfeld.

Pápa i. Ungarn: *Gamerra.

Paris: Block, Brun, Castell, Gold, Goll, *Goll.

Partenkirchen i. Obbay.: Krell, Müller, Siegfried.

Passau: Klug.

Patosfa i. Ungarn: Scharf.

Pausa: *Müller.

Peine i. Hann.: *Gebhardt.

Percha b. Starnberg a. See: Schmid-Noerr.

Perchtoldsdorf b. Wien: Strobl, Tlučhoř.

Perleberg: Pachaly.

Peterhofstatt i. d. Schweiz: Keller.

Potschappel b. Dresden: Baare.

Schloß Pfaffroda i. Sa.: Diener-Schönberg.

Haus Pfarrkeßlar i. Thür.: Eberhardt.

Pforzheim: Frank, Sutter, Webel.

Pfullingen: Schweizer.

Pier b. Düren: Neumann.

Piesport a. d. Mosel: Mumbauer.

Pirmasens i. d. Pfalz: Wasem.

Pirna a. d. Elbe: *Eberlein.

Planegg b. München: Dusch.

Plauen i. V.: Appelt, Bruchmüller, Dost, Eckert, Fischer, Forberger, Matthias, Rödiger, *Sorge, Weicker.

Pöcking b. Starnberg i. Bay.: v. Ostini.

Polln i. Obbay.: Köhler.

Poppenbüttel: Frahm.

Porto Alegre i. Brasilien: Phillipp.

Posen: Blau, Kaemmerer.

Potsdam b. Berlin: Bertz, Briese, Fleischhauer, Foerster, *Francke-Roesing, v. François, *Goebeler, *Grassow, Hupfeld, Kania, Kasack, *Kickton, Lepsius, Müller, Netto, *Nippoldt, *Pfuhl, *Rentzell, Röhrig, Saudek, Schäfer, *Schmidt, Steindorff, *Wichgraf, Winnig. **Wildpark:** Hesse.

Prachatitz i. Böhmen: *Krützner.

Prag: Brod, Demetz, v. Ehrenfels, Eisner (Reichsr. von u. zu) Eisenstein, Fuchs, Heine, Hoenig, Körner, E. Kraus, O. Kraus, Morecki, Murko, Praschniker, Frhr. Procházka, *Ptáček, Rosenbaum, Salus, San Nicolò, Scheu, Stark, Stein, Steinmetzer, Swoboda, Teweles, Tschinkel, Tschuppik, Weltsch, Wesselski, Winder, Winternitz, Zilchert. **Dejvice:** Fischer. **Karlin:** Urzidil. **Karolinenthal:** Wiener. **Koschirsch:** *Vera. **Podbaba:** Reimer-Ironside. **Smichow:** Adler, Floeck, Hauffen, Nack, Rietsch, *Sauer, Sauer, Stefansky. **Weinberge:** Grünert, Joß, Leppin, Milrad, Pick, Rychnovsky, Wien, Winicky, Zincke.

Preetz: Haupt.

Prerow: Klatt.

Preßburg: Messer, Schmidt.

Prien a. Chiemsee: Brentano, *Franke-Rank.

Probstdeuben: Münch(-Born).

Puppling b. Wolfratshausen i. Obbay.: v. Wolzogen.

Pyritz: Koeppen.

Bad Pyrmont: Schwertfeger.

Quasnitz b. Leipzig: Morgenstern, Schaumburg.

Quedlinburg: Gattermann, Görlitz, Kleemann.

Raab-Györ i. Ungarn: Lám.

Rabensburg i. Niederöst.: Peschke.

Radautz i. d. Bukowina: Paul.

Radebeul b. Dresden: Freudenberg, Schmid.
Radegast i. Anh.: Baege.
Ragnitz b. Graz: Eichelter.
Rahden: *Montzheimer.
Rähnitz-Hellerau: Gerlach.
Rankweil: Häusle.
Rapperswil: *Burkhardt.
Raschwitz b. Leipzig: Grautoff.
Ratibor: Block, Hyckel.
Ratingen: Cüppers.
Ratzeburg i. Lbg.: Gerhard, Tamm.
Alt-Reddevitz auf Rügen: Worm.
Regensburg: Britting, Endres, Grunwald, Habbel, Hartmann, *Keiter, Mayrhofer, Nostitz-Rieneck, Rausse, Saller, Walderstötten, Weber, Weinmann.
Rehbrücke b. Berlin: Breysig.
Reichenbach i. Schles.: Richert.
Reichenberg i. B.: Haller, Hutter, Jaksch, Pabisch, Rainer.
Reichenberg b. St. Goarshausen a. Rh.: Oettingen.
Bad Reichenhall: Simons.
Reichenbrand-Siegmar b. Chemnitz: Czasche.
Reisach b. Oberaudorf i. Obbay.: *Freiin v. Künsberg.
Reitrain b. Tegernsee: Biermann.
Remscheid: *Strube.
Remscheid-Hasten: Meseke.
Rendsburg: Ehlers.
Rendsburg-Büdelsdorf i. Schl.-Holst.: Drasdo.
Rettenbach: Jenko.
Reutlingen i. Württ.: *Rupp.
Reutte i. Tirol: Greinz.
Reval: *v. Bodisco, Greiffenhagen, Keyserling, Siebert, Wahl, Wrangell, Zoege von Manteuffel.
Rheinbreitbach: Herzog.
Ribnitz i. Mecklb.: *Algenstaedt.
Riederau a. Ammersee: Scholtz.
Riedheim i. Bay.: Bleibtreu.
Riedlingen i. Württ.: Miller.
Riehen b. Basel: Gschwind, Ueber Wasser.
Burg Rieneck i. Unterfr.: Bloem.
Riga: Brandt, Busch, Feuereisen, Grosberg, v. Hedenström, *Hunnius, Köster, Nußberger.
Rinderfeld i. Württ.: Betzendörfer.
Rinteln a. d. W.: *Brehm, Heußner.
Rissen b. Blankenese: Benninghoff.
Ritterhude b. Bremen: Wäbekindt.
Rochlitz i. Sa.: Tögel.
Rochwitz b. Dresden: *Bucher.
Rodaun b. Wien: Geiger, v. Hofmannsthal, Kobald.
Rohr b. Stuttgart: Krauß.
Rom: Amelung, Barth, Eberlein, Hanau, Hohenemser, Kahn, *Ledóchowska, Stein, Steinmann, Webinger.
Romanshorn: Muggli.
Römerswil: Hofer.
Rosenheim: Hofmiller, Stemplinger.
Rositz i. S.-A.: Pulz.
Roßberg: Kaboth.
Rostock: Ahrens, Bercke, *Eichemeyer, Eilers, Erhardt, Flemming, Friederichs, Genzmer, Golther, Imelmann, Kohfeldt, *Mann, Nespital, *Oertzen, Ripcke, Rust, Teuchert, Utitz, Volckmann, v. Winterfeld, Zenker.
Roth a. Sand i. Mittelfr.: Popp.
Rottach i. Bay.: v. Bothmer, Schmidtbonn.
Rottenburg: Keppler.
Rottweil a. N.: Brechenmacher.
Rüdesheim a. Rh.: Sternberg.
Rudolstadt i. Th.: Hahn, Klinghammer, Schweder, Strzelczyk,
Ruhlsdorf-Niederbarnim: Barth.
Ruhla: Richter-Helmbach.
Rumburg: Jahne.
Rüschlikon b. Zürich: Heer, Koelsch, Medicus, Müller-Bertelmann.
Rüte (Kt. Zürich): Zollinger.
Burg Saaleck a. d. S.: Schultze-Naumburg, Stein-Saaleck.
Saalfeld i. Thür.: Engelhardt, *Fischer.
Saarbrücken: Becker, Binz, Martin, Niedner, Straub, Stein.
Saargemünd i. Lothr.: Michel.
Saarow i. d. Mark: Michaelis, Misch.
Saaz: Herbst.
Sächs. Regen i. Siebenbürg.: Arz.
Sachsenhausen: Jacoby.
Säckingen a. Rh.: *Susman.
Sagan i. Schles.: Lubrich.
Sakrow: Südekum.
Salzburg: *Brentano, Demel, Drinkwelder, Ginzkey, Gober, *Hohlfeld, Hübl, Huemer, Kalser, Kirchsteiger, Löser, Martin, Pichler, Praehauser, Prast, Scherer, Strasser, Wrede, Schmitz, Schoßleitner, *Zweig, Zweig. **Parsch:** Außerer.
Salzmünde a. d. S.: Diete.
Sambor i. Polen: Sternbach.
St. Andreasberg i. H.: Hacker.
St. Fehn: Hengst.
St. Gabriel-Mödling: Schmidt.
St. Gallen: Beerli, Guggenheim, Huna, Jenny, Marcus, Schieß, Steinmann.
St. Georgen b. Dießen a. Ammersee: Vetter.
St. Georgenthal i. Böhmen: Ressel.
St. Johann-Abru i. Tirol, Öst.: Oberkofler.
St. Peter b. Salzburg: Klotz.
St. Pölten: Burger.
St. Stefan ob Leoben i. Steiermark: Pühringer.
Sarnen i. d. Schweiz: *Küchler-Ming, Niderberger.
Sarntal i. Südtirol: Tschurtschentaler.

Stuttgart: Ankenbrand, Baer, Baum, Blos, *Blos, Dörge, Egelhaaf, Ehrler, Eick, Eisenmann, Enderling, *Fehling, Floericke, Gerster, Gerstmayer, Giese, Gradmann, Greiner, Grunsky, Güntter, Hartmann, Hefele, v. der Hellen, Heller, Heye, *Hofmann, Holle, Kemper, Keyßner, Kraft, Lang, Lauckner, Mauch, Metz, Meyer, Missenharter, Mader, Müller, Nagel, Osterberg, Pazaurek, Peterson, Piper, Radestock, Rausch, Reinacher, Scharl, Schertel, Scholz, Schönleber, Schussen, *Schütky, Schwebsch, *Schweikhardt, Seelmann, Seyther, Siber, Stein, Stockmeyer, Straub, Ströhmfeld, Toepel-Fredersdorff, Vanderstetten, Vollmoeller, Weizsäcker, Werner, Wertheimer, Widmann, *Wildermuth. **Botnang:** Lieblich. **Degerloch:** Ostertag, Schneider. **Zuffenhausen:** Endres.

Suhl: Kaminsky, Kunze.

Bad Sulza: Rost.

Sulzbach i. Oberpf.: v. Ehrenkrook, Faßbinder, Solf.

Klein-Süntel: *Westkirch.

Suxdorf i. Holst. (Post Cismar): Kuckei.

Swinemünde: *Maltzahn.

Tabarz i. Thür.: *Zoozmann, Zoozmann.

Tamsweg: Hofmann.

Tannroda a. d. Ilm.: v. Gleichen-Rußwurm.

Tarnowitz: Kurpiun.

Tapiau: Schwock.

Taucha b. Leipzig: Hünich.

Tecklenburg i. Westf.: Eye.

Bad Teinach i. Württ.: Lutz.

Tegernsee: *Stieler.

Temesvar: *Heide, Kappus, Orendie-Hommenau, Wettel.

Tempelburg i. Pomm.: Wolff.

Templin: Heuer.

Tenever: Holtzinger.

Teplitz-Schönau: Karafiat, *Rechnitz, Rechnitz.

Teufkirchen: Bonus, *Bonus.

Teußerbad i. Württ. (Post. Löwenstein): Kyber.

Tilsit: Katschinski, *Nast.

Timisvara: Alscher, *Alscher.

Thale a. H.: Schönermark.

Thalhof-Zürich: *Orelli.

Thangelstedt: *Hopffgarten.

Thun i. d. Schweiz: de Quervain-Paur, Fränkel, Herbertz.

Tharandt (Bez. Dresden): *Weißer.

Toledo (U. S. A.): *Hagen.

Bad Tölz i. Obbay.: *Schneidhuber, Schoener, *v. Schultze.

Tondern: Bödewadt, *Bödewadt.

Tonndorf-Lohe b. Hamburg: Bube.

Torgau: Henze, Herrmann.

Traisa b. Darmst.: Coellen.

Traunstein: Schierghofer.

Trautenau i. Böhm.: Stanger.

Treptow a. Rega: Fries.

Triesdorf i. Bay.: Bauernfeind.

Trier: Feldmann, Gieben, Laven, Scheid, Tiaden, Wiegand. **Pallien:** *Hausberger.

Triest: Kellner.

Troisdorf b. Köln a. Rh.: Berbig.

Troppau: Drabke, Hadina, *May, Schindler, Wittek.

Tuckum i. Lettland: *v. Brincken.

Tübingen: Adickes, Baur, Bohnenberger, Dehio, Franz, v. Garbe, Groos, Günter, Haas, Haller, Heim, Heyfelder, Kaiser, Kolbenheyer, Lange, Oesterreich, Ritter, Schilling, Schmid, Schneider, Spitta, Wahl, Watzinger, Weber.

Turn-Teplitz i. Böhmen: Lehmann.

Tutzing a. Starnberg. See: Eichacker, Herrmann.

Ueberlingen a. Bodensee: Einenkel, Kesser.

Uetersen: Klappstein.

Uetikon a. Zürichsee: Lang, Moeschlin.

Uffing a. Staffelsee: Wienert.

Ullersdorf b. Radeberg: Feßler.

Ulm a. d. D.: Englert, Moos, Mueller, Reyhing, Riebel.

Untergneus: Schache.

Unterhaching b. München: Flaskamp.

Unterneubrunn i. Thür.: Vogl.

Unterschondorf a. Ammersee: Pfitzner.

Untes-Nalb b. Retz i. Niederöst.: Koller.

Untertürkheim: Lörcher.

Uster i. d. Schweiz: Evers.

Utrecht: Magnus, Oppermann.

Uttwil i. Thurgau: Sternheim.

Vacha i. Thür.: Jesinghaus.

Valkenburg i. Holl.: Arens, Fröbes, Jansen, Kugler, Nachbaur, Pribilla.

Vechta i. Oldbg.: Bachmann.

Vegesack: Engelhardt, Baars, *Schulken.

Vietzer-Schmelze i. Brandbg.: *v. Collani.

Villach: Haas, Maro, Millesi.

Vinzelberg i. d. Altmark: *Rantzau.

Vitznau: Haller.

Voerde i. Westf.: Crone.

Vohwinkel i. Rhld.: Uellenberg.

Voigtsbach b. Reichenberg i. Böhm.: Reisel.

Vöslau b. Wien: Paganetti-Hummler.

Waal i. Schwab.: Wieser.

Wädenswil: Müller.

Waiblingen: Heuschele.

Waidmannslust b. Berlin: Timmermann.

Walberberg b. Köln: Falkenberg.

Walchensee: Seeliger.

Waldenburg i. Schles.: Matschoß.

Waldheim i. Osthavelland: Erdberg.
Waldmünchen i. d. Oberpfalz: Lehner.
Waldshut: Körber.
Waldtrudering: Schede.
Wallhausen a. Kyffh.: Trippenbach.
Walsum a. Niederrh.: Burhenne.
Waltenhofen: *v. Holtzendorff.
Wandsbek i. Schlesw.-Holst.: Lorenz, Martens, Meyer, *Meyer, *Wolterstorff.
Wangen a. Bodensee: Bacmeister, Heye.
Wanne-Eickel i. Westf.: Doppler.
Wanzleben: Kahlo.
Waren i. Meckl.: Gratopp, Wossidlo.
Warendorf i. Westf.: Lütteken, Ohlmeier.
Bad Warmbrunn i. Riesengeb.: Stehr.
Warnsdorf: Schams.
Warschau: Behrmann, Scharlitt.
Wasserburg a. B. i. Bay.: Rathgeber.
Wasserburg a. Inn: Ritzinger.
Weckersdorf b. Braunau i. B.: Tinzmann.
Weiden b. Köln: Lüthgen.
Weiden i. d. Oberpf.: Lindner, Sartori.
Weidlingau i. Niederöst.: Dworzak.
Weikersheim: Iger.
Weiler a. Vorarlberg: Ritter.
Weilheim i. Obbay.: Damrich.
Weimar: Bartels, v. Baudissin, Bernson, *Boeß, Deetjen, Döpel, Devrient, *Förster-Nietzsche, Friedlaender, *Gnade, Göring, Gräf, Groth, Haar, Hardt, Hauser, Hecker, Herfurth, Herwig, Hoffmann, Kaibel, Kaiser, Kellermann, Koegler, Kraze, Kühn, Kühnert, Lienhard, Lilienfein, Linke, *Mekler, Müller, Muthesius, Paris, *Paris, Preißer, Reese, *Roer, Rolletschek, v. Saltzwedel, v. Scheffler, Scheidemantel, Schlaf, Schmitt, Schrickel, Sebrecht, *Senz, Tille, Türck, Quensel, Wachler, Wahl, Wahle, *v. Watzdorf-Bachoff, Wolf.
Kgl. Weinberge b. Prag: Baum.
Weinböhla b. Dresden: Cotta, Martin.
Weinheim i. B.: Platz.
Weischlitz i. Vogtl.: *Enders-Dir.
Weißbach b. Jauernig i. Tschechosl.: Rittner.
Weißenfels a. d. S.: Theuermeister.
Burg Weißenstein: *Vegesack, Vegesack.
Weißer Hirsch: Trützschler von Falkenstein.
Wellingsbüttel-Hoheneichen b. Hamburg: Hähnel.
Wels: Moser, Rossi.
Wemding: Sedelmayr.
Wendehof: Tepp.
Werne a. d. L.: Deimann.
Wernigerode a. H.: Drees, *Evenius, *Papke, Schmidt, Seiler, *Thiede-Paris, *v. Zedlitz u. Neukirch.
Wertheim a. M.: Haug.
Werther b. Bielefeld: Hoesterey.
Westerholz b. Langballig: Asmussen.
Westerland-Sylt: Lienau.
Wettolsheim i. Els.: Sylvester.
Wetzelsberg b. Stallwang i. Niederbayern: Zoller.
Wetzlar: Gloël.
Weyern: Gluth.
Widersdorf b. Saalfeld: Luserke, Weber.
Wien: Abeles, G. Adler, Fr. W. Adler, Adolph, Albert, Altschul, Anders, Angel, Angenetter, Ankwicz v. Kleehoven, Anzengruber, Arnold, Ascher, Auernheimer, Auffenberg-Komarów, Aufricht. — Bacher, Badstüber, Baldaß, Bardach Edler von Chlumberg, Bardas Edler v. Bardenau, Baron, Baß, Bato, Bauer, Beer-Hofmann, Benatzky, Bendiener, *Benisch-Darlang, *Berger, Bergmann, Bermann, Bernfeld, Bessemer, Beth, Bettauer, Bettelheim, *Bettelheim, Bibl, Bick, v. Biczó, Biendl, Birnbaum, Blasich, Bloch, Blum, Blumenthal, Bock, *Bock, Böck-Gnadenau, Bohatta, Böhm, Börner, Boyer Edler v. Berghof, Braum, Braun, Brecht, Breitner, Brettschneider, Brigg, Bronner, *Bruder, A. Brunner, K. Brunner, Brussot, *Bühler, *Burkard, Buschbeck, Busson. — Castle, Charmatz, v. Chlumecky, Christ, Christel, *Cloeter, Crüwell, Csmarich, Czaulandi de Mailly, Cysarz, Colerus, Coudenhove-Kalergi. — Danszky, Dattler, Decsey, Deschmann, Deutsch, Dietrichstein, Döring, Diez, *Dürfeld. — *v. Ehrenfels, A. Ehrenstein, C. Ehrenstein, Eichert, Eichinger, Eidlitz, Eigner, Eisler, A. Engel, M. v. Engel, Escuyer, Essigmann. — Fechner, Federn, v. Fehérpataky, H. Feigl, L. Feigl, Feld, Fellner Ritter v. Feldegg, Ferch, Filek, Fingermann, Fischer, *Fischer Edle v. Trammingen, Fischmann, Fischl, Fontana, Frank, Frankfurter, *B. Franzos, *M. Franzos, Fraungruber, Freud, *Freund, Frieberger, Friedell, Frimmel, Fürst. — Gelber, Gerber, *Gerstner-Stevens, Geyer, Glabischnig, Glaeser, Glück, Glücksmann, Goldnagl, Goldmann, Goldscheider, Golias, Gomperz, Graedener, Graf, *Grazie, Gregor, Greinz, Grienberger, *Groetzinger, Grohmann, *Grohmann, Großauer, Grolig, *Groner, Grunwald, Grünbaum, v. Grünebaum, Grünewald, Grünwald, Gugitz, *Gurschner, Guth, Guttmann. — Haberlandt, Hammer, W. A. Hammer, Hango, v. Hartlieb, K. Hartmann, L. M. Hartmann, Hassenberger, Heger, Heidrich, Heller, Hellmer, Hellmuth, Herbatschek, Herndl, Herold, Herzl, Heß, Heßhaimer, Hintze, Hirsch-

feld, Hirschmann, Hitschmann, Hock, Hoeflich, Hoffmann, *Hoffmann, *Hofmann, E. Hofmann, H. Hofmann, Hohenauer, Hohenlohe, Hohlbaum, Höllriegel, Holzmann, Horst, v. Hubicki, Huffnagl-Baumgartten, Huppert. — Jacobson, Jaeno, *Janstein, M. H. Jellinek, O. Jellinek, Jelusich, Illing, Imendörffer, Innerkofler, *Jodl, Iro, Isler, Jüllig, Junk, Junker. — Rud. Kalmar, Rud. Kalmar jun., Kaminka, Kanner, Karell, Kárpáth, Karpfen, Kastner, *Kastner-Michalitschke, Katann, Kauders, *Kaus, Kaus, Kehlmann, Keller, Kellner, Kienzl, Kindermann, Kläger, Kleinert, Klement, *Klepetar, Klieba, Klinenberger, Klob, Klopfer, Kocmata, Kohm, Kola, Komorzynski, Koppitz, Kraft, D. Kralik Ritter v. Meyrswalden, H. Kralik Ritter v. Meyrswalden, R. Kralik Ritter v. Meyrswalden, Kramer, Kratzmann, Kraus, Krauß, Krejcik, Kreutz, Kronfeld, Frh. v. Jaden Krticzka, Krünes, Küchler, Kulka. — Labán, Lange, Larisch, Lehr, Lemmermeyer, Levetzow, Liebenfels, Liegler, Löbl, Loewy, *Loos, Lothar, Lucka, Luick. — Madjera, Mailly, Mandler, *Maresch, Mascha, *Mataja, *Mauthner, Mayer-Eschenbacher, *Mayreder, Mazakarini, Meder, Meisels, Meixner, Mell, Menghin, Metz, Michel, Micheu, v. Millenkovich, Mittendorfer, Mohácsi, Mojsisovics, Morgan, Much, Müller, R. Müller, Müller-Guttenbrunn, Münzer, *Murau, Musil. — Nadherny, Nagel, *Naval, Neißer, Neresheimer, Neumair, Neumann, Neurath, Neuwirth, Newald, *Newald-Grasse, Nhil, Nießner, Nowy Edler von Wallersberg, Nüchtern. — Oberhauser, Oberleithner, Oelwein, Oesterreicher, Ofner, Ölzelt-Newin, Oppenheim, Orel, Ortner, Otte, Ottenthal. — *Pal, Pal, Pauer, Paul, Payer v. Thurn, Perutz, Pfaundler von Hadermur, Pfeiffer, Pianta, *Pietzsch, Pilz, Pirkhert, Piszk, Polgar, Porges, Pordes, Povinelli, *Povinelli, Probst, J. H. Prosl, R. M. Prosl, *Proschko, Pschorn, Puchstein, Pult. — Rabenlechner, Edl. v. Radler, Rainalter, Ramberg, Rank, Ratislav, Rebiczek, Rechert, Redlich, Regel, Reh, Reich, Reichenfelser, Reichert, J. Reichl, K. Reichl, Reik, Reinicke, Reininger, Reitterer, Renner, Ressel, Rheinhardt, *E. Richter, *H. Richter, *Rie, Riedl, Rieger, Rienößl, Robitschek, Rochowanski, Roden, Roeßler, Roffenstein, Rommel, Rosenbaum, Rosenfeld, Rosenmann, Rosenthal, Rottauscher, Rönland, Rumpf. — Sadger, Sadil, Salten, Saudek, Schaffer, *Schalek, Schalit, Schaukal, Scheidel, Schenker, Scherber, Scherlag, Scheuer, Schindler (Wallenstern), Schlitter, v. Schlosser, *Schmahl, Schmidl, Schmitz, Schneider, Schneller, Schnerich, Schnitzler, *G. Schoeppl, Schoeppl, *M. Schoeppl, Scholl, Scholz, Schönherr, *Schönowsky v. Schönwies, Schönowsky v. Schönwies, Schoßleitner, Schreder, Schreter, Schreyvogl, Schröer, *Schuch-Mankiewicz, Schultz, *Schurz, A. Z. Schwarz, H. Schwarz, H. E. Schwarz, Schwerdfeger, Sedlak, Siebertz, *Siegmund, *Silberer, Silberstein, Singer, Sinthern, Sittenberger, Sonnenschein, Sosnosky, Soyka, *Spann-Rheinsch, Specht, Spiegler, Spunda, Staub, Stauf von der March, Stefan, *Stein, Stein, Steinach, Steiner, Stekel, Stern, Sternberg, Stettinger, *v. Stockert-Meynert, Stoeßl, Stoklaska, Storfer, Stranik, Sträßle, F. Strunz, K. Strunz, Strzygowski, Stuppöck, Stürzer, Susan, Heinr. Swoboda, Herm. Swoboda, Syrutschek, Szana. — Tagger, Tandler, Tartaruga, Templer, Terramare, Tietze, Tomaseth, Török, Toth, *Touaillon, *Towska, Trebitsch, *Trebitsch-Stein, Trentini, *Triebnigg, Tritsch. — Uhlmann, Unger, *Urban, *Urbanitzky. — Vállas, Vancza, *Vay, Vogler, Vondrák. — Wache, Wall, Wallisch, Wantalowicz, *Wasserburger, Weber, Weil, Weingartner, Weinheber, Weiser, *Weißenthurn, Welleminsky, Edm. Wengraf, Ernst Wengraf, Wenzlik, Wertheimer, *Wied, M. Wiener, R. Wiener, *Wilheim, Wilk, Wilke, Windhopp, Winkler, *Winkler, Wisser, Wittels, Wittmayer, Wolff, Wolfgang, Wolfram, Wolkau, Wollmann, Wrany, Wurmb, Wurzbach. — Zettl, Zilsel, v. Zimmermann, Zlatnik. **Döbling:** Eberle. **Grinzing:** Neumann. **Mödling:** Ranegger. **Wiener Neustadt:** Birbaumer, **Ober St. Veit:** Geist. **Purkersdorf:** Plattensteiner.

Wiesbaden: Christiansen, Dietz, Dornblüth, *E. Escherich, *M. Escherich, Euling, *Fuchs, Gäfgen, Hagemann, Hammer, Heidsieck, Herke, Jacoby, Karrillon, Keller, Kesser, Knauer, Kraatz, Kron, Lauff, *Leiningen, Leis, Lewin, Liesegang, Lissauer, *Melchers, Meyer-Elbing, Müller, *Frfr. v. Nauendorf, Nohascheck, *Ohnefalsch-Richter, *Olden, Olden, Oswald, Philippi, Pilf, Rauch, Reeg, *Sauer, Schmidt, Zedler. **Adolfshöhe:** Abigt.

Wiesdorf a. Niederrh.: Wiemar.

Wiesental (Kr. Angerburg): Krakowski.

Siedlung Wiesseloh i. Waldeck (Post Hemfurth): Weisen.

Wildberg i. Bay.: Wencker.

Wildenroth i. Obbay.: Freißler.

Wilderswil-Interlaken (Kt. Bern): Volkart.

Bad Wildungen: Winkelmann.

Wilflingen a. Neckar: Dimmler.

Wilhelmsburg i. Hann.: Reinstorf.

Wilhelmshagen b. Berlin: Brand.

Wilhelmshaven: Goßmann.

Wilhelmshorst: Hoeft.

Wilschdorf b. Dürröhrsdorf i. Sa.: *Baer Edle von Huthorn.

Windischleuba: Frh. v. Münchhausen.

Winnenden b. Ob. Waiblingen: *Lechler.

Winterthur: Hirt, Hunziker, Reinhart, Schaffner.

Wismar i. Mecklb.: *Burow.

Witten i. W.: Goyert.

Wittenberg i. Sa.: Erfurth.

Wittenberge: Schowalter.

Wohlau b. Breslau: Heinemann.

Wolfach: Hjarmstedt.

Wolfenbüttel: Bauer, Brandes, Macke, Meyer-Rotermund, Schaefer, Zimmermann.

Wolfratshausen: Kahler.

Wolfsberg b. Breitbrunn a. Chiemsee: Vogt.

Wolfsgrub: Mohr.

Wolgast i. Pomm.: Modersohn.

Wollmatingen b. Konstanz: Bauer.

Wolperndorf i. S.-A.: Beyer.

Woltersdorfer Schleuse b. Berlin: Schwandt.

Worms: Bauer, Graf, Zoepf.

Brixen i. Tirol: *Groener.

Wünsdorf: Klippel.

Wunsiedel i. Bay.: *Simon.

Würzburg: Babinger, F. Bauer, W. Bauer, Beyhl, Bulle, Burggraf, Dauthendey, Eberhard, Egloffstein, Fischl, Franz, Heuler, Jiriczek, Kaufmann, Kittel, *Klaiber-Gottschau, Knapp, Lepel, Lessiak, Luther, Marbe, Nikola, Reisert, Roetteken, *Sapper, Sedlmaier, Spannuth-Bodenstedt, Sperl, Stahl, Vischer, Widder, Wunderle.

Wustrow i. Mecklb.: Lange.

Zagreb i. Kroat.: *Lucerna.

Zähringen b. Freibg. i. B.: *Wüstorff.

Zeesen b. Königswusterhausen b. Berlin: Behrens.

Zofingen: Jenny.

Zeitz: Sidow.

Zerbst: Hoede, Reiter, Schulze, Weber.

Zettlitz i. Sa. (Post Rochlitz): Nitzsche.

Zeulenroda: Stemmann.

Ziebigk: Heine.

Ziditz a. d. Eg. i. Böhm.: Lindenbaum.

Ziegenhain (Bez. Kassel): Deubner.

Zinnowitz: Gast, *Leisner-Ellerbeck.

Zinten i. Ostpr.: Schmidt.

Zirl i. Tirol: *Pelzel Edle v. Staffalo.

Zittau: Apelt, *Helbig, *Judeich, Judeich.

Zloczow: Schwadron.

Zollikon b. Zürich: Faesi, Hoffmann, Muschg, Studer, Waser, *Waser.

Zoppot: *Riesen.

Zuffenhausen: *Laurmann.

Zürich: Aeppli, Altheer, *Amberger, Appenzeller, Bachmann, Baumgartner, Bänninger, Beetschen, Beran, Billeter, *Bleuler, Blocher, Bodmer, Brunner, Bührer, *Bürgi, Cohn, d'Albert, Enderlin, Ermatinger, Escher, Eschmann, Federer, Fenigstern, Foerster, *Fries, Geilinger, Held, *Holzmann, Hunziker, *Joël, Ilg, Jollos, Köhler, Korrodi, Lienert, Lipps, *Locher-Werling, Markus, *Matthey, Munz, Netzle, *Niethammer, Obermatt, Pestalozzi, Pinkus, Roeder, Schaer, Schollenberger, Schuster, Seidel, Speck, Speich, Steinberg, Straßer, *Sturzenegger, *Thommen, Trog, Vögtlin, *Weibel, *Weidler-Steinberg, Wettstein, Wickihalder, Wiegand, Wiß-Stäheli, *Wüest-Hindemann, Wüest-Hindemann, Zemp, *Ziegler, Zollinger, *Zürcher, Zurlinden. **Adliswil:** Heise.

Zweibrücken: Becker, Zoeller.

Zwickau i. Sa.: Bergfeld, Ehrhardt, Gräfe, Grelle, Lorenz, Unger, Zimmer.

Zwönitz i. Sa.: Löscher.

z. Zt. unbekannt: *v. Buttlar, Wyneken.

Auf Reisen: *v. Wolzogen.

Nachträge und Ergänzungen.

Bauer, Hans (Wien). Nähere Angaben waren nicht zu ermitteln.

Berger, Ludwig. Nähere Angaben waren nicht zu ermitteln.

Billinger, Richard. Nähere Angaben waren nicht zu ermitteln.

Branca, Gerhard Frhr. v., SDS., ✠, München, Kurfürstenplatz 8. (Berlin $^{7}|_{1}$ 85.) **V**: Die Zwölf-Apostellegende, N. 18, n. A. 24. **H**: Goethes „Leiden des jungen Werthers" (Urausg.) 22. *

Budde, Fritz, Sprach- u. Bühnenkunst, Dr. phil., Lektor d. Vortragskunst a. d. Univ. Marburg a. d. Lahn, Wilhelmstr. 15. (Köln $^{21}|_{6}$ 84.) **V**: Wieland u. Bodmer 10; Kriegsnovellen 15. **H**: Lessings Literaturbriefe u. Rezensionen; Brentano (beides Gold. Klass. Bibl.); Bücher der roten Erde 21.

Campenhausen, Rud. Frhr. v., Übersetzg. Livland, z. Z. Jena, Burggarten 9a. (Riga $^{18}|_{1}$ 79.) **Ue**: P. N. Krasnow, Der 80te, die Steppe, Erzn.; Verstehen heißt Vergeben, R; Die Amazone d. Wildnis, R.; Fallende Blätter, R. 22—23. *

Erkes, Eduard, Sinologie, Dr. phil., Kustos am Museum f. Völkerkunde u. PrivDoz. an d. Univ. Leipzig, Kaistr. 1. (Genua $^{23}|_{7}$ 91.) **V**: Japan u. d. Japaner 15; China 19; Chinesen 20; Chinesische Literatur 22. *

Ertl, Hans, Psychologie, Okkultism. München-Gern, Kratzerstr. 28. (Brunntal, Bez. München $^{2}|_{1}$ 78.) **V**: Lehrkurs d. Hypnotism. 1, 6. A., II. 4. A.; Charakterbeurteilg. 2. A.; Kunst d. Beeinflussg.; u. a. *

Hofmann, Johannes, SDS., Lit.♛, ♛, Dr. phil., Stadtbibliothekar. Leipzig, Kronprinzstr. 71II. (Dresden $^{13}|_{10}$ 88.) **V** bzw. **H**: D. Kursächs. Armee 1769 bis z. Beginn d. Bayrischen Erbfolgekrieges 14; D. Jägerbataillon Nr. 13 u. die Res.-Jäger-Batl. Nr. 13 u. 25 im Weltkriege 18; D. erste deutsche Schriftstellerorganisation u. die Schriftstellerbewegg. 21; Goethes „Reineke Fuchs" m. Illustr. nach Everdingen 21; Gustav Freytag als Politiker, Journalist u. Mensch (m. unveröffentl. Briefen v. Freytag u. Jordan) 22; D. Herz d. deutschen sozialen Bewegg. im 19. Jahrh. 23; Beiträge zur Stadtgeschichte (m. Schulze u. Ruppert) 23. *

Jahn, Max (s. Hauptalphabet). **V**: Üb. d. Zeitverhältnisse d. Vorstellens u. deren Wichtigkeit f. d. Unterr. 81; D. Einfluß d. Kant. Psychologie auf d. Pädagogik als Wissensch. 85; Methodik d. ep. u. dram. Lektüre 91; Ethik als Grundwissensch. d. Pädag. 93, 4. A. 24 I/II; Psychol. als Grundwissensch. der Pädagogik 97, 7. A. 20 I/II; Sittlichkeit u. Religion 10; Über Individualität u. Persönlichkeit 11; Erziehgslehre in Verbindung m. d. Psychologie 13, 2. A. 16; Ethik u. staatsbürgerl. Erziehg. 14; Logik, Methodenlehre u. Erkenntnistheorie 20; Die staatsbürgerliche u. weltbürgerliche Erziehung 21. **H**: Eberhard, Hannchen u. d. Küchlein 93, 4. A. 14; Goethe, Hermann u. Dorothea 95, 2. A. 14; Schiller, Maria Stuart 10; Lessing, Nathan 11.

Grave, Friedrich, ⁂, Dr. jur. Rechtsanwalt, Privatgelehrter. Bremen, Frühlingstr. 22. (ebda $^{21}|_{7}$ 81.) **V**: Das Chaos als objektive Weltreligion 24. *

Günther, Fritz, RP., /, Skizze, Reisebriefe, Theater- u. Kunstkritik, **Ue**: EF., Feuilleton-Red. d. „Wiesbadener Tageblatts". Wiesbaden, Scharnhorststr. 12. (Berlin $^{3}|_{7}$ 84.) *

Happ, Alfred, DV., Dramatik, Dr. phil., Lektor. Regensburg, Bayern, (über Habbel & Naumann Verlag, Keplerstraße 1). (Kempten $^{7}|_{12}$ 98.) **V**: (Mit Paul Alverdes) Die ewige Weihnacht, Sp. 22; Hieronymus, G. 23; Guiscardo und Ghismonda (übertragen aus Boccaccio) 24; Die Türme Demetrios, Sch. 24; Mattias Merklin, Sch. 24. *

Heimann, Frl. Betty, ⁂, Dr. philos., Privatgelehrte. Hamburg, Isestr. 119. ($^{18}|_{1}$ 85.) **V**: Über den Geschmack 24. *

Heinig, Karl, ✠, ⊙, Schriftsteller. Gera-Reuß, Bismarckstr. 27. (Bernburg, Anh. $^{12}|_{10}$ 86.) **V**: Dichtung u. Liebe, G. 10; Kriegsfackeln, Sch. 14; Was die Stunde sang, G. 20; Glück, Vision 20; Kaina, Sch. 24. *

Herma, Karl, ✠, Nov., ⊙, Adr. d. Komm.-Verl. Alexander Duncker, Weimar. ($^{28}|_{1}$ 95.) **V**: Inferno, Dr.; Ruth, Sch.; Schenke der Ilaica, Dr. *

Huelsenbeck, Richard. Nähere Angaben waren nicht zu ermitteln.

Kubin, Alfred, Roman, Wernstein a. Inn, Ob.-Österr. (Leitmeritz, Böhm. $^{10}|_{4}$ 77.) **V**: Die andere Seite 09, 8. A.; Von verschiedenen Ebenen, e. Malerbuch 22. *

Kudnig, Fritz. Berichtigungen zum Text im Hauptalphabet: Statt „Justizobersekretär" muß es heißen „Schriftsteller". Das „Lied der Kurischen Nehrung" erschien 24 (nicht 23).

Latzko, Andreas. Nähere Angaben waren nicht zu ermitteln.

Lehmann, Karl, neuere Lit.♛, **Kritik,** Dr. phil., StudR. Düsseldorf, Lueg-allee 9. (Krefeld $^{19}|_{9}$ 88.) **V:** Junge deutsche Dramatiker 23. *

Le Mang, Erich Erwin Woldemar. Zu den im Hauptalphabet aufgeführten Schriften sind noch zu nennen: D. Gabe der gewandten Unterhaltung 15; Wie werde ich Detektiv? 16; Hypnose u. Suggestion 18; Schein-Mächte d. Hypnose 20; Gedankenlesen 21; D. Okkultismus 23; Durch Hypnose geheilt 23; Untreue in der Liebe 24.

Lersch, Heinrich. Nähere Angaben waren nicht zu ermitteln.

Meinhard, Elsabeth (Ps. f. Frau Elisabeth Frantz), SDS., Roman, ⚜, Berlin-Wilmersdorf, Kaiserallee 204. ($^{29}|_{8}$ 87.) **V:** Das Donauhaus, R. 18, 9. A. 22; Aus singendem Herzen, e. Ehe in Briefen 20; Manir, G. 20; Der Spiegel, G. 22; Der selige Narr, R. 23. *

Müller, Dominik, s. Schmitz, Paul.

Nasse, Hermann F., Kunst♛. München, Kaiserstr. 21 I. (Obervölklingen, Saar $^{30}|_{9}$ 73.) **V:** Jacques Callot (i. „Meister d. Graphik") 09, 2. A. 23; Stefano della Bella 13; Wilhelm Leibl 23. *

Naumann, Gustav, Belletristik, Helfer i. Landwaisenheim Beckenstedt a. Harz. (Leipzig $^{24}|_{7}$ 66.) **V:** Rom im Liebe, Anth. 96; Antimoral. Bilderbuch 98; Geschlecht u. Kunst 99; Zarathustra-Kommentar 99—01; Lotte, Bekenntnisbuch 02; Otto der Ausreißer 06, n. A. 23; Hundejunge! 07, n. A. 23; Vom Lärm auf dunkeln Gassen 07.

Nicolai, Georg F., Professor, Dr. Berlin W 15, Kurfürstendamm 202. **V:** Biologie des Krieges, 2. A. 19. *

Norden, Heinrich, s. Wöll, Nikolaus.

Pallat, Ludwig, Kunsterziehg., Geh. ORegR., Prof., Dr., MinisterialR. im preuß. Kultusminist. Berlin-Wannsee, Otto Erich-Str. 5. (Wiesbaden $^{3}|_{12}$ 66.) **H:** Künstlerische Körperschulung 23. *

Plage, Felix, Volkstüml. Bildungsw., Bibl., Stadtbibliothekar. Frankfurt a. d. O., Oderstr. 41. (Breslau $^{1}|_{11}$ 66.) **V:** Die Stadt Frankfurt a. d. Oder im Wandel der Zeiten 11. **H:** Bildungspflege (mit E. Ackerknecht) 19. *

Ranzenhofer, Ludwig, DV., Schriftsteller, Dr. phil. Magdeburg, Pfälzer Str. 15. **V:** Die Menschen, sie nennen es Liebe ..; Na also, warum geht's denn jetzt?!; Genosse Birnstingl; Und spiele mit dem Feuer nicht! **Bearb:** Nestroy-Werke. *

Rennefeld, Otto. Nähere Angaben waren nicht zu ermitteln.

Riemkasten, Felix, SDS., Roman, ∴, ⚜, /, Kritik. Braunschweig, Göttingstr. 1. (Potsdam $^{8}|_{1}$ 94.) **V:** Stehkragenproletarier, R. 20; Das neue Volk, R. 21; Des Seiens Knörkel, (Palmströmlieder) 22; Der Schwung hinüber, (Palmströmlieder) 23. *

Schmitz, Paul (Dominik Müller), ⚜, Humor, Dr. phil., Archivbeamter. Basel, Schweiz. (ebda 70.) **V:** Mein Basel, G. 2. A. 22; Basler Theater 22; Die kalte Pastete usw., Erzn. 2. A. 23; Herrn u. Frau Bims Romreise, kom. Epos 23. *

Schützinger, Hermann, Weltkrieg, Kritik, Belletr., Polizeioberst, Dr. Dresden, Krenkelstr. 28. ($^{23}|_{1}$ 88.) **V:** Das Lied vom jungen Sterben, R. 18; D. Wirtschaftsproblem d. Völkerbundes u. d. Sozialism.; D. Kulturkampf um d. Republik 23; Bürgerkrieg 24; Zusammenbruch 24; ferner Schriften zu militärischen u. polizeilichen Fachfragen. *

Stinnes, Frau Dési, ○. Mülheim (Ruhr). **V:** Die Söhne, 8 Szenen 23. *

Trebitsch, Artur, (Wien). Nähere Angaben fehlen z. Z.

Wagner, Hermann. Nähere Angaben waren nicht zu ermitteln.

Weihrauch, Anna Elisabeth. Nähere Angaben waren nicht zu ermitteln.

Weill, Erwin, CC., CP., Roman, Nov., ⚜. Wien IX, Liechtensteinstr. 2. (ebda $^{2}|_{11}$ 85.) **V:** Tage der Garben, G. 09; Miniaturen d. Liebe, N. 20; D. Haus d. Träumer, R. 20; D. Taxushecke, G. 21; Indische Flamme, R. 22; D. Chinchillamantel, R. 23. *

Wendel, Friedrich, VA., Kultur- u. Kunst♛. Berlin-Friedenau, Menzelstr. 16. (Köslin $^{12}|_{8}$ 86.) **V:** Hans Baluschek, e. Monogr. 24; D. Sozialismus in der Karikatur 24. *

Wöll, Nikolaus (Ps. Heinrich Norden), Roman, ○, Pfarrer. Hersfeld, Hess.-Nass., Simon-Haune-Str. 1. **V:** D. Neffe des Zauberes 13, 4. A. 23; Meine Erlebnisse in engl. Gefangenschaft, 1. bis 4. A. 15; D. Urwaldschulmeister v. Kamerun 23; D. verlorene Sohn, dram. Sp. 23 *

Zickel, Reinhold. Nähere Angaben waren nicht zu ermitteln.

Zifferer, Paul. Nähere Angaben waren nicht zu ermitteln.

Deutsche Verleger.

Firmen, die in dem Verzeichnis fehlen und ihre Aufnahme wünschen, werden gebeten, entsprechende Angaben an Walter de Gruyter & Co. in Berlin W 10 gelangen zu lassen.

In diesem Verzeichnis (**Auswahl**), das größtent. auf Grund eigener Angaben der betr. Firmen beruht, sind vorzugsw. die Firmen der großen Buchhändlerstädte berücksichtigt. Firmen, deren verlegerische Tätigkeit lediglich in der Herausgabe einer Zeitschrift besteht oder die aus einem andern Grunde für den Zweck dieses Buches nicht in Betracht kommen konnten, sind nicht aufgenommen worden. Einzelne Verlagswerke (Zeitschriften usw.) werden in der Regel nicht aufgeführt. Firmen, die den Wunsch äußern, Aufnahme zu finden, werden, auch wenn sie ohne dieses Ersuchen nicht aufgenommen wären, dem Verzeichnis eingereiht. **Dieses Verzeichnis ist also hauptsächlich mit Rücksicht auf die Bedürfnisse der Schriftsteller zusammengestellt.** Zeichen-Erklärung s. Seite 1.

Abel & Müller, Leipzig, Carolinenstr. 22. ♛, Romane, Novellen, Jugendschr., Bliemchen, „Allg. Deutsche Jugendpflege".

Ackermanns Verlag, Fr. Weinheim in Baden u. Leipzig. Belletristik.

Adam, Wolf Albrecht, Verlag, Hannover, Sedanstr. 72. ❦, ∴, ∂, ♛.

Agentur des Rauhen Hauses, Hamburg 26. Volksschr., christl. Belletristik.

Ahn, Albert, Bonn, Dechenstr. 8. Nov., Roman, Memoiren.

„Ajanoth", Hebräischer Verlag, G. m. b. H., Charlottenburg, Kantstr. 92.

Akademische Verlagsgesellschaft Athenaion m. b. H., Neubabelsberg. ∂.

Allgemeine Verlagsanstalt München, A.-G., München, Leopoldstr. 3. Vereinigung der Firmen: O.C. Recht Verlag; Orchis Verlag; Verlag der Wissenschaften; Wieland Verlag; Gesellschaft für zeichnende Künste; Theater-Verlag. ∂, ∴, Ø, Literatur.

Alphonsusbuchhandlung, Münster i. Westf., Prinzipalsmarkt 11. Kath. ✝, Erbauungsliteratur., Belletristik.

Alster-Verlag, Hamburg, Speersort 11 (Nachrichtenhaus). Belletristik.

Amalthea-Verlag, Wien III, Seidlgasse 8. Belletristik.

Andermann, Wilhelm, Verlag, Königstein (Taunus). ∂.

Angelsachsen-Verlag, Bremen, G. m. b. H., Böttcherstr. 6.

Antaios-Verlag, Alfred Krebs, Berlin S 59, Gräfestr. 3. Verlagsziel: Förderung des nationalen Gedankens.

Anton, A., & Co., Leipzig, Querstr. 10/12. Jugendschriften.

Anthropos-Verlag, Verlag Kampmann & Schnabel, Prien (Obb.). ∴, Literatur.

Anzengruber-Verlag, Brüder Suschitzky, Wien X 1. Belletristik.

Aretz, Paul, Verlag, G. m. b. H., Dresden-Blasewitz, Hochuferstr. 9. Memoiren, Biographien, Reisewerke, Monographien zur Kultur und Sittengeschichte.

Arnold, Ernst, Verlag, Dresden-A., Schloßstr. 34. ∂.

Artaria G. m. b. H., Geographischer Verlag, Wien VII, Schottenfeldgasse 62. ∂.

Art. Institut Orell Füßli, Verlag, Zürich, Bärengasse 6. Reisewerke, △, ❦, Ø, /, ∂.

Aschendorffsche Buchhandlung, Münster i. W., Klosterstr. 31/32. Belletristik, ∴, ♛, kath. ✝.

Askanischer Verlag, Carl Albert Kindle, Berlin SW 11, Schöneberger Str. 9. Kulturgeschichte, Literaturgeschichte.

Asokthebu; Otto Wilhelm Barth, München, Schellingstr. 61. Okkultismus.

Autorenhaus, Berlin SW 68, Friedrichstr. 37.

Avalun-Verlag, Hellerau b. Dresden u. Wien. Schöne Literatur, ∴.

Avenarius, Eduard, Leipzig, Roßstr. 5/7. Literatur♛.

Bachem, J. P., Köln a. Rh., Marzellenstr. 35/43. Belletr., Jugendschr., ∂, Politik.

Bagel, A., A.-G., Düsseldorf. Grafenberger Allee 98. Jugendschr., Kal.

Bahn, Friedr., Hofbuchhändler, Schwerin i. M., Friedrichstr. 3. Belletristik, bes. Heimatgeschichten u. Volkserzählungen.

Banas & Dette, Hannover, Sallstr. 41.

Bard, Julius, Berlin W 15, Ludwigskirchplatz 7. Verlag für Literatur u. Kunst.

Bárd, M., Musik- u. Bühnenverlag Wien I, Opernring 3. Ø.

Bardtenschläger, Rob., Reutlingen. Jugendschr., Bilderb., Volkslit., Reiselit.

Barsdorf, Herm., Berlin W 30, Barbarossastr. 21. Memoirenliteratur, aktuelle Schriften.

Bartels, E., Berlin-Weißensee, Generalstr. 8. Volksschriften, Bilderbücher.

Barth, Otto Wilh., Leipzig, Windmühlenstr. 49. ◊.

Basler Missionsbuchhandlung, Basel, Missionsstr. 21. Missionsliteratur.

Baum, Johannes, Verlag, Pfullingen. Verlag f. wissenschaftl. Okkultismus.

Baumann, Paul, Verlag f. Die Wende, Verlag, München.

Baustein-Verlag, G. m. b. H., Leipzig, Dresdner Str. 4.

Bayerische Druckerei u. Verlags-Anstalt, G. m. b. H., München, Müllerstr. 27.

Bechhold, H., Frankfurt a. M., Niddastr. 81. Naturwissensch.

Becksche Verlagsbuchh., C. H., Oskar Beck, München XXIII, Wilhelmstr. 9. ♛, Literatur♛, Belletr., ⁂.

Behrs Verl., B. (Friedr. Feddersen), Berlin-Steglitz, Albrechtstr. 11. Memoiren. ✿, ♛, ◊, ⁂.

Benjamin, Anton J., Leipzig-R., Göschenstr. 2—4. ◊.

Bergstadtverlag, Wilh. Gottl. Korn, Breslau, Schuhbrücke 84. Schöne Lit.

Beust, Ludolf, Leipzig, Kantstr. 13. ☙, soziale Wohlfahrtspflege.

Beyer & Söhne, Herm. (Beyer & Mann), Langensalza. ⁂, Jugendschr.

Bibliographisches Institut, A.-G., Leipzig, Täubchenweg 17. Klassik., Encyklopädika, Reisebücher, Volksbücher, ♛, ☙♛, Kultur♛, Lit.♛.

Bloch, Eduard, Theaterverlag, Berlin C 2, Brüderstr. 1. ◊, ✿.

Bloch, Felix, Erben, Berlin-Wilmersdorf, Nikolsburger Platz 3. ◊.

Boheme-Verlag, Berlin W, Kurfürstendamm 181. ◊.

Böhlaus Nachf., Herm., Weimar, Kleine Teichgasse 6. Lit.♛, Goethe, Luther.

Bondi, Georg, Berlin W 62, Kleiststr. 8. Wissensch. Lit.

Bong, Rich., Berlin W 57, Potsdamer Str. 88. Illustrierte Zeitschriften, Kunstblätter, Romane, ♛, ●, ☙, ✗.

Bonz & Co., Adolf, Stuttgart, Schloßstr. 24. Belletr., Jugendschriften.

Bormann, Edwin, Verlag, Hansa-Verlag für Literatur und Kunst. Leo Kajet, Berlin-Tegel, Berliner Str. 90. Belletr., ☙.

Borngraeber, Wilhelm, Verlag, Leipzig, Täubchenweg 1. Neue Bestrebungen auf allen Literaturgebieten.

Bote & Bock, Berlin W 8, Leipziger Str. 37. ◊.

Brandstetter, Friedrich, Leipzig, Stephanstr. 20. Jugendlit., ♛.

Brandussche Verlagsbuchhandlung, Berlin W 30, Luitpoldstr. 27. Luxusdrucke.

Braumüller, Wilh., & Sohn, Universitätsbuchhändler, G. m. b. H., Wien IX/1, Servitengasse 5. ♛, ✗, ⁂.

Braun & Schneider, München, Maximiliansplatz 11. „Flieg. Bl.", Bilderb., Humor.

Breitkopf & Härtel, Leipzig, Nürnberger Str. 36/38. u. Berlin W 9, Potsdamer Str. 121. Schöne Wiss., Musiklit., ☙, ♛, ⁂.

Brockhaus, F. A., Leipzig, Querstr. 16. Konversations-Lexika, Reisewerke, Wörterbücher, ♛, ☙, ●, ⁂.

Brockhaus, Max, Leipzig, Querstr. 16. ◊.

Bruckmann, F., A.-G., München, Nymphenburger Str. 86. ☙.

Bruckmann, Hugo, München II, Amalienstr. 6 I. ☙.

Bruns Verlag, J. C. C., Minden i. W., Obermarktstr. 26. Vornehme moderne Lit., ☙, Kriminalistik.

Buchenau & Reichert, Verlag, München, Nymphenburger Str. 33. Schöne Lit., ☙.

Buchhandlung Gustav Fock, G. m. b. H., Leipzig, Schloßg. 7/9 u. Markgrafenstr. 4/6. Wissensch., Monographien, Geschenklit., Jugendschr., ✿, ♛, ⁂.

Bühnenverlag Ahn & Simrock, G. m. b. H., Berlin W 50, Tauentzienstr. 7b (Eingang: Nürnberger Str. 9/10). Bühnenwerke.

Bühnenvolksbund, Frankfurt a. M., Eiserne Hand 35 II.

Busch, Karl, Wattenscheid. Romanverl. f. d. Presse.

Callwey, Georg D. W., München, Finkenstr. 2. Verl. d. Kunstwart („Deutscher Wille"), ferner Fachzeitschriften für Baukunst, Bildhauerei u. Dekorationsmalerei, gute volkstümliche Bilder u. Büchersammlgn.

Cassirer, Bruno, Berlin W 35, Derfflingerstr. 15. ☙, Literatur, ◊, ⁂.

Cassirer, Paul, Berlin W 10, Viktoriastr. 2. Schöne Literatur, ☙.

Christliches Verlagshaus G. m. b. H., Stuttgart, Senefelderstr. 109. Ev. Verlagswerke.

Cohen, Friedrich, Bonn, Am Hof 30. Literaturw., ☙.

Concordia, Deutsche Verlagsanstalt G. m. b. H., Berlin SW 11, Dessauer Str. 23. Belletristik, Theater, Memoiren-Lit. ♛, Politik, Jugendlit., Lit.♛, ⁂.

Costenoble, Hermann, Jena. Belletristik, /, Jugendschr., ✿, Ethnologie, Ur♛ u. Anthropologie.

Cottasche Buchhdlg. Nachfolger, J. G., Stuttgart, Cottastr. 13. Romane, Novellen, ☙, ☉, ♛, ∴.

Creutzsche Verlagsbuchh., Magdeburg, Breiteweg 156. Popul. Naturwiss., Volksschriften, schöne Lit.

Danners Verlag, G., Mühlhausen (Thür.), Wahlstr. 1/5. ☉

Datterer, Dr. F. P. & Cie., Freising u. München. Jugendschr., Bilderbücher.

Deffners Verlag m. b. H., Wiesbaden, Klarenthaler Str. 2. Humoristika, Belletristik.

Delphin-Verlag, München, Loristr. 2. Belletristik, ♫, △, Kunstgewerbe.

Delta-Verlag, Kurt Ehrlich, Berlin SW 61, Blücherstr. 12. Schöne Literatur.

Deutsche Bibliothek, Verlagsgesellschaft m. b. H., Berlin W 66, Wilhelmstr. 45. Neuausg. klass. Literaturwerke, populärwissenschaftl. Sammlungen.

Deutsche Dichter-Gedächtnis-Stiftung, Hamburg-Groß-Borstel, Wolterstr. 30/32.

Deutscher Kunst-Verlag G. m. b. H., Berlin W 8, Wilhelmstr. 69. ♫.

Deutsche Landbuchhandlung G. m. b. H., Berlin SW 11, Dessauer Str. 7. Jugendschriften, protest. ✝, ⊞.

Deutsche Meister-Verlag, München, Residenzstr. 10. Schöne Literatur.

Deutsche Verlags-Anstalt, Stuttgart, Neckarstr. 121/123 u. Berlin W 9, Linkstr. 16.

Deutsche Verlagsgesellschaft für Politik und Geschichte m. b. H., Berlin W 8, Unter den Linden 17/18. ♛, Politik.

Deutscher Musik- u. Bühnenvertrieb („Dur u. Moll"), Berlin-Wilmersdorf, Kaiserallee 26.

Deutsches Verlagshaus Bong & Co., Berlin W 57, Potsdamer Str. 88. Zeitschr., ♛, ⚔.

Deutsch-Österreichischer Verlag G. m. b. H., Wien I, Fischerstiege 6. Belletr., Bühnenvertrieb.

Dieck & Co., Stuttgart, Pfizerstr. 5. ♛, Sport, Technik, schön. Literatur.

Diederichs Verlag, Eugen, Jena, Carl-Zeiß-Platz 5. Mod. künstlerische, polit., relig., soziale u. wissensch. Bestrebungen.

Diemer, J., Verlagsbuchhdlg., Mainz, Rheinallee 1. Bunte Bibliothek zeitgenössischer Schriftsteller.

Dietrich, Georg, W., München, Kaufinger Str. 28. Jugendschr., künstler. Bilderbücher, illustr. Prachtwerke, ♫.

Dietz Nachf., J. H. W., Berlin SW 68, Lindenstr. 3. Nat.-Ökon., Soziale Frage, ♛, Naturw.

Dom-Verlag, G. m. b. H., Berlin SW 68, Zimmerstr. 5. Literatur, ♫, Politik.

Drei Masken Verlag A.-G., München Karolinenplatz 3. Politik, ♛, ⊞, ☉, ♫, Musik.

Duncker Verlag, Alexander, Weimar, Lassenstr. 9. Belletristik, ♛, Lit.- u. Kultur♛, Biographien u. Memoiren, Jagd- u. Reiseschilderungen, ●.

Duncker & Humblot, München, Theresienhöhe 3 c. ♛, ∴, Staatsw. Sozialpolitik, ⊞.

Dürrsche Buchhandlung, Leipzig, Querstr. 14. Pädagogik, Jugendschriften.

Dürr & Weber m. b. H., Berlin SW 11, Dessauer Str. 35. Zellenbücher.

Dyksche Buchhdlg., Leipzig, Kurze Str. 8. ♛, deutsche Lit.

Edda-Verlag, G. m. b. H., Leipzig. Dtsche. Literatur, ♫, Musik, Sondergebiet Romantik.

Ehlermann, K., Dresden-A. 24, Leubnitzer Str. 16. Lit.♛.

Ehrig, Willy, Verlagsbuchhandlung, Frankfurt a. M., Arndtstr. 36.

Eibenschütz u. Berté, Wien II, Praterstr. 31. ☉.

Eigenbrödler-Verlag, A.-G., Berlin W 8, Mohrenstr. 51. Schöne Literatur.

Einhorn-Verlag, Walter Blumtritt, Dachau b. München, Karl-Theodor-Str. 7. Literatur, ♫.

Eirich, Otto, Wien I, Bösendorfer Str. 4. ☉.

Elischer Nachfolger, B., Leipzig, Salomonstr. 16. ∴, Belletristik.

Elwertsche Verlagsbuchh., N. G. (G. Braun), Marburg i. H., Reitgasse 7/9. Wiss. Lit. Hassiaca.

Enck-Verlag, Berlin-Tempelhof, Albrechtstr. 127. Belletristik, Volkswohlfahrt.

Engelhorns Nachf., J., Stuttgart, Silberburgstr. 189. Romane, Lebensbücher, Politik.

Engelmann, Hans Robert, Berlin W 15, Knesebeckstr. 52/53. ♛, Staatswissensch.

Englert & Schlosser, Frankfurt a. M., Mörfelderlandstr. 109.

Enoch, Gebr., Hamburg I., Mönkebergstr. 17. Bessere Romane u. allg. Belletr., Aktuelles.

Enßlin & Laiblins Verlagshdlg., Reutlingen. Ev. Erbauungsbücher, Jugendschr., Bilder- u. Volksbücher, Geschenk-, Lieferg.-, Pracht- u. Reisewerke, Belletr., Bahnhofslit., Unterhaltungslit.

Erdgeist-Verlag, C. W. Mamsch & Co., Leipzig, Riebeckstr. 21. Ältere Heimat- u. mod. Lit., auch beste Lyrik u. ☉, Essays zur Weltanschauung, Kultur, Kunst u. Lit., Aktuelles.

Eulen-Verlag, A.-G., Leipzig, Grimmaische Str. 20. Schöne Literatur.

Euphorion-Verlag, Berlin, G. m. b. H., Charlottenburg, Fasanenstr. 85. Belletristik, ∴, ☺.

Eysler, Dr., & Co., A.-G., Berlin SW 68, Markgrafenstr. 79. Schöne Literatur, Humoristika.

Fackelreiter-Verlag, G. m. b. H., Werther (Westf.). Literatur, Politik.

Fehsenfeld, Friedr. Ernst, Freiburg (Br.), Bayernstr. 8. Belletr., Naturwiss.

Felsen-Verlag, Dr. Broder Christiansen, Buchenbach (Baden). Lebensbücher.

Feuchtinger, Julius, Stuttgart. Theater- u. Musikverlag.

Feuer-Verlag, A.-G., Leipzig, Kantstr. 59. ☺.

Fiedler, Walther, Leipzig, Johannisallee 11. Belletr., Kultur♛, ♛.

Filser, Dr. Benno, & Co., G. m. b. H., Augsburg C 230. ☺.

Findel, J. G., Leipzig, Könneritzstr. 9. Freimaurerei, ∴, ✝.

Fischer, S., A.-G., Verlag, Berlin W 57, Bülowstr. 90. Mod. belletr. Lit. ☽.

Flemming, Carl, & C. T. Wiskott, A.-G., f. Verlag u. Kunstdruck, Berlin W 50, Geisbergstr. 2. ●, Jugendschriften.

Folkwang-Verlag, G. m. b. H., Hagen (Westf.), Hochstr. 73. ☺, Kunstwissensch.

Franckhsche Verlagshandlg., Stuttgart, Pfizerstr. 5. ♛, ⁄, ●, Lit. ♛, Kriegsw., Naturw., ❦, ⌂, ⊕, Ψ, ▣, ⚲, ⚙.

Frankfurter Societäts-Druckerei, G. m. b. H., Frankfurt a. M. Politik, schöne Literatur.

Frankfurter Verlags-Anstalt, A.-G. Frankfurt a. M., Grüneburgweg 98.. Literatur, ☺.

Franzscher Verlag, G., (Jos. Roth, Hofbuchhändler), München, Ottostr. 3a. Verlag d. bayr. Akad. der Wissenschaften, Lehrbücher, ♛, vaterländ. Lit., Kalender.

Fredebeul & Koenen, Verlagsbuchhdlg. Essen-Ruhr, Kibbelstr. 7. Belletristik, Literaturwissenschaft, kath. relig. Lit., jur. Volksschr., kleine Theaterstücke f. Liebhaberbühnen, prakt. Werke.

Freund & Jeckel, Berlin SW 11, Dessauer Str. 18. Belletristik, ☽, Humoristika.

Frickes Verlag, J., (J. Nithack-Stahn), Halle a. d. S. Evang. ✝, Unterhaltungslit., Volksschauspiele.

Friedberg & Mode, Berlin W 30, Schwäbische Str. 25. ∴, ▣, ♛, ☺, Geschenklit.

Frommanns Verlag, Friedrich (H. Kurtz), Stuttgart, Stiftstr. 7. ∴, ♛.

Furche-Verlag, G. m. b. H., Berlin NW 7, Bauhofstr. 7. Belletristik, ☺.

Fürstner, Adolf, Berlin W 10, Viktoriastr. 34a. ☽.

Gebhardts Verlag, J. M., Leipzig, Talstr. 7 I. △, ⚙, Jugendschriften.

Gehlen, Dr. Max, Leipzig, Göschenstr. 22. Jugendschriften.

Geibel Verlag, Stephan, Altenburg i. S.-A. Volks-, Jugendschriften ernstsittl. u. relig. Tendenz, Belletristik.

Gerlach & Wiedling, Buch-, Kunst- u. Musikalienverlag, Wien I, Elisabethstr. 13. Kunst, Kunstgewerbe, △, mod. Kinderbücher.

Gesellschaft für christliche Kunst, G. m. b. H., München, Lothstr. 1. ☺.

Gesellschaft zur Verbreitung klassischer Kunst, G. m. b. H., Berlin SW 68, Alexandrinenstr. 110. ☺.

Geuters Reiseführerverlag, Büttner & Co., G. m. b. H., Berlin NW 87, Elberfelder Str. 10.

Globus-Verlag, G. m. b. H., Berlin W 66, Wilhelmstr. 45. Jugendschriften, Geschenklit., Belletristik, ☺, Musik.

Goltz-Verlag, München, Briennerstr. 8. ☺, Kunstwissenschaft.

Göschensche Verlagsbuchhandlung, G. J., Berlin, s. **Walter de Gruyter & Co.** Berlin.

Gottschalk Verlag, Elena, G. m. b. H., Berlin W 30, Barbarossaplatz 1. Schöne Lit.

Greifen-Verlag, Rudolstadt (Thür.). Jugendbewegung.

Greiner & Pfeiffer. Stuttgart, Heusteig. Verleger d. Türmer, Belletristik, Kultur♛, Lebensbeschreibungen, Briefwechsel, ☺.

Grethlein & Co., G. m. b. H., Leipzig, Salomonstr. 20, Berlin, Frankfurt a. M. Sport, Belletr., Feuill.-Korrespondenz.

Grotesche Verlagsbuchh., G., Berlin SW 11, Dessauer Str. 18. Schönwiss. Lit., Klass.-Ausg., ♛; Kunst♛, Lit. ♛, ✝, Unterrichtswiss., Biographien.

Grunow, Fr. Wilh., Leipzig, Göschenstr. 1. Schönwiss., ▣.

Gruyter, Walter de, & Co., Berlin W 10, Genthiner Str. 38. ∴, △, ♛, ☺.

Guenther, Ernst, Verlag, Freiburg (Breisg.), Schwabentorstr. 2. Schöne Literatur.

Gurlitt, Kunstverlag, G. m. b. H., Berlin W 35, Potsdamer Str. 113. ☺.

Guttentagsche Verlagshandlung, Berlin, s. **Walter de Gruyter & Co.**, Berlin.

Gyldendalscher Verlag, A.-G., Berlin W 50, Tauentzienstr. 5. Schöne Literatur.

Haas & Grabherr, Verlag, Augsburg, Schmiedlech C 230. Belletristik, Literatur, ✝.

Habbel, Franz Ludwig, Verlag, Regensburg, Türkenstr. 3 I. Schönwiss. Literatur, ☺, ∴, Politik, ♛, Weltkunde, Jugendschriften.

Habbel, Jos., Regensburg, Gutenbergstr. 17. Belletr., Lexiken, prakt. Bücher, Katholika.

Habbel & Naumann, Verlag, Regensburg, Türkenstr. 3 I.

Haberland, E., Leipzig-R., Eilenburger Str. 11. Belletristik, Kunstgewerbl. Lehrbücher, Kunstblätter, Vorlagenwerke.

Hädecke Verlag, Walter, Stuttgart, Rotebühlstr. 123. Schöne Literatur.

Hahns Verlag, Alfred, Dietrich & Sell, Leipzig-R., Eilenburger Str. 12. Künstlerische Bilderbücher u. Jugendschriften.

Hamburger Theater-Verlag (M. Gettshövel), Hamburg, Repsoldstr. 16.

Hanfstaengl, Franz, München, Maximilianstr. 7. Kunstverlag.

Hanfstaengls Nachfolger, Berlin SW 68. Lindenstr. 16/17. ✎.

Hans Sachs-Verlag, Diefenbach & Allmann, München, Aventinstr. 2. Schöne Literatur, Religionswissenschaft.

Hansa-Verlag, Berlin-Wilmersdorf, Saalfelder Str. 7. ✪.

Hanseatische Verlagsanstalt, Hamburg 36, Holstenplatz 2. Belletristik, Literatur, ▣, Zeitschr.

Harbauer, Karl, Wien VIII 2, Pfeilgasse 32. Literatur, ✎.

Harmonie-Verlag, Berlin-Halensee, Georg-Wilhelm-Str. 17.

Hartmann, Fritz, Bühnenvertrieb, Berlin W 30, Frankenstr. 2.

Harz, Benjamin, Verlag, Berlin NW 87, Eyke-von-Repkow-Platz 5. Belletristik.

Haessel Verlag, H., Leipzig, Roßstr. 5/7. Belletristik, ■, ❦, ✪, ⁂, ♛, †.

Haupt, Paul, Akademische Buchhandlung, Bern (Schweiz), Falkenplatz 14. ✎, ⁂.

Haus-Lhotzky-Verlag, Ludwigshafen (Bodensee). ⁂, schöne Literatur.

Hegner, Jakob, Verlag u. Buchdruckerei Hellerau b. Dresden. Schöne Literatur.

Heinsius Nachf., M., Leipzig, Roßstr. 16. †, christl. Geschenk-Lit., ⚓.

Herder & Co., G. m. b. H., Verlagsbuchhandlung, Freiburg (Breisgau). Kath. †, ▣, ♛, ●, ✎, ⁂, ■, Lexika.

Hermes, Richard, Verlag, Hamburg 37, Isestr. 73. Niederdeutsche Lit.

Herz-Verlag, A.-G., Wien, Rotenturmstr. 1. Belletristik.

Hesperos-Verlag, Joseph Schweyer, Grunwald (Obb.), Kastanienallee, Villa Schweyer. Belletristik, ✎.

Hesse & Becker, Verlag, Leipzig, Eilenburger Str. 4/5. Klassiker, Romane, Humor, Anthologien, populäre Lit.

Hiersemann, Karl W., Leipzig, Königstr. 29. ✎, Kunst♛, Kunstgewerbe, ●, Ethnographie, Reisewerke, Archäologie, Prähistorie, Amerikana, Orientalia.

Hillger Verlag, Hermann, Berlin W 9, Potsdamer Str. 124/125. Kürschners Universal-Konserv.-Lex., Sprachenlex., Bücherschatz, Jahrbuch, Handb. d. Presse, Bücher des Wissens, Depeschenkürzer, Deutsche Jugendbücherei, Krieg u. Sieg.

Hinstorffsche Verlagsbuchbuchhandlung Wismar, Dankwartstr. 47. Kalenderverlg., schöne Lit.

Hirsch, Arthur, Verlag, Berlin W 50, Augsburger Str. 64.

Hirt, Ferdinand, Verlagsbuchhandlung, Breslau VI, Königsplatz 1. ■, ⁂, ♛, ●.

Hirths Verlag, G., München, Lessingstr. 1. ✎ u. Kunstgewerbe, „Jugend“, Belletristik.

Hirzel, S., Leipzig, Königstr. 2. Naturwissensch., ♛.

Hoffmann, Julius, Stuttgart, Paulinenstr. 44. △, ✎ u. Kunstgew., Kunst♛, ♛, ⁂, popul. Lit.

Hoffmann & Campe, Verlag, Berlin W 35, Schöneberger Ufer 25. Literatur, Belletristik, ❦, ✪, ♛, Ψ.

Hofmann & Comp., A., Berlin SW 48, Wilhelmstr. 9. „Kladderadatsch“, Humor, Bismarcklit., Belletristik.

Hofmann & Co., Ernst, Berlin W 35, Derfflingerstr. 16. Biogr., Memoiren, ♛, Deutsche Lit., Sozial- u. Staatswiss., ▣, ✎, ⁂, †, Psychiatr., ⚔, ■, lit. wertv. Romane.

Holbein-Verlag, Kom.-Ges., München, Possartstr. 14. ✎.

Hönn, Karl, Verlag Seldwyla, Zürich (Schweiz). Schöne Lit., ✎.

Huber & Co., Frauenfeld (Schweiz). Belletristik, ❦, ✪, /, ♛, ■, Deutsche Sprachkunde, †, ⁂, ✎.

Huhle, Alwin, Verlagsbuchhdlg. m. b. H., Dresden-A., Bürgerwiese 8.

Hyperionverlag, G. m. b. H., München, Luisenstr. 31. ✪, Literatur, ❦, Belletr.

Janke, Otto, Berlin SW 11, Anhaltstr. 8. Moderne Belletristik.

Jacobsthal & Co., R., Berlin W 50, Regensburger Str. 5a. Übers. aus d. Franz. u. Engl., ausländ. Detektiv- u. Kriminalromane, Biblioth. d. Sittengemälde, Kollektion Meistererzähler, Sprach- u. Handelsw., Dr. H. Löwes Unterrichtsbriefe.

Jaegersche V.-B., Leipzig, Querstr. 10/12. ⁂, Memoiren, ■, Schulbücher, Ψ, Jugendschr.

Jatho-Verlag, Berlin W 50, Rankestr. 36. Musik, Musiklit., Kultur♛, ✪, Belletr., ⁂, Briefwechsel, Büchervertrieb.

Innere Kreis-Verlag, Elgersburg (Thür.). Schöne Literatur.

Insel-Verlag, G. m. b. H., Leipzig, Kurze Str. 7. Literatur♛, schöne Literatur.

Jüdischer Verlag, G. m. b. H., Berlin NW 7, Dorotheenstr. 35.

Juncker Verlag, Axel, Berlin W 15,

Kurfürstendamm 29. Mod. Belletr., Wiss.

Kaemmerer, Rudolf, Verlag, A.-G., Berlin SW 61, Belle-Alliance-Platz 13 IV.

Kampmann & Schnabel, Verlag für Kulturprobleme, Prien (Chiemsee).

Keils Nachfolger, Ernst (August Scherl), G. m. b. H., Leipzig, Königstr. 33.

Keller, Heinr., Frankfurt a. M., Grüneburgweg 98. △, Kunstgew., Heraldik, ☠ i. d. Kunst, Kunst♛, Trachtenkde., Kultur♛, ●.

Kesselringsche Hofbchhdlg., Verlag (E. v. Mayer), Frankfurt a. M., Goethestr. 33. ▣, Ψ, ⁂.

Kiepenheuer Verlag, Gustav, Potsdam-Wildpark, Viktoriastr. 59. Lit., ℘, Politik.

Kiepertsche Verlagsh., Leipzig, Querstr. 26/28. Belletristik.

Kirchheim & Co., G. m. b. H., Mainz, Stadthausstr. 16. Kath.✝, ♛, ℘, ⁂, Belletristik.

Klinkhardt & Biermann, Leipzig, Liebigstr. 2. ℘, ♛, Länder- u. Völkerkunde.

Köhler, Alexander, Dresden-A., Weiße Gasse 5. Jugend- u. Volksschr., Reisehandbücher u. Karten, ▣, histor. Wissenschaften, Dürerbund-Veröffentlichungen.

Koehler, K. F., Leipzig, Täubchenweg 19/21. Politik, Memoiren, ♛.

Der **Kommende Tag**, A.-G. Verlag, Stuttgart, Champignystr. 17. Philosoph.-anthropolog. Verlag.

Konegen, Karl, Wien I, Opernring 3. ⁂, Ψ, ♛, deutsche Lit.

Konegens Jugendschriftenverlag, G. m. b. H., Wien I, Elisabethstr. 4.

Krabbe-Verlag, Carl, Erich Gußmann, Stuttgart, Silberburgstr. 172. Belletr., ♛, Lit.♛.

Krais, Felix, Stuttgart, Augustenstraße 32a.

Krüger, Hermann F. (vorm. Richard Ecksteins Nachf.), Zehlendorf, Karlstr. 28. Belletristik u. Popularia.

Krüger & Co., Leipzig, Liebigstr. 9. Protest. ✝, christl. Erzählgn., popul. ♪, ▤.

Kühtmann, Gerhard, Dresden-A., Pillnitzer Str. 44. △, ℘, ▣, Belletristik, Werke z. künstler. Bildg., Handel u. Verkehr.

Kunstverlag Anton Schroll & Co., G. m. b. H., Wien I, Graben 29 (Trattnerhof 1). ℘, schöne Lit.

Ladyschnikow, J., Verlag, G. m. b. H., Berlin W 50, Rankestr. 33. Literatur, Russisches.

Langen, Albert, München, Hubertusstr. 27. Belletr., Wissensch., ℘, ❦, ⊙, Kultur♛.

Langenscheidt, Dr. P., Berlin W 15, Schlüterstr. 41. Belletr., mod. Kulturwissenschaft, Kriminalistik.

Lange-Steckel, Verlag, Berlin W 30, Luitpoldstr. 3. ⊙.

Langewiesche, Karl Robert, Königstein im Taunus. Weltanschauung, Lebensführung, Nationales Leben, ℘.

Langewiesche-Brandt, W., Ebenhausen b. München. Schöne Literatur.

Laube, Oskar, Verlag, Dresden, Wettiner Str. 15. ⊙.

Lauppsche Buchhandlung, H., Tübingen, Wilhelmstr. 18. ⁂, ♛, Lit.♛.

Lehmannsche Verlagsbuchhandlung, Dresden-N. 6, Rähnitzgasse 18. Schöne Literatur.

Lehmanns Verlag, J. F., München, Paul-Heyse-Str. 26. ♛, ⁂, ✝, ●,

Leipziger Verlag, G. m. b. H., Leipzig, Querstr. 10/12. Schöne Lit., Kult.♛.

Leonhardi, Erich (Inh.: Karl Erfurt), Dresden-A. 16. ✝, ♛, Belletr., ⊙, ⚔, Politik, ●, ❦, Heraldik, ⁂, Kalender.

„**Leykam**", A.-G., Graz. ♛, ●, ℘, Belletristik.

Linser-Verlag, G. m. b. H., Berlin-Pankow, Breite Str. 34. Okkultismus.

List, Paul, Leipzig, Karolinenstr. 22. Belletr., Graphologie, Roman-Vertrieb.

Literar. Anstalt Rütten & Loening, Frankfurt a. M., Eschersheimer Landstraße 42: Mod. Belletristik (bes. soziale, kulturelle, kolon. u. erotische, auch Übersetzgn.), ⊙, Reiseschilderungen, Kultur♛ Soziologie, Goetheforschung, Bilderb.

Loewes Verlag, Ferdinand Carl, Stuttgart, Senefelderstr. 25a. Jugendschriften u. Bilderbücher.

Lutz, Rob., Stuttgart, Hölderlinstr. 32. Memoiren, Krim.- u. Detektivgeschichten, Anekdoten.

Der **Malik-Verlag**, Herzfeld & Gumperz, Berlin-Halensee, Kurfürstendamm 76. Belletristik.

Manzsche Verlags- u. Universitäts-Buchhdlg., Wien I, Kohlmarkt 20.

Marcan, Verlag F. J., G. m. b. H., Köln (Rhein), Schildergasse 84a.

Märkische Verlagsanstalt (Otto Hirschland), Berlin W, Lietzenburger Str. 12. Populärwissenschaftl. Lit.

Marton, Dr. Alexander, Budapest IV, Becsintca 1. ⊙.

Matthes, Erich, Leipzig, Karlstr. 10. Schöne Literatur, Politik.

Matthias-Grünewald-Verlag, Mainz.

Meidingers Jugendschriften-Verlag, G. m. b. H., Berlin W 66, Wilhelmstr. 45.

Meißners Verlag, Otto, Hamburg, Hermannstr. 44. Belletr., Kult.♛, ⁂, Schulb., Altertumsw., Hamburgensien, ⚒.

Merian, Gerhard, Berlin-Zehlendorf, Machnower Str. 61.

Merian-Verlag, G. m. b. H., München, Schillerstr. 20. ⌬.

Merseburger, Georg, Leipzig, Querstr. 27. Schöne Lit., nordische Lit.

Meyer & Jessen, München, Rosental 3. ∴, schöne Literatur.

Minden, Heinrich, Dresden-Blasewitz, Berggartenstr. 33. Belletr., Lehrbücher.

Mittler, E. S., & Sohn, Berlin SW 68, Kochstr. 68/71. Wissensch. Lit., bes. ⚔, ⚓, Kolonien, ♛, Memoiren, Biographien, Goethe-Lit., ∴, Freimaurerei, Verkehrs- u. Versicherungswesen, Schulbücher.

Moderne Verlagsanstalt, C. Teistler & Co., Berlin-Friedrichshagen. Mod. Wissensch., Belletr., ⌬.

Mohr, J. C. B. (Paul Siebeck), Tübingen, Wilhelmstr. 18. ⚖, ♛, Lit. ♛, Statasw., ▣, ∴.

Morawe & Scheffelt, Verlag, Berlin-Südende, Steglitzer Str. 18. Mod. Belletristik, ⌬, Literarhistorisches, Memoirenwerke.

Mosaik-Verlag, G. m. b. H., Berlin W 50, Augsburger Str. 56. Belletristik.

Mosse, Rudolf, Berlin SW 19, Jerusalemer Str. 46/49 u. Leipzig, Grimmaische Str. 27. Zeitgsverl., Fachzeitschr., Hausbücher.

Mosse, Rudolf, Abtlg. Buchverlag, Berlin SW 68, Zimmerstr. 61. Belletristik.

Müller, Georg, Verlag, A.-G., München, Elisabethstr. 26. ⬡, Belletr., ⌬.

Müller & Co., Verlag, Potsdam, Kronprinzenstr. 30. Belletr., ⌬.

Münchener Theaterverlag, Nürnberg, Kobergerstr. 50.

Musarion-Verlag, A.-G., München, Königinstr. 15. Belletristik, ⌬.

Musikhaus „Hüni", Zürich.

Neff, Verlag, Paul, Eßlingen (Neckar). △, ⌬, ⌬-♛.

Der **Neue Geist-Verlag,** Dr. Peter Reinhold, Leipzig, Königstr. 10. Literatur.

Neuer Deutscher Verlag, F. L. Halle & Co., Berlin-Wilmersdorf, Xantener Str. 5. Schöne Lit., ⌬, Bühnenvertrieb.

Neufeld & Henius, Berlin SW 11, Großbeeren Str. 94.

Niemeyer, Max, Halle a. S., Brüderstr. 6. Sprachwiss., Literatur, ∴, Ψ, ♛, wissenschaftl ✝.

Nister, E., Nürnberg. Bilderbücher.

Oldenbourg, R., München, Glückstr. 8 u. Berlin W 10, Dörnbergstr. 1. Naturwiss., ⌬, ♛, Technik.

Opal-Verlag, Paul Aretz, s. Paul Aretz-Verlag, G. m. b. H., Dresden.

Orchis-Verlag, Woldemar Klein, München, s. Allgemeine Verlagsanstalt München.

Orion-Verlag, Berlin W 15, Lietzenburger Str. 48. ⬡.

Oesterheld & Co., Verlag, Berlin W 15, Lietzenburger Str. 48. ⬡, schöne Lit.

Pan-Verlag, Rolf Heise, Berlin-Charlottenburg. ∴, Literatur, Belletr.

Pantheon-Verlag, Berlin W 30, Freisinger Str. 5a. Belletristik, ⌬.

Parey, Paul, Verlag, Berlin SW 11, Hedemannstr. 10/11. Y, Jagdromane.

Paetel, Gebrüder (Dr. Georg Paetel), Berlin W 35, Lützowstr. 7. Belletristik (ausgeschlossen ♥), ♛, Kultur♛, Völkerkunde, Literaturwiss., Naturwissensch.

Patmos-Verlag, Frankfurt a. M., Im Sachsenlager 1. ⬡, ♥, ∴.

Paulinus-Druckerei, G. m. b. H., Trier, Fleischstr. 64. ✝, kath. Lit., ⬡, Nov., /, ∴.

Perthes, F. A., A.-G., Gotha u. Stuttgart, Neckarstr. 121/123. ✝, ♛, Ψ, ∴, ⚖, Schul- u. Kinderlit.

Pfälzische Verlagsanstalt, Carl Liesenberg, Neustadt a. d. Haardt. Belletr., ♛, ♥, ⬡, ❁, Lit., ⌬, ▣.

Pfeffer, Max, Wien I, Giselastr. 1. ⬡.

Phönix-Verlag (Inh. Carl Siwinna), Kattowitz—Breslau—Berlin—Leipzig. Jugendschr., popul. u. Geschenk-Lit., Reiselit., /, ♛, ⚖, ⌬.

Piper & Co., R., G. m. b. H., München, Römerstr. 1. ⌬, △, ∴, schöne Lit., Musik, Heimatschutz.

Poeten-Verlag, Leipzig, Rochlitzstr. 9. ⬡.

Politik, Verlagsanstalt u. Buchdruckerei G. m. b. H., Berlin W 8, Mauerstr. 44. Schriften allg. polit. Inhalts.

Pontos-Verlag, Freiburg i. Br., Kirchstr. 33. ⬡.

Propyläen-Verlag, G. m. b. H., Berlin SW 68, Kochstr. 22/26. ⌬, schöne Lit.

Quickborn-Verlag, Hamburg 25, Oben Borgfelde 3. Literatur.

Rademacher, Ernst, Verlag, Düsseldorf, Venloer Str. 22. ⬡.

Rascher & Cie., Zürich I, Rathaus-Quai 20 u. Leipzig, Talstr. 15. △, ♥, ⬡, ♖, ⌬, ●, ▣, Schriften f. Schweizer Art u. Kunst, Jahrbücher u. Zeitschriften.

Recht, O. C., München, s. Allgemeine Verlagsanstalt München.

Reclam jun., Phil., Leipzig, Inselstr. 22/24. Verl. d. „Universalbibliothek", Klassiker, Wörterbücher, Romane, Verl. d. illustr. mod. Wochenschrift „Reclams Universum".

Reichl Verlag, Otto, Darmstadt, Nicolaiweg 9. Weltanschauung, Lebensführg., ♛, „Der Leuchter", „Die Bücher des Leuchters".

Reimer, Georg, Berlin, s. **Walter de Gruyter & Co.,** Berlin.

Reinhardt, Ernst, München, Schellingstr. 4. ⁂, ✝, Sozialwissenschaften.

Reisland, O. R., Leipzig, Karlstr. 20. ♄, ⁂, Ψ, ▮, Naturwiss.

Reiß Verlag, Erich, Berlin W 62, Wichmannstr. 10. Belletristik, ☊, Essay.

Reißner, Carl, Dresden-Blasewitz, Tolkewitzer Str. 8 I. Lit. ♛, Belletr., Naturw., Biogr.

Rentsch, Eugen, Verlag, Erlenbach b. Zürich, Schweiz. ☺.

Renaissance-Verlag, Robert Federn, Leipzig, Hospitalstr. 10. ♛, Lit. ♛, ▣, Soziologie, Relig., ⁂.

Reuß & Itta, Verlagsanstalt, Konstanz a. Bodensee. Belletr., Lit., bes. bad.-alemannische, Wissenschaft.

Der **Rhein-Verlag,** A.-G., Basel. Schöne Lit., ⁂.

Richter, Gustav, Theater- u. Musikverlag, Leipzig, Querstr. 26/28. ☊.

Ricordi, G., & Co. Leipzig, Breitkopfstr. 26. ☊.

Riehn & Rensch, München, Theresienstr. 12 I. ☺.

Rikola-Verlag, A.-G., Wien III, Radetzkyplatz 5. Literatur, Belletristik.

Röhr-Verlag, C. M., Berlin W 66, Mauerstr. 76. ☊.

Rösl & Co., Verlagsbuchhandlung, München, Kanalstr. 29. Belletristik, Literatur, ⁂.

Rotapfel-Verlag, A.-G., Erlenbach b. Zürich (Schweiz). Belletristik.

Rothbarth, Friedrich, Leipzig, Querstr. 10/12. Belletristik.

Rowohlt Verlag, Ernst, Berlin W 35, Potsdamer Str. 123b. Lit. (deutsche u. ausländ.), ☺, Bühnenbetrieb.

Rubin-Verlag, M. u. W. Köhler, München, Kaiser-Ludwig-Platz 8. Verlag u. Vertrieb dramat. Werke.

Runge, Edwin, Berlin-Lichterfelde W, Holbeinstr. 1. Autobiogr., Belletristik, ♛, Politik, ▣, ▮, Allg. ✝, Apologetik.

Rütten & Loening, s. Literar. Anstalt Rütten & Loening.

Saal, Adolf, Verlag, Lauenburg (Elbe). Jugendbewegung.

Safari-Verlag, G. m. b. H., Berlin W 35, Am Karlsbad 10.

Sanlek-Verlag, Köln, Untertaschenmacher 11. ☊.

Sarasin, Gideon, Frauenfeld (Schweiz). ☊.

Scarabäus-Verlag, G. m. b. H., Berlin W 35, Lützowstr. 61. Orientalische Literatur u. orient. Kunstgewerbe.

Schaffstein, Hermann, Köln a. Rh., Badstr. 1. Jugendschr., Bilderbücher, Volksbücher, Schulbücher.

Schahin-Verlag, Dr. F. H. Weizinger & Co., München, Sophienstr. 6. Oriental. Literatur.

Schauenburg, Moritz, Lahr (Baden). Kalender, Geschenkb., ▮, ☺.

Scherl, August, G. m .b. H., Berlin SW 68, Zimmerstr. 36/41. Zeitungen, Zeitschr., Adreßbücher, Buchverlag.

Scheuer, Louis, Trier, Fleischstr. 67. ☊.

Schlesische Verlagsanstalt (vorm. Schottländer), G. m. b. H., Berlin W 35, Lützoewstr. 85a. Belletr., Musik♛, Kunst ♛.

Schloß, Oskar, Verlag, Neubiberg b. München. Buddhismus u. asiatischer Kulturkreis.

Schmidt Verlag, Hugo, München, Franzstr. 14. Lit., ☺, prakt. Wissen, ♛, Politik, Biographie.

Schmidt & Spring, Jugendfreund-Verlag, Leipzig, König-Johann-Str. 30 pt. Jugendschriften.

Schneider, Franz, Verlag, Berlin SW 11, Dessauer Str. 10. Literatur, Belletristik, ☊.

Schöningh, Ferd., Paderborn. Ψ, kath. ✝, Belletr., ❦, ▮, ⁂, ♛.

Schoetz & Parrhysius, Verlagsbuchhandlung, Berlin SW 11, Großbeeren Str. 87. ☺, Archäologie, Kulturwissenschaft.

B. Schotts Söhne, Mainz, Weihergarten 5. ☊.

Schrag, J. L., Nürnberg, Königstr. 15. ♛, ☺, Kultur ♛ Nürnbergs (Norika).

Schroll & Co., Anton, Wien, s. Kunstverlag Anton Schroll, Wien.

Schulzesche Hofbuchdruckerei u. Verlagsbuchhandlung (R. Schwartz), Oldenburg i. O., Schloßplatz 20. Lit. ♛, ❦, Dramat., Belletristik, (kleine Romane u. Nov.), ●, Koloniales, ♄, ⚓, ▮, Kalender, Schulbücher.

Schünemann, Carl, Bremen. Belletr. ⚓, Niedersächs. Lit.

Schuster & Loeffler, Berlin. s. Deutsche Verlagsanstalt, Stuttgart.

Schwabe, Benno, & Co., Schweighauserische Buchdruckerei u. Verlagsbuchhandlung, Basel (Schweiz), Klosterberg 27. ☺.

Schwabachersche Verlagsbuchh., Stuttgart, Friedrichstr. 13. Geschenk-, Geselligkeits- u. popul. Lit., Handelsw., Kultur♛.

Schwann, L., Düsseldorf, Charlottenstr. 84/86. ♄, ▮, ☺, ●.

Schwetschke & Sohn, C. A., Berlin W 30, Freisinger Str. 5a. ☺, Lit., ❦, ☊, ●, Memoiren, Kultur♛, histor.-polit. Wissenschaft, ⚔, ▮, Ψ, ⁂.

Seemann, E. A., Leipzig, Hospitalstr. 11a. ♛, ☺-♛, △, Lit. ♛, Welt ♛, ●, Kulturwissenschaft, ⁂.

Seifert, Walter, Verlag, Heilbronn, Gartenstr. 34. Literatur, Belletristik.

Sibyllen-Verlag, Dresden-A. 1, Frauenstr. 2a. ∴, ◊, schöne Lit., Memoiren.

Simplicissimus-Verlag, G. m. b. H. & Co., München, Hubertusstr. 27.

Singer, Josef, Verlag, A.-G., Leipzig, Brandenburger Str. 16b. Schöne Lit.

Spemann, W., Stuttgart, Hermannstr. 5. ♛, ◊, ✾, ✗, ☠, ●, ●, ▮, ∴, ✝.

Spohr, Max, Inh. Ferd. Spohr, Leipzig, Moritzstr. 10. ∴, pop. ✗, Sozialw., ◊, /, Homosexualität, Spiritismus, Hypnotismus u. a.

Staackmann, L., Leipzig, Täubchenweg 19/21. Belletristik.

Stalling, Gerhard, Verlag, Oldenburg (Old.). ♛, ◊, Belletr., Kal., ⚔.

Standart, Musik- u. Bühnenvertrieb-A.-G., Berlin S 42, Prinzenstr. 28.

Steegemann, Paul, Verlag, Hannover, Hinüberstr. 4A, Bürohaus Königshof. Literatur, ✾. ◊.

Stein, J. A., Dürer-Verlag, Nürnberg, Hauptmarkt 25. Literatur, ◊.

Steinkopf, J. F., Stuttgart, Marienstr. 11/15. Belletristik, Geschenkbücher, Jugend- u. Volksschriften, evang. ✝ u. Erbauliches.

Stobbe, Horst, Verlag, München 34, Ludwigstr. 17a.

Strache, Ed., Verlag, Wien I, Elisabethstr. 1 u. Prag. Belletr., ◊-♛.

Strecker & Schröder, Stuttgart, Johannesstr. 11a. ♛, Ur- u. Kultur♛, ⚔, ∴, ◊.

Stroefer, Theo, Nürnberg, Hirschelgasse 26. Bilderbücher, ◊.

Stubenrauch, Herbert, Verlagsbuchhandlung, A.-G., Berlin W 15, Joachimsthaler Str. 15. Literar. ♛, ◊.

Süddeutscher Bühnenvertrieb, München, Öttingenstr. 2.

Süddeutsche Monatshefte, G. m. b. H., München, Amalienstr. 6 u. Leipzig, Königstr. 35.

Tal, E. P., & Co., Wien VII, Lindengasse 4.

Tauchnitz, Bernh., Leipzig, Dresdner Str. 5. Ausländ. Lit., Wiss.

Der **Tempel-Verlag,** G. m. b. H., Leipzig, Seeburgstr. 57. Klassikerausg.

Thalia-Theater-Verlag, Berlin S 14, Dresdener Str. 72/73.

Theatiner-Verlag, A.-G., München, Zieblandstr. 11. ◊, Belletristik.

Theatralia-Verlag u. Vertrieb von Bühnenwerken, Berlin-Charlottenburg, Waitzstr. 19.

Thespis-Verlag, A.-G., München, Marienplatz 25. Belletristik.

Thienemanns Verlag, K., Stuttgart, Blumenstr. 36a/b. Jugendschriften, Deutsches Knabenbuch, Deutsches Mädchenbuch.

Thomas Verlag, Theod., Leipzig, Königstr. 3. Naturwiss., Volksbücher, Keramik, ∴, ▮, ⚓, Photographie.

Tillgner, Hans Heinrich, Verlag, Berlin W 35, Lützowstr. 15. Schöne Lit.

Tobies, Otto, Leipzig, Täubchenweg 21. ♛, Biogr., Briefwechsel, Memoiren.

Triton-Verlag, Karlsruhe i. B., Roonstr. 7. ○.

Trübner, J. Carl, Straßburg, s. Walter de Gruyter, Berlin.

Ullstein & Co., Berlin SW 68, Kochstr. 22/26. Zeitungen, Zeitschriften, Buchverlag.

Unger, Alfred, Verlag, Berlin C 2, Spandauer Str. 22. Freimaurerei.

Union, Deutsche Verlagsgesellschaft, Stuttgart, Cottastr. 13; Leipzig, Hospitalstr. 10 u. Berlin SW 19, Krausenstr. 34/36.

Veit & Comp., Leipzig, s. Walter de Gruyter & Co., Berlin.

Velhagen & Klasing, Bielefeld u. Leipzig. ✝, ▮, ♛, ●, Atlanten, ◊, illustr. Monographien, illustr. Geschenkwerke, Jugendschriften, Schulbücher, Kalend., Erbauungsbücher, illustr. Zeitschriften.

Verein der Bücherfreunde, Potsdam, Am Kanal 58.

Verlag Berlin-Wien (Spielmeyer & Wenzel), Berlin SW 48, Wilhelmstr. 98. Belletr., Literatur.

Verlag Deutsche Buchwerkstätten, Dresden-A., Dürerstr. 36. Belletr., Jugendschriften.

Verlag der Freude, Wolfenbüttel. Belletristik.

Verlag der „Jugend“, München, Lessingstr. 1.

Verlag Junge Garde, Inh. Otto Unger, Berlin O 17, Koppenstr. 7. Jugendbewegung, Erziehung, Nationalökonomie, Sozialismus, Kommunismus.

Verlag „Junge Menschen“, G. m. b. H., Hamburg 36, Johnsallee 54. Jugendbewegung.

Verlag Josef Kösel & Friedrich Pustet, Kommanditgesellschaft, Kempten i. Allg.

Verlag für Kunstwissenschaft, G. m. b. H., Berlin W 50, Kurfürstendamm 14/15. ◊.

Verlag „Die Kuppel“, Karl Spiertz, Aachen, Lonsbergstr. 2. Schöne Literatur.

Verlag Neues Vaterland (E. Berger & Co.), Berlin W 62, Kurfürstenstr. 125. ○.

Verlag Parcus & Co., München, Pilotystr. 7.

Verlag „Die Schmiede“, G. m. b. H., Berlin W 50, Augsburger Str. 52. Schöne Literatur.

Verlag „Skythen", G. m. b. H., Berlin W 30, Münchner Str. 16. Russ. Literatur, Belletristik, ❦.

Verlag „Der Sturm", G. m. b. H., Berlin W 9, Potsdamer Str. 134a. ☺, Literatur, Belletr.

Verlag f. Volkskunst u. Volksbildung, Rich. Keutel, Lahr i. Baden. Sämann-Bücher, Volkskunstblätter.

Verlag der weißen Bücher, Erik Ernst Schwabach, München, Luisenstr. 31.

Verlag „Die Zeit", Max Kahn, Stuttgart, Rotebühl Str. 21.

Verlagsanstalt Hermann Klemm, A.-G., Berlin-Grunewald, Caspar-Theyß-Str. 14a.

Verlagsanstalt Alexander Koch (Besitzer: Hofrat A. Koch), Darmstadt, Sandstr. 19. Spezialverl. Kunst- u. Kunstgewerbl. Zeitschriften u. Vorlagewerke: Innen△, Wohnungskunst, ●, Gartenkunst, Frauenkünste.

Verlagsanstalt vormals G. J. Manz, Buch- u. Kunstdruck A.-G., München-Regensburg. Kathol. † u. ⁂, Naturw. ♛.

Verlagsanstalt Tyrolia, Innsbruck, Maximilianstr. 9. Kath. †, ♛, Belletristik.

Verlagshaus f. Volksliteratur u. Kunst, G. m. b. H., Berlin SW 61, Gitschiner Str. 13. Sozialpol., Belletr., Religions♛, Tagesfragen, ⊞.

Vertriebsanstalt musikdramatischer Werke, Berlin SW11, Bernburger Str. 15/16.

Vertriebsstelle des Verbandes deutscher Bühnenschriftsteller und Bühnenkomponisten, Berlin W 30, Motzstr. 90.

Vier-Quellen-Verlag, Leipzig, Königstr. 3. †, ⁂, ❦.

Viewegs Verlag, Kurt, Leipzig, Talstr. 30. Literatur, Belletristik.

Vita, Deutsches Verlagshaus, G. m. b. H. (Felix Heinemann), Charlottenburg, Hardenbergstr. 14. Belletr., Geschenkwerke, populäre Wissenschaft, ☺, Die Scene, Kommunalblatt f. Ehrenbeamte.

„Viva", Vereinigung Internationaler Verlagsanstalten, G. m. b. H., Berlin SW 61. Planufer 17.

Voigtländers Verlag,, R., Leipzig, Marienstr. 12. ▮, Reisewerke, Ѱ, ☺, ⚘, ♛, ⁂, ⊞.

Völkerbund-Verlag, Berlin W 30, Motzstr. 90.

Waldheim-Eberle, A.-G., Wien VII/1, Seidengasse 3/11. Schöne Literatur, Kalenderverlag.

Warneck, Martin, Berlin W 9, Schellingstr. 5. Schöne Literatur, evang. †.

Wasmuth, Ernst, A.-G., Berlin W 8, Markgrafenstr. 31. △, ☺, Kunstgewerbe.

Weber, Hans von, Verlag, München 17, Brieffach. Lit. (außer Lyrik u. ☽), ☺.

Weber, J. J. (Illustr. Zeitg.), Leipzig, Reudnitzer Str. 1/7, Filiale Berlin W 35, Am Karlsbad 10.

Weicher, Theodor, Leipzig, Inselstr. 10. Politik, völkische u. schöne Literatur.

Weinberger, Josef, Wien I, Mahlerstr. 11. ☽.

Weise Verlag, Gustav, Stuttgart, Reinsburgstr. 103. Bilderbücher, Jugendschriften.

Der **Weiße Ritter-Verlag**, Berlin C 19, Alte Leipziger Str. 10. Jugendbewegung, Literatur, ⁂, ❦, ☺.

Welt-Verlag, Dr. Ahron Eliasberg, Berlin W 9, Linkstr. 39.

Die **Wende**, Verlag, München, Isabellastr. 26.

Wertbuchhandel, G. m. b. H., Vertriebsgesellschaft für gute Literatur und Kunst, Berlin SW11, Königgrätzer Str. 99.

Westermann, Georg, Braunschweig, Riddagshäuser Weg 66. Atlanten u. Wandkarten, ☺, Belletr., „W. Monatshefte", Wörterbüch., Schulbücher, Jugendschriften, Wandbilder, geograph. Werke.

Wiechmann, Hermann, A., München, Giselastr. 21. ☺.

Wieland-Verlag, G. m. b. H., München, s. Allgemeine Verlagsanstalt München, A.-G., München.

Wiener Literarische Anstalt, Wien VIII, Krotenthaler Gasse 2. ☺.

Wiener Philharmonischer Verlag, Wien IV, Suttnerplatz 10.

Wiest Nachf., Ernst, Verlagsbuchhdlg., G. m. b. H., Leipzig-Reudnitz, Breitkopfstr. 26. ⁂, Naturw., Ѱ, popul. Lit., ⚕, ❁, ⚓, Sport.

Wigand, Gg., Leipzig, Querstr. 10/12. Belletr., †, ⁂, Memoiren, ♛, ●, Reisen, Jugendschr.

Wigand & Co., Bühnenverlag, Weimar.

Winters Univ.-Buchh., Carl, Verlag, Heidelberg, Lutherstr. 59. Wissensch. Lit. aus allen Gebieten, Belletr., Memoiren, Schulb., Verschiedenes.

Wolkenwanderer-Verlag, Leipzig, Salomonstr. 16.

Wunderlich, Rainer, Verlag, Bremen, Lortzingstr. 30. Belletristik.

Zillessen, Fr., Berlin C 19, Wallstr. 17/18. † Predigten, Schul- u. Erziehungsfragen, Lit. f. Jugend u. Volk.

Der **Zweemann**, Verlag, Robert Goldschmidt & Co., Hannover, Heiligenstr. 4, III.

Zwißlers Verlag, Julius, Wolfenbüttel, Stadtmarkt 5. Belletristik, ❦, ♆, ♛, ▮, △, †, ☺, ⚖.

Bühnenvertriebsanstalten.

Ahn & Simrock, Berlin W 50, Tauentzienstr. 76. **Ahrend, Georg**, Berlin S 42, Prinzenstr. 24. **Alberti-Verlag**, Berlin W 50, Kurfürstendamm 232. **Amalthea-Verlag**, Wien III, Seidlg. 8. **Angel, Ernst**, Berlin W 15, Schaperstr. 19. **Arradia-Verlag**, Berlin SW 68, Charlottenstr. 9/10. **Arion-Theater- u. Musik-Vlg.**, Berlin SW 68, Friedrichstr. 212. **Aurora-Verlag**, Weinböhla b. Dresden. **Autorenhaus**, Berlin W 66, Wilhelmstr. 52. **Bard, Franz & Sohn**, Budapest IV, Kossuth Lajos utca 4. **Bard, M.**, Musik- u. Bühnenverlag, Wien I, Opernring 3. **Bartsch, Hans**, New York, 1482 Broadway. **Beck, Max**, Leipzig, Grassistr. 22. **Benjamin, Anton J.**, Leipzig, Göschenstr. 2/4. **Birnbach, Richard**, Verlag, Berlin SW 68, Schützenstr. 6. **Bloch Erben, Felix**, Wilmersdorf 1, Nicolsburger Platz 3. **Bock, Max**, Leipzig, Grassistr. 22. **Bohème-Verlag**, Berlin, W 15, Kurfürstendamm 181. **Bolze, H., & Co.**, Rudolstadt i. Thür. **Berliner Bohème-Verlag K. Brill**, Berlin W 50, Kurfürstendamm 230. **Bote, Ed., & Bock**, Berlin W 8, Leipziger Str. 37. **Breitkopf & Härtel**, Leipzig, Nürnberger Str. 36. **Brockhaus, Max**, Leipzig, Querstr. 16. **Buchenau & Reichert**, Verlag München, Nymphenburger Str. 30. **Bühnenvolksbund**, Frankfurt a. M., Im Sachsenlager 1. **Chronosverlag G. m. b. H.**, Ludwigsburg, Seestr. 37. **Danske Dramatikers Forbund**, Kopenhagen, Lille Konyensgade 1. **Deutsch-Österr. Verlag**, Wien I, Fischerstiege 6. **Diana-Verlag**, Berlin W 8, Leipziger Str. 40. **Doblinger, Ludwig**, Wien I, Dorotheergasse 10. **Drei-Masken-Verlag**, Berlin N 24, Friedrichstr. 129. **Dreyer, Karl Th.**, Theaterverl., Kopenhagen, Frederik VI. Allee 12. **Dünnebeil, Hans**, Berlin W 9, Potsdamer Str. 21. **„Dur u. Moll"**, Bühnenverl., Wilmersdorf, Kaiserallee 26. **Dionysos-Verlag**, Berlin W. 35, Schöneburger Ufer 41. **Edda-Verlag**, Leipzig. **Edition Bristol**, Wien I, Mahlerstr. 6. **A. G. Egis**, Wien III, Lothringerstr. 20. **Eibenschütz & Bertó**, Wien II, Praterstr. 31. **Eos-Verlag**, Berlin SW, Belle-Alliance-Str. 3. **Erato-Verlag**, Berlin W 62, Kleiststr. 4. **Fanfare-Verlag**, Berlin, Mohrenstr. 51. **Feuchtinger J.**, Verlag, Stuttgart, Hauptstätterstr. 101. **Fischer, S.**, Verlag, Berlin W 57, Bülowstr. 90. **Flechsig, R. E.**, Dresden-A. 24, Schnorrstr. 56 I. **Franz, Oskar**, Wien III, Bürgertheater. **Fürstner, Adolph**, Berlin W 10, Victoriastr. 34a. **Geisthövel-Hamburg**, Repsoldstr. 16. **Goldkörner, Verlag**, Leipzig, Delitzscher Str. 51. **Garrissen, R. C. v.**, Hannover, Auf dem Lärchenberge 14c. **Grönwald, H.**, Oberhof i. Bayern. **Grünwald-Verlag**, Wildbad i. W. **Günther, Ernst**, Freiburg i. Br., Schwabentorstr. 2. **Habbel-Naumann-Verlag**, Regensburg, Türkenstr. 3. **Halbreiter, Otto**, München, Promenadeplatz 16. **Hansa-Verlag**, Wilmersdorf, Saalfelder Str. 7. **Hansen, Folmer**, Kopenhagen, Kalvebod Brygge 2. **Harmonie-Verlagsges.**, Berlin-Halensee, Georg-Wilhelm-Str. **Hartmann, Fritz**, Berlin W 30, Frankenstr. 2. **Hirsch, Arthur**, Berlin W 50, Augsburger Str. 64. **Hoffmann & Campe**, Berlin W 35, Schöneberger Ufer 25. **Inn-Verlag**, Innsbruck. **Internat. Büro f. Aufführungs- u. Urheberrecht**, Amsterdam, 29 Jan Willem Brouversplain. **Internat. Theaterverlagsges.**, Wien IV, Kl. Neugasse 4. **Jahn, Alfred**, Leipzig, Elisenstr. 30. **Jatho-Verlag**, Berlin W 50, Rankestr. 36. **Edition Jobo**, Verlag, Berlin, Winterfeldtstr. 33. **Juncker, Axel**, Verlag, Berlin W 15, Kurfürstendamm 210. **Kahnt**, Verlag, Leipzig, Nürnberger Str. 27. **Kalckar, Marc.**, Kopenhagen, St. Godthaabsvej 79. **Kämmerer, Rud.**, Dresden, Prager Str. 15. **Kantorowitz, M.**, Zürich, Dufourstr. 44. **Kakczag, W.**, Wien II, Linke Wienzeile 6. **Keerl, Otto**, Wien VI, Esterhazygasse 1. **Kiepenheuer, Gustav**, Potsdam, Viktoriastr. 59. **Köhler, Wilh.**, Verlag, München, Kaiser-Ludwig-Platz 8. **Kramersche Sort.-Buchhandl.**, Hamburg 4, Paulinenplatz 9. **Kühling & Güttner**, Berlin W 56, Markgrafenstr. 46. **Ladyschnikow, J., G. m. b. H.**, Berlin W 15, Rankestr. 33. **Langes Bühnenverlag**, Berlin W 30, Luitpoldstr. 3. **Langen, Albert**, Verlag, München, Hubertusstr. 27. **Lanik, Richard**, Wien VI, Linke Wienzeile 12. **Laube, Oskar**, Dresden, Wettinerstr. 15. **Lehmann, J. F.**, Verlag, München, Paul-Heyse-Str. 26. **Lier, Gebr. van**, Amsterdam, Prinzengracht 822. **Malik-Verlag**, Berlin W 9, Köthener Str. 38. **Marton, Alexander**, Budapest, Besci utca 1. **Meyer & Jessen**, München, Rosenthalstr. 2. **Müller, Georg, A.-G.**, München, Elisabethstr. 26. **Müller & Co.**, Potsdam, Kronprinzenstr. 30. **Münchner Theaterverlag**, München, Blumenstr. 29. **Neue**

Schaubühne, Verlag der, Dresden-A. 20, Robert-Koch-Str. 9. **Die Newa,** Berlin SW 48, Puttkamerstr. 5. **Orion-Verlag,** Hamburg 11, Graskeller 8. **Pantos-Verlag,** Freiburg i. Br., Kirchstr. 33. **Pfeffer, Max,** Wien I, Giselastr. 1. **Pflüger-Verlag,** Karlsruhe, Roonstr. 7. **Piehlerverlag,** Kaulsdorf. **Pierrot-Verlag,** Wien VII, Richtergasse 12. **Poeten-Verlag,** Leipzig, Rochlitzstr. 9. **Rademacher, Ernst,** Verlag Düsseldorf, Venloer Str. 22. **Reiß, Erich,** Verlag, Berlin, Wichmannstr. 10. **Rettig, Carl H. J.,** Hamburg 36, Bleichenbrücken 6/8. **Rheinlandverlag,** Köln, Auf der Berlich 33a. **Ricordi, G.,** Leipzig, Breitkopfstr. 26. **Röhr, E. M., A.-G.,** Berlin W 66, Mauerstr. 76. **Rowohlt, Ernst,** Verlag, Berlin W 35, Potsdamer Str. 123. **Rühle, Robert,** Verlag Berlin S 42, Prinzenstr. 28. **Saaleck-Verlag,** Köln, Unter Taschenmacher 11. **Sarasin, Gideon Karl,** Leipzig, Seeburgstr. 100. **Theaterverlag Scheuer,** Trier, Fleischstr. 68. **Schlagerverlag,** Dresden-A., Marschallstr. 36. **Schauspielverlag,** Berlin W 35, Derfflinger Str. 4. **Schlesingersche Buch- u. Musikal.-Handlg.,** Berlin W 8, Französische Str. 22/23. **Verlag „Die Schmiede",** Berlin W 50, Augsburger Str. 52. **Schotts Söhne, B.,** Mainz, Weihergarten 5. **Schulz, Erhard,** Leipzig, Egelstr. 3. **Seifert, Walter,** Verlag, Heilbronn, Gartenstr. 64. **Skandinavisk Theater-Bureau,** Kopenhagen, Skandergade 41. **Skandinavischer Theaterverlag,** Korsär i. Dänemark. **Steingräber,** Verlag, Leipzig, Seeburgstr. 100. **Stegemann, Paul,** Verlag, Hannover. **Steiner, Gabor,** Wien VI, Zollerngasse 8. **Strache, Ed.,** Wien I, Elisabethstr. 3. **Sturm-Verlag,** Berlin, Potsdamer Str. 134. **Süddeutscher Bühnenvertr.,** München, Öttingenstr. 2. **Terra-Edition,** Berlin W 30, Hohenstaufenstr. 42. **Thalia-Theaterverlag,** Berlin S 14, Dresdner Str. 72/73. **Theater-Verlag G. m. b. H.,** München, Leopoldstr. 3. **„Theatralia"-Verlag,** Berlin-Charlottenburg, Waitzstr. 19. **Universal-Edition,** Wien I, Karlplatz 6. **Verlag f. neuzeitige Kunst,** Magdeburg, Trausbergasse 46. **Verlag Neues Vaterland,** Berlin W 62, Kurfürstenstr. 125. **Vertriebsstelle des Verb. d. deutschen Bühnenschriftsteller,** Berlin W 30, Motzstr. 85. **Vier-Eulen-Verlag,** Dresden-A., Uhlandstr. 25. **Vuwag, A.-G.,** Berlin W 35, Am Karlsbad 16. **Weinberger, J.,** Wien I, Mahlerstr. 11. **„Die Wende",** München, Isabellastr. 26. **Vertriebsanst. musikdram. Werke u. Verlag „Erfolg",** Berlin SW 11, Bernburger Str. 15/16. **Wigand & Co.,** Weimar. **Wiener Bohème-Verlag,** Wien IV, Rechte Wienzeile 33. **Wiener liter. Anstalt,** Wien VIII, Kroterhallergasse 2. **Wiener Philharmonie-Verlag,** Wien IX, Strudelgasse 13. **Wolff, Paul,** Charlottenburg 5, Windscheidstr. 36. **Wunderhorn-Verlag, Tischer & Jagenberg, G. m. b. H.,** Köln-Bayenthal, Kastanienallee 20. **Zierfuß, Ferdinand,** München, Hartmannstr. 8.

Deutsch spielende Bühnen und ihre Leiter.

Abkürzungen: Dir. = Direktor. Int. = Intendant.

Aachen, Stadttheater, Int. Sioli.

Allenstein, Landestheater, Dir. Friedr. v. Strom.

Altenburg, Landestheater, Generalint. M. Berg-Ehlert.

Altona a. E., Stadttheater, Dir. F. O. Fischer. Schillertheater, Dir. Max Ellen.

Annaberg i. Erzgeb., Stadttheater, Int. H. H. Kämpf.

Arnstadt, Landestheater, Dir. Ludwig Hansen.

Aschaffenburg, Stadttheater, Dir. Johannes Poetsch.

Augsburg, Stadttheater, Dir. R. Häusler.

Aussig a. E., Stadttheater, Dir. A. Huttig.

Baden b. Wien, Jubiläums-Stadttheater, Dir. Karl Auderieth.

Baden-Baden, Städtische Schauspiele, Int. Dr. Waag.

Bamberg, Stadttheat., Dir. H. Willcken.

Barmen, Stadttheater, Int. Dr. P. Legband.

Basel, Stadttheater, Dir. G. Becker.

Berlin, Staatsth. Opernhaus, Int. Max v. Schillings. Staatsth. Oper am Königspl., Int. Max v. Schillings. Staatsth. Schauspielhaus, Int. Leop. Jeßner. Staatsth. Schillertheater, Int. Leop. Jeßner. Apollo-Theater, Dir. J. Klein. Artushof-Theater, Dir. Carl Reich. Berliner Theater, Dir. Meinhard u. Bernauer. Comoedia Valetti, Dir. Rosa Valetti. Deutsches Künstlertheater, Dir. Viktor Barnowski. Deutsches Opernhaus, Int. Holthoff v. Faßmann. Deutsches Theater, Dir. Rosen. Großes Schauspielhaus, Dir. Maximilian Sladek. Gr. Volksoper, Dir. O. W. Lange. Intimes Theater, Dir. G. Heppner. Deutsch. Th. Kammerspiele, Dir. Rosen. Kleines Theater, Dir. Gebr. Rotter. Komische Oper, Dir. J. Klein. Komödienhaus, Dir. Meinhard u. Bernauer. Lessingtheater, Dir. Viktor Barnowski. Lustspielhaus (Truppe), Dir. R. Bruck u. B. Viertel. Metropoltheater, Dir. Fritz Friedmann-Frederich. Nelson-Theater, Dir. Rud. Nelson. Neues Operetten-Th., Dir. Herbert Trau. Neues Theater am Zoo, Dir. G. Charlé u. A. Gerasch. Neues Volkstheater, Dir. Schwarz. Renaissance-Th., Dir. Th. Tagger. Residenz-Theater, Dir. Gebr. Rotter. Rose-Theater, Dir. Bernh. Rose u. Söhne. Schloßpark-Theater, Dir. Albert Berthold. Thalia-Theater, Dir. R. Hajos u. E. Poremski. Theater am Nollendorfpl., Dir. Meinhard u. Bernauer. Theater am Admiralspalast, Dir. Haller. Theater am Kurfürstendamm, Dir. Dr. Robert. Theater in der Kommandantenstr., Dir. Weiner. Theater in der Königgrätzer Str., Dir. Meinhard u. Bernauer. Trianon-Theater, Dir. Gebr. Rotter. Tribüne, Dir. Dr. Robert. Volksbühne, Dir. Holl. Volksbühne des Südwestens, Dir. Hans Herbst. Volksbühne Norden, Dir. Otto Kirchner. Wallner-Theater, Dir. Dr. Georg Berg.

Berlin-Schöneberg, Operettenhs., Dir. Karl Iban.

Bern, Stadttheater, Dir. Karl Ludwig Peppler. Schänzli-Theater, Dir. Leander Hauser.

Bernburg, Stadttheater, Dir. Bachler u. Lewis.

Beuthen, Stadttheater, Dir. Hans Knapp.

Bielefeld, Stadttheater, Dir. M. Cahnbley.

Bitterfeld, Stadttheater, Dir. Rob. Bahn.

Bochum, Stadttheater, Dir. S. Schmidt.

Bonn, Stadttheater, Int. Dr. A. Fischer. Neues Operettenth., Dir. A. Steffter.

Borna, Stadttheater, Dir. Bruno Frank.

Bottrop i. W., Volks- u. Operettenth. Dir. H. Königsfeld.

Brandenburg, Stadttheater, Int. Pehlemann (Potsdam).

Braunschweig, Landestheater, Int. Dr. Kaufmann. Kammerspiele, Int. Dr. Kaufmann. Operettenhaus, Dir. Bachenheimer u. Voigt.

Bremen, Städtische Theater, Int. Hofrat Jul. Otto. Centralhallen-Theater, Dir. Walter Ries. Schauspielhaus, Dir. Ichon u. Wiegand. Thalia-Theater, Dir. Fritz Krüger.

Bremerhaven, Stadttheater, Dir. G. Burchard.

Breslau, Stadttheater, Int. H. Tietjen. Verein. Theater, Int. P. Barnay. Schauspielhaus, Dir. Dr. Th. Loewe. Schauburg, Dir. Büttner.

Brieg, Stadttheater, Dir. Alex. Runge.

Brünn, Verein deutsche Theater, Dir. F. Höllering.

Brüx, Stadttheater, Dir. K. Ettinger.

Bunzlau, Stadttheater, Int. W. Remmertz.

Cassel, Staatstheater, Int. W. Sieg.

Celle, Freie Volksbühne, A. Hüner, Mittelschullehrer.

Chemnitz, Städtische Theater, Int. R. Tauber.

Coblenz, Stadttheater, Int. Dr. Meinecke.

Coburg, Landestheater, Int. Mahling.

Cöthen, Tivoli-Theater, Dir. Fritz Lanius.

Cottbus, Stadttheater, Dir. Immisch.

Crefeld, Stadttheater, Int. O. Maurenbrecher.

Crimmitschau, Vereins-Theater, Dir. Burkhardt.

Danzig, Stadttheater, Int. R. Schaper.

Darmstadt, Landestheater, Generalint. G. Hartung. Volkstheater, Dir. Frau Elisabeth Werner.

Dessau, Friedrich-Theater, Int. v. Maltzdorff.

Detmold, Landestheater, Geh. Intendanzrat Emil Becker.

Döbeln i. S., Stadttheater, Dir. K. Seder.

Dortmund, Stadttheater, Int. Karl Schäffer. Kammerspiele, Int. Karl Schäffer. Olympia-Theater, Dir. Thiemann-Berry u. Falken.

Dresden, Staatstheater Opernhaus, Generalint. Dr. Reucker. Staatstheater Schauspielhaus, Generalint. Dr. Reucker. Neues Theater, Dir. Großmann. Neustädt. Schauspielhaus, Dir. Paul Willi. Residenztheater, Dir. Dr. W. Schreiber. Sächs. Landesbühne, Dir. M. René.

Dresden-Strehlen, Königshoftheater, Dir. H. Kreutz.

Duisburg, Stadttheater, Dir. S. Schmidt. Operettentheater, Dir. Holtschneider.

Düren, Stadttheater, z. Z. nicht besetzt.

Düsseldorf, Stadttheater, Int. Dr. Becker. Apollotheater, Int. Dr. Becker. Millowitsch-Theater, Dir. K. Millowitsch. Schauspielhaus, Dir. Ceblin. Theater am Rochuspl., Dir. J. Röhrig.

Eberswalde, Neues Stadttheater, Dir. Arno u. Liessem.

Eisenach, Stadttheater, Dir. E. Theiling.

Elberfeld, Stadttheater, Dir. Dr. P. Legband. Operettentheater, Dir. Gust. Esser. Thaliatheater, Dir. Lischka u. Roul.

Elbing, Stadttheater, Dir. Max Spieß.

Erfurt, Stadttheater, Dir. W. Shirmer.

Essen (Ruhr), Stadttheater, Int. St. Fuchs. Städt. Schauspielhaus, Int. St. Fuchs. Komische Oper, Dir. Emil Schulz u. Heinr. Maier.

Eßlingen, Stadttheater, Dir. Frau Math. Erfurt.

Flensburg, Stadttheater, Dir. E. Bomstedt.

Forst i. L., Stadttheater, Dir. Erwin Bowe.

Frankfurt a. M., Opernhaus, Int. O. Müller-Wieland. Schauspielhaus, Dir. Dr. R. Weichert. Künstlertheater, Dir. Dr. Carl Gebhardt. Neues Operettentheater, Dir. Dewald u. Glock. Neues Theater, Dir. Reimann u. Hellmer.

Frankfurt a. d. O., Stadttheater, Dir. Heinz Sailer.

Freiberg i. S., Stadttheater, Dir. Hans Irmler.

Freiburg i. Br., Stadttheater, Int. H. Pichler.

Freienwalde a. d. O., Kurtheater, Dir. Eisoldt.

Gelsenkirchen-Wanne-Herne, Verein. Stadttheater, Dir. Paul Kohlar.

Fürth, Stadttheater, Int. Dr. Maurach.

Gera-R., Reußisches Theater, Intendanzrat Medenwaldt.

Gera, Residenztheater, Dir. Heinr. Langer.

Gießen, Stadttheater, Dir. Hofrat Steingoetter.

Glatz, Landestheater, Dir. Maxim Falcke.

Glauchau i. S., Stadttheater, Dir. A. Richter-Anschütz.

Gleiwitz, Stadttheater, Dir. K. Winter.

Glogau, Stadttheater, Dir. Amand Tresper.

Görlitz, Stadttheater, Dir. E. Eberhardt.

Gotha, Landestheater, Int. Strickrodt.

Göttingen, Stadttheater, Dir. O. Werner.

Graz, Opernhaus, Dir. Theo Modes. Schauspielhaus, Dir. Theo Modes.

Greifswald, Neues Stadttheater, Dir. Em. Voß.

Guben, Stadttheater, Dir. Heinzel.

Hagen, Städt. Schauspielhaus, Int. Dr Max Krüger.

Halberstadt, Stadttheater, Int. E. Teuscher.

Halle a. d. S., Stadttheater, Int. Dietrich. Thalia-Theater, Int. Dietrich.

Hamborn, Städt. Schauspielhaus, Dir. J. H. Braach.

Hamburg, Stadttheater, Int. Leop. Sachse. Carl-Schultze-Theater, Dir. M. Steiner-Kaiser. Deutsches Schauspielhaus, Dir. Dr. P. Eger u. Ernst Koehne. Kammerspiele, Dir. Erich Ziegel. Kleines Lustspielhaus, Dir. Fritz Kranz. Komödienhaus, Dir. Erich Ziegel. Operettenhaus, Dir. Hans Baars. Thaliatheater,

Dir. H. Röbbeling. Volksoper, Dir. Carl Richter.

Hameln, Volksbühne, Dir. Prof. Engel.

Hanau, Stadttheater, Dir. Joh. Poetsch.

Hannover, Opern- u. Schauspielhaus, Int. W. Grunwald. Schauburg, Int. W. Grunwald. Deutsches Theater, Dir. W. Kaufmann. Mellini-Theater, Dir. Loelgen.

Heidelberg, Stadttheater, Dir. Meißner.

Heilbronn, Stadttheater, Dir. Steng u. Krauß.

Herford, Stadttheater, Dir. Cahnbley.

Hildesheim, Stadttheater, Dir. William Büller.

Innsbruck, Stadttheater, Dir. Max Höller.

Itzehoe, Landeskulturbund, Dir. Heinz Schwamborn.

Jauer i. Schl., Stadttheater, Dir. Frau E. Heynau.

Kaiserslautern, Stadttheater, Int. H. Keller. Künstl. Volksbund, Int. Skal.

Kamenz i. S., Stadttheater, Dir. Fritz Steiner.

Karlsruhe i. B., Landestheater, Int. R. Volkner. Konzerthaus, Int. R. Volkner.

Kattowitz, Deutsches Theater, Dir. Lichtenberg.

Kiel, Stadttheater, Dir. Hans Brockmann. Schauspielhaus, Int. Hans Brockmann. Theater am Sophienblatt, Dir. Alving.

Klagenfurt, Städtisches Theater, Dir. Karl Krois u. Leop. Schwarz.

Köln, Opernhaus, Generalint. F. Rémond. Schauspielhaus, Generalint. F. Rémond. Deutsches Theater, Generalint. F. Rémond. Freie Volksbühne, Dir. Heinz Decker. Metropol-Theater, Dir. Herm. Job u. Ed. Marx.

Königsberg i. Pr., Opern- u. Volksbühne, Dir. Jos. Geißel. Komische Oper, Dir. Dumont du Voitel. Neues Schauspielhaus, Dir. R. Rosenheim.

Konstanz i. Bad., Stadttheater, Dir. Dr. Sattler.

Landsberg a. d. W., Stadttheater, Dir. Karl Schneider.

Leipzig, Altes Theater, Int. Stadtrat Barthol. Neues Theater, Int. Stadtrat Barthol. Operettentheater, Int. Stadtrat Barthol. Kleines Theater, Dir. M. Rosenburg u. H. Feifer. Schauspielhaus, Dir. F. Viehweg.

Liegnitz i. Schl., Stadttheater, Dir. Rob. Philippi.

Lindau i. B., Stadttheater, Dir. A. Schumann.

Lübeck, Stadttheater, Int. Dr. Hartmann. Hansa-Theater, Dir. Hans Arnim. Städtebundtheater, Dir. M. Holtmann.

Ludwigsburg, Erdmann-Theater, Dir. Rich. Erdmann.

Luzern (Schweiz), Stadttheater, Dir. Hans Edmund.

Magdeburg, Stadttheater, Int. H. Vogeler. Zentraltheater, Dir. A. Lölgen.

Mainz, Stadttheater, Int. G. Islaub.

Mannheim, Nationaltheater, Int. Dr. A. Kraetzer. Neues Theater, Int. Dr. A. Kraetzer. Bad. Volkskultur-Theater, Dir. Rupli.

Märkische Wanderbühne in Berlin, Dir. O. Glaeser.

Meiningen, Landestheater, Int. Dr. Fr. Ulbrich.

Meißen, Stadttheater, Dir. Gahsamas.

Memel, Schauspielhaus, Dir. Albers u. Bartsch.

Meran, Stadttheater, Dir. R. Scharf-Laube.

Milwaukee, Pabsttheater, Dir. Conrad Bolten.

Mittweida i. S., Stadttheater, Dir. Bruno Westphal u. Alfr. Markart.

Mühlhausen i. Th., Schauspielhaus, Int. Rolf Ziegler.

Mülheim a. d. R., Centralhallentheater, Dir. A. Mentzen.

München, Nationaltheater, Generalint. z. Z. unbesetzt. Prinzregententheater, Generalint. z. Z. unbesetzt. Residenztheater, Generalint. z. Z. unbesetzt. Künstlertheater, Generalint. z. Z. unbesetzt. Bayr. Landesbund, Dir. G. A. Strohm. Kammerspiele, Dir. Bing u. Falckenberg. Lustspielhaus, Dir. Olfers. Münchener Theater, Dir. Rolf Pinegger. Schauspielhaus, Dir. Frau H. Körner. Theater a. Gärtnerpl., Dir. Dr. H. Warnecke. Münchener Volkstheater, Dir. E. Bach.

München-Gladbach, Neues Theater, Dir. Heinz Bongartz.

Münster i. W., Stadttheater, Dir. Dr. W. Krüger.

Neiße, Stadttheater, Dir. Hans Thiede.

Neustrelitz, Landestheater, Int. H. Jacobs.

Neu-Ulm, Metropoltheater, Dir. C. Blodek.

New York, Irving Place, Dir. R. Bach.

Nordhausen, Stadttheater, Dir. Hubert u. Wächter.

Nürnberg, Stadttheater, Int. Dr. Maurach. Intimes Theater, Dir. Merck u. Reimann. Kammerspiele, Dir. Meyer u. Wegner.

Oberhausen, Rhld., Stadttheater, Int. Müller-Stein.

Oldenburg, Landestheater, Int. R. Mordo.

Oranienburg, Künstlertheater, Dir. Anna Rubner.

Osnabrück, Stadttheater, Int. Ulrichs.

Passau (Niederbayern), Stadttheater, Dir. Ludw. A. Wesselsky.

Peine, Volksbühne, Dir. Studienrat Finger.

Pforzheim, Stadttheater, Dir. Max Müller.

Plauen i. V., Stadttheater, Int. Dr. V. Eckert.

Potsdam, Schauspielhaus, Int. Pehlemann.

Prag, Neues deutsches Theater, Dir. Leop. Kramer. Kleine Bühne, Dir. Leop. Kramer.

Ratibor, Stadttheater, Dir. Frz. Gottscheid.

Recklinghausen, Stadttheater, Dir. F. Schaller u. E. Kaiser.

Regensburg, Stadttheater, Dir. M. Linnbrunner.

Reichenbach i. Schl., Städtebundtheater, Dir. G. Moosbauer u. Herb. Heller.

Reichenberg i. Böhm., Stadttheater, Dir. Friedr. Sommer.

Remscheid, Städt. Schauspielhaus, Int. Müller-Multa.

Reval (Estland), Deutsches Theater, Dir. Kirchner.

Rheydt (Bez. Düsseld.), Schauspielhaus, Dir. M. Biedermann.

Riga, Deutsches Theater, Dir. Kurt Busch.

Rostock, Stadttheater, Dir. L. Neubeck. Kammerspiele, Dir. L. Neubeck.

Rudolstadt, Landestheater, Int. E. Hahn.

Saarbrücken, Stadttheater, Int. E. Martin. Apollotheater, Int. E. Martin.

Salzburg, Stadttheater. Dir. Paul Blasel.

Schaffhausen (Schweiz), Stadttheater, Dir. Otto Schwarz.

Schleswig-Nord, Verbandstheater, Dir. F. Herold.

Schweidnitz, Stadttheater, Dir. P. Richter.

Schwerin, Landestheater, Int. F. Felsing.

Solingen, Komische Oper, Dir. Carl Willi Grieb u. Otto Nerz.

Solothurn (Schweiz), Stadttheater, Dir. Perry Marx.

Sondershausen, Landestheater, Dir. Ludwig Hansen.

Sorau, Stadttheater, Dir. Alfred Pfeifer.

Spandau, Volksbühne, Dir. O. de Nolte.

Stargard i. P., Stadttheater, Dir. Willy Bachmann.

Stettin, Stadttheater, Int. Ackert. Schauspielbühne, Int. Ackert. Bellevue-Theater, Dir. Felix Meinhardt.

Stolp i. Pom., Stadttheater, Dir. H. Schneider.

Stralsund, Stadttheat., Dir. C. Grebin.

Stuttgart, Landestheat., Int. A. Kehm, Schauspielhaus, Dir. Claudius Kraus. Württemberg. Volksbühne, Dir. Adolf Barth.

Tilsit, Stadttheater, Int. Marco Großkopf.

Trier, Stadttheater, Dir. H. Götze.

Troppau (Tschechosl.), Stadttheater, Dir. Warbeck.

Ulm a. d. D., Stadttheater, Dir. W Kißmer.

Waldenburg i. Schl., Stadttheater, Dir. M. Pötter.

Wanne-Eickel (Westf.), Stadttheater, Dir. Paul Kohlar, s. Gelsenkirchen.

Weimar, Nationaltheater, Int. Dr. Franz Ulbrich. Residenztheater, Dir. Siegfr. Deutsch.

Wesel, Volkstheater, Dir. Gust. Esser.

Wien, Burgtheater, Dir. Franz Herterich. Akademietheater, Dir. Franz Herterich. Operntheater, Dir. Rich. Strauß, Franz Schalk. Bürgertheater, Dir. O. Franz. Carltheater, Dir. S. Eibenschütz. Deutsches Volkstheater, Dir. Bernau. Johann-Strauß-Theater, Dir. Erich Müller. Kammerspiele, Dir. Siegfr. Geyer. Komödienhaus, Dir. Georg Höllering. Lustspieltheater, Dir. Jarno. Moderne Bühne, Dir. Rob. Blum. Neue Wiener Bühne, Dir. Dr. Robert. Neues Wiener Stadttheater, Dir. Herb. Trau. Raimund-Theater, Dir. Dr. R. Beer. Renaissance-Bühne, Dir. Dr. Robert. Roland-Bühne, z. Z. unbekannt. Theater a. d. Wien, Dir. W. Karczag. Theater i. d. Josefstadt, Dir. Prof. Max Reinhardt. Volksoper, Dir. F. v. Weingartner.

Wiener-Neustadt, Stadttheater Dir. Karl Auderieth.

Wiesbaden, Staatstheater, Kl. Haus, Int. Dr. C. Hagemann. Staatstheater, Gr. Haus, Int. Dr. C. Hagemann. Staatstheater, Kurhaussaal, Int. Dr. C. Hagemann.

Wilhelmshaven, Musik. Kammerspiele, Dir. Seedorf.

Wilhelmshaven-Rüstringen, Schauspielhaus, Dir. Leo Herzog.

Winterthur (Schweiz), Stadttheater, Dir. Otto Schwarz.

Wismar, Stadttheater, Dir. Paul Nowakowsky.

Würzburg, Stadttheater, Dir. Spannuth-Bodenstedt.

Zittau, Stadttheater, Dir. Fritz Klötzel.

Zoppot, Stadttheater, Dir. O. Normann.

Zürich, Stadttheater, Dir. Paul Trede. Corso-Theater, Dir. Eckhardt. Schauspielhaus, Dir. Wengler.

Zwickau, Stadttheater, Dir. Fr. Grelle.

Kleinere Wanderbühnen und Gastspieltheater.

Dir. Julius Benne u. K. Güllich, Unna (Iserlohn u. a.). — Dir. Frau Hede Brzesinski, Greiffenberg i. Schl. u. a. — Dir. Herm. Eckardt, Berlin-Hohenschönhausen. — Dir. Heiden-Heinrich, Berlin-Weißensee. — Dir. Otto Kirchner, Volksbühne Norden, Berlin N (Eberswalde u. a.). — Dir. Hans Kroneck, Deutsches Künstlertheater, Hannover. — Dir. Hugo Lauterbach, Elsterberg i. V. — Dir. Arthur Borke Modernes Theater, Dresden-A. (Pirna, Riesa u. a.). — Dir. Frau Antonie Richter, Chemnitz. — Dir. Christian Richter, Sachsenbühne, Gräfenthal i. Thür. — Dir. Walter Ries, Hamburg (Kiel, Bremen, Leipzig). — Sandbichlers Bauerntheater, Nürnberg. — Dir. Sander-Gräf, Frankfurt a. M. — Dir. Jonny Seedorf, Wilhelmshaven (Musikal. Kammerspiele). — Dir. Sodtmann-Alberti, Hamburg, Schleswig-Holstein. — Dir. Hans Stadler, Leipzig-Gohlis. — Dir. Käte v. Stahl u. Töpfert, Hamburg. Dir. Alfred Tittel, Gottesberg i. Schl. — Dir. Emil Vogelreuter, Leipzig. — Dir. Waldeck-Süßenguth, Lobenstein (Reuß).

Zeitschriften und Verwandtes.

Für das folgende Verzeichnis sind lediglich praktische Interessen maßgebend gewesen. Von politischen Zeitungen sind solche aufgenommen worden, die nennenswerte Feuilletons bringen. Abkürzungen: H Herausgeber, R Redakteur, V Verleger, E Erscheint, P Preis, B Begründet, Rez. bringt Rezensionen. Es heißt w(wöchentlich), m(monatl.), t(tägl.), 2 w = zweimal in der Woche usw. Folgt weder w, noch m oder t der Zahl hinter E, so bezieht sich die Zahl auf das „jährliche" Erscheinen, also 2 = zweimal im Jahr. Die Bemerkungen in Klammern beziehen sich auf Inhalt und Richtung der Blätter. Ein Sternchen vor dem Titel zeigt an, daß das Blatt illustriert ist.

8 Uhr-Abendblatt. National-Zeitung. R Herm. Zucker. V Berliner Zeitungsverlag G. m. b. H. NW 6, Schiffbauerdamm 19. E 6 w. B 47. Rez.

Akademische Blätter. Zeitschrift des Kyffhäuserverbandes d. Vereine Deutsch. Studenten. V Liebheit u. Thiesen, Berlin C, Niederwallstr. 15. E 24. B 86. Rez.

Akademische Monatsblätter. Organ des Verbandes d. kathol. Studenten-Ver. Deutschlands. R Seminardir. a. D. Dr. K. Hoeber, Köln a. Rh. V J. P. Bachem, Köln, Marzellenstr. 35/43. B 88. E m. Rez.

* **Die Aktion,** Zeitschrift f. d. Kommunismus. HR Franz Pfemfert, Berlin-Wilmersdorf, Nassauische Str. 17. V Verlag der „Aktion", ebda. B Febr. 11. Rez. (Organ der radikalsten Friedensfreunde, für antinationale Politik u. Kultur. Reproduktionen von Werken leb. Maler.)

Allgemeine Musikzeitung. Wochenschrift für die Reform des Musiklebens der Gegenwart. H Paul Schwers. V Verlag der Allgemeinen Musikzeitung, Berlin-Schöneberg, Innsbrucker Str. 24. E 46. B 74. Rez.

Allgemeine Rundschau. Wochenschrift für Politik und Kultur. R Dr. Otto Kunze. V Verlag Dr. Armin Kausen G. m. b. H., München, Galeriestr. 35a. B 1904. Rez.

Altbayerische Monatsschrift. Kom V J. Leutnersche Buchhandlung, München, Dienerstr. 9. E 6. B 01. Rez.

* **Alte und neue Welt.** RHV Verlagsanstalt Benziger & Co., A.-G., Einsiedeln, Schweiz. E 12. B 87. Rez. (Kathol. Familienbl. zur Unterhalt. u. Belehrung.)

Altpreußische Monatsschrift. V Ferd. Beyers Buchh., Königsberg (Pr.), Französische Str. 25. E 4. B 95. Rez.

An heiligen Ufern. Archiv für Kultur und Forschung im Orient. H Else Marquardsen-Kamphövener. R Georg Léon Leszczyński. V Schahin Verlag, Dr. F. X. Weizinger & Co., München, Sophienstr. 6. E 4. B 20. Rez.

Anthropos. Internationale Zeitschr. f. Völker- u. Sprachenkunde. V Administration des Anthropos. St. Gabriel-Mödling (Nied.-Österr.). B 1906. Rez.

Der **Antiquar,** Zeitschrift für Antiquare und Bücherfreunde. V Maria Friebelsche Buchhandlg., Breslau I, Schmiedebrücke 31/32. E w. B 21.

Antiquarius, Der grundgescheute. HR Dr. Carl Georg von Maaßen, München, Friedrichstr. 21. V Erich Lichtenstein Verlag G. m. b. H., Weimar, Junkerstr. 45. Exp. Franz Wagner, Leipzig, Königstr. 9 u. 11. E 6. B 1920. Rez.

* **Antiquitäten-Rundschau.** Zeitschr. f. Museen, Sammler u. Antiquare. HR Philipp Kühner, Eisenach, Lauchergasse 6/12. V Philipp Kühner, ebda. E w. B 03. Rez.

Antiquitäten-Zeitung. R Rob. Weihrauch, Stuttgart, Zeppelinstr. 157. HV Hermann Pfistner, Stuttgart, Werastr. 43. E 2 m. B 93. Rez.

Anzeiger für schweizerische Altertumskunde. R Prof. Dr. H. Lehmann u. a. HV Schweiz. Landesmuseum, Zürich. E 4. B 55. Rez.

Anzeiger für den Schweizer Buchhandel. R Dr. R. v. Stürler, Bern, Theaterplatz 2. V Art. Institut Orell Füßli, Verlag, Zürich, Bärengasse 6. E 2 m. B 89. Rez.

Archiv für Kulturgeschichte. HR Geh. HofR. Prof. Dr. W. Goetz, Leipzig, Straße des 18. Oktober 15 u. Prof. Dr. Georg Steinhausen, Kassel, Kaiserplatz 14. V B. G. Teubner, Leipzig, Poststr. 3—5. 2 D-H. B 03. Rez.

Augustinus-Blatt. R Dr. P. Wellbächer. V Augustinus-Verein zur Pflege d. kath. Presse, Düsseldorf, Talstr. 55. E 12. B 97. (Nur für Mitglieder.) Rez.

Aus dem Schwarzwald. Blätter des württembergischen Schwarzwaldvereins. HR Prof. Julius Schaumann, Stutt-

gart, Hegelstr. 52. V Württemberg. Schwarzwaldverein, Stuttgart. Kom. V Bonz Erben, Stuttgart, Schellingstr. 15. E 6. B 94. Rez.

Aus Welt und Leben. Nürnberger Modezeitung u. illustr. Unterhaltungsblatt. R Hermann Jatzke. HV Erich Spandel, Buchdr. u. Vlg., Nürnberg, Hauptmarkt 4. E 26. B 21. Rez.

Badische Heimat. Zeitschrift für Volkskunde, ländliche Wohlfartspflege, Heimat- und Denkmalschutz. H Verein Badische Heimat, Freiburg i. B., Städt. Sammlungen. R Max Wingenroth. V G. Braunsche Hofbuchdr., Karlsruhe i. B., Karl-Friedrich Str. 14. B 14. Rez.

Badische Presse u. Handelszeitung. (Neue Badische Presse, Bad. Landeszeitg.) R Walther Schneider. V Ferd. Thiergarten. E w 12. B 84. Rez. (Dem.)

Badischer Beobachter. R J. Th. Meyer. V „Badenia", A.-G. f. Verlag u. Druckerei. E w 6. B 63. Rez. (Zentr.)

Badischer General-Anzeiger, Mannheimer Tageblatt. V Hofbuchdruckerei Max Hahn & Co., Mannheim H 2 Nr. 3. M. B 67. Rez. (Unabhängige Tageszeitg. modernen Stils, mit Litterar. Rundschau, Theater, Kunst, Musik, Wissenschaft, Kulturbeiträgen, Erzähler, Wander- u. Sport-Beilagen, Frauen- u. Kinder-Ztg.)

Bayerische Landesztg. (vormals Neue Bayerische Landesztg.). H Hans Wolf, Würzburg. V Bayrische Landesztg. G. m. b. H. B 85. Rez. (Nation. Mittelstand.)

* **Das Bayerland.** Illustr. Wochenschr. für Bayerns Land u. Volk. H Dr. Fridolin Solleder. V Bayerland-Verlag G. m. b. H., Hanns Eder, München, Schellingstr. 39/41. B 90. Rez. (Gesch., Landeskde., Volkskde., Heimatkde, Kultur- u. Kunstgesch. Bayerns.)

Bayreuther Blätter. HR H. P. v. Wolzogen, Bayreuth, Lisztstr. 2. Unterstützt durch den Allg. R.-Wagner-Verein. V Breitkopf u. Härtel, Leipzig, Nürnberger Str. 36/38. B 78. Rez. (Offiz. Organ d. W.-Sache u. d. W.-Vereine, Zeitschr. zur Verständigung über die Möglichkeit e. deutsch. Kultur a. d. Gebieten der Religion Kunst, Philos. u. d. Lebens, W.-sche Welt- u. Kunstanschauung, Kritik der Zeit.)

Bayrischer Heimatschutz. Monatsschrift des bayr. Landesvereins für Heimatschutz. V Carl Aug. Seyfried & Co., München, Schillerstr. 28. B m. B 03. Rez.

Der Bazar. R Friedrich Auer, Berlin W, Potsdamer Str. 134c. HV Bazar-Aktien-Gesellsch., ebda. B 55. Rez. (Mode u. Belletristik.)

Beiträge zur Geschichte der deutschen Sprache u. Literatur. H Geh. Hofrat Prof. Dr. W. Braune, Heidelberg, Gaisbergstr. 87. V Max Niemeyer, Halle a. d. S., Brüderstr. 6. B 73.

* **Belvedere.** Illustrierte Zeitschrift für Kunstsammler. H Dr. E. W. Braun u. Prof. Dr. Wilhelm Suida. V Krystall-Verlag G. m. b. H., Wien IX, Währinger Str. 2/4. E m. B 22. Rez.

Berg, Burg und Wald. Eine Monatsschrift für Thüringen. Zeitschrift d. Bundes der Thüringer Berg-, Burg- und Waldgemeinden. R Hans Wilhelm Stein. V Verlag Berg, Burg und Wald, Lindhardt b. Naunhof. E m. B 21.

* **Die Bergstadt.** Monatsblätter. H Paul Keller, Breslau 16, Fürstenstr. 41/43. R Alfred Frhr. v. Rentz, Dr. Friedr. Castelle, Breslau 16, Fürstenstr. 40/41. V Bergstadtverlag W. G. Korn, Breslau, Schuhbrücke 84. B Okt. 12. Rez. (Für d. gebildete Familie, ohne polit. Tendenz.)

Berliner Abendpost. HV Ullstein & Co. ChefR u. verantwortl. R i. V. Ludwig Wachtel, Berlin SW 68, Kochstr. 22/26. B 87. Rez.

Berliner Allgemeine Zeitung. HV Ullstein & Co. Verantw. R i. V. Ferd. Jahn, Berlin SW 68, Markgrafenstr. 67. E 7 w. P 12 M. B 85. Rez.

Berliner Börsen-Courier. ChefR Dr. Emil Faktor, Berlin SW 19, Beuthstr. 8. V B.B.-C., A.-G., ebda. E 2 t. B 68. Rez. (Liberal.)

Berliner Börsen-Zeitung. ChefR A. Kittisch v. Horn, Berlin W, Kronenstr. 37. V Verlag u. Exped. d. B. B.-Z. (G. m. b. H.). E 12 w. B 55. Rez.

* **Berliner Illustrierte Zeitung.** HV Ullstein & Co., Berlin SW 68, Kochstr. 22/26. E w. P 5,20 M. B 91.

Berliner Leben. R: Hubert Miketta. V Berliner Leben, Verlagsges. m. b. H., Berlin SW 61, Belle-Alliance-Platz 8. B 98. Rez.

Berliner Lokal-Anzeiger. R Wilh. John, Berlin SW 68, Zimmerstr. 36/41. V August Scherl, G. m. b. H., ebda. E 13 w. B 83. Rez. (Deutschvölkisch, bes. Orig.-Feuill. aktuellen Inh., Polit. Inform., ausgedehnter Depeschendienst, Interviews, aktuelle Orig.-Illustr. usw.)

Berliner Montagspost. R Wilh. Meyer. V Ullstein, A.-G., Berlin SW 68, Kochstr. 22/26.

* **Berliner Morgenpost.** V Berliner Morgenpost, G. m. b. H. H Ullstein & Co. ChefR O. Robolsky, Berlin SW 68, Kochstr. 22/26. E 7 w. B 98. Rez. (Unabhäng. Tagesztg. mod. Stils.)

Berliner Morgen-Ztg. ChefR Dr. B. Trochownik. V R. Mosse u. H. Lach-

mann-Mosse, Berlin SW 19, Jerusalemer Str. 46/49. E 6 w. B 89. (Mit Tägl. Unterhaltungsbl., Illustr. Familien Ztg., Illustr. Moden Ztg. u. Illustr. KinderZtg.)

Berliner Neueste Nachrichten. R Arthur Keil. V Max Noster, Berlin SW 68, Alexandrinenstr. 110.

Berliner Tageblatt u. Handelsztg. m. illustr. Wochenschr.: Der Weltspiegel, Modenspiegel, Technische Rundschau, Sportspiegel, Ulk, Haus Hof Garten. ChefR Theodor Wolff, Berlin. V Rud. Mosse, Berlin SW 19, Jerusalemer Str. 46/47. E 12 w. B 72. Rez. (Demokratie.)

Berliner Titeldrucke. H Staatsbibliothek, Berlin NW 7, Unter den Linden. E zwanglos.

Berliner Volks-Ztg. mit Tägl. Unterhaltungsbl., Illustr. Familien-Ztg.u. farb. ill. Witzblatt Ulk. ChefR Otto Nuschke, Berlin SW, Jerusalemer Str. 46/47. V R. Mosse u. H. Lachmann-Mosse. E 13 w. B 52. Rez.

B. Z. am Mittag (Berliner Zeitung). ChefR Max Wolf, verantwortl. R E. A. Dupont, für Handel Paul Elsberg. HV Ullstein & Co., Berlin SW 68, Kochstr. 22—26. E 6 w. B 76. Rez.

Bibliographie der dtsch. Zeitschriften-Literatur mit Einzellisten von Sammelwerken. V Felix Dietrich, Gautzsch b. Leipzig. B 00. E zwanglos.

Bibliographie der deutschen Rezensionen. Verzeichnis von Besprechungen dtsch. u. ausländ. Bücher u. Karten. V Felix Dietrich, Gautzsch b. Leipzig. B 00.

Bibliographischer Monatsbericht. H Zentralstelle für Dissertationen. V Buchhandlg. Gustav Fock G. m. b. H., Leipzig, Markgrafenstr. 4/6.

* **Bibliothek der Unterhaltung u. des Wissens.** R Stephan Steinlein, Stuttgart. V Union Deutsche Verlagsgesellschaft, ebda, Cottastr. 13. E 13. B 76. (Familienzeitschrift.)

Bimini. Ein buntes Blatt. V Hoffmann & Campe, Berlin W 35, Schöneberger Ufer 25. E 2 m. B 24. (Modern. Unterhaltungsblatt.)

Blätter für bernische Geschichte, Kunst und Altertumskunde. HV Dr. Gustav Grunau, Bern, Falkenplatz 11. B 05.

Blätter für Gemäldekunde, jetzt: Studien u. Skizzen zur G.

Blätter des Propyläen-Verlags. V Ullstein A.G., Berlin SW 68, Kochstr. 22. B 23. E zwanglos. Rez.

* **Blätter des Schwäbischen Albvereins.** H Prof. E. Nägele, Tübingen, Gartenstr. 25. E m. B 89. Rez.

Blätter der Staatsoper. H Dr. Julius Kapp, Berlin-Westend, Lindenallee 26. V Deutsche Verlags-Anstalt (vorm. Ed. Hallberger), Berlin W 9, Linkstr. 16. E zwanglos 8. B 20. Rez.

Braunschweigische Landeszeitung. R Friedr. Karl Kobbe. V Albert Limbach (Oscar Dietel), Braunschweig, Hutfiltern 8. E 7 w. B 79. Rez.

Bremer Nachrichten. ChefR Georg Kunoth, Bremen, 2. Schlachtpforte 7. V Carl Schünemann, ebda. E t. B 1743. Rez.

Bremer Nachrichten vom Büchermarkt. HV G. A. van Halem, Export- u. Verlagsbuchhandlg. A.-G., Bremen, Remberti-str. 65. E 4. B 98. Rez.

Der Brenner. H Ludwig Ficker, Innsbruck, Erlerstr. 7. V Brenner-Verlag, Innsbruck. E halbmonatl. mit Ausn. v. Aug. u. Sept. B 1/2 10. (Lit., Kultur.)

* **Breslauer Morgen-Zeitung.** ChefR Frz. Dau. V Dr. Herm. Hamburger, Parkstr. 36. E 7 w. B 45. Rez.

Breslauer Zeitung. R Polit.: Franz Dau; Feuillet.: Dr. Wilda; Handel: S. Gottschalk; Lokales und Prov.: Dr. Langenstraßen, Breslau, Herrenstr. 20. E 19 w. B 1820. Rez.

Das Buch der Woche. HV Tempel Verlag, Leipzig. E w. B 23.

* **Das Buch für Alle.** R Stephan Steinlein. V Union Deutsche Verlagsgesellschaft, Stuttgart, Cottastr. 13. E 28. B 65. (Familienztg.)

Bücherei und Bildungspflege. H Dr. Erwin Ackerknecht, Stettin, Grüne Schanze 8 u. Prof. Dr. Gottlieb Fritz, Charlottenburg, Wilmersdorfer Str. 166/167. R Dr. Hans J. Homann, ebda. V Otto Harrassowitz, Leipzig, Querstr. 14. E m. B 00. Rez.

Die Bücherhalle. Nachrichten a. d. städt. Bücherhalle zu Leipzig. HR Walter Hofmann. V Felix Dietrich, Gautzsch b. Leipzig, Kregelstr. 5. ca. 6 j. B 19. Rez.

Büchermarkt. Bibliographisches Bulletin der Schweizerischen Landesbibliothek. R Direktion d. Schw. Landesbibl. HV Beutell A.-G., Bern-Bümpliz. E w. B 00.

Die Bücher-Rundschau. Zweimonatsschrift über die wichtigen Neuerscheinungen auf dem Büchermarkt. H Dr. Ernst K. Stahl, München, Dienerstr. 9. V Verlag Josef Kösel u. Friedrich Pustet, Komm.-Ges., München 2, Bayerstr. 57. E 6. B 21. Rez.

Die Bücherstube. H E. Schulte-Strathaus. V Horst Stobbe Verlag, München, Ludwigstr. 17a. E 6. B 21. Rez.

Die **Bücherwelt.** Zeitschrift für Bibliotheks- u. Bücherwesen. H Verein v. hl. Karl Borromäus, Bonn, Münsterplatz 10. R Bernhard Achtermann, Bonn, Wittelsbacherring 9. KommissV J. P. Bachem, Köln, Marzellenstr. 35/43. E m. B 03. Rez. (Literarisch-kritische Aufsätze vom ästhet. u. kathol. Standpunkt aus, sow. Berichte üb. die volkstüml. Bibliotheksbewegung und Schriftenverbreitung.)

* Der **Bücherwurm**, eine Monatsschrift für Bücherfreunde. HR Einhorn-Verlag, Dachau b. München. E 10. B 10. Rez. (Literatur u. Buchausstattung.)

Der **Buchhändler.** Halbmonatsschrift u. Ankündigungsblatt f. d. Buch-, Kunst- u. Musikalienhandel u. d. Antiquariat i. d. Tschechoslowakei. HV F. Kraus, Reichenberg. E m. B 20. Rez.

Der **Buch- und Zeitschriftenhandel.** R Arthur Klein. V Zentral-Verein Deutscher Buch- u. Zeitschriftenhändler, Berlin SW 48, Friedrichstr. 250. E 2 m. B 80. Rez.

Buchweiser für deutsches Schaffen. H Dr. Helmuth M. Böttcher. V „Buchhaus für deutsches Schaffen", Dresden-Weißer Hirsch, Straußstr. 6. E m. B 22. Rez.

Der **Bund.** Mit Sonntagsblatt. R: Politik: Dr. M. Bühler; G. Luck, G. Bundi, E. Schürch, S. Haas; Dr. Walt. Reitz (Lit.), Bern, Effingerstr. 1. HV Pochon-Jent & Bühler, ebda. E 2 t. B 49. Rez. (Politik, Volkswirtschaft, Feuilleton, Freisinn.-demokr.)

Charivari. Für Theater, Musik u. dramatische Literatur. R Ernst Bloch. HV Felix Bloch Erben, Berlin-Wilmersdorf, Nikolsburger Platz 3. E 26. B 49.

* **V. Chiavacci's „Wiener Bilder".** HV Österr. Zeitungs- u. Druckerei-A.-G. Wien III, Rüdengasse 11. ChefR Karl Groák, ebda. E w. (Sonntags). P 12 K. B 96. Rez. (Familienblatt.)

* Die **christliche Kunst.** R S. Staudhamer. V Gesellschaft f. christliche Kunst, München, Karlstr. 6. E m. B 04. Rez. (Alle Gebiete der christl. Kunst u. das gesamte Kunstleben.)

Chronik des Wiener Goethe-Vereins. HR Direktor Dr. Rud. Payer-Thurn, Wien IV, Prinz-Eugen-Str. 56. V Amalthea Verlag, Wien III, Seidlg. 8. E 2. B 86. Rez.

* Der **Cicerone.** Halbmonatsschrift f. d. Interessen d. Kunstforschers u. Sammlers. R Prof. Dr. Georg Biermann, Reitram a. Tegernsee, Post Rottach. V Klinkhardt & Biermann, Leipzig, Liebigstr. 2. B 09. Rez.

Comenius-Blätter für Volkserziehung, jetzt: Geisteskultur und Volkserziehung.)

* **Daheim.** H H. C. v. Zobeltitz, P. O. Höcker, J. Höffner, Berlin. V Daheim-Expedit. (Velhagen & Klasing), Leipzig, Hospitalstr. 27. E w. B 64. Rez. (Belletrist.)

* **Die Dame.** R Kurt Korff, Berlin SW, Kochstr. 22—26. HV Ullstein & Co., Berlin u. Wien. E 24. B 73. (Mode u. Gesellschaft.)

* **Dekorative Kunst.** R P. Kirchgraber, Werner Warncke u. Ernst Trubmann, München NW 2, Nymphenburgerstr. 86. V F. Bruckmann A.-G., ebda. E m. B 97. Rez. (Z. f. angewandte Kunst. Erscheint auch mit der „Kunst für Alle" vereinigt unter dem Titel „Die Kunst".)

D. A. R. Deutsche Akademische Rundschau. Die deutsche Hochschule. Die Studentenschaft. Zeitschrift für akademisches Leben u. studentische Arbeit. R C. M. Frommel. V Verlag „Die Studentenschaft" G.m.b.H., Göttingen, Jüdenstr. 21. B 19. Rez.

Deutsche Allg. Zeitung. R Rudolf Cuno, Berlin SW 48, Wilhelmstr. 62. HV Deutsche Allg. Zeitg., ebda. E 12 w. (National.)

Deutsche Alpenzeitung. R Prof. Dr. D. E. Meyer, Breslau XVI, Hobrechtufer 8. HV Bergverlag Rudolf Rother, München, Görresstr. 15. Exp. Rudolf Rother, Peine (Hann.). E m. B 01 Rez.

* **Deutsche Arbeit.** Vereinigt m. „Volk und Heimat". HV Gesellschaft zur Förderg. deutscher Wissenschaft, Kunst u. Literatur in Böhmen, Prag, unter Mitwirkg. v. Andreas Brecker, Fr. Flierl, Dr. C. v. Loesch, Dr. W. Szagumo. R Dr. Hermann Ullmann, Berlin-Zehlendorf, Seehofstr. 2. V Grenze u. Ausland G. m. b. H., Hamburg 36, Holstenplatz 2. E m. P 12 M. B 01. Rez. (Aufsätze zur Kenntnis Österreichs u. Deutschböhmens, zur Vermittlung zwischen Reichsdeutschland u. Deutschösterr. Deutschböhmische Dichtungen. Reproduktionen von Werken deutschböhmischer Künstler. Sozialpolit., wirtschaftl., pädag., volkserzieherische Rundschau, Nichtpol.)

Das **Deutsche Buch,** Monatsschrift für die Neuerscheinungen deutscher Verleger. R Dr. Karl Blanck, Leipzig u. Dr. Friedrich Michael, Leipzig. HV Deutsche Gesellschaft für Auslandsbuchhandel e. V., Leipzig, Gerichtsweg 26. E m. B 21. Rez.

Die **Deutsche Bühne.** Amtliches Blatt des Deutschen Bühnen-Vereins. H Deutscher Bühnen-Verein. R Artur Wolff, Siegbert Cohn, E. Neumann-Jödemann, Berlin NW 7, Dorotheenstr. 11. V

Oesterheld & Co., Verlag, ebda W 15, Lietzenburger Str. 48. E 52. B 09. Rez. (Bringt neben der Erörterg. allg. Probleme der Bühne u. ihrer Verwaltg. auch alle die Regieführg. betr. Fragen und e. fortlauf. Chronik aller Theaterereignisse auf den deutsch. und den hervorrag. Bühnen des Auslandes; Spielverzeichnisse der deutsch. Bühnen u. Wochenpläne.)

Deutsche Bühnen-Genossenschaft, s. D. neue Weg.

Deutscher Bühnenspielplan. H Arthur Wolff. R Ernst Neumann-Jödemann. RV Oesterheld & Co., Verlag, Berlin W 15, Lietzenburger Str. 48. E m. B 96. (Veröffentlich. d. Spielpl. deutsch. Bühn.)

* **Deutsche Frauen-Zeitung**, vereinigt mit „Häuslicher Ratgeber", HV Otto Beyer, Leipzig, Rathausring 13. R Cornelia Kopp. E w. B 87. Rez. (Illustrat. über Zeitereignisse, Modebilder u. Schnittmusterbogen.)

Deusche Gaue. Zeitschrift für Gesellschaftswissenschaft u. Landeskunde, Anleitungen zu Beobachtungen u. Forschung. in der Heimat. HR Frank Christian, Kaufbeuren, Kemptner Str. 18. V Deutsche Gaue, Kaufbeuren. E 20. B 99. Rez.

* **Deutscher Hausschatz.** R Dr. Alfons Heilmann, München, Bothmerstr. 15. HV Kösel u. Pustet, München 2, Bayerstr. 57. Exp.: Verlags-Abt. Regensburg. E 24. B 73. Rez. (Kath. Familienbl. zur Unterhaltung und Belehrung.)

Deutsche Hochschule. Mit der Beilage: „Literaturblatt f. dtsch. Hochschul- u. Studentenwesen." HR Dr. Oskar H. Scheuer, Wien III, Dapontegasse 12. V Ed. Beyers Nachf. G. m. b. H., Wien I, Schrottengasse 4. B 10. Rez.

Deutsche Lehrerzeitung. H Verband Deutscher evang. Schul-, Lehrer- u. Lehrerinnen-Vereine. R Direktor Grünwetter, Rheydt, Bz. Düsseldorf, Hauptstr. 230. V Fr. Zillessen, Blgsbh., Berlin C 19, Wallstr. 17/18. E w. B 88. Rez.

Deutsche Literaturzeitung. Für Kritik der internationalen Wissenschaft. H Verband d. Ver. Akademien d. Wissensch. Deutschlands u. Österreichs. R Prof. Hinneberg, Berlin. V Walter de Gruyter & Co., Berlin W 10, Genthiner Str. 38. E 24. B 80.

Deutsche Musiker-Zeitung. H Gottlieb Fauth. R Amandus Prietzel. V Deutscher Musiker-Verband, Berlin SW 11, Bernburger Str. 31. E w. B 69. Rez.

Deutsche Presse. Organ d. Reichsverbandes d. deutsch. Presse. Berlin SW 68, Zimmerstr. 9. V Deutsche Presse Verlagsgesellsch. m. b. H., Berlin W 57, Potsdamer Str. 75c. B 13. E w. Rez.

Deutsche Romanzeitung. Ill. Wochenschr. f. Unterhaltung, Familie u. Kultur. R Dr. Erich Janke, Berlin SW 11, Anhaltstr. 8. HV Janke, ebda. E w. B 63. Rez.

Deutsche Rundschau. V Gebrüder Paetel, Berlin W 35, Lützowstr. 7. H Dr. Rudolf Pechel, Berlin-Dahlem, Im schwarzen Grund 7. E m. B 74 von Jul. Rodenberg. Rez. (Nov., Essays.)

Die **Deutsche Schule.** H Deutscher Lehrerverein. R Rektor C. L. A. Pretzel, Berlin NO 55. V Julius Klinkhardt, Leipzig, Liebigstr. 6. E m. B 97. Rez. (Pädagog. Fachzeitschrift.)

Deutsche Tageszeitung. HV Deutsche Tageszeitg., Druckerei u. Verlag A.-G., Berlin SW 11, Dessauer Str. 6/7. ChefR P. Baecker. R Wilh. Ackermann. E 2 t. außer Sonntags. B 94. Rez. (Führendes polit. Blatt agrar-konservativer Richtung.)

Deutsche Vierteljahrsschrift für Literaturwissenschaft und Geistesgeschichte. V Max Niemeyer, Halle. E 4. B 22. Rez.

Deutsche Zeitung. R Dr. Max Maurenbrecher u. Otto v. Schilling. V Neudeutsche Verlags- u. Treuhandgesellsch. m. b. H., Berlin SW 11, Hedemannstr. 12. E 2 t. B 96. Rez. (Deutschvölkisch.)

Deutscher Pfeiler. Neue Folge des „Unsichtbaren Tempels". Monatsschrift zur Sammlung der Geister. HR Dr. Paul Eberhardt, Haus Pfarrkeßlar, Post Kahla (Thür.). E m. B 20. Rez.

Deutsches Bühnen-Jahrbuch. H Genossenschaft Deutscher Bühnen-Angehöriger u. Deutscher Bühnen-Verein.

Deutsches Dante-Jahrbuch. H Dr. Hugo Daffner. V Karl Curtius, Berlin W 35, Derfflingerstr. 20.

Deutsches Lehrer-Blatt, jetzt: **Neue Preuß. Lehrerzeitung.** R H. Einbeck, Preuß. Börnecke, Bez. Magdeburg. V Deutscher Schriftenverlag G. m. b. H., Berlin SW 11, Dessauer Str. 6. E ca. 300. B 08. Rez.

Deutsches Philologenblatt. H Studienrat Dr. A. Hoofe, Berlin W 15, Düsseldorfer Str. 19. V Quelle & Meyer, Leipzig, Kreuzstr. 14. E 3 m. B 92. Rez.

Dresdner Anzeiger. H u. V Dr. Güntzsche Stiftung (im Besitz der Stadt Dresden). R Dr. W. Frölich. V Sächs. Adreß-Comptoir (Verl. d. Dresdner Anz.). E w 12. B 1730. Rez. (Moderne Tageszeitung. National, Großstadt-Interessen. Feuilleton: Kunsterziehung, Denkmalpflege, Heimatschutz.)

Dresdner Nachrichten. V Liepsch & Reichardt, Dresden, Marienstr. 38/40. E 2 t. B 56. Rez. (Große moderne, nationale Tageszeitung.)

Dresdner Neueste Nachrichten. V Wolff & Co. E w 6. B 93. Rez.

Dresdner Volkszeitung. V Kaden & Co. E w 6. B 71. Rez.

Düsseldorfer Nachrichten. V W. Girardet. B 75. Rez.

Düsseldorfer Tageblatt. V Ges. f. Buchdr. u. Verl. m. b. H., Düsseldorf. E w. B 67. (Zentr.)

Düsseldorfer Volkszeitung. V Westdeutsche Verlagsdruckerei A.-G. E w 6. B 89. Rez.

Düsseldorfer Zeitung. V Industrie-Verlag u. Druckerei A.-G. E w 12. (Nation.)

Das Echo. Mit Beiblatt „Deutsche Export-Revue" u. 6 fremdsprachl. Ausg. HV Auslandverlag G. m. b. H., Berlin SW 19, Krausenstr. 38/39. E w. Rez.

De Eekbom. H Allg. Plattd. Verb., Berlin O 34, Memeler Str. 46. R Albrecht Janssen, Hamburg. V Richard Hermes Verlag, Hamburg 37, Hochallee 40. E 2 m. B 82. Rez. (Plattd. Sprache u. Art; Verbandsblatt f. d. plattd. Vereine.)

* **Elegante Welt.** H Dr. P. Kraemer, Berlin SW 68, Markgrafenstr. 77. R Wilh. Clobes u. Olga Alsen, ebda. V Dr. Eysler & Co., G. m. b. H., Berlin SW 68. E 14 täg. B 12. Rez. (Unterhaltungsblatt.)

Ethische Kultur. Monats-Beilage: „Kinderland", Vierteljahrsbeilage: „Weltliche Schule". H Dr. R. Penzig, Berlin W 15, Uhlandstr. 173. V Verlag f. ethische Kultur, Berlin SO 16, Rungestr. 25/27. E 1 m. B 93. Rez. (Ethisch-soziale Reform.)

Euphorion. Zeitschrift für Literaturgeschichte. HR Hofrat Prof. Dr. August Sauer, Prag-Smichow 586. u. Prof. Dr. Josef Nadler. V C. Fromme, Wien V, Nikolsdorfer Gasse 7—11. E 4. B 94. Rez.

Die Fachpresse. Fachblatt für das gesamte Zeitschriftenwesen. Organ d. Schutzverbandes d. dtsch. Fachzeitschr. R Julius Beer, Heidelberg-Rohrbach, Landstr. 30. V Dr. Meißner, Heidelberg, Postfach 3. E m. Rez.

Die Fackel. Freie Frankfurter Wochenschrift. H Jos. Friedr. Matthes. R Jos. Hübner. V Verlag d. Fackel, Frankfurt a. M., Biebergasse 6. B 13. Rez.

Der Fackelreiter. Vierteljahrszeitschrift für Literatur und Kunst. V Fackelreiterverlag, Rudolstadt (Thür.) E 4. B 00. Rez.

Die Fahne. Ein Zeitweiser für Bücherfreunde. V Walter Seifert, Stuttgart und Heilbronn. B 20.

Faun. Ill. Wochenschrift f. Politik, Satire, Kunst und Humor in Wort und Bild. Romanbeilage. R Hans Krocker. V Verlag „Ora", Inh. Hans Krocker, Berlin SW 47, Kreuzbergstr. 73. E w. B 18. Rez.

Faust. Eine Monatsschrift für Kunst, Literatur und Musik. Mit der Beilage „Das Sammlerkabinett". R Dr. Anton Mayer u. Dr. Paul Landau. V Erich Reiß, Verlag, Berlin W 62, Wichmannstr. 10. B 21.

Die Feder. Halbmonatschrift. (Mit den Beilagen: „Vereinsnachrichten d. Allgem. Schriftstellervereins" u. „Literarische Beilage", je 1 m). HR Dr. Max Hirschfeld, Berlin W 57, Elßholzstr. 8. V Federverlag, ebda. B 98. Rez. (Literarische Erwerbsinteressen, Rechtsschutz, Nachdruckskontrolle, Kritik usw.)

Der Feuerreiter. Zeitschrift für Dichtung und Kritik, Graphik. H Heinr. Ed. Jacob. V Hans Heinrich Tillgner Verlag, Berlin W 35, Lützowstr. 15. E m. B 21.

Der Film. HV Gustav Kühn Verlag m. b. H., Berlin SW 68, Kochstr. 5.

Der Firn. Sozialistische Rundschau über das politische, wirtschaftliche u. kulturelle Leben. H Karl Erdmann, Berlin-Neubabelsberg, Kaiserstr. 52. R Arno Franke, Berlin-Mariendorf, Kaiserstr. 1. V „Der Firn"-Verlag, Berlin W 35, Karlsbadstr. 4. E 2 m. B 19. Rez.

* **Fliegende Blätter.** R J. Schneider, München, Maximiliansplatz 11. HV Braun & Schneider, ebda. E w. B 44. (Humor in jeder Gestalt.)

Das Forum. HR Wilhelm Herzog. V Forum-Verlag, Berlin W 35, Derfflingerstr. 4. E m. B 14. Rez.

Frankfurter Nachrichten. V J. G. Holtzwarts Nachf. G. m. b. H. E 6 w. B 1722. Rez. (Nation.)

Frankfurter Oderzeitung. Frankfurt a. d. O., Oderstr. 21. V Trowitzsch & Sohn. E 6 w. B 1811. Rez. (National u. mittelparteilich. Tägl. Unterhaltungsbeil.)

Frankfurter Volksstimme. R H. Marckwald. V Uniondruckerei u. Verlagsanstalt G m. b. H. E w 6. B 90. Rez. (V.S.P.D.)

Frankfurter Volkszeitung u. Handelsblatt. V Carolus-Druckerei G. m. b. H. (Dir. L. Lehnen), Frankfurt a. M., Liebfrauenberg 37. E 6 w. Rez.

Frankfurter Zeitung u. Handelsblatt. Frankfurt a. M., Große Eschenheimer Str. 37. H Frankfurter Societäts-Druckerei (G. m. b. H.). E 19 w. B 56. Rez. (Polit. Ztg. m. Feuill., Handelsbl. Literaturblatt u. technische Beilage. Demokratisch.)

Der **Fränkische Bund.** Eine Vierteljahrsschrift für fränkische Kunst und Kultur. H W. G. Schreckenbach. V Verlag „Der Bund", Nürnberg. E 4. B 23. Rez.

Fränkische Heimat. Zeitschrift für Heimatskunde u. Wandern. H Oberstudiendirektor Dr. Christ. Beck, Nürnberg, Katzwangerstr. 11 u. Lehrer Hans Scherzer, Nürnberg, Nibelungenplatz 2. V Lorenz Spindler, Verlag, Nürnberg, Marfeldstr. 12 a. E m. B 22. Rez.

Franziskanische Studien. H Mitglieder des Franziskanerordens. R Dr. P. Ferdinand Doelle OFM., Bonn (Kreuzberg). V Aschendorff, Münster i. W., Gallitzinstr. 13. E 4. B 14. (Erforschg. d. Einflusses, den das Franziskanertum auf d. Vergangenheit ausgeübt hat, u. d. äußeren u. inneren Gesch. d. Stiftgn. d. hl. Franz bes. im germ. Sprachgebiet.)

Die **Frau.** Monatsschrift für das ges. Frauenleben uns. Zeit. HR Helene Lange u. Gertrud Bäumer, Berlin NW 87, Hansa-Ufer 7. V F. A. Herbig, Verlagsbuchh., Berlin W 35, Flottwellstr. 4. E m. B 93. Rez. (Frauenbewegung, Soziales, Essay, Roman.)

Frauenbildung. Zeitschr. f. d. gesamten Interessen d. weibl. Unterrichtswesens. H Prof. Dr. J. Wychgram, Lübeck, Curtiusstr. 7. V B. G. Teubner, Leipzig, Poststr. 3—5. E 12. B 02. Rez.

* **Freya.** Ill. Zeitschr. f. d. dtsch. Familie. HRV R. H. Dietrich, Dresden-A., Nossener Str. 6. E w. B 00. (Unterhaltung.)

* **Fürs Haus.** V Deutsches Druck- u. Verlagshaus, G. m. b. H., Berlin SW 68, Lindenstr. 26. E w. B 82. (Prakt. hauswirtschaftl. Artikel, Romane, Nov. Mode, Handarbeiten; Ärztl., Jugd-, Musik- und Schnittmuster-Beilagen.)

* Die **Gartenlaube.** Vereinigt mit „Die weite Welt" u. „Vom Fels zum Meer". R Heinz Amelung, Berlin SW 68, Zimmerstr. 36/41. V Ernst Keils Nachf. (August Scherl), G. m. b. H., Leipzig, Königstr. 33. E w. B 53. Rez. (Belehrend, unterhaltend.)

Der **Gebirgsfreund.** R Karl Sacky. HV Österreichischer Gebirgsverein, Wien VII, Lerchenfelderstr. 39. E 6. B 90. Rez.

Die **Gegenwart.** Wochenschrift f. Lit., Kunst u. öffentl. Leben. R Dr. Heinrich Ilgenstein. V Gegenwart G. m. b. H., Berlin W 57, Bülowstr. 56. E 12 m. B 71 von Paul Lindau. Rez.

Geisteskultur und Volksbildung. Monatshefte der Comenius-Gesellschaft. H Prof. Dr. Artur Buchenau, Berlin-Charlottenburg, Schloßstr. 46. R Dr. Georg Heinz, Berlin O 34, Warschauerstr. 63. V Alfred Unger, Vlgsbchh., Berlin C 2, Spandauer Str. 22. E zwanglos. B 92. Rez.

Germanen-Gilde. Zeitschr. f. gemeinsame geistige u. wirtschaftl. Arbeit d. german. Völker. H Germanen-Gilde. R Fr. O. Günther, Hamburg, Eilbecktal 12. V Gerh. Stalling, Oldenburg i. O. B Dez. 15.

Germania. R Dr. A. Hommerich. HV Germania-Aktiengef., Berlin C, Stralauer Str. 25. E 7 w. B 71. Rez. (Polit. Zeitg., Zentr.)

* **Germanisch-Romanische Monatsschrift.** HR Dr. Heinr. Schröder, Kiel, Waitzstr. 39 u. Dr. F. R. Schröder, Heidelberg, Universität. V Carl Winter's Universitätsbuchhandlg., Heidelberg, Lutherstr. 59. B 09. (Germ. u. rom. Sprach-, Literatur- u. Kulturwissenschaft.)

Geschichtsblätter für Stadt und Land Magdeburg. H Vorstand des Magdeburger Geschichtsvereins. V Selbstverlag d. Magdeb. Geschichtsvereins. Exp. Staatsarchiv Magdeburg, Augustastr. 25. E 1. B 66. Rez.

Der **Geschichtsfreund,** jetzt: Zeiten u. Völker.

Die **Gesellschaft.** Internationale Revue f. Sozialism. u. Politik. H Dr. Rudolf Hilferding. V J. H. W. Dietz Nachf. G. m. b. H., Berlin SW 68, Lindenstr. 3.

Gesetz und Recht. Zeitschrift für allgemeine Rechts- u. Staatskunde. HRV Alfred Langewort, Berlin-Lichterfelde, Potsdamer Str. 12. E 2 m. B $^{1}/_{10}$ 99. Rez.

Gewissen. Wochenzeitung für politische Bildung. H Dr. Eduard Stadtler. R Werner Wirths. V Verlag „Gewissen", Berlin W 30, Motzstr. 22. E w. B 19. Rez.

Globus, seit $^{1}/_{1}$ 11 vereinigt mit Petermanns Geogr. Mitt. (s. d.).

Glotta. Zeitschr. f. griech. u. latein. Sprache. HR Prof. Dr. P. Kretzschmer, Wien VIII, Florianig. 23, u. Prof. Dr. Wilh. Kroll, Breslau, Hobrechtufer 12. V Vandenhoeck & Ruprecht, Göttingen, Theaterstraße 13. E zwanglos (4 Hefte bilden 1 Band). B 08. Rez.

Die **Gnosis.** Zeitschrift zur Pflege intuitiver Erkenntnis u. zur Verbreitung der Religion des Geistes. H Gemeinde der Gnostiker zu Berlin. RV Paul Glaesmer, Berlin-Steglitz, Mariendorfer Str. 4a. E4. B21. Rez.

Das **Goetheanum.** Internat. Wochenschrift für Anthroposophie und Dreigliederung. V Der kommende Tag, A.-G., Verlag, Stuttgart, Champignystr. 17. B 21.

Göttingische gelehrte Anzeigen. Unter Aufsicht der Königl. Gesellschaft d. Wissenschaften. H Dr. Johs. Joachim, Göttingen. V Weidmannsche Buchhandlung. Berlin SW 68. E m. B 1738. Nur Rez.

* Der **Gral.** Monatsschrift f. kath. Kunst, Lit. u. Politik. HR Franz Eichert u. Friedr. Muckermann. V Fredebeul & Koenen, Abt. Gral-Verl., Essen (Ruhr), Kibbelstr. 9/31. E m. B. $^{15}|_{10}$ 06. Rez.

* **Graphische Künste.** Mit Beiblatt: Mitteilungen der Gesellschaft für vervielfältigende Kunst. R RegRat Dr. Arpad Weixlgärtner. V Gesellschaft f. vervielfältig. Kunst, Wien VI/1, Luftbadg. 17. E 4. B 79. Rez.

Neues Grazer Tagblatt. HV Deutsche Vereinsdruckerei u. Verlagsges. m. b. H., Graz, Radetzkystr. 15/17. HauptR Franz Wildoner. E 1 t. B 91. Rez. (Deutsch-national.)

Grazer Tagespost. R Alfons Castelliz, Graz. HV A.-G. Leykam. E 7 w. B 56. Rez. (Deutschfreiheitlich.)

* **Grüß Gott.** R Pfarr. Rauscher, Ober-Ensingen. V Greiner & Pfeiffer, Stuttgart, Christophstr. 38. E m. B 84. Rez. (Illustr. Familienblatt f. d. christliche Haus.)

* Der **Guckkasten** (früher „Die lustige Woche"); $^{1}|_{10}$ 13 vereinigt mit „Meggendorfer-Blätter".

* Der **Gute Kamerad,** Knabenztg. R Joh. Kaltenboeck, Stuttgart, Cottastr. 13. V Union Deutsche Verlagsgesellschaft, ebda. E w. B 85.

Gutenbergmuseum. Organ d. Schweizer Bibliophilen-Gesellschaft. R Karl J Lüthi, Bern, Fellenbergstr. 21. HV Verein z. Förderg. d. Schweizer Gutenbergmuseums in Bern. E 4. B 15. Rez.

Hallesche Allgemeine Zeitung. Central-Anzeiger für Provinz Sachsen, Amtl. Verordnungsblatt d. Magistrats d. Stadt Halle. ChefR Dr. Karl Baer, Halle a.d.S., Gr. Brauhausstr. 17. V O. Hendels Verlag, ebda. E 12 w. B 94. Rez. (Parteilos.)

Hamburger Anzeiger; verein. mit Neue Hambg. Ztg. R Curt Fladen. V Girardet & Co. E 6 m. B 88. Rez.

Hamburgischer Correspondent. ChefR Alfred G. Nagel. V Hamburger Börsenhalle, G. m. b. H., Hamburg, Alter Wall 76. E 12 w. B 1731. Rez. (Unabhg. pol. und Handels- u. Schiffahrts-Ztg., national.)

Hamburger Echo. V Hamburger Buchdruckerei u. Verlagsanstalt Auer & Co., Fehlandtstr. 11. E w 7. B 86. Rez. (V.S.P.D.)

* **Hamburger Fremdenblatt.** H Albert Broschek, ChefR Felix v. Eckardt. V Broschek & Co., Komm.-Ges., Hamburg, Gr. Bleichen 38—50. E 12 w. B 28. Rez. (Politik, Tagesbericht, Lit., Feuilleton, Musik, Kunst, Handel, Schiffahrt, tägl. aktuelle Tiefdruck-Illustr., liberal.)

Hamburger Nachrichten. ChefR Dr. Herm. Hartmeyer, FeuillR Otto Schabbel, Hamburg, Speersort 11. HV Hermanns Erben, ebda. E 12 w. B 1792. Rez. (Unabhängig nat.)

Hammer. HR Theod. Fritsch, Leipzig, Königstr. 17. V Th. Fritsch (Hammer-Verlag), ebda. E 2 m. B 02. Parteilose Zeitschr. f. nationales Leben, Sozial-Politik, Volkswirtschaft, Rassenkde, Ethik, Kunst, Lit.

Hannoversche Geschichtsblätter. V Schulzes Buchh., Hannover, Osterstr. 85. E 4. B 98. Rez.

Hannoverscher Kurier. ChefR Dr. Friedr. Hartmann, Hannover. FeuilletonR Dr. Eberhard Sarter, ebda. V Dr. Walther Jänecke, K.-G., ebda. E 12 w. B 48. (Politik, Feuilleton, Handelsztg., Tägl. Unterhaltungsbeilage, Sportbeilage.)

Hannoversches Tageblatt. R Dr. E. Roebbelen. V Schlütersche Buchdr. Hannover, Osterstr. E 7 w. Rez.

Haus und Schule. HR Direktor Fr. Winkler. V Deutscher Bund f. christl. ev. Erziehung in Haus u. Schule E. V., Frankfurt (Oder), Hohenzollern r. 11. E 2 m. B 05.

* **Häuslicher Ratgeber.** HV Otto Beyer, Leipzig, Rathausring 13. R Cornelia Kopp. E w. B 86. Rez. (Familien-Zeitschrift m. Modeteil. Illustr. üb. Zeitereignisse, Modebilder u. Schnittmusterbogen.)

Hefte für Büchereiwesen. H Walter Hofmann. V Felix Dietrich, Gautzsch b. Leipzig, Kregelstr. 5. E 6. B 19. Rez.

Der **Heidefreund.** Blätter für Geschichte, Kunst u. Literatur der Heide. H Albert Schmidt, Hamburg, Osterbeckstr. 105. V Franz Borgmeyer, Hildesheim, Kreuzstr. 14. E ca. 4. B 20. Rez.

Heimatblätter der Roten Erde. Zeitschrift des Westfälischen Heimatbundes. R Karl Wagenfeld, Münster (Westf.), Brackhofstr. V Aschendorffsche Verlagsbuchhandlung, Münster, Gallitzinstr. 13. E m. B 19. Rez.

Heimatstimmen. Schweizer Monatsschrift für Literatur, Kunst und Volksbildung. HV Südschweizerische Verlagsanstalt, Locarno (Schweiz). E m. B 16. Rez.

* **Heimkultur — Deutsche Kultur.** Zeitschr. der Gesellschaft für Heimkultur

e. V., Wiesbaden-Adolfshöhe, Nassauer Str. 3. H Dir. Emil Abigt. E m. für Mitglieder der Gesellschaft kostenlos. Rez.

Heliand. Monatsschrift z. Pflege relig. Lebens für gebildete Katholiken. H Oberkaplan Joseph Kühnel, Glogau (Schl.) V Matthias-Grünewald-Verlag, Mainz. Exp. Hermann Rauch, Wiesbaden, Friedrichstr. 30. E m. B Okt. 09. Rez.

* **Hellauf.** Monatsschr. f. deutsche Erneuerung. HR Reallehrer Fr. Schöll, Stuttgart, Landhausstr. 223 II. MitH Dr. Alfr. Pfleiderer, Ulm, L. von Egloffstein, Rebdorf. V Mimir, G. m. b. H., Stuttgart, Senefelderstr. 13. B 08 als „Mitteilgn. d. Schwäb. Gauverb." usw. Rez.

* **Hellweg.** Illustr. deutsche Wochenschrift für Kunst u. Kritik. HV Theodor Reismann-Grone G. m. b. H. Essen. E w. Rez.*

* **Hessenland.** Hessisches Heimatsblatt, Zeitschr. f. hess. Gesch., Volks- u. Heimatkunde, Lit. u. Kunst. R P. Heidelbach, Kassel. V Scheel, ebda, Schloßplatz 4. E 2 m. B 86. Rez.

Hessische Blätter für Volkskunde. H Prof. Dr. Hugo Hepding, Gießen. Kom-V N. G. Elwertsche Verlagsbuchh., Marburg (Hessen), Reitgasse 7/9. B 01. Rez.

Hessische Chronik. Monatsschrift für Familien- u. Ortsgeschichte. V L. C. Wittichsche Hofbuchdr. Darmstadt, Rheinstr. 24. E m. B 12. Rez.

Die **Hilfe.** Wochenschrift für Politik, Literatur, Kunst. HR Wilhelm Heile, Feuill.R Dr. Gertrud Bäumer, Berlin-Schöneberg, Königsweg 6a. V F. Herbig, Berlin W, Flottwellstr. 4. E 3 m. B 94. Rez.

Historisches Jahrbuch der Görresgesellschaft. R Dr. Erich König, München, Liebherrstr. 3. V Herder & Co., ebda., Löwengrube 14. E 4. B 80. Rez. (Histor. Aufsätze u. Beitr., Zeitschriften, Novität. Nachrichten.)

Historische Monatsblätter für Posen. R Dr. Loewenthal, Posen, Ul. Chetmonskiego 8. HV Verlag der Historischen Gesellschaft, Ul. Zwierzyniecka 1. E zwanglos. B 00. Rez.

Historische Zeitschrift. H GehRegRat Prof. Dr. F. Meinecke, Berlin, u. Prof. Dr. F. Vigener, Gießen. V R. Oldenbourg, München, Glückstr. 8. E 2 Bd. à 3 Hefte. B 59. Rez. (Geschichtsforschung.)

* **Hochland,** Monatsschrift für alle Gebiete des Wissens, der Literatur u. Kunst. HR Prof. Carl Muth, München, Bayerstr. 57/59. V Jos. Köselsche Buchhdlg., Kempten u. München. E. m. B 03. Rez.

Hofmeisters musikalisch-literarischer Monatsbericht über musikalische Schriften und Abbildungen. E 12. B 28. Rez.

Imago. Ztschr. f. Anwendung d. Psychoanalyse auf d. Geisteswissenschaften. H Prof. S. Freund, Wien IX, Bergg. 9. V Intern. Psychoanal. Verl. G. m. b. H., Wien VII, Andreasgasse 3. E 4. B 12. Rez.

Das **Inselschiff.** Eine Zeitschrift für die Freunde des Insel-Verlags. HV Insel-Verlag, Leipzig, Kurze Str. 7. E 4. B 20.

* Das **interessante Blatt.** H Österreichische Zeitgs.- u. Druckerei-A.G., ChefR Bernh. Frieß. V Ges. f. graph. Industrie, Wien III/1 Rüdeng. 11. E w. B 82. (Aktuell.)

* **Internationale Antiquitäten-Rundschau.** HRV Hans Rhaue, „Die Verbindung", Zürich VI, Hottzestr. 35. E 3 m. B 16. Rez. (Zentralblatt für Sammelwesen aller Art.)

Jahrbuch der Goethe-Gesellschaft. H Hans Gerhard Gräf. V Verl. der Goethe-Gesellschaft, Weimar. In Kommission beim Insel-Verlag, Leipzig.

Jahrbuch der Kleist-Gesellschaft. H Prof. Dr. Georg Minde-Pouet u. Prof. Dr. Julius Petersen. V Weidmannsche Buchhdlg., Berlin SW 68, Zimmerstr.

* **Jahrbuch für Kunstwissenschaft.** R Dr. Ernst Gall, Berlin W 8, Unter den Linden 4. Kultusministerium. V Klinkhardt & Biermann, Leipzig, Liebigstr. 2. B 05 als „Monatshefte d. kunstwissenschaftl. Literatur". Rez.

Jahrbuch der Sammlung Kippenberg. B 21. V Insel-Verlag, Leipzig, Kurze Str. 7.

Jahrbuch d. preuß. Kunstsammlg. H W. v. Bode, v. Falke, H. Friedländer, A. Goldschmidt. V G. Grote, Berlin. B 60. Rez.

Der **Jude.** H Dr. Martin Buber, Heppenheim a. d. Bergstr. V Jüd. Verlag, Berlin NW 7, Dorotheenstr. 35. E m. B $^{1}/_{4}$ 16. Rez. (Positiv-jüdisch.)

* **Jugend.** HV Verlag d. Jugend, München, Lessingstr. 1. R Eugen Kalkschmidt. E 2 m. B 96 von Dr. G. Hirth. (Kunst u. Leben. Mod. in Wort u. Bild.)

* **Jugendblätter.** Gegr. von Isab. Braun. Mit der Gratisbeilage „Der Große Krieg" von Generalleutnant von Hoeßlin. H Karl Schnell, München, Schillerstr. 28. R Oberlehrer Lothar Mellinger, ebda, Romanstr. 99. V Verlag der Jugendblätter, ebda, Schillerstr. 28. E m. B 54. Rez. (Geschmack- u. Cha-

rakterbildg., sittlich-religiöse Veredlung, künstlerische Erziehung d. Jugend.)

* **Jugendlust.** Illustr. Wochenschrift. R. Oberlehrer Hs. Wildensinn, Fürth i. B. H Bayr. Volksschullehrer-Verein. V Verwaltg. d. Jugendlust rsp. Kornsche Buchhdlg., Nürnberg, Hauptmarkt 9. E 2—3 m. B 76. (Unterhaltendes u. Belehrendes f. Kinder v. 10—15 Jahren; religiös, konfessionslos.)

Jugendschriften-Rundschau. H Deutscher Lehrerbund i. tschech. slow. Staate. R Adolf Wildner, Gablonz, Reichsstr. 12. V Paul Sokors Nachf., Reichenberg (Böhmen). E 6. B 07. Rez.

Kantstudien. H Geh. Reg.-Rat Prof. Dr. H. Vaihinger, Halle a. d. S., Reichardtstr. 15. R Prof. Siebert, Berlin W 15, Fasanenstr. 48. V Pan Verlag, Charlottenburg, Kantstr. 158. E 4. B 96. Rez.

Karlsruher Tagblatt. R Hermann v. Laer. V C. F. Müllersche Hofbuchhdlg. m. b. H. E w 7. B 1803. Rez.

Karlsruher Zeitung. Staatsanzeiger f. Baden. Karlsruhe i. B., Karl-Friedrich-Str. 14. R C. Amend. V G. Braun'sche Hofbuchdruckerei. E 6 w. P 14 M. B 1757. Rez.

Kieler Zeitung. R Dr. Rathje. V Kieler Zeitung G. m. b. H. E 12 w. B 64. (Polit., Feuill., Sonntagsbeilage.)

* **Kikeriki.** HV F. Gabriel Iger, Wien I, Grünangergasse 6. R Rudolf Sperl. E w. B 61. Rez. (Humor.; antisemit., österr.-deutsch.)

* **Kladderadatsch.** H Rud. Hofmann. R Karlernst Knatz. V A. Hofmann & Co., Berlin SW. E w. B 48. (Polit.-sozial. Hum. u. Satire.)

Klio. Beiträge zur alten Geschichte. H C. F. Lehmann-Haupt, Prof. E. Kornemann, Tübingen. V Dieterich'sche Verlagsbuchhandlung Leipzig, Rabensteinplatz 2.

Kölnische Volkszeitg. u. Handelsblatt. Köln a. Rh., Marzellenstr. 35—43. R Dr. phil. Carl Hoeber. HV Köln. Volksztg. G. m. b. H. E wochentägl. 2 m. B 60. Rez. (Pol., Zentrumspartei, Feuill. Kunst, Lit., Handel, Gewerbe u. Volksw., Landwirtschaft u. Gartenbau, Theater u. Musik.)

Kölnische Zeitung. Köln a. Rh., Breite Str. 62/64. HV M. DuMont Schauberg. E 18 w. (Stadt-Anz. 14 w.). B Mitte d. 18. Jahrh. Rez. (Politik, Wirtschaft u. Recht, Handel, Gewerbe u. Verkehr, Lit. u. Kunst, Spiel u. Sport. National.)

* Der **Kompaß.** Volkstümliche Blätter f. zeitgem. Belehrg. u. Unterhaltg. R E. Görlach. HV W. Kohlhammer, Stuttgart, Urbanstr. 14. E 1 m. B 1/10 04. (Vertiefg. u. Verbreitg. d. Volksbildg. auf d. Grundlage gesunder christl. Weltanschauung im Sinne d. Bestrebgn. uns. modern. Sozialreform. Konfessionelle u. parteipolit. Tendenzen ausgeschlossen.)

Königsberger Allgem. Zeitung. V K. A. Z., G. m. b. H., Königsberg i. Pr., Theaterstr. 12. E 6 w. B 75. Rez. (Mitteilgn. aus allen Gebiet., Feuill. Lit.-, Theater-, Musik- u. Kunstkritik.)

Königsberger Hartungsche Zeitung. Leiter Paul Listowsky. V Hartungsche Zeitung u. Verlagsdruckerei, A.-G., Königsberg i. Pr. E 6 w. B 1640. Rez.

Königsberger Tageblatt. Volksbl. für Ostpreußen. R Franz Steiner, Königsberg i. Pr. V Hartungsche Zeitg. u. Verlagsdruckerei, A.-G. E 6 w. B 97. Rez. (Unabhängig.)

* **Körper und Geist.** Auf Veranlassg. d. Zentralausschusses z. Förderg. der Volks- u. Jugendspiele. H Prof. Dr. E. Kohlrausch, Hannover, Billweg 4: Turninsp. K. Möller, Altona, u. Sanitätsrat Prof. Dr. F. A. Schmidt, Bonn. V Weidmannsche Verlagsbuchhandlg., Berlin SW, Zimmerstr. 94. E 24. B 92 von Herm. Wickenhagen. Rez.

* **Kosmos.** Handweiser für Naturfreunde. H Kosmos, Gesellschaft der Naturfreunde, Stuttgart, Pfizerstr. 5. R Euchar Nehmann, ebda. V Franckh'sche Verlagshandlung, ebda. E 12 mit 4—5 Bücherbeilagen. B 04. Rez. (Naturw., Technik, Photogr., Reise, Völkerkunde, Jagd, Landwirtschaft, Naturschutz.)

Kritischer Jahresbericht üb. d. Fortschritte der Romanischen Philologie. HR Prof. Dr. Alfons Hilka, Göttingen. V Max Niemeyer Verlag, Halle a. d. S., Brüderstr. 6. E zwanglos. B 92. Rez. (Krit. Rundschau über das Gesamtgebiet der Sprache, Lit. u. Kultur der roman. Völker.)

Die **Kultur.** Mit Beilage „Der Bücherbote“. V „Die Kultur“-Verl. Wien VIII/2, Pfeilgasse 32. E 1/2 m. (Schönheit u. Wissen).

* Die **Kunst.** R P. Kirchgraber, München, Werner Warncke u. Ernst Taubmann. V F. Bruckmann A.-G., ebda, Nymphenburger Str. 86. E m. B 99. (Vereinigung d. Zeitschriften „Die Kunst f. Alle“ u. „Dekorative Kunst“.)

* Die **Kunst für Alle.** R P. Kirchgraber u. Ernst Taubmann, München, Nymphenburger Str. 86. V F. Bruckmann A.-G. ebda. E 2 m. B 85. Rez. (Mod. Kunst, erscheint auch mit der „Dekorativ. Kunst“ u. d. T. „Die Kunst“.)

Kunst und Antiquariat. R Dr. Wilhelm Matthießen, München, Hafenfels-

str. 55. HV R. Debold & Co., München, Schellingstr. 69. E zwanglos. B 22. Rez.

Kunst und Handwerk. R Prof. Dr. Jos. Ludwig Fischer, München, Konradstr. 1. HV Bayerischer Kunstgewerbeverein E. V., München, Pfandhausstr. 7. E 4. B 50. Rez.

Kunst und Künstler. H Karl Scheffler, Berlin-Schmargendorf, Orberstr. 1. V Bruno Cassirer, Berlin W 35, Derfflingerstr. 15. E 12. B 02. Rez. (Bildende Kunst u. Kunstgewerbe).

Das **Kunstblatt.** H Paul Westheim, Berlin-Steglitz, Albrechtstr. 73a. V Gustav Kiepenheuer, Verlag A.-G., Potsdam-Wildpark, Viktoriastr. 59. E m. B 17. Rez.

* Der **Kunstwanderer.** R A. Donath. V Berlin-Schöneberg, Hauptstr. 107. B 18. E 2 m. Rez.

Kunstwart u. Kulturwart. HR Wolfg. Schumann, Dresden-Blasewitz, Bahnhofstr. 24. V G. D. W. Callwey, München, Finkenstr. 2. E m. B 87. Rez. (Kunstleb. i. Liter., Theater, Musik, bild. Künsten usw.)

Landsknechte. Weggefährten zum guten Buch. R Schuld von Bülow. HV Wolf Heyer, Verlag G. m. b. H., Uckermünde (Pom.). E 4. B 21. Rez.

Leipziger Neueste Nachrichten. R Rich. Breiting. V Edgar Herfurth & Co., Leipzig, Peterssteinweg 19. E 7 w. Rez.

Leipziger Volkszeitung. E 6 w. Rez. R Ernst Frenzel, Leipzig.

Der **Leuchter.** Weltanschauung und Lebensgestaltung. H Graf Hermann Keyserling, Darmstadt, Prinz-Christian-Weg 4. V Otto Reichl Verlag, Darmstadt, Nikolaiweg 9. B 19.

Leuchtturm für Studierende. Halbmonatsschrift d. neudeutschen Jugend. H Georg Habrich S. J., Köln, Severinstr. 71/73. V Paulinus-Druckerei G. m. b. H., Trier, Fleischstr. 64. B 07. Rez.

Lichtwart. Monatsschrift für freie Geisteskultur. R Ernst B. Weithaus. V Lichtwart Verlag, Plauen (Vogtland). E m. B 21.

Literaria-Rundschau. V Verlag der „Literaria", Wien I, Tuchlauben 11. 36 j. B 21.

Literarisch-musik. Monatshefte für Literatur, Musik, Theater, bildend. Künste, Vortragswesen. V Aurora-Verlag, Dresden-Weinböhla. E 12. Rez.

Literarische Neuigkeiten. Blätter für Bücherfreunde. R Ferdinand Uter. V Koehler & Volckmar A.-G. & Co., Leipzig, Königstr. 35/37. B 00. Rez.

Literarischer Anzeiger. H Dr. theol. et jur. Joh. Haring u. Dr. theol. et phil. Joh. Köck. V Universitätsdr. u. Vlgsbh. „Styria", Graz, Schönaugasse 64. E zwanglos.

Literarischer Handweiser zunächst für alle Katholiken deutscher Zunge. R Dr. Gust. Keckeis, Freiburg i. Br., Johanniterstr. 4. V Herder & Co., G. m. b. H., Verlagsbuchh., Freiburg i. Br. E 12. B 62. (Lit.-hist. Essays, krit. Übersichten, Notizen, Bibliographie. Kath. Zentrum.)

Literar. Zentralblatt f. Deutschland. Mit der halbmonatl. Beilage „Die schöne Literatur". H Prof. Dr. Ed. Zarncke, Leipzig, Kaiser-Wilhelm-Str. 50. R Eduard Zarncke u. Wilh. Frels. V Ed. Avenarius, ebda, Roßstr. 5/7. E w. B 50. Rez. (Kritik, Zeitschr.-Schau, Bibliographie, Personalien, liter. Mitteil.)

Die **Literatur.** Früher „Literarisches Echo". Monatsschrift f. Literaturfreunde H Dr. Ernst Heilborn. V Deutsche Verlagsanstalt Stuttgart u. Berlin W, Linkstr. 16. E m. Rez.

Literaturblatt für germ. und roman. Philol. RH Prof. Dr. O. Behaghel (für germ. Phil.) Gießen; Prof. Dr. F. Neumann (für roman. u. engl. Phil.), Heidelberg. V Reisland, Leipzig, Karlstr. 20. E 12. B 80. Rez. (Kritik, Zeitschriftenschau, Bibliogr., Personalien.)

Logos. Internat. Zeitschr. für Philosophie der Kultur. H Dr. Rich. Kroner u. Prof. Dr. Georg Mehlis, Freiburg i. B. V J. C. B. Mohr (Paul Siebeck), Tübingen. E 3. B 1/4 10. Rez.

* **Lustige Blätter.** R A. Moszkowski, Dr. Rudolf Presber, Gustav Hochstetter, P. Kraemer, Berlin SW 68, Markgrafenstr. 77. HV Dr. Eysler & Co., G. m. b. H., ebda. E w. B 86. (Witzblatt.)

Lyrik. Zeitschrift für Lyrik, Erzählung und Kritik. RV K. Fessel, Berlin N 4, Gartenstr. 104. E 4. B 99.

Magdeburgische Ztg. H Dr. Robert Faber u. G. Faber, Magdeburg, Mittelstr. 13. R A. Kirchrath, ebda, Goethestr. 6. V Fabersche Buchdruckerei, ebda, Bahnhofstr. 17. E 13 w. B 1626. Rez. (Politik, Kunst, Liter., Handel.)

Mannheimer General-Anzeiger, Badische Neueste Nachrichten. HV Dr. H. Haas'sche Buchdruckerei G. m. b. H., Mannheim. E 6, 2. R Dr. Goldenbaum, Dr. Aghte, Rich. Schönfelder, Direktor Ferd. Heyme. E 2 t. B 84. Rez.

Der **Marstall.** Mitteilungen für Bücherfreunde. HV Paul Steegemann, Verlag, Hannover, An der Christus-Kirche 4. E 6. B 20. Rez.

* **Meggendorfer Blätter,** farbig ill. Zeitschr. für Humor u. Kunst. R Ferd.

Schreiber. V J. F. Schreiber, München, Residenzstr. 10. E w. B 89.

Mein Heimatland. Badische Blätter für Volkskunde, ländl. Wohlfahrtspflege, Heimat- und Denkmalschutz. H Verein Badische Heimat, Freiburg i. Br., Städt. Sammlungen. R Max Wingenroth. V G. Braunsche Hofbuchdr., Karlsruhe, Karl-Friedrich-Str. 14. E 6. B 14. Rez.

Mein rheinisches Heimatland. Vierteljahrshefte f. Unterhaltung, Kunst u. Geschichte. HR Rudolf Roth. V Nieder-Rheinischer Verlag u. Druckerei Rudolf Roth, Burg a. d. Wupper. E 4. B 22. Rez.

Melos. Internationale Zeitschrift für Musik. HR Fritz Windisch. V Melos-Verlag G. m. b. H.

* Der **Merker.** H Dr. Richard Batka, Wien XIII, Hügelgasse 7. V Verlag der Merker G. m. b. H., Wien I, Schulerstr. 1. E 24. B $^1|_{10}$ 09. Rez. (Musik, Theater, Lit. u. bild. Kunst.)

Mitteilungen für Bücherfreunde. V Adolf Weigel, Leipzig, Wintergartenstr. 4.

Mitteilungen vom Büchermarkt und aus dem Antiquariat. HRV Ludwig Röhrscheid, Bonn, Am Hof 28. E 4. B 19. Rez.

Mitteilungen des Copernicus-Vereins für Wissenschaft und Kunst zu Thorn. H Arthur Semrau. V Copernicus-Verein für Wissenschaft u. Kunst, Elbing, Innerer Mühlendamm 34. B 78. Rez.

Mitteilungen des Deutschen und Österreichischen Alpenvereins. H Deutsch-österr. Alpenverein. R Hanns Barth. V J. Lindauersche Univ. Buchhandlung (Schöpping), München, Kaufingerstr. 29. E m. Rez.

Mitteilungen der Gesellschaft für Salzburger Landeskunde. H Dr. Franz Martin, Salzburg, Nonnberggasse 3. HV Gesellschaft für Salzburger Landeskunde, Salzburg. B 61. Rez.

Mitteilungen aus der historischen Literatur. H Prof. Dr. Fritz Arnheim, Charlottenburg 2, Uhlandstr. 182. V Weidmannsche Buchhandlung, Berlin SW 68, Zimmerstr. 94. E 4. B 73. Rez.

Mitteilungen des Westpreußischen Geschichtsvereins. H Bibliotheksdirektor Dr. F. Schwarz, Danzig, Stadtbibliothek. Kom.-V A. W. Kafemann G. m. b. H. Danzig. E 4. B 00. Rez.

* Die **Modenwelt** (österr.-ungar. Ausg.: Wiener Modenwelt). R Maria Clorer, Berlin SW, Kochstr. 22—26. HV Ullstein & Co., Berlin u. Wien. E 24. B 65. (Mode, Handarbeiten u. Unterhaltg.)

* **Moden-Zeitung fürs Deutsche Haus.** R S. Hochstein, A. Witte, V W. Vobach & Co., Leipzig, Georgiring 5e. E w.

Monatliches Verzeichnis von Aufsätzen aus Zeitungen. HV F. Dietrich, Gautzsch b. Leipzig, Kregelstr. 5. E m. B 09.

Georg **Müllers Neueste Nachrichten.** Eine kleine Zeitung für Bücherfreunde. HV Georg Müller Verlag A.-G., München, Elisabethstr. 26. E m. B 21.

München-Augsburger Abendzeitung. R Dr. E. Mündler. V München-Augsbg. Abendztg. G. m. b. H. E 6. B 1609. Rez.

Münchner Jahrbuch d. bildend. Kunst. Offiz. Organ d. Bayr. Vereins d. Kunstfreunde u. d. Münch. kunstwiss. Ges. R Dr. R. Römstedt. H Callwey, München, Finkenstr. 2. E 4. B 12. Rez.

Münchner Neueste Nachrichten. Mit Beil.: „Gaceta de Munich" u. „Ost Süd". R Dr. Gerlich, F. Erbe (Feuilleton). V Knorr & Hirth, München, Sendlinger Str. 80. E 1 t. Rez.

Münchner Post. V G. Birk & Co. m. b. H. München, Altheimereck 19. E w 6. B 86. Rez. (V. S. P. D.)

Münsterland. Monatschrift für Heimatpflege. H Studienrat Dr. Klemens Becker u. a. R Dr. Klemens Becker. V J. u. A. Temming, Bocholt (Westf.) E 12. B 14. Rez.

Musik. Blätter der Erneuerung. HR Fritz Jöde, Altona (Elbe), Siedlung Steenkamp, Lohweg. V Julius Zwißlers Verlag, Wolfenbüttel, Stadtmarkt 5. E 8. B 17. Rez.

Die **Musik.** R Bernhard Schuster, Berlin W 57, Bülowstr. 107. HV Deutsche Verlags-Anstalt, Stuttgart und Berlin. E m. B 00. Rez.

* **Musik für Alle.** Volkstümliche Notenbibliothek. R Johs. Doebber, Berlin SW, Kochstr. 22—26. V Ullstein & Co., ebda. B 04.

* Die **Muskete.** Humoristische Wochenschrift. Hauptschriftl. Theodor Waldau, R d. illustr. Teils Fritz Schönpflug u. K. A. Wilke. V „Die Muskete", G. m. b. H., Wien I, Wollzeile 11. B 05.

Mußestunden. Zeitschrift f. Jugend u. Volk. R Bruno Schönfelder. V Franckh'sche Verlagshandlung, Stuttgart und Berlin. E 12. B $^1|_{10}$ 09. Rez.

* **Nagel's Lustige Welt.** R Max Däumich, Berlin. HV Brandenbg. Druckerei u. Verlagsanstalt G. m. b. H., Berlin-Schöneberg, Mühlenstr. 9. E w. B 88. Rez. (Humor. Unterhaltungslit.)

* **Natur.** Halbmonatsschrift für Naturfreunde, Organ d. Deutsch. Naturwissenschaftl. Gesellschaft. H Prof. Dr. Bastian

Schmid, München-Solln, Haus Lindeneck. V Theod. Thomas, Leipzig, Königstr. 3.

Natur u. Technik. R Hanns Günther. V Rascher & Cie., A.-G., Verlag Zürich.

Die **Naturwissenschaften.** Wochenschr. f. d. Fortschritte auf d. Gebiete d. reinen u. d. angewandten Naturwissenschaften, der Medizin u. der Technik. Zugleich Fortsetzung der „Naturwissenschaftl. Rundschau". H Dr. Arnold Berliner. V Jul. Springer, Berlin W 9, Linkstr. 23/24. B $^{1}|_{1}$ 13. Rez.

Neophilologus. Dreimonatl. Zeitschr. z. wissenschaftl. Pflege lebend. Fremdsprachen u. ihrer Literaturen. H Prof. Dr. J. J. A. A. Frantzen, Prof. Dr. J. J. Salverda de Grave, Prof. J. H. Scholte, Dr. K. Sneyders de Vogel, Prof. Dr. A. E. H. Swaen. Sekr. d. Redaktion: K. R. Gallas, Amsterdam, Palestrinastraat 7. V J. B. Wolters, Groningen. B $^{1}|_{10}$ 15. Rez. (Romanische u. germanische Spr. u. Lit. d. Neuzeit.)

Neue Badische Landes-Zeitung. Mannheimer Zeitung, Mannheimer Anzeiger u. Handelsblatt. R Alfred Scheel, Vincenz Becker, Georg Haller. V Mannheimer Vereinsdruckerei, Mannheim, Kaiserring 4—6. E 13 w. B 55. Rez.

* **Neue Bahnen.** Illustr. Monatshefte f. Erz. u. Unterricht. V Dürr'sche Buchhandlung, Leipzig, Querstr. 14. E m. B $^{1}|_{10}$ 89. (Erziehg. u. Unterricht; jährlich e. krit. Verzeichnis pädag. Lit.)

Die **Neue Bücherschau.** H Walter Meckauer u. Gerhart Pohl. R Gerhart Pohl, Berlin-Friedenau, Offenbacher Str. 4. V „Die neue Bücherschau" (Elena Gottschalk-Verlag), Berlin W 30, Barbarossapl. 1. E 4.. B 19. Rez.

Neue Blätter f. Gemäldekunde. H Dr. Theod. Frimmel, Wien III, Baumanngasse 9. V Carl Stephenson, Wien IV, Trappelgasse 3. E 6. B 04. Rez.

Das **Neue Deutschland.** Polit. Monatsschrift. H Dr. Adolf Grabowsky, Berlin W 62, Wichmannstr. 18. V F. A. Perthes A.-G., Gotha. E 6. B 12. Rez.

Die **Neue Dichtung.** Organ des Künstlerdanks (Claus-Koch-Stiftung). H Dr. Hanns Martin Elster. (Jhrg. der Flöte.) V Habbel & Naumann Verlag, Regensburg, Türkenstr. 31. E 4. B 12.

Neue Freie Presse. Wien I, Fichtegasse 11. R Dr. Julian Sternberg. E 12 w. Rez. (Polit. Zeitg.; Feuill.; Fachzeitgn.)

* **Neue Jahrbücher f. d. klass. Altertum, Gesch. u. deutsche Lit. u. f. Pädagogik.** H Rektor Prof. Dr. Johs. Ilberg, Leipzig, Elisenstr. 62. V B. G. Teubner, Leipzig, Poststr. 3—5. E 10. B 98. Rez.

Der **Neue Merkur.** Monatsschrift. H Efraim Frisch. V Ver. Verlags-A.-G., München, Leopoldstr. 3. E 12. B 17. Rez. (Politik, Literatur, Kritik.)

Der **Neue Orient.** Zeitschrift für das politische, wirtschaftliche und geistige Leben im gesamten Osten. H E. Mittwoch, Berlin, Oriental. Seminar, Dorotheenstr. 6 u. a. V Verlag „Der Neue Orient" G. m. b. H., Berlin W 10, Genthiner Str. 38. E 4. B 10. Rez.

Neue Preuß. (Kreuz-)Zeitg. HR Dr. H. Wendland u. Hauptmann a. D. G. Foertsch, Berlin SW 11, Dessauer Str. 6. V Neue Preuß. (Kreuz-) Zeitung G. m. b. H., ebda. E 12 w. B 48. Rez. (Deutsch-konf.)

Die **neue Rundschau.** R Prof. O. Bie. V S. Fischer Verl., Berlin W 57, Bülowstr. 90. E 12. B 89. (Vertretung der modernen Richtg. in der Literatur, Kunst u. Wissenschaft.)

Die **Neue Schaubühne.** Monatshefte für Bühne, Drama und Film. H Hugo Zehder. V Rudolf Kaemmerer Verlag, Dresden-A., Sedanstr. 7. E m. B 19.

Der Neue Strom. Blätter des jungen Rheinlandes. H Aribert de Jonge u. F. R. Werkhäuser. V Dr. Friedr. Middelhauve Verl., Köln.

Der **neue Weg.** Amtl. Organ d. Genossenschaft deutsch. Bühnenangeh. KomV F. A. Günther u. Sohn A.-G., Berlin SW 11, Schöneberger Str. 9/10. E w. B 71. Rez. (Fachmännische Artikel Theaternachrichten, Uraufführungen, Gerichtliches, Spielverzeichnisse, Lit. Teil.)

Neues Wiener Tagblatt. R d. Feuill. Paul Busson, Wien I, Fleischmarkt 5. Admin.: Wien I, Wollzeile 22. E 1 t. Rez.

Die **Neue Zeit.** R H. Cunow. HV J. H. W. Dietz Nachf. G. m. b. H., Stuttgart, Furtbachstr. 12. E w. B 83. Rez. (Wochenschrift d. deutschen Sozialdemokratie.)

* **Niedersachsen.** HV Carl Schünemann, Bremen. R Hans Pfeiffer, ebda. E 12. B 95. Rez.

Nyland. Vierteljahrsschrift des Bundes für schöpferische Arbeit. V Diederichs, Jena. B 18.

Oberlausitzer Heimatzeitung. HR Otto Marx. V Alwin Marx, Reichenau (Sa.). E 26. B 19. Rez.

Die **Oberpfalz.** Monatsschrift für Geschichte, Schrifttum, Volks- u. Heimatkunde. HR Hauptlehrer J. B. Laßleben, Kallmünz. V Michael Laßleben, Kallmünz. E m. B 07. Rez.

Orientalische Bibliographie. H Prof. Dr. Luc. Scherman, München, Herzogstr. 8. V Reuther & Reichard, Berlin W 35, Derfflingerstr. 19a.

Orientalistische Literaturzeitung. Monatsschrift f. d. Wissenschaft vom ganzen Orient u. seine Beziehgn. zum Kulturkreise d. Mittelmeers. HR Prof. Dr. Walter Wrescinski, Königsberg i. Pr., Julchental 1. V J. C. Hinrichs'sche Buchhandlung, Leipzig, Blumengasse 2. Rez.

Ost und West. Illustr. Monatsschrift f. d. gesamte Judentum. H Leo Winz. V Verlag Ost und West, Charlottenburg 2, Knesebeckstr. 32. B 00. Rez.

* **Ostasiatische Zeitschrift.** HR Dr. Otto Kümmel, Berlin, Kunstgewerbemuseum, Dr. William Cohn (R), Halensee, Kurfürstendamm 97. V Walter de Gruyter & Co., Berlin W 10, E 4. B 12. Rez. (Erforschung der Kunst u. Kultur Ostasiens.)

Ostdeutsche Monatshefte für Kunst und Geistesleben. Blätter der „Deutschen Gesellschaft für Kunst und Wissenschaften in Polen" und des „Deutschen Heimatbundes in Danzig". H Carl Lange, Oliva b. Danzig. V Georg Stilke, Berlin NW 7, Dorotheenstr. 66/67. E m. B 20.

Österreichische Illustrierte Zeitung. Modernes Familienblatt. R Josef Popper. V Dr. Karl Hübel, Wien I, Rauhensteingasse 8. Exp. Litteraria A.-G., Wien I, Wollzeile 11. E w. B 91.

Österreichische Rundschau. Deutsch. Zeitschr. f. Kultur u. Politik. H Dr. Fel. Frhr. v. Oppenheimer, Wien I, Kärntnerstr. 51. R Dr. Paul Wittek, Wien IV, Belvederegasse 10. V Drei Masken Verlag A.-G., München, Karolinenplatz 3. Exp. „Österr. Rundschau", Salzburg, Waagplatz 1. E 12. B 04.

Pädagogische Warte. R Schulrat K. O. Beetz, Gotha, u. Rektor A. Münster, ebda. V A. W. Zickfeldt, Osterwieck am Harz. E 24. B 94. Rez. (Wissenschaftl. Pädagogik, Lehrerfortbildung, Konferenzwesen, Tagesfragen und pädagog. Kritik.)

* **Petermanns Geogr. Mitteilungen.** vereinigt mit dem „Globus". H Prof. Paul Langhans, Gotha. R Dr. H. Haack, H. Wichmann, ebda. V Justus Perthes, ebda. E m. B 55. Rez. (Zentralorgan der geogr. u. ethnogr. Wissenschaft.)

Pfälzisches Museum — Pfälzische Heimatkunde. H Prof. Dr. Daniel Häberle, Heidelberg. R Oberarchivrat Dr. Albert Pfeiffer, Speyer. V Hermann Kayser, Hofbuchdr., Kaiserslautern. E m. B 05. Rez.

* **Pfarrhaus.** R Pfr. D. Franz Blanckmeister, Dresden, Trinitatisplatz 1 I. V Stephan Geibel Verlag, Altenburg, S.-A. E m. B 85. Rez. (Familienblatt d. deutsch. evangel. Pfarrerstandes u. Pfarrhauses.)

Philologus. Zeitschrift für das klass. Altertum. Begründet von F. W. Schneidewin u. E. v. Leutsch. H Prof. Dr. Albert Rehm, München, Montsalvatstr. 12. V Dieterich'sche Verlagsbuchhandlung, Leipzig, Rabensteinplatz 2. E 4.

* **Photographie für Alle** (vereinigt mit „Sonne"). Zeitschr. f. alle Zweige d. Photographie. V Union Deutsche Verlagsgesellschaft Zweigniederlassung, Berlin S 19, Krausenstr. 35/36. E 1 m. B 12. Rez. (Liebhaber-Photogr.)

Plattdütsch Land un Waterkant. En Blatt von un for plattdütsche Lüd. H Verein „Quickborn", Hamburg. R Paul Wriede, ebda, Oben Borgfelde 3. V Quickborn-Verlag G. m. b. H., ebda. E 4. B 15. (Plattdeutsche Dichtung u. niederd. Kultur.)

* **Die Praktische Berlinerin.** HV Ullstein & Co., Berlin SW 68, Kochstr. 22/26. R Else Cuers, Berlin-Zehlendorf. E m. B 05. (Illustr. Hausfrauen- u. Modenblatt.)

Deutsche **Presse.** HR Reichsverband der deutschen Presse, E. V., Berlin SW 68, Zimmerstr. 9. V Dtsch. Presse Vlgsgef. m. b. H., Berlin W 57, Potsdamer Str. 75a. E w. B 13.

Preußische Jahrbücher. H Prof. Dr. H. Delbrück, Berlin-Grunewald, Kunz-Buntschuh-Str. 4. R Dr. Walter Schotte. V G. Stilke, Berlin NW 7, Dorotheenstr. 66/67. E m. B 58. Rez. (Wissensch., Liter. u. Politik.)

* **Reclams Universum.** R Gottlob Mayer, Leipzig, Inselstr. 22/24. V Ph. Reclam jun., ebda. E 2 m. B 84. Rez. (Modernes Familienblatt.)

Religiöse Kunst. R Pfarrer K. Röhrig, Potsdam. HExp Verein für religiöse Kunst, Berlin W 66, Wilhelmstr. 90. E 4. B 03. Rez.

Repertorium für Kunstwissenschaft. H Karl Koetschau, Düsseldorf, Städt. Kunsthalle. V Walter de Gruyter & Co., Berlin W 10, Genthiner Str. 38. E 6. B 76. Rez.

Rheinisch-Westfälische Zeitung. V Dr. Th. Reismann-Grone, Essen, Theaterplatz 8. HauptR Reinhold Wulle, R Dr. Gustav Albrecht. E 18 w. B 1738. Rez.

Rheinische Heimat. Unpolit. illustrierte Monatsschrift für Kultur u. Leben im westdeutschen Grenzlande. HR Dr. phil. Heinrich Oellers. V „Rheinische Heimat",

Dr. Heinrich Oellers & Co., Aachen, Hindenburgstr. 102. E 12. B 21. Rez.

Rheinisches Land. Monatschrift des Vereins f. ländl. Wohlfahrt- u. Heimatpflege in den Rheinlanden. R Dr. phil. Karl Heinz Kobé. HV Rheinischer Verein f. ländl. Wohlfahrt- u. Heimatpflege, Bonn, Endenicher Allee 60. Exp „Rheinisches Land", Bonn, Weberstr. 59. E m. B 21. Rez.

Rheinische Musik- u. Theater-Zeitung. HR Dr. Gerhard Fischer. V „Rhein. Musik- u. Theater-Ztg.", Köln-Bayenthal, Kastanienallee 20. E 26. B 00. Rez.

* **Die Rheinlande.** HR W. Schäfer, Vallendar a. Rh. V A. Bagel, Düsseldorf. E m. B 00. Rez. (Kultur, Kunst, Lit., Kunstgeschichte, Kunstgew.)

Roland. R Maximilian Rapsilber, Charlottenburg, Königsweg 5. V Verlag Roland G. m. b. H., Berlin W 68, Markgrafenstr. 77. E w 52. B 03. Rez.

Romantik. Zweimonatsschrift. H Dr. Kurt Bock, Berlin NW 87, Elberfelder Str. 84 und Erich Worbs, Lychen, Strandpromenade. V Wir-Verlag, Berlin NW 87, Elberfelder Str. 24a. E 6. B 19.

Romanzeitung. HV Jac. Weiß, Monschau b. Aachen. E 52. B 21.

Roseggers Heimgarten. H Dr. H. L. Rosegger, Krieglach. V „Leykam", Druckerei u. Verlags A.G., Graz. E m. B 76 durch P. Rosegger. Rez. (Belletr. alpines Volksleben, volkst. Lit., Hebung d. Religiosität, deutsch. Sitte u. des Familienlebens.)

Saale-Zeitung. ChefR Siegfr. Dyck. V Otto Hendels Verlag, Halle a. d. S., Gr. Brauhausstr. 17. E 13 w. B 66. Rez.

Sächsische Heimat. Halbmonatsschrift der obersächsischen Lande. H Kurt Arnold Findeisen, Dresden-N., Bautzner Str. 11. V Oscar Laube Verlag, Dresden-A. 1, Wettinerstr. 15. E 2 m. B 17. Rez.

Sächs. Staatszeitung. Staatsanzeiger f. d. Freistaat Sachsen. R Jolles. E 6 w. B 46. Rez.

Der **Sammler.** Wochenschrift für alte und neue Kunst. H Dr. Joachim Stern. R Dr. Otto Grautoff. V „Der Sammler", Berlin W 35, Magdeburger Platz 4. E w. B 11. Rez.

* **Die Scene.** Blätter f. Bühnenkunst. H Vereinigg. künstlerisch. Bühnenvorstände. V Vita, Deutsches Verlagshaus G. m. b. H., Charlottenburg, Hardenbergstr. 14. E m. B 10.

Schaffende Arbeit und Kunst in der Schule. H Dr. H. Mollberg u. a. R Prof. A. Herget, Komotau (Böhmen). V Schulwissenschaftl. Verlag A. Haase, Leipzig, Stephanstr. 18. E m. B 10. Rez.

Die **Schaubühne** s. Die Weltbühne.

Schauen und Schaffen. V Dürrsche Buchhdlg., Leipzig, Querstr. 14. E m. B 74. Rez.

* **Der Scherer.** HR Ottokar Stauf v. der March, Wien VIII/1, Schlösselg. 3.

Schlesische Geschichtsblätter. HR Geh. Archivrat Dr. Wutke, Breslau, Staatsarchiv. V Ferdinand Hirt, Breslau 6, Königsplatz 1. E 3. B 08. Rez.

Schlesische Nationalzeitung. R Wilh. Saffe. V Schles. Nat.-Zeitg. G. m. b. H., Breslau. E 4 m. B 21. Rez.

Schlesische Volkszeitung. R F. Peters. E 12 w. B 68. Rez. (Zentr.)

Schlesische Zeitung. R ChefR Dr. Rich. Schottky; verantw. für Pol.: Otto Kretschmer, Breslau, Schweidnitzer Str. 47. V W. G. Korn, ebda. E 18 w. B 1741. Rez. (Polit. rechtsstehend, in konfess. Fragen paritätisch.)

Die **schöne Literatur.** Beilage z. Literarischen Zentralblatt f. Deutschland. H Will Vesper, Meißen, Badgasse 2. V Ed. Avenarius, Leipzig, Roßstr. 5/7. E 2 m. B 00. Rez. (Kritik, Zeitschr.-Schau, Lit. Mitteil.)

Schwäbischer Merkur. Mit Schwäb. Chronik u. Handelszeitung. Stuttgart, Königstraße 20. R Dr. Herm. Schönleber. E 6 w. B 1785. Rez. (Politik, Kunst, Lit., Volkswirtsch., Länder- u. Völkerkde., Chronik d. schwäb. Landes, National; Roman; Illustr. Weltschau.)

Schweizerische Lehrerzeitung. Mit Beilage „Das Schulzeichnen". R Dr. Hans Stettbacher, Zürich 8, Wiesenstr. 14, u. a. HV Schweiz. Lehrerverein. Exp Conzett & Co., Zürich 4, Werdgasse 41/45. E w. B 55. Rez.

Schweizerische Monatshefte für Politik und Kultur. H Genossenschaft zur Herausgabe d. Schweiz. Monatshefte f. P. u. K. R Dr. Hans Oehler. V Verlag der „Schweizer Monatshefte f. P. u. K.", Zürich, Steinhaldenstr. 66. E m. B 21. Rez.

Der **Seldwyler Hinkende Bote.** H Dr. Max Rich. Scherrer, Glasgow. V Glasgow u. St. Gallen.

* **Simplicissimus.** R Dr. Hans Erich Blaich, Dr. Reinhold Geheeb, Peter Scher u. a. V Simplicissimus-Verlag, G. m. b. H., München, Hubertusstr. 27. E w. B 96. (Kunst u. Satire.)

Sozialistische Monatshefte. HR Dr. Joseph Bloch, Berlin-Westend. V Verlag der Sozial. Monatsh., G. m. b. H., Berlin W, Potsdamer Str. 121h. E alle

14 Tage. B 95. Rez. (Bringt polit. u. soziale Artikel, philosoph., literar. usw. Essays, Skizzen usw. Ausführliche Rundschau üb. alle Gebiete des mod. Lebens, der Wissenschaft u. der Kunst. Zuweilen Porträt- u. Karten-Beilagen.)

Staatsanzeiger für Württemberg. R Dr. Deuzel. V Stuttgart. E 6 w. B 50. Rez. (Parit.)

Stimmen der Zeit. Kathol. Monatschrift f. d. Geistesleben d. Gegenwart. HR Heinrich Sierp, München, Veterinärstr. 9. V Herder, Freiburg i. B. B 71 als „Stimmen aus Maria-Laach". Rez.

Stralsunder Tageblatt. R Paul Schulz. V Stralsunder Tageblatt G. m. b. H. E 6 w. B 98. Rez. (Politik, agrar., Roman, Feuill.)

* **Studien u. Skizzen zur Gemäldekunde** s. Neue Blätter für Gemäldekunde.

* **Der Sturm.** Monatsschrift f. Kultur u. die Künste. HR Herwarth Walden, Berlin W 9, Potsdamer Str. 134a. V Verlag Der Sturm, ebda. B 10. Rez.

Stuttgarter Neues Tagblatt. HV Stuttgarter Zeitungs-Verlag, G. m. b. H., Stuttgart. Dir. Carl Eßer, R Ernst Keil, W. Günzler, K. K. Düssel, Dr. E. Feihl, Alb. Leopold, Aug. Sieburg, Ernst Hofmann, ebda, Torstr. 27/29. E 12 w. B 43. Rez.

Der **Styl.** Blätter für Mode u. die angenehmen Dinge des Lebens. H Verb. d. deutsch. Modeindustrie E. V. R Ludwig Sternaux. V Erich Reiß, Berlin W 62, Wichmannstr. 10. E 6. B 22.

Süddeutsche Arbeiter-Zeitung. R Karl Schmack, Stuttgart. E w 6. B 15. Rez.

* **Süddeutsche Illustrierte Zeitung.** R Gust. Wichmann, Heilbronn a. N., Gartenstr. 64. V Otto Weber, Verlag, ebda. E w. B 05. Rez.

Süddeutsche Literaturschau. Organ für literar. Vereine u. deren Mitglieder. HRV Max Osterberg, Stuttgart, Kasernenstr. 13. E m. B 12. Rez.

Süddeutsche Monatshefte. Unter Mitwirkung von Josef Hofmiller, Karl Alexander v. Müller, Hans Pfitzner, hrsgg. von Prof. Paul Nikolaus Cossmann, München, Königinstr. 103. V Süddeutsche Monatshefte G. m. b. H., ebda, Amalienstr. 6. B 03. Rez. (Belletristik, Kunst, Literatur, Biographie, Theater, Wissensch., Sozialpol., Politik alldeutsch.)

* Der **Tag.** Moderne illustr. Zeitg. HV August Scherl, G. m. b. H., Berlin SW 68, Zimmerstr. 36/41. R Erich Schwarzer. E 6 w.

Das **Tagebuch.** HR Stefan Großmann, Berlin W 50, Kurfürstendamm 244. V Ernst Rowohlt Verlag, Berlin W 35, Potsdamer Str. 123b. E w. B 20. Rez.

Die **Tat.** Monatsschrift f. d. Zukunft dtsch. Kultur. HV Eugen Diederichs, Jena, Carl-Zeiß-Platz 5. E m. B 1/4 09. (Umfaßt alle Gebiete der Kultur im mod. Sinne.)

Technik für Alle. Monatshefte für Volkswirtschaft, Technik u. Industrie, Gewerbe, Handel u. Verkehr. Organ d. Reichswirtschaftsmuseums, Institut f. dtsch. Volkswirtschaft i. Leipzig. R W. Heller. V Dieck & Co., Stuttgart, Pfitzerstr. 5. B 10. Rez. (Populär.)

* **Theater-Courier.** H C. May, Berlin O 27, Ifflandstr. 8. R A. Gaetschenberger, ebda. V May'sche Verlags-Anstalt, ebda. E w. B 94. Rez. (Unabhängige Fachzeitschrift für das gesamte Theaterwesen. Rundschau üb. d. ges. Bühnenleben.)

Theaterwissenschaftliche Berichte. Zeitschrift der akademischen Vereinigung für Theaterwissenschaft an der Universität Berlin. HR Dr. phil. Bruno Th. Satori-Neumann, Charlottenburg 4, Kantstr. 33. V Alfred Schelzig, Berlin-Neukölln, Jonasstr. 3. E zwanglos. B 21. Rez.

Theologie und Glaube. Zeitschr. f d. kathol. Klerus. HR die Professoren der Bischöfl. philos.-theolog. Fakultät in Paderborn. V Ferdinand Schöningh, Paderborn. E 6. B 08. Rez.

Theologische Literaturzeitung. H Prof. D. Emanuel Hirsch, Göttingen, Hoher Weg 10. V J. C. Hinrichs'sche Buchhandlung, Leipzig, Blumeng. 2. E 26. B 76 v. Emil Schürer u. Adf. Harnack. Rez. (Rezensionsorgan streng wissenschaftl. Haltg. f. die gesamte Theologie (auch d. Auslandes) mit Einschluß der allg. Religionsgesch. und der angrenzenden Gebiete.)

* Der **Theosophische Pfad,** Blätter für Lebensweisheit und Lebenskunst. H J. Th. Heller, Nürnberg. V Buchhandlung für Universale Bruderschaft u. Theosophie, ebda. E m. B 02 als „Univers. Bruderschaft". (Theosophie, Wissenschaft u. Kunst.)

Die **Tribüne.** Dichtung, Theater, Kunst, Musik. V Karl Eng, Zürich, Badener Str. 257. E 36. B 20.

* Der **Türmer.** Monatsschrift f. Gemüt u. Geist. H Prof. Dr. Friedr. Lienhard, Weimar, Karl-Alexander-Allee 4. R Constantin Schmelzer, Berlin-Friedenau, Bornstr. 6. V Greiner & Pfeiffer, Stuttgart, Christophstr. E m. B 98. (Rundschau üb. die gesamte geistige u. soziale Kultur d. Gegenwart, vornehme

Belletristik, Zeitbetrachtungen, populäre Wissenschaften, Kunst, freimütige Kritik.)

* **Über Land und Meer.** R Dr. Rolf Lauckner, Berlin. V Deutsche Verlags-Anstalt, Stuttgart, Neckarstr. 121 und Berlin. E w. u. 14tägig. B 58 von Hackländer. Rez. (Belletr., Zeitgesch.)

Universale Bruderschaft, jetzt: Der Theosophische Pfad.

Universum, s. Reclams Universum.

* **Upland.** Blatt für Religion u. Heimat. HRV W. Schwaner, Schlachtensee b. Berlin, Krottnauerer Str. 7, Haus Waldeck. E 4. B 12. (Deutschvölkisch u. freichristl.)

* **Velhagen und Klasings Monatshefte.** H Paul Osk. Höcker; Redaktion Berlin W 50, Tauentzienstr. 7b. V Velhagen u. Klasing, Bielefeld u. Leipzig. B 86. Rez. (Kunst, Lit., Roman, Nov., Gedichte, unpolitisch.)

Vergangenheit und Gegenwart. Zeitschrift f. den Geschichtsunterricht u. staatsbürgerliche Erziehg. in allen Schulgattgn. H Dr. Fritz Friedrich, Leipzig-Gohlis, Marbachstr. 9. V B. G. Teubner, Leipzig, Poststr. 3/5. E 6. B 11. Rez.

Vers und Prosa. Eine Monatsschrift. R Rowohlt-Verlag, Berlin, Potsdamer Str. 123b. E 12. B 24. (Moderne Dichtung u. Literatur ohne Kritik.)

Vierteljahrsschrift für Geschichte und Landeskunde Vorarlbergs. H Vorarlberger Landesmuseum. R Dr. Adolf Helbok, Innsbruck, Universität. V Vorarlberger Buchdruckerei G. m. b. H., Bregenz, Postfach 32. E 4. B 17. Rez.

* **Vobachs Frauen- u. Moden-Zeitung.** R S. Hochstein u. A. Witte. V W. Vobach & Co., Leipzig, Georgiring 5. E 2 m. (Familien- u. Frauenblatt.)

Vogtländischer Anzeiger und Tageblatt. R Dr. Wilh. Bruchmüller. V Moritz Wieprecht, G. m. b. H., Plauen i. V., Rädelstr. 7. E 6 w. B 1787. Rez. (National. Amtsblatt.)

Volk und Heimat. Vereinigt mit der Zeitschrift „Der getreue Eckard". H Verein f. d. Deutschtum im Ausland E. V., Berlin W 62, Kurfürstenstr. 105. R Friedrich Fiterl. V Philipp Reclam jun., Leipzig, Inselstr. 24/26. E m. B 20. Rez.

Volk und Scholle. Heimatblätter für beide Hessen, Nassau u. Frankfurt (Main). H Dr. Julius Reinhart Dieterich. R Wilhelm Müller. V Histor. Verein für Hessen, Darmstadt (Schloß). E m. B 22. Rez.

Der **Volkserzieher.** Mit „Der Bücherfreund". Blatt des Bundes Deutscher Volkserzieher. HRV W. Schwaner, Berlin-Schlachtensee, Haus Waldeck. E m. B 97. Rez. (Für Familie, Schule u. öffentl. Leben. Sozialpädagogik u. deutschnational)

Volkskunst. Monatsschrift für volkstümliche Kunstpflege und Kunsterziehung. R Emil Ritter, M.-Gladbach, Volksvereinshaus. V Volksvereinsverlag G. m. b. H., M.-Gladbach. E 12. B 12. Rez.

* **Von der Heide.** Monatsschr. f. Kultur u. Leben. HR Viktor Orendi-Hommenau, Temesvar, Südungarn, Ormósgasse 10. V „Von der Heide", ebda, Str. Godju 10. E m. B 09. Rez.

Vorwärts. Berliner Volksblatt. R Franz Kühr, Berlin SW, Lindenstr. 3. V J. H. W. Dietz Nachf., ebda. E 13 w. B 84. Rez. (Sozialdemokrat., mit 2 Beilagen: d. tägl. „Unterhaltungsblatt" u. d. wöchentl. illustr. Familienblatt „Neue Welt".)

Vossische Zeitung. Mit Beilagen: Zeitbilder, Finanz- u. Handelsblatt, Umschau, Literarische Umschau, Recht u. Leben, Turnen — Sport — Spiel. Chef R Georg Bernhard. HV Ullstein & Co., Berlin SW 68, Kochstr. 22—26. E 12 w. B 1704. Rez. (Staats- u. Kulturpol., Demokr.)

* Die **Wage.** Eine Wiener Wochenschrift. HV Verlag „Die Wage" G.m.b.H., Wien IX, Peregring. 1. B 98. Rez. (Polit., Volkswirtsch., Lit., Kunst, Wiss.; radikal fortschrittlich.)

Weimarer Blätter. Zeitschrift des Deutschen Nationaltheaters in Weimar. R Dramaturg Carl Stang, Weimar, Nationaltheater. HV Thüringer Verlagsanstalt u. Druckerei G. m. b. H., Jena, Spitzweidenweg 7. E w. B 18. Rez.

Die **Weiße Fahne.** Zeitblätter für innere Einkehr und Vergeistigung, Okkultismus und Mystik. Vereinigt mit „Die Burg" und „Die okkulte Welt". R Dr. phil. V. Schweizer. V Johannes Baum Verlag, Pfullingen (Württemb.), Kaiserstr. E m. B 20. Rez.

Die **weißen Blätter.** R René Schickele. V Paul Cassirer Verlag, Berlin W 10, Viktoriastr. 2. E m. B 14. (Lit., bes. Dramen.)

Die **Welt am Montag.** R H. v. Gerlach, Hans Leuß, Albert Weidner, Dr. Arthur Westphal, Bruno Buchwald, Alfr. Scholtz, Berlin NW 6, Schiffbauerdamm 19. V Die Welt am Montag, G. m. b. H., ebda. E. w. B 95. Rez. (Politik u. Kultur; Belletristik. Unabhängig.)

* Die **Welt auf Reisen.** H u. R J. Landau, Berlin W 30, Bamberger Str. 22. V Verlag d. „Welt auf Reisen", Berlin W 62, Lützowstr. 14. E m. B 01.

(Reiseschilderqn., Verkehrswesen, Länder- u. Völkerkunde, Touristik, Sport. Reicher feuilletonistischer Teil.)

* **Welt und Haus.** Das deutsche Familienblatt. R Dr. Adrian Mohr. V Verlag von „Welt und Haus", G. m. b. H., Leipzig, Weststr. 9. B 02. Rez. (Volkstümlich modern. Mit Moden-, Hausfleiß- u. hauswirtschaftl. Beilage.)

* **Das Weltall.** Zeitschrift für Astronomie usw. H Dr. F. S. Archenhold, Treptow bei Berlin. V Verlag der Treptow-Sternwarte, ebda. E m. B 00. Rez.

Die **Weltbühne.** Früher Die Schaubühne. R Siegfried Jacobsohn. V Verl. d. Weltbühne, Siegfried Jacobsohn & Co., Charlottenburg, Dernburgstr. 25. E w. B 05. Rez. (Politik, Kunst, Wirtschaft.)

* Die **Welt-Literatur.** R Richard Elchinger, München, Klarstr. 1. HV Die Welt-Literatur G. m. b. H., München, Lessingstr. 1. E 2 m. B 15. (Die besten Romane und Novellen aller Zeiten u. Völker. Gegen die Schundlitteratur.)

Werkland. Begründet als „Vivos voco". R Rich. Woltereck u. A. Bergelt, beide in Leipzig. V Verl. d. studentischen Werkgemeinschaft, Leipzig, Roßstr. 14.

Weser-Zeitung. R Dr. Gerhard Heile. V Bremer Zeitungs-Verlag G. m. b. H., Bremen, Hutfilterstr. 12/14. E 2 t. B 44. Rez.

Westdeutsche Wochenschrift. Politik, Volkswirtschaft, Kunst. HV Verlags-Ges. m. b. H., Köln, Stollwerckhaus. E w. B 19.

* **Westermanns Monatshefte.** Zeitschrift fürs deutsche Haus. R Dr. Friedrich Düsel, Berlin W. V Georg Westermann, Braunschweig, Riddagshäuser Weg 66. E m. B 56. Rez. (Romane, Novellen, Aufsätze aus den verschiedensten Gebieten; illustr. Rundschauen über Theater, Musik, Kunst, Lit. u. Wissenschaft; Kunstblätter.)

Die **Westmark.** Rhein. Monatsschrift für Politik, Wirtschaft u. Kultur. HR Dr. Max Heimann. V Westmarks-Verlags-Ges., Köln, Sedanstr. 20. E m. B 20.

* **Wieland.** H H. Leifhelm. V Wieland-Verlag G. m. b. H., München, Leopoldstr. 3. E m. B ¹/₃ 15. (Moderne Kunst u. Lit.)

Wiener literarische Revue. Zeitschrift für wissenschaftliche u. schöne Literatur, Theater und Kunst. R Heinrich Horetzky-Horka. HV Verlag „Wiener Literarische Revue", Wien IX, Berggasse 17. E m. Rez.

* **Wiener Mode.** Mit literar. Beiblatt u. verschiedenen Beilagen. R Karl Rob. V Rob-Verlag, Wien IX, Grundlstr. 5. E m. B 88. Rez. (Mode, Belletr.)

Wiener Volks-Zeitung. HR Wien I, Schülerstr. 6. E w. B 76. Rez. (Politik, Volkswirtschaft, Kunst u. Literatur. Demokratisch.)

Wiener Zeitung samt tägl. Beilage „Wiener Abendpost". R Dr. Friedrich Sträßle, Wien I, Bäckerstr. 13. E 6 w. B 1703. Rez. (Amtl. Ztg. mit Feuilleton.)

Wiesbadener Neueste Nachrichten. R B. E. Eisenberger (Politik u. Feuilleton), Hans Hüneke. V Wiesbadener Verlagsanstalt G. m. b. H., Wiesbaden, Nicolasstr. 11. E 6 w. B 84. Rez. (Belletrist. Beilage „Kochbrunnengeister" u. landwirtschaftl. Beilage; national, unabhängig.)

Wiesbadener Zeitung (Rheinischer Kurier). ChefR Bernh. Grothus. R B. E. Eisenberger, K. Dietzel. V Wiesbadener Verlagsanstalt G. m. b. H., Wiesbaden, Nicolasstr. 11. E 13 w. B 47. Rez. (Belletrist. Sonntagsbeilage „Die Horen" u. landwirtschaftl. Beilage; national.)

Wilhelm Kraffts Mitteilungen für Theater, Musik und Literatur. HV W. Krafft, Hermannstadt. E zwanglos. B 21.

* **Das Wissen.** H Vereinigung: Die Wissenschaft für Alle. Verantw. R Dr. Pollacsek, Berlin SW 68, Neuenburger Str. 13. V Herm. Hillger, Berlin W 9, Potsdamer Str. 124/5. E 2 m. B 07.

* **Wissen und Leben.** Mit den „Alpen". R Prof. Dr. Bovel, Zürich, Bleicherweg 13. V Art. Inst. Orell, Füssli-Verlag, Zürich I, Bärengasse 6. E 20. B ¹/₁₀ 07. Rez.

* Die **Woche.** HV August Scherl, G. m. b. H., Berlin SW 68, Zimmerstr. 36/41. ChefR Paul Dobert, R Dr. O. Krack. E w. B 99. Rez. (Illustr. Zeitgeschichte, Belletristik.)

Wöchentliches Verzeichnis der erschienenen u. vorbereiteten Neuigkeiten des deutschen Buchhandels. HV Börsenverein der deutschen Buchhändler zu Leipzig, Gerichtsweg 26. E w. B 42.

* **Wörter und Sachen.** H Prof. R. Meringer, Univ. Graz, V Carl Winter's Universitätsbuchhandlg., Heidelberg. E in zwanglosen Heften. B 09. Rez. (Sprachwissenschaftlich-kulturhistorisch.)

Würzburger Generalanzeiger. R Fritz Dittmann, Alois Fenzl, Theo Kaufmann. V J. M. Richters Verlag, Würzburg, Franziskanerpl. E 6 w. B 83 Rez. (Parteilos.)

* **Zeiten und Völker.** Monatsschrift f. Volkswirtschaft, Geschichte u. Geographie. R Walter Weidauer. V Dieck & Co.,

Stuttgart, Pfitzerstr. 5. E m. B 07 als „Der Geschichtsfreund". Rez. (Geschichte, Kulturgesch., Länder- u. Völkerkunde.

Zeitschrift des Allgemeinen Deutschen Sprachvereins. Mit der Beilage „Muttersprache". H Gymn.-Dir. Prof. Dr. Oskar Streicher, Berlin-Lichterfelde. V Verlag d. Allg. Deutsch. Sprachvereins, Berlin W 30, Nollendorfstr. 13/14. E 4. B 85. Rez. (Pflege d. deutschen Sprache u. Hebung d. deutschen Volksbewußtseins.)

Zeitschrift für Ästhetik u. allgem. Kunstwissenschaft. H u. R Prof. Dessoir, Berlin W, Speyerer Str. 9. V Ferd. Enke, Stuttgart, Hasenbergsteige 3. E 4. B 06. Rez.

* **Zeitschrift für Bücherfreunde.** Monatshefte für Bibliophilie u. verwandte Interessen. HR Prof. Dr. G. Witkowski, Leipzig-Gohlis, Ehrensteinstr. 20. V E. A. Seemann, Leipzig, Hospitalstr. 11a. B 97 von Fedor v. Zobeltitz. Rez. (Vertritt d. Interessen der deutschen Bibliophilie.)

Zeitschrift für Deutsche Mundarten. H Prof. Dr. Teuchert, Rostock, Bei den Polizeigärten 1. V Verlag des Allg. Deutschen Sprachvereins in Berlin W30, Nollendorfstr. 13/14. E jährl. 4 Hefte. B 00 als Zeitschrift für hochd. M. (bis 05). Rez.

Zeitschrift des Deutschen Vereins f. Buchwesen u. Schrifttum. R Museumsdirektor Prof. Dr. A. Schramm. HV Dtsch. Verein f. Buchwesen u. Schrifttum Leipzig, Zeitzer Str. 14. E m. B 17.

Zeitschrift für Musik. Halbmonatsschrift für Musiker u. Freunde d. Tonkunst. Gegr. 1834 v. Rob. Schumann als „Neue Zeitschrift f. Musik". Seit 1906 verein. m. d. „Musikal. Wochenblatt". H Dr. A. Heuß. V Steingräber Verlag, Leipzig. E 24. B 33. Rez.

Zeitschrift des Verbandes der Fachpresse Deutschlands. R Dr. Pape. HV Berlin W 9, Schellingstr. 9. E w. B 98. Rez.

* **Zeitschrift des Vereins für Volkskunde.** H Dr. Fritz Boehm, Berlin-Pankow, Parkstr. 12d. V Behrend & Co., Berlin W 9, Linkstr. 23/24. E zwanglos. B 90 von Karl Weinhold. Rez.

* Der **Zeitungs-Verlag.** R Dr. E. Meunier. V Verein Deutsch. Zeitungsverleger, Berlin SW 68, Kochstr. 6/7. HV Verein Deutscher Zeitungsverleger, Magdeburg, Bahnhofstr. 17. E w. B 00. Rez. (Politisch neutral. Pflege der Interessen der deutschen Presse.)

Zentralblatt für Bibliothekswesen. H Prof. Dr. Schulze, Berlin NW, Unter den Linden, Preuß. Staatsbibliothek. V Harrassowitz, Leipzig, Querstr. 14. E vj. B 82. Rez.

* **Zur Guten Stunde.** H u. verantw. R KommerzR. Rich. Bong, Berlin W 57, Potsdamer Str. 88. V Deutsch. Verlagshaus Bong & Co., ebda. E 28. B 87. Rez. (Belletr., Essays, Zeitgeschichte, Kunstblätter, Technik.)

Der **Zwiebelfisch.** Zeitschrift f. Bücher u. andere Dinge. HR Hans von Weber. V Hans von Weber, Verlag, München NW 16, Adalbertstr. 76. E 6. B 09. Rez.

Zeitungs-Korrespondenzen.

Organisation der Zeitungskorrespondenzen: Verein der deutschen Korrespondenzverleger. Geschäftsstelle: Berlin SW 11, Großbeerenstr. 95. Fernsprecher: Amt Kurfürst, Nr. 4286, Postscheckkonto: Berlin, Nr. 77857. Syndikus: Rechtsanwalt Dr. jur. Gerhard Brands, Berlin. In allen das Korrespondenzgewerbe betreffenden Fragen erteilt die obige Geschäftsstelle des Vereins Auskunft.

Nachrichtendienst.

Badisches Korrespondenz-Bureau. H Wilhelm Fluhrer, Karlsruhe i. Bad., Südendstr. 29.

Berliner Pressedienst. H Ernst Quadt, Berlin W 50, Bamberger Str. 3.

Deutsche Journalpost. H Schweder & Hertzsch, Rudolstadt.

Deutscher Pressedienst. H Ludwig Linson, Berlin W 30, Aschaffenburger Str. 13.

Deutscher Zeitungsdienst G. m. b. H. H Staatspolitischer Verlag G. m. b. H., Berlin SW 48, Friedrichstr. 226.

Est-Europe, Internationale Depeschen-Agentur. Berlin SW 68, Zimmerstr. 9.

Internationale Telegraphen-Agentur „Ita". H Prof. Arthur Jung, Köln, Appellhofplatz 2.

Korrespondenz Industriegebiet. H. Dr. Alfred Hüster, Herne i. Westf. Behrenstr. 8.

Mirbachs Telegraphenbureau. Köln u. Berlin.

Nachrichten-Bureau. H Conrad Lampe, Gelsenkirchen, Teutstr. 3.

Nachrichten-Korrespondenz. H A. L. Bünten, Essen, Gutenbergstr. 80.

Nationalliberale Korrespondenz.

H Reichsgeschäftsstelle d. deutschen Volkspartei, Berlin SW 48, Friedrichstr. 226.

Neue Preußische Korrespondenz. H Karl Hoeger, Berlin W 9, Eichhornstraße 5.

Oberdeutsche Zeitungskorrespondenz G. m. b. H. Stuttgart, Augustenstraße 13.

„Der Ost-Expreß", Deutscher Nachrichtendienst aus Rußland. H Dr. Hans Vorst, Berlin SW 68, Charlottenstr. 22.

„Politisch - Parlamentarische Nachrichten", Sozialistische Korrespondenz. H Ernst Heilmann, Berlin SW 68, Lindenstr. 3.

„Pons", Pressezentrale für Thüringer Berichterstattung. H Walter Burggraf, Jena.

Presse-Verlag Dr. R. Dammert. Vertretung als Berliner Bureau. Leitartikel und Informationsdienst. Nachrichtendienst. H Dr. Rudolf Dammert, Berlin W 8, Jägerstr. 11.

Recht und Justiz. H Dr. Rudolf Dammert, Berlin W 8, Jägerstr. 11.

Reichsgerichtsbriefe. H Karl Mißlack, Leipzig, Kochstr. 76.

Reichsgerichts-Korrespondenz. H Karl Lenze, Leipzig, Körnerplatz 6.

Rhein - Main - Korrespondenz. H Hessisches Korrespondenz-Bureau, Darmstadt, Waldstr. 13.

Rheinisch - Westfälische Korrespondenz. H H. Droste, Essen, Spichernstraße 8.

Süddeutsches Korrespondenz-Bureau G. m. b. H. (Korrespondenz Hoffmann). München, Schillerstr. 5.

Tages-Fragen. H Dr. Rudolf Dammert, Berlin W 8, Jägerstr. 11.

Telegraphen-Union, Internationaler Nachrichtendienst G. m. b. H., Korrespondenz-Verlag. Berlin SW 61, Blücherstr. 12.

Thüringer Zeitungskorrespondenz. H Rudolf Müller, Pößneck i. Thür.

Transozean, Nachrichtendienst. Berlin W 9, Budapester Str. 9.

Die Urzeitung. H Dr. Heinrich Adams, Berlin-Lankwitz, Luisenstr. 5.

Wolffs telegraphisches Bureau. H Continental Telegraphen-Compagnie A.-G., Berlin SW 68, Charlottenstr. 15.

Politik.

„Der aktuelle Leitartikel". H Dr. Fritz Auer, Berlin W 62, Kleiststr. 13.

D. S. Korrespondenz, Berliner Gerichtskorrespondenz. H Martin Sochaczewski, Berlin SW 61, Belle-Alliance-Platz 2.

Demokratische Beiträge. H Dr. Richard Bahr, Berlin NW 40, Fürst-Bismarck-Str. 2.

Demokratischer Zeitungsdienst. H Friedrich Weinhausen, Berlin SW 11, Köthener Str. 35.

Deutsche Beiträge. H Eugen Siebert, Berlin SW 61, Blücherstr. 12.

„Wupo", Wirtschaftliche und politische Ost-Nachrichten. H Franz Lehnhoff, Berlin W 35, Kaiserallee 215.

Zentrums - Parlaments - Korrespondenz. Berlin SW 11, Dessauer Str. 17.

Handel und Volkswirtschaft.

Berliner Redaktionsbureau, Der Handelsteil, Berliner Handels- und Wirtschafts-Korrespondenz. H Georg Horwitz, Berlin SW 61, Belle-Alliance-Platz 16.

„Expreß-Korrespondenz". Charlottenburg 2, Knesebeckstr. 100.

Handelskorrespondenz. H K. Burmeister, Berlin SW 47, Katzbachstr. 38.

Handelskorrespondenz. H B. Diener, Berlin W 57, Bülowstr. 45.

Handelskorrespondenz. H Karl Iden, Charlottenburg, Berliner Str. 156.

Handelskorrespondenz. H M. Löwenstern, Berlin SO 26, Reichenberger Str. 36.

Handelskorrespondenz. H Dr. Georg Tischert, Berlin NW 7, Prinz-Louis-Ferdinand-Str. 1.

Handelskorrespondenz. H Adolf Wahnschaff, Berlin-Treptow, Am Treptower Park 50.

Korrespondenz Gelb. H Arends & Moßner, Berlin C 2, Neue Friedrichstraße 47.

Korrespondenz Textil-Industrie. Berlin-Wilmersdorf, Jenaer Str. 1.

Leipziger wirtschaftliche Korrespondenz. H Otto Schleußner, Leipzig, Crusiusstr. 9.

Nordbayerischer Handelsdienst. H L. Seubert, Nürnberg, Wirthstr. 33.

Praktische Volkswirtschaft und Steuerfragen. H Dr. Rudolf Dammert Berlin W 8, Jägerstr. 11.

Rheinisch - Westfälischer Wirtschaftsdienst. H A. Heinrichsbauer, Dortmund, Schwanenwall 29.

Rhein. - Westfälische Wirtschafts-Korrespondenz. H Cuno Horkenbach, Duisburg.

Transatlantik Radio Wirtschaftsdienst. H Kurt Borsdorff, Berlin W 15, Fasanenstr. 38.

Lokales.

„Berliner Neuigkeiten." H F. Braam & P. Steinberg, Berlin SW 68, Markgrafenstr. 84.

Großberliner Nachrichten. H Bruno Huettchen, Berlin-Tempelhof Reinhardtstr. 1.

Kommunale Korrespondenz Wolter. H W. Wolter, Berlin SW 68, Markgrafenstr. 74.

Nachrichtenbureau f. d. rheinisch-westf. Industriebezirk. H Anton Kaup, Bochum, Gneisenauerstr. 10.

Das Rathaus. H Dr. Rudolf Dammert, Berlin W 8, Jägerstr. 11.

Sport.

Internationale Sportkorrespondenz. H Stadion-Verlag G. m. b. H., Berlin NW 6, Schiffbauerdamm 19.

Sportliche Rundschau. Deutsche Sportkorrespondenz. H G. Neumann u. M. Kalewent, Berlin SW 19, Beuthstr. 8.

Feuilleton.

Ärztliche Rundschau. H Dr. Rudolf Dammert, Berlin W 8, Jägerstr. 11.

Die Auslese. H Dr. Rudolf Dammert, Berlin W 8, Jägerstr. 11.

Aus dem Reich der Mode. H Dr. Rudolf Dammert, Berlin W 8, Jägerstr. 11.

Feuilleton-Korrespondenz „Unterm Strich". H Martin Feuchtwanger, Halle a. d. S., Große Steinstr. 56.

Feuilleton-Zeitung, Romanvertrieb. H Greiner & Co., Berlin W 30, Barbarossastr. 53.

Hochschulkorrespondenz. H Dr. Alexander Wiesenberg. Berlin-Friedenau, Kaiserallee 103.

Der Kleinsiedler, Haus, Hof und Garten. H Dr. Rudolf Dammert, Berlin W 8, Jägerstr. 11.

Korrespondenz Dr. Billig; Land- und Hauswirtschaftliche Korrespondenz vorm. F. Treiber, Ziegelhausen. H Dr. Oskar Billig, Berlin SW 11, Hallesches Ufer 25.

Korrespondenz Frauenpresse. H Else Trott, Berlin-Steglitz, Lothar-Bucher-Str. 13.

Korrespondenz Kühl, Welt und Wissen, Der Bote, Der Erzähler, Tägliche Feuilleton-Korrespondenz. H Oskar Kühl, Berlin-Westend, Akazienallee 14.

Korrespondenz für Kunst und Wissenschaft. H Dr. Erich Römer, Berlin W 50, Neue Bayreuther Str. 2.

Literarisches Institut. H Ernst Rhode, Berlin-Schöneberg, Kaiser-Friedrich-Str. 13.

Das Manuskript. Die kleine Post. H Carl Köhler & Co., Literarischer Verlag, Berlin W 15, Hohenzollerndamm 3.

Mosers Miszellen-Korrespondenz. H F. Moser, Stendal, Bismarckstraße 44.

Neueste Frauenkorrespondenz. H Elisabeth Thielemann, Leipzig, Weststr. 68.

Naturwissenschaftliche Korrespondenz. H Dr. H. W. Frickhinger, München, Habsburgerplatz 2.

Die Radio-Ecke. H Andreas Simon, Berlin SW 11, Königgrätzer Str. 75.

Radio-Zeitung. H Dr. Rudolf Dammert, Berlin W 8, Jägerstr. 11.

Roman-Korrespondenz. H Hans Goldschmidt, Berlin W 35, Lützowstr. 28.

„Die Skizze"; Allg. Technische Korrespondenz; „Das Forum", Korrespondenz für die praktische Rechtspflege. H Friedr. Huth, Charlottenburg, Kaiser-Friedrich-Str. 53.

Die Skizze. H Dr. Rudolf Dammert, Berlin W 8, Jägerstr. 11.

Technische Rundschau. H Dr. Rudolf Dammert, Berlin W 8, Jägerstraße 11.

Universal-Korrespondenz mit Rätseltafel, Allerneuestes. H Gustav Laudin, Dresden-Laubegast.

Unterhaltungsbeilage. H Dr. Rudolf Dammert, Berlin W 8, Jägerstraße 11.

Die Welt der Frau. H Dr. Rudolf Dammert, Berlin W 8, Jägerstraße 11.

Wissenschaftliche Korrespondenz, Meteorologische Korrespondenz und Chronik vom Tage. Tägliche Feuilleton-Korrespondenz. H Moritz Loeb, Berlin SW 11, Großbeerenstr. 95.

Zeitungsroman-Korrespondenz. H August Sieber, Berlin-Spandau, Tiefwerder 29 B.

Stereo-Korrespondenzen.

W. Arens, Matern- und Plattenkorrespondenz. Berlin SW 66, Wilhelmstr. 47.

Deutsche Reichskorrespondenz. H Zentralbureau für die deutsche Presse G. m. b. H., Berlin SW 48, Friedrichstraße 16.

Kartographisches Institut, Zeitungsklischeeanstalt. H Paul Fr. Burmeister, Berlin SW 47, Katzbachstr. 38.

„Onkel Franz" (Jugendbeilage), Matern-Korrespondenz. H Franz Robert Hannesen, Berlin W 30, Motzstr. 34.

ANZEIGEN

H.REISS
GROSSBUCHBINDEREI
BERLIN W35
LÜTZOWSTR·107-108
GEGR·1865
TEL·LÜTZOW 1790
Einbände jeder Art
Einbanddecken
gut u. preiswert
Tafelwerke
Broschüren
Mappen
SALENDER

Arthur Kolbe

Kunſtanſtalt für Farbenlichtdruck

Dresden, Moſenſtr. 33

Beſondere Herſtellung: Kunſtblätter in Fakſimile-Ausführung, ein- & mehrfarbige Lichtdrucke für Werke der Kunſt und Wiſſenſchaft, Kataloge für die Induſtrie

H.
FIKENTSCHER
BUCHBINDEREI
LEIPZIG-R
LIEFERT EINBÄNDE, EINBANDDECKEN
UND MAPPEN JEDER ART
IN MODERNER, SOLIDER AUSFÜHRUNG
SPEZIAL-ABTEILUNG FÜR
HANDGEARBEITETE LIEBHABER-EINBÄNDE
MIT HANDVERGOLDUNG